T0233893

HANDBUCH
DER MINERALCHEMIE

HANDBUCH

DER

MINERALCHEMIE

bearbeitet von

Prof. Dr. G. d'Achiardi-Pisa, Dr.-Ing. R. Amberg-Pittsburgh, Dr. F. R. von Arlt-Wien, Geh.-Rat Prof. Dr. M. Bauer-Marburg, Prof. Dr. E. Baur-Zürich, Prof. Dr. F. Becke-Wien, Dr. E. Berdel-Grenzhausen, Prof. Dr. F. Berwerth-Wien, Prof. Dr. G. Bruni-Padua, Priv.-Doz. Dr. E. Dittler-Wien, Prof. Dr. M. Dittrich-Heidelberg, Hofrat Prof. Dr. E. Donath-Brünn, Hofrat Prof. Dr. C. Doelter-Wien, Prof. Dr. L. Duparc-Genf, Prof. Dr. A. von Fersmann-Moskau, Prof. Dr. G. Flink-Stockholm, Dr. R. von Görgey-Wien, Priv.-Doz. Dr. B. Gossner-München, Prof. Dr. W. Heinisch-Brünn, Priv.-Doz. Dr. M. Henglein-Karlsruhe, Dr. K. Herold-Wien, Dr. M. Herschkowitsch-Jena, Priv.-Doz. Dr. A. Himmelbauer-Wien, Dr. H. C. Holtz-Genf, Prof. Dr. O. Hönigschmid-Prag, Prof. Dr. P. Jannasch-Heidelberg, Prof. Dr. E. Kaiser-Gießen, Prof. Dr. J. Koenigsberger-Freiburg i. Br., Priv.-Doz. Dr. St. Kreutz-Krakau, Prof. Dr. A. Lacroix-Paris, Dr. H. Leitmeier-Wien, R. E. Liesegang-Frankfurt a. M., Geh.-Rat Prof. Dr. G. Linck-Jena, Obercustos Dr. J. Loczka-Budapest †, Prof. Dr. W. Meigen-Freiburg i. Br., Prof. Dr. St. Meyer-Wien, Prof. Dr. R. Nacken-Leipzig, Prof. Dr. R. Nasini-Pisa, Dir. Dr. K. Peters-Atzgersdorf-Wien, Hofrat Prof. Dr. R. Pribram-Wien, Prof. Dr. G. T. Prior-London, Prof. Dr. K. Redlich-Leoben, Dr. R. Rieke-Charlottenburg, Priv.-Doz. Dr. A. Ritzel-Jena, Prof. Dr. R. Scharizer-Graz, Prof. Dr. Hj. Sjögren-Stockholm, Prof. Dr. F. Slavik-Prag, Prof. Dr. E. Sommerfeldt-Aachen, Prof. Dr. H. Stremme-Berlin, Dr. St. J. Thugutt-Warschau, Prof. Dr. St. Tolloczko-Lemberg, Hofrat Prof. Dr. G. v. Tschermak-Wien, Prof. Dr. P. v. Tschirwinsky-Nowo-Tcherkassk, Dr. R. Vogel-Göttingen, Prof. Dr. J. H. L. Vogt-Christiania, Prof. Dr. R. Wegscheider-Wien, Prof. Dr. F. Zambonini-Palermo, Dr. E. Zschimmer-Jena

herausgegeben

mit Unterstützung der K. Akademie der Wissenschaften in Wien

von

HOFRAT PROF. DR. C. DOELTER

Vorstand des Mineralogischen Instituts an der Universität Wien

VIER BÄNDE

MIT VIELEN ABBILDUNGEN, TABELLEN UND DIAGRAMMEN

SPRINGER-VERLAG BERLIN HEIDELBERG GMBH

1912

HANDBUCH
DER
MINERALCHEMIE

Unter Mitwirkung von 57 Fachgenossen

herausgegeben

mit Unterstützung der K. Akademie der Wissenschaften in Wien

von

HOFRAT PROF. DR. C. DOELTER

Vorstand des Mineralogischen Instituts an der Universität Wien

BAND I

Allgemeine Einleitung — Kohlenstoff — Carbonate — Silicate I.

MIT 125 ABBILDUNGEN

SPRINGER-VERLAG BERLIN HEIDELBERG GMBH

1912

ISBN 978-3-642-49482-6 ISBN 978-3-642-49766-7 (eBook)
DOI 10.1007/978-3-642-49766-7

Ursprünglich erschienen bei Theodor Steinkoff Dresden und Leipzig 1912
Softcover reprint of the hardcover 1st edition 1912

GELEITWORT.

Das Handbuch der „Mineralchemie", dessen erster Band nunmehr vorliegt, verdankt seine Entstehung dem sich namentlich in letzterer Zeit, in der die physikalische Chemie immer weiter ausgebildet worden ist, fühlbar machenden Bedürfnisse nach einem groß angelegten, kritischen und möglichst vollständigen Nachschlagewerke über das weite Gebiet der Mineralchemie.

C. F. Rammelsberg's Mineralchemie war nur bis zur II. Auflage gekommen, die im Jahre 1875 erschienen ist. Gerade seit dieser Zeit aber hat die Mineralchemie ihre wichtigsten Fortschritte gemacht; die physikalische Chemie ist als neuer Wissenszweig entstanden und hat für die Entwickelung der Mineralogie grundlegende Bedeutung gewonnen. C. F. Rammelsberg's Werk hat dem Herausgeber und seinen Mitarbeitern für die ältere Literatur bisher gute Dienste getan. Obgleich in erster Linie nur die neueren Analysen nach 1870 Aufnahme finden sollten, mußten doch für manche Mineralien, von denen neue Analysen ganz oder für wichtige Fundorte fehlten, oder nur sehr spärlich vorhanden waren, die alten Analysen gebracht werden.

Auch C. Hintze's Handbuch der Mineralogie, das noch im Erscheinen begriffen ist, ist für die Zusammenstellung der physikalischen Eigenschaften des öfteren herangezogen worden, wie auch die Analysenzusammenstellungen, die in diesem Werke enthalten sind, benutzt werden konnten.

Es war dem Herausgeber von vornherein klar, daß eine moderne Mineralchemie heute auf einer ganz anderen Basis aufgebaut werden müßte. War es C. F. Rammelsberg noch möglich, sein Werk vollkommen allein zu schaffen, so ist es heute bei der außerordentlichen Ausdehnung, die das gesamte Gebiet der Mineralchemie wissenschaftlich und technisch gewonnen hat, für einen einzelnen fast unmöglich, eine solche Arbeit zu leisten, zumal, wenn, wie im vorliegenden Handbuch, die Absicht bestand, die chemisch-technischen Anwendungsgebiete (Zement, Glas, Porzellan, Ton, Ultramarin, Graphit, seltene Erden, Magnesit u. a.) mit zu berücksichtigen.

Große Schwierigkeiten bereitete dem Herausgeber die Einteilung des Stoffes. Da das Werk nicht nur für Mineralogen, sondern auch für Chemiker und Techniker bestimmt ist, so schien die sonst vortreffliche mineralogische Einteilung nicht gut anwendbar, während andererseits die Einteilung nach den Metallen auch von anderen nicht versucht wurde, weil in den Mineralien gewöhnlich mehrere Metalle vorhanden sind. In der vorliegenden Einteilung, deren Unvollkommenheit der Herausgeber sich bewußt ist, wird der Versuch gemacht, wenigstens innerhalb der großen Abteilungen nach Metallen vorzugehen, wobei eine möglichste Anlehnung an das periodische System, soweit dies der Sache nach möglich war, versucht wurde; hierbei findet auch das genetische Moment mehr Berücksichtigung.

Zur Durchführung dieses weitläufigen Planes war es notwendig, sich von vornherein einer großen Anzahl von Mitarbeitern aus Wissenschaft und Technik zu versichern, von denen jeder auf seinem Spezialgebiete den betreffenden Abschnitt völlig selbständig und erschöpfend behandeln sollte.

Schwierigkeiten ergeben sich bei dieser Teilung der Arbeit allerdings aus dem Umstande, daß manchesmal mehrere Autoren eine gewisse Mineralgruppe gemeinsam behandeln und daß bei der Zusammenfügung dieser Beiträge leicht ein oder das andere Mineral übersehen werden kann.

Diese Arbeitsteilung war aber schon deshalb notwendig, damit ein möglichst rasches Vollenden des ganzen Werkes möglich sei. Es sollte vermieden werden, wie dies häufig bei derartigen Unternehmungen der Fall ist, daß, wenn das letzte Heft des letzten Bandes ausgegeben wird, der erste Band veraltet ist; das ganze Werk soll in eine einzige Entwicklungsperiode der Mineralchemie fallen.

Für die Bereitwilligkeit, mit der sich ein so großer Mitarbeiterstab in den Dienst des Handbuches der Mineralchemie gestellt hat und für die sachliche Bearbeitung, die diese Herrn zum Teil schon geleistet, zum Teil in Aussicht gestellt haben, ist es dem Herausgeber ein Bedürfnis, schon jetzt an dieser Stelle verbindlichst zu danken, ebenso der Verlagsbuchhandlung für die würdige Ausstattung.

Für Anregungen und Hinweise, sowie für Übersendung von Separatabdrücken aus schwer zu erlangenden Zeitschriften (vor allem Vereinszeitschriften) aus den Kreisen der Wissenschaft und Technik wird der Herausgeber auch weiterhin stets dankbar sein.

Wien, Juni 1912.

C. DOELTER.

Inhaltsverzeichnis.

ALLGEMEINE EINLEITUNG.

Von **C. Doelter** (Wien).

Im Anfange ihrer Entwickelung wurde die Mineralogie hauptsächlich von Chemikern ausgebaut. Als sich allmählich die Mineralogie zur selbständigen Wissenschaft herausbildete, kam die mathematisch-physikalische Richtung, die große Erfolge brachte, fast zur alleinigen Geltung und der Zusammenhang mit der Chemie ging immer mehr verloren; die Mineralogie ging ihre eigenen Wege. Erst die Mineralsynthese, die von Chemikern gepflegt wurde, dann die Entdeckung der Isomorphie durch E. Mitscherlich stellte einen teilweisen Zusammenhang wieder her; auch der Mineraloge begann die Wichtigkeit des Experimentes zu fühlen, aber es dauerte noch lange, bis die Isomorphie in der Mineralogie die verdiente Beachtung fand und die Mineralanalyse wie die Mineralsynthese als wichtige Bestandteile der Kenntnis der Mineralien anerkannt wurden.

Erst neuerdings hat die physikalische Chemie und ihre Anwendung auf mineralogische Probleme den Zusammenhang der Mineralogie mit der Chemie wieder enger gestaltet und der Mineralogie auch neue Wege gewiesen, die sich jetzt schon zu ergebnisreichen gestalten.

Die physikalische Chemie wird die Richtung anzugeben haben, in welcher der Mineraloge nutzbringend weiter arbeiten kann; und andererseits wird auch der physikalische Chemiker mit großem Nutzen sein Gebiet durch Heranziehung von Stoffen erweitern können, die von den zumeist von ihm untersuchten manchmal etwas abweichen.

Das vorliegende Handbuch soll diese Verbindung von Chemie und Mineralogie nun inniger knüpfen und alles zusammenfassen, was die Chemie an den Mineralien erforscht hat, damit sowohl der Mineraloge, wie auch der Chemiker sich über die gemeinsamen Gebiete orientieren und die für ihn notwendigen Kenntnisse finden könne.

Das Werk enthält allgemeine Teile neben den speziellen; erstere sollen gewisse wichtige Fragen zusammenfassen, die besonderes Interesse darbieten, wie: die Mineralanalysen überhaupt, dann Zementsilicate, Silicatschmelzen, Gläser, Schlacken, Kieselsäuren, ferner die Untersuchung der Mineralien mit seltenen Erden, und allgemeine Ansichten über die Entstehung gewisser Mineralgruppen, wie Silicate, Carbonate usw.

Der spezielle Teil soll dagegen für alle Mineralien die chemischen Ergebnisse bringen, sowohl was die Methode der analytischen Untersuchung, als auch ganz besonders was die Resultate der Analysen anbelangt, und möglichst alle brauchbaren neueren Analysen vereinigen, dann aber auch die Synthesen, die Genesis der einzelnen Mineralien besonders behandeln, sowie auch bei technisch wichtigen Mineralien ihre Verarbeitungsart berühren.

Die Aufgaben der Mineralchemie. — Die Mineralchemie umfaßt ein etwas weiteres Gebiet als die chemische Mineralogie, sie stützt sich auf die analytische und physikalische Chemie und ist eine Experimentaldisziplin. Sie wird sich aber nicht immer auf die in der Natur vorkommenden Verbindungen allein beschränken können, sondern sie muß in den Kreis ihrer Betrachtungen auch die entsprechenden Stoffe ziehen, die in der Natur bisher nicht gefunden wurden, jedoch den natürlichen Verbindungen analog sind. So wissen wir ja auch, daß manche Stoffe in Mineralien nur als Beimengungen in kleinen Mengen vorkommen; diese Verbindungen gesondert herzustellen und zu untersuchen ist auch im Interesse der Kenntnis dieser Mineralien notwendig.

In den Kreis unserer Betrachtungen fallen demnach:

1. die analytischen Methoden zur Untersuchung der Mineralien;
2. die Zusammenstellung der Resultate der Mineralanalysen;
3. die physikalisch-chemischen Konstanten;
4. die Synthesen der Mineralien;
5. die Entstehung der Mineralien;
6. die Zersetzung und Umbildung der Mineralien in der Natur und im Laboratorium;
7. die chemische Konstitution der Mineralien;
8. die chemischen Verarbeitungsmethoden der Mineralien.

Einteilung des Stoffes. — Die Einteilung der Mineralien, das Mineralsystem, wird zumeist nach dem Charakter der Verbindungen vorgenommen, und es werden, abgesehen von den Elementen, die besonders behandelt werden, auch die Salze von den Sulfiden oder Oxyden getrennt.

Andererseits ist es in der Chemie üblich, die Verbindungen nach dem vorherrschenden Metall anzuordnen, was jedoch bei den Mineralien nicht gut durchführbar ist, da in vielen Silicaten, Carbonaten und auch anderen Salzen mehrere Metalle, oft quantitativ ziemlich gleichwertig, vorhanden sind. Es empfiehlt sich daher, in einem derartigen Werke, welches nicht nur für Mineralogen, sondern auch für Chemiker bestimmt ist, eine Einteilung zu treffen, die zwar keine rein mineralogische ist, die aber auch die Beziehungen der Mineralgruppen einigermaßen zur Geltung kommen läßt. Es ist bisher nicht gelungen, ein natürliches Mineralsystem aufzustellen, so daß jede Einteilung, auch die hier gebrauchte, eine gewisse Einseitigkeit nicht verkennen läßt. Vielleicht wäre in einem Werke, welches sich vielfach mit der Entstehung der Mineralien beschäftigt, eine genetische Einteilung am Platze, aber eine solche ist gegenwärtig nicht durchführbar.

Die hier angewandte Methode lehnt sich an die gebräuchlichen, z. B. die von P. v. Groth, G. v. Tschermak, K. Hintze an, unterscheidet sich jedoch in einigen Punkten, indem die Elemente und Oxyde[1]) nicht von den entsprechenden Salzen getrennt werden. Bei der Hauptordnung werden, wie dies bei Mineralien üblich ist, die säurebildenden Elemente, von gleicher Wertigkeit, zusammengezogen und als Hauptgruppen ihre betreffenden Salze und anderen Verbindungen unterschieden; so die Gruppe C, Si, Ti, Zr, Sn, Th, die eine Vertikalreihe des periodischen Systems bilden. Das sind bekanntlich diejenigen Elemente, welche die häufigsten und zahlreichsten Verbindungen im Mineralreiche bilden, da ja Silicate und Carbonate überhaupt die Hauptmasse

[1]) Ähnlich ist in Des-Cloizeaux, Manuel de Minéralogie (Paris 1874) und auch in einzelnen anderen mineralogischen Werken vorgegangen worden.

der Erdkruste ausmachen; es ist ja bekannt, daß die Silicate fast 99% unserer Erdrinde bilden.

Von den dreiwertigen Elementen sind die wichtigsten die der zweiten Vertikalreihe B, Al, da aber die als Ferrate betrachteten Eisensalze mit jenen letzteren isomorph sind, so wäre eine Trennung dieser nicht zweckmäßig und es wurden daher die dreiwertigen Ferriverbindungen hier angereiht. Es folgen dann wie in den meisten mineralogischen Klassifikationen die Verbindungen von P, As, Sb, Bi, dann die Oxysalze des Se und Te, die nicht gut trennbar sind. Unter den anderen Verbindungen haben wir die (Oxy- und Sulfosalze wie Sulfide), in denen Schwefel die Hauptrolle spielt, dann die analogen Oxysalze von Cr, W, U, die ebenfalls eine Vertikalreihe des periodischen Systems bilden.

Unter den einwertigen Elementen haben wir einerseits die Metalle Cu, Ag, Au, dann weiterhin die häufig isoamorphen Verbindungen von F, Cl, Br, J, und zum Schluß die organischen Verbindungen.

Bei dieser, der üblichen Klassifikation folgenden Reihenfolge könnte man natürlich auch umgekehrt mit den einwertigen Elementen beginnen und mit den vierwertigen schließen. In Anbetracht der großen Wichtigkeit der letzteren wurde jedoch mit diesen begonnen.

Um auch diejenigen Elemente zu berücksichtigen, welche nicht eigentliche Mineralbildner sind, wie Tl, In, Ge, Ra, wurde stets eine Übersicht derjenigen Mineralien gegeben, welche diese seltenen Elemente enthalten, da es von Wichtigkeit für den Chemiker sein kann zu wissen, in welchen Mineralien diese zu finden sind.

Die im Handbuche gebrauchten Formelzeichen[1]) und Abkürzungen.

I. Formelzeichen.

p, P gewöhnlicher und osmotischer Druck,
v Volumen,
T absolute Temperatur,
Θ Celsiustemperatur,
t Zeit,
δ Dichte,
Δ Dampfdichte, bezogen auf Luft,
$\pi_0, \varphi_0, \vartheta_0$ kritische Größen (Druck, Volumen, Temperatur),
π, φ, ϑ reduzierte Zustandsgrößen (Druck, Volumen, Temperatur),
Q Wärmemenge,
U innere Energie,
α Atomgewicht ($O = 16$),
M Molekulargewicht ($O_2 = 32$),
c spezifische Wärme,
c_p, c_v spezifische Wärme bei konstantem Druck bzw. Volumen,
$C_p = c_p M$, $C_v = c_v M$ Molekularwärme bei konstantem Druck bzw. Volumen,
$\varkappa$ Leitfähigkeit in reziproken Ohm pro Zentimenterwürfel,
η Konzentration (Grammäquivalente pro Kubikzentimeter),

[1]) Zum größten Teil, soweit es sich um chemisch-physikalische Formelzeichen handelt, nach dem von der „Deutschen Bunsengesellschaft für angewandte Chemie" und von dem „V. internat. Kongreß f. angewandte Chemie" angenommenen Schema.

$\Lambda = \frac{\varkappa}{\eta}$ äquivalentes Leitvermögen,
Λ_{∞} äquivalentes Leitvermögen bei unendlicher Verdünnung,
γ Dissoziationsgrad,
K Gleichgewichtskonstante des Gesetzes der chemischen Massenwirkung,
E Spannung,
W Widerstand,
J Stromintensität,
ε Einzelpotential, Zersetzungsspannung.
R Gaskonstante pro Mol,
A mechanisches Wärmeäquivalent $41{,}89 \,.\, 10^6$ Erg pro 15^0-g-cal.,
F Valenzladung (96540 Coulombs pro Grammäquivalent).

$H^{\cdot}$, Cl', $Ba^{\cdot\cdot}$ usw. für einfach positiv geladenes H-Ion, einfach negativ geladenes Chlor-Ion, doppelt positiv geladenes Ba-Ion usw.

Mol für Grammolekel,
A für Ampere,
EMK für elektromotorische Kraft,
DC für Dielektrizitätskonstante,
g = Gramm, cm = Zentimeter.

N Brechungsquotient bei isotropen Medien,
N_α, N_γ Brechungsquotienten bei einachsigen Mineralien,
N_α, N_β, N_γ Brechungsquotienten bei zweiachsigen Mineralien,
N_m mittlerer Brechungsquotient,
$a:b:c$ Achsenverhältnis,
β spitzer Achsenwinkel.

II. Abkürzungen.

American Journal of Science	Am. Journ.
Annalen der Chemie	Ann. d. Chem.
Annalen der Physik	Ann. d. Phys.
Annales de chimie et de physique	Ann. chim. phys.
Annales des sciences physiques et naturelles de Genève	Ann. sc. phys. nat. Genève.
Berg- und hüttenmännische Zeitschrift	Bg.- u. hütt. Z.
Berichte der Deutschen chemischen Gesellschaft	Ber. Dtsch. Chem. Ges.
Bulletin de la Société chimique de Paris	Bull. Soc. chim.
Bulletin de la Société franc. de minéralogie	Bull. Soc. min.
Bulletin de la Société géologique	Bull. Soc. géol.
Bulletin of the Geolog. Institution of Upsala	Bull. of the geol. Inst. Upsala.
Bulletin of the Geological. Survey of Unit. St.	Bull. geol. Surv. U.S.
Chemical News	Ch. N.
Chemisches Zentralblatt	Chem. ZB.
Comptes rendus hebdom. des séances de l'Académie	C. R.
Gazzetta chimica Italiana	Gazz. chim. It.
Jahrbuch der k. k. geologischen Reichsanstalt, Wien	J. k. k. geol. R.A.
Jahrbuch der königl. preußischen geolog. Landes-Anstalt	J. preuß. geol. L.A.
Jahrbuch der Radioaktivität und Elektronik	JB. d. Radi.
Jahrbuch, Neues, f. Mineralogie, Geologie u. Paläontologie	N. JB. Min. etc.
Jahresbericht d. königl. ungar. geolog. Anstalt	Jber. d. k. ungar. geol. A.

Journal für praktische Chemie	Journ. prakt. Chem.
Journal of the chemical Society	Journ chem. Soc.
Journal of the Society of chemical Industry	Journ. of the Soc. chem. Ind.
Liebig's Annalen s. Annalen der Chemie.	
Nature	Nat.
Philosophical Magazine	Phil. Mag.
Proceedings of the Royal Society	Proc. Roy. Soc.
Proceedings of the Royal Dublin Society	Proc. Roy. Dubl. Soc.
Rendi conti R. Accademia dei Lincei	R. Acc. d. Linc.
Sitzungsberichte d. kais. Akademie d. Wissenschaften (Wien)	Sitzber. Wiener Ak.
Sitzungsberichte d. kgl. preuß. Akad. d. Wissenschaft. (Berlin)	Sitzber. Berliner Ak.
Sitzungsberichte d. kgl. Bayr. Akademie d. Wissenschaften	Sitzber. Bayr. Ak.
Stahl und Eisen	St. u. Eisen.
Tonindustrie-Zeitung	Ton-I.-Z.
Transactions of the geological Society London	Trans. geol. Soc. London.
Transactions of the geological Society of South Afrika	Trans. geol. Soc. S. Africa.
Transactions of the Royal Society of Literature	Trans. Roy. Soc.
Tschermaks mineralogische u. petrographische Mitteilungen	Tsch. min. Mit.
Verhandlungen der kais. kgl. geolog. Reichsanstalt (Wien)	Verh. k. k. geol. R.A.
Verhandlungen d. kais. russ. mineral. Ges. zu St. Petersburg	Verh. d. kais. russ. min. Ges.
Zeitschrift der Deutschen geologischen Gesellschaft	Z. Dtsch. geol. Ges.
Zeitschrift für analytische Chemie	Z. f. anal. Chem.
Zeitschrift für angewandte Chemie	Z. f. angew. Chem.
Zeitschrift für anorganische Chemie	Z. anorg. Chem.
Zeitschrift für Chemie und Industrie der Kolloide	Koll.-Z.
Zeitschrift für Elektrochemie	Z. f. Elektroch.
Zeitschrift für Krystallographie und Mineralogie	Z. Kryst.
Zeitschrift für physikalische Chemie	Z. f. phys. Chem.
Zeitschrift für physiologische Chemie	Z. f. physiolog. Chem.
Zeitsehrift für praktische Geologie	Z. prakt. Geol.
Zentralblatt f. Chemie u. Analyse der hydraul. Zemente	ZB. f. Zementchemie.
Zentralblatt für Mineralogie, Geologie und Paläontologie	ZB. Min. etc.

Kritik der Analysen und chemischen Formeln. — Aus der Analyse berechnen wir bekanntlich die chemische Formel eines Minerals, aus welcher wir dann Schlüsse auf die Konstitution der betreffenden Verbindungen ziehen. Diese sind aber nur dort berechtigt, wo wir durch die Analyse einwandfrei die Formel festgestellt haben; die Voraussetzungen einer solchen sind aber nur dann vorhanden, wenn folgende Bedingungen erfüllt sind:

1. Wenn mit genügend reinem Material gearbeitet wurde, wo also entweder reine Kristalle vorlagen, soweit überhaupt von Reinheit bei Naturkörpern gesprochen werden kann, oder die Reinigung des zur Analyse verwendeten Materials gelungen ist. Ältere Analysen, bei welchen die Reinheit des Materials in vielen Fällen nicht sichergestellt ist, können daher nicht unbedingt zur Feststellung der Formel herangezogen werden.

2. Es müssen solche analytische Methoden in Anwendung gebracht werden, bei denen die Trennung, Abscheidung und Bestimmung der einzelnen Bestandteile einwandfrei ist. Auch diese Bedingungen sind namentlich bei älteren Analysen nicht immer erfüllt und daher sind solche oft zur Aufstellung der Formel ungeeignet.

Manche Bestandteile, wie Beryllium, Bor z. B. in Silicaten, können auch heute noch nicht mit der erwünschten Genauigkeit abgeschieden werden. Als Beispiel möchte ich den Smaragd erwähnen, bei welchem die früher angewandten Methoden in bezug auf Bestimmung des Verhältnisses von BeO zu Al_2O_3 fehlerhaft waren, wie W. Penfield erkannte, aber auch manche neueren Methoden sind nicht zuverlässig. Man muß daher manche Formeln, namentlich wenn es sich um Verbindungen mit seltenen Elementen handelt, nur als angenäherte betrachten.

Daß bei verschiedenen Elementen manche genau, andere aber schwer bestimmbar sind, ist bekannt, kommt aber nicht in der Formel zum Ausdruck, so daß das Endresultat der Analyse, nämlich die Formel, dann ungenau sein kann. Große Differenzen ergeben sich oft bei der Wasserbestimmung und bei der Feststellung der Entwässerungskurve. Leider läßt sich die notwendige Kritik der Analysen nicht immer durchführen, da viele Mineralanalytiker nicht angeben, nach welchen Methoden sie gearbeitet haben.

Um die Unreinheit des Materiales zu beheben, wendet man die mechanische Analyse an, welche der chemischen vorauszugehen hat (vgl. unten das Kapitel „Die mechanische Analyse der Mineralien" von E. Kaiser). Wo diese nicht zum Ziele führt, wird man versuchen, wenigstens den Einfluß der Beimengungen zu schätzen, was auch durch die mikroskopische Untersuchung, z. B. nach der Methode von C. Rossiwal in einzelnen Fällen möglich ist. Jedenfalls ist es wichtig, zu wissen, ob man mit verunreinigtem Material gearbeitet hat, oder nicht. Einige Prozente Eisenoxyd, Chromeisen, Titaneisen können z. B. bei Silicaten die Formel beeinflussen, ebenso die Beimengung von Quarz, während in anderen Fällen die Beimengung nur eine geringfügige Änderung der Formel hervorruft.[1])

3. Abweichungen von der theoretischen Formel brauchen jedoch nicht immer auf dem Vorkommen von Einschlüssen und Beimengungen beruhen; auch die Zersetzung hat Einfluß. Aber selbst bei ganz reinen und unzersetzten Mineralien können solche Abweichungen auch durch die verschiedene Genauigkeit der Trennungsmethoden entstehen, die ja für verschiedene Bestandteile ungleich ist.

Andererseits gibt es Mineralien, die als besondere Spezies aufgestellt sind und eigene Namen führen, die aber nur Gemenge sind; das läßt sich aber nicht immer durch die mikroskopische Untersuchung nachweisen, z. B. bei Erzen. Es müssen gerade bei seltenen Mineralien mit komplizierter Formel noch weitere Untersuchungen ausgeführt werden, um zu entscheiden, ob ein selbständiges homogenes Mineral mit einfachen Gewichtsverhältnissen vorliegt; bei manchen solcher seltenen Mineralien liegt nur eine einzige Analyse vor, die nicht immer zur Aufstellung einer Formel berechtigt.

Die Konstitution der Mineralien basiert vorerst auf den Formeln, aber die zahlreichen, mehr spekulativen Betrachtungen, die in dieser Hinsicht angestellt wurden, führten zu Konstitutionsformeln, deren Berechtigung trotz der Genialität ihrer Autoren nicht feststellbar ist. Ich brauche nur daran zu erinnern, daß schon vor über einem Vierteljahrhundert für die Silicate Konstitutionsformeln gegeben wurden, die heute nahezu vergessen sind, wie die K. Haushofers. Die Konstitution der Mineralien kann mit wenigen Ausnahmen, nicht durch Hypothesen erfaßt werden, sondern nur durch emsige Arbeit im Laboratorium, durch Versuche, wie sie G. Lemberg ausführte, indem er ihre Zersetzbarkeit erforschte, oder durch Zersetzungen und Isolierung der Säuren, wie sie G. v. Tschermak bei Silicaten ausführt.

Allgemeines über Mineralsynthese und künstliche Mineralien. — So lange eine Verbindung nicht synthetisch dargestellt ist, kann sie nicht als vollständig

[1]) C. Doelter, Über den Wert der Mineralanalysen. — Mitt. des naturwiss. Ver. f. Steiermark **13** (1877).

bekannt angesehen werden; die Analysenresultate müssen durch die Synthese kontrolliert werden. Diese verfolgt aber auch den Zweck die Kenntnis von Mineralgruppen, in denen manches Glied in der Natur noch nicht aufgefunden wurde, durch Darstellung dieses zu ergänzen und auch in jenen Fällen, in welchen wegen Unreinheit des Materials eine Analyse nicht durchführbar ist, durch die Synthese die Zusammensetzung des betreffenden Körpers festzustellen. Manchmal kann uns die Synthese auch einen Einblick in die chemische Konstitution des Stoffes verschaffen.

Eine der wichtigsten Aufgaben der mineralogischen Synthese ist es, die Entstehung der Mineralien aufzuklären. Nun ist aber das Experiment nicht gleichmäßig brauchbar. Während die Darstellung der Mineralien aus Schmelzfluß sehr vorgeschritten ist, und andererseits die der auf Gängen verbreiteten Mineralien wenig Schwierigkeiten macht, ist dies für die auf nassem Wege bei erhöhter Temperatur entstandenen weit schwieriger, weil wir mit Wasser bei einer Temperatur über 100° nur schwierig arbeiten können, und solche Versuche nur unter Druck ausführen können, wobei es schwierig ist, zu entscheiden, inwieweit die Temperatur wirkt und welches der Einfluß des Druckes ist.

Allerdings ersetzt in vielen Fällen eine Temperaturerhöhung, die in der Natur lange wirkende Zeit, welche uns im Laboratorium nicht zu Gebote steht. Der Einfluß der Zeit als minerogenetischer Faktor ist vor allem der, daß eine Reaktion, welche in sehr kurzer Spanne fast unmerklich ist, nach vielen Jahren deutliche Resultate gibt. Wenn die Kristallisationsgeschwindigkeit äußerst klein ist, so kann erst im Laufe von Jahren eine deutliche Kristallbildung wahrnehmbar sein. Ferner ist der Einfluß der Zeit der, daß wegen zu kurzer Zeit Übersättigungen sehr langsam aufgehoben werden, und es kann die Bildung eines Körpers ausbleiben, weil die nötige Zeit nicht vorhanden ist. In solchen Fällen kann eine nicht zu große Temperaturerhöhung die Zeit ersetzen. Das ist für Laboratoriumsversuche von Wichtigkeit und wir sind oft genötigt, die Zeit derart zu ersetzen.

Ein Faktor, der in der Natur in manchen Fällen von Wirksamkeit ist, der Druck, läßt sich im Laboratorium nicht so wie es wünschenswert wäre, anwenden, oder nur in Verbindung mit der Temperatureinwirkung. Solche Versuche sind meist mit technischen Schwierigkeiten verbunden.

Bezüglich der Reagentien haben wir nur dort freie Hand, wo es sich nicht um Experimente handelt, welche die Entstehung der Mineralien klären sollen; in der Natur scheinen ätzende Stoffe, wie Ätzalkalien und starke Säuren, auch organische Säuren keine Rolle zu spielen. Indessen hat der Chlorwasserstoff, das Schwefeldioxyd, welches den Vulkanen entströmt, doch auch eine gewisse Rolle bei manchen Mineralbildungen, die allerdings mehr vereinzelt sind, gespielt. Es läßt sich daher in dieser Hinsicht keine Regel aufstellen, denn beispielsweise Fluor scheint bei vielen Mineralbildungen mitgewirkt zu haben, was auch dadurch bestätigt wurde, das E. Scacchi, dessen Häufigkeit in den phlegräischen Feldern bei Neapel nachwies; sogar das Kaliumwolframat und Kaliumvanadat scheint in manchen Gesteinen vorzukommen und mag bei Entstehung der granitischen Gesteine in der Natur von Bedeutung gewesen sein. Das geht aus Untersuchungen von G. Hillebrand und G. B. Trener[1]) hervor, während früher angenommen worden war, daß diese Verbindungen in der Natur nicht vorkommen.

---

[1]) G. B. Trener, Verh. d. k. k. geol. R.A. Jahrg. 1903, 66.

Außer der Wichtigkeit der Synthese in den angeführten Beziehungen, hat neuerdings die Mineralsynthese eine technische Bedeutung erlangt, wie bei der Darstellung der künstlichen Edelsteine und anderer industriell verwertbaren Mineralien; auch diese Seite der Mineralsynthese ist zu berücksichtigen.

Eine Mineralsynthese kann nur dann als vollendet betrachtet werden, wenn der hergestellte Körper in allen auch nebensächlichen Eigenschaften sich vollkommen mit dem Naturprodukte deckt, wenn also alle kristallographischen, physikalischen und chemischen Eigenschaften identisch sind. So ist der im Handel befindliche Kunst-Saphir kein wirklicher Saphir, da er ein anderes Färbemittel hat und optisch isotrop ist, während der natürliche zu den optisch einachsigen Kristallen gehört. Es ist verhältnismäßig leicht, ein Produkt von derselben chemischen Zusammensetzung zu erhalten wie das darzustellende Mineral, weit schwieriger aber dieselbe Kristallform und die mit ihr im Zusammenhang stehenden physikalischen Eigenschaften zu erhalten. Die Darstellung einer anders kristallisierenden Form, einer polymorphen gilt, nicht als Darstellung des betreffenden Minerals.

Da tritt nun die Frage auf, ob wir künstliche Mineralien mit natürlichen identifizieren können. Dies kann nur dann der Fall sein, wenn alle physikalischen, chemischen und morphologischen Eigenschaften, auch nebensächliche, ganz übereinstimmen.

In keinem Falle ist es jedoch statthaft, einen künstlich dargestellten Anorthit, Diopsid, Rubin einfach als Anorthit, Diopsid, Rubin zu bezeichnen, da ja diese Namen sich ausschließlich auf die Naturprodukte beziehen. Ebenso wie man von Kunstseide oder von künstlichem Indigo spricht, hat man die Ausdrücke künstlicher Anorthit, Kunstrubin usw. zu gebrauchen, und auch bei theoretischen Betrachtungen darf man die bei solchen Kunstprodukten erhaltenen Daten nicht als die der Naturprodukte selbst bezeichnen.

Untersuchung künstlicher Mineralien. — Die Untersuchung der auf dem Wege der Synthese erhaltenen Produkte ist oft recht schwierig, weil diese meistens sehr klein sind, wo nicht etwa, wie bei den Arbeiten von J. Morozewicz[1]) in großen Gefäßen gearbeitet wurde, wobei sehr beträchtliche Kristalle in genügenden Mengen erhalten wurden, um eine vollständige Analyse der synthesischen Mineralien durchzuführen. In anderen Fällen, welche viel häufiger sind, handelt es sich um kleine Kristalle, die jedoch ebenfalls zu isolieren sind. Es gelingt dies durch die mechanische Analyse der Mineralien (vgl. weiter unten das Kapitel „Die mechanische Analyse der Mineralien“ von E. Kaiser), welche in den speziellen Fällen entsprechend zu modifizieren ist, in manchen Fällen durch chemische Methoden. Ein ausgezeichnetes Beispiel bildet die Isolierung der künstlichen Diamanten, wie sie H. Moissan ausführte (vgl. S. 30).

Nach vollzogener Isolierung kann, wenn genügend Material vorrätig ist, die quantitative chemische Analyse, welche die vollkommenste Bestimmung des Stoffes gestattet, durchgeführt werden. Die speziellen Methoden der Isolierung wechseln je nach dem zu untersuchenden Material und auch je nach der zur Synthese angewandten Methode. In manchen Fällen, z. B. bei Silicaten, bei denen keine flüchtigen Bestandteile zur Verwendung kommen, ist eine Analyse nicht unbedingt notwendig, wenn die Zusammensetzung sich aus der zur Synthese verwendeten Mischung ergibt. Hat man beispielsweise eine Mischung von

[1]) Tsch. min. Mit. **18**, 1 (1899).

CaO, Al_2O_3, $2SiO_2$ zusammengeschmolzen, so kann angenommen werden, daß der Schmelzfluß dieselbe Zusammensetzung hat. Wenn nun dieser vollkommen homogen erstarrt, so kann mit einiger Sicherheit behauptet werden, daß die erstarrte Schmelze aus Kristallen der Zusammensetzung CaO, Al_2O_3, $2SiO_2$ besteht. Anders verhält sich dies, wenn etwa zwei verschiedene Silicate sich bilden, oder wenn neben einem kristallisierten Silicat auch Glas entsteht. Hier wäre die mechanische Trennung (vgl. S. 21) und gesonderte Analyse notwendig; sie ist aber nicht in allen Fällen durchführbar.

Die Untersuchung der künstlichen Mineralien erfolgt in diesen Fällen, wo eine genaue chemische Analyse nicht möglich ist, nach anderen Methoden; insbesondere müssen die qualitative mikrochemische Analyse, wie sie namentlich von H. Behrens, K. Haushofer und C. Schroeder van der Kolk ausgearbeitet wurde, dann die Untersuchung der Härte, die Bestimmung des spezifischen Gewichts nach der Schwimm-Methode, hauptsächlich aber die optischen Methoden herangezogen werden. Es ist überflüssig zu bemerken, daß auch in dem günstigen aber seltenen Falle, in welchem eine Analyse möglich ist, jedenfalls die übrigen Eigenschaften, wie Härte, Dichte Kristallform und optisches Verhalten, unter allen Umständen festzustellen sind, da sie ja zur Identifizierung unbedingt nötig sind. In vielen Fällen wird man aber auf diese allein angewiesen sein. Glücklicherweise ist durch die neueren Untersuchungsmethoden, wie sie H. Rosenbusch, Fr. Becke, A. Michel-Lévy, A. Lacroix, E. Wülfing, W. C. Brögger, E. St. Fedorow, und andere ausgearbeitet haben, die Möglichkeit geboten, durch Anwendung optischer Methoden zu erkennen, um welche Mineralien es sich handelt. Allerdings kann die Identifizierung nur in solchen Fällen durchgeführt werden, wo es sich um bekanntere genau untersuchte Mineralgruppen handelt, und nicht etwa um neue oder wenig bekannte Verbindungen. Kristallographische Untersuchungen können dagegen namentlich in Fällen, wo Absätze aus Lösungen, oder Sublimationsprodukte vorliegen, seltener bei aus Schmelzen abgeschiedenen künstlichen Mineralien angewendet werden und sind sehr wichtig.

Die Methoden der Untersuchung werden daher auch verschieden sein je nach dem Wege, welcher zur Synthese geführt hat. Bei Schmelzen ist, da man oft mehrere Verbindungen nebeneinander erhält, die Möglichkeit nicht immer geboten, eine Analyse durchzuführen; da es sich aber hier zumeist um Silicate handelt, die genau bekannt sind, so wird hier die Anwendung der optischen Methoden zum Ziele führen. Zur Untersuchung eignen sich teils Schliffe, teils Pulverpräparate. Von großem Werte ist auch bei allen diesen die Bestimmung der Dichte.

Bei durch Sublimation erhaltenen Produkten ist es oft leichter eine mechanische Trennung der synthetisch erhaltenen Körper, und dann auch eine analytische Untersuchung durchzuführen, auch sind solche oft in so deutlichen Kristallen zu erhalten, daß sie eine kristallographische Untersuchung zulassen. Bei auf dem Wege der wässerigen Lösung erhaltenen Kristallen ist dies oft ebenfalls möglich; auch hier leistet zumeist die optische Methode die besten Dienste. In manchen Fällen ist die Analyse durchführbar, wenn nicht untrennbare Gemenge mehrerer Körper vorliegen, die leider nicht selten die Untersuchung erschweren.

Hüttenprodukte und juvenile Mineralbildungen. — Außer den im Laboratorium erzeugten Kunstmineralien müssen auch jene künstlich erzeugten Bildungen berücksichtigt werden, welche unbeabsichtigt mehr durch Zufall bei verschiedenen

Vorgängen durch menschliche Tätigkeit entstehen, namentlich in Hochöfen, Hüttenwerken, Quellenleitungen u. dgl. Sie können weder mit den synthetisch nach einem durchdachten Plane im Laboratorium hergestellten Mineralien, noch mit den Naturprodukten vereinigt werden. Französische Forscher bezeichnen sie als zufällige (produit accidentel), während wir sie im Deutschen auch als junge Mineralbildungen nach E. v. Groddeck[1]) kennen.

So können z. B. die natürlichen Silicate zumeist auch im Laboratorium dargestellt werden, aber manche derselben entstehen durch menschliche Tätigkeit, ohne daß man sie als synthetisch gebildete bezeichnen könnte, nämlich bei metallurgischen Prozessen, in Hochöfen oder in Wasserleitungen; der Ausdruck juvenile Mineralien ist namentlich für diese jüngeren Absätze aus Quellen passend.

Die Hochofenprodukte, wie auch die juvenilen Mineralabsätze stehen einigermaßen zwischen den synthetisch gebildeten und den natürlichen Mineralien, da z. B. der Ursprung von Bildungen in Wasserleitungsröhren oder -schächten ein ganz ähnlicher ist, wie jener der entsprechenden Mineralien selbst; die Erzeuger beider sind Quellen von derselben Zusammensetzung. Daher können uns solche junge Mineralbildungen wertvolle Aufschlüsse über die Entstehung der einschlägigen Verbindungen geben. Auch die bei metallurgischen Prozessen entstandenen Bildungen, die wieder den synthetisch erzeugten näher stehen, sind, wenn auch die Reagenzien, aus denen sie sich bildeten, nicht immer bekannt sind, von Wichtigkeit, da sie sich wegen ihrer Größe zur Untersuchung gut eignen.

Die Entwickelung der Mineralsynthese, die ihren Ursprung auf Hall, Hutton und die Geologen der schottischen Schule zurückführt, wurde in der ersten Hälfte des verflossenen Jahrhunderts namentlich durch französische Chemiker, wie Gay Lussac, P. Berthier, gefördert, wie auch später besonders L. Ebelmen, J. Durocher, H. Ste.-Claire Deville, H. de Sénarmont, Ch. Marignac, H Débray, G. Lechartier, G. Troost, G. A. Daubrée zu nennen sind. An diese reihen sich zu Ende des neunzehnten Jahrhunderts C. Friedel, R. Frémy, P. Hautefeuille, H. Moissan, St. Meunier und besonders F. Fouqué und A. Michel-Lévy an; doch haben sich auch in Deutschland namentlich R. Bunsen, Fr. Wöhler, C. E. Schafhäutl, C. Geitner, G. Rose, Böttger u. a. große Verdienste um die Darstellung künstlicher Mineralien erworben. Von neueren Forschungen sind auch die von A. v. Schulten, J. Morozewicz, J. H. L. Vogt, G. Spezia, P. Tschirwinsky, C. Doelter u. a. zu nennen.

Einteilung der Synthesen. — Verschiedene Autoren haben mehr oder weniger abweichende Einteilungen gegeben. Doch herrscht wohl darin Übereinstimmung, daß Mineralien hauptsächlich gebildet werden können 1. durch Sublimation, 2. aus Schmelzfluß, 3. aus wässerigen Lösungen und endlich reihen sich diejenigen künstlichen Mineralien an, die durch Elektrolyse herstellbar sind.

Eine weitere Einteilung hier zu geben, erübrigt sich; es sei auf die Werke von F. Fouqué und A. Michel-Lévy[2]), L. Bourgeois[3]), von

[1]) E. v. Groddeck, Die Lehre von den Erzlagerstätten (Leipzig 1879).
[2]) F. Fouqué u. A. Michel-Lévy, Synthèse des minéraux et des roches (Paris 1884).
[3]) L. Bourgeois, Reproduction des minéraux (Paris 1884).

C. Doelter[1]) und von R. Brauns[2]) verwiesen, auch wird diese bei den einzelnen größeren Gruppen noch zu besprechen sein.[3])

Entstehung und Umwandlung der Mineralien. — Bei der Lösung der Fragen, welche die Bildung und Umbildung der Mineralien betreffen, handelte es sich anfangs um rein geologische Probleme, doch erkannten einzelne Geologen auch frühzeitig, daß diese sich nur unter Zuhilfenahme der Chemie lösen ließen; so wurde das Experiment zu einem wichtigen Faktor zur Erklärung minerogenetischer Fragen. Allerdings mußte auch hier wieder oft eine Korrektur durch die geologischen Beobachtungen eintreten, denn die Genesis der Mineralien kann nicht nur auf chemischem Wege erforscht werden, da ja auch das Vorkommen und die Paragenesis von Wichtigkeit sind; aus allen diesen Daten ergibt sich im Verein mit dem chemischen Experiment die Entstehung. Auf dieselbe Weise werden wir die Umwandlungen studieren, die ihre Aufklärung jedoch vorwiegend nur durch Laboratoriumsversuche finden, wobei das Experiment sich aber auch auf die Beobachtung in der Natur stützen müssen wird, welche es ermöglicht, daß im Laboratorium die natürlichen Bedingungen eingehalten werden können.

Wir haben zwar für die Entstehung der Mineralien hauptsächlich die Wege, welche wir bei den Synthesen eingeschlagen haben, nämlich Sublimation, Schmelzfluß, Absatz aus Lösungen, müssen aber die genannten näheren Bedingungen feststellen. In der Natur kann übrigens auch in manchen Fällen außerdem noch Mineralbildung durch Mitwirkung von Organismen, die man als organische Entstehung bezeichnet, in Betracht kommen.

Sehr wichtig ist für die Frage nach der Entstehung der Mineralien ihre Paragenesis, d. h. das Zusammenvorkommen und die relative zeitliche Entstehung mit anderen Mineralien. Allerdings ist das, was man bisher Paragenesis nannte, nur eine ganz annähernde Kunde von der gleichzeitigen Entstehung. Erklärt ist die Paragenesis und mit ihr dann auch die Entstehung, wenn, wie es z. B. J. van't Hoff für die Salzmineralien festgelegt hat, angegeben werden kann, in welchen Existenzgebieten, namentlich in bezug auf Temperatur und Druck und Zusammensetzung der Lösung, die betreffenden Verbindungen entstehen. Das sind aber überaus schwierige Probleme, die bisher nur bei wenigen Mineralien als ganz gelöst zu betrachten sind; dabei verlangen wir jetzt eine ganz andere Aufklärung über die Entstehung der Mineralien als einst. Im Anfange der Entwickelung der Minerogenese begnügte man sich damit, festzustellen, ob ein Mineral auf dem plutonischen oder neptunischen Wege sich bilden kann, ob es primär oder metamorph ist; später galt das Problem als gelöst, wenn eine in der Natur mögliche Synthese gelungen war. Heute müssen wir uns auf den Boden der physikalischen Chemie stellen und das Existenzgebiet des Minerals aufsuchen, wir müssen aus den Versuchen das Gebiet feststellen in bezug auf Temperatur, Zusammensetzung der Lösung und Druck, in welchen der betreffende Stoff stabil, bzw. metastabil ist.[4])

---

[1]) C. Doelter, Chemische Mineralogie (Leipzig 1890).

[2]) R. Brauns, Chemische Mineralogie (Leipzig 1896).

[3]) Eine Zusammenstellung der synthetischen Methoden findet sich in dem in russischer Sprache erschienenen Werke von P. Tschirwinsky über die künstliche Darstellung der Mineralien (Kiew 1903/6). Auf die Einteilung der Synthesen wird bei dem Kapitel „Synthese der Silicate“ zurückzukommen sein.

[4]) C. Doelter, Tsch. min. Mit. **25**, 80 (1906).

Groß ist der Einfluß der Konzentration der Lösung auf die Mineralbildung; speziell mit dieser Frage hat sich J. Thugutt beschäftigt.[1])

Sowohl die genetischen Fragen, als auch jene, welche Bildung und Umbildung betreffen, können nur dann gelöst werden, wenn die Löslichkeitsverhältnisse genau bekannt sind, aber nicht nur die Löslichkeitsverhältnisse in Wasser bei verschiedenen Temperaturen und Drucken, welche selbstverständlich die Basis unserer Kenntnisse bilden, sondern auch die von Lösungen, welche die verschiedenen Salze enthalten (vgl. S. 16). Leider liegen solche Löslichkeitsversuche, die ja so wichtig für die Entstehung sind, bisher nur in geringer Zahl vor.

Die meisten und die verbreitetsten Mineralien, wie Silicate, und viele andere namentlich wasserfreie Salze sind bei gewöhnlicher Temperatur in Wasser unlöslich; aber auch solche als unlöslich bezeichnete Stoffe sind wenn auch nur spurenweise löslich, wie es die alkalische Reaktion so vieler Mineralien beweist,[2]) insbesondere aber bei Erhöhung der Temperatur wird die Löslichkeit merklich. Auch mechanische Bewegung wie Schütteln erhöht die Löslichkeit, es ist daher begreiflich, daß auch in der Natur durch fließende Wässer größere Veränderungen herbeigeführt werden, und das Wasser von großer Bedeutung für die Umwandlung ist.

Die natürlichen Gewässer stellen verdünnte Lösungen dar, viele Mineralien sind aus solchen entstanden; hier haben die Gesetze der verdünnten Lösungen, welche die physikalische Chemie festgestellt hat, Geltung, und es werden die näheren Verhältnisse durch die Gleichgewichtslehre und die Phasenregel gegeben. Diese natürlichen Lösungen sind auch dissoziierte und es finden Ionenreaktionen statt. Diese Lösungen sind jedoch veränderlich, denn in verschiedenen Gesteinsschichten wechseln nicht nur Druck und Temperatur, sondern auch die chemische Zusammensetzung.

Bei dem Absatze mancher Mineralien aus Lösungen kann die Osmose von Wichtigkeit sein, da für die verschiedenen Salze einer Lösung der osmotische Druck verschieden ist. Da in der Natur semipermeable Scheidewände vorhanden sind, so können wie im Laboratorium die verschiedenen Bestandteile mit verschiedenem Druck hindurchdiffundieren, und es kommen auch die verschiedenen Salze, die in der Lösung vorhanden sind, nach der Reihenfolge des osmotischen Druckes und der Diffusionsgeschwindigkeit zum Absatze. Diese Gesetzmäßigkeiten finden besonders bei der Entstehung der Mineralien der Erzgänge Anwendung. Das Studium der Löslichkeit der Mineralien im Wasser, sowie in Salzlösungen, ist noch im Anfangsstadium. Nur mit Wasser allein liegen Versuche in größerer Menge vor, auch sind systematische Versuche für verschiedene Temperaturen nur ganz vereinzelt durchgeführt; es lassen sich aber keine allgemeinen Regeln angeben, da in den speziellen Fällen die Versuchsanordnung wechseln wird. Bei älteren Arbeiten ist jedoch auch bei wasserhaltigen Verbindungen, nicht auf die Tensionsbestimmung des über der Lösung befindlichen Dampfes Rücksicht genommen worden, was bei wasserhaltigen Körpern nötig ist.

Wichtig ist ferner die Kenntnis der übersättigten Lösungen; Kristallbildung erfolgt, wenn durch Verdampfung oder Temperaturerniedrigung, also durch Entfernung des Lösungsmittels die betreffende Lösung sich dem Sättigungs-

[1]) J. Thugutt, Mineralchemische Studien. (Dorpat 1891.)

[2]) F. Cornu, I. Tsch. min. Mit. **24**, 417 (1905). II. Tsch. min. Mit. **25**, 489 (1906).

punkt nähert. In Anwesenheit des festen Körpers kann man von jedem löslichen Körper Lösungen herstellen, welche mehr von ihm enthalten als dem Gleichgewichte bei vorhandener fester Substanz entspricht. Übersättigung tritt ein, wenn sich durch Berührung mit dem festen Körper Kristalle ausscheiden; diese Übersättigung hängt von der Temperatur ab. Es gibt nun Lösungen, welche kristallisieren und solche, welche nicht sofort kristallisieren, doch wird jede übersättigte Lösung früher oder später kristallisieren, nur ist der Unterschied ein zeitlicher. Nach L. de Coppet tritt spontane Kristallisation bei um so niedrigerer Temperatur ein, je verdünnter die Lösung ist. Die Keime, die bei Kristallisationsversuchen im Laboratorium eine so wichtige Rolle spielen, sind auch in der Natur vorhanden. Solche übersättigte Lösungen, welche sich beim Ausschluß von Keimen unter bestimmten Bedingungen unendlich lange aufbewahren lassen, nennen wir nach dem Vorgange W. Ostwalds[1]) metastabile, während solche, bei welchen auch beim Ausschlusse von Keimen sich Kristalle rasch bilden, als labile bezeichnet werden. Beim freiwilligen Verlassen des übersättigten Zustandes tritt nach W. Ostwald nicht die beständigste Kristallart, sondern die nächst stabile auf, doch ist auch der Unterschied zwischen stabilem und unstabilem Zustand nur ein gradueller; in der Natur beobachtet man vielfach, namentlich bei dimorphen Körpern, daß die nächst stabile Modifikation sich bildet.

Eine wichtige Frage ist auch die, ob die Kristallbildung durch den Druck beschleunigt wird und ob der amorphe Zustand durch den Druck instabil wird, ferner, ob die Reaktionsgeschwindigkeit durch Druckerhöhung vergrößert wird.

Hierbei müssen aber doch, obgleich theoretisch Schmelzen und Lösungen nicht auseinanderzuhalten sind, beide gesondert betrachtet werden. Eine vollkommene Übereinstimmung ist bisher nicht vorhanden in der Frage, ob die Umwandlung von amorphen Körpern durch den Druck gefördert wird. Aber obgleich Versuche von C. Oetling[2]) ergaben, daß auch Glasbildung bei erhöhtem Drucke nicht ausgeschlossen ist, spricht doch das Fehlen amorpher Körper in tieferen Schichten für die Bejahung. Auch Versuche wie die W. Springs sprechen wenigstens bei metallischen Verbindungen für Beschleunigung der Reaktionsgeschwindigkeit durch Druck. Andererseits hat G. Spezia nachgewiesen, daß der Druck bei der Quarzbildung aus Lösungen die Kristallisation nicht begünstige.[3])

Ich habe in vielen Fällen nachgewiesen, daß das dem Drucke in der Wirkung vergleichbare Schütteln die Kristallisation fördert.[4])

Bei dem experimentellen Studium der Genesis und Paragenesis kann man nach zwei Arten vorgehen, und zwar sowohl bei Lösungen als auch bei Schmelzen. Erstens durch Kristallisationsversuche z. B. bei wäßrigen Lösungen durch Einengung, doch führt diese Methode nicht immer vollständig zum Ziele, da manche Verbindungen ausbleiben; zweitens durch systematische Bestimmung der Löslichkeit der vorkommenden Verbindungen sowohl jeder für sich als auch paarweise und zu dritt, wie es beispielsweise J. van't Hoff und seine Mitarbeiter für die Mineralien der Salzlagerstätten durchgeführt haben. Sehr wichtig ist auch die doppelte Umsetzung von Salzen, welche zumeist eine reversible Reaktion darstellt. Hierher gehört namentlich das Studium der

[1]) W. Ostwald, Lehrb. d. allg. Chemie. II, (Leipzig 1903), 775.
[2]) C. Oetling, Tsch. min. Mit. **17**, 381 (1898).
[3]) Vgl. die Literatur in C. Doelter, Physikal.-chem. Mineralogie. (Leipzig 1905.)
[4]) Koll.-Z. **7**, 29 (1910).

reziproken Salzpaare, die J. van't Hoff und W. Meyerhoffer ausgebaut haben. Um die natürlichen Vorgänge richtig zu beurteilen, müssen wir aber auch eine genaue Kenntnis der chemischen Zusammensetzung der natürlichen Gewässer haben, in welchen die Umwandlungen vor sich gehen, also Analysen der verschiedenen Quellwässer, Mineralwässer, Flußwässer, des See- und Meerwassers verschiedener Gegenden. Solche sind schon in älteren Werken G. Bischoffs, J. Roths enthalten und wurden neuerdings in dem trefflichen Werke von F. W. Clarke zusammengestellt.[1])

Die Umwandlungsvorgänge im Mineralreiche. — Die anscheinend starre Welt der Steine, die gerade als Symbol des Unveränderlichen gilt, ist trotzdem vielen Veränderungen unterworfen, was die auch dem oberflächlichen Beobachter auffallende Verwitterung, das Zerfallen von Gesteinsmassen zeigt, noch mehr die mikroskopische Untersuchung der Gesteine und das Studium der Pseudomorphosen. Die Ursachen dieser Umwandlungen liegen in der Einwirkung der Atmosphärilien, der Niederschläge, der Bodenwässer, des Meeres einerseits, oft auch der heißen Dämpfe und der Hitze vulkanischer Massen andererseits.

Alle diese Faktoren wirken zerstörend auf die Mineralien, es entstehen Lösungen, die durch ihren Gehalt an mineralischen Stoffen an anderen Stellen noch weitere Veränderungen hervorrufen, die aber unter veränderten Bedingungen imstande sind, neue Verbindungen abzusetzen. Wir unterscheiden daher Umwandlungen durch Eruptivgesteine, Kontaktbildungen, pneumatolytische Bildungen und Einwirkungen wäßriger Lösungen, welche wohl die verbreitetsten und interessantesten sind.

Bei allen Vorgängen, die Bildung und Umwandlung der Mineralien betreffen, spielen Druck und hauptsächlich Temperatur eine gewichtige Rolle. Die Temperatur kann auch in natürlichen Lösungen sehr verschieden sein, da ja die Temperatur mit der Tiefe wechselt. Die Reaktionsgeschwindigkeit hängt aber vorwiegend von der Temperatur ab, da sie in geometrischer Progression steigt, wenn letztere in arithmetischer Progression wächst. Daher kann auch Temperaturerhöhung Zeit ersetzen.

Der Einfluß des Druckes ist geringer, er ist nur bezüglich der Löslichkeit bekannt; nach dem zweiten Hauptsatze der Thermodynamik muß die Löslichkeit derjenigen Körper, die bei der Auflösung Kontraktion zeigen, mit dem Druck steigen, was durch viele Versuche festgestellt ist.[2]) H. W. Backhuis-Roozeboom[3]) hat das Problem von der Volumänderung bei Bildung von Lösungen theoretisch behandelt. Die Frage, ob und bei welcher Konzentration die Ausdehnung Null wird, um bei niedrigerer Konzentration in Kontraktion überzugehen, hängt ab von der Lage der Volumenkonzentrationskurve, dann von der Größe der Schmelzausdehnung.

Konzentrierte Lösungen können sich anders verhalten als verdünnte. Allerdings sind die Lösungen in der Natur meist verdünnte. Viele Versuche, die von F. Braun, F. Pfaff, B. Stackelberg, G. Spezia ausgeführt wurden und die später bei den einzelnen Kapiteln ausführlich erwähnt werden sollen, zeigen, daß die Löslichkeit allerdings durch Druck nur wenig erhöht wird.

---

[1]) F. W. Clarke, The Data of Geochemistry. (Washington 1908.)
[2]) Vgl. C. Doelter, Phys.-chem. Mineralogie. (Leipzig 1905), 209.
[3]) H. W. Backhuis-Roozeboom, Heterogene Gleichgewichte II, (Braunschweig 1905) 400.

Sehr wichtig sind auch die Druck- und Temperaturänderungen bei Gegenwart einer chemisch eingreifenden Gasphase und hier ist in der Natur besonders die Kohlensäure von Wichtigkeit, die in so vielen natürlichen Gewässern in geringerer oder größerer Menge enthalten ist. Diese Kohlensäure verändert die Löslichkeit in reinem Wasser ganz bedeutend, ihre Wirkung hängt jedoch von den genannten Faktoren ab, die in hohem Grade veränderlich sind, daher die Mineralbildung auch von der Veränderung dieser Faktoren abhängig sein wird. In anderen Fällen, z. B. bei Schwefelerzen, wirkt ähnlich der Schwefelwasserstoff.

Bei den Umwandlungsvorgängen treten auch Volumänderungen ein, deren Studium von Wichtigkeit sein kann, wie C. R. van Hise[1]) gezeigt hat.

Im allgemeinen sind unsere bisherigen Kenntnisse von den Umwandlungen keine großen; ursprünglich waren nur Beobachtungen vorhanden, die sich auf die Veränderungen der Kristalle, insbesondere auf die Pseudomorphosen bezogen, und erst später suchte man mit bestimmten Reagenzien künstliche Veränderungen hervorzurufen. Die natürlichen Umwandlungsprodukte, die Pseudomorphosen, geben wenig Aufschlüsse über die Umwandlungsvorgänge selbst, sie beweisen nur, daß solche vorkommen, aber wir können keine Schlüsse ziehen, durch welche Reaktionen sie veranlaßt wurden, daher haben sie nur einen beschränkten Wert. Wichtiger ist es, im Laboratorium die Vorgänge nachzuahmen. Solche Versuche liegen in nicht geringer Menge vor, jedoch sind nur diejenigen besonders wertvoll, die nicht nur qualitativer Natur sind und bei welchen die Temperatur und der Druck genau bestimmt sind. Sehr wichtig ist die Kenntnis der Konzentration der angewandten Lösung. Will man natürliche Vorgänge nachahmen, so muß man wie bei den Synthesen in den von der Natur eingeschlagenen Bedingungen bleiben. Das Studium des natürlichen Vorkommens und der Paragenesis sind also hier ebenso wichtig wie bei der Entstehung der Mineralien.

Das größte Verdienst um die Kenntnis der Umsetzung der Mineralien hat sich G. Lemberg erworben, der in zahlreichen Arbeiten eine große Zahl von Silicaten mit Lösungen behandelte, und unsere Kenntnis von den Umwandlungen basiert zum größten Teil auf seinen sowie auf den älteren Untersuchungen G. Bischoffs. Indessen sind diese Daten auch nicht vollständig, da sie nicht vom Standpunkte der physikalischen Chemie ausgeführt wurden, und nur die Veränderung des festen Körpers, nicht aber die der Lösungen erforscht wurde. Dies ist jedoch notwendig; auch sollte man, um den Bedingungen in der Natur nahe zu kommen, sehr verdünnte Lösungen bei den Versuchen verwenden; nur aus diesen bilden sich auch gute Kristalle, während aus konzentrierten Lösungen sich kristalline Niederschläge absetzen. Leider fehlt im Laboratorium die Zeit, denn die Kristalle bilden sich in der Natur durch lange Einwirkung verdünnter Lösungen, deren Wirkung im Laboratorium nur erzielt werden kann, wenn man konzentriertere Lösungen verwendet oder die Zeit durch eine Temperaturerhöhung ersetzt.

Einteilung der Umwandlungsvorgänge. — Man unterscheidet oft nach dem Vorgange von J. Roth einfache und komplizierte Verwitterung, welche Einteilung aber mehr von geologischem Werte ist. Eine wirklich brauchbare Klassifizierung müßte eine chemische sein; sie ist aber gegenwärtig noch nicht durchführbar. Die eigentliche Verwitterung ist die durch die Atmo-

[1]) C. R. van Hise, Tretease on Metamorphisme (Washington 1904).

sphärilien hervorgebrachte Veränderung. Die Agenzien sind zum Teil mechanische, zum Teil chemische, es sind außer Löslichkeitswirkung auch hydrolytische Wirkungen. Die chemischen Agenzien sind nach J. M. van Bemmelen[1]) Sauerstoff, Wasser, Kohlensäure, Ammoniak, Salpetersäure (durch Regenwasser zugeführt, oder aus der Atmosphäre absorbiert); endlich wirken oft auch Bakterien mit. Die Adsorption spielt nach G. Linck bei der Verwitterung eine Rolle.

Die komplizierte Verwitterung J. Roths enthält die übrigen Umwandlungen, die durch die verschiedenen in den Gewässern enthaltenen Reagenzien verursacht sind.

Bei den Umwandlungsprozessen können wir uns heute nicht mehr mit den rein qualitativen Versuchen begnügen, sondern wie bei der Bildung der Mineralien kommen in Betracht die Gesetze der physikalischen Chemie: Massenwirkungsgesetz, die Gesetze der elektrolytischen Dissoziation, das Verteilungsgesetz, das Nernstsche Lösungsgesetz, die Osmose, die Diffusion, das Ludwig-Soretsche Gesetz, welche Gesetzmäßigkeiten ja auch bei der Bildung der Mineralien, die nicht von der Umwandlung zu trennen ist, in Betracht kommen.

Bei den Reaktionen hat das Massenwirkungsgesetz, wonach die chemische Wirkung eines Stoffes proportional seiner wirksamen Masse ist, die größte Bedeutung, sowohl was die Laboratoriumsversuche als auch die natürlichen Prozesse anbelangt. Auch in einer sehr verdünnten Lösung kann die wirksame Masse eine große werden, wenn, wie dies in der Natur der Fall ist, eine solche Lösung sich im fließenden Zustande befindet, weil dadurch immer neue wirksame Masse zugeführt wird und schließlich die Summe der wirksamen Massen eine beträchtliche ist. Dabei kommen die Löslichkeitsverhältnisse sehr in Betracht. Für die chemischen Reaktionen ist im Gleichgewicht das Verhältnis der freien Ionen der Säuren der bei der Reaktion beteiligten Salze, nämlich des sich zersetzenden (links) und des sich neu bildenden Salzes (rechts), konstant.

Die Reaktionen sind reversibel, und maßgebend dafür, ob sie von links nach rechts oder umgekehrt verlaufen, ist die Gleichgewichtskonstante, zwischen den Säureionen der reagierenden Salze, d. h. ob das Mengenverhältnis der reagierenden Salze größer oder kleiner ist als die Gleichgewichtskonstante für die betreffende Reaktion.[2])

Die Umwandlung von bestehenden Mineralien und die Neubildung solcher sind auf das innigste miteinander verknüpft; dieselbe Lösung kann in Berührung mit der festen Phase sowohl die Zersetzung als auch die Ausscheidung eines Stoffes hervorrufen, je nach dem Grade der Sättigung, namentlich je nachdem sie in bezug auf den festen Stoff ungesättigt oder übersättigt ist. Die Lösungen sind dissoziierte, da sie ja sehr verdünnt sind und es haben hier die für die elektrolytische Dissoziation geltenden Gesetzmäßigkeiten Anwendung.

Hier ist nun von Wichtigkeit das Nernstsche Lösungsgesetz, wonach Zusatz eines gleichen Ions die Löslichkeit erniedrigt, während der Zusatz eines fremden dritten Ions die Löslichkeit erhöht. Kurz alle diese Umwandlungsprozesse müssen vom Standpunkte der physikalischen Chemie durchforscht werden.

---

[1]) J. M. van Bemmelen, Z. f. anorg. Chem. **66**, 322 (1910).
[2]) R. Findlay, Z. f. phys. Chem. **34**, 409, 435 (1900).

Allgemeines über die analytische Mineralchemie.

Von **M. Dittrich** (Heidelberg).

Mit den Erfolgen und Fortschritten, welche einzelne Teile der Chemie, wie namentlich organische und technische Chemie in den letzten 40—50 Jahren und neuerdings auch die allgemeine Chemie aufzuweisen haben, scheinen manche andere Teile nicht in Wettbewerb treten zu können; ganz besonders dürfte dies vielleicht von der analytischen Chemie gesagt werden. Denn schon in früherer Zeit wurden große und eingehende Analysen ausgeführt; R. Bunsen untersuchte Gesteine und Mineralwässer, R. Fresenius besonders die letzteren, C. F. Rammelsberg unterzog eine große Anzahl Mineralien genauen Untersuchungen. In neuerer Zeit finden wir jedoch immer weniger Forscher, welche sich mit der analytischen Chemie beschäftigen. Es mag vielleicht sein, daß die Aussichten auf Erfolg in der analytischen Chemie geringer zu sein scheinen und daß die Arbeiten manchem zu mühsam und anscheinend zu wenig lohnend sind, als wie dies in anderen Teilen der Chemie der Fall ist.

Bei näherem Zusehen muß man aber gestehen, daß die analytische Chemie im Laufe der Zeit eine andere geworden ist, als was sie ehedem war. Früher beschränkte man sich darauf, den Verlauf einer Reaktion, wie sie normalerweise erfolgte, durch eine Gleichung anzugeben, achtete aber nicht darauf, daß diese Vorgänge nur unter bestimmten Verhältnissen erfolgen, daß, wenn die Mengenverhältnisse auffallend verschieden sind, die Reaktionen infolge Auftretens eigentümlicher Gleichgewichte unvollständig und gar nicht stattfinden. Die zur Abscheidung und Trennung der verschiedenen Elemente angewandten Methoden beruhten früher vielfach auf reiner Empirie, eine wissenschaftliche Begründung fehlte meistens. Dies hatte seinen Grund darin, daß, wie W. Ostwald sagt,[1]) die wissenschaftliche Chemie selbst noch nicht über die dazu erforderlichen Anschauungen und Gesetze verfügte. Erst seitdem dies geschehen, finden wir auch in der analytischen Chemie das Streben, die Empirie abzustoßen und auch die analytischen Vorgänge wissenschaftlich zu erklären. Ganz besonders sind in dieser Hinsicht die neueren Forschungen auf physikalisch-chemischem Gebiet, insbesondere die Theorie der Lösungen, die Anschauungen über Bildung von komplexen Salzen usw. von wesentlichem Einfluß geworden; erst dadurch lassen sich manche Vorgänge richtig deuten.

Durch diese Neuerungen hat verhältnismäßig wenig Umänderungen die qualitative Analyse erfahren: auch heute noch werden meistens diejenigen Methoden verwendet, welche vor 50 Jahren gebraucht wurden. Zwar ist die Zahl der Reaktionen beträchtlich vermehrt und eine ganze Reihe Reagenzien sind gefunden worden, welche manche Substanzen bequemer und schärfer erkennen lassen; allein die Versuche, den analytischen Trennungsgang zu ändern, sind meist erfolglos geblieben. So hat man versucht, den unangenehmen Schwefelwasserstoff durch die Thioessigsäure zu ersetzen; die allgemeine Einführung scheiterte wohl an dem hohen Preise des neuen Reagenz. Versuche, die Metalle der Schwefelwasserstoff- und Ammoniumsulfidgruppe in anderer Weise als bisher, namentlich unter Anwendung neuer Reagenzien (Hydrazin

[1]) W. Ostwald, Die wissenschaftlichen Grundlagen der analyt. Chemie. (Leipzig 1910). Vorrede.

und Hydroxylamin usw.) zu trennen, fanden keinen Anklang, nur die Trennung der Metalle der Ammoniumsulfidgruppe durch alkalisches Wasserstoffsuperoxyd, welches wirklich scharfe Trennungen liefert, scheint jetzt allgemeiner benutzt zu werden und die älteren Methoden, welche selbst dem Geübteren Schwierigkeiten bereiteten, zu verdrängen.

Daß die qualitative Analyse sich wenig entwickelt hat, dürfte vielleicht auch darin seinen Grund haben, daß es in der Praxis seltener vorkommen wird, Gemische zahlreicher unbekannter Substanzen analysieren zu müssen, wie dies vielfach von Studierenden in den ersten Semestern verlangt wird; gewöhnlich besitzt man in der Praxis schon irgend einen Anhalt, über die Zusammensetzung der zu untersuchenden Substanz und welches ihre Hauptbestandteile sind, und hat nur auf Beimengungen, welche von Wichtigkeit sind, zu prüfen. Die qualitative Analyse hat in vielen Fällen mehr eine pädagogische Bedeutung: sie soll dem Studierenden dazu dienen, die gelernten Reaktionen an Beispielen zu üben, welche von einfacheren zu schwierigeren aufsteigen und gleichzeitig dadurch das Verständnis für die bei der Untersuchung sich abspielenden Vorgänge zu erwecken.

Weit wichtiger als die qualitative Analyse in wissenschaftlicher wie in praktischer Beziehung ist die quantitative Analyse geworden und ihre Fortschritte erstrecken sich auf die Gravimetrie, Titriermethoden und die Gasanalyse. Man prüfte die alten Methoden, stellte ihre Brauchbarkeit oder Unbrauchbarkeit fest, verbesserte und verfeinerte sie. Man fand, daß einmalige Fällungen nur selten zu glatten Trennungen führten, daß eine Wiederauflösung des Niederschlages und eine Neufällung notwendig sei. Man bestimmte die Löslichkeit von Niederschlägen, um daran einen Anhalt für die Genauigkeit der Fällung zu haben u. a. m. Daneben wurden aber auch neue Methoden ausgearbeitet, wenn sich die alten als nicht brauchbar oder zu umständlich oder dgl. erwiesen.

Bei der häufig gebrauchten, für die Technik so wichtigen Bestimmung der Schwefelsäure sind die Bedingungen zur Erlangung gleichmäßig genauer Resultate keineswegs so einfache, wie vielleicht bei einem so unlöslichen Niederschlage wie Bariumsulfat anzunehmen ist; selbst die vor einigen Jahren von einer großen Zahl hervorragender Analytiker ausgeführten Analysen des sogenannten internationalen Pyritmusters zeigten, daß es selbst in geübten Händen nicht leicht ist, übereinstimmende Resultate zu erzielen und man mühte sich daraufhin, die Methoden zur Bestimmung der Schwefelsäure aufs genaueste nachzuprüfen und zu verbessern. Die Störungen durch die Anwesenheit von Eisen bei Bariumsulfatfällung hatte man schon früher erkannt. Man half sich damit, das Eisen vorher durch Ammoniak zu entfernen; erst später wurde darauf hingewiesen, daß die Bildung komplexer Verbindungen an dem Mitreißen des Eisens schuld sei und es wurde gezeigt, wie auch bei Gegenwart von Eisen ein eisenfreies Bariumsulfat erhalten werden könne; man fällt zunächst das Eisen durch Ammoniak als Hydroxyd, in derselben Flüssigkeit sodann das Bariumsulfat und fügt zur Lösung des Eisenhydroxyds Salzsäure zu; auf diese Weise entzieht man dem Eisen durch Überführung in eine undissoziierte Verbindung die Möglichkeit, sich mit dem Bariumsulfat zu komplexem Salz zu vereinigen.

Die Bestimmungen des Magnesiums durch Natriumphosphat und der Phosphorsäure durch Magnesiamixtur, welche früher stets in der Kälte vorgenommen wurden, machten Schwierigkeiten; man erhielt schwankende Resultate.

Eingehende Untersuchungen führten dazu, daß jetzt eine vollkommen abgeänderte Fällungsweise in beiden Fällen benutzt wird, welche sehr genaue und gleichmäßige Resultate liefert.

Auch die wichtige Bestimmung des Kaliums als Kaliumplatinchlorid ist von neuem von verschiedenen Seiten geprüft und verbessert worden.

Schon lange ist man zu der Erkenntnis gekommen, daß einmalige Fällungen in sehr vielen Fällen nicht genügen, da Mitreißungen stattfinden, welche hartnäckig dem Niederschlage anhaften; man half sich durch zwei- oder mehrmalige Fällungen; nur in wenigen Fällen ist es auf Grund theoretischer Erwägungen möglich geworden, mit nur einmaliger Fällung auszukommen. Bei der Trennung von Calcium und Magnesium durch Ammoniumoxalat in essigsaurer oder ammoniakalischer Lösung bleibt stets etwas Magnesium als Magnesiumoxalat dem Calciumoxalat beigemengt, durch eine zweite Fällung kann es davon befreit werden. Erst Richards und seine Mitarbeiter zeigten durch eingehende Versuche und unter Berücksichtigung der modernen Anschauungen (siehe bei Dolomit) die Bedingungen, unter denen eine einmalige Fällung zur Trennung genügt.

Außer diesen Revisionen älterer Methoden sind eine ganze Reihe neuer zum Teil sehr brauchbarer und guter Verfahren hinzugekommen. Ich erinnere z. B. an die Trennung des Bariums vom Strontium durch Ammoniumchromat, welche früher nicht mit der nötigen Genauigkeit durchzuführen war. Sehr unterstützt wurde die Ausarbeitung neuer Methoden auch durch die neu entdeckten Reagenzien Hydroxylamin und Hydrazin, Persulfat, Wasserstoffsuperoxyd, Nitron usw., mit Hilfe deren eine große Reihe von wichtigen Trennungen und Bestimmungen ausgeführt werden können. Die Analyse der Sulfide erfolgte früher gewöhnlich durch Erhitzen im Chlorstrom, wobei ein Teil der Bestandteile flüchtig übergeht, während der andere nicht flüchtig zurückbleibt; das unangenehme Chlor ist vielfach mit gutem Erfolg ersetzt worden durch Sauerstoff, Salzsäure und Brom, wodurch die Möglichkeit der Trennung der einzelnen Bestandteile wesentlich vergrößert worden ist.

Zum Aufschluß der Silikate ist vorgeschlagen worden, das früher benützte Natriumcarbonat durch Borsäure, Bleioxyd usw. zu ersetzen, um auf diese Weise in einem Aufschluß auch die Alkalien mitbestimmen zu können, eine Methode, welche sich dann empfehlen dürfte, wenn nur wenig Substanz vorhanden ist. Für die Bestimmung von Alkalien in Silicaten ist der Aufschluß mit Calciumcarbonat und Ammoniumchlorid ein wertvoller Ersatz für die nicht immer zuverlässige Methode mittels Fluß- und Schwefelsäure geworden. Ganz besondere Fortschritte sind auf dem Gebiet der seltenen Erden zu verzeichnen, seitdem man gelernt hat, diese für technische Zwecke zu verwenden. Ihre Erkennungs- und Trennungsmethoden wurden eingehend studiert und eine ganze Zahl neuer und wichtiger Methoden gefunden.

Zu diesen älteren, meist auf Fällungen beruhenden gravimetrischen Verfahren, ist eine Reihe recht brauchbarer Methoden hinzugekommen, welche den elektrischen Strom zur Abscheidung benutzen, die elektrolytischen Methoden. Zwar ist es kaum möglich, Analysen ausschließlich auf elektrolytischem Wege durchzuführen, immerhin können manche Trennungen damit sehr gut gemacht und für viele Metalle, wie Kupfer, Nickel, Kobalt, Blei usw. ist das elektrolytische Verfahren die genaueste und manchmal auch die rascheste Methode.

Neben den Fällungsmethoden sind die titrimetrischen Bestimmungsverfahren ganz besonders vermehrt und verbessert worden. Dies hat seinen

Grund darin, daß die Maßanalyse es gestattet, in meist sehr kurzer Zeit mit recht großer Genauigkeit Bestimmungen auszuführen, für welche auf gewichtsanalytischen Wege weit mehr Zeit nötig ist. Die Einstellung der erforderlichen Normallösungen ist durch Einführung haltbarer und leicht zugänglicher Urtitersubstanzen wesentlich leichter geworden als wie dies früher der Fall war.

Ganz erhebliche Fortschritte hat schließlich auch die Gasanalyse gemacht, seitdem man ihre Wichtigkeit für die Technik, z. B. für Rauchgasuntersuchungen, erkannt hat. Methoden sind ausgearbeitet und praktische Apparate konstruiert worden, mit Hilfe deren man selbst komplizierte Analysen, wie Leuchtgas, in verhältnismäßig sehr kurzer Zeit ausführen kann, für die früher Tage notwendig waren.

Bei allen diesen Methoden ist es von besonderer Wichtigkeit, daß es sich die Technik hat angelegen sein lassen, dem Chemiker geeignete Apparate, Utensilien und Chemikalien in verbesserter Form zu liefern. Da die Chemikalien, Säuren, Laugen und selbst Wasser nicht unbeträchtliche Mengen Glassubstanz auflösen und der Analyse zuführen, waren früher beträchtliche Fehler bei der Benutzung von Glasgefäßen nicht zu vermeiden. Erst seit verhältnismäßig kurzer Zeit ist es möglich geworden, diese Fehlerquelle fast vollständig auszuschalten, seitdem man es verstanden hat die Gläser widerstandsfähiger gegen chemische Agenzien zu machen (Jenenser Glas, Resistenzglas u. dgl.). Ein besonderer Fortschritt, aus allerjüngster Zeit stammend, ist die Verwendung von geschmolzenem Quarz für Gefäße und namentlich für Röhren, welche wesentlich höhere Hitze ertragen können und vielfach mit großem Vorteil an Stelle von Glas benutzt werden. Auch die Meßgeräte wurden verbessert und verfeinert; Thermometer, Geräte für maßanalytische Arbeiten usw. brauchen jetzt nicht mehr vom Chemiker selbst geeicht zu werden, die Technik liefert sie in großer Genauigkeit, und einzelne Institute, auf deren Namen man sich verlassen kann, übernehmen die Eichung und garantieren für eine Genauigkeit, welche man früher nicht erwartet hätte.

Die oben erwähnten Fortschritte der analytischen Chemie wären aber nicht möglich gewesen, wenn man gezwungen gewesen wäre, weiter mit denselben Chemikalien wie früher zu arbeiten; und auch hier hat die Technik ausgeholfen. Man hat heute allermeist nicht mehr nötig, sich seine Reagenzien selbst zu reinigen; schon lange liefern Fabriken, besonders für analytische Zwecke bestimmte Reagenzien von großer Reinheit und seit ganz kurzer Zeit bringt sogar eine dieser Fabriken Chemikalien in den Handel, für deren Reinheit sie mit ihrem allgemeinen anerkannten Namen die weitgehendste Garantie übernimmt.

So sieht man, daß auf allen Gebieten der analytischen Chemie doch zahlreiche Fortschritte zu verzeichnen sind, welche zwar nicht so in die Augen springen, wie dies auf anderen Gebieten der Fall ist, welche aber zeigen, daß die analytische Chemie keineswegs vernachlässigt worden ist, sondern so weit wie möglich auf der Höhe der Zeit steht.

Vorbereitung der Mineralien zur Analyse.

Von **M. Dittrich** (Heidelberg).

Alle zur Analyse bestimmten Mineralien sind erst mikroskopisch auf Reinheit sorgfältig zu prüfen und erforderlichenfalls nach den mineralogischen

Methoden durch schwere Lösungen usw. zu reinigen, (s. S. 23). Nur Substanzen von gleichem spezifischen Gewicht, welche unter dem Mikroskop ein vollkommen homogenes Aussehen haben, dürfen zur Analyse verwendet werden.

Die Zerkleinerung von Mineralien geschieht in der Weise, daß man härtere Mineralien erst auf einer gut gehärteten Stahlplatte mit einem ebensolchen Hammer in kleine Stücke zerschlägt und hierauf vorsichtig in einem sogenannten Diamantmörser, einem ebenfalls aus gut gehärtetem Stahl hergestellten Mörser, vorsichtig zerklopft. Das so erhaltene gröbliche Pulver wird sodann im Achatmörser in kleinen Anteilen von jedesmal $^1/_4$ bis $^1/_2$ g darin so fein zerrieben, daß sich das Pulver in die Poren der Haut einreiben läßt. Von weicheren Mineralien werden größere Stücke im Achatmörser zerdrückt und dann ebenfalls fein zerrieben. Ein Beuteln des Mineralpulvers, welches früher empfohlen wurde, ist nicht ratsam, da sich dabei vorhandenes Ferroeisen leicht oxydiert.

Das erhaltene Mineralpulver wird sodann in einem mit ausgeglühtem Sand gefüllten Exsikkator auf einem größeren Uhrglas einige Stunden liegen gelassen, um anhaftende Feuchtigkeit zu entfernen, und sodann in einem gut schließenden Gefäße, Röhrchen oder dgl. aufbewahrt.

Man pulvere einen reichlichen Vorrat, welcher für alle Bestimmungen ausreicht und überlege sich, wie bei spärlichem Material mehrere Bestimmungen vereinigt werden können, z. B. die Bestimmung der Kohlensäure nach Classen-Fresenius in Carbonaten mit der Bestimmung der Metalle.

Jeder quantitativen Analyse hat möglichst eine genaue qualitative Untersuchung vorauszugehen. Auf geringe Spuren mancher Elemente, wie auf Calcium oder Magnesium u. a. kann man manchmal auch ohne besondere Schwierigkeit im Gang der quantitativen Analysen prüfen und ihre Mengen gleichzeitig bestimmen.

Die mechanische Analyse der Mineralien.

Von **Erich Kaiser** (Gießen).

Die Mineralien liegen gegenüber ihren künstlichen Nachbildungen nur selten so rein vor, daß sie ohne weiteres zur chemischen Analyse wie zu anderen Untersuchungen benutzbar sind. Anhaftende Fremdkörper und Einschlüsse, die fast keinem natürlichen Minerale fehlen, müssen entfernt werden. Die Geschicklichkeit und die Umsicht des einzelnen beeinflussen das Gelingen der Reinigung oder Isolierung, und damit der Genauigkeit der späteren Untersuchungen. Viele fehlerhafte Mineralanalysen sind auf ungenügende Vorbereitung und fehlende Prüfung des Materials zurückzuführen.

Die an sehr zerstreuten Stellen zuerst angeführten Methoden der mechanischen Analyse sind verschiedentlich zusammengestellt worden.[1]) Hier kann

[1]) F. Zirkel, Lehrbuch der Petrographie. Bd. 1 (Leipzig 1893). — E. Cohen, Zusammenstellung petrographischer Untersuchungsmethoden nebst Angabe der Literatur (Stuttgart 1896). — Rosenbusch-Wülfing, Mikroskopische Physiographie der petrographisch wichtigen Mineralien. 4. Aufl. (Stuttgart 1904). — E. Kaiser, Mineralogisch-

nur ein kurzer Überblick gegeben werden. Die Angabe eines allgemein gültigen Verfahrens ist ausgeschlossen. Die Methode richtet sich immer nach dem speziellen Falle.

Der mechanischen Analyse geht, wenn man nur ein einzelnes Mineral isolieren und untersuchen will, die Zerkleinerung des Materials voran, je nach dem Grade der Verunreinigung bis zu einer wechselnden Korngröße. Jedes Korn muß nach dem Pulvern möglichst homogen sein, d. h. nur aus einer einzigen Mineralart bestehen und dabei von Einschlüssen jedweder Art frei sein. Die einzelnen zur mechanischen Analyse weiter zu verwendenden Körnchen müssen möglichst gleiche Größe besitzen, was man durch vorsichtige Anwendung verschiedener Siebe erreicht. Ist völlige Trennung beabsichtigt, so dürfen die einzelnen Körnchen auch nicht zu klein sein, da die feinsten staubförmigen Bestandteile einer scharfen Trennung viele Hinderungsgründe entgegensetzen. Am ehesten genügen Drusen- und Gangmineralien den Ansprüchen nach Homogenität, falls nicht verschiedene Mineralien aufeinandergewachsen sind. Schwieriger ist Homogenität zu erreichen bei eingewachsenen Mineralien, hier eher bei denen der grob- wie der feinkörnigen Gesteine.

Die Homogenität muß vor der weiteren Verwendung der Körner, auch noch vor dem feinsten Pulvern, sowohl bei den durchsichtigen wie bei den undurchsichtigen Mineralien mit der Lupe oder dem Mikroskop geprüft werden. Binokulare Mikroskope oder Lupen oder ein Lupenstativ (s. unten) sind dabei vorteilhaft.

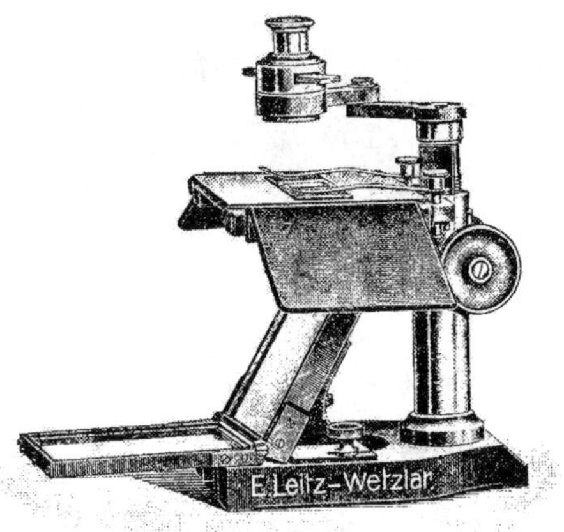

Fig. 1.

1. **Das Auslesen** kann in einzelnen Fällen mit einer gewöhnlichen Lupe auf Papier oder auf einer Glasplatte, mit halb schwarzer, halb weißer Unterlage erfolgen. Bei kristallisierten Mineralien verwendet man eine der von verschiedenen Firmen in den Handel gebrachten Auslesevorrichtungen mit Polarisationseinrichtung. Das Mineralpulver wird bei dem Apparate der Fig. 1 (Firma E. Leitz in Wetzlar) auf einer Glasplatte ausgebreitet. Glasplattensätze darunter erzeugen polarisiertes Licht. Eine an einem beweglichen Arme befestigte, für verschiedene Vergrößerungen auswechselbare Lupe mit Aufsatznikol ist verstellbar. Diese Einrichtung gestattet alle verschieden farbigen sowie verschieden glänzende, dann doppelbrechende

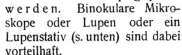

petrographische Untersuchungsmethoden, in Keilhack, Lehrb. d. praktischen Geologie. 2. Aufl. (Stuttgart 1908). Verschiedene z. T. sehr wichtige Zusammenstellungen enthalten auch noch die Lehrbücher der Mineralogie und Petrographie wie Bauer, Klockmann, Naumann-Zirkel, Rinne, Tschermak, Weinschenk usw. — Auch W. F. Hillebrand, The analysis of silicate and carbonate rocks, Bull. geol. Surv. U.S. (Washington 1910), Nr. 422 enthält in der Einleitung wichtige, wenn auch nicht vollständige Angaben über die mechanische Vorbereitung des Analysenmaterials. Deutsche Übersetzung von E. Wilke-Dörfurt (Leipzig 1910).

von nicht doppelbrechenden, spaltbare von nicht spaltbaren Mineralien usw., auch noch verschieden doppelbrechende Mineralien voneinander zu unterscheiden (Die Benutzung von Gips- und Glimmerblättchen ist möglich).

Bei besonderer Anfertigung dieses Apparates lasse man an Stelle der festen Glasplatte eine runde drehbare, aber abnehmbare Glasplatte mit erhöhtem Rande anbringen, zur besseren Benutzung der optischen Eigenschaften und zum Schutze gegen das Herabfallen des Pulvers. Die Vorrichtung reicht aus zur Prüfung der Homogenität gröberer Mineralgemische. Man kann auch eine bewegliche Glasplatte auf die Platte des abgebildeten Apparates legen und erstere mit dem Pulver drehen. Das gewünschte Pulver wird von den Begleitmineralien mit einer Pinzette, einem Holzstäbchen oder einer Nadel getrennt, die man je nach der vorliegenden Substanz in verschiedener Weise anfeuchtet. Ein Magnetstab dient zur Entfernung magnetischer Mineralien. Ein Mikroskop mit schwacher Vergrößerung kann auch genommen werden, doch empfiehlt sich dies nicht bei größerer Menge der Substanz.

2. **Trennung nach dem absoluten Gewichte** erfolgt mit Schlämmvorrichtungen, besonders dem Schöneschen[1]) oder dem Kopeckyschen[2]) Schlämmapparat. Man kann auch das Pulver in einem einfachen Standglas aufwirbeln, absitzen lassen und nach einiger Zeit die Trübe abgießen und in einem besonderen Gefäße niedersinken lassen. Wiederholtes Verfahren ermöglicht, aus relativ großer Menge die ihrem Gewichte nach verschiedenen Teile voneinander zu isolieren. Auch in Sichertrögen oder großen Porzellanschalen mit Wasser sind die verschieden schweren Teile zu sondern. Hiermit isoliert man z. B. Erze von Gangarten, allgemein also sehr schwere von sehr leichten Mineralien. Diese Schlämmanalyse ist wichtig für die Sonderung der einzelnen Mineralien aus den lockeren Gesteinsarten, z. B. für die Isolierung seltener Gemengteile aus Sand, unter Umständen auch aus Ton und tonigen Bodenarten.

3. **Trennung nach dem spezifischen Gewichte** verlangt Anwendung schwerer Flüssigkeiten oder schwerer Schmelzen und besonderer Vorrichtungen:[3])

Schwere Flüssigkeiten[4]) (Angabe von δ für die konzentrierte Lösung):

Bromoform,[5]) δ 2,9.

Acetylentetrabromid,[6]) δ 2,9 bis 3,0.

Kaliumquecksilberjodidlösung[7]) (Thouletsche Lösung), δ 3,17, eventuell bis 3,22.

---

[1]) E. Schöne, Über Schlämmanalyse. Berlin 1867. — K. Keilhack, Lehrbuch d. praktischen Geologie. 2. Aufl. (Stuttgart 1908), 519. — F. Wahnschaffe, Anleitung zur wissenschaftlichen Bodenuntersuchung. 2. Aufl. (Berlin 1903), 31. — H. Rosenbusch-Wülfing, 4. Aufl. (Stuttgart 1904), 417.

[2]) J. Kopecky, Die Bodenuntersuchung mit Berücksichtigung mechanischer Bodenanalysen (Prag 1901). — E. Ramann, Bodenkunde. 3. Aufl. (Berlin 1911), 290.

[3]) E. Kaiser (vgl. Anm. 1 S. 21) 571—598. Ausführliche Zusammenstellung mit Literaturangaben.

[4]) Die Verwendung ist z. T. auch besprochen bei P. Groth, Einleitung in die chemische Krystallographie (Leipzig 1904), 30—31.

[5]) Schröder van der Kolk, N. JB. Min. etc. 1895, I, 272—276; Z. d. geol. Ges. **48**, 777 (1896).

[6]) V. Muthmann, Z. Kryst. **30**, 73—74 (1899).

[7]) J. Thoulet, Bull. Soc. min. **2**, 17—24 (1879). — V. Goldschmidt, N. JB. Min. etc., 1881, Beil.-Bd. **1**, 179—238. — L. van Werweke. N. JB. Min. etc. 1883, II, 86. — H. Laspeyres, Z. Kryst. **27**, 45 (1896). — J. Höfle u. G. Vervuert, ZB. Min. etc. 1909, 554.

Cadmiumborowolframatlösung[1]) (Kleinsche Lösung), δ 3,28.
Methylenjodid,[2]) δ 3,32.
Baryumquecksilberjodidlösung[3]) (Rohrbachsche Lösung), δ 3,5.
Thalliumformiatlösung,[4]) δ 2,5 bei 10°, bis 4,8 bei 100°.
Thalliumformiat- und Thalliummalonatlösung,[4]) gemischt, δ 4,0 bei 12°.

Schwere Schmelzen (Auswahl):

Silbernitrat,[5]) Schmelzp. 198° δ 4,1.
Thalliumnitrat,[6]) Schmelzp. 205° δ 5,3.
Thalliumsilbernitrat,[5]) [6]) 1:1 Schmelzp. 75° δ 4,5; 3:4 δ 4,68; 1:4 δ 4,85.
Chlorblei-Chlorzink,[7]) bis δ 5,0.

Trennungsvorrichtungen sind in großer Zahl angegeben worden (Übersicht in den Werken s. Anm. 1 Seite 21). Am meisten bewährt sich in einfachen Fällen ein gewöhnlicher Scheidetrichter mit Hahn, auch ballonförmig mit Glasstöpsel an dem oberen Ende. Besser sind Apparate mit zwei voneinander getrennten Gefäßen, birnförmig oder zylindrisch, die durch Glasstöpsel gegeneinander und nach außen hin abgeschlossen sind. Im Prinzip sind fast alle die verschiedenen angegebenen Konstruktionen einander ähnlich. Es genügt hier durch Abbildung einen birnförmigen (Fig. 2)[8]) und einen zylindrischen (Fig. 3)[9]) Apparat anzudeuten.

Anwendung. Bei beiden Apparaten können bei entsprechender Größe die drei Verschlüsse mit je einem Finger gefaßt werden, so daß eine Hand den ganzen Apparat bequem schließt und schüttelt. Das eingeschüttete Mineralpulver oder lose Gemenge wird mit der konzentrierten oder entsprechend verdünnten schweren Lösung abgetrennt, bei Anwendung geringer Menge der meist teuren Flüssigkeit, die nach dem vorliegenden Falle wechselt. Man wird, wenn wertvolles Material vorliegt, vorher konstatieren, ob durch das Mineralpulver die Lösung zersetzt wird. So beachte man, daß quecksilberhaltige Flüssigkeiten nicht mit metallischen Substanzen in Berührung kommen. Methylenjodid ist in den meisten Fällen unbedenklich, solange es nicht freies Jod enthält, das durch Ausfrieren oder Behandeln mit Natriumthiosulfat oder Natriumsulfit entfernt wird.[10]) Bromoform und Azetylentetrabromid sind relativ billig. Sie eignen sich für niedriges spezifisches Gewicht. Thouletsche Lösung ist oft nur schwer auszuwaschen. Zersetzte Mineralien, besonders Feldspäte, Zeolithe, tonige Gemenge und kolloide Substanzen entziehen der Lösung Kalium,

---

1) D. Klein, C. R. **93**, 318—321 (1881); Bull. Soc. min. **4**. 149—155 (1881). — P. Gisevius, Beiträge zur Methode der Bestimmung des spezifischen Gewichts von Mineralien und der mechanischen Trennung von Mineralgemengen. (Dissert., Bonn 1893.) — Landwirtsch. Versuchsstationen **28**, 369—449 (1883).

2) R. Brauns, N. JB. Min. etc. 1886, II, 72—78; 1888, I, 213—214. — J. W Retgers, Z. f. phys. Chem. **3**, 292, 498 (1889); N. JB. Min. etc. 1889, II, 186—192.

3) C. Rohrbach, N. JB. Min. etc. 1883, II, 186—188; Ann. d. Phys. **20**, 169—174 (1883).

4) E. Clerici, Atti R. Accad. d. Linc. (5.) Rendic. Cl. sc. fis., mat. e nat. 3. Febr. **16**, p. 187—195 (1907); N. Jb. Min. etc. 1908, II, Ref. 2; Z. Kryst. **46**, 392.

5) J. W. Retgers, N. JB. Min. etc. 1889, II, 185—192.

6) J. W. Retgers, N. JB. Min. etc. 1893, I, 90-94; Z. f. phys. Chem. **5**, 451 (1890). — S. L. Penfield, Z. Kryst. **26**, 136 (1896); Am. Journ. **48**, 143—144 (1894); **50**, 446—448 (1895). — Trenkler, Tsch. min. Mit. **20**, 162—165 (1901).

7) R. Bréon, Bull. Soc. min. **3**, 46—56 (1880).

8) H. Laspeyres, Z. Kryst. **27**, 44—45 (1896).

9) E. Kaiser, ZB. Min. etc. 1906, 475—477.

10) E. Sommerfeldt, ZB. Min. etc. 1910, 483.

welches aus dem Mineralpulver nicht zu entfernen ist. Cadmiumborowolframat wird durch Metalle und durch Carbonate zersetzt. Bariumquecksilberjodidlösung zeigt ebenfalls Absorption durch zersetzte Feldspäte usw.

Azetylentetrabromid wird zweckmäßig verdünnt mit Äthylenbromid wegen des ungefähr gleichen Siedepunktes[1]) und seines ebenfalls hohen spezifischen Gewichts (2,18—2,19). Jodmethylen wird meist mit Benzol verdünnt, um ersteres leicht rein wieder gewinnen zu können.

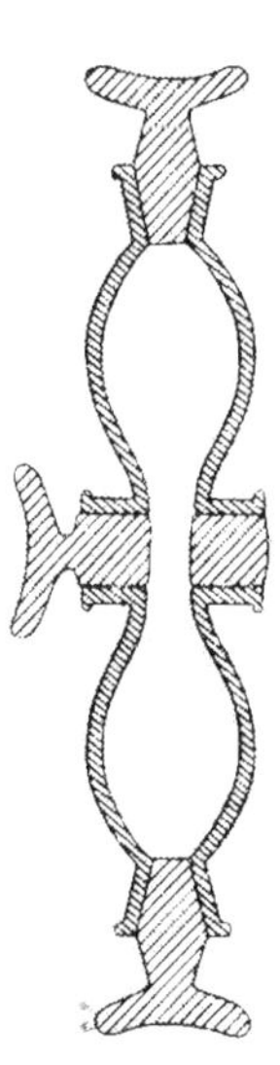

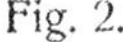

Fig. 2.

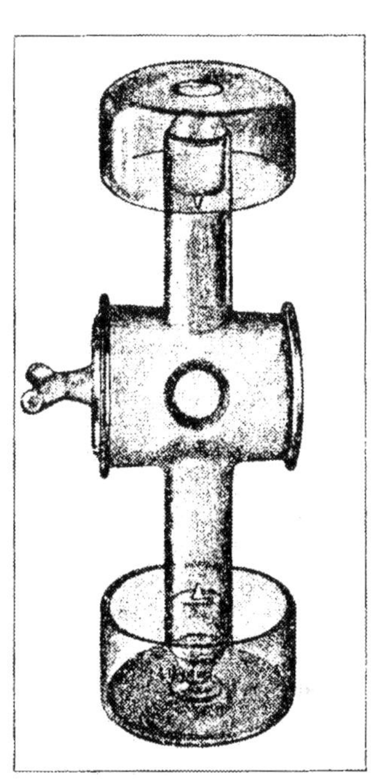

Fig. 3.

Für häufige mechanische Trennung nach dem spezifischen Gewichte stellt man sich eine Reihe von Gebrauchsflüssigkeiten her, die man nacheinander auf dasselbe Mineralpulver anwenden kann. Die zu wählenden spezifischen Gewichte werden sich nach den am meisten zu erwartenden Mineralien richten. So wird man immer konzentriertes Acetylentetrabromid oder Bromoform zur Abtrennung von Quarz und Feldspäten von den schwereren Silicaten zur Verfügung haben und diese noch mit konzentriertem Methylenjodid trennen. Zu weiteren Trennungen innerhalb dieser Gruppen nimmt man verdünntes Acetylentetrabromid oder Bromoform bei den niedrigeren spezifischen Gewichten, wenig verdünntes Methylenjodid für die spezifischen Gewichte über 3. Trennung der einzelnen Teile bei höherem spezifischem Gewichte wie dem des Methylenjodid ist mit Schwierigkeiten verknüpft, namentlich wegen der Einwirkung mancher schweren Lösungen auf die Mineralgemenge. Praktisch scheint auch Thalliumformiat zu sein, das durch bei erhöhter Temperatur erheblich steigende Löslichkeit und damit erhöhtes spezifisches Gewicht ermöglicht, allerdings mit

[1]) E. Sommerfeldt, ZB. Min. etc. 1910, 482—488.

Schwierigkeiten, Teile mit verschiedenem spezifischen Gewichte abzutrennen. Durch Mischung von Thalliumformiatlösung mit Thalliummalonat soll sich das spezifische Gewicht bis auf 4,07 bei 12° steigern lassen. Empfindlich ist aber die geringe Haltbarkeit, Zersetzbarkeit und Giftigkeit. Nähere Angaben bei E. Clerici (Anm. 4, S. 24).

Die Bestimmung des spezifischen Gewichtes der Lösung erfolgt mit Hilfe von Indikatoren, deren spezifisches Gewicht vorher (Pyknometermethode) bestimmt wurde. Die Indikatoren sind Mineralien[1]) oder Gläser verschiedenen spezifischen Gewichtes (Firma Schott & Gen., Jena).[2]) Stehen Indikatoren mit genügend kleinen Intervallen nicht zur Verfügung, so verwende man die Westphalsche,[3]) die Rumannsche Wage,[4]) oder eine der neueren Schnellwagen.[5]) Selbstverständlich können auch die übrigen Methoden zur spezifischen Gewichtsbestimmung hier benutzt werden.

Die Anwendung der schweren Schmelzen kann zur Sonderung nach dem spezifischen Gewichte dienen, hat aber mit manchen Schwierigkeiten und Einwirkungen der Mineralpulver zu kämpfen. Es sind hierzu besondere Apparate angegeben worden, von denen der von Penfield[6]) wegen seinerHandlichkeit am meisten Verwendung findet (Fig. 4) und auf dem Wasser oder Sandbade benutzt wird.

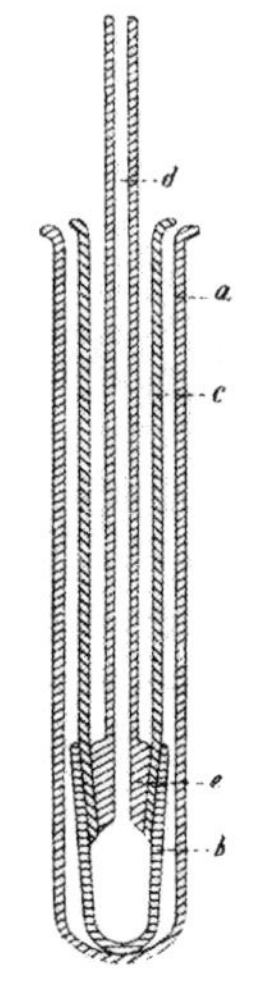

Fig. 4.

Die hier angegebenen schweren Flüssigkeiten und Schmelzen können auch umgekehrt zur Bestimmung des spezifischen Gewichtes benutzt werden.

4. **Trennung durch den Magneten** läßt zunächst eine Abtrennung der gewöhnlichen metallischen Mineralien zu. Man entfernt mit einem Magnetstab die magnetischen Mineralien, muß aber diese Trennung mehrmals wiederholen, da namentlich feinere Mineralkörner von den größeren mitgerissen werden.

Ein Elektromagnet dient zur Trennung eisenhaltiger und eisenfreier Mineralien,[7]) wobei man durch Wechseln der Stromstärke verschieden starken Magnetismus erregen und damit eine Trennung auch innerhalb beider Gruppen herbeiführen kann, wobei besondere Schuhe an den Polen des hufeisenförmigen Magneten Vorteile bieten. C. Doelter hat folgende Reihe abnehmender Stärke der Anziehungsfähigkeit festgestellt: 1. Magnetit; 2. Hämatit, Ilmenit; 3. Chromit, Siderit, Almandin; 4. Lievrit, Hedenbergit, Ankerit, Limonit; 5. eisenreiche Augite, Pleonast, Arfvedsonit; 6. Hornblende, lichtgefärbte Augite, Epidot, Pyrop; 7. Turmalin, Bronzit, Idokras; 8. Staurolith, Aktinolith; 9. Olivin, Pyrit, Kupferkies, Vivianit,

[1]) V. Goldschmidt, N. JB. Min. etc. 1881, Beil.-Bd. **1**, 215.

[2]) A. Johnsen u. Mügge, ZB. Min. etc. 1905, 152.

[3]) E. Cohen, N. JB. Min. etc. 1883, II, 88—89.

[4]) Rumann, Chemiker-Ztg. 1893, 1134.

[5]) F. Toula, Tsch. min. Mit. **26**, 233—237 (1907). — M. v. Schwarz, ZB. Min. etc. 1910, 447—454.

[6]) Am. Journ. **50**, 446, 448 (1895); Z. Kryst. **26**, 134, 137 (1896).

[7]) F. Fouqué, C. R. **75**, 1089—1091 (1872). — C. Doelter, Sitzber. Wiener Ak. **85**, 47—71, 442—449 (1882). — L. v. Pebal, ebenda **85**, 147 (1882); **86**, 192—194. — H. Rosenbusch, N. JB. Min. etc. 1884, II, Ref. 252. — P. Mann, N. JB. Min. etc. 1884, II, 181—185. — A. Lagorio, Tsch. min. Mit. **8**, 431 (1887). — E. A. Wülfing, N. JB. Min. etc. 1891, Beil.-Bd. **7**, 160. — H. Trenkl r, Tsch. min. Mit. **20**, 161 (1901).

Eisenvitriol; 10. Fahlerz, Bornit, Zinkblende, Biotit, Chlorit, Rutil; 11. Hauyn, Diopsid, Muskovit; 12. Nephelin, Leucit, Dolomit. Bei der Trennung durch den Elektromagneten ist Wiederholung unbedingt notwendig, um reine Substanz zu erhalten, da schwach magnetische oft von stark magnetischer mitgerissen wird.

5. **Trennung nach der Schmelzbarkeit**[1]) bietet Vorteile für die Reinigung, wenn leicht schmelzbare neben schwer schmelzbaren Mineralien vorliegen. Es wird jedoch nur annähernde Trennung bewirkt. Die Mineralien werden auf einem Platinbleche ausgebreitet, was durch ein Sieb erleichtert wird. Bei langsamem Steigern der Temperatur schmelzen die leicht schmelzenden so auf dem Bleche fest, daß man die anderen leicht entfernen kann. Man kann auch die Schmelzbarkeit mit der Eigenschaft mehrerer Mineralien verbinden, durch Schmelzen magnetisch zu werden, da sich diese, nachdem sie vom Bleche mittels eines Messers losgelöst sind, durch einen Magnetstab von den anderen Mineralien trennen lassen. Die Kobellsche Schmelzbarkeitsskala ist zur Trennung in verschieden schmelzbare Teile nur in wenigen Fällen anwendbar.

6. **Mechanische Trennung durch chemische Lösungsmittel** wird in vielen Fällen mit den vorstehenden Methoden verbunden. Man nimmt auf die etwa zu erwartenden Mineralien Rücksicht und benutzt deren Verhalten gegenüber chemischen Reagenzien. Es gibt viele derartige Methoden, auf die hier des Raumes wegen nur verwiesen werden kann. Zusammenstellungen, außer in den S. 21 Anm. 1 genannten Werken, noch bei H. Behrens.[2])

7. **Spezielle Trennungsmethoden** werden für besondere Mineralien benutzt, so z. B. für dünne Blättchen, besonders glimmerartige Mineralien und feine Nadeln durch Herabgleitenlassen auf einer ebenen oder einer wenig rauhen Fläche. Auch hier wird man, wie bei vielen anderen Fällen der mechanischen Trennung durch Überlegung die vorhandene Methodik zu verändern haben und nur in wenigen Fällen genau nach den Rezepten verfahren, nach denen die Methoden zuerst angewendet wurden.

Welche Methode der mechanischen Trennung man auch anwendet, immer ist die Substanz unter der Ausleselupe (Fig. 1) oder unter dem Mikroskope daraufhin zu prüfen, daß auch nicht nur Spuren der Substanz in Lösung gegangen sind. Man achte dabei auch auf die benutzten Flüssigkeiten, da diese oft den Beginn des Angriffs eher anzeigen, wie die Substanz.

---

[1]) C. Doelter, Die Vulkane der Capverden und ihre Produkte. Graz 1882, 69. — F. v. Kobell-Oebbeke, Tafeln zur Bestimmung der Mineralien. 14. Aufl. München 1901. — J. Szabó, Über eine neue Methode, die Feldspäte auch in Gesteinen zu bestimmen. Budapest 1876. — G. Spezia, Atti R. Accad. Torino **22**, Febr. 1887.

[2]) H. Behrens, Anleitung zur mikrochemischen Analyse. 3. Aufl. (Hamburg-Leipzig 1899.) — Mikrochemische Technik. (Hamburg-Leipzig 1900.)

KOHLENSTOFF (C)

Allgemeine Übersicht.

Von **C. Doelter** (Wien).

Wir unterscheiden unter den in der Natur vorkommenden Stoffen, welche Kohlenstoff als wesentlichen Bestandteil enthalten, den reinen Kohlenstoff, die kohlensauren Salze, die organischen Verbindungen und im Meteoreisen auch Carbide. Da wir bei Mineralien vor allem die organischen Verbindungen als Organolithe abtrennen, so haben wir hier zunächst nur den Kohlenstoff, die Carbonate und anhangsweise vereinzelte Carbide zu behandeln. Erwähnt sei noch, daß einzelne Silicate auch Kohlendioxyd enthalten, diese werden unter den Silicaten behandelt werden.

Der Kohlenstoff als Element ist allotrop, worunter ich, abweichend von älteren Definitionen, das Vorkommen eines Stoffes, gleichgültig ob ein Element oder eine Verbindung vorliegt, sowohl im amorphen wie im kristallisierten Zustande verstehe.[1]) Der reine amorphe Kohlenstoff ist der Schungit, doch nähert sich mancher Anthrazit auch dem reinen Kohlenstoff. (Es ist übrigens auch die Selbständigkeit des Schungits angefochten worden.)

Die beiden kristallisierten Kohlenstoffarten, Diamant und Graphit, welche im Verhältnisse der Polymorphie zueinander stehen, unterscheiden sich sowohl durch ihre Kristallform als auch durch ihre ganz abweichenden physikalischen Eigenschaften, die gerade in diesem Falle, z. B. was Farbe, Härte und Dichte anbelangt, ungewöhnlich große Unterschiede zeigen. Es ist auch schon vor langer Zeit die Ansicht ausgesprochen worden, daß Diamant und Graphit chemisch isomer seien. Da Diamant bei der Oxydation Kohlensäure, Graphit aber Graphitsäure ergibt, so ist die Ansicht, daß hier chemische Isomerie vorliege, nicht ohne Berechtigung.

Ein in Würfeln vorkommender Graphit, der Cliftonit,[2]) welcher im Meteoreisen in Westaustralien vorkommt, soll angeblich eine Paramorphose, also eine Umwandlung von Diamant in Graphit darstellen, was jedoch wenig wahrscheinlich ist.

Diamant.

von **C. Doelter** (Wien)

kristallisiert regulär-tetraëdrisch-hemiëdrisch; spaltbar nach dem Oktaeder, Härte 10. Der Name rührt von dem griechischen Wort „Adamas" her und lautete im Deutschen Ademant, später Demant.

---

[1]) C. Doelter, Chem.-phys. Mineralogie (Leipzig 1905) 21.

[2]) L. Fletcher, Min. Mag. **7**, 121 (1887). — Vgl. A. Brezina, Ann. naturh. Hofmus. Wien **4**, 102 (1889). — C. Doelter, Sitzber. Wiener Ak. **120**, 6 (1911).

Chemische Zusammensetzung des Diamants.

Schon J. Newton war der Ansicht, daß Diamant ein verbrennbarer Körper sei; A. L. Lavoisier konstatierte, daß der Diamant bei seiner Verbrennung Kohlensäure liefere. L. J. Tennant[1]) zeigte, daß Diamant beim Verbrennen mit Kalisalpeter diesen in Kaliumcarbonat umwandle; Guyton de Morveau[2]) gelang es, weiches Eisen durch Zementation mit Diamant in Stahl umzuwandeln. D. F. Arago und J. B. Biot glaubten, daß im Diamant auch Wasserstoff enthalten sei, was durch H. Davy[3]) widerlegt wurde,[4]) und spätere Arbeiten, wie die von J. B. Dumas und J. Stas, zeigten, daß Diamant wirklich aus Kohlenstoff bestehe. In neuerer Zeit hat, um jeden Zweifel an der Identität des Diamanten mit reinem Kohlenstoff zu beheben, Alb. Krause aus der durch Verbrennung des Diamants erhaltenen Säure das Natriumsalz hergestellt und dieses auf Krystallwassergehalt, Krystallform, Schmelzpunkt und Leitvermögen der Lösung untersucht, wobei sich dieses Salz als identisch mit Soda erwies.[5])

Analytische Untersuchung des Diamants.

J. B. Dumas und J. Stas[6]) analysierten Diamant, indem sie gewogene Mengen im Sauerstoffstrom verbrannten, die erhaltenen Gase auf geschmolzenem Ätzkali sammelten und die Kohlensäure wogen; hiebei zeigte sich die Übereinstimmung der Menge des erhaltenen Kohlendioxyds mit der aus der Diamantmenge berechneten, doch blieb ein sehr kleiner Aschenrückstand.

J. B. Dumas und J. Stas benützten einen gewöhnlichen Verbrennungsofen für ihre Arbeiten. H. Moissan[7]) hat gelegentlich seiner Untersuchungen über den künstlichen Diamanten (vgl. S. 43) auch die Methode der Verbrennung angegeben. Die Verbrennung wird in einem innen und außen glasierten Porzellanrohr ausgeführt, beide Enden dieses Rohres waren mit Ansatzstücken aus Glas verschlossen, welche daran mit Golazschem Kitt befestigt waren; eines dieser Ansatzstücke wird durch ein Bleirohr mit einem mit Sauerstoff gefüllten Gasometer verbunden. Der Sauerstoff passiert zuerst zwei Flaschen mit Barytwasser und dann Röhren mit Ätzkali; das andere Ansatzstück ist in Verbindung mit einem kleinen Rohr, das mit Schwefelsäure getränkten Bimsstein enthält, dann mit einem mit Kalilauge gefüllten Schlangenrohr, schließlich mit einem kleinen **U**-Rohr, welches mit Ätzkalistücken gefüllt ist. Auf diesen Apparat folgt ein Rohr mit Schwefelsäurebimsstein. Der Diamant wird in einem Platinschiffchen gewogen und vermittels eines langen Platindrahtes in den Ofen eingeführt. Der nach der Verbrennung verbleibende Rückstand wurde mit Kieselflußsäure behandelt und war fast vollständig gelöst, was auf ein Silicid deutet. (Fig. 5.)

---

[1]) L. J. Tennant, Phil. Trans. 1797, 123.

[2]) Guyton de Morveau, Ann. chim. phys. **31**, 328; **32**, 62. — Gilberts Ann. **3**, 65 (1800).

[3]) H. Davy, Phil. Trans. 1814, 1; Gilberts Ann. **50**, 13 (1818).

[4]) Siehe die ältere Literatur bei A. Sadebeck, Abh. Berl. Akad. 1876, 87.

[5]) Alb. Krause, Ber. Dtsch. Chem. Ges. **23**, 2409 (1890).

[6]) J. B. Dumas u. J. Stas, Ann. chim. phys. 3. Ser. **1**, 5.; Bull. Soc. chim. **51**, 100.

[7]) H. Moissan, Der elektrische Ofen. Deutsche Übersetzung (Berlin 1897) 185.

Trennung des Diamanten von seiner Gangmasse. — H. Moissan[1]) hat eine Methode ausgearbeitet, um einige Zehntel Milligramm Diamant aus 1 kg Gangmasse herauszubekommen. Letzere wurde durch 12 Stunden zuerst mit kochender Schwefelsäure behandelt, gewaschen, mit Königswasser gekocht; nach nochmaligem Waschen wird der Rückstand mit einem großen Überschuß von kochender Flußsäure behandelt, größere Beimengungen von Mineralien mit

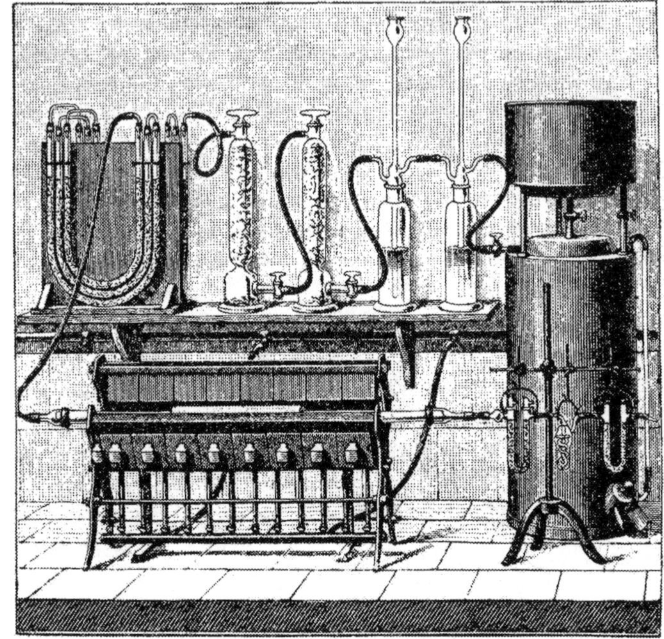

Fig. 5. Apparat zur Verbrennung des Diamanten (nach H. Moissan).

einer Pinzette entfernt und abermals zuerst mit kochender Schwefelsäure, dann mit Flußsäure digeriert; diese Operation wird 12 bis 14 mal wiederholt. Es bleibt dann eventuell Graphit übrig, z. B. bei den synthetischen Versuchen. Dieser wird durch ein Gemenge von Kaliumchlorat und Salpetersäure zerstört; und dann wird nochmals mit Flußsäure und kochender Schwefelsäure behandelt und nach der Dichte fraktioniert, wozu zuerst Bromoform ($\delta = 2{,}9$) und dann Methylenjodid ($\delta = 3{,}4$) dienten. Es verblieben bei der Behandlung von blauem Grund (vgl. S. 49) nur Diamanten und eine bernsteingelbe Masse sowie kleine durchsichtige Prismen, die in Sauerstoff unverbrennbar waren. Diese beiden Substanzen können durch Behandlung mit Kaliumbisulfat und durch nochmalige Einwirkung von Flußsäure und Schwefelsäure zerstört werden.

Analyse der Asche des Diamanten. — J. B. Dumas und J. Stas fanden, daß der Aschengehalt bei reinem Diamant sehr gering ist.

Über die Zusammensetzung der Asche liegen nur wenig Untersuchungen vor, und sogar qualitative Analysen sind nur selten ausgeführt worden. Eisen

[1]) H. Moissan, l. c. 124, 188.

ist ein sehr verbreiteter Bestandteil der Asche; nach H. Moissan[1]) verhindert der Eisengehalt die spektralanalytische Untersuchung. Der Eisengehalt ist durch Rhodankalium nachweisbar, Calcium und Magnesium durch mikrochemische Reaktion, während auf Titan nach der Reaktion von Lewy mit Morphin und Schwefelsäure geprüft wurde.

Verschiedene Proben zeigten Aschegehalt von 0,13 bis 4,8 %. Der letztere Gehalt betraf einen brasilianischen Diamanten, welcher auf 100 Teile Diamant enthielt (I):

	I	II (prozentische Zusammensetzung der Asche)
MgO . .	Spur	Spur
CaO . .	0,6	13,2
Fe_2O_3 .	2,2	53,3
SiO_2 . .	1,3	33,1

Aus den qualitativen Versuchen geht hervor, daß Eisenoxyd und Kieselsäure überall vorhanden sind, und in vielen Diamanten Calcium, seltener Titan; nur in einem grünen brasilianischen Stück war kein Eisen enthalten; er hatte auch fast keine Asche bei der Verbrennung hinterlassen.

Im Jahre 1895 hatte J. Ippen auf meine Veranlassung einen schwarzen kristallinischen Carbonado von Brasilien untersucht; er fand auch Eisen und eine Spur von Titan.

Bei einem braunen Kapdiamanten, den ich im Stickstoffstrom glühte, wurde eine blauviolette Färbung beobachtet, was auf Titanstickstoffbildung zurückzuführen ist. Ähnlich verhielt sich ein Oktaeder aus Brasilien, welches an den Ecken braune Flecken gezeigt hatte und violett wurde; auch in diesem wurde Titan qualitativ nachgewiesen.

Analysenresultate.

Es gibt nur äußerst wenig Analysen von Diamanten. Farblose Kristalle bestehen aus reinem Kohlenstoff mit 0,02 bis 0,05 % Rückstand, wie aus den Untersuchungen von J. B. Dumas und J. Stas[2]) hervorgeht.

Diamant-Analysen aus Meteoreisen von Nowo Urei:

	I	II
δ	—	3,1
C	99,36	95,40
H	—	3,23
Fe_2O_3 . . .	1,28	—
Asche . . .	—	3,23
	100,64	101,86

I und II analysiert von M. Jerofejeff u. Latschinof, C. R. **106**, 1079 (1888).

Analysen des brasilianischen Carbonado:

	I.	II.	III.	IV.
δ	3,141	3,255	3,416	—
C	96,84	99,1	99,37	97,0
O	—	—	—	1,5
H	2,03	0,27	0,24	0,5
Asche . . .	—	—	—	—

[1]) H. Moissan, l. c. 122.

[2]) J. B. Dumas u. J. Stas, l. c.

I, II, III analysiert von L. Rivot, Ann. d. Mines **14**, 417 (1848); siehe auch A. Des-Cloizeaux, Man. d. Minéralogie (Paris 1874) I, 10.

IV. Anthrazitischer carbone diamantifère, analysiert von Comte Douchet, Les Mondes 11. Apr. 1867. — J. Dana, Mineral. (New York 1868) 22.

J. Werth[1]) hat gezeigt, daß Diamantbort, unter Wasser erhitzt, Gasentwicklung zeigt; die Analyse dieses Gases ergab C 97%, H 0,5, O 1,5, Asche 1%. Er bringt mit diesem Gasgehalt die Flammenerscheinung bei Verbrennung des Diamanten in Verbindung.

Alan A. C. Swinton[2]) wies nach, daß Diamant weder Krypton, Neon oder sonst ein seltenes Gas enthält, das bei der Umwandlung des Diamanten in Freiheit gesetzt würde.

Physikalische Eigenschaften.

Dichte. — Das spezifische Gewicht, auch der reinen Diamanten ist bei Steinen verschiedener Farbe und von verschiedenen Fundorten nicht übereinstimmend, abgesehen von den Unterschieden, die davon herrühren, daß die Bestimmung nach verschiedenen Methoden ausgeführt wurde.

A. v. Schrötter[3]) fand bei 16 geschliffenen Steinen Werte zwischen 3,51058 bzw. 3,51947. Mittel: 3,51432. E. H. v. Baumhauer hat eine große Zahl von Diamanten untersucht; die folgende Tabelle gibt seine Resultate:[4])

		Dichte unberichtigt	Dichte berichtigt
1.	Brillant, fast farblos, vom Kap	3,5217	3,51812
2.	„ blaßgelb, vom Kap	3,5212	3,52063
3.	Roher Diamant, klar, gelb, vom Kap	3,5205	3,51727
4.	„ „ kleinerer, ganz rein, vom Kap	3,5197	3,51631
5.	„ „ im Innern ein schwarzes Fleckchen, vom Kap	3,5225	3,51934
6.	„ „ mit einem großen Fleck u. Rissen, vom Kap	3,5065	3,50307
7.	„ „ klar, aus zwei zusammengewachsenen Kristallen bestehend, vom Kap	3,5178	3,51486
8.	Sphäroidaler Bort, graulich, durchscheinend, aber nicht durchsichtig, vom Kap	3,5100	3,50383
9.	„ „ weiß, vom Kap	3,5080	3,50329
10.	„ „ kleinerer, vom Kap	3,5030	3,49906
11.	Grauer Carbon, etwas violett, aus Brasilien	3,2041	3,20053
12.	Schwarzgrauer Carbon, aus Brasilien	3,2969	3,29287
13.	Schwarzer Carbon, aus Brasilien	3,1552	3,15135
14.	Sphäroidaler Carbon, aus Brasilien	3,3493	3,34497
15.	„ „ „ „	3,2080	3,20378
16.	Graue, halbdurchscheinende Massen, für Carbon gehalten, aber deutlich kristallinisch	3,5111	3,50452
17.	Weiße, halbdurchscheinende Masse, etwas kristallinisch, aber mit Unrecht für Carbon gehalten	3,5068	3,50215

[1]) J. Werth, C. R. **116**, 323 (1893).
[2]) Alan A. C. Swinton, Proc. Roy. Soc. **82**, 176 (1909).
[3]) A. v. Schrötter, Sitzber. Winer Ak. **63**, 467 (1871).
[4]) E. H. v. Baumhauer, Ann. d. Phys. **1**, 466 (1877).

In neuerer Zeit untersuchte E. Wülfing[1]) vier hochfeine Diamanten und fand Werte für δ zwischen 3,524 bis 3,530. Beim Zusammenziehen dieser Werte mit den E. H. v. Baumhauerschen ergibt sich als Mittel:

$$\delta = 3{,}520 \pm 0{,}02 \text{ bei } 4^0\,\text{C}.$$

Unreine Diamanten zeigen oft einen höheren Wert.

Der Carbonado (Carbon) hat zumeist etwas weniger, L. Rivot[2]) fand 3,012 bis 3,416.

Brechungsquotient. — In vielen Fällen sind die Fundorte der untersuchten Diamanten nicht angegeben, so daß die Verschiedenheiten im Brechungsquotient nicht aufgeklärt sind. H. Fizeau[3]) fand 2,4168, J. Becquerel für Natriumlicht 2,42. Für verschiedene Lichtarten bestimmten A. Schrauf[4]) (I) und A. des Cloizeaux[5]) (II) die Brechungsquotienten:

Li	Na	Tl	
2,408449	2,417227	2,425487	(I)
2,4135	2,4195	2,4278	(II)

E. Wülfing[6]) untersuchte vier weiße, hochfeine Steine und fand für die verschiedenen Linien des Spektrums zwischen A_1 und H_2 Werte zwischen 2,4024 und 2,4652. Der Brechungsquotient nimmt mit der Temperatur zu (nach A. Sella).

Thermische Eigenschaften. — Für die Ausdehnung durch Wärme stellt H. Fizeau[7]) die Formel $l_\Theta = l_0 (1 + a\,\Theta + b\,\Theta^2)$ auf, worin

$$a = 10^{-9} \times 0{,}56243, \quad b = 10^{-11} \times 0{,}72385$$

ist, der Zuwachs ist für $1^0 = 14{,}477 \times 10^{-9}$.

Bei — 38,8° ist das Minimum der Dichte gelegen. Die Linear- und die Volumenausdehnung eines Diamantoktaeders hat J. Joly[8]) gemessen. Es seien L_1 die Dimensionen bei 400°, L_2 bei 750°, V_1 und V_2 die entsprechenden Volumina, dann ist

Θ	$\frac{L_2 - L_1}{L_1}$	$\frac{V_2 - V_1}{V_1}$
400°	0,00114	0,00342
580°	0,00193	0,00579
686°	0,00265	0,00785
750°	0,00338	0,01014

Bei 850° verbrannte der Diamant. J. Joly schließt aus der starken Erhöhung bei 750°, daß der Diamant sich unter Druck bildet.

---

1) E. Wülfing, Tsch. min. Mit. **15**, 49 (1896).
2) L. Rivot, C. R. **28**, 317, (1847); Ann. d. Mines **14**, 417 (1848).
3) H. Fizeau, Ann. chim. phys. **12**, 34 (1877).
4) A. Schrauf, Sitzber. Wiener Ak. **41**, 775 (1860).
5) A. des Cloizeaux, N. JB. Min. etc. 1874, 19.
6) E. Wülfing, Tsch. min. Mit. **15**, 49 (1896).
7) H. Fizeau, C. R. **60**, 1161 (1865).
8) J. Joly, Trans. R. Dublin Soc. [2] **6**, 283 (1896).

Spezifische Wärme. — Nach H. F. Weber[1]) ist sie

Θ	c	Θ	c
− 50,5°	0,0635	85,5°	0,1765
− 10,6°	0,0955	140,0°	0,2218
+ 10,7°	0,1128	247,0°	0,3026
+ 33,4°	0,1318	606,7°	0,4408
+ 58,3°	0,1532	985,0°	0,4589

Andere Beobachter fanden verschiedene Werte, H. Regnault[2]) für 8° bis 98° C 0,14687, A. Bettendorf und A. Wüllner[3]) für 28 bis 70° C 0,1483. Verglichen mit der spezifischen Wärme des Graphits, beträgt die des Diamants für tiefe Temperaturen nach J. Dewar:[4])

	− 18 bis − 78°	− 78 bis − 188°	− 188 bis − 252,5°
Diamant . .	0,0794	0,0190	0,0043
Graphit . .	0,1341	0,0599	0,0133

Diese Werte sind viel niedriger als die irgend welcher anderer Stoffe.

Verbrennungswärme. — Nach M. Berthelot und P. Petit[5]) ist sie bezogen auf 12 g-Cal.:

Diamant	94,31 Cal.
Hochofengraphit	94,81 „
Amorpher Kohlenstoff . . .	97,85 „

Bei der Umwandlung von Graphit in Diamant würden sich 0,50 Cal. Wärme entwickeln.

Die **Härte** verschiedener Diamanten ist etwas verschieden bei verschiedenen Fundorten; australische Steine und solche von Borneo sollen härter sein.

Elektrische Eigenschaften. Guyton[6]), C. Brugnatelli[7]) erkannten, daß Diamant im Gegensatz zu Graphit schlechter Leiter sei. Die Dielektrizitätskonstante ist nach M. v. Pisani[8]) 16,47.

P. Artom[9]) hat in neuerer Zeit in bezug auf elektrische Eigenschaften Diamant untersucht. Der Diamant zeigt Pyro- und Piëzoelektrizität; er ist auch schwach magnetisch, was vielleicht von den diamagnetischen Eigenschaften des Muttergesteins herrührt. Für die Leitfähigkeit selbst erhält P. Artom bei 15° als Mittel von Beobachtungen an 30 verschiedenen Steinen Werte zwischen $1{,}183177 \times 10^{12}$ bis $0{,}1280370 \times 10^{12}$ Ohm/cm als Widerstand, also ungefähr den Wert des gewöhnlichen Glases. Bestrahlung mit Röntgenstrahlen ergibt eine Verminderung des Wertes um die Hälfte, die aber nur so lange die Bestrahlung dauert gültig ist.

Für die Dielektrizitätskonstante DC erhielt er 16, während die Berechnung von C. B. Thuring als Produkt der Dichte mit 2,6 nur 9,10 ergab, was P. Artom dadurch erklärt, daß der feste Diamant die dielektrische Kon-

---

[1]) H. F. Weber, Pogg. Ann. **147**, 316 (1872); **154**, 400 (1875).
[2]) H. Regnault, Ann. chim. phys. **1**, (1841).
[3]) A. Bettendorf u. A. Wüllner, Pogg. Ann. **133**, 302 (1868).
[4]) J. Dewar, Roy. Inst. of. Gr. Brit. Meeting, March **25** (1904).
[5]) M. Berthelot u. P. Petit, Bull. Soc. chim. 1889, I, 419.
[6]) Guyton, Gilberts Ann. **2**, 471 (1799).
[7]) C. Brugnatelli, Gilberts Ann. **16**, 91 (1804).
[8]) M. v. Pisani, Inaug.-Dissertation. 1903.
[9]) P. Artom, Atti R. Acc. Torino **37**, 475 (1902).

stante des flüssigen Diamanten bewahrte, es beweise dies, daß Diamant aus dem flüssigen Zustand entstanden ist.

Für höhere Temperaturen habe ich nach einer bei Kristallen anwendbaren Methode[1]) die Elektrizitätsleitung bestimmt, diese gestattet aber genauere Messungen erst bei höheren Temperaturen wegen der großen Widerstände. Bei 900° war die erste Messung mit Wechselstrom möglich, die Leitfähigkeit nimmt bedeutend zu und ist bei 1200° schon sehr groß. Die Zahlen sind auf eine Platte von 1 qcm Fläche und 1 mm Dicke bezogen folgende:[2])

Θ	W
950°	58800 Ohm
1000°	38800 „
1100°	11400 „
1150°	1460 „
1200°	580 „
1240°	320 „
1270°	780 „
1290°	590 „

Bis 1240° sinkt der Widerstand, um dann wieder über 1240° etwas zuzunehmen, von 1270° an fällt er wieder.

Phosphorescenz. — Im Sonnenlichte[3]) und auch im ultravioletten phosphoresciert mancher Diamant; in der Hittorffschen Röhre[4]) sowie auch beim Reiben tritt Phosphorescenz ein, ferner nach K. Keilhack[5]) bei Bestrahlung mit Röntgenstrahlen. Chaumet[6]) konstatierte, daß jene Diamanten das größte Feuer haben, welche mit ultravioletten Strahlen phosphorescieren. Unter dem Einflusse von Kathodenstrahlen phosphoresciert mancher Diamant mit roter Farbe,[7]) doch habe ich auch beobachtet, daß viele Diamanten dann nicht phosphorescierten, ebenso hat dies G. Kunz konstatiert. Radiumstrahlen erzeugten Phosphorescenz, wobei das ausgesandte Licht nicht polarisiert war.[8])

Triboluminescenz beobachteten L. Becker[9]) beim Reiben auf Pappe, Ofenröhren, Schuhsohlen, Tapeten, dann G. Kunz auf Holz; die Gebrüder Halphen erwähnen einen Diamanten, der durch Reibung rosafarben wurde, aber diese Färbung rasch wieder verlor.

Einwirkung von Röntgen-, Kathoden- und Radiumstrahlen. — Für Röntgenstrahlen ist Diamant äußerst durchlässig, und dies ist für diesen Körper in hohem Grade charakteristisch[10]) und kann auch zur Unterscheidung verwendet werden

Eine Färbung wird dabei nicht konstatiert. Dagegen färben Kathodenstrahlen bräunlich, und W. Crookes[11]) glaubte ebenso wie H. Moissan,[12]) daß

[1]) Sitzber. Wiener Ak. **119**, 49 (1910).
[2]) Sitzber. Wiener Ak. **120**, 3 (1911).
[3]) R. Boyle, Trans. Roy. Soc. 1663. — Hauy, Tr. d. Minéralogie (Paris 1822) **4**, 420. — P. Riess, Pogg. Ann. **64**, 334 (1845). — Chaumet, C. R. **134**, 1139 (1902). — J. H. Gladstone, Rep. Brit. Ass. **29**, 69.
[4]) N. JB. Min. etc. 1849, 844. — C. Hintze, Mineralogie I, (Leipzig 1898), 9.
[5]) K. Keilhack, Z. d. geol. Ges. **50**, 131 (1898).
[6]) Chaumet, C. R. **134**, 1139 (1902).
[7]) Ch. Baskerville u. L. B. Lockhart, Am. Journ. [4] **20**, 95 (1905).
[8]) C. Doelter, Das Radium und die Farben. (Dresden 1910.)
[9]) L. Becker, N. JB. Min. etc. 1849, 844.
[10]) C. Doelter, N. JB. Min. etc. 1896, I, 87.
[11]) W. Crookes, Proc. Roy. Soc. **74**, 47 (1904).
[12]) H. Moissan, C. R. **124**, 653 (1897).

der Stoff, der sich dabei bildet, Graphit sei, was aber sehr unwahrscheinlich ist, da er bei Temperaturerhöhung verschwindet.[1])

Farbenveränderungen durch Radiumstrahlen. — Die Veränderungen durch Bestrahlung sind im allgemeinen sehr gering, was für die Stabilität des Färbemittels spricht. Nach W. Crookes[2]) soll ein farbloser Diamant blau geworden sein. A. Miethe[3]) beobachtete bei einem farblosen Diamanten geringe Gelbfärbung. Ich selbst erhielt bei farblosen Diamanten eine kaum merkliche Braunfärbung, ein gelber Diamant war mehr rein gelb, brauner wurde mit Röntgenstrahlen mehr violettgrau, mit Radiumstrahlen dagegen mehr orangegrau.[4]) Von grünen brasilianischen Diamanten wurde einer mehr bläulichgrün, ein anderer eher rein grün.

Durch Erwärmung schwindet die Farbe. Ultraviolette Lichtstrahlen brachten keine wesentliche Veränderung in den durch Radium bestrahlten Stücken hervor.

Der Farbstoff der farbigen Diamanten. — Die vielen Studien, welche unternommen wurden, um die Natur der Farbstoffe der verschieden gefärbten Diamanten zu eruieren, sind bis jetzt, wie auch bei anderen Mineralien, ziemlich erfolglos geblieben. Selbstverständlich handelt es sich bei Diamanten nicht immer um denselben Farbstoff, und es dürfte beispielsweise die Färbung der Kapdiamanten verschieden sein von der der brasilianischen Diamanten. Die Ansichten über die Färbung gehen aber auseinander. Eisen und Titan kommen in braunen, brasilianischen und Kapdiamanten sicher vor, ersteres Metall ist in den Aschenanalysen stets vorhanden, letzteres bisweilen.

Die gelben Diamanten haben ein sehr stabiles Färbemittel;[5]) man kann diese in verschiedenen Gasen, wie Wasserstoff, Stickstoff, Kohlenoxyd, Chlor, Fluorwasserstoff erhitzen, ohne eine Veränderung zu erhalten, wie dies meine Versuche beweisen. Nur H. Moissan erhielt eine Veränderung, als er gepulverten gelben Diamant im Wasserstoffstrome behandelte.

Größere Änderungen erleiden braune Kapdiamanten, wie auch die brasilianischen; so war grüner Diamant durch Glühen in Wasserstoff blaßgelb geworden; ein schwarzbrauner wurde violett, ein hellgrüner wurde fast farblos. Brauner Diamant wird bei Weißglut heller, gelber Diamant bleibt unverändert. E. H. v. Baumhauer berichtet auch über einen von Halphen[6]) untersuchten Diamanten, der farblos war und bei Ausschluß von Luft erhitzt, rosenfarben wurde, welche Farbe im Sonnenlichte sich verlor. Ein rosenfarbener Diamant wurde bei Erhitzung farblos, nahm aber seine Farbe wieder an. F. Wöhler[7]) beobachtete bei einem grünen Diamanten Braunwerden. Nach E.H. v.Baumhauer ist das Dunkelwerden der Diamanten bei Erhitzen in Luft nur eine Oberflächenerscheinung. Eine Veränderung in Koks oder Graphit hat er nicht beobachtet.

Aus den Versuchen beim Erhitzen, sowie aus den Bestrahlungsversuchen läßt sich kein bestimmtes Urteil abgeben, auch fehlen genaue spektralanalytische Untersuchungen. B. Walter[8]) hatte in Spektren verschiedener, namentlich gelber Diamanten Absorptionsstreifen beobachtet, die auf Samarium hinwiesen.

---

[1]) P. Sacerdote, C. R. **149**, 993 (1909).
[2]) W. Crookes, Proc. Roy. Soc. **74**, 47 (1905).
[3]) A. Miethe, Ann. d. Phys. **19**, 634 (1906).
[4]) C. Doelter, Das Radium und die Farben (Dresden 1910) 20.
[5]) C. Doelter, Das Radium und die Farben (Dresden 1910) 76.
[6]) Halphen, Pogg. Ann. **128**, 176; C. R. **62**, 1036 (1866.).
[7]) Fr. Wöhler, Ann. Chem. u. Pharm. **41**, 437 (1842).
[8]) B. Walter, Wied. Ann. d. Phys. **42**, 505 (1891).

Das Färbemittel, welches uns unbekannt ist, ist jedenfalls sehr stabil und bei hohen Temperaturen beständig, man könnte an Metalloxyde oder auch an Carbide denken, auch Siliciumcarbid vermuten, besonders aber Metalloxyde solcher Elemente, die in den Begleitmineralien vorhanden sind, wie Chrom, Eisen, Titan,[1]) in Pyrop, Chromdiopsid, Olivin, Rutil, Titaneisen, Perowskit. Denkbar wäre auch äußerst fein verteilter Kohlenstoff. Man hat auch häufig an seltene Elemente gedacht, z. B. an Samarium (B. Walter), was aber wohl weniger wahrscheinlich sein dürfte.

Chemische Eigenschaften.

Diamant ist in Ätzalkalilösungen und Säuren unlöslich. In älterer Zeit vermutete Simmler, daß Diamant in flüssiger Kohlensäure löslich sei, nachdem schon Gore dies für Kohle widerlegt hatte, habe ich durch weitere Versuche gezeigt, daß das nicht der Fall war.

Ältere Versuche über Einwirkung von Gasen auf Diamant sind namentlich von M. Jacquelain, G. Rose A. v. Schrötter, E. H. v. Baumhauer ausgeführt worden.

Neuere Versuche über die Einwirkung von Gasen auf Diamant liegen vor von W. Luzi (1892), C. Doelter (1892), H. Moissan (1893), M. Berthelot (1905).

Verhalten in Kohlensäure. — Im Kohlensäurestrom verliert der Diamant von ca. 1200^0 an beträchtlich an Gewicht. Ich beobachtete im Heizmikroskop das allmähliche Abrunden des Diamanten und schreibe dies, im Gegensatze zu M. Jacquelain und E. H. v. Baumhauer,[2]) eher einem kleinen Gehalt von Sauerstoff zu, der zum Teil vielleicht auf die Dissoziation des CO_2 in CO und O zurückzuführen ist, während die letztgenannten Forscher eine Reduktion des CO_2 nach der Formel $CO_2 + C = 2\,CO$ annehmen. Übereinstimmend mit ihnen beobachtete ich keine Schwärzung des Diamanten.

Verhalten im Sauerstoffstrom. — Diamant verbrennt in Sauerstoff, die Verbrennungstemperaturen wurden von H. Moissan gemessen. In Luft kann man Stücke von Diamanten ziemlich hoch erhitzen, ohne daß er verbrennt, während feines Diamantpulver bereits bei Rotglut verbrennt. Beim Erhitzen auf ca. 1000^0 zeigten sich mir auf der Oberfläche kleine Ätzhügel.[3]) Manche Diamanten zeigen beim Verbrennen Flammenerscheinung, andere erst bei etwas höherer Temperatur. In folgender Tabelle sind die von H. Moissan mit dem Thermoelement gemessenen Verbrennungstemperaturen zusammengestellt.

Verbrennungstemperaturen des Diamanten nach H. Moissan.

Ockergefärbter schwarzer Diamant (verbrennt unter Feuererscheinung) .	bei	690^0
Schwarzer, sehr harter Diamant (verbrennt unter Feuererscheinung) .	„	710—720^0
Durchsichtiger brasilianischer Diamant	„	760—770^0
Durchsichtiger, schön kristallisierter Diamant aus Brasilien	„	760—770^0
Geschliffener Kapdiamant	„	780—790^0
Brasilianischer Bort	„	810^0
Bort vom Kap	„	790^0
Feuererscheinung tritt ein	„	840^0
Harter Bort	„	800^0
Feuererscheinung tritt ein	„	875^0

[1]) C. Doelter, Das Radium und die Farben (Dresden 1910), 76.
[2]) E. H. v. Baumhauer, Ann. d. Phys. N.F. **1**, 173 (1877).
[3]) Vgl. auch G. Rose, Monatsber. Berl. Ak. 1872, 518.

In Wasserstoff verändert sich der Diamant nach H. Moissan[1]) bis 1200° nicht, ich erhitzte ihn, ohne eine Veränderung zu beobachten, bis 1500°; J. Morren[2]) hatte ihn bis zur Weißglut erhitzt und beobachtete keine Temperaturabnahme. Gelbe Diamanten werden über 1200° etwas heller. Im Stickstoffstrom wurde Diamant bei etwa 1300° oberflächlich schwach bräunlich.[3]) M. Berthelot[4]) fand, daß er bis 1300° mit reinem Stickstoff nicht reagierte.

In Schwefeldampf wurde nach H. Moissan Diamant bei 1000° angegriffen, Carbonado schon bei 900°.

Im Chlorstrom wurde Diamant bei 1000° nicht verändert, ebensowenig in Schwefeldioxyd, Chlorwasserstoff und Stickstofftrioxyd. Schwefelsäuredämpfe hatten schon bei schwacher Rotglut Trübung auf der Oberfläche hervorgebracht.[5]) Keinen Einfluß hatten bei beginnender Weißglut Fluorwasserstoff und Leuchtgas.[6])

Geschmolzenes Kaliumbisulfat, Alkalisulfat, Calciumsulfat waren nach H. Moissan ohne Einfluß bei 1000°. A. Damour fand, daß schwarzer Diamant von Kaliumchlorat und von Kalinitrat angegriffen wurde, während H. Moissan bei einem weißen Diamanten bei 1000 bis 1200° keine Einwirkung fand, wohl aber war das der Fall, als Diamant mit Alkalicarbonat geschmolzen wurde.[7])

W. Luzi[8]) hat durch Behandlung von Diamant in geschmolzenem blauem Grund (vgl. S. 39) sackähnliche Einbuchtungen wie bei Silicaten erhalten, also künstliche Korrosionen.

Beziehungen des Diamanten zu Graphit. Umwandlung von Diamant in Graphit. — Man hat frühzeitig bei Erhitzen des Diamanten eine Schwärzung beobachtet, so befinden sich im Wiener Hofmuseum Diamanten, die Franz I. im Jahre 1751 mit einem Brennspiegel erhitzen ließ.[9]) Auch Fourcroy berichtet 1782 von einer Schwärzung eines teilweise verbrannten Diamanten, ebenso Guyton de Morveau 1799.[10])

Von Schwärzung sprechen auch A. Murray,[11]) J. Macquer, B. Silliman, J. Morren.[12]) G. Rose[13]) und G. Siemens glaubten, daß diese Schwärzung durch Graphitbildung verursacht sei. A. v. Schrötter erhitzte Diamant in Platinfolie, wobei sich offenbar Platinkohlenstoff bildete.[9]) E. H. v. Baumhauer[14]) hat wiederholt Diamant im Knallgasgebläse erhitzt und niemals Schwärzung erhalten.

Nach L. Clarke[15]) soll ein Diamant bei seiner Verbrennung eine metall-

---

[1]) H. Moissan, l. c. 116, 117.
[2]) J. Morren, C. R. **70**, 990 (1870).
[3]) C. Doelter, Sitzber. Wiener Ak. **120**, 61 (1911).
[4]) H. Berthelot, C. R. **140**, 905 (1905).
[5]) l. c. 117.
[6]) C. Doelter, Edelsteinkunde. Leipzig 1893.
[7]) H. Moissan, l. c. 118.
[8]) W. Luzi, Ber. Dtsch. Chem. Ges. **25**, 2470 (1892).
[9]) A. v. Schrötter, Sitzber. Wiener Ak. **63**, 465 (1871).
[10]) Guyton de Morveau, A. Petzhold, Beitr. zur Naturgesch. des Diamanten (Dresden 1842) 14.
[11]) A. Murray, vgl. L. Gmelin, Handb. d. Chem. I, 338 (1843).
[12]) J. Morren, C. R. **70**, 992 (1870).
[13]) G. Rose, Monatsber. Berliner Ak. 1872, 518.
[14]) E. H. v. Baumhauer, Ann. d. Phys. **1**, 476 (1877). — Vgl. M. Jacquelain, Ann. chim. phys. [3] **20**, 468 (1847).
[15]) L. Clarke, L. Gmelin, Handb. d. Chem. I, 338 (Braunschweig 1843).

glänzende Kugel hinterlassen haben. M. Jacquelain,[1]) und später M. Berthelot[2]) beobachteten Umwandlung in Kohle.

H. Moissan meint, daß Diamant beim Erhitzen im elektrischen Bogen in Graphit übergehe. Er erhielt aber, als er Diamant umgeben von einer Kohlenmuffel im Sauerstoffgebläse erhitzte, wohl eine Schwärzung, die aber kein Graphit war.[3]) Alle anderen Kohlenstoffarten werden im elektrischen Ofen in Graphit übergeführt.

Ch. A. Parsons und Alan A. Campbell Swinton[4]) haben einen Diamanten in den Brennpunkt eines Kathodenbüschels gelegt, wobei er sich in Koks verwandelte; die mit dem optischen Pyrometer gemessene Temperatur wurde zu 1890° bestimmt. H. Vogel und G. Tammann[5]) erhielten verschiedene Resultate, so bei Erhitzen in Magnesia auf 1500° nur oberflächliche Schwärzung, bei 1700° stärkere, welche sie als Graphitumwandlung deuten. Als sie Diamant in einem Gemenge von Kalk und Sand erhitzten, trat bei 1600° äußerlich Schwarzwerden ein, sogar bei 1200° erhielten sie bei Erhitzen in einem Porzellanröhrchen schwarze Ätzfiguren, ähnlich den von G. Rose früher erhaltenen.[6])

Es liegen also sehr widersprechende Resultate vor, bald trat keine Veränderung ein, bald wurde eine Schwärzung, die von manchen als Graphitbildung gedeutet wird, beobachtet, während genauere Untersuchung, wie die von W. Luzi,[7]) ergab, daß kein Graphit sich bildet; es ist eben nicht bedacht worden, daß durch die Unterlagen und Stoffe, in denen der Diamant eingebettet oder befestigt war, wie Platin, Porzellan und Silicate überhaupt chemische Einwirkung stattfinden kann, ebenso wie durch manche Gase.

Nur in einem Falle, nämlich von H. Moissan, als er Diamant im Lichtbogen teilweise verbrannte, ist sicher konstatiert worden, daß Graphit vorliegt, während andere Beobachter von Kohle oder Koks sprechen; in den meisten Fällen wurde aber nur eine ganz oberflächliche Schwärzung beobachtet.

Ich[8]) habe, um die Frage nochmals zu prüfen, in mehreren Fällen verschiedene Diamanten auf 1300°, sogar auf 1500° in Stickstoff bzw. Wasserstoff erhitzt und eine nur ganz schwache Bräunung, die aber mit Kaliumchlorat und Schwefelsäure wieder vergeht, erhalten. Der Diamant kann also, trotzdem stundenlang die Temperatur von 1500° eingehalten wurde, bei dieser existieren. In anderen Fällen wurde der in Kohle oder Thoriumoxyd eingebettete Diamant auf Temperaturen zwischen 2000 und 2500° erhalten (ja sogar im Bogenlichtofen), ohne daß er mehr als oberflächliche Schwärzung zeigte. Die chemische Prüfung ergab in mehreren Fällen, wo die Schwärzung stärker war, daß kein Graphit vorlag, auch wurde der Diamant durch Behandlung mit Kaliumchlorat und Schwefelsäure wieder hell. In keinem Falle hatte er seine Härte und Dichte geändert; ich schließe daraus, daß eine molekulare Umwandlung nicht stattgefunden hat.

Jedenfalls wäre die Umwandlung von Diamant in Graphit, falls sie wirklich

---

[1]) M. Jacquelain, l. c.
[2]) M. Berthelot, Ann. chim phys. **29**, 441 (1903).
[3]) l. c. 146.
[4]) Ch. A. Parsons u. Alan A. Campbell Swinton, Proc. Roy. Soc. **80**, 184 (1907).
[5]) H. Vogel u. G. Tammann, Z. f. phys. Chem. **69**, 600 (1910).
[6]) L. c.
[7]) W. Luzi, Ber. Dtsch. Chem. Ges. **25**, 217 (1892).
[8]) C. Doelter, Sitzber. Wiener Ak. **120**, 61 (1911).

eintritt, eine Reaktion, die mit sehr geringer Geschwindigkeit verläuft, so daß also nur bei sehr langem Erhitzen die Umwandlung merklich ist, bei raschem Erhitzen kann der Umwandlungspunkt beträchtlich überschritten werden. Der niedrigste Umwandlungspunkt dürfte jedenfalls weit über 1500°, oder vielleicht noch viel höher liegen, da die Versuche, bei welchen in Silicatröhren oder mit Unterlagen von Silicaten gearbeitet wurde, unsicher sind; ich vermute jedoch, daß eine molekulare Umwandlung überhaupt nicht eintritt.

Man schätzt den Schmelzpunkt des Diamanten sehr hoch, gegen 3000°. Die Frage, ob er realisierbar ist, und ob Diamant nicht vorher sich in Graphit umwandelt, ist öfters in Betracht gezogen worden. Einige ältere Beobachter erwähnen Schmelzerscheinungen. Ich habe beim Erhitzen von Diamantsplittern, die durch Kohle vor der Einwirkung der Luft geschützt waren, in drei Fällen Rundung der Kanten und auch Anhaften von Bruchstücken beobachtet, die auf Schmelzung deuten. Die Temperatur betrug 2000 bis 2500°, doch kann die Rundung auch durch Ätzung hervorgebracht sein. Möglicherweise kann der Schmelzpunkt praktisch nicht erreicht werden, weil er ganz nahe dem Siedepunkt liegt.

Die Spekulationen über das Verhalten von Graphit und Diamant ruhen auf wenig sicherer Basis. Nach H. W. Bakhuis-Roozeboom sind beide pseudomonotrop, Graphit soll von 1000° an allein stabil sein, was er aus der Umwandlungswärme von 0,5 Cal. und aus der Differenz der spezifischen Wärme schließt. Ob bei niedrigerer Temperatur Graphit noch die stabile Form ist oder irgendwo in einem Umwandlungspunkt in Diamant übergeht, läßt sich nach H. W. Bakhuis-Roozeboom[1]) nicht entscheiden.

Der Schmelzpunkt von Diamant dürfte niedriger liegen als der des Graphits, denn der Diamant ist nach H. W. Bakhuis-Roozeboom die labile Form mit höherem Dampfdrucke (vgl. auch S. 42). Nach W. Nernst[2]) ist es keineswegs sicher, daß Graphit die bei hohen Temperaturen stabile Form ist.

Über das Verhältnis von Diamant und Graphit hat sich auch G. Tammann[3]) geäußert. Diese Stoffe gehören zu jener Klasse von dimorphen Körpern, die in bezug auf Dichte sich so verhalten, daß die bei gewöhnlichem Druck instabile Kristallart dichter ist als die bei kleinen Drucken stabile. Der Diamant wäre ferner nach ihm nur bei hohen Drucken stabil, bei gewöhnlichem Druck existiert ein Pseudogleichgewicht, ein gemeinsames Zustandsfeld, in welchem beide Formen in langsamer Umwandlung begriffen wären. Ohne Lösungsmittel würde die Umwandlung Graphit ⟶ Diamant möglich sein.

Über die Umwandlung und die Bildung des Diamanten vgl. S. 46.

Ad. König[4]) hat sogar die Verschiebung des Umwandlungspunktes bei höheren Drucken erörtert. In der Formel:

$$\frac{dT}{\partial p} = \frac{T}{q}(V_g - V_d),$$

worin T die Umwandlungstemperatur, q die Umwandlungswärme pro Gramm, p der Druck, V_g, V_d die spezifischen Volumina des Graphits und des Diamants sind, setzt er $q = 42$ Cal. für 18° Θ und erhält dann

[1]) H. W. Bakhuis-Roozeboom, Heterogene Gleichgewichte vom Standpunkt der Phasenlehre (Braunschweig 1901) I, 180.

[2]) W. Nernst, Theoret. Chemie, 5. Aufl. (Stuttgart 1909) 632.

[3]) G. Tammann, Krystallisieren und Schmelzen. (Leipzig 1904) 114.

[4]) Ad. König, Z. f. Elektroch. **12**, 441 (1906).

$$\frac{dT}{\partial p} = 0{,}0285^0$$

als Temperaturerhöhung pro Atmosphäre Drucksteigerung, und

$$\frac{dp}{\partial T} = 35{,}07$$

als Druckerhöhung pro Grad; bliebe dieser Koeffizient annähernd konstant, so wären für eine Erhöhung des Umwandlungspunktes von 300^0 etwa 10,000 Atm. erforderlich, doch ist diese Umwandlungstemperatur überhaupt hypothetisch.

Die Beziehungen zwischen den verschiedenen Kohlenstoffmodifikationen können untersucht werden an der Hand der Reaktion

$$2\,CO = C + CO_2.$$

Mit dieser hatte sich schon A. Boudouard[1]) beschäftigt, neuerdings wurde sie durch R. Schenck und F. Zimmermann[2]) studiert, und insbesondere in einer Arbeit von R. Schenck und W. Heller[3]) neuerdings besprochen. Als Katalysatoren kommen bei dieser Reaktion die Oxyde von Fe, Co, Ni in Betracht, doch sind es nicht die Oxyde, sondern die Metalle die wirken.

Es zeigt sich aber, daß in Gegenwart von Eisen der Verlauf ein anderer ist, als bei den übrigen erwähnten Metallen; die umkehrbaren Reaktionen

$$2\,CO \rightleftarrows C + CO_2 \quad \text{und} \quad FeO + CO \rightleftarrows Fe + CO_2$$

kommen zum Stillstand, wenn

$$\frac{p^2_{CO}}{p_{CO_2}} = \zeta \quad \text{und} \quad \frac{p_{CO}}{p_{CO_2}} = \eta$$

ist, worin p_{CO} und p_{CO_2} die Partialdrucke von CO und CO_2 sind, und ζ bzw. η die Gleichgewichtskonstanten; es ist der Gesamtdruck der beiden Gase

$$P = p_{CO} + p_{CO_2}.$$

Im Falle des totalen Gleichgewichts zwischen Fe, C, FeO, CO, CO_2 sind beide Gleichungen gleichzeitig erfüllt und man erhält

$$p_{CO} = \frac{\zeta}{\eta}, \qquad P = \zeta\frac{1+\eta}{\eta^2}.$$

Jeder Temperatur entspricht ein ganz bestimmter Partial- und Gesamtdruck der beiden Oxyde CO und CO_2.

Die verschiedenen Modifikationen des Kohlenstoffs haben nun verschiedene Energie; es sind die Gleichgewichtskonstanten bei gleicher Temperatur für die drei Kohlenstoffarten verschieden; die Werte von ζ sind für diese den Drucken des totalen Gleichgewichts direkt proportional. Um die Werte von ζ zu kennen, genügt es, die Gleichgewichtsdrucke, welche die verschiedenen Arten beim Erhitzen mit FeO liefern, zu erfahren. Diese wurden nun für Ceylongraphit, Diamantpulver, Zuckerkohle bestimmt. Die unbeständigste Art muß am meisten reduzieren und gibt den höchsten Gleichgewichtsdruck, während die beständigste Art, der Graphit, den niedrigsten Druck hat; dazwischen liegt

[1]) A. Boudouard, Bull. Soc. chim. **21**, 463, 712; **23**, 140, 228 (1902).
[2]) R. Schenck u. F. Zimmermann, Ber. Dtsch. Chem. Ges. **36**, 1231 (1903).
[3]) R. Schenck u. W. Heller, Ber. Dtsch. Chem. Ges. **38**, 2132, 2139 (1905).

Diamant. Die erhaltenen Druckunterschiede sind nun sehr bedeutende und die Tensionskurven können Aufschluß geben über die Beständigkeit der Kohlenstoffarten.[1])

Das Verhältnis dieser Drucke ist für amorphen Kohlenstoff, Diamant, Graphit nach Berechnung von W. Smits[2]) folgendes:

Θ	Amorpher Kohlenstoff		Diamant		Graphit
500°	3,7	:	1,8	:	1
550°	4,1	:	2,4	:	1
600°	5,2	:	4,1	:	1
641°	5,4	:	4,2	:	1

Im luftleeren Raum würde Diamant mehr C-Dampf aussenden als Graphit. Kohlensäure wird von Diamantkohlenstoffdampf zu Kohlenoxyd reduziert, während Kohlenoxyd Graphit zurückliefert, der metastabile Diamant verschwindet. Es wird also dieser auf einem Umwege in die stabile Graphitmodifikation umgewandelt, und zwar bei weit niederer Temperatur als direkt. W. Smits ist der Ansicht, daß das Gleichgewicht $CO_2 + C = 2CO$ neuerdings studiert werden müsse.

Kohle wird von vielen als eine unterkühlte Varietät des geschmolzenen Kohlenstoffs erklärt, beim Erhitzen wird sie in Graphit übergehen.

Künstliche Darstellung des Diamanten.

Man kann die Synthesen des Diamanten in folgende Gruppen einteilen: 1. Darstellung aus Metallschmelzen; 2. Darstellung aus Silicatschmelzen; 3. Darstellung durch Zersetzung von Kohlenwasserstoffen und organischen Verbindungen.

Die älteren Versuche, wie die von B. Siliman, Cagniard de Latour, können nicht als gelungene betrachtet werden.[3])

I. J. A. Marsden[4]) hatte Silber oder auch dessen Legierung mit Platin in einer Hülle von Zuckerkohle bei der Schmelztemperatur des Stahles erhitzt und konstatierte, daß Silber Kohlenstoff löst, es scheidet nach ihm den Kohlenstoff als Diamant ab.

Sehr viel Aufsehen erregte die Darstellung von Diamanten durch H. Moissan.[5]) Zuerst untersuchte er die Löslichkeit des Kohlenstoffs in Metallschmelzen; er fand eine größere Anzahl von Metallen, die Kohlenstoff lösen, ihn aber meistens als Graphit wieder zur Abscheidung bringen, wie Fe, Ni, Co, Ag, dann bilden sich beim Zusammenschmelzen vieler Metalle mit Kohle Carbide, die Kohlenstoff lösen und wieder zur Abscheidung bringen, wie die von Ca, Ba, Sr, Ce, La, Y, Mo, W, die Carbide der Platinmetalle (vgl. bei Graphit S. 78). Um Diamant zu erhalten, löste er Kohlenstoff in Eisen.

H. Moissan[6]) schmolz im elektrischen Ofen zuerst schwedisches Eisen in einem Kohletiegel, der mit Zuckerkohle bedeckt war, und kühlte rasch ab, er erhielt schwarze Diamanten, die er nach dem früher angegebenen Verfahren

[1]) Vgl. E. Baur, Z. f. Elektroch. **12**, 122 (1906).
[2]) W. Smits, Ber. Dtsch. Chem. Ges. **38**, 4032 (1905).
[3]) F. Fouqué u. A. Michel-Lévy, Synthèse des mineraux (Paris 1882) 197.
[4]) J. A. Marsden, Proc. R. Soc. Edinb. **11**, 20 (1880/81).
[5]) H. Moissan, Der elektrische Ofen. — Deutsche Übersetzung (Berlin 1894). — C. R. **116**, 220 (1893).
[6]) H. Moissan, l. c. 160.

(S. 30) isolierte und verbrannte. Später verwendete er Eisenfeile, die im elektrischen Ofen mit Kohlenstoff gesättigt war; sie wurde rasch abgekühlt. Dann wurde auch die Abkühlung in geschmolzenem Blei herbeigeführt. Auch durch Granulierung des geschmolzenen Metalles sollte der Druck auf die Schmelze vergrößert werden. Endlich wurde statt Eisen auch Silber verwendet, wie es schon A. Marsden getan; die Resultate waren günstig.

Die Untersuchung der bei jedem Versuche nur in äußerst geringer Menge erhaltenen Diamanten war äußerst schwierig, sie bezog sich auf die Kristallgestalt, auf die Härte, Dichte und chemische Zusammensetzung; die erhaltenen Diamanten waren bald schwarz, bald durchsichtig, sie ritzten den Rubin, und ihre Dichte schwankte bei den einzelnen zwischen 3 und 3,5. Manche waren oktaedrisch. Die Verbrennung konnte nur mit einigen Milligramm durchgeführt werden, wodurch die Analyse allerdings als unsicher bezeichnet werden muß. Immerhin stimmt die Kristallform gut mit der der natürlichen Diamanten und auch die physikalischen Eigenschaften sind dieselben, so daß aus der Untersuchung mit großer Wahrscheinlichkeit hervorgeht, daß Diamant vorlag. (Fig. 6*a*, 6*b*, 6*c*.)

Es sei aber hier darauf hingewiesen, daß keiner der Experimentatoren ganz sicher nachgewiesen hat, daß Diamant vorlag, insbesondere haben weder H. Moissan noch R. v. Hasslinger auch nur annähernd den Brechungsquotienten bestimmt, was wohl eines der sichersten Unterscheidungsmittel gewesen wäre.

Später hat H. Moissan neue Versuche ausgeführt, wobei schwedischem Eisen Zuckerkohle und 5 g Schwefeleisen auf 150 g Eisen zugesetzt wurden;

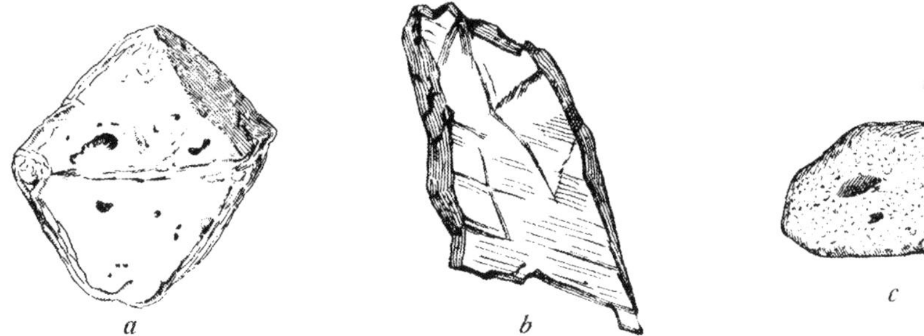

Fig. 6. Künstliche Diamanten (nach Moissan).

die Metallmasse blähte sich auf und es bildete sich kein Diamant. Als aber durch kaltes Wasser sofort abgekühlt worden war, erfolgte die Diamantbildung, demnach scheint Schwefeleisenzusatz diese zu begünstigen. Nach H. Moissan dehnt sich an Kohlenstoff gesättigtes Eisen beim Abkühlen aus im Gegensatz zu reinem Eisen, welches sich zusammenzieht. Wenn die oberflächlich erstarrte Kruste dick genug war, den Druck des im Inneren erst später erstarrenden Metalls auszuhalten, bildete sich Diamant.

Ch. Combes[1]) hat bestritten, daß die H. Moissanschen Produkte Diamanten seien, und macht wohl auch mit Recht darauf aufmerksam, daß im Inneren der abgekühlten Eisenschmelze kaum ein starker Druck geherrscht

[1]) Ch. Combes, Moniteur scient. **17**, 785 (1903); **19** II, 492 (1905).

haben kann. Nach Ch. Combes ist es möglich, daß ein kohlenstoffreiches, diamantähnliches Siliciumcarbid, welches Léon Frank[1]) beschrieb, vorliegen könnte; indessen kann sich trotz des fehlenden Druckes Diamant gebildet haben, auch eine Verwechslung mit einem Siliciumcarbid ist wenig wahrscheinlich.

H. Moissan war anfänglich der Ansicht, daß der Druck allein die Bildung des Diamanten fördere, und diesen statt des Graphits entstehen lasse. weil unreines Eisen beim Kristallisieren sich ausdehne. Indessen ist es jetzt weit wahrscheinlicher, daß diese geringe Volumveränderung keinen großen Druck ausübt, und daß der Druck überhaupt nicht von wesentlichem Einflusse auf die Bildung des Diamanten sei (vgl. S. 55). H. Moissan hat selbst später auch die große Abkühlungsgeschwindigkeit herangezogen, in welcher wir jetzt den Hauptgrund der Diamantbildung sehen.

W. Staedel[2]) gibt zwei Erklärungsarten für die Entstehung der H. Moissanschen Diamanten, die beide auf der Annahme einer Umwandlungstemperatur unter 1000° bei Druck beruhen; bei tieferen Temperaturen wäre Diamant stabil, Graphit metastabil; er schließt dies u. a. auch aus dem Umstande, daß die Umwandlung von Diamant in Graphit von einer geringen Wärmeabsorption, 500 g-cal., begleitet ist, welche aber bei steigender Temperatur zunehmen muß, daher der Umwandlungspunkt nicht bei höheren Temperaturen liegen kann. Er betont ebenfalls die rasche Abkühlung und glaubt, daß bei den Versuchen H. Moissans die Diamanten auf Kosten des Graphits auch bei gewöhnlichem Druck gewachsen sind.

Dem Werke von H. Grossmann und A. Neuburger[3]) entnehme ich die Mitteilung, daß vor kurzem Henry Fisher auf ähnliche Weise wie H. Moissan aus geschmolzenem, kohlenstoffreichem Eisen Diamanten erhielt, wobei es durch besondere Vorrichtungen möglich war, die schmelzflüssige Masse in dem Tiegel direkt aus dem Ofen in ein Wassergefäß zu stürzen, wodurch die Abkühlungsgeschwindigkeit vergrößert wurde.

Hierher gehört auch der Versuch von A. Ludwig,[4]) welcher unter hohem Druck bei Rotglut Eisen auf Kohle einwirken ließ, und der Versuch von H. Hoyermann,[5]) welcher Thermitmischungen mit Graphitzusatz abbrannte. Er fand, daß die Metalle Ag, Li, Fe, sowie Ti die Fähigkeit besitzen, Kohlenstoff zu lösen und als Diamant abzuscheiden, was aber nicht nachgewiesen wurde.

Burton[6]) fand zur Ausscheidung besonders Blei, dem 1 $^0/_0$ Ca zugesetzt worden war, geeignet; bei Zersetzung der Legierung durch Wasserdampf kristallisiert bei Dunkelrotglut Diamant, bei höherer Temperatur Graphit.

Hochofendiamanten. — Rossel[7]) und schon vor ihm Weeren[8]) fanden im Stahl Diamanten. Léon Frank[9]) behandelte Stahl ähnlich wie H. Moissan und isolierte einen Körper, von welchem er behauptete, es sei Diamant.

---

[1]) Léon Frank, St. u. Eisen, Juni 1897.
[2]) W. Staedel, Apotheker-Ztg. **23**, 854 (1908); Chem. ZB. 1909, I, 503.
[3]) H. Grossmann u. A. Neuburger, Die synthetischen Edelsteine. (Berlin 1910.)
[4]) A. Ludwig, Chem.-Ztg. **25** II, 979 (1901).
[5]) H. Hoyermann, Chem.-Ztg. **26** I, 481 (1902).
[6]) Burton, Nature **72**, 397 (1905).
[7]) Rossel, C. R. **123**, 113 (1896).
[8]) Weeren, St. u. Eisen **8**, 12 (1888).
[9]) Léon Frank, St. u. Eisen **16**, 585 (1896).

O. Johannson[1]) hat nachgewiesen, daß es sich in diesem Falle um Korund gehandelt habe. Nach H. Moissan und B. Neumann könnte es sich auch zum Teil um Carborundum handeln.

H. Fleissner,[2]) welcher auch eine allgemeine Übersicht des Diamantproblems gegeben hat, hat eine Anzahl von Hochofenschlacken auf Diamant untersucht. Die Schlackensubstanz wurde durch Salzsäure und Flußsäure entfernt, wobei nur bei einer einzigen Eisenhochofenschlacke (von Hallberg) mit Sicherheit Diamant nachgewiesen werden konnte. Er erhielt hier einen kristallisierten Rückstand, der die Eigenschaften des Diamanten zeigt. Er bemerkt auch, daß die Temperatur in Eisenhochöfen eine zu hohe sei, um für die Diamantentstehung günstig zu sein.

II. Als Lösungsmittel dienten geschmolzene Magnesiumsilicate; hier kommen die Versuche von J. Friedländer und von R. v. Hasslinger in Betracht.

J. Friedländer[3]) schmolz Olivin im Knallgasgebläse unter Rühren mit einem Kohlenstäbchen. Nach dem Erkalten erhielt er außer Silicaten und Magnetit, auch winzige Oktaeder und Tetraeder, die sich durch Behandlung mit kochender Flußsäure und Schwefelsäure isolieren ließen; ihr hoher Brechungsquotient, sowie der Umstand, daß sie mit Sauerstoff verbrennbar waren, macht es sehr wahrscheinlich, daß Diamant vorlag, wenn auch die Möglichkeit, daß es Carbide waren, nicht ganz ausgeschlossen ist.

R. v. Hasslinger[4]) ging von dem diamantführenden Gestein, dem Kimberlit aus und schmolz in einer der Zusammensetzung des Kimberlits entsprechenden Mischung Graphit. Nach Zerstörung der gebildeten Silicate durch Flußsäure und Schwefelsäure blieb ein Rückstand von kleinen, glänzenden Oktaedern, die härter als Rubin waren und in Sauerstoff verbrennbar waren.

R. v. Hasslinger nahm zuerst als Lösungsmittel für Kohle den in der Natur als Muttergestein der südafrikanischen Diamanten bekannten Kimberlit (vgl. S. 49), dessen Zusammensetzung folgende ist:

Na_2O . . .	4,93	Al_2O_3 . . .	9,45
K_2O	0,90	Fe_2O_3 . . .	7,30
MgO . . .	21,10	SiO_2 . . .	40,30
CaO	3,48	Glühverlust .	13,00

Er bediente sich zum Schmelzen des H. Goldschmidtschen Thermitverfahrens, wobei er das Magnesium, Aluminium und Eisen als Metall in den Verhältnissen der Analyse verwendet und damit gleichzeitig die hohe Temperatur erhält; der Kohlenstoff wurde als Graphit zugesetzt, und zwar 1 bis 2% der Masse.

Später hat R. v. Hasslinger[5]) mit J. Wolf denselben Versuch wiederholt und dabei 0,99 bis 11,62% Titandioxyd zugesetzt, die Diamantbildung wird durch kleine Mengen dieses Stoffes begünstigt. Ersetzt man die ganze Menge SiO_2 durch TiO_2, so erhält man schwarz gefärbte Diamanten; Borsäure verhindert die Diamantbildung, ebenso ein großer Überschuß von SiO_2, dagegen ist die Gegenwart von Alkalien, von CaO und MgO zur Diamantbildung

[1]) O. Johannson, St. u. Eisen **29**, 349 (1909).
[2]) Österr. Ztschr. f. Berg- u. Hüttenw. 1910, 540.
[3]) Verh. d. Ver. z. Beförd. des Gewerbefleißes. Berlin 1898.
[4]) R. v. Hasslinger, Sitzber. Wiener Ak. **111**, 622 (1902); Wiener Monatsh. f. Chem. **23**, 817 (1902).
[5]) R. v. Hasslinger, Sitzber. Wiener Ak. **112**, 509 (1903).

notwendig. Bei dieser bildet sich der Diamant aus einem Metallcarbid, welches sich in der Silicatschmelze zersetzt. Neben Diamant entsteht dabei stets Graphit.

Bei einer Synthese, die ich nach einer ähnlichen Methode mit $CaSiO_3$, $MgSiO_3$ und Kaliumtitanfluorid ausgeführt hatte, bildeten sich neben unbestimmbaren Titanaten nur einzelne diamantähnliche Körper mit dreieckiger Begrenzung, die einen Brechungsquotienten hatten, der höher als 2,2 war, und welche in Sauerstoff verbrannten.

III. Verschiedene Autoren wollen durch Zersetzung von Kohlenwasserstoffen oder Schwefelwasserstoff oder anderen organischen Stoffen Diamanten erhalten haben.

So hat schon J. B. Gannal im Jahre 1828 behauptet, „daß man kristallisierten Kohlenstoff erhalte, wenn man Phosphor in Schwefelkohlenstoff löse", was aber durch Nachversuche H. Moissans[1]) widerlegt ist; dasselbe gilt auch für ähnliche Versuche von F. E. Lionnet.[2])

C. Friedel[3]) ließ zuerst Schwefelkohlenstoff auf Eisen unter Druck bei der Temperatur der Kirschrotglut einwirken, dann auch kohlenstoffreiches Eisen, auf Schwefel bei 500° und erhielt einen harten Körper, welcher vielleicht Diamant war.

G. Rousseau[4]) zersetzte Acetylen im Lichtbogen und will neben Graphit, auch Diamanten erhalten haben, was bei dieser Temperatur unwahrscheinlich ist, vielleicht waren es nur Carbide. E. J. Maumené[5]) glaubt, daß er in einem bei der Acetylendarstellung zurückbleibendem Kalkbrei Diamanten gefunden habe.

Viel Aufsehen erregten seinerzeit die Versuche von J. B. Hannay,[6]) welcher von der Voraussetzung ausging, daß Diamanten aus stickstoffhaltigen Kohlenstoffverbindungen unter Druck bei der Temperatur der hellen Rotglut in Gegenwart von Magnesium, Natrium oder Lithium sich bilden. Als Ausgangsmaterial diente Paraffin, welches er in verschlossenen Eisenröhren erhitzte. Er erhielt diamantartige Körper, für welche jedoch der Nachweis, daß Diamant wirklich vorlag, nicht erbracht werden konnte.

Ich hatte seinerzeit vor H. Moissan einen Versuch gemacht, bei welchem über geschmolzenes Aluminium Chlorkohlenstoff geleitet wurde, und dabei stark brechende, dunkle, carbonadoähnliche Kristalle erhalten, deren Härte auch sehr bedeutend war, es ist aber gar nicht ausgeschlossen, daß es Carbide waren.[7])

A. Frank[8]) zeigte, daß die Reaktionen

$$C_2H_2 + CO = 3\,C + H_2O$$
$$2\,C_2H_2 + CO_2 = 5\,C + 2\,H_2O$$

Ruß liefern, dagegen wird durch Umkehrung des Carbidprozesses Graphit erzeugt: $CaC_2 + CO = CaO + 3\,C$.

---

1) H. Moissan, l. c. 107.
2) F. E. Lionnet, C. R. **63**, 213 (1866).
3) C. Friedel, C. R. **116**, 224 (1893).
4) G. Rousseau, C. R. **117**, 164 (1893).
5) E. J. Maumené, nach A. König, Z. f. Elektroch. **12**, 443 (1906).
6) J. B. Hannay, Proc. Roy. Soc. Edinburg **188**, 450 (1880).
7) Vgl. C. Doelter, Edelsteinkunde (Leipzig 1893) 79.
8) A. Frank, Z. f. angew. Chem. **18**, 1733 (1905).

Diamant soll dabei unter geeigneten Druck- und Temperaturverhältnissen entstehen können. Die Reaktion $2\,CO = C + CO_2$ hat bisher keinen Diamant, sondern amorphe Kohle, unter Anwendung von fein verteiltem Ni, Co, Fe dagegen Graphit geliefert (vgl. S. 41).[1])

Wenig vertrauenerweckend ist die Methode von J. Morris,[2]) bei welcher Tonerde in Salzsäure gelöst, mit Lampenschwarz und Holzkohle gemischt im eisernen Rohre bei Rotgluthitze durch mehrere Wochen im Kohlensäurestrom ausgesetzt war. Der Beweis, daß Diamant vorlag, ist nicht erbracht.

Die noch zu erwähnenden Versuchsanordnungen sind etwas verschieden von den bisher betrachteten, es handelt sich um die Umwandlung von Kohle bei hoher Temperatur.

Die Schmelzung der Kohle selbst wurde ebenfalls versucht, so vor längerer Zeit von H. Despretz,[3]) der den elektrischen Lichtbogen zwischen einer Kohlenelektrode und einem Bündel Platindraht abspringen ließ, es bildeten sich einer Nachuntersuchung von M. Berthelot zufolge Carbide und kein Diamant.

M. la Rosa[4]) glaubt, daß es ihm gelang, Zuckerkohle im selbsttönenden Lichtbogen zu schmelzen, er erhielt durchsichtige, lichtbrechende Krystalle, deren $\delta = 3{,}2$ war, und die Rubin ritzten.

Q. Majorana[5] hat Kohle durch den elektrischen Strom erhitzt und gleichzeitig in einem besonderen Apparat durch explodierendes Schießpulver einem hohen Druck ausgesetzt, wobei sich Diamanten gebildet haben sollen. Eine ähnliche Methode hat Moyat angewandt; als Heizquelle diente der Lichtbogen, während der Druck durch flüssige Kohlensäure erzeugt wurde. Da die Kohle mit Eisenspänen gemengt war, waen ähnliche Versuchsbedingungen wie bei den H. Moissanschen Versuchen vorhanden.[6])

W. Crookes[7]) berechnet die kritische Temperatur des Kohlenstoffs zu 5800° absoluter Zählung. Der maximale kritische Druck ist 2320 Atmosphären. Da A. Noble einen Druck von 8000 Atmosphären und eine Temperatur von 5400° erreichte, so wären hier die Bildungsbedingungen für Diamant gegeben, nach Ansicht von W. Crookes wären in den Rückständen der A. Nobleschen Versuchsresultate wirklich Diamanten vorhanden. Es widerspricht diese Ansicht den früher aufgestellten Bedingungen für die Existenz des Diamanten, da dieser bei hohen Temperaturen instabil wird.

Die Entstehung des Diamanten.

Vorkommen des Diamanten. — Nur an wenigen Fundorten läßt sich aus dem geologischen Befunde und der Paragenesis auf die Entstehung des Diamanten schließen, denn in weitaus den meisten Fällen findet sich dieser nicht in seinem Ursprungsgestein, sondern auf sekundärer Lagerstätte, wie in Brasilien, Indien und a. O.

---

[1]) Siehe A. König, Z. f. Elektroch. **12**, 443 (1906).
[2]) J. Morris, Ch. N. **66** 71, 308; Z. Kryst. **24**, 207 (1895).
[3]) H. Despretz, C. R. **28**, 755 (1849); **29**, 48, 545, 709 (1850).
[4]) M. la Rosa, Ann. d. Phys. **30**, 369 (1909); **34**, 95 (1911).
[5]) Q. Majorana, R. Acc. d. Linc. **6**, 191 (1897).
[6]) E. Donath u. K. Pollak, Samml. chem.-techn. Vortr. (Stuttgart) III, 151.
[7]) W. Crookes, Proc. Roy. Soc. **76** A, 458 (1905); vgl. auch Ch. N. **92**, 135 (1905).

Bei den brasilianischen Diamanten, deren Muttergestein unbekannt ist, denn auch der Gelenkquarz (Itacolumit) ist sekundär, läßt sich nur sagen, daß ein Teil derselben mit schwarzem Turmalin (dort feijaõ genannt), Titaneisen, Rutil, Anatas, Ytterspat, Monazit, Quarz und Eisenerzen zusammen vorkommt.

Wichtig ist jedoch diese Paragenesis; unter den konstanten Begleitern sind die Titanverbindungen besonders bemerkenswert. Es sind dies Mineralien, die sich durch Pneumatolyse, also durch Einwirkung von Gasen bilden, und sowohl A. Gorceix[1]) wie Orville A. Derby[2]) betonen, daß bei den brasilianischen Diamantlagern andere Entstehungsbedingungen geherrscht haben als bei den südafrikanischen. Orville A. Derby glaubt an die Mitwirkung von Pegmatit, und deutet sich die Kohle dem Phyllit entnommen, dies wäre also eine ähnliche Bildung wie die des Graphits (vgl. S. 89).

G. Hussak[3]) beschrieb dagegen aus Uberaba ein dem Kimberlit ähnliches, tuffartiges Gestein, sehr reich an titansaurem Kalk (Perowskit) und glaubt, daß hier eine andere Entstehungsweise wie bei dem früher genannten Fundort vorliege, und zwar eine vulkanische, wie bei den südafrikanischen Vorkommen.

Aus den indischen Lagerstätten läßt sich nicht viel auf die Entstehung des Diamanten schließen, da hier keine primäre Lagerstätte vorliegt. D. Chaper[4]) hatte behauptet, daß im Bellarydistrikt Diamanten zusammen mit Saphir, Quarz, Feldspat im Pegmatit mitten unter Graniten vorkommen, und diese Behauptung hatte Anlaß gegeben, zu vermuten, daß der Diamant bei niederer Temperatur aus gneisartigen Gesteinen unter Druck entstehe, etwa durch Reduktion von Kohlenwasserstoffen oder Carbonaten.[5]) St. Meunier[6]) bemerkte zu der Veröffentlichung Chapers, daß auch in den südafrikanischen Diamantseifen von Dutoitspan sich Pegmatit fände, und später hat L. de Launay[7]) auf das Vorkommen von Granit in der Debeersmine aufmerksam gemacht (vgl. S. 53).

Indessen ist die Behauptung Chapers für Indien durch spätere Untersuchungen von R. Bruce Foote[8]) unwahrscheinlich geworden. Immerhin könnten im allgemeinen doch pegmatitische Gesteine als Muttergesteine des Diamanten in Betracht kommen, z. B. ist dies der Fall im südlichen Borneo, dann nach Ch. Vélain[9]) für das Vorkommen in Lappland. Nebenbei sei erwähnt, daß Engelhardt[9]) für Uraldiamanten die Reduktion aus Dolomit in Anspruch nahm.

Die südafrikanischen Diamantlager. — Unsere genetischen Anschauungen über Diamanten beruhen wesentlich auf dem Vorkommen in Südafrika, das durch zahlreiche geologische Arbeiten genau bekannt ist. Ohne hier auf diese

[1]) A. Gorceix, C. R. **105**, 1139 (1887).
[2]) Orville A. Derby, Journ. of Geology **6**, 121 (1898).
[3]) G. Hussak, Z. prakt. Geol. **14**, 324 (1906).
[4]) D. Chaper, Bull. Soc. min. **7**, 47 (1884); Bull. Soc. géol. **14**, 330 (1886).
[5]) Vgl. C. Doelter, Edelsteinkunde (Leipzig 1893) 82. — M. Bauer, Edelsteinkunde (Leipzig 1909) 298.
[6]) St. Meunier, C. R. **98**, 380 (1884).
[7]) L. de Launay, C. R. **145**, 1188 (1907).
[8]) R. Bruce Foote, Rep. geol. Surv. of India **22**, 39 (1889); siehe auch W. Stelzner, N. JB. Min. etc. 1893 I, 49.
[9]) Nach M. Bauer, Edelsteinkunde (Leipzig 1909) 298.

eingehen zu wollen, soll das für die Genesis Wichtigste kurz hervorgehoben werden.[1])

Die Diamanten finden sich hier außer auf sekundärer Lagerstätte auch auf primärer, und zwar kommen sie im letztgenannten Falle in kraterähnlichen trichterförmigen Vertiefungen (pipes genannt) vor, welche schon von E. Cohen mit den Maaren der Eifel verglichen wurden. Das Muttergestein selbst ist der blaue Grund (blue Ground) der Bergleute, ein vulkanisches Gestein, das zuerst für einen Tuff gehalten wurde.

G. A. Daubrée,[2]) welcher Versuche über die mechanische Wirkung heißer, stark gepreßter und rapid bewegter Gase ausgeführt hat, vergleicht diese Wirkung mit jener von Geysern, die, unter hohem Druck in tiefen Schichten eingeschlossen, bei ihrem Entweichen aus Vulkanherden große Veränderungen hervorrufen und wendet dies für die Bildung der diamanthaltigen Trichter Südafrikas an. Er nimmt speziell für letztere eine Entstehung durch heiße Durchbruchsgase, durch Kohlenwasserstoffe, welche die Trichter erzeugt haben sollen, an.

Zu bemerken ist, daß in den Trichtern jedoch keine Asche, Lapilli und sonstige, bei vulkanischen Explosionen auftretende Produkte vorkommen, auch Mandelsteinstruktur der Gesteine ist ganz selten.

Das Muttergestein des Diamanten, der blaue Grund, der manchmal infolge Zersetzung gelb wird (yellow Ground), wurde von H. Carvill-Lewis[3]) Kimberlit genannt. Über seine Natur ist viel gestritten worden, was wohl damit zusammenhängt, daß er an verschiedenen Stellen ungleiche Beschaffenheit zeigt und bald mehr hart und kompakt (hard bank), bald mehr tuff- oder breccienartig auftritt, so daß man ihn ursprünglich allgemein für ein klastisches Gestein hielt. Vom petrographischen Standpunkte ist er eine Art vulkanischer Peridotit, die einen nennen ihn glimmerführenden Olivin-Bronzit-Pikritporphyrit, während F. W. Voit[4] meint, daß der ursprüngliche Kimberlit dem Pyroxenit nahe stand, und daß die Kristallisation später zur Bildung von Harzburgit führte, aus welchem der Diamant kristallisierte. A. Percy-Wagner[5]) unterscheidet einen glimmerarmen und einen glimmerreichen Typus, er vergleicht ersteren mit porphyrischem Peridotit, letzteren mit dem Alnöit. Hauptbestandteile sind: Olivin, Granat, Perowskit, (dieser besonders in glimmerarmem) Glimmer, Titaneisen. Der Kimberlit enthält viele kleine oft auch große Fragmente und Gesteinsbrocken, die sogar riesige Dimensionen annehmen, sogen. Floating Reefs, worunter sich einige Mineralaggregrate befinden, die besonderes Interesse erregen, wie die eklogitähnlichen, die auch Diamant enthalten, dann Olivindiabas, Granit sowie Sandstein und andere exogene Einschlüsse. Letztere sind Reste zum Teil längst abgetragener Formationen, während die ersteren genetisch besonders wichtig sind. F.W. du Toit[6]) und H. Carvill-Lewis[7]) haben

[1]) Die ausführliche Literatur findet sich in dem Werke von Percy-Wagner, Die diamantführenden Gesteine Süd-Afrikas. (Berlin 1910.)

[2]) G. A. Daubrée, C. R. **111**, 767, 857 (1890); **112**, 125, 1484 (1891); Bull. Soc. géol. **19**, 313 (1891).

[3]) H. Carvill-Lewis, Papers and Notes on the Genesis and Matrix of Diamond. (London 1897.)

[4]) F. W. Voit, Z. prakt. Geol. **15**, 216 (1907); **16**, 32 (1908).

[5]) A. Percy-Wagner, l. c. 58.

[6]) F. W. du Toit, Ann. Rep. of geol. Com. of the Cape of G. Hope **11**, 135, (1906).

[7]) H. Carvill-Lewis, l. c.

erkannt, daß die früher erwähnte Umwandlung des frischen ursprünglichen Gesteins mit einer Volumvermehrung durch Wasseraufnahme verbunden war, wodurch ein Aufsteigen der Gesteinsmasse eintrat; ein Teil der großen Einschlußmassen stammt davon her.

Der blaue Grund kommt in großen Trichtern vor; Diamanten finden sich in allen Tiefen, und der Diamantgehalt der einzelnen vertikalen Abteilungen ist sehr verschieden, auch wechseln Größe, Kristallform, Farbe, Qualität in verschiedenen Grubenteilen. Auffallend sind die vielen Bruchstücke, zu denen die Ergänzungsteile fehlen, woraus man geschlossen hat, daß sie nicht in situ gebildet wurden. Die Dimensionen der Diamanten sind sehr wechselnde, neben sehr großen finden sich mikroskopische, wie H. Carvill-Lewis,[1]) Coutalene und H. Moissan[2]) fanden.

H. S. Harger[3]) hält den blauen Grund für eine Serpentinbreccie, er betont seine verschiedene Beschaffenheit in verschiedenen Trichtern. Entstanden wäre der blaue Grund nach ihm durch Zerschmetterung ultrabasischer Gesteine wie Pyroxenit und Lherzolith; er ist aus der Tiefe mit Pyroxeniten und Eklogiten, deren Fragmente er enthält, herausgeschleudert. Das mit Kohlenstoff und Kohlenwasserstoffen gesättigte Magma war auch das Muttergestein des Granats und der Magnesiasilicate.

Paragenesis. — Besonders wichtig ist das Zusammenvorkommen des Diamanten mit anderen Mineralien. Unter diesen interessieren uns aber nur die, welche genetisch mit dem Diamanten eng zusammenhängen. Hier sind namentlich zu erwähnen:[4]) Granat (Pyrop), Chromdiopsid, Olivin, Titaneisen, Enstatit, Diopsid, Hypersthen, Perowskit, Titanit, Spinell, Magneteisen, Zirkon, Chromeisen, Biotit, Valit, Hornblende, Apatit, Cyanit[5]) und der seltene Graphit. Von sekundären Mineralien sind zu erwähnen Calcit, der in dünnen Häutchen den Diamant umgibt.

Besonders wichtig ist die Paragenese Granat-Diamant.[6]) In der Newlandsmine wurden Verwachsungen beider Mineralien beobachtet. Man hat auch eine Umhüllung des Diamanten durch Granat beobachtet,[7]) ebenso wie das umgekehrte. Ersteres ist in mehreren Fällen beobachtet z. B. von A. Stelzner, W. Graichen; Einschlüsse von Granat in Diamant beobachtete J. B. Sutton in der Wesseltonmine.[8]) Das zeigt, daß bei der Diamantbildung hohe Temperatur ausgeschlossen war, denn Granat scheidet sich unter 1100—1200^0 ab.

Für die Genesis bemerkenswert sind auch die Einschlüsse: Kohlige Einschlüsse[9]) werden erwähnt, dann Eisenglanz von E. Cohen[10]), Rutil von H. Behrens;[11]) Biotit und auch Eisenkies wurden von R. Harting aufgeführt.[12])

---

[1]) H. Carvill-Lewis, Papers etc. London 1897; vgl. N. JB. Min. etc. 1899, I, 60.
[2]) Coutalene nach H. Moissan, C. R. **114**, 292 (1893).
[3]) H. S. Harger, Trans. geol. Soc. S. Africa **8**, 110 (1905); Z. Kryst. **45**, 311 (1909).
[4]) H. S. Harger, Trans. geol. Soc. S. Africa **8**, 110 (1905). — F. W. du Toit, Ann. Rep. geol. Com. of Cape of G. Hope **11**, 135 (1906).
[5]) Nach A. Percy-Wagner, l. c. 27, ist es nicht sicher, daß Cyanit und Smaragdit dem Kimberlit angehören.
[6]) H. S. Harger, l. c.
[7]) R. Beck, Z. prakt. Geol. **6**, 164 (1898).
[8]) J. R. Sutton, Z. prakt. Geol. **11**, 440 (1903).
[9]) G. Rose, Z. d. geol. Ges. **6**, 250, 255 (1844). — G. Kunz, Science **3**, 649 (1884); Z. Kryst. **11**, 445 (1886).
[10]) E. Cohen, N. JB. Min. etc. 1876, 752.
[11]) H. Behrens, Z. Kryst. **9**, 575 (1884).
[12]) G. Bischof, Chemisehe Geologie. II. Aufl. (Bonn 1863), I, 657.

Von besonderer Wichtigkeit sind die in den „Pipes" vorkommenden Mineralaggregate, vor allem die als Eklogit bezeichneten, die besonders G. T. Bonney,[1]) H. S. Harger,[2]) R. Beck[3]) und A. Percy-Wagner[4]) beschrieben haben und die häufig diamanthaltig sind. Sie bestehen wesentlich aus Chromdiopsid und gelbrotem Granat, wozu nach R. Beck und H. S. Harger noch Perowskit, Ilmenit, Disthen, Rutil, Biotit und auch, was wichtig, Graphit, allerdings nur als Seltenheit in der Newlandsmine, treten.

Ausführlich sind diese Aggregate zuletzt von Percy-Wagner[5]) beschrieben worden, welch letzterer 21 verschiedene Mineralaggregate unterscheidet, von denen die meisten eklogitähnliche sind (Griquaite nach R. Beck), während manche peridotitähnliche sind (sogen. Harzburgite); andere sind durch vorwiegenden Biotit gekennzeichnet, während schließlich auch reine Titaneisenaggregate, sowie fast reine Enstatit- (Bronzit-) Massen vorkommen. A. Macco[6]) und R. Beck heben noch die Gabbro-, Norit- und Labradorfels-Einschlüsse hervor, die aber wahrscheinlich nur zufällig räumlich vereint sind. A. Lacroix,[7]) der das Diamantmuttergestein der Monasterymine beschrieb, glaubt, daß das ursprüngliche Muttergestein dort ein Harzburgit war.

Ein Teil der Geologen vertritt die Anschauung, daß diese „Eklogite" Einschlüsse aus tieferen Schichten sind, und daß sie das eigentliche Muttergestein des Diamanten darstellen; namentlich wird dies von G. T. Bonney[8]) vertreten, welcher die Aggregate als Gerölle bezeichnete, doch kann diese Ansicht nicht gut aufrechterhalten werden.[9]) Damit steht im Zusammenhange die Frage, ob der Diamant sich in situ aus Kimberlit gebildet habe, oder ob er in der Tiefe in einem eklogitartigen Magma entstand und durch die Eruption nur hervorgerissen wurde, dabei ist auch wichtig, ob sich Diamant unter hohem Druck bildete oder nicht.

A. Stelzner, R. Beck, F. W. Voit und Geo. S. Corstorphine sind der Ansicht, daß die „Eklogite" Urausscheidungen aus dem Kimberlitmagma sind, und zwar meint F. W. Voit:[9]) daß der Sitz der Ausscheidungen der Magmaherd selbst sei; es war die Ur- oder Tiefenkristallisation, die im ersten Stadium der Kristallisation jene Aggregate erzeugte, dann kam die Kristallisation in situ, die einen den Harzburgiten ähnlichen Gesteinstypus ergab. Die Serpentinisierung des Kimberlits schreibt er den Wasserdampferuptionen zu. A. Percy-Wagner,[10]) welcher die genauesten Untersuchungen der Mineralaggregate ausführte, ist der Ansicht, daß es noch nicht entschieden sei, ob eine Urausscheidung vorliege, oder ob es sich um eine ältere, in der Tiefe weit verbreitete Gesteinsformation handle; er verweist auch auf die Funde ähnlicher Aggregate in Deutsch-Südwestafrika, glaubt aber doch, es stehe fest, daß

---

[1]) G. T. Bonney, Proc. Roy. Soc. **65**, 223 (1899); **67**, 482 (1901); Geol. Mag. [IV] **7**, 246 (1900).

[2]) H. S. Harger, Trans. geol. Soc. S. Africa **8**, 110 (1905).

[3]) R. Beck, Z. d. geol. Ges. **59**, 298 (1907).

[4]) A. Percy-Wagner, l. c. 93.

[5]) A. Percy-Wagner, l. c. 92.

[6]) A. Macco, Monatsber. d. geol. Ges. **59**, 76 (1907).

[7]) A. Lacroix, Bull. Soc. min. **21**, 22 (1898).

[8]) G. T. Bonney, Geol. Mag. **7**, 246 (1900), insbesondere aber Proc. geol. Soc. S. Africa 1907, Okt.

[9]) F. W. Voit, Trans. geol. Soc. S. Africa 1907; Z. prakt. Geol. **15**, 382 (1907); **16**, 21 (1908).

[10]) A. Percy-Wagner, l. c. 93.

zwischen den eklogitähnlichen Aggregaten und dem Kimberlit ein Zusammenhang existiere.[1])

Für die Entstehung des Diamanten in Süd-Afrika ist ferner wichtig zu wissen, wie der Kohlenstoff sich aus dem Magma ausscheidet und woher er stammt.

Wie kam also der Kohlenstoff in das Silicatmagma? Man dachte ursprünglich mit H. Carvill-Lewis[2]) an oberflächliche Kohlenschmitzen und bituminöse Schiefer, die das Eruptivgestein aufgenommen habe, was aber schon von E. Cohen als unwahrscheinlich hingestellt worden war, und die geologischen Verhältnisse der Permiermine, wo solche Kohlengesteine ganz fehlen, sprechen dagegen. M. Weber[3]) vermutet, daß in großer Tiefe Kohlen anstehen könnten. Wahrscheinlicher ist es, daß der Kohlenstoff ursprünglich im Silicatmagma vorhanden war, oder sich wenigstens in diesem aus Carbiden oder Kohlenwasserstoffen gebildet habe. Unklar ist es, ob der Diamant sich dort bildete, wo wir ihn jetzt finden, oder ob er aus der Tiefe mitgerissen wurde.

A. Stelzner[4]) ist der Ansicht, daß der Diamant sich nicht in situ gebildet habe, und stützt sich dabei auf die Tatsache, daß man Diamantfragmente gefunden habe, und dabei stets vergeblich nach den übrigen Fragmenten des Diamants gesucht habe. Auch schließt er mit Moulle aus dem Vorkommen von in der Form und Färbung verschiedenen Diamanten, daß selbst ein einzelner Kimberlitstock nicht eine einheitliche Bildung sei, sondern daß die einzelnen Teile sich zu verschiedenen Zeiten bildeten. Nach G. S. Corstorphine[5]) wäre das Muttergestein in der Tiefe auskristallisiert und später explosionsartig in die Pipes eingedrungen. R. Beck hält den Diamanten für eine Urausscheidung des Magmas, F. W. Voit[6]) nimmt eine pneumatolytische Bildungsweise aus Carbiden an, welche in Gasform (?) vorhanden gewesen sein sollen, wobei er auf A. Franks Versuche verweist (vgl. S. 46); die Entwicklung der Gase trat jedoch erst bei der Erstarrung ein. F. G. Bonney und C. A. Raisin[7]) halten dafür, daß der Diamant in großer Tiefe entstanden sei. A. Percy-Wagner hält den Kimberlit für eine Bildung in situ, wobei er sich auf das Vorkommen von Diamanten in Olivin und auf das mikroskopischer Diamanten stützt, er[8]) entscheidet sich für Entstehung des Diamants innerhalb des Magmas und führt eine Reihe von Gründen dafür an. Der Diamant ist als charakteristischer Übergemengteil des Kimberlits zu betrachten.

Nach A. Gürich[9]) wäre der Diamant aus Carbiden gebildet worden, und zwar wäre die Eigentümlichkeit der Blaugrundtrichter durch die Beteiligung der Carbide bedingt. Er denkt sich die Krystallisation vor der explosiven Eruption in der Tiefe, da er für Diamantbildung hohen Druck annimmt.

Es ist aber für einen Teil der südafrikanischen Diamanten auch ein anderes Muttergestein in Anspruch genommen worden als der Kimberlit; so

---

[1]) A. Percy-Wagner, l. c. 113.
[2]) H. Carvill-Lewis, Ch. N. **56**, 153 (1887).
[3]) M. Weber, Sitzber. Bayr. Ak. Jahrg. 1910, 13. Abh. 32.
[4]) A. Stelzner, Z. prakt. Geol. **2**, 156 (1894).
[5]) G. S. Corstorphine, Trans. geol. Soc. S. Africa Proc. **10**, 17. Dez. 1907.
[6]) F. W. Voit, l. c. 23.
[7]) C. A. Raisin, Geol. Mag. 1895, 492, 496; Proc. Roy. Soc. **65**, 223 (1899); Ch. N. **80**, 3, 13 (1899).
[8]) A. Percy-Wagner, l. c. 129.
[9]) A. Gürich, Z. prakt. Geol. **5**, 145 (1897).

für die Diamanten im Gebiet des Vaalflusses nach H. Merensky der Diabas.[1]) Diese „Riversteine" sollen von den oben besprochenen Kimberlitdiamanten zu unterscheiden sein, und sollen auch in ihrer Härte und anderen physikalischen Eigenschaften etwas abweichend sein. H. Merensky bezweifelt überhaupt die Annahme, daß Diamant sich nur aus Olivingesteinen bilden könne. Andererseits glaubt auch G. S. Corstorphine,[2]) daß die Diamanten im Somabulawald in Rhodesien aus Pegmatitgängen stammen, was sie vielleicht genetisch den brasilianischen nahe bringen würde; erwähnen möchte ich schließlich noch, daß L. de Launay[3]) der Ansicht ist, daß die Erstarrung des diamanthaltigen Magnesiasilicats durch Oberflächenwässer verursacht wurde, welche die Ursache der Bildung von Kohlenwasserstoffen und vulkanischer Explosionen waren.

Kimberlitartige Gesteine dürften auch außerhalb Afrikas vorkommen, z. B. in Brasilien, wo sie ebenfalls Diamant führen[4]) (vgl. S. 48), und auch in Arkansas sollen Diamanten im Peridotit vorkommen.[5]) Dagegen hat T. W. David[6]) nachgewiesen, daß bei Oakey Creek in N. S. Wales das Muttergestein der Diamanten hornblendeführender Diabas ist.

Endlich wäre noch des Vorkommens der Diamanten im Meteoreisen, das schon W. Haidinger und H. Partsch 1846 vermuteten, zu gedenken. Später glaubte E. Weinschenk[7]) ihn in Meteoreisen von Arva (Ungarn) nachweisen zu können. W. Huntington entdeckte Diamant im Eisen von Smithville[8]) und in dem von Canon Diablo,[9]) welches später von G. A. Daubrée, H. Moissan,[10]) C. Friedel[11]) genau untersucht wurde, während, wie früher erwähnt (S. 31), die Diamanten des Meteoreisens von Nowo Urej durch M. Jerofeieff und Latschinoff[12]) analysiert wurden.

Ansichten über die Bildung des Diamanten in der Natur. — An der Hand des Vorkommens der Paragenesis und der Synthesen wollen wir die möglichen Bildungsweisen des Diamanten besprechen und kurz auch die älteren Ansichten wiedergeben. Ursprünglich dachte man sich Diamanten ähnlich wie etwa Bergkrystall aus Lösung gebildet und verglich ihn J. Newton mit einer geronnenen Substanz. Im allgemeinen war die Ansicht noch durch lange Zeit maßgebend, daß Diamant sich nicht bei hoher Temperatur bilden könne.

So glaubten D. Brewster,[13]) Jameson,[14]) A. Petzholdt,[15]) daß sich

[1]) Trans. geol. Soc. S. Africa **10**, (1907); Z. prakt. Geol. **16**, 156 (1908); vgl. auch F. W. Voit, ibid. 347.

[2]) G. S. Corstorphine, Trans. geol. Soc. S. Africa **10**, 107 (1907); Z. prakt. Geol. **16**, 157 (1908); vgl. auch F. P. Mennel, ibid. **11**, 13. April (1908).

[3]) L. de Launay, C. R. **125**, 335 (1897).

[4]) G. Hussak, Z. prakt. Geol. **14**, (1907). Vgl. dagegen die Ansicht O. Derbys S. 48.

[5]) Trans. Am. Inst. Mining Engin. **39**, 169 (1908). — Vgl. H. Carvill-Lewis, l. c.

[6]) F. W. David, Brit. Ass. Report 1906, 562.

[7]) E. Weinschenk, Ann. d. k. k. naturh. H.-Museums **4**, 99 (1889).

[8]) Proc. Ac. Boston **29**, 255 (1894).

[9]) Am. Journ. **46**, 470 (1893).

[10]) H. Moissan, C. R. **116**, 218, 288 (1893).

[11]) C. Friedel, C. R. **115**, 1037; **116**, 290 (1893).

[12]) M. Jerofeieff u. Latschinoff, C. R. **106**, 1680 (1888).

[13]) D. Brewster, Phil. Mag. **25**, 174 (1863); N. JB. Min. etc. 1864, 198.

[14]) Jameson, siehe R. Göppert, N. JB. Min. etc. 1869, 199.

[15]) A. Petzholdt, Beiträge zur Naturgeschichte des Diamanten. (Dresden und Leipzig 1842.)

Diamant aus Pflanzenstoffen, wie Gummi oder Tabaschir bilde. F. Wöhler[1]) und A. d'Orbigny hielten ihn für das Zersetzungsprodukt vorweltlicher Pflanzen, eine Ansicht, welche namentlich auch von R. Göppert[2]) verfochten wurde. Wilson[3]) hält es für möglich, daß er durch einen Verkohlungsprozeß entstanden sei und auch J. v. Liebig[4]) nahm einen der Kohlebildung ähnlichen Prozeß aus Pflanzen für die Diamantbildung in Anspruch.

Auch G. Bischof;[5]) der einer der Hauptvertreter der neptunistischen Richtung seiner Zeit war, hält noch hohe Temperatur bei der Entstehung des Diamanten für ausgeschlossen, er erwähnt auch der vergeblichen Versuche Kenneth Kemps und B. Sillimans,[6]) glaubt jedoch, daß durch einen Fäulnisprozeß allein Diamant nicht entstehen könne, wohl aber durch Einwirkung von Eisenoxyd auf organische Überreste.

E. B. de Chancourtois[7]) behauptete, daß Diamant aus Kohlenwasserstoffemanationen entsteht, wobei er seine Entstehung der des Schwefels aus H_2S in den Solfataren vergleicht, er bezieht diese Entstehung hauptsächlich auf die Itacolumite und Sandsteine, in welchen sich die brasilianischen Diamanten finden. Niedere Temperaturen hielten C. W. C. Fuchs[8]) und auch F. Fouqué und M. Lévy[9]) bei der Bildung des Diamanten für möglich.

Eine andere Hypothese ist die der Reduktion aus Carbonaten, eventuell aus Kohlensäure, welche F. Göbel aufstellte. Er nahm aber hohe Temperatur zu Hilfe und glaubte, daß Metalle wie Al, Mg, Ca, Fe, Na auch Si die Kohlensäure zu Diamant reduzieren; schon J. N. Fuchs hatte die Kohlensäure aus dem Erdinnern herangezogen. A. Simmler[10]) nimmt dagegen an, daß flüssige Kohlensäure Diamant bei hohem Druck lösen könne. Ein einschlägiger Versuch, den ich ausführte, gab ein negatives Resultat[11]) (vgl. S. 37).

Diese Ansichten kommen jetzt nicht mehr in Betracht, aber, wenn man auch jetzt geneigt ist, im allgemeinen erhöhte Temperaturen für notwendig zu halten, so sind doch die Anschauungen über die Bildung des Diamanten untereinander noch immer sehr abweichende. Für erhöhte Temperatur hatten sich schon vor vielen Jahren Perrot,[12]) C. von Leonhard, J. D. Dana ausgesprochen, später auch M. Berthelot.

Während die ältere Ansicht mehr dahin ging, daß Diamant bei niederer Temperatur entstanden sei, trat durch das Auffinden des Diamanten in Meteoreisen und im südafrikanischen vulkanischen Kimberlit ein Umschwung der Meinungen ein, und man neigte teilweise den Behauptungen von Parson und C. M. Despretz zu, welche Diamant im elektrischen Lichtbogen erzeugt zu haben glaubten. Auf die Möglichkeit der Diamantbildung in ge-

---

[1]) F. Wöhler, Ann. d. Chem. u. Pharm. **41**, 346.
[2]) R. Göppert, N. JB. Min. etc. 1864, 198.
[3]) Wilson, Edinb. N. phil. Journ. **48**, 337 (1850); N. JB. Min. etc. 1851, 588.
[4]) J. v. Liebig, Die organ. Chemie etc. 473.
[5]) G. Bischof, Chemische Geologie (Bonn 1863), II, 662.
[6]) Kenneth Kemp u. B. Silliman, Am. Journ. 1849, 413.
[7]) E. B. de Chancourtois, C. R. **63**, 22 (1863).
[8]) C. W. C. Fuchs, Die künstlichen Mineralien (Harlem 1872) 28.
[9]) F. Fouqué u. M.-Lévy, l. c. 197.
[10]) A. Simmler, Pogg. Ann. **105**, 466 (1858).
[11]) C. Doelter, Edelsteinkunde. (Leipzig 1893.)
[12]) Perrot, nach C. Hintze, Mineralogie (Leipzig 1903) I, 43.

schmolzenem Eisen oder Aluminium weisen E. Weinschenk,[1]) A. Daubrée,[2]) C. Doelter[3]) hin.

G. A. Daubrée geht von dem Vorkommen des Diamanten in Meteoriten aus, von welchen mehrere (z. B. die des Cañon Diablo und von Nowo-Urej) Diamanten enthalten; daneben kommt in diesen auch Olivin, der Hauptbestandteil des Kimberlits, vor. Er schloß daraus, daß auch die südafrikanischen Diamanten sich aus eisenhaltigen Massen gebildet haben; da nun im Innern der Erde große Eisenmassen enthalten sind, so wäre nach G. A. Daubrée die Wahrscheinlichkeit vorhanden, daß sich auch große Mengen von Diamanten im Erdinnern befinden.

Der Meinung J. Werths[4]) zufolge wäre der Diamant die stabile Kohlenstoffart bei sehr hoher Temperatur, wenn eine solche realisierbar wäre, würde der Diamant jedoch während der Abkühlung sich wieder in Graphit umwandeln. Um Diamant zu erhalten, müßte man sehr hohen Druck ausüben, und er ist der Ansicht, daß Diamant auch in der Natur nur bei gleichzeitig vorhandener hoher Temperatur und hohem Druck entstehe und zwar aus Kohlenwasserstoffen. Dabei müßte die Abkühlungsgeschwindigkeit eine sehr große sein. R. Threlfall[5]) glaubt, daß der Diamant durch gewisse Kristallisationserreger entsteht, er zeigte, daß Graphit auch bei Druck- und Temperaturerhöhung noch stabil ist. R. Liesegang[6]) meint, daß, um Kohlenstoff zur Kristallisation zu bringen, Kolloidatoren ausgeschaltet werden müssen.

A. Gorceix,[7]) welcher die brasilianischen Diamantlagerstätten untersuchte, glaubt, bei der Diamantbildung Chlor- und Fluorverbindungen in Anspruch nehmen zu müssen, da eine Anzahl seiner Begleitmineralien sich auf diesem Wege bildeten, wogegen M. Bauer[8]) für diese eine Bildung aus wäßrigen Lösungen als Ursache annimmt.

Der Zusammenhang des Diamanten mit dem Eisen ist durch die Versuche Moissans geklärt und durch das Vorkommen des Diamanten mit Schwefel- bzw. Phosphoreisen. Die Versuche R. v. Hasslingers und Friedländers erklären das Vorkommen der Diamanten im Kimberlit. Immerhin ist es noch nicht festgestellt, ob sich im Kimberlit die Diamanten direkt aus der Magnesiasilicatschmelze abscheiden, oder ob etwa, wie F. W. Voit es vermutet, durch Zersetzung von Carbiden durch Gase (Pneumatolyse) Diamant gebildet wurde. Noch nicht genügend ist der Zusammenhang des Vorkommens von Diamant mit Titanverbindungen aufgehellt; in Brasilien, aber auch am Kap ist ein solcher sichergestellt und es wären hier noch Versuche zu dessen Aufklärung notwendig.

Auf den Zusammenhang der Bildung des Diamanten mit jener der Titanverbindungen hatte ich schon im Jahre 1893 hingewiesen. Später hat R. v. Hasslinger gezeigt, daß bei Silicatschmelzen Zusatz von Titan die Diamantbildung begünstige. Nach den Untersuchungen von A. Gorceix und

[1]) E. Weinschenk, l. c.
[2]) A. Daubrée, C. R. **114**, 1814 (1892).
[3]) C. Doelter, Edelsteinkunde (Leipzig 1893) 79.
[4]) J. Werth, C. R. **116**, 304 (1893).
[5]) R. Threlfall, Journ. chem. Soc. **93**, 1333 (1908).
[6]) R. Liesegang, Koll.-Z. **3**, 305 (1908).
[7]) A. Gorceix, l. c., vgl. S. 48.
[8]) M. Bauer, Edelsteinkunde (Leipzig 1896) 268.

Orville A. Derby dürfte auch in Brasilien stets das primäre Vorkommen von Diamant mit dem der Titanmineralien zusammenhängen, wie auch in Südafrika Titanverbindungen mit dem Diamant zusammen vorkommen. Man wird daher an eine Einwirkung von Mineralisatoren denken, und weniger an einen trockenen Silicatschmelzfluß als an Pneumatolyse bei nicht sehr hoher Temperatur, was damit übereinstimmt, daß Diamant bei hoher Temperatur weniger stabil ist, während die Erstarrungstemperatur der Magnesiasilicate zwischen 1100—1200^0 liegt.

Das Vorkommen abgerundeter zerbrochener Diamanten deutet darauf hin, daß sie auch im Kimberlit früher entstanden, und durch die Silicatschmelze korrodiert wurden, also wohl auch in größerer Tiefe gebildet wurden. Dies stimmt auch mit den früher erwähnten Versuchen W. Luzis überein, bei welchen er die Korrosion der Diamanten durch blauen Grund nachahmte.

Graphit.

A. Allgemeines. Chemische Untersuchung, Zuammensetzung und physikalische Eigenschaften.

Von **W. Heinisch** (Brünn).

Allgemeines. — Graphit (von „γράφειν" schreiben) [Graphite, Plumbago, Kish; Graphite, Plombagine, Kis], Aschblei, Potelot, Pottlot, Ofenschwarz, Reißblei (wegen seiner Eigenschaft, gleich dem Blei auf Papier grau metallisch abzufärben — weshalb man ihn im Mittelalter lange Zeit auch für bleihaltig hielt — und dann wegen seiner Benutzung zum Abrißmachen oder Zeichnen), Fer carburé, Crayon noir, Black Lead, Carbo mineralis, Graphitglimmer, als allotrope Modifikation des Kohlenstoffs, auch als β-Kohlenstoff bezeichnet, früher fälschlich auch Wasserblei oder Molybdänglanz genannt, ist ein seit den ältesten Zeiten bekanntes Mineral.[1]) Trotzdem ist seine chemische Natur erst sehr spät erkannt worden. Der Chemiker J. H. Pott (1692—1777), der ihn noch mit Molybdänglanz für identisch hielt, zeigte zwar, daß im Wasserblei kein Bleigehalt nachweisbar ist, aber erst K. Wilhelm Scheele gelang es, die Verschiedenartigkeit beider Mineralien nachzuweisen und zu zeigen, daß Graphit Kohlenstoff enthält, so daß er ihn bereits als eine Art mineralischer Kohle betrachtete. Ferner stellte er fest, daß Graphit auch im Gußeisen enthalten ist. K. Karsten nennt ihn bereits das reine Kohlenmetall. Der Name Graphit wurde erst von dem Mineralogen A. G. Werner in der zweiten Hälfte des 18. Jahrhunderts in die Wissenschaft eingeführt und ist seit der Zeit in allgemeine Anwendung gekommen. Für den Graphit wurden im Laufe der Zeit verschiedene Definitionen gegeben: Zuerst bezeichnete man ihn als die metallartige kristallinische Modifikation des Kohlenstoffs. Seine Eigenschaft, durch die Einwirkung der von B. C. Brodie[2]) angegebenen Mischung von Kaliumchlorat und rauchender Salpetersäure in Graphitsäure verwandelt werden zu können, benutzten M. Berthelot und H. Moissan als charakteristisches Erkennungsmerkmal. Danach sagt H. Moissan:[3]) Nach der Definition von M. Berthelot bezeichnen wir mit dem Namen Graphit eine meist kristallinische Modifikation des Kohlenstoffs, deren Dichte nahe 2,25 liegt und die bei Behandlung mit einem Oxydationsgemisch von Kaliumchlorat und Salpetersäure ein leicht zu erkennendes Graphitoxyd gibt (vgl. S. 59 die Brodiesche[4])

[1]) Nach E. Donath, Der Graphit. (Wien 1904.) 1.

[2]) B. C. Brodie, Lieb. Ann. d. Chem. **114**, 6 (1860).

[3]) H. Moissan, Der elektrische Ofen (Berlin 1897), 102.

[4]) Siehe auch L. Staudenmaier, Ber. Dtsch. Chem. Ges. **4**, 802, 806 (1871) und G. Charpy, C. R. **148**, 921 (1909).

Reaktion). Die Chemiker definieren also den Graphit auf Grund einer chemischen Reaktion, während die Mineralogen als Graphit den hexagonal (trigonal) kristallisierenden Kohlenstoff von geringer Härte (0,5 bis 1) und der ungefähren Dichte 2,25 bezeichnen (vgl. S. 69). In zweifelhaften Fällen wird man zur Erkennung des Graphits eine Dichtebestimmung nach dem Verfahren von H. le Chatelier und S. Wologdine[1]) vornehmen. Diese beiden Forscher, welche aus vielen Graphitsorten von verschiedenartigster Herkunft nach einem äußerst sorgfältigen Reinigungsverfahren ganz reinen Graphit darstellten, fanden für ihn die Zahl $\delta = 2,255$ als Dichte. Bei den Untersuchungen über die Dampfspannungen der drei verschiedenen Kohlenstoffmodifikationen wurde der Graphit als die sowohl bei sehr hohen als auch bei niedrigen Temperaturen stabile Form des Kohlenstoffs erkannt. Sein Schmelzpunkt ist noch nicht bekannt, liegt jedoch sicher über 3000°. Wir können ihn demnach bei Luftabschluß bis auf die höchsten Temperaturen erhitzen, ohne daß er sich merklich verändert. Auf Grund dieser charakteristischen Eigenschaften gelangen wir daher zu folgender Definition:

Graphit ist die kristallinische bei den höchsten Temperaturen beständige Form des Kohlenstoffs von geringer Härte, die im reinsten Zustande die Dichte 2,255 hat und durch die Eigenschaft gekennzeichnet ist, mittels Staudenmaiers Oxydationsgemisch von konzentrierter Salpetersäure, konzentrierter Schwefelsäure und Kaliumchlorat in Graphitsäure überführbar zu sein.

Chemische Untersuchung der Graphite.

Die qualitative Prüfung auf Graphit wird sich in erster Linie auf die Feststellung von Kohlenstoffgehalt überhaupt zu erstrecken haben. Dies kann durch anhaltend starkes Glühen einer kleinen, sehr fein zerriebenen Probe am Platinblech und Beobachtung der bis zur völligen Veraschung eintretenden Farbenänderung geschehen. Das sicherste Resultat wird erhalten, indem man die kleine, fein gepulverte Probe mit Salzsäure von eventuell vorhandenen Carbonaten befreit, dann trocknet, in einem Glasröhrchen aus schwer schmelzbarem Glas im Sauerstoffstrome glüht und das austretende Gas in Kalkwasser leitet. Oder es wird etwa 0,1 g der fein zerriebenen Probe innig mit 2 g Bleioxyd gemischt und in einem einseitig geschlossenen Röhrchen aus schwer schmelzbarem Glas etwa 10′ lang geglüht. Dabei wird durch allenfalls vorhandenen Kohlenstoff das Bleioxyd zu metallischem Blei reduziert.

Übrigens sind die Eigenschaften des Graphits so charakteristische, daß man schon beim Zerreiben der Probe in einem kleinen Porzellanmörser durch den metallglänzenden Strich, der auch durch die Einwirkung der stärksten Säuren nicht verschwindet, auf Graphit schließen können wird. Um aber ganz sicher zu gehen, empfiehlt M. Berthelot die Darstellung von Graphitsäure mittels einer Mischung von rauchender Salpetersäure mit Kaliumchlorat. Dieselbe greift den Diamant überhaupt nicht an, amorphe Kohle wird vollständig aufgelöst und nur bei Anwesenheit von Graphit hinterbleibt ein grünlichgelber, beim Trocknen braun werdender Rückstand von Graphitsäure. Nach L. Staudenmaier[2]) erhält man sie am besten in folgender Weise: In eine

[1]) H. le Chatelier u. Wologdine, C. R. **146**, 49—53 (1908)
[2]) L. Staudenmaier, Ber. Dtsch. Chem. Ges. **31**, 1481 (1898); **32**, 3824 (1899).

auf gewöhnliche Temperatur abgekühlte, in einer flachen Porzellanschale befindliche Mischung von 50 ccm roher konzentrierter Schwefelsäure mit 25 ccm konzentrierter Salpetersäure von $\delta = 1,4$ rührt man zunächst 1,25 g aufgeblähten Graphit — oder die auf Graphit zu prüfende, fein zerriebene Probe — und dann allmählich in beliebigen Zwischenzeiten 22,5 g Kaliumchlorat ein. Die Einwirkung soll bei gewöhnlicher Temperatur stattfinden. Es ist vorteilhaft, die Masse mit einem Glasstabe öfter aufzurühren und den Zusatz des fein gepulverten Kaliumchlorats in sehr kleinen Anteilen möglichst langsam erfolgen zu lassen. Eine zu rasch wirkende Oxydation soll vermieden werden, weil sonst ein Teil der Graphitsäure bis zu Kohlendioxyd oxydiert werden könnte. Ist am Boden der Schale noch unangegriffener Graphit nicht mehr wahrnehmbar, hat die starke Gasentwicklung nachgelassen, und wird eine kleine Probe des nunmehr grün erscheinenden Rückstandes, mit einer Lösung von $KMnO_4$ versetzt, rein gelb, so gießt man den ganzen Schaleninhalt in viel Wasser, läßt absetzen, dekantiert und behandelt nun wieder mit Wasser. Dasselbe erscheint gewöhnlich bleibend stark trüb, ohne daß dadurch ein erheblicher Verlust entstünde.

Sind die Zersetzungsprodukte der Chlorsäure und Salpetersäure ganz ausgewaschen, so erfordert die Überführung des grünen Produktes in die gelbe Graphitsäure nur wenig Kaliumpermanganat. Bei Anwendung von 1,25 g Graphit genügen 0,35 g. Dieselben werden unter Erwärmen in 6 ccm Wasser gelöst, nach dem Abkühlen mit verdünnter Schwefelsäure (0,60 ccm konzentrierter Schwefelsäure mit 3,75 ccm Wasser) versetzt und nunmehr zum grünen, wieder in eine Porzellanschale gebrachten Produkte hinzugegeben. Alsdann erwärmt man auf dem Wasserbade unter beständigem Umrühren bis zum Verschwinden der Rotfärbung, versetzt mit Wasserstoffsuperoxydlösung und läßt noch eine Zeit stehen. Die nunmehr gebildete Graphitsäure wird noch mit verdünnter Salpetersäure ($\delta = 1,28$), dann mit Alkohol und Äther ausgewaschen und im Exsiccator getrocknet. Dies geschieht am besten im Dunkeln, weil sie sich am Lichte braun färbt. Auch beim Trocknen in der Wärme färbt sich die gelbe Graphitsäure bald braun. Diese Braunfärbung geht durch konzentrierte Salpetersäure und etwas Kaliumchlorat, ferner durch $KMnO_4$ und etwas H_2SO_4 sofort wieder zurück in Grün und Gelb. Nach M. Berthelot ist feuchte, frisch bereitete Graphitsäure — er nennt sie Graphitoxyd — hellgelb, kristallinisch. Nach dem Trocknen bildet sie eine braune, zähe, amorphe Masse, die in allen Lösungsmitteln ganz unlöslich ist. Beim Erhitzen für sich wird sie rasch unter lebhaftem Erglimmen zersetzt. Die zurückbleibende, kohlige Masse nennt M. Berthelot Pyrographitoxyd. Wird dasselbe geglüht, so verwandelt es sich nicht, wie man lange glaubte, in amorphen Kohlenstoff, sondern, wie erst G. Charpy durch sehr vorsichtige, kurze Einwirkung des Brodieschen Oxydationsgemisches zu erkennen vermochte, in Graphit.[1]) Das ganze Verhalten der Graphitsäure wird dadurch erst wichtig, weil von ihrer Erkennung gar oft die Entscheidung der Frage abhängt, ob man es mit Graphit zu tun habe oder nicht.

Ist die auf Graphit zu prüfende Probe stark verunreinigt, so werden die Beimengungen vor der Darstellung der Graphitsäure zweckmäßig fortgeschafft, indem man das fein gepulverte Untersuchungsmaterial mit Ätzkali schmilzt, dann mit Königswasser und endlich mit Flußsäure wiederholt behandelt.

---

[1]) G. Charpy, C. R. **148**, 921 (1909).

Hat man gepulverten Graphit auf einen eventuellen Zusatz von Anthrazit, Steinkohle, Holzkohle, Koks und Ruß zu prüfen, so wird nach E. Donath[1]) und M. Margosches folgendes Verfahren eingeschlagen:

Man erwärmt das zu untersuchende Pulver einige Zeit mit konzentrierter Salpetersäure. Tritt keine braunrote Färbung ein, so ist weder Anthrazit, Stein- oder Braunkohle noch Holzkohle vorhanden; es kann jedoch Koks oder sogenannter Retortengraphit vorhanden sein. Man schmilzt das Pulver mit nicht viel Natriumsulfat, laugt die Schmelze mit wenig Wasser aus und prüft die Lösung mit Bleipapier. Bei Abwesenheit der genannten Zusätze tritt keine stärkere Bildung von Schwefelblei ein, da Graphit selbst kaum eine Reduktion des Sulfats bewirkt. Koks oder Retortengraphit reduziert jedoch schmelzendes Natriumsulfat sehr energisch, so daß die filtrierte Lösung der Schmelze je nach den Mengenverhältnissen zum Sulfat, reichliche Mengen von Schwefelnatrium und von schwefelsaurem Natrium enthält. Eine sichere Unterscheidung zwischen Koks und Retortengraphit ist dann in den meisten Fällen kaum möglich. Manche Kokse enthalten neben relativ größeren Mengen von Sulfaten auch gewisse Mengen von durch Salzsäure unter H_2S-Entwicklung zerlegbaren Sulfiden, welcher Umstand in diesem Falle zur Erkennung eines Kokszusatzes führt. Hat das fragliche Pulver, mit konzentrierter HNO_3 erwärmt, eine mehr oder minder braunrot gefärbte Lösung gegeben, so kann Anthrazit, Stein-, Braun-, Holzkohle oder auch Ruß als Zusatz vorhanden sein. Man erhitzt eine Probe im Kugelröhrchen; deutlich auftretende charakteristisch riechende Destillationsprodukte zeigen Stein- oder Braunkohle an, da Anthrazit nur sehr wenig, Holzkohle gar keine Entgasungsprodukte liefert. Ist Steinkohle allein in relativ größerer Menge vorhanden, so reagieren auch die Destillationsprodukte deutlich alkalisch. Man erwärmt eine weitere Probe mit verdünnter HNO_3 (1 : 10). Eine deutlich braunrote Färbung der Lösung, sowie das Vorhandensein von Oxalsäure in derselben deutet auf Braunkohle. Einen Zusatz von Ruß, namentlich von künstlichem, weist man durch Extraktion mit Petroläther nach. Im positiven Falle bekommt man entweder eine sehr schwach gelbliche, jedoch deutlich fluoreszierende Lösung, oder eine farblose Lösung. Letztere zeigt beim Verdunsten im Schälchen einen teerartigen — oder einen Rauchgeruch von geringen Mengen im Ruß enthaltenen, im Petroläther löslichen Substanzen, während ein Pulver reinen Graphits an Petroläther gar nichts abgibt.

Um Graphit neben Diamant zu erkennen, oxydiert man mit Staudenmaiers Oxydationsgemisch bis alles schwarze Pulver entfernt ist, wäscht, trocknet und erhitzt den Rückstand. Das Gemenge von Pyrographitoxyd und Diamant wird nun mit Kaliumbichromat und konzentrierter Schwefelsäure erwärmt, wodurch alles Pyrographitoxyd zu CO_2 oxydiert wird und der Diamant zurückbleibt. Um etwa beigemengtes Quarzpulver zu entfernen, ist noch wiederholt mit Flußsäure zu behandeln.

Quantitative Analyse der Graphite. Dieselbe bezweckt in erster Linie die Bestimmung des Kohlenstoffs. Eine solche ist am genauesten auszuführen durch Verbrennung der fein gepulverten Probe im Sauerstoffstrome, nach dem für die Elementaranalyse organischer Verbindungen üblichen Ver-

---

[1]) Nach E. Donath, Der Graphit. (Wien 1904) 163.

fahren.[1]) R. Amberg beschreibt ein von C. M. Johnson ausgearbeitetes Verfahren einer schnellen Kohlenstoffbestimmung im Stahl, in Stahllegierungen und im Graphit, welches sich in vielen Laboratorien sehr rasch eingeführt hat. Danach wird in folgender Weise gearbeitet: Feine Bohrspäne, die man durch Waschen mit Äther von anhaftendem Öl befreit und gewogen hat, werden in einem Tonschiffchen in ein Quarzrohr gebracht und hier direkt im Sauerstoffstrom verbrannt. Die gasförmigen Verbrennungsprodukte passieren zunächst ein gewogenes, mit Chlorcalcium gefülltes Röhrchen, von dem das gebildete Wasser zurückgehalten wird und treten hierauf in ein gewogenes, mit Natronkalk gefülltes Röhrchen, in dem das entstandene CO_2 festgehalten wird, aus dessen Gewicht sich dann sehr einfach der Kohlenstoffgehalt der untersuchten Probe berechnet. Die Graphitproben, deren Verbrennung etwa 45 bis 50 Min., erfordert, werden vorher so fein als möglich zerrieben. Die Erhitzung des Quarzrohres kann entweder durch Gas mit Hilfe eines Fletcherbrenners oder durch elektrische Energie geschehen. Im letzteren Falle genügt eine Umwicklung des Quarzrohres mit Nickelchromdraht, um die erforderliche Verbrennungstemperatur zu erreichen. Die Quarzröhre sowie die Heizdrahtwicklungen halten selbst bei täglich andauerndem Untersuchungsbetriebe 3 bis 6 Monate aus. Diese Methode verlangt, eventuell vorhandene Carbonate vorher mit Salzsäure zu entfernen. Dann wägt man von der getrockneten Graphitprobe 0,1 bis 0,2 g genau ab. Da wohl die meisten natürlichen Graphite von Schwefelkies begleitet sind, so muß man dann im Verbrennungsrohre außer Kupferoxyd auch noch chromsaures Blei vorlegen. Die Zuverlässigkeit und kurze Dauer der Verbrennung hat dazu geführt, mit der calorimetrischen Kohlenstoffbestimmung zu brechen.

Bei künstlichen Graphiten, die kein chemisch gebundenes Wasser oder sonstige flüchtige Bestandteile enthalten, führt E. Donath die Bestimmung einfach so durch, daß er in einem geräumigen Platintiegel die eingewogene, fein pulverisierte Probe über dem Gebläse glüht, während Sauerstoff durch einen G. Roseschen Tiegelaufsatz (durchlochter Deckel mit eingestecktem Tonröhrchenansatz) zugeleitet wird.

Will man den Kohlenstoff direkt aus dem Gewichtsverlust beim Glühen bis zur Gewichtskonstanz bestimmen, so müssen folgende Umstände in Betracht gezogen werden: Bei Gegenwart von chemisch gebundenem Wasser beigemengter Silicate ist zu beachten, daß dasselbe auch über 150° noch nicht entweicht (nach Knublauch). Erhitzt man nun höher, um dieses Wasser als sogenannten Glühverlust zu ermitteln, so erhält man ganz unbrauchbare Zahlen (nach E. Weinschenk). Graphite des Urkalks oder von solchen Fundstellen, wo Carbonate als begleitende Gesteine auftreten, können diese als Verunreinigungen enthalten, geben dann beim Glühen die Kohlensäure ab und lassen den Kohlenstoffgehalt zu hoch erscheinen. In diesem Falle muß der Graphit vor dem Verbrennen mit verdünnter Salzsäure behandelt werden. Nach dem Trocknen wird der entstandene Verlust durch Wägen ermittelt und von diesem Rückstande ein gewogener Teil zur Verbrennung verwendet. Bei einem Gehalte an Schwefelkies entweicht beim Verbrennen der Schwefel. Das Eisen wird durch Aufnahme von Sauerstoff in Eisenoxyd verwandelt. Da 240 Teile Schwefelkies (FeS_2) bei der Verbrennung 160 Teile Eisenoxyd hinterlassen, so

[1]) Siehe z. B. F. P. Treadwell, Kurzes Lehrb. der analyt. Chemie. II (Wien 1907). — R. Amberg, Chem.-Ztg. **34**, 904 (1910).

fällt, wenn hierauf nicht Rücksicht genommen wird, die Kohlenstoffbestimmung zu hoch aus. Aber nicht nur die Oxydation der Metallsulfide wird zu einer Fehlerquelle, sondern auch der Gehalt der Graphite an H, O, N und S.[1])

Manche Graphite hinterlassen beim Verbrennen eine sinternde oder bei hoher Temperatur schmelzbare Asche, welche die Kohlenstoffteilchen umhüllt, vor Sauerstoffzutritt abschließt und ihre vollständige Verbrennung verhindert. In diesem Falle empfiehlt S. Sadtler,[2]) dem fein zerriebenen Graphit eine gewogene Menge gut ausgeglühter Magnesia (in geringer Menge) beizumischen.

In vielen Fällen gelingt die völlige Veraschung eines Graphits schon durch Glühen einer möglichst fein zerriebenen Probe im flachen Platinschälchen in der zum stärksten Glühen geheizten Muffel eines Probierofens, bis die Asche keine graue Färbung zeigt.

J. Löwe[3]) schlägt zur Bestimmung des Kohlenstoffs einen direkten Weg ein, indem er: a) die Probe mit Natriumkaliumcarbonat schmilzt, dann mit Wasser auskocht, den Rückstand mit Natronlauge kocht; b) mit Salzsäure und Wasser wäscht, auf einem getrockneten gewogenen Filter sammelt, bei 100° trocknet und als „reinen Graphit" wägt. Die Operationen unter a) bezwecken die Entfernung der Kieselsäure, die unter b) die Entfernung der aufgeschlossenen Metalloxyde. Doch ist es immer zu bezweifeln, daß der abgewogene Rückstand auch wirklich reinen Kohlenstoff darstelle. Mit einem aliquoten Teil davon wird zum mindesten eine Veraschungsprobe vorzunehmen sein, wobei sich ergeben wird, daß die Methode der Verbrennung im Sauerstoffstrome zur Erlangung eines einwandfreien Resultates doch noch vorzuziehen ist.

Nach J. C. Wittstein[4]) kann auch die Untersuchung des Graphits wie folgt ausgeführt werden: 1 g des fein gepulverten Graphits wird bis zur schwachen Rotglut erhitzt und der Gewichtsverlust als Wasser in Rechnung gebracht.[5]) Die getrocknete Substanz wird alsdann mit 3 g eines Gemenges von gleichen Äquivalenten Kalium- und Natriumcarbonat innig verrieben und das Ganze in einen Tiegel geschüttet. Hierauf legt man 1 g Ätzkali auf die Oberfläche der Mischung und erhitzt langsam zum Glühen. Die Masse kommt dabei ins Schmelzen, bläht sich auf und bildet dann eine Kruste, welche von Zeit zu Zeit mit einem starken Platindrahte hinuntergestoßen werden muß. Nach halbstündigem Schmelzen läßt man erkalten, weicht die Masse mit Wasser auf, erwärmt den Brei $^1/_4$ Stunde lang fast bis zum Kochen, filtriert, wäscht gut aus und stellt die gesamte Flüssigkeit beiseite. Der mit Wasser ausgelaugte Filterinhalt wird getrocknet, in ein Kölbchen getan, die Filterasche hinzugefügt und dann werden etwa 3 g Salzsäure von $\delta = 1{,}18$ eingegossen. Nach einigen Minuten bemerkt man eine schwache Gelatinierung des Kolbeninhalts, herrührend von der Zersetzung des noch vorhandenen kleinen Rückstandes von Alkalisilicat. Fügt man noch ein wenig mehr Salzsäure hinzu, so verschwindet die Gallerte wieder und die Kieselsäure bleibt dann gelöst. Nach etwa einstündiger Digestion verdünnt man mit Wasser, filtriert, wäscht aus und hat jetzt den reinen Kohlenstoff im Filter, und kann ihn nach dem Trocknen und schwachen Glühen als solchen wägen. Das saure

---

[1]) Nach E. Donath, Der Graphit. (Wien 1904) 168. — C. Auchy, Chem. ZB. (1900), I, 627. — Journ. Am. chem. Soc. **22**, 47.

[2]) S. Sadtler, Journ. Franklin Inst. **144**, 201 (1907).

[3]) J. Löwe, Dingl. polyt. Journ. **137**, 445.

[4]) G. Lunge-Böckmann, Chem.-techn. Untersuchungsmethoden, 4. Aufl., II, 785.

[5]) Siehe hier E. Weinschenk, Z. Kryst. **28**, 300 (1897).

Filtrat vereinigt man mit dem oben erhaltenen alkalischen, setzt noch Salzsäure bis zur stark sauren Reaktion hinzu, verdampft zur Trockne und bestimmt Kieselsäure, Tonerde, Eisenoxyd in bekannter Weise.[1])

Zur Graphitanalyse wurde früher auch die Oxydation mit Chromsäure-Schwefelsäuregemisch als sogenanntes Ullgreensches Verfahren angewendet, wie es zur Bestimmung des Gesamtkohlenstoffs im Roheisen noch hie und da gebräuchlich ist. J. Widmer fand jedoch, daß bei der Bestimmung des Kohlenstoffs im Graphit mit Chromsäure und konzentrierter Schwefelsäure, derselbe nicht vollständig zu CO_2 oxydiert wird, sondern daß dabei auch CO in namhafter Menge auftritt, so daß man wohl auch hier der Verbrennung im Sauerstoffstrome unbedingt den Vorzug geben wird.

Das alte Berthiersche Verfahren zur Bestimmung des Brennwertes einer Substanz, welches als dozimastische Brennstoffprobe bekannt ist, wird in manchen Fabriksbetrieben zur Graphitanalyse angewendet. Zu diesem Behufe werden 0;5 g der fein zerriebenen Graphitprobe mit 12 g gepulverter Bleiglätte gemengt, das Gemenge wird hierauf in einen unglasierten Porzellantiegel gebracht, mit 12 g Bleiglätte bedeckt und langsam erhitzt. 34 Teile reduziertes Blei entsprechen dann 1 Teil Kohlenstoff. Diese Methode gibt brauchbare Resultate, wenn nicht erhebliche Mengen von Pyrit vorhanden sind, dessen Bestandteile sich durch den Sauerstoff der Bleiglätte oxydieren und dadurch die Menge des Bleiregulus vermehren.

W. Fr. Gintl[2]) schlug vor, den fein geriebenen, bei 150 bis 180° getrockneten und gewogenen Graphit in ein 10 bis 12 cm langes, ca. 1 cm weites, an einem Ende zugeschmolzenes Röhrchen aus schwer schmelzbarem Glas zu bringen, dann etwa die 20fache Menge vorher geglühter, reiner Bleiglätte zuzusetzen und aufs neue zu wägen. Nun wird mittels eines Mischdrahtes das Bleioxyd mit dem Graphit möglichst gut gemengt und erhitzt, bis der Inhalt des Röhrchens völlig geschmolzen ist und kein Schäumen mehr wahrnehmbar ist, was gewöhnlich nur 10 Minuten erfordert. Nach dem Erkalten wird das Röhrchen wieder gewogen. Die Gewichtsverminderung entspricht dem entwichenen CO_2, aus dessen Menge sich der C berechnen läßt. Es genügt, 0,05 bis 0,1 g Graphit und 1,5 bis 3 g Bleioxyd zu verwenden, um nach dieser Methode ganz gut brauchbare Resultate zu erhalten.

Handelt es sich darum, eine Graphitbestimmung im Roheisen vorzunehmen, so wird nach O. Johansen[3]) in folgender Weise verfahren: Man löst 3 g Eisen mit etwa 100 ccm Salpetersäure, $\delta = 1,1$, in einem etwa 300 ccm fassenden Becherglase auf dem Wasserbade, filtriert durch einen ziemlich porösen Gooch-Neubauerschen Tiegel (mit Platinschwammfilterschicht), wäscht mit heißem Wasser (bei Verstopfung des Filters durch gelatinöse Kieselsäure auch mit etwas Flußsäure), dann mit KOH, mit Wasser, zuletzt mit HF, dann abermals mit Wasser, erhitzt $^1/_4$ bis $^1/_2$ Stunde im Luftbade auf 200 bis 250° und wägt. Darauf verascht man vor dem Gebläse oder in der Muffel[4]) und wägt die verbleibende geringe Asche zurück. (Meist sind es weniger als 0,5 mg.)

---

[1]) Vgl. unten das Kapitel über Analyse der Silikate von M. Dittrich.

[2]) W. Fr. Gintl, JB. d. chem. Techn. 1868, 266.

[3]) O. Johansen, Chem. ZB. **81**, 1640 (1910); St. u. Eisen **30**, 956 (1910).

[4]) Nach E. Donaths Vorschlag, die Verbrennung mit Roseschem Tiegelaufsatz im Sauerstoffstrom durchzuführen, käme man rascher vorwärts.

Chemische Zusammensetzung der Graphite.

Graphit kommt auch dort, wo wir ihn kristallisiert finden, nicht als absolut chemisch reiner Kohlenstoff vor. Er enthält dann immer noch eine geringe Menge Asche liefernder Bestandteile. Dies gilt auch vom künstlich dargestellten Graphit. Aber auch noch andere Stoffe wurden im Graphit nachgewiesen. So untersuchte W. Luzi[1]) viele natürliche Graphite in dieser Richtung und konstatierte z. B. bei Ceylongraphit 0,17 %, bei einem Passauer Graphit 0,05 % und bei sibirischem Graphit 0,1 % Wasserstoff. Daß der natürliche Graphit Wasserstoff enthalte, behaupten auch H. Davy, J. Gay-Lussac und L. J. Thenard. H. Moissan fand auch dieses Element in gewissen künstlich dargestellten Graphiten. Ferner ist ein Gehalt an Stickstoff in den meisten natürlichen Graphiten nachweisbar, so daß E. Donath die Reaktion mit metallischem Natrium auf Stickstoff als ziemlich sicheres Unterscheidungsmerkmal zwischen natürlichem und künstlichem Graphit empfehlen konnte. Während letzterer entweder gar keinen oder höchstens Spuren von Stickstoff aufweist, erhielt E. Donath in den von ihm geprüften natürlichen Graphiten selbst nach ihrer Reinigung eine ganz deutliche, mitunter starke Reaktion auf Stickstoff.[2])

Manche Graphite sollen auch amorphen Kohlenstoff enthalten, der nach Fr. Stolba durch einfaches Glühen im Platintiegel, wobei der Graphit intakt zurückbleibt, bestimmt werden kann. E. Donath führt die sehr bemerkenswerte Tatsache an, daß manche obersteirische Graphite beim Erwärmen mit konzentrierter Salpetersäure eine schwach braunrote Färbung geben, was auf die Gegenwart von noch unverändertem Anthrazit als Bildungszwischenglied hinweist.[3])

In manchen Graphiten fand man auch einen kleinen Gehalt an Ammoniak. Die meisten Graphite enthalten Wasser, teils als natürliche Feuchtigkeit, teils chemisch gebunden an die Asche liefernden Verunreinigungen. Dieses Wasser wird nun häufig als „Glühverlust", der auch die sonstigen flüchtigen Bestandteile mit einschließen muß, in der Analyse angegeben. E. Weinschenk glühte Proben von gewöhnlichem und von durch wiederholtes Schmelzen mit Kaliumhydroxyd gereinigtem Graphit zuerst $^1/_2$ Stunde, dann noch 1 Stunde und endlich drei weitere Stunden im Platintiegel bei etwas gelüftetem Deckel und konnte durch seine Wägungen konstatieren, daß eine Glühverlustbestimmung absolut ohne Wert sei.[4])

Als wichtigste Bestandteile der Asche des Graphits hat man gefunden: Kieselsäure, Tonerde, Kalk, Eisenoxyd. Besonders in englischen Graphiten wurde auch Titanoxyd gefunden. Auch Chromoxyd war in manchen Fällen vorhanden. Weniger bestimmt wurden in der Graphitasche nachgewiesen: Kupferoxyd, Nickeloxyd und Manganoxyd.

Von diesen Bestandteilen finden sich in der Asche eines und desselben Graphits oft nur sehr wenige beisammen, so z. B. enthalten manche Graphite nur Kieselsäure, andere nur Eisenoxyd, noch andere Tonerde und Kalk. Die Asche der steirischen Graphite nähert sich in ihrer chemischen Beschaffenheit der Steinkohlenasche.

---

[1]) W. Luzi, Ber. Dtsch. Chem. Ges. **24**, 4085 (1891).
[2]) E. Donath, Der Graphit (Wien 1904) 164.
[3]) E. Donath, Der Graphit (ibidem) 163.
[4]) E. Weinschenk, Z. Kryst. **28**, 300 (1897).

Graphit-Analysen.

Graphit aus Steiermark:

	1.	2.	3.	4.	5.
C . . .	77,95	—	—	—	—
(Na_2O) . .	0,15	—	—	—	—
(K_2O) . .	0,43	—	—	—	—
(MgO) . .	0,07	—	—	—	—
(CaO) . .	0,08	1,25	2,50	2,25	2,50
(Al_2O_3) . .	6,12	7,50	25,50	6,75	5,75
(Fe_2O_3) . .	0,44	1,75	5,00	4,00	11,50
(P_2O_5) . .	0,01	—	—	—	—
(SiO_2) . .	13,04	21,50	27,50	39,50	33,50
(S) . . .	Spuren	0,31	0,24	0,38	Spuren
(H_2O) . .	1,95	—	—	—	—

1. Graphit aus Kaisersberg in Steiermark, anal. L. Schneider, Wagner-Fischer, Jahresbericht 1881, 378.

2.—5. Graphitaschen von Rottenmann in Steiermark, anal. C. v. Hauer u. C. v. John, J. k. k. geol. R.A. **25**, 159 (1875).

Graphite von Bayern, Böhmen und Mähren:

	6.	7.	8.	9.	10.	11.	12.
C . . .	42,0	65,75	61,65	57,35	49,90	87,5	43,0
(Na_2O) .	—	0,18	0,26	0,04	0,10	—	—
(K_2O) .	—	1,47	1,49	0,44	1,54	—	—
(MgO) .	—	0,74	0,48	0,53	1,03	—	—
(CaO). .	—	0,60	0,26	0,23	1,01	0,1	—
(MnO) .	—	—	—	Spur	Spur	—	—
(CuO) .	—	—	—	0,01	Spur	—	—
(Al_2O_3) .	25,1	8,86	8,38	8,57	9,65	6,1	7,0
(Fe_2O_3) .	6,5	2,28	2,30	6,19	4,94	1,2	0,8
FeS_2 . .	—	1,89	6,96	0,79	0,65	—	—
(H_2SO_4) .	—	0,08	Spur	0,72	1,12	—	—
(H_3PO_4) .	—	0,07	0,05	0,16	0,08	—	—
(SiO_2) .	26,4	15,30	14,64	21,07	26,92	5,1	49,2
(H_2O) .	—	2,55	3,55	3,65	2,60	—	—

6. Graphit von Passau, anal. F. Ragsky, J. k. k. geol. R.A. **5**, 201 (1854).

7. und 8. Graphit aus Mugrau in Böhmen
9. und 10. Graphit aus Schwarzbach in Böhmen } nach E. Donath, Der Graphit, 74.

11. Graphit aus Schwarzbach in Böhmen, anal. F. Ragsky, J. k. k. geol. R.A. **5**, 201 (1854).

12. Graphit von Hafnerluden in Mähren, anal. F. Ragsky.

Graphite aus Italien, Portugal, Cumberland:

	13.	14.	15.	16.
C	48,88	18,67	42,69	88,37
(Al_2O_3)	—	—	—	1,0
(Fe_2O_3)	—	—	—	3,6
(SiO_2)	—	—	—	5,1
(H u. gebund. H_2O) .	2,65	1,83	—	1,23
(H_2O hykroskopisch) .	5,52	1,95	3,96	—
Rückstand	**42,95**	77,55	53,35	—

13. und 14. Graphit von Monte Pisano, anal. F. Sestini, Gazz. chim. It. 1895, 25.
15. Graphit aus Portugal, anal. Knublauch, Dingl. Journ. **192**, 493.
16. Graphit von Borrowdale, Cumberland, nach E. Donath, Der Graphit, 71.

Graphite aus Sibirien:

	17.	18.	19.	20.	21.	22.	23.
C . .	36,06	33,20	38,16	38,09	40,31	39,09	98,94
(MgO) (CaO)	1,20	1,06	2,23	3,01	2,07	1,19	—
(Al_2O_3) .	17,80	15,42	14,20	13,91	13,21	14,04	—
(Fe_2O_3) .	4,02	3,05	4,72	4,10	5,15	4,10	—
(SiO_2) .	37,72	43,20	39,22	39,37	38,00	38,73	—
(H) . .	—	—	—	—	—	—	0,11
(H_2O) .	3,20	4,03	—	—	—	—	0,42
Asche .	Spur	0,04	—	—	—	—	0,41

17. und 18. Graphit von der Stepanowsky-Grube, anal. S. Kern, Ch. N. **32**, 229.
19.—22. Graphit von den Bagoutalbergen, anal. W. Hepworth, Ch. N. **57**, 36.
23. Graphit von der Bucht Sedimi im Amurskibusen, Bg.- u. hütt. Z. **54**, 355(1906).

Graphit aus Ceylon, Pennsylvanien, Karolina und Neuseeland:

	24.	25.	26.	27.	28.
C	50,09	94,4	34,99	65,01	75,40
(Na_2O)	1,49	—	—	—	—
(K_2O)	1,34	—	—	—	—
(MgO)	1,53	—	—	—	—
(CaO)	0,78	—	—	—	—
(Fe_2O_3). . . .	10,11	—	—	—	—
(SiO_2)	23,97	—	—	—	—
(H_2O)	12,28	0,6	—	—	—
Asche	—	5,0	51,45	48,55	23,01

24. Graphit von Ceylon, anal. H. A. Weber. Dissertation. Heidelberg 1900. 38. Ref. N. JB. Min. etc. 1902 I, 564.

25. Graphit von Bustletown in Pennsylvanien, nach E. Donath, Der Graphit, 71.

26. und 27. Graphit aus Neuseeland, anal. R. W. Emerson, Mc. Ivor, Bg.- u. hütt. Z. **36**, 345 (1888); Ch. N. **55**, 125.

28. Graphit von South Mountains in Karolina; anal. G. Tschernik, Verh. Min. Ges. St. Petersburg, **45**, 425 (1907).

Es folgen nun einige ältere Analysenzusammenstellungen:

Graphitanalysen-Zusammenstellung nach H. Weger.[1])

Fundort	Verbrennungs- Rückstand oder Asche	Verbrennungs- Verlust od. Kohlenstoff	Analytiker
Borrowdale, Cumberland	13,3 %	86,7 %	Karsten
England	46,6	53,4	Prinsep
Ceylon, krist.	1,2—60	94,0—98,8	"
" etwas gereinigt	18,5	81,5	"
" roh	37,2	62,8	"
" kristallisiert	3,9	96,1	Knapp
Indien, Himalaja	28,4	72,6	Prinsep

[1]) H. Weger, Abhandl. d. naturh. Ges. zu Nürnberg **3**, 175. — E. Donath, Der Graphit, 70.

Fortsetzung.

Fundort	Verbrennungs-		Analytiker
	Rückstand oder Asche	Verlust od. Kohlenstoff	
Bustletown	4,6 %	95,4 %	Vanuxem
Sibirien, Alibertsberg	3,4	96,6	Wagner
" "	3,8	96,2	"
" "	8,5	91,5	"
" feinste Sorte	3,9	96,1	Weger
Rana in N.-Österreich	41,3	58,7	Ragsky
" geschlämmt	51,1	48,9	"
" gestampft	49,5	50,5	"
" roh zu Schmelztiegeln	73,7	26,3	"
" geschlämmt zu Wildberg . .	63,1	36,9	"
Raabs	61,7	38,3	Thalecz
"	44,4	55,6	"
Kaisersberg in Steiermark	57,8	42,2	Forstel
" (zu Tiegeln)	35,6	64,4	"
Hafnerzell bei Passau	65,1	34,9	Berthier
" " "	52,9	47,1	Knapp
Wunsiedel in Bayern	0,33	99,77	Fuchs

28 Analysen von Ch. Mène.[1])

Fundort	δ	I	II	III	1	2	3	4	5
Cumberland, sehr schöne Sorte . .	2,3455	1,10	91,55	7,35	52,5	28,3	12,0	6,0	1,2
" gewöhnliche Sorte . .	2,2379	3,10	80,85	16,05	—	—	—	—	—
" Handelsware, Stücke .	2,5857	2,62	84,38	13,00	62,0	25,0	10,0	2,6	0,4
" " Pulver .	2,4092	6,10	78,10	15,80	58,5	30,5	7,5	3,5	—
Passau	2,3032	7,30	81,08	11,62	53,7	35,6	6,8	1,7	2,2
"	2,3108	4,20	73,65	22,15	69,5	21,1	5,5	2,0	1,9
Mugrau in Böhmen	2,1197	4,10	91,05	4,85	61,8	28,5	8,0	0,7	1,0
" " "	2,2279	2,85	90,85	6,30	—	—	—	—	—
Fagerita in Schweden	2,1092	1,55	87,65	10,80	58,6	31,5	7,2	0,5	2,2
Ceylon, kristallisiert	2,3501	5,10	79,40	15,50	—	—	—	—	—
" Handelsware	2,2659	5,20	68,30	26,50	50,3	41,5	8,2	0,0	—
Spencero Gulf, Südaustralien . . .	2,3701	2,15	25,75	72,10	—	—	—	—	—
" " " . . .	2,2852	3,00	50,80	46,20	63,1	28,5	4,5	—	3,9
Roheisengraphit von Creusot . . .	2,5823	—	90,80	9,20	22,5	17,5	37,5	25,5	0,5
" " " . . .	2,3981	0,30	81,90	17,80	42,5	9,0	8,0	40,5	—
" " Givers . . .	2,4571	—	84,70	15,30	55,9	15,5	12,0	15,5	0,1
" " Vienne . . .	2,5830	0,15	88,30	11,55	—	—	—	—	—
" " Terrenoire . .	2,4309	—	83,50	16,50	50,0	16,0	10,5	20,0	3,5
Altstadt in Mähren	2,3272	1,17	87,58	11,25	—	—	—	—	—
Zaptau in Niederösterreich	2,2179	2,20	90,63	7,17	55,0	30,0	14,3	—	0,7
Ceara in Brasilien	2,3865	2,55	77,15	20,30	79,0	11,7	7,8	1,5	0,0
Buckingham in Canada	2,2863	1,82	78,48	19,17	65,0	25,1	6,2	0,5	1,2
Madagaskar	2,4085	5,18	70,69	24,13	59,6	—	6,8	1,2	0,6
Pissie, Dep. Hautes-Alpes	2,4572	3,20	59,67	37,13	68,7	—	8,1	1,5	0,9
" " "	2,3280	2,17	72,68	25,15	—	—	—	—	—
Brussin, Francheville, Rhone-Dep.	2,2029	0,28	92,00	7,72	—	—	—	—	—
Sainte Paul, Rhone-Dep.	2,3656	0,17	92,50	7,33	—	—	—	—	—
Ural	2,1759	0,72	94,03	5,25	64,2	24,7	10,0	0,8	0,3

Erklärung: I = Flüchtige Bestandteile; II = Kohlenstoff; III = Asche. Prozent. Zusammensetzung der Asche. 1 = Kieselsäure; 2 = Tonerde; 3 = Eisenoxyd; 4 = Kalk und Magnesia; 5 = Verlust und Alkalien.

[1]) Ch. Mène, C. R. **64**, 1091 (1867). — Nach E. Donath, Der Graphit (Leipzig-Wien 1904), 69.

F. Kretschmer[1]) gibt folgende Übersicht der Zusammensetzung einiger Graphitaschen.

In 100 Teilen	Graphit-Aschen		
	Sibirische	Steirische	Mährische
(Na_2O)	?	0,41	?
(K_2O)	?	1,56	?
MgO	3,57	1,21	0,65
CaO		0,57	4,34
Al_2O_3	23,33	32,07	13,33
Fe_2O_3	7,63	4,58	33,58
SiO_2	65,47	59,41	45,07
(P_2O_5)	?	0,19	?
(S)	?	Spur	3,03

Physikalische Eigenschaften.

Graphit ist von einer dunkelbläulich grauen Farbe mit schwachem Metallglanz, der an den derben, mattschwarz grauen Stücken erst beim Drücken oder Reiben deutlich hervortritt. Er ist vollkommen undurchsichtig, dagegen ist er sehr durchlässig für X-Strahlen,[2]) so daß man ihn auf diese Weise auf fremde Einschlüsse untersuchen kann. Seine Härte ist 0,5 bis 1. Er fühlt sich fettig an, ist dabei leicht abfärbend, ferner ist er schneidbar, biegsam, ohne elastische Vollkommenheit. Sein Bruch ist uneben.

Nach A. Kenngots Beobachtungen an Kristallen von Ticonderoga kristallisiert Graphit hexagonal rhomboedrisch $a:c = 1:1,3859$.[3]) Dagegen hat A. E. Nordenskiöld Kristalle von Ersby und Storgård als monoklin bestimmt.[4]) Vollkommen ausgebildete Kristalle sind schwer auffindbar. Sie sind dann gewöhnlich in körnigen Kalkstein eingewachsen. Wegen ihrer geringen Widerstandsfähigkeit gegen mechanische Einwirkung, war es bisher nicht möglich, Kristalle zu bekommen, die es erlaubt hätten, das Kristallsystem unzweifelhaft festzustellen. Doch sprechen die Untersuchungen von H. Sjögren[5]) für hexagonales (trigonales) Kristallsystem. Graphit ist nach der Basis (0001) vollkommen spaltbar. Bisweilen findet man auch Graphit in Pseudomorphosen nach Pyrit.

In den Meteoriten von Arva in Ungarn fand sich Graphit in regulären Kristallformen. Auch die Meteoriten von Prundagin in Westaustralien und von Cosby Creek enthielten reguläre Graphitkrystalle. Während L. Fletcher der Ansicht ist, daß man es hier mit einer besonderen Modifikation des gewöhnlichen, hexagonal kristallisierenden Graphits zu tun habe, halten andere Mineralogen dafür, daß hier Pseudomorphosen von Graphit nach Diamant vorliegen könnten, und manche sind der Ansicht, daß es Pseudomorphosen nach einem anderen Mineral seien, vgl. S. 28.

---

[1]) F. Kretschmer, Österr. Z. f. Berg- u. Hüttenw. 1902, 478.
[2]) C. Doelter, N. JB. Min. etc. 1896 II, 91.
[3]) A. Kenngot, Sitzber. Wiener Akad. 1854, 13.
[4]) A. E. Nordenskiöld, Pogg. Ann. **96**, 110.
[5]) H. Sjögren, Öfr. Ak. Förh. **4**, 29 (1884).

Dichte. — Schon B. C. Brodie bestimmte 1859 die Dichte eines durch Schmelzen mit Ätzkali gereinigten Graphits von Ceylon zu 2,25 und 2,26. Die in letzter Zeit von H. le Chatelier und S. Wologdine[1]) vorgenommene Dichtebestimmung an vielen natürlichen Graphiten und an Achesongraphit führten immer zu derselben Zahl, wenn die Untersuchungsmethode folgende war: Nach vorausgegangener Einwirkung von rauchender Salpetersäure auf den fein zerriebenen Graphit wurde die gewaschene und getrocknete Masse mit festem Ätzkali 30 Min. im Silbertiegel bei Dunkelrotglut geschmolzen. Nach dem Erkalten wurde mit Wasser aufgenommen und mit warmer Salzsäure $\delta = 1,2$ behandelt. Schließlich wurde der Graphit gewaschen, getrocknet, bei Dunkelrotglut geglüht und sodann unter einem Druck von 5000 kg pro Quadratzentimeter zusammengepreßt. Die Dichtebestimmung wurde nun mit Hilfe eines Gemisches von Acetylenbromid und Äther ausgeführt und ergab die Zahl 2,255. Nach dieser Arbeitsmethode konnten H. le Chatelier und S. Wologdine[1]) auch feststellen, daß der durch Befeuchten von Graphit mit konzentrierter Salpetersäure von $\delta = 1,52$ bis 1,54 und nachheriges Erhitzen bis zur Rotglut erhaltene aufgeblähte Graphit genau dieselbe Dichte zeigt wie vor dieser Behandlung.

Thermische Eigenschaften. — Die spezifische Wärme des natürlichen Graphits wurde zu 0,2019 und die des Hochofengraphits zu 0,1970 gefunden.[2])

Nummer	Zusammensetzung in Prozenten				Spez. Wärme
	C	H	N u. Verlust	Asche	
1	86,80	0,50	—	12,6	0,1986
2	76,35	0,70	—	23,4	0,2019
3a	98,56	1,34	—	0,2	0,1911
3b	99,50	—	—	0,7	0,1977
4	89,51	0,60	—	10,4	0,2000
5a	96.97	0,76	1,87	0,4	0,1968
5b	99,10	0,39	—	0,8	0,2000

Nr. 1, 2, 3a: Natürlicher Graphit von Canada.

Nr. 4: Natürlicher Graphit von Sibirien.

Nr. 5a: Künstlicher Graphit durch Zersetzung von Steinkohlenteer bei sehr hoher Temperatur erhalten.

Nr. 3b und 5b sind von den Proben 3a und 5a, nachdem beide im Chlorstrom geglüht und nachher gewaschen wurden.

Graphit aus Ceylon ergab nach Bestimmungen von H. Kopp[3]) für 21° bis 52° im Mittel aus drei Versuchsreihen: 0,174. Hochofengraphit: 0,166. A. Bettendorf und A. Wüllner[4]) fanden für Ceylongraphit 0,1955 und für Hochofengraphit 0,1961.

J. Dewar[5]) fand für die Temperatur −18 bis −78° die spezifische Wärme des Graphits zu 0,1341.

[1]) H. le Chatelier u. Wologdine, C. R. **146**, 49—53 (1908).
[2]) H. Regnault, Ann. chim. phys. **141**, 119; [3] **1**, 202.
[3]) H. Kopp, Ann. 1866, Suppl. III 67.
[4]) A. Bettendorf u. A. Wüllner, Pogg. Ann. **133**, 293.
[5]) J. Dewar, Proc. Roy. Soc. **67**, 235 (1905).

Für reinen Ceylongraphit (mit 1,38 % Asche) fand H. F. Weber[1]) folgende Werte:

Θ	Spez. Wärme = c	$\frac{\Delta c}{\Delta \Theta}$
−50,3	0,1138	
		0,000749
−10,7	0,1437	
		0,000777
+10,8	0,1604	
		0,000764
61,3	0,1990	
		0,000715
138,5	0,2542	
		0,000672
201,6	0,2966	
		0,000596
249,3	0,3250	

Für höhere Temperaturen wurde von H. F. Weber[5]) gefunden:

641,9	0,4454
822,0	0,4539
977,0	0,4670

J. Violle[2]) fand, daß die mittlere spezifische Wärme des Graphits oberhalb 1000° nach der Formel: $C_0^\theta = 0{,}355 + 0{,}00006\ \Theta$ wächst. Daraus folgt als Siedepunkt: 3600°, da 1 g Graphit bei der Abkühlung von seiner Siedetemperatur bis zum Nullpunkt 2500 Calorien abgeben soll.

Eine Reihe von systematischen Untersuchungen über das Verhalten des Kohlenstoffs im elektrischen Ofen führte H. Moissan zu dem Ergebnisse, daß sowohl im luftleeren Raume — was auch vor ihm schon G. Rose beobachtet hatte —, als bei gewöhnlichem Drucke der Kohlenstoff aus dem festen Zustande in den gasförmigen übergeht mit Umgehung des flüssigen Zustandes, sowie daß stets, wenn gasförmiger Kohlenstoff in fester Form sich kondensiert, Graphit entsteht. Ebenso geht vielleicht auch Diamant bei höherer Temperatur in Graphit über, so daß dieser tatsächlich bei hoher Temperatur und gewöhnlichem Drucke die stabile Form des Kohlenstoffs ist, vgl. S. 39.

Graphit ist thermisch negativ, die Vertikale ist die kleine Achse des isothermischen Ellipsoids, wie Hj. Sjörgen[3]) vermutete und E. Jannetaz konstatierte.[4])

Der Wärmeleitungskoeffizient beträgt für Graphit 0,0141. Die Wärmeleitfähigkeit des Graphits ist etwa fünfmal so groß wie die der Tonziegel.[5]) Graphit leitet die Wärme besser als der Diamant.

Der lineare Ausdehnungskoeffizient ist für 40° = 0,00000786.[6]) Die Verlängerung der Längeneinheit von 0° bis 100° = 0,000796. Die Verbrennungswärme von natürlichem Graphit wurde von A. Favre und J. T. Silbermann[7]) zu 7796 Calorien, für Graphit aus Hochöfen zu 7762,3 Calorien bestimmt.

---

[1]) H. F. Weber, Pogg. Ann. **154**, 367. — O. Dammer, Handb. d. anorg. Ch. II, 1.
[2]) J. Violle, C. R. **120**, 868. — C. Hintze, Handb. d. Mineralogie I, (Leipzig 1904), 46.
[3]) Hj. Sjörgen, Öfv. Ak. Förh. Stockholm **4**, 29 (1884).
[4]) E. Jannetaz, Bull. Soc. min. **15**, 936 (1892). — C. Hintze, Handb. d. Mineralogie I, (Leipzig 1904), 46.
[5]) S. Wologdine, Chem. ZB. **80**, 2100 (1909) und Sprechsaal **42**, 611.
[6]) H. Fizeau, Pogg. Ann. **138**, 30 (1869).
[7]) A. Favre u. J. T. Silbermann, Ann. chim. phys. [3] **34**, 426 (1852).

Nach H. Moissan ist die Entflammungstemperatur von Ceylongraphit im Sauerstoffstrome = 665°.[1])

Das magnetische Verhalten wurde an einem kräftigen Elektromagneten untersucht.[2]) Ein eisenhaltiger Graphit von Bayreuth erwies sich diamagnetisch; Graphit aus Pennsylvanien magnetisch.

Elektrische Leitfähigkeit. — Graphit ist ein guter Leiter der Elektrizität. Setzt man das Leitungsvermögen des Silbers bei 0° = 100, so ist bei 22° dasselbe für reinen Ceylongraphit 0,0693.[3])

Nach A. Matthiessen[4]) soll die Leitungsfähigkeit des gereinigten Graphits 18mal größer sein als die des natürlichen Graphits, der deutlichste Beweis, welche ungeheuer große Wichtigkeit der vollständigen chemischen Reinigung vor der Ermittlung von physikalischen Konstanten beizumessen ist. Nach H. Muraoka[5]) hat Graphit aus Sibirien eine Leitfähigkeit bei 0°, bezogen auf Quecksilber von 0° zu $8196 . 10^{-5}$. Aus H. Muraokas Versuchen ergibt sich für Graphit ein spezifischer Widerstand von 12,2 Ohm.

Nach J. Zellner[6]) besitzt Ceylongraphit, gesägt, einen spezifischen Widerstand in Ohm (bei 20°) von 2 bis 8, eine Graphitelektrode von Acheson einen solchen von 12 Ohm. J. Königsberger und O. Reichenheim fanden für Ceylongraphit:[7])

θ	W	W_1 (spezifischer Widerstand)
21	0,232	0,00283
61	0,218	0,00265
105	0,205	0,00250
147	0,195	0,00238
191	0,180	0,00220
149	0,194	0,00236
89	0,209	0,00254
−66	0,275	0,00335
−185	0,350	0,00428

J. Königsberger und O. Reichenheim schnitten für ihre Untersuchung aus kristallisiertem Ceylongraphit parallel der Blattrichtung, also senkrecht zur Kristallhauptachse, einen Stab von 0,66 qmm und von 5,44 mm Länge und führen an, daß in der dazu senkrechten Richtung es bisher nicht möglich war, einwandfreie Werte zu erhalten. Der absolute Widerstand zwischen 20 und 280° = $0,00291\,(1 - 0,00128\,\Theta)$. H. Muraoka[8]) fand an Graphit aus Sibirien (die Richtung ist nicht angegeben) für den Widerstand 1 ccm: $0,00122\,(1 - 0,000739\,\Theta + 0,000000273\,\Theta)$.

Die Frage, ob Graphit metallische oder elektrolytische Leitfähigkeit habe, ist namentlich von R. v. Hasslinger, J. Königsberger, R. Callendar und

---

[1]) H. Moissan, C. R. **135**, 921 (1902). Vgl. S. 75.
[2]) A. Holz, Pogg. Ann. **151**, 76 (1874).
[3]) O. Dammer, Handb. d. anorg. Ch. II, 1, (Stuttgart 1894), 266.
[4]) A. Matthiessen, Pogg. Ann. **103**, 428 (1858).
[5]) H. Muraoka, Wied. Ann. **13**, 307 (1881).
[6]) J. Zellner, Die künstlichen Kohlen. (Berlin 1903) 251.
[7]) J. Königsberger u. O. Reichenheim, N. JB. Min. etc. 1906, II, 39.
[8]) H. Muraoka, l. c. **13**, 311 (1881).

J. Dewar diskutiert worden; es dürfte wohl ziemlich sichergestellt sein, daß metallische Leitfähigkeit vorliegt. Die Literatur über elektrische Leitfähigkeit ist ziemlich groß und sei hier zusammengestellt:

G. Kirchhoff, Pogg. Ann. **100**, 177 (1856).
A. Matthiessen, Pogg. Ann. **103**, 428 (1858).
E. Beetz, Pogg. Ann. **111**, 619 (1860).
Schader, Gött. Ber. 1875, 325.
F. Auerbach, Gött. Ber. 1879, 259.
Borgmann, Beibl. Ann. d. Phys. **3**, 228 (1879).
W. Siemens, Wied. Ann. **10**, 660 (1880).
H. Muraoka, Ann. d. Phys. **13**, 307 (1881).
J. Dewar u. A. Fleming, Phil. Mag. **34**, 326 (1892).
B. Pietsch, Sitzber. Wiener Ak. **102** IIa, 768 (1893).
J. W. Hawell, Beibl. Ann. d. Phys. **21**, 635 (1897).
Fr. le Roy, C. R. **126**, 244 (1898).
R. Callendar u. J. Dewar, Phil. Mag. 1899, 217.
F. Streintz, Ann. d. Phys. **3**, 1 (1900).
Lord Kelvin, Phil. Mag. 1902.
H. G. Martin, Ch. N. **86**, 295 (1902) und **87**, 162 (1903).
R. v. Haslinger, Sitzber. Wiener Akad. 1906, 1523.
J. Königsberger u. O. Reichenheim, N. JB. Min. etc. 1906, II, 39.

Der Graphit löst sich nur in geschmolzenem Eisen. Seine Löslichkeit nimmt mit der Temperatur regelmäßig ab und beträgt in reinem Eisen bei 1000^0 höchstwahrscheinlich 1 %.[1]) Da der Graphit den höchsten Temperaturen widersteht, so wird er mit feuerfestem Ton zur Erzeugung von Schmelztiegeln verwendet. Infolge seines leichten Abfärbevermögens auf Papier findet er Verwendung zur Bleistiftfabrikation und wegen seiner Weichheit als Schmiermittel für rasch laufende Wellen, besonders aber für letzteren Zweck, seit es E. G. Acheson gelang, ihn als „kolloiden Graphit" herzustellen. Das Verfahren,[2]) das sich E. G. Acheson durch das D.R.P. Nr. 191840, 4. IV. 1907 schützen ließ, besteht in der Behandlung von fein gemahlenem Graphit mit 3 bis 6 % Gallusgerbsäure in wäßriger Lösung. Zuerst wird zweckmäßig aus dem Graphit und der Gerbsäure ein Teig gebildet und dann unter stetem Umrühren und stetem Kneten weiter mit Wasser versetzt. Bei Benutzung von nicht destilliertem Wasser ist die Gegenwart von freier Kohlensäure zu vermeiden, eventuell ist ein Zusatz von Ammoniak nötig. Den so behandelten Graphit nennt E. G. Acheson „defloculated". Er hält sich wochen- und monatelang in Suspension und geht durch jedes Filter. Er zeigt auch sonst ausgesprochen kolloide Eigenschaften. Durch einen geringen Zusatz von Salzsäure wird er sofort gefällt und läßt sich dann klar filtrieren. Noch besser gelingt dies durch Zusatz von Alaun. Der Niederschlag wird dann ausgewaschen und getrocknet, wodurch man ein sehr feines Pulver bekommt, welches sich gut zur Herstellung von Tiegeln eignet. Das nach obigem Verfahren erhaltene „Graphithydrosol", das von E. G. Acheson die Bezeichnung „aquadag" erhielt, soll auch Stahl und Eisen vor Rost schützen. E. G. Acheson gelang es später, das Wasser seines entflockten Graphits durch innige Durchmischung mit Öl zu verdrängen. Durch Zusatz einer kleinen Menge bereits fertiger Ölpaste zum Gemenge von Graphit, Wasserpaste und Öl wird die Zeit der Herstellung bedeutend abgekürzt. Man erhält alsdann den entflockten

[1]) G. Charpy, C. R. **145**, 1277—79 (1907).
[2]) P. Werner, Koll.-Z. **7**, 165 (1910).

Graphit in Ölsuspension. Durch weitere Zugabe von Öl wird dann bis auf den gewünschten Graphitgehalt eingestellt. E. G. Acheson gab diesem als Schmiermittel für Maschinenbestandteile besonders geeigneten Produkte die Bezeichnung: „oildag". (DAG = Abkürzung für: Defloculated Acheson Graphite.)

B. Chemische Eigenschaften, Bildungsweisen und technische Verwendung.

Von **R. Amberg** (Pittsburg, Pa., U.S.A.).

Chemische Eigenschaften.

Der Graphit besitzt nur wenig spezifische chemische Eigenschaften, die ihn vor den beiden anderen Kohlenstoffmodifikationen (Diamant und Kohle) auszeichnen, und sein chemisches Verhalten, das im allgemeinen nur gradweise von dem der anderen verschieden ist, charakterisiert sich am besten durch einen Vergleich der physikalisch-chemischen Konstanten.

A. Niedere Temperatur.

Die Unterscheidung von Graphit und Kohle auf Grund ihrer kristallinischen Beschaffenheit ist nicht leicht. Wir haben früher bei Diamant (S. 34) die Unterschiede der Zahlen für die Werte der Verbrennungswärmen, spezifischen Wärmen, angegeben. Für das spezifische Gewicht des reinen Graphits erhielten wir 2,25, während das der Kohle zwischen 1,2 und 1,7 schwankt. Graphit zeichnet sich ferner vor der amorphen Kohle durch weit größere Leitfähigkeit für Wärme und Elektrizität aus. Bis 600° aufwärts fand Queneau[1])

für Acheson-Graphit 1,26 } Watt per 1° Temp. Gefälle und 1 cm Länge
„ amorphe Kohle 0,42 } durch 1 cm² Querschnitt.

Der elektrische Widerstand von Elektroden aus amorpher Kohle liegt zwischen 0,0033 und 0,0075, derjenige von Graphitelektroden zwischen etwa 0,0008 und 0,0020 Ohm pro 1 cm Länge bei 1 cm² Querschnitt.

Die Andeutung dieser Zahlenwerte läßt schon erkennen, daß sie nicht in allen Fällen eine sichere Auskunft über die Natur des Materials oder eine eindeutige Definition des Graphits vermitteln können; auch ist ihre Ermittlung zuweilen umständlicher als das Anstellen einer spezifischen chemischen Reaktion. Eine solche liegt in der von B. C. Brodie[2]) zuerst angegebenen Einwirkung von rauchender Salpetersäure und Kaliumchlorat auf Kohle vor. Alle Kohlearten, welche durch diese Reagentien in das sogenannte Graphitoxyd, einen kristallinischen Körper von lichtgelber Farbe, übergeführt werden, bezeichnen die Chemiker mit M. Berthelot[3]) als Graphit. Wir sind damit auch unabhängig von der in manchen Fällen zweifelhaften Frage, ob der als Graphit anzusehende Körper kristallisiert oder amorph ist. Während amorphe Kohle

---

[1]) Queneau, Pogg. Ann. **154**, 167 (1875).
[2]) B. C. Brodie, Über das Atomgewicht des Graphits. Lieb. Ann. d. Chem. **114**, 6–24 (1860).
[3]) M. Berthelot, Ann. chim. phys. [4] **19**, 392 u. 405 (1870). Vgl. S. 58.

durch diese Behandlung zu Kohlendioxyd und löslichen Substanzen oxydiert wird, bleibt Diamant unangegriffen. H. Moissan hat die Technik der Reaktion gelegentlich seiner umfangreichen Untersuchungen über Graphit[1]) vereinfacht. Verwendet man eine aus Salpeter und konzentrierter Schwefelsäure wasserfrei hergestellte Säure und trägt den Graphit sowohl als auch das Kaliumchlorat in gut getrocknetem Zustande darin ein, so braucht man die Behandlung nur 1 bis 2mal anstatt früher 6 bis 8mal zu wiederholen, und der sichtbare Angriff beginnt meist schon am Ende der ersten Operation. Man läßt die Reagenzien mit einem großen Überschuß von chlorsaurem Kalium 12 Stunden lang auf den Graphit einwirken und die Temperatur dabei allmählich gegen Ende bis auf 60° steigen; nach B. C. Brodie (l. c. S. 8—20) benötigte man 4 Tage zu dieser Oxydation. Etwa gleichzeitig damit hat L. Staudenmaier[2]) dieser Oxydation des Graphits eine ausführliche Untersuchung gewidmet (vgl. S. 59). Er führt sie mit Hilfe von konzentrierter Schwefelsäure und Salpetersäure (1,4) aus und trägt in die Lösung allmählich festes Kaliumchlorat ein. Das entstehende grüne Produkt geht bei weiterer Behandlung mit Kaliumpermanganat in die gelbe Modifikation über. Dieses Graphitoxyd, für welches man Formeln wie $C_{11}H_4O_5$ oder $C_{11}H_4O_6$ abgeleitet hatte, ist jedoch durchaus kein einheitlicher, sondern eine Mischung verschiedener amorpher Körper, welche genau die Kristallform des Graphits beibehalten haben. Es ist dies nach Fr. Weigert[3]) eine so reine Pseudomorphose des Oxydationsproduktes nach dem urprünglichen Graphit, daß man vielleicht an der durchsichtigen Substanz die kristallographischen Eigenschaften des Graphits studieren kann. Beim Erhitzen zersetzt sie sich explosionsartig unter Entwicklung von CO_2, CO und H_2O und läßt einen schwarzen, chemisch ebenso inhomogenen Körper zurück, den man Pyrographitsäure genannt hat.

Diese als Erkennungsreaktion benutzte Oxydation des Graphits ist gleichzeitig die wichtigste Reaktion, die er bei gewöhnlicher Temperatur erleidet. Mit Hilfe derselben hat man Graphit auch in mattschwarzen, mit amorpher Kohle gemischten Produkten festgestellt, die durch Zersetzung von Karbiden und Kohlenwasserstoffen erhalten waren. Zinnchlorür reduziert die erwähnte Pyrographitsäure zu einem schwarzen, an Graphit erinnernden Körper, während gleichzeitig immer etwas Mellithsäure entsteht.

Eine Einteilung der mannigfaltigen Graphitvarietäten in zwei Gruppen gewährt die Beobachtung von W. Luzi,[4]) daß viele natürliche und einige künstliche Graphite sich aufblähen, wenn man sie mit einer geringen Menge Salpetersäure durchfeuchtet und dann erhitzt. Salpetersäure und Königswasser scheinen anfänglich ohne Einfluß zu sein, erhitzt man jedoch auf 170°, so quillt der Graphit zu wurmähnlichen Gebilden auf, die oft ein Mehrfaches des ursprünglichen Volumens einnehmen. Die gleiche Erscheinung tritt auf, wenn der Graphit vorher mit Schwefelsäure oder mit einem Gemisch von dieser und Kaliumchlorat erhitzt worden war. Für die aufquellenden Arten behält W. Luzi den Namen Graphit bei, die nichtquellenden bezeichnet er als Graphitite. Das weitere Studium der künstlich hergestellten Graphite (s. weiter unten) hat jedoch dazu geführt, dieser Unterscheidung wenig Bedeutung beizulegen, da,

---

[1]) H. Moissan, Der elektr. Ofen. Deutsch von Zettel. (Berlin 1900.) 64—103.
[2]) L. Staudenmaier, Ber. Dtsch. Chem. Ges. **31**, 1481 (1898); **32**, 2824 (1899).
[3]) R. Abegg, Handb. d. anorg. Chemie. III. 2. Abt. (Leipzig 1909.) 56.
[4]) W. Luzi, Ber. Dtsch. Chem. Ges. **24**, 4085 (1891); **26**, 290 (1893).

soweit die bis jetzt vorliegenden Versuchsergebnisse zu schließen erlauben, jede Modifikation von Graphit durch hohes und lange fortgesetztes Erhitzen in die nichtquellende Form übergeführt werden kann. Ob die Eigenschaft des Quellens von eingeschlossenem Wasserstoff und anderen Gasen herrührt oder geringen Anteilen oxydierbaren Kohlenstoffs zu verdanken ist, der bei Behandlung mit HNO_3 die treibend wirkende Kohlensäure entwickelt, bleibt noch dahingestellt. Beide Möglichkeiten dürften praktisch vorkommen; an einzelnen Sorten läßt sich zeigen, daß die Eigenschaft des Aufquellens in dem Maße geringer wird, je höher der Graphit bei seiner natürlichen oder künstlichen Bildung oder auch nachher erhitzt worden ist. Dabei können sowohl Gase — insbesondere Wasserstoff hat sich in den meisten natürlichen Graphiten nachweisen lassen — ausgetrieben werden als auch etwa vorhandener amorpher Kohlenstoff in Graphit übergehen, so daß beide möglichen Ursachen des Quellens beseitigt sind. Daß bei der Oxydation eines so komplizierten Moleküls wie das des Graphits auch andere Produkte entstehen, kann nicht wundernehmen. So erzeugen rauchende Salpetersäure und alkalische Permanganatlösung stets etwas Mellitsäure (Benzolhexacarbonsäure) sowie einige niedriger karboxylierte Benzolderivate. Die gleiche Säure entsteht auch, wenn Graphit, mehr noch, wenn amorphe Kohle als Anode in sauren oder alkalischen Elektrolyten verwendet wird.[1]) A. Millot[2]) fand, daß sowohl Kohle- als auch Graphitanoden bei der Elektrolyse in ammoniakalischer Lösung Harnstoff bilden, doch scheint hierbei nach den Erörterungen von F. Fichter[3]) weniger das Material der Anode als die Kohlensäure-Entwicklung an dieser die führende Rolle zu spielen. F. Foerster[4]) sieht die Ursache der Harnstoffbildung in der durch Potentialmessungen erwiesenen intermediären Entstehung eines höheren Oxyds der Kohle, während W. Löb[5]) bei Graphitanoden in sauren Elektrolyten fast stets Mellitsäure beobachtete und diese als Zwischenkörper bei der Harnstoffbildung betrachtet.

B. Hohe Temperatur.

Graphit wird von reinem Sauerstoff, seiner größeren Dichte entsprechend, erst bei wesentlich höherer Temperatur angegriffen als amorphe Kohle, und die einzelnen Graphitarten unterscheiden sich hierin wieder je nach ihrer Herkunft. H. Moissan[6]) stellte mit verschiedenen Modifikationen des Kohlenstoffs Versuche unter gleichen Bedingungen an und erhielt als Entzündungstemperaturen in reinem Sauerstoff bei:

	künstl. Graphit	Holzkohle
für beginnende CO_2-Entwicklung . .	570°	200°
für reichliche CO_2-Entwicklung . . .	600	—
für Entflammung	690	345
Für die beginnende Verbindung mit reinem Fluor sind die entsprechenden Temperaturen	500	15

[1]) A. Bartoli u. G. Papasogli, Gazz. chim. It. **13**, 22, sowie Ber. Dtsch. Chem. Ges. **16**, 1209 (1883).
[2]) A. Millot, C. R. **101**, 432 (1885); **103**, 153 (1886).
[3]) F. Fichter, Z. f. Elektroch. **16**, 612 (1910).
[4]) F. Foerster, Z. f. Elektroch. **16**, 612 (1910).
[5]) W. Löb, Z. f. Elektroch. **16**, 613 (1910).
[6]) H. Moissan, C. R. **135**, 921 (1902).

Im Sauerstoffstrom bei 900 bis 1000° verläuft die Verbrennung des Graphits, auch der unreinen technischen Sorten, leicht und vollständig, wovon in der Verbrennungsanalyse ausgiebiger Gebrauch gemacht wird. Eine für die technische Analyse sehr zweckmäßige Methode dieser Art, die es erlaubt, in 50 Minuten den C-Gehalt einer Probe zu ermitteln, ist von C. M. Johnson ausgearbeitet und vom Verf.[1]) beschrieben worden.

In höherer Temperatur, insbesondere bei den hohen Wärmegraden des elektrischen Ofens, besteht kein wahrnehmbarer Unterschied zwischen den Reaktionen der verschiedenen Formen des Kohlenstoffs, so z. B. bleibt das Endprodukt unbeeinflußt, wenn Graphit in die Beschickung der Lichtbogenöfen gerät, die Ferrosilicium oder Calciumcarbid erzeugen, oder in die Widerstandsöfen, in denen Siliciumcarbid hergestellt wird, oder wenn man Stahl mit Graphit anstatt mit amorphem oder mit in Legierungen gelöstem Kohlenstoff „aufkohlt". Eine nicht überall beachtete Erscheinung ist z. B. auch die Bildung von Siliciumcarbid aus Graphit und der Kieselsäure des Tons in den Wandungen der Stahlschmelztiegel. Nach erschöpfendem Gebrauch eines solchen Tiegels bei Temperaturen von schätzungsweise 1700 bis 1800° lassen sich bis 20 % SiC in der Mischung nachweisen.

Künstliche Darstellung.

Bei hohen Temperaturen unter Atmosphärendruck ist Graphit die beständigste Modifikation des Kohlenstoffs. Die übrigen Formen desselben lassen sich daher durch verschiedenartige Anwendung einer hohen Temperatur in Graphit überführen[2]):

1. Kohlenstoff scheidet sich aus einer großen Zahl von Metallen, die ihn in geschmolzenem Zustande lösen, bei der Abkühlung als Graphit aus.[3])

2. Der letztere entsteht ferner, wenn man reinen Kohlenstoff mit einem carbidbildenden Element oder einer reduzierbaren Verbindung eines solchen auf hohe Temperatur erhitzt (katalytische Bildung).[4])

3. Amorphe Kohle geht bei Erhitzung auf sehr hohe Temperaturen (über 2200°, wahrscheinlich über 2400° in Graphit über[5]) (vgl. das Kapitel über Diamant).

4. Durch Sublimation von Kohle im Lichtbogen.

5. Durch Zersetzung von Kohlenstoffverbindungen.[2]) Von diesen verschiedenen Bildungsweisen dürfte die zweitgenannte von allgemeinster Bedeutung sein; denn auch die reinsten Kohlematerialien, die durch ausschließliche Anwendung von Wärme in Graphit übergehen, können noch so geringe Mengen eines Katalysators enthalten, daß sie genügen, um die sonst vielleicht äußerst langsame Umwandlung zu bewirken. Ebenso kann, wenn der Graphit aus erstarrenden Metallen auskristallisiert, der Vorgang wie unter 2. als eine Zersetzung von Carbid aufgefaßt werden. Nur die Mengenverhältnisse sind andere.

---

[1]) R. Amberg, Chem. Z. **34**, 904 (1910).

[2]) M. Jacquelain, Ann. chim. phys. [3] **20**, 459–472 (1842). Vgl. S. 39.

[3]) H. Moissan, Le Four Electrique. (Paris 1887.) 88—111.

[4]) W. Borchers u. H. Mögenburg, Z. f. Elektroch. **8**, 743 (1902) u. W. Borchers u. F. Weckbecker, Metallurgie **1**, 137 (1904).

[5]) W. Borchers, Z. f. Elektroch. **3**, 395—398 (1900).

1. Der ersten Bildungsweise begegnet man sehr häufig, ohne daß es bis jetzt gelungen wäre, sie in den Dienst der Technik zu stellen. Der Garschaum, schuppiger Graphit, der sich aus dem Roheisen abscheidet, ist eine altbekannte Erscheinung. Große Mengen desselben finden sich, wo Roheisen von einem Behälter in einen anderen fließt, wie z. B. in der Umgebung der Mischer, welche das flüssige Roheisen vom Hochofen aufnehmen und für die weitere Verarbeitung zu Stahl durch Konverter, Flammöfen oder elektrische Öfen bereit halten. Doch ist dieser Graphit mit zuviel Eisen verunreinigt, um sich für irgend eine andere Verwendung als diejenige erneuten Aufgichtens im Hochofen zu eignen. Graues Gußeisen verdankt den abwechselnden dünnen Schichten von Graphit und einer Eisen-Kohle-Legierung seine Bearbeitbarkeit im Gegensatz zu weißem Eisen, welches allen Kohlenstoff in Lösung enthält. Im technisch verwendeten 80 $^0/_0$igen Ferromangan finden sich zuweilen ganze Drusen mit Graphit gefüllt. Bor und Silicium befördern die Abscheidung des Graphits aus Eisen. Eine Erscheinung, die als das „Wachsen" des Gußeisens bekannt ist, mag hier Erwähnung finden, da sie der lamellenförmigen Einlagerung des Graphits ihre Entstehung verdankt: das Gußeisen erfährt bei wiederholtem Erhitzen eine ganz auffallende Volumvermehrung. Nimmt man jedoch den Prozeß stets im Vakuum vor, so bleibt die Erscheinung aus; sie ist daher so erklärt worden, daß der Graphit verbrennt und damit feine Kanäle freilegt, durch die Sauerstoff in das Innere der Gußstücke Eintritt erhält; Silicium verbrennt, vergrößert dabei sein Volumen beträchtlich und preßt die Eisenteilchen auseinander; je geringer der Siliciumgehalt, um so schwächer das „Wachsen".

Die quantitative Ermittlung von Zustandsdiagrammen steht noch in den Anfängen ihrer Entwicklung und ist, soweit es den Kohlenstoff angeht, nur beim Eisen mit einiger Ausführlichkeit bekannt. Wie aus der Figur (s. unter Kapitel „Eisen") hervorgeht, scheidet sich bei der Abkühlung von Roheisen Graphit ab, bis die Temperatur von 1130^0 erreicht ist, bei der, je nach den Bedingungen der Abkühlung, ein Eutektikum von Eisen und Eisencarbid erstarrt. Durch Erhitzen von Eisen mit einem großen Überschuß von Kohle auf sehr hohe Temperatur im elektrischen Ofen ist man jedoch imstande, bis 6,7 $^0/_0$ Kohle, dem Carbid Fe_3C entsprechend, und noch einen Überschuß in das Metall einzuführen und bei langsamer Abkühlung den größten Teil desselben als Graphit zu gewinnnen. Die Ausscheidung dieses Stoffes wird durch kräftiges Umrühren der Schmelze gefördert. Man kann so die Ausbeute an Graphit durch mehrmaliges Niederschmelzen des Eisens, dem man eventuell von vornherein Silicium zugesetzt hat, und durch Umrühren bei langsamem Abkühlen erheblich steigern. Obwohl feststeht, daß die Lösungen des Eisencarbids (Cementit) im Eisen als instabile Zustände anzusehen sind, die bis weit unterhalb des Erstarrungspunktes zur Ausscheidung von Graphit neigen, ist ein Gleichgewicht nicht ermittelt worden. Andrerseits scheint — eine noch der Diskussion noch unterliegende Frage — die Zementation nicht als eine direkte Umkehrung des Vorganges aufgefaßt werden zu können. Im allgemeinen quillt dieser so gewonnene Graphit beim Anfeuchten mit Salpetersäure und nachherigem Glühen nicht auf; schreckt man dagegen Gußeisen in kaltem Wasser ab, so zeigt der im Innern der Metallstücke entstandene Graphit die Luzische Reaktion (s. oben), während der auf der Oberfläche befindliche dieselbe nicht aufweist. Diese Erscheinung deutet wiederum auf Gase als die Ursache des Aufquellens hin, indem die äußeren Teile des Metalls sofort fest werden und die Gase in Lösung halten, während im Innern eine Temperatur um 900° genügend lange bestehen bleibt, bei welcher Gase exhaliert werden; da dieselben unter hohem Drucke stehen, so können sie vom Graphit adsorbiert werden. Einen typischen aufquellenden Graphit erhält man, wenn man Platin im Kohletiegel im elektrischen Ofen schmilzt[1]) und mit Kohlenstoff sättigt. In diesem Falle scheint das Aufblähen durch die Entwicklung einer kleinen Menge Kohlendioxyd verursacht zu werden.

Eine ganze Reihe anderer Metalle oder ihrer Carbide und Sulfide lösen Kohlenstoff jeder Modifikation auf und scheiden ihn beim Erkalten in einer Form von Graphit wieder aus, die von den besonderen Bedingungen der Abkühlung abhängig ist. Dabei bleibt die andere feste Phase selten als reines Metall oder Carbid zurück, sondern meist als eine Lösung von Carbid in Metall. Zirkon, Thorium, Vanadium, Titan, Molybdän, Wolfram, Uran, Chrom, Aluminium, Beryllium, Silicium, Bor, Silber, Mangan, Nickel, Kobalt, Platin, Iridium, Rhodium, Palladium u. a. sind von H. Moissan näher in dieser Richtung untersucht worden. Die Geschwindigkeit, mit welcher der aus ihnen erhaltene Graphit der Reaktion von B. C. Brodie folgt, weist ähnliche Verschiedenheiten auf, wie bei den natürlichen Graphiten und ist im allgemeinen geringer als bei letzteren. Der Graphit entsteht fast stets in wenig ausgeprägten, scheinbar hexagonalen Kristallen (s. oben) und nur in wenigen Fällen als anscheinend amorpher Körper.

2. Die auch im technischen Großbetriebe angewandte Bildungsweise des Graphits kann als eine katalytische Reaktion bezeichnet werden. Erhitzt man Kohle irgend welcher Herkunft in Gegenwart gewisser Metalle oder Oxyde genügend hoch, so verwandelt sie sich in Graphit. E. G. Acheson[2]) beobachtete in seinen elektrischen Widerstandsöfen, in denen aus einer Mischung von Kohle und Siliciumdioxyd Siliciumcarbid hergestellt wurde, daß sich an den Stellen höchster Temperatur Graphit vorfand und daß man, wenn der Ofen zu heiß ging, mehr Graphit erhielt. Er fand dann, daß Eisenoxyd, in geringer Menge der Kohle zugemischt, die Umwandlung in Graphit befördert. W. Borchers[3]) stellte in Verbindung mit seinen Schülern fest, daß Eisen, Mangan und Aluminium in steigendem Maße die Ausbeute an Graphit erhöhen; und die Untersuchung noch einer Reihe anderer Metalle auf die gleiche Wirkung hin führt uns zu dem Ergebnis, daß alle Carbidbildner die Reaktion beschleunigen. Danach würde sich der Vorgang so darstellen, daß das zugesetzte oder das aus seinem Oxyd im Ofen selbst reduzierte Metall mit Kohle Carbid bildet und dieses sich bei weiter erhöhter Temperatur im elektrischen Ofen wieder zersetzt, indem der Kohlenstoff als Graphit zurückbleibt, bei den höchsten Temperaturen schwarz mit schönem Kristallglanz, bei niedrigeren als graue, zerreibliche Masse. Da Aluminiumcarbid leicht zerfällt, so eignet es sich, wie das Experiment bestätigt, weit besser zum Katalysator als die anderen genannten Körper, doch sind in der Technik andere Gesichtspunkte für die Wahl des Katalysators maßgebend. In dem eingangs erwähnten Beispiel, einem der großartigsten seiner Art, ist Silicium, allerdings im vollen Äquivalent zum Kohlenstoff, vorhanden. Siliciumcarbid bildet sich, wie oben beschrieben, kristallisiert und zersetzt sich, indem Silicum fortdestilliert und, wenn der Vorgang an

---

[1]) H. Moissan, deutsch von Zettel, l. c. p. 97.
[2]) E. G. Acheson, Journ. Frankl. Inst. **147**, 475—486 (1899).
[3]) W. Borchers, l. c.

der Luft verläuft, verbrennt und Graphit in der Kristallform des Carbids zurückbleibt.

Einer schönen Untersuchung von S. A. Tucker und A. Lampen[1]) verdanken wir ein thermisches Diagramm dieser Vorgänge und damit besseren Einblick in die geschilderten Verhältnisse. Sie erhitzten die Mischung von Sand und Kohle durch einen zentral angeordneten Erhitzungswiderstand und maßen mit Hilfe eines rechtwinklig zu diesem Widerstande quer durch den ganzen Ofen gelegten Graphitrohres pyrometrisch eine ganze Skala von Temperaturen (s. Fig. 7), von denen uns hier wesentlich interessiert, daß sich zwischen 1900° und 2000° krist. SiC bildet, und daß dieses sich zwischen 2000° und 2240° zersetzt[2]) und Graphit zurückläßt. Die Arbeiten von R. S. Hutton und seinen Schülern zeigen wie weit die Reaktionstemperatur durch Beimengungen erniedrigt werden kann.[3])

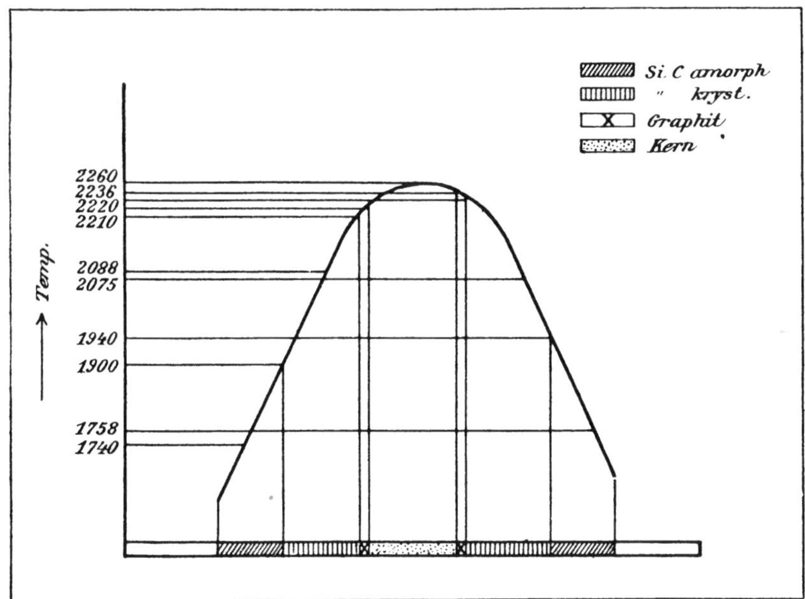

Fig. 7. Temperaturverteilung im Carborundum-Ofen.

3. Bei noch höheren Temperaturen endlich gelingt es, jede Art von Kohlenstoff in der bisher erzielten Reinheit ausschließlich durch Energiezufuhr in Graphit umzuwandeln oder je nach der Dauer der Einwirkung eine gegebene Menge Kohle mehr oder weniger weitgehend zu graphitieren. Diamant wurde so schon 1847 von M. Jacquelain,[4]) in den Kohlen einer elektrischen Bogen-

---

[1]) S. A. Tucker u. A. Lampen, Journ. Am. Chem. Soc. **28**, 857 (1906).

[2]) Die Angabe der Intern. Acheson Graphite Co. von 7500° F scheint stark übertrieben.

[3]) R. S. Hutton und seine Schüler, Trans. Brit. Chem. Soc. **93**, 327. 1484. 1496. 2101 (1908).

[4]) M. Jacquelain, l. c. Vgl. darüber bei Diamant S. 38. — M. Jacquelain selbst spricht von Umwandlung in Koks, während H. Moissan bei einem Nachversuch Graphit erhielt; es ist jedoch fraglich, ob eine wirkliche Umwandlung oder eine Neubildung stattfand. Vgl. C. Doelter, Sitzber. Wiener Ak. **120**, 19 (1911). (Anm. d. Herausg.)

lampe liegend, vollständig umgewandelt. Zuckerkohle, Holzkohle, Retortenkohle, Kienruß usw. gehen, wie H. Moissan, M. Berthelot, W. Borchers u. a. gezeigt haben, unter ähnlichen Bedingungen und durch Widerstandserhitzung in Graphit über. So z. B. werden die Elektrodenspitzen von Bogenlampen in Graphit übergeführt, doch gehört dieser Fall wegen der absichtlichen oder zufälligen Vermengung der Kohlen mit mineralischen Substanzen wohl meist unter den die Katalyse behandelnden Abschnitt. Überhaupt ist eine scharfe Grenze schwer zu ziehen, weil wir nicht wissen, welche kleinste Menge des Katalysators hier hinreicht, um die Wirkung hervorzubringen.

Auf der Anwendung solcher Lichtbogen-Temperaturen beruht das Verfahren von Girard und Street,[1]) geformte, für Lampenelektroden, Dynamobürsten usw. bestimmte Kohlenstäbe durch einen in einer engen Heizkammer unterhaltenen Lichtbogen hindurchzuführen.

Das „Metallisieren" der Glühlampen ist nichts anderes als ein Graphitieren des Kohlefadens.

4. Während man in diesem Falle eine Umwandlung in der festen Phase annehmen muß, gelingt es auch durch Sublimation der Kohle, Graphit darzustellen. H. Moissan[2]) untersuchte den Beschlag, den er bei der Kondensation des in einem starken Lichtbogen erzeugten Dampfes in einem Kohlerohr oder auf einem wassergekühlten Kupferrohr erhielt und fand sowohl hier als auch in den dünnen Fäden, die sich, wenn ein kalter Strom eines indifferenten Gases durch seinen Ofen geleitet wurde, von Elektrode zu Elektrode ziehen, Graphit gebildet. Wenn der Kohlefaden der Glühlampen sublimiert oder zerstäubt, so läßt sich in dem braunen Beschlag, der sich in den Birnen absetzt, stets Graphit nachweisen.

5. Die Darstellung von Graphit aus Kohlenstoffverbindungen ist im allgemeinen als eine sekundäre Reaktion zu betrachten, da in den meisten Fällen amorpher Kohlenstoff abgeschieden wird und dieser sich im Augenblick des Entstehens unter dem Einfluß der hohen Temperatur in Graphit umwandelt. Die schon erwähnte Zersetzung der Metallcarbide läßt sich hierhin rechnen, ferner die Spaltung von Kohlenwasserstoffen Cyan und Schwefelkohlenstoff, vor allem des Acetylens und die Umsetzung der Carbide und Kohlenwasserstoffe in solcher Weise, daß C frei wird. Verlaufen diese Reaktionen bei genügend hoher Temperatur, so entsteht zum Teil Graphit, oft nur sehr wenig, im besten Falle ist derselbe mit amorphem Kohlenstoff oder anderen festen Reaktionsprodukten verunreinigt. Der größere Teil dieser Reaktionen ist exotherm und bedarf daher nur einer geringen Wärmezufuhr, welche die Initialzündung hervorzubringen hat. Wenn man CCl_4, $CHCl_3$ oder die entsprechenden Bromverbindungen, CS_2 usw. auf Acetylen oder Calciumcarbid einwirken läßt, so weist die entstehende Kohle einen gewissen Gehalt an Graphit auf. Das gleiche ist der Fall, wenn man Acetylen unter Druck durch den elektrischen Funken oder in erhitzten Röhren mit Kohlen-mon- oder dioxyd behandelt oder aber in diesen Reaktionen das C_2H_2 durch CaH_2 ersetzt. Auch bei der Zerlegung der Carbide mit Wasserdampf entsteht zuweilen Graphit.[3]) Die hierauf bezügliche Literatur ist größtenteils in Patentschriften enthalten.

---

[1]) Girard u. Street, D.R.P. 78926 (1894) und 85335 (1895).
[2]) H. Moissan, l. c. p. 152, deutsch von Zettel.
[3]) Hahn u. Strutz, Metallurgie **3**, 731 (1906).

Darstellung von künstlichem Graphit in der Technik.[1])

Die an zweiter Stelle genannte Darstellungsmethode wird in größtem Umfange von der International Acheson Graphite Company an den Niagarafällen angewandt. Öfen von 1000 elektrischen P.S. nehmen die Energie der Hauptsache nach in einem langgestreckten „Kern", gewissermaßen einem Docht, auf, der von der umzuwandelnden Kohle hochzylindrisch umgeben ist. Der Kern besteht in der Regel aus gut leitendem Koks. Die Beschickung wechselt mit der Qualität des erstrebten Produktes. Für die meisten Verwendungen hat sich ein Anthracit mit 5 bis 15$^0/_0$ Aschengehalt als zweckmäßig erwiesen, der in Gestalt von SiO_2, Al_2O_3 und Fe_2O_3 schon genügend mit Katalysatoren versehen ist. Er wird auf etwa Reiskorngröße zerkleinert. Da Eisen die Verwendungsfähigkeit des Graphits beeinträchtigt, so erhalten in der neueren Praxis eisenfreie Materialien den Vorzug. Im kalten Zustande nehmen die Öfen bei 210 Volt etwa 1400 Ampere auf, verringern mit zunehmender Erwärmung ihren Widerstand und haben zum Schluß nach etwa 18 bis 20 Stunden bei etwa 80 Volt über 9000 Ampere. Die Erhitzung und Graphitierung schreitet von den heißesten Teilen im Innern gleichmäßig nach außen hin fort, die aus ihren Oxyden reduzierten Metalle bilden vorübergehend Carbide; diese zersetzen sich und lassen, wie oben beschrieben, Graphit zurück, während die Metalle immer weiter in die äußeren Zonen getrieben werden. Daraus geht hervor, daß sich, je näher der Achse des im großen und ganzen walzenförmigen Ofens, um so reinerer Graphit vorfindet. Nach dem Erkalten hat man den Ofen daher mit Vorsicht auseinanderzunehmen, zunächst die Decke zu entfernen, welche zum Schutze der Beschickung gegen Verbrennen aus Siliciumcarbid oder der entsprechenden Sand–Kohlemischung besteht, und dann je nach der Größe des Ofens zwei oder mehr verschiedene Reinheitsgrade von Graphit auseinanderzuhalten. Der Aschengehalt des Produktes hängt bei gleichem Ausgangsmaterial nur von Temperatur und Dauer der Behandlung ab; es enthält selten mehr als 2$^0/_0$ nicht in Graphitoxyd verwandelbarer Kohle und kann für die besten Sorten auf 99,80$^0/_0$ Graphit gebracht werden. Die Gesellschaft liefert 17 verschiedene Marken von Graphitpulver mit garantierten Gehalten an Graphit zwischen diesem und 90$^0/_0$.

Gelegentlich wird aus Holzkohlen, denen wegen ihres geringen Aschenrückstandes 5$^0/_0$ Eisenoxyd beigemischt werden, aus Petroleumkoks und anderen Materialien eine andere Qualität erhalten. Auch Borsäure, die einen sehr charakteristischen Graphit erzeugt, wird hie und da verwendet, obgleich sie an Wirksamkeit weit hinter den Oxyden des Eisens und Aluminiums zurücksteht. Die auf die eine oder andere Weise dargestellten pulvrigen oder blättrigen Graphite können meist unmittelbar den verschiedenen Anwendungsgebieten (s. unten) dienstbar gemacht werden. Eine mechanische Aufbereitung und Reinigung, wie sie die natürlichen Graphite erfahren, ist beim Achesongraphit meist nicht erforderlich.

Während soweit der künstlich hergestellte Graphit mit dem bergmännisch gewonnenen in Wettbewerb treten mußte, liegt sein besonderer Wert in der Möglichkeit, feste Stücke von gegebener Form, hoher Festigkeit und elektrischer

[1]) Vgl. auch R. Amberg, Techn. Elektrochemie von P Askenasy (Braunschweig 1910) 195—208.

Leitfähigkeit gleich im elektrischen Ofen zu erzeugen und dadurch ein Material zu liefern, das dem durch Zusammenbacken losen Graphits erhaltenen in mehrfacher Hinsicht überlegen ist. Körper der verschiedensten Formen, vor allem Elektroden aus amorpher Kohle, die durch Mischen, Pressen und Brennen von Koks, Retortenkohle und Pech nach Art eines Brikettierprozesses gewonnen werden,[1]) lassen sich bei ausreichender Erhitzung in Graphit überführen. Die einzelnen Stücke werden mit ihrer Längsrichtung rechtwinklig zur Achse des Ofens im letzteren in eine Mischung von Kohle mit dem geeigneten Katalysator gepackt, auch können sie selbst den Katalysator schon enthalten. Als Erhitzungswiderstand dient in diesem Falle nicht ein zentraler Kern, sondern

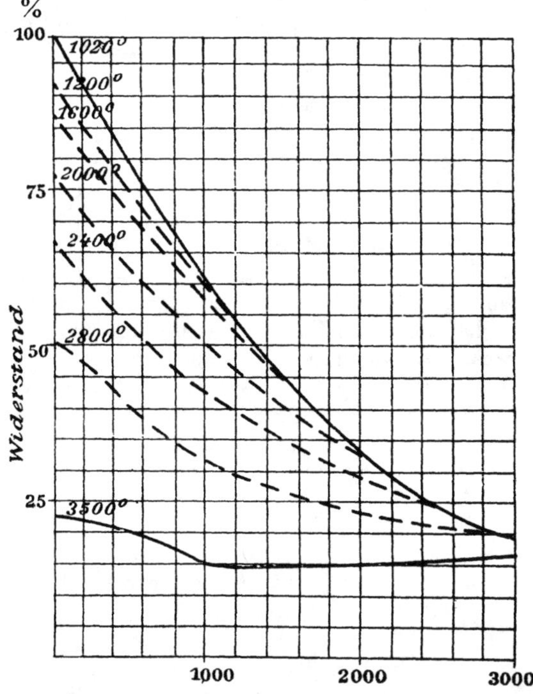

Fig. 8. Abnahme des elektr. Widerstandes bei der Umwandlung Kohle —> Graphit.

eine dünne Schicht von Kohlepulver, welche die einzelnen Körper voneinander trennt. Man hat es bei der leichten Regulierbarkeit der Erhitzung in der Hand, die Stücke mehr oder weniger vollständig zu „graphitieren". Die allmähliche Umwandlung von Elektrodenkohle in Graphit in ihrer Abhängigkeit von der Temperatur ist sehr anschaulich von C. A. Hansen[2]) als Ergebnis seiner Messungen in der folgenden Kurventafel dargestellt worden (Fig. 8). Sie zeigt, wie der elektrische Widerstand eines Kohlenstückes, das auf verschieden hohe Temperaturen erhitzt und jedesmal abgekühlt wurde, im kalten Zustande um so

[1]) Siehe J. Zellner, Künstliche Kohlen (Berlin 1903) u. Louis, Journ. du Four électr. **19**, 247 (1910).

[2]) C. A. Hansen, Electrochem. Metal-Industry **7**, 516 (1909).

niedriger ist, je höher die voraufgehende Temperatur war; die Widerstände sind in Prozenten des ursprünglichen eingetragen. Danach war die Erhitzung auf 1080° noch reversibel, d. h. der Widerstand folgt beim Abkühlen derselben Kurve wie beim Erhitzen. Bei höherer Temperatur jedoch erhält man nach dem Erkalten einen mit wachsender Temperatur stets geringer werdenden Anteil des ursprünglichen Widerstandes, bis bei 3500° praktisch die Kurve für Graphit vorliegt.

Die Temperaturabhängigkeit des Widerstandes von Graphit ist mehrfach untersucht,[1]) steht jedoch noch nicht einwandfrei fest; es scheint, als ob Graphit sich bis zu etwa 800° bis 1000° aufwärts im Sinne von Kohle verhält und dann bei weiterer Erhitzung einen positiven, jedoch kleineren Temperaturkoeffizienten annimmt, als ihn die Metalle durchschnittlich besitzen. Die Wärmeleitfähigkeit, welche für Kohle mit wachsender Temperatur steigt, verhält sich für Graphit umgekehrt, sie nimmt zwischen 0° und 1000° ab.

Reinigung und technische Verwendung.

Die Reinigung des Graphits ist im allgemeinen eine nur mechanische, da natürliche oder künstliche Produkte, die eine chemische Aufbereitung erfordern würden, heute nicht lohnend sind. H. Moissan (l. c.) hat eine größere Anzahl natürlicher Graphite von der Gangart befreit, indem er sie nacheinander mit Schwefelsäure, Fluorwasserstoff-Fluorkalium und mit kochender Schwefelsäure behandelte. Erwärmen in trockenem Chlorstrome wird angewendet, um die flüchtigen Sesquichloride, vor allem Eisen, zu entfernen. Kohlenstoff und Graphit, die durch Zersetzung oder Umsetzungen von Gasen oder Metallcarbiden (s. oben) erhalten wurden, können häufig durch Digerieren mit Säuren von den übrigen Reaktionsprodukten befreit werden. Für Laboratoriumszwecke wird der Graphit häufig durch Schmelzen mit Natrium- oder Kaliumhydroxyd oder mit Soda und Pottasche und darauffolgendem Angriff mit Flußsäure gereinigt. Auch kann man die in der Asche enthaltenen Oxyde durch Glühen in geschlossenen Retorten reduzieren und dann die Masse mit geeigneten Säuren auslaugen. In großem Maßstabe stehen jedoch derartige Verfahren nirgendwo in Anwendung. Dagegen ist es fast überall, wo natürlicher Graphit gewonnen wird, nötig, denselben aufzubereiten. So z. B. wird ein Vorkommen im Schiefer und blättrigem Gneis in Quebec (Canada) mit 12% Flockengraphit durch Calcinieren in einem Röstkiln aufgeschlossen, dann durch Brech- und Mahlwerke, Siebe und Feinmahlwerk so weit vorbereitet, daß ein kräftiger Luftstrom in geeigneten Apparaten die Trennung der Flocken von der Gangart bewirken kann. Fließendes Wasser dient häufig dem gleichen Zweck, wobei ein Graphitschlamm entsteht, der nach dem Trocknen gleich hydraulisch in Formen gepreßt werden kann, in denen er zur Verwendung bereit ist.

In bezug auf technische Brauchbarkeit sind die mannigfachen natürlichen und künstlichen Graphite sehr voneinander verschieden, und oft erweist sich ein Material mit geringerem C-Gehalt für einen bestimmten Zweck besser geeignet, als ein Graphit, der viel weniger Gangart und mehr C enthält. Ein Material mag den charakteristischen Glanz und die fettigen Eigenschaften besitzen und doch für den einen Zweck zu hart und kristallinisch, für den anderen zu

[1]) C. Hering, Trans. Am. Electroch. Soc. **16**, 317 (1909), vgl. auch S. 71.

körnig und erdig sein und für den dritten wiederum die Schuppenform zu stark hervortreten lassen. Die Feuerbeständigkeit, Menge und Schmelzbarkeit der Asche, Struktur und Fähigkeit, mit anderen Materialien zu binden, sind einige der wesentlichen Gesichtspunkte, von denen aus der Graphit in der Pyrotechnik beurteilt wird. Die Bleistiftfabrikation stellt wieder andere Anforderungen usw. Man hat für den Handelsgebrauch die alte Einteilung in amorphe, d. h. dichte, und kristallisierte Graphite beibehalten, trotzdem sie sich wissenschaftlich als unbegründet herausgestellt hat, indem man die erdigen, weniger schön aussehenden und meist stark verunreinigten Vorkommen als amorph bezeichnet. Diese dichten, sogenannten „amorphen" Graphite sind in der Natur weiter verbreitet als die kristallinen und weniger wertvoll; sie lassen sich meist nur zum Bestreichen von Gußformen in Metallgießereien, als Ofenschwärze, für Rostschutz und andere Anstrichmassen, als Beimischung zu Rohrdichtungen usw. verwenden.

Die Gangarten der Graphite können aus Quarz, Feldspat, Pyrit, Calcit und Glimmer bestehen; sie sind für das Verhalten der Asche maßgebend. Ein Graphitgehalt von 4 bis 6% des Gesteins, aus dem sich durchschnittlich 3% marktfähigen Produktes gewinnen läßt, wird als abbauwürdig betrachtet, 11 bis 12% Graphit bilden eine Ausnahme. Die Analyse eines aufbereiteten Graphits von Sonora, Mexiko weist auf:[1])

Graphitische Kohle . .	84,66
MgO	0,39
CaO	0,65
Al_2O_3	4,31
Fe_2O_3	0,36
Unlösliche SiO_2 . . .	4,22
Lösliche SiO_2 . . .	4,05
Feuchtigkeit + Verlust .	1,36
	100,00

Der Ceylongraphit, der wegen seines Glanzes, seiner feuerfesten Eigenschaften und seiner Schmier- und Politurfähigkeit allen anderen Marken vorgezogen wird, enthält im gereinigten Zustande 97 bis 98,3%, oft über 99% Graphit; 0,3 bis 0,6% Fe_2O_3; 0,5 bis 1,0% Glühverlust. Er enthält im ungereinigten Zustande bereits 95 bis 98% C, während österreichische Graphite meist nur 40 bis 70% und in der besten Sorte nicht über 86 bis 88% C aufweisen (vgl. S. 65).

Den angeführten Gangarten entsprechend, besteht die Asche etwa zur Hälfte aus Kieselsäure, der Rest aus Eisen- und Aluminiumoxyden, 0,1 bis 0,2% Magnesiumoxyd, Calciumoxyd, Alkalien, häufig in Verbindung mit der Kieselsäure und Schwefel. Auch TiO_2 und Cr_2O_3 werden gelegentlich im Graphit gefunden. Pyrit, aus welchem der letztere stammt, findet sich im Durchschnitt zu etwa 0,2% im Rohgraphit und ist für die meisten Verwendungen ein höchst unwillkommener Bestandteil; seine Menge sollte nicht über 0,4% betragen.

W. Luzi stellte in vielen Graphiten einen Gehalt an Wasserstoff von 0,05 bis 0,21% fest. E. Donath[2]) hält es für wahrscheinlich, daß man Stickstoff

[1]) F. W. Ihne, Mineral Industry **17**, 489 (1908).

[2]) E. Donath, Der Graphit, (Leipzig u. Wien 1904.) 67; er berichtet daselbst über eine große Zahl von Analysen: 68—78. Vgl. auch die Analysen im vorhergehenden Abschnitt S. 65—68.

in den meisten natürlichen Graphiten nachweisen könne, hat aber keinen Versuch darüber ausgeführt; auch gibt er an, daß man in mehreren Graphitsorten einen kleinen Gehalt an Ammoniak gefunden habe, über dessen Herkunft nichts bekannt ist.

Die Graphite von Alaska und von Norwegen, die den geringeren Sorten Ceylongraphit ähnlich sind, ergeben eine Asche von gleicher Farbe, jedoch enthält der erstere weniger graphitischen Kohlenstoff, der letztere viel freien Schwefel. Wird pyrithaltiger Graphit dann zur Herstellung von Tiegeln benutzt, so zeigen sich an deren Oberfläche bei Gelbglut rote Flecken, die zusammenschmelzen und kleine Höhlungen in der Tiegelwand erzeugen, von denen aus die Zerstörung des Materials ihren Fortgang nimmt. Andrerseits ist der geschmolzene Stahl außerordentlich empfänglich für die geringsten Schwefelmengen, die man mit allen Mitteln von demselben fernzuhalten sucht. Der Ticonderoga-Graphit enthält mehr Magnesia als gewöhnlich; diese soll in Verbindung mit Alkalisilikaten die Schmelzbarkeit der Gangart und damit das Zusammenhalten im Feuer erhöhen.

Der Verwendung des Graphits ist im vorstehenden bereits mehrfach vereinzelt gedacht worden; sie soll im folgenden noch kurz zusammenfassend betrachtet werden.

Die feinlamellare Struktur verleiht dem Graphit eine gewisse Plastizität, und diese ermöglicht es der Metallurgie, ausgedehnten Gebrauch von seiner Schwerverbrennlichkeit zu machen. Beste Ceylongraphite mit möglichst hohem C-Gehalt, in geringerem Maße und mehr örtlich beschränkt auch Passauer Graphit, werden mit so viel feuerfestem plastischem Ton gemischt, daß eine Masse entsteht, die nach dem Brennen auch im kalten Zustande genügend fest zusammenhält, um ihre Form zu bewahren. Neben anderen Gegenständen werden aus solcher Masse vor allem Schmelztiegel für die verschiedenen Metallschmelzverfahren hergestellt. Die Größe derselben muß meist mit Rücksicht auf die Möglichkeit, die Tiegel samt Inhalt tragen zu können, beschränkt bleiben, doch sind Tiegel für Messingschmelzen bis 1500 kg Inhalt verfertigt worden; diese stehen dann fest, werden unten entleert und nähern sich damit schon dem Schachtofen. Tiegel für die Stahlerzeugung, welche den größten Verbraucher bildet, benötigen eine besondere Feuerbeständigkeit, da sie einmal durch sehr hohe Temperaturen (Eisen–Kohlenstofflegierungen mit Schmelzpunkten zwischen 1500° und 1400°, legierte Stahle mit z. T. höheren Schmelzpunkten), sodann durch Teilnahme der Tiegelwandung an der Schmelzreaktion beansprucht werden. Sie haben meist nicht über 45 kg Fassungsvermögen, d. h. etwa das doppelte Volumen, da man wegen Form und Handhabung der Tiegel nur die untere Hälfte mit flüssigem Inhalt gefüllt halten kann.

Eine gute Mischung von Ton und Graphit für diesen Zweck, zu welcher bester Ceylongraphit von oben erwähnter Zusammensetzung verwendet wurde, besteht nach dem Brennen z. B. aus

$$51-53\,\%\ C,\ 31-34\,\%\ SiO_2,\ 2\,\%\ Fe_2O_3,\ 10-15\,\%\ Al_2O_3$$

und einigen Zehnteln Prozent Ca und Mg. Während die durchschnittliche Haltbarkeit dieser Tiegel 8 bis 12 Schmelzen beträgt, konnten eine Anzahl derselben 26 mal benutzt werden; dies ist aber nur bei sorgfältigster Auswahl und Behandlung der Materialien und selbst dann nur ausnahmsweise möglich. Während des Schmelzens spielen sich neben anderen vorwiegend drei heterogene Reaktionen ab, die zerstörend auf die Wandungen wirken: der flüssige Stahl reagiert mit dem Graphit, der sich zum Teil einfach auflöst, zum Teil die im Eisen gelösten Oxyde reduziert, d. h. „desoxydierend“ wirkt; ferner reagiert das im Einsatz enthaltene Mangan mit der Kieselsäure des Tones, indem es verschlackt und Silicium in Freiheit gesetzt wird; diese Reaktion zeigt, ebenso wie die erstgenannte, eine starke Abhängigkeit von der Temperatur und wird unter normalen Betriebsbedingungen bis zu einem Gehalt von etwa 0,24 % Mn im Stahl geleitet. Endlich genügt die Schmelztemperatur, um allmählich Siliciumcarbid aus dem Graphit und der Kieselsäure entstehen zu lassen, s. Seite 79. Grüne Stellen in Tiegelscherben deuten auf dieses amorphe SiC, dessen Menge mit zunehmender Benutzungsdaner des Tiegels wächst und schließlich durch seinen Mangel an Bindefähigkeit mit den vorhandenen Materialien den Zusammenhang lockert. Eine dem abgenutzten Tiegel entsprechende Analyse ist z. B. folgende:

C 38,92; SiC 20,14; SiO_2 20,47; FeO 4,37; Al_2O_3 15,11; CaO 0,98.

Eine der ältesten Anwendungen des Graphits ist diejenige zur Bleistiftfabrikation. Der reinste, vielleicht je gefundene Graphit, der von Borrowdale, Cumberland, brauchte ursprünglich nur zersägt und dann gleich in festen Stücken zu Schreibstiften verarbeitet zu werden. Erst später lernte man, die hierbei entstehenden Staubabfälle sowie weniger reine Sorten zu verwenden, indem man sie gemahlen mit feinstem Ton mischte und in Formen preßte. Auf dieser Grundlage entwickelte sich unsere heutige weltbekannte Bleistiftfabrikation in Nürnberg, Wien und anderen Orten. Im Gegensatz zu den feuerfesten Tiegeln verlangt sie einen dichten, erdigen und weichen Graphit, wie er z. B. in Sibirien und in Böhmen gefunden wird, während sich der schuppige Ceylongraphit nicht ohne weiteres für diese Zwecke eignet. Geringeren Sorten von Bleistiften jedoch mischt man die Reste abgebrauchter Schmelztiegel bei.

Beide Techniken können den künstlich hergestellten Graphit nicht verwenden, die erstbesprochene nicht, weil ihm die genügende Bindefähigkeit abgeht, die letztere nicht, weil er keine Deckkraft besitzt und anfänglich auch wohl zu hart war.

Natürliche und künstliche Graphite stehen dagegen im Wettbewerbe miteinander da, wo elektrische Leitfähigkeit verlangt wird, und meist verdient hier der letztere den Vorzug. Feinst gepulvertes Material dient zum Leitendmachen der Formen in der Galvanoplastik. Die außerordentlich weitgehende Spaltbarkeit der Schuppen in feine Lamellen erlaubt, selbst bei gründlicher Zerteilung, noch einen genügend zusammenhängenden und doch sehr dünnen elektrisch leitenden Überzug herzustellen. Anstatt der früher üblichen Kupferbürsten stehen heute als Stromüberträger zwischen Kabel und Kollektor der Gleichstrommaschinen fast nur noch Kohlestückchen in Gebrauch, die zum großen Teil graphitiert oder gleich aus Graphit hergestellt worden sind; seine Weichheit schützt die rotierenden Kupfersegmente gegen zu schnelle Abnutzung.

Dieselben Graphitsorten dienen ferner als leitende Massen in Akkumulatorelektroden und in Trockenelementen.

Ein Bestreichen von aufgestapelten Pulvervorräten mit einer dünnen Schicht Graphit oder Rollen des Pulvers mit einer Mischung von Kohlen- und Graphitstaub in Trommeln hat sich als zweckmäßig erwiesen, um etwa entstehende elektrische Ladungen rasch zur Erde abzuleiten und das Anwachsen gefahrdrohender Spannungen zu vermeiden.

Geradezu als eine Domäne des künstlichen Graphits kann die Herstellung von Graphitelektroden betrachtet werden, die oben beschrieben ist. Sie bilden ein unschätzbares Hilfsmittel der Elektrometallurgie hoher und niedriger Temperaturen und besitzen vor Kohle den Vorzug einer 4 bis 5 mal so großen Leitfähigkeit. Infolge der S. 73 erwähnten Eigenschaften der thermischen und elektrischen Leitfähigkeit herrscht in Graphitelektroden in elektrischen Öfen das Bestreben vor, die Wärme dort zu halten, wo sie erzeugt wird, während Kohle sich umgekehrt verhält. In wäßriger Lösung sind Graphitelektroden eines der wesentlichsten Hilfsmittel der elektrochemischen Bleichlaugenerzeugung aus Kochsalz und für diesen Zweck infolge der eigentümlichen Verhältnisse der Anodenpotentiale unersetzlich. Obgleich die Löslichkeit von Gasen in Graphit als sehr klein erwiesen ist, bleibt zurzeit die Annahme einer vorübergehenden Okklusion von Chlor oder Sauerstoff in der Oberfläche des Graphits als einzige Erklärung übrig. Für vielerlei andere Zwecke, deren Einzelaufzählung sich hier erübrigt, sind sie wegen ihrer Schwerangreifbarkeit geschätzt.

Ein sehr wichtiges, in steter Zunahme begriffenes Anwendungsgebiet des Graphits ist die Schmierung[1]) schnell oder heiß betriebener Lager und Stopfbüchsen oder solcher Maschinenteile, die mit explosiven oder fettlösenden Substanzen in Berührung kommen. Ein Zusatz von bis 5 % weichen Graphits zu konsistenten Maschinenfetten soll eine Ersparnis an Schmiermaterial und eine Schonung der Lager bewirken. Geeignete künstliche und natürliche Graphite sind hier mit gleichem Vorteil verwendbar; ihre Wirkung beruht darauf, daß sie einmal den Metallen im Lager ihre sehr geringe Reibung mitteilen, zum andern pressen sich feine Teilchen in die kleinen, auch bei der besten Bearbeitung der Lager noch vorkommenden Hohlräume und glätten die reibenden Flächen.

Dem Erfinder und Erzeuger des künstlichen Graphits ist es auch gelungen, fein gepulverten Graphit, der sich aus wäßriger Suspension sofort zu Boden schlägt, in eine so fein verteilte Form überzuführen, daß er mit dem Wasser durch ein Filter läuft. Durch Behandeln mit 3 bis 6 % Gerbsäure, Ammoniak und Wasser erhält man diese dem kolloiden Zustande nahestehende Emulsion, die sowohl in Wasser, Öl als auch in konsistentem Fett verteilt auf den Markt kommt. Ein Zusatz von 0,5 bis 1 % dieses Graphits soll den Reibungskoeffizienten und vermöge der guten Wärmeleitfähigkeit die Temperatur des Schmieröls niedrig halten.

Gelegentlich findet Graphit noch eine Reihe anderer Verwendungen von geringerer Bedeutung. Die Erkenntnis seiner vielfältigen Verwendbarkeit ist in stetem Zunehmen begriffen, und selbst wenn die Stahlschmelztiegel mit der Zeit dem elektrischen Ofen weichen müßten, so wird dieser Ausfall dem beständig wachsenden Weltverbrauch an Graphit keinen dauernden Einhalt tun.

---

[1]) Vgl. P. Werner, Über Acheson-Graphit als Schmiermittel. Koll.-Z. **7**, 161 (1910).

C. Die Entstehung des Graphits in der Natur.

Von **C. Doelter** (Wien).

Schlüsse aus dem geologischen Vorkommen. — Aus der Betrachtung des Vorkommens des Graphits als Gesteinsbestandteil, dann als Lager oder in Gängen sowie auch in unregelmäßigen Nestern, kann man schließen, daß verschiedene Entstehungsmöglichkeiten denkbar sind. Der Graphit kann sowohl mit Eruptivgesteinen als auch mit kristallinen Schiefern, Kalksteinen und sogar mit Quarzit zusammen auftreten; es sind also sehr verschiedene Gesteinsarten, in denen Graphit vorkommt.

Man unterscheidet oft bei Graphit solchen, der aus organischem und solchen, der aus anorganischem Material gebildet ist, wobei aber unter letzterem auch derjenige einbezogen wird, welcher aus gasförmigen Kohlenwasserstoffen entsteht. Besser ist es, die Graphite einzuteilen in solche, welche aus Kohle und Organolithen stammen, und solche aus anderen Kohlenstoffverbindungen gebildete. Letztere wären primäre Bildungen, wobei gasförmige Stoffe in Betracht kommen, namentlich Kohlenwasserstoffe, Kohlendioxyd, Kohlenmonoxyd, nach anderen auch Cyan, Carbide, während es sich bei ersteren um Umwandelung bereits vorhandener kohlenstoffhaltiger Mineralien handelt.

O. Stutzer[1]) unterscheidet vom Standpunkt des Geologen: 1. Sedimentäre Graphitlager, 2. eruptive Lagerstätten, welche nach ihrem Vorkommen in magmatische, gangförmige und Imprägnationen unterschieden werden, während die sedimentären wieder in kristalline und dichte Graphitlager abgeteilt werden.

Vom Standpunkte des natürlichen Vorkommens kann man folgende Einteilung treffen: 1. Abscheidung aus einem schmelzflüssigen Magma, welches entweder ein wasserfreies sein kann, wie z. B. basische Schmelzen, sowie auch eine Schmelze, die vorwiegend aus Eisen besteht, oder aber ein wasserhältiges Magma wie der Pegmatit. 2. Entstehung durch Pneumatolyse und Kontaktmetamorphose. 3. Bildung aus Kohle oder aus kohlenstoffhaltigen Sedimentmineralien durch Dynamometamorphose (Regionalmetamorphose), wobei als vorhandene Kohlenstoffverbindungen vor allem amorphe Kohle, dann die Organolithe, namentlich Bitumen, Asphalt, wohl auch Petroleum, und endlich vielleicht auch ausnahmsweise Carbonate in Betracht kommen dürften.

1. Bildung aus Schmelzfluß. — Ein Beispiel für diese Abscheidung haben wir vor allem in den Meteoreisen denn eine Reihe dieser enthält Graphit (vgl. Bd. III, Kap. Eisen). Aus der vorstehenden Abhandlung (S. 77) geht auch hervor, daß Eisen, wie dies auch bei einigen anderen Metallen der Fall ist, ein Lösungsmittel für Kohle ist, und den Kohlenstoff wieder als Graphit abscheiden kann. W. Luzi[2]) hat schon Graphit aus Silicatschmelzen ausgeschieden, und das ist namentlich dann noch leichter, wenn man basische Schmelzen nimmt. Auch bei den früher erwähnten Versuchen, aus Silicatschmelzfluß Diamant zu erhalten, wurde häufig Graphit gebildet.

Wenn sich in der Natur Kohlenstoff als Diamant aus Silicaten abschied wie in Südafrika, so stammte er aus dem Magma selbst, nicht aus dem Nebengestein; dagegen kann bei Graphit auch das letztere vorkommen. Ein solches

---

[1]) O. Stutzer, Z. prakt. Geol. **18**, 131 (1910).

[2]) W. Luzi, Ber. Dtsch. Chem. Ges. **26**, 4085 (1891); **27**, 378 (1892).

Beispiel ist der Graphit der Alibertmine in Sibirien, bei welchem die Ansichten allerdings auch darin geteilt sind, daß manche den Kohlenstoff im Magma doch als primär betrachten, während andere der Ansicht sind, er stamme aus dem Nebengestein.

L. Jaczewski[1]) hat sich speziell mit der Genesis des Alibertschen Graphits in Sibirien beschäftigt, welcher im Nephelinaugitsyenit vorkommt, und der mit dem Augit dieses letzteren assoziiert ist; sie bilden gegenseitig und im Nephelin Einschlüsse, sind also gleichzeitig entstanden. Der Nephelinsyenit enthält oft Schollen von Kalkstein. Die Quellen für das Graphitmaterial wären die vom Syenit durchbrochenen kohlehaltigen Kalksteine und Schiefer; die amorphe Kohle wurde dabei durch die Hitze in kristallinen Kohlenstoff umgewandelt, eine eigentliche anorganische Entstehung liegt nicht vor. Auch O. Stutzer[2]) schließt sich im Gegensatze zu L. de Launay und E. Weinschenk dieser Ansicht an und meint, daß für die Ansicht L. Jaczewskis besonders die im Nephelinsyenit vorkommenden großen Kalksteinschollen sprechen, sowie das Vorkommen von Calciteinschlüssen in frischem Nephelinsyenit.

Auch der bekannte Feldspatbasalt von Ovifak ist nach O. Stutzer ein Beweis für direkte Aufnahme von Kohle durch das Silicatmagma. Als magmatische Ausscheidungen sind auch die kugeligen Konkretionen von Graphit im Granit des Ilmengebirges zu betrachten, die W. Vernadsky und A. Schkljarewsky[3]) beschrieben.

Zu der Entstehung des Graphits aus Silicatschmelzfluß ist zu bemerken, daß die Hitze allein Kohle nicht immer in Graphit umwandelt, daß aber aus einer Schmelzlösung sich keine Kohle sondern Graphit abscheidet. Graphit bildet sich aus Kohle erst bei sehr hohen Temperaturen, die in der Natur nicht verwirklicht sind.[4])

2. Pneumatolytische Bildung. — Aus dem Pegmatitmagma kann sich ebenfalls Graphit abscheiden, wofür die Vorkommen von Ticonderoga (New York) und auch von Ceylon als Beispiele angeführt werden. Doch scheint sich der größte Teil des Ceylonschen Graphits allerdings oft im Zusammenhange mit Pegmatit aus gasförmigen Exhalationen abgeschieden zu haben. Sein Vorkommen ist an die Granulitformation, welche dort wie in Sachsen eruptiven Ursprungs ist, gebunden. Er kommt in Gängen, begleitet von Quarzadern vor. Innerhalb dieser Gänge finden sich Kristalle von Quarz, Rutil, Eisenkies, Apatit, Feldspat, Biotit, Pyroxen, sowie sekundär entstandener Kalkspat.[5])

Die Bestandteile der graphitführenden Gesteine sind hauptsächlich Feldspat, Quarz, Granat und Spinell. Die Ansichten der verschiedenen Forscher auf diesem Gebiet weichen jedoch ziemlich voneinander ab.

J. Walther[6]) führt die Graphitbildung auf Ceylon auf Emanationen von Kohlenwasserstoffen zurück, was jedoch nach E. Weinschenk unwahrschein-

[1]) L. Jaczewski, Explor. géol. le long du chem. de fer de Sibérie XI, 19 (1899). — N. JB. Min. etc. 1907, II, 74.

[2]) O. Stutzer, l. c.

[3]) W. Vernadsky u. A. Schkljarewsky, Bull. soc. d. natural. Moscou **14**, 367 (1900). — N. JB. Min. etc. 1902, II, 333.

[4]) Vgl. auch die Abhandlung von R. Amberg, S. 76. Die Temperatur dieser natürlichen Schmelzflüsse dürfte 1200° kaum viel übersteigen.

[5]) Vgl. M. Diersche, J. k. k. geol. R.A. **48**, 231 (1898).

[6]) J. Walther, Z. d. geol. Ges. **41**, 360 (1889).

lich ist. E. Weinschenk[1]) weist auf eine Analogie der Graphitgänge von Ceylon mit den Passauer Graphitlagerstätten hin. Er fand, wenn auch nur untergeordnet, Nontronit,[2]) Mog und Kaolin, die bei dem letztgenannten Vorkommen eine bedeutende Rolle spielen; die Unterschiede beider finden aber ihre Erklärung in der Beschaffenheit der Gesteine, innerhalb welcher der Graphit zur Ablagerung kam. Er glaubt, daß die Gase, welche den Graphit bildeten, Kohlenoxyd und Cyan waren; die mit der Entstehung der Pegmatite in zeitlicher Verbindung waren.[3])

Der Ceyloner Graphit dürfte jedenfalls mit der Entstehung des Pegmatits zusammenhängen. So sind nach Fr. Grünling[4]) dort Pegmatitgänge bekannt, in welchen der Graphit regellos im Pegmatit als Stellvertreter des Glimmers vorkommt. Daß der Graphit auf Gängen im Granulit vorkommt, wird auch von O. Stutzer[5]) angegeben; letzterer betrachtet die Entstehung des Pegmatits als ein Bindeglied zwischen magmatischen schmelzflüssigen und juvenilen wäßrigen Lösungen. Es muß aber doch gesagt werden, daß wir uns über die Bildung der Pegmatite noch kein ganz klares Bild machen können; wahrscheinlich ist es ein Schmelzfluß mit sehr viel Wasser und Kristallisatoren, welche den Schmelzpunkt so stark herabdrücken, daß wir eine hohe Temperatur wie bei Laven nicht anzunehmen brauchen. Übrigens besteht ja theoretisch zwischen Schmelzen und Lösungen kein prinzipieller Unterschied.

Wir haben solche Graphite, die sich direkt aus Pegmatit abscheiden, zu unterscheiden von jenen, welche sich wahrscheinlich nach der Eruption dieser aus gasförmigen Exhalationen absetzten, wie dies auch bei den Kontaktbildungen der Fall ist.

Daß Graphit sich bei der Kontaktmetamorphose bilden kann, geht aus Beobachtungen von R. Beck und W. Luzi[6]) an sächsischen archäischen Gesteinen hervor, in welchen sich Graphit aus Kohle bildete.

Pneumatolytische Bildung, die ja wahrscheinlich in manchen Fällen die Ursache der Graphitbildung war, ist wohl meist mit den Kontaktbildungen verknüpft.

E. Weinschenk[7]) hält die meisten Graphite für durch Pneumatolyse gebildet, er hat dies insbesondere bei den bayerischen, böhmischen und steierischen Graphitlagerstätten zu beweisen versucht. Auch die gangförmigen Graphite Canadas, die mit Kalksteinen und Silicaten vorkommen, dürften durch Pneumatolyse gebildet sein, was auch O. Stutzer[8]) zugibt. Nach diesem ist das direkte Nebengestein dieser Graphitgänge oft ein Kalksilicatfels und zwar ein aus Pyroxen und Skapolith oder Pyroxen, Wollastonit, Titanit bestehender. O. Stutzer vergleicht die Entstehung dieser Gänge mit jener der Zinnerze, die im ersten Stadium eine Temperatur über der kritischen gehabt haben sollen. Es hat sich der Graphit hier aus Gasen abgesetzt; wir haben es mit Pneumatolyse zu tun.

Große Meinungsverschiedenheiten bestehen bezüglich der bayerisch-böhmischen Graphite.

---

[1]) E. Weinschenk, Z. d. geol. Ges. **12**, 359 (1889).
[2]) Nontronit ist ein Eisensilicat.
[3]) E. Weinschenk, Sitzbr. Bayr. Ak. **21**, II, 317 (1900).
[4]) Fr Grünling, Z. Kryst. **33**, 209 (1900).
[5]) O. Stutzer, Z. prakt. Geol. **18**, 131 (1910).
[6]) W. Luzi, Ber. Dtsch. Chem. Ges. **24**, 1884 (1891).
[7]) E. Weinschenk, Sitzbr. bayr. Ak. **19** (1897).
[8]) O. Stutzer, l. c.

E. Weinschenk[1]) ist der Ansicht, daß die bayerischen und böhmischen Graphitlagerstätten sich durch Pneumatolyse gebildet haben, er denkt sich gasförmige Exhalationen von nicht zu hoher Temperatur, in denen vermutlich Kohlenoxyd neben Kohlenoxydverbindungen mit Eisen und Mangan, ferner Cyanverbindungen von Titan, dann Kohlensäure und Wasser die Hauptbestandteile ausmachten.

Wichtig ist auch hier die Paragenesis. Es können jedoch keine allgemeinen Gesetzmäßigkeiten aufgestellt werden, da die Begleitmineralien nicht immer dieselben sind.

Zu erwähnen ist das häufige Vorkommen von Feldspat, Kaolin, Nontronit, dann wieder Rutil und Titanit, Pyrit Chlorit, Glimmer.[2]) Auch Apatit kommt manchmal mit jenen vor. In den von E. Weinschenk untersuchten bayerischen und böhmischen Lagerstätten spielen der Kaolin und der Nontronit als gleichzeitige Bildung eine große Rolle; er macht auch auf das häufige Zusammenvorkommen mit Rutil[3]) aufmerksam und verweist darauf, daß sowohl hier wie bei anderen Lagerstätten, z. B. Canadas körnige Kalke Begleiter des Graphits sind. In vielen Fällen spielten sich gleichzeitig mit der Graphitbildung großartige Umwandlungsprozesse in denselben Gesteinen ab, welche namentlich zur Bildung von Mog, Kaolin und Nontronit führten; er verweist auch darauf, daß die Nontronitbildung nicht nur bei bayerisch-böhmischen Graphiten, sondern auch bei dem in Granulit vorkommenden Graphit von Ragedava auf Ceylon auftritt.

Dann bemerkt er[4]) auch, daß sich Graphit in manchen Hochöfen aus gasförmigen Agenzien bilden kann. Was nun diese anbelangt, so schließt er die Kohlenwasserstoffe der Fettreihe, wie der aromatischen Reihe aus, da sich sonst Retortenkohle bilden sollte. Er sagt: „Die Bildung dieser Graphitlagerstätten ist am wahrscheinlichsten auf gasförmige Exhalationen von nicht allzu hoher Temperatur zurückzuführen. Diese Exhalationen, in welchen vermutlich Kohlenoxyd neben Kohlenoxydverbindungen von Eisen und Mangan, ferner Cyanverbindungen von Titan, Kohlensäure und Wasser die Hauptbestandteile ausmachten, durchdrangen das Nebengestein.“

Die Bedenken, welche O. Stutzer[5]) der E. Weinschenkschen Anschauung gegenüber äußert, gipfeln darin, daß der zeitliche Zusammenhang zwischen Graphitbildung einerseits, Kaolin- und Nontronitbildung andererseits nicht erwiesen sei, da letztere Mineralien oft fehlen, wo Graphit vorkommt, wie auch umgekehrt. Auch soll der Kohlenstoff der Graphitlager schon zur Zeit der Gneisbildung vorhanden gewesen sein, worauf auch H. L. Barviř aufmerksam gemacht hat. Aus den Dünnschliffen der Gesteine geht hervor, daß Graphit in den frischen Gesteinen sich gleichzeitig mit der Kristallisation des Nebengesteins bildete. H. L. Barvii[6]) hatte sich schon früher für eine Kontaktmetamorphose der alten Kohle ausgesprochen, speziell für das Vorkommen am Schwarzbach in Südböhmen.

---

[1]) E. Weinschenk, Sitzbr. Bayr. Ak. **19**, II (1897).
[2]) E. Weinschenk, Sitzbr. Bayr. Ak. **19**, II, 556 (1897).
[3]) Diesen fanden wir als Begleiter des Diamanten besonders in Brasilien (vgl. S. 55).
[4]) E. Weinschenk, Z. prakt. Geol. **11**, 21 (1903).
[5]) O. Stutzer, Z. prakt. Geol. **18**, 15 (1910).
[6]) H. L. Barviř, Sitzbr. Böhm. Ges. d. Wiss. (1905). — N. JB. Min. etc. **1907**, I, 81.

Die dichten anthrazitähnlichen Graphite Steiermarks hatte E. Weinschenk[1]) als durch Kontaktwirkung von Graniten umgewandelte Kohle erklärt, während R. Hoernes[2]) dagegen geologische Gründe anführt, und die zur Umwandlung nötige Temperaturerhöhung durch die Gebirgsbildung erklärt; auch K. Redlich[3]) hat sich gegen die E. Weinschenksche Ansicht ausgesprochen. E. Donath[4]) macht aufmerksam, daß die steirischen Graphite auch Anthrazit enthalten. Daß diese Graphite aus Kohlen oder Organolithen entstanden sind, ist unzweifelhaft; wahrscheinlich ist die Umwandlung durch Dynamometamorphose entstanden.

Für jene Vorkommen Bayerns, Böhmens und Steiermarks, welche E. Weinschenk durch Pneumatolyse erklären will, wird von anderen auch die Dynamometamorphose herangezogen. Allerdings ist zu bemerken, daß darin mehr ein rein geologischer Begriff liegt, da wir über den Chemismus der Dynamometamorphose nur wenig wissen, und daß verschiedene Autoren unter diesem Ausdruck recht verschiedene Dinge verstehen. So nimmt beispielsweise Termier für die Regionalmetamorphose Mineralisatoren in Anspruch, also auch eine Art der Pneumatolyse.

Dagegen hat J. Königsberger[5]) im Gotthardter Granatglimmerschiefer Kohle neben Graphit nachgewiesen und das Studium der kristallinen Schiefer zeigt, daß in dynamometamorphen Schiefern tatsächlich Kohle in Graphit umgewandelt erscheint. Es ist aber fraglich, ob hier der Druck allein genügt hat, und ob nicht auch die Temperaturerhöhung von Einfluß war. Aus Versuchen von Gruner[6]) und W. Luzi geht hervor, daß schon bei 300° Graphitbildung möglich ist, bei einer Temperatur, bei welcher hydroxylhaltige Silicate noch existenzfähig sind. T. J. Bergmann[7]) hat Graphit aus Acetylen bei 150° erhalten.

Eine Graphitbildung durch Pneumatolyse ist jedenfalls möglich, da wir ja durch Zersetzung von Kohlenstoffverbindungen in Gasform leicht Graphit abscheiden können, und eine Temperatur von einigen Hundert Graden, welche wir bei der Pneumatolyse in der Natur annehmen, vollkommen genügen würde. Hierbei könnten sich jene Kohlenstoffverbindungen ebenfalls ursprünglich aus Kohle gebildet haben.

Auch wenn bezüglich des zeitlichen Zusammenhanges zwischen der Graphitbildung mit jener des Kaolins und Nontronits E. Weinschenk nicht im Recht ist, so ist das noch kein Beweis gegen die pneumatolytische Bildung, da ja auch manche Gegner, wie O. Stutzer,[8]) Kontaktwirkungen annehmen, und diese doch zum Teil durch Gase erzeugt werden. Es handelt sich also bei diesen Meinungsverschiedenheiten mehr darum, ob der Graphit aus schon vorhandener Kohle durch Dynamometamorphose sich bildete, oder ob der Graphit gleichzeitig mit Kaolin, Nontronit durch gasförmige Exhalationen entstanden ist, was natürlich nur durch die örtlichen Verhältnisse entschieden werden kann. So ist

[1]) E. Weinschenk, Z. prakt. Geol. **5**, 286 (1897); **8**, 36. 174 (1900). — C. R. du VIII congrès géol. intern. **1**, 447 (1901).

[2]) R. Hoernes, Mitt. d. naturw. Ver. f. Steiermark **36**, 90 (1900).

[3]) E. Donath, l. c. 61.

[4]) K. Redlich, Z. prakt. Geol. **11**, 16 (1903).

[5]) J. Königsberger, Eclogae geol. Helvetiae X, [4], 526 (1908).

[6]) L. Gruner, C. R. **73**, 28 (1872). — Vgl. auch R. Schenck u. W. Heller S. 41.

[7]) T. J. Bergmann, Chem. Ztg. 1898, I, 1182.

[8]) O. Stutzer, l. c.

es nach V. Novarese[1]) schwer bei den Graphitvorkommen der piemontesischen Alpen, die aus Anthrazit entstanden, anzugeben, ob dies durch Kontakt- oder Dynamometamorphose geschah, er glaubt jedoch, daß die Weinschenksche Ansicht hier nicht zutrifft.

Wichtiger noch als die Frage, ob Dynamometamorphose oder Kontaktmetamorphose gewirkt hat, ist jedoch die, ob der Graphit aus Kohle, bzw. aus Organolithen stammt, oder ob er sich auf anorganischem Wege aus gasförmigen Exhalationen gebildet hat. Dazu ist zu bemerken, daß auch Kohle bei der Regionalmetamorphose durch Erwärmung der kohleführenden Schichten Kohlenoxyd bilden kann, wenn diese nicht ganz unter Luftabschluß stehen. Die Rolle der Eisensilicate, wie auch der Tonerdesilicate scheint mir jedoch eine andere zu sein, als sie E. Weinschenk annimmt. Kohle wandelt sich in Gegenwart jener als Katalysatoren wirkenden Verbindungen leichter in Graphit um, und auch die Reaktion:

$$2CO = CO_2 + C$$

wird durch sie beschleunigt (vgl. die Arbeit von R. Schenck u. W. Heller S. 41).

Ähnlich können Rutil und andere Titanverbindungen wirken. Es ist daher nicht notwendig und eher unwahrscheinlich, daß die Nontronit- und Kaolinbildung gleichzeitig mit der Graphitbildung stattfand, sondern letztere wird nur durch die Gegenwart jener Silicate beschleunigt, ein anderer genetischer Zusammenhang ist nicht sicher.

Ob noch andere Bildungsmöglichkeiten vorhanden sind, läßt sich nicht entscheiden, bei niederen Temperaturen dürfte Graphitbildung durch Reduktion von Kohlenwasserstoffen unwahrscheinlich sein.

Wir werden immerhin E. Weinschenk darin Recht geben, daß die Pneumatolyse die Urheberin der Graphitbildung sein kann. Schwieriger ist es, die näheren Details zu erklären, insbesondere festzustellen, welche Kohlenstoffverbindungen es waren, aus denen Graphit sich absetzte.

Chemismus der Umwandlung. — Abgesehen von den Ansichten in bezug auf das geologische Auftreten und die daraus zu schließende Bildung aus Schmelzfluß, oder durch Pneumotolyse und durch Dynamometamorphose ist namentlich der chemische Umwandlungsprozeß besonders wichtig. Bei ganz niederer Temperatur ist offenbar der amorphe Kohlenstoff die stabile Form, und wir finden auch Kohle in jenen Gesteinen. Aber Kohle kann, wenn sie vor Verbrennung geschützt wird, auch bei hohen Temperaturen existenzfähig sein, sie bildet sich aber, da sie eine ganz andere Entstehungsweise hat, nur bei niedereren Temperaturen.

Fraglich ist es, ob Kohle sich durch Druckerhöhung allein in Graphit umwandeln kann; jedoch dürfte bei der Regionalmetamorphose stets auch eine Temperaturerhöhung stattgefunden haben.

Einen dem von E. Weinschenk ganz entgegengesetzten Standpunkt vertritt F. Kretschmer,[2]) welcher der Ansicht ist, daß aller Graphit durch Druck aus Kohlen oder kohlenstoffhaltigen Organolithen gebildet sei. Es ist wohl wahrscheinlich, daß sich der größere Teil der Graphite aus Gasexhalationen

[1]) V. Novarese, Atti. R. Accad. d. sc. d. Torino **40**, 251 (1904). Vgl. auch J. Breitschopf, Z. f. Berg. u. Hüttenw. 1910, 10.

[2]) F. Kretschmer, Österr. Zeitschr. f Berg- u. Hütt.-Wesen 1902, 455. 473.

gebildet hat, denn die Synthese des Graphits weist schon auf diese. Graphit kann aus der Zersetzung von sehr vielen Kohlenstoffverbindungen bei sehr verschiedenen Temperaturen entstehen. Man wird die Bildung des Graphits oft mit der des Glimmers vergleichen können, der ja auch aus Gasexhalationen gebildet sein dürfte, wie aus Schmelzfluß. Wahrscheinlich hat sich Graphit in der Natur auf mehrere Arten gebildet, aber bei allen dürften kleinere oder größere Erhöhungen der Temperatur von Wichtigkeit gewesen sein.

Schlüsse aus den Synthesen. — Graphit bildet sich bei sehr hoher Temperatur aus Kohle (vgl. S. 76); im Besonderen ist das der Fall im elektrischen Lichtbogen, ferner durch Zersetzung von gasförmigen Kohlenwasserstoffen (vgl. S. 89) z. B. Einwirkung von Acetylen auf Kohlenmonoxyd[1])

$$C_2H_2 + CO = H_2O + 3C$$

oder auch auf Kohlendioxyd

$$2C_2H_2 + CO_2 = 2H_2O + 5C.$$

Auch die Zersetzung des Acetylens durch Cu kann bei 400 bis 500° Graphit geben.[2]) (Vgl. auch S. 92 T. J. Bergmann.)

Ferner kann sich Graphit aus Carbiden bilden (vgl. S. 76). Auch die Einwirkung elektrischer Entladungen auf gasförmige Kohlenwasserstoffe ist bemerkenswert[3]) und könnte in der Natur stattfinden.

Endlich käme in Betracht die Graphitbildung aus Cyan, die aber, wie E. Donath zeigte, irrtümlich war, da in dem herangezogenen Falle, beim Leblanc-Sodaprozeß, der Graphit aus dem zersetzten Gußeisen des Kessels stammte.[4]) Auch der Stickstoffgehalt mancher Graphite erklärt sich durch Abstammung von stickstoffhaltigen organischen Substanzen, da selbst bei späteren großen Temperatursteigerungen der Stickstoff nicht zur Verflüchtigung gebracht worden war.

E. Donath[5]) spricht sich für die Einwirkung von Metallcarboxylen oder von anderen flüchtigen Kohlenoxydverbindungen aus, er verweist auf einen Versuch von W. Luzi,[6]) der ein Gemenge aus pulverisiertem Kaliglas, Fluorcalcium und Ruß einer hohen Temperatur unterwarf und Graphitkristalle erhielt. Es hätte dies meiner Ansicht nach auf diejenigen Graphitvorkommen Anwendung, welche als magmatische bezeichnet wurden. Übrigens habe ich selbst mehrere Versuche ausgeführt, bei welchen Kohle mit Silicaten zusammengeschmolzen wurde, wobei sich stets Graphit bildete; dagegen werden wir bei den pneumatolytischen Graphiten an anderes Entstehungsmaterial denken, an Kohle und an die in der Natur vorhandene Kohlensäure, welche sich bei höherer Temperatur dissoziiert.

H. Ditz[7]) hat auf die Möglichkeit hingewiesen, daß Kohlenoxyd und Carbide das Material für Graphit abgegeben haben sollen. Diese Ansicht ist immerhin wahrscheinlich, da zwar Kohlenoxyd in der Natur nicht beobachtet

---

[1]) A. Franck, Chem. Ztg. II, 611 (1900). — Ed. Donath, l. c. 135.
[2]) H. Erdmann u. P. Köthner, Z. anorg. Chem. **18**, 48 (1898).
[3]) Nach Townsend (vgl. S. 76).
[4]) E. Donath, l. c. 136.
[5]) E. Donath, l. c. 61.
[6]) W. Luzi, Ber. Dtsch. Chem. Ges. **23**, 4085 (1891); **24**, 1378 (1892).
[7]) H. Ditz, Chemiker-Ztg. 1909, 167.

ist, aber sich bei der Dissoziation der Kohlensäure auch Kohlenoxyd bilden kann, oder bei Erhitzung der kohlenführenden Gesteine. Auch wenn man zwar bezüglich der Verbindung der Carbide nicht so weit geht, wie H. Moissan, kann man es immerhin als möglich erachten, daß Carbide in einzelnen vulkanischen Gesteinen vorhanden sein können, wie es auch bei der Diamantbildung wahrscheinlich ist.

In einer soeben erschienenen Arbeit sucht W. Heinisch[1]) es wahrscheinlich zu machen, daß sich an der Grenze von Südböhmen und N.-Österreich Graphit in der „Ackerkreide" als Neubildung finde, ohne daß hier eine Druck- oder Temperaturerhöhung eingetreten wäre; er glaubt, daß Katalysatoren tätig waren, welche im Laufe langer Zeiträume kohlenstoffreiche Verbindungen in Graphit umwandelten.

Schungit.

Von **W. Heinisch** (Brünn).

Schungit erinnert in vieler Beziehung an Graphit. Er findet sich amorph, schwarz, diamantartig, metallglänzend, ist von der Dichte 1,98 (trocken), besitzt jedoch eine Härte von 3,5 bis 4. Seine elektrische Leitfähigkeit ist nur etwas geringer als die des Graphits, doch sehr bedeutend gegenüber derjenigen des Anthrazits.[2]) Seine spezifische Wärme zwischen 0 bis 99° wurde ermittelt zu 0,1445. Er ist auch wie Graphit äußerst schwer verbrennlich; am besten gelingt dies noch im Sauerstoffstrome. In seinem Verhalten zu einem Gemenge von konzentrierter Salpetersäure und chlorsaurem Kalium zeigte er jedoch nach den bisherigen Untersuchungen nicht das Verhalten von Graphit, Graphitsäure zu liefern, sondern er ging wie amorpher Kohlenstoff in Lösung.

Diese kristallinische Modifikation des Kohlenstoffs wurde zuerst in Rußland gefunden im Gouvernement Olonez am nordwestlichen Ufer des Onegasees unweit Schunga und erhielt nach diesem Fundorte auch ihren Namen. In den dortigen Tonschiefern findet man auch anthrazitartige, bis 95 % Asche gebende Varietäten. Analysen liegen vor von A. Inostranzeff:[3])

	I	II	III	IV	V	VI
C . . .	90,42	90,46	90,72	90,40	98,29	98,08
(H) . .	0,33	0,36	0,46	0,45	0,44	0,44
H_2O . .	7,76	7,76	7,76	7,76	—	—
(Asche) .	1,01	1,02	1,03	1,04	1,04	1,09

I—IV Analysen von ungetrocknetem Material.
V u. VI Analysen von bei 130° getrocknetem Material.

---

[1]) W. Heinisch, Sitzber. Wiener Ak. **129**, 85 (1911).

[2]) Nach C. Hintze, Handb. d. Mineralogie, Leipzig 1904, I, 67. — Borgmann, N. JB. Min. etc. 1880, I, 116.

[3]) A. Inostranzeff, N. JB. Min. etc. 1880, I, 97.

Zwei Stickstoffbestimmungen ergaben 0,39 und 0,42 %. Nach Reduktion von I bis IV auf 100 Teile wasserfreier und von V und VI auf 100 Teile wasserhaltiger Substanz ergaben sich als Mittel für die

	C	H	N	H_2O	Asche
wasserhaltige Substanz	90,50	0,40	0,41	7,76	1,01
wasserfreie Substanz .	98,11	0,43	0,43	—	1,09

Nach G. B. Trener[1]) ist Schungit auch nicht zu den Anthraziten zu zählen, weil er zu arm ist an H und N. Es sei hier darauf hingewiesen, daß Graphitoid von W. Luzi[2]) als eine sehr kohlenstoffreiche Kohle bezeichnet wurde, während E. Weinschenk diesen als identisch mit dem Graphit nachweisen konnte. G. Charpy[3]) gelang es zweimal, bis dahin für amorph gehaltenen Kohlenstoff als Graphit zu bestimmen. Es harrt daher auch wohl noch die Frage über die chemische Natur des Schungits ihrer endgültigen Erledigung.

[1]) G. B. Trener, J. k. k. geol. R.A. **56**, 405 (1906).
[2]) W. Luzi, Bg.- u. hütt. Z. **52**, 11 (1893).
[3]) G. Charpy, C. R. **148**, 921 (1909).

CARBONATE.

Allgemeines über Carbonate.

Von **C. Doelter** (Wien).

Einteilung der Carbonate.

Wir unterscheiden neutrale Carbonate ($\overset{II}{R}CO_3$), saure ($H\overset{I}{R}CO_3$), basische ($\overset{II}{R}OH)_2CO_3$, chlorhaltige und fluorhaltige Carbonate. Endlich können sowohl die neutralen wie die basischen und die fluorhaltigen noch Kristallwasser enthalten, und man wird daher wasserfreie und wasserhaltige Carbonate unterscheiden.

Bei der Einteilung wird oft der Wassergehalt, d. h. die Anwesenheit oder Abwesenheit von Kristallisationswasser zur Grundlage der Einteilung gewählt, und. dann innerhalb dieser Gruppen einfache und Doppelsalze (bzw. Tripelsalze), dann neutrale basische oder saure Salze unterschieden, endlich können die chlor- und fluorhaltigen besonders betrachtet werden.[1])

Die hier getroffene Einteilung ist eine etwas abweichende, indem die Salze nach ihren Metallen eingeteilt wurden. Wir haben demnach

1. Carbonate der Alkalien.
2. Carbonate von Magnesium, Calcium.
3. Carbonate von Mangan, Eisen, Nickel, Kobalt, Zink.
4. Kupfercarbonate.
5. Carbonate von Strontium und Barium.
6. Bleicarbonate.
7. Lanthan- und Cercarbonate.
8. Wismutcarbonate.
9. Urancarbonate.

Die Reihenfolge der Elemente, welche als Carbonate vorkommen, ist nach dem steigenden Atomgewicht folgende: Na, Mg, Al, K, Ca, Mn, Fe, Ni, Co, Cu, Zn, Sr, Ba, La, Pb, Bi, U. Diese Reihenfolge wurde im großen und ganzen beibehalten, doch erscheint manches dieser Elemente nicht als alleinige Base, sondern es treten manchmal mehrere zusammen auf, so isomorphe Elemente wie Mg, Ca, Fe, auch Zn, Cu, oder Ca, Pb, oder in Doppelsalzen Na, Ca, Mg. Daher müssen namentlich bei den isomorphen Verbindungen, um den Zusammenhang nicht zu zerreißen, kleine Abweichungen in jener Reihenfolge gemacht werden. Eine Trennung in wasserhaltige und wasserfreie Salze wurde nicht allgemein durchgeführt, wohl aber die zusammengehörigen wasserfreien

[1]) P. Groth, Tabellar. Übers. d. Min. (Braunschweig 1898).

Salze beieinander belassen, und zuerst die wasserfreien, dann die kristallwasserhaltigen betrachtet, ferner zuerst die einfachen Salze, dann die Doppel- bzw. Tripelsalze angeführt.

In dem Handbuche werden nur Mineralien, von denen Analysen vorliegen ausführlich behandelt, solche, bei denen keine Analysen vorliegen, werden wie auch Varietäten kurz erwähnt.

Na-haltige: Thermonatrit, Soda, Trona.
Na-, Mg-haltige: Northupit, Tychit.
Na-, Ca-haltige: Gaylussit, Pirssonit.
Na-, Al-haltige: Dawsonit.
K-haltiges: Kalicinit.
(NH_4)-haltige: Teschemacherit.
Mg-haltige: a) wasserfreie: Magnesit (Fe-haltig: Breunerit).
b) wasserführende: Nesquehonit, Lansfordit, Hydromagnesit, Brugnatellit, Artinit., Hydrogiobertit, Giorgiosit.
Ca-haltige: a) wasserfreie: Calcit, Aragonit,
b) wasserhaltige: Lublinit,
c) chlorhaltige: Thinolith.
Ca-, Mg-haltige: Dolomit.
Mn-haltige: Rhodochrosit (Manganspat),
Ca-, Mn-, Mg-, Fe-haltige: Kutnohorit.
Fe-haltige: Siderit,
Ca-Fe-haltige: Ankerit,
Ca-Mg-Fe-haltige: Braunspat,
Co-haltige: Sphärokobaltit (Kobaltspat),
Zn-haltige: a) wasserfrei: Smithsonit,
b) wasserhaltig: Hydrozinkit.
Zn, Fe-haltige: Monheimit (Eisenzinkspat).
Ni-haltige, wasserführende: Zaratit.
Cu-haltige, wasserführende: Malachit, Azurit, Aurichalcit, Rosasit.
Sr-(Ca)-haltige: Strontianit, Calciostrontianit.
Ba-haltig: Witherit.
Ca-Ba-haltige: Alstonit, Barytocalcit.
Cd-haltige: Otavit.
Pb-haltige: a) wasserfreie: Cerussit,
b) wasserhaltige: Hydrocerussit,
c) chlorhaltige: Phosgenit.
La-haltige, wasserhaltige: Lanthanit.
Ce-(La-, Di), Ca-haltige, fluorhaltige: Parisit, Synchysit, Cordylit (Ba-haltig).
Ce-(La-, Di)-haltige, fluorhaltige: Bastnäsit, Weibyeit.
Ce-, Sr-haltig: Ancylit.
Bi-haltige: a) wasserfreie: Bismutosphärit,
b) wasserhaltige: Wismutspat, Waltherit.
U-haltige: Uranothallit, Liebigit, Rutherfordin, Voglit, Schröckingerit, Randit.

Bei den Carbonaten haben wir Gruppen, welche im Verhältnis der Isomorphie stehen, und bei deren Glieder auch zum Teil Dimorphie zu beobachten ist, obgleich diese nur ausnahmsweise wie bei $CaCO_3$ eine vollkommene ist, derart, daß sich zwei selbständige Verbindungen zeigen. In mehreren anderen Fällen ist die Dimorphie eine versteckte, da sie nur durch Mischungen nachweisbar ist, wie bei denen von Blei- und Calciumcarbonat.

Neben den reinen Verbindungen treten auch isomorphe Mischungen auf, namentlich bei den trigonal-rhomboedrisch kristallisierenden Carbonaten.

Chemisch-kristallographische Beziehungen in der Gruppe der trigonal-rhomboedrischen Carbonate.[1])

	M	δ	Mv	i	$\chi = \psi = \omega$
$MgCO_3$	83,73	3,037	27,57	103,21½°	3,126
$CaCO_3$	99,35	2,750	36,13	101,55°	3,394
$MnCO_3$	114,15	3,660	31,19	102,50°	3,247
$FeCO_3$	115,05	3,880	29,65	103,4½°	3,197
$ZnCO_3$	124,45	4,450	27,97	103,28°	3,143
$CdCO_3$	171,15	4,960	34,51	102,30°	3,352
Dolomit[2])	91,54	2,924	31,31	102,53°	3,252

Hierbei ist M das Molekulargewicht, Mv das Molekularvolumen, i der Rhomboederflächenwinkel, χ, ψ, ω sind die topischen Achsen.

Chemisch-kristallographische Beziehungen in der rhombischen Carbonatreihe.[3])

	M	δ	Mv	χ	ψ	ω
$CaCO_3$	100,0	2,94	34,01	2,64	4,23	3,05
$SrCO_3$	147,5	3,7	39,87	2,73	4,49	3,25
$BaCO_3$	197,0	4,3	45,82	2,84	4,70	3,44
$PbCO_3$	266,9	6,6	40,44	2,75	4,51	3,26

Die Beziehungen des Aragonits zu Kaliumnitrat KNO_3 und des Calcits zum Natriumnitrat $NaNO_3$ werden von manchen als ein entfernter Grad von Isomorphie gedeutet, welche jedoch von anderen verneint wird. Mischbarkeit kann in Anbetracht der verschiedenen Löslichkeitsverhältnisse nicht vorkommen. Nach G. Rose[4]) soll ein in KNO_3-lösung eingehängter Aragonitkristall weiter gewachsen sein, was nach H. Kopp[5]) und V. Barker[6]) nicht der Fall ist.

---

[1]) P. Groth, Chem. Kristallogr. II, 201 (Leipzig 1908).

[2]) Berechnet auf $\frac{Ca \cdot Mg}{2} \cdot CO_3$.

[3]) F. Becke, Anz. d. Wiener Ak. (1893) 206. — P. Groth, Chem. Kristallogr. II, 202 (Leipzig 1908).

[4]) G. Rose, Ber. Dtsch. Chem. Ges. **4**, 165 (1871).

[5]) H. Kopp, Ebenda **12**, 718 (1879).

[6]) V. Barker, Trans. geol. Soc. London **89**, 1120 (1906).

Analytische Methoden der Carbonate.

Von **M. Dittrich** (Heidelberg).

Bestimmung der Metalle.

Sämtliche Karbonate sind in verdünnter Salz- oder Salpetersäure, einige erst beim Erwärmen unter Kohlendioxydentwicklung löslich; die Metalle gehen als Chloride bzw. Nitrate in Lösung, Gangart und Kieselsäure, soweit sie nicht bei der Reinigung des Minerals entfernt werden konnten, bleiben unlöslich zurück, bzw. müssen unlöslich gemacht werden.

Ausführung: Das fein gepulverte Mineral (etwa 0,6 bis 0,8 g) wird in einem kleineren (200 ccm) Becherglase mit Wasser angefeuchtet und unter Bedecken mit einem Uhrglase vorsichtig mit etwa 20 bis 30 ccm verdünnter Salz- oder Salpetersäure (1 : 2) übergossen. Dadurch tritt bei leicht zersetzlichen Carbonaten unter heftiger Kohlensäureentwicklung Lösung der Substanz ein, welche durch gelindes Erwärmen auf dem Wasserbade oder Asbestdrahtnetz beendet werden kann; ist das Aufbrausen nur gering, so erwärmt man das Gläschen sofort gelinde und erhitzt es schließlich so lange, bis die Substanz vollständig gelöst ist, oder bis keine Kohlensäurebläschen mehr entweichen. Einen hinterbleibenden Rückstand, Gangart oder Quarz, filtriert man ab, wäscht ihn anfangs mit verdünnter Säure, später mit heißem Wasser gut aus, trocknet und glüht ihn im Porzellan-, oder bei Abwesenheit von reduzierbaren Metallen im Platintiegel, bis Gewichtskonstanz erreicht ist. Um auch die durch die Salzsäurebehandlung etwa in Lösung gegangene Kieselsäure unlöslich zu machen, wird das Filtrat von der Gangart, bzw. die klare Lösung der Substanz, wenn keine Gangart vorhanden war, in einer guten Porzellanschale, zuletzt unter Umrühren mit einem dicken Glasstab zur Trockne verdampft und auf dem Wasserbad so lange erwärmt, bis keine Säuredämpfe mehr weggehen. Den Rückstand durchfeuchtet man mit mehreren Kubikzentimetern konz. Salz- bzw. Salpetersäure, fügt nach einigem Stehen 50 bis 80 ccm heißes Wasser hinzu und filtriert die unlöslich gewordene Kieselsäure ab; sie wird, wie oben die Gangart, erst mit verdünnter Säure, dann mit heißem Wasser gut bis zum Verschwinden der Chlorreaktion ausgewaschen, im Porzellan- oder Platintiegel verascht und bis zur Gewichtskonstanz vor dem Gebläse geglüht.

Im Filtrat von der Kieselsäure befinden sich sämtliche Metalle als Chloride bzw. Nitrate in Lösung. Ihre Trennung kann bei der recht mannigfachen Zusammensetzung der Carbonate, nicht wie es z. B. bei den Silicaten der Fall ist, nach einem bestimmten Gange geschehen, sondern ist eine recht verschiedene und richtet sich nach den vorhandenen Metallen; sie ist im folgenden bei den einzelnen Mineralien genauer beschrieben.

Bestimmung des Eisenoxyds.

Vorhandenes Eisen ist in Carbonaten gewöhnlich als Ferrocarbonat vorhanden Man bestimmt es in einer besonderen Portion titrimetrisch und kann durch Vergleich mit dem bei der Bestimmung der Metalle erhaltenen Eisenwert prüfen, ob außer Ferrocarbonat noch Eisen in anderer Form anwesend ist.

Die Bestimmung des Eisenoxyduls (des Ferroeisens) erfolgt in der unter Luftabschluß in verdünnter Schwefelsäure gelösten Substanz durch Titration des in Lösung gegangenen FeO-Salzes mit Permanganat.

Der Aufschluß erfolgt vorteilhaft in einem mit einem Bunsenschen Ventil versehenen, dickwandigen Rundkölbchen von ca. 150 ccm Inhalt, dessen Verschluß zwar Gase aus dem Innern entweichen, aber keine atmosphärische Luft eindringen läßt. Der Verschluß besteht aus einem einfach durchbohrten Kautschukstopfen mit 5 cm langem Glasröhrchen, über welches ein Stück englumigen Kautschukschlauchs gezogen ist; in dessen Mitte wird ein 5 mm langer Längsschlitz mit einem scharfen Messer geschnitten, wobei man als Unterlage einen in den Schlauch eingeschobenen Glasstab benützt; in das offene freie Ende des Schlauches schiebt man ein kurzes Glasstäbchen. In das Kölbchen gibt man die — der Oxydation wegen — nicht allzufein gepulverte, genau abgewogene Substanz (etwa 0,5 g), fügt einige Körnchen Natriumbicarbonat hinzu, damit bei Säurezusatz sofort durch das reichlich sich entwickelnde Kohlendioxyd die oxydierende Luft verdrängt wird, füllt das Kölbchen zu einem Drittel mit verdünnter Schwefelsäure und verschließt es sofort mit dem Ventilstopfen. Zur völligen Zersetzung des Carbonats erwärmt man nun das Kölbchen noch etwa 10 Minuten gelinde auf dem Drahtnetz, verschließt dann das Ventil durch Einschieben des Glasstäbchens und läßt das mit einem Tuche — wegen eventueller Explosion — umwickelte Kölbchen vollständig erkalten. Sodann nimmt man das Ventil ab, spritzt daran hängende Flüssigkeit in das Kölbchen und titriert mit Permanganatlösung, welche zur Erlangung genauerer Resultate zweckmäßig etwa $^1/_{20}$ normal ist, bis die Flüssigkeit eben rosa erscheint.

Bestimmung der Kohlensäure.

Das Kohlendioxyd wird in Carbonaten entweder gravimetrisch oder maßanalytisch oder, für technische Zwecke, auch gasvolumetrisch bestimmt.

I. Gravimetrische Bestimmung des Kohlendioxyds.

Die gravimetrische Bestimmung erfolgt entweder indirekt durch Ermittlung des Gewichtsverlustes der Substanz nach Verjagen des Kohlendioxyds oder direkt durch Auffangen und Wägen der durch Zusatz von Säuren in Freiheit gesetzten Kohlensäure.

A. Indirekte Methoden. 1. Auf trockenem Wege α) durch Glühverlustbestimmung. Man glüht etwa 0,5 bis 1 g des Mineralpulvers 5 bis 10 Minuten im Platin- oder auch im Porzellantiegel mit einem guten Teclubrenner oder bei Gegenwart von Calcium, Strontium oder Magnesium mit vollster Gebläseflamme, wiegt und wiederholt das Glühen, bis Gewichtskonstanz erreicht ist. Die gefundene Gewichtsabnahme entspricht der vorhandenen Menge Kohlendioxyd.

Diese Methode ist nicht anwendbar bei den Carbonaten der Alkalien und des Bariums, welche durch Glühen ihre Kohlensäure nicht verlieren; ebensowenig, wenn das hinterbleibende Oxyd beim Glühen eine Gewichtsveränderung erleidet, wie z. B. $FeCO_3$ und $MnCO_3$.

β) Durch Schmelzen mit Borax. In einem Platintiegel erhitzt man etwa 4 g gepulverten oder besser noch bereits geschmolzenen Borax und schmilzt ihn vor dem Gebläse zusammen. Nach dem Wägen schüttet man das Mineralpulver darauf, erhitzt von neuem, jedoch nur mit dem Bunsenbrenner und so lange, bis die Substanz in den Borax eingesunken ist und keine Kohlensäurebläschen mehr aufsteigen; man wiederholt das Erhitzen bis Gewichtskonstanz erreicht ist. Auch hier entspricht die Gewichtsdifferenz vor und nach dem Glühen der vorhandenen Menge Kohlendioxyd.

Nach dieser Methode lassen sich auch Alkali- und Bariumcarbonate untersuchen.

2. Auf nassem Wege. In einem geeigneten Apparate wird Carbonat und Säure nach vorherigem Wiegen des Ganzen zusammengebracht und der Apparat nach Einwirkung der Säure auf das Carbonat und Entfernung des Kohlendioxyds zurückgewogen. Auch hier gibt die Gewichtsdifferenz die Menge des vorhandenen Kohlendioxyds an.

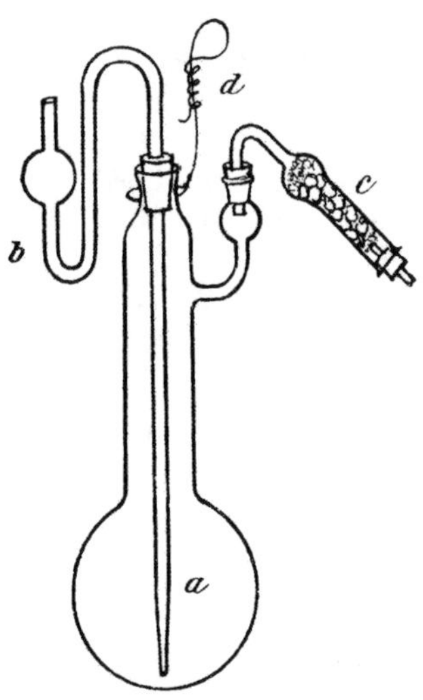

Fig. 9.

Ein derartiger Apparat ist von Bunsen angegeben: Der Bunsensche Kohlensäurebestimmungsapparat (Fig. 9) besteht aus drei Teilen: dem langhalsigen Zersetzungskölbchen (*a*), dem ∪∩ gebogenen, zur Aufnahme der Salzsäure bestimmten Kugelrohre (*b*) und dem Chlorcalciumrohre (*c*), welches mit zwischen Wadebäuschchen befindlichem, mäßig fein gekörntem Chlorcalcium gefüllt ist; alle diese Teile sind durch kurze Kautschukschlauchstücke oder durch Schliffe luftdicht zusammengefügt. Vor dem Gebrauch ist der Apparat zu reinigen und durch Erwärmen über einer Flamme und durch Luftdurchsaugen gut zu trocknen.

Zur Ausführung der Bestimmung bringt man zunächst mit Hilfe eines langhalsigen, unten kuglig erweiterten Wägegläschens, welches aus einem Stück Glasrohr durch Anblasen einer Kugel leicht zu fertigen ist, oder auch mit Hilfe eines langstieligen Trichterchens 1 bis $1\,^1/_2$ g des fein gepulverten Carbonats in das Zersetzungskölbchen und schlämmt es durch wenig Wasser auf, so daß alles durchfeuchtet ist und nichts am Boden hängen bleibt. Hierauf füllt man das Kugelrohr mit Hilfe eines Kapillartrichters oder durch Einsaugen zu $^2/_3$ mit verdünnter Salzsäure (1 : 2), wobei im letzteren Falle das lange Ende der Röhre gut abzuspülen ist, und paßt das Salzsäurerohr in das Zersetzungskölbchen ein, ohne daß dabei schon Säure zu der Substanz gelangen darf. Schließlich setzt man das Chlorcalciumrohr ein und wägt den so beschickten und mit einem Aufhängedraht (*d*) (aus Platin oder Aluminium) versehenen Apparat, nachdem er eine halbe Stunde im Wägezimmer (in einem

Becherglase mit Watte) gestanden hat. Hierauf befestigt man den Apparat senkrecht in einer Stativklammer über einem Bunsenbrenner oder legt ihn in schräger Lage auf den Arbeitstisch. Jetzt erst bringt man durch vorsichtiges Neigen des Apparates nach und nach Salzsäure aus dem Kugelrohr zu der Substanz; wenn keine Einwirkung mehr stattfindet, erwärmt man das Kölbchen ganz vorsichtig, bis alles gelöst ist oder keine weitere Einwirkung zu bemerken ist, achtet jedoch darauf, daß sich nur ganz wenig Wasser in dem oberen Teile des Zersetzungskölbchens kondensiert. Um alle Kohlensäure aus dem Apparate zu entfernen, saugt man mittelst Aspirators[1]) oder der Luftpumpe einen langsamen Lufstrom hindurch, fügt aber dabei zu beiden Seiten an die Salzsäurekugel, wie an das Chlorcalciumrohr nicht gewogene Natronkalk- bzw. Chlorcalciumröhren an, welche ein Eindringen von Kohlensäure und Feuchtigkeit aus der Luft oder dem Aspirator verhindern sollen. Wenn der Apparat kalt geworden ist, unterbricht man das Durchleiten und wägt ihn nach $^1/_2$stündigem Stehen im Wägezimmer; die Gewichtsdifferenz gibt die weggegangene Menge Kohlendioxyd an.

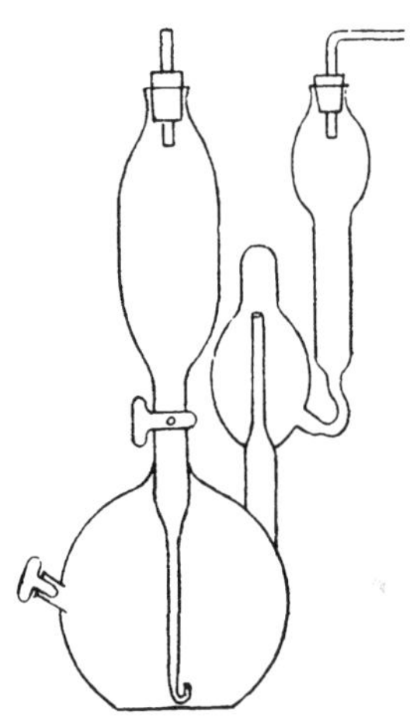
Fig. 10.

Die Methode liefert nach Treadwell sehr gute Resultate bei Bestimmung größerer CO_2-Mengen, versagt aber, wenn es sich um die Ermittlung kleiner Mengen Kohlendioxyd, wie z. B. in Zementen handelt.

In neuerer Zeit sind eine ganze Reihe zum Teil sehr handlicher, auf dem gleichen Prinzip beruhender Apparate konstruiert worden, mit Hilfe deren Kohlensäurebestimmungen an Carbonaten, namentlich für technische Zwecke rasch und bequem ausgeführt werden können. Es sind dies z. B. die Apparate von Geisler, dessen Anwendung wohl aus der Abbildung (Fig. 10) eines der vielen Modelle ersichtlich sein dürfte.

B. Direkte Bestimmung des Kohlendioxyds. Die Bestimmung erfolgt entweder durch Austreiben des Kohlendioxyds durch Erhitzen oder mittels Säuren und Auffangen in geeigneten Absorptionsapparaten.

1. Bestimmung auf trockenem Wege. In ein etwa 25 cm langes Rohr von schwer schmelzbarem Glase (Fig. 11) oder besser noch aus Quarzglas, welches auf einem kurzen Verbrennungsofen entweder auf einer Eisenrinne oder bei Quarzglas frei liegt, schiebt man ein Porzellan- oder Platinschiffchen mit dem gewogenen Mineralpulver (ca. 1 g). Auf der einen Seite steht das Rohr mit einem guten Trocken- und Kohlensäureentfernungsapparat[2]) in Verbindung, auf der anderen Seite sind bei wasserhaltigen Substanzen ein Chlor-

[1]) Der Aspirator besteht aus einer mehrere Liter fassenden Flasche mit unten angebrachtem Tubus, in welchem mittels eines Stopfens ein mit Hahn (Schlauchstück mit Schraubenquetschhahn) versehenes Ablaufrohr sitzt; die Geschwindigkeit des Wasserabflusses wird durch den Quetschhahn reguliert.

[2]) Man läßt z. B. die Luft zwei mit konzentrierter Kalilauge (1 : 1) und eine mit konzentrierter Schwefelsäure gefüllte Waschflaschen passieren.

calciumrohr[1]) und zwei Natronkalkröhren[2]) angebracht, an welche sich ein ungewogenes Schutzrohr, zur Hälfte mit Natronkalk und Chlorcalcium gefüllt, anschließt. Unter langsamem Durchleiten eines vollkommen trockenen und kohlendioxydfreien Luftstromes erhitzt man das Rohr so stark, wie es eben möglich ist, das Quarzglasrohr sogar mit der vollen Gebläseflamme. Das

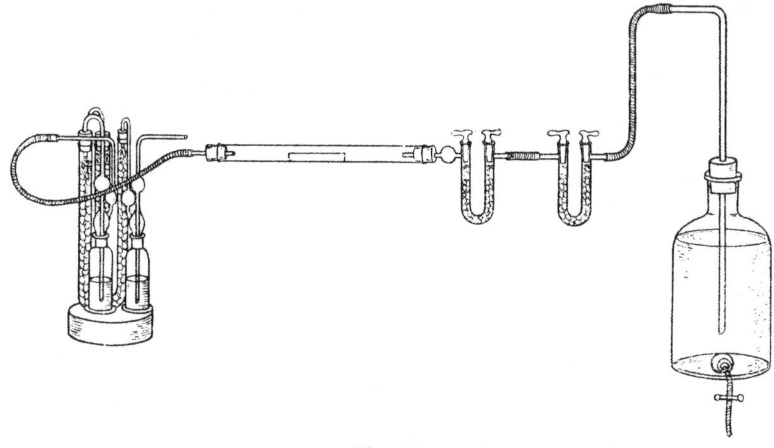

Fig. 11.

durch die Hitze ausgetriebene Wasser wird durch das Chlorcalciumrohr zurückgehalten, das Kohlendioxyd in den Natronkalkröhren aufgefangen.

Die Methode ist nicht anwendbar bei den Carbonaten der Alkalien und des Bariums.

2. Bestimmung auf nassem Wege nach Fresenius-Classen. Der hierfür gebrauchte Apparat (Fig. 12) besteht aus einem mit einem doppelt durchbohrten Gummistopfen versehenen Rundkölbchen von 100 ccm Inhalt; durch

[1]) Für die Chlorcalciumröhre verwendet man ein U-Rohr von etwa 12 cm Schenkellänge, möglichst mit eingeschliffenen Hähnen, welches an einem der seitlichen Röhrenansätze eine Kugel besitzt, damit das ausgetriebene Wasser dort zum Teil zurückgehalten wird und nicht vollständig vom Chlorcalcium absorbiert wird; auf diese Weise bleibt das Chlorcalcium in der Röhre ziemlich lange benutzbar. Zur Neutralisation der im Chlorcalcium oft enthaltenen basischen Chloride, welche auch CO_2 absorbieren würden, leitet man durch die mit gekörntem Chlorcalcium gefüllte Röhre eine Stunde lang einen durch ein anderes Chlorcalciumrohr getrockneten Kohlensäurestrom hindurch und saugt sodann zur Verdrängung der Kohlensäure von der anderen Seite des Chlorcalciumrohres etwa eine halbe Stunde durch das zweite Chlorcalciumrohr getrocknete Luft hindurch.

[2]) Für die Natronkalkröhren verwendet man U-Röhren von etwa 15 cm Schenkellänge und füllt sie zu zwei Dritteln mit mäßig feingekörntem Natronkalk und im letzten Drittel mit Chlorcalcium. Das Calciumchlorid dient zur Aufnahme des bei der Einwirkung des Kohlendioxyds auf den Natronkalk gebildeten Wassers:

$$2\,NaOH + CO_2 = Na_2CO_3 + H_2O$$
$$Ca(OH_2) + CO_2 = CaCO_3 + H_2O.$$

Oben auf das Chlorcalcium bzw. den Natronkalk gibt man etwas Glaswolle oder Watte. Die Röhren müssen öfters neu gefüllt werden. Wenn bei Gebrauch auch die zweite Röhre eine Zunahme zeigt, so ist dies ein Zeichen, daß die Absorptionskraft der ersten Röhre erschöpft ist; man nimmt deshalb die bisherige zweite Röhre als erste, füllt die ausgebrauchte neu und benutzt sie jetzt als zweite Röhre.

die eine Bohrung des Stopfens geht bis fast auf den Boden des Kölbchens das englumige Rohr eines kleinen Hahntrichters, während durch die zweite Öffnung ein kurzer Kühler führt, welcher das bei späterem Erhitzen verdampfende Wasser kondensieren soll. An den Kühler schließen sich, durch starkwandige Gummischläuche verbunden: erstens ein U-Rohr (*1*) mit Bims-

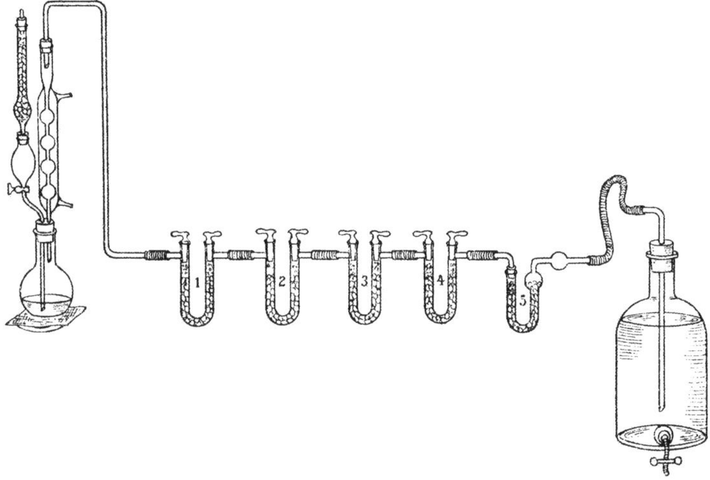

Fig. 12.

steinstückchen gefüllt, welche mit wenig konzentrierter Schwefelsäure getränkt sind; zweitens ein Rohr (*2*), zur einen Hälfte mit Kupfervitriolbimsstein (durch Eindampfen einer konzentrierten Kupfervitriollösung mit Bimsstein und Trocknen bei 150 bis 160° zu erhalten) zum Zurückhalten mitgerissener Salzsäure, zur anderen Hälfte enthält das Rohr gekörntes, vollkommen neutrales Chlorcalcium (s. oben); sodann folgen (*3* und *4*) zwei Natronkalkröhren zur Aufnahme des Kohlendioxyds und schließlich ein wie oben hergestelltes Schutzrohr (*5*). Durch den ganzen Apparat, der vor Inbetriebnahme auf Dichtigkeit und auf richtiges Funktionieren durch einen blinden Versuch (ohne Substanz) zu prüfen ist, kann mittels eines Aspirators (s. oben) langsam Luft durchgesaugt werden, welche durch Aufsetzen eines Natronkalkrohres auf den Hahntrichter von Kohlensäure befreit ist.

Zur Ausführung der Bestimmung gibt man in das Kölbchen etwa 0,6 bis 0,8 g des gepulverten Minerals, schlemmt es mit etwa 10 ccm Wasser auf und läßt nun bei geöffnetem Aspiratorhahn aus dem Tropftrichter langsam in mehreren Anteilen verdünnte Salzsäure (1 : 2) in den Kolben fließen und wartet jedesmal, bis die CO_2-Entwicklung vorüber ist; zuletzt erwärmt man den Kolben bis fast zum Sieden und läßt schließlich im Luftstrom erkalten. Es genügt, 2 bis 3 Liter Luft während der Dauer der Bestimmung durchzusaugen. Die Gewichtszunahme der Natronkalkröhrchen gibt direkt die CO_2-Menge an.

Diese Methode ist für alle Carbonate brauchbar und sehr genau.

P. Jannasch[1]) hat diese Methode in der Weise abgeändert, daß er zur

[1]) Verhandlungen des naturhistorisch-medizinischen Vereins zu Heidelberg. N. F. Bd. **9**, 79 u. ff. Festschrift für Theodor Curtius. 1907.

Tabelle für die Gewichte der

wenn ein Kubikzentimeter ein Prozent kohlensauren Kalk anzeigen soll bei

Temp. nach Celsius	Millimeter												
	720	722	724	726	728	730	732	734	736	738	740	742	744
10°	0,4033	0,4044	0,4055	0,4067	0,4078	0,4090	0,4101	0,4112	0,4124	0,4135	0,4146	0,4158	0,4170
11°	0,4015	0,4026	0,4038	0,4049	0,4060	0,4072	0,4083	0,4094	0,4106	0,4117	0,4128	0,4140	0,4151
12°	9,3997	0,4008	0,4020	0,4031	0,4042	0,4054	0,4065	0,4076	0,4087	0,4099	0,4110	0,4121	0,5132
13°	0,3979	0,3991	0,4002	0,4013	0,4024	0,4036	0,4047	0,4058	0,4069	0,4080	0,4092	0,4103	0,4114
14°	0,3961	0,3973	0,3984	0,3995	0,4006	0,4017	0,4029	0,4040	0,4051	0,4062	0,4074	0,4085	0,4096
15°	0,3943	0,3954	0,3965	0,3977	0,3988	0,3999	0,4010	0,4021	0,4032	0,4044	0,4055	0,4066	0,4077
16°	0,3925	0,3936	0,3947	0,3958	0,3969	9,3980	0,3992	0,4002	0,4014	0,4025	0,4036	0,4047	0,4058
17°	0,3906	0,3918	0,3929	0,3940	0,3951	0,3962	0,3973	0,3984	0,3995	0,4006	0,4017	0,4023	0,4039
18°	0,3888	0,3899	0,3910	0,3921	0,3932	0,3943	0,3954	0,3965	0,3976	0,3987	0,3998	0,4009	0,4020
19°	0,3869	0,3880	0,3891	0,3902	0,3913	0,3924	0,3935	0,3946	0,3957	0,3968	0,3979	0,3990	0,4001
20°	0,3850	0,3861	0,3872	0,3883	0,3894	0,3905	0,3916	0,3927	0,3938	0,3949	0,3960	0,3971	0,3982
21°	0,3831	0,3842	0,3853	0,3864	0,3875	0,3886	0,3897	0,3908	0,3819	0,3929	0,3940	0,3951	0,3962
22°	0,3812	0,3823	0,3834	0,3844	0,3855	0,3866	0,3877	0,3888	0,3899	0,3910	0,3921	0,3932	0,3942
23°	0,3792	0,3803	0,3814	0,3825	0,3836	0,3847	0,3857	0,3868	0,3879	0,3890	0,3901	0,3912	0,3922
24°	0,3772	0,3783	0,3794	0,3805	0,3816	0,3826	0,3837	0,3848	0,3859	0,3870	0,3881	0,3891	0,3902
25°	0,3752	0,3763	0,3774	0,3785	0,3796	0,3806	0,3817	0,3828	0,3839	0,3850	0,3860	0,3871	0,3882

Auflösung der Carbonate konzentrierte Schwefelsäure verwendet, worin sich fast alle Carbonate bei gelinder Wärme auflösen; dadurch vermeidet er die Bildung von Kondensationswasser beim Erhitzen, welches, ebenso wie die wäßrigen Lösungen, gewisse Mengen der entwickelten Kohlensäure absorbiert zurückhalten, auch kann das Kupfervitriolbimssteinrohr wegfallen und es braucht nur ein kleines Chlorcalciumrohr zwischen Entwicklungskölbchen und erstem Natronkalkrohr eingeschaltet werden. Auf 0,5 g Calcit dürfen jedoch nicht mehr als 20 ccm Schwefelsäure genommen werden, da bei größeren Mengen zu niedrige Werte für Kohlensäure erhalten werden; ferner darf nur auf 80 bis 90° erwärmt werden.

Diese Methode ist für alle solche Carbonate gut verwendbar, welche sich in konzentrierter Schwefelsäure beim Erwärmen auflösen.

II. Bestimmung der Kohlensäure auf maßanalytischem Wege.

Man löst das feingepulverte Mineral in einem abgemessenen Volumen Säure von bekanntem Gehalt und titriert nach Verjagen der Kohlensäure die unverbrauchte Säure zurück. Zweckmäßig löst man so viel Substanz auf, daß mehrere Bestimmungen damit auszuführen sind.

Man übergießt etwa 0,5 g des Carbonats in einem 250 ccm-Kölbchen mit einer mehr als zu ihrer Lösung nötigen Menge $^{1}/_{10}$-n. HCl (etwa 120 ccm) unter Erwärmen und erwärmt das Kölbchen so lange, bis alles Mineral gelöst ist und keine Kohlensäurebläschen mehr entweichen. Hierauf läßt man abkühlen, füllt mit kaltem Wasser zur Marke auf, schüttelt gut um und titriert jedesmal 50 ccm der Lösung, welche mit der Pipette entnommen sind, nach Zusatz von Phenolphtalëin oder Methylorange mit $^{1}/_{10}$-n. KOH oder NaOH. Nach Multiplikation mit 5 sind die verbrauchten Kubikzentimeter KOH von den zur Lösung verwendeten Kubikzentimetern HCl abzuziehen; je 1 ccm verbrauchter $^{1}/_{10}$ HCl entspricht 0,0022 g CO_2 bzw. 0,0030 g CO_3.

Die Methode ist rasch ausführbar und einigermaßen genau, wird aber in bezug auf Genauigkeit von den gewichtsanalytischen Methoden übertroffen.

zu untersuchenden Substanz,

720 - 770 mm Barometerstand und den Temperaturen von 10—25 Grad Celsius.

Millimeter													Temp. nach Celsius
746	748	750	752	754	756	758	760	762	764	766	768	770	
0,4180	0,4192	0,4203	0,4214	0,4226	0,4237	0,4248	0,4260	0,4271	0,4282	0,4294	0,4305	0,4317	10°
9,4162	0,4173	0,4185	0,4196	0,4207	0,4219	0,4230	0,4241	0,4253	0,4264	0,4275	0,4286	0,4298	11°
0,4144	0,4155	0,4166	0,4177	0,4189	0,4200	0,4211	0,4222	0,4234	0,4245	0,4256	0,4267	0,4279	12°
0,4125	0,4137	0,4148	0,4159	0,4170	0,4182	0,4193	0,4204	0,4215	0,4227	0,4238	0,4249	0,4260	13°
0,4107	0,4118	0,4130	0,4141	0,4152	0,4163	0,4175	0,4186	0,4197	0,4208	0,4220	0,4231	0,4241	14°
0,4088	0,4099	0,4110	0,4122	0,4133	0,4144	0,4155	0,4166	0,4177	0,4188	0,4200	0,4211	0,4222	15°
0,4069	0,4081	0,4092	0,4103	0,4114	0,4125	0,4136	0,4147	0,4158	0,4169	0,4181	0,4192	0,4203	16°
0,4050	0,4061	0,4072	0,4083	0,4095	0,4106	0,4117	0,4128	0,4139	0,4150	0,4161	0,4172	0,4183	17°
0.4031	0,4042	0,4053	0,4064	0,4075	0,4086	0,4097	0,4108	0,4120	0,4131	0,4142	0,4153	0,4164	18°
0,4012	0,4023	0,4034	0,4045	0,4056	0,4067	0,4078	0,4089	0,4100	0,4111	0,4122	0,4133	0,4144	19°
0,3993	0,4004	0,4015	0,4025	0,4036	0,4047	0,4058	0,4069	0,4080	0,4091	0,4102	0,4113	0,4124	20°
0,3973	0,3984	0,3995	0,4006	0,4017	0,4028	0,4039	0,4050	0,4061	0,4072	0,4082	0,4093	0,4104	21°
0,3953	0,3964	0,3975	0,3986	0,3997	0,4008	0,4019	0,4030	0,4041	0,4052	0,4062	0,4073	0,4084	22°
0,3933	0,3944	0,3955	0,3966	0,3977	0,3988	0,3998	0,4009	0,4020	0,4031	0,4042	0,4053	0,4064	23°
0,3013	0,3924	0,3935	0,3945	0,3956	0,3967	0,3978	0,3989	0,3999	0,4010	0,4021	0,4032	0,4043	24°
0,3893	0,3904	0,3914	0,3925	0,3936	0,3947	0,3958	0,3968	0,3979	0,3990	0,4001	0,4012	0,4022	25°

III. Bestimmung der Kohlensäure auf gasvolumetrischem Wege.

Hierfür werden für technische Zwecke sogenannte Calcimeter verwendet.

Das Calcimeter nach Scheibler-Dietrich (Fig. 13)[1]) besteht aus zwei Röhren, welche durch einen dickwandigen Gummischlauch miteinander in Verbindung stehen, und von denen die eine *a* mit einer Teilung von 0 bis 200 versehen ist. Diese letztere Röhre ist unbeweglich in zwei Haltern festgeklemmt, die erstere *b* an einer Gleitstange auf und ab beweglich: sie dient zum Ausgleich der Sperrflüssigkeit in den Röhren, als welche mit 1 proz. Borsäure abgekochtes Wasser dient. Die Meßröhre *a* ist an ihrem oberen Ende zusammengezogen und mit einem Dreiwegehahn *d* versehen, der einerseits die Verbindung nach außen, andererseits mittels des Systems *c* diejenige zum Entwicklungsgefäß bewirkt.

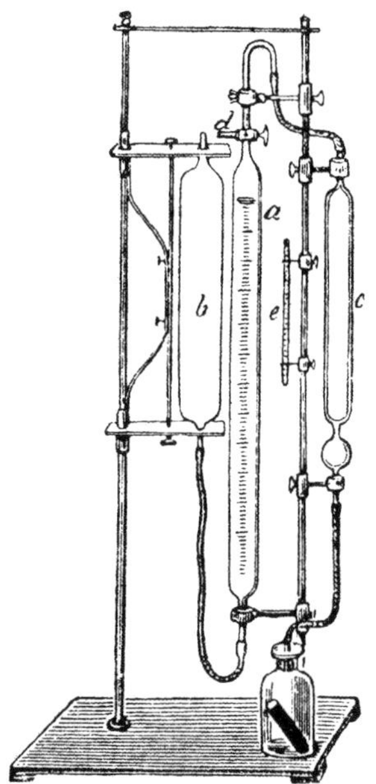

Fig. 13.

Da die Teilung der Röhre von 0 bis 200 geht, so ist jedesmal die doppelte Menge Substanz von der abzuwägen, die auf der vorstehenden Tabelle verzeichnet ist. In gleicher Weise ist demgemäß das gefundene Resultat zu halbieren.

Nachdem der Apparat auf seine Dichtigkeit geprüft ist, indem man alle Öffnungen schließt und durch Herunterlassen der Ausgleichsröhre *b* die Sperrflüssigkeit etwas zum Sinken bringt, worauf sie auf konstantem Niveau stehen bleiben muß, wird der eigentliche Versuch in folgender Weise durchgeführt.

[1]) Nach G. Lunge, Chemisch-technische Untersuchungsmethoden (5. Aufl.) **1**, 675.

Man bestimmt Barometer- und Thermometerstand und ermittelt danach auf der obenstehenden Tabelle die abzuwägende Menge der zu untersuchenden Substanz.

Z. B.: bei 12°C und 765 mm Druck ist $2 \cdot 0{,}4250 = 0{,}8500$ g Substanz abzuwägen. Die Substanz wird in das Entwicklungsgefäß eingegeben und ferner werden in ein Säureglächen 5 ccm Salzsäure vom spez. Gewicht 1,124 eingefüllt. Dann schließt man den Gummistopfen des Entwicklungsgefäßes, stellt die Sperrflüssigkeit auf 0 ein und stellt mittels des Hahnes *d* die Verbindung zwischen Entwicklungsgefäß und Meßröhre *a* her. Darauf läßt man durch Neigen des Entwicklungsgefäßes die Säure zur Substanz treten und gleicht je nach dem Sinken der Sperrflüssigkeit mittels Herunterlassen der Röhre *b* das Niveau in beiden Röhren aus. Nach vollständiger Beendigung der Entwicklung läßt man 3 Minuten abkühlen, stellt genau auf gleiches Niveau ein und liest schließlich an der Meßröhre den Stand der Sperrflüssigkeit ab. Nach Division mit 2 ergeben sich die Prozente an kohlensaurem Kalk.

Indessen ist ein Teil Kohlensäure durch die gebildete Chlorcalciumlauge wieder resorbiert worden — wieviel, kann man durch jedesmalige direkte Versuche an dem betreffenden Apparat ermitteln! —; dieser Absorptionskoeffizient ist dann jedesmal noch hinzuzuaddieren.

Bestimmung des Wassers.

Dieselbe erfolgt direkt durch Auffangen und Wägen des durch Erhitzen ausgetriebenen Wassers.

Ein Rohr von 25 cm Länge aus schwer schmelzbarem Glas, oder besser noch aus Quarzglas (Fig. 3), welches wie oben auf einem kurzen Verbrennungsofen liegt, verbindet man auf der einen Seite mit einem Trockenapparat (Flasche mit konzentrierter Schwefelsäure und 1 bis 2 **U**-Röhren mit Bimsstein oder Glaswolle, welche mit konzentrierter Schwefelsäure getränkt sind), fügt auf der anderen Seite ein ungewogenes Chlorcalciumrohr an und saugt mittels eines Aspirators oder der Luftpumpe unter Erwärmen des Rohres einen trockenen Luftstrom hindurch. In dieses getrocknete Rohr schiebt man ein Platin- oder Porzellanschiffchen mit der gewogenen Substanz (0,8 g) und fügt auf der anderen Seite des Rohres an Stelle des ungewogenen Chlorcalciumrohres ein gewogenes **U**-Rohr an, welches gekörntes Chlorcalcium oder mit Schwefelsäure durchfeuchteten Bimsstein enthält; auf dieses folgt ein Chlorcalciumschutzrohr.

Unter Durchleiten von Luft erhitzt man das Schiffchen allmählich ziemlich stark, bei Verwendung von Quarzglasrohr sogar mit der Gebläseflamme, treibt alle Feuchtigkeit in das Absorptionsrohr, läßt im Luftstrom erkalten und wägt. Die Gewichtszunahme ergibt die vorhanden gewesene Wassermenge.

Chemische Reaktionen zur Unterscheidung der Erdalkali-Carbonate.

Von **W. Meigen** (Freiburg i/Br.).

Die Carbonate der Schwermetalle können durch die üblichen qualitativen Reaktionen schnell und leicht erkannt werden, so daß hier ein Bedürfnis für besondere Reaktionen zu ihrer Unterscheidung kaum vorliegt. Schwieriger ist dies bei den Erdalkalicarbonaten. Der in der qualitativen Analyse gewöhnlich benutzte Trennungsgang ist umständlich und erfordert große Sorgfalt in der Ausführung, wenn er nicht zu groben Irrtümern Anlaß geben soll. Barium, Strontium und Calcium können durch Flammenfärbung erkannt werden, am sichersten mit dem Spektroskop. Bei der Beobachtung mit bloßem Auge wird Calcium sehr häufig mit Strontium verwechselt. Viel zuverlässiger sind mikrochemische Reaktionen, mittels deren man die Erdalkalimetalle nicht nur einzeln, sondern auch nebeneinander leicht und sicher nachweisen kann.

Zum Nachweis von Magnesium versetzt man einen Tropfen der ziemlich stark verdünnten Lösung auf einem Objektträger mit einem Tropfen Natriumphosphatlösung oder einem Körnchen Phosphorsalz und hält dann einen mit konzentriertem Ammoniak befeuchteten Glasstab oder den Stopfen der Ammoniakflasche darüber. Wenn die Lösung sehr sauer ist, kann man auch etwas Ammoniak direkt zusetzen. Der entstehende Niederschlag von Ammoniummagnesiumphosphat ist stets kristallinisch, wenn auch sein Aussehen je nach dem Gehalt der Lösung und den Mengenverhältnissen der zugesetzten Reagenzien sehr wechselt. Calcium, Strontium und Barium werden zwar auch gefällt, die Niederschläge sind aber immer amorph und von dem Magnesiumniederschlag leicht zu unterscheiden.

Calcium weist man mikrochemisch am besten mit verdünnter Schwefelsäure nach. In nicht gar zu stark verdünnten Lösungen entsteht hierdurch ein kristallinischer Niederschlag von Gips in Form einzelner langer Nadeln oder Nadelbüschel. Ist die Lösung sehr stark sauer oder sehr verdünnt, so dampft man sie auf dem Objektträger etwas ein oder läßt sie noch besser bei gewöhnlicher Temperatur verdunsten. Man erhält so gut ausgebildete Kristalle, die nicht selten die charakteristische Zwillingsbildung des Gipses zeigen. Magnesium wird durch Schwefelsäure nicht gefällt; Barium und Strontium geben damit ganz feinkörnige, kryptokristallinische Niederschläge.

Zum Nachweis von Strontium bedient man sich der Fällung als Chromat in neutraler oder schwach essigsaurer Lösung. Man löst das zu untersuchende Carbonat am besten sogleich in Essigsäure und gibt einen Tropfen der Lösung zu einer nicht zu verdünnten Lösung von Kaliumchromat oder Kaliumbichromat. Salzsaure oder stark essigsaure Lösungen müssen mit Ammoniak neutralisiert werden. Strontiumchromat bildet leicht übersättigte Lösungen, daher entsteht der Niederschlag nicht immer sofort, sondern erst nach einigem Stehen; sehr beschleunigt wird die Abscheidung durch schwaches Erwärmen. Man erhält einen gelben, kristallinischen Niederschlag, der gewöhnlich aus langen Nadeln oder garbenförmigen Nadelbüscheln besteht; unter gewissen Bedingungen, besonders bei sehr starker Verdünnung, bilden sich zuweilen auch stark lichtbrechende, gelbe Kugeln. Barium gibt nur einen ganz feinkörnigen Niederschlag, während Calcium und Magnesium überhaupt nicht gefällt werden. Das Chromat muß im Überschuß vorhanden sein, sonst erhält man auch bei Strontium nur einen feinkörnigen Niederschlag.

Außer diesen allgemeinen Reaktionen sind auch noch einige Spezialreaktionen zur Unterscheidung einzelner Carbonate bekannt, und zwar von Kalkspat und Dolomit einerseits, von Kalkspat und Aragonit andererseits.

Zur Unterscheidung von Dolomit und Kalkspat benutzt man gewöhnlich die verschiedene Angreifbarkeit durch Säuren. Dolomit wird, wenn er nicht sehr fein gepulvert ist, von stark verdünnter Salzsäure oder Essigsäure in der Kälte nur langsam angegriffen, während Kalkspat hiervon leicht gelöst wird.

Bei dolomitischen Kalksteinen kann man aus dem mehr oder minder starken Aufbrausen beim Betupfen mit sehr verdünnter Salzsäure auf einen geringeren oder größeren Dolomitgehalt schließen. Behandelt man solche dolomitischen Kalke in der Kälte mit 0,5 bis 1 proz. Essigsäure, so löst sich fast nur das überschüssige Calciumcarbonat, während der Dolomit ungelöst zurückbleibt und wenigstens annähernd quantitativ bestimmt werden kann.[1]) Der Magnesiumgehalt solcher Kalksteine beruht jedoch nicht immer auf der Anwesenheit von Dolomit; zuweilen kommt das Magnesiumcarbonat in einer in Säuren leicht löslichen Form vor. Dies scheint immer der Fall zu sein bei den magnesiumhaltigen Kalkskeletten der Tiere und Pflanzen.[2])

Zur Untersuchung von Dünnschliffen benutzt man nach G. Linck[3]) zweckmäßig eine mit Ammoniumphosphat versetzte Essigsäure, die man sich dadurch herstellt, daß man 20 ccm offizinelle Phosphorsäure (30 $^0/_0$) mit Ammoniak schwach übersättigt, 30 ccm offizinelle Essigsäure (25 $^0/_0$) hinzufügt und auf 100 ccm auffüllt. Läßt man den Schliff 24 Stunden in einer solchen Lösung liegen, so löst sich das reine Calciumcarbonat völlig auf, während Kalke mit 12—15 $^0/_0$ Magnesiumcarbonat kaum noch angegriffen werden.

Zwei weitere sehr brauchbare Reaktionen zur Erkennung von Dolomit und Kalkspat hat J. Lemberg mitgeteilt.[4]) Man behandelt das grob gepulverte Mineral oder den Gesteinsschliff zuerst kurze Zeit mit einer etwa 5 proz. Lösung von Eisenchlorid, spült mit Wasser ab und gibt Schwefelammonium hinzu. Kalkspat setzt sich schon in der Kälte leicht mit dem Eisenchlorid um unter Abscheidung von Eisenhydroxyd, das durch das Schwefelammonium in schwarzes Eisensulfid verwandelt wird. Dolomit reagiert in der Kälte nur sehr langsam mit Eisenchlorid und wird infolgedessen nachher durch Schwefelammonium nur schwach grünlich gefärbt. Enthält der Dolomit von vornherein größere Mengen von Eisenverbindungen, so wird er durch Schwefelammonium natürlich auch schwarz gefärbt.

Noch zuverlässiger ist die zweite von Lemberg angegebene Reaktion, die auf der entsprechenden Umsetzung mit Aluminiumchlorid beruht. Man bedarf hierzu einer Lösung von 1 Teil wasserfreiem Aluminiumchlorid in 15 Teilen Wasser, der man so viel Blauholzextrakt zusetzt, daß sie undurchsichtig erscheint (auf 1 Liter Lösung etwa 20 bis 30 g des käuflichen Extrakts). Übergießt man das grob gepulverte Mineral oder einen Schliff mit dieser Lösung, läßt in der Kälte 5 bis 10 Minuten ruhig stehen und spült dann vorsichtig mit Wasser ab, so erscheint Kalkspat durch oberflächlich abgelagerten Tonerdelack violett gefärbt, während Dolomit farblos bleibt. Es ist nicht zweckmäßig, die Färbung des Kalkspats zu weit zu treiben, weil sich die gefärbte Tonerdeschicht beim Abspülen mit Wasser um so leichter ablöst, je dicker sie ist, und auch beim Trocknen stärker schwindet. Im Dünnschliff läßt sich nach diesem Verfahren Kalkspat sehr leicht neben Dolomit erkennen, wenn das Gestein nicht zu feinkörnig ist. Für Dauerpräparate wird der gefärbte Schliff durch Aufblasen von Luft rasch getrocknet, dann sofort mit

---

[1]) A. Vesterberg, Chemische Studien über Dolomit und Magnesit. Bull. of the geol. Inst. of Upsala **5**, 98 (1900).

[2]) A. Vesterberg, a. a. O. **5**, 119 (1900); **6**, 254 (1905).

[3]) G. Linck, Geognost.-petrograph. Beschreibung d. Grauwackengebietes von Weiler bei Weißenburg. Dissertation. Straßburg i. E. 1884. 17.

[4]) J. Lemberg, Zur mikroskopischen Untersuchung von Calcit, Dolomit und Predazzit. Z. d. geol. Ges. **39**, 489 (1887); **40**, 357 (1888).

Kanadabalsam, der mit etwas Äther verdünnt ist, übergossen und das Deckgläschen aufgelegt. Die Tonerdeschicht wird allerdings durch Schwinden rissig, doch stört dies bei schwachen Vergrößerungen nur wenig.

Die Tatsache, daß sich Kalkspat in der Kälte mit Eisenchlorid viel schneller umsetzt als Dolomit, kann man nach Fr. Hinden[1]) zu einer annähernd quantitativen Bestimmung des Überschusses an Calciumcarbonat in dolomitischen Kalken benutzen. 1 g feinstes Gesteinspulver wird mit 5 ccm einer 5proz. Kaliumrhodanidlösung übergossen und unter tüchtigem Umschütteln aus einer Bürette so lange eine 10proz. Eisenchloridlösung zufließen gelassen, bis bleibende Rotfärbung eintritt. Die Anzahl der verbrauchten Kubikzentimeter Eisenchloridlösung, mit 7 bis 8 multipliziert, ergibt den Calciumcarbonatüberschuß in Prozenten. Die Ergebnisse fallen leicht zu hoch aus, da sich Dolomit ebenfalls mit Eisenchlorid umsetzt, wenn auch viel langsamer als Kalkspat.

Ebenso wie mit Eisenchlorid reagiert Kalkspat auch mit Kupfersulfat sehr viel schneller als Dolomit. Kocht man 1 g gepulverten Kalkspat mit 5 ccm einer 10proz. Kupfersulfatlösung, so wird alles Kupfer ausgefällt und das Filtrat gibt daher mit Ammoniak keine Blaufärbung mehr, während sie bei Anwendung von Dolomit sehr stark ist.[2])

Eine von St. Thugutt[3]) zur Unterscheidung von Aragonit und Kalkspat angegebene Reaktion läßt sich viel besser zur Erkennung von Dolomit und Kalkspat verwenden. Man schüttelt das nicht zu feine Mineralpulver etwa eine halbe Minute mit einigen Kubikzentimetern einer zehntelnormalen (1 bis 2proz.) Silbernitratlösung, spült dann sogleich mit Wasser gut ab, gibt etwas Kaliumchromat- oder -bichromatlösung hinzu und spült wieder mit Wasser ab. Kalkspat ist hiernach durch Silberchromat dunkelrot gefärbt, während Dolomit unverändert bleibt (Meigen).

Dolomit gibt beim Erhitzen seine Kohlensäure schon bei tieferer Temperatur ab als Kalkspat.[4]) Man hat versucht, auch dieses Verhalten zur Unterscheidung heranzuziehen,[5]) indem man das auf etwa 500° erhitzte Mineral mit Silbernitratlösung übergießt. Dolomit färbt sich dann durch abgeschiedenes Silberoxyd braun, während Kalkspat ungefärbt bleibt. Die Reaktion erfordert große Sorgfalt in der Ausführung, wenn sie beweisend sein soll. Erhitzt man zu stark, so gibt auch Kalkspat Kohlensäure ab und wird dann ebenfalls durch Silbernitrat braun gefärbt. Die nicht geglühten Carbonate setzen sich mit Silbernitrat unter Bildung von Silbercarbonat um (Meigen).

Die von F. Cornu[6]) angewandte Bestimmung der alkalischen Reaktion der beim Schütteln mit Wasser erhaltenen Lösung durch Zusatz von Phenolphtalein hängt zu sehr von der Feinheit des angewandten Pulvers ab und ist daher praktisch nicht brauchbar.

---

[1]) Fr. Hinden, Neue Reaktionen zur Unterscheidung von Calcit und Dolomit. Verh. d. naturf. Ges. in Basel **15**, 201 (1903).

[2]) Fr. Hinden, l. c. **15**, 205 (1903).

[3]) St. Thugutt, Über chromatische Reaktionen auf Calcit und Aragonit. Kosmos (Radziszewski-Festband) **35**, 506 (1910); Chem. ZB. 1910, II, 1084.

[4]) A. Vesterberg, Bull. geol. Inst. of Upsala **5**, 127 (1900).

[5]) J. Lemberg, Z. d. geol. Ges. **28**, 571 (1876) und O. Meyer, Einiges über die mineralogische Natur des Dolomits. Ebda. **31**, 450 (1879).

[6]) F. Cornu, Eine neue Reaktion zur Unterscheidung von Dolomit und Calcit. ZB. Min. etc. 1906, 550.

Auch die anderen angeführten Reaktionen hängen in ihrem Ausfall in hohem Maße von der Feinheit des verwendeten Mineralpulvers ab. Es handelt sich bei allen nicht um eine verschiedene Reaktionsweise, sondern nur um eine verschiedene Reaktionsgeschwindigkeit. Alle für Kalkspat angegebenen Reaktionen gibt auch der Dolomit, wenn er nur genügend fein zerrieben wird und die Reagenzien genügend lange einwirken. Um sich vor Irrtümern zu schützen, tut man daher gut, die feinsten Teilchen vorher abzuschlämmen und nur Pulver von der Korngröße eines mäßig feinen Sandes zu benutzen.

Magnesit verhält sich bei diesen Reaktionen wie Dolomit, reagiert aber noch langsamer.

Zur Unterscheidung von Kalkspat und Aragonit bedient man sich der von W. Meigen[1]) aufgefundenen Reaktionen. Kocht man feingepulverten Aragonit mit einer 5 bis 10proz. Lösung von Kobaltnitrat, so färbt er sich nach kurzem Kochen lila; bei längerem Kochen ändert sich die Farbe nicht, sondern wird nur etwas dunkler. Kalkspat bleibt bei der gleichen Behandlung anfangs unverändert, nach längerem (5 bis 10 Minuten langem) Kochen färbt er sich hellblau oder bei Gegenwart von Eisen grünlichblau.

Die zweite Reaktion beruht auf der Einwirkung einer Lösung von Ferrosulfat auf die beiden Mineralien. Übergießt man Kalkspatpulver mit einer konzentrierten Lösung von Eisenvitriol oder Mohrschem Salz, so wird nur das als Oxyd vorhandene Eisen als gelber Niederschlag von Eisenhydroxyd gefällt. Bei Anwendung von Aragonit entsteht dagegen nach kurzer Zeit ein tiefdunkelgrüner Niederschlag von Eisenhydroxyduloxyd.

Die dritte Modifikation des Calciumcarbonats, der Vaterit, und ebenso auch Witherit und Strontianit zeigen die gleiche Reaktion wie Aragonit, während Dolomit und Magnesit sich wie Kalkspat verhalten. Nach St. Kreutz[2]) geben überhaupt alle der rhombischen Reihe angehörigen oder doch nahestehenden Carbonate mit Kobaltnitrat die gleiche Reaktion wie Aragonit, während sich die Glieder der rhomboedrischen Reihe wie Kalkspat verhalten.

St. Thugutt[3]) benutzt zur Unterscheidung von Aragonit und Kalkspat die verschiedene Umsetzungsgeschwindigkeit mit Silbernitrat. Anstatt der von Thugutt empfohlenen zehntelnormalen Silbernitratlösung benutzt man besser eine hundertstelnormale. Schüttelt man nicht zu feines Aragonitpulver eine halbe Minute lang mit einer solchen Lösung, spült dann mit Wasser ab, übergießt mit einer Kaliumbichromatlösung und spült wieder ab, so ist der Aragonit durch Silberchromat stark rot gefärbt. Behandelt man Kalkspat in gleicher Weise, so tritt nur eine geringe Rotfärbung ein. Bei Anwendung konzentrierterer Silbernitratlösungen reagiert auch der Kalkspat damit und man erhält brauchbare Ergebnisse nur bei einer wesentlich kürzeren Einwirkungsdauer.

Zwei weitere von St. Thugutt angegebene Reaktionen mit Kongorat und Alizarin sind wenig charakteristisch.

---

[1]) W. Meigen, Beiträge zur Kenntnis des kohlensauren Kalkes. Ber. d. naturf. Ges. z. Freiburg i. Br. **13**, 40 (1902); **15**, 55 (1905) und Ber. üb. d. Verh. des oberrhein. geol. Vereins **35**, 31 (1902). — E. W. Skeats, The chemical Composition of Limestones from upraised Coral Islands. Bull. Museum of Comparative Zoology at Harvard College **42**, 66 (1903).

[2]) St. Kreutz, Über die Reaktion von Meigen. Tsch. min. Mit. **28**, 487 (1909)

[3]) St. Thugutt, siehe S. 102.

Über die Bildung der Carbonate des Calciums, Magnesiums und Eisens.

Von **G. Linck** (Jena).

Um einen einigermaßen klaren Einblick in die Bildungsverhältnisse der genannten Carbonate in der Natur zu erhalten, ist es nötig, sich wesentlich über drei Dinge zu informieren, nämlich über die Modifikationen, in denen sie aufzutreten vermögen, dann über deren Löslichkeit und drittens über die Laboratoriumsversuche zu ihrer Darstellung. Da das Vorkommen als bekannt vorausgesetzt werden darf, mag sich an die genannten drei Kapitel nur noch eine kurze prinzipielle Erörterung über die natürlichen Bildungsweisen angliedern.

I. Calciumcarbonat.

1. Die Modifikationen des kohlensauren Kalkes. Zu dem Calcit, der schon den Römern bekannt war, und dem Aragonit, den man in der zweiten Hälfte des 18. Jahrhunderts kennen gelernt hat, ist in neuerer Zeit der Vaterit (H. Vatersche Modifikation) getreten.[1,2,3]) Außer diesen krystallisierten Phasen kennt man lange schon auch eine isotrope, gallertartige, die aber erst in jüngster Zeit durch O. Bütschli[3]) isoliert, haltbar gemacht und genauer charakterisiert wurde.

Agnes Kelly[3]) glaubte in den Schalen der Muscheln eine weitere Modifikation entdeckt zu haben, die sie Conchit nannte, und A. Lacroix[3]) vermutete eine solche in den Erbsensteinen von Karlsbad und Hamman Meskoutine in Algier, der er den Namen Ktypeit gab. R. Brauns, H. Vater und O. Bütschli (l. c.) haben aber überzeugend dargetan, daß es sich in beiden Fällen um weiter nichts als Aragonit handelt.

Der Polymorphismus des Calciumcarbonats wurde zuerst durch eine Aragonitanalyse M. H. Klaproths[4]) klargestellt. Er zeigte, daß der Aragonit die gleiche chemische Zusammensetzung hat, wie der Kalkspat. Diese Tatsache wirbelte sehr viel Staub auf und wurde von R. J. Hauy bestritten, auch dann noch, als sie von zahlreichen Chemikern Bestätigung fand. H. Stromeyer[5]) fand die Ursache für den Dimorphismus in dem, wie er glaubte, allgemein verbreiteten Strontiumgehalt der Aragonite. J. W. Döbereiner,[6]) Meissner[7]) u. a. unternahmen aber neue Analysen und konnten nachweisen, daß durchaus nicht in allen Aragoniten Strontium enthalten sei. Daraufhin hat dann E. Mitscherlich[8]) die beiden Mineralien als polymorph bezeichnet.

---

[1]) H. Vater, Z. Kryst. **21**, 433—490 (1893); **22**, 209—228 (1894); **24**, 366—404 (1895); **27**, 477—504 (1896); **30**, 295—298 u. 495—509 (1899); **31**, 538—578 (1899).

[2]) W. Meigen, Ber. naturf. Ges. Freiburg i. B. **13**, 40—94; **15**, 38—54 u. 55—74 (1903 u. 1907).

[3]) O. Bütschli, Abh. Göttinger Akad. N. F. **4**, 3 (1908).

[4]) M. H. Klaproth, Bergm. Journ. **1**, 299 (1788).

[5]) H. Stromeyer, Soc. Reg. Scient. **2**, 12 (Göttingen 1813).

[6]) J. W. Döbereiner, Schweig. Journ. **10**, 217 (1814).

[7]) Meissner, Ebenda. **13**, 1 (1815).

[8]) E. Mitscherlich, Ann. d. chim. et de phys. **19**, 407 (1821); **24**, 264 (1823). — Abh. d. Ak. d. Wiss. Berlin 1822/23, 43.

R. J. Hauy[1]) und R. Berzelius hatten schon die Beobachtung gemacht, daß der Aragonit beim Erhitzen bis zu schwacher Rotglut zerfällt und W. Haidinger[2]) hat dies zuerst als eine Umwandlung in Calcit gedeutet. Diese Deutung fand ihre Bestätigung durch E. Mitscherlich,[3]) der in Vesuvlava eine Paramorphose von Calcit nach Aragonit fand. Auch G. Rose[4]) fand dasselbe und zeigte auch die gesetzmäßige Orientierung des neugebildeten Calcits gegenüber dem ursprünglichen Aragonit. Gleiches wurde dann von zahlreichen anderen Forschern festgestellt, insbesondere von C. Klein,[5]) daß die Hauptachse des Calcits dann mit der ersten Mittellinie des Aragonits zusammenfällt.

G. Rose[6]) verdanken wir die Beobachtung, daß sich in über etwa 30^0 warmen Lösungen Aragonit, sonst Calcit bildet, H. Credner[7]) die Modifikation dieses Satzes dahin, daß bei Beimischungen von kleinen Mengen von Strontium-, Barium- oder Bleicarbonat sich auch in der Kälte Aragonit bilden kann. Diese Arbeiten wurden dann von einer Reihe von Forschern fortgesetzt, die Resultate bestätigt und erweitert; insbesondere fallen in diesen Rahmen die Arbeiten von F. Cornu, H. Leitmeier, H. Vater, F. Vetter, O. Bütschli, welche zum Teil später eingehendere Erwähnung finden werden.

Die Arbeiten von H. Vater[8]) führten aber zur Entdeckung einer neuen Modifikation des kohlensauren Kalkes, des Vaterits, dessen Eigenschaften von H. Vater, W. Meigen und O. Bütschli festgestellt worden sind. Mit der Erkenntnis dieser neuen Modifikation, welche sich sehr leicht in Calcit umwandelt, erklären sich viele Widersprüche bei den älteren Autoren, denn sie ist teils für Aragonit angesehen worden, teils hat sie sich offenbar zwar gebildet, wurde aber nicht gleich untersucht und hat sich nachher in Calcit umgewandelt.

Die Eigenschaften der vier somit einzig begründeten Modifikationen sind, soweit sie hier in Betracht kommen, folgende:

a) morphologische Eigenschaften.

Gallerte: amorph.

Vaterit: meist Sphärolithe, seltener Nädelchen eines optisch zweiachsigen Kristallsystems.

Aragonit: Kristalle, Nadeln, Sinter, Sphärolithe des rhombischen Systems.

Calcit: Kristalle, Nadeln, Sinter, Sphärolithe des trigonalen Systems.

b) Optische Eigenschaften.

Gallerte: isotrop.

Vaterit: negative, selten positive Sphärolithe, Doppelbrechung schwach.

Aragonit: Doppelbrechung stark, Kristalle negativ, Sphärolithe meist positiv (selten in einzelnen Zonen negativ).

Calcit: Doppelbrechung stark, Kristalle negativ, Sphärolithe (meist) positiv.

---

[1]) R. J. Hauy, Journ. d. Min. **23**, 241 (1808).
[2]) W. Haidinger, Pogg. Ann. **11**, 177 (1827).
[3]) E. Mitscherlich, Pogg. Ann. **21**, 157 (1831).
[4]) G. Rose, Pogg. Ann. **41**, 147 (1837).
[5]) C. Klein, N. JB. Min. etc. 1884, I, 49.
[6]) G. Rose, Abh. d. Ak. d. Wiss. Berlin 1856, 7.
[7]) H. Credner, Journ. prakt. Chem. [2] **2**, 317 (1870).
[8]) H. Vater, Z. Kryst. **21**, 433 (1893).

c) Chemische Reaktionen.

Diese sollen hier nicht ausführlich behandelt werden, weil für sie ein besonderer Artikel vorgesehen ist, vielmehr soll nur angegeben werden, wie das Verhalten gegen Kobaltsolution[1]) ist, weil dies zur Unterscheidung zunächst genügt.

Mit Kobaltsolution gekocht wird

Vaterit nach wenigen Minuten violett,
Aragonit „ „ „ „
Calcit bleibt unverändert, wird später blau (vgl. W. Meigen S. 103).

d) Spezifisches Gewicht.

Gallerte 2,25—2,45.	Aragonit 2,95.
Vaterit 2,6 (ca.).	Calcit 2,72.

Die Beziehungen der verschiedenen Phasen zueinander sind folgende: Die Gallerte wandelt sich in Flüssigkeiten, in denen der kohlensaure Kalk irgendwie löslich ist, sehr schnell in eine der kristallisierten Phasen um (meist Vaterit oder Calcit). Sie wurde von O. Bütschli[2]) in trockenem Zustande durch Fällen einer mit Hühnereiweiß versetzten Lösung von Calciumacetat mit Kaliumcarbonat und Auswaschen mit Alkohol isoliert. Im trockenen Zustande ist sie sehr haltbar und wandelt sich erst beim Erwärmen auf 200° bis 230° C mit erheblicher Schnelligkeit in Calcit um.

Die kristallisierten Phasen sind monotrop nach folgendem Schema: Vaterit → Aragonit → Calcit. Der letztere stellt die bei der höchsten Temperatur beständige Phase, also die überhaupt beständigste dar. Im trockenen Zustande bei Zimmertemperatur sind Vaterit und Aragonit sehr stabil, d. h. ihre Umwandlungsgeschwindigkeit ist sehr gering. Erst beim Erhitzen auf etwa 400° wandelt sich der Vaterit mit erheblicher Schnelligkeit in Calcit um und beim Aragonit ist eine über 400° liegende Temperatur dazu nötig. Diese letztere Erscheinung wurde zuerst von E. Mitscherlich an einem in Vesuvlava gefallenen Kristall von Aragonit beobachtet. In Flüssigkeiten, welche irgend eine Löslichkeit für kohlensauren Kalk besitzen, erfährt die Umwandlungsgeschwindigkeit der beiden labilen Modifikationen eine bedeutende Steigerung und zwar ist sie für Vaterit mindestens 100 mal so groß wie für die Gallerte[3]) und wird für den Aragonit wieder das Vielfache von diesem Betrag erreichen. Eine weitere Steigerung der Umwandlungsgeschwindigkeit wird erzielt durch solche Lösungsgenossen, welche die Löslichkeit des kohlensauren Kalkes steigern, während eine Verminderung der Umwandlungsgeschwindigkeit eintritt, wenn Lösungsgenossen vorhanden sind, die die Löslichkeit des Calciumcarbonats vermindern. Welche Substanzen für die beiden letzteren Umstände in Frage kommen, also welche Löslichkeit-fördernd oder -vermindernd sind, werden wir bei Besprechung der Löslichkeit erfahren. Hier mag nur Erwähnung finden, daß Eiweiß[2]) und vielleicht überhaupt kolloide Substanzen sowohl die Entglasung der Gallerte als die Umwandlung des Vaterits stark verzögern.

---

[1]) W. Meigen, l. c.
[2]) O. Bütschli, l. c.
[3]) F. Vetter, Z. Kryst. **48**, 45 (1910).

Auffallenderweise schien es bis jetzt, als ob der Vaterit bei der Umwandlung stets die Aragonitphase überspringe, doch ist neuerdings auch die Umwandlung in Aragonit beim andauernden Kochen von Vaterit im Wasser beobachtet worden.[1])

Ebenso wandelt sich der Vaterit bei einem Druck von 12 bis 15 Atm. CO_2 und etwa 80° C bei Gegenwart von Magnesiumcarbonat in Aragonit um.

Über das Verhältnis dieser drei kristallisierten Modifikationen, welche monotrop sind, haben wir oben in genügender Weise referiert, und es sei daher hier nur noch auf zwei Dinge näher eingegangen, nämlich auf das physikalische und das chemische Verhältnis zwischen Aragonit und Calcit.

Nachdem schon F. Kohlrausch (s. u.) einwandfrei festgestellt hatte, daß Aragonit in reinem Wasser löslicher sei als Calcit, hat neuerdings H. W. Foote[2]) sich eingehender damit beschäftigt und bei seinen Untersuchungen zwei Methoden angewandt. Die erste Methode beruht auf einer Zersetzung von Aragonit bzw. Calcit in einer Lösung von Kaliumoxalat und der Bildung eines Gleichgewichts nach der Formel:

$$CaCO_3 + K_2C_2O_4 \rightleftarrows CaC_2O_4 + K_2CO_3.$$

Es ist nach Guldberg-Waage

$$\frac{\text{Konzentration } K_2CO_3}{\text{Konzentration } K_2C_2O_4} = K.$$

Dieses K aber ist eine Funktion der relativen Löslichkeiten von Calciumcarbonat und Calciumoxalat in sehr verdünnter Lösung.

Auf Grund der Theorie von der elektrischen Dissoziation ist

$$\text{Konz. } Ca^{\cdot\cdot} \times \text{Konz. } CO_3'' = k_1 = \text{Löslichkeitsprodukt von } CaCO_3$$
$$\text{Konz. } Ca^{\cdot\cdot} \times \text{Konz. } C_2O_4'' = k_2 = \text{"} \quad \text{"} \quad CaC_2O_4.$$

$$\text{Daher } \frac{\text{Konzentration } CO_3''}{\text{Konzentration } C_2O_4} = K = \frac{k_1}{k_2}.$$

Die Versuche, zu denen Aragonit von Bilin und isländischer Doppelspat verwendet wurden, ergaben nun für K folgendes:

Temp.	25°	49,7°	59°
K-Aragonit	2,262	0,864	0,514
K-Calcit	1,675	0,633	0,416
K-Aragonit / K-Calcit	1,35	1,365	1,24

Daraus folgt, daß bei allen beobachteten Temperaturen der Aragonit löslicher ist als der Calcit. Die Annäherung der Löslichkeiten bei 59° kann in einer teilweisen Umwandlung des Aragonits in Calcit beruhen.

Die zweite Methode war die Bestimmung der Löslichkeit in kohlensäuresattem Wasser mit Hilfe der elektrischen Leitfähigkeit. Dabei ergab sich für $l = \frac{\text{spezif. Leitfähigkeit}}{10^{-3}}$ folgendes:

[1]) W. Diesel, Inaug.-Diss. (Jena 1911), Z. Kryst. **49** (1911).
[2]) H. W. Foote, Z. f. phys. Chem. **33**, 740 (1900).

Temp.	8°	25°	41°	48°
l-Aragonit	1,462	1,682	1,737	1,697
l-Calcit	1,275	1,489	1,546	1,522
$\frac{l\text{-Aragonit}}{l\text{-Calcit}}$	1,147	1,130	1,124	1,115

Also ergibt sich im wesentlichen das gleiche Resultat wie bei der ersten Methode.

Aus diesen Tatsachen, sowie aus den Schmelzversuchen am Calciumcarbonat, die von A. Becker,[1]) A. Wichmann,[2]) H. le Chatelier[3]) u. a. zum Teil unter erheblichem CO_2-Überdruck ausgeführt wurden und bei denen stets Calcit erhalten wurde, schließt H. W. Foote, „daß bei Atmosphärendruck bei allen Temperaturen unter dem Schmelzpunkt des Calcits dieser beständiger ist als der Aragonit". Es sei aber nicht unmöglich, daß durch Überdruck die Umwandlungstemperatur des Calcits in Aragonit so weit erniedrigt werde, daß sie unterhalb den Schmelzpunkt sinkt. Vgl. unten über die Umwandlungstemperatur die Arbeit H. E. Boekes beim Aragonit. Auch G. Tammannn[4]) ist der Ansicht, daß vielleicht doch bei sehr hohen Drucken Aragonit und Calcit nebeneinander beständig sein oder Calcit sich in Aragonit umwandeln kann, weil die Energiedifferenz zwischen beiden klein ist und der Aragonit das kleinere Volumen besitzt.

Die beim Übergang von Aragonit in Calcit entwickelte Wärmemenge bestimmten A. Favre und J. Silbermann[5]) zu + 2,36 Cal., während H. le Chatelier[6]) sie zu = — 0,3 Cal. fand. H. W. Foote berechnet für die Umwandelung von 1 g-Mol. Aragonit + 0,39 Cal. Die Berechnung gründet sich auf van't Hoffs Formel

$$\frac{d\,ln\,C}{d\,T} = \frac{Q}{2i\,T^2},$$

wo Q = der Wärmemenge, die von einem sich lösenden Mol des Stoffes absorbiert wird; ln = natürlichem Logarithmus; C = Konzentration; T = absolute Temperatur; i = dem Aktivitätskoeffizienten (= 2,56 J. van't Hoff).

Aus dem Verlaufe der Löslichkeitskurve ergibt sich nun, daß

$$\frac{d\,ln\,C\text{-Calcit}}{d\,T} > \frac{d\,ln\,C\text{-Aragonit}}{d\,T}$$

und daraus folgt sodann

$$\frac{Q\text{-Calcit}}{2i\,T^2} > \frac{Q\text{-Aragonit}}{2i\,T^2},$$

d. h. daß die bei der Auflösung des Calcits absorbierte Wärmemenge größer ist, als diejenige, die bei der Auflösung der gleichen Menge Aragonit verbraucht wird. Daher muß die Bildungswärme des Calcits größer sein als die des Aragonits oder die Umwandelung von Aragonit in Calcit muß Wärme entwickeln.

---

1) A. Becker, Tsch. min. Mit. **7**, 122 (1886).
2) A. Wichmann, Ebenda 256.
3) H. le Chatelier, C. R. **115**, 817 u. 1009 (1892).
4) G. Tammann, Kristallisieren u. Schmelzen (Leipzig 1903) 113.
5) A. Favre u. J. Silbermann, Ann. chim. et phys. **37**, 434 (1853).
6) H. le Chatelier, C. R. **116**, 390 (1893).

H. W. Foote schließt weiter aus seinen Beobachtungen, daß unter gewöhnlichen Druck- und Temperaturverhältnissen Paramorphosen von Aragonit nach Calcit unmöglich, das Umgekehrte aber möglich sei. Das letztere ist in der Natur auch das tatsächlich allein Beobachtete.

Durch G. Bredig[1]) wurde H. W. Foote darauf aufmerksam gemacht, daß sich zwischen

$$\frac{K\text{-Aragonit}}{K\text{-Calcit}} \text{ und } \frac{l\text{-Aragonit}}{l\text{-Calcit}}$$

die Beziehung ableiten läßt:

$$\frac{l\text{-Aragonit}}{l\text{-Calcit}} = \sqrt[2{,}56]{\frac{K\text{-Aragonit}}{K\text{-Calcit}}}.$$

Die Berechnung ergibt in der Tat eine annähernde Übereinstimmung.

Über den chemischen Unterschied zwischen Aragonit und Calcit haben wir, abgesehen von der Tatsache, daß der erstere leichter durch Säuren zersetzt wird, und abgesehen von den Meigenschen und anderen Reaktionen, die in einem besonderen Abschnitt behandelt werden, eine theoretische Erörterung von A. Geuther,[2]) welcher analog der Monoschwefelsäure und Dischwefelsäure eine Monokohlensäure H_2CO_3 und eine Dikohlensäure $H_4C_2O_6$ annimmt und von der letzteren den Aragonit, von der ersteren den Calcit ableitet. Dieser Dimorphismus sollte also in einer Polymerisation seinen Grund haben. Neuerdings ist nun von K. Heydrich[3]) festgestellt worden, daß das H. Landoltsche Gesetz vom Refraktionsäquivalent metamerer und polymerer organischer Verbindungen auch für die Kristalle dieser Verbindungen gilt. Die Übertragung dieses Gesetzes auf anorganische Verbindungen erscheint daher statthaft, und dann ergibt sich nach K. Heydrich aus den Arbeiten von E. Taubert,[4]) daß der Aragonit mit dem Calcit polymer ist und jener das größere Molekulargewicht besitzt. Für den Vaterit sind solche Untersuchungen nicht möglich, doch möchte es glaubhaft erscheinen, daß er zu einem der beiden anderen im Verhältnis der Metamerie steht.

2. Für die künstliche Herstellung der verschiedenen kristallisierten Phasen des Calciumcarbonats sind in Rücksicht darauf, daß der Vaterit erst vor kurzem bekannt und sichergestellt worden ist, alle älteren Arbeiten relativ unzuverlässig. Aus den neueren Arbeiten[5]) ergibt sich folgendes: Aus bicarbonathaltigen, rein wäßrigen Lösungen scheidet sich bei Temperaturen unter 29° stets Calcit ab, bei solchen über 29° Aragonit, Vaterit hingegen, wenn die Abscheidung durch Zusatz von Basen (NH_3) stark beschleunigt wird. Sinkt die Temperatur nahezu bis an den Gefrierpunkt des Wassers, so vermag sich auch $CaCO_3 \cdot 6\,H_2O$ auszuscheiden, das aber bei erhöhter Temperatur oder an der Luft sehr schnell in Calcit verwittert. Das Vorhandensein von Aragonitkeimen verschiebt diese Verhältnisse nicht wahrnehmbar, hingegen befördern Calcitkeime auch noch bei einer über 29° liegenden Temperatur die Bildung des Calcits.

---

[1]) H. W. Foote, l. c.

[2]) A. Geuther, Ann. d. Chem. **218**, 288 (1883).

[3]) K. Heydrich, Z. Kryst. **48**, 243 (1910).

[4]) E. Taubert, Beitrag zur Kenntnis polym. Körper, Inaug.-Diss. (Jena 1905).

[5]) F. Vetter, l. c.

Die Gegenwart von Lösungsgenossen verschiebt diese Verhältnisse ganz wesentlich. So wird z. B. in Meerwasser bei Temperaturen über 20° schon stets Aragonit in Nadeln oder Sphärolithen gebildet, darunter Vaterit oder das wasserhaltige Carbonat oder aber Calcit und zwar dieser bei tieferen Temperaturen in Form von Rhomboedern, bei mittleren in Sphärolithen. Bei sehr langsamer Abscheidung werden diese Verhältnisse noch zugunsten des Aragonits verschoben. Von den Salzen des Meerwassers sind die Magnesiumsalze die ausschlaggebenden, denn sie allein wirken ebenso und zwar um so stärker, je konzentrierter sie sind, wie F. Cornu und H. Leitmeier fanden. Die Salze des Calciums, Natriums, Kaliums und Ammoniums sind nicht von wahrnehmbarem Einfluß, ja die letzteren scheinen sogar die Abscheidung des Calcits zu befördern. Vgl. unten die Ausführungen bei Aragonit.

Bei der Bildung des Calciumcarbonates infolge doppelter Umsetzung von löslichen Kalksalzen und löslichen Carbonaten vollzieht sich der Vorgang in ganz analoger Weise wie bei der Bicarbonatlösung, wenn die zusammenwirkenden Lösungen sehr verdünnt sind. Dagegen wird der Vorgang wesentlich verschoben, wenn konzentriertere Lösungen zur gegenseitigen Einwirkung gelangen oder wenn in der Lösung noch andere Salze, besonders Magnesiumsalze zugegen sind.[1]) Schon bei Zimmertemperatur bilden sich dann die instabilen Phasen und zwar sind hier die Verhältnisse in bezug auf Aragonit und Vaterit noch nicht genügend geklärt, doch scheint es nach den bis jetzt vorliegenden Untersuchungen, daß besonders bei höherer Temperatur und stark konzentrierten Lösungen zumeist Vaterit entsteht, während sich bei tieferen Temperaturen und verdünnteren Lösungen, also bei langsameren Fällungen, Aragonit ausbildet. Angaben, die hier Calcit als Fällungsprodukt angeben, beruhen wohl darauf, daß sich der Vaterit sehr schnell in Calcit umwandelt, daß also die Beobachtungen zu spät angestellt wurden. Diejenigen Lösungsgenossen, welche die Löslichkeit des Calciumcarbonates erhöhen, scheinen die Abscheidung der instabilen Phasen zu befördern, aber auch, wie oben schon gesagt, ihre Umwandlungsgeschwindigkeit zu erhöhen. Hingegen befördern z. B. die Carbonate des Strontiums, Bariums und Bleis,[2]) auch des Magnesiums[3]) und des Eisens[4]) die Haltbarkeit, d. h. sie drücken die Umwandlungsgeschwindigkeit herab. Drucksteigerung scheint zu gunsten der Aragonitbildung zu verschieben.

Daraus ergibt sich der W. Ostwaldschen Regel entsprechend, welche besagt, daß bei schneller Entspannung der Lösung sich stets zuerst die zunächststabile Phase eines Körpers bilden muß, daß bei schneller Entspannung zumeist Vaterit, bei langsamerer Aragonit und bei langsamster Calcit entsteht. Die Lösung befördernde Lösungsgenossen führen zu stark übersättigten Lösungen, hohe Temperatur zu schneller Entspannung.

3. Die Löslichkeit der verschiedenen Phasen. Dem Satze van't Hoffs entsprechend, ist eine Modifikation eines Stoffes bei irgend einer Temperatur beständiger als eine andere, wenn sie in irgend einem Lösungsmittel die geringere Löslichkeit besitzt. Demnach müßte der Vaterit löslicher sein, als Aragonit und dieser wieder löslicher als der Calcit. Das stimmt auch mit

---

[1]) G. Linck, Jenaische Z. f. Naturw. 1909, 267—278.
[2]) H. Vater, l. c.
[3]) G. Linck, Z. d. geol. Ges. (Monatsber.) **61**, 230—241 (1909).
[4]) W. Diesel, l. c.

der Beobachtung O. Bütschlis überein, nach welcher die Umwandlung des Vaterits in Calcit in Flüssigkeiten stets unter Auflösung des ersteren vor sich geht[1]) und daß die Umwandlung in indifferenten Flüssigkeiten nicht erfolgt. Dies ist aber auch in Übereinstimmung mit den experimentellen Messungen, soweit solche vorliegen und einigermaßen zuverlässig sind.

Nach den besten von F. Kohlrausch[2]) herrührenden Messungen sind von Calcit 13 mg und von Aragonit 19 mg im Liter reinen Wassers von 18° C löslich. Leider sind die meisten anderen Angaben unzuverlässig oder unbrauchbar, weil die verwendete Modifikation nicht angegeben und nicht ersichtlich ist. So viel aber ist erkennbar, daß mit steigender Temperatur die Löslichkeit erheblich steigt. In Wasser, das mit Kohlensäure gesättigt ist, steigt die Löslichkeit des Calciumcarbonates ebenfalls ganz erheblich. Sie erreicht, wenn die Lösung unter einer Atmosphäre Kohlensäuredruck steht, nach den zuverlässigsten Angaben[3]) bei etwa 25° C 1100 bis 1300 mg im Liter Wasser, ist also etwa 100 mal größer als in reinem Wasser. Nach mehreren Angaben[4, 5]) und Messungen steigt zwar die Löslichkeit mit zunehmendem Druck, erreicht aber bald, schon bei ganz wenig Überdruck, ein Maximum.

Die Löslichkeit erfährt eine Vermehrung durch folgende Lösungsgenossen: die Chloride und Sulfate der Metalle Magnesium, Ammonium, Kalium, Natrium; das Kaliumnitrat; freie Kieselsäure. Die Steigerung der Löslichkeit scheint aber überall ein Maximum zu haben, so nach Fr. K. Cameron und A. Seidell[6]) in mit Kohlensäure gesättigten und mit 1 Atmosphäre Kohlensäure im Gleichgewicht befindlichen Lösungen bei 110,6 g Kochsalz im Liter mit 1740 mg Carbonat und bei 154,9 g Chlorkalium mit 1670 mg Carbonat im Liter, oder bei Verwendung von Kaliumsulfat unter sonst gleichen Umständen bei 25,4 g Kaliumsulfat im Liter mit 1232 mg Carbonat bei 25° C.[7])

Eine Verminderung scheint die Löslichkeit zu erfahren durch Kalksalze, durch die Hydroxyde und Carbonate der alkalischen Erden und der Alkalien, auch des Ammoniumcarbonats und Ammoniaks, doch bestehen hier Widersprüche zwischen den Angaben von F. Hofmeister[8]) und E. Drechsel,[9]) die sich vielleicht dadurch aufklären, daß ersterer, der die Löslichkeit nicht vermindert fand, Chlornatrium in seinen Lösungen hatte.

Diese Beobachtungen sind im Einklang mit der Umwandlungsgeschwindigkeit der verschiedenen Phasen, auch dann noch, wenn wir berücksichtigen, daß in den weitaus meisten Fällen gar nicht mitgeteilt ist, welche Modifikation zu den Bestimmungen Verwendung gefunden hat. Diejenigen Lösungsgenossen, welche die Löslichkeit befördern, begünstigen auch die Abscheidung der metastabilen Phasen und die Löslichkeitsvermindernden beeinträchtigen sie. Jene befördern die Umwandlungsgeschwindigkeit der labilen Phasen, diese verzögern sie.

---

[1]) O. Bütschli, l. c.
[2]) F. Kohlrausch, Z. f. phys. Chem. **12**, 234 (1893); **44**, 236 (1903); **64**, 159 (1908).
[3]) Fr. K. Cameron, u. W. O. Robinson, Journ. of phys. Chem. **11**, 577 1907).
[4]) M. A. Bineau, Ann. d. chim. et de phys. [3] **51**, 290. 299 (1857).
[5]) Boutron u. Boudet, Journ. d. pharm. et d. chem. [3] **26**, 16 (1854).
[6]) Fr. K. Cameron u. A. Seidell, J. of phys. Chem. **7**, 578 (1903).
[7]) Fr. K. Cameron u. W. O. Robinson, ebenda **11**, 577 (1907).
[8]) F. Hofmeister, Journ. prakt. Chem. [2] **14**, 176.
[9]) E. Drechsel, Journ. prakt. Chem. [2] **16**, 169.

II. Magnesiumcarbonat.

So vielseitig schon unsere Kenntnisse von den Modifikationen des Calciumcarbonats sind, so wenig wissen wir über diejenigen des wasserfreien Magnesiumcarbonats. Es ist wohl wahrscheinlich, daß neben dem Magnesit eine weitere Phase des kristallisierten Carbonats besteht, und Gustav Rose[1]) sie seinerzeit schon unter den Händen gehabt hat, aber ein sicherer Nachweis dafür ist bis jetzt nicht geliefert, weil die Eigenschaften, besonders das spezifische Gewicht nicht festgestellt wurden. Indirekt kann man wohl auf seine Existenzmöglichkeit schließen, dadurch, daß in der letzten Zeit wasserfreie Mischsalze von Calcium- und Magnesiumcarbonat bekannt geworden und auch untersucht wurden, deren Eigenschaften additive zu sein scheinen. Sie gehören der Modifikation des Vaterits an.[2])

Über die Eigenschaften, welche diese beiden Modifikationen unterscheiden, läßt sich nicht viel sagen, denn die zweite Modifikation ist ganz ungenügend erforscht. Sie tritt in Sphärolithen von negativem Charakter der Doppelbrechung und mit schwacher Licht- und Doppelbrechung auf; ist auch in verdünnter Essigsäure leichter löslich als Magnesit, von dem sie außerdem ein wesentlich geringeres spezifisches Gewicht unterscheidet, das für den Magnesit 3,0 beträgt und für die andere Modifikaiion etwa 2,85 ist.[2])

Ebensowenig wie von den Eigenschaften der zweiten Modifikation weiß man von dem Verhältnis der beiden Phasen zueinander, doch spricht das alleinige Vorkommen des Magnesits in der Natur dafür, daß der letztere die einzig stabile Phase ist, und daß die Modifikationen gleich dem Calciumcarbonat monotrop sind. Hierfür sprechen auch neuerdings angestellte Versuche, welche gezeigt haben, daß Calcium–Magnesiumcarbonat-Mischsalze in Form des Vaterit bei mäßig erhöhtem Druck und Erwärmen auf etwa 90° C in einer Lösung von Ammoniumchlorid und Natriumchlorid in Dolomit und Calcit zerfallen können.[3])

Die künstliche Darstellung des Magnesits ist leicht und mehrfach gezeigt. Abgesehen von mehr zufälligen Beobachtungen sind es besonders H. Sénarmont, Ch. de Marignac und G. Rose, welche uns Darstellungsmethoden gelehrt haben. H. Sénarmont[4]) erhielt ihn beim Erhitzen einer Bicarbonatlösung in einem Gefäß mit porösem Stopfen nnd auch durch Erhitzen einer gemischten Lösung von Natriumcarbonat und Magnesiumsulfat im geschlossenen Rohr auf 160° bis 175°, Ch. de Marignac[5]) durch Umsetzung zwischen Calciumcarbonat und Magnesiumchlorid, G. Rose[6]) endlich durch Abdampfen einer Bicarbonatlösung im Kohlensäurestrom.

Die Darstellung der zweiten Modifikation in reinem Zustande dürfte bis jetzt nur in der Roseschen Weise gelingen und es ist zu vermuten, daß G. Rose überhaupt keinen Magnesit erhalten hat, sondern eben diese zweite Modifikation.

[1]) G. Rose, Pogg. Ann. **42**, 353 (1837); **111**, 156 (1860); **112**, 43 (1861). — Abh. d. Ak. d. Wiss. Berlin 1856, 1; 1858, 63. — (Monatsber.) Ak. d. Wiss. Berlin 1863, 365.
[2]) G. Linck, Z. d. geol. Ges. (Monatsber.) **61**, 230—241 (1909).
[3]) Unveröffentlicht (Spangenberg).
[4]) H. Sénarmont, Ann. de chim. et de phys. [3] **32**, 129.
[5]) Ch. de Marignac, siehe O. Dammer, Hdb. d. anorg. Chem. II [2] 443.
[6]) G. Rose, l. c.

Aus diesen überaus dürftigen Angaben könnte man etwa schließen, daß sich Magnesit nur bei erheblichem Überdruck und bei erhöhter Temperatur zu bilden vermag, daß sich hingegen die zweite Modifikation nur in kohlensäurehaltigem Wasser und bei Kohlensäuredruck rein bilden kann.

Im übrigen führt das Abdampfen von Bicarbonatlösungen oder die Fällung von Magnesiumsalzen mit Carbonaten, wie es den Anschein hat, immer zu Hydraten der Carbonate, auf welche hier nicht näher eingegangen zu werden braucht. Hingegen werden wir später noch die Fällung von gemischten Lösungen des Calciums und Magnesiums zu besprechen haben und sehen, daß hier das Magnesium in die Vateritmodifikation in isomorpher Mischung eintritt.

Die Löslichkeit der Magnesiumcarbonate ist außerordentlich verschieden je nach ihrem Wassergehalt, und zwar wie von verschiedenen Forschern hervorgehoben wurde, wegen der Schwierigkeit der Hydratisierung. Im allgemeinen steht aber fest, daß die Magnesiumcarbonate wesentlich leichter löslich sind als die Calciumcarbonate. Dieses Verhältnis scheint sich jedoch bei höherem Druck zugunsten des Calciums zu verschieben. So wurde von N. Ljubavin[1]) bestimmt, daß sich vom Magnesit 56 mg im Liter reinen Wassers lösen. Bei einer Atmosphäre Kohlensäuredruck sollen sich nach Merkel[2]) 1310 mg lösen, aber auch hier sind die von verschiedenen Forschern gemachten Beobachtungen sehr schwankend, und es bedarf neuer Untersuchungen. Besser bestellt ist es mit unserer Kenntnis von der Löslichkeit der wasserhaltigen Carbonate. Sie müssen hier in Rücksicht gezogen werden, weil ihre Lösungen in der Natur vorhanden sind oder entstehen und nicht die Lösungen des Magnesits. Es lösen sich in reinem Wasser bei 0° von dem Carbonat mit drei Molekülen Kristallwasser nach E. A. Nörgaard[3]) 1500 mg im Liter. Die Löslichkeit steigt mit der Temperatur bis zu 16° mit 1790 mg im Liter und nimmt bei weiterem Steigen der Temperatur ab, so daß sie nach Fr. Auerbach[4]) bei 35° nur noch 983 mg beträgt. Kohlensäure erhöht natürlich die Löslichkeit und zwar sehr stark. Bei 20° und 1 Atmosphäre Kohlensäuredruck sind nach H. Beckurts[5]) 13,8 g des wasserhaltigen (3 H_2O) Carbonats löslich, und die Löslichkeit steigt mit steigendem Kohlensäuredruck, so daß bei 5 Atmosphären Druck bereits 47,37 g im Liter Wasser löslich sind, sie nimmt aber schnell ab mit steigender Temperatur und die höchsten Löslichkeitswerte sind bei der niedrigsten Temperatur bestimmt worden.

Eine Änderung der Löslichkeit wird auch bedingt durch Lösungsgenossen. Sie erfährt eine Erhöhung bei Normaldruck durch die Chloride, Sulfate und Carbonate der Alkalien und des Ammoniums, auch durch Borax. Es scheinen aber hier zum Teil Maxima der Löslichkeit einzutreten, so bei 106,3 g Chlornatrium im Liter mit 585 mg Magnesiumcarbonat, oder wie bei den Alkalicarbonaten, wo bei einer bestimmten Menge Magnesiumcarbonat Doppelsalzbildung im Bodenkörper eintritt unter Abnahme der Löslichkeit.[6]) Bei Natriumsulfat fällt das Löslichkeitsmaximum zusammen mit dem des Natriumsulfats. Etwas anders stellt sich die Wirkung dieser Lösungsgenossen unter Kohlensäuredruck,

[1]) N. Ljubavin, Ber. Dtsch. Chem. Ges. **4**, 85 (Referat, 1893).
[2]) Merkel, Journ. prakt. Chem. **102**, 238 (1867).
[3]) E. A. Nörgaard, D. k. Danske Vidn. Selsk. Skr. [5] **2**, 65.
[4]) Fr. Auerbach, Z. f. Elektroch. **10**, 161 (1904).
[5]) H. Beckurts, Arch. der Pharm. [3] **18**, 437 (1881).
[6]) Fr. K. Cameron u. A. Seidell., l. c.

indem sie da wenigstens beim Natriumchlorid mit steigendem Gehalt an diesem Salz konstant abnimmt, während bei Natriumsulfat das Löslichkeitsmaximum für Magnesiumcarbonat bei 120 g Sulfat im Liter erreicht wird.[1])

So sehr ein großer Teil dieser auf das Magnesiumcarbonat bezüglichen Bestimmungen der Nachprüfung bedarf, lassen sich doch folgende Ergebnisse mit genügender Sicherheit herausschälen. 1. Die wasserfreien Salze sind viel schwerer löslich als die wasserhaltigen. 2. Die Löslichkeit steigt proportional mit dem Kohlensäuredruck. 3. Gewisse Lösungsgenossen befördern die Löslichkeit bei Atmosphärendruck, aber sie erreicht bei einem bestimmten Gehalt ein Maximum und nimmt dann ab. 4. Bei Kohlensäuredruck tritt dieses Maximum viel früher ein und zwar bei Natriumchlorid als Lösungsgenosse so früh, daß schon bei 1 Atmosphäre Druck der Zusatz von Kochsalz überhaupt zur Abnahme der Löslichkeit führt. 5. Bei rein wäßrigen Lösungen steigt die Löslichkeit mit steigender Temperatur, erreicht aber schon bei 16° C ihr Maximum; bei weiterer Temperatursteigerung tritt Verminderung der Löslichkeit unter Zersetzung (F. Rinne[2])) ein. 6. Diese Zersetzung tritt auch bei kohlensäurehaltigen Lösungen ein, wenn man nicht im Kohlensäurestrom abdampft, sonst findet eine Abscheidung von wasserfreiem Carbonat statt. 7. Auch bei Kohlensäuredruck findet beim Erhitzen eine Verminderung der Löslichkeit statt und zwar, wie es scheint, einfach proportional der Temperatursteigerung, so daß bei den tiefsten Temperaturen die Löslichkeit am größten ist. 8. Aus bei tieferen Temperaturen gesättigten Lösungen entstent beim Erhitzen unter Kohlensäureüberdruck das wasserfreie Salz als Bodenkörper.

Demnach dürften folgende Schlüsse für die Bildung des wasserfreien Magnesiumcarbonats berechtigt sein: Es bildet sich teils unter erhöhtem Druck (Kohlensäureüberdruck) in sonst rein wäßrigen Lösungen oder bei Gegenwart von Lösungsgenossen entweder durch Druckverminderung, oder durch Temperaturerhöhung, oder durch Steigerung des Gehalts an Lösungsgenossen. Teils bildet es sich auch bei Normaldruck und Gegenwart von freier Kohlensäure entweder aus rein wäßrigen Lösungen oder aus solchen mit Lösungsgenossen durch Temperatursteigerung, oder durch Verdunsten des Lösungsmittels oder durch Zunahme gewisser Lösungsgenossen (NaCl).

III. Das Ferrocarbonat.

Nicht besser als beim Magnesiumcarbonat steht es mit unseren Kenntnissen vom wasserfreien Ferrocarbonat. Es war bislang, abgesehen von dem Carbonat mit einem Molekül Kristallwasser, nur der Eisenspat bekannt. Neuerdings ist es aber gelungen,[3]) ein Mischsalz mit Calciumcarbonat in der Vateritmodifikation herzustellen, in welchem die beiden Carbonate in allen Verhältnissen aufzutreten vermögen, und daraus ergibt sich mit größter Wahrscheinlichkeit, daß außer dem Siderit noch eine Modifikation des wasserfreien Ferrocarbonats existenzfähig ist.

Die Eigenschaften des Siderits dürfen als bekannt vorausgesetzt werden. Von dem mit dem Vaterit mischbaren Eisencarbonat wurde festgestellt, daß es

---

[1]) Fr. Auerbach, l. c.
[2]) F. Rinne, Chem. Ztg. **31**, 125 (1907).
[3]) W. Diesel, l. c.

in Sphärolithen mit schwacher negativer Doppelbrechung auftritt und im reinen Zustand ein spezifisches Gewicht von 3,4 hat.

Über das Verhalten der beiden Modifikationen zueinander weiß man ebensowenig, wie von den entsprechenden Magnesiumcarbonaten, doch ist es nicht unwahrscheinlich, daß sie monotrop sind und der Siderit die bei höherer Temperatur beständige Phase darstellt, denn fast er allein ist in der Natur verbreitet.

Über die künstliche Darstellung der Ferrocarbonate wissen wir folgendes: H. Sénarmont[1]) hat es in Rhomboedern erhalten, indem er eine Lösung von Eisenvitriol mit Natriumbicarbonat im geschlossenen Rohr 36 Stunden auf etwa 150° erhitzte, ebenso durch Erhitzen von Ferrochlorid mit Calciumcarbonat auf etwa 200°. — Das wasserhaltige Carbonat wird erhalten durch Fällen einer Ferrosalzlösung mit Natriumcarbonat.

Auch von der Löslichkeit des Ferrocarbonats wissen wir sehr wenig. Die auf Eisenspat bezüglichen Bestimmungen, welche zum Teil in kohlensäurehaltigem Wasser mit atmosphärischer Luft im Gleichgewicht, zum Teil mit Kohlensäure im Gleichgewicht und zum Teil unter erhöhtem Druck gemacht wurden,[1]) ergeben im ersten Falle 910 bis 1390 mg, im zweiten 720 mg (18°), im dritten 725 mg im Liter sonst reinen Wassers. Die Gegenwart von Alkalien und Ammonium sowie ihrer Carbonate vermindert die Löslichkeit sehr stark.[2])

Daraus würde für die Bildung der wasserfreien Carbonate zu folgern sein, daß Druckerhöhung bei gesättigten Lösungen zur Abscheidung der Carbonate führt, ebenso aber auch das Hinzutreten von Alkalien, Ammonium und ihren Carbonaten.

IV. Calcium–Magnesiumcarbonat.

Ob in der Natur Mischsalze dieser beiden Carbonate vorkommen, ist eine, wie mir scheinen will, noch nicht ganz einwandfrei gelöste Frage, die aber wahrscheinlich, wenigstens soweit bis jetzt die Untersuchungen reichen, zu verneinen ist. Nachdem es jetzt für erwiesen gelten kann, daß der Dolomit ein Doppelsalz ist,[3]) und nachdem es wahrscheinlich gemacht ist, daß es sich in den sogenannten dolomitischen Kalken entweder um Gemenge von Dolomit und Calcit oder um gesetzmäßige Verwachsungen dieser beiden Mineralien, vielleicht auch um Verwachsungen von Magnesit mit Calcit handelt,[4,5]) verbleiben nur mehr Calcitvorkommnisse mit ganz unerheblichem Gehalt an Magnesiumcarbonat und Dolomit- bzw. Magnesitvorkommnisse mit ebenso unerheblichem Gehalt an Calciumcarbonat. Diese kann man aber nicht als isomorphe Mischungen, sondern nur als feste Lösungen auffassen. Sonach ist die Frage nach den Mischsalzen dahin zu präzisieren: Gibt es Mischsalze zwischen Magnesiumcarbonat und den verschiedenen Modifikationen des Calciumcarbonats? Wie wir eben gesehen haben, gibt es solche mit dem Calcit nicht, aber, wie es nach den vorhandenen Analysen zu schließen erlaubt sein wird,

---

[1]) H. Sénarmont, C. R. **28**, 693 (1849).
[2]) Siehe J. Roth, Chem. Geol. Berlin 1879, I, 52 und Nachtrag 417.
[3]) Alb. Vesterberg, Bull. of the geol. Inst. Upsala **5**, 97 (1900).
[4]) G. Linck, Ber. über die XVI. Vers. d. oberrh. geol. Ver. (1883).
[5]) A. v. Inostranzeff, J. k. k. geol. R.A. **22**, 45 (1872).

auch nicht mit dem Aragonit. Hingegen sind solche mit dem Vaterit bekannt geworden.[1, 2, 3])

Sie wurden erhalten als Produkt einer gleichzeitigen Fällung von gemischten Calcium- und Magnesiumsalzlösungen mit Carbonaten der Alkalien und des Ammoniums. Der Bodenkörper solcher Lösungen zeigt einen sehr schwankenden Gehalt an Magnesiumcarbonat, je nach dem Mengenverhältnis der verwendeten Salze, je nach der Temperatur, bei der die Fällung ausgeführt wurde, je nach der Konzentration der Lösungen, je nach den Lösungsgenossen, je nach dem Druck, unter welchem sich die Kristallisation des ursprünglich gelatinösen Niederschlags vollzog. Ohne Überdruck erhält man Mischsalze, deren Magnesiumgehalt nicht ganz bis an das gleiche Molekularverhältnis der beiden Carbonate herangeht, aber neue Versuche haben gezeigt, daß bei Anwendung von Überdruck der Magnesiumgehalt über dieses Verhältnis hinaus gesteigert werden kann.[4])

Dieses Mischsalz, das additive Eigenschaften zu besitzen scheint, tritt in Sphärolithen von schwacher, meist negativer Doppelbrechung auf und hat, wie zu erwarten, ein höheres spezifisches Gewicht als der Vaterit (zwischen 2,55 und 2,85 je nach dem Magnesiumgehalt). Es ist sehr beständig, verändert sich beim Erwärmen an der Luft auf 120° C noch nicht, wird aber bei längerem Auswaschen mit heißem Wasser unter Bildung von Calcit und wasserhaltigem Magnesiumcarbonat zersetzt und scheint beim Erhitzen in Wasser unter Kohlensäureüberdruck in ein Gemenge von Calcit, Dolomit und Magnesit überzugehen.[5]) Weitere Eigenschaften sind noch nicht bekannt geworden.

Der Dolomit ist, wie bereits gesagt, sicher ein Doppelsalz und wir dürfen wohl seine Eigenschaften hier als im allgemeinen bekannt voraussetzen. Deshalb soll nur über die Löslichkeit und seine künstliche Darstellung einiges gesagt werden.

Über die Löslichkeit des Dolomits sind nur wenige Versuche gemacht worden, aus denen sich ergibt, daß beim Durchleiten von Kohlensäure durch Wasser, in welchem kleine durchsichtige Dolomitkriställchen suspendiert sind, sich bei 748,7 mm Atmosphärendruck 654 mg im Liter lösen, während bei undurchsichtigen Kriställchen und 754,6 mm Druck jene Zahl sich auf 725 mg erhöhte.[6]) Pattison[7]) hat jedoch gezeigt, daß sich bei 5 bis 6 Atmosphären Kohlensäuredruck aus dem Dolomit mehr Calcium- als Magnesiumcarbonat löst und das gleiche hat E. v. Gorup-Besanez[8]) durch länger dauernde Behandlung mit kohlensäurehaltigem Wasser bei Atmosphärendruck auch gezeigt. Er fand das Molekularverhältnis im gelösten Anteil

	nach 5 Tagen:	nach 8 Tagen:	nach 3 Wochen:
$MgCO_3 : CaCO_3 =$	1 : 1,03	1 : 1,06	1 : 1,16

Das heißt also mit anderen Worten, der Dolomit ist als solcher gar nicht löslich, sondern wird zersetzt unter Anreicherung des Magnesiumcarbonats im Rückstand.

---

[1]) W. Diesel, l. c.
[2]) G. Linck, l. c.
[3]) K. Schmidt, Inaug.-Diss. (Jena 1911).
[4]) Unveröffentlicht (Spangenberg).
[5]) Unveröffentlicht (G. Linck u. Spangenberg).
[6]) A. Cossa, Z. f. anal. Chemie 145 (1869).
[7]) J. Roth, l. c.
[8]) E. v. Gorup-Besanez, Ann. Chem. u. Pharm. B.B. **8**, 230.

Die Versuche zur künstlichen Darstellung des Dolomits sind außerordentlich zahlreich und es soll hier nur ein gedrängter Überblick gegeben werden, während für die Einzelheiten auf die unten angeführte Literatur verwiesen wird. Eine Reihe von Forschern hat die Einwirkung von Magnesiumchlorid auf Calcit bei erhöhter Temperatur und erhöhtem Druck untersucht und dabei etwas erhalten, was vielleicht Dolomit sein konnte; in einzelnen Fällen glaubte man auch das erhaltene Produkt als ein Gemenge von Dolomit und Magnesit oder als ein solches von Calcit und Magnesit ansehen zu können. Andere haben ein Gemenge von Magnesia alba und Calcit mit einer Lösung von Magnesiumbicarbonat unter erhöhtem Druck und bei höherer Temperatur behandelt und ein nicht näher charakterisiertes Pulver mit mehr Magnesiumcarbonat als Calciumcarbonat erhalten. Wieder andere haben die mit Soda aus einer gemischten Lösung von Calcium- und Magnesiumchlorid gefällten Niederschläge (also Vateritmischsalz) in der Lösung einige Stunden im geschlossenen Rohre erhitzt und einen in Essigsäure schwer löslichen Niederschlag „vom Charakter des Dolomits" erhalten. Die Einwirkung von Chlormagnesiumlösung auf Kalkstein bei erhöhtem Druck und Temperatur soll einen dolomitischen Kalk ergeben haben. Eine Lösung von Magnesiumsulfat oder -chlorid oder -bicarbonat in mit Kohlensäure gesättigtem Wasser mit kohlensaurem Kalk (Calcit?) im geschlossenen Rohr erhitzt, soll ebenfalls Dolomitkristalle ergeben haben. Die bisher erwähnten Methoden haben erhöhten Druck und erhöhte Temperatur gemeinsam, die folgenden benützen erhöhte Temperatur bei Normaldruck. Kreidestücke, die man mit Chlormagnesiumlösung getränkt und auf 100° erhitzt hatte, lieferten nach verschiedentlicher Wiederholung dieses Versuches ein stark magnesiumhaltiges Produkt. Das Erhitzen von Lösungen, in denen neben Chlorcalcium und Chlormagnesium Cyankalium enthalten war, lieferte neben Aragonit auch Dolomit. Auch das Erhitzen von Aragonit mit einer Lösung von Kochsalz und Magnesiumsulfat oder -chlorid soll zur Bildung eines Gemenges von Dolomit und Calcit geführt haben, während die Verwendung von Calcit an Stelle von Dolomit ein solches Resultat nicht ergab. Erhöhter Druck und Zimmertemperatur gelangte nur einmal zur Anwendung bei einem Versuch, der sonst ganz dem zuletzt angeführten entsprach und bei der Verwendung von Calcit ein einheitliches (?) Produkt ergeben haben soll, in welchem Magnesium- und Calciumcarbonat im Molekularverhältnis 4 : 3 standen. Auch bei Normaldruck und Zimmertemperatur wurden zahlreiche Versuche angestellt. So hat man aus einer gemischten Lösung von Calcium- und Magnesiumbicarbonat in Wasser nebeneinander Dolomit, Calcit und wasserhaltiges Magnesiumcarbonat erhalten. Auch bei Einwirkung reichlicher Mengen dissoziierter Magnesiumsalzlösungen auf Calcit soll Dolomit entstehen. Bei Behandlung von Kreidestücken mit Magnesiumbicarbonatlösungen verbleibe das gesamte Magnesium in der Kreide. Lösungen von Magnesia alba und Calciumcarbonat, in Schwefelammonium mit Kochsalz versetzt und bei niedrigerer Temperatur eingedampft, sollen Gemenge von Calcit mit Dolomit bzw. Dolomit mit Magnesit liefern, aber bei Verwendung der beiden Carbonate im Molekularverhältnis soll nur Dolomit entstehen. Endlich ist Dolomit erhalten worden bei den Versuchen zur Herstellung von Magnesium–Calcium-Mischsalzen, die wir oben erwähnt haben, und zwar hat man ihn in rhomboedrischer Form aus stark verdünnten Lösungen und in Sphärolithen unter erheblichem Überdruck und bei gesteigerter Temperatur (etwa 60°) erhalten. Weitere Versuche sind im Gange und versprechen unter Anwendung von Lösungsgenossen leicht reproduzierbare Resultate.

Wenn auch bei weitaus den meisten dieser Versuche die Resultate entweder wegen ungenügend durchgeführter Charakterisierung der Endprodukte oder wegen ihrer unvollkommenen Reproduzierbarkeit nur einen geringen Wert für die Erklärung der Bildung des natürlichen Dolomits haben, so ersieht man doch immerhin daraus, daß verschiedene Wege, verschieden nach Temperatur und Druck, nach Lösungsmitteln und Lösungsgenossen zur Bildung des Dolomits führen können und es dürfte die Zeit nicht mehr ferne sein, wo wir diese Verhältnisse mit völliger Klarheit überschauen.

Von besonderer Wichtigkeit sind in dieser Hinsicht noch zwei zufällig in der Natur gemachte Beobachtungen: In einer schlecht verschlossenen Flasche mit dem Bitterwassersäuerling von Lamalou wurden Dolomitkristalle von 2 bis 3 mm Kantenlänge gefunden und in ähnlicher Weise hat man auch die Bildung von Dolomitkristallen in den Röhren beobachtet, in denen Thermalwasser von Lartet am Toten Meere verschickt wurde.[1, 2]

Gerade diese letzten beiden Beobachtungen lehren dasselbe, was von G. Linck ausgesprochen wurde, daß der Dolomit wesentlich entstehe als ein Produkt des Gleichgewichtes zwischen Magnesiacarbonat in der Lösung und im Bodenkörper. Wir werden später noch einmal darauf zu sprechen kommen.

V. Die Mischsalze der Carbonate des Calciums, Magnesiums und Eisens.

Diese Mischsalze mögen hier gemeinsame Behandlung finden, ob sie nun nur aus zwei oder aus drei Komponenten bestehen. Die letzteren sind ja als Gangbildungen häufig, während sie gesteinsbildend, wenn wir von den verhältnismäßig eisenarmen Dolomiten absehen, kaum auftreten. Bei den ersteren ist das Calcium–Eisencarbonat gesteinsbildend sehr weit verbreitet, und zwar mit den verschiedensten Mengenverhältnissen der beiden Carbonate, hingegen beschränkt sich das Magnesium–Eisencarbonat auf verhältnismäßig eisenarme Magnesite. Hieraus ergibt sich, daß diese Mischsalze entweder der Form des Calcits oder des Dolomits oder des Magnesits angehören. Die Aragonite enthalten kaum je irgendwie erhebliche Mengen von Ferrocarbonat, also ein ganz analoges Verhältnis, wie wir es beim Magnesiumcarbonat zum Aragonit getroffen haben. Nun ist aber neuerdings[3]) dargetan worden, daß ein wasserfreies Mischsalz sowohl zwischen Calciumcarbonat und Ferrocarbonat als zwischen letzterem und Magnesiumcarbonat oder auch zwischen allen dreien in ganz analoger Weise dargestellt werden kann, wie bei den künstlichen Mischsalzen zwischen Calcium- und Magnesiumcarbonat. Diese Mischsalze gehören der Modifikation des Vaterits an, treten in Sphärolithen mit schwacher negativer Doppelbrechung auf und haben additive Eigenschaften. Viel mehr wissen wir über dieses Mischsalz bisher noch nicht.

Auf das Verhalten von den Carbonaten des Calciums und des Mischsalzes von Magnesiumcalciumcarbonat gegenüber Ferrosalzlösungen mag hier noch mit einigen Worten eingegangen werden, weil es für die Entstehung

---

1) Moitessier, Procès verbaux des séances de l'Ac. (1863). — Montpellier (1864) (Wills Jahresber. d. Chem. 1866, 178).

2) A. Terreil, Bull. Soc. géol. **23**, [2], 570 (1866).

3) W. Diesel, l. c.

der Spateisensteine von Wichtigkeit ist. Wie an anderem Orte des näheren ausgeführt werden wird, fällen Calcit und Aragonit die Ferrosalzlösungen, jener in Form eines gelben Salzes, dieser in Form von grünlichem Ferrocarbonat. Dem Aragonit ähnlich verhält sich der Vaterit und ebenso das dem Vaterit entsprechende Magnesiumcalciumcarbonat. Bei dem letzteren wurde aber noch die Beobachtung gemacht, daß das Magnesium wesentlich schneller durch Eisen ersetzt wird als das Calcium.

VI. Die Abscheidung von Calcium- und Magnesiumcarbonat durch Organismen.

Eine Anzahl von Pflanzen und eine große Anzahl von Tieren sondern kohlensauren Kalk ab, der nicht selten einen erheblichen Gehalt an kohlensaurer Magnesia birgt. Die nachstehenden, einer Arbeit von O. Bütschli[1]) entnommenen Zahlen mögen einen Überblick über die Menge des vorhandenen Magnesiumcarbonats geben:

Kalkalgen	0—16,99 %	(meist hoch!)
Protozoen	0—12,52 %	(selten hoch!)
Spongien	6,84 %	(eine Bestimmung!)
Coelenteraten	0— 0,97 %	und die dazu gehörigen
Anthozoen	0— 9,38 %	(nur bei den Octokorallen hoch!)
Echinodermen	0— 9,36 %	
Vermes	0— 7,64 %	(Brachyopoden bis 3,4 %)
Mollusken	0— 1 %	(nur bei Argonauta argo bis 5,08 %).

Wie man sieht, kommen in einer Reihe von Kalkskeletten und -schalen in der Tat recht erhebliche Mengen von Magnesiumcarbonat vor.

Der kohlensaure Kalk dieser Teile von Tieren und Pflanzen ist nun bald Calcit und bald Aragonit, und man hat bis jetzt die Ursache für diese Verschiedenheit noch nicht völlig erkannt. Es mag in der nachstehenden Tabelle angegeben werden, wo wir hauptsächlich Aragonit und wo Calcit treffen. Die Daten sind ebenfalls O. Bütschli entnommen:

Kalkalgen	zum größeren Teil	Calcit
Protozoen	meist	Calcit
Spongien		Calcit
Coelenteraten	„	Aragonit
Anthozoen	„	Aragonit (nur die dazu gehörigen, Octokorallen, Calcit)
Echinodermen	„	Calcit
Vermes	„	Calcit
Mollusken	„	Aragonit (Argonauta argo, Calcit).

Wie man leicht erkennt, ist eine Übereinstimmung dieser Tabelle mit derjenigen vom Gehalte an Magnesiumcarbonat vorhanden, und zwar in der Weise, daß die Kalkgebilde mit erheblichen Mengen von Magnesium Calcit sind, während die magnesiumarmen zumeist als Aragonit auftreten. Aus dieser Beobachtung möchte man im Zusammenhang mit dem oben über die Mischsalze

[1]) O. Bütschli, l. c.

von Magnesium- und Calciumcarbonat Gesagten fast zu schließen geneigt sein, daß der kohlensaure Kalk in den aus Calcit bestehenden Gebilden zuerst als Vaterit abgeschieden wurde, und daß sich dieser Vaterit noch zu Lebzeiten des Tieres und sehr schnell nach seiner Bildung in Calcit umgewandelt hat. Es sind ja im Blute der Tiere und Pflanzen alle Bedingungen zur Bildung der metastabilen Phasen vorhanden, und andererseits bietet das umgebende Medium (Süß- oder Salzwasser mit Kohlensäuregehalt) ebenfalls Veranlassung genug zur schnellen Umwandlung des Vaterits. (Auch der Kalk in den Arterien des Menschen ist Aragonit).[1])

Über die Art der Beteiligung der verhältnismäßig großen Mengen von Magnesiumcarbonat in den Calcitgebilden ist bislang nichts bekannt. Es ist aber zu vermuten, daß es in Form von Dolomit darin steckt. Würde der Nachweis hierfür gelingen, dann wäre zugleich der Beweis erbracht, daß diese Calcitgebilde tatsächlich aus Vaterit hervorgegangen sind.

In den bisher betrachteten Fällen kann die Kalkabscheidung als ein Erfolg des Blutkreislaufs angesehen werden, wie es sich ja auch schon daraus ergibt, daß die Mehrzahl der Tiere den kohlensauren Kalk in dem Medium, in welchem sie leben, überhaupt nicht vorfindet, sondern genötigt ist, ihn auf dem Wege doppelter Umsetzung aus anderen Kalksalzen (Gips) zu gewinnen. Es gibt nun aber noch eine andere Möglichkeit der Abscheidung von kohlensaurem Kalk unter der Mitwirkung von Organismen, bei welcher die Kalkabscheidung nur ein nebensächlicher außerhalb des Organismus liegender Vorgang ist.

Durch neuere Untersuchungen[2]) darf es als erwiesen gelten, daß für die Assimilation der Wasserpflanzen weniger die in dem Wasser enthaltene freie Kohlensäure als vielmehr die in den Bicarbonaten der Alkalien und alkalischen Erden halbgebundene von Bedeutung ist. Indem nun die Pflanzen diese halbgebundene Kohlensäure assimilieren, entziehen sie dem kohlensauren Kalk sein Lösungsmittel und veranlassen seine Abscheidung als Calcit. So allein lassen sich die oft gewaltigen Massen von Kalksinter (Kalktuff) erklären, welche in der Umgebung oft an Kalk gar nicht so übermäßig reicher Quellen entstanden sind und heute noch entstehen.

VII. Die natürlichen anorganischen Bildungsbedingungen.

Betrachten wir nun im Zusammenhang mit den obigen Darlegungen die natürlichen Entstehungsbedingungen der Carbonate, so werden wir folgendes sagen können:

A. Primärer Kalkspat ist stets bei Temperaturen unter 29° C entweder aus ursprünglich verdünnten Lösungen von Carbonat oder Bicarbonat oder durch doppelte Umsetzung zwischen verdünnten Lösungen, die sonst salzfrei waren, und zwar sehr langsam, im ersteren Falle durch Verdunsten, Abkühlen, Druckverminderung, Entziehung von Kohlensäure entstanden. Hierher gehören die aufgewachsenen Kristalle, die Gang- und Drusenausfüllungen und ähnliches, ferner die Kalksinterbildungen (Tuffe), auch manche pisolithähnliche Bildungen, wie z. B. die Sinterüberzüge auf kleinen Geröllen in kalkhaltigen kalten Quellen oder die nach W. Volz[3]) in Sumatra weit ausgedehnte Flächen bedeckenden, oft

[1]) V. Reichmann, unveröffentlicht.

[2]) U. Angelstein, Inaug.-Diss. Halle-Wittenberg 1910 und Al. Nathansohn, Kgl. sächs. Ges. d. Wiss. Leipzig **59**, 211 flg. (1907).

[3]) Unveröffentlicht.

zentimeterdicken Überkrustungen von Kalksteinsplitterchen, welche dort am Fuße von Kalkbergen auftreten, von denen der tropische Regen den gelösten Kalk herunterbringt (ihnen gehören vielleicht die sogenannten Riesenoolithe an); ferner sind vermutlich hierher zu stellen manche sehr feinkörnige Kalksteine wie die Solnhofer lithographischen Schiefer und Verwandte, die sich in abgeschlossenen Buchten mit reichlicher Zufuhr von gelöstem Calciumcarbonat gebildet haben mögen.

B. Primärer Aragonit entsteht aus denselben Lösungen wie der Calcit bei Temperaturen über 29° C ganz in derselben Weise, oder auch bei tieferen Temperaturen an Stelle des Calcits, wenn die Lösungen reich an Salzen, besonders an Magnesiumsalzen, sind,[1]) oder wenn die Lösungen, welche der doppelten Umsetzung unterliegen, ziemlich konzentriert sind. In den beiden letzteren Fällen aber, wie es scheint, im allgemeinen nur bei tieferen Temperaturen, also bei verhältnismäßig langsamer Bildung. Hierher gehören, und zwar zur ersten Art, ein Teil der aufgewachsenen Kristalle, der Sinterbildungen und die Pisolithe; zur zweiten Art ist zu rechnen vermutlich ein anderer Teil der Kristalle und Sinterbildungen, wahrscheinlich die, bei denen Calcit und Aragonitbildungen wechsellagern,[2]) die Inkrustierungen und Verkittungen von Sand- und Muscheltrümmern an den Ufern tropischer Meere; zur dritten Art gehören wohl die rezenten Oolithe in mehr oder minder abgeschlossenen organismenreichen Meeresbuchten und salzigen Binnenseen,[3]) manche Kristallbildungen, besonders die im Gips und im Schwefel.

C. Primärer Vaterit hat analoge Bildungsmöglichkeiten wie der Aragonit, nur muß die Entspannung schneller vor sich gehen, also Bicarbonatlösungen müssen konzentrierter sein oder sich schneller abkühlen oder die Kohlensäure muß schneller entzogen werden (z. B. durch Basen), oder aber die der doppelten Umsetzung unterworfenen Lösungen müssen sehr konzentriert sein, eventuell auch einen großen Gehalt an anderen Salzen haben, oder sehr hohe Temperatur besitzen. Vaterit ist in der Natur bis jetzt nicht beobachtet worden. Das mag einerseits seinen Grund darin haben, daß die Bedingung einer sehr schnellen Entspannung der Lösung in der Natur meistens nicht erfüllt ist, und andererseits darin, daß er eine außerordentlich große Umwandlungsgeschwindigkeit in Calcit besitzt. Ihn einmal zu finden, dafür wäre die größte Möglichkeit in absterbenden Korallenriffen oder im Faulschlamm der Meere, wo durch die reichliche Entwicklung von Natrium- und Ammoniumcarbonat seine Fällung unter Beimischung von Magnesiumcarbonat möglich ist.

D. Sekundärer Calcit. Da, wie wir früher gesehen haben, Calcit die allein beständige Modifikation des kohlensauren Kalks ist, da ferner der Vaterit eine außerordentlich große, nur durch den Gehalt an Magnesium, Barium, Strontium oder durch Lösungen von Ätzalkalien und Ammoniak bzw. deren Carbonaten wesentlich verlangsamte Geschwindigkeit der Umwandlung besitzt, da endlich diese Umwandlungsgeschwindigkeit auch beim Aragonit nicht unerheblich ist und durch eine Reihe von Salzen, durch Kohlensäure und erhöhte Temperatur noch gesteigert wird, so werden wir den Vaterit fossil überhaupt kaum mehr antreffen, es sei denn in wasserarmen oder regenarmen Gegenden als Misch-

[1]) F. Cornu, Östr. Ztschr. f. Berg- u. Hüttenw. **55**, 596. — H. Leitmeier, Ebenda **47**, 121 (1909) und N. JB. Min. etc. 1910, I, 49.

[2]) H. Leitmeier, l. c.

[3]) G. Linck, N. JB. Min. etc. Bl.Bd. **16**, 495 (1903).

salz von Calciumcarbonat mit den oben genannten anderen Carbonaten, doch sind auch solche Mischsalze meines Wissens nicht bekannt. Ebensowenig werden wir den gesteinsbildenden Aragonit fossil antreffen, denn die Gesteine sind allenthalben von kohlensäurehaltigem Wasser durchtränkt, haben zum Teil einen Gehalt von die Umwandlung befördernden Salzen, sind bei erhöhter Temperatur gelagert oder waren einem erhöhten Druck ausgesetzt, lauter Dinge, welche die Umwandlung befördern. Nur aufgewachsene Krystalle oder Sinterbildungen, die in Spalten oder an der Erdoberfläche lagern, werden durch verhältnismäßig große Zeiträume erhalten bleiben. Auch Durchtränkung mit Ätzalkalien und kohlensauren Alkalien oder mit Ammoniak und kohlensaurem Ammon kann die Haltbarkeit begünstigen.

So dürfen wir annehmen, daß sämtliche fossilen Sprudelsteine in Calcit umgewandelt sind und ebenso sämtliche fossilen Pisolithe und Oolithe, wie auch alle Aragonitmassen, die von Tieren gebildet wurden. Eine Umwandlung aus einer anderen Modifikation können wir überall dort annehmen — wir sehen von den metamorphischen Kalksteinen, den Marmoren, ab —, wo die die ungleichmäßige Korngröße eine Umkristallisation nachweist, wo einzelne (frühere Aragonit-) Teile ausgelöst wurden und das Gestein eine zellige Beschaffenheit angenommen hat, wo die Strukturen der organogenen oder anorganogenen Kalkgebilde eine Veränderung erfahren haben, wie in vielen Oolithen und Rogensteinen. Aber auch dort, wo solche Strukturänderungen nicht stattgefunden haben, ist eine stattgehabte Umlagerung nicht ausgeschlossen.[1]) Vielleicht liegt in diesen Fällen eine Differenz zwischen Aragonit und Vaterit vor, sie bedarf aber noch des Nachweises. Solche Verhältnisse scheinen vorzuliegen bei vielen fossilen Sinterbildungen, bei Oolithen und Rogensteinen, über deren Entstehung man übrigens schwankender Anschauung ist.[2,3,4])

E. Magnesit. Wie es scheint, gibt es in der Natur die reine kohlensaure Magnesia wasserfrei nur in Form des Magnesits und dieser tritt, so viel mir bekannt geworden ist, fast ausnahmslos in mehr oder minder stark metamorphosierten Gesteinen meist mit magnesiumhaltigen Silicaten zusammen auf. Seine Entstehung ist also wohl unter Mitwirkung von erhöhtem Druck und bei erhöhter Temperatur vor sich gegangen. Vgl. unten K. Redlich, Entstehung der Magnesitlagerstätten.

F. Dolomit. Da die Frage nach der Bildung der Dolomite so viel umstritten ist, dürfte es zweckmäßig sein, über die Ansichten und Hypothesen, welche seit den Zeiten eines Arduino und Heim aufgestellt wurden, einen zusammenfassenden Überblick zu geben und dabei nach der prinzipiellen Art der Entstehung einzuteilen.

1. Organogene Entstehung: Auf Grund der uralten Beobachtung, daß sowohl Pflanzen als Tiere ein magnesiumhaltiges Kalkskelett oder ebensolche Kalkschalen absondern, hat man angenommen, daß dies die Dolomitbildung einleite, die später durch die Magnesiumsalze des Meerwassers bei erhöhter Temperatur vollendet werde. Auch hat man geglaubt, aussprechen zu können, daß die Barrierenriffe der Korallen nur dolomitische Kalke, die Lagunenriffe und Atolle hingegen richtige Dolomite liefern.

---

[1]) K. Krech, J. preuß. geol. L.A. (1909).
[2]) E. Kalkowsky, Z. d. geol. Ges. **60**, 68 (1908).
[3]) F. Gaup, Geol. u. pal. Abh. v. Koken N. F. **9** [1] (1908).
[4]) G. Linck, Naturwiss. Wochenschr. N. F. **8**, 690 (1909).

2. Minerogene Entstehung. Zahlreiche Forscher vertreten die Meinung, daß der Dolomit ein chemisches Präzipitat des Meerwassers oder auch der Absatz von Quellwässern sei, welche Magnesium- und Calciumbicarbonat enthalten. Die einen lassen die Herkunft des Magnesiumbicarbonats dahingestellt, die anderen vermuten seine Herkunft in am Meeresgrunde liegenden Quellen oder in Fumarolen von Eruptivgesteinen. Wieder andere glauben, das Carbonat des Magnesiums sei durch Ammoniumcarbonat aus dem Meerwasser ausgefällt worden. Auch dem Brom- und Jodgehalt der Meere oder dem Schwefelammon, das neben kohlensaurem Ammon bei der Verwesung von Tier- und Pflanzenleichen entsteht, wird eine aktive Rolle von einigen zugesprochen. Es gibt Forscher, die da vermuten, diese Bildungen haben sich im offenen Ozean vollzogen, während andere den Ort der Bildung in den Schlamm verlegen und bald meinen, es sei in großer Tiefe unter vermehrtem Druck geschehen, bald auch glauben, er habe sich im austrocknenden Schlamme an den Küsten gebildet. Untersuchungen über die Dolomitisierung rezenter Korallenriffe haben zu der Anschauung geführt, daß sie sich nahe oder ganz an der Oberfläche des Wassers vollzogen habe und daß sowohl eine direkte Abscheidung von Dolomit aus dem Meerwasser, als auch eine Dolomitisierung des vorhandenen Kalkschlamms stattfinde. Auch die letztere Ansicht allein findet ihre Vertreter. Nach einem Teil der Autoren ist es ein räumlich weit ausgedehnter, nach einem anderen Teil nur ein lokaler Vorgang. Auch Alkalicarbonaten, die bald aus gewöhnlichen Quellen und Flüssen, bald aus Fumarolen stammen sollen, wird die Fällung des Dolomits aus dem Meerwasser zugeschrieben. Die Behauptung, durch das Calciumcarbonat der Flüsse werde aus dem Meerwasser die Bildung von Dolomit veranlaßt, hat ebenfalls ihre Vertreter gefunden und damit steht die Auffassung im Zusammenhang, daß eine solche Umsetzung zwischen allen Carbonaten der Erdalkalimetalle und des Eisens mit dem Magnesiumsulfat zur Dolomitbildung führen könne. Endlich wurde auch noch die Ansicht ausgesprochen, daß aus dem Meerwasser Magnesiumcarbonat durch Alkalicarbonate gefällt werde, sich mit dem Kalkschlamm mische und dann durch Hitzewirkung in Dolomit übergeführt werde.

3. Diagenetische Entstehung. Man hat auch gedacht, die Entstehung sei erfolgt infolge Durchtränkung von Kalksteinen mit Magnesiumsulfat oder -chlorid entweder bei Atmosphärendruck oder unter Druckerhöhung und Einwirkung erhöhter Temperatur im Gefolge tiefer Lagerung oder der Nähe von Eruptivmassen. Auch erhöhte Salzkonzentrationen abgeschlossener Meeresbecken und ihre Einwirkung auf unterliegendes Gestein hat man verantwortlich machen wollen und gedacht, der Vorgang vollziehe sich teils bald nach der Ablagerung des Kalksteins, bald erst nach seiner Fossilisation. Dann ist auch noch die Vermutung ausgesprochen worden, daß eine Durchtränkung von Kalksteinen mit Magnesiumbicarbonatlösungen mit oder ohne gleichzeitige Temperaturerhöhung zur Bildung von Dolomit Veranlassung geben könne.

4. Auslaugungsprodukte. Manche glauben auch, daß der Dolomit einfach aus dolomitischen Kalksteinen durch Auslaugung des überschüssigen Calciumcarbonats entstanden sei, sei es nun, daß sie dafür kohlensäure- oder schwefelsäurehaltiges Wasser verantwortlich machen. Auch diese Anschauung, verbunden mit einer Umwandlung aragonitischer Ablagerungen unter dem Einfluß der Magnesiumsalze des Meerwassers kommt vor.

5. Pneumatolytische Prozesse. Die erste Hypothese, welche schon von G. Arduino und J. L. Heim ausgesprochen und später in L. v. Buch ihren

Hauptvertreter gefunden hat, sprach von einer Durchtränkung der Kalksteine mit magnesiumhaltigen Dämpfen, die aus dem Erdinnern oder von Laven stammen sollten.

Wenn man diese vielen verschiedenen und sich wieder überdeckenden Hypothesen liest, fallen uns die Worte von Horaz ein „tot capita tot millia studiorum“. Aber nützlich ist es immerhin, und wir sehen, daß die Natur viele Wege haben muß, um zum gleichen Resultat zu kommen, denn auch die experimentellen Untersuchungen haben auf den verschiedensten Wegen zur Bildung von mehr oder weniger gut charakterisiertem Dolomit geführt. Es fragt sich nur, ob nicht allen Entstehungsmöglichkeiten ein gemeinsames Prinzip zugrunde gelegt werden kann. Dies aber möchte ich glauben, ja ich bin nach meinen eigenen Untersuchungen und nach denen meiner Schüler, welche zum Teil noch nicht veröffentlicht sind, der festen Überzeugung, daß das Prinzip experimentell gefunden ist. Es lautet: *Der Dolomit bildet sich bei Gegenwart von Calciumcarbonat in der Lösung oder bei Gegenwart von labilen Modifikationen des Calciumcarbonats im Bodenkörper als Produkt eines Gleichgewichts zwischen Magnesiumcarbonat in der Lösung und im Bodenkörper unter gleichzeitiger Aufzehrung des vorhandenen Calciumcarbonats.* Jenes Gleichgewicht ist abhängig von Temperatur und Druck, sowie von den Lösungsgenossen. Es stellt sich um so leichter und schneller ein, je labiler, je leichter löslich die Modifikation des kohlensauren Kalkes ist, je mehr Kohlensäure vorhanden und je höher Temperatur und Druck ist. Ein Überschuß von Magnesiumcarbonat kommt in Form von Magnesit zur Abscheidung.

Daraus würde sich ergeben, daß fast alle oben aufgezählten Hypothesen zutreffend sein können.

1. Es ist möglich, daß sich aus gemischten Lösungen von Calcium- und Magnesiumbicarbonat Dolomit abscheidet, wenn nur von dem letzteren der beiden Carbonate eine genügende Menge vorhanden ist und die Abscheidung des Calciumcarbonats durch Lösungsgenossen, Druck, Temperatur, Kohlensäureathmosphäre so lange hintangehalten wird, bis auch die Abscheidung des wasserfreien Magnesiumcarbonats erfolgen muß.

2. Es ist möglich, daß aus gemischten Magnesium- und Kalksalzlösungen (Meerwasser) durch kohlensaure Salze (Alkalien, Ammonium) bei reichlicher Gegenwart von freier Kohlensäure (Verwesungsvorgänge in abgeschlossenen Meeresteilen, Riffen, Lagunen usw.) sich direkt Dolomit bildet.

3. Es ist möglich, daß bei der Umwandlung metastabiler Phasen des Calciumcarbonats und Gegenwart von Magnesiumbicarbonat und freier Kohlensäure sich Dolomit bildet. (Dies kann in rezenten und subfossilen Kalkablagerungen geschehen.)

4. Es ist möglich, daß bei der Durchtränkung von Kalksteinen (Calcit) mit irgend welchen Magnesiumsalzlösungen (Sulfat, Chlorid, Bicarbonat), die reich an Kohlensäure sind, eine Auflösung des Calcits erfolgt und später unter veränderten Druck- und Temperaturverhältnissen ein lokaler Absatz von Dolomit eintritt.

5. Es ist möglich, daß aus einem dolomitischen Kalkstein der überschüssige kohlensaure Kalk durch an Magnesiumcarbonat bereits gesättigte Lösungen, oder durch Lösungen mit Lösungsgenossen, die die Löslichkeit des Calciumcarbonats erhöhen und die des Magnesiumcarbonats herabdrücken, oder unter hohen Drucken ausgelöst und so Dolomit gebildet wird.

6. Es ist auch nicht ausgeschlossen, daß unter geeigneten Umständen pneumatolytische auf Calciumcarbonat wirkende Prozesse zu einer Dolomitisierung führen.

Ausgeschlossen scheint es nach den heutigen Erfahrungen, daß die Bildung sich im offenen Meere vollzieht oder sich über weit ausgedehnte Flächen erstreckt. Ausgeschlossen erscheint auch, daß die Alkalicarbonate oder Erdalkalicarbonate der dem Meere durch die Flüsse zugeführten Wassermassen Veranlassung zur Bildung gegeben haben, weil das Meerwasser im allgemeinen an Calciumcarbonat ungesättigt ist, wie die vom Meere angefressenen Kalkfelsen beweisen.[1])

Die Aufgabe zukünftiger Forschungen wird es sein, in jedem einzelnen Falle und bei jedem einzelnen Vorkommnis die besonderen Gleichgewichtsbedingungen festzustellen. Fest steht jedenfalls, daß auch noch heute Dolomitbildungen im Meere vor sich gehen und daß auch heute noch sich auf Klüften und Hohlräumen Dolomitkrystalle vor unseren Augen bilden. Auf die oben erwähnten sechs Möglichkeiten, die Dolomitvorkommnisse wenigstens in großen Zügen zu verteilen, ist ein Wagnis, aber als Versuch mag es doch geschehen.

Gangbildungen, Kristalle auf Spalten und in Höhlen, Sinterbildungen, das Bindemittel in Sandsteinen usw., die Kristalle in kristallinen Schiefergesteinen mögen der 1. Möglichkeit zugerechnet werden. Der 2. Möglichkeit gehört vielleicht ein Teil der Dolomitisierung von kalkigen Riffbildungen, diejenigen in Faulschlammen des Meeres an Küsten, in Lagunen und ziemlich abgeschlossenen Buchten an. Sie wird gerne Hand in Hand gehen mit der 3. Möglichkeit, welche natürlich bei allen in Form von Vaterit und Aragonit oder auch als Gallerte eintretenden organogenen oder minerogenen Abscheidungen von kohlensaurem Kalk eintreten kann. Dahin würden Korallen- und Bryozoenriffe ebenso gehören wie die oolithischen Dolomite. Auch die die Salzlager begleitenden Dolomite sind wohl der 2. und 3. Möglichkeit zuzurechnen. Der 4. Möglichkeit möchten vielleicht zugerechnet werden alle die in Kalksteinen so häufig wolken- oder stock- und schmitzenförmig auftretenden Dolomitisierungen, vielleicht auch viele Stinkdolomite, die ja jetzt noch Ammoniak enthalten. Die 5. Möglichkeit dürfte verwirklicht sein in den Dolomitaschen und in vielen Zellendolomiten. Ob wir die 6. und letzte Möglichkeit schon erkannt haben, ob sie überhaupt verwirklicht ist, wage ich nur anzudeuten, indem ich auf manche zuckerkörnige Dolomite mit reichlichem pneumatolytischem Mineralgehalt, wie die am Campo longo in den Westalpen und von Héas in den Pyrenäen aufmerksam mache.

G. Eisenspat. Da der Spateisenstein in den Werken über Erzlagerstätten so ausführlich behandelt ist und da so wenig experimentelle Daten für ihn und für die Ferrocarbonate überhaupt vorliegen, können wir uns hier sehr kurz fassen. Es ist einleuchtend, daß seine Entstehung nur bei Gegenwart reduzierender oder wenigstens bei gänzlicher Abwesenheit oxydierender Substanzen möglich ist. Deshalb ist seine direkte Bildung nur möglich oder wahrscheinlich aus kohlensäurehaltigen Quellen, die jenen Forderungen entsprechen oder in Mooren, Sümpfen, Seen, Lagunen usw., deren Bodensatz den Charakter eines Faulschlammes besitzt. Ob in diesen Fällen oder in

[1]) G. Linck, Naturw. Wochenschr. N. F. **8**, 690 (1909).

einem von ihnen, die erste Abscheidung in Form des wasserhaltigen Salzes oder in Form der Vateritmodifikation auftritt und dann eine spätere Umwandlung erfolgt, bedarf noch der Untersuchung. Es ist das Auftreten in der Vateritmodifikation nicht bloß möglich, sondern auch wahrscheinlich überall da, wo erhebliche Mengen Kalk gleichzeitig mitgefällt werden, aber wie gesagt, die Entscheidung steht noch aus.

Alle anderen Vorkommnisse scheinen diagenetischen Ursprungs zu sein und mögen durch Einwirkung von aus Eisenkies entstandenem Ferrosulfat auf irgend welche Modifikationen von kohlensaurem Kalk oder auf solche von kohlensaurer Magnesia, auch Dolomit, entstanden sein. Wie die Experimente gezeigt haben, vollzieht sich die Umsetzung um so schneller, je labiler, d. h. je löslicher die Modifikation des Calciumcarbonats ist und schneller mit Magnesiumcarbonat als mit Calciumcarbonat. Es ist auch das Umsetzungsprodukt ein anderes je nachdem Vaterit und Aragonit oder Calcit verwendet wird. Da auch hierbei Oxydation ausgeschlossen sein muß, so kann man entweder an reduzierende Lösungen denken oder aber an ein relativ beständiges Salz wie das Mohrsche, also an ein gleichzeitiges Vorhandensein von Ammonium- und Ferrosulfat. Solche diagenetischen Vorkommnisse werden durch ein wolkiges, stock- und schmitzenförmiges Auftreten charakterisiert sein. Inwieweit viele oolithische Brauneisenerze hierher zu rechnen sind, darüber gehen die Anschauungen noch gar zu weit auseinander.

H. Breunerit, Braunspat. Über diese Mischsalze in der Modifikation des Calcits ist, nachdem Magnesit und Calcit besprochen sind, nicht mehr viel zu sagen. Sie gehören ihnen eigentlich an. Es mag jedoch hier hervorgehoben werden, daß sie ebenso wie die sogenannten kalkreichen Dolomite dringend der Untersuchung bedürfen in der Richtung nämlich, ob man es nicht zum Teil mit gesetzmäßigen Verwachsungen mehrerer Carbonate zu tun hat, wie es für einige schon nachgewiesen wurde.

Zu dem nachfolgenden Literaturverzeichnis sei bemerkt, daß es trotz seines Umfanges keineswegs vollständig ist; aber mit seiner Hilfe wird es möglich sein, die vollständige Literatur zu finden. Es sei in dieser Hinsicht besonders auf H. Vater, F. Vetter, O. Bütschli aufmerksam gemacht.

Literaturzusammenstellung.

1. Löslichkeit der Carbonate.

R. Abbeg, Handbuch der anorganischen Chemie (Leipzig).
G. Bischof, Lehrbuch der chem. u. phys. Geologie II, (Bonn 1867), 2 u. 3.
G. Bodländer, Z. f. phys. Chemie **35**, 23 (1900).
E. Cohen und H. Raken, K. Ac. van Wetensch. (Amsterdam 1900 01) IX. 28.
Fr. K. Cameron, J. M. Bell u. W. O. Robinson, J. of phys. Chim. **11**, 414 (1907).
H. Cantoni u. G. Goguélia, Bull. Soc. chim. [3], **33**, 24 (1905).
L. F. Caro, Inaug.-Diss. (Jena 1873).
O. Dammer, Handbuch der anorg. Chemie (Stuttgart 1892—1903).
P. Engel, C. R. **100**, 444 (1883).
P. Engel u. J. Ville, C. R. **93**, 340 (1881).
H. W. Fresenius, Ann. d. Chem. **59**, 122 (1876).
H. W. Foote, Z. f. phys. Chem. **33**, 740 (1900).

H. W. Foote u. G. A. Menge, Am. Journ. **35**, 432 (1906).
F. Hollemann, Z. f. phys. Chem. **12**, 134 (1893).
J. D. Irving, Ch. N. **63**, 192 (1891).
K. Kippenberger, Chem. ZB. II, 176 (1894); II, 1051 (1895); Z. anorg. Chem. **6**, 177 (1894).
P. Kremers, Pogg. Ann. **85**, 246 (1852).
F. W. Küster, Z. anorg. Chem. **13**, 127 (1897).
J. L. Lassaigne, Journ. prakt. Chem. [1], **44**, 247 (1848).
Fr. Mach, Verh. d. Naturf. u. Ärzte **2**, 91 (1903).
E. Pollacci, Chem. ZB. II, 946 (1896).
Th. Schlössing, C. R. **75**, 70 (1872); **74**, 1552 (1872).
J. P. Treadwell u. M. Reuter, Z. anorg. Chem. **17**, 170 (1898).
O. Vogel, Journ. prakt. Chem. **7**, 454 (1836).
G. C. Wittstein, Arch. d. Pharmacie [3], **6**, 40 (1875).

2. Die Experimente zur Darstellung des Dolomits.

a) Normaler Druck, normale Temperatur.

Th. Scheerer, N. JB. Min. etc. 1866, 1.
Fr. W. Pfaff, N. JB. Min. etc. Bl.Bd. **9**, 485 (1894).

b) Normale Temperatur, erhöhter Druck.

Fr. W. Pfaff, N. JB. Min. etc. Bl.Bd. **23**, 529 (1907).

c) Normaler Druck, erhöhte Temperatur.

P. W. Forchhammer, Danske Videnskap. Skelsk. Fosh. **5/6**, 83 (1849); Journ. prakt. Chem. **49**, 52 (1850).
Ch. Sainte-Claire Deville, C. R. **47**, 89 (1858).
Léon Bourgeois u. H. Traube, Bull. Soc. min. **15**, 13 (1892).
C. Klement, Bull. Soc. Belge géol. **8**, 219 (1894); **9**, 3 (1895); Tsch. min. Mit. **14**, 526 (1895).

d) Erhöhter Druck, erhöhte Temperatur.

W. Haidinger, Naturw. Abh. **1**, 305 (1847); Ber. über d. Mitt. v. Freund. d. Naturw. Wien **2**, 462, 393 (1847) und **4**, 178 (1848); Jahresber. d. Chem. (1847/48) 1290; N. JB. Min. etc. 1847, 862 und 1848, 489; Pogg. Ann. **74**, 591 (1849); C. R. **26**, 311 (1848).
Ch. de Marignac u. Alph. Favre, Arch. d. l. Bibl. univ. Genève **10**, 177 (1849); C. R. **28**, 364 (1849); Bull. Soc. géol. [2], **6**, 318 (1849).
J. Durocher, C. R. **33**, 64 (1851); L institut. **19**, 236 (1851); N. JB. Min. etc. 1852, 328 und 1853, 701.
T. Sterry Hunt, Am. Journ [2], **28**, 170 (1859); [2], **42**, 49 (1866); Chem. and geol. essays Boston u. London 1875.
F. Hoppe-Seiler, Z. d. geol. Ges. **27**, 495 (1875).
H. Vater, Sitzbr. Berliner Ak. 1900, 269. — Z. Kryst. **36**, 299 (1902).

3. Hypothesen über die Entstehung des Dolomits.

a) Direkte Bildungen aus dem Meer- oder Süßwasser.

A. Boué, Bull. Soc. géol. **1**, 115 (1831).
Al. Bertrand-Geslin, Ebenda **6**, 8 (1834).
Elie de Beaumont, Ebenda **8**, 174 (1836).
J. Girardin, Ann. d. Min. [3], **11**, 457. — N. JB. Min. etc. 1838, 61.
G. Leube, N. JB. Min. etc. 1840, 371.
A. Wagner, Münchener geol. Anz. **8**, 745 (1839).
H. Coquand, Bull. Soc. géol. **12**, 314 (1841).
Gr. Münster-Wissmann, Beitr. z. Geogn. u. Petrefaktenkunde d. süd-östl. Tirols, (Bayreuth 1841) 10.
Al. Petzholdt, Beitr. z. Geogn. v. Tirol (Leipzig 1843) 241.

B. Cotta, Geol. Briefe aus d. Alp. (Leipzig 1850) 203.
J. Fournet, Bull. Soc. géol. [2] **3**, 27 (1845); **6**, 502 (1849). – Ann. d. l. soc. d agricult. (Lyon 1847).
E. Dumas, Bull. Soc. géol. [2], **3**, 566 (1845).
J. Johnston, Jahresber. d. Chem. 1853, 929.
M. Delanoue, C. R. **39**, 492 (1854).
Th. Liebe, Z. d. geol. Ges. **7**, 406 (1855).
Th. Kjerulf, Nyt Magaz. f. Naturwid. **9**, 265 (1857).
F. v. Rosen, Die chem.-geogn. Verh. d. dev. Form. etc. in Liv- und Kurland, (Dorpat 1863) 100.
C. W. Gümbel, N. JB. Min. etc. 1870, 753. — Sitzber. Bayr. Ak. **1**, 38 (1871) u. **3**, 14 (1873).
H. Loretz, Z. d. geol. Ges. **30**, 387 (1878) u. **31**, 756 (1879).
J. Roth, Allg. u. chem. Geologie **1**, 541 (Berlin 1879).
F. Pfaff, Sitzber. Bayr. Ak. **12**, 551 (1882).
J. H. L. Vogt, Salten og Ranen (Kristiania 1891) 213.

b. Chemische Abscheidungen im Schlamm etc.

J. Walther u. P. Schirlitz, Z. d. geol. Ges. **38**, 295 (1886).
E. Philippi, N. JB. Min. etc. 1907, 397.
F. W. Pfaff, N. JB. Min. etc. Bl.-Bd. **23**, 529 (1907); Bl.-Bd. **9**, 485 (1894). — N. JB. Min. etc. Z. Bl. 1903, 659.
K. Natterer, Geogr. Z. **5**, 190 u. 252 (1899).
E. W. Skeats, Bull. of the mus. of comp. Zool. at Harvard Coll. **42**, 53 (1903).
J. W. Judd, The atoll of Funafuti (London 1904) Sect. XII.

c) Doppelte Umsetzung.

P. Cordier, C. R. **54**, 293 (1862).
P. W. Forchhammer, Journ. prakt. Chem. **49**, 52 (1850).
A. Boué, Sitzber. Wiener Ak. **12**, 422 (1854) u. **67**, 393 (1873).
Sartorius v. Waltershausen, Pogg. Ann. **94**, 115 (1855) u. N. JB. Min. etc. 1855, 736.
A. Leymerie, Mém. de l'Ac. imp. de Toulouse [6], **2**, 307 (1864).
Th. Scheerer, N. JB. Min. etc. 1866, 1.
T. Sterry-Hunt, Bull. Soc. géol. [2], **12**, 1029 (1855).

d) Durch Organismen.

J. B. Dana, Am. Journ. **45**, 104 (1843).
A. Damour, Ann. chim. phys. [3], **32**, 362 (1851). — Bull. Soc. géol. **7**, 675 (1852).
R. Ludwig u. G. Theobald, Pogg. Ann. **87**, 91 (1852).
F. v. Richthofen, Geognost. Beschr. v. Predazzo etc. (Gotha 1860). — Z. d. geol. Ges. **26**, 225 (1874).
C. Doelter u. R. Hoernes, J. k. k. geol. R.A. **25**, 293 (1875).
E. v. Mojsisovics, Die Dolomitriffe v. Süd-Tirol (Wien 1879) 505.
A. Rothpletz, Ein geol. Querschnitt d. d. Ostalpen (Stuttgart 1894).
A. G. Högbom, N. JB. Min. etc. I, 262 (1894).
E. Philippi, N. JB. Min. etc. I, 32 (1899).
H. W. Nichols, Field Columb. Mus. geol. ser. **3**, 40 (1906).

e) Metamorphische Entstehung.

α) Auf trockenem Wege.

G. Arduino, Osservazioni chimiche sop. alc. foss. Venezia 1799; s. a. Haidingers naturw. Abh. **1**, 305 (1847).
J. L. Heim, Geol. Beschr. d. Thüringer-Waldgeb. T. 2, Abt. 5, 99 (Meiningen 1806).
L. v. Buch, Z. d. geol. Ges. **32**, Beilage (1880). — Gesammelte Schriften **4** (1885). — Journ. d. phys., de chim. etc. **95**, 358 (1822). — Tiroler Bote 26. Juli 1822. — Leonhards miner. Taschenbuch 1834, 272. — Ann. chim. phys. **23**, 276 (1823). — Sitzber. Berliner Ak. 1822/23, 83 u. 113. — N. JB. Min. etc. 1824, 343. — Vgl. Nöggerath, Das Geb. in Rheinl. u. Westf. **3**, 280 (1824). — N. JB. Min. etc. 1824, 471. — Sitzber. Berliner Ak. 1830, 205; 1831, 73; 1839, 49.

C. E. Stifft, N. JB. Min. etc. 1825, 242.
F. v. Alberti, Beitr. z. Monogr. d. bunten Sandst. etc. (Stuttgart 1834) 307.
H. Coquand, Bull. Soc. géol. **12**, 314 (1841).
v. Klipstein, Karstens u. v. Dechens Arch. f. Min. etc. **17**, 265 (1843).
J. R. Blum, Pseudomorph. (Stuttgart 1843) 361.
L. Frapolli, Bull. Soc. géol. **4**, 832 (1847).
H. Karsten, Karstens u. v. Dechens Arch. **22**, 545 u. 576 (1848).
J. Durocher, C. R. **33**, 64 (1851). — Ann. d. Min. **6**, 15 (1844).
Ch. Lardy, Essay sur la constit. géogn. du St. Gothard.

β) Auf nassem Wege durch $MgSO_4$.

P. de Collegno, Bull. Soc. géol. **6**, 106 (1834).
A. v. Morlot, Haidingers naturw. Abh. **1**, 305 (1847).
W. Haidinger, Transact. of the roy. soc. (Edinburgh 1827) 36. — Abh. d. k. böhm. Ges. d. Wiss. [5] **3** (1844).
A. v. Morlot, Haidingers Berichte **4**, 178 (1848).
F. Hoppe-Seyler, Z. d. geol. Ges. **27**, 495 (1875).
C. Klement, Bull. soc. Belg. géol. **8**, 219 (1894) u. **9**, 3 (1895).
V. D. Dana, Corals and coral islands (London 1875) 74.
H. C. Sorby, Quart. journ. **35**, Proc. 60 (1879).
J. Murray, Proc. roy. soc. Edinburgh **10**, 511 (1880).
C. Klement, Tsch. min. Mit. **14**, 543 (1895).

γ) Durch $MgCl_2$.

Th. Virlet d'Aoust, Bull. Soc. géol. [2], **3**, 41 (1845).
A. Boué, Guide du Géoloque voyageur **2**, 470.
A. Favre, C. R. **28**, 364 (1849).
C. Doelter u. R. Hoernes, siehe oben.

δ) Durch $MgCO_3$.

A. W. Jackson, Am. Journ. **45**, 140 (1843).
E. Nauck, Pogg. Ann. **75**, 129 (1848).
F. Pfaff, Ebenda **82**, 600 (1851).
J. F. L. Hausmann, Göttinger Nachr. 1853, 177.
G. Württemberger, N. JB. Min. etc. 1859, 153.
E. v. Schafhäutl, N. JB. Min. etc. 1864, 812.
F. v. Gorup-Besanez, Ann. d. Chem. u. Pharm. Sept. **8**, 230 (1872).
R. Michael, Z. d. geol. Ges. Prot. 1904, 127. 140.
J. Ahlburg, Abh. k. preuß. geol. L.A. N. F. H. **50**, 151 (1906).
J. Walther, Z. d. geol. Ges. **37**, 329 (1885).
W. Salomon, Palaeontogr. **42**, Lief. 1—3 (1895).
F. Zirkel, Petrographie 2. Aufl. **3**, 490 (Leipzig 1894).
Élie de Beaumont, Bull. Soc. géol. **8**, 174 (1836).

f) Durch Auslaugung.

E. Philippi, N. JB. Min. etc. 1899, I, 33.
Grandjean, N. JB. Min. etc. 1844, 543.
Tr. Sandberger, N. JB. Min. etc. 1854, 577.
G. H. O. Volger, Pogg. Ann. **74**, 25 (1849). — Entwicklungsgesch. d. Min. d. Talk-Glimmerfam. (Zwickau 1855) 154.
G. Bischof, Lehrb. d. chem. u. phys. Geolog, 2. Aufl. (Bonn 1866) **3**.
A. Göbel, Über den heilsamen Meeresschlamm etc. (Dorpat 1854).
J. Roth, Allg. u. chem. Geologie (Berlin 1879) **1**.
A. G. Högbom, N. JB. Min. etc. 1894, I, 262.
E. Philippi, N. JB. Min. etc. 1899, I, 32.
J. W. Judd, Funafuti siehe oben.

Analyse der Natriumcarbonate.

Von **M. Dittrich** (Heidelberg).

a) Thermonatrit.

Hauptbestandteile: Na, CO_3, H_2O.

Die Bestimmung des Wassers erfolgt durch mäßig starkes Glühen der Substanz im Platintiegel (bis zur ganz schwachen Rotglut) indirekt aus der Differenz oder auch nach einer der anderen direkten Methoden.

Zur Bestimmung des Natriums wird die Substanz in Natriumchlorid übergeführt. Zu diesem Zweck wird eine abgewogene Menge der Substanz (0,6 bis 0,8 g) in einem gewogenen Platinschälchen in wenig Wasser gelöst, mit verdünnter Salzsäure unter Bedecken mit einem Uhrglase angesäuert und nach Beendigung der Kohlensäureentwicklung zur Trockne verdampft. Die Schale trocknet man hierauf einige Zeit im Trockenschrank bei 110 bis 120° und erhitzt sie schließlich über freier Flamme zur gelinden Rotglut. Nach dem Erkalten im Exsiccator wird das hinterbleibende Natriumchlorid gewogen.

Zur Sicherheit dampft man nochmals mit wenig Salzsäure ab und verfährt, wie eben angegeben, bis Gewichtskonstanz erreicht ist.

b) Soda.

Hauptbestandteile: Na, CO_3, H_2O.

Bei der Bestimmung des Wassers durch bloßes Erhitzen (s. oben Thermonatrit) muß anfangs sehr vorsichtig verfahren werden, erst später, wenn die Hauptmenge des Wassers fortgegangen ist, kann stärker erhitzt werden.

Die Bestimmung des Natriums erfolgt wie bei Thermonatrit.

c) Trona.

Hauptbestandteile: Na, CO_3, HCO_3, H_2O.

Nebenbestandteile: Cl, SO_4.

Die Bestimmung des Wassers und des Natriums erfolgt wie bei Thermonatrit.

Die Bestimmung des primären neben sekundären Carbonates geschieht maßanalytisch. Man wiegt etwa 1 g des Salzes genau ab, löst es im 100-ccm-Kölbchen in Wasser auf und bestimmt in 25 ccm der Lösung durch Titration mit $^1/_{10}$-n. HCl und Methylorange als Indicator das Gesamtalkali.

Zur Ermittlung des primären Alkalis gibt man zu weiteren 25 ccm der Lösung in einem 100-ccm-Kölbchen eine gemessene Menge $^1/_{10}$-n. Kalilauge und führt dadurch das Bicarbonat in sekundäres über:

$$KHCO_3 + KOH = K_2CO_3 + H_2O.$$

Zu dieser alkalischen Flüssigkeit fügt man Bariumchlorid, bis alle Kohlensäure ausgefällt und füllt zur Marke auf. Das nun noch vorhandene Ätzalkali titriert man in einem abgemessenen Teil des Filtrats mit $^1/_{10}$-n. Oxalsäure oder Salzsäure unter Verwendung von Phenolphthaleïn; die Differenz mit dem ursprünglich zugesetzten Alkali entspricht derjenigen Menge, welche nötig war, um das vorhandene primäre Carbonat in sekundäres umzuwandeln.

Chlor. Die Bestimmung des Chlors erfolgt als Silberchlorid, AgCl. — Etwa 1 g der Substanz wird in einem Becherglase unter Bedecken mit einem Uhrglas in verdünnter Salpetersäure gelöst und zu der durch Wasserzusatz auf etwa 100 ccm gebrachten Lösung Silbernitrat unter Umrühren so lange zugesetzt, als noch Fällung entsteht. Hierauf erhitzt man zum Sieden, läßt im Dunkeln erkalten und kann dann filtrieren. Den Niederschlag wäscht man anfangs mit schwach salpetersäurehaltigem Wasser und schließlich mit kaltem Wasser gut aus, bis im Filtrat Silber nicht mehr nachzuweisen ist. Nach dem Trocknen des Niederschlages bei 90^0 verascht man zunächst das Filter allein im gewogenen Porzellantiegel und verwandelt durch Abdampfen mit zwei Tropfen Salpetersäure und hierauf mit einem Tropfen Salzsäure reduziertes Silber wieder in Chlorsilber zurück. Schließlich gibt man den Hauptniederschlag hinzu, erhitzt alles bis zum beginnenden Schmelzen und wägt nach dem Erkalten.

Hat man mehrere Chlorbestimmungen auszuführen, so verwendet man besser einen Goochtiegel. Nach dem Abfiltrieren und Auswaschen des Niederschlages gibt man mehreremal absoluten Alkohol darauf, um das Wasser zu entfernen, saugt gut ab und trocknet den Tiegel 1 Stunde lang bei 130^0, bis Gewichtskonstanz erreicht ist. Wenn dies der Fall ist, kann man sofort einen zweiten Niederschlag aufbringen.

Schwefelsäure. Die Bestimmung der Schwefelsäure erfolgt als Bariumsulfat, $BaSO_4$. — Zur Ausführung löst man etwa 0,7 g der Substanz in wenig verdünnter Salzsäure, fügt etwa 150 ccm Wasser und 1 ccm konzentrierter Salzsäure hinzu und fällt die zum Sieden erhitzte Lösung unter beständigem Umrühren in einem Gusse mit einer ebenfalls kochend heißen, ziemlich verdünnten Lösung der ungefähr nötigen Mengen Bariumchlorid. Wenn die über dem Niederschlag stehende Flüssigkeit sich geklärt hat und ein Tropfen Bariumchloridlösung keine weitere Fällung mehr hervorruft, läßt man noch etwa $^1/_2$ Stunde, am besten in der Wärme, stehen. Man filtriert durch ein Bunsensches Doppelfilter (ein größeres und ein kleineres Filter ineinander gelegt), muß aber, um etwa noch mitgerissenes Bariumchlorid zu entfernen, das gefällte Bariumsulfat nach dem Abfiltrieren der überstehenden Flüssigkeit erst einigemal mit verdünnter warmer Salzsäure dekantieren und schließlich gut mit heißem Wasser auswaschen. Das Filter mit dem Niederschlage wird entweder noch naß im Platintiegel oder auch erst nach dem Trocknen im Porzellantiegel verascht und längere Zeit im unbedeckten Tiegel geglüht. Nach dem Wägen durchfeuchtet man den Rückstand mit einem Tropfen konzentrierter Schwefelsäure, um eventuell durch Reduktion gebildetes Bariumsulfid in Sulfat überzuführen, verjagt die Schwefelsäure vorsichtig und glüht wieder mit vollem Brenner bis zur Gewichtskonstanz.

Natriumcarbonate.

Von **Rud. Wegscheider** (Wien [1]).

Carbonate des Natriums kommen in der Natur mit verschiedenem Wasser- und Kohlensäuregehalt vor. Als Mineralien werden Thermonatrit, Soda und Trona beschrieben. Doch sind viele natürliche Vorkommen Gemenge, in denen (abgesehen von fremden Bestandteilen, wie Kochsalz, Natriumsulfat usw.) außer den genannten drei Natriumcarbonaten noch Natriumhydrocarbonat, Natriumcarbonatheptahydrate und vielleicht auch noch andere Hydrate enthalten sein können. Auch wasserfreies Natriumcarbonat scheint, wenn auch selten, in der Natur vorzukommen. Da die Natriumcarbonate sich mit dem Kohlendioxyd- und Wasserdampfgehalt der Luft ins Gleichgewicht setzen können, können sie auch nach ihrer Bildung ineinander übergehen.[2]) Um Wiederholungen zu vermeiden, soll das, was über Natriumcarbonate im allgemeinen zu sagen ist (analytische Methoden; künstliche Darstellung und Bildung in der Natur aus anderen Natriumverbindungen; Gleichgewichte mit Kohlendioxyd und Wasser; technische Verwendung) der Besprechung der einzelnen Mineralien vorausgeschickt werden.

Allgemeines über analytische Methoden.

Die Bestimmung von Na und CO_2 erfolgt nach den gewöhnlichen Methoden[3]). Das Wasser kann aus dem Gewichtsverlust oder durch Wägung des ausgetriebenen Wassers bestimmt werden.

Die Bestimmung aus dem Gewichtsverlust ist jedoch nicht anwendbar, wenn das Mineral Bicarbonat enthält, da die Bicarbonatkohlensäure zusammen mit dem Wasser entweicht, ferner nicht, wenn es Kieselsäure, Aluminiumoxyd oder ähnliche Stoffe enthält, welche bei der zum Trocknen gewählten Temperatur aus Na_2CO_3 CO_2 austreiben können, ferner nicht, wenn Stoffe (z. B. Ferrosalze) da sind, welche aus der Luft Sauerstoff aufnehmen können, endlich nicht, wenn das Mineral flüchtige Verunreinigungen (Ammonsalze, organische Substanzen) enthält. Th. M. Chatard[4]) bestimmt das Wasser durch Wägung und das durch Erhitzen austreibbare CO_2 aus dem Gewichtsverlust; er hat hierfür auch einen Apparat angegeben und es schwierig gefunden, CO_2 und H_2O gleichzeitig durch Absorption zu bestimmen, da bei schwachem Luftstrom das Wasser zurückdestilliere, bei starkem aber Kohlendioxyd nicht vollständig absorbiert werde. Mit dem Erhitzen geht er bis zum Sintern, aber nicht zum Schmelzen und findet so recht genau die Bicarbonatkohlensäure.

Über die Temperatur, bei welcher Wasser leicht und vollständig ausgetrieben wird, ohne daß sich zugleich aus Na_2CO_3 NaOH bildet, ist man durch die Versuche über die Verwendbarkeit der Natriumcarbonate zur Urprüfung von Titriersäuren sehr gut

---

[1]) Für einzelne Literaturnachweise bin ich den Herren C. Doelter, H. Molisch, E. Tietze und V. Uhlig zu Dank verpflichtet.

[2]) Vgl. R. Brauns, Chem. Mineralogie (Leipzig 1896) 350.

[3]) Vgl. S. 139 dieses Handbuchs.

[4]) Th. M. Chatard, Bull. geol. Surv. U.S. **60**, 86 (1890).

unterrichtet. Man erhitzt bis zum schwachen Glühen des Gefäßes, aber nicht bis zum Sintern der Soda, oder noch besser auf 270—300°.[1]) Wenn aber flüchtige Verunreinigungen da sind, wird man die Temperatur niedriger wählen müssen. F. Schickendantz[2]) hat bei 150° getrocknet, E. v. Gorup-Besanez[3]) bei 120°. 100° genügt aber ebenfalls (wenn nicht etwaige Verunreinigungen fester gebundenes Wasser enthalten), da nach R. Schindler[4]) $Na_2CO_3 \cdot H_2O$ sein Wasser schon unter 100° verliert. Ob das von G. Lunge[5]) gelegentlich erwähnte Trocknen im Exsiccator über Schwefelsäure genügt, ist zweifelhaft; v. Blücher[6]) gab an, daß $Na_2CO_3 \cdot 10H_2O$ unter diesen Umständen nur 9 Mole Wasser verliert. Theoretisch ist die Entwässerung über reiner Schwefelsäure jedenfalls möglich; ob sie aber genügend rasch geht, müßte durch Versuche geprüft werden, zumal der Dampfdruck von $Na_2CO_3 \cdot H_2O$ kaum größer ist als der des Gemisches $H_2SO_4 \cdot H_2O$.

Für die Bestimmung der Verunreinigungen der natürlichen Natriumcarbonate können zum Teil die Methoden angewendet werden, welche für die technische Soda dienen.[7]) Das Spritzen beim Eindampfen der Alkalichloridlösungen kann nach Th. M. Chatard[8]) durch Zusatz von konzentrierter Salzsäure fast vermieden werden.

Künstliche Darstellung aus anderen Natriumverbindungen.

Die zahlreichen Wege, auf denen Carbonate des Natriums gewonnen werden, können hier nur in den Grundzügen erwähnt werden.[9]) Man erhielt sie:

1. Aus metallischem Natrium und Kohlendioxyd nach $4\,Na + 3\,CO_2 = 2\,Na_2CO_3 + C$ (H. Davy, Gay-Lussac und J. L. Thénard); aus Na, flüssigem Kohlendioxyd und etwas Wasser (Cailletet).

2. Aus Na_2O und CO nach $2\,Na_2O + CO = Na_2CO_3 + 2\,Na$ (N. Beketov).[10])

3. Aus NaHO und CO_2 nach $2\,NaHO + CO_2 = Na_2CO_3 + H_2O$.[11])

4. Aus Lösungen von Natriumsalzen mit löslichen Carbonaten ohne Bildung unlöslicher Nebenprodukte, z. B. aus Na_2SO_4 (C. F. Hagen 1768), NaCl (Bergmann und Meyer) oder $NaNO_3$ (Gentele,[12]) genauer untersucht von R. Kremann und A. Žitek[13]) mit K_2CO_3; nach $2\,NaCl + Mg(Ca)CO_3 + CO_2 + H_2O = 2\,NaHCO_3 + Mg(Ca)Cl_2$ (W. Weldon, E. Carthaus); nach $NaCl + NH_3 + CO_2 + H_2O = NaHCO_3 + NH_4Cl$. Letztere Reaktion in Verbindung mit der Überführung des Bicarbonats in Carbonat durch Kalzination bildet den Ammoniaksodaprozeß, welcher zuerst von H. G. Dyar und J. Hemming 1838 veröffentlicht wurde und seit seiner Verbesserung durch E. Solvay die herrschende Methode der Technik ist. Statt CO_2 und NH_3 kann auch fertiges Ammoncarbonat verwendet werden (Th. Schlösing). Ferner kann NH_3 durch organische Amine, NaCl durch Na_2SO_4 ersetzt werden.

---

[1]) Siehe G. Lunge, Z. f. angew. Chem. **17**, 195 (1904).

[2]) F. Schickendantz, Ann. d. Chem. Pharm. **155**, 359 (1870).

[3]) E. v. Gorup-Besanez, Ann. d. Chem. Pharm. **89**, 219 (1854).

[4]) R. Schindler, Mag. d. Pharm. **33**, 16 (1831).

[5]) G. Lunge, Chem.-techn. Untersuchungsmethoden, 4. Aufl., I, (Berlin 1899), 402.

[6]) Zitiert nach Gmelin-Kraut-Friedheim, Handb. d. anorg. Chem. II[1], (Heidelberg 1906), 443.

[7]) Vgl. z. B. G. Lunge, Chem.-techn. Untersuchungsmethoden, 4. Aufl., I, 401—409.

[8]) Th. M. Chatard, Bull. geol. Surv. U.S. **60**, 85 (1890).

[9]) Bezüglich der Literatur s. Gmelin-Kraut-Friedheim, II[1], 426.

[10]) N. Beketov, Ber. Dtsch. Chem. Ges. **16**, 1857 (1883).

[11]) Über Bildung aus Na_2O und CO_2 s. Beketov, Ber. Dtsch. Chem. Ges. **13**, 2391 (1880).

[12]) Gentele, Jahresber. f. Chem. 1851, 692.

[13]) R. Kremann u. A. Žitek, Mon. f. Chem. **30**, 336 (1909).

5. Aus Lösungen von Natriumsalzen mit löslichen Carbonaten unter Abspaltung der im Natriumsalz angewendeten Säure als unlösliches Salz, z. B. aus Na_2SO_4 und $BaH_2(CO_3)_2$ (Wagner, Brunner) oder mit Kalkstein und CO_2 (Pongowski).[1])

6. Aus Lösungen von Natriumsalzen mit unlöslichen Carbonaten, deren Metall mit der Säure des Natriumsalzes ein schwer lösliches Salz gibt, z. B. aus Na_2SO_4 mit $BaCO_3$ (Kölreuter, C. Lennig), aus $NaHC_2O_4$ mit $MgCO_3$ (Bohlig, 1877).

7. Aus unlöslichen Natriumsalzen durch Erhitzen mit Carbonaten und Wasser, z. B. aus Na_2SiF_6 mit Kreide (C. Kessler), aus Kryolith nach $2\,Na_3AlF_6 + 6\,CaCO_3 + 3\,H_2O = 3\,Na_2CO_3 + 6\,CaF_2 + 3\,CO_2 + 2\,Al(OH)_3$ (H. Bauer).

8. Aus Natriumsalzen sehr schwacher Säuren mit CO_2 und H_2O, z. B. aus Na_2S oder NaHS (Gren), Na-Aluminat (dargestellt aus Na_2SO_4 oder NaCl durch Glühen mit Al_2O_3 oder aus Kryolith), Na-Silicat, Na_3PO_4 (nach $2\,Na_3PO_4 + CO_2 + H_2O = 2\,Na_2HPO_4 + Na_2CO_3$, A. R. Arrott), aus den Na-Salzen von Fettsäuren (Parker und Robinson), aus Na-Phenolaten (Staveley).

9. Durch Glühen der Natriumsalze schwacher Säuren, welche mit Ca schwer lösliche Salze geben, mit $CaCO_3$, z. B. aus Natronfeldspat oder Na_2S. Wird Na_2S nicht fertig gebildet angewendet, sondern statt seiner Na_2SO_4 und Kohle, so hat man das Sodaverfahren nach Leblanc (1787): $Na_2SO_4 + CaCO_3 + 2\,C = Na_2CO_3 + CaS + 2\,CO_2$. Hier mag auch das Verfahren von Lyte angereiht werden, bei dem $NaNO_3$ mit $CaCO_3$ geglüht wird ($2\,NaNO_3 + CaCO_3 = Na_2CO_3 + CaO + 2\,NO_2 + O$), sowie das von J. H. L. Vogt und A. Wichmann, wo $NaNO_3$ mit CaO geglüht und dann mit CO_2 und H_2O behandelt wird.

10. Durch Beseitigung stärkerer Säuren mittels chemischer Umwandlungen und nachfolgende Behandlung mit CO_2. Hierher gehört das Glühen mancher Natriumsalze mit Kohle, z. B. $2\,Na_2CrO_4 + 2\,C + O = 2\,Na_2CO_3 + Cr_2O_3$ (C. Kessler, 1867), $2\,NaNO_3 + C = Na_2CO_3 + N_2O_3$ (Brown, 1884), $2\,NaCl + H_2SO_4 + C + O = Na_2CO_3 + 2\,HCl + SO_2$ (Robinson, 1886), ferner die Reaktionen $6\,NaF + H_2SiO_3 + 4\,CO_2 + H_2O = Na_2SiF_6 + 4\,NaHCO_3$ (Kranz) und $2\,NaCl + CO_2 + CO = Na_2CO_3 + COCl_2 + C$ (Hardtmuth und Benze).

Teils unter 9., teils unter 10. fällt das Verfahren durch Glühen von Na_2SO_4 mit Fe_2O_3 (wofür auch $FeCO_3$ oder Fe verwendet werden kann) und nachfolgende Behandlung mit feuchtem CO_2 nach $2\,Fe_2O_3 + 6\,Na_2SO_4 + 13\,C = 2(Na_2S.2\,FeS) + 4\,Na_2CO_3 + 9\,CO_2$ und $Na_2S.2\,FeS + CO_2 + H_2O = 2\,FeS + Na_2CO_3 + H_2S$ (Malherbe und Alban, 1778, W. Blythe und E. Kopp,[2]) A. Strohmeyer.[3])

11. Durch Veraschung natriumhaltiger organischer Substanzen. In der Form der Veraschung von Strandpflanzen ist dies die älteste technische Methode zur Herstellung von Soda.

---

[1]) Pongowski, Ber. Dtsch. Chem. Ges. **6**, 1140 (1873).

[2]) W. Blythe u. E. Kopp, Jber. f. Chem. 1855, 855. — E. Kopp, ebendort 1856, 793.

[3]) A. Strohmeyer, Ann. d. Chem. Pharm. **107**, 333 (1858).

Allgemeines über Genesis der Natriumcarbonate.

Bei der Bildung der Natriumcarbonatmineralien kommen in Betracht die Bildung von Natriumcarbonaten aus anderen Natriumverbindungen, welche wohl immer unter Mitwirkung flüssiger Phasen (Schmelzen oder häufiger Lösungen) erfolgt, die Bildung des festen Minerals aus der Flüssigkeit und die nachträgliche Veränderung des ausgeschiedenen festen Stoffs durch die Wechselwirkung mit der Atmosphäre. Für das Auftreten dieser Mineralien ist ferner wichtig, daß meistens die Natriumcarbonate durch das Wasser vom Ort der Entstehung weggeführt und an den tiefsten Stellen eines abflußlosen Gebiets gesammelt werden.[1])

Die Bildung dieser Mineralien erfolgt fast immer unter Mitwirkung wäßriger Lösungen; nur für die Bildung bei Vulkanausbrüchen und vielleicht für einen Teil der im Erdinnern entstehenden und durch Quellen an die Erdoberfläche kommenden Natriumcarbonate kann die Mitwirkung von Schmelzen in Betracht kommen. Bei der Ausscheidung aus Salzseen handelt es sich um direkte Kristallisation gesättigter Lösungen, sei es, daß der betreffende See im ganzen (mindestens zeitweise) eine gesättigte Lösung ist oder daß sein Wasser bisweilen auf den benachbarten Erdboden übertritt oder von ihm aufgesaugt wird und dort durch Verdunstung kristallisiert, wodurch Inkrustationen entstehen. Die Kristallisationen der Seen finden sich hauptsächlich am Boden, zum Teil aber auch an der Oberfläche. Am Boden können sich je nach der Jahreszeit verschiedene Schichten bilden. So kristallisiert aus den ägyptischen Natronseen im Winter Natriumcarbonat, im Sommer Kochsalz.[2])

Aber auch die Ausblühungen auf dem Erdboden sind Kristallisationen aus Lösungen.[3]) Für ungarische Soda geht dies sehr deutlich aus der von H. Wackenroder[4]) wiedergegebenen Beschreibung dieser Vorkommen durch Kohl[5]) hervor. Kohl sagt: „Es hat den Anschein, als wenn die Erde auf jenen alkalischen Landstrichen mit einer unerschöpflichen Menge von Salzteilchen geschwängert sei.[6]) Dieselben werden durch atmosphärische Prozesse in kleinen unendlich feinen Kristallen an die Oberfläche der Erde geführt, und zwar besonders mit Hilfe des Regens und Taues. Diese dringen in den Boden ein, lockern ihn auf und lösen die Salzteile auf. Wenn nun bei nachfolgendem Sonnenschein das Wasser wieder verdunstet, so bleiben auf dem Boden kleine Salzkristalle zurück. Auf diese Weise werden ganze Landstriche mit solchen weißen Kristallen, gleichsam einem Salzpuder, bedeckt, und erscheinen wie leicht beschneiet. Daher gibt es bei anhaltendem Regen

---

[1]) Dies gilt zum Teil auch für die ungarischen Vorkommen, die mindestens Gebiete ungenügenden Abflusses sind. Vgl. B. v. Inkey, Jber. d. k. ungar. geol. L.A. **11**, [8] 371 (1898). — P. Treitz, Erläuterungen zur agrargeologischen Spezialkarte der Länder der ungar. Krone, herausg. von der ungar. geol. L.A.: Die Umgebung von Szeged usw. (1905) 19.

[2]) V. S. Bryant, Journ. of the Soc. chem. Ind. **22**, 785 (1903).

[3]) R. Brauns, Chem. Mineralogie (Leipzig 1896) 355.

[4]) H. Wackenroder, Arch. Pharm. [2] **35**, 272 (1843).

[5]) Kohl, Hundert Tage auf Reisen in den österr. Staaten, IV. Teil: Reisen in Ungarn (1842) 326. — Vgl. auch A. Werner, Journ. prakt. Chem. **13**, 126 (1838).

[6]) Der Natriumgehalt ungarischer Szekböden kann einige Zehntelprozente betragen. S. z. B. die Analysen von Jovitza (mitgeteilt von B. v. Inkey, a. a. O. 379) und H. Horusitzky, Umgebung von Komorn (Sond. aus „Mitt. aus den Jahrb. ung. geol. Anst." **13** (1900).

auch keinen Szék[1]) und ebensowenig tritt bei anhaltender Dürre der Szék aus dem Boden aus, wenigstens muß es des Nachts tauen." Das meteorische Wasser (oder auch Grundwasser) löst also die im Boden befindlichen Salze. Beim Verdunsten an der Oberfläche kristallisiert das Salz wieder aus; durch die Kapillarkräfte wird immer wieder Lösung an die Oberfläche gebracht. In dieser Weise können sich Ausblühungen auch auf dem Boden trocken gewordener Seen und Moräste bilden[2]) oder auf trockenen Salzablagerungen. Es finden sich aber auch Ausblühungen am Ufer von Natronseen. J. Szabó[3]) hat an salzarmen ungarischen Natronseen zwischen dem Seespiegel und der Auswitterung einen Zwischenraum von 0,7—1 m Breite beobachtet. In diesem Falle kann es sich um Auswitterung der im Erdboden schon vorhandenen Soda, wozu der See bloß die Feuchtigkeit liefert, oder um kapillare Aufsaugung des Seewassers mit nachfolgender Verdunstung handeln.

Bei der kapillaren Aufsaugung von Lösungen können die verschiedenen gelösten Stoffe teilweise getrennt werden; das kann, wie H. Vater[4]) hervorgehoben hat, auf die Zusammensetzung der Ausblühung von Einfluß sein. Durch Versuche ist indes ein solcher Einfluß bei Sodaauswitterungen noch nicht nachgewiesen worden. Bei Ausblühungen auf Salzlagern kann eine Trennung der Bestandteile schon dadurch erfolgen, daß die Auflösung durch das eindringende Wasser eine unvollständige ist. Demgemäß hat V. S. Bryant[5]) auf einem ägyptischen Tronavorkommen (Korcheff) das Ausblühen eines reineren Salzes beobachtet.

Der Ort, wo die Sodamineralien auftreten, ist in der Regel ein anderer als der, wo sich die Natriumcarbonate aus anderen Natriumverbindungen bildeten. Nur bei vulkanischen Bildungen und Auswitterungen auf Gesteinen, zum Teil auch auf Böden ist es wahrscheinlich, daß die beiden Vorgänge nicht immer räumlich getrennt sind. Bei den ungarischen Vorkommen scheint es sich zum Teil um fortlaufende Neubildung von Natriumcarbonat im Erdboden zu handeln. Hierauf deutet u. a. folgende Angabe Kohls: „Es ist viel Wunderbares und Unbegreifliches bei diesen Natronseen, so z. B. dies, daß einige von ihnen zuweilen ‚blind' werden, d. h. sich im Hervorbringen des Natrons erschöpfen, sehr oft aber später wieder anfangen, von neuem auszukeimen. Ebenso wunderbar ist, daß man zuweilen an einigen Stellen Salzausblühungen sieht, wo man es bisher noch nicht gefunden." E. v. Kvassay[6]) bekämpft die Ansicht, daß die Sodabildung noch fortwährend im Gange sei; aber seine Gründe sind kaum genügend beweisend. Dagegen glaubt B. v. Inkey,[7]) daß die Bildung noch fortdauere.

Die Natronseen dagegen enthalten in der Hauptsache die Salze, die ihnen aus der Umgebung zugeführt werden. Nur ein kleiner Teil ihres Sodagehalts ist vielleicht im See selbst unter Mitwirkung biologischer Vorgänge gebildet

[1]) Kohl versteht darunter die mit Natriumcarbonat bedeckte Erde. Nach B. v. Inkey, Jber. d. k. ungar. geol. L.A. **11** [8], 371 (1898) ist Szék oder Szik ein dichter, undurchlässiger und daher unfruchtbarer Boden, Sziksó das auswitternde Salz.

[2]) Vgl. Beudant, Andréossy bei G. Bischof, Lehrb. d. chem. u. phys. Geologie, 2. Aufl., I, 314 (Bonn 1863). — J. Russegger, Karstens Arch. f. Mineralogie usw. **16**, 385 (1842). — E. v. Kvassay, J. k. k. geol. R.A. **26**, 435 (1876).

[3]) J. Szabó, J. k. k. geol. R.A. **1**, 331 (1850).

[4]) H. Vater, Z. Kryst. **30**, 386 (1898).

[5]) V. S. Bryant, Journ. of the Soc. chem. Ind. **22**, 785 (1903).

[6]) E. v. Kvassay, J. k. k. geol. R.A. **26**. 441 (1876).

[7]) B. v. Inkey, Jber. d. k. ungar. geol. L.A. **11** [8], 372 (1898).

worden. Schon H. Abich[1]) weist darauf hin, daß die Ebene in der Nähe des Sees bei Taschburun überall Soda auswittert, wo nicht künstliche Bewässerung hingelangt. Das den Natronseen zufließende gelöste Natriumcarbonat kann entweder an der Erdoberfläche oder im Erdinnern gebildet worden sein. Für das den Owens Lake speisende Wasser hat Th. M. Chatard[2]) gezeigt, daß es (mindestens zum Teil) aus „fresh springs" stammt und auf seinem Weg in Berührung mit vulkanischer Asche immer reicher an Natriumcarbonaten wird. Nach G. Lunge[3]) führt der Hauptzufluß des Owens Lake, der Owens River, im Liter 0,342 g Na_2CO_3 und liefert dem abflußlosen See jährlich 200000 t dieses Salzes. Es kann kaum bezweifelt werden, daß im Owens Lake das im Erdboden seines Zuflußgebiets schon vorhandene oder sich noch bildende Na_2CO_3 aufgespeichert wird. Auch die ägyptischen Natronseen sind nur Sammelbecken für die der Umgebung entstammende Soda. Nach V. S. Bryant[4]) enthalten die Quellen 0,02 bis 0,08, im Mittel 0,037% Carbonate neben NaCl und Na_2SO_4, die Seen 15 bis 25% NaCl, 1,53 bis 13,47 Na_2CO_3 und ungefähr ebensoviel Na_2SO_4. Die Meinungsverschiedenheit dreht sich nur darum, ob die Zuflüsse erst an der Erdoberfläche Na_2CO_3-haltig werden[5]) oder das Na_2CO_3 aus dem Erdinnern mitbringen.[6]) Daß die Natriumcarbonate aus dem Erdinnern stammen, ist auch sonst schon vielfach als möglich erachtet worden. Dort können durch das Vorhandensein eines großen CO_2-Drucks günstige Bedingungen für die Bildung von Natriumcarbonaten herrschen. G. Bischof[7]) nimmt für die chilenischen Lager bei Copiapo an, daß sie Absätze eines Salzsees sind, der durch Mineralquellen gespeist wird. Th. M. Chatard[8]) weist ebenfalls auf die Rolle der Mineralquellen hin. F. Reichert[9]) hält die unterirdische Bildung aus NaCl oder Na_2SO_4, CO_2 und $CaCO_3$ für möglich.

Über den Einfluß des H_2O- und CO_2-Gehalts der Luft auf die Umwandlung der Natriumcarbonatmineralien untereinander wird das Nötige im folgenden gesagt werden. An dieser Stelle sind noch die chemischen Reaktionen zu betrachten, welche aus anderen Natriumverbindungen Natriumcarbonate liefern. Die für die Bildung der Natriumcarbonatmineralien in Betracht gezogenen[10]) lassen sich in sechs Gruppen bringen, denen noch eine siebente anzureihen ist. Diese sind:

1. Die Verwitterung Na-haltiger Silicate unter Mitwirkung von Kohlendioxyd.

2. Zersetzung von NaCl durch chemische Agenzien unter HCl-Abspaltung bei hoher Temperatur und nachfolgende Einwirkung von CO_2.

---

[1]) H. Abich, Journ. prakt. Chem. **38**, 5 (1846).

[2]) Th. M. Chatard, Bull. geol. Surv. U.S. **60**, 93 (1890).

[3]) G. Lunge, Z. f. angew. Chem. 1893, 8.

[4]) V. S. Bryant, Journ. of the Soc. chem. Ind. **22**, 785 (1903).

[5]) E. Sickenberger, Chem.-Ztg. 1892, 1691. Die Angaben Sickenbergers und Bryants können nur durch die Annahme in Einklang gebracht werden, daß Bryant, der Sickenberger nicht erwähnt, die Quellen nicht an ihrem Ursprung untersucht hat.

[6]) J. Russegger, Karstens Arch. **16**, 380 (1842). — d'Arcet, Dinglers Pol. J. **98**, 159 (1845).

[7]) G. Bischof, Lehrb. chem. u. phys. Geologie, 2. Aufl., II, (Bonn 1864), 200 Anm.

[8]) Th. M. Chatard, Bull. geol. Surv. U.S. **60**, 89 (1890)

[9]) F. Reichert, Z. Kryst. **47**, 207 (1909).

[10]) Vgl. z. B. G. Lunge, Handb. der Sodaindustrie, 2. Aufl., II, (Braunschweig 1894), 50. — R. Brauns, Chem. Mineralogie (Leipzig 1896) 335. — C. Doelter, Phys.-chem. Mineralogie (Leipzig 1905), 223.

3. Unmittelbare Einwirkung von CO_2 auf gelöstes NaCl.

4. Umwandlung von Na_2SO_4 durch die Carbonate des Ca (Ba, Sr).

5. Umwandlung von NaCl durch Carbonate des Ca und Mg, ferner von Na_2SO_4 durch Mg-Carbonate.

6. Reduktion von Na_2SO_4 und Zerlegung der gebildeten Natriumsulfide durch CO_2, sowie Umwandlung von NaCl durch die Pflanzen.

7. Umsetzung von Natriumsalzen mit Carbonaten des K und NH_4.

1. Bildung aus Silicaten. Daß Wasser (insbesondere CO_2-haltiges) Silicate angreift, ist sowohl aus der geologischen Literatur[1]) als auch aus den Versuchen über das Verhalten von Glas gegen Wasser[2]) lange bekannt. Hierbei entstehen Alkalisilicat- oder bei Gegenwart von CO_2 Alkalicarbonatlösungen. Da Kieselsäure eine viel schwächere Säure als Kohlensäure und überdies in Wasser sehr wenig löslich ist,[3]) werden Alkalisilicatlösungen durch Kohlendioxyd unter Bildung von freier Kieselsäure und Alkalicarbonatlösungen zersetzt. Auch Wasser, welches Calciumbicarbonat enthält, kann sich nach G. Bischof[4]) mit Alkalisilicaten unter Bildung von Alkalicarbonat umsetzen.

Die Bildung von Natriumcarbonaten auf diesem Weg ist überall möglich, wo Na-haltige Silicate mit Wasser und Luft in Berührung kommen, und wird daher in den Lehrbüchern allgemein als eine der Quellen der natürlichen Soda betrachtet. J. Szabó[5]) nimmt wohl mit Recht die Verwitterung von Na-Silicaten als Ursprung der ungarischen Soda an; die von ihm vermutete Mitwirkung des Kalksteins bei dieser Verwitterung ist allerdings kaum genügend begründet. G. Bischof[6]) betrachtet die Silicate als Quelle des Natriumcarbonats der Säuerlinge und der Kalksteine. Virlet d Aoust[7]) nimmt als Quelle des Sodagehalts mexikanischer Sodaseen die Verwitterung der Natronfeldspate der dortigen Porphyre an; E. Scacchi[8]) hält die Soda im Innern von Vesuvlaven für ein Verwitterungsprodukt der Silicate. Th. M. Chatard[9]) schreibt dieser Bildungsweise ebenfalls eine große Rolle zu. V. S. Bryant[10]) schreibt ihr den Hauptanteil bei der Bildung der ägyptischen Trona zu. F. Reichert[11]) weist ebenfalls auf diese Möglichkeit hin und zwar im Hinblick auf das Lager von Antofagasta, schreibt ihr aber nur einen untergeordneten Anteil zu.

---

[1]) S. z. B. W. B. und R. C. Rogers in G. Bischof, Lehrb. chem. u. phys. Geol., 2. Aufl., I, (Bonn 1863), 215. — Über die Einwirkung von Wasser und Salzlösungen auf Feldspat liegen Versuche von A. Beyer, Arch. Pharm. [2] **150**, 193 (1872), vor, die zeigen, daß Na in stärkerem Maß in Lösung geht als K und daß CO_2-haltiges Wasser stärker angreift als reines.

[2]) S. z. B. R. Fresenius, Anl. zur quant. Analyse, 5. Aufl., I, (Braunschweig 1875), 82. — F. Mylius und F. Förster, Z. f. anal. Chem. **31**, 241 (1892). — F. Förster, Ber. Dtsch. Chem. Ges. **29**, 2915 (1893). — F. Mylius, ebendort **43**, 2136 (1910).

[3]) Die etwa kolloid gelöste Kieselsäure ist vom Standpunkt des Massenwirkungsgesetzes nicht als gelöst zu betrachten.

[4]) G. Bischof, Lehrb., 2. Aufl., III, 27 (1866).

[5]) J. Szabó, J. k. k. geol. R.A. **1**, 334 (1850). — S. auch B. v. Inkey, Jber. d. k. ungar. geol. L.A. **11** [8], 372 (1898).

[6]) G. Bischof, Lehrb., 2. Aufl., I, 686 (1863); III, 27 (1866).

[7]) Virlet d'Aoust, Bull. Soc. géol. [2] **22**, 468 (1865), zit. nach J. Roth, Allg. u. chem. Geologie I, (Berlin 1879), 487.

[8]) E. Scacchi, Z. Kryst. **18**, 101 (1891).

[9]) Th. M. Chatard, Bull. geol. Surv. U.S. **60**, 89 (1890).

[10]) V. S. Bryant, Journ. of the Soc. chem. ind. **22**, 783 (1903).

[11]) F. Reichert, Z. Kryst. **47**, 207 (1909).

Daß trotz der Häufigkeit von Natronsilicaten Sodavorkommen immerhin ziemlich selten sind und daß insbesondere auch das Meerwasser nur wenig davon enthält, beruht darauf, daß die Gegenwart von Ca-, Mg- und Schwermetallsalzen zur Bildung unlöslicher Carbonate Veranlassung gibt.[1])

E. W. Hilgard[2]) hat gegen die Bildung aus Silicaten eingewendet, daß die natürlichen Wässer selten Alkalisilicate enthalten. Indes muß die Einwirkung des Kohlendioxyds zur Ausscheidung von Kieselsäure führen. In der Tat enthalten z. B. die ungarischen Sodaböden sogenannte lösliche Kieselsäure in besonders reichem Maße.[3])

Die Bildung aus Silicat ist besonders wahrscheinlich für Natriumcarbonat, welches sich als Ausblühung auf Tonschiefer findet.[4])

Als Kohlensäurequellen kommen außer der Luft auch Ausströmungen aus dem Erdinnern und in Böden auch die Verwesung organischer Stoffe und die durch Pflanzenwurzeln oder Mikroorganismen entwickelte Kohlensäure in Betracht. Die von den Wurzeln ausgeschiedene Kohlensäure kann z. B. Marmor recht erheblich anätzen.[5])

Da die meisten Silicate neben Na auch K enthalten, können neben den Na-Carbonaten auch K-Carbonate entstehen. Indes wird das Überwiegen des Na_2CO_3 in den Verwitterungsprodukten durch mehrere Umstände begünstigt. Erstens sind die Natriumsilicate gewöhnlich leichter angreifbar. Zweitens werden die Kaliverbindungen vom Boden stärker adsorbiert.[6]) Drittens sind die Na-Carbonate wesentlich schwerer löslich als die entsprechenden K-Carbonate. Daher können erstere auskristallisieren,[7]) während die letzteren mit der Mutterlauge weggehen. Hierdurch erklärt sich die Bildung reiner Natriumcarbonate. Auch die K_2CO_3-haltigen Mutterlaugen können mit NaCl noch Na-Carbonate geben, wie später erwähnt wird.

2. Zersetzung von NaCl unter HCl-Abspaltung bei hoher Temperatur und nachfolgender Einwirkung von CO_2. Es ist wohl nicht zu bezweifeln, daß die HCl-Entwicklung bei vulkanischen Ausbrüchen auf Kosten von Chloriden (hauptsächlich NaCl) erfolgt. Die Frage aber, welcher Stoff das NaCl unter HCl-Entwicklung zersetzt, ist verschieden beantwortet worden. O. Silvestri[8]) nimmt an, daß NaCl durch Wasserdampf in der Glühhitze in NaHO und HCl zersetzt wird. Ihm hat sich A. Heim[9]) angeschlossen. Ob und unter welchen Umständen diese Reaktion möglich ist, ist nicht bekannt. Sie ist wiederholt als technische Methode (unter Anwendung von Temperaturen bis 1000°) vorgeschlagen worden.[10]) Nach W. Spring[11])

---

[1]) Th. M. Chatard, Bull. geol. Surv. U.S. **60**, 92 (1890), hat schon darauf hingewiesen, daß hierdurch ein Teil des in der Natur gebildeten Na_2CO_3 verloren gehen kann.

[2]) E. W. Hilgard, Am. Journ. [4] **2**, 100 (1896).

[3]) S. z. B. W. Güll, A. Liffa und E. Timkó, Jber. d. k. ungar. geol. L.A. **14**, [5] 305 (1906).

[4]) F. A. Römer, N. JB. Min. etc. 1850, 682. Der Tonschiefer war nicht sehr natronreich (1,6% Na_2O). — Über Auswitterungen von Soda an Mauern s. F. Kuhlmann, Ann. Chem. Pharm. **38**, 42 (1841). — A. Vogel, Journ. prakt. Chem. **25**, 230 (1842). — Ritthausen (Analyse von Olszewsky), Journ. prakt. Chem. **102**, 375 (1867).

[5]) Literatur bei W. Pfeffer, Pflanzenphysiologie, 2. Aufl., I, (Leipzig 1897), 153.

[6]) Auf diese beiden Umstände hat Th. M. Chatard hingewiesen (a. a. O. 90).

[7]) Hierauf hat J. Szabó hingewiesen (a. a. O. 334).

[8]) Mitgeteilt von G. v. Rath, N. JB. Min. etc. 1870, 259.

[9]) A. Heim, Z. d. geol. Ges. **25**, 23 (1873).

[10]) Siehe G. Lunge, Handb. der Sodaindustrie, 2. Aufl., III, (Braunschweig 1896), 161.

[11]) W. Spring, Ber. Dtsch. Chem. Ges. **18**, 345 (1885).

zerlegt Wasserdampf NaCl bei 500°; schon bei 235° soll HCl während kurzer Zeit entweichen. Man kann sich kaum dem Verdacht entziehen, daß bei diesen Versuchen unbekannte Versuchsfehler mitgespielt haben. Nach Kunheim[1]) wirkt überhitzter Wasserdampf auf NaCl nicht ein. Das Gesamtergebnis der einschlägigen Erfahrungen faßt G. Lunge[2]) in den Satz zusammen: „In der Tat hat die Erfahrung gezeigt, daß man Chlornatrium durch Wasserdampf, mit oder ohne Sauerstoff, nur in ganz unbedeutendem Grade zu zerlegen vermag.“ Immerhin kann diese Reaktion nicht mit Sicherheit als auch bei sehr hohen Temperaturen und Wasserdampfdrucken unmöglich bezeichnet werden.

Viel näher liegt es aber, eine Zersetzung des NaCl durch Kieselsäure, Tonerde oder saure Silicate und Aluminate anzunehmen.[3]) Die Spaltung des Kochsalzes durch Siliciumdioxyd oder Tonerde und Wasserdampf[4]) ist eine ohne Schwierigkeit erzielbare Reaktion, wenn auch ihre technische Anwendung an der erforderlichen hohen Temperatur und der Unvollständigkeit des Umsatzes gescheitert ist. Nach A. Gorgeu[5]) zersetzt Ton bei $^3/_4$stündigem Erhitzen auf Kirschrotglut im Wasserdampfstrom Kochsalz zu 97% unter Bildung von HCl, während bei Ausschluß von Wasser, wenn auch schwieriger, Chlor entsteht. Auch wasserhaltiger Kaolin zersetzt stark, wasserhaltige Kieselsäure dagegen nur langsam. A. Gorgeu nimmt auch ausdrücklich an, daß diese Reaktion bei der Fumarolenbildung auftritt.

Gleichgültig, ob die Zersetzung durch Wasser oder durch Silicate und Aluminate erfolgt, jedenfalls können die gebildeten Stoffe (NaHO, Na-Silicate oder -Aluminate[6]) bei niedrigerer Temperatur mit dem Kohlendioxyd der Luft oder der Fumarolen reagieren, wobei dann Natriumcarbonat (gegebenenfalls neben alkaliärmeren Silicaten oder Aluminaten) entsteht. Die Bildung des Natriumcarbonats gehört dann eigentlich zu der im vorigen Abschnitt besprochenen. Es ist begreiflich, daß die vulkanische Soda zusammen mit Kochsalz vorkommt, welches teils der Zersetzung entging, teils aus den Natriumverbindungen durch den Chlorwasserstoff zurückgebildet wurde.

3. Einwirkung von CO_2 auf gelöstes NaCl. Als Beweis dafür, daß Natriumcarbonat sich unmittelbar aus gelöstem Kochsalz und Kohlendioxyd bilden kann, wird eine Arbeit von H. Schulz[7]) angeführt. Indes ist diese Arbeit für die Bildung des Natriumcarbonats in der Natur völlig belanglos. H. Schulz hat Farbveränderungen des Methylvioletts bei Gegenwart von Chloriden und Kohlendioxyd untersucht. Das, was er, wie schon früher H. Müller[8]) nachzuweisen suchte, nämlich die Gegenwart freien Chlorwasserstoffs in den kohlendioxydhaltigen Lösungen von Chlornatrium oder anderen

---

[1]) Kunheim, Diss. Göttingen 1861, zitiert nach Gmelin-Friedheim, Handb. d. anorg. Chem. II[1], 357.

[2]) G. Lunge, Handb. d. Sodaindustrie, 2. Aufl., II, (Braunschweig 1894), 407.

[3]) Vgl. Abegg-Auerbach, Handb. der anorg. Chem., II[1], (Leipzig 1908), 235.

[4]) G. Lunge, Handb. d. Sodaindustrie, 2. Aufl. III, 170. 176. — Stohmann-Kerl, Enz. Handb. der techn. Chem., (4. Aufl. von Muspratts Chemie) VI, (Braunschweig 1898), 1147.

[5]) A. Gorgeu, C. R. **102**, 1164 (1886).

[6]) Die Ätnalava von 1865 enthielt nach O. Silvestri (a. a. O. 270) SiO_2 50,0, Al_2O_3 19,1, FeO 12,2, MnO 0,4, CaO 10,0 MgO 4,1, K_2O 0,6, Na_2O 3,7%.

[7]) H. Schulz, bisweilen fälschlich als Schulze zitiert, Pflügers Archiv f. d. ges. Physiologie **27**, 454 (1882).

[8]) H. Müller, Ber. Dtsch. Chem. Ges. **3**, 40 (1870).

Chloriden, wird heute nicht mehr bezweifelt, da das Vorkommen von HCl-Molekeln in der Lösung sich als notwendige Folgerung aus der elektrolytischen Dissoziationstheorie ergibt. Über den Betrag der gebildeten Salzsäure und demgemäß auch über den des Natriumcarbonats geben aber die Versuche von H. Schulz keinen Aufschluß. Er hat auch keinen Schluß auf die Sodabildung in der Natur gezogen.

Für letztere Frage kommt es nur darauf an, ob durch Einwirkung von CO_2 auf gelöstes Kochsalz Lösungen erhalten werden können, aus denen ein Natriumcarbonat auskristallisieren kann. Diese Frage haben G. Bodländer und P. Breull[1]) beantwortet. Sie kommen zu dem Ergebnis, daß in einer gesättigten Kochsalzlösung bei 20° erst dann so viel $NaHCO_3$ gebildet wird, daß die Lösung daran gesättigt ist, wenn der CO_2-Druck 3,3 Millionen Atmosphären beträgt. Wenn auch diese Zahl mit einiger Unsicherheit behaftet ist, so ist doch die Größenordnung sicher. Zwar hat K. Funk[2]) vorgeschlagen, $NaHCO_3$ durch Einleiten von CO_2 von 36 Atmosphären Druck unter 0° in gesättigte Kochsalzlösung darzustellen. Aber G. Bodländer und P. Breull bezeichnen diesen Vorschlag mit Recht als absolut unausführbar. Ebenso hat sich G. Lunge[3]) dagegen völlig ablehnend verhalten. Man kann daher sagen, daß die Bedingungen für eine derartige Bildung von Natriumcarbonaten auf der Erdoberfläche oder in der Erdrinde nicht gegeben sind.

4. Bildung aus Na_2SO_4 und $Ca(Ba, Sr)CO_3$. Diese Bildungsweise (und zwar aus $CaCO_3$) ist für natürliche Natriumcarbonate von J. Russegger,[4]) H. Wackenroder,[5]) J. Roth,[6]) E. W. Hilgard,[7]) S. Tanatar,[8]) R. Brauns,[9]) V. S. Bryant[10]) und F. Reichert,[11]) zum Teil neben anderen Bildungsweisen, angenommen worden.

Für die Bildung von Na_2CO_3 aus $CaCO_3$ und Na_2SO_4 ist die Lage des Gleichgewichts $Na_2SO_4 + CaCO_3 = CaSO_4 + Na_2CO_3$ maßgebend, wobei indes zu berücksichtigen ist, daß die in Betracht kommenden Stoffe in verschiedenen Hydratisierungsstufen und außerdem in konzentrierten Lösungen als Doppelsalze auftreten können. Da es sich um ein reziprokes Salzpaar bei Gegenwart von Wasser handelt, hat man ein System von vier Bestandteilen. Bei Koexistenz von zwei festen Phasen neben Lösung hat man daher drei Freiheiten, d. h., es sind Gleichgewichte bei verschiedenen Temperaturen, Drucken und Natriumgehalten der Lösung möglich. Sind aber Druck, Temperatur und Natriumgehalt der Lösung gegeben, so müssen beim Gleichgewicht alle übrigen Konzentrationen in der Lösung bestimmte Werte haben; d. h., bei gegebenem Na-Gehalt erfordert das Gleichgewicht einen ganz bestimmten CO_3- und SO_4-Gehalt. Wird das Mengenverhältnis von Na_2CO_3 und Na_2SO_4 in der Lösung ein anderes, so muß eine der beiden festen Phasen verschwinden. Z. B. wird $CaCO_3$ verbraucht werden und $CaSO_4$ (neben Na_2CO_3) sich bilden,

[1]) G. Bodländer u. P. Breull, Z. f. angew. Chem. (1901) [16 u. 17].
[2]) K. Funk, Chem.-Ztg. 1879, 660.
[3]) G. Lunge, Handb. d. Sodaindustrie, 2. Aufl., III, (Braunschweig 1896), 167.
[4]) J. Russegger, Karstens Arch. f. Min. etc. **16**, 386 (1842).
[5]) H. Wackenroder, Arch. Pharm. [2] **35**, 273 (1843).
[6]) J. Roth, Allg. und chem. Geologie I, (Berlin 1879), 463.
[7]) E. W. Hilgard, Ber. Dtsch. Chem. Ges. **25**, 3624 (1892).
[8]) S. Tanatar, Ber. Dtsch. Chem. Ges. **29**, 1034 (1896).
[9]) R. Brauns, Chem. Mineralogie (Leipzig 1896) 335.
[10]) V. S. Bryant, Journ. of the Soc. chem. Ind. **22**, 786 (1903).
[11]) F. Reichert, Z. Kryst. **47**, 207 (1909).

wenn die SO_4-Konzentration in der Lösung größer ist als die Gleichgewichtskonzentration. Für nicht zu konzentrierte Lösungen läßt sich ferner das Massenwirkungsgesetz anwenden. Damit neben der Lösung $CaCO_3$ und $CaSO_4$ bestehen können, muß $[Na_2CO_3]/[Na_2SO_4]$ konstant sein, wobei die eingeklammerten Formeln die Konzentrationen des undissoziierten Anteils der betreffenden Salze bedeuten, nicht etwa die analytisch bestimmten Mengen dieser Salze. Damit in notwendigem Zusammenhang steht, daß $CO_3''/SO_4'' = A/B$ konstant sein muß, wo A das Löslichkeitsprodukt des $CaCO_3$, B das des $CaSO_4$ bedeutet. Eine eingehende Untersuchung der Gleichgewichte, wie sie W. Meyerhoffer[1]) für das System $BaCO_3 + K_2SO_4$ ausgeführt hat, liegt für $CaCO_3 + Na_2SO_4$ noch nicht vor. Immerhin gestatten die Untersuchungen W. Meyerhoffers in Verbindung mit den eben gegebenen Formeln auch einiges über das letztgenannte Gleichgewicht auszusagen.

W. Meyerhoffer hat die Koexistenz von $BaCO_3$ und $BaSO_4$ für folgende Lösungen beobachtet (analytisch bestimmte Mengen):

Temperatur	25°	25°	25°[2])	80°	80°	80°[2])	100°	100°	100°[2])
Mole K_2CO_3 f. 1000 Mole H_2O	3,83	10,41	29,1	3,35	6,79	25,7	3,17	6,28	23,0
„ K_2SO_4 „ 1000 „ „	0,184	0,676	3,22	0,654	1,53	9,46	0,851	2,02	12,65
$[K_2CO_3]/[K_2SO_4]$	21	15	9,03	5,1	4,4	2,72	3,7	3,1	1,82

Man sieht, daß bei höheren Temperaturen das Gleichgewicht einen kleineren Wert des Verhältnisses $[K_2CO_3]/[K_2SO_4]$ erfordert als bei niederen. Besser sind die Bedingungen für die Alkalicarbonatbildung, wenn außerdem CO_2 da ist. In der Tat ist die Einwirkung von Na_2SO_4 und CO_2 auf $BaCO_3$ als technische Methode zur Herstellung von Natriumcarbonat empfohlen worden.[3])

Für die Reaktion zwischen $SrSO_4$ und Na_2CO_3 hat W. Herz[4]) unter Anwendung von 0,6- bis 2,4-normalen Sodalösungen das Gleichgewichtsverhältnis $[Na_2CO_3]/[Na_2SO_4]$ (Mole bei 25°) zu 0,068 gefunden, also für die Alkalicarbonatbildung wesentlich ungünstiger als im System mit K- und Ba-Salzen.

Um nun aus diesen Zahlen Schlüsse auf das Verhalten des $CaCO_3$ gegen Na_2SO_4 zu ziehen, ist folgendes zu überlegen. In verdünnten Lösungen werden sich die K- und Na-Salze gleich verhalten, da die Dissoziationsgrade bei ähnlich zusammengesetzten Salzen nicht wesentlich verschieden zu sein pflegen und das Alkaliion selbst an der Reaktion nicht beteiligt ist. Dagegen muß bei den Gleichgewichten der Ca-Salze das Verhältnis $[Na_2CO_3]/[Na_2SO_4]$ ein anderes sein als bei denen der Ba-Salze, und zwar wegen der Verschiedenheit der maßgebenden Löslichkeitsprodukte. Zwar können aus den vorliegenden Löslichkeitsangaben die Löslichkeitsprodukte nicht berechnet werden, da insbesondere die Konzentration der CO_3''-Ionen wegen der Hydrolyse nicht genügend bekannt ist. Aber jedenfalls steigt die Konzentration der CO_3''- und SO_4''-Ionen mit der Molkonzentration der gelösten Salze. Die Löslichkeiten bei Zimmertemperatur sind bei $BaCO_3$ $1,86 \times 10^{-3}$, bei $BaSO_4$ $2,29 \times 10^{-4}$, dagegen bei $CaCO_3$ und $CaSO_4$ (in Form von Gips) bei Zimmertemperatur $1,31 \times 10^{-3}$ und 0,202, bei 100° 2×10^{-3} und 0,17 (g in 100 g Wasser). Die gesättigten Lösungen von $BaCO_3$ und $CaCO_3$ enthalten also der Größenordnung nach gleiche CO_3''-Konzentrationen, dagegen die $CaSO_4$-Lösungen viel mehr SO_4'' als die $BaSO_4$-Lösungen. Daher ist A/B für die Gleichgewichte mit Ca-Salzen viel kleiner als für die mit Ba-Salzen; d. h., bei gleicher Temperatur und gleichem Na-Gehalt der Lösung befindet sich das Gleichgewicht mit Ca-Salzen bei viel Na_2CO_3-ärmeren Lösungen. Nur um einen Begriff von der Größenordnung dieser Verschiedenheit zu bekommen, seien folgende Annahmen eingeführt. Die gesättigten

[1]) W. Meyerhoffer, Z. f. phys. Chem. **53**, 513 (1905).

[2]) Bei diesen Gleichgewichten kann auch K_2SO_4 auskristallisieren.

[3]) W. Bramley, Jahresber. f. Chem. 1887, 2547.

[4]) W. Herz, Z. anorg. Chem. **68**, 71 (1910).

Lösungen von $CaCO_3$ und $BaCO_3$ sollen gleiche CO_3''-Konzentrationen haben. Die Sulfate seien nicht hydrolysiert und vollständig dissoziiert. Dann verhalten sich die für das Gleichgewicht maßgebenden Verhältnisse A/B für Ba- und Ca-Salze verkehrt wie die Löslichkeiten der Sulfate in Molen. A/B ist also für Ca-Salze 1 / 1500 vom Wert für Ba-Salze.[1]) Setzt man ferner in erster Annäherung A / B proportional dem Verhältnis der Gesamtkonzentrationen von Na_2CO_3 und Na_2SO_4, so ergibt sich letzteres Verhältnis für Ca-Salze von der Größenordnung 0,01. D. h.: $CaCO_3$ und $CaSO_4$ existieren nebeneinander, wenn in der Lösung auf ein Mol Na_2CO_3 100 Mole Na_2SO_4 kommen. Nur wenn die Lösung noch reicher an Na_2SO_4 ist, kann sie $CaCO_3$ zersetzen. Wie sich dieses Verhältnis bei höherer Temperatur gestaltet, läßt sich nicht sicher sagen. Aber es ist immerhin wahrscheinlich, daß ebenso wie bei den Ba-Salzen Temperaturerhöhung für die Sodabildung ungünstig sein wird.

Die vorliegenden Literaturangaben stehen mit der im vorhergehenden gegebenen Schätzung im Einklang. Nach H. Rose[2] wird $CaSO_4$ durch neutrale und saure Alkalicarbonate schon bei gewöhnlicher Temperatur und selbst bei Zusatz von Alkalisulfaten vollständig zersetzt. Schwefelsaure Alkalien zersetzen $CaCO_3$ weder bei gewöhnlicher Temperatur noch beim Kochen. Rose hat sogar die Behandlung der Erdalkalisulfate mit Alkalicarbonaten als Mittel zur Trennung von Ba und Ca empfohlen.[3]) Aus der Angabe H. Roses,[4]) daß durch Kochen mit der äquivalenten Menge K_2CO_3 $CaSO_4$ bis auf 4,55 % zersetzt wird, kann man schließen, daß das Molverhältnis Alkalicarbonat zu Alkalisulfat in der Gleichgewichtslösung kleiner als 0,048 ist. Jedenfalls können aus $CaCO_3$ und Na_2SO_4 nur sehr Na_2CO_3-arme Lösungen entstehen, aus denen zunächst Na_2SO_4 auskristallisieren wird.

Auch die Anwendung konzentrierter Lösungen, neben denen Na-Ca-Doppelsalze auftreten können, dürfte an diesen Verhältnissen nichts ändern. Denn die Geringfügigkeit der Na_2CO_3-Bildung beruht wesentlich darauf, daß $CaCO_3$ viel schwerer löslich ist als $CaSO_4$. Ein ähnliches Verhältnis dürfte aber auch zwischen Glauberit und Gaylussit bestehen. Jedenfalls ist Glauberit löslicher als Gips; denn J. Fritzsche[5]) gibt an, daß Glauberit sich in Wasser löst und dann erst Gipskristalle ausscheidet.

Somit kann die Bildung aus Na_2SO_4 und $CaCO_3$ für die Na_2CO_3-Mineralien nicht in Betracht kommen.

Die Gegenwart von überschüssiger Kohlensäure kann dagegen die Verhältnisse für die Bildung der Natriumcarbonate günstiger gestalten, da hierdurch der Löslichkeitsunterschied zwischen dem Sulfat und Carbonat des Calciums wesentlich vermindert wird. Bei einigermaßen erheblichem CO_2-Gehalt ist sogar das Carbonat löslicher als das Sulfat. Dem entsprechen an Natriumcarbonat reichere Gleichgewichtslösungen und die Bedingungen für die Bildung eines Sodaminerals werden besonders günstig, wenn der CO_2-Gehalt die Abscheidung des schwerer löslichen Natriumbicarbonats gestattet. Demgemäß hat Pongowski[6]) die Einwirkung von $CaCO_3$ und CO_2 unter Druck auf Natriumsulfat als technische Methode zur Herstellung von Soda vorgeschlagen; seine Angabe wird allerdings von G. Lunge[7]) als ganz unrichtig bezeichnet. Die Bildung von Gips aus Natriumsulfat und Calciumbicarbonat hat schon T. St. Hunt[8]) untersucht, hat aber entsprechend den Anschauungen der damaligen Zeit die neben den Bodenkörpern befindlichen Lösungen nicht unter-

---

[1]) Hierbei wird allerdings vernachlässigt, daß $CaCO_3$ in Na_2SO_4-Lösungen wesentlich löslicher ist als in reinem Wasser; vgl. G. Bischof, Lehrb. chem. u. phys. Geol., 2. Aufl. II, (Bonn 1864), 112. — T. St. Hunt, Am. Journ. [2] **28**, 174 (1859). — S. Tanatar, Ber. Dtsch. Chem. Ges. **29**, 1038 (1896). Aber bei den Ba-Salzen dürften die Verhältnisse ähnlich liegen.

[2]) H. Rose, Pogg. Ann. **95**, 289 (1855).

[3]) S. auch A. Vogel u. C. Reischauer, Jahresber. f. Chem. 1858, 123.

[4]) H. Rose, a. a. O. 437.

[5]) J. Fritzsche, Journ. prakt. Chem. **72**, 291 (1857).

[6]) Pongowski, Ber. Dtsch. Chem. Ges. **6**, 1140 (1873).

[7]) G. Lunge, Handb. der Sodaindustrie, 2. Aufl. III, (Braunschweig 1896), 186.

[8]) T. St. Hunt, Am. Journ. [2] **28**, 174 (1859).

sucht und überdies Alkohol zur Fällung angewendet. A. Müller[1]) nimmt die gleiche Reaktion an und hat insbesondere darauf hingewiesen, daß bei Gegenwart von Kohlendioxyd sich aus Erdalkalicarbonat und Alkalisulfat Alkalibicarbonat bildet, während Erdalkalisulfate mit normalen Alkalicarbonaten die Umsetzung in entgegengesetzter Richtung geben. E. W. Hilgard[2]) fand, daß die Reaktion schnell verläuft (unter Anwendung von gefälltem $CaCO_3$ und CO_2 von Atmosphärendruck bei Zimmertemperatur in 40 Minuten). Diese Angabe und auch seine Angaben über den erreichten Endzustand sind aber, wie S. Tanatar[3]) mit Recht hervorhob, nicht verwertbar, weil er (ähnlich wie T. St. Hunt) vor der Analyse Alkohol zusetzte und dadurch den Zustand des Systems veränderte. E. W. Hilgard fand ferner, daß beim Eindampfen der wäßrigen Filtrate die Umsetzung auf Kosten des gelösten Gipses großenteils rückgängig wurde, hält es aber für unzweifelhaft,[4]) daß dies beim Verdunsten bei gewöhnlicher Temperatur nicht eintreten würde. Daß es aber hierbei in erster Reihe auf die Temperatur ankommt, ist durch nichts bewiesen. Wichtiger wäre die Erhaltung des Kohlendioxydgehalts der Lösung.

S. Tanatar (a. a. O.) hat kleinere Umsätze gefunden als E. W. Hilgard und das Gleichgewicht sicher nicht nach 40 Minuten, dagegen sicher nach 4 Stunden erreicht. Er hat aus seinen Versuchen Werte für das gebildete $NaHCO_3$ ausgerechnet, die allerdings auf unsicheren und sicher nicht exakten Grundlagen beruhen. Es ist daher zweckmäßiger, die aus den Versuchen unmittelbar folgenden analytisch bestimmten Konzentrationen zu verwenden. Die folgende Zusammenstellung enthält die angewendete Menge Na_2SO_4 in Gramm für ein Liter Lösung, ferner für den von S. Tanatar erreichten Endzustand die Konzentrationen der einzelnen Atome und Atomgruppen in der Lösung in Mol/Liter, und zwar die von Na_2 (gleich der Anfangskonzentration des Na_2SO_4), Ca (S. Tanatars $CaCO_3$), gebundenes $(HCO_3)_2$ (S. Tanatars $CaCO_3 + Na_2CO_3$) und SO_4 ($Na_2 + Ca - (HCO_3)_2$), endlich die ausgeschiedene $CaSO_4$-Menge ($Na_2 - SO_4$). Die Zahlen beziehen sich auf mit CO_2 bei ungefähr Atmosphärendruck in Gegenwart von überschüssigem $CaCO_3$ gesättigte Lösungen bei Zimmertemperatur.

g Na_2SO_4	0	4	5	6	10	20
Mole Na_2	0	0,0282	0,0352	0,0423	0,0704	0,1408
„ Ca	0,007	0,0121	0,0120	0,0120	0,0115	0,0122
„ $(HCO_3)_2$	0,007	0,0124	0,0132	0,0138	0,0145	0,0216
„ SO_4	0	0,0279	0,0340	0,0405	0,0674	0,1314
„ $CaSO_4$	0	0,0003	0,0012	0,0018	0,0030	0,0094
$(HCO_3)_2 / SO_4$	∞	0,44	0,39	0,34	0,22	0,16
$(HCO_3)_2^2 / SO_4$	∞	0,0055	0,0051	0,0047	0,0031	0,0036

Bei der Reaktionsgleichung $CaCO_3 + CO_2 + H_2O + Na_2SO_4 = 2 NaHCO_3 + CaSO_4$ hat man ein System von fünf Bestandteilen. Sind die CO_2-Gas-

[1]) A. Müller, Jahresber. f. Chem. 1861, 170.

[2]) E. W. Hilgard, Ber. Dtsch. Chem. Ges. **25**, 3624 (1892). — Kurzer Auszug Am. Journ. [4] **2**, 100 (1896).

[3]) S. Tanatar, Ber. Dtsch. Chem. Ges. **29**, 1035 (1896).

[4]) Im Am. Journ. wird das so mitgeteilt, als wenn es ein Versuchsergebnis wäre. In den Ber. ist dies nicht ersichtlich. Eine Versuchsbeschreibung, die über die Sache ein Urteil gestatten würde, liegt jedenfalls nicht vor. Nach G. Lunges Versuchen, Handb. der Sodaind., 2. Aufl., II, (Braunschweig 1894), 52, bleibt auch beim Verdunsten bei Zimmertemperatur nur sehr wenig Natriumcarbonat bestehen, wie es auch nach der Theorie sein muß.

phase, die Lösung und zwei feste Stoffe ($CaCO_3$ und $CaSO_4$) da, so hat man vier Phasen und daher drei Freiheiten. Das Gleichgewicht ist also bestimmt, wenn der CO_2-Druck, die Temperatur und etwa der Na-Gehalt in der Lösung gegeben sind. Für verdünnte Lösungen gilt dann die Gleichung $[HCO_3']^2/[SO_4''][CO_2]$ = konst., wo die eingeklammerten Formeln wieder Konzentrationen der betreffenden Ionen- und Molekelarten, nicht die in der vorstehenden Tabelle vorkommenden Gesamtkonzentrationen sind.

Es soll vorausgesetzt werden, daß S. Tanatar immer Gleichgewicht erreicht hat, was immerhin wahrscheinlich ist. Zunächst bemerkt man, daß schon bei 4 g Na_2SO_4 für den Liter Gipsausscheidung eintritt; ein wenig darunter dürfte die Gipsausscheidung aufhören. Demgemäß hat S. Tanatar auch experimentell immer ungelösten Gips gefunden. Die Zahlen der Na_2SO_4-haltigen Lösungen beziehen sich also auf an $CaCO_3$ und Gips gesättigte Lösungen. In diesen Lösungen ist nach den Versuchen der Ca-Gehalt von der Menge des Na_2SO_4 unabhängig. Er ist auffällig gering, da die Löslichkeit des Gipses in reinem Wasser etwa 0,015 Mole im Liter beträgt und in CO_2-haltigem Wasser jedenfalls größer ist, da ferner Na_2SO_4 die Löslichkeit des Gipses nicht sehr stark herabdrückt (in konzentrierten Lösungen sogar erhöht.[1])

Auf Grund der Tanatarschen Zahlen bzw. ihrer Extrapolation für konzentriertere Lösungen erhält man die Fig. 14; sie stellt Gleichgewichte dar,

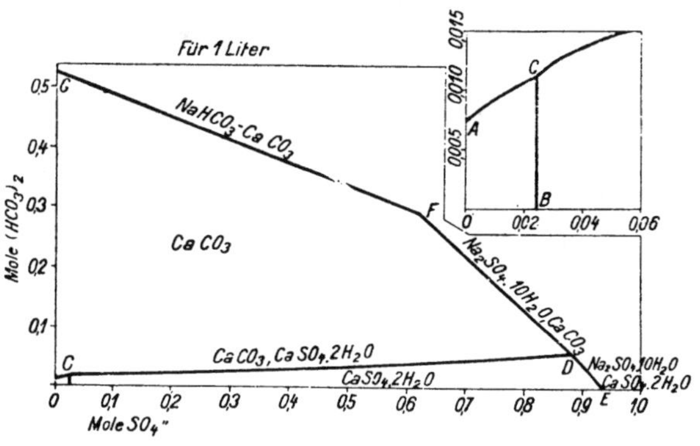

Fig. 14.

welche beim Zusammenbringen von mit CO_2 bei Atmosphärendruck gesättigten Na_2SO_4-Lösungen mit überschüssigem $CaCO_3$, bzw. beim Einengen solcher Systeme bei Zimmertemperatur auftreten können. Die Verhältnisse bei kleinen Konzentrationen sind in der Ecke rechts oben in vergrößertem Maßstab gezeichnet, und zwar außerdem die Ordinaten im vierfachen Maßstab der Abszissen. Nur diese vergrößerte Zeichnung gibt beobachtete Zahlenwerte wieder. In der Hauptzeichnung sind dagegen die Linien ziemlich willkürlich gezogen und sollen nur die beiläufige Lage der Existenzgebiete der einzelnen Bodenkörper versinnlichen.

Mit Ausnahme von *AC* und *BC* stellen alle Kurven die Konzentrationen

[1]) Vgl. F. K. Cameron u. J. F. Breazeade, Chem. ZB. 1904, II, 501. Aus letzterem Grund ist es auch zweifelhaft, ob die Berechnung von H. Vater, Z. Kryst. **30**, 378 (1898), der Wahrheit nahekommt.

gesättigter, $NaHCO_3$ und Na_2SO_4, sowie CO_2 enthaltender Lösungen mit zwei Bodenkörpern dar. Die Bodenkörper sind längs *CD* $CaCO_3$ und Gips, längs *DE* Glaubersalz und Gips, längs *DF* Glaubersalz und $CaCO_3$, längs *FG* $NaHCO_3$ und $CaCO_3$.

Gaylussitbildung kommt wahrscheinlich nicht in Frage, da in der gesättigten $NaHCO_3$-Lösung die hierfür erforderliche Konzentration der undissoziierten Na_4CO_3-Molekeln wohl nicht erreicht werden kann.[1]) Ebenso kommt bei Zimmertemperatur Glauberitbildung kaum in Betracht, da dieses Doppelsalz mit Wasser unterhalb 29° in Gips und Glaubersalz zerfällt[2]) und das vorhandene Bicarbonat den Umwandlungspunkt wohl nicht sehr stark herabdrücken kann.[3])

Unterhalb des Punktes *C* ist bei der Einwirkung von Na_2SO_4-Lösung auf $CaCO_3$ Sättigung an Gips nicht möglich; daher ist die der Ordinatenachse parallele Gerade *BC* eingezeichnet. Das Feld *OACB* enthält die bei der Berührung von $CaCO_3$ mit CO_2-gesättigten Na_2SO_4-Lösungen entstehenden ungesättigten Lösungen, welche keinen Gips ausscheiden können, das Feld *BCDE* ungesättigte Lösungen, welche vor oder bei Erreichung des Gleichgewichts Gips ausscheiden können. Neben Lösungen, welche diesen beiden Feldern entsprechen, kann $CaCO_3$ nicht bestehen bleiben, da die Lösungen hierfür ungesättigt sind. Wohl aber kann in dem größten Teil des Feldes *BCDE* Gips neben der Lösung bestehen. Im Feld *ACDFG* ist $CaCO_3$, aber nicht Gips neben der Lösung beständig. Die Lösungen außerhalb der Linien *EDFG* sind für zwei Stoffe übersättigt.

Hiernach läßt sich beurteilen, welche Kristallisationen durch die Einwirkung von Na_2SO_4-Lösungen, die mit CO_2 (1 Atm.) gesättigt sind, auf $CaCO_3$ bei Zimmertemperatur erhalten werden können, wenn man annimmt, daß sich immer Gleichgewicht einstellt. Ist die Na_2SO_4-Lösung verdünnt (SO_4 links von *B*), so wird bei unverändertem SO_4-Gehalt der Lösung $CaCO_3$ in Lösung gehen, bis man auf die Linie *AC* kommt, welche also den möglichen Höchstgehalt der Lösung an Bicarbonaten angibt. Die Veränderung der Lösung wird durch eine der Ordinatenachse parallele Gerade dargestellt. Konzentriertere Lösungen (SO_4 rechts von *B*) erreichen schließlich die Linie *CD*, aber unter Verminderung ihres SO_4-Gehalts. Beim Einengen der Gleichgewichtslösung ändern sich die Konzentrationen nach *ACD* unter Wechselwirkung mit den vorhandenen Bodenkörpern. Bei *D* würde unter Annahme von $[H_2C_2O_6]^2:[SO_4] = 0{,}0034$ u. $[Ca] = 0{,}012$ $[Na_2]$ 0,9, $[HCO_3]_2$ 0,054, $[SO_4]$ 0,858, $[HCO_3]_2/[SO_4]$ 0,063 sein. Jedenfalls ist aber sicher, daß letzteres Verhältnis, welches bei hohen Na-Konzentrationen unbedenklich gleich dem Verhältnis zwischen den Molenzahlen des in der Lösung enthaltenen $Na_2H_2(CO_3)_2$ und Na_2SO_4 gesetzt werden kann, nicht größer sein wird als der nach S. Tanatar für die Lösung mit 20 g Na_2SO_4 erhaltene Wert 0,16.

Das dem Punkt *D* entsprechende System mit drei Bodenkörpern (also einschließlich der Gasphase fünf Phasen bei fünf Bestandteilen) hat bei gegebener Temperatur und gegebenem CO_2-Druck keine Freiheit mehr. Die Zusammensetzung der Lösung kann sich also bei weiterem Einengen nicht mehr ändern, oder mit anderen Worten, die Lösung kann kein $NaHCO_3$ ausscheiden. Bei weiterem Einengen in Gegenwart der Bodenkörper wird also

[1]) Vgl. R. Wegscheider u. H. Walter, Wiener Mon. f. Chem. **28**, 633 (1907).

[2]) Van't Hoff, Zur Bildung der ozeanischen Salzablagerungen II. Heft (Braunschweig 1909), 17.

[3]) Daß Glauberit nicht auftritt, hat auch H. Vater vermutet (Z. Kryst. **30**, 380 (1898).

das gebildete $CaSO_4$ durch Umsetzung mit dem gelösten $NaHCO_3$ wieder aufgezehrt, so daß man schließlich nur Glaubersalz und $CaCO_3$ erhält,[1]) den Fall ausgenommen, daß das Verdunsten so rasch geht, daß sich das Gleichgewicht mit den Bodenkörpern nicht einstellt.[2]) Die Bildung von festem $NaHCO_3$ ist also überhaupt nur möglich, wenn die Lösung rechtzeitig der Wechselwirkung mit den Bodenkörpern entzogen (am besten von ihnen abgetrennt[3]) wird.

Das in Lösung befindliche Ca wird auch in diesem Fall als Carbonat abgeschieden, da durch bloßes Konzentrieren sich das Verhältnis $[HCO_3] / [SO_4]$ nicht ändert, während das Gleichgewichtsverhältnis mit steigender Konzentration abnimmt, also die Lösung für $CaCO_3$ übersättigt wird. Beim Einengen verdünnter, vom Bodenkörper getrennter Lösungen kann man sich infolgedessen und wegen ihres verhältnismäßig hohen Ca-Gehaltes nicht wesentlich von der Gleichgewichtskurve *ACD* entfernen. Beim Einengen .konzentrierterer Lösungen ist dies allerdings denkbar. Aber jedenfalls wird das Verhältnis 0,16 auch bei Abtrennung des Bodenkörpers kaum überschritten werden können.

Somit sind bei der Sodabildung nach der besprochenen Reaktion mit 1 Atm. CO_2-Druck höchstens Gemenge zu erwarten, die $^1/_7$ des Natriums als Carbonat enthalten.[4])

Die Verhältnisse werden für die Sodabildung nur günstiger, wenn der CO_2-Druck höher ist, und in geringerem Maß auch, wenn eine löslichere als die von S. Tanatar verwendete $CaCO_3$-Form da ist (eine Möglichkeit, die in der Natur kaum in Betracht kommt), ungünstiger dagegen, wenn der CO_2-Druck kleiner ist, wenn die Lösung vom CaCO vor Erreichung des Gleichgewichts abgetrennt wird, wenn $CaCO_3$ nicht im Überschuß da ist, wenn während des Eindunstens CO_2 verloren geht,[5]) da dann der Zustand des Systems sich dem für die Carbonatbildung ungünstigeren Gleichgewicht bei CO_2-ärmeren Lösungen annähern kann, oder wenn die Lösungen für Gips übersättigt bleiben.

Sodareichere Mineralien sind nur zu erwarten, wenn das bereits gebildete Gemisch von $NaHCO_3$ oder Na_2CO_3 und Na_2SO_4 nachträglich durch Wasser ausgelaugt wird. Bei Ausblühungen kann vielleicht kapillare Adsorption eine teilweise Trennung bewirken. Handelt es sich um eine Auslaugung, so kann bei Gegenwart von $NaHCO_3$ das Na_2SO_4 großenteils weggewaschen werden, so daß fast reines $NaHCO_3$ zurückbleibt. Ist dagegen Na_2CO_3 da, so kann die abfließende Lösung Na_2CO_3-reicher sein als die ursprüngliche Kristallisation; beim Auskristallisieren an anderer Stelle erhält man dann ein Na_2CO_3-reicheres Gemisch.[6])

---

[1]) H. Vater, Z. Kryst. **30**, 384 (1898).

[2]) Die Reaktionsgeschwindigkeit kann durch Abscheidung des Gips in gut kristallisierter Form wesentlich vermindert werden. Aber gerade bei raschem Verdunsten ist das nicht zu erwarten.

[3]) Vgl. S. Tanatar, Ber. Dtsch. Chem. Ges. **29**, 1038 (1896).

[4]) E. W. Hilgard, Ber. Dtsch. Chem. Ges. **25**, 3627—3628 (1892), glaubt auch die Bildung Na_2CO_3-reicherer Gemische auf die Reaktion zwischen $CaCO_3$ und Na_2SO_4 zurückführen zu können und weist darauf hin, daß die Soda auswitternden Böden $CaCO_3$ im Überschuß enthalten. Letztere Beobachtung ist u. a. auch mit der Annahme verträglich, daß das Na_2CO_3 durch Zersetzung von Silicaten entsteht. Daß aus $CaCO_3$ und Na_2SO_4 nicht direkt ein hochgradiges Natriumcarbonat entstehen kann, ergibt sich auch aus der von E. W. Hilgard mitgeteilten Beobachtung, daß Na_2CO_3-haltige Böden sich mit Gips umsetzen und dadurch kulturfähig gemacht werden können.

[5]) Vgl. H. Vater, a. a. O. 384.

[6]) Nach J. Kolb, Ann. chim. phys. [4] **10**, 121 (1867), kristallisiert aus Lösungen mit 3 Tl. Na_2CO_3 und 1 Tl. Na_2SO_4 zuerst ein Na_2SO_4-reicheres Gemisch, dann ein

Höhere Temperatur dürfte auch bei Gegenwart von CO_2 die Verhältnisse für die Natriumcarbonatbildung eher ungünstiger gestalten. Versuche liegen nicht vor.

5. Bildung aus NaCl und $Ca(Mg)CO_3$, sowie aus Na_2SO_4 und $MgCO_3$. Die Annahme, daß die natürlichen Natriumcarbonate aus $CaCO_3$ und NaCl entstehen, stammt von C. L. Berthollet her. Seither ist sie öfter ausgesprochen worden. J. Russegger[1]) hat diese Bildungsweise für die ägyptische Trona als möglich erachtet, A. Vogel[2]) nimmt sie für Auswitterungen an Mauern an. H. Wackenroder[3]) hat sie als bekannt, aber allzu exklusiv bezeichnet. R. Haines[4]) hat sie für das Natriumcarbonat in der Gegend von Aden angenommen, weil es sich in der Nähe von Kalkstein findet, der zeitweilig mit Meerwasser in Berührung kommt. J. Joffre[5]) schließt aus dem $CaCO_3$- und NaCl-Gehalt einer von ihm untersuchten Trona, daß die Bertholletsche Hypothese richtig sei. E. v. Kvassay[6]) nimmt an, daß sich in dieser Weise die ungarische Soda bilde, und zwar unter Mitwirkung von CO_2 und Entstehung von Sesquicarbonat. E. W. Hilgard[7]) glaubt C. L. Berthollets Hypothese für den Fall der Gegenwart freier Kohlensäure durch den Versuch gestützt zu haben und hat auch darauf hingewiesen, daß Magnesiumcarbonat an der Bildung der Natriumcarbonate beteiligt sein könne,[8]) aber ohne ausreichende Gründe dafür beizubringen. Die Bertholletsche Hypothese wurde auch von J. Roth[9]) (mit Reserve), G. Lunge,[10]) R. Brauns,[11]) B. v. Inkey[12]) und F. Reichert[13]) übernommen. Sie ist aber auch mehrfach bezweifelt worden, so von S. Cloez,[14]) der hervorhebt, daß Ca-Salze durch alle Carbonate des Na gefällt werden und daher lösliche Ca-Salze neben $NaHCO_3$ nicht bestehen können, und S. Tanatar.[15]) Th. M. Chatard[16]) weist gelegentlich der Erwähnung der Bildung aus NaCl und $CaCO_3$ auf die Bildung aus $Mg(HCO_3)_2$ und NaCl hin, die in W. Weldons Sodaprozeß benutzt werde.

Theoretisch liegt die Sache so. Während die Bildung von Natriumcarbonaten aus Na_2SO_4 und $CaCO_3$ im wesentlichen auf der Schwerlöslichkeit des Gipses beruht, beruht die etwaige Bildung derselben aus $Ca(Mg)CO_3$ und NaCl oder aus $MgCO_3$ und Na_2SO_4 auf der großen Leichtlöslichkeit der

---

Gemisch mit ungefähr 86% Na_2CO_3. Über die Kristallisationsfolge aus dem Wasser des Owens Lake geben Versuche von Th. M. Chatard Aufschluß, Bull. geol. Surv. U.S. **60**, 62 (1890). Zuerst kristallisiert im wesentlichen Trona, dann Gemische von NaCl, Na_2SO_4 und Natriumcarbonaten.

[1]) J. Russegger, Karstens Arch. f. Min. **16**, 386 (1842).

[2]) A. Vogel, Journ. prakt. Chem. **25**, 230 (1842).

[3]) H. Wackenroder, Arch. Pharm. [2] **35**, 273 (1843).

[4]) R. Haines Jahresber. f. Chem. 1863, 179.

[5]) J. Joffre, Bull. Soc. chim. [2] **12**, 103 (1869).

[6]) E. v. Kvassay, J. k. k. geol. R.A. **26**, 444 (1876).

[7]) E. W. Hilgard, Ber. Dtsch. Chem. Ges. **25**, 3625 (1892).

[8]) E. W. Hilgard, Am. Journ. [4] **2**, 102 (1896).

[9]) J. Roth, Allg. u. chem. Geologie I, (Berlin 1879), 463.

[10]) G. Lunge, Handb. d. Sodaindustrie, 2. Aufl., II, (Braunschweig 1894), 52, woselbst auch mitgeteilt wird, daß Wartha die Bildung aus NaCl und Calciumbicarbona- für ungarische Soda angenommen hat.

[11]) R. Brauns, Chem. Mineralogie (Leipzig 1896) 338.

[12]) B. v. Inkey, Jber. d. k. ungar. geol. L.A. **11** [8], 372 (1898).

[13]) F. Reichert, Z. Kryst. **47**, 205 (1909).

[14]) S. Cloez, C. R. **86**, 1446 (1878).

[15]) S. Tanatar, Ber. Dtsch. Chem. Ges. **29**, 1038 (1896).

[16]) Th. M. Chatard, Bull. geol. Surv. U.S. **60**, 91 (1890).

Chloride des Ca und Mg, sowie auf der immerhin sehr beträchtlichen Löslichkeit des $MgSO_4$. Da in diesen Systemen bei Gegenwart von drei Bodenkörpern das vierte mögliche Salz nicht auskristallisieren kann (außer beim Umwandlungspunkt des reziproken Salzpaares), eröffnet die Leichtlöslichkeit der genannten Ca- und Mg-Salze die Möglichkeit, daß $NaHCO_3$ oder selbst Na_2CO_3 sich unter den auskristallisierenden Salzen befindet. Das ist aber der für die Genesis der Sodamineralien ausschlaggebende Punkt. Dagegen ist die Tatsache, daß $CaCO_3$ in NaCl enthaltendem Wasser bei Gegenwart oder Abwesenheit von CO_2 löslicher ist als in NaCl-freiem,[1]) für sich allein nicht genügend, um die Bildung der Natriumcarbonatmineralien zu erklären.

Es handelt sich um die Systeme $(Ca, Mg)\,CO_3 + Na_2X = Na_2CO_3 + (Ca, Mg)X$ und $(Ca, Mg)CO_3 + CO_2 + H_2O + Na_2X = 2\,NaHCO_3 + (Ca, Mg)X$. Die Salze (Ca, Mg)X kristallisieren in keinem Fall aus, weil sie von allen auftretenden Salzen am leichtesten löslich sind und überdies die Konzentration des Ca oder Mg in der Lösung wegen der Schwerlöslichkeit der Carbonate nicht sehr beträchtlich werden kann. Beim Einengen der Lösung in Gegenwart von überschüssigem Erdalkalicarbonat kann neben diesem entweder zuerst das Alkalicarbonat oder Na_2X zur Ausscheidung kommen. Im ersteren Fall kann (bei Anwesenheit der gerade erforderlichen Menge Erdalkalicarbonat) der Bodenkörper schließlich sogar ein reines Natriumcarbonat sein. Wird die Lösung bei Gegenwart der Bodenkörper weiter eingeengt, so wird sich dem Natriumcarbonat Na_2X beimengen. Nun kann sich die Konzentration der Lösung nicht mehr ändern; das hat zur Folge, daß bei weiterem Einengen das Natriumcarbonat wieder aufgezehrt wird, während sich Na_2X und $(Ca, Mg)CO_3$ ausscheiden. Für die Erhaltung eines ausgeschiedenen Natriumcarbonats ist es also auch hier wesentlich, daß die Mutterlauge beim Einengen rechtzeitig der Wechselwirkung mit der Kristallisation entzogen wird.

Wenn die aus dem Erdalkalicarbonat und Na_2X entstandene Lösung zuerst Na_2X ausscheidet, so wird auch bei weiterem Einengen unter steter Aufrechthaltung des Gleichgewichts nur Na_2X und das Erdalkalicarbonat ausgeschieden. Die Bedingung der fortwährenden Gleichgewichtseinstellung dürfte bei den später zu erwähnenden Versuchen von Cloez nicht erfüllt gewesen sein, da sie eine Ausscheidung von $NaHCO_3$ nach der des NaCl geliefert haben.

Die Ausscheidung eines Alkalicarbonats wird begünstigt durch geringe Löslichkeit desselben und große Löslichkeit des Erdalkalicarbonats. Nach beiden Richtungen ist Erhöhung des CO_2-Drucks vorteilhaft, da dann das schwerer lösliche $NaHCO_3$ auftreten kann und außerdem die Löslichkeit des Erdalkalicarbonats vermehrt wird. Bei gleichem CO_2-Druck wird die Ausscheidung eines Alkalicarbonats mit $MgCO_3$ viel leichter möglich sein als mit $CaCO_3$, da letzteres viel weniger löslich ist. Ferner ist für die Bildung des Alkalicarbonats große Löslichkeit des Salzes Na_2X vorteilhaft, also bei Zimmertemperatur NaCl wirksamer als Na_2SO_4, während allerdings bei höherer Temperatur der Unterschied sich verwischt.

Ziffermäßig lassen sich die Bedingungen für die Ausscheidung von Natriumcarbonat nicht angeben. Nach den Löslichkeiten darf man vermuten, daß bei Zimmertemperatur und in Berührung mit der gewöhnlichen Atmosphäre die Ausscheidung fester Soda, wenn überhaupt, nur mit $MgCO_3$ und NaCl möglich sein wird. Daß das Zusammentreffen von $CaCO_3$ und NaCl nicht

---

[1]) E. W. Hilgard, Ber. Dtsch. Chem. Ges. **25**, 3625 (1892). — S. Tanatar, ebendort **29**, 1038 (1896).

genügt, ergibt sich u. a. daraus, daß das Tote Meer keine bemerkenswerte Menge Natriumcarbonat enthält, obwohl es nach G. Bischof[1]) im Kalkgebirge liegt und die Flüsse schwebendes $CaCO_3$ hineinführen. Die Bildung aus $CaCO_3$ und NaCl kann daher nur bei größeren CO_2-Drucken erfolgen.

Mit den theoretischen Erwartungen stimmen auch die Versuche überein. Auf der Anwendung der günstigsten Bedingungen ($MgCO_3$, NaCl, CO_2 unter Druck) beruht ein Verfahren, welches zur technischen Gewinnung von Soda vorgeschlagen worden ist.[2]) Für verdünntere Lösungen und CO_2 von Atmosphärendruck ist diese Reaktion von S. Cloez[3]) untersucht worden. Er hat gefunden, daß aus einer Lösung, die im Liter 4,8 g $MgCO_3$ (neben CO_2) und 7 g NaCl enthielt, beim Verdunsten zuerst etwas $MgCO_3$, dann NaCl, dann ein an $NaHCO_3$ reiches Salzgemisch ausgeschieden wurde und $MgCl_2$ in Lösung blieb.[4])

Daß $MgCO_3$ günstiger ist als $CaCO_3$, geht daraus hervor, daß nach H. Sénarmont und Bineau[5]) Magnesiumbicarbonat und nach N. Ljubawin[6]) Magnesiumcarbonat mit Chlorcalcium $CaCO_3$ und $MgCl_2$ geben. Demgemäß hat auch T. St. Hunt[7]) gefunden, daß beim Fällen einer Lösung, welche die Chloride des Na, Ca und Mg enthielt, mit $NaHCO_3$ $CaCO_3$ mit nur wenig $MgCO_3$ ausfällt und daß die übrigbleibende Lösung beim Abdampfen ein Gemisch von schwach Ca-haltigem $MgCO_3$ und löslichen, Ca-freien, aber reichlich Mg enthaltenden Chloriden gibt. Die größere Tendenz des $MgCO_3$, in das Chlorid überzugehen, folgt auch aus der Angabe von A. Lanquetin,[8]) daß sich bei der Einwirkung von CO_2 auf ein Gemisch von NaCl-Lösung und gebranntem Dolomit $NaHCO_3$ neben $CaCO_3$ bildet und die entstehende $MgCl_2$-Lösung kein $CaCl_2$ enthält.

Bei dieser Sachlage hat der von R. Haines beigebrachte Grund für die Bildung aus NaCl und $CaCO_3$ an der freien Atmosphäre kein Gewicht. Die räumliche Nachbarschaft beweist nicht die genetische Verknüpfung; überdies ist nicht angegeben, ob nicht etwa der Kalkstein reich an Mg ist. B. v. Inkey[9]) glaubt ein für die Bildung von Natriumcarbonat aus NaCl, $CaCO_3$ und CO_2 beweisendes Vorkommen in Siebenbürgen (Maros-Ujvár) gefunden zu haben. Eine nähere Untersuchung dieses Gebiets wäre wünschenswert.

6. Bildung aus Na_2SO_4 durch Reduktion und CO_2-Einwirkung, sowie aus NaCl durch die Pflanzen. Die Bildung natürlicher Natriumcarbonate aus Na_2SO_4 durch Reduktion und nachfolgende CO_2-Einwirkung ist von E. Sickenberger[10]) für die ägyptischen Vorkommen angenommen worden. Schon früher hat J. Russegger[11]) die Möglichkeit erwähnt, daß dort die Verwesung organischer Stoffe an der Natriumcarbonatbildung beteiligt sei, und C. J. B. Karsten hat in einem Zusatz zu dieser Arbeit die Re-

---

[1]) G. Bischof, Lehrb. d. chem. u. phys. Geologie, 2. Aufl., II, (Bonn 1864), 53.

[2]) W. Weldon, Engl. Patent 629 (1866). — Vgl. G. Lunge, Handb. d. Sodaind. 2. Aufl., III, (Braunschweig 1896), 166. — E. Carthaus, Ber. Dtsch. Chem. Ges. **28**, Rf. 439 (1895).

[3]) S. Cloez, C. R. **86**, 1446 (1878).

[4]) Über die Löslichkeit von $MgCO_3$ in NaCl- und Na_2SO_4-Lösungen vgl. F. K. Cameron u. A. Seidell, Chem. ZB. 1904, I, 150 nach J. phys. chem. **7**, 578 (1903), über die von $CaCO_3$ in NaCl-Lösungen H. Cantoni u. G. Goguélia, Bull. Soc. chim. [3] **23**, 24 (1905).

[5]) Zitiert nach T. St. Hunt, Am. Journ. [2] **28**, 171.

[6]) N. Ljubawin, Ber. Dtsch. Chem. Ges. **26**, Rf. 86 (1893).

[7]) T. St. Hunt, Am. Journ. [2] **28**, 170 (1859).

[8]) A. Lanquetin, Ber. Dtsch. Chem. Ges. **15**, 2639 (1882).

[9]) B. v. Inkey, Jber. d. k. ungar. geol. L.A. **11** [8], 372 (1898).

[10]) E. Sickenberger, Chem.-Ztg. 1892, 1691.

[11]) J. Russegger, Karstens Arch. f. Min. etc. **16**, 386 (1842).

duktion von Na_2SO_4 zu Sulfid und die Umwandlung des letzteren in Carbonat durch $CaCO_3$ angenommen. E. Sickenbergers Erklärung ist auch von G Lunge,[1] R. Brauns[2]) und T. M. Chatard[3]) (als Ergänzung der sonstigen Möglichkeiten) übernommen worden. Für ein südamerikanisches Vorkommen hat sie F. Reichert[4]) als möglich erachtet. Daß bei Gegenwart organischer Stoffe Sulfate zu Sulfiden reduziert werden können, ist zweifellos. Allerdings dürfte es sich an der Erdoberfläche kaum um Reduktion durch unbelebte organische Substanz[5]) handeln, sondern vielmehr um die Tätigkeit reduzierender Mikroorganismen, die sich auf den organischen Substanzen ansiedeln und von denen manche bekanntlich Sulfate in Sulfide umzuwandeln vermögen. Diese Vermutung hat A. H. Hooker ausgesprochen.[6]) Ein Einfluß des Pflanzenlebens auf die Sodabildung (und zwar aus NaCl) ist schon von H. Abich[7]) und nach ihm von V. S. Bryant[8]) angenommen worden. H. Abich denkt sich, daß die Pflanzen das NaCl des Boden in Na_2CO_3 oder organische Na-Salze verwandeln und bei der Verwesung als Na_2CO_3 zurücklassen. Es liegen bisher keine ausreichenden Anhaltspunkte vor, um einer derartigen Bildung der Natriumcarbonatmineralien eine größere Rolle zuzuschreiben.

Jedenfalls ist aber die Reduktion von Sulfaten zu Sulfiden in der Natur eine völlig sichergestellte Tatsache.[9])

Daß sich zwischen H_2S, CO_2 und den Sulfiden und Carbonaten des Na ein Gleichgewicht einstellt, war schon seit längerer Zeit bekannt. Von der Verdrängung des H_2S durch CO_2 wird z. B. in der Leblanc-Sodafabrikation zur Reinigung der Rohsodalauge Gebrauch gemacht. Anderseits hat z. B. J. Sauerschnig[10]) aus Na_2CO_3-Lösung mit H_2S, CO_2 und $NaHCO_3$ hergestellt. Über die Lage dieser Gleichgewichte in verdünnter Lösung haben E. Berl u. A. Rittener[11]) einige Versuche angestellt. Sie fanden daß das Verhältnis $[CO_2] / [H_2S]$ (Lösung): $[CO_2] / [H_2S]$ (Gasphase) $= k$ bei gegebener Temperatur eine Konstante ist und mit steigender Temperatur abnimmt; d. h., für eine gegebene Zusammensetzung des Gases ist bei höherer Temperatur die Carbonatmenge in der Lösung kleiner als bei niederer. Die Konstante k hat bei 18° ungefähr den Wert 2,0, bei 58° 0,90, bei 90° 0,56. Zur Charakterisierung des zeitlichen Verlaufs der Einwirkung eines CO_2-Stroms auf eine Lösung von Na_2S (100 cm³ enthalten 2,075 g Na) bei 14° seien folgende Zahlen hergesetzt:

Dauer des Einleitens (Stunden)	In 100 cm³ NaHS (g)	Na_2S (g)	$NaHCO_3$ (g)
0,75	2,08	0,30	3,81
3	0,54	0,13	6,47
8,75	0,12	—	7,41

Wenn die Bildung von $NaHCO_3$ aus einer Natriumsulfidlösung sich an der Erdoberfläche vollzieht, so kann die Umsetzung vollständig werden, da

---

1) G. Lunge, Handb. d. Sodaind., 2. Aufl., II, (Braunschweig 1894), 50.
2) R. Brauns, Chem. Mineralogie (Leipzig 1896) 386.
3) Th. M. Chatard, Bull. geol. Surv. U.S. **60**, 92 (1890).
4) F. Reichert, Z. Kryst. **47**, 205 (1909).
5) Dies scheinen G. Bischof, Lehrb. chem. phys. Geol., 2. Aufl. I, (Bonn 1863), 31. 58 und R. Brauns, Chem. Min. (Leipzig 1896) 337 anzunehmen.
6) Mitgeteilt von E. Sickenberger, Chem.-Ztg. 1892, 1691.
7) H. Abich, Journ. prakt. Chem. **38**, 13 (1846).
8) V. S. Bryant, Journ. of the Soc. chem. ind. **22**, 786 (1903).
9) S. G. Bischof, Lehrb. chem. phys. Geol., 2. Aufl. I, 58. 558. 559 u. a. — Nach Th. M. Chatard, Bull. geol. Surv. U.S. **60**, 48 (1890) bildet sulfathaltiges Wasser beim Versenden in Holzgefäßen immer H_2S.
10) J. Sauerschnig, Jahresber. f. Chem. 1890, 2684.
11) E. Berl u. A. Rittener, Z. f. angew. Chem. **20**, 1637 (1907).

der gebildete Schwefelwasserstoff immer wieder weggeführt wird, während der CO_2-Druck konstant bleibt. Das Kohlendioxyd braucht aber nicht in der Hauptsache aus der Luft zu stammen. Vielmehr hat es E. Sickenberger für die ägyptischen Vorkommen wahrscheinlich gemacht, daß das erforderliche CO_2 von einem im Schlamm vorkommenden Mikrococcus reichlich produziert wird. Ist die Umsetzung unvollständig, so kann das unverändert gebliebene Schwefelnatrium durch Oxydation wieder in Na_2SO_4 übergehen; es kann daher so auch ein sulfathaltiges Natriumcarbonat entstehen.

An Orten, wo sich Natriumcarbonate aus Schwefelnatrium und Kohlendioxyd bilden, muß Entwicklung von Schwefelwasserstoff bemerkbar sein. Einschlägige Beobachtungen liegen vor. So hat Russell[1]) H_2S-Geruch am Boden des kleinen Kratersees von Ragtown (Nevada), der Trona abschied, beobachtet. Im Wasser des sodahaltigen Palicssees (Ungarn) hat L. Liebermann[2]) H_2S gefunden. A. Hébert[3]) hat in Bassins, die vom Chari (Afrika) gefüllt werden und dann austrocknen, alkalische Kristallisationen gefunden, die überwiegend aus Na_2SO_4 bestehen; das Wasser, welches diese Bassins füllt, ist ebenfalls alkalisch und enthält Glaubersalz, aber auch Schwefelwasserstoff, dessen Bildung A. Hébert sachgemäß auf biologische Reduktion der Sulfate zurückführt. Noch überzeugender für einen genetischen Zusammenhang zwischen Bildung von Sulfiden und Natriumcarbonaten ist der von Th. M. Chatard[4]) geführte Nachweis, daß das dem Owens Lake durch den Boden zusickernde Wasser auf seinem Weg immer reicher an Natriumcarbonaten wird und daß auf diesem Weg auch ein Gehalt an gelösten Sulfiden auftritt, der allmählich größer wird. Aber immerhin ist das Sickerwasser schon vor dem Auftreten des Sulfids reich an Natriumcarbonat. Die Hauptmenge des letzteren stammt daher dort wohl aus der Zersetzung von Silicaten (vulkanische Asche) oder der Auslaugung des schon im Boden vorhandenen Natriumcarbonats (vulkanischen Ursprungs). Besonders beweisend für die hier besprochene Bildung aus Sulfid sind die Beobachtungen E. Sickenbergers. Nach ihm entwickeln die Quellen, welche die ägyptischen Natronseen speisen, an ihrem Ursprung keinen H_2S. Schon nach kurzem Lauf (bisweilen schon nach 1 m) tritt H_2S-Geruch auf, der bald sehr intensiv wird, im weiteren Lauf sich aber wieder verliert. Die Quellen enthalten am Ursprung nur Sulfate und Chloride. In dem Maße, als sich der H_2S verliert (?), tritt Alkalescenz auf. Da der Boden schon in geringer Tiefe nicht alkalisch ist, so muß dort das Natriumcarbonat ganz überwiegend aus dem Sulfid entstehen.

7. Bildung aus K- oder NH_4-Carbonaten und NaCl (oder anderen Natriumsalzen). Aus einer Lösung von NaCl[5]) und K_2CO_3 kristallisiert zuerst KCl, dann Na_2CO_3,[6]) bei Gegenwart von genügend viel freiem CO_2 aber zuerst $NaHCO_3$[7]). Da K_2CO_3 in der Natur nicht in größerer Menge

[1]) Mitgeteilt bei Th. M. Chatard, Bull. geol. Surv. U.S. **60**, 47 (1890).

[2]) Zitiert nach J. Halaváts, Jber. d. k. ungar. geol. L.A. **11** [3], 156 (1897).

[3]) A. Hébert, C. R. **140**, 165 (1905).

[4]) Th. M. Chatard, a. a O. 93.

[5]) Analog verhält sich, wie früher angegeben wurde, auch $NaNO_3$, welches daher unter Umständen auch für die Natriumcarbonatbildung in Betracht kommt, ferner Na_2SO_4, C. F. Hagen, s. G. Lunge, Handb. d. Sodaind., 2. Aufl., III, (Braunschweig 1896), 183.

[6]) Bergmann, Meyer, s. G. Lunge, Handb. d. Sodaind., 2. Aufl., III, 163.

[7]) W. Weldon, Engl. Pat. 950 (1881), zitiert nach Biedermanns Techn.-chem. Jahrb. **4**, 61.

vorkommt, hat diese Reaktion nur insofern für die Genesis der Natriumcarbonate Bedeutung, als bei der Verwitterung der Silicate unter dem Einfluß von CO_2 und Wasser das gebildete K_2CO_3 durch NaCl-Lösung bei Gegenwart von CO_2 zu $NaHCO_3$ umgesetzt werden kann. Die Bildung des Natriumcarbonats erfolgt dann nicht bloß auf Kosten des Na-Gehaltes des Silicats, sondern auch auf Kosten des NaCl-Gehaltes des Wassers.

Die Einwirkung von Ammoniumcarbonaten auf NaCl, die technisch im Ammoniaksodaprozeß verwendet wird, kann dort zur Bildung von Natriumcarbonaten führen, wo durch Fäulnisprozesse Ammoniak entsteht. Schon gewöhnliches Ammoncarbonat (ohne CO_2-Überschuß) fällt aus konzentrierten Kochsalzlösungen $NaHCO_3$ [1]) Doch könnte auch bei dieser Bildungsweise das $NaHCO_3$ nur erhalten bleiben, wenn es von der Mutterlauge vor ihrer völligen Verdunstung getrennt wird. Denn nach A. Bauer[2]) läßt eine Lösung von $NaHCO_3$ und NH_4Cl selbst bei Gegenwart von CO_2 beim Verdunsten NaCl zurück, was auch wegen der großen Flüchtigkeit des Ammoncarbonats von vornherein wahrscheinlich ist.[3])

Zusammenfassung und Bemerkungen über Paragenesis. Überblickt man die vorstehenden Darlegungen, so kommen für die Bildung der natürlichen Natriumcarbonatmineralien hauptsächlich in Betracht: für vulkanische Bildungen Zersetzung von NaCl durch Kieselsäure oder Tonerde und nachträgliche Einwirkung von CO_2, für andere Bildungen (außer der Auflösung und Wiederabsetzung des in der Lava enthaltenen Natriumcarbonats) 1. Verwitterung von Silicaten; 2. Reduktion von Natriumsulfat durch Mikroorganismen mit nachfolgender Einwirkung von CO_2; 3. Einwirkung von Natriumsulfat auf Calciumcarbonat bei Gegenwart überschüssigen CO_2 (oder auf $BaCO_3$); 4. Einwirkung von löslichen Natriumsalzen auf $MgCO_3$, insbesondere bei Gegenwart überschüssigen Kohlendioxyds, oder auch von NaCl auf $CaCO_3$ bei starkem CO_2-Druck.

Welche von den genannten Bildungsweisen im einzelnen Falle anzunehmen ist, läßt sich nicht ohne weiteres aus den Verunreinigungen der Natriumcarbonate erschließen. Bei den Bildungsweisen 3 und 4 trägt gerade die rechtzeitige Beseitigung der Erdalkalisalze zur Erhaltung der gebildeten Natriumcarbonate bei. Man darf daher nicht erwarten, daß notwendig Gips neben dem Natriumcarbonat vorkommt, wenn letzteres nach 3 gebildet wurde, und ebensowenig müssen Mg-Salze da sein, wenn die Natriumcarbonate nach 4 entstanden; es ist im Gegenteil wahrscheinlich, daß die löslichen Mg-Salze weggewaschen wurden, und das ursprünglich vorhandene $MgCO_3$ kann vollständig aufgebraucht worden sein. Ebensowenig ist die Gegenwart größerer Mengen von SiO_2 bei dem nach 1 gebildeten Natriumcarbonat notwendig.

Die Gegenwart anderer Na-Salze (Sulfat, Chlorid) beweist nicht notwendig, daß diese Salze an der Bildung der Natriumcarbonate beteiligt waren. Diese Salze kommen so häufig in der Natur vor, daß sie den Natriumcarbonatlösungen sozusagen zufällig beigemischt worden sein konnten. Das Natriumsulfat, welches bei der Einwirkung von $CaCO_3$ notwendig zum Teil unverändert bleiben muß, kann durch nachträgliche Reduktion usw. später weggeschafft worden sein.

[1]) Gmelin-Friedheim, Handb. d. anorg. Chem. II[1], (Heidelberg 1906), 445.
[2]) A. Bauer, Ber. Dtsch. Chem. Ges. **7**, 272 (1874).
[3]) R. Günsberg, Ber. Dtsch. Chem. Ges. **7**, 644 (1874).

Man darf zwar nicht so weit gehen, die Behauptung aufzustellen, daß gerade jene Stoffe an der Bildung der Natriumcarbonatvorkommen beteiligt sind, die man in ihnen nicht auffindet. Aber sicher kann in der Regel nur eine sehr umfassende Untersuchung dieser Vorkommen mit Berücksichtigung aller möglichen Substanzzu- und -abfuhren eine einigermaßen sichere Auskunft über ihre Bildung geben. Jedenfalls kann z. B. die Bildung unter Mitwirkung des $MgCO_3$ oder aus NaCl und $CaCO_3$ für die abflußlosen Becken mit Sodaseen nur in der Weise angenommen werden, daß die Natriumcarbonatbildung zu einer Zeit stattfand, wo die Ca- und Mg-Salze noch ins Meer ablaufen konnten, und daß das Becken erst nachträglich, als die Sodabildung bereits aufhörte, seinen Abfluß ins Meer verlor. Denn die Sodaseen enthalten sehr wenig Ca und Mg,[1]) wie es ja wegen der Fällbarkeit der Ca- und Mg-Salze durch konzentrierte Natriumcarbonatlösungen auch sein muß, während bei der Sodabildung aus $MgCO_3$ oder NaCl und $CaCO_3$ das Becken für 2 Atome Na 1 Atom Mg oder Ca enthalten müßte. Dagegen könnte Bildung aus Na_2SO_4 und $CaCO_3$ einen gewissen Anteil haben, da der Gips am Gehänge des Sees zurückbleiben kann und das überschüssige Na_2SO_4 dann noch über das Natriumsulfid umgewandelt worden sein kann. Doch ist für die Hauptmenge dieses Natriumcarbonats, soweit es nicht durch vulkanische Prozesse gebildet wurde, die Bildung aus Silicaten, die auch Th. M. Chatard[2]) hauptsächlich in Betracht zieht, die naheliegendste Erklärung.

Es sei noch darauf hingewiesen, daß die Bildung der Natriumcarbonate unter Mitwirkung von Calcium- oder Magnesiumcarbonat einen nicht zu geringen CO_2-Druck erfordert und daher am ehesten in vulkanischen Gebieten zu erwarten ist. Dagegen sind für die Bildung aus Silicaten oder aus Natriumsulfid (und ebenso auch für die aus Na_2SO_4 und $BaCO_3$, die aber wegen der Seltenheit der Bariumverbindungen keine erhebliche Rolle spielen kann) schon geringe CO_2-Drucke ausreichend.

Im ganzen gewinnt man den Eindruck (wenigstens für die Bildung an der Erdoberfläche), daß die biologische Bildung und insbesondere die Bildung aus Silicaten die Hauptrolle spielen, und zwar letztere insbesondere im Zusammenhang mit der vulkanischen Tätigkeit. Daß die Natriumcarbonate zum großen Teil in vulkanischen Gegenden vorkommen, ist bekannt.[3]) Somit ist die Hauptquelle für die Natriumcarbonatmineralien das Kochsalz. Dieses wird aber in der Hauptsache nicht direkt (durch $CaCO_3$, $MgCO_3$ und CO_2) in Natriumcarbonate umgewandelt, sondern gelegentlich der vulkanischen Tätigkeit durch Kieselsäure, Tonerde und deren Verbindungen in Na-Silicate und -Aluminate übergeführt. Letztere werden dann entweder noch während des vulkanischen Ausbruchs durch CO_2 zerlegt (vulkanische Soda), oder sie unterliegen später einer allmählichen Verwitterung, die zur Bildung des Natriumcarbonats führt.

---

[1]) S. die Analysen bei J. Roth, Allg. u. chem. Geologie I, (Berlin 1879), 486 und Th. M. Chatard, Bull. geol. Surv. U.S. **60**, 48. 53. 58 (1890).

[2]) Th. M. Chatard, a. a. O.

[3]) Wenn Th. M. Chatard a. a. O. 89, sagt, daß für Ungarn und Ägypten Vulkanismus aus jüngerer Zeit nicht nachgewiesen sei, so ist dies für Ungarn, wo vulkanische Gebirge aus der Tertiärzeit existieren, nicht richtig. Es ist wohl möglich, daß der Boden der ungarischen Ebene zum Teil durch Zerstörung vulkanischen Gesteins gebildet wurde.

Gleichgewichte der Natriumcarbonate mit Kohlendioxyd.

1. In Lösungen. Die Lösungen des Natriumcarbonats können aus der Atmosphäre CO_2 aufnehmen und dadurch bicarbonathältig werden oder an diese unter NaHO-Bildung CO_2 abgeben. So ist beobachtet worden, daß sich in Dampfkesseln aus sodahaltigem Speisewasser NaHO bildet.[1]) F. W. Küster und M. Grüters[2]) haben quantitative Versuche über die CO_2-Abspaltung aus Normalsodalösungen angestellt und durch 38stündiges Kochen 16% des Carbonats in NaHO überführen können. Auch Lösungen, welche beträchtliche Mengen NaHO enthalten, geben beim Kochen noch CO_2 ab. Andererseits ist es eine oft beobachtete Tatsache, daß Sodalösungen beim Kochen im offenen Gefäß (insbesondere bei Zutritt der CO_2-haltigen Flammengase) CO_2 aufnehmen.

Diese Erscheinungen werden durch folgende Verhältnisse bestimmt. Das Natriumcarbonat erfährt in wäßriger Lösung zum Teil Hydrolyse nach $Na_2CO_3 + H_2O = NaHCO_3 + NaHO$ oder (in der Sprache der Ionentheorie ausgedrückt) $CO_3'' + H_2O = HCO_3' + OH'$. Das gleiche (wenn auch in viel geringerem Maße) trifft auch für das so entstandene $NaHCO_3$ zu: $NaHCO_3 + H_2O = H_2CO_3 + NaHO$ oder $HCO_3' + H_2O = H_2CO_3 + OH'$. Hierzu kommt dann der Zerfall der entstehenden Kohlensäure nach $H_2CO_3 = CO_2 + H_2O$. Alle diese Reaktionen führen zu Gleichgewichten, deren Einstellung so gut wie augenblicklich erfolgt. Die Lösungen enthalten also freies Kohlendioxyd; mit seiner Menge sind die Gehalte der Lösung an den anderen Molekelarten gesetzmäßig verknüpft. Das in Lösung befindliche Kohlendioxyd setzt sich aber, wenn auch nicht so rasch, mit dem Kohlendioxyd der Atmosphäre ins Gleichgewicht; daher beeinflußt der CO_2-Gehalt der Luft die Zusammensetzung der Lösung. Diese Gleichgewichte beeinflussen daher auch den CO_2-Gehalt der Natriumcarbonatmineralien.

Die Möglichkeit der Bildung von freiem Ätznatron kommt für die Mineralien nicht in Betracht. Der Druck des CO_2 in der freien Luft beträgt 0,0003 Atm. Nun hat aber nach F. W. Küster und M. Grüters[3]) eine normale Na_2CO_3-Lösung bei 90° einen CO_2-Druck von 0,000072 Atm. Sie kann also in Berührung mit der Atmosphäre nicht CO_2 abgeben, sondern muß es im Gegenteil aufnehmen.

Dagegen verlieren $NaHCO_3$-Lösungen CO_2. Döbereiner[4]) hat gefunden, daß $NaHCO_3$, mit etwas Wasser versetzt, im Vakuum rasch ein Viertel seines CO_2-Gehaltes verliert. R. Schindler[5]) und H. Rose[6]) haben gefunden, daß eine $NaHCO_3$-Lösung beim Verdampfen fast reines Na_2CO_3 gibt (auch beim Verdunsten). R. F. Marchand[7]) leitete durch 140 cm³ gesättigte $NaHCO_3$-Lösung bei 0° $1{,}5 \times 10^6$ cm³ Luft hindurch und erhielt dadurch eine Lösung, welche Na und CO_2 im Verhältnis des Sesquicarbonats enthielt. Als er bei

---

1) A. E. Leighton, Chem. ZB. 1903, I, 673.
2) F. W. Küster u. M. Grüters, Ber. Dtsch. Chem. Ges. **36**, 748 (1903).
3) F. W. Küster u. M. Grüters, a. a. O. 751.
4) Döbereiner, Gilberts Ann. **72**, 215 (1822).
5) R. Schindler, Mag. Pharm. **33**, 19 (1831).
6) H. Rose, Pogg. Ann. **34**, 158 (1835).
7) R. F. Marchand, Journ. prakt. Chem. **35**, 389 (1845); vgl. auch G. Magnus, Pogg. Ann. **40**, 590 (1837).

38° 2 × 10⁶ cm³ Luft durchleitete, blieben für 1 Äqu. Na nur 1,05 Äqu. CO_2 in Lösung.

Die ersten Gleichgewichtsversuche liegen von H. C. Dibbits[1]) vor, der den CO_2-Druck gesättigter $NaHCO_3$-Lösungen bestimmte. Er fand:

Temperatur	15	30	40	50° C.
g-Atome Na für 100 g H_2O .	1,053	1,321	1,511	1,720
Davon Na als Bicarbonat in %	95,8	95,0	94,6	93,0
CO_2-Druck in Atm.	0,158	0,279	0,468	0,741

Ferner haben F. K. Cameron und L. J. Briggs[2]) Versuche über die Bildung von $NaHCO_3$ aus Na_2CO_3-Lösungen durch Einwirkung der Luft angestellt. Der CO_2-Gehalt der Luft wurde leider nicht bestimmt.[3]) Das Gleichgewicht stellte sich in vier Tagen bis einigen Wochen ein. Für den Endzustand wurde gefunden:

25°	g-Atome Na im Liter	0,0044	0,0143	0,0562	0,2248	0,8847		
	Davon als $NaHCO_3$ %	91,3	80,0	62,7	40,7	36,0		
37°	g-Atome Na im Liter	0,0019	0,0071	0,0276	0,1030	0,421	0,815	1,795
	Davon als $NaHCO_3$ %	89,5	78,9	58,7	35,5	18,1	13,5	16,6
50°	g-Atome Na im Liter	0,0017	0,0071	0,0266	0,1014	0,4066	0,8068	1,7486
	Davon als $NaHCO_3$ %	77,8	67,1	49,3	30,0	19,0	13,2	12,9
75°	g-Atome Na im Liter	0,003	0,019	0,036	0,270	0,702	6,56	
	Davon als $NaHCO_3$ %	74,3	65,2	44,3	20,5	15,0	15,2	

Bei 100° wurde für fast alle Konzentrationen fast kein $NaHCO_3$ gefunden.

Genauer ist die Untersuchung von H. M. Mc Coy,[4]) der bei 25° gearbeitet hat. Er fand:

0,1 g-Atom Na im Liter:

CO_2-Druck in Atm.	0,00160	0,00259	0,00294	0,00322	0,00404	0,0223	0,0749
Na als $NaHCO_3$ %	68,6	76,0	77,5	78,1	81,8	95,1	98,5

0,3 g-Atome Na im Liter:

CO_2-Druck in Atm.	0,00319	0,00583	0,01044	0,0276	0,0451
Na als $NaHCO_3$ %	57,9	67,9	76,9	88,8	92,6

1 g-Atom Na im Liter:

CO_2-Druck in Atm.	0,0436	0,0624	0,1021	0,1682
Na als $NaHCO_3$ %	75,8	81,0	86,0	90,2

CO_2-Druck ungefähr 0,00028 Atm. (Außenluft von 712 mm Druck):

g-Atome Na im Liter	0,101	0,313	0,98
Na als $NaHCO_3$ %	40,7	23,2	12,9

Bei den Versuchen mit gewöhnlicher Luft wurde das Gleichgewicht nach drei Tagen erreicht.

Die Ergebnisse werden durch Fig. 15 dargestellt. Als Abszissen sind g-Atome Na im Liter aufgetragen, als Ordinaten der als Bicarbonat vorhandene Anteil des Na in Prozenten der Gesamtmenge. Die ausgezogenen Kurven geben die Bestimmungen von H. M. Mc Coy für 25° und verschiedene, den

[1]) H. C. Dibbits, Journ. prakt. Chem. [2] **10**, 433. 439. 442 (1874).

[2]) F. K. Cameron u. L. J. Briggs, Journ. of phys. chem. **5**, 537 (1901).

[3]) H. M. McCoy, Am. chem. Journ. **29**, 461 (1903), vermutet, daß die Autoren eine stark CO_2-haltige Zimmerluft verwendet haben.

[4]) H. M. McCoy, Am. chem. Journ. **29**, 437 (1903).

Kurven beigesetzte CO_2-Drucke in Atmosphären wieder, sind aber (zum Teil unter Berücksichtigung der Versuche von H. C. Dibbits) willkürlich ergänzt, soweit die Versuchsergebnisse nicht ausreichen. Bei der Zeichnung ist darauf Rücksicht genommen, daß die $NaHCO_3$-Werte von F. K. Cameron und L. J. Briggs insbesondere bei höheren Konzentrationen wahrscheinlich zu hoch sind. Die Kurven geben daher nur in grober Annäherung richtige Werte.[1]) Die gestrichelten Kurven beziehen sich auf 50°. Man sieht, daß bei 25° schon beim gewöhnlichen CO_2-Gehalt der Luft im Gleichgewicht eine erhebliche Menge Bicarbonat da ist, insbesondere in den Lösungen unter 0,1-normal. Indes kann reines Bicarbonat in Lösung neben Luft nicht bestehen.[2]) Wird eine solche verdünnte Lösung eingeengt, so muß sie an Bicarbonat ärmer werden, so daß sie bei Erreichung der Sättigung etwa 12% des Na als Bicarbonat enthält. Bei hohen CO_2-Drucken kann dagegen die gesättigte Lösung viel bicarbonatreicher sein. Temperaturerhöhung vermindert selbstverständlich den Bicarbonatgehalt. Der Einfluß dieser Gleichgewichte auf die Tronabildung wird bei dieser besprochen werden.

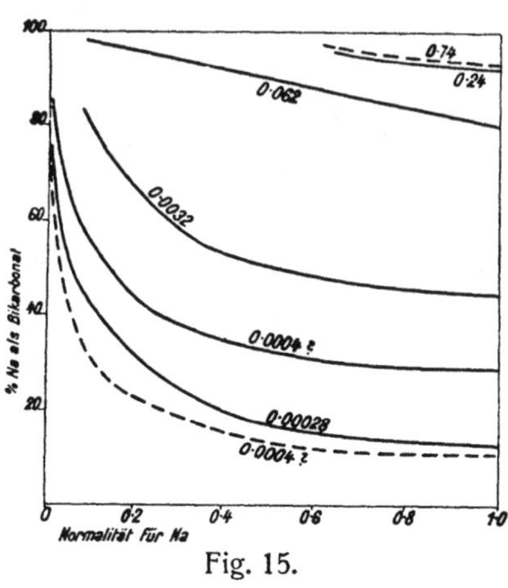

Fig. 15.

2. Gleichgewichte fester Natriumcarbonate mit CO_2 und H_2O. Thermonatrit (aber nicht wasserfreies Natriumcarbonat) nimmt leicht CO_2 aus der Luft auf.[3]) Durch Einwirkung eines CO_2-Stromes kann ein Gemisch von $Na_2CO_3 . 10 H_2O$ und Na_2CO_3 leicht und unter beträchtlicher Wärmeentwicklung in Bicarbonat verwandelt werden.[4]) Bereits gebildetes $NaHCO_3$ beschleunigt katalytisch die CO_2-Aufnahme.[5]) Andererseits gibt festes Bicarbonat leicht CO_2 ab. Gewöhnlich wird angenommen, daß die Zersetzung des festen Bicarbonats erst bei 70 bis 80° beginnt.[6]) Zuerst soll Wasser abgespalten werden, worauf die CO_2-Entwicklung beginnt. Bei 60° soll die Zersetzung nicht eintreten. Diese Angabe muß wohl in dem Sinn verstanden werden, daß bei 60° noch keine rasche Zersetzung eintritt. A. Gautier[7]) hat beobachtet, daß im Vakuum schon bei 25 bis 30° eine geringe Gewichtsabnahme eintritt; dagegen hat er bei 22 bis 25° innerhalb 110 Stunden keine Gewichtsabnahme gefunden. Auch

[1]) Anhaltspunkte für die Berechnung der Gleichgewichte gibt die Arbeit von H. M. McCoy.

[2]) Vgl. G. Bodländer, Z. f. phys. Chem. **35**, 32 (1900). Über die Geschwindigkeit der CO_2-Entwicklung aus Carbonat-Bicarbonatlösungen s. F. W. Küster und M. Grüters, Z. f. Elektroch. **9**, 679 (1903).

[3]) R. Schindler, Mag. Pharm. **33**, 23 (1831); vgl. auch E. Carey, Jahresb. f. Chem. 1883, 1693.

[4]) H. Ch. Creuzburg, Kastners Arch. f. die ges. Naturlehre **16**, 224; **17**, 253 (1829). — F. Mohr, Ann. Pharm. **19**, 15 (1836).

[5]) F. Mohr, Ann. Pharm. **29**, 268 (1839). — P. de Mondésir, C. R. **104**, 1102 (1887).

[6]) Vgl. Kissling, Z. f. angew. Chem. **2**, 332 (1889); **3**, 262 (1890). — Dyer, Pharm. journ. and transactions [4] **9**, 96 (London).

[7]) A. Gautier, C. R. **83**, 276 (1876).

hieraus darf aber nicht auf völlige Beständigkeit geschlossen werden. Für die Geschwindigkeit der Zersetzung ist die Beschaffenheit des Präparates, die Feuchtigkeit der Luft und die Möglichkeit der Bildung einer stagnierenden CO_2-Schicht von großem Einfluß. R. Schindler[1]) gibt an, daß trockenes, gut kristallisiertes $NaHCO_3$ sich an trockener Luft unverändert hält, an feuchter aber CO_2 abgibt und Wasser aufnimmt. A. Gautier[2]) hat ebenfalls beobachtet, daß feuchtes Bicarbonat sich leichter zersetzt, ferner, daß reines trockenes Bicarbonat bei 20° und 15 mm Druck in 30 Stunden nicht 0,013% seines Gewichtes verliert. Bei 100° beobachtete er in 4 Stunden einen Gewichtsverlust von 20%, bei 100 bis 115° in 18 Stunden völlige Umwandlung in Natriumcarbonat.

Quantitative Beobachtungen über die bei Gegenwart von festen Salzen auftretenden Gleichgewichte liegen nur in geringem Umfang vor. V. Urbain[3]) gibt als Dissoziationsdruck des $NaHCO_3$ bei 100° ungefähr 220 mm an. H. Lescoeur[4]) fand, daß der Druck des $NaHCO_3$ während seiner Verwitterung zu Na_2CO_3 (von den Störungen am Anfang und Ende abgesehen) konstant ist, also kein Zwischenprodukt auftrete. Er gibt folgende Druckwerte:

Temperatur	55	60	70	80	90	100°
mm Hg	19	25	43	70	125	310

Die Konstanz des Druckes beweist nicht, daß keine Trona gebildet wurde. Denn nach

$$5NaHCO_3 = Na_2CO_3 . NaHCO_3 . 2H_2O + Na_2CO_3 + 2CO_2$$

hätte man ein System mit vier Phasen bei drei Bestandteilen, welches bei allen Zusammensetzungen zwischen $NaHCO_3$ und $2Na_2CO_3 . NaHCO_3$, also bis zum „Aziditätsindex" 1,2 (und weiter reicht die Konstanz des Druckes bei Lescoeur nicht) denselben Druck geben muß. Man könnte aber versucht sein, die gemessenen Drucke auf das Gleichgewicht zwischen $NaHCO_3$, $Na_2CO_3 . H_2O$, Na_2CO_3 und der Gasphase zu beziehen. Setzt man den Verwitterungsdruck des Thermonatrits bei 100° zu 27 mm, so würde der CO_2-Druck 283 mm betragen. Es erscheint aber schwierig, diese Zahl mit den gleich zu erwähnenden Beobachtungen von M. Soury zu einem Gesamtbild zu vereinigen. Auch weicht die Zahl H. Lescoeurs von der V. Urbains stark ab.

Bei Zimmertemperatur fand H. Lescoeur, daß reines Bicarbonat während eines Monates über Ätzbaryt keinen Gewichtsverlust erlitt.

Trona ist nach ihm bei gewöhnlicher Temperatur haltbar; bei 100° gibt sie zuerst einen ungefähr konstanten Druck von 496 mm, wobei der größte Teil des Wassers, aber nur wenig CO_2 weggeht, dann sinkt der Druck auf 182 mm und es hinterbleibt fast reines Na_2CO_3.

Etwas verwittertes und wasserhaltiges Bicarbonat gibt bei 100° zuerst einen Druck von ungefähr 800 mm, dann von ungefähr 189 mm; letzterer stimmt mit dem bei der Trona beobachteten fast überein.

Eine Angabe von D. W. Horn,[5]) daß $NaHCO_3$ unter Evakuieren mit der Pumpe (ohne Druckangabe!) einen Umwandlungspunkt von 90,8° zeige, ist völlig unverwertbar.

M. Soury[6]) hat den Druck von $NaHCO_3$ bei 100° in Gegenwart von etwas Wasser und unter allmählichem Wegpumpen des CO_2 bestimmt. Nach

---

1) R. Schindler, Mag. Pharm. **33**, 26 (1831).
2) A. Gautier, C. R. **83**, 276 (1876).
3) V. Urbain, C. R. **83**, 544 (1876).
4) H. Lescoeur, Ann. chim. phys. [6] **25**, 426 (1892).
5) D. W. Horn, Am. chem. Journ. **37**, 623 (1907).
6) M. Soury, C. R. **147**, 1296 (1908).

hohen (1400 mm) rasch sinkenden Anfangsdrucken, die einer an $NaHCO_3$ gesättigten Lösung von sinkendem CO_2-Gehalt entsprechen, kam ein Intervall mit konstantem Druck (797 mm), bei dem M. Soury das Vorliegen von zwei Bodenkörpern ($NaHCO_3$ und Trona) annimmt. Bei weiterem Wegpumpen des CO_2 sinkt der Druck wieder (nur an Trona gesättigte Lösung von wechselndem CO_2-Gehalt). Dann folgt wieder konstanter Druck (652 mm), nach M. Soury entsprechend Trona und Thermonatrit als Bodenkörpern. Für den letzteren Fall schätzt M. Soury den Wasserdampfdruck der gesättigten Lösung zu 580 mm, weshalb der CO_2-Druck unter 100 mm sein müßte. Er gibt ferner Kurven über die Abhängigkeit der Drucke von den Temperaturen. Für das System $NaHCO_3$, Trona, gesättigte Lösung lassen sich daraus folgende beiläufige Werte entnehmen:

Temperatur . . .	20	30	40	50	60	70	80	90	100°
Druck mm Hg .	20	33	60	100	170	255	390	570	800

Die vorliegenden Zahlen reichen nicht aus, um ein Gesamtbild des Verhaltens der festen Natriumcarbonate an feuchter Luft geben zu können. Jedenfalls sieht man, daß festes $NaHCO_3$ neben Wasser auch noch bei 20° einen so hohen Druck (20 mm, davon vielleicht 15 mm H_2O, 5 mm CO_2) hat, daß es in Trona übergehen kann. Unter welchen Umständen Trona oder Thermonatrit in Berührung mit Wasser und Luft einem Gleichgewichtszustand angehört, läßt sich nicht sagen.

Allgemeines über Natriumcarbonat und seine Hydrate.

Außer dem wasserfreien Na_2CO_3 sind Hydrate mit 1, 2, 2,5, 3, 5, 6, 7 (zwei Modifikationen), 10 und 15 H_2O beschrieben worden.[1]) Innerhalb gewisser Bereiche stabil sind nur die Hydrate mit 1, 7 (rhombisch) und 10 Wasser. Daß die Hydrate mit 1 und 10 Wasser stabil sind, hat H. Hammerl[2]) erkannt; daß auch das rhombische Heptahydrat einen stabilen Bereich hat, ist von C. H. Ketner[3]) gezeigt worden. Sichergestellt ist ferner ein labiles (rhomboedrisches) Heptahydrat. Ziemlich gut beglaubigt ist noch das Hydrat mit 2,5 Wasser[4]) (gemessene Kristalle),[5]) wobei allerdings die Formel noch einer Überprüfung bedarf. Recht zweifelhaft ist die Existenz des Pentahydrats, obwohl es mehrere Beobachter beschrieben haben. Noch zweifelhafter sind das Dihydrat von J. Thomsen, das Hexahydrat von E. Mitscherlich und das Pentadekahydrat, welches M. Jacquelain[6]) bei − 20°, also tief unter dem kryohydratischen Punkt der Sodalösungen erhalten haben will. Völlig unbeglaubigt ist das Trihydrat von F. Schickendantz.[7])

---

[1]) Literatur in Gmelin-Kraut-Friedheim, Handb. d. anorg. Chem. II¹, (Heidelberg 1906), 439—443.

[2]) H. Hammerl, Mon. f. Chem. **3**, 419 (1882).

[3]) C. H. Ketner, Z. f. phys. Chem. **39**, 642 (1902); vgl. auch A. Cumming, Chem. ZB. 1910, I, 1684 nach Journ. chem. Soc. **97**, 593.

[4]) Der Schluß C. H. Ketners (a. a. O.), daß alle Hydrate mit Ausnahme der mit 1, 7 (zwei Formen) und 10 Wasser Gemische zweier Hydrate oder mit Mutterlauge behaftete Hydrate seien, ist nicht genügend bewiesen; denn die Beobachtungen J. L. Andreaes, Z. f. phys. Chem. **7**, 267 (1891), gestatten nur den Schluß, daß nur drei Hydrate stabil sind, schließen aber die Existenz instabiler Hydrate nicht aus.

[5]) Vgl. P. Groth, Chem. Krystallographie II, (Leipzig 1908), 196.

[6]) M. Jacquelain, Ann. Chem. Pharm. **80**, 241 (1851).

[7]) F. Schickendantz, Ann. Chem. Pharm. **155**, 359 (1870).

Denn dieser hat eine pulverige natürliche Auswitterung untersucht, deren Einheitlichkeit nicht dargetan war.

Eigenschaften der wäßrigen Lösung. Die bei der Auflösung von 1 Mol. Na_2CO_3 (wasserfrei) zu einer stark verdünnten Lösung entwickelte Wärmemenge ist nach J. Thomsen[1]) 5640 cal. (bei Auflösung in 400 Mol. Wasser bei Zimmertemperatur), nach M. Berthelot 5500 cal. Für höhere Temperaturen ist die Lösungswärme $5620 + 44\,(t - 15)$.[2]) W. A. Tilden[3]) gibt folgende Lösungswärmen für Na_2CO_3 in 100 Mol. Wasser:

22	35—40	40—45	50—55°
6322	6842	6769	6958 cal.

Eine Lösung von der Zusammensetzung $Na_2CO_3 . 30H_2O$ gibt bei Zusatz weiterer Wassermengen folgende Wärmetönungen:[4])

Mole Wasser . . .	50	100	200
cal.	— 556	— 1190	— 1601

Im übrigen kann hier nur ein Hinweis gegeben werden, wo Angaben über die wichtigsten Eigenschaften der Lösungen zu finden sind.

Dichte: G. Th. Gerlach, Salzlösungen (Freiberg 1859). — F. Fouqué, Ann. observat. Paris **9**, 72 (1868). — R. Wegscheider u. H. Walter, Mon. f. Chem. **26**, 685 (1905); **27**, 13 (1906). — G. Lunge u. E. Berl, Taschenbuch für die anorganisch-chemische Großindustrie, 4. Aufl. (Berlin 1907) 202.

Kompressibilität und Oberflächenspannung: W. C. Röntgen u. J. Schneider, Ann. d. Phys. [2] **29**, 165 (1886); spez. Zähigkeit: A. Kanitz, Z. f. phys. Chem. **22**, 341 (1897).

Diffusionskoeffizient: Schuhmeister, Sitzber. Wiener Ak. **79**², 603 (1879). — J. C. Graham, Z. f. phys. Chem. **50**, 257 (1905).

Spez. Wärme: Ch. de Marignac, Ann. chim. phys. [5] **8**, 410 (1876). — J. Thomsen, Systematische Durchführung thermochemischer Untersuchungen, deutsch von J. Traube (Stuttgart 1906) 113.

Elektrische Leitfähigkeit: F. Kohlrausch u. Grüneisen, Sitzber. Berliner Ak. (1904) 1215.

Dampfdruck: H. Landolt-R. Börnstein-W. Meyerhoffer, Phys.-chem. Tab. (Berlin 1905) 154. 159 nach G. Tammann, Wied. Ann. **24**, 541 (1885). — Mém. d'Ac. Pétersbourg Nr. 9 [7] **35** (1887).

Gefrierpunkt: H. Landolt-R. Börnstein-W. Meyerhoffer, Phys.-chem. Tab. 489 nach E. H. Loomis, Wied. Ann. **57**, 504 (1896). — B. M. Jones, Chem. ZB. (1910) I, 147 nach Journ. chem. Soc. **95**, 1672; ältere Best. H. C. Jones, Z. f. phys. Chem. **12**, 636 (1893).

Siedepunkt: G. Th. Gerlach, Z. f. anal. Chem. **26**, 413 (1887).

Über die Hydrolyse der Natriumcarbonatlösungen liegen Beobachtungen von J. Shields[5]) und K. Koelichen[6]) vor. J. Shields fand bei 24,2° folgende Zahlen

Mole Na_2CO_3 im Liter . . .	0,19	0,094	0,0477	0,0238
Hydrolysierter Bruchteil % . .	2,12	3,17	4,87	7,10

---

[1]) J. Thomsen, Syst. Durchführung thermochemischer Untersuchungen, deutsch von J. Traube (Stuttgart 1906) 13.

[2]) M. Berthelot u. Ilosvay, Ann. chim. phys. [5] **29**, 306 (1883). Über die infinitesimale Lösungswärme des Na_2CO_3 s. R. Wegscheider, Mon. f. Chem. **26**, 655 (1905).

[3]) W. A. Tilden, Jahresb. f. Chem. 1885, 163 nach Chem. News **52**, 111, 161 (1885).

[4]) J. Thomsen, a. a. O. 48.

[5]) J. Shields, Z. f. phys. Chem. **12**, 174 (1893).

[6]) K. Koelichen, Z. f. phys. Chem. **33**, 173 (1900).

K. Koelichen fand nach einer anderen Methode bei 25,2°:

Mole Na_2CO_3 im Liter	0,942	0,1884	0,0942	0,0471
Hydrolysierter Bruchteil in % .	0,53	1,56	2,22	3,57

also eine wesentlich geringere Hydrolyse. Beide Methoden beruhen auf der Bestimmung der Hydroxylionenkonzentrationen.

Eine Berechnung der hierher gehörigen Erscheinungen ist derzeit nicht möglich, weil die hierfür erforderlichen Konstanten nur zum Teil genügend bestimmt sind, für konzentrierte Lösungen auch wegen der Unsicherheit der Theorie.

Über die in Betracht kommenden Konstanten sei folgendes bemerkt: Die Hydrolysenkonstanten der Ionen CO_3'' und HCO_3' können aus den Dissoziationskonstanten der Kohlensäure (zweite und erste Stufe) und der Dissoziationskonstante des Wassers berechnet werden. Die Konstante der ersten Dissoziationsstufe der Kohlensäure k_1 ist bei 18° $3{,}04 \times 10^{-7}$ [1]) Für andere Temperaturen kann sie mit Hilfe der Wärmetönung $H_2CO_3 = HCO_3' + H^{\cdot} - 2780$ cal[2]) geschätzt werden. Man findet $\log k_1 = -608{,}1/T - 4{,}428$. Die Konstante der zweiten Dissoziationsstufe ist nur der Größenordnung nach bekannt. Nach den Versuchen von H. McCoy,[3]) bei denen aber die Lösungen vielleicht nicht genügend verdünnt waren, ist sie bei 25° 1/5320 von der der ersten Stufe. Setzt man k_1 auf Grund der eben gegebenen Gleichung bei 25° gleich $3{,}40 \times 10^{-7}$, so wird $k_2 = 6{,}4 \times 10^{-11}$. Dagegen schätzt G. Bodländer[4]) k_2 für 24,2° auf Grund der Versuche von J. Shields zu $1{,}295 \times 10^{-11}$. Mit Rücksicht darauf, daß K. Koelichen die Hydrolyse kleiner gefunden hat, als J. Shields, ist vielleicht der Wert von H. McCoy der wahrscheinlichere. Für die Umrechnung auf andere Temperaturen kommt die Dissoziationswärme der zweiten Dissoziationsstufe der Kohlensäure (– 4200 nach H. Lundén) in Betracht. Die Löslichkeit von CO_2 in Na_2CO_3-Lösungen, die für die Berücksichtigung der Wechselwirkung mit der Luft notwendig ist, ist nicht genügend bekannt.

Gleichgewichte und Umwandlungen der Hydrate. Die **Löslichkeit** in Wasser ist für die stabilen Hydrate (zum Teil auch im labilen Bereich) und für das rhomboedrische Heptahydrat bekannt.[5]) Es seien folgende Zahlen angeführt (die mit einem Stern bezeichneten beziehen sich auf das labile Gebiet):

$Na_2CO_3 . 10H_2O$

Temperatur	–2,1	0	10	20	25	27,84	30,35	31,72	32,06*
g Na_2CO_3 auf 100 g Wasser	6,3	7,1	12,6	21,4	29,8	34,20	40,12	44,21	45,64

$Na_2CO_3 . 7H_2O$ rhombisch

Temperatur	0*	10*	20*	30,35*	31,82*	32,86	34,37	35,15	35,62*
g Na_2CO_3 auf 100 g Wasser	20,4	26,3	33,5	43,50	45,16	46,28	48,22	49,23	50,08

$Na_2CO_3 . 7H_2O$ rhomboedrisch[6])

Temperatur	0*	10*	15*	20*
g Na_2CO_3 auf 100 g Wasser	31,9	37,9	41,6	45,8

[1]) J. Walker u. W. Cormack, Journ. chem. Soc. **77**, 8 (1900).
[2]) S. H. Lundén, Affinitätsmessungen an schwachen Säuren und Basen (Sammlung F. B. Ahrens-Herz, Stuttgart 1908) 77.
[3]) H. McCoy, Am. chem. Journ. **29**, 450 (1903).
[4]) G. Bodländer, Z. f. phys. Chem. **35**, 25 (1900).
[5]) Literatur bei Landolt-Börnstein-Meyerhoffer, Phys.-chem. Tabellen 555; ferner Wells u. McAdam, Journ. chem. Soc. **29**, 721 (1907).
[6]) Nach H. Loewel, Ann. chim. phys. [3] **33**, 363 (1851).

$Na_2CO_3 . H_2O$ [1])

Temperatur	29,86*	31,80*	35,37	40,93	43,94	50	70	88,4	104,75
g Na_2CO_3 auf 100 g Wasser	50,53	50,31	49,67	48,52	47,98	47,5	45,8	45,2	45,1

Das Dekahydrat und die beiden Heptahydrate haben eine mit der Temperatur stark steigende Löslichkeit, das Monohydrat eine schwach fallende. Die übrigen Hydrate, soweit sie überhaupt existieren, müssen eine größere Löslichkeit haben als die bei der betreffenden Temperatur stabilen.[2]) Die bekannten Löslichkeitskurven sind in Fig. 16 eingetragen. Jene Linien, welche

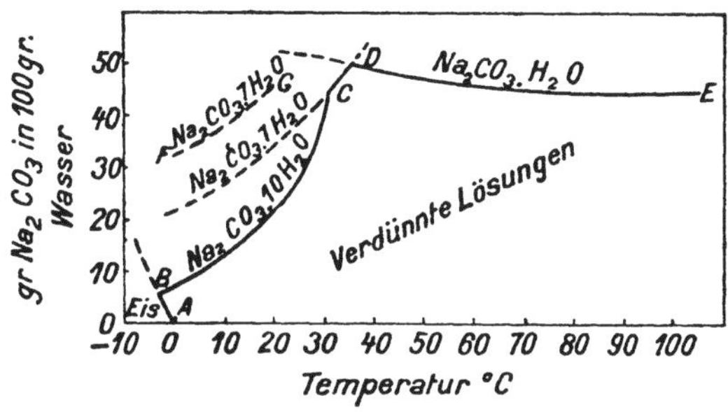

Fig. 16.

stabilen Gleichgewichten entsprechen, sind ausgezogen, die labilen Löslichkeitskurven gestrichelt. Rechts und unterhalb der stabilen Löslichkeitskurven liegt das Gebiet der verdünnten Lösungen, links und oberhalb derselben das Gebiet der übersättigten Lösungen, aus denen sich labile Hydrate oder bei tiefen Temperaturen Eis ausscheiden können.

Lösungen mit weniger als 6,3 g Na_2CO_3 auf 100 g Wasser scheiden beim Abkühlen Eis aus (Gefrierkurve *AB*); nur wenn Unterkühlung ohne Eisausscheidung gelingt, können sie Natriumcarbonathydrate abscheiden. *B* ist der kryohydratische Punkt, wo bei $-2,1°$ Eis, Dekahydrat und eine Lösung mit 6,3 g Na_2CO_3 auf 100 g Wasser koexistieren. Konzentriertere Lösungen geben mit Eis keine stabilen Gleichgewichte; doch gelingt es selbst mit Lösungen von 18,46 g Na_2CO_3 in 100 g Wasser, sie beim Abkühlen für das Dekahydrat übersättigt zu erhalten und bei $-7,5°$ Eis zur Abscheidung zu bringen.[3]) *BC* ist der stabile Teil der Löslichkeitslinie des Dekahydrats, *C* der Umwandlungspunkt von Dekahydrat in rhombisches Heptahydrat (32,00)[4]) bei Atmosphärendruck, *CD* der stabile Teil der Löslichkeitslinie des rhombischen Heptahydrats, die nach beiden Seiten über das stabile Gebiet hinaus verfolgt wurde, *D* der Umwandlungspunkt von Heptahydrat in Monohydrat (35,37°), *DE* die Löslichkeitslinie des Monohydrats (mit der instabilen Fortsetzung bei niederen Temperaturen), *FG* die des in-

[1]) Bei 15—20° hat H. Loewel, a. a. O. 380, eine Lösung mit 52,4 g Na_2CO_3 auf 100 g Wasser erhalten, und zwar durch Abkühlen der heißen Lösung bei Gegenwart von überschüssigem $Na_2CO_3 \cdot H_2O$.

[2]) Es ist daher die Angabe von J. Berzelius (Gmelin-Kraut-Friedheim, Handb. d. anorg. Chem. II[1], 440) auffällig, daß beim Kristallisieren der Flüssigkeit, die durch Schmelzen des Dekahydrats und Abgießen erhalten wird, über 33° Pentahydrat entstanden sei. Denn diese Flüssigkeit sollte an Heptahydrat (oder Monohydrat) gesättigt und daher für die labilen Hydrate ungesättigt sein.

[3]) B. M. Jones, Chem. ZB. 1910, I, 147 nach Journ. chem. Soc, **95**, 1672 (1909).

[4]) Diesen Umwandlungspunkt hat wohl schon H. Loewel, a. a. O. 339, beobachtet, indem er fand, daß beim Auskristallisieren des Dekahydrats die Temperatur auf 31,75° stieg und dort längere Zeit konstant blieb.

stabilen Heptahydrats. Für Dekahydrat bleiben die Lösungen ziemlich leicht übersättigt.[1])

Die Gegenwart anderer Na-Salze in der Lösung vermindert in der Regel die Löslichkeit der Natriumcarbonathydrate beträchtlich. Die Löslichkeit des Dekahydrats in Kochsalzlösung hat nach K. Reich[2]) ein Minimum bei einer 18 %igen Kochsalzlösung und wird durch die Gleichung dargestellt

$$y = 16{,}4082 - 0{,}70749\,x + 0{,}0166143\,x^2 + 0{,}00010258\,x^3,$$

wo y g Na_2CO_3 in 100 g einer x%igen Kochsalzlösung bedeutet. Einige beobachtete Zahlen sind: In 100 g Wasser

g NaCl	0	9,42	19,02	28,99
g Na_2CO_3	16,41	12,72	11,61	13,06

Ob nicht bei den NaCl-reicheren Lösungen eine Veränderung des Bodenkörpers eintrat, wurde nicht untersucht.

Angaben über die Konzentration gesättigter, NaCl und Na_2CO_3 enthaltender Lösungen bei ungefähr 30° finden sich bei Th. M. Chatard.[3]) Er gibt aber an, daß bei wechselnden Konzentrationen beide Salze als Bodenkörper dagewesen seien, was nicht möglich ist. Infolgedessen sind seine Zahlen nicht verwertbar. Mit einiger Wahrscheinlichkeit läßt sich seinen Angaben nur entnehmen, daß eine Lösung, welche auf 100 Teile Wasser etwa 21 Teile NaCl und 28 Teile Na_2CO_3 enthält, für beide Salze gesättigt ist, ferner, daß bei 36° eine Lösung mit 100 Teilen Wasser, 11,0 NaCl und 40,2 Na_2CO_3 für letzteres Salz (selbstverständlich als Monohydrat) gesättigt ist.

Über die Löslichkeitsverminderung der Natriumcarbonathydrate durch $NaNO_3$ liegen Angaben von R. Kremann und A. Žitek[4]) vor. Auf 100 g Wasser kommen:

Bodenkörper, Temp.	$Na_2CO_3.10H_2O$, 24,1°		$Na_2CO_3.7H_2O$, 24,2°			$Na_2CO_3.10H_2O$, 10°		
g $NaNO_3$	0	45.96	45,96	54,43	62,8	0	70,48	76,22[5])
g Na_2CO_3	28,53[6])	26,33	26,33	24,63	21,8	11,98	8,75	6,57

Für $Na_2CO_3.H_2O$ war bei 24,2° eine Lösung gesättigt, welche für 100 g Wasser 21,77 Na_2CO_3, 70,88 $NaNO_3$ und 28,34 g KNO_3 enthielt.

Der Zusatz von Salzen, welche mit Na_2CO_3 Doppelsalze geben, kann dagegen die Löslichkeit erhöhen. So fanden R. Kremann und A. Žitek,[7]) daß folgende Lösungen für $Na_2CO_3.10H_2O$ gesättigt sind: Auf 100 Teile Wasser

Temperatur	24,2	24,2	24,2	10	10
g K_2CO_3	0	15,00	22,66	0	35,41
g Na_2CO_3	28,53	35,42	36,97	11,98	17,64

Dampfdruck. Die Na_2CO_3-Hydrate mit Lösung und Dampf bilden ein System mit zwei unabhängigen Bestandteilen. Ist nur ein Hydrat und Wasserdampf da, so hat man daher ein System mit zwei Freiheiten, d. h. bei gegebener Temperatur kann das Hydrat mit Wasserdampf von verschiedenen Drucken im Gleichgewicht stehen. Sind dagegen zwei Hydrate und Wasserdampf vorhanden, so hat das System nur eine Freiheit, d. h. zu jeder Temperatur gehört ein bestimmter Wasserdampfdruck, bei dem allein die beiden Hydrate koexistieren können. Jede Änderung des Dampfdrucks macht eines

---

1) Siehe über das Kristallisieren übersättigter Lösungen die Arbeiten von H. Loewel, a. a. O. 337, und B. M. Jones.

2) K. Reich, Mon. f. Chem. **12**, 464 (1891).

3) Th. M. Chatard, Bull. geol. Surv. U.S. **60**, 33 (1890).

4) R. Kremann u. A. Žitek, Mon. f. Chem. **30**, 311 (1909).

5) Daneben noch 21,63 g KNO_3.

6) In der Abhandlung ist diese Zahl durch einen Schreibfehler entstellt (S. 314, 317).

7) R. Kremann u. A. Žitek, a. a. O. 317. 324.

der beiden Hydrate unstabil. Über die Größe dieser Verwitterungsdrucke ist sehr wenig bekannt. Aus einer Angabe von W. Müller-Erzbach[1]) geht hervor, daß der Verwitterungsdruck von $Na_2CO_3 . 10 H_2O$ bei 20° 11,7 mm Hg ist. Doch ist nicht angegeben, ob sich dieser Druck auf das Gleichgewicht

$$Na_2CO_3 . 10 H_2O = Na_2CO_3 . H_2O + 9 H_2O$$

oder

$$Na_2CO_3 . 10 H_2O = Na_2CO_3 . 7 H_2O + 3 H_2O$$

bezieht. Ferner gibt er an, daß der Verwitterungsdruck bei Natriumcarbonaten mit Wassergehalten zwischen 10 und 1 Mol. H_2O keinen deutlichen Unterschied zeigt. Daraus folgt, daß entweder in allen Fällen die Verwitterung von Dekahydrat zu Monohydrat beobachtet wurde, oder daß die Unterschiede der Gleichgewichtsdrucke bei der Verwitterung von Dekahydrat zu Heptahydrat und Heptahydrat zu Monohydrat, oder von Dekahydrat und Heptahydrat zu Monohydrat nicht groß sind. H. Lescoeur[2]) gibt den Verwitterungsdruck des Dekahydrats bei 20° zu 12,1 mm an, nahe übereinstimmend mit dem Wert nach W. Müller-Erzbach. Der Unterschied zwischen den Verwitterungsdrucken 10 ⟶ 7 und 7 ⟶ 1 H_2O ist von J. L. Andreae[3]) direkt gemessen worden. Aus seinen Zahlen ergibt sich auf Grund der Dichte des von ihm verwendeten Öles:

Temperatur . .	13,2	14,8	18,0	20,1	20,3	26,4	26,5	30,0	30,1	30,5°
mm Hg . . .	0,79	0,85	1,05	1,16	1,10	1,64	1,55	1,77	1,86	1,80

Für den Verwitterungsdruck 1 ⟶ 0 ergibt sich aus Angaben von W. Müller-Erzbach[4]) folgendes:

Temperatur	21	20	18°
mm Hg	0,20	0,14	0,14

Diese Zahlen können nur die Größenordnung des Verwitterungsdrucks kennzeichnen.

Weiter können noch Zahlen aus den Umwandlungspunkten der Hydrate bei Gegenwart ihrer gesättigten wäßrigen Lösungen gewonnen werden. Bei diesen Umwandlungspunkten muß der Verwitterungsdruck der beiden koexistierenden Hydrate dem Dampfdruck der Lösungen gleich sein. Letztere können annähernd ermittelt werden, wenn man auf Grund der Messungen von G. Tammann[5]) über Dampfdrucke von Na_2CO_3-Lösungen die Dampfdrucke der Gleichgewichtslösungen schätzt. So ergibt sich für 10 ⟶ 7 bei 32,00° 29,13 mm, für 7 ⟶ 1 bei 35,37° 34,15 mm, für 10 ⟶ 1 bei 32,96° 30,1 mm. Die Zahlen sind unsicher, weil die Dampfdrucke über die konzentriertesten von G. Tammann untersuchten Lösungen hinaus extrapoliert werden mußten. Endlich ergibt sich aus Angaben von C. H. Ketner[6]) unter Benutzung der Angaben H. V. Regnaults über die Dampfdrucke wasserhaltiger Schwefelsäuren,[7]) daß der Verwitterungsdruck bei ungefähr 9° (wobei die Tem-

---

1) W. Müller-Erzbach, Ber. Dtsch. Chem. Ges. **17**, 1419 (1884).
2) H. Lescoeur, C. R. **103**, 1262 (1886).
3) J. L. Andreae, Z. f. phys. Chem. **7**, 271 (1891).
4) W. Müller-Erzbach, Wied. Ann. **23**, 619 (1884).
5) Landolt-Börnstein-Meyerhoffer, Tabellen, (Berlin 1905), 159.
6) C. H. Ketner, Z. f. phys. Chem. **39**, 643 (1902).
7) Landolt-Börnstein-Meyerhoffer, Tabellen, (Berlin 1905), 166.

peratur aber nicht konstant gehalten worden war) für 10 ⟶ 7 und 10 ⟶ 1 unter 5,4 mm, für 7 ⟶ 1 zwischen 4,8 und 4,18 mm liegt.

Berechnet man aus den Verwitterungsdrucken bei den Umwandlungspunkten und den Hydratationswärmen des Na_2CO_3 (s. später) Verwitterungskurven, so erhält man

$$\log p_{10-7} = \log p_{H_2O} - \frac{393{,}38}{T} + 1{,}2054$$

$$\log p_{7-1} = \log p_{H_2O} - \frac{474{,}77}{T} + 1{,}4423$$

$$\log p_{10-1} = \log p_{H_2O} - \frac{447{,}64}{T} + 1{,}3695$$

wobei die p mit beigesetzten Ziffern Wasserdrucke beim Gleichgewicht der betreffenden Hydrate, p_{H_2O} den Dampfdruck des reinen Wassers bei der gleichen Temperatur (alles in mm Hg) und T absolute Temperaturen bedeuten. Diese Formeln können als ein, wenn auch nur annähernder Ausdruck der tatsächlichen Verhältnisse gelten, da sie von den Beobachtungen nur wenig abweichen.

So berechnet sich für 20° $p_{10-7} = 12{,}69$ mm, $p_{7-1} = 11{,}55$, $p_{10-1} = 12{,}09$ (gef. von W. Müller-Erzbach 11,7, von H. Lescoeur 12,1). Die berechnete Differenz der Verwitterungsdrucke $p_{10-7} - p_{7-1} = \Delta_{\text{ber.}}$ ist im folgenden mit den von J. L. Andreae gefundenen Werten zusammengestellt:

Temperatur	14,8	20	26,4	30°	
$\Delta_{\text{ber.}}$	0,87	1,14	1,53	1,79	
$\Delta_{\text{gef.}}$	0,85	1,16 für 20,1°,	1,64 für 26,4°,	1,77 für 30°,	
		1,10 für 20,3°,	1,55 für 26,5°,	1,86 für 30,1°,	1,80 für 30,5°

Für 9° liefern die Formeln p_{10-7} 5,55, p_{7-1} 4,93. Hiemit stimmt nicht ganz, daß nach C. H. Ketner das Dekahydrat bei $p = 5{,}4$ noch beständig ist und ebenso das Heptahydrat bei $p = 4{,}8$; dagegen besteht Übereinstimmung mit der Angabe, daß das Heptahydrat bei 4,18 mm verwittert. Bei den Abweichungen handelt es sich nur um Zehntelmillimeter, und das ist unbedenklich, da C. H. Ketner keine konstante Temperatur eingehalten hat.

Für die Reaktion $Na_2CO_3 . H_2O = Na_2CO_3 + H_2O$ berechnet sich aus den Lösungswärmen und unter der Annahme, daß der Verwitterungsdruck bei 20° 0,18 mm sei,

$$\log p_{1-0} = \log p_{H_2O} - \frac{736{,}2}{T} + 0{,}528$$

Diese Gleichung ist viel unsicherer als die anderen, da der verwendete Dampfdruckwert nur sehr ungenügend bestimmt ist. Mit diesen Formeln berechnen sich folgende Verwitterungsdrucke:

Temperatur	0	10	20	30	40	100	120°
p_{10-7}	2,66	6,00	12,69	25,48	—	—	—
p_{7-1}	2,31	5,34	11,55	23,69	—	—	—
p_{10-1}	2,46	5,63	12,09	24,61	—	—	—
p_{1-0}	0,03	0,08	0,18	0,40	0,82	27	67

Auf Grund dieser Formeln ist die Fig. 17 entworfen. Die Dampfdruckkurve 10—1, die keinem stabilen Gleichgewicht entspricht, ist weggelassen. Die Kurven sind Dampfdruckkurven, die dazwischen liegenden Flächen Existenzgebiete bei stabilem Gleichgewicht, und zwar zwischen der Abszissenachse und AB das Existenzgebiet von wasserfreiem Na_2CO_3, zwischen AB und CDE das von $Na_2CO_3 . 10 H_2O$, zwischen FGD und CD das von $Na_2CO_3 . 7 H_2O$, zwischen *FG* und *HG* das von $Na_2CO_3 . 10 H_2O$, zwischen *HG* und *JK* das der Lösungen. Die Schnittpunkte *G* und *D* sind die Umwandlungspunkte 10—7 und 7—1.

Man sieht, daß wasserfreies Natriumcarbonat bei mäßigen Temperaturen nur bei sehr kleinen Wasserdampfdrucken stabil ist und daß das Existenzgebiet

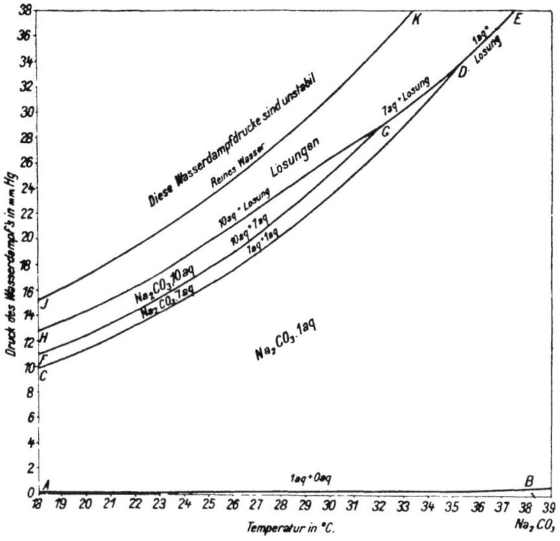

Fig. 17.

des Heptahydrats ein sehr enges ist; letzteres hat bereits C. H. Ketner[1]) erkannt. Noch klarer tritt dies hervor, wenn man die relativen Luftfeuchtigkeiten (Prozente des Wasserdampfgehalts der mit Wasserdampf gesättigten Luft) betrachtet, bei denen das Heptahydrat stabil ist:

Temperatur	0	10	20	30°
Relative Feuchtigkeit	50—58	58—65	66—73	75—81

Diese Zahlen stehen im Einklang mit den von H. Watson[2]) über die Verwitterung der Soda gemachten Angaben.

Umwandlungs- und Schmelzpunkte der Hydrate. Zwei Natriumcarbonathydrate, Lösung und Dampf bilden einen Quadrupelpunkt. Die vier Phasen sind also nur bei einem Druck und einer Temperatur nebeneinander existenzfähig. Wird der Druck über diesen Punkt erhöht, so verschwindet die Dampfphase und man hat ein vollständiges Gleichgewicht. Ein solches System kann also unter gegebenem Druck nur bei einer Temperatur bestehen. Eine Druckänderung hat auf diese Gleichgewichtstemperatur einen gerade so geringen Einfluß wie auf einen Schmelzpunkt. Bei Änderung der Temperatur verschwindet eines der beiden Hydrate. Diese Umwandlungspunkte sind am genauesten aus den Löslichkeitskurven bestimmt worden (beim Umwandlungspunkt sind die Löslichkeiten der beiden Hydrate gleich). Sie liegen nach

[1]) C. H. Ketner, a. a. O. 643.

[2]) Gmelin-Friedheim, Handb. d. anorg. Chem. II[1], 442 nach London and Ed. Phil. Mag. **12**, 130 (1838).

Wells und McAdam bei 32,00° (Deka- und stabiles Heptahydrat), 35,37° (Hepta- und Monohydrat) und 32,96° (Deka- und Monohydrat). Nur die beiden ersteren Umwandlungspunkte entsprechen stabilen Gleichgewichten.

Befinden sich Natriumcarbonathydrate nicht neben reiner Sodalösung, sondern neben Lösungen, die noch andere Stoffe enthalten, so wird der Umwandlungspunkt erniedrigt. Denn beim Umwandlungspunkt muß der Verwitterungsdruck des vorhandenen Hydratpaares gleich sein dem Wasserdampfdruck der Lösung; dieser wird aber durch den Zusatz herabgedrückt. Neben einer Lösung, die auf 100 g Wasser 17 g NaCl enthält, kann z. B. die Erniedrigung der Umwandlungstemperatur 10—7 auf etwa 3° geschätzt werden. Nach R. Kremann und A. Zitek[1]) liegt der Umwandlungspunkt 10—7 neben einer Lösung, die auf 100 g Wasser 45,96 g $NaNO_3$ enthält bei 24,2°, ist also um fast 8° herabgedrückt. Neben einer Lösung 100 g Wasser, 70,88 g $NaNO_3$, 28,34 g KNO_3 liegt der Umwandlungspunkt 7—1 noch unter 24,2°, ist also um mehr als 11° erniedrigt.

Aus den Umwandlungspunkten bei Abwesenheit fremder Stoffe ergibt sich das Verhalten der festen Hydrate beim Erhitzen, wenn dabei der Wasserverlust durch Verwitterung vernachlässigt werden kann, und wenn sich die stabilen Gleichgewichte einstellen. Dann verändert sich das Dekahydrat bis 32,00° nicht. Bei dieser Temperatur zerfällt es in Heptahydrat und gesättigte Lösung. Letztere enthält auf 100 g Wasser 45,4 g Na_2CO_3. Da aber das Dekahydrat auf 100 g Wasser 58,84 g Na_2CO_3 enthält, reicht das vorhandene Wasser nicht aus, um alles Natriumcarbonat in Lösung zu bringen. Man erhält aus 286 g $Na_2CO_3 \cdot 10H_2O$ rund 171 g gesättigte Lösung und 115 g festes $Na_2CO_3 \cdot 7H_2O$, also eine trübe Schmelze (inkongruenter Schmelzpunkt). Das Natriumcarbonat ist fast zu gleichen Teilen auf Lösung und Kristalle verteilt. Bei weiterem Erhitzen geht mehr Heptahydrat in Lösung. Bei 35,37° hat man nur noch 88 g festes Heptahydrat und daneben 198 g Lösung, die auf 100 g Wasser 49,67 g Na_2CO_3 enthält. Nun geht aber das Heptahydrat in Monohydrat über.[2]) Man hat dann 265 g Lösung und 21 g Monohydrat; etwa ein Sechstel des Natriumcarbonats ist im festen Salz. Bei weiterem Erhitzen bleibt die Schmelze trüb, da die Löslichkeit des Monohydrats mit steigender Temperatur abnimmt.

Reines Heptahydrat bleibt bis 35,37° fest und zeigt bei dieser Temperatur einen inkongruenten Schmelzpunkt.

Bleibt beim Erhitzen des Dekahydrats die Bildung des Heptahydrats aus, so kann bei 32,96° der unmittelbare Übergang in das Monohydrat erfolgen. Dabei bilden sich aus 286 g Dekahydrat 266 g Lösung (mit 50,1 g Na_2CO_3 auf 100 g Wasser) und 20 g Monohydrat; also ebenfalls ein inkongruenter Schmelzpunkt. Wenn aber sowohl die Umwandlung in Hepta- als die in Monohydrat ausbleibt, so schmilzt das Dekahydrat zu einer klaren Flüssigkeit. Dieser kongruente Schmelzpunkt ist aber bisher nicht genau bestimmt worden, denn es liegt kein ausreichender Grund vor, anzunehmen, daß W. A. Tilden[3]) bei seiner übrigens rohen Schmelzpunktsbestimmung (34°) den kongruenten Schmelzpunkt beobachtet habe.

---

[1]) R. Kremann u. A. Žitek, Mon. f. Chem. **30**, 314. 328 (1909).
[2]) Diese Thermonatritbildung ist schon von R. Schindler, Mag. Pharm. **33**, 15 (1831) erkannt worden.
[3]) W. A. Tilden, Journ. chem. Soc. **45**, 268 (1884).

Hydratationswärme. Es liegen Messungen von J. Thomsen[1]) vor. Die Hydratationswärmen wurden durch verschieden weit gehende Entwässerung des Dekahydrats und Bestimmung der Lösungswärmen dieser Präparate abgeleitet. Hieraus ergab sich, daß bei der Aufnahme der 10 Mole Wasser der Reihe nach folgende Wärmemengen für je 1 Mol Wasser entwickelt werden: 3382, 2211, 2110, 2135, 2436, 1774, 2353, 1858, 1764, 1773 cal. Die Zahlen sind auffallend unregelmäßig.[2]) Würde J. Thomsen beim Trocknen jedesmal stabile Gleichgewichtszustände erreicht haben, so wäre zu erwarten, daß das 2. bis 7. und ferner das 8. bis 10. Mol mit gleicher Wärmetönung aufgenommen werden. Daß dies tatsächlich nicht zutrifft, deutet darauf hin, daß seine teilweise entwässerten Präparate nicht bloß Gemische von Deka- und Hepta-, bzw. Hepta- und Monohydrat waren. In Ermangelung eines Besseren kann man vorläufig nichts anderes tun, als den Mittelwert der Hydratationswärmen für das 2. bis 7. Mol auf die Umwandlung des Mono- in das Heptahydrat, den Mittelwert für das 8. bis 10. Mol auf den Übergang des Hepta- in das Dekahydrat zu beziehen. Hieraus würde sich ergeben:

$$Na_2CO_3 + H_2O \text{ flüss.} = Na_2CO_3 . H_2O + 3382 \text{ cal.}$$

$$Na_2CO_3 . H_2O + 6 H_2O \text{ flüss.} = Na_2CO_3 . 7 H_2O + 6 \times 2170 \text{ cal.}$$

$$Na_2CO_3 . 7 H_2O + 3 H_2O \text{ flüss.} = Na_2CO_3 . 10 H_2O + 3 \times 1798 \text{ cal.}$$

Mit diesen Werten sind die früher gegebenen Dampfdruckkurven berechnet. Aber nur die erste dieser drei Gleichungen ist als einigermaßen zuverlässig zu betrachten.

Die gesamte Wärmetönung für die Überführung des Na_2CO_3 in $Na_2CO_3 . 10 H_2O$ ist nach J. Thomsen 21800, nach Favre und Valson[3]) 23000 cal.

Technische Verwendung der Natriumcarbonatmineralien.

Die Natriumcarbonatmineralien (im besonderen die Ägyptens) sind die älteste Quelle für Soda. Die oft stark Na_2SO_4- und NaCl-haltigen Salze wurden ohne weiteres verwendet.[4]) Die ägyptischen Natronseen produzieren nach V. S. Bryant[5]) jährlich 15000 t und enthalten im ganzen 100000 t. Heute haben die meisten Vorkommen höchstens lokale Bedeutung. Das ungarische Vorkommen kann gegenwärtig kaum mehr mit der künstlichen Soda konkurrieren. Über die frühere Aufarbeitung geben A. Werner[6]) und Kohl[7]) folgendes an: Die mit den Sodaauswitterungen bedeckte Erde wurde entweder direkt von den Seifensiedern verbraucht oder ausgelaugt, die Lösung eingedampft, der Rückstand in einer Pfanne geschmolzen, wobei der beigemengte Schmutz teils verbrannt, teils abgeschäumt wurde, und in Formen gegossen. Das so erzeugte Produkt ist schneeweiß.

Günstiger liegen vielleicht die Bedingungen für die Ausnutzung der kalifornischen Salzseen. Ihr Gehalt würde ausreichen, um den Sodabedarf der

[1]) J. Thomsen, Systematische Durchführung thermochemischer Untersuchungen, deutsch von J. Traube (Stuttgart 1906) 27.

[2]) Vgl. W. P. Jorissen, Z. phys. Chem. **74**, 315 (1910).

[3]) Favre u. Valson, Jahresber. f. Chem. 1872, 78.

[4]) Vgl. Stohmann-Kerl, Enzyklopädisches Handb. d. techn. Chemie (6. Aufl. von Muspratts Chemie), VI, (Braunschweig 1898), 960.

[5]) V. S. Bryant, Journ. of the Soc. chem. Ind. **22**, 785 (1903).

[6]) A. Werner, Journ. prakt. Chem. **13**, 126 (1838).

[7]) Kohl, 100 Tage auf Reisen in den österr. Staaten, 4. Teil, Reisen in Ungarn (1842) 326; zitiert bei H. Wackenroder, Arch. Pharm. [2] **35**, 274 (1843).

Welt für Jahrzehnte zu decken.[1]) Durch freiwillige Verdunstung des Seewassers entsteht das 4/3-kohlensaure Natron, welches entweder unmittelbar genügend rein ist oder aus Seewasser umkristallisiert wird.[2])

Wasserfreies Natriumcarbonat.

Kristallform unbekannt.

Analysen:

	1.	2.
Na_2O	53,86	55,31
(K_2O)	—	0,57
(MgO)	1,59	—
(CaO)	1,01	—
(Fe_2O_3) . . .	0,13	—
(Cl)	—	25,30
CO_2	40,81	22,96
(SO_3)	—	1,56
(H_2O)	1,85	—
	99,25	105,70
ab O für Cl		5,71
		99,99

1. Ausblühung auf einem Tonschiefer der Bleiglanzgrube „Neue Margrethe" bei Claustal; anal. W. Kayser, mitgeteilt von F. A. Roemer, N. JB. Min. etc. 1850, 682.

2. Aus dem Innern eines bei der Ätnaeruption 1865 ausgeschleuderten Blocks; anal. O. Silvestri, mitgeteilt von G. vom Rath, N. JB. Min. etc. 1870, 266.

Andere Analysen, die auf wasserfreies Natriumcarbonat hindeuten, beziehen sich wahrscheinlich nicht auf unveränderte Naturprodukte. Eine bei C. F. Rammelsberg[3]) erwähnte Analyse von H. Wackenroder bildet keinen Beweis für das Vorkommen wasserfreien Natriumcarbonats in der Natur. Diese von Volland unter Mitwirkung H. Wackenroders ausgeführte und von letzterem[4]) mitgeteilte Analyse einer Debrecziner Soda bezieht sich nach H. Wackenroders eigener Angabe auf ein offenbar kalziniertes Produkt.[5]) Vier Analysen von J. D. Weeks von einem Vorkommen von Carbon County, Wyoming, sowie drei Analysen von O. D. Allen aus der Gegend des Black Rock Desert (von Hardin City),[6]) die weder Wasser noch Bicarbonatkohlensäure aufweisen, sind wahrscheinlich ebenfalls mit der geglühten Soda ausgeführt worden.

Eigenschaften. $\delta = 2{,}509$ (Filhol),[7]) 2,500 (H. Schröder).[8]) Stärker abweichende Angaben: 2,646 (Karsten), 2,407 bei 20,5° (A. Favre und

[1]) Vgl. Th. M. Chatard, Bull. geol. Surv. U.S. **60**, 57 (1890), wo eine auf 22 Mill. tons lautende Schätzung des Natriumcarbonats im Owens Lake von O. Löw mitgeteilt wird, ferner Journ. Franklin Inst. **139**, 271. 341, zitiert nach Jahresber. f. Chem. (1895) 731, wo der Vorrat im Albert-, Mono-, und Owens Lake auf 118,5 Mill. Tonnen Na_2CO_3 und 28 Mill. Tonnen $NaHCO_3$ geschätzt wird. Siehe ferner C. H. Stone u. F. M. Eaton, Chem. ZB. 1906, II, 1215 nach Journ. am. chem. Soc. **28**, 1164.

[2]) Weitere Literatur über Verarbeitung natürlicher Natriumcarbonate: S. Poutet, J. chim. méd. **6**, 197, zitiert nach Gmelin-Friedheim, Anorg. Chem. II[1], 426. — Russegger, Karstens Arch. f. Min. **16**, 387 (1842). — Th. M. Chatard, Bull. geol. Surv. U.S. **60**, 43. 49. 58 (1890). — A. Keller, Chem.-Ztg. 1890, 921 (mexikanisches Vorkommen). — E. Naumann, D.R.P. 143447 (Chem. ZB. 1903, II, 403).

[3]) C. F. Rammelsberg, Handb. d. Mineralchemie, 2. Aufl., II, (Leipzig 1875), 239.

[4]) H. Wackenroder, Arch. Pharm. [2] **35**, 276 (1843).

[5]) Die Angabe C. F. Rammelsbergs, daß H. Wackenroder kein Wasser gefunden habe, ist übrigens irrtümlich. Wackenroder hat die Soda zuerst geglüht (S. 276) und hierbei einen Gewichtsverlust von 6,3% beobachtet. Die Zusammenstellung der Analyse (S. 279) bezieht sich auf diese geglühte Soda.

[6]) Mitgeteilt bei Th. M. Chatard, Bull. geol. Surv. U.S. **60**, 44. 45. 55 (1890).

[7]) Filhol, Jahresber. f. Chem. 1847/48, 41.

[8]) H. Schröder, Dichtigkeitsmessungen (Heidelberg 1873) 8.

Valson),[1] 2,430 (F. W. Clarke).[2] Spezifische Wärme des vorher geschmolzenen Salzes 0,2728 (H. V. Regnault),[3] 0,246 zwischen 18 und 48° (H. Kopp).[4] Die Bildungswärme aus den Elementen ist nach J. Thomsen[5] bei 18 bis 20° und konstantem Druck 272600 cal. (bezogen auf poröse Holzkohle von der Verbrennungswärme 96960), nach M. Berthelot[6] 270800. Neuerdings gibt de Forcrand[7] 271970 cal. an (aus Diamant). Für die Bildung bei der Neutralisation von NaHO gilt

$2NaHO$ aq. + H_2CO_3 aq. = Na_2CO_3 aq. + 20500 cal. (M. Berthelot),
20180 „ (J. Thomsen)[8] und
$2NaHO$ aq. + CO_2 (Gas) = Na_2CO_3 aq. + 26060 „ (J. Thomsen, unter Benutzung der Lösungswärme des CO_2).[9]

Bei 450° tritt Umwandlung in eine andere Form ein;[10] die Umwandlungswärme ist $^1/_{23}$ der Schmelzwärme, also mit Rücksicht auf die gleich zu erwähnende Angabe von O. Sackur ungefähr 4 cal. für 1 g. Das feste (bei ungefähr 620° schmelzende) eutektische Gemisch von Na_2CO_3 mit NaCl zeigt bei etwa 550° eine nicht unbeträchtliche elektrolytische Leitfähigkeit, wobei sich an der Kathode Kohlenstoff ausscheidet.[11] Der Schmelzpunkt des Na_2CO_3 liegt nach den neueren Bestimmungen (Heycock und Neville,[12] W. Ramsay und Eumorfopoulos,[13] K. Hüttner und G. Tammann[14]) bei 851 bis 853°. Andere Salze erniedrigen den Schmelz- und Erstarrungspunkt. Die Herabdrückung des Schmelzpunkts beträgt nach H. Le Chatelier[15] bei einem Gehalt von 34,7% NaCl 200°, bei einem Gehalt von 51,5% K_2CO_3 130°, bei einem Gehalt von 39,8% Na_2SO_4 30°. Die Erstarrungspunkte von Na_2CO_3, welches mit kleinen Mengen (bis ungefähr 10%) NaCl, KCl oder K_2CO_3 versetzt war, hat O. Sackur[16] bestimmt. Aus den beobachteten Erstarrungspunktserniedrigungen berechnet er die Schmelzwärme des Na_2CO_3 zu 82 cal. für 1 g.

Die Dichte des geschmolzenen Salzes ist nach G. Quincke[17] etwas oberhalb des Schmelzpunkts 2,041, nach E. Brunner[18] zwischen dem Schmelzpunkt und 1000° 1,9445 − 0,00040 (t − 900), die Oberflächenspannung gegen Luft nach G. Quincke 179,0 Dynen/cm.[19] Die elektrolytische Leitfähigkeit

[1] A. Favre u. Valson, Jahresber. f. Chem. 1872, 76.
[2] F. W. Clarke, Constants of nature.
[3] H. V. Regnault, Pogg. Ann. **53**, 60 (1841).
[4] H. Kopp, Ann. Chem. Pharm. Suppl. III, 102. 295 (1864/65).
[5] J. Thomsen, Syst. Durchführung thermochemischer Untersuchungen, deutsch von J. Traube, (Stuttgart 1906) 256.
[6] M. Berthelot, Thermochemie I, 214.
[7] de Forcrand, C. R. **149**, 720 (1909).
[8] J. Thomsen, a. a. O. 55.
[9] J. Thomsen, a. a. O. 10.
[10] K. Hüttner u. G. Tammann, Z. anorg. Chemie **43**, 219 (1905).
[11] F. Haber u. G. Birstein, Ann. d. Phys. [4] **26**, 935 (1908).
[12] Heycock u. Neville, Journ. chem. Soc. **67**, 1024.
[13] W. Ramsay u. Eumorfopoulos, Phil. Mag. [5] **41**, 360.
[14] K. Hüttner u. G. Tammann, Z. anorg. Chem. **43**, 224 (1905).
[15] Landolt-Börnstein-Meyerhoffer, Phys.-chem. Tabellen (Berlin 1905) 293.
[16] O. Sackur, Ber. Dtsch. Chem. Ges. **43**, 450 (1910).
[17] G. Quincke, Pogg. Ann. **138**, 149 (1869).
[18] E. Brunner, Z. anorg. Chem. **38**, 375 (1904).
[19] Entnommen aus Abegg, Handb. d. anorg. Chem. II¹, (Leipzig 1908), 303. S. auch J. Traube, Jahresber. f. Chem. 1891, 178.

hat K. Arndt[1]) zwischen 865 und 885⁰ bestimmt. Er gibt folgende extrapolierte Werte: $\varkappa$ bei 850⁰ 2,92, bei 900⁰ 3,10, Λ bei 900⁰ 84 reziproke Ohm.

Na_2CO_3 spaltet bei hoher Temperatur CO_2 ab[2]) und verflüchtigt sich. Der Dissoziationsdruck ist von Lebeau[3]) und J. Johnston[4]) bestimmt worden; die Ergebnisse stimmen nicht sehr gut überein. In der folgenden Zusammenstellung sind die Werte von J. Johnston mit einem Stern bezeichnet.

Temperatur ⁰C	660	700	730	765	820	857	880	920	975	999
mm Hg	1,7*	1	1,5	2,9*	2,5	3,9*	10	4,6*	5,7*	12

Temperatur ⁰C	1010	1050	1080	1100	1150	1180	1200
mm Hg	14	16	19	21	28	38	41

J. Johnston[5]) nimmt an, daß Na_2CO_3 den Dissoziationsdruck von einer Atmosphäre erst bei mindestens 1500⁰ erreicht.

Genesis. Wie früher dargelegt, liegt der Verwitterungsdruck des Thermonatrits selbst bei 40⁰ noch unter 1 mm Hg, entsprechend einer relativen Luftfeuchtigkeit von ungefähr 1,5⁰/₀ (bei dieser Temperatur). Bei größerer Luftfeuchtigkeit kann wasserfreies Natriumcarbonat in Thermonatrit übergehen. Wasserfreies Natriumcarbonat ist daher nur an heißen oder abnorm trockenen Stellen zu erwarten. Demgemäß ist sein Vorkommen auf heißen Laven begreiflich. Um wasserfreies Natriumcarbonat dürfte es sich daher auch bei den weißen Schichten handeln, die sich nach O. Silvestri[6]) auf Lava bilden, wenn sie keinen Rauch mehr ausstößt, und welche außer Na_2CO_3 wenig NaCl, KCl, sowie Spuren von Na_2SO_4 und K_2SO_4 enthalten; eine quantitative Analyse liegt nicht vor. Dagegen ist das Vorkommen von wasserfreiem Natriumcarbonat in einer Grube trotz der Analyse von W. Kayser als recht zweifelhaft zu betrachten. Leider ist über die Art der Ausführung der Analyse nichts angegeben. Es darf daher vermutet werden, daß die Probe schon vor Ausführung der Wasserbestimmung Wasser verloren hat.

Thermonatrit

(Natriumcarbonatmonohydrat, verschiedene Lokalnamen).

Kristallform rhombisch-bipyramidal:

$$a:b:c = 0,8268:1:0,4044$$ (Marignac).[7])

Analysen. Um ein möglichst vollständiges Bild der verschiedenen Fundorte zu geben, sind auch ältere Analysen aufgenommen.

1. Von Debreczin (Ungarn); anal. Beudant, C. F. Rammelsberg, Handb. der Mineralchemie, 2. Aufl., II, (Leipzig 1875), 239[8]).

---

[1]) K. Arndt, Z. f. Elektroch. **12**, 340 (1906).

[2]) Th. Scheerer, Ann. Chem. Pharm. **116**, 134 (1860). — E. Mallard, Ann. chim. phys. [4] **28**, 88 (1873). — K. Arndt hat bei seinen Leitfähigkeitsbestimmungen dicht über dem Schmelzpunkt keine Entwicklung von Gasblasen bemerkt, dagegen lebhafte Entwicklung bei 900⁰.

[3]) Lebeau, C. R. **137**, 1255 (1903).

[4]) J. Johnston, Z. f. phys. Chem. **62**, 342 (1908).

[5]) J. Johnston, a. a. O. 352.

[6]) Mitgeteilt von G. vom Rath, N. JB. Min. etc. 1870, 266.

[7]) P. Groth, Chem. Krystallographie II, (Leipzig 1908), 196.

[8]) Aus Thermonatrit stammt auch jedenfalls die calcinierte Debrecziner Soda, deren Analyse durch H. Wackenroder und Volland beim wasserfreien Natriumcarbonat erwähnt ist. Sie ist durch ihre Reinheit bemerkenswert (89,8⁰/₀ Na_2CO_3).

	1.	2.	3.	4.	5.	6.	7.	8.	9.	10.	11.	12.	13.	14.
(NH_3)	—	—	—	—	—	—	—	—	—	—	—	0,45	—	—
Na_2O	48,8	8,03	?	48,6	48,63	43,09	47,71	22,59	41,94	36,50	36,20	38,21	27,21	43,01
(K_2O)	—	3,12	—	—	—	—	—	2,65	0,54	Spur	—	1,76	6,77	0,15
(MgO)	—	Spur	?	—	—	Spur	Spur	0,30	Spur	0,26	0,85	—	0,34	—
(CaO)	—	2,72	?	—	—	—	—	0,16	Spur	—	—	—	—	—
(Al_2O_3)	—	2,33	?	—	—	—	—	0,26	—	—	3,85	—	—	—
(Fe_2O_3)	—		?	—	—	—	—	1,08	—	—		—	—	—
(Cl)	1,3	Spur	wenig	1,9	27,76	15,13	31,23	0,79	3,82	2,11	9,53	7,40	1,50	0,80
(N_2O_5)	—	—	?	—	—	—	—	—	—	—	—	10,42	—	—
CO_2	30,5	8,79[1]	25,2	31,0	7,65	21,18	9,51	16,00	24,14	23,94	14,14	11,79	16,77	32,42
(SiO_2)	—	1,04	?	—	—	—	—	?	—	—	—	—	—	—
(SO_3)	5,9	3,48	wenig	4,2	17,54	Spur	9,04	4,01	1,92	0,85	11,97	13,28	6,43	—
(P_2O_5)	—	—	?	—	—	—	—	—	—	—	—	0,93	2,60	—
(Org. Subst.)	—	?	?	—	—	?	—	—	0,55	0,09	—	?	?	—
(Unlöslich)	—	54,99[2]	?	—	—	4,35	—	34,65[3]	5,79	4,49	8,87	—	—	1,63
H_2O	13,8	15,50	29,0	13,5	4,22	19,66	9,88	17,59	21,48	31,93	16,98	17,43[4]	38,42[5]	21,14
	100,3	100	?	99,2	105,80	103,41	107,37	100,08	100,18	100,17	102,39	101,67	100,04	99,15
ab O für Cl	0,3	—	—	0,4	6,26	3,41	7,05	0,18	0,86	0,48	2,15	1,67	0,34	0,18
	100,0	100	?	98,8	99,54	100	100,32	99,90	99,32	99,69	100,24	100	99,70	98,97
% Na_2CO_3	73,6	13,7[6]	60,6[7]	74,7	18,4	51,1	22,9	36,2	58,2	57,0	34,1	27,0	40,4	72,5
Mole H_2O[8,9]	1,1	5,4	2,8	1,06	1,35	<2,3	2,5	2,8	2,2	3,3	2,9	3,4	4,7	1,7
Mole CO_2-Überschuß[10]	—	<0,19[11]	—	—	—	—	—	0,06	—	—	—	—	—	0,08

[1]) Einschließlich organischer Substanz und Verlust. [2]) In Salpetersäure unlöslich.
[3]) Kieselsäure und Sand. [4]) Einschließlich organischer Substanz. [5]) Einschließlich organischer Substanz.
[6]) Außerdem 4,6% K_2CO_3 (umgerechnet auf das in Salpetersäure lösliche 30,5% Na_2CO_3 und 10,2% K_2CO_3).
[7]) Unter der Voraussetzung berechnet, daß kein Bicarbonat da war und der an der zitierten Stelle angegebene CO_2-Gehalt (35,44%) sich auf wasserfreie Substanz bezieht.
[8]) Bei der Berechnung wurden $K_2CO_3 \cdot 2H_2O$, K_2SO_4, Na_2SO_4, $CaSO_4$, $2H_2O$, $MgSO_4 \cdot 6H_2O$, $Na_2HPO_4 \cdot 7H_2O$ angenommen. Daß auch ein Teil des Wassers von den unlöslichen Verunreinigungen gebunden sein kann, wurde nicht berücksichtigt.
[9]) Für ein Mol vorhandenes Na_2CO_3. [10]) Für ein Mol Na_2CO_3. [11]) Auf $K_2CO_3 + Na_2CO_3$ berechnet. Trona verlangt 0,33.

2. Von St. Andreae am Neusiedlersee (Ungarn); anal. L. Schmidt, mitgeteilt von J. Moser, Verh. Ver. f. Naturkunde Preßburg **3** [1], 71 (1858).

3. Vom Fosso grande, Inkrustationen der Vesuvlava von 1859, die Lavakörner enthielten; anal. E. Scacchi, Z. Kryst. **18**, 100 (1891).

4. Aus Ägypten; anal. Beudant, C. F. Rammelsberg, Handb. d. Mineralchemie, 2. Aufl. II, 239.

5. Aus Ägypten; anal. Reicherdt, C. F. Rammelsberg, Handb. d. Mineralchemie, 2. Aufl., II, 239.[1])

6. Von der Ostküste von Aden; anal. R. Haines, Jahresber. f. Chem. 1863, 179 nach Pharm. Journ. Trans. [2] **5**, 26.

7. Salzkrusten des Sees Tasch-burun beim Ararat; anal. H. Abich, Journ. prakt. Chem. **38**, 5 (1846).

8. Aus Ostindien; anal. L. Pfeiffer, mitgeteilt von E. von Gorup-Besanez, Ann. Chem. Pharm. **89**, 219 (1854).

9. Efflorescenz am Bett des Rio Hualfin zur Zeit niedrigen Wasserstandes (sog. Ccollpa, südamerikanische Kordilleren), vier Jahre aufbewahrt; anal. F. Schickendantz, Ann. Chem. Pharm. **155**, 359 (1870).

10. Dasselbe, jedoch zu anderer Zeit frisch gesammelte Probe; anal. derselbe, a. a. O.

11. Von Antofagasta (südamerikanische Kordilleren); anal. F. Reichert, Z. Kryst. **47**, 206 (1909).

12. Bodenauswitterung aus dem San Joaquintal, Kalifornien; anal. E. W. Hilgard, Ber. Dtsch. Chem. Ges. **25**, 3629 (1892).

13. Dasselbe, andere Probe; anal. derselbe, a. a. O.

14. Von Borku (Afrika), verkauft auf den Märkten von Bagirmi; anal. A. Hébert, Bull. Soc. chim. [3] **33**, 317 (1905).

Die CO_2- und H_2O-Bestimmungen sind nicht immer nach einwandfreien Methoden ausgeführt. Die Wasserbestimmungen entsprechen auch darum nicht immer den natürlichen Vorkommen, weil mehrfach länger aufbewahrte Proben analysiert wurden. Es soll daher dahingestellt bleiben, ob nicht einzelne Proben ursprünglich Trona waren (insbesondere die aus Ägypten).

Formel. Der natürlich vorkommende Thermonatrit entspricht nur selten der Formel $Na_2CO_3 . H_2O$. Am reinsten sind noch die unter 1 und 4 angeführten Proben. Insbesondere ist der Wassergehalt gewöhnlich erheblich zu groß. Das ist begreiflich, da Thermonatrit beispielsweise bei 20° in $Na_2CO_3 . 7H_2O$ übergehen kann, wenn die relative Luftfeuchtigkeit 66% übersteigt. Es handelt sich eben bei den natürlichen Vorkommen nie um einheitliche Kristalle, sondern um Gemische von Thermonatrit mit wasserreicheren Natriumcarbonaten, zum Teil auch Trona und anderen Salzen. Die Formel des reinen Thermonatrits ist daher eigentlich nur aus der Analyse der reinen Kunstprodukte und aus den Untersuchungen über die Existenzbedingungen der Natriumcarbonathydrate zu erschließen. Die Analyse von Kunstprodukten führte W. Haidinger[2]) zunächst zur Formel $Na_2CO_3 . 5/4 H_2O$. R. Schindler[3]) stellte dann, ebenfalls gestützt auf die Untersuchung von Kunstprodukten, die richtige Formel $Na_2CO_3 . H_2O$ auf. Diese wurde von den späteren Forschern, z. B. H. Loewel[4]) bestätigt.

Man hat früher bei Kristallwasserverbindungen den schwerer abtrennbaren Teil des Wassers als Konstitutionswasser vom Kristallwasser unterschieden. Zum Konstitutionswasser würde dann auch der Wassergehalt des Thermo-

[1]) Eine weitere Analyse von ägyptischer Soda findet sich bei Laugier, Nouv. bull. des sciences par la soc. philomatique (Paris 1825), August, 118 (zitiert nach Dingl. Pol. J. **18**, 482 (1825).

[2]) W. Haidinger, Pogg. Ann. **6**, 27 (1826).

[3]) R. Schindler, Mag. Pharm. **33**, 14 (1831).

[4]) H. Loewel, Ann. chim phys. [3] **33**, 390 (1851).

natrits gehören. Es würde auch strukturchemisch keine Schwierigkeit machen, den Thermonatrit als Dinatriumsalz der Orthokohlensäure zu formulieren: $C(OH)_2(ONa)_2$. Diese Auffassung hat jedoch zur Aufklärung der Beobachtungstatsachen nichts beigetragen und die Erfahrung gestattet überhaupt nicht, eine scharfe Grenze zwischen Kristall- und Konstitutionswasser zu ziehen.

Eigenschaften. δ 1,5 bis 1,6, Härte 1 bis 1,5. Schmilzt nicht beim Erwärmen, sondern verliert sein Wasser und geht in Na_2CO_3 über. Die Angaben über Löslichkeit usw. sind bereits früher gemacht. Nach W. Haidinger[1]) verwittert das Salz an der Luft. Das gilt aber wohl nur für sein unreines Präparat mit 17,7% H_2O.

Künstliche Darstellung. Die Darstellungsmethoden ergeben sich aus den früher dargelegten Existenzbedingungen. Man erhält Thermonatrit durch Einengung von Sodalösungen oberhalb 35,4°. Demgemäß schreibt R. Schindler[2]) Kristallisieren bei 75 bis 87,5°, Ch. de Marignac[3]) bei ungefähr 80° vor. Auch bei der technischen Sodafabrikation wird Thermonatrit in dieser Weise gewonnen, und zwar als Zwischenprodukt der Leblanc-Sodafabrikation (aus der Rohsodalauge) oder zum Verkauf als Krystallcarbonat.[4]) Die gesättigte Lösung kann man auch dadurch herstellen, daß man das Dekahydrat im Kristallwasser schmilzt; erhält man einige Zeit geschmolzen, so kristallisiert Thermonatrit aus.[5]) Bei Gegenwart anderer Salze kristallisiert Thermonatrit auch bei niedrigerer Temperatur aus; so erhielt ihn Ch. de Marignac bei gewöhnlicher Temperatur und Gegenwart von viel Kaliumcarbonat. Auf die Gegenwart von fremden Salzen ist wohl auch die Angabe W. Haidingers[6]) zurückzuführen, daß er bei 25 bis 38° kristallisiere; W. Haidinger bezeichnet aber auch die Anwendung einer höheren Temperatur als besser. Die Darstellung kann dadurch mißlingen, daß das Salz an der Luft mit der anhängenden Mutterlauge reagiert[7]) und zum Teil in Dekahydrat übergeht. Darum gab auch die Analyse künstlich hergestellter Präparate häufig zu viel Wasser. Wahrscheinlich ist auch das Dihydrat, welches J. Thomsen[8]) aus der Schmelze des Dekahydrats erhalten haben will, ein in dieser Weise entstandenes Gemisch von Thermonatrit und Dekahydrat gewesen. Man kann diese nachträgliche Bildung des Dekahydrats meistens ziemlich vermeiden, wenn man mit heißem Alkohol durch Dekantieren auswäscht.[9])

Ferner erhält man nach R. Schindler[10]) Thermonatrit aus Soda durch Verwitterung bei 32,5 bis 37,5°. Man ist selbstverständlich nicht gerade an diese Temperatur gebunden, wie sich aus den früheren Angaben über die Wasserdampfdrucke ergibt.

Genesis. Wie sich aus dem Früheren ergibt, kann Thermonatrit aus Sodalösungen durch Kristallisation oberhalb 35,4° (bei Gegenwart anderer Salze, z. B. aus Salzseen, auch bei niedrigerer Temperatur), aus wasserfreiem Na_2CO_3 durch Wasseranziehung (bei vulkanischen Vorkommen), aus fester Soda durch

[1]) W. Haidinger, Pogg. Ann. **6**, 87 (1826).
[2]) R. Schindler, a. a. O.
[3]) Ch. de Marignac, Jahresber. f. Chem. 1857, 137.
[4]) (Anonym) Jahresber. f. Chem. 1888, 2688.
[5]) R. Schindler Mag. Pharm. **33**, 15 (1831).
[6]) W. Haidinger, Pogg. Ann. **5**, 375 (1825); **6**, 87 (1826).
[7]) R. Schindler, a. a. O. 15.
[8]) J. Thomsen, Ber. Dtsch. Chem. Ges. **11**, 2042 (1878).
[9]) H. Loewel, Ann. chim. phys. [3] **33**, 390 (1851).
[10]) R. Schindler, Mag. Pharm. **33**, 14 (1831).

Verwitterung oder aus festem Natriumbicarbonat oder Trona durch CO_2-Abgabe in genügend CO_2-armer Luft entstehen. Die Bildung aus fester Soda oder Trona dürfte vielfach bei den Auswitterungen eine Rolle spielen.

Soda

(Natriumcarbonatdekahydrat).

Kristallform monoklin-prismatisch:

$a:b:c = 1,4186:1,4828, \quad \beta = 122^\circ 20'$ (F. Mohs.[1])

Analysen.

	1.	2.	3.	4.	5.	6.
Na_2O	33,39	22,15	33,61	37,22	18,52	21,36
(K_2O)	—	0,41	0,31	0,17	?	—
(CaO)	0,22	—	—	—	—	—
(Cl)	18,80	ja	30,68	38,35	0,17	0,01
CO_2	12,15	15,91[2])	4,62	2,69	5,01	15,46
(SiO_2)	—	—	—	—	—	0,01
(SO_3)	0,07	wenig	0,64	Spur	14,61	0,08
(P_2O_5)	—	—	—	—	—	0,01
(Unlöslich)	0,41	—	—	—	0,52	—
H_2O	39,04	61,68	37,06	30,22	56,3	63,03
	104,08	100,15	106,92	108,65	95,1	99,96[3])
ab O für Cl	4,24	—	6,92	8,65	0,04	0,00
	99,84	100,15	100	100	95,1	99,96[3])
% Na_2CO_3	28,9	37,9	11,1	6,5	12,1	36,5
Mole H_2O[4.5])	8,0	9,6	19!!	27!!	10,6[6])	10,2
Mole CO_2-Überschuß[4])	—	—	—	—	—	0,02[7])

1. Von Kalocsa (Ungarn); anal. S. Schapringer, Jahresber. f. Chem. 1868, 931 nach Dingl. Pol. J. **189**, 495.
2. Vom Fosso grande, aus dem Innern der Vesuvlava von 1859, anal. E. Scacchi, Z. Kryst. **18**, 100 (1891).
3. u. 4. Auf Ätnalava von 1865; anal. O. Silvestri, mitgeteilt von G. vom Rath, N. JB. Min. etc. 1870, 260. Dort ist auch eine dritte Analyse angeführt, die aber nur 2,1 % Na_2CO_3 und ebenfalls einen unerklärlich hohen Wassergehalt ergab.
5. Bodenbedeckung von Omaha soda mine, Carbon County (Wyoming), Probe nahe der Oberfläche; anal. J. D. Weeks, U.St. Geol. Survey, Mineral resources of the U.St., cal. year 1885, 553. Es ist nicht mit Sicherheit zu entnehmen, ob nicht in dem angegebenen Wassergehalt auch Bicarbonatkohlensäure enthalten ist.
6. Vom Boden des Goodenough-Sees bei Clinton, Lilloet District (Brit. Columbia); anal. G. C. Hoffmann, Z. Kryst. **34**, 209 (1901) aus Ann. Rep. Geol. Survey of Canada für (1898) **11**

Th. M. Chatard[8]) gibt an, daß am kleinen Kratersee von Ragtown (Nevada) verhältnismäßig reines Natriumcarbonatdekahydrat vorkommt; eine Analyse liegt nicht vor.

---

[1]) P. Groth, Chem. Krystallographie, II, (Leipzig 1908), 197.
[2]) CO_2 aus dem Alkali berechnet.
[3]) Auch wenig NH_3 und Spur Borsäure.
[4]) Für ein Mol Na_2CO_3.
[5]) Unter Voraussetzung von $K_2CO_3 \cdot 2H_2O$ und $Na_2SO_4 \cdot 10H_2O$.
[6]) Wasser auf Na_2CO_3 und Na_2SO_4 gleichmäßig verteilt.
[7]) Auch direkt bestimmt.
[8]) Th. M. Chatard, Bull. geol. Surv. U.S. **60**, 50 (1890).

Formel. Die Analysen 6 und 2 entsprechen ungefähr der Formel $Na_2CO_3 . 10 H_2O$. 3 und 4 entsprechen Vorkommen, die zu mehr als der Hälfte aus Chloriden bestehen; der hohe Wassergehalt dieser Proben ist unerklärlich. Auch 1 und 5 sind sehr unrein. Ersteres enthält beträchtliche Mengen von wasserärmeren Hydraten des Natriumcarbonats. Wie beim Thermonatrit ist die Formel $Na_2CO_3 . 10 H_2O$ mehr durch die Analysen künstlicher Proben als durch die der Mineralien festgelegt.

Eigenschaften. δ[1]) 1,4460 bei 17° (J. Dewar).[2]) Diesem Wert kommen die älteren Angaben von J. Stolba (1,4402 bei 16°), Joule und Playfair (1,454), Favre und Valson[3]) (1,456 bei 19°) und F. W. Clarke[4]) (1,440) nahe. Einen wesentlich niedrigeren Wert gibt W. Haidinger[5]) (1,423), wesentlich höhere Buignet (1,463), Schiff (1,475) und H. Schröder[6]) (1,478). Bei — 188° ist $\delta = 1,4926$ (J. Dewar).[7])

Kubischer Ausdehnungskoeffizient zwischen — 188° und + 17° 0,0001563 (J. Dewar). Härte 1 bis 1,5 (W. Haidinger nach F. Mohs). Über den Schmelzpunkt ist das Nötige schon angegeben worden. Die älteren Schmelzpunktsangaben (32,5° Mulder, 34° H. Loewel, 34,5° Debray, 34° Tilden) können nicht als genau bestimmt gelten.

Künstliche Darstellung und **Genesis.** Soda kristallisiert regelmäßig bei Zimmertemperatur aus den Natriumcarbonatlösungen aus (fabriksmäßig als Kristallsoda). Ferner entsteht sie aus wasserärmeren Hydraten durch Wasseraufnahme an feuchter Luft.[8]) Die Bedingungen, unter denen Soda stabil und ihre Bildung daher zu erwarten ist, sind im früheren mitgeteilt worden. Hinsichtlich der Bildung in der Natur ist insbesondere zu beachten, daß die Temperatur, bis zu der Soda neben Lösung bestehen kann, durch mitgelöste Salze herabgedrückt wird. Hieraus erklärt sich wohl, daß Thermonatrit in der Natur häufiger vorkommt als Soda.

Andere Natriumcarbonathydrate.

Die Natriumcarbonatmineralien haben meist einen Wassergehalt, der zwischen dem des Thermonatrits und der Soda liegt. Da aus beiden Mineralien bei geeigneter Luftfeuchtigkeit rhombisches $Na_2CO_3 . 7 H_2O$[9]) entstehen kann, ist es wahrscheinlich, daß das Heptahydrat einen Bestandteil der natürlichen Vorkommen bildet. Auch ist nicht ausgeschlossen, wenn auch unwahrscheinlich, daß sie noch andere (labile) Hydrate enthalten können. Insbesondere wäre an das Hemipentahydrat $Na_2CO_3 . 2.5 H_2O$ zu denken, welches bisweilen aus Lösungen von Solvaysoda zwischen 18 und 25° kristallisierte, und an das Pentahydrat, welches durch Verwitterung des Dekahydrats bei 12,5° erhalten worden sein soll.[10])

---

[1]) Vgl. Gmelin-Kraut-Friedheim, Handb. d. anorg. Chem. II[1], 442.
[2]) J. Dewar, Chem. ZB. 1902, II, 333 nach Ch. N. **85**, 289.
[3]) A. Favre u. Valson, Jahresber. f. Chem. 1872, 76.
[4]) F. W. Clarke, Constants of nature.
[5]) W. Haidinger, Pogg. Ann. **5**, 369 (1825) nach F. Mohs, Grundriß der Mineralogie (Dresden 1822).
[6]) H. Schröder, Ber. Dtsch. Chem. Ges. **12**, 119 (1879).
[7]) J. Dewar, Chem. ZB. 1905, I, 1689 nach Ch. N. **91**, 216.
[8]) H. Watson, Lond. and Ed. Phil. Mag. **12**, 130.
[9]) Die Zusammensetzung des Heptahydrats ist von H. Loewel, Ann. chim. phys. [3] **33**, 383 (1851), festgestellt worden.
[10]) Näheres über diese Hydrate findet man in Gmelin-Kraut-Friedheim, Handb. d. anorg. Chem. II[1], 440—441, zum Teil auch in P. Groth, Chem. Kryst., II, 196, 197.

Trona

(Urao, 4/3-kohlensaures Natrium).

Kristallform monoklin-prismatisch:

$a:b:c = 2{,}8426:1:2{,}9494$; $\beta = 103^\circ 29'$ (E. F. Ayres).[1])

Analysen.

	1.	2.	3.	4.	5.	6.	7.	8.
Na_2O	39,04[2])	36,34	43,68	43,10	39,25	38,79	34,01	38,1
(K_2O)	—	—	—	—	—	—	—	—
(MgO)	Spur	—	—	—	—	—	—	—
(CaO)	0,08	0,55	Spur	—	—	—	—	—
(Al_2O_3)	—	—	—	—	—	—	—	—
(Fe_2O_3)	—	—	—	—	—	—	—	—
(Cl)	4,95	5,11	20,25	1,58	1,11	5,11	4,54	—
CO_2	32,16[3])	33,15	16,55	13,50	35,42	30,27	23,78	**38,0**
(SiO_2)	0,14	—	—	—	—	—	—	—
(SO_3)	1,21	1,65	13,53	37,56	1,08	2,87	3,74	**1,4**
(B_2O_3)	Spur	—	—	—	—	—	—	—
(P_2O_5)	—	—	—	—	—	—	—	—
(Organische Substanz) . .	wenig	—	—	—	—	—	—	—
(Unlöslich)	4,11	1,65	1,35	0,40	3,19	5,38	18,30	—
H_2O	19,67	22,50	8,87	4,05	20,18	18,75	16,65	22,5
	101,36	100,95	104,23	100,19	100,23	101,17	101,02	100
ab O für Cl .	1,12	1,15	4,57	0,36	0,25	1,15	1,02	—
	100,24	99,80	99,66	99,83	99,98	100,02	100	100
% Na_2CO_3[4])	57,6	52,3	26,5	21,6	64,0	54,9	46,4	63,3
Mole H_2O[5,6]	2,01	2,53	1,97	1,10	1,86	2,01	2,11	2,09
Mole CO_2-Überschuß[6]) .	0,34	0,53	0,50	0,50	0,33	0,33	0,23	0,45

1. Aus Ägypten; anal. Th. Remy, Journ. prakt. Chem. **57**, 321 (1852).

2. bis 4. Aus Ägypten (2. Aggregat kleiner, prismatischer, durchsichtiger Kristalle, 3. und 4. kristallinisch, Kristalle weniger bzw. nicht unterscheidbar); anal. O. Popp, Ann. Chem. Pharm. **155**, 348 (1870).

5. bis 7. Von den ägyptischen Natronseen, 5. (Gem natron, monoklin) und 6. (Trona sultani, Hauptmenge des Vorkommens) vom Boden der Seen, 7. (Korcheff) Inkrustationen des Sandes am Ufer der Seen, beständig der Sonnenwärme ausgesetzt, daher CO_2-ärmer; anal. V. S. Bryant, Journ. of the Soc. chem. Ind. **22**, 785 (1903).

8. Aus Fezzan; anal. M. H. Klaproth, Beiträge zur chemischen Kenntnis der Mineralkörper, III, 83 (1802).

---

[1]) W. Haidinger, Pogg. Ann. **5**, 367 (1825). — V. v. Zepharovich, Z. Kryst. **13**, 135 (1887). — E. F. Ayres, Am. Journ. [3] **38**, 65 (1889). Oder P. Groth, Chem. Kryst., II, 194.

[2]) Th. Remy, hat keine Alkalibestimmung gemacht. Die eingesetzte Zahl ist aus dem von ihm angegebenen Na_2CO_3-Gehalt berechnet.

[3]) Davon beim Glühen weggehend 8,10%, sehr gut auf $^4/_3$-Carbonat stimmend.

[4]) Mit Einschluß des als Bicarbonat vorhandenen.

[5]) Berechnet unter Annahme von $CaSiO_3$, Na_2SiO_3, Na_2SO_4, $MgCO_3 . 3H_2O$, KCl.

[6]) Für ein Mol Na_2CO_3.

9. Aus dem Süden von Fezzan (2 bis 3 cm dicke Schicht); anal. J. Joffre, Bull. Soc. Chim. **12**, 102 (1869).[1])

10. bis 12. Sedimente ostindischer Seen, 10. (Dulla Khar) lichtbraune oder grünliche Kristalle, 11. (Papree) unkristallinisch, 12. (Blooskee) von erdigem Aussehen; anal. Wallace, Ch. N. **27**, 205 (1873). Dort ist auch noch die Analyse einer vierten Probe angegeben, die nur 7,2% Na_2CO_3, dagegen 86,7% NaCl enthielt.[2])

13. Absatz der heißen Quellen nahe dem Saxbyfluß (Queensland); anal. Flight, mitgeteilt von R. Daintree, Jber. f. Chem. 1873, 1194.

9.	10.	11.	12.	13.	14.	15.	16.	17.	18.	19.	20.
39,90	38,50	41,63	25,11	34,63	41,22	41,39	39,78	40,55	40,22	40,08	39,36
—	0,18	0,09	—	—	—	—	—	—	—	Spur	—
—	0,28	Spur	Spur	—	—	—	—	—	—	0,02	—
0,03	?	?	?	—	—	—	—	—	—	0,06	—
—	0,50[3])	0,50[3])	0,30[3])	—	—	—	—	—	—	—	—
0,01	—	—	—	—	—	—	—	—	—	—	—
0,28	0,86	23,78	12,23	3,37	—	1,29	0,67	0,98	2,73	0,21	1,83
39,60	34,52	18,57	12,48	33,74	39,00	28,47	?[4])	36,86	35,24	37,50	35,10
—	—	—	—	0,60	—	—	—	—	0,05	0,09	0,04
0,19	—	—	—	Spur	—	14,51	0,56	0,73	0,76	0,63	0,84
—	—	—	—	—	—	—	—	—	—	—	—
—	?	?	?	—	—	—	—	—	—	—	—
—	0,35	0,80	2,35	—	—	—	—	—	0,14[5])	0,12[5])	0,27[5])
0,53	1,80	3,95	30,16[6])	—	0,98[7])	2,61	—	0,80	2,92[8])	0,40[8])	4,10[8])
19,52	23,20	16,05	20,13	27,79	18,80	12,23	?[4])	19,90	18,31	19,94	18,58
100,06	100,19	105,37	102,76	100,13	100	100,50	100,15	99,82	100,37	99,05	100,12
0,06	0,19	5,37	2,76	0,76	—	0,29	0,15	0,22	0,61	0,05	0,41
100	100	100	100	99,37	100	100,21	100	99,60	99,76	99,00	99,71
67,4	64,7	35,7	24,6	53,1	70,5	49,6	66,3	66,9	63,6	68,1	64,4
1,70	2,07	2,64	4,81	3,08	1,57	1,45	?[9])	1,75	1,69	1,72	1,70
0,41	0,27	0,25	0,22	0,53	0,33	0,40	?[9])	0,33	0,33	0,33	0,31

14. Von Lagunillas bei Merida (Venezuela); anal. M. de Rivero und J. B. Boussingault, Ann. chim. phys. (2) **29**, 110 (1825).

15. Bodenbedeckung von der Omaha soda mine, Sweetwater Valley, Carbon County (Wyoming); anal. J. D. Weeks, U.S. Geol. Survey, Mineral resources of the U.S., cal. year 1885, 553.

---

[1]) Eine Analyse von Trona aus der Berberei, die sich wohl auch auf das Vorkommen in Fezzan bezieht, hat Langier veröffentlicht, Nouv Bull. des sciences par la société philomatique (Paris) 1825, August, S. 118, zitiert nach Dingl. Pol. Journ. **18**, 482 (1825).

[2]) Andere Analysen ostindischer Trona: R. Reynolds (mitgeteilt von W. H. Bradley), Pharm. j. and transactions **12**, 515 (in dem Referat in den Jber. f. Chem. 1853, 852, wird angegeben 67,0% Sesquicarbonat, 31,0% Wasser, 2,0% Kochsalz); Hooper, Journ. of the Soc. chem. Ind. **7**, 874 (1888, nur Na_2CO_3-Bestimmungen).

[3]) Mit Calciumphosphat.

[4]) Na_2CO_3 66,27%, H_2O und freies CO_2 28,83%.

[5]) Im Unlöslichen.

[6]) Enthält Ca, Mg, Fe, Al, SiO_2, CO_2.

[7]) Unreinheiten.

[8]) Anorganisch.

[9]) Auf 106 Tl. Na_2CO_3 kommen 46,1 Tl. H_2O und überschüssiges CO_2; nach $Na_2CO_3 \cdot NaHCO_3 \cdot 2H_2O$ berechnet 44,7.

16. Oberflächenkruste vom kleinen Kratersee bei Ragtown (Nevåda); anal. Hague, mitgeteilt bei Th. M. Chatard, Bull. geol. Surv. U.S. **60**, 46 (1890).

17. Tronafelder am Ufer des großen Sees von Ragtown (Nevada); anal. O. D. Allen, mitgeteilt von Th. M. Chatard, a. a. O. 51.[1])

18. bis 20. Vom Owens Lake, Inyo County, Kalifornien; 18. in einer Lagune an der Ostseite des Sees an einer Graswurzel abgesetzt, 19. ebenfalls aus einer Lagune, 20. aus einer Grube beim Ufer, die sich durch Einsickern aus dem umgebenden Boden füllte; anal. Th. M. Chatard, Am. Journ. (3) **38**, 62 (1889) oder Bull. geol. Surv. U.S. **60**, 76 (1890). Einige weitere Analysen von zum Teile sehr reiner Trona finden sich in der letztgenannten Quelle S. 63 und 76; sie sind nicht aufgenommen, weil die Proben in künstlich zu diesem Zweck hergestellten Bodengruben durch Eindunsten des Wassers des Owens Lake erhalten wurden und daher nicht im strengsten Sinn natürliche Bildungen sind. Zwei dieser Proben waren überdies nochmals aus Seewasser umkristallisiert.[2])

Formel. Die natürlichen Tronavorkommen sind meist nicht einheitliche Stoffe, sondern enthalten überschüssiges Bicarbonat oder Carbonat, abgesehen von sonstigen Verunreinigungen. Infolgedessen hat die Untersuchung der Naturprodukte zur Aufstellung verschiedener Formeln geführt. Von diesen haben insbesondere zwei größere Beachtung gefunden, nämlich

$$Na_2CO_3 . 2NaHCO_3 . 3H_2O = 2Na_2O . 3CO_2 . 4H_2O$$

und

$$Na_2CO_3 . NaHCO_3 . 2H_2O = 3Na_2O . 4CO_2 . 5H_2O.$$

Erstere wurde von M. H. Klaproth (Anal. 8), letztere von A. Laurent[3]) auf Grund theoretischer Spekulationen und der Analyse von J. B. Boussingault und M. de Rivero aufgestellt. Auf 1 Mol Na_2CO_3 kommen bei ersterer Formel 0,50 Mole überschüssiges CO_2 und 2,00 Wasser, bei letzterer 0,33 überschüssiges CO_2 und 1,67 H_2O. Die Klaprothsche Formel wurde auch von J. W. Döbereiner[4]) angenommen und erhielt insbesondere durch die Analysen von O. Popp (2. bis 4.) eine weitere Stütze. Man könnte geneigt sein, diesem Befund von O. Popp großes Gewicht beizumessen, da er wenigstens eine seiner Proben als Aggregat kleiner durchsichtiger Kristalle beschreibt und ausdrücklich angibt, daß sie in der Kristallform mit dem künstlichen Salz übereinstimme. Aber es fällt schwer ins Gewicht, daß von den Analysen der Naturprodukte nur noch eine auf Sesquicarbonat stimmt, dabei aber im Wassergehalt stark abweicht. Wallace nahm die Formel $4Na_2O . 5CO_2$ an (Anal. 10. bis 12.).

Was das Verhältnis $Na_2CO_3 : CO_2$ betrifft, so stimmen von den vorstehenden 20 Analysen 8 vollständige und 1 unvollständige mit der Laurentschen Formel, 2 gut und 2 ziemlich gut mit der Klaprothschen, während 7 Analysen abweichende Werte geben (darunter Klaproths eigene Analyse). Von den 8 vollständigen, dem Laurentschen Verhältnis $Na_2O : CO_2$ entsprechenden Analysen geben 5 auch den Wassergehalt ungefähr entsprechend der Formel (1,57 bis 1,75 Mole Wasser für ein Na_2O), während 3 den Wasser-

[1]) Bei Th. M. Chatard (a. a. O. 56) finden sich auch fünf weitere von Woodward ausgeführte Analysen von Vorkommen aus Nevada und den benachbarten Gebieten, die durchwegs beträchtliche Mengen von SO_3 und Cl, zum Teil auch von K und Borsäure enthalten. Sie sind hier nicht aufgenommen, weil Wasserbe timmungen fehlen, bzw. nur die Zusammensetzung der wasserfreien Substanz angegeben ist.

[2]) Th. M. Chatard nimmt an, daß das überschüssige Natriumcarbonat in den Proben als $Na_2CO_3 . 2H_2O$ vorhanden sei. Dieser Annahme kann wohl nicht ohne weiteres beigepflichtet werden.

[3]) A. Laurent, Ann. chim. phys. [3] **36**, 348 (1852).

[4]) Döbereiner, Gilberts Ann. Phys. **72**, 215 (1822).

gehalt zu hoch geben; letzteres kann aber daher kommen, daß das in ihnen vorhandene Na_2SO_4 als wasserfrei vorausgesetzt wurde.

Sprechen somit die Analysen der Naturprodukte im ganzen für die Laurentsche Formel, so wird sie durch die Untersuchung der Kunstprodukte außer Zweifel gesetzt. Zwar glaubten ältere Forscher das Sesquicarbonat erhalten zu haben.[1]) Aber alle neueren synthetischen Versuche[2]) haben zur Laurentschen Formel geführt. Auch die früher erwähnten Druckmessungen von M. Soury lassen zwischen $NaHCO_3$ und Na_2CO_3 kein anderes Carbonat als das $^4/_3$-saure erkennen. Man wird daher der zuerst von V. v. Zepharovich und dann von Th. M. Chatard geäußerten Auffassung beipflichten müssen, daß die natürlichen Tronavorkommen, deren Zusammensetzung nicht der Formel des $^4/_3$-Carbonats entspricht, Gemenge von Trona mit anderen Natriumcarbonaten sind.

Eigenschaften. $\delta = 2{,}112$ (W. Haidinger),[3]) 2,14 (B. Reinitzer),[4]) 2,1473 bei 21,7° (Th. M. Chatard).[5]) Härte 2,5 bis 2,75 (W. Haidinger), etwas unter 3 (M. de Rivero und J. B. Boussingault).[6]) In Wasser schwerer löslich als Soda (W. Haidinger).[7]) Löslichkeit nach Poggiale[8]): Für 1000 g Wasser

Temperatur ° C ..	0	20	30	40	60	80	100
Äquivalente Na .	1,97	2,86	3,30	3,74	4,64	5,59	6,50

Für die Zahlen bei niedriger Temperatur ist es aber zweifelhaft, ob der Bodenkörper Trona war. Auch ist CO_2-Verlust beim Auflösen nicht vermieden worden.

Durch Umkristallisieren aus Wasser bzw. beim Verdunsten der Lösung oder beim Waschen mit Wasser wird Trona in Na_2CO_3 und $NaHCO_3$ zerlegt.[9]) Sie verwittert nach den meisten Angaben nicht an der Luft.[10]) Nach W. Haidinger hält sie sich auch über gebranntem Kalk. Damit steht die Angabe von H. Lescoeur[11]) im Einklang, daß sie bei Zimmertemperatur nicht dissoziiert. Doch gibt E. F. Ayres[12]) an, daß die Kristalle an der Luft ihren Glanz verlieren.

[1]) R. Hermann, Journ. prakt. Chem. **26**, 312 (1842); Winkler, Repertorium f. d. Pharmazie **48**, 215.

[2]) J. J. Watts und W. A. Richards, Engl. Pat. 13001 (1886), zitiert nach Techn. chem. Jahrb. **10**, 119, die das Präparat für neu hielten. — P. de Mondésir, C. R. **104**, 1506 (1887). — V. v. Zepharovich, Z. Kryst. **13**, 135 (1888) (zufällig gebildetes Produkt aus der Ammoniaksodafabrik Ebensee, kristallographischer Nachweis der Identität mit Trona, Analysen von B. Reinitzer und J. Kachler, vgl. auch B. Reinitzer, Z. f. angew. Chem. 1893, 573 und Cl. Winkler, ebendort 445. 599). — Th. M. Chatard, Am. Journ. [3] **38**, 59 (1889), Bull. geol. Surv. U.S. **60**, 35, 65 ff. (1890), der aus dem Wasser von Sodaseen reine Kristalle herstellte und auch bei der Wiederholung des Winklerschen Versuches nur $^4/_3$-Carbonat erhielt. — H. Lescoeur, Ann. chim. phys. [6] **25**, 427 (1892.). — J. Habermann und A. Kurtenacker. Z. anorg. Chem. **63**, 65 (1909).

[3]) W. Haidinger, Pogg. Ann. **5**, 368 (1825).

[4]) B. Reinitzer, mitgeteilt von V. v. Zepharovich, Z. Kryst. **13**, 138 (1888).

[5]) Th. M. Chatard, Am. Journ. [3] **38**, 61 (1889); Bull. geol. Surv. U.S. **60**, 75 (1890).

[6]) M. de Rivero und J. B. Boussingault, Ann. chim. phys. **29**, 111 (1825).

[7]) W. Haidinger, Pogg. Ann. **5**, 375 (1825).

[8]) Poggiale, Ann. chim. phys. [3] **8**, 468 (1843).

[9]) R. Schindler, Mag. Pharm. **33**, 18. 19 (1831). — H. Rose, Pogg. Ann. **34**, 160 (1835). — P. de Mondésir, C. R. **104**, 1506 (1887).

[10]) W. Haidinger, Pogg. Ann. **5**, 375 (1825). — M. de Rivero u. J. B. Boussingault, Ann. chim. phys. **29**, 111 (1825). — P. de Mondésir, a. a. O. 1505 (selbst nicht nach einigen Jahren im Schrank). — V. v. Zepharovich, Z. Kryst. **13**, 137 (1888).

[11]) H. Lescoeur, Ann. Chim. phys. [6] **25**, 427 (1892).

[12]) E. F. Ayres, Am. Journ. [3] **38**, 66 (1889).

Künstliche Bildung. Aus Lösungen, die Na_2CO_3 und $NaHCO_3$ enthalten, können je nach den Umständen die Einzelsalze getrennt oder Trona auskristallisieren. Die Bildung der Trona wurde beobachtet:

1. Aus $NaHCO_3$-Lösungen durch Einkochen und Abkühlen oder Eindunsten der Lösung (Phillips, H. Rose[1]) nach Mitteilungen von Soltmann und Bauer, R. Hermann,[2]) J. J. Watts und W. A. Richards,[3]) J. Habermann und A. Kurtenacker).[4]) Diese Bildungsweise beruht darauf, daß die Bicarbonatlösungen CO_2 verlieren.

2. Wenn man von vornherein Na_2CO_3 und $NaHCO_3$ nebeneinander auflöst (J. J. Watts und W. A. Richards, P. de Mondésir,[5]) Th. M. Chatard).[6]) Hierher gehört auch die Bildung beim Umkristallisieren unvollständig calcinierter Ammoniaksoda in vor Abkühlung geschützten Gefäßen bei 50 bis 85° (V. v. Zepharovich).[7]) Das Kristallisieren der Na_2CO_3 und $NaHCO_3$ enthaltenden Lösungen kann auch durch Überschichten oder Mischen mit Alkohol bewirkt werden (Winkler,[8]) J. Habermann und A. Kurtenacker). Winkler nahm $NaHCO_3$ im Überschuß und fand, daß das Doppelsalz an der Berührungsfläche der beiden Flüssigkeitsschichten auskristallisierte, während sich am Boden die Einzelsalze unverbunden ausschieden; Th. M. Chatard erhielt beim Arbeiten nach Winkler nur ein mit $NaHCO_3$ verunreinigtes Präparat.

3. Indem man dem gelösten $NaHCO_3$ CO_2 durch Zusatz von Natrium- oder Erdalkalihydroxyden entzieht (J. J. Watts und W. A. Richards).

4. Aus Lösungen von reinem Na_2CO_3 durch CO_2-Anziehung aus der Luft (Th. M. Chatard)[6]) oder durch Einleiten von CO_2 (Th. M. Chatard,[9]) J. Habermann und A. Kurtenacker).

5. Aus auf über 200° erhitztem $NaHCO_3$ oder aus einem im Kristallwasser zusammengeschmolzenen Gemisch von Soda und Bicarbonat (1 : 2 Mole) durch längeres Stehen an feuchter Luft (R. Hermann).[10])

6. Durch Eindunsten des Wassers geeignet zusammengesetzter Salzseen (Th. M. Chatard).[11])

7. Aus festem Thermonatrit an der Luft. Daß man Thermonatrit in Bicarbonat überführen kann, ist bereits erwähnt worden. Unter geeigneten Bedingungen muß aber die CO_2-Aufnahme bei der Trona stehen bleiben. In der Tat hat R. Schindler[12]) durch langes Liegen an der Luft (davon 6 Monate in der Nähe eines Ofens bei 23 bis 38°) daraus ein Präparat erhalten, welches fast genau die Zusammensetzung $Na_2CO_3 . NaHCO_3 . 2H_2O$ zeigte, aber von ihm entsprechend der damaligen Anschauung über die Zusammensetzung der

---

[1]) H. Rose, Pogg. Ann. **34**, 160 (1835).

[2]) R. Hermann, Journ. prakt. Chem. **26**, 313 (1842).

[3]) J. J. Watts u. W. A. Richards, Engl. Patent 13001 (1886), zitiert nach Techn.-chem. Jahrb. **10**, 119.

[4]) J. Habermann n. A. Kurtenacker, Z. anorg. Chem. **63**, 65 (1909). — Vgl. auch Döbereiner, Gilberts Ann. Phys. **72**, 215 (1822).

[5]) P. de Mondésir, C. R. **104**, 1505 (1887).

[6]) Th. M. Chatard, Am. Journ. [3] **38**, 63 (1889).

[7]) V. v. Zepharovich, Z. Kryst. **13**, 135 (1888); vgl. auch Cl. Winkler, Z. f. angew. Chem. (1893) 445. 599 und B. Reinitzer, ebenda 573.

[8]) Winkler, Rep. Pharm. **48**, 315.

[9]) Th. M. Chatard, a. a. O. und Bull. geol. Surv. U.S. **60**, 83. 84 (1890).

[10]) R. Hermann, Journ. prakt. Chem. **26**, 313 (1842).

[11]) Th. M. Chatard, Am. Journ. [3] **38**, 59 (1889).

[12]) R. Schindler, Mag. Pharm. **33**, 16 (1831).

Trona als ein Gemisch von Thermonatrit und Sesquicarbonat angesprochen wurde.

Am besten untersucht ist noch die Bildung aus Lösungen der beiden Einzelsalze. J. J. Watts und W. A. Richards, die als Kristallisationstemperatur „nicht unter 35°“ angeben, haben Na_2CO_3 und $NaHCO_3$ zu gleichen Molen oder einen Na_2CO_3-Überschuß angewendet; sie teilen mit, daß bei $NaHCO_3$-Überschuß letzteres Salz auskristallisiert. P. de Mondésir verwendet auf 1 Mol Na_2CO_3 0,5 bis 0,68 Mole $NaHCO_3$ und schreibt vor, die Temperatur nicht unter 20° fallen zu lassen. Th. M. Chatard endlich läßt die Lösung freiwillig verdunsten (auch bei Temperaturen unter 20°). Aus seinen Beobachtungen[1]) läßt sich folgende Zusammenstellung über den Einfluß der Zusammensetzung der Lösung auf die Kristallisation aufstellen: Für 1 Mol Na_2CO_3

Mole $NaHCO_3$	0,125	0,25	0,5	1,0
	Es kristallisieren aus:			
Mole NaCl				
0,5	—	Trona[2])	—	—
1	Trona[2])	Trona[3])	$NaHCO_3$	$NaHCO_3$
2	Trona	Trona	$NaHCO_3$[4])	$NaHCO_3$

Zusatz von NaCl ist für die Kristallisation der Trona günstig, wie J. J. Watts und W. A. Richards, P. de Mondésier und Th. M. Chatard übereinstimmend bemerkt haben. Das gleiche gilt wohl auch für andere Na-Salze.[5]) Doch kann die Bildung der Trona auch bei Abwesenheit fremder Salze erfolgen.

Genesis. Die Bildung in der Natur erfolgt gewöhnlich aus Lösungen, die Na_2CO_3 und $NaHCO_3$ enthalten und aus $NaHCO_3$-Lösungen durch CO_2-Verlust oder aus Na_2CO_3-Lösungen durch CO_2-Aufnahme entstanden sein können. Doch ist auch die Bildung aus festem Thermonatrit unter CO_2- und Wasseraufnahme, aus fester Soda unter CO_2-Aufnahme und Wasserabgabe, ferner aus $NaHCO_3$ unter CO_2-Abgabe und Wasseraufnahme nicht ausgeschlossen. Die näheren Bedingungen für die Bildung sind noch nicht völlig erforscht.

Es ist wahrscheinlich, daß die Bildung der Trona aus Lösungen nur oberhalb einer bestimmten (übrigens von der Zusammensetzung der Lösung abhängigen) Temperatur möglich ist. Die Temperaturgrenze ist gegeben durch das Gleichgewicht

$$Na_2CO_3 . 10H_2O + NaHCO_3 = Na_2CO_3 . NaHCO_3 . 2H_2O + 8H_2O.$$

Es muß eine bestimmte Umwandlungstemperatur[6]) geben, unterhalb deren das Doppelsalz neben keiner Lösung seiner Bestandteile stabil ist. Oberhalb der Umwandlungstemperatur wird ein Umwandlungsintervall existieren, in dem das Salz durch reines Wasser noch zersetzt wird, aber in Gegenwart Na_2CO_3-reicherer Lösungen stabil ist. Die Zusammensetzung der Lösungen, neben denen Trona stabil ist, liegt bei höherer Temperatur in weiteren Grenzen. Das Umwandlungsintervall wird nach oben durch eine Temperatur begrenzt,

[1]) Th. M. Chatard, Bull. geol. Surv. U.S. **60**, 79 (1890).
[2]) Mit etwas Thermonatrit.
[3]) Mit etwas $NaHCO_3$.
[4]) Bald darauf begann die Kristallisation von Trona.
[5]) Vgl. V. v. Zepharovich, Z. Kryst. **13**, 136 (1888).
[6]) Vgl. J. H. van't Hoff, Bildung und Spaltung von Doppelsalzen, deutsch von Th. Paul (Leipzig 1897) 8.

von der ab die Trona auch durch reines Wasser nicht mehr zersetzt wird. Bei noch höherer Temperatur wird die Existenz der Trona durch die steigende Geschwindigkeit der CO_2-Abgabe bedroht.

Die Grenzen des Umwandlungsintervalls sind nur ganz unsicher bekannt. Da J. J. Watts und W. A. Richards angeben, daß auch aus Lösungen äquimolarer Mengen von Na_2CO_3 und $NaHCO_3$ Trona auskristallisiert, und als geeignete Temperatur mindestens 35° vorschreiben, könnte diese Temperatur die obere Grenze des Umwandlungsintervalls sein. Die untere Grenze muß bei Zimmertemperatur oder darunter liegen, da Th. M. Chatard Trona durch Verdunsten erhalten konnte.[1])

Daß Trona sich nur in wärmeren Ländern findet, erklärt sich also daraus, daß sie selbst noch bei etwa 15 bis 20° nur aus Lösungen mit einem ziemlich eng begrenzten Verhältnis zwischen Na_2CO_3 und $NaHCO_3$ entstehen kann, während bei höherer Temperatur dieses Verhältnis viel stärker wechseln darf, und ferner daraus, daß die gebildete Trona bei niedrigen Temperaturen in Berührung mit Wasser in die Einzelsalze zerfällt, wonach dann das gebildete $NaHCO_3$ durch CO_2-Abgabe in Thermonatrit übergehen kann.

Günstig für die Tronabildung ist, daß Lösungen von Natriumcarbonaten, die mit dem CO_2 der Luft ins Gleichgewicht gekommen sind, bei mittleren Temperaturen Na_2CO_3 gegen $NaHCO_3$ in starkem Überschuß enthalten. In der Tat befindet sich das Wasser mancher Natronseen mit der Luftkohlensäure annähernd im Gleichgewicht, soweit dies mit Rücksicht auf die Gegenwart fremder Salze, die Unsicherheit der Temperatur usw. beurteilt werden kann. Dies zeigt folgende Zusammenstellung:[2])

	1.	2.	3.	4.	5.
Na (Mol/Lit.) als Carbonat	0,497	0,478	0,258	0,399	0,577
Davon % als $NaHCO_3$ (gef.)	35,9	38,9	22,5	13,1	11,8
Dass. (theoretisch nach Fig. 15 bei 25°).	18	18	27	20	16
Molverhältnis $NaHCO_3/Na_2CO_3$ gef. . .	1,12	1,27	0,58	0,30	0,27

Die Proben 3 bis 5 haben eine für die Tronabildung günstige Zusammensetzung und stehen mit dem atmosphärischen CO_2 ungefähr im Gleichgewicht. Die Proben 1 und 2 dagegen sind viel CO_2-reicher. Sie stammen aus einem Kratersee, dessen CO_2-Gehalt vermutlich durch CO_2-Ausströmungen aus der Erde erhöht wird. Bei Eindunsten durch die Sonnenwärme in künstlichen Gruben setzt sich auch dieses Wasser mit der Luft ins Gleichgewicht und gibt Trona.

Natriumhydrocarbonat

(Natriumbicarbonat, doppeltkohlensaures Natrium).

Dieser Stoff muß als Bestandteil jener natürlichen Natriumcarbonate betrachtet werden, deren CO_2-Gehalt den der Trona übersteigt. Bei manchen der in der Natur denkbaren Bildungsweisen (denen unter Mitwirkung von

[1]) P. de Mondésir, C. R. **104**, 1506 (1887), sagt, daß Trona nur über 25° und in Gegenwart eines großen Na_2CO_3-Überschusses beständig sei. Wenn diese Angabe ganz genau wäre, so würde der Umwandlungspunkt bei 25° liegen. Doch schreibt er selbst gelegentlich einer Darstellungsmethode vor, die Temperatur nicht unter 20° sinken zu lassen.

[2]) Berechnet unter Benutzung der Analysen von Th. M. Chatard, Bull. geol. Surv. U.S. **60** (1890). I und II großer See von Ragtown, 1 bzw. 100 Fuß unter der Oberfläche (S. 49); III Albert Lake (S. 55); IV Mono Lake (S. 53); V Owens Lake (S. 58).

$Ca(Mg)CO_3$ und CO_2) muß sogar in der Regel zunächst $NaHCO_3$ als das schwerstlösliche Natriumcarbonat auftreten, welches erst nachträglich in CO_2-ärmere Stoffe übergeht. Daß reines $NaHCO_3$ in der Natur nicht gefunden wird, ist mit Rücksicht auf seine Unbeständigkeit nicht verwunderlich.

Kristallform monoklin-prismatisch:

$$a:b:c = 0,7645:1:0,3582;\ \beta = 93^\circ 19'$$ (Schabus.[1])

Formel $NaHCO_3$, kristallwasserfrei.[2])

Eigenschaften. $\delta = 2,208$ (Stolba,[3]) 2,206 (H. Schröder.[4]) Die Angaben von Buignet (2,163) und F. W. Clarke[5]) (2,192) weichen stärker ab.

Löslichkeit in Wasser (H. C. Dibbits,[6]) CO_2-Verlust aus der Lösung zwar sehr eingeschränkt, aber nicht völlig vermieden)[7]) für 100 g Wasser:

Temperatur ° C.	0	10	20	30	40	50	60
g $NaHCO_3$	6,9	8,2	9,6	11,1	12,7	14,5	16,4

Die Löslichkeit wird durch NaCl oder Na_2SO_4 sehr vermindert (W. H. Balmain.[8]) Löslichkeit bei Gegenwart von NaCl (g für 100 g Wasser):

1. Bei 15°, CO_2-Druck nicht definiert (K. Reich[9]).

NaCl	11,9	18,8	27,6
$NaHCO_3$	3,36	2,22	1,35

2. Bei 20° CO_2-Druck eine Atmosphäre (G. Bodländer u. P. Breull.[10])

NaCl	0	0,586	1,173	2,95	5,95	12,3	25,5	35,9
$NaHCO_3$	9,49	9,10	8,61	7,43	5,88	3,80	1,763	1,076

Bildungswärme aus den Elementen 227000 (M. Berthelot,[11]) 229300 (J. Thomsen,[12]) 228380 (de Forcrand.[13])

Analysenmethoden der Doppel- und Tripelsalze des Natriumcarbonats.

Von **M. Dittrich** (Heidelberg).

Gaylussit.

Hauptbestandteile: Ca, Na, CO_3.

Wenn kein Eisen usw. vorhanden ist, dessen Abscheidung wie bei Calcit erfolgen müßte, geschieht die Fällung des Calciums als Oxalat, wobei das Natrium gelöst bleibt.

[1]) P. Groth, Chem. Krystallographie (Leipzig 1908), II, 191.
[2]) R. Schindler, Mag. Pharm. **33**, 28 (1831).
[3]) F. Stolba, Journ. prakt. Chem. **97**, 503 (1866).
[4]) H. Schröder, Dichtigkeitsmessungen (Heidelberg 1863) 8.
[5]) F. W. Clarke, Constants of nature.
[6]) H. C. Dibbits, Journ. prakt. Chem. [2] **10**, 439 (1874).
[7]) Über den Einfluß des CO_2-Drucks auf die Löslichkeit siehe G. Bodländer Z. f. phys. Chem. **35**, 32 (1900).
[8]) W. H. Balmain, Ber. Dtsch. Chem. Ges. **5**, 121 (1872).
[9]) K. Reich, Mon. f. Chem. **12**, 472 (1891).
[10]) G. Bodländer u. P. Breull, Z. f. angew. Chem. **15**, 381 (1901).
[11]) M. Berthelot, Ann. chim. phys. [4] **29**, 470 (1873).
[12]) J. Thomsen, Thermochemische Untersuchungen, I, 298.
[13]) de Forcrand, C. R. **149**, 720 (1909).

Calcium. Man löst etwa 0,7 g des Minerals in verdünnter Salzsäure, macht ammoniakalisch und sodann wieder essigsauer und fällt in der auf etwa 200 ccm verdünnten Lösung das Calcium bei Siedehitze mit Ammoniumoxalat (s. Calcit). Der Niederschlag wird nach vierstündigem Stehen filtriert, wieder gelöst, nochmals gefällt und schließlich in CaO übergeführt.

Natrium. Die vereinigten Filtrate werden eingedampft (in einer Platinschale direkt, in einer Porzellanschale nach Ansäuern). Nach Verjagen der Ammoniumsalze (durch Erhitzen in der Platinschale oder durch Abrauchen mit Salpetersäure in einer Porzellanschale, wird der hinterbleibende Rückstand mit wenig Wasser aufgenommen, von unlöslichen, aus den Reagenzien stammenden Unreinigkeiten, Kohle usw. abfiltriert und das Filtrat, wenn keine Salpetersäure verwendet wurde, in einem kleinen Platinschälchen mit einigen Tropfen verdünnter Salzsäure abgedampft und das hinterbleibende NaCl, wie bei Thermonatrit beschrieben, gewogen.

Wurde Salpetersäure zum Verjagen der Ammoniumsalze verwendet, so vertreibt man diese besser durch Schwefelsäure und bestimmt das Natrium als Natriumsulfat. Zu diesem Zweck filtriert man erst in eine kleine Porzellanschale und dampft den Rückstand mit etwas mehr als der erforderlichen Menge Schwefelsäure ab. Ist der hinterbleibende Rückstand trocken, so gibt man, um sicher alle Chloride und Nitrate in Sulfate überzuführen, nochmals einige Tropfen verdünnte Schwefelsäure hinzu und dampft wieder ein; bleibt er dagegen flüssig, so ist dies ein Zeichen, daß Schwefelsäure im Überschuß vorhanden ist. Wenn das letztere der Fall ist, spült man den Schaleninhalt in ein gewogenes kleines Platinschälchen über, dampft von neuem zur Trockne und erhitzt die Schale vorsichtig (im Abzug) erst im Nickelluftbad nach P. Jannasch oder auf einem Tondreieck, welches auf einem Asbestdrahtnetz liegt, und schließlich, wenn dicke Schwefelsäuredämpfe wegzugehen beginnen, auf dem Drahtnetz selbst, indem man die Schale zunächst vom Rand aus erwärmt. Ist alles trocken geworden, so gibt man in die erkaltete Schale mehrere Körnchen festes Ammoniumcarbonat, erhitzt, um dadurch eventuell gebildetes primäres Sulfat in sekundäres überzuführen, anfangs vorsichtig von neuem auf dem Drahtnetz, sodann über dem Bunsenbrenner selbst und schließlich einige Augenblicke vor dem Gebläse, bis die Salzmasse schmilzt. Nach dem Erkalten und Wägen wiederholt man das Erhitzen mit Ammoniumcarbonat usw., bis Gewichtskonstanz erreicht ist; der weiße Rückstand ist Na_2SO_4.

Dawsonit.

Hauptbestandteile: Al, Na, CO_3, H_2O.

Bestimmung der Metalle. Zur Bestimmung des Aluminiums wird dasselbe durch Ammoniak als $Al(OH)_3$ gefällt und durch Glühen in Al_2O_3 übergeführt; im Filtrat davon bestimmt man das Natrium als Natriumchlorid oder Sulfat.

Aluminium. Die Lösung von etwa 0,6 bis 0,8 g Substanz in verdünnter Salzsäure wird mit ungefähr 5 ccm einer konzentrierten Lösung von Ammoniumchlorid versetzt, auf 200 bis 250 ccm mit Wasser verdünnt und beinahe in der Siedehitze mit verdünntem Ammoniak in geringem Überschuß gefällt, bis die Flüssigkeit gerade danach riecht. Nach kurzem Absitzen bringt man das ausgefallene Aluminiumhydroxyd auf ein oder besser zwei größere Filter (in zwei Trichtern), und wäscht es dort sehr gut mit heißem Wasser aus, bis im Filtrat nach dem Ansäuern mit Salpetersäure weder durch Bariumchlorid noch durch Silbernitrat auch beim Stehen keine Trübungen mehr entstehen. Das zurückbleibende Aluminiumhydroxyd wird im Platintiegel noch naß verascht und vor dem Gebläse anhaltend geglüht, bis Gewichtskonstanz erreicht ist; der Glührückstand ist Al_2O_3.

Sollen auch die durch bloßes Auswaschen nicht entfernbaren Spuren Alkali beseitigt werden, so löst man den Niederschlag, nachdem man ihn nur einige Male ausgewaschen hat, wieder in dem benutzten Becherglas in der Wärme in etwa 10 bis 20 ccm mäßig starker Salpetersäure. Wenn die Filter zu einem groben Brei zerfallen sind, verdünnt man auf etwa 100 bis 150 ccm und fällt die Flüssigkeit nochmals wie oben mit Ammoniak, wäscht jetzt den Niederschlag gut aus und glüht ihn im Platintiegel vor dem Gebläse bis zur Gewichtskonstanz.

Natrium. Im Filtrat von der Tonerde wird nach dem Eindampfen und Verjagen der Ammoniumsalze das Natrium als Natriumchlorid oder Sulfat bestimmt, wie vorher bei Gaylussit beschrieben.

Doppel- und Tripelsalze des Natriumcarbonats mit anderen Carbonaten und Alkali- oder Erdalkalisalzen.

Von **Rud. Wegscheider** (Wien).

Allgemeines über Calciumnatriumcarbonate.

Hierher gehören zwei Mineralien, der Gaylussit und der Pirssonit, die sich nur durch den Kristallwassergehalt unterscheiden. G. Barruel[1]) beschreibt ein bei einem Mineralienhändler gekauftes Mineral unbekannten Ursprungs, dem er die Formel $11\,CaCO_3 . 2\,Na_2CO_3 . 9\,H_2O$ gibt. Da ähnliches seither nicht wiedergefunden wurde und die Formel der innern Wahrscheinlichkeit entbehrt, mag dieser Hinweis genügen.

Über **künstliche Darstellung und Genesis** der Ca-Na-Carbonate im allgemeinen ist folgendes zu sagen. Sie entstehen bei der Einwirkung konzentrierter Na_2CO_3-Lösungen auf fertig gebildetes oder durch die Lösung aus löslichen Kalksalzen ausgefälltes $CaCO_3$. Maßgebend ist das Gleichgewicht $CaCO_3 + Na_2CO_3$ gelöst $+ n\,H_2O = CaNa_2(CO_3)_2 . n\,H_2O$, wo n 2 oder 5 ist. Man hat drei Bestandteile und drei Phasen, d. h. bei gegebenem Druck und gegebener Temperatur ist eine bestimmte Na_2CO_3-Konzentration erforderlich. Die Abhängigkeit dieser Konzentration vom Druck kann vernachlässigt werden; dagegen hängt sie von der Temperatur stark ab. Von Einfluß ist ferner die Form des verwendeten $CaCO_3$ und, ob Gaylussit oder Pirssonit auftritt. Durch Gegenwart anderer Na-Salze wird die zur Doppelsalzbildung erforderliche Na_2CO_3-Konzentration vermindert. Ob das Doppelsalz mit 5 oder mit $2\,H_2O$ auftritt, hängt von der Temperatur und dem Salzgehalt der Lösung ab.

---

[1]) G. Barruel, Ann. chim. phys. **42**, 313 (1829).

Über die Gleichgewichtskonzentrationen liegt eine Arbeit von R. Wegscheider und H. Walter[1]) vor. Sie fanden:

Bodenkörper	Temp.	g Na_2CO_3 auf 100 g Wasser
$CaCO_3$, Gaylussit	11° C	4,6
„ Pirssonit	40	11,5
„ „	60	20,8
„ „	80	24,7

Die Zahlen beziehen sich vermutlich auf $CaCO_3$ als Kalkspat. Für andere $CaCO_3$-Formen können die Gehalte der Gleichgewichtslösungen um 7 oder mehr Prozent tiefer liegen. NaHO drückt die für das Gleichgewicht erforderlichen Na_2CO_3-Gehalte so stark herab, daß beim Gleichgewicht der gesamte Na-Gehalt in den NaHO-haltigen Lösungen nicht viel höher ist als in den reinen Na_2CO_3-Lösungen. Der für die Mineralbildung wichtige Einfluß anderer Na-Verbindungen wurde nicht untersucht, dürfte aber ähnlich, wenn auch nicht so stark sein wie der des NaHO. R. Wegscheider und H. Walter hielten es für wahrscheinlich, daß in sehr konzentrierten Lösungen Pirssonit zu wasserfreiem Ca-Na-Carbonat entwässert wird.

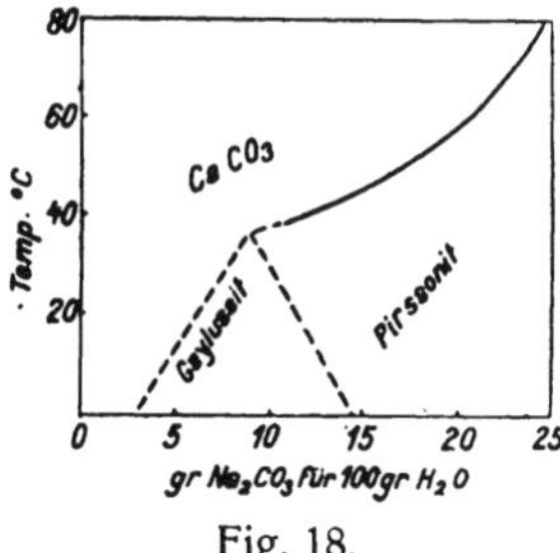

Fig. 18.

Die Lage der Existenzgebiete mit reinen Na_2CO_3-Lösungen werden durch die Fig. 18 dargestellt. Nur die Lage der ausgezogenen Kurve ist durch die Versuche genügend festgelegt.

Entsprechend dem Umstand, daß die Ca-Na-Carbonate nur neben konzentrierten Sodalösungen beständig sind, werden sie in der Natur bei den natürlichen Natriumcarbonatmineralien gefunden,[2]) die durch Verdunstung dieser Lösungen enstanden sind.

Über Bildung von $CaNa_2(CO_3)_2$ durch Zusammenschmelzen der Bestandteile haben P. Berthier,[3]) H. Rose,[4]) H. Le Chatelier[5]) und P. Lebeau[6]) gearbeitet. Berthier hat nur beobachtet, daß sich das Gemisch von $CaCO_3$ und Na_2CO_3 in der Glühhitze ebenso verhält wie Gaylussit; das kann ebensowohl auf Zerfall des Gaylussits beim Erhitzen, wie auf Bildung des Doppelsalzes aus den Komponenten bei Glühhitze beruhen. H. Rose hat gefunden, daß die Komponenten bei schwacher Rotglut zu einer klaren Flüssigkeit zusammenschmelzen und daß aus der erstarrten Schmelze das Natriumcarbonat durch Wasser nur um etwas schwerer ausgezogen wird als aus dem ursprünglichen Gemisch. Das erstere beweist nur die Löslichkeit des $CaCO_3$ in geschmolzenem Na_2CO_3; das Verhalten gegen Wasser deutet darauf hin, daß die erstarrte Schmelze ein Gemenge der Komponenten war. H. Le Chatelier gibt an, daß er ein gut kristallisiertes Doppelsalz $Na_2Ca(CO_3)_2$ erhalten habe, welches sich oberhalb des Schmelzpunkts zersetzt, macht einige Angaben über Spaltbarkeit und optisches Verhalten und hat den Erstarrungspunkt des Gemisches $Na_2CO_3 . CaCO_3$ zu 790° gefunden. P. Lebeau fand den Dissoziationsdruck der Gemische von einem Mol $CaCO_3$ mit 1,9 bis 5,8 Molen Na_2CO_3 bei 700° merklich, bei 900° zu 200 mm, also viel kleiner als den des $CaCO_3$. Auch dies beweist nicht das Vorliegen einer Verbindung, da es sich um eine einfache Dampfdruckerniedrigung handeln kann. Beim Erhitzen auf 1250° blieb schließlich CaO zurück.

---

[1]) R. Wegscheider u. H. Walter, Lieb. Ann. **351**, 87 (1907); ausführlicher Mon. f. Chem. **28**, 633 (1907).

[2]) S. z. B. O. C. Farrington, Field Columbian Museum Publ. **44** (Geol. series I, Nr. 7) 226 (1900).

[3]) P. Berthier, Ann. chim. phys. **38**, 248 (1828).

[4]) H. Rose, Pogg. Ann. **93**, 611 (1854).

[5]) H. Le Chatelier, C. R. **118**, 415 (1894).

[6]) P. Lebeau, C. R. **138**, 1497 (1904).

Als Beweis für die Bildung des Doppelsalzes in der Hitze kann daher nur die diesbezüglich leider sehr kurze Angabe von H. Le Chatelier betrachtet werden. Es scheint, daß die Verbindung sich nicht regelmäßig bildet; darauf deutet die schon erwähnte Beobachtung von H. Rose hin. Andere Beobachtungen machen es sogar wahrscheinlich, daß sich das Doppelsalz schon unter dem Schmelzpunkt zersetzt. J. B. Boussingault[1]) hat hervorgehoben, daß sich Gaylussit nach dem Calcinieren wie ein Gemisch von $CaCO_3$ und Na_2CO_3 verhält. H. Rose[2]) hat auch das Verhalten von gewöhnlichem und „durch gelindes Erhitzen" entwässertem Gaylussit gegen kaltes Wasser untersucht und gefunden, daß die erhitzte Probe das Na_2CO_3 ungefähr doppelt so rasch abgibt als die nicht erhitzte, wodurch ein Zerfall des Doppelsalzes wahrscheinlich wird.

Gaylussit

(Calciumnatriumcarbonatpentahydrat).

Kristallform monoklin-prismatisch. $a:b:c = 1,4897:1:1,4442; \beta = 101^\circ 33'$[3]).

Analysen.

	1.	2.	3.
Na_2O	20,44	20,2	?
CaO	17,70	18,8	?
CO_2	28,66	29,1	29,6
(Ton)	1,00	1,5	?
H_2O	32,00	30,4	30,9
	99,80	100	?

1. Von Lagunilla bei Merida (Venezuela); anal. J. B. Boussingault, Ann. chim. phys. **31**, 274 (1826). Die Abwesenheit von MgO wird ausdrücklich angegeben.

2. und 3. Fundort nicht angegeben (wahrscheinlich derselbe); anal. ders., Ann. chim. phys. [3] **7**, 488 (1843).

Formel. Auf Grund der Analyse 1 stellte J. B. Boussingault zuerst die Formel $Na_2CO_3 . CaCO_3 . 5 . 5\,H_2O$ auf und faßte den Gaylussit als Verbindung von $CaCO_3$ mit kristallisiertem $Na_2CO_3 . 5 . 5\,H_2O$ auf (!). G. H. Bauer,[4]) der zufällig künstlichen Gaylussit erhielt und ihn als wesensgleich dem natürlichen erkannte, stellte dann die richtige Formel $Na_2CO_3 . CaCO_3 . 5\,H_2O$ auf. Diese konnte hierauf J. B. Boussingault auch am Naturprodukt durch die Analysen 2 und 3 bestätigen. Auch die folgenden Analysen von Kunstprodukten,[5]) deren Identität mit dem natürlichen Gaylussit zum Teil kristallographisch erwiesen wurde, stimmten auf die Formel mit $5\,H_2O$. Gegenüber diesen Feststellungen kommt die Vermutung A. Laurents[6]) über die Formel nicht in Betracht.

---

[1]) J. B. Boussingault, Ann. chim. phys. **31**, 275 (1826).

[2]) H. Rose, a. a. O. 610; vgl. G. Bischof, Lehrb. d. chem. u. phys. Geol., 2. Aufl. III, 27 (Bonn 1866).

[3]) L. Cordier, Ann. chim. phys. **31**, 276 (1826). — W. Phillips, Phil. Mag., new ser. **1**, 263 (1827). — Descloizeaux, Ann. chim. phys. [3] **7**, 489 (1843). — Kokscharoff, mitgeteilt von J. Fritzsche, Journ. prakt. Chem. **93**, 343 (1864). — A. Favre u. Ch. Soret, Arch. scienc. phys. et nat. [3] **5**, 513 (1881). — A. Arzruni, Jahresber. f. Chem. 1881, 1369; Journ. prakt. Chem. [2] **35**, 107 (1887). — J. H. Pratt, Am. Journ. [4] **2**, 131 (1896). — O. C. Farrington, Field Columbian Museum **44**, 227 (1900). — P. Groth, Chem. Kryst., II, 222.

[4]) G. H. Bauer, Pogg. Ann. **24**, 369 (1832).

[5]) S. z. B. J. Fritzsche, Journ. prakt. Chem. **93**, 345 (1864).

[6]) A. Laurent, Ann. chim. phys. [3] **36**, 349 (1852).

Eigenschaften. $\delta = 1{,}990$ (S. L. Kent),[1] 1,992 (J. H. Pratt).[2] Die Angabe J. B. Boussingaults,[3] der an zwei Proben 1,928 und 1,950 fand, ist wohl zu niedrig. Härte zwischen 1,5 (Gips) und 3 (J. B. Boussingault).

Verwittert an der Luft (H. Rose,[4] nur wenig nach O. C. Farrington),[5] insbesondere an warmer (G. H. Bauer[6]); verliert sein Kristallwasser bei 100° innerhalb einiger Stunden (H. Rose, C. F. Rammelsberg,[7] A. de Schulten),[8] aber auch innerhalb 24 Stunden bei gewöhnlicher Temperatur über Schwefelsäure (O. Bütschli.[9])

Wird durch Wasser schon in der Kälte zersetzt.[10] Über die Geschwindigkeit gibt ein Versuch von H. Rose[11] Aufschluß, der 2 g gepulverten Gaylussit mehrmals mit je 20 g Wasser unter öfterem Schütteln je 24 Stunden stehen ließ: das Wasser nahm der Reihe nach folgende Mengen auf: 0,315, 0,172, 0,098, 0,041, 0,040, 0,009, 0,005, 0,002 g.

Aus den Angaben von J. B. Boussingault, G. H. Bauer und H. Rose ergibt sich, daß Gaylussit schon bei nicht starker Rotglut klar schmilzt, dann aber wieder fest wird und schließlich CaO zurückläßt, während das Na_2CO_3 sich in die Kohle zieht (G. H. Bauer) oder verflüchtigt. Bezüglich der Frage, ob beim Erhitzen schon im festen Zustand Zerfall eintritt, sei auf das früher Gesagte verwiesen.

Künstliche Bildung. Entsprechend den früher mitgeteilten Existenzbedingungen des Gaylussits kann er sich nur bei Einwirkung genügend konzentrierter Sodalösungen auf $CaCO_3$ bei nicht zu hoher Temperatur bilden. Dem entsprechen auch die bekannten Bildungsweisen. Zuerst wurde er zufällig erhalten, und zwar von G. H. Bauer[12] beim Kristallisieren einer offenbar kalkhaltigen Sodalösung bei wenigen Graden oberhalb 0°. Die Bildung aus Rohsodalaugen oder beim Umkristallisieren von Leblancsoda wurde auch ven Reidemeister wahrgenommen, dessen Beobachtungen auf verschiedenen Wegen in die Literatur übergegangen sind.[13] Dann hat ihn J. Fritzsche[14] aus Lösungen von Na_2CO_3 und $CaCl_2$ dargestellt und auch die Notwendigkeit einer nicht zu kleinen Konzentration der Lösung erkannt. Zuerst entsteht

---

[1] S. L. Kent, mitgeteilt von W. Phillips, Phil. Mag., new ser. **1**, 265 (1827).

[2] J. H. Pratt, Am. Journ. [4] **2**, 131 (1896).

[3] J. B. Boussingault, Ann. chim. phys. **31**, 272 (1826).

[4] H. Rose, Pogg. Ann. **93**, 611 (1854).

[5] O. C. Farrington, Field Col. Mus. **44**, 227 (1900).

[6] G. H. Bauer, Pogg. Ann. **24**, 368 (1832).

[7] C. Rammelsberg, Journ. prakt. Chem. [2] **35**, 106 (1887).

[8] A. de Schulten, Bull. Soc. chim. [3] **29**, 725 (1903).

[9] O. Bütschli, Journ. prakt. Chem. [2] **75**, 557 (1907).

[10] Vgl. J. B. Boussingault, a. a. O. 275. — J. Fritzsche, Journ. prakt. Chem. **93**, 344 (1864). — A. Favre u. Ch. Soret, Arch. sc. phys. nat. [3] **5**, 513 (1881). — O. C. Farrington, a. a. O. Die vorliegenden Angaben zeigen, daß die Zersetzung bei Zimmertemperatur bisweilen recht langsam geht. Dadurch wird die Angabe von G. Bischof, Lehrb. d. chem. u. phys. Geol., 2. Aufl., III, 27 (1866) erklärlich, daß unverwitterter Gaylussit durch Wasser nicht angegriffen werde.

[11] H. Rose, a. a. O. 610.

[12] G. H. Bauer, Pogg. Ann. **24**, 368 (1832).

[13] Scheurer-Kestner, Jahresber. f. Chem. 1884, 1732 nach Bull. Soc. chim. [2] **41**, 335. — C. Rammelsberg, Jahresber. f. Chem. 1881, 1267 nach Sitzber. Berliner Ak. 1880, 777. — Ders., Journ. prakt. Chem. [2] **35**, 97, 106 (1887).

[14] J. Fritzsche, Journ. prakt. Chem. **93**, 339 (1864). Vgl. auch A. de Schulten, C. R. **123**, 1025 (1896). — R. Wegscheider u. H. Walter, Wiener Mon. f. Chem. **28**, 646 (1907). — O. Bütschli, Journ. prakt. Chem. [2] **75**, 556 (1907).

ein gelatinöses Magma (amorphes $CaCO_3$?), welches dann kristallisiert. Er erkannte ferner, daß man statt $CaCl_2$ auch gefälltes $CaCO_3$ nehmen kann. Seine Angabe, daß rhomboedrisches $CaCO_3$ die Umwandlung nicht gebe, ist nicht richtig. R. Wegscheider und H. Walter[1]) haben es wahrscheinlich gemacht, daß bei ihren Versuchen sich Calcit umwandelte, und O. Bütschli hat Gaylussit aus Doppelspat (wenn auch in geringer Menge), Aragonit und calcithaltigen tierischen Schalen u. dergl. erhalten.[2]) O. Bütschli hat Gaylussitbildung auch bei der Einwirkung von Sodalösung auf $CaK_2(CO_3)_2$ beobachtet.[3]) Die Bildung von Gaylussit ist die Quelle von Na-Verlusten bei der Sodafabrikation;[4]) sie tritt hierbei auch durch Einwirkung von CaO auf Na_2CO_3 ein.

Pirssonit

(Calciumnatriumcarbonatdihydrat).

Kristallform rhombisch-pyramidal. $a:b:c = 0.5662:1:0,9019$.[5])

Analyse.

δ	2,352
Na_2O	25,70
(K_2O)	0,15
CaO	23,38
(Al_2O_3 usw.)	0,13
CO_2	36,07
(SiO_2)	0,29
H_2O	14,73
	100,45

Von Borax Lake, San Bernardino County, Kalifornien; anal. J. H. Pratt, Am. Journ. (4) **2**, 129 (1896).

Formel. Die Formel $Na_2CO_3 . CaCO_3 . 2\,HO$ wurde von J. H. Pratt auf Grund seiner Analyse aufgestellt. Die Analysen der künstlich hergestellten Produkte stehen damit im Einklang (A. de Schulten, O. Bütschli). Auch wurde sie von R. Wegscheider und H. Walter[6]) aus der Analyse der Bodenkörper bei der Einwirkung von Sodalösungen auf Gaylussit erschlossen.

Eigenschaften. $\delta = 2,352$ (J. H. Pratt), 2,349 bei 15° (A. de Schulten.[7]) Härte 3 bis 3,5 (J. H. Pratt), 3 bis 4 (A. de Schulten). Pyroelektrisch (J. H. Pratt). Schmelzbarkeit 2 bis 2,5 (J. H. Pratt).

Das Kristallwasser entweicht nicht bei 100° (J. H. Pratt, A. de Schulten[8]) oder 105° (O. Bütschli,[9]) was auffallend ist, da Gaylussit sein ganzes Wasser bei dieser Temperatur verliert, dagegen vollständig bei 130° (A. de Schulten.[10])

---

[1]) R. Wegscheider u. H. Walter, a. a. O. 635.

[2]) Die Bildung aus Schneckenschalen wurde (bei Verwendung von Natriumsilicat) schon von A. Favre u. Ch. Soret, Arch. sc. phys. nat. [3] **5**, 513 (1881), beobachtet.

[3]) O. Bütschli, a. a. O. 557.

[4]) Siehe R. Wegscheider, Lieb. Ann. **349**, 87 (1906), wo auch ältere Literatur.

[5]) J. H. Pratt, Am. Journ. [4] **2**, 127 (1896). — A. de Schulten, C. R. **123**, 1024 (1896). — P. Groth, Chem. Kryst. II, 219.

[6]) R. Wegscheider u. H. Walter, Wiener Mon. f. Chem. **28**, 654 (1907).

[7]) A. de Schulten, C. R. **123**, 1024 (1896).

[8]) A. de Schulten, Bull. Soc. chim. [3] **29**, 725 (1903).

[9]) O. Bütschli, Journ. prakt. Chem. [2] **75**, 558 (1907).

[10]) In der älteren Veröffentlichung, C. R. **123**, 1024 (1896), sagt A. de Schulten nur, daß bei 130° der größte Teil des Wassers fortgehe.

J. H. Pratt hat bei zehnstündigem Erhitzen des lufttrockenen Pulvers auf 150° 13,85% Gewichtsverlust erhalten. Durch Steigerung der Hitze (schließlich bis zur schwachen Rotglut) stieg der Verlust auf 14,74%. Die Verluste bei hoher Temperatur stehen vielleicht mit der Verunreinigung des verwendeten Minerals in Zusammenhang.[1])

Schmilzt bei Rotglut, wird durch Wasser zersetzt (A. de Schulten.[2])

Künstliche Darstellung. Nach den früher mitgeteilten Existenzbedingungen des Pirssonits erfordert seine Darstellung konzentrierte Sodalösungen, wobei aber das Na_2CO_3 zum Teil durch andere Na-Verbindungen ersetzt werden kann, und höhere Temperatur. Demgemäß hat A. de Schulten[3]) ihn durch zwölfstündiges Erhitzen einer in der Hitze fast gesättigten und mit mäßig konzentrierter $CaCl_2$-Lösung versetzten Na_2CO_3-Lösung am Wasserbad erhalten, ferner beobachtet, daß eine Gaylussit ausscheidende Lösung beim Einengen auf Kosten des Gaylussits Pirssonit gibt. O. Bütschli[4]) hat Pirssonit durch Behandeln von trocknem gefälltem $CaCO_3$ mit einer konzentrierten Lösung von Na_2CO_3 und NaHO bei 40 bis 50° erhalten; R. Wegscheider und H. Walter[5]) aus Gaylussit mit reiner oder NaHO-haltiger Sodalösung bei 40° und darüber, sowie aus CaO und Sodalösung. Eine Angabe C. F. Rammelsbergs, daß sich aus Lösungen von Leblancsoda neben Gaylussit eine Verbindung $Na_2CO_3 . CaCO_3 . 2 . 5\, H_2O$ bilde, ist später widerrufen worden.[6])

Northupit.

Kristallform kubisch.[7])

Analyse.

δ	2,380
Na_2O	36,99
MgO	16,08
Cl	14,10
CO_2	35,12
(SO_3)	0,08
(Unlösl.)	0,22
(H_2O)	0,72
	103,31
ab O für Cl	3,16
	100,15

Von Borax Lake, San Bernardino County (Kalifornien), wahrscheinlich aus einer Tonschicht in 450 Fuß Tiefe; anal. J. H. Pratt, Am. Journ. [4] 2, 125 (1896).

Formel am besten $2\,Na_2CO_3 . 2\,MgCO_3 . 2\,NaCl$ (wegen der Isomorphie mit Tychit). Die Formel $Na_2CO_3 . MgCO_3 . NaCl$ wurde von G. W. Leighton[8])

---

[1]) Über Entwässerung durch konzentrierte Salzlösungen siehe R. Wegscheider u. H. Walter, Wiener Mon. f. Chem. **28**, 637 (1907).

[2]) A. de Schulten, C. R. **123**, 1024 (1896).

[3]) A. de Schulten, C. R. **123**, 1023 (1896).

[4]) O. Bütschli, Journ. prakt. Chem. [2] **75**, 557 (1907).

[5]) R. Wegscheider u. H. Walter, Wiener Mon. f. Chem. **28**, 649. 662 (1907).

[6]) Scheurer-Kestner, Jber. f. Chem. 1884, 1732 nach Bull. Soc. chim. [2] **41**, 355. — C. F. Rammelsberg, Jber. f. Chem. 1886, 2055 nach Dingl. Pol. J. **261**, 130.

[7]) G. W. Leighton, Ch. N. **57**, 3 (1888). — V. v. Zepharovich (mitgeteilt von Cl. Winkler), Z. f. angew. Chem. 1893, 447. — J. H. Pratt, Am. Journ. [4] **2**, 125 (1896). — P. Groth, Chem. Kryst. (Leipzig 1908) II, 219.

[8]) G. W. Leighton, Ch. N. **57**, 3 (1888).

auf Grund der Analyse eines Kunstprodukts aufgestellt und von B. Reinitzer[1]) (ebenfalls an einem Kunstprodukt) und J. H. Pratt (am Mineral) bestätigt. Daß das NaCl ein wesentlicher Bestandteil ist, schloß G. W. Leighton aus dem einfachen Molverhältnis und aus dem Umstand, daß es durch Wasser nicht leicht ausgezogen wird. Cl. Winkler betrachtet das bei B. Reinitzer vorhandene Ca und NH_4 als isomorphe Vertreter von Mg und Na; die Formel faßt er als $^4/_3$-kohlensaures Natrium auf, in dem der Wasserstoff durch -MgCl ersetzt ist. S. L. Penfield und G. L. Jamieson[2]) schließen sich dieser Auffassung an, nehmen aber außerdem Polymerie an, indem sie beispielsweise folgende Strukturformel schreiben:

$$\mathrm{NaO-C}\begin{matrix}\diagup \mathrm{O-C(ONa)_2-O} \diagdown \\ \leftarrow \mathrm{OMgCl} \quad \mathrm{ClMg} \rightarrow \\ \diagdown \mathrm{O-C(ONa)_2-O} \diagup\end{matrix}\mathrm{C-ONa.}$$

Eigenschaften. Dichte des reinen Kunstprodukts 2,377 bei 15° (A. de Schulten.[3]) Härte 3,5 bis 4, Schmelzbarkeit 1 unter Abgabe von CO_2, an der Luft haltbar (J. H. Pratt). Wird durch Wasser langsam angegriffen; beim Kochen mit genügend viel Wasser gehen alle Na-Salze und ein Teil des Mg in Lösung, der letztere fällt aber beim Einengen als Carbonat aus (G. W. Leighton.[4]) Schmilzt bei Glühhitze zu einer porzellanartigen Masse, aus der Wasser Na_2CO_3 und NaCl auszieht, während MgO ungelöst bleibt (Cl. Winkler), schmilzt bei Rotglut unter Zersetzung (A. de Schulten). Gibt nach A. de Schulten[5]) eine lückenlose Mischungsreihe mit Tychit.

Künstliche Bildung. Die erste Beschreibung dieser Verbindung bezieht sich auf ihr Auftreten in der Ammoniaksodafabrik Syracuse, N. Y., beim Einleiten von NH_3 und CO_2 in eine die Chloride des Na, Mg und Ca, sowie $CaSO_4$ enthaltende Lösung (G. W. Leighton); die zweite (B. Reinitzer, Cl. Winkler) auf die Bildung in der Ammoniaksodafabrik Ebensee, Ob.-Österr., wo die mit NH_3 und CO_2 gesättigte, Mg enthaltende Sole beim Fließen durch einen Röhrenkühler das Tripelsalz abschied. Eine Darstellungsmethode hat A. de Schulten[6]) angegeben, und zwar durch 7 bis 8stündiges Erhitzen von 1 Mol Na_2CO_3, 13,6 Molen NaCl und 0,39 Molen $MgCl_2 . 6\,H_2O$(?)[7]) in etwa 2920 g Wasser am Wasserbad; bei Verminderung des NaCl[8]) und Vermehrung des Na_2CO_3 erhält man $Na_2CO_3 . MgCO_3$. Wird statt $MgCl_2$ die äquivalente Menge $MgSO_4$ angewendet und statt 13,6 NaCl 10 Mole NaCl und 2,2 Mole $Na_2SO_4 . 10\,H_2O$ (bei 1850 g Wasser), so wird der Northupit schwach tychithaltig.[9])

Genesis. Die künstlichen Bildungsweisen beruhen alle auf der Fällung von Mg-haltigen NaCl-Lösungen durch Carbonatlösungen. In der Natur findet die Bildung wahrscheinlich in der Weise statt, daß die Natronseen

---

[1]) B. Reinitzer, mitgeteilt von Cl. Winkler, Z. f. angew. Chem. 1893, 446.
[2]) S. L. Penfield u. G. L. Jamieson, Am. Journ. [4] **20**, 222 (1905).
[3]) A. de Schulten, C. R. **122**, 1427 (1896).
[4]) G. W. Leighton, vgl. auch Cl. Winkler, A. de Schulten, J. H. Pratt.
[5]) A. de Schulten, C. R. **143**, 403 (1906).
[6]) A. de Schulten, C. R. **122**, 1427 (1896).
[7]) A. de Schulten gibt leider über den Wassergehalt des $MgCl_2$ nichts an.
[8]) Es ist wohl eine starke Verminderung des NaCl gemeint; denn A. de Schulten, C. R. **123**, 1025 (1896), hat auch Northupit (neben Gaylussit) bei Verwendung von 1 Mol Na_2CO_3, 5,44 Molen NaCl, je 0,11 Molen $CaCl_2$ und kristallisiertem $MgCl_2$ und 1060 g Wasser erhalten.
[9]) A. de Schulten, C. R. **143**, 403 (1906).

gelöste Mg-Salze in geringer Menge enthalten und dieses Mg beim Eindunsten als Northupit (und gegebenenfalls als Tychit oder Mischkristalle der beiden reinen Verbindungen) abscheiden.

Tychit.

Kristallform kubisch.[1])

Analyse. Das Mineral stammt von Borax Lake, San Bernardino County, Kalifornien, wo es neben Northupit vorkommt; eine Analyse des Minerals liegt nicht vor. S. L. Penfield und G. L. Jamieson[2]) fanden in der ersten Sendung von Kristallen, die nach der Form Northupit oder Tychit sein konnten, nur einen chlorfreien Kristall, dann unter einigen hundert nur zwei (zusammen 0,1 g, deren Analyse verunglückte), bei einer weiteren Sendung nur einen chlorfreien im Gewicht von 0,01 g. Gar so selten dürfte aber der Tychit in Wirklichkeit doch nicht sein. Da er nämlich nach A. de Schulten mit Northupit Mischkristalle in jedem Verhältnis bildet, haben S. L. Penfield und G. L. Jamieson durch ihre qualitative Chlorprüfung wahrscheinlich nicht bloß Northupit, sondern auch Mischkristalle mit Tychit ausgeschieden, die zum Teil tychitreich sein konnten. Die qualitative Prüfung der ausgesuchten Kristalle gab die Reaktionen auf CO_2, SO_3, Na und Mg, dagegen kein Chlor.

Formel. Die Analyse des künstlich hergestellten Produkts, welches mit dem Mineral nach Kristallform und Brechungsexponent identisch war und sich auch in der Dichte nicht stärker unterschied, als mit Rücksicht auf die vorhandenen Einschlüsse begreiflich ist, führte zur Formel $2\,Na_2CO_3 . 2\,MgCO_3 . Na_2SO_4$ (S. L. Penfield und G. L. Jamieson). Diese Autoren stellen auch eine Strukturformel auf, die aus ihrer Northupitformel durch Ersatz der zwei Chloratome durch $-SO_4-$ hervorgeht, und begründen sie mit der langsamen Bildung, der Beständigkeit der Verbindung und der regulären Kristallform. Die geringere Angreifbarkeit des Tychits gegenüber dem Northupit durch Wasser wird durch diese Formeln veranschaulicht.

Eigenschaften. (S. L. Penfield und G. L. Jamieson). Dichte des Kunstprodukts 2,588, des Minerals von der ersten Sendung 2,456 (bestimmt von J. H. Pratt), des letzten Kristalls (sehr reich an Einschlüssen) 2,30. Härte 3,5 bis 4. Wird durch heißes Wasser nicht erheblich gelöst oder angegriffen (SO_3-Gehalt des ungelösten 15,21, ber. 15,33 %).

Künstliche Bildung durch fünftägiges Erhitzen von 8 g Natriumcarbonat, 34 g Natriumsulfat und 1,4 g Magnesiumsulfat in 120 g Wasser; bei Einsaat fertiger Kristalle geht die Bildung etwas rascher (S. L. Penfield und G. L. Jamieson). Sie versuchten vergeblich, Mischkristalle von Northupit und Tychit zu erhalten. Dagegen hat A. de Schulten[3]) bei Anwendung von 20 g wasserfreiem Natriumcarbonat, 18 g Magnesiumsulfat (kristallisiert), 350 g Wasser und wechselnden Mengen von NaCl und Na_2SO_4 durch zwei- bis dreitägiges Erhitzen Mischkristalle erhalten. Die Abhängigkeit ihrer Zusammensetzung von dem NaCl- und Na_2SO_4-Zusatz gibt folgende Zusammenstellung:

NaCl g	80	90	93	95	110
$Na_2SO_4 . 10\,H_2O$ g	233	198	189	183	133
% Tychit . . .	99	76[4])	64	28	6
% Northupit . .	1	24	36	71	94

[1]) P. Groth, Chem Kryst., II, 375.

[2]) S. L. Penfield u. G. L. Jamieson, Am. Journ. [4] **20**, 217 (1905).

[3]) A. de Schulten, C. R. **143**, 403 (1906).

[4]) Dichte der Mischkristalle 2,57.

Bei dem Molverhältnis 1 Na_2CO_3, 0,39 $MgSO_4$, 7,2 NaCl, 3,8 Na_2SO_4 entsteht also noch fast reiner Tychit. Schon bei einer kleinen Vergrößerung des Verhältnisses Cl: SO_3 bekommen aber die Kristalle einen beträchtlichen Chlorgehalt.

Genesis. Aus den Versuchen von A. de Schulten ergibt sich, daß zur Bildung des reinen Tychits auf ein Mol SO_3 höchstens 1,7 Atome Cl kommen dürfen und daß bei 4 Atomen Cl auf ein SO_3 schon fast reiner Northupit entsteht. Hierdurch ist die Zusammensetzung der Lösung festgelegt, die zur Tychitbildung befähigt. Im übrigen gilt das beim Northupit Gesagte.

Dawsonit

(Natrium-dihydroxyaluminium-carbonat).

Kristallform rhombisch-holoedrisch, $a:b:c = 0,6475:1:0,5339$.[1]) Früher wurde das Mineral als wahrscheinlich monoklin betrachtet.[2])

Analysen.

	1.	2.	3.	4.	5.	6.
δ . . .	2,40		?	?	2,40	2,44
Na_2O . .	20,20	20,17	19,27	19,00	21,05	21,62
(K_2O) . .	0,38	—	—	—	?	—
(MgO) . .	Spur	0,45	?	1,39	Spur	Spur
(CaO) . .	5,95	5.65	?	0,42	1,06	1,59
Al_2O_3 . .	32,84[3])	32,68[3])	36,25	35,53	35,91	35,70
CO_2 . .	29,88	30,72	29,52	28,67	28,45	31,56
(SiO_2) . .	0,40	—	—	—	0,26	—
$\cdot H_2O$ . .	11,91	10,32	12,00	?	11,05	11,51
	101,56	99,99	?	?	?	101,98

1. und 2. Aus den Klüften eines trachytischen Gesteins im Westen von Mc Gill College, Montreal (Canada); anal. B. J. Harrington, N. JB. Min. etc. 1875, 92 nach Canadian Naturalist, new ser. VII, Nr. 6, 305 (1874).

3. und 4. Aus Spalten des Sandsteins im Gebiet des Trachytkegels Monte Amiata (Gemeinden Pian Castagnaio und Santa Fiora, Toskana); anal. Ch. Friedel, Bull. Soc. min. **4**, 28 (1881).

5. Aus Spalten der mergeligen Sandsteine bei Tènès (Algier); anal. J. Curie und G. Flamand, Ann. fac. sciences de Marseille **2**, 50 (1892).

6. Von Mc Gill College, Montreal (Canada); anal. R. P. D. Graham, Proc. and Transact. Roy. Soc. of Canada 3. ser., **2**, sect. 4, 174 (1908).[4])

Formel. Auf Grund der Analysen 1 und 2 schloß B. J. Harrington auf das Vorliegen eines Aluminiumcarbonats, betrachtete aber Calcium als einen wesentlichen Bestandteil. Ch. Friedel, der sehr kalkarme Proben zur Verfügung hatte, stellte dann die richtige Formel $Na_2O \cdot Al_2O_3 \cdot 2CO_2 \cdot 2H_2O$ auf, die er sachgemäß als $Al(OH)_2(CO_3Na)$ deutete. B. J. Harrington[5]) hat hierauf

[1]) R. P. D. Graham, Proc. and Transact. Roy. Soc. of Canada 3. ser., **2**, sect. 4, 168 (1908).

[2]) S. P. Groth, Chem. Kryst. II, (Leipzig 1908), 218 oder die bei R. P. D. Graham angegebene ältere Literatur.

[3]) Mit Spur Fe_2O_3.

[4]) Nach R. P. D. Graham (S. 167) hat B. J. Harrington in einer Fortsetzung derselben Ader weitere Proben von Dawsonit gefunden (Can. Naturalist, new ser. **10**, 84 (1881), deren CaO-Gehalt sehr beträchtlich schwankte (bis 16,85 %₀ CaO).

[5]) B. J. Harrington, Can. naturalist X, 2, 84, zitiert bei R. P. D. Graham, S. 167.

die Friedelsche Formel bestätigt. R. P. D. Graham nimmt an, daß das Calcium als Verunreinigung ($CaCO_3$) und nicht als isomorpher Vertreter des Natriums anwesend ist. Gegenüber der Annahme Ch. Friedels, es liege ein basisches Carbonat des Aluminiums und Natriums vor, bevorzugt er die Formel $Al(OH)(ONa)(CO_3H)$, weil beim Glühen Natriumaluminat zurückbleibt. Doch ist diese Erwägung, wie er übrigens selbst bemerkt, keineswegs beweisend. Die Ch. Friedelsche Formel ist jedenfalls aus chemischen Gründen viel wahrscheinlicher.

Eigenschaften. Härte 3, farblos, in Salzsäure löslich (B. J. Harrington).[1] Vor dem Lötrohr nicht schmelzbar, ist beständig bei 140°, verliert sein Wasser erst bei 180°. Die vollständige Vertreibung des Wassers und des Kohlendioxyds erfordert hohe Temperatur. Der Glührückstand ist in Salzsäure löslich.[2]

Künstliche Bildung. Dawsonit ist noch nicht mit Sicherheit (und jedenfalls nicht rein) künstlich dargestellt worden. Seine Bildung ist denkbar bei der Einwirkung von Natriumcarbonaten auf Aluminiumsalze oder bei der von Kohlendioxyd auf Natriumaluminate. Beide Reaktionen sind wiederholt untersucht worden, erstere[3] hauptsächlich, um die Frage nach der Existenz basischer Aluminiumcarbonate zu entscheiden, letztere[4] wegen der Darstellung von Aluminiumhydroxyd. Es kann als nachgewiesen gelten, daß die hierbei entstehenden Niederschläge, die wahrscheinlich zum Teil Natriumaluminiumcarbonate enthalten, bei genügend vollständigem Auswaschen mit Wasser (insbesondere in der Hitze) Aluminiumhydroxyd geben.[5] Das Alkali ist hierbei leichter entfernbar als der letzte Anteil der Kohlensäure.

Daß man beim Waschen schließlich Aluminiumhydroxyd erhält, ist begreiflich. Es ist von vornherein zu erwarten, daß infolge der Hydrolyse basische Aluminiumcarbonate durch Wasser zersetzt werden. Ebenso ist zu erwarten, daß Natriumaluminiumcarbonate durch Wasser in Natriumcarbonate und basische Aluminiumcarbonate oder Aluminiumhydroxyd zerfallen. So wäre für den Dawsonit der Zerfall etwa nach

$$NaAl(OH)_2CO_3 + H_2O = NaHCO_3 + Al(OH)_3$$

zu gewärtigen. Diese Reaktion führt jedenfalls zu einem Gleichgewicht und es ist daher für das Bestehen des Dawsonits neben wäßrigen Lösungen eine Mindestkonzentration von Natrium und Kohlendioxyd in der wäßrigen Lösung erforderlich. Beim Auswaschen feinverteilter Niederschläge mit Wasser wird

---

[1]) B. J. Harrington, N. JB. Min. etc. 1875, 91 nach Can. naturalist VII, Nr. 6.

[2]) Ch. Friedel, Bull. Soc. min. **4**, 29 (1881); J. Curie und G. Flamand, Ann. fac. sc. Marseille **2**, 50 (1892); R. P. D. Graham, Proc. trans. Roy. Soc. Can. [3] **2**, sect. 4, 173 (1908).

[3]) Langlois, Ann. Chem. Pharm. **100**, 375 (1856); Wallace, Jber. f. Chem. 1858, 70; J. Barratt, Journ. prakt. Chem. **82**, 61 (1860); Th. Parkman, Journ. prakt. Chem. **89**, 116 (1863); Urbain und Renoul, C. R. **88**, 1133 (1879); K. Feist, Arch. Pharm. **247**, 445 (1909).

[4]) H. Schwarz, Jber. f. Chem. 1862, 666; Löwig, Ber. Dtsch. Chem. Ges. **15**, 2641 (1882); W. C. Day, Am. chem. Journ. **19**, 715 (1897). Vgl. auch A. Ditte, C. R. **116**, 183 (1893).

[5]) H. Bley, Journ. prakt. Chem. **39**, 11 (1846); J. Barratt, Journ. prakt. Chem. **82**, 61 (1860); Urbain und Renoul, C. R. **88**, 1135 (1879); W. C. Day, Am. chem. Journ. **19**, 726 (1897).

daher in der Regel Zersetzung eintreten; aus diesem Grund ist bisher kein wohldefiniertes künstliches Natriumaluminiumcarbonat beschrieben worden.

Einen Niederschlag, der Aluminium, Natrium und Kohlensäure enthielt, hat H. Bley[1]) durch Kochen von Alaunlösung mit „anderthalbfach"-kohlensaurem Natron im Überschuß erhalten. Zwei Analysen, von denen nur eine eine vollständige war, gaben wesentlich abweichende Zahlen. Deshalb hält H. Bley den Niederschlag mit Recht für ein Gemenge. Die vollständige Analyse des lufttrockenen Präparats entsprach ungefähr der Zusammensetzung $2Na_2O.3Al_2O_3.3CO_2.24H_2O$, weicht also von der des Dawsonits stark ab. Löwig[2]) beschreibt die Bildung von Alkalialuminiumcarbonaten aus Alkalialuminat, Kohlendioxyd und Alkalibicarbonat. Für die Kaliverbindung gibt er die Formel $K_2O.Al_2O_3.2CO_2.5H_2O$, die bis auf den Wassergehalt der Formel des Dawsonits analog ist. Über die Natriumverbindung macht er leider keine näheren Angaben. Eine Analyse eines als „in Säuren lösliche Tonerde" käuflichen Präparats, welches Na, Al und CO_2 ungefähr in demselben Verhältnis enthält wie der Dawsonit, aber wesentlich wasserreicher ist, hat W. C. Day[3]) veröffentlicht.

Genesis. Da die Existenzbedingungen des Dawsonits nicht erforscht sind, läßt sich über seine Bildung in der Natur nichts Bestimmtes sagen. Sein Vorkommen auf Gängen in Trachyt oder Sandstein (in Toskana neben Quarz) in altvulkanischen Gebieten[4]) läßt vermuten, daß er ein Zersetzungsprodukt von Natrium und Aluminium enthaltenden Silicaten unter dem Einfluß von Kohlendioxyd bei Gegenwart von nicht zu viel Wasser ist. M. Chaper,[5]) der einige Angaben über das toskanische Vorkommen macht, läßt es dahingestellt, ob der Dawsonit ein Produkt vulkanischen Ursprungs ist, und hebt hervor, daß die tonigen oder kalkigen Felsen, in denen er sich findet, keine Veränderung durch chemische Agenzien oder hohe Temperatur zeigen. Man kann es daher als wahrscheinlich betrachten, daß sein Vorkommen nur insofern mit der vulkanischen Tätigkeit zusammenhängt, als für seine Bildung Kohlendioxyd unter hohem Druck erforderlich war. Die Frage, warum nicht daneben auch ein Kaliumaluminiumcarbonat auftritt, kann derzeit nicht beantwortet werden.

Analysenmethode des Teschemacherits.

Von **M. Dittrich** (Heidelberg).

Bestandteile: NH_4, HCO_3. Die Bestimmung des Ammoniums erfolgt entweder direkt in der mit Salzsäure eingedampften Lösung der Substanz oder nach Destillation mit Kali- oder Natronlauge im Destillat als Platinsalmiak bzw. metallisches Platin oder auch nach Destillation durch Titration des Destillates.

---

[1]) H. Bley, Journ. prakt. Chem. **39**, 22 (1846).
[2]) Löwig, Ber. Dtsch. Chem. Ges. **15**, 2641 (1882).
[3]) W. C. Day, Am. chem. Journ. **19**, 716 (1897).
[4]) Das algerische Vorkommen befindet sich zwar nicht in unmittelbarer Nähe vulkanischer Gesteine, aber doch nicht weit davon (J. Curie und G. Flamand, a. a. O. 52).
[5]) M. Chaper, Bull. Soc. min. **4**, 156 (1881).

Bestimmung des Ammoniaks als Ammoniumplatinchlorid (Platinsalmiak), oder als metallisches Platin.

a) **Direkt.** Man löst die Substanz unter Bedecken mit einem Uhrglase in einem Porzellanschälchen in wenig Salzsäure oder benutzt das salzsaure Destillat (siehe unten) oder bei geringen vorhandenen Substanzmengen den Destillatsrückstand von der Konlensäurebestimmung nach A. Classen-Fresenius, fügt hierzu Platinchlorwasserstoffsäurelösung (sog. Platinchlorid) im Überschuß und dampft auf dem Wasserbade bis eben zur Trockne ein. Den Rückstand, Ammoniumplatinchlorid und überschüssige Platinchlorwasserstoffsäure, verrührt man mit absolutem Alkohol und filtriert den Niederschlag nach einigem Stehen auf ein Asbeströhrchen oder einen Goochtiegel, in welchem er nach dem Trocknen bei 130° gewogen wird. Oder man filtriert den Niederschlag auf ein gewöhnliches quantitatives Filter, gibt ihn nach dem Trocknen in einer größeren gewogenen Porzellantiegel, stülpt das Filter umgekehrt hinein, verascht alles ganz langsam, ohne daß ein Spritzen eintreten darf, und glüht das hinterbleibende Platin mit dem Bunsenbrenner. Aus dem gewogenen Ammoniumplatinchlorid bzw. Platin berechnet man unter Zugrundelegung des alten Atomgewichts[1]) von Platin (Pt = 197,20) das Ammoniak.

b) **Bestimmung nach Destillation des Ammoniaks.** *α*) Als Platinsalmiak. Man destilliert das Ammoniumsalz mit starker Kalilauge und fängt das entweichende Ammoniak mit verdünnter Salzsäure auf; das dabei gebildete Ammoniumchlorid wird, wie oben, in Ammoniumplatinchlorid übergeführt und als solches oder als Platin gewogen.

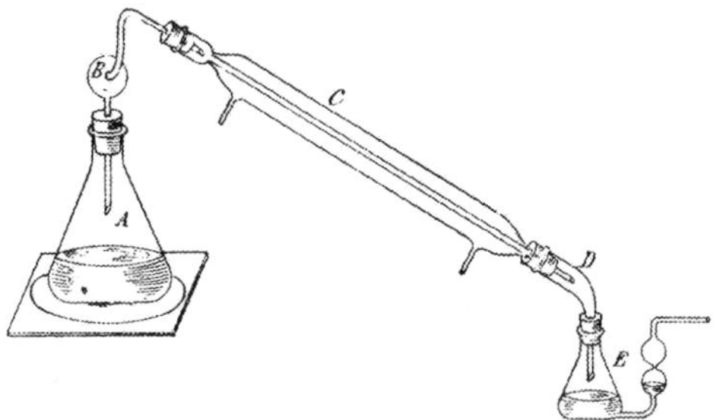

Fig. 19.

Etwa 1 g des Salzes gibt man in einen 3—400 ccm fassenden Erlenmeyerkolben (Fig. 19 *A*), fügt ca. 150 ccm Wasser, sowie einige Stückchen festes Ätznatron hinzu und verbindet den Kolben sofort mit einem Liebigschen Kühler *C*; zwischen Kolben und Kühler ist noch ein sog. Tropfenpfänger *B* eingeschaltet, um ein Überspritzen des alkalischen Kolbeninhalts in die Vorlage zu vermeiden. Am Ende des Kühlers ist ein Vorstoß *D* angebracht, derselbe taucht mit seiner Spitze in etwa 20 ccm verdünnte Salzsäure, welche sich in einem hohen Becherglase befinden. Noch sicherer ist es, als Vorlage ein Kölbchen mit angeblasener Kugelröhre *E* zu nehmen, um alles überdestillierende Ammoniak sicher aufzufangen. Nach Lösung des Natrons erhitzt man den

[1]) Das neue Atomgewicht 194,80 gibt zu hohe Resultate. Siehe hierzu F. P. Treadwell, Quantitative Analyse, (4. Aufl.) 30 ff.

Kolben zum Sieden und destilliert ungefähr 100 ccm ab; sodann spült man die Flüssigkeit in eine Porzellanschale über, fügt Platinchlorwasserstoffsäure im Überschuß hinzu und verfährt wie oben weiter.

β) Durch Titration. Man fängt bei der obigen Destillation das übergehende Ammoniak in einer abgemessenen Menge einer Salz- oder Schwefelsäure von bekanntem Gehalt (50 ccm einer $^1/_4$ n-Säure auf 1 g Substanz) und titriert die nicht verbrauchte Säure unter Anwendung von p-Nitrophenol als Indikator mit Lauge zurück.

Kalium- und Ammoniumcarbonate.

Von **Rud. Wegscheider** (Wien).

Kalicin

(Kalicinit, Kaliumhydrocarbonat).

Kristallform (nur an Kunstprodukten bestimmt) monoklin-prismatisch,

$$a:b:c = 2,6770:1:1,3115, \quad \beta = 103^0\ 25'.$$ [1]

Analyse.

K_2O	42,60
(MgO)	0,64
(CaO)	1,40
CO_2	44,00
(Sand und org. Subst.)	3,60
H_2O	7,76
	100

Von Chypis (Chippis) im Wallis; anal. F. Pisani, C. R. **60**, 919 (1865).

Formel. F. Pisani hat erkannt, daß dem Mineral die für das Kunstprodukt schon lange bekannte Formel $KHCO_3$ zukommt.

Eigenschaften. $\delta = 2,180$ (Buignet), 2,158 (H. Schiff[2]), 2,14 bis 2,25 (H. Schröder[3]). Löslichkeit in Wasser nach H. C. Dibbits[4]):

Temperatur	0	10	20	30	40	50	60° C
g $KHCO_3$ in 100 g Wasser	22,5	27,7	33,2	39,0	45,3	52,2	60,0

Nach de Forcrand[5]) enthält die gesättigte Lösung bei 20° 35,7 g $KHCO_3$ auf 100 g Wasser. Ob bei Ermittlung dieser Zahl auf die Möglichkeit eines Kohlendioxydverlustes Rücksicht genommen wurde, ist nicht angegeben.

Lösungswärme — 5320 cal. (M. Berthelot[6]).

Bildungswärme aus den Elementen 233300 (M. Berthelot[7]), 231630 cal. aus Diamant (de Forcrand[8]);

$$KHO.aq + CO_2.aq = KHCO_3.aq + 11000 \text{ cal. (M. Berthelot).}$$

[1]) P. Groth, Chem. Kryst. **2** (Leipzig 1908), 191.
[2]) H. Schiff, Ann. Chem. Pharm. **107**, 90 (1858).
[3]) H. Schröder, Ber. Dtsch. Chem. Ges. **11**, 2018 (1878).
[4]) H. C. Dibbits, Journ. prakt. Chem. [2] **10**, 439 (1874).
[5]) de Forcrand, C. R. **149**, 719 (1909).
[6]) M. Berthelot, Jber f. Chem. 1873, 78.
[7]) M. Berthelot, Ann. chim. phys. [5] **4**, 111 (1875).
[8]) de Forcrand, C. R. **149**, 720 (1909).

Dichte der wäßrigen Lösung für 0 und 19° nach F. Fouqué,[1]) für 15° nach F. Kohlrausch:[2])

g $KHCO_3$ für 100 g Wasser . . .	1,15	1,15	3,54	3,54	5,26	11,1
Temperatur °C	0	19	0	19	15	15
δ	1,0074	1,0062	1,0233	1,0216	1,0328	1,0674

Spezifische Leitfähigkeit nach F. Kohlrausch[2]) bei 18° und Temperaturkoeffizient:

% $KHCO_3$	$\varkappa_{18}$	$\frac{1}{\varkappa_{18}} \cdot \frac{\partial \varkappa}{\partial T}$
5	371×10^{-4}	0,0205
10	688×10^{-4}	0,0197

Molekulare Leitfähigkeit der wäßrigen Lösung bei 18° nach F. P. Treadwell und M. Reuter:[3])

v (Liter) . . .	256	512	1024	2048
μ . . .	90,3	92,1	93,7	96,0

Kalicinit verändert sich nach F. Pisani[4]) nicht an der Luft. Dementsprechend hat auch H. Rose[5]) am Kunstprodukt gefunden, daß es im völlig trockenen Zustand über Schwefelsäure im Vakuum oder über Ätzkali haltbar ist. A. Gautier[6]) gibt an, daß sich trockenes Salz im Vakuum bei 22 bis 25° nicht zersetzt, wohl aber in geringem Maß bei 25 bis 30°. Bei Gegenwart von Feuchtigkeit ist es anders. H. C. Dibbits[7]) gibt an, daß Kaliumhydrocarbonat beim Trocknen an der Luft schneller Kohlendioxyd verliert als Natriumhydrocarbonat, weil das gebildete Kaliumcarbonat zerfließlich ist und Lösungen des Kaliumhydrocarbonats sich rasch zersetzen. A. Gautier hat bemerkt, daß feuchtes Kaliumhydrocarbonat in trockener Luft etwas Kohlendioxyd verliert und sich schon bei 35° rasch zersetzt.

Bei 100° zersetzt sich das Salz nach A. Gautier sehr merklich, aber viel langsamer als Natriumhydrocarbonat. Ähnlich fand M. Ballo,[8]) daß der Zerfall bei 98° viel langsamer eintritt als beim Natriumhydrocarbonat. Er beobachtete bei aufeinanderfolgendem Erhitzen auf die nachstehend angegebenen Temperaturen folgende Gewichtsverluste.

Temperatur	98	110	105	135	137°
Dauer Stunden	1,5	2	3,5	2	1
Gewichtsverlust %	0,44	0,36	0,13	16,86	6,31

Dementsprechend sind die von H. Lescoeur[9]) gemessenen Dissoziationsdrucke des Kaliumhydrocarbonats kleiner als die des Natriumhydrocarbonats:

Temperatur	85	90	100	110	120	127°
Dissoziationsdruck des $KHCO_3$ (mm Hg) .	25	36	65	100	150	198

[1]) F. Fouqué, Ann. Observat. Paris **9**, 172 (1868), zitiert nach R. Abegg-Auerbach, Handbuch d. anorg. Chem. II[1], (Leipzig 1908), 398.

[2]) Entnommen aus F. Kohlrausch und L. Holborn, Leitvermögen der Elektrolyte (Leipzig 1898) 153.

[3]) F. P. Treadwell und M. Reuter, Z. anorg. Chem. **17**, 192 (1898); vgl. auch S. Arrhenius, Jber f. Chem. 1885, 265.

[4]) F. Pisani, C. R. **60**, 918 (1865).

[5]) H. Rose, Pogg. Ann. **34**, 149 (1835).

[6]) A. Gautier, C. R. **83**, 275 (1876).

[7]) H. C. Dibbits, Journ. prakt. Chem. [2] **10**, 420 (1874).

[8]) M. Ballo, Ber. Dtsch. Chem. Ges. **15**, 3006 (1882).

[9]) H. Lescoeur, Ann. chim. phys. [6] **25**, 431 (1892).

Bei 110° ist der Dissoziationsdruck während der ganzen Dauer der Zersetzung konstant. Der Schluß, daß dabei kein Zwischenprodukt auftritt, ist aber nicht bindend.[1])

Beim Erhitzen geht das Kaliumhydrocarbonat schließlich vollständig in Kaliumcarbonat über, welches dann bei ungefähr 880° schmilzt.

Die wäßrige Lösung des Kaliumhydrocarbonats gibt leicht Kohlendioxyd ab, nach H. Rose[2]) schon bei niedriger Temperatur. Der Druck der gesättigten Lösung ist nach H. C. Dibbits[3]) bei 15° 461 mm Hg; er rührt ganz überwiegend von CO_2 her.

Künstliche Bildung: 1. Durch Einleiten von Kohlendioxyd in eine Kaliumcarbonatlösung (Cartheuser 1757)[4]); verdünnte Kaliumcarbonatlösungen ziehen aus der Luft etwas CO_2 an;[5]) 2. aus Kaliumcarbonatlösungen durch Zusatz einer entsprechenden Säuremenge (Sehlmeyer, Fölix); 3. durch Überleiten von Kohlendioxyd über feuchtes Kaliumcarbonat;[6]) 4. beim Erwärmen einer wäßrigen Lösung von Kaliumcarbonat mit Ammoncarbonat (Cartheuser, Duflos).

Genesis. Das Mineral fand sich unter einem abgestorbenen Baum und schloß Holzfaserreste ein. Es ist daher eine junge Bildung (F. Pisani). Wahrscheinlich ist es durch Verwesung aus den Kalisalzen der Pflanzen entstanden. Doch gestattet die dürftige Beschreibung nicht, die Entstehung durch Zersetzung kalihaltiger Silicate auszuschließen, welche durch die Kohlendioxydentwicklung bei der Verwesung der Pflanzenreste gefördert worden sein konnte. Die Erhaltung des Minerals ist wohl der Abhaltung des Regens durch den Baum zu verdanken, aber mit Rücksicht auf die beträchtliche Löslichkeit des Kaliumhydrocarbonats immerhin auffallend. Ebenso auffallend ist, daß das Mineral kein Natrium enthielt, da sowohl die Pflanzen als gewöhnlich auch die Silicate Natrium enthalten, zumal das Natriumhydrocarbonat schwerer löslich (aber allerdings auch zersetzlicher) ist. Die vorliegenden Angaben gestatten nicht, über diese Punkte ein bestimmtes Urteil zu gewinnen.

Teschemacherit (Ammoniumhydrocarbonat).

Kristallform rhombisch, $a:b:c$: 0,6726 : 1 : 0,3998.[7]) Die Messungen beziehen sich auf Kunstprodukte; doch haben E. F. Teschemacher und G. L. Ulex am Mineral den entsprechenden Winkel zwischen den Prismenflächen beobachtet. Es gibt auch noch eine zweite, monokline Form.[8])

[1]) Vgl. die Bemerkung zu den Messungen H. Lescoeurs am Natriumhydrocarbonat S. 167.

[2]) H. Rose, Pogg. Ann. **34**, 149 (1835). — Vgl. auch D. Gernez, C. R. **64**, 607 (1867). — de Forcrand, C. R. **149**, 826 (1909).

[3]) H. C. Dibbits, Journ. prakt. Chem. [2] **10**, 442 (1874).

[4]) Vgl. auch Weitzel, Ann. Pharm. **4**, 80 (1832). — H. Ste.-Cl. Deville, Ann. chim. phys. [3] **40**, 97 (1854) — L. Pesci, Ber. Dtsch. Chem. Ges. **9**, 83 (1876).

[5]) de Forcrand, C. R. **149**, 826 (1909).

[6]) Vgl. Fr. Wöhler, Ann. Pharm. **24**, 49 (1837). — M. Goldschmidt, Chem. ZB. **1900**, II, 1167 nach D.R.P. Nr. 115988.

[7]) Miller, Pogg. Ann. **23**, 558 (1831). — G. Rose bei H. Rose, ebendort **46**, 401 (1839). — H. Ste.-Cl. Deville, Ann. chim. phys. [3] **40**, 94 (1854): — L. Ditscheiner, Sitzber. Wiener Ak. **44**, II, 34 (1862). — P. Groth, Chem. Kryst. II, (Leipzig 1908), 189. 192. Über die Ausbildung der Kristalle bei verschiedenen Darstellungsbedingungen s. E. Divers, Journ. chem. Soc. new ser. **8**, 200 (1870).

[8]) H. Rose, Pogg. Ann. **46**, 396 (1839). — H. Ste.-Cl. Deville, Ann. chim. phys. [3] **40**, 96 (1854).

Analysen.

	1.	2.	3.	4.
δ	—	1,45	—	—
NH_3	21,0	20,44	19,45	21,72[1]
(CaO)	—	—	6,02	Spur
CO_2	55,5	54,35	51,53	?
(P_2O_5)	—	—	0,60	Spur
(Harnsaure, Alkalien) .	—	—	1,09	?
(Unlösl. [anorg. u. org.])	—	4,67	—	?
H_2O	23,5	21,54	21,31	?
	100	101,00	100[2]	?[3]

1. Von Guanolagern an der afrikanischen Küste (Saldanha Bay?); anal. E. F. Teschemacher, Lond., Ed. and Dubl. Phil. Mag. **28**, 547 (1846).
2. Von einem Guanolager an der Westküste Patagoniens; anal. G. L. Ulex, Ann. Chem. Pharm. **66**, 45 (1848).
3. Von den Guanolagern der Chinca-Inseln (peruanische Küste); anal. T. L. Phipson, Journ. chem. Soc. new ser. **1**, 75 (1863).
4. Aus Guano, Herkunft nicht angegeben; anal. W. Wicke (NH_3-Bestimmung von C. Dieterichs) Landw. Versuchsstationen **8**, 307 (1866).

Formel. Für das Naturprodukt wurde die Formel NH_4HCO_3 von E. F. Teschemacher aufgestellt. Für das Kunstprodukt war sie früher bekannt. Schon J. Davy[4]) hat an Proben von vier verschiedenen Darstellungsarten dieselbe Zusammensetzung gefunden. Diese wurde vorübergehend von H. Rose[5]) in Frage gestellt, der dem rhombisch kristallisierenden Salz die Formel $4NH_4HCO_3 \cdot H_2O$ zuschrieb und außerdem ein Salz $2NH_4HCO_3 \cdot H_2O$ beobachtet haben wollte. H. Ste.-Cl. Deville[6]) hat aber gezeigt, daß das gemessene Salz der Formel NH_4HCO_3 entspricht. Auch E. Divers[7]) fand an Proben verschiedener Darstellung immer dieselbe Zusammensetzung. Die Formel NH_4HCO_3 wurde ferner auch von H. C. Dibbits[8]) bestätigt.

Eigenschaften. $\delta = 1,573$ (H. Schiff[9]), $\delta_4^{15} = 1,544$ (H. C. Dibbits.[10]) Am Mineral fand G. L. Ulex 1,45, wie schon erwähnt. Härte 1,5 (G. L. Ulex).

Löslichkeit in Wasser nach H. C. Dibbits[11]):

Temperatur °C	0	5	10	15	20	25	30
g NH_4HCO_3 in 100 g H_2O	11,9	13,7	15,9	18,3	21,0	23,9	27,0

Lösungswärme −6280 cal (in 50 Tl. Wasser, M. Berthelot[12]), −6850 (1 Mol in 25 Lit. Wasser, M. Berthelot und André.[13])

---

[1]) Die berechnete Zahl für Ammoniumoxyd im Original ist unrichtig.
[2]) Spuren MgO, Cl, SO_3.
[3]) Außerdem Spuren K_2O, Cl, SO_3, Glührückstand 0,0005%.
[4]) Zitiert bei E. Divers, Journ. chem. Soc. new ser. **8**, 203 (1870).
[5]) H. Rose, Pogg. Ann. **46**, 403 (1839).
[6]) H. Ste.-Cl. Deville, Ann. chim. phys. [3] **40**, 93 (1854).
[7]) E. Divers, Journ chim. Soc. new ser. **8**, 203 (1870).
[8]) H. C. Dibbits, Journ. prakt. Chem. [2] **10**, 434 (1874).
[9]) H. Schift, Ann. Chem. Pharm. **107**, 90 (1858).
[10]) H. C. Dibbits, a. a. O. 437.
[11]) H. C. Dibbits, a. a. O. 439.
[12]) M. Berthelot, Jahresb. f. Chem. 1871, 91; 1873, 78.
[13]) M. Berthelot u. André, C. R. **103**, 666 (1886).

Verdünnungswärme der Lösung $NH_4HCO_3.40H_2O$ (J. Thomsen[1]):

Zugesetzte Wassermenge in Molen H_2O	60	160	360
cal	−176	−288	−384

Bildungswärme: $CO_2.aq + NH_3\ aq = NH_4HCO_3.aq + 9130$ cal (für 20 Liter Flüssigkeit), +9730 (für 2 Liter Flüssigkeit) nach M. Berthelot,[2]) +9500 (für 25 Liter) nach M. Berthelot und André.[3]) Bildungswärme aus den Elementen +205300 cal (M. Berthelot.[4])

An trockener Luft ist das Salz haltbar (G. L. Ulex, E. Divers), verdampft aber bei Zimmertemperatur schon erheblich (H. C. Dibbits[5]), wenn auch langsamer als das kohlensäureärmere käufliche Ammoncarbonat.[6]) An feuchter Luft verliert es etwas Ammoniak und wird feucht (G. L. Ulex, E. Divers, H. C. Dibbits). Die Angabe von H. Ste.-Cl. Deville, es sei an der Luft unveränderlich, ist zu allgemein.

Der Dissoziationsdruck ist bei Zimmertemperatur und Abwesenheit von Wasser sehr gering, während feuchtes Salz sehr beträchtliche Drucke gibt (M. Berthelot und André.[7]) Die beobachteten Drucke sind indes wohl keine Gleichgewichtsdrucke; sie sind als Beweis dafür aufzufassen, daß die Verdampfungsgeschwindigkeit bei Abwesenheit von Wasser sehr gering ist. Daß M. Berthelot und André auch am feuchten Salz keine Gleichgewichtsdrucke beobachtet haben, geht daraus hervor, daß die von ihnen beobachteten Drucke schwankend und wesentlich kleiner waren als der von H. C. Dibbits[8]) bestimmte Druck der gesättigten wäßrigen Lösung (720 mm bei 14,5°). Der Messung von H. C. Dibbits entspricht die Beobachtung von E. Divers, daß die wäßrige Lösung an der Luft rasch CO_2 verliert.[9])

Das Salz zeigt keinen Schmelzpunkt, da es direkt in den dissoziierten Dampf übergeht. Nur wird es über 60° etwas feucht (E. Divers).

Künstliche Bildung.[10]): 1. Beim Liegen der anderen Ammoncarbonate oder von Ammoncarbonat an der Luft.[11]) 2. Beim Behandeln der anderen Ammoncarbonate mit einer zur Lösung unzureichenden Menge Wasser. 3. Beim Behandeln der anderen Ammoncarbonate mit wäßrigem Alkohol. 4. Beim Umkristallisieren des käuflichen Ammoncarbonats aus Wasser durch Abkühlen der heißen Lösung oder durch Zusatz von Alkohol.[12]) 5. Beim Einleiten von Kohlendioxyd in die wäßrige Lösung der anderen Ammoncarbonate.[13]) 6. Aus Kohlendioxyd, Ammoniakgas und Wasserdampf im richtigen Verhältnis

[1]) J. Thomsen, Systematische Durchführung thermochemischer Untersuchungen, deutsch von I. Traube (Stuttgart 1906) 48.

[2]) M. Berthelot, Jahresb. f. Chem. 1871, 92.

[3]) M. Berthelot u. André, C. R. **103**, 667 (1886).

[4]) M. Berthelot, Ann. chim. phys. [5] **4**, 111 (1875).

[5]) H. C. Dibbits, Journ. prakt. Chem. [2] **10**, 422 (1874).

[6]) H. Vogler, Z. f. anal. Chem. **17**, 455 (1878). — K. Kraut, Arch. Pharm. **224**, 22 (1886).

[7]) M. Berthelot u. André, C. R. **103**, 668, 717 (1886).

[8]) H. C. Dibbits, a. a. O. 442.

[9]) Eine ausführliche Besprechung der einschlägigen Versuche gibt H. Pick in R. Abegg, Handb. der anorg. Chem. III[3], (Leipzig 1907), 334, 337.

[10]) H. Rose, Pogg. Ann. **46**, 395 (1839). — H. Ste.-Cl. Deville, Ann. chim. phys. [3] **40**, 93 (1854). — E. Divers, Journ. chem. Soc. new ser. **8** (entire ser. **23**) 198 (1870), wo auch ältere Literatur.

[11]) Vgl. auch H. C. Dibbits, a. a. O. 442.

[12]) S. auch H. C. Dibbits, a. a. O. 434.

[13]) S. auch H. C. Dibbits, a. a. O. 434. — P. Seidler, Ber. Dtsch. Chem. Ges. **17**, Ref. 265 (1884).

oder bei der Sublimation kohlensäureärmerer Ammoncarbonate.[1]) Demgemäß findet es sich auch als Absatz in Röhren, durch die unvollständig gereinigtes Leuchtgas strömt.[2]) 7. Aus Natriumhydrocarbonat und Salmiak.[3])

Genesis. Das Vorkommen macht es unzweifelhaft, daß der Teschemacherit aus den organischen Substanzen des Guano entsteht, wie dies H. L. Ulex und T. L. Phipson angenommen haben. Ob er lediglich, wie G. L. Ulex annimmt, dem Harnstoff des Guano seine Entstehung verdankt, kann dahingestellt bleiben. Harnstoff wird durch Mikroorganismen sehr leicht in Ammoncarbonat verwandelt; bei Abwesenheit derselben geht die Umwandlung ziemlich schwer. Daß nicht andere Ammoncarbonate gefunden wurden, ist begreiflich, da letztere an der Luft in das Bicarbonat übergehen.

Analysenmethoden der Magnesium- und Calciumcarbonate.

Von **M. Dittrich** (Heidelberg).

1. Magnesit.

Hauptbestandteile: Mg, CO_3, mit geringen Mengen Fe, Mn und Ca.

Untersuchung eines reinen (Fe-, Mn- und Ca-freien) Magnesits. Die Bestimmung des Magnesiums erfolgt durch Fällung mit Natriumphosphat und Ammoniak bei Gegenwart von Ammoniumchlorid als Magnesiumammoniumphosphat, welches durch Glühen in Magnesiumpyrophosphat, $Mg_2P_2O_7$, übergeführt wird. Früher geschah die Fällung in der Kälte, dadurch bekommt aber der Niederschlag, wie von Neubauer[4]) nachgewiesen wurde, eine ungleichmäßige Zusammensetzung und man erhält schwankende Resultate; man führt deshalb besser die Fällung nach B. Schmitz[5]) in der Hitze aus. Die dadurch erhaltenen Resultate sind sehr genau.

Zur Ausführung der Bestimmung löst man etwa 0,8 g des gepulverten Magnesits in einem Becherglase unter gelindem Erwärmen in mäßig starker Salzsäure (1 : 2), fügt einige Kubikzentimeter konzentrierte Ammoniumchloridlösung hinzu und etwas mehr als die berechnete Menge Natriumphosphatlösung (also etwa $4^1/_2$ mal so viel krystallisiertes Natriumphosphat als Magnesit angewendet wurde). Die erhaltene Lösung verdünnt man auf 120 bis 150 ccm, erhitzt sie zum Sieden und fügt unter kräftigem Umschwenken[6]) etwa ein Drittel des Volumens 10proz. Ammoniak hinzu. Das Magnesiumammoniumphosphat scheidet sich dadurch als weißer, anfänglich voluminöser, allmählich dichter und kristallinisch werdender Niederschlag ab. Nach Prüfung auf Vollständigkeit der Fällung (Zusatz einiger Tropfen Phosphatlösung) läßt man etwa 4 Stunden stehen und kann dann filtrieren. Das Auswaschen darf wegen der

---

[1]) Vgl. auch Scanlan, Jahresb. f. Chem. 1852, 357.

[2]) A. Schrötter, Sitzber. Wiener Ak. **44**, II, 33 (1862). — F. Rüdorff, Ber. Dtsch. Chem. Ges. **3**, 228 (1870). — A. Vogel, ebendort 307.

[3]) A. Bauer, Ber. Dtsch. Chem. Ges. **7**, 273 (1874).

[4]) H. Neubauer, Z. f. angew. Chem. 1896, 439.

[5]) B. Schmitz, Z. f. anal. Chem. **45**, 512.

[6]) Mit einem Glasstab darf nicht gerührt werden, weil sich sonst der sich ausscheidende Niederschlag besonders an den mit dem Glasstab geriebenen Stellen fest an das Glas setzen würde und dann nur schwer zu entfernen wäre.

Löslichkeit des Niederschlages nicht mit Wasser geschehen, sondern es muß hierzu $2^1/_2$proz. Ammoniak verwendet werden; man wäscht so lange aus, bis mehrere Kubikzentimeter des ablaufenden Filtrats nach dem Ansäuern mit reiner Salpetersäure mit Silbernitrat nur noch eine schwache Opaleszenz zeigen.

Um Reduktion und eventuelle Verflüchtigung von Phosphor zu vermeiden, muß das Filter nach dem Trocknen bei 90°, getrennt vom Niederschlage, in einem kleinen gewogenen Porzellantiegel (Platintiegel werden leicht angegriffen) möglichst langsam verascht und die Asche längere Zeit darin geglüht werden, bis alle Kohle verbrannt ist. Nach Zugeben der Hauptmenge des Niederschlages erhitzt man erst sehr vorsichtig, dann allmählich stärker und glüht, indem man den Tiegel bedeckt hält, einige Zeit mit einem kräftigen Teclubrenner oder auch vor dem Gebläse, bis Gewichtskonstanz erreicht ist; der hinterbleibende, meist etwas grau gefärbte Glührückstand ist $Mg_2P_2O_7$.

Den Rückstand mit Salpetersäure zu durchfeuchten, diese zu verjagen und von neuem zu glühen, um so einen rein weißen Glührückstand zu erhalten, ist nach Versuchen des Verfassers nicht zu empfehlen, weil dadurch leicht, infolge von Verstäubung, Verluste eintreten.

Zum Filtrieren des Magnesiumammoniumphosphatniederschlags kann man besonders bei mehreren gleichartigen Analysen auch mit großem Vorteil einen Neubauertiegel (Platintiegel mit Siebboden und darauf befindlicher Platineinlage von W. C. Heraeus, Hanau) oder auch einen Goochtiegel (Porzellantiegel mit Siebboden und Platin- oder Asbesteinlage) verwenden. Auf diese Tiegel wird der Niederschlag mittels der Luftpumpe abgesaugt und mit Ammoniak ausgewaschen; nach dem Vortrocknen bei 90° erhitzt man den Neubauertiegel direkt, den Porzellantiegel besser in einem sogenannten Asbestringtiegel (einem zweiten, etwas größeren, mit einer schmalen ringförmigen Asbesteinlage versehenen Porzellantiegel) und glüht ihn, bis der Niederschlag rein weiß ist.

Untersuchung eines Magnesits, welcher außer Gangart auch Eisen, Mangan und Calcium enthalten kann. — Ist das Mineral, wie eine qualitative Probe zeigt, nicht vollkommen reines Magnesiumcarbonat und enthält es außer Gangart auch Eisen, Mangan und Calcium oder eines dieser Metalle, so müssen diese vor der Fällung des Magnesiums erst entfernt werden.

Gangart und Kieselsäure. Hinterbleibt beim Lösen des Minerals ein Rückstand, so ist dieser abzufiltrieren und, wie dies oben (S. 100) beschrieben ist, als Gangart zu bestimmen, im Filtrat davon ist löslich gewordene Kieselsäure abzuscheiden.

Eisen. Ist nur Eisen eventuell mit geringen Mengen Mangan vorhanden, so wird dies durch Ammoniak als Hydroxyd abgeschieden und als Fe_2O_3 bestimmt.

Man erwärmt das saure Filtrat von der Kieselsäure, welches etwa 100 ccm betragen darf, mit einigen Kubikzentimetern reinem 3proz. Wasserstoffsuperoxyd (aus Mercks Perhydrol durch Verdünnen herzustellen), um Eisen in die Ferriform überzuführen, fügt zur Verhinderung der teilweisen Mitfällung des Magnesiums durch Ammoniak noch ungefähr 10 ccm einer konzentrierten Ammoniumchloridlösung hinzu, erhitzt die Lösung bis fast zum Sieden und fällt das Eisen durch Ammoniak in geringem Überschuß aus, wobei die vorhandenen meist geringen Mengen Mangan ebenfalls mit ausfallen; da aber gewöhnlich doch etwas Magnesium mitgerissen wird, muß der erhaltene Niederschlag nach dem Abfiltrieren und mehrmaligem Auswaschen wieder gelöst und nochmals gefällt werden. Man gibt deshalb das Filter mit dem Niederschlage in das eben benutzte Becherglas, fügt etwa 1 ccm Salpetersäure und bei Gegenwart von Mangan einige Tropfen Wasserstoffsuperoxyd, sowie etwas Wasser hinzu, und erwärmt alles vorsichtig (wegen des Stoßens), unter Umschütteln nur so lange, bis das Filter eben zu einem groben Brei zerfallen ist. Zu dieser Flüssigkeit setzt man nach Verdünnen mit heißem Wasser auf etwa 30 bis 50 ccm, ohne vorher den Filterbrei abzufiltrieren, von neuem Ammoniak in geringem Überschuß, kocht noch einige Augenblicke und filtriert dann den entstandenen Niederschlag ab. Nach gutem Auswaschen verascht man ihn entweder naß im Platin- oder nach dem Trocknen im Porzellantiegel und glüht ihn einige Zeit offen mit einem guten Teclubrenner. Der Rückstand ist Fe_2O_3 bzw. ein Gemenge von Fe_2O_3 und Mn_3O_4 (Trennung von Fe und Mn siehe später bei Rodochrosit).

Calcium. Zur Abscheidung der geringen, beim Magnesit gewöhnlich vorhandenen Calciummengen kann die übliche Methode, wie sie z. B. bei Calcit oder Dolomit angegeben ist, mittels Ammoniumoxalat nicht gut benutzt werden, da, worauf E. Murmann[1]) hingewiesen hat, besonders bei kleinen Mengen Kalk einerseits der Calciumoxalatniederschlag beträchtliche Mengen Magnesiumoxalat enthält und andererseits ein Teil des Calciumoxalats durch den stets vorhandenen Salmiak gelöst wird. E. Murmann empfiehlt deshalb die vollständige Abscheidung solcher geringer Mengen Calcium durch Zusatz der gerade nötigen Mengen verdünnter Schwefelsäure bei Gegenwart von 90proz. Alkohol als Calciumsulfat vorzunehmen; natürlich müssen vorher die Ammoniumsalze verjagt werden.

Die verschiedenen Filtrate von Eisen und Mangan werden in einer größeren Porzellanschale unter Umrühren zur Trockne gebracht und abgeraucht, oder der Trockenrückstand wird nach P. Jannasch und E. Zimmermann[2]) mit 10 bis 15 ccm rauchender Salpetersäure übergossen: das sich durch den Überschuß der Salpetersäure bildende Ammoniumnitrat wird beim Wiedereindampfen zersetzt. Wiederholt man das Übergießen mit Säure und das Abdampfen noch einige Male, so gehen sämtliche Ammoniumsalze fort, während die noch vorhandenen Metalle hauptsächlich als Nitrate zurückbleiben; zur Entfernung der letzten Spuren von Ammoniumsalzen erhitzt man die Schale noch gelinde, zweckmäßig, nachdem man den Rückstand mit wenig verdünnter Salpetersäure aufgenommen, durch Filtration von anhaftenden kohligen Teilchen befreit und von neuem eingedampft hat. Zu dem nun hinterbleibenden Salzrest setzt man so viel einer titrierten Schwefelsäure, daß sicher aller Kalk, dessen Gehalt natürlich einigermaßen bekannt sein muß, und noch ein kleiner Teil der Magnesia an Schwefelsäure gebunden ist, und dampft die Lösung ab. Der Abdampfrückstand wird mit 90proz. Alkohol aufgenommen, wobei Calciumsulfat zurückbleibt; dasselbe wird mit dem gleichen starken Alkohol gewaschen und besonders bei Anwendung von erheblich mehr Schwefelsäure als nötig von der mitgefällten Magnesia zuerst in saurer und hierauf in alkalischer Lösung durch Oxalatfällung getrennt, wie dies bei Dolomit beschrieben ist.

Magnesium. Die verschiedenen Filtrate von Calcium werden in einem größeren Becherglase nach Ansäuern mit Salzsäure zunächst auf dem Wasserbade zur Verjagung des Alkohols gelinde erwärmt. Wenn dies geschehen, dampft man, wenn noch erforderlich, auf 100 ccm ein, versetzt mit wenig mehr als der berechneten Natriumphosphatmenge und etwas Ammoniumchlorid

[1]) E. Murmann, Z. f. anal. Chem. **50**, 688 (1910).
[2]) P. Jannasch u. E. Zimmermann, Z. f. prakt. Chem. [2] **72**, 39 (1905).

und führt die Fällung des Magnesiums durch Zusatz von Ammoniak und die Überführung des Niederschlages in Magnesiumpyrophosphat, wie oben beschrieben, aus. (Wiederfällung des Niederschlages siehe bei Dolomit).

2. Breunnerit.

Bestandteile: Mg, Fe, Mn, Ca, CO_2.

Die Analyse erfolgt ähnlich der von Magnesit in der Weise, daß nach Lösung der Substanz in Salzsäure und Abscheidung der Gangart das Eisen nach Zugabe von Wasserstoffsuperoxyd durch Ammoniak gefällt wird; ist viel Mangan neben Eisen vorhanden, so muß seine Abscheidung und Trennung vom Eisen, wie bei Rodochrosit angegeben, geschehen. In den eingedampften Filtraten wird dann das Calcium und Magnesium abgeschieden.

3. Calcit.

Hauptbestandteile: Ca, CO_3.
Nebenbestandteile: Pb, Fe, Mn, Zn und Mg.

Untersuchung eines reinen Calcits.

Die Bestimmung des Calciums erfolgt nach Lösung des Minerals in essigsaurer oder auch ammoniakalischer Lösung durch Fällung mit Ammoniumoxalat als Calciumoxalat und Überführung des letzteren durch Glühen in Calciumoxyd,

Man löst etwa 0,7 g des Calcitpulvers in einem 400 ccm-Becherglas erst. da eine direkte Auflösung in Essigsäure nur sehr schwierig erfolgt, vorsichtig wie oben (S. 100) beschrieben, in verdünnter Salzsäure, macht die Lösung mit Ammoniak schwach alkalisch und hierauf durch Essigsäure schwach sauer. Diese essigsaure Lösung erhitzt man nach Verdünnen auf etwa 150 ccm zum Sieden und fällt sie mit einer ebenfalls siedendheißen Lösung von Ammoniumoxalat im reichlichen Überschuß (etwa $1^1/_2$—2 g des Salzes). Das Calciumoxalat scheidet sich sofort als feinkörniger Niederschlag ab, welcher beim Stehen kristallin und dichter wird und sich dann leicht filtrieren läßt. Wenn nach dem Absetzen des Niederschlags keine weitere Fällung entsteht, läßt man abkühlen und filtriert nach etwa 4 Stunden.

Der Niederschlag darf nicht mit reinem Wasser gewaschen werden, da er etwas darin löslich ist, sondern es muß ammoniumoxalathaltiges Wasser (1 $^0/_0$ ig) verwendet werden; das Auswaschen muß so lange fortgesetzt werden, bis eine Probe des Filtrats nach Ansäuern mit starker Salpetersäure durch Silbernitrat nicht mehr getrübt wird. Der Niederschlag wird noch feucht im Platintiegel verascht und bis zum konstanten Gewicht vor dem Gebläse (jedesmal etwa 5 Minuten) scharf geglüht; das Wägen hat längstens $^1/_2$ Stunde nach dem Glühen zu erfolgen, da sonst das geglühte Calciumoxyd an Gewicht wieder zunimmt. Der Glührückstand ist reines CaO, die Resultate sind sehr genau.

Untersuchung eines Calcits, welcher Blei, Eisen, Mangan, Zink und Magnesiumcarbonat enthalten kann.

Die Lösung derartiger Calcite erfolgt ebenfalls durch Salzsäure, nur bei großen Mengen Blei oder, wenn die Abscheidung des Bleies elektrolytisch geschehen soll, ist — möglichst wenig — Salpetersäure zu verwenden.

Gangart und Quarz. Ihre Abscheidung geschieht wie oben (S. 100) beschrieben.

Blei. a) Fällung als Bleisulfid, PbS, Bestimmung als Bleisulfat, $PbSO_4$.

Zum Filtrat von der Gangart, welches etwa 150—200 ccm betragen kann, gibt man 5—6 ccm konz. Salzsäure, so daß man eine etwa 3%ige Salzsäurelösung erhält, und leitet in diese Lösung in der Wärme so lange Schwefelwasserstoffgas ein, bis die Flüssigkeit über dem Niederschlage nach dem Absitzen des letzteren klar erscheint. Das ausgefällte Bleisulfid wird sofort abfiltriert, mit Schwefelwasserstoff gewaschen und bei 90° getrocknet. Nun bringt man so viel wie möglich von dem Niederschlage auf ein Uhrglas und verascht das Filter allein in einem schräg stehenden größeren Porzellantiegel. Wenn das Filter verbrannt ist, gibt man die Hauptmenge des Niederschlags zu der Asche in den Tiegel, befeuchtet mit Wasser und fügt unter Bedecken mit einem Uhrglas 1—2 ccm konz. Salpetersäure hinzu. Den Tiegel erwärmt man auf dem Wasserbade, fügt, wenn die manchmal ziemlich heftige Reaktion vorüber ist, noch Salpetersäure in kleinen Mengen hinzu, und wiederholt dies, bis der Tiegelinhalt rein weiß ist. Jetzt entfernt man das Uhrglas, gibt 5—10 Tropfen verdünnter Schwefelsäure hinzu, verdampft erst im Wasserbade so weit wie möglich, raucht dann die überschüssige Säure im Luftbade (Asbestringtiegel) ab und wägt das Bleisulfat. — Ein dunkelgefärbter Glührückstand ist von neuem mit konz. Schwefelsäure abzurauchen.

b) Fällung durch Elektrolyse als PbO_2 in salpetersaurer Lösung. (Bei größeren Mengen Blei vorzuziehen.)

Die Lösung des Minerals in Salpetersäure, bzw. das Filtrat von der Gangart, bringt man in eine innen mattierte Classensche Elektrolysenschale von Platin, fügt 15 ccm reine Salpetersäure ($\delta = 1,4$) hinzu, verdünnt auf 100 ccm und elektrolysiert bei gewöhnlicher Temperatur mit sehr schwachem Strom (ca. 0,05 Ampere) 12—14 Stunden, am besten über Nacht, während man die Schale zur Anode macht. Nach der angegebenen Zeit fügt man etwas Wasser hinzu und beobachtet, ob sich nach einer halben Stunde, während deren der Strom weiter geht, noch ein gelbbrauner Anflug an der Schalenwandung zeigt. Wenn dies nicht mehr der Fall, wenn also alles Blei ausgefällt ist, wäscht man die Schale, ohne den Strom zu unterbrechen, mit Wasser aus, bis das ablaufende Waschwasser nicht mehr sauer reagiert, indem man mittels eines kleinen, mit Wasser gefüllten Hebers die Flüssigkeit aus der Schale abfließen läßt und immer Wasser nachgießt, so daß der Bleisuperoxydbeschlag stets von der Flüssigkeit bedeckt ist. Nun erst unterbricht man den Strom, spült die Schale noch einmal mit destilliertem Wasser aus, trocknet sie bei 180° und wägt als PbO_2.

Da die erhaltenen Resultate infolge geringer Mengen noch anhaftenden Wassers immer etwas zu hoch ausfallen, empfiehlt F. P. Treadwell[1]) die Schale, wenn Gewichtskonstanz erreicht ist, ganz schwach zu glühen, wobei das PbO_2 in Bleioxyd, PbO, übergeht, und dann zu wägen. Die so erhaltenen Resultate sind sehr genau.

Eisen und Mangan. Wenn Eisen oder Mangan oder beide vorhanden sind, verfährt man mit dem Filtrat von Blei oder bei der Anwesenheit desselben mit der gelösten und erforderlich von Gangart und Kieselsäure befreiten Substanz, wie dies beim Magnesit bzw. beim Rodochrosit angegeben ist. Der dabei durch Persulfat erhaltene Niederschlag ist zweckmäßig in verdünnter

---

[1]) F. P. Treadwell, Quantitative Analyse, 4. Aufl. (Wien 1907) 131.

Salpetersäure und einigen Tropfen Wasserstoffsuperoxyd wieder zu lösen und nochmals mit Persulfat zu fällen, um ihn von den geringen Mengen mitgefällten Calciumsulfats zu befreien.

Zink. Ist nur Zink, aber kein Eisen[1]) oder Mangan zugegen, so kann es im Filtrat von der Gangart bzw. in der salzsauren Lösung der Substanz durch Ammoniumsulfid, zweckmäßig unter Zusatz von Hydroxylaminchlorid[2]) — um ein Mitreißen des Calciums zu verhindern, — von dem noch in Lösung befindlichen Calcium und Magnesium getrennt werden (s. u.). Wurde jedoch Eisen oder Mangan bestimmt, so muß das noch in Lösung befindliche Persulfat und Wassserstoffsuperoxyd zerstört werden; dies geschieht durch Erwärmen und Eindampfen der Filtrate mit Salzsäure (anfangs unter Bedecken). Wenn kein Chlorgeruch mehr bemerkbar ist, gibt man die auf etwa 200 bis 250 ccm eingedampfte Flüssigkeit bzw. das durch Wasserzugabe auf ein ebensolches Volumen gebrachte Filtrat von der Gangart oder die ursprüngliche Lösung in einen Erlenmeyerkolben von 3—400 ccm Inhalt und macht die Flüssigkeit durch Ammoniak alkalisch; in der Lösung fällt und bestimmt man das Zink, wie bei Smithsonit angegeben.

Bei kleineren Mengen Zink genügt die einmalige Fällung, bei größeren ist jedoch der Niederschlag in wenig verdünnter Salzsäure zu lösen und noch einmal zu fällen.

Calcium. Die verschiedenen Filtrate vom Eisen, bzw. vom Zink, werden mit Essigsäure schwach angesäuert[3]) und in einem größeren 600 ccm Jenenser Becherglas auf dem Asbestdrahtnetz oder auf dem Wasserbade auf etwa 200 ccm eingedampft. Sich ausscheidender, aus der Zersetzung von Schwefelammonium durch die Säure herrührender Schwefel ist am besten nach Zugabe eines. kleinen Filters, welches durch Schütteln mit etwas Wasser im Reagenzglas zerkleinert ist, abzufiltrieren. In der, wie angegeben, eingedampften und zum Sieden erhitzten Lösung fällt man sodann das Calcium mit einem reichlichen Überschuß einer konzentrierten, ebenfalls siedendheißen Lösung von Ammoniumoxalat als Calciumoxalat aus. Nach dem Absetzen prüft man, ob alles ausgefällt ist, filtriert nach 4 Stunden und führt den Niederschlag, wenn keine oder nur geringe Mengen Magnesia vorhanden sind, sofort durch Glühen in CaO über. Bei Anwesenheit größerer Mengen Magnesium wird jedoch gleichzeitig ein Teil als Oxalat mitgerissen; in diesem Falle muß der Niederschlag nochmals gelöst und wieder gefällt werden (siehe bei Dolomit).

Magnesium. Zur Bestimmung der meist geringen[4]) Menge Magnesia in Calciten dampft man das mit Salzsäure angesäuerte Filtrat von Calcium zur

---

[1]) Ist neben Zink auch auf Eisen Rücksicht zu nehmen, so filtriert man besser vor der zweiten Eisenfällung von den Filterteilen ab, dampft das Filtrat ziemlich weit ein und gießt es zur Fällung des Eisens in etwa 20—30 ccm reines konzentriertes Ammoniak, welchem ebensoviel 3 %iges Wasserstoffsuperoxyd zugesetzt ist. Dadurch fällt nur Eisenhydroxyd aus, während Zink in das Filtrat geht.

[2]) E. Ebler, Z. f. anal. Chem. **47**, 667.

[3]) Würde bei der Abscheidung des Zinks durch Ammoniumsulfid Hydroxylaminchlorid zugesetzt, so muß dies zunächst zerstört werden; es geschieht dadurch, daß man das mit Salzsäure angesäuerte Filtrat eindampft, und dem Rückstande einige ccm Brom zusetzt. Bei gelindem Erwärmen auf dem Wasserbade (im Abzug) wird das Hydroxylamin zersetzt und der Rest des Broms entweicht. Der Rückstand wird mit Wasser aufgenommen, erst mit Ammoniak alkalisch und dann mit Essigsäure schwach sauer gemacht.

[4]) Sind große Mengen Magnesium vorhanden, so ist, wie bei Dolomit angegeben, zu verfahren.

Trockne, verjagt die Ammoniumsalze, wie dies oben (S. 216) beschrieben, und nimmt den Rückstand mit wenig verdünnter Salzsäure auf. Zu der erhaltenen Lösung (30—50 ccm) fügt man wenig Natriumphosphatlösung und etwas Ammoniumchlorid, erhitzt zum Sieden, fällt mit Ammoniak und führt das ausfallende Magnesiumammoniumphosphat in Magnesiumpyrophosphat über, wie bei Magnesit beschrieben.

4. Aragonit.

Hauptbestandteile: Ca, CO_3.

Nebenbestandteile: Sr.

Untersuchung eines reinen Aragonits:

Dieselbe erfolgt wie die von Calcit.

Untersuchung eines Aragonits, welcher neben Calcium auch Strontium enthält:

In der schwach salzsauren Lösung des Aragonits werden zunächst Calcium und Strontium zusammen durch Erwärmen mit Ammoniak und Ammoniumcarbonat als Carbonate gefällt. Nach Abfiltrieren und Auswaschen wird der Carbonatniederschlag mit Salpetersäure gelöst und die erhaltene Lösung in einem Kölbchen zuletzt bei 130—140° zur Trockne gebracht. Beim Behandeln des Rückstandes mit Ätheralkohol löst sich Calciumnitrat, während Strontiumnitrat ungelöst bleibt. (Näheres über die Ausführung der Methode siehe bei Strontianit.) Da geringe Mengen Calcium dem Strontiumnitrat noch beigemengt bleiben, muß die Operation noch einmal wiederholt werden. Wenn das Strontiumnitrat kalkfrei ist, dampft man die Lösung mit einigen Tropfen verdünnter Schwefelsäure in einem Porzellan- oder Platintiegel zur Trockne, erhitzt diesen anfangs gelinde, am besten erst im Luftbad, verjagt die überschüssige Schwefelsäure vorsichtig und glüht den hinterbleibenden Rückstand schwach; derselbe ist SrSO .

5. Dolomit.

Hauptbestandteile: Ca, Mg, CO_3.

Nebenbestandteile: Fe, Mn und Zn.

Die Abscheidung des Calciums erfolgt durch Ammoniumoxalat als Calciumoxalat, die des Magnesiums im Filtrat vom Calciumoxalat durch Natriumphosphat als Magnesiumammoniumphosphat. Ist gleichzeitig auch Eisen, Mangan und Zink zugegen, so müssen diese vor Abscheidung des Calciums entfernt werden.

Ausführung. Zur Bestimmung der Metalle löst man etwa 0,8 g der feingepulverten Substanz in mäßig starker Salzsäure anfangs bei gelindem, später bei stärkerem Erwärmen und scheidet vorhandene *Gangart* und *Kieselsäure* ab, wie dies oben (S. 100) beschrieben. Im Filtrat davon bestimmt man vorhandenes *Eisen, Mangan* und *Zink*, wie dies bei Calcit angegeben ist.

Calcium. Das Filtrat von Eisen usw. wird, wie bei Calcit, beschrieben, eingedampft und darin das Calcium als Oxalat abgeschieden. Es ist hierbei reichlich Ammoniumoxalat zu verwenden, um dadurch auch die gleichzeitige Abscheidung von Magnesiumoxalat, zu verhindern, welches sich nur in einem großen Überschuß von Ammoniumoxalat löst. Bei Anwesenheit größerer Mengen von Magnesium, wie dies im Dolomit der Fall ist, wird jedoch gleichzeitig etwas davon als Oxalat mitgerissen; man löst deshalb den Niederschlag auf dem Filter in warmer verdünnter Salzsäure, wäscht aus und fällt das

Filtrat nach Zugabe von einigen ccm Ammoniumoxalatlösung bei Siedehitze wieder durch Ammoniak. Diesmal kann der Niederschlag bald nach dem Erkalten der Flüssigkeit filtriert werden; die Weiterbehandlung und Überführung erfolgt wie oben angegeben.

Will man mit einmaliger Fällung des Calciums bei der Trennung vom Magnesium auskommen, so empfiehlt sich das Verfahren von T. W. Richards,[1]) welcher gezeigt hat, daß die vom Calciumoxalat eingeschlossene (okkludierte) Magnesiumoxalatmenge von der Konzentration des nicht dissoziierten Anteils des in Lösung befindlichen Oxalats und ferner von der Dauer der Berührung des Calciumoxalats mit der Magnesiumoxalatlösung abhängig ist, und daß diejenigen Mittel, welche zur Zurückdrängung der Dissoziation dieses Salzes beitragen, eine Erhöhung der okkludierten Menge desselben und infolgedessen auch eine Erhöhung des Calciumresultats bedingen. Ferner zeigte T. W. Richards, daß alle Mittel, die die Ionisierung des Magnesiumoxalats begünstigen, diesen Fehler auf ein Minimum herabdrücken. Zurückdrängend auf die Dissoziation des Magnesiumoxalats wirken zu konzentrierte Lösungen und zu große Konzentration der Oxalationen, also des Ammoniumoxalats. Begünstigt wird die Dissoziation des Magnesiumoxalats durch Wasserstoffionen und durch große Verdünnung der Lösung. Zur quantitativen Abscheidung des Calciumoxalats, ist aber ein großer Überschuß von Ammoniumoxalat erforderlich; da jedoch das Magnesiumoxalat mit nicht dissoziiertem Ammoniumoxalat leicht lösliche komplexe Salze bildet, die vom Calciumoxalat nicht okkludiert werden, so muß man für eine möglichst vollständige Zurückdrängung der Dissoziation des Ammoniumoxalats sorgen, was durch Zusatz eines leichter dissoziierbaren Ammoniumsalzes, am besten des Ammoniumchlorids, geschieht.

Zur Ausführung der Trennung konzentriert man durch Eindampfen das mit Essigsäure schwach angesäuerte Filtrat von Eisen usw., bzw. verdünnt, wenn Eisen u. dgl. nicht anwesend war, die mit Ammoniak fast neutralisierte salzsaure Lösung der ursprünglichen Substanz so weit, daß das Magnesium in einer Konzentration von höchstens $^1/_{50}$ normal vorhanden ist, und gibt, wenn nötig, reichlich Ammoniumchlorid hinzu.

Zu dieser zum Sieden erhitzten Lösung setzt man eine hinreichende Menge ebenfalls siedendheißer Oxalsäurelösung, welche man zur Vermeidung der Dissoziation mit der 3—4 fachen äquivalenten Menge Salzsäure versetzt. Zu dieser kochendheißen und mit etwas Methylorange gefärbten Lösung gibt man unter beständigem Umrühren langsam mit gelegentlichen Pausen sehr verdünntes Ammoniak .bis zur Gelbfärbung; das Ende der Neutralisation soll erst in einer halben Stunde erreicht werden. Nach der Neutralisation fügt man einen großen Überschuß an heißer Ammoniumoxalatlösung hinzu, filtriert nach 4 Stunden und führt den Niederschlag, wie früher angegeben, in CaO über.

Der Niederschlag enthält immer noch 0,1—0,2 g Magnesium, während ungefähr entsprechend viel Calcium sich beim Magnesium im Filtrat findet, so daß sich die Fehler gegenseitig aufheben.

Magnesium. Die vereinigten Filtrate vom Calcium werden mit Salzsäure angesäuert, auf ein mäßiges Volumen, etwa 120 – 150 ccm, eingedampft und nach Zusatz von reichlich Natriumphosphatlösung bei Siedehitze zur Abscheidung des Magnesiums mit Ammoniak gefällt, wie beim Magnesit beschrieben.

[1]) T. W. Richards, Z. anorg. Chem. **28**, 71, unter gleichzeitiger Benutzung der Ausführungen von F. P. Treadwell, Quantitative Analyse, 4. Aufl. (Wien 1907) 65.

Vor dem Filtrieren ist es empfehlenswert, die Fällung erst einige Zeit vorsichtig umzuschütteln und dann wieder absetzen zu lassen, um auch die letzten Spuren Magnesium zur Abscheidung zu bringen.

Da der Niederschlag nur schwer von dem im Überschuß zugesetzten Natriumphosphat durch Auswaschen zu befreien ist, empfiehlt es sich, ihn durch Wiederlösen und erneute Fällung davon zu trennen. Man löst ihn deshalb nach kurzem Auswaschen (mit $2^1/_2{}^0/_0$ igem Ammoniak) auf dem Filter in möglichst wenig verdünnter Salzsäure, wäscht mit Wasser aus, gibt etwas Ammoniumchlorid und einige Tropfen Natriumphosphatlösung zum Filtrat, erhitzt dies zum Sieden und fällt das Magnesium von neuem durch Zusatz eines Drittels des bisherigen Flüssigkeitsvolumens mit $10^0/_0$ igem Ammoniak. Das Filtrieren erfolgt nach einigem Stehen der erkalteten Flüssigkeit in derselben Weise wie beim Magnesit beschrieben, entweder unter Anwendung des Papierfilters oder eines Gooch- oder Neubauertiegels.

6. Nesquehonit, Artinit, Lansfordit, Hydromagnesit.

Hauptbestandteile: Mg, CO_3 und H_2O. Die Bestimmung des Magnesiums erfolgt nach Lösung der Substanz in Salzsäure, wie bei Magnesit beschrieben, die des Wassers wie bei Thermonatrit.

7. Hydrocalcit und verwandte.

Hauptbestandteile: Ca, CO_3, H_2O. Die Bestimmung des Wassers erfolgt bei Hydrocalcit schon durch längeres Liegenlassen über Chlorcalcium, diejenige des Kohlendioxyds durch scharfes Glühen des Rückstandes und Überführung desselben in CaO, oder nach einer der früher angegebenen Methoden.

Magnesiumcarbonat ($MgCO_3$). Magnesit

(trigonal).

Von **H. Leitmeier** (Wien)

Von A. Breithaupt wurde dieses Carbonat zuerst Talkerde genannt, später aber, schon im Ergänzungsbande der von ihm fortgesetzten Mineralogie von C. S. Hoffmann durch den besseren Namen Magnesit ersetzt. Synonima sind: Magnesitspat, Giobertit, Talkspat, Baudiserit, Walmstedit u. a. Wenn Magnesit Eisen in größerer Quantität enthält, so wird er auch Breunnerit oder Breunneritspat genannt, der wieder in Mesitit oder Mesitin, auch Mesitinspat genannt und in den Pistomesit je nach dem Eisengehalte zerfällt. In diesem Handbuche wird der Breunnerit vom Magnesit nicht abgetrennt, weil er durchaus keinen selbständigen Typus mit fixer Zusammensetzung darstellt.

Das wasserfreie Magnesiumcarbonat kommt in der Natur in zwei Phasen vor, die genetisch streng voneinander getrennt sind. Die kolloide amorphe Phase wurde von A. Breithaupt als Magnesit bezeichnet und die kristallisierte von Breithaupt Magnesitspat genannt. Doch ist diese Benennung nicht in die Literatur übergegangen und es soll in diesem Handbuch kristallisierter Magnesit und dichter oder amorpher Magnesit unterschieden werden;

auch ist bei den Literaturangaben, namentlich bei den Analysen eine solche Trennung nicht immer durchgeführt worden. Der dichte amorphe Magnesit ist ein typisches Gel bei seiner Entstehung, oft plastisch und knetbar. Er hat eine Dichte von $\delta = 2{,}9 - 3{,}0$. Der kristallisierte Magnesit gehört dem trigonalen Kristallsystem an, nach der Einteilung von P. Groth zur trigonal skalenoedrischen Klasse. Das Achsenverhältnis[1]) ist $a:c = 1:0{,}80950$

Analysen.

Es folgt nun eine Zusammenstellung der guten Magnesitanalysen angeordnet. Es wurde nach Möglichkeit immer angegeben, ob die kristallisierte Phase oder die dichte vorlag. Die Anordnung ist chronologisch nach dem Jahre der Publikation.

	1.	2.	3.	4.	5.	6.
δ . . .	—	3,015	3,017	3,017	—	—
MgO . . .	45,95	44,43	47,29	47,02	20,34	31,60
CaO . . .	—	0,65	—	—	—	1,97
MnO . . .	—	0,28	—	—	—	—
FeO . . .	1,07	—	0,78	1,41	35,53	16,09
(Fe_2O_3) . .	—	3,62	—	—	—	—
CO_2 . . .	51,60	49,67	51,44	51,57	44,09	49,17
(SiO_2). . .	1,40	—	—	—	—	Spuren
(H_2O). . .	—	0,61	0,47	—	—	Spuren
	100,02	99,36	99,98	100,00	99,96	98,83

1. Kristallisierter Magnesit, Bruck i. Steiermark; anal. Richter; in C. F. Rammelsberg, Mineralchemie II, (Leipzig 1875), 226.
2. Kristallisierter Magnesit, Flachau, Salzburg; anal. Sommer, in C. F. Rammelsberg, Mineralchemie II, (Leipzig 1875), 226.
3. Gelbe Kristalle, Snarum; anal. R. F. Marchand u. Th. Scheerer; Journ. prakt. Chem. **50**, 95; in C. F. Rammelsberg, Mineralchemie.
4. Undurchsichtiger Magnesit, gleicher Fundort; anal. wie oben.[2])
5. Breunnerit, Traversella; anal. H. Stromeyer; in C. F. Rammelsberg, Mineralchemie II, (Leipzig 1875), 231.
6. Breunnerit von Zillertal; anal. Joy; in C. F. Rammelsberg, wie oben.

	7.	8.	9.	10.	11.	12.
δ. . . .	—	—	—	—	—	—
MgO . . .	39,47	40,38	40,15	41,80	42,71	39,48
MnO . . .	0,48	0,42	1,98	0,56	1,51	0,73
FeO . . .	10,53	8,58	6,22	6,54	5,00	9,68
CO_2 . . .	50,16	49,92	49,22	50,32	50,92	50,07
	100,64	99,30	97,57	99,22	100,14	99,96

7. Breunnerit vom Fassatal in Südtirol; anal. H. Stromeyer; in C. F. Rammelsberg, Mineralehemie.
8. Breunnerit vom Rotenkopf im Zillertal; anal. H. Stromeyer in C. F. Rammelsberg, wie oben.
9. Breunnerit vom Harz; anal. Walmstedt, Schweigger, Journ. **35**, 308; in C. F. Rammelsberg, wie oben.
10. Breunnerit vom Gotthard; anal. H. Stromeyer nach C. F. Rammelsberg wie oben.
11. Schwarzer Breunnerit von Hall in Tirol; anal. H. Stromeyer, wie oben.
12. Breunnerit vom Pfitschtal in Tirol; anal. G. Magnus, Pogg. Ann. **10**, 145 (1827).

[1]) Nach P. Groth, Chem. Kryst. (1908) II, 204.

[2]) „Wie oben" bezieht sich stets auf die vorhergehende Analyse.

	13.	14.	15.	16.	17.	18.
δ	—	3,065	—	3,35	3,33	3,42
MgO . . .	40,98	46,48	27,12	28,12	26,76	21,72
CaO . . .	—	—	0,22	1,30	—	—
FeO . . .	8,16	0,87	26,61	24,18	27,37	33,92
CO_2 . . .	50,07	52,57	46,05	45,76	45,84	43,62
	99,21	99,92	100	99,36	99,97	99,26

13. Breunnerit von Tirol (ohne näheren Fundort); anal. Brooke, Pogg. Ann. **11**, 167 (1827).
14. Weißer Magnesit von Snarum; anal. Münster, Pogg. Ann. **65**, 292 (1845).
15. Mesitit von Traversella; anal. W. Gibbs, Pogg. Ann. **71**, 366 (1847).
16. Mesitit von Traversella; anal. Fritsche, Pogg. Ann. **70**, 147 (1847).
17. Mesitit von Werfen in Salzburg; anal. A. Patera in Haidinger, Ber. **2**, 296 (1847).
18. Pistomesit vom Thurnberg bei Flachau Salzburg; anal. Fritsche, Pogg. Ann. **70**, 147 (1847).

	19.	20.	21.	22.	23.	24.
δ	—	—	3,076	3,437	2,934	2,94
MgO . . .	42,49	42,48	45,36	22,29	46,13	46,25
CaO . . .	2,18	2,42	—	—	1,20	0,11
(MnO) . .	—	Spuren	—	—	—	—
FeO . . .	3,19	—	2,26	23,15	—	—
(Al_2O_3) . .	—	} 3,16	—	—	0,41	0,04
(Fe_2O_3) . .	—					
CO_2 . . .	50,45	50,15	50,79	44,57	51,79	51,93
(SiO_2) . .	—	—	—	—	0,12	0,20
(H_2O) . .	—	—	0,26	—	0,63	0,50
Rückstand .	—	1,29	—	—	—	—
	98,31	99,50	98,67	100,01	100,28	99,03

19. Breunnerit vom Semmering; anal. K. v. Hauer, J. k. k. geol. R.A. **3**, 154 (1852).
20. Pinolith-Magnesit vom Semmering; anal. K. v. Hauer, J. k. k. geol. R.A. **3**, 154 (1852).
21. Kristallisierter Magnesit von Gamhof bei Zwickau im Melaphyr; anal. Jentzsch, N. JB. Min. etc. (1853) 535.
22. Pistomesit vom Thurnberg bei Flachau, Salzburg; anal. Etling, Liebenbergs Ann. **99**, 203 (1853).
23. Dichter Magnesit, Orenburger Gouvernement Rußland; anal. W. Beck, Verh. d. kais. Ges. f. gesamte Min. (St. Petersburg 1862).
24. Dichter Magnesit von der Grube Poljakowsk beim See Urgun in Rußland; anal. W. Beck, wie oben.

	25.	26.	27.	28.	29.	30.
δ	3,02	—	3,10	—	—	—
MgO . . .	44,53	48,41	40,50	45,32	45,55	45,60
CaO . . .	0,65	—	—	1,58	0,86	1,01
MnO . . .	0,28	—	—	—	—	—
FeO . . .	—	—	0,55	2,12	1,62	1,74
(Fe_2O_3) . .	3,62	—	0,67	—	—	—
CO_2 . . .	49,67	50,87	49,97	50,90	51,62	51,87
(SiO_2) . .	—	0,21	—	—	—	—
(H_2O) . .	0,61	—	—	0,36	—	—
Rückstand .	—	—	—	0,34	0,47	0,25
	99,36	99,49	99,69	100,62	100,12	100,47

25. Magnesit von Flachau, Salzburg; anal. Sommer bei V. v. Zepharovich. Nach C. F. Rammelsberg, Mineralchemie II. (Leipzig 1875), 226.

26. Magnesit, dicht, von Kraubat in Obersteiermark; anal. H. Hoefer, J. k. k. geol. R.A. 445 (1866).

27. Breunnerit aus dem Chloritschiefer von Miasc; anal. P. Nikolajew bei N. v. Kokscharow: Die Mineralien Rußlands; (St. Petersburg 1878) VII.

28. Kristallisierter Magnesit (pinolitisch) von Maria Zell in Steiermark; anal. J. Rumpf, Tsch. Min. Mit. (1873) 263.

29. Pinolit-Magnesit von Wald in Steiermark; anal. F. Uhlik, wie oben.

30. Pinolit-Magnesit vom Sunk bei Trieben in Steiermark; anal. F. Uhlik, wie oben.

	31.	32.	33.	34.	35.	36.
δ	—	2,98	—	—	—	—
MgO	44,79	44,98	45,85	43,70	35,19	32,62
CaO	0,96	1,32	0,90	—	3,89	2,60
MnO	Spuren	Spuren	—	0,45	—	—
FeO	1,79	2,14	0,71	3,97	11,68	12,19
(Al_2O_3)	—	—	—	0,14	—	—
CO_2	50,96	51,60	52,35	50,83	50,18	46,60
Rückstand	1,39	—	0,20	0,10	—	6,01
	99,89	100,04	100,01	99,79	100,88	100,02

31. Pinolit-Magnesit von Wald bei Rottenmann in Steiermark; anal. F. Uhlik, wie oben.

32. Pinolit-Magnesit von Sunk; anal. wie Analyse 28.

33. Magnesit von Oberort bei Tragößs, Steiermark; anal. F. Ratz; K. Redlich, Z. prakt. Geol. **17**, 306 (1909) (alte Analyse).

34. Breunnerit aus Serpentin von der Insel Ting of Norrvick an der Küste von Unst; anal. Heddle, Mineral. Mag. Journ. of the Min. Soc. of Gr. Brit. a. Irel 1878, 9 u. 106.

35. Breunnerit vom Berge Poroschnaja bei Nischne Tagilsk; anal. Miklucho-Maclay, N. JB. Min. etc. 1885, I, 70.

36. Breunnerit (schwarz) von Hall in Tirol; anal. K. Haushofer, Sitzber. Bayer. Ak. **11**, 225 (1881).

	37.	38.	39.	40.	41.	42.
δ	3,442	—	—	—	—	—
MgO	17,36	47,47	47,85	36,93	37,68	47,15
CaO	1,85	—	—	2,60	—	—
MnO	2,03	—	—	—	1,36	—
FeO	36,38	0,42	—	7,61	11,88	—
(Al_2O_3)	—	—	—	—	—	0,62
CO_2	42,50	51,85	51,99	47,67	—	51,11
(SiO_2)	—	—	Spuren	—	—	0,13
(H_2O)	—	—	Spuren	—	—	—
Rückstand	—	—	—	2,63	—	—
	100,12	99,74	99,84	97,44		99,01

37. Breunnerit vom Fischenbachtal bei Saarbrücken; anal. E. Weiß, J. preuß. geol. L.A. 1885, 113.

38. Kristallisierter Magnesit von Snarum; wie oben.

39. Dichter Magnesit von Frankenstein; wie oben.

40. Breunnerit von der Mündung des Bynaska, Kreis Rewdinsk, Zentral-Ural; anal. A. Saytzeff, Mem. de Com. Géol. St. Petersbourg 1887, 1.

41. Breunnerit von Hall i. Tirol; anal. F. v. Foullon, J. k. k. geol. R.A. **38**, 2 (1888).

42. Magnesit von Semipaliatinsk; anal. J. Antipow, Verhand. d. kais. russ. min. Ges. z. St. Petersburg **27**, 487 (1890).

	43.	44.	45.	46.	47.	48.
(Na_2O) . .	—	0,52	—	—	—	—
(K_2O) . .	—	0,77	—	—	—	—
MgO . . .	46,03	40,01	42,80	47,41	46,81	45,68
CaO . . .	Spuren	—	0,82	0,40	0,42	0,78
MnO . . .	—	1,04	—	—	—	—
FeO . . .	—	—	1,77	0,04	—	—
(Al_2O_3) . .	0,51	1,84	1,14	—	—	—
(Fe_2O_3) . .	—	6,92	1,20	—	Spuren	0,17
CO_2 . . .	51,98	47,72	49,00	50,38	51,15	46,68
(SiO_2) . .	0,27	2,04	—	1,00	0,36	4,93
Rückstand .	—	—	3,24	—	—	—
(H_2O). . .	—	—	—	0,70	1,26	1,93
	98,79	100,86	99,97	99,93	100,00	100,17

43. Glockenstein, Juan Fernandez; anal. A. Darapsky; R. Pöhlmann, Verh. d. deutschen wissensch. Ver. St. Jago **2**, 320 (1893).

44. Magnesit vom Wachenbrunnergraben bei Niederkaiseralpel unfern Kufstein; anal. A. Schwager u. v. Gümbel, Geognost. Jahreshefte **7**, 57 (1899).

45. Pinolit-Magnesit von Trautenfels bei Steinach in Steiermark; anal. C. v. John, J. k. k. geol. R.A. **50**, 686 (1900).

46. Magnesit von Konia in Zentral-Kleinasien; anal. C. v. John, J. k. k. geol. R.A. **50**, 687 (1900).

47. Magnesit dicht, aus Schlesien; anal. A. Vesterberg, Bull. of the Geol. Inst. of Upsala (1900) 110.

48. Magnesit dicht, weiß mit gelben Adern; wie oben.

	49.	50.	51.	52.	53.	54.
MgO . . .	46,00	44,63	46,09	45,75	43,45	46,61
CaO . . .	0,85	—	1,68	1,44	2,23	0,91
MnO . . .	—	0,16	—	—	—	—
FeO . . .	—	3,88	$+Fe_2O_3$ 0,08	$+Fe_2O_3$ 1,19	—	—
(Al_2O_3) . .	1,62 (mit Fe_2O_3)	—	0,15	0,17 (mit Fe_2O_3)	$+$FeO 3,02 (mit Fe_2O_3)	Spuren (mit Fe_2O_3)
(Fe_2O_3) . .		Spuren	—	—		
CO_2 . . .	51,23	51,34	51,51	49,88	48,72	51,72
(SiO_2) . .	0,30	—	0,38	1,63	2,68	1,05
Rückstand .	—	0,04	—	—	—	—
	100,00	100,05	99,89	100,06	100,10	100,29

49. Magnesit vom südlichen Ural, Gouvernement Ufa; nach der russischen Handels- u. Industrie-Zeitung. St. u. Eisen **20**, 1237 (1900).

50. Grauer Magnesit von Jolsva, Gömörer Komitat, Ungarn; anal. J. Loczka, Z. Kryst. **35**, 282 (1902).

51. Magnesit von Mantudi auf Euboea; anal. C. Zengelis, Bg.- u. hütt. Z. **61**, 453 (1902).

52. Wie oben.

53. Magnesit von Papades, Griechenland; wie oben.

54. Magnesit aus Theben, Griechenland; wie oben.

	55.	56.	57.	58.	59.	60.
δ	—	—	3,08	3,10–3,13	3,10	—
MgO . . .	45,86	47,06	40,90	31,47	40,66	40,06
CaO . . .	1,95	0,40	1,23	0,72	1,59	4,79
MnO . . .	—	—	—	7,92	—	—
FeO . . .	—	$+Fe_2O_3$ 0,26	9,09	10,14	9,52	—
(Al_2O_3) . .	+FeO	—	—	—	—	2,75
(Fe_2O_3) . .	0,19					1,25
CO_2 . . .	51,56	51,55	47,56	48,03	47,32	47,43
(SiO_2) . .	0,29	0,57	—	—	—	3,15
Rückstand .	—	—	0,48	0,96	H_2O 0,60	0,55
	99,85	99,84	99,26	99,24	99,69	99,98

55. Magnesit von Lokris (Scenteraga), Griechenland; wie oben.
56. Magnesit von Corinth-Megara, Griechenland: wie oben.
57. Kristallisierter Magnesit vom Greiner Zillertal, wasserhelle Kristalle; anal. K. Eisenhut, Z. Kryst. **35**, 595 (1902).
58. Breunnerit, grobes Aggregat vom Greiner; wie oben.
59. Kristallisierter Magnesit vom Zillertal; wie oben.
60. Dichter Magnesit von Kassandra in Mazedonien; anal. A. Christomanos, Z. f. anal. Chem. **42**, 606 (1903).

	61.	62.	63.	64.	65.	66.
MgO . . .	42,50	43,00	45,07	46,44	46,10	45,51
CaO . . .	3,14	3,41	1,54	0,80	1,39	2,25
(Al_2O_3) . .	1,90	1,10	1,10	0,80	0,70	Spur
(Fe_2O_3) . .	1,10	0,90	0,90	0,40	0,45	Spur
CO_2 . . .	48,79	49,47	50,34	51,64	51,35	51,38
(SiO_2) . .	2,57	2,22	1,05	0,30	0,20	0,52
(H_2O) . .	—	—	—	0,08	—	0,34
	100,00	100,10	100,00	100,46	100,09	100,00

61. Dichter Magnesit, Insel Skiathos, Griechenland; wie oben.
62. " " Insel Skopelos, Griechenland; wie oben.
63. " " Leukonisi, Griechenland; wie oben.
64. " " Mantudi, auf Euböa Stollen I; wie oben.
65. " " vom gleichen Fundort Stollen III; wie oben.
66. " " Pyli, auf Euböa; wie oben.

	67.	68.	69.	70.	71.	72.
MgO . . .	44,53	43,48	46,50	47,11	43,98	45,62
CaO . . .	2,79	0,97	0,88	0,51	2,78	1,98
(Al_2O_3) . .	0,34	0,85	0,75	0,20	0,85	0,39
(Fe_2O_3) . .	0,26	0,90	0,25	0,20	0,65	0,35
CO_2 . . .	49,94	48,16	51,36	51,77	49,16	51,28
(SiO_2). . .	2,10	5,05	0,30	0,20	0,82	0,36
(H_2O). . .	—	0,18	—	—	0,50	0,05
	99,96	99,59	100,04	99,99	98,74	100,03

67. Dichter Magnesit, Pappades auf Euböa, wie oben.
68. " " Achmetoga auf Euböa; wie oben.
69. " " Limni auf Euböa, Rachi; wie oben.

70. Dichter Magnesit, Limni auf Euböa, Canalia; wie oben.
71. „ „ Petrifite auf Euböa; wie oben.
72. „ „ Skenderaga in Lokris; wie oben.

	73.	74.	75.	76.	77.	78.
MgO . . .	45,00	45,44	46,98	47,18	43,43	37,28
CaO . . .	2,05	1,07	0,90	0,50	4,08	5,64
(Al_2O_3) . .	0,06	0,05	—	0,15	0,44	1,60
(Fe_2O_3) . .	0,08	0,08	—	0,08	0,21	2,40
CO_2 . . .	50,66	51,21	51,92	51,90	50,70	45,08
(SiO_2) . .	1,75	1,17	0,20	0,25	0,49	7,50
(H_2O) . .	0,20	—	—	—	0,66	0,45
	99,80	100,02	100,20	100,06	100,01	99,95

73. Dichter Magnesit, Lukissia in Böotien; wie oben.
74. „ „ Theben, Griechenland; wie oben.
75. „ „ Vlastos bei Megara; wie oben.
76. „ „ St. Theodor bei Korinth; wie oben.
77. „ „ Perachora bei Korinth; wie oben.
78. „ „ Megalopolis im Peloponnes; wie oben.

	79.	80.	81.	82.	83.	84.
MgO . . .	30,08	43,84	39,17	42,05	40,36	40,84
CaO . . .	13,48	0,56	6,41	0,99	0,36	3,50
FeO . . .	—	1,90	2,59	—	—	—
(Al_2O_3) . .	2,10	—	—	} 0,10	—	—
(Fe_2O_3) . .	1,90	—	—		—	—
CO_2 . . .	43,39	49,29	49,70	43,86	$+H_2O$ 46,33	44,70
(SiO_2) . .	8,50	—	—	8,65	12,20	8,15
(H_2O) . .	0,55	—	—	4,36	—	1,82
Rückstand .	—	4,22	2,13	—	—	—
	99,96	99,81	100,00	100,01	99,25	99,01

79. Dichter Magnesit, Taygetus im Peloponnes; wie oben.

80. Magnesit vom Häuselberg bei Leoben; anal. F. Ratz; K. Redlich, J. k. k. geol. R.A. **53**, 292 (1903).

81. Dichter Magnesit vom Häuselberg bei Leoben in Steiermark; anal. R. Jeller; wie oben.

82. Magnesit von Grotta d'Oggi auf Elba; anal. G. d'Achiardi, Mem. Soc. Toscana di Science Natur. Pisa **20**, 86 (1903).

83. Wie oben.

84. Magnesit von Elba; wie oben.

	85.	86.	87.	88.	89.	90.
MgO . . .	41,94	42,43	38,37	41,35	43,26	46,47
CaO . . .	0,39	1,68	1,99	2,10	—	1,14
MnO . . .	—	0,53	—	—	Spuren	—
FeO . . .	—	3,53	7,30	—	5,54	—
(Al_2O_3) . .	—	0,03	0,29	Spur	—	} 0,08
(Fe_2O_3) . .	—	—	—	Spur	—	
CO_2 . . .	43,86	50,41	48,51	36,25	51,12	52,02
(SiO_2) . .	—	—	3,54	11,64	—	—
(H_2O). . .	4,36	—	—	8,73	—	0,33
Rückstand .	9,01	0,92	—	—	—	0,04
	99,56	99,53	100,00	100,07	99,92	100,08

85. Wie oben.
86. Magnesit vom Sattlerkogel in der Veitsch; anal. (?) St. u. Eisen (1903).
87. Magnesit von der Stangalpe in Kärnten; anal. R. Canaval, Karinthia (1904) 9.
88. Giobertit von Val della Torre (Torino); anal. E. Monaco, Portici (1905) 8, Sep.-Abz.; nach N. JB. Min. etc. 1906 I, 333.
89. Breunnerit von Avigliana; anal. G. Piolti; Atti R. Acc. d. sc. di Torino **41**, 800 (1906).
90. Magnesit von St. Lorenzen in Steiermark; anal. C. v. John, J. k. k. geol. R.A. **57**, 427 (1907).

	91.	92.	93.	94.	95.	96.
MgO . . .	42,02	46,50	39,54	39,91	40,49	37,70
CaO . . .	0,80	0,32	4,52	1,73	1,00	5,12
FeO . . .	2,93	0,64	1,54	3,75	3,53	6,24
(Al_2O_3) . .	0,80	0,19	0,48	0,17	—	1,32
CO_2 . . .	48,64	51,79	47,99	48,51	47,91	49,30
SiO_2 in Säure löslich . .	0,30	—	—	—	Magnesia-Silicat 6,00	—
Rückstand .	4,15	0,66	5,83	6,89	—	0,23
	99,64	100,10	99,90	99,96	99,93	99,92

91. Magnesit vom Semmering; anal. C. v. John, wie oben.
92. Magnesit von Obertal bei St. Kathrein a. d. Laming in Steiermark; anal. C. v. John, wie oben.
93. Magnesit von der Ranegmühle bei Dienten in Salzburg; anal. C. F. Eichleiter, wie oben.
94. Wie oben.
95. Magnesit aus der Umgebung von Aspang in Niederösterreich; anal. C. F. Eichleiter, wie oben.
96. Magnesit von Breitenau bei St. Erhard nächst Bruck a. d. M., Steiermark; anal. C. v. John, wie oben.

	97.	98.	99.	100.	101.	102.
MgO	43,36	45,94	43,38	32,01	40,81	34,55
CaO	2,06	0,21	2,00	15,30	5,39	13,03
FeO	2,71	2,37	2,65	2,16	2,34	2,01
(Al_2O_3)	0,24	0,12	0,26	0,30	0,62	—
CO_2	50,28	51,39	50,91	48,55	50,56	50,09
(H_2O)	—	—	—	—	—	0,34
Rückstand . . .	0,26	0,09	0,80	1,70	0,40	0,26
(Organ. Substanz) .	—	—	0,10	0,10	Spur	—
	99,61	99,62	100,10	100,12	100,12	100,28

97—101. Wie oben.
102. Magnesit von Jolsva; anal. D. Kalecsinsky, Jber. d. k. ungar. geol. A. (1907) 294.

	103.	104.	105.	106.	107.	108.
MgO . . .	46,28	40,66	39,65	33,34	40,68	47,35
CaO . . .	0,41	2,00	1,60	11,80	2,39	—
MnO . . .	—	1,80	0,40	2,09	0,41	—
FeO . . .	0,03	9,81	11,56	—	—	—
(Al_2O_3) . .	0,07	0,15	0,30	0,31	2,30	0,30
(Fe_2O_3) . .	—	—	—	5,76	1,74	
CO_2	49,85	43,98	45,05	Glühverlust 47,00	46,59	41,44
(SiO_2)	2,27	1,60	1,44	0,08	5,33	0,22
(H_2O)	1,15	—	—	—	1,02	0,27
	100,06	100,00	100,00	100,38	100,46	99,58

103. Magnesit von Griechenland; anal. F. Meyan, Eng. Min. Journ. (1908) 962.
104. Magnesit von St. Oswald in Kärnten; anal. in der chem. Landes-Versuchs- und Samenkontrollstation Graz. K. Redlich, Z. prakt. Geol. **16**, 457 (1908).
105. Wie oben.
106. Grobkristalliner Magnesit von Reinosa, Provinz Santander, Spanien; Analyse bei K. Redlich, Z. prakt. Geol. 17, 309 (1909).
107. Magnesit bei der Teptjarskischen Datsche, Gouvernement Orenburg bei K. Redlich, wie oben.
108. Magnesit von den Chalk Hills bei Salem; anal. H. Dains, Journ. of the Soc. chem. Ind. (1909) 503.

	109.	110.	111.	112.	113.
MgO . . .	46,42	46,28	46,77	45,14	47,89
CaO . . .	(0,83)	(0,78)	0,44	Spuren	—
MnO . . .	(0,20)	(0,06)	—	—	—
(Al_2O_3) . .	0,65	0,14	0,10	0,10	—
(Fe_2O_3) . .			0,40	0,65	—
CO_2 . . .	50,71	50,10	51,44	49,26	51,88
(SiO_2) . .	0,29	1,17	0,31	—	—
(P_2O_5) . .	—	0,01	—	1,70	—
(H_2SO_4) . .	—	0,03	—	—	—
(H_2O) . .	0,16	1,30	0,60	Spuren	—
	99,26	99,87	100,06	99,85[1]	99,77

109—112. Wie oben.
113. Dichter Magnesit von Saasbach am Kaiserstuhl in Baden; anal. W. Meigen, Berichte über die Versammlg. d. Oberrhein. geol. Ver. (1910) 79.

Die chemische Zusammensetzung ist somit kohlensaure Magnesia:

1 Atom C	= 12	— CO_2	52,18
1 „ Mg	= 24,32	— MgO	47,82
3 „ O	= 48		100,00
	84,32		

Die Strukturformel dieses Carbonates kann dargestellt werden durch[2]):

$$Mg\langle \begin{array}{c} O \\ | \\ C=O \\ | \\ O \end{array}$$

Übersieht man die Analysen, so findet man, daß nur selten ein wirklich reines Magnesiumcarbonat vorliegt und Beimengungen aller Art häufig sind. Das kristallisierte Magnesiumcarbonat zeigt eine große Tendenz, andere Verbindungen isomorph aufzunehmen. Dann kommt wohl auch der Umstand in Betracht, daß in den meisten Fällen den Analytikern nicht das reine Carbonat vorlag, sondern ein Material, dem mehr oder weniger Gangart beigemengt war. Das ist ja begreiflich, da die meisten hier aufgeführten Magnesitanalysen nicht dem rein wissenschaftlichen Zwecke dienen sollten, sondern technische Analysen sind. Sehr reine Magnesite sind: Der amorphe Magnesit von Kraubat in Steiermark (26), ein Magnesit aus Rußland (42), der kristallisierte von

[1]) Die dem Verf. nur aus dem Ref. in der Zeitschrift St. u Eisen **29**, 1511 (1909) bekannte Analyse stimmt in der angebenen Summe nicht mit der wirklichen Summe, die nur 96,85 ergibt, überein.
[2]) Nach C. Doelter, Chemische Mineralogie. (Leipzig 1890) 251.

Snarum in Norwegen (3, 4, 14 und 38), ein dichter Magnesit von Frankenstein (39), eine Anzahl dichter griechischer Magnesite (54, 56, 64, 70, 75, 76), dann der Magnesit von St. Kathrein in Steiermark (92), Magnesite von den Chalk Hills (108, 109) und endlich der dichte Magnesit vom Kaiserstuhl im Breisgau (113).

Die dichten Magnesite enthalten fast immer Kieselsäure, daneben gewöhnlich noch etwas FeO, CaO und Al_2O_3. Der Kieselsäuregehalt rührt zumeist von einer Beimengung von Opal her. Im allgemeinen sind die amorphen Magnesite reiner als die kristallisierten. Niemals jedoch enthält der kristallisierte Magnesit Kieselsäure. Die Angabe eines SiO_2-Gehaltes in einer Magnesitanalyse ist ein sicheres Kriterium für die dichte Natur dieses Magnesits.

Der Wassergehalt des amorphen Magnesits ist großen Schwankungen unterworfen und richtet sich, wie bei allen Gelen, nach der Dampftension der Umgebung.

Die kristallisierten Magnesite enthalten sehr häufig die isomorphen Carbonate des Calcium, des Eisens und Mangans, besonders das Eisen in so wechselnden Mengen, daß sie eine Reihe bilden, die zum Siderit hinüber leitet. So bilden die unter Analyse 7, 105, 35, 41, 36, 22, 16, 15, 17, 18, 37 angeführten Proben mit steigendem Eisengehalte den Übergang zum Siderit.

Aus obiger Analysenzusammenstellung kann man ersehen, wie willkürlich der Name Breunnerit[1]) gebraucht wird. Unter diesem Namen hat man alle Magnesite zusammengefaßt, die einen etwas höheren Eisengehalt besitzen[2]) und zwei Unterabteilungen geschaffen: Mesitit und Pistomesit; zu ersteren gehören Carbonate, die etwa der Formel $2MgCO_3FeCO_3$ entsprechen und eine Dichte $\delta = 3{,}35—3{,}36$ besitzen. Zu letzterem gehören Carbonate beiläufig von der Formel $MgCO_3FeCO_3$ und dem höheren Eisengehalte gemäß von höherer Dichte $\delta = 3{,}42$.

Was die Verbreitung des Magnesits über die Erde anbetrifft, so steht Österreich als das an Magnesiten reichste Land der Erde da. Auf Steiermark beziehen sich: Veitsch 86.[3]) Bruck a. d. Mur 1 u. 96—101. Semmering 19, 20, 91; andere Orte: 26, 28, 29, 30, 31, 32, 33, 45, 80, 81, 90, 92, 93, 94, 95. Auf Salzburg: 2, 17, 18, 22, 25. Auf Tirol: 6—8, 11—13, 36, 41, 44, 57—59. Kärnten: 87, 104, 105. Ungarn: 102.

Schweiz: 10.
Deutschland: 9, 21, 37, 39, 47, 48, 113.
Italien: 5, 15, 16, 88, 89. Insel Elba 82—86.
Griechenland: 51—56, 60—79, 103.
Großbritannien: 34.
Skandinavien: 3, 4, 14, 38.
Russisches Reich: 23, 24, 35, 40, 42, 49, 107.
Außer Europa: 35, 43, 46, 108—112 (Indien).

Verhalten vor dem Lötrohre. Als Lötrohrreaktion wird für Magnesit gewöhnlich die Reaktion der reinen Magnesia angesehen. Auf Platinblech oder auf Kohle mit einer verdünnten Lösung von Kobaltnitrat befeuchtet, entsteht eine licht-fleischrote Masse (in der Farbe eigentlich mehr der menschlichen Hautfarbe ähnlich). Diese Reaktion ist aber nur sehr bedingt anwendbar,

---

[1]) Auch richtiger Breunerit.
[2]) Über Co-haltigen Magnesit s. bei Kobaltspat.
[3]) Die Hauptverbreitung, so wie sie uns heute bekannt ist, liegt in den Alpenländern.

da schon geringe Verunreinigungen genügen, das Eintreten der Färbung zu verhindern. So genügen Spuren von Tonerde, um der mit Kobaltnitrat geglühten Masse eine blaue Färbung, die Aluminiumreaktion zu geben.

Vor dem Lötrohr ist Magnesit unschmelzbar und schrumpft etwas zusammen (Dissoziation, die CO_2 entweicht und es restiert Magnesiumoxyd) und reagiert alkalisch (mit Phenolphtalein rote Färbung).

Reaktion: Magnesit reagiert nach F. Cornu[1]) schwach alkalisch.

Physikalische Eigenschaften.

Einige chemisch-physikalische Konstanten: Die beiden **Brechungsquotienten** sind für Na-Licht[2]):

$$N_\alpha = 1,515$$
$$N_\gamma = 1,717.$$

Der Charakter der Doppelbrechung ist negativ. — Das **spezif. Gewicht** für den reinen an Wasser fast freien, amorphen Magnesit ist $\delta = 2,934$.[3]) Für den reinen kristallisierten Magnesit $\delta = 3,017$[4]) bis $\delta = 3,037$.[5]) Mit wachsendem Eisengehalte steigt natürlich auch δ. So ist für die Mesitit genannte Varietät[5]) $\delta = 3,36$ und für den Pistomesit, der mehr Eisen enthält, $\delta = 3,42$. — Das Molekularvolumen[5]) $M_v = 27,38$. — Das Refraktionsäquivalent ist für N_α, $R_\alpha = 14,10$, für N_γ, $R_\gamma = 19,63$. Es ist von W. Ortloff[6]) nach der Formel $R = (N-1) M_v$, worin N der Brechungsquotient und M_v das Molekularvolumen ist, berechnet worden.

Die **Härte** des kristallisierten Magnesits schwankt zwischen 3,5 und 4,5. Die des amorphen stellt sich durch reichen SiO_2-Gehalt oft noch höher.

Dilatation der Kristalle des Magnesits. Bei Erwärmen zeigen Magnesitkristalle eine positive Dilatation. Sie ist nach H. Fizeau[7]) für 1° in der Richtung der kristallographischen Hauptachse $\alpha = 0,00002130$, in der Richtung normal darauf $\alpha' = 0,00000599$.

Die Veränderung des Rhomboederwinkels beträgt $0^\circ 4' 12''$.

Thermische Dissoziation des Magnesiumcarbonats.

Die Angaben, die ältere Autoren über die Zersetzungstemperatur des Magnesiumcarbonates gemacht haben, sind in ihren Resultaten recht verschieden. So fand H. Rose,[8]) daß Magnesiumcarbonat bei 200—300° Kohlensäure abgibt und schon bei schwachem Glühen kohlensäurefreies Magnesiumoxyd erhalten wird. R. F. Marchand und Th. Scheerer[9]) hingegen kamen auf Grund ihrer Versuche zu dem Resultate, daß man aus Magnesiumcarbonat auch durch intensives und langanhaltendes Glühen nicht die gesamte Kohlensäure vertreiben könne. W. Anderson[10]) hat bei einer Studie über die Bildung von

[1]) F. Cornu, Tsch. min. Mit. **25**, 489 (1906).
[2]) E. Mallard, C. R. **107**, 302 (1888).
[3]) R. F. Marchand u. Th. Scheerer, Journ. prakt. Chem. **50**, 395 (1852) und Pogg. Ann. **80**, 313 (1850).
[4]) Neumann, Pogg. Ann. **23**, 1 (1831).
[5]) Beck, Verh. Petersb. Min. Ges. (1862) 89.
[6]) W. Ortloff, Z. f. phys. Chem. **19**, 217 (1896).
[7]) M. Fizeau nach A. Des Cloizeaux, Manuel II, (1894), 158.
[8]) H. Rose, Pogg. Ann. **83**, 423.
[9]) Marchant u. Th. Scheerer, Journ. prakt. Chem. **50**, 385.
[10]) W. Anderson, Proc. Chem. Soc. **21**, 11.

Magnesia aus Magnesiumcarbonat gefunden, daß das „schwere Carbonat" erst bei Temperaturen oberhalb 810° alle Kohlensäure abgäbe. Leider fehlt jede genauere Angabe über die Beschaffenheit seines Untersuchungsmaterials, sowie über die Art und Weise, wie die Versuche ausgeführt wurden.

A. Michaelis[1]) sagt in seinem Lehrbuche der Chemie, daß Magnesit bei 300° noch keine Kohlensäure abgäbe, während das kristallwasserhaltige Carbonat $MgCO_3 . 3H_2O$[2]) bei dieser Temperatur vollständig zersetzt wird.

A. Vesterberg,[3]) der Magnesit und Dolomit beim Erhitzen vergleichsweise untersuchte, fand, daß Magnesit viel leichter zersetzbar ist als Dolomit. In kohlensäurefreiem Luftstrom hat er feinst gepulverten Magnesit erhitzt und fand, daß schon bei 448° der Magnesit Kohlensäure abzugeben beginnt, diese Reaktion aber nur sehr langsam vonstatten geht. Beim Erhitzen über einem Kreuzbrenner ging nach einer Stunde alle Kohlensäure weg, woraus A. Vesterberg schloß, daß die hierbei verwendete Temperatur ca. 500° betragen habe. In diesen Versuchsergebnissen erblickt A. Vesterberg eine Methode, die Natur des Magnesiumcarbonats in Calcium-Magnesiumcarbonatgesteinen zu erkennen, da das als Dolomit gebundene Magnesiumcarbonat seine Kohlensäure bei einer Temperatur von 500° nicht oder nur ganz wenig abgibt, freies Magnesiumcarbonat aber dieselbe nach zirka zweistündigem Glühen gänzlich verliert.

Zu gleicher Zeit hat E. Wülfing[4]) ebenfalls Erhitzungsversuche angestellt, um zu ermitteln, ob Magnesit und Dolomit sich hierbei so verschieden verhalten, daß sich die Gegenwart von ungebundenem Magnesiumcarbonat in einem Mergel nachweisen läßt. Er hat in einem sog Gilbert-Ofen bei einer konstanten Temperatur von genau 500° gearbeitet und gefunden, daß sich Magnesit viel mehr zersetzt als Dolomit. Der Magnesit hatte aber nach 2 Stunden noch nicht die Hälfte, nach 12 Stunden noch nicht alle Kohlensäure abgegeben, während A. Vesterberg schon nach 1—2 Stunden alle Kohlensäure vertrieben hatte, was letzteren zu der Meinung führt, daß seine Versuchstemperatur höher als 500° gewesen sei. Aus seinen und E. Wülfings Versuchen schloß er, daß die Temperatur der schnellen Zersetzung des Magnesits nur wenig, diejenige des Dolomits beträchtlich über 500° liege.

Mit Hilfe der Nernst'schen[5]) Mikrowage gelang es O. Brill[6]), in neuester Zeit verläßliche Daten über die Dissoziationstemperatur der Carbonate zu geben. — Er konnte bei seinen Versuchen vor allem die Temperatur, bei der der Dissoziationsdruck des gasförmigen Dissoziationsprodukts, also der Kohlensäure gleich einer Atmosphäre ist, bestimmen. Diese Temperatur nennt er Dissoziationstemperatur, sie ist für die untersuchten Verbindungen eine konstante, sie ist aber eine andere als die, bei der sich der Körper zersetzt und die bisher gewöhnlich mit der Dissoziationstemperatur identifiziert wurde.

---

[1]) A. Michaelis, Lehrb. d. anorg. Chem. 5. Aufl. (Braunschweig 1879—89) III, 748.

[2]) L. c. 750.

[3]) A. Vesterberg, Bull. of the geol. Inst. Upsala (1900) 127.

[4]) E. Wülfing, Jahresheft d. Vereins f. Vaterländ. Naturkunde in Württemberg **56**, 1 (1900).

[5]) W. Nernst, Nachr. d. kgl. Ges. d. Wiss. Göttingen. Heft 2 (1902). — W. Nernst u. H. Riesenfeld, Ber. Dtsch. Chem. Ges. **36**, 2086 (1903).

[6]) O. Brill, Z. f. phys. Chem. **45**, 283 (1905).

Die Versuche wurden in einem elektrischen Platinwiderstandsofen[1]) ausgeführt, durch den getrocknete Kohlensäure durchgeleitet wurde (Fig. 20). (*a*) Der Kohlensäuredruck war immer nahezu gleich 1 Atm. Durch eine Glimmerplatte (*b*) wurde der Ofen bis auf eine kleine Öffnung verschlossen. An dem Platinhaken (*c*) befand sich das zur Aufnahme des Materials bestimmte Tiegelchen, das ca. 3 mm hoch und aus 0,015 mm dickem Platinblech verfertigt war. Dieses Tiegelchen kühlte sich nach wenigen Sekunden von 1400° auf Zimmertemperatur ab, daher war anzunehmen, daß die Temperatur des Tiegelchens und die, welche das Thermoelement (*e*) anzeigte, dieselben waren. Die Messung der Temperatur war auf 5° genau. Die Erhitzung wurde in je 10 Min. bei der betreffenden konstanten Temperatur vorgenommen und die Wägung erfolgte bei der raschen Abkühlung des Tiegelchens mit solcher Schnelligkeit, daß auch bei hygroskopischen Substanzen, und das sind ja die Oxyde des Calciums und Magnesiums, die Wägung genau war. Die Untersuchungen wurden zuerst an einem wasserfreien neutralen kristallisierten Carbonate angestellt, das aus der Verbindung $MgCO_3 . 3H_2O$ durch längeres Erhitzen auf 225° im Kohlensäurestrome erhalten wurde. Durch quantitative Analyse überzeugte sich O. Brill davon, daß sein Material fast gänzlich wasserfrei war. Aus der in O. Brills Arbeit enthaltenen Tabelle seien die wichtigsten Werte herausgenommen. Abgewogen wurden 60,75 Skalenteile der Mikrowage = 2,46 mg $MgCO_3$.

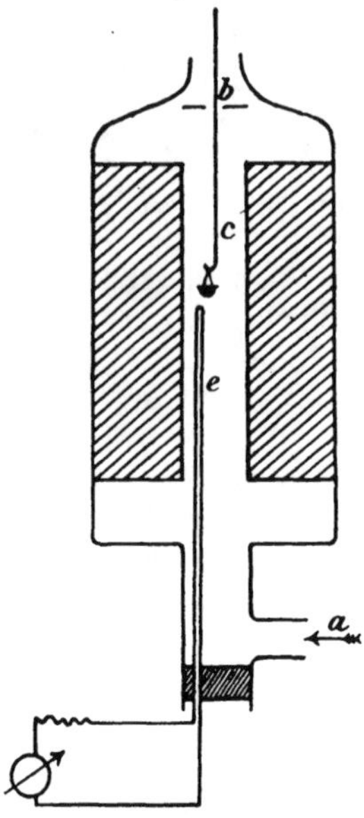

Fig. 20.
Apparat zur Bestimmung der Dissoziationspunkte bei Carbonaten; nach O. Brill.

Zeit in Min.	Temperatur in Graden	Gew. nach d. Erhitzen
10	200	60,65
10	440	60,35
10	450	54,15
10	465	46,05
10	470	42,65
10	490	39,75
10	530	37,15
10	565	30,65
10	600	29,15

Erhalten: 48,30% MgO
Berechnet: 47,85% MgO.

Daraus geht hervor, daß die Dissoziationstemperatur des kristallisierten Magnesiumcarbonats 445° ist.

[1]) Derselbe soll hier näher beschrieben sein, da er auch bei der Bestimmung der Dissoziationspunkte der Carbonate des Calciums und Bariums Verwendung fand.

Da die so erhaltene Kurve Unregelmäßigkeiten zeigte, so wurden noch andere Formen des Magnesiumcarbonats, die man auf andere Weise herstellt, untersucht. Dies geschah in Analogie mit dem Calciumcarbonat. Nach H. le Chatelier[1]) verhalten sich z. B. Kreide und Doppelspat in bezug auf die Dissoziation verschieden. Das kristallisierte Magnesiumcarbonat, das man nach dem Verfahren von P. Engel[2]) aus der Verbindung Ammoniummagnesiumcarbonat durch Trocknen bei 130° erhält, gab aber fast das nämliche Resultat.

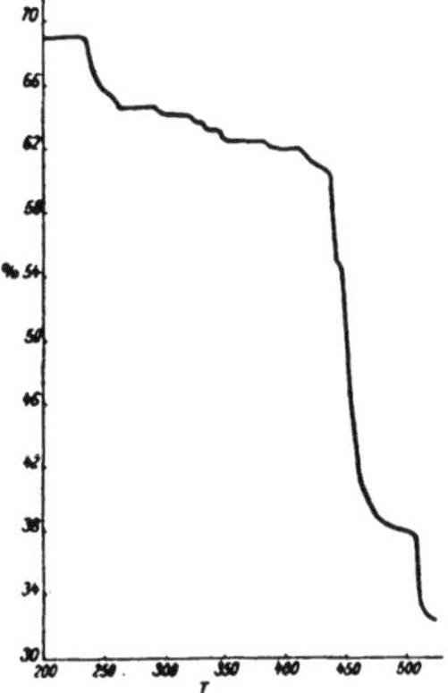

Fig. 21. Dissoziationskurve des $MgCO_3$ nach O. Brill.

Es wurde gefälltes Magnesiumcarbonat verwendet, dadurch hergestellt,[3]) daß basisches Magnesiumcarbonat, welches aus $MgSO_4 . 7 H_2O$ mit heißer Sodalösung nach dem Beispiele H. Roses[4]) gefällt wurde, durch langes Erhitzen im Kohlensäuregas bei 275° in reines neutrales Magnesiumcarbonat umgewandelt wurde. Das Resultat zeigt nebenstehende Kurve. Die Zersetzung des Magnesiumcarbonats erfolgt stufenweise. Hierbei bilden sich ganze Reihen von basischen Carbonaten, wie die untenstehende Fig. 22, die einen vergrößerten Ausschnitt der Fig. 21 bildet, angibt.

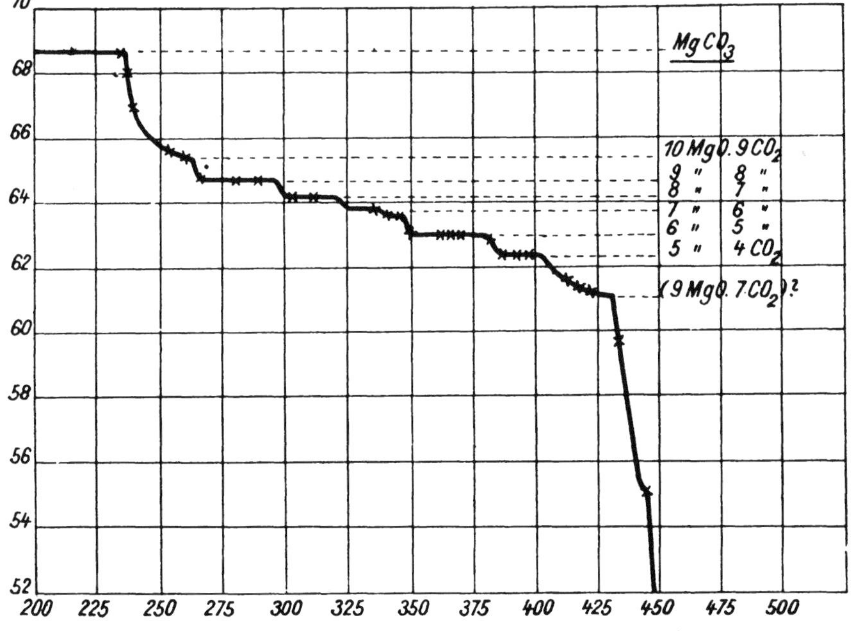

Fig. 22. Dissoziationskurve des $MgCO_3$ nach O. Brill.

[1]) H. le Chatelier, C. R. **102**, 1243 (1883).
[2]) P. Engel, C. R. **129**, 598 (1899).
[3]) Vgl. unten.
[4]) H. Rose, Pogg. Ann. **83**, 429.

Für diese Carbonate hat O. Brill folgende Formeln berechnet.

Berechnet für	% MgO	Erhalten % MgO	Dissoziations-temperatur
$10\,MgO.9\,CO_2$	50,64	50,58	265°
$9\,MgO.8\,CO_2$	50,79	50,98	295
$8\,MgO.7\,CO_2$	51,20	51,37	325
$7\,MgO.6\,CO_2$	51,51	51,69	340
$6\,MgO.5\,CO_2$	52,36	52,35	380
$5\,MgO.4\,CO_2$	53,41	53,03	405
$7\,MgO.CO_2$	86,53	86,31	510

Elektrische Eigenschaften.

Berührungselektrizität: O. Knobloch[1]) hat bei seinen Versuchen über Berührungselektrizität auch den Magnesit untersucht. Es wurde eine Anzahl fester Körper in Plattenform: Platin, Paraffin, Glas und Schwefel mit anderen Körpern (z. B. Carbonate) in Pulverform in Berührung gebracht und das Vorhandensein und das Vorzeichen der elektrischen Ladung bestimmt, die bei der Trennung der einander berührenden Substanzen erfolgte.

Aufgestreutes Pulver von Magnesiumcarbonat ließ bei

Platin	negative	Berührungselektrizität
Glas	positive	
Paraffin	negative	
Schwefel	negative	

erkennen.

Löslichkeit.

Über die Löslichkeit des Magnesits in reinem Wasser bei 26° C. hat N. Ljubawin[2]) Untersuchungen angestellt; er fand, daß sich 0,0027% $MgCO_3$ lösten, vom leichter löslichen Salz $MgCO_3.3\,H_2O$ hingegen 0,0812%. Gegenwart von Chlornatrium steigert die Löslichkeit infolge doppelter Umsetzung.

Größer ist die Löslichkeit in kohlensäurehaltigem Wasser. Bei den Löslichkeitsversuchen fand gewöhnlich das neutrale $MgCO_3.3\,H_2O$ Verwendung. Dieses Salz kommt in der Natur als Mineral (Nesquehonit) nur sehr selten vor und soll nun hier besprochen werden, besonders deshalb, weil aus diesen Versuchen die Löslichkeit des Magnesiumcarbonats berechnet wurde.

Die ersten wichtigen Angaben haben P. Engel und J. Ville[3]) gemacht. In ihrer Arbeit findet sich eine frühere Angabe von Merkel, wonach 1 l Wasser mit Kohlensäure gesättigt bei 5° und bei einem Druck von

1	2	3	4	5	6 Atm.
1,31	1,34	7,46	9,03	9,09	13,15 g Magnesiumcarbonat

löst. Später hat Bineau bei Atmosphärendruck in kohlensäurehaltigem Wasser 23,73 g des Carbonats gelöst erhalten. Diese Angaben haben P. Engel

[1]) L. Knobloch, Z. f. phys. Chem. **39**, 231 (1902).
[2]) N. Ljubawin, Journ. d. russ. physikal.-chem. Ges. (1892) 389.
[3]) P. Engel u. J. Ville, C. R. **93**, 340 (1881).

und J. Ville überprüft und fanden, daß sich bei einem Druck von 763 mm und bei einer Temperatur von 19,5° 25,79 g Magnesiumcarbonat in einem Liter Wasser lösen.

Druck Atm.	Temperatur	Menge des in 1 l Wasser gelösten $MgCO_3$
1,0	19,5°	25,79 g
2,1	19,5	33,11
3,2	19,7	37,3
4,7	19,0	43,5
5.6	19,2	46,2
6,2	19,2	48,51
7,5	19,5	51,2
9,0	18,7	56,5

Bei ihren weiteren Versuchen stellten sie den Satz auf, daß die Löslichkeit des Magnesiumcarbonats eine Funktion der Temperatur sei; den Beweis hierfür gibt nachstehende Tabelle.

Druck	Temperatur	Menge des in 1 l Waser gelösten $MgCO_3$
751 mm	13,4°	28,45 g
763	19,5	25,79
762	29,3	21,945
764	46,0	15,7
764	62,0	10,35
765	70,0	8,1
765	82,0	4,9
765	90,0	2,4
765	100,0	0,0

Später fand P. Engel,[1]) daß für die Löslichkeit des $MgCO_3$ in kohlensäurehaltigem Wasser die Formel Th. Schloesings[2]) $x^m = ky$, die dieser für Calcium- und Bariumcarbonat gefunden hatte, auch hier für 1 Atmosphäre übersteigende Drucke Gültigkeit habe. In dieser Formel ist für Magnesiumcarbonat $m = 0{,}362$ und $k = 0{,}0398$, Zahlen, die P. Engel aus den in untenstehender Tabelle[3]) zusammengestellten Versuchen gefunden hat, während x den Kohlensäuredruck in Atmosphären und y die Menge des in 1 l gelösten Magnesiumcarbonats bedeutet. Als Material verwendete er $MgCO_3 . 3H_2O$.

Kohlensäuredruck Atm.	Carbonat gerechnet in g für 1 l Wasser	Carbonat gefunden
1,0	25,18 g	25,79 g
2,1	32,95	33,11
3,2	38,37	37,30
4,7	44,10	43,50
5,6	47,00	46,20
6,2	48,76	48,50
7,5	52,23	51,20
9,0	55,80	56,60

P. Engel fand also, daß beim Druck von einer Atmosphäre sich 25,79 g lösen. Der Umstand, daß frühere Forscher andere Werte gefunden haben, beruht darauf, daß sie als Ausgangsmaterial für ihre Versuche nicht das neutrale, mit 3 Molekülen Wasser kristallisierende Carbonat, sondern

---

[1]) P. Engel, C. R. **100**, 352 (1885).
[2]) Th. Schloesing, C. R. **74**, 1552 (1872) und **75**, 70 (1872).
[3]) Vgl. die erste Tabelle auf S. 236.

basisches Magnesiumhydrocarbonat benutzten, mit welchem man die Löslichkeitsgrenze viel langsamer erreicht als mit $MgCO_3 . 3H_2O$. In einer Zusammenstellung zeigte er, wie verschieden die Lösungswerte sich stellen, wenn man als Ausgangsmaterial einmal Magnesia, dann das neutrale wasserhaltige Carbonat und das Hydrocarbonat verwendet.

Zeit in Stunden	Magnesiumoxyd	Neutrales Carbonat ($MgCO_3 . 3H_2O$)	Hydrocarbonat
0,15	3,5	4,3	1,25
0,30	5,8	5,6	2
0,45	6,3	6,25	2,25
1,00	6,4	6,4	2,50
1,15	6,4	6,4	3
1,30	6,4	6,4	3,75
. . .	. . .	. . .	. . .
4	—	—	4,3
6	—	—	4,8
9	—	—	5

Die hier angeführten Zahlen sind nur Vergleichszahlen, sie geben die Menge der Normalschwefelsäure an, die nötig war, um 10 cm^3 des Filtrates zu neutralisieren. Aus der Tabelle ist ersichtlich, daß das Hydrocarbonat zur Auflösung viel länger braucht als $MgCO_3 . 3H_2O$.

Bei späteren Versuchen hat P. Engel[1]) mit einem eigens hierzu verfertigten Apparat experimentiert, der im wesentlichen aus einer verzinnten kupfernen Hohlkugel bestand, die 10 l faßte und in welche Kohlensäure eingepreßt und nach Belieben wieder abgeleitet werden konnte. Diese Kugel besitzt eine Vorrichtung, die es gestattet, an einem Thermometer die im Innern herrschende Temperatur abzulesen. Im Hohlraum befand sich eine Rührvorrichtung, die mittels Motor in Bewegung gesetzt werden konnte. Als Material zu den Versuchen diente auch hier $MgCO_3 . 3H_2O$. Zuerst hat P. Engel die Löslichkeit unter verschiedenen Drucken bei 12° bestimmt. Es wurden die Differenzen festgestellt, die sich zwischen den Versuchsergebnissen und den berechneten Größen ergaben. Anlehnend an die durch Experimente gefundenen Größen der Formel $x^m = ky$ wurde $m = 0{,}370$ und $k = 0{,}814$ erhalten.

In der folgenden Tabelle sind die gefundenen Größen und die berechneten vergleichsweise nebeneinander gestellt. Die Ziffern für die Menge des Magnesiumcarbonats geben in Grammen die Gewichte des wasserfreien Magnesiumcarbonats, das in 1 l Wasser in der Form des Bicarbonats gelöst ist. Davon wurden 0,970 g als die in kohlensäurefreiem Wasser lösliche Carbonatmenge abgezogen.

Druck der CO_2 in Atm.	Menge des $MgCO_3$ gefunden	Menge des $MgCO_3$ berechnet $m = 0{,}370$	Menge des $MgCO_3$ berechnet $m = 0{,}333$
0,5	20,5	20,3	21,5
1	26,5	26,2	27,10
1,5	31,0	30,4	31,03
2	34,2	33,8	34,1
2,5	36,4	36,8	36,7
3	39,0	39,3	39,08
4	42,8	43,7	43,01
6	50,6	50,8	49,2

[1]) P. Engel, C. R. **100**, 444 (1884).

Die gefundenen und berechneten Werte in Kolonne 2 und 3 zeigen eine recht gute Übereinstimmung. In Kolonne 4 sind die Mengen des Magnesiumcarbonats aufgeführt, die man erhält, wenn $m = 0{,}333$ gesetzt wird. Es hat sich herausgestellt daß man m innerhalb bestimmter Grenzen verändern kann, ohne daß die Gleichung $x^m = ky$ aufhört Geltung zu haben. Setzt man $m = 0{,}333$, dann ist

$$x = k^3 y^3$$

daraus folgt

$$y = \frac{1}{k}\sqrt[3]{x};$$

Die Menge des Magnesiumcarbonats, das CO_2-haltiges Wasser bei einer bestimmten Temperatur und bei verschiedenem Drucke löst, ist proportional der Kubikwurzel des Kohlensäuredruckes.

Interessant ist auch, daß die Konstante 0,370 sich sehr den von Th. Schloesing[1]) für die Carbonate des Calciums (= 0,378) und Bariums (= 0,380) gefundenen nähert.

Unter Atmosphärendruck stellt sich bei verschiedenen Temperaturen die Löslichkeit des Magnesiumcarbonats folgendermaßen dar:

bei	3,5	12	18	22	30	40	50°
lösen sich $MgCO_3$	35,6	26,5	22,1	20,0	15,8	11,8	9,5 g

G. Bodländer[2]) hat auf Grund der Engelschen Versuchsergebnisse die Lösungskonstanten für Magnesiumcarbonat bestimmt. Mit Zugrundelegung der Schloesingschen Versuche hat er die Berechnung der Gleichungen beim Calciumcarbonat vorgenommen und die dort gefundenen Resultate auf das Magnesiumcarbonat angewendet. Ausführlich wird auf diese interessante Berechnung beim Kalkspat eingegangen werden.

Mit Berücksichtigung der elektrolytischen Dissoziation erhält man aus den vier Gleichungen

$$\begin{aligned} &1.\quad Ca^{\cdot\cdot}CO_3'' = k_1 \\ &2.\quad k_2\, H_2CO_3 = H^{\cdot}HCO_3' \\ &3.\quad k_3\, HCO_3' = H^{\cdot}CO_3'' \\ &4.\quad H_2CO_3 = k_4\, CO_2 \text{ (nach dem Henryschen Gesetze)} \end{aligned}$$

$$(HCO_3')^3 = 2\frac{k_1 k_2 k_4}{k_3} CO_2 = 2045 \,.\, k_1 \,.\, CO_2\,,$$

$k_2\, k_3\, k_4$ sind Konstanten; $k_2 = 3{,}04 \,.\, 10^{-7}$ und $k_3 = 1{,}295 \,.\, 10^{-11}$ sind aus anderen Berechnungen gefundene Konstanten. k_4 ergibt sich aus der Löslichkeit der Kohlensäure und ist bei verschiedenen Temperaturen verschieden. Bei 16° (dies die Temperatur bei den Versuchen mit Calciumcarbonat) löst 1 l Wasser 0,97531 Kohlensäure von 760 mm also 0,04354 Mole. Danach ist $k_4 = 0{,}04354$.

Es ergibt sich nun aus der obigen Gleichung:

$$HCO_3' = 12{,}69\sqrt[3]{k_1 CO_2}$$

und

$$\frac{HCO_3'}{12{,}69\sqrt[3]{CO_2}} = \sqrt[3]{k_1}$$

für Kalkspat.

Da die Engelschen Versuche bei 12° ausgeführt wurden, so ändert sich der Wert von k_4 der Gleichung $H_2CO_3 = k_4 . CO_2$. Die Löslichkeit der Kohlen-

[1]) Th. Schloesing, l. c.

[2]) G. Bodländer, Z. f. phys. Chem. **35**, 23 (1900).

säure ist bei 12° und 1 Atm. Kohlensäuredruck 1,1018 l = 1,1018/22,4 Mole; $k_4 = 0{,}0492$. Es wird daher

$$\sqrt[3]{k_1} = \frac{HCO_3}{13{,}22\sqrt[3]{CO_2}}.$$

Diese Formel ist nicht ganz genau, da die, bei der Ableitung der Formel (für $CaCO_3$) gemachte Voraussetzung, daß jedem HCO_3'-Ion ein halbes Gramm-Ion Magnesium entspricht, nicht ganz zutreffend ist, weil auch CO_3''-Ionen in der Lösung vorhanden sind. Doch hat sich der hierdurch verursachte Fehler als sehr klein herausgestellt.

Berechnet man die Menge der HCO_3'-Ionen aus den von P. Engel gefundenen Gesamtlöslichkeiten, so muß man die konstant bleibende Menge des undissoziierten Magnesiumcarbonats — 0,0115 × 44 = 0,00506 Mole — abziehen. Der Rest muß dann mit dem aus der Leitfähigkeit des Magnesiumchlorids abgeleiteten Dissoziationsgrad multipliziert werden, um die Menge der freien Magnesiumionen zu geben. Diesen entsprechen nun nicht genau doppelt soviel HCO_3'-Ionen, da auch CO_3''-Ionen in der Lösung vorhanden sind. Die Menge der letzteren läßt sich nach den Gleichungen

$$CO_3''.H' = k_3 . HCO_3';$$

$$H'.HCO_3' = k_2 . H_2CO_3 = k_2 k_4 . CO_2,$$

$$\frac{CO_3''}{(HCO_3')^2} = \frac{k_3}{k_2 k_4 CO_2} = \frac{CO_3''}{(2Mg^{\cdot\cdot}-2CO_3'')^2},$$

aus den bekannten Werten von $k_2 = 3{,}04 . 10^{-7}$, $k_3 = 1{,}295 . 10^{-11}$ und $k_4 = 0{,}0492$, dem Druck der Kohlensäure und der Magnesiumkonzentration berechnen. In der folgenden Tabelle sind die Werte für $Mg^{\cdot\cdot}$, CO_3'' und HCO_3' auf diese Weise berechnet angeführt.

CO_2-Druck Atm.	$MgCO_3$-0,00506 Mole	α	$Mg^{\cdot\cdot}$ (Grammionen)	CO_3'' (Grammionen)	HCO_3' (Grammionen)	$\sqrt[3]{k_1}$
0,5	0,250	0,62	0,1550	0,00015	0,3097	0,0295
1	0,320	0,61	0,1952	0,00012	0,3920	0,0295
1,5	0,374	0,59	0,2207	0,00010	0,4412	0,0291
2	0,411	0,58	0,2384	0,00009	0,4766	0,0286
2,5	0,439	0,57	0,2502	0,00008	0,5002	0,0279
3	0,460	0,56	0,2576	0,00008	0,5150	0,0270
4	0,513	0,55	0,2840	0,00007	0,5678	0,0270
6	0,607	0,52	0,3156	0,00005	0,6311	0,0262

Die Zahlen der letzten Kolonne zeigen eine recht gute Übereinstimmung, wenn man die zahlreichen Fehlerquellen bedenkt; sie weisen aber deutlich einen Gang auf. — G. Bodländer führt diese Differenzen auf die unvollkommene Kenntnis der elektrolytischen Dissoziation sowie auf den Umstand zurück, daß bei hohen Kohlensäuredrucken das Henrysche Gesetz nicht mehr streng gilt. Es wird die Größe k_4 daher bei hohen Drucken in der Gleichung $H_2CO_3 = k_4 . CO_2$ kleiner, so bei 5 Atm. schon um 5%; danach verringert sich auch k_1, wenn man die Kohlensäurekonzentration nicht am Druck, sondern an der gelösten Menge mißt. G. Bodländer verwendete daher nur die Versuchsergebnisse bei geringerem Druck zur Bestimmung der Konstanten.

Er erhielt $Mg^{\cdot\cdot}CO_3'' = k_1 = 25{,}67 . 10^{-6}$.

G. Bodländer hat ferner aus diesen Ergebnissen die Hydrolyse des Magnesiumcarbonats berechnet.

Da die Konzentration der Magnesiumionen in der rein wäßrigen Lösung des neutralen Hydrats $6,44.10^{-3}$ ist, so ist die Konzentration der HCO_3'-Ionen $2,455.10^{-3}$. Diese Zahl entspricht einer Hydrolyse von 38,1%. Wenn man die Hydrolyse aber aus der Löslichkeit und der Konstante

$$k_3 = 1,295.10^{-11} = \frac{CO_3''.H^{\cdot}}{HCO_3'}$$

berechnet, so erhält man

$$1,295.10^{-11} = \frac{(Mg^{\cdot\cdot}-HCO_3').0,62^2.10^{-14}}{(HCO_3')^2},$$

$$HCO'_3 = 1,243.10^{-3}.$$

Dieses Resultat entspricht aber nur einer Hydrolyse von 19,3%. Diese große Differenz führt G. Bodländer darauf zurück, daß die konzentrierte Carbonatlösung in CO_2-freiem Wasser nicht nur HCO_3', CO_3'', OH' und $Mg^{\cdot\cdot}$-Ionen neben undissoziierten Molekülen als normale elektrolytische und hydrolytische Dissoziationsprodukte enthält, sondern daß auch komplexe Ionen $(MgCO_3)_n$, $MgOH'$, auftreten.

F. K. Cameron u. A. Seidell[1]) haben die Löslichkeit von Magnesiumcarbonat in wäßriger Lösung einiger Elektrolyte untersucht. Sie verwendeten bei ihren Versuchen zuerst gewöhnliche Luft, dann eine Atmosphäre von Kohlensäure, endlich Wasserdampf und eine kohlensäurefreie Atmosphäre bei einer Temperatur von 23°. Magnesiumcarbonat als Bodenkörper in einer Natriumchloridlösung, durch die gewöhnliche Luft gesaugt wurde, ergab bei einer Konzentration von 100 g NaCl pro Liter ein Löslichkeitsmaximum. Bei kohlensäurefreier Atmosphäre nimmt die Löslichkeit von $MgCO_3$ mit steigendem NaCl-Gehalt zuerst zu, dann ab. Die Löslichkeit von Magnesiumhydrocarbonat $Mg(HCO_3)_2$ hingegen nimmt bei CO_2-Atmosphäre mit steigendem Chloridgehalt ab. Genaue Zahlen sind schwierig zu erhalten. In einer Lösung von Natriumsulfat steigt die Löslichkeit des $MgCO_3$ mit steigendem Sulfatgehalt bei CO_2-Atmosphäre zuerst an, um bei stärkerer Konzentration wieder abzunehmen. Bei kohlensäurefreier Atmosphäre hingegen tritt eine anhaltende Zunahme der Löslichkeit mit wachsender Konzentration ein. Dasselbe geschieht bei Lösung in Natriumcarbonat mit besonderer Regelmäßigkeit; Steigerung der Temperatur verringert in diesem Falle die Löslichkeit.

F. W. Pfaff[2]) hat gefunden, daß sich Magnesit in feingepulvertem Zustande in Schwefelwasserstoff zwar sehr wenig aber immerhin etwas löst. Ebenso ist seine Löslichkeit in Schwefelammonium gering. Quantitative Bestimmungen liegen nicht vor.

Über die Löslichkeit des Magnesits in Essigsäure haben K. Haushofer und A. Vesterberg Versuche angestellt. K. Haushofer[3]) fand, daß von Breunnerit von Hall in Tirol (Analyse 37) in 25% Essigsäure in 48 Stunden gelöst werden:

$MgCO_3$ . . .	3,23%
$FeCO_3$	0,68
$CaCO_3$	1,87
	5,78%

[1]) F. K. Cameron u. A. Seidell, The Journ. of Physical Chem. **7**, 578 (1903). Washington, Department of Agricultur.

[2]) F. W. Pfaff, N. JB. Min. etc. 9. Beilageb. (1894) 490.

[3]) K. Haushofer, Sitzber. Bayr. Ak. **11**, 225 (1881).

Von Magnesit von Snarum (kristallisiert) (Analyse 38) löste 50 % ige Essigsäure in 48 Stunden 2,64 % Magnesiumcarbonat. Von dichtem Magnesit von Frankenstein (Analyse 39) wurden in derselben Essigsäure 17 % $MgCO_3$ gelöst, 10 % ige Essigsäure hingegen löste 41,6 % des Carbonats. Nach diesen Versuchen ist dichter Magnesit leichter löslich als kristallisierter und die Löslichkeit des letzteren nimmt mit der Zunahme der Konzentration der Säure ab. Leider fehlt jede Temperaturangabe.

A. Vesterberg[1]) fand, daß von dichtem weißen Magnesit aus Schlesien (vgl. Analyse Nr. 47) in 2 % iger Essigsäure 3,79 %, in 1 % iger 2,74 % Magnesiumcarbonat in Lösung gehen und daß bei kieselsäurehaltigem dichten Magnesit aus Schlesien (Analyse Nr. 48) in 1 % iger Essigsäure 4,17 % Magnesiumcarbonat gelöst werden. Die Temperatur betrug bei seinen Versuchen einiges über 0°. A. Vesterberg fand, daß, wie auch Sterry Hunt[2]) gefunden, sich Magnesit in Essigsäure langsamer löst als Dolomit, während Haushofer auf Grund seiner Versuche zum Gegenteil kam.

Löslichkeit des Magnesiumbicarbonats.

Da dieses Salz, das zum Teil die wäßrigen Magnesiumcarbonatlösungen enthalten, auch für die Löslichkeitsbedingungen des Magnesits von Interesse sein dürfte, soll einiges hierüber anhangsweise gesagt sein. In der Literatur findet man nur äußerst wenig hierüber, A. Cossa[3]) und K. Kippenberger[4] nehmen das Vorhandensein dieses Salzes in Lösungen an; erst F. P. Treadwell und M. Reuter[5]) haben die Löslichkeit des Magnesiumbicarbonats untersucht und aus einer größeren Anzahl von Versuchen folgende Tabelle zusammengestellt und berechnet, die auch für die Löslichkeit des Magnesiumcarbonats wichtig ist.

Zusammenstellung nach F. P. Treadwell und M. Reuter.

Kohlensäure bei 0° und 760 mm %	Quecksilber-Partialdruck mm	Freie Kohlensäure mg	Magnesium-bicarbonat mg	Magnesium-carbonat mg	Gesamt-magnesium mg
18,86	143,3	119,0	1210,5	—	201,6
5,47	41,6	86,6	1210,5	—	201,6
4,45	33,8	3,5	1210,5	—	201,6
1,54	11,7	—	1076,6	77,3	201,6
1,35	10,3	—	762,9	76,5	149,2
1,07	8,2	—	595,2	80,7	122,4
0,62	4,7	—	366,3	70,1	86,5
0,60	4,6	—	341,7	75,8	78,8
0,33	2,5	—	263,2	74,8	65,5
0,21	1,6	—	222,9	77,1	59,4
0,14	1,1	—	216,9	71,0	56,6
0,03	0,3	—	203,6	71,1	54,5
—	—	—	203,3	68,5	53,6
—	—	—	196,0	70,2	52,9
—	—	—	203,6	62,5	52,0
—	—	—	195,4	61,6	51,1
—	—	—	195,4	64,1	51,8

[1]) A. Vesterberg, Bull. of the geol. Inst. Upsala (1900) 110.
[2]) Sterry Hunt, Am. Journ. **28**, 181 und 371 (1859).
[3]) A. Cossa, Ber. Dtsch. Chem. Ges. **2**, 697 (1869).
[4]) K. Kippenberger, Z. anorg. Chem. **6**, 177 (1894).
[5]) F. P. Treadwell u. M. Reuter, Z. anorg. Chem. **17**, 171 (1898).

Daraus geht hervor, daß Magnesiumbicarbonat nicht ohne großen Überschuß an freier, in Wasser gelöster Kohlensäure existieren kann. Der dazu nötige Partialdruck liegt zwischen 4 % und 2 % Kohlensäure. Wenn der Partialdruck sinkt, so verliert die Lösung die freie Kohlensäure und es resultiert ein Gemisch von Magnesiumcarbonat und Magnesiumbicarbonat. Nebenstehende Kurve zeigt die Abhängigkeit des gelösten Bicarbonats vom Partialdrucke der Kohlensäure; auf der Abszisse ist die Menge des Bicarbonats, auf der Ordinate sind die Prozente der Kohlensäure bei 0° und 760 mm Druck aufgetragen.

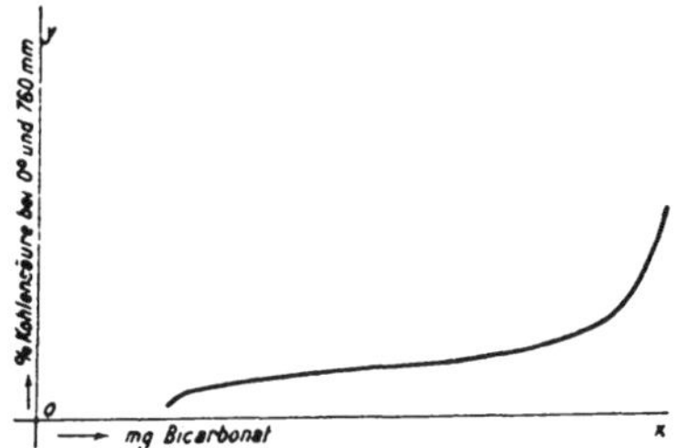

Fig. 23. Die Löslichkeit des Bicarbonats als Funktion des Partialdrucks (nach F. P. Treadwell und M. Reuter).

Bei einem Partialdruck von 0 mm liegt ein Gemenge von Carbonat und Bicarbonat vor bei mittlerem Barometerstande und 15° C.:

0,6410 g Magnesiumcarbonat und } im Liter.
1,9540 g Magnesiumbicarbonat }

Synthese des Magnesits.

Da die Tendenz des Magnesiumcarbonats in einer wasserhaltigen Form auszukristallisieren überaus groß ist, so ist die künstliche Darstellung des wasserfreien Carbonats mit einigen Schwierigkeiten verbunden. Sie gelingt nur bei Temperaturen über 100°, Temperaturen, die bei der Bildung des Magnesits in der Natur wohl schwerlich in Betracht kommen. H. de Sénarmont[1]) erzeugte wasserfreies Magnesiumcarbonat durch Zersetzung von Natriumcarbonat und Magnesiumsulfat im zugeschmolzenen Glasrohre bei Temperaturen zwischen 160 und 170°. Es bildet sich eine weiße Substanz, die unter dem Mikroskope aus kleinen Rhomboëderchen sich zusammengesetzt erweist. Sie ist in Wasser unlöslich und durch verdünnte Säuren nur wenig angreifbar.

Das gleiche Carbonat erhielt H. Sénarmont aus einer Lösung von Magnesia in kohlensäurehaltigem Wasser, in dem bei einer Temperatur von ca. 155° die Kohlensäure langsam ausgetrieben wurde. Mehrere Analysen von auf diese Weise erhaltenen Carbonaten ergaben ca. 48 % MgO. Seine Eigenschaften stimmen vollständig mit denen des kristallisierten Magnesits überein.

Durch Erhitzen von Magnesiumammoniumcarbonat $MgCO_3 . (NH_4)_2CO_3 . 4H_2O$ hat P. Engel[2]) wasserfreies Magnesiumcarbonat dargestellt, indem er ersteres langsam im Luftstrom auf 130—140° erhitzte. Dabei verflüchtigt sich Wasser und Ammoniumcarbonat oder deren Bestandteile und ein neutrales, wasserfreies, kristallisiertes Carbonat bleibt in der Kristallform des Magnesiumammoniumcarbonats zurück. Dieses Endprodukt muß in heißem Luftstrome getrocknet werden. Es ist sehr stark hygroskopisch und zieht fast mit derselben Intensität Wasser an, wie gelöschter Kalk. Ein Mol dieses Carbonats

[1]) H. Sénarmont, Ann. chim. phys. **32**, 129 (1879).
[2]) P. Engel, C. R. **129**, 598 (1899).

adsorbiert $1^1/_2$ Mole Wasser. — In Wasser ist dieses Salz leichter löslich als das nach der Darstellungsweise von H. Sénarmont erhaltene kristallisierte Carbonat und natürlicher Magnesit; 1 l Wasser löst ca. 2 g. Nach P. Engels Angaben wandelt es sich im Wasser innerhalb ca. 5 Stunden in das neutrale Carbonat mit 3 Molekülen Wasser um.

O. Brill[1]) hat die H. Rosesche[2]) Beobachtung, daß das durch Fällung heißer Magnesiumsalzlösungen mit Natriumcarbonatlösung erhaltene basische Magnesiumcarbonat beim Trocknen bei Temperaturen zwischen 80 und 100° beträchtliche Mengen von Kohlensäure abgibt, zur Darstellung von gefälltem, nicht kristallisiertem, neutralem Magnesiumcarbonat benutzt. Es gelang durch anhaltendes Erhitzen im Kohlensäurestrom bei 225° basisches Magnesiumcarbonat in neutrales überzuführen. O. Brill ging von $MgSO_4 . 7H_2O$ aus, das in kochender Lösung mit der äquivalenten Menge Sodalösung versetzt wurde. Die Analyse des bei 60° getrockneten Niederschlages ergab ungefähr ein Carbonat $5MgO . 4CO_2 . 6H_2O$. Dieser Niederschlag wurde bei 225° in einem durch H_2SO_4 und P_2O_5 getrockneten Kohlensäurestrom getrocknet. Die Analyse nach der Trocknung führte auf eine Zusammensetzung von $MgCO_3 . {}^1/_3 H_2O$ und durch andauerndes Erhitzen im Kohlensäurestrom bei 230° wurde schließlich wasserfreies Salz erhalten. Auch dieses Carbonat erwies sich als sehr hygroskopisch.

Von diesen Synthesen dürften wohl die von H. Sénarmont ausgeführten am ehesten für die natürlichen Verhältnisse von Bedeutung sein; aber noch gelang es bisher nicht, ein Mittel zu finden, das kristallisierte Carbonat bei niedriger Temperatur darstellen zu können.

Sehr wichtig sind die Versuche, die F. W. Pfaff[3]) ausgeführt hat. Eine möglichst starke Schwefelwasserstofflösung von Calciumcarbonat und Magnesiumcarbonat, die dadurch hergestellt wurde, das Schwefelwasserstoff in ein Gefäß mit Wasser in dem als Bodenkörper, einmal Calciumkarbonat, das anderemal Magnes' alba (die leichter löslich ist als neutrales $MgCO_3$) eingeleitet worden war, wurde unter Durchsaugen von Kohlensäure allmählich bei ca. 50° abgedampft. Nachdem die Lösung stark eingeengt war, wurde Natriumchlorid zugesetzt und hierauf so lange eingedampft, bis kein Geruch von Schwefelwasserstoff und Kohlenoxysulfid erkennbar war. Das Ganze wurde nun fein gepulvert und wieder der Einwirkung von Kohlensäure ausgesetzt. Nachdem der Niederschlag gänzlich geruchlos war, wurde er zunächst mit Wasser, dann mit verdünnter Salzsäure 1 : 100 wiederholt gewaschen, wobei ein großer Teil des Niederschlags in Lösung ging. Die verbleibende Substanz erwies sich unter dem Mikroskop als eine kristalline, stark doppelbrechende Masse, die sich nur in verdünnter Salzsäure unter starker Blasenentwicklung auflöste. Die qualitative Analyse ergab: kohlensaure Magnesia und etwas Kalk. Somit lag Magnesit vor.

Bei einem anderen Versuche wurde statt der Schwefelwasserstofflösung der Magnesia alba eine Lösung von Schwefelammonium genommen, die durch Einleiten von Schwefelwasserstoff in verdünntes Ätzammon, in welchem sich die Magnesia alba befand, erhalten worden war; auch hier wurde wieder Natriumchlorid zugesetzt und unter Kohlensäure-Einleiten eingedampft. Der analog dem früheren Versuche behandelte Niederschlag zeigte unter dem

[1]) O. Brill, Z. f. phys. Chem. **45**, 285 (1905).
[2]) H. Rose, Pogg. Ann. **83**, 432 (1851).
[3]) F. W. Pfaff, N. JB. Min. etc. 9. Beilageb. 485 (1894).

Mikroskop wohlausgebildete durchsichtige Rhomboeder mit diagonaler Auslöschung. — Verhalten gegen Salzsäure wie beim früheren Versuch. Die quantitative Analyse, von Hoppe-Seyler ausgeführt, ergab:

$CaCO_3$	12,77 %
$MgCO_3$	79,84
Fe_2O_3	1,74
Unlöslich	4,64
H_2O	1,00
	99,95 %

Es ergab sich somit ein kalkhaltiger Magnesit.

Bei einem dritten Versuche wurden Kalk und Magnesialösungen getrennt hergestellt und im Verhältnis 1 : 1 gemischt. Der Niederschlag, der dieselben Eigenschaften wie bei den früheren Versuchen hatte, ergab nach einer Analyse von Walter:

$MgCO_3$	80,60
$CaCO_3$	6,93
$Fe_2O_3 + Al_2O_3$ . . .	5,37
Unlöslich	2,93

Auch hier war ein unreiner Magnesit erhalten worden.

Die Versuche F. W. Pfaffs, die in ihrem weiteren Verlaufe (beim Dolomit besprochen) wechselnde Mengen von Calcium- und Magnesiumcarbonat ergaben, zeigen, daß man Magnesiumcarbonat und Calciumcarbonat in verschiedenen Mengen auskristallisiert erhalten kann. Sie beweisen die Isomorphie der beiden Carbonate und sind von größter Bedeutung für die Dolomitbildung. Es wäre von großer Wichtigkeit, die physikalisch-chemischen Eigenschaften solcher isomorpher Mischungen, die in der Natur (nach den Analysen bei Magnesit und Dolomit) häufig zu sein scheinen, genau zu studieren.

Entstehung und Vorkommen des Magnesits.

Von **K. A. Redlich** (Leoben).

Unter Magnesit versteht der Mineraloge das Magnesiumcarbonat im allgemeinen, obwohl die amorphe und kristallinische Varietät solche Unterschiede zeigen, daß sie wohl als eigene Spezies aufzufassen sind. Auch ihre Genesis ist eine grundverschiedene.[1])

Der amorphe Magnesit.

Der dichte Magnesit ist ein Zerstörungsprodukt olivinreicher Gesteine, vor allem von Olivinfels, Serpentinen, Peridotiten, Dunit, Harzburgit, Lherzolit u. a. Schon A. Breithaupt[2]) führt den Magnesit als Zersetzungsprodukt des Serpentins an. 1862 beschäftigten sich R. Buchholz und

[1]) K. A. Redlich, Die Typen der Magnesitlagerstätten, Z. prakt. Geol. 17. Jahrg. 300 (1909).

[2]) A. Breithaupt, Vollst. Handbuch der Mineralogie (Dresden u. Leipzig 1836—1847) II, 323.

A. Häberle[1]) ausführlicher, mit dieser Materie. R. Blum[2]) in seinem Werke über die Pseudomorphosen findet, daß der Magnesit in den Serpentinen an Kieselsäure reich sei und ein Gemenge von $MgCO_3$ mit SiO_2 vorstelle. Kohlensäurehaltiges Wasser hat Magnesiasilicate (Olivin) aufgelöst, und hat Magnesiumcarbonat, die Kieselsäure als Opal abgeschieden. G. Bischof[3]) fügt hinzu, daß nicht die Kohlensäure, die von unten heraufdringt, notwendig sei, solche Veränderungen vorzunehmen, sondern daß hierzu schon die von oben nach unten eindringenden Tageswässer Kohlensäure genug besitzen. G. Bischof schon sprach den Satz aus, daß der kieselsäurehaltige Magnesit niemals kristallisiert vorkommt. Er fand auch, daß aus magnesiumbicarbonathaltigen Lösungen sich stets neutrales wasserhaltiges Magnesiumcarbonat ausscheidet, daß aber durch dessen in trockener Luft bei gelinder Wärme erfolgende Abgabe des Wassers leicht Magnesit entstehen könne wie denn ja der kieselsäurehaltige Magnesit unzweifelhaft ein Absatz aus Gewässern sei. Über diese Ansicht G. Bischofs von der Bildung des dichten Magnesits sind wir auch heute noch im wesentlichen nicht hinaus.

Dieser Magnesit wird überall dort entstehen, wo den Obertagswässern der beste Zutritt gewährt wird, daher längs der Haarrisse und Preßspalten feine Netzwerke (sog. Stockwerke) bilden, längs größerer Bruchzonen echte Gangausfüllungen hervorrufen und durch Auflockerung des Gesteins zu linsenförmigen Bildungen Veranlassung geben. Man muß sich die Verwitterung so vorstellen, daß die kohlensäureführenden Obertagswässer das Gestein angreifen, oberflächlich die in Lösung gebrachte doppeltkohlensaure Magnesia wegführen und das viel widerstandsfähigere Eisenhydroxyd als sog. Holzerz zurücklassen.

Erst einen halben Meter unter der Erdoberfläche, wo entweder die mechanische Verwitterung starke Vorarbeit geleistet hat oder an Zertrümmerungszonen gebunden, bilden sich einerseits Magnesit, andererseits kolloide Magnesiasilicate, wie Opal, Gymnit, Pikrolit, Webskyit, wobei nicht nur die Kieselsäure, sondern auch das Eisen von den letzteren Verbindungen aufgenommen wurde, da der Magnesit nur geringe Mengen davon enthält.

Die Umsetzung geht nach folgenden Gleichungen vor sich:

$$\underset{\text{(Serpentin)}}{H_4Mg_3Si_2O_9} + 2H_2O + 3CO_2 = 3MgCO_3 + 2SiO_2 + 4H_2O.$$

$$\underset{\text{(Olivin)}}{Mg_2SiO_4} + 2CO_2 + H_2O = 2MgCO_3 + SiO_2 + H_2O.$$

Nicht unerwähnt soll die von Frank L. Hess[4]) gegebene Gleichung bleiben, die auch die Bildung des Holzerzes berücksichtigt:

$$\underset{\text{(Olivin)}}{4Mg_2Fe_2Si_2O_8} + 6H_2O + 8CO_2 + 4O = 2(2Fe_2O_3.H_2O) + 8MgCO_3 + 8SiO_2.$$

In den Gleichungen ist vor allem auch die Kieselsäure, die stets als Opal vorkommt, berücksichtigt.

Wir sehen also, daß sowohl aus dem Olivinfels als auch aus dem von ihm abgeleiteten Serpentin Magnesit sich abspaltet, die Magnesitisierung wird dort eintreten, wo die an Kohlensäure reichen Obertagswässer diese Magnesiasilicate direkt angreifen, in größeren Tiefen dagegen, in welchen bereits die

[1]) R. Buchholz u. A. Häberle, Journ. f. d. chem. u. phys. Min. **8**, 662.
[2]) R. Blum, Die Pseudomorphosen (Stuttgart 1843) 128.
[3]) G. Bischof, Lehrb. d. chem. u. phys. Chem. (Bonn 1847) I, 782.
[4]) Frank L. Hess, Bull. of the geol. survey (Washington 1908) Bulletin 355.

Kohlensäure verbraucht ist, das kapillare Wasser daher nur als solches wirkt, wird eine direkte Umsetzung des Orthosilicates (Olivin) in das Hydrosilicat Serpentin erfolgen; sind dagegen bei diesem letzteren Prozesse noch Reste von Kohlensäure vorhanden, so wird jener Fall eintreten, den G. Tschermak (s. Lehrb. d. Mineralogie, 6. Aufl, 1905, S. 579) beschreibt, jedoch irrtümlicherweise verallgemeinert hat, in welchem aus dem Olivin neben dem Serpentin Magnesit als gleichzeitige Bildung auftritt.

$$\underset{\text{(Olivin)}}{2MgSiO_4} + CO_2 + 2H_2O = \underset{\text{(Serpentin)}}{H_4Mg_3Si_2O_9} + MgCO_3.$$

Daß diese Umsetzung nur ein Spezialfall ist, dafür kann als bester Beweis eine Reihe von Serpentinvorkommen dienen, welche keinen Magnesit führen.

Der amorphe Magnesit stellt eine dichte erdige Masse dar, die öfter an der Zunge klebt, verschiedene Mengen Wasser absorbiert und zum Beispiele in der Gulsen bei Kraubat in Steiermark in den Abbauen manchmal weich und plastisch, ja sogar als traubige Bildung angetroffen wird. Unter dem Mikroskope ist er isotrop, die einzelnen Flocken haben meist das Aussehen trüber Medien. Kupferoxydammoniak bringt die Masse zum Quellen. An reinem künstlich dargestellten Magnesit wurde mit basischen Anilinfarben Anfärbung erzielt. Das Mineral ist also basophil im Sinne von R. Hundeshagen. Es zeigt alle Eigenschaften des typischen Gel und mit Recht hat ihn schon A. Breithaupt zu den Guren (von ihm in flüssigem Zustand beobachtet) gestellt, so ihn von der kristallinen Abart trennend.

Wie aus den magnesiareichen Silicaten die Gelform des Magnesits entsteht, so wird aus kalkreichen Gabbros der Gurhofian, die Kolloidform des Dolomit gebildet.

Die bekanntesten Fundstätten des amorphen Magnesits sind: die vor kurzem von Frank L. Hess (l. c.) beschriebenen Fundorte in Kalifornien Mendocino, Sonoma, Napa, Alameda, Stanislaus, Santa Clara; auf der Westseite der Sierra Nevada Placer, Fresno, Tulare, Kern, und in Südkalifornien Riverside County usw.; in Südamerika ist Venezuela zu nennen, ferner sind von europäischen Vorkommen zu nennen Griechenland (Euböa, Lemnos, Lymni, Megara, Perachora, Lokris usw.), Italien (Val di Susa u. a. Orte im Distrikt von Turin, ferner die Insel Elba), Österreich (Kraubat, Hrubschitz, Umgebung von Krumau usw.), Mazedonien, Serbien (noch wenig untersuchte Fundorte), von Rußland (Ural), von Afrika (Kaapmuiden und Malelane, 2 Meilen südl. von der Delagoa-Bay usw.), von Indien (zahlreiche Orte, von welchen die wichtigsten sind die Chalk Hills in der Madras Präsidentschaft und Mysore im südlichen zentralen Teil der Peninsula), von Queensland, New-South-Wales, Südaustralien, Tasmanien und Neukaledonien. (Nähere Angaben über die wichtigsten Fundstätten finden sich in der schon mehrfach zitierten Arbeit von Frank L. Hess).

Der kristallisierte Magnesit.

Wesentlich anders dürfte die Bildung des kristallisierten Magnesits vor sich gehen; die Versuche W. Pfaffs[1]) haben gezeigt, daß eine direkte Abscheidung des Magnesits nur bei hohen Temperaturen, die für die natürliche Bildung wohl kaum in Betracht kommen, möglich sei. Aus Versuchen, die

[1]) W. Pfaff, N. JB. Min. etc. **23.** Beilage-Bd. 561 (1907).

W. Pfaff später ausgeführt hat, kommt er zu dem Schlusse, daß unter hohem Druck Magnesit auf direktem Wege nicht ausfällbar sei. Er versuchte zuerst, ob unter hohem Druck aus dem Magnesiumchlorid durch Natriumcarbonat, Kaliumcarbonat oder Ammoniumcarbonat reines, wasserfreies Magnesiumcarbonat nach der Gleichung:

$$MgCl_2 + Na_2CO_3 = MgCO_3 + 2NaCl$$

ausfällbar sei.

Aber sowohl bei 80° C als auch bei gewöhnlicher Temperatur wurde stets leichtlösliches, wasserhaltiges Carbonat gebildet. Dann wurde versucht, ob bei Anwesenheit von Natriumchlorid oder Calciumchlorid in konzentrierter Lösung Magnesit zu erhalten wäre. Es wurde ein Druck bis zu 50 Atmosphären angewandt, die Experimente verliefen aber resultatlos (vgl. S. 242).

Möglich ist es, daß aus dichtem Magnesit durch hohen Druck (Gebirgsdruck) kristallisierter Magnesit — etwa der sogenannte Pinolitmagnesit — entstehen kann (siehe Typus Greiner).

Auch paragenetisch verhalten sich die beiden Phasen des Magnesiumcarbonats verschieden. Der dichte Magnesit enthält neben Kieselsäure, die gewöhnlich als Opal und Chalcedon auftritt, Verwitterungsprodukte peridotitischer Gesteine, die häufig Kolloide sind, so Gymnit, Pikrolith, Webskyit u. a. m.

Der kristallisierte Magnesit kommt dagegen je nach seiner Genesis, bald mit Mineralien der Salzlagerstätten und Aragonit, bald mit Dolomit, Quarz, Talk, Rumpfit und einer Reihe von Erzen und deren Verwitterungsprodukten[1]) vor, oder er tritt wie am Greiner in der Randzone des Serpentins als Gesteinsgemengteil auf. Ähnliche Gesteine wurden von G. Rose[2]) als Listwänit beschrieben.

Der kristalline Magnesit muß nach seiner Entstehung in mehrere Typen eingeteilt werden: a) Typus Hall, b) Typus Greiner, c) Typus Veitsch, d) als Gangmineralien, e) als pneumatolytische Bildung.

Typus Hall (Tirol). Aus den der Trias angehörigen Salzlagern von Tirol, sind seit langer Zeit graue bis schwarze pinolitische Massen bekannt, die bald als Magnesit, bald als Dolomit bezeichnet wurden. Von A. Breithaupt wurden sie als Carbonites allotropus beschrieben. Später hat dann K. Eisenhut[3]) Kristalle derselben Tracht beschrieben, die ebenfalls in feinkörnigem Anhydrit vorkommen und leitet aus den Analysen die Zusammensetzung $FeCO_3$ 23,6 $CaCO_3$ 21,3 $MgCO_3$ ab. Nach Untersuchungen von H. v. Foullon und Strohmeyer bestehen die Kristalle aus

	nach H. v. Foullon	nach Strohmeyer
$MgCO_3$	79,13	89,69
$MnCO_3$	2,04	2,44
$FeCO_3$	19,14	8,05

vgl. S. 221 und 223. Es finden sich also Dolomite und Breunnerite mit wechselndem Eisengehalt in denselben Schichten. Trotzdem man schon solange Kenntnis von diesen Bildungen hat, hat man ihre Genesis noch niemals in

[1]) F. Cornu, Z. prakt. Geol. **16**, 454 (1908).
[2]) G. Rose, Mineralogisch-geolog. Reise nach dem Ural, Altai und dem kaspischen Meere, I Berlin (1837) und II (1842).
[3]) K. Eisenhut, Z. Kryst. **35**, 601 (1902) vgl. S. 227.

Erwägung gezogen. Durch die Versuche C. Klements[1]) über die Bildung des Dolomits und durch die Arbeit F. Cornus[2]) über die Bildung des Aragonits aus kalter wäßriger Lösung läßt sie sich leicht erklären.

Da bei der Entstehung der Salzlagerstätten zuerst die Carbonate, dann das Calciumsulfat, dann das Magnesiumsulfat usw. ausgeschieden wurden, so konnte sich in der konzentrierten Mutterlauge durch Einwirkung des Magnesiumsulfats auf das Calciumcarbonat nach den Experimenten von C. Klement ein Gemisch von Dolomit und Magnesit bilden nach der Gleichung:

$$\underset{\text{(Aragonit)}}{2CaCO_3} + MgSO_4 = CaMg(CO_3)_2 + CaSO_4$$

$$CaMg(CO_3)_2 + MgSO_4 = 2MgCO_3 + CaSO_4.$$

Da nun C. Klement (vgl. unten) gezeigt hat, daß sich Dolomit und Magnesit nur dann bilden, wenn Magnesiumsulfat auf Aragonit und nicht auf Calcit einwirkt, F. Cornu aber fand, daß gerade dissoziiertes Magnesiumsulfat Auskristallisieren des Calciumcarbonats als Aragonit bei niederer Temperatur bewirke, so erklärt sich ganz ungezwungen die Bildung des Magnesits und Dolomits von Hall. Die Bildung dieser Mineralien steht somit an der Grenze zwischen Syn- und Epigenese, da sie sich entweder freischwebend in der noch nicht erhärteten Masse gebildet haben, oder aber, wie in den Pyrenäen am Flusse Murcia Provinz Huescea[3]), in Gips als schwärzliche kleine Gänge, die wieder vollständig von Gips durchzogen sind, gebildet haben. Dieser Typus ist auf Salzlagerstätten weit verbreitet, wir kennen ihn nicht nur von den meisten alpinen Salzlagerstätten. H. Erdmann[4]) führt ihn auch unter den Mineralien der deutschen Kalisalzbergbaue an und A. Kenngott[5]) beschreibt ihn neben Dolomit aus dem Salzton des Vauds bei Bex (Kanton Waadt in der Schweiz).

Typus Greiner (Tirol). Schon A. Breithaupt beschrieb die Magnesite und Breunnerite vom Greiner im Zillertal unter dem Namen Carbonites brachytipicus oder Eisentalkspat. Es sind Rhomboeder von der Härte $5^1/_2$ und der Dichte $\delta = 3{,}10$—$3{,}13$, die zum Teil im Talk, zum Teil im Chloritschiefer vorkommen und mit diesem die äußere Zone eines Serpentinstockes bilden. Aber auch Dolomite und Mangandolomite, die K. Eisenhut[6]) analysiert hat, kommen mit diesem gemeinsam vor (vgl. die späteren Analysen).

E. Weinschenk[7]) beschreibt einen Schnitt durch dieses Vorkommen: An einem an Fuchsit reichen Gneis legt sich ein dünnes Blatt von großen, parallel zur Grenze gelagerten Chlorittafeln an. Auf diesem ist senkrecht aufgeschossen eine Strahlsteinpartie, darauf folgt eine Zone mit Talkschiefer und Strahlstein. Die großen Aktinolithkristalle sind regellos in einen dichten ungeschieferten Topfstein eingelagert. Dieser Topfstein verliert nach ca. 1 m allmählich den Strahlstein und nimmt größere Magnesitkristalle auf. Nach wiederum 1 m wird er chloritreich, schiefrig und geht in einen Chloritfels über, der zahlreiche Magnesitkristalle enthält und allmählich in den normalen

---

[1]) C. Klement, Tsch. min. Mit. **14**, 526 (1895).
[2]) F. Cornu, Österr. Z. f. Bg.- u. Hüttenwesen, Jahrg. 1907, 596.
[3]) Tenne Calderon, Mineralfundstätten der iberischen Halbinsel (Berlin 1902) 165.
[4]) H. Erdmann, Deutschlands Kalibergbau. Festschrift 1907.
[5]) A. Kenngott, Die Minerale der Schweiz (Leipzig 1866).
[6]) K. Eisenhut, l. c.
[7]) E. Weinschenk, Grundzüge der Gesteinskunde (Freiburg i. Br. 1907) II. Teil, 178.

Serpentin übergeht. E. Weinschenk schließt daraus, daß dieses Vorkommen als Kontakterscheinung mit den Serpentinen zu erklären sei.

Den vorzüglichen Arbeiten F. Beckes[1]) und U. Grubenmanns[2]) über die Bildung der kristallinen Schiefern folgend, ist dieses Zusammenvorkommen der Minerale der ersten Tiefenstufe, Chlorit, Talkschiefer, Strahlstein mit Idioblasten von Breunnerit und Dolomit auffällig. Es sind dies die Talkschiefer, die U. Grubenmann in die V. Gruppe 3. Ordnung der Magnesiasilicatschiefer stellt. Ihre Genesis erhält durch Umkristallisierung ihre Erklärung, wenn man sein Augenmerk auf den innigen Zusammenhang mit den Serpentinen lenkt. Durch den Einfluß kohlensäurereicher Gewässer wird aus dem Serpentin, wie es oben beschrieben worden ist, kolloider Magnesit gebildet, mit einer bestimmten Anzahl von Gelbegleitern, die gleichsam den „Eisernen Hut" dieser Gesteine darstellen (allerdings fehlen hier die Elektrolyte). Aus irgendwelchen Ursachen gehen nun diese kolloide, instabile Phasen darstellenden Mineralien in kristalline Mineralien, wie Breunnerit, Magnesit, Talk, Chlorit, Eisenglanz und Magnetit über. F. Becke teilte mit, daß dieser Typus in den ganzen Tauern recht häufig sei, auch kennt man ihn von Jordansmühle in Schlesien. Hierher ist auch der an Olivingesteine gebundene kristallisierte Magnesit der Provinz Norbotten im nördlichen Schweden zu rechnen (die später zu besprechenden derben Magnesitmassen bei Hildo gehören nicht hierher). Nach F. Svenonius[3]) bildet er das Begleitmaterial, teils frischer, teils umgewandelter Olivingesteine, wie da sind Chlorit und Amphybolschiefer, Serpentin, Talk und Asbest, in welchen er sowohl in Form von Idioblasten, als auch in Gängen von 1—20 cm Mächtigkeit auftritt. Ob der Listwänit des Urals, ein Gemisch von Talk und Carbonaten, zu diesem Typus gehört, läßt sich nicht entscheiden. Nach einer Beschreibung V. Nikitins[4]) soll er durch pneumatolytische Vorgänge entstanden sein.

Typus Veitsch. Wer die österreichischen Alpen von Wiener Neustadt bis Tirol durchwandert, findet vor allem in der sog. Grauwackenzone mehr oder weniger große Lagerstätten von kristallinem Magnesit.

Dem Alter nach gehört der größte Teil dieses Typus dem Carbon[5]) an, Radenthein (Millstätter Alpe Kärnthen), Hildö[6]) usw. Schweden, sind archäisch, Zumpanell-Stiereck bei Trafoi (Tirol)[7]) ist der unteren Trias zuzuzählen und schließlich sind die Magnesite in Spanien,[8]) soweit es möglich war darüber Aufschluß zu erhalten, der Kreide zuzuschreiben.

J. Rumpf[9]) hat sie zum erstenmal eingehend studiert und ihnen den Namen Pinolitmagnesit gegeben, soweit die Individuen, eingehüllt in Ton-

---

[1]) F. Becke, Denkschr. Wiener Ak. Bd. (1903).

[2]) U. Grubenmann, Die kristallinen Schiefer I u. II (Berlin 1904—1907).

[3]) F. Svenonius, Sveriges geologiska Undersökning Afhandlingar ach uppsatser Nr. 146 Ser. C. (Stockholm 1895) 14.

[4]) V. Nikitin, Mémoires des comités géologique Nouv. serie Livr 22.

[5]) K. A. Redlich, J. k. k. geol. R.A. 53 (1903). — Tsch. min. Mit. **26**, 499 (1907). — Z. prakt. Geol. **16**, 456 (1908); **17**, 102. 300 (1909).

[6]) F. Svenonius, Förskningsreser i Koikkjokks Fjälltrakter aren 1892 och 1893 mett. Särskild hänsyn till Apatitförekomster. Sveriges geologiska Undersökning Afhandlingar ach uppsatser Nr. 146 Ser. C. (Stockholm 1895) 19.

[7]) W. Hammer, J. k. k. geol. R.A. **59**, 199 (1909).

[8]) Briefliche Mitteilung des Herrn D. de Gurtubay in Santander.

[9]) J. Rumpf, Über steirische Magnesite. Mitt. d. nat. Vereins für Steiermark, Jahrg. 1876 (Graz 1876) 31.

schiefer, pinolienartig nebeneinander liegen. Es gibt aber auch grobkristallinische Varietäten, die an Marmor erinnern, umgekehrt ist die Pinolienstruktur durchaus nicht auf die Magnesite beschränkt, wie ich dies für die den Ankeriten ähnlichen isomorphen Mischungen von Ankerit und Dolomit der Radmer,[1]) von Mitterberg usw. nachzuweisen Gelegenheit hatte.

Als Mineral Magnesit im engeren Sinne kann man nur die eisenarmen Varietäten bezeichnen; die eisenreicheren bilden eine isomorphe Reihe die über Pistomesit und Breunnerit zum Siderit führt (siehe Analysen bei Magnesit).

H. v. Foullon[2]) hat in den Zwischenräumen der Magnesitindividuen des Sunks in Steiermark Epidot gefunden, das gleiche Mineral fand ich vor kurzem in einem Dünnschliff des Siderits aus dem Göstritztal am Semmering, dazu kommen als Begleiter des Magnesits Talk, Rumpfit und Quarz. Schon diese Paragenesis zeigt die Zugehörigkeit beider Erze in den Ostalpen zu den kristallinen Schiefern. Aber auch die weitere Paragenesis ist von hohem Interesse.

Paragenesis der Magnesite.

Veitsch[3]) bei Mitterdorf, Steiermark	Eichberg am Semmering, Nieder-österreich	Pretal-graben bei Turnau, Steiermark	Kaintaleck bei Bruck a. d. Mur, Steiermark	Sunk bei Trieben, Steiermark	St. Martin im Ennstal, Steiermark	Häuselberg bei Leoben, Steiermark	Nyustija[3]) Burda und Szucha Bruch, Ungarn
Magnesit	Magnesit	Magnesit	Magnesit	Magnesit	Magnesit	Magnesit	Magnesit
primärer Dolomit	primärer Dolomit	primärer Dolomit	primärer Dolomit	primärer Dolomit	primärer Dolomit	primärer Dolomit	primärer Dolomit
Pyrit	Pyrit	—	Pyrit	—	—	Pyrit	Pyrit
Talk	Talk	Talk	chromhaltiger Talk	Talk	chromhaltiger Talk	Talk	Talk
Rumpfit (primär u. sekundär)	Rumpfit	—	Rumpfit	—	—	Rumpfit	Rumpfit
—	Antimonit	—	—	—	—	—	—
—	—	Arsenfahlerz	Kupferkies	—	Arsenfahlerz	—	—
—	—	—	—	—	Kupferkies	—	—
—	—	—	—	—	—	—	Glaukodot mit d. Zersetzungsprodukt Kobaltblüte
—	Bleiglanz	—	—	Epidot	—	—	Epidot
—	Eichbergit	—	—	—	—	—	—

[1]) K. A. Redlich, Die Erzlagerstätten von Dobschau und ihre Beziehungen zu den gleichalterigen Vorkommen der Ostalpen. Z. prakt. Geol. **16**, Heft 7 (1908).

[2]) H. v. Foullon, J. k. k. geol. R.A. 25—87 (1885) Fig. 13 (a—d).

[3]) Es wurden nur jene Minerale in die Paragenesis aufgenommen, die primär im Magnesit liegen, alle sekundären Minerale, wie die Gangtrümmer von Kupferkies, Fahlerz usw. in der Veitsch, Bleiglanz in Nyustija usw. wurden nicht angeführt. Das als Eichbergit bezeichnete Wismutkupfersulfid ist ein neues Mineral, das von Dr. Grosspitsch in Leoben analysiert wurde und dessen Publikation bevorsteht.

Bedenkt man, daß eine Reihe gleicher Sulfide die Siderite (siehe bei diesem Mineral) begleiten, so ist eine weitere Analogie zwischen diesen beiden Carbonaten gegeben.

Die dem „Eisernen Hut" entsprechenden Begleitmineralien des Magnesits sind zunächst lockeres Eisenhydroxyd und Aragonit, der in den Fugen der ersteren auftritt. Öfters bilden sich Rasenläufer von Manganhydroxyden, wenn die Carbonate manganreich sind. Die anderen Zersetzungsprodukte, die F. Cornu und F. Reinhold[1]) von der Veitsch bei Mitterdorf in Steiermark beschrieben haben, sind aus den mit den Magnesiten paragenetisch vorkommenden zum größten Teil sulfidischen Erzen entstanden.

Und nun zur Genesis dieses Mineraltypus. Wie schon gesagt wurde, ist es bis jetzt nicht gelungen, auf eine in der Natur auch nur annähernd verwirklichte Weise, im Laboratorium kristallinischen Magnesit — es wurde stets nur das wasserhaltige oder amorphe Carbonat erhalten — zu erzeugen, wir sind daher auf die Beobachtungen in der Natur angewiesen.

Nach der Ansicht J. Rumpfs (l. c.) ist der Pinolitmagnesit durch die Tätigkeit silurischer Thermen gebildet worden, die in seichten Stellen des warmen Meerwassers die Carbonate im Schlamm zum Absatz gebracht haben. Er hält sie somit für direkte Sedimente. M. Koch[2]) fand später im Liegenden der Magnesite der Veitsch carbonische Fossilien und war der erste, der an eine metamorphe Bildung dieses Magnesits nach Kalk dachte, einen Vorgang, den er sich vom chemisch geologischen Standpunkt wohl nicht ganz richtig vorstellte, da er die Relikte der Umwandlung für Kalk hält, und nicht, wie dies auch aus den später zu erörternden Gleichungen hervorgeht, als Dolomit gedeutet hat.

Durch meine späteren Arbeiten wurden die Beweise für die Richtigkeit der Annahme einer metamorphen Entstehung erbracht. In Kürze soll der Vorgang, wie er sich wahrscheinlich in der Natur abgespielt hat, beschrieben werden. Die archäischen und paläozoischen Schichten der Ostalpen sind häufig aus einer Wechsellagerung von Kalk und Schiefern zusammengesetzt. Die Kalkbänke sind entweder als Lager erhalten, oder sie sind durch dynamische Vorgänge in Linsenzüge aufgelöst, die sich dann perlschnurartig aneinander reihen. In solche Kalkmassen drangen nun Magnesiumbicarbonate und bildeten in der ersten Phase Dolomit, dann aber bei dem weiteren Vordringen der Lösungen reines Magnesiumcarbonat, bei welcher Gelegenheit das leichter lösliche überschüssige Calciumcarbonat weggeführt worden sein mag. Spalten im Kalke beförderten diesen Vorgang zweifellos in hervorragender Weise, indem sie der Lösung bessere Angriffspunkte gaben, schließlich sich selbst verkittend. Das ist auch der Grund der unregelmäßigen Verteilung des Magnesits im Muttergestein.

Wir hätten also für diese zwei Vorgänge zwei Gleichungen:

$$CaCO_3 + MgCO_3 = CaMg(CO_3)_2\,,$$
$$CaMg(CO_3)_2 + MgCO_3 = 2\,MgCO_3 + CaCO_3\,.$$

Tatsächlich sehen wir in der Natur neben Magnesit den Dolomit als steten Begleiter und selbst an Handstücken können wir oft jenen Mittelzustand

[1]) F. Cornu u. F. Reinhold, Z. prakt. Geol. **16**, 405 (1908).
[2]) M. Koch, Z. Dtsch. geol. Ges. **45**, 294 (1893).

beobachten, wo der Kalk erst durch Dolomit ersetzt ist und der Magnesit in einschießenden Kristallen sein Vordringen anzeigt.

Fig. 24. *a* Magnesit, *b* Dolomit (noch mit starken Eisengehalt gebankt).

Durch den Kristallisationsprozeß wurden enorme Kräfte ausgelöst, so daß die ursprüngliche Lagerform des Kalkes der Stockform weichen mußte und im Verein mit den tektonischen Erscheinungen die Liegendschiefer, um einen Ausdruck E. Reyers zu gebrauchen, so „gequält" wurden, daß sie oft die ganze Masse durchdrangen.

Von den meist grauen kleinkristallinischen Dolomitrelikten, die als an $MgCO_3$ gesättigtes Muttergestein bezeichnet werden können, sind die weißen bis kopfgroßen Dolomitrhomboeder mit deutlicher Spaltbarkeit zu unterscheiden, die wie Augen in der Masse sitzen und den isomorphen Kristallisationszustand von $CaCO_3$ und $MgCO_3$ darstellen.

Der ganze Vorgang könnte schematisch in der nebenstehenden Fig. 25 dargestellt werden.

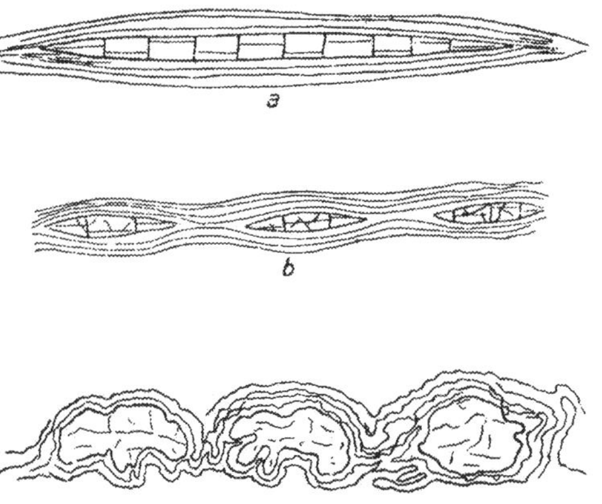

Fig. 25.
a Ursprüngliche Kalkbank; *b* durch tektonische Einflüsse in Linsen aufgelöst und von Spalten durchsetzt; *c* die durch den Kristallisationsprozeß entstandenen Magnesitstöcke mit Relikten von mehr oder weniger Dolomit. Die ursprünglichen Spalten in der metamorphen Masse verschwunden, neugebildete mit Quarz, Sulfiden, Dolomit, die jüngsten mit diluvialem Lehm gefüllt oder leer.

Die die ursprünglichen Kalke umgebenden Schiefer, welche stets Quarz und Tonerde führen, werden bei der Bespülung durch die Magnesiumbicarbonate aus der

Vereinigung mit dem Quarz das Magnesiumsilicat, den Talk, liefern, die Tonschiefer dagegen setzen der Umwandlung den größten Widerstand entgegen und nur an einzelnen Stellen werden sie so angegriffen, daß sie die nötige Tonerde zu dem Magnesiumaluminiumsilicat, dem Rumpfit,[1]) geben. Daraus erklärt es sich, daß der Talk in den Magnesitlagerstätten in größerer Masse, der Rumpfit dagegen nur sporadisch auftritt.

Wo zirkulierende Wässer gelöste Kieselsäure zu den Magnesiten führen, wird sich noch fortwährend neuer Talk bilden (Versuchsstollen am Eichberg, Semmering), das Carbonat dagegen konnte als Neubildung nur als Dolomit beobachtet werden.

Der größte Teil der kristallinen Magnesitlagerstätten sind somit metamorphe Lager nach Kalk mit Tonschiefern, Konglomeraten, Grünschiefern und Porphyroiden als unmittelbar Hangend- oder Liegendgestein. Die Lösungen fanden ihre Zufahrtswege an der Grenze gegen die Schiefer, diese gleichzeitig mit Magnesiasilicaten anreichernd, so daß teilweise Magnesit-, teilweise Talklagerstätten durch Hinzutreten von Kieselsäure und als Mittelglied das aus der Umsetzung der Tonschiefer gebildete Magnesiumaluminiumsilicat, der Rumpfit, entstehen konnte.

Ist auch die Hauptmasse der kristallinen Magnesite das Produkt metasomatischer Vorgänge, so scheinen doch einzelne kleinere Magnesitvorkommen direkte epigenetische Absätze zu sein, ohne Vermittelung einer ursprünglichen Kalkbank; freilich vermögen wir bis jetzt keine genügende Erklärung darüber abzugeben, wieso diese Magnesite die Konkordanz in den Schiefern einhalten.

Somit scheint die Metamorphose bzw. Epigenesis für die Bildung des Magnesits erwiesen, und man kann mit Sicherheit annehmen, daß ihre Bildung mit den letzten Phasen eruptiver Tätigkeit zusammenhängt. Unerklärt bleibt es, daß wir echte Gangformen vermissen, ferner mit welchen Eruptionen diese Prozesse zusammenhängen.

Für die Ostalpen denken E. Weinschenk und seine Schüler an granitische Lakkolithe, während ich noch immer geneigt bin, wenigstens. für die carbonen Vorkommen die großen Diabas- und Porphyreruptionen der nördlichen Ostalpen — heute nur in ihren Umwandlungsprodukten als Grünschiefer, Porphyroide usw. erhalten — als Ursache anzusehen. Der Chromgehalt gewisser Grünschiefer in der Nähe der alpinen Siderit- und Magnesitlagerstätten (Payerbach—Reichenau—St. Oswald) einerseits, die chromhaltigen Talke und Sericitschiefer der Magnesite des Kaintalecks, Mautern,[2]) St. Martin[3]) usw. andererseits bestärken diese Vermutung.

Dieser Typus, den man in den Ostalpen von Wiener Neustadt bis Tirol verfolgen kann, erhält über das Bruchfeld von Wien hinaus seine Fortsetzung in den Karpaten, wo er in der gleichen kristallinen Schieferzone wie bei uns auftritt.[4])

Über die kristallinen Magnesite Spaniens weiß man bis heute nur wenig. Sie liegen bei Reinosa[5]) (Provinz Santander) in der unteren Kreideformation,

[1]) F. Cornu u. K. A. Redlich, Z. prakt. Geol. **16**, 145 (1908).

[2]) F. Cornu u. K. A. Redlich, l. c. 149.

[3]) K. A. Redlich, Z. prakt. Geol. **17**, 102 (1909).

[4]) H. v. Bökh, Jber. d. k. ung. geol. A. **14**, 66 (1905). — K. A. Redlich, Z. prakt. Geol. **19**, 126 (1911).

[5]) Briefliche Mitteilung des Herrn Dionysio de Gurtubay in Santander.

und sind an Kalke und Dolomite gebunden; sie machen eher einen schwammigen Eindruck, die kristalline Schieferbildung fehlt vollständig.

Auch die Kenntnis der schwedischen Magnesite beschränkt sich auf briefliche Mitteilungen und auf einen gedruckten Bericht F. Svenonius.[1]) Es kommen Serpentinmagnesite vor, die dem Typus Greiner entsprechen, im Bezirk Norbotten dagegen, im Kirchspiel Kvickjock (Ovikkjok), an der Nordseite des Terraflusses, findet sich kristalliner Magnesit in Lagern und Linsen der an Chlorit und Amphybolschiefer gebunden ist und dolomitische Partien einschließt. Die einzelnen Linsen bilden, ähnlich wie in den Ostalpen, einen fortlaufenden Zug. Die Magnesite sind Abspaltungsproduke von Amphibolschiefern, die metamorphe eruptive Bildungen postcambrischen Alters darstellen. Wie sie sich genauer gebildet haben, läßt sich ohne Autopsie schwer entscheiden, sie können entweder direkte epigenetische Absätze sein, oder aber metamorphe Lager nach Kalk darstellen. Für jeden Fall stehen sie dem Typus Veitsch sehr nahe.

Magnesit als Begleiter von Erzen, namentlich in Gängen.

Als Begleiter von Erzen, namentlich in Gängen, ist der Magnesit unter den Carbonaten das seltenste. So kennt man dieses Mineral aus den Erzgängen des Schneebergs bei Klausen in Tirol,[2]) aus Neu-Sinke[3]) in Siebenbürgen usw.

Pneumatolytische Bildungen.

Als Seltenheit finden sich Magnesitkristalle in den Blasenräumen des Melaphyrmandelsteins von Tannhof.

Verwertung des Magnesits.

Von **K. A. Redlich** (Leoben).

Die technische Verwertbarkeit des Magnesits beschränkt sich auf die amorphe Art und die kristalline Varietät vom Typus Veitsch, untergeordnet vom Typus Greiner, da alle übrigen Formen nur mineralogisches Interesse besitzen und natürlich nicht abbauwürdig sind. Der Magnesit wird durch Brennen, gewöhnlich in Schachtöfen, der Kohlensäure beraubt, d. h. er wird kaustisch gebrannt. Die Temperatur, bei der dieser Zustand eintritt, ist bei einzelnen Varietäten schon 500° C, doch richtet sich der Hitzegrad wohl hauptsächlich nach der Zusammensetzung des Materials, wobei vor allem die Reinheit desselben den Ausschlag gibt. Für gewisse Zwecke ist es notwendig, genau die Temperatur festzustellen, da sonst ein Totbrennen erfolgt.

---

[1]) F. Svenonius, l. c. und Nagra Bidrag of eruptives Betydelse för Fjällbildningerne Sveriges geologiskea Undersökning, Ser. C. Nr. 164 (1896).

[2]) B. Granigg, Die stoffliche Zusammensetzung der Schneeberger Lagerstätten. Öst. Zeitschr. für Berg- und Hüttenwesen 1908 Nr. 27—32.

[3]) A. Koch, Erdély Asványainak kritikai átnézete. (Kritische Übersicht der Minerale Siebenbürgens) Koloszvar (Klausenburg) 1885.

Die bei dem eben beschriebenen Prozeß entweichenden Rohgase werden manchesmal zu reiner Kohlensäure verarbeitet. Es ist eigentümlich, daß bis heute die außerordentlich großen Mengen der Kohlensäure, welche beim Brennen der kristallinen Magnesite in unseren Alpen sich bilden, nicht verwertet werden. Ein Hauptgrund mag wohl in der zu großen Verunreinigung der Rohgase, die namentlich durch Schwefelverbindungen hervorgerufen wird, liegen. Neben dieser Kohlensäuregewinnung wird auch dieses Gas durch Hinzusetzen von Schwefelsäure zum Magnesit nach der Gleichung gewonnen:

$$MgCO_3 + H_2SO_4 = MgSO_4 + H_2O + CO_2.$$ [1]

Der kaustisch gebrannte Magnesit der amorphen Varietät wird zu chemischen Zwecken weiter verarbeitet, findet in der Papierfabrikation Verwendung, schließlich bildet er die Unterlage zur Erzeugung des Magnesiazements. Mit diesem Namen wird eine Erfindung Stanislaus T. Sorels in Paris bezeichnet, die im allgemeinen eine Mischung von gebrannter Magnesia mit Chlormagnesium ist und sich durch ihr hervorragendes Bindevermögen auszeichnet. Die Bezeichnung Zement kommt diesem Produkt nur insofern zu, als es steinartig erhärtet, hydraulische Eigenschaften besitzt es nicht.[2] Dieser Erhärtungsprozeß kann durch folgende Gleichung ausgedrückt werden:

$$MgCl_2 + MgO = \begin{matrix} Mg < Cl \\ \quad > O \\ Mg < Cl \end{matrix}$$

Es entsteht ein festes Magnesiumoxychlorid.

Der Magnesiazement bildet wieder den Hauptbestandteil für die Kunststeinfabrikation. Zu diesem Zweck wird der kaustisch gebrannte Magnesit gepulvert mit Sand, Kies, Marmorabfällen, Sägespänen (Xylolith), Faserstoffen u.a.m. gemischt, die Masse mit Chlormagnesiumlösung befeuchtet, in Formen gepreßt oder zu Platten gewalzt (auch hier gibt es zahlreiche Varianten).

Die kristalline Varietät kann, da sie zu langsam abbindet, zu diesem Zweck nicht verwendet werden. Die Gründe dafür setzt L. Jesser, technischer Rat des k. k. österreichischen Patentamtes, in den folgenden Zeilen auseinander, die er brieflich an den Autor dieses Artikels die Liebenswürdigkeit zu richten hatte: „Nach allen Erfahrungen sind die Abbinde- und Erhärtungsvorgänge der hydraulischen und nichthydraulischen Bindemittel exotherme Reaktionen. Liegt an Stelle des amorphen Bindemittels die kristallisierte Form desselben Körpers vor, so ist der Gehalt des Systems um jenes Quantum arbeitsfähiger Energie geringer, welches beim Übergang des amorphen in den kristallisierten Zustand als Wärme nach außen abgegeben wird.“ — Da nun die Wärmetönung der Abbinde- und Erhärtungsvorgänge, also die Menge der überschüssigen, nicht zur Verrichtung innerer, sondern zur äußeren Arbeit (Temperaturerhöhung usw.) verbrauchten Energie klein ist, so ist der Fall möglich, daß, wenn an Stelle des amorphen Magnesits der kristallisierte tritt, der Energieinhalt des Systems in einem Maße geringer wird, daß eine selbsttätige, exotherme Reaktion unmöglich ist.

---

[1]) Ausführliches über Kohlensäureerzeugung siehe A. Luhmann, Die Kohlensäure, II. Aufl. (Wien 1906).

[2]) Verschiedene Modifikationen haben dieses Verfahren verbessert, jedoch scheint hier nicht der Ort zu sein, auf diese einzugehen; eine Zusammenstellung derselben findet sich in Otto Dammer, Chemische Technologie der Neuzeit (Stuttgart 1910) 469.

Analoge Verhältnisse sind bei hydraulischen Hochofenschlacken, bei welchen die glasige Form hydraulisch, die kristallinische Art nicht hydraulisch ist, vorhanden; bei kristallisiertem Portlandzement dagegen ist es der hohe Kalkgehalt, der trotz der kristallisierten Form der Silicate eine exotherme Abbindung und Erhärtung bewirkt (Siehe L. Jesser, Protokoll zur Generalversammlung des Vereins österr. Zementfabrikanten 1908.)

Wenn daher B. Granigg[1]) meint, daß der Kalkgehalt des kristallinen Magnesits (der nebenbei viel zu klein ist, um überhaupt bei dieser Frage in Betracht zu kommen) das schlechte Abbinden dieser Varietät zur Folge hat, so wäre dieser Umstand nach der eben ausgeführten Darlegung ein Beweis für das gerade Gegenteil.

Eine weitere Verwendung findet der Magnesit als feuerfestes Material, zu dem vor allem die kristalline Varietät benutzt wird. Aus der folgenden Auseinandersetzung ergibt sich von selbst der Grund für diese Erscheinung. Der Magnesit wird in Schacht-, Gaskammer- oder Rotieröfen tot gebrannt. Dieses Produkt ist in der amorphen Varietät weiß bis rötlichweiß, in der kristallinen licht bis schwarzbraun, wodurch er in seinem Aussehen an Wad erinnert. In beiden Fällen wird er nach dem Brande sortiert, die schlecht gebrannten Massen nochmals in den Ofen gesetzt, ferner die schädlichen Beimengungen, wie da namentlich bei der kristallinen Varietät Quarz und Dolomit sind, entfernt. Beobachtet man diese Substanz im Dünnschliff unter dem Mikroskop, so stellt sie eine amorphe, nahezu opake Masse dar. Bei der kristallinen Varietät durchsetzen zahlreiche Schwundrisse parallel der Rhomboederspaltbarkeit, welche sich infolge der Kohlensäureabgabe während des Brennens gebildet haben, das Ganze. Die Sinterklumpen werden mittels Steinbrecher und Walzenquetschen auf Erbsengröße zerkleinert und dann auf Kollergängen zu einem feinen, etwa 1 bis 2 mm großen Korn gemahlen. Dieses Mehl wird entweder mit Teer als Magnesitteermasse oder auch ohne Bindemittel zur Herstellung von Ofenherden in den Fällen verwendet, wo es sich entweder um sehr hohe Temperaturen (elektrische Öfen, Siemensöfen usw.) handelt, oder wo die basische Natur des Magnesits für den Prozeß notwendig ist (basischer Martinprozeß, Thomasprozeß usw.).

Die Mahlmasse wird zur Herstellung von Magnesitziegeln und sonstigen feuerfesten Fabrikaten[2]) (Düsen für Thomaskonverter, Tiegel, Rohre usw.) benutzt. Zu diesem Zweck wird das Mehl durch Benetzen mit Kalkmilch oder durch Anrichten mit Teer bildsam gemacht und dann auf die bei der Ziegelei übliche Weise unter Anwendung hydraulischer Formpressen verarbeitet. Die Steine werden getrocknet und im Mentheimofen bei möglichst hoher Temperatur gebrannt. Je höher die Brenntemperatur ist, um so weniger werden die Steine bei der weiteren Verwendung im Ofen schwinden. Bei diesem abermaligen Brennen wird die amorphe Phase allmählich in ein Kristallgemisch übergehen, und da die Umwandlungsgeschwindigkeit eine langsame ist (umgekehrt, wie beim Portlandzement), wird die Bildung der MgO-Kristalle nur allmählich erfolgen und erst bei den höchsten Hitzegraden zum Stillstand gelangen, was wir am besten an dem noch immer weiteren,

[1]) B. Granigg, Über die Beurteilung des wirtschaftlichen Wertes des Gel-Magnesits von Kraubat, Österr. Z. f. Bg.- u. Hüttenwesen 1910, Nr. 34—36.

[2]) Ein Nachteil dieses sonst ausgezeichneten feuerfesten Materials besteht in dem Umstand, daß es bei plötzlichem Temperaturwechsel leicht springt.

wenn auch schwachem Schwinden des fertigen Steines bei seiner Benutzung beobachten können.

F. Cornu[1]) beschreibt die Mikrostruktur der Ziegel folgendermaßen:

„Den Hauptanteil an der mineralogischen Zusammensetzung nimmt Periklas ein, zum Teil aus mehr oder weniger vollkommenen Kristalldurchschnitten, die die Formen $O = (111)$ und $\infty O \infty = (100)$ mitunter deutlich erkennen lassen, zum Teil aus Körnern von unregelmäßiger Gestalt bestehend.

Die einzelnen Individuen, Körner sowohl als die wenig zahlreichen Kristalldurchschnitte, grenzen im allgemeinen eng aneinander und bilden so ein pflasterartiges Aggregat, wie es die beigefügte Figur zur Darstellung bringt (starke Vergrößerung). Spaltbarkeit ist wegen der Kleinheit der Individuen nicht zu beobachten. An manchen Durchschnitten ist beim Einschalten des empfindlichen Gipsblättchens eine sehr schwache Doppelbrechung, deren Orientierung sich wegen ihrer geringen Intensität nicht angeben läßt, zu beobachten. Stellenweise ist im Dünnschliff etwas dunkelbraunes bis hellgelbbraunes Glas zu bemerken, das dann als Bindemittel der Periklaskörner fungiert.

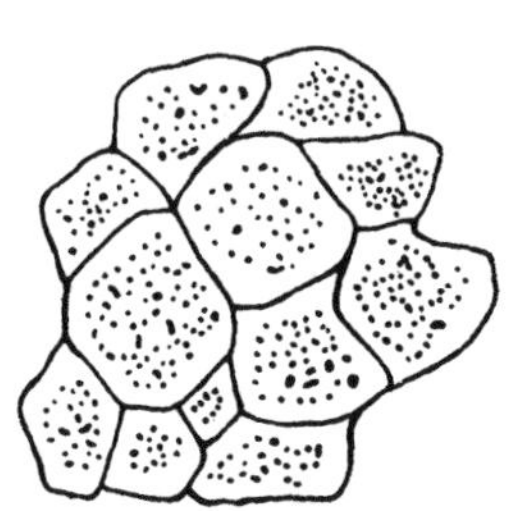

Fig. 26. Dünnschliff eines Magnesitziegels bei starker Vergrößerung. Periklaskristalle und Körner von Magnesioferriteinschlüssen.

Viele Körner des Periklas lassen eine dilute Braunfärbung erkennen, die sich teils auf den ganzen Kristall erstreckt, teils sich nur partienweise bemerkbar macht. Diese Braunfärbung stimmt vollkommen überein mit der des Glases.

Sehr interessant ist die Mikrostruktur des Periklases. Bei schwacher Vergrößerung erscheint der Dünnschliff infolge zahlloser winziger schwarzer Einschlüsse der Periklaskörner ganz dunkel. Bei Verwendung der stärksten Systeme lösen sich diese nahezu opaken Körperchen in zierliche oktaedrische Kristallskelette von dunkelbrauner Farbe auf, die mit den Kristallskeletten am Magneteisen, wie sie aus glasreichen Gesteinen und künstlichen Schlacken bekannt sind, die größte Ähnlichkeit haben.[2])

Die Verteilung der Skelette in den Periklaskristallen ist eine regellose, beschränkt sich jedoch auf das Innere der Durchschnitte. Alle Körner und Kristalle besitzen einen scharf abgegrenzten, schmalen Saum, der sich völlig frei von Einschlüssen erweist.

Auf Grund des erwähnten, stark magnetischen Verhaltens der Ziegel und ihrer dunklen Färbung, ferner unter Berücksichtigung der später zu besprechenden chemischen Zusammensetzung des gebrannten Magnesits muß ich das neugebildete Mineral als Magnesioferrit ansprechen.

Hiermit stimmt auch die oktaedrische Gestalt der Skelette überein. Der starke Magnetismus findet sich bekanntlich auch bei dem natürlichen Magnesioferrit."

Die chemische Zusammensetzung des Sintermagnesits und der Magnesitziegel ist nach den bekannt gewordenen Analysen die folgende:

---

[1]) F. Cornu, Über die mineralogische Zusammensetzung künstlicher Magnesitsteine, insbesondere über ihren Gehalt an Periklas, ZB. Min. etc. 1908, 305.

[2]) Vgl. die Abbild. in R. Reinisch: Petrograph. Praktikum, 1. Tl. 1901, 5.

	1.	2.	3.	4.	
MgO . .	80,9%	85,34%	88,22%	85,31%	
CaO . .	6,5	1,75	0,87	Spur	
(MnO) .	—	—	0,59	0,52	(Mn_3O_4)
(Al_2O_3) .	1,6	0,82	0,86		
Fe_2O_3. .	6,8	7,70	7,07	9,05	(inkl. Al_2O_3)
(SiO_2) .	4,8	3,40	2,35		
Summe	100,5	99,01	99,96	94,88	

	5. Sintermagnesit Veitsch	6. Sintermagnesit Veitsch	7. Sintermagnesit Breitenau	8. Sintermagnesit Eichberg a. Semmering	9. Sintermagnesit Sunk b. Trieben (Steiermark)	10. Sintermagnesit Veitsch
MgO . . .	84,20	86,85	87,89	85,86	85,91	84,2
CaO . . .	2,25	2,26	2,77	3,00	4,51	4,2
(Al_2O_3) . .	—	—	0,69	0,10	1,44	0,56
(Mn_3O_4). .	0,70	0,44	0,87	1,10	—	0,9
(Fe_2O_3) . .	8,40	8,46	5,47	5,29	6,83	8,00
(CO_2) . .	0,50	0,35	—	—	—	—
(SiO_2) . .	2,50	0,85	2,0	5,06	0,63	1,87
Rückstand .	1,30	—	—	—	—	—

1. Durchschnittliche Zusammenstellung schlesischer Magnesitziegel nach F. Lezius, entnommen dem Werke von Dr. C. Bischof, Die feuerfesten Tone usw., 2. Aufl. (Leipzig 1895) 364.

2. Durchschnittliche Zusammensetzung steirischer Magnesitziegel nach Wedding, entnommen dem erwähnten Werke, 364

3. Zusammensetzung des Sintermagnesits (Rohmaterial zur Ziegelbereitung) laut einer im Laboratorium der k. sächs. Bergakademie in Freiberg ausgeführten Analyse.

4. Unvollständige Analyse der Veitscher Magnesitziegel, ausgeführt von Herrn Ed. Riley in London.

5. und 6. St. u. Eisen (1890) Nr. 3.

7. bis 10. Chem. Laboratorium der Veitscher Magn. Akt.-Ges. in der Veitsch.

Nicht uninteressant ist ein Vergleich der Analysen des Sintermagnesits, einerseits, wie er aus dem Ofen kommt, anderseits, wie er nach der elektromagnetischen Aufbereitung zusammengesetzt ist.

	Sintermagnesit Trieben vor der Aufbereitung	Sintermagnesit Trieben nach der Aufbereitung	Sintermagnesit Semmering vor der Aufbereitung	Sintermagnesit Semmering nach der Aufbereitung
MgO	83,15	93,81	81,46	89,65
CaO	7,46	1,05	8,52	2,41
(Al_2O_3) . . .	0,90	0,46	1,20	0,71
Fe_2O_3 . . .	3,65	4,3	6,00	6,70
(SiO_2) . . .	4,23	0,64	2,8	0,83

Aus der Nebeneinanderstellung zweier Musteranalysen ersieht man, daß der an das MgO gebundene Fe_2O_3-Gehalt genügt, um einerseits eine Reinigung von schädlichen Bestandteilen, wie da sind SiO_2, Al_2O_3 und CaO zu bewirken, anderseits doch noch soviel zurückbleibt, daß das schon beschriebene Glas sich bilden kann.

Weiter schreibt F. Cornu: „Beim Vergleiche der unter dem Mikroskope erkannten mineralogischen Zusammensetzung mit der chemischen auf Grund der oben zitierten Analysen ergibt sich folgendes: MgO und Fe_2O_3 verteilen sich auf die beiden neugebildeten Minerale Periklas und Magnesioferrit. Eine Berechnung des Gehaltes an Magnesioferrit und Periklas ist nicht durchführbar, da auch der Periklas nach den vorliegenden Analysen des Unterprodukts beträchtliche Mengen von Eisenoxydul — nach H. Rosenbusch[1]) bis 8,6% — enthalten kann. Es fehlt somit jeglicher Anhaltspunkt zur Berechnung.

Für den die Periklaskörner zusammenhaltenden Glaskitt ergibt sich bei Zugrundelegung der Analyse II und bei Vernachlässigung des Eisengehalts, dem die Braunfärbung des Glases zuzuschreiben ist, folgende Zusammensetzung in abgerundeten Zahlen:

CaO	29%
Al_2O_3	13
SiO_2	58
	100%

An der mineralogischen Zusammensetzung der Magnesitziegel beteiligen sich rund 94% Periklas und Magnesioferrit und 6% Glaskitt."

Es besteht also der vollständig gesinterte Magnesit vor allem aus Periklaskristallen und Olivin, dem glasigen Erstarrungsprodukt der Sinterungsschmelze, daneben tritt Spinell als ein Produkt der Ionenreaktion dissoziierter Tonerdesilicate und MgO und schließlich Magnesioferrit auf.[2]) Den gleichen Prozeß macht die Stampfmasse im Martinofen mit, welche durch die bei der Stahlerzeugung hervorgerufene Hitze infolge der langsamen Umwandlung die Wände mit einer festgekitteten Masse von Periklasolivinschmelze bekleidet.

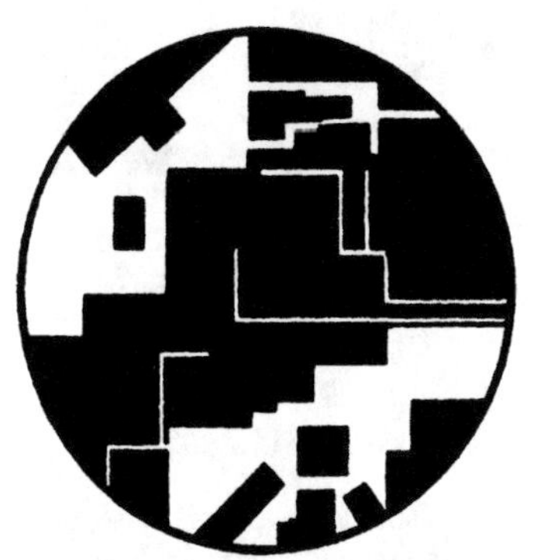

Fig. 27. Dünnschliff eines Magnesitziegels aus der Veitsch, der durch ein Jahr als Bodenbelag eines Martinofens in Verwendung stand.

Bleibt die Masse lange Zeit im Martinofen, so bildet sich unter dem Einfluß des Stahlbades, namentlich dort, wo beide in inniger Berührung stehen, ein neues Mineral von dunkelschwarzer Farbe, starkem metallischem Glanz, von der Härte 6, das äußerlich dem Magnetit sehr ähnlich ist und deutliche tesserale Spaltbarkeit nach dem Würfel zeigt, die man im Dünnschliff in der sonst opaken Masse besonders gut sieht. Dieses Mineral ist wohl nichts anderes als der Hauptsache nach Magnesioferrit ($MgO . Fe_2O_3$).

Die Analyse[3]) dieses Materials ergab folgende Zusammensetzung.

---

[1]) H. Rosenbusch u. E. A. Wülfing, Mikrosk. Physiogr. Bd. I, II. Hälfte 10.

[2]) Herr Dr. L. Jesser, der sich viel mit Sinterungsvorgängen beschäftigt hat (Die hydraulischen Zemente 1911 S. 1), war so liebenswürdig, mir zahlreiche Winke inbetreff der Magnesitsinterung zu geben, wofür ich ihm herzlich danke.

[3]) Analysiert vom Chefchemiker der Veitscher Magnesit-Aktien-Gesellschaft Ingenieur R. Banko.

	MgO	26,07
	CaO	1,44
	Al_2O_3	2,81
	Mn_3O_4	6,86
	Fe_2O_3	58,98
metall.	Fe	3,10
	SiO_2	0,74
		100

Der höhere MgO-Gehalt 26% gegenüber 20% ergibt sich aus der noch nicht vollständigen Umwandlung, die übrigen dem Magnesioferrit fremden Elemente, werden als ursprüngliche Bestandteile des Magnesitziegels und des Roheisens mitgeführt.

Selbstverständlich komplizieren sich die Verhältnisse, wenn an Stelle des einfachen Roheisens ein an anderen Elementen reicher Körper auf die Magnesitmasse einwirkt.

Interessant und für die Güte des Materials sprechend ist der Umstand, daß diese Umwandlung nur die äußerste Decke erfaßt.

Wie schon in dem ersten Teil auseinandergesetzt wurde, kann der kristallinische Magnesit nur selten als das reine $MgCO_3$ angesprochen werden, er ist fast immer ein Breunnerit mit einem mehr oder weniger großen Gehalt an $FeCO_3$, daneben ergibt die Analyse $CaCO_3$, Al_2O_3, SiO_2 und Spuren von $MnCO_3$. Gerade diese Beimischungen verleihen ihm, falls sie im richtigen Verhältnis vorhanden sind, beim Brand einen besonderen Wert. Der Eisengehalt wird die Sinterung erleichtern ohne, wenn der Gehalt nicht besonders hoch ist (das beste Verhältnis sind 5 bis 8% $FeCO_3$), eine Verschlackung des Materiales hervorzurufen.

Was die Rolle des Kalks beim Sintern des Magnesits betrifft, so scheint er mit der Kieselsäure Kalksilicate zu bilden, die in größeren Mengen die Feuerfestigkeit herabmindern können. Genügt die Kieselsäure nicht zur Bindung des Kalks, so muß CaO als solches — ob amorph oder kristallisiert, mag dahingestellt sein — im Sinterungsprodukt auftreten und ein Zerfallen desselben zur Folge haben. In Parenthese sei hier auf das Vorkommen kleiner Talkschuppen hingewiesen, die als weißes Pulver in der gebrannten Masse verbleiben und ebenfalls zerstörend wirken. Die Tonerde kann die Kieselsäure ersetzen, wenn sich also beide summieren, kann eine Herabsetzung der Feuerbeständigkeit erfolgen. Die Manganverbindungen treten in so geringen Mengen auf, daß sie keinen Einfluß haben, Kieselsäure soll nur so viel vorhanden sein, als zu der Bildung von zähem Glase nötig ist, eine größere Menge bewirkt Weichwerden der Ziegel bei intensiver Hitze. Aus diesen Auseinandersetzungen geht hervor, daß reine Varietäten, und das ist vor allem die amorphe, weit höhere Hitzegrade, daher mehr Brennmaterial zum Sinterungsprozeß benötigen werden, als die durch vorerwähnte Beimengungen leichter sinternden Rohmaterialien, Verunreinigungen, die den Sinterungsprozeß erleichtern, ohne die Feuerbeständigkeit erheblich herabzusetzen. Wenn man ferner überlegt, daß der kristalline Magnesit in großen geschlossenen Stöcken sich findet, der amorphe dagegen nur in Nestern und Gängen angetroffen wird, so ist es in die Augen springend, daß die Abbaukosten bei letzterem bedeutend höher sein werden, und daß diese zwei Faktoren, bedeutend größere Mengen von Brennmaterial und teuerer Abbau, das Spatium der Gestehungskosten beider so auseinanderrücken werden, daß sie nie in ernste Konkurrenz treten werden, sondern das eine stets dort Verwendung finden wird, wo es sich um die Reinheit, das andere, wo es sich um ein Massenprodukt handelt.

Anhang.

Bemerkungen über das Schürfen auf Magnesit.

Von **K. A. Redlich** (Leoben).

Das Kapitel über die Verwertbarkeit des Magnesits wäre unvollständig, wenn man nicht einige Zeilen über das Schürfen nach demselben hinzufügen würde.

Der amorphe Magnesit kann als Verwitterungsprodukt magnesiareicher Silicate nur in Form von Adern, Linsen und Gangtrümmern auftreten, beim Schürfen muß daher Sorge getragen werden, eine genügende Anzahl von Angriffspunkten zu schaffen, um bei dem oft plötzlichen Auskeilen der Masse an anderen Punkten neues Material zur Verfügung zu haben. B. Granigg hat in seiner schon zitierten Arbeit eine beachtenswerte graphisch-rechnerische Methode für die Beurteilung des wirtschaftlichen Wertes des Gelmagnesits gegeben, auf die ich hier aufmerksam machen möchte.

Vom chemischen Standpunkt ist die Reinheit maßgebend, vor allem muß aber auf die äußere Ähnlichkeit des Gelmagnesits mit dem Geldolomit (Gurhofian) hingewiesen werden.

Der kristalline Magnesit wurde wirtschaftlich verwertbar bis jetzt nur in den östlichen Alpen und in den Karpaten angetroffen. Es sind metamorphe Lagerstätten, die gemäß ihrer Entstehung zu Stöcken anwachsen. Dort, wo wir es mit umgewandelten Kalklinsen zu tun haben (die meisten carbonen Magnesitvorkommen), ist es notwendig, die Umgrenzung der Linse genau zu fixieren, da sie oft plötzlich auskeilen. Es ist ein großer Fehler, wenn man die bei der Durchquerung des Stockes gefundene Mächtigkeit als Basis für die Berechnung wählt, welche Zahl nur bei einem gleichbleibenden Lager zur Unterlage gewählt werden könnte. Man muß vielmehr die Magnesitmasse auch streichend verfolgen, in kurzen Abständen Querschläge von dieser Strecke treiben, ebenso die Teufe und das Oben untersuchen, da der in den weichen Schiefern liegende Magnesit eben eine unregelmäßige zu einem Stock angewachsene Masse darstellt.

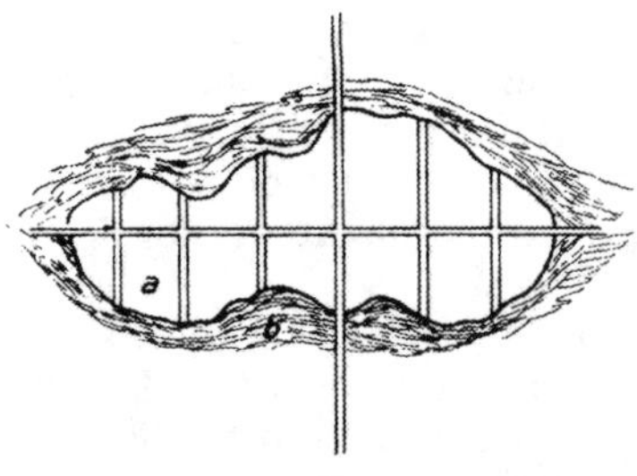

Fig. 28. Der Grundriß einer Magnesitlagerstätte mit den zum Aufschluß notwendigen Streichend- und Querstrecken, *a* Magnesit, *b* stark gefalteter und gequetschter Tonschiefer.

Der Grundriß einer genügend aufgeschlossenen derartigen Lagerstätte müßte sich folgendermaßen darstellen (s. Fig. 28)

Um sich ferner zu überzeugen, ob nicht mehrere Linsen hintereinander oder nebeneinander gelagert sind, wird es von Vorteil sein, in der Streichungsrichtung sowohl als auch im Liegenden Hoffnungsschläge zu treiben.

Neben der Massenbestimmung spielt bei der Beurteilung einer Magnesitlagerstätte die chemische Zusammensetzung eine Hauptrolle. Vor allem ist es der Dolomit, welcher oft große Lagerstätten unbauwürdig machen kann, derselbe ist entsprechend der Genesis des Magnesits mit diesem oft so innig gemengt, daß oft bis zu 70 % als Bruchstein auf die Halde wandern müssen. Umgekehrt darf das Auftreten von Dolomitwänden nicht schrecken, da bereits der nächste Meter wieder edles Material anfahren kann. Wenn es gelingen sollte, durch eine richtige Aufbereitung — in der letzten Zeit hat man auf elektromagnetischem Wege günstige Resultate erzielt — den Kalk bzw. Dolomitgehalt solcher Magnesite herabzusetzen, dann werden manche an Masse großen Vorkommen der Ostalpen, welche bis heute unbauwürdig waren, einem gewinnbringenden Abbau zugeführt werden. Das Vorhandensein einer gewissen Eisenmenge wird das Sintern des Magnesits beschleunigen, wodurch Brennmaterial gespart, die Feuerbeständigkeit nur um ein Minimales herabgesetzt werden wird; das Fehlen bzw. Zurücktreten des Eisens ist kein Grund, daß die Sinterung ausbleibt, es werden nur bedeutend höhere Hitzegrade nötig sein, dagegen bei solchem Material, selbst bei stärkstem Feuer, das Weichwerden vermieden.

Alle übrigen aus dem Chemismus des Grundmaterials sich ergebenden Schwächen bzw. Vorzüge wurden bereits besprochen. Es sei nur erwähnt, daß bei kleinbrüchigem Material, wie z. B. in Nustija in Ungarn dem Rotierofen, in welchem das Rohmaterial kleinkörnig eingetragen wird, gegenüber dem Schachtofen, in dem nur große Stücke verwendet werden können, der Vorzug gegeben werden wird.

Die Hydrate des Magnesiumcarbonats.

Von **H. Leitmeier** (Wien) und **G. d'Achiardi** (Pisa).

Allgemeines.

Von **H. Leitmeier** (Wien).

Vom chemischen Standpunkte teilt man die wasserführenden Carbonate in neutrale und basische ein, eine Einteilung, die auch hier festgehalten sein soll. In der Natur ist ein einziges neutrales Mg-Carbonat, die Verbindung $MgCO_3.3H_2O$, mit voller Sicherheit bekannt, die im Gegensatz zum Magnesit nur äußerst selten auftritt, obwohl ihre natürlichen Bildungsbedingungen mit denen des dichten Magnesits, der durch Zersetzung von Magnesiasilicaten entsteht, in Beziehung stehen dürften. Doch sind alle Magnesiahydrocarbonate recht wenig beständig und wandeln sich durch allmähliche Wasserabgabe teils in Carbonate von niedrigerem Wassergehalte, teils in das wasserfreie amorphe Carbonat um. Darauf beruht wohl vor allem ihre große Seltenheit. In der Chemie ist eine Reihe von neutralen Wasser führenden Magnesiacarbonaten bekannt, die in der Natur nicht vorkommen. Da ist vor allem die Verbindung $MgCO_3.5H_2O$, die später näher beschrieben werden wird. Dieses Salz bildet sich nur bei niederen Temperaturen, und wandelt sich bei Temperaturerhöhung rasch in $MgCO_3.3H_2O$ um; es wird also nur in kälteren Gegenden längere Zeit beständig sein; in gemäßigten Klimaten könnte es nur während der kalten Jahreszeit entstehen und müßte sich im Sommer zersetzen.

Die basischen Magnesiacarbonate unterscheiden sich von den neutralen schon durch ihre wenig konstante Zusammensetzung; und die für sie aufgestellten Formeln sind zum Teil wohl recht hypothetisch. (Einem solchen Carbonat wurde gar auf Grund des optischen Verhaltens von Sphärolithen vergleichsweise eine chemische Formel gegeben.) Es ist auch noch absolut nicht sichergestellt, ob die basischen Magnesiahydrocarbonate wirkliche chemische Verbindungen sind, oder ob nicht bloß Gemenge von Magnesiumcarbonat und Magnesiumhydroxyd vorliegen. Dafür spricht auch der Umstand bei der künstlichen Darstellung dieser Minerale, daß bei nur geringen Änderungen in dem Ausscheidungsvorgang (z. B. Temperaturveränderungen von einigen Graden) sich gleich die chemische Zusammensetzung des Fällungsproduktes ändert, und fast nie erhält man ein der Formel analoges Carbonat. Gegen diese Ansicht aber spricht wiederum die von O. Brill (siehe S. 235) konstruierte Kurve für die thermische Dissoziation des Magnesiumcarbonats, die für eine große Reihe basischer Carbonate Knickpunkte zeigt.

Nesquehonit.

Magnesiumcarbonat-Trihydrat.

Von **H. Leitmeier** (Wien).

Achsenverhältnis $a:b:c = 0,645:1:0,4568$.

Dieses Mineral wurde von F. Keeley in der Nesquehoning Mine bei Lansford, bei Tamaqua, Schuylkill Co. Pennsylvanien in einem Kohlenbergwerke aufgefunden und von F. A. Genth und S. L. Penfield[1]) beschrieben. Es kommt auch nach G. Friedel[2]) bei Isère in Frankreich vor.

	1.	2.	3.	4.
MgO	29,22	0,731	28,98	28,23
CO_2	30,22	0,687	31,85	28,85
H_2O	40,32	2,240	39,13	42,92
	99,76		99,96	100,00

1. ist der Nesquehonit von Lansford; anal. F. A. Genth.
2. ist das Molekularverhältnis desselben.
3. ist der Nesquehonit von Mure, Isere, Frankreich; anal. G. Friedel.
4. Nesquehonit, pseudomorph nach Lansfordit von Lansford; anal. F. A. Genth.

H. Leitmeier[3]) erhielt dieses Mineral als Absatz aus den Mineralquellen von Rohitsch-Sauerbrunn in Untersteiermark bei Temperaturen über 6° C, das folgende Zusammensetzung hatte:

MgO	28,52
CO_2	31,09
H_2O	40,03
	99,64

Das Verhältnis $CO_2 : MgO : H_2O$ ist beim Nesquehonit ungefähr $1:1:3$ und entspricht der Formel $MgCO_3 . 3H_2O$, die der idealen Zusammensetzung von 28,29 MgO, 31,38 CO_2 und 39,13 H_2O entspricht.

[1]) F. A. Genth u. S. L. Penfield, Z. Kryst. **17**, 562 (1890).
[2]) G. Friedel, Bull. Soc. min. **14**, 60 (1891).
[3]) H. Leitmeier, Z. Kryst. **47**, 104 (1909).

Physikalische Eigenschaften.

Die **Brechungsquotienten** sind nach F. A. Genth und S. L. Penfield an künstlichem Materiale gemessen $N_\alpha = 1{,}495$, $N_\beta = 1{,}501$, $N_\gamma = 1{,}526$ für Na-Licht; der Achsenwinkel $2V = 53{,}5^0$.

Die **Härte** des Minerals ist ungfähr 2,5.

Die **Dichte** ist nach Bestimmungen von F. A. Genth und S. L. Penfield $\delta = 1{,}83$—$1{,}852$; nach H. Leitmeier (am Quellenabsatz von Rohitsch) 1,854 bestimmt nach der Schwebemethode; G. v. Knorre mit 1,808 und H. Bekurts mit 1,875 an künstlichem Materiale.

Die **Löslichkeit** in verdünnten Säuren erfolgt sehr rasch unter Aufbrausen wie bei der Soda.

In reinem Wasser lösen sich nach F. Auerbach[1]):

bei 15°	bei 25°	bei 35°
0,0095	0,0087	0,0071

Aus der mit steigender Temperatur abnehmenden Löslichkeit folgt, daß sich das Trihydrat unter Wärmeentwicklung auflöst.

Elektrisches Leitvermögen der Lösung. F. Kohlrausch[2]) fand für die Leitfähigkeit der wäßrigen Lösung von kalt und heiß gefälltem $MgCO_3 + 3H_2O$ in reziproken Ohm $\varkappa = 794 \,.\, 10^{-6}$.

Über andere Eigenschaften ist schon beim Magnesit berichtet worden.

Künstliche Darstellung.

In der Chemie ist dieses Salz wohl bekannt als das käufliche Magnesiumcarbonat. Seine Darstellung ist sehr einfach: Es bildet sich bei Temperaturen von ca. 10° bis 50° aus wäßriger Magnesiumcarbonatlösung mit oder ohne Kohlensäure und seine Darstellung ist schon von R. Berzelius, später von Ch. Marignac beschrieben worden.

Am genauesten hat sich G. v. Knorre[3]) mit der künstlichen Darstellung des Magnesiumcarbonat-Trihydrats beschäftigt. Er teilt auch eine Anzahl Analysen seiner synthetischen Produkte mit:

	1.	2.	3.	4.
MgO . . .	29,30	29,33	29,64	29,52
CO_2	31,83	31,66	31,34	31,87
H_2O	38,84	39,05	38,98	38,56
	99,97	100,04	99,96	99,95

1. Dargestellt durch Einwirkung von Natriumbicarbonat auf Magnesiumsulfat; 20 g $MgSO_4 + 7H_2O$ in Wasser gelöst, vermischt mit 14 g $NaHCO_3$ in 150 ccm Wasser. Die Ausscheidung begann nach 3 Tagen in Form rhombischer Nadeln.

2. Durch Zusammenbringen einer Lösung von 20 g $MgSO_4 + 7H_2O$ in 50 ccm Wasser mit 50 ccm Sodalösung, die äquimolekulare Mengen Na_2CO_3 enthielt, bildete sich zuerst ein amorpher Niederschlag, der nach eintägigem Stehen kristallin geworden war.

[1]) F. Auerbach, Z. f. Elektroch. **10**, 161 (1904).
[2]) F. Kohlrausch, Z. phys. Chem. **54**, 237 (1903).
[3]) G. v. Knorre, Z. anorg. Chem. **34**, 260 (1903).

3. Auf gleiche Weise dargestellt, nur war Natriumcarbonat in großem Überschuß vorhanden. Das Ausfallen eines solchen Niederschlags, bei Anwendung von Natriumcarbonat, der zuerst amorph, dann aber rasch kristallin wird, haben schon J. Fritsche,[1]) A. Favre,[2]) Souberain,[3]) und M. Jacquelain[4]) gefunden.

4. Dieser Analyse liegt ein Präparat zugrunde, das durch Zersetzung des Kaliummagnesiumcarbonats ($KHCO_3 . MgCO_3 + 4 H_2O$) mit Wasser erhalten wurde.

Untersuchungen über das künstliche Salz hat auch M. Monhaupt[5]) angestellt.

Genesis. Über die Entstehung dieses Carbonats läßt sich wenig sagen. Obwohl seine Bildung so ungemein einfach ist und die Bildungsbedingungen oft in der Natur verwirklicht sind, ist es doch sehr selten. Daran kann nur seine Unbeständigkeit schuld sein; zugleich wohl auch seine verhältnismäßig große Wasserlöslichkeit. Bemerkenswert ist folgendes: In den Mineralquellen von Rohitsch-Sauerbrunnen in Steiermark ist sehr viel Magnesiumcarbonat enthalten; in der stärksten sind von 87,72 $^0/_0$ fixer Bestandteile 33,84 $MgCO_3$, während nur 3,57 $^0/_0$ $CaCO_3$ enthalten sind. Läßt man dieses Mineralwasser an der Luft stehen, so bildet sich rasch bei Temperaturen von ca. 10^0 an der Nesquehonit. Aus der Quelle in Rohitsch selbst hat sich niemals dieses Mineral, sondern stets das $CaCO_3$ in der Form von Aragonit gebildet; diese Quelle steht unter hohem Kohlensäuredruck und es ist möglich, daß vielleicht hierin eine Ursache zu suchen ist. Die Entdecker dieses Minerals geben über dessen Genesis nichts an.

Es wandelt sich nach H. Leitmeier (l. c.) in einiger Zeit in amorphen Magnesit um, was auch sein seltenes Auftreten erklären könnte.

Hydromagnesit.

Magnesiumhydroxycarbonat, Trihydrat.

Von **H. Leitmeier** (Wien).

Achsenverhältnis: $a:b:c = 1,0379:1:0,4652$; $\beta = 90^0$ (nach J. Dana.[6])

Der Hydromagnesit ist ein seltenes Mineral, das vornehmlich in Serpentin vorkommt und gleich dem amorphen Magnesit bei der Zersetzung magnesiareicher (vornehmlich olivinführender) Silicatgesteine sich bildet. Nach den ziemlich spärlichen mineralogischen Beschreibungen scheint dieses Mineral gleich dem neutralen wasserfreien Magnesiumcarbonat, dem Magnesit in zwei Phasen aufzutreten. Die eine ist kristallisiert und gehört nach den älteren Autoren wahrscheinlich dem monoklinen Kristallsysteme an.

Nach E. Weinschenk[7]) ist der Hydromagnesit von Lancaster monosymmetrisch, und P. Groth[8]) stellt ihn zur monoklin-prismatischen Klasse.

---

[1]) J. Fritsche, Pogg. Ann. **37**, 314.
[2]) A. Favre, Ann. chim. phys. [3], **10**, 483.
[3]) Souberain, Journ. Pharm. **13**, 596.
[4]) M. Jacquelain, Ann. chim. phys. **31**, 195.
[5]) M. Monhaupt, Chem. Ztg. **28**, 868 (1904).
[6]) J. Dana, Am. Journ. **17**, 84 (1854).
[7]) E. Weinschenk, Z. Kryst. **27**, 570 (1897).
[8]) P. Groth, Chem. Kristallogr. II.

Während schon G. Tschermak[1]) auf Grund seines optischen Verhaltens an ein rhombisches Kristallsystem denkt, gibt auch L. Brugnatelli[2]) für Hydromagnesit aus dem Aostatale das rhombische Kristallsystem an.

Der Lancasterit von B. Silliman[3]) als Hydromagnesit beschrieben, ist nach Smith und Brush[4]) ein Gemenge von Brucit und Hydromagnesit.

Chemische Zusammensetzung.

Da das Mineral sehr selten auftritt, so existieren auch nur verhältnismäßig wenig Analysen.

Ältere Analysen:

	1.	2.	3.	4.
δ	—	—	2,16	—
MgO	42,41	43,96	43,20	42,30
(MnO)	—	—	Spuren	Spuren
(FeO)	—	—	Spuren	Spuren
(Fe_2O_3)	0,27	—	—	—
CO_2	36,82	36,00	36,69	36,74
(SiO_2)	0,57	0,36	—	—
H_2O	18,53	19,68	19,83	20,10
Erdige Masse	1,39	—	—	—
	99,99	100,00	99,72	99,14

1. Hydromagnesit von Hoboken; anal. Th. Wachtmeister, Ak. H. Stockholm 1827, 18.

2. Hydromagnesit von Negroponte; anal. v. Kobell, Journ. prakt. Chem. **4**, 80 (1835).

3. u. 4. Kristallisierter Hydromagnesit von Texas; anal. Smith und Brush; Am. Journ. **15**, 214 (1853).

Neuere Analysen:

	5.	6.	7.
MgO	44,02	43,71	0,02
(CaO)	—	0,10	0,03
(Al_2O_3)	—	0,02	0,10
(Fe_2O_3)	—	0,04	0,03
CO_2	35,71	37,03	—
(SiO_2)	—	0,38	1,35
(P_2O_5)	—	0,30	—
H_2O	19,74	17,79[5])	—
Unlöslich	0,99	1,53	—
	100,46	100,90	1,53

5. Hydromagnesit kristallisiert, von Kraubath in Steiermark; anal. G. Tschermak, Tsch. min. Mit. 1871, 113.

[1]) G. Tschermak, Tsch. min. Mit. 1871, 113.

[2]) L. Brugnatelli, Rendic. R. Ist. Lomb. **36**, 824 (1903) und ZB. Min. etc. 1903, 663.

[3]) B. Silliman, Am. Journ. **9**, 216 (1850).

[4]) Smith u. Brush, Am. Journ. **15**, 214 (1853).

[5]) Enthält etwas organische Substanz beigemengt.

6. Dichter Hydromagnesit von der Cariboostraße, 93 Meilen nördlich von Ashcroft, Lilloet-Distrikt, Brit. Columbia; anal. G. C. Hoffmann, Ann. Rept. Geol. Surv. of Canada für 1898. Ottawa **11** (1900).

7. Analyse des unlöslichen Rückstands des Hydromagnesits, Analyse 6.

Der an unlöslichem Material vollständig freie Hydromagnesit von Texas (Analyse 3) diente zur Berechnung der chemischen Formel:

$$4\,MgCO_3Mg(OH)_2 + 3\,H_2O \quad \text{oder} \quad 4\,MgO.3\,CO_2.4\,H_2O.$$

Dieser Zusammensetzung entsprechen die Werte: MgO 43,9; CO_2 36,3 und H_2O 19,8. Analyse 3 kommt dieser Zusammensetzung am nächsten. Auch Analyse 5, die mit kristallisiertem, sorgfältig ausgesuchtem Materiale ausgeführt ist, stimmt gut mit der Formel überein.

Der dichte Hydromagnesit, dessen Zusammensetzung am besten Analyse 6 und 7 wiedergeben, ist gleich dem dichten wasserfreien (bzw. wasserarmen) Magnesit reich an Kieselsäure und deutet schon dadurch auf Bildung aus Magnesiasilicatgesteinen.

Physikalische Eigenschaften.

Der kristallisierte Hydromagnesit ist in frischem Zustande farblos, gewöhnlich aber weiß, perlmutterglänzend. Der dichte Hydromagnesit ist schneeweiß, durch Unreinheiten häufig grau oder gelblich gefärbt.

Die **Härte** der kristallisierten Phase ist ca. 3,5 nach der Mohs'schen Skala.

Die **Dichte** wird ziemlich verschieden angegeben.

Hydromagnesit von Texas . . . . $\delta = 2{,}145$—$2{,}18$ (Smith und Brush[1]).
" " Lancester . . . $\delta = 2{,}32$ (E. Weinschenk[2]).
" aus dem Aostatal, Ialien $\delta = 2{,}196$—$2{,}210$ (L. Brugnatelli[3]).

Die Angaben schwanken also von 2,145—2,32. Der beste Wert dürfte wohl der am Hydromagnesit von Texas gefundene (Analyse 3) sein $\delta = 2{,}16$. War auch die Methode nicht so genau, wie bei den von L. Brugnatelli mittels der Schwebemethode gemessenen, so war doch das Material wahrscheinlich das beste.

Die **Brechungsquotienten** konnte L. Brugnatelli angenähert bestimmen.

Er fand für N_β etwas größer als 1,530,
" N_γ " " " 1,538.

Der amorphe Hydromagnesit, die technisch wichtige Magnesia alba, ist eine weiße, an der Zunge schwach klebende Substanz. Sie zerfällt bei 300° in MgO und CO_2 hat also einen niederen thermischen Dissoziationspunkt.

Löslichkeit. Magnesia alba ist in verdünnter Salzsäure leicht, in Wasser schwer löslich. Nach Kremers[4]) ist ein Teil Magnesia alba in 5071 Teilen Wasser bei 15° C löslich; nach Bineau[5]) ist ein Teil erst in 10,000 Teilen kaltem oder kochendem H_2O löslich. G. Merkel[6]) fand, daß 1 Teil Magnesia

---

1) Smith u. Brush, l. c.
2) E. Weinschenk, l. c.
3) L. Brugnatelli, l. c.
4) Kremers, Pogg. Ann. **85**, 247.
5) Bineau, Ann. chim. phys. **51**, 299 und Jahresber. 1857, 85.
6) G. Merkel, Z. f. Chem. 1867, 697 und Jahresber. 1869, 1242.

bei 5° in kohlensäurereichem Wasser bei verschiedenen Drucken wie folgt löslich sei:

bei	1 Atm.	CO_2	in	761	Teilen Wasser
„	2 „	„	„	744	„ „
„	4 „	„	„	134	„ „
„	5 „	„	„	110	„ „
„	6 „	„	„	76	„ „

Die Löslichkeit nimmt mit steigendem Drucke bei gleich bleibender Temperatur stark ab. Die Angaben über die Werte der Löslichkeit sind demnach sehr voneinander abweichend.

Nach J. C. Wittstein[1]) wird die Löslichkeit in Wasser durch Zusatz von NH_4-Salzen bedeutend erhöht.

Künstliche Darstellung des Hydromagnesits.

Der Hydromagnesit, bzw. die Magnesia alba, kann dadurch dargestellt werden, daß man eine Mg-Lösung, die CO_2 enthält, mit Alkalicarbonat fällt, oder indem man das neutrale $MgCO_3.3H_2O$ (den Nesquehonit) in wäßriger Lösung zum Sieden erhitzt. Es fällt hierbei ein Niederschlag aus, den man mit Wasser auskochen muß, um die Magnesia alba zu erhalten. In der Technik verwendet man zur Gewinnung der Magnesia alba Mineralwässer und die Mutterlauge von Meerwasser.[2]) Nachdem man die eventuell anwesenden Ca-Salze entfernt hat, wird das Magnesiumchlorid auskristallisieren gelassen, im Wasser aufgelöst, vom Eisen befreit und unter Umrühren mit Natroncarbonatlösung verdampft. Nachdem man den Niederschlag längere Zeit stehen gelassen hat, wird er gewaschen, in Kupferpfannen erhitzt und getrocknet.

Nach Pattinson[3]) kann man die Magnesia alba auch aus Dolomit erzeugen, der geglüht wird und mit H_2O und CO_2 (H_2O in Dampfform) unter Druck behandelt wird. Hierbei löst sich nur wenig Calcium. Der im wesentlichen aus CaO bestehende Rückstand wird abgesetzt, die Lösung zum Kochen gebracht und dabei die Magnesia alba ausgefällt. Auf ähnliche Weise hatte schon früher Findeisen[4]) die Magnesia alba aus Dolomit dargestellt.

Giorgiosit

(amorph).

Von **H. Leitmeier** (Wien).

Anhangsweise sei hier auch des Giorgiosits Erwähnung getan, eines Carbonats, das am Vesuv vorkommt und nach A. Lacroix,[5]) im äußeren Ähnlichkeit mit dem basischen Carbonate der Zusammensetzung $3MgCO_3.Mg(OH)_2.2H_2O$ der Chemie hat und ein neues amorphes Mineral darstellen soll.

---

[1]) Vgl. O. Dammer, Handbuch der anorg. Chem. II², 449 (Stuttgart 1894).

[2]) Muspratt's theoretische, praktische u. analytische Chemie **4** (Braunschweig 1891—93) 1071.

[3]) Pattinson, Z. f. Chem. 1863, 335 und Dinglers Polytechn. Journ. **209**, 467.

[4]) Findeisen, Z. f. Chem. 1860, 255.

[5]) A. Lacroix, Bull. Soc. min. **28**, 198 (1908).

Hydrogiobertit.

Von **H. Leitmeier** (Wien).

Hydrogiobertit nannte E. Scacchi[1]) ein wasserhaltiges Magnesiumcarbonat, das in Gestalt dichter Kugeln in einem Augitporphyr in der Nähe von Pollena am Vesuv vorkommt. Es enthält kleine Magnesitkriställchen.

Die Analyse ergab: $\delta = 2{,}149$—$2{,}174$

	Gefunden 1.	Gefunden 2.	Berechnet
MgO	44,91	44,28	44,94
CO_2	25,16	25,29	24,72
H_2O	29,93	30,43	30,34
	100,00	100,00	100,00

Dieses Mineral entspricht der Formel

$$Mg_2CO_4 + 3\,H_2O.$$

L. Brugnatelli[2]) hat später den Hydrogiobertit optisch näher untersucht und glaubt, daß er aus wenigstens zwei verschiedenen Mineralien gebildet sei, die nicht näher ihrer Natur nach untersucht werden konnten. Das eine bildet Körner mit einer vollkommenen Spaltbarkeit und zeigt gerade Auslöschung, das andere bildet eine Art Grundmasse zwischen diesen Körnern.

Artinit.

Von **G. d'Achiardi** (Pisa).

Monoklines Mineral von L. Brugnatelli[3]) zu Ehren E. Artinis benannt.

I. Analyse des Artinits von Val Brutta im Val Maluno (Italien).
II. Analyse desselben von Franscia im Val Lanterna (Italien).
III. Theoretische Zusammensetzung.

	1.	2.	3.
MgO	43,32	41,34	40,82
CO_2	21,85	22,37	22,45
H_2O	34,32	36,29	36,73
	99,49	100,00	100,00

Die theoretische Zusammensetzung wird durch folgende Formel ausgedrückt:

$$MgCO_3 . Mg[OH]_2 . 3\,H_2O.$$

In abgeschlossener Röhre gibt er Wasser ab und löst sich eventuell mit den Säuren unter Aufbrausen.

$\delta = 2{,}028$ (21,6°); 2,013 (bei 22°)
Härte = 2,5 zirka.

[1]) E. Scacchi, Rendic. Acc. d. Science Napoli 1885, 12.
[2]) L. Brugnatelli, Z. Kryst. **31**, 54 (1899).
[3]) L. Brugnatelli, R. Acc. d. Linc. **18**, I. Ser. 3 (1909).

Er stellt sich als winzig kleine Prismen dar, die sehr rein und glänzend, unregelmäßig zusammengesetzt sind, oder fast warzenartige Aggregate mit faserigstrahlenförmiger Struktur bilden, sowie auch als weiße, erdige Substanz, die sich unter dem Mikroskop als kleine weiße Kristallbündel mit hellem Glanze zeigen. Er findet sich in den asbestführenden Schichten des Val Brutta, von Franscia und Emarese (Val d'Aosta). In Emarese kommt der Artinit auf dem Hydromagnesit vor, mit korrodierten Calcitkristallen, der vielleicht älter ist, als die ersteren.

Es mag sein, daß Lösungen von kohlensaurer Magnesia, die mit dem Calcit in Kontakt kamen, diesen aufgelöst haben und die basischen Magnesiacarbonate nach dem Gesetz der Löslichkeit bei Salzen mit gemeinschaftlichen Ionen abgesetzt haben, oder auch, daß nicht kohlensaure Magnesialösungen auf den Calcit gewirkt haben. In beiden Fällen müßte dies aber bei Temperaturen von über 100° und unter außergewöhnlichem Druck geschehen sein, da sonst, wenigstens im ersten Fall, das neutrale Carbonat $MgCO_3.3H_2O$ (Nesquehonit), oder wenn bei niedrigen Temperaturen von 15°, das Carbonat $MgCO_3.5H_2O$, sich gebildet hätte. Synthetische Untersuchungen führten zu keinem Resultate.

Lansfordit.

(Magnesiumhydroxycarbonat, Ikosihenhydrat.)

Von **H. Leitmeier** (Wien).

Triklines Kristallsystem.

Achsenverhältnis: $a:b:c = 0,5493:1:0,5655.$ $\beta = 100°15'$.

Dieses seltene Mineral wurde von D. Stockhouse und F. Keeley entdeckt und von F. A. Genth[1]) und S. L. Penfield[2]) beschrieben. Es kommt in der Anthrazitgrube zu Lansford bei Tamaqua in Schuylkill County Pa. in kleinen bis 20 mm langen Kristallen vor, also am gleichen Fundort wie der Nesquehonit. Die kristallographischen Messungen wurden von S. L. Penfield an Pseudomorphosen von Nesquehonit nach Lansfordit (letzterer ist sehr unbeständig) an einem sehr schlechten Materiale vorgenommen.

Die chemische Analyse wurde von J. Keeley ausgeführt; sie ergab

MgO		23,18%	
CO_2		18,90	
H_2O-Verlust über H_2SO_4	nach 20 Stunden	4,83	57,79%
	nach 48 "	11,70	
	nach 1 Woche	26,32	
bei 110° C		12,31	
bei 185° C		9,76	
bei Rotglühhitze		9,39	
		99,87	

[1]) F. A. Genth, Z. Kryst. **14**, 255 (1888).
[2]) F. A. Genth u. S. L. Penfield, Z. Kryst. **17**, 362 (1890).

Die Berechnung des Molekularverhältnisses ergab:

	Gefunden	Molekularverhältnis			Berechnet
MgO . . .	23,18	0,580	1,35	4	23,25
CO_2 . . .	18,90	0,430	1	3	19,19
H_2O . . .	57,79	3,211	7,47	22,4	57,56
	99,87				100,00

Daraus ergibt sich die Formel $3MgCO_3 . Mg(OH)_2 + 21 H_2O$.

Die **Dichte** des Lansfordits ist nach F. Keeley $\delta = 9,692$ nach D. Stockhouse aber $\delta = 1,54$. (Diese große Differenz von 0,15 am selben Material zeigt den verschiedenen Zustand der einzelnen Individuen des Minerals).

Die **Härte** ist 2.5.

Der Lansfordit ist sehr unbeständig und wandelt sich bei Sommertemperatur sehr rasch in Nesquehonit ($MgCO_3 + 3 H_2O$) um; diese Umwandlungen wurden am Fundorte des Minerals selbst beobachtet und bei längerem Liegen im warmen Laboratorium kann man diese vollständige Umwandlung gut beobachten.

Es sind nun an der Richtigkeit der von den beiden Amerikanern gegebenen Angaben Zweifel laut geworden.

Bei der Besprechung des Nesquehonits ist schon gesagt worden, daß sich nach den Untersuchungen H. Leitmeiers aus der Donatiquelle in Rohitsch bei gewöhnlichen Temperaturen ein neutrales Magnesiumcarbonat mit 3 Molekülen Kristallwasser bildet, das sich auch aus jeder kohlensäurehaltigen Magnesiacarbonatlösung (bzw. Bicarbonatlösung) bei gewöhnlichen Temperaturen ausscheidet.

Bei niedrigeren Temperaturen, ca. bei 6°, wurden große Kristalle eines anderen Carbonats erhalten, das die Zusammensetzung hatte:

	Gefunden	Berechnet
MgO . . .	23,18	23,10
(CaO) . . .	Spuren	—
CO_2 . . .	25,21	25,21
H_2O . . .	51,69	51,69
	100,08	100,00

Vergleicht man diese Analyse mit der des Lansfordits, so findet man, daß die Zahlenwerte für MgO vollständig übereinstimmen.

Für die **Dichte** fand H. Leitmeier $\delta = 1,688$, befindet sich also mit den recht unsicheren Werten, die am Lansfordit ermittelt wurden, auch in ziemlicher Übereinstimmung. Aber auch die Kristallmessungen ergaben nach H. Leitmeier eine große Übereinstimmung. Das Salz $MgCO_3 + 5 H_2O$ ist monoklin prismatisch; die kristallographische Verwandtschaft tritt aber sofort deutlich hervor, wenn man den Lansfordit anders orientiert. Daraus, und besonders mit Rücksicht auf das schlechte Material, das F. A. Genth und S. L. Penfield zu Gebote stand (kristallographisch schlecht und chemisch wahrscheinlich zersetzt), schloß H. Leitmeier, daß der Lansfordit, der F. A. Genth und S. L. Pensfied vorlag, ein Zersetzungsprodukt des Magnesiumcarbonatpentahydrats war und dieses Salz somit in der Natur vorkommt.

Später hat auch G. Cesàro[1]) das Salz $MgCO_3 + 5H_2O$ gemessen. Die Werte stimmen ziemlich gut mit den von H. Leitmeier gefundenen überein.

Die **Dichte** hat G. Cesàro allerdings viel höher bestimmt: $\delta = 1{,}73$. Auch er macht auf die Ähnlichkeit mit dem Lansfordit aufmerksam, und da er die Arbeit H. Leitmeiers nicht zu kennen scheint, so ist dieses Resultat eine wertvolle Bestätigung für die Wahrscheinlichkeit der Ansicht H. Leitmeiers: Lansfordit hat im frischen Zustande die Zusammensetzung $MgCO_3 + 5H_2O$. $MgCO_4\ 5H_2O$ bildet sich auf gleiche Weise wie der Nesquehonit $MgCO_3 . 3H_2O$ nur bei tieferen Temperaturen.

H. Leitmeier hat die Dehydratationskurve dieses Salzes konstruiert (Fig. 29) und dabei einen deutlichen Knickpunkt der Kurve, der den Wassergehalt des Nesquehonits $MgCO_3 + 3H_2O$ anzeigt, gefunden. Für ein von Ch. de Marignac beschriebenes Salz, das 4 Moleküle Wasser enthalten soll und kristallographisch vollkommen mit dem von H. Leitmeier und G. Cesàro gemessenen Salze übereinstimmt, ergab sich kein Anhaltspunkt aus der Kurve. Die Messungs-

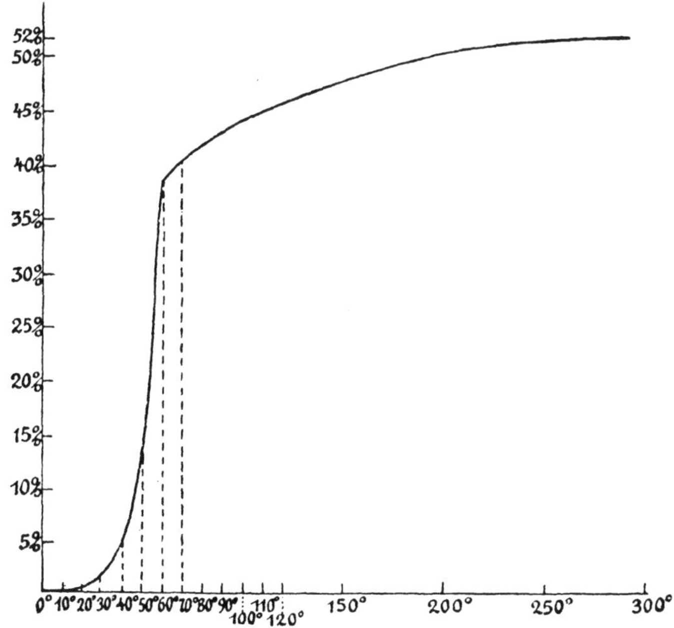

Fig. 29. Dehydratationskurve des $MgCO_3 . 5H_2O$.

resultate Brookes an einem künstlichen $MgCO_3 + 5H_2O$ stimmen mit den neueren Daten nicht überein, sind also wohl auszuschalten.

Das Magnesiumcarbonatpentahydrat ist äußerst unbeständig und trübt sich an der Oberfläche bei Zimmertemperatur in wenigen Stunden. Nach 2 Monaten waren große Kristalle vollständig unter Beibehaltung der äußeren Form in das Trihydrat übergegangen, das den ursprünglichen Raum mit einem nadeligen Aggregat von Neubildungen erfüllte. Dieses Carbonat wandelt sich dann später, wie schon S. 264 bemerkt, in kolloiden Magnesit um.

[1]) A. Cesàro, Bull. Acad. roy. Belgique Cl. de science 1910, 234.

Brugnatellit.

Von **G. d'Achiardi** (Pisa).

Dieses trigonale oder hexagonale Mineral wurde zu Ehren L. Brugnatellis von E. Artini[1]) so benannt.

	1.	2.	3.
MgO	42,79	44,45	43,62
(MnO)	1,80	—	—
Fe_2O_3	13,20	13,39	14,41
H_2O	33,77	34,27	34,04
Unlöslicher Rückstand	1,03	—	—
	190,37	100,00	100,00

1. Analyse des Brugnatellits von Torre S. Maria (Italien).[2])
2. Dieselbe, reduziert auf 100 und mit Ausschluß des Rückstandes unter Berechnung von MnO mit MgO.
3. Theoretische Zusammensetzung.

Die theoretische Zusammensetzung ist nach folgender Formel berechnet:

$$MgCO_3 . 5 Mg[OH]_2 . Fe[OH]_3 . 4 H_2O$$

Er tritt in Lamellen auf oder Lamellaraggregaten, die an Glimmer erinnern und vollkommene Spaltbarkeit zeigen. Man findet ihn zwischen dem mehr oder weniger serpentinisierten Peridotit einer Asbesthöhle der Gemeinde von Torre Sta. Maria bei Ciappanico, im Val Maluno (Lombardei), mit Asbest, Magnesit, Artinit und Brucit.

Calciumcarbonat ($CaCO_3$).

Von **H. Leitmeier** (Wien).

Das Calciumcarbonat tritt in der Natur in zwei Phasen, in der rhomboedrischen Phase als Calcit und in der rhombischen Phase als Aragonit auf. Dazu kommen noch zwei andere Phasen, die aus verschiedenen Gründen so unbeständig sind, daß ihr Auftreten in der Natur wohl gemutmaßt, aber kaum wird beobachtet werden können. Es sind dies die amorphe Phase und die nur in sphärolitischen Gebilden vorkommende sog. Vatersche III. Modifikation, die G. Link Vaterit nennt, und über deren Natur wir noch sehr wenig wissen. Das Weitere hierüber befindet sich bereits S. 113 in G. Links allgemeinem Aufsatz.

Obwohl der Magnesit äußerlich große Ähnlichkeit mit dem Calcit hat, sind doch diese Mineralien in ihrem chemischen und genetischen Verhalten zum Teil sehr voneinander verschieden; die Frage, ob Calcit und Magnesit

---

[1]) E. Artini, R. Acc. d. Linc. 1a sem. 3 (1909).
[2]) E. Artini, Rendic. Ist. lombard. **30**, 1109 (1897).

isomorph sind, ist heute noch nicht gelöst. Beim Dolomit, siehe später, wird eingehender hierüber berichtet werden.

Im allgemeinen läßt sich eine (isomorphe(?)) Reihe der rhomboedrischen Carbonate: Magnesit, Calcit, Siderit und Manganspat aufstellen (vgl. S. 99). Zwischen diesen Carbonaten gibt es eine große Anzahl Übergangsglieder und es ist eine Menge von Namen, gewöhnlich nach lokalen Vorkommen, geschaffen worden, die aber teilweise überflüssig sind. Über die Natur dieser Übergangsglieder wissen wir wenig und nur eine eingehende chemisch-physikalische Untersuchung wird hier Aufschluß geben können. Sind aber alle diese Bildungen, wie: Ankerit, Braunspat, Mangandolomit u. a. wirklich homogene Mineralien, so ergibt dies den vollgültigen Beweis für die Existenz der oben angeführten isomorphen Reihe.

Jedenfalls kann man jetzt so viel sagen, daß der Calcit auch in bezug auf sein kristallographisches und physikalisches Verhalten, wie G. Tschermak[1]) zuerst gezeigt hat, eine Sonderstellung einnimmt, während die anderen rhomboedrischen Carbonate einander in allen Beziehungen, vor allem auch in genetischer Beziehung viel näher stehen.

Dieser Reihe steht die isomorphe Gruppe der rhombischen Carbonate Aragonit, Witherit, Strontianit, Cerussit gegenüber, die in kristallographischer Hinsicht einander viel näher stehen und alle derselben Kristallklasse angehören (vgl. S. 99). In genetischer Beziehung dürfte ebenfalls der Aragonit eine Sonderstellung einnehmen; die genetischen Verhältnisse der anderen rhombischen Carbonate sind indessen noch weniger erforscht.

Wir wissen auch hier nicht, ob alle diese Übergangsglieder wirkliche homogene isomorphe Mischungen sind, oder ob es inhomogene Gemenge von zwei oder auch drei Komponenten sind. Bei einigen derartigen Gebilden ist bereits die gemengte Natur erkannt worden, so z. B. bei einem Übergangsgliede zwischen Calcit und Strontiumcarbonat, dem Calcistrontit.

Calcit

trigonal-skalenoedrisch.

$a:c = 1:0{,}8543$. Rhomboeder-Flächenwinkel[2]) $101^\circ 55'$, Rhomboederwinkel $105^\circ 5'$.

Synonyma: Kalkspat, Doppelspat (wasserheller Calcit), Marmor oder körniger Kalkstein, auch oft Urkalk genannt (metamorphosierter Kalkstein). Tropfstein (Stalaktiten und Stalakmiten, zapfenartige Calcitaggregate). Mehrere Lokalnamen wie: Kanonenspat (tafelige Kristalle von Andreasberg) u. a.

Der Calcit ist wohl eines der wichtigsten und häufigsten Mineralien; an ihm hängt, wie G. v. Tschermak in seinem Lehrbuche sagt, ein großes Stück Geschichte der Mineralogie. Seine Kristallform ist wohl die bestsudierte der gesamten beschreibenden Kristallographie. Die Kalksteine stellen

[1]) G. Tschermak, Tsch. min. Mit. **4**, 121 (1882).
[2]) P. Groth, Chem. Kristallographie (Leipzig 1908) II, 204.

indes schon Gemenge anderer Substanzen mit dem Calcite dar und gehören als solche zu den Mineralgemengen, den Gesteinen und werden nicht hier behandelt.

Chemische Zusammensetzung und Analysen des Calcits.

In der folgenden Zusammenstellung neuerer brauchbarer Analysen ist in der Weise vorgegangen worden, daß Calcitanalysen und Marmoranalysen getrennt wurden.

Bei den Marmoren wurden nur die reinen Marmore aufgenommen, wie unten gezeigt werden wird. Kalksteine sind bei der Analysenzusammenstellung vollständig ausgeschlossen worden, da sie Gesteine sind und ihr chemisches Bild für das Mineral Calcit nichts besagt.

Von den Calcitanalysen sind diejenigen abgetrennt worden, die einen größeren Gehalt an Mangan, Blei, Kobalt und Zink enthalten und die dann Manganocalcit bzw. Plumbocalcit usw. genannt wurden. Doch gehören auch diese Carbonate zum Calcit und ein Abtrennen derselben ist vom chemischen Standpunkte jedenfalls unzulässig, um so mehr, als man nicht immer genau weiß, in welcher Form die Beimengung vorliegt. Man könnte ebensogut von einem Magnesiocalcit sprechen, wie von einem Manganocalcit.

Calcite mit wenig fremden Beimengungen. Den reinsten Calcit stellen die „Doppelspat" genannten Varietäten, die von einigen Fundpunkten bekannt sind, z. B. Island, Baidartor am Berge Čelebijaurn-beli, von der Knappenwand im unteren Sulzbachtal in Salzburg (reine Stücke nur von geringer Mächtigkeit), von Montana in Nordamerika (schwach gelblich gefärbt) u. a. Fundorten.

Die reinsten Kalkspatvarietäten, der Doppelspat von Island, die in der Optik vielfach Anwendung finden, sind chemisch fast absolut reines $CaCO_3$. F. W. Hinrichsen[1]) hat mit besonderer Genauigkeit den Gehalt an Fe_2O_3 des isländischen Doppelspats bezüglich seiner Untersuchung über das Verbindungsgewicht des Calciums bestimmt; er schwankt zwischen 0,030, 0,032 und 0,035 % Fe_2O_3. Der Mittelwert ist demnach 0,032 %. Andere Substanzen, wie MgO und SiO_2, die bei Calcit häufige Verunreinigungen sind, konnten auch bei 50 bis 100 g aufgeschlossenen Materials nicht in bestimmbaren Mengen erhalten werden, obwohl die genauesten und empfindlichsten Methoden zur Anwendung kamen. Auch die Menge Aluminiumhydrat, die aus dem Filtrat des Eisenniederschlags gewonnen werden konnte, war quantitativ unbestimmbar. Da die Menge des Analysenmaterials eine verhältnismäßig große war, so ist die Eisenbestimmung als eine sehr genaue zu betrachten.

Außer den Fundstellen in Island, die allmählich abzunehmen scheinen, kennt man noch Lagerstätten von wasserklarem Calcit aus der Krim am Berge Čelebijaurn-beli in der Umgegend des Baidartores. Dieses Vorkommen ist zuerst von V. Sokolov[2]) kurz beschrieben worden. P. Zemiatčenskij[3]) hat

---

[1]) F. W. Hinrichsen, Z. f. phys. Chem. **39**, 311 (1902).
[2]) V. Sokolov, Bull. de la Soc. Imp. des. Natur. de. Moscou **12**, 72 (1898).
[3]) P. Zemiatčenskij, Memoiren d. St. Petersburg. Naturforscher-Ges. **32**, 1.

später berichtet, daß das gewonnene Material für Nicols sich brauchbar erweist und dann[1]) die Lagerstätte, sowie die Kristalle eingehend untersucht. Daß das Material sehr rein ist, beweist die Analyse 13 auf S. 276.

	1.	2.	3.	4	5.	6.
δ	—	—	2,728	2,732	2,756	—
(Na_2O) . . .	—	0,23	—	—	—	—
(K_2O) . . .	—	0,07	—	—	—	—
MgO . . .	—	Spur	0,89	1,33	3,48	0,63
CaO . . .	55,68	55,64	53,19	52,92	47,36	54,65
MnO . . .	0,19	—	—	—	—	—
FeO . . .	0,22	—	1,90	2,13	3,66	0,52
CO_2 . . .	43,93	44,24	43,87	43,37	44,60	43,20
(SiO_2) . . .	—	0,11	—	—	—	0,52
Rückstand .	—	—	0,88	—	0,18	—
	100,02	100,29	100,73	99,75	99,28	99,52

1. Calcit aus Granit von Striegau in Schlesien; anal. W. Websky, Tsch. min. Mit. 1872, 66.

2. Derber Calcit von Kuchelbad bei Prag in Böhmen; anal. K. Preis bei K Vrba, Böhm. Ges. d. Wiss., Sitzber. 1879. Ref. Z. Kryst. **4**, 627 (1880).

3. Calcit, gelblichgraue Kristalle aus Feldspatbasalt von Kolozruky bei Brüx in Böhmen; anal. R. Erben, Böhm. Ges. d. Wiss., Sitzber. 1885.

4. Nierenförmige Aggregate vom gleichen Fundort; wie oben.

5. Calcit, undeutlich faserige Massen vom gleichen Fundorte; wie oben.

6. Calcit von Rothenzechau in Schlesien, Spaltungsstücke; anal. G. Knorre bei W. Müller, Z. d. geol. Ges. **42**, 771 (1895).

	7.	8.	9.	10.	11.	12.
δ . . .	—	—	—	—	2,74	2,72
MgO . .	—	—	1,83	0,77	1,44	0,73
CaO . . .	54,82	55,26	50,74	51,02	52,94	53,10
FeO . . .	1,28	0,62	3,56	4,55	1,56	0,78
CO_2 . . .	43,68	43,73	43,87	43,66	43,64	43,32
Unlöslich .	—	—	—	—	0,12	1,91
	99,78	99,61	100,00	100,00	99,70	99,84

7. Calcit von Framont in Elsaß-Lothringen, kristallisiert; anal. F. Stöber, Abh. z. Spez.-Karte von Elsaß-Lothringen **5**, 58 (1892).

8. Calcit von Markirch; wie oben.

9. Calcit von Tampadel im Zobtengebirge, Nieder-Schlesien, grobkristalline Aggregate; anal. H. Traube, Z. d. geol. Ges. **46**, 50 (1894).

10. Calcit aus dem Dünensande von Schöningen in Holland; anal. Joe bei W. Retgers, N. JB. Min. 1895[1], 58.

11. Calcit vom Ochsenkogel im Zillertal, weißes Spaltstück; anal. K. Eisenhut, Z. Kryst. **35**, 582 (1902).

12. Calcit aus dem Salzkammergut, dichtes hellgraues Aggregat; wie oben.

[1]) P. Zemiatčenskij, Z. Kryst. **36**, 598 (1902).

	13.	14.	15.	16.
δ	—	—	2,684	—
(NH_3)	—	Spuren	—	—
(Na_2O)	—	Spuren	—	—
MgO	Spuren	0,113	—	—
CaO	55,86	55,740	55,91	53,00
MnO	—	0,045	—	—
FeO	0,405	0,046	—	—
(ZnO)	—	0,014	—	—
(SrO)	—	Spuren	0,32	0,23
(BaO)	—	—	0,03	—
(Al_2O_3)	—	Spuren	—	0,54
(Cr_2O_3)	—	Spuren	—	—
(Ce_2O_3)	—	0,007	—	—
$(Di_2O_3, Sm_2O_3, La_2O_3)$	—	0,012	—	—
(Y_2O_3, Er_2O_3)	—	0,013	—	—
(Cl)	—	Spuren	—	—
CO_2	43,78	43,950	43,91	41,99
(SiO_2)	—	0,032	—	—
(SO_3)	—	Spuren	—	—
(P_2O_5)	—	Spuren	—	—
Unlöslich	—	—	—	4,02
	100,045	99,972	100,17	99,78

13. Calcitkristalle vom Baidartor am Berge Čelebijaurn-beli; anal. Kaschinsky bei P. Zemiatčensky. Abh. St. Petersburger Naturf.-Ges. **32**, 94 (1901) und Z. Kryst. **36**, 604 (1902).

14. Phosphoreszierender Calcit von Joplin in Missouri, gelbe Kristalle; anal. P. Headden, Am. Journ. **21** 301 (1906).

15. Gelbliche Calcitkristalle aus den Gipslagerstätten des Chotinschen Kreises in Besarabien; anal. M. Sidorenko, Mém. Soc. Natur. de l. Nouvelle Russie, Odessa **27**, 107 (1905); Ref. N. JB. Min. etc. 1907^{II}, 377.

16. Calcitfasern von rhomboedrischem Habitus vom gleichen Fundorte; wie oben.

Der reine Calcit ist zusammengesetzt entsprechend:

1 Atom C = 12	CO_2 = 43,96
1 Atom Ca = 40,09	CaO = 56,04
3 Atome O = 48	—
100,09	100,00

Die Strukturformel gibt C. Doelter[1]) an.

$$Ca\langle\begin{matrix}O\\ \\O\end{matrix}\rangle C{=}O.$$

Der MgO-Gehalt dieser Analysen steigt bis auf $3\frac{1}{2}\%$. Allerdings ist der Calcit, auf den sich dieser Gehalt bezieht, nicht gut kristallisiert und dürfte daher auch nicht sicher frei von Beimengungen sein. Im allgemeinen ist der MgO-Gehalt ziemlich gering und jedenfalls wäre eine Reihe, die von $CaCO_3$

---

[1]) C. Doelter, Physikalisch-chemische Mineralogie (Leipzig 1905).

zu $MgCO_3$ führen sollte, nicht aufzustellen, wie dies für $MgCO_3$ und $FeCO_3$ viel leichter möglich ist.

Interessant ist der Calcit von Joplin in Missouri, auf den sich Analyse 14 bezieht, wegen seines verhältnismäßig hohen Gehaltes an seltenen Erden. Dieser Calcit ist durch seine schöne Phosphoreszenz ausgezeichnet, die nach W. P. Headdens Ansicht durch ein Glied der Yttriumreihe bedingt sein könnte.

Auch in Marmor von Carrara hat A. Cossa[1]) in 1 kg 0,02 g der Oxalate von Cer, Yttrium, Didym und Lanthan gefunden. Der Kalk von Avellino soll noch reicher an seltenen Erden sein.

Lötrohrverhalten. Dekrepitiert beim Erhitzen im Glaskolben, ist vor dem Lötrohr unschmelzbar und zerfällt. Das Calcium ist vermittelst der Flamme leicht nachweisbar (gelbrote Flammenfärbung). Reichliche Beimengungen sind teils durch die Perlen: Mangan durch amethystrote Boraxperle, Eisen durch grüne Reduktionsperle und heiß gelbe Oxydationsperle — teils durch andere Reaktionen, z. B. Blei durch gelben Oxydbeschlag auf Kohle und durch Reduktion auf Kohle leicht zu erhaltendes Bleikorn charakterisiert.

Ein wasserhaltiger Calcit, der Überzüge auf Serpentin vom Rhodopevorgebirge in Bulgarien bildet, wurde von F. Kovář[2]) analysiert:

$CaCO_3$	79,50
$MgCO_3$	7,25
$(Al_2O_3 + Fe_2O_3)$	1,85
Rückstand	11,02
(H_2O gebunden)	0,62
	100,24

Es ist aber anzunehmen, daß das H_2O auf Serpentinmassen zurückzuführen ist, die in dem Rückstand (11,02$^0/_0$) enthalten waren, und daß das Material nicht rein war. Diese Analyse ist daher in die allgemeine Analysenzusammenstellung nicht aufgenommen worden.

Manganhaltiger Calcit (Manganocalcit).

Häufig enthält der Calcit auch Mangan und es existiert eine fast vollkommene Mischungsreihe vom Calcit zum Manganspat. Man hat für diese Mischungen, die sehr häufig sind (speziell der Manganspat ist fast niemals CaO-frei), eine Reihe von Namen eingeführt: Manganocalcit oder Mangankalkspat, der einen Calcit mit wechselndem, nicht zu hohem Mangancarbonat darstellt. Der Kalkmanganspat enthält Calciumcarbonat beiläufig in gleicher Menge wie Mangancarbonat. Für ein ähnlich zusammengesetztes Carbonat, das auch ein paar Prozent $MgCO_3$ enthält, ist auch der Ausdruck Mangandolomit gebraucht worden, der besagen will, daß es sich um eine ähnlich wie der Dolomit zusammengesetzte Verbindung handelt, bei der der größte Teil des Magnesiums durch Mangan ersetzt ist. A. Breithaupt hat einen manganhaltigen Calcit Spartaït genannt. Von C. F. Rammelsberg wird die

[1]) A. Cossa, R. Acc. d. Linc. 1878, III. Vol., Serie 3a.

[2]) F. Kovář, Z. f. chem. Industrie 1900, Nr. 10, (böhm.) Ref. Z. Kryst. **36**, 204 (1902).

Analyse eines von A. Breithaupt als Mangancalcit bezeichneten Minerals mitgeteilt, das aber wegen seines Magnesiumcarbonatgehalts vielleicht besser zum Braunspat zu stellen wäre, wie auch ein eisenhaltiger „Mangandolomit" dorthin gestellt werden könnte. Eine Grenze gibt es hier natürlich nicht, da eine zahlenmäßige Einteilung entschieden zurückzuweisen wäre und man überdies fast niemals weiß, ob nicht mechanische Beimengungen auf die betreffende Analyse geführt haben. Es folgen hier die Analysen einiger $MnCO_3$-haltiger Calcite:

	1.	2.	3.	4.	5.	6.
δ	2,788	—	2,804	—	3,08	—
MgO	0,92	—	0,22	4,62	2,48	0,25
CaO	48,75	52,34	46,22	32,05	42,63	49,77
MnO	6,83	6,36	6,98	19,67	8,91	4,84
FeO	0,38	—	3,01	0,74	1,64	1,00
(ZnO)	0,38	—	—	—	—	—
CO_2	—	41,12	42,86	—	42,97	43,11
(SO_3)	Spur	—	—	—	—	—
(F)	Spur	—	—	—	—	—
(H_2O)	0,32	—	—	—	—	—
Rückstand . .	—	—	0,77	—	1,86	0,82
	—	99,82	100,06	—	100,49	99,79

1. Fluorhaltiger Manganocalcit von New Jersey, N.A.; anal. G. Jentsch, Pogg. Ann. **96**, 145.
2. Undurchsichtiger Calcit von Bölet, Kirchspiel Andemäs in Westgötland; anal. A. Ekelund bei G. Nordström, Geol. Förhandl. **4**, 209.
3. Manganocalcitkristalle bei Vester-Silfberget in Dalarne; anal. M. Weibull, Oefvers af. Vet. Akad. Förhandl. **9**, 11 (1889).
4. Manganocalcit aus der Grube Ary Maghara bei Balia-Maaden in Kleinasien, Rhomboeder; anal. H. B. v. Foullon, Verh. k. k. geol. R.A. 1892, 177.
5. Kugeligtraubige Aggregate von Manganocalcit von Groß-Tresny in Mähren; anal. J. Kovář, Abh. d. böhm. Akad. 1899, Nr. 28.
6. Manganocalcit von Buchon in Victoria; anal. D. Clark bei R. H. Wahott, Proc. Roy. Soc. Victoria **11**, 253 (1901).

	7.	8.
δ	2,775	—
MgO	0,22	—
CaO	47,64	50,47
MnO	8,48	5,22
FeO	0,53	1,08
CO_2	43,23	43,45
	100,10	100,22

7. Grobkörniger Manganocalcit von Kuttenberg in Böhmen; anal. A. Bukowský, Programm d. Oberrealschule in Kuttenberg 1902.
8. Manganhaltiger Calcit von Murakam-Gori, Provinz Ugo in Japan; anal. H. Joshida, T. Wada, Mineralien Japans, Tokio 1904.

Von diesen Carbonaten entspricht das unter 3 angeführte dem Spartaite A. Breithaupts und es kann dafür etwa die Formel angenommen werden:

$$6\,CaCO_3 + (\tfrac{7}{10}\,Mn\,\tfrac{3}{10}\,Fe)\,CO_3\,.$$

Das Carbonat der Analyse 5 enthält die Carbonate in folgendem Verhältnisse

$$CaCO_3 : MgCO_3 : MnCO_3 : FeCO_3 = 33:3:5:1.$$

Der Manganocalcit von New Jersey, Analyse 1, enthält nach Untersuchungen von G. Jentsch Fluor. Da die CO_2-Menge zu gering ist, um alle basischen Bestandteile zu binden, glaubt er, daß ein Teil des CaO nicht an Kohlensäure, sondern an Fluor gebunden sei. (Diese Ansicht ist wohl durchaus nicht zwingend, da ja nur ein Teil des Mn als MnO und nicht $MnCO_3$ vorhanden zu sein braucht, um die fehlende CO_2 zu erklären.) Durch Glasätzung hat G. Jentsch in einer größeren Anzahl von Calciten Fluor nachgewiesen. Sie sind, nach dem Grade der Ätzung angeordnet, folgende:

Calcit von New Jersey;
Spaltungsstücke eines weiß und grau gefärbten Calcits von Brienz;
kristallisierter Calcit von der Grube Himmelsfürst bei Freiberg i. S.;
kristallisierter Calcit von Andreasberg, auf Harmotom aufgewachsen;
Calcit von Kupferberg in Schlesien;
Calcit aus der Adelsberger Grotte (kristallisiert);
Calcitskalenoeder von der Grube Junge hohe Birke bei Freiberg i. S.;
weißer Calcit von Sala in Schweden;
fleischroter Calcit von Arendal;
weingelbe Calcitkristalle aus dem Kupferschiefer von Sangershausen.

Der „Manganocalcit" kann auch Barium enthalten und H. Sjögren[1]) teilt die Analyse eines solchen, der in deutlich spaltbaren roten Körnern bei Langban in Schweden auftritt, mit.

	9
MnO	6,30
CaO	48,83
BaO	1,58
CO_2	42,53
	99,24

Es folgen nun einige Analysen von Carbonaten, die so ziemlich in der Mitte zwischen Calcit und Manganspat stehen:

	10.	11.	12.
δ	3,052	3,09	
MgO	2,72	—	—
CaO	30,24	26,82	26,60
MnO	26,78	24,32	24,89
FeO	0,46	7,08	6,82
CO_2	40,10	40,72	40,45
Unlöslich	0,08	1,06	1,24
	100,38	100,00	100,00

10. Mangandolomit von Stirling, Sussex, New Jersey, rosarot von rhomboedrischer Spaltbarkeit; anal. Roepper, Am. Journ. **50**, Nr. 148, 35. Ref. N. JB. Min. etc. 1870, 892.

11 u. 12. Kalkmanganspat von Vester-Silfberget in Dalarne; anal. M. Weibull, Geol. Förhandl. **6**, 499. Auch Tsch. min. Mit. **7**, 111 (1886).

Das von Roepper als Mangandolomit bezeichnete Carbonat (10) hat den 4. Härtegrad und kann als Dolomit, bei dem $^5/_6$ der Magnesia durch Manganoxydul ersetzt sind, gedeutet werden.

Der Kalkmanganspat von Vester-Silfberget entspricht nahezu der Formel

$$(MnFe)CO_3 + CaCO_3 .$$

[1]) H. Sjögren, Verh. d. geol. Ver. in Stockholm **4**, 1061 (1878).

Kobalthaltiger Calcit (Kobaltocalcit).

Einen kobalthaltigen Calcit von Capo Calamita auf Elba beschrieb F. Millosevich.[1])

δ	2,75
MgO	0,27
CaO.	54,41
MnO	Spuren
FeO.	0,15
CoO	1,27
CO_2.	43,55

Es enthält dieses Carbonat 97,10% $CaCO_3$ und 2,02 $CoCO_3$; F. Millosevich schlägt dafür den Namen Kobaltocalcit vor.

Zinkhaltiger Calcit (Zinkocalcit).

Wenn der Calcit Zink enthält, so wird gelegentlich auch der Name Zinkocalcit gebraucht. Nach C. F. Rammelsberg[2]) enthält ein Vorkommen aus dem Galmeilager von Altenberg bei Aachen 0,65—1,06% ZnO und eines von Olkucz in Polen ebenfalls auf Galmei vorkommendes Carbonat 4,07 ZnO.

W. Lindgren[3]) hat später einen Zink enthaltenden Calcit von Langbån analysiert.

MgO	2,00
CaO.	51,02
MnO	1,73
ZnO	0,71
CO_2	45,25
	100,71

Bleihaltiger Calcit (Plumbocalcit).

Auf Bleilagerstätten enthält der Calcit häufig Bleicarbonat und wird dann wohl öfters als Plumbocalcit bezeichnet, welchen Namen J. Johnston[4]) geschaffen hatte. Auch der Plumbocalcit ist kein selbständiges Mineral, sondern ein Calcit mit wahrscheinlich isomorph beigemengten, bald größeren, bald kleineren Mengen von Bleicarbonat. Der rhomboedrischen isomorphen Mischung Plumbocalcit entspricht die rhombische der Tarnovitzit, ein bleihaltiger Aragonit (siehe unten).

Physikalische und chemische Eigenschaften richten sich natürlich nach dem Mischungsverhältnisse und sind nicht konstant.

Analysen. Von drei verschiedenen Fundorten sei hier die chemische Zusammensetzung angegeben:

---

[1]) F. Millosevich, Atti R. Acc. **19**, I, 91 (1909).
[2]) C. F. Rammelsberg, Handbuch der Mineralchemie (Leipzig 1875) 224.
[3]) W. Lindgren, Geol. för. Stockholm **5**, 552.
[4]) J. Johnston, Edinburgh New Phil. Journ. **6**, 79 (1829).

Plumbocalcit von Bleiberg in Kärnten:

	1.	2.
δ	—	2,93
CaO	42,51	48,10
PbO	19,83	11,80
CO_2	37,26	40,07
	99,60	99,97

1. Strahlig glänzende Kristalle (Rhomboeder); anal. R. Schöffel, H. Hoefer, Die Minerale Kärntens 44. Ref. N. JB. Min. etc. 1871, 80.
2. Seidenglänzende Überzüge auf den Rhomboedern; anal. R. Schöffel, H. Hoefer, Die Minerale Kärntens 44. Ref. N. JB. Min. etc. 1871, 80.

Auch die Kalksteine, auf denen diese bleihaltigen Calcite vorkommen, enthalten nicht unbeträchtliche Mengen von $PbCO_3$, wie drei Analysen R. Schöffels (l. c.) zeigen: $\delta = 2,881$.

	3.	4.	5.
$CaCO_3$	94,18	87,86	95,02
$ZnCO_3$	0,94	2,76	2,47
$PbCO_3$	4,83	9,12	2,42
	99,95	99,74	99,91

Ebenso wechselnde Mengen an Blei enthält der sog. Plumbocalcit von Wanlockhead in Lanarkshire:

	6.	7.	8.	9.	10.
δ	2,74	2,725	2,72	2,73	2,74
CaO	50,7	54,3	54,5	54,1	51,4
PbO	7,9	2,6	2,3	3,0	6,8
CO_2	41,4	43,1	43,2	42,9	41,8
	100,00	100,00	100,00	100,00	100,00

6. Kleine Rhomboeder; anal. A. Lacroix, Bull. Soc. min. **8**, 35 (1885).
7. Kristallinische Massen und große Rhomboeder; wie oben.
8. Derbe Aggregate und trübe Skalenoeder; wie oben.
9. Kristallinische Massen und milchweiße Skalenoeder; wie oben.
10. Kleine gelbe Skalenoeder; wie oben.

J. Stuart Thomson[1]) hat eine Reihe von Kalkspaten auf ihren Gehalt an Blei untersucht und zugleich δ bestimmt. Sie stammen vom Leadhillsdistrikt.

1. Milchiger Calcit von Wanlockhead, $\delta = 2,696$, $PbCO_3 = 0,22\,^0/_0$.
2. Durchsichtige Skalenoeder von Wanlockhead, $\delta = 2,544$, $PbCO_3$ = Spuren.
3. Ebenfalls reine Kristalle vom $\delta = 2,618$, $PbCO_3$ = Spuren.
4. Radialstrahliger weißer Calcit von Wanlockhead, $\delta = 2,708—2710$, $PbCO_3 = 0,91\,^0/_0$.
5. a) Kristalle älterer Generation von der Beltongrain-Mine, Wanlockhead, $\delta = 2,758—2,766$, $PbCO_3 = 3,51\,^0/_0$.
   b) Rhomboeder jüngerer Generation vom gleichen Fundorte, $\delta = 2,699$, $PbCO_3 = 0,86\,^0/_0$.
6. Faseriger, weißer, durchsichtiger Kalkspat von der Bay-Mine, Wanlockhead, $\delta = 2,688—2,724$, $PbCO_3 = 0,79\,^0/_0$.

[1]) J. St. Thomson, Min. Mag. **7**, 143 (1887).

7. Weiße Rhomboeder mit dunkelbraunen Kanten vom gleichen Fundorte, $\delta = 2,683$, $PbCO_3 = 0,20$.
8. Weiße durchscheinende Kristalle von Leadhills sind $PbCO_3$-frei.

Ein Aragonit war bleifrei.

Ebenfalls von Leadhills in Schottland sind bleihaltige Calcite, die durchsichtig sind und eine Dichte von $\delta = 2,7-2,8$ besitzen, durch N. Collie bekannt geworden. Die Analyse ergab:

	11.	12.	13.	14.
CaO . . .	55,2	55,3	53,8	53 1
PbO . . .	1,2	1,0	3,3	4,3
CO_2 . . .	43,5	43,6	42,8	42,5
	99,9	99,9	99,9	99,9

Anal. N. Collie, Journ. chem. Soc. **55**, 91 (1889).

Aus diesen Analysen geht die wechselnde Zusammensetzung der Mischung, genannt Plumbocalcit, wohl deutlich hervor und es kann von keinem selbständigen Minerale gesprochen werden.

Paragenetisch ist dieser Calcit ein Begleitmineral der Bleierze und von den meisten Bleilagerstätten, die Carbonate führen, bekannt. Lettsom und Greg beschrieben vor sehr langer Zeit eine Pseudomorphose von Calcit nach Bleiglanz, die im Inneren Rhomboeder von bleihaltigem Calcit enthielt.

Ältere Analysen siehe bei C. F. Rammelsberg, Mineralchemie II (Leipzig 1875), 238.

Daß Calciumcarbonat mit Bariumcarbonat isomorph und auch in der rhomboedrischen Phase mischbar sind, beweisen die Untersuchungen H. Vaters,[1]) der fand, daß, wenn man Calciumchlorid mit Bariumchlorid auf Kaliumcarbonat einwirken läßt, sich rhomboedrische Kristalle von Calciumcarbonat bilden, die einen ziemlich hohen Bariumcarbonatgehalt aufweisen. Quantitative Untersuchungen ergaben, daß die isomorphen Mischungen um so bariumreicher sind, je entfernter sie sich von der ursprünglichen Calcium- und Bariumchloridlösung gebildet haben. Die Mischungsverhältnisse sind von vier immer weiter von dieser Lösung entfernten Punkten:

	1.	2.	3.	4.
$CaCO_3$ . . .	93,12	90,95	86,53	83,51
$BaCO_3$ . . .	6,65	9,05	13,54	16,47
Summe .	99,77	100,00	100,07	99,98

1. entspricht: $CaCO_3 + 0,0363\ BaCO_3$.
2. entspricht: $CaCO_3 + 0,0505\ BaCO_3$.
3. entspricht: $CaCO_3 + 0,0794\ BaCO_3$.
4. entspricht: $CaCO_3 + 0,1001\ BaCO_3$.

Es gibt also theoretisch eine rhomboedrische, nur isoliert bisher nicht bekannte Phase des Bariumcarbonats (vgl. Baritocalcit).

Strontiumhaltiger Calcit (Strontianocalcit).

Ebenso ist es möglich, isomorphe Mischungen von Calciumcarbonat und Strontiumcarbonat darzustellen. H. Leitmeier[2]) mischte Calcium-

[1]) H. Vater, Z. Kryst. **21**, 462 (1893).
[2]) H. Leitmeier, unveröffentlicht.

carbonat und Strontiumcarbonat, gelöst in an Kohlensäure gesättigtem Wasser und erhielt daraus stets einen völlig gleichmäßigen Niederschlag, der aus einachsig negativen Kristallen bestand und bei Mischungen von verschiedenem Carbonatgehalte erhalten wurde. Im Niederschlag konnte qualitativ Strontium stets nachgewiesen werden. Es gibt also auch eine rhomboedrische, mit Calcit isomorphe Phase des Strontiumcarbonats.

F. A. Genth[1]) hat einen strontiumhaltigen Calcit als neues Mineral von Girgenti in Sicilien beschrieben, das dort als große Seltenheit gemeinsam mit Schwefel und Cölestin in faserigen Aggregaten auftritt. Die Härte ist 3,5. Leider wird keine Analyse angegeben.

B. Doss[2]) fand in manchen Süßwasserkalken und Tuffen, so von Pullandorf bei Allasch, in der Nähe von Riga, die Gipslagern ihre Entstehung verdanken, einen nicht unbeträchtlichen Gehalt an Schwefelsäure und Wasser. Mehrere untersuchte Proben ergaben:

	Kalktuff		Wiesenkalk				
	1.	2.	1.	2.	3.	4.	5.
In HCl unlöslich . . .	0,03	0,04	0,056	0,059	0,051	0,060	0,041
SO_3	1,17	0,92	1,62	1,78	1,71	1,83	1,83
$CaSO_4 . 2H_2O$ (Gips) aus der SO_3-Menge berechnet	2,52	1,98	3,48	3,82	3,68	3,93	3,93

Es wurden Wasserbestimmungen an mehreren Stücken, sowohl von Tuffen als auch Wiesenkalken gemacht, die bei Tuffen 2,40—2,57%, bei Wiesenkalken 3,49% ergaben, wenn man aus ihnen den Gipsgehalt berechnet, somit in recht guter Übereinstimmung mit den aus dem SO_3-Gehalt berechneten Zahlen stehen. Da eine äußerst genaue mikroskopische Untersuchung die große Reinheit des Materiales ergab und auch eine 2000fache Vergrößerung absolut keine mechanische Beimengung von Gips erkennen ließ, so schloß B. Doss daraus, daß nur eine molekulare Beimischung von $CaSO_4 . 2H_2O$ zu den Calcitindividuen vorliegen könne, also die Mischung zweier chemisch und kristallographisch völlig verschiedener Substanzen, die man als Mischungsanomalien zu bezeichnen pflegt. Auf Aufforderung von B. Doss hat H. Vater[3]) seine, bei Anwesenheit von Gips erhaltenen Calcitkristalle untersucht und gefunden, daß sie einen verhältnismäßig sehr hohen Schwefelsäuregehalt besitzen. Vielleicht liegt hier eine feste Lösung vor.

Stinkkalk.

Manche Kalke sind durch intensiven Geruch beim Zerschlagen ausgezeichnet und des öfteren als Stinkkalke beschrieben worden; untenstehende Analyse bezieht sich auf ein solches Mineral von Canada.[4])

---

[1]) F. A. Genth, Proc. Ac. Sc. Philadelphia **6**, 114 (1852).
[2]) B. Doss, N. JB. Min. etc. 1897, I, 105.
[3]) Vgl. H. Vater, Z. Kryst. **21**, 460 (1893).
[4]) B. J. Harrington, Am. Journ. **19**, 345 (1905).

δ	2,713
(MgO)	0,540
CaO	55,330
(Fe_2O_3)	Spuren
CC_2	43,925
(P_2O_5)	Spuren
(H_2S)	0,016
(Unlöslich)	0,026
	99,837

Der Geruch, der schon beim Kratzen auftritt, soll sehr intensiv sein. Dünnschliffe zeigten, daß in diesem Calcite sehr viele kleine Flüssigkeitseinschlüsse vorhanden sind. Dabei zeigt die Analyse normale Werte für einen recht reinen Calcit, doch soll der H_2S-Gehalt im ursprünglichen Minerale größer sein, da beim Pulvern des Analysenmaterials ein großer Teil dieses Gases entweicht. In einem Kubikyard Gestein sind 13000 Kubikzoll H_2S enthalten. Die Flüssigkeitseinschlüsse dürften eine wäßrige Lösung des H_2S darstellen.

Früher hat schon W. Skey[1]) gefunden, daß der Geruch des Stinkkalks nicht von bituminösen Substanzen, sondern von eingeschlossenem Schwefelwasserstoffgas herrührt, das er bis zu 0,31 $^0/_0$ in freiem Zustande in einem Stinkkalke durch Analyse vorfand.

Chemische Zusammensetzung des Marmors.

Die Bezeichnung Marmor, die in der Mineralogie zur Anwendung kommt, deckt sich nicht mit dem, was man in der Technik unter Marmor versteht. Der Mineraloge bezeichnet mit Marmor körnige Kalke, die durch Umkristallisation aus dichten sedimentären Kalken entstanden sind. Sie sind ausgezeichnet durch eine grob- bis feinkörnige (mit freiem Auge sehr gut sichtbare), niemals dichte Struktur, durch weiße oder wenigstens lichte Färbung und durch ihr im allgemeinen gleichmäßiges Gefüge, Eigenschaften, die uns den Marmor so wertvoll machen.

In der Technik ist der Begriff Marmor, ohne Rücksicht auf die Genesis, viel weiter gezogen; hier gelten alle körnigen und dichten Gesteine, die sich technisch zu architektonischen Zwecken verwenden lassen und vor allem gut polieren lassen, als Marmor. Hierzu gehören eine Reihe von sedimentären Kalksteinen, die sich durch Reinheit oder schöne Färbung auszeichnen; aber auch mechanische Gemenge kristalliner Schiefer mit Kalksteinen, die durch das Ineinanderpressen von glimmerreichen Schiefern und Kalksteinen auf ähnliche Weise wie die echten Marmore (Marmore im Sinne des Mineralogen) entstanden sind, werden als technische Marmore geschätzt.

Eigentlich gehoren alle Marmore zu den Gesteinen; da sie aber oft sehr reines Calciumcarbonat darstellen, so seien hier eine Anzahl von Analysen einiger wichtiger Verbreitungsgebiete des Marmors mitgeteilt.

Marmore aus Griechenland. Die Kenntnis der griechischen Marmore verdanken wir vor allem R. Lepsius,[2]) der in einem vorzüglichen Werke die metamorphen Gesteine von Attika beschrieben hat.

[1]) W. Skey, Trans. New Zeeland Inst. **25**, 379 (1892).

[2]) R. Lepsius, Geologie von Attika, ein Beitrag zur Lehre vom Metamorphismus der Gesteine (Berlin 1893), 149ff.

Den reinsten Marmor stellt der von der Insel Paros dar, dessen beste Sorte von den Alten Lychnites-Lithos genannt wurde, die in der Nymphengrotte bei Hagios Minas vorkommt. R. Lepsius konnte neben Calciumcarbonat keinen anderen Stoff nachweisen. Dieser Marmor ist frei von FeO und Fe_2O_3 und in verdünnter Essigsäure vollständig und ohne den geringsten Rückstand löslich.

Ebenfalls sehr reiner Marmor wird aus Attika von R. Lepsius beschrieben:

	1.	2.	3.
CaO	56,00	56,47	56,05 %
FeO(+ Fe_2O_3)	0,122	0,047	Spuren
CO_2	44,002	43,86	44,04 %
	100,124	100,377	100,09 %

Analyse 1 bezieht sich auf reinen Marmor aus dem Spiliabruche am Westabhange des Pentelikon in 670 m Höhe. Ein Teil des FeO ist Fe_2O_3 wie qualitativ bestimmt wurde und in Form von Pyrit, Magnetit und Hämatit mikroskopisch erkannt werden konnte. Der Eisengehalt ist von allen attischen Marmoren jedenfalls der höchste.

Analyse 2 bezieht sich auf oberen Marmor 1 km nordöstlich vom Kloster Penteli am Pentelikon. Er ist in bezug auf Eisen reiner als der unter Analyse 1 angeführte.

Analyse 3 bezieht sich auf unteren Marmor aus dem Agrilesatal unter dem Mont Michel, im Gebiete von Laurion. Es liegt fast reines Calciumcarbonat vor.

Ein Marmor aus einem Bruch auf der Ostseite von Megala Perka in etwa 80—100 m Seehöhe, in der Umgegend von Laurion von schneeweißer Farbe, erwies sich ebenfalls als reines Calciumcarbonat; mit ganz geringen Spuren von FeO und Fe_2O_3.

Marmor von Carrara. Die carrarischen Marmore sind in ihren reinsten Varietäten fast frei von fremden Bestandteilen. Eine sehr ausführliche Analyse hat F. Pollacci[1]) an reinstem Material, der besten carrarischen Marmorsorte ausgeführt:

	1.		2.
$(NH_4)_2O$	0,1116		
(Na_2O)	0,1334	Na	0,0990
MgO	5,8910	Mg	3,5346
CaO	553,8000	Ca	395,5710
(Al_2O_3)	0,5024	Al	0,2660
(Fe_2O_3)	0,6834	Fe	0,5316
(Cl)	0,4580		
(SO_3)	0,1800		
(N_2O_3)	0,0004		
(N_2O_5)	0,0025		
(P_2O_5)	0,9650		
CO_2	436,9600		
(SiO_2)	0,0100		
Verlust	0,2233		
organ. Subst.	0,0790		
	1000,0000		

[1]) E. Pollacci, Gazz. chim. It. **32**, [1], 83 (1902).

1. gibt das Analysenresultat, berechnet auf Oxyde, 2. die daraus berechneten Metalle an.

A. Cossa[1]) fand, wie bereits bemerkt, in 1 kg Carrara-Marmor 0,02 g der Oxalate von Ce, Y, Di u. La.

In seiner Geologie von Attika gibt auch R. Lepsius[2]) eine Analyse des Marmors von Carrara

CaO	55,94 %
FeO	0,017 %
SiO_2	Spur

Eisenoxyd konnte nicht nachgewiesen werden.

Marmore Norwegens. Mehrere Analysen norwegischer Marmore gibt J. H. L. Vogt[3]):

	1.	2.	3.	4.	5.
MgO . . .	0,75	6,59	1,46	4,40	0,32
CaO	53,29	[46,08]	53,10	50,17	55,59
MnO . . .	0,0063	0,137	0,10	0,10	0,0016
FeO	0,0542	0,409	0,16	0,19	0,0085
Unlöslich . .	3,19	2,95	2,22	0,55	0,77
$MgCO_3$ . .	1,57	13,85	3,07	9,24	0,68
$CaCO_3$ . . .	95,16	[82,28]	94,82	89,59	99,27
$MnCO_3$ . .	0,010	0,221	0,16	0,16	0,0026
$FeCO_3$ . . .	0,087	0,699	0,26	0,30	0,137
Unlöslich . .	3,19	2,95	2,22	0,55	0,77
	100,02	100,00	100,53	99,84	100,86

1. von Løvgaflen, Fauske.
2. „ „ „
3. „ Leifsaet „
4. „ „ „
5. „ Troviken Velfjorden.

Diese Marmore sind nicht so rein, als die von Carrara und Griechenland, aber immerhin noch sehr gut brauchbar, da namentlich der Gehalt an Eisen recht gering ist.

Dem Werke J. H. L. Vogts sind noch folgende Marmoranalysen entnommen:

Marmore und körnige Kalke vom Trondhjem-Gebiete.

	6.	7.	8.	9.	10.	11.
$MgCO_3$	3,82	2,44	5,33	8,86	2,54	1,89
$CaCO_3$	96,52	95,98	93,24	86,25	96,57	96,46
$(Al_2O_3 + Fe_2O_3)$.	0,20	0,62	0,35	0,61	0,45	0,50
Unlöslich . . .	0,20	1,30	0,57	3,40	0,40	1,50
	100,74	100,34	99,49	99,12	99,96	100,35

6. Marmor von Lønvik, Ytterøen.
7. „ „ Mosviken, naes Ytterøen.

[1]) A. Cossa, R. Acc. d. Linc. 1878, III. Vol., Serie 3a.
[2]) R. Lepsius, Geologie von Attika (Berlin 1893), 162.
[3]) J. H. L. Vogt, Norsk marmor. Norges geol. undersøgelse 22 (Christiania 1897), 19.

8. Marmor von Strømmens Kalkbruch, Inderøen.
9. " " Bartnaes, Inderøen.
10. " " Ravlabakken, Levanger.
11. " " Ramsaasen, Levanger.

	12.	13.	14.	15.	16.	17.
$MgCO_3$	7,19	4,40	4,16	7,32	8,07	1,85
$CaCO_3$	89,12	94,77	92,07	88,85	88,61	96,28
$Al_2O_3 + Fe_2O_3$.	0,87	0,50	0,50	0,50	0,60	0,44
Unlöslich . . .	2,97	0,80	2,50	2,50	3,00	0,95
	100,15	100,47	99,23	99,17	100,28	99,52

12. Marmor von Gudding, Vaerdalen.
13. " " Bergugleaasen bei Stene.
14. " " Vuku, Vaerdalen.
15. " " Mok, Ognadalen.
16. " " Grønningvand, Skogn.
17. " " Vaadtlandsmarken.

	18.	19.	20.	21.
$MgCO_3$. . . .	1,02	2,26	1,28	1,72
$CaCO_3$	97,25	96,88	97,91	97,23
Al_2O_3, Fe_2O_3 . .	0,36	0,50	—	—
Unlöslich . . .	1,30	1,00	0,26	1,26
	99,93	100,64	99,45	100,21

18. Marmor von Øvre Sonen, Stjerdalen.
19. " " Bjørkau, Trondhjem. 1—19 anal. J. H. L. Vogt.
20. " " Hop, südliches Norwegen; anal. Th. Kjerulf bei Vogt, Norsk Marmor 292.
21. " " Moster, südliches Norwegen; anal. Th. Kjerulf, wie oben.

Ferner teilt J. H. L. Vogt 4 Analysen von sehr reinen körnigen (metamorphen) Kalken aus dem Kristianiagebiet, die L. Schmelk ausgeführt, und eine von ihm selbst ausgeführte (Norsk Marmor 298) mit.

	22.	23.	24.	25.	26.
$MgCO_3$ . . .	0,46	0,70	0,75	1,19	0,97
$CaCO_3$ . . .	97,64	97,32	96,08	94,80	97,14
FeO	0,14	0,15	0,26	0,57	0,11
(Al_2O_3) . . .	0,06	Spur	Spur	Spur	0,30
(SiO_2)	—	0,14	0,10	—	—
(P_2O_5). . . .	Spur	—	—	Spur	—
(S)	0,01	—	0,13	0,02	—
Unlöslich . . .	1,84	1,36	2,14	3,42	1,66
	100,15	99,67	99,46	100,00	100,18

22. Kristalliner Kalk von Helgerud, Baerum; anal. L. Schmelk.
23. und 24. Kristalliner Kalk von Sandviken; anal. wie oben.
25. Kristalliner Kalk von Bøneen; anal. wie oben.
26. Marmor von Gjellebaek; anal. J. H. L. Vogt.

Später hat C. Bugge[1]) die norwegischen Marmore zusammengestellt und eine Anzahl Analysen metamorpher Kalksteine (Marmore) von Romsdaler Gebiet neu hinzugefügt:

[1]) C. Bugge, Norges Geol. Undersögelse (Kristiana 1905), 43.

	27.	28.	29.	30.	31.	32.	33.	34.
MgO . .	0,55	0,47	0,68	0,38	0,50	0,27	0,39	0,36
CaO . .	55,18	53,71	54,95	55,16	55,00	55,15	54,98	55,18
FeO . .	—	0,20	0,23	0,24	0,16	0,18	0,21	0,22
(P_2O_5) .	Spur	0,014	0,062	Spur	0,005	0,005	0,005	0,03
(S) . . .	Spur	—	—	0,035	Spur	0,028	—	—
Unlöslich	1,03	2,75	0,76	0,45	0,47	0,71	0,69	0,33
$MgCO_3$.	1,16	0,99	1,42	0,80	1,10	0,57	0,81	1,20
$CaCO_3$.	98,54	95,91	98,16	98,50	98,21	98,48	98,18	98,54
$FeCO_3$.	—	0,32	0,38	0,39	0,26	0,29	0,33	0,35
	100,73	99,98	100,78	100,18	100,05	100,08	100,02	100,45

27. Marmor von Digernaes; anal. C. Bugge.
28. „ „ Breivik-Saude; „ „
29. „ „ Talstad „ „
30. „ „ Visnes „ „
31. „ „ (Citron) Naas „ „
32. „ „ Lyshol „ „
33. „ „ Magesholm „ „
34. „ „ Baevre Aune „ „

Aus **Mähren und Schlesien,** wo an vielen Stellen Marmor verarbeitet wird, sind im folgenden einige Analysen zusammengestellt:

	1.	2.	3.	4.	5.	6.	7.
MgO . .	2,02	2,31	1,49	0,79	0,39	0,89	0,58
CaO . .	48,22	48,12	49,88	47,49	55,27	54,05	54,88
MnO . .	—	—	—	—	0,13	—	—
(Al_2O_3) . .	1,67	1,44	1,03	1,17	0,25	0,30	0,11
(Fe_2O_3) . .						0,07	0,12
CO_2 . .	40,07	40,49	40,76	41,62	43,86	43,18	43,75
(H_2O) . .	0,32	0,24	0,17	0,21	—	—	—
($CaSO_4$) .	0,26	Spur	0,17	0,14	—	—	—
Unlöslich .	7,63	7,68	6,90	6,84	0,25	1,38	0,35
	100,19	100,28	100,40	98,26	100,15	99,87	99,79

1. Marmor von Trpín an der böhmisch-mährischen Grenze; anal. F. Kovář, Z. f. chem. Ind. Prag 1899 (böhmisch). — Ref. N. JB. Min. etc. 1901 II 225.
2. Marmor von Ostrá Horka; wie oben.
3. Marmor von Koziny-Abhang bei Groß-Tresny; wie oben.
4. Marmor von Unter-Skota; wie oben.
5. Marmor von Sadeck bei Kojetiz in Mähren; anal. C. v. John, J. k. k. geol. R.A. **53**, 505 (1903).
6. Marmor von Saubstorf in Schlesien; anal. W. Dehmel, Chem. Analysen schlesischer Minerale (Troppau 1904), 25.
7. Marmor von Setzdorf; wie oben.

Marmor von Auerbach. Der bekannteste Marmor Deutschlands ist wohl der von Auerbach an der Bergstraße im Odenwald in Hessen, der in großem Stile bergmännisch in Grubenbauten abgebaut wird. Nach den vorliegenden Analysen ist er bei weitem nicht so rein, wie die griechischen und italienischen Marmore.

F. v. Tschichatscheff[1]) teilte zuerst Analysen mit, die im Bunsenlaboratorium unter Leitung Pawels ausgeführt wurden.

[1]) P. v. Tschichatscheff, Abh. d. hess. geol. L.A. (Darmstadt 1888), Heft 4.

	1.	2.	3.	4.
MgO	—	0,07	0,04	—
CaO	53,51	53,27	51,24	52,07
FeO	0,31	0,53	3,00	1,06
CO_2	40,75	42,69	41,82	41,33
(H_2O) . . .	1,05	0,64	1,26	0,32
Unlöslich . .	4,19	2,52	3,53	5,47
	99,81	99,72	100,89	100,25

1. Grauer körniger Kalk aus dem Zentrum der Roßbacher Hauptlagerstätte; anal. M. Dittrich.
2. Grauer Marmor von der Bangertshöhe. Mittel aus zwei Analysen; anal. Heffter und Grützner.
3. Bräunlicher Marmor von Roßbach; anal. Stutzmann.
4. Graubrauner Marmor von Roßbach; anal. Scheinwind.

Später teilte L. Hoffmann[1]) Analysen von Auerbacher Marmoren mit, ohne aber indessen die Analytiker anzugeben.

	5.	6.	7.	8.
MgO . . .	0,50	1,42	Spur	0,18
CaO	55,04	52,08	53,46	49,26
FeO	0,05	0,23	2,06	0,74
CO_2	42,90	42,70	42,02	39,33
(H_2O) . . .	0,14	—	0,23	—
Rückstand . .	1,11	4,58	2,13	11,79
	99,74	101,01	90,90	101,30

5. Weißer Marmor aus dem Hauptgange.
6. Schwarzgrauer Marmor aus dem Hauptgange.
7. Dichter roter Marmor aus dem liegenden Trum.
8. Marmor aus einer sandigen Bank des westlichen Lagerteiles.

Nach L. Hoffmanns Angaben liegt die durchschnittliche Zusammensetzung ungefähr im Mittel zwischen Analyse 6 und 7.

Die unlöslichen Bestandteile dieser Marmore werden wohl aus Quarz und Silicaten bestehen, wie die späteren Ausführungen darlegen, da sie in reichlicher Menge das Gestein durchsetzen.

Alpenländer. Aus den Alpenländern, wo sehr häufig, im ganzen aber recht unreine Marmore auftreten, die selten als Mineralien angesehen werden können, seien zwei Analysen hier mitgeteilt:

	1.	2.
MgO	0,09	0,24
CaO	55,48	55,49
MnO	—	0,04
FeO + (Fe_2O_3) .	Spuren	—
CO_2	43,61	43,82
(SiO_2)	0,78	—
	99,96	99,59

1. Marmor von Salla bei Köflach in Steiermark; anal. H. Leitmeier, J. k. k. geol. R.A. 1911. (Im Drucke.)

[1]) L. Hoffmann, Z. prakt. Geol. 4, 353 (1896).

2. Marmor von Schlanders in Tirol nach J. Wittstein bei F. Zirkel, Lehrbuch der Petrographie, III (Leipzig 1893/94), 448.

Die Marmoranalyse von Steiermark war an reinst ausgesuchtem, mikroskopisch geprüftem Materiale ausgeführt worden.

Physikalische Eigenschaften.

Spezifisches Gewicht. Sehr genaue Bestimmungen des spezifischen Gewichts von Calciten verschiedener Fundorte hat unter andern V. Goldschmidt[1]) mit der Suspensionsmethode vorgenommen, so für Calcit vom Rathausberg bei Gastein $\delta = 2{,}723$ bis $2{,}735$, im Mittel $\delta = 2{,}733$. Calcit von Nordmarken ergab im Mittel $\delta = 2{,}717$; Doppelspat aus Island $\delta = 2{,}713$; Calcit vom Lötschental in Wallis $\delta = 2{,}713$. Man kann demnach das δ des Calcits mit 2,713 angeben, als das mit der besten Methode am reinsten in der Natur vorkommende Material, dem isländischen Doppelspate bestimmten.

Die älteren Angaben, die vollständigsten sind von M. Websky,[2]) schwanken ganz bedeutend zwischen 2,33—2,84; als Wert für reinen Calcit wird gewöhnlich 2,714 bei 18° angegeben. Nach V. Goldschmidt[3]) ist die Ursache dieser großen Differenz, teils in Zersetzung und mechanischer Auflockerung des Materials, teils in der nicht genügend scharfen Abgrenzung in der Definition des Minerals und Mithereinbeziehen von Gesteinen oder begleitender Mineralien. Daneben beeinflussen wohl auch undichter Aufbau und Hohlräume als Fehlerquellen die Richtigkeit der erhaltenen Werte. — Daß auch unrichtige Bestimmungen die Differenz vergrößern helfen, zeigte er an zwei Dichtebestimmungen an Marmor von Carrara, wo das Ausgangsmaterial fast die ganz gleiche chemische Zusammensetzung besaß, die Werte aber einen Unterschied von $\delta = 2{,}699—2{,}732$ aufweisen.

Brechungsquotienten:

	N_α			N_γ		
Linie λ	Dufet[4])	Carvallo[5])	Martens[6])	Dufet	Carvallo	Martens
Li 671	1,65368	1,65369	1,65367	1,48433	1,48431	1,48426
Na 589	1,65837	1,65837	1,65835	1,48645	1,48643	1,48640
H_β 486	1,66785	1,66785	1,66785	1,49080	—	1,49079

Der Charakter der Doppelbrechung ist negativ.

Einige chemisch-physikalische Konstanten hat W. Ortloff[7]) bestimmt.

Das Molekularvolumen $M_v = 36{,}70$. Die Refraktionsäquivalente sind (vgl. S. 232) für $N_\alpha = 17{,}85$ und $N_\gamma = 24{,}17$.

---

[1]) V. Goldschmidt, Ann. d. k. k. naturh. Hofmuseum Wien **1**, 127.

[2]) M. Websky, Die Mineralspezies nach den für das spezifische Gewicht derselben angenommenen und gefundenen Werten (Breslau 1868).

[3]) V. Goldschmidt, Verh. k. k. geol. R.A. 1886, 439.

[4]) H. Dufet, Bull. Soc. chim. **16**, 165 (1893).

[5]) E. Carvallo, Journ. d. phys. [2], **9**. 257 (1890); [3], **9**, 257 (1900).

[6]) F. Martens, Ann. d. Phys. [4], **6**, 603 (1901); **8**, 459 (1902).

[7]) W. Ortloff, Z. f. phys. Chem. **19**, 217 (1896).

Thermische Eigenschaften.

Dilatation. Durch seine Dilatation ist der Calcit von allen übrigen rhomboedrischen Carbonaten streng geschieden. Sie ist nach H. Fizeau für 1° in der Richtung der kristallographischen Hauptachse

$$\alpha = 0{,}00002581$$

normal darauf $\beta = -0{,}00000562$.

Die Veränderung des Rhomboederwinkels beträgt 0°8′30″.

Der Calcit zieht sich in der Richtung senkrecht zur kristallographischen Hauptachse beim Erwärmen zusammen. Diese Eigenschaft wird von G. Tschermak[1]) gegen die Isomorphie des Calcits mit den übrigen rhomboedrischen Carbonaten angeführt.

Thermische Dissoziation.

Über die thermische Dissoziation des Calciumcarbonats, die Zerlegung des $CaCO_3$ in CaO und CO_2 liegen eingehendere Untersuchungen von H. Debray, H. Le Chatelier, A. Herzfeld, O. Brill, D. Zavrieff, F. H. Riesenfeld und J. Johnston vor.

In ihren Resultaten stimmen sie nicht überein, und ein Teil bestimmt die Dissoziationstemperatur zu ca. 812—825°, der andere Teil zu 910—925°.

Der erste, der sich mit der Zersetzung des $CaCO_3$ bei hohen Temperaturen beschäftigt hatte, war H. Debray;[2]) er erhitzte Doppelspat in luftleerem Glasrohre oder Porzellanrohre und fand, daß beim Schmelzpunkte des Cadmiums 860° ziemlich viel Kohlensäure entweiche, und dies so lange geschieht, bis ein Kohlensäuredruck von 85 mm erreicht ist. Beim Schmelzpunkte des Zinks, 1040°, betrug dieser maximale Druck 520 mm.

Die ersten eingehenden Untersuchungen und Messungen hat H. Le Chatelier[3]) gemacht. Er bediente sich zur Temperaturmessung eines Thermoelements. Marmor, Kreide und gefälltes Calciumcarbonat zeigten bei gleicher Temperatur dieselbe Spannung, doch wurde der Gleichgewichtszustand um so früher erreicht, je feiner verteilt der Körper war. Er fand:

Temperatur	Dissoziationsspannung
547°	27 mm
610	46
625	56
740	255
745	289
810	678
812	763
865	1332

Die Dissoziationsspannung erreicht Atmosphärendruck bei ca. 812°. Bei dieser Temperatur tritt aber noch keine rasche Zersetzung ein, sondern erst bei ca. 925°, wo sie konstant bleibt. Das erklärt H. Le Chatelier dadurch, daß die Geschwindigkeit der Reaktion $CaCO_3 = CaO + CO_2$ eine endliche ist,

[1]) G. Tschermak, Tsch. min. Mit. **4**, 121 (1882).
[2]) H. Debray, C. R. **64**, 603.
[3]) H. Le Chatelier, C. R. **102**, 1243 (1883).

und erst bei höherer Temperatur wird diese so groß, daß die Zersetzung rasch eintritt.

O. Brill[1]) hat nach dem gleichen Verfahren wie beim Magnesiumcarbonat die Dissoziationstemperatur des Calciumcarbonats bestimmt.[2]) Er hat sich absolut reines Calciumcarbonat durch Auflösen von Doppelspat in Salzsäure und Fällen mit Ammoncarbonat hergestellt. Die Versuchsergebnisse waren:

Abgewogen: 62,20 Skalenteile $CaCO_3$ = 2,105 mg.

Zeit in Min.	Temper. in Grad	Gewicht nach d. Erhitzen
10	200	62,20
10	815	62,20
10	830	58,65
10	845	42,00
10	855	35,60
10	980	34,90

Erhalten 55,95% CaO.
Berechnet 56,04% CaO.

Nebenstehende Kurve erläutert diese Ergebnisse. Die Temperaturen sind als Abszissen, die Gewichte der Substanz, nachdem sie bei der betreffenden Temperatur 10 Min. lang erhitzt worden waren, als Ordinaten aufgetragen. Als Dissoziationstemperatur (Punkt der beginnenden Zersetzung) wurden 825° erhalten, was mit den Le Chatelierschen Versuchen ziemlich übereinstimmt. Aus der Kurve geht hervor, daß sich bei der Zersetzung des Calciumcarbonats, im Gegensatze zum Magnesiumcarbonate vgl. S. 233, kein basisches Carbonat bildet, das eine bestimmte Dissoziationstemperatur haben müßte. Dies hat auch nach O. Brills Ausführungen ein technisches Interesse; in bezug auf die Frage nämlich, wodurch beim Totbrennen des Kalkes ein mit Wasser nicht oder nur sehr langsam löschbares Produkt sich bildet und ob dasselbe auf unvollständige Zersetzung und Bildung eines basischen Carbonats beim schwächeren Brennen zurückzuführen ist. Das Fehlen basischer Carbonate in obiger Kurve läßt letztere Lösung der Frage ziemlich unwahrscheinlich erscheinen, die bisher häufig als wahrscheinlich angenommen wurde. In neuerer Zeit hat sich A. Herzfeld[3]) gegen die Annahme basischer Carbonate ausgesprochen und diese Erscheinung auf die Bildung von Kalksilicaten zurückzuführen gesucht.

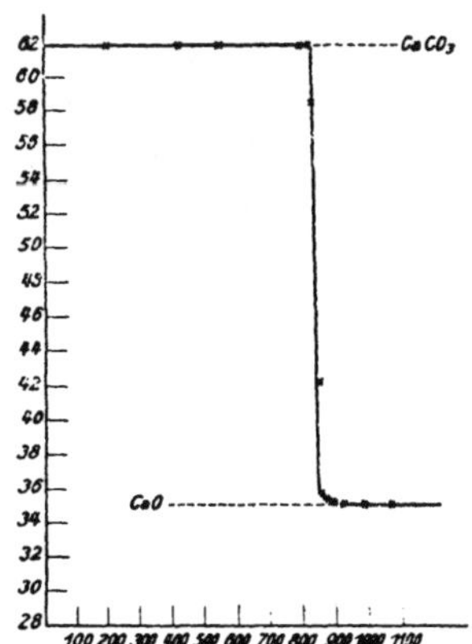

Fig. 30. Dissoziation des $CaCO_3$; nach O. Brill.

A. Herzfeld[3]) erhielt bei mehrstündigem Brennen bei 900° vollständiges Austreiben der Kohlensäure aus Kalksteinen. Marmor erwies sich bei mehr-

[1]) O. Brill, Z. anorg. Chem. **45**, 275 (1905).
[2]) Man vergleiche die Beschreibung des Apparats und der Behandlung auf S. 232.
[3]) A. Herzfeld, Z. Ver. f. Rübenzucker-Ind. 1897, 820.

stündigem Behandeln bei 900° im Kohlensäurestrom unzersetzt, bei 1030° war er vollständig gebrannt.

Sehr variable Werte hat Pott[1]) gefunden: bei 892° wurde z. B. ein Druck gefunden, der zwischen 593 mm und 776 mm schwankt.

D. Zavrieff[2]) fand für den Dissoziationsdruck von Marmor:

t = 725	815	840	870	892	910	926°
p = 67	230	329	500	626	755	1022 mm

Einem Drucke von 763 mm entspricht also ungefähr eine Temperatur von 920°, also beiläufig die Temperatur, bei der H. Le Chatelier geschwinde Zersetzung erhielt und D. Zavrieff glaubt, daß H. Le Chatelier deshalb bei 810° eine langsame Zersetzung erhielt, weil bei der damals angewandten großen Carbonatmenge die Erhitzung keine gleichförmige war.

H. Riesenfeld[3]) hat die Dissoziationstemperatur von Calciumcarbonat mit 908° ± 5 bestimmt. Die Dissoziationskurven entsprechen der Gleichung:

$$CaCO_3 = CaO + CO_2.$$

Mittels des Wärmetheorems von W. Nernst erhält man die thermodynamische Gleichung:

$$\left.\begin{aligned}\log p = -\frac{9300}{T} + 1{,}75 \log T + 0{,}011916\,T - 0{,}000020323\,T^2 \\ + 0{,}000000002446\,T^3 + 3{,}2.\end{aligned}\right\}\ (I)$$

Aus dieser Gleichung lassen sich folgende Dissoziationsspannungen von $CaCO_3$ berechnen:

Temperatur	Spannungen in mm Hg berechnet	beobachtet
700°	50	50
750	101	99
800	195	195
850	369	370
900	700	700

Für höhere Temperaturen ergeben sich die Werte:

Temperatur:	1000	1100	1200	1300	1400	1500°
Spannung:	3830	22	173	2690	89,400	6790000 Atm.

H. Riesenreld glaubt annehmen zu dürfen, daß die Messungen der älteren Autoren ganz unzulänglich gewesen seien.

In neuester Zeit hat J. Johnston[4]) über die thermische Dissoziation des $CaCO_3$ eingehende Untersuchungen gemacht und ist der Ansicht H. Riesenfelds, daß die Messungen von H. Debray, H. Le Chatelier und O. Brill unzulänglich sind. Die Schwankungen in den Werten, die Pott und D. Zavrieff geben, liegen nach J. Johnston in erster Linie darin, daß die zur Untersuchung dienende Masse nicht gleichmäßig erhitzt werden konnte. J. Johnston suchte diese Schwierigkeiten dadurch zu überwinden, daß er nur

[1]) Pott, Dissertation (Freiburg 1905). Die Arbeit, die ich nirgends referiert finden konnte, ist mir nur aus der Arbeit von J. Johnston bekannt.

[2]) D. Zavrieff, C. R. **145**, 428 (1907).

[3]) H. Riesenfeld, Journ. de chim. physique **7**, 561 (1909).

[4]) J. Johnston, Journ. of Am. chem. Soc. **32**, 938 (1910).

0,1 g verwendete und mit einem Gasraum arbeitete, der nur 5 ccm faßte. Die Temperaturdifferenzen des Tiegelchens, — es wurde mit 2 Thermoelementen (eines außen und eines innen) gemessen —, betrugen nie mehr als $\pm 2^0$.

Θ	T	p in mm	Θ	T	p in mm
587	860	1,0	749	1022	72
605	878	2,3	777	1050	105
631	904	4,0	786	1059	134
—	—	—	788	1061	138
671	944	13,5	795	1068	150
673	946	14,5	800	1073	183
680	953	15,8	819	1092	235
682	955	16,7	930	1103	255
691	964	19,0	840	1112	311
701	974	23,0	842	1115	335
703	976	25,5	852	1125	381
711	984	32,7	857	1130	420
—	—	—	871	1144	537
727	1000	44	876	1149	557
736	1009	54	881	1154	603
743	1016	60	883	1156	629
748	1021	70	891	1164	684
—	—	—	894	1167	716

In einer früheren Arbeit hat J. Johnston[1]) gezeigt, daß für eine Anzahl heterogener Gleichgewichte der Dissoziationsdruck zur Temperatur in Beziehung steht, die veranschaulicht wird durch die Gleichung:

$$\log p = -\frac{\Delta H}{4{,}576\,T} - \frac{J}{4{,}576},$$

worin ΔH die in der üblichen Weise kalorimetrisch gemessene adsorbierte Wärmemenge bei der Reaktion $RCO_3 = RO + CO_2$ ist; T ist die absolute Temperatur; J ist die Integrations- oder thermodynamisch unbestimmte Konstante.

Für den vorliegenden Fall wurde daraus berechnet:

$$\log p = -\frac{9340}{T} + 1{,}1 \log T - 0{,}0012'\,T + 8{,}882 \qquad \text{(II)}$$

Die nach dieser Gleichung berechneten Werte finden sich in der nachstehenden Tabelle:

Θ	berechnete Werte nach obiger Gleichung	Interpoliert nach den Angaben von Zavrieff	Interpoliert nach den Angaben von Pott
500	0,11	—	—
600	2,35	—	—
700	25,3	43	53
750	68	95	101
800	168	197	195
850	373	381	350
900	773	697	667
950	1490	—	—
1000	2710	—	—

[1]) J. Johnston, Journ. of Am. chem. Soc, **30**, 1357 (1908) und Z. f. phys. Chem. **65**, 737 (1909).

Der Dissoziationspunkt liegt sonach bei 898°.

(Dissoziationspunkt nach H. Riesenfeld: 908°
" " D. Zavrieff: 920°)

Diese Daten sollen, weil nach besseren Methoden gerechnet, viel genauer sein, als die nach der Gleichung von H. Riesenfeld.

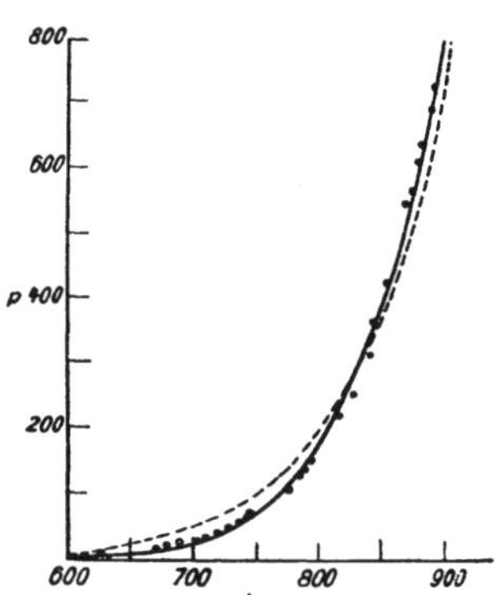

Fig. 31. Dissoziationsdruck nach den Versuchsresultaten von J. Johnston. Die ausgezogene Linie gibt die graphische Darstellung nach der Gleichung (II) von J. Johnston, die punktierte Linie nach der Gleichung von H. Riesenfeld [(I) S. 293].

Schmelzversuche. — J. Hall[1]) hat zum Zwecke, Schmelzung des Calciumcarbonats zu erreichen, über 400 Experimente auf die verschiedenste Weise angestellt, und beschrieb Apparate und Anordnung der Versuche aufs genaueste. Die Mehrzahl seiner Versuche mißlang, doch wurden bei einigen befriedigende Resultate erzielt.[2]) Gegen seine ersten Versuche, die er in Eisen und Porzellangefäßen ausführte, wandten Chemiker ein, daß die Schmelzung des Calciumcarbonats durch die Vermengung mit Verunreinigungen, die teils aus dem Untersuchungsmateriale, teils aus den angewandten Apparaten stammten, verursacht worden sei. Mit Recht erwiderte er darauf, daß Unreinheiten ja in den Carbonaten in der Natur auch reichlich vorhanden seien. J. Hall führte nun Versuche mit Platingefäßen und einem chemisch dargestelltem $CaCO_3$ aus. Er hat aber weder sein Ausgangsmaterial, noch die erhaltenen Endprodukte quantitativ analysiert. Einen exakten Beweis, daß es sich bei seinen Versuchen um eine tatsächliche Schmelzung handelte, vermochte J. Hall indessen nicht zu erbringen. Es sind nun eine Reihe ähnlicher Versuche gefolgt. Buchholz[3]) glaubt eine Schmelzung von Kreide erhalten zu haben. A. Petzholdt[4]) erhielt bei einem Gemenge von Marmor und Quarz in einer eisernen Büchse bei Weißglut unverändertes Material, auch sagt er, daß, wenn man ein kleines Stück kohlensauren Kalkes augenblicklich in stärkste Glühhitze bringt, die Kohlensäure nur zum geringeren Teil entweiche, eine vollständige Schmelzung aber dabei nicht eintrete. L. Pilla[5]) gibt an, daß dichte Kalksteine im Knallgasgebläse in körnige Rhomboederchen umgewandelt werden. Daß dabei eine Schmelzung eingetreten sei, wird nicht angegeben. Wichtiger sind die Versuche, die G. Rose[6]) angestellt hat. In einem im Innern galvanisch vernickelten Eisenzylinder gelang es ihm, Aragonit in Marmor zu verwandeln. Die wahre Natur dieses so erhaltenen Marmors wurde auf chemischem und optischem Wege sichergestellt. Dann benutzte er nach J. Halls Beispiel Porzellanflaschen und wandte lithographischen Kalkstein und isländischen

[1]) J. Hall, Trans. Roy. Soc. **5**, 71 (1812), und Gehlens Journal 1805.

[2]) In der S. 296 erwähnten Arbeit A. Beckers werden J. Halls Versuche ausführlich besprochen und ebenso wie bei J. Lemberg (S. 296) die Literatur kritisch behandelt.

[3]) Buchholz, Gehlens Journ. f. Phys. u. Chem. 1806, 271.

[4]) A. Petzholdt, Journ. prakt. Chem. **17**, 464 (1839).

[5]) L. Pilla, N. JB. Min. etc. 1838, 411.

[6]) G. Rose, Pogg. Ann. **118**, 565 (1863).

Doppelspat an, die 3 Stunden lang der Weißglut ausgesetzt wurden. Die Stücke hatten ihre Form behalten, waren aber schneeweiß und feinkörnig geworden. Ein Teil der Kohlensäure war abgegeben worden, und der Kalk hatte sich teilweise mit Porzellan verbunden. G. Rose zog daraus den Schluß, daß durch seine Experimente die Versuchsergebnisse von J. Hall, daß sich $CaCO_3$ bei großem Druck und großer Hitze in Marmor umwandle, vollauf bestätigt wurden. Während aber J. Hall stets von einer Schmelzung des Carbonats spricht, berichtet G. Rose stets nur von einer erfolgten Umwandlung. H. Debray[1]) hat nachgewiesen, daß Doppelspat sich bei einer Temperatur von 350° in geschlossenen Gefäßen gar nicht, bei 440° schwach, bei 860° ziemlich stark zersetzt. (Näheres hierüber bei der Besprechung der Dissoziation S. 291.)

J. Lemberg[2]) war der erste, der sich gegen die Annahme einer Umschmelzung, also Schmelzung und wieder Auskristallisierung des Calciumcarbonats, wandte und meinte, daß aus allen Versuchen J. Halls und denen G. Roses und der anderen eben erwähnten, das Eintreten einer Schmelzung gar nicht hervorgehe, sondern sich vielmehr folgern lasse: Der kohlensaure Kalk kann umkristallisieren, ohne zu schmelzen, er ist schwer schmelzbar, vor allem nach den Versuchen von A. Petzholdt, und er schmilzt bei heftiger Weißglut noch nicht.

Später hat dann A. Becker[3]) diese Frage experimentell ausführlich behandelt. Auch er wandte sich in seiner Literaturbesprechung dagegen, daß die Versuche von J. Hall, A. Petzholdt und den anderen die Schmelzbarkeit des Calciumcarbonats beweisen. Nachdem er eine Reihe von vergeblichen Versuchen mit Eisengefäßen angestellt hatte, bediente er sich eines ähnlichen Apparats wie J. Hall und G. Rose. Ein ca. 64 cm langes, inwendig glasiertes Porzellanrohr mit einer Wandstärke von 3½ mm und einem Innendurchmesser von 16—18 mm wurde durch zwei gegenüberliegende, zu diesem Zwecke ausgeweitete Löcher eines Fourquignon-Leclercqschen Ofens durchgesteckt. Es befand sich so nur der mittlere Teil der Röhre in der Gluthitze, und die weit hervorragenden Enden konnten mit Kautschukpfropfen verschlossen werden, die noch mittels Eisendraht angepreßt waren. Da beim Öffnen der Röhre bei gelungenen Versuchen stets ein Druck in der Röhre konstatiert werden konnte, so schien der Verschluß seinen Zweck zu erfüllen. Das Carbonat selbst wurde stets in Platinblechzylindern, die aber nur gerade so gut schlossen, daß Pulver nicht durchfallen konnte, in das Porzellanrohr eingebracht; eine flüssige, auch nur viscose Masse mußte jedoch hindurchdringen. Um ein Hin- und Hergleiten im Innern zu verhüten, wurden diese Platinhülsen mittels Platindrahts an den Kautschukpfropfen befestigt. Bei Anwendung von Aragonitkristallen, die in Schlämmkreide eingebettet waren, ergab sich eine Gewichtsdifferenz von 17%. A. Becker wandte dann an Stelle der Schlämmkreide künstlich hergestelltes $CaCO_3$ (aus $CaCl_2$-Lösung mit kristallisierter Soda gefällt) an, das unter dem Mikroskope aus gleichmäßigen ca. 0,002 – 0,003 mm großen Körnchen zusammengesetzt war. Diese Substanz wurde in die kleinen Platinzylinder eingestampft und ¼ Stunde lang zu heftiger Weißglut erhitzt. Der Gewichtsverlust betrug nur 4,3%. Aus dem Pulver war eine feste Masse

[1]) H. Debray, C. R. **64**, 603 (1867).
[2]) J. Lemberg, Z. d. geol. Ges. **24**, 237 (1872).
[3]) A. Becker, Tsch. min. Mit. **7**, 122 (1886).

geworden, die sich zusammengezogen hatte, aber den Abdruck des inneren Zylinders gab. Doch war die Masse absolut nicht plastisch geworden, da sie sonst aus den Fugen des Platinbleches hätte herausdringen müssen. Die Masse war sehr feinkörnig und die mikroskopische Untersuchung zeigte, nachdem das wenige gebildete Hydrat weggespült worden war, ein Aggregat von 0,009—0,015 Korngröße. Die Körnchen waren nicht nur zusammengebacken, es hatte auch eine Vergrößerung des Kornes stattgefunden und Marmor war gebildet worden. Als in das künstliche Carbonatpulver Aragonit und Doppelspat eingebracht wurden, war der Argonit völlig zerfallen und zersetzt, während der Doppelspat teilweise in ein festes körniges Aggregat umgewandelt worden war. Als Aragonit und Calcit allein angewandt worden war, war der Aragonit zum Teil in Kalkspatrhomboeder übergegangen, der Doppelspat zeigte wieder feinkörnige Struktur. Bei einem anderen Versuche, bei dem Doppelspat allein erhitzt worden war, erhielt A. Becker ein Aggregat von bedeutender Korngröße. Noch erheblich größeres Korn wurde erzielt, als die Temperatur erniedrigt, und nur mit Rotglut gearbeitet, diese dafür aber 3—4 Stunden lang einwirken gelassen wurde. Aragonit verwandelte sich dabei teils in feinkörnigen Kalkspat, teils in ein Produkt, das aus ziemlich großen Rhomboederchen zusammengesetzt war. Als auf diese Weise das gefällte Kalkspatpulver Verwendung fand, ergab sich ein Produkt von kristalliner Struktur mit einer Korngröße von 0,04—0,09 mm, also ein körniger Marmor. Die gleichen Resultate erhielt A. Becker, als keine verschlossenen Röhren angewandt, sondern Kohlensäure durchgeleitet wurde. Niemals aber wurde eine Viscosität oder gar Verflüssigung des Materials beobachtet. A. Becker schloß daraus, daß auch bei J. Halls Versuchen und bei denen G. Roses, keine direkte Schmelzung stattgefunden habe, wenn auch die Möglichkeit einer Schmelzung des kohlensauren Kalks unter hohem Drucke und bei hoher Temperatur nicht ausgeschlossen erscheint, was bisher noch keinem Forscher gelungen ist.

Zu ganz ähnlichen Versuchsresultaten kam A. Wichmann.[1]) H. Le Chatelier[2]) gibt an, daß G. Rose und G. Siemens[3]) bei Nachahmung des Hallschen Versuchs Mißerfolge erzielten, und führt dies darauf zurück, daß sich durch Einwirkung des Kohlendioxyds auf die metallischen Tiegel Kohlenoxyd gebildet habe. H. Le Chatelier erhitzte zusammengepreßtes Calciumcarbonat durch eine eingelagerte Platinspirale über 1000^0 und er erhielt dabei ein kristallinisches Erstarrungsprodukt, dessen Struktur, wie zwei Mikrophotographien von Dünnschliffen gut illustrieren, ganz ähnlich der Struktur mancher natürlicher Marmore ist.

A. Joannis[4]) kommt zu dem Schlusse, daß der Dissoziationsdruck beim Calciumcarbonat beim Schmelzpunkte nur ca. 9 Atm. betrage und das Carbonat bei dieser Temperatur nicht unter diesem Drucke schmilzt.

A. Joannis meint, daß J. Hall und H. Le Chatelier, die ja beiläufig bei dieser Temperatur gearbeitet haben, deshalb eine Schmelzung erzielten, weil durch den angewandten hohen mechanischen Druck eine Erniedrigung des Schmelzpunktes eingetreten sei (?). Er selbst beobachtete Schmelzung bei

[1]) A. Wichmann, Tsch. min. Mit. **7**, 256 (1886).
[2]) H. Le Chatelier, C. R. **115**, 817 (1892).
[3]) G. Rose u. G. Siemens, Pogg. Ann. **118**, 565 (1863).
[4]) A. Joannis, C. R. **115**, 939 (1892).

viel höheren Temperaturen, die Dissoziationsdrucke von ca. 22 Atmosphären und darüber ergaben. H. Le Chatelier[1]) hat dann später in einer vernickelten Stahlröhre Calciumcarbonat ohne großen Druck erhitzt, und beobachtet, daß sich das Carbonat zusammenbackt, aber keine feste marmorartige Masse bildet, sonach der Druck also nicht zur Schmelzung notwendig ist, wie dies A. Joannis angegeben hatte. Jedenfalls zeigt das Zusammenbacken des Untersuchungsmaterials, daß der Schmelzpunkt noch höher liegt, da Zusammenbacken ja erst den Beginn des Schmelzens ankündigt. H. Le Chatelier nimmt an, daß die Unterschiede in seinen Versuchen und denen von A. Joannis darauf beruhen, daß er schnell erhitzt hat, der letztere wahrscheinlich langsam, und meint, daß hier, wie es bei anderen Materialen vielfach schon geschehen ist, infolge einer sehr langsam eintretenden allotropen Umwandlung während der Erwärmung bei ein und demselben Materiale ganz verschiedene Schmelzpunkte beobachtet werden können, die davon abhängen, ob man rasch oder allmählich erhitzt.

H. Le Chatelier hat seine Versuche mit gefälltem Calciumcarbonat und Kreide ausgeführt, die beide ein gleiches Verhalten zeigen. Doppelspat hingegen gelang es auch bei Temperaturen bis zu 1100^0, weder zu schmelzen, noch in ein marmorähnliches Produkt umzuwandeln.

H. E. Boeke[2]) hat dann versucht, unter Kohlensäuredruck Calciumcarbonat zu schmelzen. Er erhitzte reines präzipitiertes $CaCO_3$ unter einem Druck von 10 Atm. in einem Stahlzylinder und nahm die Abkühlungskurve auf, die einen ganz regelmäßigen Verlauf zeigte. Die Substanz bestand nach dem Erhitzen aus unter dem Mikroskope deutlich sichtbaren Kristallen; sie war teilweise dissoziiert, und bestand aus 68$^0/_0$ $CaCO_3$ und 32$^0/_0$ CaO, war aber noch nicht geschmolzen. Auch beim Erhitzen auf 1400^0 schmilzt also Calciumcarbonat noch nicht.

Von sehr großer Wichtigkeit sind auch die Versuche, die F. Rinne und H. E. Boeke[3]) über die Thermometamorphose des Calciumcarbonats in Rücksicht auf die in der Natur bei Kontakterscheinungen so oft auftretenden Marmorisierungen von Kalkstein ausgeführt haben. Sie arbeiteten nach einer von H. E. Boeke verbesserten Methode in einer eisernen auf elektrischem Wege zu erhitzenden Bombe, die mit einem Gefäß, das flüssige Kohlensäure enthielt, in Rohrverbindung stand. Die Erhitzung dauerte ca. $1^1/_2$ Stunde und erreichte 1200^0, bei welcher Temperatur ca. 3 Minuten verweilt wurde; der mittels Manometer gemessene Höchstdruck der Kohlensäure in der Bombe betrug 65 Atmosphären. Als Material wurde gepulverter isländischer Doppelspat verwendet, der in einem Stahlgefäße mit ca. 6000 kg/cm^2 Druck zu einer zylindrischen Platte gepreßt wurde, die genügend fest war, um Dünnschliffe daraus anzufertigen. Fig. 32 gibt ein Bild von der Struktur dieses Preßprodukts vor der Erhitzung. Es ist die Struktur einer Breccie mit gröberen und feineren Bruchstücken. Fig. 33 gibt ein Bild von einem Schliffe durch den Versuchskörper nach der Erhitzung: Es ist eine Egalisierung eingetreten. Die großen Calcitbruchstücke sind verkleinert worden, die kleinen vergrößert worden, die früher zu beobachtende, durch den Druck bei der Pressung hervorgerufene Zwillingslamellisierung war verschwunden. Schmelzung hat

[1]) H. Le Chatelier, C. R. **115**, 1009 (1892).
[2]) H. E. Boeke, Z. anorg. Chem. **50**, 247 (1906).
[3]) F. Rinne u. H. E. Boeke, Tsch. min. Mit. **27**, 393 (1908).

nicht stattgefunden, denn es fehlt eine Abrundung der Körner. Für diesen Kristallisationsvorgang wird der der Metallurgie entnommene Ausdruck Sammelkristallisation angewendet. Auch bei einem dichten Kalksteine zeigte sich nach dem Erhitzen ein gröberes Korn im Präparate. Am unteren Ende des ersteren Präparats, wo die stärkste Erhitzung stattgefunden hatte, dürfte Schmelzung des Präparats eingetreten sein. Eine chemische Veränderung desselben konnte nicht bemerkt werden.

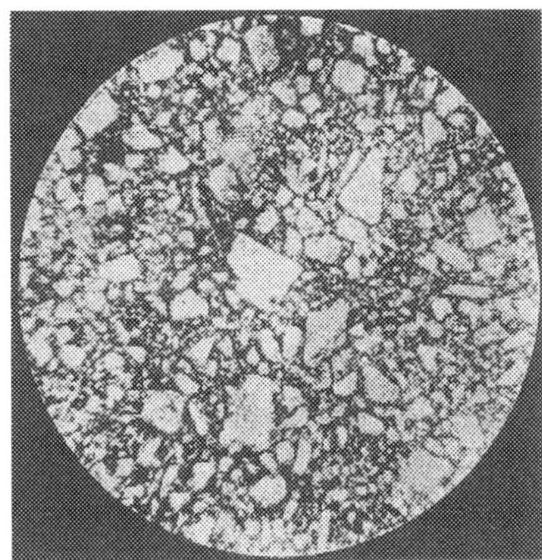

Fig. 32. Kalkspatpulver vor der Erhitzung nach F. Rinne und H. E. Boeke.

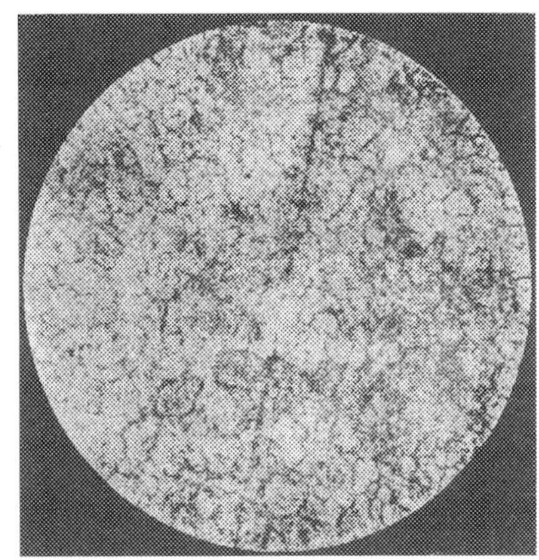

Fig. 33. Kalkspatpulver nach der Erhitzung nach F. Rinne und H. E. Boeke.

Diese Versuche sind jedenfalls für den Vorgang der natürlichen Kontaktmetamorphose der Kalksteine bedeutsam. Bei kleinen Einschlüssen von Kalkstein in Magmen ist natürlich für solche Marmorisierung notwendig, daß die im Schmelzfluß enthaltene Kohlensäure einen Gegendruck gegenüber der Dissoziationstension ausübt; bei größeren Einschlüssen oder beim Kontakt ganzer Kalkmassen, mit einem schmelzflüssigen Magma, kann sich vielleicht unter Dissoziation der äußeren Partien eine schützende Hülle um das Carbonat bilden, die stark genug ist, um das Entweichen der Kohlensäure aus dem Innern zu verhindern.

H: Leitmeier[1]) hatte Gelegenheit, in einem Kalksteineinschlusse aus dem Basalte von Weitendorf in Steiermark in einer körnigen Masse umkristallisierte Rhomboeder frei von Zwillingsstreifung zu beobachten, die auch ganz ähnlich F. Cornu[2]) in einem Kalkeinschlusse eines Basaltes des böhmischen Mittelgebirges beobachtete; und es ist nicht zu zweifeln, daß es sich hier um eine Sammelkristallisation in der Natur gehandelt hat, indem auch hier die unregelmäßigen Kalkspatkörner eines Kalksteines oder Sandsteines (kalkig) unter der Wirkung des zähflüssigen Magmas umkristallisierten.

Spezifische Wärme. — Für die spezifische Wärme des Calcits fand J. Joly[3]) nach einer besonderen von ihm ausführlich beschriebenen Kondensationsmethode, die von außerordentlicher Feinheit ist:

[1]) H. Leitmeier, ZB. Min. etc. 1908, 257.
[2]) Nach Privatmitteilung des verstorbenen Forschers.
[3]) J. Joly, Proc. Roy. Soc. **41**, 250 (1887).

für Calcit (wasserhell) 0,2036
„ „ (durchscheinende Rhomboeder) 0,2044
„ „ (hexagonale Prismen) . . . 0,2034
für Aragonit (durchsichtig) 0,2036

Die beiden physikalisch sonst verschiedenen Phasen des Calciumcarbonats, die rhomboedrische und die rhombische, besitzen also die gleiche spezifische Wärme.

P. E. V. Öberg[1]) hatte schon früher die spezifische Wärme des Calcits untersucht und für farblose Kristalle von Örsberg 0,2042 gefunden. Die Bestimmung war mittels eines Regnaultschen Mischungscalorimeters ausgeführt worden. Bei der Berechnung der spezifischen Wärme aus der chemischen Zusammensetzung nach dem Voestynschen Gesetz war recht gute Übereinstimmung gefunden worden.

Die Abhängigkeit der spezifischen Wärme von der Temperatur hat dann G. Lindner[2]) untersucht. Er gibt zuerst eine Übersicht über ältere Bestimmungen. Sie beträgt:

nach V. Regnault, zwischen 20 und 100° $c = 0,20857$
„ Neumann, „ 20 „ 100° $c = 0,2046$
„ Knopp, „ 16 „ 45° $c = 0,203$

G. Lindner fand eine ständige Zunahme der spezifischen Wärme mit der Temperatur; doch beträgt diese Zunahme von Intervall zu Intervall nicht gleich viel, sondern sie wächst bis zu 100° rascher, als später. G. Lindner hat sich bei seinen Versuchen eines Eiskalorimeters bedient, dessen Brauchbarkeit und Genauigkeit er sorgfältig prüfte.

Temperatur Θ_0 bis ϑ	Mittlere spez. Wärme	Zunahme
0—50°	0,1877	—
0—100°	0,2005	6,3%
0—150	0,2054	2,4
0—200	0,2093	1,8
0—250	0,2136	2,0
0—300	0,2204	3,0

Wird die Temperatur eines Körpers um $d\vartheta$ erhöht, so müssen ihm dQ Cal. zugeführt werden. Für die mittlere spezifische Wärme $\frac{dQ}{d\vartheta}$ des Calcits erhält man aus der folgenden Tabelle:

Temperatur ϑ bis $(\vartheta + 50^0)$	Mittlere spez. Wärme $\frac{dQ}{d\vartheta}$	Zunahme
50 bis 100°	0,2133	—
100 „ 150	0,2153	0,94%
150 „ 200	0,2209	2,5
200 „ 250	0,2313	4,5
250 „ 300	0,2546	9,1

[1]) P. E. V. Öberg, Öfvers. Vet.-Akad. Förh. 1885, 43. Referat Z. Kryst. **14**, 622 (1888).
[2]) G. Lindner, Sitzber. d. physikal. medizin. Soc. Erlangen **34**, 217 (1902).

Die mittlere spezifische Wärme des Calcits wächst somit regelmäßig mit der Temperatur. Die Gleichung für die wahre spezifische Wärme lautet:

$$c_\Theta = 0{,}1802 + 0{,}0002015\,\Theta - 0{,}0000002320\,\Theta^2.$$

F. A. Lindemann[1]) hat mit einem von W. Nernst und ihm konstruierten Kupfercalorimeter die spezifische Wärme des Calciumbarbonats mit 0,2027 bestimmt.

Bildungswärme. Nach M. Berthelot[2]) gilt bei der Fällung des Calciumcarbonats aus wäßriger Lösung

$$Ca(OH)_2 + H_2CO_3 = CaCO_3 + 19{,}6\text{ Cal.}$$

Nach de Forcrand[3]) ist die Bildungswärme

$$CaO \text{ (in wäßriger Lösung)} + CO_2 = CaCO_3 \text{ (gefällt amorph)} + 43{,}30\text{ Cal.}$$
$$= CaCO_3 \text{ (Calcit)} + 42{,}00\text{ Cal.}$$

Nach J. Thomsen[4]): $CaO, CO_2 = 55{,}58$ Cal. und $Ca, O_2, CO = 240{,}66$ Cal.

Umsetzungswärme. Die Umsetzungswärme ist bei der zur künstlichen Darstellung des Calciumcarbonats oft angewandten Reaktion zwischen $CaCl_2$ und Na_2CO_3 in 400 Mol H_2O gelöst nach J. Thomsen[5]) — 2,08 Cal.

Wärmeleitfähigkeit. C. H. Lees[6]) hat die Bestimmungen der Wärmeleitfähigkeit nach seinen Untersuchungen und denen von Forbes, Tuchschmidt und Peclet ausgeführten zusammengestellt, welch letztere sehr abweichende Resultate erhalten haben. Er wandte eine neue Methode an, indem er eine Scheibe des zu untersuchenden Minerals zwischen zwei Metallstäbchen brachte, deren Enden amalgamiert waren, um einen innigen Kontakt mit der Scheibe herzustellen. Das eine Ende dieser Kombination wurde erhitzt. Durch Vergleich der Temperaturverteilung und der Temperatur, wenn beide Stäbchen in direktem Kontakt sind, läßt sich die Wärmeleitungsfähigkeit der Platte bestimmen, wenn sie für die Metallstäbchen bekannt ist. Die Leitungsfähigkeiten sind auf c, g, s bezogen.

	nach C. H. Lees		
Calcit parallel der Achse . . .	0,010	0,006	nach Tuchschmidt.
„ normal zur Achse . . .	0,0084	0,008	„ „
Marmor	0,0071	0,007	„ Peclet.
		0,001	„ Forbes.

O. Peirce und R. W. Wilson[7]) haben das spezifische Gewicht, das Wärmeleitungsvermögen, die spezifische Wärme und das Diffusionsvermögen verschiedener Marmorarten bestimmt uud tabellarisch zusammengestellt wie folgt:

---

[1]) F. A. Lindemann u. W. Nernst, Sitzber. Berliner Ak. 1910, 247. — Beschreibung des Apparats auch Chem. Z. **34**, 1411 (1910[1]).
[2]) M. Berthelot, Annuaire du Bur. des Longitudes 1877, 395.
[3]) de Forcrand, C. R. **146**, 511 (1907).
[4]) J. Thomsen, Ber. Dtsch. Chem. Ges. **12**, 2031 (1879).
[5]) J. Thomsen, Journ. prakt. Chem. [2], **21**, 38 (1880).
[6]) C. H. Lees, Proc. Roy. Soc. **50**, 422 (1892). — Referat: Z. Kryst. **24**, 622 (1895).
[7]) O. Peirce u. R. W. Wilson, Proc. of the Amer. Acad. of Arts and Sc. **36**, 13 (1900).

Name der Marmorarten[1])	δ	Wärmeleitungsvermögen	c zwischen 25—100°	c für die Volumseinheit	Diffusionsvermögen
1. Carrara	2,72	0,00506	0,214	0,579	0,0087
2. Mexikanischer Onyx-Marmor	2,71	0,00556	0,211	0,572	0,0094
3. Vermont Statuary	2,71	0,00578	0,210	0,569	0,0102
4. American White	2,72	0,00596	0,214	0,582	0,0102
5. Egyptian	2,74	0,00623	0,212	0,581	0,0107
6. Sienna	2,68	0,00676	0,215	0,576	0,0117
7. Bardiglio	2,69	0,00684	0,218	0,586	0,0116
8. Vermont Dore White . .	2,75	0,00681	0,210	0,578	0,0118
9. Vermont Dore Colored . .	2,74	0,00684	0,208	0,570	0,0120
10. Lisbon	2,75	0,00685	0,211	0,580	0,0118
11. American Black	2,68	0,00685	0,214	0,574	0,0119
12. Belgien	2,75	0,00755	0,206	0,567	0,0133
13. African Rose Ivory . . .	2,75	0,00756	0,212	0,583	0,0130
14. Knoxville Pink	2,73	0,00757	0,212	0,579	0,0131
15. St. Baume	2,70	0,00761	0,210	0,567	0,0134

Nach ihren Untersuchungen beträgt für Marmor von Carrara

$$Q = 0{,}1848\,(t - 25^0) + 0{,}001895\,(t - 25^0)^2,$$

wobei Q die Wärmemenge bedeutet, die imstande ist, 1 g dieses Marmors von $t^0\,\Theta$ auf $25^0\,\Theta$ zu bringen.

Härte. Der Calcit nimmt in der Härteskala von J. Mohs die dritte Stufe ein, doch ist seine Härte häufig etwas höher. G. de Götzen gibt an, daß eine Calcitvarietät, „Lumachella"[2]) genannt, von Bleiberg in Kärnten, die von fremden Beimischungen vollständig frei sei, die Härte des Flußspats besitze.

Dielektrizitätskonstanten. Die Dielektrizitätskonstanten wurden nach immer mehr verbesserten Verfahren bestimmt von:

Romich u. Novak[3]) . . . { parallel der Hauptachse c $DC_1 = 7{,}5$
normal c . . . . . $DC_2 = 7{,}7—8{,}4$

von den gleichen bei dauernder Ladung { parallel c . . . . $DC_1 = 8{,}5$
normal c . . . . $DC_2 = 9{,}9$

J. Curie[4]) . . . . { parallel c . . . . $DC_1 = 8{,}03$
normal c . . . . $DC_2 = 8{,}48$

H. Starke[5]) . . . . { parallel c . . . . $DC_1 = 7{,}56$
normal c . . . . $DC_2 = 8{,}49$

1.

R. Fellinger[6]) . . . . . . { parallel c . . . . $DC_1 = 7{,}5603$
normal c . . . . $DC_2 = 8{,}4917$

---

[1]) Diese Namen sind der in englischer Sprache verfaßten Arbeit entnommen.
[2]) G. de Götzen, Riv. di Min. e. Christ. **26**, 35 (1901).
[3]) Romich u. Novak, Sitzber. Wiener Ak. **70**^{II}, 380 (1874).
[4]) J. Curie, Ann. d. Phys. **17**, 385 (1889).
[5]) H. Starke, Wied. Ann. **60**, 629 (1897).
[6]) R. Fellinger, Inaugural-Dissertat (München 1899) und Auszug: Ann. d. Phys. **7**, 333 (1901).

			1.	2.
W. Schmidt[1]				
1. nach älterer Methode . .	parallel c	DC_1 =	8,05	8,00
2. nach neuerer Methode . .	normal c	DC_2 =	8,65	8,50
M. v. Pisani[2]	parallel c	DC_1 =	8,29	
	normal c	DC_2 =	8,78	

Ch. Thwing[3]) machte zwei Messungen an Pulver mit $DC = 7{,}40$ und $DC = 7{,}34$. Für zwei Marmore fand Ch. Thwing

Marmor weiß $DC = 6{,}13$.
" schwarz $DC = 6{,}15$.

C. Marangoni[4]) hat die Richtung elektrischer Funken, die durch Kalkspat geleitet wurden, bestimmt. Es wurden vier Funkenrichtungen festgestellt, parallel einer Polkante des Rhomboeders $\{02\bar{2}1\}$, parallel einer positiven Rhomboederkante, parallel den Kanten $[01\bar{1}0]$ (Übereinstimmung mit der Reuschschen Gleitfläche) und parallel $\{0001\}$, in der Richtung der Hauptachse.

Elektrische Leitfähigkeit von Lösungen. F. Kohlrausch[5]) hat die spezifische Leitfähigkeit von gesättigten $CaCO_3$-Lösungen bestimmt. Als Ausgangsmaterial war das eine Mal aus Chlorcalciumlösung mit Ammoniumcarbonat gefälltes Carbonat und dann Calcit und Aragonit verwendet worden. Die Leitfähigkeit beträgt für verschiedene Temperaturen in reziproken Ohm:

Für gefälltes $CaCO_3$

Θ =	9,38	17,38	25,96	7,90	17,3°
$\varkappa$ =	$21{,}73 \cdot 10^{-6}$	$28{,}28 \cdot 10^{-6}$	$36{,}83 \cdot 10^{-6}$	$20{,}29 \cdot 10^{-6}$	$28{,}27 \cdot 10^{-6}$

Für Calcit

Θ =	2,03	17,44	32,2	34,8°
$\varkappa$ =	$15{,}28 \cdot 10^{-6}$	$26{,}67 \cdot 10^{-6}$	$41{,}2 \cdot 10^{-6}$	$41{,}1 \cdot 10^{-6}$

Für Aragonit

Θ =	3,18	17,60	27,9	31,1°
$\varkappa$ =	$19{,}46 \cdot 10^{-6}$	$31{,}75 \cdot 10^{-6}$	$43{,}2 \cdot 10^{-6}$	$47{,}0 \cdot 10^{-6}$

Die Leitfähigkeit des Calcits ist die geringste von den drei bestimmten, da die Leitfähigkeit der stabilen Modifikation immer geringer ist als die der labilen. Aragonit hat die größte.

Das äquivalente Leitvermögen des Calciumbicarbonats haben F. P. Treadwell und M. Reuter[6]) bestimmt. Es wurde bei 18° in einem Apparate mit vertikal stehenden Elektroden gearbeitet. Die Kapazität ergab sich mit 20,23. Die Versuche wurden nach der Verdünnungsmethode mit einem Leitfähigkeitswasser von dem Leitvermögen $0{,}9-1{,}0 \times 10^{-6}$, das in keiner Art berücksichtigt worden war, angestellt. Vier aufeinanderfolgende Messungen ergaben:

[1]) W. Schmidt, Ann. d. Phys. **9**, 919 (1902).
[2]) M. v. Pisani, Inaug.-Dissert. 1903. — Referat: Z. Kryst. **41**, 314 (1906).
[3]) Ch. Thwing, Z. f. phys. Chem. **14**, 287 (1894).
[4]) C. Marangoni, Rivista di Min. e. Crist. Italiana **2**, 49 (1888).
[5]) F. Kohlrausch, Z. f. phys. Chem. **44**, 237 (1903).
[6]) F. P. Treadwell u. M. Reuter, Z. anorg. Chem. **17**, 171 (1898).

ν	μ_1	μ_2	μ_3	μ_4
623	125,1	124,8	125,6	124,6
1 246	134,9	134,8	135,3	134,7
2 492	141,5	141,3	141,2	141,4
4 984	149,4	151,1	151,2	150,1
9 968	(160,5)	(161,9)	163,7	162,3
19 936	(176,4)	(178,3)	180,1	179,9
39 872	(201,8)	(207,3)	208,9	258,1 [1])

Es wird nach obigen Zahlen auch bei stärkster Verdünnung kein Maximum erreicht, ein Zeichen für hydrolytische Spaltung, die nach F. Küster[2]) für die Bicarbonate charakteristisch ist. F. Küster hat dies dadurch nachgewiesen, daß deren Lösung Phenolphtalein schwach rötet, eine Reaktion, die F. P. Treadwell und M. Reuter für das Calciumbicarbonat bestätigt fanden.

Über die Leitung der Elektrizität in Calcit und über den Einfluß der *X*-Strahlen auf die Leitfähigkeit hat W. C. Röntgen[3]) Versuchsresultate veröffentlicht. Diese Resultate seien hier wiedergegeben: Das Ohmsche Gesetz besitzt für die Bewegung der Elektrizität in Calcit Gültigkeit. Er fand die Existenz einer unter Umständen nach Tausenden von Volt zählenden Polarisationsspannung, deren Sitz nicht das ganze Innere des Kristalls, sondern nur die Stelle des Kristalls ist, die unmittelbar unter der Kathode liegt. Man kann beim Calcit von einem meßbaren Leitungsvermögen in einer Kristallplatte sprechen. Die Temperatur hat großen Einfluß auf dieses Leitungsvermögen; es steigt zwischen 0 und 100^0 um nahezu $11\,^0/_0$ des jemaligen Betrages bei Zunahme der Temperatur von 1^0. Dieses Leitungsvermögen des Calcits kann durch Bestrahlung mit Röntgenstrahlen bedeutend erhöht werden, z. B. auf das 100—200fache des Anfangswertes; doch äußert sich diese Wirkung der Röntgenstrahlen erst im Laufe der Zeit, so daß bei gewöhnlicher Temperatur Tage nach der Bestrahlung vergehen, bis die Calcitplatte das Maximum des Leitungsvermögens erhalten hat. Durch intensives Erhitzen kann das Leitungsvermögen rasch auf den Wert vor der Bestrahlung zurückgebracht werden. Durch mäßiges Erwärmen geht dies langsamer vor sich und W. C. Röntgen glaubt, daß dies wahrscheinlich auch bei gewöhnlicher Temperatur, aber sehr langsam im Verlaufe vieler Jahrhunderte stattfindet.

Magnetische Eigenschaften. E. Stenger[4]) hat das Verhalten des Kalkspats im homogenen magnetischen Felde untersucht. Wenn F die Größe der magnetisierenden Kraft des Feldes, v das Volumen einer Kristallkugel ist, dann ist nach dem Thomsonschen Gesetz $M = v \,.\, F^2 D$. Das D läßt sich aus den Konstanten der Magnetisierung für die drei Hauptachsen der Kristallkugel K_1, K_2, K_3 und aus den Richtungskosinus der magnetisierenden Kraft λ, μ, ν rechnen nach der Formel:

$$D = \{\mu^2 \nu^2 (K_2 - K_3)^2 + \nu^2 \lambda^2 (K_3 - K_1)^2 + \lambda^2 \mu^2 (K_1 - K_2)^2\}^{1/2}.$$

Die Resultate der Ermittlung des magnetischen Drehungsmomentes stimmen nun mit der Thomsonschen Formel nicht überein. Daraus schloß E. Stenger,

[1]) Es dürfte wohl ein Druckfehler in der Arbeit F. P. Treadwells und M. Reuters vorliegen und an Stelle von 258,1 208,1 zu setzen sein.
[2]) F. Küster, Z. anorg. Chem. **13**, 127 (1894).
[3]) W. C. Röntgen, Sitzber. Bayr. Ak., math.-nat. Kl. 1907, 113.
[4]) E. Stenger, Ann. d. Phys. u. Chem. **20**, 228 (1883).

daß die Thomsonsche Theorie in ihrer gegenwärtigen Form ungenügend sei, die magnetisch-kristallinischen Phänomene zu erklären. Dieser Ansicht schließt sich auch J. Beckenkamp[1]) an, dem es bedenklich scheint, daß Thomson voraussetzt, daß der magnetische Zustand des induzierten Kristalls in einer bestimmten Lage gegen die Kraftlinien von früheren magnetischen Induktionen unabhängig sei und außerdem die Induktion der einzelnen Teilchen aufeinander vernachlässigt.

Im Gegensatze zu E. Stenger fand W. König[2]) das Thomsonsche Gesetz für den Kalkspat vollgültig bestätigt, und glaubt, daß die Abweichungen in den Versuchsergebnissen des ersteren darauf beruhen, daß bei dessen Versuchen sich zu dem, von der Kristallstruktur herrührenden Drehungsmomente der Kugel, das mit der Größe des Winkels, den die magnetische Achse mit der Drehungsachse bildet, veränderlich ist, ein zweites vom Magnetismus induziertes, aber von der Größe dieses Winkels unabhängiges Drehungsmoment hinzukam. Dies kann dadurch eintreten, daß der Magnet auf Teile der Aufhängevorrichtung ein konstantes Drehungsmoment ausübt. W. König fand, daß für Kalkspat die Differenz der beiden Hauptmagnetisierungskonstanten bis zu einer Stärke des Feldes von 3000 C.G.S. so gut wie konstant ist und im Mittel $1135 . 10^{-10}$ beträgt.

Verhalten gegen Röntgenstrahlen. Nach Untersuchungen von J. E. Burbank[3]) werden im allgemeinen Mineralien, die Kalk enthalten, stärker von Röntgenstrahlen beeinflußt. Calcit nimmt durch die Einwirkung dieser Strahlen eine blaßrötlichgelbe Phosphoreszenz an, die durch nachheriges Erhitzen des Minerals viel heller wird und sogar verschwindet.

Über die Beeinflussung des elektrischen Leitungsvermögens durch Röntgenstrahlen nach W. C. Röntgens[4]) Untersuchungen wurde bereits gesprochen.

C. Doelter[5]) zeigte, daß Calcit für schwache *X*-Strahlen undurchlässig sei, und W. Branco,[6]) der die Röntgenstrahlen für paläontologische Untersuchungen verwendete, fand, daß gegen starke Strahlen Kalkstein eben noch durchlässig genug ist, um darin enthaltene Knochen erkennen zu können.

Einfluß von Radiumstrahlen. Während, wie die Untersuchungen C. Doelters[7]) zeigen, farbloser Calcit von Radiumstrahlen unbeeinflußt bleibt, änderte violetter Calcit von Joplin in Missouri seine Farbe nach zehnstündiger Bestrahlung mit 1 g Radiumchlorid dahin, daß er dunkler und mehr purpurrot wurde. Diese Färbung ging durch Glühen nach der erfolgten Bestrahlung fast ganz zurück und der Calcit wurde beinahe farblos. Die Violettfärbung des Jopliner Calcits dürfte nach C. Doelters[8]) Ansicht durch radioaktive Stoffe erfolgt sein, und halte ich es für nicht unmöglich, daß einer der in geringen Mengen beigemischten Stoffe der Cer-Yttriumreihe die dieser Calcit enthält (Analyse 14 auf S. 276) aktiv ist, so daß dieses Mineral dann zu den autoradioaktiven Mineralien gehört.

Phosphoreszenz. W. P. Headden[9]) hat phosphoreszierenden Calcit aus

[1]) J. Beckenkamp, Z. Kryst., Ref. **10**, 279 1885).
[2]) W. König, Wied. Ann. **31**, 273 (1887) und **32**, 222 (1887).
[3]) J. E. Burbank, Am. Journ. **5**, 53 (1898).
[4]) W. C. Röntgen, l. c.
[5]) C. Doelter, N. JB. Min. etc. 1896, I, 93.
[6]) W. Branco, Abh. Berliner Ak. 1906, 55.
[7]) C. Doelter, Das Radium und die Farben, (Dresden 1910), 29.
[8]) C. Doelter, Sitzber. Wiener Ak. math.-nat. Kl. **120**, Abt. 1, 88 (1911).
[9]) W. P. Headden, Am. Journ. **21**, 301 (1906).

den Fort Benton-Schichten in Colorado und von Jóplin in Missouri beschrieben. Der derbe Calcit aus Colorado phosphoresziert nach Belichtung mit dem Sonnenlichte mehr als $2^1/_2$ Stunden lang. Der in Rede stehende Calcit von Joplin, der kristallisiert vorkommt, ist teils innen gelb, außen farblos, teils innen hell und außen gelb. Die Phosphoreszenz ist an die gelbe Farbe gebunden. Das Phosphoreszieren dauert mehr als 13 Stunden. Temperaturänderung von -3^0 auf 25^0 C hat geringen Einfluß auf diese Erscheinung. Trotz der langen Dauer der Phosphoreszenz konnte keine Einwirkung auf die photographische Platte erzielt werden. Durch X-Strahlen und Bogenlicht wird ebenfalls Phosphoreszenz erhalten, ebenso mit Magnesiumlicht. Doppelspat von Island phosphoresziert indes, wenn auch nur sehr kurze Zeit, ebenfalls mit X-Strahlen und Bogenlicht. Beim Zerstoßen des gelben Calcits von Joplin tritt auch Phosphoreszenz auf; ebenso beim Erhitzen. Bei ungefähr 60^0 ist der Lichtschein rötlichgelb gefärbt; bei 180^0 verschwindet er. Nach Erhitzen auf etwa 200^0 kann durch Belichtung Phosphoreszenz noch hervorgerufen werden, nach dem Glühen aber nicht mehr. W. P. Headden hat auch eine Analyse des gelben Spats ausgeführt (Analyse 14 auf S. 276) und ziemlich bedeutende Mengen seltener Erden darin nachgewiesen. Mit Bestimmtheit läßt sich die Ursache des Phosphoreszenz indes nicht angeben, doch glaubt W. P. Headden, daß sie mit einem Gliede der Yttriumgruppe in Zusammenhang stehe; vgl. den vorhergehenden Absatz.

Nach G. F. Kunz und Ch. Baskersville[1]) phosphoresziert Calcit von Franklin in N. J. durch Behandlung mit ultravioletten Strahlen.

Kathodoluminiszenz, Fluoreszenz. A. Pochettino[2]) untersuchte den Calcit in einer Braunschen Röhre auf Kathodoluminiszenz und fand, daß er ebenso gefärbt sei, wie das durch gewöhnliches Licht hervorgerufene Fluoreszenzlicht; beim Aragonit hingegen ist es ganz verschieden davon; das Nachleuchten dauert beim Calcite ziemlich lange.

Nach J. Schincaglia[3]) zeigt der Calcit in allen Richtungen ein blutrotes Fluoreszenzlicht.

Druckfestigkeit.

F. D. Adams und J. T. Nicolsen[4]) haben Versuche über die Deformation des Marmors angestellt. In Röhren aus starkem Schmiedeeisen wurden Marmorzylinder aus carrarischem Marmor, die an den Seitenwänden poliert waren, eingepaßt und von den beiden Enden aus ein Druck bis zu 13000 Atmosphären ausgeübt. Die Eisenzylinder erfuhren eine starke Ausbauchung, der der Marmor gefolgt war. Die Deformation war so stark, daß die Zylinder um die halbe Höhe verkürzt erschienen. Der so deformierte Marmor ist derb, weiß und undurchsichtig, trüber als vorher. Je rascher die Deformation erfolgt war, um so mehr hat die Druckfestigkeit abgenommen:

---

[1]) G. F. Kunz u. Ch. Baskerville, Science 1903, 769.
[2]) A. Pochettino, Atti. Acc. **13**, II, 301 (1904).
[3]) J. Schincaglia, J. Nuovo Cimento Pisa IV, 10, 212 (1899).
[4]) F. D. Adams u. J. T. Nicolsen, Proc. Roy. Soc. **67**, 228 (1900) und Trans. Roy. Soc. **195**, 363 (1901).

Druckfestigkeit des Ausgangsmaterials	=	840 kg pro cm^2
„ des in 64 Tagen deformierten	=	374 „ „ „
„ in $1^1/_2$ Stunden „	=	270 „ „ „
„ in 10 Minuten „	=	194 „ „ „

Als die Deformation bis zu einem Höhenverluste von 11,4% in 124 Tagen bei 300° allmählich vorgenommen wurde, war die Druckfestigkeit nur sehr wenig vermindert worden. Beim Durchpressen von Wasser unter den nämlichen Bedingungen wurde das gleiche Resultat erhalten. Die Deformation des Marmors ist ähnlich derjenigen der Metalle und scheint auf Gleiten der Kristallkörner zu beruhen. Ähnliche Struktur zeigen einige natürlich gekrümmte Kalke und Marmore.

Dann hat F. Rinne[1]) Druckversuche an Doppelspat und Marmor angestellt. Die verwendeten Kristalle und Marmorsäulchen wurden in einem Zylinder aus nahtlosem Kupferrohr mit Alaun in schwebender Lage befestigt und einer Pressung von 15000—19000 kg ausgesetzt. Ein 18,5×9 mm großes Doppelspatspaltungsstück wurde auf 36×19 mm ausgewalzt. Die vollständig deformierten Kristalle waren ganz undurchsichtig geworden. Die mikroskopische Untersuchung ergab, daß die einheitliche kristallographische Orientierung verloren gegangen war; es hatten sich dabei Zwillingslamellen gebildet. Auch an den in gleicher Weise deformierten Marmorstücken waren reichlich Zwillingslamellen aufgetreten. Die ganz regelmäßig angeordneten Zertrümmerungszonen vergleicht F. Rinne mit den von O. Mohr[2]) beobachteten Gleitflächen bei stark gepreßten Eisenstücken. Nach eingehender Überlegung kommt F. Rinne zu dem Resultate, daß diese Umformungen nicht als plastische angesehen werden dürfen.

Auch F. Loewinson-Lessing[3]) hat Druckversuche an Kristallen gemacht und dabei gefunden, daß Kalkspat bei Druck in der Richtung der optischen Achse Druckzwillinge ergab. Die Resultate der Versuche stimmen in der Hauptsache mit denen von F. Rinne überein.

Löslichkeit.

Die Löslichkeit des Calcits in verschiedenen Lösungsmitteln ist sehr oft Gegenstand ausführlicher Untersuchungen gewesen. Der Calcit ist daher von den sog. „schwerlöslichen" Mineralien am besten auf seine Löslichkeit bei Anwesenheit anderer Salze untersucht worden; wenn auch diese Untersuchungen bei weitem nicht den Wert der Forschungen haben, wie sie bei den Mineralen der Salzlagerstätten, die wohl auf sehr lange Zeit in diesem Sinne die einzigen vorzüglich studierten bleiben werden, so haben doch beim Calcit ähnliche Untersuchungen, die namentlich von F. Cameron ausgeführt worden sind, Resultate geliefert, die für die Frage nach der Entstehung der marinen Kalke und vor allem für die gesamte Bodenkunde von nicht geringem Interesse sein dürften.

Die Löslichkeitsversuche haben um so mehr Wert, als ja auch das verwendete Mineral von großer Reinheit ist und man nicht, wie beim Magnesiumcarbonat, auf künstlich hergestellte Präparate angewiesen ist. Auch steht ja

[1]) F. Rinne, N. JB. Min. etc. 1903, I, 160.
[2]) O. Mohr, Z. d. Ver. deutsch. Ingenieure **44**, 1524 (1900).
[3]) F. Loewinson-Lessing, Verh. d. kais. russ. min. Ges. 1905, 43.

das käufliche gefällte Calciumcarbonat dem natürlichen Calcite viel näher, als das gefällte Magnesiumcarbonat dem Magnesite.

Im folgenden ist die ältere Literatur ganz kurz behandelt worden, dafür namentlich auf die Löslichkeit des Calciumcarbonats in Salzlösungen, über die in Arbeiten, die nicht allgemein leicht zugänglich sind, publiziert wurde, größeres Gewicht gelegt.

Löslichkeit in Wasser und kohlensäurehaltigem Wasser. R. Fresenius[1]) fand für die Löslichkeit von $CaCO_3$ 1 : 16600 in kaltem, 1 : 8860 in siedendem Wasser, während M. A. Bineau[2]) 1 : 5000 als Löslichkeit fand und die Veränderung der Löslichkeit mit Temperaturänderung als gering erklärte. Hofmann[3]) führt aus, daß in 1 l Wasser bei längerem Sieden einer Lösung von doppeltkohlensaurem Kalke 0,034 g in Lösung gehen. N. Ljubawin[4]) fand dagegen, daß sich im Wasser 0,0005 °/₀ gefälltes Calciumcarbonat lösen.

Im allgemeinen schwanken die Angaben über die Löslichkeit ganz bedeutend; wenn man noch die Angaben G. Bischofs,[5]) daß sich 2,8 g $CaCO_3$ in Wasser lösten, die L. F. Caros,[6]) daß sich 3,0 g in 1 l Wasser lösten, dann aber die J. L. Lassaignes,[7]) der fand, daß sich nur 0,7003—0,8803 g $CaCO_3$ lösen und Waringtons,[8]) daß sich bei 21° 0,9852 g $CaCO_3$ lösen, hinzurechnet, so kann man als Grenzwerte 0,7003 und 3,0 g setzen.

Ausführlicher und genauer hat dann Th. Schloesing[9]) die Löslichkeit des Calciumcarbonats untersucht. Im nachfolgenden sei eine tabellarische Zusammenstellung der Schloesingschen Versuchsergebnisse gegeben.

1	2	3	4	5	6	7	8
Schloesings Versuche	Partialdruck der Kohlensäure x Atmosphären	Gefund. Gehalt (g in 1 l)		Berechneter Gehalt (g in 1 l)			Äquival. (freier) CO_2 auf je 1 Äquival. CaC_2O_5
		freie + halb- + vollständig gebundene CO_2	als $CaCO_3$ bestimmter Gehalt an $CaCO_3$ + CaC_2O_5	$CaCO_3$	als $CaCO_3$ berechnet. Gehalt an CaC_2O_5 y g	(freie) CO_2 z g	
I	0,000504	0,06096	0,0746		0,0612	0,0010	0,04
II	0,000808	0,07211	0,085		0,0732	0,0016	0,05
III	0,00333	0,123	0,1372		0,1250	0,0065	0,12
IV	0,1387	0,21836	0,2231		0,2148	0,0270	0,29
V	0,0282	0,3104	0,2965		0,2811	0,0549	0,44
VI	0,05008	0,4085	0,360		0,3493	0,0976	0,63
VII	0,1422	—	0,533	0,0131	0,5486	0,2146	0,96
VIII	0,2538	1,0722	0,6634		0,6458	0,4945	1,74
IX	0,4167	1,5005	0,7875		0,7792	0,8118	2,37
X	0,5533	1,8463	0,8855		0,8675	1,0780	2,82
XI	0,7297	2,2698	0,972		0,9633	1,4217	3,35
XII	0,9841 (Reine CO_2)	2,8642	1,086		1,0788	1,9173	3,95

[1]) R. Fresenius, Ann. d. Chem. **59**, 119.
[2]) M. A. Bineau, Ann. d. Chem. **51**, 290.
[3]) Hofmann, Graham Otto, 5. Aufl., **3**, 600.
[4]) N. Ljubawin, Journ. d. russ. phys.-chem. Ges. 1892, I, 389.
[5]) G. Bischof, JB. chem. phys. Geol. (Bonn) **2**, 64.
[6]) L. F. Caro, Inaugural-Dissert. u. Arch. Pharm. **4**, 145 (Jena 1873).
[7]) J. L. Lassaigne, Journ. prakt. Chem. **44**, 248.
[8]) Warington, Journ. chem. Soc. **6**, 296.
[9]) Th. Schloesing, C. R. **74**, 1552 (1872) und **75**, 70 (1872).

Th. Schloesing ging bei seinen Versuchen auf folgende Weise vor: Kohlensäure und Luft leitete er durch ein Gefäß, das Calciumcarbonat in Wasser im Überschusse suspendiert enthielt (Temperatur 16°). Das Gemisch Luft und Kohlensäure wurde vollkommen konstant erhalten. Nur dadurch gelang es, Lösungen unter dem Einfluß von Kohlensäure von 12 verschiedenen Partialdrucken herzustellen. In der Tabelle sind die ersten vier Spalten die Versuchsergebnisse Schloesings. Es ist (Spalte 2) x, der Druck der Kohlensäure, dann in Spalte 3 die Gesamtmenge der im Wasser gelösten freien und gebundenen CO_2 und in Spalte 4 der als Monocarbonat berechnete Gesamtkalkgehalt der Lösung dargestellt.

Th. Schloesing nahm an, daß sich Calciumcarbonat im Wasser mit Kohlensäure zu Calciumbicarbonat verbinden kann, das im Wasser löslich sei und daß der Gehalt des Wassers an Calciumbicarbonat die Fähigkeit, freie Kohlensäure und Calciummonocarbonat aufzulösen, nicht bedeutend ändere. Er bestimmte die Löslichkeit des Calciumcarbonats (als Monocarbonat) mit 13,1 mg im Liter.

Die Löslichkeit der Kohlensäure im Wasser beträgt bei 1 Atmosphäre Druck 1,9483 g im Liter. Es konnte nun aus dem Partialdruck (x) der Kohlensäure und den gefundenen Gesamtmengen Calciumcarbonat die Gesamtmenge der Kohlensäure berechnet werden. Die berechneten Werte stimmten mit den gesuchten recht gut überein. Ferner stellte Th. Schloesing einen Zusammenhang zwischen der dem gelösten Bicarbonat entsprechenden Menge Monocarbonat y und dem Kohlensäuredrucke durch die Gleichung $x^m = ky$ fest.

Darin ist $m = 0{,}37866$ und $k = 0{,}92128$, so daß die Gleichung lautet:

$$x^{0{,}37866} = 0{,}92128\,y.$$

Diese empirisch erhaltene Gleichung gilt aber nur für das Intervall $x = 0 - 1$, da nur für diese Partialdrucke die Richtigkeit gezeigt werden konnte. Daß diese Gleichung nicht für höhere Drucke gilt, scheint durch Untersuchungen L. F. Caros[1]) bestätigt.

H. Vater[2]) hat in seinen wichtigen Arbeiten über die Ausscheidung des Calciumcarbonats aus wäßrigen Lösungen diese Verhältnisse weiter verfolgt. Er hat in der Tabelle in den Spalten 5—7 die nach den von Th. Schloesing gefundenen Zahlen vorhandenen Mengen der Lösungsgenossen bei verschiedenem Partialdruck (x) der Kohlensäure eingetragen. Die Werte für y in der Spalte 6 sind mit Hilfe der Gleichung $x^m = ky$ gerechnet und einer Tabelle Schloesings entnommen, während die Werte in Spalte 7 nach dem Absorptionsgesetze aus der Schloesingschen Zahl 1,9483 gefunden wurden.

Für das Calciumbicarbonat hat H. Vater, entsprechend der Formel $K_2Cr_2O_7$ für das Kaliumbichromat, die Formel CaC_2O_5 aufgestellt.

Hatte Th. Schloesing nun durch diese Formel die Menge des Bicarbonats als eine Funktion des Kohlensäuredruckes gezeigt, so stellte H. Vater die Abhängigkeit der Menge des Bicarbonats von der Menge der gelösten freien Kohlensäure näher fest. Bezeichnet a die von 1 l reinem Wasser bei 1 Atmosphäre Druck absorbierte Menge und stellt z die von dem gleichen Volumen Wasser bei dem Drucke von x Atmosphären gelöste Anzahl Gramm freier Kohlensäure dar, so ist nach dem Adsorptionsgesetze

[1]) L. F. Caro, Arch. Pharm. **4**, 145.

[2]) H. Vater, Z. Kryst. **22**, 212 (1899).

$$z = a \, . \, x$$

und aus der Kombination dieser Gleichung mit der Schloesings, $x^m = k y$, ergibt sich

$$y = \frac{1}{k} \cdot \left(\frac{z}{a}\right)^m \quad \text{oder} \quad y = \frac{1}{0{,}92128}\left(\frac{z}{1{,}9483}\right)^{0{,}37866}$$

Aus diesen beiden Gleichungen Vaters und Schloesings folgt aber auch, wie H. Vater zeigte, daß unter erhöhtem Druck der über der Lösung befindlichen Kohlensäureatmosphäre sich noch mehr Calciumbicarbonat bilden würde. Eine Änderung wird bei gesteigertem Kohlensäuredruck nur dann eintreten, wenn das Wasser mit Calciumcarbonat gesättigt ist. Eine Druckerhöhung kann dann wohl die Menge der freien Kohlensäure, aber nicht mehr die des Calciumbicarbonats vermehren.

Hiermit stimmen die Untersuchungen L. F. Caros[1]) überein, der zeigte, daß bei beliebig gesteigertem Druck die Menge des als Bicarbonat gelösten Monocarbonats 3 g nicht überschreitet. Nach L. F. Caro wird dieses Lösungsmaximum von 3 g bei 5° C und 4 Atmosphären Druck bei 10 und 13° C mit 5 Atmosphären und bei 20° mit 7 Atmosphären erreicht.

Wie H. Vater feststellte, sind die Lösungen von Calciumcarbonat in kohlensäurehaltigem Wasser gesättigte Calciummonocarbonatlösungen, welche außerdem wechselnde Mengen von Kohlensäure und eine in ihrem Maximum von der Quantität der letzteren abhängige Menge von Calciumbicarbonat enthalten.

J. van't Hoff[2]) hat die rein empirische Formel Schloesings in eine rationale umgewandelt und sie umgeformt in

$$C_{Ca(CO_3H)_2}{}^{2,56} = K \, . \, C_{CO_2} \, .$$

Nach dem Massenwirkungsgesetz ist die Konzentration des Bicarbonats proportional dem Kohlensäuredruck. Ca-Bicarbonat besitzt den Aktivitätskoeffizienten $i = 2{,}56$ und wirkt daher mit der $2{,}56^{\text{ten}}$ Potenz. Später hat J. van't Hoff[3]) gefunden, daß i mit der Verdünnung sich ändert und nur bei äußerster Verdünnung konstant = 3 ist.

G. Bodländer[4]) hat die strenge Formel für die Abhängigkeit der gelösten Menge Calciumcarbonat vom Kohlensäuredruck auch für endliche Konzentrationen abgeleitet und ihre Konstanten aus anderen Größen berechnet. Solange $CaCO_3$ Bodenkörper ist, gilt die Gleichung:

$$Ca^{\cdot\cdot} . \, CO_3'' = k_1 \, .$$

Wird durch Einleiten von Kohlensäure mehr Kalk in Lösung gebracht, so werden die $Ca^{\cdot\cdot}$-Ionen vermehrt, die CO_3''-Ionen verringert. Durch elektrolytische Dissoziation spaltet die Kohlensäure Wasserstoffionen ab, die sich zum Teil mit den CO_3''-Ionen zu HCO_3'-Ionen nach folgenden Gleichungen vereinigen:

$$H_2CO_3 = H^{\cdot} + HCO_3'$$

$$H^{\cdot} + CO_3'' = HCO_3' .$$

---

[1]) L. F. Caro, Arch. Pharm. **4**, 145, nach H. Vater.
[2]) J. van't Hoff, Konigl. Svenska Vetenskaps. Akad. Handlingar **21** (1886).
[3]) J. van't Hoff, Vorlesungen über theor. u. physik. Chemie **1**, 149 (1898).
[4]) G. Bodländer, Z. f. phys. Chem. **35**, 23 (1900).

Für erstere Umsetzung gilt:

$$k_2 . H_2CO_3 = H^{\cdot} . HCO_3',$$

für die zweite:

$$k_3 . HCO_3' = H^{\cdot} . CO_3'';$$

aus diesen beiden Gleichungen erhält man:

$$k_2 H_2CO_3 . CO_3'' = k_3 . (HCO_3')^2.$$

Kombiniert mit der ersten Gleichung, ergibt sich

$$k_1 . k_2 H_2CO_3 = k_3 (HCO_3')^2 Ca^{\cdot\cdot}.$$

Es entsprechen jedem Calciumion zwei HCO_3'-Ionen. Es ist somit

$$Ca^{\cdot\cdot} = \tfrac{1}{2} HCO_3'$$

und

$$2 k_1 . k_2 . H_2CO_3 = k^3 (HCO_3')^3.$$

Nach dem Henryschen Gesetz ist die Konzentration der undissoziierten H_2CO_3-Moleküle dem Kohlensäuredruck proportional:

$$H_2CO_3 = k_4 . CO_2 .$$

Daraus ergibt sich die Gleichung

$$2 . k_1 . k_2 . k_4 . CO_2 = k_3 . (HCO_3')^3.$$

In dieser Gleichung sind alle vier Konstanten auf andere Weise berechenbar, woraus sich die Abhängigkeit des dissoziierten Anteiles des Calciumbicarbonats vom Kohlensäuredruck berechnen läßt. Ist diese Abhängigkeit bekannt, so kann man jede der vier Konstanten aus ihr und den drei übrigen Konstanten berechnen.

k_2 ist von Walker und Cormack[1]) aus der Leitfähigkeit von CO_2-Lösungen mit $3{,}04 . 10^{-7}$ berechnet worden.

k_3, die Konstante für den Zerfall der HCO_3'-Ionen in CO_3'' und $H^{\cdot}$ ergibt sich aus den von Shield[2]) angestellten Versuchen über die Verseifungsgeschwindigkeit in Sodalösungen:

$$k_3 = 1{,}295 . 10^{-11}.$$

k_2 und k_3 gelten auch angenähert bei anderen Werten, als sie gemessen sind, da sich die elektrolytische Dissoziation mit der Temperatur nicht besonders ändert.

k_4 ergibt sich aus der Löslichkeit der Kohlensäure. Bei 16^0 (dies ist die Temperatur, die Th. Schloesing bei seinen Versuchen verwendete, die diesen Berechnungen zugrunde liegen) löst 1 l Wasser 0,9753 l CO_2 von 760 mm, also 0,04354 Mole. Demnach ist

$$k_4 = 0{,}04354.$$

Es ergibt sich also:

$$(HCO_3')^3 = \frac{2 k_1 . k_2 . k_4}{k_3} . CO_2 = 2045 . k_1 . CO_2,$$

$$HCO_3' = 12{,}69 \sqrt[3]{k_1 CO_2}.$$

[1]) Walker u. Cormack, Journ. chem. Soc. **77**, 8 (1900).

[2]) Shield, Z. f. Chem. **12**, 174 (1893).

Der Wert k_1, das Löslichkeitsprodukt des Carbonats, ist für die verschiedenen Carbonate verschieden. Es muß daher bei verschiedenem Kohlensäuredruck der Ausdruck

$$\frac{HCO_3'}{12{,}69\sqrt[3]{CO_2}} = \sqrt[3]{k_1}$$

für dasselbe Erdalkali konstant sein. Die Dissoziation kann man in Analogie mit der Dissoziation der Chloride und Nitrate berechnen, so zwar, daß das Mittel aus diesen beiden nicht ganz übereinstimmenden Werten, als die wahre Dissoziation aller Calciumsalze[1]) angenommen werden kann. In der folgenden Tabelle sind unter CO_2 nach den Ergebnissen von Th. Schloesing die Kohlensäuredrucke in Atmosphären, unter $\frac{1}{2}Ca(HCO_3)_2$ die Gehalte der Lösungen an Kalk in g-Äquivalenten, unter α die graphisch interpolierten Dissoziationsgrade, unter HCO_3' die Konzentration der HCO_3'-Ionen, in der letzten Spalte für $\sqrt[3]{k}$ angeführt.

	CO_2	$\frac{1}{2}Ca(HCO_3)_2 \times 10^3$	α	$HCO_3' \times 10^3$	$\sqrt[3]{k_1}$
1.	0,000504	1,492	0,94	1,403	0,001389
2.	0,000808	1,700	0,93	1,581	0,001338
3.	0,00333	2,744	0,92	2,522	0,001332
4.	0,01387	4,462	0,90	4,015	0,001317
5.	0,0282	5,930	0,89	5,279	0,001367
6.	0,05008	7,200	0,88	6,331	0,001354
7.	0,1422	10,66	0,87	9,272	0,001400
8.	0,2538	13,27	0,86	11,41	0,001412
9.	0,4167	15,75	0,85	13,39	0,001412
10.	0,5533	17,71	0,84	14,87	0,001428
11.	0,7297	19,44	0,83	16,14	0,001412
12.	0,9841	21,72	0,83	18,03	0,001428

Die Werte für $\sqrt[3]{k_1}$ stimmen gut überein, die größte Abweichung vom Mittelwert beträgt 4 %. Man erhält hieraus

$$k_1 = 28{,}42 \,.\, 10^{-10}.$$

Die Löslichkeit des Calciumcarbonats in reinem Wasser beträgt nach Th. Schloesing 13,1 . 10^{-5}. Da aber bei dieser Verdünnung die elektrolytische Dissoziation mehr als 99 % ausmacht, ergibt sich hieraus nach G. Bodländer der Wert

$$Ca^{\cdot\cdot}CO_3'' = 13{,}1^2 \,.\, 10^{-10} = 171{,}6 \,.\, 10^{-10}.$$

Nach F. Küster sind aber die Erdalkalicarbonate nicht nur elektrolytisch, sondern auch hydrolytisch dissoziiert. Nach G. Bodländers Berechnungen beträgt bei Benutzung der von ihm gefundenen Werte die Hydrolyse 83,4 %. Auf eine andere Weise gerechnet, fand er 80,0 %.

Nach Untersuchungen von A. F. Holleman[2]) der die Löslichkeit sog. unlöslicher Salze mit Hilfe der elektrolytischen Leitfähigkeit bestimmt hatte, löst sich

1 Teil $CaCO_3$ in 90500 Teilen Wasser von 8,70

und 1 „ $CaCO_3$ „ 80040 „ „ „ 23,80.

[1]) Mit einwertigen Anionen.

[2]) A. F. Holleman, Z. f. phys. Chem. **12**, 125 (1893).

Das Ausgangsmaterial war ein künstlich aus dem Hydrate und Kohlensäure dargestelltes kristallinisches Carbonat. Daß sich die Löslichkeit nur wenig mit der Temperatur ändert stimmt mit den vorgenannten Untersuchungen von M. A. Bineau überein.

F. Kohlrausch und F. Rose[1]) haben in einer Arbeit: Die Löslichkeit einiger schwerlöslicher Körper im Wasser, beurteilt aus der elektrischen Leitungsfähigkeit, tabellarisch Daten zusammengestellt, die auch bei Carbonaten auf die Löslichkeit schließen lassen.

	Leitvermögen k der gesättigten Lösung bei				
	2°	10°	18°	26°	34°
Gefälltes $CaCO_3$	16	21	27	30	—
Kalkspat . . .	4,6	20	26	32	39
Aragonit . . .	17,6	23,5	30,5	39	48

Hiernach erscheint Aragonit (der des Vergleiches halber hier auch angeführt wird) um 15% löslicher als gefälltes $CaCO_3$ und Calcit. Die Löslichkeiten von Kalkspat und gefälltem $CaCO_3$ differieren nur wenig. Um die Abhängigkeit der gelösten Menge von der Sättigungstemperatur ersichtlich zu machen, haben F. Kohlrausch und H. Rose folgende tabellarische Zusammenstellung gegeben:

	Äquiv.-Gewicht	$k_{18}/100$	A. $k_{18}/100$	Linearer	quadrat.	Angenäherter
		Angenäherter Sättigungsgehalt von 1 l bei 18° in		Temp.-Koeffizient d. Leitvermögens gesättigter Lösung		Temperatur-Koeffizient d. Sättigung um
	A	mg Äqu.	mg	A	B	18°
Kohlensaures Calcium ½ $CaCO_3$	50	0,26	13	0,031	0,00025	0,008
Aragonit ½ $CaCO_3$	50	0,30	15	0,031	0,00030	0,008

Die Löslichkeit wächst also mit der Temperatur.

F. P. Treadwell und M. Reuter[2]) haben ebenfalls mit Calciumbicarbonat (siehe unten) und Calciumcarbonat experimentiert, und fanden, ganz gleich, ob aus reinem oder unreinem Kalksteine gewonnen, die Löslichkeit mit 1,13—1,17 g im Liter. Aus gebranntem Kalk erhielten sie sowohl aus gewöhnlichem, wie aus reinem Materiale bei 13,2° C 1,30 g $CaCO_3$ und bei 2,8° C 1,45 g $CaCO_3$ gelöst, im Gegensatz zu G. Bischof, der angab, daß aus reinem Material sich 2,8 g $CaCO_3$, aus gewöhnlichem nur 1,8 g $CaCO_3$ in Lösung gebracht werden könne.

Löslichkeit bei Gegenwart verschiedener Salze. F. K. Cameron und A. Seidell[3]) bestimmten die Löslichkeit des Calciumcarbonats in wäßriger Lösung von Natriumchlorid bei 25°, in Natriumsulfat bei 24° und in Natriumchlorid bei Gegenwart von festem Calciumsulfat. Durch diese Lösungen wurde gereinigte Luft geleitet. Die Löslichkeit des Calciumcarbonats bei Gegen-

[1]) F. Kohlrausch u. F. Rose, Z. f. phys. Chem. **12**, 234 (1893).
[2]) F. P. Treadwell u. M. Reuter, Z. anorg. Chem. **17**, 188 (1898).
[3]) F. K. Cameron u. A. Seidell, The Journ. of Physical Chem. **6**, 50. — Ref. Chem. ZB. **73**, 1041 (1902[1]).

wart von Natriumchlorid zeigte ein deutliches Maximum; dabei scheint die Lösung kein normales Carbonat zu enthalten. Bei Gegenwart von Natriumsulfat nimmt die Löslichkeit des Carbonats mit wachsender Menge des Sulfats bis zu dessen Sättigungspunkte stetig zu. Die Lösung enthält saures und neutrales Carbonat. Calciumsulfat in fester Form verringert die Löslichkeit bedeutend; sie steigt mit wachsender Konzentration des Natriumchlorids und nimmt dann plötzlich ab. Die Lösung enthält kein normales Carbonat.

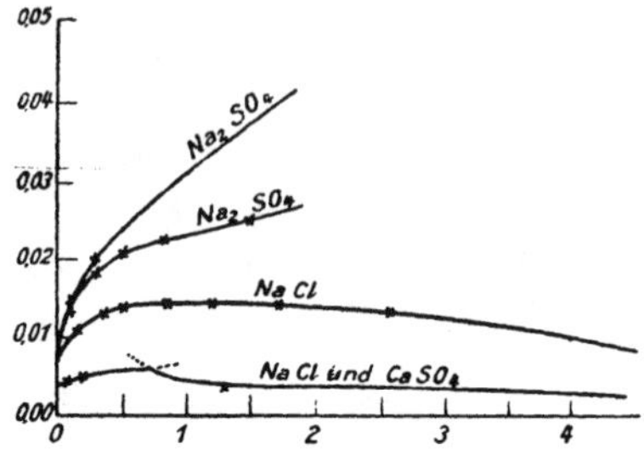

Fig. 34. Löslichkeit des $CaCO_3$ in wäßriger Lösung einiger Elektrolyte. Nach F. Cameron und A. Seidell.

F. K. Cameron, J. M. Bell und W. O. Robinson[1]) haben dann später gemeinsam die Löslichkeit des Calciumcarbonats in der Lösung einiger Salze bei oder ohne Kohlensäuredruck bestimmt.

Löslichkeit des $CaCO_3$ in NaCl-Lösung, frei von CO_2 bei 25° C.

δ bei 25° $\left(\delta \frac{25^0}{25^0}\right)$	NaCl in 100 g H_2O	$CaCO_3$ in 100 g H_2O
	Gram	Gram
1,0079	1,601	0,0079
1,0314	5,177	0,0086
1,0466	9,25	0,0094
1,0944	16,66	0,0106
1,1346	22,04	0,0115
1,1794	30,50	0,0119

Löslichkeit des $CaCO_3$ in NaCl-Lösung, gesättigt mit CO_3, bei Atmosphärendruck und 25° C.

$\delta \frac{25^0}{25^0}$	NaCl in 100 g H_2O	$CaCO_3$ in 100 g H_2O
	Gram	Gram
1,0129	1,45	0,150
1,0499	5,69	0,160
1,0759	11,06	0,174
1,1015	15,83	0,172
1,1246	19,62	0,159
1,1789	29,89	0,123
1,1957	35,85	0,103

Löslichkeit des $CaCO_3$ in Na_2SO_4-Lösung, frei von CO_2 bei 25° C.

[1]) F. K. Cameron, J. M. Bell u. W. O. Robinson, Journ. Phys. Chim. London. 11, 396 (1907).

$\delta \frac{25^0}{25^0}$	Na_2SO_4 in 100 g H_2O	$CaCO_3$ in 100 g H_2O
	Gram	Gram
1,0081	0,97	0,0151
1,0161	1,65	0,0180
1,0363	4,90	0,0262
1,1084	12,69	0,0313
1,1200	14,55	0,0322
1,1539	19,38	0,0346
1,1615	21,02	0,0343
1,1837	23,90	0,0360

Die Löslichkeit des $CaCO_3$ in Na_2SO_4-Lösung ist sonach bedeutend größer als in NaCl-Lösung.

Löslichkeit des $CaCO_3$ in einer Mischung von NaCl und Na_2SO_4 bei 25° C.

$\delta \frac{25^0}{25^0}$	NaCl in		Na_2SO_4 in		$CaCO_3$ in 100 g H_2O
	100 cm³	100 g H_2O	100 cm³	100 g H_2O	
1,2185	0,00	0,00	26,90	28,48	0,0239
1,2113	1,96	2,08	24,83	26,47	0,0192
1,2115	6,43	6,93	21,67	23,36	0,0137
1,2380	10,00	10,78	19,82	21,37	0,0134
1,2378	10,07	10,89	19,39	20,98	0,0137
1,2427	14,62	16,07	18,24	20,07	0,0119
1,2570	17,16	19,18	18,43	20,74	0,0116
1,2435	23,90	26,66	11,30	12,58	0,0044
1,2442	27,30	31,15	8,79	10,00	0,0046
1,2434	27,43	31,52	8,88	10,20	0,0041
1,2470	28,32	32,17	6,74	7,65	0,0043
1,2122	30,38	34,87	2,08	2,35	0,0037
1,2020	31,52	35,70	0,00	0,00	0,0036

Die Löslichkeit des $CaCO_3$ ist sonach in einem Gemenge von Na_2SO_4 und NaCl von der Menge des Na_2SO_4 abhängig.

F. K. Cameron und W. O. Robinson[1]) haben diese Untersuchungen fortgesetzt und die Löslichkeit von $CaCO_3$ in Kaliumchlorid und Kaliumsulfat mit und ohne Anwesenheit von Kohlensäure bestimmt. Es ist viel leichter in wäßrigen Lösungen von Kaliumsulfat als in Kaliumchlorid löslich, wie man aus den im Auszuge mitgeteilten tabellarischen Zusammenstellungen leicht entnehmen kann.

Löslichkeit von $CaCO_3$ in wäßriger CO_2-freier Lösung von KCl bei 25°.

$\delta \frac{25^0}{25^0}$	KCl %	$CaCO_3$ %
1,000	0,00	0,0013
1,024	3,90	0,0078
1,046	7,23	0,0078
1,072	11,10	0,0076
1,092	13,82	0,0072
1,101	15,49	0,0076
1,133	19,84	0,0072
1,179	26,00	0,0060

[1]) F. K. Cameron u. W. O. Robinson, Journ. of Phys. Chem. **11**, 577 (1907).

Löslichkeit von $CaCO_3$ in wäßriger CO_2-freier Lösung von K_2SO_4 bei 25°.

$\delta \frac{25^0}{25^0}$	K_2SO_4	$CaCO_3$
1,021	3,15	0,0116
1,043	6,06	0,0148
1,061	7,85	0,0168
1,069	8,88	0,0192
1,083	10,18	0,0192
1,084	10,48	0,0188

In Kohlensäure enthaltender Lösung ist die Löslichkeit natürlich bedeutend größer.

Löslichkeit des $CaCO_3$ in wäßriger Lösung von KCl bei 25°; gesättigt mit CO_2 bei Atmosphärendruck.

KCl in %	3,90;	7,23;	11,10;	13,82;	15,49;	18,21;	19,84;	26,00.
$CaCO_3$ in %	0,145;	0,150;	0,166;	0,165;	0,167;	0,154;	0,140;	0,126.

A. Cantoni und G. Goguélia[1]) haben die Löslichkeit der Erdalkalicarbonate bei Gegenwart einiger Chloride untersucht und fanden, daß eine 20%ige Lösung von NH_4Cl 0,648 g $CaCO_3$ löst und daß darin $CaCO_3$ viel schwerer löslich sei als Bariumcarbonat (vgl. Witherit); in NaCl ist es neun- bis zehnmal schwerer löslich als in NH_4Cl. Während bei der Löslichkeit in NH_4Cl und NaCl die Konzentration ziemlichen Einfluß hat, ist dieser bei KCl ziemlich gering. Dies sind die Hauptschlüsse, die aus der folgenden Tabelle gezogen werden können.

Lösungsgehalt		Temperatur	Zeit in Tagen	Die Lösung enthält in 1000 ccm $CaCO_3$ in g
An NH_4Cl in %	5,35	12—18°	98	0,422520
	5,35	12—18	98	0,424360
	10	12—18	98	0,601440
	10	12—18	98	0,617320
	20	12—18	98	0,648000
	20	12—18	98	0,643200
an KCl in %	7,45	12—18°	98	0,074968
	7,45	12—18	98	0,074676
	10	12—18	98	0,075000
	10	12—18	98	0,073520
	20	12—18	98	0,082800
	20	12—18	98	0,082800
an NaCl in %	5,85	12—18°	98	0,048712
	5,85	12—18	98	0,050840
	10	12—18	98	0,055556
	10	12—18	98	0,057028
	20	12—18	98	0,069360
	20	12—18	98	0,073200

C. A. Seyler und P. V. Lloyd[2]) untersuchten das Gleichgewicht zwischen Calciumcarbonat und Kohlensäure in Gegenwart von Salzlösungen, die natür-

[1]) A. Cantoni u. G. Goguélia, Bull. Soc. chim. **33**, 24 (1905).
[2]) C. A. Seyler u. P. V. Lloyd, Journ. Chem. Soc. London, **95**, 1347 (1909).

lichen Wässern entsprechend zusammengesetzt waren, auf die Weise, daß sie, nachdem das Gleichgewicht eingestellt war, das aufgelöste Carbonat durch $^1/_{20}$ n. Säure (bei Anwesenheit von Methylorange) und die freie Kohlensäure mit $^1/_{12}$ n. Natriumcarbonatlösung (in Gegenwart von Phenolphtalein) titrierten. Für dieses Gleichgewicht gilt die Gleichung

$$HCO_3 \times \frac{Ca}{H_2CO_3} = F + 10^{-6}.$$

Dabei ist F eine Konstante, deren Wert für Kalkspat ungefähr 113 ist. Man könnte diese Konstante auch Sättigungsfaktor nennen, und sie für die Sättigung einer Lösung in Berührung mit Calciumcarbonat zur Bestimmung verwerten. Ist diese Konstante kleiner als 113, so ist das Wasser ungesättigt, ist sie größer als 113, so liegt Übersättigung vor. Die obige Formel gilt bei Anwesenheit folgender Salze: $CaCl_2$, $CaSO_4$, NaCl, $NaHCO_3$, Na_2SO_4 und $MgSO_4$, doch müssen sie wenigstens angenähert in Mengen auftreten, die in natürlichen Wässern vorkommen, und also verhältnismäßig gering sind. Für Mineralwässer oder Meerwässer müßte der Faktor größer genommen werden.

Aus dieser Formel ergibt sich, daß für ein Wasser, das bei der Berührung mit Kalksteinen sich mit $CaCO_3$ in Gleichgewicht befindet, das Quadrat der Alkalinität direkt proportional ist der Menge der freien Kohlensäure und umgekehrt proportional der Gesamthärte des Wassers, wenn seine Härte auf der Anwesenheit von Kalksalzen bedingt ist und man für die Ionisation eine Korrektur anbringt. Wenn sonst keine durch andere Lösungsprodukte hervorgerufene Härte des Wassers vorliegt, dann ist die dritte Potenz der temporären Härte (durch gelösten Kalk) der freien CO_2 direkt proportional.

A. Rindell[1]) hat Untersuchungen über die Löslichkeit des Calciumcarbonats in verschieden konzentrierten Lösungen von Ammoniumchlorid, Ammoniumnitrat und Triammoniumcitrat bei 25° angestellt. In nachstehender Tabelle sind die analytischen Resultate zusammengestellt. Es sind die pro Liter gefundenen Mengen Calciumoxyd unter *a* in Grammen, unter *b* in Millimolen angegeben.

NH_4-Salze Millimol pro Liter	CaO gelöst durch Ammoniumchlorid		CaO gelöst durch Ammoniumnitrat		CaO gelöst durch Triammoniumcitrat	
	a	*b*	*a*	*b*	*a*	*b*
1000	0,3799	6,770	—	—	—	—
500	0,2810	5,008	0,2950	5,267	3,745	66,87
250	0,2089	3,724	0,2145	3,830	2,229	39,80
125	0,1599	2,743	0,1556	2,779	1,268	22,64
62,5	—	—	0,1122	2,004	0,8355	14,92

Die lösende Wirkung des Wassers wird durch Gegenwart von Ammoniumsalzen gesteigert. Ganz besonders stark tritt diese Steigerung der Lösungsfähigkeit beim Triammoniumcitrat auf.

E. Cohen und H. Raken[2]) haben die Löslichkeit des Calciumcarbonats in künstlichem Meerwasser, das von CO_2-haltiger Luft durchströmt wurde,

[1]) A. Rindell, Z. f. phys. Chem. **70**, 452 (1910).

[2]) E. Cohen u. H. Raken, Versl. Kon. Akad. v. Wet. te Amsterdam **9**, 28 (1910). — Referat Z. f. phys. Chem. **41**, 750 (1902).

untersucht. Die Menge der gebundenen Kohlensäure ergab sich aus zwei Bestimmungen von verschiedener Versuchsdauer zu 53,94 mg und 57,27 mg im Liter, also 55,5 mg im Mittel. Für natürliches Meerwasser schwankt dieser Gehalt zwischen 52,8 und 55 mg.

Es stimmt also die im Meerwasser gefundene Kohlensäuremenge mit der durch das obige Experiment ermittelten überein, woraus E. Cohen und H. Raken schlossen, daß das natürliche Meerwasser an Calciumcarbonat gesättigt sei.

H. W. Foote und G. A. Menge[1]) untersuchten die relative Löslichkeit von Calcium- und Bariumcarbonat. $CaCO_3$ wurde mit einer $BaCl_2$-Lösung, $BaCO_3$ mit einer äquivalent konzentrierten $CaCl_2$-Lösung geschüttelt, bis Gleichgewicht eintrat. Ohne Berücksichtigung der Hydrolyse ist die Löslichkeit von Barium- und Calciumcarbonat in reinem Wasser, gleich dem Verhältnis der Quadratwurzeln aus den entsprechenden Löslichkeitsprodukten. Ist die Hydrolyse vollständig, so entspricht die relative Löslichkeit der beiden Carbonate den Kubikwurzeln dieser Produkte. Nach wochenlangem Schütteln ergibt sich bei 15—21° für die Carbonate

$$\sqrt{\frac{Ca}{Ba}} = 1{,}31 \quad \text{und} \quad \sqrt[3]{\frac{Ca}{Ba}} = 1{,}20\,.$$

Sie zeigten auch durch eine Reihe von Versuchen, daß das Calciumcarbonat kein Bariumcarbonat, Bariumcarbonat aber eine immerhin merkliche Menge Calciumcarbonat aufgenommen hatte.

Löslichkeit in Chlorwasser. Durch kaltes Chlorwasser wird Calciumcarbonat nach der Gleichung von Williamson: $CaCO_3 + 2Cl_2 + H_2O = CaCl_2 + 2HClO + CO_2$ zersetzt bis 1 Teil $CaCO_3$ in 30 Teilen Wasser gelöst ist. Dann entsteht $CaCl_2$, $Ca(ClO_3)_2$. und $Ca(OCl)_2$ neben $HClO_2$ bis 40—50% $CaCl_2$ erreicht ist; bis zu diesem Punkte ist $CaCO_3$ in Chlorwasser löslich, von da an vollständig unlöslich, wie A. Richardson[2]) gezeigt hat.

Löslichkeit in Säuren. J. G. Boguski[3]) hat die Wechselwirkung zwischen carrarischem Marmor und Salzsäure untersucht. Er ließ Salzsäure auf eine polierte Marmorplatte einwirken und bestimmte die dabei gebildete Menge von Kohlensäure. Auf Grund von 53 Versuchen stellte J. G. Boguski den Satz auf, daß die Quantität der aus Marmor in einem bestimmten Zeitmomente entwickelten Kohlensäure der Konzentration, welche die Säure im selben Zeitmomente hat, direkt proportional ist.

J. G. Boguski hat dann später seine Untersuchung gemeinsam mit N. Kajander[4]) auf Salpetersäure und Bromwasserstoffsäure ausgedehnt und gefunden, daß bei der Einwirkung verschiedener Säuren von gleicher Konzentration auf Marmor, die Schnelligkeit der Kohlensäureentwicklung im umgekehrten Verhältnis zum Molekulargewicht der entsprechenden Säure steht.

Die Ergebnisse der Arbeiten J. G. Boguskis wurden dann von W. Spring[5]) in den Satz zusammengefaßt: „Lösungen, die in gleichem Volum gleich viel Molekeln Chlorwasserstoff, Bromwasserstoff oder Salpetersäure ent-

[1]) H. W. Foote und G. A. Menge, Am. chem. Journ. **35**, 432 (1906). — Chem. Z. **77**, I, 1817 (1906).

[2]) A. Richardson, Proc. Chem. Soc. **23**, 118 (1907).

[3]) J. G. Boguski, Ber. Dtsch. Chem. Ges. **9**, 1646 (1876).

[4]) J. G. Boguski u. N. Kajander, Ber. Dtsch. Chem. Ges. **10**, 34 (1877).

[5]) W. Spring, Z. phys. Chem. **1**, 209 (1887).

halten, ergeben mit Marmor eine gleich schnelle Kohlensäureentwicklung, oder die molekulare Reaktionsgeschwindigkeit dieser Säure in bezug auf Marmor ist unabhängig von ihrer chemischen Beschaffenheit.« W. Spring hat nun diese Untersuchungen weiter fortgeführt und fand, daß für Chlorwasserstoff-, Bromwasserstoff-, Jodwasserstoff-, Salpeter- und Überchlorsäure die Reaktionsgeschwindigkeit bei gleichen Temperaturen gleich ist. Für organische Säuren, vornehmlich Essigsäure, ist diese Geschwindigkeit bedeutend kleiner, wenn sich auch hierfür keine genauen Zahlenergebnisse aufstellen lassen, da sich der Marmor bei Behandlung mit Essigsäure abblättert und nicht regelmäßig auflöst, wie dies bei den anorganischen Säuren stets der Fall zu sein pflegt (was übrigens auch schon J. G. Boguski gefunden hatte).

In der folgenden Tabelle sind die Versuchsergebnisse bei den Temperaturen (15, 35 und 50°) zusammengestellt. Die einheitliche Zusammenstellung ist dadurch möglich, daß die verschiedenen Mineralsäuren gleich wirken.

CO_2 ccm	Temperatur 15°			Temperatur 35°			Temperatur 55°		
	Gesamtdauer	Zahl für je 25 ccm	Geschwindigkeit	Gesamtdauer	Zahl für je 25 ccm	Geschwindigkeit	Gesamtdauer	Zahl für je 25 ccm	Geschwindigkeit
0	—	—	—	—	—	—	—	—	—
25	111	111	0,225	57	57	0,440	28	28	0,895
50	209	98	0,254	98	41	0,609	47	19	1,315
75	311	102	0,245	150	52	0,480	71	24	1,041
100	419	108	0,231	201	51	0,490	99	28	0,892
125	533	114	0,219	256	54	0,460	128	29	0,862
150	653	120	0,208	315	59	0,423	159	31	0,806
175	782	129	0,193	373	58	0,431	195	36	0,694
200	918	136	0,183	436	63	0,390	220	33	0,757
225	1061	143	0,174	508	72	0,347	266	38	0,657
250	1215	154	0,162	587	79	0,316	307	41	0,609
275	1368	153	0,163	668	81	0,308	355	48	0,520
300	1542	174	0,143	758	90	0,277	400	45	0,555
325	1739	197	0,126	858	100	0,250	451	51	0,490
350	1958	219	0,114	968	110	0,227	510	59	0,423
375	2215	257	0,097	1116	148	0,168	572	62	0,403
400	2525	310	0,086	1408	292	0,085	655	83	0,301
425	—	—	—	—	—	—	740	85	0,294
450	—	—	—	—	—	—	867	127	0,196

Die Zahlen, die in der Tabelle unter Geschwindigkeit angegeben sind, zeigen, daß bei einer bestimmten Temperatur das Maximum der Reaktionsgeschwindigkeit nicht mit dem Anfange der Reaktion zusammenfällt, obgleich hier die Konzentration der Säure die höchste ist. Es muß »der chemische Vorgang erst in Gang gebracht« werden.

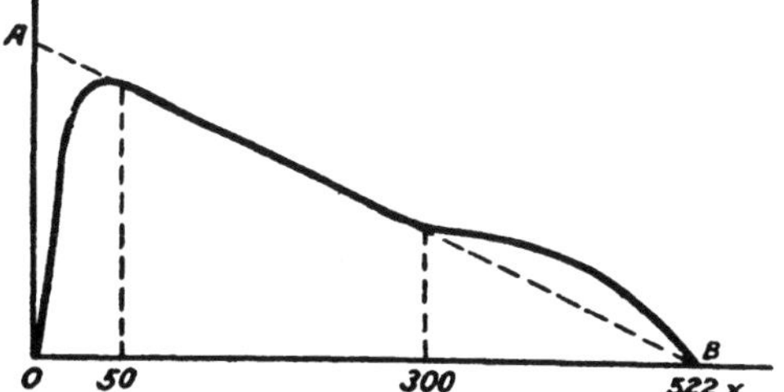

Fig. 35. Darstellung der Reaktionsgeschwindigkeit bei der Auflösung von Marmor in Salzsäure nach W. Spring.

Nebenstehendes Kurvenbild zeigt auch, daß die Reaktionsgeschwindigkeit wächst, bis etwa 50 ccm CO_2 entwickelt sind, dann mit der Konzentration wechselt. Es entsteht von dem Punkt, der einer CO_2-Entwicklung von 50 ccm entspricht, bis zu dem, der einer Entwicklung von 300 ccm entspricht, eine deutliche gerade Linie. Dies beweist, daß innerhalb dieser CO_2-Entwicklung (Fig. 35) die Reaktionsgeschwindigkeit einfach proportional der Konzentration ist. Verlängert man die Gerade bis zum Berührungspunkte mit der Ordinate A, so kann die Größe OA als Wert der hypothetischen Anfangsgeschwindigkeit gelten, derjenigen Geschwindigkeit, die man beobachten würde, wenn die Reaktion anfangs nicht „in Gang gebracht" werden müßte. Die Verlängerung dieser Geraden nach der anderen Seite schneidet die Abszisse gerade in dem Punkte, der dem Ende der Reaktion entspricht. Dieser Punkt gibt das mögliche Gesamtvolumen bei der Laboratoriumstemperatur an. Von 300 ccm an hat die Reaktionsgeschwindigkeit einen Wert, welcher größer ist als der, den sie annehmen würde, wenn die Geschwindigkeit sich stets proportional der Konzentration ändern würde.

Um den Einfluß der Temperatur auf die Reaktionsgeschwindigkeit kennen zu lernen, hat W. Spring folgende Tabelle berechnet:

Kohlensäure ccm	Verhältnis der Geschwindigkeiten bei 15 und 35°	Verhältnis der Geschwindigkeiten bei 35 und 50°
50	2,39	2,15
75	1,96	2,16
100	2,11	1,82
125	2,11	1,86
150	2,03	1,90
175	2,22	1,61
200	2,15	1,90
225	1,98	1,89
250	1,95	1,92
275	1,80	1,69
300	1,95	2,00
325	1,97	1,96
350	1,99	1,86
Mittel	2,05	1,90

In Form einer Gleichung als allgemeines Mittel

$$\tfrac{1}{2}(2{,}05 + 1{,}90) = 1{,}98,$$

d. h. für je 20° Temperaturdifferenz ändert sich die Geschwindigkeit sehr annähernd 1:2. W. Spring stellt diese Beziehung durch die Exponentialgleichung dar:

$$v = k \, . \, 2^{\frac{t}{20}} .$$

W. Spring meint, daß es sicher einen Grund gibt, warum die Reaktionsgeschwindigkeit mit der Temperatur nach einer Exponentialfunktion sich ändert und es wird möglich sein, Aufklärung über die physikalische Bedeutung der Zahlen 2 und 20 in obiger Formel zu erhalten. Versuche führen W. Spring zu der Vorstellung, daß die Reaktionsgeschwindigkeit der Säuren mit der Zahl der Molekeln zusammenhängt, die bei gegebener Temperatur eine unbegrenzt dünne Schicht des flüssigen Mediums durchdringen, in welchem sie sich bewegen.

Später stellte W. Spring[1]) fest, daß Marmor bis zur gänzlichen Erschöpfung der betreffenden Säure gelöst werde, daß hingegen z. B. 2%ige oder schwächere Säure den isländischen Doppelspat nur noch ganz langsam angreife. Macht man den Versuch mit 10%iger Säure, so nimmt die Geschwindigkeit der Reaktion bei Zimmertemperatur proportional der Säurekonzentration ab. Alle Spaltungsflächen des Doppelspats reagieren ganz gleich mit Salzsäure, Salpetersäure und Jodwasserstoffsäure mit äquivalentem Titer. Parallel der Hauptachse geschliffene Flächen werden bei 15° ebenso rasch gelöst, wie Spaltflächen; bei 35° ist die Reaktionsgeschwindigkeit an geschliffenen Flächen 1,23 mal so groß, als an Spaltflächen; bei 55° 1,28 mal so groß. Die Lösungsgeschwindigkeit geschliffener Flächen normal zur Hauptachse ist noch größer, und zwar 1,14 mal größer, als die parallel zur Achse geschliffener. W. Spring fand, daß die Lösungsgeschwindigkeiten von Flächen, senkrecht zur Hauptachse einerseits, parallel zur Hauptachse andererseits sich wie die Brechungsexponenten der ordinären und extraordinären Strahlen verhalten. G. Cesàro[2]) fand dies bestätigt und glaubt annehmen zu dürfen, daß die Lösungsgeschwindigkeit sich mit der Richtung ähnlich wie die optische Elastizität ändere.

Ätzfiguren. Die Ätzfiguren verfolgen zwar im allgemeinen nicht den Zweck, die Löslichkeit des betreffenden Körpers zu untersuchen; doch sind die Wirkungsdifferenzen und die Lösungsgeschwindigkeiten bei Anwendung verschiedener Säuren und verschiedener Konzentrationen Erscheinungen, die zur Löslichkeit gehören.

Es soll hier keineswegs das gesamte, überaus reiche und interessante Material über Ätzfiguren behandelt, sondern nur einige wichtige Untersuchungen hervorgehoben werden.

O. Meyer[3]) hat Ätzversuche am isländischen Doppelspat angestellt und fand, daß in bezug auf die Ätzfiguren Essigsäure und Salzsäure von ganz verschiedener Wirkung seien, indem durch Essigsäure auf der Spaltfläche fünfseitige, durch Salzsäure dreieckige Vertiefungen erzeugt werden. O. Meyer hat dann eine Kalkspatkugel der Einwirkung von Essigsäure unterworfen und nach anhaltender Einwirkung restierte ein, von gewölbten Dreiecken begrenzter Körper, der völlig verschieden von einem Körper ist, der von Lavizzari[4]) durch Behandeln in Salzsäure erhalten wurde und der eine hexagonale Pyramide darstellte. Behandelt man eine Doppelspatkugel mit einem Gemisch von Salzsäure und Essigsäure, so bilden sich nicht Figuren beiderlei Art, sondern es entstehen gleichartige neue Figuren, die je nach Überwiegen der Säure bald Salzsäurefiguren, bald Essigsäurefiguren ähneln. Später hat dann V. v. Ebner[5]) den Einfluß verschiedener Säuren bei verschiedener Konzentration und Temperatur untersucht. Durch rasches Ätzen mit konzentrierter Ameisensäure ergaben sich auf einem Spaltungsrhomboeder von Doppelspat große viereckige Formen, in 50%iger Säure große fünf- und sechseckige Formen mit nach vorne gerichteten Spitzen, mit 30%iger Säure Dreiecke mit nach vorne gerichteter Spitze und mit 10%iger Ameisensäure verschiedene Formen, teils ganz kleine Fünfecke mit nach rückwärts gerichteter Spitze und daneben größere, sehr schlecht entwickelte Dreiecke, deren Spitze nach vorne sieht. Beim Eintauchen

[1]) W. Spring, Bull. Soc. chim. **49**, 3 (1888).
[2]) G. Cesàro, Ann. d. l. Soc. géol. de Belg. **15**, 219 (1888).
[3]) O. Meyer, N. JB. Min. etc. 1885^{I}, 74.
[4]) Lavizzari, Nouveaux phénomènes des corps crystallisés. (Lugano 1868.)
[5]) V. v. Ebner, Sitzber. Wiener Ak. **91**, 760 (1885), II. Abt.

in konzentrierte kochende Ameisensäure ergaben sich schmale lange Dreiecke oder Fünfecke mit rückwärts gerichteter Spitze, beim Betupfen aber ganz kleine Vierecke und Achtecke. 50%ige kochende Säure gab beim Eintauchen lange, von gebogenen Seiten begrenzte sechseckige Gebilde, beim Betupfen Fünfecke oder Dreiecke, 30%ige Säure gab beim Eintauchen und Betupfen ähnliche Formen, wie bei Anwendung 50%iger Säure.

Konzentrierte Salpetersäure gab ebenfalls bei verschiedenen Temperaturen verschiedene Formen der Ätzfiguren. V. v. Ebner schloß aus seinen Untersuchungen, in die er noch andere Säuren einbezog, daß der Einfluß der Natur der Säure von geringerer Wichtigkeit ist als der Einfluß der Konzentration derselben. Wasserfreie Säuren scheinen keine Ätzfiguren hervorzurufen. Ameisensäure, Essigsäure und Schwefelsäure geben bei geringem Wasserzusatz ähnliche Figuren wie Salz- und Salpetersäure bei starker Verdünnung mit Wasser, und umgekehrt geben die drei Säuren erst bei ziemlich starkem Wassserzusatz ähnliche Ätzfiguren, wie sie Salz- und Salpetersäure bei verhältnismäßig starker Konzentration geben.

Daß Kohlensäure an Calcitspaltflächen die gleiche Wirkung ausübt, wie Essigsäure, hat A. Elterlin[1]) gezeigt, der beim Ätzen von Doppelspatstücken, die an der Basis angeschliffen und poliert waren, mittelst an Kohlensäure reichem Wasser ganz ähnliche, „parallelepipedische und ganz gleich gerichtete Ätzgruben" erhielt, wie sie E. v. Ebner[2]) bei früheren Versuchen an gleichem Material mit verdünnter Essigsäure erhalten hatte.

A. Hamberg[3]) hat über den Einfluß, welchen die Konzentration der Ätzmittel auf die Umgestaltung eines Kalkspatkristalls beim Ätzen ausübt, Untersuchungen ausgeführt. Er fand, daß Kalkspat von einer Lösung, die weniger als 5% Salzsäure enthält, schwach angegriffen wird; verdünnt man sie noch mehr, so wird die Wirkung verhältnismäßig noch viel mehr abgeschwächt. Eine doppelt so starke Säure aber löst nicht doppelt so viel als eine schwächere in gleicher Zeit, sondern weniger; wendet man konzentrierte Säuren (über 25% HCl enthaltend) an, so nimmt die Geschwindigkeit der Löslichkeit mit der Konzentration ab. Er kommt dann zu dem Schlusse, daß, wenn man Kalkspat mit verschiedenen Säuren ätzt, die verschiedenen Lösungswiderstände in den verschiedenen Richtungen nur dann zu beobachten sind, wenn die Lösung der Säure so konzentriert ist, daß sie eine beträchtliche Menge in ihre Ionen nicht gespaltene Säuremolekel enthält. Wirkt die Säure rasch, so wird die ursprüngliche Gestalt dabei geändert, indem normal zu den Richtungen leichtester Löslichkeit ebene Flächen, die sog. Lösungsflächen entstehen.

Zu ganz eigenartigen Vorstellungen über den Chemismus und die Mechanik des Lösungsprozesses, die von E. Sommerfeldt[4]) in einem Referate als hypothetische Spekulationen bezeichnet werden, kam V. Goldschmidt[5]) bei Lösungsversuchen von Calcitkugeln in starken Säuren. Jedes flüssige aktive Salzsäureteilchen habe seinen festen Aufbau und seine Kraftsphäre mit Vorzugsrichtungen. Der Lösungsprozeß bestehe in zwei Vorgängen, einem chemischen und einem mechanischen, ersterer wird als „Lockern", letzterer als „Wegführen" bezeichnet. Infolge der chemischen Einwirkung entsteht ein Strom

[1]) A. Elterlin, Z. Kryst. **17**, 281 (1890).
[2]) E. v. Ebner, Sitzber. Wiener Ak. **89**, 368 (1884), II. Kl.
[3]) A. Hamberg, Geol. Fören. Förhandl. **12**, 567 (1890).
[4]) E. Sommerfeldt, Referat in N. JB. Min. etc. 1905[1], 10.
[5]) V. Goldschmidt, Z. Kryst. **38**, 656 (1904).

in der Richtung der Hauptattraktionskraft, der Reaktionsstrom. Auf eine Spaltungsfläche des Calcits wirkt eine starke Säure dergestalt, daß z. B. die HCl-Teilchen durch die Calcitteilchen orientiert werden, und parallel gerichtet, senkrecht auf die Fläche strömen. Dort werden durch die chemische Aktion die oberflächlichen Partikel gelockert und durch nachdrängende Teilchen des Reaktionsstroms weggeführt. Von den übrigen durch die Reaktion erzeugten Molekularbewegungen nimmt V. Goldschmidt an, daß sie sich von den Calcitpartikeln der Oberfläche nach allen Richtungen hin ausbreiten. Die Resultierende aus all diesen nennt er Repulsionsstrom. Es wird auch die Entstehung von Grübchen durch Wirbelbildung gezeigt und die Bildungsbedingungen dieser Grübchen genau erörtert. Ätzhügel seien Produkte eines schief auftreffenden Stromes, so ähnlich wie sich Dünen durch schiefes Auftreffen eines Luftstroms bilden. Dann werden Unterschiede der Ätzwirkung auf Hauptflächen und Nebenflächen angegeben.

Eine ausführliche Zusammenstellung von Untersuchungen über Ätzfiguren und Lösungskörper mit einer Anzahl Versuchen gaben V. Goldschmidt und Fr. E. Wright.[1])

Löslichkeit des Calciumbicarbonats.

Das Calciumbicarbonat, dessen Existenz in wäßrigen Lösungen heute wohl ohne Zweifel feststeht, sei hier wegen seiner Wichtigkeit für $CaCO_3$-Lösungen, wenn es auch in fester Form nicht vorkommt, erwähnt.

F. P. Treadwell und M. Reuter[2]) haben die Löslichkeit des Calciumbicarbonats in CO_2-haltigem Wasser bestimmt und geben folgende Übersicht aus 12 Versuchen:

Zusammenstellung nach F. P. Treadwell und M. Reuter.

Kohlensäure im Gas bei 0° und 760 mm %	Quecksilber-Partialdruck mm	Freie Kohlensäure mg	Calcium-bicarbonat mg	Gesamt-calcium mg
8,94	67,9	157,4	187,2	46,2
6,04	45,9	86,3	175,5	43,3
5,45	41,4	52,8	159,7	39,4
2,18	16,6	48,5	154,0	38,0
1,89	14,4	34,7	149,2	36,8
1,72	13,1	24,3	133,1	32,9
0,79	6,0	14,5	124,9	30,8
0,41	3,1	4,7	82,1	20,3
0,25	1,9	2,9	59,5	14,7
0,08	0,6		40,2	9,9
			38,5	9,5
			38,5	9,5
			38,5	9,5

Die Löslichkeit des Calciumbicarbonats beträgt bei dem mittleren Barometerstande von Zürich und der Temperatur von 150° C 0,3850 g im Liter.

[1]) V. Goldschmidt u. Fr. E. Wright, N. JB. Min. etc. Beilagebd. **17**, 355 (1905).
[2]) F. P. Treadwell u. M. Reuter, Z. anorg. Chem. **17**, 171 (1898).

Diese Zusammenstellung[1]) zeigt deutlich, daß 1. Partialdruck in $^0/_0$ bei 0° und 760 mm, 2. Calciumcarbonat, 3. freie Kohlensäure in steter Abnahme begriffen sind. Bei einem Partialdruck von 0 mm Quecksilber verschwindet die freie Kohlensäure vollständig und die Gesamtkohlensäure wird der dem Calciumcarbonat entsprechenden Kohlensäuremenge gleich. Danach ist man berechtigt, Calciumbicarbonat in Lösung als beständiges Salz anzunehmen. In Fig. 36 ist graphisch dargestellt, wie die Löslichkeit des Calciumbicarbonats vom Partialdruck der Kohlensäure abhängt. Auf der Abszisse befindet sich

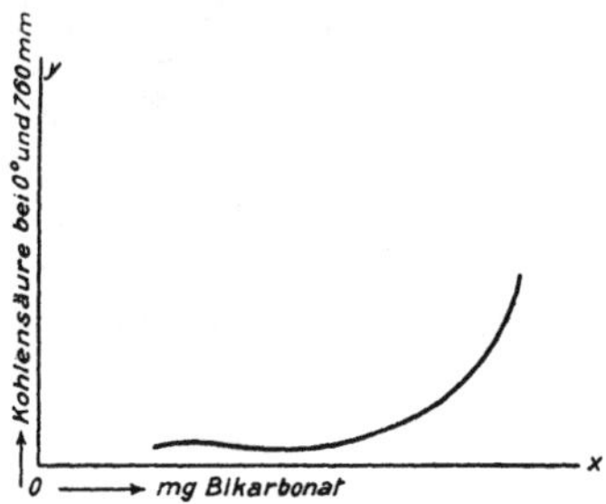

Fig. 36. Die Löslichkeit als Funktion des Partialdruckes (nach F. P. Treadwell u. M. Reuter).

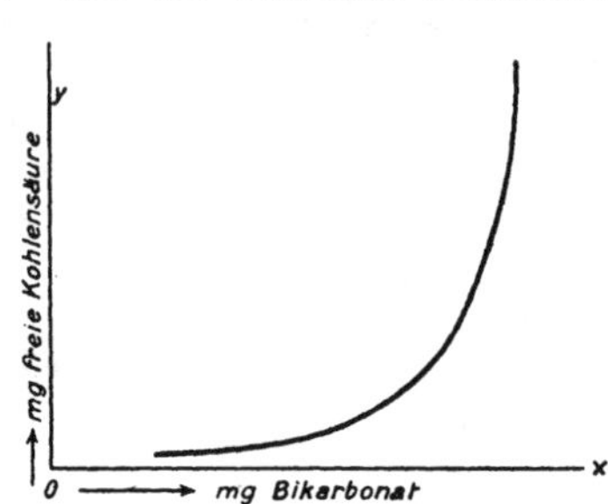

Fig. 37. Die Löslichkeit als Funktion der in Wasser gelösten freien Kohlensäure (nach F. P. Treadwell u. M. Reuter).

die Bicarbonatmenge, auf der Ordinate die Kohlensäureprozente, reduziert auf 0° und 760 mm aufgetragen. Fig. 37 gibt die Kurve, die entsteht, wenn man auf der Abszisse die Milligramm Bicarbonat, auf der Ordinate die Milligramm der in Wasser gelösten **freien** Kohlensäure aufträgt. Sie zeigt die Löslichkeit abhängig von der im Wasser gelösten freien Kohlensäure.

F. P. Treadwell und M. Reuter haben die Löslichkeit des Calciumbicarbonats in konzentrierter Natriumchloridlösung untersucht. Die Lösung, die sie verwendeten, war ungefähr $^1/_{10}$-normal (5 g NaCl im Liter). Die Temperatur betrug 15° C. Eine tabellarische Zusammenstellung der Versuchsresultate ergab:

Zusammenstellung nach F. P. Treadwell und M. Reuter.

Kohlensäure im Gas bei 0° und 760 mm $^0/_0$	Quecksilber-Partialdruck mm	Freie Kohlensäure mg	Calcium-bicarbonat mg	Gesamt-calcium mg
16,95	128,8	132,5	218,4	53,9
11,47	87,2	110,1	214,3	52,9
6,07	46,1	23,5	149,2	36,8
3,16	24,0	2,7	118,3	29,2
0,50	3,8	0,3	73,9	18,2
0,41	3,4		49,0	12,1
			34,9	12,1
			33,7	8,3
			32,2	8,2

Nach diesen Versuchsergebnissen wird die Löslichkeit des Bicarbonats nur wenig beeinflußt. Die Löslichkeit in einer ca. $^1/_{10}$-normalen Kochsalzlösung,

[1]) Vgl. bei Magnesiumbicarbonat S. 240.

frei von Kohlensäure, beträgt 0,3320 g pro Liter, unterscheidet sich somit kaum von der in reinem Wasser.

Die beiden Kurven Fig. 38 und 39 sind in der gleichen Weise konstruiert, wie die beiden für die reine Bicarbonatlösung.

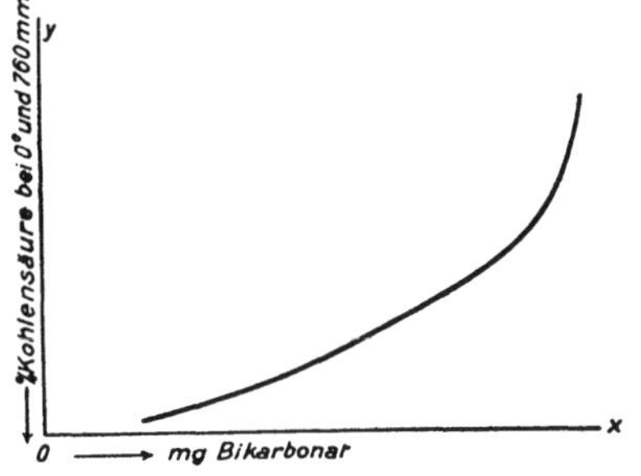

Fig. 38. Die Löslichkeit in NaCl-haltigem Wasser als Funktion des Partialdruckes (nach F. P. Treadwell u. M. Reuter).

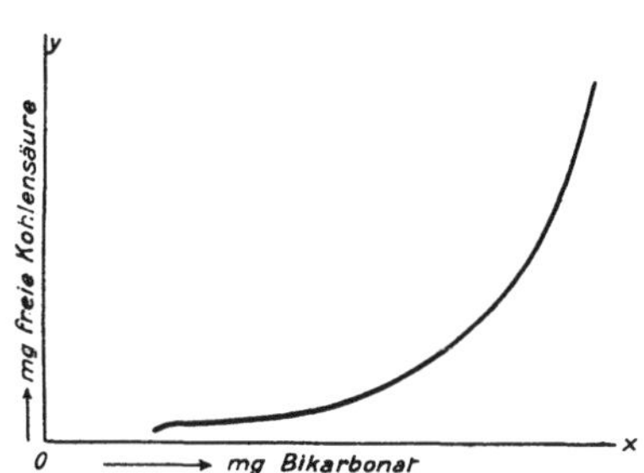

Fig. 39. Die Löslichkeit in NaCl-haltigem Wasser als Funktion der in Wasser gelösten freien Kohlensäure (nach F. P. Treadwell u. M. Reuter).

Synthese des Calcits.

Weit einfacher als die künstliche Darstellung des Magnesits ist die des Calcits, da Calciumcarbonat aus wäßriger Lösung unter gewöhnlichen Bedingungen stets als Calcit auskristallisiert. Wenn dennoch andere Wege zu seiner Darstellung eingeschlagen wurden, so sind die Gründe darin zu suchen, daß auf anderem Wege größere Mengen des Carbonats gebildet und rascher erhalten werden können, als das Verdunsten einer CO_2-haltigen Lösung von $CaCO_3$, die durch Auflösen von $CaCO_3$ oder CaO in Wasser, durch das man CO_2 leitet, erhalten wird, beansprucht. Des einfachen Verdunstenlassens einer $CaCO_3$-haltigen Lösung bediente sich G. Rose[1]) bei seinen wichtigen Versuchen über die Bildung des Calcits und Aragonits. Er vermochte auch festzustellen, daß hierbei das Grundrhomboeder sich bildet, während die Natur, in der keine ganz reinen Lösungen auftreten, andersartige Rhomboeder bevorzugt. Er wandte zur Darstellung auch Lösungen von Calciumchlorid und Ammoniumcarbonat an, die er bei verschiedenen Temperaturen vermischte. Ähnliche Versuche stellte auch P. Harting[2]) an. Später hat dann G. Rose[3]) Calcit dadurch dargestellt, daß er $CaCO_3$-Lösungen in dicht verschlossenen Gefäßen erhitzte. Bei der Darstellung durch Wechselzersetzung verlangsamte er den Kristallisierungsvorgang dadurch, daß die Vermengung der beiden Salze durch Diffusion herbeigeführt wurde. Calcit konnte G. Rose auch dadurch herstellen, daß er Lösungen von Calciumhydroxyd der Einwirkung der Kohlensäure oder Luft aussetzte.

Ein Verfahren zur Darstellung des Calcits, dem von G. Rose angegebenen ähnlich, haben M. Friedel und E. Sarasin[4]) ausgearbeitet. 3 g gefälltes Calciumcarbonat wurden in einer Lösung von 10 g Calciumchlorid in 60 bis

[1]) G. Rose, Pogg. Ann. **42**, 353 (1837).
[2]) P. Harting, Bull. des sciences phys. et nat. de Néderlande 1840, 287.
[3]) G. Rose, Abh. d. k. Akad. d. Wiss. Berlin 1856, 1; 1858, 63; Monatsber. derselben Akad. 1860, 365 u. 575.
[4]) M. Friedel u. E. Sarasin, Bull. Soc. min. **8**, 304 (1885).

70 Teilen Wasser 10 Stunden lang bei 500° in einem geschlossenen Stahlrohre erhitzt. Es bildete sich ein grobkristallines Pulver von Kalkspat der Form (10$\bar{1}$1).(0001). Als 20 g Calciumchlorid verwendet wurden, entstanden meßbare Kristalle (Rhomboeder) mit einem Polkantenwinkel 105° 5′. M. Friedel und E. Sarasin nahmen an, daß eine teilweise, vorübergehende Dissoziation des Calciumchlorids die Umbildung des kohlensauren Kalks bewirkt habe. Aragonit hatte sich nicht gebildet. L. Bourgeois[1]) stellte Calcit (und eine Reihe anderer Carbonate) auf folgende Weise dar: 0,5 g des amorphen Carbonats wurden mit einem Ammoniumsalz NH_4Cl oder NH_4NO_3 in einem geschlossenen Glasrohre auf 150—180° erhitzt; hierbei wird ein Teil des Carbonats gelöst. Beim Erkalten setzt es sich dann in Kristallen ab. Wird dieses Erhitzen und Abkühlen vier- bis fünfmal wiederholt, so erhält man das gesamte Carbonat kristallin. Auf diese Weise wurden Kalkspatrhomboeder von 0,5 mm Durchmesser erhalten. Erhitzt man die verdünnten Lösungen mit einer äquivalenten Menge von Harnstoff auf 140°, so verwandelt sich der Harnstoff in Ammoniumcarbonat und man erhält Kalkspat in Kombination mehrerer Rhomboeder und daneben Aragonit. Auch andere Carbonate wurden auf diese Weise erhalten.

Die beiden Forscher Miron und Bruneau[2]) haben dadurch Calcit hergestellt, daß sie Wasser, das einen ziemlich hohen Kohlensäuregehalt besaß und daher Calciumcarbonat aufgelöst enthalten konnte, durch eine Röhre leiteten, durch die ein Ammoniak enthaltender Luftstrom durchgesaugt wurde. Es wurden schöne Kristalle dabei erhalten, und zwar so reichlich, daß eine Röhre von 0,008 m Durchmesser in 36 Stunden beinahe verstopft wurde.

Aus dem Schmelzflusse hatte schon vor seinen Versuchen auf wäßrigem Wege L. Bourgeois[3]) Calcit dadurch erhalten, daß er einige Dezigramme Calciumcarbonat in eine Schmelze von Natrium und Kaliumchlorid brachte. Es sammelten sich ohne jede Gasentwicklung am Boden der Schmelze schneeähnliche Kristalle an.

Calciumcarbonatkristalle vermittelst der Diffusion hat H. Vater dargestellt. Diese Darstellungsweise beruht darauf, daß die Lösungen zweier leicht löslicher Salze, die durch Wechselwirkung ein schwerlösliches (sich abscheidendes) und ein leicht lösliches (gelöstbleibendes) Salz liefern, durch Diffusion miteinander sehr langsam gemischt werden, so daß das schwerlösliche Salz sich kristallisiert abzuscheiden vermag. H. Vater[4]) verfuhr nach der Weise, die H. Drevermann[5]) zur Darstellung von kristallisierten Bleierzen anwandte. H. Vater wandte als Reagenzien äquivalente Mengen von $CaCl_2 + 6$ aq und $K_2CO_3 + 1\,{}^1/_2$ aq in der Form kleiner Kristalle oder Splitter an; hierbei bildete sich aber nur Kristallmehl und keine größeren Kriställchen. Als die Lösung anstatt in reinem Wasser in kohlensäurehaltigem Wasser, das die Löslichkeit erhöhte, vorgenommen wurde, ergaben sich bis ${}^1/_3$ mm große Kriställchen in sehr schlechter Entwicklung. Durch Anwendung von $CaCl_2$ und $2KHCO_3$ in mit Kohlensäure gesättigtem Wasser, gelang es, sehr schöne, bis 1 mm große Kristalle zu erzeugen.

---

1) L. Bourgeois, C. R. **103**, 1088 (1886).
2) Miron u. Bruneau, C. R. **95**, 182 (1882).
3) L. Bourgeois, C. R. **94**, 228. 991 (1882) und Bull. Soc. min. **5**, 111 (1882).
4) H. Vater, Z. Kryst. **21**, 442 (1893).
5) H. Drevermann, Ann. d. Chem. u. Pharm. **89**, 11 (1854).

Diese hier angegebenen Verfahren können mannigfach variiert werden, beruhen aber stets auf doppelter Umsetzung.

Um sehr reines Calciumcarbonat zu erhalten, empfahl M. Kleinstück[1]) folgendes Verfahren: Man fällt Chlorcalciumlösung in der Hitze mit Ammoniak und Ammoniumcarbonat, dekantiert den Niederschlag so lange mit heißem, destilliertem Wasser, bis das Nesslersche Reagens keine Reaktion mehr gibt. Um alle Reste der Ammoniumsalze zu entfernen, erhitzt man das Präparat mehrere Male mit neutraler Calciumchloridlösung. Zum Schlusse wäscht man mit destilliertem Wasser, bis der Chlorkalk entfernt ist.

Über die Beeinflussung der Ausscheidung des Calciumcarbonats durch Lösungsgenossen vergleiche man unten bei Aragonit S. 346; über die Synthese von Marmor siehe beim Absatz: Schmelzversuche S. 295.

Entstehung und Vorkommen des Calcits.

Wohl über wenige Mineralien ist bezüglich ihrer Genesis so wenig zu sagen, wie über den Calcit. Er bildet sich aus verdünnten wäßrigen Lösungen überall dort, wo Wasser, das einen Kalkgehalt besitzt, Zutritt hat und die Bedingungen zur Störung des Lösungsgleichgewichts gegeben sind, z. B. durch Verdunsten und Bildung einer Übersättigung, Entspannung der Kohlensäure des Wassers, Hinzutreten neuer Salzkomponenten zum Wasser, die die Löslichkeit vermindern, Ausfallen von Lösungsgenossen, die die Löslichkeit erhöht haben u. a.

Wenn z. B. zu einer Lösung von Calciumcarbonat in kohlensäurehaltigem Wasser Natriumchlorid, Magnesiumchlorid oder Natriumsulfat, Magnesiumsulfat hinzutritt, so ändert sich die Löslichkeit (vgl. S. 313 ff.). Wenn ein zweites Carbonat hinzutritt, z. B. $MgCO_3$, so fällt Calciumcarbonat aus, da die Löslichkeit vermindert wird. Es bilden sich beim Hinzutritt von NaCl oder $NaSO_4$ undissoziiertes (neben dissoziiertem) $CaCl_2$ oder $CaSO_4$ in Lösung aus $Ca^{\cdot\cdot}$-Ionen und den hinzugekommenen Cl''- oder SO_4''-Ionen. Da $Ca^{\cdot\cdot}$ kleiner wird, kann die Menge der HCO_3'-Ionen durch die Auflösung von $CaCO_3$ weiter steigen, bis für die Gleichung

$$[CaCO_3] + H_2O + CO_2 = Ca^{\cdot\cdot} + 2HCO_3'$$

ein Gleichgewicht erreicht ist. Nun treten aber durch das Hinzukommen von $MgCO_3$, CO_3'' bzw. HCO_3'-Ionen dazu; dadurch wird das Gleichgewicht gestört und $CaCO_3$ muß ausfallen.

Kalkhaltige Wässer stellen die meisten unserer Tageswässer dar, die daneben fast stets einen, wenn auch geringen Gehalt an Kohlensäure besitzen, der die Löslichkeit bedeutend erhöht. Die Wässer der Kalkgebirge werden natürlich reicher an Calciumcarbonat sein, als die des Schiefer- und Granitgebirges.

Sein Hauptverbreitungsgebiet hat der Calcit demgemäß in Hohlräumen der Kalksteine. Besonders häufig ist der Calcit auch als sekundäre Bildung in vielen jungvulkanischen Gesteinen, Basalten, Phonolithen u. a.; dabei denken wir wohl an kohlensäurereiche Mineralquellen und Thermen, die reichlichere Mengen von Calciumcarbonat lösen und demgemäß auch wieder zum Absatze bringen können. Calcit ist eines der häufigsten Mineralien der Erzlagerstätten; auf ihren

[1]) M. Kleinstück, Pharm. Zentralhalle **51**, 63 (1910).

Spalten und Gängen sind auch für ihn die Bildungsbedingungen gegeben. Aber auch in Schiefergebirgen tritt er oft reichlich auf; oft in sehr schönen Kristallen im Chloritschiefer und anderen Schiefergesteinen; so wäre das reichliche wasserklare Partien enthaltende Vorkommen mit Epidot und Apatit von der Knappenwand im unteren Sulzbachtal in Salzburg hierher zu stellen. Indes gibt es doch auch ein Gebiet, dem Calcit gänzlich zu fehlen scheint: die Salzlagerstätten. Wir kennen wohl Dolomite und Magnesite von Salzlagerstätten, aber keinen Calcit und Aragonit. Ob sich dieses Fehlen durch Lösungsgleichgewichte und Bildungsgebiete aus den Lösungen mit ihren Componenten wird erklären lassen, das werden vielleicht Experimente zeigen. Heute wissen wir nur sehr wenig Positives hierüber, so z. B., daß Natriumchlorid die Löslichkeit des Calciumcarbonats erhöht. Vgl. über die Genesis des Calcits auch bei G. Linck S. 128.

Über die Entstehung des Marmors folgt ein eigener Abschnitt.

Paragenesis. Ebensowenig wie über die Genesis und Verbreitung, läßt sich über die Paragenesis sagen. Calcit kommt mit so vielen Mineralien vor, daß man fast eine Übersicht der Mineralnamen geben müßte, wollte man die Mineralien aufzählen, deren Begleiter er sein kann. In den Erzlagerstätten tritt er zusammen mit Sulfaten, anderen Carbonaten, Silicaten auf; er bildet sich auch während der Zersetzung der primären Erze und tritt in oft zahllosen Generationen auf. In den Hohlräumen effusiver Gesteine bildet er sich gemeinsam mit Zeolithen, Kieselsäuremineralien (Quarz, Chalcedon, Opal, Tridymit) und anderen Carbonaten. So stellt Calcit wohl neben dem Quarz das weit verbreitetste Mineral unserer äußeren Erdrinde dar.

Genesis des Marmors.

Struktur der Marmore. Sehr wichtig und eng zusammenhängend mit der Genesis des Marmors oder körnigen Kalkes, wie er auch genannt wird, ist seine Struktur.

Nach J. H. L. Vogt[1]) hängt die Struktur des Marmors von der chemischen Zusammensetzung einerseits, ob nämlich ein Kalkspat- oder Dolomitmarmor vorliegt, und von der Genesis andererseits ab, je nachdem man es mit einem kontakt- oder regionalmetamorphen Gesteine zu tun hat ab (vgl. S. 332). Es ergeben sich hiermit vier Hauptgruppen. Natürlich gibt es eine große Anzahl von Übergangsstufen, da Dolomitmarmore nicht immer der reinen Dolomitkonstitution entsprechen. Eine Modifikation tritt auch dadurch ein, daß Marmore bisweilen beiden Metamorphosen unterworfen gewesen sind.

Beim regionalmetamorphen Marmor ist der Dolomitmarmor gewöhnlich feinkörniger, der Kalkspatmarmor grobkörniger. Beim Kalkspatmarmor zeigen die einzelnen Körner keine kristallographischen Begrenzungselemente, die einzelnen Iudividuen greifen kreuz und quer ineinander und geben zickzackförmige Konturen. Beim Dolomitmarmor dagegen kann man die Umrißformen der Kristalle noch ganz deutlich erkennen.

Die beiden nebenstehenden Figuren 40 u. 41, die der Arbeit J. H. L. Vogts entnommen sind, zeigen diese Verhältnisse deutlich. J. H. L. Vogt bemerkt hierzu, daß diese Gegensätze natürlich nicht immer so stark entwickelt sind, doch wurde dieses Prinzip bei allen von ihm untersuchten Marmorarten, auch

[1]) J. H. L. Vogt, Z. prakt. Geol. **6**, 12 (1898).

bei den feinkörnigsten stets bewahrt. Einen besonderen Strukturtypus der regionalmetamorphen Kalkspatmarmore fand er beim Marmor von Segelfor in Rödö, wo die verschiedenen Individuen pegmatitisch verwachsen sind.

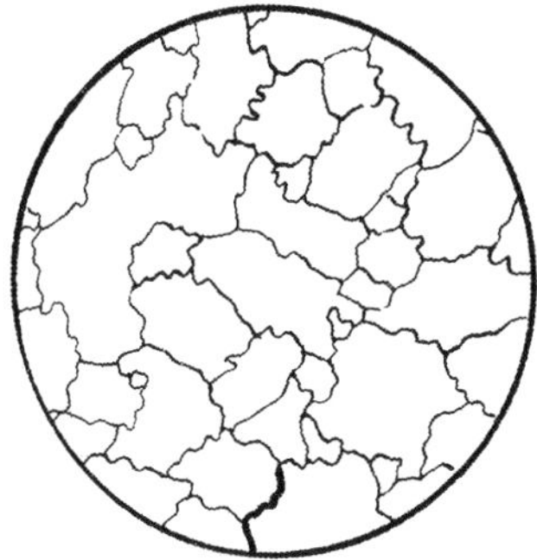

Fig. 40. Kalkspatmarmor; nach J. H. L. Vogt.

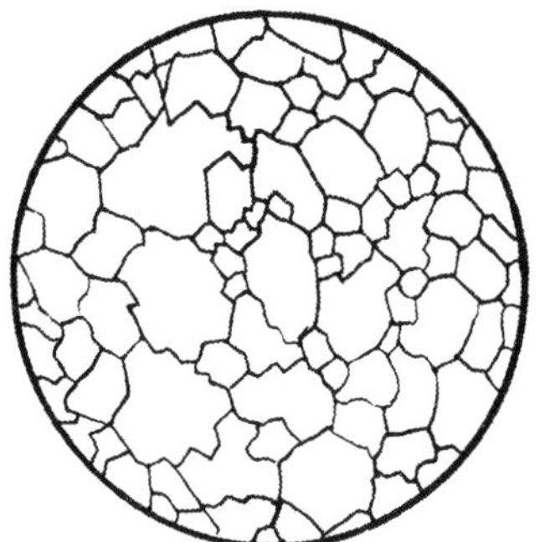

Fig. 41. Dolomitmarmor; nach J. H. L. Vogt.

Fig. 43 zeigt diese Struktur. Wenn der regionalmetamorphe Marmor aus Kalkspat und Dolomit besteht, behält jedes Mineral die charakteristische Konturform.

Beim Kontaktmarmor zeichnet sich nach J. H. L. Vogt der Kalkspatmarmor durch verhältnismäßig ebene Konturen der Einzelkörner aus, so daß eine Annäherung an die Struktur des regionalmetamorphen Dolomitmarmors zustande kommt. Hier gibt es aber öfters Ausnahmen, da auch hier ab und zu verzahnte Struktur vorkommt, so bei dem Kalkspatmarmor von Vaskö in Ungarn. Nebenstehende Fig. 42 zeigt die Struktur des kontaktmetamorphen Kalkspatmarmors.

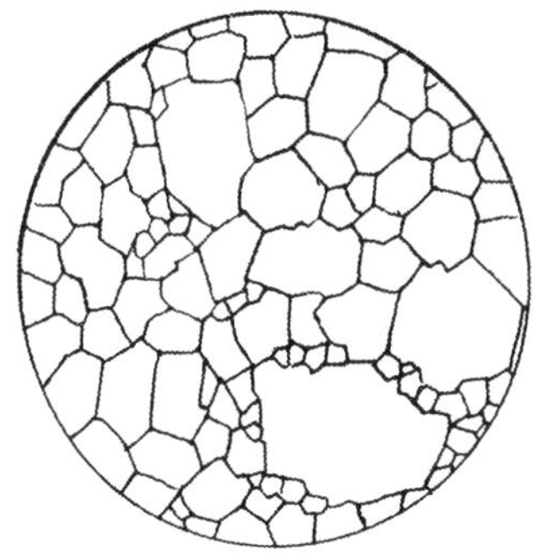

Fig. 42. Kontaktmetamorpher Marmor; nach J. H. L. Vogt.

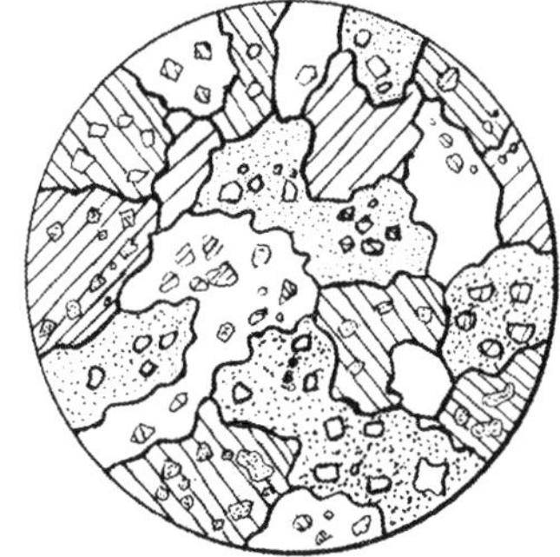

Fig. 43. Regionalmetamorpher Marmor; nach J. H. L. Vogt.

Auch Kataklasstruktur kommt bei Marmoren vor und läßt unter dem Mikroskop erkennen, daß die Individuen vollständig zerborsten sind. Eine ähnliche Struktur beschrieb E. Weinschenk vom Groß-Venediger.

Ist der Marmor beiden Metamorphosen unterworfen gewesen, so hängt seine Struktur hauptsächlich von der zuletzt eingetretenen Metamorphose ab.

B. Lindemann[1]) gibt dem Grade der Verzahnung der Struktur keinen Zusammenhang mit der Entstehung der betreffenden Marmore. Es gibt eine Reihe sicher kontaktmetamorpher Marmore zum Beispiel: Auerbach an der Bergstraße, Miltitz bei Meißen, und Berg Gieshübel, die nicht verzahnt sind, während andererseits bei den Carrarischen Typen verzahnte und nichtverzahnte Varietäten einander das Gleichgewicht halten. Aber auch er gibt zu, daß die meisten typisch kontaktmetamorphen Marmore verzahnt sind.

B. Lindemann läßt die Frage nach der Entstehung und Bedeutung der verzahnten Struktur offen, vgl. S. 333.

Entstehung. B. v. Cotta[2]) gab für die Entstehung des körnigen Kalkes drei Bildungsweisen an. 1. Körniger Kalk als Ausscheidung des Calciumcarbonats aus der feurig-flüssigen Masse, und zwar gleichzeitige Entstehung mit den auf plutonischem Wege gebildeten Schiefergesteinen. 2. Empordringen aus dem Erdinnern ohne Zusammenhang mit der ersten Erstarrungsmasse und 3. eine metamorphe Entstehung als umgewandelte dichte Kalksteine. Dieser Ansicht schloß sich auch C. v. Leonhard[3]) an.

Die nach 1. entstandenen Marmore enthalten reichlich akzessorische Mineralien und sind an der Grenze derartig mit den Schiefern verwoben, daß sie mit diesen lamellenartig abwechselnde Lagen bilden, sie sind von völlig reinweißer Farbe. Hierher gehören körnige Kalke von Plauen, Tharand und andere Vorkommen in Sachsen. Die später aus dem Erdinnern emporgedrungenen Kalkmassen enthalten Schieferbruchstücke eingeschlossen und sind mehr von grauer oder blaugrauer Farbe, öfter weiß und grau gestreift. Als ein sogebildeter Kalk wird von B. v. Cotta der Marmor von Miltitz bei Meißen angesprochen.

Später änderte B. v. Cotta seine Ansicht zum Teil und kam für manche Kalke zu einer Ansicht, die im großen und ganzen auch heute noch Gültigkeit besitzt.[4]) Er ergänzte zwei Arbeiten von A. Delesse[5]) und Th. Scheerer.[6]) Ersterer untersuchte kristalline Kalksteine von den Vogesen, deren kristalline Struktur einer Metamorphose zuzuschreiben sei, die später als ihre unter Wasser erfolgte Bildung eingetreten sei, und daß dies zur Zeit der kristallinischen Ausbildung des sie umschließenden Gesteines (in vorliegendem Falle des Gneises) erfolgt sei. Th. Scheerer verglich eine Reihe von Vorkommen mit der Beschreibung A. Delesses und kam zu dem Schlusse, daß Wärme bei der Metamorphose beteiligt war, und daß sich die umgewandelten Gesteine wahrscheinlich auch noch während ihrer Umwandlung unter Wasser befanden, oder wenigstens einem Drucke ausgesetzt waren, der teilweise durch Wasserbedeckung hervorgerufen wurde. Doch wandte er sich auf das Entschiedenste gegen eine rein neptunistische Entstehung. B. v. Cotta ergänzte nun die Schlußfolgerungen der beiden genannten Forscher dahin: Der Kalkstein ist durch Wärme stärker erweicht worden als die ihn einschließenden Gesteine. In dieser weichen Form ist er dann in die Spalten und Klüfte des umgebenden (weniger erweichten Gesteins) eingepreßt worden, und bildet zuweilen Gänge und stockförmige Massen in denselben und schließt zerbrochene Schieferteile

[1]) B. Lindemann, N. JB. Min. etc. Blbd. **19**, 187 (1904).
[2]) B. v. Cotta, N. JB. Min. etc. 1834, 37.
[3]) C. v. Leonhard, N. JB. Min. etc. 1833 und Lehrbuch der Geognosie u. Mineralogie.
[4]) B. v. Cotta, Z. Dtsch. geol. Ges. **4**, 47 (1852).
[5]) A. Delesse, Z. Dtsch. geol. Ges. **4**, 22 (1852).
[6]) Th. Scheerer, Z. Dtsch. geol. Ges. **4**, 31 (1852).

ein. Auf diese Erweichung folgt dann eine kristallinischkörnige Erstarrung und die Bildung von Kontaktprodukten. Diese Erscheinung ist eine völlig andere, als das Herausgepreßtwerden aus dem feurig-flüssigen Erdinnern, und hat mit der Entstehung echter pyrogener Gesteine nichts gemein.

In seinem Lehrbuche „Geologie der Gegenwart"[1]) gab B. v. Cotta aber dann wieder eine mit diesen Ansichten nicht ganz vereinbare Bildungsursache des Marmors an, indem er sagte, daß Marmor durch Umkristallisation aus dichtem Kalksteine, unter mächtiger Bedeckung entstanden sei, und mit kristallinen Schiefern vorzugsweise zusammen vorkomme, die aus tonigen Schiefern unter plutonischer Einwirkung entstanden seien.

Auch Fr. Naumann hatte zum Teil ähnliche Ansichten über die Marmorbildung und beschrieb manche eruptive Marmore; so bei Meißen,[2]) von wo er die Kontaktmetamorphose eines Hornblendeschiefers durch einen solchen eruptiven Marmor beschrieb. Doch betonte er in seinem Lehrbuche der Geognosie,[3]) daß die Marmorbildung ein thermometamorphischer Vorgang sei, und sprach von einer Kristallisierung aus dem feurig erweichten Zustande. H. Coquand[4]) gab als Ursache der Umkristallisierung neben hoher Temperatur auch den Druck an. Er sprach sich gegen die Annahme eines Urkalkes aus und meinte, daß Marmorbildung stets mit eruptiven Ausbrüchen zusammenhänge. Akzessorische Gemengteile der Marmore seien durch Sublimation aus den Eruptivgesteinen in die Kalksteine gelangt.

J. Roth[5]) nahm für die meisten Vorkommen von Marmor Entstehung auf wäßrigem Wege an, so namentlich für den Predazzit von Predazzo im Fleimstale in Südtirol; ebenso C. Fromherz[6]) für die Marmore des Kaiserstuhls in Baden. G. Bischof[7]) stand vollständig auf neptunistischem Standpunkte. Der organogene dichte Kalkstein wurde vom Wasser aufgelöst und durch kohlensauren Kalk, der sich an dessen Stelle absetzte, verdrängt. Wenn diese Verdrängung eine vollständige war, wurde ein körniger, weißer Kalk gebildet, wenn sie nicht vollständig war, so blieb der grau färbende Kohlenstoff zurück. Er wandte sich auf das Entschiedenste gegen eine Druckwirkung. Die im Marmor enthaltenen Mineralien seien ebenfalls im Wasser gelöst gewesen und gleichzeitig zum Absatze gekommen. Auch in der zweiten Auflage seines Werkes vertrat G. Bischof diese Ansicht.

A. Baltzer vertrat für eine Reihe von Marmoren der Schweizer Alpen die Umbildung durch Druck. So meinte er, daß der sog. Lochseitenkalk im Kanton Glarus[8]) und der Marmor am Nordrande des Finsteraarhorns[9]) wahrscheinlich durch Druck und Zug bei der langsam erfolgten Gebirgsfaltung und durch die dabei gebildete Friktionswärme und die damit verbundene

[1]) B. v. Cotta, Die Geologie der Gegenwart. (Leipzig 1878.)

[2]) Fr. Naumann u. B. v. Cotta, Geognostische Beschreibung des Königreichs Sachsen usw. 1845, 77.

[3]) Fr. Naumann, Lehrbuch der Geognosie I, 510 ff. 712 ff. 750 ff.

[4]) H. Coquand, Mém. géol. Soc. **5**, 1 (1854).

[5]) J. Roth, Z. Dtsch. geol. Ges. **3**, 140 (1851) und **3**, 109 (1851) und Erdmann's Journ. 1851, 846.

[6]) C. Fromherz, Der körnige Kalk am Kaiserstuhl, Beiträge zur min. u. geogn. Kenntnis von Baden, herausgeg. von G. Leonhard. Heft 1. 98. Stuttgart 1853 und N. JB. Min. etc 1852, 446.

[7]) G. Bischof, Lehrbuch der chem. und phys. Geologie. (Berlin 1855), II, 1010.

[8]) A. Baltzer, Der Glärnisch, ein Problem alpinen Gebirgsbaues. (Zürich 1873), 56.

[9]) A. Baltzer, N. JB. Min. etc. 1877, 678.

kristallinische Umgruppierung der kleinsten Teilchen aus Hochgebirgskalk entstanden sei. Die Zonen des reinsten Marmors, also die der größten Metamorphose, bedeuten Stellen stärksten Drucks.

R. Lepsius[1]) zog zur Erklärung der Marmorbildung die Regional- oder Dynamometamorphose heran. Unter regionaler Metamorphose versteht er eine sich über ausgedehnte Gebiete erstreckende Gesteinsumwandlung, bei der plutonische Gesteine gar nicht oder nur untergeordnet mitwirken. Durch langanhaltende langsam abnehmende, aber häufig wechselnde Wärme, die vom Erdinnern ausgeht, werden die zoogenen Kalksteine allmählich auf chemischem Wege aufgelöst und in größeren Kalkspatkristallen allmählich wieder abgesetzt; ein Prozeß, der nur sehr langsam vor sich geht. Mit der Größe der Wärme und des Druckes nimmt die Korngröße zu, da bei steigendem Druck das Wasser bei gleicher Temperatur mehr kohlensauren Kalk auflösen kann. Vier Faktoren sind hierbei von Wichtigkeit: Wasser als Lösungsmittel, erhöhte Temperatur, Druck und Zeit. Druck allein kann ohne lösendes Wasser keine Umkristallisation bewirken. Ähnliche Ansichten vertrat W. v. Gümbel,[2]) der ebenfalls Umkristallisierung annahm. Durch Gebirgsdruck werden die Gesteinsmassen zersprengt und, in die so entstandenen Kanälchen eintretend, kann das wäßrige Agens in erhöhtem Maße seine Tätigkeit entfalten.

J. H. L. Vogt[3]) hat die gesamten Marmore bezüglich ihrer Genesis in zwei Gruppen geteilt, je nachdem sie durch Dynamo-(Regional-) oder durch Kontaktmetamorphose entstanden sind. Nach ihm gehören fast alle kristallinen Handelsmarmore zur ersten Gruppe. Sie unterscheiden sich namentlich durch die Mineralführung. Kontaktmarmore enthalten Granat, Vesuvian, Skapolith, Wollastonit, Augite und Hornblenden, verschiedene Glimmer, Epidot, Chondrodit, Feldspate, Turmalin, Titanit, Spinelle, Magnetit usw. Der regionalmetamorphe Marmor enthält Quarz, Hornblende, Glimmermineralien (vor allem Muskovit, daneben auch Biotit und Fuchsit), Talk, Chlorit, Hämatit, Rutil und selten Prehnit, Titanit und Apatit. Nur sehr selten erscheint diese Trennung nicht eingehalten. Über strukturelle Unterschiede der beiden Gruppen wurde bereits (S. 328 u. 329) gesprochen. Bei der Umkristallisation des Carbonats durch Regionalmetamorphose wirkt ein viel größerer Druck als bei der Kontaktmetamorphose. Während bei der Kontaktmetamorphose der Wasserdampf auf eruptivem Wege gebildet wird, sind die chemisch wirksamen Wasserdämpfe bei der Regionalmetamorphose auf die im Gestein vorhandene Bergfeuchtigkeit zurückzuführen.

Diese Verhältnisse hat J. H. L. Vogt hauptsächlich an den nordnorwegischen Marmoren studiert. Diese Marmore bilden Einlagerungen in der nordnorwegischen Glimmerschiefer-Marmorgruppe und gehören wahrscheinlich der cambrischen Periode an, doch ist die Altersbestimmung fraglicher Natur. Diese Einlagerungen erreichen ganz bedeutende Mächtigkeiten, an einer Stelle (Dunderland) ca. 1000 m.

Ebenso wie J. H. L. Vogt aus diesen Untersuchungen der norwegischen Marmorlager allgemeine Schlüsse auf die Bildung des Marmors gezogen hat, tat dies E. Weinschenk[4]) für die Tiroler Marmore. Er wandte sich im all-

---

[1]) R. Lepsius, Geologie von Attika. (Berlin 1893.)

[2]) W. v. Gümbel, Geologie von Bayern. I., (Kassel 1888), 379.

[3]) J. H. L. Vogt, Z. prakt. Geol. **6**, 1 (1898) und Norsk Marmor, Norges Geologiske undersägelse Nr. 22, 1897.

[4]) E. Weinschenk, Z. prakt. Geol. **11**, 131 (1903).

gemeinen gegen eine dynamometamorphe Entstehung der Marmore und suchte für die Tiroler Marmore Kontaktmetamorphose als Bildungsursache nachzuweisen. Die Struktur der Tiroler Marmore gibt über die Entstehungsweise keinen Aufschluß, da sie ausgesprochen verzahnte Struktur besitzen und doch kontaktmetamorph seien. Auch besitzen die von J. H. L. Vogt als typisch regionalmetamorph hingestellten Marmore von Carrara in den Sorten Ordinario und Bardiglio vorherrschend geradlinige und körnige Struktur, also die des Kontaktmarmors. Die verzahnte Struktur hängt somit weder mit dem Gegensatz von Kontaktmetamorphose und Regionalmetamorphose zusammen, noch entspricht ihr ein höherer oder niederer Grad von Widerstandsfähigkeit gegen die Atmosphärilien; nur sind verzahnte Marmore durchscheinender als geradlinig körnige.

Die wichtigsten Tiroler Marmorlager sind die von Sterzing und die von Laas. Beide sind ziemlich mächtig, sie gehen häufig in Dolomitmarmore über und die Magnesiabeimengung ist nicht in Form einer isomorphen Beimengung zu Calciumcarbonat, sondern als eigentlicher Dolomit vorhanden. Sie sind eingelagert in kristallinen Schiefern, die bei Sterzing typische Glimmerschiefer, bei Laas im Vintschgau mehr die Beschaffenheit von Phyllithen zeigen. Sie werden begleitet von basischen Gesteinen, wie Amphiboliten, Eklogiten und Grünschiefern, die bald das Hangende oder Liegende der Marmore bilden, bald in mächtigen Einlagerungen innerhalb der Marmore und umgebenden Schiefern eingelagert sind. Sie durchziehen in feinen Gängen das Marmorlager und bestimmen durch ihren Verlauf die Größe der gewinnbaren Blöcke.

Diese sämtlichen Gesteine samt dem Marmor werden von Pegmatitgängen durchbrochen; während alle bisher erwähnten Gesteine deutlich eine kristalline Umwandlung zeigen, erweist sich der Pegmatit als vollständig intakt und seine Turmalinnadeln zeigen nirgends Brüche. Er entstand also erst, als die Umformung der Gesteine eingetreten war. Es ergibt sich für diese Gesteine nach E. Weinschenk ein ziemlich klares genetisches Bild. Fossilfunde im Marmor weisen auf den ursprünglich sedimentären, nichtkristallinen Charakter hin, das Alter ist sicher ein jüngeres als das Cambrium. In ihnen eingelagert fanden sich sandig-mergelige Zwischenlagen. Dieser ganze Gesteinskomplex erlag einer kristallinen Umwandlung, bei der einerseits Marmor, anderseits Phyllithe und Glimmerschiefer gebildet wurden. In einem Zeitabschnitt, der dieser Umwandlung vorausging, war ein hochplastischer Zustand dieser Gesteine vorhanden. Die Pegmatitgänge hängen mit den ausgedehnten Zentralgranitmassiven der Umgebung zusammen und das Empordringen dieser schmelzflüssigen Gesteinsmassen hat nun nach E. Weinschenks Ansicht das viscose plastische Stadium verursacht und mannigfache Dislokationen erzeugt. Als die schmelzflüssigen Massen zur Ruhe kamen und Ruhe eintrat, wurden Gase und Dämpfe abgegeben, die weiter in das Nebengestein diffundierten, als kräftige Mineralbildner dienten und eine molekulare Umbildung des Komplexes herbeiführten. So wurden Kalke und Dolomite zu Marmor, Mergel zu Glimmerschiefer und die basischen Eruptivgesteine zu Amphibolithen und Eklogiten, in denen die ursprüngliche Struktur nicht mehr kenntlich ist. Es handelt sich daher um eine vollständige Kontaktmetamorphose.

B. Lindemann[1]) sprach sich später gegen die von J. H. L. Vogt vorgenommene Einteilung aus und erklärte alle Marmore durch Kontaktmeta-

[1]) B. Lindemann, N. JB. Min. etc. Blbd. **19**, 187 (1904).

morphose gebildet, ohne aber hierfür einen vollgültigen Beweis zu erbringen. Wohl teilte auch er sie in zwei verschiedene Gruppen ein, die aber nicht so sehr voneinander verschieden sind, daß man ihnen, wie J. H. L. Vogt es tat, verschiedenartige Bildungsweisen zuschreiben könnte; der eine Typus, zu dem die Marmore von Auerbach, Maarkirch und Predazzo gehören, ist charakterisiert durch das Vorkommen von Granat, Wollastonit, Vesuvian, Diopsid und Periklas. Dieser Typus repräsentiert die normale Kontaktmetamorphose. Dem anderen Typus gehören die Mehrzahl der Vogtschen regionalmetamorphen Marmore an, wie die vom Fichtelgebirge, von Sterzing und dem Vintschgau; sie enthalten gerundete Quarzkristalle und Glieder der Glimmer-, Chlorit-, Amphibol- und Epidotgruppe. Wollastonit, Vesuvian, Spinell und Periklas finden sich in der Gruppe niemals. Dagegen finden sich in beiden Gruppen Kontaktmineralien, Phlogopit, Forsterit, Epidot, Magnetkies ziemlich gleichmäßig verteilt. Die etwas voneinander abweichende Mineralparagenese findet darin ihre Erklärung, daß bei der Bildung der Marmore der zweiten Gruppe die Piezokontaktmetamorphose[1]) eine Hauptrolle gespielt hat. In dieser Zweiteilung aber scheint mir im großen und ganzen eine Bestätigung der Vogtschen Theorie gelegen. Denn einmal erklärt J. H. L. Vogt durchaus nicht, daß die Bildungsweisen seiner beiden Marmorgruppen ganz verschiedenartige wären, wie B. Lindemann behauptet. Dann dürfte man vielleicht Phlogopit, Forsterit, Epidot und Magnetkies nicht als ausschließlich durch Kontaktmetamorphose gebildete Mineralien ansehen. Da sich die Bildung der zweiten Marmorgruppe beider Forscher in noch recht wenig bekannten Prozessen abspielt, sucht J. H. L. Vogt die Erklärung in der von R. Lepsius aufgestellten Theorie der Regionalmetamorphose, B. Lindemann in der Weinschenkschen Piezokontaktmetamorphose, und es dürfte zur Klärung der genetischen Frage der körnigen Kalke wohl kaum ein Schritt vorwärts getan sein, wenn B. Lindemann den theoretischen Prozeß der Regionalmetamorphose durch einen ebenso theoretischen Begriff, wie es die Piezokontaktmetamorphose ist, ersetzt. Nach B. Lindemanns Beschreibung dürfte hingegen der strukturelle Unterschied der beiden Marmorgruppen im allgemeinen nicht so scharf sein, wie es J. H. L. Vogt speziell für die nordischen Marmore angibt.

Über die berühmten Marmorlagerstätten von Carrara hat sich A. Giampaoli[2]) zusammenfassend geäußert und spricht sich für eine dynamometamorphe Entstehung aus, d. h. für eine Umwandlung des ursprünglichen Kalksteins durch das Zusammenwirken von Druck, Wärme, Wasser. B. Lindemann[3]) berichtet in seiner ausführlichen Studie über das Vorkommen und die Struktur der Marmore auch über den von Carrara. Der Marmor von Carrara enthält Quarz, Ortoklas, Plagioklas, Muskovit, Biotit, Hornblende, Chlorit, Epidot, Klinozoisit, Turmalin, Skapolith, Titanit, Apatit, Rutil, Pyrit, Hämatit, Magnetit, Dolomit; dazu kommen noch die von A. Giampaoli und G. D'Achiardi,[4]) aufgezählten seltenen Mineralien in den Hohlräumen und Spalten des Gesteins: Gips, Baryt, Fluorit, Malachit, Azurit, Zinkblende, Tetraedrit, Realgar, Auripigment, Arsenkies, Schwefel. Man hat bisher kein Eruptivgestein gefunden,

[1]) Die Erklärung dieses Begriffes in Weinschenks Grundzüge der Gesteinslehre.

[2]) A. Giampaoli, J. Marmi di Carrara 1897.

[3]) B. Lindemann, N. JB. Min. etc. B.B. **19**, 197 (1904).

[4]) G. D'Achiardi, Processi verbali di Soc. Toscana d. Sc. nat. 1899, 4. — Atti Soc. Tosc. Nat. Pisa Mem. **21**, 49 (1905). — Processi verbali di Soc. Toscana d. Sc. nat. 1906, 3. — Atti Soc. Tosc. Nat. Pisa Mem. **22**, 14 (1906).

das eine Kontaktmetamorphose bewirkt haben könnte. B. Lindemann wendet sich gegen die dynamometamorphe Entstehung und glaubt, daß der Mineralbestand mit dem reichen Gehalt an Epidot, Turmalin und gerundeten Quarzen auf eine Einwirkung vulkanischer Agenzien auf dieses Gestein deute. Das reichliche Auftreten von Eisenglanz, Turmalin und Skapolith, sowie das Auftreten von Flußspat, Realgar, Auripigment und Schwefel spräche für stattgehabte postvulkanische Prozesse von bedeutender Ausdehnung, und der Gedanke liege nahe, daß eine Durchtränkung der betreffenden Gesteinspartien durch heiße Quellen die Metamorphose der Kalke bewirkt habe, eine Ansicht, die vielleicht nicht ganz zwingend erscheint.

Der Marmor von Auerbach an der Bergstraße in Hessen ist kontaktmetamorpher Entstehung, wie C. Chelius[1]) gezeigt hatte. Er ist interessant durch die Kontaktmineralien, die er birgt. F. v. Tschichatschef,[2]) der sich eingehender mit ihnen beschäftigt hat, gibt an: Quarz, Malakolith, Pyrit, Magnetit, Titanit, Feldspat, Muskovit, Talk, Chlorit, Wollastonit, Granat, Epidot, Chalcedon, Opal, Hämatit. Dann treten dreierlei Konkretionen auf:

1. Granatfels.
2. Plagioklas und Orthoklaskonkretionen, die auch Glimmer, Quarz, Augit, Hornblende und auch Cordierit enthalten.
3. Malakolithfelsartige Konkretionen mit zweierlei Feldspat, Glimmer, Hornblende und Titanit.

Alle diese Konkretionen enthalten: Zirkon, Apatit, Magnetit, Hämatit, Pyrit, Magnetkies, Arsenkies.

A. Baltzer,[3]) (vgl. auch S. 331) der das Aarmassiv geologisch beschrieben hatte, spricht sich für eine reine mechanische Umformung der Kalksteine in Marmor aus. Die Marmore des Berner Oberlandes zeigen sich verschieden gegenüber Eruptivkontaktmarmoren usw. in räumlichen Beziehungen zu den Eruptivgesteinen, im Zurücktreten der Kontaktmineralien und im Mangel scharf abgesetzter Grenzen der Umwandlung. Der Marmor ist nach ihm durch molekulare Umgruppierung auf mechanischem Wege entstanden, ohne daß Wasser dabei mitgewirkt hat.

A. K. Coomáraswámy[4]) hat ausführlich die Ceyloner Marmorlager beschrieben, und namentlich die paragenetischen Verhältnisse dieser kontaktmetamorphen Produkte ausführlich behandelt. Es kommen vor: Diopsid, Olivin (Forsterit), Glimmer (vorwiegend Phlogopit), verschiedene Spinelle, Apatit, Amphibole, Skapolith, Klinohumit, Orthoklas, Turmalin, Titanit, Serendibit, Zoisit, Rutil, Graphit, Magnetit, Pyrit. Wollastonit, Granat und Korund fehlen. Auf gleiche Weise hat A. K. Coomáraswámy[5]) später die Marmorlager von Tiree in Schottland beschrieben, die ebenfalls kontaktmetamorph sind und ihre Entstehung einem eruptiven Gneis verdanken, in dem sie linienartig eingelagert erscheinen. Für beide Vorkommen nimmt er an, daß die den Marmor zusammensetzenden Mineralien unter Bedingungen auskristallisiert seien, die ähnlich sind denen von Mineralien, die aus einem erkaltenden Magma aus-

---

[1]) C. Chelius, Erläuterungen z. hess. geol. Karte IV. Blätter Zwingenberg und Bensheim. (Darmstadt 1896), 11.

[2]) F. v. Tschichatschef, Abh. d. hess. geol. L.A. (Darmstadt 1888), Heft 4.

[3]) A. Baltzer, Mitt. d. Naturf.-Ges. Bern 1901.

[4]) A. K. Coomáraswámy, Quart. Journ. Geol. Soc. London **58**, 399 (1902).

[5]) A. K. Coomáraswámy, Quart. Journ. Geol. Soc. London **59**, 91 (1903).

kristallisieren, und er meint, daß der Marmor vielleicht in einem der Schmelzung ähnlichen Zustande gewesen wäre.

Umwandlungen des Calcits.

Der Calcit ist des öfteren Ausgangsmaterial für die Bildung anderer Minerale geworden; dies lehren uns im großen die metasomatischen Umbildungen, die durch Einwirkungen von Lösungen auf Calcit entstanden sind, im kleinen die zahlreichen Pseudomorphosen.

Erstere Umwandlungsprozesse sind für die Bildung mancher Mineralien und Gesteine von größter Bedeutung. So wissen wir heute, daß ein großer Teil der Dolomite durch Einwirkung von noch recht wenig bekannten Faktoren auf Calcit entstanden ist, und allgemeinste Verbreitung hat heute wohl die Theorie der metasomatischen Bildung des Siderits, wonach er durch Einwirkung eisenhaltiger Lösungen auf Kalk entstanden ist, wie dies namentlich K. A. Redlich für zahlreiche Sideritlagerstätten nachgewiesen hat.[1])

Bekannt ist auch die Umwandlung des Calcits in Gips. Nach Polacci[2]) entsteht, wenn man bei heißer Sommertemperatur Calciumcarbonat und Schwefel zusammenbringt, schon nach einigen Stunden etwas Gips, was aber nach L. Cossa[2]) nicht der Fall ist. Nach Nauclin und Montholou[2]) setzt sich $CaCO_3$ auch mit H_2S in Gegenwart von H_2O in $CaSO_4$ um. Die beste mikrochemische Reaktion auf Calcium beruht ja darauf, daß man irgend ein Ca-Salz, z. B. Calcit in Schwefelsäure löst, wobei sich aus der Lösung dann Gipsnadeln ausscheiden.

Von weit geringerer allgemeiner Bedeutung sind die zahlreichen Pseudomorphosen der verschiedensten Mineralien nach Calcit. Diese beruhen teils auf ähnlichen metasomatischen Vorgängen, wie die Sideritbildung; so sind Pseudomorphosen von Calcit nach Cerussit bekannt, die man ganz gut im Laboratorium nachmachen kann, indem man Bleichloridlösungen auf Calcit einwirken läßt nach der Formel:

$$\left[\begin{matrix} CaCO_3 \\ \text{fest} \end{matrix}\right] + \begin{matrix} PbCl_2 \\ \text{gelöst} \end{matrix} \rightleftarrows \left[\begin{matrix} PbCO_3 \\ \text{fest} \end{matrix} + CaCl_2\right].$$

Teils sind es Verdrängungs- und Ausfüllungspseudomorphosen, die durch die leichte Löslichkeit des Calcits in ganz schwachen Säuren bedingt sind, so z. B. die Pseudomorphosen nach Flußspat. J. R. Blum beschreibt in seinem bekannten Werke Pseudomorphosen von Calcit nach folgenden Mineralien:

Dolomit, Manganspat, Zinkspat, Siderit, Cerussit, Malachit, Flußspat, Gips, Quarz (Varietäten: Prasem, Eisenkiesel, Karneol, Hornstein und andere Chalcedone), Halbopal, Phosphorit, Meerschaum, Polyanit, Galmei, Prehnit, Chlorit, Serpentin, Limonit, Goethit, Hämatit, Pyrit, Manganit, Pyrolusit, Hausmannit, Psilomelan, Zinkblende, Erdkobalt, Bleiglanz, Strahlkies, Kupfer und Gold.

---

[1]) Vgl. die diesbezüglichen Ausführungen bei Dolomit und Siderit.
[2]) Nach Gmelin-Kraut, Handb. d. anorg. Chem. II/II. (Heidelberg 1909), 331.

Aragonit.

Von **H. Leitmeier** (Wien).

Rhombisch, bipyramidal: $a:b:c = 0,6228:1:0,7204$.

Synonima: Aragon; Aragonspat; Igloit (grüngefärbte Varietäten von Iglo in Ungarn und Brixlegg in Tirol); Erbsenstein, Sprudelstein, Pisolith (Absätze aus heißen Quellen); Tarnowitzit (bleihaltiger Aragonit), auch Plumboaragonit genannt; Eisenblüte (verästelte faserige Gebilde vornehmlich auf Sideritlagerstätten vorkommend); Erzbergit (wechsellagernde Schichten von Aragonit mit Calcit vom Erzberg in Steiermark).

Für Strontium in größeren Mengen enthaltende Aragonite wurde früher auch der Name Mossotit gebraucht.

Der Aragonit, die rhombische, gegenüber Calcit labile Phase des Calciumcarbonats, hat eine viel geringere Verbreitung als die rhomboedrische der Calcit; er bildet niemals, wenigstens heute, größere Gesteinsmassen, sondern kommt nur in Kristallen, als Sinterbildung in stengeligen und faserigen Aggregaten vor (hierzu gehört auch die Eisenblüte). In bezug auf seine Stellung zum Calcit ist das Wichtigste bereits an anderer Stelle gesagt worden (S. 113 ff.).

Chemische Eigenschaften und Analysen.

Man findet in manchen Lehrbüchern oft die Behauptung verzeichnet, Aragonit enthalte fast stets Strontiumcarbonat auch in größeren Mengen beigemengt. Überblickt man aber die untenstehende Analysenzusammenstellung, so wird man sich sehr leicht davon überzeugen können, daß es gar wohl strontiumfreie Aragonite gibt; und wenn man das Resultat dieser ja durchaus nicht zahlreichen Analysen verallgemeinern darf, so gibt es mehr strontiumfreie Aragonite, als solche, die Strontium enthalten. Vielleicht beruht die Angabe durchschnittlich hoher Strontiumcarbonatgehalte in älteren Analysen teilweise auf ungenauen Trennungsmethoden von Sr und Ca. Auch die Angabe, daß fast alle Aragonite durch Flammenfärbung Sr erkennen lassen, ist nicht richtig.

Da wir nur sehr wenige neuere Aragonitanalysen besitzen, so sei vorerst eine ältere Zusammenstellung von Aragonitanalysen nach A. Des Cloizeaux gegeben.[1])

Ältere Analysen.

	1.	2.	3.	4.	5.	6.
δ	—	—	—	—	—	2,93
$CaCO_3$ . .	95,68	95,30	97,13	97,74	99,13	98,62
$SrCO_3$ . .	4,02	4,10	2,46	2,06	0,72	0,99
(Fe_2O_3) . .	—	—	—	—	—	0,11
(H_2O) . .	0,30	0,60	0,41	0,20	0,15	0,17
	100,00	100,00	100,00	100,00	100,00	99,89

1. Aragonit von Molina in Aragonien; anal. H. Stromeyer.
2. Aragonit von Bastennes bei Dax; anal. H. Stromeyer.
3. Aragonit von Burgheim am Kaiserstuhl in Baden; anal. H. Stromeyer.

[1]) A. Des Cloizeaux, Manuel II. (Paris 1874) 94.

4. Aragonit von Vertaizon, Département Puy-de-Dôme in Frankreich; anal. H. Stromeyer.

5. Aragonit von Leogang bei Saalfelden in Salzburg; anal. H. Stromeyer.

6. Aragonit von Herrengrund in Ungarn; anal. Nendtwich.

	7.	8.	9.	10.	11.	12.
δ	2,86	—	—	2,884	2,863	2,84
$CaCO_3$ . .	99,31	97,98	99,29	89,43	97,00	96,47
$(CuCO_3)$ . .	0,19	—	—	1,21	—	—
$SrCO_3$ . .	0,06	1,09	0,51	6,68	0,32	0,30
(Fe_2O_3) . .	—	—	—	0,82		0,43
$(Ca(PO_4)_2)$.	—	—	—	—	0,59	0,06
$Al_2(PO_4)_2$.	—	—	—	—		0,10
$(CaFl_2)$ . .	—	—	—	—	0,69	0,99
(H_2O) . . .	0,33	0,26	0,20	1,36	1,40	1,59
SnO_2 . . .	—	—	—	—	—	0,06
	99,89	99,33	100,00	99,50	100,00	100,00

7. Aragonit von Rézbánya in Ungarn; anal. Nendtwich.

8. Aragonit von der Mine Blagodatskoi bei Nertschinsk; anal. H. Stromeyer.

9. Aragonit von Waltsch in Böhmen; anal. H. Stromeyer.

10. Aragonit (Mossottit) von Gerfalco in Toskana; anal. Lucca.

11. u. 12. Aragonit, Sprudelstein von Karlsbad in Böhmen; anal. J. Berzelius.

Neuere Analysen:

	13.	14.	15.	16.	17.	18.
δ	—	—	—	2,91	2,94	3,13
(Na_2O) . .	—	—	1,10	—	—	—
(K_2O) . . .	—	—	0,59	—	—	—
(MgO) . .	—	2,22	—	0,44	9,36	—
CaO . . .	53,94	51,52	53,94	55,33	44,87	54,67
(FeO) . . .	0,04	—	—	—	—	—
(ZnO) . . .	—	—	—	—	—	0,89
SrO . . .	2,26	—	1,19	—	—	—
PbO . . .	—	—	—	—	—	0,67
(Al_2O_3) . .	—	0,83	—	—	—	—
(Fe_2O_3) . .	—		—	—	—	—
CO_2 . . .	43,28	44,36	43,03	44,14	45,73	43,57
(P_2O_5) . .	— •	0,95	—	—	—	—
(H_2O) . . .	0,48	—	0,34	—	—	—
	100,00	99,88	100,19	99,91	99,96	99,80

13. Aragonit von Biagio bei der Salinella bei Paterno; anal. L. Ricciardi und S. Speciale, Gazz. Chim. Ital. 1881, 359.

14. Aragonit pseudomorph nach Cölestin von Archangelsk; anal. P. D. Nikolájew bei P. W. Jereméjew, Verh. russ. Min. Ges. **17**, 319 (1882).

15. Aragonit von Leadhills; anal. F. Heddle, Min. Mag. **5**, 1 (1882).

16. Aragonitkristalle in Magnesit vom Wachberg bei Baumgarten, Niederschlesien; anal. H. Traube, Inaug.-Diss. Greifswald 1884 und „Die Minerale Schlesiens", Breslau.

17. Aragonit, radialstrahlig mit Magnesitschüppchen vom gleichen Fundort; anal. wie oben.

18. Zinkhaltiger Aragonit kristallisiert von Tarnowitz in Oberschlesien; anal. H. Traube, Z. Kryst. **15**, 410 (1889).

	19.	20	21.
δ	2,98	2,876	2,900
(MgO)	—	0,24	0,20
CaO	54,93	55,35	55,68
(ZnO)	0,69	—	—
PbO	0,38	—	—
CO_2	43,61	43,68	43,82
(H_2O)	—	0,76	—
	99,61	100,03	99,70

19. wie Analyse 6.
20. Aragonit von Shetland; anal. J. Stuart Thomson, Min. Mag. **10**, 22 (1892).
21. Aragonit vom Scheidmosgraben bei Bruck a. d. Mur, Steiermark; anal. E. Weinschenk, Z. Kryst. **27**, 567 (1897).

Aus dieser Analysenzusammenstellung kann man ersehen, daß vor allem der Eisenreichtum der Aragonite recht gering ist. Auch der Gehalt der Aragonite an Magnesia ist gering. Eine Ausnahme macht nur der Aragonit, dessen Zusammensetzung Analyse 14 wiedergibt, hier erreicht der MgO-Gehalt 2,22 %. Die 9,36 % MgO in Analyse 17 beruhen auf mechanisch beigemengtem Magnesit, wie der Analytiker ausführt.

Sonst treten als Beimengungen noch auf SrO, ZnO und PbO. SrO und PbO sind als isomorphe Beimengungen aufzufassen; wie es sich mit ZnO verhält, darüber ist nichts bekannt.

Nach den Untersuchungen von J. Berzelius enthalten die Karlsbader Sprudelsteine, die Absätze der Thermen von Karlsbad, nicht unbedeutende Mengen von Fluorcalcium. C. Jenzsch[1]) hat mehrere Aragonite auf Fluor untersucht, und fand Fluorgehalt, außer in einem Aragonite der Sammlung der Freiberger Bergakademie unbekannten Fundorts, in:

1. Aragonit von Volterra in Toskana,
2. Aragonit von Hirschina im Böhmischen Mittelgebirge,
3. Aragonit von Zmejewskoj in Rußland,
4. Aragonit von Alston und
5. Aragonit vom Windschachte bei Schemnitz.

J. Berzelius hat im Karlsbader Sprudelwasser selbst Fluor nachgewiesen.

Die chemische Formel des Aragonits ist wie die des Calcits $CaCO_3$ oder

$$Ca\begin{matrix} \diagup O \\ \\ \diagdown O \end{matrix} C{=}O$$

Erbsenstein. (Sprudelstein, Pisolith.)

Aus heißen Quellen, die Calciumcarbonat gelöst enthalten, scheidet sich der Aragonit in Form von schaligen konzentrischen Gebilden aus, die vornehmlich von Karlsbad bekannt geworden sind und den Namen Erbsenstein erhalten haben.

[1]) G. Jenzsch, Pogg. Ann. **96**, 145 (1855).

J. Berzelius[1]) war der erste, der die Aragonitnatur des Erbsensteines erkannt hatte. Eingehend hat H. Vater[2]) den Erbsenstein untersucht und gefunden, daß es sich wirklich um Aragonit handelt. Jede Erbse besteht aus konzentrischen schaligen Lagen submikroskopischer Aragonitprismen, die senkrecht zu der Oberflächen der Schale gelagert sind, wie schon ähnlich H. Clifton Sorby[3]) früher gefunden hatte. Während H. Cl. Sorby glaubte, daß die einzelnen dünnen konzentrischen Lagen nicht durch Aufwachsen von Kristallen aus Lösungen, sondern durch mechanische Anhäufung von kleinen prismatischen Kriställchen entstanden seien, und diese Bildung mit dem Wachsen eines im Schnee rollenden Schneeballes verglich, dachte H. Vater an eine zunächst amorphe Bildung; dabei dürften Spaltalgen mitgewirkt haben. Aus

Fig. 44. Harnstein, nach v. Frisch und E. Zuckerkandl, Handb. d. Urologie II, 693.

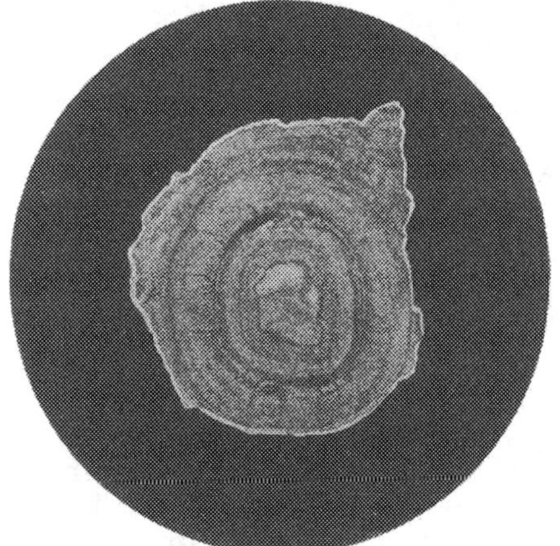

Fig. 45. Karlsbader Erbsenstein, nach H. Schade.

dem amorphen Zustande seien dann durch Umkristallisieren diese verschiedenartigen Formen entstanden. Eine weit befriedigendere Erklärung hat dann später H. Schade[4]) gegeben. Er wies zunächst auf die große Ähnlichkeit des Erbsensteins mit den Harnsteinen und konzentrisch geschichteten Produkten anderer organischer Absonderungen hin. Die beiden beistehenden Abbildungen, Fig. 44 und Fig. 45, zeigen diese Ähnlichkeit sehr deutlich.

In Analogie mit der Bildung der Harnsteine, die stets eine kolloide „Gerüstmasse" besitzen, um die sich dann die kristallisierten Hauptbestandteile dieser Konkrementbildungen anlegen, bestehen nach den Untersuchungen H. Schades die Erbsensteine ebenfalls aus einem kolloiden Gerüste, und einer kristallisierten Hauptbestandmasse. Das Kolloid der Erbsensteine ist, wie H. Schade zeigt, Eisenoxydhydrat und Kieselsäure, die sich mitsamt dem Kristalloide in dem kohlensauren Wasser gelöst befindet. Dadurch, daß die Quelle beim Zutagetreten den größten Teil ihrer Kohlensäure verliert, fallen einerseits die Kolloide aus, gleichzeitig kommt aber auch das Kristalloid, der

[1]) J. Berzelius, Gilberts Ann. d. Phys. **74**, 113 (1823) und Abh. d. schwed. Akad. d. Wiss. 1882.
[2]) H. Vater, Z. Kryst. **35**, 149 (1903).
[3]) H. Clifton Sorby, Quart. Journ. of the Geol. Soc. London **35**, 56 (1879).
[4]) H. Schade, Koll. Z. **4**, 261 (1909).

kohlensaure Kalk zum Absatze; dadurch, daß die Kolloidsubstanz in konzentrischen Schichten sich absetzt, wie das von H. Schade auch bei künstlichen kolloiden Substanzen experimentell ausgeführt wurde, werden die regellos eben abgeschiedenen Aragonitkriställchen mit in diese Absonderungsform gezwungen.

Diesen Ausführungen sei noch hinzugefügt, daß auch Diffusionsvorgänge mitgewirkt haben können, wie dies R. E. Liesegang[1]) in zahlreichen Arbeiten an künstlichen Gallerten gezeigt hat und H. Leitmeier[2]) auf die Verwitterungsringe zur Anwendung gebracht hat, wodurch auch ähnliche Formen erzeugt werden können.

Nach Färbungsversuchen, die E. Dittler[3]) angestellt hat, färbt sich Erbsensteinpulver mit verdünntem Fuchsin an. Ein Dünnschliff, der mit Farbstoff behandelt wurde, zeigte deutlich Schichten, die sich stärker anfärben und Schichten, die sich schwächer färben; aus letzteren kann der Farbstoff dann auch wieder entfernt werden. Es wechseln kristalloide Schichten mit kolloiden.

Oolithe und Roggensteine.

Zum Aragonit gehören auch die Oolithe und Roggensteine, die zwar eigentlich Gesteine sind, hier aber Erwähnung finden sollen. Die heute noch sich in den Meeren bildenden Oolithe und Roggensteine sind nach den Untersuchungen G. Lincks[4]) Aragonit, während die fossilen Gesteine dieses Namens, die ganze Gebirgsmassen (z. B. in Lothringen) bilden, Calcit darstellen. G. Linck schließt aus seinen Experimenten, daß sich alle Oolithe und Roggensteine als Aragonit gebildet haben und dann in Calcit übergegangen sind, was in der Tat sehr wahrscheinlich ist. Ihre Bildungsweise wäre dann ganz analog der Bildung der Erbsensteine zu denken, nur daß sich diese aus heißem Wasser gebildet haben, während jene aus dem Meerwasser durch Einwirkung von Lösungsgenossen entstanden sein dürften, wie wir diese Bildung ja durch F. Cornus Darstellungsweise kennen.[5]) Auch sie verhalten sich, wie ebenfalls H. Schade gezeigt hat, in bezug auf ihre Struktur ganz wie die Erbsensteine. Auch hier wird die Struktur durch abwechselnde Lagen von kieselsäurehaltigem Eisenhydroxyd bewirkt, das bei seiner Koagulierung das kristallisierende Carbonat mitgerissen und gezwungen hat, der schaligen konkrementartigen Struktur zu folgen (siehe Fig. 46).

Fig. 46. Lothringer Roggensteine, nach H. Schade (l. c.).

---

[1]) R. E. Liesegang, Über die Schichtungen bei Diffusionen, (Leipzig 1907) und Koll. Z. **2**, 70 (1907/08) u. a.

[2]) H. Leitmeier, Koll. Z. **4**, 283 (1909).

[3]) E. Dittler, Koll. Z. **4**, 277 (1909).

[4]) G. Linck, N. JB. Min. etc. Bbd. **16**, 495 (1903).

[5]) Siehe unten.

Aragonit mit Bleicarbonatgehalt. (Tarnowitzit).

Manche Aragonite enthalten isomorphe Beimengungen von Bleicarbonat, die aber nicht die Höhe des Bleigehalts des sog. Plumbocalcits, des rhomboedrischen Calcium-Bleicarbonats erreichen. Sie werden Tarnowitzit nach ihrem häufigsten Vorkommen von Tarnowitz genannt.

Chemisch wurden diese Aragonite zuerst von Th. Böttger[1]) untersucht, er fand:

δ	= 2,986
CaO	= 53,76
PbO	= 3,22
CO_2	= 42,82
(H_2O)	= 0,16
	99,96

und bei drei anderen Bleicarbonatbestimmungen an Tarnowitziten 2,564 und 2,416 % und bei den dunkler gefärbten Partien 3,565 % $PbCO_3$. Seine Bestimmungen beziehen sich auf kristallinische Aggregate. C. Karsten[2]) fand dagegen den Bleigehalt nur mit 2,19 %. C. Langer[3]) in Breslau gibt an, daß Dr. Mikolayzrak in milchweißen Tarnowitzitkristallen bis zu 9 % $PbCO_3$ und J. Herde aus wasserhellen Kristallen 7,06 % PbO = 8,56 % $PbCO_3$ fand. Nach der Untersuchung des letzteren war das Mineral frei von fremden Beimengungen, und C. Langer glaubte, daß Th. Böttger unreines Material zu seinen Analysen angewendet habe. Auf den wechselnden Bleigehalt machte dann H. Traube[4]) aufmerksam, der 5 Analysen anfertigte:

	1.	2.	3.	4.	5.
δ . . .	3,29	—	—	—	—
CaO . . .	52,09	54,09	52,70	51,93	53,43
ZnO . . .	Spur	—	—	0,34	—
SrO . . .	—	0,28	0,25	0,35	Spur
PbO . . .	5,55	2,24	4,26	4,76	3,58
CO_2 . . .	42,02	43,39 (Diff.)	42,79 (Diff.)	42,62 (Diff.)	42,99 (Diff.)
	99,66	100,00	100,00	100,00	100,00
$PbCO_3$ . . .	—	2,61	5,09	5,70	4,29

1. Tarnowitzitkristalle von Tarnowitz in Oberschlesien; anal. H. Traube, Z. Kryst. **15**, 411 (1889).
2. Wasserheller stengeliger Tarnowitzit von ebendort; anal. H. Traube, Z. Dtsch. geol. Ges. **46**, 50 (1894).
3. Grüner stengeliger Tarnowitzit; wie oben.
4. Rötlich-brauner stengeliger Tarnowitzit; wie oben.
5. Gelbliche durchsichtige Tarnowitzitkristalle; wie oben.

C. Langer (l. c.) gibt auch an, daß Dunnington in der Austinmine Wythe-County (Virginia) Tarnowitzit gefunden habe, der 7,29 % $PbCO_3$ enthält. Bemerkenswert ist nach H. Traube, daß der Aragonit, der an derselben Stufe auftritt, Analyse 18 auf S. 338, verhältnismäßig viel $ZnCO_3$ enthält, während der oben angeführte Tarnowitzit, Analyse. 1 nur Spuren hiervon enthält.

[1]) Th. Böttger, Pogg. Ann. **47**, 500 (1839).
[2]) C. Karsten, Pogg. Ann. **48**, 352 (1839).
[3]) C. Langer, Z. Kryst. **9**, 196 (1884).
[4]) H. Traube, Z. Dtsch. geol. Ges. **46**, 50 (1894).

N. Collie[1]) beschreibt einen Tarnowitzit, den er Plumbo-Aragonit nennt, von Leadhills in Südschottland, der 0,8—1,3% $PbCO_3$ enthält.

Lötrohrverhalten und Reaktion des Aragonits. Vor dem Lötrohr verhält sich Aragonit wie Calcit; nur die stärker bleihaltigen Varietäten geben, auf Kohle mit Soda reduziert, ein Bleikorn. Die Flammenfärbung ist für strontiumfreie Aragonite, die für in Säuren leicht lösliche Ca-Salze charakteristische gelbrote Farbe. Sr-haltige zeigen neben der gelbroten Ca-Flamme auch die purpurrote Strontiumflamme.

Während Calcit nach F. Cornu[2]) gegen Lackmuspapier schwach, gegen Phenolphtaleïnlösung stark alkalisch reagiert, reagiert Aragonit gegen Lackmuspapier mittelsark, gegen Phenolphtaleïn aber sehr stark alkalisch.

Physikalische Eigenschaften.

Lichtbrechung. Doppelbrechung negativ. Die Brechungsquotienten[3]) betragen nach A. Mühlheims[4]) und A. Offret[5]):

Linie λ	α Mühlheims	α Offret	β Mühlheims	β Offret	γ Mühlheims	γ Offret
Li 671	—	1,52772	—	1,67671	—	1,68114
D 589	1,52998	1,53000	1,68098	1,68116	1,68541	1,68570
F 486	1,53456	—	1,68997	—	1,69467	—

Achsenwinkel $2V = 18^0 10^1/_2{}'$ für die *D*-Linie berechnet aus Mühlheims Werten.
„ $2V = 18^0 11'$ nach G. Kirchhoffs[6]) direkter Messung.

Bei Erhöhung der Temperatur nehmen alle drei Brechungsindizes ab, und zwar nach A. Offret:

α um 0,000138, β um 0,0000248, γ um 0,0000274 für 1^0
$2V$ nimmt von 0^0—300^0 um $1^0 30'$ ab.

Dichte. Bestimmungen des spezifischen Gewichts an Aragonit hat V. Goldschmidt[7]) mittels der Suspensionsmethode vorgenommen; der Aragonit von Herrengrund ergab 2,919—2,937; der Aragonit von Bilin 2,927—2,936. Der der Wahrheit am meisten genäherte Wert des δ für Aragonit beträgt nach V. Goldschmidt:

$$\delta = 2,935—2,937 = 2,936.$$

Die **Härte** des Aragonits ist nach der Skala von F. Mohs $3^1/_2$—4.

Thermische Eigenschaften.

Dilatation. Die thermischen Ausdehnungskoeffizienten betragen bei einer Temperatur von ca. 40^0 C[8]):

parallel der *a*-Achse . . . 0,00001016
parallel der *b*-Achse . . . 0,00001719
parallel der *c*-Achse . . . 0,00003460

[1]) N. Collie, Journ. of the Chem. Society. Transactions London **55**, 95 (1889).
[2]) F. Cornu, Tsch. min. Mit. **25**, 504 (1906).
[3]) Zusammenstellung nach P. Groth, Chem. Kristallographie, (Leipzig 1908), II, 207.
[4]) A. Mühlheims, Z. Kryst. **14**, 202 (1888).
[5]) A. Offret, Bull. Soc. min. **13**, 405 (1890).
[6]) G. Kirchhoff, Pogg. Ann. **108**, 574 (1859).
[7]) V. Goldschmidt, Ann. d. k. k. naturh. Hofmus. Wien **1**, 127.
[8]) H. Fizeau, nach A. Des Cloizeux Manuel II, 90.

Umwandlungspunkt. Da der Aragonit bei einer weit unter dem Dissoziationspunkte des Calciumcarbonats liegenden Temperatur in die stabile rhomboedrische Phase den Calcit übergeht, ist sein Verhalten bei Temperaturen, die über diesem Umwandlungspunkte liegen, das gleiche wie beim Calcit, und die thermischen Untersuchungen am Aragonit beschränken sich daher lediglich auf die Ermittelung dieses Umwandlungspunktes.

Nachdem ältere Untersuchungen von G. Rose, E. Koefoed u. a. angestellt waren, fand O. Mügge,[1]) daß die Umwandlung des Aragonits schon bei 410° sehr langsam vor sich geht; vorher wird der Achsenwinkel allmählich kleiner. Teilweise Umwandlung konnte schon bei niedrigerer Temperatur, ca. 400, beobachtet werden. Diese Umwandlung hängt auch von der Größe der Präparate ab.

H. E. Boeke[2]) wandelte bei 470° Aragonit von Bilin in Calcit um. Eigentlich besagt uns eine Bestimmung des Umwandlungspunktes wenig. Wir können nur daraus auf die Geschwindigkeit der Umwandlung zurückschließen. Denn daß Aragonit stets die Tendenz hat, in Calcit sich umzuwandeln, das zeigen uns jetzt nicht bloß die Pseudomorphosen, das hat H. W. Foote[3]) dadurch dargetan, daß er zeigen konnte, daß auch bei Temperaturen von 100° Calcit stabiler sei. Durch Temperaturerhöhung wird eben nur die Umwandlungsgeschwindigkeit größer, und es wird z. B. eine a stündige Erhitzung auf 350° den gleichen Effekt haben, wie eine $(a + x)$ stündige Erhitzung auf 330°. Es wird dann einen Punkt geben, bei dem diese Umwandlungsgeschwindigkeit unendlich klein ist. Eine annähernde Bestimmung dieses Punktes würde mit sehr großen Schwierigkeiten verbunden sein. H. E. Boeke fand auch, daß die Erhitzungsgeschwindigkeit auf die Temperatur, bei der die Umwandlung vor sich geht, von Einfluß sei.

O. Mügge fand, daß bei Umwandlung der labilen in die stabile Phase des Calciumcarbonats keine Wärmetönung zu beobachten sei.

H. E. Boeke, der eine sehr empfindliche Methode anwandte, vermochte diesen Umstand zu bestätigen und schloß daraus, daß die Umwandlungswärme des Aragonits jedenfalls kleiner als 0,5 Cal. pro Gramm sei.

Die spezifische Wärme des Aragonits ist von mehreren Forschern bestimmt worden. J. Joly[4]) bestimmte an durchsichtigen Kristallen

$$c = 0{,}2036.$$

Am genauesten sind die Bestimmungen von G. Lindner,[5]) der auch ältere Bestimmungen mitteilt. Es fanden:

Neumann	. . . .		$c = 0{,}2018$
Kopp	zwischen	16—45° .	$c = 0{,}203$
Regnault	„	18—99° .	$c = 0{,}20850$

G. Lindner hat seine Bestimmungen mit einem Eiskalorimeter gemacht und gefunden, daß diese Methode sehr genau sei und im Gegenteil zu einigen Einwendungen sehr brauchbare Resultate liefere. Er fand:

---

[1]) O. Mügge, N. JB. Min. etc. Beilagebd. **14**, 246 (1901).
[2]) H. E. Boeke, Z. anorg. Chem. **50**, 244 (1906).
[3]) H. W. Foote, Z. f. phys. Chem. **33**, 740 (1900).
[4]) J. Joly, Proc. Roy. Soc. London **41**, 24 (1887).
[5]) G. Lindner, Sitzber. d. phys.-med. Soc. Erlangen **34**, 217 (1902).

Für ein Intervall zwischen 0–100° . . . c = 0,2065
„ 0–200 . . . c = 0,2121
„ 0–300 . . . c = 0,2176
„ 0–350 . . . c = 0,2246

Für die einzelnen Temperaturen gibt G. Lindner folgende Zusammenstellung:

Temperatur θ	Spezifische Wärme c	Zunahme
50°	0,2065	—
100	0,2121	2,6%
150	0,2177	2,6
200	0,2232	2,5
250	0,2286	2,4

Bildungswärme. H. Le Chatelier[1]) hat festgestellt, daß bei der Umwandlung des Aragonits in Calcit nicht, wie A. Favre und J. Silbermann fanden, 2 Cal. frei werden, sondern, daß 0,3 Cal. gebunden werden. Da Bildungswärme und Dichte der rhombischen Phase höher seien, als die der rhomboedrischen Phase, so müßte Aragonit bei niederen Temperaturen und höherem Druck stabiler sein. Die Energiedifferenz zwischen beiden Phasen ist klein. Das nähere siehe S. 117.

Die Dielektrizitätskonstanten des Aragonits haben bestimmt:

R. Fellinger[2]) { parallel der c-Achse . . . . DC_1 = 6,011
„ „ a-Achse . . . . DC_3 = 9,14

W. Schmidt[3]) Ar. von Herrengrund in Ungarn, I nach älterer Methode, II „ neuerer „		I	II
parallel der c-Achse	DC_1	= 6,70	6,55
„ „ b-Achse	DC_2	= 7,70	7,68
„ „ a-Achse	DC_3	= 9,90	9,80

W. Schmidt[3]) Ar. von Drensteinfurt in Westfalen, I nach älterer Methode, II „ neuerer „		I	II
parallel der c-Achse	DC_1	= 6,60	6,55
„ „ b-Achse	DC_2	= 7,80	7,70
„ „ a-Achse	DC_3	= 10,00	9,80

Löslichkeit. Über die Löslichkeit des Aragonits und die Leitfähigkeit ist das Nötige schon früher gesagt worden (vgl. bei Calcit) und sei nur wiederholt, daß Aragonit als die weniger stabile Phase in reinem Wasser leichter löslich ist, als die stabile Phase, der Calcit.

In Säuren ist der Aragonit etwas langsamer löslich als der Calcit. Die Lösungsgeschwindigkeit des Aragonits in 10%iger Salzsäure bei 15° ist nach W. Spring[4]) 0,476.

Nach Lavizzaris[5]) Untersuchungen ist es die Basis des Aragonits, welche im Verhältnisse zur Prismenfläche unter gleichen Umständen beim Ätzen mehr Gas entwickelt. Bei Anwendung konzentrierter Salpetersaure verhält sich die Gasentwicklung auf Basis: Prisma = 3 : 1.

[1]) H. Le Chatelier, C. R. **116** 390 (1893).
[2]) R. Fellinger, Ann. d. Phys. [4] **7**, 333 (1901).
[3]) W. Schmidt, Ann. d. Phys. **9**, 919 (1902).
[4]) W. Spring, Ann. Soc. Geol. Belgique **18** (1890).
[5]) Lavizzari, Nouveaux phénomènes des corps cristallisés (Lugano 1868); zitiert nach V. Ebner, Sitzber. Wiener Ak. II, 1885, 815.

Es folgt nun eine kurze Zusammenstellung über die Ausbildungsform des Calciumcarbonats bei Gegenwart anderer Salze, ein Kapitel, das hierher gehört, obwohl es auch Angaben über den Calcit enthält, die aber von denen über Aragonit schwer zu trennen sind, weil durch fremde Beimengung die künstliche Darstellung des Aragonits bei gewöhnlicher Temperatur gelang.

Der Einfluß der Lösungsgenossen auf die Kristallisation des Calciumcarbonats. Den Begriff Lösungsgenossen hat H. Vater in die Mineralogie eingeführt und bezeichnet damit die in demselben Lösungsmittel zugleich gelösten Substanzen. Die eingehendsten, wahrhaft klassischen Untersuchungen hat hierüber H. Vater[1]) ausgeführt und in der Z. f. Kryst. darüber berichtet.

H. Vater konnte durch zahlreiche Versuche feststellen, daß das Grundrhomboeder die von Lösungsgenossen unbeeinflußte Form des aus reiner kohlensaurer wäßriger Lösung von Calciumcarbonat bei niedrigen Temperaturen (unter 30°) auskristallisierenden Calcits darstellt. Das Auftreten anderer Formen und Kombinationen wird durch Lösungsgenossen bedingt (Temperatur unter 30°). Der Einfluß, den die Lösungsgenossen auf die Kristallform ausüben, hängt sowohl von der Beschaffenheit derselben, als auch von der Menge ab, in der sie anwesend sind. Dieser Einfluß kann nun einerseits dahin gehen, daß er eine Änderung der Kristallform und der Kristallklasse bewirkt, wie später F. Cornu und H. Leitmeier gezeigt haben (vgl. das Folgende) oder er kann in einer Änderung des Kristallhabitus, der Kristalltracht, bestehen.

Auch die Geschwindigkeit des Wachstums der Kristalle übt unter Umständen einen Einfluß auf die Kristallform aus, der aber, wie hier ausdrücklich bemerkt sei, dem der Lösungsgenossen bedeutend nachsteht. Über die sog. Vatersche III. Modifikation, den Vaterit, hat schon G. Linck im allgemeinen Artikel das Nähere berichtet (S. 130).

Die Konzentration der Lösung, nach Th. Schloesings Untersuchungen die Gegenwart bzw. die Menge von zugleich gelöstem Calciumbicarbonat, hat keinen Einfluß auf die Kristallklasse; es bildet sich, wenn bei niederer Temperatur in einer Lösung von Calciumcarbonat in kohlensäurehaltigem Wasser durch Zerlegung von Calciumbicarbonat infolge von Kohlensäureverlust sowie Verdunsten des Wassers eine Übersättigung der Lösung mit Calciumcarbonat eintritt, stets nur Calcit.

Der Einfluß der Lösungsgenossen in bezug auf Kristalltracht ist um so größer, je langsamer die Einwirkung vor sich geht. Es bedarf des Zusatzes einer gewissen Quantität, um eine Wirkung der betreffenden Lösungsgenossen auf die Kristalltracht des Carbonats auszuüben; diese Menge, die nötig ist, um eben noch eine Einwirkung zu erzielen, die, um eine unendlich kleine Menge verringert, keine Wirkung mehr zu erzielen vermag, nennt H. Vater[2]) den Schwellenwert, analog wie es W. Wundt in seiner Logik tat. Bei Calciumsulfat, Kaliumsulfat, Natriumsulfat[3]) liegt der Schwellenwert zwischen den Gehalten von 0,00025 und 0,0005 g Molekulargewicht im Liter. Bei diesen Mengen bildet sich neben dem Grundrhomboeder die Kombination mit einem zweiten steilen negativen Rhomboeder, dessen Flächenausdehnung mit steigender Konzentration der Mutterlösung an dem betreffenden Lösungsgenossen zunimmt.

---

[1]) H. Vater, Z. Kryst. **21**, 433, (1893); **22**, 109 (1894); **24**, 366, (1895); **24**, 378 (1895); **27**, 477 (1897); **30**, 295 (1899); **30**, 485 (1899); **31**, 538 (1899).

[2]) H. Vater, Z. Kryst. **30**, 295 (1899).

[3]) H. Vater, Z. Kryst. **30**, 485 (1899).

Bei etwa 0,0025 g Molekulargewicht werden beide Formen flächengleich. Die Ausdehnung nimmt dann noch progressiv zu.

Bei Steigerung des Kaliumsulfatgehalts über 0,05 g Molekulargewicht tritt zwischen 0,05—0,125 zu den vorhandenen Formen noch das basische Pinakoid hinzu. Dann verschwindet allmählich das Grundrhomboeder und es bildet sich bei 0,5 g Molekulargewicht Kaliumsulfat ausschließlich die Kombination eines steilen negativen Rhomboeders mit dem basischen Pinakoide; also ein Schulbeispiel der Beinflussung der Kristalltracht durch Lösungsgenossen. H. Vater hat dann die Beeinflussung noch an zahlreichen anderen Lösungsgenossen untersucht, z. B. an: $CaCl_2$, $Ca(NO_3)_2$, $KHCO_3$, $NaHCO_3$, KCl, NaCl, KNO_3, $NaNO_3$ u. a.; ebenso die Kombination mehrerer Lösungsgenossen.

Bei allen diesen Untersuchungen war aber niemals Aragonitbildung zu beobachten. Im Gegenteil konnte H. Vater zeigen, daß sowohl die von G. Rose[1]) als auch von H. Credner[2]) als Aragonit beschriebenen künstlichen Darstellungsprodukte in Wirklichkeit nur Kalkspat waren.

H. Credner glaubte durch die Gegenwart von Calciumsulfat Aragonitbildung erhalten zu haben. H. Vater wies aber nach, daß die stäbchenförmigen, für Aragonit gehaltenen Bildungen Bakterien waren.

H. Credner hat bei Zimmertemperatur durch gleichzeitiges Auskristallisieren von Calciumcarbonat mit Strontiumcarbonat bei verschiedener Konzentration strontiumhaltigen Aragonit erhalten. Auch aus Lösungen, die eine Bleiverbindung enthielten, gibt H. Credner an, Aragonit erhalten zu haben.

In neuerer Zeit hat M. Bauer[3]) Aragonit mit Bariumcarbonatgehalt dadurch hergestellt, daß er kohlensaure Lösungen von Calciumcarbonat und Bariumcarbonat vermengt auskristallisieren ließ. Es bildeten sich stets rhombische Kristalle. Auch bei einem Verhältnis von 98—99 Teilen der reinen gesättigten $CaCO_3$-Lösung zu 1—2 Teilen der reinen gesättigten Bariumcarbonatlösung entstanden bei Zimmertemperatur rhombische Kristalle, die, wie kristallographische Messungen zeigten, Aragonit waren.

Doch alle diese Aragonitdarstellungen reichten nicht hin, das gesamte Auftreten des Aragonits in der Natur zu erklären, da ja Barium- und Strontiumsalze verhältnismäßig selten sind und bei weitem nicht alle Aragonite Sr oder Ba enthalten. Diese Darstellungen bestanden darin, daß gleichzeitig sich bildendes rhombisches Carbonat das polymorphe Carbonat zwingt, in der mit ersterem isomorphen Form auszukristallisieren. Die nun folgenden Experimentatoren verzichteten auf die Isomorphie der beiden Salze, sondern arbeiteten mit Lösungsgenossen, die in der Natur verwirklicht schienen. Ihre Wirkung beruht also allein in der Anwesenheit in der Lösung, somit wohl in der Beeinflussung der Konzentration und der Oberflächenspannung.

F. Cornu[4]) gelang es, durch die Anwesenheit des leicht dissoziierbaren Magnesiumsulfats aus wäßrigen CO_2-haltigen Lösungen Aragonit darzustellen.

F. Cornu ging von dem Umstande aus, daß gewöhnlich dort, wo größere Erzmassen in den Gängen der obersteirischen Grubenbaue (Zeiring, Flatschach, Veitsch, Radmer u. a.) sich befinden, auch der Aragonit vorkommt. Im tauben

[1]) G. Rose, Pogg. Ann. **42**, 353 (1837).
[2]) H. Credner, Journ. prakt. Chem. **110**, 292 (1870).
[3]) M. Bauer, N. JB. Min. etc. 1890^{I}, 10.
[4]) F. Cornu, Österr. Z. f. Berg.- u. Hüttenw. **45** (1907).

Gesteine hingegen trifft man gewöhnlich den Calcit, ein Umstand, auf den F. Cornu durch K. A. Redlich aufmerksam gemacht wurde. Nach F. Cornus Beobachtung schien nun die Bildung des Aragonits von dem Kupfer- oder dem Eisengehalte der Erze abhängig zu sein. Aber auch den Gehalt an Magnesiumcarbonat in den Sideriten und Ankeriten und den Breunneritbildungen hat er berücksichtigt. Frisch gefällter, in Sodawasser gelöster kohlensaurer Kalk wurde durch drei Monate der Verdunstung überlassen. Als Lösungsgenossen wurden Magnesiumsulfat, Magnesiumcarbonat, basisches Kupfercarbonat, Kupfersulfat und Eisencarbonat verwendet. Bei der Untersuchung des ausgeschiedenen Calciumcarbonats war überall rhomboedrischer kohlensaurer Kalk gebildet worden, nur dort, wo Magnesiumsulfat als Lösungsgenosse zugesetzt war, hatte sich die rhombische Modifikation, der Aragonit, gebildet. Zugleich hatte sich Gips in feinen Nädelchen ausgeschieden. Um jeder Unsicherheit aus dem Wege zu gehen, hat F. Cornu die so erhaltenen Aragonite H. Vater zur Prüfung übersandt, der sie auch als unzweifelhafte Aragonite erkannte. Das Vorkommen von Epsomit auf Erzgängen infolge der Verwitterung der Kiese ist eine bekannte Tatsache.

H. Leitmeier[1]) hat dann diese Untersuchungen weitergeführt und gefunden, daß auch andere leicht dissoziierbare Salze, wie Magnesiumchlorid als Lösungsgenosse die Ausbildung der rhombischen Phase bewirke. Doch ist zur Wirksamkeit dieser Lösungsgenossen eine gewisse Temperatur erforderlich und bei Versuchen, die bei 2° C gemacht wurden, bildete sich bei keiner der angewandten Mengen der Lösungsgenossen (Konzentration der Salzpaare) Aragonit, und bei 10° war bei gleicher Menge des Magnesiumsulfats und -chlorids stets weniger Aragonit gebildet worden als bei 20° C. Der Schwellenwert für die Wirkung auf die Kristallklasse sinkt also, wenn die Temperatur steigt. Bei Konzentrationen unterhalb dieses Schwellenwertes wurde nur Beeinflussung der Kristalltracht genau so, wie dies H. Vater feststellte, gefunden. Hierin liegt ein gewisses Fortschreiten, indem geringe Konzentration nur Änderung des Kristallhabitus, höhere Konzentration aber Änderung der Kristallklasse bewirkt; zwei wichtige Punkte in diesem Systeme sind die beiden Schwellenwerte für Änderung der Tracht und der Klasse.

Über die Aragonitbildung hat dann F. Vetter[2]) mit Keimen gearbeitet, indem er kleine Kriställchen in die Lösungen brachte, aus denen das Calciumcarbonat abgeschieden wurde. Aragonitkeime bewirken aber, wie aus seinen zahlreichen Versuchen hervorgeht, keine Aragonitbildung unter 30° C. Ganz anders verhalten sich aber Calcitkeime über 30° C, diese verhindern die Aragonitbildung und F. Vetter erhielt fast stets auf diese Weise Calcit. Bei Temperaturverhältnissen, bei denen sich der Erfahrung gemäß die stabile Phase, der Calcit ausscheidet, hat die metastabile, der Aragonit als Keim auf die Kristallisation keinen Einfluß; bei Temperaturverhältnissen aber, bei denen die metastabile sich zu bilden pflegt (die nächstliegende ist), bewirkt die stabile Phase als Keim, daß die stabile Phase, der Calcit, zur Abscheidung kommt. F. Vetter konnte im übrigen durch seine Versuche die Ergebnisse der Untersuchungen F. Cornus und H. Leitmeiers bestätigen. Sehr wichtig sind diese Verhältnisse für das Auftreten des Aragonits in der Natur.

---

[1]) H. Leitmeier, N. JB. Min. etc. 1910[I], 49.
[2]) F. Vetter, Z. Kryst. **48**, 45 (1910).

Auftreten und Genesis des Aragonits.

G. Rose,[1]) der ausgezeichnete Mineraloge und Naturbeobachter, hat das Vorkommen des Aragonits in der Natur in acht Gruppen eingeteilt. Diese Einteilung ist so zutreffend, daß ihr auch heute noch vollste Gültigkeit zukommt.[2])

1. Eingewachsen in Ton mit Gips und Quarz (Bastennes, Molina u. a.).
2. In Spalten und Höhlungen des Eisenspats, Dolomits und Braunspats (Iberg, Hüttenberg, Kamsdorf, Alston Moor in Devonshire, Leogang, Herrengrund u. a.). Hierher gehören auch die unter 6 in Klüften des Dolomits und Eisenspats auftretenden Sinterbildungen, wo sie mit Kalkspat wechsellagern und oft die bekannten Eisenblüten bilden (Hüttenberg, Eisenerz).
3. Untergeordnet auf Schwefelgruben in Sizilien.
4. Auf Gängen in Serpentin (Baumgarten in Schlesien, Baudissero in Piemont, Monte Rosa, Kraubath in Steiermark u. a. O.).
5. In Höhlungen jüngerer vulkanischer Gesteine, vor allem des Basalts. Sehr verbreitet, z. B. im böhmischen Mittelgebirge, Horschenz, Weitendorf in Steiermark u. a.
6. Die unter 2 nicht einzureihenden Sinterbildungen und Tropfsteine.
7. Als Thermalabsätze von heißen Quellen (Karlsbad).
8. Pseudomorphosen, zu denen der Aragonit Veranlassung gibt, oder die er bildet.

H. Leitmeier hat noch hinzugefügt:

9. Aragonit als organische Bildungen einer großen Anzahl von Meerestieren, Muscheln und Schnecken.
10. Aragonit als Absatz von Mineralquellen bei gewöhnlichen Temperaturen.

3, 5 und 7 kann man leicht und zwanglos durch Absatz bei hohen Temperaturen erklären.

Die schwierigste Deutung dürfte wohl die unter 4 sein. Hier kommt man mit keiner der bisherigen Erklärungen und auch nicht mit den Schlüssen, die man aus F. Cornus und H. Leitmeiers Versuchen ziehen kann aus. Denn hier haben wir zwar reichlich die Magnesia vertreten, aber leicht zersetzbare Magnesiasalze kennen wir auf Serpentinlagerstätten nicht, wenngleich Magnesiaminerale wie kolloider Magnesit und Hydromagnesit öfter auftreten.

Die im vorstehenden beschriebenen Versuche ergeben aber einen guten Anhaltspunkt für die Vorkommen 2, 8 und 9.

Schon G. Rose bemerkte, daß die Aragonite der Erzlagerstätten, und diese sind ja unter Punkt 2 und teilweise 6 gemeint, gewöhnlich an Eisenerze, Dolomit und Braunspat gebunden sind. Auf allen Eisenerzlagerstätten finden sich Pyrite und die Umwandlungsprodukte derselben. Tritt nun Magnesia in irgend einer Form hinzu, so ist die Bildung einer Lösung von Magnesiumsulfat schon möglich und damit auch die Möglichkeit zur Aragonitbildung gegeben. Und tatsächlich finden sich eine große Anzahl von Erzlagerstätten, bei denen diese Bildungsbedingungen gegeben sind. So z. B. Eisenerz, Zeiring, Veitsch in Steiermark; Hüttenberg in Kärnten, Brixlegg, Schwaz, Schneeberg in Tirol, Dienten und Leogang in Salzburg, Synjako in Bosnien, Schemnitz und Kremnitz in Ungarn, Freiberg in Sachsen, Markirch und Framont in Elsaß-Lothringen und anderen Orten.

Eine eigentümliche Wechsellagerung zwischen Aragonit und Calcit hat E. Hatle[3]) vom steirischen Erzberg bei Eisenerz beschrieben und „Erzbergit" genannt. Die aufeinanderfolgenden Lagen sind stellenweise sehr dünn und

[1]) G. Rose, Abh. d. k. Ak. d. Wiss. Berlin 1856.
[2]) Bezüglich 2 und 6 sind einige Veränderungen vorgenommen worden.
[3]) E. Hatle, Mitt. d. naturwiss. Vereins f. Steiermark 1892, 294.

der Wechsel muß daher ein verhältnismäßig rascher gewesen sein. Dies läßt sich ganz einfach durch den Wechsel der Jahreszeiten erklären. Zur kalten Zeit waren die Temperaturen unter dem Schwellenwerte (auch in bezug auf die Temperatur, die wie früher gezeigt wurde, auf die Bildung von Aragonit von großem Einflusse ist, kann von einem Schwellenwerte gesprochen werden) und die Lösungsgenossen blieben wirkungslos. Ebenso kann ja auch in der Konzentration der Lösung eine Änderung eingetreten sein, so daß auch hier der Gehalt des Lösungsgenossen unter den Schwellenwert sank. Dies wird überhaupt für den Wechsel von Calcit- und Aragonitbildung speziell auf Erzlagerstätten von großer Bedeutung sein. In tieferen Partien, wo auch der Wechsel der Jahreszeiten keine so einschneidende Wirkung oder auch gar keine Temperaturänderung hervorzubringen imstande ist, werden diese raschen Abwechslungen der einzelnen Modifikationen seltener sein, und wenn sie auftreten, so wird man sich in der Erklärung auf die Änderung in der Zusammensetzung der Mutterlösung, sei es, daß der Lösungsgenosse eine Zeitlang ganz fernblieb, oder aber unter den Schwellenwert sank, beschränken müssen. Hier wird auch der Gasdruck eine Rolle spielen.

Auch bezüglich des Vorkommens auf Schwefellagern (Punkt 3) kann ein Salz als Lösungsgenosse eingewirkt haben. So beschreibt L. Bombicci[1]) aus den Schwefellagern der Romagna neben Aragonit (und Calcit) Bittersalz.

Als Quellabsatz ist Aragonit in großen Mengen und prächtigen, den von Herrengrund[2]) ähnlichen Kristallen in neuester Zeit von J. Dreger[3]) aus Rohitsch-Sauerbrunn in Untersteiermark beschrieben worden, von welchem Orte schon früher faseriger und sinteriger Aragonit bekannt geworden ist.[4]) Die Quellen von Rohitsch, die eine Temperatur von ca. 10° haben, enthalten nun nach den Analysen von E. Ludwig und Zdarek bedeutende Mengen von Magnesia und Schwefelsäure und H. Leitmeier[5]) wies auf die große Wahrscheinlichkeit hin, daß auch hier dissoziiertes Magnesiumsulfat als Lösungsgenosse das Calciumcarbonat in der rhombischen Phase zur Abscheidung gebracht habe. Aragonit bildet sich dort auch noch gegenwärtig. Ähnliche Verhältnisse finden sich auch an den Mineralquellen zu Kovaszna in Siebenbürgen.

Daß (Punkt 9) durch die Tätigkeit von Organismen Aragonit gebildet wird, das zeigen uns die Muschelschalen mancher Meerestiere, die aus Aragonit bestehen. P. Tesch[6]) hat in neuester Zeit eine ganze Reihe von Aragonitschalern aufgezählt, wie z. B. Cardium, Donax, Cerithium, Venus, Natica, Cypraea und viele andere von tertiären Fossilien, von denen Schalen gefunden wurden, die teilweise aus reinem Aragonit bestanden.

Im allgemeinen zeigt sich der Aragonit als bedeutend weniger verbreitet wie der Calcit, welch letzterer überall dort vorkommt, wo aus irgend einem Grunde eine Übersättigung einer kalkhaltigen Lösung, die zugleich Kohlensäure enthält, eintritt. Eine solche Lösung stellen aber die Tageswässer, die durch kalkreiche Gegenden führen, fast stets dar. Nur unter gewissen Be-

[1]) L. Bombicci, Mem. d. R. Acc. d. Bologna **4**, 82 (1895).
[2]) H. Hlawatsch, Z. Kryst. **47** (1909).
[3]) J. Dreger, Verh. k. k. geol. R.A. 1908, 66.
[4]) R. Hoernes, Verh. k. k. geol. R.A. 1890, 243 und E. Hatle, Mitt. d. naturwiss. Vereins f. Steiermark 1892, 300.
[5]) H. Leitmeier, Z. Kryst. **47**, 104 (1909).
[6]) P. Tesch, Verslag v. d. Vergad. d. Wiss. Nat. Afd. kgl. Ak. Amsterdam 1908, 234.

dingungen wird sich Aragonit bilden können, und nicht nur die Beschränkung durch das Vorhandensein gewisser Lösungsgenossen und durch die Abhängigkeit von der Temperatur macht den Aragonit selten, er stellt ja eine metastabile Phase dar, und wenn auch die Umwandlungsgeschwindigkeit eine ungemein geringe ist, so wird doch im Laufe der Jahrhunderte und Jahrtausende diese Umwandlung der rhombischen in die rhomboedrische stabile Phase eintreten, wie uns ja auch die häufigen Pseudomorphosen des Calcits nach Aragonit beweisen.

Darüber, wie sich die einzelnen Phasen des Calciumcarbonats umwandeln, hat G. Linck[1]) eine Schema entworfen:

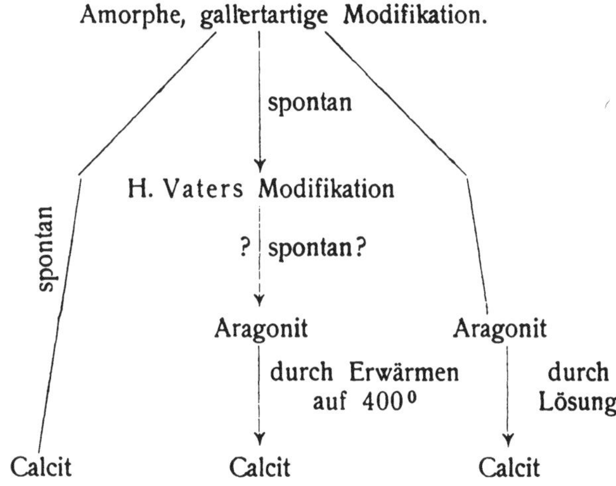

Näheres über die einzelnen Phasen siehe S. 115 ff.

Umwandlungen. Von den eben nicht seltenen Pseudomorphosen von Mineralien nach Aragonit, wie Pyrit, Malachit u. a., die häufig beschrieben wurden (vgl. auch R. Blum, Die Pseudomorphosen), sind wohl die Pseudomorphosen von Calcit nach Aragonit von der größten Bedeutung, denn sie sind der beste Beweis für die geringe Stabilität der rhombischen Phase des Calciumcarbonats. Es soll hier keine Aufzählung aller dieser Pseudomorphosenfundorte gegeben werden; Leuze[2]) hat eine Reihe von solchen Umwandlungen zusammengestellt, und auch M. Bauer[3]) hat sich mit ihnen eingehend beschäftigt.

Sie sagen uns, daß die Umwandlung des Aragonits in Calcit auch bei niederen Temperaturen vor sich geht; daß bei Temperaturen über 450° Calcit allein stabil ist, das zeigen uns ja die oben (S. 344) erwähnten Umwandlungsversuche. Daß aber auch bei einer Temperatur von ca. 100° Calcit beständiger sei, als Aragonit, zeigt H. W. Foote.[4]) Er erzeugte Calciumcarbonat durch Vermischen heißer Lösungen von Calciumchlorid und Natriumcarbonat. Der

[1]) G. Linck, Naturwiss. Wochenschr. (Vortrag) **8**, 691 (1909).
[2]) Leuze, Sitzber. d. oberrhein. geol. Vereins. 1888.
[3]) M. Bauer, N. JB. Min. etc. 1886[1], 62.
[4]) H. W. Foote, Z. f. phys. Chem. **33**, 741 (1900).

Niederschlag bestand größtenteils aus Aragonitnadeln mit etwas Calcit. Der getrocknete Niederschlag wurde mit einer starken Lösung von Ammoniumchlorid in eine Röhre eingeschmolzen und 5—6 Stunden lang auf 100° erhitzt. Die mikroskopische Untersuchung, sowie die Bestimmung des spezifischen Gewichtes des so behandelten Carbonats zeigten, daß reiner Calcit vorlag. Es ist somit auch bei dieser Temperatur Calcit stabiler, als Aragonit und die ursprüngliche Aragonitbildung entsprach dem Ostwaldschen Gesetze,[1]) wonach sich beim Übergang aus einem Zustande in einen anderen zuerst die nächstliegende Form, ohne Rücksicht auf ihre Stabilität, bildet.

Durch weitere Versuche (siehe auch S. 117ff.) hat H. W. Foote gezeigt, daß bei Temperaturen unterhalb seines Schmelzpunkts, Aragonit niemals zur beständigeren Form werden kann.

Neben diesen höchst wichtigen Untersuchungen sagt das hypothetische Zustandsdiagramm, das G. Tamman[2]) für Calcit und Aragonit gab, wohl weniger. G. Tamman vergleicht die Umwandlungsvorgänge des Calciumcarbonats mit den beiden Kristallarten des Phenols und gibt eine graphische Darstellung.

H. W. Foote schloß aus seinen Untersuchungen, daß eine Umwandlung des Calcits in Aragonit unmöglich sei. Nun sind zwar Pseudomorphosen von Calcit nach Aragonit von verschiedenen Fundorten beschrieben worden, aber M. Bauer[3]) hat für die meisten hiervon nachgewiesen, daß es sich nicht um molekulare Umwandlung, nicht um eine Reaktion handelt, sondern, daß durch einen kleinen Bariumgehalt der Mutterlösung (vgl. S. 347) die Ausbildung von Aragonit bewirkt wurde. Doch wären, um hier ganz sichere Resultate zu erhalten, diese Pseudomorphosen wohl in möglichster Anzahl neu zu untersuchen.

Anhang.

Hier soll anhangsweise einiges über Calciumcarbonate gesagt sein, über deren Stellung zum Calcit man noch nicht vollkommen unterrichtet ist, die aber wohl schwerlich als selbständige Mineralspezies zu betrachten sein werden.

Pelagosit.

Als ein eigentümliches Calciumcarbonat wurde der Pelagosit beschrieben, der sich auf Dolomiten und Kalksteinen, die der Meeresbrandung ausgesetzt sind als rezenter Absatz bildet. Der Pelagosit bildet bald graulichglänzende schüppchenförmige Überzüge, bald firnisartige Massen und sieht nach G. Tschermak Flechten außerordentlich ähnlich. Diese Überzüge sind unter dem Mikroskope dichte Aggregate, sind in Salzsäure leicht löslich und unterscheiden sich von Calcit durch größere Härte, die der des Flußspates gleichkommt.

Moser[4]) hat diese Bildungen von ihrem besonders schönen Vorkommen auf der Insel Pelagosa im Adriatischen Meere Pelagosit genannt, G. Tschermak[5]) hat sie näher beschrieben, J. Cloëz[6]) und später S. Squinabol und G. Ongaro[7]) haben Analysen angefertigt.

[1]) W. Ostwald, Z. f. phys. Chem. **22**, 289 (1897).
[2]) G. Tamman, Ann. d. Phys. [4] **9**, 266 (1902).
[3]) M. Bauer, N. JB. Min. etc. 1890[I], 12.
[4,5,6]) Nach G. Tschermak, Tsch. min. Mit. **1**, 174 (1878).
[7]) S. Squinabol u. G. Ongaro, R. d. min. ital. **26**, 44 (1901).

	1.	2.
δ	—	2,835
$(MgCO_3)$ . . .	0,90	1,628
$CaCO_3$	91,80	87,794
(Al_2O_3)	—	0,476
(Fe_2O_3)	0,25	0,794
(KCl)	—	0,317
(NaCl)	0,49	2,185
$(CaSO_4)$ . . .	—	2,454
(SiO_2)	1,22	0,107
(Organ. Substanz)	0,71	2,011
Wasser	4,56	1,197
(Unlösliche SiO_2)	—	0,556
	99,93	99,519

1. Pelagosit von der Insel Pelagosa; anal. J. Cloëz, Tsch. min. Mit. **1**, 174 (1878).
2. Pelagosit, schwarz von der Insel Tremiti; anal. S. Squinabol u. G. Ongaro; R. d. min. ital. **26**, 44 (1901).

Nach J. Cloëz hängt die Bildung des Pelagosits mit der Bewegung des Meerwassers zusammen, das an den steilen Küsten emporspritzt und Tropfen absetzt, die durch Entweichen der CO_2, $CaCO_3$ absetzen. Ähnlich nehmen auch S. Squinabol und G. Ongaro die Bildung dieses Carbonats an. Ähnliche Bildungen sind auch von R. Bellini[1]) auf Capri beobachtet worden.

Thinolith, Pseudogaylussit und Jarrowit.

Es sind in der Literatur eine Anzahl von Pseudomorphosen, die aus Calcitsubstanz, nach noch nicht mit Sicherheit bekannten Mineralien bestehen, und für die man Namen, wie Pseudogaylussit, Thinolith und Jarrowit gebraucht hat, beschrieben worden.

A. Breithaupt[2]) hat die von Freiesleben[3]) beschriebene Pseudomorphosen von Obersdorf bei Sangerhausen in Thüringen als solche nach dem damals erst vor kurzem bekannt gewordenen Gaylussit bestimmt; W. Haidinger[4]) und G. Rose[5]) haben diese Deutung dann auch auf ähnliche Pseudomorphosen von der Kalksteinhöhle in der Tufna bei Hermanecz in der Nähe von Neusohl in Ungarn bzw. auf solche von Kating bei Tönningen in Schleswig bezogen. A. Des Cloizeaux[6]) hat dann aber diese Bildungen für Umwandlungen nach Cölestin erklärt (er hatte den Gaylussit genauer kristallographisch untersucht). Nach A. Kenngott[7]) sind die Kristalle von Sangerhausen Pseudomorphosen nach Gips. P. Groth[8]) hält diese Pseudomorphosen für Umwandlungen nach Anhydrit, da durch Analyse 2$^0/_0$ Calciumsulfat gefunden wurden. Die meisten Anhänger behielt die alte Breithauptsche

[1]) R. Bellini, ZB. Min. etc. 1909, 667.
[2]) A. Breithaupt, Mag. f. die Oryktogr. von Sachsen, Nr. 7, 1836.
[3]) Freiesleben, Isis **20**, 325 (1827).
[4]) W. Haidinger, Pogg. Ann. **53**, 142 (1841).
[5]) G. Rose, Pogg. Ann. **53**, 144 (1841).
[6]) A. Des Cloizeaux, Ann. chim. phys. **7**, 489 und Manuel d. Minér. II. 1874, 171.
[7]) A. Kenngott, Pogg. Ann. Erg.-Bd. **5**, 442.
[8]) P. Groth, Mineraliensammlung der k. Univ. Straßburg 1878, 124. Anm.

Ansicht; E. E. Schmid[1]) fand solche Gebilde im Zechsteinzuge zwischen Gehren und Königsee am Fuße des Thüringer Waldes mit 0,9 % Natriumcarbonat (vgl. S. 355 Analyse 3) und meint, daß diese Umwandlungen dem ursprünglichen Gaylussit näher stünden, als die Pseudomorphosen von Sangerhausen, weil erstere noch etwas Natriumcarbonat enthielten.

Cl. King[2]) hat für Gaylussit ähnliche Formen von Calciumcarbonat, die in tuffartigen Ablagerungen von Nevada vorkommen, den Namen Thinolith gebraucht, und er hält sie für Gestadebildungen des alten quaternären Sees Lahontan, dessen Überbleibsel der Salzsee bei Ragtown, Churchill Co. in Nevada sein soll. In letzterem tritt auch der Gaylussit selbst in frischem Zustande auf; und F. J. P. v. Calker[3]) sagt, daß von den amerikanischen Geologen, die die Gegend um den 40. Breitegrad zu untersuchen hatten, fast überall dort, wo der Gaylussit auftritt, auch diese Pseudomorphosen gefunden worden seien.

Später kam dann E. S. Dana,[4]) der den Thinolith vom See Lahontan untersuchte (Analyse 4—6) zu der Ansicht, daß weder Gaylussit, Gips und Anhydrit noch Cölestin oder Glauberit das Ausgangsmaterial sei. Er fand einen skelettartigen Bau beim Thinolith, und glaubt, daß ihm eine tetragonale Pyramide ($a:c = 1:2,24$) zugrunde liege. Er glaubt, daß das Ausgangsmaterial ein der Gaylussitsubstanz nahestehendes Doppelsalz sei, das $CaCO_3$ als Hauptbestandteil besitze. Als solche hypothetische Doppelsalze kämen nach E. S. Dana in Betracht: $CaCO_3 + CaCl_2$ (in Analogie mit den Pseudomorphosen von Cerussit nach Witherit Oberschlesiens) und $CaCO_3$ + NaCl oder 2NaCl. Diese Ansicht hat wenig Anklang gefunden. F. J. P. v. Calker[3]) hat die Literatur eingehend überprüft und selbst solche Gebilde von Onderdendam bei Groningen in Holland analysiert (Analyse 7) und beschrieben; es sind kugelige Gebilde von gelblicher Färbung. Er wendet sich keiner der herrschenden Ansichten über die Entstehung dieser Gebilde zu, und führt aus, daß wegen der porösen Beschaffenheit dieser Gebilde eine Bildung durch Verlust von Bestandteilen sehr wahrscheinlich sei, wie dies ja auch A. Breithaupt, A. Kenngott und E. S. Dana angenommen haben. Er vergleicht die meisten bekannten Vorkommen und stellt bezüglich ihrer äußeren Ähnlichkeit mit Gaylussit Untersuchungen an, die ihn indes zu keinem sicheren Resultate führen; er meint aber, daß die Bildung aus Gaylussit oder Cölestin die meiste Wahrscheinlichkeit besitze.

Später hat Ch. O. Trechmann[5]) Thinolithe, die aus dem Clyde-Flusse bei Cardross gegenüber Greenock bei Glasgow gebaggert wurden, analysiert (Analyse 8) und beschrieben; sie sind hämatitrot gefärbt. Er hat auch die Dichte mit $\delta = 2,575$ an groben und 2,602 an kleineren Körnern bestimmt. Unter dem Mikroskope zeigte sich ein undeutlich schaliger Aufbau der aus optisch negativen Sphärolithen bestand, die als Calcit erkannt werden konnten. Diese Gebilde erinnerten an ähnliche früher aufgefundene Thinolithe, die Jarrowit[6])

[1]) E. E. Schmid, Med. nat. Ges. z. Jena 1880.
[2]) Cl. King, Bull. geol. Surv. U.S. 1879, 508.
[3]) F. J. P. v. Calker, Z. Kryst. **28**, 556 (1897).
[4]) E. S. Dana, Bull. geol. Surv. U.S. 1884, 440.
[5]) Ch. O. Trechmann, Z. Kryst. **35**, 283 (1902).
[6]) E. J. J. Browell, Trans. of the Thyneside Nat. Club **5**, 103 (1860—1862) und G. A. Lebour, 57th Report. Brit. Assoc. for 1887; 1888, 700.

(vom Fundorte Jarrow on Tyne, County Durham) genannt worden waren. Über die Genesis dieser Gebilde macht Ch. O. Trechmann keine Angaben.

Analysen.

Die Zusammenstellung erfolgt nach F. J. P. v. Calker. Zuerst sind ältere Analysen (1—4) wiedergegeben, bei denen die einzelnen Bestandteile in Carbonaten angegeben sind, bei den anderen neueren sind die Bestandteile in Oxyden aufgeführt.

	1.	2.	3.	4.
(Na_2CO_3)	—	0,04	0,9	—
($MgCO_3$)	—	1,65	0,6	2,88
$CaCO_3$	94,37	91,10	96,5	90,08
($CaSO_4$)	2,02	—	—	—
(Al_2O_3) / (Fe_2O_3)	1,15	3,69	—	0,71
(NaCl)	—	0,06	—	—
(SiO_2)	—	1,05	—	—
H_2O	1,34	1,16	0,9	1,50
Unlöslich	1,10	—	Spur	3,88
	99,98	98,75	98,9	99,05

1. Pseudogaylussit von Obersdorf-Sangerhausen; anal. R. F. Marchand, Journ. prakt. Chem. **46**, 95 und Pogg. Ann. **53**, 142 (1841).

2. Pseudogaylussit von Tönningen in Schleswig; anal. Köhnke, Pogg. Ann. **53**, 144 (1841).

3. Pseudogaylussit zwischen Amt Gehren und Königsee (Thüringen); anal. R. Zimmermann; E. E. Schmid, Med. nat. Ges. z. Jena, 1880.

4. Pseudogaylussit (Thinolith) von Thinolitic tufa (Lahontan Basin); anal. O. D. Allen, U.S. Geol. Surv. of 40. Parallel. **2**, 749 (1877).

	5.	6.	7.
(Na_2O)	—	—	0,2718
(K_2O)	—	—	0,1086
(MgO)	2,88	1,99	0,5000
CaO	50,48	49,14	50,6281
(Al_2O_3)	0,25	1,29	1,8657
(Fe_2O_3)			1,2985
CO_2	41,85	40,31	40,4659
(SiO_2)	—	—	0,1426
(P_2O_5)	0,30	Spur	—
(SO_3)	Spur	Spur	0,3689
Ton und unlösl. Rückst.	1,70	5,06	2,3804
H_2O bei 100°	2,07	2,01	0,7704
H_2O beim Glühen im CO_2-Strome			1,8011
	99,53	99,80	100,6020

5. Thinolith von Lithoid tufa im Lahontan Basin im NW. Nevada; anal. O. D. Allen, Bull. geol. Surv. US. 1884, 12.

6. Thinolith von Dendritic tufa; wie oben.

7. Pseudogaylussit von Onderndam, Provinz Groningen in Holland; anal. F. J. P. v. Calker, Z. Kryst. **28**, 556 (1897).

Es folgt noch die Analyse, die Ch. O. Trechmann (Z. Kryst. **35**, 283, 1902) am Thinolith (Pseudogaylussit) vom Clyde-Flusse bei Cardross, gegenüber Greenock bei Glasgow ausgeführt hat.

$MgCO_3$	9,03
$CaCO_3$	83,52
$(Ca_3(PO_4)_2)$	5,52
	98,07

Die Besprechung der Vorkommen siehe oben.

Die Hydrate des Calciumcarbonats.

Von **P. Tschirwinsky** (Nowotscherkask).

Die erste Andeutung über die Existenz von Carbonaten dieses Typus finden wir in einer Arbeit von J. F. Daniell (1819),[1]) welcher durch Beobachtungen in einer Zuckerraffinerie und auf Grund von Versuchen feststellte, daß ein kristallinisches Calciumcarbonat entsteht, wenn man eine Lösung von Zucker und Kalk längere Zeit (einige Monate) in einem offenen Gefäße an der Luft bei gewöhnlicher Temperatur stehen läßt. Die Kriställchen bilden sich an der Oberfläche der Flüssigkeit, an den Wänden und am Boden des Gefäßes. Der Kristallisationsprozeß kann in diesem Falle, wie später A. C. Becquerel zeigte, solange anhalten, als noch Kalk in Lösung vorhanden ist. J. F. Daniell schrieb seinen Kristallen die Form eines sehr spitzen Rhomboeders zu, da er nicht ein kristallwasserhaltiges Carbonat des Calciums vor sich zu haben glaubte, eine Tatsache, die qualitativ A. C. Becquerel und quantitativ (nämlich, daß wir es hier mit $CaCO_3 . 5H_2O$ zu tun haben) J. Pelouze im Jahre 1831 nachwiesen. Der erstere wiederholte nicht nur die Versuche J. F. Daniells, sondern arbeitete auch andere Methoden zur Darstellung des Carbonats mit 3 Mol. Wasser aus.[2])

Eine dieser Methoden besteht in folgendem. Man nimmt drei **U**-förmige Röhrchen und füllt sie mit einer Lösung von 1 Teil Kalk und 16 Teilen Zucker auf 100 Teile Wasser. Am Boden der Röhrchen führt man je einen Wattestopfen hinein, um den Inhalt beider Zweige auseinanderzuhalten. In jeden Zweig der Röhrchen taucht man nun eine Platinelektrode einer Voltaschen Säule ein, wobei man für die verschiedenen Röhrchen Säulen verschiedener Stärke nimmt (von 3, 6 und 12 Platten). Die Öffnungen der Röhrchen werden luftdicht verschlossen. Nach Ablauf von 8 bis 10 Tagen (wenn die befeuchtende Salzlösung der Säule von Zeit zu Zeit erneuert wird) beginnt im positiven Zweige desjenigen Röhrchens, welches der Einwirkung des stärksten Stromes ausgesetzt war, die Ablagerung von kohlensaurem Kalk, und im Bodensatze sind hie und da Kriställchen wahrzunehmen. Die nach diesen Methoden erhaltenen Kristalle sind untereinander identisch (nach J. Pelouze

[1]) J. F. Daniell, Journ. of Science etc. **6**, 32 (1819); Ann. chim. phys. **10**, 219—224 (1819).
[2]) A. C. Becquerel, Ann. chim. phys. **47**, 5—13 (1831).

stellen sie $CaCO_3 . 5 H_2O$ dar), und verwittern an der Luft. Auf Grund von Winkelmessungen der Prismen, die von P. A. Dufrénoy ausgeführt wurden, zählt sie A. C. Becquerel dem rhombischen System zu. Aus der Arbeit J. Pelouzes verdienen folgende Tatsachen angeführt zu werden.[1])

Es existieren, wie die Versuche lehren, nur zwei Hydrate: $CaCO_3 . 3 H_2O$ und $CaCO_3 . 5 H_2O$. J. Pelouze überzeugte sich, daß bei der Daniellschen Darstellungsweise die Konzentration der Bestandteile in der Lösung keine Rolle spielt, es bildet sich stets das Carbonat mit 5 Mol. Wasser.

Günstigere Resultate wurden bei einer Temperatur unterhalb der Zimmertemperatur erhalten: bei $+30^0$ entsteht dieses Carbonat nicht mehr, was auf Grund seiner Eigenschaften leicht vorauszusehen ist (s. unten). „Dieses Carbonat ist weiß gefärbt, kristallisiert in sehr spitzen Rhomboedern, ist völlig geschmacklos, unlöslich in Wasser, vom spez. Gew. 1,783 bei $+ 10^0$, während das entwässerte Carbonat (carbonate restant) ein spezifisches Gewicht von 2,3 bis 2,8 besitzt. Der Verlust des Kristallwassers tritt bei 28 bis 30^0 ein. Hierbei verwandelt sich das Pulver in eine breiartige Masse. Unterhalb 20^0 läßt es sich an der Luft und unter Wasser ohne Veränderung aufbewahren. Sein Wassergehalt beträgt 47,08 %“. In Wasser auf 30^0 erwärmt, wird das kristallinische Pulver vollständig entwässert. Bei kurzem Aufkochen des Salzes in starkem Weingeist kann man ein Carbonat mit 3 Mol. Wasser (H_2O bis 34,8 %)[2]) erhalten, d. h. dasjenige Carbonat, welches später L. Iwanoff im Minerale aus den Mergeln Nowo-Alexandrias vermutete. J. Pelouze beobachtete jedoch bei seinen Versuchen keine neuen Kristalle, die dieser Formel entsprechen würden, es vollzog sich bei ihm nur die Bildung einer Pseudomorphose des $CaCO_3 . 3 H_2O$ nach $CaCO_3 . 5 H_2O$, was eine Trübung der ursprünglichen Kristalle hervorrief.

Im Jahre 1835 beschrieb W. F. Salm-Horstmar[3]) zufällig entstandene Kristalle von $CaCO_3 . 5 H_2O$. Er fand sie an der inneren Wandung des Kupferrohrs einer Pumpe, die ein Jahr im Gebrauche war. Die Kristalle waren farblos, mit glänzenden Flächen. Ihre Form war die eines unregelmäßigen sechsseitigen Prismas, dessen Grundflächen zu beobachten nicht gelang. Bei einer Temperatur oberhalb 19^0 wurde das Salz weiß, undurchsichtig und zerfiel nach einigen Stunden in ein weißes Pulver. Die Analyse ergab:

CaO	29,54 %
CO_2	18,40
H_2O	47,38
Zufällige Beimengungen .	3,30
	98,62 %

Bei einer Temperatur von $17,5^0$ hielten sich die Kristalle unter Wasser ohne jegliche Veränderung. Wenn aber die Temperatur auch in diesem Falle 19^0 überschritt, so zerfielen sie. (Wie zu ersehen ist, weicht die Temperatur, bei der die Zerstörung der Kristalle eintritt, von den Angaben J. Pelouzes ab.) Mit einem Tropfen Wasser verrieben, reagiert das Salz schwach alkalisch. Spez. Gew. 1,75. Das Brunnenwasser, aus dem sich dieses Salz ausgeschieden hatte, enthielt Kieselsäure, kohlensauren Kalk, etwas schwefelsauren Kalk, Chlorcalcium und kohlensaures Eisen.

---

[1]) J. Pelouze, Ann. chim. phys. **48**, 301—307 (1831).

[2]) Die Theorie verlangt etwa 38 %.

[3]) W. F. Salm-Horstmar, Ann. d. Phys. **35**, 515—516 (1835).

Im Jahre 1865 veröffentlichte J. Pelouze[1]) neuerdings eine Arbeit, die von der künstlichen Darstellung kristallwasserhaltiger Calciumcarbonate handelt. Er fand hier folgendes. Wenn man durch auf 0^0, -1^0, -2^0 C abgekühltes Kalkwasser einen Kohlensäurestrom leitet, so bildet sich ein Niederschlag, der anfangs flockig ausfällt, rasch aber kristallinische Form annimmt. Mit kaltem Wasser gewaschen und zwischen Fließpapier bei derselben niedrigen Temperatur, bei der er entstanden ist, getrocknet, enthält der Niederschlag 52 % Wasser, stellt somit ein $CaCO_3$ mit 6 Mol. Wasser dar. Derselbe kristallinische Niederschlag kann auch durch doppelte Umsetzung aus Lösungen von Chlorcalcium und kohlensaurem Natron erhalten werden, wenn man den Versuch bei 0^0 ausführt. Die bei Temperaturen von 10, 12 und 20^0 erhaltenen Carbonate wiesen einen Wassergehalt zwischen 10 und 27 % auf. Im übrigen war die Schwankung dieser Zahlen nicht allein von der Temperatur, sondern auch von der Dauer des Versuches abhängig. Leider unterbricht J. Pelouze seine Arbeit mit dieser kurzen Bemerkung, die natürlich verschieden gedeutet werden kann.

Viele Jahre später hat sich im Jahre 1908 O. Bütschli,[2]) dem wir ja auch die Kenntnis des amorphen Calciumcarbonats verdanken, mit den Hydraten des Calciumcarbonats eingehender beschäftigt. Er erhielt Kristalle von $CaCO_3 + 6H_2O$ aus frischen Krebspanzern im Wasser, sowie aus Krebsblut bei Temperaturen nahe bei 0^0, wie dies früher schon W. Biedermann[3]) auf ähnliche Weise erhalten hatte, oder so wie J. Pelouze aus einer 0,5 %igen Chlorcalciumlösung mit einer schwachen Ammoniumcarbonatlösung und sehr reichlich aus Lösungen von Calciummonosacharat mit CO_2. Das Kristallsystem ist monoklin, die Dichte $\delta = 1{,}752$ bei $1{,}8^0$ C. In der Luft gehen sie äußerst rasch in eine Verbindung $CaCO_3 + H_2O$ über. In der Mutterlauge gehen sie in einigen Stunden in Calcit über. Möglicherweise entstehen diese Kristalle aus dem amorphen $CaCO_3$ bei niederer Temperatur, wie dies H. Vetter[4]) vermutet. Nach diesem kann sich $CaCO_3 + 6H_2O$ auch aus Calciumbicarbonat im Meerwasser und in Mg-Salzlösungen bei 0 bis 17^0 bilden. Auch er beobachtete den Zerfall in $CaCO_3 + H_2O$, welche Verbindung isotrop ist und in einigen Wochen in Calcit übergeht und zerfällt. Es scheint daher nicht ganz ausgeschlossen, daß bei den wasserhaltigen Calciumcarbonaten, die als Hydrocarbonate u. a. m. im folgenden beschrieben werden, nicht vielleicht ähnliche Verbindungen (man denkt wohl zunächst an $CaCO_3 + H_2O$) vorgelegen haben.[5])

Es folgen nun die als Mineralien beschriebenen Hydrate des Calciumcarbonats.

Im Jahre 1892 beschrieb K. Kosmann[6]) unter dem Namen Hydrocalcit ein wasserhaltiges Calciumcarbonat, welches er in Form breiartiger Anflüge in einer Grotte, die bei einem Marmorbruch in Wolmsdorff in Schlesien aufgedeckt wurde, antraf. Nach dem Trocknen über Schwefelsäure fand K. Kosmann seine Zusammensetzung der Formel $CaCO_3 . 2H_2O$ entsprechend. Es

[1]) J. Pelouze, C. R. **55**, 429–431 (1865).

[2]) O. Bütschli, Abhandl. d. kgl. Ges. d. Wiss. Göttingen, math.-phys. Chem., N. F. 6 (1908).

[3]) W. Biedermann, Biolog. ZB. **21**, 343 (1901) und Z. f. allgem. Physiol. **2**, 395 (1903).

[4]) H. Vetter, Z. Kryst. **48**, 70 (1910).

[5]) Anmerkung des Herausgebers: Dieser Absatz stammt von H. Leitmeier.

[6]) K. Kosmann, Z. d. geol. Ges. **44**, 155 (1892).

erscheint jedoch sehr zweifelhaft, ob nicht bei dieser Trocknung schon ein Verlust eines Teiles des Wassers eingetreten ist, weshalb auch die von K. Kosmann für seinen Hydrocalcit angegebene Zusammensetzung als mehr oder weniger zufällig anzusehen wäre.

Im Jahre 1905 beschrieb L. Iwanoff als wasserhaltiges Carbonat des Calciums ein Mineral aus der Umgegend Nowo-Alexandrias im Lublinschen Gouvernement.[1]) Es wird in Form weißer, ihrer Beschaffenheit nach an Schimmel oder Watte erinnernder Anflüge in Mergelrissen der tertiären oder Kreideformation angetroffen. „Bei mikroskopischer Untersuchung scheint das Mineral, wie ein filzförmiges Geflechte von dünnen farblosen, durchsichtigen Nadeln oder Fäden. Im polarisierten Licht zeigen diese Nadeln eine weiße Farbe von höherer Ordnung (P. Tschirwinsky) und einen Auslöschungswinkel von $+ 40^0$ bis $+ 50^0$." Die Dicke der Nadeln übersteigt nicht 0,023 mm, gewöhnlich sind sie viel dünner. Das spezifische Gewicht des Minerals beträgt 2,63 bei 22^0 C (bestimmt in der Thouletschen Flüssigkeit). Beim Kochen des Carbonats mit einer Lösung von $Ca.(NO_3)_2$ trat keine Färbung auf. Die Analyse des entwässerten Carbonats ergab:

	1.	2.
CaO	55,70	56,00
CO_2	42,83	43,01
Unlöslicher Rückstand	0,73	0,46
	99,26	99,47

In einer besonderen Einwage wurde durch Trocknen 37,56 % Wasser gefunden, d. h. sehr nahe der Forderung der Formel $CaCO_3 . 3H_2O$. Die Resultate seiner Untersuchungen faßt L. Iwanoff in dem Sinne zusammen, daß, wie es scheint, von ihm „ein neues natürliches Hydrat des Calciumcarbonats, monoklinen oder triklinen Systems, von der Zusammensetzung $CaCO_3 . nH_2O$, wo „n" nicht weniger als 3 bedeutet", entdeckt worden ist. N. Krischtafowitsch zeigte (1906), daß das Iwanoffsche Mineral schon im Jahre 1872 von K. Jurkiewicz unter dem Namen „Kalkschaum" beschrieben wurde, wobei letzterer sich auf die Analyse F. Borkowskis (96,99 % $CaCO_3$) stützte. N. Krischtafowitsch selbst traf das Mineral auch an anderen Orten, ebenfalls im Mergel, an, so z. B. im Radomschen Gouvernement.[2])

P. Tschirwinsky führte eine Reihe von Beobachtungen an dem Iwanoffschen Mineral aus, nachdem es beim Liegen im Laboratorium an Wasser verloren hatte.[3]) Es stellte sich u. a. heraus, daß das spezifische Gewicht, im Pyknometer bestimmt, gleich 2,626 bei 16^0 C ist. Es beziehen sich somit die von L. Iwanoff angegebenen Zahlen nicht auf das Hydrat, sondern auf das wasserfreie Carbonat: auf Grund theoretischer Überlegungen müßte das Carbonat $CaCO_3 . 3H_2O$, nach Ansicht P. Tschirwinskys, ein spezifisches Gewicht von höchstens 2,0 besitzen. Die gewöhnliche Dicke der Nadeln beträgt 0,0018 bis 0,0020 mm, die Maximallänge 0,2 bis 0,27 mm, gewöhnlich bedeutend kürzer. Die von L. Iwanoff studierten Auslöschungswinkel scheinen sich ebenfalls auf das entwässerte Carbonat zu beziehen, weil

[1]) L. Iwanoff, Ann. géol. et minéral. de la Russie VIII, livr. 1, 23—25 (1905).

[2]) N. Krischtafowitsch, Ann. géol. et minéral. de la Russie, VIII, livr. 3—4, 124—125 (1906).

[3]) P. Tschirwinsky, Ibid. VIII, livr. 8—9, 238—244; Mitt. d. Ges. d. Naturforscher in Kijew **21**, 285—295 (1910). (Mit ausführlichen Résumés in deutscher Sprache).

P. Tschirwinsky im Mittel 42,17 und 47,23° fand. L. Iwanoff gibt 40 und 50°, J. Morozewicz (s. unten) 42 und 48° an. Auf Grund seiner Bestimmungen glaubt P. Tschirwinsky, daß die Beurteilung des von L. Iwanoff beschriebenen Minerals weitere Beobachtungen am Fundorte selbst an einem vollkommen frischen Material erfordert: es ist nicht ausgeschlossen, daß das Wasser kein Konstitutions-, sondern Adsorptionswasser darstellt, und daß das Carbonat selbst z. B. nur eine neue Modifikation des kohlensauren Kalks ist. J. Morozewicz fand folgende Zusammensetzung:

CaO	55,13
CO_2	43,06
Mergelbeimengung	1,04
	99,23

Was die Hydrate des Calciumcarbonats anbetrifft, so kann man wohl nur die Existenz zweier von ihnen in der Natur zulassen, mit drei und mit fünf Wassermolekeln, welchen man die Benennungen „Trihydrocalcit“ und „Pentahydrocalcit“ beilegen könnte (P. Tschirwinsky).

Die Meinung von der ursprünglichen Wasserfreiheit des Iwanoffschen Carbonats unterstützte bald darauf J. Morozewicz,[1]) welcher dem Mineral einen neuen Namen: „**Lublinit**“ gab. Der Lublinit ist nach seiner Ansicht entweder ein Calcit in Form sehr ausgezogener Grundrhomboeder oder eine Pseudomorphose des Calcits nach Aragonit. Gegen diese Ausführungen veröffentlichte P. Tschirwinsky (im Jahre 1910)[2]) eine Reihe von Erwiderungen.

Es muß übrigens bemerkt werden, daß Calcit in Form sehr dünner, nadelförmiger Kristalle (verunstalteter Rhomboeder) schon von einigen Autoren beschrieben wurde (P. J. Armaschewsky, L. J. Spencer). Diese Kristalle zeigten ebenfalls die schiefe Auslöschung. J. Morozewicz machte seine Beobachtungen an dem Material nicht sofort nach seiner Einsammlung, weshalb auch in der Hauptfrage nach dem Wassergehalt des Minerals seine Analysen nichts Neues bieten. W. J. Vernadsky (Privatmitteilung) beobachtete Carbonate des Calciums aus dem Poltawschen Gouvernement, aus Krim, welche ebenfalls, ähnlich dem Iwanoffschen Carbonat, viel Wasser ausschieden.

Calciummagnesiumcarbonat.

Dolomit.

Von **H. Leitmeier** (Wien).

Rhomboedrisch: $a:c = 1:0,8322$.[3])

Synonima: Dolomitspat, Bitterspat (Bittersalzerde), Miemit, Rautenspat, Dolomitdoppelspat (wasserklare Rhomboeder).

Eisenhaltig: Ankerit, Braunspat, Tautoklin.

Manganhaltig: Mangandolomit, Braunspat, Tautoklin.

---

[1]) J. Morozewicz, Kosmos (Lwów) **32**, 487—492 (1907). In poln. Sprache.

[2]) P. Tschirwinsky, Mitt. d. Ges. d. Naturforscher in Kijew **21**, 285—295 (1910).

[3]) Nach P. Groth, Chem. Kristallographie (Leipzig 1908), 207.

Nur wenige Mineralien haben in bezug auf Synthese und Genesis so sehr seit Jahren Mineralogen, Geologen und Chemiker beschäftigt, wie der Dolomit; und trotz der eifrigsten Bestrebungen ist bisher eine vollständige Lösung nicht erfolgt, keine der Arbeiten, keines der Experimente und keine der darauf aufgebauten Theorien, so viel Interesse sie im einzelnen auch beanspruchen, konnte die Frage nach der Entstehung des Dolomits in der Natur bisher in befriedigender Weise lösen.

Bevor die chemischen Eigenschaften und die Analysen des Dolomits Erwähnung finden werden, ist es nötig, einiges über die Natur der Verbindung $CaCO_3 . MgCO_3$, genannt Dolomit, mitzuteilen.

Seit der Entdeckung der Isomorphie durch E. Mitscherlich galten lange Zeit die beiden Carbonate, Calciumcarbonat und Magnesiumcarbonat als Beispiele zweier isomorpher Mineralien und der Dolomit, der die beiden Komponenten im Äquivalentverhältnisse 1 : 1 enthält, als Beispiel eines isomorphen Mischsalzes. Als aber die anderen anorganischen und organischen Mischsalze immer eingehender untersucht worden waren, begann man allmählich gegen das Bestehen einer isomorphen Mischungsreihe zwischen $MgCO_3$ und $CaCO_3$ Bedenken zu tragen. Man kannte den Dolomit in der Mitte dieser Reihe, aber die Übergangsglieder fehlten. Man unterschied:

1. Schwach magnesiumhaltige Kalkspate.
2. Schwach calciumhaltige Magnesite.
3. Dolomit, der als Mineral ziemlich konstant aus gleichen Molekülen der beiden einfachen Carbonate besteht.

Namentlich letzteres (denn Übergangsglieder konnten eventuell nicht bekannt sein), das so häufige Vorkommen der Mischung 1 : 1 gab zu Bedenken Anlaß. Dann wurden noch Unterschiede bezüglich des kristallographischen Verhaltens aufgefunden. G. Tschermak[1]) zeigte, daß der Dolomit nicht hemiedrisch ist wie Calcit, sondern nach der damaligen Einteilung der Kristalle tetardoedrisch, wie vor allem die Ätzfiguren beweisen. F. Becke[2]) hat dann später diese Tetardoedrie durch eingehendste Untersuchungen an flächenreichen Kristallen von Dolomitzwillingen festgestellt, so daß darüber jeder Zweifel ausgeschlossen erscheint. P. Groth[3]) fand darin einen Ausweg, daß er, um die an Magnesia reichen Kalkspate zu erklären, eine Isomorphie zwischen Dolomit, den er als Doppelsalz auffaßte und dem Calciumcarbonat annahm. Gegen eine solche Annahme sprechen aber die Untersuchungen F. Beckes und der Umstand, daß wohl Kalkspat und Magnesit in der gleichen Kristallklasse der skalenoedrischen, der Dolomit aber in der rhomboedrischen kristallisieren.

Aber auch die Ausdehnungskoeffizienten von Calcit und Dolomit sind verschieden, und ebenso liegt die Richtung der größten Wärmeleitungsfähigkeit beim Kalkspat vertikal (zusammenfallend mit der kristallographischen Hauptachse), beim Dolomit aber horizontal.

An all dies knüpfte J. W. Retgers[4]) an, der seine eingehenden Untersuchungen über den Isomorphismus auch auf den Dolomit ausdehnte. Er hat Versuche angestellt, eine Mischungsreihe zwischen den beiden Endgliedern da-

[1]) G. Tschermak, Tsch. min. Mit. **4**, 99 (1881).
[2]) F. Becke, Tsch. min. Mit. **10**, 93 (1889) und **11**, 224 (Braunschweig 1890).
[3]) P. Groth, Tabellar. Übersicht der Mineralien. (Braunschweig 1882), 45.
[4]) J. W. Retgers, Z. f. phys. Chem. **6**, 227 (1890) und N. JB. Min. etc. 1891^{I}, 132.

durch auf experimentellem Wege zu erhalten, daß er die betreffenden Lösungen in zugeschmolzenen Glasröhren erhitzte, doch war kein günstiges Resultat zu erhalten gewesen. J. W. Retgers nahm auch einen Vergleich der spezifischen Gewichte vor. An ganz reinem nach der Methode von L. Bourgeois[1]) dargestellten Calcitkristallen wurde $\delta = 2{,}711-2{,}712$ gefunden (V. Goldschmidt am Doppelspat: $\delta = 2{,}714$). Reiner Dolomit ergab $\delta = 2{,}872$. Für den Magnesit mußte, aus Mangel an ganz reinem Material, die Breithauptsche Bestimmung an dem Magnesite von Snarum (vgl. Analyse 38 auf S. 223) $\delta = 3{,}017$ als Grundlage dienen. Das spezifische Gewicht des Dolomits als mechanisches Gemisch von Kalkspat und Magnesit (54,23 $^0/_0$ $CaCO_3$ und 45,77 $^0/_0$ $MgCO_3$) berechnet, ergab 2,843. Der Vergleich mit dem erhaltenen Wert für Dolomit ergab die nicht unbeträchtliche Differenz von 0,029. Diese Volumkontraktion charakterisiert nach J. W. Retgers den Dolomit als chemische Verbindung, als Doppelsalz. Dieses Doppelsalz bildet weder mit $CaCO_3$ noch mit $MgCO_3$ isomorphe Mischungen, sondern steht ganz isoliert, und in bezug auf seine physikalischen Eigenschaften ganz außerhalb der Mischungsreihe. Das Calciumcarbonat kann sich nur mit ganz wenig Magnesiumcarbonat zu Mischkristallen mengen, die in der gleichen Kristallklasse kristallisieren, und dieses in geringer Menge beigemischte $MgCO_3$ ist nicht das stabile $MgCO_3$, wie es im Magnesite vorkommt, sondern eine dimorphe labile Modifikation desselben. Ebenso soll auch in den schwach kalkhaltigen Magnesiten ein labiles $CaCO_3$ auftreten, eine Annahme, die wohl nur sehr wenig Beifall finden konnte. Fig. 47 gibt die graphische Darstellung dieser Verhältnisse. An jedem der beiden Extremen befinden sich Anfänge einer isodimorphen Mischung und in der Mitte das isolierte Doppelsalz.

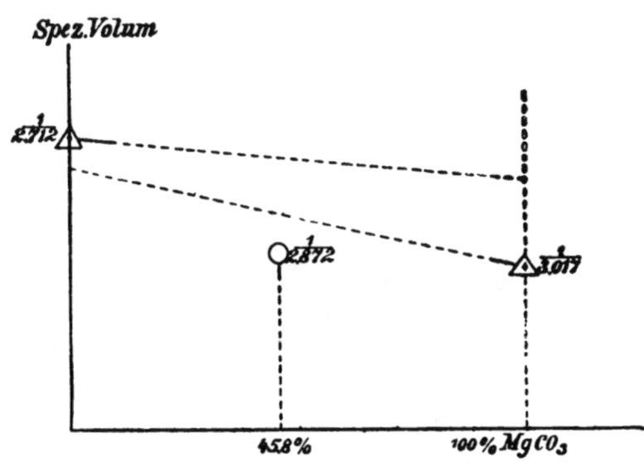

Fig. 47 (nach J. W. Retgers).

J. W. Retgers zeichnet die Fig. 47 so, daß die kurzen Striche, die die bekannten Mischungen der beiden einfachen Carbonate versinnbilden, in ihrer Verlängerung einander nicht treffen, wie dies z. B. für das Natrium- und Kaliumsulfat der Fall ist; das Doppelsalz liegt außerhalb dieser Linien.[2]) Die Richtung der beiden kurzen Geraden festzustellen, ist aber unmöglich, wie J. W. Retgers selbst zugibt. Daß er die Linien so zieht, wie in Fig. 47 und nicht eine Gerade, dafür spricht der starke chemische Kontrast zwischen $MgCO_3$ und $CaCO_3$ (der ja schon durch die Bildungsweise dieser beiden Salze, wie wir gesehen haben, hervortritt). Es ist dabei auch die Ähnlichkeit mit den Verhältnissen bei den Salzpaaren KNO_3, $AgNO_3$ und K_2SO_4 und Na_2SO_4, bei denen die Endglieder verschiedenen Kristallklassen angehören, die J. W. Retgers zu dieser Darstellungsweise veranlaßten. So ist auch der Rhomboederwinkel des

[1]) L. Bourgeois, C. R. **103**, 1088 (1888), vgl. S. 326.
[2]) J. W. Retgers und R. Brauns, N. JB. Min. etc. 1892^{I}, 210.

Calcits von denen der anderen ziemlich verschieden. Aber auch das Molekularvolumen des Kalkspats ist von denen der anderen rhomboedrischen Carbonate etwas verschieden[1]):

	Rhomboeder-Normalenwinkel	Molekular-volumen
Kalkspat, $CaCO_3$ . . .	74° 55′	36,9
Magnesit, $MgCO_3$ . .	72° 40′	28,0
Siderit, $FeCO_3$ . . .	73° 0′	30,0
Zinkspat, $ZnCO_3$ . .	72° 20′	28,0
Manganspat, $MnCO_3$.	73° 9′	31,9

Diese Verschiedenheiten zusammen mit dem ganz abweichenden thermischen Verhalten, sind es, die J. W. Retgers zu der Annahme einer der Fig. 47 entsprechenden Darstellungsweise veranlassen.

So sehr diese Retgerssche Theorie interessant ist, so müßten doch manche Bedenken überwunden werden. Da sind zunächst die Versuchsergebnisse von F. W. Pfaff (S. 391), die homogene Rhomboeder geliefert haben, die in wechselnder Zusammensetzung, bald aus mehr, bald aus weniger $MgCO_3$ neben $CaCO_3$ bestehen, und die angenähert das Verhalten des Dolomits zeigen, je näher sie diesem in der Zusammensetzung stehen. Bezüglich der Frage, wohin man diese Verbindungen stellen soll, gibt es folgende Möglichkeiten: Einmal können es Mittelglieder dieser Reihe, von der wir nur die Anfangsglieder kennen und daher auch isomorphe Mischungen der beiden labilen uns unbekannten Phasen sein. Oder man müßte die Isomorphie zwischen $CaCO_3$ und $MgCO_3$ trotz des Doppelsalzes bestehen lassen, was vielleicht die meiste Wahrscheinlichkeit für sich hat, da ja J. W. Retgers Theorie: zwei isomorphe Salze können niemals ein Doppelsalz bilden, nicht aufrecht zu halten ist.

Die Doppelsalznatur des Dolomits ist sehr wahrscheinlich, aber bisher noch nicht unumstößlich bewiesen, der Isodimorphismus mit den beiden unbekannten labilen Phasen des $MgCO_3$ und $CaCO_3$, von welch letzterem wir nun schon eine metastabile rhombische und eine andere labile amorphe Phase kennen, ist aber jedenfalls sehr unwahrscheinlich (vgl. S. 379).

Chemische Eigenschaften und Analysenzusammenstellung.

In der folgenden Zusammenstellung der Analysen sind zuerst die verhältnismäßig reinen Dolomite, die wenig Eisen enthalten aufgeführt und die eisenreichen als Ankerite bezeichneten Dolomite als nächste Gruppe angeschlossen; es enthalten fast alle Dolomite etwas Eisen und eine Abtrennung eisenfreier Dolomite erscheint daher als unzweckmäßig. Es wurden in diesem Handbuche alle Dolomite, die mehr als 5% FeO enthalten, als Ankerite von den Dolomiten abgetrennt. Zum Schlusse wurden dann die manganhaltigen Dolomite, die mehr als 2% MnO enthalten, zusammengestellt.

Alle diese Analysen bis zur S. 378 beziehen sich ausschließlich auf das Mineral Dolomit. Auf S. 380 sind dann auch Analysen von Dolomitgesteinen gebracht worden, und zwar sowohl die Dolomitmarmore, die ja auch ziemlich reine Dolomite darstellen, als auch eine Auswahl aus der Gruppe von Dolomitgesteinen, die man als Normaldolomite zu bezeichnen pflegt. Das sind solche Dolomitgesteine, die $MgCO_3$ und $CaCO_3$ wenigstens angenähert in dem Verhältnisse des Minerals Dolomit enthalten.

---

[1]) Nach G. Tschermak, l. c.

Eisenarme Dolomite.

Ältere Analysen:

Nach einer Zusammenstellung in A. Des Cloizeaux Manuel II, 132 (1874).

	1.	2.	3.	4.	5.
δ	2,883	2,869	2,87	—	—
$MgCO_3$	44,41	43,59	45,28	44,87	42,10
$CaCO_3$	54,21	55,77	54,02	54,28	54,76
$MnCO_3$	0,55	—	—	—	—
$FeCO_3$	0,91	—	0,79	1,45	4,19
	100,08	99,36	100,09	100,60	101,05

1. Dolomitkristalle, farblos, von Traversella; anal. A. Damour.
2. Dolomit von Campolongo am St. Gotthardt; anal. Lavizzari.
3. Farblose Rhomboeder von Tinz bei Gera; anal. Hirzel.
4. Dolomitkristalle aus Mexiko; anal. Beudant.
5. Dolomitkristalle von Tharand; anal. Kühn.

	6.	7.	8.	9.	10.	11.
δ	2,845	—	—	—	—	—
$MgCO_3$	44,55	46,97	46,84	43,26	42,40	42,67
$CaCO_3$	55,06	52,30	53,24	54,31	55,62	55,01
$MnCO_3$	—	—	—	0,56	—	—
$FeCO_3$	—	—	—	0,99	0,56	1,54
$(ZnCO_3)$	—	—	—	1,38	—	—
	99,61	99,27	100,08	100,50	98,58	99,22

6. Dolomit von Binnental in der Schweiz; anal. Sartorius v. Waltershausen.
7. " von der Insel Capri; anal. H. Abich.
8. " von Osterode am Harz; anal. Hirzel.
9. " Aachen; anal. K. Monheim.
10. " von Ilefeld am Harz; anal. C. F. Rammelsberg.
11. " von Scheidama, Gouvernement Olonetz in Rußland; anal. A. Göbel.

	12.	13.	14.	15.	16.
$MgCO_3$	30,3	34,79	36,53	36,5	25,5
$CaCO_3$	60,9	65,21	61,00	60,0	68,0
$MnCO_3$	3,0	—	—	—	—
$FeCO_3$	6,0	—	2,73	4,0	1,0
(Al_2O_3)	—	—	—	—	2,0
H_2O	—	—	—	—	2,0
	100,12	100,00	100,26	100,5	98,5

12. Violetter Dolomit von Villefranche im Departement de l'Aveyron; anal. P. Berthier.
13. Dolomit von Sorrent; anal. H. Abich.
14. Kristallisierter Dolomit von Kolosoruk in Böhmen; anal. C. F. Rammelsberg.
15. Kristallisierter Dolomit von Glücksbrunn im Thüringer Walde; anal. M. H. Klaproth.
16. Schwarzer Dolomit von Hall in Tirol; anal. M. H. Klaproth.

Neuere Analysen:

	17.	18.	19.	20.	21.	22.
δ	—	—	2,87	2,81	2,865	—
MgO	21,79	21,58	8,79	21,45	20,93	20,64
CaO	30,97	31,84	44,56	29,15	29,45	25,03
MnO	—	—	—	0,05	0,84	—
FeO	—	—	0,19	0,47	1,22	—
(ZnO) . . .	—	—	1,57	—	—	—
(Al_2O_3) . . .	—	—	—	Spur	—	5,19
(Fe_2O_3) . . .	—	—	—	—	—	
(ZnS) . . .	—	—	0,31	—	—	—
(CdS) . . .	—	—	0,25	—	—	—
(FeS_2) . . .	—	—	0,08	—	—	—
CO_2	47,42	48,58	43,80	48,39	47,22	44,24
(SiO_2) . . .	—	—	0,03	0,87	—	—
Unlösl. . . .	—	—	—	—	0,10	4,77
	100,18	102,00	99,58	100,38	99,76	99,87
$MgCO_3$ . . .	—	45,12	16,71	44,85	43,77	45,75
$CaCO_3$ . . .	—	56,88	79,48	53,80	52,55	44,66
$FeCO_3$ . . .	—	—	0,30	0,77	1,97	—

17. Spätiger Dolomit von Vigo im Fassatal in Südtirol; anal. J. Rumpf, Tsch. min. Mit. 1873, 33. — Beilage des J. k. k. geol. R.A. **23** (1873).

18. Dolomitkristalle aus dem Dolomitgestein vom Rodellaberge in Südtirol, anal. C. v. John bei C. Doelter, Tsch. min. Mit. 1875, 178. Beilage des J. k. k. geol. R.A. **25** (1875).

19. Grobspätiger gelber Dolomit, unter dem Mikroskope als homogen erkannt von Bleiberg in Kärnthen; anal. W. Fr. Gintl bei V. v. Zepharovich, Jahresber. d. Vereins Lotos, Prag **1877**. — Ref. Z. Kryst. **3**, 100 (1879).

20. Glänzende Körner von Dolomit von der Ostküste von Haaf-Grunay in Schottland; anal. F. Heddle, Min. Mag. 1878, 2. 9. 106.

21. Dolomitkristalle aus dem Serpentin der Insel Ting of Norwick an der Küste von Unst in Schottland; anal. F. Heddle, wie oben.

22. Dolomit von Bauhalaks in Finnland; anal. Nordblad bei F. J. Wiik, Öfvers af Finska Vet. Soc. Förhandl. **22**, 91 (1880).

	23.	24.	25.	26.	27.	28.
δ	2,984	—	2,984	2,909	2,843	2,860
MgO	21,27	19,19	21,30	20,35	18,17	19,69
CaO	29,99	29,41	30,03	29,57	32,17	32,99
FeO	1,25	1,52	1,26	2,85	2,98	—
CO_2	47,51	44,97	47,57	47,14	46,88	47,36
Unlöslich . .	—	4,43	—	—	—	—
	100,02	99,52	100,16	99,91	100,20	100,04
$MgCO_3$ . . .	44,48	—	44,55	42,55	38,00	41,18
$CaCO_3$ . . .	53,52	—	53,58	52,77	57,40	58,86
$FeCO_3$ . . .	2,02	—	2,03	4,59	4,80	—

23. Dolomit von Kalkiumaa in Neer Torzeå; anal. Jannson u. Bergström bei F. J. Wiik, Öfvers. af Finska Vet. Soc. Förhandl. **22**, 91 (1880).

24. Ausgezeichnete wasserhelle Kristalle. Dolomit aus dem Asbest des Greiners im Zillertal in Tirol; anal. K. Haushofer, Sitzber. k. bayr. Ak. **11**, 220 (1881). $R = 106^{\circ}\,14'$.

25. Analyse am gleichen Materiale; wie oben.

26. Kristallisierter durchscheinender Dolomit von Sachsen (näherer Fundort unbekannt); anal. wie oben. $R = 106^{\circ}24'$.

27. Kristallisierter Dolomit vom Tholaberge bei Redwitz im Fichtelgebirge; anal. wie oben. $R = 106^{\circ}10'$.

28. Dolomit von Monte Somma am Vesuv; anal. wie oben.

	29.	30.	31.	32.	33.	34.
δ	—	2,83	—	—	—	—
MgO	18,12	19,14	22,91	22,71	21,63	19,31
CaO	31,74	32,85	27,73	28,25	30,43	29,61
MnO	Spur	—	—	—	—	—
FeO	3,94	1,16	0,79	0,45	—	3,58
(Al_2O_3) . . .	—	—	—	—	—	0,60
CO_2	45,47	47,38	47,75	47,21	47,47	45,49
(SiO_2) . . .	—	—	—	—	—	0,20
($CaSO_4$) . . .	—	—	—	—	—	0,34
Unlöslich . .	0,90	0,23	0,06	—	—	—
(H_2O) . . .	—	—	—	—	—	0,14
	100,17	100,76	99,24	98,62	99,53	99,27
$MgCO_3$ . . .	37,89	40,03	48,11	47,49	45,23	40,39
$CaCO_3$ . . .	56,64	58,62	49,80	50,41	54,30	52,83
$FeCO_3$ . . .	2,11	1,88	1,27	0,77	—	5,77

29. Dolomitkristalle von Teruel in Spanien; anal. A. Brun, Mineralogische Notizen, Genf. Referat Z. Kryst. **5**, 103 (1881).

30. Dolomitrhomboeder von Kolozruky bei Brüx in Böhmen; anal. R. Erben, Sitzber. d. k. böhm. Ges. d. Wiss. 1885.

31. Dolomit aus Talkschiefer von Werchne-Tagilsk im Zentralural; anal. A. Saytzeff, Mém. d. Com. géol. St. Petersburg **4** (1887).

32. Dolomit aus Serpentin von Werch-Neiwinsk (Berg Mursinskaja) Zentralural; anal. wie oben.

33. Dolomit von Baltimore; anal. R. Hendersen bei G. H. Williams, Baltimore naturalist's field Club 1887. Ref. N. JB. Min. etc. 1888 II, 18.

34. Kristallinischer Dolomit von Arid Island, Lake Huron; anal. W. N. de Regt bei A. H. Chester, Am. Journ. **33**, 284 (1887).

	35.	36.	37.	38.	39.	40.
δ	2,83	—	—	—	—	—
MgO . . .	21,23	10,80	20,05	40,14	19,73	20,36
CaO	31,37	40,44	29,02	9,98	31,12	30,53
FeO	—	2,23	2,81	0,50	2,02	1,14
CO_2	47,67	46,53	46,38	42,71	47,18	46,87
Unlösl. . . .	—	—	0,53	9,46	0,60	1,31
	100,27	100,00	98,79	102,79	100,65	100,21
$MgCO_3$ . . .	—	—	41,93	20,87	41,26	42,58
$CaCO_3$ . . .	—	—	51,79	71,63	55,53	54,48
$FeCO_3$ . . .	—	—	4,54	0,83	3,26	1,84

35. Durchsichtige und farblose Kristalle von Dolomit, unterhalb des Gebroulazgletschers nördlich von Modane; anal. A. Sella, R. Acc. d. Linc. [4] 1887, 455.

36. Dolomitkristalle und derbe Massen von Schwarzleo bei Leogang, unfern Saalfelden in Salzburg; anal. L. Buchrucker, Z. Kryst. **19**, 139 (1891).

37. Dolomitkristalle von Miemo (Volterra), Italien; entspricht der Formel: $FeCO_3$ $13CaCO_3$ $12MgCO_3$; anal. T. Bentivoglio, Atti Soc. Nat. Modena **26**, II, 84 (1892).
38. Dolomit (kristallisiert) vom Val Sarezzo in Italien; entspricht der Formel: $17CaCO_3$ $6MgCO_3$; anal. wie oben.
39. Dolomitkristalle von Traversella; entspricht der Formel: $FeCO_3$ $19CaCO_3$ $17MgCO_3$; Rhomboederwinkel: 106° 15′ 42″; anal. wie oben.
40. Dolomit, kristallisiert, Binnental in Vallis; entspricht der Formel: $14CaCO_3$ $13MgCO_3$; Rhomboederwinkel: 106° 14′ 44″; anal. wie oben.

	41	42.	43.	44.	45.	46.
MgO	19,20	19,15	17,14	20,90	23,69	19,03
CaO	30,41	29,80	30,67	30,74	26,27	30,04
FeO	3,14	4,12	4,80	0,73	0,60	—
$FeCO_3 + MnCO_3$.	—	—	—	—	—	5,84
CO_2	46,70	46,79	45,69	47,36	48,60	44,32
Unlöslich . . .	0,00	0,75	0,63	0,49	0,86	1,23
	99,45	100,61	98,93	100,22	100,02	100,46
$MgCO_3$	40,15	40,04	35,84	43,70	49,53	39,79
$CaCO_3$	54,26	53,17	54,72	54,86	48,66	53,60
$FeCO_3$	5,04	6,65	7,74	1,17	0,97	+ $MnCO_3$ 5,84

41. Dolomit, kristallisiert, Tirol; entspricht der Formel: $2FeCO_3$ $25CaCO_3$ $21MgCO_3$; Rhomboederwinkel: 106° 25′ 12″; anal. wie oben.
42. Dolomit, kristallisiert, von Freiberg in Sachsen; entspricht der Formel: $FeCO_3$ $9CaCO_3$ $8MgCO_3$; Rhomboederwinkel: 106° 10′; anal. wie oben.
43. Dolomit, kristallisiert, Tirol; entspricht der Formel: $2FeCO_3$ $16CaCO_3$ $13MgCO_3$; Rhomboederwinkel: 106° 13′ 52″; anal. wie oben.
44. Dolomit, kristallisiert, von Sarezzo in Italien; entspricht der Formel: 14 $CaCO_3$ 13 $MgCO_3$; Rhomboederwinkel: 106° 19′ 12″; anal. wie oben.
45. Dolomit von Costa da Vent (Tirol); entspricht der Formel: 11 $CaCO_3$ $15MgCO_3$; anal. wie oben.
46. Dolomitkristalle im Chloritschiefer aus Tirol; entspricht der Formel: $(Fe,Mn)CO_3$ $10CaCO_3$ $9MgCO_3$; Rhomboederwinkel: 106° 15′; anal. wie oben.

	47.	48.	49.	50.	51.	52.
δ	—	—	—	—	2,896	
MgO	20,7	20,53	20,84	20,60	21,89	22,05
CaO	30,8	32,56	30,21	30,49	30,37	30,34
MnO	—	—	0,26	0,56	—	—
FeO	—	—	1,74	1,49	—	—
CO_2	46,8	46,87	47,15	46,59	47,68	47,89
(SiO_2)	—	—	0,04	0,54	—	—
Unlöslich . . .	1,1	—	—	—	—	—
	99,4	99,96	100,24	100,27	99,94	100,28
$MgCO_3$ . . .	43,3	42,75	—	—	—	—
$CaCO_3$ . . .	55,0	57,21	—	—	—	—

47. Dolomitsand, aus kleinen Rhomboederchen bestehend, von der schwäbischen Alb. bei Pegnitz; anal. F. W. Pfaff, N. JB. Min. etc. IX. Bl.-Bd., 499 (1894).
48. Dolomitkristalle von Oulx, Dora Riparia; anal. L. Colomba, Atti d. R. Ac. d. Soc. Toscana **33**, 779 (1898).
49. Dolomitspat von Pfitsch in Tirol, glasklare Spaltungsrhomboeder; anal. A. Vesterberg, Bull. of the geol. Inst. Upsala 1900, 111.
50. Dolomitspat von Taberg, Värmland, weiß, durchscheinend; anal. wie oben.

51. Klare Rhomboeder von Wattegama bei Kandy, Ceylon; anal. Chr. Schiffer, Z. Kryst. **33**, 209 (1900).

52. Wie Analyse 51.

	53.	54.	55.	56.	57.	58.
δ	—	2,889	2,872	—	2,8623	2,92
MgO	21,67	19,6	20,8	18,7	21,10	21,06
CaO	30,63	30,0	30,3	30,0	30,28	30,83
MnO	—	0,6	0,6	0,6	} 0,98	—
FeO	—	2,7	0,9	4,0		1,19
(Fe_2O_3) . . .	—	—	—	—	Spuren	—
CO_2	47,58	46,8	47,8	46,6	47,61	46,76
Unlöslich . . .	—	—	—	—	0,04	0,06
	99,88	99,7	100,4	99,9	100,01	99,90
						Berechnet[1]):
$MgCO_3$ . . .	—	—	—	—	—	44,02
$CaCO_3$ . . .	—	—	—	—	—	55,05
$FeCO_3$ . . .	—	—	—	—	—	1,92
	—	—	—	—	—	101,05

53. Klare Dolomitrhomboeder; wie oben.

54. Dolomit aus Triasmergeln von Djelfa in Algerien; anal. H. Arsandaux, Bull. Soc. min. **24**, 472 (1901).

55. Dolomitkristalle aus Triasgips von Haiderenia bei Cambo, Basses Pyrenées; anal. wie oben.

56. Dolomitkristalle aus dem Dolomit der kristallinen Schiefer von Vieillevigne (Loire Inférieure); wie oben.

57. Weißer spätiger Dolomit von Jolsva, Gömörer Komitat in Ungarn; anal. J. Loczka, Z. Kryst. **35**, 282 (1902).

58. Wasserhelle Spaltungsstücke vom Greiner im Zillertal: anal. K. Eisenhut, Z. Kryst. **35**, 584 (1902). Entspricht der Formel $FeCO_3$ $33{,}3CaCO_3$ $31{,}6MgCO_3$; Rhomboederwinkel: 106° 14,6′.

	59.	60.	61.	62.	63.	64.
δ . .	2,88	2,90	2,90	2,89	2,90	2,92–2,98
MgO . . .	19,21	20,11	19,88	20,21	19,78	20,64
CaO . . .	29,22	30,37	30,36	30,71	30,73	30,09
MnO . . .	2,27	—	—	—	—	—
FeO . . .	1,62	1,71	1,74	1,89	1,93	2,04
CO_2 . . .	45,71	47,31	47,51	45,92	46,89	46,72
Unlöslich .	1,34	—	0,24	0,49	0,33	—
	99,37	99,50	99,73	99,22	99,66	99,49
Berechnet[1]):						
$MgCO_3$ . .	40,15	42,03	41,55	42,24	41,34	43,10
$CaCO_3$ . .	52,18	54,23	54,21	54,84	54,87	53,73
$MnCO_3$ . .	3,68	—	—	—	—	—
$FeCO_3$ . .	2,61	2,75	2,80	3,04	3,11	3,29
	99,96	99,01	98,80	100,61	99,65	100,12

59. Grobfaseriges, stengeliges Aggregat ausgewalzter, gebogener milchweißer Dolomitkristalle aus dem Chloritschiefer vom Greiner im Zillertale in Tirol; entspricht der Formel $FeCO_3$ $1{,}4MnCO_3$ $23{,}2CaCO_3$ $21{,}2MgCO_3$; anal. wie oben.

[1]) Wenn unlösliche Substanz vorhanden war, so wurde sie stets in die Summe miteinbezogen.

60. Dolomit, rauchgraue Kristalle vom Greiner im Zillertal in Tirol; entspricht der Formel: $FeCO_3$ 22,8 $CaCO_3$ 21 $MgCO_3$; Rhomboederwinkel: 106° 17′; anal. wie oben.

61. Rauchgraues Spaltungsstück vom Dolomit im Talkschiefer des Greiners im Zillertal; entspricht der Formel: $FeCO_3$ 22,4 $CaCO_3$ 20,4 $MgCO_3$; Rhomboederwinkel: 106° 15′; anal. wie oben.

62. Rauchgraue Spaltungsmasse vom Dolomit des Greiners im Zillertal; entspricht der Formel: $FeCO_3$ 20,9 $CaCO_3$ 19,4 $MgCO_3$; anal. wie oben.

63. Rauchgraues Spaltungsstück vom Greiner; entspricht der Formel: $FeCO_3$ 20,5 $CaCO_3$ 18,3 $MgCO_3$; Rhomboederwinkel: 106° 15′; anal. wie oben.

64. Fast wasserhelle Rhomboeder vom Greiner im Zillertal; entspricht der Formel: $FeCO_3$ 19 $CaCO_3$ 18,1 $MgCO_3$; Rhomboederwinkel: 106° 13′; anal. wie oben.

	65.	66.	67.	68.	69.	70.
δ	2,90	2,89	2,89	2,91–2,97	2,90	2,89–2,94
MgO	19,76	20,52	20,48	16,85	20,13	19,64
CaO	31,00	30,68	30,46	30,83	30,79	30,40
MnO	—	—	—	3,75	—	—
FeO	2,08	2,08	2,36	2,56	2,64	2,69
CO_2	47,49	46,49	46,60	46,05	46,11	46,74
Unlöslich	0,12	0,03	0,37	—	0,28	0,05
	100,45	99,80	100,27	100,04	99,95	99,52
Berechnet:						
$MgCO_3$	41,30	42,89	42,81	35,22	42,07	41,05
$CaCO_3$	55,36	54,78	54,39	55,05	54,98	54,29
$MnCO_3$	—	—	—	6,08	—	—
$FeCO_3$	3,35	3,35	3,80	4,12	4,25	4,33

65. Weiße glänzende undurchsichtige Kristalle von Dolomit vom Greiner; entspricht der Formel: $FeCO_3$ 19,2 $CaCO_3$ 17 $MgCO_3$; Rhomboederwinkel: 106° 14,3′; anal. wie oben.

66. Graulichweißes, wenig durchsichtiges Kristallaggregat vom Greiner; entspricht der Formel: $FeCO_3$ 18,5 $CaCO_3$ 17,6 $MgCO_3$; Rhomboederwinkel: 106° 20′; anal. wie oben.

67. Perlmutterglänzende rauchgraue Spaltungsstücke vom Dolomit vom Greiner im Zillertal; entspricht der Formel: $FeCO_3$ 16,6 $CaCO_3$ 15,5 $MgCO_3$; Rhomboederwinkel: 106° 15′; anal. wie oben.

68. Schwach gelbliche, beinahe wasserhelle Rhomboeder vom Greiner; entspricht der Formel: $FeCO_3$ 1,5 $MnCO_3$ 15,5 $CaCO_3$ 11,7 $MgCO_3$; Rhomboederwinkel: 106° 14,5′; anal. wie oben.

69. Undurchsichtiges milchiges Spaltungsstück vom Greiner in Tirol; entspricht der Formel: $FeCO_3$ 15 $CaCO_3$ 13,5 $MgCO_3$; Rhomboederwinkel: 106° 9′ bis 106° 15′; anal. wie oben.

70. Wasserhelle Dolomitkristalle in Chloritschiefer vom Greiner; entspricht der Formel: $FeCO_3$ 14,5 $CaCO_3$ 13 $MgCO_3$; Rhomboederwinkel: 106° 13′; anal. wie oben.

	71.	72.	73.	74.	75.	76.
δ	2,93	2,93	2,93	2,90	3,04	2,95–2,96
MgO	19,44	19,32	19,18	19,44	20,54	19,38
CaO	30,85	29,67	30,19	30,84	30,77	30,79
FeO	3,17	3,31	3,47	1,76	2,14	2,19
CO_2	46,14	46,40	46,19	47,11	46,22	47,63
Unlöslich	0,76	0,53	0,54	0,25	0,48	0,56
	100,36	99,23	99,57	99,40	100,15	100,55

Berechnet						
$MgCO_3$ . . .	40,63	40,38	40,09	40,63	42,93	40,51
$CaCO_3$ . . .	55,09	52,98	53,91	55,07	54,95	54,98
$FeCO_3$ . . .	5,11	5,33	5,59	2,83	3,49	3,53

71. Bräunlichgelbe bis gelblichweiße, durchscheinende Dolomitrhomboeder vom Greiner im Zillertal; entspricht der Formel: $FeCO_3$ 12,5 $CaCO_3$ 10,9 $MgCO_3$; Rhomboederwinkel: 106° 15′; anal. wie oben.

72. Hellrauchgraue, durchscheinende Dolomitrhomboeder vom Greiner; entspricht der Zusammensetzung: $FeCO_3$ 11,5 $CaCO_3$ 10,4 $MgCO_3$; Rhomboederwinkel 106° 15′; anal. wie oben.

73. Wenig durchsichtige gelbliche Dolomitkristalle im Chloritschiefer des Greiner; entspricht der Formel: $FeCO_3$ 11,2 $CaCO_3$ 9,9 $MgCO_3$; Rhomboederwinkel: 106° 13′; anal. wie oben.

74. Stengeliges Aggregat grünlichweißer Dolomitkristalle vom Pfitschertal in Tirol; entspricht der Zusammensetzung: $FeCO_3$ 22,5 $CaCO_3$ 19,7 $MgCO_3$; anal. wie oben.

75. Grobblätteriges, gelblichweißes, undurchsichtiges Aggregat im Chloritschiefer von Pfitsch im Pfitschertale; entspricht der chemischen Zusammensetung: $FeCO_3$ 18,5 $CaCO_3$ 17,1 $MgCO_3$; Rhomboederwinkel an Spaltstücken gemessen: 106° 14′—106° 17′; anal. wie oben.

76. Milchweiße bis bräunlichgelbe Kristalle von Pfitsch im Chloritschiefer; entspricht der Zusammensetzung: $FeCO_3$ 18,1 $CaCO_3$ 15,8 $MgCO_3$; Rhomboederwinkel 106° 16′; anal. wie oben.

	77.	78.	79.	80.	81.	82.
δ	3,10	2,90–2,94	2,90–2,93	—	—	—
MgO . . .	19,89	19,81	18,04	19,65	21,27	18,34
CaO . . .	30,67	30,38	30,73	32,05	30,05	34,23
MnO . . .	—	—	—	0,06	—	—
FeO . . .	1,67	2,87	4,52	0,90	—	—
(Al_2O_3) . .	—	—	—	—	0,25	—
(Fe_2O_3) . .	—	—	—	—	0,34	—
(SiO_2) . . .	—	—	—	—	0,83	—
CO_2 . . .	46,80	46.15	44,94	46,82	46,79	46,87
(H_2O) . . .	—	—	—	0,48	—	—
(Rückstand) .	1,22	0,07	0,71	—	—	0,29
	100,25	99,28	98,94	99,96	99,53	99,73
Berechnet:						
$MgCO_3$ . .	41,57	41,41	37,71	—	44,49	38,36
$CaCO_3$ . . .	54,77	54,25	54,87	—	53,62	61,08
$FeCO_3$ . . .	2,69	4,62	7,28	—	—	—

77. Schwärzlichgraue Dolomitrhomboeder im Anhydrit von Hall in Tirol; entspricht der Formel: $FeCO_3$ 23,6 $CaCO_3$ 21,3 $MgCO_3$; Rhomboederwinkel 106° 20′; anal. wie oben.

78. Gelblichweißer Dolomit (Miemit) von Miemo, Monte Catini in Toskana; entspricht der Zusammensetzung: $FeCO_3$ 13,6 $CaCO_3$ 12,3 $MgCO_3$; anal. wie oben.

79. Schwarze Dolomitrhomboeder von Teruel in Spanien; entspricht der Formel: $FeCO_3$ 8,7 $CaCO_3$ 7,1 $MgCO_3$; Rhomboederwinkel: 106° 10′—106° 20′; anal. wie oben (Analyse 42).

80. Rötlicher Dolomit von Joplin; anal. E. T. Allen, Bull. geol. Surv. U.S. 1903, 220.

81. Dolomit vom östlichen Jowa in Amerika; anal. K. Knight, Amer. Geol. **34**, 64 (1904). — Ref. Z. Kryst. **42**, 305 (1907).

82. Dolomitkristalle aus der Dolomitbank von Ebenwies in der Umgebung von Regensburg; anal. A. Wankel, Ber. d. nat. Ver. Regensburg. **10**, 101 (1905).

	83.	84.	85.	86.
δ	—	—	2,75	—
MgO	10,33	17,69	14,77	21,62
CaO	41,92	32,13	33,90	30,31
(MnO) . . .	—	—	1,19	—
FeO	2,28	3,11	3,68	0,75
CO_2	45,56	46,41	45,72	47,45
	100,09	99,34	99,26	100,13
$MgCO_3$ . . .	21,61	37,00	30,88	—
$CaCO_3$ . . .	74,80	57,33	60,50	—
$FeCO_3$ . . .	3,68	5,01	5,94	—

83. u. 84. Dolomitkristalle von Markirch in Elsaß-Lothringen; anal. L. Dürr, Mitteil. d. geol. L.A. von Elsaß-Lothr. **6**, 183 (1907).

85. Perlspat (Dolomit) vom gleichen Fundorte; anal. wie oben.

86. Dolomit (gute Kristalle) von Biskra in Algier; anal. K. Hutchison, Brit. Assoc. Rep. 1908, 701.

Eisenreiche Dolomite (Ankerit, Braunspat).

Unter dem Namen Ankerit werden alle Dolomite zusammengefaßt, die geringere oder größere Mengen von Eisenoxydulcarbonat enthalten. Wie man aus der unten stehenden Analysenzusammenstellung ersehen kann, wechselt die Eisenmenge in diesen Carbonaten stark.

Charakteristisch scheint für die Ankerite die ziemlich konstante Menge von CaO bzw. $CaCO_3$ zu sein, so daß man die Ankerite wohl am besten als Dolomite bezeichnet, bei denen ein Teil des Magnesiumcarbonats durch Eisenoxydulcarbonat ersetzt ist. Über die Natur dieser Verbindungen wissen wir so viel wie über den reinen Dolomit. Doch dürfte der konstante $CaCO_3$-Gehalt gegen die Annahme einer isomorphen Mischung aller drei Carbonate sprechen.

E. Bořický hat den Versuch einer Einteilung der Ankerite gemacht. C. F. Rammelsberg,[1]) J. Dana[2]) und C. Fr. Naumann[3]) schrieben die Formel des Ankerits einfach $CaCO_3 + (Mg, Fe)CO_3$. F. v. Kobell[4]) dagegen nimmt für Ankerit $FeCO_3 + CaCO_3$ an, eine Verbindung, der 53,7 $FeCO_3$ und 46,3 $CaCO_3$ entsprechen würden und die in der Natur niemals aufzutreten scheint.

E. Bořický[5]) schreibt die Ankeritformel wie folgt:

$$CaCO_3 + FeCO_3 + x\,(CaCO_3 + MgCO_3) \quad \text{oder} \quad \begin{Bmatrix} CaFeC_2O_6 \\ x\,CaMgC_2O_6 \end{Bmatrix}$$

Die Werte für x in dieser Formel würden sich dann stellen auf $^1/_2$, 1, $^4/_3$, $^3/_2$, $^5/_3$, 2, 3, 4, 5, 10. E. Bořický nannte die, bei denen $x = {^1/_2}$ bis $^5/_3$ ist, Ankerit, die übrigen Parankerit, und hob die beiden einfachsten von der Zusammensetzung

---

[1]) C. F. Rammelsberg, Mineralchemie, (Leipzig 1875), 216.

[2]) J. Dana, A system of mineralogy (New York 1892), 685.

[3]) C. Fr. Naumann, Elemente der Mineralogie, (Leipzig 1871), 270.

[4]) F. v. Kobell, Lehrb. der Mineralogie, (Leipzig 1871), 241.

[5]) E. Bořicky, J. k. k. geol. R.A. **26** (1876). — Min. Mit. 47.

$$\left\{\begin{array}{l} CaFeC_2O_6 \\ CaMgC_2O_6 \end{array}\right\} \text{ und } \left\{\begin{array}{l} CaFeC_2O_6 \\ 2\,CaMgC_2O_6 \end{array}\right\}$$

als Normal-Ankerit und als Normal-Parankerit hervor.

In dem vorliegenden Handbuche wird aber bei den neueren Analysen keine Scheidung in diese Unterabteilungen vorgenommen werden. Daß diese Ankerite, oder wenigstens ein großer Teil derselben, keine mechanischen Gemenge sind, sondern homogene Mineralien, das zeigen die Untersuchungen K. Eisenhuts, der zeigte, wie bei Dolomiten mit steigendem Eisengehalte, die Brechungsexponenten wachsen (vgl. unten S. 383)

Ältere Analysen.

Zusammenstellung nach C. F. Rammelsberg.

	1.	2.	3.	4.	5.	6.
$MgCO_3$ . . .	38,84	39,55	36,35	35,55	33,02	32,2
$CaCO_3$ . . .	53,25	54,21	52,64	51,34	51,50	52,80
$FeCO_3$ . . .	5,33	6,13	12,40	13,90	15,38	14,0
$MnCO_3$ . . .	—	—	0,34	1,41	2,36	0,4
(H_2O) . . .	1,01	—	—	—	—	—
	98,43	99,89	101,73	102,20	102,26	99,4

1. Ankerit von Wermsdorf bei Zöptau in Mähren; anal. Grimme.
2. Ankerit von Lettowitz in Mähren, großblättrig, gelblich; anal. Fiedler.
3—5. Ankerit von Schneeberg; 3. anal. Kühn, 4. und 5. anal. Seger.
6. Ankerit von Mühlen in Graubünden; anal. P. Berthier.

	7.	8.	9.	10.	11.	12.
$MgCO_3$ . . .	31,2	32,6	34,03	33,28	29,0	24,15
$CaCO_3$ . . .	51,6	53,0	50,0	49,07	50,9	54,68
$FeCO_3$ . . .	14,8	14,2	13,26	14,89	18,7	23,26
$MnCO_3$ . . .	0,4	0,5	2,57	2,09	0,5	—
(H_2O) . . .	—	—	0,15	—	—	—
	98,0	100,3	100,01	99,33	99,1	102,09

7. Ankerit von Schams in Graubünden; P. Berthier.
8. Ankerit von Vizille; anal. P. Berthier.
9. Ankeritkristall von Siegen; anal. C. Schnabel.
10. Ankerit von der Grube Bescheert Glück bei Freiberg; anal. Ettling.
11. Ankerit von Conniglion (Vizille); anal. P. Berthier.
12. Ankeritkristall von Schemnitz; anal. Zwick.

	13.	14.	15.	16.	17.	18.
δ	—	—	3,008	3,01	—	—
$MgCO_3$ . . .	30,80	25,7	27,32	18,94	31,62	26,95
$CaCO_3$ . . .	44,89	51,1	51,24	51,61	60,84	46,40
$FeCO_3$ . . .	23,45	20,0	21,75	27,11	6,67	25,40
$MnCO_3$ . . .	0,80	3,0	—	2,24	—	—
	99,94	99,8	100,31	99,90	99,13	98,75

13. Ankerit von den Arcadian Jron mines, Neuschottland; anal. A. W. Jackson.
14. „ „ Gollrad in Steiermark; anal. P. Berthier.
15. „ „ Belnhausen bei Gladenbode in Oberhessen; Rhomboederwinkel 106° 6′; anal. Ettling.
16. „ „ Lobenstein; anal. Luboldt.
17. „ „ Ingelsberg bei Hofgastein; anal. Köhler.
18. „ „ Tinzen in Graubünden; anal. Schweizer.

E. Bořický (l. c.), der die bereits erwähnte Einteilung der Ankerite vornahm, teilte 6 Analysen mit.

	19.	20.	21.	22.	23.	24.
δ	3,06–3,07	2,974	2,956	2,970	2,955	2,976
$MgCO_3$ . . .	21,66	29,12	30,27	29,12	28,40	25,16
$CaCO_3$ . . .	50,70	51,30	50,10	52,20	50,73	50,98
$FeCO_3$ . . .	29,87	18,83	18,14	18,38	19,84	23,32
$MnCO_3$ . . .	—	1,02	0,46	Spur	Spur	—
Unlöslich . .	—	—	0,22	—	—	—
	102,23	100,27	99,19	99,70	98,97	99,46

19. Normalankerit von Zajčov bei Komorau in Böhmen; entspricht der Formel $2CaCO_3$ $FeCO_3$ $MgCO_3$; anal. Bílek für E. Bořický.

20. Parankerit von Rapic bei Kladno in Böhmen im Kohlensandstein; entspricht der chemischen Zusammensetzung $3CaCO_3$ $2MgCO_3$ $FeCO_3$; anal. E. Bořický und Bílek.

21. Parankerit von Lubna bei Rakonitz in Böhmen im Kohlensandstein; entspricht der chemischen Formel $3CaCO_3$ $2MgCO_3$ $FeCO_3$; anal. wie oben.

22. Parankerit vom Erbstollen von Schwadonitz in Böhmen im Kohlensandstein; entspricht ebenfalls der Formel $3CaCO_3$ $2MgCO_3$ $FeCO_3$; anal. wie oben.

23. Parankerit vom Maximilianschacht in Plaskov bei Lahna in Böhmen in Schieferkohle; anal. wie oben.

24. Ankerit aus dem Franz-Joseph-Schachte von Duby bei Kladno in Böhmen auf Sphärosiderit; anal. wie oben.

Neuere Analysen.

	25.	26.	27.	28.	29.	30.
δ	2,91	—	2,95	2,9404	—	—
MgO . . .	18,16	16,27	5,96	14,21	12,46	11,05
CaO . . .	29,03	28,02	29,06	29,77	28,64	30,15
MnO . . .	1,42	1,58	1,02	1,63	1,85	1,44
FeO . . .	4,85	8,22	21,49	9,25	13,42	12,96
CO_2 . . .	46,47	45,77	42,29	45,28	44,36	44,39
(SiO_2) . . .	0,02	—	—	—	—	—
(H_2O) . . .	—	0,15	—	—	—	—
	99,95	100,01	99,82	100,14	100,73	99,99
$MgCO_3$ . .	38,00	34,03	—	—	25,00	23,12
$CaCO_3$ . . .	51,80	50,00	—	—	51,11	53,80
$MnCO_3$ . .	2,31	2,57	—	—	2,99	2,34
$FeCO_3$ . . .	7,82	13,26	—	—	21,63	20,73

25. Ankerit von Ting of Norwig an der Küste von Unst in Schottland. Spaltungsstücke; anal. J. Heddle, Min. Mag. 1878, 9 und 106.

26. Ankerit aus dem Siegerland; anal. C. Schnabel und Schmeißer, J. preuß. geol. L.A. 1882[II], 126.

27. Kristallisierter Ankerit (Dolomit) von Lilleshall in Birmingham; anal. C. J. Woodward. Quart. Journ. Geol. Soc. London. **38**, 466 (1883).

28. Ankeritkristalle vom Camphausenschacht, Fischbachtal bei Saarbrücken; entspricht angenähert der Formel $2(MgCO_3 + CaCO_3) + (CaCO_3 + [Fe, Mn]CO_3)$; anal. E. Weiß, J. preuß. geol. L.A. 1884.

29. Ankeritkristalle von Wittichen im Schwarzwald; ältere Generation; anal. Pecher bei F. Sandberger, Untersuchungen über Erzgänge (Wiesbaden 1885), 159.

30. Ankerit vom gleichen Fundorte; jüngere Generation; anal. F. Petersen bei F. Sandberger, wie oben.

	31.	32.	33.	34.	35.	36.
MgO	11,91	14,3	14,5	17,00	14,41	17,35
CaO	30,81	31,2	30,6	29,46	29,02	29,10
MnO	0,48	—	—	—	—	—
FeO	11,96	6,1	5,3	6,20	9,03	5,37
(Fe_2O_3)	—	3,5	4,5	—	—	—
(Mn_3O_4)	—	0,9	0,8	—	—	—
CO_2	44,79	43,3	42,6	45,48	44,02	45,05
(SiO_2)	—	0,72	1,9	—	—	—
Unlöslich	—	—	—	2,28	2,25	2,58
	99,95	100,02	100,2	100,42	98,73	99,45
$MgCO_3$	24,91	—	—	35,55	30,13	36,28
$CaCO_3$	54,98	—	—	52,59	51,79	51,93
$MnCO_3$	0,78	—	—	—	—	—
$FeCO_3$	19,28	—	—	10,00	14,56	8,66

31. Ankerit von Antwerpen, Newyork; anal. A. Genth, Am. Philos. Soc. 1885, 2.

32 und 33. Ankerit(Dolomit)kristalle und derbe Massen von Schwarzleo bei Leogang, unfern Saalfelden in Salzburg; anal. L. Buchrucker, Z. Kryst. **19**, 139 (1891).

34. Ankerit (Dolomit) von Lizzo (Porretta) in Italien; entspricht der Formel $FeCO_3$ $6\,CaCO_3$ $5\,MgCO_3$; anal. T. Bentivoglio, Atti Soc. d. Nat. Modena **26**, 84, II (1892).

35. Ankerit, kristallisiert (Dolomit), von Traversella in Piemont; entspricht der chemischen Zusammensetzung $FeCO_3$ $9\,CaCO_3$ $8\,MgCO_3$; Rhomboederwinkel: 106° 10′; anal. wie oben.

36. Ankerit, kristallisiert (Dolomit), aus dem Talk-Chloritschiefer des Greiners in Tirol; entspricht der Formel: $FeCO_3$ $7\,CaCO_3$ $6\,MgCO_3$; Rhomboederwinkel: 106° 11′36″; anal. wie oben.

	37.	38.	39.	40.	41.	42.
δ	—	—	—	—	—	2,99
MgO	17,84	15,44	19,09	10,52	9,99	10,20
CaO	28,98	29,52	29,77	31,72	33,38	28,41
MnO	—	—	—	1,87	—	—
FeO	5,21	10,67	6,39	11,38	12,12	17,22
CO_2	45,55	44,60	44,40	44,11	44,51	44,21
Unlöslich	1,55	1,05	—	—	—	—
	99,13	101,28	99,65	99,60	100,00	100,04
$MgCO_3$	37,31	30,19	36,22	22,00	20,90	—
$CaCO_3$	51,71	52,67	53,12	56,07	59,55	—
$MnCO_3$	—	—	—	3,06	—	—
$FeCO_3$	8,56	17,37	10,31	18,47	19,55	—

37. Ankerit (Dolomit) von Miemo (Volterra) in Italien, kristallisiert; entspricht der Formel: $FeCO_3$ $7\,CaCO_3$ $6\,MgCO_3$; Rhomboederwinkel: 106° 14′ 48″; anal. wie oben.

38. Ankerit (Dolomit), kristallisiert, von Traversella; entspricht der Formel: $10\,FeCO_3$ $35\,CaCO_3$ $24\,MgCO_3$; Rhomboederwinkel: 106° 10′ 33″; anal. wie oben.

39. Ankerit (Dolomit), kristallisiert, von Traversella; entspricht der Formel: $4\,FeCO_3$ $24\,CaCO_3$ $19\,MgCO_3$; Rhomboederwinkel: 106° 12′ 4″; anal. wie oben.

40. Ankerit, blaßrot gefärbt, von Goldkronach bei Berneck im Fichtelgebirge; anal. F. Sandberger, Sitzber. Bayr. Ak. **24**, 231 (1894).

41. Ankeritkristalle vom Simplontunnel; anal. G. Spezia, Atti R. Acc. d. Toscana **34**, 705 (1899).

42. (Normal-)Ankerit von Phleps in Missouri, kristallinische Massen; entspricht der Formel $2\,CaCO_3$ $MgCO_3$ $FeCO_3$; anal. F. Rogers, Kansas Univ. Quart. **8**, 183 (1899).

	43.	44.	45.	46.	47.	48.
δ	2,95	—	2,96	3,025	2,90	2,90
MgO	9,81	11,50	11,95	10,9	18,05	17,36
CaO	31,20	29,23	28,69	28,2	27,67	30,17
MnO	0,70	0,83	0,85	Spuren	—	Spuren
FeO	12,63	15,51	14,01	17,2	5,15	5,82
CO_2	44,98	42,30	nicht best.	42,5	44,57	46,94
SiO_2	—	—	0,16	—	—	—
Unlösl. . . .	—	—	—	—	4,90	—
	99,32	99,37	—	98,8	100,34	100,29
					Berechnet:	
$MgCO_3$ . . .	20,52	24,07	—	—	37,73	36,28
$CaCO_3$ . . .	55,69	52,16	—	—	49,41	53,87
$MnCO_3$ . . .	1,13	1,35	—	—	—	—
$FeCO_3$ . . .	21,98	21,79	—	—	8,30	9,37

43. Ankeritrhomboeder von Skalič an der Sázava in Böhmen; entspricht der Formel: $2CaFe(CO_3)_2 3CaMg(CO_3)_2$; anal. A. Bukowský, Programm d. Oberrealschule in Kuttenberg, 1902 und Anz. d. III. Kongr. böhm. Naturf. u. Ärzte, Prag 1901, 293. Ref. N. JB. Min. etc. 1903[II], 338.

44. Ankeritkristalle aus den Kuttenberger Halden in Böhmen; entspricht der chemischen Zusammensetzung: $2CaFe(CO_3)_2 3CaMg(CO_3)_2$; anal. wie oben.

45. Ankerit, fast farblose Kristalle von Ebersdorf bei Magdeburg; anal. O. Fahrenhorst, Z. f. Naturw. **73**, 375 (1900).

46. Ankeritkristalle von Saint Pierre d'Allevard in Frankreich; anal. H. Arsandaux, Bull. Soc. min. **24**, 472 (1901).

47. Ankerit (Dolomit) vom Greiner in Tirol, stengelig-blättrige Massen im Talkschiefer; entspricht der Zusammensetzung: $FeCO_3$ 6,9 $CaCO_3$ 6,3 $MgCO_3$; Rhomboederwinkel: 106° 15′; anal. K. Eisenhut, Z. Kryst. **35**, 593 (1902).

48. Ankerit (Dolomit) vom Greiner im Zillertal in Tirol, undurchsichtige, große Kristalle im Talkschiefer; entspricht der Formel: $FeCO_3$ 6,5 $CaCO_3$ 5,3 $MgCO_3$; Rhomboederwinkel: 106° 12′; anal. wie oben.

	49.	50.	51.	52.	53.	54.
δ	2,95	2,90	3,04	—	—	—
MgO	17,58	15,67	15,01	13,49	13,38	14,43
CaO	29,56	30,50	29,69	28,67	28,07	27,41
FeO	6,68	6,93	9,69	10,38	10,82	11,86
CO_2	45,64	46,00	44,84	43,58	43,41	44,55
Unlöslich . .	—	0,48	—	4,05	4,35	1,80
	99,46	99,58	99,23	100,17	100,03	100,05
		Berechnet:				
$MgCO_3$ . . .	36,74	32,75	31,37	28,22	27 99	30,19
$CaCO_3$ . . .	52,79	54,46	53,02	51,16	50,09	48,94
$FeCO_3$ . . .	10,76	11,16	15,61	16,74	17,60	19,12

49. Ankerit (Dolomitspat), wasserhelle, bis durchscheinende Rhomboeder von Traversella; entspricht der Formel: $FeCO_3$ 5,7 $CaCO_3$ 4,7 $MgCO_3$; Rhomboederwinkel: 106° 10′; anal. wie oben.

50. Ankerit (Dolomit) von der Rhone-Lamme bei Viesch im Wallis, Spaltungsstücke; entspricht der Formel $FeCO_3$ 5,7 $CaCO_3$ 4 $MgCO_3$; Rhomboederwinkel: 106° 15'; anal. wie oben.

51. Ankerit vom Paulschacht der Abendsterngrube von Altwasser in Schlesien, weiße bis hellgraue, wenig durchsichtige Kristalle; entspricht der chemischen Formel: $FeCO_3$ 3,9 $CaCO_3$ 2,8 $MgCO_3$; Rhomboederwinkel: 106° 1'; anal. wie oben.

52. Pinolitische Ankeritmasse vom Kammerlgraben in der Radmer in Obersteiermark; anal. F. Eichleiter, bei K. A. Redlich, J. k. k. geol. R.A. **53**, 288 (1903).

53. Ankeritische Erzmassen vom gleichen Fundorte; anal. wie oben.

54. Ankerit vom gleichen Fundorte; anal. R. Schöffel bei K. A. Redlich, wie oben.

	55.	56.	57.	58.	59.	60.
δ	—	3,03	2,94	—	—	—
MgO	18,70	13,49	12,83	16,78	12,18	17,89
CaO	29,00	28,77	28,92	1,74	29,51	29,77
FeO	—	12,93	12,23	7,99	13,54	5,31
(Fe_2O_3)	6,92	—	—	—	—	—
CO_2	44,44	44,60	46,28	42,92	44,74	45,97
Unlöslich	1,75	—	—	—	—	—
	100,81	99,79	100,26	99,43	99,97	98,94
$MgCO_3$	—	—	—	—	25,47	37,45
$CaCO_3$	—	—	—	—	52,65	53,12
$FeCO_3$	—	—	—	—	21,85	8,37

55. Ankerit (Dolomitkristalle) aus dem Sandstein von Calafuria, südlich von Livorno in Toskana; anal. E. Manasse, Atti Soc. Tosc. **21**, 159 (1908).

56. Ankerit (Parankerit) aus dem Uralskaja-Stollen, Sloboda Nagolnaja Donetz-Becken, Rußland, farblose durchsichtige Kristalle; anal. J. Samojloff, Materialien zur Mineralogie Rußlands **23**, 1 (1906).

57. Braunrote Ankeritkristalle aus dem Andreasschachte, vom gleichen Fundorte; anal. wie oben.

58. Ankerit (eigentlich schon Siderit), Rhomboeder, Grube Sylvester, Weilertal in Elsaß; anal. M. Ungemach, Bull. Soc. min. **29**, 194 (1906).

59. Ankeritkristalle vom gleichen Fundorte; anal. wie oben.

60. Ankerit (Dolomit), rosenrote Kristalle, vom gleichen Fundorte; anal. wie oben.

Manganreiche Dolomite (Braunspat, Kutnohorrit; Ankerit).

Des öfteren enthalten die Dolomite auch größere Mengen von Mangancarbonat und auch für sie wurde gelegentlich der Name Braunspat gebraucht, der für diese Gruppe der Dolomite sehr passend ist, da man ja andere Manganverbindungen, wie Braustein, Braunit so ähnlich genannt hat.

A. Bukowský[1]) hat für manganreiche Dolomite von Kuttenberg in Böhmen den Namen Kutnohorrit gebraucht.

Auch der Ausdruck Mangandolomit ist ab und zu angewandt worden.

[1]) A. Bukowský, Programm d. Oberrealschule in Kuttenberg f. 1902. Ref. N. JB. Min. etc. 1903^{II}, 338.

	1.	2.	3.	4.	5.	6.
δ	2,92	—	—	—	—	—
MgO	7,64	10,51	—	—	—	—
CaO	34,35	20,61	—	—	—	—
MnO	2,08	2,35	—	—	—	—
FeO	12,51	21,22	—	—	—	—
(Al_2O_3)	—	1,33	—	—	—	—
CO_2	44,00	40,12	—	—	—	—
(S)	—	0,90	—	—	—	—
Unlöslich	—	2,45	—	—	—	—
	100,58	99,49				
$MgCO_3$	—	21,77	35,61	30,13	29,27	36,24
$CaCO_3$	—	35,00	53,95	53,03	51,50	54,03
$MnCO_3$	—	3,82	} 10,25	16,61	15,39	9,85
$FeCO_3$	—	34,22				
Unlöslich	—	—	1,10	0,96	3,11	0,71
			100,91	100,73	99,27	100,83

1. Braunspat (Dolomit) von Lilleshall, Birmingham, kristallisiert; anal. C. J. Woodward, Quart Journ. Geol. Soc. London **38**, 466 (1883).

2. Braunspat von Kapfenberg in Steiermark; anal. H. B. v. Foullon, J. k. k. geol. R.A. **36**, 342 (1886).

3. Braunspatkristalle (Dolomit) von Traversella; entspricht der Formel: $4(Mn, Fe)CO_3$ $24CaCO_3$ $19MgCO_3$; Rhomboederwinkel: 106° 12′ 48″; anal. T. Bentivoglio, Atti Soc. d. Nat. Modena **26**, 84, II (1892).

4. Braunspatkristalle vom gleichen Fundorte; entspricht der Formel: $4(Fe, Mn)CO_3$ $15CaCO_3$ $10MgCO_3$; Rhomboederwinkel: 106° 10′ 34″; anal. wie oben.

5. Braunspat (Dolomit) vom gleichen Fundorte; entspricht der chemischen Zusammensetzung: $4(Fe, Mn)CO_3$ $17CaCO_3$ $13MgCO_3$; anal. wie oben.

6. Braunspat (Dolomit) vom gleichen Fundorte; entspricht der chemischen Zusammensetzung $2(Fe, Mg)CO_3$ $13CaCO_3$ $10MgCO_3$; Rhomboederwinkel: 106° 12′ 6″; anal. wie oben.

	7.	8.	9.	10.	11.	12.	13.
δ	—	—	0,08	2,96	3,05	3,06	3,01
MgO	7,14	8,59	10,53	14,58	8,16	5,18	6,89
CaO	7,38	20,64	31,95	10,48	28,85	24,66	29,74
MnO	22,18	10,88	2,37	23,41	2,98	23,76	11,42
FeO	14,36	8,15	10,71	6,59	15,90	4,27	8,68
CO_2	36,18	37,40	nicht best.	45,59	43,52	42,62	43,27
(SiO_2)	—	—	0,08	—	—	—	—
Unlösl.	12,76	14,34	—	0,16	—	—	—
	100,00	100,00	—	100,81	99,41	100,49	100,00
				Berechnet:			
$MgCO_3$	14,93	18,02	—	30,47	17,28	—	14,40
$CaCO_3$	13,16	36,84	—	18,71	51,49	—	53,24
$MnCO_3$	35,99	17,66	—	37,93	4,84	—	18,53
$FeCO_3$	23,16	13,14	—	10,61	25,80	—	13,83

7. Braunspat (Ankerit), weiße kristalline Massen von Little Belt Mountains in Montana; anal. W. H. Weede, 20. Annal rep. U.S. geol. Survey 1899, 257.

8. Braunspat (Ankerit), bräunliche Aggregate vom gleichen Fundorte; anal. wie oben.

9. Braunspat, fast farblose Kristalle von Ebersdorf bei Magdeburg; anal. O. Fahrenhorst, Z. f. Naturw. **73**, 375 (1900).

10. Braunspat (Mangandolomit), Kristalle vom Greiner im Zillertal in Tirol; entspricht der chemischen Zusammensetzung $FeCO_3$ 2 $CaCO_3$ 3,95 $MgCO_3$ 3,6 $MnCO_3$; Rhomboederwinkel: 106° 12′; anal. K. Eisenhut, Z. Kryst. **35**, 593 (1902).

11. Braunspat von den Halden von Kuttenberg in Böhmen, blätterige Massen; entspricht der Formel: $5\,CaFe(CO_3)_2\,4\,CaMg(CO_3)_2$ [Mn ist unter Fe einbezogen]; anal. A. Bukowský, Programm d. Oberrealschule in Kuttenberg, 1902 und Anz. d. III. Kongr. böhm. Naturf. u. Ärzte, Prag 1901, 293. Ref. N. JB. Min. etc. 1903^{II}, 338.

12. Braunspat (eisenhaltiger Mangandolomit, von A. Bukowský „Kutnohorrit" genannt), grobspätige Massen, weiß mit Stich ins Rosafarbige, von den Halden von Kuttenberg in Böhmen; entspricht dem Molekularverhältnis: Ca:Mn:Fe:Mg = 7:5:1:2; anal. wie oben.

13. Braunspat (Kutnohorrit), wie früher, nur von feinerem Korn; entspricht dem Molekularverhältnis von Ca:Mn:Fe:Mg = 3:1:1:1; anal. wie oben.

Nickelhaltiger Dolomit (Taraspit).

Als Taraspit wurden grünliche Dolomite benannt, die in Vulpera bei Taraps in der Schweiz auftreten und einigen als Miemit — eine Bezeichnung, die heute nicht mehr gebraucht wird — bezeichneten Dolomiten sehr ähnlich sehen. Sie sind nach Untersuchungen von C. v. John[1]) durch einen geringen Nickelgehalt ausgezeichnet, wie die folgenden Analysen zeigen:

	1.	2.	3.	4.	5.
$MgCO_3$ . . .	42,83	42,96	42,25	40,54	40,37
$CaCO_3$ . . .	54,78	53,89	51,57	55,32	52,38
$FeCO_3$ . . .	2,02	3,13	4,50	2,68	6,85
NiO	0,14	0,25	0,12	0,18	0,38
Al_2O_3	Spur	Spur	1,23	0,43	0,57
Unlöslich . . .	0,82	—	—	—	0,42
	100,59	100,23	99,67	99,15	100,97

1. und 2. Dolomit von Tarasp in der Schweiz; anal. C. v. John.
3. Dolomit (Miemit) von Žepče; anal. wie oben.
4. Dolomit (Miemit) von Miemo in Toskana; anal. wie oben.
5. Dolomit (Miemit) von Rakovac in Syrmien; anal. wie oben.

Formel des Dolomits. Auffallend ist, daß fast bei allen Analysen des Dolomits die Calciumoxyd- bzw. Calciumcarbonatmenge ziemlich konstant bleibt.

Der MgO- bzw. $MgCO_3$-Gehalt sinkt bei zunehmendem Fe-Gehalt, so daß man sagen kann, die Magnesia des Dolomits kann durch Eisenoxydul und Manganoxydul bis zu einem gewissen Grade ersetzt werden, ohne daß sich die Menge CaO dadurch wesentlich verändert. Steigt der Eisengehalt über ca. 10% FeO, dann tritt öfters ein ganz anderes Verhältnis ein, das mit dem reinen Dolomitverhältnis nichts mehr gemein hat, z. B. wie bei Analyse 13 auf S. 372.

Es ist auffallend, daß Mangan nur dann in Dolomiten auftritt, wenn auch Eisen vorhanden ist, und es scheint daher das Manganoxydul das Eisenoxydul

[1]) C. v. John, Verh. k. k. geol. R.A. 1899, 68.

zu vertreten. Es ändert ein höherer MnO-Gehalt fast stets die CaO-Zahl (vgl. Analyse 10 und 12 auf S. 377).

Man wird daher die Formel des Dolomits schreiben können:

reiner Dolomit . . . $MgCO_3 . CaCO_3$;
eisenhaltiger Dolomit . $Mg[Fe]CO_3 . CaO_3$;
manganhaltiger Dolomit $Mg[Fe(Mn)]CO_3 . CaCO_3$.

Aber etwas anderes sagen noch diese Analysenzusammenstellungen: wenn der CaO-Gehalt aller Dolomite (natürlich nur bei Mineralien nicht Gesteinen), der eisenfreien wie eisenhaltigen, ein konstanter ist, die Eisenmenge aber stets wechselt und mit ihr die Magnesiamenge, dann ist die Doppelsalznatur des Dolomits erwiesen; denn wäre Dolomit eine isomorphe Mischung von $CaCO_3$ und $MgCO_3$ und trete nun $FeCO_3$ als dritte Komponente zu dieser Mischung hinzu, so müßte die CaO-Zahl gleichmäßig mit der MgO-Zahl steigen und fallen. Daß dies aber nicht der Fall ist, zeigen uns die Analysenzusammenstellungen. Es fragt sich jetzt nur noch, wie ist das Eisen im Ankerit enthalten? Da sind zwei Möglichkeiten gegeben: entweder haben wir zwei isomorphe Doppelsalze

$$\left\{\begin{matrix} MgCO_3 \\ CaCO_3 \end{matrix}\right\} \text{ und } \left\{\begin{matrix} CaCO_3 \\ FeCO_3 \end{matrix}\right\}$$

oder aber es ist das Doppelsalz Dolomit mit $FeCO_3$ isomorph; welche der beiden Annahmen größere Wahrscheinlichkeit hat, das werden ausführlichere Untersuchungen darzulegen haben. Jedenfalls aber wird nach dem Vorstehenden an der Doppelsalznatur des Dolomits selbst nicht mehr zu zweifeln sein.

Analysen von Dolomitgesteinen (Normaldolomite).

Mit Dolomit werden sowohl das kristallisierte Calciummagnesiumcarbonat als auch diejenigen Carbonatgesteine bezeichnet, die bei der quantitativen Analyse eine dem Dolomit mehr oder weniger nahe kommende chemische Zusammensetzung ergeben. Wenn der Magnesiumcarbonatgehalt ein geringer ist, so spricht man wohl auch von dolomitischen Kalksteinen. Diese Gesteine nun dürfen keinesfalls mit dem Mineral Dolomit verwechselt werden. Denn bei dem Mineral Dolomit handelt es sich um eine durchaus homogene Substanz, bei dem Dolomitgestein aber wissen wir sehr oft nicht, in welcher Form das Magnesiumcarbonat auftritt. Ist das ganze Gestein annähernd gleich zusammengesetzt, so daß jedes einzelne Teilchen wenigstens annähernd die der Gesamtanalyse des Gesteines entsprechende Zusammensetzung hat, oder liegt ein mechanisches Gemenge von Calciumcarbonat und Magnesiumcarbonat oder Calciumcarbonat und dem Mineral Dolomit vor? Nach zahlreichen Untersuchungen liegen wohl fast stets Gemenge in den Dolomitgesteinen vor. Ja, wir wissen sehr oft nicht einmal, in welcher Form das reine Magnesiumcarbonat, ob in der des neutralen wasserfreien Carbonats oder in der eines Hydrocarbonats, vorliegt.

Es sollen hier eine Auswahl guter Analysen von Normaldolomiten angeführt sein, ohne daß dieses Verzeichnis auf Vollständigkeit Anspruch erhebt.

	1.	2.	3.	4.	5.	6.
MgO	19,22	19,79	17,95	21,29	20,44	21,35
CaO	31,41	30,22	30,78	29,01	31,01	30,66
FeO	—	—	0,62	—	0,55	—
(Fe_2O_3) . . .	1,22	1,81	—	2,32	—	0,33
CO_2	46,10	47,29	45,65	46,82	47,32	46,60
Unlöslich . .	1,02	0,79	4,27	Spuren	0,25	0,11
	98,97	99,90	99,27	99,44	99,57	99,05

1. Dolomit (Mendoladolomit) vom Fuße der Marmolata am Fedajasee in Südtirol; anal. C. Doelter, J. k. k. geol. R.A. **25**, 317 (1875).

2. Dolomit (Mendoladolomit) von der Fedajaalpe, südlich vom Sasso di Mezzodi; anal. A. Sachs bei C. Doelter und R. Hoernes, wie oben.

3. Dolomit (Mendoladolomit) vom Col Rodella bei Campitello in Südtirol; anal. C. Epp bei C. Doelter und R. Hoernes, wie oben.

4. Dolomit (Mendoladolomit) von der Schlernwand bei Ratzes in Südtirol; anal. C. Doelter, wie oben.

5. Dolomit (Schlerndolomit) aus den Wengener Schichten von der Malga di Val Sorda in Südtirol; anal. C. Epp bei C. Doelter und R. Hoernes, wie oben.

6. Dolomit (Schlerndolomit) aus den Wengener Schichten von Schloß Wolkenstein im Grödnertale in Südtirol; anal. C. Doelter, wie oben.

	7.	8.	9.	10.	11.	12.
δ	—	—	—	—	2,8469	
MgO	19,50	21,34	20,13	19,53	15,04	15,16
CaO	30,20	29,93	31,53	31,21	39,04	39,14
(Fe_2O_3) . . .	1,51	—	1,04	2,04	—	—
CO_2	48,36	46,50	45,39	45,99	46,01	45,97
Unlöslich . .	0,95	—	0,19	0,98	—	—
(Fe_2O_3 + Unlösl.)	—	1,33	—	—	—	—
(H_2O) . . .	—	—	0,95	—	—	—
	100,52	99,10	99,23	99,75	100,09	100,27

7. Dolomit (Schlerndolomit) vom Puezberg, nördlich vom Grödner Jöchl in Südtirol; anal. Langsdorff bei C. Doelter und R. Hoernes, wie oben.

8. Dolomit (Schlerndolomit) unterhalb der Spitze des Schlern in Südtirol; anal. C. Doelter, wie oben.

9. Feinkörniger Dolomit aus dem Dachsteinkalke des Monte Sella; anal. Roeder bei C. Doelter und R. Hoernes, wie oben.

10. Dolomitgestein von der Fannisalpe in Südtirol; anal. C. Doelter, wie oben.

11 und 12. Weißer zuckerkörniger Dolomit von Airolo in der Schweiz; anal. A. Grubenmann, Mitteil. d. Thurgauischen naturf. Ges. Frauenfeld **8**, 1 (1888).

	13.	14.	15.	16.	17.	18.
δ	2,8303		—	—	—	—
MgO	11,96	11,98	22,60	21,09.	19,13	18,94
CaO	40,12	40,16	29,09	29,86	33,08	33,37
FeO	0,42	0,36	—	—	—	—
($Fe_2O_3 + Mn_3O_4$) .	—	—	0,83	1,33	—	—
CO_2	44,96	45,15	46,26	46,03	46,83	46,85
Unlöslich	1,96	2,05	0,79	1,04	—	—
(Rückstand + Fe_2O_3)	—	—	—	—	0,34	0,30
	99,42	99,70	99,57	99,35	99,38	99,46
$MgCO_3$	—	—	—	—	40,01	39,61
$CaCO_3$	—	—	—	—	59,03	59,55

13 und 14. Feinkörniges gelbes Dolomitgestein von Airolo in der Schweiz; anal. wie oben.

15. Phosphoreszierender Dolomit von Valdana in Italien; anal. G. d'Achiardi, Soc. Toscana d. Sc. Nat. Pisa **11**, 156 (1899).

16. Phosphoreszierender Dolomit vom Capo Calamita auf Elba; anal. wie oben.

17 und 18. Dolomitgestein von Sinzing bei Regensburg; anal. A. Wankel, Ber. d. naturw. Ver. zu Regensburg **10**, 101 (1903 u. 1904).

	19.	20.	21.	22.	23.	24.
MgO . .	19,32	18,31	19,67	20,22	20,81	17,99
CaO . .	32,76	34,35	32,29	32,67	31,76	27,49
FeO . .	—	—	—	Spur	Spur	0,89
(Fe_2O_3) .	0,14	0,14	Spuren	—	—	—
CO_2 . .	46,78	46,93	46,77	47,69	47,61	47,10
Rückstand	0,29	0,28	0,74	—	—	7,06
	99,29	100,01	99,47	100,58	100,18	100,53
$MgCO_3$.	40,41	38,29	41,11	42,29	43,51	37,63
$CaCO_3$.	58,45	61,30	57,62	58,29	56,67	54,41
Fe_2O_3 . .	—	—	—	—	—	1,43

19. Dolomit aus Matting bei Regensburg; anal. wie oben.

20. Dolomit vom gleichen Fundorte; anal. wie oben.

21. Dolomit von Ebenwies bei Regensburg; anal. wie oben.

22 und 23. Dolomitgestein von Hemmas, östlich von Thiersheim im Fichtelgebirge; anal. F. Ammon, Inaug.-Dissertation (Erlangen 1902). Ref. N. JB. Min. etc. 1907 II 214.

24. Feinkörniger Dolomit von der Emilienzeche bei Göpfersgrün-Thiersheim, in der Nähe von Wunsiedel im Fichtelgebirge; anal. wie oben.

	25.	26.	27.	28.	29.	30.
MgO	19,01	21,10	19,20	21,50	17,34	20,16
CaO	29,07	29,95	29,95	30,05	32,60	30,83
FeO	2,17	—	—	—	—	—
(Al_2O_3) . . .	—	—	—	0,25	—	—
(Fe_2O_3) . . .	—	0,60	1,15	0,34	—	—
($Al_2O_3 + Fe_2O_3$)	—	—	—	—	0,30	0,44
CO_2	45,07	46,52	44,43	47,03	44,69	46,41
(SiO_2) . . .	—	—	—	0,83	—	—
Unlöslich . .	4,90	1,64	5,13	—	5,30	2,60
	100,22	99,81	99,86	100,00	100,23	100,44
$MgCO_3$ . . .	39,96	44,12	40,14	44,96	—	—
$CaCO_3$ . . .	51,87	53,45	53,44	53,62	—	—
$FeCO_3$ . . .	3,49	—	—	—	—	—

25. Grobkörniger, brauner Dolomit vom gleichen Fundorte; anal. wie oben.

26. Feinkörniges Dolomitgestein, gleicher Fundort; anal. wie oben.

27. Grobkörniges Dolomitgestein, gleicher Fundort; anal. wie oben.

28. Dolomit (Normaldolomit) von Jowa, Niagara-Formation; anal. N. Knight, Geol. Mag. London, New Serie [5] **1**, 491 (1904).

29. und 30. Kristallinischer Dolomit von Sternberg in Böhmen; anal. C, v. John, J. k. k. geol. R.A. **57**, 425 (1907).

	31.	32.	33.	34.
MgO	17,58	20,08	17,98	14,48
CaO	33,45	30,77	33,11	36,74
$(Fe_2O_3 + Al_2O_3)$	1,02	1,02	1,04	1,38
CO_2	45,62	46,26	45,80	44,80
Unlöslich . .	2,48	2,08	2,46	2,50
	100,15	100,21	100,39	99,90

31 bis 34. Kristallinischer Dolomit von Sternberg in Böhmen; anal. wie oben.

Analysen von Dolomitmarmor.

So wie es einen Calcitmarmor gibt, gibt es auch einen Dolomitmarmor, ein mehr oder weniger feinkörniges Gestein, das aus Dolomitrhomboederchen besteht und aus Dolomitgestein durch Metamorphose entsteht. Es ist über die Struktur schon beim Calcitmarmor S. 328 gesprochen worden. Er kann teils reiner Dolomit sein, teils kann er einen Calcitmarmor darstellen, der Dolomit enthält; seine Zusammensetzung hängt völlig von der des ursprünglichen (nicht metamorphosierten) Gesteins ab.

J. H. L. Vogt[1]) teilt eine Anzahl von Analysen nordischer Dolomitmarmore mit:

	1.	2.	3.	4.
MgO . . .	21,87	21,47	12,37	19,94
CaO . . .	30,27	30,33	41,40	32,41
MnO . . .	0,02	—	0,001	0,002
FeO . . .	0,05	0,20	0,004	0,026
CO_2 . . .	47,70	nicht best.	nicht best.	nicht best.
Unlöslich .	0,106	0,46	Spur	0,253
$MgCO_3$ . .	45,93	45,09	25,97	41,79
$CaCO_3$ . .	54,05	54,16	73,92	57,87
$MnCO_3$ . .	0,03	—	0,0019	0,0031
$FeCO_3$ . .	0,086	0,32	0,0058	0,0424
Unlöslich .	0,106	0,46	Spur	0,253
	100,20	100,03	99,90	99,96

1. Dolomitmarmor vom Hammarfolder Marmorbruch, Sirfolden.
2. Dolomitmarmor von Seljeli; 1 und 2 stehen dem Normaldolomit nahe.
3. Dolomitmarmor, Hekkestrand, Ofoten.
4. Dolomitmarmor, Remmen, Veßen.

Auch die Analysen von zwei amerikanischen Dolomitmarmoren hat J. H. L. Vogt[2]) gegeben.

	5.	6.
CaO	30,59	30,59
MgO	21,47	20,92
FeO	0,11	—
(Al_2O_3) (Fe_2O_3)	0,07	0,24
Unlöslich	0,10	—

5. Dolomitmarmor von Pleasontville, New York, Vereinigte Staaten.
6. Dolomitmarmor von Lee, Massachusetts in den Vereinigten Staaten.

[1]) J. H. L. Vogt, Norsk Marmor, Christiania 1897, 20.
[2]) J. H. L. Vogt, Z. prakt. Geol. **6**, 10 (1898).

Einige Analysen von Dolomitmarmor von Crevoia bei Domodossola in der Schweiz hat B. Lindemann[1]) ausgeführt.

	7.	8.	9.
MgO	21,64	21,49	21,76
CaO	30,64	31,20	31,00
(Fe_2O_3)	0,33	0,96	0,41
CO_2	46,3	46,3	46,3
Unlöslich	0,86	0,98	0,88
	99,77	100,93	100,35

Diese Zahlen zeigen, daß die Zusammensetzung dieses Marmors der des Normaldolomits sehr nahe steht.

Lötrohrverhalten. Dolomit gibt mit Salzsäure die Ca-Flammenreaktion. Das Mg kann mikrochemisch nachgewiesen werden. Ankerit gibt Eisenperle (grüne Boraxperle im Reduktionsfeuer, gelbe Boraxperle heiß in der Oxydationsflamme). Ist der Dolomit stark manganhaltig, so tritt die violettrote Farbe der Boraxperle auf. Nach F. Cornu[2]) reagiert Dolomit mit Lackmuspapier schwach, mit Phenolphthaleïn äußerst schwach alkalisch.

Physikalische Eigenschaften.

Brechungsquotienten. M. Fizeau[3]) bestimmte die Brechungsquotienten für Natriumlicht mit

$$N_\alpha = 1{,}50256$$
$$N_\gamma = 1{,}68174.$$

K. Eisenhut[4]) hat von einer großen Zahl von ihm selbst analysierter Dolomite die Brechungsexponenten bestimmt und nach steigendem Eisengehalte angeordnet.

Brechungsquotienten		FeO-Gehalt	MgO-Gehalt	CaO-Gehalt
N_γ	N_α			
1,6830	1,5034	1,19	21,06	30,83
1,6847	1,5040	1,93	19,78	30,73
1,6847	1,5047	1,74	19,88	30,36
1,6883	1,5070	2,04	20,64	30,09
1,6847	1,5050	2,36	20,48	30,46
1,6864	1,5053	2,69	19,64	30,40
1,6853	1,5050	5,82	17,36	30,17
1,6983	1,5133	6,68	17,58	29,56

Aus dieser Zusammenstellung[5]) sieht man, daß die Brechungsquotienten im allgemeinen mit steigendem Eisengehalte wachsen.

Der Charakter der Doppelbrechung ist negativ.

Spezifisches Gewicht[6]): $\delta = 2{,}914$—$2{,}924$. (Vgl. auch S. 362; J. W. Retgers).

[1]) B. Lindemann, N. JB. Min. etc. **19**. Beil.-Bd. 267 (1904).

[2]) F. Cornu, Tsch. min. Mit. **25**, 504 (1906).

[3]) M. Fizeau nach P. Groth, Chemische Kristallographie (Berlin 1908), II. 207.

[4]) K. Eisenhut, Z. Kryst. **35**, 607 (1902).

[5]) Es ist sehr vorteilhaft, Brechungskoeffizienten, kristallographische Messungen, Dichtebestimmung und Analyse an ein und demselben Mineral bei einer Mischungsreihe durchzuführen, wie Eisenhut es hier getan hat.

[6]) Nach P. Groth, Chemische Kristallographie (Leipzig 1908), II. 207.

Thermische Eigenschaften.

Über die thermischen Eigenschaften des Dolomits ist nur wenig bekannt, und es ist bemerkenswert, daß bei einem Carbonat, über dessen Genesis und Konstitution so viel geschrieben und gearbeitet wurde, so wenige chemisch-physikalische Untersuchungen vorliegen. So ist bisher noch niemand daran gegangen, die thermische Dissoziation näher zu untersuchen.

Thermische Dilatation. Nach M. Fizeau[1]) beträgt der thermische Ausdehnungskoeffizient

parallel der Achse = 0,00001968
normal zur Achse = 0,00000367.

Die Werte beziehen sich auf den Dolomit der Analyse 1 auf S. 364.

Die Dielektrizitätskonstanten des Dolomits, bestimmt an einem Kristall von Taversella, betragen nach W. Schmidt[2]):

			1.	2.
1. nach älterer Methode	parallel der Hauptachse	c DC_1 =	6,60	6,80
2. nach neuerer Methode	normal " "	c DC_2 =	7,75	7,80.

Löslichkeit.

Löslichkeit in kohlensäurehaltigem Wasser. Nach A. Cossa[3]) löst destilliertes Wasser, das mit Kohlensäure gesättigt ist, bei gewöhnlichem Druck in 10 l 1,15 Teile Magnesit und 3,20 Teile Dolomit, dagegen 10—12 Teile Kalkspat.

G. Bischof[4]) gibt an, daß kohlensäurehaltiges Wasser aus einem Gestein, das 11,54% Magnesiumcarbonat enthält, nach 24 Stunden nur Calciumcarbonat und daneben Spuren von Magnesiumcarbonat löst. Ähnlich fand Th. Scheerer,[5]) daß aus einem Kalkstein mit 9% MgO nur Spuren von $MgCO_3$, aber ziemlich viel $CaCO_3$ entzogen wird. Dagegen fanden C. Doelter und R. Hoernes,[6]) daß aus einem dolomitischen Kalkstein von der Marmolata neben ziemlich viel $CaCO_3$ doch auch etwas $MgCO_3$ in Lösung ging. Gorup Besanez[7]) ließ auf gepulverten Dolomit, der 55,03% $CaCO_3$, 40,09% $MgCO_3$ enthielt, kohlensäurehaltiges Wasser einwirken. Nach 5 Tagen enthielt 1 l 0,1200 g $CaCO_3$ und 0,982 g $MgCO_3$. Das Lösungsverhältnis von $CaCO_3$ zu $MgCO_3$ war 55,2% : 44,7%, während der Rückstand aus 56,74% $CaCO_3$ und 43,26% $MgCO_3$ bestand. Nach 8 Tagen waren die Verhältnisse:

	in Lösung gegangen	Lösungsverhältnis	im Rückstand
$CaCO_3$ . . .	0,1334 g	55,8 %	55,85 %
$MgCO_3$ . .	0,1054 g	43,9	44,15

[1]) A. Des Cloizeaux, Manuel (Paris 1874) II. 132.
[2]) W. Schmidt, Ann. d. Phys. **9**, 919 (1902).
[3]) A. Cossa, Z. f. anal. Chem. 1869, 145.
[4]) G. Bischof, Chem. Geol. I, 1176.
[5]) Th. Scheerer, N. JB. Min. etc. 1866, 11.
[6]) C. Doelter und R. Hoernes, J. k. k. geol. R.A. **25**, 293 (1875).
[7]) Gorup Besanez, Z. Dtsch. geol. Ges. **27**, 500 (1875).

Nach 21 Tagen:

	in Lösung gegangen	Lösungs-verhältnis	im Rückstand
$CaCO_3$ . . .	0,2314	57,8 %	57,54 %
$MgCO_3$ . .	0,1710	42,1	42,46

Von dem bei der Untersuchung verwendeten Gestein, das etwas mehr $CaCO_3$, als dem reinen Normaldolomit entspricht, enthielt, waren nach 5 und 8 Tagen Produkte in Lösung gegangen, die dem Normaldolomit ziemlich gut entsprachen, nach 21 Tagen hingegen waren größere Mengen $CaCO_3$ in Lösung gegangen. Die Angaben über die Löslichkeit in kohlensäurehaltigem Wasser gehen also ziemlich weit auseinander.

Löslichkeit in Säuren. P. Forchhammer[1]) behandelte einen dolomitischen Kalkstein von Farö, der 16,6—17,0 % $MgCO_3$ enthielt, mit verdünnter Essigsäure und erhielt eine Lösung, die 97 % $CaCO_3$ und 3 % $MgCO_3$ enthielt. Im Rückstand waren 41,52 % $MgCO_3$. W. Pfaff sen.[2]) dagegen, der einen Dolomit, der 60,33 % $CaCO_3$ und 38,27 % $MgCO_3$ und 1,40 % unlösliche Substanz enthielt, während 24 Stunden mit verdünnter Essigsäure behandelte, erhielt:

	Gelöst	Rückstand
$CaCO_3$	49,48 %	10,85 %
$MgCO_3$ . . .	22,08	16,19
Unlöslich . . .	—	(1,40)
	71,56	28,44

Ein ähnliches Resultat erhielt J. Roth.[3]) T. Sterry Hunt[4]) ließ auf einen kristallisierten Dolomit während 6 Stunden bei 0° 50 %ige Essigsäure im Überschuß einwirken.

	Ursprünglich	Gelöst
$CaCO_3$ . . .	—	4,88 %
$MgCO_3$ . . .	43,5 %	3,75
	Summe	8,63

C. Doelter und R. Hoernes[5]) behandelten 2,355 g gepulvertes Dolomitgestein von der Marmolata in Südtirol, das aus 84,82 % $CaCO_3$ und 13,94 % $MgCO_3$ bestand, mit verdünnter Essigsäure; nach 48 Stunden hatten sich gelöst

		die Lösung bestand aus:
$CaCO_3$	1,698 g	91,5 %
$MgCO_3$	0,1566	8,5

Es wurde also eine ziemlich bedeutende, wenn auch nicht den Mengen des Ausgangmaterials entsprechende Menge $MgCO_3$ gelöst. Jedenfalls spricht dieser Versuch gegen die Ansicht G. Bischofs, daß durch Auslaugung von $CaCO_3$ bedeutende Mengen von $MgCO_3$ angehäuft werden könnten.

F. Hoppe-Sevler[6]) erhielt vom Bitterspat von Saasbach am Kaiserstuhl, ebenso wie von einem Dolomit vom Schlern bei Bozen in Tirol bei 30stündiger

[1]) P. Forchhammer, Journ. prakt. Chem. **49**, 55 (1850).
[2]) W. Pfaff sen., Pogg. Ann. **82**, 487 (1851).
[3]) J. Roth, Z. Dtsch. geol. Ges. **4**, 565 (1852).
[4]) T. Sterry Hunt, Silliman Am. Journ. **28**, 181 u. 371 (1859).
[5]) C. Doelter, u. Hoernes, l. c.
[6]) F. Hoppe-Seyler, Z. Dtsch. geol. Ges. **22**, 499 (1875).

Behandlung mit Essigsäure (Verdünnung nicht angegeben), Calcium und Magnesium in den Äquivalentverhältnissen in der Lösung sowie im Rückstande. Bei anderen Dolomiten erhielt er ähnliche Verhältnisse, wie sie W. Pfaff sen. erhalten hatte.

K. Haushofer[1]) hat sehr eingehend die Löslichkeit von Dolomiten in Essigsäure studiert. Ein Dolomit vom Greiner im Zillertal, der 53,55 % $CaCO_3$, 44,51 % $MgCO_3$ und 2,02 % Fe_2O_3 (Analyse 24 S. 365) enthielt, ergab bei 0° C:

	Gelöste Menge auf 100 Teile des angewandten Pulvers	Gelöste Menge in Prozenten	Rückstand, berechnet auf 100 Teile des angewandten Pulvers	Rückstand in Prozenten	
$CaCO_3$	18,20	51,75	35,31	54,44	Nach 48 Stunden in 50 %iger Essigsäure
$MgCO_3$ . . .	16,20	46,06	28,27	43,60	
$FeCO_3$	0,76	2,19	1,26	1,94	
	35,16		64,84		
$CaCO_3$	19,21	53,39	34,30	53,56	Nach 48 Stunden in 25 %iger Essigsäure
$MgCO_3$ . . .	16,26	45,19	28,22	44,07	
$FeCO_3$	0,51	1,42	1,52	2,37	
	35,98		64,04		
$CaCO_3$	17,60	52,19	35,91	54,15	Nach 48 Stunden in 15 %iger Essigsäure
$MgCO_3$ . . .	15,68	46,50	28,30	43,44	
$FeCO_3$	0,44	1,31	1,59	2,41	
	33,72		66,30		
$CaCO_3$	29,67	53,10	23,84	56,28	Nach 48 Stunden in 20 %iger Zitronensäure (20 g Zitrons. krist. in 100 g Flüssigkeit
$MgCO_3$ . . .	25,18	45,08	19,30	41,41	
$FeCO_3$	1,02	1,01	1,01	2,31	
	55,87		44,15		

Ein feinkörniger Dolomit vom Tribulaun mit 54,57 % $CaCO_3$ und 45,33 % $MgCO_3$ ergab:

	Gelöste Menge, berechnet auf 100 Teile des angewandten Pulvers	Gelöste Menge in Prozenten	Rückstand, berechnet auf 100 Teile des angewandten Pulvers	Rückstand in Prozenten	
$CaCO_3$ . . .	15,17	52,74	39,40	55,38	Nach 48 Stunden in 25 %iger Essigsäure bei 0° C
$MgCO_3$ . .	13,59	47,26	31,74	44,62	
	28,76		71,14		
$CaCO_3$ . . .	21,66	53,96	32,91	54,99	Ebenso bei 20° C
$MgCO_3$ . .	18,48	46,04	26,95	45,01	
	40,14		59,86		
$CaCO_3$ . . .	16,69	53,75	37,88	55,01	Nach 48 Stunden in 15 %iger Essigsäure bei 0° C
$MgCO_3$ . .	14,36	46,25	30,97	44,99	
			68,85		

[1]) K. Haushofer, Sitzber. Bayr. Ak. 11, 220 (1881).

Bei einem kristallisierten Dolomit von Sachsen erhielt K. Haushofer ähnliche Resultate (Analyse 26 S. 365). Ein feinkörniger weißer Dolomit von dem Monte Somma, der aus 35,86% $CaCO_3$ und 41,18% $MgCO_3$ bestand, ergab:

	Gelöste Menge, berechnet auf 100 Teile des angewandten Pulvers	Gelöste Menge in Prozenten	Rückstand, berechnet auf 100 Teile des angewandten Pulvers	Rückstand in Prozenten	
$CaCO_3$. . .	13,62	68,00	45,61	56,56	Nach 48 Stunden mit 50%iger Essigsäure bei 0° C
$MgCO_3$ . .	6,28	32,00	34,99	43,44	
	19,60		80,60		
$CaCO_3$. . .	18,51	66,04	40,33	55,72	Desgl., aber 20 Tage lang
$MgCO_3$ . .	9,06	33,96	32,10	44,28	
	27,57		72,43		
$CaCO_3$. . .	18,21	69,21	40,67	55,14	Mit 10%iger Essigsäure 48 Stunden bei 0° C
$MgCO_3$ . .	8,10	30,79	33,08	44,86	
	26,31		73,75		
$CaCO_3$. . .	26,64	64,34	32,21	54,96	Desgl., bei 20° C
$MgCO_3$ . .	14,70	35,66	26,41	45,04	
	41,34		58,62		
$CaCO_3$. . .	16,10	68,92	42,76	55,86	48 Stunden mit 5%iger Essigsäure bei 20° C
$MgCO_3$ . .	7,45	31,07	33,65	44,13	
	23,55		76,41		
$CaCO_3$. . .	29,23	62,88	29,63	55,32	48 Stunden mit 20%iger Zitronensäure bei 0° C
$MgCO_3$ . .	17,25	37,12	23,93	44,68	
	46,48		53,56		

K. Haushofer schloß aus diesen Löslichkeitszahlen, daß die Dauer der Einwirkung, die Konzentration der Säure und die Temperatur vor allem auf die Menge des gelösten, weniger auf das Mengenverhältnis der gelösten Carbonate von Einfluß sei. Die Wirkung der Wärme und Dauer der Behandlung ist bei verdünnter Essigsäure gewöhnlich größer; als bei stärkeren Konzentrationen. Zitronensäure wirkt mit viel größerer Energie ein, als Essigsäure. Wichtig ist, daß durchwegs bei normal zusammengesetzten Dolomiten die Magnesia leichter löslich erscheint, als der Kalk, während bei Dolomiten mit höherem Kalkgehalte gerade das Umgekehrte der Fall ist und sich mehr Kalk löst, als Magnesia.

Umfassende Untersuchungen hat dann in neuerer Zeit A. Vesterberg[1]) angestellt, die Analysen nach genauesten Methoden ausgeführt und dabei 1 und 2%ige Essigsäure bei ca. 0° in der Dauer von 1—2 Stunden einwirken lassen (s. Tabelle auf S. 388).

Daß der Dolomit sich als solcher in sehr verdünnter Essigsäure löst, fand auch A. Wankel[2]) an Dolomiten aus der Umgebung von Regensburg.

Diese Dolomite, die alle dem Normaldolomit nahe kommen, zeigen gegenüber verdünnter Essigsäure verschiedenes Verhalten. Der Normaldolomit (nur

[1]) A. Vesterberg, Bull. of the geol. Inst. Upsala 1900, 97.

[2]) A. Wankel, Ber. d. nat. Ver. z. Regensburg **10**, 101 (1905).

	Normaldolomit	Dolomitspat von Pfitsch in Tirol			Dolomitgestein von Arby bei Eskilstuna			Dolomitspat von Taberg, Värmland				
		ursprünglich	1 %ige Essigsäure		ursprünglich	1 %ige Essigsäure		ursprünglich	2 %ige Essigsäure		1 %ige Essigsäure	
			Lösung	Rückstand		Lösung	Rückstand		Lösung	Rückstand	Lösung	Rückstand
	%	%	%	%	%	%	%	%	%	%	%	%
CaO	30,37	30,21	6,14	24,34	30,57	3,47	27,10	30,49	6,69	23,50	5,33	25,16
MgO	21,90	20,84	4,22	16,70	21,54	2,19	19,35	20,60	3,84	16,76	2,68	17,92
FeO	—	1,74	0,37	1,41	0,32	0,10	0,22	1,49	0,31	1,17	0,20	1,29
SiO_2	—	0,04	—	—	0,76	—	0,76	0,54	—	0,65	0,03	0,51
CO_2	47,73	47,15	9,42	37,73	47,09	5,12	41,97	46,59	9,88	36,71	7,11	39,48
Summe	100,00	99,98	20,15	80,18	100,28	10,88	89,40	100,27[1])	21,02	78,79	15,35	84,10
$CaCO_3$ } auf 100	—	54,7	55,1	55,6	54,59	57,4	54,38	55,7	66,1	54,4	67,0	54,4
$MgCO_3$ } gerechn.	—	45,7	44,9	43,3	45,18	42,6	45,62	44,2	33,9	45,5	33,9	45,6
$MgCO_3$, auf 100 Teile $CaCO_3$ gegerechnet . .	84,4	80,7	80,5	30,3	82,4	73,9	83,6	79,1	64,3	83,46	58,9	83,35

etwas MgO ist durch FeO ersetzt) löst sich proportional seinen Bestandteilen. Beim reinen Dolomitgestein von Arby ist dies nicht mehr der Fall, hier hat sich mehr Kalk als Magnesia gelöst. Noch auffallender tritt dies beim Dolomit (spat) von Taberg hervor, der in seiner Zusammensetzung dem Normaldolomit sehr nahe kommt. An eine Beimengung von Kalkspat ist daher wohl kaum zu denken.

Nicht unwichtig, auch für die allgemeine Frage der Dolomitbildung, sind die Löslichkeitsversuche an magnesiareichen Kalkalgen, die dolomitisierte Kalksteine darstellen und ca. 6—7 % MgO enthalten. Hier zeigt sich das $MgCO_3$ viel leichter löslich, als in echten Dolomiten. A. Vesterberg denkt dabei, daß diese Gesteine das Magnesiumcarbonat in einer leichtlöslichen wasserhaltigen Form enthalten. Dem ist aber entgegenzuhalten, daß diese wasserhaltigen Magnesiumcarbonate sich in schwächster Säure (auch CO_2) viel leichter lösen als Calcit. Doch wäre immerhin eine Übergangsform vom Hydrocarbonat zum wasserfreien möglich, so daß ein Teil rasch gelöst würde; jedenfalls aber spricht dieser Vesterbergsche Versuch sehr dafür, daß in diesen magnesiahaltigen Kalksteinen kein Dolomit vorliegt. Andere Untersuchungen A. Vesterbergs und O. Wülfings[2]) erstreckten sich auf verunreinigte Dolomitgesteine und Dolomitmergel. Da bei allen diesen Versuchen über die Löslichkeit des Dolomits in verdünnter Säure stets dasselbe Gesteinspulver nur zu einem einmaligen Lösungsversuch benützt worden war und es denkbar wäre, daß die jeweilige Säure aus Dolomiten eine gewisse Menge löst, daß sich aber dasselbe Pulver bei einem zweiten Versuch anders gegen das Lösungsmittel verhalten könnte, hat J. W. Pfaff[3]) diesbezügliche Versuche an einem Dolomit aus der Umgegend von Mittenwald angestellt, indem er dreimal auf feingepulvertes Material, das

[1]) Es kommt noch ein weiter nicht berücksichtigter Gehalt von 0,56 % MnO hinzu.
[2]) O. Wülfing, Jahresber. d. Vereines f. vaterl. Naturkunde in Württemberg. 1900.
[3]) F. W. Pfaff, N. JB. Min. etc. **23**. Bl.-Bd., 553 (1907).

71,7% $CaCO_3$ und 25,4% $MgCO_3$ enthielt, 1%ige Essigsäure einwirken ließ. Die Dauer der Einwirkung betrug jedesmal 24 Stunden bei 15°C.

	1	2	3	Rückstand
$CaCO_3$	73,7	73,8	72,0	73,0
$MgCO_3$	26,2	25,3	26,9	24,9

Es ergibt sich sonach daraus, daß in verdünnter Essigsäure der Dolomit äquivalent seiner Zusammensetzung gelöst wird.

Synthese des Dolomits.

Der erste, der Dolomit künstlich nachzubilden suchte, war der Geologe A. v. Morlot.[1]) W. Haidinger[2]) hatte auf Grund des häufigen Zusammenvorkommens von Gips und Dolomit vermutet, daß ein Zusammenhang in der Bildung dieser beiden Mineralien vorliegen könnte und von diesem Gedanken ging A. v. Morlot aus. Bei Anwendung eines Druckes von 15 Atmosphären gelang es ihm bei 220° C, aus Bittersalz und Calcit Gips und ein dem Dolomit jedenfalls nahestehendes, wenn nicht mit ihm identisches Carbonat darzustellen. Ob nicht ein Gemenge von Calciumcarbonat und Magnesiumcarbonat vorlag, das wurde nicht entschieden. In ähnlicher Weise ließ Ch. de Marignac[3]) Magnesiumchlorid auf Calciumcarbonat einwirken und erhielt ein an Magnesiumcarbonat um so reicheres Endprodukt, je länger die Einwirkung dauerte, Bei zweistündiger Dauer enthielt es weniger Magnesiumcarbonat, bei sechsstündiger Dauer hingegen mehr $MgCO_3$ als der Normaldolomit.

Dann versuchte Th. Scheerer[4]) Dolomit durch Einwirkung des Calciumcarbonates auf Magnesiumcarbonat darzustellen und gab an, eine solche Zersetzung erhalten zu haben, während G. Bischof[5]) keine Einwirkung des $MgCO_3$ auf $CaCO_3$ erhielt. Th. Scheerers Resultate sind nicht erwiesen. P. Forchhammer[6]) versuchte dadurch Dolomit zu bilden, daß er Magnesiumsalze, wie sie im Meerwasser auftreten, auf Calciumcarbonat einwirken ließ, erhielt aber bei Anwendung von Temperaturen bis zu 100° nur einen Niederschlag mit 12,5% Magnesiumcarbonat. Auch als er zu Meerwasser kohlensaures Natronkalkwasser zusetzte, erhielt er bei Temperaturen bis zu 100° nur Niederschläge, die bis zu 28% Magnesiumcarbonat enthielten. Er ließ auch Meerwasser und natürliche Mineralquellen, z. B. solche von Pyrmont und Selters, aufeinander einwirken. T. Sterry Hunt[7]) mischte Calciumcarbonat mit Magnesia alba und erhitzte dieses Gemisch mit Natriumcarbonat im Wasser bis 130° und erhielt nach zehnwöchentlicher Einwirkung ein Produkt, das 46% $CaCO_3$ und 53% $MgCO_3$ enthielt. Auch bei Versuchen mit kristallwasserhaltigem Calcium-Magnesiumcarbonat, die bei Temperaturen bis zu 180° auf ähnliche Weise unternommen worden waren, ergaben sich dolomitähnliche Produkte. Eine zufällige Bildung von Dolomit beobachtete H. Moitessier[8])

[1]) A. v. Morlot, Haidingers naturw. Abhandl. 1847, 305.
[2]) W. Haidinger, N. JB. Min. etc. 1847, 862.
[3]) Ch. de Marignac, C. R. **28**, 364 (1849).
[4]) Th. Scheerer, Beiträge zur Erklärung der Dolomitbildung (Dresden 1865), 13.
[5]) G. Bischof, Chem. Geologie, 2. Aufl., **3**, 89.
[6]) P. Forchhammer, Danske videnske Selsk. Ferhandl. 1849.
[7]) T. Sterry Hunt, Am. Journ. **42**, 49 (1866).
[8]) H. Moitessier, Wills Jber. d. Chemie, 1866, 178.

in einer rundlichen Flasche, die Bicarbonat enthaltendes Mineralwasser von Lamalou enthielt. Es hatten sich Rhomboeder von Dolomit gebildet. Ähnlich fand A. Terreil[1]) in Röhren, in denen das Thermalwasser von Lartet, das seinen Ursprung in der Nähe des Roten Meeres hat, nach Paris gesandt wurde, neugebildete Dolomitrhomboeder. Leider liegen über beide gewiß sehr wichtige und interessante Beobachtungen keine näheren Untersuchungen vor. E. v. Gorup-Besanez[2]) ließ Lösungen, die Calciumcarbonat und Magnesiumcarbonat enthielten, bei gewöhnlicher und erhöhter Temperatur verdunsten und erhielt Nadeln von Calciumcarbonat und Magnesiumcarbonat,[3]) aber keinen Dolomit. Auch unter Anwendung stärkeren Druckes wurde kein besseres Resultat erhalten. Ch. Sainte Claire Deville[4]) erhitzte eine Zeitlang mit einer Lösung von Magnesiumchlorid getränkte Kreide auf 125°, entfernte dann durch Auswaschen das übrig gebliebene freie Magnesiumchlorid bzw. alle übrigen in Wasser löslichen Zersetzungsprodukte und tränkte abermals, erhitzte wieder und wiederholte dies öfters; er erhielt dadurch eine Substanz, die an Magnesium reiches Calciumcarbonat darstellte, die aber mit Dolomit nicht identifiziert werden konnte. Ähnliches fand F. Hoppe-Seyler,[5]) der auch Calcium-Magnesiumcarbonatlösungen in äquivalenten Verhältnissen verdampfen ließ und hierbei einen Niederschlag erhielt, der Magnesium neben Calcium enthielt, sich aber stets in kalter verdünnter Essigsäure sofort löste, also wahrscheinlich basische kohlensaure Magnesia war. Ebenso negativ verliefen Versuche, bei denen er verdünnte Magnesiumsulfatlösung mit Calciumbicarbonat sättigte und längere Zeit mit einem trockenen Luftstrom behandelte. Auch die Einwirkung von Meerwasser auf Calciumcarbonat und ein Versuch, bei dem Meerwasser mit überschüssigem Calciumcarbonat versetzt und mit Kohlensäure gesättigt wurde, lieferten niemals Dolomit. Dagegen stellte F. Hoppe-Seyler Dolomit durch Erhitzen im zugeschmolzenen Glasrohr so ähnlich wie A. v. Morlot und Ch. de Marignac dar.

Nun verlief eine Reihe von Jahren, bis wiederum Forscher an die Lösung dieser schwierigen Synthese schritten. Es wurden von L. Bourgeois[6]) und H. Traube Versuche angestellt, ohne einen Weg einzuschlagen, der für die natürliche Entstehung des Dolomits in Betracht kommt. Es gelang ihnen ein dolomitähnliches Carbonat dadurch darzustellen, daß sie äquivalente Mengen Calcium- und Magnesiumchlorid mit cyansaurem Kalium aufeinander einwirken ließen, wobei die Carbonatbildung nach dem allgemeinen Schema

$$RCl_2 + CNOK + 2H_2O = RCO_3 + NH_4Cl + KCl$$

verläuft. Neben Nadeln von Aragonit wurden bei 130° rhomboedrische Kristalle erhalten, die enthielten:

MgO	24,24
CaO	28,49,

also etwas weniger CaO als dem Normaldolomit entspricht.

---

[1]) A. Terreil, Bull. Soc. géol. [2] **23**, 570 (1866).

[2]) E. v. Gorup-Besanez, Ann. d. Chem. u. Pharm. **8** (1872) Suppl.-Bd.

[3]) Hier wird es sich wohl um das wasserhaltige neutrale Carbonat $MgCO_3 + 3H_2O$ gehandelt haben.

[4]) Ch. Sainte Claire Deville, C. R. **47**, 89 (1858).

[5]) F. Hoppe-Seyler, Z. Dtsch. geol. Ges. **27**, 500 (1875).

[6]) L. Bourgeois und H. Traube, Bull. Soc. min. **15**, 13 (1892).

Nun kommen wieder mehrere Experimente, die die Synthese des Dolomits in einer in der Natur möglichen Weise bezweckten. F. W. Pfaff[1]) hat mit Schwefelammon- und Schwefelwasserstofflösungen von Calciumcarbonat und Magnesia alba Versuche angestellt, die zuerst nur $CaCO_3$-haltigen Magnesit lieferten und schon beim Magnesit (S. 242) behandelt worden sind. Anknüpfend an das dort Gesagte und den letzten Versuch, bei dem W. Pfaff ein Carbonat von 80,60% $MgCO_3$ und 6,93% $CaCO_3$ erhielt, fällte er nun Calciumchlorid und Magnesiumchlorid in konzentrierter Lösung mittels Ätznatron, dann wurde Schwefelwasserstoff bis zur vollständigen Lösung eingeleitet und die Lösungen im Verhältnisse 1 Calcium zu 1 Magnesium zusammengebracht und, wie beim Magnesit beschrieben, weiter behandelt. Der erhaltene Niederschlag war aber amorph. Nun wurden die Lösungen wieder aus den Carbonaten (an Stelle der Chloride) mittels Schwefelwasserstoff hergestellt, nur der Magnesia alba wurde etwas Ammon zugesetzt. Die Lösungen wurden dann im Kohlensäurestrom und unter Zusatz von Natriumchlorid bei 40—50° C eingedampft. Der reichlich erhaltene, sehr feinkörnige Niederschlag wurde in Methylenjodid von einer etwas geringeren Dichte als der Normaldolomit (wegen der Feinheit des Niederschlages) getrennt und der getrennte Teil von B. Walter analysiert:

$MgCO_3$	66,76
$CaCO_3$	26,48
Unlöslich	3,65
Fe_2O_3	0,64

Nun stellte F. W. Pfaff noch einen Versuch an, bei dem das Verhältnis des Magnesiumcarbonates zum Calciumcarbonat 1 : 2 war, also mehr Kalk, als früher vorhanden war. Unter Zusatz von reinem Natriumchlorid und Einleiten von Kohlensäure wurde bei gewöhnlicher Temperatur über zwei Monate lang verdunsten gelassen. Mit Wasser und dann mit verdünnter Salzsäure gewaschen, ergab der Niederschlag, der unter dem Mikroskop starke Doppelbrechung zeigte und mit Salzsäure anfangs CO_2 entwickelte, dann aber ziemlich unangreifbar war und ganz ähnliches Verhalten wie ein Dolomitsand von Pegnitz in der Fränkischen Alb zeigte (vgl. Analyse 47 S. 367), bei der quantitativen Analyse:

$MgCO_3$	43,7
$CaCO_3$	52,0
Unlöslich	3,8

Nach Abrechnung des unlöslichen Teiles ist die Zusammensetzung 45 $MgCO_3$ und 54 $CaCO_3$, was ungefähr dem normalen Dolomite entspricht. Als die Versuche ohne Beigabe von Natriumchlorid gemacht wurden, da gelang es nicht, Dolomit zu erhalten.

Nun kommen Versuche, die fast gleichzeitig ausgeführt wurden, aber von einer anderen Annahme ausgingen. Es wurde nicht versucht, eine direkte Bildung von Dolomit zu erzielen, sondern eine sekundäre, durch Umwandlung. C. Klement[2]) in Brüssel unternahm, von der Tatsache ausgehend, daß kompakter Dolomit sich besonders in Korallenriffen und Atollen findet und daß das von den Korallenriffen ausgeschiedene Calciumcarbonat häufig in der Form

[1]) F. W. Pfaff, N. JB. Min. etc. **9**. Beil.-Bd. 485 (1894).
[2]) C. Klement, Bull. d. l. Soc. Belg. d. Geol. **8**, 219 (1894).

von Aragonit auftritt, Versuche, bei denen er fein gepulverten Aragonit mit einer konzentrierten Lösung von Natriumchlorid in einem der chemischen Zusammensetzung des Meerwassers entsprechenden Verhältnisse bei ca. 90° C behandelte, Er erhielt einen kristallinischen Niederschlag, der von verdünnter Essigsäure fast gar nicht angegriffen wurde und 31—68% Magnesiumcarbonat enthielt. C. Klement[1]) hat dann seine Versuche über die sekundäre Bildung des Dolomits fortgesetzt. Es wurden je 0,5 g fein gepulverter wasserheller Aragonit von Herrengrund in Ungarn mit $1^1/_2$ g kristallisiertem Magnesiumsulfat und 10 ccm konzentrierter Natriumchloridlösung in einem leicht verschlossenen Kölbchen eine bestimmte Zeitlang auf konstanter Temperatur erhalten. Dann wurde der Inhalt filtriert, bis zum Verschwinden der H_2SO_4-Reaktion gewaschen (hierbei ist eine kleine Rückbildung von $CaCO_3$ nicht ausgeschlossen) und getrocknet. Es hatte sich gebildet[2]):

Bei einer Temperatur von	während einer Versuchsdauer von	% $MgCO_3$
50—55°	10 Tagen	Spur
62	6 „	1,3%
68	48 Stunden	1
72	24 „	1,7
77	24 „	2,1
77	48 „	12,1
77	72 „	14,9
89	20 „	24,1
90	68 „	38
91	48 „	34,6
91	96 „	41
91	144 „	41,5
100	10 „	24,5

Daraus ergibt sich, daß von ca. 62° C an Magnesiumsulfat in konzentrierter Natriumchloridlösung auf Aragonit unter Bildung von Magnesiumcarbonat so einwirkt, daß die Menge des gebildeten Magnesiumcarbonats mit der Dauer der Einwirkung und mit der Temperatur wächst. Durch eine weitere Reihe von Versuchen wurde dann gefunden, daß die Wirkung der Konzentration für diese Umbildung von sehr bedeutendem Einflusse ist. So drückt ein Zusatz von 1 ccm Wasser zu 10 ccm konzentrierter Kochsalzlösung die gebildete Menge Magnesiumcarbonat von 24,5% auf 8%, und ein Zusatz von 5 ccm Wasser zu 5 ccm konzentrierter Chlornatriumlösung sogar auf 0,6% herab. Aber auch die absolute Menge der vorhandenen Flüssigkeit ist von großem Einfluß, wie C. Klement durch ein Experiment zeigte, und die Reaktion findet über ein gewisses Flüssigkeitsmaximum hinaus überhaupt nicht mehr oder ganz unbedeutend statt. Bei Versuchen mit Magnesiumsulfat ohne Zusatz von Natriumchlorid wurde eine bedeutend geringere Einwirkung gefunden. Eine bedeutend geringere Einwirkung als das Sulfat zeigte auch Magnesiumchlorid. Die stabile Modifikation des Calciumcarbonats, der Calcit, den C. Klement in der Form des reinen isländischen Doppelspats anwandte, ist ebenfalls nicht ganz unangreifbar, doch ist die Einwirkung des Magnesiumsulfats ganz unverhältnismäßig geringer, als bei der metastabilen Form, dem Aragonit. Der kohlensaure Kalk der Korallen (C. Klement verwandte zu den Versuchen: Madrepora

[1]) C. Klement, Tsch. min. Mit. **14**, 526 (1895).

[2]) Diese sehr übersichtliche Tabelle ist einem Referate E. Weinschenks aus der Z. Kryst. **27**, 330 (1897) entnommen.

prolifera, M. humilis und Stylophora digitata) verhielt sich gegen Magnesiumsulfat genau so wie Aragonit, was C. Klement als einen neuen Beweis für die Identität dieser Substanz mit Aragonit ansieht, die bisher auch aus der Härte und der Dichte geschlossen wurde. Über die mineralogische Natur der erhaltenen Umwandlungsprodukte kam C. Klement zu keinem ganz sicheren Resultate, ob es sich wirklich um Dolomit handelte, oder ob nur ein Gemenge von $MgCO_3$ und $CaCO_3$ vorlag, das aber dann seinerseits durch sekundäre Umstände eine Umkristallisation in Dolomit erfahren kann, wofür sehr viele Naturbeobachtungen sprechen.

Später gelang es F. W. Pfaff[1]) durch Einwirkung von Magnesiumsulfat und Magnesiumchlorid bei Gegenwart von Natriumcarbonat auf gepulverten Anhydrit ($CaSO_4$) in wäßriger Lösung bei stetem Durchleiten von Kohlensäure und bei etwas erhöhter Temperatur ein zum Teil auf dem Anhydrit als Überzug festsitzendes Umsetzungsprodukt zu erhalten. Es war nur in stärkerer Salzsäure löslich und hatte bei zwei Versuchen die Zusammensetzung:

	1.	2.
$MgCO_3$ . . .	62,7 %	12,3 %
$CaCO_3$ . . .	38,1	88,0

Es waren also dolomitähnliche Ausscheidungen erhalten worden, ohne daß auch hier geprüft werden konnte, ob es sich um wirklichen Dolomit handelte.

Durch Versuche, die schon beim Magnesit (S. 246) beschrieben worden sind, kam F. W. Pfaff[2]) einige Jahre später zu dem Resultat, daß Magnesit und Dolomit auch unter hohem Druck — er wandte Drucke bis zu 500 Atmosphären an — nicht direkt ausfällbar seien. Er versuchte dann die Umsetzung dadurch, daß er feingepulverten Anhydrit in ziemlich konzentrierter Lösung mit Magnesiumchlorid, bei Anwesenheit von Natriumchlorid, der Einwirkung von Natriumcarbonat unter Druck längere Zeit aussetzte. Der Niederschlag, der unter dem Mikroskop aus kleinen Rhomboedern bestand, die mit verdünnter Salzsäure beim Erwärmen Kohlensäure abgaben, war in 5 %iger Essigsäure nur schwer löslich. Auch konnte qualitativ Magnesia nachgewiesen werden, so daß mit sehr großer Wahrscheinlichkeit Dolomit vorlag. Es gelang aber nicht, eine vollkommene Umsetzung des Anhydrits herbeizuführen. Mit Gips an Stelle des Anhydrits gelang es F. W. Pfaff jedoch niemals, Dolomit zu erzeugen. Auch aus einem Gemisch von Calciumcarbonat mit Anhydrit wurde ein langsam löslicher Niederschlag, der einige Dolomitrhomboeder enthielt, erhalten. Mit Gips blieb auch hier die Reaktion aus. F. W. Pfaff versuchte dann die Umsetzung von Magnesiumcarbonat und Calciumcarbonat bei Gegenwart von Kochsalz und bei einem Druck von 100 Atmosphären nach der Formel:

$$CaCO_3 + MgSO_4 + 7H_2O = MgCO_3 + CaSO_4 + 7H_2O.$$

Die Einwirkung dauerte 8 Tage. Die Temperatur schwankte zwischen 4° und 14° C. Der mit 2 %iger Essigsäure 24 Stunden lang behandelte Niederschlag gab bei zwei Versuchen:

	1.	2.
$CaCO_3$	73,7 %	80,1 %
$MgCO_3$	26,2	20,7

[1]) F. W. Pfaff, ZB. Min. etc. 1903, 659.

[2]) F. W. Pfaff, N. JB. Min. etc. **23**. Beil.-Bd. 529 (1907).

Bei einem der zahlreichen Versuche wurde feinstgepulverter Doppelspat bei einem Drucke von 60—80 Atmosphären 10 Tage lang behandelt; der wie früher gewaschene Niederschlag ergab:

$CaCO_3$	53,7
$MgCO_3$	46,0

also eine Zusammensetzung, die der des Normaldolomits so nahe kommt, daß sie als identisch mit diesem angesehen werden kann. Weitere Versuche gaben ganz ähnliche Zusammensetzungen und es zeigte sich, daß, je größer das Korn des gepulverten Kalkspats genommen wurde, desto geringer der Gehalt an Magnesiumcarbonat im Endprodukte war. Die Ursache hierfür sieht F. W. Pfaff darin, daß in der verhältnismäßig kurzen Zeit der Einwirkung des Magnesiumcarbonats auf das Calciumcarbonat die Umsetzung von der Oberfläche eines jeden Kornes ausgeht und erst langsam in das Innere der Körner eindringt. Es wird daher stets, wenn der Druck nicht lange genug dauert, jedes Korn noch einen Kalkspatkern behalten. Somit ist diese Umsetzung auch von der Dauer der Einwirkung abhängig. Eine Anzahl von Versuchen führte F. W. Pfaff zum Beweise der Richtigkeit dieser Annahmen aus. Er hat dann auch Lösungen verwendet, die dem Meerwasser analog zusammengesetzt waren und auch hier, je nach der Konzentration, mehr oder weniger Magnesiumcarbonat erhalten. Temperaturerhöhung und Länge der Einwirkung des Druckes begünstigten die Umsetzung. Mit Magnesiumchlorid wurden ähnliche Resultate erzielt. Bezüglich der Druckstärken fand F. W. Pfaff, daß Drucke zwischen 60 und 80 Atmosphären am erfolgreichsten waren.

In neuester Zeit glaubte G. Linck[1]) das Problem der Dolomitbildung prinzipiell gelöst zu haben. Er versetzte eine wäßrige Lösung von Magnesiumchlorid und Magnesiumsulfat mit einer Lösung von Ammoniumsesquicarbonat und mischte eine Lösung von Calciumchlorid dazu. Es bildete sich ein dicker gallertiger Niederschlag, der beim Erwärmen ziemlich rasch kristallin wird. Der Niederschlag bestand aus Sphärolithen von schwacher positiver Doppelbrechung $\delta = 2{,}6—2{,}7$. Die Analyse ergab fast genau die Zusammensetzung des Dolomits, wenngleich nach der positiven Doppelbrechung zu schließen, kein echter Dolomit vorlag. G. Linck nimmt an, daß sich ein Gleichgewicht gebildet hat zwischen Lösung und Bodenkörper; vor dem Hinzutreten des Calciumsalzes hat sich das Gleichgewicht gebildet:

$$MgCl_2 + (NH_4)_2CO_3 \rightleftarrows 2NH_4Cl + MgCO_3\,;$$

es wäre nach dem Massenwirkungsgesetz der Quotient:

$$\frac{C_{MgCl_2} \cdot C_{(NH_4)_2CO_3}}{C^2_{NH_4Cl} \cdot C_{MgCO_3}} = \text{konstant } (K)\,. \qquad (1)$$

Da $MgCl_2$ und $MgCO_3$ dissoziiert sind, so herrscht das Gleichgewicht:

$$(2) \qquad \frac{C_{Mg} \cdot C^2_{Cl}}{C_{MgCl_2}} = K' \quad \text{und} \quad \frac{C_{Mg} \cdot C_{CO_3}}{C_{MgCO_3}} = K''. \qquad (3)$$

Nach Zusatz des Calciumchlorids besteht Gleichgewicht zwischen den Ionen des Calciums, Magnesiums und Dolomits und des undissoziierten Magnesium-

[1]) G. Linck, Vortrag, gehalten in der Deutschen Geol. Ges., Monatsberichte dieser Gesellschaft 1909, 230.

carbonates. Da die Lösung an undissoziiertem Calcium und Dolomit gesättigt ist, gilt die Gleichung:

$$K = \frac{C_{Mg} \cdot C_{Ca}}{C_{MgCO_3} \cdot C_{MgCa}} \cdot$$

Setzt man zur Ausgangslösung größere Mengen Natriumchlorid hinzu, so wird die Konzentration des Chlor-Ions erhöht und die Dissoziation des Magnesiumchlorids zurückgedrängt. Es verschwindet das Mg-Ion aus der Lösung, dann muß aber nach der letzten Gleichung das Magnesiumcalciumcarbonat zerfallen und Magnesium in Lösung gehen. Setzt man der eben besprochenen kochsalzhaltigen Lösung Natriumcarbonat zu, so wird nach Gleichung 3 die Konzentration der CO_3-Ionen erhöht und undissoziiertes Magnesiumcarbonat gebildet, das, da die Lösung an $MgCO_3$ schon ziemlich gesättigt ist, abgeschieden wird.

Als G. Linck den zuerst gebildeten amorphen Niederschlag mitsamt der Mutterlösung in zugeschmolzenen Röhren, mehrere Stunden auf ca. 40—50° erhitzte, resultierte ein sphärolithischer Niederschlag von negativer Doppelbrechung, der in verdünnter Essigsäure fast unlöslich war und folgende Zusammensetzung hatte:

δ . .	größer als	2,72
$MgCO_3$	. . . .	44,8
$CaCO_3$	. . . .	49,5

G. Linck hält diese Gebilde für Dolomit. (Inzwischen sollen sich auch Rhomboeder ergeben haben.) W. Meigen[1]) hat diese Versuche möglichst genau wiederholt, es ist ihm aber bisher nicht gelungen, Niederschläge von gleicher Zusammensetzung zu erhalten, auch lösten sie sich sehr leicht in verdünnter kalter Essigsäure und W. Meigen meint, daß G. Lincks bisherige Mitteilungen kaum den erhobenen Ausspruch, das Problem der Dolomitbildung gelöst zu haben, rechtfertigen. Erwähnt seien auch hier einige Beobachtungen, die H. Leitmeier[2]) gemacht hat. Bei seinen Versuchen zur Synthese des Aragonits erhielt auch er bei Einwirkung von ziemlich reichlichen Mengen von dissoziiertem Magnesiumsulfat auf Calcit während mehrerer Monate bei gewöhnlicher Temperatur spärliche Dolomitrhomboederchen, die die Lembergsche Reaktion mit Eisenchlorid gaben; nähere Bestimmungen konnten nicht gemacht werden. H. Leitmeier[3]) hat auch so ähnlich wie E. v. Gorup-Besanez[4]) mit Kohlensäure gesättigte Lösungen von Magnesiumcarbonat und Calciumcarbonat vermischt und bei Temperaturen von 0—100° verdunsten lassen, stets aber nur Calciumcarbonat in Form von Calcit bzw. Aragonit (zuerst auskristallisierend) und dann $MgCO_3 + 3H_2O$ (als Mineral Nesquehonit), niemals aber Dolomit erhalten. Mit einer Lösung von Dolomit von Veitsch in Steiermark, dem sog. Dolomitdoppelspat, der das reinste Dolomitmaterial, analog dem isländischen Calcitdoppelspat, darstellt, hat er bei den nämlichen Temperaturen die gleichen Resultate, wie mit künstlicher Dolomitmischung erzielt.

---

[1]) W. Meigen, Geolog. Rundschau 1, 121 (1910).
[2]) H. Leitmeier, N. JB. Min. etc. (1910) I, 49.
[3]) H. Leitmeier, unveröffentlicht.
[4]) E. v. Gorup-Besanez, l. c.

Genesis des Dolomits.

Zahlreich sind die Theorien über die Bildung des Dolomits, die teils auf Experimenten (künstliche Darstellung und Löslichkeitsversuche), teils auf Naturbeobachtungen beruhen. Sie haben zumeist das Ziel, die Bildung der Dolomitgesteine zu erklären, gehören also in erster Linie in die chemische Petrographie und Geologie; daher waren es auch vielfach Geologen, die solche Theorien aufgestellt haben. Da die meisten Theorien schon zusammenfassend im Artikel G. Lincks S. 131 besprochen worden sind, so verweise ich bezüglich der älteren Literatur auf das dort Gesagte und will nur einige wichtigere neuere Hypothesen näher ausführen. Die ältere Literatur ist auch in ausgezeichneter Weise in C. Doelters und R. Hoernes[1]) Arbeit über die Südtiroler Dolomite und in F. Zirkels[2]) Lehrbuch der Petrographie zusammengestellt. Hervorgehoben seien nur die Namen der wichtigsten älteren Forscher, die mit der Dolomitfrage, diesem Schmerzenskinde der Minero- und Petrogenesis verknüpft sind: G. Arduino, J. Heim, L. v. Buch, A. v. Strombeck, v. Klippstein, Grandjean, P. Forchhammer, G. Leube, H. Coquand, F. v. Dieffenbach, G. H. Volger, C. W. Gümbel, F. v. Rosen, J. D. Dana und A. W. Jakson, E. Nauk, J. L. Hausmann, W. Pfaff sen., W. Haidinger, P. de Collegno, E. de Beaumont, J. Durocher, Wissmann, Ch. Marignac und A. Favre, G. Bischof, St. Claire-Deville, F. Hoppe-Seyler, E. v. Gorup Besanez u. a. (s. Literaturverzeichnis S. 136).

Von neueren Theorien verdient zunächst die von F. W. Pfaff Aufmerksamkeit. Auf Grund seiner Versuche (S. 391) bei gewöhnlichem Luftdrucke stellt sich F. W. Pfaff[3]) jun. die Dolomitbildung ungefähr so vor: In fein verzweigten Korallenästen bildet sich durch Verwesung der Organismenreste Schwefelwasserstoff, der einen Teil des Calciumcarbonats auflöst und ein Schwefelwasserstoffsalz des Calciums bildet. Durch nebenbei entstehendes Ammoniumcarbonat wird ein Teil der Magnesiasalze als basisches Magnesiumcarbonat ausgefällt, das durch den fortwährend entstehenden Schwefelwasserstoff in ein Schwefelwasserstoff–Kohlensäure–Magnesiumsalz (analog den Versuchen) übergeführt wird. Wird nun durch die Ebbe das Riff zeitweilig trocken gelegt, so entsteht, begünstigt durch die Sonnenwärme und Bewegung der Luft in den restierenden Wasserteilen, die vom freien Meere abgeschnitten sind, eine konzentrierte Natriumchloridlösung, in der die Kohlensäure das Magnesiumsalz mit dem Kalksalz der Schwefelwasserstoffsäure zu Dolomit umwandelt, der durch H_2S nicht mehr gelöst werden kann. Die Kohlensäure entsteht durch den weiteren Zerfall der organischen Reste und die Zersetzung der hierbei gebildeten carbaminsauren und kohlensauren Ammonsalze. Wenn die Verdunstung bis zur vollen Trocknung gediehen ist, so steht die Dolomitisierung nicht stille, da die CO_2-Entwicklung fortdauert und ihre Einwirkung, wie F. W. Pfaff durch Versuche zeigte, auch dann noch auf das Schwefelwasserstoffsalz fortdauert. Daneben fällt Calciumcarbonat mit aus. Die Schalen und kalkigen Körperteile der Organismen werden dabei auch angegriffen und erleiden Veränderungen. Anders denkt sich F. W. Pfaff die Entstehung der sofort als Sediment abgelagerten Dolomite. Hier stammt der Kalk entweder aus den

[1]) C. Doelter und R. Hoernes (l. c.).
[2]) F. Zirkel, Lehrbuch der Petrographie, 2. Aufl. III, (Leipzig 1896), 446.
[3]) F. W. Pfaff, N. JB. Min. etc. 9. Bl.-Bd., 485 (1894).

Schalen der Foraminiferen, oder er ist aus dem Gips durch Ammoniumcarbonat gefällt worden; dann ging derselbe Vorgang vor sich, wie früher beschrieben, und es bildeten sich neben Calciumcarbonat Dolomitkristalle. Es hängt vom Calciumgehalt des Meerwassers ab, ob reiner Dolomit entsteht, ob also der gesamte Gehalt an $CaCO_3$ gerade zur Dolomitbildung hinreicht, oder ob mehr vorhanden ist. Ersteres ist seltener der Fall, wie das verhältnismäßig seltene Auftreten des Normaldolomits in der Natur zeigt. Eine Bekräftigung für diese Entstehung sieht F. W. Pfaff auch in dem gleichzeitigen Auftreten des Dolomits mit Gips, Anhydrit und Steinsalz, was eine stattgefundene starke Konzentration des Meerwassers beweist.

Von ganz anderen Voraussetzungen ging C. Klement[1]) bei Aufstellung seiner Dolomithypothese aus. Der Umstand, daß echte Dolomite sich meist in Form von Korallenriffen finden oder mit ihnen in Zusammenhang stehen, so nach Th. Liebe[2]) die Zechsteindolomite Thüringens, die Dolomite Südtirols nach F. v. Richthofen,[3]) die Dolomite der belgischen Devonkalke nach E. Dupont[4]) u. a. m., dann namentlich die Forschungen J. D. Danas[5]) waren es, die ihm bei seinen S. 392 beschriebenen Versuchen vor Augen schwebten. J. D. Dana berichtete nämlich, daß auf der Koralleninsel Metia (Paumotuarchipel), in der der Lagune entsprechenden Partie des Atolls, ein Gestein gefunden wurde, das 38 $^0/_0$ $MgCO_3$ enthielt, während die Korallen selbst nur Spuren davon enthielten. J. D. Dana hält dafür, daß offenbar eine Einfuhr von Magnesia aus dem in der Lagune konzentrierten Meerwasser bei gewöhnlicher Temperatur stattgefunden habe, doch kann in völlig abgeschlossenen Lagunen das Wasser selbst ziemlich hoch erhitzt werden.

Dann hat schon J. D. Dana daran gedacht, daß das von den Korallen abgeschiedene Calciumcarbonat nach der größeren Härte Aragonit sein könnte, was später H. C. Sorby[6]) bestätigt hatte. Bei seinen Versuchen erhielt C. Klement ein Gemenge von Calciumcarbonat und Magnesiumcarbonat, das wahrscheinlich kein Dolomit war, wie er selbst fand, das aber in Dolomit umgewandelt werden kann. C. Klement glaubt, daß Dolomit durch die Einwirkung des in geschlossenen Seebecken (z. B. Lagunen) konzentrierten und durch die Sonne stark erhitzten Meerwassers auf den durch Organismen erzeugten Aragonit so entsteht, daß sich zunächst ein Gemenge von Calcium- und Magnesiumcarbonat bildet, das später in Dolomit umgewandelt wird. Diese Umwandlung dürfte, meint C. Klement, vielleicht erst nach der Verfestigung des Gesteins, vielleicht durch den Einfluß der Gebirgsfeuchtigkeit vor sich gegangen sein und eine damit verbundene Kontraktion die so häufige Zerklüftung des Dolomits hervorgerufen haben. Der Dolomit zeigt eine starke Tendenz, zu kristallisieren und A. Renard[7]) schließt daraus, daß fast stets Dolomitkristalle sich auf Spalten im massigen Dolomit finden, daß sie sekundär gebildet seien. C. Klement glaubt aber, dieses Verhalten so erklären zu können, daß eben nur auf Spalten dem Dolomit Raum gegeben war, Kristalle zu

[1]) C. Klement, Tsch. min. Mit. **14**, 526 (1895).

[2]) Th. Liebe, N. JB. Min. etc. 1853, 769 und Z. Dtsch. geol. Ges. **9**, 420 (1857).

[3]) F. v. Richthofen, Geognost. Beschr. v. Predazzo (Gotha 1860) und Z. Dtsch. geol. Ges. **26**, 225 (1874).

[4]) E. Dupont, Bull. Musée R. d'Hist. Nat. Belgique 1882, 89 und 1881, 264 und 1883, 211.

[5]) J. D. Dana, Corals and Coral Islands. 1875, 307.

[6]) H. C. Sorby, Quart. Journ. Geol. Soc. London. **35**, 60 (1879).

[7]) A. Renard, Bull. Acad. R. Belgique. **47**, 541 (1879).

bilden, doch glaubt auch er mit H. Loretz[1]) an die Bildung des Dolomits in zwei Phasen. Daß Temperaturen über 60° in seichten Meeresteilen möglich seien, zeigen nach C. Klement die Beobachtungen von E. Pechuël-Loesche,[2]) der bei der Loango-Expedition auf 5° 9′ südlicher Breite während der heißen Jahreszeit für den Erdboden Insolationen von meist über 75 bis 84,6° beobachtete.

E. W. Skeats[3]) hat eingehend die Zusammensetzung von 14 gehobenen Koralleninseln des Stillen Ozeans und der Christmasinsel im Indischen Ozean studiert und Gesteinsproben, die von verschiedenen Höhenlagen der einzelnen Inseln gesammelt waren, chemisch und mikroskopisch untersucht und gefunden, daß auf einigen Inseln der gesamte Kalk in Dolomit umgewandelt war, während auf anderen Inseln sich gar kein Dolomit fand. Häufig aber kommen Dolomit und Kalkstein nebeneinander vor. Die Höhenlage hat keine Beziehung zur Dolomitisierung. Der höchste Gehalt an $MgCO_3$ betrug ca. 43 %. Aus der mikroskopischen Untersuchung schloß E. W. Skeats, daß die Kalkmassen erst nachträglich in Dolomit umgewandelt worden sind, da nicht nur Organismenreste, wie die Kalkalgen, die schon von vornherein $MgCO_3$ enthalten, sondern auch ursprünglich ganz magnesiumfreie Schalen jetzt aus Dolomit bestehen. Sehr interessant ist die Beobachtung E. W. Skeats, daß aus Aragonit bestehende Reste viel häufiger dolomitisiert sind, als die aus Calcit bestehenden (also eine Bestätigung der Versuche C. Klements). Es kommen schichtweise Dolomit- und Calcitkristalle vor. E. W. Skeats glaubt, daß der Dolomit nicht direkt auskristallisiert, sondern dadurch entstanden sei, daß entweder ein schon vorher vorhandener $MgCO_3$-Gehalt durch Auslaugung des $CaCO_3$ sich angereichert habe, oder daß $MgCO_3$-freier Kalk sich mit den Magnesiumsalzen des Meerwassers umgesetzt habe. Diese Vorgänge sollen nur in stark bewegtem Wasser stattfinden, nahe unter der Meeresoberfläche. Dauert dies lange an, so geht der Kalkstein ganz in Dolomit über; findet aber eine Hebung oder Senkung während der Einwirkung statt, so kommt nur eine unvollständige Umwandlung zustande. E. W. Skeats meint sogar, daß der Gehalt an $MgCO_3$ einen Maßstab für die Geschwindigkeit der Hebung oder Senkung abgibt. Bezüglich der rein chemischen Vorgänge bei der Metamorphose schließt sich E. W. Skeats den Ansichten C. Klements an, wenn er auch nicht an so hohe Temperaturen glaubt und diese durch Zeit ersetzt denkt.

J. Judd und Cullis[4]) haben die Bohrkerne eines 1114 Fuß tiefen Bohrloches auf dem zu der Gruppe der Elliceinseln gehörenden Atoll Funafuti im Stillen Ozean chemisch und mikroskopisch untersucht. In der obersten Lage, bis 26 Fuß Tiefe, steigt der $MgCO_3$-Gehalt bis auf 16 % an, sinkt dann plötzlich auf 0 %, und erst von 640 Fuß abwärts steigt er wieder an, erreicht bei ca. 700 Fuß 26 % und schwankt dann im Mittel um 40 %. Der mittlere Teil des Bohrkernes besteht aus reinem Calcit, im obersten Teil hingegen wiegt Aragonit über. In welcher Form im obersten Teil das $MgCO_3$ vorliegt, konnte nicht entschieden werden. Erst von 640 Fuß an konnte Dolomit mikroskopisch nachgewiesen werden. Bis dahin ist das Gestein sehr locker und leicht zerreib-

[1]) H. Loretz, Z. Dtsch. geol. Ges. **30**, 387 (1878) und **31**, 756 (1879).

[2]) E. Pechuël-Loesche, Die Loango-Expedition (Leipzig 1882), III, 63.

[3]) E. W. Skeats, Bull. of the Museum of Comparative Zoology at Harvard Coll. **42**, 53 (1903). — Auszug, Geol. Rundschau **1**, 121 (1910) von W. Meigen.

[4]) J. Judd u. Cullis, The Atoll of Funafuti. Publ. by the Royal Soc. (London 1904). Auszug, Geolog. Rundschau **1**, 121 (1910), von W. Meigen.

lich, in der Tiefe aber hat es ein mehr zusammenhängendes Gefüge. Die Organismenreste sind der Art nach stets die nämlichen, wenn sie auch in der Tiefe stark verändert sind. Die Anreicherung an $MgCO_3$ in den obersten Partien führt J. Judd auf Auslaugung des $CaCO_3$ zurück. Die freie Kohlensäure des Meerwassers vermag Aragonit, leichter Calcit, beide leichter als Magnesiumcarbonat zu lösen, es wird also der $MgCO_3$-Gehalt durch rascheres Auflösen von $CaCO_3$ erhöht. Doch hat dies seine Grenze, die, ohne die organische Struktur zu zerstören, nicht überschritten werden kann. J. Judd bestimmte diese Grenze bei einem ursprünglichen Gehalt von 1 % $MgCO_3$ mit etwa 12 bis 14 %. Die größeren Mengen bis zu 40 % $MgCO_3$ glaubt auch er durch Umsetzung mit den Magnesiumsalzen des Meerwassers entstanden. Auch nach J. Judds Ansicht hat sich der Dolomit in der Nähe der Meeresoberfläche gebildet und die betreffenden Partien sind erst später in die Tiefe gesunken.

F. W. Pfaff[1]) hingegen, der, gestützt auf neue Versuche (S. 393), eine neue Theorie aufgestellt hat, kommt zu einer gerade entgegengesetzten Ansicht, nämlich daß sich Dolomit auch in größeren Meerestiefen bilden kann. Zunächst schloß er, daß direkter Absatz von Dolomit auch unter starkem Druck nicht möglich sei. Wohl aber entsteht Dolomit durch Umsetzung von Magnesiumsalzlösungen und Calciumcarbonat und Anhydrit bei Anwesenheit von Natriumchlorid unter Druck von 40—200 Atmosphären. Es würden sich also Kalkabsätze, die diesem Drucke entsprechend in Meerestiefen von 180—1800 m, in der sich mehr oder weniger konzentrierte Salzlösungen vorfinden, niederschlagen. Diese Absätze würden sich dann in Dolomit umwandeln. Für die größere Tiefe spricht auch der Umstand, daß Dolomite häufig arm an Organismenresten sind, was auf eine höhere Konzentration des Meerwassers bei ihrer Bildung deutet. Zwischenliegender reiner Kalkstein deutet dann auf Hebung oder Aussüßung des Meeres hin. Auch das nesterweise Auftreten von Versteinerungen spricht dafür. Die gebildete Menge von Dolomit ist abhängig von der Dauer der Einwirkung und von der Konzentration des Meerwassers.

Gegen F. W. Pfaffs Hypothese wendet sich vom geologischen Standpunkte E. Philippi,[2]) der darauf aufmerksam machte, daß man die Dolomite der deutschen Trias stets als Bildungen flacher Meeresteile aufgefaßt hat. Auch der Reichtum an Kalkalgen der alpinen Trias, die in den Tiefen, in denen sich nach F. W. Pfaff Dolomit bildet, nicht mehr existieren, spricht gegen eine Bildung dieser Dolomitmassen in großen Meerestiefen. E. Philippi glaubt, daß der Fossilreichtum der Dolomite durch die Metamorphose zerstört wurde. Er spricht dem Meerwasser im allgemeinen die Fähigkeit ab, auch unter höherem Drucke auf lockere Kalkmassen dolomitisierend einzuwirken und neigt sich der Ansicht E. W. Skeats zu und glaubt auch, daß sich die Dolomitbildung in Sedimenten vollzieht, die sehr rasch unter der Meeresoberfläche erhärten, also in Korallenkalken. E. Philippi untersuchte einige Kalkknollen, die von der deutschen Tiefseeexpedition auf der Seinebank, nordöstlich von Madeira aus 150 m Tiefe gedretscht worden waren. Sie sind entstanden, indem lockerer Kalksand organischen Ursprungs durch feinkörnigen Zement verkittet wurde. Diese Knollen gaben einen $MgCO_3$-Gehalt von 11—18 %, der in Form von Dolomit, wie durch die Lembergsche Reaktion gezeigt

[1]) F. W. Pfaff, N. JB. Min. etc. **23.** Bl.-Bd., 529 (1907).
[2]) E. Philippi, N. JB. Min. etc. 1907, Festband, 397.

werden konnte, enthalten war. Der Dolomit soll zum Teil gleichzeitig, zum Teil nachträglich gebildet worden sein, da auch Molluskenschalen und Kalkalgen in Dolomit umgewandelt erscheinen. Der verkittende Zement wird von E. Philippi für einen chemischen Niederschlag gehalten. Über die Vorgänge, die über die Entstehung dieser Knollen Aufschluß geben könnten, ist nichts bekannt. Doch bildeten sie sich, nach den von der heute dort lebenden Fauna verschiedenen Versteinerungen, die in den Knollen enthalten sind, zu urteilen, nicht dort, wo sie gefunden worden sind, auch deshalb nicht, weil ihre Oberflächen Lösungserscheinungen zeigen. E. Philippi nimmt eine Senkung an und glaubt, da nichts für eine Hebung spricht, daß sich diese Knollen nahe an der Meeresoberfläche gebildet haben. Jedenfalls seien sie aber im offenen Meere und bei gewöhnlicher Konzentration entstanden.

Dieser Ansicht stimmt auch G. Linck[1]) bei, der die Dolomitfrage auf Grund seiner Versuche als prinzipiell gelöst betrachtet (vgl. S. 394). Ich verweise auf dessen Aufsatz S. 132 ff.

Dies wären die wichtigsten Theorien über die Dolomitbildung. Das Positive, was wir über diese Bildungen sagen können, ist: Dolomit bildet sich im Meere der Jetztzeit, sowie er sich in den Meeren der geologischen Formationen gebildet hat, und mit größter Wahrscheinlichkeit im Zusammenhang mit den Korallenriffen.

Von den alten Hypothesen und Experimenten sind alle die, die eine allgemeine Dolomitbildung bei Temperaturen über 100^0 annehmen, auf jeden Fall zu verwerfen, wenn ihnen auch in bezug auf die an Vulkanen auftretenden Dolomitbildungen beschränkte Gültigkeit zukommt.

Genesis des Dolomitmarmors.

Der Dolomitmarmor ist bei weitem nicht so häufig, wie der Kalkspatmarmor, und nach den bis jetzt bekannten Fundorten dürfte auch das Verhältnis Marmor zu Kalkstein nicht gleich sein dem Dolomitmarmor zu Dolomit, sondern es gibt bedeutend weniger Dolomitmarmore. Das kann wohl seinen Grund darin haben, daß man die Marmore bisher zu wenig eingehend auf ihre chemische Zusammensetzung untersucht hat; andererseits aber ist ja der Hauptverbreitungsbezirk der Dolomite das Meer der Vor- und Jetztzeit und gerade in diesen Ablagerungen ist das Auftreten von Marmoren im allgemeinen seltener.

Bezüglich der Genesis gilt ganz das nämliche wie für den Calcitmarmor. Vgl. S. 328 ff.

Umwandlungen.

Wie der Calcit, so vermag sich auch der Dolomit in eine Anzahl Mineralien umzuwandeln, die beinahe dieselben sind, wie beim Calcit. Umwandlungen sind bekannt[2]) nach: Calcit, Siderit, Limonit, Hämatit, Pyrolusit, Kieselzink (Zinkspat), Azurit, Pyrit, Quarz, Chalcedon, Steatit, Chlorit und Glimmer.

Eingehend mit den Umwandlungen des Dolomits und der Carbonate überhaupt hat sich auch G. H. Volger[3]) beschäftigt.

[1]) G. Linck, Monatsber. d. Dtsch. geol. Ges. 1909, 230.

[2]) R. Blum, Die Pseudomorphosen.

[3]) G. H. Volger, Entwicklungsgeschichte der Min. der Talkglimmerfamilie und ihrer Verwandten (Zürich 1855).

Wasserhaltige dolomitähnliche Mineralien.

Anhangsweise folgen hier einige Worte über ein paar Verbindungen die als wasserhaltige dolomitähnliche Substanzen beschrieben wurden und von deren Zusammensetzung und Natur wir noch wenig Sicheres wissen.

Gurhofian.

Für ein dolomitähnliches Zersetzungsprodukt wird auch der Gurhofian von Gurhof in Niederösterreich gehalten, über dessen Natur wir sehr wenig wissen, vielleicht stellt er die Kolloidform des Dolomits dar; doch ist ein Urteil hierüber wohl noch unzulässig. Sehr alte Analysen werden von H. Karsten, M. H. Klaproth und J. R. v. Holger[1]) angegeben, die ca. 45,7 % $MgCO_3$ und 59,3 % $CaCO_3$ fanden. H. v. Foullon[2]) fand aber, daß ein Gurhofian von Windhofe bei Karlsstetten 89 % $CaCO_3$ und ca. 9 % $MgCO_3$, daneben Serpentin und Brucit enthielt. Wahrscheinlich handelt es sich hier um ein Gemenge.

Leesbergit.

Als Leesbergit wurde von L. Blum ein dolomitähnliches Carbonat beschrieben, das aber nach W. Bruhns nicht einheitlich sein soll.

L. Blum[3]) fand es auf der Eisengrube Victor zwischen Marspich und Hayingen in Lothringen. Es ist weiß, kreidig, stark hygroskopisch und lockert sich an der Luft auf; die chemische Untersuchung ergab:

MgO	29,89 %	
CaO.	21,06	
$Al_2O_3 + Fe_2O_3$ . .	0,52	
CO_2	49,43	(bestimmt als Glühverlust)
SiO_2	0,05	
	100,95	

Daraus berechnet L. Blum die Formel $2MgCO_3 . CaCO_3$.

W. Bruhns[4]) hat das gleiche Mineral vom selben Fundorte untersucht und gibt an, daß es in zwei Strukturarten, einer härteren und einer weicheren, vorkommt. Die erstere hat die Härte des Kalkspates, die andere ist bedeutend weicher. Gegen Säuren verhalten sie sich gleich und sind in kalter verdünnter Salzsäure leicht löslich.

Doch fand W. Bruhns, daß das Mineral nicht hygroskopisch sei, sondern direkt wasserhaltig aus folgenden Analysen:

[1]) Nach A. Baumgarten u. J. R. v. Holger, Z. f. Physik u. verwandte Wissenschaften, **5**, 65 (1837).
[2]) H. v. Foullon, J. k. k. geol. R.A. **38**, 14 (1888).
[3]) L. Blum, Ann. Soc. géol. Belgique, **34**, 118 (1907).
[4]) W. Bruhns, Mitt. d. geol. L.A. Elsaß-Lothringen, **6**, 303 (1908).

	1.	2.	3.	4.
MgO	32,81	33,8	29,81	nicht best.
CaO	16,06	16,6	19,79	15,00
CO_2	42,82	44,2	45,85	46,44
H_2O	5,17	5,3	3,27	3,19
Unlöslich + Fe_2O_3 + Al_2O_3 .	3,14	—	0,67	geringe Mengen
	100,00	99,9	99,39	

1. Analyse des härteren Minerals.
2. Dieselbe nach Abzug der Verunreinigung auf 100 umgerechnet.
3. Analyse ebenfalls an härterem Materiale ausgeführt.
4. Analyse des weicheren Materials.

Das Magnesium–Calcium-Verhältnis ist sehr wechselnd und W. Bruhns schloß daraus, daß im Leesbergit ein inhomogenes Gemenge vorliege und es sich um einen Hydromagnesit handle, der mit Kalk oder Dolomit verunreinigt sei.

Es ist aber wohl kaum berechtigt auf Grund der vorliegenden sehr wenig einheitlichen Analysen (einmal wurde das Wasser anscheinend als Differenz, ein andermal direkt bestimmt, beim weicheren Material wurde MgO überhaupt nicht bestimmt) ohne weiteres auf ein Gemenge zu schließen.

Das Mineral ist jedenfalls ein Gel (eine optische Untersuchung liegt nicht vor) und hat als solches wechselnden H_2O-Gehalt, das geht schon aus dem wechselnden Erhärtungszustand hervor. Jedenfalls hat aber W. Bruhns gezeigt, daß die Annahme L. Blums, daß es sich um ein wasserfreies Mineral handle, unrichtig sei.

Gajit.

Von F. Tućan[1]) wurde von Pleše im Distrikt Gorskikotar in Kroatien ein wasserhaltiges Magnesium–Calciumcarbonat beschrieben und Gajit genannt. Es ist ein homogenes (auf Grund optischer Untersuchungen) dichtes Mineral von schneeweißer Farbe mit rhomboedrischer Spaltbarkeit.

Chemische Zusammensetzung:

	1.	2.
δ	2,619	
MgO	23,75	23,95
CaO	37,13	37,03
CO_2	32,41	32,28
H_2O	6,63	6,71
	99,92	99,97

1. Anal. F. Tućan.
2. Anal. W. Njegovan.

Dieses Mineral färbt sich beim Kochen mit Kobaltnitratlösung intensiv lila und auch andere Reaktionen geben die für Aragonit charakteristischen Resultate. Es löst sich in Salzsäure so leicht wie Aragonit.

[1]) F. Tućan, ZB. Min. etc. 1911, 313.

Die Analysenmethode der Mangan-, Eisen-, Kobalt- und Nickelcarbonate.

Von **M. Dittrich** (Heidelberg).

Manganspat.

Hauptbestandteile: Mn, CO_3.
Nebenbestandteile: Fe, Ca, Mg.

Liegt reiner, namentlich calcium- und magnesiumfreier Manganspat vor, so kann die Bestimmung des Mangans, abgesehen von dem bloßen Erhitzen des Mineralpulvers vor dem Gebläse zur Überführung in Mn_3O_4 nach P. Jannasch durch Eingießen der schwach salzsauren, etwa 100 ccm betragenden Lösung des Carbonats in überschüssiges starkes Ammoniak (10—20 ccm), welchem 40—50 ccm reines Wasserstoffsuperoxyd hinzugefügt sind, erfolgen. Dadurch fällt das Mangan als Superoxydhydrat aus, dessen Abscheidung durch etwa $^1/_4$ stündiges Erwärmen vollständig gemacht wird. Der abfiltrierte und gut ausgewaschene Niederschlag wird nach dem Veraschen durch Erhitzen vor dem Gebläse in Mn_3O_4 übergeführt.

War Eisen zugegen, so fällt dieses gleichzeitig mit dem Mangan aus, und kann davon nach Überführung in Sulfate, wie unten angegeben, durch die Cyanidmethode getrennt werden. Das Veraschen des Manganniederschlags muß in diesem Falle im Platintiegel geschehen.

Ist dagegen Calcium oder Magnesium zugegen, dann werden beide Metalle in erheblicher Menge vom Mangan mitgerissen, ohne daß eine Wiederholung der Fällung genaue Resultate liefert. Auch die Trennung des Mangans vom Calcium durch Ammoniumsulfid (analog Zink im Smithsonit auszuführen) ist wegen der sehr schlechten Filtrierbarkeit des Mangansulfids nicht angenehm. Recht gute Resultate erhält man, auch bei erheblicheren Calcium- oder Magnesiummengen, durch Fällung des Mangans mit Ammoniumpersulfat,[1]) jedoch muß dann die Lösung des Minerals in Salpetersäure vorgenommen werden, da Salzsäure auf Persulfat zerstörend wirkt. Ein Mitreißen von Calcium und Magnesium findet nur bei sehr großen Mengen dieser Elemente in geringem Maße statt; nur dann ist eine Wiederlösung und Wiederfällung erforderlich. Ist gleichzeitig Eisen zugegen, so fällt auch dieses ganz oder zum Teil mit dem Mangan aus, die weitere Trennung erfolgt durch die Cyanidmethode.

Im Filtrat von Mangan kann etwa noch vorhandenes Eisen durch Ammoniak (doppelte Fällung), weiter Calcium durch Ammoniumoxalat und schließlich Magnesium durch Natriumphosphat abgeschieden werden, wie es bei Dolomit angegeben ist.

Mangan. Zur Abscheidung des Mangans durch Persulfat neutralisiert man zunächst die Lösung der Substanz bzw. das Filtrat von der Gangart mit Ammoniak beinahe vollständig und löst einen etwa ausfallenden Niederschlag durch einige Tropfen verdünnter Salpetersäure und etwas Wasserstoffsuperoxyd. Zu dieser schwachsauren Flüssigkeit, welche 3—400 ccm betragen soll, gibt man 20—30 ccm einer filtrierten 10 $^0/_0$ igen Lösung von reinem Ammoniumpersulfat und erwärmt das Ganze in einem Becherglas unter mehrmaligem

[1]) M. Dittrich u. K. Hassel, Ber. Dtsch. Chem. Ges. **35**, 3266 (1902).

Umrühren auf einem schwach erwärmten, nicht siedenden Wasserbade einige Stunden auf etwa 70°. Das Mangan scheidet sich allmählich, wenn kein Eisen zugegen ist, als fast schwarzer, feinkörniger, bei Gegenwart von Eisen dagegen als mehr rotbrauner Niederschlag ab, welcher nach dem Absetzen, zweckmäßig unter Zugabe von etwas in Wasser aufgeschlämmten Filterpapiers, abfiltriert und mit gut heißem Wasser ausgewaschen werden muß. Zur Sicherheit der völligen Abscheidung gibt man zum Filtrat nach Abstumpfung der aus dem Persulfat entstandenen Säure durch Ammoniak noch etwa 10 ccm Persulfatlösung, erwärmt eine Stunde und sammelt einen sich etwa noch abscheidenden Niederschlag ebenfalls auf dem Filter. Das so erhaltene Magnesiumsuperoxydhydrat wird in einem Platintiegel verascht, erst 10 Minuten über gewöhnlichem Brenner oder vorteilhafter über einem Teclubrenner und schließlich 5 Minuten vor dem Gebläse geglüht; das so erhaltene Mn_3O_4 wird gewogen.

Bei gleichzeitiger Gegenwart von Eisen ist der Manganniederschlag jedoch nicht völlig rein, sondern stets etwas eisenhaltig.

Zur Trennung des Mangans von Eisen empfiehlt sich die Überführung des gelösten Niederschlags in Cyanide und Zerlegung derselben durch Wasser;[1]) dadurch wird Mangan als reines Superoxydhydrat ausgeschieden, während Eisen als Ferrocyanid in Lösung bleibt.

Die geglühten Oxyde gibt man aus dem Tiegel möglichst vollständig in ein Porzellanschälchen, bringt die im Tiegel hängengebliebenen Anteile durch Erwärmen mit konz. Salzsäure in Lösung, gibt alles in das Schälchen und erwärmt dies so lange, bis völlige Lösung der Substanz eingetreten ist.

Da jedoch die Lösung besonders bei viel Eisen nur sehr langsam erfolgt, führt man besser die Oxyde durch Schmelzen mit Kaliumbisulfat ($KHSO_4$) in Sulfate über.

Man vermischt den Glührückstand in dem benutzten Platintiegel durch Umrühren mit einem Glasstäbchen mit etwa der 10—20fachen Menge vorher eben geschmolzenen und gröblich gepulverten Kaliumbisulfats ($KHSO_4$), und gibt noch etwas davon als Schutzschicht darüber, so daß der Tiegel nicht mehr als $^1/_3$ gefüllt wird. Sodann erwärmt man den Tiegel (im Abzug) anfangs ganz gelinde mit leicht aufgelegtem Deckel, erhitzt später vorsichtig stärker und erhält schließlich alles längere Zeit bei dunkler Rotglut; sobald die Schmelze gleichmäßig erscheint und Ungelöstes nicht mehr zu erkennen ist, läßt man die Masse bei lose bedecktem Tiegel durch stärkeres Erhitzen 1—2mal aufschäumen, um auch die während des Schmelzens an der Tiegelwandung emporgezogenen Teilchen in Lösung zu bringen und dreht dann rasch die Flamme ab. Zur Lösung der erhaltenen Sulfate von Eisen und Mangan bringt man den Inhalt des Tiegels mit wenig warmem Wasser in ein kleines Becherglas und erwärmt ihn dort unter Zusatz von einigen Tropfen verdünnter Schwefel- oder Salzsäure zur Verhinderung der Bildung schwer löslichen basischen Eisensulfats. Hinterbleibt beim Lösen ein gefärbter Rückstand, so war der Aufschluß unvollständig gewesen. Es muß deshalb der abfiltrierte Rest nochmals mit Kaliumbisulfat verschmolzen und in gleicher Weise, wie oben angegeben, weiter behandelt werden.

Zu der auf die eine oder andere Weise erhaltenen Lösung der Oxyde fügt man unter Erwärmen zur Reduktion des Eisens etwas kristallisiertes

[1]) M. Dittrich, Ber. Dtsch. Chem. Ges. **36**, 2330 (1903).

Natriumsulfit oder so viel konzentrierte, wäßrige, schweflige Säure hinzu, bis die Flüssigkeit vollkommen farblos geworden ist und stark nach schwefliger Säure riecht, und gibt hierzu unter einem gut ziehenden Abzuge auf einmal eine Lösung von ca. 2—3 g reinem Cyankalium und 1 g Natriumsulfit in wenig Wasser und erwärmt kurze Zeit. Dadurch wird alles Ferrosalz in Ferrocyankalium verwandelt, während das Mangan zum Teil in eine analoge Verbindung (K_4MnCy_6) übergeführt, zum Teil aber weiter zerlegt wird. Ist der im ersten Augenblick etwas dunklere Niederschlag hell geworden, so fügt man eine wäßrige Lösung von etwa 1—2 g reinem Natriumhydroxyd hinzu, dadurch wird das komplexe Eisensalz nicht verändert, die Manganverbindung dagegen wird gespalten und in Manganohydroxyd verwandelt, welches sich bei weiterem Erwärmen infolge der Oxydation durch die Luft dunkler färbt. Da der so erhaltene Manganniederschlag sehr schlecht filtriert, führt man ihn durch Zugabe von einigen Kubikzentimetern 3 % igen reinen Wasserstoffsuperoxyds in schwarzbraunes Mangansuperoxydhydrat über, erwärmt einige Zeit, bis der Niederschlag sich gut abgesetzt hat, und verdünnt reichlich mit heißem Wasser. Nach etwa 15 Minuten filtriert man das Mangansuperoxydhydrat durch ein größeres Filtrat ab, wäscht es gut aus und löst es gleich auf dem Filter noch einmal, am besten in einem warmen Gemisch von verdünnter Salpeter- oder Schwefelsäure und etwas Wasserstoffsuperoxyd. Aus der so erhaltenen Manganosalzlösung läßt sich das Mangan leicht durch Ammoniak bei Gegenwart von Wasserstoffsuperoxyd wieder abscheiden und nach dem Abfiltrieren durch Glühen in Mn_3O_4 überführen.

Das Gewicht des Eisens erhält man nach Abzug der gefundenen Menge Mn_3O_4 von dem Gesamtgewicht beider.

Will man das in Lösung gegangene Eisen direkt bestimmen, so versetzt man das in ein größeres Becherglas übergeführte Filtrat von Mangan unter dem Abzuge mit ca. 40—50 ccm einer 10 % igen filtrierten Lösung von Ammoniumpersulfat und mit so viel verdünnter Schwefelsäure (Vorsicht! Blausäure!), bis die Flüssigkeit eben sauer ist, und erwärmt mit kleiner Flamme auf dem Asbestdrahtnetz. Die Flüssigkeit färbt sich dadurch erst dunkler und wird schließlich wieder heller und gelblich. Sollte jedoch noch ein grünlicher oder bläulicher Schimmer, von Spuren anfänglich gebildeten Berlinerblaus herrührend, nicht vergehen, so macht man mit reiner Natronlauge alkalisch, erwärmt einige Minuten zur Zerlegung des Berlinerblaus, gibt wieder etwas Persulfatlösung hinzu, säuert von neuem schwach an und erwärmt noch einige Zeit. Sobald die Lösung klar geworden ist, fügt man ca. 15 ccm konz. Salzsäure hinzu, erhitzt, bis kein Chlorgeruch mehr wahrzunehmen ist, und fällt das Eisen durch Ammoniak aus; zur Reinigung ist der erhaltene Niederschlag wieder zu lösen und nochmals zu fällen. Das geglühte Eisenoxyd ist durch Lösen in Salzsäure auf einen Gehalt von Kieselsäure zu prüfen, letztere eventuell zu bestimmen und in Abzug zu bringen.

Eisen. Wenn im Filtrat vom Mangan durch Persulfat keine weitere Abscheidung erfolgt, dampft man dasselbe auf etwa 100—150 ccm ein und gibt Ammoniak in geringem Überschuß hinzu. Entsteht dadurch eine rotbraune Fällung, so war noch nicht alles Eisen zugleich mit dem Mangan ausgefallen; man filtriert es rasch ab, wäscht es einige Male aus, löst es, wie oben angegeben, in Salpetersäure und fällt es von neuem durch Ammoniak. Auf diese Weise wird es von mitgerissenem Calcium und Magnesium sowie von basischem Sulfat befreit.

Siderit.

Hauptbestandteile: Fe, CO_3.
Nebenbestandteile: Mn, Ca und Mg.

Die Fällung des Eisens geschieht durch Ammoniak nach Zugabe von reichlich Wasserstoffsuperoxyd als Hydroxyd, welches durch Glühen im Platintiegel über der Bunsenflamme in Fe_2O_3 übergeführt wird. Dabei fällt gleichzeitig auch Mangan, wenn es in geringen Mengen vorhanden ist, vollständig mit aus, dessen Trennung bei Rodochrosit beschrieben ist.

Sind größere Mengen Mangan zugegen, dann empfiehlt sich für die Trennung des Eisens von Mangan nicht die früher angewandte Fällung bei Gegenwart von Natriumacetat oder -succinat, da der Eisenniederschlag schlecht filtriert und stets eine zweimalige Fällung notwendig ist. Ebenfalls ist die Abscheidung des Mangans im Filtrat vom Eisen durch Ammoniumsulfid unangenehm auszuführen. Man fällt dann besser das Mangan mit einem Teil des Eisens zusammen durch Persulfat in schwach salpeter- oder schwefelsaurer Lösung, trennt beide durch das Cyanidverfahren und scheidet im Filtrat den Rest des Eisens durch Ammoniak in gewöhnlicher Weise ab, wie dies alles oben bei Rodochrosit beschrieben ist.

In den Filtraten von Eisen und Mangan ist dann etwa vorhandenes Calcium und Magnesium, wie bei Dolomit angegeben, abzuscheiden und zu bestimmen.

Bezüglich **Ankerit und Mesitit** siehe Siderit, Magnesit, Calcit.

Kobaltspat.

Hauptbestandteile: Co, CO_3.
Nebenbestandteile: Fe, Ca.

Untersuchung eines reinen Sphärokobaltits.

Die Bestimmung des Kobalts erfolgt als Metall entweder elektrolytisch oder nach Fällung durch Natronlauge als Hydroxyd und Reduktion des letzteren durch Wasserstoff.

a) Elektrolytische Fällung: Die Lösung des Minerals in wenig verdünnter Schwefelsäure[1]) wird in eine Elektrolysenplatinschale gegeben, nach Zusatz von 5—10 g Ammoniumsulfat und 30—40 ccm konzentrierten Ammoniaks für je 0,25—0,30 g Co auf 150 ccm mit Wasser verdünnt und bei 0,5—1,5 Ampère und 2,8—3,3 Volt elektrolysiert. Wurde bei Zimmertemperatur gearbeitet, so ist die Ausfällung gewöhnlich in 3 Stunden, beim Erwärmen auf 50—60° dagegen in 1 Stunde beendet. Man prüft einen herausgenommenen Tropfen der Flüssigkeit mit Ammoniumsulfid und unterbricht den Strom, wenn keine Schwarzfärbung mehr erfolgt, wäscht die Schale erst mit Wasser, dann mit Alkohol und hierauf mit Äther aus, trocknet sie eine Minute in einem auf 100° vorgewärmten Trockenschrank und wägt sie nach dem Erkalten. Das ausgeschiedene Kobaltmetall bildet einen festen blanken Überzug, welcher sich leicht durch warme Salpetersäure entfernen läßt.

---

[1]) Mußte Salpetersäure zur Lösung verwendet werden, so ist diese durch mehrmaliges Abdampfen mit verdünnter Schwefelsäure zu entfernen.

b) Fällung durch Natronlauge: Die Lösung des Minerals in Salzsäure wird in einer guten Porzellanschale auf etwa 80—100 ccm verdünnt und unter Erwärmen so lange unter Zusatz von Bromwasser mit reiner Kali- oder Natronlauge versetzt, als noch Abscheidung eines Niederschlags erfolgt. Das abgeschiedene Kobalthydroxyd wird nach mehrmaligem Dekantieren gut ausgewaschen und nach dem Trocknen in einem Rosetiegel verascht. Zur Entfernung der bei der Fällung mitgerissenen, manchmal nicht unbeträchtlichen Mengen Alkali muß der Glührückstand im Tiegel mit heißem Wasser ausgezogen, filtriert und von neuem verascht werden. Derselbe wird, wie bei der Zinkbestimmung im Smithsonit angegeben, im reinen Wasserstoffstrom, jedoch ohne Zusatz von Schwefel zu Metall reduziert.

Um die stets beigemengte, aus den Gefäßen stammende Kieselsäure zu entfernen, dampft man den Tiegelinhalt auf dem Wasserbade mit Salzsäure zur Trockne und scheidet die Kieselsäure ab, wie dies oben angegeben; ihr Gewicht ist von dem des gefundenen Co-Metalles in Abzug zu bringen.

Durch diese verschiedenen Operationen wird diese Art der Bestimmung des Kobalts etwas umständlich und steht auch hinsichtlich der Genauigkeit der elektrolytischen Bestimmung nach.

Untersuchung eines eisen- und calciumhaltigen Sphärokobaltits.

Vor der Bestimmung des Kobalts ist das Eisen zu entfernen. Es geschieht dies durch Fällung mit reinstem (pyridinfreiem) Ammoniak in der salz- oder salpetersauren Lösung des Minerals; Eisen fällt als Hydroxyd aus, Kobalt geht als komplexes Salz in Lösung. Zweckmäßig gibt man die Lösung des Minerals in starkes Ammoniak, welches gleichzeitig etwas Ammoniumchlorid enthält. Zur vollständigen Trennung muß die Fällung mehrere Male wiederholt werden, bis das Filtrat nach Zusatz von Ammoniumsulfid auch beim Stehen nicht mehr gefärbt wird. Das Filtrat wird nach Eindampfen und Verjagen der Ammoniumsalze mit verdünnter Schwefelsäure mehrmals abgeraucht, um Nitrate und Chloride zu entfernen, und der Rückstand zur Bestimmung des Kobalts der Elektrolyse wie oben unterworfen. In der vom Kobalt abgegossenen Flüssigkeit wird Calcium in gewöhnlicher Weise durch Ammoniumoxalat gefällt.

Remingtonit.

Hauptbestandteile: Co, CO_3, H_2O.
Die Untersuchungsmethoden sind die gleichen wie bei Sphärokobaltit.

Zinkspat.

Hauptbestandteile: Zn und CO_3.
Nebenbestandteile: Pb, Cd, Fe, Mn, Ca, Mg.

Analyse eines reinen Zinkspats.

Man fällt das Zink aus der Lösung des Minerals in Salz- oder Salpetersäure durch Natriumcarbonat als basisches Carbonat und führt dieses durch Glühen in ZnO über.

Die Lösung von etwa 0,8 g des Minerals in verdünnter Salz- oder Salpetersäure wird in einem Becherglas oder einer Porzellanschale auf etwa 100 ccm mit Wasser verdünnt, tropfenweise mit reiner Natriumcarbonatlösung bis zur beginnenden Trübung versetzt und zum Sieden erhitzt; dadurch fällt der größte Teil des Zinks als Zinkcarbonat körnig aus. Nun fügt man zwei Tropfen Phenolphtaleinlösung hinzu und hierauf wieder Natriumcarbonatlösung, bis die Flüssigkeit deutlich rosa wird. Auf diese Weise erhält man das Zinkcarbonat frei von Alkali, während es, wenn es von vornherein in der Hitze gefällt wird, stets Alkali enthält. Sobald der Niederschlag sich abgesetzt hat, filtriert man noch heiß ab und wäscht ihn sorgfältigst mit heißem Wasser aus. Nach dem Trocknen bei 90° verascht man (im Porzellantiegel) Filter und Niederschlag getrennt und glüht schließlich alles über dem Bunsenbrenner bis zur Gewichtskonstanz. Die Veraschung des Filters hat zur Vermeidung der Verflüchtigung von Zink bei möglichst niederer Temperatur zu geschehen.

Analyse eines Zinkspats, welcher Pb, Cd, Fe, Mn, Ca und Mg enthalten kann.

In der Lösung des Minerals wird Blei und Cadmium durch Schwefelwasserstoff, Fe, Mn und Zn durch Ammoniumsulfid, Calcium durch Ammoniumoxalat und Magnesium durch Natriumphosphat abgeschieden.

Ausführung: Die Substanz, etwa 0,8 g, wird in verdünnter Salzsäure — bei viel Blei in Salpetersäure — gelöst und Gangart und Kieselsäure, wie oben beschrieben, abgeschieden.

Blei und Cadmium. Das Filtrat von der Gangart wird auf 300 ccm verdünnt und mit 5—7 ccm konzentrierter Schwefelsäure — um ein Mitausfallen des Zinks zu verhindern — versetzt. Man erhitzt diese Lösung zum Sieden und leitet bis zum Erkalten derselben einen mäßig starken Schwefelwasserstoffstrom ein. Den ausgefallenen Niederschlag filtriert man sofort ab und wäscht ihn mit Schwefelwasserstoffwasser gut aus. Wenn nur auf Blei allein Rücksicht zu nehmen ist, so führt man ihn in $PbSO_4$ über, wie dies bei Calcit angegeben ist.

Cadmium. Ist auch Cadmium vorhanden oder auf solches zu prüfen, so muß erst das Blei abgeschieden werden. Man führt den Tiegelinhalt mit dem H_2S-Niederschlage nach Verjagen der Salpetersäure — ohne jedoch mit Schwefelsäure abzurauchen — in ein kleineres Becherglas über und fällt das Blei durch Zusatz von verdünnter Schwefelsäure und Alkohol, wie bei Cerussit beschrieben. In dem Filtrat wird nach Verjagen des Alkohols das Cadmium als Sulfat bestimmt, indem man die hinterbleibende Lösung in einem Porzellantiegel erst auf dem Wasserbad so weit wie möglich eingedampft und schließlich die überschüssige Schwefelsäure durch Erhitzen im Luftbad (Porzellanringtiegel) verjagt; man erhitzt mit voller Flamme eines Teclubrenners, bis keine sauren Dämpfe mehr weggehen.

Ist auch auf **Arsen** Rücksicht zu nehmen, so müssen die bei der Analyse der Sulfide beschriebenen Methoden zur Abscheidung und Trennung verwendet werden.

Zink, Eisen, Mangan. Das Filtrat vom Blei und Cadmium wird nach Eindampfen auf etwa 200 ccm in einen Erlenmeyerkolben gegeben und mit Ammoniak alkalisch gemacht. Hierauf fügt man auf 100 ccm Flüssigkeit 5 g Ammoniumacetat oder besser Ammoniumrhodanat sowie 1—2 g Hydroxylaminchlorid und hierauf frisch bereitetes farbloses Ammoniumsulfid in geringem Überschuß hinzu, füllt den Kolben fast ganz mit ausgekochtem Wasser und läßt 12—24 Stunden verstopft stehen. Ohne den Niederschlag aufzurühren, gibt man sodann die klare überstehende Flüssigkeit durch ein dichtes Filter, dekantiert den Niederschlag in dem Kolben erst einige Male mit einer Lösung, welche in 100 ccm 5 g Ammoniumacetat oder -rhodanat und 2 ccm Ammoniumsulfid enthält, und wäscht ihn schließlich auf dem Filter mit ammoniumsulfidhaltigem Wasser aus; hierbei ist durch Auffüllen des Filters eine Berührung des Niederschlags mit der Luft nach Möglichkeit zu vermeiden.

Bei größeren Mengen von Calcium und Magnesium ist der Niederschlag noch einmal in verdünnter Salzsäure zu lösen und von neuem zu fällen.

Zink. Ist nur Zink zugegen, so führt man den Niederschlag entweder in ZnS oder ZnO über.

Bestimmung als ZnS: Den gut ausgewaschenen Niederschlag glüht man nach dem Tocknen bei 90^0 im Rosetiegel im Wasserstoffstrom und wiegt ihn als ZnS.

Zu diesem Zweck verascht man das Filter, nachdem man den Niederschlag möglichst davon getrennt hat, allein sehr langsam und vorsichtig in einem ausgeglühten und gewogenen Rosetiegel. Erst wenn die Kohle vollständig verbrannt ist, gibt man die Hauptmenge des Niederschlags hinzu und glüht alles unter allmählicher Steigerung der Flamme bei unbedecktem Tiegel mit dem Bunsenbrenner. Nun vermischt man, um gebildetes Oxyd in Sulfid zurückzuverwandeln, die Asche durch vorsichtiges Umschütteln mit etwa einem Drittel ihrer Menge reinen gepulverten Schwefels, bedeckt die Mischung noch mit einer dünnen Schicht Schwefel, bringt den Tiegel in ein auf einem Stativring liegendes Tondreieck (Fig. 48), setzt den durchlochten Deckel auf, befestigt das Einleitungsrohr und leitet durch dieses gut durch konz. Schwefelsäure getrockneten luftfreien[1]) Wasserstoff in mäßig raschem Strome ein. Sobald auch im Tiegel kein Knallgas mehr anzunehmen ist, erhitzt man diesen anfangs mit kleiner Flamme, welche man allmählich steigert. Nach etwa 10 Minuten langer Einwirkung dreht man die Flamme ab, löscht durch kurzes Abklemmen des Schlauches des Wasserstoffapparates die Wasserstofflamme aus und läßt in dem etwas verstärkten H-Strom etwa 20 Minuten erkalten. Nach dem Wägen gibt man nochmals Schwefel hinzu und glüht wieder, wie oben angegeben, bis Gewichtskonstanz erreicht ist; der jetzt erhaltene Glührückstand ist ZnS.

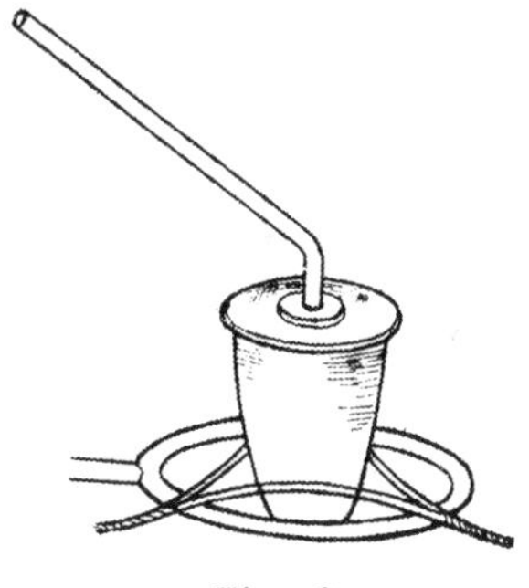
Fig. 48.

Zur Überführung in ZnO löst man den Zinkniederschlag auf dem Filter in verdünnter Salzsäure, verjagt im Filtrat durch Kochen den Schwefelwasserstoff und fällt aus der Lösung, wie oben beschrieben, durch Natriumcarbonat das Zink aus und führt es in ZnO über.

[1]) Zur Prüfung auf Abwesenheit von Luft im Wasserstoff stülpt man über das (aufwärts gebogene) Zuleitungsrohr ein trockenes Reagenzglas, verschließt dasselbe nach einigen Augenblicken mit dem Daumen und entzündet das aufgesammelte Gas in einiger Entfernung von dem Wasserstoffentwicklungsapparat über einer Gasflamme; brennt das Gas ruhig ohne Knall ab, so ist es luftfrei, andernfalls muß die Prüfung nach einiger Zeit wiederholt werden.

Trennung des Zinks vom Eisen und Mangan: Wenn gleichzeitig auch Eisen und Mangan oder eines von beiden vorhanden ist, trennt man diese Metalle vom Zink nach Lösung des Niederschlages in Salzsäure durch Eingießen in ammoniakalisches Wasserstoffsuperoxyd. Eisen und Mangan fallen als Hydroxyde aus und Zink geht in Lösung. Wichtig zur Erlangung genauer Resultate ist es, daß für solche Trennungen nur ganz reines — pyridinfreies — Ammoniak verwendet werden darf, da sonst leicht Mitreißungen stattfinden.

Der erhaltene Niederschlag der Sulfide wird zu diesem Zweck in verdünnter warmer Salzsäure auf dem Filter gelöst und das Filtrat auf etwa 20 ccm konzentriert. Zu dem Rückstand gibt man 15 ccm konzentrierter Salzsäure oder ebensoviel reinen Eisessig und spült alles in einen kleinen Tropftrichter über. Diese Flüssigkeit wird recht allmählich unter Umrühren in ein kaltes Gemisch von 50 ccm Wasser, 50 ccm konzentrierten Ammoniaks und 40—50 ccm 3—5 $^0/_0$ igen reinen Wasserstoffsuperoxyds (aus Perhydrol-Merck) eintropfen gelassen; sodann erhitzt man die Fällung noch 10—15 Minuten auf dem Wasserbade und filtriert.

Um ganz sicher zu sein, daß kein Zink mitgerissen ist, löst man den Niederschlag auf dem Filter in warmer Salzsäure unter Zugeben von etwas Wasserstoffsuperoxyd und führt die Fällung nochmals aus.

Eisen und Mangan. Der Niederschlag wird zunächst anhaltend mit warmem verdünntem Ammoniak (1:3) oder besser noch zur Entfernung der letzten Spuren von Zink mit einer heißen Lösung von 30 g Ammoniumchlorid oder Nitrat in 30 ccm Ammoniak (1:1) und zum Schluß sehr gut mit heißem Wasser ausgewaschen. Nach dem Veraschen im Platintiegel wird der Rückstand vor dem Teclubrenner bis zur Gewichtskonstanz geglüht und darin Mangan und Eisen bestimmt, wie beim Rodochrosit angegeben.

Zink. Die alles Zink enthaltenden Filtrate werden in einer größeren Porzellanschale vollständig eingedampft und darin die Ammoniumsalze, wie dies früher angegeben ist, verjagt. Den erhaltenen ammoniumsalzfreien Rückstand nimmt man mit einigen Tropfen verdünnter Salzsäure auf, filtriert von eventuellen Verunreinigungen ab, fällt und bestimmt im Filtrat das Zink, wie oben angegeben.

Hydrozinkit.

Hauptbestandteile: Zn, CO_3, H_2O.

Die Bestimmung des Zinks erfolgt wie bei Zinkspat angegeben.

Zaratit.

Hauptbestandteile: Ni, CO_3, H_2O.
Nebenbestandteile: Mg.

Die Bestimmung des Nickels erfolgt am bequemsten und genauesten elektrolytisch als Metall in ammoniakalischer Lösung, wie bei Kobalt im Sphärokobaltit angegeben ist; jedoch stören bei Nickel Nitrate nicht und brauchen nicht entfernt zu werden.

Wenn kein Elektrolysenapparat zur Verfügung steht, kann man das Nickel ebenso wie das Kobalt durch Natronlauge fällen und entweder durch Erhitzen im Wasserstoffstrom in Metall oder durch Veraschen im Porzellantiegel in

NiO überführen; in beiden Fällen ist das beigemengte Alkali und die Kieselsäure zu entfernen.

Ist auf Magnesium Rücksicht zu nehmen, so kann das Nickel nur elektrolytisch abgeschieden werden, die Bestimmung des Magnesiums erfolgt dann in den eingedampften Waschwässern vom Nickel, wie bei Magnesit angegeben.

Mangancarbonat ($MnCO_3$).

Manganspat.

Von **H. Leitmeier** (Wien).

Trigonal skalenoedrisch. $a:c = 1:0{,}8259$ (Schulten[1])
Rhomboederflächenwinkel = $102{,}50^0$.
Rhomboederwinkel = $107^0 1\frac{1}{3}'$.

Synonyma: Rhodochrosit, Himbeerspat, Rotspat, Dialogit.

Der Manganspat, der ein wichtiges Manganerz darstellt, bildet teils rhomboedrische durchsichtige bis undurchsichtige Kristalle, teils häufiger kristallinische Massen; er ist rosa bis intensiv rot gefärbt und ist an dieser Färbung leicht zu erkennen.

Chemische Zusammensetzung und Analysenzusammenstellung.

Es seien auch hier zuerst die älteren Analysen und zwar nach C. F. Rammelsberg angeführt und hierauf folgen die neueren Analysen in chronologischer Anordnung.

Ältere Analysen. Zusammenstellung nach C. F. Rammelsberg, Mineralchemie II, (Leipzig 1875), 232.

So ziemlich reines Mangancarbonat stellt unter den alten Analysen nur der Manganspat von Vieille in den Pyrenäen dar; anal. L. Gruner.

	1.
$MgCO_3$	0,8
$CaCO_3$	1,0
$MnCO_3$	97,1
$FeCO_3$	0,7
	99,6

Alle anderen Manganspate sind isomorphe Mischungen.

Mischungen von Mangan und Calciumcarbonat.

	2.
CaO	5,32
MnO	55,87

2. Manganspat von Kapnik in Ungarn; anal. P. Berthier; entspricht der Zusammensetzung $CaCO_3 + 8\,MnCO_3$.

---

[1]) A. de Schulten, Bull. Soc. min. **20**, 196 (1897).

Mischungen von Mn, Ca, Mg.

	3.	4.	5.	6.
MgO . . .	2,04	1,60	1,16	(2,71)
CaO . . .	2,90	3,30	5,92	(28,22)
MnO . . .	55,29	55,50	53,50	(26,90)
FeO . . .	0,61	—	—	(0,47)

3. Manganspat von Oberneisen in Nassau; anal. Hildenbrand. Mn : Ca : Mg = 16 : 1 : 1.
4. Manganspat von Kapnik in Ungarn; anal. F. Stromeyer. Mn : Ca : Mg = 40 : 3 : 1.
5. Manganspat von Nagyag in Ungarn; anal. F. Stromeyer. Mn : Ca : Mg = 24 : 3 : 1.
(6. Manganspat von Minehill, Sussex Co. N. Jersey; anal. Roepper. Mn : Ca : Mg = 6 : 8 : 1; stellt schon einen Mangandolomit dar, vgl. S. 279.)

Mischungen von Mn, Ca, Fe (Mg, Co).

	7	8	9	10	11	12	13
δ . . .	—	—	—	—	—	—	3,66
MgO . .	—	—	0,20	0,80	3,45	2,04	0,52
CaO . .	2,70	3,02	1,09	4,98	7,32	5,77	1,16
MnO . .	56,77	56,39	56,11	50,75	45,50	50,27	56,11
FeO . .	2,00	1,90	3,63	4,53	3,57	1,92	—
(CoO) . .	—	—	0,57	—	—	—	2,33

7. Manganspat von Elbingerode am Harz (Dialogit); anal. Dumenil. Mn : Ca : Mg : Fe = 32 : 2 : 0 : 1.
8. Manganspat von Oberneisen in Nassau; anal. Birnbacher. Mn : Ca : Mg : Fe = 32 : 2 : 0 : 1.
9. Manganspat vom gleichen Fundorte; anal. Höhn. Mn : Ca : Mg : Fe = 40 : 1 : 0 : 2,5.
10. Manganspat von Freiberg in Sachsen; anal. P. Berthier. Mn : Ca : Mg : Fe = 13 : 2 : 0 : 1.
11. Manganspat vom gleichen Fundorte; anal. F. Stromeyer. Mn : Ca : Mg : Fe = 13 : 3 : 2 : 1.
12. Manganspat von der Grube Alte Hoffnung bei Voigtsberg in Sachsen; anal. Kersten. Mn : Ca : Mg : Fe = 28 : 4 : 2 : 1.
13. Manganspat von Rheinbreitschach; anal. Bergemann. Mn : Ca : Mg : Fe : Co = 40 : 1 : 1 : 0 : 1,5.

Neuere Analysen.

	14	15	16	17	18	19
δ	3,76 (14 u. 15)		—	—	—	—
MgO . . .	Spur	Spur	0,54	—	—	0,35
CaO . . .	0,33	0,33	3,28	Spur	1,19	1,57
MnO . . .	44,68	44,50	56,94	60,93	59,28	58,47
FeO . . .	16,74	16,78	0,40	—	1,14	0,94
CO_2 . . .	37,78	37,80	38,87	38,27	38,27	37,81
Unlösl. . .	0,35	0,29	—	—	—	2,10
	99,88	99,70	100,03	99,20	99,88	101,24
$MgCO_3$ . .	—	—	1,12	—	—	0,73
$CaCO_3$ . .	—	—	5,86	—	—	2,80
$MnCO_3$ . .	—	—	92,41	—	—	94,09
$FeCO_3$ . .	—	—	0,64	—	—	1,52

14. und 15. Manganspatkristalle von Brancheville, Fairfield County, Connecticut; anal. L. Penfield; G. J. Brush und E. Dana, Am. Journ. **18**, 50 (1879) und Z. Kryst. **4**, 74 (1880).

16. Manganspat, kristallisiert von Moet-Fontaine (Balier) in den Ardennen; anal. L. de Konink, Bull. de l'Acad. roy. de Belg. 1879, 47.

17. Manganspat, gut ausgebildete Kristalle von der Grube Eleonore bei Horhausen; anal. F. Sansoni, Z. Kryst. **5**, 250 (1881).

18. Manganspat, Kristalle von Oberneisen bei Dietz in Nassau; anal. F. Sansoni, wie oben.

19. Manganspat vom Waldbauer bei Hohenwang in Steiermark; anal. H. Baron von Foullon, J. k. k. geol. R.A. **36**, 344 (1886).

	20.	21.	22.	23.	24.	25.
δ	3,69	3,47	—	—	3,59	3,09
MgO	Spur	1,76	1,78	0,77	—	—
CaO	—	11,28	11,41	3,06	0,30	3,32
MnO	58,32	45,02	45,55	52,40	52,02	38,60
FeO	3,61	0,22	0,22	5,13	8,84	2,36
(CoO)	—	—	—	—	—	Spur
(ZnO)	—	2,32	1,48	—	—	—
(SrO)	—	—	—	Spur	—	—
(BaO)	—	—	—	Spur	—	—
(Al_2O_3)	—	—	—	—	—	5,00
(Fe_2O_3)	—	0,16	0,16	—	—	—
CO_2	38,06	38,94	39,40	38,53	38,01	—
$CO_2 + (H_2O)$	—	—	—	—	—	29,92
(SiO_2)	—	0,32	—	—	0,40	20,68
	99,99	100,02	100,00	99,89	99,57	99,88

			Berechnet[1])			
$MgCO_3$	—	—	3,74	1,56	—	—
$CaCO_3$	—	—	20,37	5,46	6,54	5,92
MnCO	—	—	73,78	84,86	84,41	62,52
$FeCO_3$	—	—	0,35	8,26	14,22	3,80
$(ZnCO_3)$	—	—	2,28	—	—	—
			100,68	100,14		

20. Manganspat, durchsichtige rote Rhomboeder von Alicante, Lake Co. Colorado; anal. G. F. Kunz, Am. Journ. **34**, 477 (1887).

21. Manganspat, Spaltstücke von Franclin, New Jersey; anal. P. E. Browning, Am. Journ. **40**, 375 (1890).

22. Ist die nach Abzug der möglicherweise als Zinksilicat vorhandenen SiO_2 und ZnO auf 100 umgerechnete Analyse 21.

23. Manganspat von Scharfenberg, oberhalb Meißen am linken Elbufer; anal. F. Kolbeck bei H. Zinkeisen, J. f. Bg. u. Hüttw. in Sachsen 1890, 40.

24. Manganspat von Arzberg im Fichtelgebirge, strahlige kugelige Aggregate; anal. Hilger bei F. Sandberger, N. JB. Min. etc. 1892^{II}, 37.

25. Manganspat, Grube „Kleiner Johannes" bei Wunsiedel im Fichtelgebirge; anal. A. Schwager bei A. Schwager und C. W. v. Gümbel, Geognost. Jahreshefte **7**, 57 (1894).

[1]) Vgl. Anm. 1 auf S. 368.

	26.	27.	28.	29.	30.
MgO . . .	—	0,84	Spur	—	3,42
CaO. . . .	0,10	1,23	1,02	2,68	3,94
MnO . . .	57,36	60,89	60,87	57,06	39,06
FeO	4,42	—	—	15,76	11,88
CO_2	38,49	37,00	38,52	—	38,38
Unlöslich . .	—	—	—	—	3,07
	100,37	99,96	100,41	—	99,75
$CaCO_3$ . . .	0,17	—	—	—	—
$MnCO_3$. . .	93,68	—	—	—	—
$FeCO_3$ . . .	7,12	—	—	—	—

26. Manganspat von Biersdorf, Sayn-Altenkirchen, rosafarbene Kristalle; anal. W. Ortloff, Z. f. phys. Chem. **19**, 215 (1896).

27. Manganspat, hellrosa Kristalle, mikroskopisch auf Reinheit geprüft, von Bockenrod im Odenwald; anal. Strube bei K. v. Kraatz-Koschlan, Notizbl. d. Ver. f. Erdk. Darmstadt [4] 1897, 50.

28. Manganspat, tiefrote, auf ihre Reinheit mikroskopisch geprüfte Kristalle vom gleichen Fundorte; anal. wie oben.

29. Manganspatkristalle von Narsarsuk am Meerbusen von Tunugdliarfik im südl. Grönland; anal. G. Flink, Meddelser om Grönland, **24**, Kopenhagen 1899. — Ref. N. JB. Min. etc. 1902^{I}, 18.

30. Manganspat von Macskamezö, Komitat, Szolnok-Drboka in Ungarn; anal. C. v. John bei F. Kossmat u. C. v. John, Z. prakt. Geol. **13**, 325 (1905).

	31.	32.	33.
MgO	Spur	1,16	0,90
CaO	3,33	18,98	13,94
MnO	56,00	35,16	32,37
FeO	2,04	1,22	1,26
CO_2	38,63	38,13	32,83
Unlösl. . . .	—	4,52	18,54
	100,00	99,17	99,84
$MgCO_3$ . . .	Spur	—	—
$CaCO_3$. . . .	5,95	—	—
$MnCO_3$ . . .	90,76	—	—
$FeCO_3$	3,29	—	—

31. Manganspat von Barthélemy, Val d'Aosta in Italien, Kristalle; anal. F. Millosevich, R. Acc. d. Linc. **15**, 317 (1906).

32. Manganspat vom Castell Lastua in Dalmatien, lichte Varietät; anal. C. v. John, J. k. k. geol. R.A. **57**, 421 (1907).

33. Manganspat, dunkle Varietät, vom selben Fundorte; anal. wie oben.

Häufig kommen Gemenge von Mangancarbonat und Mangansilicat vor, die auch technisch ausgebeutet werden. Sie enthalten dabei gewöhnlich auch Magnesium-, Calcium- und Eisencarbonat. Ein solches Vorkommen beschrieb z. B. A. Lacroix,[1]) das von M. Lineau[2]) Torrensit genannt wurde. Es kommt in den Bergen von Serre d'Anet in den Hautes-Pyrénées vor (Analyse 1). An derselben Fundstelle kommt ein manganreicheres Erz vor, das mehr $MnCO_3$ enthält und den Namen „Viellaurit“ erhalten hatte (Analyse 2).

[1]) A. Lacroix, Bull. Soc. min. **23**, 253 (1900)

[2]) M. Lineau, Chem. Z. **22**, 418 (1899).

	1.	2.
δ . . .	3,62	3,77
MgO . . .	1,42	0,77
CaO	7,85	1,06
MnO . . .	48,48	63,01
FeO	1,11	1,56
(Al_2O_3) . . .	3,52	—
CO_2 . . .	16,44	21,09
SiO_2 . . .	15,12	11,93
(S)	—	0,55
H_2O . . .	3,22	—
	100,06[1])	99,97

Das erste Carbonat (Analyse 1) entspricht beiläufig der Zusammensetzung $MnCO_3$, $MnSiO_3\,{}^1/_2H_2O$. Das Carbonat der Analyse 2 entspricht $8\,MnCO_3$, $2\,Mn_2SiO_4$. Diese Erze stellen Gemenge dar, wie auch die optische Untersuchung ergab.

Ähnlich zusammengesetzt sind Umwandlungsprodukte von Manganspaten, über die A. Bukowský und F. Kretschmer Untersuchungen angestellt haben. Sie zeichnen sich durch ihren hohen Kieselsäuregehalt und dadurch aus, daß sie einen Teil des Mangancarbonats bereits in das Oxyd umgewandelt haben und so z. T. Übergänge zum Psilomelan oder Pyrolusit bilden.

	1.	2.	3.	4.	5.
(K_2O, Na_2O) .	1,85	2,47	nicht best.	—	—
MgO	1,82	1,80	nicht best.	1,85	0,90
CaO	23,28	22,43	13,97	1,77	8,75
MnO	12,48	10,73	6,02	39,59	16,55
(Al_2O_3) . . .	0,66	2,27	5,59	—	—
Mn_2O_3 . . .	11,08	8,62	12,91	1,96	19,30
Fe_2O_3 . . .	4,14	3,54	3,31	9,84	3,12
(FeS)	—	—	—	—	1,88
CO_2	28,00	26,20	14,70	26,82	15,62
SiO_2	15,00	20,90	42,20	—	—
(P_2O_5) . . .	0,25	0,18	nicht best.	—	—
hygroskop. H_2O	} 0,70	} 0,50	—	1,03	1,87
gebundenes H_2O				1,18	4,22
Unlöslich . .	—	—	—	15,38	27,27
	99,26	99,64	—	99,42	99,48

1, 2 u. 3. Manganerze, die Gemenge darstellen von Manganspat, Calciumcarbonat, Manganspat und Psilomelan; von Gobitschau bei Sternberg in Mähren; anal. S. Vogel, bei F. Kretschmer, Österr. Z. Berg- u. Hüttenw. **53**, 59 (1905).

4. Verwitterter Manganspat von Kuttenberg in Böhmen, feinkörnige, schwarzbraune Massen; anal. A. Bukowský, N. JB. Min. etc. 1903[II], 338.

5. Wie Analyse 4, nur dichte, bläulichgraue Aggregate.

Die Erze von Gobitschau enthalten jedenfalls nur mehr sehr wenig Mangancarbonat, da fast alle CO_2 zur Bindung von $MgCO_3$ und $CaCO_3$ und viel-

[1]) Die Analysen sind der Arbeit A. Lacroixs entnommen; die Summe müßte richtig 97,16 lauten.

leicht auch eines Teiles $FeCO_3$ nötig ist. Das Manganerz selbst ist jedenfalls ein oxydisches und kein hydroxydisches, weil die Analyse nur einen sehr geringen Wassergehalt anzeigt.

Die Manganerze von Kuttenberg (Analyse 4 und 5) enthalten einen Teil des Fe_2O_3 und Mn_2O_3 als Hydrat; daß alles Mn_2O_3 in Analyse 5 als Wad enthalten ist, wie A. Bukowský glaubt, ist wegen des hohen H_2O-Gehaltes wahrscheinlich.

Der Manganspat ist fast niemals reines $MnCO_3$, sondern enthält stets isomorphe Beimengungen von $MgCO_3$, $FeCO_3$ und $CaCO_3$. Er bildet mit diesen Carbonaten oft kontinuierliche Mischungsreihen, so namentlich mit $FeCO_3$ (siehe auch bei Siderit), dann mit $CaCO_3$, welche Mischungen man als Manganocalcit bezeichnet hat (siehe diesen); auch der Name Mangandolomit wurde für solche Mischungen gebraucht. (Siehe auch bei Ankerit und manganhaltigem Dolomit.)

Recht rein ist der Manganspat von Bockenrod im Odenwald (Analyse 28 und 27).

Die chemische Formel für reinen Manganspat ist $MnCO_3$, entsprechend einer Zusammensetzung von:

1 At. C	= 12,00	CO_2	= 38,37
1 At. Mn	= 54,93	MnO	= 61,63
3 At. O	= 48		100,00
	114,93		

Lötrohrverhalten. Dekrepitiert vor dem Lötrohre; gibt eine violette (amethystrote) Boraxoxydationsperle, die auch bei Gegenwart von Eisen auftritt.

Physikalische Eigenschaften.

Brechungsquotienten. $N_\alpha = 1,59732$ für Na-Licht nach W. Ortloff.[1])

Das Molekularvolumen $M_v = 32,53$; das Refraktionsäquivalent (vgl. S. 230) für N_α, $R_\alpha = 19,43$.

Dichte. $\delta = 3,45—3,60$.

Härte. Die Härte liegt zwischen 3,5 und 4,5.

Thermische Dissoziation. Über die Zersetzung des Mangancarbonats bei hohen Temperaturen liegen nur Untersuchungen von L. Joulin[2]) vor, der fand, daß die Zersetzungstemperatur bei ca. 320° gelegen sei, also $T =$ ca. 600; Berechnungen von O. Brill,[3]) der die Dissoziationstemperatur (Definition der Dissoziationstemperatur siehe S. 231) nach der für heterogene Gleichgewichte aufgestellten Nernstschen[4]) Gleichung:

$$\log p = -\frac{Q'}{4,571\,T} + 1,75 \log T + C,$$

worin Q' die Dissoziationswärme pro Mol bei konstantem Drucke und Zimmertemperatur, p der Dissoziationsdruck und C die Integrationskonstante, die für Carbonate $C = 3,2$ ist,[4]) bedeutet, ergaben für die Dissoziationstemperatur $T = 632°$.

---

1) W. Ortloff, Z. f. phys. Chem. **19**, 216 (1896).
2) L. Joulin, Ann. chim. phys. [4] **30**, 278 (1873).
3) O. Brill, Z. f. phys. Chem. **57**, 736 (1907).
4) W. Nernst, Nachrichten der Göttinger Ges. d. Wiss. 1906, 1.

Die Bildungswärme beträgt nach J. Thomsen[1]):

aus Mn, O_2, CO = 180,69 Cal.

Die Bildungswärme des natürlichen $MnCO_3$ aus MnO und CO_2 ist nach H. Le Chatelier[2]): 276 Cal.

Löslichkeit. Der Manganspat ist, wie alle Carbonate, in verdünnten Mineralsäuren löslich. Nähere Daten über die Löslichkeit sind mir nicht bekannt.

Synthese.

H. de Sénarmont[3]) stellte Mangancarbonat dar, indem er während 18 Stunden Manganchlorür auf Calciumcarbonat bei 150° im geschlossenen Glasrohr einwirken ließ, oder auch durch Fällung des Manganchlorürs mittels Natriumcarbonat bei 160°. Auch durch allmähliches Austreiben der Kohlensäure aus einer mit CO_2 übersättigten Mischung einer Lösung von Manganchlorür und Natriumbicarbonat gelang ihm die Darstellung. Es wurden, obwohl der Niederschlag stets kristallinisch war, keine deutlichen Kristalle erhalten, sondern es bildete sich ein schwach rosenroter Niederschlag, der 60,9—61,5 % MnO und 39,1—38,8 % CO_2 enthielt.

F. Hoppe-Seyler[4]) stellte stumpfe, mikroskopisch kleine Rhomboeder von Mangancarbonat dadurch dar, daß er eine Lösung von Mangansulfat mit Calciumcarbonat im Überschusse bei 200° erhitzte.

E. Weinschenk[5]) erhitzte ein Gemenge von Manganosulfat mit Harnstoff während einer Stunde auf 160—180°. Es bildeten sich kleine Rhomboeder und sechsseitige Sphärolithen-ähnliche Gebilde. Sie waren farblos, und unter Brausen in Salzsäure leichtlöslich und gaben im Kolben kein Wasser. E. Weinschenk zweifelt nicht daran, daß es sich bei diesen Gebilden um Manganspat handelte.

A. de Schulten[6]) hat Manganspatkristalle dadurch erzeugt, daß er Manganchlorür auf dem Wasserbade mit Ammoniumcarbonat behandelte. Die Kriställchen waren sehr klein. Auch erhielt er Kristalle, als er gefälltes Mangancarbonat in mit Kohlensäure gesättigtem Wasser auflöste und rasch erwärmte. Auch die so erhaltenen Kriställchen sind ziemlich klein. Größere Kristalle konnten erhalten werden, als A. de Schulten sich eines Apparates bediente, den er früher[7]) zur Darstellung des Malachits verwendet hatte. Die so erhaltenen Kriställchen zeigten negative Doppelbrechung und bestanden aus:

	Gefunden	Berechnet für $MnCO_3$
δ	= 3,65	—
MnO	= 61,56	61,74
CO_2	= 37,82	38,26
	99,38	100,00

[1]) J. Thomsen, Ber. Dtsch. Chem. Ges. **12**, 2031 (1879).
[2]) H. Le Chatelier, C. R. **120**, 623 (1895).
[3]) H. de Sénarmont, Ann. d. Chem. u. Pharmacie, **80**, 216 (1851).
[4]) F. Hoppe-Seyler, Z. Deutsch. Geol. Ges. **27**, 529 (1875).
[5]) E. Weinschenk, Z. Kryst. **17**, 503 (1890).
[6]) A. de Schulten, Bull. Soc. min. **20**, 195 (1897).
[7]) A. de Schulten, C. R. **122**, 1352 (1896).

Genesis des Manganspats.

Über die Bildung des Manganspats herrschen dieselben Ansichten, wie über die des Siderits, denn die Manganspatvorkommen enthalten fast stets Siderit in größeren oder kleineren Mengen, und ihre Entstehungsweise ist sicher die nämliche. Nach A. Bergeat[1]) gibt es unzweifelhaft echt sedimentäre Mangancarbonatbildungen. So hält auch F. Kossmat[2]) das Manganlager von Maczkamerö in Ungarn, das Mn- und Fe-haltige Silicate und Carbonate enthält, für eine ursprünglich sedimentäre regional metamorph veränderte Lagerstätte.

Das Mangancarbonat ist auch wichtig als primäres Erz vieler Manganoxyd- und -hydroxydlager.

Im übrigen sei bezüglich der Genesis auf das beim Siderit Ausgeführte verwiesen (S. 433).

Auch die Paragenesis ist eine ähnliche, nur kommen natürlich hier manganführende Zersetzungsprodukte, wie Psilomelan, Pyrolusit und Wad hinzu.

Umwandlungen des Manganspats.

Von großer Wichtigkeit sind die Umwandlungsprodukte des Manganspats; wie sich aus Siderit Limonit bildet, so bilden sich aus Manganspat ebenfalls hydroxydische Erze, wie Wad und Psilomelan. Es soll hier, um nicht vorzugreifen, auf das bei diesen Erzen später Mitgeteilte verwiesen werden.

Ferrocarbonat ($FeCO_3$).

Siderit.

Von **H. Leitmeier** (Wien).

Trigonal skalenoedrisch $a:c = 1:0,8191$ (A. Breithaupt)[3]).
Rhomboederflächenwinkel $= 103,4^1/_2{}^0$.
Rhomboederwinkel $= 107^0$.

Synonyma: Spateisenstein, Eisenspat, Sphärosiderit, Oligonspat, Sideroplesit.

Das Eisencarbonat kommt in der Natur nur als wasserfreies Ferrocarbonat vor (vgl. hierüber S. 123). Als häufige Beimischung bei isomorphen Carbonaten haben wir es schon kennen gelernt (Ankerit, Breunnerit u. a.). Es ist isomorph mit Magnesiumcarbonat, dem es am nächsten steht, mit Mangancarbonat und mit Calciumcarbonat. Es bildet eines der wichtigsten Eisenerze und in der Weltproduktion des Eisens steht es in erster Reihe. Der Siderit kommt in zwei Formen vor, dem spätigen Eisenspat und dem radialfaserig struierten Sphärosiderit. Als tonigen Sphärosiderit hat man ein Gestein bezeichnet, das einen sideritführenden Ton darstellt; über die chemische Zusammensetzung dieses Gemenges wird später einiges mitgeteilt werden.

---

[1]) A. Bergeat, Die Erzlagerstätten (Leipzig 1904), I, 254.
[2]) F. Kossmat u. C. v. John, Z. prakt. Geol. **13**, 325 (1905).
[3]) Nach P. Groth, Chem. Kryst. (Leipzig 1908) II, 208.

Chemische Zusammensetzung und Analysenergebnisse.

Der Siderit ist fast niemals ganz rein, sondern enthält isomorphe Carbonate in wechselnden Mengen. In der folgenden Analysenzusammenstellung sind zuerst die alten Analysen nach C. F. Rammelsberg zusammengestellt und dann folgen die neueren Analysen. Den Beschluß bilden zu technischen Zwecken angefertigte Analysen, die nur im großen und ganzen ein Bild der Zusammensetzung geben.

Ältere Analysen: C. F. Rammelsberg[2]) teilt die Siderite in vier Abteilungen:

I. Manganarme, magnesiahaltige Siderite.

	1.	2.	3.	4.
MgO	5,4	4,6	3,7	1,77
CaO	—	1,0	1,0	0,92
MnO	0,6	0,8	1,7	2,80
FeO	53,0	24,1	53,8	55,64

1. Siderit von Escourleguy bei Baigorry in den Pyrenäen; anal. P. Berthier; Fe : Mg = 5,5 : 1.
2. Siderit von Pacho bei Bogota; anal. P. Berthier.
3. Siderit von Pierre-Rousse bei Vizille, Dept. Isère; anal. P. Berthier.
4. Siderit vom Erzberg in Steiermark; anal. H. Karsten; Fe : Mn : Mg = 19 : 1 : 1.

II. Siderite, die Manganoxydul von 4 bis 12% enthalten.

Zu diesen gehört die Mehrzahl der Siderite.

	5.	6.	7.	8.	9.	10.
MgO . . .	2,26	0,7	1,84	2,35	1,48	0,7
CaO . . .	1,12	—	0,67	—	0,40	1,7
MnO . . .	4,20	6,5	7,07	7,51	7,64	8,0
FeO . . .	53,06	53,5	49,19	50,41	50,72	50,5

5. Kristallisierter Siderit von Bieber bei Hanau; anal. Glasson; enthält Fe : Mn = 12 : 1.
6. Siderit von Rancie bei Vicdessus in den Pyrenäen; anal. P. Berthier; enthält Fe : Mn = 8 : 1.
7. Siderit von der Grube Silbernagel bei Stolberg im Harz; anal. F. Stromeyer; enthält Fe : Mn = 7 : 1.
8. Siderit von der Grube Hohegrethe, Hachenburg; anal. H. Karsten.
9. Siderit von der Grube Junge Kesselgrube, Siegen; anal. H. Karsten.
10. Siderit von S. Georges de Huntières, Savoyen; anal. P. Berthier; enthält Fe : Mg = 6 : 1.

	11.	12.	13.	14.	15.	16.
MgO . . .	1,01	2,53	3,23	2,22	2,45	2,34
CaO . . .	0,67	0,88	0,50	0,46	0,34	0,32
MnO . . .	9,76	9,57	10,61	7,56	7,65	8,19
FeO . . .	52,29	49,20	47,16	46,97	47,10	48,86
Unlöslich .	—	—	—	5,74	4,6	2,55

11. Siderit von Neudorf bei Harzgerode; anal. Soutzos.
12. Siderit vom gleichen Fundorte; anal. Lehmann; enthält Fe : Mn = 5 : 1.

13—16. Siderit aus den Siegener Gruben, und zwar: 13. von Stahlberg, 14. von Bollenbach, 15. vom Hollerter Zug, 16. von Stahlert; anal. C. Schnabel.

[2]) C. F. Rammelsberg, Mineralchemie II (Leipzig 1875), 235.

	17.	18.	19.	20.	21.	22.
MgO . . .	2,15	1,94	0,80	0,94	1,16	3,91
CaO . . .	0,25	0,32	0,40	—	0,16	0,35
MnO . . .	8,30	8,66	9,04	9,52	9,67	9,87
FeO . . .	50,37	48,91	50,91	49,41	50,56	46,68

17—22. Siderit aus den Siegener Gruben, und zwar: 17. von Häuslingstiefe, 18. von Sammerichskaule (Horhausen), 19. Silberquelle bei Obersdorf, 20. Kammer und Storch, 21. Guldenhart, 22. von Andreas bei Hamm a. d. Sieg; anal. C. Schnabel.

	23.	24.	25.	26.
MgO	1,25	2,21	1,41	2,4
CaO	0,36	0,36	0,41	—
MnO	9,66	10,40	10,80	11,7
FeO.	48,79	48,07	48,83	45,6
Unlöslich . . .	2,51	—	—	—

23—25. Siderit aus den Siegener Gruben, und zwar: 23. Alte Thalsbach bei Eiserfeld, 24. Kux, 25. Vier Winde bei Bendorf; anal. C. Schnabel.

26. Siderit von Allevard, Dept. Isère; anal. P. Berthier; enthält Fe : Mn = 4 : 1.

Diese Analysen entsprechen beiläufig der Formel: $MnCO_3 + 5$ bis $6\,FeCO_3$.

III. Manganreiche Siderite.

	27.	28.
MgO	0,24	—
CaO	0,08	—
MnO	17,87	25,51
FeO	43,59	36,81

27. Siderit von Alte Birke, Siegen (sphärosideritisch); anal. C. Schnabel; Fe : Mn = 5 : 2.

28. Siderit von Ehrenfriedersdorf; anal. G. Magnus; Fe : Mn = 3 : 2.

IV. Magnesiareiche Siderite.

	29.	30.	31.	32.	33.	34.
δ	—	—	—	3,616	3,699	3,735
MgO . . .	15,4	12,8	12,2	11,65	10,86	7,72
MnO . . .	—	1,0	0,6	—	2,57	1,62
FeO . . .	42,8	43,6	45,2	44,56	43,86	51,15
Fe_2O_3 . . .	—	—	—	—	3,66	—

29. Siderit von Allevard im Departement Isère in Frankreich; anal. P. Berthier; Fe : Mg = 3 : 2.

30. Siderit von Grande-Fosse, Vizille, Departement Isere; anal. wie oben.

31. Siderit von Autun, Depart. Saône-et-Loire in Frankreich; anal. P. Berthier.

32. Sideritkristalle, Schaller Erbstollen bei Pöhl im sächsischen Voigtlande; anal. G. Fritzsche; Fe : Mg = 2 : 1.

33. Linsenförmige Sideritkristalle von Dienten in Salzburg; anal. Sommer.

34. Siderit von Mitterberg (Tirol)[1]); anal. Khuen; Mg : Fe = 1 : 4.

---

[1]) Es ist Tirol bei C. F. Rammelsberg angegeben, es wird sich aber wohl um Mitterberg bei Bischofshofen in Salzburg handeln.

Neuere Analysen.

	35.	36.	37.	38.	39.	40.
MgO	4,4	—	4,67	1,05	1,54	4,57
CaO	2,2	—	6,65	Spur	1,00	0,64
MnO	—	—	3,54	1,30	Spur	1,07
FeO	48,4	53,90	45,03	58,98	58,90	51,17
Fe_2O_3	—	6,30	—	—	—	—
CO_2	36,2	32,90	40,11	38,07	38,53	37,49
(SiO_2)	8,2	—	—	—	—	4,84
(S)	—	—	—	—	—	Spur
(P)	—	—	—	—	—	Spur
(H_2O)	—	6,40	—	—	—	0,08
Unlöslich . . .	—	0,34	—	0,59	0,25	—
	99,4	99,84	100,00	99,99	100,22	99,86
$MgCO_3$ . . .	9,2	—	9,77	2,19	3,22	9,55
$CaCO_3$ . . .	4,0	—	11,89	Spur	1,78	1,14
$MnCO_3$ . . .	—	—	5,74	2,11	Spur	1,73
$FeCO_3$	78,0	—	72,60	95,10	94,97	82,52

35. Siderit von Rude in Kroatien; anal. C. R. v. Hauer u. C. v. John, J. k. k. geol. R.A. **25**, 155 (1875).

36. Siderit, braune Kriställchen von San Giovanni, Valdarno, Italien; anal. G. Grattarola, Boll. d. R. Comit. Geol. d. Ital. 1876. — Ref. Z. Kryst. **1**, 86 (1877).

37. Siderit aus dem Wittichertal im Schwarzwald; anal. F. Sandberger, Untersuchungen von Erzgängen, (Wiesbaden 1885), 159. — Ref. Z. Kryst. **13**, 416 (1888).

38. Siderit von Wölch in Kärnten, glänzende, durchscheinende Kristalle; anal. A. Brunlechner, JB. d. naturhist. Landes-Mus. in Kärnten, **17**, 1 (1885).

39. Siderit, gelblichweiße Kristalle, von Lölling in Kärnten; anal. wie oben.

40. Siderit von Kapfenberg in Steiermark; anal. H. Baron v. Foullon, J. k. k. geol. R.A. **36**, 342 (1886).

	41.	42.	43.	44.	45.	46.
MgO . . .	4,59	0,99	1,02	1,14	1,34	1,26
CaO . . .	0,96	—	—	—	—	—
MnO . . .	2,22	1,11	1,02	1,62	0,71	—
FeO . . .	50,52	59,82	59,41	58,86	59,14	58,59
(ZnO) . .	—	1,88	1,37	1,87	0,30	—
(SiO_2) . .	3,37	—	—	—	—	—
CO_2 . . .	38,07	—	38,87	37,00	37,98	37,65
(S)	0,37	—	—	—	—	—
(P) . . .	Spur	—	—	—	—	—
(H_2O) . .	0,07	—	—	—	—	—
	100,17	—	101,69	100,49	99,47	—
$MgCO_3$ . .	9,59	—	—	—	—	—
$CaCO_3$ . .	1,71	—	—	—	—	—
$MnCO_3$ . .	3,60	—	—	—	—	—
$FeCO_3$ . .	81,46	—	—	—	—	—

41. Siderit vom gleichen Fundorte wie Analyse 40; anal. wie oben.

42—46. Sideritkristalle von verschiedenem Vorkommen in Baltimore (z. T. vom John Falls Steinbruch); anal. Palmer bei G. H. Williams, Baltimore naturalist's field Club, 1887. — Ref. N. JB. Min. etc. 1888[II], 18.

	47.	48.	49	50.
MgO . . .	0,99	2,076	2,50	1,86
CaO . . .	4,19	3,313	2,86	4,68
MnO . . .	3,80	11,478	11,78	4,63
FeO . . .	48,64	50,422	49,01	46,75
(CuO) . . .	0,24	0,265	0,21	Spur
(Al_2O_3) . .	3,81	—	—	0,12
CO_2 . . .	32,91	28,775	31,84	37,21
(SiO_2) . . .	5,54	—	—	4,15
($BaSO_4$) . .	—	—	—	0,50
(H_2SO_4) . .	—	0,116	0,60	—
(P_2O_5)	—	—	—	0,046
(S)	—	—	—	0,25
(H_2O) . . .	—	0,497	—	—
Rückstand .	—	3,058	1,20	—
	100,12	100,000	100,00	100,196
$MgCO_3$ . .	—	—	—	3,88
$CaCO_3$ . .	—	—	—	8,36
$MnCO_3$ . .	—	—	—	7,51
$FeCO_3$ . . .	—	—	—	75,38

47. Siderit, Durchschnittsprobe aus 7 Schächten von Kamsdorf in Thüringen; anal. v. Rirra; F. Beyschlag, J. preuß. geol. L.A. 1888, 327.

48. Siderit von der Grube Himmelfahrt, oberes Lager, Kamsdorf in Thüringen; anal. Böttger, wie oben.

49. Siderit von Grube Glückstern, unteres Lager; anal. wie oben.

50. Durchschnittsprobe verschiedener Schächte von Kamsdorf; anal. R. Zimmermann, wie oben.

	51.	52.	53.	54.	55.	56.
MgO . . .	19,880	8,80	7,86	11,37	0,90	1,08
CaO . . .	0,839	1,21	2,15	0,43	0,39	—
MnO . . .	—	—	2,61	1,99	1,97	4,16
FeO . . .	47,917	45,34	42,13	35,98	51,80	55,99
(CoO) . . .	—	3,85	—	—	—	—
Fe_2O_3 . . .	—	—	5,13	3,72	—	—
CO_2 . . .	—	41,55	37,89	36,06	34,24	38,06
(P_2O_5) . . .	—	—	—	—	Spur	0,84
(S)	—	—	0,011	0,015	—	—
(P)	—	—	0,005	0,004	—	—
(Cu) . . .	—	—	Spur	Spur	—	—
Rückstand . .	—	—	2,87	10,72	12,31	1,23
	—	100,75	100,656	100,289	101,61	101,36
Rückstand MgO	—	—	0,09	0,13	—	—
Rückstand Al_2O_3	—	—	0,35	1,19	—	—
Rückstand Fe_2O_3	—	—	0,58	0,41	—	—
Rückstand SiO_2	—	—	1,75	8,90	—	—

$MgCO_3$ . .	—	—	—	—	1,88	2,26
$CaCO_3$ . .	—	—	—	—	0,70	—
$MnCO_3$ . .	—	—	—	—	3,20	6,75
$FeCO_3$ . .	—	—	—	—	83,52	90,28

51. Siderit (Sideroplesit) vom Schneeberg bei Mayrn in Südtirol; anal. A. v. Elterlin, J. k. k. geol. R.A. **41**, 334 (1891).

52. Siderit, kobalthaltig, hellrote Kristalle, von der Grube Ende im Harteborntale bei Neunkirchen im Siegener Kreise; anal. G. Bodländer, N. JB. Min. etc. 1892[II], 236.

53. Siderit mit etwas Eisenglanz vom Klippberg-Kühlergrundbergbau in der Zips, Ungarn; anal. H. Baron v. Foullon, J. k. k. geol. R.A. **42**, 168 (1892).

54. Siderit vom Zahura Bergbaue in der Zips in Ungarn; anal. wie oben.

55. Siderit von der Grube „Kleiner Johannes" bei Arzberg in der Nähe von Wunsiedel im Fichtelgebirge (Bayern); anal. A. Schwager; H. Schwager u. C.W. v. Gümbel, Geognost. Jahreshefte, **7**, 57 (1894).

56. Siderit von der Grube Erzberg bei Arzberg im Fichtelgebirge; anal. wie oben.

	57.	58.	59.	60.	61.	62.
K_2O . .	—	—	—	1,50	—	—
MgO . . .	3,21	2,59	3,53	1,09	1,34	1,00
CaO . . .	0,87	0,48	1,30	—	3,24	3,50
MnO . . .	1,00	10,50	4,74	0,24	1,42	15,17
FeO . . .	—	47,95	51,21	49,70	42,22	24,77
(Al_2O_3) . .	—	—	—	1,90	3,46	2,79
(Fe_2O_3) . .	55,49	—	—	6,71	—	9,60
CO_2 . . .	—	39,12	—	—	—	—
Glühverlust .	36,28	—	34,55	32,22	35,42	37,45
(SiO_2) . .	3,60	—	3,42	4,86	—	—
(P_2O_5) . .	—	—	—	0,43	0,23	1,14
(FeS) . . .	0,45	—	—	—	—	—
(S) . . .	—	—	0,68	0,10	0,13	0,16
(Cu) . . .	—	—	0,57	—	—	—
(Ag) . . .	—	—	0,0012	—	—	—
(Au) . . .	—	—	Spur	—	—	—
Rückstand .	—	—	—	—	—	4,46
	100,90	100,64	100,00	—	—	100,04

$MgCO_3$ . .	—	5,42	—	—	—	—
$CaCO_3$ . .	—	0,86	—	—	—	—
$MnCO_3$ . .	—	17,04	—	—	—	—
$FeCO_3$ . .	—	77,32	—	—	—	—

57. Siderit von Bilbao, nach Bg.- u. hütt. Z. **52**, 43 (1893).

58. Siderit, Spaltungsrhomboeder von heller Farbe vom Wolfsberg am Harz; anal. W. Ortloff, Z. f. phys. Chem. **19**, 214 (1896).

59. Siderit mit eingesprengtem Kupferkies von Brezowo bei Kostolany in Ungarn; anal. C. v. John, J. k. k. geol. R.A. **47**, 749 (1897).

60. Siderit von Nebereschnaje in Rußland; anal. Gervais, Bg.- u. hütt. Z. **61**, 350 (1902).

61. Siderit von Bogdanovitsch in Mittelsibirien; anal. wie oben.

62. Siderit vom Kaukasus; anal. wie oben.

	63.	64.	65.	66.	67.	68.
δ . . .	—	—	—	3,74	3,75	3,52
MgO . . .	—	8,90	3,63	9,48	8,94	12,18
CaO . . .	1,09	0,94	—	—	—	—
MnO . . .	—	—	Spur	—	—	—
FeO . . .	—	43,15	57,19	49,36	50,77	46,30
(ZnO) . .	1,00	—	—	—	—	—
Al_2O_3 . .	4,05	—	—	—	—	—
Fe_2O_3 . .	54,97	—	—	—	—	—
CO_2 . . .	—	36,90	38,99	40,41	40,62	41,55
Glühverlust .	30,05	—	—	—	—	—
(SiO_2) . .	5,84	—	—	0,17	—	—
(P_2O_5) . .	0,27	—	—	—	—	—
Unlöslich .	—	10,84	—	—	—	—
	97,27	100,73	99,81	99,42	100,33	100,03
$MgCO_3$ . .	—	18,69	7,59	—	—	—
$CaCO_3$ . .	—	1,68	—	—	—	—
$FeCO_3$ . .	—	69,52	92,22	—	—	—

63. Siderit von Quittein in Nordmähren. $BaSO_4$ und $MnCO_3$ wurden nicht bestimmt, daher die geringe Summe; anal. F. Kretschmer, J. k. k. geol. R.A. **52**, 413 (1902).

64. Siderit von Rudo in Kroatien; anal. C. F. Eichleiter, J. k. k. geol. R.A. **53**, 500 (1903).

65. Siderit, gut ausgebildete Kristalle aus der Grube Sylvester im Weilertale in Elsaß; anal. M. Ungemach, Bull. Soc. min. **29**, 194 (1906).

66. Siderit, hellgelbe Kristalle von Bottino in Toskana; anal. E. Manasse, Processi Verb. d. Sc. Nat. Toscana **15**, 20 (1906).

67. Siderit, braunrote Kristalle, vom gleichen Fundorte; anal. wie oben.

68. Siderit, hellgelbe Kriställchen, Grube Frigido in Toscana; anal. E. Manasse, Atti Soc. d. Sc. Nat. Toscana **22**, 81 (1906).

	69.	70.	71.	72.	73.
δ	3;71	3,75—3,80	—	—	—
MgO . . .	5,94	3,87	—	4,32	8,45
CaO . . .	Spur	1,00	—	10,92	1,23
MnO . . .	—	4,84	—	—	—
FeO . . .	55,09	47,76	62,01	32,20	—
(Al_2O_3) . .	—	—	—	1,24	1,07
Fe_2O_3 . .	—	—	—	1,00	49,48
CO_2 . . .	39,70	37,12	nicht best.	33,00	34,87
(H_2O) . . .	—	—	—	1,97	
Rückstand .	—	—	—	15,80	3,32
	100,73	94,59	—	100,45	98,42
$MgCO_3$ . .	—	8,10	—	9,07	—
$CaCO_3$ . .	—	1,78	—	19,50	—
$MnCO_3$ . .	—	7,86	—	—	—
$FeCO_3$ . .	—	76,85	—	51,87	—

69. Siderit, braunrote Kriställchen, Grube Frigido in Toskana; anal. wie oben.

70. Siderit, kristallisiert von Markirch im Elsaß; anal. Carriere; L. Dürr, Mit. d. geol. L.A. Elsaß-Lothringen **6**, 183 (1907).

71. Siderit, braune, auf ihre Homogenität geprüfte Kristalle von Frostburg Maryland in Nordamerika; anal. W. T. Schaller, Z. Kryst. **42**, 321 (1907).

72. Siderit von Grodischtsch in Schlesien; anal C. F. Eichleiter, J. k. k. geol. R.A. **60**, 736 (1910).

73. Siderit vom Brandberg bei Leoben in Steiermark; anal. im chem. Labor. d. montan. Hochschule Leoben; K. A. Redlich, Z. prakt. Geol. **18**, 259 (1910).

Zum Schlusse der Mineralanalysen folgen vier Analysen von besonders manganreichem Siderit:

	74.	75.	76.	77.
MgO	0,71	2,29	1,15	0,62
CaO	0,64	5,58	3,95	0,31
MnO	27,34	23,86	17,11	24,55
FeO	32,91	28,93	38,53	35,25
CO_2	38,47	38,79	38,60	37,79
(H_2O)	—	—	—	0,67
	100,07	99,45	99,34	99,19
$MgCO_3$	1,49	4,78	2,41	1,29
$CaCO_3$	1,15	9,96	7,05	0,55
$MnCO_3$	44,36	38,07	27,76	39,84
$FeCO_3$	53,07	46,64	62,12	56,84

74. Siderit (Sphärosiderit) von Felsöbánya in Ungarn; anal. G. W. Ditrich; J. v. Schroeckinger, V. k. k. geol. R.A. 1877, 114.

75. Siderit (Sphärosiderit) vom gleichen Fundorte, durchscheinende Kügelchen von schmutzigweißer Farbe; anal. wie oben.

76. Siderit (Sphärosiderit) vom gleichen Fundorte; gelbbronzedurchscheinende Kügelchen; anal. wie oben.

77. Sider t (Sphärosiderit) von Kapnik in Ungarn, traubige stalaktitische Formen von gelblicher Färbung; anal. wie oben.

Erzanalysen.

I. *Französische Eisencarbonaterze.*

Eine Zusammenfassung zum Teil recht alter Analysen französischer Siderite, die in der „École des Mines" ausgeführt wurden, gibt A. Carnot.[1]) Sie sind nach dem Vorkommen zusammengefaßt und sollen auch in dieser Reihenfolge hier aufgeführt sein. Es handelt sich zum Teil um recht unreine Erzproben, so daß diese Analysenzusammenstellung, aus der nur diejenigen ausgeschlossen wurden, die einen ganz geringen Fe_2O_3-Gehalt besaßen, zugleich ein Bild davon gibt, von welcher Beschaffenheit die Eisencarbonaterze sind, die in der Technik Verwendung finden. Auch sind die Analysen ohne genaue CO_2-Bestimmung ausgeführt.

	1.	2.	3.	4.	5.
MgO	4,60	3,80	1,30	0,80	2,80
CaO	3,80	3,20	15,60	0,60	3,50
(Al_2O_3)	3,30	2,80	—	—	4,00
Mn_2O_3	—	—	4,30	0,50	3,00
Fe_2O_3	47,00	42,00	54,00	63,60	47,46
Glühverlust	28,00	28,00	22,00	33,60	29,00
SiO_2	13,00	20,00	2,60	0,60	10,00
(P_2O_5)	—	—	0,09	0,06	0,12
(H_2SO_4)	—	—	—	—	0,06
	99,70	99,80	99,89	99,76	99,94
	(1889)[2])		(1879)	(1888)	(1873)

[1]) A. Carnot, Ann. de Min. **18**, 5 (1890).

[2]) Die Zahlen in der Klammer bedeuten das Jahr, in dem die Analyse angefertigt worden war.

1. und 2. Siderit vom Canton de Rethel; im Département des Ardennes.
3. Siderit vom Canton de Cabanes; Comune de Larcat; Département de L'Ariège.
4. Siderit vom Canton de Castillon; Comune de Castillon, Département de L'Argière.
5. Siderit vom Canton de Durhan; Comune de Castel-la-Caoune, Département de Landes.

	6.	7.	8.	9.	10.	11.
MgO	—	1,80	1,00	—	—	—
CaO	18,00	8,00	21,00	20,00	13,00	18,00
(Al_2O_3) . . .	—	—	—	4,10	4,10	—
Fe_2O_3 . . .	26,60	43,00	45,00	36,90	48,20	36,30
($Al_2O_3 + SiO_2$)	21,00	22,30	8,00	—	—	17,30
Glühverlust. .	33,00	24,00	24,00	25,30	21,00	28,00
SiO_2	—	—	—	13,00	13,00	—
(H_2SO_4) . .	1,00	0,50	0,30	0,30	0,40	0,10
(P_2O_5) . . .	0,20	0,30	0,40	Spur	Spur	0,20
	99,80	99,90	99,70	99,60	99,70	99,90
	1862	1860		1861		1862

6. Siderit vom Canton de Baume-les-Dames; Comune de Voillans.
7. bis 10. Siderit vom Canton de Boullans; Comune de Laissey.
11. Siderit vom Canton Rougemont; Comune de Viéthorey-Fallot; alle sechs aus dem Département du Doubs.

	12.	13.	14.	15.	16.	17.
MgO . . .	6,00	8,80	—	4,60	5,20	4,00
CaO . . .	1,00	1,20	0,60	0,60	0,60	0,40
Fe_2O_3 . .	55,40	51,40	62,80	58,00	66,20	63,40
Glühverlust .	33,80	32,60	35,00	34,00	27,00	1,20
SiO_2 . . .	2,00	4,60	0,80	0,80	0,20	30,00
(H_2SO_4) . .	0,26	—	0,50	Spur	Spur	Spur
(P_2O_5) . .	1,50	1,20	0,20	1,50	0,60	0,70
	99,96	99,80	99,90	99,50	99,80	99,70
	1858		1858		1858	

12. bis 17. Spätiger Siderit vom Canton d'Allevard; Comune d'Allevard, Département de L'Isère.

	18.	19.	20.	21.	22.	23.
MgO . . .	3,60	1,30	Spur	2,00	0,05	3,80
CaO . . .	0,40	0,20	Spur	Spur	7,60	1,60
(Al_2O_3) . .	—	—	1,60	—	—	—
Mn_2O_3 . .	—	Spur	—	3,81	Spur	0,80
Fe_2O_3. . .	60,00	60,00	55,60	58,00	62,04	53,20
Glühverlust .	32,00	35,30	38,00	35,60	27,60	38,80
SiO_2 . . .	2,00	3,00	4,60	0,30	—	1,60
(H_2SO_4) . .	Spuren	—	Spur	0,03	2,60	0,09
(P_2O_5) .	1,50	0,06	Spur	0,02	Spur	0,03
	99,50	99,86	99,80	99,76	99,89	99,92
	1858		1873		1881	

18. Siderit spätig, vom Canton und Comune d'Allevard, Département de L'Isère.
19. bis 21. Siderit vom Canton d'Espelette; Comune d'Aïnhoa, Département des Basses-Pyrénées.

22. u. 23. Siderit von der Grube d'Urtalégny, Canton de St. Étienne de Baïgony, Comune de la Fonderie, Département des Basses-Pyrénées.

	24.	25.	26.	27.	28.
MgO	1,22	15,20	17,00	0,60	—
CaO	1,00	27,20	24,60	Spur	2,00
$Al_2O_3 + SiO_2$.	0,33	—	—	—	—
Mn_2O_3 . . .	—	Spur	Spur	2,30	2,00
Fe_2O_3	65,33	17,40	17,10	68,30	62,50
Glühverlust . .	32,00	32,30	32,00	24,60	33,00
SiO_2	—	8,00	9,00	4,00	0,20
(H_2SO_4) . . .	—	—	—	—	0,20
(P_2O_5)	0,06	0,02	0,02	0,04	Spur
	99,94	100,12	99,72	99,84	99,90
	1875	1883		1876	

24. Siderit vom Canton de Laruns, Comune de Laruns, Département des Basses-Pyrénées.

25. und 26. Siderit vom Canton d'Accous, Houndorbe vallée d'Aspe, Département des Basses-Pyrénées.

27. Siderit vom Canton d'Arles-sur-Tech; Comune de Labastide, col de Villarem, Département des Pyrénées orientales.

28. Siderit vom Canton d'Arles-sur-Tech; Comune de Labastide, col de Boulet, Departement wie oben.

	29.	30.	31.	32.	33.
MgO	3,17	1,00	0,60	0,80	—
CaO	27,33	2,00	Spur	Spur	1,50
Mn_2O_3 . . .	3,72	2,60	1,30	0,90	—
Fe_2O_3	23,61	60,60	65,60	68,00	65,66
Glühverlust . .	41,66	30,30	31,00	28,00	29,00
SiO_2	Spur	2,60	1,30	2,00	3,00
(H_2SO_4) . . .	—	0,60	—	—	0,30
(P_2O_5)	Spur	Spur	—	—	Spur
	99,49	99,70	99,80	99,70	99,46
	1869	1860	1874		1876

29. Siderit vom Canton des Prades, Comune des Fillols, Département wie oben.

30. Siderit vom Canton des Prades, Comune de Vernet les Bains, col du Canigon, Département wie oben.

31. und 32. Siderit von Canton und Comune wie oben, col de La Tour; Département wie oben.

33. Siderit vom Canton d'Olette, Comune de Nyer, Département wie oben.

II. *Erzanalysen aus der k. k. Geologischen Reichsanstalt in Wien.*

Aus dem J. k. k. geol. R.A. wurden im folgenden die technischen Spateisensteinanalysen vom Jahre 1860 an zusammengestellt. Diejenigen neueren Analysen, die mit besonderer Sorgfalt ausgeführt sind und nicht als bloß technische Analysen gelten können, sind in der Zusammenstellung der neueren Analysen von S. 421 bis S. 425 enthalten.

	34.	35.	36.	37.
$MgCO_3$	5,2	3,0	41,6	4,1
$CaCO_3$	8,1	50,7	2,2	—
$MnCO_3$	—	—	—	Spur
$FeCO_3$	71,7	42,6	36,9	93,2
(Al_2O_3)	—	—	—	Spur
Unlöslich	15,0	3,7	19,3	2,1
	100,0	100,0	100,0	99,4

34. Eisenstein[1]) vom Carolistollen im Jägerbachgraben in den österreichischen Alpen; anal. K. R. v. Hauer, J. k. k. geol. R.A. **14**, 141 (1864).

35. Kluftausfüllung in den Hierlatzkalken, nördl. von Freiland in den österreich. Alpen; anal. wie oben.

36. Spateisenstein von Lackenhofen in Niederösterreich; anal. K. R. v. Hauer, J. k. k. geol. R.A. **15**, 396 (1865).

37. Spateisenstein von Altenberg bei Neuberg in Steiermark; anal. A. Gesell, J. k. k. geol. R.A. **16**, 526 (1866).

	38.	39.	40.	41.	42.	43.
MgO . . .	5,08	—	—	—	—	—
$MgCO_3$ . .	—	3,95	1,20	5,15	2,50	3,79
CaO . . .	—	—	—	—	—	—
$CaCO_3$ . .	—	3,50	25,12	1,80	2,20	1,50
MnO . . .	0,73	—	—	—	—	—
$MnCO_3$ . .	—	1,60	0,70	0,99	0,48	Spur
FeO . . .	54,85	54,91	34,47	47,75	53,16	51,35
CO_2 . . .	39,14	34,51	20,06	30,01	33,46	32,32
SiO_2 . . .	—	2,80	10,40	12,48	8,50	11,62
(C) . . .	—	—	1,25	—	—	—
(H_2O) . .	—	—	6,12	—	—	—
Unlöslich .	0,20	—	—	—	—	—
	100,00	101,27	99,32	98,18	100,30	100,58

38. Spateisenstein vom Bohnkogel bei Neuberg in Steiermark; anal. A. Mikó, J. k. k. geol. RA. **16**, 527 (1866).

39. Spateisenstein vom Grubenfeld Embla, innere Zone an der Donnersalpe bei Eisenerz in Steiermark; anal. A. Pattera, J. k. k. geol. R.A. **22**, 31 (1872).

40. Spateisenstein vom Grubenfeld Midgard; innere Zone, teilweise zu Limonit verwittert; Fundort und anal. wie oben.

41. Spateisenstein vom Grubenfeld Barri, äußere Zone vom gleichen Fundorte und anal. wie oben.

42. Spateisenstein von Weißenbach, bei Eisenerz in Steiermark; anal. wie oben.

43. Spateisenstein vom Grubenfeld Gefion, Donnersalpe bei Eisenerz in Steiermark; anal. wie oben.

	44.	45.	46.	47.	48.	49.
$MgCO_3 + CaCO_3$	Spur	1,0	Spur	1,4	Spur	0,9
$MnCO_3$ . . .	3,2	4,0	3,0	3,6	Spur	2,4
$FeCO_3$	92,2	93,4	92,3	93,0	89,4	92,0
$(Al_2O_3) + SiO_2$.	1,6	0,7	2,3	1,1	6,6	3,0
(H_2O)	3,0	0,9	2,4	0,9	3,0	1,7
	100,0	100,0	100,0	100,0	99,0	100,0

---

[1]) Die Bezeichnung des Erzes erfolgt stets wie sie im Originale angegeben ist.

44. Spateisenstein vom Eulalia-Fach vom Großzechnergang aus der Gegend von Iglo in der Zips in Ungarn; anal. C. R. v. Hauer und C. v. John, J. k. k. geol. R.A. **25**, 180 (1875).

45. Spateisenstein vom Anna Palocsa-Stollen von Breitengang; Fundort und anal. wie oben.

46. Spateisenstein vom Michaëlis-Stollen vom Großzechnergang. Fundort und anal. wie oben.

47. und 48. Spateisenstein vom Josephistollen, 47 vom Hangendgang, 48 vom Grobengang; Fundort und anal. wie oben.

49. Spateisenstein aus dem Markus-Gabriel am Grobengang; anal. wie oben.

	50.	51.	52.	53.	54.	55.
$MgCO_3 + CaCO_3$	Spur	Spur	Spur	Spur	Spur	Spur
$MnCO_3$ . . .	Spur	Spur	Spur	Spur	Spur	Spur
$FeCO_3$	93,6	95,0	94,0	92,1	90,0	94,0
$(Al_2O_3) + SiO_2$.	2,1	0,1	1,7	4,5	6,4	1,1
(H_2O)	3,2	4,0	3,6	3,0	2,9	3,8
	98,9	99,1	99,3	99,6	99,3	98,9

50. Spateisenstein vom Longinus im Kalten Grund aus der Gegend von Iglo in der Zips in Ungarn; anal. C. R. v. Hauer und C. v. John, J. k. k. geol. R.A. **25**, 180 (1875).

51. Spateisenstein vom Rosenfeld; Fundort und anal. wie oben.

52. Spateisenstein vom Freischurf unterhalb Grettl; Fundort und anal. wie oben.

53. Spateisenstein vom Thurzonc, oberhalb Göllnitz; Fundort und anal. wie oben.

54. Spateisenstein vom Kreuzschlag, oberhalb Göllnitz; Fundort und anal. wie oben.

55. Spateisenstein vom Freischurf Zakoretz; Fundort und anal. wie oben.

	56.	57.	58.	59.	60.	61.
MgO . . .	7,7	12,0	—	—	—	—
$MgCO_3$ . .	—	—	6,7	7,0	8,0	6,8
CaO . . .	6,3	4,3	—	—	—	—
$CaCO_3$ . . .	—	—	0,3	0,2	0,3	0,4
$MnCO_3$ . .	—	—	2,6	2,9	3,0	2,8
$FeCO_3$ . . .	—	—	86,0	88,2	87,0	70,1
(Al_2O_3) . .	—	—	0,8	0,4	0,5	0,8
Fe_2O_3 . . .	55,7	60,6	—	—	—	—
$CO_2 + (H_2O)$	19,4	21,0	—	—	—	—
(P)	—	—	Spuren	Spuren	Spuren	Spuren
(S)	—	—	Spuren	Spuren	Spuren	Spuren
Unlöslich . .	10,6	2,0	3,3	0,8	0,6	18,7
	99,7	99,9	99,7	99,5	99,4	99,6

56. Spateisenstein von Rakos (ohne nähere Fundortangabe); anal. C. R. v. Hauer u. C. v. John, J. k. k. geol. R.A. **25**, 165 (1875).

57. Spateisenstein von Zelesnik (ebenfalls ohne nähere Fundortangabe); anal. wie oben.

58. Spateisenstein, grober Gang, Martini Dreifaltigkeitsgrube, Großbindtner Gebirge bei Iglo in Ungarn; anal. C. R. v. Hauer u. C. v. John, J. k. k. geol. R.A. **25**, 201 (1875).

59. Spateisenstein vom Robertigang, Robertigrube, Schiefferlandgebirge bei Iglo; anal. wie oben.

60. Spateisenstein vom Josefigang, Josefi Ludovicigrube, Vorderglänzengebirge bei Iglo; anal. wie oben.

61. Spateisenstein vom Vasmezögang, Vasmezögrube, Hinterglänzengebirge bei Iglo; anal. wie oben.

	62.	63.	64.
$MgCO_3$ . . .	7,5	7,2	8,2
$CaCO_3$ . . .	0,9	1,1	1,2
$MnCO_3$ . . .	3,8	3,8	3,5
$FeCO_3$ . . .	84,5	86,4	82,5
(Al_2O_3) . . .	0,7	0,4	0,9
(P)	Spur	Spur	Spur
(S)	Spur	—	—
Unlöslich . .	3,3	0,2	2,9
	100,7	99,1	99,2

62. Spateisenstein vom Rinnergang, gleichnamige Grube, Hinterglänzengebirge bei Iglo in Ungarn; anal. wie oben.

63. Spateisenstein vom Conradgang, gleichnamige Grube, Hinterglänzengebirge bei Iglo; anal. wie oben.

64. Spateisenstein vom Petri-Pauligang, gleichnamige Grube, Graitel, Hinterglänzengebirge bei Iglo; anal. wie oben. — Die Vorkommen der Erze von Analyse 58—64 liegen im Bindtaer und Klein-Hniletzer Grubenbezirke.

	65.	66.	67.
MgO . . .	4,35	3,05	3,45
CaO . . .	1,28	0,79	1,33
FeO . . .	56,11	47,62	51,89
Mn_2O_3 . . .	Spuren	5,02	2,61
Fe_2O_3 . . .	—	6,51	3,10
CO_2	37,52	32,79	37,70
SiO_2	0,50	2,47	—
(H_2SO_4) . .	—	0,48	—
(H_2O) . . .	0;43	2,47	—
	100,19	101,20	100,08

65. Unverwitterter, grobblättriger Siderit vom Hüttenberger Erzberge in Kärnthen; anal. L. Wolf, bei F. Seeland, J. k. k. geol R.A. **26**, 84 (1876).

66. Siderit mit beginnender Verwitterung, vom gleichen Fundort; anal. wie oben.

67. Sideritkristall mit beginnender Verwitterung, vom selben Fundorte; anal. H. Pinno bei F. Seeland, wie oben.

Im J. k. k. geol. R.A. **31**, 504 (1881) ist ebenfalls eine Sideritanalysenzusammenstellung gegeben, bei der aber die Fundorte nicht näher bezeichnet sind.

III. *Analysen einiger amerikanischer carbonatischer Eisenerze.*

Diese Analysen sind dem Werke F. W. Clarkes[1]) entnommen.

---

[1]) F. W. Clarke, The Data of Geochemistry (Washington 1908), 492.

	68.	69.	70.	71.
(Na_2O) (K_2O)	—	—	—	0,09
MgO	3,64	2,66	8,52	1,94
CaO	0,74	0,81	22,25	0,66
MnO	0,97	5,06	0,28	0,29
FeO	37,37	32,85	10,72	39,77
(Al_2O_3)	1,29	4,27	0,07	1,30
Fe_2O_3	1,01	8,14	0,44	2,31
CO_2	25,21	30,32	32,42	26,20
SiO_2	28,86	15,62	23,90	26,97
(TiO_2)	0,20	—	—	—
(P_2O_5)	—	—	—	0,03
(SO_3)	—	—	0,17	—
(H_2O)	0,68	0,68	0,99	0,61
	99,97	100,41	99,76	100,17

34. Siderit vom Sunday-See in Michigan; anal. W. F. Hillebrand, Bull. geol. Surv. U.S. **228**, 318 (1904).

35. Siderit vom Penokee-Distrikt in Michigan; anal. R. B. Riggs, wie oben.

36. Siderit vom Gunflint-See, Kanada; anal. T. M. Chatard, wie oben.

37. Siderit (bei F. W. Clarke steht Ferrodolomit) vom Marguette-Distrikt in Michigan; anal. G. Steiger, wie oben.

Formel. Der Siderit ist selten rein, sondern fast immer mit $MnCO_3$, $CaCO_3$, $MgCO_3$ gemengt. Am reinsten scheint der Siderit von Frostburg, Maryland in Nordamerika zu sein, der sich fast als vollständig reines Eisencarbonat erwies (Analyse 71 auf S. 424). Die unlöslichen Bestandteile gehören wohl größtenteils der Gangmasse an und werden aus Kieselsäure und Silicaten bestehen.

Die chemische Formel des reinen Carbonats ist $FeCO_3$, der entspricht

1 At.	C = 12		CO_2 = 37,98	
1 „	Fe = 55,85		FeO = 62,02	
3 „	O = 48			100,00
	115,85			

Über die Mischungen von Eisencarbonat, mit Magnesium und Calciumcarbonat, vgl. auch bei Dolomit (Ankerit) und Magnesit (Breunnerit).

Lötrohrverhalten und Reaktion. Siderit gibt mit Borax eine gelbe Oxydations- und grüne Reduktionsperle. Nach F. Cornu[1]) reagiert Siderit gegen Lackmuspapier sehr schwach alkalisch, gegen Phenolphthaleïnlösung gar nicht.

Physikalische Eigenschaften.

Spezifisches Gewicht. Die Dichte des Siderits ist 3,83—3,88. Sie richtet sich natürlich stets nach den Beimengungen.

Die **Härte** ist ca. 3,5—4 nach der Mohsschen Skala.

Brechungsindices nach A. Hutchinson[2]):

[1]) F. Cornu, Tsch. min. Mit. **25**, 506 (1906).

[2]) A. Hutchinson nach P. Groth, Chem. Krist. II (Leipzig 1908), 208.

Licht	N_α	N_γ
Li	1,6278—1,6306	1,8642—1,8655
Na	1,6310—1,6342	1,8722—1,8734
Tl	1,6344—1,6377	1,8798—1,8812

Die Bestimmungen sind an nur wenig Mg, Mn und Ca enthaltenden Kristallen ausgeführt. Der Charakter der Doppelbrechung ist negativ.

Andere physikalische Konstanten: Das Molekularvolumen $M_v = 30{,}01$. Refraktionsäquivalent für $N_\gamma = 28{,}04$. für $N_\alpha = 18{,}77$.

Thermische Dilatation: Die Ausdehnung beträgt nach H. Fizeau[1]) für 1°.

In der Richtung der Achse $\alpha = 0{,}00001918$
" " " normal darauf $\beta = 0{,}00000605$.

Die Veränderung des Rhomboederwinkels beträgt 0° 3′ 38″ per Grad.

H. Le Chatelier[2]) bestimmte die Bildungswärme des Eisencarbonats aus Oxydul und Kohlendioxyd mit 126 Cal.

Die Dielektrizitätskonstanten am Siderit wurden von W. Schmidt[3]) an Kristallen von Siegen in Westfalen bestimmt mit:

			1.	2.
1. nach älterer Methode	parallel der Hauptachse c	DC_1 =	6,80	6,90
2. nach neuerer Methode	normal c	DC_2 =	7,82	7,90

Einwirkung von Radiumstrahlen. Nach den Untersuchungen C. Doelters[4]) wird zart gelblicher Siderit durch Radiumbestrahlung mehr bräunlichgelb, eine Veränderung, die auch langsam an der Luft vor sich geht und nichts anderes als die Oxydation des Eisenoxyduls zu Eisenoxyd darstellt. Radiumstrahlen bewirken somit hier eine Reaktionsbeschleunigung.

Löslichkeit. Über die Löslichkeit ist das wenige Bekannte schon von G. Linck im allgemeinen Artikel S. 124 gebracht worden.

Synthesen. H. de Sénarmont[5]) stellte Eisencarbonat durch 12- bis 18stündige Einwirkung von Eisenchlorür auf Calciumcarbonat bei 135—180° in zugeschmolzenem Glasrohre dar und auch dadurch, daß eine Lösung von Eisenoxydulsulfat in eine Lösung von Natriumbicarbonat gebracht wurde, wobei beide Lösungen stark mit Kohlensäure übersättigt waren und nun bei 130—200° die Kohlensäure allmählich entweichen gelassen wurde. Der graulichweiße Niederschlag bestand aus mikroskopischen Rhomboedern, die in trockener Luft unveränderlich waren und sich in feuchter Luft nur sehr langsam gelblichbraun färbten. Die Zusammensetzung war 62% FeO und 38% CO_2.

F. Hoppe-Seyler[6]) erhielt dadurch Eisencarbonat, daß er Eisensulfat mit überschüssigem Calciumcarbonat in Wasser auf 200° erhitzte und einige Zeit diese Temperatur einwirken ließ. Es hatten sich mikroskopisch gut bestimmbare rhomboedrische Sideritkriställchen gebildet.

Diese beiden Darstellungsarten sind auf ganz ähnliche Weise ausgeführt, kommen aber für die natürliche Bildung des Siderits wegen der hohen Tem-

---

1) Nach A. Des Cloizeaux, Manuel II, (Paris 1874), 147.
2) H. Le Chatelier, C. R. **120**, 623 (1895).
3) W. Schmidt, Ann. d. Phys. **9**, 919 (1902).
4) C. Doelter, Das Radium und die Farben (Dresden 1910), 40.
5) H. de Sénarmont, Ann. d. Chem. u. Pharmacie **80**, 215 (1851).
6) F. Hoppe-Seyler, Z. Dtsch. geol. Ges. **27**, 529 (1875).

peratur, die verwendet wurde, nicht in Betracht, wenn auch der eingeschlagene Weg mit den Vorgängen bei der metasomatischen Bildung des Siderits (siehe unten) immerhin in eine gewisse Beziehung gebracht werden kann.

Vorkommen und Genesis des Siderits.

So wie die Entstehung des Magnesits und Dolomits heute noch nicht völlig aufgeklärt ist, so ist auch die Genesis des Siderits, die doch für die Lagerstättenlehre von so großer Bedeutung ist, ein noch nicht in allen Teilen gelöstes Rätsel. Genetisch scheint der Siderit dem Magnesit sehr nahe zu stehen, und höchstwahrscheinlich erfolgte die Bildung dieser beiden Carbonate unter ähnlichen Verhältnissen. Wie beim Magnesit und zum Teile auch Dolomit sind auch hier die Ansichten geteilt und treffen sich alle in der Frage: sind die Sideritlagerstätten direkte Absätze, sind sie also sedimentärer Natur, oder verdanken sie ihr Dasein Umwandlungsvorgängen, sind sie demnach metasomatischer Natur? Namentlich in neuester Zeit, durch die eingehenden Untersuchungen von R. Canaval, B. Baumgärtel und K. Redlich wissen wir, daß für einen großen Teil der Siderite der Alpen die metasomatische Entstehung große Wahrscheinlichkeit besitzt. Den Mineralogen interessiert wohl vor allem auch in bezug auf die Genesis der Siderit und seine Übergangsglieder zum Kalkspat und Magnesit. Und eben aus dem Studium dieser Übergangsglieder (Ankerit, Braunspat) konnte man die neueren Ansichten über die Genesis des Siderits entwickeln. Hier hat die Erzlagerstättenlehre eines ihrer interessantesten Themen vor sich, und daß zielbewußte Forschung auf moderner Grundlage Erfolge bringt, das beweisen die Arbeiten der früher erwähnten Forscher.

Bei der Verwitterung des Spateisensteins entsteht der sog. eiserne Hut dieses Erzes in Form des Brauneisensteines, der, falls der Zersetzungsprozeß in genügende Tiefe gedrungen ist, für sich eine bauwürdige Lagerstätte bildet, während das primäre Erz oft so reich an Kalk (Ankerit) oder Magnesit (Breunnerit) sein kann, daß es unbauwürdig wird.

Zu den abbauwürdigen Lagerstätten, die dieser Umwandlung ihre Entstehung verdanken, gehören z. B. die Brauneisenerzlager der Appalachen im Osten der Vereinigten Staaten und die Limonite von Gyaláz in Siebenbürgen.

Die Genesis der Sideritlagerstätten ist namentlich in den Alpen noch viel umstritten. Das bekannteste Vorkommen, der Erzberg in Steiermark, ist ein Gemisch von Siderit und Ankerit, der auf Porphyroiden ruht.[1]) Als seltenere Begleiter der Erzmasse finden sich Pyrit, Kupferkies, Arsenkies, Bleiglanz, Zinnober und Fahlerz.

Von Schouppe[2]) u. a. wegen der scheinbaren Konkordanz in der Schichtfolge für sedimentär gehalten, haben die neueren Arbeiten namentlich K. Redlichs[3]) gezeigt, daß eine Umwandlung nach Kalk vorliegt, ein Vorgang, der in den folgenden zwei Gleichungen seinen Ausdruck findet:

$$CaCO_3 + FeCO_3 = \mathbf{CaFe(CO_3)_2},$$
$$CaFe(CO_3)_2 + FeCO_3 = \mathbf{2\,FeCO_3} + CaCO_3.$$

[1]) K. Redlich, Verh. k. k. geol. R.A. 1908, Nr. 15.
[2]) Schouppe, Verh. k. k. geol. R.A. 1854, 369.
[3]) K. Redlich, Tsch. min. Mit. **26**, Heft 5 u. 6.

Den Haupteinwurf gegen die metasomatische Erzbildung, das Fehlen der Zufahrtswege und die Reinheit der Erze, hat K. Redlich[1]) in seiner Arbeit über die Radmer bei Eisenerz dadurch widerlegt, daß er daselbst ausgesprochene Gänge, die zum Lager scharen, nachgewiesen hat, ferner das Vorkommen von Sulfiden, wie Bleiglanz, Arsenkies, Fahlerz, Zinnober usw., Sulfaten, wie Baryt, Anhydrit usw., in fast allen Lagerstätten dieses Typus gezeigt hat.

Derselbe Autor[2]) hat aber den innigen genetischen Zusammenhang mit den kristallinischen Magnesiten nachgewiesen und gezeigt, daß letztere eine vollständige Reihe in allen Mischungsverhältnissen bis zum reinen Siderit darstellen, und daß durch die gleiche Paragenesis dieser Zusammenhang um so mehr in die Augen fällt.

Diese Paragenesis (siehe Magnesit) beruht in dem Mitvorkommen des Ankerits, der beim Magnesit seinen Vertreter im Dolomit findet, ferner in dem Auftreten der zahlreichen Sulfide, wie sie schon erwähnt wurden.

Das Beispiel des Erzberges gilt für alle alpinen Sideritlagerstätten, welche in der sog. Grauwackenzone von Kalk begleitet werden. Aber auch in früheren geologischen Perioden finden wir denselben Typus.

Die großen Sideritlagerstätten von Hüttenberg in Kärnten, in den kristallinen Schiefern des Archäikum aufsetzend, sind öfter besprochen worden. Die Erze sind an körnige Kalke gebunden, die Einlagerungen in kristallinen Schiefern bilden. Während diese Sideritlager früher allgemein als eine direkte Sedimentbildung angesehen wurden, hat Brunlechner[3]) seine Ansicht dahin ausgesprochen, daß die Hüttenberger Erze keineswegs vollständig als Ergebnis der Sedimentation angesehen werden dürfen und daß metamorphische Prozesse zweifellos bei ihrer Bildung eine Hauptrolle gespielt haben. Schon bei der primären Ablagerung des Siderits dürfte mindestens teilweise eine Verdrängung von Kalk durch Eisencarbonat stattgefunden haben. Für sedimentären Absatz des Eisencarbonats spricht die fast normal zu beobachtende deutliche Schichtung der Erze und die Art des Gesteinsverbandes zwischen Siderit, Glimmerschiefer und Kalk; daneben treten aber Merkmale auf, die auf eine ursprüngliche Bildung von Eisencarbonat durch Verdrängung von Calciumcarbonat hinweisen. R. Canaval[4]) erkannte den plutonischen Charakter des Turmalinpegmatits, der die Schiefermassen durchbricht, und brachte mit diesem die Bildung der Erzlager in Zusammenhang, indem vielleicht Thermalwässer, die während oder nach Abschluß granitischer Eruptionen emporstiegen, die Ablagerung des Spateisensteins veranlaßt haben könnten. Das Vorkommen von Baryt und Eisenkies, von Sulfureten und Arseniden in Gemeinschaft mit den Eisenerzen würde sich auch durch eine derartige pneumatolytische Entstehung der Lagerstätte erklären.

B. Baumgärtel[5]) erkannte dann, daß die Schiefer ihre kristalline Beschaffenheit der Einwirkung eines Granits verdanken, auf dessen Vorhandensein durch die zahlreichen Injektionen in den Schiefern und durch Pegmatitgänge geschlossen werden kann. Sowohl Formen als Paragenesis der Lagerstätte deuten nicht auf sedimentäre Entstehung, sondern auf den epigenetischen Charakter des Hüttenberger Siderits. Die Nachbarschaft eines Granitmassivs

[1]) K. Redlich, JB. d. k. k. montan. Hochschulen zu Leoben u. Pribram (Leoben 1907).
[2]) K. Redlich, Z. prakt. Geol. **17**, Heft 7 (1909).
[3]) Brunlechner, Z. prakt. Geol. **1**, 301 (1893).
[4]) R. Canaval, Carinthia, II, 47 (1894), Referat.
[5]) B. Baumgärtel, J. k. k. geol. R.A. **52**, 219 (1902).

deutet auf Wirkungen postvulkanischer Natur, die im Empordringen von Thermen bestanden haben können, durch deren Wirksamkeit sich die Metamorphose vollzogen haben dürfte. B. Baumgärtel glaubt, daß nicht daran zu zweifeln sei, daß die Spateisensteinlagerstätte des Hüttenberger Erzberges durch eine durch postvulkanische Prozesse hervorgerufene Veränderung des Kalksteins zurückzuführen sei. Hierfür spricht auch der Vergleich mit analogen Vorkommen in Ungarn und Siebenbürgen, die ähnlich entstanden sind.

Die Literatur über die Sideritlagerstätte von Hüttenberg hat B. Baumgärtel zusammengestellt. Auch A. Bergeat führt in der Lagerstättenlehre dieses Sideritvorkommen unter den metamorphen Lagerstätten an.

Die paragenetischen Verhältnisse des Siderits werden am besten beim Auftreten des Siderits in der Natur besprochen. Da der Siderit, wie schon mehrfach erwähnt, das primäre Erz einer großen Anzahl Eisenerzlagerstätten ist oder wenigstens gewesen ist, kommen gemeinsam mit ihm alle Mineralien der eisernen Hutbildungen und die typischen Begleiter dieser Zone nebst einer Reihe von Mineralien vor, die gleichzeitig mit dem Eisencarbonat entstanden sind. Von Hüttenberg, dessen genetische Verhältnisse eben besprochen worden sind, kennt man 1. in den noch unzersetzten Partien neben dem Siderit: Ankerit, Schwefelkies, Schwerspat, Löllingit und gediegenes Wismut; 2. in den oberen Teufen durch Einwirkung der Atmosphärilien sekundär gebildet: Limonit, Calcit, Aragonit, Dolomit, Goethit, Wad, Polianit, Pyrolusit, Quarz, Chalcedon, Kascholong, Opal. Als Seltenheiten treten auf: Markasit, Chloantit, Rammelsbergit, Bournonit, Malachit, Arsenkies, Arseneisensinter, Skorodit, Symplesit, Pharmakosiderit, Wismutocker, Ullmanit, Galenit, Vitriolbleierz, Cerussit, Linarit.[1])

Ähnliche Entstehung wird für eine sehr große Anzahl von Eisenerzlagerstätten angenommen, für die alle Siderit das primäre Erz ist.

Bei Kamsdorf und Saalfeld in Thüringen werden Siderite abgebaut, die nach J. Beyschlag[2]) metasomatischer Entstehung sind und durch Umwandlung der Zechsteinkalke und Dolomite gebildet worden sind. Sie sind an Verwerfungsspalten gebunden und stehen in genetischem Zusammenhang mit kupfer- und kobaltführenden Gängen; daher umfaßt die Paragenesis dieser wahrscheinlich tertiären Lagerstätte eine große Zahl der verschiedensten Mineralien: reichlich Schwerspat als Ausfüllung der Gänge, dann Kalkspat, Dolomit, Antimonfahlerz, Arsenfahlerz und Kupferkies; seltener Galenit und Pyrit; häufiger Rotnickelkies und Chloantit, Speiskobalt, Haarkies, Bornit, Antimonit und gediegenes Wismut. Aber auch die Reihe der sekundären Bildungen ist eine große: Malachit, Azurit, Rotkupfererz, Kupferpecherz, Tirolit, Kupfermanganerz, Kobaltblüte, Pharmakolith, Symplesit, Nickelgrün, Limonit, Eisenocker, Pyrolusit, Wad, gediegenes Silber, Kupfer, Arsen, Aragonit, Gips und Asphalt.

Ähnliche Verhältnisse trifft man auf den Lagerstätten von Biber[3]) im Spessart. Auch die Erzreviere nordwestlich von Schmalkalden enthalten Siderite, die aus Dolomiten zum Teil ganz in Siderit, zum Teil in eisencarbonathaltigen Kalk umgewandelt sind. Häufig treten hier Brauneisenerze pseudomorph nach Sideritkristallen auf. Die metasomatische Bildung der Eisenerzlager bei Amberg

---

[1]) Nach B. Baumgärtel, J. k. k. geol. R.A. **52**, 219 (1902).
[2]) J. Beyschlag, J. preuß. geol. L.A. 1888, 360.
[3]) Bücking, Abh. d. preuß. geol. L.A. 1892, 148.

im oberpfälzischen Jura hat E. Kohler[1]) nachgewiesen, die auch hier aus Dolomiten und dolomitischen Kalken gebildet worden sind.

Zu den metasomatischen Eisenerzlagern, die zum Teil wenigstens aus Sideriten bestehen, gehören unter anderen die von Rancié in den Pyrenäen, die von Bilbao in Spanien, sowie zahlreiche an Kalksteine gebundene Eisensteinlager im östlichen Spanien. Es sollen hier keine weiteren Vorkommen besprochen sein und auf die Erzlagerstättenlehre von Stelzner-Bergeat und auf die von R. Beck verwiesen werden.

Die neueren Ansichten einer epigenetischen Entstehung durch Metamorphose von Kalksteinen und Dolomiten, obwohl sie immer mehr Anhänger gewinnt, hat doch noch eine große Anzahl von Gegnern; so wurden z. B. die Siderite von Lake superior auch in neuester Zeit als sedimentär beschrieben.

Neben den ausgesprochenen metasomatischen Lagerstätten treten zum Unterschied von Magnesit deutlich ausgesprochene Gänge auf, von welchen als Beispiele für unsere Alpen die Gänge von Mitterberg bei Bischofshofen, für Deutschland die altberühmten Gänge im Siegenerland angeführt werden sollen (siehe die Lagerstättenlehren von A. Bergeat und R. Beck). Durch diese gangförmigen Vorkommen ist die Bildung aus wäßriger Lösung gesichert.

Die Gänge von Mitterberg sind echte Lagergänge, die im innigsten genetischen Zusammenhang mit den metamorphen Sideritlagerstätten der Ostalpen stehen, ein Zusammenhang, der sich auf das gleiche Alter, die gleiche Paragenesis und auf die Analogie der zuscharenden Gänge der Radmer usw. bezieht.[2])

A. Bergeat trennt bezüglich der Genesis des Siderits in marinen Schichten zwei Gruppen voneinander. 1. Die fast ganz reinen versteinerungslosen stellenweise hochkristallinen Siderite und 2. die Toneisensteine und Sphärosiderite, eine Einteilung, die auch die Mineralogie vornehmen kann. Die 1. Gruppe ist zum Teil sicher sedimentärer Natur und eine primäre Ablagerung. Die Ausscheidung dürfte ähnlich wie die Kalkbildung im Meerwasser erfolgt sein, doch wird man hierbei zur Annahme gedrängt, die auch bei der Erklärung anderer schichtiger Erzabsätze marinen Ursprungs Anwendung findet, daß das Meerwasser stellenweise und zu manchen Zeiten durch von außen zugeführte Metallösungen eine geänderte Zusammensetzung erhalten haben dürfte. Die Umstände der Erzausfällung kennen wir nicht. Die 2. Abteilung sind tonige Ablagerungen mit mehr oder weniger hohem Gehalt an Siderit, der sehr groß sein kann, woraus sich eine äußere Ähnlichkeit mit manchen tonigen Kalksteinen gibt. Diese haben sich oft in wenig tiefem Meere gebildet und vom Lande sind reichlich Eisensalze zugeführt worden. Doch muß die Tiefe mindestens so groß gewesen sein, daß der Niederschlag der unmittelbar oxydierenden Wirkung der Atmosphäre nicht ausgesetzt war. Da aber das Meerwasser stets Sauerstoff enthält, so muß man ferner noch an ein Reduktionsmittel denken, das man in den verwesenden organischen Substanzen erblicken kann.

Toneisensteine und Sphärosiderite.

Diese letzteren Bildungen führen jedoch zu keinen homogenen Mineralien, sondern zu Gemengen, die sehr häufig bedeutende Mengen von Siderit ent-

[1]) E. Kohler, Geognost. Jahreshefte, **15**, 11 (1902).
[2]) K. Redlich, Z. prakt. Geol. **16**, 968 (1908).

halten. Sie gehören daher nicht in das Gebiet der Mineralchemie und sollen nicht näher behandelt werden. Folgende Analysen geben eine Übersicht über die wechselnde Zusammensetzung dieser Gebilde. D. Stur[1]) beschrieb solche Gebilde aus Witkowitz, die nach der Analyse von C. v. John enthalten:

	1.	2.	3.
MgO	1,36	2,06	2,81
MnO	1,07	—	—
FeO	10,01	15,57	38,88
CaO	34,40	16,25	6,50
(Al_2O_3)	2,49	2,22	2,30
CO_2	35,31	24,55	31,96
(H_2O und organ. Substanz)	2,33	2,70	12,60
Unlöslicher Rückstand	13,03	30,20	4,95
(FeS als Pyrit)	—	6,45	—
	100,00	100,00	100,00

Die beiden ersten Analysen (1. und 2.) sind Sphärosideritkonkretionen von Witkowitz in Mähren aus dem Hangenden des Coak-Flötzes (Schiefer), diese Schiefer waren bereits gebildet, als die Konkretionen entstanden. Analyse III, ebenfalls von C. v. John ausgeführt, ist die eines Torfsphärosideriten von Szekul im Banate, eine konkretionäre Bildung, die nach D. Stur abgesetzt wurde, als der Carbontorf schon einer chemischen Zersetzung unterworfen worden war.

Es seien hier noch zwei Analysen von russischen Sphärosideriten, die S. Nikitin[2]) und W. Michailowsky[3]) beschrieben, angeführt.

	1.	2.
MgO	0,68	0,85
FeO	37,93	50,34
CaO	1,49	1,01
(Al_2O_3)	3,66	3,83
Fe_2O_3	5,96	5,82
CO_2	23,91	31,09
(SO_3)	0,12	0,35
SiO_2	21,02	3,62
(P_2O_5)	0,23	0,06
(H_2O)	4,03	2,20
	99,03	99,17

1. ist Sphärosiderit von Nabereshnoje und 2. von Swjatoschawo; beide im Liwynschen Kreise des Orelschen Gouvernements in Rußland.

Aus diesen Toneisensteinen und Sphärosideriten kann dann ebenso wie aus den Sideriten Brauneisenmasse sekundär gebildet werden.

Überblickt man aber die gesamte Literatur, die sich mit den genetischen Fragen der Siderite (und z. T. Brauneisensteinlager) befaßt, so kann man doch eine große Ähnlichkeit aller dieser Lagerstätten erkennen, die namentlich

[1]) D. Stur, J. k. k. geol. R.A. **35**, 613 (1885).
[2]) S. Nikitin, Bull. Com. geol. St. Petersburg **17**, 439 (1898).
[3]) W. Michailowsky, Bull. Com. geol. St. Petersburg **17**, 451 (1898).

durch K. Redlichs[1]) vortreffliche Studie über die Siderite von Dobschau klar hervortritt. Damit wird aber die Wahrscheinlichkeit, daß den meisten dieser Vorkommen im großen und ganzen die gleiche Genesis zukommt, immer größer, und jedenfalls ist die Ansicht, daß es nur wenige primäre sedimentäre Sideritlager gibt, die hier ausgesprochen sei, auf zahlreiche Naturbeobachtungen gegründet. Es verhält sich dann der Siderit so ähnlich wie der Magnesit, der in seiner kristallisierten Phase in der Natur wahrscheinlich stets das Produkt eines metamorphen Prozesses ist. Jedenfalls glaube ich mich mit dieser Ansicht in Übereinstimmung mit den neueren Ergebnissen der Lagerstättenlehre.

Kolloider Siderit und Siderit der Torfmoore.

J. M. van Bemmelen[2]) hat eine kolloide Form des Siderits beschrieben. Im Torf der Hochmoore der holländischen Provinz Drenthe findet sich in Gestalt von Nestern und gangförmig verzweigten Konkretionen eine amorphe kolloide wasserhaltige Masse, die durch Oxydation an der Luft bald eine rote Färbung annimmt; die Analyse der wasserfreien Substanz ergab ca. 0,2 % P_2O_5 und 0,2 % MgO. Spuren von Alkalien und ungefähr 90 % $FeCO_3$ mit etwas $CaCO_3$ und ungefähr 10 % organischer Substanz. Neue Untersuchungen am Emmer Compascuummoor hatten gelehrt, daß nach der Oxydation zwei Färbungen eintreten, bald eine rotbraune, bald eine gelbbraune. Da sich nun das kristallinische Ferrocarbonat an der Luft nicht (rasch) oxydiert, in den oxydierten amorphen Ferrocarbonatbildungen aber noch ein kleiner Teil CO_2 bleibt, der an FeO gebunden ist, so geht daraus hervor, daß in dem kolloiden Carbonat auch etwas kristallisiertes Carbonat vorkommen muß, was Analysen der ursprünglichen Substanz bestätigen konnten:

	Nach der Oxydation gelbbraun	Nach der Oxydation rotbraun
$FeCO_3$ kristallin . .	5,95	3,7
$FeCO_3$ amorph . . .	84,35	90,5
$CaCO_3$	1,1	1,65
(Pflanzenfasern) . . .	8,6	4,15
	100,00	100,00

Der Wassergehalt der Substanz ist unwichtig, da er von Temperatur und Feuchtigkeitsgehalt der Umgebung abhängt. In diesem Moore kommt daneben auch kristallisiertes Ferrocarbonat vor, das aus sehr kleinen auch unter dem Mikroskop nicht näher bestimmbaren Kriställchen besteht. Die Zusammensetzung ist:

$CaCO_3$	0,6
krist. $FeCO_3$ . . .	61,8
amorphes $FeCO_3$.	12,3
Pflanzenfasern . .	24,7
Unlöslich	0,6
	100,0

[1]) K. Redlich, Z. prakt. Geol. **16**, 270 (1908).

[2]) J. M. van Bemmelen, Kon. Akad. Wetensch. Amsterdam 1895, 1. — Arch. Néerland. d. sc. nat. et exact. Harlem **30**, 19 (1897). — Z. anorg. Chem. **22**, 313 (1899), (dies ist die Hauptarbeit).

In den Raseneisensteinbildungen zu Ederveen ist der kristalline Eisenspat von W. Reinders[1]) zuerst gefunden worden. Folgende Analysen zeigen die Zusammensetzung:

	1.	2.	3.	4.
$MgCO_3$	0,17	0,10	—	0,21
$CaCO_3$	2,27	4,46	4,0	4,1
$MnCO_3$	4,04	0,67	—	2,91
$FeCO_3$	20,77	37,70	30,6	6,12
(Al_2O_3)	0,93	0,21	—	0,6
(Fe_2O_3)	10,58	2,49	8,0	36,49
$(Fe_2(PO_4)_2)$	—	1,75	-	1,76
$(Fe_3(PO_4)_2)$	4,30	—	2,9	5,47
$(CaSO_4)$	0,07	—	—	—
(KCl)	0,03	Spur	—	Spur
(NaCl)	0,23	Spur	—	Spur
(SiO_2 löslich)	49,3	0,82	49,1	6,3
Sand		50,02		19,3
Organische Substanz	1,57	0,3	1,8	1,2
Wasser bei 100° ausgetrieben	3,68	0,95	3,3	12,1
Wasser bei Glühhitze entfernt	2,06	1,12		4,0
	100,00	100,59	—	100,56

A. Gärtner[2]) hat ähnliche Bildungen aus den Mooren von Teschendorf, Lunow, Laupin, Prüzen und Doberan in Mecklenburg beschrieben. Auch hier kommt der Siderit neben Vivianit in gelblichweißen, durch Oxydation rötlich gefärbten Knollen vor. Als Analysen werden angegeben:

	1.	2.	3.	4.
$CaCO_3$	13,5	12,0	1,5	19
$FeCO_3$	74,0	72,5	50,0	39
$Fe_3(PO_4)_2$	3,5	7,0	48,0	15
$Fe(OH)_3$	9,0	8,5	0,5	27

1. Knollen von Teschendorf,
2. „ „ Gr. Lunow,
3. „ „ Laupin,
4. „ „ Prüzen.

Bezüglich der Entstehung kommt A. Gärtner zu dem Schlusse, daß der Siderit nur bei Luftabschluß und Abwesenheit freier Humussäuren (oder ähnlicher Bildungen, da ja an der Existenz der Humussäuren neuerdings gezweifelt wird) existenzfähig sei und sich nur bei Vorhandensein von Ammoniak durch Niederschlag aus Lösungen als doppeltkohlensaures Eisen oder durch Reduktion des Raseneisensteins durch kohlensaures Wasser bilden könne. Die Phosphorsäure rührt größtenteils von den basischen Kalkphosphaten tierischer Reste her, die Kohlensäure entsteht durch Pflanzenfäulnis.

Nach J. M. van Bemmelen können diese Eisenkonkretionen nicht durch die Tränkung der Moorschicht mit eisenhaltigem Wasser entstanden sein, das

[1]) W. Reinders, Verh. d. kon. Ak. von Wetenschappen 5, 1 (1896).
[2]) A. Gärtner, Archiv d. Ver. d. Fr. d. Naturgesch. Mecklenburgs 51, 58 (1897). — N. JB. Min. etc. 1899[I], 218.

ganze Moor kann dadurch höchstens einen Eisengehalt von 2 % FeO erhalten haben, der sich bei der Analyse des Torfes ergeben hat. Auch aus der darunterliegenden Sandschicht können diese Nester sich nicht gebildet haben. J. M. van Bemmelen hält es vielmehr für höchstwahrscheinlich, daß Gruben und Wasserläufe während der ganzen Zeit ihrer Bildung vorhanden gewesen seien, in denen das damals sehr eisenreiche Wasser längere Zeit bei Luftzutritt stagnieren konnte und so die Absetzung von Eisenoxyd aus Eisenbicarbonat reichlich stattgefunden habe. Das muß sich viele Jahre hindurch wiederholt haben; dazu kommen noch die von den Seiten nach der Mitte zu überwachsenden Pflanzen, die die Gruben und Wasserläufe wieder überwuchert und abgeschlossen haben. Heute findet man in diesen Nestern aber kein Eisenoxyd sondern nur Ferrocarbonat, das größtenteils amorph ist und nur zu geringem Teile kristallin. J. M. van Bemmelen hält es daher für höchstwahrscheinlich, daß das Eisenoxyd erst später, während der Vertorfung des Moores und dessen Abschließung von der Luft durch Reduktion mittels Humusstoffen in amorphes kolloides Eisencarbonat übergegangen sei. Auch an die Mitwirkung von Eisenbakterien denkt J. M. van Bemmelen hierbei; W. Reinders erwähnt ihr Vorkommen. Wieso ein wenn auch kleinerer Teil des Eisencarbonats kristallin ist, darüber kann nichts Bestimmtes gesagt werden; von den beiden hierbei in Betracht kommenden Möglichkeiten, daß ein Teil sich gleich kristallin ausschied, oder daß ein kleiner Teil des ursprünglich ebenfalls amorphen Carbonats in kristallisiertes umgewandelt wurde, hält J. M. van Bemmelen die erstere für wahrseheinlicher.

Mit diesen Eisencarbonatbildungen gemeinsam treten Vivianitbildungen auf. Auch mit Bildungen von Raseneisensteinen beschäftigt sich J. M. van Bemmelen in dieser Arbeit.

Ist über diese Bildungen auch nichts Näheres bekannt, so geht aus ihnen doch abermals eine Analogie mit dem natürlichen Magnesiumcarbonat hervor. Beide existieren in kristallisierter Phase und beide in amorpher, bei beiden scheint die kristallisierte der Hauptsache nach durch einen Umwandlungsvorgang von kalkigen Gesteinen, oder aber durch Übergang der labilen in die stabile Phase möglich.

Kobaltcarbonat.

Von **H. Leitmeier** (Wien).

Das Kobaltcarbonat tritt in der Natur sowohl in der wasserfreien Form als Kobaltspat, als auch in einer recht wenig studierten wasserhaltigen Form, dem Remingtonit, auf. Beide Mineralien sind sehr selten. Das wasserhaltige Kobaltcarbonat, dessen genaue Zusammensetzung man nicht einmal kennt, ist das länger bekannte.

Kobaltspat ($CoCO_3$)

trigonal.

Synonyma: Sphärokobaltit.

Obwohl Kobaltcarbonat als Beimengung zu anderen Carbonaten (z. B. Calcit und Dolomit) schon früher bekannt war, ist es erst 1877 von A. Weisbach als selbständiges Mineral gefunden worden.

Chemische Zusammensetzung und Analysen.

In der Literatur finden sich zwei quantitative Analysen dieses Minerals.

	1.	2.	
δ . .	4,13	--	
CaO . .	1,80	0,18	
FeO . .	—	0,90	
(CuO) .	—	2,87	
CoO . .	58,86	59,68	
(Fe_2O_3) .	3,41	—	
CO_2 . .	34,65	36,12	als Differenz
(H_2O) . .	1,22	0,25	
	99,94	100,00	

1. Kobaltspat, dunkle kugelige Massen von Schneeberg; anal. Winkler; A. Weisbach, Jahrb. f. Berg- u. Hüttenwesen, Sachsen, 1877. — Ref. Z. Kryst. **1**, 393 (1877).
2. Kobaltspat von Libiola bei Casarze in Ligurien; anal. A. A. Ferro, Atti d. Soc. Ligurica, d. Sc. Nat. e Geograf, Genua, **10**, 264 (1899).

In Analyse 1 ist das Eisen als Eisenoxydhydrat enthalten, und zieht man dieses ab und rechnet man Co als isomorph durch Ca vertreten, so erhält man

		berechnet
CoO . . .	64,25	63,06
CO_2 . . .	35,75	36,94

Daraus ergibt sich die Formel $CoCO_3$.

In Analyse 2 ist der CuO- und H_2O-Gehalt auf nicht ganz abgetrennten Azurit, mit dem der Kobaltspat hier vorkommt, zurückzuführen.

Lötrohrverhalten. Der Kobaltspat färbt sich beim Erhitzen im Glaskolben schwarz noch vor Eintritt des Glühens. Mit Borax und Phosphorsalz erhält man leicht die typische blaue Kobaltperle.

Kobaltspat ist in warmer Salzsäure unter Aufbrausen löslich, von kalter HCl wird er nur sehr langsam gelöst.

Physikalische Eigenschaften.

Der Kobaltspat tritt meist als Überkrustung und Überzug auf, seltener in faserigen, nadeligen zu kleinen Büscheln vereinigten Aggregaten, er ist von pfirsichblütenroter Farbe und erinnert stark an die Färbung des Erythrins.

Kristallographische Untersuchungen sind nicht ausgeführt worden, nur A. Weisbach erkannte unter dem Mikroskope, daß Rhomboederflächen um die Basis auftreten.

E. Bertrand[1]) fand, daß der Kobaltspat von Schneeberg optisch einachsig sei starke negative Doppelbrechung und deutlichen Pleochroismus ($\perp$ zur optischen Achse violett) zeige.

Nähere Untersuchungen liegen nicht vor.

Die **Dichte** ist nach A. Weisbach[2]) $\delta = 4,13$.

Die **Härte** ist nach A. Weisbach 4.

---

[1]) E. Bertrand, Bull. Soc. min. **5**, 174 (1882).

[2]) A. Weisbach, Jahrb. f. Berg- u. Hüttenwesen, Sachsen, 1877. — Ref. Z. Kryst. **1**, 393 (1877).

Synthese.

Kobaltcarbonat hat H. de Sénarmont[1]) durch 18stündige Einwirkung von Kobaltchlorür auf Calciumcarbonat bei 150° in einer zugeschmolzenen Glasröhre dargestellt. Auch dadurch erhielt H. de Sénarmont dieses Carbonat, daß er aus einer mit Kohlensäure übersättigten Mischung von Kobaltchlorür und Natriumbicarbonat langsam die Kohlensäure bei erhöhter Temperatur entweichen ließ. Der hellrosenrote Niederschlag bestand aus mikroskopischen Rhomboedern und wurde in der Kälte von Salzsäure und Salpetersäure schwer angegriffen. Die Analyse ergab 62,7—63,3% CoO und 37,3—36,7% CO_2. Die künstliche Darstellung des wasserfreien Kobaltcarbonats in Kristallen war also viele Jahre früher gelungen, als man das Mineral, den Kobaltspat selbst, entdeckt hatte.

Genesis und Vorkommen.

In Schneeberg tritt der Kobaltspat mit Roselith zusammen auf, in Ligurien mit Azurit, Malachit, Quarz und Chalcosit.

Über die genetischen Verhältnisse läßt sich zurzeit wenig Positives sagen.

Anhang zum Kobaltcarbonat.

Hier sei zum Schlusse einer isomorphen Mischung Erwähnung getan, die aus $MgCO_3$, $MnCO_3$, $FeCO_3$ und $CoCO_3$ besteht und, da $MgCO_3$ der Hauptbestandteil ist, auch zum Magnesit oder Breunnerit gestellt werden kann (vgl. S. 229), die A. Johnsen[2]) von Eiserfeld bei Siegen beschrieben hat. Die Farbe ist die des Manganspats. Die Analyse ergab:

δ	3,15		
MgO	33,41	$MgCO_3$	70,16%
MnO	7,50	$MnCO_3$	12,14
FeO	6,50	$FeCO_3$	10,47
CoO+NiO	5,12	$CoCO_3$	8,12
CO_2	46,77		
H_2O	0,31		
	99,61		

Auffällig ist das vollständige Fehlen des $CaCO_3$ in dieser Mischung.

Kobalthydrocarbonat (Remingtonit).

Von J. C. Booth[3]) wurde mit Hornblende und Epidot zusammen auf dem Kupferbergwerk Finksburg, Carroll Co., Maryland ein wasserhaltiges Kobaltcarbonat gefunden, über dessen Zusammensetzung man nicht viel weiß, und das Remingtonit genannt wurde. Es ist rosenrot gefärbt.

[1]) H. de Sénarmont, Ann. Chem. u. Pharmacie **80**, 216 (1851).
[2]) A. Johnsen, ZB. Min. etc. 1903, 14.
[3]) J. C. Booth, Am. Journ. **15**, 48 (1852).

Zinkcarbonat.

Von **H. Leitmeier** (Wien).

Zum Zinkcarbonat gehören zwei Mineralien, die beide auf Zinkerzlagerstätten, vornehmlich auf Galmeilagern vorkommen. Das eine ist das neutrale, wasserfreie Zinkcarbonat, der Zinkspat, das andere ist ein basisches, wasserhaltiges Carbonat, der Hydrozinkit.

Zinkspat ($ZnCO_3$)

trigonal skalenoedrisch.

$a:c = 1:0{,}8062$ nach A. Breithaupt[1]). Rhomboederwinkel $R = 107^{\circ}\,40'$.

Synonyma: Smithsonit, Calamin, Galmei z. T., Hererit (Cu-haltig), Eisenzinkspat (Fe-haltig), Monheimit (Fe- und Mn-haltig).

Kristalle sind verhältnismäßig seltener und es treten gewöhnlich traubignierige und schalige Aggregate auf. In reinem Zustande ist Smithsonit farblos, doch treten gewöhnlich graue, gelbe, grüne und blaue auf Verunreinigungen zurückzuführende Farbentöne auf.

Chemische Zusammensetzung und Analysen.

Das neutrale, wasserhaltige Zinkcarbonat der Natur ist verhältnismäßig selten rein und enthält als z. T. isomorphe Beimengungen sehr oft: Eisen, Mangan, Calcium, Magnesium, Cadmium.

Ältere Analysen: Smithson[1]) zeigte zuerst, daß der englische Zinkspat $35\,\%$ CO_2 und $65\,\%$ ZnO enthält. P. Berthier[1]) hat eine Anzahl belgischer Smithsonite analysiert und E. Schmidt[1]) fand in Zinkspat von Moresnet $0{,}34\,\%$ FeO, $1{,}58\,\%$ SiO_2 und $1{,}28\,\%$ H_2O.

Doch enthalten die Zinkspate gewöhnlich größere Mengen anderer Carbonate, wie Eisencarbonat, Mangancarbonat und Cadmiumcarbonat.

Long hat im Laboratorium R. Bunsens einen **Cadmium**-reichen Zinkspat von Wiesloch in Baden analysiert, den R. Blum[2]) als Cadmiumzinkspat bezeichnete.

	1.
$MgCO_3$	0,32
$CaCO_3$	2,43
$FeCO_3$	0,57
$ZnCO_3$	89,97
$CdCO_3$	3,36
$Zn(OH)_2$	1,94
(ZnS)	0,47
Rückstand	0,45
	99,51

Er ist zitronengelb gefärbt und wechsellagert mit weißem cadmiumfreien Zinkspat.

---

[1]) Nach C. F. Rammelsberg, Mineralchemie II (Leipzig 1875), 237.

[2]) R. Blum, N. JB. Min. etc. 1858, 289.

Der Zinkspat enthält öfter **Eisenoxydul** (Eisenzinkspat), so zeigt eine Analyse aus dem Laboratorium von E. Ludwig[1]) von derbem Zinkspat von Raibl in Kärnten.

	2.
FeO	7,42
ZnO	59,59
CO_2	31,32
(SiO_2)	0,27
(H_2O)	1,44
	100,04

Sehr häufig sind isomorphe **Mischungen von Zinkcarbonat, Mangancarbonat, Eisencarbonat** (Monheimit), die daneben auch Magnesiumcarbonat und Calciumcarbonat enthalten:

	3.	4.	5.	6.	7.
δ	—	3,98	4,03	4,20	4,09
$MgCO_3$	—	3,88	4,44	2,84	—
$CaCO_3$	—	1,68	0,98	1,58	2,54
$MnCO_3$	10,71	14,98	7,62	6,80	2,58
$FeCO_3$	—	3,20	2,24	1,58	23,98
$ZnCO_3$	89,14	72,42	85,78	84,92	71,08

3. Bläulicher Zinkspat von Nertschinsk; entspricht der Formel: $MnCO_3ZnCO_3$; anal. H. Karsten, Syst. d. Metalle **4**, 425.

4. Dunkel gefärbter Zinkspat von Herrenberg in der Gegend von Aachen; anal. K. Monheim, Verhandl. d. nat. V. preuß. Rheinlande **36**, 171.

5. Hellgrüner Zinkspat vom gleichen Fundorte; Zn : Mn = 4 : 1; anal. wie oben.

6. Gelblicher Zinkspat vom Altenberg bei Aachen; Zn : Mn = 4 : 1; anal. wie oben.

7. Grüner Zinkspat vom gleichen Fundorte; enthält Zn : Fe = 3 : 1.

	8.	9.	10.	11.
δ	4,15	4,00	4,04	4,00
$MgCO_3$	0,14	—	—	—
$CaCO_3$	1,90	3,67	2,27	5,09
$MnCO_3$	4,02	3,24	3,47	2,18
$FeCO_3$	32,21	35,41	36,46	53,24
$ZnCO_3$	60,35	58,52	55,89	40,43

8. Grüner Zinkspat vom gleichen Fundorte; entspricht Zn : Fe = 2 : 1; anal. wie oben.

9. Grüner Zinkspat vom gleichen Fundorte; enthält Mn : Fe = 3 : 2; anal. wie oben.

10. Grüner Zinkspat vom gleichen Fundorte; enthält Mn : Fe = 3 : 2; anal. wie oben.

11. Grüner Zinkspat von derselben Lokalität; enthält Mn : Fe = 2 : 3; anal. wie oben.

Kupferhaltiger Zinkspat wurde Herrerit genannt; auf ihn bezieht sich eine Analyse von F. Genth[2]) an Zinkspat von Abarradon in Mexiko.

---

[1]) E. Ludwig, Tsch. min. Mit. aus J. k. k. geol. R.A. **21**, 107 (1871).
[2]) F. Genth, Am. Journ. **2**, 20.

	12.
$MgCO_3$	0,29
$CaCO_3$	1,48
$MnCO_3$	1,50
$CuCO_3$	3,42
$ZnCO_3$	93,74
	100,43

Dieses Mineral enthält Cu : Zn = 1 : 27.

Bleihaltiger Zinkspat. In C. F. Rammelsbergs Handbuch der Mineralchemie S. 238 finden sich zwei Analysen von Zinkspat, der geringe Mengen von Blei enthält.

	13.	14.
FeO	1,26	—
ZnO	62,21	64,56
PbO	1,00	0,16

13. Zinkspat von Nertschinsk; anal. F. v. Kobell.
14. Zinkspat von Altenberg bei Aachen; anal. Heidingsfeld.

Neuere Analysen.

	15.	16.	17.	18.	19.	20.	21.
δ . . .	—	—	4,43	—	—	—	3,874
MgO . .	—	0,97	Spur	—	0,04	0,219	7,00
CaO . .	—	2,81	1,01	0,38	0,35	0,123	—
MnO . .	—	—	—	—	—	—	3,40
FeO . .	—	—	—	0,14	—	0,592	0,33
(CoO) . .	—	—	—	—	—	—	10,27
(CuO) . .	—	—	—	—	—	—	1,63
ZnO . .	52,42	60,74	63,23	64,12	64,55	62,06	39,03
CdO . .	—	Spuren	0,02	0,63	—	2,70	—
(PbO) . .	—	—	0,75	—	—	—	—
(Al_2O_3) . .	—	—	—	—	—	0,020	—
(Fe_2O_3) .	3,27	—	—	—	—	—	—
(FeS_2) . .	2,44	—	—	—	—	—	—
(CdS) . .	—	—	—	0,25	—	—	—
CO_2 . .	28,31	33,74	34,69	34,68	35,25	33,895	36,89
(SiO_2) . .	—	1,68	—	0,06	—	0,190	—
(Cl) . .	—	—	—	—	—	—	0,11
(S) . . .	—	—	—	—	—	0,190	—
(H_2O) . .	—	—	—	—	—	—	1,24
Unlöslich .	12,17	—	—	—	0,07	—	—
	98,61	99,94	99,70	100,26	100,26	99,989	99,90

15. Zinkspat von Ems; unrein mit Pyrit und Siderit gemengt; anal. A. Hilger, N. JB. Min. etc. 1879, 129.

16. Zinkspat von Radzionkau in Schlesien; anal. Kosmann; H. Traube, Die Mineralien Schlesiens (Breslau 1888), 218.

17. Zinkspat von Pelsöcz Ardó, graue, glasglänzende, durchscheinende Bruchstücke; anal. J. Loczka, Teremézetrajzi Füzetek **8**, 82 u. 124 (1884).

18. Gelblicher Zinkspat von Marion Co. Arkansas; anal. L. G. Eakins und H. N. Stokes, Bull. geol. Surv. U.St. **90**, 62 (1892). In dieser Analyse sind der Gehalt an SiO_2 und CdS nach Untersuchung der Analytiker mechanische Beimengungen.

19. Zinkspatkristalle von Aachen; anal. W. Ortloff, Z. phys. Chem. **19**, 214 (1896).

20. Zinkspat aus dem Galmei von Laurium in Griechenland; anal. A. Christomanos, C. R. **123**, 62 (1896).

21. Kobaltführender Zinkspat von Boleo, Niederkalifornien; kristallinische Substanz von blaßroter Färbung; anal. C. H. Warren, Z. Kryst. **30**, 603 (1899).

	22.	22a.	23.	24.	25.
δ	3,874	—	4,179	—	—
MgO . . .	7,43	0,180	—	0,03	0,18
CaO . . .	—	—	—	0,90	1,25
MnO . . .	3,32	0,047	—	—	—
FeO . . .	0,33	0,004	0,07	—	—
CoO . . .	10,24	0,126	—	—	—
(CuO) . . .	1,67	—	0,21	—	—
ZnO . . .	39,01	0,481	63,67	64,31	62,20
CdO . . .	—	—	1,06	Spur	Spur
(Al_2O_3) . .	—	—	— }	0,12	0,21
(Fe_2O_3) . .	—	—	— }		
CO_2 . . .	36,99	0,839	34,69	34,93	33,86
(SiO_2) . . .	—	—	0,52	0,10	0,02
(H_2O) . . .	1,34	—	—	0.58	2,30
	100,33		100,22	100,97	100,02

22. Zinkspat von Boleo in Niederkalifornien; anal. wie oben.

22a. Verhältniszahlen aus Analyse 6. und 7. $CO_2 : (Zn + Co + Mn + Fe + Mg)O = 0,839 : 0,838$ oder fast 1 : 1.

23. Zinkspat, graulichweiß, perlmutterglänzend durchscheinend aus der Morning Star Mine, Searcy County in Arkansas; anal. W. W. Miller, Am. chem. Journ. **22**, 218 (1899).

24. Zinkspat von der Morning Star Mine in Nord-Arkansas; anal. J. C. Brauner, Trans. Amer. Inst. Min. Eng. **31**, 571 (1902).

25. Zinkspat von Legal Tender, Nord-Arkansas: anal. wie oben.

	26.	27.
MgO.	0,07	—
CaO	0,70	0,44
MnO.	—	Spuren
FeO	—	Spuren
CuO.	—	3,48
ZnO	63,84	60,97
CdO.	0,90	0,16
(PbO)	—	Spur
(Al_2O_3)	} 0,42	—
(Fe_2O_3)	}	
CO_2	34,60	35,12
(SiO_2)	0,25	—
(H_2O)	1,09	—
	101,87	100,17

26. Gelblicher Zinkspat (genannt „Turkei-Fat") von der Morning Star Mine in Arkansas; anal. wie oben.

27. Grüner Zinkspat aus Magdalena in Neu-Mexiko; anal. W. P. Headden bei Ph. Argall, Eng. Min. Journ. **86**, 369 (1908).

Wegen der geringen Anzahl neuerer Analysen sind bei diesen keine Unterabteilungen nach der chemischen Zusammensetzung, wie dies C. F. Rammelsberg folgend bei den älteren geschehen ist, vorgenommen worden.

Formel. Auch diese neueren Analysen zeigen, daß der Zinkspat selten ganz rein ist und Beimengungen von MgO, CaO, MnO, FeO, CoO, CuO, ZnO, CdO und PbO in mehr oder minder reichlichen Mengen enthalten kann. Es wäre demnach Analyse 1 die eines eisenhaltigen Zinkspats (Zink-Eisenspat); die Analysen 2, 3, 4, 9 und 11 stellen die Zusammensetzung verhältnismäßig reiner Zinkspate dar; Analysen 5 u. 8 enthalten Cadmium; Analysen 6 u. 7 sind an Zinkspat ausgeführt, der beträchtliche Mengen Kobalt enthält (7 enthält auch viel Cu) und Analyse 12 bezieht sich auf einen kupferhaltigen Zinkspat, für den der Name Herrerit gebraucht worden ist.

Ein Zinkspat, der als Monheimit zu bezeichnen wäre, findet sich unter den neueren Analysen nicht.

Die Zusammensetzung des reinen Zinkspats ist:

1 At. C = 12	CO_2 — 35,10
1 „ Zn = 65,37	ZnO — 64,90
3 „ O = 48	100,00
125,37	

Lötrohrverhalten und Reaktion: Vor dem Lötröhr erkennt man den Zinkspat, wenn er rein ist, leicht durch seinen, in der Hitze gelben, in der Kälte weißen Beschlag, der mit verdünnter Kobaltnitratlösung geglüht sich grün färbt. Wenn der Zinkspat Eisen und Mangan reichlich enthält, so wird er vor dem Lötrohr dunkel, und ist Mangan sehr reichlich vorhanden, kann man dieses auch durch die amethystrote Farbe der Perle nachweisen. Ein Cadmiumgehalt färbt den Beschlag anfangs rötlichbraun, und nach der Dauer dieses Beschlages kann man erkennen, ob das Mineral viel oder wenig Cadmium enthält. Nach F. Cornu[1]) gibt Zinkspat gegenüber Lackmuspapier eine sehr schwach alkalische, gegenüber Phenolphthaleïn gar keine Reaktion.

Physikalische Eigenschaften.

Brechungsquotienten. Der kleinere Brechungsquotient für Zinkspat ist nach W. Ortloff[2]): $N_\alpha = 1,61766$. Der Charakter der Doppelbrechung ist gleich allen trigonalen Carbonaten negativ.

Dichte. W. Ortloff[2]) gibt für das spezifische Gewicht an: $\delta = 4,3—4,45$. W. Ortloff hat noch einige andere physikalisch-chemische Konstanten für den Zinkspat angegeben:

Das Molekularvolumen ist: $M_v = 28,51$.

Das Refraktionsäquivalent ist für N_α: $R_\alpha = 17,61$. (Berechnet nach der Formel wie auf S. 232 angegeben.)

Thermische Dissoziation. Die Untersuchungen, die an käuflichem Zinkcarbonat ausgeführt sind, ergaben, daß schon bei 90° etwas CO_2 ausgetrieben wird; von 1440° an wird die Austreibung stark; die vollständige Entfernung des CO_2 tritt ein: beim Erhitzen auf 300° in der Dauer von einer Stunde, beim Erhitzen auf 400°, 500°, 800° und 900° in der Dauer von je $^1/_2$ Stunde.[3])

---

[1]) F. Cornu, Tsch. min. Mit. **25**, 504 (1906).
[2]) W. Ortloff, Z. phys. Chem. **19**, 217 (1896).
[3]) F. O. Doeltz u. C. A. Graumann nach Gmelin-Kraut, Handbuch der anorg. Chem. 7. Aufl. (Heidelberg 1911), **4**, II, 680.

Die spezifische Wärme des Zinkspats hat G. Lindner[1]) bestimmt. Er wandte dabei ein Eiscalorimeter an, von dessen Genauigkeit er sich vor den Bestimmungen überzeugte. Er fand:

zwischen $0^\circ-100^\circ$ $c = 0{,}1507$,
„ $0^\circ-200^\circ$ $c = 0{,}1608$,
„ $0^\circ-300^\circ$ $c = 0{,}1706$,
„ $0^\circ-350^\circ$ $c = 0{,}1740$.

Für die einzelnen Temperaturen gibt G. Lindner folgende Übersicht:

Temperatur Θ	Spezifische Wärme c	Zunahme der spezifischen Wärme
50°	0,1507	—
100	0,1608	6,5 %
150	0,1706	5,9
200	0,1805	5,6
250	0,1902	5,2

Die spezifische Wärme wächst mit der Temperatur, doch sind die einzelnen Zunahmen ungleich und werden bei Temperaturen über 100° immer geringer.

Fluoreszenz. Nach G. F. Kunz und Ch. Baskersville[2]) zeigt Hydrozinkit von Algier durch Bestrahlung mit ultraviolettem Licht Fluorescenz.

Löslichkeit.

Nach Essen[3]) löst 1 Liter Wasser bei 15° C 0,01 g Zinkcarbonat. Essen hat auch die Löslichkeit des Zinkcarbonats in einigen Salzlösungen, die die Löslichkeit erhöhen untersucht; so lösen sich

in 1 Liter einer 5,85 %igen NaCl-Lösung 0,0586 g $ZnCO_3$,
„ 1 „ „ 7,45 %igen KCl-Lösung 0,04768 g $ZnCO_3$.

Die Löslichkeit in anderen Salzlösungen verschiedener Konzentrationen hat H. Ehlert[4]) untersucht:

in 1 Liter einer 10 %igen $NaNO_3$-Lösung lösen sich 0,058981 g $ZnCO_3$,
„ 1 „ „ gesättigten $NaNO_3$-Lösung „ „ 0,1490 „ $ZnCO_3$,
„ 1 „ „ 5 %igen NaCl-Lösung „ „ 0,02273 „ $ZnCO_3$,
„ 1 „ „ 10 %igen NaCl-Lösung „ „ 0,046564 „ $ZnCO_3$,
„ 1 „ „ gesättigten NaCl-Lösung „ „ 0,13038 „ $ZnCO_3$,
„ 1 „ „ 10 %igen $NaSO_4$-Lösung „ „ 0,009313 „ $ZnCO_3$,
„ 1 „ „ gesättigten $NaSO_4$-Lösung „ „ 0,015521 „ $ZnCO_3$.

Während NaCl, KCl und $NaNO_3$ in geringer Konzentration die Löslichkeit des Zinkcarbonats erhöhen, verringert Na_2SO_4 in geringer Menge die Löslichkeit etwas, in konzentrierter Lösung wird die Löslichkeit schwach erhöht. Von den untersuchten Salzlösungen scheint überhaupt Na_2SO_4 einen nur recht

[1]) G. Lindner, Sitzber. d. physikal.-medizin. Soc. Erlangen, **34**, 217 (1903).

[2]) G. F. Kunz u. Ch. Baskersville, Science 1903, 769. — Ref. N. JB. Min. etc. 1905^{I}, 8.

[3]) Essen nach Gmelin-Kraut, Handbuch der anorg. Chem. 7. Aufl. (Heidelberg 1911), **4**, II, 680.

[4]) H. Ehlert, Studien über Salzlösungen, Dissertation (Dresden 1909), 73.

geringen Einfluß auf die Löslichkeit des $ZnCO_3$ auszuüben. Übrigens stimmen bezüglich des NaCl die Angaben von Essen und H. Ehlert durchaus nicht überein.

Nach H. Brandhorst[1]) löst sich natürliches $ZnCO_3$ in NH_3 nur bei Gegenwart von Ammoniumsalzen.

Synthese des Zinkspats.

H. de Sénarmont[2]) hat Zinkspat dadurch dargestellt, daß er durch 18 Stunden Zinkchlorür auf Calciumcarbonat bei 150° in einer zugeschmolzenen Glasröhre einwirken ließ; auch als er aus einer mit Kohlensäure übersättigten Mischung von Lösungen von Zinkchlorür und Natriumbicarbonat langsam bei erhöhter Temperatur die Kohlensäure entweichen ließ, erhielt er dieses Carbonat. Der Niederschlag war ein weißes, undeutlich kristallinisches Pulver, das 63,5—63,9 ZnO enthielt.

Auf ähnliche Weise erhielt G. Rose[3]) mikroskopische Rhomboeder von Zinkspat, indem er eine Zinkvitriollösung mit Kaliumbicarbonat fällte und eine Zeitlang stehen ließ. Kristallisiertes Zinkcarbonat hat auch L. Bourgeois[4]) erhalten, indem er metallisches Zink in einem geschlossenen Rohre, das mit kohlensäurehaltigem Wasser gefüllt war, auf ca. 100° erhitzte.

K. Kraut[5]) erhielt auf folgende Weise amorphes neutrales Zinkcarbonat: Eine auf 3—4° abgekühlte Lösung, die in $3^1/_2$ Liter Wasser 100 g Zinksulfat ($ZnSO_4 . 7H_2O$) enthielt, versetzte er mit einer an Kohlensäure gesättigten Lösung von 140 g $KHCO_3$, die auf dieselbe niedere Temperatur abgekühlt worden war.

Man muß darauf achten, daß der dichte körnige Niederschlag möglichst rasch abgesogen wird, damit keine bedeutendere Temperatursteigerung eintreten kann. Derselbe Niederschlag entsteht, wenn man an Stelle des $KHCO_3$ 117 g $NaHCO_3$ nimmt.

Nach P. N. Raikow[6]) entsteht, wenn man durch Wasser, das $Zn(OH)_2$ suspendiert enthält, Kohlensäure im Überschuß durchleitet, wasserfreies neutrales Carbonat.

H. Leitmeier[7]) löste käufliches Zinkcarbonat oder Zinkhydroxyd in kohlensäurehaltigem Wasser und erhielt nach Stehenlassen in Dauer eines Monats an der Luft einen fein kristallinen Niederschlag von wasserfreiem Zinkcarbonat.

Einer Darstellungsart, die für die natürlichen Zinkerzlager (vgl. S. 450) von Interesse ist, sei noch erwähnt: A. Schmidt[8]) übergoß feines, durch Fällung erhaltenes Calciumcarbonat mit einer etwas eisenhaltigen Lösung von Zinksulfat und ließ diese Lösung (auch bei Gegenwart von freier CO_2) stehen, und fand nach Prüfung unter dem Mikroskop, daß sich der Niederschlag in kristalline, knollig zusammengehäufte Körnchen von braungelber bis honiggelber Färbung umgewandelt hatte, die mit feinen, säuligen und nadeligen Gips-

[1]) H. Brandhorst, Z. f. angew. Chem. **17**, 513 (1904).
[2]) H. de Sénarmont, Ann. d. Chem. u. Pharmacie, **88**, 216 (1851).
[3]) G. Rose, Pogg. Ann. **85**, 132 (1852).
[4]) L. Bourgeois, Reprod. artif. d. Min. (Paris 1884), 144.
[5]) K. Kraut, Z. anorg. Chem. **13**, 10 (1897).
[6]) P. N. Raikow, Chem. Ztg. **31**, 56 (1907).
[7]) H. Leitmeier, unveröffentlicht.
[8]) A. Schmidt, Verhandl. d. nat.-med. Ver. Heidelberg 1881, 1.

kriställchen vermischt waren. Nachdem der Gips durch Ausziehen mit heißem Wasser entfernt worden war, blieb ein kristallines, gelbliches Pulver zurück, das sich durch die chemische Untersuchung als eisenhaltiges Zinkcarbonat erwies. (Darstellung des Eisenzinkspates.)

Verbreitung und Entstehung des Zinkspats.

Sowohl Zinkspat wie Hydrozinkit sind auf den Erzlagerstätten sekundär aus den Zinksulfiden entstanden; wenigstens kennt man, wie A. Bergeat[1]) ausführt, nirgends Anzeichen, daß Zinkcarbonat gleichzeitig mit sulfidischen Zinkerzen entstanden sei. Dieses Zinkcarbonat tritt indes in größeren Massen seltener rein auf, sondern ist mit Kieselzinkerz $(ZnOH)_2SiO_3$ vermengt und bildet die Galmei genannte Mischung. In den meisten Galmeivorkommen überwiegt der Carbonatgehalt den Silicatgehalt. Zugleich scheint das Vorkommen des Galmeis auf die in Kalksteinen und Dolomiten auftretenden Zinkerzlager beschränkt zu sein. Geologisch treten Galmeilagerstätten in verschiedenen Perioden auf, so gehören z. B. die Galmeilager Kärntens und Schlesiens zur Trias, die der Rheinprovinz und die in Westfalen dem Devon, die in Spanien der Kreide, die Galmeilager Sardiniens dem Silur an. Stets sind sie aber an Kalke oder Dolomite gebunden.

F. Pošepny[2]) nahm für die Raibler Galmeilager die Entstehung durch Umwandlung von Kalksteinen an.

Nach Krug v. Nidda[3]) sind die Tarnowitzer Galmeilager durch Umwandlung aus Dolomit hervorgegangen. E. F. Neminar[4]) spricht sich betreffs der Galmeigruben von Boleslav und Olkusz in Polen für metamorphische Entstehung aus, und weist auf die Analogie von Galmeibildung und Zellenkalkbildung hin, welch letztere durch Einwirkung atmosphärischer Gewässer auf Kalksteine sekundär gebildet worden sind.

Nach Ad. Schmidt,[5]) der in einer trefflichen Monographie die Zinkerzlagerstätte Wiesloch in Baden beschrieben hat, ist der dortige Galmei — der Galmei dieser Lagerstätte besteht fast nur aus Carbonat — einerseits durch Umwandlung aus Zinkblende entstanden, wobei die Zersetzungsprodukte des (sehr leicht verwitternden) Markasits eine Rolle gespielt haben. Die Blende wurde zuerst in Zinksulfat umgewandelt, das sich dann mit Calciumcarbonat in Galmei und Gips umgewandelt hat. Ad. Schmidt hat diese Umwandlung auch experimentell durchgeführt. Andererseits ist nach Ad. Schmidt der Galmei von Wiesloch durch Umwandlung von Kalkstein in Zinkspat entstanden. Der Kalkstein wird dabei zellig und porös; diese Kalksteine enthalten bis zu 41,39% ZnO. Für diese Umwandlungen sprechen auch die zahlreich beobachteten Vererzungen verschiedener Muschelkalkversteinerungen, die so weit gehen kann, daß diese Versteinerungen oft nur noch Spuren von Ca enthalten. Die Metamorphosierung ist also hier oft eine quantitative.

Auch die Dolomite von Wiesloch enthalten bedeutende Mengen von Zinkcarbonat. Diese Dolomite enthalten wenig MgO und der Zink- und

---

[1]) A. Bergeat-Stelzner, Die Erzlagerstätten (Leipzig 1906), 1053.
[2]) F. Pošepny, Verh. k. k. geol. R.A. 1870, 248 u. J. k. k. geol. R.A. **23**, 387 (1873).
[3]) Krug v. Nidda, Z. Dtsch. geol. Ges. **1**, 448 (1849).
[4]) E. F. Neminar, Tsch. min. Mit. 1875, 251.
[5]) Ad. Schmidt, Verhandl. d. nat.-med. Ver. Heidelberg 1881, 1.

Magnesiumgehalt stehen in keinem Zusammenhange, so daß Ad. Schmidt schloß, Dolomitisierung und Umwandlung der Kalksteine in Galmei seien einander ähnliche, aber getrennt verlaufende Prozesse, wie dies auch in den Galmeilagern in Missouri der Fall ist.

Für die Zinkspatvorkommen von Pelsöcz-Ardó im Gömörer Komitate in Oberungarn, die zusammen mit Cerussit auftreten, hat A. Schmidt[1]) eine ähnliche Entstehungsweise angenommen. Da dortselbst auch Sulfate auftreten, geht nach A. Schmidt die Carbonatbildung aus den Sulfiden nach folgendem Schema vor sich:

$$\left.\begin{matrix} ZnS \\ PbS \end{matrix}\right\} \begin{matrix} ZnSO_4 . 7H_2O \\ PbSO_4 \end{matrix} \left\{\begin{matrix} CaCO_3 \\ MgCO_3 \end{matrix}\right\} \begin{matrix} ZnCO_3, CaSO_4 2H_2O \\ PbCO_3, MgSO_4 7H_2O . \end{matrix}$$

Die leicht löslichen Sulfate $ZnSO_4 7H_2O$ (Goslarit), $CaSO_4 2H_2O$ (Gips) und $MgSO_4 7H_2O$ (Epsomit) sind weggeführt worden und die zurückgebliebenen Verbindungen, die heute noch in Pelsöcz-Ardó auftreten, $PbSO_4$ (Anglesit), $ZnCO_3$ (Zinkspat) und $PbCO_3$ (Cerussit), weisen auf die früher vor sich gegangenen chemischen Prozesse hin.

Diese Umwandlung findet ihre Bestätigung in dem Vorkommen von Pseudomorphosen von Zinkspat nach Anglesit, die F. Millosevich[2]) aus dem Bergwerke Malfidano in Sardinien beschrieb, wo auch Pseudomorphosen von Zinkspat nach Calcit vorkommen.

Auf Grund stratigraphischer Untersuchungen kam Lodin[3]) zu einem ähnlichen Schlusse wie Ad. Schmidt bei den Wieslocher Galmeilagern.

Nach diesen Ausführungen dürfte es wohl als sehr wahrscheinlich erscheinen, daß die Galmeilager hauptsächlich, gleich den Sideritlagern, der Metasomatose ihre Entstehung verdanken.

Doch gibt es auch sicher direkte Zinkspatbildungen als Absatz aus wäßrigen Lösungen. Nöggerath[4]) fand im Tarnowitzer Revier Zinkspat als Absatz auf Zimmerholz aufgelassener Gruben. K. Monheim[5]) gibt an, daß sich in Strecken des Burbacher Bergbaues, die vor 200, und anderen, die vor 60 Jahren in Betrieb kamen, Krusten von weißem Zinkspat gebildet haben. Daß in Wiesloch in Baden ein geringer Teil des jetzt vorliegenden Galmeis durch Auflösung schon vorher gebildeten Galmeis entstanden ist, scheint nach Ad. Schmidt (l. c.) unzweifelhaft, da auch hier auf Geräten und Zimmerungen rezente Galmeibildungen angetroffen wurden, wie schon Clauss bemerkt hat. Ad. Schmidt nannte diese Erscheinung „Wanderung" des Galmeis und sprach sich dahin aus, daß auch die meisten Zinkspatdrusen diesem gewanderten Galmei zuzurechnen seien.

F. Römer[6]) fand auf einer Galmeigrube bei Jaworznow im Krakauer Gebiete das Skelett einer rezenten Fledermaus (Vespertilio murinus L.), das zum Teil mit einer Schicht von Zinkspat überkrustet war; da sich am Grunde des Schädels noch Haare erhalten hatten, so kann diesem Skelette kein hohes Alter zukommen und es handelt sich auch hier um eine ganz junge direkte Bildung von Zinkspat.

---

[1]) A. Schmidt, Z. Kryst. **10**, 202 (1885).
[2]) F. Millosevich, R. Acc. d. Linc. **9**, 52 (1900).
[3]) Lodin, Bull. Soc. géol. France [3] **19**, 783 (1891).
[4]) Nöggerath, N. JB. min. etc. 1843, 784.
[5]) G. Bischof, Chemische Geologie I, 561.
[6]) F. Römer, Z. d. geol. Ges. **18**, 15 (1866).

Alle diese Beobachtungen beweisen, daß sich in den Galmeilagerstätten auch direkt Zinkspat aus wäßriger Lösung bei gewöhnlichem Drucke und gewöhnlicher Temperatur gebildet hat und auch heute noch bildet.

Eine ausführliche Zusammenstellung und Beschreibung der Zinkspatlagerstätten befindet sich in A. Bergeats Bearbeitung der W. Stelznerschen Lagerstättenlehre S. 1052 ff.

Hydrozinkit

(amorph und kryptokristallin).

Synonyma: Zinkblüte, Marionit, Cegamit.

Der Hydrozinkit scheint in zwei Phasen aufzutreten, von denen die eine kristallisiert, die andere kolloid ist. Die in der Literatur verbreitetste Angabe ist die von der amorphen (kolloiden) Natur des Hydrozinkits; er ist ja auch der Ausbildung nach ein Gelmineral. Er bildet nierige, traubige Aggregate, die Überzüge und sinterige Absätze bilden.

Ich habe einige reine Zinkblütevarietäten untersucht und fand, daß mehrere Stücke aus Bleiberg vollständig kolloid waren, während andere Stücke vom gleichen Fundorte und ein Stück sehr reinen Hydrozinkits aus Santander in Spanien fein kristallin, nach Art des Kaschalongs waren (nach F. Cornu und H. Leitmeier in statu nascendi kristallin gewordene Gele).

Chemische Zusammensetzung und Analysenzusammenstellung.

Erst neueren Forschungen ist es gelungen, die chemische Konstitution des Hydrozinkits einigermaßen aufzuklären. Diese Zusammensetzung ist in der Tat ziemlich verschieden, wie die Analysen zeigen, was aber nach der Erkenntnis der Kolloidnatur eines Teiles der Hydrozinkite wohl kaum mehr auffallend erscheinen wird.

Ältere Analysen. C. F. Rammelsberg[1]) führt folgende Analysen von Hydrozinkit an:

	1.	2.	3.	4.	5.	6.	7.
δ	—	—	—	3,252	—	—	—
(CaO)	—	—	0,52	—	—	—	—
ZnO	71,4	71,69	64,04	74,73	74,76	73,26	73,02
(CuO)	—	—	0,62	—	—	—	0,48
(PbO)	—	—	—	—	—	—	0,42
(Al_2O_3)	—	—	} 2,48	—	—	—	—
(Fe_2O_3)	—	—					
CO_2	13,5	16,25	12,30	13,82	13,50	15,01	15,20
(SiO_2)	—	—	—	—	—	—	0,22
H_2O	15,1	11,90	15,61[2])	11,45	12,04	11,81	11,09
Unlöslich	—	—	3,88	—	—	—	—
	100,0	99,84	99,45	100,00	100,30	100,08	100,43

[1]) C. F. Rammelsberg, Mineralchemie II (Leipzig 1875), 244.
[2]) Davon 2,02 % bei 100° flüchtig.

1. Hydrozinkit von Bleiberg in Kärnten; anal. Smithson.

2. Hydrozinkit vom Höllental an der Zugspitze bei Partenkirchen in Bayern; anal. F. Reichert.

3. Hydrozinkit von der Grube Bastenberg bei Ramsbeck in Westfalen; anal. C. Schnabel.

4. Hydrozinkit von Santander in Spanien; anal. Petersen u. Voit.

5. Hydrozinkit vom gleichen Fundorte; anal. Koch.

6. Hydrozinkit von Marion Co. Arkansas; anal. Elberhorst.

7. Hydrozinkit von Taft in Persien, in Drusenräumen von Dolomit; anal. Goebel.

Schon aus dieser Zusammenstellung geht die recht wechselnde Zusammensetzung des Hydrozinkits hervor.

Die Atom- und Molekularverhältnisse in den Analysen sind:

	C : Zn	H_2O : Zn
1.	1 : 2,87	1 : 1
2.	1 : 2,4	1 : 1,33
4.	1 : 3	1 : 1,45
5.	1 : 3	1 : 1,37
6.	1 : 2,66	1 : 1,38

Demnach entspricht Analyse 1 der Formel:

$$Zn_3CO_5 + 3H_2O = \left\{\begin{matrix} ZnCO_3 \\ 2H_2ZnO_2 \end{matrix}\right\} + aq,$$

Analyse 2: $$Zn_5C_2O_9 + 4H_2O = \left\{\begin{matrix} 2ZnCO_3 \\ 3H_2ZnO_2 \end{matrix}\right\} + aq,$$

Analyse 4 u. 5: $$Zn_3CO_5 + 2H_2O = \left\{\begin{matrix} ZnCO_3 \\ 2H_2ZnO_2 \end{matrix}\right\},$$

Analyse 6: $$Zn_8C_3O_{14} + 6H_2O = \left\{\begin{matrix} 3ZnCO_3 \\ 5H_2ZnO_2 \end{matrix}\right\} + aq.$$

C. F. Rammelsberg sagt, daß man den Hydrozinkit gewöhnlich als basisches Zinkcarbonat: $\left\{\begin{matrix} ZnCO_3 \\ 2H_2ZnO_2 \end{matrix}\right\}$ annehmen kann.

Neuere Analysen.

	8.	9.	10.	11.	12.
(FeO) . . .	—	0,42	—	—	—
ZnO . . .	73,21	70,76	72,15	73,60	73,73
(PbO) . . .	—	1,26	—	—	—
CO_2 . . .	14,55	17,05	19,77	14 89	14,85
(SiO_2) . . .	—	0,36	—	—	—
H_2O . . .	11,83	10,30	8,08	11,66	11,58
	99,59	100,15	100,00	100,15	100,16

8. Erdiger Hydrozinkit von Auronzo in Italien; anal. A. Cossa, Atti R. Acc. d. Sc. Torino **6**, 189 (1870).

9. Mikrokristalliner Hydrozinkit von Bleiberg in Kärnten; anal. V. v. Zotta bei V. v. Zepharovich, Z. Kryst. **13**, 143 (1888).

10. Hydrozinkit von Picos de Europa; anal. G. Cesàro, Ann. d. l. soc. géol. d. Belg. 1895, 29. — Ref. Z. Kryst. **28**, 111 (1897).

11 u. 12. Sehr reiner Hydrozinkit von Laurion in Griechenland; anal. Cabolet bei K. Kraut, Z. anorg. Chem. **13**, 8 (1897).

	13.	14.	15.	16.	16a.	17.
ZnO . . .	73,47	73,64	72,97	72,41	1,4227	72,80
(PbO) . .	—	—	—	0,36	0,0026	—
(Fe_2O_3) . .	—	—	—	0,42	0,0042	—
($PbCl_2$) . .	—	—	—	0,51	0,0029	—
CO_2 . . .	15,28	15,12	15,41	16,90	0,6113	14,94
(SiO_2) . .	—	—	—	—	—	0,14
H_2O . . .	11,49	11,38	11,62	11,31	1,0000	12,12
	100,24	100,14	100,00	101,91	—	100,00

13—15. Hydrozinkit (reines Material) von Santander in Spanien; anal. Cabolet bei K. Kraut, Z. anorg. Chem. **13**, 8 (1897).

16. Hydrozinkit von Bleiberg, über Schwefelsäure getrocknet; anal. G. Cesàro, Mém. d. l'accad. R. d. sc. d. lettr. d. Belg. Bruxelles **53**, 1 (1897).

16a ist das Molekularverhältnis der Analyse 16.

17. Hydrozinkit von Granby, aus dem Blei-Zinkdistrikte Galena-Joplin in Nordamerika, undurchsichtige Überzüge auf Zinkspat; anal. A. F. Rogers, The Univ. Geol. Surv. Kansas **8**, 445 (1904). — Ref. Z. Kryst. **49**, 373 (1911).

Formel. Auch aus diesen Analysen kann leicht die wechselnde Zusammensetzung des Hydrozinkits erkannt werden.

Analyse 8 gibt die Formel: $4ZnO.3CO_2.3H_2O$.

Analyse 9 enthält $RO:CO_2:H_2O = 2,24:1:1,45$ oder annähernd 9:4:6 und führt zu der Formel:

$$\left\{\begin{matrix} 4ZnCO_3 \\ 5Zn(HO)_2 \end{matrix}\right\}.H_2O.$$

Analyse 10 wiederum entspricht: $(ZnOH)_2.CO_3$.

Analyse 16 führt auf die Formel: $3ZnCO_3.4Zn(OH)_2.0,4H_2O$.

Für die Zusammensetzung der Hydrozinkite von Laurion und Santander hat K. Kraut eine Erklärung gegeben, die, wie es scheint, die Frage nach der Zusammensetzung des Hydrozinkits lösen dürfte und später S. 455 näher besprochen ist.

Reaktion. Hydrozinkit verhält sich vor dem Lötrohr genau so wie Zinkspat, nur gibt er im Kölbchen Wasser ab (vgl. S. 447).

Physikalische Eigenschaften.

Dichte. Bei den erdigen Varietäten ist das spezifische Gewicht nicht mit Sicherheit zu bestimmen, und einzelne Hydrozinkitexemplare von Bleiberg, die in der Sammlung des mineralogischen Instituts der Universität Wien liegen, sind im Gewichte so verschieden, daß der Unterschied beim bloßen Heben mit der Hand erkennbar ist. Bei einem recht reinen Hydrozinkit von Santander ist 3,252 (Analyse 4) angegeben, während J. D. Dana in seiner Mineralogie angibt $\delta = 3,58—3,8$, welche Angabe sich auch in Naumann-Zirkel, Elemente der Mineralogie, findet.

Die Färbung ist weiß bis gelblich. Radiumstrahlen verändern ihn nicht.

Die Härte wird in Lehrbüchern, z. B. von J. D. Dana, mit 2—2,5 angegeben. Viele Hydrozinkite als Gele sind natürlich weicher, andere, feinkristalline, sind bedeutend härter. Eine genaue Angabe der Härte wäre ungenau und eigentlich unrichtig.

Synthese des Hydrozinkits und der basischen Zinkhydrocarbonate.

Ebenso wie man die Hydrozinkite nach den verschiedenen Analysen auf keine einheitliche chemische Formel zurückzuführen vermochte, ebenso gelangte man in früherer Zeit zu keiner einheitlichen Zusammensetzung des künstlich durch Fällung erhaltenen wasserhaltigen basischen Zinkcarbonats. Es gelang J. Berzelius, Wackenroder, Schindler und H. Rose nicht, einheitliche Fällungsprodukte zu erhalten. So erhielt Schindler[1]) durch Kochen von basischem Zinksulfat mit wäßriger Lösung von Natriumcarbonat ein Fällungsprodukt, das 88,92% ZnO, 6,11% CO_2 und nur 4,97% H_2O enthält und der Formel $8ZnO.CO_2.2H_2O$ entspricht, ein anderes Mal ein Fällungsprodukt mit 80% ZnO, 11% CO_2 und 9% H_2O, das der Formel $4ZnO.CO_2.2H_2O$ entspricht. Auch H. Rose[2]) fand, daß die Zusammensetzung dieser Fällungsprodukte sehr wechselt je nach der Temperatur, bei der die Fällung vorgenommen wird, und je nachdem man mit kleineren oder größeren Mengen arbeitet; auch von der Konzentration der Lösungen zeigt sich das Fällungsprodukt abhängig. Während nach H. Rose alle die für die einzelnen Fällungsprodukte aufgestellten Formeln gleichwertig sind, schloß K. Kraut[3]) aus seinen eingehenden Untersuchungen, daß nicht eine ganze Reihe von Zinkhydrocarbonaten existenzfähig sei, sondern das unter geeigneten Verhältnissen als erstes Produkt auftretende amorphe neutrale $ZnCO_3$ kann entweder ohne Verlust von CO_2 in die stabile kristallisierte Phase $ZnCO_3H_2O$, oder unter Verlust von CO_2 in das Hydrocarbonat

$$5ZnO.2CO_2.4H_2O$$

übergehen. Die wechselnden Zusammensetzungen beruhen nach K. Kraut auf Beimengungen des kristallisierten neutralen Carbonats, die dann ein sehr verschiedenes Verhältnis zwischen Zinkoxyd und CO_2 aufweisen. Alle von Boussingault, Wackenroder, H. Rose beschriebenen Zinkhydrocarbonate zwischen den Verbindungen $ZnOCO_2$ und $5ZnO\,2CO_2$ liegenden Carbonate sind solche Gemenge.

K. Kraut hat dann die Stellung des Hydrozinkits zu dem allein stabilen künstlich erhaltenen basischen Carbonat festgelegt und zu dem Zwecke Analysen von Hydrozinkit anfertigen lassen; Analysen 11—15 auf S. 454. Sie entsprechen am besten der Formel $8ZnO.3CO_2.6H_2O$, die 72,97 ZnO, 14,86 CO_2 und 12,17 H_2O verlangen würde; ähnliche Verhältnisse haben auch einige der älteren Analysen ergeben. Andere Analysen wieder zeigen eine andere Zusammensetzung; doch denkt K. Kraut hierbei an die von Petersen und Voit[4]) beobachtete Tatsache, daß zerschlagener Hydrozinkit zuerst auf 100 ZnO 20,6 CO_2, nach dreimonatigem Stehen an der Luft aber nur mehr 18,5 CO_2 enthielt und auch weiterhin noch geringfügige Veränderungen wahrzunehmen waren. Bei den von K. Kraut wiedergegebenen Analysen zeigte sich aber auch ein geringer Gehalt an SiO_2, der 0,403—0,655% betrug; man kann mit Recht annehmen, daß diese SiO_2 als Kieselzink $2ZnO.SiO_2.H_2O$ zugegen ist und muß daher demzufolge vom Glührückstand 1,49—2,42%

---

[1]) Schindler, Magaz. f. Pharm. **36**, 50.
[2]) H. Rose, Pogg. Ann. **85**, 107 (1852).
[3]) K. Kraut, Z. anorg. Chem. **13**, 1 (1897).
[4]) Petersen u. Voit, Ann. Chem. Pharm. **108**, 48. Zitat nach F. C. Rammelsberg (l. c.).

abziehen, so bleiben für $ZnO:CO_2 = 100:21{,}09$ bis $100:20{,}87$ was dem Verhältnis $100:21{,}73$, das der Formel $5ZnO.2CO_2$ entspricht, immerhin recht nahe kommt. Demnach wird sich der Hydrozinkit von dem allein stabilen künstlich erhaltenen basischen Carbonate $5ZnO.2CO_2.4H_2O$ nur durch einen etwas kleineren Wassergehalt und eine gelegentliche Beimengung von Kieselzink unterscheiden.

K. Kraut hat die untersuchten Carbonatniederschläge durch Fällung von Zinkvitriol mit kohlensaurem Natron hergestellt, die in wechselnden Mengen aufeinander einwirken gelassen wurden.

Den sicheren Beweis, daß nur ein basisches Zinkhydrocarbonat von der Zusammensetzung $5ZnO.2CO_2.4H_2O$ existenzfähig ist, hat später H. Mikusch[1]) gegeben. Er wandte die nach den Ausführungen von W. L. Miller und F. B. Kenrick[2]) modifizierte Phasenregel auf das System $Zn(OH)_2$, CO_2 und H_2O an, und fand aus dem Verlaufe, den die Zusammensetzung von Bodenkörper und Flüssigkeit in den verschiedenen Versuchsreihen nahm, daß die stärker basischen Carbonate als $5ZnO.2CO_2$ nicht als chemische Individuen, sondern als feste Lösungen zu betrachten sind und daß nur ein Salz mit diesem Basizitätsgrade stabil sei. Durch die Hydrolyse des neutralen Zinkcarbonats wurde von H. Mikusch wiederum festgestellt, daß auch ein Salz von der Zusammensetzung $2ZnO.CO_2$ nicht existieren kann. Es blieb sodann noch der Wassergehalt zu ermitteln. Er erhielt:

	Luft-trocken	bei 60° getrocknet	bei 100° getrocknet	berechnet für $5ZnO, 2CO_2, 4H_2O$
ZnO. .	70,79	71,64	71,89	71,77
CO_2. .	15,38	15,47	15,54	15,52
H_2O. .	13,83	12,89	12,57	12,71

Es ist also auch der Wassergehalt des durch Hydrolyse erhaltenen Salzes übereinstimmend mit dem durch Fällung erhaltenen $5ZnO.2CO_2.4H_2O$.

Die Ansicht K. Krauts ist daher die allein richtige.

Jedenfalls sind diese Untersuchungen für die Natur des Hydrozinkits von großer Wichtigkeit. Daß der Wassergehalt des Hydrozinkits wechselt, ist ja sehr naheliegend, da er doch ein Kolloid ist und als solches einen von der Dampftension der Umgebung abhängigen H_2O-Gehalt hat.

Als Farbe wird ein basisches wasserhaltiges Zinkcarbonat verwendet, das man dadurch gewinnt, daß man Ammoniak und Kohlensäure bei ca. 80° C gleichzeitig auf eine konzentrierte Zinksulfat- oder Zinkchloridlösung einwirken läßt.[3])

Genesis und Verbreitung.

Der Hydrozinkit ist weit seltener als der Zinkspat und tritt gewöhnlich mit letzterem gemeinsam auf. Auch er ist Zersetzungsprodukt der Zinkblende und wird wohl stets ein direkt abgesetztes Nebenprodukt bei der Zersetzung des Zinksulfides sein.

---

[1]) H. Mikusch, Z. anorg. Chem. **56**, 365 (1908).
[2]) W. Lash Miller u. F. B. Kenrick, Trans. Roy. Soc. Canada **7**, 35 (1901).
[3]) R. Hinsberg, D.R.P. (38793).

Er ist häufig als sekundäre Bildung, als sog. Neubildung beobachtet worden. So fanden Sullivan und Oreilly[1]) Hydrozinkit als korallenähnliche, der Eisenblüte vergleichbare Bildungen in Santander. C. Schnabel[2]) fand ihn als Überzug auf den abgebauten Räumen bei Ramsbeck in Westfalen und F. Cornu[3]) fand in den Bleiberger Grubenbauen rezenten Hydrozinkit.

Nickelhydroxycarbonat.

Zaratit.

Von **H. Leitmeier** (Wien).

Synonyma: Texasit, Nickelsmaragd.

Ein wasserfreies Nickelcarbonat ist bis jetzt in der Natur noch nicht bekannt geworden.

Der Zaratit kommt als dichter, lebhaft grün gefärbter Überzug und in dünnen Blättchen vor. Nach den Angaben in der Literatur kommt er sowohl kristallisiert als auch amorph vor, und letzteres scheint das häufigere zu sein. So fand W. W. Beck[4]) auf Serpentin von der Baschartschen Grube im Gouvernement Ufa Zaratit, der sich im polarisierten Lichte als ein kristallinisch körniges Aggregat erwies; auf Serpentin vom Orenburger Gouvernement war der Zaratit von erdiger Beschaffenheit.

Analysen.

Da mir keine neueren Analysen bekannt sind, seien hier die alten Analysen in der Zusammenstellung nach C. F. Rammelsberg[5]) wiedergegeben:

	1.	2.
(MgO) . .	—	1,68
NiO . . .	58,81	56,82
CO_2 . . .	11,69	11,63
H_2O . . .	29,50	29,87
	100,00	100,00

1. Zaratit von Texas in Pennsylvanien; anal. B. Silliman.
2. Zaratit vom gleichen Fundorte; anal. L. Brush u. G. J. Smith.

Nach diesen Analysen entspricht dieses basische Carbonat der Zusammensetzung:

$$Ni_3CO_5 + 6H_2O \quad \text{oder} \quad \begin{Bmatrix} NiCO_3 \\ 2H_2N_2O_2 \end{Bmatrix} + 4H_2O.$$

Vorkommen: Wegen seiner geringen Verbreitung ist über die Genesis dieses Minerals nichts Näheres bekannt. Sein Vorkommen wird sich wohl in erster Linie auf Nickelerzlagerstätten erstrecken, wo er ein seltenes Zersetzungs-

---

1) Sullivan u. Oreilly, N. JB. Min. etc. 1864, 850.
2) C. Schnabel, Pogg. Ann. **105**, 144 (1858).
3) F. Cornu, Z. prakt. Geol. **16**, 509 (1908).
4) W. W. Beck, Ver. russ. min. Ges. 1890, 310.
5) F. C. Rammelsberg, Mineralchemie (Leipzig 1875), 244.

produkt der Nickelerze bildet; so tritt er z. B. bei Igdlokunguak in Grönland nach O. B. Böggild[1]) als ein dünner Überzug auf nickelhaltigem Magnetkies auf. E. Cohen[2]) fand Zaratit als feinschuppige Aggregate auf Rostrinde von Dnieprowsk.

Analysenmethoden des Kupfercarbonats.

Von **M. Dittrich** (Heidelberg).

Malachit, Azurit.

Hauptbestandteile: Cu, CO_3, H_2O.
Nebenbestandteile: Fe.

Die Bestimmung des Kupfers erfolgt am genauesten und auch am bequemsten elektrolytisch als Metall in salpetersaurer Lösung, außerdem nach Fällung durch Natronlauge als $Cu(OH)_2$ und Überführung in CuO oder nach Fällung durch Schwefelwasserstoff und Überführung in Cu_2S.

Elektrolytische Bestimmung des Kupfers. Das Mineral wird im Becherglas in wenig Salpetersäure gelöst und die Lösung nach Verjagen der Kohlensäure in eine Classensche Elektrolysenschale gebracht. Nach Zufügen von so viel Wasser, daß die Flüssigkeit etwa 150 ccm beträgt und von 3 bis 5 Volumenprozent (5—7 ccm) starker Salpetersäure, elektrolysiert man mit einem Strom von 0,5—1 Ampère bei 2—2,5 Volt Spannung, wobei die Schale die Kathode bildet, indem man gleichzeitig die Schale durch eine kleine daruntergestellte Flamme auf etwa 50—60° erwärmt. Nach 2—3 Stunden prüft man durch Zugießen von Wasser, wie bei der Bleibestimmung im Dolomit angegeben ist, ob noch eine weitere Abscheidung stattfindet und wäscht, wenn alles ausgefällt ist, ohne den Strom zu unterbrechen, mit destilliertem Wasser aus. Wenn das Waschwasser nicht mehr sauer reagiert, unterbricht man den Strom, spült die Schale erst noch einigemal mit destilliertem Wasser und hierauf zur Vertreibung des Wassers etwa drei- bis viermal mit absolutem Alkohol aus, trocknet sie einige Augenblicke in einem vorher auf 100° angewärmten Trockenschrank und wiegt sie nach dem Erkalten im Exsikkator.

War Eisen zugegen, so kann dies in dem eingedampften Waschwasser vom Kupfer durch Ammoniak abgeschieden und als Fe_2O_3 bestimmt werden.

Fällung durch Natronlauge. Die Fällung des Kupfers durch reine Natronlauge geschieht, wie die des Kobalts bei Sphärokobaltit, jedoch ohne Zusatz von Bromwasser; zum Schluß muß die Fällung noch einige Zeit erhitzt werden, bis der Niederschlag schwarz geworden ist. Nach dem Veraschen im Porzellantiegel ist der Glührückstand zur Entfernung des Alkalis mit Wasser auszuziehen, von neuem zu veraschen und als CuO zu wiegen. Darin muß noch die Kieselsäure bestimmt und in Abzug gebracht werden. Durch diese verschiedenen Manipulationen und Korrekturen ist die Methode nicht so bequem und genau wie die vorige; auch ist sie bei Gegenwart von Eisen nicht anwendbar.

---

[1]) O. B. Böggild, Mineralogia Grönlandica 1905, 1.
[2]) E. Cohen, Mit. d. nat. Ver. f. Neu-Vorpommern und Rügen **25**, 1 (1903).

Abscheidung durch Schwefelwasserstoff. Man bringt zu diesem Zwecke die salzsaure Lösung des Minerals in ein größeres Becherglas, fügt 2—300 ccm Wasser und so viel konzentrierte Schwefelsäure hinzu, daß eine 5%ige Säure[1]) erhalten wird. Diese Lösung erwärmt man bis nahe zum Sieden und leitet bis zum Erkalten (etwa 1—1½ Stunde) einen mäßig starken Schwefelwasserstoffstrom ein. Wenn nichts mehr ausfällt und die über dem Niederschlage stehende Flüssigkeit nach Unterbrechung des H_2S-Stromes klar erscheint, filtriert man ab, wäscht zur Vermeidung von Oxydation mit schwefelwasserstoffhaltigem Wasser, welchem einige Tropfen Essigsäure zugesetzt sind, gut aus und trocknet bei 90°. Nach Veraschen im Rose-Tiegel, wie bei der Zinkbestimmung im Zinkspat angegeben, führt man den Glührückstand am besten durch Glühen im Wasserstoffstrom in Cu_2S über. Diese Bestimmung ist sehr genau. Im Filtrat vom Kupfer erfolgt die Bestimmung des Eisens durch zweimalige Fällung mit Ammoniak.

Kupfercarbonat.

Malachit $CuCO_3.Cu(OH)_2$.

Von **A. Himmelbauer** (Wien).

Kristallform: Monoklin-prismatisch.

$a:b:c = 0,8809:1:0,4012$, $\beta = 118^\circ 10'$ (A. Des Cloizeaux).

Synoynma: Berggrün, Kupfergrün, Mineralgrün (letztere Namen bezeichnen teilweise künstliche Produkte), Patina, Kupferrost, edler Grünspan, Aerugo nobilis (auf Kupfer und Bronzen).

Analysen.

	1.	2.	3.	4.	5.	6.
δ . . .	—	—	—	—	—	4,06
CuO . . .	70,10	72,2	72,12	71,88	70,12	71,46
(Al_2O_3) . .	—	—	—	—	—	—
(Fe_2O_3) . .	—	—	—	—	—	0,12
CO_2 . . .	21,25	18,5	—	—	19,85	19,09
H_2O . . .	8,75	9,3	8,81	—	9,98	9,02
	100,10	100,0	—	—	99,95	99,69

1. Malachit von Chessy, Frankreich; anal. von L. N. Vauquelin, Paris, Ann. Mus. Hist. Nat. **20**, 1 (1813).

2. Malachit von Chessy; anal. von R. Phillips, Quaterly Journ. Roy. Inst. London **4**, 273 (1818).

3. Dichter Malachit von der Gumeschewski-Grube, Ural; anal. von H. Struve, Verh. d. kais. russ. min. Ges. 1850/51, 100.

4. Faseriger Malachit, ebendort.

5. Poröser Malachit auf Kupferschwärze von Hookavaara, Pielisjärvi; anal. von A. E. Nordenskiöld, Beskrifing öfter de in Finland funna Mineralier (Helsingfors 1855).

6. Malachit von Phoenixville, Pennsylvanien; anal. von L. Smith, Am. Journ. [2] **20**, 249 (1855).

---

[1]) In dieser stark sauren Lösung bleiben bei Fällung mit H_2S andere Metalle, wie Zink, Eisen usw. in Lösung.

	7.	8.	9.	10.	11.	12.	13.
δ . . .	—	—	—	—	—	4,072	4,072
(FeO) . .	—	—	—	—	6,20	0,09	0,08
CuO . . .	72,02	72,10	71,73	71,69	54,73	71,99	71,81
(Al_2O_3) . .	—	—	—	—	0,83	—	—
CO_2 . . .	19,67	19,30	19,68	18,80	15,15	19,68	19,62
H_2O . . .	8,17	8,95	8,58	8,51	6,87	8,22	8,42
Rest . . .	—	—	—	—	(SiO_2) 15,95	—	—
	99,86	100,35	99,99	99,00	99,73	99,98	99,93

7. Malachit von der Gumeschewski-Grube, Ural; anal. von A. E. Nordenskiöld, Acta soc. sc. fenn. **4**, 607 (1856).

8. Malachit von Nischne Tagilsk, Ural; anal. von A. E. Nordenskiöld, ebenda.

9. Malachit von Westafrika; anal. von F. Field (bei A. Des Cloizeaux, Manuel de Mineralogie II, Paris 1874).

10. Malachit von Chile; anal. F. Field, ebenda.

11. Malachit von Singbuhm, Bengalen; anal. von E. Stöhr, N. JB. Min. etc. 1864, 129.

12 u. 13. Malachit von der Grube Reinhold Forster bei Eiserfeld; anal. Th. Haege, Die Minerale des Siegerlandes (Jena 1888). Bei Analyse 12 wurde gefunden Cu 57,48% (als Cu_2S bestimmt), bei Analyse 13 Cu 57,41% (durch Reduktion mit H bestimmt).

	14.	15.	16.
δ	—	—	3,9
CuO	71,86	71,84	68
CO_2	18,27	19,95	20
H_2O	9,86	8,21	11
	99,99	100,06	99

14. Malachit von Ross-shire, Loch Carron; anal. von J. Macadam, The min. mag. **8**, 135 (1889).

15. Malachit von Chessy; anal. von P. Berthier (bei F. Gonnard, Minéralogie des Départements du Rhône et de la Loire, Annales de l'Université de Lyon, nouv. sér. I, 19 (1906).

16. Malachit vom Banat; anal. von A. Gawalowski, Allg. österr. Chem. u. Techn. Zeitung **15**, 70 (1908). — Ref. Z. Kryst. **49**, 308 (1911).

	17.	18a.	18b.	18c.	18d.	18e.
CuO . . .	70,24	71,27	70,90	70,61	71,08	71,64
CO_2 . . .	19,02	18,83	19,46	18,48	18,51	18,81
H_2O . . .	—	9,90	9,64	10,91	10,41	9,55
	89,26	100,00	100,00	100,00	100,00	100,00

17. Künstlicher Malachit; anal. von J. Tüttscheff (vgl. S. 464).

18a—e. Künstlicher Malachit; anal. von R. Weber (bei H. Rose), dargestellt in der Kälte mit Na_2CO_3 a) konzentriert, b) verdünnt, mit KOH c) konzentriert, d) verdünnt, e) in heißer konzentrierter Lösung mit K_2CO_3 (vgl. S. 464).

	19.	20.
CuO . . .	70,91	71,75
CO_2 . . .	—	19,35
H_2O . . .	8,91	7,85
		98,95

	21.	
Cu . . .	57,69	—
CO_2 . . .	19,93	20,19
H. . . .	0,96	—

19. Künstlicher Malachit; anal. von E. Brunner (vgl. S. 464).

20. " " " " H. de Sénarmont (vgl. S. 465).

21. " " " " O. Kühling (vgl. S. 465).

	22.
Cu	54,97
CO_2	19,50
$O + H_2O$ . . .	25,23
	99,70

22. Künstlicher Malachit; anal. von G. Kroupa (vgl. S. 465).

Die **Konstitutionsformel** des Malachits wird als $Cu_2CO_3 . H_2O$ oder $CuCO_3 . Cu(OH)_2$ geschrieben, von G. Tschermak[1]) und P. Groth[2]) als basisches Carbonat $(CuOH)_2CO_3$ gedeutet.

Spezielle Untersuchungen über einen Gehalt an Jod in manchen Malachiten liegen von mehreren Autoren vor; so führte W. Autenrieth[3]) von einem Malachit (ohne Fundortangabe) an, er enthalte 0,08—0,4 % J und 1,8—5,5 % Cl, in einer zweiten Arbeit desselben Autors[4]) wurde der Jodgehalt eines Malachits von Cobar mit 0,15 %, von Brocken Hill mit 0,02 %, und eines Gemenges von Cuprit und Malachit von Blainey (alle Fundorte in Neusüdwales) mit 0,07 % angegeben. Ag war nicht nachweisbar.

A. Dieseldorff[5]) fand unter 13 Kupfererzproben von Neusüdwales 7 als jodhaltig — 0,01—0,13 % J — und daneben noch 0,002—0,39 % Ag.

Eine bestimmte Vorstellung, wie das Jod im Malachit gebunden sei, entwickelte der erstere Autor[6]); er schloß aus dem Umstande, daß der Malachit beim Glühen und in verdünnten Säuren das Jod leicht abgibt, auf eine Bindung desselben in Form eines basischen Kupferjodids.

Löslichkeit. Malachit ist in Wasser sehr schwer löslich, reagiert auch, mit Wasser befeuchtet, nicht alkalisch.[7])

In CO_2-haltigem Wasser ist Malachit löslich; nach J. L. Lassaigne[8]) sind zur Lösung von 1 Teil Carbonat 3333 Teile mit CO_2 gesättigten Wassers notwendig (Temperatur 10° C, Druck 755 mm, 12stündige Einwirkung).

Nach R. Wagner[9]) benötigt 1 Teil (als neutrales Carbonat berechnet) zur Lösung 4690 Teile mit CO_2 gesättigten Wassers (Temperatur ?, Druck ungefähr 6 Atm., Einwirkung mehrere Monate lang).

Nach E. E. Free[10]) schwankt die Löslichkeit der gefällten basischen Kupfercarbonate in einer CO_2-haltigen Lösung sehr; alle die Substanzen gehen aber bei der Behandlung mit CO_2-Lösungen in eine scheinbar stabile Verbindung über, die eine bestimmte Löslichkeit in CO_2-Lösungen von bestimmter Konzentration hat. Zusatz kleiner Mengen NaCl oder Na_2SO_4 beeinflußt die Löslichkeit nicht, größere Mengen erhöhen sie, $CaSO_4$ hat keinen merklichen Einfluß. Na_2CO_3 und $CaCO_3$ setzen beide die Löslichkeit stark (ungefähr in gleichem Grade) herab.

---

1) G. Tschermak, Lehrbuch der Mineralogie, 6. Aufl. (Wien 1905).
2) P. Groth, Chemische Krystallographie II (Leipzig 1908).
3) W. Autenrieth, Z. f. physiolog. Chem. **22**, 508 (1896).
4) W. Autenrieth, Chemiker-Zeitung **23**, 626 (1899).
5) A. Dieseldorff, Z. prakt. Geol. 1899, 321.
6) W. Autenrieth, l. c.
7) A. Kenngott, N. JB. Min. etc. 1867, 302.
8) J. L. Lassaigne, Journ. prakt. Chem. **44**, 247 (1848).
9) R. Wagner, Z. f. anal. Chem. **6**, 169 (1867).
10) E. E. Free, Journ. Americ. Chem. Soc. **30**, 1366 (1908).

Die Löslichkeit des durch Fällung von Na_2CO_3 mit $CuSO_4$ erhaltenen und mit CO_2 behandelten Niederschlages betrug (x Teile in 1000000 Teilen Wasser mit CO_2):

CO_2 . . .	0	157	277	348	743	859	961	1158	1224	1268	1549
Cu in Lösung	1,5	8,3	13,7	17,0	25,7	28,0	31,0	33,7	34,8	35,3	39,7

bei Gegenwart von NaCl:

NaCl . . .	0	10	50	100	500	10000
CO_2 . . .	1268	1404	1158	1326	1255	1276
Cu in Lösung	35	38	35	36	39	58

Die Löslichkeit in Wasser, die bei 1200 Teilen Ca 35 Teile Cu betrug, war bei 10 Teilen Na_2SO_4 32, bei 100 Teilen 37, bei 1000 Teilen 47, bei 10000 Teilen 58; bei 10 Teilen $CaSO_4$ 32, bei 100 Teilen 32, bei 2085 Teilen (gesättigt) 36; bei 10 Teilen Na_2CO_3 27, bei 100 Teilen 10, bei 1000 Teilen 1, bei 10000 Teilen 0,7; bei 10 Teilen $CaCO_2$ 25, bei 100 Teilen 7, bei 1125 Teilen 1,4.

C. A. Seyler zeigte,[1]) daß diese Erscheinungen sich gut erklären lassen, wenn man annimmt, daß die Grundsubstanz bei der Fällung von Kupfersalzen mit Na_2CO_3 die Verbindung $CuCO_3 . Cu(OH)_2$ sei und daß das Kupfer als Bicarbonat in Lösung sei; die Reaktion verläuft dann nach der Gleichung

$$CuCO_3 . Cu(OH)_2 + 3 H_2CO_3 \rightleftarrows 2 Cu(HCO_3)_2 + 2 H_2O.$$

Wenn die wirksame Masse des festen Carbonats und des Wassers konstant sind, herrscht das Gleichgewicht:

$$\frac{Cu^2 . HCO_3^4}{H_2CO_3^3} = k;$$

die Konzentration des Cu-Ions ist aber, wenn keine anderen Salze vorhanden sind, immer halb so groß, wie die des HCO_3-Ions; daher stören geringe Mengen von $CaSO_4$, Na_2SO_4, NaCl nicht; größere erhöhen die Löslichkeit wenig, Salze aber, die Cu- oder HCO_3-Ionen liefern, z. B. $NaHCO_3$ oder $Ca(HCO_3)_2$ müssen die Löslichkeit herabdrücken.

Malachit ist löslich in siedendem KCy,[2]) ferner in Ammoniumsalzen, z. B. Ammoniumcitrat.[3])

In starken Säuren löst er sich unter Aufbrausen. Setzt man die Auflösungsgeschwindigkeit von Kalkspat = 1, so ist die von Malachit in HCl und HNO_3 = 0,231.[4])

Malachit löst sich ferner in Rohrzuckerlösung,[5]) in wäßrigen Lösungen der Alkalisalze von Eiweiß-Spaltungsprodukten.[6])

In flüssigem Ammoniak ist das Mineral unlöslich.[7])

---

[1]) C. A. Seyler, The Analyst **33**, 454 (1908).
[2]) J. Lemberg, Z. Dtsch. geol. Ges. **52**, 488 (1900).
[3]) Ed. Landrin, C. R. **86**, 1336 (1878). — Siehe auch E. Murmann, Österr. Chem. Ztg. **7**, 272 (1904).
[4]) W. Spring, Bull. Soc. chim. [3] **3**, 176 (1890).
[5]) Pechier, J. Pharm. **3**, 510; Repert. **6**, 85 (1820).
[6]) Kalle & Co., Deutsches Reichs-Patent 171938 (1901).
[7]) G. Gore, Proc. Roy. Soc. **21**, 140 (1873).

NaOH färbt den Malachit oberflächlich hellgrau und zersetzt ihn teilweise bei höherer Temperatur. Mit Alkalichloriden setzt sich das feuchte Salz etwas um.[1])

Künstlicher Malachit wird durch Methylhydrosulfid in ein gelbes Pulver umgewandelt.[2])

Die Patina wird durch SO_2 und H_2SO_4 oder durch faulende organische Substanzen teilweise gelöst, es hinterbleiben schwarze Flecke.[3]) C. Hassack[4]) konnte diesen Reduktionsvorgang auch künstlich nachahmen.

In Wasser suspendierter Malachit wird bei der Elektrolyse durch den Wasserstoff an der Kathode ebenfalls reduziert.[5])

Physikalische Eigenschaften.

Außer den bei den Analysen angegebenen Dichtebestimmungen finden sich noch Angaben bei F. S. Beudant[6]): kleine Kristalle 3,5907, Pseudomorphose 3,3572, faseriger Malachit 3,5734, schaliger Malachit 3,5673; ferner bei V. v. Zepharovich[7]): Malachit von Olsa, Kärnten 4,033; bei A. Damour[8]): faseriger Malachit vom Ural: 3,928—4,0; bei H. Schroeder[9]): dichter, faseriger Malachit von Sibirien 3,927; ebensolcher aus dem Kinzigtale (Schwarzwald) 3,923.

Nach P. E. W. Öberg[10]) beträgt die spezifische Wärme von nierenförmig-schaligem Malachit aus Gumeschewsk, Ural, 0,1763 (bestimmt mit einem Regnaultschen Mischungscalorimeter), nach J. Joly[11]) 0,1766 (bestimmt mittels der Kondensationsmethode).

(Künstliches?) Malachitpulver zeigte folgende elektrische Leitfähigkeit[12]):

Leitf. $3{,}4 \cdot 10^{-9}$ . . gepreßt, starke Polarisation (2 Akkumulatoren),
„ $2{,}8 \cdot 10^{-16}$. . nach Erwärmen auf 140^0 durch $2^1/_2$ Std. (40 Akkumulatoren),
„ $2{,}0 \cdot 10^{-10}$. . hatte an Luft gestanden (40 Akkumulatoren).

Optische Eigenschaften. Die Kristalle von Malachit sind schwärzlichgrün, dichte Aggregate smaragdgrün.

$$N_\beta = 1{,}87 \qquad 2E = 89^0\,14' \text{ (Rot)}$$ [13])

$$1{,}88 \qquad 89^0\,18' \text{ (Gelb).}$$

---

[1]) D. Tommassi, C. R. **92**, 453 (1881).
[2]) F. C. Phillips, Z. anorg. Chem. **6**, 251 (1894).
[3]) Loock, Zeitschr. öffentl. Chem. **14**, 226. — Chem. ZB. 1908, II, 550.
[4]) C. Hassack, Dinglers polytechn. Journ. **257**, 248. — Jahresb. f. d. Fortschritte d. Chemie 1885, 2078.
[5]) A. C. Becquerel, C. R. **63**, 5 (1866).
[6]) F. S. Beudant, Ann. chim. phys. **38**, 398 (1828). — Pogg. Ann. **14**, 474 (1828).
[7]) V. v. Zepharovich, Sitzber. Wiener Ak. **51**, 15 (1864).
[8]) A. Damour bei A. de Cloizeaux, Manuel de Mineralogie II (Paris 1874).
[9]) H. Schroeder, N. JB. Min. etc. 1874, 711.
[10]) P. E. W. Öberg, Öfvers. Vet. Akad. Förh. 1885, Nr. 8, 43.
[11]) J. Joly, Proceedings Royal Society **41**, 250 (London 1887).
[12]) E. Dorn, Pogg. Ann. Neue F. **66**, 158 (1898).
[13]) A. Des Cloizeaux, Manuel de Minéralogie II (Paris 1874), 188.

Deutlicher Pleochroismus: Auf Plättchen parallel (100) sind die Schwingungen parallel der *b*-Achse gelblichgrün, senkrecht dazu dunkelgrün; auf Plättchen parallel (010) sind die Schwingungen parallel der *c*-Achse hellgrün.[1])

Über die Absorption von Röntgenstrahlen vergleiche man die Arbeit von A. Voller und B. Walter.[2])

Verhalten in der Hitze. Nach H. Rose[3]) begann Malachit von Gumeschefkoi, Ural, sich bei 220° langsam zu zersetzen, wobei er braun, später schwarz wurde, bei 220° betrug der Gewichtsverlust nach langem Erhitzen 0,76% (bezogen auf die bei 100° getrocknete Substanz), bei 230° 1,22%, bei 250° 2,16% und bei 300° 27,71%; das Mineral bestand dann aus wasserhaltigem Kupferoxyd, das 98,74% CuO und 1,26% H_2O enthielt.

Gefällter Malachit verlor bei 200° 25,12% (der bei 100° getrockneten Substanz) und enthielt 96,55 CuO und 3,45 H_2O; weiter auf 300° durch 16° erhitzt blieben nur noch 0,63% H_2O zurück.

Beim Kochen mit Wasser wird der Malachit schwarz, wobei CO_2 entweicht.[4])

Vor dem Lötrohre wird das Mineral schwarz, schmilzt und reduziert sich auf Kohle zu einem Kupferkorn. Im Kolben erhält man einen Wasserbeschlag.

Synthesen.

Malachit bildet sich aus feuchtem $Cu(OH)_2$ an der Luft, schneller (unter Volumabnahme), wenn $Cu(OH)_2$ in Wasser suspendiert und CO_2 eingeleitet wird.[5]) Abschluß der Luft verhindert jedoch die Reaktion.[6])

J. Tüttscheff[7]) erwärmte gefälltes CuO mit der Lösung des käuflichen Ammoniumcarbonats; es entwich Ammoniak, die Flüssigkeit wurde blau, ein anderer Teil des CuO verwandelte sich in ein grünes Pulver, das gewaschen und über Schwefelsäure getrocknet wurde (Analyse Nr. 17).

Die Darstellung des Malachits durch Fällen der Lösung eines Cuprisalzes mit Na_2CO_3 oder K_2CO_3 wurde öfters versucht. H. Rose[8]) erhielt die Verbindung aus kalter verdünnter oder konzentrierter Lösung von gleichen Molekeln $CuSO_4$ und K_2CO_3 oder Na_2CO_3; aus heißen Lösungen erhaltene Niederschläge wandelten sich gleich in eine schwarze Masse um, die H_2SO_4 enthielt, nur der Niederschlag aus $CuSO_4$ und K_2CO_3 war auch aus heißer Lösung beständig (Analysen von R. Weber 18a–e). E. Chuard[9]) fällte eine Kupfersulfatlösung durch eine äquivalente oder auch überschüssige Lösung von Alkalicarbonat und ließ den blauen Niederschlag bei gewöhnlicher Temperatur mit der alkalisch reagierenden Flüssigkeit in Berührung, bis er sich grün gefärbt hatte. E. Brunner[10]) fällte die Kupfersulfatlösung mit Na_2CO_3 und erwärmte den Niederschlag jedoch nicht bis zum Erhitzen (Analyse 19). Eine

[1]) G. Cesàro, Bull. Acad. roy. de Belgique, cl. d. sci. 1904, 1198.

[2]) A. Voller u. B. Walter, Pogg. Ann. Neue Folge **61**, 92 (1897).

[3]) H. Rose, Ann. d. Phys. **84**, 466 (1851).

[4]) L. J. Gay-Lussac, Ann. chim. phys. **37**, 335 (1828). — Ann. d. Phys. **13**, 164 (1828).

[5]) J. L. Proust, Ann. chim. **32**, 40 (1800).

[6]) P. N. Raikow, Chem.-Ztg. **31**, 142 (1907).

[7]) J. Tüttscheff, Zeitschrift für Chemie und Pharmacie [2] **6**, 111 (1870).

[8]) H. Rose, Pogg. Ann. **84**, 466 (1851). — Jahresbericht über die Fortschritte d. Chemie 1851, 305. — Vgl. auch M. Gröger, Z. anorg. Chem. **24**, 127 (1900).

[9]) E. Chuard, Arch. phys. nat. Genève [3] **23**, 550. — JB. Chem. 1890, 588. — Vgl. dazu Sp. U. Pickering, Journ. Chem. Soc. London, **95** 1409 (1909).

[10]) E. Brunner, L'Institut Paris 1844, 215. — Mitt. naturf. G. Bern 1844, 9.

Abänderung dieses Verfahrens verwendete J. A. Crowther.[1]) E. E. Free[2]) (vgl. S. 462) fällte eine 0,5 n. Na_2CO_3-Lösung bei 50° mit einer 0,5 n. $CuSO_4$-Lösung in äquivalenten Mengen, ließ über Nacht stehen, suspendierte den gewaschenen Niederschlag in Wasser und behandelte ihn drei Tage lang mit CO_2 unter etwas höherem als Atmosphärendruck; das grüne Produkt, bei 100° getrocknet, ergab $CuO : CO_2 : H_2O = 1{,}000 : 0{,}515 : 0{,}603$.

Nach H. de Sénarmont[3]) bildete sich Malachit bei der Fällung eines löslichen Cuprisalzes durch Na_2CO_3 oder $NaHCO_3$ bei 150—225°, oder bei längerer Einwirkung von $CuCl_2$ auf $CaCO_3$ unter denselben Umständen im geschlossenen Rohr (Analyse 20). Hohen Druck und Temperaturerhöhung benutzte auch K. Karavodine.[4])

Ebenso wie H. de Sénarmont ging auch F. Wibel[5]) bei seinen synthetischen Versuchen vom Kalkspat aus; Bruchstücke desselben wurden mit einer Kupfersulfatlösung in einem zugeschmolzenen Glasrohre ungefähr 24 Stunden auf 150—170° erhitzt. Es bildete sich zunächst auf dem Kalkspate eine Malachitkruste. Nach 8 tägigem Stehen in der Kälte waren zahlreiche Gipsnädelchen aufgetreten, das Lösungswasser verschwand immer mehr und auf dem Malachit traten kleine Wärzchen von Azurit auf.

Der Prozeß zerfällt in zwei Teilvorgänge:

1. bei höheren Temperaturen: Kupfersulfat setzt sich mit Kalkspat zu Malachit und Anhydrit um

$$2CuSO_4 + 2CaCO_3 + H_2O \longrightarrow CuCO_3.Cu(OH)_2 + 2CaSO_4 + CO_2;$$

2. bei niedriger Temperatur bildet sich aus dem Anhydrit Gips, das Wasser wird schließlich auch dem Malachit entzogen, während gleichzeitig das vorhandene Kohlendioxyd verbraucht wird:

$$3(CuCO_3.Cu(OH)_2) + CO_2 - H_2O \longrightarrow 2(2CuCO_3.Cu(OH)_2).$$

„Azurit bildet sich aus Malachit durch CO_2-Aufnahme und H_2O-Abgabe bei Gegenwart gespannter CO_2 und eines wasserentziehenden Mittels bei gewöhnlicher Temperatur".

F. Millosevich,[6]) der die Azuritlager von Sardinien genau studierte, versuchte das Vorkommen der Kupfercarbonate in Tonen nachzuahmen; er gab auf den Boden eines Glasrohres 1 g $CuCl_2.2H_2O$, darüber eine 1 cm dicke Schicht von Kaolin, darauf 2 g $Na_2CO_3.10H_2O$; die Glasröhre wurde hierauf zugeschmolzen und erhitzt, ein Teil des Kristallwassers löste die Salze auf und es bildete sich in der Tonschicht bis zu 70° Malachit, bei 75—85° auch Azurit am Kontakte von Malachit und Na_2CO_3; beim Abkühlen dauerte nur die Malachitbildung weiter, Azurit wurde umgewandelt.

In einer folgenden Arbeit desselben Autors[7]) wurden diese Versuche fortgesetzt: Es wurde Marmorpulver in einem graduierten Glase mit H_2O übergossen, CO_2 eingeleitet und eine verdünnte Lösung von $CuSO_4$ zugesetzt. Eine Lösung von 0,5 g Sulfat in 1 Liter Wasser gelöst, zu 150 cm³ Wasser zugesetzt, gab nach einigen Stunden bei 10° C eine Ausscheidung von Malachit.

[1]) J. A. Crowther, Amerik. P. 877912. — Elektrochem. Ind. **6**, 120 (1908).
[2]) E. E. Free, Journ. Am. Soc. **30**, 1368 (1908).
[3]) H. de Sénarmont, Ann. chim. phys. [3] **32**, 154 (1851).
[4]) V. Karavodine, D.R.P. 117343. — Chem. ZB. 1901, I, 288.
[5]) F. Wibel, N. JB. Min. etc. 1873, 242.
[6]) F. Millosevich, Atti R. Acad. dei Linc. Rend. [5] **15**, 732 (1906).
[7]) F. Millosevich, Atti R. Acad. dei Linc. Rend. [5] **17**, 80 (1908).

Mit einer zweifach verdünnten Lösung von Kupfersulfat bildete sich nach 24 Stunden Kupferlasur; wurde von der konzentrierten Lösung zugesetzt, so trat auch wieder etwas Malachit auf. Der Verfasser schließt: Zur Entstehung des basischeren der beiden Kupferhydrocarbonate, des Azurits, ist ein größerer Überschuß von Calciumcarbonat gegenüber dem Kupfersalz notwendig. CO_2 ist notwendig, es löst den Marmor auf und bewirkt die Bildung des Malachits oder Azurits.

A. C. Becquerel[1]) legte ein Stück porösen Kalksteines in Kupfernitratlösung von 12—15° Baumé; nachdem es sich mit basischem Kupfernitrat bedeckt hatte, brachte er es in eine $NaHCO_3$-Lösung von 5—6° Bé, worauf sich in einigen Tagen Malachitkristalle bildeten. Ferner[2]) ließ er eine $CuCl_2$-Lösung bei 125° C unter Druck auf Kalkspatstücke einwirken und erhielt neben vorwiegendem Malachit einige Wärzchen von Azurit.

Derselbe Autor[3]) bedeckte ferner eine Kupferplatte mit Kristallen von Natriumkupfercarbonat, tauchte die Platte ins Wasser und machte sie zum positiven Pol einer Voltaschen Kette: O und H_2SO_4 zersetzten das Kupfer und das Doppelsalz, es bildeten sich auf der Kupferplatte Kristalle von Malachit.

W. C. Reynolds[4]) erhielt Malachit durch Fällen einer heißen (100°) K_2CO_3-Lösung mit einem großen Überschuß von $Cu(C_2H_3O_2)_2$.

R. Wagner[5]) erhielt bei Einwirken von Kohlendioxyd unter 6 Atmosphären Druck auf in Wasser suspendiertes, basisch kohlensaures Kupferoxyd eine grüne Lösung, die beim Kochen wieder das gewöhnliche basische Kupfercarbonat abschied; das nicht gelöste Kupfercarbonat hatte sich in kristallinisches Malachitpulver umgewandelt.

O. Kühling[6]) wandte statt Wasser Salzlösungen an und erhielt bei entsprechendem Druck immer basisches Kupfercarbonat, auch wenn das Ausgangsprodukt frisch gefälltes CuO war. So erhielt er eine amorphe, dem Malachit entsprechende Substanz, indem er 7—8 g frisch gefälltes CuO in einem hohen Glaszylinder mit viel kalt gesättigter Natriumnitratlösung übergoß und CO_2 einleitete, bis der graugrüne Farbenton sich nicht mehr änderte (4—5 Tage). Das Produkt wurde dekantiert und in der Luftleere getrocknet; es enthielt nur Spuren von Natriumnitrat. (Analyse 21).

Nach F. Field[7]) kann man einer Lösung von Kupfersulfat beträchtliche Mengen von $NaHCO_3$ zusetzen, ohne daß ein Niederschlag entsteht, wenn das Natriumcarbonat nur im Überschuß vorhanden ist. Wird die Lösung zum Sieden erhitzt, so fällt ein körniger Niederschlag von der Zusammensetzung des Malachits aus.

A. de Schulten[8]) stellte zuerst Malachitkristalle dar, indem er eine Lösung von gefälltem Kupfercarbonat in Ammoncarbonat 8 Tage lang erhitzte; es wurde für ein langsames Entweichen des Kohlendioxyds Sorge getragen. Später stellte derselbe Autor[9]) Versuche an, die der natürlichen Bildung des

[1]) A. C. Becquerel, C. R. **34**, 573 (1852).
[2]) A. C. Becquerel, C. R. **44**, 939 (1857).
[3]) A. C. Becquerel, C. R. **1**, 19 (1835).
[4]) W. C. Reynolds, Journ. Chem. Soc. **73**, 264 (1898).
[5]) R. Wagner, Z. f. anal. Chem. **6**, 169 (1867).
[6]) O. Kühling, Ber. Dtsch. Chem. Ges. **34**, 2849 (1901).
[7]) F. Field, Ch. N. **2**, 279. — Quaterly Journ. Chem. Soc. **14**, (70), 194 (1860).
[8]) A. de Schulten, C. R. **110**, 202 (1890).
[9]) A. de Schulten, C. R. **122**, 1352 (1896).

Malachits näher kamen; er ließ Kohlendioxyd aus einer Lösung von Kupfercarbonat in mit Kohlendioxyd gesättigtem Wasser langsam entweichen, dabei bildete sich bei gewöhnlicher Temperatur kristallisierter Malachit. Das langsame Entweichen des Kohlendioxyds wurde erreicht, indem am Boden der Flasche, welche die Lösung enthielt, ein kleiner, einseitig geschlossener und schwach geneigter Tubus befestigt war; nur dieser wurde schwach erhitzt, der Hauptteil der Lösung blieb kalt; an den Wänden des Tubus setzte sich Malachit ab.

O. Struve[1]) trug den kalt gefällten Niederschlag in eine heiße, verdünnte Lösung von Na_2CO_3 oder $NaHCO_3$ ein.

Auch auf elektrolytischem Wege (Kupferelektroden, Lösung eines Natriumsalzes) wurde ein dem Malachit entsprechendes Produkt dargestellt.[2])

Die amorphen Produkte kann man umkristallisieren durch Erhitzen auf 140^0 mit NH_4NO_3 oder NH_4Cl, Harnstoff und Wasser in einem geschlossenen Rohre.[3])

Vorkommen. Der Malachit ist ein typisches Mineral der Oxydationszone von Kupfererzlagern; es findet sich daher in der Natur in der Nähe der Erdoberfläche überall, wo CO_2 und O_2-haltige Wässer auf Kupferverbindungen einwirken konnten. Für die Erklärung der Genese des Malachits sind die zahlreichen Pseudomorphosen bedeutungsvoll.

Umwandlungen. Die Pseudomorphose nach Azurit läßt erkennen, daß unter normalen Verhältnissen Azurit gegenüber Malachit unbeständig ist, wie dies auch durch die Versuche von F. Wibel und F. Millosewich festgestellt wurde (vgl. S. 465). Solche Pseudomorphosen wurden oftmals beschrieben, so von W. Haidinger,[4]) R. Blum,[5]) Sillem,[6]) R. C. Hills,[7]) E. Döll[8]) u. a. m. Die Ansicht von C. F. Peters,[9]) Bildung einer Pseudomorphose von Malachit und braunen Fasern von Limonit und Malachit nach Azurit, „der ein demselben entsprechendes, wahrscheinlich mit ihm isomorphes Eisenoxydulsalz" beigemengt enthielt, ist wohl chemisch unhaltbar.

Als typisches Mineral der eisernen Hutzone findet sich ferner der Malachit in Umwandlungs-Pseudomorphosen nach verschiedenen Kupfererzen, häufig mit Azurit; in einzelnen Fällen sitzen beide Minerale auf ebenfalls sekundärem Cuprit. So kennt man Pseudomorphosen nach gediegenem Kupfer R. Blum,[10]) nach Kupferkies (Sillem,[6]) R. Blum,[11]) J. Romberg,[12]) H. Buttgenbach.[13]) H. F. Collins[14]) gab eine Analyse eines zersetzten Kupferkieses, bei welchem die Form der Kristalle ganz gut erhalten, Farbe und Glanz aber verloren gegangen waren.

---

[1]) O. Struve, Verh. russ. kais. min. Ges. 1850/51, 100.

[2]) C. Luckow, Z. f. Elektroch. **3**, 485 (1897). – E. Günther (Ref. Kügelgen), ebenda **9**, 239 (1903). — G. Kroupa, Österr. Z. Berg-Hüttenw. **53**, 611, 627 (1905, Analyse 22).

[3]) L. Bourgeois, C. R. **103**, 1088 (1886).

[4]) W. Haidinger, Pogg. Ann. **11**, 173 (1827).

[5]) R. Blum, Die Pseudomorphosen (Stuttgart 1893), 215.

[6]) Sillem, N. JB. Min. etc. 1848, 385; 1851, 385.

[7]) R. C. Hills, Proceedings Colorado Sci. Soc. **3**, Part. III, 258 (1890).

[8]) E. Döll, Verh. geol. Reichsanstalt Wien 1899, Nr. 3, 88.

[9]) C. F. Peters, N. JB. Min. etc. 1861, 278.

[10]) R. Blum, Pseudom. 3. Nachtrag 32; 4. Nachtrag 19. — N. JB. Min. etc. 1868, 805.

[11]) R. Blum, l. c. 215; 1. Nachtrag, 117.

[12]) J. Romberg, N. JB. Min. etc. Blbd. **9**, 346 (1894/95).

[13]) H. Buttgenbach, Ann. de la soc. géol. de Belgique **25**, 129 (1898/99).

[14]) H. F. Collins, Min. Mag. **10**, Nr. 45, 17 (1892).

CaO	0,81	
CuO	33,34	(= 26,62 % Cu)
ZnO	1,26	
Fe_2O_3	41,97	(= 29,38 % Fe)
CO_2	6,86	
S	1,53	
H_2O	8,22	
Gangart (SiO_2) . . .	5,52	
	99,51	

CO_2 und H_2O rührten von neugebildetem Malachit her. Ein Teil des Kupfers mußte in Lösung gegangen sein (zu wenig Cu im Verhältnis zu Fe) und hatte zur Bildung der Malachitkrusten, welche die Pseudomorphose bedeckten, Anlaß gegeben.

Der Verfasser führte die Bildung dieser Pseudomorphose auf die Einwirkung von heißem, CO_2-haltigem Wasser zurück und gibt folgende Reaktionsgleichungen an:

$$2CuFeS_2 + 5H_2O = 2CuO + Fe_2O_3 + 4H_2S + H_2$$
$$2CuFeS_2 + CO_2 + 6H_2O = CuCO_3.Cu(OH)_2 + Fe_2O_3 + 4H_2S + H_2.$$

Pseudomorphosen nach Kupferglanz beschrieb R. Blum,[1]) nach Fahlerz Sillem,[2]) solche nach Cuprit Sillem,[2]) R. Blum,[3]) V. Hilber und J. A. Ippen,[4]) nach Kupfersulfat (?) E. Hall.[5]) Hierher sind auch die Bildungen von Malachit (und Azurit, auf Cuprit sitzend), auf vergrabenen Kupfer- und Bronzegegenständen zu rechnen, wie sie A. F. Rogers[6]) und F. Wibel[7]) erwähnten; hier auch eine Analyse (von E. v. Fellenberg) einer solchen grünen Patina:

CuO	57,28	66,46
SnO_2	13,81	—
$H_2O + CO_2$	28,91	33,54
	100,00	100,00

woraus F. Wibel eine Formel $5CuCO_3 + Cu(OH)_2$ ableitete.

Weitere Literatur über Patina: A. Weber, Dingl. polyt. Journ. **245**, 86 (1882); H. Kämmerer, Dingl. polyt. Journ. **254**, 353 (1884); **257**, 196 (1885); O. A. Rhousopoulos, Chem.-Zeitung **29**, 1198 (1905).

Die Patina soll nach R. Dubois[8]) durch einen Schimmelpilz entstehen, der sich in konzentrierten, mit NH_3 neutralisierten Kupfersulfatlösungen entwickelt und diese in $CuCO_3Cu(OH)_2$ umwandelt.

Pseudomorphosen von Malachit nach Atakamit gaben G. Tschermak[9]) und N. v. Kokscharow,[10]) solche von Malachit nach Euchroit R. Blum[11]) an.

---

[1]) R. Blum, l. c., 3. Nachtrag, 195.
[2]) Sillem, l. c.; bei R. Blum, 1. Nachtrag, 118; 2. Nachtrag, 77; 3. Nachtrag, 196.
[3]) R. Blum, l. c., 36; 3. Nachtrag, 33.
[4]) J. A. Ippen, N. JB. Min. etc. Blbd. **18**, 52 (1904).
[5]) E. Hall, Journ. and Proceed. of the Roy. Com. of New South Wales **29**, 416 (1895).
[6]) A. F. Rogers, American Geologist **31**, 43 (1903).
[7]) F. Wibel, N. JB. Min. etc. 1865, 401.
[8]) R. Dubois, C. R. **111**, 655 (1890).
[9]) G. Tschermak, Min. petr. Mit. 1873, 39.
[10]) N. v. Kokscharow, Verh. d. k. russ. min. Ges. St. Petersburg **7** [2], 1872.
[11]) R. Blum, l. c., 4. Nachtrag, 115.

Eine Bildung von Malachit und Azurit auf Holz aus einem Sandstein in Argentinien beschrieben E. Schleiden[1]) und F. Sandberger.[2])

Verdrängungspseudomorphosen von Malachit nach Cerussit wurden von Sillem,[3]) R. Blum,[4]) Söchting,[5]) H. A. Miers[6]) angegeben, nach Kieselzinkerz,[7]) nach Kalkspat von R. Blum,[8]) Sillem[3]) und G. Tschermak.[9]) Dieser Autor gab auch eine Analyse der Pseudomorphose (von Falkenstein bei Schwaz, Tirol):

CaO	2,3
CuO	53,0
SiO_2	16,5
Diff. ($H_2O + CO_2$)	28,2
	100,0

Es lag also ein Gemenge von einem Kupfersilicate (53%) und von Malachit (47%) vor.

R. Blum[10]) führte noch Pseudomorphosen von Malachit nach Magnesit und nach Baryt an.

Über Umwandlungen des Malachits ist relativ wenig bekannt. Mehrfach findet sich die Angabe, daß Pseudomorphosen von Azurit nach Malachit beobachtet wurden, so bei L. Buchrucker,[11]) Sillem[12]); die Angabe von E. Döll,[13]) daß Malachit von Chessy sich in Azurit und beide Minerale sich in Limonit (!) umgewandelt hätten, darf wohl mit großem Zweifel aufgenommen werden.

Unklar sind auch die Angaben von P. Jeremejew,[14]) der Pseudomorphosen sphäroidischer Konkretionen von Kaolinit nach Malachit beschrieb (Fundort Grube Gumeschewski im Ural). Derselbe Autor gab auch die Pseudomorphose von Rotkupfererz nach Malachit in verschiedenen Stadien der Umwandlung an (Fundort Grube Medno Rudiansk im Ural, Gruben in Altai).

Eine Analyse von zersetztem Malachit, bei dem ein Teil der CO_2 durch As_2O_5 ersetzt ist, publizierte R. Pearce[15]):

CuO	60,50
Fe_2O_3	4,25
As_2O_5	11,49
Diff. ($CO_2 + H_2O$)	23,76
	100,00

[1]) E. Schleiden, N. JB. Min. etc. 1834, 34.
[2]) F. Sandberger, N. JB. Min. etc. (1886), **1**, 179.
[3]) Sillem, l. c.
[4]) R. Blum, l. c., 309, 3. Nachtrag, 257.
[5]) Söchting, Z. Dtsch. geol. Ges. **9**, 16 (1857).
[6]) H. A. Miers, Min. Mag. **11**, Nr. 53, 263 (1897).
[7]) Literatur bei R. Blum, ebenda 2. Nachtrag, 139.
[8]) R. Blum, l. c., 306, 4. Nachtrag, 162.
[9]) G. Tschermak, Sitzber. Wiener Ak. **53**, 526 (1866).
[10]) R. Blum, l. c. 4. Nachtrag, 162.
[11]) L. Buchrucker, Z. Kryst. **19**, 153 (1891).
[12]) Sillem, N. JB. Min. etc. 1853, 513.
[13]) E. Döll, Verh. k. k. geol. R.A. 1899, 88.
[14]) P. Jeremejew, Verh. d. kais. russ. min. Ges. **31**, 398 (1899). Ref. N. JB. **2**, 256 (1896).
[15]) R. Pearce, Proc. Colorado Scientific Soc. **2**, 134, 150. Ref. Z. Kryst. **17**, 315 (1890).

Hier wäre auch die partielle Umwandlung der Malachite von New Süd-Wales in Kupferjodid einzureihen (vgl. S. 461), für die C. Ochsenius[1]) als Ursache einen Einbruch von jodhaltiger Meerwasser-Mutterlauge annahm (gleichzeitiges Vorkommen mit Atakamit!), ferner die in Atakamit.

Bleimalachit,

Plumbomalachit nannte S. F. Glinka[2]) ein Mineral von der Syrjanowskgrube am Altai, das monokline, nadelige Kristalle bildet. Spaltbarkeit nach drei Richtungen, starker Pleochroismus zwischen Gelb und Grün und hohe Licht- und Doppelbrechung charakterisieren das Mineral. Nach einer Analyse von J. A. Antipov hat das Mineral die Zusammensetzung:

$$2CuCO_3 . PbCO_3 . Cu(OH)_2 .$$

Mysorin, Kalkmalachit und Cuprocalcit.

Mysorin, von R. D. Thomson[3]) aufgestellt, soll wasserfreies Kupfercarbonat sein. Es wurde die chemische Zusammensetzung angegeben:

CuO	60,75
Fe_2O_3	19,50
CO_2	16,70
SiO_2	2,10
Rest	0,95
	100,00

F. R. Mallet[4]) gab eine neue Analyse, auf Grund deren das Mineral als ein Gemenge von Malachit, Calcit, Chrysokoll, Baryt, Chalcosit und Eisenoxyd angesprochen wurde.

Auch künstlich konnte das wasserfreie Mineral nicht dargestellt werden (L. J. Gay-Lussac, H. Rose,[5]) entgegen der Angabe von Colin und Taillefer.[6])

Der Kalkmalachit von C. F. Zinken,[7]) ein blaßgrünes, schalig zusammengesetztes Mineral, dem Kupferschaum ähnlich, soll Kupfercarbonat, Calciumcarbonat, Calciumsulfat, Eisensulfat und Wasser enthalten, scheint aber ein Gemenge zu sein.

Der Cuprocalcit von A. Raimondi[8]) ist nach A. Damour[9]) ein inniges Gemenge von Calcit und Cuprit.

---

[1]) C. Ochsenius, Chemiker-Zeitung **23**, 669 (1899).
[2]) S. F. Glinka, Verh. d. kais. russ. min. Ges. 1901, 468. — ZB. Min. etc. 1901, 281.
[3]) R. D. Thomson, Outlines of Mineral, (London 1836), 1, 601.
[4]) F. R. Mallet, A Manuel of the Geology of India IV. Mineralogie 1887. — E. S. Dana, The System of Mineralogy. Descriptive Mineralogy. 6. Aufl. (London 1892).
[5]) H. Rose, s. S. 464.
[6]) Collin und Taillefer, Ann. chim. phys. **12**, 62 (1819).
[7]) C. F. Zinken, Bg.- u. hütt. Z. **1**, 397 (1842).
[8]) A. Raimondi, Minéraux du Pérou (Paris 1878), 135.
[9]) A. Damour, Bull. Soc. min. **1**, 130 (1878).

Azurit.

Von **A. Himmelbauer** (Wien).

Monoklin prismatisch. $a:b:c = 0,8501:1:1,7611$; $\beta = 92^\circ 24'$.

Synonyma: Kupferlasur, Lasurit, Lazurit, Lasur, Bergblau, Chessylit.

Analysen.

	1.	2.	3.	4.	5.
δ	—	—	3,88	—	—
CuO . . .	68,5	69,08	69,41	69,66	36,9
(Fe_2O_3) . .	—	—	—	—	7,7
CO_2 . . .	25,0	25,46	24,98	24,26	23,5 (CO₂ + H₂O)
H_2O . . .	6,5	5,46	5,84	6,08	
Rest . . .	—	—	—	—	(SiO_2) 30,8
	100,0	100,00	100,23	100,00	98,9

1. Azurit von Chessy, Frankreich; anal. L. N. Vauquelin, Paris, Ann. Mus. Hist. Nat. **20**, 1 (1813).

2. Azurit von Chessy; anal. R. Phillips, Quaterly Journ. Roy. Inst. London **4**, 273 (1818).

3. Azurit von Phoenixville, Pennsylvanien; anal. L. Smith, Am. Journ. [2] **20**, 250 (1855).

4. Azurit von Sibirien, nach Abzug von 4,06% unlösl. Beimengungen, enthält 0,008% Cl; anal. F. Wibel, N. JB. Min. etc. 1873, 242.

5. Erdiger Azurit von Chessy; anal. P. Berthier bei F. Gonnard, Minéralogie des Dep. du Rhône et de la Loire 1906.

Die chemische **Formel** wird geschrieben:

$$Cu_3C_2O_7 + H_2O\,^{1)} \quad \text{oder} \quad 2\,CuCO_3 . Cu(OH)_2;$$

bei G. Tschermak[2]): $(CuOH)_2.CuC_2O_6$.

F. Wibel[3]) wies darauf hin, daß alle Azuritanalysen zu wenig CO_2 und zu viel H_2O ergäben; er sah die Ursache in Beimengungen von Al_2O_3, Fe_2O_3, CaO, SiO_2, die er qualitativ nachwies.

NH_3 ist im Malachit nicht nachweisbar (damit fällt auch die Vorstellung von F. Senft, Azurit bilde sich durch Einwirkung von stickstoffhaltigen Materien auf Kupferlösung), dagegen wurde ein Cl-Gehalt nachgewiesen (Beimengung von Atakamit, Analyse 4).

Die **Dichte** des Azurits wurde von H. Schroeder[4]) mit 3,768, 3,733, 3,770 (Katharinenburg), 3,710 (Chessy), von L. Smith[5]) mit 3,88 (Phoenixville) angegeben.

Von **optischen Eigenschaften** wurde die Absorption näher untersucht. Es ergaben sich isolierte Absorptionsbänder im Rot, Gelb, Orange, Grün, Grünlich-

---

[1]) C. F. Rammelsberg, Handb. d. Mineralchemie, 2. Aufl., I (Leipzig 1875), 245.

[2]) G. Tschermak, Lehrbuch der Mineralogie, 6. Aufl. (Wien 1905).

[3]) F. Wibel, l. c.

[4]) H. Schroeder, N. JB. Min. etc. 1874, 712.

[5]) L. Smith, l. c.

blau; im allgemeinen wurden nur blaue und blaugrüne Strahlen gut durchgelassen (Dicke des Präparats 1,55 mm).[1])

Auf einer heißen Platte erhitzt, zeigten Azurite von Flitsch (Tirol), Graupen (Böhmen) und Burraburra (Australien) deutliche Phosphoreszenz.[2])

Verhalten bei hohen Temperaturen. Azurit (von Chessy) zeigte nach H. Rose[3]) in gepulvertem Zustande erst bei 220° den Beginn eines Gewichtsverlustes, der aber bis 250° noch sehr gering blieb; bei dieser Temperatur war die Farbe graubraun. Bei 300° war die Kupferlasur in Kupferoxyd verwandelt, das aber noch Wasser enthielt.

Kochendes Wasser trieb das Kohlendioxyd aus, und zwar reichlicher als beim Malachit; das Pulver wurde schwarz. In Wasser bei gewöhnlicher Temperatur änderte sich Azurit nicht (innerhalb 3 Monaten), ebensowenig in Wasser bei 60—80°.

Vor dem Lötrohre wird das Mineral schwarz, schmilzt leicht und reduziert sich auf Kohle zu einem Kupferkorn. Im Kölbchen erhält man einen Niederschlag von Wasser.

Löslichkeit. Kupferlasur ist löslich in Ammoniak mit dunkelblauer Farbe, ferner in einer heißen konzentrierten Lösung von $NaHCO_3$; die Flüssigkeit liefert beim Kochen einen grünen Niederschlag von $CuCO_3$ $Cu(OH)_2$.[4])

Synthesen.

Synthesen von Azurit, die über die Bildungsbedingungen dieses Minerals, auch gegenüber dem Malachit, Aufschluß geben, sind bei Malachit angeführt; außer diesen finden sich noch folgende Angaben:

H. Debray[5]) erhielt durch Einwirken von CO_2 unter hohem Druck (10—14 Atm.) auf Malachit oder synthetisches Kupfercarbonat keinen Azurit; wenn er aber $Cu(NO_3)_2$ mit überschüssigen Kreidestücken mit Wasser in einem Glasrohre einschloß, so bildete sich zunächst eine Kruste von basischem Kupfernitrat, aus der allmählich Azuritwärzchen hervorgingen. In der Röhre herrschte durch Entwicklung von CO_2 ein Druck von 3—4 Atm.

H. Becquerel[6]) erhielt durch Zersetzen von $Cu(NO_3)_2$, Kreide und $NaHCO_3$ in der Kälte Azurit.

L. M. Michel[7]) erzeugte durch mehrjähriges Einwirken von Kupfersulfatlösung auf Doppelspat bei normalem Druck und gewöhnlicher Temperatur ebenfalls Azurit in tafeligen Kristallen.

F. Millosevich[8]) teilte einen Versuch von L. Brugnatelli mit, der Portlandzementstücke mit einer verdünnten, schwach sauren Kupfervitriollösung übergoß; nach 10 Jahren hatten sich die Gefäßwände mit einer Kruste von Azuritkriställchen mit wenig Gipskristallen bedeckt.

---

[1]) V. Agafonoff, Mem. soc. min. St. Pétersb. **39**, 497 (1902).
[2]) R. Handmann, Zur Kenntnis der Phosphoreszenzerscheinungen einiger Minerale und Gesteine (Natur und Offenbarung, Münster 1910), 56.
[3]) H. Rose, Pogg. Ann. **84**, 484 (1851).
[4]) F. Field, vgl. bei Malachit.
[5]) H. Debray, C. R. **49**, 218 (1859); Jahresber. f. Chem. 1859, 214.
[6]) H. Becquerel, C. R. **63**, 1 (1866).
[7]) L. M. Michel, Bull. Soc. min. **13**, 139 (1890).
[8]) F. Millosewich, Atti R. Accad. dei Linc. Rend. [5] **17**, 80, (1908).

Endlich ist noch eine Angabe von H. Becquerel[1]) zu verzeichnen, Azurit bilde sich an den Wänden von Collodium oder Papier, die $Cu(NO_3)_2$-Lösungen von der Lösung von K_2CO_3 oder $KHCO_3$ trennen.

Über die Erzeugung von Azurit als Farbstoff vergleiche man die Mitteilungen von R. Phillips[2]), ferner von F. Fouqué und M. Lévy.[3])

Kupferlasur ist ebenso wie Malachit ein Mineral der Oxydationszone von Kupferlagerstätten, er findet sich ferner in Laven von Vulkanen, so des Vesuv.[4])

Umwandlungen. Sillem[5]) gab neben der Umwandlungspseudomorphose nach Malachit[6]) noch die Verdrängungspseudomorphose Azurit nach Cerussit (von Bleifeld, Zellerfeld) an.

R. Blum führte Pseudomorphosen nach Cuprit,[7]) nach Fahlerz,[8]) Verdrängungspseudomorphosen nach Magnesit[9]) an.

Unter besonderen Verhältnissen scheint sich Kupferlasur in gediegenes Kupfer umwandeln zu können. Eine solche Pseudomorphose beschrieb W. S. Yeates[10]) von Grant City, New Mexiko.

Zinkazurit.

Der Zinkazurit von A. Breithaupt[11]), lasurblau, rhombisch (?) kristallisierend, Dichte 3,490, enthält nach einer Prüfung von C. F. Plattner Kupfercarbonat, Zinksulfat, etwas Wasser. Er ist wahrscheinlich ein Gemenge von Kupferlasur und Zinksulfat.

Atlasit.

Der Atlasit von A. Breithaupt,[12]) äußerlich dem Atakamit ähnlich, stengelig, mit zwei Spaltrichtungen, Dichte 3,839—3,869, Härte $4^3/_4$—5, enthält

CuO	70,18
CO_2	16,48
H_2O	9,30
Cl	4,14
Rückstand . . .	0,70
	100,80

Er soll ein Gemenge von Atakamit und Azurit (oder Malachit?) sein.[13])

[1]) H. Becquerel, C. R. **87**, 585 (1878).
[2]) R. Phillips, Ann. chim. phys. **1**, 44 (1818).
[3]) F. Fouqué u. M. Lévy, Synthèse de min. et des roches (Paris 1882), 215.
[4]) A. Scacchi, Spettatore di Vesuvio et de Campi Flegrei 1887, bei St. Meunier, Meth. de synthèse en minér. (Paris 1891), 18.
[5]) Sillem, N. JB. Min. etc. 1852, 513.
[6]) Vgl. auch die Angaben von L. Buchrucker, E. Döll bei Malachit.
[7]) R. Blum, Die Pseudomorphosen (Stuttgart 1843), 39.
[8]) R. Blum, Ebenda, 1. Nachtrag 120; 2. Nachtrag 77; 3. Nachtrag 33.
[9]) R. Blum, Ebenda, 2. Nachtrag 122.
[10]) W. S. Yeates, Am. Journ. **38**, 405 (1889).
[11]) A. Breithaupt, Bg.- u. hütt. Z. **11**, 101 (1852).
[12]) A. Breithaupt, Bg.- u. hütt. Z. **24**, 310 (1865).
[13]) E. S. Dana, A System of Mineralogy, 5. Aufl. (New York 1875).

Aurichalcit.

Von **A. Himmelbauer** (Wien).

Monoklin. $a:b:c = ?:1:1{,}6574$; $\beta = 84^0\,15'$ (G. d'Achiardi[1]).

Synonyma: Kupferzinkblüte, Messingblüte, Orichalcit, Risseit, Buratit (kalkhaltig).

Analysen.

	1.	2.	3.	4.	5.
δ	—	—	—	3,320	2,913
(MgO)	—	—	—	—	—
CaO	—	—	8,62	2,16	29,69
(FeO)	—	—	—	—	—
CuO	28,19	28,36	29,46	29,00	4,17
ZnO	45,84	45,62	32,02	41,19	26,98
(Al_2O_3)	—	—	—	—	—
(Fe_2O_3)	—	—	—	—	—
CO_2	16,06	16,08	21,45	19,88	39,16 (CO_2 + H_2O)
H_2O	9,95	9,93	8,45	7,62	
Rest	—	—	—	—	—
	100,04	99,99	100,00	100,85	100,00

1. und 2. Aurichalcit von Loktewsk, Altai, spangrüne Blättchen; anal. Th. Böttger, Pogg. Ann. **48** [124], 495 (1839).

3. Aurichalcit von Loktewskoi, Altai; anal. A. Delesse, Ann. chim. phys. **18** [3], 478 (1846).

4. Aurichalcit von Chessy, Frankreich; anal. A. Delesse, ebenda.

5. Aurichalcit von Temperino, Toskana, auf Blende sitzend; anal. A. Delesse, ebenda.

	6.	7.	8.	9.	10.
δ	—	—	—	—	—
(MgO)	—	—	—	1,08	—
CaO	—	—	—	—	—
(FeO)	—	—	—	5,85	—
CuO	32,5	18,41	16,03	5,12	18,07
ZnO	42,5	55,29	56,82	59,93	50,45
(Al_2O_3)	—	—	—	—	—
(Fe_2O_3)	—	—	—	—	—
CO_2	27,5 (CO_2 + H_2O)	14,08	24,61 (CO_2 + H_2O)	26,20	15,45
H_2O		10,80		1,81	14,75
Rest	—	1,86	1,69	—	0,50
	102,5	100,44	99,23	99,99	99,22

6. Aurichalcit von Matlock, England; anal. A. Connel, N. Edinb. Phil. J. **45**, 36 (1848).

7. und 8. Aurichalcit von Santander, Spanien; anal. H. Risse, Verh. nat. Ver. Bonn 1865, 95.

[1]) G. d'Achiardi, Atti della soc. Tosc. di sci. nat. Pisa Memorie **16**, 1 (1897).

9. Aurichalcit von Udias, Spanien; anal. Areitio, Ann. soc. españ. Hist. nat. III. Mem. 1874, 329.

10. Aurichalcit von Laurium, Griechenland; anal. Ed. Jannetaz, Bull. Soc. min. **8**, 43 (1885).

	11.	12.	13.	14.	15.	16.
δ	—	—	—	—	—	—
CaO . . .	—	—	—	—	29,04	28,89
CuO . . .	20,39	21,43	20,20	15,58	6,13	6,63
ZnO . . .	54,70	53,57	55,51	58,72	25,12	25,24
(Fe_2O_3) . .	—	—	—	2,17	3,37	2,25
CO_2 . . .	11,38	26,78 (} $CO_2 + H_2O$)	26,50	22,97	30,34	29,25
H_2O . . .	13,53					
Rest . . .	—	—	—	—	(SiO_2) 6,48	7,05
	100,00	101,78	102,21	99,44	100,48	99,31

11. und 12. Aurichalcit von Moravicza, Banat; anal. A. Belar, Z. Kryst. **17**, 113 (1890).

13. Aurichalcit von Campiglia, Italien; anal. A. Belar, ebenda.

14. Aurichalcit von Sardinien; anal. A. Belar, ebenda.

15. und 16. Bauschanalysen von grünen, Aurichalcit- und Kalkspat-hältigen Partien aus Moravicza, Banat; anal. A. Belar, ebenda.

	17.	18.	19.	20.	21.
δ	3,52	3,63	—	3,35	—
CaO . . .	0,86	0,36	0,46	0,45	0,22
CuO . . .	20,88	19,87	19,91	18,80	28,40
ZnO . . .	52,18	54,01	54,77	52,51	45,67
(Al_2O_3) . .	—	—	—	Spur	—
(Fe_2O_3) . .	—	—	—	1,34	—
CO_2 . . .	16,50	16,22	16,22	15,71	16,06
H_2O . . .	9,91	9,93	8,50	9,61	9,98
Rest . . .	—	—	Spur	unl. 2,01	—
	100,33	100,39	99,86	100,43	100,33

17. und 18. Aurichalcit von Utah; anal. O. S. Penfield, Am. Journ. **41**, 106 (1891).

19. Aurichalcit von Torreon, Mexiko, auf Kupferkies; CaO von kleinen Calciteinschlüssen; anal. H. F. Collins, Min. Mag. **10**, Nr. 45, 15 (1892).

20. Aurichalcit von Valdespra, Italien; anal. G. d'Achiardi, Atti della soc. Tosc. Mem. **16**, 1 (1897).

21. Aurichalcit von Wanlockhead, Schottland; anal. M. F. Heddle, The Mineralogy of Scotland (Edinburg 1901).

Eine Darstellung der chemischen Formel ist derzeit noch nicht möglich, zumal nicht einmal sichergestellt ist, ob der Gehalt an $CaCO_3$ auf mechanische Beimengung von Calcit zurückzuführen ist oder in die Formel des Minerals hineingehört.

C. F. Rammelsberg[1]) deutete die Zusammensetzung $R_5C_2O_9 + 3H_2O$,

[1]) C. F. Rammelsberg, Handbuch d. Mineralchemie, 2. Aufl. I (Leipzig 1875), 245; 2. Supplement (Leipzig 1895), 94.

$R_3CO_5 + 2H_2O$, $R_5C_2O_9 + 4H_2O$, $R_7C_2O_{11} + 6H_2O$, R = Cu, Zn, der kalkhaltige $R_2CO_4 + H_2O$, R = Cu, Zn, Ca.

A. Belar stellte auf Grund seiner Analysen die Formel $CuCO_3 + Zn_3(OH)_6$ auf, O. S. Penfield und G. d'Achiardi nahmen die Formel $3\overset{II}{R}(OH)_2 + 2\overset{II}{R}CO_3$ an, wobei R = Cu, Zn, nach G. d'Achiardi im Verhältnis Cu : Zn = 2 : 5.

Das Mineral ist in starken Säuren leicht löslich unter Entwicklung von CO_2, ebenso in heißer KCy-Lösung.

Die Dichte schwankt zwischen 2,913 und 3,63.

Die Härte ist ungefähr gleich 1. Die Farbe der Blättchen ist hellgrün, manchmal auch hellblau.

Im Kölbchen gibt das Mineral Wasser ab. Vor dem Lötrohre wird es in der Oxydationsflamme dunkler gefärbt, in der Borax- und Phosphorsalzperle bildet es ein grünes Glas. Auf der Kohle erhält man mit Soda in der Reduktionsflamme starken Zinkoxydbeschlag und ein Kupferkorn.

Synthesen. Nach dem Vorgange von A. Delesse,[1]) der angab, aus einer Lösung des Aurichalcits in Ammoniumcarbonat das Mineral wieder kristallisiert erhalten zu haben, versuchte auch A. Belar[2]) die synthetische Darstellung dieses Minerals, indem er Aurichalcit, ferner Malachit und natürliche Zinkblüte in verschiedenen Mischungsverhältnissen in Ammoncarbonatlösungen bei Überschuß von Ammoniak gab. Es bildeten sich nur schwer teils amorphe, teils kristallinische Produkte; ein solches von grüner Farbe gab:

CuO	7,35
ZnO	64,29
$CO_2 + H_2O$ . .	27,49
Unlöslich . . .	2,06

Die Formel stimmte ihm mit Aurichalcit nicht. Ebenso bildete sich aus basischen Lösungen von natürlichem Aurichalcit nur ein kupferarmes Zinkhydrocarbonat. Dagegen erhielt A. Himmelbauer[3]) beim Einlegen von Doppelspatstückchen in eine Lösung von Kupfersulfat und Zinksulfat (ungefähr in äquimolekularem Verhältnis) auf dem Calcit grüne Krusten, die nach dem qualitativ-chemischen und optischen Verhalten dem Aurichalcit entsprachen.

L. Michel[4]) fand Aurichalcit in den Schlacken einer Bleihütte von Poullaouen (Finistère).

Aurichalcit ist ein Mineral der Oxydationszone der Kupfer- und Zinkerzlagerstätten, und zwar meist eine sehr junge Bildung; er tritt manchmal zusammen mit Malachit auf.

---

[1]) A. Delesse, Ann. chim. phys. [3] **18**, 480 (1846).
[2]) A. Belar, l. c.
[3]) A. Himmelbauer, Unveröffentlichte Beobachtung.
[4]) L. Michel, Bull. Soc. min. **31**, 274 (1908)

Rosasit.

Amorph?

Von **G. d'Achiardi** (Pisa).

Gefunden von D. Lovisato[1]) im Bergwerk von Rosas (woher der Name) in Sulcis in Sardinien.

1. Analyse von Rimatori.[1])
2. Theoretische Zusammensetzung.

	1.	2.
CO_2	30,44	30,43
CuO	36,34	34,40
ZnO	33,57	35,17
PbO	Spuren	—
H_2O	0,21	—
	100,56	100,00

Die theoretische Zusammensetzung entspricht der Formel:

$$2CuO . 3CuCO_3 . 5ZnCO_3.$$

Im geschlossenen Rohr gibt das Mineral sehr wenig Wasser ab und wird schwarz; schmilzt in der Reduktionsflamme auf Kohle, indem es schwarz wird und kleine rote Kupferkügelchen sowie einen leichten weißen Zinkbeschlag bildet. Lösbar in Säuren.

$$\delta = 4,074 \text{ (b. } 25^0)$$
$$\text{Härte} = 4,5.$$

Es kommt in Äderchen mit warzenförmiger Form anscheinend von hellgrüner ins Bläuliche spielender Farbe vor; Seidenglanz an frischen Bruchstellen; dunkelgrün an der Oberfläche.

Die Analysenmethoden der Strontium- und Bariumcarbonate.

Von **M. Dittrich** (Heidelberg).

Strontianit.

Hauptbestandteile: Sr, CO_3.
Nebenbestandteile: Ca und Ba.

Untersuchung eines reinen (calcium- und bariumfreien) Strontianits.

Die Bestimmung des Strontiums erfolgt durch Fällung als Sulfat mit verdünnter Schwefelsäure bei Gegenwart von Alkohol.

[1]) D. Lovisato, R. Acc. d. Linc. Ser. 5, **17**, 2° sem.; **12**, 723 (1908).

Man löst etwa 0,7 g Substanz in verdünnter Salzsäure, dampft die Lösung zur Verjagung der Säure zur Trockne, nimmt mit Wasser auf und führt sie in ein Becherglas über. Diese fast neutrale Flüssigkeit (etwa 50—60 ccm) wird zum Sieden erhitzt und mit einem ziemlichen Überschuß ebenfalls kochender heißer verdünnter Schwefelsäure gefällt. Nach Zugabe des gleichen Volumens Alkohol — zur vollständigen Fällung des Strontiumsulfats — läßt man 6 Stunden stehen und filtriert dann ab. Zum Auswaschen verwendet man 50 % igen Alkohol, dem anfangs etwas verdünnte Schwefelsäure zugesetzt wird; schließlich wäscht man mit reinem Alkohol bis zum Verschwinden der Schwefelsäurereaktion aus. Das Filter mit Niederschlag wird erst an der Luft und sodann im Trockenschrank bei 90° getrocknet. Nach Entfernung des Niederschlags vom Filter wird zuerst das letztere im Platin- oder Porzellantiegel verascht, hierauf die Hauptmenge des Niederschlages zugegeben, alles schwach geglüht und als $SrSO_4$ gewogen.

Untersuchung eines calcium- und bariumhaltigen Strontianits.

Strontium, Calcium und Barium werden zunächst als Carbonate gefällt; nach Überführung derselben in Nitrate werden diese mit Ätheralkohol behandelt, Calciumnitrat löst sich, Strontium- und Bariumnitrat bleiben ungelöst. Aus dem im Wasser gelösten Rückstand wird das Barium als Chromat abgeschieden und im Filtrat davon das Strontium als Sulfat bestimmt.

Ausführung. Die schwach salzsaure Lösung des Strontianits wird bei Wasserbadwärme in einem Becherglase mit Ammoniumcarbonat und Ammoniak im Überschuß gefällt und längere Zeit bis zum Absetzen des Niederschlages erwärmt. Nun filtriert man — das Filtrat untersucht man eventuell auf Magnesium, wie früher (S. 217) angegeben — und wäscht den Niederschlag mit heißem Wasser gut aus. Die Carbonate werden auf dem Filter unter Bedecken mit einem Uhrglase vorsichtig in verdünnter Salpetersäure gelöst und das Filtrat ziemlich stark eingedampft. Diese Lösung spült man in ein weithalsiges 100 ccm-Kölbchen über und konzentriert sie darin anfangs auf dem Wasserbade möglichst weit, wobei man zweckmäßig mit Hilfe eines einmal gewogenen Glasrohres die feuchte Luft aus dem Kölbchen heraussaugt; schließlich trocknet man das Kölbchen ebenfalls unter Luftdurchsaugen im Trockenschrank bei 130—140° oder durch Einsenken in ein allmählich auf diese Temperatur erhitztes Ölbad (Thermometer im Öl) 2 Stunden lang. Die erhaltene Salzmasse wird nach dem Erkalten mit etwa der 10 fachen Gewichtsmenge absoluten (über Kalk destillierten) Alkohols übergossen und nach Verkorken des Kölbchens unter öfterem Umschütteln stehen gelassen. Nach 1—2 Stunden fügt man das gleiche Volumen (über Natrium oder geschmolzenen Chlorcalcium destillierten) Äther hinzu, verschließt, schüttelt um und läßt 12 Stunden stehen. Nun filtriert man durch ein mit Ätheralkohol (1 : 1) befeuchtetes Filter, zerdrückt den Rückstand im Kölbchen mit einem plattgedrückten Glasstab und wäscht ihn gut, ohne ihn aufs Filter zu bringen, mit Ätheralkohol aus, bis einige Tropfen des Filtrats beim Verdampfen keinen Rückstand mehr hinterlassen.

Calcium. Das Filtrat, welches das Calcium enthält, wird vorsichtig in einem größeren Becherglase auf einem mäßig warmen Wasserbade zur Trockne verdampft; das hinterbleibende Calciumnitrat wird in Wasser gelöst und in der Lösung, wie früher bei Calcit beschrieben, das Calcium als Oxalat gefällt und als Oxyd bestimmt.

Strontium. Der Rückstand im Kölbchen und auf dem Filter wird in Wasser gelöst und in der Lösung, wenn die spektroskopische Prüfung einer kleinen Probe die Abwesenheit von Barium ergab, wie oben das Strontium als Sulfat bestimmt.

Bei wenig Calcium ist diese Trennung genau und das Strontium ist kalkfrei, bei größeren Mengen Calcium wird dies jedoch vom Strontiumnitrat teilweise zurückgehalten, und es ist eine erneute Trennung notwendig, welche in gleicher Weise, wie dies eben beschrieben, mit der wieder eingedampften Lösung des Rückstandes vorzunehmen ist.

Barium. Bei Anwesenheit von Barium[1]) wird der Rückstand der Nitrate von Strontium und Barium in so viel Wasser gelöst, daß auf 1 g des Salzgemisches 300 ccm Wasser kommen. Diese Lösung versetzt man mit 6 Tropfen Essigsäure und fällt in der Hitze das Barium mit etwa 10 ccm der Ammoniumchromatlösung aus; nach 1—2 stündigem Stehen dekantiert man den Niederschlag mit ammoniumchromathaltigem Wasser so lange, bis das Filtrat mit Ammoniak und Ammoniumcarbonat keine von Strontiumcarbonat herrührende Trübung mehr zeigt, und befreit hierauf durch Auswaschen mit reinem warmen Wasser das Bariumchromat von dem anhaftenden Ammoniumchromat, bis das Filtrat mit Silbernitrat nur noch eine geringe rotbraune Färbung zeigt.

Da der Niederschlag noch strontiumhaltig ist, muß er wieder gelöst und nochmals gefällt werden. Man löst ihn auf dem Filter in wenig warmer verdünnter Salpetersäure (etwa 2 ccm nötig), verdünnt das Filtrat auf 200 ccm, erhitzt und setzt nach und nach unter beständigem Umrühren 6 ccm Ammoniumacetat und noch Ammoniumchromat bis zum Verschwinden des Essigsäuregeruches zu (erforderlich etwa 10 ccm). Nach einer Stunde gießt man die Flüssigkeit durch einen Goochtiegel, behandelt den Niederschlag selbst mit heißem Wasser, läßt erkalten, filtriert und wäscht mit kaltem Wasser, bis das Filtrat mit neutraler Silbernitratlösung nur noch eine geringe Opaleszenz erzeugt, trocknet, glüht im Luftbade oder Asbestringtiegel und wägt als $BaCrO_4$.

Strontium. In den eingedampften Filtraten vom Bariumchromat scheidet man zunächst das Strontium durch Ammoniumcarbonat und Ammoniak wie oben bei Wasserbadwärme wieder ab; hierbei fällt jedoch gleichzeitig etwas Chrom mit aus. Man löst deshalb den abfiltrierten Niederschlag nochmals in verdünnter Salpetersäure, erwärmt mit einigen Tropfen Wasserstoffsuperoxyd, um Chrom in die Oxydform überzuführen, und scheidet es durch wenig Ammoniak ab. Im Filtrat davon wird das Strontium nach Eindampfen und Neutralisieren wie oben durch Schwefelsäure und Alkohol gefällt.

Strontianocalcit und Emmonit siehe Strontianit.

---

[1]) Für die Trennung des Bariums von Strontium braucht man folgende Lösungen: 1. Eine Lösung von Ammoniumchromat $(NH_4)_2CrO_4$, von welcher 1 ccm 0,1 g des Salzes enthält; man stellt dieselbe dar durch Versetzen von reinem, schwefesäurefreiem Ammoniumbichromat mit Ammoniak bis zur Gelbfärbung; die Lösung soll eher sauer wie alkalisch sein. 2. Eine Lösung von Ammoniumacetat (1 ccm = 0,31 g). 3. Essigsäure vom spezifischen Gewicht 1,065. 4. Salpetersäure vom spezifischen Gewicht 1,20.

Witherit.

Hauptbestandteile: Ba, CO_3.

Wenn außer Barium keine weiteren Metalle vorhanden sind, so erfolgt die Bestimmung des Bariums durch Fällung mit verdünnter Schwefelsäure und Wägung als Bariumsulfat.

Die Lösung von etwa 0,8 g des Mineralpulvers in Salzsäure wird mit Wasser auf etwa 200 ccm verdünnt, zum Sieden erhitzt und mit siedendheißer verdünnter Schwefelsäure in nicht allzu großem Überschuß gefällt. Damit der Niederschlag etwas grobkristalliner wird und nicht zu leicht durchs Filter geht, erwärmt man die Flüssigkeit noch $^1/_2$ Stunde auf dem Wasserbade oder über kleiner Flamme, läßt erkalten und filtriert durch ein Bunsensches Doppelfilter (ein größeres und ein kleineres Filter ineinander gelegt), wäscht gut aus, verascht naß im Platintiegel und glüht längere Zeit bei unbedecktem Tiegel. Nach dem Wägen durchfeuchtet man den Glührückstand mit einem Tropfen verdünnter Schwefelsäure, um eventuell durch Reduktion gebildetes Bariumsulfid in Sulfat überzuführen, verjagt die Schwefelsäure vorsichtig und glüht wieder, bis Gewichtskonstanz erreicht ist.

Ist auch Strontium und Calcium anwesend, so erfolgt die Untersuchung nach den bei Strontianit angegebenen Methoden.

Barytocalcit, Alstonit.

Die Trennung des Bariums vom Calcium erfolgt in gleicher Weise, wie die des Strontiums vom Calcium (siehe Strontianit) durch Überführen in Nitrate und Ausziehen mit Ätheralkohol.

Strontiumcarbonat.

Strontianit.

Von **H. Leitmeier** (Wien).

Rhombisch bipyramidal.

$a:b:c = 0{,}60904:1:0{,}72661$[1]) (nach J. Beykirch).

Synonyma: Strontian, Strontianerde (kohlensaure), Strontianspat; Emmonit und Calciostrontianit ($CaCO_3$ reich).

Der Strontianit ist keines der häufigen Carbonate und findet sich auf Erzlagerstätten, in vulkanischen Gesteinen und in Kalken und Mergeln. Er tritt in derben, stengeligen, faserigen Aggregaten oder in oft gut entwickelten Kristallen auf; die kristallographische Literatur über Strontianit ist recht umfangreich.

---

[1]) J. Beykirch, N. JB. Min. etc. 13. Beil.-Bd. 426 (1899—1901).

Chemische Eigenschaften und Analysenresultate.

Von diesem Carbonate gibt es eine verhältnismäßig große Anzahl guter Analysen, die ein geschlossenes Bild seiner chemischen Zusammensetzung gewähren.

Ältere Analysen. Nach A. Des Cloizeaux, Manuel (Paris 1874), 85.

	1.	2.	3.	4.	5.	6.	7.
CaO . . .	—	3,47	1,28	3,64	3,64	4,42	3,82
(FeO) . .	—	—	—	—	0,22	—	—
SrO . . .	69,5	65,60	67,52	65,14	65,06	64,32	65,30
(Mn_2O_3) . (Fe_2O_3) .	—	0,07	0,09	—	—	—	—
CO_2 . . .	30,0	30,31	29,94	30,59	30,69	30,86	30,80
(H_2O) . .	0,5	0,07	0,07	0,25	0,25	—	0.08
	100,0	99,52	98,90	99,62	99,86	99,60	100,00

1. Strontianit von Strontian; anal. M. H. Klaproth.
2. Strontianit von Strontian; anal. F. Stromeyer.
3. Strontianit von Bräunsdorf in Sachsen; anal. F. Stromeyer.
4. Strontianit von der Grube Bergwerkswohlfahrt bei Clausthal am Harz; weiße Varietät (strahlige Aggregate); anal. Jordan.
5. Strontianit, strahlige Aggregate, gelblich gefärbt, vom gleichen Fundorte; anal. wie oben.
6. Strontianit von Hamm in Westfalen; anal. C. Schnabel.
7. Strontianit von Hamm in Westfalen; anal. Redicker.

Neuere Analysen.

	8.	9.	10.	11.	12.
(MgO) . . .	—	—	—	0,198	Spuren
CaO . . .	3,67	5,60	2,702	5,31	4,91
(FeO) . . .	—	—	—	—	Spuren
SrO . . .	64,58	63,12	66,312	51,660	63,94
BaO . . .	—	—	0,166	6,608	—
(PbO) . . .	—	—	—	0,927	—
CO_2 . . .	30,74	31,28	30,355	20,152	30,92 berechnet
(SiO_2) . . .	0,02	—	—	—	—
(S)	—	—	—	0,144	—
(SO_3) . . .	—	—	—	14,853	—
(H_2O) . . .	0,30	—	—	—	—
	99,31	100,00	99,535	99,852	99,77
$CaCO_3$ . .	6,54	9,99	—	—	—
$SrCO_3$ . . .	92,45	90,01	—	—	—

8. Strontianit, gut ausgebildete Kristalle aus der Reichhardschen Grube im „Rieth" bei Drensteinfurt in Westfalen; anal. v. d. Mark. Verh. d. naturw. Ver. d. preuß. Rheinlande u. Westfalens, **39**, 83 (Bonn 1882).
9. Strontianit von Wildenau im Erzgebirge; anal. R. Sachsse; F. Schalch, Sitzber. d. naturf. Ges. Leipzig **10**, 76 (1884). — Ref. N. JB. Min. etc. 1886[1] 190.
10. Strontianit aus den Steinbrüchen von Strontian, ausgesuchte reine Stücke; anal. W. Ivison Macadam, Min. Mg. **6**, 173 (1885).
11. Strontianit vom selben Vorkommen, rohe Massen; anal. wie oben.
12. Strontianit, Kristalle von Oberschaffhausen in Baden; anal. J. Beckenkamp. Z. Kryst. 14, 69 (1888).

	13.	14.	15.	16.
δ	3,691	3,704	—	—
CaO	3,57	3,38	5,15	3,81
(FeO) . . .	0,54	—	—	Spuren
SrO	66,19	65,43	63,97	65,06
CO_2	30,24	30,54	30,95	30,67
(H_2O) . . .	—	—	—	0,09
Rückstand . .	—	0,17	—	0,12
	100,54	99,52	100,07	99,75
$CaCO_3$ . . .	6,37	—	—	—
$SrCO_3$ . . .	93,30	—	—	—
$FeCO_3$ . . .	0,87	—	—	—

13. Strontianit, durchsichtige bis durchscheinende Kristalle von der Grube Wilhelmi bei Altahlen, Regierungsbezirk Münster in Westfalen. Molekularverhältnis $SrCO_3 : CaCO_3 =$ 0,6341 : 0,0638 = 10 : 1, entspricht der Formel $10SrCO_3CaCO_3$; anal. F. Kovač; C. Vrba, Z. Kryst. **15**, 450 (1889).

14. Strontianit, radialfaserige Aggregate gelbgrün durchscheinend, bei Nepean, Carleton County, Ontario; anal. R. A. Johnson; G. C. Hoffmann, Geol. Surv. of Canada **6** (1892).

15. Strontianit, büschelförmig, stengelige Aggregate von Lubna bei Rakonitz in Böhmen; anal. C. F. Eichleiter, Verh. k. k. geol. R.A. 1898, 297.

16. Strontianit, grünlichgelbe, radialfaserige Aggregate vom Kuněticer Berge bei Pardubitz in Böhmen; anal. F. Kovač, Z. f. chem. Ind. 1909 (böhmisch). Ref. Z. Kryst. **36**, 204 (1902).

In einer ausführlichen Arbeit hat J. Beykirch die verschiedenen Strontianitvorkommen des Münsterlandes an guten homogenen Kristallen untersucht, die denselben Stufen entnommen waren, die Material zu seinen kristallographischen und optischen Untersuchungen geliefert hatten.

	17.	18.	19.	20.	21.	22.
δ	3,726		3,723		3,728	3,722
$CaCO_3$ . .	6,02	6,49	6,24	6,06	5,61	5,62
$SrCO_3$ . .	93,69	93,70	93,76	94,06	94,16	94,29
(SiO_2) . . .	Spur	—	—	—	—	—
	99,71	100,19	100,00	100,12	99,77	99,91

17. und 18. Strontianit, weiße durchscheinende Kristalle von Drensteinfurt von sehr schwach rötlicher Färbung; anal. J. Beykirch, N. JB. Min. etc. Blbd. **13**, 398 (1899–1901).

19. und 20. Strontianit vom selben Fundorte, aber etwas dunkler gefärbt; anal. wie oben.

21. Strontianit, fast ganz helle und klare Kristalle vom gleichen Fundorte; anal. wie oben.

22. Ebenfalls ganz klare Kristalle vom gleichen Fundorte; anal. wie oben.

	23.	24.	25.	26.	27.	28.
	3,707		3,694		3,714	
$CaCO_3$ . .	5,70	6,19	6,64	6,51	7,10	7,62
($FeCO_3$) . .	Spur	93,82	Spur	Spur	—	—
$SrCO_3$ . .	94,29	Spur	93,04	93,22	92,55	92,38
(SiO_2) . .	Spur	Spur	Spur	Spur	—	—
	99,99	100,01	99,68	99,73	99,65	100,00

23. und 24. Strontianit, gelblichrote Kristalle von der Grube Heinrich bei Walstedde; anal. wie oben.

25. und 26. Strontianit, intensiv rötlichgelb gefärbte Kristalle von Ahlen: anal. wie oben.

27. und 28. Strontianit, derbe Massen von feinem Gefüge, von Gievenbeck, 1/2 Stunde westlich von Münster; anal. wie oben.

	29.	30.	31.	32.	33.
δ		3,706	3,657		3,628
$CaCO_3$ . . .	8,49	7,13	11,12	11,03	10,89
$(FeCO_3)$ . . .	Spur	—	—	—	—
$SrCO_3$ . . .	91,29	93,17	88,69	88,87	89,22
(SiO_2) . . .	Spur	—	—	—	—
	99,78	100,30	99,81	99,90	100,11

29. Wie Analyse 27. und 28.
30. Strontianit, klare Kristalle vom gleichen Fundorte; anal. wie oben.
31. und 32. Wie Analyse 29.
33. Strontianit, derbkristalline Massen von Albersloh bei Münster; anal. wie oben.

Kalkreicher Strontianit (Emmonit, Calciostrontianit).

Für einen an Calciumcarbonat besonders reichen Strontianit hat Th. Thomson den Namen Emmonit, A. Cathrein den Namen Calciostrontianit gebraucht.

	1.	1a.	2.	3.
δ	2,946	—	3,447	3,5
$CaCO_3$ . . .	12,50	13,13	—	13,14
$SrCO_3$ . . .	82,69	86,87	—	86,89
(Fe_2O_3) . . .	1,00	—	—	—
(Zeolithmasse).	3,79	—	—	—
	99,98	100,00		100,03
CaO	—	—	8,53	7,36
SrO	—	—	58,85	60,95
CO_2	—	—	32,30	31,72
			99,68	100,03

1. Emmonit von Massachusetts, blätteriges Gefüge; anal. Th. Thomson; Records of general science **18**, 415 (1836) und Journ. prakt. Chem. **1**, 234 (1838).

1a. Derselbe nach Abzug der Zeolithsubstanz auf 100 berechnet.

2. Kalkhaltiger Strontianit in kugeligen Massen, am Ostabhange des Ben Bhreck (Hügel), südöstlich von Tongue in Schottland; anal. F. Heddle, Min. Mag. **24**, 133 (1883).

3. Emmonit (Calciostrontianit), kristallisiert, vom Großkogel bei Brixlegg in Nordtirol; anal. A. Cathrein, Z. Kryst. **14**, 369 (1888).

Die Übereinstimmung des Brixlegger Vorkommens und des amerikanischen in bezug auf chemische Zusammensetzung ist jedenfalls beachtenswert, wenngleich sie ja auch nur eine zufällige sein kann. Leider ist von dem Brixlegger Vorkommen das spezifische Gewicht nicht genau bestimmt und beim amerikanischen ist die Richtigkeit des Wertes durch die Zeolithverunreinigung beeinträchtigt. Der Strontianit von Ben Bhreck (Analyse 2) stellt den calciumreichsten Strontianit dar, den wir kennen.

Von v. d. Mark[1]) ist ein Calcium-Strontiumcarbonat beschrieben, das Calcistrontit genannt worden war, es entsprach mit einer Zusammensetzung von

$SrCO_3$	49,68 %
$CaCO_3$	49,10
$FeCO_3$	0,20
	98,98 %

(die Analyse ist wohl nicht sehr genau) dem Verhältnisse 3 Mol. $CaCO_3$ + 2 Moleküle $SrCO_3$. Dieses Mineral wurde für eine isomorphe Mischung der beiden Carbonate gehalten. Nach mikroskopischen Untersuchungen von H. Laspeyres[2]) stellt der Calcistronit aber ein mechanisches Gemenge von Strontianit und Kalkspat dar; regelmäßige Verwachsung liegt nicht vor. Es gelang ihm auch, die beiden Komponenten mittels schwerer Flüssigkeiten zu trennen.

Nach J. Beykirch,[3]) der ebenfalls mehrere Analysen mitteilt, ist diese Verwachsung ziemlich regellos, da die $CaCO_3$ und $SrCO_3$-Gehalte der Analysen ganz verschieden sind. Jedenfalls ist der Calcistrontit als selbständiges Mineral zu streichen.

Formel des Strontianits. Überblickt man die Analysen, so findet man, daß es in der Tat, wenn man von der alten Analyse von M. H. Klaproth (Analyse 1 S. 481) absieht, keinen calciumfreien Strontianit gibt.

Hierbei ist gewiß auch auffallend, daß in dieser Mischungsreihe die Anfangsglieder fehlen und ein unter 2 % liegender CaO-Gehalt ein einzigesmal gefunden wurde und daß gewöhnlich der CaO-Gehalt zwischen 2—4 % liegt.

Doch scheint der Calciumcarbonatgehalt auch gewisse Grenzen nicht zu überschreiten und die Mischbarkeit der beiden Carbonate ist jedenfalls eine beschränkte.

Die chemische Formel für Strontianit ist daher nicht $SrCO_3$, sondern richtig nur $(Sr, Ca)CO_3$ zu schreiben.

Lötrohrverhalten und Reaktion. Strontianit färbt die Flamme deutlich purpurrot.

Nach F. Cornu[4]) reagiert Strontianit von Sendenhorst in Westfalen auf Lackmuspapier sehr schwach alkalisch, ebenso gegen Phenolphthaleïnlösung.

Physikalische Eigenschaften.

Brechungsquotienten und Achsenwinkel. Durch die ausgezeichnete monographische Untersuchung J. Beykirchs[5]) am Strontianit des Münsterlandes, besitzen wir gut bestimmte kristallographische und optische Konstanten an analysiertem Material.

---

[1]) v. d. Mark, Verhandl. d. naturh. Vereins f. Rheinlande u. Westfalen, **39**, 84 (1882).

[2]) H. Laspeyres, Z. Kryst. **27**, 41 (1897).

[3]) J. Beykirch, l. c.

[4]) F. Cornu, Tsch. min. Mit. **25**, 489 (1906).

[5]) J. Beykirch, N. JB. Min etc. Blbd. **13**, 389 (1899—1901).

Die **Brechungsindices** sind an dem sehr reinen Materiale von der Grube Heinrich bei Walstedde (Analysen 23 und 24) mittels der Prismenmethode gemessen worden.

Als Mittelwerte ergaben sich:

	Li-	Na-	Tl-Licht
N_α	1,51809	1,51991	1,52187
N_β	1,66242	1,66664	1,67038
N_γ	1,66402	1,66849	1,67276

Der Charakter der Doppelbrechung ist negativ.

Der **Achsenwinkel** sinkt mit dem Kalkgehalte wie die von J. Beykirch angegebene Tabelle zeigt: (Die Werte beziehen sich auf Na-Licht.)

Fundort	$CaCO_3$[1])	Achsenwinkel für die *D*-Linie 2*E*
Grube Heinrich	5,95%	11° 52′ 51″
Drensteinfurt .	6,15	11° 43′ 55″
"	6,26	11° 43′ 00″
Ahlen	6,58	11° 42′ 30″

Dieses regelmäßige Sinken des Achsenwinkels mit steigendem $CaCO_3$-Gehalt spricht J. Beykirch für einen Beweis der isomorphen Beimischung des Calciumcarbonates an.

Dichte. Die Dichte ändert sich natürlich mit dem Calciumcarbonatgehalte. J. Beykirch[2]) gibt für einen verhältnismäßig reinen Strontianit $\delta = 3{,}706$ an.

Thermische Dissoziation. $SrCO_3$ verliert schon nach $^3/_4$ Stunden unter Beibehaltung der äußeren Form CO_2, wie H. Abich[3]) fand. Nach Schaffgotsch[4]) verliert es bei mäßiger Weißglut das gesamte CO_2. Nach H. Le Chatelier[5]) liegt die Zersetzungstemperatur bei 820°. Nach Conroy[6]) wiederum zersetzt es sich über der gewöhnlichen Bunsenflamme langsam, vollständig aber erst bei 1050°. Nach Stiepel und Herzfeld[7]) gibt Strontiumcarbonat bei einstündigem Erhitzen auf 1100° noch kein Oxyd; bei Erhitzen auf 1190° tritt die Dissoziation bereits ein, und man erhält 37% SrO; bei einer Temperatur von 1250° war fast alles $SrCO_3$ dissoziiert.

O. Brill[8]) hat die Dissoziationstemperatur des Strontiumcarbonats ebenso untersucht, wie die des Magnesium- und des Calciumcarbonats.[9]) Als Untersuchungsmaterial verwendete er ein auf seine Reinheit spektroskopisch geprüftes, durch Auflösung in Salzsäure und Fällung mit Ammoniumcarbonat erhaltenes Carbonat.

[1]) Die angegebene Zahl ist immer das Mittel aus 2 Analysen.
[2]) J. Beykirch, l. c.
[3]) H. Abich, Pogg. Ann. **23**, 315 (1831).
[4]) Schaffgotsch, Pogg. Ann. **113**, 615 (1860).
[5]) H. Le Chatelier, Bull. Soc. chim. [2] **47**, 100 (1887).
[6]) Conroy, Journ. of the Soc. chem. Ind. **10**, 109 (1890).
[7]) Herzfeld u. Stiepel, Z. d. Ver. für Rübenzuckerind. 1898, 833.
[8]) O. Brill, Z. anorg. Chem. **45**, 273 (1905).
[9]) Beschreibung d. Verfahrens S. 231 u. 232.

Abgewogen 66,75 Skalenteile[1]) $SrCO_3$.

Zeit in Min.	Temperatur in °C	Gewicht nach Erhitzen
10	200	66,75
10	1145	66,75
10	1166	63,30
10	1170	49,40
10	1185	46,60

Erhalten: 69,82% SrO
Berechnet: 70,20% SrO

Die Kurve für $SrCO_3$ ist ähnlich wie die für $CaCO_3$ erhaltene (vgl. S. 292), nur ist der der Dissoziationstemperatur entsprechende Knickpunkt noch etwas schärfer. Als Dissoziationstemperatur für $SrCO_3$ ergibt sich 1155°.

Nach W. Vernadsky[2]) soll beim Erhitzen bis 700° der Strontianit in die hexogonale Modifikation übergehen, die unter 700° in die rhombische umgewandelt wird. Es liegt somit nach W. Vernadsky bei 700° ein enantiotroper Umwandlungspunkt vor, und $SrCO_3$ soll ein enantiotrop polymorpher Körper sein (vgl. unten bei Witherit S. 493).

Bildungswärme. Die Bildungswärme aus SrO und CO_2 (trocken) beträgt nach J. Thomsen[3]) 53,2 Cal.

Die Bildungswärme Sr, O_2, CO ebenfalls nach J. Thomsen[3]) beträgt 251,02 Cal.

Die **Umsetzungswärme** zwischen $SrSO_2$ und Na_2CO_3, je in 400 Mol. H_2O gelöst ist, nach J. Thomsen[4]) 0,23 Cal.

Elektrische Leitfähigkeit der Lösung. F. Kohlrausch und F. Rose und A. F. Holleman hatten als erste zur Untersuchung der Löslichkeit des Strontiumcarbonats die elektrische Leitfähigkeit gemessen (vgl. S. 487) und F. Kohlrausch[5]) hat diese Untersuchungen weiter fortgeführt und fand als Mittelwert $\varkappa_{18} = 16{,}0 . 10^{-6}$.

Mit der Temperatur steigt die Löslichkeit, also ändert sich in diesem Sinne auch die Leitfähigkeit, wie folgende Zahlen zeigen:

bei	0,80°	2,62°	4,93°	17,16°
$\varkappa =$	$8{,}17 . 10^{-6}$	$8{,}79 . 10^{-6}$	$9{,}69 . 10^{-6}$	$16{,}12 . 10^{-6}$

bei	34,70°	37,70°
$\varkappa =$	$29{,}3 . 10^{-6}$	$32{,}1 . 10^{-6}$

Verhalten gegen Strahlungen. Nach T. Jackson[6]) leuchtet Strontianit im Kathodenlichte stark und fluoresziert nach P. Bary[7]) mit Bequerel- und

[1]) Beschreibung des Verfahrens S. 232.
[2]) W. Vernadsky, Wiss. Verh. d. k. Univ. Moskau. 1891, 9. Ref. Z. Kryst **23**, 278 (1894).
[3]) J. Thomsen, Ber. Dtsch. Chem. Ges. **12**, 2031.
[4]) J. Thomsen, Journ. prakt. Chem. [2] **21**, 38 (1880).
[5]) F. Kohlrausch, Z. f. phys. Chem. **44**, 237 (1903).
[6]) T. Jackson, Journ. Chem. Soc. **65**, 733 (1893).
[7]) P. Bary, C. R. **130**, 776 (1900).

Röntgenstrahlen. C. Doelter[1]) fand, das Strontianit und gefälltes Strontiumcarbonat von Radiumstrahlen nicht verändert wird.

Phosphoreszenz tritt nach G. F. Kunz und Ch. Baskerville[2]) bei Einwirkung von Röntgen-, Radium- und ultravioletten Strahlen ein.

Löslichkeit.

Nach A. Bineau[3]) löst sich Strontiumcarbonat in Wasser im Verhältnisse 1:100,000, nach R. Fresenius[4]) 1:18,000 (diese Zahl ist ganz sicher unrichtig); nach Kremers[5]) lösen sich gar 80 mg $SrCO_3$ in einem Liter.

A. F. Holleman[6]) hat die Löslichkeit des $SrCO_3$ (kristallisiertes) in Wasser vermittelst der elektrischen Leitfähigkeit gemessen, und gefunden, daß sich in reinem Wasser

1 Teil $SrCO_3$ in 121,766 Teilen Wasser bei 8,8°
und 1 „ „ „ 91,468 „ „ „ 24,3° lösen.

Strontiumcarbonat löst sich also, wie schon A. Bineau gefunden hatte, langsamer als Barium- und Calciumcarbonat (vgl. diese).

Zu gleicher Zeit haben auch F. Kohlrausch und F. Rose[7]) die Löslichkeit des Strontiumcarbonats durch die elektrische Leitfähigkeit untersucht, so wie bei Calcit und Bariumcarbonat (siehe diese).

Das Leitvermögen $\varkappa$ beträgt:

	bei 2°	bei 10°	bei 18°	bei 34°
$SrCO_3$	7,7	11	15	26

Um die Abhängigkeit der gelösten Menge von der Sättigungstemperatur anschaulich zu machen, wurden auch beim $SrCO_3$ folgende Berechnungen angestellt:

	Äquiv.-Gewicht	$\varkappa_{18}/100$ Angenäherter Sättigungsgehalt von 1 Liter bei 18° in	$Ae_{18}/100$	Linearer Temperaturkoeffizient des Leitvermögens gesättigter Lösung	Quadratischer	Angenäherter Temperaturkoeffizient der Sättigung bei 18°
	Ae	mg-Äqu.	mg	A	B	a
$^1/_2SrCO_3$	74	0,15	11	0,038	0,00046	0,015

Der Temperaturkoeffizient a ist also bei $SrCO_3$ größer als bei $BaCO_3$ und $CaCO_3$. Die Temperatur beeinflußt somit die Löslichkeit des $SrCO_3$ von den untersuchten Carbonaten am meisten.

Die Löslichkeit des Strontiumcarbonats in einer Lösung von Ammoniumchlorid haben H. Cantoni und G. Goguélia[8]) untersucht und ihre Resultate in der folgenden Tabelle niedergelegt.

---

[1]) C. Doelter, Das Radium und die Farben (Dresden 1910), 34.
[2]) F. G. Kunz und Ch. Baskerville, Science 1903, 769. Ref. N. JB. Min. etc. 1905[I], 9.
[3]) A. Bineau, Ann. Chem. Phys. [3] **51**, 290 (1857).
[4]) R. Fresenius, Ann. Chem. Phys. [2] **59**, 117 (1846).
[5]) Kremers, Pogg. Ann. **85**, 247 (1852).
[6]) A. F. Holleman, Z. f. phys. Chem. **12**, 135 (1893).
[7]) F. Kohlrausch u. F. Rose, Z. f. phys. Chem. **12**, 234 (1893).
[8]) H. Cantoni u. G. Goguélia, Bull. Soc. chim. [3] **31**, 286 (1904).

Löslichkeit des Strontiumcarbonats bei gewöhnlicher Temperatur und langer Versuchsdauer in einer NH_4Cl-Lösung von wechselnder Konzentration.

Lösungsgehalt an NH_4Cl in %	Temperatur Θ	Zeit in Tagen (t)	Anzahl der Gramme $SrCO_3$, die in 1000 cm³ löslich sind
5,35	15°	98	0,17944
5,35	"	"	0,17830
10	"	"	0,25936
10	"	"	0,2606
20	"	"	0,35808
20	"	"	0,35890

Das Strontiumcarbonat ist von den drei Carbonaten $CaCO_3$, $BaCO_3$, $SrCO_3$ in einer NH_4Cl-Lösung das am schwersten lösliche.

In verdünnten Mineralsäuren ist $SrCO_3$ leicht löslich.

Synthese.

Die Darstellung des Strontiumcarbonats kann erfolgen, wie dies beim Bariumcarbonat ausgeführt werden wird (S. 499) und ist an diesem zuerst studiert worden. Die häufigst angewendete Darstellungsweise ist die durch Umsetzung leicht löslicher Sr-Salze, z. B. Strontiumchlorid, mit einem Alkalicarbonat oder Ammoniumcarbonat.

Eine Anzahl von Darstellungen sind durch Patente geschützt, so: Darstellung des $SrCO_3$ durch Kochen von $Sr(SH)_2$ mit $MgCl_2$, unter Zuleitung von Kohlensäure, bis H_2S vollständig entweicht, nach Claus (D.R.P. Nr. 27159). Dann eine Darstellung aus Cölestin ($SrSO_4$) nach Urquhart und Rowell (D.R.P. Nr. 26241): Eisen- und aluminiumfreier Cölestin wird mit Schwefelsäure und einer Na_2SO_4- und Na_2CO_3-Lösung gekocht und das sich bildende Gemenge von $SrSO_4$ und $SrCO_3$ wird mit reichlich Natriumcarbonat im Ofen erhitzt. Die Reinigung der so gebildeten Schmelze erfolgt mit Wasser. Nach Lieber (D.R.P. Nr. 22364) erhält man aus Cölestin $SrCO_3$, indem man ihn mit $CaCl_2$, Fe und Kohle in Strontiumchlorid überführt und dieses dann durch Behandlung mit einem Gemisch von NH_3 und CO_2 in das Carbonat umwandelt.

Aus einer Lösung von Strontiumcarbonat in kohlensäurehaltigem Wasser scheidet sich nach mehreren Tagen das kristallisierte wasserfreie Carbonat in kleinen Kriställchen von rhombischem Habitus ab.

Um gute Kristalle zu erhalten, hat L. Bourgeois[1]) ein Gemenge von Kaliumchlorid und Natriumchlorid mit Strontiumcarbonat zusammengeschmolzen und bei dunkler Rotglut lange prismatische Kristalle erhalten.

Später hat L. Bourgeois[2]) Strontianit in kurzen rhombischen Prismen erhalten, indem er $^1/_2$ g des amorphen gefällten $SrCO_3$ mit ca. 2 g Ammoniumchlorid oder Ammoniumnitrat mit 2 ccm Wasser in einem zugeschmolzenen Glasrohre auf ca. 150—180° erhitzte; dabei verdampfte Ammoniumcarbonat,

[1]) L. Bourgeois, Bull. Soc. chim. **5**, 111 (1882).
[2]) L. Bourgeois, C. R. **95**, 182 (1882).

das bei der Abkühlung von der Lösung aufgenommen wurde und durch Wechselzersetzung wieder das nunmehr kristallisierte Strontiumcarbonat lieferte. Auch durch Erhitzen mit einer Lösung von Ammoniumsalzen oder mit Harnstoff, der sich bei höherer Temperatur durch Aufnahme von Wasserstoff in Ammoniumcarbonat umwandelt, wurden gute Strontianitkristalle erhalten.

$SrCO_3$ fällt, gleich dem Bariumcarbonat, nach O. Knöfler[1]) bereits bei 0^0 sofort kristallisiert aus.

Genesis.

Strontiumcarbonat bildet sich in der Natur wahrscheinlich gewöhnlich durch direkten Absatz aus Sr- und CO_2-haltigen Lösungen und tritt häufig mit Strontiumsulfat, dem Cölestin, zusammen auf (vgl. Analyse 11), indessen ist über den Zusammenhang des Strontianitvorkommens mit Cölestin und über die Herkunft des SrO noch wenig bekannt.

Immerhin ist auch die Umsetzung des Strontiumsulfats durch Alkalicarbonatlösung als Bildungsursache möglich.

Strontianit tritt sowohl in Kalksteinen und Mergeln (Westfalen) als auch in Ergußsteinen (z. B. Melaphyr auf der Seiseralpe in Südtirol) auf. Carbonatische Thermalquellen und Säuerlinge enthalten ja meist einen, wenn auch geringen Gehalt an Strontiumcarbonat, der aber zum Absatze in vulkanischen Gesteinen gewiß hinreichen würde.

Am besten von allen Strontianitvorkommen ist das des Münsterlandes studiert. Von den alten Arbeiten abgesehen, kommen hier namentlich die Abhandlungen von v. d. Mark,[2]) F. Roemer,[3]) H. Laspeyres,[4]) E. Venator[5]) und J. Beykirch[6]) in Betracht. Hier tritt das Carbonat in Mergelablagerungen, die teils Tonmergel, teils Kalkmergel darstellen, auf, die dem Obersenon angehören (Mucronatenschichten); der Strontianit tritt hier gangförmig auf. Seltener tritt er in dem älteren Quadratenmergel auf. Nach v. d. Mark und J. Beykirch sind diese Gangspalten, die das Carbonat enthalten und von 2 cm bis 3 m mächtig sind, trotz einer gewissen Regelmäßigkeit im Auftreten, rein zufällig durch Trockenlegung und Zusammenziehung des Mergels entstanden.

Der Strontianit ist gewöhnlich nicht direkt den Salbändern aufgewachsen, sondern wird von diesen durch eine dünne Schicht von Calcit getrennt. Über die eigentliche Genesis des $SrCO_3$ ist auch hier nichts bekannt. E. Venator glaubt, daß die Ausfüllung der Spalten von oben her erfolgt sei. In der Tiefe der Gänge soll der Calcit allmählich den Strontianit verdrängen.

SrO ist in den Gesteinen, wenn es auch nur in ganz kleinen Mengen auftritt, sehr verbreitet und da es verhältnismäßig in CO_2-haltigem Wasser nicht sehr schwer löslich ist, ist ja an eine Auslaugung immerhin zu denken.[7])

---

[1]) O. Knöfler, Wied. Ann. **38**, 136 (1889).

[2]) v. d. Mark, Verhandl. d. nat. Ver. f. Rheinlande u. Westfalen, Bonn; **6**, 269 (1849); **26**, 19 (1869); **39**, 82 (1882).

[3]) F. Roemer, Z. Dtsch. Geol. Ges. **6**, 180, 189, 194 (1854).

[4]) H. Laspeyres, Verh. d. nat. Ver. f. Rheinlande u. Westfalen, Bonn; **33**, 308 (1876).

[5]) E. Venator, Bg.- u. hütt. Z. 1882, 1, 11, 18 u. Verhandl. d. nat. Ver. f. Rheinlande u. Westfalen, Bonn, **38**, 183 (1881).

[6]) J. Beykirch, l. c.

[7]) Vgl. auch G. Bischof, Chem. Geologie II (Bonn 1864), 228.

Bariumcarbonat ($BaCO_3$).

Witherit.

Von **H. Leitmeier** (Wien).

Rhombisch bipyramidal. $a:b:c = 0,5949:1:0,7413$ (Müller).[1])

Synonyma: Kohlensaurer Baryt, Witheritspat.

Der Witherit ist von den rhombischen Carbonaten $CaCO_3$, $BaCO_3$, $SrCO_3$ und $PbCO_3$ entschieden das seltenste. Er tritt in derben Massen und in Kristallen auf, die hexagonalen Pyramiden ähnlich sehen, und scheint in erster Linie an Bleiglanzlagerstätten gebunden zu sein. Er ist isomorph mit Aragonit, Strontianit und Cerussit.

Chemische Zusammensetzung und Analysenresultate.

Wir besitzen nur einige wenige Analysen von Witherit, die nicht besonders gute Übereinstimmung zeigen. M. H. Klaproth fand nach C. F. Rammelsberg[2]) in einem Witherit von Lancashire 1,7% $SrCO_3$. Witherit ist auch häufig durch $BaSO_4$ verunreinigt.

A. Des Cloizeaux[3]) gibt folgende Analysen an:

	1.	2.
CaO	—	0,4
BaO	78,6	77,1
CO_2	20,8	22,5
H_2O	1,0	—
	100,4	100,0

	3.	4.
$CaCO_3$	Spur	0,22
$BaCO_3$	98,96	99,24
$BaSO_4$	0,94	0,54
	99,90	100,00

1. Witherit von d'Anglesark; anal. F. S. Withering.
2. Witherit von d'Anglesark; anal. M. Beudant.
3. Witherit von Hexheam in Northumberland; anal. M. F. Heddle.
4. Witherit von Dufton in Westmoreland; anal. M. F. Heddle.

Aus neuerer Zeit ist mir eine einzige Analyse bekannt geworden:

	5.
CaO	0,09
(FeO)	0,14
SrO	Spur
BaO	77,54
CO_2	22,16
Unlöslich	0,38 ($BaSO_4$)
	100,31

5. Witherit vom „Eusebius-Hangend-Trum" von Příbram in Böhmen, glasglänzende, graulichweiße Kristalle; anal. A. Hoffmann, Sitzber. der k. böhm. Ges. d. Wiss., math.-nat. Kl., Prag 1895.

---

[1]) Nach P. Groth, Chem. Krist. II (Leipzig 1908), 209.

[2]) C. F. Rammelsberg, Mineralchemie II (Leipzig 1875), 219.

[3]) A. Des Cloizeaux, Manuel II (Paris 1874), 78.

Formel. Aus diesen wenigen Analysen läßt sich nichts Näheres über die chemische Zusammensetzung sagen, als daß der Witherit im Gegensatze zum Strontianit so ziemlich frei von Calciumcarbonat ist; seine Zusammensetzung wäre demnach:

1 C	= 12	CO_2	= 22,33
1 Ba	= 137	BaO	= 77,67
3 O	= 48		100,00
	197		

und die Formel $BaCO_3$.

Lötrohrverhalten und Reaktion. Witherit färbt die Flamme deutlich gelblichgrün.

Nach F. Cornu[1]) gibt Witherit mit Lackmuspapier eine schwache, mit Phenolphthaleïnlösung eine starke, zwischen den Reaktionen von Calcit und Aragonit liegende alkalische Reaktion.

Physikalische Eigenschaften.

Brechungsquotienten. Es ist nur $N_\beta = 1{,}740$, von A. Des Cloizeaux bestimmt, bekannt. Achsenwinkel $2E = 26^0\,30'$; die Doppelbrechung ist negativ.

Dichte. Nach P. Groth[2]) ist die Dichte des Witherits $\delta = 4{,}28$—$4{,}37$.

Thermische Dissoziation. Nach H. Rose[3]) verliert $BaCO_3$ bei starker Rotglut in trockener Luft kein CO_2, wohl aber wenn feuchte Luft oder Wasserdampf darüber geleitet wird. R. Dittmar[4]) fand, daß Bariumcarbonat beim Erhitzen vor dem Gebläse sich fast vollkommen zersetzt und alles CO_2 abgibt, bei gleicher Behandlung mit Stickstoff aber kein CO_2 entweicht. Isambert[5]) hat gefunden, daß wenn man bei der Temperatur des schmelzenden Kupfers einen indifferenten Gasstrom über Bariumcarbonat leitet, dann vom Gasstrom CO_2 aufgenommen wird, und er hat auf diese Weise die Dissoziationsspannung zu 22 mm bestimmt. Herzfeld und Stiepel[6]) haben Bariumcarbonat in einem mit 1 cm Graphitschicht ausgekleideten Porzellantiegel behandelt und gefunden, daß $BaCO_3$ bei einer Temperatur von 1450^0 C vollständig in BaO übergeführt wird und außerdem Schmelzung eintritt. O. Brill[7]) hat in gleicher Weise, wie bei Calcium-, Magnesium- und Strontiumcarbonat angegeben ist, die Dissoziationstemperatur des Bariumcarbonats bestimmen wollen, fand aber, daß der Platintiegel, bevor noch Zersetzung eintrat, so stark angegriffen wurde, daß der Versuch nicht weiter fortgeführt werden konnte, und er nur den von Herzfeld und Stiepel angegebenen Wert annähernd bestätigen konnte. O. Brill glaubt auch, daß bei dieser Temperatur bereits Schmelzung eingetreten war.

In neuester Zeit hat A. Finkelstein[8]) quantitative Bestimmungen vorgenommen und sich dabei einer ähnlichen Methode wie Isambert bedient.

---

1) F. Cornu, Tsch. min. Mit. **25**, 489 (1906).
2) P. Groth, Chemische Krystallographie II (Leipzig 1908), 210.
3) H. Rose, Pogg. Ann. **86**, 105 (1891).
4) R. Dittmar, Journ. of the Soc. chem. Ind. **7**, 730.
5) Isambert, C. R. **86**, 332 (1878).
6) Herzfeld u. Stiepel, Zeitschr. d. Ver. für Rübenzuckerind. 1898, 830.
7) O. Brill, Z. anorg. Chem. **45**, 275 (1905).
8) A. Finkelstein, Ber. Dtsch. Chem. Ges. **39**, 1584 (1906).

Als Tiegelmaterial diente Platin; als Heizvorrichtung diente bis 1200° eine Heraeussche Platin-Heizspirale, oberhalb dieser Temperatur ein Kohlenwiderstand, der aus einem Kohlenrohr bestehen kann, wenn man niedrig gespannten Wechselstrom zur Verfügung hat. Die Temperaturmessungen wurden mittels eines Thermoelementes ausgeführt. Die Druckmessung geschah in der Art, daß der CO_2-Gehalt des austretenden Gasstromes gewichtsanalytisch bestimmt wurde. Als Gas diente Stickstoff, der zugleich das Platin gegen die überaus starke Einwirkungsfähigkeit des Bariumcarbonats schützte. Es seien hier einige Werte aus A. Finkelsteins tabellarischer Zusammenstellung wiedergegeben:

Θ	T	mg CO_2	p beob.	p berech.	Differenz	
					in mm	in %
915	1188	1,0	0,4	0,4	—	—
965	1238	2,6	1,1	1,2	−0,1	−4
1020	1293	10,5	4,3	4,00	+0,3	+5
1095	1368	40,6	16,8	16,3	+0,5	+3
1120	1393	59	24,4	25,1	−0,7	−2
1145	1418	79	32,6	38,3	−5,7	−6
1195	1468	200	82,8	84,9	−2,1	−2
1220	1493	276	114	122	−8	−3
1255	1528	439	182	207	−25	−8
1300	1573	920	381	382	−1	—
1350	1623	—	(750)	735	+15	+2

In dieser Tabelle bedeutet Θ die Temperatur in Celsiusgraden, T die absolute Temperatur, mg CO_2 die in einem Liter Gasmischung enthaltenen Milligramm CO_2, p beob. die daraus berechneten Partialdrucke der CO_2, p berech. die nach der Formel:

$$\log \frac{p_1}{p_2} = 1{,}43 \,.\, 10^4 \, \frac{T_1 - T_2}{T_1 \cdot T_2} \,.$$

berechneten Drucke.

Die Kurve 1 (Fig. 49) entspricht den berechneten, die Punkte den gefundenen Werten; Kurve 1a gibt den Anfang von Kurve 1 mit 10 fach vergrößerter Ordinate.

Der Zersetzungspunkt des $BaCO_3$ unter Atmosphärendruck (750 mm) läßt sich aus der Kurve extrapolieren und gibt 1352°.

Schmelzung des Bariumcarbonats. Die älteren Angaben über Schmelzen des Bariumcarbonats divergieren ziemlich. Von den Forschern, die sich eingehender mit dem thermischen Verhalten des $BaCO_3$ beschäftigt hatten, gab H. Le Chatelier[1]) an, daß der Schmelzpunkt des $BaCO_3$ bei 795° liege; andere, Herzfeld und Stiepel[2]) und O. Brill,[3]) sagen, daß bei 1450° teilweise Schmelzung (Herzfeld und Stiepel) oder vollständige Schmelzung (O. Brill) eingetreten sei. A. Finkelstein aber fand, daß unzersetztes $BaCO_3$ bei 1350° noch nicht schmilzt, daß sich aber ein basisches Carbonat bildet, daß unter 950° schmilzt. Dieses basische Carbonat hat nach A. Finkelstein die Formel $BaOBaCO_3$ und ist imstande BaO und bei hoher

[1]) H. Le Chatelier, Bull. Soc. Chim. [2] **47**, 300 (1887).
[2]) Herzfeld u. Stiepel, l. c.
[3]) O. Brill, l. c.

Temperatur auch $BaCO_3$ zu lösen, und er hält es nicht für ausgeschlossen, daß es ein eutektisches Gemenge darstellt, dessen Zusammensetzung nahe der stöchiometrischen Formel liegt. Die in der Kurve 1 (Fig. 49) dargestellten Druckwerte entsprechen der Zersetzung $BaCO_3 \longrightarrow$ basisches Carbonat. Die Druckwerte, die der Zersetzung dieses basischen Carbonats $BaOBaCO_3$ entsprechen, sind durch Kurve 2 (Fig. 49) dargestellt.

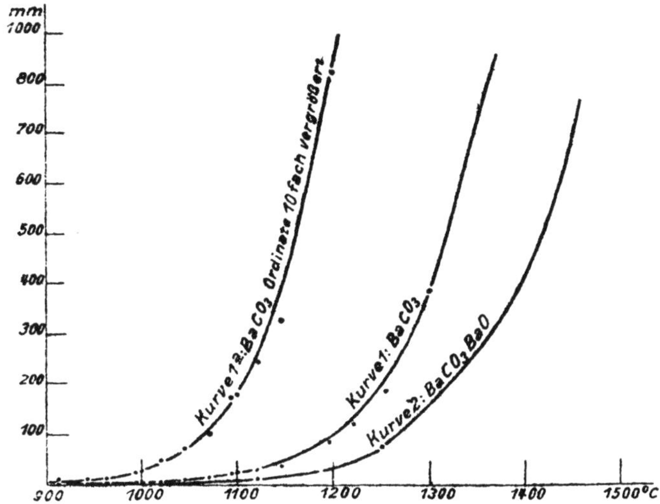

Fig. 49 (nach A. Finkelstein).

H. E. Boeke[1]) fand, daß sich, wenn man Bariumcarbonat im offenen Tiegel vor dem Gebläse erhitzt, eine graue Schmelze bildet, wenn man es aber im Kohlensäurestrom erhitzt, bis 1380° keine Schmelzung eintritt. Beim Erhitzen in CO_2-Atmosphäre fand er bei ca. 811° einen Umwandlungspunkt, indem beim Erhitzen bei dieser Temperatur bedeutende Verzögerung des Temperaturanstieges eintritt; auf der Abkühlungskurve findet sich dementsprechend ein Haltepunkt. Diese Umwandlung konnte mit der nämlichen Substanz beliebig oft erhalten werden. Bei der Abkühlung wurde eine Überschreitung der Gleichgewichtstemperatur gefunden. Bei langsamer Abkühlung (2,1° pro 10″) lag der Umwandlungspunkt bei 795°, bei schneller Abkühlung (7,7° pro 10″) bei 761°. Auch in einem Dünnschliffe von Witherit war im polarisierten Lichte eine Andeutung dieser Umwandlung bemerkbar. Nach dem Glühen tritt eine Änderung der Felderteilung im Dünnschliffe ein, die schon von O. Mügge[2]) beobachtet worden war, der daraus auf die Wahrscheinlichkeit einer Umwandlung des $BaCO_3$ bei hoher Temperatur schloß.

H. E. Boeke schließt sich der Ansicht A. Finkelsteins von der Existenz eines basischen Carbonats an. Vollständige Schmelzung fand auch H. E. Boeke nicht, doch war bei 1380° an der inneren Nickelbekleidung des Porzellanrohres, in dem die Erhitzung stattfand, partielle Schmelzung unter CO_2-Verlust eingetreten.

[1]) H. E. Boeke, Z. anorg. Chem. **50**, 244 (1906).
[2]) O. Mügge, N. JB. Min. etc. Beil.-Bd. **14**, 246 (1901).

Witherit erleidet nach M. Latschenko[1]) bei etwa 800° eine molekulare Umlagerung, die mit einer Absorption von 3750 cal. pro g-Molekül verbunden ist.

Spezifische Wärme. J. Joly[2]) hat die spezifische Wärme des Witherits an durchscheinendem Materiale mit 0,1086 bestimmt.

Die Dielektrizitätskonstanten für den Witherit hat W. Schmidt[3]) bestimmt:

		1.	2.
1. nach älterer Methode	parallel der c-Achse DC_1 =	6,42	6,35
2. nach neuerer Methode	parallel der b-Achse DC_2 =	7,38	7,50
	parallel der a-Achse DC_3 =	7,77	7,80

Bildungswärme. Nach J. Thomsen[4]) beträgt die Bildungswärme:

$BaO, CO_2 = 55{,}58$ Cal.; $BaO, CO_2, aq. = 21{,}82$ Cal.; $Ba, O_2, CO = 252{,}77$ Cal.

Zwischen 915° und 1300° beträgt die Bildungswärme aus BaO und CO_2 $6{,}32 . 10^4$ cal. nach A. Finkelstein.[5])

Umsetzungswärme. Die Umsetzungswärme zwischen $BaCl_2$ und Na_2CO_3, beides in je 400 Mol Wasser gelöst, ist nach J. Thomsen[6]) 1,35 Cal.

Elektrische Leitfähigkeit der Lösung. F. Kohlrausch, F. Rose und A. F. Holleman haben vermittelst der Leitfähigkeit die Löslichkeit des $BaCO_3$ untersucht (vgl. S. 495), und F. Kohlrausch[7]) hat diese Untersuchungen fortgesetzt und für die spezifische Leitfähigkeit von $BaCO_3$ im Mittel $\varkappa_{18} = 25{,}5 . 10^{-6}$ gefunden. Als Untersuchungsmaterial war aus Chloridlösung mit Ammoniumcarbonat im Überschusse kalt gefälltes $BaCO_3$ verwendet worden.

Untersuchungen über die Messung der Leitfähigkeit unter Berücksichtigung der Hydrolyse haben auf Veranlassung W. Nernsts, D. Gardner und D. Gerassinoff[8]) angestellt. Sie fanden zunächst ohne diese Berücksichtigung eine höhere Leitfähigkeit wie F. Kohlrausch, obwohl sie mit einer ganz gleich zusammengestellten Apparatur gearbeitet hatten. Sie fanden $\varkappa_{18}$ zwischen $28 . 10^{-6}$ und $29{,}4 . 10^{-6}$, im Mittel $28{,}6 . 10^{-6}$. Die Schwankungen in ihren Messungen führen sie auf unvermeidliche Temperaturveränderungen zurück. Sie fanden auch, daß, wenn man die Zahl, die F. Kohlrausch gefunden, mit 1,069 multipliziert, sich der Wert der von ihnen gefundenen Zahl nähert, und sie werden hierzu durch Angaben in der Arbeit F. Roses bestimmt, aus denen sich schließen läßt, daß die Werte in Quecksilbereinheiten ausgedrückt sind und es vielleicht auch zufällig der Fall war, daß die erwähnte Zahl nicht in $Ohm^{-1} cm^{-1}$ ausgedrückt wurde. Alle diese Zahlen sind aber infolge der Hydrolyse zu hoch ausgefallen, und die beiden Forscher gingen daran, diese Störung zu beseitigen. Sie nahmen die Bestimmung der Leitfähigkeit des Bariumcarbonats, da dieses nach W. Ostwald[9]) ein alkalisch reagierendes Salz einer schwachen Säure vorstellt, in einer alkalischen Lösung vor. Dadurch wurde die Konzentration

[1]) M. Latschenko, C. R. **147**, 58 (1908).
[2]) J. Joly, Proc. Roy. Soc. **41**, 250 (1887).
[3]) W. Schmidt, Ann. d. Phys. **9**, 919 (1902).
[4]) J. Thomsen, Ber. Dtsch. Chem. Ges. **12**, 2031 (1879).
[5]) A. Finkelstein, l. c.
[6]) J. Thomsen, Journ. prakt. Chem. [2] **21**, 38 (1880).
[7]) F. Kohlrausch, Z. f. phys. Chem. **44**, 237 (1903).
[8]) D. Gardner u. D. Gerassinoff, Z. f. phys. Chem. **48**, 359 (1904).
[9]) W. Ostwald, Lehrbuch d. allgem. Chem. **2**, I (Leipzig 1893), 794.

der Hydroxylionen durch Hinzufügen von Alkali gesteigert und das Wasser wird fast gar nicht dissoziiert. Die Wahl fiel auf Natronlauge. Mit steigender Konzentration der Natronlauge fiel allmählich die Leitfähigkeit des $BaCO_3$, bis sie endlich zwischen $4,5 . 10^{-6}$ und $6,7 . 10^{-6}$ stehen blieb. Eine kleinere Leitfähigkeit wurde auch dann nicht gefunden, als die Konzentration der Natronlauge bedeutend gesteigert wurde.

Verhalten gegen Strahlungen. Witherit leuchtet stark im Kathodenlicht nach den Untersuchungen von T. Jackson.[1]) Mit Röntgen- und Becquerelstrahlen fluoresziert er, wie P. Bary[2]) fand; ebenso phosphoresziert Witherit nach G. F. Kunz und Ch. Baskerville[3]) bei Behandlung mit Radium-, Röntgen- und ultravioletten Strahlen.

Löslichkeit.

A. Bineau[4]) fand, daß sich 1 g $BaCO_3$ in 400000 Teilen Wasser löst; R. Fresenius[5]) gibt an, daß sich 1 g in 14137 Teilen H_2O von 16—20° und in 15421 Teilen kochenden Wassers löst; nach Kremers[6]) in 12027 Teilen. A. F. Holleman,[7]) der die Löslichkeit des amorphen Bariumcarbonats vermittelst der elektrischen Leitfähigkeit gemessen hat, fand, daß sich

1 Teil $BaCO_3$ in 64070 Teilen Wasser bei 8,8°,
1 „ „ „ 45566 „ „ „ 24,2°

löst. Es ist somit amorphes Bariumcarbonat leichter löslich als $CaCO_3$ und $SrCO_3$.

F. Kohlrausch und F. Rose[8]) haben auch die Löslichkeit des Bariumcarbonats in Wasser vermittelst des elektrischen Leitungsvermögens untersucht. Das Leitvermögen $\varkappa$ beträgt (vgl. bei Calcit, S. 313):

	bei 2°	bei 10°	bei 18°
$BaCO_3$	—	17	24

Um die Abhängigkeit der gelösten Menge von der Sättigungstemperatur anschaulich zu machen, wurden folgende Berechnungen ausgeführt:

	Äquiv.-Gewicht Ae	$\varkappa_{18}/100$ Angenäherter Sättigungsgehalt von 1 Liter bei 18° in mg-Äqu.	$\varkappa_{18}/100$ mg	Linearer Temperaturkoeffizient des Leitvermögens gesättigter Lösung A	Quadratischer Temperaturkoeffizient des Leitvermögens gesättigter Lösung B	Angenäherter Temperaturkoeffizient der Sättigung bei 18°
½ Bariumcarbonat	98	0,24	24	0,033 für 14°	—	0,013

[1]) T. Jackson, Journ. chem. Soc. **56**, 734 (1893).
[2]) P. Bary, C. R. **136**, 776 (1900).
[3]) G. F. Kunz u. Ch. Baskerville, Science 1903, 769. — Ref. N. JB. Min. etc. 1905[1], 9.
[4]) A. Bineau, Ann. Chem. Phys. [3] **51**, 290 (1857).
[5]) R. Fresenius, Ann. Chem. Phys. [2] **59**, 117 (1846).
[6]) Kremers, Pogg. Ann. **85**, 247 (1852).
[7]) A. F. Holleman, Z. f. phys. Chem. **12**, 135 (1893).
[8]) F. Kohlrausch u. F. Rose, Z. f. phys. Chem. **12**, 234 (1893).

Th. Schloesing[1]) hat ähnlich, wie beim Calciumcarbonat die Löslichkeit des Bariumcarbonats in kohlensäurehaltigem Wasser untersucht und fand:

Kohlensäure-druck	Menge des in 1000 ccm gelösten $BaCO_3$ in mg	Kohlensäure-druck	Menge des in 1000 ccm gelösten $BaCO_3$ in mg
0,000504	118,6	0,1417	916,4
0,000808	144,6	0,2529	1139,6
0,00332	233,1	0,4217	1361,1
0,01387	387,3	0,5529	1511,8
0,0286	503,0	0,7292	1663,7
0,0499	615,6	0,9816	1856,6

G. Bodländer[2]) hat die Löslichkeit des Bariumcarbonats nach den von Th. Schloesing angestellten Untersuchungen auf die nämliche Art, wie die des Calciumcarbonats berechnet nach der Formel[3]):

$$\sqrt[3]{k_1} = \frac{HCO_3'}{12,69\sqrt[3]{CO_2}}.$$

In der von G. Bodländer zusammengestellten Tabelle:

	CO_2	$^1/_2 Ba(HCO_3')_2 \times 10^3$	α	$HCO_3' \times 10^3$	$\sqrt[3]{k_1}$
1	0,000504	1,204	0,95	1,144	0,001132
2	0,000808	1,465	0,94	1,378	0,001118
3	0,00332	2,362	0,93	2,197	0,001163
4	0,01387	3,923	0,91	3,569	0,001170
5	0,0286	5,094	0,90	4,584	0,001188
6	0,0499	6,237	0,89	5,551	0,001188
7	0,1417	9,286	0,88	8,172	0,001246
8	0,2529	11,55	0,86	9,935	0,001238
9	0,4217	13,79	0,85	11,72	0,001232
10	0,5529	15,32	0,85	13,03	0,001279
11	0,7292	16,86	0,84	14,16	0,001240
12	0,9816	18,81	0,83	15,61	0,001238

sind in der zweiten Spalte unter CO_2 die Kohlensäuredrucke in Atmosphären, in der dritten unter $^1/_2 Ba(HCO_3')_2$ die Gehalte der Lösungen an Bariumcarbonat in Grammäquivalenten, in der vierten die graphisch interpolierten Dissoziationsgrade, in der fünften unter HCO_3' die Konzentration der HCO_3'-Ionen, in der sechsten die Werte für $\sqrt[3]{k_1}$. Die Werte in der letzten Rubrik stimmen ziemlich gut überein. Der Mittelwert aus den letzten sechs Versuchen, die am wenigsten voneinander abweichen, dürfte dem wahren Werte am nächsten kommen. G. Bodländer berechnete daraus die Löslichkeit:

$$k_1 = Ba^{\cdot\cdot}CO_3'' = 19,30 \,.\, 10^{-10}.$$

Die Löslichkeit des Bariumcarbonats in reinem Wasser beträgt 9,42%, woraus sich das Löslichkeitsprodukt:

$$Ba^{\cdot\cdot}CO_3'' = 9,42^2 \,.\, 10^{-10} = 88,76 \,.\, 10^{-10}$$

ergibt.

---

[1]) Th. Schloesing, C. R. **75**, 73 (1872).
[2]) G. Bodländer, Z. phys. Chem. **35**, 23 (1900).
[3]) Berechnung dieser Formel wie S. 310.

Da aber bei den Erdalkalien nicht nur elektrolytische sondern auch hydrolytische Dissoziation vorliegt, hat G. Bodländer auch die Hydrolyse berechnet und auf zwei verschiedenen Wegen die Werte 78,4% und 84,2% erhalten.

H. Cantoni und G. Goguélia[1]) haben die Löslichkeit des Bariumcarbonats in mehreren Salzlösungen untersucht. Zuerst[1]) studierten sie die Einwirkung des Ammoniumchlorids auf $BaCO_3$. Diese Zersetzung verläuft nach der Gleichung:

$$BaCO_3 + 2NH_4Cl = BaCl_2 + 2NH_3 + H_2O + CO_2 .$$

CO_2 wird dabei nicht an Ammoniak gebunden.

In einer siedenden Lösung von $^1/_{20}$ Mol NH_4Cl auf 500 ccm H_2O, das $^1/_{20}$ Mol $BaCO_3$ enthielt, wurden gelöst:

Nach $1^1/_2$ Stunden 1,5455 g, nach 24 Stunden 2,1375 und nach 48 Stunden 2 4732 g $BaCO_3$.

Später haben die beiden Forscher dann die Löslichkeit bei gewöhnlicher Temperatur und wechselnder Konzentration untersucht. Die Resultate finden sich in der Tabelle auf S. 499.

H. Cantoni und Goguélia[2]) studierten dann den Einfluß der Konzentration, Temperatur und Zeit auf die Zersetzung des Bariumcarbonats in Lösungen von KCl und NaCl. Sie haben das Resultat ihrer Untersuchungen in zahlreichen Kurven und Tabellen zusammengestellt, von denen nur die Mittelwerte hier wiedergegeben seien, aus denen man leicht das Resultat erkennen kann.

Löslichkeit des $BaCO_3$ in einer KCl- und NaCl-Lösung wechselnder Konzentration bei Siedetemperatur und einer Versuchsdauer von 7 Stunden.

Gehalt der Lösung an KCl bzw. NaCl in %	Temperatur Θ	Zeit in Stunden (t)	$BaCO_3$ in 1000 ccm der Lösung in Grammen	
			bei KCl	bei NaCl
0,05	Siedetemperat.	7	0,078340	0,04836
0,15	"	7	0,084710	0,058730
0,3	"	7	0,093140	0,073496
0,5	"	7	0,136560	0,075302
1	"	7	0,178140	0,078685
2	"	7	0,199188	0,082493
3	"	7	0,266736	0,105629
5,85	"	7	—	0,125700
7,45	"	7	0,388345	—
10	"	7	0,4273732	0,157485
20	"	7	0,525872	0,231219
25	"	7	0,542540	0,258718
30	"	7	0,555001	0,278448

Dann untersuchten sie die Löslichkeit des $BaCO_3$ in einer 10%igen

[1]) H. Cantoni u. G. Goguélia, Bull. Soc. chim. Paris [3] **31**, 282 (1904).
[2]) H. Cantoni u. G. Gaguélia, Bull. Soc. chim. Paris [3] **33**, 13 (1905).

KCl- und NaCl-Lösung bei gleicher Temperatur (Siedetemperatur) und wechselnder Dauer der Einwirkung.

Gehalt der Lösung an KCl bzw. NaCl in %	Temperatur Θ	Zeit in Stunden (t)	$BaCO_3$ in 1000 ccm der Lösung enthalten in Grammen	
			bei KCl	bei NaCl
10%	Siedetemperat.	—	0,34445	0,116337
"	"	1	0,353601	0,119719
"	"	2	0,362227	0,124455
"	"	3	0,371330	0,127837
"	"	4	0,379045	0,138321
"	"	5	0,388791	0,142379
"	"	6	0,397144	0,147509
"	"	7	0,42737	0,157519
"	"	22	9,4834	0,257929
"	"	44	0,566870	0,30918
"	"	88	0,644960	0,374537
"	"	198	0,777080	—

Die nächstfolgende Tabelle gibt eine Übersicht über die Löslichkeit als Funktion der Temperatur.

Löslichkeit des $BaCO_3$ in einer 10%igen KCl- und NaCl-Lösung bei gleicher Wirkungsdauer (7 Stunden) und verschiedener Temperatur.

Gehalt der Lösung an KCl bzw. NaCl in %	Temperatur Θ	Zeit in Stunden (t)	$BaCO_3$ in 1000 ccm der Lösung enthalten in Grammen	
			bei KCl	bei NaCl
10%	10°	7	0,2175	0,1085
"	20	7	0,2408	0,11265
"	40	7	0,2972	0,12307
"	60	7	0,3491	0,1303
"	80	7	0,4049	0,1418

Aus dieser kleinen Tabelle sieht man, daß die Löslichkeit des Bariumcarbonats mit der Temperatur in einer KCl-Lösung viel stärker ansteigt, als in einer ebenso konzentrierten NaCl-Lösung. Bei letzterer ist der Einfluß der Temperatur direkt als sehr gering zu bezeichnen.

Aus diesen Zusammenstellungen ist ferner leicht ersichtlich, daß gleich wie das Calciumcarbonat, auch das Bariumcarbonat in einer Lösung von KCl leichter löslich ist, als in einer Lösung von Natriumchlorid.

Man sieht, wenn man folgende Tabelle mit der für Calcit auf S. 316 vergleicht, daß das Bariumcarbonat in allen drei Salzlösungen viel leichter löslich ist, als das Calciumcarbonat. In NH_4Cl-Lösung ist das $BaCO_3$ das leichtlöslichste von den drei untersuchten Carbonaten $BaCO_3$, $CaCO_3$ und $SrCO_3$.

Über die Löslichkeit des $BaCO_3$ in NH_4Cl, KCl und NaCl fanden H. Cantoni und G. Goguélia bei gewöhnlicher Temperatur, langer Einwirkung und wechselnder Konzentration folgende Zahlen:

Lösungsgehalt		Temperatur Θ	Zeit in Tagen (t)	Die Lösung enthält in 1000 ccm $CaCO_3$ in Grammen
An NH_4Cl in %	5,35	12—18°	98	0,917450
	5,35	"	"	0,921200
	10	"	"	1,255122
	10	"	"	1,256180
	20	"	"	1,500000
	20	"	"	1,496400
an KCl in %	7,45	12—18°	98	0,1365600
	7,45	"	"	0,1311520
	10	"	"	0.2393760
	10	"	"	0,2359920
	20	"	"	0,4761120
	20	"	"	0,473400
an NaCl in %	5,85	12—18°	98	0,110000
	5,85	"	"	0,107590
	10	"	"	0,114412
	10	"	"	0,111908
	20	"	"	0,149400
	20	"	"	0,154824

In verdünnten Mineralsäuren ist Witherit, wie alle Carbonate, löslich.

Synthese.

Nach H. Rose[1]) bildet sich kristallisiertes $BaCO_3$ rasch beim Exponieren von BaO oder $Ba(OH)_2$ an kohlensäurehaltiger feuchter Luft; in trockener Luft geht diese Bildung nicht vor sich.

Man kann Bariumcarbonat auch erhalten, und das ist der gewöhnliche Weg seiner Darstellung, indem man durch die Lösung von $Ba(OH)_2$ Kohlensäure durchsaugt, oder aber durch Umsetzung, indem man lösliche Bariumverbindungen mit Ammonium- oder Alkalicarbonat fällt; dabei ist nach Bewald[2]) die Fällung mit Kaliumcarbonat rascher und vollständiger, als mit der äquivalenten Menge von Natriumcarbonat.

Bariumcarbonat erhält man nach Rivere[3]) auch auf folgende Weise: Man leitet in eine wäßrige Lösung von BaS Kohlensäure ein und es bildet sich zunächst $Ba(SH)_2$, und wenn dann die Reaktion:

$$2BaS + H_2O + CO_2 = BaCO_3 + Ba(SH)_2$$

beendet ist, entweicht bei unausgesetztem Einleiten von Kohlensäure H_2S nach der Gleichung:

$$Ba(SH)_2 + H_2O + CO_2 = BaCO_3 + 2H_2S.$$

Eine Reihe anderer Darstellungsweisen, die ähnliche Wege einschlagen, sind:

$BaCO_3$ bildet sich nach Brunner[4]) beim Glühen eines Gemisches von $BaCl_2$ und NaCl mit Na_2CO_3.

[1]) H. Rose, Pogg. Ann. **86**, 293 (1891).
[2]) Bewald, J. russ. physik. Ges. 1885, 89.
[3]) Rivère, Bull. soc. chim. Mulhouse **36**, Zitat nach Gmelin-Kraut, Handbuch der anorg. Chem. II, 702.
[4]) Brunner, Dinglers polyt. Journ. **150**, 375.

W. Spring hat $BaSO_4$ durch Schmelzen mit Na_2CO_3 z. T. in Bariumcarbonat übergeführt. Ähnliches kann man erhalten, wenn man auf ein Gemenge von 1 Teil $BaSO_4$ und der dreifachen Menge Natriumcarbonat einen sehr starken Druck einwirken läßt. Wirken 6000 Atm. nur einige Augenblicke ein, so wird 1 % $BaSO_4$ in das Carbonat umgewandelt. Wiederholt man diese Operation, so steigert sich die Menge des gebildeten Carbonats, so daß man bei dreimaligem Pressen 4,8 %, nach sechsmaliger Einwirkung des Druckes aber schon 9 % Bariumcarbonat erhält. Wärme darf hierbei nicht angewandt werden, da diese eine dem Drucke gerade entgegengesetzte Wirkung ausübt und die Quantität des gebildeten Carbonats verringert.

Nach Anthon[1]) entsteht bei mehrstündigem Schmelzen von 10 Teilen $BaSO_4$ mit 2 Teilen Kohle und 5 Teilen Kaliumcarbonat ebenfalls $BaCO_3$. Nach Doudenart und Verbert[2]) wird aus Bariumchlorid beim Erhitzen mit Magnesiumcarbonat in wäßriger Lösung $BaCO_3$ erhalten, wenn man gleichzeitig CO_2 durchleitet.

Um gute Kristalle zu erhalten sind in neuerer Zeit mehrere Wege eingeschlagen worden:

Nach L. Bourgeois[3]) kann man, wie den Calcit, auch den Witherit gut kristallisiert aus dem Schmelzflusse bei gewöhnlichem Drucke und bei Gegenwart eines Flußmittels erhalten, so z. B. eines Gemenges von Kaliumchlorid und Natriumchlorid. Man gibt einige Dezigramm des $BaCO_3$ in das Flußmittel und erhält am Boden des Tiegels, ohne daß eine Gasentwicklung eintritt, schon nach einigen Minuten der Schmelzung und nach Entfernung des Schmelzmittels durch Auslaugung deutliche Kristalle, die denen des natürlichen Minerales vollständig gleichen; L. Bourgeois erhielt auf diese Weise teils sechseckige Tafeln, teils Prismen; aber auch Zwillinge hatten sich gebildet.

Auch wie bei Calcit hat L. Bourgeois[4]) später Witheritkristalle aus dem gefällten Carbonate dadurch erhalten, daß er 0,5 g des gefällten Carbonats mit 2 g Ammoniumchlorid oder Ammoniumnitrat und 2 g Wasser in einem geschlossenen Glasrohre auf 150—180° erhitzte, wobei Ammoniumcarbonat verdampft, beim Abkühlen von der Lösung aufgenommen wird und durch Wechselzersetzung das Bariumcarbonat in feinen Nadeln gibt.

Ebenso wurden von L. Bourgeois Witheritkristalle, wie bei Calcit und Strontianit, durch Erhitzen mit Ammoniumsalzlösungen oder mit Harnstoff erhalten.

Eine sehr alte Angabe über Darstellung kristallisierten Carbonates rührt von Zoëga[5]) her: Hängt man in ein Gemisch von $Ba(OH)_2$ und KOH einen Beutel mit Kristallen von $Ba(OH)_2 . 8H_2O$ und läßt die Luft darauf einwirken, so erhält man Kristalle von Bariumcarbonat.

Miron und Bruneau[6]) haben auf ähnliche Art, wie sie den Calcit darstellten, auch den Witherit in Kristallen erhalten, indem sie in kohlensäurehaltigem destilliertem Wasser Bariumcarbonat auflösten und diese Lösung durch eine Röhre leiteten, durch die gleichzeitig ein Ammoniak enthaltender Luftstrom durchgesaugt wurde.

---

[1]) Anthon, Repertorium der Pharmacie **59**, 326.
[2]) Doudenart u. Verbert, Ber. Dtsch. Chem. Ges. **8**, 169 (1875).
[3]) L. Bourgeois, Bull. Soc. min. **5**, 111 (1882).
[4]) L. Bourgeois, C. R. **103**, 1088 (1886).
[5]) Zoëga, Karstens Arch. **2**, 17 (1824).
[6]) Miron u. Bruneau, C. R. **95**, 182 (1882).

O. Knöfler,[1]) der die Niederschläge der Carbonate $CaCO_3$, $BaCO_3$ und $SrCO_3$ untersucht hatte, fand, daß der Niederschlag von $BaCO_3$ und $SrCO_3$ sehr rasch auch bei 0° gefällt kristallin wird, und ferner auch, daß der Niederschlag dieser Carbonate wasserfrei ist, während das $CaCO_3$ zuerst als kolloides Hydrat ausfällt, wie O. Knöfler als erster beweisen konnte.

Nach G. Rose[2]) besteht der Niederschlag, der beim Stehen von $BaCl_2$ und $KHCO_3$ entsteht, aus prismatischen Kristallen.

Genesis und Paragenesis des Witherits.

Der Witherit findet sich meist als Begleitmineral auf Bleiglanzlagerstätten.

Auch hier ist eine direkte Bildung des Witherits durch Absatz bariumcarbonathaltiger Wässer denkbar. Für die Bildung des Witherits von Přibram (Analyse 5) nimmt A. Hoffmann[3]) an, daß er durch Einwirkung einer Lösung von kohlensauren Alkalien aus den umgebenden Diabasen auf Baryt bei einer Temperatur von ca. 25° C entstanden sei.

In Settlingstone in Northumberland befindet sich eine Grube, die nur auf Witherit betrieben wird. Er findet sich nach G. Lespineux[4]) in einem den Kohlenkalk durchsetzenden Gange. Die Spalte enthält auch Bleiglanz und als Begleiter Baryt, Calcit, Pyrit und Zinkblende. Näheres über die Genesis wird nicht mitgeteilt.

Die Paragenesis des Witherits ist dem Auftreten nach häufig die der Bleiglanzlagerstätten.

Calcium-Bariumcarbonate.

Von **Stef. Kreutz** (Krakau).

Alstonit, Barytocalcit $(Ca, Ba)CO_3$.

Im folgenden wird eine Mineralgruppe besprochen, die zwar in der Natur wenig verbreitet ist, welche aber aus theoretischen Rücksichten eine besondere Aufmerksamkeit verdient. Kristalle, deren chemische Analyse auf die Formel: $CaBaC_2O_6$ führt, sind in drei grundverschiedenen Formen bekannt, was auf die Polymorphieverhältnisse der Carbonate der Erdalkalimetalle Licht werfen kann. Außerdem ist mit dem Auftreten der einzelnen Formen der Kristalle von der Zusammensetzung: $CaCO_3 + BaCO_3$ die Frage eng verknüpft, ob Mischkristalle und Doppelsalz von derselben Zusammensetzung existieren können.

Folgende Formen sind hier bekannt: 1. Eine Reihe rhomboedrischer, mit dem Calcit isomorpher Kristalle von der Zusammensetzung: $m\,CaCO_3 + n\,BaCO_3$. In den in der Natur in Långban aufgefundenen Kristallen ist annähernd $m:n = 1$. 2. Rhombische Kristalle, deren Form dem Aragonit entspricht, liegen im Alstonit vor. 3. Ein typisches, monoklin kristallisiertes Doppelsalz, von der Zusammensetzung $CaBaC_2O_6$ ist als Barytocalcit bekannt.

---

[1]) O. Knöfler, Wied. Ann. **38**, 136 (1889).

[2]) G. Rose, Pogg. Ann. **42**, 360 (1837).

[3]) A. Hoffmann, l. c.

[4]) G. Lespineux, Bull. Soc. géol. Belgique **32**, 13 (1906). — Ref. N. JB. Min. etc. 1908[1], 180.

Die rhomboëdrischen Kristalle sind als Glieder einer isomorphen Reihe zwischen Calcit und der rhomboedrischen, bei gewöhnlicher Temperatur labilen Modifikation von $BaCO_3$ zu betrachten. Kristalle mit wechselndem Verhältnis von Ca : Ba lassen sich leicht künstlich darstellen.

Ob der Alstonit als Doppelsalz, oder als isomorphe Mischung zu betrachten sei, ist eine alte, viel besprochene Frage. Die chemische Zusammensetzung der untersuchten Kristalle läßt sich stets durch einfache Molekularverhältnisse ausdrücken, gewöhnlich hat man Ca : Ba = 1 : 1. Die genaue Untersuchnng seiner physikalischen Eigenschaften zeigt, daß die gemessenen Werte den für eine isomorphe Mischung von derselben Zusammensetzung berechneten recht ähnlich sind, doch sind unzweifelhafte Unterschiede vorhanden. Da die Abweichungen nur gering sind, so hat man hier ein Beispiel solcher Körper, die man ebensogut für ein Doppelsalz, als auch für eine isomorphe Mischung erklären kann, um so mehr, da oft auch an typisch isomorphen Mischkristallen nicht alle theoretisch geforderten Beziehungen streng erfüllt sind.

Das unzweifelhafte Doppelsalz, der Barytocalcit, ist u. a. durch auffallende kristallographische Beziehungen zu der rhomboedrischen und zugleich zu der rhombischen Form der Kristalle mit analoger Zusammensetzung bemerkenswert.

Bei der Ausführung einer chemischen Analyse der hierher gehörigen Salze stieß man noch vor kurzer Zeit auf bedeutende Schwierigkeiten bei der Trennung des beigemengten $SrCO_3$ von $BaCO_3$. Folgender Gang der Analyse ist zu empfehlen: Die Trennung des Calciums von Barium und Strontium wird durch wiederholte Behandlung der bei 125° getrockneten Nitrate mit Ätheralkohol erreicht. Die ungelösten Nitrate von Ba und Sr werden mit heißem Wasser aufgenommen und das Barium wird nach der in neueren analytischen Hilfsbüchern angegebenen Methode von C. R. Fresenius als Chromat gefällt und gewogen.[1] Die Trennung von Sr gelingt auf diesem Wege schon nach zweimaliger Fällung.

Es ist zu beachten, daß zur vollständigen Ausfällung von $BaCrO_4$ sehr sorgfältige Neutralisation der freien Säure notwendig ist. Aus dem Filtrat wird das Sr gefällt; da der Sr-Niederschlag meist chromhaltig ist, so ist es zweckmäßig, wegen der Leichtigkeit der Wiederauflösung das Sr zuerst als Carbonat zu fällen.

Will man nur geringe Mengen von Sr, z. B. im Alstonit, spektroskopisch nachweisen, so ist es erforderlich, die Carbonate in Chloride umzuwandeln, da man sonst die Sr-Linien leicht übersehen kann. Wahrscheinlich ist es auch öfters der Fall gewesen, besonders in Fällen, wo man den Sr-Gehalt gewichtsanalytisch nicht bestimmt hat.

Während die Alstonite von Alston Moor etwas Strontium enthalten, konnte im Barytocalcit von selben Fundorte kein Sr spektroskopisch nachgewiesen werden.

I. Rhomboedrischer Barytocalcit (Carbonites barytocalcarius oder Neotyp, A. Breithaupt). Ditrigonal-skalenoedrisch (?) $\alpha = 101°36'—102°26'$ (nach den Messungen von A. Des Cloizeaux[2]) berechnet). Optisch einachsig, Doppelbrechung stark, beinahe gleich der des Isländer Doppelspats (A. Des Cloizeaux).

---

[1]) Vgl. hierzu: Z. anorg. Chem. **44**, 742 (1906).
[2]) A. Des Cloizeaux, Bull. Soc. min. II, 95 (1881).

Analysen:

	1.	2.
δ	3,46	
CaO	18,19	17,64
MgO	2,51	0,40
MnO	1,12	0,24
FeO	0,18	0,42
BaO	44,13	50,89
PbO	1,39	0,37
CO_2	30,40	29,32
$BaSO_4$ . . .	2,00	0,70
	99,92	99,98

1. von Långban, Schweden, körnige Varietät; anal. Lundström, Geolog. För. de Stockholm III, 289 (1877).

2. vom selben Fundorte, spätige Varietät; anal. Derselbe, ebenda.

Diese Analysen zeigen, daß man hier mit einer isomorphen Mischung zu tun hat; in der spätigen Varietät nähert sich das Verhältnis von $CaCO_3 : BaCO_3 = 1:1$ (berechnet für $CaCO_3 . BaCO_3$; 51,56 % BaO, 18,86 % CaO). Hj. Sjögren,[1]) welcher dieses Mineral zuerst beschrieben hat, gibt nicht an, auf welche von den beiden chemisch analysierten Proben sich das angegebene spezifische Gewicht bezieht.

Aus Cumberland sind nach A. Breithaupt rhomboedrische, mit {111} begrenzte Kristalle bekannt, welche neben $CaCO_3$ etwas $BaCO_3$ und $MnCO_3$ enthalten (nach C. F. Plattners Untersuchungen). Spez. Gew. 2,819—2,830, also etwas höher als das spezifische Gewicht des Calcits.

Synthesen. Die Kenntnis dieser isomorphen Reihe: $m\,CaCO_3 + n\,BaCO_3$ ist durch synthetische Versuche von L. Bourgeois[2]) und von H. Vater[3]) erweitert und gesichert worden. L. Bourgeois erhielt rhomboedrische Barium- und Calciumcarbonat enthaltende Kristalle, indem er in eine aus äquivalenten Mengen von NaCl und KCl bestehende Schmelze einige Dezigramme von $CaCO_3$ und $BaCO_3$ hineingeworfen hat. Analoge Kristalle erhielt er auch auf nassem Wege, durch Erwärmung des gefällten Ca-Ba-Carbonats mit überschüssigem, in Lösung vorhandenem Ammoniumsalz. Chemisch hat solche Mischkristalle erst H. Vater eingehender untersucht. Die Darstellungsmethode bestand darin, daß er $CaCl_2$ und $BaCl_2$ langsam zu einer K_2CO_3-Lösung diffundieren ließ. Es bildeten sich Kristallisationen von folgender Zusammensetzung:

1. $CaCO_3 + 0{,}0363\,BaCO_3$. 3. $CaCO_3 + 0{,}0794\,BaCO_3$.
2. $CaCO_3 + 0{,}0505\,BaCO_3$. 4. $CaCO_3 + 0{,}1001\,BaCO_3$.

Die ausgeschiedenen Kristalle sind um so bariumreicher, je entfernter sich die Kristalle von der ursprünglichen $CaCl_2$- und $BaCl_2$-Lösung abgesetzt haben. Der höchste $BaCO_3$-Gehalt der bei diesem Versuch ausgeschiedenen Mischkristalle ergibt sich aus dem spez. Gew. = 2,892 zu 18,77 % $BaCO_3$, d. i. $CaCO_3 + 0{,}1173\,BaCO_3$ und das spezifische Gewicht des reinen, rhomboedrischen Bariumcarbonats (stabil erst oberhalb 810°) berechnet sich zu 4,05. Es ist also, analog wie beim $CaCO_3$ kleiner als das spezifische Gewicht der rhombischen Modifikation.

[1]) Hj. Sjögren, Geol. För., Stockholm III, 289—392 (1877).
[2]) L. Bourgeois, Bull. Soc. min. **12**, 464 (1889).
[3]) H. Vater, Z. Kryst. **21**, 462—471 (1893).

Das spezifische Gewicht einer isomorphen Mischung $1\,CaCO_3 + 1\,BaCO_3$ berechnet sich hieraus zu 3,475, nahe übereinstimmend mit dem in Hj. Sjögrens Abhandlung angeführte Werte 3,46 der Langbaner Kristalle.

Der „rhomboedrische Barytocalcit" kommt in Långban zusammen mit Hedyphan und Hausmannit vor.

II. Alstonit (Bromlit, Johns. Synthetischer Nadelspat, Diplobas, Holoedrites syntheticus, Brth.; Rhombischer Barytin, Zp.).

Rhombisch bipyramidal; $a:b:c = 0{,}582(7):1:0{,}719(5)$ (St. Kreutz) zeichnet sich durch komplizierte Zwillingsdurchwachsungen aus. Diesem Mineral wurde, seit seiner Entdeckung i. J. 1834 in der Grube „Brownley Hill" bei Alston viel Aufmerksamkeit geschenkt und seine chemische Zusammensetzung ist öfters untersucht worden. Um ein richtiges Verständnis der Natur dieses Minerals gewinnen zu können, ist es nötig, möglichst viele Analysen, also auch die älteren, zu berücksichtigen.

	1.	2.	3.
δ	—	—	3,706
$CaCO_3$	34,29	32,90	30,29
$SrCO_3$	—	1,10	6,64
$BaCO_3$	65,71	65,31	62,16
MnO	—	0,16	—
(SiO_2)	—	(0,20)	—
	—	99,67	99,09

	4.	5.	6.	7.	8.	9.
δ	—	—	—	—	$3{,}707 \pm 0{,}004$	3,67
CaO	23,40	29,06	19,83	19,89	17,61	18,0
MnO	0,29	0,30	—	0,20	Spur (bis 0,1)	0,06
SrO	—	—	—	—	4,25	—
BaO	44,69	37,41	50,97	51,45	48,54	52,3
CO_2	31,71	32,21	29,65	29,52	29,30	nicht bestimmt
Unl. Rückst.	—	—	0,25	—	—	0,2
	100,09	98,98	100,70	101,06	99,80	

1. von Fallowfield bei Hexam, Northumberland; anal. A. Delesse, Ann. chim. phys. [3] **13**, 425.
2. vom selben Fundorte; anal. C. v. Hauer, Sitzber. Wiener Ak. 1853.
3. von Brownley Hill Mine bei Alston, Cumberland; anal. Johnston, Phil Mag. **10**, I—II.
4. von demselben Fundorte. Mittel aus 3 Analysen }
5. „ „ „ „ „ 2 „ } anal. A. Becker,
6. „ „ „ „ „ 3 „ } Z. Kryst. **12**, 224 (1887).
7. „ „ „ „ „ 3 „ }
8. vom selben Fundorte. Mittel aus 2 Analysen; anal. St. Kreutz, Bull. Krakauer Ak. 1909.
9. von New Brancepeth bei Durham; anal. L. J. Spencer, Mineral. Mag. **15**, 302 (1910).

Die Mehrzahl der Analysen zeigt, daß das Molekularverhältnis von $Ca:Ba = 1:1$ ist. Die Formel $CaCO_3 . BaCO_3$ verlangt: CaO 18,86, BaO 51,56, CO_2 29,58. Nach Angabe von E. Mallard[1]) führt auch eine Reihe von H. Le Chatelier ausgeführter Analysen zu derselben Formel. Da dasselbe

[1]) E. Mallard, Bull. Soc. min. **18**, 7 (1895).

Verhältnis von Ca : Ba in Kristallen aus drei verschiedenen Fundorten angetroffen wird, so kann hier von reiner Zufälligkeit kaum die Rede sein. Aus Analyse 7. folgt, daß dieses Verhältnis Ca : Ba = 1 : 1 durch den Strontiumgehalt nicht gestört wird, so daß die Annahme berechtigt erscheint, daß in den betreffenden Kristallen eine Mischung der Verbindung $CaCO_3 . BaCO_3$ mit $SrCO_3$ vorliegt. Man hat hier folgende Molekularverhältnisse: CaO 0,314, SrO 0,041, BaO 0,316 oder 7,6 $CaCO_3$, 7,7 $BaCO_3$ und 1 $SrCO_2$. Wenn man berücksichtigt, daß die Äquivalentvolumina des „reinen" Alstonits V — 40,16 und des Strontianits V = 40,7 einander sehr ähnlich sind, so ist eine solche Mischbarkeit leicht verständlich.

Die Auffassung des Alstonits als Doppelsalz wäre also chemisch begründet, wenn nicht zwei Analysen (4. und 5.) von A. Becker zu den Formeln: $4 CaCO_3 . BaCO_3$ bzw. $2 CaCO_3 . BaCO_3$ führten. Außer dem Verhältnis Ca : Ba = 1 : 1, kommen also auch anders zusammengesetzte Kristalle vor; allerdings lassen sich die Analysen in beiden beobachteten Fällen durch einfache Molekularverhältnisse ausdrücken, so daß man an mehrere Doppelsalze denken muß.

Was chemische Reaktionsfähigkeit betrifft, so haben A. Des Cloizeaux und A. Delesse[1]) beobachtet, daß die Temperatur, bei welcher das im Alstonit vorhandene $CaCO_3$ zerlegt wird, viel höher ist als die zur Zersetzung des reinen Calciumcarbonats erforderliche.

J. Lemberg[2]) hat gezeigt, daß Alstonit aus einer $AgNO_3$-Lösung eine dünne Haut von Ag_2CO_3 niederschlägt, die durch Reduktion mit Pyrogallollösung oder Umsetzung in Ag_2CrO_4 sichtbar gemacht werden kann. Dieses Verhalten entspricht dem Verhalten des Witherits.

Nach St. Kreutz[3]) zeigt Alstonit ähnliche Meigensche Reaktion wie Aragonit und Witherit (vgl. S. 109).

Die Entscheidung der Frage, ob im Alstonit eine isomorphe Mischung oder ein Doppelsalz (richtiger eine Reihe von Doppelsalzen) vorliegt, konnte auch aus dem Vergleich der am Alstonit gemessenen mit den für eine isomorphe Mischung von genau derselben Zusammensetzung berechneten Werte erhofft werden. Diesen Gedanken hat zuerst E. Mallard[4]) durchzuführen versucht; hier seien einige, von St. Kreutz[5]) erhaltene, sich auf den Alstonit aus Brownley Hill, Alston (Analyse 7) beziehende Werte angeführt.

	Beobachtet:	Berechnet:
	Spez. Gew. 3,707	3,70(5)
Topische Parameter:	$\chi_1 = \chi_2 = 3,336$	$\chi_1 = \chi_2 = 3,33$
	$\psi = 3,359$	$\psi = 3,45$
	$\omega = 4,148$	$\omega = 4,15$
Brechungsindizes (Na-Licht)	$\alpha = 1,5261$	$\alpha = 1,528(5)$
	$\beta = 1,671(0)$	$\beta = 1,677(9)$
	$\gamma = 1,671(7)$	$\gamma = 1,679(1)$
	$2V_\alpha = 6^0$	$2V_\alpha = 9^0 34'$

[1]) A. Delesse, Ann. chim. phys. **13**, 425 (1845).
[2]) J. Lemberg, Z. Dtsch. geol. Ges. **44**, 224—242 (1892).
[3]) St. Kreutz, Tsch. min. Mit. **28** (1909).
[4]) E. Mallard, a. a. O.
[5]) St. Kreutz, Anz. Krakauer Ak. 1909.

Das Achsenverhältnis $a:b$ liegt im Alstonit außerhalb der Werte der Komponenten.

Dieser Vergleich lehrt, daß die Eigenschaften des Alstonits den für eine isomorphe Mischung von derselben Zusammensetzung berechneten sehr nahe stehen, daß aber auch unzweifelhafte Unterschiede vorhanden sind. Wenn die theoretisch berechneten und die gemessenen Werte an isomorphen Kristallen innerhalb der Fehlergrenze übereinstimmen würden, so wäre der Alstonit als ein Doppelsalz zu bezeichnen. Indessen sind in solchen Fällen in letzterer Zeit öfters nicht unbedeutende Abweichungen konstatiert worden, und man könnte mit fast demselben Rechte den Alstonit als isomorphe Mischung oder als ein Doppelsalz betrachten.

Paragenese. Der Alstonit kommt auf Galenitgängen bei Fallowfield, sowie auch bei Alston, in Brownley Hill Mine, wo er auf Calcit neben Witherit aufsitzt, vor. Sein Auftreten ist nur sehr beschränkt und seine Entstehung ist hier offenbar einem nachträglichen Zufluß bariumcarbonathaltiger Lösungen zuzuschreiben. Es ist interessant, daß sich hier Alstonit, und nicht das trigonale Calciumbariumcarbonat gebildet hat, trotzdem die Kristalle direkt mit Calcitrhomboedern in Berührung sind.

In New Brancepeth bei Durham tritt er auf Barytgängen auf, und nach L. J. Spencer[1]) war hier die Ausscheidungsfolge folgende: 1. Baryt, 2. Witherit, 3. Alstonit. Die Carbonatbildung erklärt sich hier nach L. J. Spencer durch Einwirkung kohlensäurehaltigen Wassers auf $BaSO_4$. Calciumcarbonat enthaltendes Wasser ist hier erst später eingedrungen.

III. Barytocalcit Children (hemiprismatischer Hal-Baryt, Mohs, hemiprismatischer Barytin, F. Zippe), monoklin-prismatisch.

$$a:b:c = 0{,}7717:1:0{,}6254 \text{ (H. G. Brooke)}$$
$$\beta = 106^{\circ}\,08'.$$

Die chemische Zusammensetzung dieses Minerals ist konstant, wie dies aus dem Vergleich der älteren Analysen mit den von A. Becker[2]) ausgeführten hervorgeht. Es seien nur die neueren angeführt.

	1.	2.	3.
CaO . . .	19,77	19,22	18,61
BaO . . .	50,09	50,36	51,59
(MnO) . .	0,35	0,25	0,35
CO_2 . . .	29,52	29,44	29,39
[Unl. Rückst.]	—	(0,30)	(0,28)
	99,73	99,57	100,22

1., 2., 3. von Alston Moor, Cumberland. Mittel aus drei Analysen; anal. A. Becker, Z. Kryst. 12, 224 (1887).

Aus diesen Zahlen ergibt sich die Formel: $CaBaC_2O_6$, man hat es hier folglich mit einem Doppelsalze zu tun.

Das spez. Gew. 3,665 (A. Damour), 3,710 ± 0,01 (St. Kreutz) steht demjenigen des Alstonits sehr nahe.

[1]) L. J. Spencer, Min. Mag. 15, 302—311 (1910).
[2]) A. Becker, Z. Kryst. 48, 183 (1910).

Der Barytocalcit zeigt genau dieselbe Meigensche Reaktion, wie Alstonit und Aragonit. Bemerkenswert ist seine Fähigkeit, mit Natronsalpeter und Calcit orientierte Verwachsungen zu bilden, was durch die Ähnlichkeit der Kristallstruktur und der topischen Parameter trotz der Zugehörigkeit der beiden Körper zu verschiedenen Kristallsystemen ermöglicht ist.

Das durch die Spaltflächen nach {110} und {001} gebildete rhombische Parallelepiped mit schiefer Basis hat viel Ähnlichkeit mit dem Spaltungsrhomboeder des Natriumnitrats. Die hier zu vergleichenden topischen Parameter[1]) sind:

Barytocalcit: $V = 40{,}09$, $\chi_1 = \chi_2 = 3{,}5188$, $\omega = 3{,}4844$

$NaNO_3$: $V = 37{,}8$, $\chi = \omega = 3{,}4605$.

Es ist interessant, daß das Achsenverhältnis des Barytocalcits auch mit dem Achsenverhältnis des Aragonits und Witherits Ähnlichkeiten aufweist.

Barytocalcit kommt auf Gängen mit Bleiglanz, Fluorit und Kalkspat in Blagill bei Alston vor. In Frankreich[2]): Plateau Central, Dorlhac. Quarzpseudomorphosen nach Barytocalcit sind aus Mies[3]) und Badenweiler[4]) beschrieben worden. Sillem[5]) erwähnt auch Schwerspatpseudomorphosen nach Barytocalcit aus Alston.

Die Frage, welche von den beschriebenen Formen des Calciumbariumcarbonats bei gewöhnlicher Temperatur die stabilste ist, ist experimentell noch nicht untersucht worden. Da man bis jetzt künstlich sowohl auf nassem, als auch auf trockenem Wege stets nur trigonale Formen erhielt, so dürften diese die stabilste Form darstellen.

Nach A. Des Cloizeaux ist Barytocalcit weniger stabil als Alstonit, da er vor dem Lötrohre knisternd zerspringt.

Die Retgerssche Regel, daß Doppelsalz- und Mischkristallbildung einander ausschließen, hat im Fall der Salze: $CaCO_3$ und $BaCO_3$ keine Geltung. Die Ansicht von J. W. Retgers, daß die chemische Attraktion, welche die Bindung zweier Stoffe zu einem Doppelsalz bewirkt, ein einfaches Nebeneinanderliegen der beiden Stoffe in einer isomorphen Mischung unmöglich macht, ist wohl plausibel, es ist aber auch leicht denkbar, daß die Anziehungskraft der beiden Körper durch die äußeren Veränderlichen t, p, C so stark beeinflußt wird, daß es zu einer chemischen Bindung nicht kommen kann. Auch sind der Übersättigung analoge Erscheinungen von vornherein zu erwarten.

---

[1]) St. Kreutz, a. a. O.

[2]) A. Lacroix, Min. de France III, 802.

[3]) F. Zippe, Verh. d. Ges. d. Vaterl. Mus. in Böhmen 1832, 57. — J. Gerstendorfer, Sitzber. Wiener Ak. **99**, 422 (1890).

[4]) F. Sandberger, N. JB. Min. etc. 1882, I, 107.

[5]) Sillem, N. JB. Min. etc. 1852, 217.

Cadmiumcarbonat.

Von **H. Leitmeier** (Wien).

Otavit.

O. Schneider[1]) beschrieb ein solches Carbonat von Otavi in Deutsch-Südwest-Afrika aus der Tschumeb Mine, das aus Rhomboedern (Winkel ca. 80°) besteht und weiß bis rötlich gefärbt ist. Es besitzt einen starken metallischen Diamantglanz und löst sich unter Brausen in verdünnter Salzsäure.

Nach einer Analyse von Wölfler ist das Mineral ein reines basisches Cadmiumcarbonat, das 61,5% CdO enthält.

Analysenmethoden der Bleicarbonate.

Von **M. Dittrich** (Heidelberg).

Cerussit.

Hauptbestandteile: Pb, CO_3. **Nebenbestandteile:** Fe, Ca, Mg.

Untersuchung eines reinen Cerussits. Bestimmung des Bleis. Man scheidet das Blei durch Schwefelsäure als $PbSO_4$[2]) ab und bringt es als solches zur Wägung, oder man fällt das Blei durch Ammoniak und Wasserstoffsuperoxyd und führt das abgeschiedene Bleisuperoxydhydrat durch Glühen in Bleioxyd über.

a) Bestimmung als $PbSO_4$. Die nicht allzu saure Lösung von etwa 0,5 g des Minerals in verdünnter Salpetersäure, welche ungefähr 80—100 ccm betragen soll, versetzt man in einem Becherglas mit so viel verdünnter Schwefelsäure, bis nach dem Absetzen kein weiterer Niederschlag mehr entsteht. Sodann fügt man das doppelte Volumen der bisherigen Lösung starken Alkohols hinzu und läßt einige Stunden stehen.

Oder man dampft die salpetersaure Lösung der Substanz in einer Porzellanschale erst auf dem Wasserbade mit überschüssiger, verdünnter Schwefelsäure möglichst ein, erhitzt sie sodann über freier Flamme, bis weiße Dämpfe von Schwefelsäure weggehen und läßt erkalten. Hierauf verrührt man den Rückstand mit Wasser und läßt einige Zeit stehen.

Zum Filtrieren des auf die eine oder die andere Weise erhaltenen Niederschlages benutzt man entweder ein gewöhnliches Filter oder einen Goochtiegel; zum Waschen verwendet man Alkohol, welchem anfangs verdünnte Schwefelsäure zugesetzt wird. Der Goochtiegel wird bei 100° getrocknet und dann im Asbestringtiegel stark (Teclubrenner) erhitzt.

Wurde ein Papierfilter verwendet, so verascht man nach Trennung des Niederschlages vom Filter erst das letztere vollständig im Porzellantiegel und führt dabei reduziertes Blei durch Eindampfen mit einigen Tropfen konzen-

---

[1]) O. Schneider, Z.B. Min. etc. 1906, 388.

[2]) Die früher bei Dolomit angegebene Bestimmung des Bleis durch Elektrolyse ist bei größeren Mengen Blei (mehr als 0,2 g Metall) nicht anwendbar.

trierter Salpetersäure und hierauf mit einem Tropfen verdünnter Schwefelsäure wieder in Sulfat über. Nach Verjagen der überschüssigen Säure im Luftbad oder auf Asbestdrahtnetz gibt man die Hauptmenge des Niederschlages hinzu und glüht den Tiegel (ohne Deckel), bis Gewichtskonstanz erreicht ist.

b) Bestimmung als Oxyd. Man läßt die Lösung des Minerals in Salpetersäure aus einem Tropftrichter langsam in eine Mischung von gleichen Teilen etwa je 50 ccm konz. Ammoniaks und reinem 3 %igen Wasserstoffsuperoxyd, welche sich in einer größeren Porzellanschale befindet, eintropfen. Nach mehrstündigem Stehen in der Kälte filtriert man den Niederschlag ab und wäscht ihn anfangs mit verdünntem Ammoniak und schließlich mit kaltem Wasser gut aus. Das Filter wird nach dem Trocknen getrennt vom Niederschlage im gewogenen Porzellantiegel verascht, die Asche mit Salpetersäure durchfeuchtet und nach Verjagen der überschüssigen Säure die Hauptmenge des Niederschlages zugegeben und schließlich alles schwach geglüht; der Rückstand ist PbO.

Bestimmung des Kohlendioxyds. Bei reinem Cerussit kann die Kohlendioxydbestimmung schon durch gelindes Glühen (im Porzellantiegel) bis zur Gewichtskonstanz erfolgen; bei unreinem Material muß eine der anderen Methoden, z. B. Fresenius-Classen, angewendet werden.

Untersuchung eines Cerussits, welcher Eisen, Calcium und Magnesium enthalten kann. Zur Fällung des Bleis kann hier nur Schwefelsäure verwendet werden, da durch Ammoniak auch Eisen mit ausfallen würde. Im Filtrat vom Bleisulfat wird nach Verjagen des Alkohols und Zugabe von Salzsäure und wenig Wasserstoffsuperoxyd vorhandenes Eisen durch Ammoniak (2 mal) gefällt und im Filtrat davon Calcium und Magnesium abgeschieden, wie früher beschrieben ist.

Hydrocerussit.

Hauptbestandteile: Pb, CO_3, H_2O, siehe Cerussit.

Die Untersuchungsmethoden sind die gleichen wie bei Cerussit.

Phosgenit.

Hauptbestandteile: Pb, CO_3, Cl, H_2O.

Die Bestimmungsmethoden für Pb, CO_3 und H_2O sind die gleichen wie bei Cerussit.

Zur **Bestimmung des Chlors** löst man etwa 0,8 g Substanz in verdünnter Salpetersäure, fällt nach Entfernung der Gangart die auf etwa 150 ccm verdünnte Lösung mit Silbernitrat und bringt das ausgeschiedene Silberchlorid zur Wägung. Näheres siehe bei Trona S. 140.

Bleicarbonat.

Von **H. Leitmeier** (Wien).

Das Bleicarbonat kommt in der Natur in einer wasserfreien und einer wasserführenden Form vor. Die erstere ist bei weitem die häufigere.

Cerussit ($PbCO_3$).

Rhombisch bipyramidal.

$a:b:c = 0{,}6102:1:0{,}7232$ (nach N. v. Kokscharow).[1])

Synonyma: Weißbleierz, Bleispat.

Der Cerussit kommt fast stets kristallisiert in mannigfachen Ausbildungen vor und ist sehr oft Gegenstand kristallographischer Untersuchungen gewesen.

Chemische Zusammensetzung und Analysen.

Ältere Analysen. Nach A. Des Cloizeaux, Manuel II, (Paris 1875), 156.

	1.	2.	3.	4.
PbO	82	81,4	83,51	83,76
CO_2	16	15,5	16,49	16,38
	98	96,9	100,00	100,14

1. Cerussit von Leadhills; anal. M. H. Klaproth.
2. Cerussit, durchsichtige Kristalle von Nertschinsk; anal. John.
3. Cerussit von Griesberg in der Eifel; anal. C. Bergmann.
4. Cerussit von Phenixville in Pennsylvanien; anal. L. Smith.

Neuere Analysen.

	5.	6.	7.	8.	8a.
δ . . .	—	—	—	6,409	—
ZnO . . .	—	0,51	—	—	—
(CdO) . .	—	0,15	—	—	—
SrO . . .	—	—	—	3,15	0,030
PbO . . .	83,42	77,63	83,07	79,59	0,357
(Al_2O_3) . .	—	1,42	—	—	—
(Fe_2O_3) . .	—	0,63	—	—	—
(Cr_2O_3) . .	—	—	Spur	—	—
CO_2 . . .	16,45	14,12	15,97	17,02	0,387
(SO_3) . .	—	2,07	—	—	—
(H_2O) . .	—	1,24	—	—	—
Unlöslich .	—	1,38	0,62	—	—
	99,87	99,15	99,66	99,76	

5. Cerussit, Kristalle aus dem Galena Limestone des südlichen Wisconsins im oberen Mississippitale; anal. R. B. Green, Z. Kryst. **25**, 267 (1896).

6. Cerussit, kristallisiert, aus der Sirjanowskschen Grube im Altai; anal. J. A. Antipoff; P. v. Jeremejew, Verh. d. kais. russ. min. Ges. St. Petersburg **36**, 12 (1898).

7. Cerussit von der Adelaide-Proprietary-Mine, Dundas in Tasmanien, grüne Kristalle; anal. Mingaye, W. F. Petterd, Papers and Proc. R. Soc. Tasmania 1902, 18. — Ref. Z. Kryst. **42**, 392 (1907).

8. Cerussit aus der Terrible-Mine-Isle, Custer County, Colorado; anal. C. H. Warren, Am. Journ. [4] **16**, 337 (1903).

8a. Molekularverhältnis aus Analyse 8.

Bleierde. Als Bleierde hat man weiße, erdige Bleicarbonatmassen, die tonige Substanzen enthalten, bezeichnet, die wahrscheinlich zum Teil Gele sein werden. Inwieweit sie mit dem Hydrocerussit zusammenhängen, dem

[1]) Nach P. Groth, Chem. Kristallographie II, (Leipzig 1908), 210.

sie im Wassergehalt ähnlich sind, läßt sich nicht sagen. Vielleicht stellt die Bleierde ein Gemenge von Hydrocerussit (Plumbonakrit) oder überhaupt einem Bleihydrocarbonat mit Tonerde und Kieselsäure dar.

	1.	2.	3.
CaO	—	0,50	—
PbO	66,00	48,25	78,70
Al_2O_3	4,25	5,25	2,20
$(Mn_2O_3 + Fe_2O_3)$	2,25	3,00	
CO_2	12,00	10,00	15,53
SiO_2	10,50	29,00	1,07
(H_2O)	2,25	4,00	2,57
	97,75	100,00	100,07

1. Bleierde von Tarnowitz; anal. John.
2. Bleierde von Kall in der Eifel; anal. John.
3. Bleierde von Kall in der Eifel; anal. C. Bergmann.

Nach A. Des Cloizeaux Manuel II (Paris 1875), 156.

Zinkhaltiger Cerussit (Iglesiasit).

Der Cerussit von Iglesias, der größere Mengen von Zinkcarbonat beigemischt enthält, wurde von C. Karsten Iglesiasit, genannt und analysiert (Analyse 1). Später wurde durch H. Traube ein solches Carbonat von Tarnowitz bekannt.

	1.	2.	
δ	6,187	5,9	
(MnO)	Spur	—	
(FeO)	Spur	—	
ZnO	4,56	3,41	
PbO	76,82	78,65	
CO_2	17,74	17,94	17,73 berechnet
(Cl)	Spur	—	
	99,12	100,00	
$ZnCO_3$	7,02	5,47	
$PbCO_3$	92,10	94,53	

1. Iglesiasit von Monte Poni bei Iglesias; anal. C. Karsten, Schweiggers N. JB. f. Chem. u. Physik **45**, 365 (1832).
2. Iglesiasitkristalle aus dem Galmei des Friedrichschachtes der Redlichkeitsgrube bei Radzionkau; anal. H. Traube, Z. Dtsch. geol. Ges. **46**, 50 (1894).

Der Zinkgehalt wirkt auch auf den optischen Achsenwinkel ein und setzt diesen herab.

Formel. Wohl bei wenigen Mineralien macht sich so sehr der Mangel an gut ausgeführten Analysen geltend, wie beim Cerussit. Die wenigen Analysen, die wir besitzen, reichen zur chemischen Charakteristik des Cerussits nicht hin, und die „Erzanalysen" sind an unreinem Materiale ausgeführt und sagen uns wenig. Dabei ist das Mineral ungemein oft kristallographisch untersucht worden, und auch vorzügliche optische Untersuchungen liegen in größerer Anzahl vor, z. B. die Untersuchungen von F. Ohm[1]) an Cerussitvorkommen

[1]) F. Ohm, N. JB. min. etc. Beil.-Bd. **13**, 1 (1899).

Westfalens. Gerade an so gut kristallographisch und optisch studiertem Materiale wären Analysen von Wichtigkeit gewesen und hätten den Wert einer solchen Arbeit sicher bedeutend erhöht.

Soweit die wenigen Analysen eine Verallgemeinerung zulassen, kann man sagen, daß von allen rhombischen Carbonaten der Cerussit am häufigsten frei von isomorphen Beimengungen auftritt, und oft ganz reines Bleicarbonat darstellt. (Das ist vielleicht mit ein Grund, warum so wenige Analysen ausgeführt wurden.)

Die Formel ist $PbCO_3$ entsprechend:

1 At. C	= 12	CO_2	= 16,48
1 At. Pb	= 207,10	PbO	= 83,52
3 At. O	= 48		100,00

Physikalische Eigenschaften.

Brechungsquotienten. Nach A. Schrauf:

für Linie	N_α	N_β	N_γ
B . . .	1,7915	2,0595	2,0613
D . . .	1,8037	2,0763	2,0780
E . . .	1,8164	2,0919	2,0934

Der Achsenwinkel ist

$2E = 17^0 17'$ für *B*
$17^0\ 8'$ „ *D*
$15^0 55'$ „ *E*

Der Achsenwinkel nimmt mit steigender Temperatur zu.

Die Doppelbrechung ist negativ.

Die Dichte. Nach A. Damour[1]) ist $\delta = 6{,}574$.

Bildungswärme. Nach J. Thomsen[2]) beträgt die Bildungswärme des kristallisierten Carbonats aus den Elementen 169,8 Cal.; nach M. Berthelot[3]) 166,7 Cal. Die Bildung aus Pb, O_2, CO beträgt nach J. Thomsen[4]) 139,69 Cal.; die Bildung aus PbO und CO_2 beträgt 22,58 Cal.

Elektrische Leitfähigkeit. Nach F. Kohlrausch[5]) beträgt das elektrische Leitvermögen einer gesättigten Lösung von aus Bleiacetat durch Ammoniumcarbonat gefälltem Bleicarbonat bei 18^0: $\varkappa = 2{,}0 \,.\, 10^{-6}$.

Nach W. Böttger[6]) beträgt das Leitvermögen einer gesättigten Bleicarbonatlösung bei $19{,}96^0$:

$\varkappa = 1{,}02 \,.\, 10^{-6}$, wenn das Leitvermögen des Wassers 1,006 beträgt,
$\varkappa = 1{,}54 \,.\, 10^{-6}$, „ „ „ „ „ 1,28 „
$\varkappa = 1{,}61 \,.\, 10^{-6}$, „ „ „ „ „ 1,335 „

Das Leitvermögen der gesättigten Lösung und damit auch die Löslichkeit nimmt mit dem Gehalte an CO_2 zu, der in der Lösung unmerklich vorhanden

[1]) Nach P. Groth, Chem. Kristallographie II, (Leipzig 1908), 210.
[2]) J. Thomsen, Journ. prakt. Chem. [2] **21**, 44 (1880).
[3]) M. Berthelot, Ann. chim. phys. [5] **4**, 176 (1875).
[4]) J. Thomsen, Ber. Dtsch. Chem. Ges. **12**, 2031 (1879).
[5]) F. Kohlrausch, Z. f. phys. Chem. **44**, 238 (1903).
[6]) W. Böttger, Z. f. phys. Chem. **46**, 586 (1903).

war. Darauf beruht es auch nach W. Böttger, daß F. Kohlrausch für 18° wesentlich höhere und stark schwankende Werte erhielt.

Löslichkeit. Bleicarbonat ist in Wasser nur äußerst wenig löslich; dagegen wird es durch ganz geringe Mengen CO_2, die so gering sein können, daß man sie auf gewöhnliche Weise gar nicht erkennen kann, wie Pleissner und Auerbach, denen wir unsere Hauptkenntnis von der Löslichkeit des $PbCO_3$ verdanken, festgelegt haben. Daher schwanken auch die Angaben von W. Böttger und H. Kohlrausch über die Leitfähigkeit bzw. Löslichkeit des $PbCO_3$ in reinem H_2O ziemlich, weil eben jedesmal ganz geringe wechselnde Mengen CO_2 anwesend waren.

Wenn man, wie es Pleissner und Auerbach[1]) getan haben, für die $PbCO_3$-Lösung eine völlige Spaltung in Ionen voraussetzt, so ist das Löslichkeitsprodukt $L = Pb \times CO_3$, worin Pb die analytisch erhaltene Pb-Konzentration und CO_3 die an Kohlensäure ist. Die CO_2-Konzentration ist berechnet nach

$$CO_3'' = \frac{k_2 (HCO_3')^2}{k_1 (H_2CO_3)},$$

hierin sind k_1 und k_2 die Dissoziationskonstanten der Kohlensäure. Wenn nun c_0 der Kohlensäuregehalt der Ausgangslösung ist, so kann man aus den Gleichungen

$$HCO_3' = 2Pb^{\cdot\cdot}$$

und

$$c_0 + Pb^{\cdot\cdot} = H_2CO_3 + (HCO_3')$$

CO_3'' berechnen. Aus den drei Gleichungen findet man nun

(IV) $$L = \frac{4k_2}{k_1}\,\frac{(Pb^{\cdot\cdot})^3}{c_0 - Pb^{\cdot\cdot}}.$$

Diese Gleichung zeigt den Zusammenhang zwischen der Löslichkeit unseres Carbonates mit dem CO_2-Gehalt der Ausgangslösung (des Lösungswassers).

Die beiden Forscher stellten folgende Tabelle für eine Temperatur von 18° zusammen:

Gehalt an CO_2		Gehalt an Pb im Liter		$L = Pb^{\cdot\cdot} \times CO_3''$	Korrigierte CO_2-Konzentration c_0'	Nach der Gleichung (IV) mit c_0' berechneter Pb-Gehalt
mg CO_2 im Liter	Millimol im Liter c_0	mg Pb	Millimol Pb		Millimol im Liter	Millimol im Liter
—	—	—	—	—	0,000	0,0002
0,0	0,000	1,75	0,008	$6400 \cdot 10^{-14}$	0,011	0,008
2,8	0,064	6,0	0,029	$11,9 \cdot 10^{-14}$	0,075	0,022
5,4	0,123	7,0	0,034	$7,7 \cdot 10^{-14}$	0,134	0,028
14,4	0,328	8,2	0,040	$3,8 \cdot 10^{-14}$	0,339	0,039
26,0	0,592	9,9	0,048	$3,5 \cdot 10^{-14}$	0,603	0,047
43,5	0,988	10,9	0,053	$2,9 \cdot 10^{-14}$	0,999	0,057
106	2,40	15,7	0,076	$3,2 \cdot 10^{-14}$	2,41	0,076

L steigt somit in den Lösungen, die wenig CO_2 enthalten, sehr rasch an; daraus schließen die beiden Forscher, daß in diesen Lösungen der CO_2-

[1]) Pleissner u. Auerbach, Über die Löslichkeit einiger Bleiverbindungen (Berlin 1907); zitiert nach Abegg, Handb. d. anorg. Chem. (Leipzig 1909) III, 2.

Gehalt doch ein größerer war, als der durch die Analyse gefundene; bei den höheren Konzentrationen muß dieser Wert verlieren (wie man aus der Tabelle sieht) und das Mittel der vier letzten Bestimmungen kann wohl als wahrer Wert der Löslichkeit gelten:

$$L = 3{,}3 \,.\, 10^{-14}.$$

Daraus kann man die Löslichkeit in absolut CO_2-freiem Wasser mit 0,0002 Millimol in 1 Liter berechnen.

Thermische Dissoziation. Beim Erhitzen des Bleicarbonats tritt Spaltung nach der Gleichung $PbCO_3 = PbO + CO_2$ ein. Nach H. Debray[1]) ist dieser Vorgang nicht reversibel und PbO nimmt kein CO_2 auf, während nach Colson[2]) PbO bei Gegenwart von Feuchtigkeit wohl CO_2 aufnimmt. Er fand auch, daß wenn man beim Vorgange der thermischen Dissoziation dieselbe bei Anwendung von Trocknung vornimmt, etwa durch Trocknung mit P_2O_5, die Spaltung langsamer eintritt, als wenn diese unterbleibt.

Er fand folgende Dissoziationsdrucke:

Temperatur	mm Hg (trocken)	mm Hg (feucht)
184°	10	12
210	32,5	33
233	102	105
280	548	—

Durch Extrapolation fand Colson, daß der Atmosphärendruck bei 302° erreicht wird.

O. Brill[3]) berechnete die Dissoziationstemperatur (Definition S. 231) unter Zugrundelegung der Nernstschen[4]) Gleichung für heterogene Gleichgewichte:

$$\log p = -\frac{Q'}{4{,}571\, T} + 1{,}75 \log T + C,$$

worin Q' die Dissoziationswärme pro Mol bei konstantem Druck und Zimmertemperatur, p der Dissosiationsdruck und C die Integrationskonstante, die für Carbonate $C = 3{,}2$ ist. Danach ist die Dissoziationstemperatur $T = 610^0$ für $PbCO_3$ unter Zugrundelegung der von Colson gefundenen Werte.

Die spezifische Wärme des Cerussits hat zuerst H. Kopp bestimmt; er fand nach G. Lindner[5]):

für ein Intervall zwischen 16 und 47° $c = 0{,}0791$.

G. Lindner hat dann mit einem Eiscalorimeter, von dessen exakter Leistungsfähigkeit er sich vorher überzeugt hatte, gefunden:

für ein Intervall von 0—100° $c = 0{,}08176$,
" " " " 0—350° $c = 0{,}06392$.

Mit steigender Temperatur tritt beim Cerussit eine Abnahme der spezifischen Wärme ein; G. Lindner hält als wahrscheinlichste Ursache dieser Erscheinung eine chemische Umsetzung innerhalb dieser Temperaturgrenzen.

1) H. Debray, C. R. **86**, 513 (1878).
2) Colson, C. R. **140**, 865 (1905).
3) O. Brill, Z. phys. Chem. **57**, 736 (1907).
4) W. Nernst, Nachrichten der Göttinger Ges. der Wiss. 1906, 1.
5) G. Lindner, Sitzber. d. physiol.-mediz. Soc. Erlangen **34**, 217 (1902).

Die Dielektrizitätskonstanten hat W. Schmidt[1]) für den Cerussit von der Grube Friedrichssegen (?) bestimmt und gefunden:

			1.	2.
1. nach älterer Methode	parallel der c-Achse . . .	DC_1 =	20,0	19,2
2. nach neuerer Methode	parallel der b-Achse . . .	DC_2 =	22,8	23,2
	parallel der a-Achse . . .	DC_3 =	25,5	25,4

Ch. B. Thwing[2]) hat an Bleicarbonat die Dielektrizitätskonstante gemessen mit DC = 18,58 und berechnet DC = 17,08.

Synthesen.

J. Drevermann[3]) erhielt Kristalle als eine zufällige Bildung bei der Synthese von Bleicarbonat durch allmähliche Diffusion von K_2CrO_4 und $Pb(NO_3)_2$.

H. Becquerel[4]) beobachtete Cerussitkristalle beim längeren Liegenlassen von Bleiglanz in einer Lösung von Natriumbicarbonat.

R. Frémy[5]) hat auf ähnliche Weise Cerussitkristalle erhalten.

J. Riban[6]) erzeugte dadurch Cerussitkristalle, daß er Bleiformiat in luftleeren zugeschmolzenen Röhren bei Anwesenheit von Wasser 75 Stunden lang auf 175° erhitzte; es entstanden rhombische, sechsseitig prismatische Kristalle von $PbCO_3$, an denen dieselben Winkelwerte wie für den Cerussit gefunden werden konnten.

Gut ausgebildete Kristalle hat auch L. Bourgeois[7]) in der Weise auf wäßrigem Wege erhalten, wie es beim Barium- und Strontiumcarbonat (S. 488) ausgeführt ist.

A. Lacroix[8]) fand auf mehreren in Algier gefundenen Münzen aus der Römerzeit Cerussitkristalle als Neubildung. Es waren mehrere solcher Münzen durch eine aus Kupfercarbonat bestehende Zementmasse miteinander verkittet; einige von diesen Münzen, die weniger zersetzt waren, trugen neben Cupritwürfeln tafelförmige weißlichgelbe Cerussitkriställchen. Die Münzen gaben bei der Analyse 79,76 Cu, 16,26 Pb und 3,97 Sn.

A. F. Rogers[9]) fand auch Cerussit auf alten chinesischen Kupfermünzen, die aus dem 7. Jahrhundert stammen dürften. Er betont aber ausdrücklich, daß diese Münzen kein Blei enthalten und daher das Blei von außen her zugeführt worden sein muß, was aber wenig wahrscheinlich ist.

Genesis.

Der Cerussit ist ein sehr häufiges Begleitmineral der Bleiglanzlagerstätten und ist gewöhnlich kristallisiert. Er ist wohl in der Regel als direkter Absatz aus wäßriger Lösung entstanden.

---

1) W. Schmidt, Ann. d. Phys. **9**, 919 (1902).
2) Ch. B. Thwing, Z. f. phys. Chem. **14**, 300 (1894).
3) J. Drevermann, Ann. d. Chem. u. Pharm. **87**, 120 (1853).
4) H. Becquerel, C. R. **63**, 1 (1866).
5) R. Frémy, C. R. **63**, 714 (1866).
6) J. Riban, C. R. **93**, 1023 (1881).
7) L. Bourgeois, l. c.
8) A. Lacroix, Bull. Soc. min. Paris **6**, 175 (1383).
9) A. F. Rogers, Am. Geologist **31**, 43 (1903).

So hat v. Dechen im alten Elisabetstollen im Bleiberge bei Commern, der ca. 100 Jahre verlassen war, an den Seitenwänden fingerdicke Überzüge von Cerussit gefunden; diese Schichten bilden ein Haufwerk kleiner Kristallnadeln. Es bildet sich somit Cerussit auch heute noch auf Bleiglanzlagern aus wäßrigen Lösungen. Daß aus Calciumcarbonat auch Bleicarbonat gebildet werden kann, das ist schon bei Calcit (S. 336) ausgeführt worden.

Von den Umwandlungen des Cerussits ist die in Phosgenit interessant, da sie eine reversible ist, indem man sowohl Pseudomorphosen von Cerussit nach Phosgenit, als auch solche von Phosgenit nach Cerussit kennt (siehe unten bei Phosgenit).

Bleihydroxycarbonat.

Von **H. Leitmeier** (Wien).

Hydrocerussit.

Hexagonal. $a:c = 1:1,4187$ (nat. Krist.).[1])

Der Hydrocerussit wurde von A. E. Nordenskiöld[2]) am gediegenen Blei von Långban als eine weiße, farblose, viereckige kristallinische Blättchen bildende Hülle entdeckt und als wasserführendes Bleicarbonat erkannt. Es wurde noch von einigen Fundorten beschrieben, so von A. Lacroix[3]) von Wanlockhead und von Laurium in Griechenland.[4]) G. Flink[5]) hat auch kristallographische Messungen gemacht. Über die chemische Zusammensetzung dieses Carbonats ist indessen wenig Sicheres bekannt, da keine Analyse in der Literatur gefunden werden konnte.

Man nimmt die Formel $2PbCO_3.Pb(OH)_2$ an, auf die man durch eine Synthese L. Bourgeois'[6]) kam. Dieser löste das neutrale Salz und fügte beim Sieden Bleiglätte hinzu und brachte in die abgekühlte Lösung 1 Mol. Harnstoff und filtrierte. Hierauf wurde die Flüssigkeit im zugeschmolzenen Rohre einige Stunden lang bei 130° behandelt und es bildeten sich reichlich perlmutterglänzende Kristalle, die tafelig waren. Analysen ergaben:

			der Formel $3PbO.2CO_2H_2O$ entsprechen:
δ	6,14		
PbO	86,7	86,5	86,3
CO_2	11,5	11,3	11,3
H_2O	2,8	2,5	2,3
	101,0	100,3	99,9

Inwieweit dieses Carbonat mit dem Hydrocerussit genannten Minerale übereinstimmt, läßt sich ohne Analyse des letzteren nicht sagen, und auf eine Übereinstimmung (oder vielmehr Ähnlichkeit der äußeren Formen) ist wohl nur wenig Gewicht zu legen.

[1]) P. Groth, Chem. Krist. II (Leipzig 1908), 216 (G. Flink).
[2]) A. E. Nordenskiöld, Geol. För. Förhandl. 1876, 376.
[3]) A. Lacroix, Bull. Soc. min. **8**, 35 (1885).
[4]) A. Lacroix, C. R. **128**, 761 (1896).
[5]) G. Flink, Bull. of the geol. Inst. Upsala 1900, 81. — Ref. Z. Kryst. **36**, 196 (1902).
[6]) L. Bourgeois, Bull. Soc. min. **11**, 221 (1888).

Ein anderes Bleihydrocarbonat ist der

Plumbonakrit,

der wohl kaum nach der vorliegenden Analyse als ein Synonym für Hydrocerussit gelten kann (wie dies z. B. J. Dana tut), wenn man dem Hydrocerussit wirklich obige Formel zuschreiben will. M. F. Heddle[1]) fand in einer Stufe von Leadhills mit Leadhillit und Susannit blätterige Schüppchen von unrein grauer Farbe. Sie erwiesen sich folgendermaßen zusammengesetzt:

		Berechnet
PbO	92,848	93,501
H_2O	2,008	1,887
CO_2	4,764	4,612
Unlöslich	0,78	—
	100,400	100,000

Diese Zusammensetzung führt auf die Formel $PbCO_3 . 3PbO . H_2O$.

In welchem Verhältnis das erste (als Hydrocerussit beschriebene) Carbonat zum technisch wichtigen Bleiweiß steht, darüber läßt sich ebenfalls wenig Sicheres sagen. Manche Sorten von Bleiweiß sollen aus dem von L. Bourgeois dargestellten Carbonate bestehen. Das Bleiweiß ist ja sicher ein Gemenge und keine einheitliche Substanz (vgl. die folgenden Ausführungen über die technische Darstellung dieser Substanz).

Nach L. Bourgeois[2]) besteht das Bleiweiß, das man nach dem Verfahren von Clichy darstellt (heute ist dieses Verfahren nicht mehr in Anwendung), größtenteils aus hexagonalen Täfelchen, welche den von L. Bourgeois erhaltenen vollständig gleichen und als Rest noch Nädelchen von Cerussit enthalten. Ein ähnliches Gemenge erhält man auch, wenn man CO_2 durch eine siedende Lösung von basischem essigsaurem Blei leitet, oder wenn man verdünnte bleisaure Natronlösung mit CO_2 fällt.

Allgemeines über technische Darstellung der Bleicarbonate.

Von **O. Hönigschmid** (Prag).

Normales Bleicarbonat. Das neutrale Bleicarbonat gewinnt man durch Fällung von Bleiacetatlösungen mit überschüssigem Alkalicarbonat sowie durch Einleiten von gasförmiger Kohlensäure in verdünnte Bleiacetatlösung. Wenn die Bildung sehr langsam erfolgt, so scheidet es sich kristallinisch ab. Infolge der leichten Hydrolisierbarkeit des Bleiacetats entsteht bei den genannten Reaktionen sehr leicht basisches Bleicarbonat, und es ist notwendig, genaue Versuchsbedingungen bezüglich Temperatur und Konzentration einzuhalten, um zum neutralen Carbonat zu gelangen. Bei der Fällung von Bleinitrat- oder -acetatlösungen mit Alkalicarbonat entsteht das normale Salz nur in der Kälte, während in der Wärme basische Carbonate abgeschieden werden. Auch bei der Fällung verdünnter Bleiacetatlösungen durch Einleiten von Kohlensäure entsteht in der Siedehitze basisches Carbonat, wenn die durch Hydrolyse gebildete Essigsäure abdestillieren kann, da dann auch die Hydro-

[1]) M. F. Heddle, Min. Mag. 1889, 200.

[2]) L. Bourgeois, l. c.

lyse ständig fortschreitet. In konzentrierten Lösungen bildet sich ein Gemenge von neutralem und basischem Carbonat, jedoch ist in diesem Falle die Fällung unvollständig, infolge der bei dieser Reaktion entstehenden H-Ionen. Bei fortschreitender Verdünnung wird die Fällung vollständiger. Bleisalze starker Mineralsäuren geben beim Einleiten von Kohlensäure überhaupt kein Carbonat.

Basisches Bleicarbonat. Bleicarbonat erlangte in Form des $^1/_3$ basischen Salzes $2PbCO_3 . Pb(OH)_2$ eine große technische Bedeutung unter dem Namen Bleiweiß. Letzteres ist ohne Zweifel die wichtigste Mineralfarbe, die namentlich für Firnisanstrich ausgedehnteste Verwendung findet und deshalb auch in allen Ländern in ganz enormen Mengen hergestellt wird, trotzdem die Vorschriften bezüglich seiner Anwendung aus hygienischen Gründen ständig verschärft werden. Seine vorzüglichsten Eigenschaften, denen es seine große Bedeutung verdankt, sind sein reines Weiß, sein großes Deckvermögen, sowie die Haltbarkeit der damit erzielten Anstriche. Seine künstliche Darstellung ist schon sehr alt. Fast jedes Land hat seine eigene Bereitungsmethode ausgearbeitet, von denen sich aber eigentlich keine allgemein durchzusetzen vermochte.

Die älteren Methoden, nach denen auch heute noch die größte Menge des Bleiweißes hergestellt wird, gehen von metallischem Blei aus und beruhen im Prinzip auf einer primären Oxydation des Metalls durch Luftsauerstoff und nachfolgender Carbonatbildung durch Kohlensäure. Je nach den Versuchsbedingungen schwankt die Zusammensetzung des Endproduktes, das einen Überschuß von Hydroxyd oder neutralem Carbonat enthalten kann.

Die fabriksmäßige Darstellung scheint zuerst in Holland in größerem Maßstabe betrieben worden zu sein. Nach dem daselbst üblichen Verfahren wird metallisches Blei durch Essigsäure in Bleiacetat verwandelt und dieses durch Kohlensäure zersetzt. Es werden dünne, gegossene Bleiplatten in ca. 5—6 cm breite Streifen zerschnitten, letztere spiralig zusammengerollt und in glasierte Tontöpfe eingesetzt, die nahe dem Boden mit einem nach innen vorspringenden Ring oder einigen Ansätzen versehen sind. In den unterhalb der Spiralen befindlichen Raum des Topfes wird ca. $^1/_4$ Liter Bieressig eingefüllt und der Topf mit einer Bleiplatte zugedeckt. Eine große Anzahl solcher Töpfe werden dicht nebeneinander oder übereinander aufgestellt und die Zwischenräume mit Pferdemist oder gebrauchter Gerberlohe ausgefüllt. Durch die Gärung, welche alsbald die genannten Materialien durchmachen, wird genug Wärme erzeugt, um die Essigsäure zu verdampfen, welche das Bleimetall unter Mitwirkung des Luftsauerstoffs in basisches Bleiacetat verwandelt, das dann seinerseits durch die bei der Gärung entstehende Kohlensäure in Bleicarbonat und neutrales Bleiacetat zerlegt wird. Das gebildete Bleiweiß wird dann mit Hilfe von Maschinen von dem unveränderten Metall losgelöst, naß vermahlen und getrocknet.

Der Hauptnachteil des holländischen Verfahrens ist die sehr lange Dauer des Prozesses, der mehrere Wochen in Anspruch nimmt. Diesem Übelstande suchen die später aufgekommenen Verfahren zu steuern, so namentlich das deutsche Kammerverfahren, das sich in Zentraleuropa und besonders in Rußland allgemein eingebürgert hat.

Nach der deutschen Methode werden die Bleistreifen in Holzkästen oder gemauerten Kammern aufgehängt, deren Boden mit Lohe und Essig bedeckt ist. Die Kammern werden geheizt und gleichzeitig wird in dieselben Kohlensäure aus Heizgasen eingeleitet. Bei rationellen modernen Betrieben werden die Essigsäuredämpfe von außen eingeleitet und gleich der Kohlensäure durch

Gasuhren hindurch geschickt, so daß man es in der Hand hat, auf den Verlauf der Reaktion Einfluß zu nehmen, was bei dem holländischen Verfahren nicht der Fall ist.

In Frankreich arbeitet man nach einem von B. Thenard angegebenen Verfahren, bei welchem Bleiglätte in Essigsäure zu basischem Bleiacetat gelöst und letzteres durch Kohlensäure zu Bleicarbonat zersetzt wird. Bleiweiß wird hierdurch ausgefällt, während Bleiacetat in Lösung bleibt. Letzteres gibt mit Bleiglätte wieder basisch essigsaures Blei, das in den Betrieb zurückkehrt.

Das englische Verfahren, das heute immer mehr an Bedeutung verliert, besteht darin, daß man Bleiglätte mit einer 10 $^0/_0$ igen Lösung von Bleizucker zu einem steifen Brei anrührt und in diesen unter ständigem Umrühren Kohlensäure einleitet. Die Bleiglätte muß tadellos rein weiß sein, da bei Gegenwart von Verunreinigungen, namentlich Eisen, gefärbte Produkte entstehen.

Außer den hier kurz beschriebenen Verfahren zur Bleiweißgewinnung werden ständig neue Methoden ausgearbeitet und patentiert, unter denen die elektrolytischen ein besonderes Interesse für sich in Anspruch nehmen. Die elektrolytischen Verfahren unterscheiden sich von den chemischen nur dadurch, daß an Stelle der Oxydation des Bleis durch Luftsauerstoff die anodische Auflösung tritt. Bei allen diesen Verfahren wird an der Anode Bleihydroxyd abgeschieden, das dann durch eingeleitete Kohlensäure zu Bleiweiß umgesetzt wird. Die elektrolytische Arbeitsmethode hat manche Vorteile vor der chemischen, so gestattet sie einen kontinuierlichen Betrieb und arbeitet mit sehr guten Ausbeuten, liefert aber ein fein kristallinisches Produkt, wodurch dessen Deckfähigkeit erheblich herabgesetzt wird. Dies ist auch die Ursache, weshalb sich keine der elektrolytischen Methoden durchzusetzen vermochte.

Bleichlorocarbonat.

Phosgenit.

Von **C. Doelter** (Wien).

Tetragonal. $a:c = 1:1{,}0876$.

Synonyma: Bleihornerz, Hornblei, Kerasin, Plomb corné, Plomb chloro-carbonaté, Chlorbleispat, Phosgenspat, Cromfordit, Galenoceratit, Bleikerat.

Analysen.

Von Phosgenit existieren nur sehr wenig Analysen, was angesichts des sehr kostbaren Materials erklärlich ist.

	1.	2.
$PbCO_3$ . . .	50,93	50,45
$PbCl_2$ . . .	48,45	49,44
	99,38	99,89

1. von Matlock; anal. C. F. Rammelsberg, Pogg. Ann. **85**, 142; Mineralchemie (Leipzig 1875), 750.
2. von Tarnowitz; anal. Krug v. Nidda, Z. Dtsch. geol. Ges. **2**, 1126.

Von neueren Analysen sei eine von F. Philipenko (Nachrichten der Tomsker Universität 1906, 14; siehe N. JB. f. Min. etc. 1909 II, 368) erwähnt. Fundort: die Syzjanowsche Grube im Altai.

PbO	81,78
Cl	12,91
CO_2	8,13
	102,82

Chemische Formel: $Pb_2Cl_2 . CO_3$ oder $PbCO_3 . PbCl_2$. Theoretische Zusammensetzung: 49 Bleicarbonat, 51 Chlorblei.

Physikalische Eigenschaften.

Härte: 2,75—3. $\delta = 6{,}0-6{,}9$ nach Lovisato,[1]) nach H. Regnault 6,305. Gelblich, weiß bis grau. $N_\omega = 2{,}114$, $N_\varepsilon = 2{,}140$ nach Q. Sella. Neue Bestimmungen der Brechungsquotienten siehe bei H. Baumhauer, Z. Kryst. **47**, 9 (1909). Doppelbrechung +.

Über Fluorescenz und Luminescenz siehe L. Sohncke[2]) und J. Schincaglia,[3]) sowie K. Keilhack.[4])

Verhalten vor dem Lötrohre. Schmilzt zu einer gelben Kugel. Mit Phosphorsalz und Kupferoxyd gibt er die Chlorreaktion. Im Reduktionsfeuer gibt er Blei unter Entwicklung von sauren Dämpfen.

Löslichkeit. In Wasser unlöslich; nach C. F. Rammelsberg[5]) zersetzt ihn Wasser langsam. Zersetzbar in Salpetersäure; die Lösung gibt Chlorreaktion.

Synthesen des Phosgenits.

Als zufälliges Produkt fand G. A. Daubrée[6]) den Phosgenit in Bleiobjekten aus der Fassung der Thermen von Bourbonne-les-bains.

Ch. Friedel und E. Sarasin[7]) stellten Phosgenit dar durch Erhitzen eines Gemenges von $PbCO_3$ und $PbCl_2$ mit Wasser in zugeschmolzenem Glasrohr bei der Temperatur von 180°.

Eine neuere Synthese stammt von A. v. Schulten.[8]) Bleichlorid in wäßriger Lösung in Berührung mit einer Kohlensäureatmosphäre gibt Phosgenit. In einem Gefäß, welches 3 Liter enthielt, wurden 1,5 Liter wäßrige Lösung von Bleichlorid in der Kälte gesättigt und mit 1 Liter Wasser, welches vorher gekocht war, zusammengebracht und Kohlensäure darüber geleitet. Die Analyse der nach 24 Stunden erhaltenen Kristalle ergab:

δ	6,134
Pb	15,97
Cl	13,03
CO_2	8,21
O	2,79

Man kann auch das **Bleibromocarbonat**, die Verbindung $PbCO_3 . PbBr_2$, in ähnlicher Weise darstellen, wenn man statt Bleichlorid das Bromid nimmt. Die Zusammensetzung ist nach A. v. Schulten:

---

1) Lovisato, R. Acc. d. Linc. **2**, 254 (1886).
2) L. Sohncke, Sitzber. Bayr. Ak. **26**, 75 (1896); Wied. Ann. **58**, 47 (1896).
3) J. Schincaglia, Nuovo Cimento **10**, 212 (1899); **11**, 299 (1900). — Z. Kryst. **34**, 311 (1901).
4) K. Keilhack, Z. Dtsch. geol. Ges. **50**, 131 (1898).
5) C. F. Rammelsberg, Mineralchemie (Leipzig 1875), 249.
6) G. A. Daubrée, Géolog. experim. (Paris 1887), 74.
7) Ch. Friedel u. E. Sarasin, Bull. Soc. min. **4**, 175 (1881).
8) A. v. Schulten, Bull. Soc. min. **20**, 191 (1897).

δ	6,55
Pb	65,21
Br	25,53
CO_2	6,65
O	2,61

A. Lacroix[1]) fand in den Bleischlacken von Laurium an Stelle der darin enthaltenen kugeligen Bleiausscheidungen, dann auch in Blöcken von Blei und Bleiglätte, Neubildungen von Phosgenit.

Natürliche Bildung des Phosgenits. Das Zusammenvorkommen mit Cerussit ($PbCO_3$) deutet auf eine ähnliche Entstehung. Hohe Temperatur dürfte ausgeschlossen sein, wie auch aus dem Funde G. A. Daubrées, der oben erwähnt ist, hervorgeht. Es gibt Umwandlungen in Cerussit und auch umgekehrte.

Bleialuminiumcarbonat, Dundasit.

Von **H. Leitmeier** (Wien).

Zuerst für ein Carbonatophosphat[2]) gehalten, tritt dieses Mineral in faserigen Aggregaten oder Nädelchen zu Dundas in Tasmanien als Überzug von Manganerzen mit Krokoit; in der Hercules-Mine, Mt. Read ebenfalls in Tasmanien[3]) mit Cerussit, Gibbsit und Quarz und in der Nähe von Trefiew,[4]) Carnarvonshire, Wales, mit Allophan und Cerussit auf. Die chemische Zusammensetzung ergab:

	1.	2.	3.
δ	—	3,25	—
Al_2O_3	26,06	21,39	21,07
Fe_2O_3	5,50	1,61	—
PbO	41,86	43,20	45,95
CO_2	28,08 (CO₂ + H₂O)	16,45	18,14
H_2O		15,01	14,84
Unlöslich . . .	—	1,80	—
	101,50	99,46	100,00

1. Dundasit aus Tasmanien; anal. W. F. Petterd, siehe unten.
2. Dundasit von Wales; anal. G. T. Prior.

Aus der Analyse 2 leitet sich die Formel $PbH_2(CO_3)_2Al_2(OH)_6$ ab (3 gibt die dieser Formel entsprechenden Zahlen).

Nach G. T. Prior ist dieses Carbonat in seinen physikalischen Eigenschaften dem Dawsonit ähnlich.

---

[1]) A. Lacroix, C. R. **123**, 955 (1896).

[2]) W. F. Petterd, Katalog der Mineralien Tasmaniens, (Launceston 1896); nach Referat Z. Kryst. **31**, 199 (1899).

[3]) W. F. Petterd, Proc. Roy. Soc. Tasmania, 1900—1901, 51.

[4]) G. T. Prior, Min. Mag. **14**, 167 (1908).

Die Carbonate von Yttrium, Lanthan, Cer und Didym.

Analysenmethoden dieser Carbonate.

Von **M. Dittrich** (Heidelberg).

Tengerit.

Hauptbestandteile: Y, CO_2, H_2O.

Die Bestimmung des Yttriums erfolgt nach Lösung der Substanz in Salzsäure durch Fällung als $Y(OH)_3$ durch Ammoniak und Überführung in Y_2O_3 analog wie Aluminium im Dawsonit, oder auch durch Fällung als Oxalat in schwach salzsaurer Lösung und Überführung in Y_2O_3 wie im Calcit angegeben.

Parisit.

Hauptbestandteile: Ce(La, Di), Ca, CO_3, F.

Bestimmung der Metalle. Ehe man an die Abscheidung der Metalle geht, muß das Fluor entfernt werden, da dessen Anwesenheit zu Fehlerquellen Veranlassung gibt. Man dampft zu diesem Zwecke das Mineralpulver in einer Plattenschale mehrere Male mit verdünnter Schwefelsäure auf dem Wasserbade vollkommen zur Trockne und nimmt den Rückstand mit einigen Kubikzentimetern konzentrierter Salzsäure und heißem Wasser wieder auf, oder benutzt den von der Fluorbestimmung beim Aufschluß mit Natriumcarbonat hinterbleibenden Rückstand und löst diesen in Salzsäure.

Cermetalle. In der fluorfreien Lösung des Minerals in Salzsäure fällt man nach Zusatz von Ammoniumchlorid die Cermetalle durch Ammoniak in geringem Überschuß, wie dies bei der Bestimmung des Aluminiums im Dawsonit beschrieben ist, löst den Niederschlag nochmals in Salpetersäure und etwas Wasserstoffsuperoxyd, fällt ihn von neuem durch Ammoniak und führt ihn durch Glühen im Platintiegel in $Ce(La, Di)_2O_3$ über. Die Trennung der Cermetalle wird in Band III ausführlicher behandelt werden (vgl. auch S. 524 ff.).

Calcium. In den eingedampften, mit Essigsäure schwach angesäuerten Filtraten der Cermetalle wird das Calcium, wie früher bei Calcit beschrieben, ermittelt.

Fluor. Zur Bestimmung des Fluors schmilzt man das Mineral mit Natriumcarbonat und laugt die Schmelze mit Wasser aus. Dabei bleiben die Carbonate der Metalle zurück; in dem nur noch Alkalien enthaltenden Filtrat fällt man das Fluor durch Calciumchlorid als Calciumfluorid (CaF_2) und bringt dies zur Wägung. Alle Lösungen und Fällungen müssen dabei in Platingefäßen vorgenommen werden.

Das gepulverte Mineral wird in einem größeren Platintiegel mit der fünffachen Menge reinen Natriumcarbonats gut vermischt und etwa 20 Minuten lang über dem Bunsenbrenner geglüht. Nach dem Erkalten wird die Schmelze im Tiegel mit Wasser aufgeweicht und in eine Platinschale übergeführt. Wenn alles durch Erwärmen auf dem Wasserbade zu einem feinen Pulver zerfallen ist, filtriert man durch einen Platin- oder guten Hartgummitrichter von dem Ungelösten in eine andere Platinschale ab und wäscht Filter und Rückstand im Tiegel und in der Schale gut aus (nach Lösen in Salzsäure kann dieser Rückstand zur Bestimmung der Metalle benutzt werden).

Das Filtrat, welches nur Alkalicarbonate und Fluoride enthält, wird mit Salpetersäure nicht ganz vollständig neutralisiert, fast zum Sieden erhitzt und mit einem ziemlichen Überschuß von Calciumchloridlösung gefällt; dadurch scheidet sich Calciumcarbonat und Fluorid ab. Nach mindestens 12-stündigem Stehen in der Kälte filtriert man den Niederschlag ab, wäscht ihn gut aus und verascht ihn (Filter zuerst allein) vorsichtig in einem größeren gewogenen Platintiegel und glüht ihn schließlich darin nur schwach. Sodann fügt man wenig Wasser und 1—2 ccm verdünnte Essigsäure hinzu, wodurch das Calciumcarbonat gelöst wird, während das Calciumfluorid unangegriffen bleibt, erwärmt den Tiegel unter Bedecken auf dem Wasserbad und dampft schließlich die Lösung zur Trockne. Den Rückstand durchfeuchtet man mit wenig Wasser, spült ihn auf ein kleines Filter und wäscht ihn sowie auch den Tiegel gut aus. Man wiederholt das Ausziehen mit Essigsäure usw. so lange, bis einige Tropfen des ablaufenden Filtrates beim Verdampfen auf dem Platinblech keinen Rückstand mehr hinterlassen, bis also alles Calciumcarbonat entfernt ist. Das Filter mit dem schließlich zurückbleibenden Calciumfluorid wird in dem benutzten Platintiegel wie oben verascht, schwach geglüht und gewogen.

Um sich von der Reinheit des erhaltenen CaF_2 zu überzeugen, empfiehlt es sich, den Rückstand im Tiegel mit einigen Tropfen konzentrierter Schwefelsäure zu erwärmen und durch Abdampfen in Calciumsulfat, $CaSO_4$, überzuführen.

Die Resultate fallen ein wenig zu niedrig aus, da Calciumfluorid in Wasser, bzw. verdünnter Essigsäure etwas löslich ist.

Auf die Bestimmung des Fluors durch Destillation als Fluorwasserstoff nach P. Jannasch[1]) sei hier nur verwiesen, da sie infolge des dazu erforderlichen teueren Platinapparates nur selten Anwendung finden dürfte.

Tengerit.

Von **H. Leitmeier** (Wien).

A. F. Svanberg und C. Tenger haben in Ytterby im Gadolinit ein pulveriges Produkt gefunden, das sie als Yttriumcarbonat beschrieben, das später Tengerit genannt wurde. Nähere Untersuchungen dieses interessanten Vorkommens liegen indessen nicht vor.

Später hat F. A. Genth[2]) vom Llano County in Texas ein Carbonat beschrieben, das möglicherweise Tengerit ist. Es tritt in Form von weißen Krusten zusammen mit Gadolinit auf und hat folgende Zusammensetzung:

CaO	5,58
MnO	0,22
BeO	6,03
Fe_2O_3	14,53
$(Ce, Di, La, Y, Er)_2O_3$.	39,20
SiO_2	1,03
Glühverlust	9,30

Das spezifische Gewicht ist $\delta = 3{,}592$.

[1]) P. Jannasch, Prakt. Leitfaden der Gewichtsanalyse, 2. Aufl., (Leipzig 1904), 410.
[2]) F. A. Genth, Am. Journ. **38**, 198 (1889).

Lanthanit.

Von **Hj. Sjögren** (Stockholm).

Synonyma: Kolsyrad Ceroxydul, J. J. Berzelius,[1]) Kohlensaures Ceroxydul, W. Hisinger,[2]) Carbocérine, F. S. Beudant,[3]) Lanthanit, W. Haidinger,[4]) Hydrocerit, K. F. A. Hartmann,[5]) Hydrolanthanit, E. F. Glocker.[6])

Kristallklasse. Die bipyramidale Klasse des rhombischen Systems von V. v. Lang.[7]) Das Mineral wurde zuerst in der Bastnäs Eisengrube, Westmanland, Schweden, etwa um 1820 wahrgenommen und wurde von J. J. Berzelius, welcher es als kohlensaures Ceroxydul ansah, kürzlich erwähnt. Später wurde es an mehreren Fundorten in den Vereinigten Staaten gefunden.

Analytische Methoden. Die einzige vollständige Analyse, bei welcher auch die seltenen Erden getrennt wurden, ist die neuerlich von G. Lindström ausgeführte.[8]) Er ist dabei folgendermaßen vorgegangen: das Mineral wurde in verdünnter Salzsäure gelöst und aus der Lösung die Erden gemeinschaftlich mit Oxalsäure gefällt. Ce wurde von La und Di nach C. G. Mosanders Methode[9]) getrennt. Die Kohlensäure wurde volumetrisch nach H. Roses Methode bestimmt.[10])

Analysen.

	1.	2.	3.	4.
δ . . .	—	—	—	2,605
(Y_2O_3) . .	0,79	—	—	—
La_2O_3 . . / Di_2O_3 . .	28,34	54,90	55,03	54,95
Ce_2O_3 . .	25,52	—	—	—
CO_2 . .	21,95	22,58	21,95	21,08
H_2O . .	23,40	24,09	24,21	23,97
	100,00	101,57	101,19	100,00

1. von Bastnäs, Westmanland; anal. G. Lindström, Geol. Fören. Förh. Stockholm **32**, 206 (1910).

2. und 3. von Soucon Valley, Lehigh Co. Pa.; anal. L. Smith, Am. Journ. 2 Ser., **16**, 228 (1853) und **18**, 378 (1854).

4. vom selben Fundorte; anal. Fr. A. Genth, Am. Journ. 2 Ser., **23**, 425 (1857).

Formel. Die Analysen entsprechen sehr gut der Formel:

$$(La, Di, Ce)_2C_3O_9 . 8H_2O,$$

welcher, wenn man der Einfachheit wegen annimmt, daß die Erden nur aus La_2O_3 bestehen, die folgende Zusammensetzung entspricht:

La_2O_3	54,14
CO_2	21,93
H_2O	23,92

[1]) J. J. Berzelius, Vet. Akad. Stockholm Handl. 1824, 134.

[2]) W. Hisinger, Versuch einer Miner. Geogr. von Schweden (Leipzig 1820), 144.

[3]) F. S. Beudant, Traité élementaire de Mineralogie, T. 2, 354 (Paris 1832).

[4]) W. Haidinger, Handbuch d. bestimmenden Mineralogie (Wien 1845), 500.

[5]) K. F. A. Hartmann, Handbuch d. Mineralogie, **2**, 816 (Weimar 1843).

[6]) E. F. Glocker, Generum et Specierum Mineralium etc. (Halle 1847), 248.

[7]) V. v. Lang, Phil. Mag. **25**, 43 (1863); vgl. ebenso Blacke, Am. Journ. **16**, 228 (1853).

[8]) G. Lindström, Geol. Fören. Stockholm Förh. **32**, 206 (1910).

[9]) C. G. Mosander, Journ. prakt. Chem. **30**, 276 (1843); vgl. ebenso A. Classen, Ausgew. Methoden d. anal. Chemie, I, 728.

[10]) H. Rose, Handb. d. analyt. Chemie, 6. Aufl., **1**, 787 (Leipzig 1871).

Diese Formel ist zuerst von P. T. Cleve vorgeschlagen worden.[1]) J. D. Dana's Handbuch, sowie die meisten übrigen mineralogischen Handbücher geben die Formel mit $9H_2O$ an; wahrscheinlich geht ein Teil des Kristallwassers durch Verwitterung leicht ab.

G. Lindström hat gezeigt, daß eine angebliche Analyse von W. Hisinger, welcher die Zusammensetzung mit Ce_2O_3 75,7, CO_2 10,8, H_2O 13,5 angegeben haben sollte, überhaupt nicht vorliegt, sondern auf einer Verwechselung mit der Analyse desselben Forschers von Fluocerit beruht.[2])

Das Mineral ist in verdünnten Säuren leicht löslich. Das chemisch-physikalische Verhalten, sowie das Verhalten bei verschiedenen Temperaturen und Drucken ist nicht untersucht.

Synthesen. H. R. Hermann[3]) erhielt ein wasserhaltiges Lanthancarbonat durch Fällung aus einer Lösung von neutralem Lanthansulfat mit Natriumcarbonat und die Eintrocknung der Fällung bei gewöhnlicher Temperatur. P. T. Cleve nimmt an, daß dasselbe dem natürlichen Lanthanit entspricht. Ebenso das von Fr. A. Genth hergestellte Lanthancarbonat. Ein Didymcarbonat wurde auch von P. T. Cleve hergestellt, welches nach C. Morton kristallographisch mit dem Lanthanit übereinstimmt.[4])

Genesis. Der Lanthanit kommt in der Eisengrube Bastnäs als dünne Krusten in Spalten auf Cerit vor. Ähnlich ist das Vorkommen in dem Sandford Eisenerzstock, Moriah, Essex Co., N. Y., wo es in feinen Spalten im Eisenerz sowie auf Alanitkristallen auftritt. In diesen Fällen ist es als ein Sekundärprodukt zu betrachten. In den Zinkgruben von Soucon Valley, Lehigh Co. Pa. kommt das Mineral in lockeren Massen aus feinschuppigen Aggregaten bestehend, im silurischen Kalkstein zusammen mit Zinkerzen vor; hier scheint es durch Einwirkung von Sulfatlösungen auf Carbonate hervorgegangen zu sein.

Die fluorhaltigen Lanthan-Cer-Didym-Carbonate.

Von **G. Flink** (Stockholm).

Wir haben es hier fast immer mit Fluorcarbonaten zu tun. Die einfachste Zusammensetzung eines Fluorcarbonats ist diejenige des Bastnäsits, $RFCO_3$, wo R die dreiwertigen Elemente der Ceriumgruppe bezeichnet. Sonst enthalten die Fluorcarbonate neben diesen dreiwertigen Metallen, bei denen immer das Fluor als gebunden anzusehen ist, auch das zweiwertige Ca, bzw. Ba oder Sr. Dem Bastnäsit kommen am nächsten Parisit $(RF)_2Ca(CO_3)_3$ und Kordylit $(RF)_2Ba(CO_3)_3$, wo 2 Molekel RF gegen 1 Ca, bzw. Ba, vorhanden sind. Endlich folgt der Synchysit, $RFCa(CO_3)_2$, in welchem RF und Ca sich wie 1 : 1 verhalten. Der Ankylit, $4R(OH)CO_3 . 3SrCO_3 . 3H_2O$, hat eine abweichende Zusammensetzung und ist nur insofern als ein Fluorcarbonat zu betrachten, als man sich das Hydroxyl OH als F ersetzend vorstellen kann. Hier dürfte auch der nur unvollständig bekannte Weibyeit einzuschalten sein. Wir haben somit folgende Reihe von Fluorcarbonaten:

---

[1]) P. T. Cleve, Vet. Akad. Stockh. Bihanget **2**, Nr. 7, 20 (1874).
[2]) G. Lindström, Geol. Fören. Stockholm Förh. **32**, 206 (1910).
[3]) H. R. Hermann, Journ. prakt. Chem. **82**, 400 (1861).
[4]) C. Morton, Öfv. Akad. Stockholm, **42**, 192 (1885).

Parisit $(RF)_2Ca(CO_3)_3$	trigonal
Synchysit $RFCa(CO_3)_2$	„
Kordylit $(RF)_2Ba(CO_3)_3$	hexagonal
Bastnäsit $RFCO_3$	„
Weibyeit	rombisch
Ancylit (Ankylit) $4R(OH)CO_3 + 3SrCO_3 + 3H_2O$ . .	„

Parisit.

Schon vor mehr als 75 Jahren wurde dies Mineral in den Smaragdgruben im Musotale, Vereinigte Staaten von Kolumbien in Südamerika wahrgenommen, und dies ist bis in letzter Zeit der einzige Fundort für dasselbe geblieben; es kommt auch dort nur spärlich vor. Im Jahre 1835 wurden ausgesuchte Kristalle davon dem berühmten Sammler Medici-Spada nach Rom gesandt, welcher das Mineral als selbständige Spezies erkannte und mit dem Namen Parisit, nach dem damaligen Besitzer der Gruben, J. J. Paris, belegte. Die Ergebnisse einer genaueren Untersuchung wurden erst 10 Jahre später von R. W. Bunsen[1]) mitgeteilt. Dieser hatte von Medici-Spada als Untersuchungsmaterial einen 10 mm dicken und 15 mm breiten Kristall bekommen, und es gelang ihm, an diesem Materiale sowohl die kristallographischen wie die chemischen Eigenschaften des Minerals bewundernswert gut festzustellen, obwohl es damals nicht möglich war, die Erden der Ceriumgruppe von einander zu trennen. Die 19 Jahre später erschienene Untersuchung von A. Damour und H. Sainte-Claire Deville[2]), bezeichnet insofern einen großen Fortschritt, als hier die seltenen Erden getrennt waren, aber hauptsächlich fielen die Mengenverhältnisse so aus, wie sie schon R. Bunsen angegeben hatte.

Ein von W. C. Brögger[3]) erwähntes Mineral von Övre Arö bei Langesund in Norwegen ist sehr wahrscheinlich mit Parisit identisch, es ist aber so unvollständig bekannt, daß nichts Bestimmtes davon zu sagen ist. Das gefundene Material war nämlich so ungenügend, daß weder die Kristallform noch die Zusammensetzung bestimmt werden konnten. Alle diejenigen Eigenschaften, welche es zu bestimmen gelang, stimmen jedoch vollkommen mit denen von Parisit überein, und eine, allerdings unvollständige, Analyse, welche an einer Mischung von diesem Minerale und einem anderen, Weibyeit genannt ausgeführt wurde, zeigte, daß beide Minerale Fluorcarbonate der Ceriummetalle und des Calciums (mit Sr) waren.

Endlich ist zu erwähnen, daß G. Nordenskiöld[4]) in einer Mineraliensammlung aus Südgrönland einige winzige Kristalle fand, welche er als Parisit bestimmte, obwohl es ihm nicht entging, daß diese Kristalle trigonal waren, während Parisit allgemein als hexagonal angesehen war. Das Mineral kam so spärlich vor, daß Nordenskiöld nur 0,0966 g zur Analyse verwenden konnte. Nachdem ich im Jahre 1897 in Grönland ein reiches Material von diesem Minerale gesammelt hatte, wurde es von mir ausführlich bearbeitet.[5]) Es ging dabei hervor, daß dieses Mineral nicht Parisit sein konnte, wenn die

[1]) R. W. Bunsen, Ann. d. Chemie u. Pharm. **53**, 147 (1845).
[2]) A. Damour u. H. Sainte-Claire Deville, C. R. **59**, 270 (1864).
[3]) W. C. Brögger, Z. f. Kryst. **16**, 651 (1890).
[4]) G. Nordenskiöld, Geol. F. F. **16**, 338 (1894).
[5]) G. Flink, Meddel. om Grönl. **24**, 29 (1899).

früheren Angaben über letzteren sämtlich richtig wären. Dies bezweifeln zu können, dazu schienen mir Gründe genug vorhanden zu sein, und in Erwartung neuer, entscheidender Untersuchungen in dieser Beziehung sollte das grönländische Mineral vorläufig als Parisit betrachtet werden. Fast gleichzeitig mit meiner Arbeit erschien eine Abhandlung von S. L. Penfield und C. H. Warren[1]) über die Zusammensetzung von Parisit und ein neues Vorkommen desselben in Ravalli Co. Montana. Hierdurch wurden die älteren Angaben über Parisit wesentlich bestätigt und ich war berechtigt, das grönländische Mineral als selbständige Spezies, Synchysit aufzustellen.[2])

G. Tschernik[3]) untersuchte in chemischer Beziehung sehr eingehend ein Mineral, das in Geschieben bei Mukden in der Mandschurei gefunden worden war und gleichfalls für Parisit gehalten wurde. Das Material war in wechselnden Zonen verschieden gefärbt und enthielt auch den Zonen nach Wasser in verschiedenen Mengen. Die Zusammensetzung war sonst diejenige eines Fluorcarbonats hauptsächlich von Cer- und Yttriummetallen, nicht aber dem Parisit ähnlich, sondern viel komplizierter. Da nur wenig von den zweiwertigen Metallen (Ca usw.) vorhanden war, scheint das Mineral eher mit Bastnäsit zusammenzustellen sein. Möglich ist auch, daß ein in Umwandlung begriffener Parisit vorliegt.

Allerjüngst ist eine sehr erschöpfende Untersuchung über neugefundenen Parisit von Quincy in Massachusetts, U. S. A. von Charles Pallache und Charles H. Warren[4]) erschienen. Alle physikalischen, kristallographischen und optischen Eigenschaften dieses Minerals fielen nahe mit denjenigen des Synchysits zusammen, während die chemische Zusammensetzung dagegen genau dem Parisit enspricht.

Chemische Zusammensetzung.

Chemische Untersuchungen. Es wurde schon von R. Bunsen festgestellt, daß der Parisit eine Verbindung von den Metallen der Ceriumgruppe und Calcium mit Kohlensäure und Fluor ist. Daneben fand er aber auch einen nicht unbeträchtlichen Wassergehalt, was um so weniger zu erklären ist, als seine Wasserbestimmung eine direkte war, während die meisten von den anderen Bestandteilen aus hergestellten Mengen von Sulfaten berechnet wurden. Es muß also irgend eine Fehlerquelle ihren Einfluß ausgeübt haben, denn die Annahme, daß der Wassergehalt aus mikroskopischen Einschlüssen herrühren sollte, wie von A. Damour und H. Deville hervorgehoben wird, kann wohl nicht begründet sein.

Die Analysenmethode, welche von den letztgenannten Forschern verwendet wurde, war eine sehr umständliche. Nachdem das feingeriebene Material, um von beigemengtem Kalkspat gereinigt zu werden, mit schwacher Essigsäure in der Kälte behandelt war, wurde es, auch in der Kälte, mit Salpetersäure zersetzt. Hierbei blieben Fluoride von Calcium und Cerium ungelöst. Nachdem die Metalle getrennt als Sulfate bestimmt waren, wurde das Fluor berechnet. Aus der Nitratlösung wurden die Erden durch Kaliumhydrat gefällt und somit größtenteils von Calcium getrennt. Die Erden, in alkalischer Flüssigkeit suspendiert, wurden im Chlorgasstrom getrennt. Aus der chlor-

[1]) S. L. Penfield u. C. H. Warren, Am. Journ. **158**, 21 (1899).
[2]) G. Flink, Bull. of the geol. Inst. Upsala, **5**, 81 (1902).
[3]) G. Tschernik, Verh. Russ. Min. Ges. **24**, 507 (1906).
[4]) Charles Pallache u. Charles H. Warren, Am. Journ. **31**, 533 (1911).

gesättigten Flüssigkeit wurden La, Di uud ein wenig Ca als Oxalat niedergeschlagen. Die geglühte Mischung der Oxyde wurde mit sehr schwacher Salpetersäure behandelt, wobei noch ein wenig Ceriumoxyd ungelöst blieb. Aus der violettroten Lösung wurden La und Di durch Ammon niedergeschlagen. Durch vorsichtiges und wiederholtes Glühen der Nitrate wurden La und Di voneinander getrennt. Endlich wurde die Kohlensäure durch heftiges Glühen im Stickstoffstrom ausgetrieben und als Gewichtsabnahme berechnet.

Das Material von Parisit aus Ravalli Co., welches von S. L. Penfield und C. H. Warren analysiert wurde, war durch etwa 6% Silicatsubstanz verunreinigt. Es wurde daher, um eine sichere Grundlage für die Formel des Minerals zu erreichen, eine zweite Analyse mit reinem Materiale von Muso ausgeführt. Die Kohlensäure wurde durch Lösen des Minerals in Salzsäure ausgetrieben und in einem gewogenen Kaliumkugelrohr gesammelt. Das Fluor wurde nach der von S. L. Penfield und C. J. Miner[1]) verbesserten Berzeliusschen Methode bestimmt. Es zeigte sich dabei, daß das Fluor durch einmaliges Schmelzen mit Natriumcarbonat und Kieselsäure nicht vollständig ausgezogen wird, weshalb das Verfahren wiederholt werden mußte, um ein genaues Resultat zu geben. Diese Vorsichtsmaßregel wurde bei der Analyse vom Minerale aus Ravalli Co. nicht befolgt, weshalb der Fluorgehalt in diesem Falle etwas zu niedrig angegeben ist. Durch wiederholte Fällungen mit Ammon wurden die seltenen Erden von Ca getrennt, und die geglühten Oxyde mit Schwefelsäure bei Gegenwart von etwas Oxalsäure behandelt. Aus der Menge der dabei erzeugten Kohlensäure wurde der Ce-Gehalt berechnet nach der Gleichung:

$$2CeO_2 + H_2C_2O_4 = Ce_2O_3 + 2CO_2 + H_2O.$$

Das Gesamtmolekulargewicht der drei Erden wurde gefunden im Minerale von Ravelli Co. = 328,2 und in dem von Muso = 328,4.

Der Parisit von Quincy wurde von C. H. Warren analysiert. Nachdem das Fluor durch Abdampfen und Abrauchen mit Schwefelsäure vollständig ausgetrieben war, wurden die Erden durch Fällen mit Ammon von Ca getrennt. Die Trennung des Ceriums von La und Di wurde durch die Chlormethode ausgeführt. Alle Filtrate wurden sorgfältig mit Oxalatlösung geprüft, um keine Spuren von Erden zu verlieren.

Analysenresultate. Diejenige Formel für den Parisit, welche die älteren Analytiker aus ihren Ergebnissen herleiteten, können hier außer Betracht gelassen werden, teils weil sie nicht mehr zeitgemäß sind, teils weil sie den gefundenen Werten nicht gut genügen. Außer dem irrtümlichen Wassergehalt bei R. Bunsen ist besonders das Vorurteil, daß das Fluor notwendig an Ca gebunden sein soll, ein Hindernis für eine naturgemäße Betrachtung gewesen. Noch im Jahre 1875 schrieb C. F. Rammelsberg: „Daß alle diese Daten nicht genügen, ein sicheres Urteil über die Zusammensetzung dieser seltenen Verbindungen abzugeben, ist leicht einzusehen". Nur die einfache Formel von S. L. Penfield und C. H. Warren entspricht völlig und genau den zuverlässigen analytischen Ergebnissen und muß daher richtig sein. Sie lautet:

$$2RFCO_3 . CaCO_3 \quad \text{oder} \quad (RF)_2Ca(CO_3)_3 .$$

Die Ergebnisse der verschiedenen Analysen neben entsprechenden Werten nach dieser Formel berechnet, sind hier zusammengestellt.

[1]) S. L. Penfield u. C. J. Miner, Am. Journ. **47**, 387 (1899).

	1. R. Bunsen Muso	2. A. Damour u. H. Deville Muso	3. S. L. Penfield u. C. H. Warren a Ravalli Co.	3. b. Muso	4. C. H. Warren[1] Quincy	5. Berechnet nach der Formel $(RF)Ca(CO_3)_3$
(Na_2O)	—	—	0,69	0,20	0,30	—
(K_2O) .	—	—	0,19	0,10	0,20	—
CaO .	11,41	10,11	10,98	10,70	11,40	10,41
(Fe_2O_3)	—	—	0,80	0,20	0,32	—
La_2O_3	59,44 (La_2O_3, Ce_2O_3, Di_2O_3)	8,05 (Mit Di_2O_3)	28,46	29,74	27,31	60,96 (La_2O_3, Ce_2O_3, Di_2O_3)
Ce_2O_3		44,17	26,14	30,67	30,94	
Di_2O_3		9,98	—	—	—	
CO_2 .	23,51	23,48	22,93	24,22	24,16	24,50
F . .	5,63	5,55	5,90	6,82	6,56	7,09
H_2O .	2,38	—	0,26	—	—	—
Gangart	—	—	(Verlust) 6,13	—	1,02	—
	102,37	101,34	102,48	102,65	102,21	102,96
$-O=2F$	2,36	2,34	2,48	2,87	2,76	2,96
	100,01	99,00	100,00	99,78	99,35	100,00

Strukturell kann die Zusammensetzung des Parisits folgendermaßen ausgedrückt werden:

```
         C—O—C—O—C
        /|\   ‖   /|\
      F O O O  O  O O O F.
        \|/  \   /  \|/
         R    Ca     R
```

Chemische Eigenschaften. Nach A. Damour und H. Deville wird der Parisit von kalter Essigsäure nicht angegriffen. Von Salpetersäure wird er in der Kälte langsam zersetzt, wobei Fluoride von Calcium und Cerium als kleine Schuppen ungelöst bleiben. Erwärmen beschleunigt die Zersetzung erheblich und Kohlensäure wird dabei lebhaft entwickelt. Wenn die Behandlung verlängert wird, werden auch die Fluoride gelöst. Salzsäure wirkt in derselben Weise ein, und von Schwefelsäure wird das Mineral sofort unter Entwicklung von Dämpfen angegriffen, wovon das Glas geätzt wird. Nach R. Bunsen wird es unter Aufbrausen von Salzsäure schwierig gelöst. Mit Borax oder Phosphorsalz gibt es eine Perle, welche heiß gelb, kalt farblos ist.

In der Lötrohrflamme ist der Parisit unschmelzbar, sendet aber ein intensives Licht aus. Im Kolben erhitzt, dekrepitiert er bisweilen und teilt sich in kleine Schuppen auf (A. Damour und H. Deville).

Kristallographische Eigenschaften. Die Kristallform des Parisits wurde, wie schon erwähnt, erst von R. Bunsen bestimmt. Er fand das Mineral hexagonal mit einem Achsenverhältnisse $a:c = 1:3,2808$.

A. Des Cloizeaux fand sein Achsenverhältnis demjenigen von R. Bunsen sehr ähnlich, $a:c = 1:3,289057$.

Noch ein anderes Achsenverhältnis wurde von K. Vrba angegeben, nämlich $a:c = 1:3,36456$.

Die Parisitkristalle von Quincy sind ausgeprägt trigonal (rhomboedrisch) wie die Synchysitkristalle. Durch eine neue Aufstellung der Kristalle wurde das Achsenverhältnis $a:c = 1:1,9368$ berechnet, was nahe übereinstimmt mit dem umgerechneten, von K. Vrba gefundenen Werte 1:1,9425.

[1]) C. H. Warren, Z. Kryst. 49, 343 (1911).

Physikalische Eigenschaften. Die Dichte des Parisits ist gefunden = 4,35 (R. Bunsen), 4,358 (A. Damour und H. Deville), 4,302 und 4,128 (S. L. Penfield und C. H. Warren). Letzter Wert wurde an dem Materiale von Ravelli Co. gefunden und ist dadurch erklärlich, daß dies Material von leichter Gangart verunreinigt war. Auch von K. Vrba[1]) wurde eine Dichtebestimmung gemacht, wobei der Wert 4,364 gefunden wurde. Die Dichte des Quincyminerals wurde = 4,32 gefunden.

Die Farbe des Parisits ist braungelb mit einem Stich ins Rote, der Strich gelblichweiß. Auf Bruchflächen zeigt er Glasglanz, auf Spaltflächen mit einer Hinneigung zum Perlmutterglanz. In dünnen Splittern und Lamellen ist er durchsichtig, sonst nur kantendurchscheinend. Die Spaltungsflächen sind stark spiegelnd, die gestreiften Pyramidenflächen nur schwach (R. Bunsen). Die Doppelbrechung ist stark positiv; $\omega = 1,569$, $\varepsilon = 1,670$ (H. de Sénarmont, von A. Des Cloizeaux[2]) ältere Bestimmung angeführt). Die Brechungsquotienten für Parisit von Quincy sind für Gelb: $\omega = 1,676$, $\varepsilon = 1,757$, $\varepsilon - \omega = 0,081$. Diese Werte weichen beträchtlich von denen nach H. de Sénarmont angegebenen ab, stimmen aber gut mit den für Synchysit gefundenen.

Die Härte liegt zwischen denen des Flußspats und Apatits, also 4—5. Parisit ist mit einer sehr deutlichen Spaltbarkeit parallel der Basis versehen. Außerdem gibt R. Bunsen sehr unvollkommene Spaltbarkeit nach den Flächen der Hauptpyramide an.

Paragenetische Verhältnisse.

Von dem Vorkommen des südamerikanischen Parisits ist fast nichts Sicheres bekannt.

Das Mineral kommt in den Sammlungen wohl immer nur in losen Kristallen vor, ohne Spuren von begleitenden Mineralien. Auf einer Smaragdstufe von Muso habe ich noch Spuren von Parisit beobachtet. Die Stufe besteht, außer dem Smaragd, aus rauchgefärbtem, grobkristallinischem Flußspat mit Kriställchen von Schwefelkies. Wahrscheinlich sind die Smaragde in Muso, ebenso wie diejenigen im Ural (Takowaja) in Glimmerschiefer situiert. In Ravalli Co. kommt der Parisit in einem lichten, fast erdförmigen Gestein vor, welches nach S. L. Penfield und C. H. Warren vorwiegend aus SiO_2, Al_2O_3, CaO und etwas Alkali besteht und ein zersetzter Rhyolith oder Trachyt zu sein scheint. Das Mineral ist auch hier von Schwefelkieskriställchen begleitet. Zu Quincy kommt der Parisit zuweilen verhältnismäßig reichlich auf Pegmatitgängen in Granit vor. Dieser Granit ist ein Riebeckit-Ägirin-führendes Gestein, das reich an Kieselsäure, Eisen und Alkalien, dagegen arm an Kalk und Magnesia ist. Der Parisit scheint durch Pneumatolyse entstanden zu sein und kommt am häufigsten auf Mikroklin und Ägirin in Drusen vor. Er wird außerdem begleitet von Krokydolit, Ilmenit, Anatas, Fluorit usw.

Synchysit.

Der Name Synchysit ist nach dem griechischen Worte *σύγχυσις*, Verwechslung, gebildet, weil das Mineral anfänglich als Parisit angesehen wurde

---

[1]) K. Vrba, Z. Kryst. 15, 211 (1889).
[2]) A. Des Cloizeaux, Man. d. Min. (Paris 1874—1893), II, 163.

(s. S. 526). Als solcher wurde es von mir ausführlich beschrieben,[1]) jedoch mit der ausdrücklichen Reservation, daß es sich von diesem in mehreren sehr wichtigen Beziehungen unterscheidet. Erst nachdem die Zusammensetzung und Kristallform des Parisits durch die Arbeit von S. L. Penfield und C. H. Warren endgültig festgesetzt waren, wurde es von mir als selbständiges Mineral angegeben.[2])

Der Parisit von Quincy wurde anfänglich als Synchysit angesehen und als solcher vorläufig von C. H. Warren[3]) in Kürze erwähnt.

Chemische Zusammensetzung.

Chemische Untersuchungen. Die erste vollständige Analyse von Synchysit wurde von mir ausgeführt, wobei ein reichliches Material zur Verfügung stand. Die Kohlensäure wurde durch Kochen mit verdünnter Salzsäure ausgetrieben und in gewogenen Natronkalkrohren gesammelt. Das Fluor wurde als Fluorsilicium abgetrennt und als Fluorcalcium bestimmt. In der Lösung des Minerals wurden die Erden sämtlich mit Ammon niedergeschlagen und die Fällung in Salzsäure gelöst. Aus der Lösung wurden die Oxyde der Ceriummetalle mit Kaliumsulfat von Yttererde getrennt. Endlich wurde Ceriumoxyd von La und Di durch die Chlormethode geschieden.

Auf meine Veranlassung wurde später noch eine Analyse an Synchysit von R. Mauzelius ausgeführt,[4]) bei welcher nur zu bemerken ist, daß sie an ungetrocknetem Materiale bewerkstelligt wurde, und daher einen nicht unbeträchtlichen Wassergehalt aufzuweisen hat.

Analysenresultate. Die Resultate der zwei somit vorhandenen Analysen sind hier mit den entsprechenden, aus der Formel $RFCa(CO_3)_2$ berechneten Werten zusammengestellt.

	1. G. Flink Narsarsuk	2. R. Mauzelius Narsarsuk	3. Berechnet nach $RFCa(CO_3)_2$
(Na_2O)	0,19	—	
(K_2O)	0,12	—	17,47
CaO	17,13	16,63	
(FeO)	—	0,11	
$(La, Di)_2O_3$	22,88	28,67	
Ce_2O_3	28,14	21,98	51,58
Y_2O_3	1,23	1,18	
CO_2	26,54	25,99	27,51
ThO_2	—	0,30	
F_2	5,82	5,04	5,94
H_2O	—	2,10	—
	102,05	102,00	102,50
$-O = F_2$	2,45	2,12	2,50
	99,60	99,88	100,00

Die in der zweiten Analyse angegebenen 28,67% $(La, Di)_2O_3$ bestehen, laut spektroskopischen Bestimmungen von Dr. Forsling (†) zur Hälfte aus

[1]) G. Flink, Meddelelser om Grönland **24**, 29 (1899).
[2]) G. Flink, Bull. of the geol. Inst. Upsala **5**, 81 (1900).
[3]) C. H. Warren, Am. Journ. **28**, 450 (1909).
[4]) R. Mauzelius, Bull. of the geol. Inst. Upsala. **5**, 86 (1900).

La, das übrige ist meistens Di mit ein paar Prozenten Sm. Von dem Wassergehalt in derselben Analyse wurden schon bei 100° 1,56% ausgetrieben.

Chemische Eigenschaften. Diese sind ganz ähnlich den bei Parisit angegebenen, nur mag bemerkt werden, daß der Synchysit auffallend leichter als Parisit in Säuren unter Entwicklung von Kohlensäure löslich ist.

Kristallographische Eigenschaften. Der Synchysit wurde nur in kristallisiertem Zustande gefunden. Die Kristalle sind gewöhnlich sehr klein und für genaue Bestimmungen nicht geeignet. Die größte Kristallgruppe, welche gefunden wurde, ist jedoch 6 cm lang und 3 cm dick. Daß der Synchysit nicht hexagonal, sondern trigonal (rhomboedrisch) ist, wurde schon von G. Nordenskiöld konstatiert und konnte von mir völlig bestätigt werden. An noch später gesammeltem Materiale fand O. Böggild,[1]) daß das Mineral sogar als rhomboedrisch-hemimorph zu betrachten ist. Es gehört somit der trigonal-pyramidalen Kristallklasse an. Die nur approximativen Werte, welche bei Winkelmessungen erreicht werden können, stimmen mit den entsprechenden für Parisit nahe überein, so daß für die beiden Mineralien dasselbe Achsenverhältnis bis auf weiteres gelten mag, nämlich $a:c = 1:3,36456$.

Physikalische Eigenschaftsn. Durch Wägen in Benzol fand ich die Dichte des Synchysits = 3,902. In derselben Weise wurde sie auch von R. Mauzelius zu 3,90 bestimmt. Die Farbe des Minerals ist gewöhnlich etwas dunkel wachsgelb und kann zwischen lichtgrau und haarbraun variieren. Nur dünnste Splitter oder Dünnschliffe sind durchsichtig mit etwas strohgelber Farbe, sonst ist das Mineral nur kantendurchscheinend. Gestreifte Kristallflächen zeigen Seidenglanz, die Basis Glas- bis Diamantglanz auf Bruchflächen typischen Fettglanz. Dünnschliffe, parallel der Hauptachse orientiert, löschen parallel und senkrecht dieser Achse aus und zeigen keinen wahrnehmbaren Pleochroismus. Ein parallel der Basis orientierter Dünnschliff ist homogen, isotrop, und zeigt in konvergentem Lichte ein regelmäßiges einachsiges Achsenbild mit positiver Doppelbrechung. Die Brechungsquotienten wurden in einem hergestellten Prisma bestimmt, wobei folgende Werte gefunden wurden:

	Tl	Na	Li
$\omega =$	1,6767	1,6742	1,6718
$\varepsilon =$	1,7729	1,7701	1,7664
$\varepsilon - \omega =$	0,0962	0,0959	0,0946

In der Lötrohrflamme ist das Mineral unschmelzbar und leuchtet intensiv. Heftig geglühte Splitter sind blaß leberbraun, von Sprüngen dicht durchsetzt. Die Härte = 4—5. Im frischen Minerale ist keine Spaltbarkeit wahrnehmbar, der Bruch kleinmuschelig oder splitterig. In den erweiterten Zentralteilen der größeren Kristalle kommt dagegen eine recht deutliche Spaltbarkeit nach der Basis vor. Dieselbe scheint jedoch von sekundärer Natur zu sein.

Paragenetische Verhältnisse.

Das Mineral ist am einzigen Fundorte Narsarsuk in Südgrönland, gar nicht selten. Die kleinen Kristalle bieten häufig lockere Anhäufungen, welche große Flächenteile von Mikroklin oder Ägirin bedecken. Unter anderen begleitenden Mineralien, welche früher gebildet sind, können genannt werden:

[1]) O. Böggild, Meddelelser om Grönl. 33, 99 (1906).

Neptunit, Epididymit, Eudidymit und Arfvedsonit. Gleichzeitig oder später als der Synchysit gebildet sind: Albit, Elpidit, Flußspat, Polylithionit, Manganspat, Spodiophyllit usw.

Kordylit.

Dieses Mineral wurde von mir während einer mineralogischen Reise in Südgrönland im Jahre 1897 gefunden und zwei Jahre später ausführlich beschrieben.[1]) Der Name ist von *κορδύλη*, Keule, hergeleitet, weil die Kristalle häufig die Gestalt einer Keule haben.

Chemische Zusammensetzung.

Chemische Untersuchung. Das Mineral kam nur sehr spärlich vor, so daß für die Analyse nicht mehr als 0,6489 g gesammelt werden konnten. Dieses Material, das sehr sorgfältig ausgelesen war, bestand aus lauter Kriställchen und Fragmenten von solchen, war aber doch nicht ganz frei von Verunreinigungen. Die Analyse wurde von R. Mauzelius ausgeführt, der 0,2501 g für die Kohlensäurebestimmung, und somit 0,3988 g für die Bestimmung der übrigen Bestandteile verwandte. Leider konnte das Fluor, wegen Mangels an Material nicht direkt bestimmt werden, sondern mußte als Verlust berechnet werden.

Analysenresultate. Die bei der Analyse gefundenen Zahlen sind hier mit den nach der Formel $(RF)_2Ba(CO_3)_3$ berechneten Werten zusammengestellt:

	1. R. Mauzelius Gefunden	2. Berechnet nach $(RF)_2Ba(CO_3)_3$
CaO	1,91	
(FeO)	1,43	24,12
BaO	17,30	
$(La, Di)_2O_3$	25,67	51,67
Ce_2O_3	23,72	
CO_2	23,47	20,75
ThO_2	0,30	
F_2	(4,87)	5,98
H_2O	0,80	
Ungelöst	2,58	—
	102,05	102,52
−O = 2F	2,05	2,52
	100,00	100,00

Man findet, daß die Übereinstimmung zwischen gefundenen und theoretischen Werten nicht besonders befriedigend ist. Die Verschiedenheit kann teils dadurch erklärt werden, daß das Material nicht ganz rein war, was auch aus der Menge des unlöslichen Rückstandes hervorgeht, teils dadurch, daß es nicht immer völlig frisch, sondern bisweilen etwas in Umwandlung begriffen war. Eine andere Formel als die angegebene ist jedenfalls nicht möglich, denn das Mineral ist offenbar mit dem Parisit sehr nahe verwandt, und unterscheidet sich von diesem in der Zusammensetzung nur dadurch, daß es Barium führt, während Parisit Calcium enthält.

---

[1]) G. Flink, Meddelelser om Grönland **24**, 42 (1899).

Chemische Eigenschaften. Der Kordylit löst sich, auch in der Kälte, unter lebhafter Kohlensäureentwicklung, in Salz- oder Salpetersäure. Es scheint dies damit in Zusammenhang zu stehen, daß das Mineral sich in beginnender Umwandlung befindet, wobei wahrscheinlich Kohlensäure aufgenommen wird. Der Überschuß dieses Bestandteils in der Analyse wäre somit völlig erklärlich. Ein mit Salzsäure benetzter Splitter des Minerals in die Flamme gebracht, erteilt dieser eine grüne Farbe.

Kristallographische Eigenschaften. Der Kordylit wird nur in Form von Kristallen gefunden, welche, obwohl klein, doch genau bestimmbar sind. Sie sind holoedrisch hexagonal (bipyramidal), mit dem Parisit isomorph und geben das Achsenverhältnis:

$$a:c = 1:3{,}3865,$$

was O. Böggild zu

$$1:1{,}1288$$

vereinfacht.

Physikalische Eigenschaften. Des Bariumgehalts wegen konnte man erwarten, daß die Dichte des Kordylits größer als diejenige des Parisits sein sollte. R. Mauzelius fand sie aber nur 4,31. Auch der Grund dieser auffälligen Tatsache dürfte in dem Umwandlungszustande des Minerals zu suchen sein. Im Kölbchen erhitzt, dekrepitiert es sehr heftig und zerspringt in dünnen Blättchen nach der Basis. In größter Hitze wird es bräunlich, schmilzt aber nicht. Die Farbe ist eine blaß wachsgelbe, bisweilen ist das Mineral fast farblos, andererseits auch etwas ins Braune ziehend. Im frischen Zustande ist es fast klar und durchsichtig. Gewöhnlich sind die Kriställchen mit einer dünnen Umwandlungsschicht versehen und daher matt. Im frischen Bruche zeigt das Mineral Fett- bis Diamantglanz, an der Basis Perlmutterglanz. In Dünnschliffen ist es farblos oder spielt kaum wahrnehmbar ins Gelbe. Schnitte parallel der Hauptachse löschen parallel und senkrecht zu dieser aus. Schnitte parallel der Basis sind völlig isotrop und zeigen in konvergentem Lichte ein einachsiges Interferenzbild mit negativer Doppelbrechung. O. Böggild[1]) fand an völlig frischem, neugefundenem Materiale die Brechungsquotienten für Gelb $\omega = 1{,}7640$, $\varepsilon = 1{,}5762$.

Obwohl diese Werte nach verschiedenen Methoden gefunden wurden und daher vielleicht nicht völlig komparabel sind, zeigen sie doch, daß der Kordylit in frischem Zustande außergewöhnlich stark doppelbrechend ist.

Die Härte des Minerals ist = 4—5. Nach der Basis ist es sehr deutlich spaltbar.

Paragenetische Verhältnisse. Kordylit wird nur auf Narsarsuk, südlich vom Meerbusen Tunugdliarfik in Südgrönland gefunden. Das Mineral kommt hier auf kleinen Gängen in Augit(Ägirin)-Syenit vor und ist von einer Menge von seltenen Mineralien begleitet, in welchen die Elemente Si, Ti, F, Mn usw. eine große Rolle spielen. Der Kordylit ist in der jüngsten Bildungsepoche dieser Gänge entstanden.

Bastnäsit (Hamartit).

Im Jahre 1838 wurde von W. Hisinger[2]) ein Mineral von der Bastnäsgrube bei Riddarhyttan in Westmanland, Schweden, beschrieben, in welchem

[1]) O. Böggild, Meddelelser om Grönland **33**, 103 (1906).
[2]) W. Hisinger, Vet. Ak. Stockh. Hand. 1838, 187.

er meinte Ceriumoxyd, Fluor und Wasser gefunden zu haben und welches er deshalb basisches Fluorcerium nannte, welcher Name jedoch von J. J. N. Huot[1]) gegen Bastnäsit ausgetauscht wurde. 24 Jahre später beschrieb T. Karawajew[2]) wieder ein ähnliches Mineral aus einer Goldwäscherei bei dem Flusse Barsowka, unweit Kischtim im Ural, welches er Kischtim-Parisit nannte. Es lag damals kein Grund vor, an eine Ähnlichkeit zwischen diesen beiden Mineralien zu denken, weil die Zusammensetzung des Bastnäsits von W. Hisinger ganz unrichtig aufgefaßt und angegeben war. Es war A. E. Nordenskiöld,[3]) der gelegentlich diesen Irrtum konstatierte. Er nahm eine neue Untersuchung vor, hauptsächlich um zu finden, ob das Mineral von Bastnäs auch La und Di enthalte. Diese Elemente waren nämlich zur Zeit der Untersuchung W. Hisingers noch nicht entdeckt. Dabei wurde festgestellt, daß das Mineral nicht Wasser, sondern statt dessen Kohlensäure enthält und somit ein Fluorcarbonat ist, für welches A. E. Nordenskiöld den Namen Hamartit vorschlug (von ἁμάρτω, ich irre mich), da er den Namen Bastnäsit nicht kannte. Dieser hat jedoch die Priorität, ist gut und verdient also beibehalten zu werden, wie auch O. D. Allen und W. J. Comstock[4]) hervorheben. Diese Forscher beschrieben das Mineral von einem neuen Fundorte, Pike's Peak in Colorado, und durch ihre Untersuchung wurde die Zusammensetzung des Minerals endgültig festgestellt.

Chemische Zusammensetzung.

Chemische Untersuchung. Die Gewichtsabnahme beim Glühen des Minerals wurde von W. Hisinger als Wasser berechnet. Seine Fluorbestimmung war die alte Berzeliussche: das Mineral wurde mit Natriumcarbonat geschmolzen, die Schmelze mit Wasser ausgelaugt. Was dabei ungelöst blieb, wurde als Ceriumoxyd bestimmt, und in der Lösung wurde das Fluor mit Chlorcalcium niedergeschlagen.

Auch T. Karawajew fand im Kischtim-Parisit Wasser, aber verhältnismäßig wenig, etwa gleich viel wie R. W. Bunsen früher für Parisit (irrtümlich) angegeben hatte. Das Wasser sowie die Kohlensäure wurden durch Glühen ausgetrieben und in verschiedenen Apparaten aufgesammelt. Die Abtrennung der Ceriumoxyde geschah in derselben Weise wie bei W. Hisinger. Das Ceriumoxyd wurde von La und Di dadurch getrennt, daß das Gemenge der geglühten Erden wiederholt mit verdünnter Salpetersäure digeriert wurde, bis das zurückgebliebene Ceriumoxyd nicht mehr an Gewicht abnahm. In der Lösung wurden La und Di zusammen bestimmt.

Von A. E. Nordenskiöld wurde die Kohlensäure im Bastnäsminerale über Quecksilber gesammelt und volumetrisch bestimmt. Das Cerium wurde als basisches Sulfat von La und Di getrennt und das Fluor aus dem Verluste berechnet.

Von O. D. Allen und W. J. Comstock wurden im Minerale von Pike's Peak Ce_2O_3, $(La, Di)_2O_3$ und CO_2 direkt bestimmt, das Gesamtatomgewicht der Metalle als 140,2 ermittelt und das Fluor aus dem Verlust berechnet.

---

[1]) J. J. N. Huot, Man. d. Minér. **1**, 269 (1841).
[2]) T. Karawajew, Bull. Akad. Petersb. **4**, 401 (1862).
[3]) A. E. Nordenskiöld, Öfvers. Vet. Ak. Stockh. Förh. **25**, 399 (1868).
[4]) O. D. Allen u. W. J. Comstock, Am. Journ. **19**, 390 (1880).

Analysenresultate. Die Ergebnisse der verschiedenen Analysen sind hier mit den entsprechenden, aus der Formel $RFCO_3$ berechneten Werten zusammengestellt.

	1. W. Hisinger Bastnäs	2. T. Karawajew Kischtim	3. A. E. Nordenskiöld Bastnäs	4. O. D. Allen u. W. J. Comstock Pike's Peak	5. Berechnet nach $RFCO_3$
Ce_2O_3 . . .	75,00	32,54	29,94	41,04	74,79
$(La, Di)_2O_3$		42,92	45,77	34,76	
CO_2 . . .	19,11	17,19	19,50	20,15	20,06
F_2 . . .	9,94	6,35	7,42	7,90	8,71
H_2O . . .	—	2,20	—	—	—
	104,05	101,20	102,63	103,85	103,56
$-O = 2F$	4,17	2,66	3,11	3,85	3,56
	99,88	98,54	99,52	100,00	100,00

Unter 1 sind die von A. E. Nordenskiöld korrigierten Werte W. Hisingers angegeben. Die Analyse von T. Karawajew zeigt etwas zu wenig Kohlensäure und Fluor, aber auch einen erheblichen Verlust und einen offenbar irrtümlichen Wassergehalt. Wenn man statt des Wassers Kohlensäure annähme, würde dieser Bestandteil in der Analyse bis 19,39% erhöht, und wenn man den Verlust als Fluor ansehen dürfte, würde dieses Element bis zu 7,81% steigen. Die Analyse würde somit der Formel ziemlich gut genügen. Jedenfalls stimmen die vorhandenen Werte viel besser mit Bastnäsit als mit Parisit überein, hauptsächlich weil das Mineral kalkfrei ist.

Chemische Eigenschaften. Das Mineral wird von Chlorwasserstoff- oder Salpetersäure in der Kälte nur sehr langsam und ohne merkbare Kohlensäureentwicklung angegriffen. Beim Erwärmen geht die Zersetzung schneller vor sich und die Kohlensäureentwicklung wird lebhafter. Von konzentrierter Schwefelsäure wird es unter Entwicklung von Kohlensäure und Fluorwasserstoff vollständig zersetzt. Mit Borax oder Phosphorsalz gibt es eine Perle, welche in der Hitze gelb oder rot ist, beim Erkalten aber farblos wird.

In der Lötrohrflamme ist Bastnäsit unschmelzbar, wird nur heller und undurchsichtiger, wie emailartig.

Kristallographische Eigenschaften. Bestimmbare Kristalle von Bastnäsit sind nicht gefunden worden. Doch wurden Andeutungen zur hexagonalen Kristallisation wahrgenommen, sowohl an dem schwedischen wie an dem amerikanischen Minerale.

Physikalische Eigenschaften. Die Dichte des Bastnäsits ist etwas verschieden gefunden worden. T. Karawajew fand am Kischtim-Parisit 4,784, A. E. Nordenskiöld am Minerale von Bastnäs 4,93 und endlich O. D. Allen und W. J. Comstock an dem von Pike's Peak 5,18—5,20.

Die Farbe des schwedischen Minerals ist hell wachsgelb. Der Kischtim-Parisit sowie auch das amerikanische Mineral wird dagegen als dunkel braungelb bezeichnet, alle zeigen schwachen Fettglanz. Nur in dünnen Blättchen ist das Mineral durchsichtig, sonst nur kantendurchscheinend. Es ist optisch einachsig, ziemlich stark doppelbrechend, positiv (A. Des Cloizeaux).

Das Mineral hat eine Härte = 4—5. Eine wenig deutliche Spaltbarkeit nach einem hexagonalen Prisma und eine noch undeutlichere nach der Basis werden von A. Des Cloizeaux[1]) angegeben.

[1]) A. Des Cloizeaux, Man. d. Min. 2, 165 (1874—1893).

Paragenetische Verhältnisse. In der alten Kupfergrube zu Bastnäs wurde der Bastnäsit sehr spärlich angetroffen, so daß nur wenige Stufen davon vorhanden sind. Das Mineral kommt als Ausfüllung zwischen stengeligen Individuen von Allanit vor und ist somit später als dieser gebildet. Dagegen ist Wismutglanz eine noch jüngere Bildung, gegen welche wirkliche Kristallflächen am Bastnäsit wahrgenommen sind. Von welchen Mineralien der Bastnäsit bei Pike's Peak begleitet ist, wird nicht angegeben. Doch sind die größeren Individuen mit einem Kern von Tysonit versehen, und es wird angenommen, daß der Bastnäsit durch Umwandlung aus Tysonit entstanden ist. Bei Kischtim scheint nur ein loses Geschiebe vom Minerale gefunden worden zu sein. Es wird von N. v. Kokscharow[1]) angegeben, daß er zusammen mit dem Kischtim-Parisit einige Fragmente eines schwarzen Minerals beobachtet hatte, welches Orthit sein könnte. Dies würde auf eine ähnliche Genesis für das Mineral im Ural wie in Schweden hindeuten.

Weibyeit.

Dieses Mineral, welches nur auf der kleinen Insel Övre Arö bei Langesund in Norwegen angetroffen worden ist, kam dort in sehr geringer Menge zusammen mit Analcim, Eudidymit, Natrolith, Apophyllit und Parisit (?) vor. Es wurde von W. C. Brögger[2]) beschrieben und nach dem norwegischen Mineralogen P. C. Weibye benannt.

Für die Analyse, welche von E. G. Forsberg ausgeführt wurde, konnte nur etwa 0,2 g angeschafft werden, welches Material überdies nicht homogen war, sondern aus einem Gemenge von Weibyeit und einem anderen, nicht sicher bestimmten Minerale (Parisit?) bestand. Außerdem war dieses Material nicht völlig frisch, sondern teilweise in eine ockerähnliche Substanz umgewandelt, welche, aller Wahrscheinlichkeit nach, den gefundenen Wasser- und Superoxydgehalt verursacht hat. Die Analyse hat deshalb einen so geringen Wert, daß es sich nicht lohnt, daß Ergebnis derselben hier anzuführen. Nur so viel geht aus derselben hervor, daß der Weibyeit keine anderen Bestandteile als die Oxyde der Ceriummetalle, Ca, Sr, Kohlensäure, Fluor und eventuell Wasser enthalten kann. Bemerkenswert ist besonders das Strontium, denn dadurch wird die Verwandtschaft des Minerals mit Ankylit prägnant markiert.

Der Weibyeit kam nur kristallisiert vor. Die Kristalle waren klein, gewöhnlich nur $^1/_2$ mm, höchstens 2—3 mm im Quermaß. Sie waren Zirkonkristallen sehr ähnlich, jedoch **rhombisch** mit dem Achsenverhältnis

$$a:b:c = 0{,}9999:1:0{,}64,$$

was sich nicht mit demjenigen des Ankylits in Übereinstimmung bringen läßt. „Sämtliche Kristalle waren mit einer dünnen, gelben, matten Schicht bedeckt. Die Dünnschliffe zeigen, außer einer vollkommen frischen, stark doppelbrechenden und lichtbrechenden, wasserhellen Substanz, auch eine Durchdringung der Kernteile durch eine ähnliche Ockersubstanz." Die Ebene der optischen Achsen ist senkrecht zur Basis orientiert, ob sie aber parallel dem ersten oder zweiten Pinakoide gelegen ist, konnte nicht festgestellt werden. Das Mineral ist optisch negativ und der scheinbare Winkel der optischen Achsen ist ca. 110°.

[1]) N. v. Kokscharow, Mat. z. Min. Russl. **4**, 40 (1862).
[2]) W. C. Brögger, Z. Kryst. **16**, 658 (1890).

Ankylit (Ancylit).

Auch dieses Mineral wurde von mir im Jahre 1897 am Narsarsuk in Südgrönland gefunden und später ausführlich beschrieben.[1]) Der Name ist vom griechischen Worte ἀγκύλος (buchtig) hergeleitet, weil die Kristallflächen des Minerals immer stark buchtig sind.

Chemische Zusammensetzung.

Chemische Untersuchung. Dieses Mineral ist analysiert von R. Mauzelius, dessen Resultate in meiner Beschreibung angeführt sind. Nur ein beschränktes Material konnte für die Analyse angeschafft werden. Für die Kohlensäurebestimmung wurde 0,5514 g und für die übrigen Bestimmungen nur 0,2961 g verwendet.

Analysenresultate. Die Resultate der Analyse sind hier, neben den nach der Formel

$$4\,R(OH)CO_3 \,.\, 3\,SrCO_3 \,.\, 3\,H_2O$$

berechneten Werten zusammengestellt:

	1. R. Mauzelius Narsarsuk	2. Berechnet nach $4\,R(OH)CO_3 + 3\,SrCO_3 + 3\,H_2O$
(CaO) . . .	1,52	
(FeO) . . .	0,35	23,27
SrO . . .	21,03	
$(La, Di)_2O_3$.	24,04	46,85
Ce_2O_3 . . .	22,22	
CO_2 . . .	23,28	23,12
(ThO_2) . .	0,20	
H_2O . . .	6,52	6,76
Unlöslich . .	0,60	—
	99,76	100,00

Analog den Fluorcarbonaten ist Ankylit somit ein Hydrocarbonat, wo Hydroxyl (OH) statt des Fluors eingetreten ist. Hierfür sind aber nur zwei von den fünf gefundenen Wassermolekeln verwendbar. Welche Rolle die übrigen 3 Molekeln im Minerale spielen, ist eine offene Frage. Es konnte bei der Analyse nicht nachgewiesen werden, daß das Wasser bei verschiedenen Temperaturen ausgetrieben wurde, weshalb anzunehmen ist, daß die ganze Wassermenge in derselben Weise gebunden ist. Eine Wasseraufnahme durch Umwandlung ist auch nicht anzunehmen, da das Mineral völlig frisch aussieht.

Chemische Eigenschaften. Im Kölbchen erhitzt, gibt das Mineral reichlich Wasser ab. Ein mit Salzsäure benetzter Splitter, in die Flamme gebracht, färbt diese intensiv rot. In Säuren ist es unter Entwicklung von Kohlensäure leicht löslich.

Kristallographische Eigenschaften. Der Ankylit ist nur in kristallisiertem Zustande gefunden worden. Die Kristalle sind klein, oktaederähnlich, jedoch rhombisch, und wenig deutlich ausgebildet, so daß das Achsenverhältnis nur approximativ bestimmt werden konnte. Aus den wahrscheinlichsten Winkelwerten wurde berechnet:

$$a:b:c = 0{,}916:1:0{,}9174.$$

[1]) G. Flink, Meddelelser om Grönland **24**, 49 (1899).

Physikalische Eigenschaften. Die Dichte des Minerals wurde von R. Mauzelius beim Wägen in Benzol = 3,95 gefunden. Die Farbe ist etwas verschieden. Gewöhnlich ist es blaßgelb, ins Orange ziehend. Nicht selten sind die Kristalle grau oder bräunlich, bisweilen völlig harzbraun, auch kommen grüngelbe Farbentöne vor. Die Kristallflächen zeigen, wenn sie nicht matt sind, Glasglanz. Im Bruche hat das Mineral Fettglanz und ist nur kantendurchscheinend. Dünnschliffe sind farblos, aber etwas opak durch mikroskopische Einschlüsse, welche hauptsächlich aus Ägirinnädelchen bestehen. Die Ebene der optischen Achsen ist parallel der Basis gelegen, und die erste Mittellinie (spitze Bisektrix) fällt mit der kristallographischen *b*-Achse zusammen. Die Doppelbrechung ist positiv und stark. Wegen der geringen Durchsichtigkeit des Minerals und den kleinen Dimensionen der Individuen, konnten die Brechungsquotienten nicht bestimmt werden. In der Lötrohrflamme ist der Ankylit unschmelzbar. Nachdem die flüchtigen Bestandteile ausgetrieben sind, ist er braun gefärbt. Die Härte ist dieselbe wie bei sämtlichen Fluorcarbonaten, 4—5. Keine Spaltbarkeit ist wahrnehmbar und der Bruch ist splittrig. Das Mineral besitzt eine gewisse Zähigkeit, so daß es beim Zerdrücken nicht herumspritzt.

Paragenetische Verhältnisse. Der Ankylit kommt am Narsarsuk zusammen mit den Fluorcarbonaten Synchysit und Kordylit vor, und zwar fast ebenso spärlich wie der letztere. Häufig ist er von dünnen Ägirinstengeln oder sogar filzigen Massen von diesem Minerale, sowie auch von nach der Vertikalachse ausgezogenen Albitkristallen und dunkelbraunem Zirkon begleitet. Auf größeren, stark korrodierten Mikroklinkristallen kommt er aufgewachsen vor, wie auch auf Individuen des hier sehr seltenen Eudidymits. Es ist nicht nachgewiesen, daß sich im Narsarsuk irgend ein Mineral findet, das später als der Ankylit gebildet ist.

Analysenmethoden der Wismutcarbonate.

Von **M. Dittrich** (Heidelberg).

Bismutosphärit.

Hauptbestandteile: Bi, CO_3. **Nebenbestandteile:** Fe.

Reiner Bismutosphärit kann durch Glühen im Porzellantiegel bis zum konstanten Gewicht in Bi_2O_3 übergeführt werden; daraus ist auch gleichzeitig das weggegangene Kohlendioxyd zu berechnen.

Will man Wismut in wäßriger Lösung abscheiden und dabei gleichzeitig von etwa vorhandenen, meist geringen Mengen Eisen trennen, so geschieht dies am besten durch Fällung als basisches Nitrat, welches durch Glühen in Bi_2O_3 übergeführt wird.

Man löst zu diesem Zweck das Mineralpulver, etwa 0,6—0,7 g, in einem größeren, wenigstens 750 ccm fassenden Becherglase in Salpetersäure auf und dampft auf dem Wasserbade ein; zur Entfernung der letzten Reste Salpetersäure gibt man zu dem Rückstand mehrere Male unter Umrühren kleine Mengen warmes Wasser hinzu und dampft von neuem ein. Auf diesen Rückstand werden 500 ccm kaltes Wasser, welche 1 g Ammoniumnitrat enthalten, gegeben und die sich abscheidenden basischen Wismutnitrate gut verrührt; nach einer Stunde Stehens wird filtriert und der Niederschlag mit schwach ammoniumnitrathaltigem Wasser (1 : 500) gewaschen. Den bei 90^0 getrockneten Niederschlag verascht man in einem Porzellantiegel sehr vorsichtig, zuerst das Filter allein, durchfeuchtet die Asche mit Salpetersäure, verjagt diese und führt alles nach Zugabe der Hauptmenge des Niederschlages durch Glühen in Bi_2O_3 über.

Im eingedampften Filtrat vom Wismut erfolgt die Abscheidung des Eisens durch Ammoniak.

Bismutit.

Hauptbestandteile: Bi, CO_3, H_2O, siehe Bismutosphärit.

Die Untersuchungsmethoden sind ähnliche wie bei Bismutosphärit.

Wismutcarbonate.

Bismutosphärit.

Von **St. Kreutz** (Krakau).

A. Weisbach.[1]) (Arsenikwismut A. S. Werners.) Doppelbrechend, rhombisch?

Die chemische Analyse dieses Minerals ist sehr einfach, wenn es in reinem Zustande vorkommt; durch mäßiges Glühen entweicht CO_2, und man kann den aus Bi_2O_3 bestehenden Rückstand direkt wägen. Da geringe Wasserquantitäten stets vorhanden sind, so empfiehlt es sich CO_2 durch Wägung in einem Absorptionsapparate zu bestimmen. Von dem Glührückstand sind die in HCl unlöslichen Verbindungen abzuziehen. Dieser unlösliche Rückstand besteht zum Teil aus Silicaten, zum Teil aus schwarzem Bi_2S_3. Der in einigen Analysen angetroffene SO_3-Gehalt scheint durch Oxydation von Bi_2S_3 während des Glühens sich gebildet zu haben, es werden folglich aus der Totalsumme für je ein S vier Teile O in Abzug gebracht (Anal. 8).

Analysen:

	1.	2.	3.
δ	7,59	7,64	7,30
Bi_2O_3 . . .	90,10	91,68	88,58
CO_2 . . .	7,00	8,29	8,97
(SO_3) . . .	0,27	—	—
(H_2O) . . .	1,80	—	—
(Rückstand) .	0,30	Spuren	0,28
	99,47	99,97	97,83

	4.	5.	6.	7.	8.	9.
δ	—	—	—	—	7,42	6,83
Bi_2O_3	92,07	92,05	92,04	92,07	91,64	89,03
CO_2	8,01	7,90	7,96	7,91	8,03	7,54
(SO_3)	—	—	—	—	0,34	—
(H_2O)	0,90	0,48	0,66	0,49	0,47	0,94
(Unlösl. Silicat) .	—	—	—	—	0,08	0,49
	100,98	100,43	100,66	100,47	100,56	98,00
— O					0,28	
					100,28	

[1]) A. Weisbach, Jahrb. f. d. Berg- u. Hüttenwesen i. Kg. Sachsen 1877.

1. von San Louis Potosi, Mexiko; anal. A. Frenzel, N. JB. Min. etc. 1873, 801, 946.
2. vom gleichen Fundort; anal. C. Winkler, N. JB. Min. etc. 1882, **2**, 249—250.
3. von Neustädtel bei Schneeberg, Sachsen; anal. C. Winkler, Jahrb. f. d. Berg- u. Hüttenwesen i. Kg. Sachsen 1877.
4, 5, 6, 7. von Willimantic, Conn., N.-Amer.; anal. E. S. Sperry, Am. Journ. **34**, 271 (1887).
8. von selbem Fundorte; anal. H. L. Wells, Am. Journ. **34**, 271 (1887).
9. von Peltons Quarry, Portland, Conn.; anal. H. L. Wells, ebenda.

Formel. Diese Analysen führen zu der Formel: Bi_2CO_5, welche folgende Werte verlangt: Bi_2O_3 91,41%, CO_2 8,59%.

Der fast immer nachweisbare Wassergehalt des Bismutosphärits spricht dafür, daß geringe Mengen des basischen Wismutcarbonats (Bismutits) gewöhnlich beigemischt sind. In dem Erhitzungsrückstand der Analysen 4—8 fand E. S. Sperry 0,56% in HCl unlösliche Bestandteile, welche hauptsächlich aus Bi_2S_3 bestehen. H. L. Wells (Anal. 8) fand 0,41% Bi_2S_3.

Der Bismutosphärit wird von Säuren unter Aufbrausen zersetzt; im geschlossenen Glasrohre erhitzt, gibt er etwas H_2O ab und schmilzt leicht.

Der Bismutosphärit ist nur als sekundäres Mineral bekannt und entsteht aus gediegenem Wismut oder aus Wismutglanz (Bi_2S_3) durch Einwirkung der Kohlensäure. Dabei scheint der atmosphärischen Einwirkung die Hauptrolle zuzufallen.

Er ist an Stufen aus Neustädtel bei Schneeberg (Sachsen) erkannt worden, wo er konzentrisch-schalige Kugeln bildet, die öfters noch ein Wismutkorn umschließen. Nebenbei sitzen Quarz und Braunspat auf, Wismut und Speiskobalt finden sich eingesprengt.

In Mexiko bildet er Pseudomorphosen nach einem tetragonalen Mineral (Scheelit oder Wulfenit?).

In Willimantic wurde Bismutosphärit, in Albit eingewachsen, in einem Gange, der hauptsächlich aus Orthoklas, Muscovit und Rauchquarz (Pegmatit?) besteht, gefunden. Er ist hier aus Bismutinit entstanden.

Bismutit

(A. Breithaupt), Wismutspat (C. F. Rammelsberg).

Von **St. Kreutz** (Krakau).

Der Bismutit bildet Pseudomorphosen nach anderen Wismuterzen, besonders nach Wismutglanz, dessen Kristallform er öfters beibehalten hat; nicht selten ist auch eine lamellare bis feinfaserige Textur des ursprünglichen Minerals zu beobachten. Traubige, nierenförmige Bildungen von muscheligem Bruche zeigen in frischen Partien Glasglanz, sonst ist der Bismutit matt, und, besonders als Überzug bzw. Krustenbildung, erdig. Der Bismutit ist also wohl meistens amorph (Kolloid).

A. Arzruni[1]) erkannte in dichtgedrängten, kugeligen Bildungen von Schneeberg in Sachsen Aggregate winziger, stark doppelbrechender, optisch einachsiger Kristalle, welche nach ihrem Umriß dem tetragonalen Systeme angehören. Wahrscheinlich liegt hier die kristallinische Phase des Bismutits vor. Schon früher hat A. Weisbach[2]) die Doppelbrechung dieses Minerals bemerkt. Farbe grau, gelblich grau oder grünlich. H. 4 bis 4,5.

---

[1]) A. Arzruni, Z. Kryst. **31**, 238 (1899).
[2]) A. Weisbach, N. JB. Min. etc. 1880, II, 112.

Analysen.

Der Bismutit ist durch den Wismutgehalt und deutliche CO_2- und H_2O-Reaktion leicht zu erkennen.

Außer diesen Bestandteilen zeigen die meisten Analysen noch eine Anzahl anderer Stoffe, die z. T. als Verunreinigungen des Analysenmaterials zu betrachten sind, so daß dann der Analysengang ein ziemlich komplizierter ist.

	1.
δ	7,67
Bi_2O_3	90,00
CO_2	6,56
H_2O	3,44
	100,00

	2.	3.	4.
δ	6,94	7,26	7,08
(CaO)	0,35	0,55	0,38
(MgO)	Spur	0,07	0,05
(CuO)	Spur	—	—
(PbO)	0,55	0,44	0,40
(Fe_2O_3?)	0,53	0,50	0,43
Bi_2O_3	89,75	87,50	86,90
(Cl)	0,37	0,20	0,14
CO_2	3,74	4,15	5,35
(SO_3)	0,25	0,22	0,13
(As_2O_3)	0,73	0,80	0,65
(Sb_2O_3)	0,57	1,25	1,20
H_2O	2,76	3,55	3,02
Gangart	0,20	0,30	1,10
	99,80	99,53	99,75

	5.
δ	6,12—6,27
Bi_2O_3	95,90
CO_2	2,91
H_2O	1,04
	99,85

	6.	7.
δ	—	—
Bi_2O_3	86,36	89,80
CO_2	7,79	8,10
H_2O	2,02	2,10
Unlösl.	3,63	—
	99,80	100,00

	8.
δ	6,86
(CaO, Fe_2O_3 usw.)	9,6
Bi_2O_3	79,6
CO_2	7,2
(SiO_2)	0,9
H_2O	2,7
	100,0

	9.	10.
δ	—	—
Bi_2O_3	88,95	88,22
CO_2	8,04	8,36
H_2O	3,01	3,42
	100,00	100,00

	11.	12.	13.	14.
δ	7,330	6,293 (reines Material)		
(CuO)	0,31	0,32	0,32	0,33
(ZnO)	0,86	0,90	0,86	0,89
(PbO)	4,83	5,04	4,63	4,82
Bi_2O_3	80,13	83,64	80,41	83,81
CO_2	7,16	7,47	6,85	7,14
(SO_3)	0,50	0,52	0,56	0,58
H_2O	2,02	2,11	2,33	2,43
Beimengungen	5,11	—	4,22	—
	100,92	100,00	100,18	100,00

	15.		16.
δ	—		—
(CaO) . . .	6,7	(CaO) . . .	3,20
MnO . . .	0,8		—
FeO	0,3	(Fe_2O_3) . . .	1,50
(Ce_2O_3) . .	0,54		—
Bi_2O_3 . . .	80,7	Bi_2O_3 . . .	81,9
CO_2	8,7	CO_2	4,10
H_2O	1,9	H_2O . . .	0,90
		(Rückstand) .	8,33
	99,6		99,93

1. Von Chesterfield Distr., Süd-Carolina; anal. C. F. Rammelsberg, Pogg. Ann. **76**, 564.
2. Von Meymac, Corrèze, Plateau Central; anal. Ad. Carnot, C. R. **79**, 302 (1874).
3. und 4. Vom gleichen Fundorte; anal. Ad. Carnot, ebenda.
5. Von Neustädtel b. Schneeberg in Sachsen; anal. C. Winkler, N. JB. Min. etc. **1880**, II, 112.
6. Von Cashers Valley, Jackson Co., N.-Carolina; anal. F. G. Cairns, Am. Journ. III, **33**, 284 (angegeben von A. H. Chester).
7. Dieselbe Analyse nach Abzug der Gangart.
8. Von Lydenburg, Distr., Transvaal; anal. H. Louis, Min. Mag. **7**, 139 (1887).
9. Dieselbe Analyse nach Abzug der Verunreinigungen.
10. Für die Formel $(Bi_2H_2CO_6)_3 = Bi_2H_6O_6 + 2Bi_2O_3 . 3CO_2$ berechnet.
11. Von Mount Antero in Chaffee Co., Colorado; anal. F. A. Genth, Am. Journ. **43**, 184 (1892).
12. Dieselbe Analyse nach Abzug der Beimengungen.
13. Vom selben Fundorte; anal. F. A. Genth, ebenda.
14. Nach Abzug der Beimengungen.
15. Aus Sierra de S. Louis, Argentina; anal. W. Bodenbender, Z. prakt. Geol. 1899, 322. Ein 6—10 cm starker Gang von Bi-Spat im Pegmatitstock.
16. Von Schneeberg in Sachsen; anal. K. Thaddéeff, Z. Kryst. **31**, 246 (1899).

Da das Analysenmaterial öfters inhomogen war, so läßt sich in vielen Fällen nicht entscheiden, was „isomorph“ bzw. „adsorbiert“ enthalten ist, und was einfach aus fremden Einschlüssen herrührt. SO_3 ist offenbar durch Oxydation des Wismutglanzes entstanden.

Wahrscheinlich liegt im Bismutit ein basisches Carbonat vor, welches mit einer oder mehreren anderen Wismutverbindungen Mischungen bildet, doch ist es noch nicht gelungen, diese Verhältnisse zu klären. Die Molekularverhältnisse von $Bi_2O_3 : CO_2 : H_2O$ ändern sich scheinbar unregelmäßig; vielleicht ist einfach die Inhomogenität des Analysenmaterials daran schuld.

Formel. C. F. Rammelsberg stellt für den Bismutit (Anal. 1) die Formel:

$$2Bi_8C_3O_{18} + 9H_2O = \left\{ \begin{array}{l} 2Bi_2C_3O_9 \\ 3\left\{ \begin{array}{l} H_6Bi_2O_6 \\ Bi_2O_3 \end{array} \right. \end{array} \right. \text{ auf.}$$

Ad. Carnot[1]) hat die Unzulänglichkeit dieser Formel erkannt, und durch zahlreiche Analysen bewiesen, daß das Verhältnis von $H_2O : CO_2$ sehr verschieden sein kann. Er schlägt folgende allgemeine Formel vor:

$$Bi_2O_3(CO_2 + HO) + m\,Bi_2O_3(HO, CO_2).$$

[1]) Ad. Carnot, l. c.

A. Weisbach schreibt dem Bismutit von Schneeberg die Formel: $Bi_6CO_{11} + H_2O$ (Anal. 5) zu, A. H. Chester berechnet aus den von F. G. Cairns erhaltenen Werten (Anal. 6) die Formel $Bi_2C_3O_9 + 2Bi_2H_2O_4$, nach H. Louis entspricht dagegen ein aus südafrikanischen, goldhaltigen Quarzadern stammender Bismutit der Formel:

$$Bi_2H_2CO_6 = Bi_2H_6O_6 + 2Bi_2O_3 . 3CO_2(Bi_2O_3 . CO_2 . H_2O).$$

Schließlich gelangt K. Thaddéeff auf Grund einer am sorgfältig mittels schwerer Flüssigkeiten gereinigten Material ausgeführten Analyse des Bismutits von Schneeberg zu der Formel: $5Bi_2O_3 . H_2O . CO_2$ (vgl. Analyse 16).

Es wurde auch die Vermutung geäußert, daß der H_2O-Gehalt hier überhaupt unwesentlich ist, der Bismutit würde dann mit dem Bismutosphärit zusammengehören.

Künstlich wurde ein basisches Bi-Carbonat von der Formel[1]): $Bi_2O_3 . CO_2 . \frac{1}{2}H_2O$ dargestellt.

Der Bismutit gehört zu den häufigsten Wismuterzen und wird abgebaut. Er ist ein Umwandlungsprodukt des Wismutglanzes, auch gediegenes Wismut wandelt sich in Bismutit um: Erzgebirge, reußisches Voigtland usw. usw. In Andalusien[2]) z. B. sind gediegenen Wismut führende Quarzite bekannt, in welchen die Zwischenräume mit Bismutit erfüllt sind.

Im Waltherit,[3]) einem H_2O-haltigen Bi-Carbonat aus Joachimsthal hat E. Bertrand[4]) auf optischem Wege zwei verschiedene Substanzen nachgewiesen. Das Mineral bedarf also einer neuen Untersuchung.

Analysenmethoden der Urancarbonate.

Von **M. Dittrich** (Heidelberg).

Liebigit und Voglit.

Hauptbestandteile: U, Ca, CO_3, H_2O. **Nebenbestandteile:** Cu.

Die Trennung des Urans vom Calcium erfolgt entweder durch kohlensäurefreies, farbloses Ammoniumsulfid bei Gegenwart von Hydroxylaminchlorid, wie bei Calcit angegeben, oder durch Fällung mit vollkommen kohlensäure- und luftfreiem Ammoniak; das gefällte Uransulfid bzw. Ammoniumuranat wird durch Glühen in Uranouranyloxyd, U_3O_8, übergeführt.

Uran. Bei der Fällung des Urans[5]) ist vor allem darauf zu achten, daß das verwendete Fällungsmittel (Ammoniak) vollkommen carbonatfrei ist und ebenso wie das Waschmittel einen Zusatz eines Elektrolyten, Ammoniumchlorid enthält, welches ein trübes Durchlaufen beim Auswaschen verhindert. Man fällt die salzsaure Lösung des Minerals bei Siedehitze mit einem gut ausgekochten heißen Gemisch von Ammoniak und Ammoniumchlorid, kocht hierauf die Flüssigkeit noch etwa 10 Minuten und filtriert dann nach Zugabe

[1]) K. Seubert u. M. Elten, Z. anorg. Chem. 1893, 76.
[2]) S. Calderon, Los minerales de España II (Madrid 1910).
[3]) Vogl, Gangverhältnisse im Mineralreichtum Joachimsthals.
[4]) E. Bertrand, Bull. Soc. min. 4, 58.
[5]) Nach Versuchen von E. Schwarzenauer im Laboratorium des Verfassers. Inauguraldissertation. (Heidelberg 1910.)

zwecks schnelleren Filtrierens von Filterpapierbrei; das Auswaschen erfolgt mit einer verdünnten Mischung des Fällungsmittels; die letzten im Glase fest anhaftenden Spuren des Niederschlages sind mit etwas Filtrierpapier abzureiben.

Calcium. In dem eingedampften Filtrat fällt man das Calcium und bestimmt es als CaO, wie im Calcit angegeben ist.

Kupfer. Ist auch Kupfer zu bestimmen, so geschieht dies in der salpetersauren Lösung des Minerals elektrolytisch oder nach Fällung mit Schwefelwasserstoff, wie beim Malachit angegeben ist.

Urancarbonate.

Von **A. Ritzel** (Jena).

Von den Urancarbonaten sind die, welche außer Uran und Kohlensäure noch Kalk und Wasser enthalten, die wichtigsten und auch am längsten bekannten.

Uranothallit.

So benannt wurde dieses Mineral von A. Schrauf,[1]) nachdem es vorher schon J. F. Vogl[2]) 1853 entdeckt und seine wesentlichen Eigenschaften unter dem Titel Uran–Kalkcarbonat beschrieben hatte. Die Kristalle, die A. Schrauf zur Verfügung standen, erlaubten keine sichere Bestimmung des Kristallsystems. An besserem Material hat das später A. Brezina[3]) nachgeholt und gefunden, daß der Uranothallit rhombisch kristallisiert.

$$a:b:c = 0{,}9539:1:0{,}7826.$$

Von dem Mineral von Joachimstal wurden mehrmals Analysen gemacht, die gut miteinander übereinstimmen und in der folgenden Tabelle zusammengestellt sind. Aus ihnen ergibt sich, daß dem Uranothallit die Formel zukommt:

$$2CaCO_3 . UC_2O_6 . 10H_2O.$$

Wie gut sie mit den Ergebnissen der Analyse übereinstimmt, läßt sich ebenfalls aus der Tabelle ersehen, wo unter „Ber." die nach ihr berechneten Gewichtsprozente von UO_2 usw. angegeben sind.

	J. Lindacker[4])	A. Schrauf[5])	H. v. Foullon[6])	Ber.
CaO . . .	15,55	16,42	16,28	15,14
FeO . . .	—	—	2,48	—
UO_2 . . .	37,03	36,29	35,45	36,76
CO_2 . . .	24,18	22,95	23,13	23,78
H_2O . . .	23,24	23,72	22,44	24,32

[1]) A. Schrauf, Z. Kryst. **6**, 410–413 (1881).
[2]) J. F. Vogl, J. k. k. geol. R.A. **4**, 221 (1853).
[3]) A. Brezina, Verh. k. k. geol. R.A. 1883, 269 und Ann. d. k. k. naturhist. Hofmuseums **5**, 495 (1883).
[4]) J. Lindacker, siehe J. F. Vogl l. c.
[5]) A. Schrauf, l. c.
[6]) H. v. Foullon, siehe A. Brezina l. c.

Die Härte des Minerals beträgt 2,5—3. Es kommt in kleinkörnigen Aggregaten eingesprengt und als Anflug oder in plattenförmigen Überzügen vor, hat eine zeisiggrüne Farbe, blaßzeisiggrünen Strich, ist helldurchsichtig, bis durchscheinend, spielt im durchscheinenden Licht ins Gelbe. Glasglanz, auf den Spaltflächen Perlmutterglanz.

In Salz- und Salpetersäure ist der Uranothallit unter starkem Aufbrausen vollständig, in Schwefelsäure nur teilweise löslich. Er kommt vor als sekundäres Gebilde in Joachimstal in alten Strecken, wo früher Uran gebrochen wurde, ist aber, wie alle Mineralien dieser Gruppe, selten.

Liebigit.

Dem Uranothallit sehr nahe steht der Liebigit, der von J. L. Smith[1]) gefunden und analysiert wurde. Danach enthält das Mineral

$$8{,}0\ CaO,\quad 38{,}0\ UO_2,\quad 10{,}2\ CO_2,\quad 45{,}2\ H_2O = 101{,}4\,\%.$$

Diese Zusammensetzung würde ungefähr der Formel entsprechen:

$$CaCO_3\,(UO_2)\,(CO_3)_2\,.\,20\,H_2O.$$

Das Kristallsystem des Liebigits ist nicht bekannt. Seine Härte ist 2—2,5. Er hat eine schön apfelgrüne Farbe, ist durchscheinend und zeigt Glasglanz. Beim Erhitzen gibt er Wasser ab und ist in verdünnten Säuren leicht löslich. Für die Entstehung des Minerals gilt das gleiche, wie beim Uranothallit und daher kommt es auch an denselben Stellen vor wie dieser. Der Liebigit wurde gefunden in Joachimstal, in Johanngeorgenstadt und in der Nähe von Adrianopel.

Voglit.

Von den beiden genannten Mineralien unterscheidet sich der Voglit durch einen recht bedeutenden Kupfergehalt.

J. H. Vogl,[2]) dessen Namen er ja auch trägt, hat ihn zuerst unter der Bezeichnung Uran–Kalk–Kupfercarbonat genauer beschrieben und von J. Lindacker analysieren lassen. Er enthält demnach:

$$14{,}09\ CaO,\quad 37{,}00\ UO_2,\quad 26{,}41\ CO_2,\quad 8{,}40\ CuO,\quad 13{,}90\ H_2O = 99{,}80\,\%.$$

Das Kristallsystem des Voglits ist nicht bekannt. Er bildet kleine Kristallblättchen, ähnlich wie der Gips mit Flächenwinkel von etwa 100 und 80° und zeigt Pleochroismus (apfelgrün-dunkelberggrün); in seinem chemischen Verhalten stimmt der Voglit, ebenso wie in seiner Bildung und seinem Vorkommen vollkommen mit dem Uranothallit überein.

Schröckingerit, Randit, Rutherfordin.

Mit Schröckingerit hat A. Schrauf[3]) ein Uran–Kalkcarbonat bezeichnet, das er auch in Joachimstal gefunden hat. Eine chemische Analyse ist von

[1]) J. L. Smith, Am. Journ. 5, 336 (1848) und 11, 259 (1851).
[2]) J. H. Vogl, J. k. k. geol. R.A. 4, 220 (1853).
[3]) A. Schrauf, Z. Kryst. 6, 410 (1881).

dem Mineral nicht gemacht worden und auch sein Kristallsystem ist unbekannt. A. Schrauf gibt nur an, daß es nach seinem Habitus jedenfalls nicht identisch mit Voglit ist. Daraufhin kann man aber den Schröckingerit noch keine selbständige Bedeutung zuerkennen und wahrscheinlich gehört er zu einem der oben genannten Mineralien.

Ebenso verhält es sich mit dem Randit, der von G. A. König[1]) als Inkrustation auf Granit in der Nähe von Philadelphia gefunden und als ein neues Mineral angesehen wurde. Die Analyse von allerdings unreinem Material ergab eine nahe Verwandtschaft mit dem Liebigit. Jedenfalls ist der Randit überhaupt nichts anderes als Liebigit. Kürzlich ist nun auch fast reines Uranylcarbonat als Mineral gefunden und ihm von E. Marckwald,[2]) zu Ehren von E. Rutherford, der Name Rutherfordin gegeben worden. Die Analyse ergab:

CaO	1,1
FeO	0,8
PbO	1,0
UO_2	83,8 %
CO_2	12,1
H_2O	0,7
Gangart	0,8
	100,3 %

Für Uranylcarbonat UO_2CO_3 berechnet sich das Gewichtsverhältnis

$$UO_3 : CO_2 = 6{,}53,$$

gefunden wurde 6,86.

E. Marckwald hat das neue Mineral aus Glimmerbrüchen im Uruguru-gebirge (Bezirk Morogoro), Deutsch-Ostafrika erhalten. Dort kommt es in den Glimmer eingesprengt, in kleinen oder großen, oft eine Manneslast übersteigenden Kristallen vor. Die Untersuchung des Rutherfordins ergab, daß er aus Pechblende durch einen Verwitterungsprozeß unter Pseudomorphosebildung entstanden ist. Seine Farbe ist gelb und gleicht der des Urancarbonats. Das spezifische Gewicht beträgt 4,82. Dem hohen Urangehalt entsprechend besitzt das Mineral auch eine hohe Radioaktivität, die die der Joachimstaler Pechblende noch etwa um 20% übersteigt. Die Auffindung des Urancarbonats in der Natur ist auch insofern interessant, weil diese Verbindung sich auf künstlichem Wege bisher nicht hat gewinnen lassen.

---

[1]) G. A. König, Z. Kryst. **3**, 596 (1899).
[2]) E. Marckwald, ZB. Min. etc. 1906, 761.

Carbide.

Von **O. Hönigschmid** (Prag).

Eisencarbid Fe_3C. Cohenit.

Kristallform: Natürliches Eisencarbid Fe_3C kristallisiert nach E. Weinschenk[1]) in Prismen, nach E. Hussak[2]) regulär; künstliches nach C. F. Rammelsberg[3]) anscheinend in rhombischen Prismen.

Qualitative Prüfung. Das Carbid wird von verdünnten Mineralsäuren schwerer angegriffen als das Eisen selbst, konzentrierte Säuren lösen es in der Hitze sehr rasch auf. Es kann somit mittels verdünnter Salzsäure aus dem überschüssigen Eisen, in dem es kristallisiert ist, leicht isoliert werden. Bei der Zersetzung mit konzentrierten Säuren macht sich ein deutlicher Geruch nach Kohlenwasserstoffen bemerkbar, da bei dieser Reaktion fast der gesamte Kohlenstoff des Carbids in gasförmige und flüssige Kohlenwasserstoffe übergeht.

Außerdem können für die qualitative Identifzierung des Carbids die eine oder andere seiner chemischen Eigenschaften verwendet werden, wie z. B. sein Verhalten gegen Chlor bei Rotglut, wobei Eisenchlorid verflüchtigt wird, während die Kohle zurückbleibt.

Quantitative Analysenmethoden. Die quantitative Bestimmung des Kohlenstoffes erfolgt durch Verbrennung des Carbids im Sauerstoffstrom. Am besten wird diese in einem Porzellanrohr vorgenommen, da sehr hohe Temperaturen erforderlich sind. In dem aus Eisenoxyd bestehenden Rückstande wird dann das Eisen nach einer der gebräuchlichen Methoden bestimmt. Man löst z. B. das Oxyd in Salzsäure, reduziert mit Zink und titriert das Eisenoxydulsalz mit Permanganat.

Analysen.

I. Eisencarbid aus Meteoriten (Cohenit).

	1. *a*	1. *b*	1. *c*	2.	3.
Fe	94,34	91,69	91,31	90,94	90,80
Ni	0,13 (Ni + Co)	2,21 (Ni + Co)	1,77	2,22	2,37
Co			0,25	0,30	0,16
C	5,53	6,10	6,67	6,54	6,67
	100,00	100,00	100,00	100,00	100,00

1. Cañon Diablo. *a*) Anal. G. Florence, Am. Journ. **49**, 105 (1895), isolierte Kristalle nach Abzug von 3,64°/₀ Schreibersit; *b*) anal. G. Florence, ibid., platten-

[1]) E. Weinschenk, Ann. d. k. k. Naturhist. Hofmus. Wien, **4**, 93 (1889).

[2]) E. Hussak, Archivos do Museo National do Rio de Janeiro, **9**, 130 (1896). — Ausz. Z. Kryst. **3**, 438 (1879).

[3]) C. F. Rammelsberg, Monatsber. Berl. Akad. **1863**, 190 und C. Hlawatsch, Tsch. min. Mit **22**, 497 (1903). — Ausz. Z. Kryst. **41**, 498 (1905).

förmige, mit Schreibersit verwachsene Partie, nach Abzug von 0,69 Schreibersit; *c*) anal. J. Fahrenhorst, Ann. d. k. k. Naturhist. Hofmuseums Wien, **16**, **374** (1901), nach Abzug von 2,14 und 2,54% Schreibersit.

2. Beaconsfield. Anal. O. Sjöström, Sitzber. Berliner Ak. (1897), 1037. 1042, nach Abzug von 9,80 und 16,32% Schreibersit.

3. Wichita. Anal. O. Sjöström, Ann. d. k. k. Naturhist. Hofmus. Wien, **12**, 57 (1897), nach Abzug von 9,35% Schreibersit.

II. Eisencarbid aus dem vermutlich terrestrischen Eisen von Ovifak und Niakornak (Cohenit).

	4.	5.
Fe	92,01	92,73
Ni	1,13	0,95
Co	0,37	0,39
C.	6,49	5,93
	100,00	100,00

4. Von Niakornak; anal. O. Sjöström, Meddelelser om Grönland, **15**, 293 (1897), nach Abzug von etwas Schreibersit.

5. Von Ovifak; anal. O. Sjöström, Ann. d. k. k. Naturhist. Hofmuseums Wien, **12**, 56 (1897), nach Abzug von Schreibersit und von abschlämmbaren kohligen Flittern; bei der Bestimmung des Kohlenstoffs ist ein kleiner Verlust eingetreten.

III. Eisencarbid aus Stahl.

	6.	7.	
		a	*b*
Mn	1,10	—	—
Fe	91,96	93,09	93,39
Cu	0,23	—	—
C	6,50	6,90	6,60

6. F. Mylius, F. Förster u. G. Schöne, „Carbid des geglühten Stahls", Z. anorg. Chem. **13**, 38 (1897).

7. J. O. Arnold u. A. A. Read, Journ. chem. Soc. **65**, 788 (1894); *a*) Normaler Stahl; *b*) Enthärteter Stahl.

IV. Eisencarbid, dargestellt im elektrischen Ofen.

	1.		2.		3.	
	a	*b*	*a*	*b*	*a*	*b*
Fe	93,40	93,22	93,10	93,25	93,17	93,46
C	6,47	6,67	6,66	—	6,58	6,61

H. Moissan, C. R. **124**, 716 (1897): 1. Auf elektrolyt. Wege isoliertes Carbid;
2. mit Jodwasser " "
3. mit verd. Säuren " "

Formel. Auf Grund der vorstehenden Analysen entspricht die Zusammensetzung des einzigen bisher bekannten Eisencarbids und des damit identischen Cohenits der Formel Fe_3C.

Chemische Eigenschaften.

An trockener Luft bleibt Cohenit unverändert, bis auf das Auftreten von Anlauffarben, in feuchter Atmosphäre hingegen zersetzt er sich langsam zu

Eisenoxyd und Kohle. In Sauerstoff erhitzt, verbrennt er sehr leicht, in besonders feiner Verteilung entzündet er sich an der Luft schon unterhalb 150°. Von den Halogenen wird er schon unter Rotglut angegriffen, und zwar ist die Reaktion mit Chlor und Fluor so heftig, daß sie von Feuererscheinung begleitet wird.

Gasförmige Chlorwasserstoffsäure greift bei 600° an, unter Bildung von Eisenchlorür und Entwicklung von Wasserstoff und Kohlenwasserstoffen. Gegen verdünnte Mineralsäuren ist das Carbid beständiger als das Eisen selbst, von konzentrierten wird es rasch zersetzt. Wird Cohenit mit Salzsäure im Einschmelzrohr erhitzt, so entwickelt sich ein Gemisch von Wasserstoff und Methan, und zwar mit verdünnter Salzsäure:

H	86,3%
CH_4	13,7

mit konzentrierter Salzsäure:

H	73,5%
CH_4	26,5

Mit reinem Wasser kann das Carbid lange Zeit in Berührung bleiben, ohne sich zu zersetzen.

Physikalische Eigenschaften.

Die **Dichte** des Cohenits verschiedenster Provenienz wurde wiederholt bestimmt und es wurden hierfür die folgenden Werte ermittelt.

	δ
Cañon Diablo[1]	7,6459
Magura[2]	7,5990 7,5237
Wichita[2]	7,3236
Beaconsfield[3]	7,2057
Bendego[4]	6,1805

Härte: Cohenit = 5,5—6; Carbid des Stahls = 6 u. 5,2—5,3.

Die Farbe des Carbids ist silberweiß und zwar sowohl die des natürlichen Cohenits der Meteorite als auch die des künstlichen aus Stahl isolierten Eisencarbids. Es zeigt charakteristische bräunliche bis tombakbraune Anlauffarben. Der Strich ist grauschwarz. Nach Untersuchungen von W. Leick nimmt der Cohenit leicht permanenten Magnetismus an und zeigt erhöhte Koerzitivkraft.

Die Bildungstemperatur des Eisencarbids wurde noch nicht bestimmt, doch liegt sie wie H. Moissans[5]) Versuche zeigen, sehr hoch, und zwar höher als seine Zersetzungstemperatur. Werden nämlich reines Eisen und Kohlenstoff im elektrischen Ofen zusammengeschmolzen und dann der Regulus langsam ab-

---

[1]) W. Ziegler, Ann. d. k. k. Naturhist. Hofmus. Wien, **15**, 375 (1900).
[2]) W. Leick, Ann. d. k. k. Naturhist. Hofmus. Wien, **10**, 91 (1895).
[3]) W. Leick, Sitzber. Berliner Ak. 1897, 1043.
[4]) E. Hussak, Archivos do Mus. Nation. de Rio de Janeiro, **9**, 130 (1896).
[5]) H. Moissan, C. R. **124**, 716 (1897).

kühlen gelassen, so findet sich in demselben fast der gesamte Kohlenstoff in graphitischer Form und nur ca. 1 % gebunden, wird hingegen rasch mit Wasser abgekühlt, so resultiert ein Regulus mit ca. 5 % gebundenen Kohlenstoffs.

Künstliche Darstellung.

Ein mit Cohenit identisches Eisencarbid findet sich als sogenannter „Cementit" im Stahl. Zum ersten Male wurde es von F. A. Abel und W. A. Deering[1]) aus Stahl isoliert und zwar durch Auflösen des überschüssigen Eisens in einem Gemisch von verdünnter Schwefelsäure und Kaliumbichromat. Die Analysen des so erhaltenen Produktes stimmten auf die Formel Fe_3C.

Dieser Befund wurde in der Folge durch die Arbeiten zahlreicher Forscher bestätigt, wie F. C. G. Müller,[2]) J. O. Arnold und A. A. Read[3]) und namentlich durch die mit großer Exaktheit durchgeführte Untersuchung von F. Mylius, F. Förster und G. Schöne[4]) über „das Carbid des geglühten Stahls". Die letzteren Autoren isolieren das Carbid durch Behandlung des Stahls mit verdünnten Säuren, namentlich Essigsäure, mit welcher sich aus enthärtetem Stahl ca. 20 % des Gesamtkohlenstoffs in Form von Carbid gewinnen lassen. Die Zersetzung des Stahls, sowie das Waschen und Trocknen des Carbids nehmen sie bei Luftabschluß vor, um die Bildung kohliger Produkte zu vermeiden, die beim Auflösen in Salzsäure als unlöslicher Rückstand zurückbleiben würden. Die Analysen dieses Carbids sind weiter oben angeführt.

H. Moissan[5]) hat im Laufe seiner Untersuchungen über Metallcarbide auch das Eisencarbid in seinem elektrischen Ofen dargestellt, indem er reines Eisen in einem Kohletiegel mittels eines Stromes von 900 Amp. und 60 Volt 3 Minuten lang erhitzte und die erhaltene Schmelze durch Eintauchen in Wasser rasch abkühlte. Letzteres ist notwendig, da, wie schon oben erwähnt, der Zersetzungspunkt des Carbids niedriger liegt als seine Bildungstemperatur. Der für die Bildung des Carbids notwendige Kohlenstoff wurde von dem Tiegelmaterial geliefert.

Er isolierte das Carbid, indem er es mit verdünnten Säuren zersetzte und zwar mit oder ohne Zuhilfenahme des elektrischen Stromes. Im ersten Falle diente das carbidhaltige Eisen als Anode einer mit zwei Bunsenelementen gespeisten elektrolytischen Zelle. Das Carbid ist aber stets mit wechselnden Mengen freien Kohlenstoffs und flüssigen sowie festen Kohlenwasserstoffen verunreinigt. H. Moissan behandelt deshalb das Carbid bei 35° mit möglichst wasserfreier, rauchender Salpetersäure, welche das Carbid selbst nicht angreift, wohl aber die Kohle und die Kohlenwasserstoffe in lösliche Verbindungen verwandelt. Dann verdünnt er mit viel Wasser, wäscht wiederholt durch Dekantation und trocknet schließlich im Kohlensäurestrome bei 100°. Statt Salpetersäure läßt sich auch 10 prozentige Chromsäurelösung anwenden, die mit dem Carbid so lange im Kochen erhalten wird, bis dieses glänzend geworden ist.

---

[1]) F. A. Abel u. W. A. Deering, Journ. chem. Soc. **43**, 303 (1883). — F. A. Abel, Engineering **36**, 451 (1883); **39**, 150, 200 (1885).

[2]) F. C. G. Müller, Ztschr. d. Ver. d. Ing. **22**, 385 (1878); St. u. E. **8**, 291 (1888).

[3]) J. O. Arnold u. A. A. Read, Journ. chem. Soc. **65**, 788 (1894).

[4]) F. Mylius, F. Förster u. G. Schöne, Z. anorg. Chem. **13**, 38 (1897).

[5]) H. Moissan, C. R. **124**, 716 (1897).

Vorkommen und Entstehung des Cohenits in der Natur.

Der Cohenit findet sich in der Natur eingewachsen in verschiedenen Meteoreisen, sowie auch in einzelnen terrestrischen und zwar grönländischen Eisen vor. Direkt bestimmt wurde er in den Meteoreisen von Beaconsfield, Bendego, Canon Diablo, Magura, Wichita Co., höchstwahrscheinlich gehören ihm auch die in Caryfort, Duel Hill, Mount Stirling, Sarepta, Smithville, sowie in Rosario den Balken eingelagerten Kristalle an. Der in Meteoreisen enthaltene Cohenit ist nicht absolut reines Eisencarbid, sondern enthält immer geringe Mengen von Nickel und Kobalt. Auch der im vermutlich terrestrischen Eisen von Niakornak und Ovifak gefundene Cohenit gleicht in dieser Beziehung ganz dem meteorischen, denn auch er enthält geringe Mengen der beiden Metalle.

Für die Entstehung des Cohenits in Meteoriten und im terrestrischen Eisen bietet sein Vorkommen im Stahl und die Versuche H. Moissans eine Erklärung. Eisen löst bei hoher Temperatur Kohlenstoff auf und scheidet ihn bei langsamer Abkühlung zum größten Teil als Graphit, bei rascher Abkühlung hingegen wesentlich in Form von Eisencarbid wieder ab. Übersichtlich ergeben sich diese Verhältnisse aus dem Zustandsdiagramm der Eisenkohlenstofflegierungen, die heute dank den Untersuchungen von Roberts Austen Bakhuis-Roozeboom, C. Benedicks usw. genau bekannt ist. Als Komponenten kommen dabei in Betracht Eisen und Kohlenstoff und als definierte Verbindung der Zementit Fe_3C. Der Schmelzpunkt des reinen Eisens nimmt mit steigendem Kohlenstoffgehalte ab bis zu einem Eutektikum bei 1130° und 4,2% C. Von da ab steigt er wieder bis zum Schmelzpunkt des reinen Zementits. Oberhalb 4,2% C scheiden sich aus der Schmelze reine Zementitkristalle ab, unterhalb dieses Kohlenstoffgehaltes Mischkristalle von Zementit und Eisen.

Siliciumcarbid SiC. Moissanit.

Ditrigonal (wahrscheinlich pyramidal); $a:c = 1:1,2265$.[1])

Quantitative Analysenmethoden.

Das chemische Verhalten des Carbids ist durch seine große Widerstandsfähigkeit gegen chemische Reagenzien charakterisiert. Es wird nur von schmelzendem Alkalihydrat oder Carbonat bei stundenlanger Einwirkung bei Rotglut zersetzt. Diese Reaktion ermöglicht die quantitative Bestimmung des Siliciums. H. Moissan[2]) benutzte zur Zersetzung des Carbids ein Gemisch von Kaliumnitrat und -carbonat. O. Mühlhäuser[3]) hingegen ein Soda- und Pottaschegemisch, entsprechend der Formel $(K, Na)CO_3$.

Das feinst gepulverte und eventuell geschlemmte Carbid wird beim Verschmelzen mit dem betreffenden Reaktionsgemisch vollständig aufgeschlossen und in der Lösung der Schmelze wird Silicium in gewöhnlicher Weise bestimmt.

[1]) G. B. Negri, Rivista di min. e crist. Pad. **29**, 33 (1903).
[2]) H. Moissan, C. R. **117**, 423, 425 (1893).
[3]) O. Mühlhäuser, Z. anorg. Chem. **5**, 105 (1894).

Zur Bestimmung des Kohlenstoffs wird das Carbid mit Bleichromat gemischt und im Platinschiffchen im Sauerstoffstrome verbrannt. Da bis auf 1000° erhitzt werden muß, empfiehlt es sich, für diese Reaktion ein Porzellanrohr zu verwenden. Zur vollständigen Verbrennung ist feinste Verteilung des Carbidpulvers notwendig, die wieder nur durch einen kombinierten Mahl- und Schlemmprozeß erzielt wird.

Es liegen nur Analysen des künstlichen im elektrischen Ofen dargestellten Siliciumcarbids vor.

Analysen.

	1.	2.	3.	4.	5.	ber. f. CSi.
Si . .	69,19	69,10	69,70	69,85	69,10	70,00
C . .	29,72	30,24	30,00	29,80	30,20	30,00

1. u. 2. Anal. O. Mühlhäuser, Z. anorg. Chem. **5**, 105 (1894).
3. u. 4. Anal. H. Moissan, C. R. **117**, 423 (1893).
5. Anal. Ch. A. Kohn, Journ. of the Soc. chem. Ind. **16**, 863 (1897).

Formel. Auf Grund dieser Analysenresultate ergibt sich für das Siliciumcarbid und für den damit identischen Moissanit die Formel SiC.

Chemische Eigenschaften Das Siliciumcarbid ist gegen alle chemischen Reagenzien äußerst widerstandsfähig. Im Sauerstoffstrome erhitzt, wird es selbst bei 1000° nicht angegriffen. In der Flamme des Knallgasgebläses wird es bei Anwendung eines großen Sauerstoffüberschusses allmählich zu geschmolzener Kieselsäure oxydiert. Chlor greift bei 600° nur oberflächlich an und erst bei 1200° ist die Zersetzung vollständig.

Es wird von keiner Mineralsäure oder Gemischen derselben angegriffen. Gegen Ätzkalilösungen ist es absolut widerstandsfähig und wird nur von geschmolzenem Alkalihydrat bei mehrstündigem Erhitzen auf Dunkelrotglut zersetzt. Metalloxyde werden im elektrischen Ofen durch das Carbid reduziert.

Physikalische Eigenschaften.

Für die **Dichte** des Carbids wurden verschiedene Werte gefunden. So findet H. Moissan $\delta = 3{,}12$, O. Mühlhäuser $\delta = 3{,}125$ und W. Richards[1]) $\delta = 3{,}171$—$3{,}214$. Diese Differenzen erklären sich wohl hauptsächlich durch die Anwesenheit von Eisensilicid, welches fast immer als Verunreinigung in dem im elektrischen Ofen dargestellten Carbid gelöst ist.

Die **Härte** liegt zwischen 9 und 10 und zwar näher 10. Diamant ritzt zwar das Carbid, doch werden nach H. Moissan wiederum verschiedene Arten Diamant von dem Carbid geritzt.

Der Moissanit zeigt positive Doppelbrechung, $\omega = 2{,}786$, $\varepsilon = 2{,}832$ Na.[2])

Die **Farbe** des im Meteoriten gefundenen Carbids ist grün und zwar infolge seines Gehaltes an Nickelsilicid. Das technisch im elektrischen Ofen dargestellte Siliciumcarbid ist meist gefärbt und zwar dunkelblau bis schwarz.

---

[1]) W. Richards, E. G. Acheson mit Beiträgen von Frazier u. W. Richards, Journ. Franklin Inst. **136**, 287 (1893).

[2]) F. Becke, Z. Kryst. **24**, 537 (1895).

Diese Färbung rührt von Verunreinigung durch gelösten Kohlenstoff her, denn von H. Moissan aus reinen Materialien dargestelltes Carbid war zumeist gelb oder nahezu farblos.

Die **Wärmeleitfähigkeit** fanden R. S. Hutton u. J. R. Beard[1]) $K = 0{,}00050$ für fein pulverisiertes Carborundum und $K = 0{,}00051$ für grobkörniges.

Die **Bildungswärme** fand W. G. Mixter[2]) entsprechend der Gleichung Si krist. + C amorph = SiC + 20 cal. und die Verbrennungswärme: SiC + 2O = SiO_2 + CO_2 + 283,7 cal.

Bildungstemperatur. Die Bildung des Carbids durch Vereinigung der beiden Elemente beginnt nach J. N. Pring[3]) bei 1200—1300°, verläuft aber sehr rasch erst bei 1400°. A. Lampen[4]) bestimmte die Bildungstemperatur des Carbids bei Reduktion von SiO_2 durch Kohle, und fand, daß diese bei 1600° beginnt, unter Vereinigung von Silicium und Kohle zu amorphem Carbid. Die Bildung von kristallisiertem Carbid hingegen beginnt erst bei 1950° und seine Zersetzung in Silicium und Graphit bei 2220°.

Künstliche Darstellung.

Das definierte Siliciumcarbid wurde zum erstenmal von P. Schützenberger[5]) künstlich dargestellt. Er erhitzte Silicium gemischt mit Quarzsand in einem Kohletiegel mehrere Stunden lang auf helle Rotglut. Das Silicium reagierte hierbei mit dem Tiegelmaterial, d. h. der Kohle unter Bildung des Carbids SiC, welches leicht durch Flußsäure von dem von vornherein nur als Verdünnungsmittel zugesetzten Siliciumdioxyd befreit werden kann. Da er bei verhältnismäßig niedriger Temperatur arbeitete, war das Carbid nicht kristallisiert, sondern amorph.

Fast gleichzeitig mit P. Schützenberger erhielt E. G. Acheson[6]) kristallisiertes Carbid gelegentlich seiner Versuche zur Darstellung von Graphit im elektrischen Ofen. Da er es zum erstenmal bei der Erhitzung eines Gemisches von Kohle und Korund beobachtet hatte, benannte er es Carborundum. Bei dem folgenden Versuch verwandte er ein Gemisch von Kohle, Quarzsand und Kochsalz, das auf elektrischem Wege zusammengeschmolzen wurde. Das Kochsalz soll die unangegriffenen Produkte des Reaktionsgemisches verschlacken und so die Isolierung des Carbids erleichtern. Seine Arbeitsmethode hat E. G. Acheson in der Folge zu einem technischen Verfahren ausgebildet. Als elektrischen Ofen benutzte er einen aus Ziegeln aufgemauerten Trog von rechteckigem Querschnitt, durch dessen Schmalseiten zwei einander gegenüberstehende Kohleelektroden geführt waren, die durch einen Kohlekern verbunden wurden. Die Reaktionsmasse wurde nun in den Ofen so eingefüllt, daß sie allseits die Enden der Elektroden sowie den Kohlekern umgab. Mit Hilfe eines starken Wechselstromes wurde der Kohlekern und damit auch die Reaktions-

[1]) R. S. Hutton u. J. R. Beard, Ch. N. **92**, 51 (1901).
[2]) W. G. Mixter, Am. Journ. sc. (Sill.) [4] **24**, 130 (1907).
[3]) J. N. Pring, Proc. Chem. Soc. **24**, 240 (1908). Journ. Ch. Soc. **93**, 2101 (1908).
[4]) A. Lampen, Journ. Am. Chem. Soc. **28**, 851 (1906).
[5]) P. Schützenberger, C. R. **114**, 1089 (1892).
[6]) E. G. Acheson, Ch. N. **68**, 179 (1893).

masse zur hellen Weißglut erhitzt. Unter oft explosionsartiger Gasentwicklung fand die Reaktion statt, und sie war beendet, sobald erstere nachgelassen hatte. Nach Beendigung der Versuche findet sich das kristallisierte Carbid in der heißesten Zone des Ofens, d. h. nächst dem Kohlekern, darauf folgt eine Schicht von amorphem Carbid, das, weil bei niedrigerer Temperatur gebildet, nicht geschmolzen ist.

O. Mühlhäuser[1]) hat die Produkte des Carborundumofens studiert und er findet, daß der Kohlekern zunächst von einer Graphitschicht umgeben ist, die ihre Entstehung der Zersetzung von Carbid verdankt, da dieser Graphit die Kristallform von Carborundum bewahrt.

H. Moissan[2]) hat die Bildung, die Eigenschaften des Siliciumcarbids zum Gegenstande einer systematischen Untersuchung gemacht und mehrere Methoden zur Darstellung desselben ausgearbeitet. Im folgenden seien die wesentlichsten besprochen.

1. Direkte Vereinigung von Silicium und Kohle. Diesen Versuch führte er zunächst in einem Gebläseofen bei einer zwischen 1200 und 1400° liegenden Temperatur aus und erhielt das Carbid in Form mehrere Millimeter langer Kristalle, die aus geschmolzenem Silicium kristallisiert waren. Letzteres konnte leicht mittels eines Gemisches von Salpeter- und Flußsäure entfernt werden. Leichter gelingt diese Reaktion im elektrischen Ofen bei Anwendung eines Reaktionsgemisches, bestehend aus 12 Teilen Kohle und 28 Teilen Silicium.

2. Reduktion von Kieselsäure durch Kohle. Diese Methode, im wesentlichen identisch mit den Versuchen E. G. Achesons, lieferte H. Moissan ausgezeichnete Resultate. Bei Anwendung reiner Ausgangsmaterialien erhielt er in seinem elektrischen Ofen nahezu farbloses kristallisiertes Carbid.

3. Vereinigung der beiden Komponenten im Gaszustande. H. Moissan erhitzt ein Stück geschmolzenes Silicium in einem langen Kohletiegel, dessen unterste Partien der hohen Temperatur des elektrischen Ofens ausgesetzt sind. Nach Beendigung des Versuches sind die Innenwände des Tiegels mit kaum gefärbten, durchsichtigen Kristallen von Siliciumcarbid bedeckt.

4. Reduktion von Kieselsäure durch Calciumcarbid. Gleich verschiedenen Metalloxyden wird auch das Siliciumdioxyd durch Calciumcarbid[3]) im elektrischen Ofen reduziert. Wird ein Gemisch von je einem Molekül Kieselsäure und Calciumcarbid im elektrischen Ofen verschmolzen, so entsteht das Siliciumcarbid in ausgezeichneter Ausbeute. Durch Zersetzung mit Wasser läßt es sich leicht von dem überschüssigen Calciumcarbid befreien.

Vorkommen und Bildung in der Natur. Das Siliciumcarbid wurde bisher nur einmal als natürliches Mineral beobachtet, und zwar wurde es von H. Moissan[4]) in den Mineraleinschlüssen des Meteoriten von Cañon Diablo aufgefunden. Infolge des Nickelgehaltes des Meteoriten erschien das Carbid grün gefärbt, war kristallisiert und zeigte ganz die Eigenschaften des künst-

---

[1]) O. Mühlhäuser, Z. anorg. Chem. **5**, 105 (1894).
[2]) H. Moissan, C. R. **117**, 423, 425 (1893).
[3]) H. Moissan, C. R. **125**, 839 (1897).
[4]) H. Moissan, C. R. **140**, 405 (1905).

lichen Carborundums. G. F. Kunz[1]) in New York hat vorgeschlagen, dem natürlichen Produkt den Namen Moissanit zu geben.

Für die Bildung des Carbids in Meteoriten bietet ein Versuch H. Moissans eine Erklärung, bei welchem er Eisen mit Silicium und Kohle im elektrischen Ofen zusammenschmolz. Beide Elemente lösen sich leicht in geschmolzenem Eisen auf und gelangen beim Abkühlen zum Teil in Form von Siliciumcarbid zur Abscheidung.

[1]) G. F. Kunz, Am. Journ. [4] 19, 396 (1905).

SILICIUM.

Allgemeines.

Von **C. Doelter** (Wien).

Wir haben nach der in diesem Werke getroffenen Einteilung zuerst die Reihe der vierwertigen Elemente C, Si, Ti, Zr, Sn, Th, Ge, Pb (das Ce kommt für uns nicht in Betracht), welche die vierte Vertikalreihe des periodischen Systems bildet, zu betrachten. An den oben behandelten Kohlenstoff reiht sich das Silicium an; während jedoch in der Natur zahllose organische kohlenstoffhaltige Verbindungen existieren, die ja die Mannigfaltigkeit der organischen Welt schaffen, ist dies bei Silicium nicht der Fall, die natürlichen Siliciumverbindungen gehören der Steinwelt an, und die Erdrinde besteht zum allergrößten Teile aus ihnen.

Vergleichen wir die natürlichen anorganischen Verbindungen des C mit jenen des Si, so zeigt sich jedoch eine weit größere Mannigfaltigkeit bei den Silicaten, denn wie wir gesehen haben, sind die in der Natur vorkommenden anorganischen Kohlenstoffverbindungen fast ausschließlich einfach zusammengesetzte, neutrale oder basische Carbonate, während bei den Silicaten komplexe Verbindungen, die man früher als Doppelsalze auffaßte, die Regel sind; auch sind einfach zusammengesetzte Metasalze mehr Ausnahmen. Ferner bestehen die Silicate seltener aus einer einzigen Verbindung, als vielmehr aus mehreren isomorphen Salzen, die sehr oft, wenn auch nicht immer, gleiche Konstitution zeigen. In manchen Fällen ist diese Analogie der Formel sofort ersichtlich, in anderen Fällen ergeben aber auch genauere Analysen keine Formel, die sich derartig auffassen ließe, daß eine einfache isomorphe Vertretung von Elementen möglich wäre; man hat allerdings zur Vereinfachung der Formel die Silicate als isomorphe Mischungen gleichwertiger Verbindungen darzustellen gesucht, aber es ist fraglich, ob diese Hypothese berechtigt ist, denn wir wissen jetzt, daß ein Silicat einen gewissen Prozentsatz eines zweiten Silicats, oder aber auch, wenn auch seltener, eines Oxyds aufnehmen kann.

Man hat auch die Beobachtung gemacht, daß Verbindungen, welche rein nach der supponierten chemischen Formel dargestellt wurden, nicht stabil sind, während, wenn die kleinen Beimengungen, die auch in den natürlichen Vorkommen enthalten sind, bei der künstlichen Darstellung berücksichtigt wurden, stabile Verbindungen entstanden sind. So dürfte vielleicht in der Natur ein Nephelin $NaAlSiO_4$ in reinem Zustande nicht existieren, sondern nur ein solcher, welcher Kaliumsilicat mit enthält, wodurch dann auch die obige Formel etwas abgeändert wird; alles das deutet darauf hin, daß meistens außer dem Hauptsilicat noch andere Stoffe in fester Lösung sich befinden, und daß dies eine häufige Eigenschaft der Silicate ist.

Es gelingt auch durch Synthese im Schmelzflusse, solche feste Lösungen herzustellen, die z. B. ein Silicat plus Tonerde oder plus Quarz darstellen; Silicate können kleine Mengen anderer Silicate in fester Lösung aufnehmen; dadurch wird die Kenntnis der Konstitution sehr erschwert.

Die Einteilung der Silicate ist daher gegenwärtig bei dem Mangel der Erkenntnis der chemischen Konstitution dieser Salze äußerst schwierig, insbesondere deshalb, da wir es in vielen Fällen nicht mit einfachen Verbindungen, sondern mit komplexen Molekülen zu tun haben.

Die natürlichen Siliciumverbindungen sind Salze oder Oxyde. Wir werden zuerst letztere betrachten. Die Reihenfolge wird sein: Siliciumdioxyd, Kieselsäure (Siliciumdioxydhydrat), Silicate. Ehe zur Betrachtung der einzelnen Verbindungen geschritten werden soll, müssen aber die allgemeinen Verhältnisse der Silicate im Zusammenhange betrachtet werden. Bei der Behandlung des Stoffes wird so vorgegangen, wie bei den Carbonaten. Es wurden zuerst die analytischen Methoden im allgemeinen behandelt, dann verschiedene zusammenfassende Aufsätze angefügt, die gewisse allgemeine Eigenschaften umfassen. Wir werden vor allem die analytischen Methoden der Silicate im allgemeinen zu betrachten haben, um dann auf dieser Grundlage die Analyse der einzelnen Silicate kennen zu lernen. Diese Methoden verdienen mehr Beachtung von seiten der Mineralogen, als dies bisher geschehen ist, denn die Formel und die Betrachtungen über Konstitution der Silicate hängen eigentlich von der Genauigkeit dieser Methoden ab. Dann folgt ein allgemeiner Abschnitt über die Silicatsynthese und deren Entwicklung, speziell über die angewandten Methoden und die zu derartigen Arbeiten dienenden Apparate.

Eine ausführliche Darstellung verdienen die Silicatschmelzen, weil sie nicht nur für die Genesis vieler Mineralien und Gesteine wichtig sind, sondern weil sie auch vom rein chemischen Standpunkte großes Interesse besitzen. Die Ansichten sind hier sehr geteilt, auch liegt noch wenig Beobachtungsmaterial vor, so daß wir noch nicht auf sicherem Boden stehen; um so mehr ist bei Anwendung der Theorie Vorsicht geboten; unsere Hauptaufgabe muß es sein, durch das Experiment nach den verschiedensten Richtungen das Fundament für die Theorie zu schaffen, und der umgekehrte Weg, die Theorie zuerst aufzustellen, kann nicht der richtige sein.

Der Herausgeber dieses Werkes hat sich bemüht, das vorhandene Material zusammenzutragen, wobei allerdings eine kritische Beleuchtung der Methoden notwendig war. Wichtig sind besonders die physikalisch-chemischen Konstanten: die Schmelzpunkte, spezifischen Wärmen und Schmelzwärmen.

Viel zu wenig gewürdigt sind bisher die speziellen Eigenschaften der Silicate, die besonders auf ihrer Viscosität beruhen, es ist daher das Studium der Viscosität der geschmolzenen Silicate von größter Bedeutung. Mit dieser hängen andere wichtige Eigenschaften, wie die Kristallisationsgeschwindigkeit und das Kristallisationsvermögen eng zusammen; ebenso steht die

Unterkühlung und die Stabilität der Silicate mit der Viscosität im Zusammenhange.

Auch die Dissoziation und die elektrische Leitfähigkeit sowohl geschmolzener als auch fester Silicate ist wichtig. Eine fernere Beziehung, sowohl theoretisch als auch praktisch für die Geologie und Petrographie von großer Bedeutung, ist die zwischen Schmelzpunkt und Druck und die damit zusammenhängende Frage der Volumveränderung beim Schmelzen und Erstarren der Silicate.

Von größtem Interesse sind die Schmelzkurven, das Verhalten beim Zusammenschmelzen mehrerer Silicate, welches ja maßgebend ist für die Entstehung der Silicate aus Schmelzfluß, und speziell für die Aufstellung der Existenzgebiete. Es wurden zuerst die binären, dann die ternären Systeme von Silicaten, die keine Mischkristalle bilden, betrachtet, dann die Mischkristalle und die Anwendung der physikalisch-chemischen Lehren auf die Entstehung der Eruptivgesteine, namentlich die Betrachtung der Ausscheidungsfolge der Mineralien in diesen, dann die Gesteinsstruktur und endlich die Theorie der Differentiation, welche durch das Experiment verständlicher wird. Bei der Betrachtung der binären und ternären Systeme ist aber zu unterscheiden zwischen den einfachen Stoffen, wie SiO_2, Al_2O_3, Li_2O, CaO bzw. den von diesen gebildeten Systemen, und jenen Systemen, welche aus zwei oder drei komplexeren Verbindungen, wie sie die natürlichen Silicate darbieten, z. B. Anorthit–Olivin, oder Calciummetasilicat und Natrium–Aluminium-Silicat, bestehen. Bei diesen sind die Verhältnisse weit komplizierter; weil ja diese binären Systeme nicht immer als solche im Sinne der Phasenlehre aufgefaßt werden können, da mitunter Reaktionen entstehen, die neue Komponenten bilden.

Gerade die Systeme solcher als Mineralien vorkommender Silicate sind für die Kenntnis der Gesteine von großer Bedeutung, mehr noch als die einfachen Systeme, deren Studium jedoch zum Verständnis der erstgenannten notwendig ist.

Die Einteilung des Stoffes bei dem Abschnitte: Silicatschmelzen ist folgende:

Allgemeines über Gleichgewichte bei Silicaten. — Bestimmungsmethoden.
Heizmikroskope.
Allgemeines über Temperaturmessungen.
Optische Pyrometer.
Resultate der Schmelzpunktsbestimmungen.
Sinterung.
Der Einfluß des Druckes auf den Schmelzpunkt der Silicate.
Die Unterkühlung. — Entglasung.
Kristallisationsgeschwindigkeit.
Das Kristallisationsvermögen der Silicate. — Stabilität der Silicate bei hoher Temperatur.
Spezifische Wärmen der Silicate. — Schmelzwärmen.
Elektrolytische Dissoziation der Silicatschmelzen. — Die Viscosität der Silicatschmelzen.
Die Schmelzkurven gemengter Silicate.
Die Bildung der Mischkristalle in Schmelzen.
Anwendung der Phasenlehre auf die Entstehung vulkanischer Gesteine.
Die Differentiation in den Eruptivgesteinen.

Große, aber bisher nicht zusammenfassend gewürdigte Beziehungen bestehen zwischen den Silicatschmelzen und gewissen Produkten der Industrie, wie Schlacken, Gläser, Zement, Porzellan. Es sind ja oft dieselben Verbindungen, die namentlich der Mineraloge und der Techniker, wenn auch gesondert studierte. Dadurch ergab sich aber der Übelstand, daß die Theoretiker die Fortschritte der Techniker nicht berücksichtigten, während umgekehrt letzteren die Studien der Mineralogen und Mineralsynthetiker über den so nahe verwandten Gegenstand unbekannt blieben; diesem merklichen Übelstande soll durch Darstellung der Verhältnisse, namentlich vom physikalisch-chemischen Gesichtspunkte, bei Gläsern, bei Zement, Schlacken usw. begegnet werden.

An die technischen Aufsätze reihen sich dann noch die Behandlung allgemeiner Fragen, insbesondere die der Paragenesis der Silicate.

Analytische Methoden der Silicate.

Von **M. Dittrich** (Heidelberg).

A. Allgemeiner Teil.

Einschlägige Lehrbücher der analytischen Chemie:

A. Classen, Ausgewählte Methoden der analytischen Chemie (Braunschweig 1901—03).

M. Dittrich, Chemisches Praktikum. Quantitative Analyse (Heidelberg 1908).

M. Dittrich, Gesteinsanalyse (Leipzig 1905).

W. F. Hillebrand, The Analysis of Silicate and Carbonate Rocks (Washington 1910). Deutsch von E. Wilke-Dörfurt (Leipzig 1910).

P. Januasch, Praktischer Leitfaden zur Gewichtsanalyse. 2. Aufl. (Leipzig 1904).

F. P. Treadwell, Kurzes Lehrb. d. anal. Chemie. Quantitative Analyse. 5. Aufl. (Leipzig und Wien 1911).

Henry S. Washington, Manual of the chemical Analysis of Rocks (New York 1904).

Unter den Silicatmineralien unterscheidet man in bezug auf ihre Angreifbarkeit durch chemische Reagenzien zwei Gruppen: solche, welche durch Säuren (Salz-, Salpeter- oder Schwefelsäure) unter Abscheidung von Kieselsäure zersetzt, und andere, welche davon nicht angegriffen werden; danach richtet sich die chemische Untersuchung. Bei der ersten Gruppe können nach Zersetzung durch Säuren und Abscheidung der Kieselsäure sämtliche Basen, auch die Alkalien, in einer Portion bestimmt werden; bei der anderen Gruppe müssen erst die Mineralien durch energischer wirkende Mittel, z. B. durch Schmelzmittel, zerlegt, „aufgeschlossen" werden, und erst dann können die Basen in Lösung gebracht werden.

Im folgenden sollen nun zunächst die verschiedenen Aufschließungsverfahren der Silicate durch Säuren, wie durch Schmelzmittel beschrieben und sodann, nachdem gezeigt ist, wie auf eine oder die andere Weise Lösung des Minerals erhalten werden kann, angegeben werden, wie in dieser Lösung die einzelnen Bestandteile getrennt werden. Für eine große Anzahl dieser Bestandteile läßt sich ein allgemeiner Gang der Silicatanalyse aufstellen, welcher gleichzeitig dazu dienen kann, auf geringe Mengen mancher Substanzen Rücksicht zu nehmen und so eine qualitative Analyse in manchen Fällen unnötig zu machen. Daran schließen sich die Bestimmungen besonderer Bestandteile, welche in dem allgemeinen Gang nicht berücksichtigt werden können, oder welche besser besonders behandelt werden.

In Silicatmineralien müssen stets folgende Hauptbestandteile bestimmt bzw. berücksichtigt werden: SiO_2, Al_2O_3, Fe_2O_3, FeO, MgO, CaO, Na_2O, K_2O und H_2O. Außerdem können noch eine große Reihe anderer Bestandteile vorkommen, auf welche nur in besonderen Fällen zu prüfen ist, wie TiO_2, ZrO_2, PbO, CuO, NiO, ZnO, Cr_2O_3, Cermetalle, BeO, MnO, SrO, BaO, Li_2O, Cs_2O, Rb_2O, P_2O_5, SO_3, Cl, Fl, B, S usw.

Die Mengen, welche für eine Silicatanalyse notwendig sind, können recht verschiedene sein, je nach den zu bestimmenden Bestandteilen. Sind nur häufigere Bestandteile zu ermitteln, so genügen 2—3 g; müssen auch weniger häufige Bestandteile bestimmt werden und sind für diese besondere Aufschlüsse notwendig, so braucht man natürlich erheblich mehr Material.

Aufschlußmethoden.

1. Aufschluß mit Chlorwasserstoffsäure.

Eine Reihe von Silicatmineralien, namentlich die Zeolithe, Wollastonit usw., werden beim Erhitzen mit konzentrierter Salzsäure vollständig unter Abscheidung von Kieselsäure ersetzt. Im Filtrat von der Kieselsäure können dann die übrigen Basen bestimmt werden.

Ausführung: Man gibt das feingepulverte Mineral, etwa 1 g, in eine mittelgroße Porzellan- oder Platinschale, bedeckt sie mit einem Uhrglas und durchfeuchtet das Pulver mit wenig Wasser, ohne dabei zu stäuben. Hierauf fügt man ungefähr 30 ccm starker Salzsäure (1 : 1) hinzu und erwärmt alles unter öfterem Umrühren mit einem Glasstab oder Platinspatel, bis ein Knirschen nicht mehr zu spüren, bis also alles Mineral zersetzt ist. Jetzt nimmt man das Uhrglas ab, dampft zur Trockne und wiederholt das Erwärmen und Abdampfen mit Salzsäure noch drei- bis viermal, um sicher zu sein, daß alles zersetzt ist.

Manche Mineralien, z. B. Vesuvian, manche Granaten lassen sich nicht direkt, wohl aber nach vorausgegangenem Schmelzen durch Salzsäure zersetzen. Für die Aufschließung solcher Mineralien verfährt P. Jannasch[1]) in der folgenden Weise:

Man schmilzt 1—1,25 g des gepulverten Minerals einfach im Platintiegel vermittelst der Gebläseflamme zusammen, was sehr leicht und in kürzester Zeit ($^1/_4$—$^1/_2$ Minute) bei Anwendung einer 2—3 Zoll hohen, senkrecht von unten auf den Tiegel gerichteten Spitzflamme erfolgt. Nach dem Erkalten gibt man den Hauptteil der Schmelze in eine geräumige Platinschale, indem man das Herausfallen der Masse aus dem Tiegel durch vorsichtiges Drücken desselben und besonders vorteilhaft durch leichtes Beklopfen seines Bodens mit

[1]) P. Jannasch, Praktischer Leitfaden für Gewichtsanalyse (Leipzig 1904) 292.

einem breiten und schweren Platinspatel befördert. Die in der Platinschale befindliche Schmelze wird nun annähernd mit 100 ccm heißem Wasser und 50 ccm konzentrierter Salzsäure überschüttet und auf dem Wasserbade unter fortwährendem Umrühren (mit einem Platinspatel) erwärmt, wobei die vollständige Lösung der größten Stücke in 5—10 Minuten erfolgt. Die so erhaltene Lösung ist zunächst vollkommen klar, gelatiniert aber bald durch die Ausscheidung gallertförmiger Kieselsäure. Den noch kleine Anteile der Schmelze enthaltenden Platintiegel füllt man etwa zur Hälfte mit Salzsäure (1:2), erwärmt ihn ebenfalls einige Zeit auf dem Wasserbade und vereinigt diese Lösung mit der Hauptmenge.

Auch bei höherer Temperatur hat P. Jannasch[1]) versucht, Aufschlüsse durch Salzsäure zu erzielen, indem er das Mineralpulver mit der Säure in einem zugeschmolzenen Glasrohr, besser noch in einer Platinkapsel, welche sich in einem zugeschmolzenen Glasrohr befindet, erhitzt; jedoch sei auf diese Methode hier nur verwiesen, da sie praktisch wenig Bedeutung hat.

2. Aufschluß durch Schmelzmittel.

Wenn Salzsäure nicht genügend wirkt (Salpetersäure wirkt schwächer und Schwefelsäure zwar stark, ist aber wegen der geringen Flüchtigkeit nicht zu empfehlen), dann müssen Schmelzmittel zum Aufschluß verwendet werden; für diesen Zweck sind eine ganze Reihe von Methoden seit langem im Gebrauch und einige weitere sind in neuerer Zeit hinzugekommen.

a) Aufschluß mit Natriumcarbonat. Die älteste und auch jetzt noch allgemein angewandte Aufschlußmethode besteht darin, das feingepulverte Mineral mit Natrium- oder Natriumkaliumcarbonat zu schmelzen; dabei wird z. B. Orthoklas in folgender Weise zerlegt:

$$2KAlSi_3O_8 + 6Na_2CO_3 = K_2CO_3 + Al_2O_3 + 6Na_2SiO_3 + 5CO_2 .$$

Dadurch bilden sich Alkalisilicate und Oxyde bzw. Carbonate der Basen; beim Aufnehmen mit Wasser und Salzsäure gehen die letzteren in Lösung. Die Alkalien müssen bei diesem Aufschließungsverfahren in einer besonderen Portion bestimmt werden.

Die Anwendung von Natriumcarbonat ist dem früher gebräuchlichen Natriumkaliumcarbonat zum Aufschluß vorzuziehen, da die Wirkung des Natriumcarbonats allein infolge seines höheren Schmelzpunktes eine viel intensivere ist und die Aufschlußdauer erheblich abzukürzen gestattet.

Zum Aufschluß wird etwa 1 g oder auch etwas weniger des feingepulverten Minerals in einem größeren Platintiegel mit der 5—6fachen Menge reinen wasserfreien Natriumcarbonats vermischt und etwas Natriumcarbonat auf die Mischung hinaufgegeben, um ein Herausspritzen von Mineralpulver beim Schmelzen möglichst zu verhindern.

Der Tiegel wird mit dem Deckel bedeckt, zunächst eine Zeitlang vor dem Bunsenbrenner und hierauf mit einem langsam auf seine größte Wirkung gesteigerten Teclubrenner erhitzt, bis die Masse ruhig geworden ist; schließlich

[1]) P. Jannasch, Ber. Dtsch. Chem. Ges. **24**, 2734 u. 3206 (1891) und Z. anorg. Chem. **6**, 72 (1894).

glüht man noch etwa $^1/_4$—$^1/_2$ Stunde vor dem Gebläse, anfangs wieder vorsichtig, bis die Schmelze ein gleichmäßiges Aussehen zeigt und sich keine Kohlensäurebläschen mehr entwickeln. Wenn dies erreicht ist, stellt man die Flamme ab und läßt erkalten oder verteilt besser noch des leichteren Lösens wegen die Schmelze auf die Seitenwandungen des Tiegels, indem man denselben mit einer Zange faßt. Wenn nach dem Abkühlen der Tiegelinhalt nicht von den Wandungen sich lösen will, gibt man vorteilhaft etwas Wasser in den Tiegel und läßt ihn einige Zeit in der Wärme, z. B. auf dem Asbestdrahtnetz über kleiner Flamme oder auch über Nacht stehen, dann läßt sich die Schmelze leicht mit dem Spatel aus dem Tiegel herausbringen.

Die Schmelze wird durch heißes Wasser und Salzsäure in Lösung gebracht, wobei ein Teil der Kieselsäure meist unlöslich zurückbleibt, während der Rest, sowie sämtliche Basen in Lösung gehen.

Man gibt die Schmelze mit dem zu ihrer Loslösung benutzten Wasser erst in ein größeres Becherglas[1]) und bringt die noch am Tiegel hängen gebliebenen Reste unter Zuhilfenahme von etwas Salzsäure ebenfalls in das Becherglas. Wenn die Flüssigkeit durch Gegenwart von Mangan grün gefärbt sein sollte, so fügt man, damit später die Platinschale beim Eindampfen nicht durch sich entwickelndes Chlor angegriffen wird, einige Tropfen Alkohol hinzu und erwärmt so lange, bis die Grünfärbung verschwunden ist.

Zur Lösung der Schmelze fügt man zu dem Inhalt des Becherglases vom Rande aus vorsichtig unter Bedecken mit einem Uhrglas etwa 25—30 ccm starker reiner Salzsäure und erwärmt, wenn die anfangs heftige Kohlensäureentwicklung vorüber ist, unter öfterem Umrühren mit einem Glasstab, bis keine harten Teilchen mehr bemerkbar sind (im letzteren Falle war der Aufschluß unvollständig und muß nochmals wiederholt und dabei länger geschmolzen werden). Auf diese Weise lösen sich sämtliche Basen, während die Kieselsäure sich teils flockig abscheidet, teils, bei basischen Mineralien, oft auch vollständig noch in kolloider Form in Lösung gehalten wird.

b) Aufschluß mit Borsäure. In den letzten Jahren sind von P. Jannasch[2]) eine Reihe von Methoden zur Aufschließung von Silicaten durch Bleicarbonat bzw. Bleioxyd, Wismutoxyd, sowie durch Borsäureanhydrid ausgearbeitet worden, welche gestatten, in einem Aufschluß die Kieselsäure und sämtliche Basen, auch die Alkalien, zu ermitteln. Von diesen Methoden sei hier nur die Borsäuremethode beschrieben. Die meisten Silicatmineralien lösen sich beim Schmelzen mit Borsäure darin auf und geben vielfach klare, oft auch undurchsichtige Schmelzen. Die Borsäure läßt sich durch Abdampfen mit Salzsäuremethylalkohol als Borsäuremethyläther verflüchtigen und es hinterbleibt dann die Kieselsäure, sowie sämtliche Basen als Chloride. Die Ausführung der Methode erfolgt nach P. Jannasch in folgender Weise:

Zur Aufschließung nimmt man wenigstens 1 bis höchstens 1,2 g feines Silicatpulver, schüttet dasselbe in einen größeren Platintiegel von 40—65 ccm Inhalt, fügt für leicht aufschließbare Silicate die 5—6fache, und für schwerer zersetzbare die 7—10, manchmal auch die 20fache Menge gepulverter, reinster

[1]) Bei direkter Lösung der Schmelze in einer Platinschale würde letztere, besonders bei Gegenwart von Manganaten, zu stark angegriffen werden.

[2]) P. Jannasch, Praktischer Leitfaden zur Gewichtsanalyse (Leipzig 1904) 299 u. 342.

Borsäure[1]) hinzu, und mengt alles innig mit einem Glasstäbchen, welches man mit etwas Borsäure abspült; letztere Menge dient gleichzeitig als Schutzschicht beim nachherigen Schmelzen. Alsdann erhitzt man den Tiegel 5—10 Minuten mit einer etwas entfernt zu stellenden kleineren Flamme zur Vertreibung des vorhandenen Wassers und vergrößert die Flamme nur ganz allmählich bis zu ihrer vollen Wirkung. Hierbei tritt gern eine Blasenbildung ein, welche durch sofortige Verkleinerung der Flamme und Entfernen des Deckels aufgehalten werden muß. Sobald die Masse ruhig zu fließen beginnt, bedeckt man von neuem den Tiegel und glüht noch einige Zeit mit gewöhnlichem Brenner und zum Schluß etwa 5—10 Minuten oder auch noch länger vor dem Gebläse. Die Durchschnittsschmelzdauer beträgt 20—30 Minuten. Sie ist aber sehr abhängig von der Leichtigkeit, womit das betreffende Silicat aufgeschlossen wird, was durch ruhigen Fluß, eine gewisse Dünnflüssigkeit und Klarheit der Schmelze, öfters durch völlige Durchsichtigkeit derselben und anderes sicher erkannt werden kann.

Nach Beendigung der Aufschließung faßt man den Tiegel mit der Zange und erhitzt ihn unter allmählichem Drehen in schräger Lage über der Gebläseflamme; auf diese Weise verteilt sich die zähe Schmelze über eine größere Fläche und erstarrt dann in dünneren Schichten, welche sich leichter auflösen. Nach ganz kurzem Abkühlen, aber noch ziemlich heiß, setzt man den Tiegel in ein mit Eiswasser umgebenes Tondreieck und bedeckt ihn wieder gut, um ein Herausspringen von Schmelzstückchen zu verhüten und beschwert zur Sicherheit noch den Deckel mit einem Gewichtsstück (100 g). So abgekühlt, läßt sich jetzt die Schmelze leicht und vollständig aus dem umgekehrten Tiegel in eine geräumige Platinschale oder eine tiefe Berliner Henkelschale (Inhalt etwa $^3/_4$ l) bringen, wobei man das Herausfallen der Sprengstücke durch Beklopfen des Tiegelbodens mit einem schweren Metallspatel und leises Drücken der Wände unterstützt. Hierauf übergießt man die erhaltene Schmelzmasse mit etwa 60 ccm Salzsäuremethylalkohol,[2]) bedeckt die Schale sofort mit einem großen Uhrglas, um ein Herausspringen der berstenden Schmelzstückchen zu vermeiden, und erwärmt sie unter Umrühren auf dem Asbestdrahtnetz mit

---

[1]) Die zu diesen Aufschlüssen nötige Borsäure muß vollkommen alkalifrei sein. Man stellt sie sich durch mehrfaches Umkristallisieren reiner Borsäure aus ganz verdünnter Salpetersäure und schließlich aus Wasser her, schmilzt die getrockneten Kristalle in einer Platinschale vor dem Gebläse zusammen und kühlt die Schale durch Einstellen in kaltes Wasser ab. Dadurch springt die Borsäure in dünnen Platten los, welche sich später leicht im Achatmörser pulvern lassen. Zur Prüfung auf Reinheit dampft man etwa 5—10 g davon in einer Platinschale mit etwa 20—30 ccm Salzsäuremethylalkohol (s. unten) mehrere Male langsam auf dem Wasserbade ab; es darf kein Rückstand hinterbleiben. Auch von größeren chemischen Fabriken (C. A. F. Kahlbaum, Berlin C. und E. Merck, Darmstadt) ist jetzt Borsäure von genügender Reinheit für die Silicatanalyse zu erhalten.

[2]) Zur Darstellung des Salzsäuremethylalkohols gießt man in eine mit eingeschliffenem Hals versehene dünnstrahlige Spritzflasche 250 ccm Methylalkohol und leitet direkt durch das Spritzrohr unter Abkühlung 1—2 Stunden einen lebhaften Strom Salzsäuregas (aus konzentrierter Schwefelsäure und Chlorammoniumstückchen im Kippschen Apparat herzustellen) hindurch, welches durch konzentrierte Schwefelsäure gut getrocknet worden ist; besser noch passiert das Gas nacheinander vier Waschflaschen, von denen die erste konzentrierte Schwefelsäure enthält und mit einem Sicherheitsrohr zur Vermeidung des Zurücksteigens von Methylalkohol versehen ist, in der zweiten und dritten Waschflasche befindet sich etwas Methylalkohol, um mitgerissene Schwefelsäure zurückzuhalten, die letzte Flasche (umgekehrt aufgestellt) bleibt leer.

kleiner leuchtender Flamme; auf diese Weise löst sich die Schmelze in kurzer Zeit.

Auch den im Aufschlußtiegel gewöhnlich verbleibenden geringen Rest der Schmelze löst man auf mäßig warmem Wasserbaa in wenig Salzsäuremethylalkohol und fügt die Lösung quantitativ der Hauptmenge zu. Sind keine festen Teilchen vorhanden, so entfernt man das Uhrglas, spritzt es ab, verjagt, während man die Flamme (1—2 cm hoch) mit der Hand reguliert, unter stetem Umrühren, um Stoßen zu vermeiden, den Alkohol und erhitzt die Schale schließlich auf dem Wasserbade, bis die Masse vollkommen trocken geworden ist. Man durchfeuchtet von neuem mit Salzsäuremethylalkohol, läßt einige Zeit auf dem schwachwarmen Wasserbad mit Uhrglas bedeckt stehen und wiederholt das Verjagen des Alkohols wie oben. (Schale auf Asbestdrahtnetz, 1—2 cm hohe Flamme.) Diese Operation wird noch ein weiteres Mal ausgeführt, indem man dafür Sorge trägt, alle vorhandenen, nach den Rändern zu entstandenen Ansätze herunter zu spritzen. Es bleibt danach nur eine dem Analysenmaterial entsprechende, ganz geringe Menge von Salzen zurück. Gibt man bei der ganzen Prozedur der Borsäureverjagung ordentlich acht und vergißt nicht das fleißige Rühren, so findet nicht das mindeste Stoßen der siedenden Flüssigkeit statt.

(Nach der ersten Abscheidung der Kieselsäure ist das Filtrat nochmals einzudampfen' und noch zweimal zur Verjagung der letzten Spuren Borsäure mit Salzsäuremethylalkohol zu behandeln.)

Bestimmung der Kieselsäure. Hat man entweder durch Salzsäure direkt oder nach Einwirken von Schmelzmitteln und nachherigem Zusatz von Salzsäure oder dgl. eine Lösung des Minerals erhalten, so muß man zunächst die Kieselsäure, welche sich gewöhnlich schon teilweise abgeschieden hat, vollkommen abscheiden und unlöslich machen; es geschieht dies durch Eindampfen der ganzen Flüssigkeitsmenge zur Trockne.

Bei Anwendung des Natriumcarbonataufschlusses spült man erst den Inhalt des Becherglases mit der zersetzten Schmelze, nachdem die Kohlensäure vertrieben ist, in eine größere Platinschale über, dampft, bei Salz- oder Borsäureaufschluß, direkt den Schaleninhalt auf dem Wasserbade ein und bringt zuletzt unter Umrühren mittels eines Platinspatels alles zur Trockne, bis die Masse nur noch schwach gelblich gefärbt ist und ein Geruch nach Salzsäure nicht mehr wahrzunehmen ist. Nachdem man die Schale noch etwa 1 Stunde auf dem kochenden Wasserbade erhitzt hat, durchfeuchtet man den Inhalt derselben mit 5—10 ccm konzentrierter Salzsäure und läßt wieder, jedoch ohne zu erwärmen, etwa 15 Minuten zur Lösung der gebildeten basischen Chloride stehen. Hierauf fügt man etwa 75—100 ccm heißes Wasser hinzu und erwärmt schließlich noch $^1/_4$ Stunde unter öfterem Umrühren auf dem Wasserbade. Jetzt erst kann die ungelöst zurückbleibende amorphe Kieselsäure abfiltriert werden. Man dekantiert sie erst einige Male mit kaltem Wasser unter Zusatz von etwas verdünnter Salzsäure, bringt sie hierauf auf das Filter und wäscht sie dort mit heißem Wasser gut aus, bis im Filtrat Eisen bzw. Chlor durch Rhodan oder Silbernitrat nicht mehr nachzuweisen ist.

In dem Filtrat von der Kieselsäure befindet sich noch ein geringer Teil in Lösung, derselbe muß durch nochmaliges Abdampfen und Trocknen unlöslich gemacht werden. Ein weiterer geringer Rest wird später durch Ammoniak gefällt und dort bestimmt.

Das Filtrat von der ersten Kieselsäure wird nochmals in der eben benutzten Platinschale vollkommen, wie eben beschrieben, zur Trockne gebracht und, wenn ein Geruch nach Salzsäure nicht mehr wahrnehmbar ist, wird, wie oben, starke Salzsäure zugesetzt und die kleine Menge Kieselsäure in gleicher Weise abgeschieden. Nur bei Gegenwart von viel Magnesium, also in stark basischen Silicaten, ist es hier vor der Salzsäurezugabe vorteilhaft, die Schale mit Inhalt $^1/_4$ Stunde im Trockenschrank auf 120° C[1]) zu erhitzen, um die Kieselsäure vollständig unlöslich zu machen. Die beim Aufnehmen mit Salzsäure und Wasser hinterbleibende Kieselsäure wird zweckmäßig unter Zugabe von einigen Filtrierpapierschnitzelchen — des besseren Filtrierens wegen — abfiltriert. Selbstverständlich muß jetzt die Schale sorgfältig gereinigt werden.

Wenn auch diese Menge Kieselsäure gut ausgewaschen ist, verascht man die beiden Filter mit der Kieselsäure in einem größeren Platintiegel erst über dem Bunsenbrenner, bis der Rückstand weiß geworden ist, und glüht sie dann über dem Gebläse im bedeckten Tiegel etwa 5—10 Minuten lang. Man wiederholt dies, bis das Gewicht konstant geworden ist.

Die so erhaltene Kieselsäure ist jedoch nicht völlig rein; gleichzeitig mit der Kieselsäure sind noch geringe Mengen anderer Bestandteile des Minerals, wie Tonerde, Eisen usw., abgeschieden worden, welche durch Auswaschen nicht zu entfernen sind. Man verjagt deshalb durch Abdampfen mit Flußsäure und etwas Schwefelsäure die Kieselsäure als Siliciumfluorid, wägt den Tiegel zurück und ermittelt aus der Differenz das eigentliche Gewicht der Kieselsäure.

Wenn das Gewicht des Tiegels mit der Kieselsäure konstant geworden ist, durchfeuchtet man den Tiegelinhalt mit einigen Tropfen verdünnter Schwefelsäure, setzt 5—10 ccm reine Flußsäure hinzu und erhitzt den so beschickten Tiegel im Flußsäureabzug auf einer dicken Asbestplatte anfangs mit kleiner, später mit voller Bunsenflamme, bis keine Schwefelsäuredämpfe mehr weggehen. Zur möglichst vollständigen Entfernung der Schwefelsäure erhitzt man sodann den Tiegel unter Zusatz von einigen Körnchen Ammoniumcarbonat mit dem Bunsenbrenner gelinde und glüht ihn schließlich vor dem Gebläse kurze Zeit ziemlich stark. Das Gewicht des Rückstandes muß natürlich von der anfänglich gefundenen Kieselsäure in Abzug gebracht werden; die Differenz ist reine Kieselsäure (SiO_2).

Der Tiegel mit dem Rückstand ist für die spätere Veraschung des Ammoniakniederschlags zu benutzen.

Bestimmung von Eisen und Aluminium (Ammoniakfällung). Im Filtrat von der Kieselsäure werden Eisen und Aluminium durch Ammoniak abgeschieden und, wie später beschrieben, getrennt.

Die Filtrate von der Kieselsäure werden, wenn erforderlich, auf etwa 150—200 ccm eingedampft, in einem größeren Becherglase mit 5—10 ccm einer konzentrierten Ammoniumchloridlösung versetzt — um dadurch Magnesium in Lösung zu halten —, nach Zugabe von einigen Kubikzentimetern reinem Wasserstoffsuperoxyds — zur völligen Oxydation des Eisens — bis fast zum Sieden erhitzt und unter Umrühren mit kohlensäurefreiem, etwas verdünntem Ammoniak in ganz geringem Überschuß gefällt.

[1]) Nicht höher; bei stärkerem Erhitzen würde sich ein durch Salzsäure leicht zersetzbares Magnesiumsilicat bilden.

Den entstandenen gelatinösen Niederschlag bringt man sogleich, um ein Anziehen von Kohlensäure aus der Luft und ein eventuelles Ausfallen des Kalks zu verhindern, auf zwei größere Filter (in zwei (!) Trichtern) und wäscht ihn dort gut mit heißem Wasser zweckmäßig unter Zusatz von wenig Ammoniumnitrat aus, um einer Wiederauflösung des Aluminiumhydroxyds vorzubeugen.

Dieser Niederschlag pflegt gewöhnlich etwas Calcium, Magnesium und auch Alkalien mitzureißen; er muß deshalb nochmals gelöst und wieder gefällt werden. Man gibt zu diesem Zwecke die Filter mit dem Niederschlage in das vorher benutzte Becherglas, fügt 5—10 ccm konzentrierte Salpetersäure hinzu, erwärmt, bis alles gelöst und die Filter zu einem groben Brei zerfallen sind, und fällt von neuem, ohne vorher die Filterteilchen abzufiltrieren, nochmals, wie oben beschrieben heiß mit Ammoniak unter Zusatz von wenig Wasserstoffsuperoxyd.

Um vorhandene Magnesium-Aluminate zu zerlegen, kocht man die Fällung noch einige Minuten und filtriert dann erst ab (Prüfung, ob noch alkalisch); nach gründlichem Auswaschen werden die beiden Filter in demselben Platintiegel, welcher die Rückstände von der Kieselsäure enthält, nacheinander naß verascht und vor dem Gebläse bis zur Gewichtskonstanz geglüht. Man erhält so die Summe der Oxyde von Fe_2O_3 und Al_2O_3, denen auch noch andere Bestandteile, auf welche hier vorläufig nicht Rücksicht genommen werden soll, wie TiO_2, Mn_3O_4 usw. beigemengt sein können.

Zur Trennung von Eisen und Tonerde schmilzt man entweder die Oxyde im Silbertiegel, wobei Eisenoxyd unlöslich zurückbleibt und Aluminium als Natriumaluminat in Lösung geht, oder man titriert, nachdem man die Oxyde durch Kaliumbisulfat geschmolzen hat, das Eisen mit Permanganat und bestimmt die Tonerde aus der Differenz. Das letztere Verfahren ist nur bei Abwesenheit größerer Mengen von Magnesium zu empfehlen, da diese auch durch mehrmalige Fällung von dem Ammoniakniederschlag nicht völlig getrennt werden können.

I. Trennung durch Natronschmelze. Die geglühten und infolge der Filterbeimengungen feinpulverigen Oxyde[1]) führt man mit Hilfe einer Federfahne in einen größeren starkwandigen Silbertiegel von ca. 5 cm Höhe und $4^1/_2$ cm oberem Durchmesser über. Etwa im Tiegel hängenbleibende Teilchen des Niederschlags verschmilzt man mit wenig Natriumcarbonat, löst die Schmelze in verdünnter Salpetersäure, fällt die Oxyde von neuem durch Ammoniak und fügt sie nach dem Auswaschen und Veraschen der Hauptmenge zu. Nun vermischt man die Oxyde im Tiegel durch vorsichtiges Umschütteln mit etwa 4—6 g grob gepulvertem reinem, aus metallischem Natrium bereiteten Natriumhydroxyd, gibt eine Schutzschicht von etwa 1 g Ätznatron darüber und erwärmt den Tiegel anfangs gelinde, später, wenn auch das bei der Reaktion entstehende Wasser entfernt ist, erhitzt man stärker und erhält schließlich die Schmelze etwa 10 Minuten bei Rotglut; dabei schüttelt man den Tiegel einige Male vorsichtig um, um auch die Teilchen, welche sich an den Wandungen emporgezogen haben, zu verschmelzen. Den Deckel darf man nur leicht auflegen, da er sonst festklebt.

[1]) M. Dittrich, Ber. Dtsch. Chem. Ges. **37**, 1840 (1904).

Nach dem Erkalten legt man den Tiegel in eine tiefe Schale von Berliner Porzellan, übergießt ihn dort mit heißem Wasser und erwärmt ihn, bis alles in Lösung gegangen ist; die letzten Spuren des am Tiegel und Deckel meist festhaftenden Eisenoxyds löst man in wenig verdünnter Salzsäure und gibt auch diese zu der alkalischen Flüssigkeit in der Porzellanschale. Nach Zusatz von einigen Kubikzentimetern Wasserstoffsuperoxyd erwärmt man die Schale mit dem Niederschlag, anfangs unter Umrühren etwa $^1/_4$ Stunde auf dem Wasserbade, filtriert sodann durch ein größeres Filter und wäscht den Niederschlag gut aus (vorsichtig wegen des Trübedurchlaufens).

Eisen. Der Rückstand auf dem Filter, das Eisenoxyd, muß, da er ziemlich stark alkalihaltig ist, nochmals gelöst und wieder gefällt werden. Man übergießt ihn auf dem Filter mit starker Salzsäure, erwärmt das Filtrat zur Abscheidung in Lösung gegangenen Silberchlorids, filtriert nochmals durch das benutzte Filter, wäscht es gut aus und fällt das Filtrat von neuem nach Zusatz von wenig Wasserstoffsuperoxyd mit Ammoniak in ziemlichem Überschuß. Nach dem Absetzen des Niederschlags filtriert man zweckmäßig unter Zusatz von etwas Filtrierpapierbrei ab und wäscht den Niederschlag sehr gut mit heißem Wasser aus. Das Filter verascht man naß im Platintiegel und glüht es dann über dem Bunsenbrenner bis zur Gewichtskonstanz. Der Rückstand ist Fe_2O_3 kann aber auch TiO_2, Mn_3O_4 usw. enthalten.

Im Filtrat vom Eisen findet sich bei größeren Mengen Magnesia manchmal ein nicht unerheblicher Teil davon. Man säuert deshalb das Filtrat an, dampft es ein und fällt die Magnesia wie später beschrieben.

Aluminium. Das alkalische Filtrat vom Eisen aus der Natronschmelze enthält neben Natriumaluminat auch noch geringe, aus der Substanz stammende Mengen Kieselsäure. Diese müssen erst durch Eindampfen mit Salzsäure, wie früher beschrieben, abgeschieden, bestimmt und der Hauptmenge zugezählt werden. Das Filtrat von der Kieselsäure wird, wenn nötig, auf etwa 150 ccm eingedampft, mit reichlich Ammoniumchlorid versetzt und fast bei Siedehitze mit Ammoniak in ganz geringem Überschuß gefällt. Der Niederschlag wird sofort abfiltriert, muß aber, da die reichlichen Mengen Alkalien durch Auswaschen nicht zu entfernen sind, nochmals, wie früher beschrieben, gelöst (man verwendet des späteren leichteren Auswaschens wegen Salpetersäure) und wieder durch Ammoniak gefällt werden. Das Auswaschen muß sehr sorgfältig erfolgen, bis das Waschwasser vollkommen chlorfrei ist, da sich sonst leicht infolge Wechselwirkung flüchtiges Aluminiumchlorid bilden könnte. Das bzw. die Filter mit dem Niederschlage werden in einem Platintiegel naß verascht und vor dem Gebläse bis zur Gewichtskonstanz jedesmal 5—10 Minuten geglüht; der Glührückstand ist Al_2O_3.

II. Titration des Eisens. Die geglühten Oxyde von Fe_2O_3 müssen zunächst durch Schmelzen mit Kaliumhydro- oder -pyrosulfat in Sulfate übergeführt werden.

Man vermischt den Glührückstand in dem benutzten Platintiegel durch Umrühren mit einem Glasstäbchen mit etwa der 10—20fachen Menge vorher eben geschmolzenen und gröblich gepulverten Kaliumhydrosulfats ($KHSO_4$) oder auch -pyrosulfats ($K_2S_2O_7$) und gibt noch etwas davon als Schutzschicht darüber, so daß der Tiegel nicht mehr als $^1/_3$ gefüllt wird. Sodann erwärmt man den Tiegel (im Abzug), anfangs ganz gelinde mit leicht aufgelegtem Deckel, erhitzt später vorsichtig stärker und erhält schließlich alles längere Zeit bei dunkler Rotglut. Wenn die Schmelze gleichmäßig erscheint und Ungelöstes nicht mehr zu erkennen ist, läßt man die Masse bei lose bedecktem Tiegel durch stärkeres Erhitzen 1—2mal aufschäumen, um auch die während des Schmelzens an der Tiegelwandung emporgezogenen Teilchen in Lösung zu bringen und dreht dann rasch die Flamme ab. Zur Lösung der erhaltenen Sulfate bringt man den Inhalt des Tiegels mit wenig warmem Wasser in ein Becherglas und erwärmt ihn dort unter Zusatz von einigen Kubikzentimetern verdünnter Schwefelsäure — zur Verhinderung der Bildung schwerlöslichen basischen Eisensulfats. Hinterbleibt beim Lösen ein gefärbter Rückstand, so war der Aufschluß unvollständig gewesen. Es muß deshalb der abfiltrierte Rest nochmals mit Kaliumhydrosulfat verschmolzen und in gleicher Weise, wie oben angegeben, weiter behandelt werden.

Einen unlöslich zurückbleibenden weißen Rückstand filtriert man ab, wäscht ihn gut aus und wägt ihn nach dem Veraschen und Glühen. Zur Prüfung auf Kieselsäure ist derselbe mit einigen Tropfen Fluß- und Schwefelsäure zu verjagen. Das Gewicht der so ermittelten Kieselsäure ist der früher gefundenen zuzuzählen. In die mit Schwefelsäure angesäuerte Lösung der Schmelze leitet man bis zur Sättigung Schwefelwasserstoff ein und filtriert nach einigem Stehen von ausgeschiedenem Schwefel- bzw. Platinsulfid in einen Literkolben. Diesen verschließt man mit einem doppelt durchbohrten Stopfen, welcher mit einem Gas-Ein- und -Ableitungsrohr versehen ist. Zur völligen Reduktion des Eisens leitet man in der Kälte noch einige Minuten Schwefelwasserstoff in mäßig starkem Strom hindurch, bis die Gasblasen unabsorbiert hindurchgehen und man annehmen kann, daß alles Ferrieisen in die Ferroform übergeführt ist. Hierauf ersetzt man den Schwefelwasserstoffstrom durch einen Kohlensäurestrom und verdrängt den Schwefelwasserstoff. Zur Beschleunigung erwärmt man gleichzeitig den Kolben und erhitzt so lange, bis kein Schwefelwasserstoffgeruch mehr zu bemerken ist und eine schwach alkalische Lösung von Nitroprussidnatrium beim Einleiten der entweichenden Dämpfe nicht mehr violett gefärbt wird. Wenn dies erreicht ist, kühlt man den Kolben bei weiterem Kohlensäuredurchleiten unter der Wasserleitung ab und bestimmt durch Titration mit Permanganat das Eisen; die gefundene FeO-Menge wird auf Fe_2O_3 umgerechnet.

Zur Kontrolle reduziert man die titrierte Flüssigkeit von neuem, wie eben beschrieben, und titriert sie nochmals.

Aluminium. Die Menge des Aluminiums ermittelt man nach Abzug des Fe_2O_3-Gewichtes von dem Gesamtgewicht des Niederschlages; die Differenz ist Al_2O_3.

Bestimmung von Calcium. Im Filtrat vom Ammoniakniederschlag wird Calcium durch Ammoniumoxalat gefällt und nach Glühen als Oxyd bestimmt (Strontium fällt, wenn die Fällung in konzentrierter Lösung geschah, ebenfalls mit, während Barium in Lösung bleibt).

Die gesamten Filtrate von Eisen und Tonerde werden nach schwachem Ansäuern mit Essigsäure auf etwa 150—200 ccm eingedampft und bei Siedehitze mit einer ebenfalls kochend heißen konzentrierten Lösung von Ammoniumoxalat in reichlichem Überschuß gefällt. Das Calciumoxalat fällt bei größeren Mengen sofort aus, während bei geringem Calciumgehalt dasselbe sich allmählich abscheidet. Nach dem Absetzenlassen des Niederschlags prüft man, ob alles ausgefällt ist, läßt erkalten und filtriert nach etwa 4 Stunden Stehens. Der Niederschlag wird erst durch Dekantieren mit heißem ammoniumoxalathaltigen[1]) Wasser ausgewaschen und sodann, da auch gleichzeitig etwas Magnesium als Oxalat mitgerissen wurde und das anhaftende Alkali nur schwer durch Auswaschen zu entfernen ist, auf dem Filter in wenig heißer Salzsäure gelöst und das Filtrat nach Zusatz einiger Kubikzentimeter Ammoniumoxalatlösung von neuem bei Siedehitze durch Ammoniak wieder gefällt. Der jetzt ausfallende Niederschlag wird nach 4 Stunden filtriert, mit ammoniumoxalathaltigem heißem Wasser ausgewaschen, im Platintiegel naß verascht und das Zurückbleibende vor dem Gebläse bis zur Gewichtskonstanz geglüht. Der Rückstand ist CaO.

Über nur einmalige Fällung des Calciums zur Trennung vom Magnesium siehe bei Dolomit.

Bestimmung des Magnesiums. Die Abscheidung des Magnesiums ist eine verschiedene, je nachdem auch die Alkalien noch berücksichtigt werden sollen; das letztere kann nur der Fall sein, wenn der Aufschluß durch Salz- oder Borsäure erfolgte. Wurde dagegen Natriumcarbonat zum Aufschluß verwendet, so ist natürlich eine Bestimmung der Alkalien in diesem Teile des Aufschlusses nicht möglich und die Abscheidung des Magnesiums wird in der üblichen Weise durch Natriumphosphat vorgenommen, während die Alkalien besonders bestimmt werden.

Abscheidung des Magnesiums durch Quecksilberoxyd. Wurde die Substanz mit Salzsäure oder Borsäure aufgeschlossen, so kann die Abscheidung der Magnesia durch Quecksilberoxyd erfolgen,[2]) welches sich mit dem in Lösung vorhandenen Magnesiumchlorid zu unlöslichem Magnesiumoxyd und durch Hitze vertreibbaren Quecksilberchlorid umsetzt:

$$MgCl_2 + HgO = HgCl_2 + MgO.$$

Im Filtrat davon bleiben die Alkalien.

Man dampft zunächst die gesamten Filtrate vom Kalk in einer größeren Porzellanschale ein und verjagt die Ammoniumsalze durch Abrauchen oder durch wiederholtes Abdampfen mit rauchender Salpetersäure auf dem Wasserbade. Die jetzt zurückbleibenden Nitrate werden durch mehrmaliges Abdampfen mit konzentrierter Salzsäure wieder in Chloride übergeführt. Der hinterbleibende Salzrückstand wird mit wenig verdünnter Salzsäure und heißem Wasser aufgenommen, in eine kleine Platinschale filtriert und darin zur Trockne gebracht. Nach Wiederaufnehmen mit Wasser fügt man eine Messerspitze gelben, vollkommen alkalifreien Quecksilberoxyds hinzu und dampft auf dem Wasserbade mehrere Male unter Erneuern des Wassers zur Trockne; sollte das gelbe Quecksilberoxyd dabei vollständig verschwinden, so muß man noch so viel davon zufügen, daß etwas in der Schale zurückbleibt. Hierauf trocknet man die Schale einige Zeit bei 110° im Trockenschrank und erhitzt sie dann zur vollständigen Beendigung der Reaktion und zur Entfernung des Quecksilberoxyds in einem gut ziehenden Abzuge über einer ganz kleinen Flamme längere Zeit, anfangs jedoch ohne den Boden zum Glühen zu bringen; später kann die Schale schwach bis eben zur dunkelsten Rotglut geglüht werden. Der verbleibende Rückstand wird mit Wasser aufgenommen, filtriert und gut aus-

[1]) Calciumoxalat ist in reinem Wasser etwas löslich.

[2]) Besser ist jedoch, eine besondere Bestimmung der Alkalien auszuführen, da bei der Abscheidung der gesamten Basen in einer Portion die sämtlichen Verunreinigungen der Reagenzien, wenn sie auch noch so gering sind, sich bei den Alkalien wiederfinden und dort zu Fehlern Veranlassung geben.

gewaschen. Bei Gegenwart von reichlicheren Mengen von Magnesium muß die Behandlung mit Quecksilberoxyd noch ein- bis zweimal wiederholt werden. Man dampft das Filtrat in der eben benutzten Platinschale von neuem mit Quecksilberoxyd ein und verfährt weiter, wie oben beschrieben. Das Filtrat enthält die Alkalien.

Die Filter mit den Magnesiumrückständen und dem unangegriffenen Quecksilberoxyd werden in einem gewogenen Porzellantiegel im Abzug verascht und längere Zeit geglüht und gewogen; der Glührückstand ist MgO. Zur Prüfung auf Reinheit spült man den Tiegelinhalt mit Wasser in ein kleines Becherglas und erwärmt ihn dort mit starker Essigsäure. Wenn sich alles löst, so bestand der gewogene Rückstand aus reinem MgO, bleibt dagegen ein unlöslicher Rückstand, so filtriert man von diesem ab und bestimmt im Filtrat davon das Magnesium als Magnesiumammoniumphosphat (s. unten).

Bestimmung als Magnesiumammoniumphosphat. Wurde zum Aufschluß der Substanz Natriumcarbonat verwandt, so können Alkalien in derselben Portion nicht mehr ermittelt werden und das Magnesium kann sofort mittels Natriumphosphats abgeschieden und als Magnesiumpyrophosphat gewogen werden. Eine Abscheidung der Ammoniumsalze ist hier nicht unbedingt erforderlich, es genügt, wenn die verschiedenen Filtrate vom Kalk mit Salzsäure schwach angesäuert und ziemlich stark eingedampft werden. Zu dieser Lösung fügt man, um sicher alles Magnesium auszufällen, einen nicht unerheblichen Überschuß[1]) von Natriumphosphat hinzu, erhitzt zum Sieden und fällt unter heftigem Umrühren das Magnesium durch Zusatz von etwa $^1/_3$ des Gesamtvolumens an 10%igem Ammoniak. Nach dem Erkalten und mehrstündigem Stehen kann der Niederschlag filtriert werden. Man wäscht ihn erst einigemal im Becherglase, ohne ihn aufs Filter zu bringen, mit verdünntem Ammoniak aus und löst ihn dann, da das anhaftende Natriumphosphat, sowie das aus dem Natriumcarbonat herrührende Kochsalz durch Auswaschen nicht entfernbar ist, auf dem Filter wieder in Salzsäure auf. Die erhaltene Lösung wird nach Zusatz von etwas Ammoniumchlorid und einigen Tropfen Natriumphosphatlösung zum Sieden erhitzt und darin das Magnesium von neuem durch Zusatz eines Drittels des bisherigen Flüssigkeitsvolumens mit 10%igem Ammoniak gefällt. Der Niederschlag scheidet sich jetzt sofort kristallin ab und kann nach dem Erkalten der Flüssigkeit entweder auf einem Papierfilter oder auf einem Neubauer-Tiegel[2]) filtriert werden. Das Auswaschen erfolgt wieder mit $2^1/_2$%igem Ammoniak und muß so lange fortgesetzt werden, bis das Filtrat nach dem Ansäuern mit Salpetersäure durch Silbernitrat nur noch schwach getrübt wird. Wurde der Niederschlag auf einem Papierfilter gesammelt, so muß dieses erst an der Luft und später bei 90° im Trockenschrank getrocknet werden. Nach Trennung des Niederschlags vom Filter wird letzteres zuerst in einem gewogenen Porzellantiegel gut verascht, sodann der Hauptrückstand hinzugegeben und alles nach anfänglich vorsichtigem Erhitzen allmählich stärker erhitzt und geglüht, bis Gewichtskonstanz erreicht ist. Der Rückstand ist $Mg_2P_2O_7$.

---

[1]) Nur wenn, wie oben bei Abscheidung des Magnesiums durch Quecksilberoxyd das Gewicht des zu erwartenden Magnesiums einigermaßen bekannt ist, verwendet man nur wenig mehr als die berechnete Menge Natriumphosphat und kann mit einmaliger Fällung auskommen.

[2]) Platintiegel mit Siebboden und Platinschwammeinlage von W. C. Heraeus, Hanau.

Bei Verwendung eines Neubauertiegels wird dieser nach dem Aufbringen des Niederschlags zunächst im Trockenschrank oder auch vorsichtig über kleiner Flamme getrocknet und schließlich allmählich stärker erhitzt und geglüht (jedoch nicht vor dem Gebläse).

Bestimmung der Alkalien. Erfolgte der Aufschluß mit Salz- oder Borsäure und die Abscheidung der Magnesia durch Quecksilberoxyd, so befinden sich im Filtrat vom Magnesium nur noch die Alkalien als Chloride. Zur Bestimmung derselben dampft man die Lösung in einer gewogenen Platinschale ein, trocknet diese einige Zeit bei 110° und erhitzt die Schale ganz gelinde mit freier Flamme. Nach dem Wägen erhält man das Gewicht von KCl und NaCl. Die Trennung der Chloride erfolgt durch Platinchlorwasserstoffsäure; dadurch wird unlösliches Kaliumplatinchlorid, K_2PtCl_6, und lösliches Natriumplatinchlorid, Na_2PtCl_6, gebildet; letzteres kann durch Alkohol ausgezogen werden (s. u.).

Wurde Natriumcarbonat zum Aufschluß der Substanz verwendet, so müssen die Alkalien in einer besonderen Portion bestimmt werden.

Von den verschiedenen Methoden, welche hierfür vorgeschlagen sind, besitzt diejenige von J. Lawrence Smith[1]) den großen Vorteil, daß das gesamte Magnesium mit den übrigen Basen und der Kieselsäure unlöslich abgeschieden wird, während nur die Alkalien in Wasser löslich gemacht werden.

Sie besteht darin, daß man das Mineralpulver mit einem großen Überschuß von Calciumcarbonat unter Zusatz von etwas Ammoniumchlorid anfangs schwach erwärmt und später stärker glüht. Die Reaktion verläuft z. B. beim Orthoklas ungefähr in folgender Weise:

$$2KAlSi_3O_8 + 6CaCO_3 + 2NH_4Cl = 6CaSiO_3 + 6CO_2 + Al_2O_3 + 2KCl + 2NH_3 + H_2O,$$

daneben bildet sich noch Chlorcalcium und Calciumoxyd. Aus dem wäßrigen Auszug der Schmelze erhält man nach Entfernung des bei der Reaktion löslich gewordenen Calciums durch Ammoniumcarbonat und Verjagen der Ammoniumsalze nur die Alkalien als Chloride.

Das hierzu nötige Ammoniumchlorid bzw. Calciumcarbonat muß natürlicherweise von höchster Reinheit sein.[2])

---

[1]) J. Lawrence Smith, Am. Journ., 2d series, **50**, 269 (1871) und Ann. d. Chem. **159**, 82 (1871).

[2]) Ammoniumchlorid muß entweder durch Sublimation gereinigt oder durch Neutralisation von reinem Ammoniak mit reiner Salzsäure und Eindampfen hergestellt werden. — Das Calciumcarbonat bereitet man sich nach L. Smith, indem man Kalkspat oder möglichst reinen Marmor mit nur so viel reiner Salzsäure erwärmt, daß noch ein Teil ungelöst bleibt und zur Abscheidung etwa vorhandener Verunreinigungen (Eisen, Magnesium oder Phosphate) Kalkwasser oder aus reinem Ätzkalk bereitete Kalkmilch bis zur alkalischen Reaktion hinzufügt. Die filtrierte Flüssigkeit wird, da sonst der Niederschlag nicht dicht werden würde, auf mindestens 70° erhitzt und mit Ammoniak und Ammoniumcarbonat gefällt. Den erhaltenen Niederschlag wäscht man erst durch Dekantieren mit heißem Wasser und schließlich auf dem Filter selbst unter Benutzung der Saugpumpe gut aus. Das in der beschriebenen Weise dargestellte Calciumcarbonat bildet ein dichtes Pulver und ist bis aus Spuren von Barium und Strontiumcarbonat für die Alkalibestimmung als genügend rein zu betrachten. Für ganz genaue Bestimmungen müssen jedoch die bei der Herstellung nicht entfernbaren Spuren Alkalichlorid, gewöhnlich NaCl, welche auf 8 g etwa 0,0016 g betragen, in einer besonderen Portion ermittelt und später jedesmal in Abzug gebracht werden.

Für das Glühen nimmt man nach L. Smith zweckmäßig einen sog. Fingertiegel aus Platin, der für 0,5 g Gesteinspulver und 4 g Calciumcarbonat 8 cm lang, an der Öffnung 1,8 cm und am Boden 1,5 cm weit ist und mit einem mit Griff versehenen Deckel verschlossen werden kann; derselbe wiegt ca. 25 g. Für größere Mengen (1 g Substanz) ist der Tiegel nur weiter, 2,5 cm bzw. 2,2 cm und wiegt 40 g.

Zur besseren Konzentration der Wärme beim Erhitzen benutzt man vorteilhaft einen aus drei Teilen bestehenden gebrannten Tonzylinder (jeder Teil ist 5 cm hoch und 7,5 cm weit), der wie die nebenstehende Abbildung (Fig. 50) zeigt, auf einem Eisendreifuß steht. Auf dem unteren Teil liegt in Einschnitten ein Tondreieck, in dem mittleren Teil befindet sich ein seitliches schräg gebohrtes Loch, durch welches der Tiegel auf das Tondreieck geschoben wird und der dritte Teil dient als Schornstein. Die einzelnen Tonzylinder sind zum Schutz gegen Springen mit Drahtligaturen versehen.

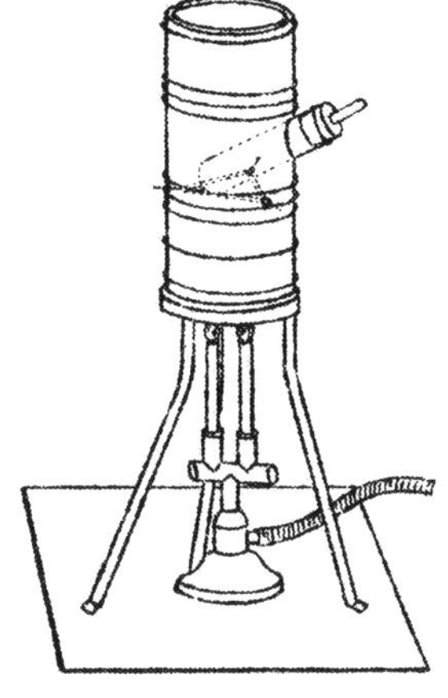

Fig. 50.

Zur Ausführung der Analyse gibt man von dem möglichst fein zerriebenen Mineralpulver etwa 0,5 g (genau gewogen) in einen größeren Achatmörser oder besser in eine glasierte Porzellanreibschale und verreibt es darin innig mit etwa dem gleichen Gewicht reinsten Ammoniumchlorids. Sodann fügt man ca. $3^1/_2$ g Calciumcarbonats (s. o.) in mehreren Portionen hinzu und reibt jedesmal weiter, bis eine vollkommene gleichmäßige Mischung erreicht ist. Den Inhalt der Reibschale bringt man mittels Glanzpapier und mit Hilfe einer Federfahne in den Fingertiegel und benutzt ein weiteres halbes Gramm Calciumcarbonat dazu, die Schale und das Pistill usw. vollständig abzuspülen. Nachdem der Tiegel verschlossen ist, wird er in die seitliche Öffnung des Tonzylinders gesetzt und zunächst $^1/_4$ Stunde lang mit kleiner breiter Flamme (Flachbrenneraufsatz), die in beträchtlicher Entfernung darunter gestellt wird, anfangs oberhalb der Mischung, allmählich gegen den unteren Teil hin fortschreitend erhitzt. Sobald der Geruch nach Ammoniak verschwunden ist, ersetzt man die kleine Flamme durch einen doppelten Bunsen-[1]) oder einen kräftigen Teclubrenner und läßt die volle Hitze dieser Lampen ca. 40—50 Minuten auf den Tiegel wirken, indem man durch Drehen dafür Sorge trägt, daß auch die auf dem Tondreieck aufliegenden Teile des Tiegels genügend Hitze erhalten.

Nach dem Erkalten findet man den Inhalt des Tiegels meist zu einer halbgeschmolzenen Masse zusammengesintert, welche sich mittels eines Spatels leicht entfernen läßt. Den Rest erweicht man mit wenig heißem Wasser, gibt alles in eine Platinschale, fügt etwa 60—80 ccm Wasser hinzu und erwärmt auf dem Wasserbade, bis alles zu einem feinen Pulver zerfallen ist. Nach 6—8 stündigem Stehen, am besten am nächsten Morgen, filtriert man anfangs unter Dekantieren und wäscht schließlich mit heißem Wasser aus. — Der auf dem Filter verbleibende Rückstand muß sich, wenn der Aufschluß richtig vorgenommen wurde, ohne dunkle Teilchen zu hinterlassen, in verdünnter Salz-

[1]) Abstand der Mittelpunkte der Brennerröhren 3 cm.

säure lösen; andernfalls ist der Aufschluß zu verwerfen und nochmals zu wiederholen.

Wenn sich der Tiegelinhalt nicht leicht von der Wandung ablösen läßt, füllt man den Tiegel zu zwei Drittel mit Wasser und erwärmt ihn eine Zeitlang vorsichtig. Auf diese Weise löscht sich der Kalk im Tiegel selbst, und alles kann dann leicht und vollständig in die Schale gespült werden.

Das Filtrat, welches neben den bei der Umsetzung entstandenen Alkalichloriden noch geringe Mengen Calciumchlorids, sowie Calciumhydroxyd enthält, wird in einem größeren Becherglas fast zum Sieden oder in einer Platinschale erhitzt und mit Ammoniak und Ammoniumcarbonat gefällt, bis kein Niederschlag mehr entsteht. Zur Zersetzung gebildeten Bicarbonats erwärmt man noch etwa $^1/_4$ Stunde weiter, filtriert dann den Niederschlag ab und wäscht ihn gut mit heißem Wasser aus. Eine nochmalige Lösung und Wiederfällung ist kaum notwendig. Das Filtrat wird in einer Platinschale unter Zusatz von wenig Ammoniumoxalat zur Trockne verdampft und nach Aufnehmen mit Wasser der hinterbleibende Rückstand abfiltriert. Das jetzt erhaltene, vollkommen kalkfreie, nur noch die Alkalien und wenig Ammonsalz enthaltende Filtrat wird von neuem in einer Platinschale eingedampft und der Rückstand zur Verjagung der Ammonsalze schwach geglüht. Nach Aufnehmen mit Wasser wird, wenn nötig, filtriert und das Filtrat in einer gewogenen kleinen Platinschale eingedampft. Man erhält so das Gesamtgewicht der Alkalichloride (KCl und NaCl). Diese sind bei richtiger Ausführung der Methode vollkommen rein und enthalten keine Beimengungen von anderen Elementen.

Diese Methode ist wegen ihrer raschen Ausführbarkeit und der damit zu erhaltenden genauen Resultate zur Bestimmung der Alkalien allen anderen Methoden, besonders derjenigen von J. Berzelius (Aufschluß mit Flußschwefelsäure und Abscheidung der Basen durch Bariumhydroxyd) vorzuziehen, da nach dieser letzteren Methode erfahrungsgemäß, namentlich bei höherem Kaliumgehalt, zu geringe Werte dafür erhalten werden.

Kalium. Zur Überführung in die Platindoppelsalze werden die in wenig Wasser gelösten Chloride in eine kleinere Porzellanschale (von etwa 10 cm Durchmesser) übergespült, mit einem Überschuß von der für die Gesamtsumme der Chloride als NaCl berechneten Menge Platinchlorwasserstoffsäure (H_2PtCl_6), sog. Platinchlorid,[1]) versetzt, und wenn erforderlich, auf dem Wasserbade unter Bedecken mit einem Uhrglas und eventuell Zufügen von Wasser so lange erhitzt, bis der anfänglich gebildete Niederschlag sich wieder gelöst hat. Erst jetzt nimmt man das Uhrglas fort und verdampft die Flüssigkeit zur Trockne, jedoch nur so weit, daß der Rückstand erst beim Abkühlen fest wird; auf diese Weise wird es vermieden, daß das Natriumplatinchlorid wasser-

[1]) Waren z. B. 0,1802 Chloride gewogen worden, so braucht man, wenn man diese als Natriumchlorid annimmt, nach der Gleichung:

$$2NaCl + H_2PtCl_6 = Na_2PtCl_6 + 2HCl$$

auf 2 Mol. NaCl = 117 1 Mol. H_2PtCl_6 = 409,5, also auf 0,1802 g Chloride:

$$117 : 409{,}5 = 0{,}1802 : x; \qquad x = \frac{409{,}5 \cdot 0{,}1802}{117} = 0{,}470\ \mathrm{g}$$

demnach ca. 19 ccm einer 4%igen Lösung von Platinchlorwasserstoffsäure. — Die Berechnung muß für NaCl geschehen, da bei KCl wegen des höheren Atomgewichts von K eine geringere Menge H_2PtCl_6 nötig wäre und beim Überwiegen des Na nicht genügend zur Überführung in Na_2PtCl_6 davon hinzugesetzt werden würde.

frei wird und später nicht mehr durch Alkohol in Lösung zu bringen ist. Nach dem Erkalten übergießt man den goldgelben Schaleninhalt mit einigen Kubikzentimetern 80%igem Alkohol, zerreibt ihn mit Hilfe eines kleinen glasierten Pistills, spült dies gut mit Alkohol ab, fügt noch von dem gleichen Alkohol hinzu, daß die Flüssigkeit etwa 30 ccm beträgt und läßt die Schale unter öfterem Umrühren des Inhalts mit einer kleinen Federfahne eine Stunde stehen. Dadurch wird sämtliches Natriumplatinchlorid, sowie auch das überschüssige Platinchlorid gelöst; der Alkohol muß dabei, wenn genügend Platinchlorid zugesetzt war, eine tiefgelbe Farbe annehmen, während das Kaliumplatinchlorid als feines goldgelbes Kristallpulver zurückbleibt. Zum Filtrieren des Niederschlags verwendet man zweckmäßig die Saugpumpe und benutzt ein möglichst kleines Filter, welches in dem Platinkonus und an den Trichterwänden gut anliegt. Man gibt zunächst nur die über dem Niederschlage stehende Flüssigkeit auf das Filter, dekantiert denselben mehrere Male mit 80%igem Alkohol, spült ihn selbst dann aufs Filter und wäscht Schale und Filter so lange mit dem gleichen Alkohol aus, bis dieser vollkommen farblos bleibt, wobei man nach jedesmaligem Aufgießen scharf absaugt. Nun entfernt man das Filter aus dem Trichter, gibt es in die benutzte Schale und trocknet beides einige Minuten bei 90° im Trockenschrank, um den anhängenden Alkohol zu entfernen. Sodann bringt man durch Umkippen des Filters den Niederschlag so weit wie möglich in einen gewogenen größeren, etwa 5 cm hohen Porzellantiegel, setzt das Filter wieder in den vorher benutzten Trichter ein und löst durch Aufspritzen von heißem Wasser den auf dem Filter sitzenden Rest des Niederschlags; das Filtrat fängt man dabei in der vorher benutzten Porzellanschale auf, um auch die dort befindlichen Niederschlagsreste zu lösen. Die so durch Erwärmen erhaltene Lösung gibt man nach nochmaligem Filtrieren zu der Hauptmenge, verdampft alles auf dem Wasserbade und trocknet den Tiegel mit Inhalt bei 135° bis zur Gewichtskonstanz. Das gefundene K_2PtCl_6 berechnet man auf K_2O oder K.

Natrium. Das Natrium kann mit hinreichender Genauigkeit aus der Differenz berechnet oder auch direkt bestimmt werden.

Zur Bestimmung des Natriums aus der Differenz rechnet man das gefundene K_2PtCl_6 auf KCl um und bringt das von der oben ermittelten Summe von KCl + NaCl in Abzug; die Differenz ist NaCl, welches auf Na_2O bzw. Na berechnet wird.

Direkte Bestimmung des Natriums a) als Chlorid. Will man das Natrium direkt bestimmen, so dampft man das alkoholische Filtrat, welches Natriumplatinchlorid sowie das überschüssige Platinchlorid enthält, zur Verjagung des Alkohols in einem Becherglase auf dem Wasserbade langsam bis fast zur Trockne ein, spült den Inhalt in einen größeren Porzellantiegel und bringt ihn darin unter Zusatz von etwa 1 ccm reiner Ameisensäure — zur besseren Reduktion des Platins — zur Trockne. Sodann erhitzt man den Tiegel, zweckmäßig um Spritzen zu vermeiden, nach vorherigem $^1/_2$ stündigen Trocknen bei 130°, mit freier Flamme bis zur dunklen Rotglut zur Zersetzung der letzten noch unveränderten Reste von Natriumplatinchlorid sowie von Platinchlorid. Nach dem Erkalten laugt man den Tiegelinhalt mit heißem Wasser aus, dampft das vollkommen farblose Filtrat unter Zusatz einiger Tropfen verdünnter Salzsäure in einer gewogenen Platinschale zur Trockne, glüht diese nach vorherigem Trocknen bei 130° schwach und wägt; der Rückstand ist NaCl.

b) als Sulfat. Das gefundene NaCl kann man zur Kontrolle in Na_2SO_4 überführen, besonders wenn zu befürchten ist, daß aus dem Leuchtgas beim Abdampfen erhebliche Mengen Schwefelsäure hineingelangt sind.

Zu diesem Zweck löst man den Schaleninhalt in wenig Wasser und dampft ihn unter Zufügen von etwas mehr als der berechneten Menge verdünnter Schwefelsäure auf dem Wasserbade ein. Ist der hinterbleibende Rückstand trocken, so gibt man, um sicher das Chlorid in Sulfat überzuführen, nochmals einige Tropfen Schwefelsäure hinzu und dampft wieder ein; bleibt er dagegen flüssig, so ist dies ein Zeichen, daß Schwefelsäure im Überschuß vorhanden ist. Man erhitzt nun die Schale vorsichtig (im Abzug) erst im Nickelluftbad oder auch auf einem Tondreieck, welches auf einem Asbestdrahtnetz liegt, und schließlich, wenn dicke Schwefelsäuredämpfe wegzugehen beginnen, auf dem Drahtnetz selbst, indem man die Schale zunächst vom Rand aus erwärmt. Ist alles trocken geworden, so gibt man in die erkaltete Schale mehrere Körnchen festes Ammoniumcarbonat, erhitzt, um dadurch eventuell gebildetes primäres Sulfat in sekundäres überzuführen, anfangs vorsichtig von neuem auf dem Drahtnetz, sodann über dem Bunsenbrenner selbst und schließlich einige Augenblicke vor dem Gebläse, bis die Salzmasse schmilzt. Nach dem Erkalten und Wägen wiederholt man das Erhitzen mit Ammoniumcarbonat usw., bis Gewichtskonstanz erreicht ist; der weiße Rückstand ist Na_2SO_4.

Zur Sicherheit ist in dem gewogenen Natriumchlorid bzw. Natriumsulfat auf Magnesium, welches etwa durch Quecksilberoxyd nicht vollständig abgeschieden war, zu prüfen, solches zu bestimmen, und zum Magnesium zuzuzählen bzw. vom Natrium in Abzug zu bringen.

Titan. Das Titan wird im Gange der Analyse durch Ammoniak mit Eisen und Aluminium ausgefällt und geht beim Schmelzen des Ammoniakniederschlags mit Bisulfat in Lösung oder hinterbleibt bei der Ätznatronschmelze vollständig beim Eisen; nur in eisenfreien oder sehr eisenarmen Mineralien löst sich im letzteren Falle etwas Titan. Man verfährt daher entweder nach der ersten Methode oder setzt dem Ammoniakniederschlag vor der Natronschmelze eine gewisse Menge eines Eisensalzes, z. B. Mohrsches Salz (etwa 0,05 g Fe entsprechend) hinzu und bringt letztere Eisenmege später wieder in Abzug. In beiden Fällen kann das Titan kolorimetrisch oder im letzteren Falle auch gewichtsanalytisch bestimmt werden.

Kolorimetrische Titanbestimmung. Man verwendet hierzu die Lösung der Bisulfatschmelze des Ammoniakniederschlags vor Titration des Eisens oder führt bei Benutzung der Natronschmelze das gewogene Eisenoxyd, welches gleichzeitig auch die gesamte Menge TiO_2 enthält, durch Schmelzen mit Bisulfat in Sulfat über (s. oben).

Die kolorimetrische Bestimmung der Titansäure[1]) beruht auf der mehr oder weniger starken orangegelben Färbung, welche Wasserstoffsuperoxyd in einer sauren titansäurehaltigen Flüssigkeit infolge Bildung von TiO_3 hervorbringt.

Da die Intensität der Färbung proportional dem Titansäuregehalt ist, läßt sich dadurch das Titan kolorimetrisch bestimmen. Anwesenheit von Fluoriden, wie solche aus unreinem Wasserstoffsuperoxyd herrühren können, beeinträchtigen schon in kleinen Mengen die Genauigkeit, ebenso muß auch Chrom abwesend

[1]) Nach A. Weller, Ber. Dtsch. Chem. Ges. **15**, 2592 (1882).

sein, da dies gleichfalls mit Wasserstoffsuperoxyd Färbungen gibt. Eisen stört in geringen Mengen nicht, bei höherem Eisengehalt bringt man eine demselben entsprechende Korrektion bei der für Titansäure erhaltenen Zahl an. Die färbende Wirkung von 0,1 g Fe_2O_3 in 100 ccm 5%iger schwefelsaurer Lösung entspricht 0,2 mg TiO_2; bei 1 g Mineral würde die Korrektion bei 10% Fe_2O_3 nur $0,02\%$ betragen, ein kaum in Betracht kommender Faktor.

Die zu untersuchende Lösung muß zur Vermeidung der Rückbildung von Metatitansäure, welche durch Wasserstoffsuperoxyd nicht gefärbt wird,[1]) mindestens 5% Schwefelsäure enthalten.

Als Vergleichsflüssigkeit stellt man sich eine Titansäurelösung von bekanntem Gehalt her. Zu diesem Zweck gibt man 0,6003 g mehrfach umkristallisiertes und bis zur Gewichtskonstanz bei 105° getrocknetes Titanfluorkalium, K_2TiF_6 (0,2 g TiO_2 entsprechend) in einen größeren Platintiegel, dampft mehrere Male vorsichtig mit starker Schwefelsäure ein, gibt sodann einige Gramm Kaliumhydrosulfat hinzu und erhitzt alles längere Zeit auf dunkle Rotglut, bis eine klare Schmelze entstanden ist. Nach dem Erkalten löst man den Tiegelinhalt in kaltem Wasser, gibt die Lösung in ein 200 ccm-Kölbchen, fügt 6—8 ccm konzentrierte Schwefelsäure hinzu und füllt zur Marke auf; jeder Kubikzentimeter dieser Flüssigkeit enthält 0,001 g = 1 mg TiO_2. Von dieser Lösung gibt man jedesmal kurz vor dem Gebrauch 10 ccm aus einer Bürette in ein 100 ccm-Kölbchen, fügt einige Kubikzentimeter reine 3%ige Wasserstoffsuperoxydlösung hinzu, füllt zur Marke auf und schüttelt gut um. Dies ist die später zu gebrauchende „Vergleichslösung"; jeder Kubikzentimeter derselben enthält 0,1 mg TiO_2.

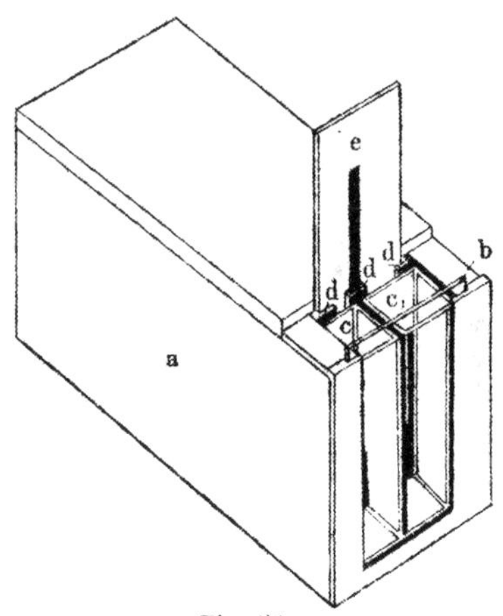

Fig. 51.

Zur Ausführung der eigentlichen Bestimmung gibt man zu der oben erhaltenen Lösung der Kaliumhydrosulfatschmelze einige Kubikzentimeter reines Wasserstoffsuperoxyd, bis eine weitere Zunahme der Färbung der Lösung nicht mehr zu bemerken ist. Die Lösung spült man in einen Maßkolben von 250 ccm und bei größerem Titansäuregehalt, welcher sich schon an der ziemlich dunklen Orangefärbung kenntlich macht, in einen solchen von 500 ccm, fügt so viel Schwefelsäure hinzu, daß die Lösung 5% davon enthält, füllt bis zur Marke auf und schüttelt gut um. Mit dieser Lösung füllt man den einen Zylinder des unten beschriebenen Kolorimeters,[2]) in den anderen gibt man aus einer

[1]) Vgl. hierzu F. W. Hillebrand, Some principles and methods of rock analysis. Bull. geol. Surv. U.S. Nr. 176, 68.

[2]) Apparat zur kolorimetrischen Titanbestimmung, nach W. F. Hillebrand a. a. O. S. 34; (Fig. 51). Derselbe besteht aus einem länglichen, innen geschwärzten Pappkasten (*a*) (Länge 35 cm, Höhe 13 cm, Breite 12 cm). — Auf der einen Seite ist er durch eine Glasplatte (*b*) geschlossen, hinter welcher zwei, aus planparallelen weißen Glasplatten zusammengekittete Zylinder (*c* und c_1) (die Kolorimeterzylinder) von genau gleichen Dimensionen (Höhe 12 cm, innere Weite 2,8 bzw. 3 cm) sich befinden; die in der Längsrichtung des Kastens liegenden Seiten der Zylinder sind durch Überziehen

Bürette genau 10 ccm der oben beschriebenen Vergleichslösung und läßt aus einer anderen Bürette so viel Wasser zufließen, bis nach dem Umrühren die Farbe in beiden Zylindern gleich ist; zur Kontrolle fügt man dann nochmals 10 ccm Vergleichslösung hinzu und hierauf Wasser, bis wieder Farbengleichheit erreicht ist; beide Versuche müssen übereinstimmen.

Die nach dieser Methode erhaltenen Resultate sind sehr genau.

Gewichtsanalytische Bestimmung der Titansäure. Hierzu wird der bei der Natronschmelze erhaltene Niederschlag des Eisens, welcher auch das Titan enthält, verwendet. Man führt ihn durch Schmelzen mit Bisulfat, wie oben, in Sulfat über und kocht nach Reduktion des Eisenoxyds die fast neutrale Lösung gleichzeitig bei Anwesenheit von Ammoniumsulfat[1]) längere Zeit; dadurch scheidet sich infolge hydrolytischer Spaltung des Titansulfats die Titansäure vollkommen aus.

In die Lösung der Bisulfatschmelze wird zunächst Schwefelwasserstoff eingeleitet und dadurch vorhandenes Eisenoxyd, welches sonst beim Kochen mit ausfallen würde, reduziert und gleichzeitig das bei der Bisulfatschmelze in Lösung gegangene, aus dem Tiegel stammende Platinsulfid abgeschieden. Nach einigem Stehen filtriert man den braunen Niederschlag in einen größeren ($^3/_4$—1 l) Kolben, fügt etwa 5 g Ammoniumsulfat hinzu und neutralisiert durch immer mehr verdünntes Ammoniak die saure Flüssigkeit, bis das gleichzeitig ausfallende Eisensulfid eben anfängt, sich nicht wieder zu lösen und bis die Flüssigkeit einen grauen Schimmer erhält. Jetzt versieht man den Kolben mit einem mit Gas-Ein- und- Ableitungsrohr versehenen Stopfen, leitet nochmals, um sicher alles Eisen zu reduzieren, einige Minuten Schwefelwasserstoff ein und kocht dann die Flüssigkeit etwa $^1/_2$ Stunde unter Durchleiten von Kohlendioxyd. Das abgeschiedene Titandioxyd wird sogleich auf ein größeres Filter abfiltriert, anfangs mit Schwefelwasserstoffwasser, zur Verhütung der Oxydation des Eisens, und hierauf mit reinem Wasser gut ausgewaschen, im Platintiegel naß verascht und — zuletzt vor dem Gebläse -- geglüht. Der Rückstand ist TiO_2 und muß hell aussehen; ist er dunkel oder rötlich, so ist Eisen mitgefallen und die Schmelzung muß noch einmal ausgeführt werden. Das Filtrat vom Titan darf durch Zusatz von Wasserstoffsuperoxyd nicht mehr gelb gefärbt werden, sonst war die Fällung nicht vollständig.

Die Methode gibt bei richtiger Ausführung, besonders bei genauer Neutralisation, sehr gute Resultate, welche mit den auf kolorimetrischem Wege erhaltenen vollkommen übereinstimmen.

Eisenoxydul. Die Bestimmung des Eisenoxyduls in Silicatmineralien erfolgt durch Titration mit Permanganat, nachdem die Substanz durch Einwirken von starker Schwefelsäure allein oder von Schwefel- und Flußsäure bei Luftabschluß in Lösung gebracht ist. Die Substanz darf für diesen Aufschluß nicht allzu-

---

der Außenseite mit schwarzem Papier zur Vermeidung von Reflexen geschwärzt. Hinter den Zylindern folgt eine geschwärzte Zwischenwand (*d*), welche längliche Ausschnitte besitzt, die etwas schmäler als die Glaszylinder sind. Ein zwischen dieser Wand und dem Zylinder beweglicher Schieber (*e*) wird bei Ausführung der Bestimmungen jedesmal so weit emporgezogen, daß Licht nur durch die zu vergleichenden Lösungen hindurchgehen kann. Beim Gebrauch richtet man den Apparat so gegen ein Fenster, daß beide Kolorimeterzylinder gleichmäßig beleuchtet sind; künstliches Licht ist nicht zu gebrauchen.

[1]) M. Dittrich und S. Freund, Z. anorg. Chem. **56**, 337 (1907).

fein gepulvert sein, da leicht beim Pulvern Oxydation des Ferroeisens eintreten kann.[1])

Für den Aufschluß sind zwei Methoden im Gebrauch, nach E. Mitscherlich[2]) und Pebal-Doelter.[3])

1. Eisenoxydulbestimmung nach E. Mitscherlich. Nach E. Mitscherlich zersetzt man das Mineralpulver durch mehrstündiges Erhitzen im geschlossenen Rohr auf 180—200° mit starker Schwefelsäure.

Zu diesem Zweck gibt man in ein trockenes Bombenrohr von eisenoxydulfreiem Kaliglas mittels eines weiten Trichterrohrs etwa $^3/_4$—1 g des fein gepulverten Minerals, fügt etwas Wasser hinzu und erwärmt letzteres einen Moment zum Sieden, um dadurch die Luft aus dem Pulver auszutreiben und ein späteres Festkleben des Minerals an der Röhrenwandung zu vermeiden. Nach dem Erkalten füllt man das Rohr etwa $^3/_4$ voll mit einer abgekühlten Mischung von 3 Gewichtsteilen konzentrierter Schwefelsäure und 1 Gewichtsteil ausgekochten Wassers und zieht vor dem Gebläse das obere Rohrende zu einem dickwandigen Halse aus. Durch denselben leitet man mittels eines Capillarrohrs einige Zeit CO_2 in das Rohr ein, verdrängt dadurch die über der Säure stehende Luft vollständig und schmilzt schließlich unter stetem Einleiten von Kohlensäure das ausgezogene Rohr möglichst dickwandig ab. Man läßt in senkrechter Stellung erkalten, schüttelt hierauf das Rohr, bis sich die Substanz vollständig in der Säure verteilt hat, und erhitzt es schließlich im Schießofen einen Tag auf 180—200°. Nach dem Erkalten prüft man mittels Lupe, ob der Aufschluß beendet ist und erhitzt, sollte es nicht der Fall sein, noch weiter, bis dies erreicht ist. Wenn alles aufgeschlossen ist, sprengt man die Spitze der Röhre ab, wirft dieselbe in eine größere Platinschale, welche mit Schwefelsäure angesäuertes, ausgekochtes Wasser enthält, gibt den Inhalt der Röhre ebenfalls hinein, spült mit gleichem Wasser nach und titriert mit Permanganatlösung von bekanntem Titer (etwa $n/20$) bis zur bleibenden Rotfärbung.

Die Methode besitzt den Nachteil, daß nicht alle Mineralien durch Schwefelsäure angegriffen werden und daß die Ausführung recht umständlich ist.

2. Eisenoxydulbestimmung nach Pebal-Doelter. Wesentlich rascher und vielfach vollständiger gelingt die Aufschließung nach Pebal-Doelter mit Flußsäure und Schwefelsäure.

Die hierzu verwendete Flußsäure muß frei von reduzierenden Substanzen sein. Eine verdünnte wäßrige, mit Schwefelsäure versetzte Lösung derselben darf durch einen Tropfen Permanganat nicht entfärbt werden.

Ausführung. In einen geräumigen Platintiegel gibt man $^1/_2$—1 g der nicht allzu fein gepulverten Substanz, fügt, besonders bei basischen Mineralien, um ein Festkleben der Substanz und dadurch einen unvollständigen Aufschluß zu verhindern, etwa 1 g gepulverten reinen Quarz[4]) hinzu und verrührt dieses Gemisch mittels eines Platinspatels oder dicken Platindrahtes mit etwa 2 ccm konzentrierter Schwefelsäure und fügt etwa 7—10 ccm chemisch reine

[1]) R. Mauzelius, Sveriges Geologiska Undersöckning. Arsbok I, Nr. 3 (1907) und W. F. Hillebrand, Journ. Am. chem. Soc. **30**, 1120 (1908).

[2]) E. Mitscherlich, Journ. prakt. Chem. **81**, 108 u. **83**, 455 und Z. f. anal. Chem. **1**, 56 (1862).

[3]) C. Doelter, Tsch. min. Mit. 1877, 281 u. 1880, 100. — Z. f. anal. Chem. **18**, 50 (1878).

[4]) M. Dittrich, Ber. Dtsch. Chem. Ges. **44**, 990 (1911).

Flußsäure hinzu. Den so beschickten Tiegel setzt man sofort auf ein kleines, zum Sieden erhitztes Wasserbad (im Flußsäureabzug), stülpt darüber eine Flasche, deren Boden abgesprengt ist oder einen Trichter mit abgeschnittenem Stiel, dessen unterer Rand in einer mit etwas Glycerin — zum Luftabschluß — gefüllten Vertiefung des Wasserbaddeckels steht und leitet durch den Hals der Flasche oder des Trichters einen lebhaften Kohlensäurestrom ein. Nach etwa 5 Minuten lüftet man die Flasche oder den Trichter, rührt den Inhalt des Tiegels rasch um, damit sich keine Substanzteilchen am Boden festsetzen und erhitzt noch etwa zehn Minuten. Den Tiegelinhalt gibt man sofort in eine größere Platinschale oder auch in ein Becherglas, welches etwa 50 ccm Wasser enthält. In diesem hat man vorher etwa 25 g Kaliumsulfat und 8—10 g Kieselsäure (Acidum silicicum via humida paratum von E. Merck, Darmstadt) zur Beseitigung der störenden Flußsäure und Überführung in Kieselflußsäure[1]) aufgeschlämmt. Den Rest des Tiegelinhalts spült man mit verdünnter Schwefelsäure in die Schale bzw. in das Becherglas und titriert mit Permanganat bis eben Rotfärbung auftritt; dieselbe bleibt dann etwa $^1/_2$ Minute bestehen, verschwindet jedoch meist nach einiger Zeit.

Mangan. Sind nur geringe Mengen Mangan vorhanden, so finden sich diese im Ammoniakniederschlag beim Eisen; man trennt sie durch Überführung in Doppelcyanide,[2]) von denen das Mangancyanid hydrolytisch gespalten werden kann, während das Eisencyanid unverändert bleibt.

Zunächst führt man, nachdem die Tonerde durch die Ätznatronschmelze abgeschieden ist, die Oxyde von Eisen und Mangan, wie oben angegeben, durch Schmelzen mit Kaliumsulfat in lösliche Sulfate über und fällt zweckmäßig aus der Lösung der Schmelze erst das gesamte Mangan mit noch einem geringen Teil des Eisens durch Persulfat[3]) aus. Zu letzterem Zweck neutralisiert man zunächst die Lösung der Schmelze beinahe vollständig mit Ammoniak und löst einen etwa ausfallenden Niederschlag durch einige Tropfen verdünnter Salpetersäure und etwas Wasserstoffsuperoxyd. Zu dieser schwachsauren Flüssigkeit, welche ziemlich verdünnt sein muß und etwa 300 ccm betragen kann, gibt man etwa 20 ccm einer filtrierten 10%igen Lösung von reinem Ammoniumpersulfat und erwärmt das Ganze in einem Becherglase unter mehrmaligem Umrühren auf dem nicht ganz bis zum Sieden erhitzten Wasserbad auf etwa 70° Das Mangan scheidet sich als bräunlicher Niederschlag ab. — Sind nur Spuren von Mangan zugegen, so entsteht eine violette Färbung infolge Permanganatbildung. Man bestimmt dann das Mangan besser kolorimetrisch, wie unten angegeben.

Den Manganniederschlag filtriert man ab und löst ihn auf dem Filter in möglichst wenig verdünnter Schwefelsäure und etwas Wasserstoffsuperoxyd und trennt in dieser, jetzt nur noch wenig Eisen enthaltenden Lösung Mangan und Eisen durch die Cyanidmethode.

Zu dieser Lösung fügt man unter Erwärmen zur Reduktion des Eisens etwas kristallisiertes Natriumsulfit oder so viel konzentrierte, wäßrige schweflige

[1]) M. Dittrich, Ber. über die Versammlungen des oberrhein. geol. Vereins. 45. Versammlung zu Bad Dürkkeim 1910, 92; sowie M. Dittrich, Über Eisenoxydulbestimmungen in Silicatgesteinen, Vortrag auf der Naturforscher-Versammlung in Karlsruhe 1911 und J. Fromme, Tsch. min. Mit. **18**, 329 (1909).

[2]) M. Dittrich, Ber. Dtsch. Chem. Ges. **36**, 2730 (1903).

[3]) M. Dittrich, Ber. Dtsch. Chem. Ges. **35**, 4072 (1902).

Säure hinzu, bis die Flüssigkeit vollkommen farblos geworden ist und stark nach schwefliger Säure riecht, und gibt hierzu unter einem gut ziehenden Abzuge auf einmal eine Lösung von ca. 1 g reinem Cyankalium und 1 g Natriumsulfit in wenig Wasser und erwärmt kurze Zeit. Dadurch wird alles Ferrosalz in Ferrocyankalium verwandelt, während das Mangan zum Teil in eine analoge Verbindung (K_4MnCy_6) übergeführt, zum Teil aber weiter zerlegt wird. Ist der im ersten Augenblick etwas dunklere Niederschlag hell geworden, so fügt man eine wäßrige Lösung von etwa 1—2 g reinem Natriumhydroxyd hinzu; dadurch wird das komplexe Eisensalz nicht verändert, die Manganverbindung dagegen wird gespalten und in Manganohydroxyd verwandelt, welches sich bei weiterem Erwärmen infolge der Oxydation durch die Luft dunkler färbt. Da der so erhaltene Manganniederschlag sehr schlecht filtriert, führt man ihn durch Zugabe von einigen Kubikzentimetern 3%igen reinen Wasserstoffsuperoxyds in schwarzbraunes Mangansuperoxydhydrat über, erwärmt einige Zeit, bis der Niederschlag sich gut abgesetzt hat und verdünnt reichlich mit heißem Wasser. Nach etwa 15 Minuten filtriert man das Mangansuperoxydhydrat durch ein größeres Filter ab, wäscht es gut aus und löst es gleich auf dem Filter noch einmal, am besten in einem warmen Gemisch von verdünnter Salpeter- oder Schwefelsäure und etwas Wasserstoffsuperoxyd. Aus der so erhaltenen Manganosalzlösung läßt sich das Mangan leicht durch Ammoniak bei Gegenwart von Wasserstoffsuperoxyd wieder abscheiden und nach dem Abfiltrieren durch Glühen in Mn_3O_4 überführen.

Das Gewicht des Eisens erhält man nach Abzug der gefundenen Menge Mn_3O_4 von dem Gesamtgewicht beider.

Bei größeren Manganmengen wird nicht alles Mangan durch Ammoniak sofort ausgefällt und muß erst im Filtrat vom Ammoniakniederschlag abgeschieden werden. Es geschieht dies zweckmäßig durch weiteres Erwärmen der eingedampften Filtrate vom Ammoniakniederschlag mit Ammoniak und Wasserstoffsuperoxyd. Dadurch scheidet sich auch der Rest des Mangans vollständig ab, reißt aber nicht unerhebliche Mengen Calcium und Magnesium mit und muß von diesen getrennt werden (ist Eisen und Tonerde abwesend, dann erwärmt man sofort das Filtrat von der Kieselsäure mit Ammoniak und Wasserstoffsuperoxyd und fällt dadurch das gesamte Mangan); es geschieht dies zweckmäßig durch Persulfat in saurer Lösung.[1]) Die Abscheidung durch Ammoniumsulfid im Filtrat vom Ammoniakniederschlag ist wenig zu empfehlen, da das abgeschiedene Mangansulfid sehr schlecht filtriert und ebenfalls Calcium und Magnesium mitreißt.

Den durch Ammoniak und Wasserstoffsuperoxyd erhaltenen Niederschlag löst man auf dem Filter nochmals, um ihn von Calcium und Magnesium zu trennen, in wenig verdünnter Salpetersäure unter Zusatz einiger Tropfen Wasserstoffsuperoxyds, verdünnt auf 2—300 ccm und setzt noch so viel Salpetersäure hinzu, daß man etwa eine 3—4%ige Säure erhält. Nun fügt man 20—30 ccm filtrierte 10%ige Persulfatlösung hinzu und erwärmt die Flüssigkeit einige Stunden unter öfterem Umrühren bei 70—80° auf dem Wasserbad. Dadurch scheidet sich das Mangan als rein schwarzer Niederschlag vollkommen frei von Calcium und Magnesium ab und kann dann abfiltriert, mit heißem Wasser ausgewaschen und durch Glühen im Tiegel in Mn_3O_4 übergeführt

[1]) M. Dittrich und C. Hassel, Ber. Dtsch. Chem. Ges. **35**, 3266 (1902) und **36**, 285 (1903).

werden; in das Filtrat vom Mangan geht das gesamte etwa mitgerissene Calcium und Magnesium. Ihre Abscheidung erfolgt wie oben angegeben.

Kolorimetrische Manganbestimmung.[1]) Bei sehr geringen Manganmengen versagt die gewichtsanalytische Bestimmung und die damit erhaltenen Resultate werden recht ungenau; es ist deshalb besser, solche kleinen Mengen Mangan in einer besonderen Portion auf kolorimetrischem Wege zu ermitteln: Man führt nach Aufschluß des Mineralpulvers vorhandenes Mangan in Permanganat über und vergleicht die erhaltene Lösung mit einer Permanganatlösung von bekanntem Gehalt.

Für die Ausführung sind zwei Lösungen nötig: 1. eine Silberlösung, 2 g Silbernitrat im Liter enthaltend, und 2. eine Mangansulfatlösung, deren Stärke 2 mg MnO auf 10 ccm entspricht; die letztere Lösung stellt man sich am besten durch Auflösen von 1,103 g des leicht rein zu erhaltenden Mangan-Ammoniumsulfats her.

Der Aufschluß des Minerals erfolgt entweder direkt durch Erwärmen von etwa 1 g des Mineralpulvers mit starker Schwefelsäure oder durch Zersetzen in einer kleinen Platinschale mit Fluß- und Schwefelsäure und mehrmaligem Abrauchen mit reiner Schwefelsäure zur Verjagung der Flußsäure. Der Rückstand wird mit verdünnter Schwefelsäure aufgenommen und vom Unlöslichen abfiltriert.

Die erhaltene Lösung muß stark sauer sein und soll, wenn der Mangangehalt 1 mg nicht übersteigt, weit unter 100 ccm betragen. Man setzt zu der in einem 100 ccm-Kölbchen befindlichen Lösung für jedes Milligramm MnO 10 ccm der obigen Silberlösung hinzu (entsteht eine Trübung von Chlorsilber, so ist diese abzufiltrieren), gibt etwa 1 g reines Ammoniumpersulfat hinzu und erwärmt das Gläschen auf einem warmen Wasserbade. Nach kurzer Zeit färbt sich die Flüssigkeit violett durch Permanganatbildung; wenn diese eintritt, nimmt man das Gläschen vom Wasserbad weg und kühlt es, wenn die Farbe nicht mehr zunimmt, durch Einstellen in kaltes Wasser ab, füllt zur Marke auf und schüttelt um. Ist der Farbenton tiefer als die gleich zu beschreibende Vergleichslösung, so füllt man in ein größeres Kölbchen über.

Sollte während der Operation sich ein brauner Niederschlag infolge zu geringer Silbernitratzugabe bilden, so fügt man noch davon hinzu und erwärmt längere Zeit; man kann auch, wenn dadurch der Niederschlag nicht verschwindet und man keine neue Probe der Substanz verwenden will, den Niederschlag abfiltrieren, in wenig schwefliger Säure lösen und nach Zugabe von Silbernitrat mit Persulfat wieder oxydieren; beide Lösungen sind natürlich zu vereinigen.

Als Vergleichslösung benutzt man eine Permanganatlösung, welche man sich aus obiger Mangansulfatlösung herstellt. Man gibt 10 ccm davon in ein 100 ccm-Kölbchen, fügt 10 ccm der Silbernitratlösung und 1 g Persulfat hinzu und erwärmt, bis sich die Permanganatbildung vollzogen hat; nach Abkühlen füllt man zur Marke auf, schüttelt gut um und bringt 10 ccm davon durch Auffüllen mit Wasser auf denselben Farbenton, wie die zu untersuchende Lösung. Die Ausführung geschieht wie bei Titan beschrieben.

Die gefundene Menge MnO ist, auf Mn_3O_4 umgerechnet, vom Gewicht des Ammoniakniederschlages bzw. des Eisens (Fe_2O_3, Mn_3O_4, TiO_2) in Abzug zu bringen.

---

[1]) H. E. Walters, Ch. N. **84**, 239 (1901). — Proc. Eng. Soc. West. Pcs. **17**, 257 (1901).

Lithium. Das Lithium befindet sich bei dem Aufschluß nach Lawrence Smith bei den Alkalien und muß von Kalium und Natrium getrennt werden; es wird zwar durch Platinchlorwasserstoffsäure nicht gefällt, aber in geringer Menge mitgerissen. Erst durch Wiederauflösen des Kaliumplatinchloridniederschlags in heißem Wasser, Wiedereindampfen und Aufnehmen des Rückstandes mit $80^0/_0$igem Alkohol und eventuell nochmaliges Wiederholen dieser Behandlung können die letzten Spuren vom Kalium getrennt werden.

Im Filtrat vom Kalium befindet sich nur Natrium und Lithium. Man zersetzt, wie früher bei der Natriumbestimmung angegeben, das Platindoppelsalz durch Kochen mit Ameisensäure usw. und bringt die Summe von NaCl und LiCl zur Wägung, wobei man wegen der großen Flüchtigkeit des Lithiums nur sehr vorsichtig glühen darf.

Die Trennung erfolgt nach der von F. P. Treadwell modifizierten Rammelsbergschen Methode mit Ätheralkohol, welcher mit Chlorwasserstoffsäure gesättigt ist. In diesem ist LiCl löslich, während NaCl darin sich nicht löst.

In der Beschreibung der Ausführung der Methode folge ich den Angaben von F. P. Treadwell.

Ausführung: Die Lösung der Chloride verdampft man in einem kleinen Kolben von Jenaer Glas mit eingeschliffenem Zweiwegstöpsel (Fig. 52), indem man durch die lange Röhre einen trockenen Luftstrom ein- und durch die kurze Röhre hinausleitet. Ist die Masse trocken, so stellt man den Kolben in ein Ölbad, erhitzt auf 140—150° und leitet $^1/_2$ Stunde lang einen trockenen Strom von Chlorwasserstoffgas hindurch. Hierauf entfernt man den Kolben vom Ölbade, läßt im Chlorwasserstoffgassstrom erkalten, versetzt dann mit einigen Kubikzentimetern absoluten, mit Chlorwasserstoffgas gesättigten Alkohols und hierauf mit dem gleichen Volumen absoluten Äthers, verschließt den Kolben mit einem passenden eingeriebenen Glasstöpsel und läßt unter häufigem Schütteln 12 Stunden stehen. Nun gießt man die Lösung durch ein mit Ätheralkohol benetztes Filter, dekantiert den Rückstand dreimal mit Ätheralkohol, fügt abermals zum Rückstand im Kolben einige Kubikzentimeter Ätheralkohol, läßt wiederum 12 Stunden stehen, gießt die Flüssigkeit wieder ab und wäscht schließlich so lange mit Ätheralkohol, bis eine Spur des Rückstandes im Spektrum die völlige Abwesenheit von Lithium zeigt. Nun verdampft man die ätheralkoholischen Auszüge sorgfältig zur Trockne im lauwarmen Wasserbade, löst den Rückstand in möglichst wenig Wasser unter Zusatz einiger Tropfen verdünnter Schwefelsäure, spült in einen gewogenen Platintiegel und setzt genügend verdünnte Schwefelsäure zu, um das vorhandene Lithiumchlorid in Sulfat zu verwandeln, verdampft, soweit wie möglich, im Wasserbade, raucht den Überschuß an Schwefelsäure sorgfältig ab, glüht schwach und wägt das entstandene Lithiumsulfat.

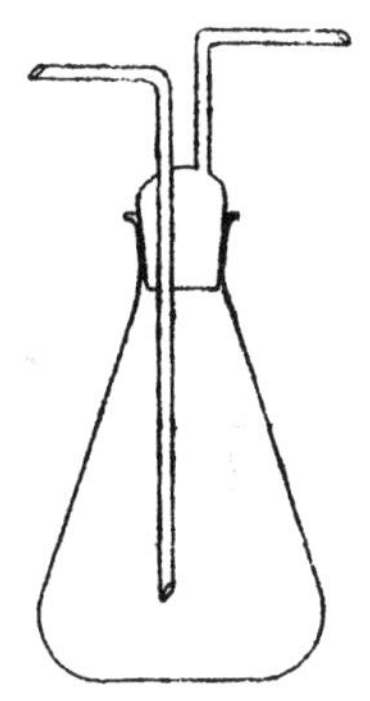

Fig. 52.

Die Trennung des Lithiums von Kalium und Natrium kann auch durch Auskochen mit Amylalkohol[1]) oder mit Pyridin[2]) geschehen.

[1]) F. A. Gooch, Proc. of the Americ. Academy of Arts and Sciences **22**, [N. S. 14], 177.

[2]) L. Kahlenberg, u. Fr. C. Krausskopf, Journ. Amer. Chem. Soc. 1908, 1104. — E. Murmann, Z. f. anal. Chem. **50**, 171 u. 273 (1911).

Borsäure. Die Bestimmung der Borsäure erfolgt als Bortrioxyd nach der Methode von Th. Rosenbladt-Gooch[1]) durch Destillation des durch Schmelzen mit Soda aufgeschlossenen Minerals mit acetonfreiem, absolutem Methylalkohol und Essigsäure; dadurch geht alles Bor als Borsäuremethylester über und kann in vorgelegtem Kalk oder Natriumwolframiat aufgefangen und bestimmt werden.

Der Aufschluß des Minerals erfolgt durch Schmelzen mit der vierfachen Menge Natriumcarbonat. Die Schmelze wird mit Wasser ausgezogen, der wäßrige, alle Borsäure enthaltende Auszug wird auf ein kleines Volumen eingedampft, die Lösung mit Salzsäure eben angesäuert, hierauf ein Tropfen verdünnte Natronlauge und dann einige Tropfen Essigsäure hinzugegeben und, gleichgültig, ob sich hierbei Kieselsäure ausscheidet oder nicht, direkt in die Goochretorte (s. unten) gebracht.

Ausführung:[2]) Zunächst glüht man ca. 1 g reinsten Kalk in einem geräumigen Platintiegel bis zum konstanten Gewichte vor dem Gebläse aus, bringt soviel wie möglich davon in den als Vorlage dienenden trockenen Erlenmeyerkolben (Fig. 53) und stellt den Tiegel mit dem geringen Rest an Kalk vorläufig beiseite in den Exsiccator.

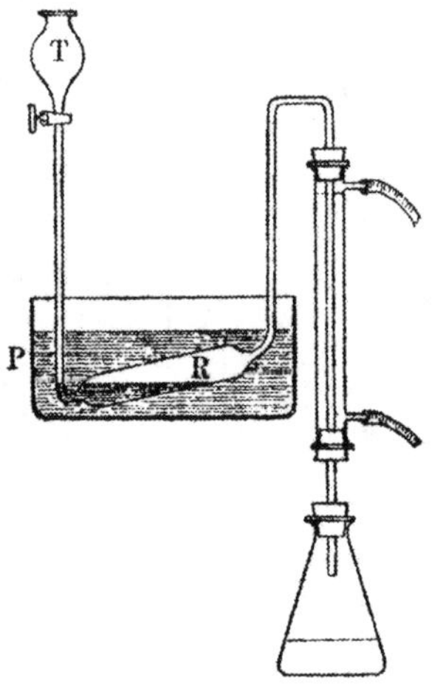

Fig. 53.

Den im Kolben befindlichen Kalk löscht man durch vorsichtigen Zusatz von ca. 10 ccm Wasser und verbindet den Kolben dann, wie in der Figur ersichtlich, mit dem Destillationsapparat[3]) (Fig. 53).

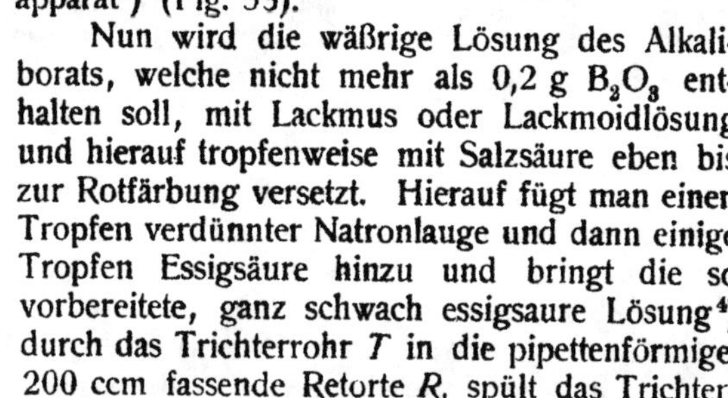

Nun wird die wäßrige Lösung des Alkaliborats, welche nicht mehr als 0,2 g B_2O_3 enthalten soll, mit Lackmus oder Lackmoidlösung und hierauf tropfenweise mit Salzsäure eben bis zur Rotfärbung versetzt. Hierauf fügt man einen Tropfen verdünnter Natronlauge und dann einige Tropfen Essigsäure hinzu und bringt die so vorbereitete, ganz schwach essigsaure Lösung[4]) durch das Trichterrohr *T* in die pipettenförmige, 200 ccm fassende Retorte *R*, spült das Trichterrohr dreimal mit 2—3 ccm Wasser nach und schließt den Hahn. Man destilliert nun die Flüssigkeit, indem man die Retorte in dem kleinen Paraffinbad *P* auf höchstens 140° C erhitzt und fängt die abdestillierende Flüssigkeit in der Vorlage über Kalk auf. Ist alle Flüssigkeit abdestilliert, so senkt man das Paraffinbad, läßt die Retorte ein wenig abkühlen, gießt 10 ccm absoluten, acetonfreien Methylalkohol durch das Trichterrohr hinzu und destilliert ab. Diese Operation wird dreimal wiederholt. Nach der

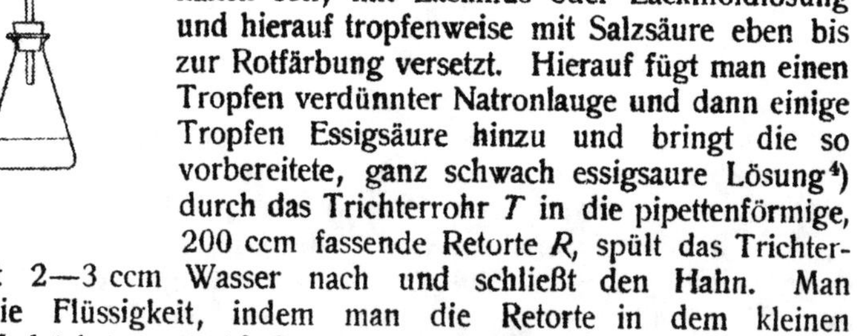

[1]) Th. Rosenbladt-Gooch, Z. f. anal. Chem. **26**, 78 u. 764 (1887).

[2]) Nach F. P. Treadwell, Kurzes Lehrbuch d. analyt. Chemie II, Quantitative Analyse, 5. Aufl. (Wien 1911), 352.

[3]) Damit die Luft aus dem Kolben entweichen kann, ist der Kork mit einem seitlichen Einschnitt versehen.

[4]) Es ist unbedingt notwendig, die Hauptmenge des Alkalis durch Salzsäure und hierauf den geringen Rest desselben mit Essigsäure zu neutralisieren. Würde man alles Alkali durch Essigsäure neutralisieren, so würde keine, oder höchstens nur geringe Spuren von Borsäure bei der nachfolgenden Destillation mit Alkohol in die Vorlage gelangen.

dritten Destillation fügt man 2—3 ccm Wasser und einige Tropfen Eisessig hinzu, bis der Retorteninhalt deutlich rot wird,[1]) dann 10 ccm Methylalkohol, destilliert wieder und hierauf noch zwei weitere Male mit je 10 ccm Methylalkohol. Nun befindet sich alle Borsäure in der Vorlage. Man schüttelt kräftig um und läßt verkorkt 1—2 Stunden stehen, um sicher zu sein, daß der Borsäuremethylester vollständig verseift ist, gießt den Inhalt der Vorlage in eine ca. 200 ccm fassende Platinschale und verdampft bei möglichst niedriger Temperatur im Wasserbade zur Trockne. Hierbei darf der Alkohol unter keinen Umständen zum Sieden kommen. Um die kleinen Reste Kalk, welche an der Wandung der Vorlage haften, in die Schale zu bekommen, bringt man einen Tropfen ganz verdünnter Salpetersäure in die Vorlage und benetzt damit, durch geschicktes Neigen und Drehen derselben, die ganze Wandung, spült mehrmals mit Wasser in die Platinschale aus und verdampft zur Trockne, was jetzt im kochenden Wasserbade geschehen kann, weil der Alkohol ganz vertrieben ist. Dann wird die Schale sorgfältig über kleiner Flamme zum Glühen erhitzt, um das vorhandene Calciumacetat[2]) zu zerstören, erkalten gelassen, mit wenig Wasser aufgeweicht und ohne Verlust in den Platintiegel, worin der Kalk ausgeglüht wurde, gespült. An der Wandung der Platinschale haften größere Mengen grau- bis schwarzgefärbten Kalks und Kohle, die man in 1—2 Tropfen ganz verdünnter Salpeter- oder Essigsäure löst und in den Tiegel spült. Der Tiegelinhalt wird im Wasserbade zur Trockne verdampft, dann mit aufgesetztem Deckel schwach, später stark bis zu konstantem Gewicht geglüht. Die Gewichtszunahme ist B_2O_3.

Bemerkung: Diese Methode liefert tadellose Resultate, auch bei Gegenwart von großen Mengen anderer Salze. Freie Halogenwasserstoffsäuren und Schwefelsäure dürfen nicht anwesend sein, weil diese mit Überdestillieren und mit der Borsäure gewogen würden.

Statt Kalk verwenden F. A. Gooch und L. C. Jones[3]) Natriumwolframat, welches in Wasser löslich ist und nach dem Abdampfen und Erhitzen bis zum Schmelzen genau das ursprüngliche Gewicht zeigt und keine Feuchtigkeit aus der Luft anzieht. Um sicher zu sein, daß das Natriumwolframat keine Kohlensäure enthält, setzt man demselben beim Schmelzen vor der Wägung etwas freie Wolframsäure zu. Fügt man zur Lösung des so vorbereiteten Wolframats Borsäure zu, verdampft und erhitzt zum Schmelzen, so wird letztere infolge Bildung von Natriumborowolframat festgehalten und die Gewichtszunahme gibt die Menge des zugefügten Bortrioxyds an.

In die Vorlage gibt man die wäßrige Lösung einer vorher im Platintiegel geschmolzenen und genau gewogenen Menge Natriumwolframats (4—7 g auf 0,15 B_2O_3); auf die Vorlage setzt man noch ein Zweikugelrohr, welches mit etwas Wasser gefüllt ist, um die letzten Spuren etwa übergehenden Esters zu kondensieren.

Da es zweckmäßig ist, das Wolframat längere Zeit mit dem Destillat in Berührung zu lassen, so läßt man den Inhalt der Vorlage nach gutem Durchmischen eine halbe Stunde lang stehen, dampft die Lösung darauf in einer Platinschale stark ein, bringt sie in den Tiegel, in welchem das Wolframat ursprünglich abgewogen war, verdampft zur Trockne, erhitzt zum Schmelzen und wägt.

---

[1]) Durch mehrmalige Destillation nimmt der Retorteninhalt eine schwach alkalische Reaktion an, was man an der Blaufärbung des Lackmus erkennt.

[2]) Herrührend von der überschüssig zugesetzten Essigsäure.

[3]) F. A. Gooch und L. C. Jones, Z. anorg. Chem. 19, 417 (1899).

Die Borsäure läßt sich auch maßanalytisch bestimmen, wenn solche an Alkali gebunden ist, jedoch müssen Carbonate und Ammoniumsalze abwesend sein.

Fügt man zu einer alkalischen Borsäurelösung bei Gegenwart von Methylorange als Indicator Salzsäure, bis der Umschlag in Rot eintritt, so wirkt dabei die Borsäure nicht auf den Indicator, und man kann dieselbe, nachdem man so eine für Methylorange neutrale Flüssigkeit erhalten hat, nach Zusatz von Glycerin und Anwendung von Phenolphtalein als Indicator mit Natronlauge bestimmen. Diese Methode wendet J. Fromme[1]) auch auf Mineralien an.

Zur Überführung in Alkaliborate müssen die Mineralien (0,5—1 g) mit der achtfachen Menge pulverförmigen Kaliumcarbonats im Platintiegel vorsichtig (nur über dem Bunsenbrenner) geschmolzen werden. Die Schmelze wird mit heißem Wasser eingeweicht und ausgelaugt, filtriert und der Rückstand heiß ausgewaschen. In die borsäurehaltige Lösung wird Kohlensäure eingeleitet, worauf sie auf ca. 20 ccm konzentriert wird. Nach dem Erkalten wird verdünnt, die ausgeschiedene Kieselsäure abfiltriert und ausgewaschen, das Filtrat aber in einem Becherglas von neuem bis auf ca. 10 ccm eingedampft, was auf einer Asbestplatte über kleiner Flamme geschehen kann, jedoch wegen etwaigen Spritzens zuletzt sehr vorsichtig geschehen muß. Hierauf wird unter Bedeckung mit einem Uhrglase mit konzentrierter Salzsäure deutlich angesäuert, 20 ccm Alkohol von 96 % zugesetzt und die Wände des Becherglases mit Alkohol abgespritzt. Der Alkoholzusatz bezweckt die völlige Entfernung der Kohlensäure ohne Erhitzen. Nach dem Klären der Flüssigkeit von Resten ausgeschiedener Kieselsäure wird filtriert und mit kohlensäurefreiem Wasser nachgewaschen. Das Filtrat, welches 100—120 ccm betragen kann, wird ohne Rücksicht darauf, ob es vollkommen klar ist, nunmehr mit einer Lösung Methylorange tingiert und vorsichtig mit kohlensäurefreier Natronlauge (ca. n/2) bis zur eben eintretenden Gelbfärbung versetzt. Die Salzsäure ist nun gebunden, die Borsäure aber noch in Freiheit. Sollte zu viel Natronlauge verwendet sein, so kann man durch Salzsäure erneut ansäuern und diese durch Natronlauge wieder binden. Nun ist die Lösung zur eigentlichen Titration der Borsäure vorbereitet. Man teilt sie in zwei Hälften, so, daß man zwei Versuche ausführen kann.

Man setzt zu einer Hälfte 15 ccm absolut neutrales[2]) Glycerin hinzu, tingiert ohne Rücksicht auf das bereits in Lösung befindliche Methylorange mit Phenolphthaleïn und titriert mit kohlensäurefreier n/10-Natronlauge bis zum Eintritt der Rosafärbung. Zur Kontrolle fügt man noch einmal 10 ccm Glycerin hinzu. Verschwindet die Rosafärbung, so titriert man weiter bis zum Bestehenbleiben derselben und kontrolliert abermals mit Glycerin usw. Die Lauge muß unter ähnlichen Verdünnungsverhältnissen auf Borsäure, nicht z. B. auf Salzsäure, eingestellt sein, da ihr Sättigungsvermögen ein etwas abweichendes ist. Unter diesen Umständen entspricht 1 ccm n/10-Natronlauge 0,035 g B_2O_3, entsprechend der Gleichung:

$$B_2O_3 + 2NaOH = 2NaBO_2 + H_2O.$$

Fluor. Das Fluor wird am besten nach der Methode von H. Rose unter Benutzung der Modifikationen von J. C. Minor und S. L. Penfield[3]) bestimmt:

[1]) J. Fromme, Tsch. min. Mit. **28**, 331 (1909).

[2]) Es kommt oft vor, daß das Glycerin sauer reagiert; es muß dann unter Benutzung von kohlensäurefreier Natronlauge und Phenolphthaleïn bis zur leichten Rötung neutralisiert werden.

[3]) J. C. Minor und S. L. Penfield, Am. Journ. [3] **47**, 388 (1894).

Man schließt mit Natriumcarbonat auf, scheidet aus dem wäßrigen Auszug der Schmelze die Kieselsäure ab, fällt in dem nur noch Alkalien enthaltenden Filtrat das Fluor durch Calciumchloridlösung als CaF_2 und bringt dies zur Wägung; alle Lösungen und Fällungen müssen dabei in Platingefäßen vorgenommen werden.

Ausführung: Etwa 0,5—1 g (je nach dem Fluorgehalt) des Mineralpulvers werden mit ungefähr 5—6 g trockenem Natriumcarbonat genau so wie früher bei der SiO_2-Bestimmung angegeben, gemischt und durch etwa 20 Minuten langes Glühen über dem Bunsenbrenner (nicht über der Gebläseflamme, da sonst Alkalifluoride weggehen würden) aufgeschlossen; die Schmelze wird im Tiegel mit Wasser aufgeweicht und alles in eine Platinschale übergeführt. Färbt sich die Lösung der Schmelze infolge Manganatbildung grün, so gibt man zur Reduktion derselben einige Tropfen Methyl- oder Äthylalkohol hinzu und erwärmt. Wenn alles beim Erwärmen zu einem feinen Pulver zerfallen ist, filtriert man durch einen Platin- oder Hartgummitrichter von dem Ungelösten in eine andere Platinschale ab und wäscht Filter sowie den Rückstand im Tiegel und in der Schale gut aus. Zu dem noch heißen und — wenn nötig — etwas eingedampften Filtrat, welches das Fluor an Alkali gebunden enthält, gibt man zur Abscheidung der in Lösung gegangenen Kieselsäure 5 g gepulvertes Ammoniumcarbonat und nach dem Erkalten noch die gleiche Menge und läßt 12 Stunden stehen. Sodann filtriert man von der ausgeschiedenen Kieselsäure ab, wäscht diese aus und verdampft das Filtrat in einer Platinschale auf dem Wasserbade, bis keine aus der Zersetzung des Ammoniumcarbonats stammende Kohlensäure mehr weggeht. Zur vollständigen Abscheidung der noch in Lösung befindlichen SiO_2 fügt man zu dem Rückstand 5 ccm einer konzentrierten Lösung von Zinkoxyd in starkem Ammoniak und dampft von neuem ein, bis kein Geruch nach Ammoniak mehr zu spüren ist. Nach Aufnehmen mit Wasser filtriert man das abgeschiedene Zinksilicat ab, wäscht den Rückstand gut aus und neutralisiert das Filtrat nicht ganz vollständig mit Salpetersäure, einen eventuellen Überschuß daran beseitigt man durch Zugeben von etwas Natriumcarbonatlösung, bis die Flüssigkeit wieder alkalisch geworden ist.

Die Flüssigkeit enthält jetzt nur noch Alkalicarbonate und Fluoride. Zur Abscheidung der letzteren, erhitzt man die Lösung bis fast zum Sieden und fällt sie mit einem ziemlichen Überschuß von Calciumchlorid, dadurch scheidet sich Calciumcarbonat und Fluorid ab. Nach mindestens 12stündigem Stehen in der Kälte filtriert man den Niederschlag ab, wäscht ihn gut aus, verascht ihn vorsichtig in einem größeren gewogenen Platintiegel und glüht ihn schließlich nur schwach. Sodann fügt man wenig Wasser und 1—2 ccm verdünnte Essigsäure hinzu, erwärmt den Tiegel unter Bedecken auf dem Wasserbade und dampft schließlich die Lösung zur Trockne. Den Rückstand durchfeuchtet man mit wenig Wasser, spült ihn auf ein kleines Filter und wäscht ihn, sowie auch den Tiegel gut aus, ohne jedoch den im Tiegel hängen gebliebenen Teil daraus zu entfernen. Man wiederholt nun das Ausziehen mit Essigsäure usw. so lange, bis einige Tropfen der ablaufenden Lösung beim Verdampfen auf dem Platinblech keinen Rückstand mehr hinterlassen, bis also alles Calciumcarbonat entfernt ist.

Das Filter mit dem schließlich zurückbleibenden Calciumfluorid wird in dem benutzten Platintiegel verascht, schwach geglüht und gewogen.

Durch Multiplikation mit 0,49 erhält man die Gesamtmenge Fluor.

Um sich von der Reinheit des erhaltenen CaF_2 und gleichzeitig von der wirklichen Anwesenheit von Fluor zu überzeugen, empfiehlt es sich, den Rückstand im Tiegel mit einigen Tropfen konzentrierter Schwefelsäure zu erwärmen und durch Abdampfen in Sulfat überzuführen.

In fluorhaltigen Mineralien gibt die SiO_2-Bestimmung durch Abdampfen des Aufschlusses mit HCl zu niedrige Resultate, da die SiO_2 mit dem F zusammen als SiF_4 weggeht. Man muß deshalb die bei der Fluorbestimmung abgeschiedene Kieselsäure nach dem Trocknen mit Salzsäure zur Entfernung des Zinks ausziehen und dann veraschen, glühen, wägen und mit Flußsäure und Schwefesäure verjagen; die so erhaltenen Werte entsprechen dem richtigen Kieselsäuregehalt.

Um das Fluor neben Borsäure zu bestimmen, macht man die Lösung, welche nur die Fluoride und Borate der Alkalien enthalten darf, mit Natriumcarbonat alkalisch und versetzt mit einem großen Überschuß von Calciumacetat. Hierdurch wird das Calciumfluorid gefällt, während das Calciumborat in Calciumacetat gelöst bleibt. Bei der ferneren Behandlung des Calciumfluorids wird die geringe Menge Calciumborat, welche mitgefällt wurde, wieder gelöst.

Kohlensäure. Von den zur Bestimmung der Kohlensäure beschriebenen Methoden (s. Carbonate) sei hier nur diejenige angegeben, welche sich für Silicate am besten eignet.

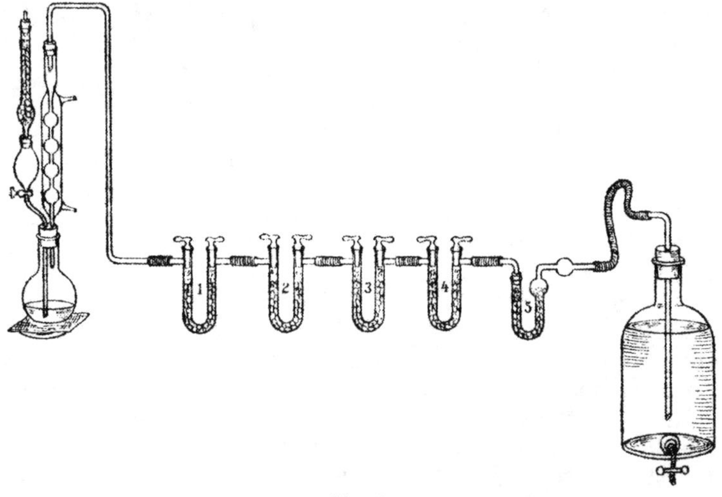

Fig. 54.

Bestimmung der Kohlensäure auf nassem Wege nach Fresenius-Classen. Der hierfür gebrauchte Apparat (s. Fig. 54) besteht aus einem mit einem doppelt durchbohrten Gummistopfen versehenen Rundkölbchen von 100 ccm Inhalt; durch die eine Bohrung des Stopfens geht bis fast auf den Boden des Kölbchens das englumige Rohr eines kleines Hahntrichters, während durch die zweite Öffnung ein kurzer Kühler führt, welcher das bei späterem Erhitzen verdampfende Wasser kondensieren soll. An den Kühler schließen sich, durch starkwandige Gummischläuche verbunden: erstens ein U-Rohr (1) mit Bimsteinstückchen gefüllt, welche mit wenig konzentrierter Schwefelsäure getränkt sind;

zweitens ein Rohr (2), zur einen Hälfte mit Kupfervitriolbimstein (durch Eindampfen einer konzentrierten Kupfervitriollösung mit Bimstein und Trocknen bei 150—160° zu erhalten) zum Zurückhalten mitgerissener Salzsäure. Zur anderen Hälfte enthält das Rohr gekörntes, vollkommen neutrales Chlorcalcium;[1]) sodann folgen (3 und 4) zwei Natronkalkröhren[2]) zur Aufnahme des Kohlendioxyds und schließlich ein zur Hälfte mit Natronkalk und Chlorcalcium gefülltes, ungewogenes Schutzrohr (5). Durch den ganzen Apparat, der vor Inbetriebnahme auf Dichtigkeit und auf richtiges Funktionieren durch einen blinden Versuch (ohne Substanz) zu prüfen ist, kann mittels eines Aspirators[3]) langsam Luft durchgesaugt werden, welche durch Aufsetzen eines Natronkalkrohrs auf den Hahntrichter von Kohlensäure befreit ist.

Zur Ausführung der Bestimmung gibt man in das Kölbchen etwa 0,6 bis 0,8 g des gepulverten Minerals, schlemmt es mit etwa 10 ccm Wasser auf, läßt nun bei geöffnetem Aspiratorhahn aus dem Tropftrichter langsam in mehreren Anteilen verdünnte Salzsäure (1 : 2) in den Kolben fließen und wartet jedesmal, bis die CO_2-Entwicklung vorüber ist; zuletzt erwärmt man den Kolben bis fast zum Sieden und läßt schließlich im Luftstrom erkalten. Es genügt 2—3 l Luft während der Dauer der Bestimmung durchzusaugen. Die Gewichtszunahme der Natronkalkröhrchen gibt direkt die CO_2-Menge an.

Wasser. Die Bestimmung des Wassers in Mineralien ist von ganz besonderer Wichtigkeit für die Konstitution derselben. Manche Mineralien, wie Zeolithe, geben ihr Wasser verhältnismäßig leicht ab, während andere das Wasser ganz oder zum Teil ungemein festhalten und seine Bestimmung sehr erschweren.

Vor jeder Wasserbestimmung ist es nötig, das Mineralpulver, um es von der aus der Luft angezogenen Feuchtigkeit zu befreien, einige Stunden auf einem Uhrglase ausgebreitet in einen Exsiccator zu legen, welcher ausgeglühten

[1]) Für die Chlorcalciumröhre verwendet man ein U-Rohr von etwa 12 cm Schenkellänge, möglichst mit eingeschliffenen Hähnen, welches an einem der seitlichen Röhrenansätze eine Kugel besitzt, damit das ausgetriebene Wasser dort zum Teil zurückgehalten wird und nicht vollständig von Chlorcalcium absorbiert wird; auf diese Weise bleibt das Chlorcalcium in der Röhre ziemlich lange benutzbar. Zur Neutralisation der im Chlorcalcium oft enthaltenen basischen Chloride, welche auch CO_2 absorbieren würden, leitet man durch die mit gekörntem Chlorcalcium gefüllte Röhre eine Stunde lang einen durch ein anderes Chlorcalciumrohr getrockneten Kohlensäurestrom hindurch und saugt sodann zur Verdrängung der Kohlensäure von der anderen Seite des Chlorcalciumrohres etwa $^1/_2$ Stunde lang durch das zweite Chlorcalciumrohr getrocknete Luft hindurch.

[2]) Für die Natronkalkröhren verwendet man U-Röhren von etwa 15 cm Schenkellänge und füllt sie zu $^2/_3$ mit mäßig feingekörntem Natronkalk und im letzten Drittel mit Chlorcalcium. Das Calciumchlorid dient zur Aufnahme des bei der Einwirkung des Kohlendioxyds auf den Natronkalk gebildeten Wassers:

$$2NaOH + CO_2 = Na_2CO_3 + H_2O$$
$$Ca(OH_2) + CO_2 = CaCO_3 + H_2O\,.$$

Oben auf das Chlorcalcium bzw. Natronkalk gibt man etwas Glaswolle oder Watte. Die Röhren müssen öfters neu gefüllt werden. Wenn bei Gebrauch auch die zweite Röhre eine Zunahme zeigt, so ist dies ein Zeichen, daß die Absorptionskraft der ersten Röhre erschöpft ist; man nimmt deshalb die bisherige zweite Röhre als erste, füllt die ausgebrauchte neu und benutzt sie jetzt als zweite Röhre.

[3]) Der Aspirator besteht aus einer mehrere Liter fassenden Flasche mit unten angebrachtem Tubus, in welchem mittels eines Stopfens ein mit Hahn (Schlauchstück mit Schraubenquetschhahn) versehenes Ablaufrohr sitzt; die Geschwindigkeit des Wasserabflusses wird durch den Quetschhahn reguliert.

und wieder erkalteten Sand enthält. Dieser nimmt nur die anhaftende Feuchtigkeit des Minerals auf, ohne irgendwie weiter zu entwässern.

Glühverlust. In manchen Fällen ist es möglich, das Wasser durch einfache Glühverlustbestimmung zu ermitteln. Es ist dies zulässig bei Mineralien, welche keine flüchtigen Stoffe, wie Fluor, Chlor, Schwefel, Kohlensäure usw. die ebenfalls mit weggehen würden oder keine sich oxydierenden Bestandteile, wie FeO, enthalten, durch deren Sauerstoffzunahme der Glühverlust zu gering werden würde. Es genügt dann, die Substanz, etwa 0,6—1 g, in einem gewogenen Platintiegel jedesmal 5 Minuten über dem Gebläse zu erhitzen, bis Gewichtskonstanz erreicht ist.

Es ist jedoch besser, das Wasser nach genaueren Methoden zu ermitteln. Dabei ist es auch gleichzeitig wünschenswert zu wissen, ob das Wasser nur bei höherer Temperatur weggeht, oder ob ein Teil desselben sich schon bei niederen Temperaturen verjagen läßt.

Bestimmung des bei niederen Temperaturen austreibbaren Wassers. Man gibt das feingepulverte Mineral, etwa 0,8 g, nachdem es, wie oben beschrieben, einige Zeit über ausgeglühtem Sand gelegen hat, auf einem Uhrglas in einen Exsiccator, welcher konzentrierte Schwefelsäure enthält, und läßt es dort einige Stunden, auch über Nacht, liegen, und stellt durch Wägung fest, ob eine Gewichtsabnahme erfolgt oder nicht. Man wiederholt das Liegenlassen über Schwefelsäure so lange, bis das Gewicht konstant bleibt. Sodann bringt man das Uhrglas mit der Substanz in einen Trockenschrank und trocknet es dort 1—2 Stunden zunächst bei 105° und wiederholt das Trocknen jedesmal noch $^1/_2$ Stunde, bis wieder Gewichtskonstanz erreicht ist. Wenn dies der Fall ist, erhitzt man auf 125° und später weiter auf 180° oder noch höher.

Bestimmung des gesamten Wassers. Für die Bestimmung des gesamten Wassers sind eine ganze Reihe von Methoden angegeben worden, jedoch seien hier nur diejenigen wiedergegeben, welche ohne allzu komplizierte Apparate wirklich zuverlässige Resultate geben.

a) Wasserbestimmung nach Brush-Penfield.[1]) Wenn außer Wasser keine anderen flüchtigen Substanzen als CO_2 zugegen sind, so ist die Wasserbestimmung nach G. J. Brush und S. L. Penfield sehr empfehlenswert: Man erhitzt das Mineralpulver in einem engen, auf der einen Seite zugeschmolzenen Rohr und fängt das ausgetriebene Wasser in demselben Rohr ohne Anwendung von Absorptionsapparaten auf.

Fig. 55.

Das aus schwer schmelzbarem Glas hergestellte Rohr (Fig. 55) besitzt eine Gesamtlänge von 25 cm und ist an dem einen Ende länglich oder kugelig erweitert und dort zugeschmolzen; nach dem anderen Ende sind ein oder zwei Kugeln angeblasen. Vor der Benutzung muß das Rohr gut getrocknet werden. Es geschieht dies dadurch, daß man mittels der Luftpumpe mit Hilfe eines langen, dünnen Glasrohres einen langsamen Luftstrom hindurchsaugt und dabei gleichzeitig die Röhre mit dem Bunsenbrenner erwärmt, bis alle Feuchtigkeit

[1]) S. L. Penfield, Am. Journ. [3] **48**, 31 (1894) und Z. anorg. Chem. **7**, 22 (1894).

vertrieben ist. Nach Entfernung der Aussaugeröhre verschließt man das Rohr durch einen Korkstopfen.

Zur Ausführung der Bestimmung bringt man mit Hilfe eines langstieligen Trichters die abgewogene Substanz, etwa 0,6—0,8 g, in das erweiterte Ende der wieder erkalteten Röhre, spannt diese horizontal in eine Klammer ein und verschließt das offene Ende derselben durch einen mit einem capillaren Glasröhrchen versehenen Korkstopfen, um dadurch ein Einströmen von Luft und eine Verflüchtigung des entweichenden Wassers zu verhindern. Die Kugeln des Rohres, in denen sich das nachher ausgetriebene Wasser kondensieren soll, umwickelt man mit feuchtem Filtrierpapier oder eben solcher Leinwand. Hierauf erhitzt man das Ende der Röhre erst anfangs sehr vorsichtig mit einem Bunsenbrenner und schließlich mit dem Gebläse so lange, bis das Glas zu erweichen beginnt.[1]) Dabei sammelt sich das ausgetriebene Wasser in den kugligen Erweiterungen. Wenn alles Wasser ausgetrieben ist, schmilzt man das Rohr dicht hinter dem erweiterten Ende ab und vertauscht den Korken mit dem Capillarröhrchen durch einen nicht durchbohrten Stopfen. Nachdem das Rohr abgekühlt und äußerlich gut abgetrocknet ist, wiegt man es (ohne Stopfen). Zur Entfernung des kondensierten Wassers saugt man sodann mittels eines langen Glasrohres Luft hindurch und erwärmt gleichzeitig das Kugelrohr, bis alles Wasser vertrieben ist. Das noch warme Rohr wird wieder mit dem Stopfen verschlossen und nach dem Erkalten gewogen. Die Menge des Gesamtwassers findet man aus der Differenz der beiden Wägungen. Das früher etwa bei niederen Temperaturen weggegangene Wasser ist bei der Zusammenstellung des Analysenresultates zu berücksichtigen.

b) Methoden, welche gestatten das Wasser in Absorptionsapparaten aufzufangen.

1. Sind außer Wasser keine von Chlorcalcium absorbierbaren Substanzen vorhanden, so kann man das Mineralpulver in einem Schiffchen in einem Rohr erhitzen und das ausgetriebene Wasser in einer vorgelegten Chlorcalciumröhre auffangen.

Ein Rohr von 25 cm Länge aus schwer schmelzbarem Glas, welches auf der Eisenrinne eines kurzen Verbrennungsofens liegt, verbindet man auf der einen Seite mit einem Trockenapparat (Flasche mit konzentrierter Schwefelsäure und ein bis zwei **U**-Röhren mit Bimstein- oder Glaswolle, welche mit konzentrierter Schwefelsäure getränkt sind), fügt auf der anderen Seite ein ungewogenes Chlorcalciumrohr an und saugt mittels eines Aspirators oder der Luftpumpe unter Erwärmen des Rohres einen trockenen Luftstrom hindurch. In dieses getrocknete Rohr[2]) schiebt man ein Platin- oder Porzellanschiffchen mit der gewogenen Substanz (0,8 g) und fügt auf der anderen Seite des Rohres an Stelle des ungewogenen Chlorcalciumrohres ein gewogenes **U**-Rohr an, welches gekörntes Chlorcalcium oder mit Schwefelsäure durchfeuchteten Bimstein enthält; auf dieses folgt ein Chlorcalciumschutzrohr.

---

[1]) Bei schwer ihr Wasser abgebenden Mineralien ist das Ende des Glasrohres mit einem dünnen Platinbech zu umwickeln und beim Erhitzen mit dem Gebläse gegen einen Chamottestein zur Konzentration der Hitze zu halten.

[2]) Durch einen sog. blinden Versuch (d. h. ohne Substanz, genaueres siehe bei 2) ist festzustellen, ob die Trocknung eine genügende ist; das Absorptionsrohr darf nur eine Zunahme von wenigen Zehntel Milligrammen zeigen.

Unter Durchleiten von Luft erhitzt man das Schiffchen allmählich ziemlich stark, treibt alle Feuchtigkeit in das Absorptionsrohr, läßt im Luftstrom erkalten und wägt. Die Gewichtszunahme ergibt die vorhanden gewesene Wassermenge.

Enthält das Mineral jedoch auch Schwefel, Fluor und andere flüchtige Substanzen, so würden diese mit übergehen und das Gewicht des Absorptionsrohres ebenfalls vermehren. Man bringt deshalb hinter dem Schiffchen zwischen Stopfen von Glaswolle eine lockere Schicht eines aus gleichen Teilen bestehenden Gemenges von (kohlesäurefreiem) Bleioxyd und Bleisuperoxyd an, welches während des Versuchs mit einer kleinen Flamme erwärmt wird; diese hält Schwefel, Chlor u. s. w. zurück.

Verfasser ersetzt das Glasrohr durch ein solches, aus geschmolzenem Quarz; dies kann sogar mit dem Gebläse erhitzt werden. Dadurch ist es auch möglich, äußerst festhaftendes Wasser auszutreiben. Näheres siehe in einer demnächst in den Sitzungsberichten der Heidelberger Akademie der Wissenschaften, Stiftung Heinrich Lanz, erscheinenden Abhandlung.

2. Methoden nach P. Jannasch. P. Jannasch (siehe Leitfaden) hat eine ganze Reihe von Methoden zur Bestimmung des Wassers vorgeschlagen, welche zum Teil Abänderungen der vorigen Methode sind; einige derselben seien hier angeführt.

Das Rohr mit dem Schiffchen ist ersetzt durch ein Kaliglasrohr von 24 cm Länge und 1 cm lichter Weite (Fig. 56), welches ungefähr 10 cm von

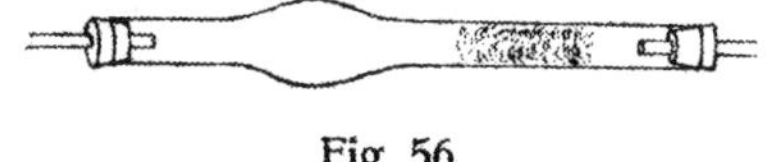

Fig. 56.

dem einen Ende zu einer länglichen starkwandigen Kugel aufgeblasen ist. Hinter der Kugel bringt man in dem längeren Teile des Rohres zwischen Stopfen von Glaswolle eine lockere Schicht eines aus gleichen Teilen (kohlensäurefreien) Bleioxyds und Bleisuperoxyds bestehenden Gemenges, welches zum Zurückhalten von Schwefel, Chlor usw. dient. Der kürzere Teil des Rohres steht, wie oben, in Verbindung mit einem gut wirkenden Lufttrockenapparat, an dem anderen Ende wird das Chlorcalciumrohr und dahinter ein Chlorcalciumschutzrohr angefügt, um ein Zurückströmen von feuchter Luft zu vermeiden. Die Luft leitet man entweder aus einem Gasometer oder mittels eines Aspirators hindurch, welcher wegen der besseren Beweglichkeit des Ganzen mittels eines langen Gummischlauchs mit dem Schutzrohr verbunden ist. Die Anwendung des Aspirators hat den Vorteil, daß das Erhitzen unter einem etwas verminderten Druck geschieht und dadurch das Wasser leichter abgegeben wird, als beim Durchpressen von Luft.

Vor der eigentlichen Bestimmung stellt man den Apparat jedoch ohne das gewogene Chlorcalciumrohr zusammen und erwärmt das Kaliglasrohr unter Durchleiten von Luft so lange mit einem Bunsenbrenner, bis man annehmen kann, daß die Feuchtigkeit ausgetrieben ist. Um dies auch durch eine Wägung festzustellen, läßt man erkalten, fügt ein gewogenes Chlorcalciumrohr an das Kaliglasrohr, erhitzt letzteres von neuem unter Durchleiten von Luft und wägt das Chlorcalcium nach dem Erkalten des Ganzen. Dasselbe darf nur eine geringe (unter 1 mg) Zunahme zeigen, sonst ist die Trocknung der Luft zu verbessern. Erst wenn der Apparat gut funktioniert, kann eine wirkliche Bestimmung ausgeführt werden.

Man gibt hierzu etwa $^3/_4$ g der nicht allzu fein gepulverten und über Sand getrockneten Substanz auf einen in der Länge halbrund gebogenen 15 cm langen Streifen glatten Papiers, schiebt diesen in die Röhre, so daß die Substanz in die Mitte der Kugel kommt, und bringt durch Umdrehen des Rohres und gelindes Schütteln das Pulver in die Kugel. Nach Verschluß des Rohres setzt man den Luftstrom in Gang und erhitzt sofort anfangs mit fächelnder Flamme, von dem kürzeren Ende des Rohres beginnend, während man unter die Bleioxydschicht dauernd eine kleine Flamme stellt; später kann stärker mit einem kräftigen Teclubrenner oder auch vorsichtig mit dem Gebläse erhitzt werden, bis das Rohr rotglühend wird und sich aufzublasen bzw. zusammenzufallen droht. Das in der Röhre noch befindliche Wasser wird mittels fächelnder Flamme in das Chlorcalciumrohr hinübergetrieben und letzteres nach Erkalten im Luftstrom gewogen; die Gewichtszunahme desselben zeigt direkt die abgegebene Menge Wasser an. Die Erhitzung kann bei dieser Methode nicht allzu weit getrieben werden.

Schwerer ihr Wasser abgebende Mineralien vermischt man in der Kugel mit vorher darin vorsichtig getrocknetem Bleioxyd und verfährt sonst, wie eben angegeben, jedoch darf dann nicht allzu stark erhitzt werden, da sonst das Bleioxyd mit dem Glase zu leicht schmelzbarem Bleiglas verschmilzt.

In gleicher Weise wird auch entwässerter Borax als Aufschlußmittel in einer besonders geformten Röhre verwendet. Näheres über diese und andere Methoden siehe P. Jannasch, Leitfaden. S. 353 u. f.

3. Wasserbestimmung nach L. Sipöcz.[1]) Bei besonders schwierig ihr Wasser abgebenden Mineralien wie z. B. Epidot, und auch dann, wenn nur wenig Substanz vorhanden ist, empfiehlt es sich, die ursprünglich von E. Ludwig[2]) angegebene und später von L. Sipöcz verbesserte Methode anzuwenden: Man erhitzt die mit getrocknetem Natriumkaliumcarbonat gemengte Substanz in einem Platinschiffchen, welches sich in einem weiten Porzellanrohr befindet und fängt das entweichende Wasser in einem vorgelegten Chlorcalciumrohr auf.

Die in dem Schiffchen hinterbleibende Schmelze kann dann sofort zur Bestimmung der Kieselsäure und der Basen, mit Ausnahme der Alkalien, verwendet werden.

Der Vorteil der Methode beruht darauf, daß durch das Schmelzen mit Natriumkaliumcarbonat ein vollständiger Aufschluß der Substanz erzielt und dadurch auch das gesamte in dem Mineral befindliche Wasser in Freiheit gesetzt wird. Der Nachteil der Methode besteht jedoch darin, daß das äußerst hygroskopische Natriumkaliumcarbonat verwendet wird und daß das Erhitzen zur Erzielung höherer Temperaturen in dem undurchsichtigen Porzellanrohr vorgenommen werden muß, welches eine Beobachtung des Schmelzvorganges usw. nicht gestattet.

Verfasser hat deshalb das Natriumkaliumcarbonat durch Natriumcarbonat ersetzt, welches vollkommen wasserfrei erhalten werden kann und nicht hygro-

[1]) L. Sipöcz, Sitzber. Wiener Ak. Math. natur. Klasse 1877, Abt. II, **76**, 51 und Z. f. anal. Chem. **17**, 206 u. 207.

[2]) E. Ludwig, Tsch. min. Mit. 1875, 211.

skopisch ist, und führt das Erhitzen in einem Rohr von durchsichtigem Quarzglas aus, welches eine wesentlich stärkere Erhitzung als das Porzellanrohr gestattet. Die näheren Einzelheiten dieser Methode, welche äußerst genaue Zahlen gibt, sind während des Druckes in den Sitzungsberichten der Heidelberger Akademie der Wissenschaften, Stiftung Heinrich Lanz, 1911, 21. Abh., veröffentlicht worden. Auch diese Methode wird später im speziellen Teile genauer beschrieben werden.

4. Wasserbestimmung nach Gooch.[1]) Auf diese Methode, welche im Prinzip auf der vorigen beruht, aber einen recht teuren und komplizierten Apparat erfordert, sei hier nur verwiesen.

Allgemeines über die Synthese der Silicate.

Von **C. Doelter** (Wien).

Entwicklung der Silicatsynthese.

Es soll hier nur ein allgemeiner Überblick über die Entwicklung der Silicatsynthese, namentlich über die verschiedenen Methoden der künstlichen Darstellung der Silicate, sowie auch über die dazu verwendeten Apparate gegeben werden; die speziellen Synthesen selbst sind bei den betreffenden Mineralarten angeführt, und sollen erst dort ausführlich erwähnt werden.

Die ersten minerogenetischen Experimente bei hohen Temperaturen wurden von den schottischen Geologen J. Hall und Gregory-Watt ausgeführt, und wird auf diese noch zurückzukommen sein (vgl. unten). Die älteste mineralogische Synthese von Silicatmineralien dürfte von Pierre Berthier[2]) stammen. Er stellte im Jahre 1823 Pyroxen und Olivin auf dem Wege des Schmelzflusses dar.

C. E. Schafhäutl[3]) stellte 1845 zum erstenmal Quarz in einem papinianischen Topf dar, also auf nassem Wege.

Ebelmen stellte Chrysoberyll, Zinksilicat, Spinnell, Perowskit, Olivin, Korund, Enstatit und andere Mineralien dar, während M. A. Gaudin[4]) ebenfalls Korund erhielt. Besonders wichtig waren die Arbeiten G. Roses,[5]) der u. a. den Tridymit herstellte.

Auch A. C. Becquerel[6]) hat Siliciumverbindungen, darunter den Dioptas, dargestellt, und zwar nach einer ganz anderen Methode, nämlich auf nassem Wege durch Osmose.

Auf dem Wege des Schmelzflusses wurden zu jener Zeit, neben Silicaten ja auch viele andere Mineralien, insbesondere von französischen Forschern dargestellt (vgl. S. 10). Von Silicatsynthesen sind namentlich die des Pyroxens durch G. Lechartier[7]) zu erwähnen.

[1]) Am. Chem. Journ. **2**, 247 (1880); Ch. N. **42**, 326 (1880) und W. Hillebrand, Analyse der Silicat- und Carbonatgesteine, Deutsche Ausgabe S. 70 u. f.
[2]) Pierre Berthier, Ann. chim. phys. **24**, 376 (1823).
[3]) C. E. Schafhäutl, Sitzber. Bayr. Ak. 1845, 557.
[4]) M. A. Gaudin, C. R. **17**, 999 (1837).
[5]) G. Rose, Monatsber. Berliner Ak. 1869, 449.
[6]) A. C. Becquerel, C. R. **67**, 1081 (1868).
[7]) G. Lechartier, C. R. **67**, 41 (1868).

Mit Ausnahme weniger Arbeiten, wie z. B. des Versuches C. E. Schafhäutls,[1]) und später H. de Sénarmonts,[2]) waren fast alle diese Synthesen auf schmelzflüssigem Wege zustande gekommen.[3]) Der noch immer in der Geologie andauernde Streit der Neptunisten und Plutonisten hatte aber schon längst den Wunsch hervorgerufen, diese Streitfragen durch das Experiment zu entscheiden, und es waren daher schon von G. Bischof u. a. Versuche in dieser Richtung unternommen worden; aber erst mit den Ergebnissen G. A. Daubrées beginnt eine neue Epoche, indem erst jetzt die Darstellung von Silicaten auf nassem Wege bei erhöhter Temperatur und erhöhtem Druck zur Verwirklichung gelangte. G. A. Daubrée ging vom Metamorphismus aus, er befaßte sich mit der Regionalmetamorphose und wollte namentlich diese erklären; die von ihm erhaltenen Resultate waren aber weniger für den Metamorphismus wichtig, als von allgemeiner Bedeutung.

Da G. A. Daubrée[4]) dem Drucke und der erhöhten Temperatur großen Einfluß bei der Umwandlung der Mineralien zuschrieb, so suchte er vor allem Apparate zu konstruieren, welche auch bei erhöhter Temperatur den Druck aushalten konnten; er verwandte Kupferröhren oder Flintenläufe, in welchen die entsprechenden Salzlösungen auf Temperaturen bis zu 400° erhitzt wurden; es gelang ihm, Diopsid, Quarz, Orthoklas herzustellen.

Eine Fortsetzung dieser Arbeiten finden wir in den Untersuchungen von Ch. Friedel und seinen Mitarbeitern, von denen insbesondere E. Sarasin und G. Friedel zu nennen sind. Er stellte auf nassem Wege Tridymit, Quarz, dann den Kali- und Natronfeldspat her, später durch Umwandlung von Glimmer,[5]) auch Sodalith, Hydronosean, Nephelin und Leucit.

J. Lemberg hat, im Gegensatz zu den meisten französischen Forschern, sich mit der Synthese von Silicaten auf nassem Wege bei wenig erhöhter Temperatur beschäftigt, und ist in dieser Hinsicht bahnbrechend geworden; noch wichtiger als seine Synthesen ist das detaillierte Studium der Umwandlungsvorgänge, welches er systematisch im Laboratorium durchführte. Sein Schüler J. Thugutt, der seine Wege wandelte, hat ebenfalls wichtige Arbeiten, insbesondere in bezug auf Leucit, Hydronephelin, Sodalith und einige Zeolithe geliefert. Derartige Arbeiten, welche bis dahin nur von G. Bischof ausgeführt worden waren, sind sehr wichtig, denn nicht nur die Synthese, auch die Umwandlungsvorgänge sind sowohl in geologischer, wie mineralchemischer Hinsicht von größter Wichtigkeit.

Kehren wir nun zu der erstgenannten Richtung zurück, in welcher übrigens auch G. Daubrée gearbeitet hat; er hat namentlich auch die Erklärung der Entstehung von Mineralien durch Pneumatolyse wie Rutil, Zinnstein durch seine Synthesen ermöglicht. Die Synthese der Silicate durch Schmelzfluß ist in dem letzten Viertel des 19. Jahrhunderts, namentlich durch

[1]) C. E. Schafhäutl, l. c.

[2]) H. de Sénarmont, Ann. chim. phys. **32**, 29 und C. R. **32**, 409 (1851).

[3]) F. Wöhler stellte 1847 künstlichen Apophyllit auf nassem Wege dar. Ann. d. chem. u. pharm. **65**, 80 (1847).

[4]) G. A. Daubrée, Expériences synthétiques etc. Ann. d. mines 5te Ser. **16** (1859) und Études synthétiques de géologie experimentale (Paris 1879). Deutsch von A. Gurlt (Braunschweig 1880).

[5]) Ch. u. G. Friedel, Bull. Soc. min. **4**, 171 (1881). — C. R. **92**, 1874 (1883). — Bull. Soc. min. **2**, 158 (1874). — C. R. **97**, 290 (1888). — Bull. Soc. min. **13**, 129, 182 (1890); **44**, 69 (1892).

französische Forscher gefördert worden.[1]) Hier ist vor allem P. Hautefeuille zu nennen, welcher den „Mineralisatoren", die schon von H. St. Claire Deville und G. A. Daubrée u. a. als wichtig anerkannt worden waren, große Bedeutung zuschrieb. E. Frémy hatte ebenfalls bei der Rubinsynthese auf deren Wichtigkeit aufmerksam gemacht.

Der erste, der solche schmelzpunktherabsetzende Mittel verwendet hatte, dürfte Ebelmen 1823 gewesen sein, als er Willemit (Zn_2SiO_4) unter Zuhilfenahme von Borsäure schmolz, wie auch G. Rose bei der Tridymitsynthese Phosphorsalz anwandte. Dann hat Ebelmen[2]) den Magnesium-Pyroxen mit Hilfe von Borsäure und G. Lechartier verschiedene Pyroxene dargestellt (vgl. S. 594). Den größten Erfolg hatte P. Hautefeuille.[3])

Der Begriff der Mineralisatoren ist überhaupt von französischen Forschern eingeführt und zur Erklärung vieler geologischer Vorgänge verwendet worden, darüber wird später noch zu berichten sein. Wenn auch diesem Begriff nicht mehr die Wichtigkeit zukommt, wie früher, so hat jedenfalls die Anwendung von Schmelzmitteln als Mineralisatoren große Bedeutung gehabt. Speziell, was die Silicate anbelangt, hat P. Hautefeuille viele durch Hinzufügung eines Schmelzmittels dargestellt, deren Erklärung wir jetzt teils in Zwischenreaktionen, in der Viscositätsverminderung oder der Vergrößerung der Kristallisationsgeschwindigkeit suchen. Die günstigen Resultate waren allerdings weniger durch diese erst später gefundenen theoretischen Momente erzielt, als vielmehr auf empirischem Wege ermittelt worden. Unter den von P. Hautefeuille dargestellten Silicaten sind außer Quarz auch Leucit, Nephelin, namentlich Orthoklas, Albit, Enstatit, Petalit, Titanit, Perowskit und insbesondere Smaragd zu erwähnen, welcher vollkommen dem natürlichen glich.

Auch St. Meunier[4]) hat in ähnlicher Weise wie P. Hautefeuille[5]) wichtige Resultate erzielt, indem er Enstatit, Leucit, Tridymit, Sillimanit und Orthoklas darstellte.

Hierher gehört auch die Synthese des Mangangranats, des Tephroits und Rhodonits durch A. Gorgeu.[6])

Wenn die eben genannte Richtung durch Anwendung von Mineralisatoren Erfolge bei der Synthese der Silicate erzielte, so mußte sie späterhin gegenüber einer anderen zurücktreten, welche Silicate durch einfaches Zusammenschmelzen ihrer Bestandteile darstellte.

Es war also ein ganz anderer Weg, den F. Fouqué und A. Michel-Lévy[7]) einschlugen, aber er war einer der erfolgreichsten und führte zu glänzenden Resultaten. In kleinen Platintiegeln wurden die konstituierenden Bestandteile im Fourquignon-Leclercqofen (vgl. S. 613) zusammengeschmolzen und langsamer Abkühlung unterworfen, so gelang die einfachste und den natürlichsten Verhältnissen entsprechende Darstellung der wichtigsten

[1]) G. Rose hat durch Zusammenschmelzen von Phosphorsalz und Adular Tridymit dargestellt. Monatsber. Berliner Ak. 1869, 449.

[2]) Ebelmen, Ann. phys. et chim. **33**, 34 (1854).

[3]) P. Hautefeuille, Ann. phys. et chim. **4**, 129, 174 (1864). — C. R. **90**, 830, 411 (1880); **84**, 1301 (1877). — Ann. de l'École normale 2te Ser., **9** (1880).

[4]) St. Meunier, C. R. **83**, 616 (1876); **87**, 737 (1878); **93**, 737 (1881).

[5]) P. Hautefeuille, C. R. **90**, 1313 (1880).

[6]) A. Gorgeu, C. R. **98**, 107 (1884).

[7]) F. Fouqué u. A. Michel-Lévy, Synthèse des minéraux et des roches (Paris 1881). Ähnliche Versuche waren schon früher vereinzelt ausgeführt, so stellte P. Berthier 1823 Tephroit dar (vgl. S. 594) und Pyroxen.

gesteinsbildenden Mineralien, namentlich der Feldspate, Leucit, Nephelin, Pyroxen, und die Reproduktion natürlicher Gesteine, auf welche unten noch zurückzukommen sein wird, durch welche sich ganz neue Bahnen erschlossen.

In derselben Richtung wie die erwähnten Forscher arbeitete L. Bourgeois,[1]) welcher insbesondere Titanit, Perowskit, Calciummetasilicat, Melilith, Tephroit, Zirkon darstellte.

Joh. H. L. Vogt[2]) beschäftigte sich insbesondere mit den Schlacken und deren Bestandteilen; mit den Metasilicaten von Ca, Fe, Mn, Mg, dann mit Akermanit, Gehlenit, Melilith, Olivin und vielen anderen Verbindungen der Schlacken.

C. Doelter hat eine größere Anzahl von Silicaten dargestellt, und zwar durch Zusammenschmelzen ihrer Bestandteile: Nephelin, dann verschiedene seltenere Pyroxenarten, insbesondere die eisen- und tonerdereichen, dann Wollastonit, auch Gehlenit, Glieder der Skapolithreihe u. a.[3])

Ferner wurden unter Zuhilfenahme von Fluoriden als Mineralisatoren insbesondere Glimmer hergestellt, ebenso Granat.[4]) Derselbe hat auch auf nassem Wege eine Anzahl von wasserhaltigen Silicaten nach ähnlichen Methoden wie G. A. Daubrée und Ch. Friedel erhalten, so Analcim, Natrolith, Chabasit.[5])

Eine vollständige Aufzählung ist ja hier, wie erwähnt, nicht beabsichtigt und es wird in dieser Hinsicht auf den speziellen Teil verwiesen.

Die bisher genannten Forscher hatten, soweit es sich um Versuche mit Schmelzen handelte, nur stets in kleinen Gefäßen gearbeitet, wie dies bei Anwendung von Laboratoriumsöfen nicht anders möglich war, nur E. Frémy hatte schon bei seinen Rubinversuchen größere Öfen verwendet. Man erhielt in kleinen Öfen, wie zu erwarten, auch nur kleine Kristalle, deren Isolierung schwierig war, es war daher sehr zu begrüßen, daß, wie dies von J. Morozewicz geschah, auch in großen Gefäßen gearbeitet werden konnte.

J. Morozewicz[6]) hat zahlreiche Synthesen von Silicaten und gesteinsbildenden Mineralien im großen ausgeführt; er arbeitete in einem Glasofen einer Siemensschen Glasfabrik, und verwendete große Schamottetiegel von 150 ccm Inhalt. Die Temperaturen des Ofens änderten sich periodisch alle 10 Stunden etwa, von blendender Weißglut, welche auf 1600° geschätzt wird, bis zur Hellrotglut, ca. 800°. Die Kristallisation dauerte gewöhnlich 1—3 Wochen, in anderen Fällen 10—12 Stunden. Dadurch erhielt er ziemlich große Kristalle, die isolierbar waren, und genau untersucht werden konnten. Die Mischungen[6]) wurden so bewirkt, daß Kieselsäure, Tonerde als Hydrate, Kalk und Magnesia, die Alkalien, als Carbonate verwendet wurden, das Eisenoxydul wurde als Carbonat (Sideritmineral) $FeCO_3$ oder auch als Fayalit Fe_2SiO_4 zugefügt.

Bei größeren Schmelzmassen, über 100 Pfund, wurden Kaolin, Quarz, Bauxit, Calcit, Magnesit, Soda und Hämatit benützt (letzterer auch mit Holzkohle gemengt, um FeO zu erzeugen). Ein Übelstand war, daß die Schamottetiegel oft angegriffen wurden. So wurden von J. Morozewicz hergestellt:

[1]) L. Bourgeois, Bull. Soc. min. **5**, 13 (1882).
[2]) Joh. H. L. Vogt, Studier of Slagger (Kristiania 1884).
[3]) C. Doelter, N. JB. Min. etc. 1886[I], **119**.
[4]) C. Doelter, Tsch. min. Mit. **10**, 67 (1888).
[5]) C. Doelter, N. JB. Min. etc. 1890[I], 118.
[6]) J. Morozewicz, Tsch. min. Mit. **18**, 20 (1899).

Korund, Spinelle, Cordierit, Magnetit, Eisenglanz und viele Pyroxene; auch Wollastonit erhielt er in Fabriksgläsern.

Ferner hat J. Morozewicz Synthesen von Nosean, Hauyn, Sodalith, Natrongranat (Lagoriolith) nach der Methode G. Lembergs ausgeführt, indem er zu dem Silicatgemenge die Sulfate von Ca, Na bzw. NaCl hinzufügte. Schließlich erhielt er in einer Liparitschmelze mikroskopische Quarzkristalle unter Zusatz von 1$^0/_0$ Wolframsäure.

Zu erwähnen ist auch noch eine Arbeit von C. Oetling,[1]) weil dieser Forscher versuchte, Schmelzung von Silicaten unter hohem Druck durchzuführen, leider gelang es ihm nicht, wahrscheinlich infolge mangelnder Abkühlungsvorrichtungen, seinen Hauptzweck, unter Druck kristallisierende Schmelzen zu erhalten, zu erreichen.

A. Lagorio[2]) hat zwar weniger auf dem Gebiet der eigentlichen Synthese gearbeitet, aber seine Arbeiten sind sehr wichtig, weil sie die Vorläufer zu späteren Untersuchungen waren, die auf chemisch-physikalischer Basis entstanden, doch hat auch er Leucit, Korund und andere Mineralien synthetisch erhalten.

K. v. Chroustchoff hat auf nassem Wege eine Anzahl von Silicaten dargestellt, darunter ist besonders die Darstellung eines hornblendeartigen Minerals[3]) wichtig; auch hat er nach der Hautefeuilleschen Methode Glimmer[4]) hergestellt, ferner Tridymit,[5]) endlich in einer eigens konstruierten Stahlbombe Zirkon.[6])

Die Zahl der Forscher, welche sich mit der Silicatsynthese beschäftigt haben, ist keine geringe, so erwähne ich noch von den Arbeiten von H. St. Claire Deville[7]) den Zirkon und Willemit, von H. Le Chatelier das Calcium- und Bariummetasilicat, von E. Hussak[8]) den Wollastonit, von L. Michel[9]) Granat und Sphen, von V. Wernadsky[10]) den Sillimanit, von H. Traube[11]) Metasilicate und Beryll, von H. Bäckström[12]) den Aegirin, von A. v. Schulten[13]) Analcim.

Anwendung der physikalischen Chemie auf die Mineralsynthese. — Die bisher erwähnten Arbeiten gehörten mehr der präparativen Richtung an, es handelte sich darum, überhaupt die Möglichkeit der Synthese der verschiedenen Silicate, insbesondere der wichtigeren gesteinsbildenden Mineralien, festzustellen, und es wurde besonders dabei beachtet, daß auch die Entstehungsbedingungen, soweit es sich um Druck, Temperatur und Reagenzien handelte, nicht allzusehr von den in der Natur vermuteten abwichen.

In den letzten Jahren hat die physikalische Chemie neue Wege erschlossen und es wird jetzt nicht mehr wie früher unsere Aufgabe nur sein, ein

[1]) C. Oetling, Tsch. min. Mit. **17**, 331 (1898).
[2]) A. Lagorio, Tsch. min. Mit. **8**, 44 (1887).
[3]) K. v. Chroustchoff, N. JB. Min. etc. 1891^{II}, 86.
[4]) K. v. Chroustchoff, Tsch. min. Mit. **9**, 55 (1887).
[5]) K. v. Chroustchoff, N. JB. Min. etc. 1887^{I}, 205.
[6]) K. v. Chroustchoff, N. JB. Min. etc. 1892^{II}, 232.
[7]) H. St. Claire Deville, C. R. **52**, 1304 (1864).
[8]) E. Hussak, Verh. d. naturw. Vereins f. Rheinl. u. Westfalen 1887, Nr. 2, 95.
[9]) L. Michel, C. R. **115**, 830 (1892).
[10]) V. Wernadsky, Bull. Soc. min. **13**, 256 (1890).
[11]) H. Traube, Ber. Dtsch. Chem. Ges. **26**, 2735 (1893). — N. JB. Min. etc. 1894^{I}, 275.
[12]) H. Bäckström, Bull. Soc. min. **16**, 130 (1893).
[13]) A. v. Schulten, C. R. **90**, 1493 (1880). — Bull. Soc. min. **5**, 7 (1882).

Mineral überhaupt herzustellen, sondern wir wollen jetzt auch wissen, unter welchen genauen Temperatur-, Druck- und Lösungsverhältnissen sich dasselbe bildet. Es sollen nun bei Silicaten jene Aufgaben gelöst werden, die für die leicht löslichen ozeanischen Salzablagerungen J. van't Hoff mit seinen Mitarbeitern gelöst hat, Aufgaben, die aber bei den Silicaten ungleich schwieriger zu lösen sind, und die auch ganz neue Methoden erforden.

C. Doelter[1]) und J. H. L. Vogt[2]) sind diejenigen, welche zuerst die physikalisch-chemische Methode auf die Mineralien, speziell auf Silicate angewendet haben; in dieser Hinsicht sind dann ferner zu erwähnen die wichtigen Arbeiten von A. Day,[3]) A. T. Allen, W. P. White und Mitarbeitern, von G. Tammann[4]) und seinen Schülern.

Ferner erwähne ich die in meinem Laboratorium ausgeführten Arbeiten von E. Dittler,[5]) R. Freis,[6]) E. Hauke,[7]) V. Hämmerle,[8]) J. Lenarčič,[9]) H. H. Reiter,[10]) H. Schleimer,[11]) A. Schmidt,[12]) M. Urbas,[13]) M. Vučnik,[14]) B. Vukits.[15])

Alle diese Arbeiten werden noch später bei dem Kapitel Schmelzkurven besprochen werden.

Aus neuester Zeit erwähne ich noch: die Arbeiten von P. Hermann[16]) über Calciumorthosilicate, von G. Stein[17]) über verschiedene Ortho- und Metasilicate, von A. S. Ginsberg[18]) über Mangan–Calciumsilicate, R. Wallace[19]) über das System Na_2O, Al_2O_3, SiO_2, von H. v. Klooster[20]) über Lithiumsilicate, von W. Gürtler[21]) über Natriumsilicat, von R. Rieke und K. Endell[22]) über verschiedene Silicate, von S. Hilpert und R. Nacken über Bleisilicate[23]), von J. W. Cobb über Calciumsilicate, von E. Kochs, C. Barth u. a., auf welche Arbeiten noch zurückzukommen sein wird.

Auf dem Gebiete der Synthese von Silicaten auf nassem Wege bei erhöhter Temperatur und erhöhtem Drucke sind in den letzten Jahren einige

---

[1]) C. Doelter, Silicatschmelzen, I bis IV. Sitzber. Wiener Ak. **113**, **114**, **115** (1904—1906). — Physik.-chem. Mineralogie (Leipzig 1905).

[2]) J. H. L. Vogt, Silicatschmelzlösungen I und II (Kristiania 1904).

[3]) A. Day, Am. Journ. 1906–1910. — Tsch. min. Mit. **25**. — Z. anorg. Chem. **69** (1911).

[4]) G. Tammann, Z. anorg. Chem. 1907—1910.

[5]) E. Dittler, Sitzber. Wiener Ak. Math.-naturw. Kl. **67**, Abt. I, 1908. — Tsch. min. Mit. **29**, 237 (1910). — Z. anorg. Chem. **69**, 273 (1911).

[6]) R. Freis, N. JB. Min. etc. Bl.-Bd. **23**, 43 (1906).

[7]) E. Hauke, N. JB. Min. etc. 1910[I], 91.

[8]) V. Hämmerle, Bl.-Bd. **29**, 719 (1910).

[9]) J. Lenarčič, ZB. Min. etc. (1903), 705, 743.

[10]) H. H. Reiter, N. JB. Min. etc. Bl.-Bd. **22**, 183 (1906).

[11]) H. Schleimer, N. JB. Min. etc. 1908[II], 1.

[12]) A. Schmidt, N. JB. Min. etc. **27**, 604 (1909).

[13]) M. Urbas, N. JB. Min. etc. Bl.-Bd. **25**, 261 (1907).

[14]) M. Vučnik, ZB. Min. etc. 1904, 364 (1906, 133).

[15]) B. Vukits, ZB. Min. etc. 1904, 705.

[16]) P. Hermann, Z. Dtsch. geol. Ges. **58**, 396 (1906).

[17]) G. Stein, Z. anorg. Chem. **54**, 159 (1907).

[18]) A. S. Ginsberg, Z. anorg. Chem. **59**, 746 (1908).

[19]) R. Wallace, Z. anorg. Chem. **63**, 3 (1909).

[20]) H. v. Klooster, Z. anorg. Chem. **69**, 135 (1910).

[21]) W. Gürtler, Z. anorg. Chem. **40**, 268 (1904).

[22]) K. Endell, Sprechsaal 1910, Nr. 46, **44**, Nr. 6 (1911).

[23]) S. Hilpert und R. Nacken, Ber. Dtsch. Chem. Ges. **43**, 2565 (1910). Vgl. auch R. Nacken, ZB. f. Min. etc. 1910, 454.

bemerkenswerte Arbeiten von physikalischen Chemikern geliefert worden, so insbesondere von E. Baur[1]) über das Stabilitätsfeld des Orthoklases, von J. Königsberger und W. J. Müller über die Bildung von Quarz und Orthoklas; C. Doelter[2]) hat die Stabilitätsfelder einiger Silicate zu bestimmen versucht.

J. Königsberger und W. J. Müller[3]) haben sehr wertvolle Versuche an Silicaten ausgeführt, welche auch für die Gleichgewichte von Bedeutung sind, sie haben namentlich die Bodenkörper von den labilen übrigen Produkten unterschieden. Sie kamen bei ihren Versuchen auch zu dem Resultate, daß die Acidität der Kieselsäure mit steigender Temperatur rascher wächst, als die der anderen, in der Natur vorhandenen Säuren, z. B. Kohlensäure und Borsäure.

Zu erwähnen sind auch die S. 604 zitierten Arbeiten von G. Spezia über die Einwirkung des Druckes bei der Bildung von Quarz und von Silicaten.

Die gesamte ältere Literatur über die Synthese findet sich für diese Arbeiten in den S. 10 erwähnten Werken von C. W. C. Fuchs, F. Fouqué und A. Michel-Lévy, L. Bourgeois, C. Doelter, R. Brauns.[4]) Für die neueren Arbeiten bis 1905 siehe auch die physikalisch-chemische Mineralogie von C. Doelter,[5]) die Zusammenstellung der künstlichen Mineraldarstellung von P. v. Tschirwinsky,[6]) sowie J. H. L. Vogt.[7]) Bei den einzelnen Mineralien wird die Literatur noch ausführlich zu besprechen sein.

Methoden der Synthese der Silicate.

Die allgemeinen Methoden für die Mineralsynthese sind bereits S. 7 geschildert worden und es handelt sich hier noch darum, die speziellen Bedingungen und die Apparate genauer kennen zu lernen, insbesondere solche, welche sich auf die Entstehung von Silicaten aus Schmelzfluß beziehen und auch solche, bei denen Druck und hohe Temperatur auf Lösungen angewandt werden.

Synthesen durch Sublimation.

Wenn wir die drei Hauptmethoden der Mineralsynthese durchgehen, so ist der Anteil der Sublimation ein beschränkter, was auch in der Natur der Fall sein dürfte. Wir haben die Einwirkung von Gasen aufeinander oder auch die Einwirkung von Gasen auf Schmelzen zu berücksichtigen. So stellen wir durch Einwirkung von Silicium-Fluorid auf Wasserdampf den Quarz dar. Läßt man Dämpfe von Chlor-Magnesium und solche von Chlor- oder Fluor-Silicium aufeinander wirken, und leitet gleichzeitig in die Röhre Wasserdampf, so wird man in manchen Fällen Silicate erhalten.

Im allgemeinen sind ja Silicate an und für sich nicht sublimierbar, so daß diese Methode, welche sonst häufig erfolgreich sein würde, hier doch selten zum Ziele führt, wie sie auch in der Natur wohl nur ausnahmsweise ver-

[1]) E. Baur, Z. f. phys. Chem. **52**, 567 (1903).
[2]) C. Doelter, Tsch. min. Mit. **25** (1906).
[3]) J. Königsberger und W. J. Müller, ZB. Min. etc. 1906, 339, 353.
[4]) Vgl. auch St. Meunier, Meth. d. synth. en min. (Paris 1891).
[5]) C. Doelter (Leipzig 1905).
[6]) P. v. Tschirwinsky (Kiew 1903—1906).
[7]) J. H. L. Vogt, Silicatschmelzlösungen I u. II (Kristiania 1903—1904).

wirklicht ist. Es wird sich daher bei der Silicatbildung mehr um Einwirkung von Gasen aufeinander handeln und von Dämpfen auf schmelzende Körper, wobei als Dämpfe namentlich Fluor- und Chlorverbindungen in Betracht kommen.[1])

Wir nennen in der Natur die durch Einwirkung von Dämpfen derart entstehenden Bildungen nach dem Vorbilde von R. Bunsen pneumatolytische, und solche sind bekanntlich durchaus keine Seltenheit. Es sind darunter zu nennen Turmalin, Glimmer und viele Kontaktmineralien (S. 605); außer den erwähnten Stoffen spielt auch die Borsäure, dann das Borfluorid eine Rolle, jedoch sind die Erfolge der Synthese auf dem Wege der Pneumatolyse bisher keine besonders großen. Vom physikalisch-chemischen Standpunkt ist hier die Arbeit von E. Baur[2]) über Quarzbildung aus Fluoriden zu erwähnen.

Bei sehr hohen Temperaturen, z. B. im Moissanofen, erhielt ich Silicate, z. B. Enstatit, Sillimanit, welche wahrscheinlich auf dem Wege der Sublimation gebildet sind. (Solche hohe Temperaturen dürften in der Natur wohl nur ausnahmsweise vorkommen.)

Synthesen aus Schmelzfluß.

Die meisten unserer erfolgreichen Silicatsynthesen sind auf dem Wege des Schmelzflusses hervorgebracht worden und in der Natur spielt ja die Entstehung aus Schmelzen eine große Rolle. Man muß aber, wie ja schon aus der soeben gegebenen geschichtlichen Entwicklung hervorgeht, die Synthesen, welche durch Zusammenschmelzen der betreffenden einfachen Bestandteile zustande kamen, von jenen unterscheiden, bei welchen noch weitere Schmelzzusätze vorhanden waren, also Synthesen unter Zuhilfenahme eines Schmelzmittels. Wir werden die beiden Methoden nacheinander betrachten.

Eine große Anzahl von Silicaten läßt sich einfach durch Zusammenschmelzen ihrer Bestandteile erzeugen. Da die dazu erforderliche Temperatur meist eine sehr hohe ist, so können auf diesem Wege nur solche Verbindungen erhalten werden, welche bei hohen Temperaturen keine Zersetzung erleiden und auch nicht in polymorphe Arten übergehen und daher bei hoher Temperatur stabil sind. Die Methode der Synthese ist hier sehr einfach. Wir brauchen hier nur die aus der Analyse sich ergebenden Mengenverhältnisse zu berücksichtigen und die reinen Bestandteile zusammenzuschmelzen. Doch ist zu berücksichtigen, daß das Naturprodukt niemals vollkommen in seiner Zusammensetzung der berechneten Formel entspricht, sondern kleine Abweichungen, die wir bei der Synthese vernachlässigen müssen, vorkommen.

Es ist von Wichtigkeit, namentlich aus geologischen Gründen, diejenigen Silicate kennen zu lernen, welche aus einem derartigen Schmelzfluß, den man als trockenen zu bezeichnen pflegt, entstehen können; wie aus der Liste, die ich hier gebe, hervorgeht, sind es verhältnismäßig doch nicht sehr zahlreiche:

Olivingruppe, Pyroxene (mit Ausnahme des Wollastonits); von Feldspaten: Andesin, Labrador, Anorthit; dann Nephelin, Leucit, Cordierit, Sillimanit, Melilith, Titanit, Gehlenit.

---

[1]) G. A. Daubrée, Géologie expérim. (Paris 1879).

[2]) E. Baur, Z. f. phys. Chem. **48**, 483 (1904).

Eine große Anzahl von Mineralien kann aus dem Schmelzflusse auf diese eben angegebene Art nicht hergestellt werden und zwar hauptsächlich aus dem Grunde, weil die betreffenden Verbindungen bei hoher Temperatur instabil werden, sich z. B. in eine polymorphe Art umwandeln, wie Quarz und Wollastonit, oder aber sich bei hoher Temperatur, durch Verlust von flüchtigen Bestandteilen wie Wasser, Fluor, Bor, Chlor zersetzen, woraus hervorgeht, daß solche Verbindungen, unter denen ich Glimmer Turmalin nennen will, sich bei hoher Temperatur nicht bilden können; oft auch, weil nur eine Umwandlung von Eisenoxydul in Oxyd stattfindet, oder auch, weil eine thermolytische Dissoziation stattfindet, wie bei Granat.

Eine andere Ursache ist jedoch die, daß die Schmelze oft derart viscos ist, daß eine Kristallisation in derselben unmöglich erscheint und daher nur glasige Erstarrung stattfindet; als bestes Beispiel dient der Kali- und Natronfeldspat, sowie auch der Quarz.

Solche Stoffe lassen sich aber aus dem Schmelzfluß erhalten, wenn man Schmelzmittel hinzugibt. Die Wirkung dieser Schmelzmittel, welche man Mineralisatoren oder besser Kristallisatoren genannt hat, kann eine sehr verschiedene sein. Der Name Mineralisator ist daher ein allgemeiner und vager Begriff, der auch infolge seiner Unbestimmtheit von mancher Seite, wie von J. Morozewicz, nicht ganz mit Unrecht bekämpft wurde. Er deutet jedoch an, daß durch einen bestimmten Zusatz die sonst ausbleibende Kristallisation gelingt. Was nun die Wirkung dieser Kristallisatoren anbelangt, so kann sie 1. eine rein chemische sein, und zwar ist dann eine größere Menge des betreffenden Reagens notwendig, weil dabei dann Massenwirkung eintreten muß, oder es finden infolge des Zusatzes Zwischenreaktionen statt.

2. Eine zweite Wirkung der Kristallisatoren ist keine chemische, sondern es findet eine Erniedrigung des Schmelzpunktes statt, welche ermöglicht, daß das Gebiet erreicht wird, in welchem die Verbindung stabil oder metastabil wird. Das dürfte namentlich bei polymorphen Verbindungen der Fall sein, oder auch bei solchen, wie Granat, bei denen bei hoher Temperatur eine thermolytische Dissoziation stattfindet. Eine andere Wirkung besteht in der Verminderung der Viscosität und dadurch Vergrößerung der Kristallisations- und Reaktionsgeschwindigkeit im allgemeinen; hier scheint oft eine katalytische Wirkung platzzugreifen. Ferner kann auch eine Löslichkeitsbeeinflussung stattfinden. Die günstigen Katalysatoren müssen experimentell festgestellt werden und ihre Wirkung ist oft nicht vorauszusagen. So hat die Wolframsäure bei Feldspäten und bei Leucit eine ganz hervorragende Wirkung, ebenso bei Quarz, welche nur eine katalytische sein kann, da dadurch die Reaktionsgeschwindigkeit vergrößert wird, wie z. B. aus Versuchen von P. Quensel[1]) hervorgeht. In anderen Fällen jedoch hat die Wolframsäure gar keine Wirkung und da wirken oft Chlor- und Fluorverbindungen viel besser. In der Natur spielt als Kristallisator das Wasser eine ganz bedeutende Rolle, aber es ist bisher noch nicht gelungen, diesen Einfluß experimentell nachzumachen, weil derartige Versuche zugroßen technischen Schwierigkeiten begegnen. Die Wirkung des Wassers dürfte einerseits in der Schmelzpunktsherabsetzung nach dem Raoultschen Gesetz, zum Teile aber auch in der Viscositätsverminderung liegen.

Eine Anzahl von Silicaten, welche auf dem Wege des trockenen Schmelzflusses nicht hergestellt werden kann, ist nach dieser Methode durch Anwendung

[1]) P. Quensel, ZB. Min. etc. 1906, 657.

von Kristallisatoren künstlich hergestellt worden und ich gebe hier die Liste: Orthoklas, Albit, Oligoklas, Wollastonit, Granat, Smaragd, Glimmer, Epidot, Skapolith, Meionit, Petalit, Willemit, Hauyn, Sodalith, Zirkon und Topas.

Endlich sind auch viele Mineralien herstellbar, die schon auf trockenem Wege darstellbar sind, wie Pyroxene, Leucit, Nephelin, Feldspäte.

Jedoch gibt es auch Silicate, welche weder auf dem einen, noch auf dem anderen Wege experimentell dargestellt werden konnten, und dazu gehören vor allem die hydroxylhaltigen Verbindungen, wie Vesuvian, Chlorit, Talk, dann die Zeolithe, was ja auch begreiflich ist, da wir mit Wasser, wie erwähnt, nicht experimentieren können.

Synthesen auf nassem Wege.

Ohne den speziellen Bearbeitungen der einzelnen Silicate auch bezüglich ihrer Synthese vorgreifen zu wollen, dürfte es doch von Interesse sein, allgemeines über die Methoden der Silicatsynthese auf nassem Wege zusammenzustellen. Einige dieser Methoden unterscheiden sich nicht von den sonst üblichen und bereits früher, S. 595 beschriebenen Darstellungen. Zu erwähnen ist nur, daß hier in den meisten Fällen erhöhte Temperatur angewendet werden muß. Es ist nun sehr wichtig zu wissen, daß es Silicate gibt, welche sich schon bei Temperaturen unter 100°, also unter dem Siedepunkte des Wassers bilden. In der Natur dürften solche Stoffe durchwegs nicht selten sein, aber experimentell gelingt die Synthese von Silicaten bei derartig niederen Temperaturen nur ausnahmsweise. Offenbar fehlt uns hier die Zeit; dann hängt dies wohl davon ab, daß uns die Kenntnis der Lösungsgenossen und der Reaktionen überhaupt, welche hier von Wichtigkeit sind, abgeht.

Es sind daher fast alle Synthesen auf nassem Wege nur bei erhöhter Temperatur möglich gewesen. Ich unterscheide hierbei diejenigen Versuche, welche bei einer Temperatur ausgeführt wurden, welche unter dem kritischen Punkt des Wassers, 365°, liegen, von denjenigen, welche über diesem Punkt ausgeführt wurden, da ja die physikalischen Bedingungen andere sind. (Der kritische Punkt verschiebt sich bei Lösungen, welche nicht reinem Wasser entsprechen, um ein geringes.)

Abgesehen von diesen physikalischen Bedingungen, können wir noch die Synthesen unterscheiden in solche, bei denen 1. Einwirkung von Lösungen auf feste Stoffe stattfindet, 2. Einwirkung von Gasen auf Lösungen oder feste Körper, 3. gegenseitige Einwirkung von Lösungen.

Endlich wäre noch die später zu erwähnende Einwirkung von Lösungen, Gasen usw. auf bereits bestehende natürliche Silicate zu berücksichtigen, also die Umwandlungsprodukte.

Darstellung von Silicaten aus wäßrigen Lösungen bei erhöhtem Druck und erhöhter Temperatur.

Bei den Experimenten ist eine Temperaturerhöhung über 100°, wie wir gesehen haben, oft Bedingung des Gelingens, diese kann aber sachgemäß nur stattfinden, wenn wir überhitztes Wasser anwenden und den Vorgang unter

Druck ausführen. Überall dort, wo über 100° hinausgegangen werden mußte, was, wie wir gesehen haben meistens der Fall ist, ist es notwendig, das Experiment in geschlossenen Gefäßen unter Druck auszuführen, da sonst das Wasser entweichen würde. Dieser Druck ist aber bei einer Temperatur von 200—300° schon ein ganz erheblicher und daraus ergeben sich große technische Schwierigkeiten, um das Entweichen des Wassers zu verhindern.

Naturgemäß drängt sich die Frage auf, ob hier, wo wir Druck- und Temperaturerhöhung haben, hauptsächlich die Temperatur oder, wie man ursprünglich glaubte, besonders der Druck wirkt. Dem Druck wurde früher eine zu große Bedeutung beigelegt, aber interessante Versuche von G. Spezia haben gezeigt, daß der Druck allein speziell bei Silicaten (denn bei anderen Verbindungen, vor allem bei metallischen, kann die Sache ganz anders liegen) nur von geringem Einfluß ist[1]) und wir wissen außerdem, daß die Reaktionsgeschwindigkeit bei Temperaturerhöhungen in geometrischer Progression steigt, bei Druckerhöhung jedoch langsam. Der Einfluß des Druckes ist daher jedenfalls ein weit geringerer. Trotzdem möchte ich nicht behaupten, daß der Druck ganz einflußlos ist. Abgesehen davon, daß auch er die Reaktionsgeschwindigkeit vergrößert und daß überhaupt die Kristallisation durch Druck gefördert wird, was ich schon dadurch für bewiesen halte, daß das dem Drucke analoge Schütteln, Klopfen, Rühren, Kneten die Kristallisation befördert, ist zu berücksichtigen, daß im allgemeinen der amorphe Zustand durch Druck instabiler wird; ferner wechselt ja auch der Temperaturpunkt, bei dem eine Reaktion entsteht, dann die Temperatur des Gleichgewichts mit dem Druck. Die Umwandlung eines kristallwasserhaltigen Salzes in ein wasserärmeres oder in ein wasserfreies, ferner verändert sich der Umwandlungspunkt polymorpher Phasen mit dem Druck. Man soll daher den Einfluß des Druckes zwar nicht überschätzen, aber eine gewisse Wichtigkeit besitzt er immerhin.[2])

Viel wichtiger ist jedoch der Einfluß der Temperatur. Ein noch nicht ganz aufgeklärter Punkt ist der, bei welcher Temperatur kristallwasserhaltige Silicate noch existenzfähig sind und ob über dem kritischen Punkt des Wassers sich noch kristallwasserhaltige Silicate bilden können.

Hier begegnen wir aber einer experimentellen Schwierigkeit, welche bei den meisten Versuchen nicht als gelöst betrachtet werden kann. Das ist die Bestimmung der Temperatur, bei welcher sich die synthetisch erhaltenen Produkte gebildet haben, denn wenn wir in den Apparaten, die hernach beschrieben werden sollen, Neubildungen von Silicaten erhalten haben, so haben wir zumeist nur die Maximaltemperatur bestimmt, bei welcher sich diese Silicate bilden können, nicht aber ihre wirkliche Bildungstemperatur die viel niedriger liegen kann und in dieser Hinsicht liegt eine Lücke in unseren Kenntnissen vor.

Die Zahl derjenigen Silicate, welche auf nassem Wege unter 100° darstellbar sind, ist eine sehr geringe. Ich erwähne hier Natrolith, Dioptas und die amorphe Kieselsäure (Opal).

Folgende Silicatmineralien sind bei erhöhter Temperatur unter gleichzeitiger Druckerhöhung synthetisch dargestellt worden:

[1]) G. Spezia, Atti accad. Torino **30**, 1 (1895); **31**, (1896). Congresso dei natur. ital. Sept. 1906, Atti accad. Torino **33**, 292 (1898); **37**, 585 (1902); **45**, (1910).

[2]) Über den Einfluß des Druckes auf die Löslichkeit, vgl. E. Cohen, K. Ynouye, C. Euwen, Z. f. phys. Chem. **67**, 432 (1909).

1. Wasserfreie Silicate: Orthoklas, Albit, Nephelin, Leucit, Diopsid, Wollastonit, Hornblende (?), Grossular (ferner Zirkon, Quarz und Tridymit).

2. Wasserhaltige Silicate: Glimmer, Epidot, Analcim, Faujasit, Chabasit, Hydronephelinit, Pyrophyllit, Apophyllit, Heulandit, Skolezit, Datolith, Zeagonit.

Umwandlung von Silicaten.

Auch die Umwandlung natürlicher Silicate führt zu Neubildungen (vgl. S. 12). Zahlreiche Untersuchungen über Umwandlung von Silicaten im Laboratorium sind, nachdem schon G. Bischof darüber Versuche angestellt hatte, insbesondere von J. Lemberg[1]) ausgeführt worden, und zwar bei Temperaturen, welche zum Teil sich zwischen 150 und 200° bewegten, besonders aber bei Temperaturen von ca. 210°. J. Lemberg hat in einem Digestor natürliche Silicate mit verschiedenen Reagenzien bei Anwesenheit von Wasser behandelt, wobei er zumeist, um das Versuchsresultat zu beschleunigen, konzentrierte wäßrige Lösungen gebrauchte. Seine Versuche sind von großem Werte und sollen an den einzelnen Stellen hier ausführlich behandelt werden. Zu bemerken ist jedoch, daß J. Lemberg hauptsächlich sich darauf beschränkte, die Umwandlung der natürlichen Verbindungen chemisch festzustellen und so auf Umwandlung und Neubildung zu schließen. Nur in wenigen Fällen hat er auch die kristallographische und optische Untersuchung der erhaltenen Produkte vorgenommen. Ferner hatte er unterlassen, die Lösungen nach der Umwandlung zu untersuchen. Trotzdem sind seine Resultate immerhin von großem Wert. Weitere ähnliche Untersuchungen hat sein Schüler J. Thugutt vorgenommen (vgl. S. 12).

Ferner sind die Arbeiten von Ch. Friedel und G. Friedel zu erwähnen, welche bei ihren Synthesen von der Umwandlung des Glimmers ausgingen und sehr wichtige Resultate erzielt haben; diese Arbeiten wurden bereits S. 595 erwähnt.

Die Umwandlungen der Silicate können in den meisten Fällen dazu führen, daß neue Silicate gebildet werden, teils wasserfreie, teils wasserführende und dies ist namentlich bei den eben erwähnten Arbeiten von J. Lemberg der Fall gewesen. In der Natur können jedoch auch andere stärkere Einwirkungen stattfinden und es bilden sich dann aus Silicaten andere Verbindungen; wir wollen eine kurze Übersicht hier anschließen:

1. Eine der häufigsten und bekanntesten Erscheinungen ist die Hydratisierung der Silicate und Bildung von Hydrosilicaten aus wasserfreien; dann die Zersetzung durch Kohlensäure, die ungemein häufig ist und Carbonate erzeugt.

2. Kalksilicate können durch Magnesiumsulfat oder Magnesiumchlorid in Magnesiasilicate umgewandelt werden, ebenso durch Magnesiumbicarbonat, seltener durch Eisenoxydulbicarbonat.

3. Chlornatriumlösung kann die Einwirkung haben, daß in Silicaten das Kalium durch Natrium ersetzt wird, was namentlich in Tonerdealkalisilicaten der Fall ist.

[1]) Auf diese Arbeiten, die sehr zahlreich sind und in der Z. Dtsch. geol. Ges. zwischen 1875 und 1889 erschienen sind, wird noch vielfach bei den Silicaten zurückzukommen sein.

4. Die reinen Aluminiumsilicate können durch Calciumchlorid- oder durch Calciumsulfat, wohl auch Calciumcarbonat zersetzt werden, wobei Calcium aufgenommen wird, und die gebildeten löslichen Al-Sulfate oder das $AlCl_3$ weggeführt werden; auch Magnesiumchlorid kann einwirken.

5. Auch die in der Natur vorkommenden Fluoride kommen in Betracht und insbesondere CaF_2 kann analog wie $CaCl_2$ wirken.

6. Kohlensaure Alkalien zersetzen Calciumsilicat, wobei in dem Silicat Ca durch das Alkalimetall ersetzt wird, während das Carbonat sich an anderer Stelle absetzt; auch bei Magnesiumsilicat kann dies eintreten.

7. Auch Calcium- und Magnesiumsulfate können auf Alkalisilicate wirken, wie auch die entsprechenden Chloride, dabei findet also umgekehrt, wie oben, ein Austausch des Na, K durch Ca, Mg statt. Silicate können auch durch Schwefelsäure der Solfataren in entsprechende Sulfate umgewandelt werden, wobei sich z. B. Gips bilden kann.

Versuche über die Löslichkeit der Silicate und ihre Zersetzbarkeit sind von F. Wöhler, G. A. Daubrée, C. Doelter, F. Pfaff, G. Spezia, E. W. Hoffmann, G. A. Binder, F. W. Clarke und G. Steiger, F. Kohlrausch, den Gebrüdern Rogers und R. Müller ausgeführt worden.[1])

W. B. Schmidt[2]) hat die Zersetzbarkeit in schwefliger Säure studiert.

C. Doelter[3]) hat auch über die Löslichkeit und Zersetzbarkeit von Silicaten Versuche ausgeführt.

F. W. Clarke und E. Schneider[4]) führten an Olivin, Talk, Serpentin, Chlorit und Glimmer, Umwandlungsversuche in Chlorwasserstoffgas und wäßriger Salzsäure aus, die jedoch von R. Brauns berichtigt wurden.[5])

Zu erwähnen sind auch in bezug auf die Umwandlung der Silicate, die ausgedehnten Arbeiten von F. W. Clarke und G. Steiger, welche eine Reihe von Silicaten, wie Leucit, Wollastonit, Feldspäte, Olivin, Sodalith, namentlich aber auch die meisten Zeolithe mit Chlorammoniumlösungen erhitzten, wodurch insbesondere die Kenntnis der Konstitution dieser Mineralien gefördert wurde.[6]) Auch über die Löslichkeit von Silicaten in Wasser stellten sie Versuche an.

Viele Beobachtungen sind auch in dem wertvollen Werke von R. v. Hise[7]) über Metamorphismus zusammengetragen, sowie in dem von F. W. Clarke,[8]) abgesehen von den älteren Werken, unter welchen namentlich die berühmte chemische Geologie G. Bischofs und die von J. Roth zu erwähnen sind.

Zahlreiche Pseudomorphosen geben uns Kunde von den Umwandlungen, die die Silicate in der Natur erleiden, welche Umwandlungen sich bereits in der gewöhnlichen Verwitterung zeigen und oft nicht nur im kleinen, sondern auch im großen stattfinden. Leider lassen sich die betreffenden Re-

---

[1]) Siehe die Literatur darüber in C. Doelter, Physik.-chem. Min. (Leipzig 1905), 215, sowie R. Brauns, Chem. Mineralogie. (Leipzig 1896), 397.

[2]) W. B. Schmidt, Tsch. min. Mit. **4**, 1 (1882).

[3]) C. Doelter, Tsch. min. Mitt. **11**, 319 (1890), siehe auch G. Binder, ibid. **12**, (1891).

[4]) F. W. Clarke und E. Schneider, Z. Kryst. **18**, 390 (1891).

[5]) R. Brauns, Z. anorg. Chem. **8**, 348 (1895).

[6]) F. W. Clarke und G. Steiger, Journ. am. chem. Soc. **21**, 386 (1899). — Am. Journ. **9**, 11, 345 (1900); **13**, 27 u. 343 (1902). — Z. f. anorg. Chem. **29**, 338 (1902); vgl. auch Allerton D. Cushman u. Pr. Hubbard, Office of publ. Roads N. S. Dep. of Agric. Bull. **28**, 23; Referat N. JB. Min. 1908, II, 19.

[7]) R. v. Hise, Treatise on Metamorphisme (Washington 1904).

[8]) F. W. Clarke, The Data of Geochemistry (Washington 1908).

aktionen nicht immer ohne weiteres erklären und sie bedürfen der experimentellen Nachprüfung; in dieser Hinsicht bleibt noch sehr viel zu tun, wie ja auch die Umwandlungen vom chemisch-physikalischen Standpunkte aus nur sehr wenig erforscht sind.

Umwandlung von Mineralien im Schmelzfluß.

Wir haben zu unterscheiden 1. Umwandlung durch die Einwirkung von Schmelzen, und Gasen auf feste Mineralien (Kontaktwirkung) und 2. Umwandlung einer Schmelze selbst, z. B. Zerfall in mehrere Komponenten; auf diese thermolytische Dissoziation wird später zurückzukommen sein.

Die zu 1. gehörigen Erscheinungen der Natur sind unter dem Namen Kontaktmetamorphismus bekannt; man unterscheidet dabei die direkte kaustische Wirkung und diese allein gehört hierher, wenn wir die Umwandlungen durch ein Magma in Betracht ziehen, und die durch Eruptionen bewirkte Umwandlung der angrenzenden Gesteinsmassen, die teils durch Wasser, teils durch die begleitenden Mineralisatoren wirken, wobei auch der Druck der überlastenden Gesteinsmassen von Bedeutung ist.

Direkte kaustische Wirkungen durch Silicatschmelzen kommen, wenn auch nicht sehr häufig, in der Natur vor, auch kommen Neubildungen, z. B. Spinell, Cordierit, Augit, Tridymit, letztere insbesondere am Kontakt von Sandstein vor.[1]) Wichtig sind besonders die Umwandlungen der Kalksteine in Marmor unter Neubildungen von Silicaten. Die Umwandlung dichter Kalksteine in kristallinen Marmor durch Erhitzung bei Luftabschluß erklärt sich durch die Versuche von F. Rinne und H. E. Boeke[2]), vgl. auch S. 299.

Kaustische Wirkungen sind aus Eruptivgesteinen bekannt.[3]) C. Doelter und E. Hussak[4]) haben Versuche gemacht, um diese künstlich nachzuahmen.

Umwandlungen von Silicaten im Schmelzfluß mit Zuhilfenahme von Kristallisatoren, namentlich von Fluormetallen, habe ich experimentell durchgeführt und dabei vielfache Veränderungen erhalten.[5])

L. Bourgeois sowie C. Doelter[6]) haben Versuche durch Zusammenschmelzen von Gesteinen mit Marmor ausgeführt; letzterer verwendete verschiedene Gesteine wie Basalt, Andesit, Phonolith, Monzonit, in welche im Schmelzfluß Bruchstücke von Marmor eingetaucht wurden, dabei bildeten sich an der Grenze meistens im Silicat, Titanaugit, Anorthit, Olivin, Skapolith, Spinell und Magneteisen, auch Periklas entstand bei Hinzufügung von $MgCl_2$.

Hierher gehören auch Versuche über die Einwirkung verschiedener Schmelzflüsse auf Silicatmineralien; solche habe ich, um die Korrosion durch verschiedene Magmen zu untersuchen, ausgeführt, es handelte sich also um Löslichkeitsversuche.[7])

[1]) C. Doelter, Petrogenesis. (Braunschweig 1906), 152.
[2]) F. Rinne und H. E. Boeke, Tsch. min. Mit. **27**, 393 (1908).
[3]) F. Zirkel, Petrographie I, 595 (Leipzig 1893). — C. Doelter, Petrogenesis. (Braunschweig 1906), 152.
[4]) C. Doelter und E. Hussak, N. JB. Min. etc. 1884[I], 18.
[5]) C. Doelter, N. JB. Min. etc. 1897[I], 1.
[6]) C. Doelter, N. JB. Min. etc. 1886[I], 128.
[7]) C. Doelter, Tsch. min. Mit. **20**, 307 (1901).

Künstliche Silicatgesteine.

Neben den einfachen Mineralien sind auch diejenigen Synthesen wichtig, bei welchen die Silicatgesteine nachgeahmt werden sollen; hier handelt es sich natürlich nur um Eruptivgesteine, da wir ja Schiefergesteine nicht herstellen können.

Künstliche Gesteine können hergestellt werden durch Zusammenschmelzen von Chemikalien, den Verhältnissen der Analyse entsprechend, oder durch Zusammenschmelzen von Mineralien, oder endlich durch Umschmelzung von Gesteinen. Diese drei Kategorien geben aber auch dann, wenn vollkommene chemische Übereinstimmung vorliegt, nicht stets dieselben Produkte, sondern je nach der Abkühlungsart, je nach der Temperatur, bis zu welcher erhitzt wurde, wohl auch wegen der Anwesenheit von Impfkristallen, mitunter verschiedene Produkte.

Einige einschlägige Beispiele sollen noch später angeführt werden.

Die künstlichen Gesteine können durch Zusammenschmelzen der Bestandteile erhalten werden und sind dann sogenannte trockene Schmelzen (vgl. S. 601) oder man kann auch hier, wie bei den Mineralsynthesen, Schmelzmittel zusetzen. Das wird auch dann nötig sein, wenn es sich darum handeln wird, solche Mineralien in Gesteinen zu erhalten, welche nur durch Einwirkung von Kristallisatoren entstehen (S. 602), also namentlich Quarz, Orthoklas und Glimmer. Leider läßt sich mit dem wichtigsten Mineralisator, dem Wasser, als Bestandteil des Schmelzflusses nicht experimentieren.

Was die Struktur der erhaltenen Schmelzen anbelangt, so ist sie teilweise den natürlichen Gesteinen ähnlich, doch bilden sich manche Strukturen nur selten aus und manche fehlen ganz, wie die panidiomorphe, und auch die granitische Textur ist sehr selten; dagegen kommt die ophitische und die porphyrartige sehr häufig vor, während die Eutektstruktur, die bei manchen natürlichen Gesteinen, wenn auch nur unvollkommen, auftritt, bei künstlichen Schmelzen nur ausnahmsweise vorkommt.

Wir wollen die erhaltenen Resultate kurz übersehen.

James Hall,[1]) welcher der erste war, der künstliche Gesteine herstellte, hatte die Absicht, J. Huttons theoretische Ansichten, daß man im Schmelzflusse nur Gläser erhalten könnte, zu widerlegen. In einem Graphittiegel wurden verschiedene Gesteine, nämlich Basalte, Laven und kristalline basische Gesteine (der sogenannte Whinstone) geschmolzen und langsam gekühlt. Während bei rascher Kühlung nur Gläser erhalten wurden, gelang es bei langsamem Erstarren kristalline Produkte zu erhalten.

Die Produkte wurden 1881 durch F. Fouqué und A. Michel-Lévy[2]) neuerdings untersucht, wobei diese fanden, daß ein Whinstone von Edinburgh ein sehr gut kristallisiertes Produkt ergab, mit kleinen Kriställchen von Olivin, Labrador, Magneteisen und Glas; aber das Produkt hat kein glasiges, sondern ein körniges Aussehen.

Gregory Watt[3]) hat zur selben Zeit Versuche mit großen Mengen von Basalt (700 Pfund) angestellt; der Schmelzprozeß wurde durch 6 Stunden

---

[1]) James Hall, Trans. R. Soc. Edinburgh 5, 8 (1805).

[2]) F. Fouqué und A. Michel-Lévy, Synthése des minéraux et des roches (Paris 1887).

[3]) Gregory Watt, Phil. Trans. 1804, 279.

fortgesetzt, während die Abkühlung acht Tage dauerte; er erhielt so eine Masse von 120 cm Länge, 80 cm Breite und 50 cm Dicke. Es wurde anfangs Sphärolithbildung beobachtet, welche allmählich anwuchs, bis schließlich eine körnige Masse erhalten wurde, in dieser wurde Pyroxen beobachtet. Durch diese Versuche war die Möglichkeit, künstliche Gesteine herzustellen, gegeben.

Dann wären ältere Versuche über Entglasung von Dartigues, Drée, J. B. Dumas, Pelouze, Peligot, Bontemps, Clémenceau zu erwähnen.

Wichtige Versuche wurden von E. Mitscherlich und G. Rose ausgeführt, welche jedoch niemals Feldspäte erhielten. Weitere Versuche wurden auch von A. Delesse und Ch. St. Claire Deville unternommen. Spätere Versuche über Entglasung wurden von H. Vogelsang ausgeführt, welcher die Entglasungsprodukte studierte.[1]) G. A. Daubrée[2]) und später St. Meunier[3]) haben Synthesen der Meteorite durchgeführt. C. Sorby[4]) schloß aus Versuchen, die er mit Kieselsäure, Borax und Metalloxyden anstellte, daß man keine den Gesteinen analoge Bildungen auf dem Wege des Schmelzflusses erreichen könne.

Wir kommen jetzt zu den Versuchen der neueren Zeit.

Künstliche Gesteine wurden von F. Fouqué und A. Michel-Lévy[5]) hergestellt und mit ihnen beginnt eine neue und überaus fruchtbringende Epoche der Gesteinssynthese. Die Versuche wurden nicht mit Chemikalien, sondern mit Mineralien selbst ausgeführt, die fein gemengt zusammengeschmolzen wurden. Sie bedienten sich dabei des Fourquignonofens und verwendeten ähnliche Methoden, wie sie früher geschildert wurden (S. 501).

F. Fouqué und A. Michel-Lévy arbeiteten mit Platintiegeln, die 20 ccm Inhalt hatten. Sie variierten ihre Versuche dahin, daß 1. der Tiegel ganz im Ofen eintaucht und der Deckel aufgesetzt wurde; 2. der Tiegel hatte dieselbe Stellung, aber der Deckel war nicht aufgelegt; 3. der Tiegel ruhte auf einem Platindreieck und war nur zur Hälfte im Ofen; 4. der Tiegel ruhte auf dem Platindreieck und war ganz außerhalb des Ofens.

Auf diese Weise konnten verschiedene Temperaturen erhalten werden. Obgleich keine Messungen der Temperaturen angestellt wurden, glaubten sie doch, daß sie bei der ersten Art des Verfahrens in die Nähe des Platinschmelzpunktes gekommen seien (was ich für viel zu hoch halte); bei der letzten Art und Weise des Erhitzens kommt man nur zum Schmelzpunkte des Kupfers.

Um kristallisierte Produkte zu erhalten, wendeten sie dasselbe Prinzip wie James Hall an, nämlich die Temperatur der Schmelze eines gleich zusammengesetzten Glases einzuhalten.

Die Kristallisation des Anorthits, Leucits, Magneteisens, dann von Olivin und Picotit wird erhalten bei dem Verfahren 2, die des Labradors, Oligoklases, Pyroxens, Enstatits, Hypersthens bei Einhaltung der unter 3 bezeichneten Disposition, während Nephelin, Melilith, Melanit nach der unter 4 bezeichneten Anordnung erhalten werden.

Ein Gemenge von 4 Teilen Oligoklas und 1 Teil Augit ergibt einen Andesit nach Verfahren 3; Labradorporphyr wird erzeugt nach Verfahren 3

[1]) H. Vogelsang, Philosophie der Geologie. (Bonn 1867).
[2]) G. A. Daubrée, Etudes synthétiques de géologie expérimentale. (Paris 1860), 518.
[3]) St. Meunier, C. R. **90**, 100, 349 (1880).
[4]) C. Sorby, Brit. Assoc. Rep. 1880. — Geol. Mag. 1880, 468.
[5]) F. Fouqué und A. Michel-Lévy, Synthèse des minéraux et des roches. (Paris 1881), 37.

aus 3 Teilen Labrador und 1 Teil Augit, hierbei bildete sich das Magneteisen als dritter Bestandteil. Ein Pyroxen–Anorthitgestein wird aus diesen Mineralien erzeugt. Melaphyre und Basalte werden erhalten, wenn man die Operation in zwei Perioden vornimmt und ein Gemenge von 6 Teilen Olivin, 2 Teilen Augit, 6 Teilen Labrador anwendet. Zuerst wird nach Verfahren 2 ein Glas erhalten und dieses nach Verfahren 4 weiter erhitzt und durch 48 Stunden abgekühlt.

Nephelinit wird aus 3 Teilen Nephelin und 1,3 Teil Augit erzeugt. Leucitit wird aus 9 Teilen Leucit, 1 Teil Augit erhalten, Leukotephrit (leucithaltiger Tephrit) aus 8 Teilen Leucit, 4 Teilen Labrador, 1 Teil Augit. In beiden Fällen wurde zuerst nach Verfahren 2 und dann nach 4 erhitzt.

Olivinfels (Lherzolith), den schon vorher G. A. Daubrée erhalten hatte, wurde aus Olivin, Enstatit, Augit und Picotit hergestellt. Ebenso wurden verschiedene Steinmeteorite erhalten.

Ich habe schon in dem Jahre 1885 verschiedene Gesteine umgeschmolzen und die erhaltenen Produkte mit den direkt aus den Bestandteilen synthetisch dargestellten verglichen. Mit E. Hussak versuchte ich die Einwirkung von Schmelzen auf Silicatmineralien.[1])

Ferner untersuchte ich die Einwirkung der schmelzenden Gesteinsmagmen auf Kalkstein und erhielt Kontaktprodukte, wie Gehlenit, Augit, Magneteisen.

Sehr viele künstliche Gesteine hat J. Morozewicz[2]) aus ihren Bestandteilen dargestellt, wie schon früher erwähnt. Er hat sehr große Massen von Mischungen (über 100 Pfund) angewendet und Andesite, Cordierit–Andesit, Liparit, Feldspatbasalte von verschiedenem Kieselsäuregehalt, Melilithbasalt, Hauynbasalt, Feldspatbasalt mit Spinell, Nephelinbasalt mit Spinell und Korund, Melilithbasalt mit Korund und Spinell, Olivinknollen, Nephelinit und Anorthit–Nephelingestein dargestellt. Er hat die größeren, ausgeschiedenen Mineralien dieser künstlichen Produkte auch analysiert (vgl. S. 597).

J. Morozewicz gelang es u. a. auch ein liparitähnliches, also quarzhaltiges Gestein künstlich darzustellen, als er der entsprechenden chemischen Mischung 1 %ige Wolframsäure zusetzte; außerdem bildeten sich Biotit und Orthoklas. Bei der Bildung des ersteren war wahrscheinlich Fluor, welches sich stets aus Tontiegeln entwickelt, mit tätig.

K. B. Schmutz[3]) schmolz Leucitit mit NaCl im Verhältnis 1 : 2 zusammen; er erhielt keine Leucite, wohl aber Augit und melilithähnliche Produkte; in einem anderen Falle wurde nur Augit gefunden; als das Verhältnis 3 : 2 angewendet wurde, bildete sich viel Orthoklas. Dasselbe Gestein mit Fluornatrium und Fluorcalcium gab eine Schmelze, in welcher Glimmer, Orthoklas, Labrador, sowie ein Mineral der Skapolithreihe zu sehen war. Derselbe Leucitit mit $^1/_3$ Fluornatrium und $^1/_5$ Kieselfluorkalium geschmolzen, ergab Glimmer, Skapolith, Feldspat (Orthoklas und Plagioklas), Leucit, Magneteisen.

Leucitit mit gleicher Menge von Kaliumwolframat geschmolzen, zeigte ein Schmelzprodukt mit Leucit, Melilith, Andesin.

Diese Versuche zeigen, daß je nach Einwirkung verschiedener Flußmittel, und je nach der Temperatur und Abkühlungsgeschwindigkeit, verschiedene Resultate erhalten werden.

---

[1]) C. Doelter u. E. Hussak, N. JB. Min. etc. 1884^{II}, 172.
[2]) J. Morozewicz, Tsch. min. Mit. **19**, 1 (1899).
[3]) K. B. Schmutz, N. JB. Min. etc. 1897, II, 131.

Bei zwei Versuchen, welche ich mit Leucitit vom Capo di Bove unternahm, ergab sich ein verschiedenes Resultat, je nachdem das Gestein oder eine der chemischen Zusammensetzung entsprechende künstliche Mischung geschmolzen worden war. Ebenso erhielt K. B. Schmutz keinen Nephelin, als er eine chemische Mischung entsprechend der Zusammensetzung eines Nephelinits schmolz, dafür aber Oligoklas.

K. B. Schmutz hat auch Granit mit NaF, CaF_2, AlF_3 geschmolzen, es bildete sich Oligoklas–Albit, dasselbe Gestein mit NaCl und K_2WO_4 ergab Albit, Tridymit, Augit aber niemals Quarz.

Ein Amphibolit, der mit MgF_2 und NaF zusammengeschmolzen worden war, ergab viel Magnesiaglimmer.

K. Bauer[1]) erhielt aus einem Gemenge von Granit mit Lithium- und Calciumfluorid sowie mit Kaliumwolframat ein Augit-andesitähnliches Gestein. Interessant war die Umschmelzung eines Diorits mit einem Gemenge von Borsäure, Natriumphosphat und Fluorcalcium; es bildeten sich bei Abkühlung auf ca. 800° neben Anorthit, Biotit auch hornblendeähnliche Schüppchen. Aus Gemengen von Orthoklas, Albit, Hornblende, Glimmer mit Natriumchlorid, Kaliumwolframat, Natriumphosphat und Borsäure erhielt er eine Schmelze, welche der Zusammensetzung eines quarzführenden Basalts entsprach.

Aus einer Schmelze von Diorit mit den Chloriden von Mg, Ca, NH_4 bildete sich Augit, Olivin, Melilith, Labrador.

K. Petrasch[2]) hat Versuche durch Umschmelzen von Gesteinen mit Kristallisatoren ausgeführt, so verwendete er Fluorbor, welches der Schmelze einer Vesuvlava zugegeben wurde; es bildete sich Augit mit Leucit, Plagioklas, Nephelin. Die chemische Mischung, entsprechend der Zusammensetzung der Lava, ergab auch hier nicht das ganz gleiche Produkt wie die Umschmelzung des Gesteins selbst; nach K. Petrasch bildet sich Leucit bei starker Temperatursteigerung. Syenit mit je $^1/_6$ CaF_2, NaCl, LiCl geschmolzen, ergab Augit, Plagioklas und ein hornblendeähnliches Produkt.

Er hat auch Gesteine zusammengemischt und diese mit Chloriden und Fluoriden geschmolzen. Granit mit Phonolith ergab Feldspate, Nephelin, Augit; dagegen ergab Granit mit Limburgit geschmolzen: Olivin, Magneteisen, Labrador, wenig Augit. Granit mit der je vierfachen Menge von Natriummolybdat und Chlorlithium zusammengeschmolzen, ergab Oligoklas, Albit, Augit, Magneteisen, aber keinen Quarz. Beim Zusammenschmelzen von Phonolith mit der Vesuvlava bildete sich Leucit, Nephelin, Augit, Plagioklas.

G. Medanich[3]) schmolz Granit zusammen mit Basalt, Vesuvlava und erhielt gesteinsähnliche Produkte. Ferner schmolz er Granit mit Dinatriumphosphat, Borsäure und Zinnchlorür, wobei sich Anorthit, Quarz, Augite, bildeten; das Schmelzprodukt steht zwischen Liparit und Pechstein. Derselbe Granit mit je $^1/_6$% Natriumvanadat, Natriummolybdat und Lithiumchlorid geschmolzen, ergab Feldspat, Magnetit und Nädelchen von Natriumhornblende und Muscovit.

J. Lenarčič[4]) hat namentlich Schiefergesteine geschmolzen und dabei Produkte erhalten, welche den aus Schmelzfluß erhaltenen Gesteinen glichen.

---

[1]) K. Bauer, N. JB. Min. etc. Bl.-Bd. **12**, 1899.
[2]) K. Petrasch, N. JB. Min. etc. Bl.-Bd. **27**, 498 (1903).
[3]) G. Medanich, N. JB. Min. etc. 1908, II, 20.
[4]) J. Lenarčič, N. JB. Min. etc. Bl.-Bd. **19** (1904).

Die Frage, ob unsere künstlichen Schmelzflüsse mit dem Magma identisch sind, ist verschiedenartig beantwortet worden, sie wird von den einen bejaht, während andere das Wasser als eigentlichen Faktor der natürlichen Schmelzen betrachten, und daher zwischen diesen und den künstlichen Unterschiede hervorheben; solche scheinen in der Tat öfters vorzuliegen.[1])

Die Apparate, welche bei mineralogischen Synthesen zur Anwendung gelangen.

Die Apparate, welche hier in Betracht kommen, können, was ohne weiteres einleuchten dürfte, je nach der Methode der Synthese, ganz verschieden sein. Was die **Sublimation** anbelangt, so sind die dazu gehörigen Apparate sehr einfach und sie bedürfen auch keiner besonderen Beschreibung, da es sich ja hier nur um Erhitzung in Glas-, Quarzglas-, Porzellan-, Platin- oder auch Eisenröhren handelt, welche teils in gewöhnlichen Verbrennungsöfen mit Gasbrennern geheizt werden, teilweise auch elektrisch heizbar sind. Oft ist es notwendig, die Vorgänge in der Röhre zu verfolgen, dann können allerdings nur schwer schmelzbare Glasröhren oder Quarzglasröhren in Betracht kommen. Nur wenn man darauf verzichtet, die Vorgänge in der Röhre zu verfolgen, so dienen auch die übrigen genannten Röhren, wobei namentlich auf das sehr billige undurchsichtige Quarzmaterial aufmerksam gemacht werden soll.

Synthese durch Schmelzfluß.

Wie wir später sehen werden, gibt es nur wenig Silicate, wie etwa das Bleisilicat und Natriumsilicat, welche bei Temperaturen unter 1100° schmelzbar sind und wir bedürfen daher bei der Silicatsynthese fast stets höherer Temperaturen. Diese werden in Gas- oder elektrischen Öfen hergestellt.

Ältere französische Forscher gebrauchten bei ihren ersten Synthesen wohl auch Kohlenöfen von großen Dimensionen, welche zum Teil mit einem Gebläse angefacht wurden. Heute kommen diese nicht mehr in Betracht.

Hierauf folgten die größeren Gasöfen, von denen namentlich der Schlössingofen sowie der Perrotofen bekannt sind, auch der Segerofen wird verwendet. Als sehr zweckmäßig erweist sich für mittelgroße Tiegel auch der Fletcherofen. Diese Öfen ergeben jedoch 1. keine genügend hohen Temperaturen, 2. haben sie den Nachteil, daß sie auch keine konstanten Temperaturen geben. Manche Synthesen wurden, wie wir noch sehen werden, in größeren Fabriksöfen ausgeführt, z. B. in Öfen der Glasfabriken und ähnlichen. Diese Öfen haben den Vorteil, daß man große Mengen darstellen kann, wie es z. B. J. Morozewicz getan hat. Anderseits haben sie aber den Nachteil, daß die Temperaturen nicht näher bekannt sind, sondern höchstens mittlere oder Maximaltemperaturen, ferner, daß man die Vorgänge, die Schwankungen der Temperatur usw. nicht beobachten kann. Sie eignen sich daher allerdings vortrefflich, um eine Synthese überhaupt durchzuführen und namentlich größere Mengen des Produkts, z. B. zur chemischen Untersuchung, herzustellen, nicht aber zu genauen physikalisch-chemischen Studien.

Ein für mineralsynthetische Zwecke überaus zweckmäßiger Ofen ist der, welchen F. Fouqué und A. Michel-Lévy bei ihren Versuchen benutzt haben.

[1]) Vgl. die Literatur in C. Doelter, Petrogenesis. (Braunschweig 1906), 128.

Es ist der von Leclercq und Fourquignon. Man kann sagen, daß dieser kleine Apparat die mineralogischen Synthesen außerordentlich gefördert hat und daß er namentlich für Kristallisationsversuche ganz besonders zweckmäßig ist. Er gibt Temperaturen bis zu ca. 1400° und hat namentlich den Vorzug, eine sehr langsame Abkühlung zu gestatten, welche durch Regulierung des Gaszuflusses sich sehr fein einstellen läßt. Außerdem hat der Ofen den Vorteil, daß man sich stets davon überzeugen kann, ob die Schmelze noch flüssig ist, ob sie noch weich ist. Die Nachteile des Ofens sind dagegen die, daß sehr hohe Temperaturen nicht erreichbar sind, daß man nur kleine Tiegel von 20 cm³ Fassungsraum verwenden kann, und daß die Temperaturunterschiede an verschiedenen Teilen des Ofens sehr groß sind, was auch die Unmöglichkeit mit sich bringt, genauere Temperaturmessungen vorzunehmen und insbesondere die Kristallisationstemperatur zu messen. Der Ofen hat daher auch nur einen beschränkten Benützungskreis. Er eignet sich mehr für reine Kristallisationsversuche. In dieser Hinsicht ist er aber sehr wertvoll.

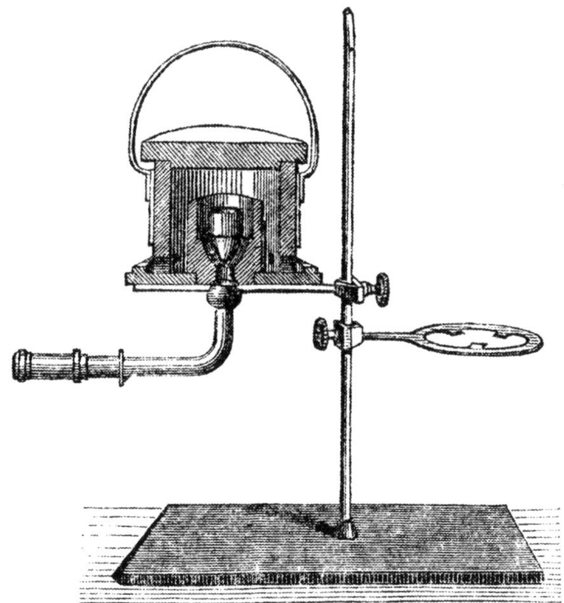

Fig. 57. Ofen von Leclercq und Fourquignon.

Der Ofen selbst besteht aus zwei Teilen, welche beide aus feuerfestem Material hergestellt sind. Ein innerer ringförmiger Teil wird von einem dicken zylindrischen Mantel umgeben und mit einem Deckel geschlossen; die Erhitzung geschieht durch einen Brenner von unten und zwar verwendet man ein Gasluftgebläse, wobei der Brenner horizontal liegt und genau in die Öffnung des inneren Mantels hineinpaßt (s. Fig. 57). Die Regulierung der Temperatur geschieht durch zweckmäßige Veränderung des Gaszuflusses. Als Gebläse dient eine Wasserstrahlpumpe, oder (wie ich sie verwende) eine Kombination zweier Wasserstrahlpumpen, wie sie von den Firmen Hugershof (Leipzig) und Eger (Graz) geliefert werden, oder aber auch ein elektrisch betriebenes Gebläse. Sehr zweckmäßig ist auch der Ofen von G. Meker.

Ofen für Sauerstoffgebläse.

Der erwähnte Fourquignonofen genügt nicht in allen Fällen, da wir ja gesehen haben, daß über 1400° schwer hinauszugehen ist. Für schwerer schmelzbare Stoffe verwendet man ein Sauerstoffgebläse. Doch hat dieses insofern eine beschränkte Verwendung, als sich die Temperatur nur schwer regulieren läßt, indem unter eine gewisse Temperatur nicht gut hinuntergegangen werden kann, daher wird auch die langsame Abkühlung nicht wie bei den früher erwähnten Öfen möglich sein. Sonst kann man für das Sauerstoffgebläse eine ähnliche Vorrichtung verwenden, wie sie beim Fourquignonofen beschrieben wurde. Nur darf der innere Konus des Ofens nicht aus Schamotte bestehen, sondern muß aus gebranntem Magnesit angefertigt werden. Ich verwende einen Konus aus Veitscher Magnesit, welcher gute Dienste leistet. Als Tiegelmaterial können natürlich nur sehr schwer schmelzbare Tiegel aus Magnesia verwendet werden, während beim Fourquignonofen Platin-, manchmal auch Nickeltiegel, dann unglasierte Tiegel (Rosetiegel), Schamottetiegel zu verwenden sind. Zweckmäßig sind auch Tiegel aus Zirkonerde.

Einen, wie mir scheint, recht zweckmäßigen Ofen für Stauerstoff hat A. Brun[1]) beschrieben. Der Schmelzvorgang findet in einer Muffel aus Zirkonpulver statt, welches durch Gummiwasser zusammengehalten wird; diese Muffel befindet sich in einem Tonofen. Oder er verwendet für höhere Temperaturen eine Umhüllung aus Kalkstein, auch ersetzt er bei sehr hohen Temperaturen über 1600° die Zirkonmuffel durch eine solche aus gebrannter Magnesia.

Alle diese Apparate lassen sich jedoch nur für qualitative Versuche verwenden, nicht aber für solche, bei denen genaue Temperaturmessungen stattfinden sollen und bei welchen eine konstante Temperatur Bedingung des Gelingens der Versuche ist; insbesondere wenn es sich darum handelt, chemisch-physikalische Messungen durchzuführen, sind alle die erwähnten Öfen wenig brauchbar. Hier treten nun die elektrischen Öfen ein, über welche K. Herold besonders berichtet (s. S. 618). Als Tiegelmaterial für diese elektrischen Öfen wird man je nach der Temperatur, welche im Ofen herrscht, Tiegel der Berliner Porzellanmanufaktur verwenden oder Platintiegel, dann Magnesittiegel und endlich auch Tiegel aus gebrannter reiner Magnesia.

Apparate für Synthesen auf nassem Wege.

Die Schwierigkeiten bei der Mineralsynthese auf nassem Wege sind noch größer als bei dem trockenen Weg, insbesondere, wenn wir uns nicht mehr wie früher damit begnügen wollen, nur die Möglichkeit der Darstellung des betreffenden Silicates zu erweisen, sondern auch die näheren physikalisch-chemischen Bedingungen festlegen und die Gleichgewichte studieren wollen. Hier liegt die Schwierigkeit namentlich darin, daß die Apparate es nicht gestatten, die Vorgänge zu beobachten und die Bildungstemperaturen zu bestimmen.

---

[1]) A. Brun, Étude sur le point de fusion des minéraux. Arch. sc. phys. et nat. Génève, Décembre 1904.

Eine nähere Beschreibung der Apparate ist nur dann nötig, wo es sich um erhöhte Temperatur und höheren Druck handelt. Hier ist die Wahl eines passenden Materials, welches dem hohen Druck Widerstand leisten soll, sehr schwierig.

Apparate zur Behandlung von Mineralien bei hoher Temperatur und hohem Druck.

Glasröhren oder Glasballons sind nur dort anwendbar, wo wir die Temperatur von 200—250° nicht übersteigen; denn erstens wird bei höheren Temperaturen das Glas von den Lösungen angegriffen und wir können nicht mehr reinlich arbeiten, zweitens wird infolge dieses Angriffs die Explosionsgefahr sich erheblich steigern. Meiner Erfahrung nach ist daher die Temperatur von 250° ungefähr diejenige, welche als Maximaltemperatur bei derartigen Versuchen zu gelten hat. Ähnliches scheint auch J. Lemberg schon gefunden zu haben; nur K. v. Chroustchoff hat auch für höhere Temperaturen Glasballons angewendet.

Bei derartigen Operationen ist sowohl hohe Temperatur als auch hoher Druck notwendig und auch experimentell läßt sich zumeist bei erhöhter Temperatur nur unter hohem Druck arbeiten. In selteneren Fällen handelt es sich um einen direkten Druck auf einen festen Körper oder auf eine Schmelze, sondern meistens nur darum, Lösungen von Silicaten bei hohen Temperaturen zu behandeln.

Eine der größten Schwierigkeiten bei Benutzung der Apparate ist, derartige Vorrichtungen zu treffen, durch welche diese Apparate den hohen Druck aushalten können und welche das Entweichen des Wassers verhindern. Nur sind die Verschlüsse, welche dabei verwendet werden, meistens derartige, daß sie einen hohen Druck nicht aushalten. Die Schwierigkeit wächst mit der Temperatur. G. A. Daubrée, welcher Flintenläufe oder Kupferröhren verwendete, verschloß sie mit einem gewöhnlichen Schraubenverschluß, wobei er zwischen die Schraube und das Rohr einen Kupferring einschob und das Ganze mit Werg und Mennige dichtete; aber aus eigener Erfahrung kann ich sagen, daß diese Dichtung nicht sehr hohe Temperaturen verträgt und daß das Wasser entweicht. Auch im Papinschen Topf läßt sich nur bei Temperaturen von wenigen 100° arbeiten. Heute verwenden wir Autoklaven und Digestoren. So hat E. Baur[1]) seine Versuche in einem gewöhnlichem Autoklaven ausgeführt. Allerdings werden diese infolge Rostens des Eisens etwas verunreinigt, was immerhin störend ist.

Ch. Friedel und E. Sarasin[2]) konstruierten als erste eine besonders widerstandskräftige Röhre, welche sehr hohe Drucke auszuhalten imstande war und deren Verschluß auch bei Temperaturen über 550° noch zufriedenstellend funktionierte. Der Apparat besteht aus einer dicken schmiedeeisernen Röhre, welche an beiden Enden plattenförmig ausgewalzt ist (s. Fig. 58). Der Verschluß wird dadurch bewerkstelligt, daß das Rohr durch eine runde Platinplatte, auf der eine Kupferplatte ruht, verschlossen wird, darauf werden beide durch eine sehr dicke Eisenplatte mit vier Schrauben auf das Ende der Röhre angepreßt. Bei der Erwärmung dehnt sich das Kupfer stark aus und der Verschluß wird dadurch mit der Temperaturerhöhung vollkommen; um den Angriff der Stahlröhre durch das Wasser zu verhindern, wurde in das Innere

[1]) **E. Baur**, l. c. vgl. S. 600.
[2]) **Ch. Friedel und E. Sarasin**, s. S. 595.

ein Platinrohr eingefügt. Ein solcher Apparat ist aber nur zweckmäßig, wenn der Verschluß sehr genau gearbeitet wird. Ich habe eine ähnliche Röhre angewendet, welche aber nur bis ungefähr 450° funktionierte. Auch verbiegen sich die Schrauben leicht, so daß nicht sehr viele Versuche mit einer und derselben Röhre bewerkstelligt werden können.[1])

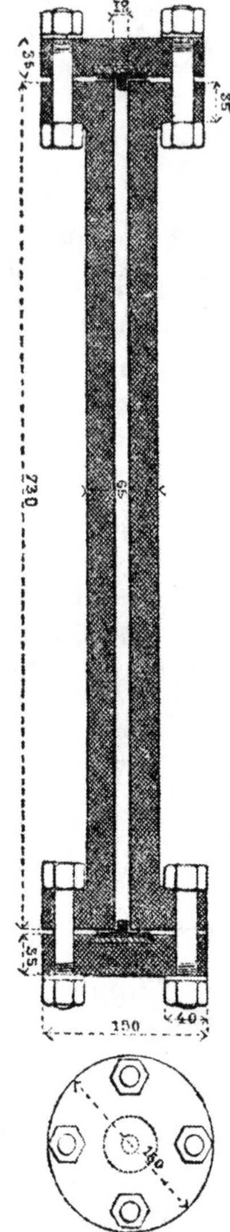

Fig. 58. Röhre nach Ch. Friedel und E. Sarasin.

Einen vervollkommneten Apparat haben J. Königsberger und W. J. Müller[2]) konstruiert. Dieser zeichnet sich dadurch aus, daß er eine Vorrichtung enthält, um die Bodenkörper von dem aus der Lösung sich abscheidenden Kristall trennen zu können. Dies ist bei Versuchen notwendig, bei welchen, was sehr wichtig ist, die Stabilitätsfelder der in der Röhre sich bildenden Silicate bestimmt werden sollen. Der Hauptvorteil dieser Vorrichtung ist der, daß man bei gegebener Temperatur filtrieren kann.

Bei den bisherigen Versuchen war nämlich die Temperatur der Bildung der erhaltenen Neusilicate unbekannt. Man kannte nur die Maximaltemperaturen und nicht die Temperatur, bei welcher sich während der Abkühlung feste Produkte bildeten. Um dem abzuhelfen, habe ich beispielsweise eine Reihe von Versuchen gemacht, bei welchen mit steigenden Maximaltemperaturen operiert wurde. So habe ich bei Analcim durch eine Anzahl von allerdings sehr zeitraubenden Versuchen bestimmt, daß derselbe sich nicht über 400° bilden kann.[3])

Der Hauptvorteil der Königsberger-Müllerschen Vorrichtung ist nun, daß man die bei hohen Temperaturen meist labilen festen Reaktionsprodukte von der Lösung trennen kann und die bei der Abkühlung der Lösung auskristallisierten Silicate gesondert erhält. Dies wird durch eine entsprechende Filtriervorrichtung aus Platin erreicht.

Der Apparat besteht aus einem nahtlosen Stahlrohr der Firma Lemier in Hannover von 400 mm Länge, 36 mm äußerem und 25 mm innerem Durchmesser, welches wieder im Innern, um Angriffe zu vermeiden, mit 1 mm dickem Platin-Iridiummantel ausgekleidet war. Die Filtriervorrichtung wird erhalten durch Einsatz eines zweiten genau passenden Platinrohres mit einem Siebboden, dann kann das Filtrieren durch Umkehrung der Röhre bewerkstelligt werden. Der Verschluß der Röhre ist nach ihren Angaben ein sehr vollkommener, so daß die Gase bei Temperaturerhöhung nicht entweichen können, was in anderen Apparaten ihrer Ansicht nach wohl geschehen kann. Dieser Verschluß war

[1]) C. Doelter, Chemische Mineralogie. (Leipzig 1890), 140.
[2]) J. Königsberger und W. J. Müller, ZB. Min. etc. 1906, 344.
[3]) C. Doelter, Tsch. min. Mit. 25, 79 (1906).

ein Schraubdruckverschluß durch eine dicke schmiedeeiserne Platte, in welche eine Kombination von mehreren Metallen eingelassen war. Außerdem haben sie noch bei ihrer Röhre eine Schüttelvorrichtung angebracht. Der Ofen, in welchem die Röhre sich befand, war drehbar und die Erhitzung geschah mit einem Heißluftmotor. Ich halte diesen Apparat wohl für den vollkommensten der bisher angewendeten. Leider ist die Zahl der mit demselben ausgeführten Versuche zurzeit noch gering.

Alle die erwähnten Apparate haben aber den Nachteil, daß die Erhitzung der Röhren von außen geschieht und daß dann die Bombe oder das Rohr infolge der Erweichung des Eisens nicht über Temperaturen von ca. 550° hinausgehen kann, da die Widerstandsfähigkeit bei dieser Temperatur schon eine zu geringe ist; in Wirklichkeit halten die Verschlüsse infolge der Erhitzung schon bei 500° nicht mehr, insbesondere wenn die Versuche durch längere Zeit fortgeführt werden sollen. Man muß daher, wenn man höhere Temperaturen anwenden will, die Erhitzung nicht mehr von außen, sondern durch eine innere Heizvorrichtung ausführen, so daß dann der Stahlmantel und die Schrauben nur mäßig heiß werden und von ihrer Festigkeit nichts einbüßen. Dies läßt sich am besten wie bei dem unten beschriebenen Apparate (S. 618) ausführen, nämlich durch eine Platinspirale, welche im Ofen angebracht ist, indem wie beim Heraeusofen erhitzt wird. Aber die praktischen Schwierigkeiten sind auch hier keine ganz geringen; ich habe einen derartigen Apparat konstruiert, doch gelang es nicht sehr hohe Temperaturen zu erreichen. Die wie es scheint sehr zweckmäßige Bombe von Th. des Coudres[1]) ist bisher für Silicatsynthesen nicht angewandt worden.

Endlich wäre noch der Apparat von G. Spezia zu erwähnen, bei welchem jedoch nur der Druck wirkt.[2])

Apparate zum Schmelzen unter Druck.

Einen etwas andern Zweck verfolgen diejenigen Apparate, bei welchen es sich um Erhitzung auf höhere Temperaturen als in den bisher betrachteten Fällen handelt. Solche Öfen sind für technische Zwecke ausgeführt worden, z. B. ein Dissoziierofen von Menges-Hoog[3]) (D.R.P. Nr. 354), auch für Versuche von Calciumcarbonat von H. Le Chatelier, dann ein Ofen von R. Lepsius.

Für unsere Zwecke kommt namentlich in Betracht der Ofen von C. Oetling.[4]) Der Druck wird hier durch flüssige Kohlensäure erzielt, die Temperatur durch eine elektrisch zu heizende Platinspirale. Die Temperatur kann durch ein Thermoelement, der Druck durch eine Manometervorrichtung gemessen werden. Der Druck ist hier, was sehr vorteilhaft ist, ganz unabhängig von der Erhitzung. Ein kugelförmiges Stahlgefäß von 62 mm Wandstärke ist durch eine Deckplatte von 50 mm verschlossen. In diesen Deckel waren die Leitungsstangen eingesetzt, welche den elektrischen Strom liefern und die Spirale

[1]) Th. des Coudres, Leipzig. Ak. Berichte **62**, 296 (1910).

[2]) G. Spezia, Atti Accad. Torino **30**, 15 (1895).

[3]) Vogel und Rössing, Handbuch d. Elektrochemie (Zitat nach C. Oetling, S. 344).

[4]) C. Oetling, Tsch. min. Mit. **17**, 344 (1898).

zum Erhitzen bringen. Der Druck wird durch komprimiertes Gas erzeugt, wofür ein Ventilstutzen dient, der in den Stahldeckel eingeschraubt ist. Zum Einlassen des komprimierten Gases wird eine hydraulische Preßpumpe verwendet, die durch Überdruck flüssige Kohlensäure in die Bombe hineindrückt. Die Vergasung der flüssigen Kohlensäure wird durch Eintauchen der Stahlbombe in Wasser von 50—80° bewerkstelligt. Die Erhitzung der Schmelze, welche sich in der Bombe befindet, erfolgte durch eine galvanoplastische Maschine mit 225 A und 2 V oder durch den Straßenstrom mit einem niederspannenden Transformator. Die langsame Abkühlung wird durch Einschaltung von Widerstand bewerkstelligt. Der Oetlingsche Apparat scheint immerhin eine gewisse Brauchbarkeit zu haben, aber er hat den Fehler, daß, wie aus den Resultaten hervorgeht, die Temperaturregulierung bei der Abkühlung offenbar nicht gut funktioniert. Denn C. Oetling erhielt bei seinen Versuchen fast nur Gläser, was bei langsamer Abkühlung nicht möglich wäre.

Einen andern Apparat hat R. Threlfall[1]) konstruiert, der aber weniger zum Schmelzen unter Druck als für spezielle Zwecke gebaut war, nämlich zur Erhitzung hochschmelzender fester Körper, wie z. B. Kohle unter Druck. Dieser Druck wird nicht durch Gase erzeugt, sondern der zu pressende Körper wird direkt in Zylinderform gebracht, und durch eine Presse direkt komprimiert. Die Heizung erfolgt auf elektrischem Wege durch entsprechende Stromzuführung. Der Apparat selbst besteht aus einem Heizkörper und einem den Druck erzeugenden Teil. Zur Heizung standen 10—20 Kilowatt zur Verfügung. Einige Schwierigkeiten scheint das Gefäß, in welchem geheizt werden soll, zu machen, weil es gleichzeitig zur Aufnahme des zu heizenden Pulvers dient. Zu seiner Herstellung wird durch Magnesiapulver ein starker elektrischer Strom geleitet, durch die hohe Erhitzung wird dieses Pulver fest und man kann vermittelst geeigneter Vorrichtungen den nunmehr entstandenen Magnesiazylinder durchbohren, so daß er dann für das zu erhitzende Pulver, als welches hier die Kohle verwendet wurde, als Tiegel dient und dieses Pulver wird mit dem Druckapparat gepreßt.

Elektrische Laboratoriumsöfen.

Von **Dr. Karl Herold** (Wien).

Die vielen Vorzüge der elektrischen gegenüber der Gasheizung liegen auf der Hand und es sei hier nur darauf hingewiesen, daß sie viel wirtschaftlicher, reinlicher und bequemer ist und — innerhalb bestimmter Grenzen — jede beliebige Temperatur herzustellen und konstant zu erhalten erlaubt. Insbesondere in den Widerstandsöfen läßt sich bei einiger Übung eine so scharfe Temperaturfeinregulierung erzielen, wie es — abgesehen von niedrigeren Temperaturbereichen — eine andere Anordnung nie erlaubt. Außerdem gestattet die elektrische Heizung, einen größeren Raum gleich-

[1]) R. Threlfall, Trans. of the chem. Soc. **93**, 1330 (1908).

mäßig zu erwärmen und mit großer Genauigkeit in jedem Augenblick und an jeder Stelle die Temperatur zu messen.

Heute gibt es verschiedene Formen elektrischer Öfen, von denen aber nur einige solche aufgezählt werden sollen, die entweder vielseitigere Anwendung finden oder wegen ihrer besonderen Zwecke hier nennenswert scheinen.

Lichtbogenöfen. Nicht die naheliegende Ausnützung der Jouleschen Wärme war es, wovon zuerst ausgedehnterer Gebrauch gemacht wurde, sondern die hohen Temperaturen,[1]) welche im Davyschen Lichtbogen (1821) herrschen, schienen den wichtigsten Vorzug der elektrischen Heizung gegenüber der Gas- oder Kohlenfeuerung darzustellen.

C. M. Desprez[2]) scheint als erster sich die Temperatur des Lichtbogens zunutze gemacht zu haben. Bald darauf — am 22. März 1853 — meldete J. H. Johnson[3]) das erste englische Patent an.

Ein glücklicher Gedanke H. Zehrenders[4]) war es, durch einen Magnet den Lichtbogen nach einer gewünschten Richtung hinzulenken, was sich oft leichter ausführen läßt als eine Feineinstellung der unhandlichen und schweren Elektroden.

Den ausgedehntesten Laboratoriumsgebrauch machte zweifellos H. Moissan,[5]) dessen größte Modelle ungefähr 150mal so viel Energie — bis 300 HP — als eine Straßenbogenlampe mittlerer Größe verzehrten.

Eine recht handliche Form zeigen die Lichtbogenöfen der deutschen Gold- und Silberscheideanstalt in Frankfurt a. M.; besonders sei hingewiesen auf den Universalofen nach W. Borchers,[6]) der auch als Widerstandsofen benutzt werden kann.

Eine hübsche Anordnung beschreibt M. S. Walker,[7]) die für kleine Versuche und Vorlesungszwecke ausreicht und von jedermann unschwer selbst angefertigt werden kann. Ein Auerlichtzylinder wird beiderseits luftdicht durch Korke verschlossen, durch die Messingrohre gesteckt sind; deren Enden tragen 4—6 mm dicke ausgehöhlte Dochtkohlen, die die zu untersuchenden Körper aufnehmen. Ströme von 50 V und 1—5 A erlauben, ganz schöne Versuche auszuführen.

W. C. Roberts-Austen[8]) macht die Schmelzvorgänge durch Projektion einer größeren Hörerschaft gleichzeitig zugänglich.

M. La Rosa[9]) bediente sich zu seinen Versuchen, reines Kohlepulver zu schmelzen, des tönenden Lichtbogens und erreichte damit gegenüber dem gewöhnlichen Lichtbogen um noch 150° C höher liegende Temperaturen.

Einem ausgedehnteren Gebrauch des Lichtbogens für synthetische Laboratoriumsversuche stehen aber zwei Übelstände entgegen. Einerseits läßt sich die für viele Zwecke zu hohe Temperatur nicht nach Belieben verringern, so daß viele Substanzen verdampfen und die Schmelzvorgänge sich der Beob-

---

[1]) M. Reich, Phys. Z. **7**, 73 (1906). (Enthält eine Zusammenstellung verschiedener Messungen.)

[2]) C. M. Desprez, C. R. **29**, 545 u. 709 (1849).

[3]) W. Borchers, Elektrometallurgie. (Braunschweig 1891), 65ff. Enthält reiche Literaturangaben und Beschreibungen technischer Öfen.

[4]) H. Zehrender, Bg.- u. hütt. Z. **54**, 450 (1895).

[5]) H. Moissan, Der elektrische Ofen, deutsch von Th. Zettel (Berlin 1897).

[6]) W. Borchers, Z. Elektroch. **4**, 523 (1898) und Preisverzeichnis der Deutschen Gold- u. Silberscheideanstalt, Frankfurt a. M.

[7]) M. S. Walker, Am. chem. Journ. **18**, 223 (1896).

[8]) W. C. Roberts-Austen, Nat. **52**, 17 u. 114 (1895).

[9]) M. La Rosa, Ann. d. Phys. [4] **30**, 369 (1909).

achtung entziehen, andererseits werden die Verbrennungsgase und Verunreinigungen durch Kohle nur zu oft sehr lästig.

Widerstandsöfen. Schon die ersten Versuche mit den neu erfundenen galvanischen Elementen zeigten, daß sich jeder stromdurchflossene Leiter erwärmt, und J. P. Joule[1]) fand, daß sich die erzeugte Wärmemenge Q darstellen läßt durch die Beziehung:

$$Q = W . I^2,$$

wo W den elektrischen Leitungswiderstand und I die Stromstärke bedeutet. Wird nun in einen geschlossenen Stromkreis ein Stück mit (auf die Längeneinheit bezogen) größerem Widerstand[2]) eingeschaltet, so wird es durch die Stauung der Stromlinien sovielmal mehr erwärmt als die Nachbarschaft, wie sein Leitungswiderstand (der Längeneinheit) größer ist.

Die bekannteste Anwendung dieser Erscheinung zeigen die Glühlampen, in denen ein dünner Kohle- oder Metallfaden mit großem Widerstand (bis 200 Ω und mehr) den Heizkörper bildet.

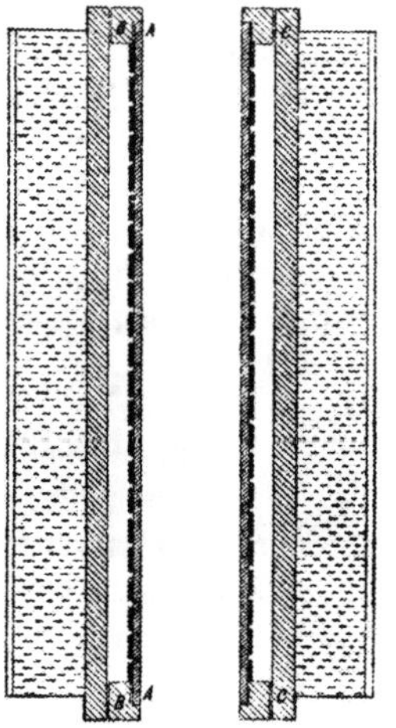

Fig. 59. Schnitt durch den Heraeus-Röhrenofen.

Für niedrige Temperaturen und einfache Versuche werden auch tatsächlich (am besten langgestreckte) Glühlampen als Heizkörper[3]) verwendet.

Die ersten Versuche dieser Art liegen ein Jahrhundert zurück und stammen von W. H. Pepys,[4]) doch erst seit etwa 20 Jahren wird die Anwendung eine allgemeinere und ist nach den verfolgten Zwecken eine sehr mannigfaltige.[5])

1. L. Holborn und A. Day[6]) benützten zur Eichung des H. L. Le Chatelierschen[7]) Thermoelements noch Öfen aus Schamotteröhren mit Nickeldrahtspiralen. A. Kalähne[8]) benützte schon Rohre aus der viel schwerer schmelzbaren Marquardtschen Masse der königl. Porzellanmanufaktur in Berlin und Nickeldraht, der bald durch den viel besseren, aber leider auch viel kostspieligeren Platindraht ersetzt wurde. (Schmelzpunkte[9]): Ni = 1427° ± 3° C, Pt = 1710° ± 5° C; spez. Leitungsvermögen[10]) (Hg = 0,958) zwischen 0 und 100° C: Ni = 0,117 + 0,044 t, Pt = 0,108 + 0,0005.)

---

[1]) J. P. Joule, Phil. Mag. **49**, 260 (1841).

[2]) Der Widerstand eines Leiters von der Länge l, dem Querschnitte πr^2 und dem spez. Leitungsvermögen $\varkappa$ stellt sich dar durch:

$$W = \frac{1}{\varkappa} \cdot \frac{l}{\pi r^2}.$$

[3]) S. W. Young, Fortschritte d. Physik **57**, II, 673 (1901) u. Journ. Am. Soc. **23**, 327 (1901). (Enthält einen elektrischen Thermostaten.)

[4]) J. G. Children, Trans. Roy. Soc. **15**, 363 (1815).

[5]) W. Ostwald-Luther, Hand- u. Hilfsbuch zur Ausführung physiko-chemischer Messungen 3. Aufl. (Leipzig 1910), 126ff.

[6]) L. Holborn u. A. Day, Ann. d. Phys. [3] **68**, 817 (1899).

[7]) H. L. Le Chatelier, Journ. de Phys. [2] **6**, 26 (1887).

[8]) A. Kalähne, Ann. d. Phys. [4] **11**, 257 (1903).

[9]) J. A. Harker, Proc. Roy. Soc. **76** A, 235 (1905).

[10]) W. Jäger u. A. Diesselhorst, Wissenschaftliche Abh. d. Phys.-Techn. Reichsanstalt **3**, 269 (1900).

Am meisten angewendet sind heute die Platinwiderstandsöfen in der Form (vgl. Fig. 59 u. 60), die ihnen W. C. Heraeus[1]) in Hanau a. M. gab und durch das D.R.P. Nr. 142152 vom 9. November 1901 geschützt ist.

Der Heizkörper (1400° C Höchsttemperatur, 220 V, 10 A) besteht aus einem zylindrischen, 300 mm langen Rohr *A* aus Marquardtscher Masse, um das auf der Außenseite längs einer mäßig ansteigenden Schraubenlinie ein dünner (0,01 mm dick, 10 mm breit) Platinstreifen gewickelt ist. Dieser Heizkörper *A* liegt — nur an den Enden durch Ringe *B* gestützt — frei in einer Schamotteröhre *C*, die durch Asbestumkleidung vor zu großer Ausstrahlung geschützt ist.

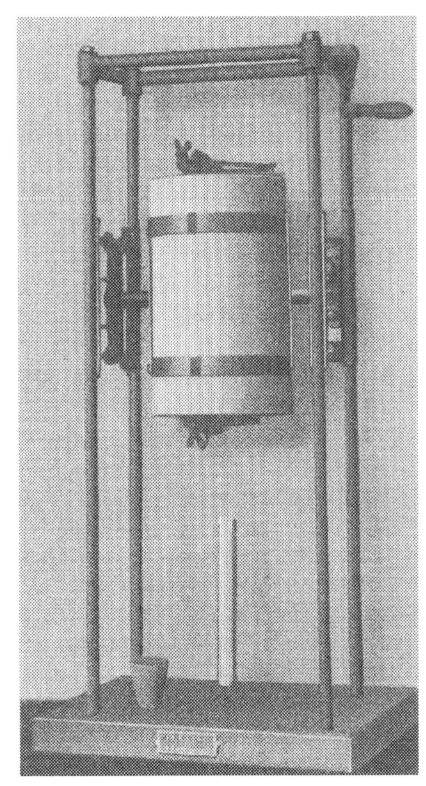

Fig. 60. Röhrenofen nach W. H. Heraeus. 1/10 natürl. Größe.

Nach den verschiedenen besonderen Zwecken[2]) werden die Öfen an Gestalt und Größe verschieden ausgeführt. Erwähnt mag hier der kleine Ofen (mit innen gewickelter Spirale aus dünnem Draht) werden, den C. Doelter (vgl. S. 645) und nach seinem Muster A. L. Day[3]) für mikroskopische Untersuchungen verwenden.

A. L. Day[4]) und seine Mitarbeiter bringen die Heizspirale aus 1,2 mm dickem reinen Platindraht an der Innenwand des Heizrohres an und erreichen dadurch Temperaturen bis 1600° C. Zur Herstellung der Wicklung wird ein Holzzylinder in sechs oder acht Sektoren zerschnitten, zuerst mit einer Schicht Papier und dann mit dem Heizdraht umwickelt und in eine nur wenig größere Porzellanröhre gesteckt. Der Zwischenraum wird mit einem Brei aus Magnesia ausgefüllt. Nach dem Trocknen wird die Holzform herausgenommen und die Heizspirale noch mit einer dünnen Magnesiaschicht[5]) bedeckt.

Während von den zerbrochenen Heraeusöfen die Heizspirale ohne Werk-

[1]) W. C. Heraeus, Preisliste über elektr. heizbare Laboratoriumsöfen. 1910.

[2]) In der letzten Zeit begann ich Versuche, einen solchen kleinen Ofen mit Konstantanwicklung in Stahlgefäße einzubauen, um unter Druck arbeiten zu können. Die schönsten Versuche dieser Art machte W. A. Ortling, Tsch. min. Mit. **17**, 344 (1898); vgl. ferner Th. des Coudres, Abh. d. Leipz. Akad. **62**, 296 (1910), vgl. S. 617.

[3]) E. T. Allen u. W. P. White, Am. Journ. **27**, 1 (1909).

[4]) A. L. Day u. E. T. Allen, Phys. Rev. **19**, 177 (1904) u. Am. Journ. [4] **26**, 405 (1908).

[5]) Harbison-Walker, Refractories Compagne, Pittsburg (Pennsylvania) oder Magnesit-Werke in Veitsch (Steiermark) und K. Spaeter in Koblenz.

zeug mit kaum nenneswertem Materialverlust abgetrennt werden kann, ist hier die Ablösung ziemlich schwierig und der Heizdraht durch die unmittelbare Nähe der Schmelze überdies viel mehr gefährdet.

W. C. Heraeus gibt als obere Temperaturgrenze, je nach der Ofengröße, 1300—1400° C an, doch kann diese Grenze für kürzere Zeit um etwa 50 bis 100° überschritten werden. Freilich beginnt bei so hohen Temperaturen die dünne Platinfolie zu zerstäuben, um dann plötzlich durchzuschmelzen, weshalb für noch höhere Temperaturen Widerstandskörper aus anderen Stoffen verwendet werden müssen.

H. Traube[1]) beschreibt einen Ofen, den sich A. Timme in Berlin patentieren ließ. Der Heizkörper besteht aus Schamotteplatten, die mit Iridiumdraht durchzogen sind und zu prismatischen Röhren zusammengesetzt werden. Er erlaubt (Energie: 110 V, 12 A) 1500° C zu erreichen, doch dürften ihm die geringe Dauerhaftigkeit und hohen Kosten des Iridiums keine besondere Verbreitung ermöglicht haben.

C. Doelter[2]) versuchte einmal iridiumhaltigen Platindraht und mußte im Jahre 1901 (20. August) noch schreiben: „Für höhere Hitzegrade (1300° C) muß man sich jedoch der Gasöfen bedienen."

2. Ganz bedeutend wird aber diese Temperaturgrenze von 1400° C überschritten, wenn der Metallwiderstand durch gekörnte Retortenkohle, Graphit, Silicium,[3]) Kryptol[4]) oder Silundum[5]) ersetzt wird.

Einen recht einfachen Ofen, den sich jedermann leicht selbst machen kann, beschreibt M. Theusner.[6]) Ein Rohr aus Marquardtscher Masse[7]) steht zentrisch in einem größeren, dickwandigen aus Schamotte, das gegen Wärmeverluste noch weiter geschützt ist. Der Raum zwischen dem eigentlichen Ofen- und dem Schamotterohr ist mit gekörnter, locker aufgeschütteter Siemensretortenkohle ausgefüllt und beiderseits durch starke Kupferplatten, welche den Strom zuführen, abgeschlossen. Damit diese Kupferplatten nicht zu heiß werden, muß der Querschnitt der Widerstandskohle an den Enden bedeutend vergrößert sein. Im heißen Zustande braucht dieser Ofen Ströme von 55 V und 180 A; es wurden mittels Segerkegeln[8]) Temperaturen bis 1650° C beobachtet.

Nach demselben Grundsatz ist der Ofen von R. Nacken gebaut, der nach den Angaben der Elektrizitätsgesellschaft Geb. Ruhstrat in Göttingen eine Energiequelle von 110 V, 40 A fordert und Temperaturen bis 2000° C erzielen läßt.

Gegenwärtig bringt E. Merk in Darmstadt einen von W. Pips[9]) gebauten Ofen in den Handel, den Fig. 61 zeigt. „Die untere Elektrode, aus einer Kupferplatte *c* und einer aufgeschraubten Graphitplatte *f* bestehend, ist ver-

[1]) H. Traube, ZB. Min. etc. 1901, 679.

[2]) C. Doelter, ZB. Min. etc. 1901, 589.

[3]) F. Le Roy, Z. f. Elektroch. **3**, 103 (1896) und D.R.P. Nr. 86643 vom 18. Oktober 1896.

[4]) L. Graetz, Die Elektrizität und ihre Anwendungen. 15. Aufl. (Stuttgart 1910) 492 ff.

[5]) F. Bölling, Dtsch. Chem.-Z. 1908, Heft 91.

[6]) M. Theusner, Diss. kgl. techn. Hochschule Berlin 1908.

[7]) A. Hecht, Ton-Ind.-Ztg. 1896, 276 und O. Dammer, Handbuch d. chem. Technologie III, 2, (Stuttgart 1907), 1393.

[8]) H. Seger, Ton-Ind.-Z. 1885, 121 u. 1886, 135, 229.

[9]) W. Pips, Z. f. Elektroch. **16**, 664 (1910).

mittels einer den Boden des geschlossenen eisernen Ofengehäuses durchsetzenden Verschraubung *d* mit der dazu gehörigen Anschlußklemme *e* verbunden. Die Widerstandsmasse (Kohlepulver) oberhalb dieser Elektrode umgibt, vermittelst des lose eingelegten Ringes *i* an Querschnitt nach oben stark vermindert, den massiven Tiegelfuß *h*, sowie den tiegelförmigen Heizraum *l* in dünner Schicht, nach außen begrenzt durch den zylindrischen Mantel *k* und steht mit der zweiten ringförmigen Elektrode *o* unter Vermittlung zweier begrenzender

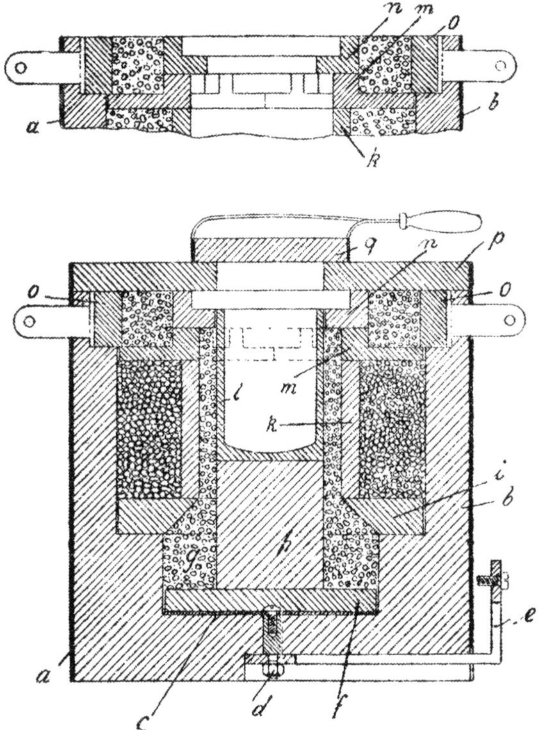

Fig. 61. Widerstandsofen nach W. Pips. $^1/_5$ natürl. Größe.

Magnesiaringe *m* (besteht aus sechs Segmenten) und *n* durch eine horizontale Schicht der Widerstandsmasse in Verbindung.“ Dadurch wird einer allzu großen Erhitzung der Elektroden vorgebeugt.

Als Wärmeschutz dient zwischen dem Zylinder *k* und dem Ofengehäuse *b* eingefüllte gekörnte Magnesia. Nach oben ist der Ofen durch eine dicke Magnesiaplatte *p* abgeschlossen, deren Schauloch der Deckel *q* abschließt.

„Ein besonderer Vorteil dieses Ofens liegt darin, daß zufolge der eigenartigen oberen Stromzuleitung der Heizraum unmittelbar unter dem Schauloch liegt und im Betrieb leicht zugänglich ist.“

Zum Anschluß eignet sich Gleich- oder Wechselstrom[1]) von 200° V Spannung, der wohl meist von jeder städtischen Zentrale geliefert werden kann.

---

[1]) A. D. Lunt, El. World **21**, 98 (1893) u. Fort. d. Ph. **49**, 2, 698 (1893), fand, daß Wechselstrom weniger erwärme.

E. Merk baut passende Wasserwiderstände, die nicht zu teuer[1]) sind und recht zweckmäßig zu sein scheinen.

Bei Versuchen im elektrotechnischen Institut der k. k. technischen Hochschule in Wien wurden Temperaturen bis 2000° C gemessen; obwohl die Spannung an den Ofenklemmen nur 90 V beträgt, reichte doch Wechselstrom von 110 V — was man nicht erwarten würde — nicht aus.

Wird in diesen Öfen anstatt der Kohle Silicium, Kryptol oder Silundum als Widerstandsmasse benützt, so läßt sich, aber auch nur bei nicht zu hohen Temperaturen, allzu starker Abbrand vermeiden.

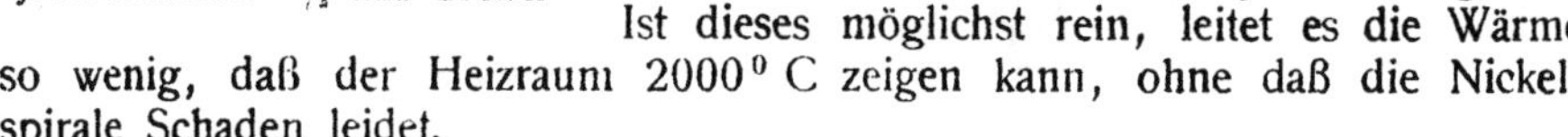

Fig. 62. Widerstandofen nach J. A. Harker. ½ nat. Größe.

3. Ein Hauptvorteil des von J. A. Harker (S. 620, Fußnote) beschriebenen Ofens (Fig. 62) scheint mir darin zu liegen, daß er mit nur einigen hundert Watt bis 2000° C zu erreichen erlaubt. Freilich kann er nicht mit größeren Tiegeln beschickt werden, doch für Schmelzpunktsbestimmungen leistet er die besten Dienste.

Der Heizkörper ist ein 60—70 mm langes Rohr von etwa 10 mm lichter Weite aus der Masse der Nernstlampenglühstifte[2]) und steckt in einer 40 mm weiten Hartporzellanröhre, die mittels einer Nickeldrahtspirale durch eine unabhängige Stromquelle auf etwa 1000° C gehalten wird. Der Raum zwischen Porzellan- und Heizrohr ist mit Zirkonpulver ausgefüllt. Ist dieses möglichst rein, leitet es die Wärme so wenig, daß der Heizraum 2000° C zeigen kann, ohne daß die Nickelspirale Schaden leidet.

Durch den Heizkörper, der kalt ein Isolator ist, gehen im heißen Zustand 2—3 A, wenn er an eine Spannung von mindestens 200 V gelegt wird. Ist der Heizkörper gegen die Enden zu etwas dickwandiger, so schmelzen die Platinstromzuführungen, die ihn ringförmig umschließen, nicht ab. Ein Wärmeschutzmantel umgibt wieder die ganze Anordnung.

Wie schon erwähnt, beruht die Erzeugung der Wärme in diesen Öfen darauf, daß in den Stromkreis auf einen verhältnismäßig kleinen Raum ein Leitungsstück größeren Widerstandes eingeschaltet und in dem Produkt $W.I^2$ hauptsächlich der erste Faktor zu vergrößern gesucht wird. In einem Heraeusheizrohr steigt während der Erhitzung der Widerstand von 2 Ω auf 20 Ω, so daß die Leistung einer Metallheizspirale mit dem Temperaturanstieg immer günstiger wird. Der Versuch, den Widerstand der Heizspirale durch Verringerung des Querschnittes noch größer zu machen, würde sie aber gleichzeitig zu empfindlich werden lassen, weshalb für höhere Temperaturen, wenn die letztgenannten Öfen nicht mehr zweckentsprechend sind, das I^2 zu vergrößern gesucht werden muß. Die zweite Potenz verlockt zur Annahme, daß dies viel günstiger sein sollte, doch ist damit leider auch eine doppelte Quelle für Mehrauslagen verbunden: denn einerseits verbrauchen nach diesen Grundsätzen gebaute Öfen viel mehr Energie, andererseits müssen die Zuleitungen einen höheren

[1]) Preis des Ofens Mk. 150.—, des Widerstandes Mk. 190.— bis ca. 300 Amp., Mk. 350. — bis ca. 1000 Amp. max. Stromstärke.

[2]) W. Nernst, Elektrot. Rundschau **15**, 245 (1898) (Beschreibung des Patentes).

Querschnitt haben, was sie sehr teuer und überdies noch recht unhandlich macht.

Ich möchte für diese Art von Öfen den schon öfter gebrauchten Namen **Kurzschlußöfen** vorschlagen. Der Heizkörper ist in der Regel röhren-, vereinzelt stabförmig.

W. Nernst,[1]) der schon früher zu nennen gewesen wäre, da er unter den ersten Heizkörper aus der leider zu wenig dauerhaften Magnesia und Platindraht konstruierte, verwendete sehr dünnwandige Röhren aus Iridium. W. C. Heraeus gibt in seinen älteren Preislisten als Preis je nach der Größe 2100 und 3400 Mk. an, doch scheint die Dauerhaftigkeit des Ofens zum Preis in keinem annehmbaren Verhältnis zu stehen, da in der Preisliste vom Jahre 1910 dieser Ofen überhaupt schon fehlt. Er bedarf Ströme von 5 V und 500—1200 A.

L. Kunz[2]) verwendete dünnwandige Heizrohre aus Graphit, die aber auch weder billig noch dauerhaft sind.

H. v. Wartenberg[3]) benutzte ein 50 mm langes, 5 mm weites und 1—2 mm dickes Rohr aus Wolfram, das innen und außen durch ein Rohr aus der Masse der Nernstlampenglühstifte geschützt war, und erreichte mehr als 2500° C.

Als recht brauchbar bewährte sich der Ofen (Fig. 63) nach dem System von G. Tammann und W. Nernst[4]), der von C. Doelter im mineralogischen Institut der k. k. Universität in Wien benutzt wird und nach einigen durch die Erfahrungen gegebenen Abänderungen nunmehr folgende Form hat:

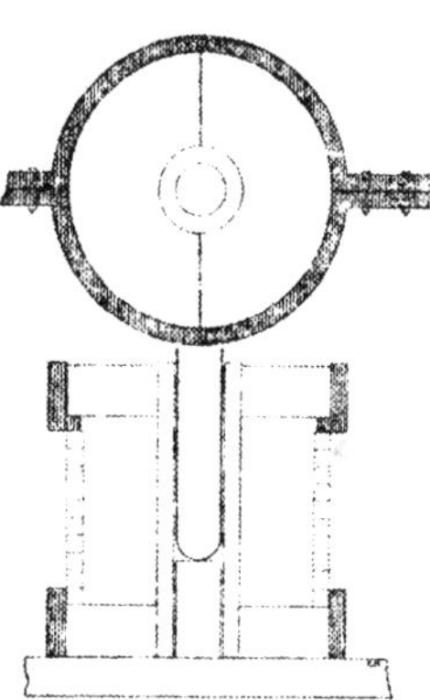

Fig. 63. Kurzschlußofen. $^1/_8$ natürl. Größe.

Eine in der Mitte entzwei geschnittene, 30 mm dicke, ringförmige Kohlenplatte[5]) von 160 mm äußerem und 50 mm innerem Durchmesser wird durch eine kräftige (40 × 10 mm), das Zuleitungskabel tragende Kupferschelle eng an das untere Ende eines lotrechten Kohlerohres, das den Heizkörper bildet, angepreßt. Eine zweite ebensolche Platte befindet sich am oberen Ende des 170 mm hohen Rohres, ihre Kupferschelle hat aber am Innenrand noch eine Leiste, weil sonst bei der Erwärmung die sich weniger ausdehnende Kohleplatte durchfallen würde. Um allzugroße Wärmeausstrahlung und zu lebhaften Luftaustausch zu verhindern, ist das Heizrohr noch von einem etwa 50 mm abstehenden Mantel umgeben, der aus 10 mm hohen Halbringen aus feuerfester Schamotte aufgebaut wird. Der Raum zwischen Rohr und Schamottemantel bleibt frei, da jede billigere Füllmasse entweder zum Schmelzen käme oder elektrisch leitend würde.

[1]) W. Nernst, Z. f. Elektroch. **9**, 627 (1903) und Gött. Nachr. 1903, 75.

[2]) L. Kunz, Ann. d. Phys. (4) **14**, 309 (1904).

[3]) H. v. Wartenberg, Verhandl. d. deutschen phys. Ges. **12**, 121 (1910).

[4]) G. Tammann und W. Nernst, Z. anorg. Chem. **42**, 354 (1904) und R. Ruer, Metallographie in elementarer Darstellung, (Hamburg 1907), 280ff; weiter E. Heyn u. O. Bauer, Metallographie, (Leipzig, Göschen, 1909).

[5]) Ich bekam die Kohlenbestandteile von der bestbekannten Firma Schiff & Co. in Schwechat bei Wien, die sie mir in dankenswerter Weise unentgeltlich zur Verfügung stellte.

Vor jedem Versuch müssen alle Fugen mit einem Brei aus reinstem Graphit und Wasser sehr sorgfältig ausgefüllt werden, da sich sonst leicht kleine Lichtbogen bilden, wodurch die Kohlebestandteile rasch abgenutzt werden.

Um die ziemlich dauerhaften Kohlenplatten etwas vor zu raschem Abbrand zu schützen, ist es gut, sie an der Oberseite mit Graphitpulver zu bedecken. Dies hat noch einen weiteren Vorteil. Bei synthetischen Versuchen werden oft die Pulver[1]) durch entweichende Gase aus dem Tiegel geschleudert und bilden dann mit der Kohle sehr harte Carbide, die besonders in der zwischen Rohr und oberen Platte entstehenden größeren Fuge recht lästig werden. Der ganze Ofen steht auf einem Schamotteblock und wird unten, um den Luftzutritt zu verhindern, mit einem kleinen Damm aus Graphit umgeben. Ist die obere Platte stark abgebrannt, kann sie immer noch unten benutzt werden, wo so gut wie kein Verschleiß beobachtet wird.

Sollen größere Mengen geschmolzen werden, so wird das Heizrohr bis auf $^1/_3$ der Höhe mit Graphitpulver gefüllt und als Tiegel benutzt.

Natürlich wäre es bei sehr hohen Temperaturen vorteilhaft, wenn die Kupferschellen noch mit einer Wasserkühlschlange umgeben wären, doch würden sie dadurch zu schwer und noch unhandlicher, da ja die Stromkabel 60 mm Durchmesser haben. Bei unmittelbarem Anschluß an die Wasserleitung sind selbst trotz der geringen Spannung Erdschlüsse zu befürchten. Ich pflege die Anschlußkabel, deren Verzinnung (230° C) nur ganz vereinzelt einmal abfloß, mit Wasser zu begießen, wodurch bei einiger Vorsicht das Abschmelzen der Kupferschellen verhindert wird. Schmolz aber einmal an einer Stelle schlechten Kontaktes ein Tropfen ab, so konnte der Strom ausgeschaltet und das Kupfer etwas abkühlen gelassen werden.

Die Heizrohre sind entweder gleichmäßig 20 mm dick, oder für höhere Temperaturen bis 40 mm von den Enden weg auf die halbe Dicke abgedreht. Wenn die Stromquelle trotz dieser Widerstandserhöhung noch die höchsten Stromstärken liefern kann, wird auf diese Weise die erzeugte Wärmemenge im selben Maß wie der Widerstand wachsen. Der Widerstand des Ofens beträgt im heißen Zustand bei gleichmäßig dicken Rohren, je nachdem die Fugen gut ausgefüllt sind, 0,02—0,05 Ω (vgl. S. 624) und verzehrt bis 21.000 Watt (28,5 HP).

Als Energiequelle haben sich Ströme von 14—30 V und 600—1200 A als recht günstig erwiesen. Sie werden wohl fast ausnahmslos einem Transformator entnommen werden müssen, was die Anlage teuer macht.

Dieser Ofen eignet sich besonders für nicht zu lange dauernde Erhitzungen über den Platinschmelzpunkt. Manchmal blieb ich bei diesen Temperaturen bis eine Stunde lang, so daß einige Synthesen nacheinander gemacht werden konnten. Der Abbrand der dicken Rohre ist so unbedeutend, daß sie nicht so sehr dadurch, sondern vor allem durch Verunreinigungen mit Schmelzen oder Anschmelzen der Tiegel unbrauchbar werden.

Der Aufbau des Ofens ist äußerst einfach; die Kupferschellen macht jeder Kupferschmied, die Kohlebestandteile jede Fabrik für galvanische Kohlen, den Schamottemantel macht man selbst, da ein „Brennen" nicht notwendig ist.

---

[1]) Es hat sich sehr oft recht gut bewährt, aus den Pulvergemischen mit Wasser einen Teig zu kneten und sie in Form kleiner Kügelchen nachzufüllen.

O. Ruff[1]) baute nach denselben Grundsätzen einen Ofen, der so in einem Gehäuse aus Messingguß steckt, daß man die Schmelzen im Vakuum oder einer gewünschten Gasatmosphäre herstellen kann. Die Spannung seines Heizstroms kann zwischen 15 und 40 V geändert werden; er benutzt, um Temperaturen bis 2730° C zu erreichen, dünne Kohlenrohre, deren Widerstand noch dadurch vergrößert wird, daß mit einer kleinen Carborundumscheibe Schlitze eingeschliffen werden. Der Ofen läßt sich auch als Lichtbogenofen benutzen.

Dem Übelstand des starken Abbrandes der Kohle hilft teilweise ab die von der Gesellschaft Prometheus in Frankfurt a. M. unter dem Namen Silundum (S. 622, Fußnote) in den Handel gebrachte silicierte Kohle, die für die verschiedenartigsten Heiz- und Kochapparate verwendet wird, oberhalb 1700° C aber durch Abdestillation des Siliciums rascher Zerstörung anheim fällt.

An dem mit Silundumwiderstandsstäben gebauten Ofen von W. Hempel[2]) ist besonders hervorzuheben, daß er mit einem äußerst einfachen und doch ganz gut brauchbaren „Glasplattenpyrometer" versehen ist. Der Tiegel wird durch so viele dunkle Gläser hindurch angesehen, daß er eben schwach glühend erscheint. Hat man sich die Gläser geeicht, so kann man mit einiger Übung die Temperatur bis auf etwa 50° C bestimmen.

Hier sind auch die Öfen von H. Helberger[3]) zu erwähnen. Als Heizkörper werden die Kohletiegel selbst verwendet, die nach einem patentierten Verfahren gegen zu starken Abbrand geschützt und schlechter leitend gemacht werden. Diese Öfen werden insbesondere für den Großbetrieb gebaut; ein kleiner Laboratoriumsofen braucht, um 3000° C zu geben, 10.000 Watt und kostet samt dem Transformator 3200 Mk. Bei Neueinrichtungen dürfte er sehr empfehlenswert sein.

Sollen Leiter geschmolzen werden, so können sie unmittelbar als Heizkörper geformt werden. Auf diese Weise untersucht z. B. M. La Rosa[4]) Kohlenstäbe auf ihre Schmelzbarkeit. Auf die vielseitigen Anwendungen in der Technik sei nur nebenbei hingewiesen.[5])

Sollen nur gewisse Oberflächenteile eines guten Leiters erhitzt werden, so überzieht man die kalt gewünschten Teile mit einer Isolierschicht und gibt das Ganze als Elektrode in einen flüssigen Elektrolyten. So haben z. B. E. Lagrange und P. Hohe[6]) gewisse Teile eines Stahlkörpers oberflächlich gehärtet.

Der Induktionsofen nach M. Dolter[7]) hat als Heizkörper eine Nickelmuffe, die durch in ihr induzierte Ströme innerhalb weniger Minuten auf 1000° C erhitzt wird. Er erfordert zu seinem Betrieb Wechselstrom von 110 V und 30 A.

---

[1]) O. Ruff, Ber. Dtsch. Chem. Ges. **43**, 1564 (1910). Der Ofen kostet beim Mechaniker P. Geselle der techn. Hochschule in Danzig-Langfuhr 1500 Mk.

[2]) W. Hempel, Z. f. angew. Chem. **1910**, Heft 7.

[3]) H. Helberger in München, Preisliste.

[4]) M. La Rosa, Ann. d. Phys. (4), **34**, 95 (1911) und O. P. Watts u. C. E. Mendenhall, ebendort, **35**, 783 (1911).

[5]) A. P. W. Kreinsen, Ber. Dtsch. Chem. Ges. **27**, 430 (1894).

[6]) E. Lagrange und P. Hohe, C. R. **116**, 575 (1893).

[7]) M. Dolter, Les établissements Poulenc Frères, Paris, Boulevard Saint-Germain 122. (Preisliste.)

Die Erhitzung durch Kathodenstrahlen[1]) oder durch im zu schmelzenden Leiter induzierte Ströme, welche im hüttenmännischen Betrieb Verwendung finden, seien hier nur erwähnt.

Aus dem Vorhergehenden ist klar, daß den Metallwiderstandsöfen weitaus der Vorzug gebührt, weil sich mit ihnen innerhalb der gegebenen Grenzen eine beliebige Temperatur fast unbeschränkt lange konstant erhalten läßt, da eine Abnutzung während einer Versuchsdauer nicht zu bemerken ist.

Leider läßt sich mit Platinheizspiralen in größeren Öfen 1400° C schwer überschreiten, die anderen in Betracht kommenden Metalle erlauben aber wegen der hohen Kosten keinen ausgedehnteren Gebrauch.

Die Öfen mit Kohlewiderstand geben zwar höhere Temperaturen, lassen aber wegen der Unbeständigkeit des Materials keine genaue Feinregulierung zu und eignen sich nicht für den Dauerbetrieb.

Temperaturmessungen vgl. S. 635.

Die Silicatschmelzen.

Von **C. Doelter** (Wien).

Allgemeines über Gleichgewichte bei Silicaten.

Vor einer Reihe von Jahren habe ich Untersuchungen an Silicatschmelzen ausgeführt, welche mir zeigten, daß die meisten sich nicht unbedingt so verhalten wie wäßrige Lösungen oder Legierungen, und daß daher die Phasenlehre sich nicht ohne weiteres auf sie anwenden läßt. Diese Resultate wurden experimentell durch zahlreiche Versuche gewonnen, während andere Forscher[2]) ohne genügende experimentelle Beweise die Lösungsgesetze auf Silicatschmelzen angewendet haben. Später zeigte sich auch, daß Silicate nicht nur unterkühlt, sondern auch überhitzt werden können. Ich habe nun gefunden, daß infolge der großen Trägheit,[3]) mit welcher die Reaktionen bei Silicaten sich einstellen, auch die Methoden der Untersuchung abzuändern sind und zum Teil auch neue Methoden gefunden werden müssen. Die einfachsten Vorgänge zeigen bei Silicaten gewisse Abweichungen von denen der meisten bisher bekannten Stoffe, was auf Verzögerungen der Geschwindigkeit, mit welcher sich die Gleichgewichte einstellen, zurückzuführen ist. Eine gründliche experimentelle Durchforschung ist daher erste Bedingung. Es wird gegenwärtig über Silicate sehr viel theoretisch gearbeitet, jedoch oft ohne die nötige experimentelle Grundlage.

Die Unterschiede zwischen meiner Auffassung und der anderer finden zum Teil ihre Erklärung darin, daß letztere in Vernachlässigung der Unterkühlung Schmelz- und Erstarrungspunkt identifizieren, was unstatthaft ist, weil die Unterschiede zwischen Schmelz- und Erstarrungspunkt sehr erhebliche sind.

[1]) H. v. Wartenberg, Ber. Dtsch. Chem. Ges. **40**, 3287 (1907) und Ch. A. Parson und Alan A. Champbell, Proc. Roy. Soc. **80**, 184 (1909).

[2]) Vgl. u. a. R. Marc, Chemische Gleichgewichte (Jena 1911).

[3]) C. Doelter, Z. f. Elektroch. **12**, 413 (1906).

Auch findet außer Unterkühlung auch Überhitzung statt. Die erwähnte Trägheit hatte ich schon bei meinen ersten Versuchen beim Zusammenschmelzen feiner Pulver natürlicher Silicate gefunden, nämlich die Erscheinung, daß hier keine Schmelzpunktserniedrigung stattfindet, sondern nur dann, wenn die betreffenden Silicate schon zusammengeschmolzen waren und dann abgekühlt wurden; dabei zeigte sich, gleichviel ob die Schmelze kristallin oder glasig erstarrt, stets eine Schmelzpunktserniedrigung.

Schmelzen der Silicate.

Wenn auch die meisten Körper nicht sofort vom festen in den flüssigen Zustand übergehen, so ist doch die Geschwindigkeit dabei meistens derartig, daß sie rasch flüssig werden, so daß eine Überhitzung nicht eintritt. Anders bei den meisten Silicaten, die so langsam schmelzen, daß bei der gewöhnlichen Art der Erhitzung Überhitzung eintreten muß und zwischen Schmelze und fester Phase kein vollständiges Gleichgewicht eintritt.

Die Silicate, mit einigen Ausnahmen (z. B. Natriumsilicat, Lithium-, Bleisilicat), haben keinen Schmelzpunkt, sondern ein Schmelzintervall. Theoretisch können wir denjenigen Punkt als Schmelzpunkt annehmen, bei welchem der Körper zu schmelzen beginnt und bei welchem er bei fortgesetzter Erhitzung gänzlich schmelzen würde. Praktisch werden wir aber auch bei langsamem Erhitzen beide Phasen durch längere Zeit nebeneinander haben.

Während bei anderen Stoffen ein Punkt existiert, in welchem sich die Dampfdruckkurven der flüssigen und festen Phasen schneiden und in welchem allein beide Phasen nebeneinander vorkommen, haben wir bei Silicaten ein größeres Temperaturintervall, bei dem beide Phasen nebeneinander vorkommen.[1]) Man kann aber nicht denjenigen Endpunkt als Schmelzpunkt annehmen, bei welchem keine flüssige Phase mehr vorhanden ist, da alsdann der Schmelzpunkt bereits überschritten ist.

Eine solche Überschreitung war bisher bei dem Übergange vom festen in den flüssigen Zustand noch nicht bekannt. R. Findlay erwähnt noch 1907,[2]) daß sie noch nicht beobachtet wurde. Er hatte eben keine Kenntnis von den Schmelzerscheinungen der Silicate. Hier kommt die Schmelzgeschwindigkeit in Betracht, die bei anderen Körpern so groß ist, daß bei der geringsten Überschreitung des Schmelzpunktes die feste Phase gänzlich in die flüssige übergeht. Wir haben bei Silicaten keine vollständigen Gleichgewichte.

Amorph-glasiger, fester und flüssiger Zustand.

Bei den Silicaten tritt beim Schmelzen ein amorph-glasiger Zustand ein, welchen wir als flüssigen im gewöhnlichen Sinne des Wortes nicht bezeichnen können, da die Beweglichkeit der Moleküle fehlt und die Verschiebungselastizität dieser Körper nicht der der Flüssigkeit entspricht. Wir haben es mit zwei verschiedenen isotropen Zuständen zu tun, welche aber keinen scharfen Übergangspunkt besitzen, sondern allmählich ineinander übergehen. Die Bestimmung des Punktes, bei welchem die Schmelze flüssig wird, ist ganz sub-

[1]) Dieser Schnittpunkt der Dampfdruckkurven ist daher zumeist praktisch nicht bestimmbar.

[2]) R. Findlay, Einführung in die Phasenlehre (Leipzig 1907), 43.

jektiv. Die Umwandlung der Silicate in Glas kann ohne eigentliches Flüssigwerden erfolgen. Man muß unterscheiden: die Zerstörung der Kristallstruktur und dann den Eintritt des eigentlichen Flüssigkeitszustandes bei dem gebildeten Glase, welches einen hohen Grad von Festigkeit und Zähigkeit hat, also hierin einem festen Körper gleicht. Bei zunehmender Temperatur verringert sich die Viscosität. Verschiedene Silicate werden mehr oder weniger flüssig, je nach ihrer chemischen Zusammensetzung. Es gibt Silicate, die ihre Viscosität sehr langsam verringern und solche, bei denen dies rascher vor sich geht.

Demnach zeigen sich die hysteretischen Erscheinungen darin, daß die meisten Silicate wegen ihrer geringen Schmelzgeschwindigkeit, welche auch mit der Kristallisationsgeschwindigkeit in Zusammenhang steht, keine scharfen Schmelzpunkte haben.

Das wichtigste Merkmal der meisten Silicate ist das Fehlen vollständiger Gleichgewichte. Gleichgewichte stellen sich mit solcher Langsamkeit ein, daß man fast nie einen Punkt hat, bei welchem die Überschreitung der Temperatur die eine oder die andere Phase ergibt. Solches Gleichgewicht könnte auch ein metastabiles genannt werden. Es kann ein System durch verzögerte Umwandlung, d. h. durch Überschreitung des Umwandlungspunktes, ohne daß die zu diesem gehörige Umwandlung eintritt, metastabil werden. Es kann also die Bildung einer neuen Phase nicht sofort eintreten, wenn das System in einen solchen Zustand übergeht, durch den die Existenz dieser Phase möglich wird.

Es verhalten sich aber nicht alle Silicate gleich. Es gibt einige, wie die früher genannten von Mn, Li, Pb, Na, bei denen die Hysteresis gering ist und die wenig viscos sind. Sie besitzen eine weit größere Schmelz- und Kristallisationsgeschwindigkeit und bei ihnen stellen sich die Gleichgewichte rascher ein, als bei den übrigen. Besonders stark zeigen die aluminiumhaltigen Silicate die hysteretischen Erscheinungen. Zwischen beiden Arten existieren Übergänge.

Schmelzgeschwindigkeit.

Wenn der Übergang vom festen in den flüssigen Zustand mit sehr großer Geschwindigkeit eintritt, tritt in der Zeit-Temperaturkurve (siehe S. 639) ein horizontales Stück ein, das auch von der Größe der Schmelzwärme abhängt. Wenn dies aber nicht der Fall ist, so fehlt das horizontale Stück, weil die Wärmeabsorption des Stoffes nicht vollkommen die Wärmesteigerung des Ofens aufhebt.

Körper mit kleiner Schmelzgeschwindigkeit werden einen unscharfen Schmelzpunkt haben, da sich die Wärmeabsorption auf eine längere Zeitperiode verteilt und bei einer bestimmten Temperatur zu gering ist, um die Temperatursteigerung des Ofens aufzuheben. Die Schmelzkurve ist dann parallel der Ofentemperaturkurve. Es ist daher in vielen Fällen die Abweichung beider Kurven so gering, daß eine Schmelzpunktbestimmung unmöglich wird.

Beziehungen zwischen Schmelzgeschwindigkeit und Viscosität.

Der Grund, warum Silicate im allgemeinen so geringe Schmelzgeschwindigkeit haben und einen unscharfen Schmelzpunkt zeigen, liegt in erster Linie in der Viscosität, welche wieder von der chemischen Zusammensetzung abhängt.

Es wäre natürlich von großem Interesse, diese Schmelzgeschwindigkeit zu messen, doch ist dies mit großen Schwierigkeiten verbunden; man müßte, sobald der Beginn des Schmelzens konstatiert ist, die Temperatur konstant halten und die Zeit messen, innerhalb welcher die Gewichtseinheit des betreffenden Stoffes in flüssigen Zustand übergeht. Das bietet jedoch große praktische Schwierigkeiten.

Beziehungen zwischen Schmelz- und Kristallisationsgeschwindigkeit.

Schon wegen der Abhängigkeit dieser beiden Größen von der Viscosität ist zu vermuten, daß Körper, welche große Kristallisationsgeschwindigkeit haben, auch eine große Schmelzgeschwindigkeit haben werden und umgekehrt, und einige extreme Fälle bestätigen dies, so die Natron- und Kalialumosilicate Albit und Orthoklas. Beide Geschwindigkeiten hängen zusammen und es werden im allgemeinen Stoffe mit geringer Kristallisationsgeschwindigkeit auch geringe Schmelzgeschwindigkeit haben. Es werden daher alle Silicate eine geringe Schmelzgeschwindigkeit aufweisen, daher auch unscharfen Schmelzpunkt; indessen zeigen sich doch bei den einzelnen Silicaten Unterschiede. Ich unterscheide drei Abteilungen:

1. Silicate mit schärferem Schmelzpunkte und verhältnismäßig großer Schmelzgeschwindigkeit;
2. Silicate mit geringer Schmelzgeschwindigkeit und geringerer Kristallisationsgeschwindigkeit;
3. Silicate mit kleiner Schmelz- und einer Kristallisationsgeschwindigkeit, die nahezu Null ist. Zu diesen gehören Albit und Orthoklas. Bei solchen kann nach keiner Methode ein eigentlicher präziser Schmelzpunkt beobachtet werden. Aber auch manche andere Alumosilicate gehören hierzu und es ist daher nicht richtig, wenn A. Day und E. T. Allen den Schmelzpunkt des Anorthits mit 1532° als Standard aufstellen. Denn auch dieses Silicat, welches weit unter 1400° schmilzt, hat einen unscharfen Schmelzpunkt und jene Zahl ist keine Konstante.

Vielfach wird die Schmelzgeschwindigkeit größer sein als die Kristallisationsgeschwindigkeit. Es gibt jedoch viele Ausnahmen, unter denen ich den Wollastonit ($CaSiO_3$) und Anorthit nennen möchte.

Die Überhitzung der Silicate.

G. Tammann hat die Bedingungen der Überhitzung eines Kristalles in seiner Schmelze erörtert. Er berechnet das Grenztemperaturgefälle, bei dessen Überschreitung die Temperatur des Kristalles über seinen Schmelzpunkt steigen muß. Für einen bestimmten Wert des Leitvermögens und der Schmelzwärme berechnet er, daß die Überschmelzung bei 6 Grad über dem Schmelzpunkt beginnen würde; ein kubischer Kristall von 1 cm Seitenlänge könnte unter den gegebenen Bedingungen und bei einer maximalen Kristallisationsgeschwindigkeit von 0,01 mm pro Sekunde 8,3 Min. in der Schmelze verharren.

Kristalle mit kleiner Kristallisationsgeschwindigkeit lassen sich leichter überhitzen als solche mit großer. Zwischen der Kristallisation unterkühlter Flüssigkeiten und dem Schmelzen eines Kristalls besteht der Unterschied, daß die Kristallisation nur in wenigen Punkten ansetzt, während an der Oberfläche des Kristalls die Schmelzung überall vor sich geht. Im allgemeinen ist daher die Tendenz zu kristallisieren kleiner als die zu schmelzen, daher nur wenig Stoffe überhitzt werden können.

Die Form der Zeit-Temperaturkurven beim Schmelzen hängt nach G. Tammann mit der Kristallisationsgeschwindigkeit zusammen, da ein merklicher Haltepunkt nur bei Stoffen mit großer Kristallisationsgeschwindigkeit stattfinden kann. Er hat dies durch den Vergleich der Kurven des Naphthalins, Betols und der Lävulose bestätigt und kommt zu dem Schlusse, daß bei Stoffen, deren Kristallisationsgeschwindigkeit unter 3 mm pro Minute liegt (also bei allen Silicaten), statt des Haltepunkts Intervalle auftreten.

Als wichtigstes Resultat seiner Untersuchungen geht hervor, daß bei solchen Stoffen aus der Erhitzungskurve der Schmelzpunkt im Sinne der Gleichgewichtstemperatur nicht mehr exakt abgeleitet werden kann.

Überhitzung ist nur während des Schmelzens möglich. G. Tammann[1]) ist der Ansicht, daß man den Schmelzpunkt sicherer als durch die thermische Methode durch die mikroskopische oder dilatometrische bestimmen kann.

Als Resultat meiner Untersuchungen geht hervor, daß die Silicate mit wenigen Ausnahmen keinen festen Schmelzpunkt haben, sondern ein Schmelzintervall. Wir haben daher auch keine Tripelpunkte, sondern diese werden im Diagramm durch eine Kurve ersetzt. Ferner sind die Schmelztemperaturen abhängig von der Korngröße, dann von der Erhitzungsgeschwindigkeit. Die optische Methode, wie sie früher angegeben wurde, und die Kontrolle durch äußerst langsames Erhitzen im elektrischen Ofen und fortwährende Untersuchung des zu schmelzenden Körpers kann allein eine halbwegs richtige Bestimmung des Schmelzpunktes geben. Die Bestimmungen vermittelst der thermischen Methode, wie sie beispielsweise im Carnegie-Institute ausgeführt wurden, sind zu hoch ausgefallen, zum Teil sogar bis 150^{0} zu hoch (vgl. S. 639 und Tabelle der Schmelzpunkte).

Anwendung der Phasenlehre bei der Ausscheidung von Silicaten.

Bei den Betrachtungen über natürliche Silicate und Gesteine, insbesondere bezüglich der Ausscheidungsfolge, spielt das Eutektikum eine große Rolle. J. H. L. Vogt vertritt die Ansicht, daß dieses das einzige Moment sei, welches maßgebend ist.

Soweit sich seine Erörterungen auf das von ihm angeführte natürliche Eutektikum, Orthoklas-Quarz und ähnliche beziehen, wird man ihm beistimmen können. Hier liegt ein natürlicher Schmelzfluß vor, dem durch Wasser ein großer Grad von Fluidität verliehen wird, so daß die Abscheidung hier wie in einer wäßrigen Lösung erfolgt und daher die Phasenlehre anwendbar ist. Ohne Wasser kristallisiert jedoch die Quarz-Orthoklasmischung nicht.

Ganz anders verhält sich die Sache, wenn man Schmelzlösungen hat, in welchen nur Silicate ohne Zusatz von dünnflüssigen Schmelzmitteln enthalten sind. Hier bekommen wir stark überkühlte Schmelzen, in welchen ein labiles Gleichgewicht herrscht. Bei diesen wird die Reihenfolge der Ausscheidung nicht nur von dem gegenüber dem Eutektikum vorherrschenden Bestandteile abhängen. Hier wird daher die Phasenregel nicht anwendbar sein. Es ent-

[1]) G. Tammann, Z. phys. Chem. **69**, 257 (1909).

scheidet die Kristallisationsgeschwindigkeit und das Kristallisationsvermögen, wie ich schon vor längerer Zeit gefunden habe.

Bei der Bestimmung der Erstarrungskurven bei zwei oder mehreren Komponenten hängt viel vom Rühren ab. Ohne Rühren wird überhaupt die Erstarrung auch beim Abkühlen sich nicht sehr deutlich zeigen. Leider ist das Rühren nur bei ganz wenigen Silicaten, wie den früher genannten Na-, Li-, Pb-Silicaten durchführbar. H. W. B. Roozeboom[1]) sagt ausdrücklich, daß bei Bestimmung der eutektischen Temperatur fortwährendes Schütteln notwendig ist. Ob das Verschwinden des letzten Punktes deutlich zum Vorschein kommt, wird bei der Abkühlungskurve und auch bei der Erhitzungskurve von der Kristallisationsgeschwindigkeit bzw. von der Lösungsgeschwindigkeit abhängig sein. Diese ist proportional der Oberfläche und dem in jedem Augenblicke bestehenden Konzentrationsunterschiede zwischen der existierenden und der bei der Versuchstemperatur gesättigten Lösung.

Die erstarrende Lösung, welche auf eine Temperatur abgekühlt ist, wird immer mehr von der erstarrenden Substanz enthalten, als dieser Temperatur entspricht. Wenn Θ_0 die höher liegende Temperatur ist, welcher der bei Θ herrschende Sättigungsgrad entspricht, so ist die Lösung um $(\Theta_0 - \Theta)^0$ unterkühlt.

$$\text{Kristallisationsgeschwindigkeit} = C \,.\, F(\Theta_0 - \Theta),$$ [2])

worin C eine Geschwindigkeitskonstante ist. Die auskristallisierte Menge entspricht also nicht jener Temperatur, welcher sie der Theorie nach entsprechen sollte. Dasselbe gilt auch, wenn die Kristallisationsgeschwindigkeit sehr klein ist.

Bei der Ausscheidungsfolge ist beim Zusammenschmelzen zweier Silicate nicht nur das Mengenverhältnis, bzw. Vorherrschen der betreffenden Komponente im Verhältnisse zu dem Eutektikum maßgebend, denn es liegt ein labiles Gleichgewicht vor, in welchem sich bald die eine, bald die andere Komponente ausscheiden kann. Hier entscheidet die Kristallisationsgeschwindigkeit und das Kristallisationsvermögen. Bei der Bestimmung des eutektischen Punktes haben wir dieselben Schwierigkeiten wie bei der Bestimmung der Schmelz- und Erstarrungspunkte überhaupt und wir erhalten statt eines Punktes in vielen Fällen auch hier ein Intervall. Dies habe ich experimentell bei vielen Silicaten nachweisen können.

Thermodynamik der Silicatschmelzen.

Die Formeln und Beziehungen, die auf den Gesetzen der Thermodynamik beruhen, können ebenfalls eine Abänderung erleiden. Die aus dem zweiten Hauptsatz abgeleiteten Formeln, wie auch beispielsweise das Raoultsche Gesetz und die Formel der Schmelzpunktserniedrigung haben daher insofern keine Anwendung, als wir die Werte von T, V, q nicht mit Sicherheit bestimmen können, und daraus geht auch hervor, daß die Schmelzpunktserniedrigung nicht genau bestimmt werden kann. Insbesondere sind alle Formeln, in welchen die Schmelzwärme q enthalten ist, insofern nicht anwendbar, als der Wert von q bei Silicaten bisher nicht bestimmbar ist. Es hängt dies damit zusammen, daß man, um ein Silicat in das Calorimeter gießen zu können, dasselbe

[1]) H. W. B. Roozeboom, Heterogene Gleichgewichte (Braunschweig 1904), Bd. II, 171, 175. — Über den Einfluß des Rührens auf die Erstarrung siehe S. Hilpert u. R. Nacken, Ber. Dtsch. Chem. Ges. **33**, 2565 (1910).

[2]) Nach W. Nernst u. R. Abegg, Z. f. phys. Chem. **15**, 682 (1894).

infolge seiner Viscosität beträchtlich über seinen Schmelzpunkt erhitzen muß; die dadurch verursachte Überwärme ist sehr hoch. Ein entgegengesetzter Fehler ist der, daß nur wenige Silicate beim Eingießen in Wasser sofort kristallisieren, wodurch der Wert von q zu klein wird, während er andererseits durch die Überwärme zu groß wird (vgl. unten).

Alle diese Erscheinungen rühren von der im allgemeinen geringen Reaktions- bzw. Umwandlungsgeschwindigkeit her, welche ihrerseits wieder mit der Viscosität zusammenhängt. In einer solchen Schmelze werden sich die Gleichgewichte mit großer Langsamkeit einstellen. Es finden stets Überschreitungen statt, so daß die Umwandlungspunkte nicht leicht bestimmbar sind. Es ist noch ungewiß, ob der Einfluß der Viscosität der einzige bei diesen Verzögerungserscheinungen ist oder ob nicht andere Faktoren von Einfluß sind. Möglicherweise stellen die Silicate bei hohen Temperaturen im Schmelzflusse Gemenge verschiedener Stoffe dar und es kann auch hier thermolytische Dissoziation eintreten; daß sie elektrolytisch dissoziiert sind, ist genügend nachgewiesen.

Es ist daher unbedingt notwendig, diese Abweichungen der Silicate bei der Anwendung der Phasenlehre zu berücksichtigen, was aber bisher ziemlich allgemein vernachlässigt worden ist.

Die Schmelzpunkte der Silicate.

Schon seit einer Reihe von Jahren liegt das Bestreben vor, die Schmelzpunkte der Mineralien zu bestimmen. Doch konnte erst in den letzten Jahren die Aufgabe einer befriedigenden Lösung zugeführt werden. Zuerst suchte man wenigstens die Reihenfolge der Schmelzpunkte zu bestimmen, was namentlich im Hinblick auf die gesteinsbildenden Mineralien geschah, weil noch vor nicht langer Zeit die Ansicht herrschte, daß die Reihenfolge der Ausscheidung der Gesteinsbestandteile auch die Reihenfolge ihrer Schmelzpunkte sei. Ältere Versuche mußten aber scheitern, solange die Pyrometrie zu wenig entwickelt, und die ganze Technik hoher Temperaturen noch unvollkommen war. Es wurden daher die ersten Versuche durch Vergleiche mit Legierungen angestellt. Erst seit wenigen Jahren ist es gelungen, Thermometer für so hohe Temperaturen zu konstruieren; aber die Schwierigkeit, den Schmelzpunkt richtig beobachten zu können, ist eine weit größere, während die Schwierigkeiten der Messung selbst als überwunden zu betrachten sind.

Immerhin sind wir jetzt in der Lage, ungefähr wenigstens die Schmelzpunkte angeben zu können und es soll hier zuerst die geschichtliche Entwicklung der Methoden erfolgen, an deren Entwicklung namentlich beteiligt sind: A. Schertel, J. Joly, R. Cusack, A. Brun, C. Doelter, J. H. L. Vogt, A. Day, E. T. Allen, W. P. White u. a.

Schon in der Kobellschen Schmelzbarkeitsskala haben wir den Anfang der Schmelzpunktsbestimmungen zu betrachten. Man operierte damals mit dem Lötrohre und diese Methode ist auch später noch z. B. von G. Spezia vervollkommnet worden. Aber der Erfolg war im allgemeinen ein geringer und so glaubte man noch im Jahre 1898, daß der Anorthit leichter schmelzbar sei als der Albit.

A. Schertel[1]) hat vermittels der Prinsepschen Metallegierungen eine Anzahl von Mineralien auf ihren Schmelzpunkt geprüft, wobei auch als Schmelz-

[1]) A. Schertel, Bg.- u. hütt. Z. 1880, 87.

punkt derjenige Punkt angenommen wurde, bei welchem größere Bruchstücke des Körpers vollkommen flüssig wurden. Dies ist prinzipiell ein Fehler, daher haben auch die Bestimmungen von A. Schertel keinen großen Wert.

Temperaturmessungen mit Legierungen können immerhin zu approximativen Messungen benützt werden, doch sind Irrtümer bis zu 60 und mehr Graden leicht möglich. Außerdem kann man ja nur Temperaturmessungen, welche zwischen zwei Legierungen fallen, vornehmen. Wenn auch die Schmelzpunkte der Legierungen selbst bekannt sind, so ist doch die Zahl der Vergleichskörper eine beschränkte.

Schmelztemperaturen der Prinsepschen Legierungen.

800 Teile Ag mit 200 Teilen Cu	800°
950 „ „ „ 50 „ „	900
Reinsilber	962
400 Teile Ag mit 600 Teilen Au	1020
Au, chemisch rein	1063
Cu, „ „	1084
850 Teile Au mit 150 Teilen Pt	1160
750 „ „ „ 250 „ „	1220
Nickel, chemisch rein	1430 (früher 1480°)

Temperaturmessungen.

Eine namentlich in der Industrie des Porzellans und in der Keramik überhaupt sehr häufig verwendete Methode ist die vermittelst der Segerkegel, welche auch zu wissenschaftlichen Zwecken verwendet werden. Diese Kegel bestehen aus verschiedenen Silicaten und eignen sich im allgemeinen recht gut als Vergleichskörper zur Messung der Schmelztemperatur anderer Silicate. Es sind kleine Pyramiden verschiedener Zusammensetzung, welche die Temperaturen von 20 zu 20° angeben.

Über die Genauigkeit sind die Ansichten allerdings verschieden und manche Forscher verwerfen sie gänzlich, z. B. A. Day, während andere ihnen einen größeren Wert beilegen. So haben A. Brun,[1]) sowie auch Boudouard Untersuchungen mit Segerkegeln ausgeführt. Versuche, welche in der technisch-physikalischen Reichsanstalt in Berlin ausgeführt wurden und über welche kürzlich R. Hofmann[2]) berichtete, zeigen, daß sie für Messungen von Silicaten in Porzellanöfen und analogen Öfen recht gut verwendbar sind und daß die Fehler im Vergleiche zu den genauen Pyrometern keine große Bedeutung haben; nur im Iridiumofen waren Fehler bis zu 120° bemerkbar. Das hängt offenbar mit der geringen Schmelzgeschwindigkeit der Silicate zusammen, welche der raschen Erhitzung im Iridiumofen nicht folgen kann.

Einen weiteren Apparat konstruierte J. Joly.[3]) Er nannte ihn Meldometer. Er besteht aus einem Platinstreifen von 1,2 mm Breite, welcher zwischen zwei Klemmen gespannt wird, von denen die eine Klemme festliegt, während die andere durch eine Feder beweglich ist. Der Platinstreifen wird durch den elektrischen Strom erhitzt und trägt das zu untersuchende Silicat-

[1]) A. Brun, Arch. sc. phys. et nat. Genève. Dez. 1904.

[2]) R. Hofmann, Chem.-Ztg. 1911, Nr. 35.

[3]) J. Joly, Proc. Roy. Dubl. Ac. 1891[II], 238; Geol. Mag. **9**, 475 (1902).

pulver, wobei die Schmelzung mit dem Mikroskop beobachtet wird. Es ist also eine optische Methode (siehe S. 638). Die Schmelztemperatur selbst wird durch die Ausdehnung des Platinstreifens gemessen, wobei mit einer Anzahl von Stoffen, deren Schmelzpunkte bekannt sind, eine Eichung vorgenommen wird.

Mit demselben Instrumente hat R. Cusack[1]) gearbeitet. Er setzte die Untersuchungen von J. Joly weiter fort. Seine Daten differieren nicht sehr viel von den Daten des letzteren, doch schließe ich aus diesen, daß mitunter Fehler unterlaufen sind, da er für Bronzit eine ebenso hohe Zahl erhält wie für Diallag und für Cyanit weniger als 1000°.

Eine größere Anzahl von Untersuchungen der Schmelzpunkte hat A. Brun[2]) ausgeführt, wobei er sich, wie erwähnt, der Segerkegel bediente; der zu schmelzende Kristall und der betreffende Segerkegel befinden sich in einer aus Magnesia oder Zirkonerde angefertigten Muffel, welche, wie S. 614 erwähnt, durch ein Knallgasgebläse erhitzt wird. Die Daten A. Bruns stimmen teilweise mit meinen Zahlen überein, in anderen Fällen aber nicht. Manche Angaben, z. B. für Quarz, scheinen außerordentlich hoch (1780°) und stimmen mit anderen späteren Beobachtungen nicht überein. Er hat im allgemeinen für Silicate mit großer Schmelzgeschwindigkeit gute Resultate erhalten, für solche mit geringer Schmelzgeschwindigkeit viel zu hohe. Dies hängt nicht nur von der Methode selbst ab, sondern auch von dem Umstande, daß A. Brun immer größere Kristalle oder Bruchstücke verschiedener Größe untersuchte und das völlige Niederschmelzen dieser beobachtete. Dadurch müssen bei Körpern von sehr kleiner Schmelzgeschwindigkeit beträchtliche Fehler entstehen, da ja die Dünnflüssigkeit bei solchen erst weit über dem eigentlichen Schmelzpunkte erfolgt. Dann hängt die Temperatur davon ab, ob große oder kleine Bruchstücke verwendet wurden und davon, ob schnell oder langsam erhitzt wurde.

A. Brun hat auch versucht, die Schmelzpunkte aus den spezifischen Wärmen zu berechnen, aber es ist klar, daß hierdurch die Schwierigkeiten der Bestimmung eher vermehrt als vermindert werden, denn gerade die Bestimmung dieser Wärmen ist bei Silicaten eine noch weit schwierigere Operation als die der Schmelzpunktbestimmung, wie auch aus den Arbeiten von W. P. White[3]) hervorgeht und dabei wurde der Schmelzpunkt dadurch charakterisiert, daß A. Brun die Viscosität bestimmte, das heißt die Änderung derselben, indem er eine Platinmasse von 105 g in den Kristall einläßt. Schmelzen nimmt er dann an, wenn diese Platinmasse in die Silicatschmelze eindringt. Das ist aber eine ganz approximative Bestimmung, wobei man zu hohe Daten erhält, da die Platinmasse nur dann eindringt, wenn die Schmelze dünnflüssig ist.

Durch die Einführung des Thermoelementes nach dem Prinzipe von H. Le Chatelier konnten genaue Messungen ausgeführt werden und wenigstens die Ofentemperaturen genau gemessen werden, was früher nicht der Fall war, aber es blieben noch gewaltige Fehler bestehen. Es bedeutet also die Einführung des Thermoelementes einen großen Umschwung bei den Bestimmungen und es haben daher auch alle neueren Beobachter mit diesem Instrumente gearbeitet.[4])

---

[1]) R. Cusack, Proc. R. Dublin Ac. [3] **4**, 399 (1897).
[2]) A. Brun, l. c., und Exhalaison volcanique (Genf 1911).
[3]) W. P. White, Am. Journ. **28**, 335 (1907).
[4]) Über optische Pyrometer vgl. unten.

Wir wollen nun die verschiedenen Methoden der Schmelzpunktbestimmung untersuchen, denn die Hauptschwierigkeit liegt in der Bestimmung des Schmelzpunktes selbst, da die Schwierigkeit der Temperaturmessungen an und für sich überwunden ist. Ich habe zuerst eine Reihe von Messungen mit dem Thermoelemente ausgeführt, aber bei den ersten Messungen[1]) wurde in Gasöfen gearbeitet und in solchen lassen sich genauere Messungen nicht ausführen. Es gelang jedoch immerhin die Reihenfolge der Schmelzpunkte z. B. der Feldspate festzustellen und ich habe zuerst konstatiert, daß Anorthit der höchstschmelzbarste Feldspat ist. Erst durch die Vervollkommnung der Pyrometer, insbesondere der Schutzröhren, dann durch die Einführung der elektrischen Öfen, welche gestatten, eine langsam ansteigende Temperatur zu erhalten, konnten genauere Messungen möglich werden. Ich habe später eine Reihe von Methoden angegeben, um auf verschiedenem Wege Schmelzpunkte zu bestimmen,[2]) die auch hier besprochen werden sollen.

Ursachen der Verschiedenheit der Schmelzpunktsbestimmung.

Die Ursachen dieser Verschiedenheiten, die ganz auffallend sind, liegen

1. in der Verschiedenheit der Auffassung dessen, was man Schmelzpunkt nennt,
2. in der verschiedenen Genauigkeit der Methoden,
3. in den Verschiedenheiten der Korngröße des untersuchten Materials,
4. in der verschiedenen Erhitzungsgeschwindigkeit.

Eine theoretische Definition der Schmelzpunkte können wir geben, vgl. S. 629, aber praktisch werden wir stets Schwierigkeit haben, den richtigen Schmelzpunkt herauszufinden; insbesondere deshalb, weil, wie gezeigt wurde, in vielen Fällen ein scharfer Schmelzpunkt nicht existiert.

Bestimmungsmethoden.

H. W. Bakhuis-Roozeboom hat in seinen „heterogenen Gleichgewichten“[3]) im allgemeinen die Umwandlungspunktbestimmung nach zwei Methoden, welche er Differenz- und Identitätsmethoden nennt, aufgestellt.

Zu den Identitätsmethoden gehören die optischen Methoden, welche wohl hier die zuverlässigsten sind. Es ist den optischen Methoden vorgeworfen worden, daß sie subjektive seien, aber sie sind, wie sich herausstellt, doch genauer als alle anderen.

1. Die optische Methode kann darin bestehen, daß man z. B. mit einem Fernrohr die Veränderungen eines horizontal aufgehängten Stäbchens oder Fadens oder einer Faser aus dem betreffenden Silicat betrachtet, wie ich dies in manchen Fällen ausgeführt habe.[4]) Es geschieht dies in einem horizontalen elektrischen Ofen und man kann den Faden auf zwei Platinstützen horizontal auflegen oder ihn auch in seiner Mitte an einem Platinstift befestigen. Beim

[1]) C. Doelter, Tsch. min. Mit. **20**, 210 (1900).
[2]) C. Doelter, Sitzber. Wiener Ak., Silicatschmelzen IV, **115**, 723 (1906); **115**, 1329 (1906).
[3]) H. W. Backhuis-Roozeboom, l. c. II, S. 175.
[4]) C. Doelter, Tsch. min. Mit. **22**, 301 (1903).

Schmelzbeginne sinken im ersten Falle der mittlere Teil, im letzteren die Enden ein, was sich sehr scharf beobachten läßt, während bei eintretender vollkommener Flüssigkeit der Faden sich teilt. Die Methode ist sehr genau, aber es läßt sich nicht immer das Material in derartigen Stäbchenfäden herstellen, so daß sie nur eine beschränkte Anwendung hat. Sehr zweckmäßig ist sie bei Gläsern.

2. Wo Fäden nicht herstellbar sind, habe ich Tetraeder oder Kegel mit scharfen Spitzen aus feinstem Pulver hergestellt. Beim Beginn des Schmelzens runden sich die Kanten, bei vollkommenem Schmelzen sinkt die Pyramide oder der Kegel ein.[1]) Es ist dies daher dieselbe Methode wie bei den Segerkegeln. Der Fehler dieser Methode ist aber der, daß die Objekte nicht vollkommen mit dem Thermoelement in Berührung stehen, daher genaue Messungen nicht möglich sind.

3. Methode mit dem Heizmikroskop. Ich halte diese Methode für eine der genauesten, weil sich die Veränderung ganz allmählich sehr scharf beobachten läßt. Wir können namentlich den Beginn des Schmelzens hier mit großer Genauigkeit finden und die allmähliche Rundung der Kanten läßt den allmählichen Übergang durch den viscosen Zustand bis zum völligen Fließen beobachten. Bedingung ist, daß die Erhitzung sehr langsam vor sich geht und daß das Thermoelement direkt mit der Unterlage, auf welcher das Material liegt, sei es Quarzglas oder Platin, in Berührung steht. Die etwaigen Fehler sind so gering, daß sie gegenüber der Genauigkeit, mit welcher überhaupt der Schmelzpunkt nachweisbar ist, nicht in Betracht kommen. Man kann daher diese Methode nicht als eine subjektive bezeichnen.

Zum Gebrauche des Heizmikroskops bedarf es einiger Übung, dann werden aber etwas geübte Beobachter auch annähernd dieselben Resultate erhalten. Der Einwurf, daß mit so kleinen Mengen prinzipiell verschiedene Resultate erzielt werden müßten, wie mit großen, ist durchaus nicht berechtigt und wird durch einschlägige Versuche widerlegt; so habe ich beispielsweise bei Wollastonit und künstlichem $CaSiO_3$ unter dem Mikroskop dieselben (auf 10^0 ungefähr) Resultate erhalten, wie bei Anwendung der langsamen Erhitzung mit 20—50 g des Stoffes. Nicht die Menge ist maßgebend, sondern die Schnelligkeit der Erhitzung und die Korngröße.

4. Neben dem Heizmikroskop verwende ich noch eine andere Methode, welche vielleicht den höchsten Grad von Genauigkeit gibt und die namentlich als Kontrolle des Heizmikroskopes sehr wichtig ist. Allerdings ist sie eine ungemein zeitraubende. Sie beruht auf der bereits von J. Joly hervorgehobenen Tatsache, daß man bei Silicaten beträchtlich tiefere Schmelzpunkte erhält, wenn man den Körper sehr langsam erhitzt. Die Differenzen können sehr merkliche sein.

Am zweckmäßigsten kombiniert man diese Methode mit der mikroskopischen, indem man zuerst den Schmelzpunkt vermittelst letzterer bestimmt und dann den Körper etwas unter diesem Schmelzpunkte durch mehrere Stunden erwärmt, dann herausnimmt, unter dem Mikroskope untersucht, ob Frittung oder Schmelzung stattgefunden hat und, wenn dies nicht der Fall ist, bei einer um 20^0 erhöhten Temperatur nochmals durch mehrere Stunden lang erhitzt und dieses wiederholt, bis Schmelzung eingetreten ist. Ich bediene mich eines ziemlich großen Platinschiffchens, in welchem ich ca. 30 g der Substanz im elektrischen Horizontalofen erhitze, wobei das Thermoelement mit der Schmelze

[1]) C. Doelter, Tsch. min. Mit. **22**, 301 (1903).

in Berührung sein muß. Man kann auch größere Mengen erhitzen, das Thermoelement tiefer eintauchen und auf eine etwaige Wärmeabsorption prüfen; doch tritt bei langsamer Erhitzung eine solche nicht ein. Um das Schiffchen leichter herausziehen zu können, wird es mit einem langen Platin- bzw. Nickeldraht verbunden.

Thermische Methode.

Außer der optischen wäre noch die volumenometrische Methode zu erwähnen, die aber wohl zu große technische Schwierigkeiten bietet, um Anwendung zu finden und auch die Veränderung der elektrischen Leitfähigkeit kann vorläufig noch nicht verwendet werden.[1]) Es bleibt daher neben der optischen Methode nur noch die thermische Methode und die Aufnahme von Zeit-Temperaturkurven.

Es ist bekannt, daß man den Schmelzpunkt eines Stoffes daran erkennen kann, daß bei aufsteigender Temperatur während des Schmelzprozesses infolge der Schmelzwärme eine kurze Zeit lang die Temperatur konstant bleibt, um erst nach Beendigung des Schmelzprozesses wieder anzusteigen. Trägt man auf der Ordinate die Temperaturen, auf der Abszisse die Zeit in Sekunden auf, so ist der Schmelzpunkt durch ein horizontales Stück in der Kurve gekennzeichnet.

Das horizontale Kurvenstück bleibt bei Silicaten aus den früher angegebenen Gründen meistens aus, und es tritt nur eine kleine Neigungsänderung auf, welche man konstatiert, wenn man gleichzeitig die Ofentemperaturkurve aufnimmt (s. unten). Dann werden für das Temperaturintervall während des Schmelzens die beiden Kurven nicht parallel liegen, sondern gegeneinander mehr oder weniger geneigt sein. Wenn der Schmelzpunkt nun, wie das häufig der Fall ist, ein unscharfer ist, so wird die Neigungsänderung kaum merklich sein, infolgedessen ist dann eine gewisse Subjektivität bei der Beurteilung dessen, was Schmelzpunkt ist, vorhanden.[2]) Es kann daher bei Silicaten die thermische Methode ganz ungenau werden, wobei auch zu berücksichtigen ist, daß bei Silicaten das Rühren nicht möglich ist, wodurch die Wärmeabsorption sehr gering wird; aber auch in günstigeren Fällen, dort wo man wirklich Wärmeabsorption beobachtet hat, kann man sich durch einen Vergleich mit der vorhin unter 4. angeführten Methode überzeugen, daß diese Wärmeabsorption nur dann eintritt, wenn verhältnismäßig rasch erhitzt wird. Die Wärmeabsorption ist eben, wie schon früher ausgeführt, von der Erhitzungsgeschwindigkeit abhängig.

Infolge der raschen Erhitzung tritt Überhitzung ein, und die Wärmeabsorption macht sich erst bemerkbar, wenn der Kristall schon längst in flüssigen Zustand übergegangen ist, daher die Schmelzpunkte um 100 ja sogar um 160° höher befunden wurden (wie dies bei den Untersuchungen der amerikanischen Geophysiker der Fall ist) als die Punkte, welche bei langsamem Erhitzen erzielt wurden. Dagegen ist die thermische Methode bei der Erstarrung oft anwendbar.

---

[1]) Indessen gibt bei Silicaten mit schärferem Schmelzpunkt die graphische Darstellung mit log. W (vgl. unten) zwei getrennte Kurvenstücke für den flüssigen und den festen Zustand, aus welcher sich der Schmelzpunkt ableiten ließe; vorläufig ist aber die Leitfähigkeitsmessung noch zu ungenau, um auf diese Weise den Schmelzpunkt genau zu bestimmen; immerhin können derart annähernde Resultate erzielt werden. R. Beck hat auf diese Weise die Erweichungspunkte bestimmt. (Z. f. Elektroch. **17**, 848 (1911).

[2]) Vgl. E. Dittler, Z. anorg. Chem. **69**, 288 (1911).

Über die Wärmetönung bei langsamerer Erhitzung hat E. Dittler[1]) Versuche ausgeführt; er zeigte, daß bei zu langsamer Erhitzung die Umwandlungsgeschwindigkeit so gering ist, daß das thermische Phänomen der Beobachtung ganz entgehen kann. Wenn dagegen sehr schnell erhitzt wird, so wird die Substanz überschmolzen und der Schmelzpunkt zu hoch befunden; es kommt demnach den Erhitzungverhältnissen im Ofen die größte Bedeutung zu.

Was nun die übrigen Methoden anbelangt, so können sie mit den genannten an Genauigkeit kaum verglichen werden, aber sie sind oft zur Kontrolle durchaus nicht zu verachten. Da haben wir die früher erwähnten Methoden mit Vergleichskörpern, Segerkegeln, Legierungen usw. Diese können nur approximative Resultate geben. Immerhin sind z. B. die Segerkegel durchaus nicht so ungenau, als behauptet worden ist.

A. Bruns[2]) Methode, aus den spezifischen Wärmen die Schmelzpunkte indirekt zu berechnen, ist natürlich noch weniger genau, denn die spezifischen Wärmen sind noch schwieriger zu bestimmen als die Schmelzpunkte selbst.

Eine weitere Methode, welche ich in früheren Jahren bei Beginn meiner Arbeiten ausübte, ist die Messung der Konsistenz der Schmelze, welche sehr zweckmäßig zur Kontrolle verwendet werden kann. Beim Schmelzen von Pulver prüft man, ob dasselbe gesintert, vollkommen zusammengebacken oder aber bereits weich geworden ist; umgekehrt kann man bei dem Erstarren verfahren. Diese Methoden sind natürlich subjektiv, erfordern viel Übung, sind aber insbesondere, wenn man damit eine mikroskopische Untersuchung des herausgenommenen Pulvers, bzw. der flüssigen Schmelze verbindet, durchaus nicht zu verachten und jedenfalls zur Kontrolle brauchbar.

Wenn ich einen Überblick über die Genauigkeit der Methoden geben soll, so möchte ich den Vorzug der optischen Methode vermittelst des Heizmikroskopes geben und der mit mikroskopischer Untersuchung verbundenen stundenlangen bzw. tagelangen Erhitzung im elektrischen Horizontalofen, während die thermische Methode mit Ausnahme solcher Fälle, wo es sich um leicht flüssige Silicate handelt, bei denen Rühren möglich ist, z. B. Li-, Na-, Pb-, Mn-Silicate weniger zu empfehlen ist.[3]) Alle anderen Methoden sind natürlich weniger genau als die eben erwähnten.

Die Methode des Heizmikroskopes hat außerdem noch den Vorteil, daß man dazu nur sehr kleine Mengen braucht, was bei Mineralien sehr vorteilhaft ist.

Vergleicht man die verschiedenen Bestimmungen an demselben Material bei dem Heizmikroskope, so sind die Differenzen auch verschiedener Beobachter bezüglich des Schmelzbeginns meistens ganz minimale, und sie überschreiten oft nicht 10°; etwas geringer ist die Übereinstimmung bei der Beobachtung des Flüssigwerdens und des eigentlichen Fließens, wo verschiedene Beobachter Unterschiede von 10—30° gefunden haben.

Wie sehr die nach der thermischen Methode bestimmten Schmelzpunkte differieren können, geht hervor aus den im Tammannschen Laboratorium bestimmten Werten von Na_2SiO_3, für welche fanden: W. Guertler[4]) 1055°,

[1]) E. Dittler, Z. anorg. Chem. **69**, 283 (1911).
[2]) A. Brun, Arch. sc. phys. et nat. Geneve [2], 1904.
[3]) Auch G. Tammann ist der Ansicht, daß bei zähflüssigen Silicaten die optische Methode der thermischen vorzuziehen sei (Z. f. phys. Chem. **69**, 257 (1909).
[4]) W. Guertler, Z. f. anorg. Chem. **40**, 268 (1904).

R. Wallace[1]) 1018°, Kultascheff[2]) 1007°, und dieses Salz ist doch eines mit scharfem Schmelzpunkt und größerer Schmelzgeschwindigkeit als die meisten Silicate.

Die thermische Methode ist überhaupt nur anwendbar bei künstlichen Schmelzen, welche in beliebigen Mengen darstellbar sind, denn nur ganz ausnahmsweise wird man bei natürlichen Silicaten größere Mengen von homogenem Material, welches ja erforderlich ist, um genaue Resultate zu erhalten, zur Verfügung haben.[3])

Wenn man die verschiedenen Resultate überblickt, so wird man jedoch auch zu dem Schluß kommen, daß nicht nur die Methoden der Bestimmung Ursache der verschiedenen Resultate sind, sondern wohl auch in erster Linie die Auffassung dessen, was der Schmelzpunkt ist. A. Brun mußte unbedingt höhere Resultate finden als etwa J. Joly, oder ich oder J. H. L. Vogt, weil er große Bruchstücke oder einzelne Kristalle verwendete und wir ja gesehen haben, daß der Schmelzpunkt von der Korngröße abhängig ist.

Da die meisten Silicate überhaupt einen unscharfen Schmelzpunkt haben, so kann nicht gesagt werden, welcher der Punkte, der Beginn des Schmelzens oder das vollkommene Flüssigwerden, den wirklichen Schmelzpunkt darstellt. A. Brun hat bereits mit Recht den letzteren Punkt, den Verflüssigungspunkt, theoretisch von demjenigen Punkte geschieden, bei welchem der Kristallzustand vernichtet wird und sich eine amorph-glasige Masse bildet. Aber er hat die Konsequenzen dieser Beobachtung nicht durchgeführt, was ja auch nicht leicht ist.

Ich habe daher immer die beiden Punkte besonders angegeben, den Beginn des Schmelzens und den Übergang in flüssigen Zustand; letzterer ist aber von weit geringerem Werte, weil er ja doch nur subjektiv und von der Viscosität der betreffenden Schmelze abhängig ist.

Scharfer und unscharfer Schmelzpunkt.

Bei der Genauigkeit der Schmelzpunktsbestimmungen wird sehr viel davon abhängen, ob das betreffende Silicat einen scharfen oder weniger scharfen Schmelzpunkt hat, denn im ersteren Falle werden die beiden Punkte, die vorhin erwähnt wurden, näher beieinander liegen, im anderen aber weiter auseinander. Letzteres ist aber der häufigere Fall und man erhält dann oft Unterschiede von 100—150°. Ich halte aber den unteren Punkt, den Schmelzbeginnspunkt, für den wichtigeren, weil er auch gleichzeitig der Erstarrungspunkt ist, und weil in den Formeln bei Anwendung der thermodynamischen Gesetze dieser Punkt dann eingesetzt werden kann.

Schmelzpunkte polymorpher Kristallarten.

Bekanntlich sind die Schmelzpunkte polymorpher Kristallarten verschieden, wir können dabei in vielen Fällen nur den Schmelzpunkt der bei hoher Temperatur stabilen Form bestimmen, da die bei niederer Temperatur stabile

[1]) R. Wallace, ibid. **63**, 3 (1909).
[2]) N. V. Kultascheff, ibid. **35**, 189 (1903).
[3]) W. White [Z. anorg. Chem. **69**, 248 (1911)], welcher früher große Mengen verwendete, ist jetzt der Meinung, daß sogar $2^1/_2$ g genügen; ich halte Bestimmungen mit so kleinen Mengen für ungenau und bin der Ansicht, daß 20—40 g nötig sind.

vor dem Schmelzen in die bei höherer Temperatur stabile übergeht. Nur bei raschem Erhitzen gelingt es, den Umwandlungspunkt zu überschreiten und den Schmelzpunkt, der bei niederer Temperatur stabilen Kristallart zu bestimmen; wenn A. Brun für den Schmelzpunkt des Wollastonits 1350° findet, so ist das eigentlich der der zweiten Form des Pseudowollastonits, den aber wieder A. Day mit 1512° bestimmt. Es liegen also hier Unstimmigkeiten vor. Auch der Schmelzpunkt des Quarzes ist eigentlich nicht bestimmbar, da er sich ja vorher in Tridymit (Christobalit) umwandelt.

Zur Bestimmung der Umwandlungspunkte kann man zunächst das Heizmikroskop heranziehen, doch ist es nicht immer leicht, bei hohen Temperaturen die optischen Veränderungen zu beobachten. Es ist daher oft auch nötig, die allerdings zeitraubende Methode, welche ich S. 638 angegeben habe, zu benutzen; ebenso wie beim Schmelzen kann durch mikroskopische Untersuchung bei verschiedenen Temperaturen der Gang der Umwandlung durch die optische Veränderung verfolgt werden, was allerdings viel Zeit erfordert.

Was die Anwendung der thermischen Methode zur Bestimmung der Umwandlungspunkte anbelangt, so dürfte sie an denselben Fehlern leiden, wie bei der Bestimmung der Schmelzpunkte, vielleicht ist sie noch schwerer anwendbar, weil die Umwandlungswärme gering sein kann; alle anderen Methoden, volumenometrische Methode wie Leitfähigkeitsmessung sind praktisch schwerer durchführbar.

Veränderung des Schmelzpunktes mit der Korngröße.

Der Einfluß des Dispersitätsgrades eines Stoffes auf seine Schmelztemperatur ist theoretisch bekannt. W. Ostwald,[1]) P. Pawlov,[2]) W. Küster,[3])

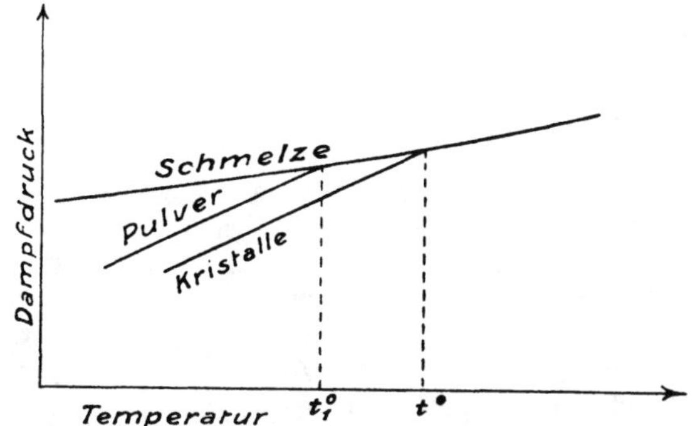

Fig. 64. Dampfdruckkurven feiner Pulver und von Kristallen (nach F. Küster).

Goldstein[4]) und zuletzt P. P. v. Weimarn[5]) haben ihn untersucht. W. Küster hat gezeigt, daß bei geringer Korngröße der Schmelzpunkt niedriger sein muß, als bei grobem Korn, da die Dampfdruckkurven verschieden für beide sind, und er hat dies durch ein Diagramm versinnlicht (Fig. 64). Der

[1]) W. Ostwald, Z. f. phys. Chem. **22**, 289 (1899).
[2]) P. Pawlov, Z. f. phys. Chem. **65**, 545 (1909).
[3]) W. Küster, Phys. Chemie (Heidelberg 1908).
[4]) Goldstein, Journ. Russ. chem. Ges. **24**, 64 (1891).
[5]) P. P. v. Weimarn, Koll.-Z. **7**, 4 (1910). — Vgl. C. Doelter, Koll.-Z. **7**, 29 (1910).

Unterschied beruht auf der verschiedenen Oberflächenenergie und wir haben hier eine vollkommene Analogie zur Löslichkeit grober und feiner Pulver. Doch waren bisher nur wenige Beispiele bekannt. Bei Silicaten können die Unterschiede, die bei anderen Stoffen kaum merklich sind, 100°, ja sogar mehr betragen, wie aus meinen Messungen hervorgeht.

Man kann, wie schon aus anderen Tatsachen hervorgeht, den Schmelzprozeß mit dem Lösungsprozeß vergleichen, wie ja die Schmelze einer Lösung sehr nahe steht. Gibt man größere Körner einer nicht allzu löslichen Substanz in das Lösungsmittel und läßt dasselbe eine kürzere Zeit wirken, so werden die eckigen Bruchstücke sich etwas runden; ist die Einwirkung eine längere, so werden alle rund und dabei allmählich immer kleiner. Man kann diesen Vorgang vermittelst des Mikroskopes leicht verfolgen. Ebenso werden, wie wir gesehen haben, die Bruchstücke, die sich beim Schmelzen anfangs nur sehr wenig runden, doch allmählich ganz gerundete Formen annehmen. Dabei werden bei beiden Prozessen die größeren Körner diese Umwandlung viel langsamer erleiden, als etwa kleine Körner; diese werden zuerst rund und verschwinden als erste. Daher muß man bei Bestimmungen der Löslichkeit, wie bei solchen der Schmelzbarkeit feinstes Pulver anwenden.

Namentlich P. P. v. Weimarn hat mit Recht die Ansicht vertreten, daß physikalische und chemische Eigenschaften von dem Dispersitätsgrade abhängig seien. Dieser wird speziell die latente Schmelzwärme und zweitens, zugleich mit den veränderten Bedingungen der Wärmeaufnahme, das Weichwerden des festen Systems noch vor dem Schmelzbeginn beeinflussen. Die latente Schmelzwärme verringert sich mit der Zerkleinerung ebenso auch die Schmelztemperatur.

Daraus geht auch hervor, daß Schmelzpunktsbestimmungen an großen Kristallen, groben Pulvern oder großen Kristallaggregaten viel zu hoch ausfallen müssen, welche Methode auch zu ihrer Bestimmung eingeschlagen wird. So hat z. B. A. Brun[1]) viel zu hohe Schmelzpunkte gefunden, weil er größere Kristalle bei seinen Bestimmungen verwendete. Schmelzpunktsbestimmungen dürfen daher bei Mineralien nur bei feinstem Pulver ausgeführt werden, wie auch die Löslichkeitsbestimmungen nur mit feinstem Pulver auszuführen sind.

Einfluß der Erhitzungsgeschwindigkeit.

Die Schmelzpunktsbestimmungen insbesondere nach der thermischen Methode, aber auch sogar die nach der optischen Methode, fallen verschieden aus, je nach der Schnelligkeit der Erhitzung, worauf schon J. Joly aufmerksam gemacht hat. Man muß daher, um richtige Daten zu erhalten, die Temperatur so langsam als möglich steigern.

Bestimmung des Schmelzpunktes von Mineralien, welche sich bei hoher Temperatur verändern.

Die Schmelzpunkte sind nur dann genau zu bestimmen, wenn eine chemische Veränderung unterhalb des Schmelzpunktes nicht stattfindet oder eine molekulare Änderung, wie die polymorphe ausgeschlossen ist.

Wenn thermische Dissoziation stattfindet, wird die Schmelzpunktsbestimmung nicht durchführbar sein, weil dann nicht der Schmelzpunkt des betreffenden

[1]) A. Brun, l. c.

Körpers, sondern der eines Umwandlungsproduktes vorliegt. Wir haben daher nicht die Möglichkeit, bei Carbonaten, Schwefelverbindungen den Schmelzpunkt zu messen, falls wir nicht die Beobachtung in einer Atmosphäre ausführen, welche die Zersetzung der betreffenden Verbindung unmöglich macht, also bei Carbonaten in einer Kohlensäure-Atmosphäre, bei Schwefelverbindungen in einer Schwefel- oder Schwefelwasserstoff-Atmosphäre; aber auch andere Verbindungen, wie z. B. die eisenreichen Silicate, verändern sich insofern, als das Eisenoxydul sich in Oxyd umwandelt, wie dies beispielsweise bei Granat und Olivin der Fall ist. Auch hier muß in einer Kohlensäure- oder Stickstoff-Atmosphäre gearbeitet werden. Dasselbe findet statt, wenn Manganoxydul vorhanden ist und in manchen anderen Fällen.

Thermolytische Dissoziation bei Silicaten.

Wenn man Silicate stark erhitzt, so kann auch thermolytische Dissoziation eintreten, namentlich bei komplexen Molekülen, wie sie die Alumosilicate zeigen. Es kann sich dann in der Schmelze eine Neubildung von Molekülen zeigen und das Silicat besteht alsdann aus zwei verschiedenen Silicaten. So können wir uns denken, daß der Albit zerfällt nach der Formel:

$$Na_2Al_2Si_6O_{16} = Na_2SiO_3 \, . \, Al_2SiO_5 + (SiO_2)_4\,;$$

aber auch andere Zersetzungen sind möglich. Daß eine solche Dissoziation eintritt, sehen wir beim Granat, wo sie ja nachgewiesen wurde.[1]) Einen anderen Fall möchte ich erwähnen: wenn man Anorthit im Kohlewiderstandsofen auf 1700—1800° erhitzt, erhält man ein Produkt, welches einen viel höheren Schmelzpunkt (1870°) hat, als der bei einer Temperatur von unter 1400° kristallisierende Anorthit.[2]) Wahrscheinlich ist hier thermolytische Dissoziation eingetreten. Solche Fälle dürften keineswegs vereinzelt sein.

Unterschiede in den Schmelzpunkten natürlicher und künstlicher Silicate.

Die Naturprodukte stellen niemals jene Verbindungen dar, welche wir aus ihrer Analyse berechnen. Daher sind die synthetischen Produkte nicht den natürlichen Mineralien gleichwertig, weil sie ja in ihren Formeln nur angenähert übereinstimmen, wenn auch der Unterschied kein sehr bedeutender ist.

Die Naturprodukte sind eben niemals rein im Sinne des Chemikers; abgesehen von den ungemein häufigen mechanischen Einschlüssen, die nur in ganz wenigen Fällen fehlen, haben wir stets kleine Mengen von Stoffen beigemengt, die sich in fester Lösung befinden, und diese Stoffe können 1 % und darüber ausmachen. Die chemische Formel, welche wir berechnen, ist daher nur eine Annäherung an die wirkliche. Es ist daher ganz unmöglich, natürliche Silicate in ganz reinem Zustande zu erhalten, weil alle diese entweder mechanische Beimengungen oder aber in fester Lösung beigemengte andere Stoffe enthalten. Ich nenne besonders die Feldspate, Augite, Leucit als verhältnismäßig wenig rein. Auch Glas kann in denselben vorkommen. Ferner ist noch damit zu rechnen, daß die natürlichen Silicate doch einen, wenn auch geringen Grad an Zersetzung aufweisen können, was sich ja durch Wassergehalt kundgibt.

[1]) C. Doelter, N. JB. Min. etc. 1884¹, 18.
[2]) E. Dittler, l. c.

Das sind also wesentliche Unterschiede zwischen den Naturprodukten und den Kunstprodukten und diese müssen auf die Schmelzpunktsbestimmung von Einfluß sein. Aber der Einfluß der Beimengungen kann ein sehr verschiedener sein.

Es wird dies abhängen

1. davon, ob der Schmelzpunkt des beigemengten Teiles stark von dem des hauptsächlich vorhandenen Stoffes abweicht,

2. von dem Mengenverhältnis des beigemengten Stoffes,

3. ob es sich um gröbere Gemenge oder um eine feste Lösung handelt oder ob der Stoff in feinster Verteilung mechanisch beigemengt ist,

4. kann im letzteren Falle auch das Eutektikum zwischen den beiden Bestandteilen in Frage kommen, falls es sich um ein sehr inniges Gemenge handelt.

Es läßt sich daher keine Regel für den Grad der Erniedrigung des Schmelzpunktes durch Verunreinigung angeben. Es ist aber selbstverständlich, daß aus den oben angegebenen Gründen ein natürliches Silicat immer einen anderen Schmelzpunkt haben muß, als das künstliche, nach der theoretischen Formel dargestellte. Meistens wird der Schmelzpunkt, wie die Erfahrung lehrt und wie dies auch theoretisch aus dem Vorhergehenden leicht erklärlich ist, erniedrigt werden.

Bei feingemengten mechanischen Verunreinigungen kann die Schmelzpunktserniedrigung eine ziemlich beträchtliche sein, namentlich drücken eisenhaltige Verbindungen den Schmelzpunkt der Silicate sehr bedeutend herab, bis 80°. In anderen Fällen sind die Unterschiede aber gering und betragen nur 20—40°.

Es kann sogar eine Erhöhung des Schmelzpunktes ausnahmsweise eintreten bei isomorpher Beimengung einer höher schmelzenden Komponente oder bei mechanischer Verunreinigung durch einen hochschmelzbaren Körper; z. B. zeigte Wollastonit, durch Calciumcarbonat verunreinigt, einen höheren Schmelzpunkt, als wenn das Silicat durch Essigsäure vom Calciumcarbonat gereinigt war; dann war der Schmelzpunkt niedriger. Der Unterschied betrug nicht weniger als 40°.

Im allgemeinen ist der Einfluß der Beimengungen, wenn man die Vorsicht übt, wenig verunreinigte Mineralien zur Untersuchung zu nehmen, kein so bedeutender. Er ist jedenfalls viel geringer, als der Einfluß der Korngröße oder der Erhitzungsgeschwindigkeit, aber jedenfalls wird man immer die künstlichen und natürlichen Produkte auseinanderhalten müssen und man darf die beiden nicht identifizieren.

Bei isomorphen Verbindungen sind bekanntlich die Schmelzpunktsunterschiede ganz bedeutend und wenn die beiden Komponenten, wie dies sehr häufig der Fall ist, in ihren Schmelzpunkten Unterschiede von 200° und mehr zeigen, so wird schon eine kleine Beimengung den Schmelzpunkt nicht unbeträchtlich verändern können. Sehr gut zeigt sich dies bei Beimengung von Eisen- oder Mangan-Silicaten zu Calcium-Magnesium-Silicaten oder Aluminiumsilicaten. Da übt die Beimengung von 1% des Eisensilicats schon einen bedeutenden Einfluß aus; Mineralien, die aus mehreren isomorphen Komponenten mit verschiedenem Eisen- und Tonerdegehalt bestehen, wie Augit, Hornblende, Granat, können daher beträchtlich voneinander abweichen, und sogar einzelne Kristalle von demselben Fundort zeigen keine vollständige Übereinstimmung.

Bildungstemperatur und Schmelztemperatur.

Es ist auch wichtig, die Bildungstemperatur zu kennen, d. h. also die Temperatur, bei welcher ein Gemenge von zwei Komponenten flüssig wird, z. B. CaO und SiO_2; diese kann aber von Nebenumständen abhängen, namentlich von der Korngröße und der molekularen Beschaffenheit der Komponenten, z. B. im obigen Falle davon, ob Quarz oder amorphe Kieselsäure verwendet wird.

Wichtig ist es, ob diese Temperatur höher oder niedriger ist, als die Schmelztemperatur des gebildeten Stoffes; a priori ist ersteres wahrscheinlich, wenn auch die Möglichkeit vorliegt, daß der erstarrende Körper einen etwas höheren Schmelzpunkt haben kann. Für Calciumsilicate behaupteten O. Boudouard[1]) sowie O. T. Hofman,[2]) daß die Bildungstemperatur höher sei als ihre Schmelzpunkte, was ich bestätigen kann, während A. Day[3]) entgegengesetzter Ansicht ist.

Heizmikroskope.

Zur Beobachtung der Schmelz- und Umwandlungsvorgänge sowie der Kristallisation dienen die Heizmikroskope. Das erste derartige Instrument wurde von O. Lehmann[4]) konstruiert und später von ihm bedeutend verbessert, auch mit Apparaten zur kinematographischen Aufnahme von der Firma Zeiss, Jena durch H. Siedentopf ausgerüstet.[5])

Daneben wurden für beschränkte Zwecke von R. Fuess Heizapparate für das Mikroskop konstruiert, bei welchen ein heizbarer Tisch angebracht wird,[6]) aber diese Apparate können kaum als Heizmikroskope bezeichnet werden wie das O. Lehmannsche. Letzteres hat Gasheizung und ist mit Apparaten versehen, die eine rasche Abkühlung ermöglichen, was bei der Untersuchung flüssiger Kristalle nötig ist. Obgleich bei dem neuesten derartigen von der Firma Zeiss im Jahre 1906 konstruierten Modell hauptsächlich auf die Untersuchung flüssiger Kristalle Bedacht genommen ist, so läßt sich dieses wie auch das ursprüngliche Modell recht gut zur Beobachtung für niedrig schmelzende Stoffe verwenden, ist aber, da es keine höheren Temperaturen gibt und Gasheizung hat, für die meisten Mineralien nicht verwendbar und bei Silicaten ganz ausgeschlossen.

Erfordernis eines Heizmikroskopes für Beobachtungen, wie sie eingangs aufgezählt wurden, ist, daß die Versuche für höhere Temperaturen nicht auf einem heizbaren Objekttisch vorgenommen werden, sondern in einen Raum verlegt werden, der konstante Temperaturen gibt; daher war die elektrische Heizung

---

[1]) O. Boudouard, C. R. **144**, 1047 (1907).

[2]) O. T. Hofman, Trans. Americ. Inst. of Min. Eng. **29**, 682 (1899).

[3]) A. Day, Tsch. min. Mit. **26**, 173 (1907).

[4]) O. Lehmann, Z. f. Instrum. **4**, 369 (1884); **10**, 202 (1890); Molekularphysik, (Leipzig 1888), 119.

[5]) H. Siedentopf, Z. f. Elektroch. **12**, 592 (1906).

[6]) R. Fuess, N. JB. Min. etc. Beil.-Bd. VII, 410 (1890); C. Klein, Beil.-Bd. XI, 475 (1897). Vgl. auch E. Mallard, Bull. Soc. min. **5**, 147 (1882). — F. Rinne und R. Kolb, N. JB. Min. etc. 1910[II], 138.

notwendig. Ich habe als erster die Frage durch Aufstellung eines elektrischen Ofens auf den Mikroskoptisch gelöst.[1])

Die Temperaturmessungen, welche hier ganz besonders wichtig sind, werden bei meinem Heizmikroskop mit einem Thermoelement ausgeführt, wobei große Sorgfalt darauf verwendet wird, daß dieses Thermoelement in unmittelbarer Berührung mit dem zu untersuchenden Objekte ist.

Ich habe mein erstes Instrument später durch Erfahrungen beim Arbeiten mit demselben bedeutend verbessern und namentlich die Photographie der Schmelz- und Kristallisationsvorgänge vervollkommnen können.

Dieses neue Heizmikroskop soll hier beschrieben werden[2]) (Fig. 65):

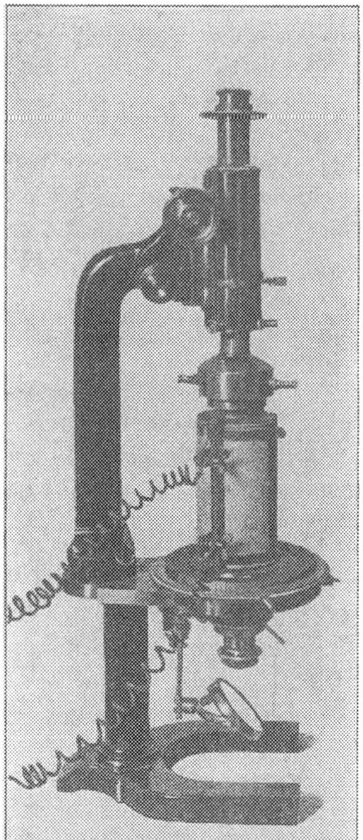

Fig. 65. Heizmikroskop.

Die Aufgaben, welchen das Mikroskop gerecht werden soll, sind insbesondere zweierlei Art: 1. Untersuchungen von Kristallplatten, Schliffen u. dgl. bei Temperaturen, die 1200° nicht übersteigen, wobei polarisiertes Licht zur Anwendung gelangen soll; 2. Untersuchungen der Schmelz- und Kristallisationsvorgänge bis ca. 1600°, insbesondere Bestimmung von Schmelzpunkten, Erstarrungs- und Umwandlungspunkten. Auch hier kann bis über ca. 1270° polarisiertes Licht verwendet werden. Auch das Verhalten von Stoffen in verschiedenen Gasen soll zur Beobachtung gelangen.

Der Apparat besteht aus einem Mikroskop und einem elektrischen Ofen, der in zwei Größen (55 und 100 mm Höhe) angefertigt wird, je nachdem es sich um die eine oder andere Art von Untersuchung handelt (Ofen I und II).

Der Polarisator ist ein Nicol, der drehbar und ganz so angebracht ist wie bei den für mineralogisch-petrographische Zwecke dienenden Mikroskopen. Der Tisch des Mikroskops ist drehbar und hat eine Kreisteilung. Außer einem aufsetzbaren Nicol enthält der Tubus einen oberen drehbaren Nicol und es können darin die üblichen Gips- oder Quarzblättchen eingeschaltet werden.

Der Tisch des Mikroskops ist durch zwei Schrauben verschiebbar gemacht und der Tubus behufs Zentrierung ebenfalls mit zwei Schrauben versehen.

Auch ist er ausziehbar, wodurch stärkere Vergrößerungen erreicht werden.

---

[1]) C. Doelter, Sitzber. Wiener Ak. **113**, Abt. I, 495 (1904). Versuche, Kristallplatten mit einem elektrisch geheitzten Platindraht zu erhitzen, wurden von C. Klein gemacht, Sitzber. Berliner Ak., 1890 703; R. Fuess, N. JB. Min. etc. l. c.; sie sind aber nur für das optische Studium von Kristallen bei niedrigeren Temperaturen geeignet, für die hier in Betracht kommenden Zwecke unbrauchbar.

[2]) C. Doelter, Sitzber. Wiener Ak. **118**, 489 (1909); ZB. Min. etc. 570, (1909).

Erwähnen will ich auch, daß Versuche ergaben, daß bei 780° neben dem polarisierten Lichte kleine Mengen von Eigenlicht auftreten, aber erst bei 900° tritt dieses stark hervor und zwischen 980 und 1270° können geringere Mengen polarisierten Lichtes, die immerhin noch Interferenzfarben sichtbar werden lassen, gegenüber dem größeren Anteil von Eigenlicht durchgehen. Man kann daher bis 1270° sehr gut mit polarisiertem Lichte arbeiten, wohl aber auch bei höherer Temperatur, wenn man die Bogenlampe verstärkt.

Der Ofen wird unten durch eine Quarzglasplatte abgeschlossen. Man könnte auch jedes beliebige, nicht leicht schmelzbare Material, auch eine Metallplatte, verwenden; es ist aber zweckmäßiger, wenn zur Einstellung des Präparates Tageslicht verwendet wird, daher soll die Abschlußplatte durchsichtig sein; eine Glasplatte kann leicht springen, daher ist Quarzglas vorzuziehen.

Man hängt das Objekt mit einem Platinring, der durch drei dünne Platindrähte getragen wird, ein. Jedoch kann man sich hier auch eines Dreifußes bedienen. Bei beiden Öfen bediene ich mich als Unterlage des Präparates für Schmelz- und Kristallisationsversuche einer kleinen Quarzglasschale; bei Untersuchung von Platten kann man diese direkt auf den Dreifuß legen; für Substanzen, die das Quarzglas angreifen, muß man Platin nehmen.

Temperaturmessung im Heizmikroskop.

Die Messung wird mit dem Platin-Platinrhodiumelement wie bei meinem früheren Instrument vorgenommen und ich verweise auf das dort Erwähnte. Wichtig ist, daß das Thermoelement sich unmittelbar neben dem zu erwärmenden Präparat befinde, da ja an verschiedenen Stellen des Ofens verschiedene Temperatur herrscht. Um das zu vermeiden, muß der Ofen oben und unten gut verschlossen sein, damit eine aufströmende Luftschicht nicht oben entweiche und wieder durch eine kalte von unten ersetzt werde. Die obere, den Verschluß bildende Quarzglasplatte wird daher auf die Metallplatte, die die Fassung des oberen Teiles des Ofens bildet durch einen dicken breiten Kupferring niedergedrückt, so daß kein kontinuierlicher Luftzug entstehen kann.

Ich verwende meistens ein von unten nach oben gerichtetes Thermoelement. In dem Tische des Mikroskops befindet sich ein Asbestschiefereinsatz mit Rinnen, in welchen die Drähte des Thermoelementes laufen; diese sind im Ofen senkrecht umgebogen und dort mit einem äußerst dünnen Schutzröhrchen, wie sie bei der Nernstlampe verwendet werden, isoliert. Es ist diese Isolation ganz besonders dort nötig, wo das Präparat wie bei Ofen I auf einem Platindreifuß ruht. Man kann das Thermoelement auch von oben einhängen, was in manchen Fällen zweckmäßig ist, insbesondere bei niedrigeren Temperaturen.

Heizung. Die Heizung erfolgt durch Gleichstrom und es kann dazu der Straßenstrom oder eine kleine Akkumulatorenbatterie verwendet werden. Die Belastung der Heizspirale ist für den Ofen I 3 Ampère bei 80 Volt Spannung und für den zweiten 5 Ampère und 120 Volt. Die Regulierung erfolgt durch mehrere passende Widerstände.

Vermittelst dieser Widerstände kann man, wie die Erfahrung zeigt, von 5 zu 5° die Temperatur progressiv erhöhen und auch durch lange Zeit konstante Temperatur erhalten, was insbesondere bei den Kristallisationsversuchen notwendig ist. Die Stromstärke kann mit den Widerständen von $^1/_{20}$ zu $^1/_{20}$ Ampère gesteigert, bzw. verringert werden. Das Anheizen sowie das Abkühlen des Ofens soll nicht allzu schnell erfolgen, weil, wie mich die Erfahrung lehrte, dies die Haltbarkeit beeinträchtigen würde.

Die Kühlung erfolgt durch ein die Linse umgebendes Wasserreservoir. Das Wasserreservoir steht in direkter Verbindung mit der Wasserleitung und es zirkuliert darin stets kaltes Wasser.

Man könnte auch auf die Idee kommen, den Ofen oben von außen zu kühlen,[1]) ich halte dies jedoch für unpraktisch und komplizierter als die leicht durchzuführende Linsenkühlung. Die Ofenkühlung wirkt der Erhitzung zu sehr entgegen und schafft auch große Temperaturdifferenzen an verschiedenen Stellen der Heizröhre, wodurch starke Strömungen in derselben entstehen, was zu vermeiden ist.

Das Objektiv bestent aus einer Chromglas- und Flintglaslinse, welche nicht verkittet sind. Das Objektiv kann durch einen Einsatz bis an den unteren

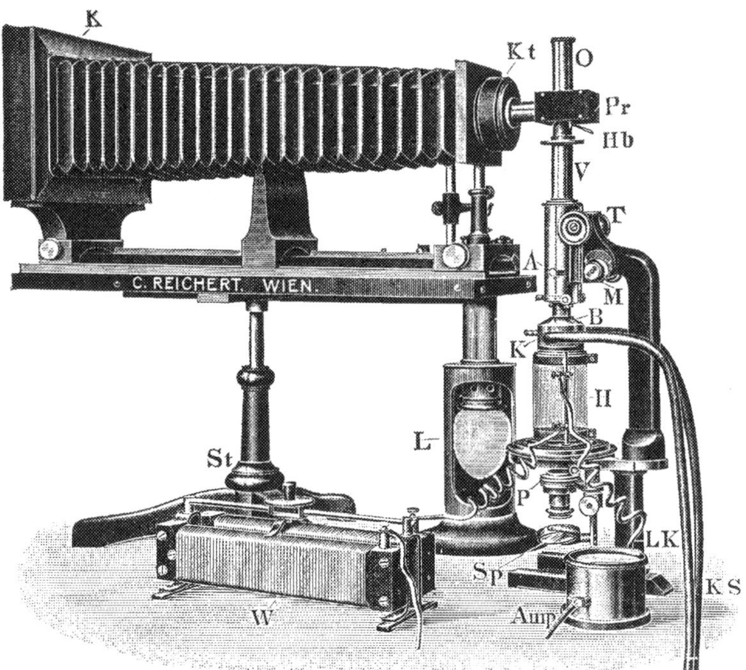

Fig. 66. Heizmikroskop mit Photographiervorrichtung.

Rand des Reservoirs hinuntergeschoben werden; dadurch, daß kein Kitt verwendet wird, kann man das Objektiv höheren Temperaturen aussetzen, so daß man es ganz an den Rand des Ofens rücken kann. Dadurch können stärkere Vergrößerungen angewandt werden.

Vergrößerungen.

Die stärkste Vergrößerung, die ich gewöhnlich mit Objektiv 1 und Okular 5 erhalte, beträgt ca. 132; sie ist aber nur bei Ofen I anwendbar. Jedoch ist

[1]) Wie das von F. Wright u. E. Larsen durchgeführt wurde, Am. Journ. 27, 43 (1909).

hier, wenn man nicht über 1000° gehen will, ein stärkeres Objektiv anbringbar; das Objekt wird etwas höher im Ofen befestigt. Um stärkere Vergrößerung zu erzielen, wird in den Mikroskoptubus ein Einsatzrohr mit stärkerem Objektiv eingeschoben, also ein zweiter Mikroskoptubus, wodurch sich die Vergrößerungen von 100 auf 132, bzw. bei Ofen II von 66 auf 88 erhöhen. Für den kleineren Ofen lassen sich sogar bei Objektiv 3, Vergrößerungen bis 371 erzielen, doch muß dann das Objekt im Ofen so hoch hinaufgeschoben werden, daß keine sehr hohe Erhitzung möglich ist.

Photographieren der Vorgänge.

Der Apparat soll gleichzeitig zu Beobachtungen und photographischen Aufnahmen eingerichtet sein. Zu diesem Zwecke wird über dem Rohr ein Einsatzstück eingeschoben, das ein Prisma enthält, welches durch einen Stift drehbar ist, so daß man bald auf das Beobachtungsokular, bald auf den photographischen Apparat einstellen kann.

Gewöhnlich dient das vertikale Okular zur Beobachtung, das horizontale zur Photographie. Der photographische Apparat ist dann horizontal angebracht, was ein genaueres Einstellen erlaubt. Wie schon früher erwähnt,[1]) ist es zweckmäßig, um scharfe Bilder zu erhalten, ein Farbenfilter einzuschalten, was aber nur bei höheren Temperaturen (über 1000°) nötig ist.

Als photographische Platten dienen rote, farbenempfindliche, isolierende Perutz-Platten, die sich bewährt haben.

Arbeiten mit Gasen.

Es ist in manchen Fällen auch notwendig, Schmelz- und Kristallisationsversuche in Gasen vorzunehmen; es soll meist weniger ein kontinuierlicher Gasstrom zirkulieren, als eine Gasatmosphäre ohne Druck erzeugt werden. Das Gas wird von unten eingeleitet, zirkuliert im Rohr und verläßt es oberhalb desselben. Zuerst hatte ich das Ableitungsrohr in dem Apparat zur Kühlung der Linse angebracht. Eine Änderung erwies sich jedoch als zweckmäßig und ich bringe jetzt das metallische Ableitungsrohr direkt unter der Quarzplatte am oberen Ende des Ofens an. Der Ofen ist mit einem eisernen Mantel umgeben und die Quarzglasplatten sind durch Metallringe auf den Ofen anzuschrauben, damit die Gase nicht entweichen.

Die Versuche zeigten, daß ein Eindringen von Luft in den Ofen nicht stattfand. Man kann alle Versuche in einem beliebigen Gase z. B. Wasserstoff, Kohlensäure, Stickstoff ausführen.

Allgemeines über Temperaturmessungen.

Bei allen Beobachtungen, sei es, daß es sich um Bestimmung der Schmelzpunkte, der spezifischen Wärmen, des Viscositätsgrades oder um andere physikalische Konstanten handelt, ist es notwendig, die Temperaturen der Silicate genau zu messen. Dies kann erfolgen:

---

[1]) Congresso internaz. di chimica applicata, Roma 1907; Atti VI, 16.

1. Durch Vergleichskörper (Legierungen, Segerkegel),
2. mit dem Meldometer,
3. mit dem Thermoelement,
4. mit dem optischen Pyrometer.

Über die zwei ersten Messungsarten wurde schon S. 635 gesprochen. Die heute üblichen Messungen sind die mit dem Thermoelement oder für ganz hohe Temperaturen mit dem optischen Pyrometer.

Als Thermoelement werden gewöhnlich zwei aneinander gelötete Drähte, von denen der eine aus Platin, der andere aus einer Legierung von 90 Platin, 10 Rhodium besteht, angewendet. Man hat auch für schwerer schmelzbare Stoffe Iridium und auch Palladium verwendet. Die Lötstelle muß mit dem Objekte, dessen Temperatur zu messen ist, in Berührung stehen.

Die Thermoelemente müssen vor ihrer Benutzung geeicht werden, abgesehen von den Eichungstabellen, welche die physikalische technische Reichsanstalt zu Berlin liefert, soll jeder Beobachter bei einer Untersuchungsreihe neu eichen und zwar unter Benutzung des Schmelzpunktes des Goldes $1062^0 \pm 0{,}8$[1]) oder nach anderen Bestimmungen $1064^0 \pm 0{,}6$.[2]) Man wird zu diesem Zwecke die zwei Drähte trennen und einen Golddraht dazwischen stecken. Wenn man das vermeiden will, so kann man auch den Schmelzpunkt des Natriumsulfats verwenden (883^0).

Über die Genauigkeit der nach dem Prinzipe von H. Le Chatelier konstruierten Thermoelemente sind verschiedene Versuche ausgeführt worden, die hier nicht ausführlich besprochen werden können. Nach Versuchen, die im Carnegie-Institut in Washington von W. P. White[3]) ausgeführt wurden, ergab sich, daß das Thermoelement zwischen 1000^0 und 1600^0 das einzig empfindliche Instrument ist. W. P. White bespricht auch die durch langen Gebrauch bewirkten Veränderungen, namentlich am Kontakt mit Silicaten. L. Holborn und W. Wien[4]) bemerkten Angriffe durch Silicate, welche ich ebenfalls sehr häufig beobachtet habe. Die Schutzrohre werden bei hoher Temperatur durch Silicatschmelzen angegriffen und es können dadurch namentlich bei Aufnahme der Abkühlungskurven merkliche Fehler entstehen, man kann sie im Kohlewiderstandsofen durch Graphitieren oder Beschmieren mit Teer schützen, oder die Thermoelemente im Heraeusofen durch Platin schützen.

Einer der gewöhnlichsten Fehler bei Thermoelementen ist ihre physikalische Inhomogenität und die dadurch bewirkte Härteveränderung, aber diese Fehler sind sehr gering. Dagegen sind Veränderungen durch Gase: Leuchtgas, Wasserstoff, oft sehr groß und ebenso die Veränderungen durch Kontakt mit eisenhaltigen Schmelzen. Eine öftere Kontrolle ist daher notwendig. Um die Angriffe zu verhindern, schützt man das Thermoelement durch ein passendes Schutzrohr aus hochschmelzbarer Marquardtscher Masse. Diese Schutzröhren dürfen aber nicht zu dick sein, weil dadurch Fehler entstehen, man erhält dann zu niedere Temperaturen durch Wärmeverlust. In der letzten Zeit werden sehr dünnwandige Schutzröhren von der Berliner Porzellanmanufaktur geliefert, die bedeutend besser sind. Schutzröhren aus Quarzglas zu verwenden, ist

---

[1]) A. L. Day u. R. Sosman, Am. Journ. **9**, 93 (1910).

[2]) L. Holborn u. A. L. Day, Drudes Ann. **2**, 545 (1900).

[3]) W. P. White, Am. Journ. **28**, 453 (1909). — Physik. Revue **25**, 334 (1907). — Phys. Z. **8**, 332 (1909). — Z. anorg. Chem. **69**, 305 (1911).

[4]) L. Holborn u. W. Wien, Wied. Ann. **56**, 373 (1895).

nicht immer angebracht, weil das Quarzglas namentlich von eisenhaltigen Silicatschmelzen stark angegriffen wird. Überhaupt ist die Angreifbarkeit der Schutzröhren bei Gasen und Schmelzen oft sehr störend, wie auch W. P. White beobachtet hat, es ist daher in manchen Fällen ein ungeschütztes Thermoelement vorzuziehen.

Bei Aufnahme von Erstarrungskurven genügt es nicht, die Temperatur der Schmelze zu messen, sondern es muß hier auch die Temperatur des Ofens gleichzeitig gemessen werden, und es wird Fälle geben, wo nur die Differenz der Temperaturkurven in der Schmelze und im Ofen eine thermische Erscheinung kundgibt. Beobachtungen darüber sind im Carnegie-Institut, sowie in meinem Laboratorium angestellt worden (Fig. 67b).

E. Dittler[1]) verwendet die Methode von W. Roberts-Austen,[2]) welche eine Differentialmethode ist, wobei die beiden Thermoelemente an ihren gleich-

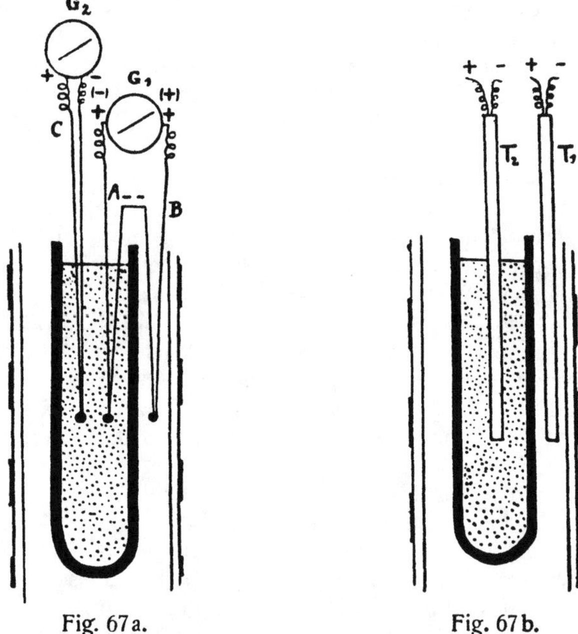

Fig. 67a. Fig. 67b.

namigen Polen miteinander verbunden sind. Ihre Spannungsdifferenz gleicht sich innerhalb der Drähte der beiden Elemente aus. Man wird dabei die beiden anderen gleichnamigen Pole durch das Galvanometer G_1 schließen, so daß die Potentialdifferenz und damit die Temperaturdifferenz zwischen Ofen und Schmelze durch das Galvanometer angegeben wird. Das Thermoelement *C* gibt die Temperatur der Schmelze an (Fig. 67a).

Materialmenge bei Schmelzpunktsbestimmungen.

Es wird wesentlich von den Methoden abhängen, welche Mengen zur Bestimmung notwendig sind. Zu der thermischen Methode verwendet man

---

[1]) E. Dittler, Z. anorg. Chem. **69**, 280 (1911).
[2]) Bericht an die Institution of mech. Engin. **5** (London 1899).

meistens 20—40 g, aber es muß in Betracht kommen, daß durch größere Mengen der Wärmeeffekt keineswegs entsprechend vergrößert wird, weil die Wärmeleitung sehr gering ist. W. P. White[1]) begnügt sich daher meistens oft sogar mit $2^1/_2$ g Substanz, was allerdings wohl zu wenig erscheint. Bei Schmelzpunktsbestimmungen nach anderen Methoden verwende ich ca. 30 g und bei der mikroskopischen genügen ja einige Milligramm.

Schwierigkeiten der Bestimmung der Temperatur.

Die Messung selbst richtig vorzunehmen, ist möglich. Es fragt sich nur ob die betreffende Messung auch die Schmelztemperatur gibt. Es ist klar, daß das nur dann der Fall sein wird, wenn ein gewisses Gleichgewicht eingetreten sein wird und das Thermoelement die nötige Zeit gehabt hat, die Temperatur der Schmelze anzunehmen. Hierzu ist langsames Steigern der Temperatur nötig, denn bei raschem Fallen oder Steigen mißt man nicht die Temperatur der Schmelze selbst. Weitere Schwierigkeiten ergeben sich aus der Angreifbarkeit des Thermoelementes durch die Schmelze, dann aus der Verschiedenheit der Temperaturen an verschiedenen Stellen des Ofens, ferner aus der sehr geringen Wärmeleitungsfähigkeit der Silicate und schließlich auch aus dem Mangel, der sich daraus ergibt, daß man die Schmelze nicht rühren kann. Störend wirkt der Umstand, daß bei einem größeren elektrischen Ofen, z. B. mit innerer Weite von 40 mm in der Nähe der Wandung des Ofens, dort, wo die Platinspirale anliegt, eine etwas höhere Temperatur herrscht, als in der Mitte des Ofens. Dies ist noch mehr der Fall bei Verwendung einer inneren Spirale. Da die Wärmeleitungsfähigkeit der Silicate auch bei höheren Temperaturen noch erheblich gering ist, so können an verschiedenen Stellen des Tiegels verschiedene Temperaturen vorkommen und der Unterschied gleicht sich nur sehr langsam aus, daher ist der Mangel des Rührens ein sehr großer. Er läßt sich aber bei den meisten Silicaten (nur wenige Ausnahmen existieren davon) nicht beheben, namentlich in der Nähe des Schmelzpunktes ist Rühren unmöglich. Man mißt daher im allgemeinen immer nur die Temperatur einer bestimmten Menge der Schmelze an einer bestimmten Tiegelstelle.

Andererseits ist es aber geboten, bei manchen Versuchen, z. B. bei den Erstarrungskurven, größere Mengen der Substanzen zu verwenden. Würde man zu kleine Mengen verwenden, so hätte man eine zu geringe Wärmeentwicklung und kann die Haltepunkte übersehen.

Es ist wahrscheinlich, daß die differierenden Resultate bei verschiedenen Beobachtern auch z. T. diesen Fehlerquellen entspringen.

Optische Pyrometer.

Die Thermoelemente können nur bis ca. 1600° gebraucht werden und sind daher für manche höher schmelzenden Stoffe nicht verwendbar. In diesem Falle müssen andere Pyrometer zur Verwendung kommen und da die Seger-

---

[1]) W. P. White, Z. anorg. Chem. **69**, l. c. (vgl. S. 641).

kegel, wie wir gesehen haben, doch nur approximative Resultate geben, so müssen wir uns nach einem anderen Instrumente umsehen. Als solches erscheint in vielen Fällen das optische Pyrometer geeignet. Es gibt eine Reihe von solchen Instrumenten, die auf verschiedenen Prinzipien beruhen.

Die optischen Pyrometer haben aber den Nachteil, daß sie nur dann verwendbar sind, wenn man in den Ofen hineinsehen kann, und das ist bekanntlich nicht immer der Fall. Allerdings hat man die Schwierigkeit dadurch umgangen, daß man nicht direkt das Licht im Ofen gemessen hat, sondern durch einen Spiegel reflektieren ließ. Aber es ist hierbei ja nicht mehr ganz sicher, ob die Messung tadellos ist. Unter den verschiedenen Systemen sind namentlich das Pyrometer von H. Wanner, von J. Holborn und F. Kurlbaum sowie das von Ch. Féry zu nennen.

Das optische Pyrometer von J. Holborn und F. Kurlbaum.[1])

Dieses Pyrometer scheint besonders geeignet zu sein, um bei Silicatschmelzen gute Resultate zu geben. Hauptbestandteile sind ein Fernrohr, dessen Objektiv hinter der Öffnung des Diaphragmas ein Bild der zu messenden glühenden Fläche gibt. Man vergleicht mit dieser das Bild, das ein glühender Kohlefaden einer elektrischen Glühlampe, welcher sich an derselben Stelle befindet, gibt. Beide Bilder werden durch das Okular beobachtet. Durch Änderung des Widerstandes, welcher sich im Schließungskreise befindet, wird der Kohlenfaden der Glühlampe so hoch erhitzt, daß sie auf dem hellen Hintergrunde gerade verschwindet. Man hat dann die gewünschte Temperatur, die nun durch den Vergleich der Stromstärken gemessen und abgelesen wird; für hohe Temperaturen, welche ja wesentlich in Betracht kommen, muß das Licht entweder durch Rauchgläser oder durch mehrfache Reflexion an Prismen geschwächt werden, wie bei der Konstruktion von Siemens u. Halske. Die Schwächungskoeffizienten sind ein für allemal bestimmt.

Sehr häufig wird das H. Wannersche Pyrometer gebraucht, welches auf dem Strahlungsgesetze (Wiensche Formel) beruht.[2]) Es ist ein Spektralphotometer und dient zur Vergleichung zweier Intensitäten, die eine E_0 wird von einer Glühlampe geliefert, die entsprechende Temperatur wird im vorhinein bestimmt; es wird dann $E:E_0$ photometrisch bestimmt.

Weniger geeignet ist das Absorptionspyrometer[3]) von Ch. Féry. Die Intensität für ein rotes Glas von bestimmter Wellenlänge wird durch eine absorbierende Schicht von variabler meßbarer Dicke x gleich der Intensität einer konstanten

---

[1]) O. D. Chwolson, Lehrb. d. Physik, III (Braunschweig 1905), 77.

[2]) Die Formel, die hier in Betracht kommt, ist

$$\log \frac{E}{E_0} = \frac{c}{\lambda}\left(\frac{1}{T_0} - \frac{1}{T}\right).$$

$E.E_0$ sind die Lichtintensitäten, $c = 14{,}500$, λ ist die Wellenlänge, T ist die gesuchte, T_0 die bekannte Vergleichstemperatur; vgl. O. D. Chwolson, Lehrb. d. Physik, (Braunschweig 1905), III, 75.

[3]) O. D. Chwolson, l. c. 75.

Vergleichsquelle gemacht. Hat man x gemessen, so wird die Temperatur T aus einer Formel

$$x = p - \frac{q}{T}$$

bestimmt, wobei p und q empirisch gemessen sind. Die Schicht x wird durch zwei keilförmige verschiebbare Platten gebildet.

Resultate der Schmelzpunktsbestimmungen.

In den folgenden Tabellen sind die Schmelzpunktsbestimmungen möglichst vollständig zusammengestellt mit Ausnahme der ältesten; doch habe ich von diesen auch die Messungen von J. Joly (vgl. S. 635) angeführt, weil sie nach einer besonderen Methode ausgeführt wurden. Die Messungsresultate habe ich nach Methoden geordnet und zwar sind fünf Abteilungen geschaffen worden. Meine eigenen Messungen und die meiner Mitarbeiter habe ich in zwei Kolonnen untergebracht, nämlich die älteren, noch weniger vollkommenen Messungen, bei welchen insbesondere die Prüfung der Konsistenz der Schmelze vorgenommen oder Pyramiden optisch beobachtet wurden (S. 637) einerseits, und die späteren nach S. 638 beschriebenen Methoden andererseits.

Die Anordnung der Tabellen ist eine derartige, daß zuerst die reinen künstlichen Verbindungen und solche Mineralien angeführt sind, welche diesen Verbindungen entsprechen, wenn sie auch nicht die Reinheit der künstlich erzeugten haben. Hierauf folgen die Mineralien, welche isomorphe Mischungen sind, oder deren komplexere Formel nicht jener der zuerst angeführten einfacheren Verbindungen entspricht.

Aus den Zahlen geht hervor, daß die Bestimmungen, welche an größeren Kristallbruchstücken ausgeführt sind, sehr viel höher sind, als die an feinem Pulver, und beträchtliche Unterschiede zeigen, ferner, daß die Bestimmungen nach der thermischen Methode höhere Werte zeigen als nach der optischen bei sehr langsamer Erwärmung (S. 638).

Die Unterschiede sind geringer bei Verbindungen mit scharfem, dagegen weit größer bei solchen mit unscharfem Schmelzpunkte, also namentlich bei aluminiumhaltigen Silicaten.

Bei Mineralien, welche nicht einfache chemische Verbindungen, sondern isomorphe Mischungen mehrerer Komponenten sind, können die Unterschiede mit den künstlich hergestellten sehr beträchtliche sein, ebenso bei mechanisch verunreinigten Mineralien, also bei allen, die vulkanischen Ursprunges sind und überhaupt bei jenen, die aus Gesteinen isoliert sind.

Die in der Tabelle enthaltenen Bestimmungen von Schmelzpunkten beziehen sich auf folgende Autoren:

Beobachtungen mit dem Meldometer, Vertikalreihe 1:

J. Joly (1), Proc. R. Dublin Ac., 1891[II].
R. Cusack (2), ibid. **4**, 399 (1897).

Beobachtungen mit Segerkegeln, Vertikalreihe 2:

A. Brun (3), Ann. sc. phys. et nat. Genève 1902 u. 1904.
O. Boudouard (4), C. R. **144** (1907).

Ältere optische Beobachtungen nach der Tetraeder-Methode, Prüfung der Konsistenz u. a., Vertikalreihe 3:

C. Doelter (5), Tsch. min. Mit. **22** (1903).
B. Vukits (5[a]), ZB. Min. etc. 1904.
M. Vučnik (5[b]), ibid. 1906.
V. Pöschl (6), Tsch. min. Mit. **26** (1907).

Bestimmungen nach neueren optischen Methoden, insbesondere mit dem Heizmikroskop, und durch langsames Erhitzen (S. 638), Vertikalreihe 4:

C. Doelter (7), Sitzber. Wiener Ak. **115** (1906).
C. Doelter (7[a]), Z. f. Elektroch. **12** (1906).
R. Freis (7[a]), N. JB. Min. etc. Bl.-Bd. **23** (1907).
E. Dittler (8), Tsch. min. Mit. **29** (1910).
E. Dittler (8[a]), Z. anorg. Chem. **69** (1911).
A. Himmelbauer (9), Sitzber. Wiener Ak. **119** (1910).
R. Balló (10), unver. Beobachtung.
C. Doelter (11), unver. Beobachtung.
E. Kittl (12), unver. Beobachtung.
V. Deleano-Schumoff und E. Dittler (12[a]), unver. Beobachtung.
E. Fixek (12[b]), unver. Beobachtung.

Name	Meldometer 1.	Segerkegel 2.
Li_2SiO_3	—	—
Li_2SiO_4	—	—
$LiAlSi_2O_6$	—	—
Spodumen von Goshen	—	—
" " Stirling	—	—
"	1173 (1)	1010 (3) ?
Petalit von Utö	—	1270 (3)
Na_2SiO_3, künstlich	—	—
$NaAlSiO_4$, "	—	—
Nephelin, Vesuv	1059—1070 (2)	—
Elaeolith, Miasc	—	1270 (3)
" Norwegen	—	—
$NaAlSi_2O_6$ Jadeït, Tibet	—	—
Nephrit, Kaschgar	—	950—1250 (3)
Nephrit, Jordansmühle	—	—
$NaAlSi_3O_8$, künstlich	—	—
Albit, Pfitsch	—	—
" Schmirn	—	—
" Rhônetal	—	—
"	1175 (1) 1172 (2)	1250* (3)
$Na\overset{III}{Fe}Si_2O_6$, Akmit von Eger	—	970 (3)

In der fünften Kolonne finden sich die Beobachtungen folgender Forscher:

A. Day u. E. T. Allen (13), Z. f. phys. Chem. **54** 1 (1905).
A. Day, E. T. Allen u. W. P. White (14), Am. Journ. **21** u. **22** (1906). — Tsch. min. Mit. **26** (1907).
A. Day und R. B. Sosman (15), Z. f. anorg. Chem. **72**, 1 (1911).
E. S. Shepherd u. G. A. Rankin (16), Z. anorg. Chem. **68** (1910).
E. T. Allen, F. Wright u. J. Clement (16[a]), Am. Journ. **22** (1906).
J. H. L. Vogt (17), Silicatschmelzlösungen II, Kristiania 1904.
W. Guertler (18), Z. anorg. Chem. **40**, 268 (1904).
N. V. Kultascheff (19), Z. anorg. Chem. **35** (1903).
G. Stein, (20), Z. anorg. Chem. **55** (1907).
A. S. Ginsberg (21), Z. anorg. Chem. **59** (1908).
R. C. Wallace (22), Z. anorg. Chem. **63** (1909).
v. Klooster (23), Z. anorg. Chem. **69** (1910).
S. Hilpert u. R. Nacken (24), Ber. Dtsch. Chem. Ges. **33**, 2566 (1910).
R. Rieke u. K. Endell (25), Sprechsaal 1910.
R. Rieke u. K. Endell (25[a]), Sprechsaal 1911.
A. Woloskow (26), Ann. de l'Inst. Polyt. St. Petersbourg **15**, 21 (1911).

Ältere optische Bestimmungen 3.	Neuere optische Methoden 4.	Thermische Methode 5.	Anmerkung
—	—	1188 (23) 1178 (25[a])	
—	—	1243 (23)	
—	1235—70 (10)	1380*	*nach K. Endell
—	1345—80 (12[a])	—	
1090 (5) ?	—	—	
—	-	—	
—	1220—1280 (10)	—	
—	—	1007 (19) 1055 (18) 1018 (22)	
—	1150—1200 (12)	—	
1110—1135 (5)	1110—1160 (7)	—	
1190 (5[a]) 1190–1210 (5[b])	1145—1195 (7) 1155—1195 (12)	—	
1095—1120° (5)	—	—	
1000—1060 (5)	1035—1055 (12)	—	
—	—	—	
—	1180—1210 (5)	—	
—	—	1225 (13)	
1120—1160 (5)	1220 (13)	—	
1130—1170 (5)	—	—	
—	1135—1215 (7)	—	
—	—	—	*von Viesch
925—960 (5) 965 (5[b])	970—1020° (12[a])	—	

Name	Meldometer 1.	Segerkegel 2.
K_2SiO_3	—	—
$KAlSi_2O_6$, Leucit, Vesuv	1298 (2)	1410—1430 (3)
$KAlSi_3O_8$, Adular { Col du Géant .	—	1270 (3)
$KAlSi_3O_8$, Adular { Gotthardt . . .	—	1300 (3)
Orthoklas	1175 (1)	—
„ Viesch	—	1300
„ Arendal	—	—
„ N.-Carolina	—	—
Sanidin, Drachenfels	1140 (1)	—
Mikroklin, Pikes-Peak	—	1290 (3)
„ Miasc	—	—
$MgSiO_3$, künstlich	—	—
Enstatit, Bamle	—	—
Bronzit, Kraubath	—	—
„ Kupferberg	—	—
„	{ 1300 (1)	—
	{ 1295 (2)	—
Anthophyllit, Hermannschlag . . .	—	1150—1230 (3) ?
Mg_2SiO_4, künstlich	—	—
Olivin siehe unten	—	—
$MgAl_2SiO_6$	—	—
$CaMgSi_2O_6$, künstlich	—	—
Diopsid, Ala	—	—
„ Zermatt	—	—
„ Zillertal	—	—
$CaMgSi_2O_4$	—	—
$CaSiO_3$, künstlich	—	—
Wollastonit, Cziklova	—	—
„ Oravicza	—	—
„ Auerbach	—	—
„ Kimito	—	—
„ Elba	—	—
„ Diana	—	—
„	1203—1208 (2)	—
Ca_2SiO_4	—	1500 (4)
$CaAl_2Si_2O_8$, künstlich	—	—
Anorthit, Vesuv	—	—
„ Japan	—	1490—1520 (3)
„ Pizmeda	—	—
$Ca_3Al_2Si_3O_{12}$, Grossular Monzoni .	—	—

Ältere optische Bestimmungen 3.	Neuere optische Methoden 4.	Thermische Methode 5.	Anmerkung
—	—	890 (11)	
1305—1325 (5) 1320 (5[b])	1320—1370 (12)	—	
—	—	—	
1185—1220 (5)	1160—1200 (8)	—	
—	—	—	
—	—	—	
1185—1220 (5)	—	—	
—	1175—1235 (13)	—	
1145—1175 (5)	—	—	
1150—1160 (5)	—	—	
1155—1180 (5)	1160—1265 (12[b])	—	
—	1420—1460 (11)	1565 (20) 1554—1557 (16[a])	
1380—1400 (5)	—	—	
1330—80 (5)	1310—1370 (11)	—	
—	1350—1400 (12)	—	
—	—	—	
1325—1340 (5)	—	—	
—	—	2000 (?) 1450 (17)	
—	—		
—	1300 (12)	—	
—	1280—1310 (12) 1305—1345 (7)	1395* 1391 (15)	*E.T. Allen und W. P. White.
1250—1270 (5)	—	—	
—	1270—1300 (8)	1300—1320 (8[a])	
—	1300—1340 (7)	—	
1460 (6)	—	—	
—	1310—1380 (11)	1512(14) 1540(15)	
1230—1255 (5)	1240—1270 (11)	—	
—	1240—1290 (11)	—	
1230—1255 (5)	1250—1290 (11)	—	
—	1280—1330 (11)	—	
—	1250—1290 (11)	—	
—	1255—1300 (11)	1260 (14)	
—	—	—	
—	—	2130 (15)	
—	1275—1350 (7) 1270—1370 (8)	1532(13) 1552(15) 1355 (8[a])	
1150—1215* (5)	1250—1350 (7)	—	*unrein
—	1260—1340 (7)	—	
1190—1220* (5)	—	1240* (8)	*unrein
1125—1155* (5)	1150—1250 (11)	—	*unrein

Name	Meldometer 1.	Segerkegel 2.
$Ca_3Fe_2Si_3O_{12}$, Melanit von Frascati .	—	—
„ vom Vesuv .	—	—
$MnSiO_3$	—	—
Mn_2SiO_4	—	—
$CaMnSi_2O_6$, künstlich	—	—
Rhodonit, Pajsberg	—	—
Fowlerit, Franklin	—	—
„ Pratter Mine	—	—
$FeSiO_3$, künstlich	—	—
Fe_2SiO_4, „	—	—
Fayalit, Fayal	—	—
$CaFeSi_2O_6$, Hedenbergit, Elba . . .	—	—
„ Filipstadt . . .	—	1190 (3)
„ Tunaberg . . .	—	—
„ Dognaczka . .	—	—
„ Langensundfjord	—	—
$ZnSiO_3$	—	—
Zn_2SiO_4	—	—
HCu_2SiO_4, Dioptas	1171 (2)	—
Sr_2SiO_4	—	—
$BaSiO_3$	—	—
$PbSiO_3$	—	—
Pb_2SiO_4	—	—
Al_2SiO_5, künstlich	—	—
Andalusit	1209 (2) ?	—
Cyanit	1090 (2) ?	—
Cyanit, Gotthardt	—	1190—1210 (3) ?
Augit, Monti Rossi	—	1230 (3)
„ Bufaure	—	—
„ Nordmarken	—	—
Fassait, Monzoni	—	—
Hypersthen, St. Paul	—	(1270) (3)
„ Airolo	—	1210 (3)
Ägirin, Langensund	—	—
Olivin	1363—1375 (2)	—
„ Kapfenstein	—	—
„ Söndmöre	—	—
„ Somma	—	—
„ Eifel	—	1750 (3)
„ edler	—	—

Ältere optische Bestimmungen 3.	Neuere optische Methoden 4.	Thermische Methode 5.	Anmerkung
925—950 (5)	—	—	
—	980–1150; 1030–1190 (14)	—	
—	—	1218 (21) 1470—1500 (20)	
—	1170—1200 (12)	—	
—	—	1319 (21)	
1170—1195 (5)	1220—1240 (11)	1180 (19) 1216 (26)	
1140—1170 (5)	—	—	
1150—1170 (5)	—	—	
—	—	1500 (20)*	* unsicher
—	—	—	
1055—1075 (5)	—	—	
1120 (5) 1100—1140 (6)	—	—	
—	—	—	
1100—1135 (5)	—	—	
1095—1110 (5)	—	—	
—	1100—1160 (12[a])	—	
—	—	1419 (23) 1479 (20)	
—	—	1484 (20)	
—	—	—	
—	—	1593 (20)	$SrSO_3$ 1287 (20)
—	—	1490 (22) 1368 (20)	
—	—	770 (24)	
—	—	730—740 (24)	
—	—	1816 (16)	
—	—	—	
über 1430°	—	—	
—	—	—	
1165—1185 (5)	1185—1200 (7) 1230—1260 (12)	—	
1180—1200 (5)	—	—	
1135—1150 (5)	1135—1175 (7)	—	
1200—1220 (5)	1195—(1230) (7)	—	
1180—1210 (5)	—	—	
—	—	—	
970—1010 (5[b]) 960—1030 (8)	—	—	
—	—	—	
—	1360—1410 (7) 1380—1410 (12)	—	eisenhaltige Olivine zersetzen sich vor dem Schmelzen
1390—1415 (6)	1395—1430 (7)	—	
—	1310—1350 (7)	—	
—	—	—	
1320 ? (5[b]) 1395—1445 (6)	1395—1445 (7)	—	

Name	Meldometer 1.	Segerkegel 2.
Hyalosiderit, Sasbach	—	—
Tremolit	—	1090—1270 (3)
Strahlstein	1296 (1) 1272—1288 (2)	—
„ Zermatt	—	1190 (3)
„ Pfitsch	—	—
Hornblende	1187—1200 (2)	—
„ Lukow	—	—
„ Risör	—	—
„ Cervin	—	1070 (3)
Pargasit, Pargas	—	—
Asbest	—	—
Arfvedsonit	—	—
Riebekit, El Paso	—	—
Krokydolith, Grönland	—	—
Gastaldit, St. Marcel	—	—
Barkevikit, Langensund	—	—
Granatgruppe:		
Almandin, Grönland	1175 (1) 1265 (2)*	—
„ Achmatowsk	—	—
„ edler	—	1070 (3)
Hessonit, Ala	—	—
Topazolith, Rympfischwäng	—	1150 (3)
Uwarowit	—	—
Zoisit	995 (2) ?	—
Epidot	954—976 (2) ?	1250 (3)
Sphen	1127—1142 (?)	—
Idokras, Zermatt	—	980—1000 (3)
Turmalin	1012—1102 (2)	—
Axinit	995 (2) ?	—
Sodalith	1127—1133 (2)	1250—1310 (3)
Hauyn	—	1410—1450 (3)
Cordierit	—	1310 (3)
Beryll	—	1430 (3)
Plagioklase:		
Oligoklas, künstlich	—	—
„ Frederiksvärn	—	1260 (3)
„ Wilmington	—	—
„ Bakersville	—	—
Andesin, künstlich	—	—
„ Var	—	1280 (3)
Labrador-Andesin, Szuligata	—	—
Labrador, künstlich	—	—
„ St. Paul	—	—

Ältere optische Bestimmungen 3.	Neuere optische Methoden 4.	Thermische Methode 5.	Anmerkung
1220—1240 (5)	—	—	
1200—1220 (5)	—	—	
—	—	—	
—	—	—	
1140—1170 (5)	1145—1170 (12[b])*	—	*(von Prägratten)
—	—	—	
1100—1125 (5)	1180—1220 (12[b])	—	
1140—1155 (5)	—	—	
—	—	—	
1155—1175 (5)	—	—	
1285—1310 (5)	—	—	
930—940 (5)	—	—	
940—950 (5)	990—1070 12[b])	—	
935—945 (5)	—	—	
1020—1040 (5)	—	—	
1085—1095 (5)	1080—1125 (12[a])	—	
—	1100—1215 (12[a])	—	*ohne Fundortsangabe
1135—1160	—	—	
—	1150—1250 (11)	—	
1110 (5) ?	—	—	
—	—	—	
1270—1300 (5)	—	—	
—	—	—	
—	—	—	
1200—1230 (5) ?	—	—	
—	—	—	
—	—	—	
—	—	—	
—	—	—	
1195—1225 (5)		—	
—	—	—	
—	—	—	
—	—	1340 (13) 1345 (15)	
—	—	—	
—	1200—1240 (8[a])	—	
1130—1175 (5)	1170—1250 (7)	—	
—	—	1419 (13) 1375 (15)	
—	1185—1270 (7)	—	
—	1180—1280 (7)	—	
—	1285—1300 (7)	{1463 (13) 1477 (15) 1370 (8[a])	
1210 (5[a])	1210—1280 (7)	—	

Name	Meldometer 1.	Segerkegel 2.
„ Kiew		1370 (3)
„ St. Rafaël	—	—
„	1230 (1)	—
Meionit, Vesuv	—	1250—1330 (3)
Skapolith, Groß-Lake	—	—
„ Arendal	—	—
„ Gouverneur	—	—
Marialith, Pianura	—	—
Couzeranit, Ariège	—	—
Melilith, Alnö	—	—

Einfluß der chemischen Zusammensetzung auf die Schmelzpunkte. Bei kristallisierten Körpern hängt der Schmelzpunkt nicht allein von der chemischen Zusammensetzung ab, da ja dimorphe Kristallarten verschiedene Schmelzpunkte haben; auch sind Silicate komplexe Verbindungen, bei welchen sich der Einfluß eines einzelnen Elementes nicht immer erkennen läßt, namentlich gilt dies für die tonerdehaltigen Silicate.

Die Zahl der untersuchten Verbindungen ist keine sehr bedeutende, so daß man nur in beschränktem Maße Gesetzmäßigkeiten herausfinden kann, immerhin lassen sich eine Anzahl solcher finden. Eine gewisse Schwierigkeit bereitet es aber, daß die Schmelzpunkte nach verschiedenen Methoden bestimmt sind, denn streng genommen kann man nur solche Schmelzpunkte vergleichen, die nach derselben Methode bestimmt sind, es wurde daher bemerkt, wo dies nicht der Fall ist.

Vergleich des Kieselsäuregehaltes. Der Einfluß des höheren Kieselsäuregehaltes kann ein solcher sein, daß er den Schmelzpunkt herabsetzt, wenn gleichzeitig der Ca- oder Mg-Gehalt steigt, wie die Beispiele von Ca- oder Mg-Metasilicaten mit den entsprechenden Orthosilicaten lehren; wenn dagegen der Gehalt an Na steigt, so erhöht SiO_2 den Schmelzpunkt, ebenso bei Mn- und Fe-Silicaten. Es kommt also auf das Verhältnis $RO:SiO_2$ und auf den Umstand an, ob wir eine Verbindung haben, bei welcher RO schwieriger schmelzbar ist, z. B. CaO, MgO, oder leichter schmelzbar als das Kieselsäureanhydrid, wie z. B. FeO, MnO.

Eine Erhöhung des Kieselsäuregehaltes kann also auch einflußlos sein; es ist also nicht richtig, daß der SiO_2-Gehalt den Schmelzpunkt stets hinaufrückt, es hängt dies auch von dem Metall ab, wie aus folgendem hervorgeht:

$CaSiO_3$ 1380° $MnSiO_3$ 1218° Li_2SiO_3 1188°
Ca_2SiO_4[1]) 2130? Mn_2SiO_4[1]) 1170 Li_2SiO_4 1243
$MgSiO_3$ 1460° $FeSiO_3$[1]) 1500° (?)
Mg_2SiO_4 2000? Fe_2SiO_4[1]) 1100

Die Orthosilicate von Ca, Mg haben einen höheren Schmelzpunkt als die Metasilicate, umgekehrt ist dies bei Mn-, Fe-Silicaten.

[1]) Nach verschiedenen Methoden.

Ältere optische Bestimmungen 3.	Neuere optische Methoden 4.	Thermische Methode 5.	Anmerkung
1145—1200 (5) 1210 (5[b])	1160—1215 (7) 1180—1220 (12)	1240—1280 (8[a])	
—	1210—1255 (7[a])	—	
—	—	—	
—	1138—1178 (9)	—	
—	1125—1198 (9)	—	
—	1150—1238 (9)	—	
—	1128—1183 (9)	—	
—	1088—1233 (9)	—	
—	1143—1178 (9)	—	
—	1120—1180 (12[a])	—	

Aluminate sind im Verhältnisse zu den Silicaten weit höher schmelzbar. Ein Vergleich von $CaAl_2O_4$ mit $CaSiO_3$, $CaAl_2Si_2O_8$, $Ca_3Al_2Si_3O_{12}$ zeigt, daß durch Zusatz von SiO_2 hier der Schmelzpunkt erniedrigt wird. Die reine Tonerde-Calcium-Verbindung hat den Schmelzpunkt des Calciumaluminats, und die Erniedrigung des Schmelzpunktes bei Silicaten ist beträchtlich.

Dasselbe gilt für $MgAl_2O_4$; es ist zu bemerken, daß jedoch $MgSiO_3$ tiefer unter dem Schmelzpunkt des Aluminats schmilzt wie die Ca-Verbindungen.

$MgAl_2O_4$ (nach A. Brun) . . 1700°,
$MgSiO_3$ (C. Doelter) . . 1460°, nach anderen 1560°,
$CaAl_2O_4$ . . . . ca. 1600°,
$CaSiO_3$ (C. Doelter) . . 1380°, nach A. Day 1512°.

Im allgemeinen entspricht es der Schmelzpunktserniedrigung, daß die Schmelzpunkte der Verbindungen niedriger liegen als die der Komponenten, also $CaSiO_3$ tiefer als CaO, SiO_2; $MgSiO_3$ tiefer als MgO, SiO_2; in anderen Fällen, bei den Alkalisilikaten z. B., ist der Schmelzpunkt zwischen dem des Alkali und der Kieselsäure gelegen.

Verwickelter gestaltet sich die Sache, wenn mehrere Elemente vorhanden sind, es tritt dann meistens eine Erniedrigung, selten aber auch eine Erhöhung ein, z. B. bei Vergleich von Ca- und Na-Silicaten.

$CaSiO_3$ . . . . . ca. 1380°
Na_2SiO_3 1007
$(Ca, Na_2)SiO_3$ 1143

$MnSiO_3$ . . . . 1218°
$CaMnSi_2O_6$ . . . 1319
$CaSiO_3$ . . . . 1380 (1512 nach thermischer Methode)

$FeSiO_3$ . . . . . . 1500° (?)
$CaFeSi_2O_6$ 1140
$Ca_3Fe_2Si_3O_{12}$ 1120
$CaSiO_3$ 1380

Fe_2SiO_4 . . . . . 1100°? (nach optischer Methode)
Ca_2SiO_4 . . . . . 2130 ? (nach thermischer Methode)

$CaSiO_3$	1380°
$CaMgSi_2O_6$ . . .	1340
$MgSiO_3$	1460
Mg_2SiO_4	2000° (?)
$FeMgSi_2O_4$ . . .	1300
Fe_2SiO_4	1100

Einfluß von Na, Ca, Mg, Mn, Ba, Li auf den Schmelzpunkt. Vergleicht man die Schmelzpunkte analoger reiner Verbindungen, die nur ein Metall enthalten, so ist die Reihenfolge für die Metasilicate ungefähr folgende:

Pb, Na, Li, Mn, Ca, Ba, Zn, Mg.

Die Zahlen steigen von 770° bis 1450°[1]) oder ca. 1550°.

Einfluß der Tonerde. Vergleicht man die einfachen Al-Silicate mit den obigen, so findet man, daß das Element Al in Verbindung mit SiO_2 einen sehr hohen Schmelzpunkt gibt, und gehören diese Verbindungen zu den am schwersten schmelzbaren.

Natriumsilicate. Wir können nur Na_2SiO_3 mit $NaAlSi_2O_6$, $NaAlSiO_4$, $NaAlSi_3O_8$ vergleichen, wobei jedoch bei letzteren der Basizitätsgrad des Salzes ein verschiedener ist, so daß zwei Ursachen: der Al- und der Si-Gehalt, von Einfluß sind.

Na_2SiO_3	1007°
$NaAlSi_2O_6$	1060
$NaAlSiO_4$	1195
$NaAlSi_3O_8$	1180

demnach erhöht Al-Zusatz, doch läßt sich das Maß hier nicht angeben, weil bei den genannten Verbindungen auch der SiO_2-Gehalt wechselt. Bei Ca-Silicaten kann aber umgekehrt der Al-Gehalt den Schmelzpunkt erniedrigen.

Kaliumsilicate. Wir haben zum Vergleiche nur wenig Salze:

$KAlSi_2O_6$	1350°
$KAlSi_3O_8$	1180

das Orthosilicat (Leucit) hat demnach einen höheren Schmelzpunkt als das saure Silicat, demnach scheint der höhere Tonerdegehalt hier den Schmelzpunkt zu erhöhen.

Calciumsilicate.

$CaSiO_3$	1380°
$CaAl_2SiO_6$	1300
$CaAl_2Si_2O_8$ . . .	1370
$Ca_3Al_2Si_3O_{12}$ . . .	1250
$CaAl_2Si_3O_{10}$ . . .	1200
(Gehlenit) . . .	ca. 1200
Meionit	1180

Hier dürfte sich keine Gesetzmäßigkeit ergeben.

---

[1]) Nach optischer Methode.

Mg-Silicate; vergleicht man $MgSiO_3$ mit den entsprechenden Al-Silicaten, so wird durch Al im allgemeinen der Schmelzpunkt herabgesetzt, z. B. bei den magnesium- und aluminiumhaltigen Pyroxenen:

$MgSiO_3$	1460°
$MgAl_2SiO_6$ . . .	1300
$Mg_3Al_2Si_3O_{12}$ . .	1280

es fehlen jedoch die anderen Verbindungen, welche Schlüsse erlauben würden.

Einfluß des Eisens. Wir haben hier kein großes Material zum Vergleiche, da nur wenige Verbindungen vorkommen.

1. Natriumsilicate.

Na_2SiO_3	1007°	(thermische Methode)
$Na\overset{III}{Fe}Si_2O_6$	980	(optische Methode)
$NaAlSi_2O_6$	1060.	

Fe_2O_3 erniedrigt den Schmelzpunkt des Natriumsilicats, während Aluminium ihn erhöht.

2. Calciumsilicate.

$CaSiO_3$.	1380°
$CaFeSi_2O_6$	1120
$Ca_3Fe_2Si_3O_{12}$. . . .	1100

demnach erniedrigt Eisen auch hier den Schmelzpunkt, ebenso, wie nach dem geringen Material zu urteilen, bei Magnesiumsilicaten.

Im allgemeinen kann man sagen, daß Fe unter allen Umständen den Schmelzpnnkt erniedrigt; auch Mn; ebenso scheint Al in Kombination mit Ca, Mg den Schmelzpunkt zu erniedrigen; dagegen wirkt bei Natriumsilicaten und bei Lithiumsilicaten ein Zusatz von Al erhöhend.

Chromoxyd scheint in der Gesamtgruppe den Schmelzpunkt hinaufzusetzen.

Schmelzpunkte von Gesteinen.

Die Schmelzpunkte von Gesteinen können von geologischem Interesse sein, es ist jedoch zu berücksichtigen, daß es sich nicht um Schmelzpunkte handelt, sondern wie bei Gläsern um Erweichungsintervalle, die natürlich nur einen relativen Wert besitzen; zuerst schmilzt hier der niedrigst schmelzende Bestandteil, welcher dann auf die übrigen lösend einwirkt. Die Erweichungspunkte schwanken bei verschiedenen Gesteinen zwischen 980 und 1260°.[1])

Neuestens hat J. Douglas[2]) Messungen an Gesteinen ausgeführt, und zwar mit dem Meldometer; er gibt Punkte an, während in Wirklichkeit Intervalle existieren; vermutlich sind es die Punkte, bei welchen die Dünnflüssigkeit eintritt. Er gibt folgende Werte an[3]):

---

[1]) C. Doelter, Tsch. min. Mit. **21**, 30 (1903).
[2]) J. Douglas, Quart. J. of geolog. Soc. London, **63**, 154 (1907).
[3]) J. Douglas, l. c. 152.

Rhyolith[1] . . .	1200°
Granit	1215
Tonalit	1150
Dolerit	1109
Dolerit	1070
Andesit	1095—1125
Gabbro	1085

J. Douglas[2]) hat auch die Schmelzpunkte von Feldspatgläsern untersucht und folgende Resultate erhalten:

Anorthit-Glas . . .	1505°
Labrador „	1390
Andesin „	1340
Oligoklas „	1310
Albit „	1268

Diese Bestimmungen von J. Douglas sind insofern befremdend, als Gläser ja ganz allmählich schmelzen, und es kann sich hier offenbar nicht um den Schmelzpunkt handeln, sondern um den Punkt, bei welchem das Glas so wenig viscos ist, daß es fließt, es ist also keine Schmelzpunktsmessung, sondern ein Viscositätsvergleich.

Für die Erweichungspunkte von Gläsern fand A. Brun[3]) dagegen um mehrere hundert Grad niedrigere Werte:

Orthoklasglas . . .	1060°
Albitglas	1050—1177
Anorthitglas	1083
Leucitglas	1050—1150

Für verschiedene Laven fand er Erweichungspunkte zwischen 800° und 1200°.

Sinterung.

Bei Silicaten ist das Studium der Sinterung besonders wichtig; bei vielen technischen Prozessen bedient man sich der Sinterung, so bei der Herstellung der Klinker, in der Zementfabrikation usw., und es zeigt sich, daß schon im Sinterungszustande chemische Reaktionen möglich sind. Wie so oft, so ist auch hier das Wort „Sintern" in verschiedenem Sinne gebraucht worden, ich möchte den Ausdruck präzisieren und damit den Beginn des Schmelzprozesses bezeichnen, welcher ja bei Silicaten sehr langsam verläuft; der Sinterungspunkt ist derjenige Punkt, bei dem Schmelzung zuerst sichtbar ist.

Die Sinterung wurde ursprünglich nur den Verunreinigungen zugeschrieben, und es ist in der Tat richtig, daß verunreinigte Stoffe Sinterung zeigen, der beigemengte und schmelzbare Stoff schmilzt zuerst, ehe der andere zu erweichen anfängt.

Nach P. Rohland[4]) wäre sie charakterisiert dadurch, daß Teile in einem inhomogenen Gemische sich bereits in geschmolzenem Zustande befinden,

[1]) Fundort und spezifisches Gewicht siehe S. 670.
[2]) Ibid.
[3]) A. Brun, Rech. sur l'exhalaison volcan., (Genf 1911), 36.
[4]) P. Rohland, Ton-I.-Z. 1911, Heft 10. 118.

während andere Teile in der festen Formart noch verharren und von den flüssigen Teilchen durchtränkt werden. Die flüssigen Teile vermögen dann unter Schmelzpunktserniedrigung nur den festen Anteil aufzunehmen. Es ist also Sinterung im heterogenen System.

Bei Silicaten ist dies jedoch nicht nur bei verunreinigten der Fall, sondern die Sinterung wird auch bei reinen homogenen Silicaten beobachtet.

Bei homogenen Mineralpulvern kann man die Sinterung zum Teil dadurch erklären, daß die kleineren Teilchen zuerst schmelzen und dann die größeren Teilchen auf diese Weise verbinden; da der Unterschied in der Korngröße bei Silicaten von großem Einfluß ist, so dürfte dieser Umstand in Betracht kommen, es dürfte kaum ein Pulver geben, welches von ganz gleicher Korngröße ist, daher auch die stets eintretende Sinterung bei Silicaten; aber andererseits wissen wir, daß ein Mineralbruchstück an den Kanten beim Beginn des Schmelzens erweicht und sich dann mit dem nächstliegenden Bruchstück verbindet.

Hierbei bildet sich ein Glas, welches aber noch so zäh ist, daß es einem festen Körper gleichkommt, daher dann das vorher lockere Pulver fest und hart wird. In Klinkern sieht man auch Glas, indessen könnte auch die Glasschicht um die Körner so fein und dünn sein, daß sie nicht sichtbar wird, namentlich wird das im Beginne des Sinterns zutreffen, denn man kann verschiedene Grade der Sinterung unterscheiden, von jenem angefangen, bei dem die Körner noch gerade lose haften bis zu dem, wo sie eine fest verbundene Masse bilden, wo also schon ein großer Teil geschmolzen ist. Bei solchen kann man deutlich Glas beobachten, wenn es sich nicht um Stoffe handelt, die sehr große Kristallisationsgeschwindigkeit haben, dann bilden sich bei der Abkühlung, also beim Herausnehmen aus dem Ofen neue Kristalle.

Sinterung können wir am besten unter dem Mikroskop beobachten. Man kann auch die Sinterung größerer Mengen beobachten, wenn man in einen flachen breiten Platintiegel oder auf ein Blech eine Pulverschicht des betreffenden Stoffes legt, diesen im Heräusofen erhitzt und öfters herausnimmt; solange ein Zusammenbacken nicht stattfindet, sind, wie die mikroskopische Untersuchung zeigt, die Körner vollkommen eckig. Am besten läßt sich das Sintern unter dem Heizmikroskop bei langsamer Temperatursteigerung beobachten; es kann der Eintritt jenes Punktes genau konstatiert werden, bei welchem die Ecken der Pulverkörner die ersten Anzeichen der Veränderung zeigen,[1]) sie runden sich. Wenn der Körper nicht homogen ist, so sieht man, daß nur ein Teil der Körner sich verändert, und ist dies, falls die Größe der Körner gleichmäßig ist, auch eine Prüfung auf Homogenität, denn größere Körner werden sich erst später verändern als kleine. Auch die Messung der Konsistenz einer Schmelze läßt den Beginn des Schmelzens, der Punkt Θ_{I}, die Sinterung, leicht feststellen, denn das weiche Pulver wird fest, ein Platinstab kann nicht mehr eindringen.[2])

Chemische Reaktionen im Sinterungszustande. — Man sollte erwarten, daß chemische Reaktionen nur im schmelzflüssigen Zustande und nicht beim Sintern eintreten können. Dieser Fall, daß Reaktionen eintreten, ist bei langem Erhitzen bei der Sintertemperatur doch möglich, und die Zementindustrie zeigt, daß solche Prozesse vorkommen.

---

[1]) C. Doelter, Sitzber. Wiener Ak. **118**, 489 (1910).
[2]) C. Doelter, Sitzber. Wiener Ak. **112**, 203 (1904).

Diese Möglichkeit ergibt sich schon daraus, daß Ionenreaktionen infolge der schon im festen Zustande in der Nähe des Schmelzpunktes nachgewiesenen elektrolytischen Leitfähigkeit stattfinden werden. Bei den Silicaten ist vom Beginn einer nennenswerten Leitfähigkeit bis zum völligen Schmelzen ein Temperaturintervall von 200° vorhanden, wovon etwa 150° auf den Schmelzzustand fallen.

Von Interesse ist das Ergebnis der Untersuchung bei dem Gehlenitsilicat ($Ca_3Al_2Si_2O_{10}$) und dem Calciummetasilicat.[1]) Diese zeigen im festen Zustande noch unter dem Schmelzbeginn elektrolytische Leitfähigkeit, welche beim Schmelzbeginn, also bei der Sinterung, schon erheblich groß ist, so daß also Ionenreaktionen in denselben vorkommen können. Die genannten Calciumsilicate sind wahrscheinlich wesentliche Bestandteile des Zementes (s. unten).

Aber auch bei anderen Silicaten ist das der Fall, so bei Albit und Orthoklas.

Derartige Untersuchungen sind vor kurzem ausgeführt worden und haben die Bildung von Reaktionen im Sinterungszustande erwiesen.[2])

Bei der Sinterung findet auch nach den Untersuchungen von E. Dittler[3]) Wärmetönung statt, wie dies namentlich bei Zementen der Fall ist. Die Sinterungskurven sind den Schmelzkurven parallel, wie dies durch in meinem Laboratorium durchgeführte Untersuchungen nachgewiesen ist.[4]) Es ist dies der früher erwähnte Punkt Θ_1 und man kann mit verschiedenen Mischungen diesen Punkt Θ_1 auch schon durch Prüfung der Konsistenz der Schmelze, wie oben erwähnt, genau bestimmen (S. 638).

Später hat auch A. Stock[5]) nachgewiesen, daß man den eutektischen Punkt bestimmen könne, wenn man die Sinterungskurve aufnimmt; dies tritt auch bei den früher erwähnten Mischungen auf, die sich auf Mineralien beziehen.

Es bestätigt dies, daß die Sinterung eben nichts anderes ist als der Schmelzbeginn und daß sie auch bei reinem Material auftreten kann.

Diese Arbeit von A. Stock ist wichtig, weil sie die früher ausgesprochene Ansicht bestätigt, daß das Sintern auch bei reinen Stoffen eintreten kann, dabei ist von Interesse, daß auch andere Stoffe wie Silicate, z. B. Schwefelphosphorverbindungen Sinterungskurven aufweisen, bei solchen Substanzen versagt, wie bei Silicaten wegen der großen Zähigkeit die thermische Analyse.

Der Einfluß des Druckes auf den Schmelzpunkt der Silicate.

Eine, namentlich für die Geologie und speziell für den Vulkanismus wichtige Frage ist die nach der Veränderung des Volumens der Silicate beim Schmelzen und Erstarren, von welcher wiederum die Frage abhängt, ob der Druck er-

---

[1]) C. Doelter, ZB. f Zementchemie 1910, 107.
[2]) J. W. Cobb, Journ. of the Soc. of chem. Ind. **29**, 71 (1910).
[3]) E. Dittler, ZB. f. Zementchemie I, 571 (1910).
[4]) Vgl. die unten erwähnten Arbeiten von B. Vukits, M. Vučnik, H. H. Reiter, R. Freis, M. Urbas.
[5]) A. Stock, Ber. Dtsch. Chem. Ges. **42**, 2059, 2062 (1909).

höhend auf den Schmelzpunkt wirkt oder umgekehrt; die Schmelzpunktsveränderung wird gegeben durch die bekannte Clapeyronsche Formel

$$\frac{dT}{dp} = (V - V_1)\frac{T}{Q},$$

wobei T der Schmelzpunkt in absoluter Zählung V, V_1 die Volumina im flüssigen und festen Zustand, Q die Schmelzwärme ist. Es handelt sich nun vor allem darum, ob $V - V_1$ positiv oder negativ ist, ob das Volumen im flüssigen Zustand größer oder kleiner als im festen ist.

Während in früherer Zeit allgemein angenommen wurde, daß bei Silicaten das Volumen beim Erstarren sich verkleinere, ist in den letzten Jahren von Geologen wiederholt behauptet worden, der Vulkanismus entstehe durch eine Volumvergrößerung beim Erstarren. Insbesondere A. Stübel und W. Branca vertreten diesen Standpunkt. Sie stützen sich namentlich auf die Beobachtung, daß in flüssiger Lava erstarrte Stücke schwimmen, dies erklärt sich aber durch die Viscosität, besonders aber durch die Entwicklung der Gase, die hinauftreiben, sowie auch durch die durch dieselbe Ursache bewirkte poröse Struktur der erstarrten Lava.

F. Nies machte Experimente, welche diese Ansicht zu stützen schienen, doch waren dieselben fehlerhaft ausgeführt.

Wir wissen, daß weitaus die meisten Stoffe sich beim Schmelzen ausdehnen und beim Gefrieren zusammenziehen und sind demnach fast alle Stoffe solche, deren Schmelzpunkt bei Druckerhöhung steigt. Nur das Wasser ist unter den verbreiteten Stoffen der Natur als Ausnahmefall von der sonst ziemlich allgemein zutreffenden Regel bekannt.

Es gibt auch noch einige andere Stoffe, die ein gegenteiliges Verhalten zeigen, nämlich Wismut, Calcium- und Magnesiumborat, Arsentrioxyd, und nach H. Moissan das chemisch reine Eisen, während das gewöhnliche Eisen Volumvergrößerung zeigt. Um die Frage zu lösen, habe ich die Dichte geschmolzener Silicate im flüssigen Zustande durch die Schwimmethode zu bestimmen versucht, dabei läßt sich ein Fehler nicht vermeiden, nämlich der, daß das spezifische Gewicht der Vergleichskörper bei der Schwimmethode nur bei 20° bestimmt, und bei 1100° unbekannt ist. Diesem Fehler steht aber in entgegengesetzten Sinne der gegenüber, daß die Schmelzen Gase entwickeln, welche die Schwimmkörper in die Höhe treiben und daß durch mangelhafte Benetzung sich um denselben eine hohle Schale bildet; dadurch wird das erhaltene Gewicht des flüssigen Körpers vergrößert. Die Zahlen[1]) sind

	fester Körper	flüssiger Körper[2])
Augit	3,3	2,92
Limburgit	2,83	2,56
Ätnalava	2,83	2,58—2,74
Vesuvlava	2,84	2,68—2,74

Weitere Beweise ergeben sich aus dem Vergleiche der Dichten der natürlichen Silicate und der Dichten der bei rascher Abkühlung dieser erhaltenen Silicatgläser. Allerdings sind die älteren Versuche nicht alle einwandfrei, da mitunter ein schaumig-poröses Produkt erhalten wurde. Indessen ist

[1]) C. Doelter, N. JB. Min. etc. 1900, I, 141.
[2]) Die Zahlen für den flüssigen Zustand dürften zu hohe sein.

die Übereinstimmung insofern eine gute, als alle Silicate nach dem Schmelzen ihre Dichte verringern.

Ältere Versuche ergaben folgende Zahlen[1]):

Mineral	δ kristallisiert	δ glasig	Beobachter
Adular	2,561	2,351	Ch. Deville
Albit	2,604	2,041	C. F. Rammelsberg
Augit	3,267	2,803	Ch. Deville
Beryll	2,655	2,41	Williams
Olivin	3,381	2,857	Ch. Deville
Labrador	2,689	2,525	"
Spodumen	3,133	2,429	C. F. Rammelsberg
Quarz	2,663	2,228	Ch. Deville

Die Unterschiede sind sehr groß und betragen 10—25 %, sie dürften jedoch in Wirklichkeit nicht so groß sein, als die Zahlen es angeben, da das Glas etwas porös sein kann. Immerhin beweisen die Zahlen alle eine Volumvergrößerung beim Schmelzprozesse.

Neuerdings hat F. A. Douglas[2]) die Versuche wiederholt, ich gebe hier die Resultate:

Volumveränderung von Mineralien.

	δ vor dem Glühen	δ nach dem Glühen	Volumveränderung in Prozenten
Albit v. Pfitsch	2,625	2,373	10,61
Oligoklas v. Tvedestrand	2,656	2,470	7,53
Labrador v. Labrador	2,700	2,550	5,88
Anorthit v. Somma	2,75	2,665	3,18
Adular v. Gotthard	2,575	2,37	8,65
Leucit v. Vesuv	2,480	2.416	2,90
Tremolit	2,99	2,78	7,55
Actinolith	3,04	2,81	8,18
Pargasit	3,09	2,79	11,43

Volumveränderung von Gesteinen.[3])

	δ vor dem Schmelzen	δ nach dem Schmelzen	Volumveränderung in Prozenten
Granit, Cumberland	2,656	2,446	8,58
Syenit, Plauen	2,724	2,56	6,40
Tonalit, Neu-Seeland	2,765	2,575	7,37
Diorit, Markfield	2,880	2,710	6,27
Gabbro, Carrock-Fell	2,940	2,791	5,41
Rhyolith, Antrin	2,460	2,375	3,5
Dolerit, Rowley-Ray	2,8	2,64	6,06
Olivin-Dolerit, Clee-Hills	2,889	2,775	4,14
Andesit, Neu-Seeland	2,7	2,57	5,05

[1]) Aus J. Roth, Chem. Geolog. (Berlin 1887), II, 52.
[2]) J. A. Douglas, Q. Journ. of geol. Soc. **63**, 154 (1907).
[3]) F. A. Douglas, l. c. 151.

Die erhaltenen Volumveränderungen sind hier viel kleiner als bei den älteren, weniger genauen Versuchen. Man bemerkt auch, daß sie bei holokristallinen Gesteinen, wie z. B. Granit, viel größer sind als bei Dolerit, Andesit, Rhyolith, die ja Glas enthalten und deren Volumen sich beim Schmelzen nicht ändert.

Außer meinen direkten Versuchen sind schon früher solche von F. Nies angestellt worden; da sie prinzipiell fehlerhaft sind, so soll darauf weiter nicht eingegangen werden. M. Töpler[1]), hat nachgewiesen, daß mit Ausnahme des Wismuts alle Metalle sich beim Erstarren zusammenziehen.

R. Fleischer[2]) hat einige Versuche mit Basalt gemacht, indem er festen Basalt auf flüssigem schwimmen ließ; diese Versuche sind aber nicht beweisend, denn namentlich die Temperaturverschiedenheit des festen und des flüssigen Teiles und dann die Einwirkung der im Basalt enthaltenen Gase, weiter die Viscosität der Flüssigkeit sind Fehlerquellen, auch darf man nicht einen Schwimmkörper nehmen, der denselben Schmelzpunkt wie die Flüssigkeit hat.

Wichtiger ist eine Arbeit von A. Daly.[3]) Er hat die Dichte der einzelnen Mineralien für 1400^0 berechnet, und kam zu dem Resultate, daß unter Berücksichtigung der Korrektur die Dichte des flüssigen Körpers kleiner ist als die des festen, demnach wird jeder kompakte Block eines Eruptivgesteines in seiner Schmelze untersinken, nur in den Schmelzen basischer Gesteine können Blöcke in größerer Zahl schwimmen.

Auch aus Beobachtungen an Lavaströmen schloß man, daß die feste Lava leichter sei als die flüssige, aber es sind dieselben Ursachen wie bei den erwähnten Versuchen, welche die festen Stücke hinauftreiben, namentlich die große Porösität der Stücke; wo das nicht der Fall ist, sinkt die feste Lava unter.[1])

Endlich liegt aber bezüglich des Diabases eine Messung von C. Barus[5]) vor, welcher, wie aus dem früheren ersichtlich ist, für diesen Diabas die Werte von $V-V_1$, T, Q bestimmt hat; aus zwei Versuchsreihen (vgl. S. 765) ergab die Berechnung für dT/dp den Wert von 0,019 bzw. 0,027. Nun wird dieser Wert, weil Q in der Formel (S. 671) nicht genau bestimmbar war, wohl zu hoch sein, da der Diabas bei der Erstarrung nicht ganz kristallin erstarrt. J. H. L. Vogt[6]) meint sogar, er könne fünfmal zu hoch gegriffen sein, indessen ist dies ebensowenig wahrscheinlich, und man kann nur sagen, daß

[1]) M. Töpler, Inaug.-Dissertation 1894. Siehe auch E. Wiedemann, Ann. d. Phys. **20**, 228 (1883); dann ferner W. Chandler Roberts und Th. Wrightson, Nat. **24**, 470 (1881). — Th. Wrightson, J. of the iron and steel Inst. II, 1879, 31.

[2]) R. Fleischer, Z. Dtsch. geol. Ges. **59**, 122 (1907); ferner R. Fleischer, Monatsber. Dtsch. geol. Ges. 1910, 417; vgl. dagegen C. Doelter, Z. Dtsch. geol. Ges. **59**, 217 (1907).

[3]) A. Daly, Am. Journ. **165**, 269 (1903); **166**, 107 (1903).

[4]) Die Kontraktion der Silicate beim Erstarren wird vertreten von A. Stübel, Vulkane v. Ecuador (Berlin 1899), dann von L. Palmieri u. a.; vgl. F. Zirkel, Lehrb. d. Petrographie (Leipzig 1893), I, 682. — J. Johnston Lavis widerlegte experimentell die Ansicht L. Palmieris, Quart. Journ. geol. Soc. **38** (1882). In der Schrift A. Stübels, Ein Wort über den Sitz der vulkanischen Kräfte der Gegenwart (Leipzig 1901) scheint jedoch auch dieser Forscher, durch meine Experimente beeinflußt, seine ursprüngliche Ansicht geändert zu haben.

[5]) C. Barus, Phil. Mag. **35**, 296 (1895).

[6]) J. H. L. Vogt, Chemiker-Ztg. v. 19. Okt. 1904. — Tsch. min. Mit. **27**, 124 (1907).

er mindestens doppelt zu hoch sein kann; J. H. L. Vogt schloß jene Zahl eben aus den Schmelzwärmen R. Akermans, die aber zu hoch sein dürften (vgl. S. 708).

Es ist auch zu berücksichtigen, daß der berechnete Wert von dT/dp auch wenig abweicht von dem bei anderen Stoffen erhaltenen,[1]) die dem Experimente leichter zugänglich sind. Die Zahl von 0,005 ist demnach jedenfalls wenig wahrscheinlich und der wirkliche Wert dürfte zwischen diesen Grenzen liegen.

Es tritt dann auch die Frage auf, ob verschiedene Silicate einen verschiedenen Wert dT/dp ergeben würden; da ein gewisser Parallelismus zwischen T und Q existiert, und auch $V-V_1$ nach den neueren Messungen nicht sehr stark differieren, so dürften für verschiedene Magmen keine sehr bedeutende Unterschiede bestehen, wenn sie auch nicht zu vernachlässigen sind.

Wir müssen uns aber darüber im klaren sein, daß der Wert von dT/dp bei höheren Drucken nicht konstant ist.

Die Schmelzkurve. — Maximaler Schmelzpunkt. — Die Erhöhung des Schmelzpunktes erfolgt nicht geradlinig mit dem Drucke, sondern dT/dp nimmt allmählich ab, und bei sehr hohem Drucke werden wir zu einem Punkte kommen, bei welchem dT/dp Null wird, um bei noch höheren Drucken einen negativen Wert anzunehmen. Für das Silicatmagma haben wir keinerlei Mittel, um den Druck, bei welchem der Wert dT/dp Null wird, zu messen oder zu berechnen, und somit können wir keinen Schluß auf die Gestalt der Schmelzkurve ziehen, wohl aber können wir dies aus dem Vergleiche mit anderen Stoffen. G. Tammann[2]) hat nämlich Versuche mit Dimethyläthylcarbinol ausgeführt, welche die Messung des maximalen Schmelzpunktes zulassen. Es ist das der Punkt welcher einem Druck enstpricht, bei welchem dT/dp Null wird.

Dem maximalen Schmelzpunkt entspricht ein Druck von 4750 Atm. bei der eben genannten Substanz. Bei Kohlensäure würde dieser Punkt einem Drucke von 13000 kg, bei Chlorcalciumhydrat einem solchen von 10000 kg pro cm² entsprechen. Wo der Zahlenwert bei Silicaten liegt, ist unmöglich zu bestimmen, man kann nur sagen, daß der Wert viel höher sein wird wegen der großen Kompressibilität des Magmas und er kann zwischen 50×10^3 bis 100×10^3 Atm. oder aber noch viel höher liegen. Es würde für ein Gestein vom Schmelzpunkte 1100° der maximale Schmelzpunkt zwischen 1300° bis 2000° liegen und dieser könnte in Tiefen von 150 bzw. 370 km erreicht werden,[3]) das sind also ungeheuer weite Grenzwerte.

Nach G. Tammann[4]) kann die Abhängigkeit des Schmelzpunktes Θ vom Drucke p ausgedrückt werden durch die Gleichung

$$\varDelta\Theta = ap - bp^2,$$

worin a für die von ihm untersuchten Stoffe um 0,2 und b um 10^{-6} herum schwankt, das ergäbe einen Druck von 4×10^3 Atmosphären, oder eine Erdschicht von 150 km; aber, wie gesagt, der Wert kann auch viel höher sein.

---

[1]) Siehe G. Tammann, Kristallisieren und Schmelzen (Leipzig 1903) 185.
[2]) G. Tammann, Kristallisieren u. Schmelzen (Leipzig 1903).
[3]) C. Doelter, Z. Physik d. Vulkanismus, Sitzber. Wiener Ak. **112**, 680 (1903)
[4]) Siehe C. Doelter, Phys.-chem. Mineralogie, (Leipzig 1905), 152.

Form der Schmelzkurve. — Die Form der Schmelzkurve ist eine elliptische, und bei sehr hohem Druck wird diese Kurve die Ordinatenachse y wieder schneiden, nach G. Tammann[1]) ist sie überhaupt eine geschlossene, da er auch die Möglichkeit negativer Schmelzwärmen annimmt.

Anwendung auf den Vulkanismus.

Schlüsse aus den Schmelzkurven. Da die geothermische Tiefenstufe zeigt, daß die Temperatur im Erdinnern, wenigstens so weit unsere allerdings nur in der Nähe der Oberfläche möglichen Beobachtungen ergeben, für 100 m um ca. 3° zunimmt, so müßte, wenn der Druck nicht den Schmelzpunkt steigern würde, schon bei 40 km Tiefe die Schmelztemperatur erreicht sein, was unwahrscheinlich ist; da aber die Erhöhung keine konstante ist, so wird die Tiefe, bei welcher Schmelztemperatur existiert, bedeutend größer sein, um so mehr, als die bezüglich der Tiefenstufe angenommene Extrapolation nicht richtig sein dürfte.

Trotzdem C. Barus (vgl. S. 672) die Ausdehnung der Silicate bestimmt hat, glauben viele Geologen doch, daß die vulkanischen Erscheinungen durch Ausdehnung des vulkanischen Magmas beim Kristallisieren eintreten.

A. Stübel, W. Branca und andere Geologen sind der Ansicht, daß dies der Fall ist, sei es, daß sich überhaupt Silicate beim Erstarren bei gewöhnlichem Druck ausdehnen, oder daß das wenigstens unter erhöhtem Druck möglich sei.

Wenn die Silicate beim Schmelzen eine Volumverminderung erfahren würden, so wäre die Konsequenz die, daß sie unter Druck leichter schmelzen würden; dann müßte die Dicke der Erdrinde eine sehr geringe sein, was mit den Erfahrungen in Widerspruch stehen würde, denn selbst Sv. Arrhenius nimmt eine Dicke von ca. 50 km an; diese wäre aber nicht möglich, wenn das Magma bei Drucksteigerung niedriger schmelzen würde. Die Gesteine schmelzen zwischen 900 bis 1300° und bei Druckvermehrung müßten sich diese Punkte noch erniedrigen; nehmen wir für 20000 Atm. eine Veränderung von 200° an, so müßten alle Gesteine in einer Tiefe unter 40 km bei dem Schmelzpunkte sein.

F. v. Wolff[2]) kommt wie ich[3]) zu dem Resultate, daß die Volumenausdehnung nur jenseits des maximalen Schmelzpunktes eintreten kann. Er bespricht auch die Hypothese von J. Strutt über die Entstehung der Erdwärme durch radioaktive Prozesse, und kommt bezüglich der Schmelz- und Temperaturgefällskurven zu dem Resultate, daß drei Fälle möglich sind. 1. Es kann die Erstarrung bis über den maximalen Schmelzpunkt vorgerückt sein und das Gebiet der Kristallisation mit Volumenausdehnung erreichen. 2. Die Temperaturgefällskurve kann die Schmelzkurve mehrmals schneiden, dann wird in geringer Tiefe die Schmelzflüssigkeit erreicht; um den maximalen Schmelzpunkt verläuft ein fester Gürtel, der von der äußeren Kruste durch eine schmelzflüssige Magmazone getrennt wird. 3. Die Schmelzkurve wird nur einmal im Gebiet der Kristallisation unter Volumkontraktion geschnitten; der anisotrop festen, relativ dünnen Erdkruste steht der mächtige isotrope Erdkern gegenüber. Er glaubt, daß Fall 2 allein imstande ist, allen Anforderungen zu genügen. Alle unsere Betrachtungen sind aber bisher sehr hypothetische,

[1]) G. Tammann, l. c. 34.
[2]) F. v. Wolff, Z. Dtsch. geol. Ges. **60**, 438 (1908).
[3]) C. Doelter, Phys. des Vulkanismus; Sitzber. Wiener Ak. **112**, 680 (1903).

da eben ihre ganze Basis nicht feststeht, denn gerade die Ansicht von J. Strutt, daß die ganze innere Erdwärme durch radioaktive Prozesse verursacht sei, bedarf ja der genaueren Begründung und Ableitungen, welche darauf basieren, können keinen Anspruch auf Genauigkeit machen; vor allem müßten wir überhaupt den Verlauf des Temperaturgefälles kennen, der nicht aus den wenigen bekannten Punkten durch Extrapolation konstruiert werden darf.

Es ist hier nicht der Ort, die Frage zu besprechen, ob der Vulkanismus durch Aufsteigen des Magmas in Spalten zu erklären sei oder ob eine explosive Kraft des Magmas selbst vorhanden sei, wie sie A. v. Humboldt, L. v. Buch annehmen; letztere Theorie ist in veränderter Form von A. Stübel wieder aufgenommen worden und von ihm wurde die Behauptung aufgestellt, daß das Magma beim Erkalten sich ausdehne und dann eine Volumvergrößerung eintrete, die den Vulkanismus erzeuge.

Falls es erwiesen wäre, daß der Vulkanismus nicht durch Aufsteigen des Magmas in Spalten erklärt werden kann, so wäre dies auch auf viel einfachere Weise erklärlich, die mit den physikalischen Gesetzen nicht in Widerspruch steht. Vor allem könnte man sich ebensogut denken, daß durch geologische Vorgänge feste Teile der Erdkruste, sei es durch Einsinken von Schollen oder durch andere Ursachen, ins Schmelzen geraten und daß dann eine Volumvermehrung stattfindet; solche Vorgänge sind nicht unmöglich und es wurde die Ansicht, daß durch Auffressen fester Teile durch schmelzendes Magma erstere in Schmelzlösung geraten, schon ausgesprochen.

Jedenfalls hat die Volumvermehrung durch Schmelzen eine stärkere Begründung als die durch Kristallisieren.

Es käme hier in Betracht die Volumänderung bei Lösung von Silicaten in Silicaten. H. W. Bakhuis-Roozeboom[1]) hat diesen Fall theoretisch betrachtet, doch ist es nicht möglich, allgemein anzugeben, ob die Löslichkeit durch Druckerhöhung wächst oder nicht, da dies davon abhängt, ob sich Silicate unter Kontraktion oder unter Ausdehnung lösen. H. W. Bakhuis-Roozeboom glaubt, daß die Löslichkeit bei hohem Druck eher geringer werden dürfte.

Man kann eine Ausdehnung auch durch die Entwicklung der im Magma eingeschlossenen Gase beim Abkühlen erklären; dieses Magma ist mit Gasen gesättigt;[2]) bei der Erstarrung entwickeln sich Gase, der Gasdruck kann bei fallender Temperatur steigen.

Bei der Kristallisation einer großen Magmamasse ist die Wärmeentwicklung sehr bedeutend, dadurch kann der Gasdruck sich ändern, und es können kleinere Eruptionen durch die gesteigerte Gasentwicklung entstehen.

Es kann auch die Dampfspannungskurve ein Maximum bei fallender Temperatur haben, wie z. B. bei $CaCl_2 . 6H_2O$.[3])

Durch die Entwicklung von Gasen beim Erstarren kann also, namentlich wenn es sich um einen größeren Magmaherd handelt, eine genügende Kraft entstehen, um Explosionen herbeizuführen, und Explosionskrater, Maare und die kleinen Riesvulkane, für welche W. Branca die Unabhängigkeit von Spalten nachwies, dürften auf solche Art entstanden sein.

---

[1]) H. W. Bakhuis-Roozeboom, l. c. II, 410.

[2]) Siehe E. Reyer, Physik der Eruptionen (Wien 1877): C. Doelter, Petrogenesis (Braunschweig 1906).

[3]) C. Doelter, Phys.-chem. Mineralogie (Leipzig 1905), 155.

Die Unterkühlung.

Lassen wir eine Schmelze abkühlen, so wird bei Fehlen von Kristallisationskernen die Schmelze tatsächlich unter dem Schmelzpunkte kristallisieren. Wir nennen das Temperaturintervall zwischen Schmelz- und Erstarrungspunkt den Betrag der Unterkühlung.

Bei Silicaten ist nun die Unterkühlung der Schmelze ziemlich allgemein, und es wird selbst bei Gegenwart von Impfstoffen Unterkühlung eintreten. Der Betrag der Unterkühlung kann sehr groß sein, so daß dann solche Silicate überhaupt nicht kristallisieren, sondern amorph erstarren. In anderen Fällen kann die Kristallisation schon wenige Grade unter dem Schmelzpunkte beginnen, so daß sie sich über ein größeres Temperaturgebiet erstreckt.

Die Unterkühlung und also auch die Glasbildung hängen hauptsächlich von der Abkühlungsgeschwindigkeit ab. Zur vollkommenen Kristallisation einer Silicatschmelze ist sehr geringe Abkühlungsgeschwindigkeit, also sehr langsame Abkühlung Bedingung, und die meisten Silicate lassen sich bei rascher Abkühlung glasig erhalten.

Bei rascher Abkühlung können sich auch metastabile Verbindungen bilden, welche sich bei langsamer Abkühlung schwer bilden, und es spielt also auch hier die Abkühlungsgeschwindigkeit eine Rolle. Dies gilt beispielsweise für den Spinell, der metastabil ist; in der Natur findet er sich häufig in rasch abgekühlten Gängen, während bei langsamer Abkühlung die Tonerde und die Magnesia sich mit Kieselsäure verbinden und Tonerde–Augit bilden.

Die Unterkühlung wird im allgemeinen begünstigt 1. Durch hohes Erhitzen über den Schmelzpunkt. 2. Durch lange Dauer der Erhitzung. 3. Durch Wiederholung des Schmelzvorganges. 4. Durch Anwesenheit von Beimengungen. Diese Gesetzmäßigkeiten, welche K. Schaum und W. Schönbeck am Benzophenon gefunden haben, treffen zumeist auch für Silicate zu. Was die Anwesenheit von Beimengungen anbelangt, so werden sie die Kristallisation der Silicatschmelzen nur dann begünstigen, wenn sie die Viscosität erniedrigen. Dann kommen in Betracht Schwankungen der Temperatur während der Abkühlung, namentlich wenn solche innerhalb beschränkter Grenzen sich wiederholen.

Der Betrag der Unterkühlung kann demnach sehr verschieden sein.

Zwischen Unterkühlung und Viscosität besteht ein Zusammenhang insofern, als bei den stark viscosen Schmelzen der Betrag der Unterkühlung ein weit bedeutender ist als bei wenig viscosen Schmelzen. Viscosität bewirkt Übersättigung.[1] Die Möglichkeit, Glas zu bilden, hängt ja auch mit der Viscosität zusammen.[2]

Unter den Silicaten, welche geringe Unterkühlung zeigen, sind namentlich diejenigen zu nennen, die große Kristallisationsgeschwindigkeit haben, also Lithium-, Eisen-, Mangan-, Bleisilicat und überhaupt die einfach zusammengesetzten Silicate, wogegen die komplexeren Alumosilicate starke Unterkühlung aufweisen, aber auch SiO_2 zeigt starke Unterkühlung.

---

[1]) C. Doelter, Über den Einfluß der Viscosität der Silicatschmelzen; ZB. Min. etc. 1906, N. 7, 193.

[2]) G. Tammann, Z. f. Elektroch. **10**, 532 (1904).

Es zeigt sich, daß bei verschiedener Abkühlungsgeschwindigkeit die Abscheidungsfolge von Silicaten eine verschiedene sein kann, dies hängt mit der Unterkühlung zusammen, da mit dem Wachsen dieser der labile Zustand vorherrscht. Auch bei der Entstehung gewisser isomorpher Mischkristalle kann bei großer Abkühlungsgeschwindigkeit eine labilere Mischung im glasigen Zustand verharren, während die stabilere zur Ausscheidung kommt. Ebenso wird bei der Bildung polymorpher Arten die Abkühlungsgeschwindigkeit von Wichtigkeit sein.

Von großer Bedeutung ist die Unterkühlung für die Kristallisation der Stoffe, welche wir jetzt betrachten wollen.

Entglasung.

Die Entglasung besteht darin, daß man unterkühlte, glasige Stoffe durch Erhitzen in den stabilen kristallisierten Zustand überführen kann. Was nun die Temperaturen anbelangt, bei welchen Entglasung erfolgen kann, so werden diese sehr verschieden sein. Es ist wahrscheinlich, daß eine solche Entglasung auch bei gewöhnlichen Temperaturen erfolgen kann, wenn das betreffende Glas bei dieser Temperatur instabil ist, nur ist dann die Kristallisationsgeschwindigkeit eine so minimale, daß es großer Zeiträume bedarf, um eine Entglasung zu ermöglichen. Natürliche Gläser, die sich seit vielen Jahrtausenden bei gewöhnlicher Temperatur befinden, zeigen nur unbedeutende Entglasung. Gewöhnlich gelingt die Entglasung bei Temperaturen, die nicht zu weit vom Schmelzpunkt gelegen sind besser, aber sie kann auch bei anderen Temperaturen noch möglich sein.

Bei Boraten und manchen Silicaten ist es nach G. Tammann möglich, einen ungeimpften Stoff, wenn die Temperatur unter dem Schmelzpunkt ist mit sehr geringer Kristallisationsgeschwindigkeit vollständig zu entglasen. Ungeimpfte Stoffe entglasen mit viel größerer Kristallisationsgeschwindigkeit als geimpfte.

Die Temperatur, bei welcher die Entglasung beginnt, ist unabhängig von der Erhitzungsgeschwindigkeit.

Nach G. Tammann[1]) muß man, um Entglasung zu erhalten, das Temperaturgebiet erreichen, in dem sich Kristallisationszentren bilden; je nachdem die maximale Kristallisationsgeschwindigkeit der sich bildenden Kristallart klein oder groß ist, wird sich die Temperatur des Glases durch die frei werdende Kristallisationswärme ändern.

Wichtig ist bei Stoffen von großer Kristallisationsgeschwindigkeit die Größe der Kristallisationswärme q. Nach G. Tammann kann, wenn letztere 50 cal. pro Gramm und die spezifische Wärme 0,25 cal. pro Gramm bebeträgt, die Temperatur während der Entglasung sogar bis 200° steigen und bei Na_2SiO_3 tritt Erglühen ein. Man kann die Temperatursteigerung $\Delta\Theta$ aus der Kristallisationswärme und der spezifischen Wärme C_p der sich bildenden Kristalle bestimmen; es ist nach G. Tammann

$$\Delta\Theta = \frac{q}{C_p}.$$

[1]) G. Tammann, Z. f. Elektroch. l. c., **10**, 532 (1904)

W. Gürtler[1]) hat bei einer Reihe von Stoffen, die allerdings für uns weniger wichtig sind, nämlich bei den Boraten, Studien über Entglasung gemacht, indem er Gläser jener Körper langsam erhitzte. Wichtig für uns sind seine Versuche mit Natriumsilicat; die Entglasung tritt bei langsamer Erhitzung meist ein, wenn die Gläser eben zu erweichen beginnen. Für den Wert ΔQ erhält W. Gürtler 180°, während die Berechnung 150° gibt; offenbar ist der Wert von q, die Kristallisationswärme nicht ganz genau bestimmbar.

Im allgemeinen ist die Temperatur, bei welcher die Entglasung beginnt, unabhängig von der Geschwindigkeit der Erhitzung. Der Entglasungsprozeß ist nach W. Gürtler[1]) ein spontan verlaufender, durch eine ganz bestimmte Temperatur auslösbarer Prozeß, der ähnlich ist den explosiv verlaufenden, durch eine bestimmte Temperatur in Gang gebrachten chemischen Reaktionen, und man könnte die besprochene Erscheinung als „explosive Entglasung" bezeichnen.

Von der Form der Viscositätskurve und der Lage der Kurve des spontanen Kristallisationsvermögens hängt es nach G. Tammann[2]) ab, ob man einen Stoff zu dünnen Fäden ausziehen oder zu Gefäßen blasen kann.

Nach diesem Forscher ist die notwendige Bedingung, um einen Stoff wie Glas bearbeiten zu können, die, daß im Temperaturgebiet, in welchem die Viscosität den zu genanntem Zwecke nötigen Grad besitzt, die Zahl der Kristallisationszentren sehr klein sein muß, auch darf die Viscositätskurve nicht zu steil sein, vgl. bei Viscosität.

Kristallisation im festen Zustand. Die Frage, ob im festen Zustand Reaktionen vor sich gehen können, ist noch nicht entschieden und sie wird meistens verneint. Eine Diffusion im festen Zustande scheint indessen, wenn auch selten, doch möglich; man hat die isomorphen, farbigen Schichtkristalle, z. B. Turmalin, als Beispiele für das Fehlen einer Diffusion angeführt, es gelang mir, durch Radiumbestrahlung ein Hineindiffundieren bei Schichtkristallen zu veranlassen.[3])

Kristallbildung aus feinen Pulvern. Sammelkristallisation. — Als Sammelkristallisation ist von F. Rinne und H. E. Boeke[4]) eine Erscheinung am Meteoreisen bezeichnet worden, die auch an Legierungen auftritt. Die „Rekristallisation" bei Metallen ist zu vergleichen mit dem Anwachsen großer Kristalle auf Kosten kleiner in Lösungen; das Gefüge der Metalle wird bei höherer Temperatur gröber. Es wurde versucht, diese Veränderung Beimengungen zuzuschreiben, wie dies Ewing[5]) tat, doch ist nach H. W. B. Roozeboom[6]) die Möglichkeit der Rekristallisation im festen Zustande gegeben.

Auch bei Marmor (vgl. S. 298) beobachteten F. Rinne und H. E. Boeke eine Vergröberung des Kornes ohne Schmelzung. Sammelkristallisation scheint auch für Silicate von großer Bedeutung zu sein.

Die Anschauung, daß zur Kristallisation der Flüssigkeitszustand notwendig sei und daß die Kristallisation dadurch zustande komme, daß eine

---

[1]) W. Gürtler; Z. anorg. Chem. **40**, 268 (1904).

[2]) G. Tammann, Z. f. Elektroch. **10**, 538 (1904).

[3]) C. Doelter, Das Radium und die Farben (Dresden 1910), 24.

[4]) F. Rinne u. H. E. Boeke, Tsch. min. Mit. **27**, 393 (1908). — F. Rinne, Fortschritte der Mineralogie etc. **1**, 210 (1911).

[5]) Ewing, Proc. Roy. Soc. **67**, 112.

[6]) H. W. B. Roozeboom, l. c. II, 180.

Anzahl von Molekülen, infolge der Beweglichkeit ihre Lage fortwährend verändern und beim Festwerden zufällig jene Lage haben, die dem betreffenden Raumgitter entspricht, ist nicht aufrecht zu halten.

Aus Silicatschmelzen können sich Kristalle ausscheiden, ohne daß ein eigentlicher Schmelzfluß stattfindet, es ist also ein Fließen nicht nötig, sondern die Kristalle bilden sich trotz sehr großer innerer Reibung, die sich von jener des festen Körpers nur wenig unterscheidet.

Beim Sintern, beim Schmelzbeginne bilden sich oft Kristalle, die namentlich an der Oberfläche des Pulvers durch ihre Größe überraschen.

Derartiges trat bei der Sinterung des Calciumsilicates ein, wo sich schon bei 1320° große Neubildungen zeigten, als die Masse nämlich schon stark zusammengesintert war.

Ein merkwürdiger Fall trat bei Bronzit ein, welcher bis 1300° durch viele Stunden erhitzt worden war. Es war feinstes Pulver angewandt worden, und es bildeten sich an der Oberfläche (nicht im Innern) große, mit freiem Auge sichtbare Kristalle, die scheinbar aus mehreren kleinen zusammengesetzt waren, Glas war nicht bemerkbar. Dazu ist allerdings zu bemerken, daß Bronzit sehr schwer glasig zu erhalten ist, da er ein großes Kristallisationsvermögen hat. Es läßt sich daher nicht entscheiden, ob die Kristalle sich auf dem Wege der Abscheidung aus Glas bildeten, ob es sich um Entglasung handelt oder um eine Art Sammelkristallisation. Etwas verschieden war die Bildung von Kristallen bei Anorthit nach Versuchen von E. Dittler.

E. Dittler[1]) gelang die Umkristallisierung von künstlichem Anorthit bei 1360°, er hatte ein Pulver von Kunst-Anorthit bei dieser Temperatur, die über dem Beginn der Schmelzung liegt, durch 14 Stunden erhitzt, wobei eine zusammenhängende Kristallmasse von feinsten Anorthitnadeln entstand.

In diesem Falle ist der Anorthit aus einem Glas gebildet worden, es liegt also ein anderer Fall vor als bei der Sammelkristallisation der Metalle.

Im Falle des Bronzits und des Calciummetasilicats, welche beide ein außerordentlich großes Kristallisationsvermögen besitzen, ist offenbar die Glasbildung doch eine nur vorübergehende gewesen, da dieses Glas wahrscheinlich infolge kleiner Temperaturschwankungen sofort entglaste.

Entglasung in der Natur. — Die Anwendung auf natürliche Prozesse ist nicht einfach; man hat angenommen, daß bei Quarzporphyren die Grundmasse ursprünglich aus Glas bestand und sie im Laufe der Zeit kristallinisch wurde, die Grundmasse scheint oft die Zusammensetzung der eutektischen Mischung zu haben und möglicherweise trat bei einem Glas von dieser Zusammensetzung die Entglasung leichter ein. Es gehört dies wohl in das Gebiet der Sammelkristallisation.

Vielleicht kann die Entglasung in der Natur auch durch postvulkanische Prozesse, durch Dämpfe und Exhalationen gefördert werden; daß die Kristallisatoren derart wirken, sahen wir früher; allerdings sind uns die näheren Verhältnisse wenig bekannt, denn manche vulkanischen Gläser sind wenig entglast; wahrscheinlich spielt die Zeit eine Rolle.

Jedenfalls ist die Temperatur, wie aus dem Vorhergehenden zu ersehen ist, von Wichtigkeit und man wird auch in der Natur günstige Verhältnisse für die Entglasung dort finden, wo beispielsweise ein gebildetes vulkanisches

---

[1]) E. Dittler, Z. anorg. Chem. **69**, 298 (1911).

Glas bald durch andere Lavaströme überdeckt wurde und infolgedessen eine erhöhte, der Entglasung günstige Temperatur beibehalten konnte.

H. Vogelsang[1]) spricht auch bei vulkanischen Gesteinen von sekundärer Entglasung der Masse. Ich halte es für wahrscheinlich, daß die vulkanischen Gläser im Laufe der Zeit eine teilweise Entglasung erfahren haben, namentlich solche, die sich durch längere Zeit unter dem Drucke darauf lastender anderer vulkanischer Gesteine befunden haben. Ob der Druck selbst auf die Entglasung wirkt, läßt sich schwer sagen, jedenfalls wird durch die überlastenden Schichten der Wasserverlust verringert. Nach J. Morozewicz[2]) bildete sich Wollastonit in Fabriksgläsern, was er dem Drucke zuschreibt.

Kristallbildung in Fabriksgläsern beschrieb F. Fouqué, übrigens kommt die Entglasung bei Gläsern ja nicht selten vor; es bilden sich Kristallisationszentren, von denen sphärolitische Gebilde ausgehen.

Kristallisationsgeschwindigkeit.

Allgemeines über Kristallisationsgeschwindigkeit. Die Kristallisationsgeschwindigkeit wird ausgedrückt als lineare Wachstumsgeschwindigkeit in Millimetern pro Minute. Sie ist eine vektorielle Größe und kann in verschiedenen Richtungen sehr verschieden sein, was ja bei einem Kristalle, dessen Eigenschaften vektorielle sein müssen, begreiflich ist. Die Verschiedenheit der Geschwindigkeiten hängt sehr ab von der Art und Weise der Bildung, man bekommt spießige Kristalle bei großer Abkühlungsgeschwindigkeit und aus stark übersättigten Lösungen. Will man flächenreiche Kristalle erzeugen, so muß die Bildung des Kristalles langsam vor sich gehen und aus wenig übersättigten Lösungen, was sowohl bei Schmelzen als bei wäßerigen Lösungen gilt. Die Viscosität der Schmelzen, welche mit der Unterkühlung im Zusammenhange steht, ist von großem Einflusse auf das Wachstum und die Ausbildung der Kristalle; nur in wenig viscosen Schmelzen wird die Kristallisationsgeschwindigkeit sehr groß sein und nach allen Richtungen gleichmäßig; meistens bilden sich in viscosen Schmelzen Nadeln, Mikrolithe. Je übersättigter die Lösung ist, desto größer ist der Druck, den der Kristall in der Richtung, nach welchen er sich vergrößert, ausübt; in der Richtung, in welcher er am schnellsten wächst, wird er sich spießig ausbilden. Bei raschem ungleichförmigem Wachstum in stark viscosen Schmelzen tritt Skelettbildung ein.

Bei regulären Kristallen, Leucit, Magneteisen, Spinell beobachtet man nie spießige Kristalle, das wird darauf hindeuten, daß die regulär kristallisierenden Kristalle gleichmäßig wachsen und daß entsprechend der Gleichheit der kristallographischen Achsen auch das Wachstum nach diesen ein gleichmäßiges ist.

Die Abstände der Flächen eines Kristalls von dem Zentrum des Kristalls geben die Geschwindigkeiten in verschiedenen Richtungen. Die Kristallisationsgeschwindigkeit der verschiedenen Flächen ist in verschiedener Weise von den Bildungsbedingungen abhängig.[3])

Abhängigkeit der Kristallisationsgeschwindigkeit von der Unterkühlung. Wenn man auf der Abszissenachse die Temperatur aufträgt, bzw. die Unter-

[1]) H. Vogelsang, Philosophie d. Geologie (Bonn 1869).
[2]) J. Morozewicz, Tsch. min. Mit. **18**, 1 (1899).
[3]) G. Tammann, Kristallisieren und Schmelzen (Leipzig 1903), 132.

kühlung und auf der Ordinatenachse die entsprechenden Längen der Kristalle, so erhält man graphisch die Abhängigkeit der Kristallisationsgeschwindigkeit von der Unterkühlung. Einzelne Forscher sind bezüglich dieser zu verschiedenen Resultaten gelangt. Die Beziehungen sind von D. Gernez,[1]) F. Küster und B. Moore[2]) erforscht worden; ersterer zeigte, daß bei Phosphor und Schwefel die Kristallisationsgeschwindigkeit mit wachsender Unterkühlung zunimmt, B. Moore fand, daß bei Phenol und Essigsäure die Kristallisationsgeschwindigkeit vom Durchmesser des benutzten Rohres unabhängig ist, was bei Silicaten nicht zutrifft.

Ausführlich ist die Kristallisationsgeschwindigkeit von G. Tammann[3]) studiert worden. Er fand, daß die Kristallisationsgeschwindigkeit mit der Unterkühlung wächst, dann ein Maximum erreicht und wieder fällt. Im allgemeinen wird diese Länge (wobei man natürlich den maximalen Vektor anwenden muß) bei verschiedenen Temperaturgebieten verschieden sein, daher auch die Kurve verschiedene Gestalt haben kann. G. Tammann fand einen größeren horizontalen Ast, also ein größeres Temperaturintervall, in welchem die maximale Kristallisationsgeschwindigkeit gleich bleibt. Das Gebiet der steigenden Kristallisationsgeschwindigkeit ist viel kleiner (*A B* in Fig. 68).

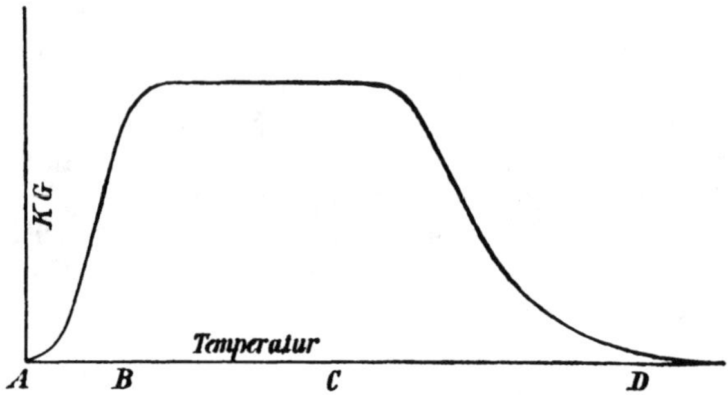

Fig. 68. Abhängigkeit der Kristallisationsgeschwindigkeit von der Unterkühlung.

G. Tammann machte auf die Abhängigkeit der Größe der Kristallisationsgeschwindigkeit von der Schmelz- bzw. Kristallisationswärme aufmerksam.

Die für die Gebiete *A* bis *B* gemessenen Kristallisationsgeschwindigkeiten haben keine einfache Bedeutung, sie sind gleich der maximalen konstanten Kristallisationsgeschwindigkeit minus dem hemmenden Einfluß der Kristallisationswärme, die von den Bedingungen der äußeren Wärmeleitung abhängt. Die Ausdehnung der Gebiete *A* und *B* muß nach G. Tammann mit der Schmelzwärme abnehmen. Sehr wichtig ist die maximale Kristallisationsgeschwindigkeit, weil sie für jede Kristallart eine charakteristische Konstante, und von der Natur des Stoffes in hohem Maße abhängig ist; bei polymorphen Kristallarten kann sie sehr verschieden sein[4]) und sie wird von Beimengungen beeinflußt.

---

[1]) D. Gernez, C. R. **95**, 1278 (1882).
[2]) B. Moore, Z. f. phys. Chem. **12**, 545 (1893).
[3]) G. Tammann, l. c. 133. — Z. f. Elektroch. **10**, 532 (1904).
[4]) G. Tammann, l. c. 145.

Im Gebiete *A* beobachtete G. Tammann oft größere flächenreiche Kristalle, thermische Konvektionsströme beschleunigen hier die Kristallisation. Im Gebiete *B* wachsen die Kristalle an den Gefäßwänden, in *C* ist die Kristallisationsgeschwindigkeit konstant, weil infolge der Kristallisationswärme dort die Schmelzpunktswärme herrscht. In *D* bilden sich kleinkörnige Aggregate oder kurze dicke Kristalle.

Es ist fraglich, ob bei Silicaten die Verhältnisse ganz gleich sind, wie bei den von G. Tammann untersuchten Stoffen. G. Tammann[1]) hat später gefunden, daß bei Stoffen, die eine Kristallisationsgeschwindigkeit geringer als 3 mm pro Minute haben, die Wärmemenge, welche in der Zeiteinheit frei wird, nicht hinreichend ist, um die Temperatur an der Kristallisationsgrenze über ein Temperaturintervall konstant zu erhalten; dann schrumpft das horizontale Stück *BC* zu einem Punkt zusammen.[2])

Das scheint jedoch nicht stets bei Silicaten zuzutreffen, man beobachtet hier häufig durch ein längeres Temperaturintervall keine größeren Unterschiede in der Größe der Kristalle, was vielleicht dadurch erklärlich ist, daß die Kristallisationswärme der Silicate an und für sich ziemlich groß ist, tatsächlich ist der Unterschied bei verschiedenen Temperaturen oft kein bedeutender.

Bezüglich des Einflusses der Viscosität ist jedoch noch zu bemerken, daß Kristalle sich manchmal trotz sehr großer innerer Reibung in nahezu starren Körpern bilden können.

Abhängigkeit der Kristallisationsgeschwindigkeit von der Viscosität der Schmelze.

Wir wissen, daß die Viscosität alle Eigenschaften der Silicate im Schmelzflusse beherrscht und dies gilt auch in hervorragendem Grade für die Kristallisationsgeschwindigkeit; so sehen wir, daß die stark viscosen Silicate im allgemeinen geringe Kristallisationsgeschwindigkeit haben, die weniger viscosen größere Kristallisationsgeschwindigkeit, obgleich auch noch andere Faktoren mitsprechen, da wir ja wissen, daß auch dimorphe Körper verschiedene Kristallisationsgeschwindigkeit haben.

Ganz merkwürdig ist die Umkristallisierung mancher Stoffe im festen Zustande, ohne daß Flüssigkeitsgrad überhaupt zu beobachten ist, hierher gehören auch die Erscheinungen der Sammelkristallisation, Rekristallisation und ähnliche. Dies zeigt, daß die Viscosität doch nicht allein maßgebend ist und auch im festen Zustande molekulare Veränderungen möglich sind; auf diese Erscheinungen wird noch zurückzukommen sein.

Einfluß der Beimengungen. — G. Tammann[3]) und später V. Pickardt[4]) haben gefunden, daß die Kristallisationsgeschwindigkeit bei den von ihnen untersuchten Stoffen sehr durch Beimengungen beeinflußt wird. Den Einfluß isomorpher Beimengungen hat M. Padoa[5]) studiert, er fand ihn gering. Bei Silicaten handelt es sich bei Beimengungen hauptsächlich darum, ob ein Zu-

---

[1]) G. Tammann, Z. f. Elektroch. **10**, 534 (1904).
[2]) G. Tammann, Z. f. Elektroch. **10**, 536 (1904).
[3]) G. Tammann, Kristallisieren u. Schmelzen (Leipzig 1903), 145.
[4]) V. Pickardt, Z. f. phys. Chem. **42**, 17 (1903).
[5]) M. Padoa, R. Acc. d. Linc. XIII **7**, 329 (1904).

satz gemacht wird, der die Viscosität erhöht oder erniedrigt; im ersten Falle wird die Kristallisationsgeschwindigkeit zumeist fallen, im zweiten steigen.

Später fand M. Padoa,[1]) daß die Kristallisationsgeschwindigkeit zuerst proportional der Unterkühlung wächst, dann ihr Maximum und dann die untere Kristallisationsgrenze erreicht. Beimengungen haben Einfluß auf die untere Kristallisationsgrenze, indem diese Grenze fällt.

Bei Silicaten kann der Einfluß isomorpher Beimengungen oft recht gering sein, z. B. ein kleiner Zusatz von $NaAlSi_3O_8$ zu $CaAl_2Si_2O_8$ in der Plagioklasreihe, oder umgekehrt. Auch ein Zusatz von $CaFeSi_2O_6$ ändert die Kristallisationsgeschwindigkeit von $CaMgSi_2O_6$ nicht viel. In anderen Fällen ist der Einfluß doch etwas größer. Es ist übrigens bekannt, daß bei isomorphen Mischkristallen die Komponenten größere Kristalle bilden als die intermediären Mischungen und daß das Vorhandensein einer Lücke auf sehr geringer Kristallisationsgeschwindigkeit beruhen kann.

Auch das Verhalten der Doppelsalze gegenüber ihren Komponenten ist noch nicht ganz geklärt; Diopsid, welcher vielleicht ein Doppelsalz ist, scheint geringere Kristallisationsgeschwindigkeit zu haben als seine Komponenten $CaSiO_3$ und $MgSiO_3$ und auch kleineres Kristallisationsvermögen, in anderen Fällen mag dies jedoch nicht eintreten. Jedenfalls ist die Kristallisationsgeschwindigkeit keine additive Eigenschaft, sondern eine konstitutive. Bei isomorphen Mischkristallen kann also die Kurve $(KG.x)$ Kristallisationsgeschwindigkeit–Konzentration, wenn wir als Abszissen die molekularen Mengen, als Ordinaten die Kristallisationsgeschwindigkeiten auftragen, entweder aufsteigend verlaufen oder ein Maximum oder auch ein Minimum zeigen.[2]) Bei Plagioklasen steigt sie zuerst ganz schwach, dann ziemlich rasch, um schließlich flacher zu werden.

Sehr wichtig ist die Viscosität beim Erstarren, denn die Kristallisationsgeschwindigkeit hängt hauptsächlich davon ab, ob ein Anwachsen der Kriställchen in der Nähe des Erstarrungspunktes in der unterkühlten Schmelze noch möglich ist. Bei Albit und Orthoklas ist dies nicht der Fall, die Viscosität in der Nähe des genannten Punktes ist so groß, daß die Schmelze glasig erstarren muß.

Eine genauere Bestimmung der Viscosität der erstarrenden Schmelze ist in der Nähe des Schmelzpunktes leider bisher nicht möglich gewesen, aber man kann auch aus einem fast festen Anorthitglas (fest im gewöhnlichen Sinne des Wortes) Kristalle erhalten, trotzdem die Viscosität sehr groß ist, es müssen daher auch andere Faktoren wirken (vgl. bei Entglasung S. 678).

Daß jedoch die Kristallisationsgeschwindigkeit stark von der Viscosität abhängt, zeigt auch der Umstand, daß man bei Zusätzen, welche die Viscosität vermindern, eine höhere Kristallisationsgeschwindigkeit erzielt und bei Zusätzen, welche die Viscosität vergrößern, das Umgekehrte; die Wirkung der Kristallisatoren, von denen die Wolframsäure einen merklich großen Einfluß hat, ist besonders die, die Kristallisationsgeschwindigkeit zu vergrößern; ich betrachte den Einfluß solcher Körper weiter unten.

---

[1]) M. Padoa, VII. intern. Kongr. f. angew. Chemie. (London 1909). Z. f. Elektroch. **16**, 890 (1910).

[2]) C. Doelter, Sitzber. Wiener Ak. **114**, 563 (1905).

Einfluß der Kristallisatoren.

Dieser Einfluß, den wir schon früher betrachtet haben, kann sich auch in der Vergrößerung der Kristallisationsgeschwindigkeit äußern; speziell für Quarz hat P. Quensel[1]) gezeigt, daß die Kristalle durch Zusatz von Wolframsäure, welche die Viscosität verringert, wachsen und daß also die Kristallisationsgeschwindigkeit durch diesen Zusatz vergrößert wird. Bei Magnesiumsilicaten dürften Chloride einen ähnlichen Einfluß haben. Versuche bei Leucit mit Wolframsäure ergaben kein entscheidendes Resultat (vgl. bei Kristallisationsvermögen).

Einfluß der Größe des Gefäßes.

P. Moore hatte gefunden, daß die Rohrweite bei seinen Versuchen mit Essigsäure keinen Einfluß habe. Bei vielen anderen Stoffen ist dies jedoch nicht der Fall, speziell bei Silicaten verhält es sich nämlich so, daß, wenn man größere Gefäße nimmt, stets größere Kristalle als bei Anwendung von kleinen Gefäßen entstehen. Übrigens ist dies nicht nur bei Silicaten der Fall. Bei der Darstellung des künstlichen Rubins hat man die Erfahrung gemacht, daß dickere Kristalle erst in größeren Gefäßen entstehen. Es ist aber wahrscheinlich, daß über ein gewisses Maß hinaus die Größe einflußlos bleibt. Näheres über die Abhängigkeit der Kristallgröße von der Masse ist nicht bekannt.

Größe der Kristalle. — Aus der Kristallisationsgeschwindigkeit läßt sich auch die Zeit berechnen, innerhalb welcher ein Mineral entstanden ist.[2]) Bei natürlichen Silicaten ist aber zu berücksichtigen, daß die Kristallisationsgeschwindigkeit bei demselben Stoff wechseln wird, je nach der Zusammensetzung der Lösung, was ja in der Natur auch der Fall ist. Die Größe, die ein Kristall erreichen kann, hängt natürlich nicht nur von der Kristallisationsgeschwindigkeit, sondern auch von der Menge des in der Lösung befindlichen Stoffes ab. Will man große Kristalle erhalten, so muß man größere Mengen verwenden, wodurch die Kristallisationsgeschwindigkeit größer wird, und genügend Stoff vorhanden ist, damit der Kristall größere Dimensionen annehmen kann. J. H. L. Vogt[3]) hat für die Kristallisation des Spinells einige Zahlen angegeben, welche die Größe des Kristalles bei wechselnden Mengen in der Lösung zeigen.

Spinellmenge	Größe der Kristalle
ca. 0,5 %	meistens 0,010 mm Maximum 0,017 mm
ca. 2 %	meist 0,025—0,03 mm Maximum 0,065 mm
ca. 3 %	meist 0,025 mm Maximum 0,06 mm
6,5 %	meist 0,2 mm Maximum 0,03 mm.

[1]) P. Quensel, ZB. Min. etc. 1906, 637. 728.
[2]) C. Doelter, Phys. chem. Mineralogie, (Leipzig 1905), 108.
[3]) J. H. L. Vogt, l. c. II, 164.

In Schlacken, die zu Schlackensteinen von einer Größe wie ungefähr 0,4 × 0,2 × 0,2 m gegossen waren, und deren Abkühlungszeit etwa 70 Minuten dauerte, erreichten die Kristalle eine Größe von 1—3, gelegentlich selbst von 3—4 cm.

Vom Beginn der Kristallisation bis zu 200° unterhalb der ersten Kristallisationstemperatur, was ca. 40—70 Min. dauerte, erreichten die Kristalle eine Länge von 1—2, gelegentlich sogar 3—4 cm. J. H. L. Vogt hat auch die Beobachtung gemacht, daß die Reihenfolge der Silicate, nach dem Abnehmen der Kristallgröße geordnet, dieselbe ist, wie die der zunehmenden Viscosität. Aber die Viscosität ist doch schließlich nicht der einzige in Betracht kommende Faktor.

Messung der Kristallisationsgeschwindigkeit bei Silicaten.

Die von früheren Beobachtern angewandten Methoden lassen sich wegen des überaus hohen Schmelzpunktes auf Silicate nur schwer übertragen. Das bringt es auch mit sich, daß die Kristallisationsgeschwindigkeit sehr schwer und überhaupt nur mit geringer Genauigkeit bestimmbar ist. Es existieren daher nur ganz wenig Untersuchungen. Es sind dabei sowohl die verschiedenen Silicate in bezug auf die maximale Kristallisationsgeschwindigkeit zu untersuchen, als auch die Kurve zu konstruieren, welche die Abhängigkeit der Kristallisationsgeschwindigkeit von der Temperatur, also von der Unterkühlung zeigt. Leider stehen der Untersuchung große technische Schwierigkeiten entgegen, namentlich in letzterer Hinsicht. Man kann die Kristallisationsgeschwindigkeit in den allermeisten Fällen nur unter dem Kristallisationsmikroskop bestimmen, dabei zeigt sich aber, daß die Unterschiede der gemessenen Längen bei nahestehenden Temperaturen nicht sehr verschieden sind. Es muß auch hervorgehoben werden, daß hier nicht immer, wie bei den früher erwähnten Stoffen, ein Punkt *C* (Fig. 68) statt eines horizontalen Kurvenstückes vorkommt. Manchmal erhält man flache konvexe Kurven. Einige Versuche habe ich[1]) ausgeführt, die aber nur als Orientierungsversuche gelten können. Aus diesen geht hervor, daß bei verschiedener Unterkühlung die Unterschiede bei Augit ziemlich groß sind. Das horizontale Stück (Fig. 68) tritt hier merklich hervor, während Labrador, Leucit, Nephelin geringe Unterschiede und daher flache Kurven geben. Leichter als die Temperaturkurve ist die Bestimmung der relativen Kristallisationsgeschwindigkeit für verschiedene Silicate. Um diese durchzuführen, wird man die betreffenden Stoffe unter gleichen Bedingungen bei Einhaltung einer bestimmten Abkühlungsgeschwindigkeit abkühlen. Man kann dann unter dem Mikroskop nachträglich die Größe der Kristalle messen, aber sehr genau ist diese Methode auch nicht. Jedenfalls zeigt sich, daß Körper, die beim Schmelzpunkte noch sehr viscos sind, doch verhältnismäßig große Kristallisationsgeschwindigkeit zeigen können, obgleich dies im ganzen selten ist. Es spielen aber die Schmelzwärmen und vielleicht auch die Molekularstruktur des betreffenden Stoffes eine Rolle. Besser läßt sich der Unterschied der Kristallisationsgeschwindigkeit bei verschiedenen Stoffen prüfen, wenn man Schmelzen sehr rasch abkühlen läßt, also etwa 100—150° über ihren Schmelzpunkt erhitzt und dann in Luft oder in Sand abkühlt, oder auch in Wasser abschreckt; da zeigte sich nun, daß manche Stoffe auch bei ganz rascher Abkühlung in merklichen Kristallen erstarren, während

[1] C. Doelter, ZB. Min. etc. 1903, 612. — Phys.-chem. Mineralogie (Leipzig 1905), 108

andere glasig bleiben. Die Kristallisationsgeschwindigkeit kann für verschiedene Silicate daher auch sehr verschieden sein. Ich habe seinerzeit einige Schätzungen der maximalen Kristallisationsgeschwindigkeit gemacht und durch folgende annähernde Zahlen ausgedrückt:

Augit	20	Leucit	3—4
Labrador . .	7	Magneteisen . .	1—2
Olivin . . .	3—10	Sarkolith . . .	2—3

Diese Zahlen zeigen nur das Verhältnis der Geschwindigkeiten. Vor kurzem bestimmte E. Kittl einige Geschwindigkeiten mit wachsender Unterkühlung. Bei Bronzit steigt die Kurve steil an und sinkt dann sofort ab, auch für Hypersthen ist das Maximum der Kristallisationsgeschwindigkeit fast ein Punkt, ebenso für Rhodonit. Bei Augit erhielt er ein gerades horizontales Stück durch 20°, während dieses bei Diopsid 10° betrug, bei Labrador war das Stück 25°.

Die Kurve für Natriumsilicat hat W. Gürtler[1]) bestimmt, die Kristallisationsgeschwindigkeit ist anfangs fast Null, steigt dann rapid und fällt sofort zurück, also ein ähnliches Resultat, wie es für manche Silicate E. Kittl erhalten hat, z. B. für Hypersthen, Bronzit.

Dagegen erhielt E. Kittl auch für manche Silicate, z. B. für Nephelin, Eläolith, Jadeit, Calciummetasilicat Kurven, welche sehr flach sind. E. Dittler[2]) hat für Anorthit und Labrador die Kristallisationsgeschwindigkeit gemessen und die Kurve der Größe der Kristalle als Funktion der Zeit gegeben. Die Anorthitkurve steigt rascher als die für Labrador, sie ist sehr steil.

Es scheint die maximale Kristallisationsgeschwindigkeit verschiedene Grade aufzuweisen. Besonders große Kristallisationsgeschwindigkeit zeigen die Metasilicate $MnSiO_3$, Li_2SiO_3, $MgSiO_3$, weniger $CaSiO_3$, dann sind zu erwähnen Anorthit, Diopsid, Gehlenit und manche Augite.

Kleinere Kristallisationsgeschwindigkeiten zeigen die Orthosilicate: Li_2SiO_4, Mn_2SiO_4, Mg_2SiO_4, Fe_2SiO_4, Ca_2SiO_4. Von tonerdehaltigen zeigt nur Anorthit ziemlich große Kristallisationsgeschwindigkeit, meistens zeigen Alumosilicate geringere Werte.

Das Kristallisationsvermögen der Silicate.

Ein homogener Stoff kristallisiert, indem sich in der Flüssigkeit oder Schmelze von gewissen Zentren aus Kristalle bilden, die mehr oder minder schnell wachsen. Es können sich sehr viele Zentren gleichzeitig bilden, dann werden sich die entstehenden Kristalle im Wachstum gegenseitig behindern und es entsteht ein Aggregat kleinerer Kristalle oder Körnchen. Im entgegengesetzten Falle jedoch, wenn sich wenig Zentren bilden, können sich diese rasch vergrößern, wodurch ein Aggregat von wenigen, aber großen Kristallen entsteht. In beiden Fällen kann in derselben Zeit die Schmelze ganz kristallisieren. Dann gibt es Stoffe, welche so wenig Kristallisationszentren zeigen, daß trotz großer Kristallisationsgeschwindigkeit zwischen den Kristallen Schmelze verbleibt. Ferner kann der Fall eintreten, daß trotz zahlreicher Zentren die

[1]) W. Gürtler, Z. anorg. Chem. **40**, 273 (1904).
[2]) E. Dittler, Tsch. min. Mit. **29**, 397 (1910).

Kristallisationsgeschwindigkeit genügend groß ist, um Kristalle zu bilden, deren Zwischenräume durch Kristalle ganz ausgefüllt sind.

Die Kristallisationsfähigkeit, d. h. die Eigenschaft der Schmelze, zu einer mehr oder minder vollkommen glasfreien Masse zu erstarren, hängt also ab: 1. von der Zahl der Zentren, 2. von der Kristallisationsgeschwindigkeit der anschießenden Kristalle. Die Fähigkeit, Glas zu bilden, haben solche Stoffe, die entweder sehr wenig Zentren zeigen oder eine minimale Geschwindigkeit des Wachstums oder aber solche, bei denen beides eintritt, was sehr häufig der Fall ist. Sowohl die Kristallisationsgeschwindigkeit als auch die Kernzahl haben bei einem und demselben Stoffe keine konstanten Werte, sondern sie wechseln in den verschiedenen Stadien des Abkühlungsprozesses. So kann ein Stoff zuerst nur wenig Zentren mit größeren Kristallen bilden, im weiteren Verlaufe jedoch viele Zentren erzeugen.

Kristallisationsvermögen und Kernzahl.

G. Tammann hat den Satz von W. Gibbs angewandt, wonach zum Maßstabe der Stabilität eines weniger stabilen Systems die Differenz der Entropie dieses Systems und jenes, in welches es übergeht, dient, wenn noch ein Glied, das der Energie der Oberflächenbildung pro Masseeinheit entspricht, hinzugefügt wird. Tammann[1]) bestimmt die Stabilität durch die Punktzahlen pro Gewicht- und Zeiteinheit bei der Umwandlung. Praktisch wird meiner Ansicht nach das Kristallisationsvermögen besser ausgedrückt durch das Verhältnis der Masse der amorphen zu der der kristallisierten Phase. Die Tammannsche Bestimmung setzt voraus, daß die Kristallisationsgeschwindigkeit bei den Stoffen dieselbe ist, was allerdings häufig, wenn auch nicht immer der Fall sein wird. Praktisch wird man also die Frage nach dem Kristallisationsvermögen so lösen, daß die Zeit bestimmt wird, welche notwendig ist, um die Masseneinheit des Stoffes kristallinisch zu erhalten oder besser wie viel von der Schmelze in Gewichtsmengen ausgedrückt in der Zeiteinheit erstarrt. Man kann daher das Kristallisationsvermögen durch das Verhältnis des glasigen Anteiles zu dem kristallisierten Anteile bestimmen. Dieses Verhältnis hängt nun von der Kristallisationsgeschwindigkeit und von der Zahl der Zentren ab. Es gibt Stoffe, bei welchen beides, Kristallisationsgeschwindigkeit und Kernzahl, groß ist. Dann wieder andere, welche bei geringerer Kristallisationsgeschwindigkeit große Kernzahl haben, z. B. Olivin. Letztere bilden dann kleinkörnige Aggregate, die aber glasfrei sein können. Im Gegensatz dazu stehen Stoffe mit geringer Kernzahl und geringer Kristallisationsgeschwindigkeit; wenn beide sehr klein sind, so entstehen Gläser wie bei Quarz, Orthoklas. Gläser[2]) sind also erstarrte Flüssigkeiten, in welchen nur wenig Kerne enthalten sind und bei denen auch die Kristallisationsgeschwindigkeit sehr klein ist. Aber auch . Gläsern sind Kristallkeime vorhanden, denn die Entglasung nach längerer Zeit zeigt dies.[3])

Im allgemeinen haben wir einen Parallelismus zwischen der Kernzahl und der Kristallisationsgeschwindigkeit, wenngleich dies nicht bei allen Stoffen der Fall ist. Denn es kann auch der Fall eintreten, daß bei großer Kernzahl die Kristallisationsgeschwindigkeit klein ist. Beide Größen sind variabel und

---

[1]) G. Tammann, l. c. 156.

[2]) Vgl. C. Doelter, Das Radium und die Farben (Dresden 1910) 105.

[3]) Vgl. C. Doelter, Koll.-Z. **7**, 89 (1910).

hängen bei Silicaten vorwiegend mit der Viscosität zusammen; daher sind gut kristallisierende Schmelzen meistens solche, welche weniger viscos sind. Der Vergleich der Viscosität mit der Kristallisationsgeschwindigkeit und dem Kristallisationsvermögen überhaupt, zeigt aber doch, daß eine Regel noch nicht aufstellbar ist.

Kristallisatoren (Mineralisatoren). — Die Rolle der Mineralisatoren, oder besser ausgedrückt Kristallisatoren, wurde bereits gelegentlich der Besprechung der Synthesenmethoden gewürdigt. Eine ihrer wichtigsten Eigenschaften scheint die Vergrößerung der Kristallisationsgeschwindigkeit und der Kernzahl zu sein, welche hier besprochen werden soll, während andere Wirkungen bereits früher geschildert wurden.

Schon der Definition nach müssen als Kristallisatoren jene Stoffe gelten, welche die Kristallisationsfähigkeit begünstigen. Ihre Gegenwart macht daher die Glasbildung schwierig und in der Tat zeigen die Versuche, daß bei Anwesenheit solcher Stoffe, unter denen die Wolframsäure, die Chlor- und Fluormetalle zu erwähnen sind, die Glasbildung sich verringert, ja sogar ganz ausbleiben kann. So wird eine Orthoklasschmelze kristallisiert erstarren durch Zusatz von Wolframsäure. Immerhin kann aber Glas, wenn die Menge der Wolframsäure gering ist, auch dann noch, wenngleich in geringerem Maße auftreten.

Einfluß der Wolframsäure. — Die Wolframsäure und ihre Alkalisalze, dann die Molybdänsäure und ihre Alkalisalze beschleunigen in vielen Fällen die Kristallisation, so bei Quarz, Feldspäten, Nephelin, Leucit und anderen Alumosilicaten; aber sie braucht bei anderen Stoffen, z. B. bei Calcium- und Magnesiumsilicaten, nicht immer so zu wirken.

Die Versuche von J. Morozewicz[1]) wurden bereits erwähnt. R. Wallace[2]) hat einen interessanten Versuch bezüglich des Einflusses der Wolframsäure auf die Kristallisation des Albits gemacht, indem er Natrium-Wolframat auf $^5/_{100}$ bis $^1/_{10}$ mm dicke Platten aus Albitglas wirken ließ. Die Kristallisation war dann bei 950° sehr reichlich, aber nur an der Oberfläche. Es zeigt sich, daß die Kernzahlen an der Berührungsfläche zwischen Silicat und Wolframat sich sehr stark vergrößerten, nicht aber in den tieferen Schichten des Glases selbst. Ähnliches trat bei Nephelinglas ein. Auch A. Day[3]) und andere Beobachter stimmen darin überein, daß die Wolframsäure nur oberflächlich wirkt, z. B. bei Feldspaten. Bei den genannten Stoffen wird also namentlich die Kernzahl aber auch, wie P. Quensel zeigte (vgl. S. 685), die Kristallisationsgeschwindigkeit vergrößert.

Während J. Morozewicz schon durch einen Zusatz von 1% Wolframsäure Quarzkriställchen erhielt, ist dies bei den Feldspäten mit so kleinen Mengen nicht durchführbar, sondern man muß größere Mengen nehmen, ca. 10%. Es ist jedoch wahrscheinlich, daß es sich auch hier nur um eine Beschleunigung der Kristallisationsgeschwindigkeit durch Herabsetzung der Viscosität handelt oder um Vermehrung der Kernzahl, nicht aber um einen chemischen Einfluß. Von anderen Stoffen möchte ich den Smaragd erwähnen, welcher nur durch Zusatz von molybdänsaurem Lithium zur Kristallisation gebracht werden konnte. Bei Nephelin und Leucit bekommt man ohne Zusatz

[1]) J. Morozewicz, Tsch. min. Mit. **19**, 1 (1899).
[2]) R. Wallace, Z. anorg. Chem. **63**, 45 (1909).
[3]) A. Day u. E. T. Allen, Z. f. phys. Chem. **54**, 1 (1905).

nur Skelette, während man mit Wolframsäure deutliche Kristalle erhält. Das ist offenbar der Einfluß der verringerten Viscosität. Die Wolframsäure wirkt also im allgemeinen als Katalysator. Wie erwähnt, wirkt aber die Wolframsäure bei Calcium–Magnesiumsilicaten nicht in dieser Weise.

Erstarrungsverhältnisse in den Eruptivgesteinen.

Auch in der Natur spielen in den Gesteinen Kristallisatoren eine große Rolle und sie können eine vollständige Änderung der Kristallisation hervorrufen. Wir haben es hier nicht mit homogenen reinen Schmelzen zu tun, d. h. ein natürliches Magma entspricht niemals einem einzigen Silicat, sondern stets einer Mischung. Das Kristallisationsvermögen wird hier wechseln, je nachdem man durch Zusatz einer zweiten Komponente dieses steigert oder vermindert, was insbesondere mit der Viscosität zusammenhängt. Vielleicht haben hier auch die Einschlüsse und Verunreinigungen der in Gesteinen vorkommenden Mineralien Bedeutung. Man findet oft große Kristalle, während dieselben Verbindungen in reinem Zustande aus Schmelzen nur in kleinen Kriställchen oder auch nur in Skeletten erhalten werden können. Die Beimengungen verringern nun die Viscosität oft ganz bedeutend, wodurch eine Schmelze entsteht, welche viel leichter zu kristallisieren ist. Man kann dies beweisen, wenn man reinen Labrador aus den chemischen Mischungen und natürliche Labradore, welche eisenhaltig sind, nach ihrem Kristallisationsvermögen vergleicht und ähnliches dürfte auch bei anderen Silicaten der Fall sein.

Der Einfluß der Chloride und Fluoride läßt sich unter ähnlichen Gesichtspunkten studieren. Zum Teil ist es auch hier wiederum die Viscositätsverminderung und die Vergrößerung der Kristallisationsgeschwindigkeit, aber ihr Einfluß macht sich beispielsweise bei Feldspäten gar nicht merkbar, wohl aber bei den Silicaten des Calciums und Magnesiums, bei denen aber umgekehrt die Wolframsäure sehr wenig wirkt.

Einfluß des Wassers auf die Stabilität des amorphen Zustandes.[1])

Ein System, welches aus einem Salze und Wasser besteht, wird nach dem Raoultschen Gesetze einen anderen Erstarrungspunkt haben, da der Schmelzpunkt des Stoffs erniedrigt wird, was namentlich bei polymorphen Kristallarten wichtig ist, z. B. bei Quarz und Tridymit. Im allgemeinen wird das Kristallisationsvermögen und die Kristallisationsgeschwindigkeit, wie bei der Wolframsäure, durch Wasser vergrößert. Leider kann man mit Wasser bei hohen Temperaturen nicht experimentieren und Versuche über 550^0 sind bisher noch nicht gelungen. P. Quensel hat bei Quarz einen Versuch ausgeführt, welcher zeigte, daß durch Einleiten von Wasserdampf die Kristallisationsgeschwindigkeit vergrößert wurde. Durch geologische Beobachtungen bewies de Stefano, daß bei submarinen Vulkanausbrüchen Schlacken entstehen können. Das würde zeigen, daß bei rascher Abkühlung trotz Gegenwart von Wasser Glasbildung möglich ist. Aber hier war offenbar die Einwirkung eine ganz geringe, da die Abkühlung sehr rasch eintrat. Bei langsamer Abkühlung ist es wahrscheinlich, daß das Wasser wie die Kristallisatoren die Glasbildung verhindert.

Vgl. C. Doelter, Physik.-chem. Mineralogie (Leipzig 1905).

Einfluß des Druckes auf die Stabilität des kristallisierten Zustandes.

Die Ansicht, daß der Druck die Kristallisation beschleunige, wird durch geologische Beobachtungen gestützt, aber wenn die Gesteine, die unter Druck entstanden sind, glasfrei sind, und größere Kristalle aufweisen, so kann dies auch damit zusammenhängen, daß dieselben sehr langsam abgekühlt sind und die Kristallisatoren länger wirken konnten. In der Tat zeigt die Beobachtung, daß Gläser in der Natur unter Druck unstabil sind. Gestützt wird diese Ansicht auch durch die bekannten Versuche von W. Spring, welcher zeigte, daß die chemischen Reaktionen durch Druck befördert werden. Immerhin wird bei Silicatschmelzen der Druck nur einen geringen Einfluß ausüben und die übrigen Faktoren, welche genannt wurden, dürften dabei maßgebend sein.

Anders verhält es sich, wenn wäßrige Lösungen unter Druck kristallisieren. Hier dürfte die Kristallisationsgeschwindigkeit wohl beschleunigt werden. Daß aber der Druck doch einen gewissen Einfluß ausübt, zeigt auch der Umstand, daß das dem Drucke vergleichbare Schütteln,[1]) Kneten, Stoßen die Kristallisation fördert. Wir haben aber schon früher gesehen, daß bei rascher Abkühlung, wie es bei den Versuchen von C. Oetling (S. 617) der Fall war, auch bei höherem Druck Glasbildung möglich ist. G. Spezia verficht die Ansicht, daß der Druck ohne Wirkung auf die Kristallisation ist. Er hat auch direkte Versuche angestellt, welche zeigen, daß ein amorpher Körper auch unter Druck existenzfähig ist. Ich möchte aber einen Versuch von E. Dittler erwähnen, bei welchem amorphe Schwefelmetalle unter Zusatz von Wasser durch Druck zur Kristallisation gebracht wurden.

Kristallisationsvermögen natürlicher und künstlicher Silicate. Es wurde in einigen Fällen beobachtet, daß die Tendenz der Kristallisation bei Silicaten, bei natürlichen Silicaten wie bei den identisch zusammengesetzten künstlichen, nicht immer dieselbe ist. Es scheint daher die Kristallisationsgeschwindigkeit und das Kristallisationsvermögen nicht immer dasselbe zu sein. Dies erklärt sich zum Teil wie früher, durch die verschiedene Viscosität, dann durch das Verharren kleiner Impfkristalle bei natürlichen Silicaten in der Schmelze. Wo aber, wie bei Diopsid, das Kunstprodukt größere Kristallisationsgeschwindigkeit zeigt, als das natürliche, ist dies schwer zu erklären.

Bestimmung der Kernzahl bei den Silicaten.

Man kann unter bestimmten Vorsichtsmaßregeln experimentell die Kernzahl bestimmen, ferner kann man bei rascher Kristallisation die prozentuale Menge des glasigen und des kristallisierten Anteiles schätzen und auf folgende Weise vorgehen. Man wird in einem Tiegel das Silicat langsam abkühlen und die Zahl der in einem Querschnitt von 1 qmm entstehenden Kriställchen bestimmen, oder aber man kann im Kristallisationsmikroskop die Zahlen messen; wenn es sich um Bestimmung der Temperaturkurve, also des Verhältnisses der Kernzahl zu der Unterkühlung handelt, kann man nur im Kristallisationsmikroskop arbeiten. Ferner kann man rasch abkühlen und sehen, ob die Schmelze ganz kristallin, ganz glasig oder teilweise glasig erstarrt. Die Methode ist natürlich nur eine ganz approximative und die Fehlerquellen sind sehr zahl-

[1]) C. Doelter, Koll.-Z. **7**, 89 (1910) und Festschrift für J. M. van Bemmelen (Helder i. H. u. Dresden 1910).

reich, so daß auch bei Wiederholung der Versuche die Zahlen nicht dieselben sind, da bei so hohen Temperaturen zu große technische Schwierigkeiten eintreten. Immerhin läßt sich eine Schätzung des Kristallisationsvermögens der Silicate angeben. Die ersten Versuche in dieser Hinsicht wurden von mir ausgeführt, wobei die Abkühlung zwischen dem Erhitzungspunkt (ca. 100° über dem Schmelzpunkt) bis zur vollständigen Erstarrung entweder 1 Minute oder auch 5 Minuten betrug. In dem ersteren Falle treten die Unterschiede deutlicher hervor. Ich gebe unten die erhaltenen Zahlen.[1])

Bei Silicaten sind nun die für das Kristallisationsvermögen erhaltenen Werte von der Abkühlungsgeschwindigkeit abhängig.

Bei meinen Versuchen ergab es sich, daß die Zahl der Kristallisationszentren manchmal gleich war, ob die Abkühlungszeit von der Höchsttemperatur (etwa 100—200° über dem Schmelzpunkt) bis zur vollständigen Erstarrung 4 oder 5 Minuten betrug oder ob man mehrere Stunden lang abkühlt; man muß aber die Resultate sehr rascher und langsamer Abkühlung miteinander vergleichen; selbstverständlich müssen für alle Stoffe dieselben Bedingungen eingehalten werden, was aber nicht immer leicht ausführbar ist.

Bei einer ersten Versuchsreihe wurde 100—200° über den Schmelzpunkt Θ_1 erhitzt und der Tiegel herausgenommen, so daß sich nach 1 Minute bereits Rotglut zeigte. Dabei erstarrten Spinell und Magnetit zum größten Teil kristallin, Olivin und Bronzit teilweise kristallin, Augit fast ganz glasig, ebenso Hypersthen, Hedenbergit, die Plagioklase, Nephelin und Leucit.

Bei einer zweiten Versuchsreihe wurden die Mineralien etwa 100° über ihren Schmelzpunkt erhitzt, bis alles dünnflüssig war, dann durch ca. 5 Minuten bis auf 800° abgekühlt. Dabei erstarrten Spinell, Magnetit kristallin; fast glasig erstarrten Diopsid und Akmit, ganz glasig Albit, Orthoklas und Quarz. Teilweise kristallin erstarrten:

Bronzit,	der kristallisierte Teil	betrug	ca.	75—80%
Hypersthen,	„	„	„	„	70—80
Hedenbergit,	„	„	„	„	60—70
Augit,	„	„	„	„	60—65
Anorthit,	„	„	„	„	40—45
Labrador,	„	„	„	„	40—45
Nephelin,	„	„	„	„	30—35
Leucit,	„	„	„	„	30—35

Olivin erstarrte als körniges Aggregat. Merkwürdig war das Verhalten des Diopsids von Ala, künstlicher Diopsid verhielt sich anders, er hat größeres Kristallisationsvermögen.

Man kann natürlich nur das Kristallisationsvermögen der reinen Substanzen vergleichen, denn da dasselbe von der Viscosität in erster Linie abhängt, so würde ein die Viscosität ändernder Zusatz auch das Kristallisationsvermögen ändern.

Abhängigkeit der Kernzahl von der Unterkühlung. In den verschiedenen Stadien der Erstarrung wechselt mit der Unterkühlung das Kristallisationsvermögen, wie dies auch mit der Kristallisationsgeschwindigkeit der Fall ist. Beim Schmelzpunkte ist es sehr gering und wächst dann rasch, um dann wieder ebenso rasch zu fallen. Die Kurve ist also ziemlich spitz, aber sie

[1]) C. Doelter, Sitzber. Wiener Ak. **114**, 550 (1905).

kann auch bei einzelnen Stoffen oben einen kleinen horizontalen Teil zeigen. Von Silicaten liegen noch wenig experimentelle Forschungen vor.

S. Hilpert und R. Nacken[1]) haben die Kristallisationsgeschwindigkeit und die Kernzahl bei Bleisilicat bestimmt, sie arbeiteten mit einem sehr langen und schmalen Schiffchen. Es wurde die Zeit bestimmt, in welcher nach dem Impfen der Fortschritt der Kristallisation bis zu einer bestimmten Marke erfolgte.

Auch die Kernzahl wurde mit Impfung bestimmt; die Substanz wurde zu einer bestimmten Temperatur erhitzt, dann rasch aus dem Ofen entfernt und mikroskopisch untersucht. Die Kurve für die Kristallisationsgeschwindigkeit des Bleiorthosilicats ist der Tammannschen sehr ähnlich, die Kristallisationsgeschwindigkeit steigt sehr stark bis 20° unter den Schmelzpunkt und ist dann eine Zeitlang konstant. Was die Kernzahl anbelangt, so war sie bei 600° sehr groß, das Maximum liegt unterhalb dieser Temperatur bei 500°. Die maximale Kristallisationsgeschwindigkeit ist 120 mm in einer Stunde. Bei weiterer Abkühlung nahm die Kernbildung stark ab, um bei 400° sehr gering zu werden.

Bei Bleimetasilicat stieg die Kristallisationsgeschwindigkeit langsamer als bei Orthosilicat, erreichte das Maximum erst bei 100° unter dem Schmelzpunkt mit 18 mm pro Stunde; etwas tiefer begann die Kernbildung, die bis 470° sich fortsetzte. Die Kristallisationsgeschwindigkeit ist dann gering, es bilden sich Kristallite.

E. Kittl hat einige Versuche in meinem Laboratorium ausgeführt und zwar sowohl an Mineralien als auch an künstlich dargestellten Silicaten. Dabei ergaben sich gewisse Unterschiede in der Kristallisationsgeschwindigkeit beider Arten, die nicht ganz erklärlich sind.

Er erhitzte die Silicate im Kohle-Widerstandsofen und kühlte rasch durch Einlegen in Sand ab; eine zweite Versuchsreihe wurde im Kristallisations-Heizmikroskop ausgeführt; die Veränderung der Kristallisationsgeschwindigkeit mit der Unterkühlung konnte natürlich in dem ersten Falle nicht beobachtet werden. Unter dem Mikroskop zeigte sich, wie auch aus meinen Versuchen hervorgeht, daß ein Ansteigen der Kristallisationsgeschwindigkeit zuerst eintritt, dann wird diese ziemlich konstant. Die Unterschiede sind nicht immer leicht zu beobachten, da sie überhaupt klein sind.

Aus seinen noch nicht abgeschlossenen Versuchen geht folgendes hervor: Das Kristallisationsvermögen der Silicate ist im allgemeinen sehr verschieden, man kann drei Gruppen unterscheiden: 1. solche, welche auch bei rascher Abkühlung ganz kristallisieren; 2. solche, welche bei rascher Abkühlung ganz glasig erstarren, und 3. solche, welche intermediär sind, also teilweise glasig erstarren. Letztere sind merkwürdigerweise ziemlich selten.

E. Kittl fand folgende Silicate bei rascher Abkühlung (etwa 1 Minute) ganz kristallisiert:

A. Fayalit (Fe_2SiO_4), Mg_2SiO_4, Olivin $\left(\begin{matrix}5\,Mg_2SiO_4\\1\,Fe_2SiO_4\end{matrix}\right)$, $CaMgSiO_4$, $CaMnSiO_4$, $MgSiO_3$ (rein), Bronzit ($MgSiO_3$ mit $FeSiO_3$), Mn_2SiO_4, $CaSiO_3$, $MnSiO_3$, Li_2SiO_3, Li_2SiO_4.

$FeSiO_3$ zeigte Spuren von Glas, ebenso auch ein Olivin $9\,Mg_2SiO_4$ mit $1\,Fe_2SiO_4$.

---

[1]) S. Hilpert u. R. Nacken, Ber. Dtsch. Chem. Ges. **43**, 2569 (1910).

B. Vollkommen glasig erstarrten: Das Augitsilicat $MgAl_2SiO_6$, $LiAlSi_2O_6$ (Spodumen), Jadeit ($NaAlSi_2O_6$), Leucit ($KAlSi_2O_6$), Albit ($NaAlSi_3O_8$), Orthoklas ($KAlSi_3O_8$), Akmit ($Na\overset{III}{Fe}Si_2O_6$), Nephelin ($NaAlSiO_4$), $CaMnSi_2O_6$.

C. Teilweise glasig erstarrten: $CaAlSi_2O_8$ (Anorthit) nur 5 % Glas; Diopsid (Zermatt) ($CaMgSi_2O_6$) 20 % Glas; Diopsid, künstlich, ganz geringe Mengen von Glas; Labrador (35 Albit 65 Anorthit) 90 % Glas.

Der Verlauf der Kurve Kernzahl—Temperatur ist gewöhnlich ein derartiger, daß die Kernzahl sehr rasch mit der Unterkühlung steigt, um ebenso rasch zu fallen, selten tritt ein horizontaler Kurventeil auf.

E. Dittler und Vera Schumoff-Deleano machten in meinem Laboratorium einige Versuche, welche noch nicht abgeschlossen sind.

Es wurde das Kristallisationsvermögen von folgenden Mineralien zu bestimmen versucht:

Ägirin vom Lange Sund Fjord,
Melilith, Alnö, Schweden,
Diopsid, Zermatt,
Gehlenit, Fassa,
Spinell, Amity, New York,
Hedenbergit.

Etwa 0,005 g betragende, feinste, durch Leinwandfilter gepreßte Pulver wurden im Heizmikroskop im Quarzschälchen bis zu 60° über den Schmelzpunkt erhitzt und gleichmäßig um 50° in 2 Minuten abgekühlt, wobei sich in der erstarrenden Masse infolge der raschen Abkühlung Zentren der Kristallisation bildeten, deren Anzahl mit einem eigens hierzu von der Firma C. Reichert in Wien konstruierten Netzokular im Doelterschen Heizmikroskop bestimmt werden konnte.

Bei Anwendung gleich großer Pulvermengen und gleichen Abkühlungsbedingungen können die Versuchsresultate direkt miteinander verglichen werden.

Kristallisationsvermögen, ausgedrückt durch die Kernzahl (Fig. 69):

Mineral 0,005 cm^3	Oberer Schmelzpunkt Θ_2	Maximum der Kernzahl in C° unter dem Schmelzpunkt	
Diopsid . . .	1320°	15	100°
Spinell	1360°	47	175°
Gehlenit . . .	1280—1300°	45	185°
Melilith. . . .	1180°	43	100°
Hedenbergit . .	1160°	34	200°

Maximum des Kristallisationsvermögens, ausgedrückt in Prozentzahlen.

Name des Minerals	Temperaturintervall der Abkühlung	Kristallisierter Anteil
Spinell	1200—1175°	94 %
Gehlenit	1130—1115	100
Melilith	1130—1100	100
Diopsid	1260—1200	36
Hedenbergit . . .	1120—1080	56
Ägirin	1000— 960	30

Zwischen dem Kristallisationsvermögen und der chemischen Zusammensetzung ist kein richtiger Zusammenhang erkennbar. Es scheint eine Beziehung zwischen dieser und dem Kristallisationsvermögen darin zu bestehen, ob ein einfach gebautes Molekül vorliegt oder nicht.

Die Kernzahl der Orthosilicate scheint im allgemeinen größer zu sein, wie die der Metasilicate, doch haben letztere oft größere Kristallisationsgeschwindigkeit bei kleinerer Kernzahl, so daß die Resultierende beider, das Kristallisationsvermögen, ziemlich gleich ist. Auffallend erscheint, daß Verbindungen wie $CaSiO_3$, $MnSiO_3$, $FeSiO_3$ Mischungen wie $CaMnSi_2O_6$, $CaFeSi_2O_6$ geben, die bei rascher Abkühlung glasig erstarren, während die Komponenten sehr großes Kristallisationsvermögen haben, dies stimmt insofern mit der Erfahrung, als Mischkristalle oft schlechter kristallisieren als ihre Komponenten.

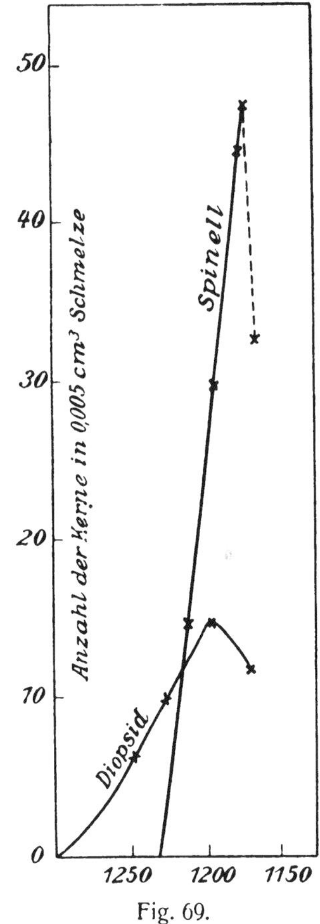

Fig. 69.

Gehen wir nun über zu den Alumosilicaten und prüfen wir zunächst den Einfluß einer isomorphen Beimengung von Al_2O_3 und Fe_2O_3 zu den früher erwähnten Silicaten, wie wir sie im Tonerde-Augit und der basaltischen Hornblende haben. Da bemerken wir keine Herabminderung des Kristallisationsvermögens, denn diese Mineralien haben wenig Tendenz zur Glasbildung, jedoch scheint ein bedeutenderer Tonerdegehalt das Kristallisationsvermögen zu verringern. Doch bezieht sich dies nicht auf die reinen Alumosilicate, von welchen hier der Sillimanit Al_2SiO_5 in Betracht kommt. Dieser hat ein nicht unbedeutendes Kristallisationsvermögen, wie auch seine Kristallisationsgeschwindigkeit eine große ist.

Im allgemeinen haben die Na- und K-haltigen Silicate ein geringeres Kristallisationsvermögen als die Ca- und Mg-haltigen. Dies geht aus dem Vergleich von Nephelin ($NaAlSiO_4$), Leucit ($KAlSi_2O_6$) mit Anorthit ($CaAlSi_2O_8$), Skapolith, Gehlenit hervor. Saure Silicate, die mehr SiO_2 enthalten als die Metasilicate, haben geringes Kristallisationsvermögen und große Tendenz zur Glasbildung, namentlich Orthoklas ($KAlSi_3O_8$), Albit ($NaAlSi_3O_8$). Ebenso wird die isomorphe Beimengung des letzteren Silicats zu $CaAlSi_2O_8$ dem Anorthitsilicat das Kristallisationsvermögen verringern. Geringes Kristallisationsvermögen hat auch Leucit.

Eigenschaft der Tonerdeüberschüsse, die Ausscheidung der Silicate zu verzögern. J. H. L. Vogt[1]) hat vor längerer Zeit die Eigenschaft der Tonerde hervorgehoben, die Kristallisation zu hemmen. Es hängt dies offenbar mit der Eigenschaft mancher Alumosilicate zusammen, geringe Kristallisationsgeschwindigkeit und geringe Kernzahl zu zeigen; gewisse Silicate

[1]) J. H. L. Vogt, Zur Kenntnis der Kristallbildung in Schmelzmassen (Kristiania 1892).

können keine Tonerde aufnehmen, z. B. Olivin. Nach J. Morozewicz[1]) hängt die Eigenschaft mancher Silicate, durch Aufnahme von Tonerde ihre Kristallisationsfähigkeit zu verlieren, von den allgemeinen Eigenschaften der Lösungen, insbesondere von dem Grad der Übersättigung ab.

Kristallisationsvermögen natürlicher und künstlich erzeugter Silicate. Es wurde in einigen Fällen beobachtet, daß die Tendenz zur Kristallisation bei Mineralien nicht immer dieselbe ist wie bei den analog zusammengesetzten, synthetisch erhaltenen Silicaten. Daß ein kristallisiertes natürliches Silicat beim Schmelzen und Erstarren größeres Kristallisationsvermögen besitzt als ein aus seinen Bestandteilen durch Zusammenschmelzen erhaltenes, ist möglich, weil sich, falls nicht sehr hoch über den Schmelzpunkt erhitzt wurde, kleine Kristallreste erhalten können, die als Impfkristalle wirken.

Es kommt aber auch der weniger leicht zu erklärende gegenteilige Fall vor. Schmilzt man natürlichen Diopsid und läßt ihn rasch abkühlen, so gelingt es, ihn glasig zu erhalten, was bei einer Schmelze, die seine Zusammensetzung $CaMgSi_2O_6$ hat, viel schwerer möglich ist, und bei langsamer Abkühlung kann man letztere ganz kristallin erhalten, ersteren schwerer.[2])

Stabilität der Silicate bei hoher Temperatur.

Die Genesis eines Minerals ist bekannt, wenn sein Existenzfeld bzw. das Stabilitätsfeld festgestellt ist. Die Stabilität einer Verbindung ist abhängig vom Druck, der Temperatur und der Zusammensetzung (Konzentration der Lösung). Neben dem eigentlichen Stabilitätsgebiet haben wir oft auch ein metastabiles Gebiet zu unterscheiden.

Wenn man bereits bestehende Verbindungen, also z. B. Mineralien, von 0° bis nahe zum Schmelzpunkt erhitzt, so kann ein Teil dieser Stoffe sich entweder molekular (Polymorphie) oder chemisch verändern, während ein großer Teil derselben unverändert bleibt.

1. Ganz unverändert bleiben beim Erhitzen Diopsid, Forsterit, Enstatit, Albit, Orthoklas, die Plagioklase, Nephelin; dies sind lauter bei höherer Temperatur stabile Silicate.

2. Molekulare Veränderungen, also polymorphe Umwandlungen erleiden Hornblende, Quarz, Andalusit, Cyanit, welche sich in die polymorphen Modifikationen Pyroxen, Tridymit Cristobalit), Sillimanit, die bei hoher Temperatur stabil sind, umwandeln. Von polymorphen Veränderungen wäre auch das Silicat Ca_2SiO_4, welches vier verschiedene Arten zeigt, zu erwähnen.[3])

3. Chemische Veränderungen erleiden alle Silicate, die Wasser, Chlor, Fluor, Bor enthalten, also Glimmer, Skapolithe, Turmalin, Topas und die vielen wasserstoffhaltigen Silicate.

Aber auch eisen- und manganhaltige Silicate werden sich durch Oxydation verändern, so die Granate, Epidot, eisenhaltige Pyroxene und Olivine; diese

---

[1]) J. Morozewicz, Tsch. min. Mit. **18**, 61 (1899).
[2]) C. Doelter, Sitzber. Wiener Ak. **114**, 550 (1905).
[3]) A. Day, Tsch. min. Mit. **26**, 170 (1907).

werden bei hoher Temperatur unbeständig. Die Veränderung besteht besonders in der Oxydation des FeO und Magnetitbildung; bei manganhaltigen Silicaten bildet sich Mn_3O_4.

Stabilität der Silicate beim Schmelzen.

Wir sahen früher, daß, wenn man ein Silicat schmilzt und wieder erstarren läßt, entweder dasselbe Silicat sich ausscheidet, oder aber auch andere Komponenten entstehen können, und daß auch glasige Abscheidung möglich ist. Sehen wir von letzterem Falle ab, und betrachten wir nur den ersteren, so ergibt sich, daß ein Teil der Silicate in der Schmelzlösung stabil ist, bzw., daß bei dem Wiederabkühlen dieselben Ionenreaktionen sich wieder abspielen, wie bei der ursprünglichen Bildung; dies findet dann statt, wenn einfache Verbindungen vorliegen (es sollen nur die Fälle betrachtet werden, bei welchen nicht etwa eine sekundäre Veränderung beim Schmelzen eintritt, also etwa Oxydation, Entweichen von F, H, B oder dgl.).

Einfache Verbindungen wie $MgSiO_3$, $CaSiO_3$, Mg_2SiO_4, Al_2SiO_5, $CaMgSi_2O_6$, $CaAl_2Si_2O_8$ werden aus ihrem Schmelzflusse unverändert erstarren. Nach den neueren Untersuchungen sind auch $CaSiO_3$, Mg_2SiO_4 elektrolytisch dissoziiert, wie sie es auch im festen Zustande sind, was bei hohen Temperaturen auch unter dem Schmelzpunkte wahrnehmbar ist, aber trotzdem wird keine Veränderung stattfinden wegen der Affinität der Basen zu SiO_2.

Bei komplexen Verbindungen können nun, wie bei manchen Alumosilicaten, Ionenreaktionen vor sich gehen, die zu neuen Verbindungen führen, oder es ist auch die Möglichkeit vorhanden, daß thermolytische Dissoziation eintritt. Einige Beispiele für die Zersetzung von Schmelzflüssen will ich anführen:

Augit kann in Spinell und Diopsid zerfallen

$$\left.\begin{matrix} CaMgSi_2O_6 \\ MgAl_2SiO_6 \end{matrix}\right\} = MgAl_2O_4 + CaMgSi_2O_6 + SiO_2 .$$

Das beste Beispiel sind die Granate, von denen wohl die meisten zerfallen und zwar:

$$Ca_3Al_2Si_3O_{12} = Ca_2SiO_4 + CaAl_2Si_2O_8 ,$$
$$Mn_3Al_2Si_3O_{12} = Mn_2SiO_4 + MnAl_2Si_2O_8 .$$

Weitere Beispiele sind die Umwandlung von Albit in Nephelin und Quarz bzw. Tridymit, dann von Leucit in Orthoklas, wobei die Umsetzungen nach den Formeln:

$$NaAlSi_3O_8 \rightleftarrows NaAlSiO_4 + 2SiO_2 ,$$
$$K_2Al_2Si_4O_{12} \rightleftarrows KAlSi_3O_8 + KAlSiO_4 .$$

vor sich gehen.

Bei hoher Temperatur ist Leucit stabiler als Orthoklas, während Nephelin ebenfalls gegenüber dem Albit bei Temperaturerhöhung an Stabilität gewinnt.

Bei komplexen Verbindungen können Reaktionen eintreten, die neue Verbindungen geben, es wird dies namentlich bei den Alumosilicaten der Fall sein. Aluminium hat nach R. Abegg und H. Bodländer[1]) ausgeprägte Neigung zur Komplexbildung, da es in Verbindungen weniger zur Ionen-

[1]) R. Abegg und G. Bodländer, Z. f. anorg. Chem. **20**, 1081 (1899).

bildung neigen soll. Die Tendenz zur Komplexbildung steigt nach den genannten Autoren mit abnehmender Elektroaffinität, wobei sie unter komplexen Verbindungen solche verstehen, in denen einer der ionogenen Bestandteile eine Molekularverbindung aus einem einzelnen mit einem elektrischneutralen Molekül eingeht.

Wichtig ist bei diesen Prozessen im Schmelzflusse die Verteilung der SiO_2 unter die Basen CaO, MgO, Al_2O_3 . . . Eine Säure verteilt sich nicht gleichmäßig unter die Basen, sondern hier spielt die Avidität und die Massenwirkung eine Rolle. Nach F. Loewinson-Lessing[1]) wäre erstere folgende: K_2O, MgO, Na_2O, CaO. Bei Gegenwart von Al_2O_3 würde aber diese Reihenfolge wohl nicht aufrecht zu erhalten sein. Wir sind hier mehr auf Hypothesen angewiesen. Endlich ist noch die Stabilität der Silicate bezüglich ihrer Abscheidung aus dem Schmelzflusse wichtig; hier handelt es sich um die Kristallisationsgeschwindigkeit und die Kristallisationsfähigkeit überhaupt.

F. Rinne hat für die Umwandlungserscheinungen die Erklärung gegeben, daß etwas Ähnliches vorliegt wie bei Metallen, und daß auch in der Salzpetrographie derartige Vorgänge bekannt sind. Er macht darauf aufmerksam, daß die Umwandlung schon vor dem Schmelzen eintritt, was immerhin wahrscheinlich ist, und daß dann die ursprüngliche Verbindung aus der Schmelze nicht entstehen kann; er gibt dazu ein Diagramm.[2]) Ferner ist auch die Analogie mit den Salzmineralien die, daß die Schnelligkeit der Kristallisation von Wichtigkeit ist; es wurde ja hier bereits auf die Abkühlungsgeschwindigkeit hingewiesen, diese ist jedenfalls bei der Erstarrung von großer Wichtigkeit.

Erhitzen in Gasen. Bei Behandlung mancher Silicate mit Fluor- und Chlormetallen im Schmelzflusse werden durch die sich entwickelnden Gase Veränderungen und Umsetzungen hervorgerufen, die sehr wichtig sind; experimentell wurden folgende Veränderungen festgestellt[3]):

Hornblende gibt mit Fluormetallen Biotit, falls Massenwirkung eintritt, sonst Olivin. Mit Kaliumwolframat entstand Augit und Orthoklas, mit Natriumwolframat Anorthit, Melilith, Glas.

Muscovit gab mit Fluoriden im Überschuß wieder Glimmer, sonst Skapolith, Leucit, Nephelin.

Augit mit Fluoriden gibt Meionit, falls Massenwirkung auftritt, Biotit. Leucit gibt mit Überschuß von Fluormagnesium Biotit, mit Überschuß von Fluorkalium Muscovit, bei sehr hoher Temperatur wieder Leucit, mit Wolframsäure entsteht Orthoklas oder auch wieder Leucit.

Die Stabilität der Silicate ist namentlich für die Theorie der Gesteinsbildung wichtig und dort wird darauf zurückzukommen sein.

Spezifische Wärmen der Silicate.

Die wichtigsten thermischen Konstanten der Silicate sind außer dem Schmelzpunkte die Wärmekapazität, die latente Schmelz- und Kristallisationswärme, dann die thermische Dilatation und die Wärme-

[1]) F. Loewinson-Lessing, Compt. rend. du VII. congr. géol. St. Petersburg, 330, 1899.

[2]) F. Rinne, Fortschritte der Mineralogie etc. (Jena 1911), 200.

[3]) C. Doelter, N. JB. Min. etc. 1897, I.

leitungsfähigkeit; endlich ist auch der Wärmeausstrahlungsexponent zu nennen. Die einzelnen Zahlen werden bei den Mineralien im Verlaufe des Werkes anzugeben sein. Eine übersichtliche Zusammenstellung der spezifischen Wärmen der Silicate und ein Überblick über die Bestimmungsmethoden wird aber immerhin von Wert sein.

Die Wärmekapazität oder die spezifische Wärme einer Substanz ist die Wärmemenge, die zur Erwärmung der Gewichtseinheit derselben von einer gegebenen Anfangstemperatur bis zu einer gegebenen Endtemperatur erforderlich ist. Die Wärmemenge Q, welche zur Erwärmung eines Körpers von $T_1{}^0$ bis $T_2{}^0$ erforderlich ist, wenn die Wärmekapazität c als Temperaturfunktion durch

$$c = c_0 + a\,T + b\,T^2$$

ausgedrückt, ist durch die Formel

$$Q = c_0 (T_2 - T_1) + \frac{a}{2} (T_2{}^2 - T_1{}^2) + \frac{b}{3} (T_2{}^3 - T_1{}^3)$$

gegeben.

Um einen Körper von 0^0 auf Θ^0 zu erwärmen, braucht man die Wärmemenge Q

$$Q = c_0 \Theta + \tfrac{1}{2} a\,\Theta^2 + \tfrac{1}{3} b\,\Theta^3$$

Die Wärmemenge wird in Calorien ausgedrückt.

Wir unterscheiden bekanntlich die mittlere und die wahre spezifische Wärme, letztere berechnet sich aus der ersteren (vgl. S. 703). Dann unterscheiden wir die spezifische Wärme bei der gewöhnlichen Temperatur zwischen 0—100^0, die bei höherer Temperatur von 100^0 bis zum Schmelzpunkt und die spezifische Wärme der Schmelze.

Man kann nachweisen, daß die spezifische Wärme der Schmelze größer ist, als die des betreffenden kristallisierten Körpers.

Die spezifische Wärme zeigt bekanntlich für verschiedene Temperaturen große Unterschiede, und im allgemeinen steigt sie mit der Temperatur und zwar nach der Formel (vgl. oben).

$$c = \alpha + \beta\,\Theta + \gamma\,\Theta^2 .$$

Wir werden bei den Berechnungen der wahren spezifischen Wärmen (vgl. S. 703) darauf zurückkommen.

Von den Methoden, welche zur direkten Bestimmung der spezifischen Wärmen angewandt wurden, kommen hier in Betracht sowohl die des Eiscalorimeters als auch die durch Kondensation, wie endlich auch die Mischungsmethode, welche wohl in diesem Falle die genaueste sein dürfte.

Von älteren Arbeiten sind die von H. Regnault, H. Kopp, H. F. Weber zu nennen, ferner die von Pionchon, P. Öberg, A. Bartoli u. a. Diese Forscher beschäftigten sich aber nur mehr nebensächlich mit Silicatmineralien.

Eine ausführliche Studie, auf welche noch zurückzukommen sein wird, verdanken wir J. Joly; später haben dann für Silicatgesteine C. Barus, sowie W. C. Roberts-Austen Beobachtungen ausgeführt, welchen Bestimmungen von A. Bogojawlensky, G. Lindner und in neuester Zeit W. P. White folgten.

Direkte Bestimmungen existieren auch für eine Anzahl Silicate, meistens für niedere Temperaturen, wenige für hohe. P. E. W. Öberg[1]) hat eine Anzahl von spezifischen Wärmen für Silicate berechnet, wobei er sich der Formel

$$100\,C = p_1\,c_1 + p_2\,c_2 + p_3\,c_3 + \ldots.$$

bediente, in welcher p_1, p_2, p_3 die prozentualen Bestandteile des Silicats, c_1, c_2, c_3 die spezifischen Wärmen der Oxyde sind. P. E. W. Öberg hat die spezifischen Wärmemengen einfacher Silicate bestimmt und daraus dann die der Bestandteile berechnet.

Mittlere spezifische Wärmen zwischen 100—0°.[2])

	gefunden		berechnet
SiO_2 . . .	0,1913	CaO . . .	0,164
Al_2O_3 . . .	0,1976	FeO . . .	0,152
Fe_2O_3 . . .	0,1670	K_2O . . .	0,144
MnO . . .	0,1570	Na_2O . . .	0,234
MgO . . .	0,2439	Li_2O . . .	0,450

Von Silicaten existieren neuere Messungen, ältere Bestimmungen beziehen sich auf Quarz (SiO_2).

Spezifische Wärme des Quarzes.

nach Pionchon[3])		nach A. Bartoli[4])	
100—0°. . .	0,1913	100—20°. . .	0,19
358—0 . . .	0,232	312—20 . . .	0,241
400—1200. .	0,305	417—20 . . .	0,308
—		530—20 . . .	0,316

Pionchon hatte bemerkt, das über 400° die Werte ziemlich konstant bleiben, was zum Teil durch die neueren Untersuchungen von W. P. White bestätigt wird, welcher über 700° wenig Veränderung fand (vgl. S. 703).

Eine große Anzahl von spezifischen Wärmen hat J. Joly[5]) bestimmt. Er verwendete die Kondensationsmethode und hat selbst einen Apparat für die Bestimmung der spezifischen Wärmen nach dieser Methode konstruiert.[6])

J. Joly hat auch gezeigt, daß der Wechsel in der chemischen Zusammensetzung und den physikalischen Eigenschaften eines Minerals sehr großen Einfluß hat auf die spezifische Wärme; so erhielt er bei Turmalin Zahlen zwischen 0,200 und 0,2112; bei Beryllen, je nach der Durchsichtigkeit, Werte zwischen 0,2058 und 0,2126, sogar 0,21306 (für undurchsichtigere); er hat auch Vergleiche mit dem spezifischen Gewicht angestellt und gezeigt, daß bei einzelnen Verbindungen sich ein um so höheres spezifisches Gewicht ergab,

---

[1]) P. E. W. Öberg, Öfr. K. Vet. Akad. Förh. Stockholm 1855, 43, nach J. H. L. Vogts Silicatschmelzlösungen II, (Kristiania 1904), 37.
[2]) Nach J. H. L. Vogt Silicatschmelzen II, (Kristiania 1904), 37.
[3]) Pionchon, C. R. **106**, 1344 (1888).
[4]) A. Bartoli, Landolt-Börnsteins Tabellen 2. Aufl. (Berlin 1894).
[5]) J. Joly, Proc. Roy. Soc. London **41**, 250 (1886).
[6]) J. Joly, Proc. Roy. Soc. London **41**, 352 (1886).

je kleiner die spezifische Wärme ist, doch ist dies nicht allgemein und tritt auch das Umgekehrte manchmal ein.

Bei Feldspäten sind die spezifischen Wärmen nicht ganz additiv, doch scheinen auch in den spezifischen Gewichten Fehler vorgelegen zu haben, da die Dichte des Oligoklases nicht ganz zwischen die des Albits und Labradors fällt; Orthoklas hat jedoch bedeutend geringere spezifische Wärme als Labrador, wie das auch für das spezifische Gewicht der Fall ist.

Bestimmungen von J. Joly.

Adular	0,1869	Oligoklas, durchsichtig	0,2059
Albit	0,1984	„ durchscheinend	0,1997
Amphibol, schwarz	0,1983	Opal, weiß	0,2375
Beryll, durchsichtig	0,2066	Opal (Hyalith)	0,2033
„ durchscheinend	0,2127	Orthoklas, undurchsichtig	0,1890
Biotit, schwarz	0,2057	Quarz, wasserhell	0,1881
Epidot, dunkelgrün	0,1877	Serpentin, grün	0,2529
Granat, rot	0,1780	Stilbit	0,2621
Hornblende, (grüne, faserige)	0,2113	Talk (Speckstein)	0,2168
Hypersthen	0,1790	Topas, farblos	0,1997
Lepidolith, kristallin	0,2097	Turmalin, schwarz	0,2044
Leucit	0,1912	„ braun	0,2111
Muscovit	0,2049	Vesuvian	0,1949
Natrolith	0,2375	Wernerit	0,2003

A. Bogojawlensky bestimmte im Anschlusse an die Arbeiten G. Tammanns[1]) die spezifischen Wärmen für einige kristallisierte und amorphe Silicate.

	c_{100-20} amorph	kristallisiert
Leucit	0,175	0,178
Eläolith	0,192	0,184
Mikroklin	0,185	0,197
Natriumsilicat	0,191	0,197

G. Lindner[2]) hat ebenfalls einige spezifische Wärmen bestimmt, eine Anzahl seiner Bestimmungen betrifft Silicate (vgl. S. 703).

J. H. L. Vogt[3]) hat auf Grund der R. Akermanschen Untersuchungen die Schmelzwärme betreffend, der Bestimmungen der latenten Schmelzwärme und der bis 1904 bekannten Schmelzpunktswerte, für eine Anzahl von Silicaten die spezifischen Wärmen zwischen 0° und dem Schmelzpunkte berechnet (siehe die Formeln S. 699).

Die mittleren spezifischen Wärmen zwischen 100 bis 0° und zwischen 0 bis 1200° berechnete er folgendermaßen:

	100—0°	1200—0°
$CaMgSi_2O_6$	0,194	0,281
$CaSiO_3$	0,179	0,288
$(Ca, Mg)_4Si_3O_{10}$	0,187	0,262
$CaAl_2Si_2O_8$	0,189	0,294
$(Mg, Ca)SiO_3$ mit 0,85 MgO, 0,15 CaO	0,206	0,310

[1]) G. Tammann, Kristallisieren und Schmelzen (Leipzig 1903), 57.
[2]) G. Lindner, Sitzber. phys.-med. Soc. Erlangen **34**, 217 (1903).
[3]) J. H. L. Vogt, l. c. 43.

R. Ulrich[1]) hat nach der Mischungsmethode einige Versuche ausgeführt:

	zwischen 20—98°
Hornblende	0,1952
Hypersthen	0,1914
Kaliglimmer	0,2080
Labrador	0,1949
Oligoklas	0,2048
Orthoklas	0,1941
Magnesiaglimmer . .	0,2061
Natronglimmer . . .	0,2085
Talk	0,2092

Während des Druckes dieses Aufsatzes erschien eine Mitteilung von K. Schulz[2]) über die mittlere spezifische Wärme einiger Silicate im kristallisierten und im amorphen Zustande bei niedrigeren Temperaturen, 0—100°, aus welchen hervorgeht, daß bei Mikroklin die mittlere spezifische Wärme der amorphen Phase (Glas) im Gegensatze zu den Arbeiten von A. Bogojawlenski[3]) größer ist als die der kristallisierten Phase. Auch bei den anderen Silicaten, die untersucht wurden, ist dies der Fall, wie aus folgender Tabelle hervorgeht:

Mittlere spezifische Wärme zwischen 20 und 100°.

		amorph	kristallisiert
$PbSiO_3$		0,07886	0,07807
Adular, St. Gotthard		0,1895	0,1855
Mikroklin mit Albit,	Arendal . .	0,1919	0,1865
	Miasc. . .	0,1884	0,1845
		0,1881	—
	Saetersdalen .	0,1909	0,1878
Spodumen, Brancheville		0,2176	0,2161

Weitere Bestimmungen entlehne ich J. H. L. Vogts[4]) Arbeit:

Malakolit (nach P. Öberg)	zwischen 100—0° . . .	0,192
Anorthit (etwas unrein)	„ „ . . .	0,197
Wollastonit (H. Kopp)	„ „ . . .	0,178

Bestimmungen von W. P. White. Dieser[5]) hat es am Carnegie-Institut unternommen, neue Untersuchungen der Mineralien durchzuführen. Sie wurden nach der calorimetrischen Methode ausgeführt und sind dem Anscheine nach ziemlich genau. Er legt besonders Gewicht darauf, daß das zu untersuchende Material unmittelbar aus dem Ofen in das Calorimeter fallen kann, und hat zu diesem Zweck einen eigenen Apparat konstruiert. Es dürften diese Bestimmungen die genauesten, die wir besitzen,

[1]) Wollnys Forsch. a. d. Geb. d. Agrikulturphysik, **17**, 1 (1894); siehe auch Börnstein-Landolts Tabellen.

[2]) K. Schulz, ZB. Min. etc. (1911), 639.

[3]) A. Bogojawlenski, l. c., vgl. S. 701.

[4]) J. H. L. Vogt, l. c. 43.

[5]) W. P. White, Am. Journ. **28**, 334 (1909) und auch Phys. Rev. **31**, 545, 562, 670—685 (1910).

sein, immerhin sind auch hier nicht wenig Fehlerquellen vorhanden. Er erhielt für die mittleren spezifischen Wärmen für die bezeichneten Temperaturen folgende Werte:

Obere Temperatur	Quarz	Wollastonit	Künstliches $CaSiO_3$	Orthoklas	Künstlicher Diopsid	Orthoklasglas
100°	0,1840	0,1833	—	—	0,1919	—
	0,1851	—	—	—	0,1905	—
500°	0,2372	0,2180	0,2159	0,2248	0,2310	0,2291
	0,2368	0,2169	0,2169	0,2246	0,2308	0,2304
700°	0,2547	0,2286	—	—	0,2420	—
	0,2559	0,2289	—	—	0,2422	—
	0,2556	—	—	—	—	—
900°	0,2597	0,2354	—	—	0,2499	—
	0,2594	0,2355	—	—	0,2488	—
	—	—	—	—	0,2463	—
1100°	0,2643	0,2423	0,238	0,2505	0,2562	0,2588
	0,2646	0,2404	0,2375	0,2513	0,2564	0,2591
	—	0,2403	—	—	—	—
1300°	—	—	0,2422	—	0,2613	—
	—	—	0,2416	—	0,2596	—
	—	—	—	—	0,2601	—

Die wahre spezifische Wärme wird in Abhängigkeit von der mittleren spezifischen Wärme approximativ durch die Formel

$$c_1 = \alpha + \beta\,\Theta$$

berechnet; J. H. L. Vogt[1]) findet für β den Wert von 0,00078.

Genauer jedoch ist diese Abhängigkeit durch die Formel

$$c_1 = \alpha + \beta\,\Theta + \gamma\,\Theta^2$$

ausgedrückt, also nicht geradlinig, sondern durch eine parabolische Kurve.[2])

G. Lindner[3]) arbeitete mit dem etwas modifizierten Eiscalorimeter von Bunsen. Er berechnete die wahren spezifischen Wärmen für eine bestimmte Temperatur, unter der Voraussetzung, daß die Abhängigkeit durch eine gerade Linie darstellbar sei, was aber nach dem Vorhergehenden nicht ganz richtig ist. Im allgemeinen steigt auch hier die spezifische Wärme mit der Temperatur.

	Adular	Andalusit	Topas
50°	0,1835	0,1684	0,2097
100°	0,1864	0,1731	0,2151
150°	0,1956	0,1774	0,2270
250°	0,2140	0,1861	0,2508

W. P. White hat auch eine graphische Bestimmungsweise der wahren spezifischen Wärmen aus den mittleren dadurch gegeben, daß zur Kurve der mittleren spezifischen Wärme in dem betreffenden Temperaturintervall die

[1]) J. H. L. Vogt, l. c. 45.

[2]) A. Behn, Ann. d. Phys. 4. F. 1, 203 (1900).

[3]) G. Lindner, Inaug.-Diss. (Erlangen 1903). — Sitzber. phys.-med. Soc. Erlangen **34**, 217 (1903).

Tangente gezogen wird; diejenige Strecke auf der Ordinatenachse y, welche zwischen dem Schnittpunkte der Tangente mit der Achse und dem Schnittpunkte einer von dem Temperaturpunkte gezogenen Horizontalen mit derselben Achse y, liegt, muß zur mittleren spezifischen Wärme addiert werden.

Die wahren spezifischen Wärmen sind nach W. P. White folgende:

Temperatur	Wollastonit	Calcium-metasilicat	Orthoklas	Orthoklas-glas	Diopsid
500°	0,251	0,250	0,257	0,264	0,262
700°	0,263	—	—	—	0,272
900°	0,262	—	—	—	0,281
1100°	0,261	0,259	0,279	0,297	0,286

Es wurde hervorgehen, daß für Wollastonit und Diopsid die Werte zwischen 700—1100° nur wenig schwanken. Auffallend ist der Unterschied zwischen Orthoklas und seinem Glas.

Silicatgesteine.

Für Silicatgesteine liegen mehrere Angaben vor und zwar von A. Bartoli[1]) für Granit und Basalte; J. H. L. Vogt ist der Ansicht, daß letztere wohl etwas zersetzt sein konnten, da die Zahlen für 100—20° auffallend hoch erscheinen.

Für Granit erhielt A. Bartoli für die mittlere spezifische Wärme:

100—20°	0,203
524—20°	0,229
791—20°	0,260

Für Gneis fand R. Weber[2]):

20°	0,1726
99°	0,1961
213°	0,2143

Einige Beobachtungen an Basalt rühren von Hecht her. Er fand für Basalte Werte zwischen 0,100 und 0,205. J. Joly fand für drei englische Granite Werte zwischen 0,1892 und 0,1927.

An einigen Basalten hat A. Bartoli Versuche ausgeführt: Für Ätna-Lava fand er für verschiedene Fundorte Werte zwischen 0,197 und 0,280.

Bekannt ist die Arbeit von W. C. Roberts-Austen und A. W. Rücker[3]) an einem Basalt; die Zahlen sind:

467—20°	0,199	924—20°	0,282
747—20°	0,217	977—20°	0,284
759—20°	0,223	983—20°	0,283
792—20°	0,220	1090—20°	0,285
846—20°	0,257	1192—20°	0,290
860—20°	0,277		

Leider ist der Schmelzpunkt des Basalts nicht angegeben worden; auch über den Glasgehalt des Basalts verlautet nichts. G. Tammann[4]) glaubt, daß,

[1]) A. Bartoli, l. c. Landolt-Börnsteins Tabellen.

[2]) R. Weber, Inaug.-Diss. (Zürich 1874); vgl. J. H. L. Vogt, Silicatschmelzlösungen II, (Kristiania 1904), 41.

[3]) W. C. Roberts-Austen u. A. W. Rücker, Phil. Mag. **32**, 353 (1891). — J. H. L. Vogt, l. c. 40.

[4]) G. Tammann, Kristallisieren und Schmelzen, (Leipzig 1903), 18.

wie es auch die Autoren selbst zugeben, bei den Bestimmungen Fehler unterlaufen sind; er macht darauf aufmerksam, daß, da die Schmelzwärme des Basalts bei 460° durch den Nullwert gehen müßte, die Energiedifferenzen des geschmolzenen und des kristallisierten Basalts bei 20° negative Werte zeigen würden und die Schmelzwärmen bei hohen Temperaturen ihr Vorzeichen wechseln müßten, was unwahrscheinlich ist. Er hat bei 15° die Lösungswärme des geschmolzenen Basalts in HF um 130 g-cal. pro 1 g größer gefunden als die des kristallisierten, also umgekehrt wie bei den genannten Autoren.

Bei 800° müßte die Schmelzwärme doppelt so groß sein als die erhaltene. Allerdings wurde nicht derselbe Basalt bei beiden Untersuchungen angewandt, doch sind die Resultate von W. C. Roberts-Austen auch für die spezifischen Wärmen unwahrscheinlich, wie J. H. L. Vogt[1]) bemerkt, und dürfte wohl ein Fehler unterlaufen sein.

Bestimmung der spezifischen Wärme des Diabases durch C. Barus.[2]) Ich will diese Untersuchung, da sie von dem berühmten Physiker mit einem besonderen Apparat und sehr genau durchgeführt wurde, eingehender behandeln, bemerke jedoch, daß ich bei Besprechung der Schmelzwärme auf den Hauptfehler zurückkomme, daß Diabas nicht ganz kristallin erstarrt, es war eben die Wahl dieses Gesteines nicht zweckmäßig und es wäre besser gewesen, ein rasch kristallisierendes und homogenes Mineral zu wählen, doch kommt das nur für die Schmelzwärme in Betracht. Die Methode war die vermittelst des Calorimeters.

Spezifische Wärme des festen Diabases nach C. Barus:

Θ	1. $\Theta . c_{\Theta-0}$ cal.	2. $\Theta . c_{\Theta-0}$ cal.	$c_{\Theta-0}$	
781°	—	180	c_{781-0}	0,231
829	191	—	c_{829-0}	0,230
873	—	202	c_{873-0}	0,231
880	204	—	c_{880-0}	0,232
948	—	227	c_{948-0}	0,240
993	—	238	c_{993-0}	0,242
1001	242	—	c_{1001-0}	0,242
1025	253	—	c_{1025-0}	0,244
1078	263	—	c_{1078-0}	0,244
1096	—	268	c_{1096-0}	0,245
1166	311	—	c_{1166-0}	0,267
1171	—	302	c_{1171-0}	0,258

Bei 1171° dürfte schon der Schmelzprozeß begonnen haben.

Die mittlere spezifische Wärme für den festen Zustand, 1100—800°, war bei der ersten Versuchsreihe 0,304, bei der zweiten 0,290; für den flüssigen Zustand $c_{1400-1200^0}$ erhielt er 0,350 und 0,360. Die wahre spezifische Wärme für das Intervall 781—1171° steigt nach der Formel $c = \alpha + \beta \Theta$, also geradlinig.[3]) Für das Temperaturintervall von 100—0° berechnet J. H. L. Vogt aus den Daten von C. Barus 0,185 als annähernden Wert nach dem Woestynschen Gesetz.

---

[1]) J. H. L. Vogt, l. c. 41.
[2]) C. Barus, Phil. Mag. (Sér. 5), **35**, 296 (1893); nach J. Vogt, l. c. 40.
[3]) Vgl. J. H. L. Vogt, l. c. II, 40.

Schmelzwärme.

Während die spezifischen Wärmen der Silicate doch noch verhältnismäßig genau bestimmt werden können, ist das für die Schmelzwärmen und die latenten Wärmen weit weniger der Fall. Es kann vorausgeschickt werden, daß unsere bisherigen Bemühungen zur Bestimmung der Werte bisher nur sehr wenig Erfolg hatten, und daß wir bei keinem Silicat eine auch nur annähernd genaue Zahl bestimmt haben, deshalb sind auch alle theoretischen Betrachtungen und Berechnungen, in welchen die Werte der Schmelzwärme eine Rolle spielen, nicht einwandfrei.

Man unterscheidet die totale Schmelzwärme und die latente Schmelzwärme.

Die totale Schmelzwärme ist die Wärmemenge in Calorien (cal.), welche notwendig ist, um ein Gramm eines Stoffes vom Nullpunkte an bis zum Schmelzen zu bringen. Man geht gewöhnlich vom absoluten Nullpunkte aus, aus praktischen Rücksichten kann man jedoch die Erwärmung vom Eispunkte an rechnen.

Diese Wärmemenge setzt sich zusammen aus der spezifischen Wärme und der latenten Schmelzwärme; die latente oder Schmelzwärme im engeren Sinne q ist jene Wärmemenge, die notwendig ist, um ein Gramm eines Stoffes bei der Temperatur des Schmelzpunktes ohne Temperaturerhöhung aus dem festen in den flüssigen Aggregatzustand überzuführen.[1])

Die latente Schmelz- oder Kristallisationswärme ist von derjenigen Temperatur abhängig, bei welcher der Übergang der Substanz aus einem Aggregatzustand in den anderen stattfindet, wenn der Druck stets gleich bleibt. Sinkt die Schmelztemperatur um 1^0, so sinkt die latente Schmelzwärme q um $c_\Theta - c_{\Theta-1}$ cal., wo c_Θ, $c_{\Theta-1}$ die spezifischen Wärmen bei den Temperaturen Θ, bzw. $\Theta - 1$ bedeuten. Schmelz- und Kristallisationswärmen kommen nur für kristallisierte Körper, nicht für Gläser in Betracht; kühlt sich ein Körper teilweise glasig ab, so wird die Schmelzwärme bzw. richtiger die Kristallisationswärme zu klein ausfallen.

Die Schmelzwärmen wurden bei Silicaten im Calorimeter bestimmt, doch existieren über Silicate äußerst wenige Versuche.

Wenn schon die Bestimmung eines sonst so einfachen Wertes wie des Schmelzpunktes bei den Silicaten so große Schwierigkeiten macht, so kann es nicht überraschen, daß das in weit höherem Maße für die Schmelzwärmen gilt. Wir sahen ja früher, daß die Wärmeerscheinung beim Schmelzen meistens so gering ist, daß sie nur mit großen Schwierigkeiten zu messen ist, und bei Körpern mit geringer Kristallisationsgeschwindigkeit wird es schwer sein, die beim Kristallisieren sich entwickelnde Wärme zu messen. Zudem kann bei vielen Silicaten von keinem bestimmbaren Schmelzpunkte gesprochen werden.

A. Brun[2]) gibt für die Schmelzwärme des Anorthits einen Wert von 451—456 cal. an, jedoch ist aus seiner Abhandlung die Methode der Bestimmung nicht ersichtlich.

---

[1]) O. D. Chwolson, l. c. III, 617.

[2]) A. Brun, Ann. sc. phys. nat. Geneve 1904, Dez.-Heft.

Im Calorimeter wird die Kristallisationswärme nur dort meßbar, wo die Kristallisationsgeschwindigkeit so groß ist, daß der Körper auch kristallin erstarrt, wenn die Abkühlung eine sehr rasche ist. Dies ist nur bei einer geringen Anzahl von Silicaten der Fall. Welche Silicate zu diesen Zwecken geeignet sind, kann nur experimentell entschieden werden. Aus meinen Versuchen schließe ich, daß beim Abschrecken der Schmelze in Wasser folgende Silicate ganz oder nahezu gänzlich kristallisieren: $CaSiO_3$, Ca_2SiO_4, $MnSiO_3$, Mn_2SiO_4, Fe_2SiO_4, Li_2SiO_4, $LiSiO_3$, Mg_2SiO_4, $MgSiO_3$, $PbSiO_3$. Fast alle Tonerdesilicate erstarren zumeist nicht kristallin oder nur teilweise.

Der Anorthit gibt bereits merklich Glas, ebenso Diopsid und die Feldspäte, mit Ausnahme des Anorthits erstarren zum größten Teil ganz glasig; ebenso Leucit, Nephelin, Augit. Alle diese letztgenannten Silicate sind daher nicht geeignet zur Bestimmung von Kristallisationswärmen.

Bei Gesteinen ist wohl zu beachten, daß nur wenige davon bei rascher Abkühlung kristallin erstarren, auch basische Silicatschmelzen sowie Diabas, Basalt, erstarren nur halbglasig; demnach sind einschlägige Bestimmungen fehlerhaft und man kann leicht für die Schmelz- bzw. Kristallisationswärme den halben Wert, vielleicht noch einen kleineren erhalten; Gesteine sind daher für derartige Bestimmungen nicht geeignet. Bezüglich des Wertes (24 g-cal.), welchen C. Barus für Diabas erhielt, vgl. S. 710.

Direkte brauchbare Bestimmungen der latenten Schmelz- bzw. Kristallisationswärme sind nicht vorhanden, nur L. Rinman einerseits, L. Gruner andererseits (vgl. S. 709) versuchten sie dadurch zu bestimmen, daß sie Schlacken im festen und im Schmelzzustande in das Calorimeter brachten und die Differenz der Schmelzwärmen maßen; L. Rinman[1]) erhielt so für eine Augitschlacke 120 cal., für eine Melilithschlacke 91 cal.

Zwischen dem Schmelzpunkte in Celsiusgraden Θ, der Temperatur Θ', bei welcher die Schmelzmasse in das Calorimeter kam (bei Silicaten muß diese Temperatur 50—100° höher als Θ liegen), der mittleren spezifischen Wärme zwischen Θ und 0°, welche wir $c_{\Theta-0}$ nennen wollen, der mittleren spezifischen Wärme zwischen Θ und Θ', die wir mit $c_{\Theta'-\Theta}$ bezeichnen, der latenten Schmelzwärme q (in Calorien gerechnet), und der totalen Schmelzwärme Q vom Eispunkte an, besteht folgende Relation[2]):

$$Q = q + \Theta \,.\, c_{\Theta-0} + (\Theta' - \Theta)\, c_{\Theta'-\Theta}.$$

J. W. Richards hat für einige Metalle q berechnet und fand, daß $q = \frac{1}{3}Q$ bis $\frac{1}{4}Q$ ist. Es ist natürlich schwer zu sagen, ob die Richardssche Regel für Salze auch gilt, wenigstens annähernd dürfte dies der Fall sein.

Versuche an Schlacken hat R. Akerman[3]) ausgeführt, sie sind aber wenig verläßlich.

J. H. L. Vogt[4]) benutzt die Bestimmungen der Schmelzwärme von R. Akerman zur Berechnung der latenten Wärme, nach der Formel

$$Q = q + \Theta . c_{\Theta-0},$$

[1]) Nach J. H. L. Vogt, l. c. II, 56.
[2]) Nach J. H. L. Vogt, Silicatschmelzlösungen II, (Kristiania 1904), 32 u. 57.
[3]) R. Akerman, St. u. Eisen 1886. — Vgl. J. H. L. Vogt, Silicatschmelzlösungen II.
[4]) J. H. L. Vogt, l. c. II, 57.

wobei jedoch zu berücksichtigen ist, daß der Schmelzpunkt Θ kein scharfer ist, daher die einzusetzende Zahl schwankt, ebenso ist die Bestimmung der spezifischen Wärme keine genaue, und endlich ist der Wert von Q ein ganz approximativer. Insbesondere ist jedoch die Überwärme nicht 12 cal., sondern viel größer (vgl. unten).

Wenn daher bei so vielen Fehlerquellen auch die Beobachtung manchmal mit der Berechnung (die aber auch nicht einwandfrei ist) stimmt, so ist das wohl mehr ein Zufall.

Einer der Hauptfehler in der Bestimmung der Schmelzwärme wird dadurch verursacht, daß man, um überhaupt eine Schmelze ausgießen zu können, diese, da dies ja nur im wenig viscosen Zustande gelingen wird, so stark über den Schmelzpunkt erhitzen muß, daß sie einen gewissen Flüssigkeitsgrad erreicht; R. Akerman hat nun angenommen, daß dieser Punkt nur einige Grad über dem Erstarrungspunkt liegt, und daß $\Theta' - \Theta$ nur eine kleine Zahl darstellt; dies ist aber meistens nicht der Fall, denn die Differenz beträgt 50—150°, wie ich aus einschlägigen Versuchen bestimmte; allerdings bei denjenigen Silicaten, die, wie wir sahen, sich allein zur Bestimmung des Schmelzpunktes eignen, meistens etwas weniger, aber immerhin noch ca. 50—100°. Während nun R. Akerman die Überwärme auf 12 cal. schätzte, betrug sie in Wirklichkeit drei- bis viermal so viel oder noch mehr, daher ist das Produkt

$$(\Theta' - \Theta)\, C_{\Theta' - \Theta}$$

ungefähr 50 cal. statt 12, so daß also die Schmelzwärmen jedenfalls zu hoch sind.

Die Methode R. Akermans war die calorimetrische. In mit Kohle ausgefütterten Schmelztiegeln wurden die gewogenen Mischungen, 200 g, in verschiedenen Proportionen von SiO_2, CaO, MgO, MnO bzw. von SiO_2, Al_2O_3, MgO, CaO in einem Fletcherofen geschmolzen, ganz wenig bis etwas über den Schmelzpunkt gekühlt und dann, wie erwähnt, in ein in dem Calorimeter steckendes kupfernes Rohr eingezogen, wobei die Abkühlungszeit ca. 5—6 Minuten dauerte.

Diese Methode ist mit zahlreichen Fehlerquellen behaftet, die jedoch auch bei Wiederholung der Versuche schwer zu vermeiden sein werden, so daß gegenwärtig eine halbwegs genaue Bestimmung der Schmelzwärme aussichtslos erscheint.

Im ganzen ist also eine approximative Schätzung der Schmelzwärmen auf Grund der Akermanschen Versuche möglich, aber es ist eben nur eine Schätzung mit Fehlern von 30—40%. Die diesbezüglichen Messungen von R. Akerman haben daher nur wenig Wert. Ich gebe diese Zahlen nach J. H. L. Vogt.[1])

Schmelzwärme von Silicaten (von 0° Celsius berechnet).

$CaMgSi_2O_6$	456 cal.
$Mg_2Si_2O_6$	575
$CaSiO_3$	472
Mg_2SiO_4	600
$CaAlSi_2O_8$ (Anorthit)	470
$(Ca, Mg)_4Si_3O_{10}$ (Akermanit)	416

[1]) J. H. L. Vogt, l. c. 42, 68.

Die Reihenfolge der Schmelzwärmen ist ungefähr die der Schmelzpunkte (vgl. S. 711).

Nach J. H. L. Vogt[1]) beträgt die latente Schmelzwärme von $CaSiO_3$, von $CaMgSi_2O_6$ sowie der Feldspäte rund 100 cal., doch liegen genauere Messungen darüber nicht vor; für Mikroklin erhielt G. Tammann 93, für Anorthit dürfte die Zahl höher sein, was auch mit dem Schmelzpunktsunterschied gegenüber Albit, der ca. 170° beträgt, übereinstimmen würde.

Aus dem Vorhergehenden ist ersichtlich, daß wir bezüglich der Schmelzwärmen und latenten Wärmen nicht einmal orientierende Versuche haben; die experimentellen Schwierigkeiten sind überaus große und dürften wohl wegen der großen dazu erforderlichen Mittel nur vom Carnegie-Institut zu überwinden sein. Die übliche Calorimetermethode hat aber für Silicate auch theoretische Fehlerquellen, die schwer zu überwinden sein werden und es wären hier andere Methoden anzuwenden.

Energie-Isobaren des Diopsids.

J. H. L. Vogt[2]) hat den Energieinhalt von künstlichem Diopsid ($CaMgSi_2O_6$) zwischen 0° und 1400° berechnet unter Annahme der früher angegebenen Werte.

1.		2.	
	cal.	Temperatur Θ	cal.
200°	41	1000°	265
400°	88	1200	335
600°	142	1225 fest	344
800°	200	1225 flüssig	444
		1400	520

Die Energiekurve des amorphen Diopsids liegt bei 0° um ca. 93 cal. und bei 1225° ca. 100 cal. höher als die des kristallisierten.

Bestimmung der Differenzen der Lösungswärmen amorpher und kristallisierter Silicate.

G. Tammann[3]) hat die Energiedifferenzen der amorphen und der kristallisierten Phase bei mehreren Silicaten bestimmt, was insbesondere auch in Hinblick auf die unbefriedigenden Resultate für die Energieisobaren für Basalt wünschenswert war (s. S. 705). Es wurden Säurelösungen angewandt und zwar je 100 g 30%iger Flußsäure mit 250 ccm 1,1- normaler Salzsäure gemengt. Bei Leucit waren 100 g 3,6- normaler Flußsäure mit 250 ccm 1,0- normaler Salzsäure gemengt worden. Die vollständige Auflösung von je 1 g des Stoffes wurde am Gang des Calorimeterthermometers erkannt.

Durch Messung des Leitvermögens war konstatiert worden, daß das amorphe und kristallisierte in der Lösung im selben Zustande waren.

---

[1]) J. H. L. Vogt, l. c. II, 66.
[2]) J. H. L. Vogt, l. c., II, 70.
[3]) G. Tammann, Kristallisieren und Schmelzen (Leipzig 1903) 56.

		Lösungsdauer in Minuten	Lösungswärme pro 1 g	Kristallisationswärme pro 1 g
Leucit	kristall.	3	507	26
	amorph	6	533	
Spodumen	amorph		714	
Eläolith	kristall.	24	575	73
	amorph	3	649	
Mikroklin	kristall.	24	517	83
	amorph	4	600	
Diopsid	kristall.	64	472	93
	amorph	56	565	
Natriumsilicat	kristall.	17	457	29
	amorph	13	486	

Ein Fehler von 1% der Lösungswärme verursacht einen Fehler von 10% der Kristallisationswärme.

Nach J. H. L. Vogt waren bei den Bestimmungen G. Tammanns jedoch die Fehlerquellen sehr groß, er meint, daß viele Substanzen so schnell kristallisieren, daß es sehr schwierig ist, ein amorphes Produkt zu erhalten. Nach meinen Versuchen [1]) wäre dies bei den genannten Mineralien jedoch nicht der Fall, da man sogar Diopsid halb glasig erhalten kann.

Aber in dieser Hinsicht kann man sagen, daß gerade die Verbindungen Leucit, Eläolith, Mikroklin sehr gut gewählt sind. Ich halte die Tammannschen Zahlen für richtiger, als die aus den Versuchen R. Akermans berechneten.

Bestimmung der latenten Schmelzwärme am Diabas durch C. Barus.

Die spezifische Wärme fand C. Barus (vgl. S. 705) [2]) zwischen 800° und 1100°, zwischen 0,290 und 0,304. Beim Schmelzpunkt, den er auf 1168° schätzt (vielleicht etwas zu hoch, jedenfalls hat ein Gestein, welches aus mehreren Komponenten besteht, keinen fixen Schmelzpunkt) ist $\Theta \times C_{\Theta-0} = 307$ cal.

C. Barus [3]) berechnet die latente Schmelzwärme für 1200°, welches ungefähr der Schmelzpunkt des Diabases ist, zu 24 cal., für den Erstarrungspunkt 1100° zu 16 cal. Bei 1170° ist $dT/dp = 0{,}025$ (vgl. S. 673). Die Kontraktion des Diabases betrug beim Erstarrungspunkt, bezogen auf die Volumeneinheit des festen Gesteins, $34 \cdot 10^{-3}$. Die Dichte des ursprünglichen Gesteins ist bei 0° 3,0178, die des Schmelzflusses 2,717.

Die erhaltenen Zahlen für die Schmelzwärmen sind allerdings viel niedriger, als die von R. Akerman und auch von G. Tammann gefundenen, indessen wissen wir, daß auch die Tammannschen Angaben viel niedriger sind, als die Akermanschen, letztere dürften wohl etwas ungenau sein und ich halte es nicht für berechtigt, den Barusschen Wert durch fünf zu dividieren, um ihn mit den jedenfalls auch ungenauen Akermanschen in Einklang zu bringen. Allerdings wird Diabas bei der raschen Abkühlung nicht ganz,

[1]) C. Doelter, Sitzber. Wiener Ak. **114**, 354 (1905).
[2]) C. Barus, Phil. Mag. Ser. 5, **35**, (1893).
[3]) C. Barus, Am. Journ. **42**, 498 (1891); **43**, 56 (1892); **46**, 140 (1893). — Phil. Mag. **35**, 173 (1893).

aber wohl teilweise kristallisieren und der von C. Barus gefundene Wert ist zwar gewiß zu niedrig, aber um wie viel, läßt sich nicht gut angeben.

Beziehungen zwischen Schmelzwärme und Schmelzpunkt. Die latente Wärme steigt und fällt mit der totalen Schmelzwärme. Zwischen der totalen Schmelzwärme und der latenten Schmelzwärme existiert ein einfaches Verhältnis, das J. W. Richards (vgl. S. 707) für Metalle zwischen 3 : 1 bis 4 : 1 fand; nach J. H. L. Vogt wäre es für die untersuchten Silicate 1 : 5. Je höher die Schmelzwärme, um so höher ist auch der Schmelzpunkt. E. v. Jüptner[1]) glaubt, daß die Schmelzpunkte annähernd den Schmelzwärmen proportional sind, was aber nicht richtig ist, wenn man die vorhandenen Resultate vergleicht; richtig ist nur, daß die Verbindungen mit hohem Schmelzpunkt Olivin, Enstatit, Quarz, hohe Schmelzwärmen haben. Bei Anorthit ist die gefundene Schmelzwärme auffallend niedrig.

J. H. L. Vogt[2]) hat auch Beziehungen zwischen den Schmelzwärmen, der Zusammensetzung der auskristallisierenden Verbindungen und ihren Individualisationsgrenzen gefunden; nach ihm fällt das Maximum der totalen Schmelzwärme mit der Zusammensetzung der auskristallisierenden Mineralien, die Minima dagegen mit den Individualisationsgrenzen der Mineralien zusammen. Bei diesen Berechnungen sind die Zahlen von R. Akerman, die aber zweifelhaft sind, als Grundlage angenommen.

Bezüglich der Wärmekapazität der isomorphen Mischkristalle ist folgendes zu bemerken:

Die spezifischen Wärmen isomorpher Mischungen folgen der Mischungsregel. Die Schmelzwärmen isomorpher Mischungen folgen dem Regnaultschen Gesetze um so genauer, je näher ihre Schmelzkurve einer Geraden sich nähert, also je vollkommener ihre Mischbarkeit ist.[3])

Der Ausstrahlungsexponent der Silicate.

Das bekannte Stefansche Gesetz besagt, daß die pro Zeit und Flächeneinheit ausgestrahlte Wärmemenge Q berechnet wird aus der absoluten Temperatur und einer variablen Konstante, die von der Natur des Körpers namentlich von seiner spezifischen Wärme abhängt.

$$Q = \tau \, . \, T^4 .$$

L. Boltzmann hat später gezeigt, daß diese Formel nur für schwarze Körper gilt, für andere ist jedoch der Exponent 4 durch eine andere, nicht sehr stark von 4 abweichende Zahl zu ersetzen.

Bezüglich der Silicate hat J. H. L. Vogt[4]) aus seinen Beobachtungen über die Abkühlung der Silicate den Schluß gezogen, daß der Exponent unter 4 liegt, und zwar wahrscheinlich 3,7 ist; wenn man die danach berechneten Werte mit den beobachteten vergleicht, so ergibt sich eine ziemliche Übereinstimmung, falls man, was aber nicht ganz richtig ist, annimmt, daß die wahre spezifische Wärme nach der Formel $c_\Theta = c_0 \, (1 + 0{,}0078 \, t)$ steigt. J. H. L. Vogt[4]) kommt zu dem Resultate, daß der Ausstrahlungsexponent zwischen 3,5—3,8 liegen dürfte.

---

[1]) E. v. Jüptner, Tsch. m. Mit. **23**, 191 (1904).
[2]) J. H. L. Vogt, l. c. II, 74.
[3]) B. Bogojawlensky und N. Winogradow, Z. f. phys. Chem. **64**, 254 (1908).
[4]) J. H. L. Vogt, Silicatschmelzlösungen II, (Kristiania 1904), 50.

Allgemeines über elektrolytische Dissoziation der Silicatschmelzen.

Es wurde zuerst die Vermutung ausgesprochen, daß das Silicatmagma, wie es in dem vulkanischen Magma vorliegt, mit einer Legierung Ähnlichkeit habe. Erst C. Barus und J. Iddings[1]) wiesen nach, daß eine Silicatschmelze elektrolytische Leitfähigkeit besitze. Sie verwendeten zu ihren Versuchen verschiedene Silicatmagmen mit SiO_2-Gehalten von 48,5—75,5 $^0/_0$ und konstatierten einen großen positiven Temperaturkoeffizienten der Leitfähigkeit.

Schon im Jahre 1890 hatte ich Vorversuche ausgeführt, welche bewiesen, daß Basalt elektrolysiert werden kann; an der Kathode hatte eine Anreicherung von Eisen stattgefunden.[2])

Durch diese Versuche wurde nachgewiesen, daß Silicate sich nicht wie Legierungen, sondern wie Elektrolyte verhalten und dissoziierte Lösungen darstellen. C. Barus und J. P. Iddings sind der Ansicht, daß im Schmelzfluß jedes Oxyd im Magma selbständig auftritt, während F. Löwinson-Lessing[3]) hauptsächlich wegen der Differentiation der Gesteine Gruppen von Silicaten annimmt; J. H. L. Vogt[4]) entscheidet sich, wohl mit Rücksicht auf die Ausscheidungsfolge der Silicate, ebenfalls für die Existenz der unzersetzten Silicatmoleküle im Schmelzfluß, was jedoch der Dissoziation widersprechen würde (vgl. unten bei Differentiation).

Um die einschlägigen Fragen ihrer Lösung näher zu bringen, unternahm ich es, eine Reihe von Silicaten im geschmolzenen Zustande auf ihre Leitfähigkeit zu untersuchen.

Die Bestimmung der Leitfähigkeit der Silicatschmelzen begegnet jedoch sehr großen technischen Schwierigkeiten, wegen der hohen Temperaturen und namentlich, weil die natürlichen Silicate Gase enthalten, welche beim Erhitzen entweichen und in der Flüssigkeitssäule Diskontinuitäten hervorrufen; daher sind die erhaltenen Resultate nur ganz approximativ und handelt es sich mehr darum, einen Vergleich der verschiedenen Schmelzen anzustellen, als um numerisch genaue Resultate, denn es ist ja klar, daß die Frage nach der Dissoziation der Silicatschmelzen einerseits auch für die petrographischen und geologischen Fragen wichtig ist, andererseits aber auch von chemisch-physikalischem Interesse ist.

Untersuchungsmethode. Bei Ausführung der Versuche lehnte ich mich[5]) an die Untersuchungen von R. Lorenz[6]) über Elektrolyse und Dissoziation geschmolzener Salze an. R. Lorenz hat zahlreiche Untersuchungen an Chloriden und Bromiden der Schwermetalle durchgeführt und dabei wie auch später K. Arndt[7]) dünne **U**-Röhren benutzt.

---

[1]) C. Barus u. J. P. Iddings, Am. Journ. **44**, 242 (1892).
[2]) Vgl. C. Doelter, Physik.-chem. Min. (Leipzig 1905) 102.
[3]) F. Löwinson-Lessing, C. R. du IX congrès géologique, St. Petersburg 1899, 330.
[4]) J. H. L. Vogt, Silicatschmelzlösungen II, (Kristiania 1904), 204.
[5]) C. Doelter, Über die Dissoziation der Silicatschmelzen I u. II, Sitzber. Wiener Ak. **116**, 1243 (1907); **117**, 499 (1908).
[6]) R. Lorenz, Elektrolyse geschmolzener Salze (Halle 1906), III.
[7] K. Arndt, Z. f. Elektroch. **12**, 333 (1906).

R. Lorenz[1]) hat auch nachgewiesen, daß die Bestimmungen in dem Maße genauer werden, als die Länge der Flüssigkeitssäule wächst und der Querschnitt dünner wird.

Für Silicatschmelzen muß die Methode von R. Lorenz etwas abgeändert werden. Vor allem läßt sich eine Flüssigkeitssäule mit kleinem Querschnitt nicht verwenden. Die Silicate enthalten Gase, welche sich bei der Erhitzung entwickeln, und, da sie in der viscosen Schmelze nicht sofort entweichen können, die Schmelze aufblähen, wodurch eine Unterbrechung der Flüssigkeitssäule entsteht. Die Disposition in **U**-Röhren, die R. Lorenz und K. Arndt[2]) verwendeten, bewährte sich hier aus dem eben angegebenen Grunde nicht.

Später machte ich Versuche mit horizontalen,[3]) kreisrunden Arrheniuselektroden, welche in einem 30 mm im Durchmesser führenden Tiegel angeordnet waren. Die Isolierung der Elektrodenstäbe erfolgte durch kleine Säulen aus Hechtscher Masse. Die kreisrunden Elektroden hatten einen Durchmesser von 20 mm. Auch diese Anordnung bewährte sich nicht, weil es wegen der Gasblasen vorkam, daß die Elektrode gehoben wurde, und bei einer dünnflüssigen Hornblende trat der Übelstand ein, daß durch die Isolierröhrchen die Schmelze hinaufdrang, wodurch Kurzschluß entstand; auch blieben die Luftblasen mitunter in der Schmelze stecken. Es wurde daher eine andere Vorrichtung mit vertikalen Elektroden eingeführt[4]) und gewöhnliche Tauchelektroden aus Platin verwendet; diese sind mit einem Platinbügel versehen, der in eine Öffnung der Seitenwand des Tiegels hineinpaßt und dort mit demselben Material, das zur Herstellung des Tiegels diente, eingekittet war, so daß ein Verrücken dieser Elektroden ausgeschlossen war (Fig. 70).

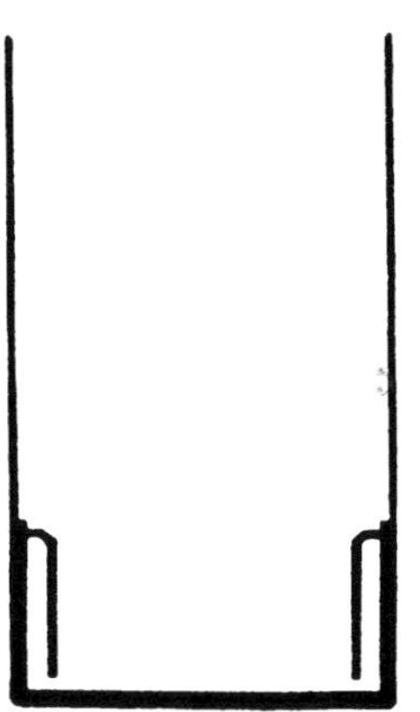

Fig. 70.

Um jedoch eine größere Genauigkeit zu erzielen, war es angebracht, die Länge der Flüssigkeitsschicht zu vergrößern, um größere Widerstände zu erzielen, doch war dieser Länge durch die Höhe des Widerstandes eine Grenze gezogen, da eine weitere Vergrößerung enorme Widerstände ergeben würde. Dann ist auch zu berücksichtigen, daß das Untersuchungsmaterial nicht in beliebigen Mengen zur Verfügung stand.

Um nun die Genauigkeit nach Möglichkeit zu vermehren und um andererseits durch Anwendung von Flüssigkeitssäulen von zu geringem Querschnitt nicht neue Fehlerquellen zu erzeugen, wurde nach verschiedenen Versuchen ein Querschnitt von 1 cm^2 und eine Länge von 24—25 mm gewählt. Das Gefäß zur Bestimmung der Leitfähigkeit ist ein kleiner Trog von parallelepipedischer Gestalt (Fig. 70). Als Material wurde eine bewährte Mischung von Kaolin und Quarz angewandt, welche von der Schmelze nicht angegriffen wird.

Was nun die Bestimmungsmethode anbelangt, so ist sie die übliche mit der Wheatstoneschen Brücke unter Anwendung von Wechselstrom und Telephon.

[1]) R. Lorenz, l. c.
[2]) R. Lorenz u. K. Arndt, Z. f. Elektroch. **12**, 338 (1906).
[3]) C. Doelter, Sitzber. Wiener Ak. **116**, 1249 (1907).
[4]) C. Doelter, Sitzber. Wiener Ak. **116**, 1249 (1907); **117**, 300 (1908).

Elektroden. Als Elektroden wurden stets Platinelektroden benutzt von 20 mm Höhe, 10 mm Breite und 1 mm Dicke, diese sind an einen Platinstab von 1 mm Durchmesser angeschweißt, wobei die Länge der Elektroden eine derartige war, daß sie noch 50 mm aus dem Ofen herausreichten; sie wurden oben durch kupferne Klemmen mit den Leitungsdrähten verbunden.

Die angewandte Methode ist die vermittelst des telephonischen Tonminimums wie bei wäßrigen Lösungen. Der durch ein Induktorium gelieferte Wechselstrom gibt so lange im Telephon einen lauten Ton, als die Widerstände in der Meßbrücke und in der Zelle (hier in der Schmelze, welche sich zwischen den Elektroden befindet) ungleich sind, bei Gleichheit dieser Widerstände muß der Ton ganz aufhören, oder es muß wenigstens sich ein Tonminimum einstellen; dieses Minimum läßt sich mehr oder weniger genau bestimmen. Auf der Meßbrücke wird dann der Widerstand abgelesen, welcher dem in der Schmelze vorhandenen entspricht, woraus sich der Widerstand berechnen läßt.

In wäßrigen Lösungen läßt sich dieses Tonminimum sehr gut bestimmen und dort ist die Messung auch eine entsprechend genaue. Bei Schmelzen wird dies jedoch weniger der Fall sein und im festen Zustande läßt sich dieses nur annähernd bestimmen.

Die Ursachen dieser ungenauen Bestimmung liegen zum größeren Teil in den Übergangswiderständen, zu deren Beseitigung man bei wäßrigen Lösungen bekanntlich die Elektroden platiniert; in unserem Falle erwies sich dies als nicht sehr nützlich, weil beim Hineinpressen des Pulvers zwischen die Elektroden die Platinierung sich abschält; es ergab sich, daß der Unterschied zwischen der Schärfe des Tonminimums bei platinierten und nicht platinierten Elektroden gering war und eine größere Genauigkeit in der Bestimmung des Tonminimums nicht erreichbar war. Ein schärferes Tonminimum könnte man durch Verlängerung der Flüssigkeitssäule sowie durch Verengerung des Querschnitts erreichen, was aber hier nicht angängig ist.[1])

Genauigkeit der Resultate. — Wir haben soeben die aus der verschiedenen Deutlichkeit des Tonminimums sich ergebenden Fehler besprochen, sie werden aber gegenüber den großen Veränderungen des Widerstandes geringfügige sein, wenigstens solange es sich um den festen Zustand handelt, da hier Temperaturdifferenzen von 10^0 schon einen erheblichen Unterschied bewirken (vgl. darüber die Elektrizitätsleitung in Kristallen). Im flüssigen Zustand können bei unserer Anordnung schon 10^0 einen Unterschied von 30 Ohm, d. i. von 10$^0/_0$ bewirken; demgegenüber sind also die Fehler des Tonminimums, die ca. 1—2$^0/_0$ betragen, auch in der Schmelze geringe. Von sehr großem Einfluß auf die Genauigkeit der Messungen ist die Erhitzungsgeschwindigkeit. Da das Thermoelement die Temperatur nur für einen kleinen Umkreis angibt und Veränderungen anzeigt, bevor die ganze Versuchsmasse gleichmäßig erwärmt ist, kann die Ungenauigkeit der Temperaturablesung bis 10^0 C, d. i. 1—2$^0/_0$ betragen; damit ist erklärt, wieso zwei unter denselben Versuchsbedingungen gefundene Zahlenreihen des Widerstandes ganz beträchtlich voneinander abweichen können.

Andere Fehlerquellen entstehen dadurch, daß es nicht möglich ist, bei Anwendung von Pulvern den Tiegel ganz genau bis zum gleichen Niveau auszufüllen, so daß der Querschnitt nicht ganz genau derselbe bleibt. Es wurde auch die Beobachtung gemacht, daß im festen Zustande ein und dieselbe Schmelz-

[1]) K. Arndt, Z. f. Elektroch. **12**, 337 (1906); dann R. Lorenz u. C. Kalmus, Z. f. phys. Chem. **59**, 18 (1907).

masse, je nachdem sie mehr oder weniger grobes Korn hat, verschiedenen Widerstand zeigt.

Der Hauptfehler entsteht aber durch die in den Silicatschmelzen sich bildenden Luftblasen, die nicht nur nach oben entweichen, sondern oft in der Schmelze stecken bleiben, wodurch in derselben Diskontinuitäten entstehen und die Messung unbrauchbar werden kann. Eine weitere Fehlerquelle ist der mangelnde Kontakt und die Bildung von Übergangswiderständen; dieser macht sich in der Schmelze selbst wenig fühlbar, da ja hier der Kontakt meistens sehr gut ist, wohl aber in der erstarrten Masse und in dem Pulver, so daß namentlich bei niedereren Temperaturen die Zahlen bei verschiedenen Versuchsreihen große Unterschiede zeigen und daher nicht brauchbar sind.

Man kann daher nur die relativen Zahlen vergleichen und daraus Schlüsse ziehen, während der Vergleich mit wäßrigen Lösungen infolge der doch verschiedenen Methode nur ein angenäherter ist. Es handelt sich also nur um approximative Werte, und mehr um vorläufige Messungen. Bei zukünftigen Bestimmungen, die einen höheren Grad von Genauigkeit erfordern, wird es gut sein, die Anordnung so abzuändern, daß die eine Elektrode aus einem Platintiegel besteht, in welchem sich die zu untersuchende Schmelze befindet und als zweite Elektrode ein gleichmäßig von dem Tiegel entfernter Platinzylinder. Dadurch wird auch der Fehler, der aus der Leitfähigkeit des Tiegelmaterials entspringt, behoben.

Messung der Polarisation.

Diese ist namentlich in Hinblick auf die später zu untersuchende Frage, ob im festen Zustande elektrolytische Leitfähigkeit auftritt, von Wichtigkeit. Bekanntlich ist das wichtigste Kriterium für die Frage, ob Ionen- oder Elektronenleitung vorliegt, die Messung der Polarisation.[1])

Der Vorgang bei der Messung des Polarisationsstromes war folgender: Es wird durch die Mineralplatte im allgemeinen 5 Minuten lang ein Ladestrom geschickt, dann dieser Stromkreis geöffnet und die Zelle durch ein im Nebenschluß geschaltetes Edelmannsches Drehspulenspiegelgalvanometer (System Desprez-d'Arsonval) entladen. Im Hauptschluß entspricht einem Ausschlag von 1 mm ein Strom von $2{,}1 \times 10^{-6}$ Milliampère; da der innere Widerstand des Galvanometers 507 Ω beträgt, entsprechen, wenn der Widerstand der Abzweigung 0,1, 0,5 oder 1,5 Ω groß gewählt wird, einem Ausschlag von 1 mm 0,01065, bzw. 0,00213 oder 0,00071 Milliampere.

Als Stromquelle für den Ladestrom wurde im allgemeinen eine Akkumulatorenbatterie, in vereinzelten Fällen der Straßenstrom (220 Volt) benutzt.

Bei dem großen Widerstande der Zelle gingen immer nur einige Milliampère durch, welcher Strom an einem Ampèremeter von Siemens & Halske abgelesen wurde, an dem einem Teilstrich von 1 mm ungefähr ein Milliampère entspricht.

Deutlichkeit des Tonminimums. — Bei der Verfolgung der Widerstands-Temperaturkurve vom festen Zustande zu dem schmelzflüssigen ist die Deutlichkeit des Tonminimums eine sehr verschiedene. In Pulvern ist dieses Tonminimum sehr verschwommen und man kann kaum auf 1 cm genau einstellen

---

[1]) Siehe J. Königsberger, Z. f. Elektroch. **15**, (1910); C. Doelter, Sitzber. Wiener Ak. **117**, 49 (1910).

so daß hier Fehler von einigen tausend Ohm vorkommen müssen, allerdings oft bei Widerständen von hunderttausenden Ohm. Im festen kristallinischen Zustande sind die Übergangswiderstände geringer und es läßt sich auf 1—$^1/_2$ cm genau einstellen, was in Anbetracht der sehr großen Widerstände nicht einmal sehr ungenau ist; denn bei einem Vergleichswiderstand von 1000 Ohm lag das Minimum z. B. zwischen 3350 und 3360, was 493—515 Ohm Widerstand entspricht.

Im flüssigen Zustande läßt sich oft auf 1 mm einstellen, was bei einem Vergleichswiderstand von 100 Ohm keinen sehr bedeutenden Unterschied geben würde.

Die Gestalt der Leitfähigkeits-Temperaturkurven. — Bei allen untersuchten Silicaten ist die Kurve ziemlich ähnlich; trägt man auf der Abszisse die Temperaturen, auf der Ordinate die Widerstände auf, so bekommt man eine Kurve, die aus einem steilen Teile besteht, der die Widerstände in dem festen Zustand gibt und aus einem horizontalen, welcher die des flüssigen Zustandes darstellt. Der Schmelzpunkt ist entweder ein Knickpunkt und zwar tritt das meistens bei Silicaten mit schärferem Schmelzpunkt auf, oder es ist allmählicher Übergang vorhanden; ein Sprung ist beim Schmelzpunkt nicht wahrnehmbar. Zu verwundern ist, daß ein solcher Sprung der Leitfähigkeit in der erwähnten Kurve, auch bei rasch erfolgender Kristallisation nicht eintritt. Er zeigt sich nur bei der logarithmischen Darstellung (S. 719). Auch fehlt der Knick dort, wo ein scharfer Schmelzpunkt nicht vorhanden ist oder wo die Kristallisation nicht plötzlich erfolgt.

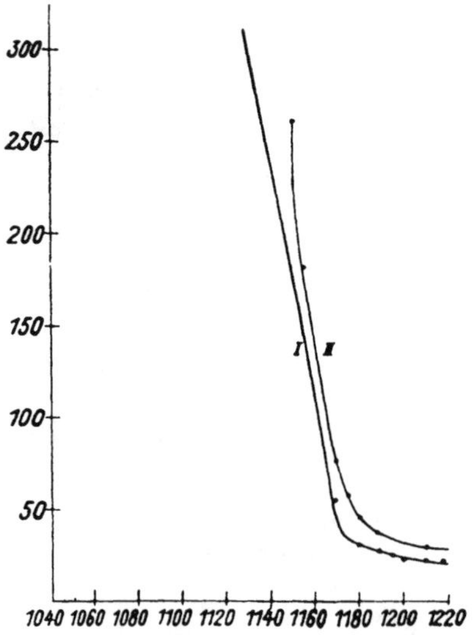

Vergleicht man die Kurve für den festen Zustand mit der des flüssigen, so fällt es auf, daß im flüssigen Zustand der Temperaturkoeffizient auffallend geringer ist, während er im festen Zustand sehr groß ist, so daß schon ein Unterschied von 10° bedeutende Widerstandsunterschiede gibt.

Fig. 71. Leitfähigkeit der Hornblende.

Untersucht wurden basaltische Hornblende von Lukow, Augit von Mt. Rossi, heller Diopsid ($CaMgSi_2O_6$) vom Zillertal, Albit ($NaAlSi_3O_8$) von Striegau, Adular ($KAlSi_3O_8$) vom Gotthardt, Orthoklas ($KAlSi_3O_8$) von Norwegen, Labradorit von Kiew, Wollastonit, künstliches $CaSiO_3$ und das künstliche Silicat $Ca_3Al_2Si_3O_{10}$ (Gehlenit).

Bei Orthoklas war bei 1180°, als das Pulver zusammengebacken war, der Widerstand 153,67 Ohm; er fällt bei 1220° auf 25,62 Ohm, bei 1320° war er 7,09 Ohm.

Bei Augit war der Widerstand bei 1220° 186 Ohm, bei 1240° 25,4 Ohm, bei 1280° 16,8 Ohm und bei 1270° 11,9 Ohm.

Ein zweiter Versuch ergab bei 1210° 28,88 Ohm, bei 1230° 11,09 Ohm, bei 1250° 5,8 Ohm und bei 1270° 5,4 Ohm.

Die Kurve für Hornblende zeigt Fig. 71, die für Labradorit ist Fig. 72.

Für Diopsid war der Widerstand bei 1270° noch im festen Zustand 2154 Ohm, bei 1340° schon über dem Schmelzpunkt 265 Ohm, bei 1370° 61 Ohm.

Bei dunklem Diopsid war bei 1300° der Widerstand noch 3668 Ohm, bei 1310° nur 1983 Ohm und bei 1325° 99 Ohm.

Bei Wollastonit[1]) ergab sich bei 1340°, also bis ungefähr über dem Schmelzpunkt eine kontinuierliche Kurve; die Widerstände sind

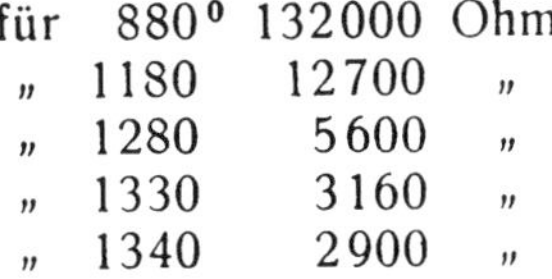

für	880°	132000 Ohm
„	1180	12700 „
„	1280	5600 „
„	1330	3160 „
„	1340	2900 „

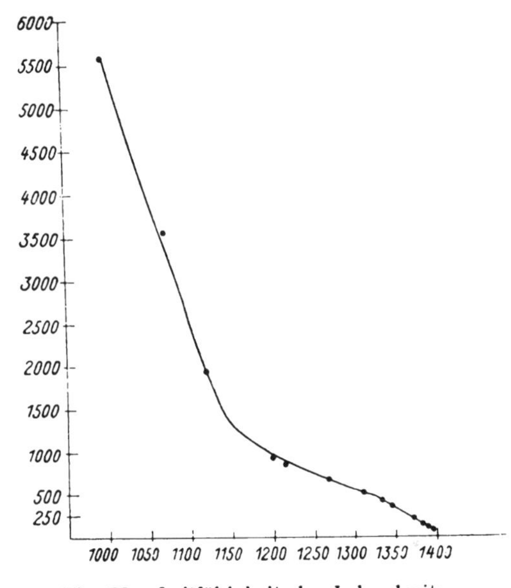

Fig. 72. Leitfähigkeit des Labradorits.

Ein Knickpunkt findet sich nirgends.

Der Temperaturkoeffizient ist bis 1280° außerordentlich groß, und von da bedeutend kleiner. Bei dieser Temperatur tritt Frittung ein. Für das Gehlenitsilicat fällt der Widerstand bei 1230° sehr rasch, von da an ist der Temperaturkoeffizient klein

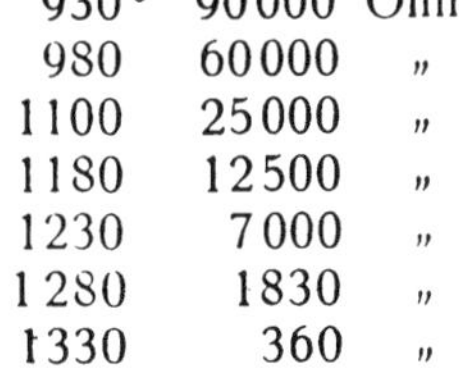

930°	90000 Ohm
980	60000 „
1100	25000 „
1180	12500 „
1230	7000 „
1280	1830 „
1330	360 „

Bei 1290° ist die Polarisationsspannung 0,105 Volt, bei 1310°: 0,112 Volt.

Wichtig sind auch die Abkühlungskurven, die für den flüssigen Zustand so ziemlich mit den Kurven beim Erhitzen übereinstimmen, jedoch bezüglich

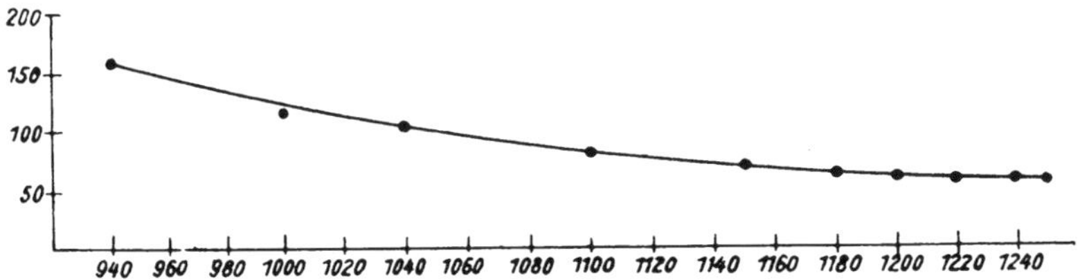

Fig. 73. Abkühlungskurve bei Albit.

des festen Zustandes, da man jetzt nicht mehr Pulver, sondern kristalline Massen hat, abweichen müssen. Immerhin bleibt die Gestalt der Kurve eine ähnliche. Nur bei solchen Silicaten, wie Orthoklas ($KAlSi_3O_8$), Albit ($NaAlSi_3O_8$),

[1]) C. Doelter, Sitzber. Wiener Ak. **117**, 299 (1908); ZB. f. Zementchem. **1**, 105 (1910).

die ganz glasig erstarren, ist die Abkühlungskurve eine gerade Linie, wie beiliegendes Diagramm zeigt (Fig. 73). Hier ist auch nicht der schwächste Knickpunkt zu entdecken.

Die Leitfähigkeit der Silicate ist vorwiegend von der Temperatur abhängig; bei genügender Temperatursteigerung werden Silicate, die im festen Zustande viele tausende Ohm Widerstand zeigen, fast ebenso leitend wie verdünnte Salzlösungen. Ein Vergleich der Silicate untereinander ergibt, daß der Widerstand bei hohen, allerdings sehr verschiedenen Temperaturen ziemlich klein und für alle nahezu gleich wird. Um daher einen richtigen Vergleich zu ziehen, müssen die Widerstände untereinander bei bestimmten Temperaturen unter oder über dem Schmelzpunkte verglichen werden.

Der Schmelzpunkt ist nicht stets ein Knickpunkt für die Temperatur–Widerstandskurven, doch findet in seiner Nähe ein allmähliches Einbiegen statt; allerdings ist immerhin zu beachten, daß die Leitfähigkeit der festen Pulver nicht genau bestimmbar ist und daher erst von dem Momente des Zusammenbackens an, die Kurven vergleichbar sind.

Wichtiger ist der Übergang aus dem flüssigen Zustand in den kristallinen, welcher aber nur dort vollständig eintritt, wo, wie bei Augit, das Kristallisationsvermögen sehr groß ist. Man sieht aber stets bei den Abkühlungskurven entweder einen scharfen Knick, sobald Kristallisation eintritt, oder ein allmähliches Einbiegen, wenn neben Kristallen sich viel Glas bildet. Wo jedoch eine Schmelze ganz amorph erstarrt, ist ein mehr oder weniger geradliniges Kurvenstück zu beobachten und die Steigung dieser Geraden ist eine ganz allmähliche; dies trifft bei Orthoklas zu.

Erstarrt ein Körper vorwiegend glasig, so zeigt also die Temperatur–Leitvermögenskurve keinen Knick; das beweist, daß die Beweglichkeit der Ionen allmählich abnimmt; in diesem Falle dürfte die Dissoziation im flüssigen und starr-isotropen Zustande wohl keinen bedeutenden Unterschied aufweisen. Wo jedoch beim Erstarren Kristallisation stattfindet, wird die Kurve einen scharfen Knickpunkt haben, bei halbglasiger Erstarrung ist der Knickpunkt wenig deutlich. Im festen Zustand ist dann das Leitvermögen nur ein geringes, vielleicht ist die Dissoziation eine geringe, jedenfalls ist die Beweglichkeit der Ionen sehr klein.

Die spezifischen Leitfähigkeiten.

Da, wie wir gesehen haben, die Bestimmungen der Widerstände nicht sehr genau sind, so sind auch die spezifischen Leitfähigkeiten sehr wenig genau bestimmbar. Ich erhielt:

Augit.

1115°	0,000122
1200	0,00099
1250	0,0437

$KAlSi_3O_8$, Orthoklas.

1100°	0,0000537
1200	0,00411
1300	0,02961

Hornblende

1125°	0,000662
1200	0,00990

Labrador $\left\{ \begin{array}{l} NaAlSi_3O_8 \\ 2\,CaAl_2Si_2O_8 \end{array} \right.$

1250°	0,000253
1300	0,000926
1350	0,009404

$CaMgSi_2O_6$, Diopsid.

1340°	0,009
1366	0,039

$NaAlSi_3O_8$ Albit.

1250°	0,047

$CaAlSi_3O_{10}$, künstliches Gehlenitsilicat, spezifischer Widerstand.

1180°	5400 Ohm
1230	3000 „
1330	140 „

$CaSiO_3$ (künstlich), spezifischer Widerstand.

1080°	13400 Ohm
1180	6400 „
1240	2900 „
1265	2700 „

Vergleich des Leitvermögens bei verschiedenen Silicaten. — Auf den Dissoziationsgrad können wir zwar nicht direkt aus dem Leitvermögen schließen, da ja dieses auch von der Ionenbeweglichkeit abhängig ist, indessen ist auch dieser Vergleich von Interesse. Es zeigt sich nun, daß die Unterschiede in den Werten bei den Schmelzen keine sehr bedeutenden sind, nur in der Nähe des Schmelzpunktes sind sie merklicher. Das Material ist noch kein bedeutendes, aber einige Schlüsse lassen sich doch ziehen; demnach wären einfachere Silicate, wie die des Pyroxens, z. B. $CaSiO_3$, dann aber Augit, Hornblende weniger dissoziiert als die Alumosilicate wie Gehlenit, Labradorit, Orthoklas. Letzterer, wie auch Albit scheinen größeres Leitvermögen zu haben wie die ersteren.[1]) Wir hätten demnach in einer Schmelze von Ca_2SiO_4, $MgSiO_3$ mehr undossiziierte Moleküle als im $Ca_3Al_2Si_3O_{10}$ oder $NaAlSi_3O_8$.

Formeln für die Abhängigkeit des Widerstandes von der Temperatur. — Ew. Rasch und F. Hinrichsen[2]) haben aus der bekannten van't Hoffschen Gleichung:

$$\frac{d \ln \varkappa}{d T} = - \frac{q}{R T^2}$$

die Formel:

$$\frac{d \varkappa}{\varkappa} = \frac{v' . d T}{T^2}$$

abgeleitet, worin $\varkappa$ die Leitfähigkeit, T die absolute Temperatur, v' eine Konstante bedeutet. Daraus ergibt sich durch Integration die Beziehung:

$$\log W = \frac{v}{T} + C,$$

worin W der spezifische Widerstand, $C = \log W_\infty$ eine Materialkonstante ist. Man kann daher, um die Temperaturwiderstandskurven graphisch darzustellen, $1/T$ auf der Abszisse, $\log W$ auf die Ordinate auftragen, und erhält dann eine gerade Linie für den flüssigen und eine zweite gerade für den festen Zustand.

Ich habe für einige Silicate die Formel angewandt und erhielt annähernd gerade Linien.

---

[1]) C. Doelter, Dissoziation d. Silicatschmelzen I, 67. Sitzber. Wiener Ak. **116**, 1300 (1907).

[2]) Ew. Rasch u. F. Hinrichsen, Z. f. Elektroch. **14**, 41 (1908); vgl. auch J. Königsberger, Phys. Z. **8**, 833 (1907); Z. f. Elektroch. **15**, 100 (1909).

Albit.

Die Zahlen sind folgende:

T absolute Temperatur	$\frac{1}{T}$	Widerstand in Ω	Spezifischer Widerstand W	log W
1523°	$0,657 \times 10^{-3}$	51,0	21,25	1,3273
1493	$0,669 \times 10^{-3}$	51,5	21,46	1,3316
1473	$0,679 \times 10^{-3}$	54,5	22,71	1,3562
1418	$0,705 \times 10^{-3}$	68,3	28,41	1,4534
1373	$0,728 \times 10^{-3}$	77,3	32,2	1,5054
1313	$0,762 \times 10^{-3}$	106,6	43,1	1,6335
1273	$0,786 \times 10^{-3}$	112,6	46,8	1,6702
1213	$0,824 \times 10^{-3}$	160,4	69,3	1,8407

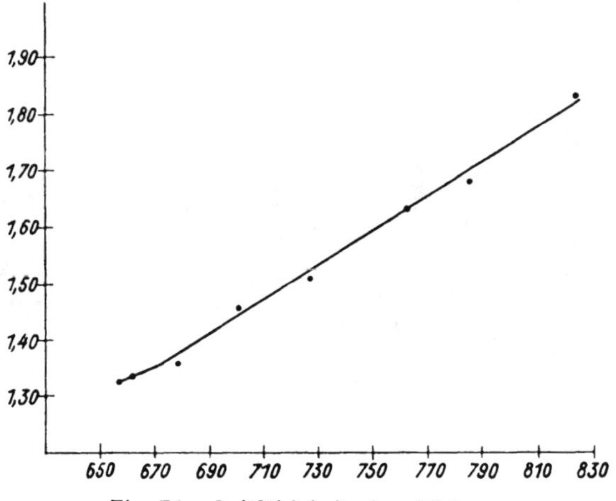

Fig. 74. Leitfähigkeit des Albits.

Man sieht aus der Tabelle, daß die Kurve geradlinig ist mit Ausnahme des Stückes, bei welchem ein allmählicher Übergang in den flüssigen Zustand stattfindet; hier ist die Kurve etwas gekrümmt.

Labradorit.

T absolute Temperatur	$\frac{1}{T}$	Widerstand in Ω	Spezifischer Widerstand W	log W
1473°	$0,6789 \times 10^{-3}$	950	396,0	2,5977
1543	$0,648 \times 10^{-3}$	694	289,0	2,460
1583	$0,6317 \times 10^{-3}$	567	236,0	2,3729
1613	$0,620 \times 10^{-3}$	400	167,0	2,2227
1633	$0,6124 \times 10^{-3}$	351	146,0	2,1644
1653	$0,6049 \times 10^{-3}$	132	55,0	1,74
1663	$0,6017 \times 10^{-3}$	99	41,2	1,613

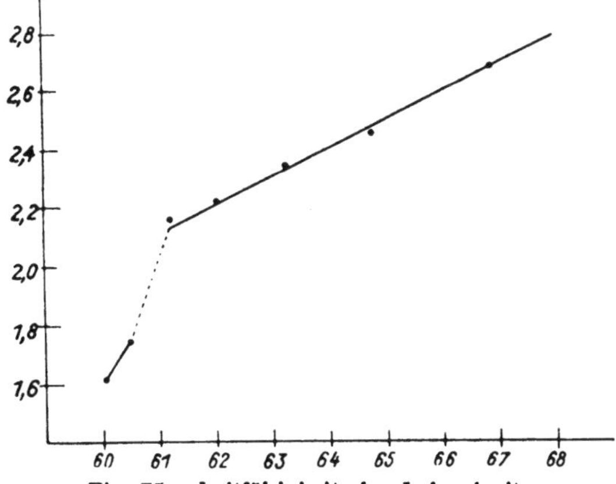

Fig. 75. Leitfähigkeit des Labradorits.

Heller Diopsid.

T absolute Temperatur	$\frac{1}{T}$	Widerstand in Ω	Spezifischer Widerstand W	log W
1643°	$0{,}608 \times 10^{-3}$	61	25,41	1,4080
1623	$0{,}616 \times 10^{-3}$	62,6	26,04	1,4156
1608	$0{,}622 \times 10^{-3}$	153	63,65	1,8038
1593	$0{,}628 \times 10^{-3}$	387	160,99	2,2067
1573	$0{,}635 \times 10^{-3}$	760	316,16	2,4999
1553	$0{,}643 \times 10^{-3}$	1272	530,00	2,7242
1433	$0{,}652 \times 10^{-3}$	1940	807,00	2,9069
1478	$0{,}676 \times 10^{-3}$	7300	3041,00	3,4830

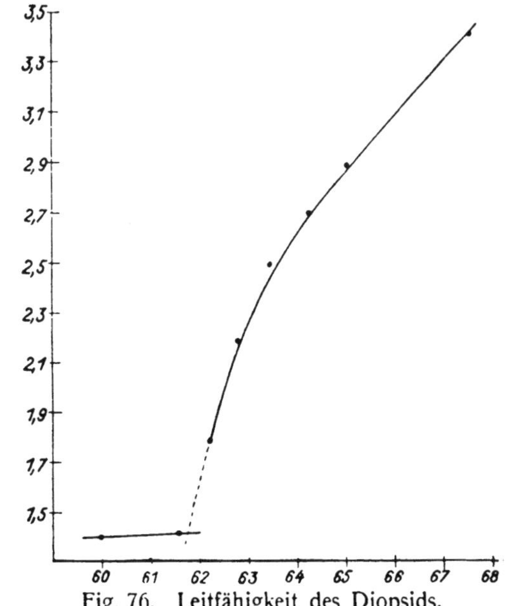

Fig. 76. Leitfähigkeit des Diopsids.

Auch hier ergeben sich zwei Kurven,[1]) eine für den flüssigen, eine andere für den festen Aggregatzustand. Es zeigt sich, daß beim Übergang in einen anderen Aggregatzustand eine sprunghafte Änderung eintritt und für diesen dann eine zweite Gerade sich ergibt.

Nach dieser Darstellung zeigt es sich, daß für Diopsid die Kurve für den flüssigen Zustand von der des festen getrennt ist, und daß also im allgemeinen auch bei Silicaten ein sprunghafter Übergang stattfindet, indessen ist diese Erscheinung, welche bei den meisten Körpern zu beobachten ist, bei Silicaten doch nicht so prägnant, da hier der Sprung nicht so deutlich ist, und wenigstens bei einem Teil der Silicate mehr ein allmählicher Übergang stattfindet. Wo ein Gemenge von Kristallen mit unterkühlter Flüssigkeit vorlag, ist aber auch der Teil, der sich auf niedere Temperatur bezieht, nicht geradlinig.

Man könnte, wie bereits früher (S. 639) erwähnt, diese Kurven zur Bestimmung des Schmelzpunktes benutzen; so wäre in Fig. 76 bei Diopsid der Schmelzpunkt 1330°, was auch mit den Beobachtungen von mir und von E. Dittler übereinstimmt, bei Labradorit würde man einen zu hohen Schmelzpunkt erhalten,[2]) 1350°, es sind aber die Messungen noch nicht mit der nötigen Genauigkeit auszuführen und der Übelstand, daß die Temperatur nicht ganz genau bestimmbar ist, weil das Thermoelement nur aufliegt, läßt auch keine genauen Messergebnisse zu.

Dissoziationsgrad der Silicatschmelzen.

Es wäre von der größten Wichtigkeit, wenn man den Dissoziationsgrad der Silicatschmelzen bestimmen könnte und schon angenäherte Werte würden sehr nützlich sein; so läßt sich z. B. das Eutektikum nicht berechnen, da ja in der Formel[3]) der Dissoziationsgrad einzusetzen ist (vgl. unten). Leider stehen der Ermittlung dieser Größe in den allermeisten Fällen große Schwierigkeiten entgegen. Abgesehen davon, daß die Dissoziation ungemein stark mit der Temperatur wechselt, ist aber auch die Ionenbeweglichkeit eine unbekannte Größe, die bei verschiedener Viscosität der Schmelze jedenfalls stark wechselt, denn die Leitfähigkeit hängt ja von der Ionenbeweglichkeit wie von dem Dissoziationsgrad ab. Bei geschmolzenen Salzen ist es nur in einigen Fällen und hier nur annäherungsweise gelungen, den Dissoziationsgrad zu bestimmen.[4])

Bei Silicaten wäre nur bei ganz dünnflüssigen Schmelzen, wie sie manche eisenreiche Hornblenden und Augite geben, die Ionenbeweglichkeit eine den wäßrigen Lösungen etwa vergleichbare, so daß hier der Dissoziationsgrad aus der Leitfähigkeit geschätzt werden könnte, bei den viscosen Schmelzen ist auch dies nicht möglich. Die quantitative Bestimmung der Ionenkonzentrationen ist nicht möglich.

Es wäre aber schon wichtig, bei den verschiedenen Silicaten Schätzungen vorzunehmen und hierbei müßte man Silicatschmelzen von ungefähr gleicher Viscosität vergleichen, bei denen allerdings die Ionenreibung und innere Reibung nicht gleichzusetzen sind.

---

[1]) C. Doelter, Sitzber. Wiener Ak. **117**, 850 (1908).
[2]) Siehe die Tabelle S. 659.
[3]) J. H. L. Vogt, Silicatschmelzlösungen II, 128.
[4]) R. Lorenz, Elektrolyse geschmolzene Salze III, (Halle 1905), 290.

Schwieriger wird der Dissoziationsgrad bei komplexen Silicaten zu beurteilen sein, also bei den Alumosilicaten. Schon die Hornblende und der Tonerdeaugit scheinen stark dissoziiert zu sein, und noch mehr Orthoklas, Albit, etwas weniger Labradorit und wohl Anorthit. Dies würde auch mit den Versuchen darin stimmen, daß Olivin, Enstatit, aber auch Anorthit, Labradorit sich beim Umschmelzen wieder als solche ausscheiden, während bei den tonerde- und eisenreichen Hornblenden, Augiten das nicht immer zutrifft, ebensowenig wie bei Orthoklas, Albit, Leucit, also bei den kalium- bzw. natriumhaltigen Alumosilicaten. Hier können also, namentlich wenn mehrere dieser Silicate, wie es im Magma der Fall ist, in der Schmelze vorhanden sind, Ionenreaktionen eintreten, und das Zusammenschmelzen von derartigen Mineralien kann verschiedene Ausscheidungen ergeben; diese Ionenreaktionen hängen wohl auch von dem Dissoziationsgrad ab, welcher wieder sehr verschieden ist und von der Temperatur in allererster Linie abhängig ist.

Die Möglichkeit der Wanderung der Ionen hängt vor allem von dem Aggregatzustande, zum Teil auch von der Viscosität der Flüssigkeit ab; die großen Differenzen in der Leitfähigkeit hängen daher zum größeren Teile von der Beweglichkeit der Ionen ab. Nach R. Lorenz und nach Poincaré wäre die Zunahme der Leitfähigkeit mehr mit der inneren Reibung, der Dichte und den Ausdehnungskoeffizienten in Zusammenhang zu bringen als mit der Ionenkonzentration. Allerdings ist es wahrscheinlich, daß ein wenn auch geringerer Anteil der Leitfähigkeitszunahme der wachsenden Dissoziation bei höherer Temperatur zuzuschreiben sein wird.

Eine auffallende Tatsache, die wohl durch die Übereinstimmung der Versuche erhärtet wird, ist der mehrfach erwähnte große Unterschied im kristallinisch-starren und im amorph-starren Zustande. Während beim Übergange vom flüssigen in den kristallinen Zustand das Leitvermögen sehr plötzlich und rasch abnimmt, ist dies beim Übergange vom flüssig-isotropen in den glasig-isotropen Zustand nicht der Fall, das Leitvermögen fällt allmählich und langsam, die Kurve verläuft nahezu geradlinig.

Beziehungen zwischen Viscosität und Leitvermögen.

R. Foussereau[1]) hat bei einer Reihe von Nitraten, dann bei Zinkchlorid, das Leitvermögen und nach der Methode von Poiseuille die innere Reibung bestimmt und gefunden, daß der spezifische Widerstand bei verschiedenen Temperaturen proportional dem Koeffizienten der inneren Reibung sei. Bei unseren Silicatschmelzen ist der Einfluß der Viscosität zwar sehr merklich, jedoch kein so bedeutender, wenn auch der Widerstand stark mit der inneren Reibung abnimmt, letztere ist aber nicht allein die Ursache der Vergrößerung des Leitvermögens, wie wir gesehen haben.

Folgerungen aus der elektrolytischen Dissoziation,

Wir haben nachgewiesen, daß die Silicatschmelzen, (also auch das Magma, das zur Bildung der Eruptivgesteine führt), dissoziiert sind. Dieses Magma ist bekanntlich ein sehr komplexes. Nehmen wir zuerst an, wir hätten eine

[1]) R. Foussereau, Ann. chim. phys. [6] **6**, 317 (1885).

Schmelze, die nur aus einem einfachen Silicat besteht, z. B. $CaSiO_3$ oder $MgSiO_3$, so ersehen wir aus der Dissoziation, daß die Ansicht,[1]) es existierten in dieser Schmelze nur Moleküle von $MgSiO_3$ oder gar polymerisierte Moleküle, sich nicht bestätigt, sondern es muß angenommen werden, daß hier außer solchen undissoziierten Molekülen auch noch Mg- bzw. Ca-Ionen neben SiO_3-Ionen vorhanden sein müssen. Aus der nicht sehr bedeutenden Leitfähigkeit der $CaSiO_3$-Schmelze schließen wir, daß aber die Zahl jener Ionen gegenüber den undissoziierten Molekülen keine sehr große ist.

Bei den Silicaten tritt häufig kein plötzlicher Übergang aus dem festen in den flüssigen Zustand ein, da die Schmelzgeschwindigkeit, wie wir sahen, ja sehr klein ist. Die Viscositätsänderung ist eine allmähliche, und infolge der Unterkühlung tritt ein Anwachsen der Widerstände oft erst 200^0 unter dem Schmelzpunkte auf, was sich namentlich bei der Erstarrung zeigt, und nur bei Körpern, die größere Kristallisationsgeschwindigkeit haben wie z. B. bei Augit ist die Abnahme der Leitfähigkeit eine prägnante und die Richtungsveränderung der Kurve eine scharfe. Hier ist die Ionenbeweglichkeit maßgebend; im Kristall können die Ionen nicht wandern wie im flüssigen Zustand.

Für petrogenetische Folgerungen wäre namentlich der Vergleich des Dissoziationsgrades beim Erstarren wichtig.

Vergleicht man nun die Leitfähigkeit und die Viscosität, so kommt man zu dem Schlusse, daß, da die Orthoklas-, Albitschmelzen viel viscoser sind als die Labradorit-, Hornblende-, Augitschmelzen, der Dissoziationsgrad der ersteren viel größer sein dürfte als der der letzteren; es wären also die Silicate mit unscharfem Schmelzpunkte stärker dissoziiert; aber dissoziiert sind alle Silicatschmelzen auch der ganz einfach zusammengesetzten Silicate; das Eintreten der Tonerde erhöht den Dissoziationsgrad, da das Leitvermögen trotz höherer Viscosität der Schmelze viel größer ist.

Die Beobachtung der Gesteine zeigt, daß in den meisten Fällen aus chemisch gleich zusammengesetzten Magmen sich dieselbe Mineralkombination ausscheidet, obgleich auch Ausnahmen möglich sind, was schon J. Roth beobachtet hatte; ich habe diese Art der Gesteinsdifferentiation aus einem Magma isotektische Differentiation genannt (vgl. unten bei Differentiation).[2]) Wenn eine solche allerdings mehr ausnahmsweise eintritt, so beweist dies, daß die Erstarrung der Gesteine von derselben chemischen Zusammensetzung stets unter denselben Bedingungen, also namentlich auch bei denselben Temperaturverhältnissen eintritt.

Leitfähigkeit fester Silicate.

Die Silicate sind, soweit bekannt, bei gewöhnlicher Temperatur Isolatoren. Die älteren Beobachtungen stimmen untereinander nicht überein. Nach J. Peltier[3]) soll Orthoklas Leiter der Elektrizität sein. E. Wartmann[4]) bezeichnet alle Silicate als Nichtleiter, mit Ausnahme des Epidots. F. Beijerink[5]) hat alle Daten bezüglich des Leitvermögens der Silicate zusammengestellt.

[1]) J. H. L. Vogt, Silicatschmelzlösungen II, 204.
[2]) Vgl. C. Doelter, Petrogenesis (Braunschweig 1906), 88.
[3]) J. Peltier, Sur la valeur d. caract. phys. des minéraux (Paris 1812).
[4]) E. Wartmann, Mém. d. la soc. d'hist. nat. Genève **12**, 1 (1853).
[5]) F. Beijerinck, N. JB. Min. etc. Bl.-Bd. **11**, 403 (1896), siehe auch dort die ältere Literatur über die Leitfähigkeit der Mineralien.

Nach ihm leiten Quarz und Tridymit nicht; für ersteren haben jedoch E. Warburg und F. Tegetmeyer[1]) nachgewiesen, daß er durch fein verteiltes Natriumsilicat in der Richtung der optischen Achse leitend wird (siehe darüber ausführliches bei Quarz).

Von Silicaten sind nach der Zusammenstellung von F. Beijerinck leitend und zwar schwach: Staurolith, Turmalin, Epidot, Cerit, Idokras, Olivin, Lasurstein, Biotit, Kaliglimmer, Lithiumglimmer, Chlorit, Hypersthen, Rhodonit, Strahlstein, Titanit; als Leiter werden bezeichnet: Cyanit, Bronzit, Pinit, Hornblende, Malakolith; Orthoklas soll nach Hausmann und Henrici[2]) guter Leiter sein. Bekannt ist, daß bei wenig erhöhter Temperatur Glas und Porzellan leitend werden.

Für andere feste Stoffe wurde bei vielen Körpern bereits Elektrizitätsleitung bei erhöhter Temperatur festgestellt, so für Salze durch R. Lorenz,[3]) für Oxyde durch W. Nernst[4]) und H. Reynolds,[5]) F. Horton,[6]) für gepreßte Pulver von F. Streintz,[7]) während J. Königsberger[8]) sich namentlich mit der Elektrizitätsleitung von Erzen beschäftigte, ebenso auch O. Weigel,[9]) H. Bäckström.[10]) Insbesondere haben sich diese Autoren, wie auch R. v. Hasslinger,[11]) mit der auch für Silicate wichtigen Frage beschäftigt, ob in Kristallen und in welchen Verbindungen Ionen- bzw. Elektronenleitung vorhanden sei.

Schon bei Untersuchung der Silicatschmelzen habe ich das Leitvermögen von Silicatpulvern mit untersucht,[12]) aber eine genaue Untersuchung war dabei unmöglich, ferner wurden Bestimmungen in erstarrten kristallinen Massen, insbesondere bei Diopsid, Augit, Hornblende, Labrador (vgl. S. 716) ausgeführt und als allgemeines Resultat gefunden, daß bei kristallinen Pulvern die Leitfähigkeit von der Temperatur sehr stark abhängig ist und zwar in weit größerem Maße als im flüssigen Zustand, d. h. der Temperaturkoeffizient im festen Zustande ist ein außerordentlich großer.

Um genauere Daten zu erhalten, sind jedoch, wie auch J. Königsberger[13]) bei Erzen gezeigt hat, Kristalle gepressten Pulvern und auch aus Schmelzfluß erhaltenen Massen vorzuziehen, falls nämlich solche Kristalle zu beschaffen sind, die frei von Einschlüssen und namentlich von Flüssigkeiten sind. Bei Quarz wird eine Pseudoleitfähigkeit, die durch Natriumsilicat erzeugt wird, konstatiert.[14])

Bei der Frage, ob dünnere Kristallplatten oder dickere Stäbe zu verwenden sind, ist die Auswahl von der Natur des zu unterzusuchenden Körpers

---

[1]) E. Warburg u. F. Tegetmeyer, Wied. Ann. **32**, 442 (1887); **35**, 455 (1888); **41**, 18 (1890).

[2]) Henrici, Stud. d. Gött. Ver. bergm. Freunde, **4** (1834).

[3]) R. Lorenz, Elektrolyse geschmolzener Salze, (Halle 1905), III.

[4]) W. Nernst, Göttinger Nachrichten, **3**, 328 (1900).

[5]) H. Reynolds, Inaug.-Diss., (Göttingen 1902).

[6]) F. Horton, Phil. Mag. **11**, 505 (1906).

[7]) F. Streintz, Elektr. Leitfähigkeit gepreßter Pulver (1904); auch Phys. Z. **4**, 106 (1902).

[8]) J. Königsberger, JB. d. Radi. **4**, 158 (1907).

[9]) O. Weigel, N. JB. Min. etc., Beil.-Bd. **21**, 325 (1906).

[10]) H. Bäckström, Verh. Ak. Stockholm, **51**, 545 (1894).

[11]) R. v. Hasslinger, Sitzber. Wien. Ak. **115**, 1521 (1906).

[12]) C. Doelter, Sitzber. Wien. Ak. **117**, 847 (1907).

[13]) J. Königsberger, Z. f. Elektroch. **15**, 97 (1909).

[14]) Siehe E. Warburg u. F. Tegetmeyer, Wied. Ann. **32**, 442 (1887); **35**, 453 (1888); **41**, 18 (1890).

abhängig. Bei guten metallischen Leitern ist letztere Disposition vorzuziehen, bei Isolatoren erstere. Da von mir fast nur Körper untersucht wurden, welche letzterer Klasse angehören, so habe ich Platten von 1 cm^2, welche 1 mm dick waren, verwendet, da sonst bei diesen schlechtleitenden Körpern die Widerstände enorm groß geworden wären; auch bieten nicht alle Kristalle die Möglichkeit der Anfertigung von Stäben. Letztere sind vorzuziehen, wo es sich um große Leitfähigkeit handelt, also bei Körpern, die schon bei nicht sehr hoher Temperatur gut leiten. Wo es sich jedoch wie hier namentlich darum handelt, Polarisation nachzuweisen, darf kein zu großer Widerstand vorhanden sein, da dann der Ladungsstrom zu schwach wird. Man muß aus diesem Grunde dünne Platten verwenden, wodurch andererseits die Bestimmung der Widerstände wieder weniger genau wird.

Genauigkeit der Messungen. Fehlerquellen. Wie bei den Silicatschmelzen so ist auch bei den festen Körpern die genaue Bestimmung der Temperatur sehr wichtig, da ein Unterschied von 10° schon eine merkliche Verschiedenheit des Widerstandes ergibt.

Was nun die Genauigkeit der Messungen anbelangt, so ist diese nur bei höherer Temperatur eine zufriedenstellende; denn bei niederen Temperaturen ist der Kontakt sehr schwer herstellbar, ob man nun eine Presse nimmt oder ob man, wie ich es meistens tue, einen Kaolintrog benutzt, in welchem man die Kristallplatte durch Glimmerplatten an die Platinelektroden anpreßt. Dies ist jedoch nur in den wenigsten Fällen störend, da wir es ja meistens mit Körpern zu tun haben, die erst bei hohen Temperaturen Leitfähigkeit zeigen. Da aber auch bei höheren Temperaturen der Temperaturkoeffizient ein sehr großer ist, so werden leicht zwei Messungsreihen nicht ganz übereinstimmende Resultate geben; sehr große Unterschiede würden auf Übergangswiderstände schließen lassen.

Bei den Widerstandsbestimmungen muß die Temperatur konstant erhalten werden, was bei meiner Versuchsanordnung, bei welcher die Temperatur des elektrischen Ofens durch drei verschieden abgestufte Widerstände reguliert wurde, auch leicht über eine halbe Stunde lang gelingt.

Widerstandsbestimmungen bei langsam aufsteigender Temperatur sind solchen bei absteigender vorzuziehen, da die Regulierung besser gelingt; will man bei absteigender Temperatur Messungen ausführen, so soll sehr langsam abgekühlt werden, da sonst das Thermoelement nicht die Temperatur der Zelle gibt.

Die Unterschiede, welche man oft bei derselben Kristallplatte bei zwei Versuchsreihen erhält, rühren davon her, daß das Gleichgewicht sich schon bei etwas verschiedener Erhitzung schneller oder langsamer einstellt und daher der gemessene Widerstand wegen der verschiedenen Temperaturverteilung der Platte ungleich ist; außerdem ist aber mitunter, wie erwähnt, bei niederen Temperaturen mangelhafter Kontakt daran schuld.

Störend sind die Übergangswiderstände, die am besten, wenn auch nicht ganz, vermieden wurden, wenn man die vergoldeten Elektroden an die Kristallplatte durch Glimmerplatten anpreßt und das Ganze in einen schmalen, genau passenden Schlitz eines Kaolinklotzes steckt [vgl. S. 3 meiner Abhandlung über Leitfähigkeit fester Silicate[1])]; insbesondere wenn man zuerst eine Erhitzung bis ca. 1000° vornimmt, weil dann durch die Ausdehnung des Glimmers und der Platinelektroden diese fest an die Flächen der Kristall-

[1]) C. Doelter, Sitzber. Wiener Ak. **117**, 847 (1908).

platte angepreßt werden. Die Werte, die man bei einer zweiten Erhitzung erhält, sind dann viel genauer als bei der ersten, sie fallen demgemäß auch kleiner aus. Dies ist aber natürlich nur dann anwendbar, wenn nicht bei höheren Temperaturen Zersetzung eintritt. Wo dies, wie bei Granat, Magnetit, der Fall ist, muß man die Werte der ersten Erhitzung verwenden oder darf überhaupt nicht stark erhitzen und dann ist es besser, die Kristallplatte in eine Schraube einzupressen. Ich habe durch die Gefälligkeit der Firma A. Krupp in Berndorf eine solche Schraube aus Nickel anfertigen lassen können und dieselbe in einigen Fällen verwendet; nur hat jede Schraube den Übelstand, daß die Kristallplatten leichter brechen als bei der Einspannung in den Kaolinklotz, bei welcher sich das Anpressen von selbst bei steigender Temperatur vollzieht. (Um Oxydationen zu verhindern, kann man den Versuch auch in einer Stickstoffatmosphäre vornehmen.) Die Erhitzung erfolgte in einem Heräusofen.

Die Messung der Polarisation erfolgt wie bei Schmelzen (S. 715). Die Polarisation ist zumeist gering, was zum Teil vielleicht auch dem Reststrom zuzuschreiben ist, welcher dadurch entsteht, daß z. B. das abgeschiedene Metall sich sofort wieder oxydiert oder durch Auflösen von Sauerstoff in der Schmelze, durch Lösung von Metalloiden oder Metallen in dieser Schmelze.[1])

Von Silicaten eignen sich daher auch nur wenige zur Untersuchung, da die Beschaffenheit des Materials in vielen Fällen die Untersuchung an Kristallplatten ausschließt, es wurden untersucht:[2]) Adular ($KAlSi_3O_8$), Diopsid ($CaMgSi_2O_6$) Topas, Albit, Granat, Labradorit, von welchen die meisten auch im Schmelzfluß untersucht wurden.

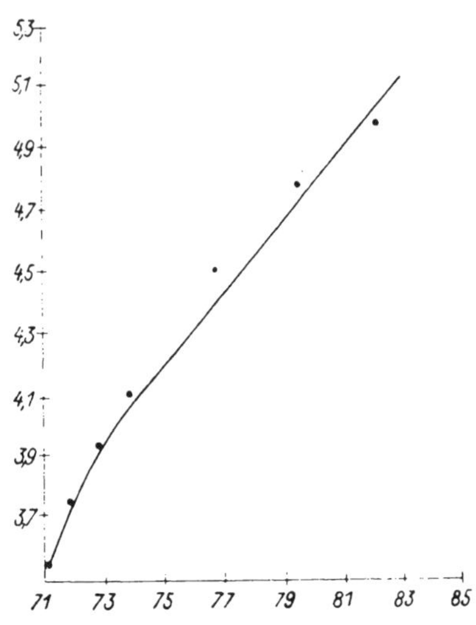

Fig. 77. Leitfähigkeit des Adulars.

Die Gestalt der Kurven erinnert an die füher S. 716 erwähnten. Der positive Temperaturkoeffizient ist im festen Zustand sehr groß. Für Almandingranat ergab sich bei 610°, für eine Platte von 1 mm Dicke und 1 cm² Fläche ein Widerstand von 9230 Ω, bei 800° war er nur noch 820 Ω; bei 850° 790 Ω, dann traten kleine Unregelmäßigkeiten ein, die vielleicht auf Zersetzung zurückführbar sind, bei 1000° war der Widerstand 500 Ohm.[3])

Die Kurve für sibirischen Topas fällt zwischen 830°, wo der Widerstand 323000 Ω betrug, und 1030° auf 56000 Ω; bei 1280° haben wir nur noch 3100 Ω und bei 1350° 2000 Ω. Benutzt man zur graphischen Dar-

[1]) W. Nernst, Z. f. Elektroch. **6**, 41 (1899). — A. Bose, Ann. d. Phys. [4] **9**, 169 (1902). — R. Lorenz, Elektrolyse geschmolzener Salze (Halle 1905), III, 45—57. — C. Doelter, Sitzber. Wiener Ak. **119**, 49 (1910).

[2]) C. Doelter, Sitzber. Wiener Ak. **118**, 29 (1910).

[3]) C. Doelter, Sitzber. Wiener Ak. **119**, 92 (1910). — Z. anorg. Chem. **67**, 388 (1906).

stellung die Rasch-Hinrichsensche Formel, so ist für Topas die Temperaturwiderstandskurve geradlinig (vgl. Fig. 78).

Bei Quarz erhält man nur bei hohen Temperaturen eine regelmäßige, den übrigen analoge Kurve, nämlich über 900°, bei welcher Temperatur der Einfluß der eingeschlossenen Natriumsilicate nicht mehr zur Geltung kommt.

Dann seien hier noch erwähnt: Diopsid und Adular,[1]) welche auch im Schmelzflusse gemessen wurden. Bei Adular vom Gotthardt fällt der Widerstand von 90000 Ohm bei 942° auf 3736 Ohm bei 1133°. Bei logarithmischer Darstellung des Widerstandes (nach S. 719) biegt die gerade Linie bei 1127°, also in der Nähe des Schmelzpunktes leicht ein (Fig. 77).

Bei grünlich gefärbtem Diopsid von Ala war bei 860° schon Leitfähig-

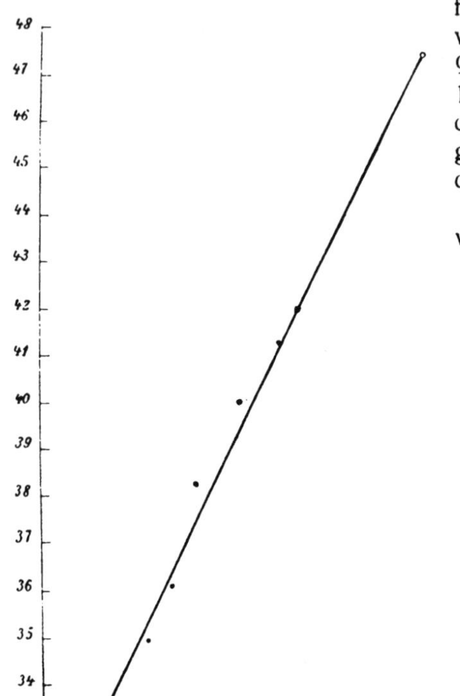

Fig. 78. Leitfähigkeit des Topases.

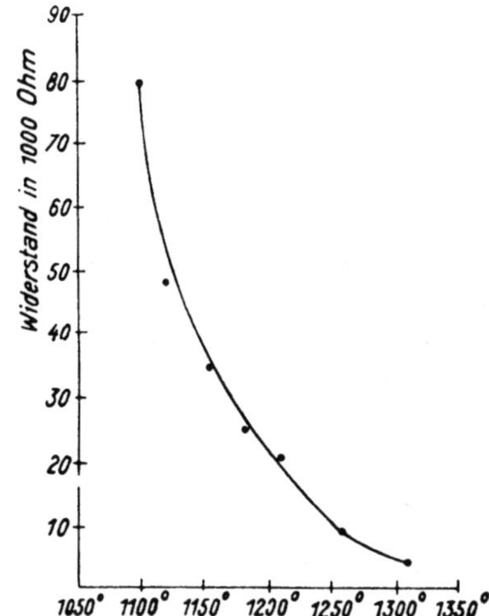

Fig. 79. Leitfähigkeit des Diopsids.

keit zu bemerken mit 171820 Ohm Widerstand, der bei 1265° auf 7500 fällt. Bei der logarithmischen Darstellung biegt die gerade Linie für den festen Zustand bereits bei 1225° ein, was offenbar dem Beginn der Schmelzung entspricht, Polarisation wurde bei 1150° beobachtet. Ein zweiter Diopsid (Fig. 79) ergab schon bei 1130° Polarisation, der Widerstand war bei 990° 260000 Ohm, bei 1210° 20000 Ohm, bei 1260° 9190 Ohm und bei 1310° 4700 Ohm. Sehr gering ist die Leitfähigkeit von Muscovit. Arfvedsonit leitet schon bei 700°, in der Nähe des Schmelzpunktes ist die Polarisation stark, sie ist bereits bei 748° bemerkbar.

Art der Elektrizitätsleitung in festen Silicaten.

Die Ansicht, daß auch im festen Zustand elektrolytische Leitfähigkeit, wenigstens in Salzen und vielen Oxyden, vorhanden sei, dürfte die ältere sein.

[1]) C. Doelter, Sitzber. Wiener Ak. **118**, 846 (1908).

Am ehesten scheint dies auch für Glas und Porzellan bei höheren Temperaturen durchgedrungen zu sein. Die Literatur kann hier nicht ausführlich erörtert werden, doch mag auf die Arbeiten von F. Braun,[1] L. Graetz,[2] L. Fousserau,[3] L. Poincaré und Bouty,[4] E. Warburg[5] und J. Rosenthal[6] hingewiesen werden, sowie auf die neueren, besonders wichtigen von R. Lorenz.[7]

Für viele Salze ist durch R. Lorenz die elektrolytische Natur der Leitung festgestellt worden. Es lassen sich Wanderungserscheinungen der Ionen in festen und geschmolzenen Elektrolyten sowie Überführungserscheinungen an Mischungen beobachten.[8]

Galvanische Elemente können nach R. Lorenz[8] außer mit geschmolzenen Elektrolyten auch mit festen aufgebaut werden. R. Lorenz schließt aus seinen Versuchen und dem vorhandenen Material, daß ebenso wie im schmelzflüssigen auch im festen Zustand die Existenz von beweglichen Ionen anzunehmen ist. Er ist der Ansicht, daß sich sowohl im festen wie im schmelzflüssigen Zustand elektrolytische Dissoziation bei allen Substanzen feststellen läßt, die durch Schmelzen oder Auflösen in einem Lösungsmittel zu Elektrolyten werden.

Die Schmelzung bewirkt nichts anderes als eine Änderung der Ionenbeweglichkeit.

W. Nernst[9] hat Stäbchen von Oxyden bei hoher Temperatur untersucht und bei ihnen großes Leitvermögen konstatiert; er weist den Gedanken ab, daß man es hier mit metallischer Leitfähigkeit zu tun habe, auch mit Bezug auf die Lichtabsorption (die Kathode ist immer sehr viel dunkler als die Anode). W. Nernst und Bose[10] erklären den Strom, welcher die Stifte der Nernstlampe dauernd glühend erhält, als sogenannten Reststrom; es läge hier also nur scheinbare metallische Leitfähigkeit vor.

Daß die metallischen Kristalle, zumeist Erze, die undurchsichtig sind, meist auch hohes spezifisches Gewicht haben, sich anders verhalten wie die hellen, durchsichtigen, spezifisch leichteren Salze und Oxyde, war vorauszusehen. Außer Schwefelverbindungen sind auch solche Oxyde, die schon bei gewöhnlicher Temperatur leiten, gewiß metallische Leiter; solche Körper hat der Mineraloge schon längst als Erze von den anderen Oxyden ausgeschieden, z. B. CuO, Cu_2O, $FeO . Fe_2O_3$, PbO_2, und bei ihnen ist ein metallisches Verhalten erklärlich.

Mit diesen dürfen jedoch die Oxyde MgO, SnO_2, SiO_2, TiO_2, Al_2O_3, Sb_2O_3 nicht von vornherein zusammengeworfen werden. Bei ihnen muß das Experiment entscheiden.

J. Königsberger[11] scheint 1907 noch der Ansicht gewesen zu sein, daß alle festen Körper und zwar sogar auch Salze keine wirkliche elektrolytische,

---

[1] F. Braun, Pogg. Ann. d. Phys. **154**, 161 (1875); Wied. Ann. d. Phys. **1**, 95 (1877); **4**, 476 (1878).
[2] L. Graetz, Wied. Ann. d. Phys. **29**, 314 (1886).
[3] L. Foussereau, Ann. chim. phys. [6], **5**, 347.
[4] L. Poincaré und Bouty, Ann. chim. phys [6], **17**, 152 (1889).
[5] E. Warburg, Wied. Ann. d. Phys. **21**, 622 (1884); **35**, 455 (1888).
[6] J. Rosenthal, Wied. Ann. d. Phys. **43**, 700 (1890).
[7] R. Lorenz, Elektrolyse geschmolzener Salze (Halle 1905), III.
[8] R. Lorenz, l. c., III., 290.
[9] W. Nernst, Z. f. Elektroch., **6**, 41 (1899).
[10] W. Nernst und Bose, Ann. d. Phys. [4] **9**, 164 (1902).
[11] J. Königsberger, JB. d. Radi. **4**, 158 (1907).

sondern nur sekundäre Leitfähigkeit zeigen und er erklärt auch die Elektrolyse des festen Jodsilbers, die O. Lehmann und auch F. Kohlrausch beobachteten, für eine sekundäre. Doch gibt er andererseits zu, daß bei kristallisierten Salzen ein wenn auch rascher, so doch kontinuierlicher Übergang von der Elektronenleitung zur elektrolytischen Leitung stattfindet. Seine Ansicht dürfte aber für Jodsilber kaum richtig sein und er hat selbst auch zugegeben,[1]) daß in manchen Salzen elektrolytische Dissoziation möglich ist, daher aus dieser Eigenschaft keine Unterscheidungsart zwischen flüssigem und festem Zustand resultiert. Ich halte es für wahrscheinlich, daß die Eigenschaften der Elektronenleitung im wesentlichen nur den Metallen und den metallischen Körpern (Erzen), wie den Sulfiden und Metalloxyden z. B. Fe_2O_3, Cu_2O, PbO, zukommt. Bei Quarz, bei welchem bei Temperaturen über 1300° die Widerstandskurve sehr flach ist, läßt sich die Frage schwer entscheiden. Wolframit und Magneteisen zeigen Elektronenleitung.

Endlich muß einer sehr interessanten Arbeit von R. v. Hasslinger[2]) gedacht werden, in welcher im Gegensatze zu J. Königsberger der Beweis zu führen gesucht wird, daß in vielen Körpern neben metallischer Leitung auch elektrolytische vorkommt und auch in Metallen bei hohen Temperaturen freie Ionen vorkommen.

Durch meine Untersuchungen an Kristallen wie Korund, Chrysoberyll, Zinnstein, Quarz, Magneteisen, Baryt, Wolframit und den Silicaten ist nachgewiesen, daß bei Silicaten wie auch bei Korund und Baryt, schon einige hundert Grad unter dem Schmelzpunkt Polarisation eintritt, daher diese unter die elektrolytischen Leiter zu rechnen sind, während die anderen, wie auch die früher erwähnten Oxyde und Sulfide Elektronenleitung zeigen. In seltenen Fällen gibt die Widerstandstemperaturkurve genügenden Aufschluß, meistens muß die Messung der Polarisation zur Entscheidung herangezogen werden; doch sind immer noch Fälle vorhanden, in welchen diese Entscheidung schwierig ist, was wohl auch damit zusammenhängt, daß häufig in Kristallen beide Arten der Leitung vorhanden sein können und bei hoher Temperatur in der Nähe des Schmelzpunktes Ionenleitung auftritt.[3])

Eine Verfolgung der Temperaturkurve bis in den schmelzflüssigen Zustand ist notwendig, um die Frage, ob Ionen- oder Elektronenleitung vorliegt, zu entscheiden.

Die Silicate gehören zu der Abteilung von Körpern, die bei gewöhnlicher Temperatur gute elektrolytische Leiter sind und dabei merkliche Polarisation zeigen, die allerdings quantitativ geringer ist wie bei den Chloriden und Jodiden, die R. Lorenz untersuchte, oder bei dem Chlorbarium, das K. Haber und J. Tolloczko[4]) untersuchten.

Bei den Silicaten, von welchen Albit, Labradorit und Diopsid im flüssigen Zustande, Diopsid und Adular auch im festen untersucht wurden, ist infolge der großen Viscosität auch im flüssigen Zustande die Leitfähigkeit eine geringe und erst weit über dem Schmelzpunkte ist mit abnehmender Viscosität die Leitfähigkeit bedeutender. Daher ist auch die Polarisation in der Schmelze gering und natürlich ergeben sich im festen Zustande noch geringere Beträge. Daraus

[1]) J. Königsberger, Z. f. Elektroch. **15**, 99 (1909).
[2]) R. v. Hasslinger, Sitzber. Wiener Ak. **115**, 1521 (1906).
[3]) C. Doelter, Sitzber. Wiener Ak. **119**, 50 (1910).
[4]) K. Haber, u. J. Tolloczko, Z. f. phys. Chem. **41**, 407 (1904).

läßt sich aber nicht schließen, daß es sich bei diesen Kristallen um metallische Leitung handeln muß, weil die Beträge geringer sind als bei anderen stark elektrolytisch leitenden Salzen. Daß auch in Silicatschmelzen Dissoziation vorhanden ist, läßt sich nicht bezweifeln, um so mehr als in einem Falle, bei Albit bei der Ladung mit dem Straßenstrom sogar Elektrolyse auftrat, so daß die Elektroden stark angegriffen wurden; besonders die Kathode hatte sehr gelitten.

Bei Silicaten liegt also ein Fall vor, der mit den anderen nicht ganz vergleichbar ist, vielleicht ist hier der Reststrom sehr groß; jedenfalls zeigen manche Silicate sowohl im flüssigen als auch im festen Zustande geringe Polarisation. Die Ionenbeweglichkeit ist in diesen viscosen Schmelzen gering, wie ja alle Verhältnisse der Silicatschmelzen durch ihre Viscosität beeinflußt werden und diese in vielen Eigenschaften von anderen Salzen abweichen.

Elektrolytische Dissoziation in Gläsern. — Glas ist zwar bei gewöhnlicher Temperatur ein Isolator, bei Erhöhung der Temperatur wird bereits bei 300° Glas deutlich leitend: Versuche wurden von E. Warburg[1]) ausgeführt, dabei wurde konstatiert, daß Elektrolyse möglich ist. Die im Glase leitende Substanz ist wie im Bergkristall Natriumsilicat.

Bei welcher Temperatur Glas leitend wird, hängt sehr von der chemischen Zusammensetzung desselben ab, wie auch die Feststellung des Punktes, bei welcher die Leitfähigkeit eintritt, wieder andererseits sehr von der angewandten Methode abhängt.[2])

Bei Mineralgläsern, wie sie die Schmelzen von Orthoklas und Albit ergeben, ist nach meiner Methode mit Wechselstrom die Leitfähigkeit erst bei 700—800° zu konstatieren.

Zusammenhang optischer Eigenschaften mit der elektrischen Leitfähigkeit. — Nachdem schon W. Nernst[3]) auf Grund der elektromagnetischen Lichttheorie geschlossen hatte, daß farblose und durchsichtige Oxyde die Elektrizität nicht leiten, da solche metallischen Leiter die elektromagnetische Energie der Lichtschwingungen in Joulesche Wärme umsetzen, also das Licht absorbieren, hat J. Königsberger[4]) sich mit dieser Frage eingehender beschäftigt und erklärte die bei hohen Temperaturen entstehende plötzliche Weißglut von Quarz, Zirkonoxyd, Magnesia, Thoroxyd, Adular mit dem Zusammentreffen zweier Kurven, nämlich der Strahlungskurve und der Widerstandskurve, die bei diesen Temperaturen für Quarz sehr steil sein soll.

J. Königsberger[5]) untersuchte die Maxwellsche Beziehung:

$$n^2 \varkappa = \sigma \tau,$$

worin n der Brechungsquotient gegen das Vakuum, $\varkappa$ der Absorptionsindex, σ die absolute Leitfähigkeit, τ die Dauer der elektromagnetischen Schwingung bedeutet.

Für gutleitende Metallsulfide und -oxyde ist die Absorption langer Wärmewellen nach J. Königsberger[6]) nicht viel kleiner, als sie sich nach der Maxwellschen Beziehung aus der Leitfähigkeit berechnet, während für schlecht-

[1]) E. Warburg, Wied. Ann. d. Phys. **21**, 622 (1884).
[2]) Vgl. R. Beck, Z. f. Elektroch. **17**, 848 (1911).
[3]) W. Nernst, l. c.
[4]) J. Königsberger, Physik. Z., **7**, 577 (1906).
[5]) J. Königsberger, l. c.
[6]) J. Königsberger, Ann. d. Phys. **8**, 652 (1902).

leitende Metalloxyde und -sulfide die Absorption größer ausfällt. So nähert sich Molybdänglanz, der ein schlechter Leiter ist, bei der Erwärmung dem Verhalten gutleitender Metallsulfide und Metalle. Die Untersuchungen ergaben, daß nur Bleiglanz und Eisenglanz, die bei gewöhnlicher Temperatur gute Leiter sind, der Maxwellschen Beziehung folgen, die anderen ergaben überaus große Abweichungen.

Da für Silicate eine Anwendung noch nicht vorliegt, so unterlasse ich die weiteren Ausführungen.

Dielektrizitätskonstanten. — Eine Übersicht über die Dielektrizitätskonstanten der Silicate ist von geringerer Wichtigkeit, die betreffenden Werte werden bei den einzelnen Silicaten folgen.

Die Viscosität der Silicatschmelzen.

Eine große Zahl von Erscheinungen ist auf die Viscosität der Silicatschmelzen zurückzuführen und das in mancher Hinsicht abweichende Verhalten der Silicate steht damit im Zusammenhang. Die Geschwindigkeiten: Reaktionsgeschwindigkeit, Schmelzgeschwindigkeit, Kristallisationsgeschwindigkeit, Wanderungsgeschwindigkeit der Ionen sind von der Viscosität abhängig. Es ergibt sich daraus, daß die Übersättigungen langsam aufgehoben werden; auch die Kristallisationsfähigkeit hängt innig mit der Viscosität zusammen. Vollständige Gleichgewichte werden weit seltener bei viscosen Schmelzen auftreten. Die Ausscheidungsfolge wird eine andere sein, daher auch die Anwendung der Phasenregel dann schwierig wird.

Auch die Größe der Kristalle, die Struktur der Gesteine steht im Zusammenhang mit der Viscosität, welche ja, wie wir wissen, das geologische Auftreten, z. B. das Vorkommen in Quellkuppen usw. bedingt. Allerdings spielen in der Natur auch noch andere Faktoren eine Rolle, welche bei den Experimenten fehlen, so insbesondere das Wasser. Möglicherweise hängen die Verzögerungserscheinungen, die vorhin erwähnt wurden und das langsame Einstellen der Gleichgewichte mit der großen Wertigkeit des Siliciums im Zusammenhang. Bemerkenswert ist auch die zumeist große Härte der im Schmelzflusse entstehenden Silicate, mit welcher vielleicht die hohen Schmelzpunkte, die Schwerlöslichkeit im Zusammenhange stehen.

Bestimmung der inneren Reibung. — Die für Flüssigkeiten angewandten Methoden zur Bestimmung der inneren Reibung sind bei Silicaten zumeist schwer verwendbar, weil die Viscosität zu groß ist. Dann ist bei natürlichen Silicaten der Umstand hinderlich, daß sie größere Mengen von Gasen okkludiert enthalten, welche beim Schmelzen entweichen, und ein Auftreiben und Aufschäumen der Schmelze bewirken, wodurch die Flüssigkeitssäule unterbrochen wird. Diesen Schwierigkeiten sind wir bereits bei der Bestimmung der elektrischen Leitfähigkeit begegnet. Die Folge davon ist, daß die Methoden, bei welchen Kapillarröhren angewendet werden sollen, hier ausgeschlossen sind, und gerade für die innere Reibung ist die Methode von Poiseuille diejenige, welche die genaueste ist. Sie ist aber leider hier ausgeschlossen. Die Methode von H. v. Helmholtz und Pietrowski, wonach die Schwingungen einer mit der Flüssigkeit gefüllten Kugel gemessen werden oder die Methode von König, nach welcher die Schwingungen einer Kugel in der Flüssigkeit beobachtet werden, sind hier schwer zu handhaben, ebensowenig wie die näherliegende Beobachtungsweise, nach welcher die Drehung einer Scheibe, welche in der Flüssigkeit rotiert, gemessen wird.

Von einfachen, in der Technik angewandten Methoden könnte diejenige verwendet werden, wonach die Schmelze auf eine schiefe Ebene ausgegossen wird und wobei man die Längen der Flüssigkeitsstreifen, die sich in einer bestimmten Zeit ergeben, mißt. Aber hier zeigt sich eine Schwierigkeit darin, daß die hochschmelzenden Silicate zu rasch abkühlen, abgesehen auch von der oft großen Verschiedenheit der spezifischen Gewichte. J. H. L. Vogt hat namentlich die Erfahrungen beim Fadenziehen benutzt, um die Viscositäten zu vergleichen und dabei die Versuche von Akerman benutzt. Dieser unterschied besonders folgende Grade der Viscosität: 1. wenn die Schmelze sich zu einem Draht ausziehen ließ, 2. wenn sich nur etwas Draht ergab, 3. wenn nur eine Annäherung zum Draht vorhanden war, oder 4. wenn die Schmelze leicht flüssig war. J. H. L. Vogt hat auch eine primitive graphische Darstellung gegeben. Aus diesen Daten ergibt sich, daß die Viscosität unter sonst gleichen Bedingungen bei derselben Temperatur mit den SiO_2-Gehalten steigt. Daher sind Metasilicate zähflüssiger als Orthosilicate; Mangan und Eisen erhöhen die Flüssigkeit, Blei ebenso. Magnesiumreiche Schlacken sind dünnflüssiger als die calciumreichen. Bei Gegenwart von Mangan wird die Viscosität erniedrigt. Aluminium erhöht sie, Kalium macht die Gläser zähflüssiger als Natrium. Indessen macht G. Tammann[1]) darauf aufmerksam, daß die Methode, die Viscosität aus der Möglichkeit des Fadenziehens zu beurteilen, nicht einwandfrei ist, weil auch das Kristallisationsvermögen in Betracht kommt. Wenig viscose Schmelzen lassen sich nur dann in Fäden ziehen, wenn sie nicht rasch kristallisieren.

H. Lagorio[2]) machte die Wahrnehmung, daß die Anschauung, daß das saure Magma stets zäher ist als basisches, nicht richtig ist, sondern daß dies von der Natur der mit der Kieselsäure verbundenen Basen abhängig ist. Gläser von höherem Alkaligehalt sind leichtflüssiger, solche von höherem CaO-Gehalt strengflüssiger.

Annähernde Bestimmungen des Flüssigkeitsgrades mit Temperaturmessungen wurden von mir ausgeführt[3]) sowohl bei einzelnen Mineralien als auch bei Gesteinen. Ich unterschied fünf Abstufungen:

1. Vollkommen dünnflüssig: Augit, Limburgit, Plagioklasbasalt, Diabas;

2. dünnflüssig: Leucitlava, Leucitite, Tephrite, Gabbro, basischer Monzonit;

3. nicht mehr ganz dünnflüssig: Nephelinit, Nephelinbasalt, Diorit, Syenit, Monzonit;

4. zähe: Nephelin, Syenit (z. T.), Phonolith;

5. ganz zähe: Granit, Obsidian, Rhyolith.

Ich konstatierte auch, daß FeO, MnO, weniger auch MgO und CaO die Dünnflüssigkeit begünstigen, K_2O und Na_2O dieselbe verhindern; auch größere Mengen von SiO_2, Al_2O_3 vergrößern die Viscosität.

O. Schott[4]) bestimmte die niedrigste Temperatur, bei welcher noch eine Verschiebung der kleinsten Teile möglich ist, d. h. also den ersten Beginn des Erweichens und erhielt für

---

[1]) G. Tammann, Kristallisieren und Schmelzen (Leipzig 1903), 155. J. H. L. Vogt, l. c. 161.

[2]) H. Lagorio, Tsch. min. Mit. **8**, 500, 511 (1886).

[3]) C. Doelter, ZB. Min. etc. 1906, 193.

[4]) O. Schott, Zeitschr. f. Instrumentenkunde 1891, 330; vgl. E. Greiner, S. 734.

Kron(Crown)glas	400—410°
Flintglas	450—460°
Borosilicatcrown	400—410°
Jenaer Normal-Thermometerglas . . .	400—410°
Borosilicat-Thermometerglas	430—440°

E. Greiner[1]) hat eine umfassende Arbeit über die Viscosität der Silicatschmelzen geliefert, bei welchen insbesondere der Einfluß der einzelnen basischen und saueren Komponenten, welche die Silicatschmelzen zusammensetzen, festgestellt wurde und auch die Viscosität einer Schmelze mit jener ihrer Komponenten verglichen wurde. Er hat auch einen nach dem Vorbilde von G. Tammann konstruierten Apparat benutzt, bei welchem die Viscosität dadurch gemessen wird, daß ein beweglicher Platinstab, der mit einem Arm einer Wage in Verbindung steht, in die Schmelze eingetaucht wurde und zwar anfangs bis zu einer bestimmten Tiefe durch Auflegen von Übergewichten; auf dem zweiten Arm der Wage wird der Platinstab gehoben und dieses Aufziehen erfolgt unter Mitnahme einer bestimmten Menge Schmelze. Es ist die Geschwindigkeit, mit welcher das Emporziehen erfolgt, von der Viscosität abhängig. Mißt man nun diese Geschwindigkeiten, so kann man einen Vergleich der Viscosität der erprobten Schmelzen erhalten. Diese Methode hat aber selbstverständlich gerade für die Silicatschmelzen einen gewissen Grad von Ungenauigkeit, welche namentlich verursacht wird durch die verschiedene Erstarrung, die Verschiedenheit der Kristallisationsgeschwindigkeit und durch jene der spezifischen Gewichte, welche mitunter nicht vernachlässigt werden können, so daß also diese Resultate, welche ich hier wiedergebe, doch nur angenäherte sein können.

E. Greiner kommt zu dem Resultate, daß

1. Bei Metasilicaten die Vergrößerung der Viscosität sich, wenn man mit Na_2SiO_3 vergleicht, durch folgende Reihenfolge darstellen läßt:

$$\overset{II}{Fe},\ Mn,\ \overset{III}{Fe},\ Mg,\ Ca,\ Al.$$

2. Die Viscosität von K_2SiO_3 mit freier SiO_2 ist größer als die des entsprechenden Na-Silicats.

3. Der Einfluß, den der Zusatz der nachstehenden Oxyde auf die saure Schmelze $Na_2SiO_3 . SiO_2$ ausübt, ist folgender: Es erniedrigen die Viscosität (nach dem Grade der Einwirkung geordnet) FeO, MnO, Fe_2O_3, MgO, es erhöhen sie CaO und Al_2O_3.

4. Eine Vermehrung des „basischen" Bestandteiles einer Schmelze erniedrigt deren Viscosität. Der Zusatz von $^1/_3$ Äq. Fe_2O_3 zu 1 Äq. Na_2SiO_3 erhöht die Viscosität. Kleine Mengen von Al_2O_3 ($^1/_2$—5 Äq.) zu 100 Äq. Na_2SiO_3 erhöhen die Viscosität und zwar fast ebenso stark als gleiche Mengen SiO_2.

5. SiO_2-Zusatz erhöht in jedem Falle die Viscosität. B_2O_3 und WO_3 befördern die Dünnflüssigkeit und zwar WO_3 stärker als B_2O_3.

6. Zwischen den Viscositäten der Mischungsreihen $MgSiO_3 : Na_2SiO_3$, $CaSiO_3 : Na_2SiO_3$, und dem Schmelzpunkt der Mischungsglieder konnte kein gesetzmäßiger Zusammenhang gefunden werden.

---

[1]) E. Greiner, Inauguraldissertation (Jena 1907).

7. Zwischen den Viscositäten kompliziert zusammengesetzter Schmelzen und den Viscositäten der als Mischungskomponenten zu betrachtenden Silicate konnte keine gesetzmäßige Beziehung gefunden werden.

Zwischen den Daten von J. H. L. Vogt und den von mir bestimmten einerseits, jenen von E. Greiner anderseits, existieren daher gewisse Unterschiede, so insbesondere bezüglich des Einflusses des Natriums auf die Viscosität der Schmelzen. In neuester Zeit hat K. Arndt[1]) eine Methode ersonnen, welche allerdings nicht für Silicatschmelzen bestimmt war, sondern für weniger viscose z. B. Borsäure, und deren Prinzip darin besteht, daß ein Platinkörper in eine Schmelze gehängt wird und sein Fall durch ein Übergewicht verzögert wird. Dieses Übergewicht ist proportional der Fallzeit. Man kann nun aus der Fallzeit bei gleichem Übergewicht die Viscosität messen. Der Platinkörper ist an einem Platindraht aufgehängt, welcher wieder an einem Kokonfaden befestigt ist, welcher an dem oberen Teil der Peripherie eines leicht beweglichen Rädchens *B* hängt, an dem er sich beim Steigen oder Sinken der Platinkugel auf und ab rollt. Auf der anderen Seite des Rädchens ist in gleicher Weise ein kleines Schälchen befestigt, auf das Gewichte aufgelegt werden *E*. An dem Rädchen ist ein Zeiger angebracht, der über eine Skala spielt. Dadurch wird die Zeit, die der Fallkörper zum Sinken zwischen zwei Marken braucht, gemessen (siehe Fig. 80).

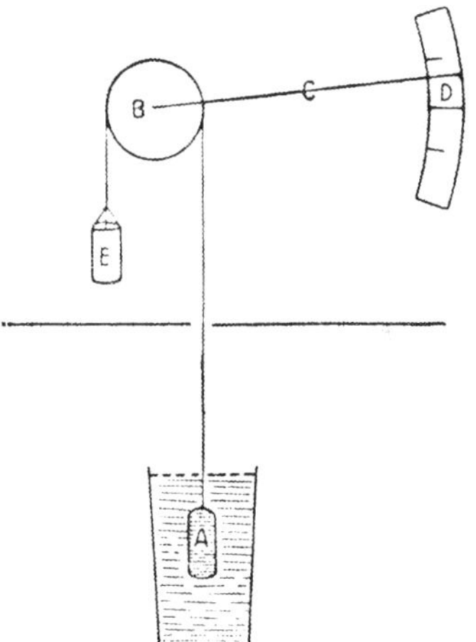

Fig. 80. Apparat zur Messung der Viscosität von Flüssigkeiten nach K. Arndt.

Eine zweite, für die Silicatschmelzen sehr wichtige Frage betrifft nicht die chemische Zusammensetzung, sondern den Verlauf der Viscosität bei verschiedenen Temperaturen. Es zeigt sich schon durch primitive Versuche, daß die Viscosität sich mit der Temperatur sehr stark verändert und man kann sagen, daß sie vom Schmelzpunkte aus sehr stark abnimmt. Allerdings geschieht dies bei verschiedenen Silicaten in sehr verschiedenem Maße.

Schon J. H. L. Vogt bemerkt mit Recht, daß die Viscosität einer und derselben Schmelze mit der Temperatur abnimmt, jedoch nach einer verschiedenen Skala für die verschiedenen Schmelzen; so braucht man eine bedeutende Überhitze, um kieselsäurereiche, sehr zähflüssige Schmelzen einigermaßen leichtflüssig zu machen, während bei den basischen Schmelzen nur eine kleine Überhitze notwendig ist, um sie dünnflüssig zu machen.

Ich habe eine Anzahl von Untersuchungen ausgeführt,[2]) welche hauptsächlich den Zweck hatten, bei natürlichen Silicaten den Verlauf der Temperatur-Viscositätskurve zu messen. Es ergab sich namentlich, daß, wie bei den Schmelzpunkten, zweierlei Silicate existieren, welche allerdings durch Übergänge miteinander verbunden sind, nämlich solche, bei welchen die Viscosität vom Schmelzpunkte aus sich sehr langsam verringert, das sind die Silicate

[1]) K. Arndt, Z. f. Elektroch. **13**, 578 (1907).
[2]) C. Doelter, Sitzber. Wiener Ak. **114**, 529 (1905).

mit unscharfem Schmelzpunkte und solche Silicate, bei denen etwas über dem Schmelzpunkte die Viscosität sich sehr stark vermindert. Diese Beobachtungen stimmen also mit den Ansichten J. H. L. Vogts überein. Die an Mineralien ausgeführten Beobachtungen wurden derart gewonnen, daß ein Platinstab von bestimmtem Gewichte in eine Schmelze mehr oder weniger tief einsank, wobei die Längen der Schmelze gemessen wurden, bis zu welchen der Stab eingesunken war. Das ist natürlich eine ganz primitive Methode, aber sie kann doch einen gewissen Überblick geben und es zeigte sich, daß zweierlei Silicate existieren, wie es oben ausgeführt wurde.

Auch E. Greiner hat sich mit der Viscositätstemperaturkurve befaßt. Er berechnet diese Kurve aus der Zeittemperaturkurve und aus der Zeitviscositätskurve, doch kann seine Methode keinen Anspruch auf Genauigkeit erheben, weil er keine direkten Temperaturmessungen gemacht hat, da er einen Flammenofen benutzte, der an verschiedenen Punkten verschiedene Temperaturen aufwies.

Bei den neuen von mir und H. Sirk[1]) ausgeführten Messungen ergab sich, daß der Temperaturkoeffizient ein enormer ist, und daß bei Unterschieden von 30^{0} die Viscosität auf das dreifache steigt.

Von Interesse war es auch, daß bei Diopsid beim Abkühlen bei ca. 1230^{0} plötzlich die Viscosität unmeßbar groß wurde, obgleich die Schmelze noch nicht fest war; die Kurve würde also sehr steil sein.

Das Problem der Viscositätskurven harrt noch seiner definitiven Lösung.

Messung der absoluten Größe der Viscosität.

Bisher waren keine Messungen der Absolutgröße der Viscosität gemacht worden. Solche wurden an geschmolzenem Diopsid vor kurzer Zeit von C. Doelter und H. Sirk[1]) ausgeführt und zwar nach der Arndtschen Methode, wobei eine Platinkugel von 6 mm Durchmesser verwendet wurde. Es wurde dann die Fallzeit, wie vorhin beschrieben, gemessen, und das spez. Gewicht der Schmelze bestimmt. Die erhaltenen Viscositäten wurden mit jenen verglichen, welche unter denselben Bedingungen Ricinusöl, dessen Viscosität durch andere Methoden genau bestimmt war, ergibt. Daraus läßt sich berechnen, um wie viel größer die innere Reibung der Schmelze als die des Ricinusöles war. Es ergab sich, daß bei 1300^{0} die Viscosität in CGS.-Einheiten 33 war, also 5 mal größer als die des Ricinusöls; sie verringert sich ungemein bei Temperatursteigerung.

Einfluß des Druckes auf die Viscosität.

Direkte Versuche über diesen Einfluß liegen bei Silicaten nicht vor, und wir können daher nur aus der Theorie Schlüsse ziehen; es ist jedoch wahrscheinlich, daß die Viscosität durch den Druck erhöht wird, doch ist vielleicht das Ausmaß der Erhöhung gering; jedenfalls können andere Faktoren, die gleichzeitig tätig sind, entgegengesetzt wirken. Aus geologischen Beobachtungen muß man den Schluß ziehen, daß bei manchen Massengesteinen und bei in der Tiefe erstarrten Ganggesteinen, die Viscosität nicht beträchtlich war.

[1]) C. Doelter u. H. Sirk, Sitzber. Wiener Ak. **120**, 659 (1911).

Vergleicht man mit J. H. L. Vogt[1]) zwei Magmen von derselben chemischen Zusammensetzung, von denen das eine in der Tiefe von 1 km, das andere in einer Tiefe von 10 km erstarrt, so mag die Viscosität in dem Kristallisationsintervall durch die etwas höhere Temperatur vermindert werden; in derselben Richtung wirkt auch die mit steigendem Drucke sich vergrößernde magmatische Wassermenge, während andererseits der Druck die Viscosität erhöhen würde. Dadurch dürfte also schließlich die Viscosität nicht merklich verändert werden, aber doch eher in dem Sinne, daß sie nicht gerade vergrößert wird.

Allgemeines über die Schmelzpunkte von Mischungen mehrerer Komponenten.

Nehmen wir den einfachen Fall von Mischungen aus Komponenten, welche nicht isomorph sind und keine chemischen Reaktionen untereinander eingehen, so haben wir Lösungen, auf welche die Lösungsgesetze anwendbar sind, doch werden sich in bezug auf die besonderen Verhältnisse der Silicatschmelzen einige Abweichungen ergeben. Mengt man einem Stoff einen zweiten hinzu, so wird dadurch der Schmelzpunkt des ersten erniedrigt, und die Schmelzpunktserniedrigung wird mit zunehmender Menge der zugesetzten Komponente wachsen. Das Mengenverhältnis, welchem die größte Schmelzpunktserniedrigung entspricht, ist das eutektische. Man nennt Eutektikum jenes Gemenge beider Komponenten, welches den tiefsten Schmelzpunkt besitzt. Setzt man zu diesen beiden Komponenten eine dritte Komponente hinzu, so wird der Schmelzpunkt des Gemenges weiter erniedrigt. Wir wollen zuerst den Fall von zwei Komponenten, also eines binären Systems, betrachten.

Systeme aus zwei Komponenten.

Die Phasenlehre zeigt, daß die Schmelzpunktserniedrigung eines Stoffes A proportional der zugesetzten Menge von B erfolgt, falls die Schmelze als verdünnte Lösung angesehen werden kann. Als Lösungsmittel gilt diejenige Komponente, welche im Verhältnisse zu dem Eutektikum vorherrscht. Selbstverständlich wird die Komponente B bei Zusatz von A dasselbe Verhalten zeigen. Die Anwendung der Phasenlehre ist namentlich bei Legierungen studiert worden. Man kann, wenn man eine Reihe von Mischungen herstellt, die den verschiedenen Verhältnissen von A und B entsprechen, die Schmelzkurve eines solchen binären Systems bzw. seine Erstarrungskurve konstruieren. Man kann die Erniedrigung des Erstarrungspunktes y nach dem Raoult-van't Hoffschen Gesetze berechnen, nämlich nach der Formel

$$y = \frac{m}{M} \times \frac{0{,}02\, T^2}{q},$$

worin T der absolute Schmelzpunkt, q die Schmelzwärme, M das Molekulargewicht, m die zugesetzte Menge der zweiten Komponente ist.

Molekulargewichte der Silicate. Die Bestimmungen der Molekulargewichte der Silicate im Schmelzflusse nach der eben angegebenen Formel,

[1]) J. H. L. Vogt, Tsch. min. Mit. **27**, 167 (1908).

worin M das Molekulargewicht eines Stoffes A ist, sind zweifelhaft, denn wie schon früher ausgeführt, ist der Schmelzpunkt meistens ein unscharfer und die Schmelzwärme q ist bisher überhaupt nicht, auch nur annähernd genau bestimmbar gewesen. Die Berechnungen, die sich darauf gründen, daß im Schmelzflusse die Silicate die einfachen Formeln, z. B. $CaSiO_3$, $MgSiO_3$ haben, sind nicht verläßlich. Vorläufig sind wir noch nicht imstande, die Molekulargewichte weder der flüssigen noch der festen Silicate zu bestimmen.

J. H. L. Vogt[1]) berechnete aus der Schmelzpunktserniedrigung (aber unter Vernachlässigung der elektrolytischen Dissoziation) die Molekulargewichte der Mineralien unter der Voraussetzung, daß keine Polymerisation in den Schmelzlösungen stattfindet und erhielt folgende Zahlen:

Kalifeldspat $KAlSi_3O_8$	279,45
Natronfeldspat $NaAlSi_3O_8$ . .	263,05
Anorthit $CaAl_2Si_2O_8$	279
Melilith	380
Olivin Mg_2SiO_4	141,12
Ilmenit $FeTiO_3$	152,1
Chromit $FeCr_2O_4$	224,2
Spinell $MgAl_2O_4$	142,56
Quarz SiO_2	60,4

Nach ihm haben die schwerer schmelzbaren Verbindungen ein höheres Molekulargewicht, als die leichter schmelzbaren, was aber für Spinell, Quarz, Ilmenit, Olivin nicht zutrifft.

Was das Molekulargewicht fester Kristalle anbelangt, so ist es überhaupt fraglich, ob wir, wenn wir P. Groths[2]) Ansichten zustimmen, diesem eine Bedeutung zuschreiben sollen.

Schmelzkurven.

Die erwähnten Gesetzmäßigkeiten sind experimentell vielfach bestätigt worden und haben bei Legierungen zu der Anwendung der thermischen Analyse geführt, welche insbesondere von G. Tammann und seinen Schülern zu einer genauen Methode ausgearbeitet wurde, so daß man aus der Schmelzpunktserniedrigung die chemische Zusammensetzung der betreffenden Mischung berechnen kann und umgekehrt.

Bei Silicaten liegen die Verhältnisse jedoch nicht so einfach; schon aus den Gründen, welche S. 632 ausgeführt wurden. Hier ist der Weg der der experimentellen Bestimmung der Schmelzpunkte; auf die hierzu geeigneten Methoden komme ich später noch zurück. Bemerken will ich noch, daß F. Flawitzki[3]) die van't Hoffsche Formel für Silicatschmelzen nicht bestätigt finden konnte. Er gibt statt dieser eine neue Formel, welche auf Silicatschmelzen anwendbar sein soll. Nach ihm sind die Ansichten von J. H. L. Vogt bezüglich der Polymerisation der Silicate, welche sich auf die Gleichheit der

[1]) J. H. L. Vogt, Silicatschmelzlösungen II, 135.
[2]) P. Groth, Einleitung in die chem. Kristallographie (Leipzig 1904).
[3]) F. Flawitzki, Journ. Russ. Phys.-Chem. Ges. **37**, 862 (1910). — Chem. ZB. 1906[1], 313; 1910[1], 1413.

molekularen Schmelzpunktserniedrigungen gründen, unrichtig. Tatsächlich ist die Polymerisation zweifelhaft.

Bestimmung der Schmelzkurven bei binären Systemen. Man wird vor allem Mischungen darstellen, von der reinen Komponente A bis zu der reinen Komponente B und wird nun eine größere Anzahl solcher Mischungen auf ihre Schmelz- und Erstarrungstemperaturen untersuchen.

Natürliche und künstliche Silicate. Es ergeben sich Verschiedenheiten, je nachdem man chemische Mischungen oder natürliche Silicate untersucht. Mischt man zwei Silicatmineralien zusammen, so geben sie keine oder nur eine unmerkliche Schmelzpunktserniedrigung, weil die Lösungsgeschwindigkeit der Silicate zu gering ist. Man muß daher zuerst die beiden Komponenten zu einem Glase zusammenschmelzen und dann die Erstarrungskurve bestimmen oder das Glas kristallisieren lassen und dann die Erhitzungskurve bestimmen. Es ist also zwischen den natürlichen und künstlichen Silicaten in dieser Hinsicht zu unterscheiden. Die Ausscheidungsverhältnisse bei stark viscosen Silicaten werden auch öfters verschieden sein, je nachdem es sich um natürliche oder um künstliche Silicate handelt. Ferner ist bei der Bestimmung der Erstarrungspunkte die Kristallisationsgeschwindigkeit sehr wichtig; wenn dieselbe sehr klein ist, so wird es nicht möglich sein, eine Erstarrungskurve zu erhalten; dies trifft namentlich bei sehr viscosen Schmelzen zu.

H. W. Bakhuis-Roozeboom[1]) hat die Phasenlehre auf den Fall zweier Komponenten angewandt und die graduelle Erstarrung, wenn sich entweder zuerst nur die eine Komponente fest ausscheidet, oder wenn die totale Erstarrung im eutektischen Punkte stattfindet, verfolgt.

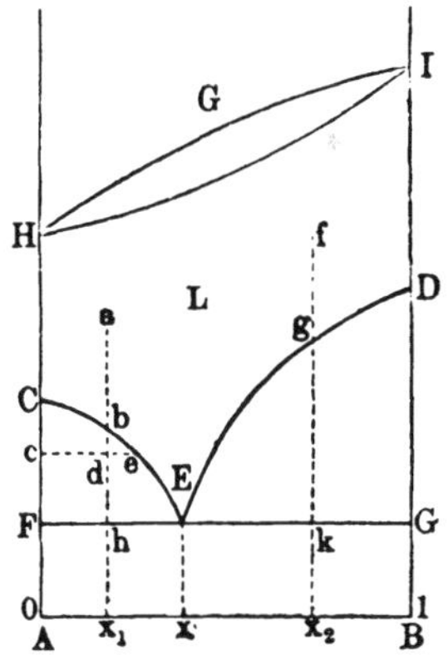

Für den ersten Fall haben wir die Fig. 81. C, D[2]) sind die Schmelzpunkte, H und J die Siedepunkte zweier Stoffe S_A und S_B bei gewöhnlichem Atmosphärendruck. CE sind die Temperaturen und Konzentrationen der Lösungen, die neben S_A koexistieren können, mit zunehmendem Gehalt an B; DE die der mit S_B koexistierenden Lösungen bei steigendem Gehalt von A. Für einen Punkt von der Konzentration x_1 ist b die Temperatur, bei welcher die flüssige Phase mit festem A gleichzeitig vorkommen kann. Bei weiterer Temperaturerniedrigung kann sich festes A ausscheiden und dadurch verschiebt sich der darstellende Punkt für die flüssige Phase allmählich von b bis zum eutektischen Punkt E. Die relativen Mengen $S_A + L$, wobei L die flüssige Phase ist, werden durch die Horizontallinie cde bestimmt, wobei c die feste Phase S_A und e die flüssige L_E darstellt, welche zusammen den Komplex d bilden. Es ist also

$$\frac{de}{ce} \text{ Mol } S_A + \frac{cd}{ce} \text{ Mol } L_E$$

die Zusammensetzung des Komplexes d.

Fig. 81.

[1]) H. W. Bakhuis-Roozeboom, Heterogene Gleichgewichte (Braunschweig 1905), II, 157.

[2]) Entnommen den Heterogenen Gleichgewichten von H. W. Bakhuis-Roozeboom Fig. 76.

Für jede Lösung wird die pro Grad abgeschiedene Menge bei fortschreitender Abkühlung stets kleiner und die anfängliche Menge ist um so größer, je kleiner x ist. Im Punkte E besteht der Komplex aus

$$\frac{hE}{FE}\,\text{Mol}\,S_A + \frac{Fh}{FE}\,\text{Mol}\,L_E$$

oder:

$$\frac{x - x_1}{x}\,\text{Mol}\,S_A + \frac{x_1}{x}\,\text{Mol}\,L_E.$$

Die eutektische Mischung erstarrt im Punkte E bei konstanter Temperatur. Sie wird als Konglomerat von x Molen B und $l - x$ Molen A bezeichnet. Eine andere Mischung als die eutektische wird aus dem Eutektikum und dem überschüssigen Anteil bestehen, der sich früher abgeschieden hat. Die in jedem Augenblicke auskristallisierte Menge muß mit der Temperatur der teilweise erstarrten Mischung genau stimmen, was aber nur theoretisch der Fall ist, da vorausgesetzt wird, daß die Kristallisationsgeschwindigkeit unendlich groß ist. Ist sie klein, so wird die erstarrende Lösung mehr von der erstarrenden Substanz enthalten, als dieser Temperatur entspricht. Eine solche Lösung ist unterkühlt. Tritt der normale Gleichgewichtszustand durch Ausscheidung einer Komponente ein, so wird die Erstarrungskurve nicht unterhalb des eutektischen Punktes E zu verfolgen sein, da hier in diesem Punkte die Umwandlung der Lösung zu $S_A + S_B$ stattfindet. Silicate zeigen zumeist starke Übersättigung und die Kurven sind daher über den Punkt E zu verfolgen (Fig. 81).

Unterkühlung. Wir haben bereits Gelegenheit gehabt, uns mit der Unterkühlung zu beschäftigen. Beim Zusammenschmelzen von zwei Komponenten wird man, wenn man die Erstarrung verfolgt, ein Gebiet finden, bei welchem Übersättigung an beiden Komponenten vorhanden ist. Es ist dies in der Fig. 82 das Gebiet IV, welches man durch Verlängerung der Erstarrungskurven CE und ED erhält. Man kann durch die Kurven das ganze Gebiet in vier Teile teilen: I. ungesättigt an beiden Komponenten, II. und III. übersättigt an einer Komponente, ungesättigt für die zweite, IV. übersättigt an beiden Komponenten; letzteres Gebiet ist das des labilen bzw. metastabilen Gleichgewichtes.

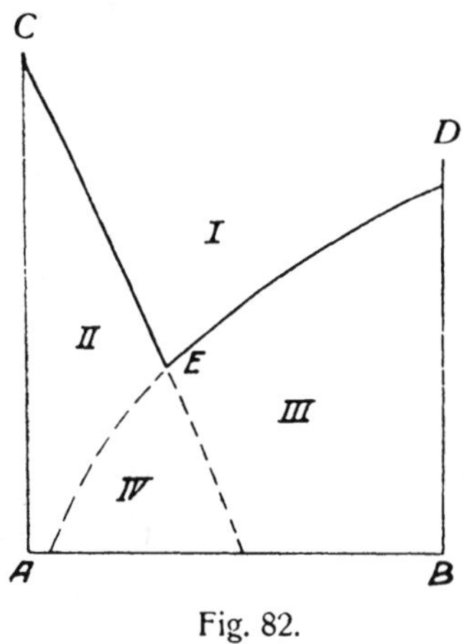

Fig. 82.

Das Eutektikum ist durch eine besondere Struktur ausgezeichnet. Es stellt eine innige Mischung beider Komponenten dar, welche gleichzeitig erstarrt sind. Diese Struktur, die man besonders bei Legierungen gut beobachten kann, wird als Eutektstruktur bezeichnet. Das Eutektikum ist mit Ausnahme des Falles der Bildung von Doppelsalzen von allen Mischungen die einzige, welche gleichzeitig erstarrt, während alle übrigen inhomogen erstarren. Beim Schmelzen verhält sich das Eutektikum wie ein einheitlicher Körper.

Die thermische Methode beruht auf der genauen Beobachtung der anfänglichen und der totalen Erstarrung der verschiedenen Gemische. Bei der oberen Temperatur der ersten Erstarrung wird sich infolge der entwickelten Kristallisationswärme eine kleine Temperaturerhöhung ergeben. Gewöhnlich bestimmt man die Haltepunkte bei der Erstarrung, denn der umgekehrte Weg ist weniger verläßlich.

Formen der Schmelzkurven bei binären Systemen. Die graphische Darstellung der Kurven der Schmelzpunkte der verschiedenen Mischungen geschieht in der Weise, daß auf der Ordinate die Temperaturen aufgetragen werden, und zwar die Schmelzpunkte von *A* auf der in diesem Punkte errichteten Senkrechten, die von *B* auf der im Punkte *B* errichteten. Der Punkt *A* bezeichnet die Mischung von 100% *A* und 0% *B*, während der Punkt *B* der Mischung von 100% *B* und 0% *A* entspricht (Fig. 82).

C, D sind die Schmelzpunkte der Stoffe *A* und *B* (Fig. 82). Wenn die Schmelzkurve von *A* zum eutektischen Punkt absteigt und von da wieder zum Schmelzpunkte des Stoffes *B* aufsteigt, so haben wir die normale Schmelzkurve zweier Stoffe, die sich nicht mischen (bei Mischkristallen wird die Kurve gewöhnlich nicht so verlaufen, vgl. S. 771). Die Mischungen zweier Stoffe *A* und *B* können jedoch auch Veranlassung zu der Bildung einer neuen Verbindung geben; nehmen wir zwei Stoffe, wie CaO und SiO_2, so kann zwischen diesen zwei Komponenten ein Eutektikum, eventuell auch mehrere vorkommen, außerdem treten jedoch CaO und SiO_2 zu Verbindungen zusammen; solche Verbindungen treten auf der Kurve als erhöhte Punkte hervor.

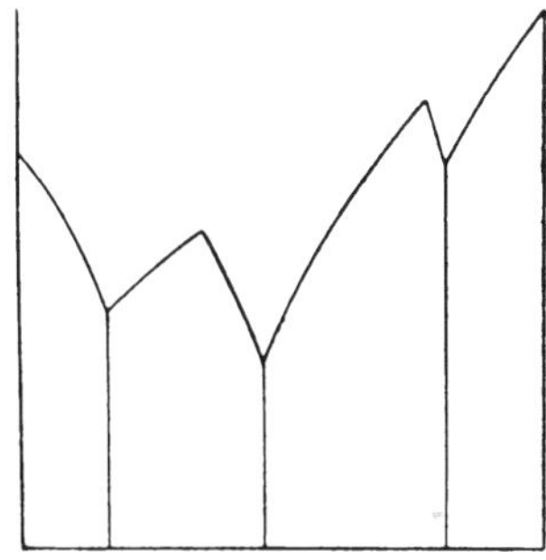

Fig. 83.

Wenn demnach zwei Komponenten, wie CaO und SiO_2, sowohl Eutektika wie auch chemische Verbindungen bilden, so werden sich erstere als die tiefsten Punkte, letztere als erhöhte Punkte auf der Schmelzkurve darstellen (s. Fig. 83). Stoffe, wie die genannten, werden also, wenn sie sowohl Eutektika als auch Verbindungen zeigen, eine auf- und absteigende Kurve aufweisen.

Im Eutektikum erfolgt die Erstarrung der beiden Komponenten gleichzeitig. Wenn eine Verbindung entsteht, wird die Schmelze homogen erstarren, wenigstens theoretisch, in Wirklichkeit bei Silicaten nur annähernd. Umgekehrt kann man aus den Schmelzpunktskurven ersehen, ob zwei Stoffe eine Verbindung eingehen und so kann die Schmelzkurve zur Kenntnis von Verbindungen zweier Stoffe führen. Über diese speziellen Verhältnisse siehe die thermische Analyse in den Lehrbüchern der Metallographie von C. Gürtler, R. Ruer u. a.; doch sei bemerkt, daß, wie schon S. 632 hervorgehoben, die Silicate sich von Legierungen oft etwas abweichend verhalten.

Schmelzpunkte bei ternären Systemen.

Bei ternären Systemen mit drei Komponenten ist die graphische Darstellung viel schwieriger, weil wir drei Dimensionen brauchen und ein räumliches Modell benötigen. Als Koordinatennetz nehmen wir ein gleichseitiges Dreieck. Die Darstellung in der Ebene kann nach zwei verschiedenen Methoden erfolgen, von welchen die eine von W. Gibbs herrührt und welche besonders mehr den Petrographen geläufig ist (Osannsches Dreieck), während die zweite von den physikalischen Chemikern benutzt wird; sie stammt von

H. W. Bakhuis-Roozeboom[1]): Die Endpunkte des gleichseitigen Dreiecks sind die den reinen drei Verbindungen *A*, *B*, *C* entsprechenden, also 100 *A*, 100 *B*, 100 *C*; wir haben also ein Koordinatensystem mit Winkeln von 60° Man erhält die Zusammensetzung eines ternären Gemenges, welches durch *P* dargestellt wird (Fig. 84) aus den Abständen von *P* von den drei Seiten des Dreiecks, aber nicht aus den senkrechten Abständen, sondern den Abständen parallel zu den Seiten des Dreiecks (z. B. *Pb*). Alle binären, *A* und *C* enthaltenden Phasen werden durch Punkte der Geraden *A C*, und die *B* und *C* enthaltenden Phasen durch die Gerade *B C* dargestellt; alle nur *A* und *B* enthaltenden Phasen werden durch *AB* dargestellt. Jede Mischung aus drei Komponenten, also jede ternäre Phase, wird durch einen Punkt im Inneren des Dreiecks dargestellt. Der Punkt *P* entspricht einer Zusammensetzung von *a P* Mengen *A*, *b P* Mengen *B* und daher *g P* = 100 − *a P* − *b P* Mengen von *C*. Alle Punkte der Geraden *a e* stellen die Mischungen dar, welche wechselnde Mengen von *A* und *C* und eine konstante Menge von *B* enthalten; ebenso zeigt *h d* die Mischungen mit konstantem *C*, *b g* die Mischungen mit konstantem *A*. Alle Geraden, welche durch einen Eckpunkt gelegt sind, stellen Mischungen dar, die die beiden anderen Komponenten in konstantem Verhältnisse enthalten.

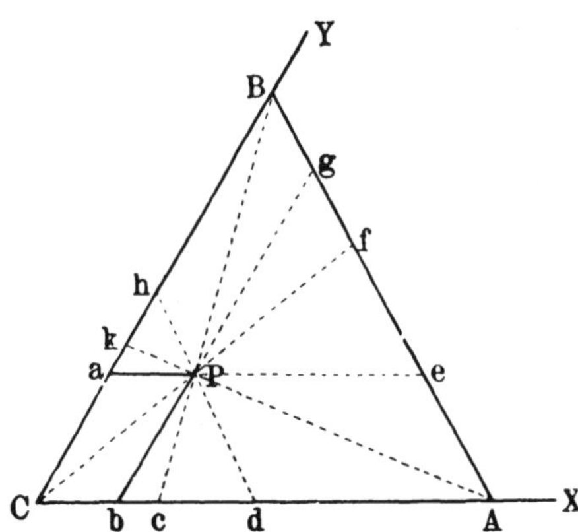

Fig. 84. Dreiecksprojektion nach Roozeboom-Schreinemakers.

Der Punkt *P* stellt eine Mischung dar, welche *a P* = *h P* Mengen von *A*, *b P* = *d P* Mengen von *B* und *e P* = *g P* Mengen von *C* enthält.

Irgend ein Punkt *a* gibt uns das Verhältnis der Mengen von *B* und *C* auf 1 oder 100 berechnet, ebenso gibt *b* das Verhältnis von *A* und *C*.

Um die Schmelzpunkte darzustellen, müssen wir eine dritte Dimension zu Hilfe nehmen und eine Raumfigur, die wir aber nur perspektivisch darstellen können. Wir stellen das Dreieck *ABC* perspektivisch dar und ziehen von den drei Ecken Senkrechte, auf welchen wir die Schmelzpunkte der drei Komponenten auftragen.

In der Raumfigur (Fig. 85) sind A_1, B_1, C_1 die Schmelzpunkte. Der eutektische Punkt des binären Systems *A*—*B* ist *E*, der des binären Systems *A*—*C* ist *F*, der des dritten Systems *B*—*C* wird durch den Punkt *G* dargestellt. Wir haben (vorausgesetzt, daß keine Mischbarkeit der drei Stoffe im festen Zustand vorkommt und daß die Komponenten keine Verbindungen bilden), da jeder Komponente eine Sättigungsfläche entspricht, drei Sättigungsflächen; diese schneiden sich in drei Kurven *LE*, *LF*, *LG*, welche im Punkt *L* zusammenstoßen. Dieser Punkt *L* ist der ternäre eutektische Punkt. Er liegt stets

[1]) Vgl. F. A. H. Schreinemakers, Die ternären Gleichgewichte (Braunschweig 1911), I. Teil, S. 4 (welchem die Fig. 84 entnommen ist); ferner die klare Darstellung von R. Findlay, Einführung in die Phasenlehre (Leipzig 1907), 148.

niedriger als die drei binären eutektischen Punkte. Die Sättigungskurven gehen, wie die Fig. 85 zeigt, von den binären eutektischen Punkten *E*, *F*, *G* aus und enden im ternären eutektischen Punkt. Punkte, welche oberhalb

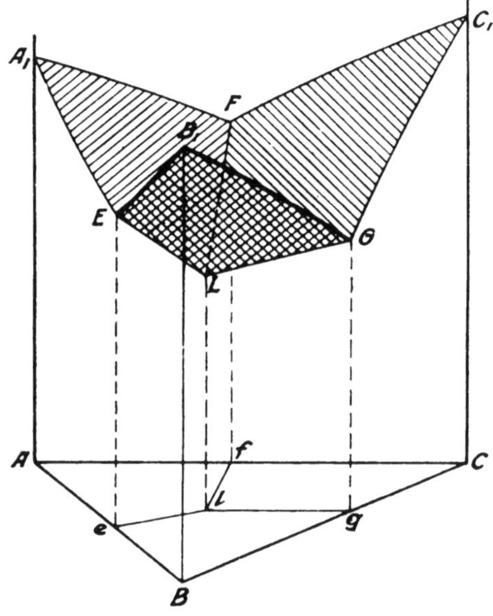

Fig. 85.

der Sättigungskurven liegen, stellen eine Flüssigkeit dar; die Punkte unterhalb dieser ein Gemenge der drei Komponenten.

Eine detaillierte Darstellung der theoretischen Verhältnisse findet sich in dem früher erwähnten Werke von F. A. H. Schreinemakers,[1]) auf welches verwiesen sein soll; J. H. L. Vogt[2]) hat sich ebenfalls damit beschäftigt. Ferner sei auf die Lehrbücher der Metallographie verwiesen,[3]) sowie auf das erwähnte Werk von R. Findlay.

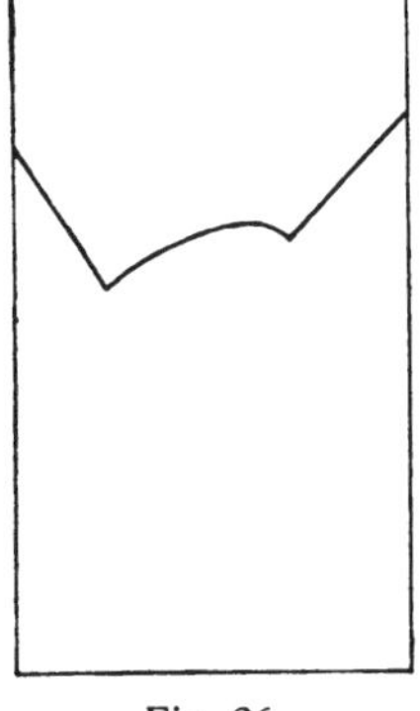

Fig. 86.

Abflachung der Schmelzkurve. Bei Silicaten kommt es vor, daß sich gerade in der Nähe einer Verbindung statt eines Knickes ein Abflachen der Kurve einstellt (Fig. 86), was nach H. W. Bakhuis-Roozeboom mit der Dissoziation der Schmelze zusammenhängt. Auch R. Kremann hat solche Fälle bei organischen Verbindungen studiert und die Kurven benützt, um aus ihnen den Dissoziationsgrad kennen zu lernen. H. W. Bakhuis-Roozeboom meint, daß die Existenz einer Schmelzkurve einer binären Verbindung die Existenz dieser in den flüssigen Gemischen ihrer Komponenten voraussetzt. Wichtig ist auch der Satz, daß bei scharfen Schmelzpunkten das Ionisationsgleichgewicht sich rasch einstellt. Wir können bei Silicaten mit scharfem

[1]) F. A. H. Schreinemakers, l. c., 40.
[2]) J. H. L. Vogt, Tsch. min. Mit. **24**, 506 (1905).
[3]) Z. B. R. Ruer, Metallographie (Hamburg 1906).

Schmelzpunkt schließen, daß dieses Gleichgewicht sich rascher einstellt, als bei solchen mit unscharfem Schmelzpunkt (Feldspat, Leucit). Bei diesen findet in der Schmelzlösung ein Zerfall der Komponenten statt.

Ausscheidungsfolge der beiden Komponenten. Für diese ist maßgebend, ob in einer Mischung von zwei Komponenten *A* und *B* gegenüber dem Eutektikum die erste oder die zweite vorherrscht. Besteht eine solche Mischung aus Eutektikum + *A*, so wird sich *A* zuerst ausscheiden. Ist dagegen *B* im Überschusse, so wird sich *B* zuerst abscheiden. Im Punkte *E* erstarren zum Schlusse beide Komponenten gleichzeitig. Dies gilt aber nur für den stabilen Gleichgewichtszustand, nicht aber für das Gebiet IV (Fig. 82). Es wird also bei der Ausscheidung wichtig sein, ob die Abscheidung im stabilen oder im labilen Felde stattfindet. In letzterem Falle ist die Kristallisationsgeschwindigkeit von Wichtigkeit; da bei Silicaten die Abscheidung vielfach in dem labilen Gebiete stattfindet, so wird für die Ausscheidung die Verschiedenheit der Kristallisationsgeschwindigkeit von Wichtigkeit sein.

Die speziellen Verhältnisse der Silicatschmelzen. Es wurde bereits früher betont, daß die meisten Silicatschmelzen wegen ihrer großen Viscosität und der Langsamkeit, mit welcher die Gleichgewichte sich einstellen, nicht ganz mit den Legierungen identifiziert werden können. Beim Zusammenschmelzen von Silicatmineralien erhalten wir andere Erscheinungen als bei der Erstarrung von chemisch-analogen Mischungen; wegen der geringen Lösungsgeschwindigkeit kann man in ersterem Falle sogar oft eine einseitige Schmelzpunktserniedigung wahrnehmen. Ferner ist die Viscosität der meisten Silicate mit Ausnahme einiger so groß, daß eine starke Unterkühlung Regel ist, welche namentlich infolge Mangels an Rühren nicht aufgehoben werden kann. Weitere wesentliche Unterschiede ergeben sich bei der Erstarrung wegen der Verschiedenheit des Kristallisationsvermögens und der Kristallisationsgeschwindigkeit. Nur wenn diese sehr groß und nahezu gleichmäßig sind, werden die früher angegebenen Gesetzmäßigkeiten anwendbar sein.

Ein wichtiger Unterschied ist auch der, daß das Eutektikum bei stark viscosen Silicaten nicht ganz homogen erstarrt, sondern daß vielfach statt des Punktes *E* ein Erstarrungsintervall auftritt, welches 20—50° betragen kann; die Komponenten scheiden sich dann nacheinander aus.

Einfluß des Rührens auf das Gleichgewicht. Bei allen Versuchen, die sich auf Erstarrung von Silicatschmelzen, namentlich auf die Ausscheidungsfolge der beiden Komponenten beziehen, ist es notwendig, die Schmelze genügend durchzurühren, da sonst ein labiles Gleichgewicht eintritt.

H. W. Bakhuis-Roozeboom hat gezeigt, daß die auskristallisierte Menge beim Abkühlen nur dann der theoretischen entspricht, wenn die Schmelze gerührt wird. Der Einfluß des Rührens muß sich auch auf die Ausscheidungsfolge erstrecken. Leider ist aber das Rühren bei Silicatschmelzen gerade in der Nähe des Schmelzpunktes wegen der großen Viscosität nur ausnahmsweise möglich. S. Hilpert und R. Nacken[1]) haben einen Rührer aus Platin konstruiert, der für weniger viscose Silicate, wie z. B. Bleisilicat, anwendbar ist. Sie haben den großen Einfluß des Rührens gezeigt. Bei Alumosilicaten und sehr viscosen Schmelzen ist aber das Rühren aus praktischen Gründen nicht möglich.

---

[1]) S. Hilpert u. R. Nacken, Ber. Dtsch. Chem. Ges. **43** (1910).

Joh. Lenarčič[1]) hat Versuche über die Ausscheidungsfolge von Augit-Labrador gemacht. Merkwürdig war es, daß bei doppelter Menge von Augit sich der Labrador zuerst ausschied. Wurde jedoch die Schmelze so lange gerührt als möglich war, so schied sich umgekehrt Augit zuerst ab. Er bezeichnet den Einfluß des Rührens der Schmelze als maßgebend für die Ausscheidungsfolge, was theoretisch auch erklärlich ist, da wir in dem einen Falle einen stabilen, in dem anderen Falle einen labilen Zustand haben.

Statt des Rührens, welches, wie erwähnt, nicht immer möglich ist, kann man auch Drücken, Kneten, Klopfen, verwenden.

Beziehungen zwischen der Ausscheidungsfolge, dem Kristallisationsvermögen und der Kristallisationsgeschwindigkeit. — Bei Metallen und Salzen mit großer Kristallisationsgeschwindigkeit ist bei der Ausscheidungsfolge nur das Verhältnis zum Eutektikum maßgebend. Dies ist aber nicht der Fall, sobald die Kristallisationsgeschwindigkeit sehr klein ist, oder wenn die beiden Komponenten sehr verschiedenes Kristallisationsvermögen besitzen. Eine Substanz, welche infolge der gegebenen Zusammensetzung bei einem bestimmten Temperaturpunkte zur Abscheidung gelangen sollte, wird dies nur dann tun, wenn das Kristallisationsvermögen nicht zu gering ist; sonst wird sie in der Lösung verbleiben und als Glas erstarren. Daher können Silicate wie die meisten Feldspäte und andere Alumosilicate sich anders verhalten wie die Verbindungen, welche große Kristallisationsgeschwindigkeit haben.

Bestimmungen der Eutektika bei Silicaten. Die wichtigste Methode ist die der Bestimmung der Schmelz- oder Erstarrungspunkte der Mischung, wobei es gleichgültig ist, ob die Erstarrungspunkte oder auch die Schmelzpunkte aufgenommen werden. Doch ist letzteres oft schwerer. Es wurde schon früher gezeigt, S. 670, daß auch die Sinterungskurven zu diesem Zwecke genügen. Um die Eutektika praktisch bei Mineralien zu bestimmen, darf man aber nicht diese zusammenschmelzen und die Schmelzpunkte bestimmen, sondern man muß zuerst eine innige Mischung derselben herstellen. Zur Bestimmung des eutektischen Punktes kann die thermische Methode, wenn die Haltepunkte deutlich hervortreten, benutzt werden. Bei natürlichen Silicaten ist dies nicht immer möglich. Dann wird man die optische Methode, insbesondere die mit dem Kristallisationsmikroskop vorziehen, bei welchem sowohl der Beginn des Schmelzens als auch der Beginn der Erstarrung sehr scharf beobachtet werden können. Schwieriger ist es, den Endpunkt der Kristallisation festzustellen.

Berechnung des eutektischen Punktes. J. H. L. Vogt[2]) berechnet die Komponenten der eutektischen Mischung nach der Formel:

$$x_a = \frac{\left[\frac{0{,}02 \,.\, T_b^2 \,.\, [100 + M_a(1+\alpha_a)]}{Q_b \,.\, M_a(1+\alpha_a)} - (T_b - T_a)\right]}{0{,}02\,\frac{T_b^2}{Q_b}\,\frac{100 + M_a(1+\alpha_a)}{M_a(1+\alpha_a)} + 0{,}02\,\frac{T_a^2}{Q_a}\,.\,\frac{100 + M_b(1+\alpha_b)}{M_b(1+\alpha_b)}}$$

In dieser Formel bedeuten:

T_a und T_b die absoluten Schmelzpunkte der Komponenten,
Q_a und Q_b die latenten Schmelzwärmen in Grammkalorien,
M_a und M_b die Molekulargewichte,

---

[1]) Joh. Lenarčič, ZB. Min. etc. 1903.
[2]) J. H. L. Vogt, Die Silicatschmelzlösungen (Kristiania 1904) II, 128.

α_a und α_b die Dissoziationsgrade der Komponenten *a* und *b*. Mit *a* wird die Komponente mit dem niedrigeren Schmelzpunkt bezeichnet.

Da nun die Dissoziationsgrade unbekannt, vgl. S. 723[1]), die latenten Schmelzwärmen nur sehr ungenau bestimmt sind, weiters bei stark viscosen Silicatschmelzen es schwer ist, den Schmelzpunkt mit großer Genauigkeit zu bestimmen, können die Resultate meist auf Sicherheit und Richtigkeit keinen großen Anspruch erheben und werden deshalb nur als angenäherte zu betrachten sein. Es vereinfacht sich die Formel, wenn α_a und α_b vernachlässigt werden, wie folgt:

$$x = \frac{\left(\frac{0{,}02\, T_b^2}{Q_b} \cdot \frac{100 + M_a}{M_a}\right) - (T_b - T_a)}{\frac{0{,}02\, T_b^2}{Q_b} \cdot \frac{100 + M_a}{M_a} + 0{,}02 \frac{T_a^2}{Q_a} \cdot \frac{100 + M_b}{M_b}}$$

M. Hauke[2]) hat nach der eben angegebenen Formel jedoch unter Vernachlässigung der elektrolytischen Dissoziation für Mischungen einiger Silicate das Eutektikum berechnet und sie mit den experimentellen Daten verglichen. Er stellte Schmelzen dar, welche er langsam erkalten ließ und auf ihre Struktur untersuchte. Die Berechnung stimmt in manchen Fällen mit der Beobachtung. Was jedoch die Struktur anbelangt, so fehlt die Eutektstruktur zumeist, wie ja bei natürlichen Silicaten gewöhnlich in dieser Hinsicht abweichende Verhältnisse sich ergeben, was ja auch schon darin seinen Ausdruck findet, daß das Eutektikum oft nicht homogen erstarrt. Die Folge davon ist, daß die Eutektstruktur nur selten wahrnehmbar ist, weil sie sich nur dort zeigt, wo die Kristallisationsgeschwindigkeit für beide Komponenten nicht zu sehr verschieden ist. Auch E. v. Jüptner fand bei Schlacken sehr selten Eutektstruktur. Dort, wo sie auftritt, kann man sie nur bei sehr dünnen Schliffen beobachten, aber sie ist überhaupt bei Silicaten, insbesondere bei natürlichen und ganz besonders bei den Alumosilicaten sehr selten. So erhielt M. Hauke viel häufiger sphärolitische und Intersertal-Struktur; bei Mischungen von Labrador und Olivin trat ophitische Struktur auf. In anderen Fällen, bei Nephelin, Diopsid z. B., erhielt er porphyrartige Struktur. Eine eigentliche Eutektstruktur erhielt er nur in einem Falle bei der Mischung 68 Diopsid, 32 Olivin. H. H. Reiter[3]) erhielt in einem Falle ausgeprägte Eutektstruktur, als er Magneteisen mit Eisenoxydulsilicat im Verhältnisse 15:85 zusammenschmolz. B. Vukits[4]) hatte eine eutektische Mischung nach der Beobachtung mit Anorthit und Fayalit, nach J. H. L. Vogt berechnet, dargestellt, bekam jedoch nur einen Anklang an Eutektstruktur, dagegen bei der Mischung 2 Anorthit, 1 Olivin, welche nach der Formel von J. H. L. Vogt die eutektische ist, keine Eutektstruktur.

M. Vučnik[5]) erhielt für die Mischung Labrador–Olivin, nach der Formel berechnet, keine Eutektstruktur; dagegen erhielten viele der genannten Beobachter eine Differentiation in zwei Komponenten, so daß also das Gegenteil der Eutektstruktur auftrat. Dieses, insbesondere bei natürlichen Silicaten so oft

[1]) J. H. L. Vogt, Silicatschmelzlösungen, l. c. II, 131.
[2]) M. Hauke, N. JB. Min. etc. **1**, 110 (1910).
[3]) H. H. Reiter, N. JB. Min. etc. Beil.-Bd. **22**, 186 (1906).
[4]) B. Vukits, ZB. Min. etc. 1903, 152.
[5]) M. Vučnik, ZB. Min. etc. 1906, 149.

beobachtete Bestreben von Silicatgemengen und zwar gerade von solchen, deren Zusammensetzung in die Nähe der eutektischen Mischung fällt, ist besonders bemerkenswert, jedoch noch nicht aufgeklärt (s. unten).

Löslichkeitsbeeinflussung durch eine dritte Komponente bei Elektrolyten. Setzt man zu einer Lösung zweier Elektrolyte eine dritte Komponente zu, so wird nach dem Nernstschen Gesetze die Löslichkeit eine Änderung erfahren. Dieses Gesetz besagt, daß bei Zusatz eines Salzes dann die Löslichkeit steigt, wenn dieses Salz mit dem ersten kein gemeinschaftliches Ion besitzt. Dagegen wird die Löslichkeit fallen, wenn wir zur Lösung eines Salzes ein gleichioniges Salz hinzusetzen. Dies ist auch auf Schmelzen übertragbar. Im ersten Falle wird der Schmelzpunkt niedriger werden, im zweiten höher. Das Löslichkeitsgesetz wurde bei Silicatschmelzen bestätigt, was ja erklärlich ist, da wir wissen, daß dieselben Elektrolyte sind.

M. Urbas[1]) hat bei einer Reihe von Silicatschmelzen den Einfluß eines solchen Zusatzes messen können. Die Veränderungen des Schmelzpunktes schwankten bei seinen Versuchen zwischen 0,5—11,8 % oder 5—120°. Die Löslichkeits-, also Schmelzpunktsveränderung, war größer bei verdünnten Lösungen, sie trat jedoch bei der eutektischen Mischung, die eine konzentrierte Lösung darstellt, nicht ein. Ausnahmsweise ergab sich aber auch eine Abweichung von dem Nernstschen Gesetz und zwar bei den Albit–Olivinschmelzen, welchen Nephelin in konstanter Menge zugesetzt worden war. Statt Erhöhung trat hier Erniedrigung des Schmelzpunktes ein. Diese erklärt sich aus der Bildung komplexer Ionen und sie ist für wäßrige Lösungen von Le Blanc und A. Noyes beobachtet worden.

Nach Berechnungen und Versuchen von M. Hauke[2]) und M. Vučnik[3]), welche in meinem Institut vorgenommen wurden, ergaben sich folgende binäre Eutektika (in Mol.-Proz.):

Anorthit–Olivin[4])	66,7 : 33,3
Labrador–Olivin	67 : 33
Labrador–Diopsid	57 : 43
Oligoklas–Enstatit	74 : 26
Nephelin–Diopsid	44 : 56

J. H. L. Vogt[5]) berechnet in Gewichtsprozenten

Diopsid–Olivin	68 : 32
Rhodonit–Tephroit	64 : 36
Melilith–Olivin	74 : 26
Orthoklas–Quarz	72,5 : 27,5
Albit–Quarz	72,5 : 27,5
Anorthit–Melilith	35 : 65
Augit-Akermanit	40 : 60

[1]) M. Urbas, N. JB. Min. etc. Bl.-Bd. **25**, 289 (1908).
[2]) M. Hauke, N. JB. Min. etc. (1910), I, 110.
[3]) M. Vučnik, ZB. Min. etc. 1906, 149.
[4]) B. Vukits, ZB. Min. etc. 1903, 152.
[5]) J. H. L. Vogt, Silicatschmelzlösungen (Kristiania 1904), II, 125.

Übersicht einiger experimentell bestimmter Eutektika von Mineralien[1]) (in Gewichtsprozenten).

Tonerdeaugit (Monti Rossi)-Labradorit (Kiew) . . .	75 : 25
Diopsid (Nordmarken)- " " . .	50 : 50
Enstatit-Oligoklas	30 : 70
Augit-Olivin	30 : 70
Diopsid-Nephelin	70 : 30
Aegirin-Elaeolith	50 : 50
Labrador-Nephelin	50 : 50

Künstliche Silicate.

Diopsid-Olivin	60 : 40	(R. Freis)
Diopsid-Anorthit	70 : 30	(R. Freis)
Labrador-Nephelin	60 : 40	(R. Freis)
Albit-Olivin	80 : 20	(M. Urbas)
Orthoklas-Olivin	70 : 30	(M. Urbas)
Albit-Nephelin	50 : 50	(M. Urbas)
$CaSiO_3 : SiO_2$	77 : 23	(A. Day)
$Ca_2SiO_4 : CaSiO_3$	35 : 65	(A. Day)
$SiO_2 : Al_2SiO_5$	83 : 17	(E. S. Shepherd u. G. A. Rankin)
$Al_2O_3 : Al_2SiO_5$	1 : 99	(E. S. Shepherd u. G. A. Rankin)
$Pb_2SiO_4 : PbSiO_3$	50 : 50	(C. Cooper)
$CaAl_2Si_2O_8 : CaSiO_3$ . . .	30 : 70	(P. Lebedew)
$CaAl_2Si_2O_8 : (Mg, Fe)_2SiO_4$.	60 : 40	(F. Tursky)
Labrador-Olivin	70 : 30	(F. Tursky)
Diopsid : $CaSiO_3$	66 : 34	(E. Dittler).

Prüfung der Formeln durch das Experiment. Die Berechnung der eutektischen Mischung kann aus dem Grunde nicht ganz richtig sein, weil der Dissoziationsfaktor unbekannt ist und daher vernachlässigt werden muß. Nun haben wir aber früher gesehen, daß die Dissoziation, wenn auch nicht sehr bedeutend, doch immerhin merklich ist und daß durch deren Vernachlässigung ein Fehler entsteht. Abgesehen davon ergibt sich eine Abweichung durch die ungenaue Bestimmung der Erstarrungspunkte, daher stimmen Berechnung und Beobachtung nicht immer überein.

Möglicherweise könnten die Abweichungen noch größer sein, wenn nicht die verschiedenen Fehler sich kompensieren ließen.

Jedenfalls findet man andere Verhältnisse, wenn man die Systeme einfacher Stoffe, z. B. $CaO—SiO_2$, $Al_2O_3—SiO_2$ studiert, als wenn man es mit komplexen Silicaten wie in den Mineralien zu tun hat oder gar wenn man es mit drei solcher Komponenten zu tun hätte. Dann treten Reaktionen ein, welche zur Bildung neuer Verbindungen führen und dies scheint sehr häufig dann der Fall zu sein, wenn man Mineralien zusammenschmilzt. Abgesehen davon kann auch in der Zusammensetzung der isomorphen Mischkristalle eine Änderung eintreten, dadurch, daß ein stabilerer Mischkristall sich bildet. So kann in der Schmelze Diopsid etwas Eisen, Oligoklas Calcium aufnehmen. Bemerkenswert ist auch der Umstand, daß, wenn man zwei Mineralien zusammenschmilzt, oft andere Verhältnisse eintreten, als wenn man die entsprechenden chemischen Mischungen zusammenfügt. So verlaufen bei Mineralgemengen die Kurven häufig weniger steil, als bei den chemischen Gemengen. Es können Impfkristalle die Kristallisation beschleunigen. Auf die Differentiationserscheinungen wurde schon früher aufmerksam gemacht.

[1]) Nach Bestimmungen von mir und meinen Schülern.

Jedenfalls ist es notwendig, bei allen Betrachtungen anzugeben, ob künstliches oder natürliches Material vorgelegen hat. Es ist auch unstatthaft, eine künstliche Mischung von $MgSiO_3$ als Enstatitmineral zu bezeichnen, auch wenn eine Übereinstimmung der Eigenschaften vorhanden ist; man muß die Kunstprodukte stets von den Naturprodukten unterscheiden.

Wir wollen jetzt die vorhandenen Beobachtungen zusammenstellen. Es liegt bereits ein reiches Material vor, welches zum Teil an chemischen Mischungen, zum Teil an Mineralien gewonnen wurde. Zuerst sollen die einfachen Systeme besprochen werden, wo es sich sicher um einfache Komponenten handelt, z. B. $CaO - SiO_2 - Al_2O_3$ und dann sollen die weit schwierigeren Fälle betrachtet werden, bei welchen wir komplexere Silicate haben, wie z. B. Anorthit–Olivin, Diopsid–Olivin, welche möglicherweise im Schmelzfluß zerfallen können. Dann ist die Phasenlehre für zwei Komponenten nicht stets anwendbar, weil wir chemische Reaktionen in der Schmelze erhalten.

Die Schmelzpunktskurven einfach zusammengesetzter Silicate.

Es liegen Beobachtungen vor über Verbindungen von SiO_2 mit Li_2O, Na_2O, CaO und MgO.

Andere Untersuchungen beziehen sich auf Systeme, die Mischkristalle bilden, diese werden weiter unten besonders behandelt.

Das System Li_2O—SiO_2 wurde von H. v. Klooster[1]) untersucht. Die Schmelzpunkte von SiO_2 und Li_2O wurden nicht bestimmt; für die Verbindungen existieren zwei Maxima für Li_4SiO_4 und Li_2SiO_3, die Schmelztemperaturen von 1243° und 1188° zeigen. Die zwei konstatierten Eutektika entsprechen den Mischungen mit 58,5% SiO_2, Schmelzpunkt 1010° und 88,1% SiO_2, Schmelzpunkt 948°

Das Lithiumsilicat Li_2SiO_3 vermag bis 20,3 Gewichtsprozente SiO_2 im festen Zustande aufzunehmen. Die Existenz eines Silicats $Li_2Si_5O_{11}$ wird nicht bestätigt.

Über Lithiumsilicate haben R. Rieke und K Endell[2]) Untersuchungen ausgeführt. Sie gingen ebenfalls nach der thermischen Methode vor, was bei der großen Kristallisationsgeschwindigkeit des Lithiumsilicats statthaft ist, und fanden bei 80 SiO_2 ein Eutektikum, welches bei 950—960° erstarrt. Die Formel des Produktes ist $Li_2O . 2SiO_2$, ein Lithiumsilicat analog dem F. Kohlrauschschen Disilicat des Natriums;[3]) es liegt also gegenüber der früher erwähnten Anschauung ein geringer Widerspruch vor.

Lithiumsilicate und Aluminiumsilicate. Das System Li_2SiO_3—$Al_2O_3 . (SiO_2)_3$[4]) hat zwei Eutektika, das erste bei 30 Molprozenten Tonerdesilicat, erstarrt bei 940°, die dazwischen liegenden Mischungen mit weniger Tonerdesilicat sind Mischkristalle mit Li_2SiO_3. Bei 33 Molprozenten (960°) bildet sich ein Doppelsalz $Li_2SiO_3 . 2Al_2Si_3O_9$, das zweite Eutektikum liegt bei 35 Molprozenten Tonerdesilicat und erstarrt bei 920°; hierauf steigt die Kurve steil und bildet ein

---

1) H. v. Klooster, Z. anorg. Chem. **69**, 135 (1910); vgl. auch R. Wallace, ibid. **63**, 1 (1909).

2) R. Rieke u. K. Endell, Sprechsaal 44, N. 6 (1911); siehe auch 1910 N. 46.

3) F. Kohlrausch, Z. f. phys. Chem. **12**, 773 (1893).

4) Unveröffentlichte Mitteilung von R. Balló u. E. Dittler.

flaches Maximum bei $Li_2SiO_3 . Al_2Si_3O_9 = Li_2Al_2Si_4O_{12}$, Erstarrungspunkt 1290°. Das Salz entspricht dem Spodumen, doch liegt eine polymorphe Verbindung vor; Spodumen wandelt sich schon vor dem Schmelzen in eine polymorphe Kristallform um.

Das System Li_4SiO_4—$Al_4Si_3O_{12}$ wurde von R. Balló untersucht.[1]) Das Orthosilicat des Lithiums erstarrt bei 1215°. Mit steigendem Tonerdesilicat bilden sich keine Mischkristalle. Bei 1080° existiert ein Knickpunkt, der Zusammensetzung 1 : 3 entsprechend. Das Eutektikum entspricht ungefähr $(Li_4SiO_4):(Al_4Si_3O_{12})_2$ und erstarrt bei 1000°, dann steigt die Schmelzkurve sehr steil auf ein abgeflachtes Maximum bei 1330°, der Zusammensetzung $Li_4SiO_4 : Al_4Si_3O_{12}$ entsprechend, wie sie der Eukryptit zeigt. Ein zweites Eutektikum liegt bei 1170°.

Na_2SiO_3—SiO_2. N. V. Kultascheff[2]) fand, daß ein Zusatz von 6,5 SiO_2 zu Na_2SiO_3 die Kristallisation des letzteren unbehindert läßt; R. Wallace glaubt, daß bis zu 19,7 % SiO_2 zu Na_2SiO_3 sich Mischkristalle bilden können.

Na_2SiO_3—$NaAlO_2$. Bei Mischung mit 10 % $NaAlO_2$ wurde ein Haltepunkt auf der Abkühlungskurve von R. Wallace[3]) gefunden, bei größerem Zusatz erhielt er Glas.

Bei der Untersuchung von $NaAlO_2$ und SiO_2 bildet sich Nephelin. Zusatz von $NaAlO_2$ zu Nephelin steigert nach R. Wallace die Schmelztemperatur bedeutend; er nimmt an, daß Nephelin mit dieser Verbindung bis zu dem Gehalte von 50 % Mischkristalle bilden kann.

Al_2O_3—SiO_2. Dieses System wurde öfters untersucht. Die verschiedenen Mischungen sind nach R. Wallace[4]) erst bei höheren Temperaturen schmelzbar; aus Schmelzfluß erhielt er stets Sillimanitkristalle Al_2SiO_5, er glaubt, daß Sillimanit mit Al_2O_3 und mit SiO_2 Mischkristalle bilden kann.

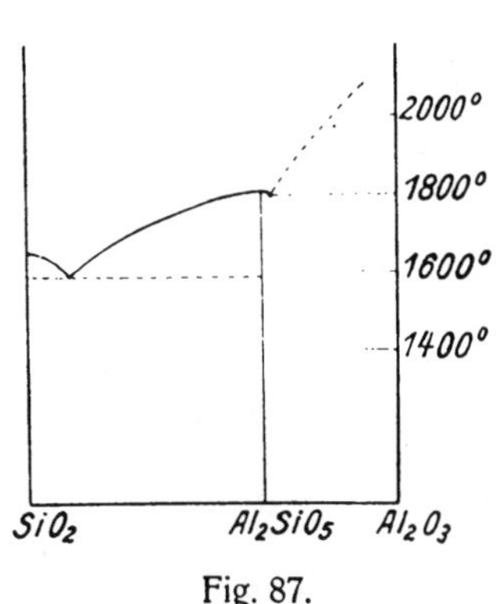

Fig. 87.

E. S. Shepherd und G. A. Rankin[5]) fanden für Al_2SiO_5 den Schmelzpunkt von 1816°; das erhaltene Produkt ist optisch dem Sillimanit der Natur entsprechend; die Dichte ist aber 3,031, also beträchtlich geringer als bei dem Mineral Sillimanit, $\delta = 3{,}32$. In verschiedenen Versuchen wurden für den Schmelzpunkt Werte zwischen 1807° und 1840° gefunden. Das Eutektikum Al_2SiO_5—SiO_2 ist wegen großer Viscosität schlecht festzustellen, es dürfte bei etwa 10 % Al_2O_3 liegen und unter 1600° schmelzen (Fig. 87).

In dem Konzentrationsgebiet von SiO_2 bis Al_2SiO_5 sind Christobalit (SiO_2) und Sillimanit die einzigen Phasen. Das Eutektikum für Al_2SiO_5—Al_2O_3 liegt nur sehr wenig unterhalb der Schmelztemperatur der Verbindung SiO_2 und dürfte bei etwa 64 % Al_2O_3 liegen (Fig. 87).

[1]) Unveröffentlichte Mitteilung von R. Balló.
[2]) N. V. Kultascheff, Z. anorg. Chem. **35**, 187 (1903).
[3]) R. Wallace, Z. organ. Chem. **63**, 38 (1909).
[4]) R. Wallace, Z. anorg. Chem. **63**, 38 (1909).
[5]) E. S. Shepherd u. G. A. Rankin, Am. Journ. **28**, 293 (1909) und Z. anorg. Chem. **68**, 370 (1910).

Die Verfasser sind der Ansicht, daß Korund (Al_2O_3) kleinere Mengen des Sillimanitsilicats aufnehmen kann.

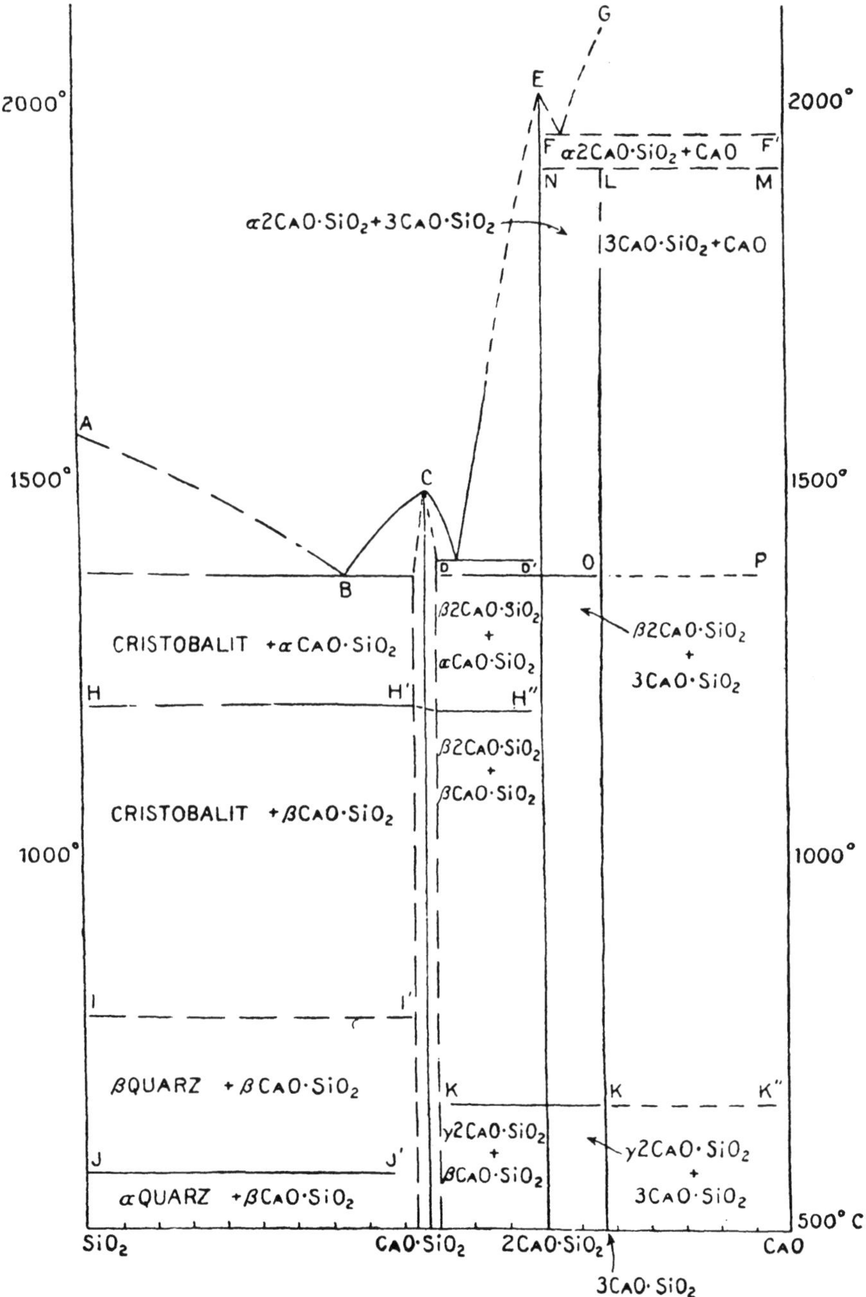

Fig. 88. System CaO—SiO_2 nach A. Day und Mitarbeitern.

Das System $NaAlO_2$—Al_2O_3 wurde von R. Wallace[1]) untersucht. Was Na_2O und Al_2O_3 anbelangt, so haben verschiedene Forscher, wie Schaffgotsch,[2]) E. Mallard[3]) das Natriumaluminat dargestellt. Dieses Aluminat ist sehr hoch schmelzbar, denn der größere Teil der Mischung war bei 1950° nach R. Wallace nicht geschmolzen, im übrigen erhielt er Mischkristalle von Na_2O und Al_2O_3 in der Form des Korunds.

Das System CaO—SiO_2. Dieses System ist schon früher und auch in neuerer Zeit nochmals untersucht worden, und ist von einiger Bedeutung.

O. Boudouard[4]) hat Versuche mit Kalksilicaten ausgeführt, er bekam vier eutektische Punkte und drei Maxima, welche den Silicaten Ca_2SiO_4, $CaSiO_3$ und dem hypothetischen Tricalciumsilicat Ca_3SiO_5 entsprechen.

Seine Schmelzpunktsbestimmungen wurden mit Segerkegeln ausgeführt; (über die Genauigkeit der Segerkegel vgl. S. 635). Seinen Beobachtungen wird von amerikanischen Forschern widersprochen, welche eine ausführliche Untersuchung vornahmen; A. Day und seine Mitarbeiter[5]) fanden in der Serie CaO und SiO_2 drei Eutektika: $SiO_2 + CaSiO_3$ bei 37% CaO; $CaSiO_3 + Ca_2SiO_4$ bei 55% CaO und drittens Ca_2SiO_4 + CaO mit $67\frac{1}{2}$% CaO. Vgl. Fig. 88, welche ich der Arbeit von A. Day entnehme. Das Orthosilicat wird von Wasser leicht angegriffen, welches reichlich den Kalk auflöst,

Schmelzpunkte. O. Boudouard fand, daß keine Verbindung von CaO und SiO_2 über 1500° schmilzt, doch sind seine mit Segerkegeln gemachten Beobachtungen nicht sehr genau. Was die Schmelzpunkte von A. Day und seinen Mitarbeitern anbelangt, so fanden sie für Orthosilicat 2082°, für $CaSiO_3$ 1512°. Diese Punkte erscheinen sehr hoch, wie alle nach der thermischen Methode gefundenen, und der Grund liegt wohl in der Methode.

Den Schmelzpunkt[6]) von künstlichem $CaSiO_3$ (hexagonal nach C. Doelter und H. J. L. Vogt, monoklin nach A. Day und Mitarbeitern), welches die Genannten „Pseudowollastonit" nennen, bestimmten sie mit 1512°, den des Ca_2SiO_4 mit 2082°, während, wie erwähnt, O. Boudouard beide unter 1500° fand. C. Doelter konstatierte durch viele Versuche,[7]) daß $CaSiO_3$ bei 1290° zu sintern anfängt, bei 1330° ganz zusammengeschmolzen ist und bei ca. 1360 bis 1390° flüssig zu werden beginnt, so daß also hier kein fester Schmelzpunkt existiert. Auch der Schmelzpunkt von Ca_2SiO_4 dürfte vielleicht niedriger liegen als oben angegeben.

Die Bildungstemperatur der Calciumsilicate fand O. Boudouard über ihren Schmelzpunkten, was erklärlich ist; schmilzt man $CaCO_3$ und SiO_2, so wird man bei hoher Temperatur eine Schmelze erhalten, welche bei der Erstarrung $CaSiO_3$ ergeben wird; das gebildete $CaSiO_3$ könnte allerdings wegen der Unterkühlung einen etwas höheren Schmelzpunkt haben als die Bildungstemperatur, letztere wird auch abhängig sein von dem Korn, von der Durchmischung und von der Beschaffenheit der angewandten Kieselsäure. Im allgemeinen ist aber zu erwarten, daß die Bildungstemperatur höher sein wird

[1]) R. Wallace, Z. anorg. Chem. **63**, 35 (1909).
[2]) Schaffgotsch, Pogg. Ann. **43**, 18, 101.
[3]) E. Mallard, Ann. chim. phys. **4**, 28, 185.
[4]) O. Boudouard, Journ. Ir. and Steel Ind. 1905, 339.
[5]) A. Day, Tsch. min. Mit. **27**, 120 (1908).
[6]) Gemessen mit dem optischen Pyrometer.
[7]) Unveröffentlicht, derzeit im Druck; erscheint Sitzber. Wiener Ak. **120**.

als der Schmelzpunkt; dies bestätigen einigermaßen für $CaSiO_3$ Versuche von O. Boudouard, von E. v. Jüptner, welcher 1444° fand, endlich solche von mir (1435—1450°).

A. Day und Mitarbeiter sind jedoch der Ansicht, daß die Schmelztemperatur höher ist als die Bildungstemperatur, was aber unwahrscheinlich ist, und es ist eher zu vermuten, daß sie den Schmelzpunkt zu hoch fanden.

Davon, daß $CaSiO_3$ bereits bei ca. 1330° eine einheitlich fest zusammengebackene Masse bildet, kann man sich leicht überzeugen; die Viscosität der Schmelze ist aber noch bei 1400° eine überaus große, $CaSiO_3$ gehört trotz seiner einfachen Zusammensetzung zu den sehr viscosen Schmelzen.

Die Kalksilicate wurden neuerdings auch von J. W. Cobb[1]) untersucht, welcher sie sowohl aus $CaCO_3$ und SiO_2 als auch aus SiO_2 und $CaSO_4$ darstellte, ohne dabei die Temperatur von 1400° zu überschreiten. Das Metacalciumsilicat erstarrt nach ihm bei 1350°.

Ca_2SiO_4 ist auch schon früher von V. Pöschl[2]) hergestellt worden, welcher fand, daß es dimorph sei. A. Day und Mitarbeiter fanden, daß sogar vier verschiedene Modifikationen von Ca_2SiO_4 möglich sind.

Die Schmelzpunkte der Eutektika liegen für SiO_2—$CaSiO_3$ bei 1420°, für $CaSiO_3$—Ca_2SiO_4 bei 1432°.

Das Calciumsilicat $4Ca_2O.3SiO_2$, welches dem Akermanit entspricht, wurde von A. Day und Mitarbeitern herzustellen versucht, jedoch gelang es ihnen nicht, aus den nach der genannten Formel dargestellten Mengen von CaO und SiO_2 eine homogene kristallisierte Masse zu erhalten, und sie kommen zu dem Resultate, daß die Akermanitverbindung aus den reinen Bestandteilen nicht herstellbar ist, wohl aber, wenn MgO, FeO beigemengt wird.

Denselben Gegenstand, die Kalk-, Tonerde-, Kieselsäure-Reihe, hat M. Teusner[3]) behandelt (vgl. den Aufsatz von E. Dittler [bei Zement]).

Systeme von SiO_2 und PbO. Das System PbO—SiO_2 wurde neulich von H. C. Cooper, L. Shaw und N. E. Loomis untersucht.[4]) Das System zeigt zwei Eutektika und zwei Maxima, letztere entsprechen den Verbindungen $PbSiO_3$ und Pb_2SiO_4, deren Schmelzpunkte 766° und 746° sind. Es erstarren kristallin die Mischungen von $9PbO.SiO_2$ bis $3PbO.2SiO_2$, während die übrigen glasig mit Kristallkernen erstarren.

Das Eutektikum Pb_2SiO_4—$PbSiO_3$ schmilzt bei 747°. Die Verfasser erhielten Kristalle, welche dem von H. Sjögren und C. H. Lundström beschriebenen Barysilit ähnlich sind.

Über den Einfluß des Rührens auf die Erstarrung des Bleisilicats haben S. Hilpert und R. Nacken[5]) Untersuchungen ausgeführt; sie haben auch das Schmelzdiagramm zwischen PbO und Bleimetasilicat aufgestellt.

Sie bekamen ein Eutektikum für $3PbO.SiO_2$ und ein zweites für $3PbO.2SiO_2$; ferner ein Maximum für Pb_2SiO_4; es sind aber nur scheinbare Eutektika, wahrscheinlich liegen nicht einheitliche Verbindungen vor.

---

[1]) J. W. Cobb, Journ. of the Soc. of chemic. Ind. **29**, 71 (1910).

[2]) V. Pöschl, Tsch. min. Mit. **26**, 413 (1907).

[3]) M. Teusner, Inaug.-Diss., (Berlin 1908).

[4]) H. C. Cooper, L. Shaw u. N. E. Loomis, Am. chemical Journ. **42**, 461 (1909).

[5]) S. Hilpert u. B. Nacken, Ber. Dtsch. Chem. Ges. **33**, 2567 (1910).

Ternäre Systeme.

Bei ternären Systemen wachsen die Schwierigkeiten der theoretischen Behandlung.[1]) Wir wissen, daß wir hier zuerst die binären Systeme von je zwei Komponenten studieren müssen, und dann werden wir zu diesen die dritte Komponente zusetzen. Setzt man einem System zweier Komponenten eine dritte hinzu, so wird der Erstarrungspunkt erniedrigt, die ternäre eutektische Temperatur ist niedriger als jeder der drei entsprechenden binären Schmelzpunkte.

Die graphische Darstellung erfolgt in der Projektion auf ein Dreieck (vgl. S. 742).

System $CaO-Al_2O_3-SiO_2$. O. Boudouard[2]) fand für das System $CaO-Al_2O_3-SiO_2$ zwei Schmelzpunktsmaxima, entsprechend $2CaO.Al_2O_3.SiO_2$ und $8CaO.Al_2O_3.SiO_2$, mit den Schmelzpunktsmaxima 1510° und 1500°; erstere Verbindung wurde von ihm hergestellt und mikroskopisch als homogen und kristallisiert befunden.[3])

Das ternäre System $CaO-Al_2O_3-SiO_2$ wurde von E. S. Shepherd und G. A. Rankin[4]) untersucht. Sie wandten die thermische Methode an, dann aber eine zweite, die darin besteht, daß die verschiedenen Präparate lange Zeit auf geeignete Temperaturen erhitzt wurden, um vollständige Reaktionen zu erhalten. Eine dritte Methode beschäftigt sich mit der Bestimmung der Grenzen der verschiedenen Felder. Dies geschah so, daß man die zu untersuchende Phase zusetzt, und feststellt, ob sie sich in der gesättigten Lösung auflöst oder nicht; oder aber, man läßt aus der gesättigten Lösung einen kleinen Teil auskristallisieren, um die ersten sich bildenden Kristalle zu identifizieren. Dieses System hat besonders für die Zemente Wichtigkeit und wird dort ausführlich besprochen werden.

Ternäres System $Na_2O-Al_2O_3-SiO_2$. R. Wallace[5]) stellt auf Grund seiner Untersuchungen, die allerdings infolge der Schwierigkeiten, Kristalle zu erhalten und wegen der teilweise hohen Schmelzpunkte nicht vollständig sind, folgendes Schema auf (Fig. 89):

Auf dem Schnitt Al_2SiO_5–Nephelin wurden zwei Mischungen (22 u. 23) bei 1800° zusammengeschmolzen, es ergab sich ein Gemenge von Al_2SiO_5, Al_2O_3 und Nephelin. In dem Schnitt Al_2O_3–Nephelin wurden die Schmelzen 19, 20 zusammengeschmolzen, von denen die erstere Nephelin, die zweite Korund und Nephelin ergaben. Die Mischung 50:50% (21) schmolz nicht ganz. Sillimanit und Nephelin geben keine lückenlose Mischkristallreihe, J. Morozewicz hatte andere Resultate, wohl infolge der geringeren Abkühlungsgeschwindigkeit erhalten. Die Schmelzen 11—14 stellen Mischungen von $NaAlO_2$ mit Na_2SiO_3 dar; die erste enthält 10% $NaAlO_2$ und kristallisiert wie Na_2SiO_3, die zweite mit 20% erstarrt glasig, bei weiterem Zusatz wurde

[1]) Siehe über die Theorie ternärer Mischungen: H. W. Bakhuis-Roozeboom, Heterogene Gleichgewichte III, bearbeitet von Dr. F. A. H. Schreinemakers, (Braunschweig 1911).

[2]) O. Boudouard, Revue de Metallurgie 1905, 462.

[3]) O. Boudouard, C. R. **144**, 1047 (1907).

[4]) E. S. Shepherd u. G. A. Rankin, Vorläufiger Bericht über das ternäre System $CaO-Al_2O_3-SiO_2$. Eine Untersuchung über die Konstitution der Portlandzementklinker. Z. anorg. Chem. **71**, 19 (1911).

[5]) R. Wallace, Z. anorg. Chem. **63**, 1 (1909). Siehe auch S 750 die binären Systeme Na_2O-SiO_2, $Al_2O_3-SiO_2$, $Na_2O-Al_2O_3$.

nur Sinterung beobachtet. Im Schnitt $NaAlO_2$—SiO_2 erhält man Nephelin, Na-Leucit und Albit. Im Schnitt Na_2SiO_3—Al_2SiO_5 wurde bei 50% nur Glas erhalten (17); bei 10% Nephelin (18) erhält man Na_2SiO_3-Kristalle.

Ein Teil der ternären Mischungen erstarrt glasig. Im ganzen treten Korund, Sillimanit, Nephelin, SiO_2 und Na_2SiO_3 auf. Es bilden sich Misch-

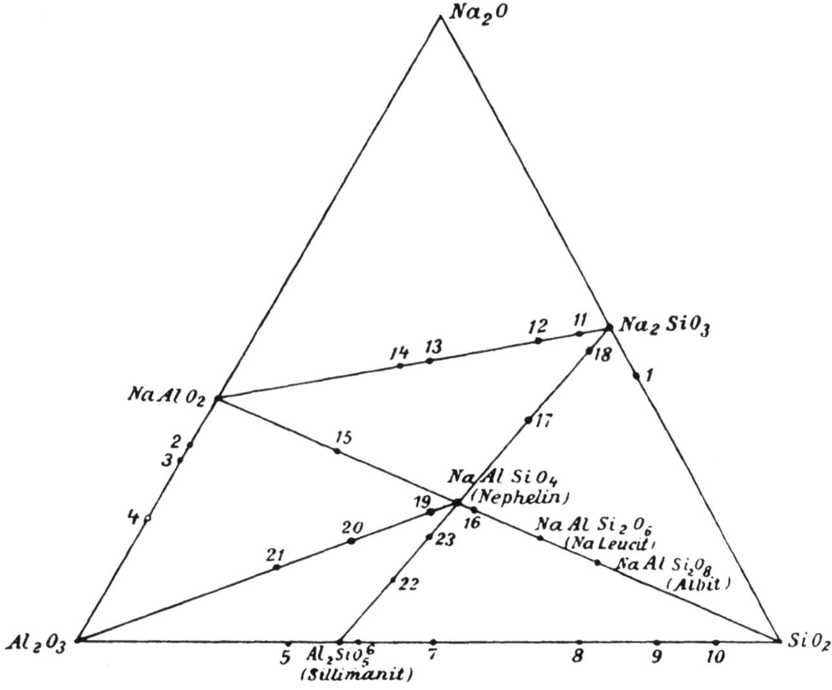

Fig. 89. System Na_2O—SiO_2—Al_2O_3 nach R. C. Wallace.

kristalle von folgenden Mischungen: 1. Sillimanit mit Korund; 2. Sillimanit mit SiO_2; 3. Korund mit Na_2O; 4. Nephelin mit Korund; 5. Nephelin mit SiO_2 und Na_2SiO_3.

Dieses System bedarf jedenfalls einer Neubearbeitung, die aber recht schwierig ist.

System MgO—CaO—SiO₂.[1]

Dieses System ist noch nicht genügend bekannt. Das System MgO—SiO_2 ist ja selbst noch nicht vollständig untersucht, es bildet zwei Verbindungen $MgSiO_3$ und Mg_2SiO_4, die auch in der Natur vorkommen. Das System CaO—SiO_2 wurde früher (S. 752) ausführlich erwähnt, es ist genügend bekannt. Dagegen tritt hier insofern eine Komplikation auf, als die Doppelsalze $CaMgSi_2O_6$ und $CaMgSiO_4$ auftreten (wenigstens ist eine gewisse Wahrscheinlichkeit dafür vorhanden). Ferner gibt es aber isodimorphe Mischungen zwischen $MgSiO_3$ und $CaMgSi_2O_6$ und zwischen $CaSiO_3$—$MgSiO_3$, auch zwischen $CaMgSi_2O_6$ und $CaSiO_3$, wahrscheinlich mischt sich auch das vermutliche Doppelsalz

[1]) Siehe auch in dem Kapitel über Schmelzpunkte isomorpher Mischkristalle.

$CaMgSiO_4$ mit Mg_2SiO_4. Diese isomorphen bzw. wahrscheinlich isodimorphen Mischungen sind unten ausführlich behandelt (siehe die Arbeiten von V. Pöschl, von Fr. E. Wright, E. S. Larsen, E. T. Allen und W. P. White, dann von G. Zinke unter Schmelzpunkte isomorpher Mischkristalle).

Daten über das binäre System $MgO—SiO_2$ verdanken wir auch J. H. L. Vogt,[1]) wobei aber nach sehr verschiedenen Methoden gefundene Schmelzpunkte benutzt werden. Das Eutektikum zwischen Mg_2SiO_4 und $MgSiO_3$ wird von ihm zu 60 Olivin : 40 Enstatit angenommen, wobei er jedoch den Schmelzpunkt von Mg_2SiO_4 entsprechend dem des natürlichen Olivins mit 1450° annimmt, was für die reine Verbindung Magnesiumorthosilicat viel zu niedrig sein dürfte. E. Baur[2]) hat eine Dreieckprojektion für das System CaO, MgO, SiO_2

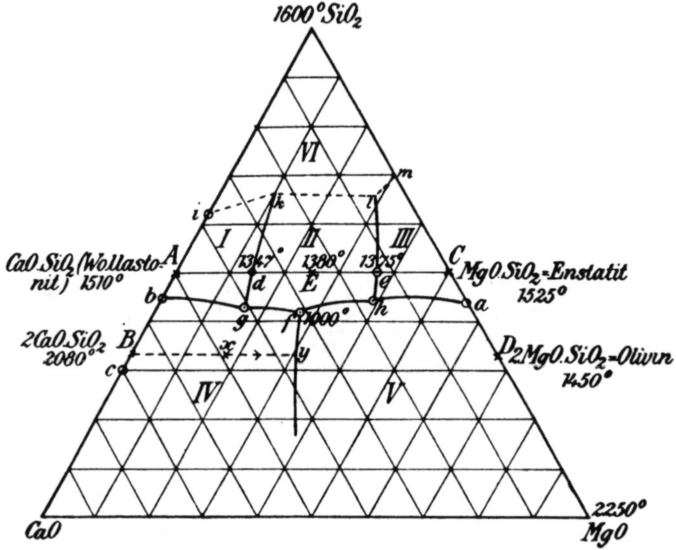

Fig. 90. System $CaO—MgO—SiO_2$ nach E. Baur.

gegeben, welche ich hier reproduziere. Doch ist zu bemerken, daß die wichtigsten Eutektika nicht experimentell bestimmt sind, z. B. nicht einmal das Eutektikum $MgSiO_3—Mg_2SiO_4$ und daß Schmelzpunkte nach ganz verschiedenen Methoden angenommen wurden; z. B. ist der Schmelzpunkt von $MgSiO_3$ höher als der von Mg_2SiO_4, was gewiß unrichtig ist, während der von $CaSiO_3$ um viele hunderte von Graden niedriger als der von Ca_2SiO_4 angenommen wird. Ich reproduziere daher dieses Diagramm der Vollständigkeit halber, muß ihm aber jede Genauigkeit absprechen, und es kann daher das ternäre System $MgO—CaO—SiO_2$ nicht als bekannt gelten.

Schmelzkurven von komplexen Silicaten.

Viel größere Schwierigkeiten ergeben sich, wenn wir die Mineralien oder ihnen entsprechende chemische Verbindungen zusammenschmelzen, weil hier

[1]) J. H. L. Vogt, Tsch. min. Mit. **25**, 362 (1905).

[2]) E. Baur, Cosmografia chimica (Milano 1908), reproduziert bei R. Marc, Chemische Gleichgewichtslehre etc. (Jena 1911) 115; vgl. auch J. H. L. Vogt, l. c.

nicht nur, wie dies schon bei einzelnen früher betrachteten Systemen der Fall war, Mischkristalle sich bilden, sondern auch Reaktionen eintreten können, wodurch sich dritte Komponenten bilden und wir dann nicht mehr die für zwei Komponenten giltige Theorie anwenden können.

Wir wollen zuerst einige einfachere Fälle betrachten, in welchen keine neuen Verbindungen entstehen, und später die übrigen.

Das Studium solcher binären Mischungen von Silicatmineralien hat praktisches Interesse für Mineralogie und Geologie, weil wir hier den Bedingungen der Natur näher kommen, als wie bei den einfachen Fällen, die ja in Gesteinen gar nicht oder äußerst selten vorkommen. Sie geben uns auch ein Mittel an die Hand, die Ausscheidungsfolge der Mineralien in Gesteinen zu erforschen, aber die Schwierigkeiten sind viel größer, besonders in theoretischer Hinsicht, da komplexe Silicate im Schmelzfluß wieder in Komponenten zerfallen können.

Die Schmelzpunktserniedrigung zwischen Anorthit–Melilith, Augit und Olivin, zwischen Augit–Akermanit, Olivin–Melilith hat J. H. L. Vogt[1]) an der Hand von R. Akermans Versuchen über die Schmelzwärmen verfolgt, doch sind die Bestimmungen des letzteren wenig genau. Die berechneten Zahlen für die Eutektika wurden früher angegeben.

P. Lebedew[2]) untersuchte Mischungen von **$CaSiO_3$ mit $CaAl_2Si_2O_8$**; er fand ein Eutektikum bei einem Gehalte von 30% $CaSiO_3$ mit dem Schmelzpunkte von 1285°, wobei der Schmelzpunkt des $CaSiO_3$ mit 1510° angenommen wird, während der des Anorthitsilicates nicht bestimmt wurde, aber mit 1420° in der Zeichnung angenommen ist. Die Ausscheidung erfolgt nach dem eutektischen Schema; seine Behauptung, der Anorthit habe keine große Kristallisationsgeschwindigkeit, ist jedoch unrichtig; dieser Feldspat hat eine ziemlich beträchtliche Kristallisationsgeschwindigkeit (vgl. S. 687).

Mischungen von Pyroxenen und Plagioklasen. Die Untersuchung von Mischungen von Labrador (Kiew) und Tonerde-Augit (Monti Rossi), welche ich durchführte, ergab eine ziemlich flach verlaufende Kurve, die bei 75 Labrador–25 Augit den niedrigsten Erstarrungspunkt hat (985°).[3]) Doch ist zu beachten, daß beim Zusammenschmelzen sich mitunter etwas Magneteisen bilden kann. Die Ausscheidungsfolge entspricht dem labilen Gleichgewicht; es entsteht meistens zuerst Augit und dann Labrador. Wahrscheinlich sind die Lösungen stärker dissoziiert, was aus der Verflachung der Schmelzkurve zu schließen ist.

R. Freis[4]) untersuchte die Reihen Diopsid–Anorthit, Diopsid–Olivin und Diopsid–Nephelin in bezug auf die Schmelzpunkte und namentlich auf die Ausscheidungsfolge, wobei er mit dem Heizmikroskope arbeitete. Die Schmelzpunkte wurden im elektrischen Horizontalofen bestimmt. Es wurden die Mineralien zu Gläsern zusammengeschmolzen, diese erhitzt und die Erweichungspunkte bestimmt, und dann erstarren gelassen und die Erstarrungspunkte gemessen.

Bei Diopsid und Anorthit (chemische Mischungen, entsprechend $CaMgSi_2O_6$ und $CaAl_2Si_2O_8$) wurde der niedrigste Punkt mit 70 Diopsid und

[1]) J. H. L. Vogt, Silicatschmelzlösungen II, 103.
[2]) P. Lebedew, Ann. de l'Inst. polyt. St. Petersburg **15**, 707 (1911).
[3]) C. Doelter, Silicatschmelzen IV, Sitzber. Wiener Ak. **115**, 744 (1906).
[4]) R. Freis, N. JB. Min. etc. Beil.-Bd. **23**, 48 (1906).

30 Anorthit gefunden; die erstarrten Schmelzen zeigten oft Sonderungsbestreben des Anorthits gegenüber dem Diopsid. Im Diopsid sind oft Ein-

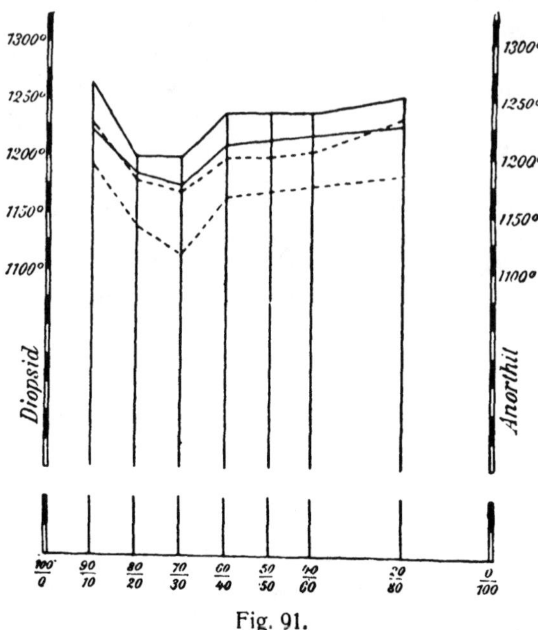

Fig. 91.

schlüsse von Anorthit, aber auch das Umgekehrte ist zu beachten; die große Masse des Diopsids erstarrte immer vor Anorthit. Das Eutektikum erstarrte zwischen 1150° bis 1115° (Fig. 91).

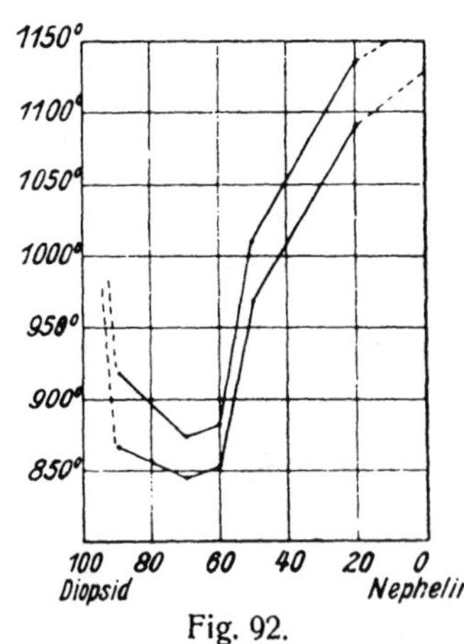

Fig. 92.

Bei den Mischungen Diopsid–Nephelin[1]) war die Erstarrungspunktserniedrigung sehr groß (Fig. 92), sie betrug für die Mischung 70 Diopsid–30 Nephelin, welche den niedrigsten Schmelzpunkt hat, fast 500° unter dem Schmelzpunkt des Diopsids. Da dieser Körper einen weit höheren Schmelzpunkt hat als Nephelin, so wäre eine eutektische Mischung zu erwarten, welche eher einem umgekehrten Verhältnisse, 30 : 70, entsprechen würde, aber gerade diese Mischung hat einen um 200° höheren Erstarrungspunkt, und auch für den Schmelzpunkt des kristallisierten Gemenges wurden 70° mehr gefunden, so daß also wohl kein Beobachtungsfehler vorliegt. Vielleicht liegt die Ursache dieses eigentümlichen Verhaltens in der Dissoziation.

Was die Ausscheidungsfolge anbelangt, so schied sich zuerst Diopsid, dann Nephelin ab, aber es kommen auch Verwachsungen vor, also gleichzeitige Ausscheidungen, entsprechend dem Eutektikum.

[1]) R. Freis, N. JB. Min. etc. **23**, 53 (1906).

E. Dittler[1]) untersuchte das System Labrador–Diopsid sowohl an chemischen Mischungen wie an Mineralien.

Die Abkühlungskurven von Labrador und Diopsid, aus chemischen Mischungen bereitet, ergaben meist mehr geradlinige oder wenig gekrümmte Abkühlungskurven; bei Abkühlung von 70 Labrador–30 Diopsid erhielt E. Dittler eine treppenartige Kurve mit Haltepunkten.

Die Schmelzkurve ist sehr wenig ausgeprägt, auch scheinen zwei Eutektika, eines für 70 Diopsid und eines für 30 Diopsid vorzukommen; das erstere hat ein Erstarrungsintervall von 1050—1130°, das andere von 1065—1130° Es fanden chemische Umsetzungen statt, die zur Bildung von Tonerde–Augit führten, der allerdings bei künstlichen Mischungen seltener auftrat, als bei den natürlichen Silicaten. Der Labrador kam immer zuerst zur Ausscheidung; dort, wo derselbe im Überschuß war, setzte sich seine Bildung auch nach der Abscheidung des Diopsids fort.

Die Versuche wurden auch durch Beobachtungen unter dem Kristallisationsmikroskop kontrolliert; hierbei wurde beobachtet, daß Labrador sich meist vor Diopsid absetzt, welch letzterer aber manchmal überhaupt nicht zur Kristallisation gelangt.

Unter dem Kristallisationsmikroskope ergab die Mischung von 70 Diopsid und 30 Labrador Erstarrungspunkte von 1130—1045° und die von 30 Diopsid mit 70 Labrador solche von 1130—1060°, also ziemlich mit der thermischen Methode übereinstimmende Resultate.

Als die Mischungen von natürlichem Labrador und Diopsid von Nordmarken[2]) bestimmt wurden, traten Neubildungen auf, nämlich ein dunkelgefärbter augitartiger Pyroxen und ein Natronaugit, überdies ein stark eisenhaltiges Glas. Der eutektische Punkt liegt bei 50% Labrador (in Gewichtsmengen), welche Mischung zwischen 1075 und 1000° erstarrt. Die erste Ausscheidung ist fast immer der Pyroxen, der aber nicht mehr mit dem ursprünglich verwendeten übereinstimmt, er hat Tonerde aufgenommen.

M. Schmidt[3]) hat die Schmelzkurve Augit–Oligoklas studiert; die Schmelzkurven verliefen ziemlich flach und wiesen geringes Schmelzintervall auf. Das Eutektikum liegt bei 70 Oligoklas 30 Augit, wobei keine Eutektstruktur beobachtet wurde; auffallend ist die Abflachung in der Nähe des Eutektikums, was auf Dissoziation schließen läßt. Die Ausscheidungsfolge war: zuerst Pyroxen, dann alternierend Pyroxen und Oligoklas.

Es fanden in der Schmelze Ionenreaktionen statt, und es bildete sich etwas Diopsid-ähnlicher Pyroxen, während sich statt Oligoklas z. T. der stabilere Labrador ausschied.

Bei dem System $MgSiO_3 \begin{pmatrix} 2\,NaAlSi_3O_8 \\ 1\,CaAl_2Si_2O_8 \end{pmatrix}$ oder Enstatit–Oligoklas, welches ebenfalls M. Schmidt untersuchte, ergab sich keine ausgeprägte Kurve und die Erstarrungskurven zeigen wenig deutliche Haltepunkte; bei der Mischung 40 Enstatit und 60 Oligoklas ist der tiefste Schmelzpunkt 1010—1060°, bei diesem tritt bei 1060° ein deutlicher Haltepunkt auf. Es ist aber zu bemerken, daß sich der Oligoklas nicht gut kristallin absetzte und daß Entmischung (Differentiation) eintrat, so daß die Silicate sich getrennt absonderten.

---

[1]) E. Dittler, Sitzber. Wiener Ak. **117**, 581 (1908).
[2]) E. Dittler, l. c.
[3]) M. Schmidt, N. JB. Min. etc. Beil.-Bd. **27**, 637 (1909).

Auch bildeten sich isomorphe Mischungen und ein zweiter Plagioklas, der etwas Mg enthielt.

Das System Eläolith–Ägirin wurde von E. Dittler[1]) untersucht; die Abkühlungskurven gaben undeutliche Haltepunkte. Die Schmelzkurve nach der thermischen und optischen Methode bestimmt, ergab ein deutliches Eutektikum bei 50:50 (in Gewichtsprozenten), welches aber nicht einheitlich erstarrt. Die Ausscheidung erfolgt so, daß sich eine neue Komponente bildet, da Magnetit aus dem Ägirinsilicat ($NaFe^{III}Si_2O_6$) ausscheidet; dann scheidet sich Pyroxen, der auch eine Neubildung ist, ferner Ägirin–Augit, Nephelin und schließlich Glas aus. Die ersten Ausscheidungen erfolgen bei der niedrigst schmelzenden Mischung 50:50 bei 925°, während das Glas bei ca. 825° fest wird.

B. Vukits[2]) hat mehrere Versuche über Ausscheidungsfolge von Silicaten ausgeführt. Versuche mit Eläolith von Miasc und Augit von den Monti Rossi ergaben neue Komponenten, nämlich Korund, Spinell, Magneteisen. Augit bildet sich teils vor Eläolith, teils gleichzeitig mit ihm, also teils nach dem labilen, teils nach dem stabilen Gleichgewicht.

Bei Eläolith–Diopsidmischungen trat auch Dissoziation und Neubildung auf. Dem eutektischen Gemenge entspricht das Verhältnis: 1 Eläolith, 4 Diopsid, die Schmelzpunktserniedrigung ist sehr bedeutend; die Ausscheidungsfolge entspricht dem eutektischen Schema, also einem stabilen Gleichgewichtszustand.

Olivin–Pyroxenmischungen.

Einige Versuche wurden von B. Vukits mit Olivin-Augitmischungen ausgeführt, und zwar mit Mineralien (vgl. oben). Der tiefste Schmelzpunkt ist der der Mischung 70 Augit 30 Olivin in Gewichtsprozenten.

Das System Diopsid–Olivin untersuchte R. Freis, wobei er ein nicht sehr ausgeprägtes Eutektikum bei 40% Olivin fand; der tiefste Erstarrungspunkt liegt bei 1130—1145°. Diopsid und Olivin waren in innig aneinander gelagerten Körnchen ausgebildet mit Anklang an Eutektstruktur (anchieutektisch); doch trat auch Sonderung der Komponenten auf.

Für das System $CaMgSi_2O_6$—$(Mg,Fe)_2SiO_4$ fand P. Lebedew[3]) dasselbe Eutektikum, welches früher R. Freis gefunden hatte (S. 757), nämlich bei einem Gehalt von 60 Mol.-Proz. der Verbindung $CaMgSi_2O_6$ und einem Schmelzpunkte von 1271°. Die Kristallisationsfolge richtet sich nach dem Eutektikum. Die Bezeichnung des Systemes als „Legierungen" ist nicht richtig, da es sich hier ja um Elektrolyte handelt.

Olivin–Feldspatmischungen.

Olivin–Plagioklasmischungen. Die Anorthit–Olivinreihe hat F. Tursky[3]) in meinem Laboratorium an chemischen Mischungen untersucht. Das Eutektikum liegt bei 60 Anorthit 40 Olivin in Gewichtsprozenten; die Erstarrungstemperaturen nach der thermischen Methode waren beim Eutektikum 1200—1195°; die Haltepunkte sind hier ziemlich ausgeprägt, namentlich bei

[1]) E. Dittler, l. c.
[2]) B. Vukits, ZB. Min. etc. 1904, 20.
[3]) Unveröffentlicht.

den mittleren Mischungen sind, die Erstarrungskurven meist regelmäßig und ziemlich ausgeprägt, wenn auch ungleich bei verschiedenen Mischungen. Noch bei der Mischung mit 20% Olivin, war dieses Silicat das erste Ausscheidungsprodukt, doch trat in den meisten Fällen Differenziation ein, was bei den Kurven zu berücksichtigen ist (vgl. Fig. 93).

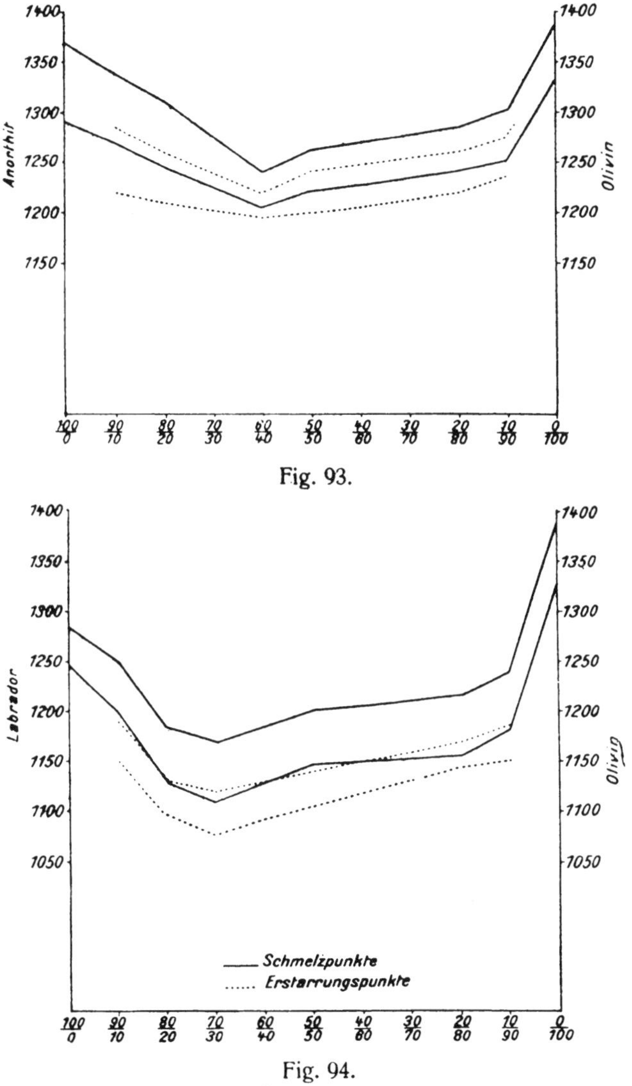

Fig. 93.

Fig. 94.

Bei der analogen Labrador-Olivinreihe[1]) lag das Eutektikum bei 70 Labrador 30 Olivin (in Gewichtsprozenten); die Erstarrungstemperatur liegt bei 1110—1070°, es ist also kein eutektischer Punkt, sondern ein kleines Intervall. Die Haltepunkte der Kurven treten bei manchen Mischungen un-

[1]) Unveröffentlichte Mitt. von F. Tursky.

deutlich auf, bei den mittleren aber ziemlich deutlich, namentlich wenn Olivin vorherrschte, dieser schied sich fast immer vor Labrador aus. Die Erstarrungskurven, die nach der thermischen Methode aufgenommen wurden, differieren von jenen, die mit dem Kristallisationsmikroskop aufgenommen wurden, nur um ein geringes, 15—30°. Das Eutektikum ist bei beiden Methoden dasselbe. Glas tritt bei manchen Mischungen auf.

M. Urbas[1]) untersuchte die Albit–Olivinreihe, sowie Albit–Nephelin und die Orthoklas–Olivinmischungen; sie fand, daß, wenn man bei der ersten Reihe natürliche kristallisierte Silicate zusammenschmilzt, eine merkliche Erniedrigung des Schmelzpunktes nicht auftritt, sondern nur, wenn die Mischungen zuerst zu Glas geschmolzen und dann die Erstarrungspunkte bestimmt wurden. Das Eutektikum, den chemischen Mischungen Orthoklas–Olivin entsprechend, liegt bei 70:30, das für die Albit–Nephelinmischungen bei 50:50 und für Albit–Olivinmischungen bei 80:20.

Die Orthoklas–Olivinkurve zeigt das Eutektikum deutlich für alle bestimmten Schmelz- und Erstarrungspunkte (kristalline Schmelzen, Gläser) und verläuft regelmäßig; das Erstarrungsintervall der eutektischen Mischung betrug ca. 30°, also relativ wenig, doch sind auch hier neue Komponenten aufgetreten, z. B. Spinell; die eutektische Mischung ist 70 Orthoklas 30 Olivin und schmilzt bei 1015—1050°.

Setzte man diesen beiden Komponenten Magneteisen zu, so wurden die Schmelz- und Erstarrungspunkte bedeutend erniedrigt (über 100°). Auch die eutektische Mischung wird eine andere, der Verlauf der Kurven ist unregelmäßig. Dem niedrigsten Schmelzpunkte entspricht die Mischung 72 Orthoklas 18 Olivin und 10 Magnetit. Zuerst scheidet sich Magneteisen ab, seine Ausscheidung hat aber bis zum Endpunkte der Kristallisation angedauert. Der Olivin ist das nächste Ausscheidungsprodukt, welchem der Orthoklas folgt, der aber nicht immer gut kristallisiert.

Mischungen von Nephelin und Plagioklas. — Diese viscosen Mischungen kristallisieren weniger gut, meistens bilden sich neue Komponenten.

M. Urbas fand bei der Albit–Nephelinreihe den tiefsten Erstarrungspunkt bei dem Verhältnis 50:50, indessen ward die Erstarrung z. T. glasig.

Bei den Mischungen von Labrador und Nephelin[2]) traten außer diesen beiden in den erstarrten Schmelzen ein Ca-ärmerer und Na-reicherer Plagioklas der Andesinreihe und Glas auf, als natürliche Mineralien genommen wurden: Labrador von Kamenoe-Brod und Nephelin von Miasc. Die Mischung mit dem niedrigsten Schmelzpunkte war die im Verhältnis 50:50. Labrador war stets das erste Ausscheidungsprodukt, was man leicht daran erkennt, daß dessen Kristalle von den Nephelinskeletten eingeschlossen werden, oder zwischen den idiomorph ausgebildeten Labradorkristallen liegen.

Bei den aus chemischen Mischungen bereiteten Gemengen: Labrador–Nephelin, lagen die Punkte der Schmelzkurve nicht ganz gleich mit den früheren und ein scharfer eutektischer Punkt ist hier nicht wahrzunehmen, er entspräche ungefähr einer Mischung 60 Labrador 40 Nephelin.

Die Untersuchung unter dem Heizmikroskop ergab, daß sich die Labradore zwischen 1190—1130°, die Nepheline von 1130° an bildeten.

---

[1]) M. Urbas, N. JB. Min. etc. Blbd. **27**, 261 (1908).
[2]) E. Dittler, Sitzber. Wiener Ak. **117**, 609 (1908).

Labrador ist das erste Ausscheidungsprodukt; dort, wo der Nephelin im Überschuß vorhanden ist, enthalten größere Plagioklaskristalle auch Nephelineinschlüsse, doch sind es dann nicht mehr Labradorkristalle, sondern Ca-ärmere Plagioklase (Andesine), es ist also hier eine neue isomorphe Mischung entstanden.

Bei der Eläolith–Anorthitreihe[1]) bildeten sich neue Komponenten, nämlich Korund, Spinell und Sillimanit, woraus auf weitgehende Dissoziation geschlossen wird; die neugebildeten Mineralien waren auch die ersten Ausscheidungsprodukte; Anorthit war älter als der Nephelin, der nur in einem Falle, als der letztere im Verhältnis 5 : 1 vorhanden war, sich fast gleichzeitig ausschied.

Schließlich mögen noch einige Versuche angeführt werden, die sich mehr auf die Ausscheidungsfolge beziehen und wesentlich Kristallisationsversuche sind. Bei diesen Versuchen wurden nur Mineralien verwendet.

B. Vukits[2]) mischte Korund von Ceylon und Hedenbergit von Elba in verschiedenen Gewichtsverhältnissen zusammen; den niedrigsten Schmelzpunkt hat das Gemenge 94,7 Hedenbergit mit 5,3 Korund, die Schmelzpunktserniedrigung ist gegenüber dem Schmelzpunkte des ersteren Minerals gering, jedoch liegen keine einfachen Verhältnisse vor, weil in der Schmelze Reaktionen eintraten und sich Magnetit neu bildete, während der Korund in den Augit einging, wobei sich Tonerde Augit bildete.

Bei den Mischungen von Korund (Saphir von Ceylon) und Eläolith von Miasc[3]) ergab sich, daß manchmal eine Neubildung des bei hohen Temperaturen sehr stabilen Al_2SiO_5 (Sillimanit) erfolgte, auch Spinell bildet sich, was auf Dissoziation im Magma deutet. Das Impfen mit Korund befördert die Kristallisation der Tonerde als Korund.

Eine weitere Versuchsreihe betraf Olivin–Augit, wobei sich Magnetit neu bildete, Olivin bildet sich vor dem Augit. Bei einer Mischung von 9 Augit — 1 Olivin, welche mit Augit geimpft war, wurde viel mehr Augit gebildet, als dem Mengenverhältnis entsprach, was auf Umsetzung von Mg_2SiO_4 in $MgSiO_3$ unter Abgabe von MgO deutet.

Bei Mischungen von Apatit und Labrador schied sich nach B. Vukits meistens Apatit zuerst aus, doch schied sich nicht Labrador aus, sondern dadurch, daß der Feldspat sich mit Ca anreicherte und Na ausgeschieden wurde, bildete sich Anorthit ($CaAlSi_2O_8$).

H. H. Reiter[4]) untersuchte die Mischungen von Magneteisen und Fayalit (Fe_2SiO_4) und von Magneteisen mit Olivin, wobei er für Fayalit und Olivin Mineralien wie auch chemische Gemenge verwendete. Auch hier bildeten sich neue Komponenten, nämlich kleine Mengen Spinell und Eisenglanz (Fe_2O_3). Als erstes Ausscheidungsprodukt bildete sich stets Magnetit, dann der Olivin, doch kann sich auch Magnetit und Olivin nebeneinander als Eutektikum ausscheiden, aber meist ohne Eutektstruktur. Außerdem trat noch eine Differentiation der Schmelzlösung in eisenärmere und eisenreichere Teile ein. Die eisenreicheren Olivine (Fayalite) haben größere Kristallisationsgeschwindigkeit

---

[1]) H. Schleimer, N. JB. Min. etc. Jahrg. 1908, II, 6.
[2]) B. Vukits, ZB. Min. etc. 1904, 3.
[3]) B. Vukits, ZB. Min. etc. 1909, **3**.
[4]) H. H. Reiter, N. JB. Min. etc. Blbd. **22**, 185 (1906).

als die eisenärmeren. Den tiefsten Schmelzpunkt hatte die Mischung Magnetit 20 Olivin 80, wobei aber keine Eutektstruktur auftrat; sie erschien jedoch bei der Mischung Magnetit 15 Fayalit 85.

Ternäre Systeme bei Mineralien.

Wir wollen zuerst einige Fälle beobachten, bei welchen binäre Systeme vorliegen, zu denen bestimmte konstante Mengen einer dritten Komponente hinzugegeben wurden; diese dritte Komponente ändert nicht nur den Schmelzpunkt, sondern auch die eutektische Mischung. Der Schmelzpunkt wird sich auch nach dem Gesetze der Löslichkeitsbeeinflussung verdünnter Lösungen bei Elektrolyten (S. 747) ändern. Bei so komplexen Verbindungen, wie sie die natürlichen Silicate sind, werden bei den Mischungen auch chemische Reaktionen, die ja häufig schon bei binären Systemen auftraten, vor sich gehen, so daß die theoretische Behandlung recht schwierig wird.

Die Versuche, die zunächst aufgezählt werden sollen, sind aber nicht solche, welche vielleicht die Grenzen der Existenzgebiete, wie etwa bei den früher beobachteten ternären Mischungen, ergeben konnten. Es handelte sich hier meistens um Versuche mit binären Mischungen, denen eine dritte Komponente in konstant bleibender Menge zugesetzt wurde. Es bildeten sich stets neue Komponenten, dabei wurden die Schmelzpunkte der binären Mischungen erniedrigt und mitunter die Ausscheidungsfolge geändert; solche Versuche sind deshalb wichtig, weil sie uns am besten über die Verhältnisse der Entstehung vulkanischer Gesteine Aufschluß geben können.

R. Freis[1]) hat außer den früher erwähnten noch weitere ternäre Mischungen untersucht.

Zu der Diopsid–Anorthitreihe (vgl. S. 757) wurden $15\,^0/_0$ Magneteisen zugesetzt. Die eutektische Mischung ist: 70 Diopsid : 30 Anorthit, mit dem Magnetitzusatz also 59,5 Diopsid 25,5 Anorthit 15 Magnetit; die Kurve zeigt kein sehr ausgesprochenes Minimum und die Schmelz- und Erstarrungspunkte sind wenig voneinander verschieden. Die Untersuchung im Heizmikroskop ergab zuerst Abscheidung von Magneteisen, dann Augit, Augit und Magnetit gleichzeitig, schließlich bildete sich Anorthit.

Bei den Mischungen Albit–Augit[2]), denen 5 oder 10 Gewichtsprozente Magneteisen zugesetzt wurden, war unter fünf Mischungen die mit 50 Albit 45 Augit 5 Magnetit, diejenige mit dem tiefsten Schmelzpunkte. Auch hier bildeten sich neue Komponenten, speziell Natronaugit und ein Ca-haltiger Plagioklas und Spinell; Albit kam nicht zur Abscheidung. Magneteisen und Spinell schieden sich zuerst ab, dann Augit.

Bei den Mischungen Eläolith, Augit, Magneteisen, die H. H. Reiter[3]) untersuchte, war die Mischung 45 Eläolith 45 Augit 10 Magnetit die mit dem niedrigsten Schmelzpunkt. Wie stets waren neue Komponenten aufgetreten, nämlich Spinell und Eisenglanz, außerdem zwei Arten von Glas, ein eisenreicheres und ein eisenärmeres; auch nahm der Augit mitunter Natron auf und bildete reinen natronhaltigen Augit, die Oxyde schieden sich zuerst aus, dann Augit, schließlich Nephelin. Bei Magnetit war eine Rekurrenz der

[1]) R. Freis, N. JB Min., Blbd. **23**, 54, 190.
[2]) H. H. Reiter, N. JB. Min., Blbd. **22**, 200 (1906).
[3]) H. H. Reiter, l. c.

Ausscheidung zu bemerken, zum Teil schied er sich vor Augit, zum Teil mit diesem aus.

Bei dem Verhältnisse Eläolith 1 Augit 1, das wohl dem Eutektikum entspricht, waren beide gleichzeitig ausgeschieden worden.

Ferner untersuchte M. Vučnik[1]) Mineralmischungen von Anorthit (Pizmeda, Monzoni) und Hedenbergit von Elba, denen 15 Gewichtsprozente Olivin zugesetzt worden waren; den niedrigsten Schmelzpunkt hatte diejenige Mischung, die am meisten Hedenbergit enthielt, nämlich 25 % Anorthit, 60 % Hedenbergit und 15 % Olivin. Was die Ausscheidungsfolge anbelangt, so waren hier meist zwei neue Komponenten gebildet worden und zwar Spinell, Magnetit, welche sich zuerst ausschieden. Offenbar sind hier Ionenreaktionen eingetreten. Sehr häufig traten Differentiationen auf; so bildete sich auf der einen Seite Augit, auf der anderen Olivin, in anderen Fällen trat an einzelnen Stellen nur Augit und Magnetit auf. Bei der Mischung 60 Anorthit 25 Hedenbergit 15 Olivin waren keine neuen Komponenten ausgeschieden, was vielleicht auch den Abkühlungsverhältnissen zuzuschreiben ist, auch hier trat Differentiation ein. Die Ausscheidungsfolge war auch bei den anorthitreichen Mischungen die, daß die neugebildeten Komponenten sich zuerst ausschieden, dann Olivin, Augit und Anorthit; aber Magnetit bildete sich teilweise auch erst nach Olivin und selbst nach Augit, in einem Falle nach Anorthit.

Ferner untersuchte H. H. Reiter[2]) die ternären Gemenge Olivin–Magnetit–Albit, wobei jedoch die Menge des Albits konstant blieb und nur das Verhältnis Olivin : Magneteisen schwankend war. Die Albitmenge betrug $^2/_3$ oder $^1/_3$ des ganzen Gemenges. Es ergab sich im Vergleich zu den Mischungen Olivin–Magnetit, daß die Resultate so ziemlich dieselben waren, wie bei Olivin und Magnetit, da der Albit nur in wenigen Fällen zur Abscheidung gelangte; es hat hier Albit nur die Erstarrungstemperatur herabgesetzt. Auch ergaben sich wie bei der Magnetit–Olivinreihe Neubildungen von Spinell und Eisenglanz. Den tiefsten Schmelzpunkt hat die Mischung 12 Olivin 22 Magnetit 66 Albit, doch hat die Kurve keinen ausgeprägten eutektischen Punkt, da auch die benachbarten Mischungen nicht viel Unterschied im Schmelzpunkte zeigen.

Die Diopsid–Olivin–Nephelinreihe wurde von R. Freis[3]) untersucht (S. 757); dabei hat er zu den in verschiedenen Verhältnissen gemengten Mischungen von Diopsid und Olivin stets 15 % Nephelin gemengt. Die Erstarrungspunkte wie die Schmelzpunkte sind, wie stets bei Zusatz von Nephelin, sehr verschieden, es ergab sich eine sehr große Erniedrigung für das Gemenge mit 90 Diopsid bezüglich der Erstarrungspunkte, während der niedrigste Schmelzpunkt der Kristallgemenge bei 70 Diopsid liegt.

Die Ausscheidungsfolge ist meistens Olivin–Diopsid–Nephelin; dabei trat häufig Differentiation auf; Nephelin scheidet sich erst bei abnehmender Diopsidmenge aus.

H. H. Reiter[2]) schmolz Olivin–Augit in verschiedenen Verhältnissen mit 5 oder auch mit 10 Gewichtsprozenten Magneteisen zusammen, er erhielt geologisch interessante Schmelzen, die den Olivinfelsbomben entsprachen, wobei sich Magnetit im Anfang und dann zum Schlusse nochmals ausschied, während sich dazwischen Olivin, Augit und schließlich noch Glas abschieden. Hierbei

[1]) M. Vučnik, l. c.
[2]) H. H. Reiter, N. JB. Min. etc., Blbd. **22**, 185 (1906).
[3]) R. Freis, l. c.

scheinen zweierlei Arten von Glas entstanden zu sein, ebenso zwei Augitarten, von welchen die eisenärmere schwerschmelzbare, sich vor der eisenreicheren abschied. Neue Komponenten sind auch Spinell und Eisenglanz. Das Eutektikum ist wenig prägnant, die Kurve ist flach.

H. Schleimer[1]) hat die ternären Mischungen der Mineralien Labrador, Augit, Magnetit untersucht; hier zeigte sich, daß Magneteisen stets die Merkmale des ersten Bildungsproduktes hat; es kann aber Magneteisen, wie es bei der Mischung 85 Labrador 10 Augit 5 Magnetit eintrat, auch nach der Abscheidung von Augit und Plagioklas sich abscheiden, trotzdem hier sehr wenig Magnetit in der Mischung vorhanden war. In zwei Fällen: bei den Mischungen 50 Labrador 45 Augit 5 Magnetit und 35 Labrador 60 Augit 5 Magnetit erfolgte werkwürdigerweise gar keine Magneteisenabscheidung; diese Nichtausscheidung möchte H. Schleimer entweder durch Dissoziation des $\overset{II}{Fe}\overset{III}{Fe_2}O_4$ (?) erklären, aber wahrscheinlicher haben nur die Viscositäts- und Abkühlungsverhältnisse die Ausscheidung dieser Verbindung ungünstig beeinflußt.

Die Ausscheidungsfolge zwischen Augit und Plagioklas war eine wechselnde: bei überwiegendem Labradorit wird die Hauptmasse des Plagioklas sich vor der Hauptmasse des Augits ausscheiden und auch umgekehrt; doch erleidet diese Regel dadurch eine Ausnahme, daß sowohl in jenen Lösungen, in denen Labrador gegenüber Augit bedeutend vorherrschte, kleine Augiteinlagen sich vor der starken Labradorausscheidung absetzten, als auch mitunter in Schmelzen, die vorwiegend Augit enthielten, kleine Plagioklase sich zuerst ausschieden. Hier würde also im Gegensatz zu anderen Mischungen doch das eutektische Schema mit jener Ausnahme Geltung haben, was wohl dem Umstande zuzuschreiben sein wird, daß diese magneteisenreichen Schmelzen sehr dünnflüssig sind und daher die Unterkühlung eine geringe sein kann, auch haben wir es mit Komponenten von zumeist großer Kristallisationsgeschwindigkeit zu tun.

Bei den von demselben Verfasser untersuchten ternären Mischungen Labrador–Augit–Olivin schied sich zumeist letzterer zuerst ab, während Labrador sich bald vor, bald nach dem Augit abschied, doch trat auch hier Differentiation der Komponenten ein und zwar nach der Dichte; nach unten setzte sich im Tiegel immer weniger Augit ab, in einigen Fällen schied sich Olivin überhaupt nicht ab.

V. Haemmerle[2]) hat zu Mischungen in verschiedenen Verhältnissen von Labrador und Diopsid 10$^0/_0$ der Gesamtmenge Magneteisen (in Gewichtsverhältnissen ausgedrückt) hinzugefügt. Hier bildete sich etwas Spinell und Eisenglanz, die mit Magneteisen die ersten Ausscheidungen sind, dann folgten Augit und Plagioklas; doch war bei einem Versuch 63,63 Labrador 27,27 Diopsid, 9 Magnetit der Plagioklas vor dem Augit zur Ausscheidung gelangt, also den Mengen entsprechend. Doch haben hier chemische Reaktionen stattgefunden, indem der Diopsid Eisen aufnahm und zu Augit wurde, während auch bei einer Mischung 72,72 Labrador, 18,18 Diopsid, 9,09 Magnetit, der Plagioklas sich mit CaO anreicherte. Differentiationen traten auch ein, namentlich dort, wo eine größere Menge von Magnetit (20$^0/_0$) genommen wurde. Neugebildet hatte sich bei den Versuchen auch etwas Natronaugit.

---

[1]) H. Schleimer, N. JB. Min. etc. 1908, II, 23.
[2]) V. Haemmerle, N. JB. Min. etc. Blbd. **29**, 719 (1910).

Bei Mischungen von Olivin–Diopsid, denen 20% Labrador zugesetzt wurde, kam es zu chemischen Reaktionen, bei welchen sich Nephelin statt Plagioklas bildete, auch schied sich statt Diopsid zum Teil Tonerde–Augit aus. Bei allen Versuchen trat Kristallisationsdifferentiation auf, eine Erscheinung, die ja bei natürlichen Silicaten sehr häufig ist.

R. Freis[1]) fügte zu den Diopsid–Olivinmischungen einen Zusatz von 15% Orthoklas hinzu und konstatierte, daß die eutektische Mischung von 40 : 60 nun zu 50 : 50 Olivin–Diopsid wird. Hierbei kam aber der Orthoklas fast nie zur Abscheidung, sondern es schied sich infolge von Ca-Aufnahme nur neugebildeter Plagioklas aus.

Olivin schied sich immer vor Diopsid aus; ferner hat R. Freis zu den Diopsid–Olivinmischungen Magnetit in der konstanten Menge von 15% zugesetzt.

Bei der Diopsid–Olivinreihe[1]) mit 15% Magnetitzusatz wurden sehr geringe Schmelzpunktserniedrigungen wahrgenommen, so daß sich ein Eutektikum schwer bestimmen ließ, es fanden auch chemische Reaktionen statt, so nahm der Diopsid aus dem Magnetit FeO und Fe_2O_3 auf und wandelte sich in Augit um, aber nicht der Olivin. Augit und Olivin waren merkwürdigerweise entgegen dem spezifischen Gewichte differenziert: Magnetit zuoberst, Olivin unten. Die erste Ausscheidung war Magnetit, aber er schied sich nach der Kristallisation des Olivins und sogar nach der des Augits noch aus, also während des ganzen Erstarrungsprozesses.

Bei der Diopsid–Olivin–Anorthitreihe hielt R. Freis das Verhältnis Diopsid + Olivin : Anorthit konstant, indem stets 15% des Gewichts Anorthit hinzugefügt wurden; die Erstarrungskurven waren unregelmäßig, es zeigten sich zwei Eutektika, doch schied sich immer Olivin zuerst ab, während Diopsid–Anorthit sich abwechselnd absetzten. Auch das Eutektikum : Diopsid–Olivin trat hier und da als gekörnte Masse auf; in der ganzen Schmelze sind Differentiationserscheinungen aufgetreten, welche auf sehr komplizierte Vorgänge hinweisen.

M. Vučnik[2]) hat einige Mischungen in bezug auf die Ausscheidungsfolge und die Schmelzpunktserniedrigung ausgeführt, es waren ternäre Mischungen.

1. Leucit–Olivin–Akmit. Hier wurden Mineralien angewendet und zwar orientalischer Olivin, wobei den Mischungen von Akmit-Leucit 10% Olivin zugemengt waren. Es bildeten sich neue Komponenten: Magnetit und Feldspat, auch hat sich der schwerere Magnetit zu Boden gesenkt.

Die Ausscheidungsfolge war: Magnetit, Olivin, Feldspat, Leucit und Glas, in letzterem befindet sich der Akmit, der nicht kristallisierte.

Als bei einem Versuche eine Mischung von 50 Akmit, 35 Leucit und 15 Olivin verwendet wurde, schied sich kein Leucit aus, sondern aus seinen Bestandteilen bildete sich Oligoklas–Albit oder ein Kali–Natron-Feldspat; das Leucitmolekül hat sich also zu Feldspatmolekül umgesetzt, wobei Na des Akmits aufgenommen wurde; ebenso bildete sich Magnetit neu.

Bei einer zweiten Versuchsreihe mit Mineralien und zwar Labrador, Ägirin, Eläolith erhielt M. Vučnik[3]) für die Mischungen Labrador und

---

[1]) R. Freis, N. JB. Min. etc. Blbd. **23**, 58 (1907).
[2]) M. Vučnik, ZB. Min. etc. 1906, N. S., 132.
[3]) M. Vučnik, ZB. Min. etc. 1906, 140.

Ägirin, welchem 20% Eläolith zugesetzt worden war, neue Komponenten, nämlich Magnetit und Labrador, welche sich vor dem Eläolith ausschieden und der Ägirin blieb zum Teile im Glase, namentlich bei geringem Ägiringehalt, doch kam es auch vor, daß der Eläolith glasig erstarrte. Wo dieser kristallisiert erstarrte, war er stets nach den anderen Komponenten gebildet; den niedrigsten Schmelzpunkt hatte die Mischung 20 Labrador, 60 Ägirin, 20 Eläolith, es war die ägirinreichste unter den untersuchten.

M. Urbas[1]) hat speziell den Einfluß der Löslichkeitsänderung bei Zusatz eines dritten Salzes studiert, wobei das Nernstsche Gesetz Anwendung findet; es wurden die Schmelzpunkte verschiedener Mischungen mit jenen Schmelzpunkten verglichen, welche dieselben Mischungen nach Zusatz von konstanten Gewichtsmengen einer dritten Komponente zeigen.

Wenn man zu den früher erwähnten Mischungen von Albit-Olivin noch Magneteisen als dritte Komponente zusetzt, wobei die Menge immer 10% der Gesamtmenge der Mischungen betrug, so scheidet sich dieses Magneteisen zuerst aus, auch wurde eine Differentiation durch die Schwere beobachtet; nach Magneteisen schied sich Diopsid ab, während der Albit glasig erstarrte. Die Erstarrungspunkte wurden durch diesen Zusatz mäßig und zum Teil sehr wenig (7°), zum Teil etwas mehr (40°), aber im ganzen doch hier auffallend wenig erniedrigt; übrigens lagen die Erstarrungspunkte verschiedener Mischungen hier nur sehr wenig auseinander; die Kurve ist infolge von Glasbildung ziemlich flach.

Wurden den Albit-Olivinmischungen 10% Gewichtsmenge Eläolith zugesetzt, so war in den Ausscheidungsverhältnissen keine Änderung eingetreten, die Löslichkeitsbeeinflussung war eine sehr geringe.

Als den Orthoklas-Olivinmischungen Magneteisen zugesetzt wurde, betrug die Erniedrigung des Schmelzpunktes bis 120°. Es trat Differentiation in einen eisenreichen und einen eisenärmeren Teil auf. Die erste Ausscheidung war Magneteisen. Orthoklas schied sich nur selten aus, dagegen bildete sich ausnahmsweise Pleonast. Das Eutektikum liegt bei 20% Olivin zu 80% Orthoklas.

Die Kurve Orthoklas-Olivin hat durch diesen Zusatz eine ganz andere Gestalt bekommen, das Eutektikum ist verschoben, 80:20 Olivin, die Kurve zeigt ein Maximum bei 30 Olivin.

Als den Orthoklas-Olivinmischungen 10% Anorthitsilicat beigemengt wurde, waren alle Schmelz- und Erstarrungspunkte eine Kleinigkeit höher als ohne letztere Beimengung.

Die Erstarrungskurven sind sehr abgeflacht und ebenso die Schmelzkurven: Das Eutektikum ist verwischt, es liegt ungefähr bei dem Mischungsverhältnis: Orthoklas 4, Anorthit 1. Es hängt aber dieser undeutliche Verlauf der Kurven auch damit zusammen, daß bei orthoklasreicheren Schmelzen wegen großer Viscosität sich nicht immer Kristalle, sondern viel Glas abscheidet; die Erstarrungskurve der eutektischen Mischung zeigt einen deutlichen horizontalen Teil. Die Schmelzpunktsveränderungen sind meistens nicht sehr bedeutend.

In neuester Zeit sind auch Versuche mit Systemen von Silicaten und anderen Stoffen, Fluoriden sowie Sulfiden, gemacht worden. Die Arbeit von B. Karandeeff,[2]) in welcher behauptet wurde, daß $CaSiO_3$ mit CaF_2, $CaCl_2$

[1]) M. Urbas, N. JB. Min. etc. Blbd. **25**, 287 (1908).
[2]) B. Karandeeff, Z. anorg. Chem. **68**, 188 (1910).

isomorphe Mischkristalle bildet, ist, einer Nachprüfung in meinem Laboratorium zufolge, nicht richtig.

A. Woloskow[1]) untersuchte das System **$BaSiO_3$—BaS**, wobei das Bariumsulfid nicht schmolz. Bei einem Gehalte von 25 Mol.-Proz. soll ein Eutektikum mit dem Schmelzpunkte von 1325° liegen. Beim Lösen von Eisensulfid in $BaSiO_3$ ist eine Liquation aus FeS und 10 Mol.-Proz. Eisensulfid enthaltendem $BaSiO_3$ zu beobachten.

Das System **$BaSiO_3$—$BaCl_2$** ergibt ebenfalls ein Eutektikum mit dem Schmelzpunkte 902°; der Schmelzpunkt von $BaCl_2$ ist 968°. Das Eutektikum enthält 8 Mol.-Proz. $BaSiO_3$. Die Erstarrungskurve des Systemes **$MnSiO_3$—MnS** weist zwei Haltepunkte auf, außer einem, welcher dem Eutektikum entspricht, das einen Gehalt von 6,85 Mol.-Proz. an MnS enthält.

Bei Systemen, wie die eben geschilderten, in welchen ein Silicat mit einem flüchtigen Stoff, z. B. $BaCl_2$, CaF_2 oder MnS, vorhanden ist, kann man jedoch nicht a priori annehmen, wie es die Verfasser der eben genannten Arbeiten tun, daß die flüchtigen Stoffe in dem Verhältnisse in der auskristallisierten Mischung wirklich in der Konzentration vorhanden sind, welche aus der angewandten Mischung berechnet wird. So zeigte sich aus den erwähnten Nachversuchen, daß z. B. bei Anwendung von CaF_2, namentlich wo dieses in größeren Mengen vorhanden ist, sich ein großer Teil des Fluorcalciums verflüchtigte, so daß also die erhaltene Kristallisation dann eine andere Zusammensetzung hatte, als die angewandte Mischung annehmen ließe.

Es ergibt sich in solchen Fällen die Notwendigkeit, das auskristallisierte Produkt zu analysieren und stimmen die erhaltenen Schmelzpunkte dann nicht mit den wirklichen Schmelzpunkten der aus der Mischung berechneten Kristallisationen überein.

Natürliche Eutektika.

In der Natur kommen natürliche Eutektika vor; abgesehen von den nicht hierher gehörigen Meteoreisen, welche später ausführlich zu behandeln sein werden, können bei Silicatgesteinen Eutektika auftreten, wenn die Viscosität der Schmelzen nicht so groß ist, daß die Kristallisationsgeschwindigkeit zu sehr verkleinert wird. Die wasserhaltigen Magmen sind nun solche, bei welchen die Viscosität eine geringere zu sein scheint, und solche Magmen, wie auch jene, die Kristallisatoren enthalten, können häufiger Eutektika liefern.

Bei wasserfreien, sog. trockenen Silicatschmelzen, wird dies jedenfalls weit seltener vorkommen, da das Eutektikum entweder glasig erstarrt, oder die Komponenten wegen verschiedener Kristallisationsgeschwindigkeiten nicht gleichzeitig erstarren, auch kann das Eutektikum glasig erstarren.

Aus dem Studium von Gesteinen und Mineralien läßt sich auch auf ein Eutektikum schließen. Diese Methode hat J. H. L. Vogt[2]) verwendet; sie besteht darin, daß aus der chemischen Zusammensetzung sogenannter „anchieutektischer Gesteine", die also zwar nicht ganz, aber doch vorwiegend aus dem Eutektikum zusammengesetzt sind, das Eutektikum erkannt werden kann. Da diese Gesteine das Eutektikum in wechselnden, aber doch oft größeren Mengen des Eutektikums enthalten, so läßt sich das erstere berechnen.

---

[1]) A. Woloskow, Ann. d. l'Inst. polyt. St. Petersburg **15**, 421 (1911).
[2]) J. H. L. Vogt, Tsch. min. Mit. **24**, 490 (1905); **25**, 380 (1905).

Man kann das Eutektikum auch durch Isolierung desselben und Analyse bestimmen, da die Struktur in den meisten Fällen durch die innige Verwachsung charakterisiert ist. Diese Methode wird man namentlich bei solchen Silicatgemengen anwenden können, welche die typische Eutektstruktur zeigen; nun haben wir aber gesehen, daß diese gerade bei Silicatgemengen, wie viele Versuche zeigen, häufig fehlt, so daß also die Anwendung dieser Methode beschränkt ist. Indessen gibt es einige natürliche Eutektika, zu denen die Mischungen Quarz–Feldspat gehören, bei denen jene Methode, welche J. H. L. Vogt besonders entwickelt hat, anwendbar ist. Zweckmäßig wäre allerdings auch hier die Kontrolle durch Schmelzpunktbestimmungen, welche bisher gerade in dieser Beziehung nicht durchgeführt wurde.

Das Quarz–Feldspat–Eutektikum tritt als Schriftgranit auf. Nun ist es aber keineswegs wahrscheinlich, daß sich dieser aus einem reinen Schmelzfluß der beiden Komponenten Quarz und Feldspat gebildet hat, im Gegenteil, man wird eher annehmen können, daß sich die Granite, Pegmatite und ähnliche Mineralaggregate leichter in Gegenwart von Wasser und Mineralisatoren bilden, welche den Erstarrungspunkt erniedrigen und auch die Viscosität bedeutend verringern. Da jedoch diese Mineralisatoren bei der Abkühlung entweichen, so sind sie nicht als selbständige Komponenten zu betrachten, und wir haben dann als solche Komponenten nur die Silicate und Quarz zu betrachten und bei den Berechnungen brauchen wir auf das Wasser keine Rücksicht zu nehmen.

Der Schriftgranit hat die Merkmale der Eutektstruktur, und es haben sich für die gleichzeitige Bildung der Bestandteile viele Forscher ausgesprochen: W. C. Brögger,[1]) J. H. Teall,[2]) J. H. L. Vogt[3]) J. Douglas u. a.

Doch wird auch von anderen die Ansicht geteilt, daß die in Frage kommenden Gesteine nicht magmatische Ausscheidungen seien, sondern unter Druck aus überhitztem Wasser abgesetzt wurden.[4])

J. H. L. Vogt[5]) hat durch Zusammenstellung der Analysen gezeigt, daß die Zusammensetzung des Schriftgranits nahezu konstant ist. Aus den Analysen hat er das Verhältnis von Feldspat zu Quarz berechnet und folgende Zahlen für 5 Analysen gefunden:

Analyse	1	74,7	Orthoklas:	25,3 %	Quarz
„	2 und 3	75,3	„	24,7	„
„	4	72,7	„	27,3	„
„	5	76,5	„	23,5	„

Das Verhältnis ist zwar nicht ganz konstant, aber doch annähernd, wenn man die verschiedene Genauigkeit der Analysen berücksichtigt. Die Struktur und dieser Umstand sprechen also für eine eutektische Mischung. A. Bygden[6]) u. H. Johannsson sind der Ansicht, daß die Komponenten in molekularen Proportionen vorhanden sind.

---

[1]) W. C. Brögger. Geol. Fören. V (1881).

[2]) J. H. Teall, Brit. Petrography, (London 1888), auch Quart. Journ. of geol. soc. 1901, Maiheft.

[3]) J. H. L. Vogt, Silicatschmelzen II und Tsch. min. Mit. **25**, 392 (1905).

[4]) R. Beck, Z. f. prakt. Geol. **14**, 71 (1906); vgl. auch E. Baur, Z. f. phys. Chem. **52**, 567 (1905).

[5]) J. H. L. Vogt, Tsch. min. Mit. **25**, 380 (1906).

[6]) A. Bygden, Bull. of geol. Inst. Upsala **7**, 1 (1906), sowie H. Johannsson, Geol. Fören. Förh. **27**, 338 (1905).

Bezüglich des Quarz–Orthoklas Eutektikums ist J. H. L. Vogt[1]) auch der Meinung, daß es eine Reihe von Gesteinen gibt, namentlich Quarzporphyre, Liparite mit überwiegend Orthoklas, wenig Albit, die anchi-eutektisch sind. Es gehören diese Fragen, da sie hauptsächlich auf den Analysen von Gesteinen basiert sind, nicht hierher, sondern in die Petrographie und Petrogenesis.

J. H. L. Vogt[2]) hat auch aus Gesteinsanalysen Schlüsse auf das ternäre Eutektikum Quarz, Orthoklas, Albit gezogen, welches, wie ich glaube, wahrscheinlich nur bei Gegenwart von Kristallisatoren oder Wasser existenzfähig ist, was auch dadurch bestätigt wird, daß die Gesteine, auf welche jene Berechnungen sich beziehen, Granite sind. J. H. L. Vogt berechnet das Eutektikum auf zirka 27,5 Quarz zu 72 Feldspat, wobei dieser bestehen würde aus 40—45 Orthoklassilicat, 60—55 Albitsilicat (mit beigemengtem Anorthitsilicat) was zirka 27,5 Quarz, 30,5 Orthoklas, 42 Albitsilicat (mit Anorthitsilicat) ergibt.

Die Schmelzpunkte isomorpher Mischungen.

Die Schmelzpunkte isomorpher Silicate zeigen zum Teil ein anderes Verhalten als die bisher betrachteten Stoffe und deshalb betrachten wir diese Schmelzkurven besonders. Ursprünglich war man der Ansicht, daß auch isomorphe Mischkristalle homogen schmelzen; durch die Arbeiten von G. Bodländer und anderen wurde aber nachgewiesen, daß inhomogene Erstarrung eintritt. Die Zusammensetzung der Mischkristalle ist im allgemeinen nicht konstant, sondern wird in dem Erstarrungsintervalle, welches größer oder kleiner sein kann, wechseln; die zuerst gebildeten Kristalle haben eine andere Zusammensetzung als die später gebildeten. Um diese kennen zu lernen, kann man die zuerst entstandenen Kristalle aus der Lösung isolieren, indem man letztere nur teilweise erstarren läßt. Bei Silicaten ist eine solche Isolierung jedoch selten möglich, hier ist die optische Bestimmung von großem Wert; sie kann in manchen Fällen die Analyse ersetzen.

Für die Umwandlung von Mischkristallkomponenten in neue gilt im allgemeinen das, was für die binären Systeme gezeigt wurde. Vor allem haben wir zu unterscheiden zwischen den Stoffen, welche eine ununterbrochene Mischungsreihe liefern und solchen, welche eine mehr oder minder große Lücke zeigen. Bei ersteren müssen wir einen höheren Grad von Isomorphie annehmen als bei letzteren. Während bei isomorphen Mischungen viele physikalischen Eigenschaften additiv und aus jenen der Komponenten berechenbar sind, ist das für manche Eigenschaften, insbesondere für die Schmelzpunkte doch nicht der Fall; der Schmelzpunkt ist eine konstitutive Eigenschaft.

H. W. Bakhuis-Roozeboom[3]) hat für die Schmelzkurven der Mischkristalle fünf Diagramme gegeben, welche vielfach reproduziert wurden. Er unterscheidet besonders drei Fälle: die mit ununterbrochener Mischungsreihe, mit unterbrochener Mischungsreihe, und den Fall, bei welchem sich zwei Kristallarten bilden. Es ergeben sich fünf Typen. R. Findlay teilt diese Typen ein in diejenigen, die eine kontinuierliche Reihe von Mischkristallen

[1]) J. H. L. Vogt, Tsch. min. Mit. **25**, 392 (1905).
[2]) J. H. L. Vogt, Tsch. min. Mit. **25**, 387 (1906).
[3]) H. W. Bakhuis-Roozeboom, Heterogene Gleichgewichte I (Braunschweig 1902).

bilden und solche, welche eine nicht kontinuierliche Reihe aufweisen.[1]) Das Hauptgewicht ist jedenfalls auf die Unterscheidung zwischen beiden Arten zu legen. Die erste Reihe zeigt drei Typen, bei dieser ist:

Typus 1. Die Erstarrungspunkte der Mischkristalle liegen zwischen den Erstarrungspunkten der beiden Komponenten. Die Kurve ist zwar keine gerade Linie, aber sie zeigt weder ein Minimum noch ein Maximum. Die Schmelze hat im Vergleich zu den Mischkristallen einen größeren Gehalt an demjenigen Bestandteile, durch dessen Zusatz die Erstarrungstemperatur erniedrigt wird. Bei jeder Temperatur ist die Konzentration der Komponente, welche bei Hinzufügung zu der zweiten den Schmelzpunkt erniedrigt, in der flüssigen Phase größer als in der festen und umgekehrt. Die Erstarrung ist im allgemeinen inhomogen.

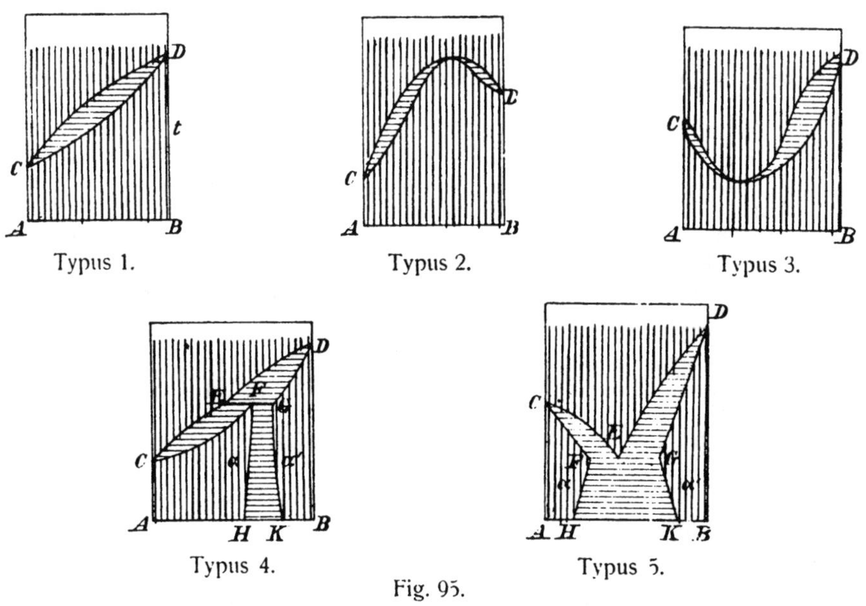

Typus 1. Typus 2. Typus 3.

Typus 4. Typus 5.

Fig. 95.

Typus 2. Die Erstarrungskurve hat ein Maximum, in welchem die Erstarrung homogen verläuft.

Typus 3. Die Kurve zeigt ein Minimum, nur in diesem findet homogene Erstarrung statt.

Typus 4. Mischungsreihe mit Lücke. Die Erstarrungskurve besitzt einen Umwandlungspunkt; bei der Umwandlungstemperatur stellt sich ein Knickpunkt ein. Der Schmelzpunkt von *A* wird durch Hinzufügen von *B* erhöht. Durch Hinzufügen von *A* wird der Schmelzpunkt von *B* erniedrigt; *CED*, *CFD* sind die Kurven für den flüssigen und den festen Zustand (Fig. 95).

Typus 5. Die Mischungsreihe hat hier eine Lücke; bei der Erstarrungskurve zeigt sich ein eutektischer Punkt. Dieser Fall weicht von den bisherigen ab. Der Erstarrungspunkt einer der beiden Komponenten wird durch Hinzu-

[1]) R. Findlay, Die Phasenregel und ihre Anwendung (Leipzig 1907). Vgl. auch C. Doelter, Phys.-chem. Mineralogie (Leipzig 1905), 62 und G. Bruni, Feste Lösungen (Stuttgart 1908).

fügung der anderen erniedrigt, bis der Punkt erreicht ist, in welchem die Lösung zu einem Konglomerat von Mischkristallen erstarrt, das ist eben der eutektische Punkt.

H. W Bakhuis-Roozeboom hebt auch hervor, daß im allgemeinen eine vollständige Gleichheit zwischen der Zusammensetzung der Lösung und der aus derselben sich ausscheidenden Mischkristalle nicht vorkommt; nur bei den Typen 2 und 3 sind im Minimum bzw. Maximum der Schmelzkurve Lösung und Mischkristalle identisch. Wenn die später ausgeschiedenen Mischkristalle um den zuerst gebildeten Kristall herum absetzen, so wird der in der Natur häufige Fall der zonar gebauten Mischkristalle eintreten.[1])

Was die graphische Darstellung anbelangt, so erfolgt sie, wie wir gesehen haben, genau so wie bei Mischungen, welche nicht isomorph sind. Die graphische Darstellung bei drei Komponenten wird ebenfalls so, wie früher gezeigt wurde, ausgeführt (vgl. S. 742). Man bedient sich dabei der Projektion auf ein gleichseitiges Dreieck, dessen Ecken die drei reinen, sich mischenden Komponenten darstellen, und die Zusammensetzung eines Punktes im Inneren des Dreiecks wird genau so bestimmbar sein, wie bei nicht isomorphen Verbindungen. Will man die Schmelzpunkte auftragen, so wird man die Raumfigur, wie früher, konstruieren, nur daß hier eutektische Punkte nicht aufzutreten brauchen. Für die Feldspate (Orthoklas, Plagioklas) hat beispielsweise J. H. L. Vogt[2]) eine Darstellung gegeben, welche später bei der Detailbesprechung der Feldspate noch reproduziert werden soll.

Ausführlich wurden die Mischkristalle von J. van Laar[3]) behandelt und auf thermodynamischem Wege eine Gleichung der Schmelzkurve sowohl bei vollkommener Mischbarkeit wie bei beschränkter aufgestellt. Er hat auch gezeigt, daß die Kurve der Schmelzpunkte T_1 und T_2 von den molekularen Schmelzwärmen q_1 und q_2, sowie von den Größen β, β', welche mit den Mischungswärmen in der flüssigen bzw. in der festen Phase in Beziehung stehen, abhängt.

Wenn $\beta' - \beta$ sehr groß ist, d. h. wenn die Mischungswärme in der festen Phase viel größer ist als in der flüssigen, so wird nach J. van Laar beschränkte Mischbarkeit eintreten; wenn $\beta' - \beta$ relativ klein ist, so ergibt sich vollkommene Mischbarkeit und eine kontinuierlich von T_1 nach T_2 (Fig. 96) verlaufende Schmelzkurve $T = f(x)$ für die flüssige Phase mit einer korrespondierenden Kurve $T = f(x')$ für die feste Phase, ohne Eutekikum.

Er geht von der van der Waalschen Zustandsgleichung aus (die aber streng genommen nur für Gase gilt). Für zwei Stoffe 1 u. 2 gelten die Gleichungen:

$$w_1 = q_1 + \alpha_1 x^2 - \alpha_1' x'^2$$
$$w_2 = q_2 + \alpha_2 (1 - x)^2 - \alpha_2' (1 - x')^2,$$

worin q_1 der Wert von w_1 für $x = 0$, und $T = T_1$ (die Schmelzwärme der reinen ersten Komponente bei ihrem Schmelzpunkt T_1) und q_2 der Wert von w_2 für $x = 1$ und $T = T_2$ (die Schmelzwärme der reinen zweiten Komponente bei dem Schmelzpunkte T_2) ist; q_1, q_2 sind die totalen molekularen Schmelzwärmen der Komponenten.

---

[1]) H. W. Bakhuis-Roozeboom, l. c.

[2]) J. H. L. Vogt, Tsch. min. Mitt. **24**, 592 (1905).

[3]) J. van Laar, Ver. k. Ak. v. Wetens., Amsterdam, Januar, Februar, Juni 1903, auch Juli, Nov.-Heft 1903; Arch. Teyler [5] **11** (1904). — Z. phys. Chem. **55**, 436 (1906), **63**, 216 (1907); **64**, 258 (1908).

Die Größen $\alpha_1 x^2$ und $\alpha_1' x'^2$ sind die differentiellen Mischungswärmen der ersten Komponente in der flüssigen, bzw. festen Phase; $\alpha_2 (1-x)^2$ und $\alpha_2' (1-x')^2$ sind die gleichbedeutenden Mischungswärmen der zweiten Komponente. J. van Laar hat den Verlauf der Schmelzkurven bei verschiedenen Werten von α geschildert.

Die Schmelzkurve $T = f(x)$ im Falle einer ungemischten festen Phase wurde von H. W. Bakhuis-Roozeboom eine ideale Schmelzkurve genannt, wenn bei der flüssigen Phase $\alpha_1 = \alpha_2 = 0$ ist (siehe darüber J. van Laar).[1] Man hat dann in der flüssigen Phase keine gegenseitige Beeinflussung der Komponenten und keine Mischungswärme.

H. W. Bakhuis-Roozeboom hat die Bedingungen angegeben, unter welchen eine ideale Schmelzkurve eintritt. Für diese ist die van't Hoffsche Formel $\frac{d\,l\,x}{d\,t} = \frac{Q}{q\,T^2}$ für die ganze Schmelzkurve gültig. Iw. Schröder[2]) hat hervorgehoben, daß der ideale Schmelzvorgang sich bei solchen organischen Stoffen zeigen wird, für welche die Mischungswärme und die Volumänderung im flüssigen Zustand sich Null nähert. (Heterogene Gleichgewichte II, 272.)

R. Nacken hat sich mit den Mischkristallen beschäftigt und insbesondere die Umwandlung der Mischkristalle in Betracht gezogen. Er bestimmt die Umwandlungstemperaturen auf optischem Wege durch Beobachtung der Änderung der Doppelbrechung, sowie auch durch Beobachtung des Abkühlungsvorganges; er nimmt das Temperaturkonzentrations-Diagramm zweier Komponenten auf.[3]) J. H. L. Vogt macht auf die Kristallisationsfolge bei Mischkristallen aufmerksam, bei welcher wir einer auf relativ frühzeitig abgeschlossener Stufe, gelegentlich auch einer zeitlich abgebrochenen Kristallisation begegnen. Abgeschlossene Kristallisation erfolgt nach diesem Autor bei Typus 4, sowie auch im ternären System. F. H. Schreinemakers hat den Fall einer Kombination zweier Mischkristallkomponenten mit einer dritten unabhängigen Komponente besprochen. Derselbe Autor hat auch in J. H. L. Vogts[4]) erwähntem Aufsatz eine Darstellung vom theoretischen Standpunkt gegeben. Als Beispiele abgeschlossener Kristallisation erwähnt J. H. L. Vogt das System Enstatit–Bronzit und die Kristallisation der Spinellide.

Es ist auch von J. H. L. Vogt[5]) die Frage aufgeworfen worden, ob die Mischkristallkomponenten bereits in der Lösung existieren. Es hängt dies jedoch mit der allgemeineren Frage zusammen, ob in der Lösung die verschieden sich ausscheidenden Verbindungen vorhanden sind, was von der elektrolytischen und auch von der thermolytischen Dissoziation abhängig ist (vgl. S. 697).

Zonenstruktur bei Silicaten.

Eine namentlich für die Petrographie wichtige Frage ist die der Zonenstruktur bei Feldspaten, Augiten, Olivinen, die an eingewachsenen Kristallen der Eruptivgesteine zu beobachten ist und deren Vorkommen mit der eben besprochenen Frage der Abscheidung isomorpher Mischkristalle zusammenhängt und durch die physikalische Chemie zu erklären ist.

[1]) J. van Laar, Z. f. phys. Chem. **63**, 222; **64**, 257 (1908).
[2]) Iw. Schröder, Z. f. phys. Chem. **11**, 449 (1893).
[3]) R. Nacken, N. JB. Min. etc. Beil.-Bd. **24**, 1 (1907).
[4]) J. H. L. Vogt, Tsch. min. Mit. **27**, 143 (1908).
[5]) J. H. L. Vogt, Silicatschmelzlösungen, II, l. c.

Mit dieser Frage haben sich beschäftigt R. Brauns,[1]) F. Becke,[2]) während J. H. L. Vogt[3]) wohl der erste war, welcher eine Erklärung auf Grund der physikalischen Chemie versuchte. Ebenso habe ich selbst deren Anwendung versucht. Die richtige Erklärung konnte erst gegeben werden, als experimentelle Untersuchungen, die allerdings zurzeit nicht sehr zahlreiche sind, vorlagen. Solche sind an Feldspaten in meinem Laboratorium von E. Dittler[4]) ausgeführt worden.

Wichtig für das Vorkommen von Zonen in Kristallen ist es, welche Komponente sich bei isomorphen Mischungen zuerst abscheidet, denn sie bildet die Vorbedingung für weitere Schlüsse; es wurde bereits früher erwähnt, daß, falls die Kristallisationsgeschwindigkeit der beiden Komponenten nicht sehr verschieden ist, sich die schwerer schmelzbare Komponente zuerst abscheiden muß.

F. Becke[2]) hat darauf aufmerksam gemacht, daß in den Eruptivgesteinen bei Plagioklasen der Anorthit als die schwerer schmelzbare Komponente sich im Innern der Kristalle als Kern befindet. Dies läßt sich auch theoretisch leicht einsehen; es tritt eine fraktionierte Kristallisation der Mischkristalle ein. Die ausgeschiedenen Mischkristalle müssen bei Typus I an jener Komponente reicher sein, welche den höheren Schmelzpunkt besitzt. Durch öftere Wiederholung des Prozesses der fraktionierten Destillation kann man die Komponenten voneinander, wenn auch nicht ganz trennen. Wenn die Schmelzkurve ein Maximum hat, führt die fraktionierte Destillation zu Mischkristallen, welche die Zusammensetzung des Maximalpunktes haben, während die flüssige Phase mehr der Zusammensetzung einer der reinen Komponenten sich nähert. Bei Stoffen, welche ein Minimum in der Kurve aufweisen, hat die ausgeschiedene feste Phase schließlich die Zusammensetzung einer der reinen Komponenten, während die flüssige Phase zuletzt die Zusammensetzung des Minimalpunktes besitzt.[5])

Die Zonenstruktur der Mischkristalle kommt bei natürlichen Kristallen häufiger vor als bei künstlichen, was wohl damit zusammenhängt, daß die Viscosität lezterer meistens eine größere ist und daß die Bildungszeit ersterer infolge größerer Abkühlungsgeschwindigkeit einen größeren Zeitraum umfaßt. Ist die Geschwindigkeit sehr groß, so haben die zuerst gebildeten Kristalle, die schwerer schmelzbar sind, nicht Zeit, durch Ansatz von leichter schmelzbaren Teilen zu wachsen.

Es können sich isomorphe und isodimorphe Kristalle bilden. An künstlichen Kristallen wurde Zonenstruktur bei Spinellen von J. H. L. Vogt, an Olivinen von H. H. Reiter beobachtet, wobei die leichter schmelzbare Komponente die äußere Schicht bildet. Bei natürlichen Kristallen beobachtet man ebenfalls immer, daß die schwerer schmelzbare Komponente sich zuerst bildet, wobei diese schwerer schmelzbare Komponente aber auch größere Kristallisationsgeschwindigkeit besitzt.

Man kann sich jedoch auch denken, daß eine Umkehrung der Reihenfolge der Abscheidung eintreten würde, wenn die Unterschiede der Kristalli-

---

[1]) R. Brauns, Tsch. min. Mit. **17**, 487 (1898).
[2]) F. Becke, Tsch. min. Mit. **17**, 97 (1898).
[3]) J. H. L. Vogt, Silicatschmelzlösungen II; Tsch. min. Mit. **24**, 483 (1904).
[4]) E. Dittler, Tsch. min. Mit. **29**, 237 (1910).
[5]) B. Findlay, Einführung in die Phasenlehre, (Leipzig 1907), 117.

sationsgeschwindigkeit sehr groß wären, so daß die eine Komponente eine sehr kleine, die andere eine sehr große Kristallisationsgeschwindigkeit haben würde.

Für die Theorie der zonenförmig gebauten isomorphen Mischkristalle ist eine Abhandlung von J. van Laar,[1]) „Über die Schmelz- oder Erstarrungskurven bei binären Systemen, wenn die feste Phase ein Gemisch der beiden Komponenten ist", besonders wichtig, wobei vor allem Typus I für uns in Betracht kommt.

Betrachten wir den aus den Versuchen sich ergebenden Verlauf der Erstarrungskurve, so wird der Wert *cd* (Fig. 97) maßgebend sein für die Verschiedenheit der sich vom Anfange bis zum Ende ausscheidenden Misch-

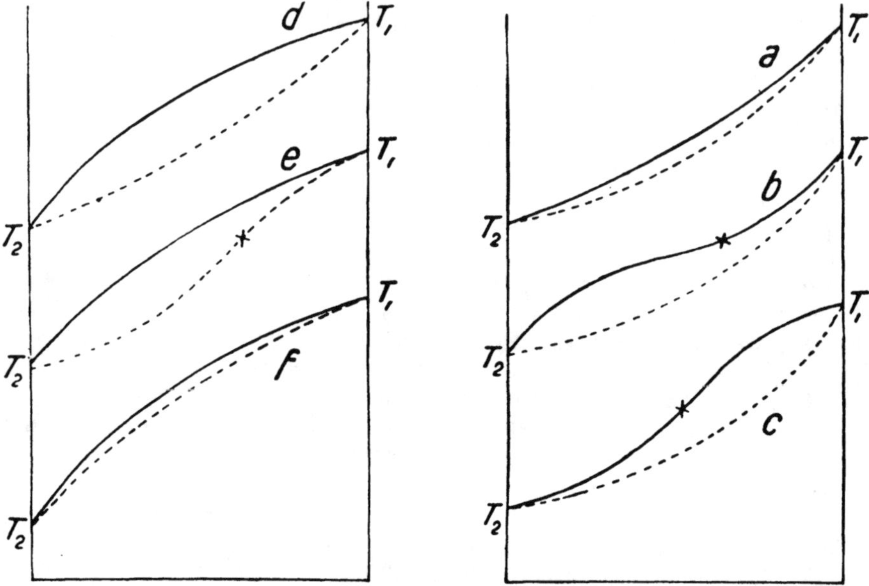

Fig. 96. Mischkristallschmelzkurven nach J. van Laar.

kristalle; wenn der Wert *cd* sehr klein ist, so werden sich auch keine Zonenkristalle bilden können, weil die Erstarrung homogen oder fast homogen ist. Ist aber *cd* größer, so können sich Zonenkristalle bilden. J. van Laar[1]) geht von den für die ideale Schmelzkurve geltenden Relationen:

$$\frac{q_1}{T} = \frac{q_1}{T_1} - R \log \frac{1-x}{1-x'}$$

und

$$\frac{q_2}{T} = \frac{q_2}{T_2} - R \log \frac{x}{x'}$$

aus und setzt die nicht immer erfüllte Bedingung voraus, daß zwischen den molekularen Schmelzwärmen q_1 und q_2 und den Schmelzpunkten T_1 und T_2 Proportionalität herrscht, nämlich

$$\frac{q_1}{T_1} = \frac{q_2}{T_2}.$$

[1]) J. van Laar, Z. f. phys. Chem. **64**, 257 (1908); vgl. auch ibid. **55**, 436 (1906); **63**, 216 (1908).

Es lassen sich nun aus den experimentellen Daten für Schmelzpunkte, Schmelzwärmen, die Daten für x und x_1 berechnen.

Bei ununterbrochener Mischungsreihe hatten wir bei den Silicaten fast ausschließlich Typus 1. J. van Laar hat nun die verschiedenen Formen der idealen Schmelzkurven, wenn α und α' Null sind, theoretisch ermittelt und gelangt zu dem Schlusse, daß es sechs verschiedene Kurven geben kann (Fig. 96).

Von den verschiedenen Werten der Schmelzpunkte und der molekularen Schmelzwärmen q_1 und q_2 hängt es ab, welche Gestalt die Kurven haben.

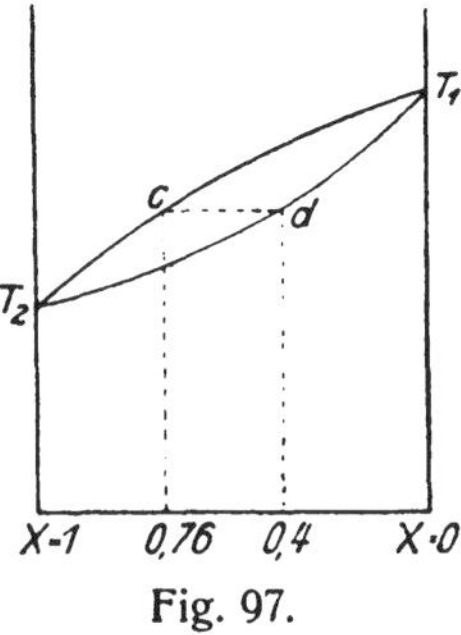

Fig. 97.

Der Wert von cd (Fig. 97) bzw. die Weite der Schlinge hängt nach J. van Laar[1]) von den Werten von T_1 und T_2, q_1 und q_2 ab.

Wenn $\frac{q_1}{T_1}$ und $\frac{T_1 - T_2}{T_1}$ geringe Werte sind, so wird

$$x' = \frac{T_1 - T}{T_1 - T_2}\left(1 - \tfrac{1}{2}\frac{q_1}{R T_1} \cdot \frac{T - T_2}{T}\right),$$

$$x = x'\left(1 + \frac{q_1}{R T_1} \cdot \frac{T - T_2}{T}\right),$$

dann sind die Kurven $T = f(x')$ und $T = f(x)$ fast gerade Linien von T_1 nach T_2 (Fig. 97). (x und x' sind die Konzentrationen der festen Lösungen für die flüssige und die feste Phase.)

Isodimorphe Mischungen.

Etwas verschieden ist die Zonenstruktur bei isodimorphen Mischungen, wie sie bei Feldspaten vorkommt, indem hier die beiden Komponenten sich zum Teil gesondert ausscheiden, wie dies bei den Plagioklasen und Orthoklas der Fall ist. E. Dittler hat Schichtkristalle experimentell hergestellt. Auch hier besteht die innere Schicht aus der schwerer schmelzbaren Komponente, wie bei isomorphen Mischkristallen. Unter dem Kristallisationsmikroskop kann man ja beobachten, daß der Kristall in der Schmelze wie in einer Lösung weiter wächst. Ist zum Schlusse die Lösung eine andere, wie im Anfange, so wird sich ein Schichtkristall bilden. Bei isodimorphen Mischungen treten Typus 4 u. 5 auf.

Ein Schichtkristall kann aber auch durch eine andere Art von Lösungsveränderung zustande kommen, durch Zusatz einer weiteren Komponente. Ich habe die Beobachtung gemacht, daß, wenn man Augit oder Olivin mit Feldspat zusammen mengt, sich bei letzterem Zonenkristalle aus der Schmelze bilden; die Erklärung liegt darin, daß hier der Feldspat aus dem Augit oder dem Olivin kleine Mengen von Ca (vielleicht auch von Mg) aufnimmt und dadurch die ursprüngliche Zusammensetzung sich ändert.

Abkühlungsgeschwindigkeit. — Was nun die theoretische Behandlung der Frage anbelangt, nämlich, wodurch die Änderung der Zusammensetzung der festen Lösung bedingt ist, so wird diese Änderung von der der flüssigen Lösung abhängen. Bei der Abscheidung bzw. Umwandlung der Mischkristalle, sowohl der natürlichen aus Eruptivgesteinen sich bildenden, als auch der aus künstlichen

[1]) J. van Laar, Z. f. phys. Chem. 55, 439 (1906).

Schmelzen ausgeschiedenen, ist die Abkühlungsgeschwindigkeit von großer Bedeutung. Ich habe schon zu Beginn meiner Arbeiten über Silicatschmelzen vor vielen Jahren auf die Wichtigkeit der Abkühlungsgeschwindigkeit bei der Ausscheidung der Silicate im Schmelzflusse, auch auf die Ausscheidungsfolge der Komponenten aufmerksam gemacht. Speziell für die Mischkristalle hat W. Reinders[1]) die Theorie der Erstarrung im Falle rascher und langsamer Abkühlung erörtert. In letzterem Falle sind dann die zuerst gebildeten Kristalle nicht im Gleichgewichte mit der geänderten Schmelze; auch sie werden ihre Zusammensetzung ändern. Bei der Minimaltemperatur (Typ. 3) ist alles zu homogenen Mischkristallen erstarrt. J. H. L. Vogt[2]) macht darauf aufmerksam, daß die Zonenstruktur in den verschiedenen zu demselben Kristallsysteme gehörigen gesteinsbildenden Mineralien, wie auch die erste und zweite sogenannte Generation der Plagioklase mehr ausgeprägt ist bei den Erguß- und Ganggesteinen, als bei den Tiefengesteinen, was sich durch die verschiedene Abkühlungsart erklärt. Bei den Tiefengesteinen ist die Erstarrung so langsam, daß sich der ausscheidende Mischkristall in vielen Fällen mit der Lösung in kontinuierlichem Gleichgewichte halten konnte; dagegen scheiden sich aus rasch abgekühlten Gesteinen bei sinkender Temperatur Mischkristalle von verschiedener Zusammensetzung ab. Die Erscheinung, daß man häufig keinem schrittweisen Übergang zwischen den sich folgenden Schichten, sondern mehr einem Sprung von der einen Zone zur anderen Zone begegnet, erklärt J. H. L. Vogt dadurch, daß der sich abscheidende Mischkristall, wegen der relativ schnelleren Abkühlung, nur innerhalb gewisser Intervalle sich mit der Lösung im Gleichgewichte halten konnte, was von der Zeit, aber auch von der Verbindung abhängen soll.

Ferner macht J. H. L. Vogt darauf aufmerksam, daß ausgeprägte Zonenstruktur ein Beweis für den Beginn der Kristallisation bei relativ geringer Übersättigung ist.

Mischkristalle künstlicher Silicate.

Wir wollen nun das vorhandene Material besprechen und auch hier zuerst die künstlichen Schmelzen, dann die Mineralien schildern.

Das System Na_2SiO_3—Li_2SiO_3 hat R. Wallace[3]) untersucht und gefunden, daß diese Verbindungen im kristallisierten Zustande vollkommen mischbar sind; das Minimum (nach Typus 4) liegt bei 45 % Li_2SiO_3.

R. Wallace untersuchte Mischungen von $CaSiO_3$ und Na_2SiO_3, wobei er zwei Eutektika fand. Zwischen 70 und 80 % $CaSiO_3$ existiert eine Mischungslücke, es bilden sich zwei Reihen von Mischkristallen. Leider fehlen genauere optische Untersuchungen zur Bestimmung des Kristallsystems der erhaltenen Mischkristalle, doch fand R. Wallace, daß zwischen 85 % und 100 % $CaSiO_3$ (in Gewichtsmengen) sich Prismen ähnlich der α-Form des Calciumsilicats bildeten.

N. V. Kultascheff[4]) untersuchte ebenfalls Mischungen von Na_2SiO_3 mit $CaSiO_3$, seine Resultate weichen von den eben erwähnten etwas ab.

Die Mischungen $MgSiO_3$ mit Li_2SiO_3 zeigen nach R. Wallace eine Lücke

[1]) W. Reinders, Z. f. phys. Chem. **32**, 499 (1900).
[2]) J. H. L. Vogt, Tsch. min. Mit. **24**, 446 (1905).
[3]) R. Wallace, Z. anorg. Chem. **63**, 3 (1909).
[4]) N. V. Kultascheff, Z. anorg. Chem. **35**, 187 (1903).

zwischen 50—75% $MgSiO_3$ und haben ein bei 876° schmelzendes Eutektikum, das 55 Gewichtsprozente $MgSiO_3$ enthält.

Strontiummetasilicat ist mit Na_2SiO_3 vollständig mischbar (Typus 3), mit Lithiumsilicat ergibt sich nach R. Wallace eine große Mischungslücke von 22—92% $SrSiO_3$. Das Eutektikum enthält 60% $SrSiO_3$ und erstarrt bei 1000°. Auch K_2SiO_3 und Li_2SiO_3 mischen sich; Kristalle werden jedoch zwischen 0 und 50% Lithiumsilicat nicht erhalten, sondern nur Glas.

Die Mischbarkeit von Lithiumsilicat mit Calciummetasilicat ist nach R. Wallace keine vollständige, es existiert eine Lücke zwischen 25 und 84% $CaSiO_3$. Es kommt ein Eutektikum bei 50% $CaSiO_3$ (in Gewichtsmengen) vor, welches bei 979° erstarrt (Typus 5).

Er stellte auch Mischungen von $BaSiO_3$ und Na_2SiO_3 dar, welche Verbindungen vollkommen mischbar sind und bei einem Gehalte von 40% $BaSiO_3$ ein Minimum zeigen. Ebenso stellte er Mischungen von $BaSiO_3$ und Li_2SiO_3 dar, welche eine Mischungslücke zwischen 35 und 92% Bariumsilicatgehalt besitzen und ein bei 880° schmelzendes Eutektikum zeigen, welches die Zusammensetzung 78 $BaSiO_3$ (in Gewichtsprozenten) aufweist.

H. S. van Klooster[1]) untersuchte die Mischungen von $ZnSiO_3$ mit $CdSiO_3$; es existiert nach ihm eine Lücke und eine isomorphe Mischungsreihe mit Minimum (Typus 3); jedoch fehlen die optischen Untersuchungen, um dies sicherzustellen.

Bei Mischungen von Li_2SiO_3 und $ZnSiO_3$ ergab sich Mischbarkeit im kristallisierten Zustande zwischen 71 und 7% Li_2SiO_3, mit einem Eutektikum bei 52% Li_2SiO_3 und einer Schmelztemperatur von 990°. Da der thermische Effekt klein war, so sind die genannten Zahlen unsicher. Das Zinksilicat kristallisiert hexagonal.

A. S. Ginsberg[2]) fand, daß $MnSiO_3$ mit $CaSiO_3$ eine ununterbrochene Mischungsreihe bildet wie isomorphe Körper; da aber erstere Verbindung triklin, die zweite monoklin kristallisiert, so wäre eher Isodimorphie anzunehmen. Die Schmelzkurve ähnelt dem Typus 3, jedoch läßt die unvollständige Untersuchung auch Typus 5 zu.

Mischkristalle natürlicher Silicate.

Wir wollen uns jetzt mit den in der Natur vorkommenden Silicaten beschäftigen.

J. H. L. Vogt[3]) hat eine allgemeine Übersicht von Mineralkombinationen, die Mischkristalle bilden, gegeben, welche jedoch nicht ausschließlich auf experimenteller Grundlage, sondern z. T. auch auf den Analysenresultaten beruht.

Zu Typus 1 gehören:

$Mg_2SiO_4 : Fe_2SiO_4$,
$CaMgSi_2O_6 : CaFeSi_2O_6$,
$CaMgSi_2O_6 : NaFeSi_2O_6$,
$MgSiO_3 : FeSiO_3$,
$CaAl_2Si_2O_8 : NaAlSi_3O_8$,
Akermanit : Gehlenit.

[1]) H. S. van Klooster, Z. anorg. Chem. **69**, 135 (1910).
[2]) A. S. Ginsberg, Z. anorg. Chem. **59**, 746 (1908).
[3]) J. H. L. Vogt, Tsch. min. Mit. **24**, 542 (1905).

Zu Typus 4 gehören:

$CaMgSi_2O_6 : MgSiO_3$,
$CaFeSi_2O_6 : CaSiO_3$.

Zu Typus 5 gehören:

$CaMgSi_2O_6 : CaSiO_3$,
$CaFeSi_2O_6 : FeSiO_3$,
$MnSiO_3 : FeSiO_3$,
$KAlSi_3O_8 : NaAlSi_3O_8$,
$KAlSi_3O_8 : CaAl_2Si_2O_8$.

Hierher gehören auch die Mischkristalle der Spinellreihe, nämlich $FeAl_2O_4$, $MgFe_2O_4$, $MgAl_2O_4$ und $FeFe_2O_4$. Diese Reihe wurde ebenfalls von J. H. L. Vogt studiert. Sie gehört entweder zu Typus 4 oder zu Typus 5; da es sich jedoch hier nicht um Silicate handelt, soll hier nicht weiter darauf eingegangen werden.

Feldspate.

Hier haben wir zu unterscheiden die isomorphen triklinen Plagioklase und die isodimorphen Mischungen: Orthoklas und Plagioklas. Aus den Experimentaluntersuchungen geht hervor, daß die triklinen Plagioklase dem Typus 1 angehören (vgl. S. 772). Unsicher ist jedoch, wie sich die Mischkristalle bei der Erstarrung ausscheiden, und wie weit sie sich von der homogenen Erstarrung entfernen.

J. H. L. Vogt ist der Ansicht, daß der Unterschied der Erstarrungskurven ein sehr großer ist und daher die häufige zonare Erstarrung herrührt. Die Kurve des zuerst kristallisierenden Silicats zwischen 100 An : 0 Ab und 30 An : 70 Ab würde ziemlich genau nach dem Schema (Fig. 97) verlaufen, welches jedoch mit den Arbeiten von A. Day und E. T. Allen[1]) im Widerspruch steht.

J. van Laar[2]) hat in einer allgemeinen theoretischen Betrachtung der Schmelzkurven bzw. Erstarrungskurven bei binären Systemen, wenn die feste Phase ein Gemenge (amorphe feste Phase oder Mischkristalle) der beiden Komponenten ist, auch die Ausscheidung der Feldspate in Betracht gezogen. In der Fig. 97 ist die Größe von cd maßgebend, also die Weite der Schlinge. A. Day und E. T. Allen fanden für die Plagioklase zwei fast zusammenfallende gerade Linien, was mit der von J. van Laar entwickelten Theorie nicht stimmt.

Bedingung für den fast geradlinigen Verlauf der Kurven ist, daß

$$\frac{q_1}{T_1} \text{ nahezu } = \frac{q_2}{T_2}$$

und daß

$$\frac{q_1}{T_1} \text{ sowie } \frac{T_1 - T_2}{T_1}$$

sehr klein sind. Wenn für T_1, T_2 die Werte 1800 und 1500, für q_1 der Wert von 400 eingesetzt wird, so ist

$$x = x_1 \left(1 + \frac{1}{9} \frac{T_1 - T_2}{T}\right)$$

---

[1]) A. Day u. E. T. Allen, Z. f. phys. Chem. **54**, 1 (1906).
[2]) J. van Laar, l. c. vgl. S. 776.

J. van Laar[1]) schließt daraus, daß die Schmelzkurve z. B. der flüssigen Phase nicht kontinuierlich in fast gerader Richtung steigen kann, wenn $x = x'$ ist (wobei die beiden Schmelzkurven $T = f(x)$, $T = f(x')$ für die feste und die flüssige Phase sind). Er hat die Bedingungen studiert, welche erfüllt sein müssen, damit die beiden Kurven $T = f(x)$ und $T = f(x')$ nahezu geradlinig zusammenfallen; bei großem Werte q wäre dies unmöglich. Er glaubt daher, daß bei den Feldspaten eine deutlich geöffnete Schlinge, wie sie zuerst J. H. L. Vogt[2]) annahm, vorhanden sein müßte; bei Annahme meiner Schmelzpunkte würde die Kurve in der Mitte der beiden, jener von A. Day und von J. H. L. Vogt liegen. Aus den Betrachtungen von J. van Laar geht also hervor, daß die Schmelzpunktsunterschiede von Albit und von Anorthit nicht so groß sein können, wie sie von A. Day und von E. T. Allen[3]) angenommen werden. Nach diesen Autoren beträgt der Unterschied 320°, während er nach meinen Bestimmungen[4]) nur ungefähr die Hälfte betragen würde, es spricht übrigens gerade das häufige Vorkommen von Zonenstruktur für eine weiter geöffnete Schlinge und daher für geringeren Unterschied der Schmelzpunkte.

J. van Laar berechnet aus seinen Formeln bei ununterbrochener Mischungsreihe, wenn $\alpha = 0$ ist, unter der Voraussetzung, daß

$$\frac{q_1}{T_1} = \frac{q_2}{T_2}$$

für x den Wert von 0,4, für x' den Wert von 0,76 (Fig. 97); aus meinen Angaben ergibt sich der Wert von $x = 0,4$. Die von A. Day und E. T. Allen gefundenen Werte wären nur unter der Annahme richtig, daß q einen Wert von 400 bis 500 g-cal. haben würde statt fast 30000! (Fig. 97).

E. Dittler[5]) hat die Kurve experimentell bis zum Andesin verfolgt und gefunden, daß von Anorthit ausgehend die beiden Kurven sich anfangs fast decken, dann aber sich bei $x = 0,3$ die Schlinge bedeutend zu erweitern beginnt; es würde dies ungefähr der Fig. 98 entsprechen.

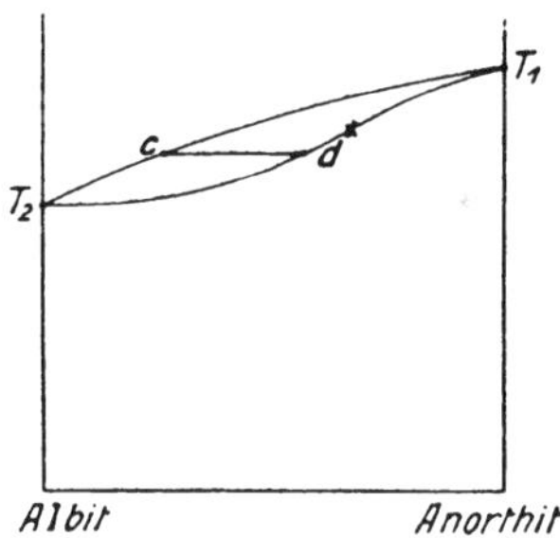

Fig. 98. Mischkristalle Albit und Anorthit nach J. van Laar.

Was die Zonenstruktur bei Plagioklasen anbelangt, so ist in den Eruptivgesteinen der Kern immer kalkreicher als die Hülle, bei Schiefergesteinen kann auch der umgekehrte Fall vorkommen. In der Natur ist es jedoch, wie R. Brauns[6]) hervorhebt, auch denkbar, daß noch andere Faktoren, namentlich Temperatur- wohl auch Druckschwankungen einen Einfluß haben könnten, insbesondere dort, wo unregelmäßig wechselnde Reihenfolge auftritt; sonst sind aber solche Einflüsse ohne Bedeutung.

Mischungen zwischen Orthoklas und Plagioklas. — Weit schwieriger stellt sich die Sache dar für das System Kalifeldspat und Kalkfeldspat, deren Mischungsreihe stark unterbrochen ist; dann existieren in der Natur die ganz reinen Verbindungen überhaupt nicht. Die Lücke ist sehr groß. Man kann

[1]) J. van Laar, Z. phys. Chem. **64**, 259 (1908).
[2]) J. H. L. Vogt, Silicatschmelzen II.
[3]) A. Day u. E. T. Allen, Z. phys. Chem. **54**, 1 (1906).
[4]) C. Doelter, Sitzber. Wiener Ak. **114**, 723 (1906).
[5]) E. Dittler, Tsch. min. Mit. **29**, 237 (1910).
[6]) R. Brauns, Tsch. min. Mit. **17**, 487 (1898).

bei den Untersuchungen entweder experimentell vorgehen oder in Ermangelung dessen auch nach der Methode von J. H. L. Vogt,[1]) indem man die natürlichen Vorkommen untersucht.

Was die Mischungen von Kalifeldspat mit Natronfeldspat anbelangt, so ist ihre Mischung in den natürlichen Vorkommen, den Sanidinen, bekannt, in welchen der Kalifeldspat überwiegt. Aber auch kalihaltiger Natronfeldspat kommt vor. Vogt[2]) hat die binären Mischungen von Kalifeldspat und Natronfeldspat auf Grund der natürlichen Vorkommen betrachtet und weist sie dem Typus 5 zu. Sie bilden ein Eutektikum, welches in der Natur als Anorthoklas bekannt ist, den auch W. C. Brögger[3]) als innige Verwachsung von Albit und Orthoklas auffaßt, wie auch den Kryptoperthit.

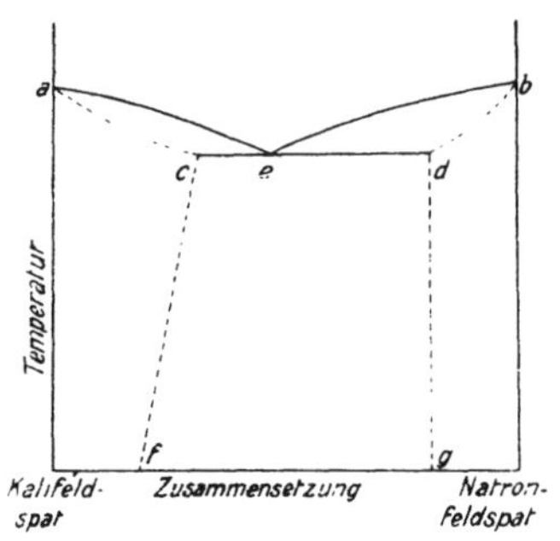

Fig. 99. Mischkristalle von Orthoklas u. Plagioklas nach J. H. L. Vogt.

Nach Vogt liegt das Eutektikum bei 42 Kalifeldspat, 58 Natronfeldspat.

Die Grenzen der Mischbarkeit zwischen beiden Verbindungen werden von Vogt mit 5,3 bis 4 Natronfeldspat zu 10 bis 12 Kaliumfeldspat berechnet oder für die kalireichen Mischungen zu 28 : 72, während für die anderen die Grenze bei 12 % Kalifeldspat zu 88 Natronfeldspat liegen würden. Im Natronorthoklas ist nach J. H. L. Vogt häufig das Verhältnis von Orthoklas zu Albit = 40 zu 60, also der eutektischen Mischung entsprechend. Fig. 99 gibt die graphische Darstellung nach Vogt.

Eine experimentelle Prüfung der Resultate Vogts steht noch aus. Sie wäre unbedingt notwendig zur Prüfung des Diagramms, ist aber mit einigen Schwierigkeiten verknüpft, weil sowohl Orthoklas als auch Albit aus ihren Schmelzen nicht zur Abscheidung kommen.

Eine, wenn auch nicht vollständige Kontrolle, könnte aber durch die Bestimmung des Schmelzpunktes des Anorthoklases und der übrigen, in der Natur vorkommenden Mischkristalle durchgeführt werden und es soll eine solche demnächst von mir ausgeführt werden.

System Kalifeldspat—Kalkfeldspat. Hier liegen experimentelle Versuche vor. Was die Berechnungen anbelangt, so hat J. H. L. Vogt[4]) für die Mischungen von Albit mit etwas Anorthit und Kaliumfeldspat folgende Verhältnisse aus den Analysen berechnet:

Orthoklas mit Maximum von Plagioklas (Albit + Anorthit) = 72 : 28.

Plagioklas (Albit + Anorthit) mit Maximum von Orthoklas = 88 : 12.

Die eutektische Grenze Orthoklas zu Albit (plus Anorthit) = 42 : 58. Der eutektische Punkt zwischen Orthoklas und Albit liegt ziemlich genau zwischen den obengenannten Verhältnissen.

Gerade die kalihaltigen Anorthite sind durch Zonenstruktur ausgezeichnet; es ist daher wahrscheinlich, daß auch $CaAl_2Si_2O_8$ dimorph ist und daß in

[1]) J. H. L. Vogt, l. c. 185.
[2]) J. H. L. Vogt, Tsch. min. Mit. **24**, 535 (1905).
[3]) W. C. Brögger, Z. Krist. **16**, 524 (1890).
[4]) J. Vogt, Tsch. min. Mit. **24**, 583 (1905).

den Orthoklasen eine monokline Verbindung von dieser Zusammensetzung existiert. Dies ist neuerdings durch F. Gonnard wahrscheinlich gemacht worden. Weniger wahrscheinlich ist die Hypothese von A. Schwantke,[1] welcher sich mit der Beimengung von Calcium in Kalifeldspat befaßt hat und annimmt, daß ein Silicat $CaAl_2Si_6O_{16}$ existiert, welches analog wie der Kalifeldspat gebildet ist; es würde das Calcium also durch isomorphe Beimengung dieses Silicates zu dem Silicat des Orthoklases entstehen. Die Existenz dieses Silicates wurde von mir vor längerer Zeit experimentell geprüft,[2] doch gelang es niemals, im Schmelzflusse dieses Silicat $CaAl_2Si_6O_{16}$ kristallisiert zu erhalten, sondern es bildete sich immer Anorthit und Glas.

Die Frage der Mischung zwischen Kali- und Kalkfeldspaten dürfte durch die Untersuchungen, welche E. Dittler in meinem Laboratorium ausgeführt hat, gelöst sein, nachdem ich schon früher durch Vorversuche Mischungen von Orthoklas mit Anorthit ausgeführt hatte. E. Dittler[3] stellte eine Reihe von Mischkristallen her, zwischen Anorthit und kleineren Mengen von Orthoklas, wobei sich zeigte, daß die Anwesenheit des letzteren die zonare Ausbildung des Kalkfeldspates begünstigte, denn orthoklasfreie Feldspate zeigten keine Zonenstruktur. Die kalkärmeren Feldspate zeigen am allermeisten den Einfluß auf die Zonenstruktur bei Zusatz von Kalifeldspat. Wenn sehr viel Kalknatronfeldspat und sehr wenig Kalifeldspat vorhanden sind, so zeigen die ersteren Zonenstruktur. Die Mischbarkeit der drei Feldspatverbindungen wächst mit dem Natriumgehalte.

E. Dittler schätzt die Menge des Kaliumfeldspates, welche die calciumreichen Endglieder der Plagioklasreihe aufnehmen können, auf ca. 10—15 %. Wenn der Kaliumfeldspatgehalt diese Grenze überschreitet, so sondern sich beide Komponenten ab.

Bei der Herstellung künstlicher Andesine von der Zusammensetzung $An_1\,Ab_1$ ergab sich zunächst das unerwartete Resultat, daß oligoklasähnliche Feldspate aus dem Schmelzflusse auskristallisierten, welche bei Zusatz von Kaliumfeldspat weniger gut ausgeprägte Zonenstruktur annahmen, weil hier offenbar die Mischfähigkeit eine größere geworden war. Künstlich hergestellte Celsiane ($BaAl_2Si_2O_8$) gaben bei Orthoklaszusatz keine gut ausgebildeten Kristalle, in ganz kleinen Mengen zur Celsianmischung zugesetzt, ergab sich wie beim Anorthit Zonenbildung.

Im allgemeinen entsprechen also die Mischkristalle von Kalifeldspat und Kalkfeldspat dem Typus 5 der Roozeboomschen Diagramme und nach der Darstellung von J. van Laar, 25a seiner Zeichnung.

J. H. L. Vogt[4] hat das ternäre System Kalifeldspat, Natronfeldspat, Kalkfeldspat erörtert; er kommt zu folgenden Schlüssen: Bei ganz überwiegendem Orthoklas kristallisiert nur dieser aus, bei relativ viel dieser Komponenten neben Ab + An wird sich zuerst die erstere, dann die zweite Komponente ausscheiden. Bei gewissen intermediären Mischungen scheidet sich das Eutektikum aus. Überwiegt der Plagioklas, so ist die Kristallisationsfolge: Plagioklas, dann Orthoklas; wiegt ersterer ganz vor, kristallisiert nur Plagioklas.

---

[1] A. Schwantke, ZB. f. Min. 1909, 310.
[2] C. Doelter, N. JB. Min. etc. 1890^I, 118.
[3] E. Dittler, Tsch. min. Mit. **29**, 330 (1910).
[4] J. H. L. Vogt, Tsch. min. Mit. **24**, 518 (1905).

Vogt hat in einer Dreiecksprojektion die Verhältnisse für die natürliche Feldspate dargestellt, und zwar auf Grund der erwähnten Analysenmethode, wobei jedoch nur Feldspate mit einem Maximalgehalte von 10% Kalkfeldspat in Betracht kommen, so daß der restliche Teil der Mischungen, da solche in der Natur nicht vorkommen, nicht eingezeichnet werden kann.

Olivin.

Bei den natürlichen Olivinen handelt es sich zunächst um die Mischung Mg_2SiO_4 mit Fe_2SiO_4. Dabei fällt auf, daß bei den natürlichen Olivinen die Mischbarkeit jedenfalls eine beschränkte ist, da keiner einen höheren Gehalt von Eisenoxydul enthält als 13%, daher läßt sich die Mischbarkeitskurve aus den natürlichen Olivinen nicht konstruieren, sondern nur ein kleiner Teil derselben, der allerdings vermuten läßt, daß hier der Typus 1 vorliegt.[1] V. Pöschl[2]) hat die Frage experimentell behandelt, es gelang ihm jedoch nicht, die ganz eisenreichen herzustellen, da er nur bis ca. 30 Gehalt an Eisenoxydul kam, entsprechend einer Zusammensetzung von 60 Magnesiumsilicat mit 40 Eisenoxydulsilicat. Die Versuche gelangen wegen der leichten Oxydation des Eisenoxyduls nicht. Die intermediären Mischungen, soweit sie hergestellt sind, liegen stark unter dem Schmelzpunkte der höher schmelzenden Komponente. Es ist daher auch nicht sicher, ob eine ununterbrochene Mischungsreihe vorliegt.

Was die Zonenstruktion anbelangt, so ist sie selten, doch werden einzelne Fälle von F. Becke,[3] M. Stark[4] und A. Sigmund[5] erwähnt, wobei sich stets das leichter schmelzbare Eisensilicat in der äußeren Hülle anreichert.

Wahrscheinlich ist es, daß diese Mischreihe dem Typus 1 entspricht, doch nähert sie sich andererseits einigermaßen dem Typus 3.

Die Reihe Ca_2SiO_4, Mg_2SiO_4, die ebenfalls V. Pöschl[6] untersuchte, ist ähnlich dem Typus 5, es tritt ein Eutektikum auf und gesonderte Erstarrung zweier verschiedener Kristallarten. Die Mischfähigkeit scheint keine sehr große zu sein.

Immerhin scheinen vom reinen Magnesiumsilicat ausgehend bis zu der Mischung, welche 5% enthält, noch homogene Ausscheidungen möglich. Falls man Typus 5 annimmt, so würde der eutektische Punkt bei 60% Magnesiumsilicat liegen, jedoch ist auch eine gewisse Annäherung an Typus 3 vorhanden, auch ist es nicht ausgeschlossen, daß die noch homogene Mischung: 50% Magnesiumsilicat zu 50% Calciumsilicat ein Doppelsalz ist, welches wir ja in der Natur als Monticellit kennen. Die Verhältnisse sind also noch nicht ganz geklärt. Jedenfalls fällt der natürliche Monticellit nicht zusammen mit der künstlichen eben erwähnten Mischung von derselben Zusammensetzung 50% Calciumsilicat, 50% Magnesiumsilicat, da das natürliche Vorkommen einen viel höheren Schmelzpunkt hat als die künstliche Mischung. Auch sind

[1]) C. Doelter, Sitzber. Wiener Ak. **115**, 1340 (1906). — J. H. L. Vogt, Tsch. min. Mit. **24**, 482 (1905).
[2]) V. Pöschl, Tsch. min. Mit. **26**, 413 (1907).
[3]) F. Becke, Tsch. min. Mit. **17**, 97 (1898).
[4]) M. Stark, Tsch. min. Mit. **23**, 485 (1904).
[5]) A. Sigmund, Tsch. min. Min. **16**, 353 (1897).
[6]) V. Pöschl, l. c. 432.

die Schmelzpunkte der künstlichen Mischungen untereinander nur wenig verschieden. Eine Lücke in der Mischungsreihe liegt jedenfalls zwischen 50 % und 20 % Magnesiumsilicat.

Pyroxengruppe.

Am einfachsten scheinen die Verhältnisse bei der isomorphen Diopsid-Hedenbergitgruppe zu liegen; diese wurde von V. Pöschl untersucht; die Schmelzkurve ist eine stark gekrümmte, die aber dem Typus 1 der ununterbrochenen Mischungsreihe entspricht. V. Pöschl schließt aus seinen Versuchen, daß die Unterschiede in der Zusammensetzung der bei der Erstarrung zuerst gebildeten und den zuletzt gebildeten Kristallen nur geringfügige sind, es haben sich auch keine Zonen gebildet; man kann hier den Schluß ziehen, daß die Kurven nur eine wenig geöffnete Schlinge zeigen.

Mischungen von Diopsid-Enstatit ($CaMgSi_2O_6$—$MgSiO_3$). — Nach J. Vogt entspricht diese Reihe dem Typus 4 von H. W. Bakhuis-Roozeboom. Da wir es ja hier mit isodimorphen Mischungen zu tun haben, so kann eigentlich nur Typus 4 oder Typus 5 vorliegen; die Komponenten erstarren getrennt und die Erstarrung ist eine inhomogene. O. Hofman[1]) stellte für ähnliche Mischungen mit Fe Typus 5 auf. J. H. L. Vogt[2]) hat auch darauf aufmerksam gemacht, daß Enstatit nur wenig Ca aufnehmen kann, nämlich im Maximum 17 % $CaMgSi_2O_6$. J. Morozewicz stellte einen Enstatit dar mit 0,055 Ca zu 0,945 Mg.

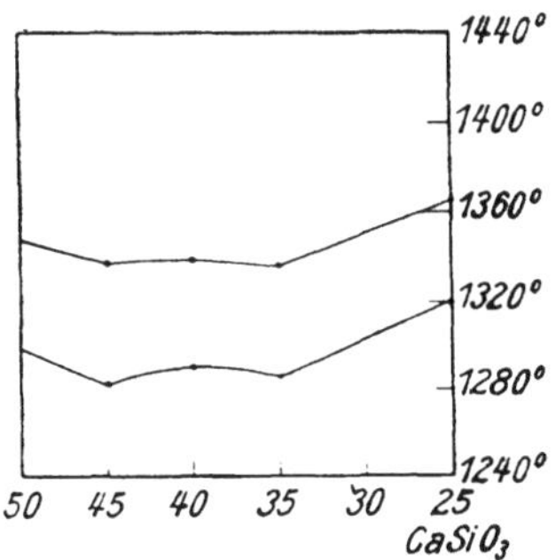

Fig. 100a. Mischkristalle von $CaSiO_3$ und von $MgSiO_3$ nach G. Zinke.

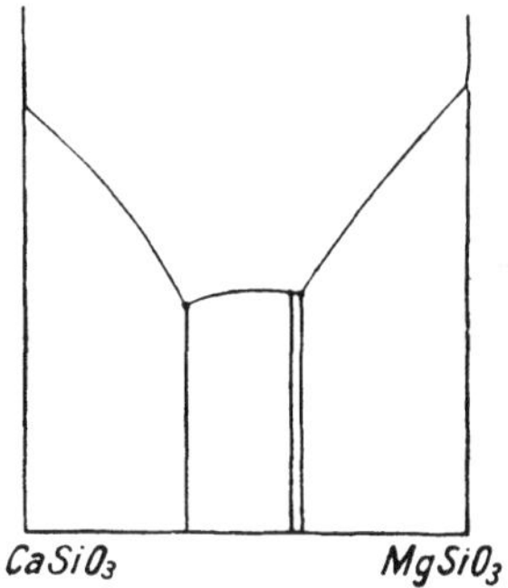

Fig. 100b. System $CaSiO_3$—$MgSiO_3$ nach den Daten von E. T. Allen u. W. White. Zusammengestellt von C. Doelter.

Das System $CaMgSi_2O_6$—$MgSiO_3$ wurde von V. Pöschl[3]) untersucht. Bei einem Gehalte von 75 Diopsid (in Molekularprozenten) erhielt er Kristalle von Diopsid und Enstatit gesondert, ebenso bei 60 %; im ganzen ist daher die Mischbarkeit keine geringe. Während J. H. L. Vogt die Menge von Diopsid, die das Magnesiumsilicat aufnehmen kann, auf nur 12—15 % schätzte, schied sich bei den Versuchen von V. Pöschl bei der Mischung mit 25 % Diopsidgehalt nur wenig Diopsid aus, bei 60 % Diopsid dagegen wenig Enstatit.

Eine ganz homogene Erstarrung erhielt übrigens V. Pöschl nie; das Eutektikum liegt bei dem Verhältnisse 52:48 % Enstatit. V. Pöschl entscheidet sich für den Typus 5.

[1]) O. Hofman, Trans. amer. Inst. Min. Eng. 1899. — J. H. L. Vogt, l. c. II, 82.
[2]) J. H. L. Vogt, Silicatschmelzlösungen II. — Tsch. min. Mit. **24**, 482 (1905).
[3]) V. Pöschl, l. c.

Das System $CaMgSi_2O_6$—$MgSiO_3$ wurde auch von G. Zinke[1]) in meinem Laboratorium untersucht; doch konnten wegen des hohen Schmelzpunktes von $MgSiO_3$ nur die diopsidreichen Mischungen untersucht werden.

Bei 50 Mol.-Prozenten Diopsid schieden sich beide Komponenten gesondert aus. Auch bei einem Gehalte von 70% Diopsid scheiden sich beide Komponenten gesondert aus; hier dürfte das Eutektikum liegen, doch ist die Kurve zwischen diesem Punkt und dem reinen Diopsid stark abgeflacht. Aus den Daten G. Zinkes habe ich die Fig. 100a gezeichnet, in welcher die Komponenten $MgSiO_3$ und $CaSiO_3$ sind. Die Kurven sind nach Umrechnung auf $CaSiO_3$ und $MgSiO_3$ aus den unter dem Kristallisationsmikroskop bestimmten Schmelzpunkten gezeichnet.

Das System $CaSiO_3$—$MgSiO_3$. — Eine genaue Untersuchung dieses Systems wurde von E. T. Allen und W. P. White[2]) ausgeführt. Sie beob-

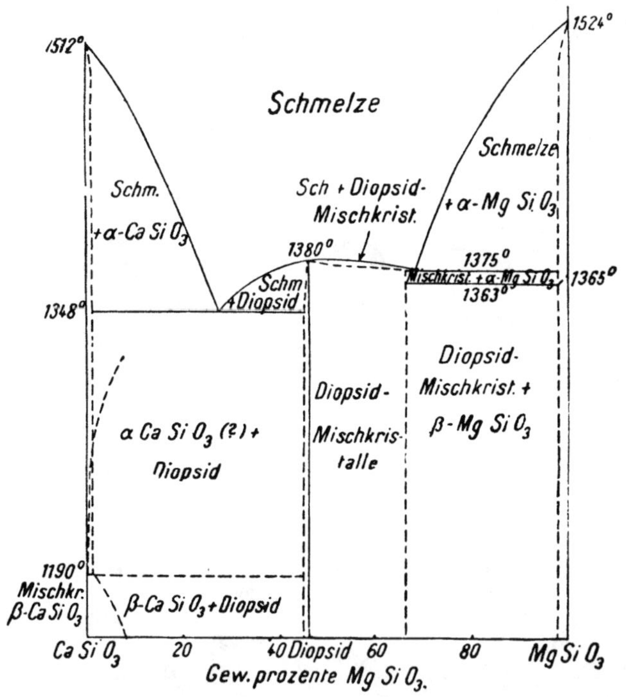

Fig. 101. System $CaSiO_3$—$MgSiO_3$ nach E. T. Allen und W. P. White.[3])

achteten zwischen 0 und 46,3% $MgSiO_3$ ein fast geradliniges Kurvenstück, das ziemlich steil abfällt; bei 28% $MgSiO_3$ liegt das Eutektikum, welches einen Schmelzpunkt von 1348° zeigt; von hier steigt die Kurve langsam auf bis zum reinen Diopsid dessen Schmelzpunkt sie zu 1380° bestimmten. (Die Dichten der Mischungen ergeben eine Kurve vom reinen Diopsid ($CaMgSi_2O_6$) mit 2,912, bis zu 3,245, für 50% $CaSiO_3$.) Bei 46,3% $MgSiO_3$ liegt ein jedoch

[1]) G. Zinke, Unver. Mitteilung.

[2]) E. T. Allen u. W. P. White, Am. Journ. [4] **29**, 1 (1909).

[3]) E. T. Allen u. W. P. White, Am. Journ. **27**, Januarheft I, (1909); N. JB. Min. etc. 1911[1], 29 (Referat von H. Boeke).

nur sehr wenig hervortretendes Temperaturmaximum. Vom Punkte mit 45% $MgSiO_3$ bis zu der Mischung mit 65% schwanken die Schmelzpunkte sehr wenig, nämlich nur um 3°, so daß der Diopsid eigentlich gar nicht in der Kurve hervortritt. Erst von 70% $MgSiO_3$ hebt sich die Kurve wieder merklich. Die Verfasser nehmen ein Eutektikum bei 70% $MgSiO_3$ an. Es ist jedoch zu bemerken, daß die Kurve von 40% bis 70% $MgSiO_3$ fast ganz horizontal liegt und daß die Unterschiede der Temperaturen nur 7° betragen, also die Beobachtungsfehler nicht überschreiten.[1])

Unter Berücksichtigung dieses Umstandes kann man die Kurve als aus drei Teilen bestehend auffassen: der erste Teil, welcher von 0 $MgSiO_3$ bis 28% steil abfällt; ein zweiter Teil ist flach und wenig aufsteigend bis zu einem Gehalte von 68% $MgSiO_3$; der dritte Teil steigt steil auf bis zum Endpunkte. Nur bei sehr starker Überhöhung der Temperaturwerte kann die Zeichnung so gedeutet werden, als wenn zwei Eutektika vorhanden wären, da ja, wie bemerkt, die Temperaturunterschiede im mittleren Teile der Kurve äußerst geringfügig sind. In Fig. 100b habe ich die Verhältnisse unter Berücksichtigung dieses Umstandes angenähert dargestellt. Was die Dichten der Mischungen anbelangt, so fallen die Dichten bis zu dem Gehalte von 50% $MgSiO_3$, um dann bis zu 72% zu steigen; von da an ist die Kurve der Dichten horizontal.

Nach den optischen Untersuchungen von Fr. Wright und E. S. Larsen kann $CaSiO_3$ als Wollastonit in fester Lösung bis 17% Diopsid enthalten, während der Pseudowollastonit (die α-Form des Calciumsilicates) nur 4% Diopsid aufnehmen kann. Diopsid kann 5% Calciumsilicat aufnehmen.

Die Löslichkeit des Diopsids in $MgSiO_3$ beträgt 5%. Diopsid kann bis 60% der Komponenten aufnehmen und eine feste Lösung von 66,5 $MgSiO_3$: 33,5 $CaSiO_3$ bilden, welche aber fast mit dem Diopsid identisch ist. Die Löslichkeit von $CaSiO_3$ in Diopsid geht bis zu 3%.

Bei allen diesen Diagrammen ist aber zu berücksichtigen, daß auch noch andere Faktoren mitwirken, z. B. die Abkühlungsgeschwindigkeit; so erhielt G. Zinke bei rascher Abkühlung andere Werte als bei langsamer. Vergleichen wir die nach verschiedenen Beobachtern verschiedenen Werte, welche Diopsid an $MgSiO_3$ homogen in fester Lösung aufnehmen kann, so fallen diese verschieden aus: 60% (Gewichtsprozente) nach E. T. Allen, weniger als 40% nach G. Zinke (in Molekularprozenten).

Bezüglich der Einreihung der Mischungen von Diopsid und $MgSiO_3$ in die Roozeboomschen Typen sind die Ansichten verschieden. J. H. L. Vogt entscheidet sich für Typus 4. Nach den Untersuchungen von E. T. Allen und W. P. White wäre dies jedoch nicht möglich, da diese auf Typus 5 hinweisen; da jedoch die von ihnen gefundenen Schmelzpunktsunterschiede in dem, dem Diopsid naheliegenden Teile sehr geringe sind, so ist es nicht ganz ausgeschlossen, daß Typus 4 vorliegt. Auch die Untersuchungen von F. Zinke lassen dies nicht unmöglich erscheinen, so daß vielleicht die Ansicht von Vogt nicht unrichtig ist; letzterer war zu seiner Ansicht auf Grund von Analysen gelangt, ferner auf Grund seiner Individualisationsgrenzen, die auf den Akermanschen Schmelzwärmen beruhen.

[1]) Die Fig. 101 ist dem Referate von A. Boeke, N. JB. Min. etc. 1911, I, 29 entnommen; der Referent macht darin auch auf einen Fehler, bezüglich der Umwandlung des $CaSiO_3$ in Gegenwart von $MgSiO_3$ aufmerksam. Ich bemerke noch, daß bei so minimalen Schmelzpunktsunterschieden die Existenz von zwei Eutektika nicht nachweisbar ist. Die flache Kurve deutet auf starke Dissoziation (S. 743).

E. Dittler erhielt Eutektstruktur bei einer Miscnung von 40 Molekularprozenten $MgSiO_3$ und 60 Molekularprozenten $CaSiO_3$.

Was die Systeme $CaSiO_3$—$CaFeSi_2O_6$ anbelangt, so dürfte vielleicht Typus 4 vorliegen. Bei $CaFeSi_2O_6$ und $FeSiO_3$ fand O. Hofman das Eutektikum bei gleichen Mengenverhältnissen; es liegt Typus 5 vor.

Bei Pyroxenen und Hornblenden der Erstarrungsgesteine sind Zonen nicht selten, insbesondere wo natronhaltige Mischungen vorkommen, reichert die natronhaltige Komponente sich in den äußeren Schichten an, entsprechend ihrem niedrigen Schmelzpunkt und auch der geringeren Kristallisationsgeschwindigkeit der Natronpyroxene bzw. Natronhornblenden.

Einwirkung des Druckes auf die Zusammensetzung des Eutektikums.

Über diese Einwirkung haben wir nur Mutmaßungen. Aus der Betrachtung der Gesteine und dem Vergleiche jener Gesteine, welche an der Oberfläche entstehen und solchen, die in mehr oder weniger beträchtlicher Tiefe entstanden sind, schließen wir auf keine bedeutende Einwirkung des Druckes, denn die Ausscheidungsfolge ist bei Tiefengesteinen und Oberflächengesteinen im allgemeinen dieselbe. Auch J. H. L. Vogt[1]) hat speziell für den Schriftgranit in ähnlicher Weise geringen Einfluß des Druckes angenommen.

H. W. Bakhuis-Roozeboom[2]) hat den Einfluß des Druckes auf die Löslichkeit vom theoretischen Standpunkte studiert. Nach ihm nimmt die Temperatur T auf der eutektischen Kurve bei Druckerhöhung zu oder ab, je nachdem das Eutektikum unter Ausdehnung oder Zusammenziehung schmilzt. Der Wert von $\frac{dT}{dp}$ ist positiv oder negativ, wenn die p, x-Kurven auf den Lösungsflächen beider Komponenten in der Nähe der Kurve sich bei steigendem oder bei sinkendem Drucke begegnen. Das erstere findet dann statt, wenn die Löslichkeit beider Komponenten mit steigendem Drucke abnimmt oder die Abnahme bei der einen stärker ist als die Zunahme bei der anderen. Das letztere findet statt, wenn die Löslichkeit beider Komponenten mit steigendem Druck zunimmt oder die Zunahme bei der einen stärker ist als die Abnahme bei der anderen. Der Gehalt der eutektischen Lösung nimmt bei steigendem Druck in bezug auf diejenige Komponente zu, deren T, p-Kurve einen kleineren Wert für $\frac{dT}{dp}$ aufweist, als die andere.

Die Frage der Änderung der Ausscheidung unter Druck wurde bereits von R. Bunsen angeregt. Sie hängt theoretisch von der Änderung der Konzentration der eutektischen Lösung ab und H. W. Bakhuis-Roozeboom hat unter Annahme eines Druckes von 10000 Atmosphären und der allerdings unwahrscheinlichen Annahme einer Schmelzpunktserniedrigung von 5^0 pro Mol.-Prozent die Änderung berechnet. Er findet unter diesen Voraussetzungen eine Verschiebung des eutektischen Punktes um $10^0/_0$ und kommt zu dem Resultate, daß für alle Konzentrationen, die zwischen denjenigen des Eutektikums bei 10000 Atm. und des Eutektikums bei 1 Atm. liegen, bei abnehmender Tiefe

[1]) J. H. L. Vogt, Silicatschmelzlösungen II, 211.

[2]) H. W. Bakhuis-Roozeboom, Heterogene Gleichgewichte II, 429; ferner J. van Laar, Z. f. phys. Chem. **15**, 483 (1894).

statt des zuerst in der größten Tiefe ausgeschiedenen Gemengteiles *A* in geringer Tiefe sich die Komponente *B* abscheiden würde. Wenn die Temperatur mit der Tiefe zunimmt, so kann jedoch die Reihenfolge dieselbe bleiben, wenn die Temperatur weniger rasch zunimmt als die betreffende eutektische Temperatur, die dem Druck dieser Tiefe entspricht. Im anderen Falle jedoch würde die Kristallisation an der Oberfläche beginnen, die gebildeten Kristalle würden nach unten sinken und durch Temperaturerniedrigung in tieferen Schichten deren Erstarrung bewirken. Da auch H. W. Bakhuis-Roozeboom von der Ansicht ausgeht, daß eine Umkehrung der Reihenfolge nicht in der Natur vorkommt, so findet er dafür die Erklärung darin, daß die Umkehrung nur in einem bestimmten Konzentrationsintervalle stattfindet. J. H. L. Vogt kommt allerdings zu einem etwas abweichenden Resultate, indem er die Steigerung der Schmelzpunkte durch Druck als sehr geringfügig annimmt. Er glaubt daher, daß überhaupt, auch vom theoretischen Standpunkte aus, kein Einfluß auf die Ausscheidungsfolge möglich sei.

Da bei der Ausscheidungsfolge nicht nur das Eutektikum, sondern auch die Kristallisationsgeschwindigkeit in Betracht kommt, so wäre es von Interesse, zu wissen, ob die Kristallisationsgeschwindigkeit unter Druck bei verschiedenen Komponenten sich verschieden verändern würde. Darüber fehlt uns jedoch jede Kenntnis.

J. H. L. Vogt[1]) hat auch den Einfluß des Druckes auf die Ausscheidung der Mischkristalle besprochen; da er annimmt, daß die Schmelzpunktssteigerung durch Druck eine sehr geringe ist, so kommt er zu dem Schlusse, daß die Mischungen, welche den Typen 1—4 angehören, auch bei hohem Druck unter dieselben Typen fallen. Durch die Beobachtungen an Gesteinen wird dies nach ihm auch bestätigt; bezüglich des Typus 5 gilt das früher Gesagte (vgl. S. 788).

Anwendung der Phasenlehre auf die Eruptivgesteine.

Die Anwendung der Phasenlehre auf die natürlichen Vorgänge bei Abscheidung der Gemengteile aus einem Magma begegnet großen Schwierigkeiten, hauptsächlich wegen der großen Zahl von Komponenten, welche in den Schmelzflüssen vorhanden ist. Diese Anwendung bezieht sich hauptsächlich auf die Ausscheidungsfolge der verschiedenen Silicate bei der Erstarrung sowie auch auf die Struktur.

Daß die Phasenregel im allgemeinen auf die Bildung der Mineralien anwendbar ist, dürfte selbstverständlich sein und die Schwierigkeit liegt bei Schmelzflüssen in besonderen Ursachen, namentlich in der Abgrenzung des Komponentenbegriffes.

V. M. Goldschmidt[2]) hat für die speziellen Verhältnisse der Mineralbildung die Phasenregel etwas abgeändert, und zwar in eine Form gebracht, welche sich an J. van't Hoffs „kondensierte Systeme" anschließt: Die maximale Anzahl der festen Mineralien, die gleichzeitig stabil existieren können, ist gleich der Anzahl der Einzelkomponenten, die in den Mineralien enthalten sind. Allerdings wird auch durch diese Definition die erwähnte Schwierigkeit der

[1]) J. H. L. Vogt, Silicatschmelzlösungen II, 213.
[2]) V. M. Goldschmidt, Z. f. anorg. Chem. **71**, 312 (1911).

Abgrenzung nicht behoben; nach V. M. Goldschmidt ist der richtige Wert der minimale, der die Anzahl unabhängig variabler angibt, welche die Gesamtzusammensetzung der Mineralien ausdrücken. Stabil ist eine Mineralkombination bei gegebenem Druck und Temperatur, wenn bei Gegenwart einer gemeinsamen gesättigten Lösung keine Umsetzung zwischen den einzelnen Mineralien stattfindet.

Wir wollen zuerst die aus der Beobachtung sich ergebenden Tatsachen feststellen. Zahlreiche Beobachtungen an Gesteinen ergeben eine im großen und ganzen stets wiederkehrende Reihenfolge, welche von H. Rosenbusch[1]) aufgestellt und von den meisten Petrographen angenommen wurde. Es scheiden sich aus: 1. Oxyde und Spinelle (Magneteisen); 2. Apatit, Titanit, Zirkon; 3. Olivin, Enstatit; 4. Augit, Hornblende; 5. Anorthit, Labrador; 6. Nephelin, Leucit; 7. Natronaugit, Albit, Orthoklas; 8. Quarz.

Dazu kommt noch Diopsid, welcher sich nach 5. ausscheidet, dann Biotit, welchem keine ganz bestimmte Stelle in der Reihenfolge zugewiesen werden kann, der aber meistens bei 4. sich ausscheidet. (Wo Sulfide vorhanden sind, scheiden sich diese zuerst ab.)

Eine Ausnahme von der genannten Regel tritt manchmal bei der Reihenfolge Plagioklas und Augit ein, indem in den meisten Gesteinen der Augit sich zuerst ausscheidet, in manchen aber, z. B. in den Diabasen, sich der Feldspat zuerst ausscheidet.[2])

Ursprünglich glaubte man, daß die Reihenfolge die der Schmelzpunkte sei, doch hat sich dies als irrig erwiesen und außer dem Schmelzpunktseinfluß, welcher daraus resultiert, daß kein Stoff sich über seinem Schmelzpunkte ausscheiden kann, kann ein solcher theoretisch nur noch bei isomorphen Mischungen (vgl. S. 772) eintreten. J. H. L. Vogt[3]) glaubte allerdings aus der Schmelzpunktserniedrigung und der dafür aufgestellten Formel (vgl. S. 737) einen weiteren Einfluß der Schmelzpunkte ableiten zu können, doch dürfte dieser Einfluß jedenfalls ein geringer sein.

Wenn nun eine solche konstante Reihenfolge existiert, so kann man auf die Eruptivgesteine jedenfalls nicht die aus zwei oder drei Komponenten gewonnenen Erfahrungen, welche wir früher gefunden haben, anwenden, da sonst die Ausscheidung nach dem wechselnden Mengenverhältnisse stattfinden müßte und daher eine konstante Reihenfolge unmöglich wäre; da aber die oben erwähnte Reihenfolge wohl mit geringen Ausnahmen als tatsächlich vorhanden betrachtet werden muß, so müssen wir jene Faktoren ausfindig machen, welche außer den Erfahrungen, die wir bei Legierungen und anderen Stoffen gemacht haben, noch von Einfluß sein können.

Was nun den Vergleich mit den Legierungen anbelangt, so werden wir allerdings die Erfahrungen der Metallographie immerhin auch hier anwenden können,[4]) aber wir dürfen nicht vergessen, daß doch zwischen den Legierungen und den natürlichen Eruptivgesteinen, trotzdem die beiden als Schmelzprodukte sich in mancher Hinsicht nahestehen, wesentliche Unterschiede vorhanden sind, die meiner Ansicht nach zu wenig gewürdigt sind.

[1]) H. Rosenbusch, Elemente der Gesteinslehre (Stuttgart 1901), 41.
[2]) H. Rosenbusch, Mikrosk. Physiographie II (Stuttgart 1908), 1172, 1201.
[3]) J. H. L. Vogt, l. c. II, 221.
[4]) F. Rinne, Fortschritte d. Mineralogie (Jena 1911), 219.

Vor allem müssen wir auf einen wichtigen Unterschied aufmerksam machen, der schon von C. Barus und P. Iddings[1]) hervorgehoben wurde, nämlich, daß die Legierungen sich in bezug auf elektrische Leitfähigkeit und Dissoziation von den Eruptivmassen, welche Elektrolyte sind, wesentlich unterscheiden. Wir werden besser das Magma, wie es schon R. Bunsen getan, mit einer elektrolytisch dissoziierten Lösung vergleichen, wodurch auch klar wird, daß die Schmelzpunkte von keinem wesentlichen Einflusse sein können. Die konstante Reihenfolge zeigt auch, daß zwischen den Legierungen und den Eruptivmassen ein wesentlicher Unterschied bestehen muß (vgl. S. 744).

Was nun die Ursachen der konstanten Reihenfolge anbelangt, so wurde zuerst die Basizität als Ursache hervorgehoben, aber das Studium der oben gegebenen Reihenfolge zeigt, daß das doch nicht gut möglich ist; auch die Reihenfolge der Dichten, welche ja mit der Basizität parallell geht, kann nicht der wirkliche Grund dafür sein. Abgesehen von der oben erwähnten Beeinflussung durch die Schmelzpunkte kann ihr Einfluß, welcher in letzterer Zeit noch von F. Fouqué und Michel-Lévy,[2]) dann von W. Sollas behauptet wurde, als unbegründet angesehen werden. Gegen diesen Einfluß haben sich ausgesprochen F. Zirkel,[3]) R. Brauns,[4]) C. Doelter[5]) und andere.

Andere Forscher haben namentlich das Berthelotsche Gesetz der maximalen Arbeit als maßgebend hervorgehoben. Heute können wir nur auf Grund der physikalischen Chemie die Ausscheidungsfolge betrachten. J. H. L. Vogt hat in zahlreichen Arbeiten die Ansicht vertreten, daß in allen Schmelzen die Reihenfolge nur aus dem Mengenverhältnis der Komponenten im Vergleiche zu der eutektischen Mischung resultiere, was aber einer konstanten Reihenfolge widersprechen würde. Er hat aber bei seinen Betrachtungen die Unterkühlung, welche gerade bei den natürlichen Silicatschmelzen von größter Bedeutung ist, nicht genügend in Betracht gezogen, auch ist seine Behauptung,[6]) daß die erwähnte Rosenbuschsche Regel eine Regel mit sehr vielen Ausnahmen sei, nicht gut mit den Beobachtungen in Übereinstimmung zu bringen.

Es läßt sich jedoch auch eine konstante Reihenfolge mit den Gesetzen der physikalischen Chemie in Einklang bringen, wenn man auch andere Faktoren außer dem eutektischen Schema in Betracht zieht.

Vor allem muß betont werden, daß, wenn wir die Silicatschmelzen als Lösungen betrachten, wozu wir berechtigt sind, wir es hier mit Lösungen äußerst komplexer Stoffe zu tun haben, welche nicht als verdünnte anzusehen sind, sondern in vielen Fällen konzentrierte sind; ferner findet die Abscheidung zumeist im unterkühlten Zustande statt und wir haben aus der Theorie und aus der Erfahrung in letzterem Falle den Schluß ziehen können, daß dann die Reihenfolge nicht der entsprechen muß, welche sich aus dem Vergleich mit der eutektischen Mischung ergibt (vgl. S. 744).

Es gibt allerdings Fälle, in denen wir nur Kombinationen von zwei oder drei Komponenten haben, welche untereinander weder isomorphe Mischungen bilden, noch Reaktionen untereinander eingehen, die zur Bildung einer weiteren Komponente führen. In diesem Falle würden wir ohne weiteres die Phasen-

[1]) C. Barus u. P. Iddings, Am. Journ. **44**, 242 (1892).
[2]) F. Fouqué u. Michel-Lévy, Synthèse d. Minéraux (Paris 1882), 51.
[3]) F. Zirkel, Petrographie I (Leipzig 1892), 728.
[4]) R. Brauns, Tsch. min. Mit. **17**, 485 (1898) u. Chemische Mineralogie (Leipzig 1896).
[5]) C. Doelter, Petrogenesis (Braunschweig 1906), 130.
[6]) J. H. L. Vogt, l. c. II, 221.

lehre anwenden können, wobei aber die Unterkühlung wieder von größtem Einflusse ist und im unterkühlten Zustande kann die Abscheidung zum Teil auch eine umgekehrte sein, als sie die Phasenregel erfordert. Es können auch in der Natur derartige Fälle eintreten, z. B. wenn wir einfache Mischungen von Anorthit ($CaAl_2Si_2O_8$) und Olivin (Mg_2SiO_4) in der Lösung haben oder Quarz und Feldspat, wobei im letzteren Falle jedoch in Wirklichkeit die Ausscheidung nur dann erfolgt, wenn durch Mineralisatoren die Viscosität und die Erstarrungstemperatur herabgemindert werden.

Der allgemeine Fall jedoch ist der, daß wir im natürlichen Magma eine große Anzahl von Komponenten haben, von denen manche sich in chemischer Hinsicht sehr unterscheiden, indem ein Teil aus Silicaten besteht, während ein anderer Oxyde, Titanate, auch Phosphate sind. Wir werden daher bei so vielen Komponenten stets chemische Reaktionen haben, welche neue Komponenten bilden, so daß, wenn wir drei oder vier oder gar mehr Komponenten haben, sich mehrere neue Verbindungen bilden und dann die Phasenregel, welche voraussetzt, daß die Komponenten nicht aufeinander reagieren, keine Anwendung finden kann. Aber selbst in dem einfachsten Falle, wo bei wenig Komponenten die Phasenregel und daher das Eutektikum maßgebend ist, ist immer noch die Unterkühlung zu berücksichtigen, welche die Reihenfolge umkehren kann. Wir haben aber schon früher gesehen, daß dann ein weiterer wichtiger Faktor für die Reihenfolge der Abscheidung maßgebend ist, nämlich das Kristallisationsvermögen, bzw. die Kristallisationsgeschwindigkeit, denn S. 745 wurde nachgewiesen, daß die Theorie nur dann gültig ist, wenn die Kristallisationsgeschwindigkeit unendlich groß oder wenigstens eine beträchtliche ist.[1])

Ferner kommt in allen Fällen die Stabilität bei hohen Temperaturen in Betracht; so wissen wir, daß der Quarz bei hohen Temperaturen instabil ist und er ist sogar als geologisches Thermometer angesehen worden.[2]) Er kann sich daher bei hoher Temperatur nicht abscheiden, sondern nur dann, wenn die Abkühlung schon so weit vorgeschritten ist, daß der Quarz stabil geworden ist; das dürfte auch der Grund seiner Stellung als letztes Glied der Rosenbuschschen Reihenfolge sein.

Wenn wir jetzt den Fall nehmen, daß die Sache, wie dies in der Natur jedenfalls sehr häufig ist, dadurch kompliziert wird, daß fünf oder sechs Komponenten vorhanden sind, so muß uns die theoretische Betrachtung überhaupt im Stiche lassen, denn es wird dann fraglich, wegen der chemischen Reaktionen, ob wir Plagioklas, Augit, Magneteisen, Apatit, Olivin usw. als die wirklichen Komponenten im Sinne der Phasenlehre auffassen dürfen und ob nicht die ursprünglichen Komponenten die Verbindungen CaO, MgO, K_2O, Na_2O, Fe_2O_3, Al_2O_3, SiO_2 oder wenigstens die ganz einfachen Silicate sind.

Vergleich der Rosenbuschschen Reihenfolge mit dem Kristallisationsvermögen und der Kristallisationsgeschwindigkeit der gesteinsbildenden Mineralien. Wenn man die Reihenfolge der gesteinsbildenden Mineralien, wie sie früher gegeben wurde, mit der der allerdings bis jetzt nur approximativ ermittelten Werte des Kristallisationsvermögens vergleicht, so findet man eine große Ähnlichkeit beider Reihen; allerdings ist dadurch der Zusammenhang nicht nachgewiesen, da wir ja auch einen

[1]) Vgl. H. W. Bakhuis-Roozeboom, Heterogene Gleichgewichte II.

[2]) Fr. Wright u. E. S. Larsen, Am. Journ. **27**, 421 (1909); Z. anorg. Chem. **68**, 330 (1910).

Parallelismus mit dem spezifischen Gewicht beispielsweise gefunden haben, trotzdem können wir nicht annehmen, daß die Reihenfolge durch das spezifische Gewicht hervorgerufen wird. Es unterliegt aber keinem Zweifel, daß die zuerst gebildeten Verbindungen, welche das größere Kristallisationsvermögen haben, auch meistens weniger komplexe Verbindungen sind, als die später gebildeten, wobei Ausnahmen, wie Quarz, vorkommen.

Die Reihenfolge des Kristallisationsvermögens ist: Eisenoxyde, Spinellide, einfache Silicate (Olivin, Enstatit, Pyroxen), dann die Alumosilicate Anorthit, Labrador, Andesin, ferner Leucit, Nephelin, endlich die Natronaugite, Albit und Orthoklas, schließlich Quarz.

Vergleich der Eruptivgesteine mit den künstlichen Schmelzen. Bei künstlichen Schmelzen müssen drei Fälle unterschieden werden:

1. Wenn die Kristallisationsgeschwindigkeit der Komponenten untereinander sehr verschieden ist, was dann eintritt, wenn z. B. Orthoklas, Oligoklas, Quarz oder selbst Nephelin, Leucit (also Komponenten mit einer geringen Kristallisationsgeschwindigkeit) mit Komponenten wie Olivin, Augit, Anorthit, welche im Gegenteil eine beträchtliche Kristallisationsgeschwindigkeit aufweisen, zusammengeschmolzen werden, so wird, falls die Unterkühlung merklich ist, was der gewöhnliche Fall ist, die Ausscheidung nicht nach dem eutektischen Schema erfolgen, sondern die Komponenten mit größerer Kristallisationsgeschwindigkeit werden sich zuerst ausscheiden und mit dieser theoretischen Voraussetzung stimmt auch das Beobachtungsmaterial.

2. Wo es sich um künstliche Schmelzen handelt, welche jedoch Komponenten haben, die nahezu gleiche Kristallisationsgeschwindigkeit besitzen, wird das eutektische Schema maßgebend sein und das tritt z. B. bei den von J. H. L. Vogt untersuchten Schlacken ein, während bei den von mir untersuchten Schmelzen der Fall 1 vorlag; so erklären sich die verschiedenen Resultate.

3. Endlich kann der Fall eintreten, daß sowohl Komponenten mit sehr verschiedener Kristallisationsgeschwindigkeit und solche mit gleicher Kristallisationsgeschwindigkeit und gleichem Kristallisationsvermögen vorhanden sind, in welchem Falle die Ausscheidung zum Teil nach dem eutektischen Schema erfolgt, zum Teil nach dem Kristallisationsvermögen und der Kristallisationsgeschwindigkeit. Es können auch, wenn die Unterkühlung bei verschiedenen Versuchen ungleich ist, zwei Beobachter zu verschiedenen Resultaten gelangen.

Bei künstlichen Schmelzen beobachtete ich häufig, daß Bestandteile wie Olivin, rhombischer Augit, welche nach der Regel von H. Rosenbusch als erste sich ausscheiden sollen, sich fast immer, wenigstens in kleinen Mengen, zuerst ausschieden, während der Rest, der eutektischen Regel folgend, sich nach dem Feldspat ausschied. So bildeten sich auch Einschlüsse der genannten Mineralien in den später ausgeschiedenen Feldspäten.

Im allgemeinen zeigen die künstlichen Schmelzen im großen und ganzen die Reihenfolge der Eruptivgesteine, wobei allerdings Ausnahmen vorkommen. Dabei muß auch hervorgehoben werden, daß es bei künstlichen Schmelzen oft nicht leicht ist, zu erkennen, was sich zuerst gebildet hat, so daß auch zwei Beobachter zu verschiedenen Resultaten kommen. In einfachen Fällen leistet das noch zu wenig gebrauchte Kristallisationsmikroskop gute Dienste zur Entscheidung der Frage nach der Ausscheidungsfolge. Im allgemeinen ist bei den künstlichen Schmelzen die Ausscheidungsfolge dieselbe wie bei

Gesteinen, falls auch dieselben Komponenten vorliegen, was jedoch nicht sehr häufig ist, da letztere meist viel mehr als drei Komponenten aufweisen.

Bei Gesteinen tritt, wie erwähnt, nur zwischen wenigen Bestandteilen, namentlich zwischen Pyroxen und Plagioklas, eine wechselnde Reihenfolge ein. Es erklärt sich dies dann wohl durch die Unterkühlung, welche bei verschiedenen Gesteinen ja sehr verschieden sein kann, z. B. bei Basalten, Melaphyren oder bei Diabasen, trotzdem die chemische Zusammensetzung eine sehr ähnliche ist; es wird daher in dem einen Falle die Ausscheidung nach dem eutektischen Schema erfolgen, in dem zweiten Falle nach dem Kristallisationsvermögen, wobei die vorkommenden, zum Teil geringen Unterschiede der Zusammensetzung auch dann mitwirken.

Ursachen der Ausscheidungsfolge.

Meiner Ansicht nach läßt sich die Reihenfolge von H. Rosenbusch ganz gut mit den Lehren der physikalischen Chemie in Übereinstimmung bringen und es ist nicht notwendig, sie als eine Regel mit vielen Ausnahmen zu erklären, da sie ja doch im ganzen und großen durch das Experiment bestätigt wird. Sie ist die Resultierende einer Reihe von Faktoren, welche ich anführen will:

1. Die Konzentration der Lösung, d. i. also die chemische Zusammensetzung der Schmelze im Vergleiche zur eutektischen Mischung.
2. Die Unterkühlung.
3. Die Kristallisationsgeschwindigkeit und das Kristallisationsvermögen der Komponenten.
4. Die allenfalls in der Schmelze entstehenden chemischen Reaktionen.
5. Die Stabilität der Komponenten, also auch die Temperaturverhältnisse und die Abkühlungsgeschwindigkeit.
6. Die Dissoziation.

Die Unterkühlung ist namentlich von der Erstarrungsgeschwindigkeit abhängig, ferner von der Maximaltemperatur, zu welcher die Schmelze erhitzt war, dann von der Dauer des Erhitzens und auch von den Temperaturschwankungen; maßgebend ist auch die Viscosität der Schmelzen. Bei stark wasserhaltigen Schmelzen, z. B. den Graniten (insbesondere den aplitischen Gesteinen und ähnlichen) ist der Einfluß der Unterkühlung ein geringer, wie Arbeiten von J. H. L. Vogt beweisen. Insbesondere gilt dies für den Schriftgranit, welcher ja als ein Eutektikum angesehen werden kann.

Die in vielen vulkanischen Gesteinen vorkommende Glasbasis dürfte häufig, wie auch J. H. L. Vogt[1]) hervorhebt, die nicht zur Kristallisation gelangte eutektische Mischung sein. Bezüglich der eutektischen Mischung sei bemerkt, daß, wie die Beobachtungen unter dem Kristallisationsmikroskop zeigen, eine gleichzeitige Ausscheidung oft nicht stattfindet, nämlich offenbar in dem Falle, wenn die Kristallisationsgeschwindigkeiten stark voneinander verschieden sind, und ist dies auch theoretisch verständlich.

In diesem Falle erhalten wir also keinen eutektischen Punkt, sondern ein Intervall (vgl. S. 744).

---

[1]) J. H. L. Vogt, l. c.

Bei den meisten Betrachtungen ist die Dissoziation unberücksichtigt geblieben, was wohl damit zusammenhängt, daß wir den Dissoziationsgrad nicht bestimmen, sondern höchstens schätzen können. Es ist jedoch gerade die Dissoziation schon deshalb von Wichtigkeit, weil die Anwendung des Nernstschen Lösungsgesetzes[1]) damit zusammenhängt; wenn man zu zwei Silicaten eine Verbindung zusetzt, welche kein gemeinschaftliches Ion mit den beiden hat, so wird die Löslichkeit erhöht, im anderen Falle erniedrigt. Im natürlichen Gesteinsmagma, in welchem außer Silicaten auch Oxyde, Phosphate und überhaupt verschiedene Salze vorhanden sind, wird die Löslichkeitsbeeinflussung bedeutend sein.[2]) Dies vermehrt auch die Schwierigkeiten der theoretischen Behandlung des natürlichen Magmas und der Anwendung der Phasenlehre, namentlich bei Anwesenheit von mehreren Komponenten. Jedenfalls ist die Löslichkeitsveränderung für die Abscheidung der Silicatkomponenten in den Gesteinen von großer Wichtigkeit.

Gleichfalls von Wichtigkeit ist sowohl bei künstlichen als auch bei natürlichen Schmelzen die Stabilität der einzelnen Komponenten. Wenn der Quarz sich in allen Eruptivgesteinen stets zuletzt ausscheidet, so ist dies dem Umstande zuzuschreiben, daß sein Stabilitätsgebiet über ca. 800—900^0 nicht hinausreicht. Ich habe zuerst auf Grund der Synthesen darauf aufmerksam gemacht, daß sich Quarz unter 900^0 bilden muß. Später konstatierten A. Day und E. Shepherd,[3]) daß der Umwandlungspunkt, bei welchem sich Quarz in Tridymit umwandelt, bei 800^0 gelegen ist. Daraus schließen wir, daß der Quarz erst dann sich ausscheiden konnte, als die Abkühlung sehr weit vorgeschritten war, dagegen wissen wir, daß z. B. Magneteisen, Enstatit, Anorthit bei hohen Temperaturen noch stabil sind, sich also beim Beginne der Abkühlung ausscheiden konnten. Wenn auch die Ausscheidungsfolge nicht genau die Reihenfolge der Stabilität ist, so existiert doch ein gewisser Zusammenhang zwischen beiden; bei hoher Temperatur instabile Verbindungen scheiden sich erst dann ab, wenn die Abkühlung weit vorgeschritten ist.

In einem Silicatmagma haben wir, wie früher gezeigt wurde, Dissoziation. Die Differentiation läßt sich aber durch die elektrolytische Dissoziation allein doch noch nicht erklären. Eine weitere Frage ist die, ob auch thermolytische Dissoziation in einer Schmelzlösung stattfindet, ob eine komplexe Verbindung etwa in zwei Silicate zerfällt; daß dies möglich ist, zeigen die früher (S. 697) angegebenen Beispiele; bei Granat, Leucit ist diese Art von Dissoziation jedenfalls zu berücksichtigen und hängt vielleicht auch die Differentiation damit zusammen.

Ob auch vielleicht bei sehr hohen Temperaturen eine weitere thermolytische Dissoziation und Zerfall in Oxyde stattfindet, läßt sich nicht mit Sicherheit nachweisen; ich halte es immerhin für wahrscheinlich, um so mehr als solche Fälle bei künstlichen Schmelzen nachgewiesen sind.

Den Einfluß der Abkühlungsgeschwindigkeit betrachteten wir bereits früher; er wird in vielen Fällen kein geringer sein, aber auch die Höchsttemperatur, auf welche das Magma erhitzt wurde, ist von Wichtigkeit, weil diese und die

---

[1]) Vgl. C. Doelter, Phys.-chem. Mineralogie (Leipzig 1905) und J. H. L. Vogt, Silicatschmelzlösungen II.

[2]) Vgl. C. Doelter, Petrogenesis (Braunschweig 1906).

[3]) A. Day u. E. Shepherd, Am. Journ. **22**, 271 (1906).

Abkühlungsgeschwindigkeit von Einfluß auf die Unterkühlung sind, also nach den früheren Ausführungen auch auf die Ausscheidungsfolge.

So sehen wir, daß nicht nur das Eutektikum von Einfluß sein kann, sondern, daß auch die anderen Faktoren, welche soeben aufgezählt wurden, einen Einfluß haben müssen, der nicht nur durch das Experiment, sondern auch durch die Theorie begründet ist.

J. H. L. Vogt hat zwar meine Ansichten bezüglich der Ausscheidungsfolge bekämpft, ich finde jedoch seine späteren Ausführungen[1]) nicht mehr so sehr von den meinen abweichend als früher, da er jetzt die Unterkühlung nicht mehr wie zuerst vernachlässigt, und diese ja auf die Ausscheidungsfolge Einfluß hat, was ich immer hervorgehoben hatte. Er hat auch den Einfluß der Zeit hervorgehoben und ist darin mit mir einig, nur daß ich diesen Einfluß durch die Abkühlungsgeschwindigkeit ausdrücke, wie dies neulich auch F. Rinne[2]) tat. Dagegen lege ich auch auf die Stabilität der Verbindungen Gewicht und glaube diese früher begründet zu haben. Den größten Einfluß haben die Temperaturverhältnisse infolge der Abhängigkeit der Unterkühlung, der Kristallisationsgeschwindigkeit und der Stabilität von diesen, wobei die Temperatur auch in Verbindung mit der Zeit durch die Abkühlungsgeschwindigkeit wirkt.

Es scheint mir auch klar zu sein, daß auch die Kristallisationsgeschwindigkeit und das Kristallisationsvermögen von Einfluß sein müssen, denn diese haben nicht nur bei Gesteinen, sondern auch bei anderen Schmelzen dann einen Einfluß, wenn es sich um Verbindungen handelt, bei denen diese Eigenschaften stark voneinander abweichen. Wo bei Schlackenmineralien oder gar bei Metallschmelzen die genannten Eigenschaften sehr wenig voneinander verschieden sind, wird natürlich dieser Einfluß ein sehr geringer sein, anders jedoch bei jenen Silicatschmelzen, bei denen wir zum Teil große Unterschiede in der Kristallisationsgeschwindigkeit der Komponenten gefunden haben. Es steht dies vollkommen mit den Theorien der physikalischen Chemie im Einklang und wird durch die Beobachtung sowohl bei den Gesteinen als auch bei den künstlichen Schmelzen bestätigt, so daß eine einfachere Erklärung kaum zu finden ist. Daß auch das Kristallisationsvermögen eine Reihenfolge ausweist, welche mit der Ausscheidungsfolge ziemlich parallel geht, dürfte wohl auch kein Zufall sein, wie bereits hervorgehoben wurde.

Wir können daher die beobachtete Ausscheidungsfolge als die Resultante der genannten Faktoren betrachten.

Erwähnt sei noch, daß F. Löwinson-Lessing[3]) auf den Einfluß des Molekularvolumens hingewiesen hat; für die Ausscheidungsfolge, welche ja durch das Vorhergehende genügend erklärt erscheint, dürfte das Molekularvolumen kaum heranzuziehen sein, immerhin ist die von diesem Autor gemachte Wahrnehmung von Bedeutung, daß, wenn man das Molekularvolumen der Verbindungen mit dem Werte vergleicht, welchen man erhält, wenn man die Molekularvolumina der die Verbindung bildenden Oxyde addiert, man zweierlei Arten von Verbindungen unterscheiden kann; solche, bei denen das Molekularvolumen größer ist, als das der Oxyde und solche, bei denen

---

[1]) J. H. L. Vogt, Tsch. min. Mit. **25** u. **27**, siehe S. 633.
[2]) F. Rinne, l. c.
[3]) F. Löwinson-Lessing, C. R. du VI congrès géolog. (St. Petersbourg 1897).

es kleiner ist. Nach F. Löwinson-Lessing würden sich diejenigen Mineralien früher ausscheiden, welche die größere Kontraktion zeigen, nämlich Olivin, Pyroxen, Amphibol, Biotit, was er durch das Berthelotsche Gesetz erklären möchte.

Resorption.

Eine bei Eruptivgesteinen manchmal beobachtete Erscheinung ist die der Korrosion und Resorption, also Wiederauflösung der Gesteinsgemengteile, deren Ursachen zwar zum Teil in geologischen Vorgängen liegen, die sich aber auch auf Vorgänge in der Lösung beziehen und welche sich auf chemisch-physikalischem Wege erklären.

Die geologischen Faktoren äußern sich in Verschiebung des Druckes und auch in den Temperaturverhältnissen; lassen wir den Druck beiseite, so wird bei gleichbleibender Zusammensetzung des Magmas die Temperatur den Haupteinfluß haben. Kühlt sich ein Magma ab, so wird im Momente der Abscheidung der Kristalle Wärme frei, welche je nach der Raschheit der Abscheidung größer oder kleiner sein wird; durch diese Kristallisationswärme wird der nichtausgeschiedene Teil des Magmas auf die ausgeschiedenen Bestandteile infolge der Schmelzwärme lösend wirken. Dabei kommt nun, wie bei der Erstarrung, die Löslichkeit in Betracht; die Korrosion wird je nach den Temperaturverhältnissen und je nach der Sättigung größer oder kleiner sein.[1]) Eine Änderung des Druckes hat, abgesehen davon, daß der ganze Körper eine andere Temperatur annehmen kann, also durch geologische Vorgänge auch den Einfluß, daß durch Druckverschiebung auch die Schmelzpunkte sich verschieben. Die Größe der Resorption hängt natürlich auch von der chemischen Zusammensetzung ab.

Ich habe direkte Versuche über die Angreifbarkeit durch das Magma ausgeführt.[2]) Als nebensächliche Faktoren wirken auch die Mineralisatoren, die das Gleichgewicht etwas verschieben können.

Abgesehen vom Druck, der bei den Versuchen nicht geprüft werden konnte, ist, wie aus der Theorie hervorgeht, die chemische Zusammensetzung der einzelnen Mineralien im Vergleiche zu der der Gesteine, welche als Lösungsmittel dienten, besonders maßgebend und natürlich auch die Temperatur, sowie auch der Eigenschmelzpunkt der angewandten Mineralien; man kann daher keine allgemeine Regel aufstellen; daß oft schwer schmelzbare Mineralien sich schwer löslich erwiesen, hängt offenbar damit zusammen, daß die eutektische Mischung dann der Nähe der hochschmelzbaren Komponente liegt, was aus der Formel s lbst hervorgeht.

Mineralausscheidung durch Entgasung.

Zum Schlusse möchte ich noch auf eine eigenartige Möglichkeit der Kristallisation aufmerksam machen, welche F. Rinne[3]) hervorgehoben hat. Er betont, daß in der Natur sich Kristallisation durch Konzentrationsänderungen von Lösungen in vielen Fällen vollzieht. F. Rinne weist nun auf die durch

[1]) Vgl. J. H. L. Vogt, Silicatschmelzlösungen II, 157.
[2]) C. Doelter, Tsch. min. Mit. **20**, 307 (1901).
[3]) F. Rinne, N. JB. f. Min. 1909, II, 129.

Entgasung eintretende Mineralabscheidung, welche bei metallurgischen Prozessen vorkommt, hin. Entgasungen von Magmen, d. i. Entfernung von im Schmelzfluß natürlich flüssigen Stoffen, werden durch die Dampfwolken über Vulkanen anschaulich vorgeführt, und man kann sie im Hinblick auf die Kontaktmetamorphose erschließen. Es ist nach F. Rinne denkbar, daß durch Konzentrationsänderung infolge von Entweichen von Wasser, Kohlensäure, Fluorverbindungen aus den Magmen, in letzteren Kristallisation einsetzt.

Hier wäre auch noch die Löslichkeit des Wassers in geschmolzenen Silicaten zu besprechen. H. W. Bakhuis-Roozeboom[1]) hält die Löslichkeit von Wasser in geschmolzenen Silicaten für möglich, auch bei Drucken von 1 Atm. oder weniger. Nach F. Löwinson-Lessing würde das von geschmolzenen Pyroxenen und Amphibolen absorbierte Wasser nur 1 $^0/_0$ betragen. H. W. Bakhuis-Roozeboom[1]) macht darauf aufmerksam, daß Gesteine auch bei gewöhnlichem Drucke größere Mengen von Wasser aufnehmen können, er verweist auch auf einen einschlägigen Versuch von R. Bunsen. Jedoch ist es nur wenig aufgeklärt, auf welche Weise dieser Wassergehalt bei der Abkühlung in dem Silicatgestein erhalten bleibt. Er macht auch darauf aufmerksam, daß durch Bunsens und meine Versuche eine Erklärung der Entstehung der Zeolithe aus Schmelzfluß schwer möglich ist und diese Bildung dürfte bei dem Drucke von 1 Atm. auch kaum denkbar sein, da diese Zeolithe ihr Wasser bei 500^0 verlieren; bei höheren Drucken dürfte dies jedoch möglich sein. Bei wasserfreien Silicaten dagegen entweicht das Wasser, wenn auch Spuren davon zurückbleiben könnten.

Möglicherweise hängt ein kleiner Wassergehalt in Silicaten, wie z. B. in Amphibolen mit diesem Festhalten des Wassers durch die Schmelze zusammen; (vgl. H. W. Bakhuis-Roozeboom, Heterogene Gleichgewichte II, 357).

Die Struktur der Eruptivgesteine.

Obgleich die Struktur der Eruptivgesteine wohl zum größten Teil von geologischen Faktoren abhängt, so ist diese doch auch zum Teil eine Resultierende der physikalisch-chemischen Faktoren, welche wir betrachten wollen.

Nach J. H. L. Vogt[2]) beruhen die Strukturformen auf drei Faktoren: 1. chemischer Zusammensetzung, 2. Druck, 3. Zeit. Die Temperatur und die Viscosität der Lösung werden von diesen drei Faktoren bedingt. Die Porphyrstruktur ist nach ihm weniger vom Druck als von der Zeit abhängig.

Meiner Ansicht nach ist die Temperatur in Verbindung mit der Zeit maßgebend, da sie die Erstarrungsgeschwindigkeit, sowie die Unterkühlung bedingen. Die Viscosität ist besonders von der Temperatur (vgl. S. 735) abhängig, natürlich auch von der chemischen Zusammensetzung, weniger vom Druck. Sehr stark wirken die Mineralisatoren auf sie ein; bereits E. Reyer hat auf den Einfluß des Wassers, auf den Flüssigkeitsgrad der Laven hingewiesen. Die Mineralisatoren dürften, wie E. Weinschenk[3]) hervorhebt, namentlich den Unterschied zwischen Tiefengesteinen und Ergußgesteinen bedingen.

---

[1]) H. W. Bakhuis-Roozeboom, Heterogene Gleichgewichte II, 355.
[2]) J. H. L. Vogt, Tsch. min. Mit. **27**, 162 (1908).
[3]) E. Weinschenk, Tsch. min. Mit. I, 40.

Die porphyrische Struktur ist hauptsächlich dem Umstande zuzuschreiben, daß die Abkühlung in zwei Perioden vor sich geht. Von diesem Gedanken ausgehend, gelang es F. Fouqué und A. Michel-Lévy,[1] bei ihren Gesteinssynthesen durch Teilung des Versuches und Anwendung verschiedener Temperaturen die Porphyrstruktur nachzuahmen. F. Rinne macht darauf aufmerksam, daß man auch bei Metallegierungen porphyrische Struktur in ähnlicher Weise erhalten kann; die Abkühlungsgeschwindigkeit ist also von großer Wichtigkeit bei der Entstehung porphyrischer Struktur, da ja, wie wir gesehen haben, die Unterkühlung und der Eintritt eines labilen oder stabilen Zustandes von dieser abhängt. F. Rinne[2]) macht auf die Wichtigkeit der Erscheinung der Sammelkristallisation aufmerksam.

In dieser Hinsicht dürften auch vor ganz kurzer Zeit ausgeführte Versuche von F. Löwinson-Lessing[3]) von besonderer Wichtigkeit sein; er zeigte, daß durch langes Erhitzen von Gesteinen eine Änderung der Struktur, ohne daß ein Schmelzen stattfindet, eintritt.

S. Zemecuzny und F. Löwinson-Lessing[4]) gehen bei Erklärung der porphyrischen Struktur noch weiter als J. H. L. Vogt; sie verwerfen die Ansicht, daß zwei Perioden die Ursache derselben sein sollen, sie sind der Meinung, daß die holokristalline Grundmasse dem Eutektikum entspricht, während die porphyrischen Bestandteile von dem gegenüber dem Eutektikum vorherrschenden Bestandteile gebildet wird; ihre Versuche beziehen sich jedoch nicht auf Silicate, sondern auf Metallegierungen, auf Silber- und Kaliumchlorid, sind daher für Silicate weniger maßgebend.

Es dürfte immerhin auch die Porphyrstruktur in manchen Fällen im Zusammenhang mit dem Eutektikum stehen und vor kurzem hat neuerdings J. H. L. Vogt einen Fall bei Labrador in einem Norit beschrieben. Aber es ist doch nicht angängig, diese Struktur dadurch allein zu erklären; die Porphyrstruktur ist doch hauptsächlich auf die zeitliche Teilung des Kristallisationsprozesses, also auf eine geologische Erscheinung, zurückzuführen. Daneben wirken noch Sammelkristallisation, Eutektikum, Kristallisationsgeschwindigkeit.

Hier wäre noch die Rolle zu besprechen, welche solche porphyrartige Kristalle als Impfkristalle in dem noch nicht erstarrten Restmagma spielen.

Es zeigt sich, daß in zähen Schmelzen die Keime keine so bedeutende Wirkung haben, wie in einer wäßrigen Lösung und gewöhnlich nur in kleinem Umkreise wirken. Immerhin besteht ein gewisser Einfluß sowohl in künstlichen Schmelzen wie in Gesteinen; so dürfte die in manchen Laven auftretende Fluidalstruktur kleiner Feldspatkristalle, um einen großen Kristall herumgelagert, durch Impfwirkung entstanden sein.

Ich habe schon vor längerer Zeit darauf aufmerksam gemacht, daß auch die verschiedene Kristallisationsgeschwindigkeit verschiedener Komponenten zur Ausbildung von porphyrischen Einsprenglingen führen kann. J. H. L. Vogt[5]) sieht die Hauptursache der porphyrischen Struktur in der chemischen Zusammensetzung des Magmas und dem Verhältnisse zum Eutektikum.

---

[1]) F. Fouqué u. A. Michel-Lévy, Synthèse des minér. et d. roches (Paris 1881).

[2]) F. Rinne, Fortschritte d. Mineralogie (Jena 1911), 212.

[3]) F. Löwinson-Lessing, ZB. Min. etc. 1911.

[4]) S. Zemecuzny u. F. Löwinson-Lessing, Mitt. d. polyt. Inst. St. Petersburg 5, (1906). — Ref. N. JB. Min. etc. 1906, II, 197.

[5]) J. H. L. Vogt, l. c.

Die eutektische Struktur, wie sie bei Legierungen häufig auftritt, ist bei Eruptivgesteinen nicht häufig; manchmal findet man Anklänge an dieselbe, was J. H. L. Vogt als anchieutektische Struktur bezeichnet hat. Nach F. Rinne[1]) kann sich auch bei den Metallegierungen das Eutektikum mit verschiedenen Strukturen zeigen, sphärolithisch, mikrofelsitisch, seltener feinkörnig. Jedenfalls ist Eutektstruktur durch innige Mischung gekennzeichnet.

Die Ophitstruktur erhielt ich sehr häufig bei künstlichen Schmelzen, bei welchen die Erstarrung sich nur in einer Periode vollzieht; der Hauptgrund der nacheinander erfolgten Ausscheidung der Komponenten liegt vielleicht in der Verschiedenheit der Kristallisationsgeschwindigkeit und des Kristallisationsvermögens.

Bei der in der Natur häufigen körnigen Struktur, welche bei künstlichen Schmelzen selten ist, dürfte die durch Mineralisatoren verursachte Viscositätsverminderung eine Rolle spielen; da die Viscosität der künstlichen Schmelzen eine große ist, so dürfte dadurch auch das seltene Auftreten der körnigen Struktur sich erklären; es ist auch denkbar, daß in der Natur die körnige Struktur sich nachträglich entwickelt, z. B. aus glasigen Massen, wenn das Gestein durch längere Zeit einer erhöhten Temperatur ausgesetzt war und hat man diese Entglasung für die Grundmasse der Quarzporphyre angenommen; vielleicht spielt hierbei F. Rinnes Sammelkristallisation eine Rolle, auch verweise ich zur Erklärung auf die oben erwähnten Versuche von F. Löwinson-Lessing.[2])

Differentiation.

Die Differentiation der Eruptivgesteine, welche durch die geologischen Beobachtungen klargestellt ist, kann hier nur vom chemischen Standpunkte aus behandelt werden, und wir haben uns mit der Möglichkeit des Zerfalles eines natürlichen oder künstlichen Silicatmagmas in Teilmagmen zu beschäftigen. H. Rosenbusch[3]) vermutete bekanntlich in den Magmen eine Anzahl Kerne, welche unmischbar sein sollen, während W. Brögger[4]) nachgewiesen hat, daß es sich hier um die Abscheidung der Gesteinsbestandteile handelt.

Es wird so ziemlich allgemein unterschieden zwischen der magmatischen Differentiation und der sogenannten Kristallisationsdifferentiation. Letztere ist die eigentliche Differentiation, somit auch die wichtigere. Was die erstere anbelangt, so ist sie in der Natur ebenfalls nachgewiesen. Hierbei ist die Anschauung von M. Gouy und G. Chaperon von Wichtigkeit, daß sich in einer Schmelze verschiedene Teile dem spezifischen Gewichte nach in vertikaler Richtung unterscheiden und daß die Konzentration der Schmelze mit der Entfernung von dem oberen Niveau der Schmelzlösung nach unten wächst. Es würden also beispielsweise eisenreiche Teile sich in den unteren Teilen des Gefäßes sammeln. Die Trennung kann also schon im flüssigen Zustande vor sich gehen, was aus Versuchen, bei welchen eine schwere Schmelze glasig am Boden des Tiegels erstarrte, hervorgeht; wenn sich jedoch feste Teile in der Schmelze ausscheiden, welche ein höheres spezifisches

[1]) F. Rinne, Fortschritte d. Mineralogie (Jena 1911), 211.
[2]) F. Löwinson-Lessing, ZB. Min. etc. 1911, Nr. 19.
[3]) H. Rosenbusch, Tsch. min. Mit. **11**, 144 (1890).
[4]) W. Brögger, Eruptivgesteine des Kristianiabeckens III (Kristiania 1898).

Gewicht haben als die umgebende Schmelze, so werden dieselben zu Boden sinken, wobei darauf aufmerksam gemacht werden muß, daß diese schwereren Teile auch die basischeren sind.

Viel wichtiger ist jedoch die Kristallisationsdifferentiation oder Abkühlungsdifferentiation. Hierbei wandern die zuerst gebildeten Teile zu den Abkühlungsflächen, eine Tatsache, welche so ziemlich allgemein anerkannt wird.

Man hat diese Absonderung aus der Unmischbarkeit der Schmelzen erklären wollen und H. Rosenbusch baute auf dieser Unmischbarkeit seine Kerntheorie auf; indessen hat sich doch herausgestellt, daß diese Annahme nicht notwendig und auch unzulässig ist, weil bei genügend hoher Temperatur alle Silicate im Schmelzflusse mischbar sind, was experimentell nachgewiesen ist.[1]) Es handelt sich vielmehr um die Sonderung der verschiedenen abgeschiedenen basischen und saueren Verbindungen des Magmas. Zu ihrer Erklärung sind sehr viele Hypothesen aufgestellt worden und wurde von F. Löwinson-Lessing[2]) die ältere Literatur über diesen Gegenstand zusammengestellt. Man hat das Berthelotsche Gesetz der maximalen Arbeit zur Erklärung herangezogen, auch eine fraktionierte Destillation des Magmas angenommen, namentlich aber die Ludwig-Soretsche Regel[3]) herangezogen. Letztere nimmt Bezug auf die Verteilung des gelösten Stoffes in dem Lösungsmittel, und verlangt verschiedene Konzentrationen verschiedener Partien einer Lösung mit verschiedenen Temperaturen.

Über die Differentiation geben auch viele Versuche Aufschluß; während F. Fouqué und A. Michel-Lévy[4]) bei ihren Versuchen in kleinen Tiegeln in Gasöfen keine Differentiationserscheinungen erhielten, hat J. Morozewicz[5]) bei seinen Versuchen mit großen Tiegeln häufig Absonderungen erhalten, und ich erhielt bei meinen Versuchen in elektrischen Öfen auch in kleinen Tiegeln sehr häufig eine Absonderung zweier Silicate, namentlich eines basischen und eines sauren, und zwar nicht nur nach dem spezifischen Gewichte (vgl. S. 757ff.); es scheint also, daß die Silicate direkt die Tendenz haben, sich voneinander abzusondern. Es liegt also derselbe Prozeß vor wie bei der Mineralsonderung in Gesteinen, nur daß hier die ausgeschiedenen Bestandteile noch nach der Abkühlungsfläche wandern und sich derart trennen. Das, was in Tiegeln im kleinen sich vollzieht, finden wir in der Natur im großen.

Voraussetzung der Differentiation ist eine gewisse Beweglichkeit der Schmelze; in sehr viscosen Schmelzen wird dieselbe nicht stattfinden und es findet daher in Lavaströmen keine Differentiation statt, sondern nur in den Tiefengesteinen, von denen wir annehmen können, daß sie eine größere Beweglichkeit besitzen als die sogenannten trockenen Schmelzen. Mineralisatoren verringern die Viscosität und können daher die Differentiation beschleunigen.

Manche Differentiationen hängen wohl auch mit Spaltungen zusammen, die, wie wir ja S. 697 gesehen haben, im Schmelzflusse möglich sind. Die Entmischung wird auch hier eine Rolle spielen (vgl. unten).

---

[1]) C. Doelter, Physik.-chem. Mineralogie (Leipzig 1905), 145.
[2]) F. Löwinson-Lessing, C. R. congrès géol. St. Pétersburg 1899, 130.
[3]) Vgl. C. Doelter, Physik.-chem. Mineralogie (Leipzig 1905), sowie J. van't Hoff, Z. f. phys. Chem. **1**, 487 (1877) und R. Abegg, ebenda, **26**, 161 (1898).
[4]) F. Fouqué u. A. Michel-Lévy, Synthèse des minéraux (Paris 1882).
[5]) J. Morozewicz, Tsch. min. Mit. **18**, 230 (1898).

F. Rinne[1]) bestätigt ebenfalls die von mir gemachte Wahrnehmung, daß Differenzierung im kleinen eine durchaus gewöhnliche Erscheinung ist, die nach ihm bei jeder Kristallisation aus gemischter Lösung beobachtet wird. A. Becker[2]) und A. Harker[3]) vermuten eine Entmischung und F. Rinne weist auf die Sammelkristallisation hin.

Eine wichtige Frage, welche noch nicht zu entscheiden ist, ist die, ob die Kristallisation bereits in der Flüssigkeit vor sich geht oder erst bei der Abscheidung. F. Löwinson-Lessing[4]) sowie J. H. L. Vogt[5]) sind der Ansicht, daß die Differentiation bereits im flüssigen Zustande vor sich geht, während ich mehr der Ansicht zuneige, daß die Differentiation erst bei der Abscheidung eintritt; im Magma selbst haben wir, wie früher gezeigt wurde, eine nicht unbeträchtliche Dissoziation der Verbindungen konstatiert (vgl. S. 723) und wenn nur die Verbindungen in der Lösung existieren würden, so wäre eine solche Dissoziation nicht gut denkbar.

J. H. L. Vogt hat die früher erwähnte Ansicht, daß die Trennung schon in der Flüssigkeit vor sich geht, dadurch zu begründen versucht, daß er annimmt, daß der Gleichgewichtszustand des Magmas sich im Verlaufe des Differentiationsprozesses verschiebt und daß das Eutektikum dabei eine Rolle spielt. Nach demselben ist aus den Gesteinsanalysen der Schluß zu ziehen, daß die Differentiation zwei Magmen erzeugt, die er Magmapole nennt, nämlich ein Magma, welches nur aus einem Silicat besteht, und ein zweites, das der eutektischen Mischung entspricht. Die magmatische Differentiation ist, seiner Ansicht nach, nicht eine Wanderung der Ionen, sondern eine der Salze. Er ist auch der Ansicht, daß die Trennung schon lange vor der Eruption in den Magmaherden stattfindet. Diese letztere Frage läßt sich natürlich schwer entscheiden.

Nach J. H. L. Vogt hat bei den granitischen Gesteinen das ternäre Eutektikum großen Einfluß auf die Trennungsvorgänge; er meint auch, daß bei dem Graniteutektikum, mit dessen Zusammensetzung die granitähnlichen Eruptivgesteine große Ähnlichkeit haben, das Eutektikum maßgebend ist. Die Mehrzahl der granitischen Eruptivgesteine kennzeichnen sich nach ihm durch ein intermediäres Verhältnis von Orthoklas zu Albit (plus Anorthit), und zwar ist dies annähernd 0,4:0,6, welches ungefähr das eutektische Verhältnis ist; dazu ist zu bemerken, daß dann die Differentiation sich eher bei Mischungen äußern sollte, welche von der eutektischen Mischung stärker abweichen, was aber bei künstlichen Schmelzen doch sehr oft nicht der Fall ist; im Gegenteil beobachtet man hier häufig, daß in Mischungen, welche der eutektischen nahestehen, Differentiation eintritt, und zwar in die einzelnen Komponenten und nicht in eine Komponente und Eutektikum.

Für den Vorgang der Differentiation in der Lösung würde man sich entschließen müssen, wenn man den Einfluß der Ludwig-Soretschen Regel annimmt.

Wenn man die zuerst gebildeten Teile als die differenzierten annimmt, so müssen diese erst im Moment des Festwerdens in der Restflüssigkeit

[1]) F. Rinne, Fortschritte d. Mineralogie (Jena 1911), 217.
[2]) A. Becker, Am. Journ. **3**, 23 (1894).
[3]) A. Harker, Geol. Mag. **10**, 546 (1893) u. Nat. History of ign. Rocks (London 1909), 312.
[4]) F. Löwinson-Lessing, l. c., 1.
[5]) J. H. L. Vogt, Silicatschmelzlösungen II, 225.

wandern. Bei Annahme der Elektrolyse als Hauptursache der Differentiation kann man annehmen, daß dies in der Flüssigkeit oder im Momente der Festwerdung geschieht. Eine Entscheidung, ob die Differentiation schon in der Flüssigkeit, oder erst im Momente des Festwerdens sich vollzieht, scheint mir gegenwärtig nicht möglich, solange wir über die Ursache der Differentiation noch im Unklaren sind. Jedoch scheint es mir wahrscheinlicher, daß bei den Verbindungen in dem Moment des Festwerdens, wo die Dissoziation wie die Leitfähigkeitskurven zeigen, sich verändert, die Tendenz zur Absonderung eintritt; indessen lassen sich diese Fragen vorläufig noch nicht endgültig entscheiden.

Eine zweite wichtige Frage, welche hier sich einstellt, ist die, welches die Ursache der Ansammlung einer zuerst ausgeschiedenen Verbindung an den Rändern der Schmelze ist. Darüber, daß die Differentiation der Kristallisationsfolge entspricht, scheint ein Zweifel heute kaum mehr möglich, aber über die Ursachen derselben sind wir noch gänzlich im unklaren. W. C. Brögger[1]) hat elektrische Ströme als Ursache angeführt und wäre es nicht unmöglich, daß dies in der Natur eintritt, doch kann man auch annehmen, daß auch ohne dieselbe, z. B. bei künstlichen Schmelzen, Differentiationen möglich sind. Man könnte aber immerhin an Elektrolyse denken, wenn wir auch heute noch nicht wissen, welche elektrischen Kräfte es sind, die hier im Spiele sind.

Erwähnen möchte ich noch, daß F. Rinne[2]) auf die Ähnlichkeit beim Gefrieren von Meerwasser hinweist, bei welchen die Diffusion eine Rolle spielt, auch glaubt er, daß der Vorgang des Gefrierens einer Salzlösung von großen Dimensionen als Analogon für die Differentiation gelten kann und somit die Deutung der letzteren als Produkt randlicher Sammelkristallisation der Erstausscheidungen zu stützen vermag.

Mischbarkeit von Silicaten und Sulfiden. — Es wurde bemerkt, daß Silicatschmelze wohl stets untereinander mischbar sind, dagegen hebt J. H. L. Vogt[3]) hervor, daß Sulfide im allgemeinen nicht mit Silicaten im Schmelzflusse mischbar sind, und daß diese Sulfide in Silicaten sehr schwer löslich sind. Auch O. Stutzer[4]) macht darauf aufmerksam, daß Metallsulfide im geschmolzenen Zustande in Silicate eindringen können.

In bezug auf diesen Gegenstand ist auch auf die eben erschienene Arbeit von A. Woloskow[5]) aufmerksam zu machen, ein teilweises Zusammenkristallisieren von $MnSiO_3$ und MnS ist ihm gelungen.

Endlich möchte ich noch erwähnen, daß es noch eine andere Art von Differentiation gibt, auf welche zuerst J. Roth[6]) aufmerksam gemacht hat und welche auf der Entmischung beruht; sie wird auch in der Natur, wenn auch seltener, beobachtet und beruht darauf, daß im Magma ein Zerfall, wie wir ihn S. 697 gesehen haben, eintritt, ohne Sonderung wie bei der Kristallisationsdifferentiation. In diesem Falle muß man wohl annehmen, daß in der Schmelze ein Zerfall in einfachere Komponenten vor sich geht, also eine

[1]) W. C. Brögger, Eruptivgest. d. Kristianiabeckens, (Kristiania 1898), III.
[2]) F. Rinne, l. c. 218.
[3]) J. H. L. Vogt, Silicatschmelzlösungen II.
[4]) O. Stutzer, Z. f. prakt. Geol. **16**, 119 (1908).
[5]) A. Woloskow, Ann. d. l'Inst. Polyt. St. Petersburg **15**, 421 (1911).
[6]) Siehe C. Doelter, Petrogenesis (Braunschweig 1906).

thermolytische Dissoziation, die ja auch experimentell nachgewiesen ist; wahrscheinlich sind hier Oxyde in der Schmelze vorhanden. Diese Dissoziation dürfte dort eintreten, wo, wie bei der Umschmelzung der Gesteine, sich andere Mineralkomponenten ausscheiden, als die vorher vorhandenen; dies macht überhaupt die Anwesenheit von Oxyden in der Schmelzlösung, welche früher betont wurde, wahrscheinlich.

Die Silicate und Aluminate des Zements.

Von **E. Dittler** (Wien).

Wenn wir Klinkerdünnschliffe im Mikroskop betrachten, so gewahren wir eine mehr oder weniger gut kristallisierte, bräunlich bis grünlich gefärbte Masse in einer amorphen Grundsubstanz, welche die Zwischenräume der Kristalle ausfüllt. Le Chatelier und A. E. Törnebohm fanden vier verschiedene Kristallarten in einer amorphen Grundmasse, welche gewöhnlich eine noch etwas stärkere Lichtbrechung als der Hauptbestandteil des Klinkers, der Alit, besitzt und zumeist als Eutektikum der verschiedenen Bestandteile des Zementklinkers aufgefaßt wird.

Nach A. E. Törnebohm wäre die Ausscheidungsfolge der Klinkermineralien folgende: Belit, Felit, Alit, Celit und Glas. Von allen diesen Verbindungen ist nur der Alit mit Sicherheit als selbständige Verbindung nachgewiesen, während die anderen Zementmineralien nach den Untersuchungen, welche neuerdings S. Keisermann[1]) und W. Michaelis[2]) angestellt haben, wahrscheinlich überhaupt keine einheitlich kristallisierenden Körper darstellen und nur sehr geringe optische Unterschiede zeigen. Es liegt die Annahme nahe, daß sie aus denselben innerhalb gewisser Grenzen variablen Verbindungen bestehen.

Der Alit, als das weitaus wichtigste und kalkreichste Zementmineral, wird von Wasser sehr stark angegriffen und bildet nach A. E. Törnebohm farblose Kristalle mit starkem Lichtbrechungsvermögen und sehr schwacher Doppelbrechung. Die Kristalle sind zweiachsig (wahrscheinlich rhombisch) mit sehr kleinem Winkel der optischen Achsen, von positiver Doppelbrechung und, was von Wichtigkeit für die chemische Konstitution dieses Zementminerals erscheint, von wechselnder Lichtbrechung. In Klinkerdünnschliffen verschiedener Provenienz nimmt der mittlere Brechungsquotient (im Mittel annähernd 1,685) mit steigendem Tonerdegehalt zu, was auf eine niemals vollkommen konstante chemische Zusammensetzung dieses Minerals schließen läßt[3]); es scheint durch diese Untersuchung einmal die Annahme A. E. Törnebohms, daß die Alite tonerdehaltig sind, gerechtfertigt, andererseits scheinen auch die Resultate O. Schmidts und K. Ungers,[4]) daß die Alite Lösungen von basischem Kalksilicat mit einer geringen und zwar etwas wechselnden Menge Calciumaluminat darstellen, eine Bestätigung zu erfahren. Aus geschmolzenen Zementrohmischungen wurden größere, als Alite gedeutete Kristalle isoliert und chemisch untersucht. Es

---

[1]) S. Keisermann, Der Portlandzement (Dresden 1910).
[2]) W. Michaelis, Ton-I.-Z. **4**, 40 (1911).
[3]) E. Dittler, ZB. f. Zementchemie **1**, 2 (1910).
[4]) O. Schmidt, Der Portlandzement (Stuttgart 1906).

fanden sich regelmäßig geschichtete Kristalle mit größerem Kalkreichtum im Kern und deutlichen Begrenzungsflächen. Die chemische Analyse der Kristalle führte zu ähnlichen Ergebnissen, wie sie O. Schott gefunden hatte, daß nämlich die Alite in geringer Menge Tonerde enthalten und wesentlich bestehen aus:

71,19 % CaO,
4 „ Al_2O_3,
24,81 „ SiO_2.

Auf Grund der optischen Untersuchung der Kristalle wird vorläufig die Annahme einer festen Lösung eines Tricalciumsilicats und eines weniger basischen Aluminats der Wahrheit am nächsten sein. Der freie Kalk erscheint dann beinahe vollkommen gebunden. Hierzu muß bemerkt werden, daß aus geschmolzenen Klinkern zwar Kristalle auskristallisieren, daß dieselben aber nicht, wie O. Schmidt und K. Unger annehmen, als Alite identifiziert werden dürfen, da sie andere optische Eigenschaften, insbesondere höhere Lichtbrechung besitzen.[1])

W. B. Newberry und M. Smith sowohl als Le Chatelier glaubten, ihre künstlich dargestellten Alitkristalle mit dem Tricalciumsilicat identifizieren zu können, ihre Produkte enthielten aber stets in geringer Menge Al_2O_3, wodurch nach den Versuchen O. Schotts das Zerrieseln vermieden wird und die Stabilität des Produktes erreicht werden kann.

Außer den in Klinkerdünnschliffen sicher nachgewiesenen Alitkristallen werden noch folgende Kristallarten beschrieben:

Der Belit bildet gelbliche Kristalle, welche den Alitkristallen sehr ähnlich sehen. Sie zeigen lebhafte Interferenzfarben und haben starkes Lichtbrechungsvermögen.

Le Chatelier rechnet den Belit nur zu den akzessorischen Bestandteilen, da er manchmal ganz fehlt. Je kalkreicher ein Klinker ist, desto seltener werden die Belitkristalle. Kalkarme, zerrieselnde Zemente sind besonders reich an Belit.

Der Belit scheint demnach ein weniger basisches Silicat zu sein, als der Alit, seine chemische Zusammensetzung ist noch nicht ermittelt. Während Le Chatelier den Belit für das reine Bicalciumsilicat hält, stellte E. Dittler durch eine Reihe synthetischer Versuche, welche die Bildung von Mischkristallen von hochbasischen Kalksilicaten mit Kalkaluminaten zum Zwecke hatten, fest, daß der Belit in kristallographischer und optischer Beziehung gewisse Ähnlichkeit mit dem Gehlenit, einem Silicat der Formel $3CaO.Al_2O_3.2SiO_2$, besitzt, also Tonerde enthält und nicht das reine Orthosilicat ist, welches viel mehr zum Zerfall neigt, als die Belitkristalle.

Das richtige wird auch hier wieder die Annahme einer festen Lösung beider Kalkkomponenten sein, nach welcher eine bestimmte Formel eben nicht angegeben werden kann. Das Tricalciumaluminat, welches A. E. Törnebohm als eine Komponente des Belits ansieht, kristallisiert bei einem Zusatz von 13 % SiO_2 (entsprechend der Zusammensetzung $2CaO.SiO_2$, $3CaO.Al_2O_3$) in einer dieser Verbindung vollständig fremden Form, welche wohl einem eutektischen Gemisch, aber keinem Belit ähnlich sieht.

[1]) E. Dittler, unveröffentlichte Beobachtung.

Der Celit bildet dunkle, gelblichbraune oder grünlichbraune Massen von kräftiger Doppelbrechung ohne kristallographische Begrenzung. In schwach gebrannten Klinkern beobachtet man auch kleine, parallel auslöschende Kristalle von optisch zweiachsigem Charakter, also wohl rhombischem Kristallsystem.

In gut gebrannten Klinkern kommt der Celit nur als Ausfüllung zwischen den übrigen Klinkermineralien vor, aber meist nur fleckenweise.

Die dunkle Färbung des Celits läßt schließen, daß derselbe die Hauptmenge des Eisens enthält. Bei größerem Zusatz von Eisenoxyd zur Rohmischung nimmt auch die Celitmenge bedeutend zu, nicht aber bei Zusatz von Tonerde.

Die chemische Zusammensetzung ist nicht bekannt.

Der Felit bildet kleine, doppelbrechende Kristalle. Sie erinnern an das Calciumorthosilicat und sind stets deutlich zweiachsig. Auch sie zeigen gerade Auslöschung und fehlen meist, wenn Belit in größerer Menge ausgeschieden ist. Im großen und ganzen sind die Felitkristalle selten und auch sehr widerstandsfähig gegen Wasser, so daß sie bei der Erhärtung des Zements kaum eine Rolle spielen dürften. Nach P. Hermann[1]) wäre Felit ein wechselndes Gemenge von Ca_2SiO_4 und Mg_2SiO_4. Bis zu einem Zusatz von 18,75 % Mg_2SiO_4 zum Orthosilicat des Calciums konnten noch Zerrieselungserscheinungen beobachtet werden.

H. Kappen[2]) hat gefunden, daß der Felit erst bei niederer Temperatur und unter deutlicher Wärmeentwicklung kristallisiert, wodurch Zerrieseln des betreffenden Zements erfolgt. Der Belit soll dagegen nur dann entstehen, wenn nur bis zur Sinterung gebrannt wurde. H. Kappen schließt, daß der Belit die hydraulische, der Felit die nicht hydraulische Form des Bicalciumsilicats (?) sei.

In allen Zementen findet man außerdem einen glasigen Rest, welcher ein noch stärkeres Lichtbrechungsvermögen als der Alit besitzt. In guten Zementen fehlt diese Restausscheidung, welche als Eutektikum der verschiedenen Bestandteile des Zements aufgefaßt werden darf.

Von Wasser und Säuren werden sämtliche Klinkermineralien angegriffen, wobei CaO, SiO_2 und Al_2O_3 in Lösung gehen. Der Alit wird auch von reinem, CO_2-freiem Wasser am stärksten angegriffen und in abnehmender Reihenfolge: Felit, Belit, Glas und Celit.

Aus folgenden einfachen Verbindungen dürften die Klinkermineralien zusammengesetzt sein:

Monocalciumsilicat CaO.SiO$_2$[3]): Dem Silicat wird folgende Strukturformel zugeschrieben:

$$O = Si{<}{}^{O}_{O}{>}Ca\,.$$

Dieses Silicat kristallisiert in zwei Modifikationen als β- und α-Wollastonit (Pseudowollastonit, hexagonales Kalksilicat) und ist im Klinker in reinem Zustande noch nicht aufgefunden worden. Die β-Form schmilzt nach C. Doelter bei 1260° und verwandelt sich nach den Untersuchungen von A. Day und E. T. Allen bei etwa 1190° in die α-Verbindung, welche nach C. Doelter

[1]) P. Hermann, Z. Dtsch. geol. Ges. **58**, 395—404 (1906).
[2]) H. Kappen, Ton-I.-Z. **3**, 370 (1905).
[3]) Die künstliche Darstellung nach C. Doelter, J. H. L. Vogt, A. Day u. a. siehe Bd. II.

bei 1380° (langsame Erhitzung) nach E. T. Allen und A. Day bei 1512° (siehe S. 659) schmilzt. Umgekehrt kann die letztere Verbindung nicht ohne Zugabe von Schmelzmitteln ($CaCl_2$, CaF_2) in die β-Form rückverwandelt werden. Das Metasilicat vermag kleine Quantitäten von Kalk und Kieselsäure in fester Lösung aufzunehmen.

Nach neueren Untersuchungen von C. Doelter[1]) liegen die Schmelzpunkte des natürlichen Wollastonits und des künstlichen Calciummetasilicats (α-Form) nur wenig auseinander, eine direkte molekulare Umwandlung der β- in die α-Form konnte C. Doelter nicht beobachten, wohl aber scheidet sich über 1260°, also in der Nähe des Schmelzpunktes nur noch die α-Form aus der sinternden Masse aus.

Wird es in fein gepulvertem Zustand bei Abschluß von Kohlensäure mit Wasser zu einem Brei angerührt, so tritt keine Erhärtung ein, es erhärte aber in einer Kohlensäureatmosphäre. Nach Wochen erreichte das Metasilicat nur 4,5 kg/qcm Zugfestigkeit und in Wasser gebracht, verlor es CaO und SiO_2.[2]) Auch die Zugfestigkeit ist so gering, daß dieses Silicat als solches im Klinker wohl kaum vorhanden sein dürfte. Versuche, auf wäßrigem Wege dieses Silicat herzustellen, sind von Le Chatelier, E. Jordis[3]) und E. Kanter[4]) ausgeführt worden, doch haben sie bisher noch zu keinem einheitlichen Resultate geführt.

Die chemische Zusammensetzung des auf wäßrigem Wege hergestellten Silicates war $CaSiO_3 \,.\, 1{,}1\, H_2O$.

Calciumoxyd mit größeren Mengen von Kieselsäure, als der Formel $CaO \,.\, SiO_2$ entspricht, zusammengeschmolzen, gibt Schmelzen, welche als feste Lösungen von Kieselsäure und Kalksilicaten zu betrachten sind. Die Schmelzen werden von Wasser schwer angegriffen, sie erhärten aber wie Puzzolanmörtel.

Das Metasilicat bildet aber in beschränktem Maße auch feste Lösungen mit dem Orthosilicat.

C. Doelter[5]) hat gezeigt, daß dieses Silicat bei einer Temperatur von 1260°, also noch im festen Zustande, den Strom zu leiten beginnt. Die Leitfähigkeit ist aber geringer als beispielsweise die einer Verbindung von $2(CaO \,.\, SiO_2) + CaO \,.\, Al_2O_3$, dem in der Natur vorkommenden Gehlenit, welcher schon bei 1200° sehr viel stärker dissoziiert ist als das reine Metasilicat. Die Leitfähigkeitstemperaturkurve zeigt bei 1200° einen scharfen Knick.

Auf Grund auch der Tatsache, daß die tonerdefreien Silicate wie manche Augite weniger stark dissoziiert sind als die tonerdehaltigen (z. B. die Feldspate), und daß im normalen Klinker niemals reine Kalk- und Magnesiumaluminate sich vorfinden, ist dann von L. Jesser[6]) die Vermutung ausgesprochen worden, daß im Portlandzement die Bedingungen für das Auftreten von dissoziiertem Aluminiumoxyd nicht gegeben sind und freie Aluminate nicht vorkommen können. Optisch unterscheidet den α-Wollastonit von der β-Form weniger die kristallographische Ausbildung, als die sehr viel höhere Doppelbrechung der Kristalle. Doppelbrechung 0,025—0,035 gegenüber 0,015 bei

[1]) C. Doelter, Sitzber. Wiener Ak. **120**, 1 (1911).
[2]) O. Schmidt, Der Portlandzement (Stuttgart 1906), 43.
[3]) E. Jordis, Z. anorg. Chem. **35**, 16 (1903).
[4]) E. Kanter, Über Erdalkalisilicate, Kieselsäure u. Alkalisilicate (Erlangen 1902), 42.
[5]) C. Doelter, ZB. f. Zementchemie **1**, 1 (1910).
[6]) L. Jesser, ZB. f. Zementchemie **3**, 1 (1910).

Wollastonit. Mittlerer Brechungsexponent 1,636 wie bei Wollastonit. Optischer Charakter positiv gegenüber negativ bei Wollastonit. Achsenwinkel $2E = 0-8°$, bei Wollastonit $2E = 69° 30'-70°$.

Nach C. Doelter,[1] welcher das künstliche Kalksilicat optisch eingehend studierte, ist die Verbindung hexagonal oder rhombisch (dann optisch anomal). Auch Zwillingslamellen wurden von C. Doelter beobachtet. A. Day und seine Mitarbeiter fanden eine sehr kleine Auslöschungsschiefe $a:\alpha$ zu 2°.

Dicalciumsilicat, $2CaO.SiO_2$: Dieses Silicat läßt sich als Salz der Orthokieselsäure auffassen, wenn man schreibt

$$Si\begin{matrix} \diagup O \\ \diagup O \\ \diagdown O \\ \diagdown O \end{matrix}\begin{matrix} >Ca \\ \\ >Ca \end{matrix}$$

Ein solches Silicat kommt in der Natur nicht vor und ist bisher nur künstlich dargestellt worden. Dem Bicalciumsilicat wurde seit jeher die Ursache des bisweilen auftretenden Zerfallens oder Zerrieselns des Portlandzementklinkers zugeschrieben. Nach O. Schott[2] zeigen nämlich alle Kalksilicate von dem Verhältnis $1\frac{1}{2}CaO : 1SiO_2$ bis zu $3CaO : 1SiO_2$ starke Treiberscheinungen.

Um die Erscheinung des Zerrieselns zu erklären, hat schon Le Chatelier die Annahme gemacht, daß das Bicalciumsilicat dimorph sei, indem die in der Hitze beständige Form bei gewöhnlicher Temperatur nicht beständig ist und eine Umlagerung erleidet, welche sich in einem Zerfallen der Masse bemerklich macht.[3] Diese Theorie Le Chateliers erfuhr durch A. Day und E. T. Allen eine weitgehende Bestätigung.

Nach V. Pöschl[4] existiert das Bicalciumsilicat in mehreren Modifikationen, welche von A. Day und E. T. Allen eingehend studiert wurden. Die α-Form hat monokline Kristallform und eine Dichte von 3,27. Ihre Härte liegt zwischen 5 und 6. Sie schmilzt bei 2130°, nach R. Rieke bei 1650°[5] (Kegelmothode) und wandelt sich bei 1420° in die β-Form um.

Die β-Form kristallisiert rhombisch, hat eine Dichte von 3,28 und wird bei 675° zur γ-Form. Die γ-Form kristallisiert ebenfalls monoklin und besitzt nur eine Dichte von 2,97, weshalb bei der Umwandlung $\beta \rightarrow \gamma$ eine Volumzunahme erfolgt. E. S. Shepherd und G. A. Rankin entdeckten neuerdings noch eine vierte Form des Calciumorthosilicats, die unstabile β-Form, und die Verbindung $3CaO.2SiO_2$, deren optische Eigenschaften dem Akermanit nahe kommen. Was die optischen Eigenschaften der Kalk–Kieselsäureverbindungen betrifft, so lassen sich die α- und β-Form nur schwer unterscheiden, wohl aber die von 675° an stabile γ-Form.

Die α-Form ist monoklin, zeigt Zwillingsbildung und besitzt im Maximum eine Auslöschungsschiefe $c\alpha$ 18°. Die Brechungsindizes sind für $\alpha = 1,714$, $\beta = 1,720 \pm 4$ und $\gamma = 1,737 \pm 3$. Doppelbrechung etwa 0,02. Optischer Charakter positiv. $2V = 81°$; $2E > 180°$. Die Ebene der optischen Achsen geht nahezu parallel der Längsrichtung der Kristalle.

---

[1] C. Doelter, N. JB. Min. etc. **1**, 119 (1886).
[2] O. Schott, Kalksilicate und Kalkaluminate. (Heidelberg 1906), 164.
[3] A. Day und Mitarbeiter, Tsch. min. Mit. **26**, 169 (1907) und E. S. Shepherd u. G. A. Rankin, Z. anorg. Chem. **7**, 19 (1911).
[4] V. Pöschl, Tsch. min. Mit. **26**, 454 (1907).
[5] R. Rieke, Über die Schmelzbarkeit von Kalk-, Tonerde-, Kieselsäuremischungen. Sprechsaal 1907, Nr. 44, 45 u. 46.

Die β-Form besitzt etwas niedrigere Doppelbrechung, etwa 0,01, keine Zwillingslamellen und gerade Auslöschung. $\alpha = 1{,}72$, γ etwa 1,735. Die β-Form kristallisiert in farblosen Körnern, welche ohne Spaltbarkeit sind und die Lichtbrechung des Tricalciumsilicats 1,715 besitzen. Die Doppelbrechung ist niedrig und der optische Charakter positiv. Die letztere Eigenschaft soll diese Verbindung vom Tricalciumsilicat unterscheiden.

Die γ-Form ist monoklin und besitzt eine sehr kleine Auslöschungsschiefe $c\gamma$ 3^0. Zwillingsbildung fehlt und die Lichtbrechung ist viel niedriger als für die beiden ersten Formen; $\alpha = 1{,}640 \pm 3$, $\beta = 1{,}645 \pm 3$, $\gamma = 1{,}654 \pm 3$. Die Doppelbrechung ist schwach 0,014. Der Winkel der optischen Achsen $2E = 52^0$, der optische Charakter negativ und die Achsenebene senkrecht zur Prismenachse.

Die Verbindung $3CaO.2SiO_2$ kristallisiert in unregelmäßigen Körnern ohne Kristallumriß und ohne Spaltbarkeit. Die Brechungsexponenten sind für $\alpha = 1{,}642$, für $\gamma = 1{,}650$. Der optische Charakter ist positiv, das Kristallsystem wahrscheinlich rhombisch. Bei hoher Temperatur geht diese Verbindung in ein Gemisch von Ortho- und Metasilicat über.

Die Zerstörung oder Zerrieselung des Bicalciumsilicats und aller Kalkverbindungen mit über 51 $^0/_0$ Kalk ist auf die 10 $^0/_0$ ige Volumzunahme zurückzuführen, welche die β-Form beim Übergang in die γ-Form erleidet. Vom Wasser wird das Bicalciumsilicat angegriffen, durch Ammoniumsalzlösungen leicht zersetzt. Bei Einwirkung verdünnter Säuren wird die Zersetzung beschleunigt. Erhärtung tritt ähnlich wie beim Monocalciumsilicat nur bei Anwesenheit von Kohlensäure ein, wobei das mit Wasser erhaltene Produkt eine höhere Festigkeit erlangt als das aus dem Monocalciumsilicat erhaltene. K. Unger[1]) fand nach einer Erhärtungszeit von 2 Wochen im Wasser 8 kg/qcm Zugfestigkeit. Aus dieser geringen Fähigkeit, zu erhärten, geht mit großer Sicherheit hervor, daß das Bicalciumsilicat als solches im Portlandzement kaum vorhanden sein dürfte. Bezüglich des Silicats $4CaO.3SiO_2$ (von J. H. L. Vogt Akermanit genannt),[2]) welches nach J. H. L. Vogt geringe Mengen MgO enthält, konnten A. Day und Mitarbeiter den Nachweis erbringen, daß das Silicat sich aus den reinen Bestandteilen nicht bilden kann, sondern nur bei Gegenwart anderer Körper existenzfähig wird. Akermanit ist tetragonal und optisch einachsig und seine Brechungsexponenten sind $\gamma = 1{,}640$ und $\alpha = 1{,}635$. Die Anwesenheit der Magnesia bedingt nach E. S. Shepherd und G. A. Rankin den optischen Unterschied dieser Substanz gegenüber der Verbindung $3CaO.2SiO_2$. Die richtige Formel für den Akermanit wäre dann $3CaO.2SiO_2$.

Die Bariumsilicate sind im allgemeinen etwas höher schmelzbar als die Calciumsilicate. Das $BaO.SiO_2$ hat A. Ammon[3]) auf nassem Wege erhalten. Eine Verbindung von der Zusammensetzung $BaO.SiO_2.H_2O$ stellte E. Kanter,[4]) die Verbindung $BaO.SiO_2.6H_2O$ Le Chatelier durch Einwirkung von Barytwasser auf Wasserglaslösung oder kolloidale Kieselsäure her.

Ebenso wie das Dicalciumsilicat kann auch das Dibariumsilicat auf wäßrigem Wege nicht hergestellt werden. Mit Wasser erhärtet das Dibariumsilicat unter Bildung von Monobariumsilicat und Barythydrat nach der Formel:

[1]) O. Schmidt, Der Portlandzement (Stuttgart 1906), 51.
[2]) J. H. L. Vogt, Archiv f. Math. u. Naturw. (Christiania 1889).
[3]) A. Ammon, Silicate der Alkalien und Erden (Köln 1862).
[4]) E. Jordis l. c.

$$2BaO.SiO_2 + 15H_2O = BaO.SiO_2.6H_2O + Ba(OH)_2.8H_2O.$$[1])

Die Strontiumsilicate sind noch sehr wenig bekannt.

Tricalciumsilicat $3CaO.SiO_2$: Das Tricalciumsilicat ist zuerst von Le Chatelier herzustellen versucht worden. Le Chatelier hatte die Annahme gemacht, daß der Klinker aus $3CaO.SiO_2$ (Tricalciumsilicat) und $3CaO.Al_2O_3$ (Tricalciumaluminat) bestünde. Es gelang ihm und vielen anderen Forschern nach ihm jedoch nicht, die Verbindung durch Zusammenschmelzen der Oxyde zu erhalten, obwohl Gemische von der Zusammensetzung der Verbindung gegen Wasser sich „volumenbeständig" erwiesen.

Nach Le Chatelier war O. Schott derjenige, welcher zeigen konnte, daß das Tricalciumsilicat schon bei einem Zusatz von 4% Tonerde hydraulisch und volumbeständig wird, während das reine Silicat im Schmelzflusse zerfällt. E. S. Shepherd und G. A. Rankin konnten die Ergebnisse O. Schotts und anderer Forscher bestätigen, daß ein Gemisch von $3CaO:1SiO_2$ bei Temperaturen von 1800° teilweise zum Tricalciumsilicate sich vereinigt, teilweise aber ein Gemenge von Orthosilicat und Kalk entsteht; Orthosilicat und freier Kalk (Würfel, δ 3,22, Härte 3, N 1,82, Θ ca. 3000°) entsteht auch immer, wenn das Tricalciumsilicat geschmolzen wird.

Das Tricalciumsilicat gehört also zu den Stoffen, welche sich durch eine Reaktion im Festen bilden, aber noch bevor die Schmelztemperatur erreicht wird, in das Orthosilicat und freien Kalk zerfallen. Aus dem geschmolzenen Zustand kann sich ebenfalls nur Orthosilicat und Kalk abscheiden. Das Tricalciumsilicat unterscheidet sich optisch nur in der Doppelbrechung und im optischen Charakter (optisch-negativ) vom Orthosilicat, während der Brechungsindex mit dem von der β-Form des Orthosilicats völlig identisch sein soll. Die stets vorhandene geringe Menge Al_2O_3 und der hohe Kalkgehalt im Verhältnis zum Orthosilicat würden wohl eher auf ein Ansteigen des Brechungsexponenten schließen lassen.

In allen von A. Day und E. T. Allen untersuchten Schmelzen mit mehr als 65% CaO (der Zusammensetzung des Orthosilicats entsprechend) konnte mit Hilfe der Lichtbrechung (CaO 1,82) ein Überschuß von freiem Kalk nachgewiesen werden.

Ferner zeigen alle Mischungen bis 90% Kalkgehalt die β-$\rightleftarrows$$\gamma$-Umwandlung des Orthosilicats, was bei Anwesenheit eines Tricalciumsilicats nicht möglich ist.

Nach E. S. Shepherd und G. A. Rankin[2]) können wir die Existenz von vier verschiedenen Calciumaluminaten als sicher betrachten.

Monocalciumaluminat $CaO.Al_2O_3$: Dieser monokline oder trikline, in der Natur als Spinell auftretende Stoff schmilzt bei 1592° C und hat die Dichte 2,981. Mittlerer Brechungsindex $n = 1{,}654$. Achsenwinkel $2V = 36°$. Dispersion der optischen Achsen $\varrho > v$. Er ist stark doppelbrechend und bindet mit Wasser sehr rasch ab. Im Überschuß von Wasser geht Kalk und Tonerde in Lösung.

Das **Tricalciumaluminat $3CaO.Al_2O_3$:** Um diese Verbindung rein zu erhalten, muß man die Masse lange Zeit auf etwa 1400° erhitzen, weil man

[1]) Landrin, Bull. Soc. chim. **2**, 42.

[2]) E. S. Shepherd und G. A. Rankin, Die binären Systeme von Tonerde mit Kieselsäure, Kalk und Magnesia, Am. Journ. **28**, 166 (1909).

sonst immer etwas von den beiden Verbindungen CaO und $5\,CaO\,.\,3\,Al_2O_3$ erhält. Das Tricalciumaluminat ($n = 1{,}710$) ist regulär und besitzt die Dichte 3,038. Sie besitzt ebenso wie die Verbindung $3\,CaO\,.\,5\,Al_2O_3$ keinen scharfen Schmelzpunkt, ist aber bei einer Temperatur von etwa 1550^0 vollständig geschmolzen, wobei das Salz in CaO und Schmelze zerfällt.

Mit Wasser angerührt, erhärtet das Tricalciumaluminat schnell; es treten jedoch alsbald Treiberscheinungen auf, was gegen die Anwesenheit eines freien Aluminats im Portlandzement spricht. Die bisher auf wäßrigem Wege hergestellten Kalkaluminate haben sich als unbeständige Verbindungen der Zusammensetzung $4\,CaO\,.\,Al_2O_3$. aqu. bis $5\,CaO\,.\,2\,Al_2O_3$. aqu. erwiesen.

Außer den beiden besprochenen Aluminaten bestehen zwischen Kalk und Tonerde noch zwei Verbindungen von folgender Zusammensetzung:

$5\,CaO\,.\,3\,Al_2O_3$, die Verbindung mit dem tiefsten Schmelzpunkte 1382^0 C ist isotrop; die Dichte beträgt 2,828, der Brechungsindex liegt nahe bei 1,61. Diese Verbindung liegt sehr nahe zwischen einem Eutektikum von der Zusammensetzung $51\,^0/_0$ Al_2O_3 und einem von $53\,^0/_0$ Al_2O_3 und besitzt überdies eine unstabile Form, welche doppelbrechend ist, viel höhere Lichtbrechung (1,68—1,69) besitzt und sich leicht in die isotrope Form umwandelt.

Die Verbindung **$3\,CaO\,.\,5\,Al_2O_3$** ($\omega = 1{,}617$, $\varepsilon = 1{,}651$) ist bei 1725^0 C vollständig geschmolzen, wobei sich freie Tonerde bildet; sie besitzt ebenso wie die vorhergehende eine instabile Form. Die Dichte beträgt 3,05.

Alle anderen im Zement als vorhanden angenommene Aluminate, wie $3\,CaO\,.\,2\,Al_2O_3$, $2\,CaO\,.\,Al_2O_3$ sind keine Verbindungen, sondern feste Lösungen von nicht stöchiometrischer Zusammensetzung und mehr oder weniger gutem Erhärtungsvermögen.

Auffallend hoch sind die Schmelzpunkte der von E. S. Shepherd und G. A. Rankin hergestellten Produkte; einige Versuche, welche ich anstellte, haben gezeigt, daß die meisten Kalkaluminate bei einer Temperatur zwischen 1450^0 und 1500^0 schmelzen und auch bei diesen Temperaturen darstellbar sind. So sind Verbindungen bzw. Lösungen von 1 und 2 Äquivalenten CaO auf 1 Äquivalent Tonerde schon im Fourquignonofen bei Temperaturen von höchstens 1400^0 kristallisiert zu erhalten.[1]) Ähnliche Resultate fand O. Boudouard.

W. Michaelis fand, daß Mischungen von Kalk und Tonerde innerhalb der Grenzen $CaO\,.\,Al_2O_3$ und $3\,CaO\,.\,Al_2O_3$ mit Wasser erhärten. Nach E. Frémy ist die Erhärtung von der vorhergehenden Erhitzung abhängig.

Eine feste Lösung, entsprechend der Zusammensetzung $3\,CaO\,.\,2\,Al_2O_3$, erhärtet ebenfalls mit Wasser rasch; die gebildeten Hydrate zerfallen aber leicht wieder und es scheidet sich unter Freiwerden von Kalk und Tonerde ein Ca-ärmeres wasserhaltiges Aluminat ab. Ähnlich verhält sich eine feste Lösung von $2\,CaO\,.\,Al_2O_3$.

P. Rohland[2]) hat darauf hingewiesen, daß die von A. Day und E. T. Allen u. a. beschriebenen Silicate und Mischungen entweder nicht in der den Zement auszeichnenden Weise abbinden und erhärten, oder chemisch nicht vollkommen rein sind. Trotzdem das Bicalciumsilicat nach 8-wöchentlicher Lagerung eine doppelt so große Zugfestigkeit erlangt als das Monocalciumsilicat, ist die Zugfestigkeit bei beiden Silicaten gegenüber der eines guten

---

[1]) E. Dittler, ZB. f. Zementchemie **1**, 6 (1910).
[2]) P. Rohland, Ton-I.-Z. **29**, 9 (1905).

Zements äußerst gering. Auch aus den Untersuchungen W. und B. Newberrys, welche das Verhalten von Silicatmischungen der Zusammensetzung

$$\{x\,(3\,CaO \,.\, SiO_2)\} + \{y\,(2\,CaO \,.\, Al_2O_3)\}$$

untersuchten, die gut erhärten und auch raumbeständig sind, geht hervor, daß der Kalk sich nicht im stöchiometrischen Verhältnis zur Kieselsäure befinden kann, sondern nach Art einer festen Lösung oder Legierung gebunden ist. Die Produkte, welche man beim Zusammenschmelzen von Calciumaluminaten mit Calciumsilicaten erhält, zeigen innerhalb gewisser Grenzen Erhärtungsvermögen und bei der mikroskopischen Untersuchung eine Reihe Eutektika und Verbindungen, welche die Auskristallisation von Kalktonerdesilicaten erkennen lassen. Die Aluminate sind bei gleichzeitiger Anwesenheit von Kieselsäure nicht beständig und aus diesem Grunde auch im Klinker des Portlandzements kaum als solche vorhanden. Schon ganz geringe Mengen freier Tonerde verleihen aber auch andererseits den Kalksilicaten ganz andere Eigenschaften, wie besonders beim Tricalciumsilicat gezeigt werden konnte. Aus diesen Ergebnissen kann mit einiger Sicherheit der Schluß gezogen werden, daß man im Portlandzement nicht Calciumaluminate und -silicate nebeneinander vorhanden anzunehmen hat, sondern eine ternäre Lösung von mindestens drei Komponenten (Tricalciumsilicat, Bicalciumsilicat, Tri- oder Bicalciumaluminat), welche in beschränktem Maße bis zu der durch die Formel

$$\frac{CaO + MgO}{SiO_2 + Al_2O_3} = 3$$

gegebenen Treibgrenze freies CaO aufzunehmen vermag.

Eine übersichtliche Zusammenstellung aller Verbindungen von Kalk, Kieselsäure und Tonerde, welche von verschiedenen Forschern als im Klinker bestehend angenommen werden, geben E. S. Shepherd und G. A. Rankin in ihrer Arbeit über die Konstitution der Portlandzementklinker.

Tabelle.

Le Chatelier	O. Boudouard	B. Newberry
$CaO . SiO_2$	$CaO . SiO_2$	
$2CaO . SiO_2$[1])	*$2CaO . SiO_2$*	*$2CaO . SiO_2$*
$3CaO . SiO_2$	*$3CaO . SiO_2$*	*$3CaO . SiO_2$*
—	—	—
$CaO . Al_2O_3$	$CaO . Al_2O_3$	$CaO . Al_2O_3$
$3CaO . Al_2O_3$	*$3CaO . Al_2O_3$*	

Ch. Richardson	Geop. Lab.	
$CaO . SiO_2$	$CaO . SiO_2$	(2 Formen)
$2CaO . SiO_2$	*$2CaO . SiO_2$*	(4 Formen)
$3CaO . SiO_2$	*$3CaO . SiO_2$*	(zerfällt vor dem Schmelzfluß)
—	$3CaO . 5Al_2O_3$	(2 Formen)
$CaO . Al_2O_3$	$CaO . Al_2O_3$	
$3CaO . Al_2O_3$	$5CaO . 3Al_2O_3$	(2 Formen)
	$3CaO . Al_2O_3$	(beim Schmelzpunkt unbeständig).

[1]) Die kursiv gedruckten chemischen Formeln stellen wesentliche Bestandteile des Zements dar.

E. S. Shepherd und G. A. Rankin[1]) haben neuerdings das ternäre System CaO, Al_2O_3 und SiO_2 untersucht, um durch Ermittlung der Stabilitätsverhältnisse der zwischen ihnen auftretenden Verbindungen in die Konstitutionsfrage des Portlandzementklinkers Licht zu bringen. Nach E. S. Shepherd und G. A. Rankin wäre Portlandzementklinker ein variables System von folgenden Möglichkeiten:

I	II	III
CaO	$3CaO.SiO_2$	$2CaO.SiO_2$
$3CaO.SiO_2$	$2CaO.SiO_2$	$3CaO.Al_2O_3$
$3CaO.Al_2O_3$	$3CaO.Al_2O_3$	$5CaO.3Al_2O_3$

IV	V
$2CaO.SiO_2$	$2CaO.SiO_2$
$5CaO.3Al_2O_3$	$2CaO.Al_2O_3.SiO_2$
$CaO.Al_2O_3$	$CaO.Al_2O_3$

Cl. Richardsons typischer Zement würde der Klasse II entsprechen. Man sieht, daß die einzelnen Gemische insbesondere im Kalkgehalte kleine

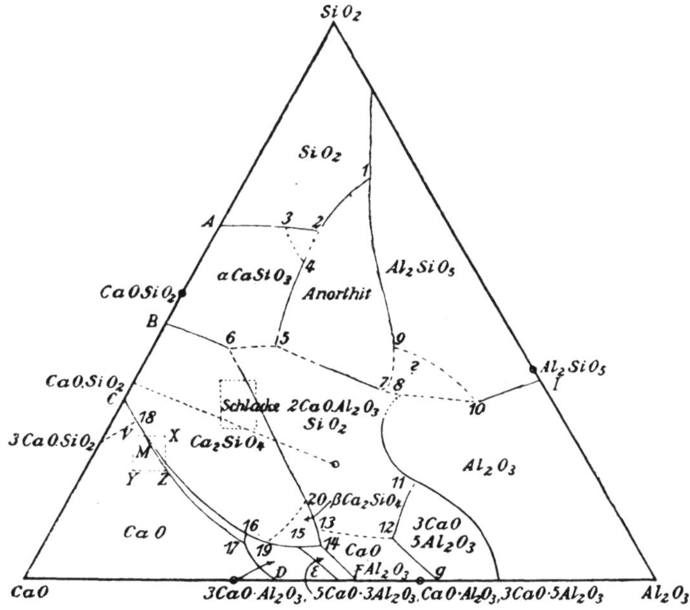

Fig. 102. System $CaO—SiO_2—Al_2O_3$ nach E. S. Sherpherd u. G. A. Rankin.

Änderungen aufweisen können, ohne daß das Endprodukt wesentlich verändert wird. Klinker von der chemischen Zusammensetzung der Klasse V dürften sich nicht sehr viel von Schlackenzementen unterscheiden und sind durch niedrigen Kalkgehalt charakterisiert.

Das von E. S. Shepherd und G. A. Rankin aufgestellte Diagramm (Fig. 102) der Kristallisationskurven der Zementklinker zeigt zunächst an, daß die Konstitution der Schlackenzemente ziemlich bedeutend von kleinen Unterschieden in der Zusammensetzung durch die die Verbindungen $2CaO.SiO_2$ und $2CaO.Al_2O_3.SiO_2$

[1]) E. S. Shepherd u. G. A. Rankin, Z. anorg. Chem. **71**, 19 (1911).

verbindende Linie beeinflußt wird. In Fig. 102 sind die Ergebnisse der Untersuchungen über binäre Systeme auf die Seiten des ternären Diagramms projiziert. Außer den Verbindungen auf der Linie $CaO—SiO_2$, $SiO_2—Al_2O_3$ und $CaO—Al_2O_3$ findet sich eine Anzahl Eutektika in *A*, *B*, *C*, *E*, *F*, *G* und *J*. Man erkennt, daß die Verbindung $3CaO.Al_2O_3.3SiO_2$, welche in ihrer Zusammensetzung dem Grossular entspricht, nicht existenzfähig ist, sondern in ein Gemisch von Anorthit, Gehlenit und α-Wollastonit zerfällt. Die Herstellung des Grossular gelang aber durch Einwirkung von $AlCl_3$ auf Ca_2SiO_4 in Wasser unter Druck. Ein Gemenge von $4CaO.3Al_2O_3.6SiO_2$, welches dem natürlichen Mejonit entspricht, gibt geschmolzen Gehlenit und nicht Mejonit, wie man erwarten sollte. Für ternäre Verbindungen existieren nur zwei Felder, das des Anorthits und das der Gehlenit ähnlichen Verbindung $2CaO.Al_2O_3.SiO_2$, welche von O. Boudouard[1]) zuerst beobachtet wurde. Gemische von reiner Gehlenitverbindung, also aus $3CaO.Al_2O_3.2SiO_2$ bestehend, erwiesen sich im Schmelzflusse als inhomogen, was jedoch anderen synthetischen Arbeiten von L. Bourgeois, C. Doelter, J. H. L. Vogt u. a. widerspricht.

Die von R. Rieke, l. c. ermittelten Doppelsilicate $2CaO.Al_2O_3.2SiO_2$, $4CaO.Al_2O_2.2SiO_2$ und $6CaO.Al_2O_3.2SiO_2$ sind in der Natur unbekannt und von E. S. Shepherd und G. A. Rankin nicht aufgefunden worden, sie stellen vielleicht feste Lösungen dar.

Aus dem Diagramm ersieht man, daß Zementklinker, deren Zusammensetzung durch die Fläche *v x y z* gegeben ist, hauptsächlich aus $3CaO.SiO_2$ und $2CaO.SiO_2$ mit einer geringen Menge von $3CaO.Al_2O_3$ bestehen müssen. Mit Ausnahme der kleinen Ecke, die unterhalb der gestrichelten Linie liegt, welche $3CaO.SiO_2$ mit $3CaO.Al_2O_3$ verbindet, erstarren alle Gemische innerhalb des Feldes *v x y z* bei Punkt 16, während diejenigen Gemische, die innerhalb dieser Ecke des Rechtecks liegen, bei Punkt 17 erstarren und freien Kalk enthalten.

Über Schlackenzemente und ihre Konstitution handelt auch eine Arbeit von M. Theusner.[2])

Die Zusammensetzung der Hochofenschlacken ist ganz analog derjenigen der hydraulischen Bindemittel, besonders derjenigen des Portlandzements, also aus Kalk, Tonerde und Kieselsäure bestehend, weswegen dem Portlandzement vielfach bis zu 30% Hochofenschlacke zugesetzt werden. M. Theusner fand, daß trotzdem aus hochbasischen Schlacken bei Behandlung mit verschiedenen Lösungsmitteln (Citronensäure, Ammoncitrat- und Ammoniumchloridlösung) reichliche Mengen Kalk in Lösung gehen, dieser Kalk, ebenso wie beim Zement, als nicht frei anzunehmen sei, sondern aus den Kalksilicaten und -aluminaten des Zements stamme. Ebenso verhalten sich synthetisch hergestellte Schlacken aus Kalk, Tonerde, Eisenoxyd und Kieselsäure. Die Schlacken werden im allgemeinen um so leichter angegriffen, je basischer sie sind, wobei die Citronensäure die stärkste Lösefähigkeit für Kalk zeigt.

Irgendwelche Schlußfolgerungen über die im Zement auftretenden Verbindungen der drei Komponenten Kalk, Tonerde und Kieselsäure zieht M. Theusner nicht. Seine Arbeit erscheint aber insofern bemerkenswert, weil die Frage des „freien“ Kalkes in Zementen, welche bis zu 60% Kalk enthalten, vom chemischen Standpunkte aus als gelöst betrachtet werden darf.

[1]) O. Boudouard, C. R. **144**, 1047 (1907).

[2]) M. Theusner, Beiträge zur Kenntnis und Konstitution natürlicher und künstlicher Schlacken. Dissertation kgl. techn. Hochschule (Berlin 1908).

Allgemeines über Zemente.

Von **Ferdinand R. v. Arlt** (Wien).

Unter den Begriff „Zement“ fallen zahlreiche voneinander durchaus verschiedene Substanzen und Gemenge, welche lediglich darin eine Gemeinsamkeit zeigen, daß sie für sich oder im Gemische mit Füllstoffen aus ihrem ursprünglich losen, weichen oder flüssigen, die Verarbeitung zulassenden Zustande in einen mehr oder weniger festen, formbeständigen Zustand übergehen und dabei eine Verkittung der Füllstoffe, bzw. der sie umgebenden Körper zu bewirken vermögen. Daneben wird das Wort „Zement“ jedoch sehr häufig mit einer Einschränkung des Begriffsumfanges in dem Sinne benutzt, daß damit die hydraulischen Zemente bezeichnet werden. Diese bilden unter der großen Zahl der mit Wasser erhärtenden Substanzen eine besondere Gruppe, deren wesentlichstes Merkmal die Beständigkeit der erhärteten Zemente gegen Wasser bildet. Die hydraulischen Zemente enthalten sämtlich Kalk und neben bzw. in Verbindung mit diesem Kieselsäure, Tonerde oder deren Verbindungen. Teilweise kann die Tonerde auch durch verwandte Oxyde (Eisenoxyd, Chromoxyd) ersetzt sein. Unter den Begriff der hydraulischen Zemente fallen jedoch anderseits auch Mörtelstoffe, die für gewöhnlich meist nicht als Zemente bezeichnet werden: die hydraulischen Kalke.

Eine zur Besprechung der so näher charakterisierten Gruppe der hydraulischen Zemente geeignete Einteilung läßt sich nach ihrem Formzustande, bzw. jenem der sogenannten „sauren Bestandteile“[1]) treffen. Wir könnten dann die amorphen den kristallinen Hydrauliten gegenüberstellen und aus den ersteren wieder eine Gruppe, nämlich die glasigen, gesondert behandeln.

Die ungeheure Zahl der dem hier zu besprechenden Gebiete zugehörigen Publikationen und die große Mannigfaltigkeit der technischen Verfahren bringen es mit sich, daß die nachfolgenden Erörterungen nur einen allgemeinen Überblick über die wichtigsten Verfahrensweisen, neueren Hypothesen und Versuchsmethoden geben können und zur näheren Information auf die Originalliteratur verwiesen werden muß. Insbesondere die ältere Literatur ist in mehreren der angeführten Publikationen eingehend und kritisch behandelt, so daß ihre abermalige Verarbeitung an dieser Stelle wohl entbehrt werden konnte.[2])

Rohstoffe der Zementindustrie.

Kalkgesteine und Mergel.

Kalk findet in fast allen natürlich vorkommenden Formen Verwendung zur Erzeugung hydraulischer Bindemittel. Reine („fette“) Kalksteine werden

[1]) Diese Bezeichnung, unter welcher ganz allgemein SiO_2, Al_2O_3 und die Eisenoxyde zusammengefaßt werden, ist insofern nicht korrekt, als der saure Charakter von Tonerde und Eisenoxyden nicht nur nicht erwiesen ist, sondern sogar für manche Fälle Zweifeln begegnen muß. Immerhin faßt sie in bequemer Weise die neben dem Kalk vorhandenen wirksamen Stoffe zusammen.

[2]) Hier sei namentlich bezüglich der Theorie auf die Werke Nr. 30, 69, 82, 101 im Anhange „Buchliteratur“, sowie auf die Arbeit von E. Jordis u. E. Kanter, Z. f. angew. Chem. **16**, 463, 485 (1903) verwiesen.

in feingemahlenem Zustande als Bestandteil der Rohmasse künstlichen Portlandzements oder, gebrannt und dann hydratisiert, als Bestandteil der Puzzolan-(Schlacken-)Zemente verwendet. Magere (d. h. SiO_2, Al_2O_3 usw. enthaltende) Kalke werden zu erstgenanntem Zwecke benutzt. Mit zunehmendem Gehalte an fremden Bestandteilen gelangen wir zu den Mergeln, welche je nach ihrer Zusammensetzung in verschiedener Weise verwertet werden können. Man unterscheidet je nach der Zusammensetzung Kalkmergel, welche wenig Ton, und Tonmergel, welche viel Ton enthalten, sowie Kieselkalke,[1]) welche reich an SiO_2 sind. Die Kalkmergel finden zur Erzeugung von hydraulischen Kalken oder als kalkreiche Komponente für die Erzeugung von Portlandzement Verwendung. Für erstgenannten Zweck sind sie geeignet, wenn sie zu etwa 16—25% aus Ton bzw. Kieselsäure bestehen, und zwar sind sie um so besser, je mehr Kieselsäure sie enthalten (Kieselkalke); in der folgenden Tabelle die Mergel 1 und 3.

Tonmergel von solcher Zusammensetzung, wie sie für Portlandzement erforderlich ist, welche also etwa 1,6—2,3 Teile Kalk auf einen Teil Kieselerde + Tonerde + Eisenoxyd enthalten, finden zur Herstellung von Naturportlandzement, d. h. zur Erzeugung von Portlandzement durch bloßes Brennen und Mahlen ohne vorherige Aufbereitung Anwendung. Geeignete Mergel sind in der Tabelle in der 7. und 8. Reihe angegeben.

Aus Mergeln von meist noch höherem Tongehalte (etwa 30—40%, mitunter bis 50%) werden die Romanzemente erbrannt (Tabelle, Reihen 4, 5 und 6).

Die Kieselkalke dienen, wovon noch die Rede sein wird, zur Herstellung der Grappierzemente.

Mergel.[2])

Autor:	Collet-Descotils	Knauss	Rivot	Berthier	Feichtinger	Knauss	Feichtinger	Ljamin
Herkunft:	Dreuse	Horb	Teil	Metz	Bayern	Essex	Perlmoos	Südrußland
SiO_2	17,0	11,2	13,75	11,6	29,19	21,9	15,92	13,48
Al_2O_3	1,0	5,3	0,65	3,6	3,76	3,5	5,94	4,77
Fe_2O_3	—	2,2	Spur	—	7,07 (Fe₂O₃ + FeO)	8,2	3,98	1,35
FeO	—	2,4	—	3,0				
MnO	—	—	—	1,5	—	—	—	—
$CaCO_3$	80,0	63,1	83,93	76,5	55,87	57,8	70,64	79,38
CaO	—	—	—	—	0,70	—	—	—
$MgCO_3$	1,5	12,3	—	3,0	0,60	5,7	1,02	0,21
Alkalien	n. b.	n. b.	n. b.	n. b.	0,85	1,1	1,37	n. b.
Wasser usw.	getrocknet	getrocknet	1,77	getrocknet	1,04	1,8	0,79	0,6

Die Verwertung von Mergellagern erfolgt nicht immer nur für ein einzelnes hydraulisches Bindemittel, vielmehr erscheint es häufig vorteilhaft, die ver-

[1]) Als Typus der für die Zementfabrikation verwendbaren Kieselkalke sind die südfranzösischen Vorkommnisse anzusehen, bei welchen die amorphe Kieselsäure in feinster Verteilung die Kalksteinmasse durchsetzt.

[2]) Einzelne der Zahlentafeln sind dem Laboratoriumsbuche des Verfassers (Buchliteratur Nr. 102) entnommen.

schiedenen Schichten auf jenes Bindemittel zu verarbeiten, für welches sie sich unmittelbar und besonders eignen. Diese Art der Aufarbeitung ist namentlich in den südfranzösischen Fabriken systematisch durchgeführt. In neuerer Zeit zieht man es allerdings meist vor, in solchen Fällen zur künstlichen Aufbereitung zu greifen, die sich aber naturgemäß nur bei Portlandzement als lohnend erweist, überdies aber auch nicht immer die völlige Aufarbeitung des Rohstofflagers auf ein einziges Produkt ermöglicht.

Tone.

Eine Übersicht über die Zusammensetzung verschiedener in der Zementfabrikation, und zwar zur Herstellung künstlichen Portlandzements, verwendeter Tone gibt die folgende Tabelle[1]):

Tone.[2])

Autor:	Michaëlis	Michaëlis	Michaëlis	Feichtinger	Faraday	Schoch	Pietrusky	Cummings	F. H. Lewis
Herkunft:	Sachsen	Vorpommern	Brandenburg	Medway-Fluß	Medway-Fluß	Rußland	Catskill Cement Co. V. St. A.	Empère Portland Cement Co. V. St. A.	Glens Falls Portland Cement Co. V. St. A.
SiO_2 . . .	60,06	59,25	62,48	68,45	64,72[3])	76,90[4])	61,92	42,85	55,27
Al_2O_3 . .	17,79	23,12	20,00	11,64	24,27	10,58	16,58	13,51	28,15
Fe_2O_3 . .	7,08	8,53	7,33	14,80	7,64	7,45	7,84	4,49	
CaO . . .	9,92	—	6,30	0,75	1,89	2,05	2,01	$CaCO_3$: 22,66	CaO: 5,84
MgO . .	1,89	2,80	1,16	—	—	1,03	1,58	$MgCO_3$: 6,92	MgO: 2,25
Alkalien.	3,23	3,47	2,11	4,00	—	n. b.	3,64	K_2O: 3,08	—
$CaSO_4$.	0,60	2,73	0,60	—	—	SO_3: 0,24	SO_3: Spur	SO_3: 2,85	0,12

Die Eignung der verschiedenen Tone für die Zementfabrikation ist nicht gleich. Zwar ist die moderne Technik imstande, fast alle Tone, sofern sie die entsprechende chemische Bruttozusammensetzung besitzen, auf Portlandzement zu verarbeiten, jedoch müssen in vielen Fällen die Aufbereitungsmethode und der Brennapparat den Eigenschaften des Tons angepaßt werden. Namentlich im Kohlenverbrauch zeigen sich oft erhebliche Unterschiede, die durch das Tonmaterial bedingt sind. Da, wie später (S. 832) gezeigt werden wird, der Sinterung die Bildung einer geringen Schmelzemenge vorangehen

[1]) Die Tabelle läßt — mit Absicht — einen bereits wiederholt von verschiedenen Seiten gerügten Übelstand der Tonindustrie erkennen: die Verschiedenartigkeit der Anordnung der Analysendaten.

[2]) In geglühtem Zustande.

[3]) Hiervon 31,46% Sand.

[4]) Glühverlust betrug 3,79%, SiO_2 zu ²/₃ Sand.

muß, liegt es nahe, die Ursache dieser Verschiedenheit wenigstens zum Teil im Flußmittelgehalt der Tone zu suchen, über welchen allerdings noch verhältnismäßig wenig bekannt ist.[1])

Puzzolane und Hochofenschlacken.

Die Zusammensetzung natürlicher Puzzolane, die als hydraulische Zuschläge oder als Rohstoffe zur Zementerzeugung Verwendung finden, gibt folgende Tabelle an:

Natürliche Puzzolane:

Material:	Puzzolanerde.			Santorinerde		Traß		
Autor:	Berthier	Vicat	Lunge u. Millberg	Elsner	Heiser	Lunge u. Millberg	Berkhoff	Burchartz
Herkunft:	St. Paul bei Rom	Vesuv	Rom	Insel Santorin	Insel Santorin	Hersfeldt	?[2])	?
In konz. HCl unlöslich .	?	?	15,36[3])	?	?	33,54[3])	62,78	37,14[2])
SiO_2 . . .	44,5	46,0	35,56	68,50	64,40	30,45	0,18	29,43
Al_2O_3 . . .	15,0	16,5	}	13,31	15,70	}	}	12,61
FeO . . .	}		} 24,10	5,50	} 4,20	} 15,48	} 17,85	} 3,23
Fe_2O_3 . . .	} 12,0	15,5	}	—	}	}	}	}
MnO . . .	}			—			}	—
CaO . . .	8,8	10,0	7,18	2,36	4,10	1,17	2,35	1,21
MgO . . .	4,7	3,0	2,61	0,73	1,44	0,41	0,68	0,68
K_2O . . .	1,4	—	—	3,13	} 5,66	—	} 5,83	3,03
Na_2O . . .	4,1	—	—	4,1	} als Differenz	—	}	2,78
NaCl + Na_2SO_4 . .	—	—	—	0,31	—	—	—	—
Cl	—	—	—	—	—	—	—	—
SO_3	—	—	—	—	—	—	Spur	—
Wasser . . .	9,2	3,0	10,34	1,45	4,50	n. b.	Glühverlust 10,33	bis 120°: 3,61 Glühverlust 6,67

Über Hochofenschlacken und ihre Eignung zur Zementerzeugung hat L. Tetmajer[4]) umfassende Studien angestellt, auf welche hier nur verwiesen sei. Ferner seien die Publikationen von H. Passow[5]) und H. Fleißner[6]) ausdrücklich erwähnt; in der erstgenannten werden die Eigenschaften der Schlacken und die Verfahren zur unmittelbaren Erzeugung von Zementen aus denselben, in der letztgenannten wird das Gesamtgebiet besprochen.

Analysen, welche ein ungefähres Bild der Zusammensetzung brauchbarer Schlacken liefern, sind die folgenden:

[1]) Einige Arbeiten hierüber sind: Ludwig, Über die Beziehungen zwischen der Schmelzbarkeit und der chemischen Zusammensetzung der Tone; Ton-I.-Z. **28**, 773 (1904); Z. anorg. Chem. **17**, 365 (1898); E. Berdel, Ton-I.-Z. **29**, 787, 864 (1905); B. Zschokke, La Céramique 1907, 231, 73; M. Glasenapp, Ton-I.-Z. **31**, 1167 (1907); R. Rieke, Sprechsaal **43**, 198, 214, 229 (1910).

[2]) Bei 70–80° getrocknet.

[3]) In verd. HCl und verd. KOH unlöslich.

[4]) L. Tetmajer, Mitt. d. Anst. z. Prüfung von Baustoffen. (Zürich 1894), Hft. 4.

[5]) H. Passow, Siehe unter „Buchliteratur“ Nr. 94.

[6]) H. Fleißner, ZB. f. Zementchemie **2**. 69 (1911).

Hochofenschlacken.

Autor:	Ruhoff	Heintzel	Schoch	Schoch	Gary	Gary	Birk	
Herkunft:	Frankreich	Schweiz	?	?	Deutschland	Deutschland	Königshof Durchschnitt	Königshof Grenzwerte
SiO_2	34,70	27,31	25,76	35,87	25,70	28,14	26,29	42—27
TiO_2	—	—	—	—	1,00	0,28	—	—
Al_2O_3	16,12	22,40	20,39	6,19	9,73	13,51	18,71	15—19
FeO	2,99	1,36	1,13	0,80	0,95	0,68	1,80	—
Fe_2O_3			0,54	0,71	—	—	—	—
MnO	1,09	Spur	Spur	4,93	—	—	0,24	—
CaO	38,30	47,00	48,13	44,55	42,28	35,64	49,16	49—54
MgO	1,85	0,42	1,44	—	8,40	8,41	2,45	—
$CaSO_4$	0,07	0,12	—	—	—	—	—	—
SO_3	—	—	0,96	—	0,43	0,31	—	—
CaS	1,32	1,39	—	—	5,10	5,76	—	—
S	—	—	n. b.	n. b.	—	—	—	—
K_2O	—	—	—	—	0,48	0,48	—	—
Na_2O	—	—	—	—	1,28	0,67	—	—
CO_2	—	—	—	—	1,60	1,90	—	—
P_2O_5	—	—	—	—	0,03	0,04	—	—
C	—	—	—	—	0,39	0,12	—	—
Wasser	—	—	n. b.	n. b.	2,72	3,96	—	—

Die Zusammensetzung der Hochofenschlacken schwankt übrigens in größeren Grenzen, als gewöhnlich angenommen wird. So fand das Chemische Laboratorium für Tonindustrie (Seger & Cramer) bei zwei demselben Schlackenhaufen entnommenen Proben folgende Prozentzahlen:

Unlösliches	3,95	1,25
Lösliches:		
SiO_2	29,87	35,12
Al_2O_3	12,72	10,29
FeO	0,82	0,76
CaO	46,88	47,25
MgO	2,85	2,83
SO_3	Spur	0,12
S	2,74	2,49
Glühverlust	1,89	1,23

Hochofenschlacken finden in der Zementindustrie fast durchwegs nur in granuliertem Zustande Verwendung, d. h. die feurigflüssige Schlacke wird — meist durch Einleiten in kaltes Wasser — in die Form kleiner, schwammartig poröser Körnchen (Schlackensand) gebracht, wobei sie glasig erstarrt.

In der chemischen Zusammensetzung besteht ein erheblicher Unterschied zwischen granulierter und gewöhnlicher Hochofenschlacke nach G. Lunge und N. Oestmann nicht.[1]) Sie fanden

	Granuliert	Nicht granuliert
Unaufgeschlossenes	0,72	0,98
SiO_2	23,38	23,29
Al_2O_3	24,36	24,64
CaO	47,17	46,38
CaS	1,82	1,79
MgO	0,73	0,81
H_2O	1,06	1,21

[1]) G. Lunge u. N. Oestmann, Z. f. angew. Chem. **13**, 410 (1900).

Auch wurde ein wesentlicher Unterschied in der Menge des bei 105° verbleibenden Wassergehaltes nicht gefunden. Ein Unterschied wurde jedoch in dem Verhalten gegen Lösungen von NaOH und Na_2CO_3 festgestellt: die granulierte Schlacke enthielt sehr wenig freie (d. i. durch Na_2CO_3 lösbare) SiO_2, aber viel durch NaOH aufschließbares Silicat, die nicht granulierte viel freie SiO_2 und wenig aufschließbares Silicat.

Nicht alle Schlacken sind zur Zementerzeugung ohne weiteres geeignet, und selbst unter Schlacken gleicher Herkunft und Behandlung muß oft noch eine genaue Auswahl getroffen werden. Um einen näheren Einblick in die Ursachen dieser Erscheinung zu gewinnen, hat L. Jesser[1]) die von L. v. Tetmajer[2]) und K. Zulkowski[3]) veröffentlichten Analysen hydraulischer Schlacken zu den J. H. L. Vogtschen Untersuchungen über die Ausscheidungsgrenzen der Silicate aus ihren Schmelzen[4]) in Beziehung gebracht. Es zeigte sich dabei, daß nur jene Hochofenschlacken bei der Hydratisierung wesentliche Festigkeiten erreichen, deren Kalkgehalt nicht geringer als jener des Melilithsilicates ist und deren molekulares Kieselsäure—Tonerde-Verhältnis zwischen 1 : 0,25 und 1 : 0,5 liegt. Einen wesentlichen Bestandteil der hydraulisch erhärtenden Schlacken bildet das glasig erstarrte Gehlenitsilicat. Das Kieselsäure—Kalk-Verhältnis überschreitet die für Melilith charakteristischen Grenzen in vielen Fällen und beträgt sogar: $SiO_2 : CaO = 1 : 2{,}16$.

Ein wesentlicher Gehalt an Magnesia oder Eisenoxydul vermindert die Festigkeiten der erhärteten Zemente, weil diese, unter Bildung von Pyroxenen oder Olivinen, der Schlacke Kieselsäure entziehen, wodurch sich Menge und Zusammensetzung der für die hydraulischen Eigenschaften wesentlichen Bestandteile ändern. Es ist daher auch unzulässig, bei den Analysen Tonerde und Eisen als Summe der Sesquioxyde anzugeben, denn das Eisen pflegt als Oxydul vorzuliegen, und dieses vermindert, wie erwähnt, die hydraulischen Qualitäten der Schlacke.

Eine wesentliche Eigentümlichkeit granulierter und gemahlener Hochofenschlacken scheint auch die Wärmeerhöhung zu sein, die sie beim Überleiten eines Kohlensäurestromes zeigen.[5])

Bildung, Zusammensetzung und Eigenschaften der einzelnen hydraulischen Bindemittel.

I. Nichtglasige amorphe Hydraulite.

Sie entstehen durch Brennen von Gemengen unterhalb jener Temperaturen, bei welchen die Bildung einer Schmelze in wesentlicher Menge stattfinden kann. Hierher sind die hydraulischen Kalke, Romanzemente, Grappierzemente und gewisse Ziegelmehle zu zählen. Bei den kalkreicheren dieser Materialien wird beim Brennen nur ein Teil des Kalkes zur Aufschließung der Silicate verwendet, der Rest des Kalkes bloß gebrannt; das Produkt erwärmt

---

[1]) L. Jesser, Ton-I.-Z. **30**, 739 (1906).
[2]) L. v. Tetmajer, Mitt. d. Anst. z. Prüfung v. Baustoffen, Zürich 1994, Heft 4.
[3]) K. Zulkowski, Die chem. Ind. **21**, 77 (1898).
[4]) J. H. L. Vogt, Die Mineralbildungen aus Silicatschmelzlösungen (Christiania 1903).
[5]) H. Passow, Mitt. chem.-techn. Versuchsstation in Blankenese (Leipzig 1904), H. 1, S. 6. — M. Heidrich, Mitt. Kgl. Mater. Pr.A. Groß-Lichterfelde, **23**, 22 (1905).

sich daher beim Anrühren mit Wasser in erheblichem Maße. Die Aufschließung erfolgt in der Regel, ohne daß irgend welche Spuren einer auch nur vorübergehenden Verflüssigung, bzw. Sinterung wahrzunehmen wären. Derartige Reaktionen sind mehrfach bekannt.[1]

Hydraulische Kalke.

Ihre Herstellung[2] besteht im wesentlichen in einem bloßen Brennen. Eine Aufbereitung vor dem Brennen findet nicht statt. Es werden lediglich die ungeeigneten Stücke ausgelesen und entfernt, das Brauchbare wird erforderlichenfalls gattiert, d. h. die aus Schichten verschiedener Zusammensetzung stammenden Stücke werden in solchem Verhältnisse in den Ofen gebracht, daß die durchschnittliche Zusammensetzung annähernd konstant bleibt.

Die hydraulischen Kalke kommen entweder als „Stückkalk“ ohne Zerkleinerung in den Handel, oder, und zwar häufiger, werden sie mit wenig Wasser gelöscht, wobei sie zerfallen, und als Mehl verkauft. Über die Zusammensetzung einiger hydraulischen Kalke orientiert folgende Tabelle:

Hydraulische Kalke.

<table>
<tr><td>Autor:</td><td colspan="3">Burchartz</td><td colspan="2">Nach Hauenschild</td></tr>
<tr><td>Herkunft:</td><td>Rüdersdorf</td><td>Osterwieck a. H.</td><td>Pfalz</td><td>Beocsin</td><td>Tlumatschau</td></tr>
<tr><td>SiO_2</td><td>13,58</td><td>10,21</td><td>6,85</td><td>16,82</td><td>30,27</td></tr>
<tr><td>Al_2O_3</td><td rowspan="2">7,28</td><td rowspan="2">3,84</td><td rowspan="2">3,92</td><td>7,18</td><td>1,30</td></tr>
<tr><td>Fe_2O_3</td><td>4,88</td><td>2,16</td></tr>
<tr><td>CaO</td><td>57,00</td><td>78,83</td><td>56,83</td><td>54,07</td><td>60,42</td></tr>
<tr><td>MgO</td><td>1,49</td><td>0,80</td><td>4,87</td><td>9,31</td><td>1,06</td></tr>
<tr><td>SO_3</td><td>1,06</td><td>1,33</td><td>0,78</td><td>—</td><td>—</td></tr>
<tr><td>Unaufgeschloss. Rückstand</td><td>—</td><td>—</td><td>4,88</td><td>5,36</td><td>—</td></tr>
<tr><td>Glühverlust</td><td>19,49</td><td>4,87</td><td>21,40</td><td>—</td><td>3,62</td></tr>
<tr><td>Rest (Alkalien)</td><td>0,10</td><td>—</td><td>0,47</td><td>—</td><td>0,76</td></tr>
</table>

Infolge des hohen Gehaltes an freiem Kalk erwärmen sich die hydraulischen Kalke beim Ablöschen sehr bedeutend (die bereits abgelöschten und zerfallenen Mehle naturgemäß nicht mehr). Sie sind wegen der Verschiedenheit der Rohstoffe von sehr wechselnder Qualität; der Beginn der Abbindung schwankt zwischen mehreren Minuten und mehreren Stunden, das Ende zwischen Stunden und Wochen. Die Nacherhärtung ist eine sehr langsame, oft dauert es Jahre, bis die volle Festigkeit erzielt ist.[3]

---

[1] Bezüglich dieser „Reaktionen zwischen festen Stoffen“ siehe: W. Spring, Bull. Soc. chim. **44**, 166; Cl. Richardson, Journ. of the Soc. chem. Ind. 1905, 733; J. W. Cobb, Journ. of the Soc. chem. Ind. **29**, 69, 250, 335, 399, 608 (1910) und ZB. f. Zementchemie **1**, 87 (1910); vgl. C. Doelter, S. 669.

[2] Zu beachten ist, daß die französischen Bezeichnungen: „Ciment à prise rapide“ und „Ciment naturel“, sowie die englische: „natural Cement“ für Romanzement angewendet werden und daher mit „raschbindendem“, bzw. „natürlichem“ Portlandzement nichts zu tun haben. Für diesen wird auch in diesen beiden Sprachen das Wort: „Portland“ beigefügt.

[3] Eine ausführliche Behandlung siehe: L. Kiepenheuer, unter „Buchliteratur“ Nr. 105.

Grappierzemente, Chaux du Teil. Eine besondere Gruppe der hydraulischen Kalke bilden die südfranzösischen hydraulischen Kalke sowohl wegen ihrer besonderen Erzeugungsweise, wie ihrer hervorragenden Beschaffenheit. Die aus dem Ofen kommenden gebrannten Steine werden sofort mit Wasser besprengt, wobei sie unter Dampfentwicklung zu zerfallen beginnen. Dieser Löschprozeß setzt sich während einer zweiwöchigen Lagerung fort. Dann werden durch Siebe oder Windsichter die schweren und leichten Teile getrennt. Erstere bilden die „Grappiers" (Krebse, Karne), letztere sind marktfähiger hydraulischer Kalk (Chaux légère). Die Grappiers werden ein zweites Mal abgelöscht und gesiebt, wobei abermals ein hydraulischer Kalk gewonnen wird, der schwerer ist, als der zuerst gewonnene (Chaux lourde). Die nun endgültig verbleibenden Grappiers, die ihrem Wesen nach bis zur Sinterung gebrannter tonhaltiger Kalk sind, werden gemahlen und ohne weiteres als Grappierzement verkauft.

Bemerkenswert an diesen Produkten und die Ursache ihrer Güte ist der hohe Gehalt an SiO_2 bei einem geringen Gehalt an Al_2O_3. Sie werden daher auch bei Seewasserbauten bevorzugt. Für die genannten Produkte seien folgende Beispiele angeführt:[1])

	Chaux Lafarge	Ciment Nr. 1 Lafarge	Chaux maritime
SiO_2	23,40 %	26,37 %	22,89 %
$Al_2O_3 + Fe_2O_3$ . .	?	2,06	2,15
CaO	64,90	62,03	64,85

Dolomitische hydraulische Kalke. Eine besondere Gruppe bilden die dolomitischen hydraulischen Kalke, welche genau wie die anderen hydraulischen Kalke behandelt werden.

Dolomitische hydraulische Kalke.

Autor:	Burchartz			Kiepenheuer	
Herkunft:	Sachsen	Schlesien	Pfalz	Trier	Aschaffenburg
SiO_2	2,02	2,52	3,25	4,05	1,40
$Al_2O_3 + Fe_2O_3$	6,26	2,27	4,65	2,98	5,65
CaO	47,46	47,20	43,71	56,01	59,56
MgO	28,40	28,00	26,97	36,85	31,74
SO_3	0,27	0,87	0,36	—	—
Unaufgeschloss. Rückstand .	—	2,14	—	—	0,22
Glühverlust	18,68	17,58	20,08	—	—
Rest (Alkalien)	—	1,69 (Manganverb.)	— (Manganverb.)	—	MnO: 1,26

Es soll auf sie hier um so weniger eingegangen werden, als sie gemäß ihrer Zusammensetzung wohl nur vereinzelt als hydraulisch im oben definierten Sinne angesehen werden können.

Romanzemente. Zur Erzeugung von Romanzement werden die geeigneten Mergel, entsprechend gattiert, unterhalb Sinterungstemperatur gebrannt und dann

[1]) Nach M. Fiebelkorn (siehe „Buchliteratur" Nr. 104). Die Broschüre enthält eine lesenswerte Darstellung der insbesondere auch hinsichtlich der Verwertung der verschiedenen Schichten zur Erzeugung mehrerer Produkte interessanten französischen Fabrikationsweise.

gemahlen. Ihre Zusammensetzung folgt aus jener der Rohstoffe, die in der Tabelle Seite 816 in der 4., 5. und 6. Reihe angegeben ist. Das Romanzementmehl erwärmt sich beim Anrühren mit Wasser infolge des hohen Gehaltes an freiem gebranntem Kalk. Diese Zemente binden durchwegs rasch ab, erlangen aber erst nach längerer Zeit erhebliche, später sogar sehr bedeutende Festigkeit.

Ziegelmehle werden nur vereinzelt und als Notbehelf zur Herstellung von hydraulischen Bindemitteln verwendet,[1]) obwohl sie sich dazu im Gemenge mit Kalk sehr gut eignen und auch schon im Altertum eine derartige Verwertung gefunden zu haben scheinen. Ihre Erwähnung geschieht daher nur der Vollständigkeit wegen. Die Verarbeitung gleicht jener der Puzzolanzemente, dennoch können sie im Sinne der getroffenen Einteilung nur hier angeführt werden, da die Entstehung ihrer hydraulischen Eigenschaften sie an die Seite der Romanzemente stellt.

II. Glasige Hydraulite.

Zu den glasigen Hydrauliten sind die Puzzolane, Traß, Santorinerde und granulierte tonerdereiche Hochofenschlacken zu rechnen. Sie sind als unterkühlte Schmelzen anzusehen und bedürfen zur hydraulischen Erhärtung zumindest einer Anregung durch eine alkalische Lösung,[2]) als welche meist Kalkwasser benutzt wird, das als solches zugesetzt werden kann, dessen Bildung aber meist durch Beimahlen von Kalk oder kalkhaltigen Substanzen zu dem Hydrauliten vorbereitet wird. In der Mehrzahl der Fälle begnügt man sich jedoch nicht mit dem Zusatze der geringen hierfür erforderlichen Kalkmengen, sondern setzt so viel Kalk zu, als eine mehr oder weniger vollständige Umsetzung zwischen diesem und den Silicaten erfordert. Wird der Kalk als Hydrat zugesetzt, so erfolgt die hydraulische Abbindung ohne erhebliche Erwärmung.

Während die natürlichen Puzzolane meist erst an der Baustelle mit dem nötigen Kalk vermischt werden, wird Hochofenschlacke in der Regel fabrikmäßig mit gelöschtem Kalk vermahlen und als Schlackenzement in den Handel gebracht. Bei allen derart hergestellten hydraulischen Bindemitteln ist innigste Mischung mit dem Kalk eine selbstverständliche Voraussetzung günstiger Wirkung. Ein Unterschied zwischen den Schlacken- und den übrigen Puzzolanzementen liegt darin, daß bei letzteren Kalk stets in erheblicher Menge zugesetzt werden muß, während bei Schlacken, wie erwähnt, oft kleine Mengen zur Anregung genügen.

Schlackenzemente. Die Erzeugung ist im Grunde einfach: die vom Hochofen abgestochene dünnflüssige Schlacke wird, wie schon erwähnt, granuliert, bei 400—600° C getrocknet, gemahlen und mit gelöschtem Kalk gemeinsam fertig gemahlen. Auf 1 Gew.-Teil CaO kommen in der Regel 4—5 Gew.-Teile Schlacke. Eigenschaften und Verhalten guten Schlackenzements sind jenen des Portlandzements sehr ähnlich.

Da kristallin erstarrte Schlacken zur Schlackenzementerzeugung nicht verwendet werden können, muß der durch die rasche Abkühlung hervorgerufene Glaszustand als wesentlich angesehen werden. Reinglasige Schlacken scheinen anderseits jedoch ebenfalls minderwertig zu sein. H. Passow hat nun gefunden, daß man reinglasige Schlacken durch Zumischung von sehr stark ent-

[1]) Ton-I.-Z. **35**, 238 (1911).

[2]) Siehe K. Zulkowski, Buchliteratur Nr. 51.

glasten zum Abbinden und Erhärten bringen kann,[1]) ferner, daß das Schlackenglas hydraulisch erhärtungsfähiger Schlacken von Kohlensäure unter Freiwerden von Wärme angegriffen werde, eine Reaktion, die um so stärker auftritt, je stärker die Entglasung der Hochofenschlacke war. H. Passow hat dieses Verhalten auf das Vorhandensein von freiem Kalk in der Schlacke zurückgeführt. Dieses Verhalten im Zusammenhalt damit, daß kristalline Hochofenschlacken im Gegensatz zu dem ebenfalls kristallinen Portlandzement nicht hydraulisch erhärten, läßt sich jedoch nach L. Jesser[2]) besser dadurch erklären, daß die für den Übergang der glasigen bzw. kristallinen Hydraulite in den Gelzustand nötige Wärme durch die Hydratisierung des im Schlackenglas, bzw. im Alit des Portlandzements in fester Lösung enthaltenen Calciumoxyds geliefert würde. Für die Gelbildung aus dem Glaszustand ist weniger Wärme nötig, als für die Überführung des kristallinen Alitsilicates in Gel; jedoch genügt die Hydratation des Kalkes der granulierten Hochofenschlacken nur, um die reaktionsfähigen, tonerdereichen, nicht aber, um die reaktionsträgen, tonerdearmen Silicate zum Quellen zu bringen. Hierdurch ließe sich nun erklären, daß die gemäß H. Passow teilweise erfolgte Entglasung eine Beschleunigung der Erhärtung bewirkt, weil sich die Glasmasse an Kalk anreichert. Die Wirkung des zugemahlenen Portlandzements im Sinne einer Verbesserung der hydraulischen Eigenschaften würde danach durch die innerhalb einer bestimmten Zeit abgegebene Reaktionswärme des reagierenden Zements zu erklären sein.

III. Kristalline Hydraulite.

Der dritten Gruppe gehört zurzeit Portlandzement allein an. Inwieweit die aus glasigen neben kristallinen Schlacken hergestellten Zemente hierher gerechnet werden könnten, muß derzeit offen gelassen werden. Die Entstehung des hydraulischen Charakters beim Portlandzement beruht auf einem Kristallisationsprozesse, bei welchem jedoch niemals die ganze Masse gleichzeitig im Schmelzzustande ist. Portlandzement erhärtet, mit Wasser angemacht, vollkommen selbständig und mit nur unerheblicher Erwärmung.

In der nachfolgenden Tabelle sind die Analysen von 8 Portlandzementen wiedergegeben, die sich unter den rund 500 Proben deutscher Zemente, welche das Laboratorium des Vereins deutscher Zementfabrikanten in den Jahren 1902—1907 untersuchte, durch besonders hohe Festigkeit auszeichneten und auch die verschärften Raumbeständigkeitsproben tadellos bestanden.

Portlandzemente.

In HCl unlöslich	0,27	21,41	24,13	23,28	20,93	22,52	23,30	21,56
SiO_2	20,15							
Al_2O_3	7,53	8,16	5,97	7,14	6,92	7,36	4,08	6,41
Fe_2O_3	2,91	1,93	2,37	2,20	3,30	2,68	1,96	2,89
CaO	65,42	66,05	65,03	63,09	65,91	64,83	67,90	65,75
MgO	1,87	1,06	0,82	2,79	0,94	0,91	0,83	1,15
SO_3	1,35	1,46	1,84	0,91	1,55	1,70	1,43	1,89
Sulfidschwefel	0,04	—	—	—	—	—	—	—
Rest (n. best.)	0,46	0,0	0,0	0,59	0,45	0,0	0,49	0,35
$SiO_2 : Al_2O_3$	0,37	0,38	0,25	0,31	0,33	0,32	0,17	0,29
Modul	2,14	2,07	2,00	1,93	2,12	1,99	2,31	2,13

[1]) H. Passow, D.R.P. Nr. 151228.

[2]) L. Jesser, Protokoll d. Vereins österr. Zementfabr. 1908, 20.

Diese Zemente besitzen sämtlich hohen Kalkgehalt. Im übrigen ist der erwähnten Publikation des Vereinslaboratoriums zu entnehmen, daß der höchste beobachtete Modul 2,42, der niedrigste 1,41 betrug; in 94 % aller Fälle lag der Modul innerhalb der Grenzen 1,7 und 2,2, also innerhalb der unteren Grenze der Normen und der oberen Grenze des Moduls von W. Michaëlis. Der Mittelwert des Moduls lag in den einzelnen Jahren 1902—1907 bei 1,93, 1,92, 1,92, 1,93, 1,94 und 1,91, blieb also etwas hinter dem Mittelwerte von W. Michaëlis (2,0) zurück. Die Grenzwerte der Analysendaten, die bei dieser großen Zahl moderner Zemente ermittelt wurden, betrugen:

	Grenzwerte aller untersuchten Zemente in %	Grenzwerte der überwiegenden Zahl der Zemente in %
SiO_2	16,63—28,82	19—25
Al_2O_3	2,96—10,56	6—9
Fe_2O_3	0,65— 5,99	2—4
CaO	55,77—68,37	60—66
MgO	0,50— 3,98	0,5—3
SO_3	0,70— 3,30	1—2,5
Sulfidschwefel . .	0,0 — 0,61	0,0—0,2

Die Anwesenheit größerer Mengen von Magnesia in Portlandzement bewirkt Treiben des abgebundenen Zements. Die Verwendung magnesiareicher Rohstoffe wird daher vermieden.[1])

Ein geringer Gehalt an Gips ist unschädlich.

Über die spezifische Wärme des Portlandzements hat F. Hart Versuche angestellt,[2]) bei denen ein Zement von 22,0 % SiO_2, 12,8 % Al_2O_3, 62,9 % CaO und 1,0 % MgO verwendet wurde. Die spezifische Wärme wurde mit folgenden Werten festgestellt:

Zementmehl	0,186	(bei 27,5 bis 40° C),
Abgebundener Zement nach 28 Tagen .	0,271	(„ 28,5 „ 30° C),
Berliner Normalsand	0,184	(„ 30 „ 45° C),
1 Zement + 3 Sand nach 28 Tagen . .	0,224	(„ 30 „ 35° C).

Unter dem Namen **„Eisenportlandzement“** hat in den letzten Jahren ein Produkt zunehmende Verbreitung gefunden, das aus Portlandzement unter Zumahlung von 30 % Hochofenschlacke erzeugt wird. Der Portlandzement selbst wird für diesen Zweck meist durch Vermahlen von granulierter und dann getrockneter Hochofenschlacke mit Kalk und nachfolgendes Brennen bis zur Sinterung hergestellt.

Die granulierte Schlacke wird durch Glühen bei Rotglut vom anhaftenden Wasser (20—30 %) befreit und dann gekühlt, hierauf werden durch magnetische Scheidung die Eisenteilchen entfernt und die Schlacke staubfein gemahlen. Ein Teil dieser Schlacke wird dann in gewöhnlicher Weise auf

[1]) Siehe z. B.: A. Glässner, Chemische Industrie **25**, 507 (1902); O. Friz, Ton-I.-Z. **31**, 1350 (1907); R. Dyckerhoff, Broschüre 1908, Ref.: Ton-I.-Z. **32**, 236 (1908); A. Menin u. P. Stefani, Annuario della Società chimica di Milano, **12**, Heft 1 u. 2 (1906), Ref.: Ton-I.-Z. **31**, 918 (1907). — Über die minerogenetische Bedeutung des Magnesiagehaltes der Rohmasse siehe L. Jesser, ZB. f. Zementchemie **1**, 39 (1910).

[2]) F. Hart, Ton-I.-Z. **25**, 1157 (1901).

Portlandzement verarbeitet. Diesem werden schließlich 30 % der feingemahlenen granulierten Schlacke zugemahlen.[1])

Über die Zusammensetzung der Eisenportlandzemente geben folgende fünf vom Kgl. Materialprüfungsamte in Groß-Lichterfelde ausgeführten Analysen[2]) Aufschluß:

Eisenportlandzemente.

Glühverlust		2,5	4,27	3,00	1,91	3,84
Auf geglühtes Material berechnet:	Unlösliches	0,27	0,21	—	0,27	1,04
	SiO_2	23,87	20,48	21,61	23,49	25,50
	Fe_2O_3, Al_2O_3	15,34	12,95	12,99	16,46	12,69
	MnO			—		—
	CaO	55,29	62,56	60,41	54,44	55,32
	MgO	3,47	2,10	1,48	2,53	1,57
	SO_3	1,91	1,95	1,88	1,50	2,07
	Sulfidschwefel	0,39	0,18	0,28	0,52	0,30
	Rest (Alkalien usw.)	—	—	1,35	0,80	1,53

Begriffserklärung von Portlandzement.

Eine wissenschaftliche Definition des Begriffes „Portlandzement" kann infolge der noch immer mangelhaften Kenntnis seines Wesens derzeit noch nicht gegeben werden. Die für die Lieferung dieses Materials geltenden Vorschriften („Normen") begnügen sich daher mit Begriffserklärungen. Gleiches gilt natürlich vom Eisenportlandzement. In den Deutschen Normen für einheitliche Lieferung und Prüfung von Portlandzement (1909/10)[3]) lautet diese Begriffserklärung:

„Portlandzement ist ein hydraulisches Bindemittel mit nicht weniger als 1,7 Gew.-Teilen Kalk (CaO) auf 1 Gew.-Teil lösliche Kieselsäure (SiO_2) + Tonerde (Al_2O_3) + Eisenoxyd (Fe_2O_3), hergestellt durch feine Zerkleinerung und innige Mischung der Rohstoffe, Brennen bis mindestens zur Sinterung und Feinmahlen. Dem Portlandzement dürfen nicht mehr als 3 % Zusätze zu besonderen Zwecken zugegeben sein.

Der Magnesiagehalt darf höchstens 5 %, der Gehalt an Schwefelsäureanhydrid nicht mehr als $2^1/_2$ % im geglühten Portlandzement betragen."

Außer der in dieser Begriffserklärung enthaltenen Angabe über die Mengenverhältnisse der einzelnen Bestandteile des Portlandzements gibt es noch eine Reihe anderer Vorschriften, die zum Teil auch in die Prüfungsnormen einzelner Staaten Eingang gefunden haben.

Die wichtigsten dieser sowohl für die Berechnung der Rohmasse, wie für die Beurteilung fertigen Zements bestimmten Formeln[4]) sind die folgenden:

1. Formel von W. Michaelis („Hydraulischer Modul"):

$$1{,}8 < \frac{CaO}{SiO_2 + Al_2O_3 + Fe_2O_3} < 2{,}2 .$$

2. Deutsche, österreichische und Schweizer Normen:

$$1{,}7 < \frac{CaO}{SiO_2 + Al_2O_3 + Fe_2O_3}$$

[1]) Jantzen, Verh. d. Vereins z. Beförd. d. Gewerbefleißes 1903, 19.

[2]) Mitteilungen **29**, 159 (1911).

[3]) Verlag von Wilhelm Ernst & Sohn, Berlin.

[4]) Nach dem Buche der Übersicht Nr. 102.

Es ist die Formel von W. Michaelis, jedoch ohne obere Begrenzung und mit erniedrigtem Mindestwerte.

3. Russische Normen:

$$1{,}7 < \frac{CaO + Na_2O + K_2O}{SiO_2 + Al_2O_3 + Fe_2O_3} < 2{,}2 .$$

4. Englische Normen:

$$\frac{CaO}{SiO_2 + Al_2O_3} < 2{,}85 .$$

5. Formel von Vicat:

$$J = \frac{100 . (SiO_2 + Al_2O_3)}{CaO + MgO} .$$

Der Wert dieses Ausdruckes, des sogenannten „Index", schwankt zwischen 42 und 48. Die französischen Normen schreiben für den Index einen Mindestwert in der durch folgende Formel ausdrückbaren Form vor:

$$44 < \frac{SiO_2 + Al_2O_3}{CaO} .$$

6. Formel von Le Chatelier:

$$\frac{CaO,\ MgO}{SiO_2 - (Al_2O_3,\ Fe_2O_3)} > 3 \quad \text{und} \quad \frac{CaO,\ MgO}{SiO_2 + Al_2O_3} < 3 .$$

Die Zusammensetzung des Zements muß beiden Formeln genügen.

7. Formel von W. Newberry:

$$CaO = 2{,}8\, SiO_2 + 1{,}1\, Al_2O_3 ,$$

oder, wenn man statt 1,1, was Newberry für praktisch zulässig hält, 1 setzt:

$$\frac{CaO - Al_2O_3}{SiO_2} = 2{,}8 .$$

2,8 ist die Höchstgrenze, 2,6 die Mindestgrenze, 2,7 der praktische Mittelwert Den durch obige Gleichung ausgedrückten Wert nennt Newberry „Kalkfaktor". Die Formel ist durch Umrechnen der Le Chatelierschen Formel entstanden.

Bei der Berechnung der Rohmassenzusammensetzung muß selbstverständlich die Zusammensetzung sämtlicher Bestandteile berücksichtigt werden. Insbesondere muß auch die aus den Steinkohlen stammende Asche[1]) in Rechnung gesetzt werden.

In letzter Zeit ist das früher übliche, dann aber außer Gebrauch gekommene Verfahren, der Rohmasse behufs Erhöhung des Kieselsäuregehaltes gemahlenen Sand zuzufügen, wieder aufgegriffen worden.[2])

Aufbereitung.

In den deutschen Fabriken wird ganz allgemein der hydraulische Modul von W. Michaelis den Berechnungen zugrunde gelegt.

Bevor das Material dem Brennofen übergeben werden kann, muß, wie schon der oben angeführten „Begriffserklärung" zu entnehmen ist, eine möglichst feine Mischung der Rohstoffe vorgenommen werden, falls diese nicht schon in den verwendeten Mergeln fertig vorliegt. Die vorbereitenden Operationen: Zerkleinerung, Vermischung und eventuelle Verformung bilden in ihrer

[1]) S. B. W. Newberry, Cement Age 1905, 75; Wecke, ZB. f. Zementchemie, **2**, 29 (1911); W. Hoffmann, Ton-I.-Z. **34**, 1023 (1910).

[2]) H. Kühl, ZB. f. Zementchemie, **2**, 23 (1911).

Gesamtheit die sogenannte „Aufbereitung“ der Rohmasse. Die Zerkleinerung erfolgt stets in mehreren, und zwar gewöhnlich drei Stufen, da sie dann mit geringerem Kraftaufwande und zuverlässigerem Erfolge vorgenommen werden kann, als wenn das Material auf einmal fertig gemahlen würde.[1]) Man unterscheidet im wesentlichen folgende Arten der Aufbereitung.

1. Aufbereitung. Falls Mergel von entsprechender Zusammensetzung zur Verfügung stehen, werden sie ohne eigentliche Aufbereitung in großen Stücken dem Ofen übergeben, nachdem sie allenfalls vorerst getrocknet worden sind. Eine Beeinflussung der Zusammensetzung des Erzeugnisses ist hierbei nur durch „Gattieren“ möglich, indem man Mergelstücke von höherem und solche von niedrigerem Kalkgehalte als dem gewünschten Durchschnitt entspricht, in entsprechendem Mengenverhältnisse gleichzeitig in den Ofen bringt. Das Erzeugnis bildet unter diesen Umständen eine Mischung von Materialien etwas verschiedener Zusammensetzung. Ein Nachteil des Verfahrens besteht darin, daß die theoretische Garbrandtemperatur für die verschiedenen Mergelstücke nicht dieselbe ist, daß daher ebenso wie in der Zusammensetzung auch hinsichtlich des Brenngrades nur eine Annäherung an den Durchschnitt erzielt wird. Nur an wenigen Fundstellen gibt es Mergelvorkommen von so gleichmäßiger Zusammensetzung, daß nach diesem Verfahren ein den modernen Anforderungen entsprechendes homogenes Produkt erzielt werden kann. Fast überall ist man daher auch dort, wo früher Naturportlandzement erbrannt wurde, zur künstlichen Aufbereitung übergegangen.

2. Die Trockenaufbereitung besteht darin, daß die Rohstoffe, wenn sie nicht schon von Haus aus hinreichend trocken sind, auf natürlichem oder künstlichem Wege so weit getrocknet werden, daß sie sich staubfein vermahlen lassen. Aus dem vorwiegend die Tonsubstanzen enthaltenden und dem kalkreichen Mehle wird die Rohmischung durch Abwägen hergestellt. In den meisten Fällen ist es wegen der Verschiedenartigkeit der Vermahlbarkeit der beiden Komponenten vorteilhaft, jede für sich gesondert zu feinem Mehle zu mahlen und dann erst die Mischung vorzunehmen. Bisweilen jedoch und zwar dann, wenn große Unterschiede in den mahltechnischen Eigenschaften der Rohstoffe nicht bestehen, wird die Mischung in einem früheren Stadium und zwar gelegentlich sogar schon durch Vermengen der aus dem Steinbruch kommenden Stücke vollzogen, das Ganze gemeinsam gemahlen und vor Beendigung des Mahlprozesses die etwa nötige Korrektur der Zusammensetzung vorgenommen. Die fertige Mischung wird, falls das Brennen in Drehöfen vorgenommen wird, ohne weitere Behandlung, höchstens unter schwacher Anfeuchtung (um das Verstauben zu verhindern) dem Ofen übergeben. Wird in Vertikalöfen gebrannt, so muß die Rohmasse in Ziegelform gebracht werden, was bei dem Trockenverfahren meist unter nur geringer Anfeuchtung in sogenannten Trockenpressen geschieht.

3. Das Naßverfahren wird in sehr verschiedener Weise ausgeübt, je nach dem Stadium der Aufbereitung, in welchem das Benetzen der Masse mit Wasser erfolgt. Während die Tone meist ohne Schwierigkeit durch einfaches Verrühren in Wasser aufgeschlämmt und dabei äußerst fein verteilt werden können, müssen Kalksteine und Mergel bis zu einem gewissen, nach den Eigenschaften des Rohstoffes schwankenden Grade vorzerkleinert werden. In

[1]) Über Zerkleinerungsmaschinen siehe außer den in der Literaturübersicht angeführten Werken noch: C. Naske, „Die Zerkleinerungsvorrichtungen“.

jedem Falle wird die aus den Rohstoffen hergestellte Mischung in den Aufbereitungsmaschinen gemeinsam fertig gemahlen. Je nach der hierbei zugesetzten Wassermenge unterscheidet man Dickschlamm- und Dünnschlammverfahren. Bei Drehofenbetrieb wird der erzeugte Schlamm den Öfen unmittelbar zugeführt. Vor Einführung des Drehofens wurde diese Aufbereitungsmethode auch in der Weise ausgeführt, daß der Schlamm durch Absitzenlassen entwässert wurde, wodurch man zu einer Masse gelangte, deren Feuchtigkeitsgehalt und Plastizität etwa einer zur Verarbeitung fertigen keramischen Masse entsprach. Aus derart eingetrockneter Rohmasse wurden entweder Ziegel geformt oder mit dem Spaten Stücke gestochen, getrocknet und in Vertikalöfen gebrannt.

4. Das Halbnaßverfahren, das vielfach in Verwendung steht, beruht auf der Erwägung, daß vorgetrockneter Kalkstein sich in der Regel sehr leicht zu einem feinen Mehle vermahlen läßt, während für Tone das Aufschlämmen die bequemste und billigste Aufbereitungsmethode darstellt. Bei diesem Verfahren wird das Kalksteinmehl in Knetmaschinen mit Tonschlamm zu einem Gemenge von solchem Feuchtigkeitsgehalte verarbeitet, daß es sich mittels der gewöhnlichen Ziegelpressen — meist Strangpressen — zu Ziegeln verformen läßt, die nach dem Trocknen dem Ofen übergeben werden können.

Bisweilen findet sich auch eine Abart des Halbnaßverfahrens, bei welcher im wesentlichen nach dem Naßverfahren gearbeitet wird; nur wird dabei ein Teil des Rohmasseschlammes künstlich getrocknet und das trockene Mehl mit so viel Schlamm verknetet, daß eine zum Verpressen auf Ziegel geeignete Mischung entsteht.

Brennen.

Für das Brennen der nach einer der angegebenen Arten erzeugten Rohmassen ist eine ganze Reihe von Ofensystemen konstruiert worden. Ursprünglich wurden dazu periodisch betriebene, gewöhnliche Kalköfen verwendet, vertikale Schächte, die unten mit Rost oder schrägem Fall und Schüröffnungen versehen waren und nur periodischen Betrieb gestatteten. Solche Öfen werden mit abwechselnden Schichten von Rohmasse und Brennstoff gefüllt, in Brand gesteckt und am nächsten Tage entleert. Ganz abgesehen von der mangelhaften Ausnützung des Brennstoffes leidet diese Betriebsweise noch an dem Übelstande, daß die verschiedenen Schichten das Materials in äußerst ungleichmäßiger Weise erhitzt werden, wodurch die Qualität des Produktes, sofern man eine einigermaßen erhebliche Ausbeute erzielen will, in hohem Maße leidet. Später wurden verschiedene Systeme kontinuierlich zu betreibender Schachtöfen[1]) eingeführt, bei welchen sich neben einer verhältnismäßig sehr guten Ausnützung des Brennstoffes eine sehr gleichmäßige Beschaffenheit des Klinkers erzielen läßt, da der Prozentsatz des ungaren Materials bei gut geleiteten kontinuierlich betriebenen Schachtöfen ein ungemein geringer ist.

Eine dritte Gruppe häufig verwendeter Öfen bilden die Ringöfen, die fast unverändert aus dem Ziegeleibetriebe übernommen wurden und ein sehr regelmäßiges Feuer ermöglichen.

Während bei allen Schachtöfen die Rohmasse, wenn sie nicht schon die Form großer Stücke besitzt, eigens in Ziegelform gebracht werden muß, wird

---

[1]) Über Einrichtung und Betrieb der Brennöfen siehe C. Naske (Nr. 95) und C. Schoch (Nr. 67 der „Buchliteratur").

Versuch von Müller[1])				Versuch von W. Newberry[2])				Dissoziations-Temperatur von $CaCO_3$[3])	Im Laboratorium festgestellte Sinterungstemperatur
Entfernung vom Einlaßende des Ofens in Metern	Glühverlust in Proz.	Beschreibung	Klassifikation	Entfernung vom Einlaßende des Ofens in Metern	Glühverlust in Proz.	Beschreibung	Temperatur in C-Graden		
0	33,26	rötliche, mit Mehl vermengte Kügelchen	wesentlich Rohmaterial	0	35,3	blaugraues Pulver		812° C[4])	
1	33,34			1¼	35,04				
2	32,75			2½	34,84				
3	31,38						840°		
4	29,92	gelb mit rötlichem Schein		3¾	33,46	gelblich lederfarbenes Pulver			
5	27,04	hellgelb, zerfallen, und zwar um so mehr, je näher dem Auslaufende des Ofens	Übergang zum Schwachbrand	5	32,76		870°		
6	27,88			6¼	30,56			908° C[5])	
7	27,28			7½	28,38	gelbe bis braune Kugeln, zerreiblich			
8	28,52			8¾	24,94				
9	25,73								
10	25,00			10	18,44		1030°		
11	28,30			11¼	13,04				
12	23,43								
				12½	8,82	harte Klumpen, außen gesintert			
13	19,54								
14	15,28			13¾	4,34	braun, teilweise gesintert	1425°		1425° bis 1450° C[6])
15	9,80	hellgraues Pulver, Stich ins Gelbe, wenige gebrannte Kügelchen		15	1,08	größere Klumpen, fast schwarz			
16	1,30	körnig, dunkelgrau							
				16¼	0,86	kleine runde Klumpen, schwarz (Klinker)			
17	0,84	schwarzgrün, körnig, hohes spez. Gewicht	Gute Klinker						
18	0,66								
19	0,56								

[1]) Müller (Rüdersdorf), Ton-I.-Z. **27**, 167 (1903).

[2]) W. Newberry, Cement and Engineering News; durch Ton-I.-Z. **26**, 1215 (1902).

[3]) Die für die Dissoziation von $CaCO_3$ im Laboratorium ermittelten Temperaturen können für den Betrieb des Zementbrennofens nicht ohne weiteres angenommen werden, weil hier mehrere Umstände die Dissoziation beeinflussen können, so z. B. die Art und Dichte des Kalksteines, die Beimengung von Ton, die Anwesenheit eines großen Überschusses von CO_2 und von Wasserdampf, welcher letztere die Dissoziationstemperatur herabsetzt (A. Herzfeld, Z. d. Vereins f. d. Rübenzuckerindustrie des deutschen Reiches **34**, 881 [1897]).

[4]) Dieses Handbuch. S. 291 ff.

[5]) E. H. Riesenfeld, Journ. Chim. Phys. **7**, 562 (1909). — Ref. ZB. f. Zementchemie **1**, 133 (1910).

[6]) E. Dittler und L. Jesser, ZB. f. Zementchemie **1**, 71 ff. (1910).

diese Zwischenmanipulation bei den modernsten Brennapparaten, den Drehrohröfen, vollständig ausgeschaltet. Diesen Brennapparaten, die aus mächtigen, auf Lagern drehbaren Zylindern bestehen, welche eine schwache Neigung gegen die Horizontale besitzen, wird die Rohmasse in Form von Staub oder Schlamm übergeben. Sie verläßt den Ofen in Gestalt haselnuß- bis nußgroßer gesinterter Stücke, so daß also auch die Vorzerkleinerung für das feine Mahlen der Klinker gegenüber den aus Ziegeln oder Gesteinsbruchstücken hergestellten Klinkern vereinfacht wird. Diesen Vorteilen steht der immer noch verhältnismäßig hohe Brennstoffverbrauch der Drehrohröfen gegenüber, der allerdings zum Teil durch Verwertung der Abhitze kompensiert werden kann. Auch die Verwendung von Generatorgas zum Betriebe der Drehöfen ist bereits mit Erfolg in Angriff genommen worden.

Da die Temperaturverhältnisse auf die Qualität des Zements nicht nur in dem Sinne Einfluß haben, daß eine bestimmte Temperatur erreicht werden muß, sondern auch dadurch von Bedeutung sind, daß die Geschwindigkeit, mit welcher einerseits das Temperaturmaximum erreicht wird, und mit welcher anderseits die Abkühlung erfolgt, erfahrungsgemäß wesentlich ist, so sei noch kurz erwähnt, daß bei den kontinuierlich betriebenen Schachtöfen und den Ringöfen die Rohmasse langsam vorgewärmt und allmählich (im Verlauf mehrerer Stunden) zur Sinterungstemperatur erhitzt wird. Die Abkühlung der Klinker, die ebenfalls mehrere Stunden in Anspruch nimmt, erfolgt infolge des Durchstreichens der Luft durch den Ofen von unten nach oben, bzw. von einer Kammer in die andere. Beim Drehofen hingegen wird die Maximaltemperatur sehr rasch erreicht; die Klinker verlassen den Ofen unmittelbar nach Durchführung der Sinterung in glühendem Zustande und müssen zur Abkühlung einer eigenen Kühltrommel zugeführt werden.

Die Sinterung von Portlandzement.

Charakteristisch, und auf dem Gebiete der hydraulischen Bindemittel alleinstehend, ist die Sinterung der Rohmasse, durch welche der Zementklinker gebildet wird.

Wird die Rohmasse dem Ofen übergeben, so erfolgt unter dem Einflusse der Wärme zunächst die Austreibung des nicht chemisch gebundenen Wassers, dann jene von CO_2 und Konstitutionswasser. Im weiteren Verlaufe wirkt der gebrannte Kalk auf die übrigen Bestandteile der Rohmasse ein: Die Silicate werden aufgeschlossen. In diesem Zustande ist die sog. ungare Masse noch nicht verfrittet. Ihre Form ist unverändert erhalten, sie zeigt eine gewisse Festigkeit, ist aber trotzdem sehr leicht zerreiblich. In verdünnter HCl ist das Material bereits völlig löslich.[1])

Sobald nun die erforderliche Temperatur erreicht ist, tritt Sinterung ein. Äußerlich zeigt sich ihre Wirkung zunächst in einer starken Farbenänderung der Masse.

Während diese bis dahin hell, gelblich oder rötlich war, ist sie nunmehr dunkelolivgrün oder dunkelbraun, bisweilen, insbesondere bei Drehofenklinkern, fast schwarz. Die äußere Gestalt der Stücke ändert sich dabei nur insofern,

---

[1]) In diesem Stadium ist die Rohmasse mit den hydraulischen Kalken und Romanzementen zu vergleichen, bei welchen ebenfalls ohne Sinterung, bzw. Schmelzebildung, Aufschließung erfolgt. Siehe Fußnote S. 821.

als alle Kanten sich abrunden und meist eine ungleichmäßige Schrumpfung eintritt. Der äußere Anschein der Klinker läßt deutlich erkennen, daß zwar eine Erweichung stattgefunden hat, daß aber während des ganzen Prozesses ein Teil der Masse zusammenhängend und fest geblieben ist.[1]) Eine direkte Verflüssigung wird nur äußerst selten und zwar bei abnormalen Brennverhältnissen gefunden. Die Sinterung geht sehr rasch vor sich und die sog. Sinterungszone nimmt daher bei allen Brennöfen, wie die vorstehende Tabelle zeigt, stets nur einen verhältnismäßig geringen Raum ein. Exakt beobachtet wurde die Raschheit der Klinkerbildung von E. Dittler und L. Jesser,[2]) welche unter Anwendung des Doelterschen Heizmikroskopes bei 1375° C ein starkes Zusammensintern der Masse und zwischen 1425° und 1450° eine plötzliche Kristallbildung konstatieren konnten. Die Kristalle, welche in großer Zahl gleichmäßig über die ganze Schmelze zerstreut waren, wurden als Alit identifiziert, die sie umgebende geringe Menge von Schmelze als Celit erkannt.

Fast alle früheren Forscher definierten die Portlandzement-Sinterung als Beginn des Schmelzens, ohne chemische Reaktion, wodurch allein jedoch das Wesen des Vorganges nicht zum Ausdrucke gebracht wird. Seit einem halben Jahrhundert bezweifelt wohl niemand mehr, daß bei der Portlandsinterung eine chemische Reaktion stattfindet, daß es sich also nicht um ein bloßes Schmelzen der Rohmasse handelt. Überdies ist eine Reihe von Beobachtungen bekannt, aus welchen geschlossen werden darf, daß für die Sinterung im Einzelfalle eine obere Grenze angenommen werden muß, was bei einem „beginnenden Schmelzen" offenbar nicht der Fall wäre. So hat Höglin[3]) „totgebrannten" Zement untersucht, welcher die Erhärtungsfähigkeit vollständig verloren hatte, und darin reichlich Melilithkristalle gefunden, die im normalen Klinker ganz fehlen. Demnach würde beim Überbrennen gewissermaßen ein Umkristallisieren eintreten können.

Von Interesse ist hier auch die Beobachtung von F. M. Meyer, daß das spezifische Gewicht der Klinker während der Sinterung Veränderungen erleidet, wobei das Maximum des spez. Gewichtes nicht der höchsten erreichten Temperatur entspricht, sondern bei demselben Material nach Erreichung des Höchst-

[1]) Schon Zulkowski hat (Z. d. österr. Ing. u. Arch. Ver. 1863: „Über die chemisch-physikalischen Verhältnisse der natürlichen und künstlichen hydraulischen Kalke") darauf hingewiesen, daß die Zementmasse im Ofen eine „gewisse Weichheit" erlange und daß unter Mitwirkung eines aus Bestandteilen des Tones gebildeten „Flusses" eine chemische Reaktion eintrete. Den Vorgang selbst schildert er in folgender Weise:

„Angenommen, daß der Ton ein Gemenge mehrerer chemischer Individuen sei, so wird bei der Sinterung zuerst das Silicat vom niedrigsten Schmelzpunkt erweichen, wodurch sofort eine Einwirkung des Kalkes ermöglicht wird. Hierdurch resultiert eine basische Verbindung, deren Schmelzpunkt niedriger als der des ursprünglichen Silicates liegt, so daß sich selbst bei gleichbleibender Hitze dieser Teil in vollem Flusse befinden wird. In diesem Momente treten sämtliche Bestandteile in chemische Wechselwirkung und das schmelzende Silicat, dessen Konstitution sich in jedem Momente ändern muß, löst die umgebenden Körper auf." Hierbei sollte eine Erhöhung des Schmelzpunktes eintreten, und die zunehmende Zähigkeit weitere Reaktionen hindern.

Daß bei der Sinterung des Portlandzementes eine „Aufschließung" erfolgt, bei welcher der Kalk mit den Bestandteilen des Tones eine chemische Verbindung eingeht, die durch Wasser zerlegt wird, wurde schon frühzeitig erkannt. L. J. Vicat, Ann. chim. phys. **15**, 365 (1820). Berthier, Ann. chim. phys. **22** [2], 62 (1823). Allerdings ist diese Erkenntnis späterhin vielfach nicht beachtet worden.

[2]) ZB. f. Zementchemie **1**, 75 (1910).

[3]) Nach O. Schmidt, Buchliteratur Nr. 82, S. 74.

wertes bei weiterem Erhitzen wieder abnehmen kann.[1]) Die Erklärung dieser Erscheinung würde bei der Annahme eines beginnenden Schmelzprozesses großen Schwierigkeiten begegnen.

Als Stütze der Annahme, daß die Sinterung den Beginn des Schmelzens bedeute, sind auch die zuerst von W. Michaëlis, dann noch von einer Reihe anderer Forscher vorgenommenen Schmelzversuche herangezogen worden. W. Michaëlis hatte seine Versuche unternommen, um nachzuweisen, daß es einen überbrannten Zement nicht gebe. Bewiesen wurde jedoch dadurch lediglich, daß er durch Schmelzen ein nach der Zerkleinerung hydraulisch erhärtendes Produkt erhielt. Offen blieben und sind auch heute noch die Fragen, ob dieses Produkt noch als mit Portlandzement identisch zu betrachten ist und ob, bzw. welche Veränderungen zwischen der Bildung des Klinkers und dem Eintritt des flüssigen Zustandes vor sich gehen. Hier klafft eine Lücke, deren Ausfüllung durch eingehende mikroskopische Studien wohl möglich erscheint.

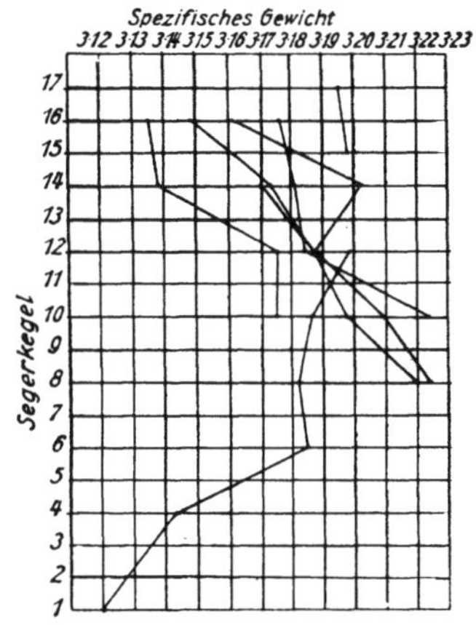

Fig. 103. Nach F. M. Meyer (Ton-I.-Z. **28**, 34 (1904)). Jede Linie entspricht dem spez. Gewicht, das dieselbe Rohmasse beim Brennen bei verschiedenen Temperaturen erlangt. Teils sind die Linien das durchschnittliche Ergebnis aus über 100 Einzelbestimmungen, teils entsprechen sie einzelnen Versuchen mit Rohmassen verschiedenen Kalkgehaltes.

Die Temperatur, bei welcher die Sinterung eintritt, ist von den einzelnen Autoren verschieden ermittelt worden. Zweifellos sind diese Angaben nur zum Teil verläßlich. Überdies ist zu bedenken, daß die Temperatur der Sinterung nicht bei allen Rohmassen dieselbe ist und insbesondere von dem Kalkgehalt derselben in dem Sinne abhängt, daß Rohmassen mit hohem Kalkgehalt eine höhere Sinterungstemperatur erfordern.[2]) Diese Beziehung zwischen Zusammensetzung der Rohmasse und Brenntemperatur bietet auch die Erklärung dafür, daß der durchschnittliche Kalkgehalt der Portlandzemente seit Einführung des Drehrohrofens wesentlich gestiegen ist. Zum Teil könnte wohl auch die Verbesserung der Zerkleinerungsmethoden, durch welche eine innigere Mischung ermöglicht wird, die Einverleibung gesteigerter Kalkmengen erleichtert haben. Es liegt nämlich die Sinterungstemperatur ein und derselben Rohmasse um so tiefer, je feiner die Mahlung ist.[3])

Besonderes Interesse wurde schon seit langer Zeit der Frage entgegengebracht, ob der Vorgang der Sinterung ein Wärme verbrauchender oder ein Wärme erzeugender sei. Als erster versuchte W. Ostwald[4]) dies durch

---

[1]) F. M. Meyer, Ton-I.-Z. **28**, 33 (1904).

[2]) E. Dittler und L. Jesser, 1425—1450° C. Z. B. f. Zementchemie **1**, 75 (1910). J. Bonde, Baumaterialienkunde **9**, 116 (1904). Etwa 50° C Erniedrigung für 3% $CaCO_3$.

[3]) Cl. Richardson, Baumaterialienkunde **10**, 27 (1905). Er fand die Brenntemperatur fein zerriebener Rohmasse im Laboratorium um 95° C tiefer, als jene der fabrikmäßig gemahlenen.

[4]) W. Ostwald, Rigasche Industrie-Ztg. **9**, 208 (1883).

calorimetrische Untersuchungen zu erfassen. Das untersuchte Material scheint aber kein Portlandzement im modernen Sinne gewesen zu sein.

Verschiedene Male wurde auch versucht, auf rechnerischem Wege zu ermitteln, ob ein Wärmeverbrauch stattfände.[1]) Derartige Rechnungen sind jedoch naturgemäß mit so vielen Fehlerquellen behaftet, daß auf die Ergebnisse wohl weiter nicht eingegangen zu werden braucht.

Bessere Aussichten schien die Messung der Temperaturen von Flamme und sinterndem Material im Ofen selbst zu bieten, ein Verfahren, das Jos. W Richards einschlug.[2]) Es ergab sich hierbei die Temperatur der Klinker um 200° höher, als jene der umgebenden Gasmassen, ein Betrag, der jedenfalls viel zu hoch erscheint. Die Unzuverlässigkeit der Methode muß wohl den außerordentlichen Schwierigkeiten zugeschrieben werden, denen derartige Messungen im Betriebe begegnen.

Die jüngste Arbeit in dieser Richtung stammt von L. Tschernobaeff.[3]) Auch gegen diese muß jedoch der Einwand erhoben werden, daß teilweise mit Annahmen gearbeitet werden mußte. Namentlich muß es als ein Mangel der Untersuchungsmethode bezeichnet werden, daß Vergleiche zwischen Rohmassen angestellt wurden, denen erhebliche Mengen von Kieselsäure beigefügt waren. Es ist nicht nur nicht ausgeschlossen, sondern sogar sehr wahrscheinlich, daß durch diesen Zusatz der Charakter der eintretenden Reaktionen vollständig verändert worden ist. Trifft dies zu, so ist es unstatthaft, aus diesen Vergleichen Schlüsse zu ziehen. Gefunden wurden stets positive Wärmetönungen, und zwar bei Mischungen von steigendem Kalkgehalt im Betrage von 173,1, 173,7, 142,2, 118,6, 117,2; dabei fällt die Bildungswärme mit dem Steigen des basischen Charakters rasch. Den technischen Mischungen von 78,76% CaO entsprach die Wärmetönung von 117,2. Die gesamte Bildungswärme des Zements berechnet der Verfasser hieraus mit —320 Cal. auf je 1 g $CaCO_3$ der Mischung.

In genauerer Weise wurde der thermochemische Charakter der Sinterung von L. Jesser untersucht. Dieser hatte auf Grund der Beobachtung, daß ein von ihm behufs Messung der Sinterungstemperatur in Zementrohmasse eingebetteter Segerkegel, der zum Teile innerhalb des gesinterten und zum Teile innerhalb des noch nicht gesinterten Stückes eines Klinkers lag, wobei beide Hälften des Kegels gleichen Erweichungszustand besaßen, die Vermutung ausgesprochen, daß die Sinterung ohne wesentliche Temperaturerhöhung verlaufe.[4]) Die späterhin ausgeführten calorimetrischen Untersuchungen dieses Autors zeigten jedoch, daß die Sinterung der ungaren Masse ein endothermer Vorgang ist. Die Wärmemenge, die den einzelnen Rohmassen zugeführt werden muß, ist verschieden und es scheint, daß die schwerere oder leichtere Sinterbarkeit der Portlandzementrohmassen in direkter Beziehung zur Größe der endothermen Reaktion steht.[5]) Zur Untersuchung wurde das eine Mal ungare, d. h. vollständig aufgeschlossene, aber noch nicht gesinterte Rohmasse, das andere Mal das Mehl des entsprechenden Klinkers im Calorimeter in Salzsäure gelöst. Aus der Differenz der beiden Wärmetönungen ergaben sich

[1]) Z. B. R. R. Meade, Ton-I.-Z. **30**, 793 (1906).
[2]) Jos. W. Richards, Ton-I.-Z. **28**, 586, 841 (1904).
[3]) L. Tschernobaeff, Z. f. angew. Chem. **24**, 337 (1911).
[4]) L. Jesser, Ton-I.-Z. **30**, 2037 (1906).
[5]) E. Dittler und L. Jesser, ZB. f. Zementchemie **1**, 71 (1910).

unter Berücksichtigung der Fehlerquellen folgende Werte: — 23, — 14, — 14, — 29, — 38, + 1, — 27, welche mit den Betriebserfahrungen insofern gute Übereinstimmung zeigen, als die Zemente mit hoher Wärmetönung der Sinterung als schwer, jene mit niedrigerer als leichter sinterbar bekannt sind.

Nähere Aufschlüsse brachte die von E. Dittler und L. Jesser gemeinsam durchgeführte bereits oben erwähnte pyrometrische Untersuchung des Sinterungsprozesses,[1]) welche ergab, daß dieser aus zwei Teilvorgängen von entgegengesetzter Wärmetönung besteht. Zunächst tritt bei etwa 1350° C eine Erweichung der Masse ein, wobei Wärme zugeführt werden muß. Bei 1430° tritt eine plötzliche Richtungsänderung der Temperaturkurve auf, die durch einen exothermen Prozeß hervorgerufen wird. Die Vornahme eines Versuches im Doelterschen Heizmikroskop ergab, daß bei ungefähr der genannten Temperatur eine plötzliche Kristallbildung auftritt, welche als Ursache der Wärmeentwicklung anzusehen ist. Diese Kristalle erwiesen sich als Alit. Daneben befand sich wenig Celit und auch noch etwas amorphe Grundmasse.

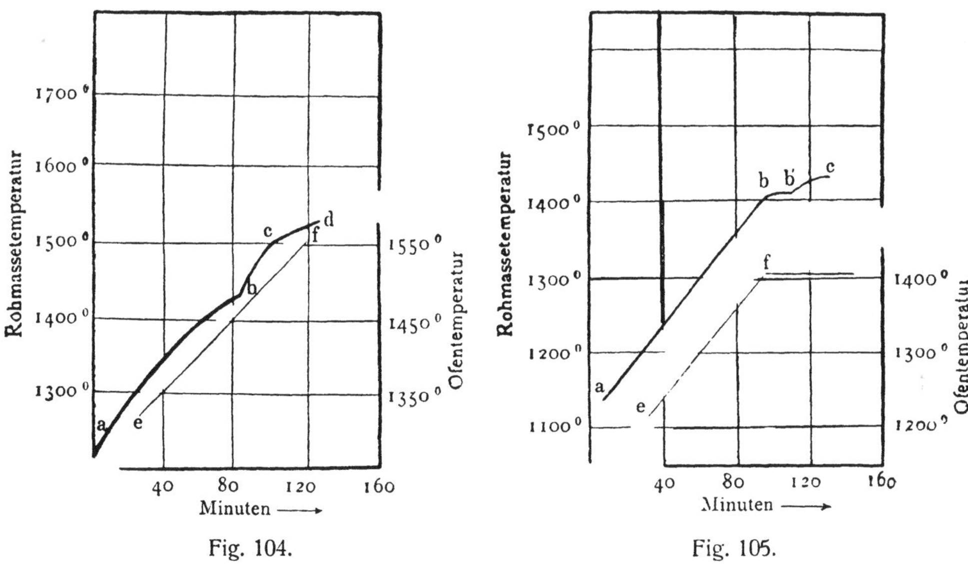

Fig. 104. Fig. 105.

Der Verlauf der Versuche wird durch die nebenstehenden Diagramme versinnlicht (Fig. 104, 105).

Bemerkenswert ist auch die Feststellung, daß sich das rasche Erhitzen der Proben als für den Sinterungsverlauf günstiger erwies, als langsames Vorwärmen.

Die Sinterung der Portlandzementrohmasse darf besonderes Interesse beanspruchen, weil sie das bisher beststudierte Beispiel einer Art der Mineralbildung liefert, die sich von der Kristallisation aus erstarrenden Schmelzen wesentlich unterscheidet. Die Gleichgewichtsverhältnisse und sonstigen Bildungsbedingungen der Minerale sind dabei vollkommen verschiedene, weshalb L. Jesser den Vorschlag machte, diese beiden Arten der Mineralbildung durch

[1]) E. Dittler u. L. Jesser, l. c.

die Bezeichnungen „präliquid“ und „postliquid“ zu unterscheiden.[1]) Charakteristisch für die präliquiden Mineralbildungen ist nach seinen Untersuchungen das gleichzeitige Vorhandensein zweier festen und einer flüssigen Phase, wobei die einfachsten Verhältnisse dann vorliegen, wenn die ursprünglich vorhandene feste Phase amorph ist, so daß die Umwandlung der amorphen in die kristallisierte Phase exotherm vor sich gehen kann.

Lagerung und Nachbehandlung.

Bei allen durch Brennen unterhalb Sinterungstemperatur entstandenen oder durch Mischen mit Ätzkalk, bzw. Kalkhydrat, hergestellten hydraulischen Bindemitteln tritt während des Lagerns eine Verschlechterung ihrer Eigenschaften ein, deren Grad nicht nur bei den einzelnen Materialien an sich verschieden, sondern auch von äußeren Umständen in hohem Maße abhängig ist. Diese Qualitätseinbuße ist zumeist auf die Einwirkung von aus der Luft aufgenommener Kohlensäure und Feuchtigkeit zurückzuführen, durch welche der Kalk in das unwirksame Carbonat übergeführt bzw. die Reaktion zwischen Kalk und Silicaten bereits teilweise vollzogen werden kann.

Bei der Lagerung von Portlandzement ist im Gegensatz hierzu eine Reihe bemerkenswerter Erscheinungen beobachtet worden.

Zunächst tritt als Folge des Lagerns (sofern es nicht unter besonders ungünstigen Verhältnissen erfolgt) eine Verbesserung der Eigenschaften ein. Im allgemeinen nimmt die Festigkeit und Volumenbeständigkeit von Portlandzement bei längerem Lagern sowohl des Klinkers, wie des Mehles zu, die Abbindezeit verlangsamt sich und die Temperaturerhöhung beim Abbinden wird geringer. Eine mehrmonatliche Lagerung des Zementmehles ist daher in den meisten Fabriken üblich, wenn auch die Notwendigkeit dieser Maßnahme dank der mit stets zunehmender Sicherheit arbeitenden Fabrikation immer seltener gegeben ist.

Bisweilen tritt jedoch das Umgekehrte ein: ursprünglich langsam bindender Zement wird zum Raschbinder. Mit welcher Geschwindigkeit dieses „Umschlagen der Abbindezeit“ vor sich geht, ist nicht mit Sicherheit ermittelt; daß es sehr rasch eintreten kann, vermag Verfasser auf Grund eigener Beobachtung anzugeben: ein mit besonderer Sorgfalt betriebsmäßig hergestellter Portlandzement besaß beim Einlaufen in den Silo sehr lange Abbindezeit und behielt diese wochenlang bei; wenige Tage nach Vornahme einer Normenprüfung wurde er behufs Ablieferung abermals geprüft und erwies sich als Raschbinder. L. Dobrzynski konnte einen Fall beobachten, bei welchem die Bindezeit innerhalb 2 Tagen von 2 Stunden 50 Minuten auf bloß 18 Minuten herabging.[2])

Die Ursache dieser auffallenden Erscheinung ist noch nicht ermittelt. Es ist die Annahme gemacht worden, daß der eine oder andere Bestandteil des Zements unter Volumvergrößerung sich in eine stabilere Form umwandelt, daß also physikalische Spannungserscheinungen zugrunde liegen. Mit dieser Deutung wäre die gelegentliche Beobachtung in Übereinstimmung, daß das raschbindend werdende Zementmehl während des Lagerns feiner wurde.[3])

---

[1]) L. Jesser, ZB. f. Zementchemie **2**, 1, 65 (1911).
[2]) L. Dobrzynski, Ton-I.-Z. **27**, 727 (1903).
[3]) F. M. Meyer, Ton-I.-Z. **25**, 479 (1901).

Eine andere Erklärung, die von P. Rohland gegeben wurde, setzt die Erscheinung mit der Bildung von Katalysatoren in Beziehung, welche dann, analog den künstlichen Zusätzen zur Regelung der Abbindezeit, die Hydratation des Zements beeinflussen sollen.[1]) Ungenügend erklärt bleibt bei dieser Hypothese die Bildung der Katalysatoren im Zementmehl.

Veränderungen der angegebenen Art erleidet nicht nur das Zementmehl, sondern auch der Klinker. Während die Klinker in der Regel selbst nach monatelanger Lagerung auch dann, wenn sie gelegentlich durch Regen gründlich angenäßt wurden, weder im Aussehen, noch in der Güte des aus ihnen hergestellten Mehles erhebliche Änderungen erkennen lassen und die Abbindezeit erwünschterweise eine Verlängerung erfahren hat, neigen viele Klinker, namentlich solche, die einen hohen Gehalt an Tonerde aufweisen, zum Zerrieseln; sie können auf diese Art bis zu Mehl zerfallen. Die Erscheinung wird auf Umlagerungen bzw. das Auftreten physikalischer Spannungen zurückgeführt.[2]) Jedenfalls dürfte eine Beziehung zu den besprochenen Vorgängen im Zementmehl bestehen.

Mitunter wird übrigens eine in ihrem Effekte ähnliche Erscheinung, jedoch mit Unrecht, als Zerrieseln bezeichnet, nämlich das Zerfallen von Klinkern, bei deren Herstellung nicht die nötige Sorgfalt angewendet wurde und die daher größere, nicht in Reaktion getretene Körnchen von gebranntem Kalk enthalten. In diesem Falle muß der Zutritt von Wasser naturgemäß ein Aufquellen der Kalkknöllchen und dadurch die allmähliche Zertrümmerung des Klinkers herbeiführen. Solche Klinker zerfallen allerdings unter teilweiser Bildung feinen Mehles in Stücke, sie „zerrieseln" aber nicht im eigentlichen Sinne dieses Vorganges. An Bruchflächen derartig zerfallender Klinker kann man schon mit freiem Auge ganz deutlich einzelne weiße Pünktchen erkennen, die von einer schmalen Zone einer meist hellgrünen Masse umgeben sind.

Um im Zementklinker bzw. -mehle etwa vorhandenen unverbundenen Kalk unschädlich zu machen, wurden verschiedene Verfahren vorgeschlagen, durch welche der Kalk gelöscht oder in das Carbonat übergeführt werden soll. Das meist geübte Verfahren ist neben dem bloßen Lagernlassen das von W. Michaëlis vorgeschlagene Begießen der noch warmen Klinker mit Wasser, wodurch der Klinker eine zur Hydratisierung der kleinen in Betracht kommenden Kalkmengen eben hinreichende Menge Wasser aufnimmt. Das beste Mittel ist natürlich sorgfältigste Mahlung des Rohmehles, wodurch der Bildung der Kalkknollen vorgebeugt wird. Von den zum sogenannten „Reifen" von Zementen vorgeschlagenen Verfahren seien folgende erwähnt:

E. Schwarz,[3]) Wasserdampfbehandlung bei 150° C; G. Prüssing,[4]) Behandlung der Klinker mit heißen Bädern; H. K. G. Bamber,[5]) Einleiten von Dampf und Luft oder Kohlensäure in die Mahlapparate; J. S. Rigby,[6]) Behandlung des Zementmehles mit Kohlensäure und Luft; E. Wright,[7]) Einspritzen kalten Wassers in die Feinmühle; R. W. Lesley,[8]) Zusatz von verdünnter Schwefelsäure zum Klinker oder Mehl;

---

[1]) P. Rohland, Siehe Buchliteratur Nr. 66; Koll.-Z. **8**, 251 (1911).
[2]) H. Kappen, Ton-I.-Z. **29**, 370 (1905).
[3]) E. Schwarz, Ton-I.-Z. **25**, 888 (1901).
[4]) G. Prüssing, D.R.P. Nr. 75476 (1893).
[5]) H. K. G. Bamber, D.R.P. Nr. 167968 (1903).
[6]) J. S. Rigby, Brit.P. Nr. 22601 v. J. 1901.
[7]) E. Wright, Brit.P. Nr. 25857 v. J. 1906.
[8]) R. W. Lesley, V.St.A.P. Nr. 582068 (1897)

H. A. Gerdes,[1]) Behandeln des Zements mit feuchter kohlensäurehaltiger Luft in der Wärme; W. O. Emery,[2]) Besprengen der Klinker mit einer heißen Lösung von Carbonaten oder Bicarbonaten und Erhitzen des Mehles in heißem Kohlensäurestrome; Th. A. Edison,[3]) Behandeln mit Luft, Wasserdampf und Verbrennungsgasen. Mit feuchter Luft.

Die Hydratation.

Die Abbindung und Erhärtung hydraulischer Zemente verläuft in mehreren charakteristischen Stufen. Zunächst entsteht beim Verrühren mit Wasser ein steifer Brei, nicht anders, als wenn ein indifferenter Stoff, etwa Sand, mit dem Wasser vermengt worden wäre. Nach einiger Zeit beginnt sich jedoch eine Veränderung bemerkbar zu machen: der Brei wird plastisch, bekommt einen gewissen Zusammenhalt und ähnelt einem dicken Tonbrei. Mehr oder weniger schnell läuft dieser, als Abbindung bezeichnete Vorgang ab und die Masse beginnt zu erstarren. Zur Messung des Reaktionsverlaufes wird der Widerstand benutzt, den die Masse dem Eindringen eines festen Körpers entgegensetzt, und man bezeichnet als Beginn der Erhärtung den Zeitpunkt, zu welchem eine durch Eindrücken des Fingernagels erzeugte Rinne sich nicht mehr schließt, als Ende jenen, zu dem die eingedrückte Kante des Nagels keinen Eindruck mehr hinterläßt. Für Prüfungszwecke benutzt man zur Ermittlung dieser Zeitpunkte Apparate mit Stiften von bestimmtem Gewicht und Querschnitt — Vicats Nadelapparat — bezüglich deren Vorschriften bestehen.[4]) Portland-, Eisenportland- und Schlackenzemente werden sowohl raschbindend, mit einem Erhärtungsbeginne von wenigen Minuten, als langsambindend mit einem Erhärtungsbeginn von mehreren Stunden erzeugt. Romanzemente und hydraulische Kalke sind fast durchweg äußerst raschbindend. In noch größeren Grenzen schwankt das Ende der Erhärtung.

Die Abbindung und Erhärtung ist mit positiver Wärmetönung verbunden. Portlandzement pflegt sich dabei nur um etwa 5—10° C zu erwärmen, Romanzemente und unabgelöschte hydraulische Kalke viel stärker.

Gleichzeitig lassen sich Änderungen der elektrischen Leitfähigkeit konstatieren. Diese erreicht kurz nach dem Anmachen einen hohen Wert und nimmt dann beim Abbinden stark und fast unvermittelt ab.[5])

Um die Veränderungen, die im erhärtenden Zementbrei vor sich gehen, besser erfassen zu können, als es durch in größeren Pausen von Hand vorgenommene Proben möglich ist, sind bereits wiederholt automatisch arbeitende Vorrichtungen konstruiert worden,[6]) welche jedoch den in sie gesetzten Erwartungen nicht zu entsprechen vermochten.

Bessere Ergebnisse lieferte die von M. Gary erdachte Methode, welche die beim Abbinden auftretenden Wärmetönungen, die vordem nur gelegent-

[1]) H. A. Gerdes, V.St.A.P. Nr. 753385 (1904).
[2]) W. O. Emery, V.St.A.P. Nr. 806788 (1905).
[3]) Th. A. Edison, V.St.A.P. 941630 (1907); Nr. 944481 (1908).
[4]) Die Einzelheiten sind in den Prüfungsvorschriften der einzelnen Staaten, sowie in den unter „Buchliteratur" angeführten allgemeinen Werken zu finden.
[5]) F. M. Meyer, Ton-I.-Z. **25**, 479 (1901).
[6]) L. Tetmajer, Mitt. a. Anst. z. Prüfung v. Baumater. in Zürich 1893, 100. — Goodmann, Prot. d. Vereins deutscher Portlandzementfabrikanten 1895, 55. — A. Martens, Prot. d. Vereins deutscher Portlandzementfabrikanten 1897, 165; Denkschrift aus dem Kgl. Materialprüfungsamt, 339.

lich mit dem gewöhnlichen Thermometer gemessen worden waren, zur automatischen Aufzeichnung des Abbindeverlaufes benutzt.[1]) Die Aufzeichnung erfolgt durch photographische Abbildung eines durch den Quecksilberfaden eines Thermometers teilweise verschlossenen Schlitzes auf einem von einem Uhrwerk bewegten photographischen Film. Das von dem Apparate verzeichnete Temperaturmaximum stimmt im allgemeinen mit jenem Zeitpunkte überein, in welchem der Zementbrei dem Drucke des Fingernagels eben zu widerstehen beginnt.

Bemerkenswert ist, daß die so aufgenommenen Kurven meist ein zweites, wenn auch schwächeres, Ansteigen der Temperatur verzeichnen, daß also offenbar während des Abbindens und Erhärtens der Zemente zumindest zwei verschiedene Reaktionen verlaufen müssen, deren Zeitpunkte übrigens oft um mehrere Stunden auseinander liegen.

Mit dem angedeuteten „Ende der Erhärtung" sind die in der Masse vor sich gehenden Veränderungen noch keineswegs erschöpft. Das Fortschreiten der Erstarrung und damit die Zunahme an Festigkeit setzen sich noch jahrelang fort, wenn auch in stetig abnehmendem Tempo.

Die Abbindung kann nun durch Zusatz löslicher Substanzen sowohl beschleunigt, als verzögert werden. Namentlich die Regelung im letztgenannten Sinne ist häufig wünschenswert und wird in der Praxis ganz allgemein durch Zusatz von gemahlenem, rohem Gips bewirkt. Die, beispielsweise im Winter erforderliche, Beschleunigung der Abbindung wird meist durch Zusatz von Soda zum Anmachwasser hervorgerufen. Bezüglich der einzelnen Zusätze sei auf folgende Literaturstellen verwiesen:

Chlorcalcium und Chlormagnesia: O. v. Blaese,[2]) C. Heintzel,[3]) H. Burchartz.[4])
Pottasche und Kochsalz: W. Staab.[5])
Alkalien: W. Wright.[6])
Oxalsäure, Chromsäure, Phosphorsäure, sowie ihre Natrium- und Ammoniumsalze, Fluorammonium, Wasserglas, Borax, Borsäure: Wormser.[7])
Kohlehydrate (Zucker): Laboratorium f. Tonindustrie (Seger & Cramer),[8]) J. Gresly.[9])
Lösliche Kieselsäure und Tonerdehydrat: C. Heintzel.[10])
Ferner: E. Ackermann,[11]) N. Ljamin,[12]) P. Rohland.[13])

P. Rohland[14]) schrieb die verzögernde und beschleunigende Wirkung der Zusätze ihrem katalytischen Einflusse auf die Hydratation zu. Er fand u. a. folgende Richtungen des Einflusses:

---

[1]) M. Gary, Protokolle d. Vereins deutscher Portlandzementfabrikanten 1905, 156; 1906, 94; Mitt. Kgl. Material-Pr.A. Groß-Lichterfelde, **24**, 225 (1906).
[2]) O. v. Blaese, Ton-I.-Z. **27**, 1386 (1903); **30**, 1734 (1906).
[3]) C. Heintzel, D.R.P. Nr. 42344 (1888).
[4]) H. Burchartz, Mitt. d. Kgl. Materialprüfungsamtes, **28**, 338 (1910).
[5]) W. Staab, D.R.P. Nr. 141621 (1902).
[6]) W. Wright, Brit. Pat. Nr. 5659 v. J. 1900.
[7]) Wormser, Ton-I.-Z. **30**, 949 (1906).
[8]) Seger & Cramer, Ton-I.-Z. **32**, 1873 (1908).
[9]) J. Gresly, Öst. Pat. Nr. 41202 (1908).
[10]) C. Heintzel, D.R.P. Nr. 38692 (1886).
[11]) E. Ackermann, Chemiker-Ztg. **22**, 9 (1898).
[12]) N. Ljamin, Ton-I.-Z. **26**, 874 (1902).
[13]) P. Rohland, Z. anorg. Chem. **31**, 437.
[14]) P. Rohland, Z. f. angew. Chem. **26**, 1049 (1903); Ton-I.-Z. **29**, 950 (1905).

		Konzentration des Katalysators		
		klein	groß	sehr groß
Bei Langsambindern:	$AlCl_3$	→	←	
	$CaCl_2$	←	→	
	wasserfreies Na_2CO_3	→	←	→
Bei Raschbindern:	wasserfreies Na_2CO_3	→	←	
	NaCl	0		
	K_2SO_4	→	←	←

→ = Beschleunigung.
← = Verzögerung.
0 = keine Änderung.

Durch die Einwirkung von Frost wird die Abbindung von angemachtem Portlandzementmörtel verzögert. Dabei erleidet die Festigkeit, die der Mörtel später erlangt, keine wesentliche Einbuße, wenn die Frostwirkung nur einige Stunden gedauert hat. Im allgemeinen überstehen weiche Mörtel die Frostwirkung besser, als bloß erdfeucht angemachte.[1])

Hydraulische Bindemittel sollen nach Zugabe des für die Abbindung erforderlichen Wassers möglichst rasch verarbeitet werden, da andernfalls als Folge der beim Einstampfen an sich nicht nur unvermeidlichen, sondern geradezu bezweckten Verschiebung der Teilchen eine Störung des Abbindeprozesses eintreten würde, durch welche die Festigkeit vermindert wird. In letzterer Zeit angestellte Versuche, die mit Portlandzement vorgenommen wurden, ergaben folgendes[2]):

Die Erhärtungsfähigkeit wird durch Lagern nach dem Anmachen ungünstig beeinflußt, und zwar um so stärker, je länger die Lagerung gedauert hat. Die stärkste Einbuße erleidet der Mörtel, wenn das Ende des Lagerns mit dem (gesondert ermittelten) Abbindebeginn zusammenfällt. Mit zunehmender Höhe des Wasserzusatzes zum Mörtel wird die Schädigung durch das Lagern geringer.

Auch die Feinheit der Mahlung ist von Einfluß auf die Abbindezeiten. Theoretisch könnte die Mahlung behufs Erzielung großer Festigkeiten nicht weit genug getrieben werden, praktisch sind dem jedoch Grenzen gesetzt und man begnügt sich bei den hochwertigen Zementen mit Mehl von solcher Feinheit, daß es auf einem Siebe von 900 Maschen pro 1 qcm 5 %, auf einem solchen von 4900 Maschen etwa 30 % Rückstand hinterläßt, bei den billigeren mit gröberem Mehle. Trotz des verhältnismäßig großen Feinmehlgehaltes der Portlandzemente bleibt das Innere der Körnchen dennoch unangegriffen, so daß abgebundener Zement, selbst wenn er jahrelang im Wasser gelegen hat, durch bloßes Trocknen und Mahlen wieder abbindefähig wird, wenn auch nur in abgeschwächtem Maße.[3])

Konstitutionsfrage und Erhärtungstheorie.

Die Konstitutionsforschung der hydraulischen Bindemittel, die nun eine fast hundertjährige Geschichte besitzt, hat in dieser Zeit viele Arbeiten, manche

[1]) H. Burchartz, Mitt. Kgl. Mater.-Pr.-A. Groß-Lichterfelde, **28**, 1, 266 (1910).
[2]) H. Burchartz, Mitt. Kgl. Mater.-Pr.-A. Groß-Lichterfelde, **29**, 164 (1911).
[3]) W. Michaëlis, Ton-I.-Z. **23**, 785 (1899); Chem. Laboratorium f. Tonindustrie (Seger & Cramer), Ton-I.-Z. **32**, 1746 (1908).

praktischen Erfolge, aber nur verhältnismäßig wenig klare wissenschaftliche Erkenntnis gezeitigt. Es liegt nicht im Sinne und Rahmen dieser Darstellung, den historischen Entwicklungsgang dieses Forschungszweiges eingehend zu behandeln, um so weniger, als jeder, der sich mit diesem Problem befassen will, ohnedies auf die Originalliteratur wird zurückgreifen müssen, und als diese überdies bereits an mehreren Stellen eingehend behandelt worden ist.[1])

Will man die über die Konstitution des Portlandzements aufgestellten Hypothesen kurz überblicken, so scheiden sie sich in zwei Gruppen: erstens solche, welche im Portlandzement „freien", also chemisch nicht gebundenen, Kalk annehmen, und zweitens solche, welche vollkommene chemische Bindung des Kalkes zur Grundlage der Hypothese nehmen. Die Vertreter beider Ansichten suchten durch die künstliche Darstellung der im Zement zu vermutenden Verbindungen und durch Darstellung analoger Verbindungen aus verwandten Elementen (Barium statt Calcium, Bor statt Silicium usw.) Stützpunkte zu finden. Allein diese Bestrebungen, auf welche ein ungeheurer Aufwand an geistiger und physischer Arbeit verwendet wurde, haben, obwohl sie unsere allgemeinen Kenntnisse der in Betracht kommenden Substanzen außerordentlich bereichert haben, für die Lösung des Zementproblems fast nichts beizusteuern vermocht. Zumindest fehlt uns derzeit noch jede Möglichkeit, dieses reiche, experimentell gewonnene Material entsprechend zu verwerten. Die überwiegende Zahl der hierbei tätigen Forscher hat die Tatsache, daß beim gemeinsamen Erhitzen oder Schmelzen zweier der in Betracht kommenden Stoffe eine mit Wasser erhärtende Masse gewonnen wurde, mit Unrecht als hinreichenden Beweis nicht nur für das Vorliegen einer der Zusammensetzung der verwendeten Rohmasse entsprechenden chemischen Verbindung, sondern auch für deren Vorkommen in hydraulischen Zementen gehalten. Eine einwandfreie Identifizierung auch nur eines der so dargestellten Produkte mit einem der Zementminerale ist aber bisher nicht geglückt. Naturgemäß spielte bei den Diskussionen beider Gruppen die Frage, ob im Portlandzement „freier" Kalk nachweisbar sei, eine große Rolle und es wurden zahlreiche Methoden zu seinem Nachweise ersonnen und erprobt, jedoch ebenfalls ohne beweisenden Erfolg. Dieser Frage ist übrigens mittlerweile durch die Theorie der festen Lösungen die Berechtigung entzogen worden: der Kalk kann sehr wohl „frei" im chemischen Sinne und dennoch an gewisse Mengenverhältnisse gebunden sein.

Soweit die Chemie an der Aufhellung des über den hydraulischen Zementen und ihrer Hydratation noch schwebenden Dunkels mitarbeiten kann, muß sie sich zunächst, wie schon E. Jordis und E. Kanter betonten,[2]) darauf beschränken, systematisch die Gesetzmäßigkeiten der zwischen den in Betracht kommenden Körpern möglichen Reaktionen zu erfassen. Damit sind diese Forscher nun seit Jahren beschäftigt.[3]) Eine direkte Anwendung auf das Zementproblem liegt naturgemäß noch in weiter Ferne.

Die mineralogische Seite des Problems ist in dem vorangehenden Aufsatze von E. Dittler behandelt, muß jedoch des Zusammenhanges wegen auch

---

[1]) Beispielsweise in den auf S. 815 genannten Werken des Nachweises der „Buchliteratur" und der Arbeit von E. Jordis u. E. Kanter.

[2]) E. Jordis u. E. Kanter, a. a. O.

[3]) E. Jordis u. E. Kanter, Z. anorg. Chem. **34**, 455 (1903); **35**, 16, 82, 148, 336 (1903); **42**, 418 (1904); **44**, 200 (1905).

hier wieder kurz berührt werden, weil die Heranziehung des Mikroskopes die Grundlage aller späteren Methoden und Erfolge bildete.

Den ersten Versuch zur mikroskopischen Untersuchung von Zementklinkern machte A. Winkler.[1]) Erheblich später befaßten sich L. Erdmenger[2]) und A. Hauenschild[3]) mit derartigen Studien; doch erst die gleichzeitig und unabhängig voneinander unternommenen Forschungen von H. Le Chatelier[4]) und J. Törnebohm[5]) lieferten brauchbare Grundlagen für weitere Fortschritte.

Von diesen sind in ziemlicher Übereinstimmung vier typische Klinkerminerale, Alit, Belit, Celit und Felit, beschrieben worden, von welchen der Alit die Hauptmenge ausmacht und schon von seinen Entdeckern als der Träger der hydraulischen Eigenschaften betrachtet worden ist. Demgemäß richteten sich die Bestrebungen, da eine Isolierung des Alits aus dem Gemenge sich als unmöglich erwies, darauf, ihn allein darzustellen. Eine Darstellung durch Sinterung aus reinen Rohstoffen ließ sich nicht mit dem gewünschten Erfolg durchführen und es wurde daher, gestützt auf die Angabe von W. Michaëlis, daß er durch Schmelzen der Rohstoffe Zement erhalten habe, zum Niederschmelzen geschritten.

Gegen die diesbezüglichen Versuche von O. Schmidt,[6]) durch Schmelzen und Kristallisierenlassen von Zementrohmasse größere Alitkristalle zu erhalten, muß eingewendet werden, daß die Identität dieser Kristalle mit dem Alit des gesinterten Klinkers nicht nur nicht bewiesen, sondern sogar höchst unwahrscheinlich ist. Ist die in dem Abschnitte über die Sinterung besprochene Annahme über die Art der Mineralbildung im Portlandzementklinker richtig, so ist von vornherein nicht zu erwarten, daß das unter dem Namen Alit beschriebene Zementmineral überhaupt aus einer Schmelze gewonnen werden kann. Keinesfalls ist die Möglichkeit ausgeschlossen, daß dieses Mineral, welches ja unter ganz besonderen Bedingungen entstanden ist, sich von allen anderen bekannten Mineralien wesentlich unterscheidet. Mit ziemlicher Sicherheit läßt sich sagen, daß der Alit, sofern er auch aus einer Schmelze entstehen kann, nur unter jenen Mineralen zu suchen ist, welche bei der Sinterungstemperatur des Portlandzements, also ungefähr 1425^0 C, stabil sind. Insolange aber die Frage nach der Zusammensetzung des Alits nicht einwandfrei gelöst ist, wird auch eine vollständige Erforschung des Erhärtungsvorganges hydraulischer Zemente ausgeschlossen sein.

Die Hydratation des Zementmehls ist von zahlreichen Forschern bereits zum Gegenstande von Untersuchungen gemacht worden. Eine der wichtigsten neueren Arbeiten dieses Gebietes ist jene von S. Keisermann,[7]) welcher die übliche kristallographische und mikrochemische Charakterisierung der bei der Hydratation entstehenden Körper durch ein Tinktionsverfahren ergänzte.[8])

---

[1]) A. Winkler, Journ. prakt. Chem. **67**, 444 (1856).
[2]) L. Erdmenger, Ton-I.-Z. 1880, Nr. 40.
[3]) A. Hauenschild, Ton-I.-Z. **19**, 239 (1895).
[4]) H. Le Chatelier, Ann. d. mines (1887).
[5]) J. Törnebohm, s. Buchliteratur Nr. 42.
[6]) O. Schmidt, s. Buchliteratur Nr. 82.
[7]) S. Keisermann, s. Buchliteratur Nr. 101.
[8]) Über Färbemethoden für Silicate, Aluminate usw. siehe auch: H. Rosenbusch-Wülfing, Mikrosk. Physiographie d. Mineralien u. Gesteine. — F. Becke, Miner. u. petr. Mitt. **10**, 90 (1888). — G. Lemberg, Z. Dtsch. Geol. Ges. **39**, 489 (1887); **40**, 357 (1887). — F. Mylius, Z. f. Instrumentenkunde, **9**, 50 (1889). — Fr. Hundeshagen, Z. f. angew. Chem. **21**, 2405 (1908). — E. Dittler, Koll.-Z. **5**, 94 (1909). —

S. Keisermann ging von der Annahme aus, daß im Klinker Dicalciumsilicat und Tricalciumaluminat vorhanden sein müßten. Es wurde nun das Verhalten sowohl von SiO_2, Al_2O_3 und CaO, sowie jenes der wichtigsten in Betracht kommenden bekannten Verbindungen dieser Oxyde gegenüber einer großen Zahl von Farbstoffen festgestellt, wobei sich ergab, daß Patentblau auch in stark alkalischer Lösung Tonerde und tonerdehaltige Substanzen intensiv anfärbt, während es weder Kieselsäure, noch Kalk, noch ihre Verbindungen färbt; daß ferner Methylenblau in neutraler oder saurer Lösung durch Säuren in Freiheit gesetzte Kieselsäure anfärbt, Silicate jedoch unbeeinflußt läßt, und daß endlich Anthrapurpurin in alkoholischer Lösung alle kalkhaltigen Körper deutlich anfärbt.

Die Versuche wurden so durchgeführt, daß das feingepulverte Zementmehl auf dem Objektträger mit wenig Wasser verrührt und mit dem Deckglase bedeckt wurde. Die Präparate wurden dann, um Verdunstung zu verhindern, entweder mit einem Wachsring, der überdies mit Lack überzogen wurde, verschlossen oder unter einer in Wasser tauchenden Glasglocke aufbewahrt. Die während der Hydratation eintretenden Kristallisationen konnten dann bei 320facher Vergrößerung, eventuell unter Dunkelfeldbeleuchtung, gut beobachtet werden, wobei sich folgendes ergab: An den Zementkörnchen schossen kurze dicke Nadeln an, die bald die Form kleiner hexagonaler Plättchen erkennen ließen. Dann wuchsen aus den Körnchen feine, nur schwer sichtbare Nadeln heraus, die um sie herum einen Kranz feiner Stacheln bildeten, die aber manchmal auch frei im Sehfelde auftauchten. Die Kristallisation dieser Nadeln dauerte mehrere Tage fort. Gleichzeitig wurden die Plättchen größer und ließen ihre Sechseckform deutlich erkennen. Endlich bildeten sich in kleiner Zahl große hexagonale Kristalle, deren manche so groß wurden, daß sie das ganze Sehfeld bedeckten. Sie schlossen alles ein, was in ihrem Bereiche lag. Zugleich mit ihnen schied sich eine Gelmasse aus, deren Menge beständig zunahm, solange Wasser vorhanden war. In einem aus schwach gebranntem Zement hergestellten Präparate konnten vereinzelte Sphärolithe beobachtet werden, die aber offenbar bedeutungslos sind.

Patentblau, welches noch während der Hydratation zugefügt wurde, färbte nur die Plättchen an. Diese müssen daher Aluminiumoxyd in irgend einer Form enthalten, während alle übrigen Kristalle und auch die Gelmasse davon frei sein müssen.

Da alkoholische Anthrapurpurinlösung das gesamte Präparat färbt, müssen alle entstandenen Körper Kalk enthalten. Besonders reich an Kalk scheinen die hexagonalen Kristalle und die Gelmasse zu sein.

Methylenblau in wäßriger Lösung blieb ohne färbende Wirkung, woraus folgt, daß der hydratisierte Zement keine freie Kieselsäure enthalten kann. Wurde es in essigsaurer Lösung zugesetzt, so wurde durch die Säure das ganze Präparat zersetzt und Kieselsäure ausgeschieden, die sich sofort färbte. Namentlich in der Gelmasse ließ sich dies gut verfolgen.

S. Keisermann gelangt auf Grund seiner Arbeit zu einer Formel des Zementklinkers: $4(2CaO \cdot SiO_2) + 3CaOAl_2O_3$, in welcher 11 CaO, $4SiO_2$ und $1Al_2O_3$ enthalten wären.[1]) Die Hydratation des Calciumsilicates allein sollte dann das Abbinden bewirken und den Vorgang der Erhärtung einleiten, während das Tricalciumaluminat sowohl für das Abbinden, wie für das Erhärten ohne wesentliche Bedeutung wäre. Gegen die Schlußfolgerungen, die S. Keisermann aus seinen Versuchen zieht, läßt sich nun, wie dies auch schon geschehen ist, einwenden, daß sich die Versuche über das Verhalten der zu vermutenden Substanzen naturgemäß nur auf die bereits bekannten Ver-

---

E. Heyn, Sprechsaal **40**, 237 (1907). — H. E. Ashley, Bull. geol. Surv. U.S. 388, (1909); Ref.: ZB. f. Zementchemie **1**, 65 (1910). — K. Endell, Koll.-Z. **5**, 244 (1909). — P. Grandjean, Revue de Metallurgie **7**, 183 (1910). — F. Cornu, Koll.-Z. **5**, 268 (1909). — H. Hermann (Referat über die neueren der vorgenannten Arbeiten), ZB. f. Zementchemie **1**, 129 (1910).

[1]) Siehe hierzu W. Michaëlis, Koll.-Z. **7**, 320 (1910).

bindungen erstrecken konnten. Insolange daher Vollständigkeit in dieser Richtung nicht erzielt ist, kann das Problem der Zusammensetzung des Zementklinkers, bzw. des Alites nicht als durch diese Versuche gelöst betrachtet werden. Namentlich muß betont werden, daß manche Umstände, so z. B. das von E. Dittler und L. Jesser beobachtete fast plötzliche Anschießen der gesamten Kristallmasse des Alites, doch für die Annahme zu sprechen scheinen, daß der Alit aus allen drei Oxyden besteht.

Auch die vorläufigen Ergebnisse der Untersuchungen der Carnegie-Institution in Washington über das ternäre System $CaO—Al_2O_3—SiO_2$ lassen es als wahrscheinlich erscheinen, daß eine ternäre Verbindung existiert.[1]) Ob diese mit dem Alit des Portlandzementes identisch ist, ist damit allerdings noch nicht erwiesen. Einerseits ist bei der Heranziehung der Ergebnisse von Schmelzversuchen, wie schon erwähnt, stets zu bedenken, daß die Bildungsverhältnisse, insbesondere auch die Bildungstemperaturen bei Schmelz- und bei Sinterungsversuchen verschieden sind, anderseits, daß mit dem Augenblicke des Wasserzusatzes eine vollkommene Änderung des Systems, z. B. eine Zerlegung einer ternären Verbindung in zwei binäre, eintreten kann. Rückschlüsse aus der Zusammensetzung der Hydratationsprodukte auf die Konstitution des Klinkers sind daher bei dem heutigen Stande unserer Kenntnisse vollkommen unzulässig. Gerade durch diese Erwägung wird eine große Zahl von Arbeiten über diese Frage unbrauchbar.

Wenn demnach auch alle bisherigen Versuche, dem Problem auf rein chemischem Wege beizukommen, als gescheitert anzusehen sind, erschien es doch als möglich, sich ein Bild des allgemeinen Verlaufes der Abbindung und Erhärtung zu machen, wie dies durch W. Michaëlis geschehen ist.

Nach der Hypothese von W. Michaëlis[2]) ist der Erhärtungsprozeß hydraulischer Bindemittel vorwiegend dem Gebiete der Kolloidchemie zuzuweisen, während er früher ausschließlich vom Standpunkte eines Kristallisationsprozesses betrachtet wurde. In Kürze läßt sich der Vorgang folgendermaßen schildern: die Zementkörnchen werden vom Anmachwasser oberflächlich angegriffen, es bildet sich eine übersättigte Lösung, welche plötzlich als Hydrogel gerinnt. Jedes Zementkörnchen umgibt sich mit einer aus dem Hydrogel bestehenden Hülle, welche wohl Wasser, nicht aber Kalkhydrat durchtreten läßt. Das durch die fortschreitende Reaktion fernerhin abgeschiedene Kalkhydrat muß daher durch seine Anlagerung an die Hülle diese von innen her immer mehr verstärken. Umgekehrt erfordert die innerhalb der Hülle vor sich gehende Reaktion immer neue Wassermengen und entzieht das Wasser dem Hydrogel, das dieses wieder seiner Umgebung entnimmt.

So erfolgt auch von außen her eine fortschreitende Verfestigung und Verstärkung der Hülle, die schließlich zum festen Gel wird. Die während der Hydratation gebildeten Kristalle, die ursprünglich lose in dem weichen Hydrogel lagen, sind nun in den erstarrten Gelhüllen fixiert und tragen so auch ihrerseits zur Versteifung des Ganzen bei.

Eine Überprüfung dieser Hypothese ist auf mikroskopischem Wege wiederholt vorgenommen worden und es wurden tatsächlich von verschiedenen Forschern Kristalle neben einer Substanz gefunden, die im auffallenden Lichte einheitlich erscheint und auf Kosten des Kornes, welches von ihr umschlossen

[1]) Z. anorg. Chem. **71**, 19 (1911).

[2]) Buchliteratur Nr. 96.

ist, an Volumen zunimmt. Allerdings ist die Hypothese nicht unwidersprochen geblieben.[1])

Die erste Voraussetzung für die Michaëlissche Hypothese ist, daß die in hydraulischen Zementen vorhandenen Substanzen fähig sind, ein Hydrogel zu bilden. Eine endgültige Entscheidung hierüber wird selbstverständlich erst nach genauer Feststellung der Zusammensetzung der Zementminerale möglich sein. Vorläufig kann nur das Verhalten einzelner in Betracht kommender Substanzen studiert werden. Tatsächlich quillt äußerst fein zerkleinertes Quarzmehl in Wasser; ein Zusatz von Kieselsäurelösung bewirkt Koagulation und es scheiden sich große Flocken von Kalksilicathydrogel ab: Auf nassem Wege abgeschiedene Kieselsäure erstarrt, selbst wenn sie vorerst geglüht wurde, mit Kalkbrei zu einem festen Gel. Kalkaluminate und Kalkferrite können ebenfalls als Gele abgeschieden werden. Auch das Verfahren der Eterniterzeugung, bei welchem Zement mit einem großen Wasserüberschuß verarbeitet wird und dann nach dem Abpressen des Wassers und einer starken Pressung des Erzeugnisses normal erhärtet, wurde von W. Michaëlis zur Stütze seiner Ansicht herangezogen. Läge nämlich ein reiner Kristallisationsprozeß vor, so müßte dieser unter den gegebenen Umständen gestört werden und die Festigkeit der erzeugten Platten könnte nur eine geringe sein. Handelt es sich jedoch vorwiegend um die Bildung eines Kolloides, das später im Verlaufe eines Nachhärtungsprozesses allmählich fest wird, so braucht eine Schädigung durch die angegebene Art der Verarbeitung nicht einzutreten.

Die oben erwähnten Versuche, die W. Michaëlis vornahm, konnten selbstverständlich nur unter Verwendung verhältnismäßig großer Wassermengen durchgeführt werden; ein wesentlicher Einwand gegen seine Versuche, der von verschiedenen Seiten erhoben wurde, bemängelt diese den bei der Zementabbindung tatsächlich herrschenden Verhältnissen nicht entsprechende Versuchsanordnung. Hier wurde durch Versuche von W. Muth[2]) insofern die Berechtigung dieser Versuchsanordnung wahrscheinlich gemacht, als er Proben desselben Zementes (je 20 g) mit verschiedenen Wassermengen (50, 100, 200, 500, 1000, 4000 ccm) derart behandelte, daß ein Zusammenbacken nicht erfolgen konnte. Die mikroskopische Untersuchung der Zementkörnchen, bzw. Hydratationsprodukte, ergab, daß die Bildung nadelförmiger Kristalle in den wasserreichsten Proben überwog und zu den wasserärmsten stetig abnahm. Umgekehrt zeigte sich eine konstante Zunahme kolloider Ausscheidungen, je geringer der Wasserüberschuß war, je näher man also den normalen Verhältnissen bei der Abbindung von Zementen kam.

Während der Drucklegung des vorliegenden Abschnittes ist das Werk: „Die Silicate“ von W. und D. Asch[3]) erschienen, in welchem als Konsequenz der von den Verfassern aufgestellten „Hexit-Pentittheorie“ auch eine neue

[1]) Über diese sogen. Kolloidtheorie von W. Michaëlis s. a. folgende Stellen: E. H. Kanter, Ton-I.-Z. **32**, 200 (1908). — C. Schumann, Ton-I.-Z. **33**, 465, 584 (1909). — W. Michaëlis, Ton-I.-Z. **33**, 527 (1909). — Strebel, Ton-I.-Z. **33**, 897 (1909). — H. Ambronn, Ton-I.-Z. **33**, 270 (1909). — H. Kühl, Ton-I.-Z. **33**, 56 (1909); Diskussion mit W. Michaëlis, ebenda S. 615, 709. — A. G. Larsson, Ton-I.-Z. **33**, 785 (1909). — W. Muth, Ton-I.-Z. **33**, 842 (1909). — G. Becker, Ton-I.-Z. **33**, 1490 (1909). — E. Goodfrey, Ton-I.-Z. **34**, 134 (1910). — P. Rohland, Ton-I.-Z. **30**, 118 (1906). — Cabolet, Ton-I.-Z. **32**, 1019 (1908). — S. Bosio, ZB. f. Zementchemie **1**, 125 (1910). — S. Keisermann, a. a. O.

[2]) A. a. O.

[3]) W. und D. Asch, Die Silicate (Berlin 1911).

Hypothese über die Konstitution der hydraulischen Zemente, insbesondere der Portlandzemente, abgeleitet wird.

Nach Annahme der Autoren bleibt der dem verwendeten Tone zugrundeliegende Hexit–Pentitkern bei der Bildung des Zements erhalten. Jedem Tone müßte demnach ein bestimmter Portlandzement entsprechen, die einzelnen Zementmarken würden aber verschiedene Konstitution besitzen. Hieraus und aus der Tatsache, daß jedes Zementmolekül gemäß der Hexit–Pentittheorie Wasserstoffatome von gruppenweise verschiedener Substitutionsfähigkeit besitzen muß, läßt sich nun eine Reihe von Erscheinungen ungezwungen erklären, z. B.: die Notwendigkeit, einen fallweise bestimmten hydraulischen Modul einzuhalten; die Aufnahme von Wasser nach stöchiometrischen Verhältnissen bei der Hydratation nach verschiedenen Zeiträumen; die Möglichkeit, abgebundene Zemente durch Erhitzen zu regenerieren; die Umwandelbarkeit eines Portlandzements in einen solchen einer anderen Type durch die Einwirkung alkalischer Lösungen; die Abnahme der Löslichkeit der Kieselsäure aus den Zementen bei fortschreitender Erhärtung; die Abspaltung von Kalk durch verdünnte Säuren nach stöchiometrischen Verhältnissen, wobei eine Zeitlang die Abbindefähigkeit trotz des Kalkverlustes erhalten bleibt; die Angreifbarkeit der Zemente durch Sulfatlösungen (Seewasser).[1])

Es darf nicht verschwiegen werden, daß die Bearbeitung des Kapitels über die hydraulischen Zemente nach keiner Richtung vollständig ist und mehr den Charakter eines Entwurfes, als den einer endgültigen Lösung trägt. So sind mehrere der wichtigsten Fragen überhaupt nicht erörtert worden und die Autoren haben Annahmen gemacht, gegen welche sich Bedenken ergeben. Es ist beispielsweise ein Widerspruch, wenn man einerseits annimmt, daß der Hexit–Pentitkern des Tones im Zemente noch vorhanden ist, und der letztere einheitlich aus einem einzigen Silicat besteht, andererseits aber die aus der Kohlenasche stammenden Anteile als wesentliche Bestandteile des Zements ansieht und als solche in die Formel einsetzt. Die Einheitlichkeit des Zements im Sinne der Autoren könnte überhaupt nur dann vorhanden sein, wenn dieser aus Ton und chemisch reinem Kalkstein im Gasofen erbrannt würde. Daß die Type des Silicats, wie die Autoren vermuten (S. 141), durch die Flugasche usw. verändert werden könnte, ist nicht anzunehmen, weil diese in das Innere der Kliniker ja nicht eindringen kann.

Ferner wird (S. 141, 2. Beispiel) die Konstitutionsformel eines Portlandzements gegeben, der rund 22 $^0/_0$ MgO enthält. Selbstverständlich kann dieses Material kein Portlandzement sein.

Ungenügend widerlegt und teilweise unberücksichtigt gelassen wurden die von mehreren Beobachtern festgestellten Erscheinungen, die auf eine Mehrheit von chemischen Individuen, zumindest im abgebundenen Zement, hinweisen (S. Keisermann u. a.).

---

[1]) Die Zerstörung durch Seewasser wird von den Autoren auf die leichte Austauschfähigkeit des den Aluminiumkernen zugehörigen Hydroxylwasserstoffs zurückgeführt. Sie folgern daraus, daß Portlandzemente von solcher Konstitution, daß derartige Wasserstoffatome nicht vorhanden sind, seewasserbeständig sein müßten. Diese Ansicht fände eine Bestätigung in der den Autoren anscheinend unbekannten Tatsache, daß seewasserbeständige Betonbauten mit Portlandzement als Bindemittel bekannt sind, ohne daß über die Ursache dieses von der Norm abweichenden Verhaltens Bestimmtes ermittelt worden wäre. Diese Bestätigung der Vermutung der Autoren darf allerdings nicht zugleich auch als Bestätigung der Hexit–Pentittheorie angesehen werden, weil ja die konstitutionelle Verschiedenheit auch ohne diese Theorie erklärt werden könnte.

Als Bedingungen für eine gute hydraulische Erhärtung nehmen die Autoren folgende an: 1. Die Hydratisationsphasen müssen zu Anfang in größeren Zeitintervallen auftreten; 2. die erhärtende Substanz muß eine große Zahl von Hydratisationsphasen durchmachen; 3. je kleiner die Abstände der Moleküle eines Hydraulits bereits bei den ersten Hydratisationsphasen sind, desto härtere und dichtere Massen werden erhalten. Das Zutreffen dieser Thesen wird an einer Reihe von der Literatur entnommenen Beispielen gezeigt.

Wenn auch von einer glatten Lösung der Zementprobleme durch die Autoren keineswegs gesprochen werden kann und erhebliche Änderungen der von ihnen vertretenen Ansichten mit Sicherheit zu erwarten sind, ist ihre Arbeit dennoch deshalb zu begrüßen, weil sie eine Anzahl neuer Gesichtspunkte aufweist, die als Grundlage erfolgversprechender experimenteller Untersuchungen dienen können.

Verhalten gegen chemische Einflüsse.

Während die abgebundenen hydraulischen Zemente gegen reines Wasser große Beständigkeit zeigen, unterliegen sie vielfach chemischen Angriffen. Im Vordergrunde des Interesses stehen hier die Zerstörungen, welchen unter Mithilfe hydraulischer Bindemittel hergestellte Bauwerke infolge der Einwirkung des Seewassers zum großen Teile ausgesetzt sind. Diese haben zu zahlreichen Untersuchungen über die Ursachen der Zerstörungen, die Widerstandsfähigkeit der einzelnen Bindemittel und bestimmter Gemenge derselben gegen die lösenden Einflüsse, sowie die sonstigen Mittel zur Abhilfe geführt.[1])

Da gemäß zahlreichen der angeführten Untersuchungen die Ursache des Angriffes durch das Meerwasser in der Bildung von Kalksulfoaluminaten zu erblicken wäre, wurde vorgeschlagen, die Tonerde des Portlandzementes durch Eisenoxyd zu ersetzen.[2]) Das meist und mit Erfolg verwendete Mittel ist der Zusatz von Puzzolanen (Traß) zum Zementmörtel.[3])

Bezüglich des Einflusses verschiedener Stoffe auf Zementbeton seien nur einige Arbeiten erwähnt:

---

[1]) E. Schwarz, Ton-I.-Z. **31**, 1794, 1819 (1907); **33**, 1112 (1909). — E. Maynard, Prot. d. Réunion d. M. Français et Belges de l'ass. intern. p. l'essai etc. I (1910); Ref. Ton-I.-Z. **34**, 651 (1910). — S. Kasai, Ton-I.-Z. **31**, 248, 295 (1907); **31**, 1013 (1907). — H. Vettillart und R. Feret, Ton-I.-Z. **32**, 1640 (1908). — P. Rohland, Ton-I.-Z. **29**, 106 (1905); **27**, 2022 (1903). — Königshofer Zementfabrik, A.-G., Öst. P. Nr. 33935 (1906) und Nr. 33936 (1907). — A. J. Magaud, DRP. Nr. 14439 (1880). — L. Deval, Ton-I.-Z. **26**, 913, 1081, 1794 (1902). — O. Rebuffat, Ton-I.-Z. **25**, 272 (1901). — M. Gary, Mitt. d. Kgl. Mat.-Prüfungsamtes **23**, 66 (1905). — C. J. Potter, Journ. of the Soc. chem. Ind. **28**, 6 (1909). — M. Gary und C. Schneider, Mitt. d. Kgl. Mat.-Prüfungsamtes **27**, 239 (1909). — A. Foss, Chem. Ztg. **34**, 419 (1910). — L. Poirson, ZB. f. Zementchemie **1**, 151 (1910). — Ferner die Protokolle des Vereins deutscher Portlandzementfabrikanten und des Vereins österreichischer Zementfabrikanten an vielen Stellen.

[2]) „Erzzement": Fa. Friedr. Krupp, A.-G. Grusonwerk, Öst. P. Nr. 19181 (1904), DRP. Nr. 143604 (1901). — M. Candlot, Ton-I.-Z. **28**, 1347 (1904); **29**, 1545 (1905).

[3]) Siehe hierüber außer den oben angeführten Stellen noch: Koning und Bienfait, De Ingenieur 1903, Nr. 2. Nach Fischers Jahresberichte **49**, 477 (1903). — H. Burchartz, Mitt. d. Kgl. Mat.-Prüfungsamtes **21**, 220 (1903); **22**, 220 (1904). — H. Vettillart und R. Feret, Ton-I.-Z. **32**, 1639 (1908). — C. Comper, Ton-I.-Z. **24**, 1726 (1900).

Fette und Öle: Prüfungsamt Chicago.[1])
Schwefelsaure Moorwässer: W. Thörner.[2])
Alkalische Wässer: A. J. Fisk.[3])
Kochende Sole: G. A. Stierlin.[4])
Salz-, insbesondere Gipslösungen: J. Bied.[5])
Sulfidlösungen, Sulfitlösungen: H. Renezeder.[6])
Alkalihaltige Wässer: Fr. Brown.[7])
Ammoniumoxalat: S. Wormser.[8])
Zuckerlösungen, Glycerin, Gaswasser, Drainwässer: E. Donath.[9])
Schwefelwasserstoffgas: E. Stephan.[10])

Endlich ist auch der Einfluß des elektrischen Stromes bereits eingehend studiert worden.[11])

Analyse und Untersuchung.

Da, wie aus den vorstehenden Darlegungen zu entnehmen ist, die wirksamen Bestandteile der hydraulischen Zemente noch nicht hinreichend erforscht sind, um die Qualitätsprüfung auf den Nachweis dieser Bestandteile stützen zu können, ist man derzeit noch genötigt, sich mit einem System chemischer, physikalischer und praktischer Untersuchungen zu behelfen um zu einem Gesamtbild der Beschaffenheit und des Verhaltens des zu untersuchenden Materials zu gelangen, eine Sachlage, die naturgemäß mancherlei Nachteile in Gefolge hat. Zwar läßt sich auf Grund dieser Untersuchungen ein einwandfreies Urteil über Art und Güte eines hydraulischen Zements gewinnen, allein der Kostenaufwand ist ein beträchtlicher und, was noch schwerer ins Gewicht fällt, der bis zur Abgabe eines Gutachtens notwendig verstreichende Zeitraum unverhältnismäßig groß. Dazu kommt noch, daß die Einführung neuer Zemente und die als Folge der Verbesserungen im Fabrikationsgang eintretenden Änderungen in der Beschaffenheit der bekannten Zemente in verhältnismäßig kurzen Pausen Revisionen der Prüfungsnormen bedingen, die nur auf Grund zahlreicher vergleichender Versuche, daher mit großen Kosten, durchgeführt werden können.

In den einzelnen Staaten ist das anzuwendende Untersuchungssystem in, meist staatlicherseits festgelegten, sogenannten „Normen“ vorgeschrieben, in welchen der einzuhaltende Vorgang bis in die kleinsten Einzelheiten geschildert wird.[12]) Für Portlandzement bestehen solche Normen in allen größeren Staaten, für die anderen Zemente immer nur in jenen, in welchen das betreffende Material erzeugt, bzw. in erheblichen Mengen konsumiert wird.

Im folgenden soll nun versucht werden, einen allgemeinen Überblick über das angewendete System von Untersuchungen zu geben.

---

[1]) Engineering News **53**, 279. — R. Carpenter, Ton-I.-Z. **32**, 568 (1908).
[2]) W. Thörner, Chem. Ztg. **29**, 1244 (1905).
[3]) A. J. Fisk, Engin. News **64**, 168 (1910).
[4]) G. A. Stierlin, Cement Age 1905, 493.
[5]) J. Bied, Revue de Metallurgie **1909**, 749.
[6]) H. Renezeder, Österr. Wochenschrift f. d. öff. Baudienst **13**, H. 3 u. 28 (1909).
[7]) Fr. Brown, Cement (Newyork) **9**, 3 (1908).
[8]) S. Wormser, Ton-I.-Z. **24**, 2072 (1900).
[9]) E. Donath, D. chem. Industrie **34**, 123 (1911).
[10]) E. Stephan, Beton u. Eisen **9**, 22 (1910).
[11]) W. Gehler, Beton u. Eisen **9**, 278, 304 (1910).
[12]) Diese „Normen“ können im Buchhandel bezogen werden, sind jedoch auch den unter „Buchliteratur“ angegebenen neueren allgemeinen Werken zu entnehmen.

Chemische Analyse.

Die Silicatanalyse ist in diesem Buche bereits eingehend behandelt worden,[1]) so daß hier nicht nochmals darauf eingegangen zu werden braucht. Nur einige Bemerkungen müssen für das besondere Gebiet nachgetragen werden.

Die Aufschließung ist bei den fertigen hydraulischen Zementen meist entbehrlich, da sich die hydraulisch wirksamen Bestandteile in verdünnter Salzsäure glatt zu lösen pflegen. Ein in dieser etwa ungelöst verbleibender Rest wird im Analysenergebnisse als „Unlösliches" angegeben und nur dann, wenn seine Menge erheblich ist oder die Kenntnis seiner Zusammensetzung als wesentlich erscheint, aufgeschlossen und das Ergebnis seiner Analyse gesondert angeführt. Einen in verdünnter Salzsäure zum überwiegenden Teile löslichen hydraulischen Zement vorerst aufzuschließen und dann erst zu lösen, wäre fehlerhaft, weil eine derart ausgeführte Analyse keinen näheren Einblick in die Zusammensetzung des Materials gestatten würde. Ebenso ist das Ausglühen des zu analysierenden Materials zu unterlassen, weil dadurch reaktionsunfähige Silicate aufgeschlossen werden könnten und so wieder die Zusammensetzung des eigentlichen Hydrauliten verschleiert würde. Der Glühverlust muß somit stets an einer gesonderten Probe bestimmt werden. Er beträgt bei Portlandzement normal etwa 2% (kann aber unbedenklich bis 5% ansteigen), bei Schlackenzementen 4 bis 10%, bei hydraulischen Kalken über 8%, bei Romanzementen meist unter 5%. Bei der Analyse von Trass ist neben der Glühverlustbestimmung die Hydratwasserbestimmung in bestimmter Weise vorzunehmen.[2])

Zum Nachweise von Hochofenschlacke in Portlandzement (als Verfälschung) und in Eisenportlandzement, bzw. Hochofenzement, bedient man sich der Chamäleonmethode von C. R. Fresenius,[3]) meist in Verbindung mit der Schwebeanalyse derart, daß durch letztere das Zementmehl in mehrere Anteile von verschiedenem spezifischem Gewicht geteilt und der Permanganatverbrauch jedes Teiles gesondert ermittelt wird.[4]) Über die Brauchbarkeit dieser letztgenannten Methode zur Ermittelung des Prozentsatzes zugesetzter Schlacke in Zementen sind die Ansichten geteilt.

Die Bestimmung der Kohlensäure, die im Fabrikationsbetriebe der Portlandzementwerke zur Kontrolle der Rohmassezusammensetzung notwendig ist, erfolgt nur mehr selten durch Titrieren, meist durch die viel bequemere und sicherere volumetrische Methode. Hierzu dienen die sogenannten „Calcimeter" von Dietrich, Scheibler-Dietrich, Baur-Cramer, Schoch usw. Exakte Kohlensäurebestimmungen erfolgen nach Fresenius oder Lunge-Marchlewski.[5]) Die Calcimeterbestimmungen sind selbstverständlich nur im Betriebe zur dauernden Kontrolle bereits analysierten Materials zulässig, während bei der Analyse neuen Materials nur exakte Methoden benützt werden dürfen.

Die Forderung nach Schaffung einheitlicher Analysenmethoden für die Zementindustrie, die bereits wiederholt gestellt worden ist, hat bisher nur

[1]) M. Dittrich, Dieses Handbuch, 1, 560 ff.

[2]) M. Gary, Mitt. d. kgl. Materialprüfungsamtes **28**, 155 (1910). — ZB. f. Zementchemie **1**, 84 (1910).

[3]) C. R. Fresenius, Z. f. analyt. Chemie **23**, 175 (1894); **32**, 433 (1893).

[4]) M. Gary u. J. v. Wrochem, Mitt. d. kgl. Materialprüfungsamts **23**, 1 (1905). — Dagegen: H. Passow u. B. Koch (Verlag Veit & Co., Leipzig 1905).

[5]) Näheres ist den ausführlichen Büchern zu entnehmen.

in einigen Teilen der Vereinigten Staaten von Nordamerika zur Annahme eines bestimmten Analysenganges geführt. In den größeren europäischen Staaten steht diese Frage gegenwärtig zur Diskussion. Es wäre zu wünschen, daß die endgültige Regelung derselben nicht länderweise verschieden, sondern sofort international einheitlich erfolgen würde.

Kontrolle der Raumbeständigkeit.

100 g des hydraulischen Zements werden mit einer geeigneten Menge Wasser rasch und kräftig verrührt, der dicke Brei mit dem Löffel zu einem Klumpen geformt, auf eine kleine Glasplatte gelegt und durch öfteres Aufstoßen der letzteren auf die Tischplatte zum Auseinanderfließen gebracht. Es muß dabei ein runder Kuchen von etwa 10 cm Durchmesser, einer größten Dicke von $1—1^1/_2$ cm und gleichmäßig bis zum Rand abnehmender Dicke entstehen. Derart hergestellte Kuchen werden teils an der Luft, teils (nach ihrer Erstarrung, etwa 24 Stunden) in Wasser durch längere Zeit (28 Tage) liegen gelassen und dann beobachtet. Ist das Material fehlerhaft, so zeigen die Kuchen nach Ablauf der Beobachtungsdauer Risse oder Verkrümmungen von charakteristischem Aussehen („Treibrisse", „Netzrisse", „Gipsrisse" usw.). War das Material gut, die Herstellung oder Aufbewahrung der Kuchen aber fehlerhaft, so zeigt sich dies durch Risse und Verkrümmungen anderer Art („Schwindrisse").

Beschleunigte Raumbeständigkeitsproben.

Namentlich für die Untersuchung von Portlandzement sind wiederholt Methoden vorgeschlagen worden, bei welchen das zu prüfende Material in abgebundenem Zustande der Einwirkung von heißem Wasser oder Dampf, bzw. auch feucht einer Flamme ausgesetzt wird (H. Faja, W. Maclay, W. Michaëlis, L. Erdmenger, L. Tetmajer, C. Heintzel, G. Prüssing, H. Le Chatelier). Diesen Methoden liegt die Absicht zugrunde, rascher zu einem Urteil über die Raumbeständigkeit des Zements zu gelangen, als es durch die Beobachtung gewöhnlicher Kuchen möglich ist. Dabei wurde vorausgesetzt, daß die das Treiben verursachenden Reaktionen, welche namentlich der Anwesenheit von „freiem" Kalk oder von Gips zugeschrieben wurden, durch die Erwärmung und die Einwirkung des Wassers eine Beschleunigung erfahren müßten. Es hat sich jedoch gezeigt, daß diese Annahme irrig ist und daß ein zwingender Konnex zwischen dem Ergebnisse der beschleunigten Proben und der Verläßlichkeit des Materials nicht besteht, wenn auch in den meisten Fällen Übereinstimmung nachgewiesen werden konnte. Man ist daher fast allgemein vom offiziellen Gebrauche dieser Methoden abgekommen und sie finden sich nur noch vereinzelt in Untersuchungsnormen.

Eine einzige dieser Methoden, die Le Chatelier-Probe, bildet gegenwärtig noch den Gegenstand lebhafter Erörterungen, da sie von England und den Vereinigten Staaten von Amerika befürwortet und gebraucht, von den deutschen Fachleuten aber verurteilt wird. Ihre Freunde hat sie dem Umstande zu danken, daß sie es anscheinend gestattet, nicht nur die Treiberscheinungen zu konstatieren, sondern auch sie zu messen: An den beiden Enden eines parallel zur Achse aufgeschnittenen Messingzylinders sind parallel zueinander zwei lange Nadeln befestigt; in den Zylinder wird Zementbrei gefüllt, die beiden Endflächen werden mit Glasplatten verschlossen und das Ganze nach dem Erhärten in kochendes Wasser gebracht. Die Entfernung der beiden Spitzen voneinander darf dann eine bestimmte Grenze nicht überschreiten, bzw. ihre Entfernung soll einen Vergleichsmaßstab für die Größe der Treiberscheinung liefern. Daß der Maßstab hierfür nur willkürlich festgelegt werden kann, ist noch der geringste Fehler der Methode. Schwerer fällt ins Gewicht, daß sich wiederholt Divergenzen zwischen ihren Ergebnissen und der Güte des Materials ergeben haben.

Festigkeitsprüfung.

Die Prüfung der hydraulischen Zemente auf ihre Festigkeit erfolgt stets unter Verwendung von Mörteln, d. h. Gemengen der Zemente mit Sand (fast durchwegs im Verhältnisse von 1 Teil Zement zu 3 Teilen „Normalsand“, d. i. Quarzsand von bestimmter Korngröße). Die gefundenen Werte sind daher nicht nur von der Eigenfestigkeit der Zemente, sondern auch von deren Haftfähigkeit am Sande abhängig. Die Herstellung der Probekörper, sowie deren Prüfung müssen in genau vorgeschriebener Weise erfolgen, die in den einzelnen Staaten und innerhalb derselben für die verschiedenen Bindemittel verschieden ist. Insbesondere wird bisweilen nur die Druckfestigkeit, in anderen Fällen nur die Zugfestigkeit ermittelt, vielfach werden aber beide Proben nebeneinander vorgenommen.

Verschiedene Proben.

Außer den genannten Methoden werden noch mehrere andere Untersuchungen vorgenommen, so die Bestimmung des spezifischen Gewichtes, des „Litergewichts“ (lose eingesiebt oder eingerüttelt), ferner gelegentlich jene der Wasserdurchlässigkeit, Abschleifbarkeit, Biegefestigkeit usw., auf welche an dieser Stelle wohl nicht eingegangen werden braucht.

Besonders zu erwähnen wäre nur noch die Trennung des Mehles durch Schlämmen oder Windsichtung.[1])

Literaturzusammenstellung.

(Buchliteratur, chronologisch geordnet.)

1. L. J. Vicat, Neue Versuche über Kalk und Mörtel (Berlin 1825).
2. L. J. Vicat, Resumé des connaissances positives actuelles sur les qualités, le choix et la convenance réciproque des matériaux propres à la fabrication des mortiers et ciments calcaires (Paris 1828).
3. Treussart, Mémoire sur les mortiers hydrauliques et ordinaires (Paris 1829).
4. Frdr. Panzer, Anleitung über die Bereitung des Mörtels aus hydraulischem Kalk. 2. Aufl. (München 1832).
5. C. J. B. A. Berthault-Ducreux, Théorie et pratique des mortiers et ciments Romains (Paris 1833).
6. F. Kink, Anleitung zur zweckmäßigen Benützung des in Kufstein erzeugten hydraulischen Kalkzements (Innsbruck 1844).

[1] M. Gary, Mitt. d. kgl. Materialprüfungsamts **24**, 72 (1906).

7. L. J. Vicat, Praktische Anleitung, hydraulischen Kalk zu bereiten. Übersetzt von C. G. Schmidt (Quedlinburg 1847).
8. J. B. White and sons, Experiments on the strength of Portland and Roman Cements (London 1852).
9. W. A. Becker, Erfahrungen über den Portlandzement (Berlin 1853).
10. G. Feichtinger, Über die chemischen Eigenschaften mehrerer hydraulischer Kalke im Verhältnis zum Portlandzement (München 1858).
11. J. Manger, Die Portlandzemente. Einige neue Erfahrungen über deren Verarbeitung und Anwendung (Berlin 1859).
12. V. Prou, Observations sur le ciment hydraulique artificiel de Portland (Paris 1863).
13. E. Vicat, Die neuesten Fortschritte in der Ziegel- und Zementfabrikation (Leipzig 1863).
14. V. Prou, Études historiques et pratiques sur le mortier à chaux hydrauliques de M. G. Robertson (Paris 1864).
15. H. v. Gerstenbergk, Die Zemente, ihre Bereitung aus natürlichen und künstlichen hydraulischen Kalken (Weimar 1865).
16. J. v. Mihálik, Die hydraulischen Kalke und Zemente (Pest 1865).
17. A. Lipowitz, Die Portlandzementfabrikation nach eigenen praktischen Erfahrungen (Berlin 1868).
18. H. Reid, A treatise on the manufacture of Portlandzement. Added a translation of M. A. Lipowitz's work (London 1868).
19. W. Michaëlis, Die hydraulischen Mörtel, insbesondere der Portlandzement in chemisch-technischer Beziehung (Leipzig 1869).
20. O. Fahnejelm, Anteckningar om Portlandcement (Stockholm 1871).
21. W. Innes, Notes on the supply, storage and testing of Portlandcement. Corps of roy. engineers. Prof. Papers. New series. vol. 21 (1873).
22. H. Klose, Der Portlandzement und seine Fabrikation (Wiesbaden 1873).
23. Q. A. Gilmore, Portland, Roman and other cements and artificial stones. Philadelphia intern. exhibition 1876. U.S. Centennial commission. Reports and Awards. Group II (Washington 1877).
24. Dyckerhoff u. Söhne in Amöneburg bei Biebrich am Rhein. Gutachten über Portlandzement (1877).
25. H. Reid, The science and art of the manufacture of Portlandcement (London-New York 1877).
26. E. A. Bernays, Portlandcement and some of its uses, School of military engineering. Chatham-Lectures (1879).
27. H. Stegmann, Die Kalk-, Gips- u. Zementfabrikation (Berlin 1879).
28. A. Lipowitz, Traité pratique de la fabrication du ciment de Portland. Trad. par J. de Champeaux (2. ed. Paris 1880).
29. W. Maclay, Der Portlandzement. Die Verwendung und Prüfung desselben. Deutsch von Stahl u. Rudloff (Leipzig 1880).
30. G. Feichtinger, Die chemische Technologie der Mörtelmaterialien (Braunschweig 1885).
31. E. Candlot, Étude pratique sur le ciment de Portland: Fabrikation-propriétés-emploi (Paris 1886).
32. W. Richardson, „Plutonic“ Cement (Birmingham 1886).
33. A. Tarnawski, Kalk, Gips, Zementkalk und Portlandzement in Österreich-Ungarn (Wien 1887).
34. D. L. Collins, A few words on Portlandcement (London 1888).
35. G. Raty et Cie, Le ciment Portland de laitier de Saulnes (Paris 1889).
36. E. Candlot, I. Determination de la qualité du ciment Portland, II. Emploi du ciment Portland á l'eau douce et á l'eau de mer (Paris 1890).
37. H. K. Bamber, A. E. Parey and W. Smith, Portlandcement and portlandcement-concrete (London 1892). — H. K. Bamber, Portlandcement, its manufacture, use and testing. — A. E. Parey, The inspection of Portlandcement for public works. — W. Smith, The influence of sea-water upon Portlandcement mortar and concrete.
38. E. Heusinger von Waldegg, Die Kalk- u. Zementbrennerei, einschl. der Herstellung der Schlackensteine (Leipzig 1892).

39. F. P. Spalding, Notes on the testing and use of hydraulic cement (Ithaca 1893).
40. G. R. Redgrave, Calcareous cements (London 1895).
41. E. Candlot, Étude pratique sur le ciment portland (Paris 1896).
42. A. E. Törnebohm, Die Petrographie des Portlandzementes (Stockholm 1897).
43. K. Zulkowski, Zur Erhärtungstheorie des natürlichen und künstlichen hydraulischen Kalkes (Berlin 1898).
44. K. Zulkowski, Über die Konstitution des Glases und verwandter Erzeugnisse (Berlin 1899).
45. O. Rebuffat, Studien über die Zusammensetzung der hydraulischen Zemente. (Aus dem Italienischen). (Stuttgart 1899).
46. Engineering Record. Descriptions of Portland and natural cement plants in the United States and Europe, with notes on materials and processes in Portlandcementmanufacture (New York 1900).
47. Th. Pierus, Über die Fabrikation von Roman- und Portlandzement (Wien 1900).
48. P. Rohland, Über einige Reaktionen im Portlandzement (Stuttgart 1900).
49. P. Rohland, Über die Hydratation im Portlandzement (Stuttgart 1900).
50. A. R. Schuliatschenko, Über die Einwirkung des Meereswassers auf hydraulische Zemente (Stuttgart 1900).
51. K. Zulkowski, Zur Erhärtungstheorie der hydraulischen Bindemittel (Berlin 1901).
52. J. Boero, Fabrication et emploi des chaux hydrauliques et des ciments (Paris 1901).
53. E. Leduc, Über die chemische Zusammensetzung der hydraulischen Kalke und der Schlackenzemente (Stuttgart 1901).
54. Das kleine Zementbuch, Eigenschaften und Verwendung des Portlandzementes (Berlin, 1. Aufl. 1899; 2. Aufl. 1901).
55. P. Rohland, Über die Frage nach der Konstitution des Portlandzementes (Stuttgart 1901).
56. C. Zamboni, Il Cemento Portland (Bergamo 1901).
57. C. Zielinski, Vergleichende Untersuchungsmethode der Romanzemente mit Rücksicht auf die nötige Kontrolle bei der Anwendung in der Praxis (Budapest 1901).
58. Ph. J. Lucht, Anleitung für die Verarbeitung und Verwendung von Portlandzement. (Frankfurt a. M. 1. Aufl. 1897; 2. Aufl. 1902).
59. A. Meyer, Studie über die Konstitution des Portlandzementes (Stuttgart 1902).
60. Th. Pierus, Die Fabrikation und Prüfung von Portlandzement (Wien 1902).
61. B. B. Lathburg and Spackman, American engineering practice in the construction of rotary Portlandcement plants (Philadelphia 1902). (Text engl.-deutsch-französ.)
62. A. Feret, Addition de pouzzolanes aux ciments Portland dans les travaux maritimes (Paris 1903).
63. Apparate und Geräte zur Prüfung von Portlandzement. Zusammengestellt vom Chemischen Laboratorium für Tonindustrie H. Seeger u. E. Cramer, G. m. b. H. (Berlin 1903).
64. C. Naske, Die Portlandzementfabrikation (Leipzig 1903); in: E. Heusinger von Waldegg: Die Ton-, Kalk-, Zement- und Gipsindustrie. Bd. 2.
65. A. Hambloch, Der rheinische Traß als hydraulischer Zuschlag in seiner Bedeutung für das Baugewerbe. Selbstverlag (Andernach 1903).
66. P. Rohland, Der Portlandzement vom physikalisch-chemischen Standpunkt (Leipzig 1903).
67. C. Schoch, Die moderne Aufbereitung der Mörtelmaterialien. 1. Aufl. (1896), 2. Aufl. (Berlin 1904).
68. H. Faja, Portlandcement for users (with Appendices, cont.: tests and analyses). (London 1. Aufl. 1881; 2. Aufl. 1890; 3. Aufl. 1904).
69. C. Unger, Entwicklung der Zementforschung nebst neueren Versuchen auf diesem Gebiete (Stuttgart 1904).
70. H. Le Chatelier, Recherches expérimentales sur la constitution des mortiers hydrauliques (Paris 1904).
71. Cl. Richardson, The Constitution of Portlandcement from a physico-chemical standpoint (New York 1904).

72. A. Birk, Der Königinhofer Schlackenzement. 2. Aufl. (Prag 1905).
73. D. B. Butler, Portlandcement, its manufacture, testing and use (London 2. Aufl. 1905).
74. F. W. Buesing u. C. Schumann, Der Portlandzement und seine Anwendung im Bauwesen (Berlin 1. Aufl. 1892; 2. Aufl. 1899; 3. Aufl. 1905).
75. R. Tormin, Kalk, Zement und Gips. 4. Aufl. bearbeitet von Prof. E. Nöthling (Leipzig 1905).
76. L. Madsen, Frühzeitige dänische Zementuntersuchungen und Versuche, die Eigenschaften des Portlandzement-Betons betreffend (Stuttgart 1905).
77. E. Mueller, Die Portlandzementfabrikation in den Vereinigten Staaten von Amerika (Berlin 1905).
78. G. R. Redgrave and C. Spackman, Calcareous cements (London 1905).
79. H. Wedding, Emploi du laitier des haut-fourneau à la fabrication du mortier hydraulique (Liège 1905).
80. O. Schott, Kalksilicate und Kalkaluminate in ihren Beziehungen zum Portlandzement. Dissertation (Heidelberg 1906).
81. W. P. Taylor, Practical Cement-Testing (New York 1906).
82. O. Schmidt, Der Portlandzement auf Grund chemischer und petrographischer Forschungen (Stuttgart 1906).
83. L. Kiepenheuer, Kalk und Mörtel (Köln 1907).
84. E. Leduc, Chaux hydrauliques et ciments de Grappiers (Paris 1907).
85. J. Da. P. Castaneira das Neves, Subsidios para o Estudo das Pozzolanes e sua Applicaçao nas Constructoes (Lisboa 1907).
86. Fr. Ritzmann, Untersuchungen über Traß-, Kalk- und Sandmörtel. (Dissertation) (Heidelberg 1907).
87. H. Burchartz, Traßmörtel (Berlin 1908).
88. H. Burchartz, Luftkalke und Luftkalkmörtel. Ergebnisse von Versuchen ausgef. i. Kgl. Mat. Prüfungsamt Gr.-Lichterfelde (Berlin 1908).
89. L. A. Waterbury, Cement Laboratory Manual (New York 1908).
90. Seegers Gesammelte Schriften; herausgegeben von H. Hecht und E. Cramer. 2. Aufl. (Berlin 1908).
91. F. Framm, Mitteilungen aus dem Laboratorium des Vereins Deutscher Portlandzement-Fabrikanten. Die Ergebnisse der Jahresprüfungen der Vereinszemente in den Jahren 1902—1907 (Berlin 1908).
92. S. Habianitsch, Neuere Zementforschungen (Berlin 1908).
93. S. Kasai, Das Abbinden der Portlandzemente (Berlin 1908).
94. H. Passow, Die Hochofenschlacke in der Zementindustrie (Würzburg 1908).
95. C. Naske, Die Portlandzement-Fabrikation. 2. Aufl. (Leipzig 1909).
96. W. Michaëlis sen., Der Erhärtungsprozeß der kalkhaltigen hydraulischen Bindemittel (Dresden 1909).
97. H. Weidner, Die Portlandzement-Fabrik, ihr Bau und Betrieb (Berlin 1909).
98. H. Zwick, Hydraulischer Kalk und Portlandzement. Ihre Rohstoffe, physikalischen und chemischen Eigenschaften. 1. Aufl. 1879; 2. Aufl. 1891; 3. Aufl. bearb. von A. Moye (Wien 1909).
99. M. H. Laborbe, L'Industrie des Ciments Portland de Grappiers et chaux hydrauliques (Paris 1909).
100. J. Bied und L. Lecarme, Chaux hydrauliques et ciments de la Société J. et A. Pavin de Lafarge (1909).
101. S. Keisermann, Der Portlandzement. Seine Hydratbildung und Konstitution (Dresden 1910).
102. F. v. Arlt, Laboratoriumsbuch für die Zementindustrie (Halle a. S. 1910).
103. P. C. West, The modern Manufacture of Portlandcement (London 1910).
104. M. Fiebelkorn, Hydraulischer Kalk in Süd-Frankreich (Berlin 1911).
105. L. Kiepenheuer, Wasserkalk (Bonn 1911).
106. C. H. Desch, The Chemistry and Testing of Cement (London 1911).

Glas.

Von **E. Zschimmer** (Jena).

Glas ist kein streng wissenschaftlicher Begriff. Man nennt heute Körper von sehr verschiedener Zusammensetzung „Glas", weil sie mit gewissen Kunstprodukten, die früher ausschließlich so bezeichnet wurden, eine mehr oder minder oberflächliche Ähnlichkeit besitzen. Jeder homogene Stoff oder jedes homogene Gemisch von Stoffen, welches bei gewöhnlicher Temperatur ein fester, nicht kristallisierter, ziemlich harter und gegenüber Metallen erheblich lichtdurchlässiger Körper ist, wird unbedenklich als Glas bezeichnet. Dagegen erhebt sich gegen neu erfundene „Gläser" sehr häufig der Einwand, daß ihre „Haltbarkeit", d. h. die chemische Unveränderlichkeit im gewöhnlichen Gebrauche nicht genüge. Hier ist man in der Tat bemüht gewesen, schärfere Grenzen zu ziehen.

Der zahlenmäßigen Bestimmung zulässiger Grenzwerte für die chemische Veränderlichkeit hat besonders die Physikalisch-Technische Reichsanstalt (auf Grund der Studien von F. Mylius) fortgesetzte Aufmerksamkeit gewidmet. Versteht man unter „idealer Haltbarkeit" die Unveränderlichkeit eines Stoffes bei gegebener Temperatur und gegebenen angrenzenden Stoffen anderer Zusammensetzung, so ist klar, daß es vor allem der Abgrenzung der „Berührungsstoffe" bedarf, um den allgemeinen Begriff des technischen Glases hinsichtlich der Haltbarkeit zu bestimmen.

Das weitgehendste Zugeständnis in chemischer Hinsicht erfordern die nur optisch gebrauchten Glasarten, an welche praktisch natürlich die geringsten Ansprüche zu stellen sind. In optischen Instrumenten kommen auch sorgfältig vor äußeren Einflüssen geschützte leicht lösliche Körper in Betracht, nur müssen sie sich bearbeiten lassen (Schleifen und Polieren) und unter den beim Gebrauch der Instrumente gegebenen Bedingungen (während einer gewissen Zeitdauer) unverändert bleiben. Hiervon muß selbstverständlich abgesehen werden. (Z. B. wird Natronsalpeter verwendet, auch regulär kristallisierende Salze). Man hat also festzusetzen, welchen Grad von Haltbarkeit das technische Glas haben müsse, sofern es der atmosphärischen Luft, dem Wasser und allenfalls noch der Berührung mit dem Schweiß der menschlichen Hand (z. B. verdünnte Essigsäure) ausgesetzt ist. Hierüber sind eingehende Untersuchungen von F. Mylius veröffentlicht worden (s. unten), aus denen sich ergibt, daß die zahlenmäßige Abgrenzung der zu den brauchbaren Gläsern zu rechnenden Stoffe innerhalb gewisser chemischer Gattungen sehr wohl möglich ist.

Die von F. Mylius 1888 entdeckte Reaktion der Glassubstanzen mit feuchter ätherischer Jodeosinlösung dient bereits zur quantitativen Prüfung der „hydrolytischen Verwitterung" der gebräuchlichen Silicatgläser und Borosilicate (mit gewissen Einschränkungen). Das im Äther gelöste Wasser setzt die Alkalien der Glassubstanz in Freiheit (hydrolytische Zersetzung). Durch die gleichzeitige Berührung mit Jodeosin ($C_{20}H_8J_4O_5$) entstehen die rotgefärbten Salze $Na_2(C_{20}H_6J_4O_5)$ oder $K_2(C_{20}H_6J_4O_5)$, welche, im Äther unlöslich, sich auf der Glasfläche niederschlagen. Mittels eines besonderen Colorimeters läßt sich leicht ermitteln, welcher Gewichtsmenge Na_2O einer gegebenen Vergleichslösung von Jodeosinnatrium der auf dem Glase erzeugte und in Wasser gelöste Niederschlag der gemischten Alkalisalze äquivalent ist.

Als Maß der Reaktionsgeschwindigkeit zwischen Wasser und alkalihaltigen Silicat- und Borosilicatgläsern führte F. Mylius die Menge Jodeosin ($C_{20}H_8J_4O_5$) ein, welche bei Berührung des Glases mit einer bestimmten feucht-ätherischen Lösung desselben (0,5 g Jodeosin auf 1 Liter mit H_2O geättigtem Äther) innerhalb 1 Minute pro Quadratmeter Fläche gebunden wird. (Der Vorgang wird im Zusammenhang mit anderen chemischen Erscheinungen später ausführlich behandelt). Die Größe der Jodeosinmenge für die genannte Zeit- und Flächeneinheit bezeichnet F. Mylius als die „Alkalität" des Glases. Er unterscheidet: 1. Die natürliche „Alkalität" A_n, gültig für frische Bruchflächen. 2. Die Verwitterungsalkalität A_v (auch „Wetteralkalität"), gültig für Bruchflächen, die eine Verwitterung von 1 Woche durchgemacht haben, in einer abgeschlossenen Atmosphäre, von mit Wasser gesättigter Luft. („Die Eosinreaktion des Glases an Bruchflächen."[1])

Die Methode (s. d. erste Abhandlung) ist folgende: Das Glasstück mit einer frischen oder bereits verwitterten Bruchfläche wird 1 Minute lang in die Lösung von 0,5 g Jodeosin auf 1 Liter mit Wasser gesättigtem Äther getaucht, hierauf mit Äther abgespült und an der Luft getrocknet. Alle Flächen der etwa 5 mm dicken und 25 mm breiten Tafeln (welche durch Zerbrechen handlicher Glasstreifen eine glatte Bruchfläche von 5 × 25 mm erhalten haben) werden bis auf die rot „gebeizte" Bruchfläche von den anhaftenden Jodeosinsalzen der Alkalien bzw. alkalischen Erden befreit (feuchtes Leinentuch). Durch wiederholtes Eintauchen in 3—6 ccm Wasser (Uhrglas) gewinnt man die blaßrote Lösung des Niederschlages, welche colorimetrisch gemessen wird.

Dies geschieht durch Vergleichung mit einer alkalischen Eosinlösung ($Na_2 . C_{20}H_6J_4O_5$), welche 1 Gewichtsteil freies Eosin auf 100000 Teile Wasser enthält. Als Colorimeter dient ein innen weißlackierter Blechkegel (Trichterform) mit Scheidewand in der Mitte. In die eine Hälfte bringt man die unbekannte Glaslösung, in die andere zunächst etwas Wasser, dann aus einer Kapillarpipette so viel von der Vergleichslösung, bis beide Hälften „gleich gefärbt und in jeder Beziehung symmetrisch" erscheinen. (Durch Zusatz von Wasser hat man dafür zu sorgen, daß die Flüssigkeit auf beiden Seiten gleich hoch steht). Die Versuchsfehler der colorimetrischen Messung betragen etwa 5 % des Wertes (d. h. innerhalb dieser Grenze lassen sich Intensitätsunterschiede nicht mehr erkennen). Indessen entsteht die größere Unsicherheit aus der Veränderlichkeit der Vergleichslösung am Licht, welche F. Mylius eingehend studiert hat. Auch die Luft des Laboratoriums wirkt unter Umständen stark auf das Resultat. „Saure" Luft wirkt neutralisierend auf die frische Bruchfläche, wodurch die „Alkalität" zu klein ausfallen muß. So fanden sich folgende Unterschiede der natürlichen Alkalilät A_n bei rheinischem Spiegelglas:

Die Bruchfläche befand sich vor der Reaktion:	A_n
15 Min. zwischen Uhrgläsern . .	19,5
15 „ in Laborator.-Luft . . .	14,5
1 Std. „ „ „ . . .	7,0
24 „ „ „ „ . . .	0

[1]) F. Mylius, Z. anorg. Chem. **55**, 233 (1907) und **67**, 200 (1919); auch Ber. Dtsch. Chem. Ges. **43**, 2130 (1910).

Die Fehler unter gleichen Umständen zeigt folgende Versuchsreihe an demselben Glase:

Einzelwerte A_n = 19,4 18,9 20,5
Mittel = 19,6

Die Abweichungen liegen also bereits in den Einheiten und werden deshalb von F. Mylius bzw. von der Physikalisch-Technischen Reichsanstalt nur in ganzen Milligramm pro Quadratmeter Glasfläche angegeben. Als kleinste Werte der natürlichen und der Verwitterungsalkalität fand F. Mylius in Milligramm pro Quadratmeter nach 1 Minute:

$$A_n = 1 \text{ bis } 2, \qquad A_v = 3.$$

Diese ergaben sich für die nahezu gleich zusammengesetzten Jenaer Gläser:

O 802	14 B_2O_3	70,8 SiO_2	10 Na_2O	5 Al_2O_3	0,1 As_2O_3	0,1 Mn_2O_3
59^{III}	12 „	72,0 „	11 „	5 „	— „	0,1 „

deren erstes für optische Zwecke, letzteres für Thermometer gebraucht wird.

Als Maximalwerte lassen sich beliebig hohe Zahlen erreichen; das „technische Glas“ geht eben allmählich über in Körper, deren Haltbarkeit unter den praktisch in Betracht kommenden Einflüssen gleich Null ist.

F. Mylius hat gefunden, daß technisch reines Natronwasserglas nach Einwirkung der Jodeosinlösung während einer Minute 600 mg Jodeosin auf 1 qm Bruchfläche bindet, bei Einwirkung von 24 Stunden etwa 20000 mg. Spiegelglas hatte dagegen 20 und 28 mg ergeben. Aus diesen Zahlen geht hervor, daß das Verhältnis der Zahlen für die hydrolytische Zersetzlichkeit verschiedener Glassubstanzen sich sehr stark ändert mit der Zeitdauer der Einwirkung des Reagens. F. Mylius empfiehlt zur Prüfung, anstatt der mühevollen Ermittelung einer vollständigen „Eosinkurve“, der Minutenprobe eine Tagesprobe (24 St.) an die Seite zu stellen. „Durch zwei derartige Bestimmungen ist jede Glasart hydrolytisch zu kennzeichnen.“ [1])

Wie später ausführlicher gezeigt wird, hat man indessen als vergleichbare Größenwerte der hydrolytischen Reaktionsgeschwindigkeiten verschieden zusammengesetzter Silicat- und Borosilicatgläser nur die Wetteralkalität A_v zu betrachten, welche die Wirkung der Alkalien, von derjenigen anderer Metalloxyde getrennt darstellt. Man wird aber zur Kennzeichnung der Glasarten beide Konstanten benutzen.

F. Mylius findet z. B. folgende Mengen Jodeosin:

Glasart	mg auf 1 qm frischer Bruchfläche		
	1 Min.	10 Min.	60 Min.
Kaliwasserglas	320	1800	—
Schlechtes Röhrenglas . .	130	420	570
Geräteglas	20	20	20

Diese Zahlen deuten die zu ziehende Grenze der alkalischen Silicate und Borosilicate für technische Gläser an. Man wird nicht weit fehlen, wenn man ganz allgemein den Wert von 200 mg gebundenes Jodeosin für 1 qm Bruchfläche in 1 Minute Berührungszeit, als das höchst zu-

[1]) F. Mylius, Z. anorg. Chem. **55**, 233 (1907).

lässige Maß der hydrolytischen Zersetzlichkeit von alkalischen Silicaten und Borosilicaten betrachtet, die noch unter der Bezeichnung „Glas“ zu verstehen sind (s. später). F. Mylius hat ferner gezeigt, daß hiermit zugleich die Veränderlichkeit gegenüber atmosphärischer Luft gekennzeichnet wird, auch scheint die Haltbarkeit optisch gebrauchter Gläser dieser Gattung unter Berührung mit Schweißbestandteilen (verd. Essigsäure) der hydrolytischen Widerstandsfähigkeit parallel zu gehen.

Für andere Gattungen der Zusammensetzung, wie beispielsweise Borate, Phosphate und alkalifreie Silicate, oder alkalifreie Borosilicate bestehen ausgearbeitete quantitative Prüfungsverfahren noch nicht. E. Zschimmer gibt eine „Essigprobe“ an;[1]) mit deren Hilfe wird die „Fleckenempfindlichkeit“ der für optische Zwecke tauglichen Gläser festgestellt, sofern die polierten Flächen der Berührung mit den Fingern ausgesetzt sind (s. unten). Jedenfalls besteht die Möglichkeit, auch nach dieser Richtung hin den Begriff des „technischen Glases“ chemisch und quantitativ abzugrenzen.

Eine anerkannte Definition im technischen Sinne wäre einerseits für das Patentrecht von Bedeutung, indem sie die Zulassung einer großen Zahl „unechter Gläser“ verhinderte. Anderseits ergibt sich daraus die schärfere Umgrenzung eines wertvollen wissenschaftlichen Arbeitsgebietes und wenigstens ein möglicher Gesichtspunkt, die wachsende Literatur in zusammenfassender Darstellung zu verarbeiten. Es soll hier versucht werden, die wichtigsten Beobachtungen an wirklich gebrauchsfähigen Gläsern, die in Hüttenbetrieben dargestellt worden sind, im Zusammenhang wiederzugeben. Sowohl für die Technik und den allgemeinen Gebrauch, als auch für die wissenschaftliche Anwendung erscheint eine kritische Übersicht der zurzeit verfügbaren Gläser und ihrer physikalisch-chemischen Eigenschaften notwendig, wobei die mögliche, zum Teil sehr beschränkte Verwendbarkeit nicht außer acht bleiben darf. Hiermit wird eine Scheidung der allenfalls noch als Glas benutzbaren Körper verschiedener Zusammensetzung von den nur so genannten „Gläsern“ zweifelhafter Natur (patentierte Mischungen nicht ausgeschlossen) erreicht.

Versuchsschmelzen, die nicht zu technischen und wissenschaftlichen Apparaten taugliches Material ergeben haben, dürften, abgesehen von ihrer Bedeutung, für die Glasindustrie als Fingerzeig zu brauchbaren Gläsern nur dann wissenschaftliches Interesse haben, wenn ihre Bestandteile in systematischer Weise geändert wurden, um sowohl den Einfluß auf den Zustand bei der Abkühlung, als auch besonders auf die physikalisch-chemischen Konstanten zu erkennen. Schmelzversuche dieser Art (z. B. Na_2O u. SiO_2, PbO u. SiO_2 in allen möglichen Mischungen) fallen außerhalb des hier umgrenzten Gebietes der technischen Gläser, ebenso die vereinzelten, praktisch wertlosen glasähnlichen Massen aus mehreren durch Probieren zusammengebrachten Elementen. Die Berechnung von Koeffizienten für die spezifische Wirkung der Elemente auf die Größe physikalischer Konstanten in bunt zusammengewürfelten Mischungen hat wenig Sinn, da additive Beziehungen keineswegs vorhanden sind.[2])

[1]) E. Zschimmer, D. Mechaniker-Z. 1903, 53.

[2]) E. Zschimmer, Die physik. Eigensch. d. Glases als Funktionen d. chem. Zusammensetzung, Z. f. Elektrochem. 1905, 629. — Reichhaltiges Material findet man in H. E. Hovestadt, Jenaer Glas (Jena 1900). — Siehe auch R. Schaller, Artikel „Glas“ in Abeggs Handb. d. anorg. Chem., (Leipzig 1909).

Darstellungsverfahren in der Technik.

Auf die Erzeugung des Glases soll nur kurz eingegangen werden. Ausführliche Beschreibungen aller technischen Einzelheiten geben die vorzüglichen Werke von J. Henrivaux,[1] H. E. Benrath,[2] R. Dralle[3] u. a. Eine anschauliche Schilderung, besonders auch der Schmelzversuche im Laboratorium, enthält das Buch von E. Zschimmer.[4]

Häfen. Die wichtigste Frage der Glasfabrikation ist die Beschaffung brauchbarer Schmelzgefäße. Hierin liegt, wie in der Höhe der praktisch erreichbaren Temperaturen, eine wesentliche Beschränkung für die mögliche chemische Zusammensetzung technischer Gläser. Abgesehen von vereinzelten Versuchen mit Porzellan- und Platintiegeln (Boratgläser von O. Schott), sind bis jetzt ausschließlich die feuerfesten Tone (auch Kaolin) verschiedener Herkunft mit Erfolg angewendet worden. Am besten geeignet sind Tone oder Kaoline, die sich der Formel $Al_2O_3 \cdot 2SiO_2 \cdot 2H_2O$ nähern (entsprechend 39,7% Al_2O_3, 46,4% SiO_2, 13,9% H_2O). Um daraus Tiegel (sog. „Häfen") herzustellen, wird ein Teil der nötigen Tonmasse zuvor gebrannt und im zerkleinerten Zustande dem rohen Tonpulver beigemischt. Hierdurch wird das Auftreten klaffender Schwindrisse beim Eintrocknen der teigartigen Masse (etwa ein Viertel des Gemisches Wasserzusatz) verhindert.

An Stelle des gebrannten natürlichen Tones verwenden viele Hütten z. T. die Überreste der Häfen („Hafenschalen"). J. Henrivaux (s. o.) gibt folgende Zusammensetzung einer gebräuchlichen Tiegelmasse an:

150 Teile roher Ton (Andennes, Belgien) *A*
150 „ „ „ (Normandie) . . . *B*
200 „ gebrannter Ton (Andennes) . . *C*
200 „ Hafenschalen.

Analysen.

	A	*B*	*C*
SiO_2	75,09	61,62	81,39
Al_2O_3	17,23	28,20	16,91
Fe_2O_3	1,57	1,36	1,20
CaO	0,56	0,55	0,50
MgO	—	—	Spur
Alkali	—	Spur	—
H_2O (chem. geb.) .	5,55	8,27	—
	100,00	100,00	100,00

Ein wichtiger Faktor ist der Eisengehalt (vgl. d. Anal.), da hierdurch die Farblosigkeit des Glases beeinträchtigt wird (Grünfärbung).

Neuerdings ist vorgeschlagen worden, um die Feuerfestigkeit zu erhöhen, Zirkondioxyd für Schmelztiegel zu verwerten. L. Weiss und R. Lehmann[5] beschreiben Versuche mit brasilianischer Zirkonerde (Zirkonglaskopf von Caldas, Minas Geräes, Brasilien), gewöhnlich 80—90% ZrO_2 neben Eisenoxyd,

---

[1]) J. Henrivaux, Le verre et le cristal (Paris 1897).
[2]) H. E. Benrath, Die Glasfabrikation (Braunschweig 1875).
[3]) R. Dralle, Die Glasfabrikation (München 1911).
[4]) E. Zschimmer, Die Glasindustrie in Jena (Jena 1909).
[5]) L. Weiss u. R. Lehmann, Z. anorg. Chem. **65**, 178 (1910).

Kieselsäure und Tonerde (Fe_2O_3 3—9%). Praktisches Interesse dürften zunächst Mischungen aus roher Zirkonerde, mit Hafenton haben. Aus einem Ton von der Zusammensetzung:

SiO_2	53,73
Al_2O_3	40,98
Fe_2O_3	1,83
CaO	2,04
MgO	0,56
	99,14

(Schmelzpunkt 1810°, Segerkegel Nr. 34) wurden kleine Tiegel hergestellt mit 20—80% Zirkonerde. Die Brenntemperatur lag bei 1900°, wobei Schmelzerscheinungen nicht beobachtet werden konnten. Es zeigte sich, daß der Brand noch mangelhaft war, also höhere Temperaturen dazu nötig sind. Außerdem soll sich ein Zusatz von Sand zur Minderung des Brennschwundes der Tonmasse empfehlen. Beim Schmelzen sowohl basischer als saurer Flüsse erweisen sich die Zirkontontiegel von genügender Widerstandsfähigkeit. Bemerkenswert ist, daß Gefäße aus reiner geschmolzener Zirkonerde bereits als Ersatz der kostspieligen Iridiumtiegel zum „Schmelzen" von Quarzglas gebraucht werden, da sich selbst bei hoher Temperatur die Kieselsäure nicht mit dem Zirkondioxyd verbindet. Ebenso ist auch die Torerde verwendbar.[1])

Glassatz. Unter „Satz" oder „Gemenge" versteht man die Mischung der für ein Glas bestimmter Zusammensetzung berechneten Rohstoffe. Die Wahl der zum Schmelzen geeigneten Verbindungen erfolgt unter sehr verschiedenen Gesichtspunkten. Wichtig sind folgende: 1. Die Reinheit der in das Glas zu bringenden Oxyde des rohen Materials (störende Verunreinigungen meistens Eisenoxyd, Sulfide, Metalle, organ. Substanzen). 2. Die Gleichmäßigkeit der Zusammensetzung. 3. Die Unveränderlichkeit während der Aufbewahrung (namentlich im Wassergehalt). 4. Der Rauminhalt der Rohstoffe, verglichen bei gegebener Gewichtsmenge des einzuführenden Oxydes. (Je konzentrierter das Oxyd in der Raumeinheit enthalten ist, um so schneller gelingt die Erzeugung des Glases). 5. Das Verhalten beim Schmelzen (Schäumen, Aufquellen, Verdampfen). Hierzu kommt meist als der wichtigste Punkt 6. Der Preis des Rohmaterials am Orte seiner Verwendung.

Voraussetzung ist, daß die gewählten Verbindungen in der geeigneten Weise reagieren, um überhaupt die beabsichtigte Glassubstanz zu bilden. Sie dürfen sich weder selbst verflüchtigen (wie z. B. Kochsalz), noch unvollständig umsetzen (Sulfate, Fluoride z. T.). Doch bedient man sich in der Technik zuweilen gewisser Hilfsreaktionen, um billige Stoffe verwenden zu können, die direkt nicht geeignet sein würden. Das bekannteste Verfahren dieser Art ist die Umsetzung des schwefelsauren Natriums mit Kohle. Nach O. Schott[2]) läßt sich der Vorgang beim Zusammenschmelzen von SiO_2, Na_2SO_4 mit C in folgender Weise denken:

$$A.\quad Na_2SO_4 + 2C + SiO_2 = Na_2S + 2CO_2 + SiO_2.$$

$$B.\quad Na_2S + 3Na_2SO_4 + 4SiO_2 = 4Na_2SiO_3 + 4SO_2.$$

---

[1]) W. C. Heraeus, D.R.P. 179570, 1906.

[2]) O. Schott, Dinglers polyt. Journ. **215**, 529 (1875).

Erfolgt die Zersetzung des in Form von Glaubersalz eingeführten schwefelsauren Natriums nicht vollständig, dann scheidet sich die von den Schmelzern gefürchtete „Galle" ab (im wesentlichen geschmolzenes Na_2SO_4) und verunreinigt das Glas. Seit 1811 findet das Glaubersalz ausgedehnte Anwendung zur Darstellung der gewöhnlichen Gläser des Handels.[1])

In welcher Form die gebräuchlichen Elemente der technischen Gläser zur Satzbereitung dienen, gibt folgende Übersicht an:

B: Krist. Borsäure (Kunstprodukt oder italienische Rohborsäure), Borax, Borkalk.

Si: Sand (z. T. geschlämmt und mit Säuren gereinigt), Quarz (geglüht und in Wasser abgeschreckt), Feuerstein (in England zur Darstellung von Bleikristallglas benutzt, woher der Name „Flintglas" stammt), Kieselgur.

P: Phosphorsäure.

Na: Glaubersalz (s. vorher), Soda, Salpeter (als Oxydationsmittel).

K: Potasche.

Mg: Gebrannte Magnesia.

Ca: Kalkspat, Marmor, Kreide (Kalkstein, Tuff, Mergel), gebrannter Kalk seltener Flußspat, auch Gips.

Ba: Schwerspat, kohlens. Baryt, Barytsalpeter.

Zn: Zinkoxyd.

Pb: Mennige, Glätte (seltener).

Sb: Antimonoxyd.

Al: Tonerdehydrat, geglüht.

Für billige Glassorten verwendet man häufig Feldspat, auch vulkanische Gesteine (in grünen Gläsern).

Als Zusatz zur „Läuterung" des Glasflusses dient Arsenik (in kleinen Mengen bis zu 1 % etwa). O. Schott nimmt an, daß das anfangs gebildete As_2O_5 bei höherer Temperatur in der Schmelze Sauerstoff abgibt, wodurch größere Blasen entwickelt werden, die den Fluß von den sonst hartnäckig zurückbleibenden feinsten Bläschen säubern. In den gewöhnlichen Glassorten findet sich oft ein Gehalt von absichtlich zugesetztem Mangan zur Neutralisierung der Gelbgrünfärbung. (Sog. „Entfärbungsmittel" ist der Braunstein; zugesetzt werden meistens einige Hundertstel Prozent). An Stelle von Mangan findet zuweilen Nickel Verwendung (Oxyd und Oxydul). Auch Selen[2]) dient zum „Entfärben" (Selenmetall, selenigsaures Natrium und Reduktionsmittel).

Synthese und Analyse. Zur Berechnung des Satzes einer bestimmten, aus der Schmelze hervorgehenden Glasmasse wird im allgemeinen sehr oberflächlich verfahren. Soll die Synthese einigermaßen der Analyse des fertigen Glases gleichen, so ist unerläßlich, eine quantitative Untersuchung der Rohstoffe kurz vor der Verwendung vorzunehmen, da namentlich der Wassergehalt bei vielen wechselt. Ergibt sich hiernach, wieviel Gewichtsteile z. B. von Natriumcarbonat

[1]) H. E. Benrath, l. c.
[2]) R. Richter, D.R.P. 88615.

(einschl. Wasser und Verunreinigungen) auf 1 Teil des „Glasoxydes“ (Na_2O) kommen, so wird angenommen, daß bei Verwendung der entsprechenden Menge des Salzes (Na_2CO_3 usw.) von diesem die synthetische Menge des Oxydes (Na_2O) in die Glassubstanz eingeht. Diese Voraussetzung darf bei großen Schmelzmassen (etwa 1000 kg) mit ziemlicher Annäherung für die gewöhnlichen Silicatgläser und Borosilicate mit nicht zu hohem Borsäuregehalt (etwa bis 10%) gelten. Als Indikator der Abweichung mehrerer Schmelzen untereinander, die aus geprüftem Material hergestellt, gut gerührt (homogen) und in möglichst spannungsfreien Stücken gekühlt sind, dienen vorzüglich die optischen Konstanten (Brechung und Dispersion), da deren Messung sehr genau erfolgen kann (Spektrometer). Welche Unterschiede vorkommen, zeigen folgende Zahlenreihen der Brechungsindizes für die *D*-Linie, gemessen an Probestücken nacheinander ausgeführter Schmelzen der Jenaer Hütte aus dem Jahre 1909, je 900—1000 kg Glasmasse entsprechend:

Borosilicatglas (10% B_2O_3)	1,5166	5161	5157	5161	5169	5156	5159	5158	5156	5159
	5160	5161	5161	5168	5168	5161	5163	5163	5163	5162
	5164	5165	5168	5167	5168	5164	5163	5164	5163	5156
Bleisilicatglas (43% PbO)	6115	6133	6123	6128	6128	6131	6126	6119	6117	6115
	6123	6118	6114	6127	6121	6118	6115	6130	6130	6121
	6124	6124	6126	6119	6125	6122				

Da die spektrometrischen Messungen auf ± 5 Einheiten der fünften Dezimale genau sind, und Spannungen der Glasstücke hier im höchsten Falle bis zu 5 Einheiten der vierten Dezimale Unterschiede derselben Schmelzung verursachen können, so ist anzunehmen, daß Differenzen von 15 bzw. 20 Einheiten der vierten Dezimale durch chemische Abweichungen der aufeinander folgenden Schmelzen nach gleicher Synthese vorkommen. Aus absichtlich vorgenommenen Änderungen der Zusammensetzung optischer Gläser läßt sich schließen, daß (bei einem Bleioxydgehalt von etwa 45%) die Brechung nD um etwa 30—50 Einheiten der vierten Dezimale steigt, wenn 1% PbO an Stelle von SiO_2 eingeführt wird. Das Flintglas mit 43% PbO würde also, wenn nur der Bleioxydgehalt Einfluß gehabt hätte (was im wesentlichen zutrifft), eine Schwankung von etwa $^1/_2$% PbO in der Zusammensetzung verschiedener Schmelzen aufweisen. Die Borsäure bewirkt bei Silicatkrongläsern etwa 20—30 Einheiten Unterschied in der Brechung, wenn 1% für SiO_2 eintritt. Die Zusammensetzung verschiedener Schmelzen des Borosilicatglases dürfte hiernach Differenzen von derselben Größe erwarten lassen. (Analysen liegen nicht vor).

H. E. Benrath[1]) gibt für die Zusammensetzung des Spiegelglases von St. Gobain folgende Zahlen an, wobei die Gemengeangaben zuverlässige waren:

Synthese:	73,0 SiO_2	11,8 Na_2O	15,2 CaO	? (Al_2O_3, F_2O_3)	= 100
Analysen:	72,3 „	11,4 „	15,0 „	0,8 „	= 99,5
	71,9 „	12,0 „	15,4 „	0,9 „	= 100,2
	70,6 „	11,8 „	16,0 „	0,8 „	= 99,2

Für ein älteres Glas von St. Gobin ergab sich:

Synthese:	79,0 SiO_2	13,2 Na_2O	7,7 CaO	? (Al_2O_3, F_2O_3)	= 100
Analyse:	78,7 „	12,9 „	6,5 „	1,6 „	= 99,7

[1]) H. E. Benrath, Die Glasfabrikation (Braunschweig 1875).

Man ersieht hieraus, daß die Angabe von Glassynthesen in jedem Falle eine zweifelhafte Sache bleibt, wo es darauf ankommt, wissenschaftliche Beziehungen festzustellen. Besonders bei Versuchsschmelzen in kleinem Maßstabe, wie sie häufig untersucht worden sind, können in der Annahme der Zusammensetzung auf Grund der Synthese grobe Fehler entstehen. Daß die Auflösung des Tiegels eine beträchtliche Änderung hervorbringt, geht aus der letzten Analyse des Spiegelglases hervor.

H. E. Benrath berechnet, daß außer 1,65% $Al_2O_3 + F_2O_3$ noch 1,92% SiO_2 als aufgelöster Hafenton in Abzug zu bringen sind, wonach sich folgender Vergleich ergibt:

	Synthese des Glases	79,0 SiO_2	13,3 Na_2O	7,7 CaO	= 100
Analyse:	a) des reinen Glases	78,8 „	13,4 „	7,8 „	= 100
	b) des gelösten Tones ($Al_2O_3 . 2SiO_2$)	53,8 „	46,2 Al_2O_3		= 100.

O. Schott und E. Abbe fanden bei ihren Versuchen mit Boratschmelzen im Laboratorium (noch nicht veröffentlicht) folgende Mengen von Kieselsäure und Tonerde gelöst:

Synthese	92 B_2O_3	8 Li_2O	Analyse	5,7 Li_2O	2,2 SiO_2	0,3 Al_2O_3
	84 „	16 „		11,0 „	4,2 „	0,6 „
	76 „	24 „		18,1 „	5,4 „	0,6 „

Nach einer Analyse von P. Jannasch[1]) enthielt ein schweres Bleisilicat (spez. Gew. 5,53) gegenüber der Synthese:

	Analyse	Synthese
SiO_2	23,6	23,5
Na_2O	0,2	—
K_2O	0,4	1,0
CaO	0,3	—
PbO	74,6	75,5
$Al_2O_3 + Fe_2O_3$ . .	0,8	—
	99,9	100,0

Die im Porzellantiegel geschmolzene Glasmenge betrug hier etwa 400 g. Viele Untersuchungen (besonders an Versuchsschmelzen in kleinstem Maßstabe) sind deshalb überall dort mit Vorsicht aufzunehmen, wo keine Analysen, sondern nur die von den Glashütten angegebenen Synthesen zugrunde liegen.

Schmelze. O. Schott[2]) beschreibt aus eigener Anschauung den Vorgang des Schmelzens in der Praxis folgendermaßen: „Die Behandlung des Glassatzes im Ofen bis zur eigentlichen Verarbeitung zerfällt in zwei Perioden, in die wirkliche Schmelzung, d. h. den Übergang aus dem festen in den flüssigen Zustand (das Gemengschmelzen), und in die Läuterung (das Lauterschmelzen). Die chemische Zersetzung und Einwirkung der Gemengteile aufeinander findet bereits in der ersten Periode statt, während sich in der zweiten, bedingt durch physikalische Vorgänge, die geschmolzene Masse nur noch läutert, indem durch Anwendung der höchstmöglichen Hitzegrade die Schmelze in einen dünnflüssigen Zustand versetzt und das Aufsteigen von Gasblasen

[1]) Mitgeteilt von F. Pockels, Ann. d. Phys. 4. F. **7**, 745 (1902).
[2]) O. Schott, Dinglers polyt. J. **215**, 529 (1875).

und der Glasgalle ermöglicht wird. — Für eine solche Schmelzung wird der Hafen mit dem aus Sand, Sulfat, Kohle, Kalkspat und eventuell Soda bereiteten Glassatz vollständig angefüllt. Der erste Einfluß der Wärme äußert sich in einer oberflächlichen Schmelzung, welche von den Wandungen her allmählich fortschreitet und infolge der gleichzeitig beginnenden Zersetzung von Blasenwerfen begleitet ist. Der innere, noch unverschmolzene Teil des Satzes schwimmt in der geschmolzenen übrigen Masse. — Um mich nun von dem Zustande zu überzeugen, in welchem sich die Materialien nach dieser Zeit befanden, ließ ich mittels eines großen eisernen Löffels Proben herausschöpfen. Das aus dem Innern Genommene war kaum glühend, noch trocken und sandartig, wie vor dem Einlegen in den Hafen. Es erhellt hieraus, ein wie schlechter Wärmeleiter der Glassatz sein muß, da selbst bei voller Weißglut und einer Schmelzdauer von mehreren Stunden der innere Teil des Satzes nicht zum Glühen gebracht worden war. Der mittlere Teil, welcher den Übergang zum flüssigen äußeren Teile bildete, war der interessanteste; es ließ sich hier die Zersetzung und Glasbildung deutlich in ihrem Vorschreiten beobachten. Bei der herausgenommenen Probe war diese Schicht 1—2 cm dick und erkaltet, der beigemengten Kohle wegen, von grauer Farbe. Die Masse war blasig zusammengesintert, ein Zeichen der angehenden Schmelzung; neben Sand, Sulfat und Kohle ließen sich noch angeschmolzene Kalkspatpartikelchen erkennen, welche mit Säuren aufbrausten. Der äußere flüssige Teil, welcher schon glasig zu nennen war, hatte infolge unverschmolzener Sandpartikelchen ein weißes Aussehen und enthielt noch viele Glasblasen. Bei weiterer Einwirkung von Wärme schreitet nun die Zersetzung und Schmelzung nach Innen unter Gasentwicklung und stetiger Abnahme des Volumens allmählich fort, bis nach einer Dauer von 5—7 Stunden — einer Zeit, welche sich nach der Größe des Hafens richtet — alles flüssig ist und die geschmolzene Masse $^3/_4$ des ursprünglichen Volumens einnimmt. Das vollständige Verschmelzen des bis zuletzt kugelig bleibenden inneren Teiles muß abgewartet werden, ehe man dazu schreiten kann, zur weiteren Füllung des Hafens eine zweite Portion des Satzes einzufüllen. Gebrauchte man diese Vorsicht nicht, so würde sich ein Fehler, das sog. „Steinigwerden“ des Glases einstellen, welches darin seinen Grund hat, daß ein unzersetzbares, zusammengesintertes Gemenge von Glaubersalz und Sand in kleinen Stückchen im Glase suspendiert bleibt“. — Nachdem der Hafen mit flüssigem Glas gefüllt worden ist, beginnt das Lauterschmelzen. Hierzu steigert man die Temperatur etwa 50—100° C über die Einschmelzhitze. Es findet eine bedeutende Zunahme der Gasentbindung statt, so daß das Glas, wie man an einer am Eisen herausgenommenen Probe erkennt, in schaumigblasigen Zustand gerät. In dieser Periode dürfte das als Läuterungsmittel gebräuchliche Arsen zur Wirkung kommen. (S. oben unter Glassatz).

Über die zum Schmelzen notwendigen Temperaturen geben einige Zahlen aus dem Jenaer Glaswerk Anhaltspunkte, die im Betriebe gemessen wurden, unter Beobachtung möglichster Zuverlässigkeit. Die mit „Féry“ bezeichneten Werte wurden durch Einstellung des Ch. Féryschen Brennspiegelpyrometers auf das Innere des Ofens gemessen.[1]) Die mit „Wanner“ be-

[1]) Ch. Féry, C. R. **134**, 977 (1902). Eine Übersicht über optische Meßmethoden gibt M. Iklé, Phys. Z. **6**, 450 (1905).

zeichneten Werte wurden in gleicher Weise mittels des optischen Pyrometers (Spektrophotometer) von H. Wanner erhalten.[1])

960° Féry: Phosphatglas (3 B_2O_3, 70,5 P_2O_5, 12 K_2O, 4 MgO, 9 Al_2O_3, 1,5 As_2O_3 nach Synthese).
1060° Féry: Schweres Bleisilicatglas (20,8 SiO_2, 79 PbO, 0,2 As_2O_3 n. S.).
1090° Féry: Boratglas (52,5 B_2O_3, 1 SiO_2, 1,5 Na_2O, 1,5 K_2O, 6 ZnO, 12 BaO, 16 PbO, 9 Al_2O_3, 0,5 As_2O_3 n. S.).
1320° Wanner: Schweres Barium-Borosilicatglas ohne Alkali (14,5 B_2O_3, 39 SiO_2, 41 BaO, 5 Al_2O_3, 0,5 As_2O_3 n. S.).
1370° Wanner: Gewöhnliches Flintglas (45,7 SiO_2, 1,5 Na_2O, 7,1 K_2O, 45,4 PbO, 0,3 As_2O_3 n. S.).
1410° Wanner: Gewöhnliches Kronglas (2 B_2O_3, 69,2 SiO_2, 8 Na_2O, 11 K_2O, 4 CaO, 3,5 ZnO, 2 PbO, 0,3 As_2O_3 n. S.).

Die Temperaturangaben der beiden Pyrometer sind nicht ohne weiteres vergleichbar. Nach Prüfung der Phys.-Techn. Reichsanstalt zeigte das Férysche Pyrometer bei 1000° C gegen das Wanner-Pyrometer etwa 35° zu tief, wenn das Thermoelement (im Brennpunkt des Spiegels) etwa 50 cm von der anvisierten Fläche des schwarzen Körpers entfernt war. Bei Vergleichsmessungen im Betriebe der Jenaer Hütte ergab sich vor dem Schmelzofen eine Differenz von Wanner–Féry = ca. 50°. Man wird die Angaben nach Ch. Féry daher um etwa 40° zu erhöhen haben, um sie mit den der Normalskala sehr nahe kommenden Werten des Wannerschen bzw. des Holborn-Kurlbaumschen Pyrometers[2]) vergleichbar zu machen. Es ergibt sich dann:

1000° Phosphatglas,
1100° Schweres Bleisilicatglas,
1130° Boratglas,
1320° Schw. Bar.-Borosilicatglas,
1370° Gew. Flintglas,
1410° Gew. Kronglas.

(Im Hüttenbetriebe ist die Messung von Ofentemperaturen unterhalb 1000° bequemer nach der Féryschen Methode, daher die Verschiedenheit der Angaben.)

Um eine ergiebige Durchmischung der geschmolzenen Masse, namentlich des aus frischem Satz entstandenen Glases und der eingelegten Scherben oder „Brocken" (Glasreste in groben Stücken) zu erzielen, ist es üblich, bevor der Hafen voll wird, die Schmelze zu „blasen" („bülwern"). Durch starke Wasserdampfentwicklung, hervorgebracht mittels einer am Eisen aufgespießten Kartoffel (auch „Runkelrüben", frisches Holz) bringt man die flüssige Masse in Wallung.

Die chemischen Bestandteile technischer Gläser.

Vergleicht man die Gesamtheit der bekannten Stoffe, die allenfalls unter den oben aufgestellten Begriff des technischen Glases fallen, so läßt sich bezüglich der chemischen Zusammensetzung folgendes feststellen:

1. Es erscheint möglich, daß sämtliche Elemente in Gläsern vorkommen können. Zunächst sind in größerer Menge (über 1 %) vorhanden und durch

[1]) H. Wanner, Phys. Z. **3**, 112 (1901).
[2]) Ann. d. Phys. [4], **10**, 225 (1903).

Handelsgläser weit verbreitet: Sauerstoff, Fluor (Flußspat- und Kryolithglas); Bor, Silicium, Phosphor (Milchglas); Natrium, Kalium; Magnesium, Calcium, Zink, Barium; Arsen (als Läuterungsmittel), Antimon, Blei; Aluminium. Durch Versuchsschmelzen (O. Schott) ließen sich ferner in beträchtlichen Mengen aufnehmen: Beryllium, Wismut, Cadmium, Cerium, Chlor (Bleichlorid in Phosphatschmelzen) Cäsium, Erbium, Quecksilber (Quecksilberoxydul in Phosphatschmelzen), Lithium, Molybdän, Niobium, Rubidium, Zinn, Strontium, Thorium, Titan, Thallium, Vanadium, Wolfram, Zirkonium. Dazu kommen in Farbgläsern: Silber, Gold, Kohlenstoff, Kobalt, Chrom, Kupfer, Eisen, „Didym", Mangan, Nickel, Schwefel, Selen, Uran.

2. Die Gläser sind meist „physikalische Gemische" (W. Nernst), entweder von chemischen Verbindungen ineinander oder Elementen in diesen (z. B. Kohlenstoff, Schwefel, Gold, Kupfer). Selten stellen sie einfache Verbindungen dar (kieselsaures Blei), unbekannt sind Gläser aus chemischen Elementen. Die Frage, welche Verbindungen als die Bestandteile der vorliegenden festen Gemische, die wir Glas nennen, zu betrachten sind, kann vorläufig mit wenigen Ausnahmen nur hypothetisch beantwortet werden, durch Annahme von Molekülarten, welche die Eigenschaften der Gläser in einfachster Weise erklären. Insbesondere fragt sich, bei welcher Auffassung die Abhängigkeit der physikalischen Konstanten des Gemisches als Funktion der Zusammensetzung nach den einfachsten Gesetzen dargestellt wird. Ferner ist wichtig, den glasigen Zustand innerhalb aller möglichen kristallinischen Gemische aus der Zusammensetzung vorauszubestimmen, auch spielen Reaktionen zwischen Glassubstanz und berührenden Stoffen eine Rolle. Exakte systematische Untersuchungen hierüber fehlen beinahe ganz, so daß an eine Theorie der Gläser noch kaum zu denken ist.

Eine einfache Vorstellung über den Aufbau der Glaszusammensetzungen, welche bis jetzt technisch nutzbar gemacht worden sind, ergibt sich aus der von den älteren Fachleuten bereits gemachten Annahme, daß die „glasigen Säuren", nämlich: glasige Kieselsäure SiO_2, glasige Borsäure B_2O_3, glasige Phosphorsäure HPO_3 einerseits und die Salze dieser Säuren mit den Metallen: Natrium, Kalium; Magnesium, Calcium, Zink, Barium; Antimon, Blei; Aluminium und Eisen anderseits in schmelzflüssige Mischungen treten. Rechnet man noch die Arseniate, Fluoride und Sulfate hinzu, die sich häufig in geringer Menge gelöst finden (schwefelsaures Natron läßt sich aus pulverisierten Sulfatgläsern mit Wasser auswaschen![1])), so dürfte die Liste der Verbindungen vollständig sein, welche teils als solche (z. B. SiO_2, $PbSiO_3$) in den meisten Fällen aber innerhalb gewisser Grenzen beliebig vermischt, an der Grundzusammensetzung der bekannten technischen Glassorten teilnehmen. Hiermit ist schon angedeutet, daß außer den genannten „Grundbestandteilen" (16 Stoffe) noch solche von besonderer Wirkung (meist in verdünnter Lösung) im Glase zu finden sind, nämlich Farbstoffe, Fluoreszenzerreger und Trübungsmittel. Gerade diese sind es, wovon am ehesten Aufschlüsse über die physikalisch-chemische Natur der Gläser zu erwarten sind, wie sich auch sehr schöne Beobachtungen darüber schon finden.

3. Aus diesem Überblick ergibt sich die bemerkenswerte Tatsache, daß trotz des weiten Spielraumes, den der Begriff Glas im Sinne der Technik

[1]) Tscheuschner, Handb. d. Glasfabr. (Weimar 1885).

offen läßt, nur ein kleines Feld von chemischen Stoffen geeignet scheint, die Anforderungen zu erfüllen, denen durch die physikalischen und chemischen Eigenschaften für mannigfaltige Zwecke genügt werden soll. Allein, es wäre verfrüht, daraus zu schließen, die Gläser beschränkten sich auf das Gebiet der Kieselsäure, Silicate, Borate, Phosphate und allenfalls noch auf Säuren und Salze der seltneren, unter den Versuchsschmelzen oben angeführten Elemente, in denen gewissermaßen die Kieselsäure und Metalle nur analoge Vertreter finden, während doch der „chemische Typus" im allgemeinen derselbe bleibt. Man kann nicht wissen, ob nicht auch die organischen Körper „glasbildend" sind, oder ob nicht z. B. Halogensalze, Sulfate oder Oxyde, unter geeigneten Bedingungen vereinigt, brauchbare Materialien ergeben, die durchsichtig, hart, schwer erweichend und chemisch widerstandsfähig genug sind, um, mit wertvollen physikalischen Eigenschaften ausgestattet, an die Stelle der bis jetzt bekannten Typen der Gläser zu treten. Die Glasindustrie befand sich schon einmal in chemischer Hinsicht auf einem Ruhepunkt. Es schien, daß „Glas" ein Gemisch von wenigen Silicaten mit Kieselsäure sein müsse, ja man glaubte an bestimmte chemische Verbindungen für die echten oder „wahren" Gläser. In den achtziger Jahren änderten sich plötzlich die Ansichten, als O. Schott die bekannten „Jenaer Gläser" darstellte, worunter solche von gänzlich unerwarteter Zusammensetzung die Fachleute überraschten. O. Schott hatte damals den Glasbegriff schon beinahe bis an die äußersten Grenzen der Chemie gespannt. In einer 1881 erschienenen Schrift „Beiträge zur Kenntnis der unorganischen Schmelzverbindungen" (Vieweg, Braunschweig), versuchte er ganz allgemein festzustellen, welche Körper sich in dem Schmelzfluß anderer anorganischer Stoffe klar lösen, und welche Umsetzungen hierbei vor sich gehen. Es sollten die Gesetze erforscht werden, nach denen die Reaktionen erfolgen und etwa sich ergebende Anwendungen beleuchtet werden. Auf diesem Wege müsse man zu einer „Chemie im Schmelzfluß" gelangen, die ebenso systematisch auszubauen sei, wie die „Chemie auf wäßrig-flüssigem Wege". O. Schott untersuchte zunächst Chloride, Fluoride, Oxyde, Sulfate, Carbonate, Phosphate und Nitrate der Metalle Natrium, Kalium, Calcium, Strontium, Barium, Blei und Silber. Dabei wurden besonders die Kristallisationsvorgänge studiert, brauchbare Glasflüsse kamen nicht vor. Später erwiesen sich Phosphate und Borate, wenn auch nur in sehr beschränktem Maße, geeignet, und schließlich fand die Paarung der Kieselsäure mit der Borsäure, darunter das alkalifreie Glas in größtem Umfange technische Anwendung: Die neuen „Jenaer Typen" wurden nach und nach zum Gemeingut der Glasindustrie, und wieder ist ein Stillstand in der chemischen Zusammensetzung die Folge der im Großbetriebe entstehenden Notwendigkeit, das gewonnene Feld technisch und im einzelnen zu bearbeiten. Dazu kommt, daß mit der erreichten Abstufung der physikalischen und chemischen Eigenschaften das Bedürfnis nach neuen Glasarten geringer geworden ist. Immerhin: Die Möglichkeit, noch völlig unbekannte Gläser hervorzubringen, läßt sich nicht bestreiten, war doch das Quarzglas schon eine Überraschung solcher Art!

Systematische Übersicht der technischen Gläser.

In den folgenden Tabellen finden sich die physikalischen Konstanten in Zuordnung zur Zusammensetzung verzeichnet, worüber zunächst einige Bemerkungen bezüglich der Reihenfolge der Gläser und ihrer Eigenschaften nötig sind.

1. Als chemisches System könnte ebensowohl ein anderes gewählt werden. In jedem Falle kommt es darauf an, qualitativ gleichartige Mischreihen zu erhalten, worin sich die Abhängigkeit der physikalischen Konstanten von der Zusammensetzung nach Möglichkeit erkennen läßt. Jede Mischreihe müßte freilich in allen Verhältnissen ihrer Bestandteile bekannt sein und vor allem müßten die Angaben der Prozentgehalte zuverlässig sein, um gesetzmäßige Beziehungen zu entdecken. Beides ist bei den technischen Gläsern — wie früher erwähnt — nicht immer der Fall. So dient das System derselben also vielmehr, um gerade die Lücken in der physikalisch-chemischen Kenntnis der Gläser aufzudecken. Doch lassen sich gewisse Abhängigkeiten in groben Zügen daraus ersehen, auch zeigt sich einigermaßen die Zuordnung der Größenwerte verschiedener Eigenschaften zueinander, von denen besonders die mittlere und relative Brechung (n_D und $\nu = (n_D - 1):(n_F - n_C)$) für die Optik Bedeutung haben.

Die vorliegende Einteilung geht von den „Glassäuren" aus: Höhere Tonerdegehalte werden hinzugerechnet, da sich bekanntlich Aluminate der Basen bilden können. Man erhält so die Klassen:

I. Silicate mit B_2O_3 bis 2%, Al_2O_3 bis 3%.	V. Borate mit SiO_2 bis 4%, Al_2O_3 bis 3%.
II. Alumo-Silicate über 3% Al_2O_3, mit B_2O_3 bis 2%.	VI. Alumo-Borate über 3% Al_2O_3, mit SiO_2 bis 4%.
III. Borosilicate über 2% B_2O_3, über 4% SiO_2.	VII. Phosphate mit Al_2O_3 bis 3%, B_2O_3 bis 3%, SiO_2 bis 4%.
IV. Alumo-Borosilicate über 3% Al_2O_3, über 2% B_2O_3, über 4% SiO_2	VIII. Alumo-Phosphate über 3% Al_2O_3, mit B_2O_3 bis 3%.

Darin ergeben sich mit Rücksicht auf die Alkalien die Gruppen:

A. Natriumgläser mit K_2O bis 1%.	C. Natro-Kaliumgläser.
B. Kaliumgläser mit Na_2O bis 1%.	D. Alkalifreie Gläser.

Weiterhin kommen für die einzelnen Mischreihen selbst die Elemente Mg, Ca. Zn, Ba, Sb, Pb in Betracht, welche stets nach steigendem Atomgewicht angeordnet wurden. Da auch diese häufig gemischt auftreten, so erhält man folgende bis jetzt ausgeführter Kombinationen als Reihen innerhalb der Gruppen:

	1.		2.	3.	4.	5.		6.	7.
a 1 Metall	Mg	*b* 2 Metalle					*c* 3 Metalle		
	Ca		—						
	Zn		Mg, Zn	Ca, Zn				Ca, Zn, Pb	
	Sb		—	—	—			—	—
	Ba		—	Ca, Ba	Zn, Ba			Ca, Ba, Pb	Zn, Ba, Pb
	Pb		—	Ca, Pb	Zn, Pb	Ba, Pb		—	—

Oxydgehalte unter 1% gelten als nicht vorhanden bei der Einfügung des Glases in eine dieser Mischreihen.

2. Die Angabe der physikalischen. Konstanten entspricht der wahrscheinlichen Genauigkeit, indem eine Ziffer mehr als die sichere Stelle verzeichnet wird. Dadurch verschwindet ein Teil der Widersprüche zwischen chemischer Zusammensetzung und physikalischen Eigenschaften. Es bleiben bei sehr genau meßbaren Konstanten (z. B. der Lichtbrechung) trotzdem noch Ungereimtheiten zurück, die aus der schon erwähnten Unrichtigkeit der synthetischen Prozentzahlen herrühren. Analysen sind eben bei Angaben über die chemische Zusammensetzung der gemessenen Stoffe unerläßlich. Inwiefern die mitgeteilten Analysen freilich richtig sind läßt sich nicht sagen, da nirgends Kontrollbestimmungen angegeben sind. Auch diesem Punkte sollte bei Veröffentlichung der Analysenresultate vielmehr Beachtung geschenkt werden.

Die Reihenfolge und Bezeichnung der Konstanten ist dieselbe wie in folgender Übersicht der Grenzwerte:

Übersicht der gemessenen Grenzwerte der physikalischen und physikalisch-chemischen Konstanten.

Bezeichnung	Eigenschaften	Minimum	Maximum	Maßeinheiten
	Mechanische Konstanten.			
d	Spezifisches Gewicht	2,22	6,33	Wasser 4° C
F_z	Zugfestigkeit . . . . , .	3,5	8,5	kg, qmm
F_d	Druckfestigkeit	6	13	kg × 10, qmm
E	Elastizitätsmodul			
Sp. M.	Spiegelmethode	470	795	kg × 10 mm
Pr. M.	Prismenmethode	—	—	—
μ	Elastizitätszahl (Verh. der Querkontraktion z. Längsdilatation) .	0,197	0,319	—
H	Absolute Härte	17	32	kg × 10, qmm
	Thermische Konstanten.			
c_{15-100}	Spezif. Wärme zw. 15 u. 100° C	0,0817	0,2318	g, Celsiusgr.
$\varkappa$	Absolute Wärmeleitfähigkeit	$0,0_2160$	$0,0_2271$	cm, g, sec, Celsiusgr.
3α	Kubischer Ausdehnungskoeffizient	$0,0_4110$ (10 bis 93°)	$0,0_4328$ (0 bis 100°)	—
	Optische Konstanten.			
n_D	Mittl. Brechungsindex (Na-Licht)	1,4649	1,9626	Luft = 1
ν	Relat. Brechung $(n_D - 1) : (n_F - n_C)$	19,7	70,0	—
	Elektromagnet. Konstanten.			
δ	Dielektrizitätskonstante	5,5	9,1	Luft = 1
ω_D	Verdetsche Konstante d. magnet. Drehung d. Polarisationsebene (Na-Licht)	0,0161	0,0888	Winkelminute, cm, Dyne
	Phys.-chemische Konstanten.			
A_n	Natürliche Alkalität	1,5	100 (als obere Grenze angenommen)	mg, qm, Minute
A_v	Verwitterungsalkalität.	3	—	—

Autorennamen und Abkürzungen:

An. = Analyse.
Au. = Auerbach.
Ben. = H. E. Benrath, Die Glasfabrikation (Braunschweig 1875).
Dub. = Du Bois.
Fo. = Focke.
gek. = gekühlt (Feinkühlung optischer Gläser).
gesp. = gespannt (schnell erkaltet, z. B. Röhren).
Hen. = J. Henrivaux, Le verre et le crystall (Paris 1897).
Hov. = M. J. Hovestadt, Jenaer Glas (Jena 1900).
Jen. G. = Jenaer Glaswerk (Analysen des Laboratoriums, Synthesen der Gläser).
My. = Mylius.
O. = Optisches Glas, Handelsbezeichnung der Jenaer Gläser (z. B. *O* 144).
Pa. = Paalhorn.
Pu. = Pulfrich.
St. = Straubel.
Sta. = Starke.
S. = Spezialglas, Handelsbezeichnung der Jenaer Gläser (z. B. *S* 204).
Thi. = Thiesen.
Typ. = Typus der optischen Eigenschaften und Zusammensetzung als Vorbild von Ersatzschmelzen.
V. S. = Versuchsschmelze im Laboratorium, Bezeichnung des Synthesenbuches der Jenaer Versuchsgläser (z. B. *V S* 458).
W. = Winkelmann.
Wei. = Weidmann.
Z. = Zeiß, Angaben des Meßlaboratoriums der optischen Werkstätte von C. Zeiß in Jena.
III = Bezeichnung des Synthesenbuches der Jenaer Versuchsschmelzen im Hüttenbetrieb (z. B. 59^{III})

Silicate.

Na—Ca

nach steigendem Kalkgehalt.

	Spiegelglas, Belgien. An. Z. anorg. Chem. **23**, 1563 (1910)	Ägyptischer Glasstab. An. Ben. 4	Spiegelglas, England. An. Ben. 27	Weißhohlglas, Bayr. Wald. An. Ben. 27	Hohlglas, halbweiß, Rußland. An. Ben. 249	Versuchsglas für Thermometer. Syn. Jen. 63III	Römische Urne. An. Ben. 4	Fensterglas, Schlesien. An. Ben. 27	Optisches Kronglas von Bontemps dargestellt 1846. Syn. Ben. 204	Fensterglas, Rheinland. An. Fresenius, Wiesbaden (1902)	Fensterglas, Belgien. An. Z. anorg. Chem. **23**, 1563 (1910)	Fensterglas, England. An. Hen. 374	Röhrenglas f. Thermom., „verre dur". An. Sitzber. Berliner Ak. 12/11, (1885)	Röhrenglas, Frankreich. An. Jen.	Weißhohlglas, Frankreich. An. Ben. 26
	1	**2**	**3**	**4**	**5**	**6**	**7**	**8**	**9**	**10**	**11**	**12**	**13**	**14**	**15**
SiO_2	75,9	72,3	78,7	78,4	74,0	73,2	70,6	74,7	75,2	72,1	73,3	72,9	71,0	71,7	72,1
Na_2O	17,5	20,8	12,5	13,9	17,4	18,5	18,9	15,0	15,4	12,3	13,1	12,4	12,0	12,1	12,4
CaO	3,8	5,2	6,1	7,1	7,3	8,0	8,0	8,9	9,4	11,5	13,2	13,2	14,4	14,8	15,5
K_2O	—	—	—	—	—	—	—	—	—	0,9	—	—	0,6	—	—
MgO	—	—	—	—	—	—	—	—	—	—	—	—	0,4	—	—
Al_2O_3	}	1,2	}	}	0,2	—	1,8	}	—	} 2,2	}	} 1,5	} 1,4	} 1,5	—
Fe_2O_3	} 2,8	0,5	} 2,7	} 0,6	0,2	—	0,5	} 1,3	—	}	} 0,8	}	}	}	—
Mn_2O_3	}	—	}	}	0,8	—	0,5	}	—	—	}	—	—	—	—
As_2O_3	—	—	—	—	—	0,3	—	—	—	—	—	—	—	Sp.	—
SO_3	—	—	—	—	—	—	—	—	—	0,6	—	—	—	—	—
Glühverl.	—	—	—	—	—	—	—	—	—	0,3	—	—	—	—	—
	100,0	100,0	100,0	100,0	99,9	100,0	100,3	99,9	100,0	99,9	100,4	100,0	99,8	100,1	100,0
d	Spiegelglas von St. Gobain 2,49					—	—	—	—	—	—	—	—	—	—
$\varkappa$	Fo. Spiegelglas $0{,}0_2245$			—	—	—	—	—	—	—	—	—	—	—	—
3α 0—100	—	—	—	—	—	W $0{,}0_4289$	—	—	—	—	—	—	—	—	—
Wahre Ausd. lin.	—	—	—	—	—	—	—	—	—	—	—	—	Thi. $0{,}0_57417\,t + 0{,}0_8355\,t^2$		
cub.	—	—	—	—	—	—	—	—	—	—	—	—	$0{,}0_422252\,t + 0{,}0_71083\,t^2$		
n_D	Deutsches Spiegelglas (Freden) { Z. 1,5261						Deutsches Spiegelglas (Fürth) { Z. 1,5296						—	—	—
ν	59,3						58,9						—	—	—

Silicate.

Na—Zn.

	Optisches Glas. Syn. Jen. G. Typ. O 709	
	16	
SiO_2 .	71,0	
Na_2O.	17,0	
ZnO .	12,0	
	100,0	
	W.	mit 0,4 As_2O_3 für SiO_2.
d	2,572	
Fz	8,5	
Fd	10	
E Sp. M.	650	
E Pr. M.	677	
	St.	
μ	0,226	
	Au.	
H	27	
	Pa.	
$\varkappa$	$0,0_2 19$	
	Fo.	
	$0,0_2 246$	
	Z.	mit 0,3 As_2O_3 für SiO_2.
n_D	1,5128	
ν	57,3	
	My.	
A_n	25	
A_v .	18	

Na—Ba.

	Weißhohlgläser, dargestellt von Benrath. An. Ben. 274.		
	17	**18**	**19**
SiO_2 .	57,0	55,6	57,3
Na_2O.	12,1	12,2	7,6
BaO .	27,3	30,7	32,6
Al_2O_3 . Fe_2O_3 .	2,9	1,5	1,5
SO_3 . .	0,7	—	0,9
	100,0	100,0	99,9
d	2,96	—	3,02

Na—Pb.

	Optisches Glas. Syn. Jen. O 1335 (Typ. O 381)	Optisches Glas, von Merz dargest. An. Ben. 193
	20	**21**
SiO_2 .	65,9	44,4
Na_2O.	15,5	11,1
PbO .	16,3	44,4
Al_2O_3 .	2,0	—
As_2O_3 .	0,2	—
	99,9	99,9
	Sta.	
d	2,70	—
	Z.	
n_D .	1,5230	—
ν	50,8	—
	Sta.	
δ	9,13	—

Na—Ca, Zn.

	Jenaer Normalglas f. Thermometer. Syn. Jen. G. 16III
	22
SiO_2 .	67,3
Na_2O .	14,0
CaO .	7,0
ZnO .	7,0
B_2O_3 .	2,0
Al_2O_3 .	2,5
Mn_2O_3 .	0,2
	100,0
	W.
d	2,585
	St.
μ	0,228
	Au.
H	27
c	W.
15—100	0,1988
	Pu. gek.
3α	$0,0_4 2406$
	(15—92)
	W. gesp.
	$0,0_4 244$
	(0—100)
Wahre Ausd.	Thi.
lin.	$0,0_5 7723\, t + 0,0_8 350\, t^2$
cub.	$0,0_4 23167\, t + 0,0_7 1071\, t^2$

Silicate.

Na – Ca, Ba.

	Weißhohlgläser, dargestellt von Benrath. An. Ben. 274	
	23	24
SiO_2 .	65,1	65,9
Na_2O .	9,4	6,5
CaO .	5,3	6,4
BaO .	17,2	18,1
Al_2O_3 . Fe_2O_3 .	2,6	2,3
SO_3 . .	0,4	0,7
	100,0	99,9
d	2,76	2,78

Na—Zn, Ba.

	Versuchsglas f. Thermometer, dargestellt von Schott. Syn. Jen. G. XIX. Hov. 266.
	25
SiO_2 .	50,0
Na_2O .	15,0
ZnO .	20,0
BaO .	15,0
	100,0

Na—Zn, Pb

nach steigendem Bleigehalt.

	Versuchsglas. Syn. Jen. G. *VS* 1419	Optisches Glas. Syn. Jen. G. *O* 2074 (Typ. *O* 381)	Versuchsglas. Syn. Jen. G.	Optisches Glas. Syn. Jen. G. *O* 1168 (Typ. *O* 381).	Optisches Glas. Syn. Jen. G. *O* 1151 (Typ. *O* 381)
	26	27	28	29	30
SiO_2 .	67,9	66,8	67,4	68,2	68,7
Na_2O .	16,8	16,0	16,0	16,5	15,7
ZnO .	5,8	3,8	3,6	2,0	2,0
PbO .	8,1	11,6	13,0	13,1	13,3
Al_2O_3 .	1,0	1,5	—	—	—
As_2O_3 .	0,3	0,2	—	0,2	0,2
Mn_2O_3 .	0,1	0,1	—	—	0,1
	100,0	100,0	100,0	100,0	100,0
d	W. 2,629	2,7	—	2,7	2,7
Fz	6,8	—	—	—	—
Fd	10	—	—	—	—
E Sp. M.	651	—	—	—	—
E Pr. M.	664	—	—	—	—
c 15—100	W. 0,1907	—	—	—	—
κ	Fo. $0{,}0_3241$	—	—	—	—
κ	Pa. $0{,}0_219$	—	Pa. $0{,}0_219$	—	—
3α 16—94	—	—	—	Pu. gek. $0{,}0_42709$	—
n_D	—	Z. 1,5228	—	Z. 1,5219	Z. 1,5202
ν	—	52,0	—	51,5	51,6
ω_D	—	—	—	—	Dub. 0,0234

Silicate.

K—Ca

nach steigendem Kalkgehalt.

	Opt. Glas „Hard Crown" von Chance. Anal. Jen. G. (Genau entspr. dem Kron von Boutemps, Ben. 205)	Rationale Zusammensetzung. 6 SiO_2 . K_2O . CaO (Ben. 205)	Versuchsglas f. Thermom. v. Schott. An. Hov. 264	Fensterglas, Deutschland. An. Ben. 26	Versuchsglas f. Thermom. v. Schott. An. Hov. 264	Versuchsglas f. Thermom. v. Schott. Syn. Hov. 266.
	31	**32**	**33**	**34**	**35**	**36**
SiO_2 .	69,3	70,6	69,0	62,8	65,4	70,0
K_2O .	19,2	18,4	18,5	22,1	19,5	13,5
CaO .	10,3	11,0	12,2	12,5	13,7	16,5
Na_2O .	0,2	—	—	—	—	—
Al_2O_3 . } Fe_2O_3 .	0,3	— —	0,9	2,6	0,9	— —
As_2O_3 .	0,3	—	—	—	—	—
	.99,6	100,0	100,6	100,0	99,5	100,0
n_D	Z. 1,5176	—	—	—	—	—
ν	60,1	—	—	—	—	—

K—Zn.

	Versuchsglas f. Thermom. v. Schott. Syn. Hov. 266.
	37
SiO_2 .	54
K_2O .	16
ZnO .	30
	100

K - Ba.

	Weißhohlgläser, dargestellt von Benrath. An. Ben. 274	
	38	**39**
SiO_2 .	56,5	58,0
K_2O .	12,8	10,8
BaO .	28,6	29,2
Al_2O_3 . } Fe_2O_3 .	2,1	1,7
SO_3 . .	0,1	0,2
	100,1	99,9
d	2,92	2,92

Silicate.

K—Pb

nach steigendem Bleigehalt.

	Versuchsglas von Schott. Syn. Hov. 371.	Kristallglas aus Vonèche. An. Ben. 32	Kristallglas, England An. Ben. 32	Opt. Glas, engl. Leichtflint v. Chance. An. Jen. 5	Kristallglas aus Newcastle. An. Ben. 32	Kristallglas aus Baccarat. An Ben. 32	Opt. Glas, Flint von Guinand 1805. An. Dumas, Ben. 196.	Optisches Glas. Syn. Jen. G. *O* 479 (Typ. *O* 118).	Optisches Glas. Syn. Jen. G. *O* ? (Typ. *O* 103)	Optisches Glas. Syn. Jen. G. *O* 2512 (Typ. *O* 103)	Optisches Glas. Syn. Jen. G. (Typ. *O* 118)
	40	**41**	**42**	**43**	**44**	**45**	**46**	**47**	**48**	**49**	**50**
SiO_2 . .	57,3	61,0	51,9	54,2	51,4	50,2	42,5	45,2	45,1	44,6	47,6
K_2O . .	12,7	6,0	13,7	9,4	9,4	11,6	11,7	7,5	8,0	8,0	5,0
PbO . .	30,0	33,0	33,3	34,3	37,4	38,1	43,5	46,4	46,4	46,6	46,7
Na_2O . .	—	—	—	0,9	—	—	—	0,2	0,5	0,5	0,5
MgO . .	—	—	—	0,2	—	—	—	—	—	—	—
CaO . . .	—	—	—	—	—	—	0,5	—	—	—	—
Al_2O_3 . .	—	—	—	0,3	2,0	—	1,8	0,5	—	—	—
Fe_2O_3 . .	—	—	—			—		—	—	—	—
As_2O_3 . .	—	—	—	—	—	—	Sp.	0,2	—	0,3	0,2
	100,0	100,0	98,9	99,3	100,2	99,9	100,0	100,0	100,0	100,0	100,0
d	—	—	—	—	—	—	—	Z. 3,58	Z. 3,58	Z. 3,63	Z. 3,58
μ	—	—	—	—	—	—	—	—	—	St. 0,222	—
$\varkappa$ Pa.	—	—	—	—	—	—	—	—	Pa. $0{,}0_214$	—	—
3α	—	—	—	—	—	—	—	Pu. gek. $0{,}0_42363$ (16—92)	—	—	Wei. gek. $0{,}0_42193$ (0—100)
n_D	—	—	—	—	—	—	—	Z. 1,6123	—	Z. 1,6207	Z. 1,6129
ν	—	—	—	—	—	—	—	37,0	—	36,1	36,9

Silicate.

K—Pb

nach steigendem Bleigehalt. (Fortsetzung.)

	Optisches Glas. Syn. Jen. G. *O* ? (Typ. *O* 118).	Optisches Glas. Syn. Jen. G. *O* 1469 (Typ. *O* 118)	Optisches Glas. Syn. Jen. G. *O* 4591 (Typ. *O* 102)	Optisches Glas. Syn. Jen. G. *O* 1571 (Typ. *O* 102)	Optisches Glas. Syn. Jen. G. *O* 469 (Typ. *O* 102)	Straß, Glas f. künstliche Edelsteine, dargestellt von J. Straßer, Wien. Syn. Hen. 622	Optisches Glas. Syn. Jen. G. *O* 2625 (Typ. *O* 192)	Optisches Glas. Syn. Jen. G. Typ. *O* 41	Optisches Glas. Syn. Jen. G. *O* 500 (Typ. *O* 165)	Optisches Glas. Syn. Jen. G. Typ. *O* 165	Optisches Glas. Syn. Jen. G. Typ. *O* 198
	51	**52**	**53**	**54**	**55**	**56**	**57**	**58**	**59**	**60**	**61**
SiO_2	44,2	43,9	41,7	41,0	40,0	38,1	38,0	33,7	29,3	28,4	27,3
K_2O	8,0	8,0	7,0	7,0	6,5	7,9	5,0	4,0	3,0	2,5	1,5
PbO	47,0	47,3	50,5	51,7	52,6	53,0	56,8	62,0	67,5	69,0	71,0
Na_2O	0,5	0,5	0,5	—	0,5	—	—	—	—	—	—
MgO	—	—	—	—	—	—	—	—	—	—	—
CaO	—	—	—	—	—	—	—	—	—	—	—
Al_2O_3	—	—	—	—	—	} 1,0	—	—	—	—	—
Fe_2O_3	—	—	—	—	—		—	—	—	—	—
As_2O_3	0,2	0,2	0,3	0,2	0,3	Sp.	0,2	0,3	0,2	0,1	0,1
Mn_2O_3	0,1	0,1	—	0,1	0,1	—	—	—	—	—	—
	100,0	100,0	100,0	100,0	100,0	100,0	100,0	100,0	100,0	100,0	99,9
d	W. 3,578	Sta. 3,58	3,87	W. 3,879	Z. 3,87	—	4,1	Z. 4,49	W. 4,731	Z. 4,78	Z. 4,99
Fz	6,1	—	—	5,4	—	—	—	—	5,3	—	—
Fd	8	—	—	8	—	—	—	—	7	—	—
E Sp. M.	539	—	—	547	—	—	—	—	551	—	—
E Pr. M.	—	—	—	546	—	—	—	—	548	—	—
μ	—	—	—	St. 0,224	—	—	—	—	St. 0,239	—	—
H	—	—	—	Au. 17	—	—	—	—	Au. 21	—	—
$\varkappa$ Fo.	$0{,}0_2204$	—	—	$0{,}0_2200$	—	—	—	—	$0{,}0_2172$	—	—
3α	—	—	—	—	—	—	—	—	—	Pu. gek. $0{,}0_42410$ (20—49)	—
n_D	—	Z. 1,6130	Z. 1,6485	Z. 1,6450	Z. 1,6500	—	Z. 1,6801	Z. 1,7174	Z. 1,7510	Z. 1,7541	Z. 1,7782
ν	—	37,0	33,8	34,1	33,6	—	31,7	29,5	27,6	27,5	26,5
ω_D	—	—	—	—	Dub. 0,0442	—	—	—	Dub. 0,0608	—	—
δ	—	Sta. 7,77	—	—	—	—	—	—	—	—	—
A_n	—	—	My. 19	—	—	—	—	—	—	—	—
A_v	—	—	7	—	—	—	—	—	—	—	—

Silicate.

K—Ca, Ba, Pb.

	Versuchsgläser. Syn. Ben. 35	
	62	**63**
SiO_2 .	61,9	60,0
K_2O .	11,3	10,4
CaO .	4,5	4,6
BaO .	6,3	8,4
PbO .	16,0	16,6
	100,0	100,0

K—Zn, Ba, Pb

nach steigendem Bleigehalt.

	Optisches Glas. Syn. Jen. G. *O* 3111 (Typ. *O* 1266)	Optisches Glas. Syn. Jen. G. *O* 1777 (Typ. *O* 1266)	Optisches Glas. Syn. Jen. G. *O* 4534 (Typ. *O* 748)
	64	**65**	**66**
SiO_2 .	45,2	45,2	42,8
K_2O .	7,8	7,3	7,5
ZnO .	8,3	8,2	5,1
BaO .	16,0	15,5	10,8
PbO .	22,2	22,8	32,6
Na_2O .	—	0,5	0,7
As_2O_3 .	0,4	0,4	0,5
Mn_2O_3 .	0,1	0,1	—
	100,0	100,0	100,0
d	Z. 3,50	Sta. 3,40	3,7
n_D	Z. 1,6042	Z. 1,6026	Z. 1,6269
ν	43,9	44,2	39,1
δ	—	Sta. 8,28	—
A_n	—	—	My. 19
A_v	—	—	5

Na, K—Ca

nach steigendem Kalkgehalt.

	Versuchsglas. Syn. Jen. G. 73 III	Geräteglas, Deutschland. An. Walker, J. am. ch. s. **27**, 865 (1905)	Optisches Glas. Syn. Jen. G. Typ. *O* 714	Halbweißes Hohlglas, Rußland. An. Ben. 249
	67	**68**	**69**	**70**
SiO_2 .	71,7	77,5	74,6	73,9
Na_2O .	10,0	9,1	9,0	6,9
K_2O .	13,0	7,5	11,0	12,9
CaO .	3,0	4,9	5,0	5,6
MgO .	—	0,2	—	—
Al_2O_3 .	2,0	} 0,7	—	} 0,9
Fe_2O_3 .	—		—	
Mn_2O_3 .	—	Sp.	0,1	—
As_2O_3 .	0,3	—	0,3	—
	100,0	99,9	100,0	100,2
d	—	—	2,5	—
E Pr. M.	—	—	W 657	—
μ	—	—	St. 0,221	—
$\varkappa$	—	—	Fo. $0,0_2240$	—
3α	St. gesp. $0,0_4300$ (0—100)	—	—	—
n_D	—	—	Z. 1,5055	—
ν	—	—	60,2	—

Silicate.

Na, K—Ca.

nach steigendem Kalkgehalt.

	Hohlglas für Leidener Flaschen. An. Jen. G.	Geräteglas, Thüringen. An. Hov. 354	Geräteglas von Kavalier. An. Walker, J. am. ch. s. **27**, 865 (1905)	Zylinderglas, Böhmen. An. Jen. G.	Geräteglas von Kavalier. An. Hov. 370	Hohlglas, Böhmen. Hov. 370	Geräteglas, Böhmen, von Stas f. Atomgewichtsbest. benutzt. An. Hov. 371 (Chemic. News **17**, 1)	Röhrenglas z. Verbrennung, Böhmen. An. Ben. 28	Röhrenglas f. Thermom., Thüringen. Hov. 263.	Optisches Glas. Syn. Jen. G. (Typ. O 60 min. 0,2 PbO, wofür SiO_2)	Versuchsglas. Syn. Jen. G. 81 III	Röhrenglas f. Thermom., Thüringen. An. Hov. 330.
	71	**72**	**73**	**74**	**75**	**76**	**77**	**78**	**79**	**80**	**81**	**82**
O_2 . .	77,7	69,0	76,0	74,5	79,1	76,5	77,0	73,1	68,3	70,6	64,2	68,7
Na_2O .	9,8	16,0	7,6	12,4	6,4	9,2	5,0	3,1	12,1	2,0	3,0	5,9
K_2O .	5,7	3,4	7,7	4,5	6,7	5,5	7,7	11,5	8,3	16,0	20,0	7,3
CaO .	6,1	7,2	7,4	7,5	7,6	8,2	10,3	10,4	10,4	11,0	11,0	15,7
MgO .		—	0,3	—	—	—	—	0,3	—	—	—	—
Al_2O_3 . .	} 3	3,0	} 0,6	} 0,3	} 0,2	} 0,6	—	} 0,9	} 1,3	—	1,5	} 2,1
Fe_2O_3 . .		0,					—			—	—	
Mn_2O_3 . .	—	0,3	Sp.	—	—	—	—	—	—	0,1	0,1	—
As_2O_3 . .	—	—		—	—	—	—	—	—	0,3	0,2	—
	99,6	99,3	99 6	9 2	100,0	100,0	100,0	99,3	100,4	100,0	100,0	99,7
d	—	—	—	—	—	—	—	—	—	Z. 2,49	—	—
$\varkappa$	—	—	—	—	—	—	—	—	—	Pa. $0,0_2 19$	—	—
3α	—	—	—	—	—	—	—	—	—	—	St. gesp. $0,0_4 292$ (0—100)	—
n_D	—	—	—	—	—	—	—	—	—	Z. 1,5179	} gemessen an O 60 mit 0,2 PbO für SiO_2	
ν	—	—	—	—	—	—	—	—	—	60,2		

Silicate.

Na, K—Pb

mit steigendem Bleigehalt.

	Versuchsglas von Schott. Syn. Jen. G.	Hohlglas f. Leidener Flaschen. An. Jen. G.	Optisches Glas, dargestellt von Chance („Sodaflint"). An. Jen. G.	Optisches Glas. Syn. Jen. G. *O* 3149 (Typ. *O* 726)	Versuchsglas. Syn. Jen. G. 93 III	Optisches Glas. Syn. Jen. G. *O* 3807 (Typ. *O* 378)	Optisches Glas. Syn. Jen. G. Typ. *O* 154.	Optisches Glas. Syn. Jen. G. *O* 451 (Typ. *O* 569)	Optisches Glas. Syn. Jen. G. *O* 4369 (Typ. *O* 318)	Optisches Glas. Syn. Jen. G. 4271 (Typ. *O* 118)	Optisches Glas, dargest. v. Mantois. An. Jen. G.	Optisches Glas. Syn. Jen. G. *O* 4237 (Typ. *O* 93)	Optisches Glas. Syn. Jen. G. *O* 331.	Optisches Glas. Syn. Jen. G. *O* 4113 (Typ. *O* 41).
	83	**84**	**85**	**86**	**87**	**88**	**89**	**90**	**91**	**92**	**93**	**94**	**95**	**96**
SiO_2 . .	69,5	62,1	60,1	62,6	54,8	59,3	54,3	53,7	48,7	46,6	44,1	45,4	45,2	34,7
Na_2O .	7,0	4,3	6,7	4,5	6,0	5,0	3,0	1,0	4,0	1,5	1,2	1,5	1,0	1,5
K_2O .	16,0	10,9	7,6	8,5	11,5	8,0	8,0	8,3	5,0	7,8	9,8	7,7	7,5	2,5
PbO .	2,5	20,1	23,9	24,1	25,0	27,5	33,0	36,6	42,0	43,8	44,7	45,1	46,0[1]	61,0
B_2O_3 .	2,0	—	—	—	—	—	1,5	—	—	—	—	—	—	-
CaO . .	—	1,0	—	—	—	—	—	—	—	—	—	—	—	—
Al_2O_3 . .	} 2,5	} 0,4	} 0,7	—	2,5	—	—	—	—	—	—	—	—	—
Fe_2O_3 . .				—	—	-	—	—	—	—	—	—	—	—
Mn_2O_3 . .	—	—	—	—	—	—	—	0,1	—	—	—	—	0,1	—
As_2O_3 . .	0,4	—	—	0,3	0,2	0,2	0,2	0,3	0,3	0,3	—	0,3	0,2	0,3
	99,9	98,8	99,0	100,0	100,0	100,0	100,0	100,0	100,0	100,0	99,8	100,0	100,0	100,0
d	—	—	—	Z. 2,87	—	2,9	—	Z. 3,22	3,5	Z. 3,58	3,6	Z. 3,68	W. 3,578	Z. 4,49
E Pr. M.	W. 634	—	—	—	—	—	W. 610	—	—	—	—	—	—	—
μ	—	—	—	—	—	—	St. 0,222	—	—	—	—	—	—	—
$\varkappa$	Fo. 0,0$_2$237	—	—	—	—	—	Fo. 0,0$_2$219	—	—	—	—	—	—	—
c 15—100	—	—	—	—	—	—	—	—	—	—	—	—	0,1257	—
3 α	—	—	—	—	St. gesp. 0,0$_4$304 (0—100)	—	Pu. gek. 0,0$_4$2377 (13—98)	—	—	—	—	—	—	—
n_D	—	—	—	Z. 1,5414	—	Z. 1,5537	1,5710	Z. 1,5752	Z. 1,6054	Z. 1,6137	Z. 1,6188	Z. 1,6243	Z. 1,6153	Z. 1,7172
ν	—	—	—	46,9	—	45,0	43,0	41,0	37,9	36,9	36,2	35,9	36,7	29,5
ω_D	—	—	—	—	—	—	—	Dub. 0,0317	—	—	—	—	—	—
A_n	—	—	—	My. 19	—	My. 22	—	—	My 20	My. 22	—	My 20	—	My. 15
A_v	—	—	—	17	—	16	—	—	8	8	—	6	—	5

[1]) Wahrscheinlich zu hoch angegeben.

Silicate,

Na, K—Ca, Zn.

	Versuchsglas. Syn. Jen. G. 15 III
	97
SiO_2 . . .	67,0
Na_2O . . .	8,0
K_2O . . .	9,0
CaO . . .	7,0
ZnO . . .	7,0
Al_2O_3 . . .	2,0
	100,0

Na, K—Ca, Pb.

	Optisches Glas. Syn. Jen. G. Typ. *O* 114.	Röhrenglas für Thermometer. An. Jen. G.
	98	**99**
SiO_2 . . .	69,2	53,8
Na_2O . . .	3,0	7,6
K_2O . . .	17,0	8,4
CaO . . .	4,0	4,9
PbO . . .	6,5	24,7
Al_2O_3 . . .	—	} 0,6
Fe_2O_3 . . .	—	
Mn_2O_3 . . .	—	—
As_4O_3 . . .	0,3	—
	100,0	100,0
d	Z. 2,55	—
n_D	Z. 1,5151	—
ν	56,6	—

Na, K—Ba, Pb.

	Optisches Glas. Syn. Jen. G. *O* 3633 (Typ. *O* 522)	Optisches Glas. Syn. Jen. G. *O* 3570 (Typ. *O* 192)
	100	**101**
SiO_2 . . .	55,9	39,2
Na_2O . . .	2,0	2,5
K_2O . . .	13,0	5,0
BaO . . .	11,5	2,0
PbO . . .	17,3	51,0
As_2O_3 . . .	0,3	0,3
	100,0	100,0
d	Z. 3,03	4,1
n_D	Z. 1,5560	1,6657
ν	48,6	32,9
A_n	My. 26	My. 26
A_ν	27	7

Silicate.

Na, K—Zn,Ba,Pb

mit steigendem Bleigehalt.

	Optisches Glas. Syn. Jen. G. *O* 3524 (Typ. *O* 602)	Optisches Glas. Syn. Jen. G. *O* 3666 (Typ. *O* 846)	Optisches Glas. Syn. Jen. G. Typ. *O* 527	Optisches Glas. Syn. Jen. G. 3187 (Typ. *O* 527)	Optisches Glas. Syn. Jen. G. *O* 3868 (Typ. *O* 543)	Optisches Glas. Syn. Jen. G. Typ. *O* 543	Optisches Glas. Syn. Jen. G. *O* 4542	Optisches Glas. Syn. Jen. G. *O* 1398 (Typ. *O* 578
	102	**103**	**104**	**105**	**106**	**107**	**108**	**109**
SiO_2 .	51,2	56,2	51,7	50,2	53,5	51,6	50,2	49,1
Na_2O .	5,5	1,5	1,5	1,3	1,5	1,5	1,0	1,0
K_2O .	5,0	11,0	9,5	9,5	9,5	9,5	8,5	8,5
ZnO .	14,0	9,0	7,0	10,6	10,0	12,0	8,2	8,5
BaO .	20,0	15,0	20,0	17,7	14,2	14,0	13,1	13,0
PbO .	4,0	7,0	10,0	10,3	11,0	11,0	18,5	19,3
As_2O_3 .	0,3	0,3	0,3	0,4	0,3	0,3	0,5	0,5
Mn_2O_3 .	—	—	—	—	—	—	—	0,1
	100,0	100,0	100,0	100,0	100,0	99,9	100,0	100,0
d	Z. 3,12	3,0	Z. 3,19	Z. 3,2	Z. 3,11	Z. 3,11	Z. 3,29	Z. 3,29
3α	—	—	Pu. gek. $0{,}0_4 2701$ (10—93)	—	—	—	—	—
n_D	Z. 1,5692	Z. 1,5500	Z. 1,5718	Z. 1,5745	Z. 1,5630	Z. 1,5637	Z. 1,5832	Z. 1,5822
ν	52,9	53,3	50,4	50,2	50,8	50,6	46,3	46,3
A_n	My. 15	My. 13	—	My. 14	My. 13	—	My. 12	—
A_v	7	5	—	6	5	—	5	—

Pb.

	Optisches Glas. Syn. Jen. G. *S* 163	Optisches Glas. Syn. Jen. G. *S* 231	Optisches Glas. Syn. Jen. G. *S* 208	Optisches Glas. Syn. Jen. G. *S* 57
	110	**111**	**112**	**113**
SiO_2 .	22,0	21,0	20,0	18,0
PbO .	78,0	79,0	80,0	82,0
As_2O_3 .	—	—	—	0,1
	100,0	100,0	100,0	100,1
d	W. 5,831	—	W. 5,944	Z. 6,33
F_z	—	—	3,5	—
F_d	—	—	6	—
E Sp. M.	—	—	509	—
μ	—	—	St. 0,261	—
H	—	—	Au. 18	—
c 15—100	W. 0,0817	—	—	—
$\varkappa$	—	Pa. $0{,}0_2 11$	Fo. $0{,}0_2 160$	—
3α	—	—	Pu. gek. $0{,}0_4 2804$ (24—84)	—
n_D	Z. 1,8904	Z. 1,9068	Z. 1,9053	Z. 1,9626
ν	22,3	21,6	21,7	19,7
ω_D	Dub. 0,0888	—	—	—
A_n	—	My. 3	—	—
A_v	—	0	—	—

Alumosilicate.

Mit Alkalien. — Alkalifrei.

	Versuchsglas. Syn. Jen. G.	Versuchsglas. Syn. Jen. G.	Versuchsglas. Syn. Jen. G. 165 III.	Versuchsglas. Syn. Jen. G. 102 III.	Versuchsglas. Syn. Jen. G. 83 III.
	114	**115**	**116**	**117**	**118**
SiO_2 .	61,6	24,0	73,8	57,0	43,0
Al_2O_3 .	15,0	16,0	3,5	12,0	4,0
Na_2O .	23,0	7,0	10,5	13,0	8,0
K_2O .	—	—	—	13,0	11,0
CaO .	—	—	7,0	—	—
ZnO .	—	—	5,0	5,0	—
BaO .	—	53,0	—	—	—
PbO .	—	—	—	—	34,0
As_2O_3 .	0,3	—	—	—	—
Mn_2O_3 .	0,1	—	0,2	—	—
	100,0	100,0	100,0	100,0	100,0
d	W. —	—	2,479	—	—
F_z	—	—	8,3	—	—
F_d	—	—	11	—	—
c 15—100	—	—	0,1958	—	—
$\varkappa$	Pa. $0{,}0_220$	—	—	—	—
3α	—	—	—	—	Pu. gesp. $0{,}0_4328$ (0—100)

Alkalifrei.

	Versuchsglas. An. Ben. 36	Versuchsglas. An. Ben. 36
	119	**120**
SiO_2 .	54,7	44,9
Al_2O_3 .	3,7	3,5
CaO .	17,1	6,6
BaO .	24,5	45,0
	100,0	100,0

Borosilicate.

Na — Ca. Na — Sb. Na — Ba.

	Versuchsglas. Syn. Jen. G. 3 III.	Zylinderglas. Syn. Jen. G. 278 III.	Versuchsglas von Schott. Syn. Hov. 266.
	121	**122**	**123**
B_2O_3 .	4,0	23,5	6,0
SiO_2 .	62,0	65,9	46,0
Na_2O .	16,0	6,3	8,0
CaO .	16,0	—	—
Sb_2O_3 .	—	3,5	—
BaO .	—	—	40,0
Al_2O_3 .	2,0	—	—
As_2O_3 .	—	0,8	—
	100,0	100,0	100,0
μ	—	St. 0,208	—
$\varkappa$	—	Fo. $0{,}0_2246$	Fo. $0{,}0_2250$

Borosilicate.

Na—Mg, Zn. Na—Zn, Ba. — Na—Ca, Pb. Na—Zn, Pb.

	Geräteglas, Jena. An. Walker, J. am. ch. s. **27**, 865 (1905)	Versuchsglas. Syn. Jen. G.	Versuchsglas von Schott. Syn. Hov. 266	Optisches Glas von Mantois	Versuchsglas von Schott. Hov. 354.
	124	**125**	**126**	**127**	**128**
B_2O_3 .	7,9	8,0	4,0	6,0	3,0
SiO_2 .	66,7	67,7	63,0	37,3	66,0
Na_2O .	9,0	10,0	15,0	3,2	13,0
MgO .	4,5	5,0	—	—	—
CaO .	0,3	—	8,0	—	—
ZnO .	8,3	9,0	—	10,8	7,0
BaO .	—	—	—	40,5	—
PbO .	—	—	10,0	—	10,0
K_2O .	0,1	—	—	—	—
Al_2O_3 . Fe_2O_3 .	2,8	—	—	2,0	—
As_2O_3 .	—	0,3	—	—	—
Mn_2O_3 .	0,6	—	—	—	—
	100,2	100,0	100,0	99,8	99,0
E Pr. M.	—	W. 740	—	—	—
n_D	—	—	—	Z. 1,6097	—
ν	—	—	—	55,7	—

K—Zn. K—Sb.

	Versuchsglas. Syn. Jen. G. 13 III.	Versuchsglas. Syn. Jen. G. 18 III.	Optisches Glas. Syn. Jen. G. *O* 1893 (Typ. *O* 608)
	129	**130**	**131**
B_2O_3 .	7,0	9,0	20,0
SiO_2 .	58,0	52,0	53,5
K_2O .	15,0	9,0	6,5
ZnO .	20,0	30,0	—
Sb_2O_3 .	—	—	20,0
	100,0	100,0	100,0
d	—	—	2,6
μ	—	—	St. 0,219
$\varkappa$	—	—	Fö. $0{,}0_2222$
n_D	—	—	Z. 1,5159
ν	—	—	53,6

K—Ca, Zn, Pb. K—Zn, Ba, Pb.

	Geräteglas von Maës, 1851. An. Ben. 52	Optisches Glas. Syn. Jen. G. *O* 4150 (Typ. *O* 722
	132	**133**
B_2O_3 .	6,8	3,0
SiO_2 .	57,2	48,8
K_2O .	17,0	6,5
CaO .	1,7	—
ZnO .	14,5	15,5
BaO .	—	21,0
PbO .	3,9	4,1
Na_2O .	—	0,8
As_2O_3 .	—	0,3
	101,1	100,0
d	2,65	Z. 3,26
n_D	—	Z. 1,5791
ν	—	53,6
A_n	—	My. 11
A_ν	—	3,5

Borosilicate.

Na, K.

	Optisches Glas. Syn. Jen. G. O 599	Optisches Glas. Syn. Jen. G. O ? (Typ. O 144)
	134	**135**
B_2O_3 .	6,0	10,0
SiO_2 .	70,6	70,3
Na_2O .	11,5	10,0
K_2O .	10,5	9,5
Al_2O_3 .	1,0	—
As_2O_3 .	0,3	0,2
Mn_2O_3 .	0,1	—
	100,0	100,0
d	Z. 2,48	—
H	—	Au. 25
n_D	Z. 1,5069	—
ν	62,3	—

Na, K — Ca

nach steigendem Borgehalt.

	Optisches Glas. Syn. Jen. G. O 55 (Typ. O 40)	Optisches Glas. Syn. Jen. G. Typ. O 144	Optisches Glas. Syn. Jen. G. O 1948 (Typ. O 144)
	136	**137**	**138**
B_2O_3 .	2,5	7,5	8,0
SiO_2 .	69,0	70,4	70,0
Na_2O .	4,0	5,3	5,3
K_2O .	16,0	14,5	14,5
CaO .	8,0	2,0	2,0
As_2O_3 .	0,4	0,2	0,2
Mn_2O_3 .	0,1	0,1	—
	100,0	100,0	100,0
d	Z. 2,49	Z. 2,47	Sta. 2,47
E Pr. M.	W. 719	W. 746	—
μ	—	—	St. 0,210[1]
H	Au. 22	—	—
$\varkappa$	Fo. $0{,}0_2239$	Fo. $0{,}0_2250$	—
3α	Pu. gek. $0{,}0_42651$ (19—90)	—	—
n_D	Z. 1,5168	Z. 1,5100	Z. 1,5118
ν	60,9	64,0	63,5
δ	—	—	Sta. 6,20

Na, K—Zn

nach steigendem Borgehalt.

	Optisches Glas. Syn. Jen. G. O 662 (Typ. O 374)	Optisches Glas. Syn. Jen. G. O 518 (Typ. O 546)	Optisches Glas. Syn. Jen. G. O 627 (Typ. O 144)
	139	**140**	**141**
B_2O_3 .	3,5	4,5	10,0
SiO_2 .	68,1	65,6	68,2
Na_2O .	5,0	14,5	10,0
K_2O .	16,0	3,5	9,5
ZnO .	7,0	11,5	2,0
As_2O_3 .	0,4	0,4	0,2
Mn_2O_3 .		—	—
	100,0	100,0	99,9
d	2,5	Z. 2,59	Z. 2,47
E Pr. M.	—	—	W. 797
μ	—	—	St. 0,213
$\varkappa$	—	—	Fo. $0{,}0_2259$
3α	Pu. gek. $0{,}0_42748$ (18—97)	—	Pu. gek. $0{,}0_42393$ (17—95)
n_D	Z. 1,5107	Z. 1,5175	Z. 1,5116
ν	60,5	60,2	63,5
A_n	—	My. 7	—
A_v	—	6	—

[1]) Enthält 1,3 As_2O_3 für SiO_2.

Borosilicate.

Na, K—Zn, Ba

nach steigendem Borgehalt.

	Optisches Glas. Syn. Jen. G. *O* 1022 (Typ. *O* 60)	Optisches Glas. Syn. Jen. G. Typ. *O* 60	Optisches Glas. Syn. Jen. G. *O* 885 (Typ. *O* 211)	Optisches Glas. Syn. Jen. G. *O* 3855 (Typ. *O* 227)	Optisches Glas. Syn. Jen. G. 4418 (Typ. *O* 3453)	Optisches Glas. Syn. Jen. G. *O* 4556 (Typ. *O* 211)	Optisches Glas. Syn. Jen. G. *O* 1580 (Typ. *O* 211)	Optisches Glas. Syn. Jen. G. *O* 1143 (Typ. *O* 211)	Optisches Glas. Syn. Jen. G. Typ. *O* 211	Optisches Glas. Syn. Jen. G. *O* 1922 (Typ. *O* 1209)
	142	**143**	**144**	**145**	**146**	**147**	**148**	**149**	**150**	**151**
B_2O_3 . .	2,5	2,7	3,0	3,0	3,5	3,7	4,5	4,5	4,5	6,0
SiO_2 . .	65,5	64,6	48,8	59,5	68,5	48,2	46,9	47,8	48,1	39,6
Na_2O . .	5,0	5,0	1,0	3,0	12,0	1,0	1,0	1,0	1,0	—
K_2O . .	15,0	15,0	7,5	10,0	5,0	7,5	7,5	7,5	7,5	—
ZnO . .	2,0	2,0	10,3	5,0	1,0	8,8	10,5	10,3	10,1	9,2
BaO . .	9,6	10,2	29,0	19,2	9,7	29,5	29,0	28,5	28,3	42,1
Al_2O_3 . .	—	—	—	—	—	1,0	—	—	—	2,5
As_2O_3 . .	0,4	0,4	0,4	0,3	0,3	0,3	0,5	0,3	0,4	0,5
Mn_2O_3 . .	—	0,1	—	—	—	—	—	0,1	0,1	0,1
	100,0	100,0	100,0	100,0	100,0	100,0	99,9	100,0	100,0	100,0
d	Z. 2,49	W. 2,580	—	Z. 2,73	Z. 2,63	Z. 3,21	Sta. 3,21	Z. 3,21	Z. 3,21	Sta. 3,55
F_z	—	6,8	—	—	—	—	—	—	—	—
F_d	—	9	—	—	—	—	—	—	—	—
E Sp. M.	—	663	—	—	—	—	—	—	—	—
E Pr. M.	—	660	—	—	—	—	—	—	742	—
μ	—	St. 0,231	—	—	—	—	—	—	St. 0,252	St. 0,266
$\varkappa$	Pa. $0{,}0_2 18$	Fo. $0{,}0_3 227$	—	—	—	—	—	—	—	—
3α	Pu. gek. $0{,}0_4 289$ (17—95)	Pu. gek. $0{,}0_4 2379$ (19—93)	—	—	—	—	—	—	—	—
n_D	Z. 1,5173	Z. 1,5179	—	Z. 1,5408	Z. 1,5183	Z. 1,5724	Z. 1,5748	Z. 1,5741	Z. 1,5726	Z. 1,6090
ν	60,4	60,2	—	59,8	60,4	57,6	56,9	57,2	57,5	56,6
ω_D	Dub. 0,0190	—	—	—	—	—	—	Dub. 0,0220	—	—
δ	—	—	—	—	—	—	Sta. 7,81	—	—	Sta. 8,40
A_n	—	—	—	My. 12	My. 16	My. 15	—	—	—	—
A_v	—	—	—	9	28	5	—	—	—	—

Alumo-Borosilicate.

Na.

	Thermometerglas. Syn. Jen. G. 59 III.	Optisches Glas. Syn. Jen. G. *O* 1450 (Typ. *O* 802).
	152	**153**
B_2O_3 .	12,0	14,0
SiO_2 .	72,0	71,0
Al_2O_3 .	5,0	5,0
Na_2O .	11,0	10,0
	100,0	100,0
d	W. 2,370	W. 2,370
F_z	—	6,9
F_d	—	13
E Sp. M.	—	730
E Pr. M.	—	756
μ	—	St. 0,197
H	—	Au. 27
c 15—100	—	W. 0,2038
$\varkappa$	—	Fo. $0{,}0_2271$
3α	W. gek. $0{,}0_4171$ (0—100	—
n_D	Z. 1,4997	Z. 1,4990
ν	64,7	64,6

Na—Mg. Na—Ca. Na—Zn. Na—Pb.

	Versuchsglas. Syn. Jen. G. 172 III	Versuchsglas von Schott. Syn. Hov. 228	Versuchsglas von Schott. Syn. Hov. 228	Optisches Glas. Syn. Jen. G. Typ. *O* 161.
	154	**155**	**156**	**157**
B_2O_3 .	12,0	5,0	11,0	29,0
SiO_2 .	64,4	57,0	63,4	29,0
Al_2O_3 .	4,5	10,0	4,0	10,0
Na_2O .	8,0	8,0	9,0	1,5
MgO .	11,0	—	—	—
CaO .	—	20,0	—	—
ZnO .	—	—	12,0	—
PbO .	—	—	—	30,0
K_2O .	—	—	—	0,5
As_2O_3 .	—	—	0,6	—
Mn_2O_3 .	0,1	—	—	—
	100,0	100,0	100,0	100,0
d	W. 2,424	—	—	Z. 2,97
c 15—100	0,2086	—	—	—
$\varkappa$	—	—	Fo. $0{,}0_2250$	—
n_D	—	—	—	Z. 1,5676
ν	—	—	—	46,7

K. Na, K.

	Versuchsglas von Schott. Hov. 266.	Zylinderglas, Österreich. An. Jen. G.
	158	**159**
B_2O_3 .	12,0	19,3
SiO_2 .	65,0	66,1
Al_2O_3 .	5,0	3,6
Na_2O .	—	7,9
K_2O .	18,0	1,8
CaO .	—	0,8
As_2O_3 .	—	0,3
	100,0	99,8

Alumo-Borosilicate.

Ba.

	160	161
	Optisches Glas. Syn. Jen. G. Typ. *O* 2071	Optisches Glas. Syn. Jen. G. Typ. *O* 2122
B_2O_3 .	12,0	15,0
SiO_2 .	31,0	37,5
Al_2O_3 .	8,0	5,0
BaO .	48,0	41,0
As_2O_3 .	1,0	1,5
	100,0	100,0
d	Z. 3,54	Z. 3,32
μ	—	St. 0,256
n_D	Z. 1,6098	Z. 1,5899
ν	58,8	60,8

Zn, Ba.

	162	163
	Optisches Glas. Syn. Jen. G. *O* 1299 (Typ. *O* 1209)	Versuchsglas. Syn. Jen. G. 121 III
B_2O_3 .	10,1	14,0
SiO_2 .	34,5	51,3
Al_2O_3	5,0	4,5
ZnO .	7,8	5,0
BaO .	42,0	25,0
As_2O_3 .	0,5	0,2
Mn_2O_3.	0,1	—
	100,0	100,0
d	W. 3,532	W. 2,848
c 15—100	W. 0,1398[1]	W. 0,1617
3α	—	Pu. gesp. 0,0$_4$1375 (13—90)
n_D	Z. 1,6088	—
ν	57,0	—

Borate.

Zn.

	164
	Versuchsglas. Syn. Jen. G. *VS* 665
B_2O_3 .	41,0
ZnO .	59,0
PbO .	—
As_2O_3 .	—
	100,0
d	W. 3,527
μ	St 0,319
c 15—100	W. 0,1644
3α	Pu. gek. 0,0$_4$1097 (10—93)
n_D	Z. 1,6525
ν	50,8

Alumo-Borate.

Pb.

	165	166
	Optisches Glas. Syn. Jen. G. *S* 185	Versuchsglas. Syn. Jen. G. *V.S* 458
B_2O_3 .	71,8	64,0
Al_2O_3 .	22,4	30,0
Li_2O .	5,8	6,0
	100,0	100,0
d	W. 2,238	Z. 2,205
μ	St. 0,273	—
c 15—100	W. 0,2318	—
3α	—	Wei. gek. 0,0$_4$168 (0—100)
n_D	Z. 1,5232	Z. 1,5194
ν	61,4	60,9

[1]) Enthält 0,1 B_2O_3 + 0,1 BaO + 0,2 As_2O_3 für SiO_2

Alumo-Borate.

Pb

mit steigendem Bleigehalt.

	Versuchsglas. Syn. Jen. G. *VS* 428	Optisches Glas. Syn. Jen. G. *S* 4	Optisches Glas. Syn. Jen. G. *S* 99	Optisches Glas. Syn. Jen. G. *S* 120
	167	**168**	**169**	**170**
B_2O_3 .	56,0	49,7	46,5	42,8
Al_2O_3 .	12,0	13,0	7,5	5,0
PbO .	32,0	37,0	46,0	52,0
As_2O_3 .	—	0,3	0,2	0,2
	100,0	100,0	100,2	100,0
d	3,0	Sta. 3,17	—	W. 3,691
μ	—	—	—	St. 0,279
c 15—100	—	—	—	W. 0,1359
3α	Wei. $0{,}0_4161$ (0—100	—	—	—
n_D	Z. 1,5734 [1])	Z. 1,6130	Z. 1,6287	Z. 1,6659 [2])
ν	46,9	44,4	42,5	39,2
δ	—	Sta. 7,66	—	—

Na—Ba.

	Optisches Glas. Syn. Jen. G. *S* 196
	171
B_2O_3 .	69,1
Al_2O_3 .	18,0
Na_2O .	8,0
BaO .	4,7
As_2O_3 .	0,2
	100,0
d	W. 2,243
F_s	5,8
F_d	8
E Sp. M.	470
E Pr. M.	491
μ	St. 0,274
H	Au. 22
c 15—100	W. 0,2182
$\varkappa$	Fo. $0{,}0_2193$
3α	Pu. gek. $0{,}0_42024$ (14—94)
n_D	Z. 1,5085
ν	60,4
δ	Sta. 5,48 [3])

K—Zn, Pb.

	Versuchsglas. Syn. Jen. G.
	172
B_2O_3 .	54,5
Al_2O_3 .	14,0
K_2O .	4,0
ZnO .	12,0
PbO .	11,5
SiO_2 .	4,0
	100,0
$\varkappa$	Pa. $0{,}0_215$

Na, K—Ba, Pb.

	Optisches Glas. Syn. Jen. G. *S* 204.
	173
B_2O_3 .	63,8
Al_2O_3 .	18,0
Na_2O .	8,0
K_2O .	3,5
BaO .	3,5
PbO .	3,0
As_2O_3 .	0,2
	100,0
d	2,2
n_D	Z. 1,5101
ν	58,9
ω_D	Dub. 0,0163

[1]) Eine andere Schmelze ergab 1,5781; 47,2.
[2]) Anderes Stück 1,6664; 39,2 (beide an gespanntem Glase).
[3]) Enthält 0,3 BaO für B_2O_3.

Phosphate.

Ba.

	Optisches Glas. Syn. Jen. G. *S* 95.	Optisches Glas. Syn. Jen. G. *S* 30	Optisches Glas. Syn. Jen. G. *S* 15
	174	**175**	**176**
P_2O_5 . .	56,0	54,0	45,0
BaO . .	38,0	40,0	50,0
B_2O_3 . .	3,0	3,0	3,0
Al_2O_3 . .	1,5	1,5	—
As_2O_3 . .	1,5	1,5	2,0
	100,0	100,0	100,0
d	W. 3,238	Z. 3,35	Z. 3,66
μ	St. 0,272	—	—
c 15—100	W. 0,1464	—	—
n_D	Z. 1,5670	Z. 1,5760	Z. 1,5906
ν	65,6	65,2	64,1

Alumo-Phosphate.

Ba.

	Optisches Glas. Syn. Jen. G. *S* 206
	177
P_2O_5 . .	59,5
Al_2O_3 . .	8,0
BaO . .	28,0
B_2O_3 . .	3,0
As_2O_3 . .	1,5
	100,0
d	W. 3,070
F_s	7,6
F_d	7
E Sp. M.	630
E Pr. M.	637
μ	St. 0,253
H	Au. 22
c 15—100	W. 0,1589
$\varkappa$	Fo. $0,0_2182$
3α	Pu. gek. $0,0_4 2613$ (20—92)
n_D	Z. 1,5583
ν	67,0
ω_D	Dub. 0,0161

K—Mg.

	Optisches Glas. Syn. Jen. G. *S* 219	Optisches Glas. Syn. Jen. G. *O* 225.
	178	**179**
P_2O_5 . .	69,5	70,5
Al_2O_3 . .	10,0	10,0
K_2O . .	12,0	12,0
MgO . .	4,0	4,0
B_2O_3 . .	3,0	3,0
As_2O_3 . .	1,5	0,5
	100,0	100,0
d	W. 2,588	W. 2,588
F_s	5,6	—
F_d	7	—
E Sp. M.	678	—
μ	St. 0,235	—
c 15—100	—	W. 0,1901
$\varkappa$ Pa.	$0,0_2 14$	—
$\varkappa$ Fo.	$0,0_2 197$	—
3α	—	Pu. gek. $0,0_4 2792$ (18—93)
n_D	Z. 1,5215	Z. 1,5159
ν	69,7	70,0
δ	Sta. 6,39	—

Zersetzung des Glases unter äußeren Einflüssen.

Außer der Abhängigkeit der physikalischen Eigenschaften von der Zusammensetzung, ist die wichtigste Frage: Welchen Grad von Haltbarkeit besitzt das Glas, oder umgekehrt, in welchem Maße ist es zersetzlich? Da fast jedes technische Glas ein Gemisch von chemischen Verbindungen darstellt, so kommen in der Zersetzung mehr oder weniger deutlich die verschiedenen Eigenschaften der Mischungsbestandteile zum Ausdruck. Auch werden sich gleichzeitig rein chemische und physikalisch-chemische Vorgänge abspielen, je nach der Glasart. Durch die Aufnahme sehr unähnlicher Stoffe in die neueren technischen Gläser verlieren die allgemein geltenden älteren Proben und Definitionen „guter und schlechter" Gläser den Wert, den sie früher wohl gehabt haben, als „Glas" chemisch noch eindeutiger bestimmt war.

Selbstverständlich sind alle äußeren Einflüsse genau anzugeben, unter denen die Veränderung beobachtet werden soll, und zwar kommt es dabei wesentlich auf die quantitativen Verhältnisse an. Ohne Messungen haben deshalb „Haltbarkeitsproben" nur beschränkten wissenschaftlichen Wert, wenn sie auch für die praktische Schätzung sehr wertvoll sein können. Es wäre indessen eine ziemlich müßige Aufgabe, alle möglichen Einflüsse auf alle möglichen Gläser systematisch zu studieren. Die Gesichtspunkte hierfür müssen vielmehr darin liegen, das Glas als technischen Stoff definierbar zu machen, wie auch ein Teil der vorliegenden vorzüglichen Arbeiten (z. B. der Physik.-Techn. Reichsanstalt) ausgesprochen diesen Zweck gehabt hat. Im wesentlichen ist dabei Rücksicht zu nehmen auf die beim Gebrauch der Gläser unvermeidlichen Einflüsse. Für ganz spezielle Anwendungen müssen eben diesen entsprechende Prüfungen vorgenommen werden. Allgemein interessieren jedenfalls nur Beobachtungen, Methoden und Zahlen, durch welche die „Haltbarkeit" der Gläser 1. für wissenschaftliche Instrumente (Linsen, Prismen, Thermometerröhren), 2. chemische Geräte, 3. technische Geräte (Beleuchtungsgläser, Wasserstandsröhren) und schließlich 4. für die gewöhnlichen Bedürfnisse (Fenster, Spiegel, Gefäße) gekennzeichnet wird. Das Endziel aller exakten Untersuchung bleibt aber die Erkenntnis des Wesens der Vorgänge, die sich unter den „Zersetzungserscheinungen" beschrieben finden. Das Wichtigste ist die Erforschung ihrer gesetzmäßigen Abhängigkeit von der chemischen Zusammensetzung der reagierenden Körper und den physikalischen Bedingungen. Deshalb kann eine Beschränkung des Studiums auf die gerade vorliegenden technischen Gläser allein nicht genügen. Hier sind systematische Versuche schließlich unentbehrlich, wie sie nachher besprochen werden (Zersetzungsgleichen). Im folgenden führe ich die wichtigsten Untersuchungen, je nach der Art des umgebenden Mittels gesondert an.

Kohlensäure. R. Bunsen[1]) stellte die merkwürdige Tatsache fest, daß Glaswolle von der prozentualen Zusammensetzung $70{,}7\,SiO_2 . 16{,}0\,Na_2O . 2{,}1\,K_2O . 9{,}0\,CaO . 0{,}3\,MgO . 1{,}9\,Al_2O_3 . 0{,}7\,Fe_2O_3$ (spez. Gewicht 2,506) vollkommen trockene Kohlensäure in beträchtlicher Menge absorbiert. Hierbei wird ein stationärer Zustand keineswegs nach wenigen Stunden oder Tagen, sondern nicht einmal nach mehreren Jahren erreicht. Bunsen fand, daß die auf

[1]) R. Bunsen, Ann. d. Phys. **20**, 545 (1883).

13,628 qm berechnete Oberfläche von 144,265 g Glasfäden von 0,016 mm Dicke (aus einem Meßvolum von beiläufig 86 ccm CO_2), zusammen mit der 0,005 qm betragenden Gefäßwand aufgenommen hatte nach Ablauf:

des 1. Jahres 42,91 ccm (reduziert auf 0° und 760 mm),
„ 2. „ 57,94 „
„ 3. „ 69,98 „

Auf 1 qm Oberfläche bezogen, ergibt sich also für die Beobachtungstemperaturen zwischen —0,8° und +23° C eine Absorption von

5,135 ccm CO_2 von 0° und 760 mm.

(Die unter 0,99 mm Quecksilberdruck noch an den Glasfäden anhaftenden Gase vor Eintritt in die trockene Kohlensäure sind unberücksichtigt geblieben.)

Innerhalb des Temperaturbereiches von —0,8° bis +23° C wurde mit steigender Temperatur eine Beschleunigung der Gasabsorption bemerkt. Plötzliche Druckänderungen des absorbierten Gases (um Beträge bis zu 220 mm Quecksilber) ließen keine Veränderung in dem stetigen Verlaufe der Verdichtung erkennen.

Zur Erklärung dieser Erscheinungen nahm Bunsen zunächst an, „daß sich die Kohlensäure als solche, ohne in eine chemische Verbindung übergegangen zu sein, an der Oberfläche des Glases befunden hat“. Er rechnet aus, daß die Verdichtung mindestens einem Drucke (der anziehenden Oberfläche auf die CO_2) von 103 Atmosphären entsprechen müßte. Da Kohlensäure bei 19° C schon unter 57 Atmosphären flüssig wird, so kann es nach Bunsen „keinem Zweifel unterliegen, daß die Glasoberfläche mit einer Schicht flüssiger Kohlensäure bedeckt war“. Die lange Dauer der Verdichtung schien durch die Annahme begreiflich, daß die Glasmasse für Gase nicht völlig undurchdringlich ist, und daß die Teilchen der flüssigen Kohlensäure beim Eindringen in die molekularen Poren des Glases einen Widerstand zu überwinden haben, der sich in konstantem Verhältnis mit der Zeit steigert.

H. Kayser[1]) machte dagegen den Einwand, daß die Fettdichtungen der Stöpsel in Bunsens Apparat Kohlensäure diffundieren ließen. Da anzunehmen sei, daß der Strom der herausgehenden CO_2 stärker ist, als der Strom der eintretenden Luft, so müsse der Gasinhalt im Apparat dauernd abnehmen. Bunsen[2]) verteidigte seine Ansicht mit der Bemerkung, daß die Diffusion vom Gasdruck hätte abhängen müssen. Es fand sich aber gerade bei Druckänderungen (durch nachgefüllte CO_2), daß die Volumabnahme (durch Adsorption des Gases) ganz regelmäßig verläuft. Dem von H. Kayser ermittelten Diffusionsverlust von 2,81 ccm CO_2, durch besonders ungünstige Dichtungen (sehr hartes Fett), stellt Bunsen die bei vorzüglicher Dichtung in gleicher Zeit gefundene Volumverminderung der Kohlensäure um 20,37 ccm (also nahezu das Zehnfache) gegenüber.

In einer späteren Arbeit[3]) fand Bunsen eine andere Erklärung. Es zeigte sich nämlich, daß die Oberfläche der die CO_2, wie es anfangs schien, „adsorbierenden“ Glasfäden mit einer Wasserhaut bedeckt sein mußten, die sich, wie anzunehmen ist, unter einem riesigen Kapillardruck

[1]) H. Kayser, Ann. d. Phys. **21**, 495 (1884).
[2]) R. Bunsen, Ann. d. Phys. **22**, 145 (1884).
[3]) R. Bunsen, Ann. d. Phys. **24**, 321 (1885).

(Hunderte von Atmosphären) befindet. Unter solchen Drucken vermag 1 ccm Wasser Tausende von Kubikzentimetern CO_2 zu absorbieren, woraus zugleich die lange Zeitdauer der Absorption bis zur Herstellung des Gleichgewichts verständlich wird. Ebenso erklärlich erscheint hiernach auch das Steigen der absorbierten Gasmenge mit der Temperatur. Da die absorbierende Wasseroberfläche mit zunehmender Verdampfung immer näher an die Glasschicht rückt, so muß der in ihr wirkende Druck erheblich wachsen, woraus die Vermehrung der Absorption nach den Versuchen mit Wasser und Kohlensäure folgt.

Übrigens hatte schon J. Pelouze[1]) beobachtet, daß sich alle im Handel vorkommenden Glassorten in fein pulverisiertem Zustande an der Luft zersetzen. „Sie absorbieren dabei nach und nach Kohlensäure und erlangen in kurzer Zeit die Eigenschaft, mit Säuren aufzubrausen, was zuweilen in solchem Maße geschieht, daß man glauben könnte, man habe es mit Kreide zu tun. Kocht man Glaspulver mit Wasser und leitet dabei Kohlensäure hinein, so wird dieselbe sofort absorbiert und die Flüssigkeit braust nachher mit Säuren lebhaft auf."

R. Bunsen zeigte, daß nach völligem Vertreiben der Wasserhaut — durch Erhitzen bis 505° — trockene Kohlensäure nicht verdichtet wird. Ließ er hierauf in dem Barometerrohr, in welchem sich die ausgeglühte Glaswolle in CO_2 befand, eine kleine Menge H_2O verdunsten, so begann die Absorption der Kohlensäure, und zwar mit abnehmender Geschwindigkeit, bis nach etwa 40 Tagen Gleichgewicht eintrat. Die bedeutend kürzere Zeit, innerhalb welcher jetzt die gleiche Glasoberfläche (4,6733 qm) mit CO_2 „gesättigt" war, gegen den vorher beschriebenen Versuch (3 Jahre), ergibt sich aus der verschiedenen Dicke der Wasserhaut. Während diese früher eine Wasserschicht von $0{,}0_4105$ mm (10,5 $\mu\mu$) hatte (wie aus den Versuchen mit Wasserdampf zu schließen ist, s. folg. S.), ist jetzt anzunehmen, daß die Dicke derselben bei der kurzen Absorptionszeit nur noch $0{,}0_4048$ mm (4,8 $\mu\mu$) beträgt. Die entsprechenden absorbierten CO_2-Mengen waren:

Innerhalb 3 Jahren **25,4 ccm** auf 4,6733 qm; Wasserhaut 10,5 $\mu\mu$,
„ 40 Tagen **48,7** „ „ 4,6733 „ ; „ 4,8 „

Interessant ist die sich nun ergebende CO_2-Absorption des Wassers A_1 unter dem Einfluß des Glases auf die Wasserschicht, verglichen mit der Absorption A_2 des Wassers unter sonst gleichen Umständen, aber ohne diesen Einfluß, den R. Bunsen der Kapillarkraft zuschreibt. Er führt an, nach 33 Tagen Berührungszeit, für 22,6 ccm Wasser, bezogen auf Kohlensäure von 0° und 760 mm Druck, die Werte:

$$A_1 = 48700 \text{ ccm},$$
$$A_2 = 22{,}6 \text{ „}$$

Die Flüssigkeitsschicht, welche die Fäden der Glaswolle diesen Versuchen nach bedeckte, bestand in Gewichtsprozenten aus:

80,9 CO_2,
19,1 H_2O.

„Es ist schwer", sagt R. Bunsen, „sich eine Vorstellung davon zu machen, in welcher Form diese Kohlensäure mit dem Wasser vereinigt ist.

[1]) J. Pelouze, Dinglers Journ. **142**, 121 (1856).

Sie kann möglicherweise in flüssiger oder fester Form vorhanden sein; möglich auch, daß sie in chemischer Verbindung mit dem Wasser auftritt."

Daß keine von diesen Annahmen zutrifft, hat das spätere Studium der Zersetzungserscheinungen gelehrt, aus dem hervorgeht, daß hier ein rein chemischer Vorgang im Spiele ist (s. die folgenden Abschnitte).

Wasserdampf. Die erste exakte Untersuchung über den Einfluß des Wassers in Dampfform verdankt man gleichfalls R. Bunsen.[1]) Er stellte die Menge des aus feuchter Luft in nicht verdampfbarem Zustande auf Glaswolle (Zusammensetzung s. S. 890) zurückgehaltenen Wassers bei verschiedenen Temperaturen bis 503° C fest, und fand an 22,4291 g Glasfäden, deren berechnete Oberfläche 2,11 qm betrug:

bei 23°	107°	215°	329°	415°	468°	503° C
22,3	14,2	11,6	7,6	2,8	0,9	0 mg.

Bunsen schätzte den Druck in der Nähe der Glasfläche (auf Grund von Berechnungen der Dicke der Wasserhaut) auf Hunderte von Atmosphären. Bei seinen Versuchen zur Messung der CO_2-Absorption beobachtete er an Glaswolle, die durch Erhitzen im Barometerrohr auf 505° völlig von H_2O befreit war, daß trockene Glasfäden rascher entwässernd wirkten, als unter gleichen Umständen eine Chlorcalciumkugel. Als eine flüssige Wassermenge in die Barometerröhre gegeben wurde (Glaskügelchen, welches durch Erhitzen der Röhre zum Platzen gebracht wird), welche ausgereicht hätte, um den die freie CO_2 enthaltenden Raum 13 mal mit Wasserdampf von der der herrschenden Temperatur (18,7° C) entsprechenden Spannung zu erfüllen, bedeckten sich anfangs, wie zu erwarten, die Wände der Röhre mit Tröpfchen. Schon nach 24 Stunden aber war keine Spur mehr von den Wassertröpfchen an der Röhrenwand zu sehen, die Glaswolle hatte alles adsorbiert.

Die „Wasserhaut" der hygroskopischen Gläser zerfällt nun nach E. Warburg und T. Ihmori[2]) in einen permanenten Teil, welcher erst durch Anwendung höherer Temperaturen verschwindet, und einen temporären Teil, der in einem Raume vom Dampfdruck Null entweicht. Letzteren haben Warburg und Ihmori eingehend untersucht. Sie konstruierten sich hierzu eine kleine Wage mit Spiegelablesung. (Der Wagebalken bestand aus einem 8 cm langen, etwas über 1 mm dicken Glasröhrchen, die Schneiden aus Stücken eines hohlgeschliffenen Rasiermessers, mit Siegellack aufgekittet. Mit der mittleren Schneide und dem Wagebalken in fester Verbindung befindet sich der Spiegel aus versilbertem Deckglas.) Die ganze Wage befand sich unter der Glocke einer Luftpumpe (Quecksilberpumpe). Die Glocke konnte außerdem mit einem P_2O_5-Gefäß und einem mit H_2O gefüllten Gefäß in Verbindung gebracht werden.

Das Versuchsglas erhielt die Gestalt einer 0,4 g schweren Hohlkugel von etwa 2 cm Durchmesser, unten mit einer 5 mm weiten Öffnung, oben mit einem Häkchen aus Glas zum Aufhängen versehen.

Das Gegengewicht (Pt-Draht) wurde in ein Glasröhrchen eingeschlossen, welchem ein ebensolches auf der anderen Seite wieder das Gleichgewicht hielt. Hierdurch war die Möglichkeit einer Adsorptionswirkung des Metalles ausgeschaltet. Die fernere Regulierung der Wage geschah durch Stückchen dünnen Platindrahtes, dessen Adsorption unmerklich ist.

---

[1]) R. Bunsen, Ann. d. Phys. **24**, 321 (1885).

[2]) E. Warburg u. T. Ihmori, Ann. d. Phys. **27**, 481 (1886).

Nach dem Auspumpen wurde ein bestimmter Dampfdruck unter der Glocke hergestellt. (Verbindung mit dem Wasserrohr, bei variabler Temperatur des Wassers.) Da nur der Wasserbeschlag auf der Hohlkugel des Versuchsglases auf die Wage einwirkt, so ist die Angabe m von Skalenteilen, um welche die Einstellung der Wage bei einem bestimmten Dampfdruck p von der Einstellung beim Dampfdruck Null abweicht, ein Maß für das vom Glase festgehaltene Wasser. (Die Zahl m bedarf einer Korrektion wegen des Auftriebes durch den Dampf.)

Zunächst zeigte sich die Tatsache, daß eine Vorbehandlung des Glases mit siedendem Wasser dessen Absorptionsfähigkeit bedeutend vermindert. Nach 5 Minuten dauerndem Auskochen zeigte eine Hohlkugel aus Thüringer Glas die Absorption 4 gegen 48; Kaliglas 2 gegen 23; ein anderes hatte, ebenso wie Bleiglas, nach der Vorbehandlung überhaupt keine Wirkung mehr auf die Wage, selbst wenn die Temperatur des Versuchsraums nur 0,2^0 über dem Taupunkt lag. Im allgemeinen nahm der Wasserbeschlag zu, wenn die Temperatur des Glases der Temperatur des verdampfenden Wassers näher gebracht wurde. Entsprechend entluden die frisch gebrauchten Gläser in feuchter Luft das Elektroskop fast momentan, während die vorbehandelten gut isolierten. (Kaltes Wasser wirkt ebenso, aber schwächer.) Die Erscheinungen bestätigten sich auch bei Verwendung von Glaspulver einer vorher mit Wasser gereinigten Röhre aus Thüringer Glas: Der Niederschlag war 2—4 mal so stark bei frischer Oberfläche, gegenüber der mit siedendem Wasser behandelten Glasmasse. Aus diesen Versuchen folgt unzweideutig, daß die auch schon von R. Bunsen beobachtete „Wasserhaut" abhängig ist von dem Vorhandensein einer im Wasser löslichen Substanz an der Oberfläche frischer Glasflächen. Woraus diese besteht, stellte F. Mylius fest. 484,8 g Pulver von Thüringer Glas wurden bei 100^0 mit 400 ccm siedendem Wasser 5 Minuten lang behandelt und ausgewaschen. Das Filtrat enthielt eine Substanz von der prozentischen Zusammensetzung gelöst:

Na_2O	52,6
CaO	1,8
SiO_2	45,6

Dem Glase wurden im ganzen 0,3896 g dieser alkalireichen Substanz entzogen.

Schon M. Faraday war der Ansicht, daß die Ursache der Wasserhaut der „halbverbundene und hygrometrische Zustand des Alkalis" sei.

Warburg und Ihmori geben eine Vorstellung, wie der Alkaligehalt des Glases die Bildung der Wasserhaut veranlaßt: „Das im Glase locker gebundene Alkali wird etwas Ähnliches bewirken, was eine kleine an der Oberfläche vorhandene Quantität freien Alkalis bewirken würde. Bei einem bestimmten Dampfdruck im Versuchsraum wird aber solches freie Alkali Wasser aufnehmen, bis der Dampfdruck über der gebildeten Alkalilösung gleich dem im Versuchsraum geworden ist. Die Wasserhaut wird also aus einer Lösung von Alkali in Wasser bestehen."

Den Gegenbeweis dazu findet man in der Tatsache, daß an keinem in Wasser unlöslichen Körper mit glatter Oberfläche — wie Platin, Glas mit elektrolytischem SiO_2-Überzug, alkalifreies Glas (Faraday) — ein Wasserbeschlag durch Wägung festgestellt werden konnte, sofern die Temperatur oberhalb des Taupunktes blieb. Jedenfalls könnte er die Dicke von 1—2 $\mu\mu$ nicht überschreiten. Bringt man die frische Oberfläche eines Alkaliglases oberhalb des Taupunktes in feuchte Luft, so müssen sich mit dem Steigen des Dampfdruckes fortgesetzt neue Wassermengen niederschlagen (temporäre Wasserhaut), und damit muß die Verdünnung der (beim Dampfdruck Null schon vorhandenen) Alkalilösung fortschreiten, bis der Dampfdruck über ihr dem Dampfdruck über reinem Wasser gleichkommt. Unter dem Taupunkt einer in Wasser löslichen Substanz, in diesem Falle also der frischen Oberflächenschicht eines alkalihaltigen Glases, ist nach Warburg und Ihmori zu verstehen: die Temperatur, bei welcher der Dampfdruck über der gesättigten Lösung der alkalischen Substanz gleich dem Dampfdruck des Raumes wird, in welchem sich das Glasstück befindet. Vermindert man letzteren bei gleichbleibender Temperatur, so muß der temporäre Beschlag nachlassen, die gesamte Wasserhaut wird konzentrierter an Alkali, bis schließlich die permanente Haut zurückbleibt.

Bei den Versuchen zeigte sich die merkwürdige Erscheinung, daß zuerst innerhalb 5—25 Minuten eine Zunahme des Gewichtes der Hohlkugel erfolgte, hierauf 10—20 Minuten Konstanz eintrat, dann weitere allmählich fortschreitende Zunahme. Dies erklärt sich aus der Annahme, daß eine anfangs schnell gebildete Wasserhaut (Konstanz) auf das Glas zersetzend einwirkt, wodurch neue Alkalimengen frei werden, welche eine neue Zunahme des Niederschlages bedingen. Läßt man den Beschlag nicht länger als 25 Minuten bestehen, so erhält man bei Wiederholung des Versuches das Gewicht der temporären Wasserhaut als eine Konstante des Glases von bestimmter Zusammensetzung unter den gegebenen Umständen. Folgende Tabelle enthält die Dicken derselben für drei verschiedene Gläser bei je zwei verschiedenen Temperaturdifferenzen zwischen dem Versuchsraum und dem Wasser, dessen Dampf in diesen einströmt, um das Glas zu berühren. Die Berechnung ist unter der Annahme gemacht, daß das Wasser die ganze Fläche gleichmäßig überzieht und die Dichte von 4° C besitzt:

Temperatur des		Dicke der temporären Wasserhaut in $\mu\mu$	Glasart	
Versuchsraums	Dampf liefernden Wassers			
16,78	16,21	2,62	Thüringer Glas *A*	1
16,20	4,80	0,25	" " "	
16,38	15,74	5,22	Thüringer Glas *B*	
16,48	4,81	0,20	" " "	
15,18	13,81	1,19	Kaliglas *A*	2
15,48	4,81	0,13	" "	
15,48	15,01	4,42	Kaliglas *B*	
15,88	4,71	9,23	" "	
14,88	14,21	0	Bleiglas *A*	3
15,08	4,81	0	" "	
15,38	14,51	1,94	Bleiglas *B*	
15,78	4,71	0,18	" "	

Mit *A* und *B* sind verschiedene frisch gebrauchte Versuchskugeln derselben Glassorte bezeichnet. Man erkennt daran beträchtliche Unterschiede in der absorbierten Wassermenge, die sich durch die Verschiedenheit des Alkaligehaltes auf den frisch geblasenen Oberflächen erklären. Im allgemeinen aber geht hervor, daß die Dicke der temporären Wasserhaut von derselben Größenordnung ist, wie sie von R. Bunsen für die permanente Haut gefunden wurde (Dampfdruck Null).

Bis jetzt betrug die Temperaturdifferenz zwischen Versuchsraum und verdampfendem Wasser nicht unter 0,5° C. An zwei neueren Kugeln des Thüringer Glases und des Kaliglases ergaben sich für kleinere Temperaturunterschiede beträchtlich größere Dicken der Wasserhaut:

Temperatur des		Dicke der temporären Wasserhaut in $\mu\mu$	Glasart
Versuchsraums	Dampf liefernden Wassers		
19,48	19,31	20,7	Thüringer Glas *C*
16,58	16,31	13,9	„ „ *D*
17,98	17,71	9,2	Kaliglas *C*
18,78	18,51	7,5	„ *D*

Überraschend ist es zunächst, daß das Verschwinden einer vorhandenen temporären Wasserhaut viel schneller erfolgt, als ihre Bildung. Bei Versuchen, welche etwa 20 Minuten Bildungszeit ergaben, verschwand die Haut schon innerhalb 1 Minute, wenn der Druck Null hergestellt wurde. Doch wird diese Erscheinung durch einfache Annahmen über die Beziehung zwischen den in gleichen Zeiten verdampfenden bzw. sich niederschlagenden Wassermengen zum Dampfdrucke p an der Oberfläche der Haut, bzw. der Differenz des plötzlichen Druckes im Versuchsraum p_1 und des Druckes p erklärt.

Setzt man für die niedergeschlagenen Mengen dm in der Zeit dt:

$$\frac{dm}{dt} = \alpha (p_1 - p),$$

so folgt für die Verdampfung

$$(p_1 = 0):$$

$$\frac{dm}{dt} = -\alpha \cdot p.$$

Die graphische Darstellung der empirisch ermittelten Abhängigkeit p von m, welche beispielsweise für ein Glas (Thüringer Glas *B*):

$$p = (0{,}0087 + 1) \cdot p_1 \cdot \frac{m}{2{,}43 + m}$$

ist, läßt ohne weiteres erkennen, daß der größte Teil der Wasserhaut sich niederschlägt bei einem verhältnismäßig kleinen Wert $(p_1 - p)$, dagegen verdampft bei einem verhältnismäßig großen Wert p. Die Haut muß sich also langsam bilden, schnell verflüchtigen. (Die oben gemachte Annahme genügt indessen nicht, um den Zusammenhang zwischen Niederschlag und Dampfdruck allgemein darzustellen; vgl. die Originalabhandlung.)

Am Schlusse ihrer Arbeit bemerken Warburg und Ihmori, daß ihnen in den Messungen des Gewichtes der Wasserhaut bei Glas nichts entgegengetreten sei, woraus eine Wirkung der Molekularkräfte auf meßbare Entfernungen hin zu erschließen wäre, was bekanntlich G. Quincke aus seinen

Versuchen über die Oberflächenspannung gefolgert hatte, der einen Radius der molekularen Wirkungssphäre des Glases gegen Wasser von 54,2 $\mu\mu$ fand.[1])

Luft. Hier handelt es sich um das Zusammenwirken von Wasserdampf und Kohlensäure und der daraus entstehenden alkalischen bzw. Carbonatlösung, kurz um den komplizierten Vorgang der sogenannten „Verwitterung" des Glases.

R. Weber[2]) untersuchte zuerst systematisch eine größere Reihe technisch dargestellter Glasarten, um die Abhängigkeit ihrer „Widerstandsfähigkeit gegen atmosphärische Einflüsse" von der chemischen Zusammensetzung zu erkennen und daraus Schlüsse zu ziehen auf die Mischungsverhältnisse der — unter sonst verschiedenen physikalischen Eigenschaften — an der Luft gut haltbaren Gläser. Zu dieser Untersuchung wurden besonders auch die als schlecht bekannten Sorten mit berücksichtigt, im übrigen sind einbegriffen: Spiegelglas, Fensterglas, Hohlglas und Kristallgas, also Alkali-Kalk- und Alkali-Bleisilicate. (Nicht vertreten finden sich tonerdereiche grüne Gläser.)

Weber geht aus von der tatsächlichen praktischen Beanspruchung. Er verschaffte sich „Proben von Tafelgläsern, welche während längerer Jahre in den Fenstern bewohnter Räume sich befunden haben, dabei der Wirkung der feuchten Niederschläge, der Wärme sowie des Sonnenlichtes ausgesetzt gewesen sind, ohne einen bemerkbaren Angriff erlitten zu haben". Ferner: „Proben von Spiegelscheiben, welche selbst nach einer längeren Reihe von Jahren nicht beschlagen waren, sowie auch aus Spiegelglas gefertigte Schliffstücke, welche Teile optischer Instrumente (Spiegel von Sextanten, kleine Linsen) bildeten und weder bei dem Gebrauch der Instrumente, noch nach längerer Zeit der Verwahrung derselben (in Kisten) eine nachteilige Veränderung erlitten haben." „Gutes Hohlglas charakterisiert sich vor allem durch das gemeinsame Kennzeichen guter Gläser, an der Luft nicht zu beschlagen, sowie auch dadurch, daß der Staub auf demselben weniger haftet. Gute Gläser erhalten sich auch unverändert, wenn sie, mit Hüllen oder Kapseln leicht überdeckt, in stagnierenden Luftschichten während längerer Zeiträume verbleiben."

Im Gegensatz dazu werden die mangelhaften Gläser an der Luft feucht oder beschlagen mit einem reifartigen Gebilde, welches sich nach dem Abwischen alsbald erneuert. „Solche Gläser erblinden infolge der chemischen Veränderung der Oberfläche und bekommen häufig die bekannten farbigen Anflüge, welche von dünnen Schichten der Zersetzungsprodukte herrühren. Zuweilen erscheint die Oberfläche solcher Gläser mit zahllosen Haarrissen gleichsam überkleidet, und unter Umständen vertiefen sich diese Risse zu Sprüngen, welche die zweite Oberfläche erreichen, so daß mitunter eine völlige Zerklüftung der Glasgegenstände eintritt." Weniger mangelhafte Gläser zeigen erst nach längerer Zeit, besonders in feuchten Räumen und stagnierenden Luftschichten, Beschläge. Bei mangelhaften Fensterscheiben zeigt sich der Fehler besonders, wenn die Tafeln in Kisten verpackt auf den Lagerräumen stehen bleiben. Glocken beschlagen auf der Innenseite, sobald durch Verschluß der Luftwechsel im Innern beschränkt wird. Nach einer Zeit von 6—12 Monaten verrät sich die schlechte Haltbarkeit durch einen mehr oder minder starken Beschlag, wenn die sorgfältig gereinigten, mit Alkohol gesäuberten Probestücke

[1]) G. Quincke, Pogg. Ann. **137**, 402 (1869).
[2]) R. Weber, Ann. d. Phys. **6**, 431 (1879).

in einem gut bedeckten Kasten sich selbst überlassen bleiben. „Bewährte Gläser" dürfen keine Veränderung zeigen.

Die erst nach längerer Zeit hervortretende Zersetzlichkeit an der Luft läßt sich nach einem bereits früher angegebenen Verfahren R. Webers[1]) in wenigen Stunden, allerdings nur qualitativ erkennen. „In ein flaches Glasgefäß wird starke, rohe, rauchende Salzsäure gegossen, auf den Rand des Gefäßes, zur Unterstützung der zu prüfenden Glasplatten, werden Glasstreifen gelegt, und das so vorgerichtete Gefäß wird auf eine abgeschliffene Glasplatte gestellt und endlich eine am Rande abgeschliffene Glasglocke, die also dicht abschließt, darüber gestülpt. Die Gläser werden vorher höchst sorgfältig gereinigt und in dem einfachen Apparate der Wirkung der Dämpfe der rauchenden Säure 24—30 Stunden lang ausgesetzt. Die Temperatur ist zweckmäßig 15—20° C. An den Gläsern haftet alsdann meistens ein zarter Tau, besonders wenn die Gläser zur Zersetzung neigen, zuweilen jedoch zeigt sich derselbe nicht. Eintretende Temperaturdifferenzen spielen hierbei eine Rolle. Nachdem die Gläser den Dämpfen 24—30 Stunden ausgesetzt waren, stellt man sie in einen verschließbaren Schrank und läßt sie wieder 24 Stunden stehen. Jede Spur Ammoniakdampf und Staub ist auf das sorgfältigste abzuhalten. Die auf diese Weise trocken gewordenen Gläser betrachtet man im durchfallenden Lichte; zeigt sich ein weißer, zarter Beschlag, den man leicht abwischen kann, so sind die Gläser verwerflich. Bemerkt man im durchgehenden Lichte keinen Beschlag, so betrachtet man sie im schräg einfallenden und zieht mit einer abgerundeten Messerschärfe einen Strich darüber. Das ist die feinste Beobachtungsweise; der leiseste Anflug wird hierbei sichtbar." Nach Weber ergibt dieses Verfahren bei der großen Zahl von Proben, auf die es angewendet wurde, eine völlige Übereinstimmung mit den durch Gebrauch erkannten Eigenschaften.

Es kommt nun noch eine dritte Erscheinung in Betracht, um die Tauglichkeit der Gläser zu kennzeichnen, eine Probe, die weniger der Erkenntnis der guten, als vielmehr der allerschlechtesten, am stärksten verwitterten Gläser dient. C. Splitgerber[2]) hatte beobachtet, daß ein länger als 10 Jahre im Gebrauch befindliches Brillenglas bei geringer Erhitzung über der Spiritusflamme eine ganz trübe und rauhe Oberfläche bekam und fand, daß jedes „fehlerhaft zusammengesetzte" Glas mehr oder weniger diese Eigenschaft besitze. „Das Trübe- und Rissigwerden beim Erhitzen entsteht durch das Vertreiben von Feuchtigkeit, mit welcher sich die Oberfläche des Glases chemisch verbunden hat, und zwar, was das Auffallende ist, ohne dem Auge bemerklich geworden zu sein. Man kann dies Verhalten daher wohl als eine noch unsichtbare Verwitterung des Glases betrachten, welche erst beim Erhitzen sich kundgibt, indem dann die Oberfläche entweder nur sehr fein rissig wird oder trüb werdend aufschwillt, wobei sich auch Bläschen bilden." C. Splitgerber fand Verluste bis zu über 1%. Die Erscheinung sei auch in geologischer Hinsicht wichtig, „indem sie zeigt, daß man auch in einem Feuerprodukt einen Wassergehalt antreffen kann, worin man ihn nicht erwarten sollte, wenn keine Verwitterung sichtbar ist".

Webers Untersuchungen nach diesen drei Methoden haben lange Zeit für die Glasindustrie als eine grundlegende und zugleich die Richtung der

[1]) R. Weber, Dinglers Journ. **171**, 129 (1864).
[2]) C. Splitgerber, Ann. d. Phys. **82**, 453 (1851).

Schmelzversuche mit neuen Zusammensetzungen bestimmende Arbeit gedient. Er faßt sie dahin zusammen: Die guten Gläser lassen zwar eine gewisse Gesetzmäßigkeit ihrer Haltbarkeit zur chemischen Zusammensetzung erkennen, jedoch läßt sich mit Bestimmtheit feststellen, daß nicht nur ein Mischungsverhältnis der Bestandteile die Güte bedingt, sondern bei mannigfacher Variation der Zusammensetzung Gläser von guter Beschaffenheit resultieren. Betrachtet man das Molekularverhältnis:

$$SiO_2 : \overbrace{(CaO + MgO)}^{RO} : \overbrace{(Na_2O + K_2O)}^{R_2O}$$

so entspricht ein als gut bekanntes Fensterglas nahezu der Zusammensetzung:

$$6\,SiO_2 : 1\,RO : 1\,R_2O.$$

Bei widerstandsfähigen Schleifgläsern zeigt sich der Alkaligehalt erheblich größer als dem Verhältnis $1\,RO : 1\,R_2O$ entspricht. Dafür beträgt aber der Kieselsäuregehalt in Molen das Drei- bis Vierfache der Summe $RO + R_2O$. Der bei anderen, an Kieselsäure ärmeren Sorten als ein Mißverhältnis zu betrachtende Quotient $R_2O : RO$ wird hier durch größeren Säuregehalt „kompensiert“. Ein Beispiel hierzu geben folgende Analysen:

	Gute Gläser				Schlechte Gläser		
	Kronleuchter	Böhm. Schleifglas	Hohlglas		Fensterglas	Fensterglas	Fensterglas
SiO_2 . . .	74,6	75,8	75,2	SiO_2 . . .	66,4	64,4	64,5
CaO . . .	5,6	7,4	8,0	CaO . . .	7,2	8,3	8,7
Na_2O . .	—	4,8	8,8	Na_2O . .	—	—	—
K_2O . . .	17,9	11,4	6,4	K_2O . . .	25,2	23,7	23,6
MgO . . .	0,1	0,1	Spur	MgO . . .	0,2	0,2	0,3
PbO . . .	0,3	—	—	PbO . . .	—	—	—
Al_2O_3 . . .	1,2	1,0	2,1	Al_2O_3 . . .	0,8	2,8	2,7
	99,7	100,5	100,5		99,8	99,4	99,8
SiO_2 . . .	12,5	9,6	8,8	SiO_2 . . .	8,2	7	6,6
RO . . .	1	1	1	RO . . .	1	1	1
R_2O . . .	2	1,5	1,5	R_2O . . .	2	1,6	1,5

Bei einem ähnlichen Verhältnis $R_2O : RO = 1,5 : 1$ bis $2 : 1$ sind die Eigenschaften dieser Gläser doch wesentlich abweichend, was Weber auf die vergleichsweise vorhandene Steigerung des Quotienten $SiO_2 : RO$ bei den guten gegenüber den schlechten zurückführt.

Die Bleigläser wurden nur in geringer Zahl untersucht. Sie enthalten durchschnittlich weniger Alkali als die Kalkgläser. Für ein bewährtes und ein weniger beständiges Glas der Optik folgen die Analysen:

	Gut	Schlechter
SiO_2 . . .	45,2	40,6
K_2O . . .	6,8	6,6
PbO . . .	47,1	51,2
CaO . . .	0,4	0,2
Al_2O_3 . . .	0,8	0,8
	100,3	99,4
SiO_2 . . .	3,5	2,9
RO . . .	1	1
R_2O . . .	0,33	0,3

Es zeigt sich also hier eine Verminderung des Kieselsäureverhältnisses zu den Basen mit geringerer Haltbarkeit verknüpft. Ohne den Wert der Weberschen Untersuchungen für die Praxis herabzusetzen, darf man sagen, daß ihnen zur Erkenntnis von gesetzmäßigen Zusammenhängen einerseits noch die systematische Vollständigkeit, anderseits die zahlenmäßige Exaktheit fehlt.

Einen wesentlichen Fortschritt bedeutete das Studium der getrennten Einflüsse von Wasserdampf und reiner Kohlensäure (s. S. 890 u. 893) und die Benutzung quantitativer Methoden zur Bestimmung der Verwitterungsfähigkeit. Nächst den grundlegenden Versuchen von R. Bunsen, E. Warburg und T. Ihmori verdankt man eine ziemlich erschöpfende Kenntnis dieser Erscheinung besonders den zahlreichen Arbeiten von F. Kohlrausch, F. Mylius und F. Foerster. Darauf ist im einzelnen hier nicht einzugehen. F. Foerster[1]) erklärt die Verwitterung folgendermaßen: „Wenn Wasserdampf mit Glas in Berührung kommt, so wird er von ihm zunächst chemisch gebunden, indem ein wasserhaltiges Silicat entsteht. Dieses wird bei weiterer Einwirkung des Wasserdampfes immer stärker hydratisiert, bis es schließlich in Kieselsäurehydrat und freies Alkali zerfällt." Je mehr Wasserdampf von der Glasoberfläche gebunden wird, um so vollständiger wird die Zersetzung sein, so daß ein späterhin einwirkendes flüssiges Wasser um so mehr Alkali abgeben wird, je länger die Glassubstanz mit Dampf „vorbehandelt" war. Zum Beispiel gab ein Glas (Kolben) von der Zusammensetzung:

SiO_2	69,4
Na_2O	13,1
K_2O	7,1
CaO	7,0
Al_2O_3	3,0
MnO	0,4
	100,0

an Wasser von 20° Alkali ab in 1 Minute pro 100 qcm:

In frischem Zustande	36 mg . 10^{-3}.
Nach sechswöchentlicher Vorbehandlung bei 30° C mit bei Zimmertemperatur gesättigtem Wasserdampf	65 mg . 10^{-3}.

Die Wirkung der mit dem Dampf in der Luft vorhandenen Kohlensäure ist nach F. Foerster doppelter Art: Einmal verwandelt sie das bei der hydrolytischen Zersetzung entstandene freie Alkali in Bicarbonat, sodann aber werden sich, je nach der Menge CO_2, auch die wasserhaltigen Silicate unter ihrem Einfluß zersetzen. In jedem Falle muß der Einwirkung der Kohlensäure auf das Glas diejenige des Wassers vorhergehen, „indem diese allein das Glas angreift, und die Kohlensäure nur mit den entstandenen Zersetzungsprodukten zu reagieren vermag".

Die Aufnahme von Wasser aus der Luft läßt sich als Quellung der Glasmasse betrachten. Glas verhält sich in dieser Beziehung ähnlich wie Leim, indem es, scheinbar vollkommen unverändert, hydratisiert wird. Auf dem unversehrten Kern eines Alkalisilicatglases an der Luft hat man sich also einen Überzug von Schichten zu denken, die in ihrer Beschaffenheit eine stetige Reihe bilden vom festen Glase bis zu den Produkten seiner Zersetzung durch Wasser und Kohlensäure. Während der oberflächliche Teil der Verwitterungsschichten in einem Raume vom Dampfdruck Null seines Wassergehaltes be-

[1]) F. Foerster, Z. f. anal. Chem. **33**, 322 (1893).

raubt wird, da er wesentlich eine wäßrige alkalische Lösung darstellt, verliert die aufgequollene Grundschicht das Wasser erst vollständig bei etwa 500° C (Versuche von R. Bunsen, s. S. 893). Mit Recht haben Warburg und Ihmori diese als die „permanente“ Wasserhaut, im Gegensatz zur „temporären“, jener wäßrigen Lösung bezeichnet.

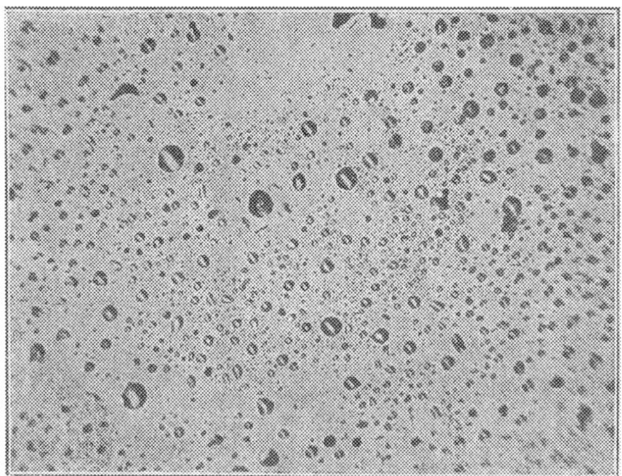

Fig. 106. Überzug von Tröpfchen der Alkalicarbonate.

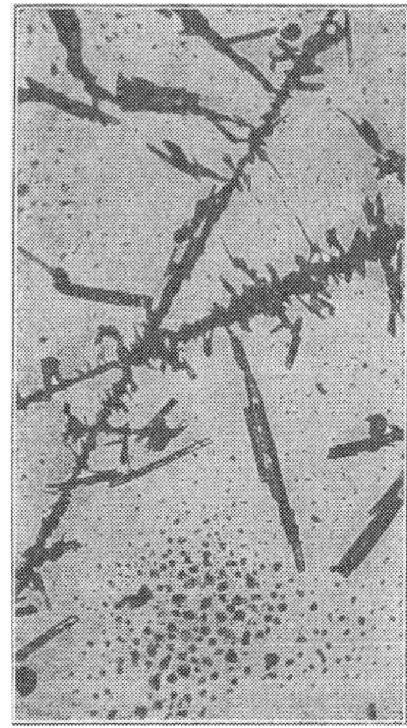

Fig. 107. Uberzug von Kristallen der Alkalicarbonate.

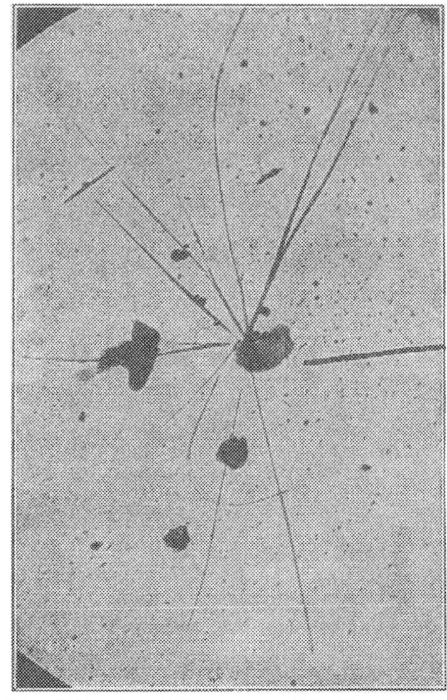

Fig. 108. Ausblühen von Alkalicarbonatkristallen.

Die schon von R. Weber als äußere Zeichen der Verwitterung beschriebenen Erscheinungen an Kalk- und Bleisilicatgläsern — Beschlagen, Rissigwerden — hat E. Zschimmer[1]) an Jenaer Gläsern von möglichst verschiedener Zusammensetzung mikroskopisch studiert. Das Versuchsmaterial bestand aus etwa 200 plangeschliffenen Glasstücken, die bis zu 7 Jahren in einem lose verschlossenen Blechkasten aufbewahrt wurden, und umfaßte Silicat-, Borosilicat-, Borat- und Phosphatgläser. Bei den Alkalisilicatgläsern zeigten die stärker verwitterten Sorten bei 80facher Vergrößerung das in Fig. 106 u. 107 wiedergegebene Bild. Ob sich Tröpfchen oder Kristalle bilden, hängt von der Natur der auskristallisierten Alkalicarbonate (bzw. Bicarbonate nach F. Foerster) ab. Sind diese stark hygroskopisch, so werden sich Tropfen bilden (Kali), andernfalls sieht man die Kristalle (Natron) als eisblumenartigen Überzug. Durch Aufdrücken eines Streifens feuchten Lackmuspapiers überzeugt man sich leicht von der stark alkalischen Beschaffenheit der zuweilen über millimeterdicken Tröpfchen. Merkwürdig ist die Wirkung von Staubteilchen, die Zschimmer als Staubzersetzung bezeichnet. Wo ein Staubkörper auf dem Glase liegen geblieben ist, wird die Veränderung auch schon bei solchen Gläsern sichtbar, die sonst nichts von Zersetzung bemerken lassen. Es findet gewissermaßen eine „Reizwirkung" statt. Auffallend ist das Ausblühen von langen dünnen Nadeln und sternförmigen Büscheln (Fig. 108).

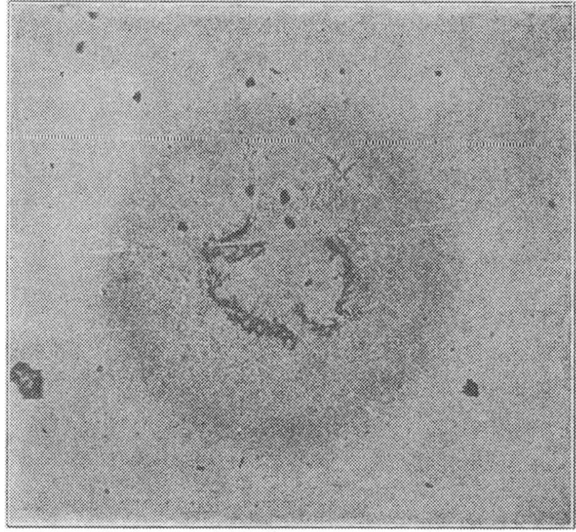

Fig. 109. Bleifleck. Staubkörper aus der Mitte entfernt.

Es sind anscheinend Natriumcarbonatkristalle (vielleicht Bicarbonat), die „wie Pilze auf der Oberfläche sitzen". Man konnte sie leicht ablösen und im durchfallenden Lichte als Kristalle erkennen. In einem Tropfen Wasser lösten sie sich sofort auf.

Bleisilicatgläser zeigen außerdem die dem Optiker bekannte Fleckenempfindlichkeit. An der Luft überzieht sich bei den schwereren Flinten die Oberfläche mit stark irisierenden oder braunen Flecken. Letztere werden bei bleiärmeren und deshalb weniger empfindlichen Gläsern wieder durch Staub —

[1]) E. Zschimmer, Chem. Zeitg. **25**, Nr. 69 (1901).

wahrscheinlich von organischer Substanz (s. später unter Säuren) — hervorgerufen, wie Fig. 109 zeigt. Bei stark borsäurehaltigen Gläsern und reinen Boraten treten die Erscheinungen „trockener Quellung" ein, d. h. die Oberfläche zeigt keine zerfließlichen hygroskopischen Beschläge, während die Glasmasse die Eigenschaft erhält, nach dem Erhitzen auf etwa 170° rissig zu werden und in der Oberfläche förmlich zu zersplittern (Fig. 110), wobei die Newtonschen Farbenringe sichtbar sind.

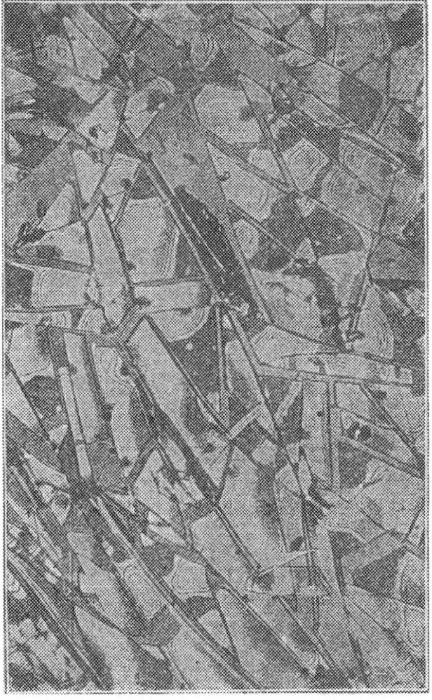

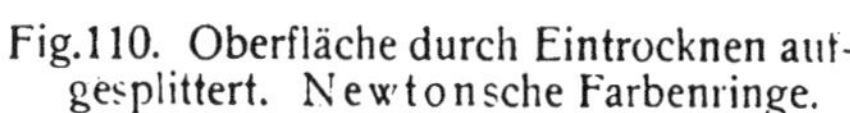

Fig. 110. Oberfläche durch Eintrocknen aufgesplittert. Newtonsche Farbenringe.

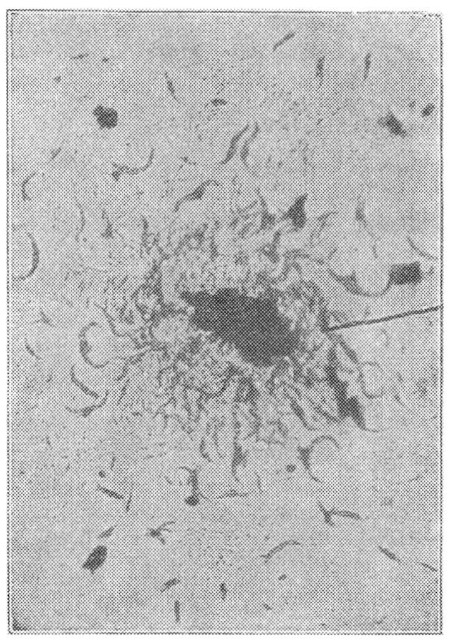

Fig. 111. Staubzersetzung der Barytsilicate.

Soweit die rein qualitativen Beobachtungen den Einfluß der chemischen Zusammensetzung erkennen lassen, beginnt bei Alkalisilicaten mit Kalk, Zinkoxyd und Baryt die sichtbare Veränderung bei etwa 10% (K_2O+Na_2O), indem sich Staubzersetzung zeigt. Bei über 10% Alkali kommt es zur Bildung mikroskopisch feiner Tröpfchen, bei 20% bemerkt man den Beschlag schon mit bloßem Auge; von da ab treten die gröberen Erscheinungen der Tropfenbildung und Kristallisation von Carbonaten auf. Es scheint, als ob bei den beobachteten Gläsern die Zersetzlichkeit einfach vom Alkaligehalt abhängt. Ein Unterschied im Einfluß der zweiwertigen Oxyde von Calcium und Zink wurde nicht bemerkt. Hochprozentige Barytsilicatgläser neigten zur Staubzersetzung (Fig. 111). Bei bleihaltigen Silicatgläsern erweist sich die Alkaliabscheidung abhängig vom Bleigehalt. Flinte mit über 30% PbO zeigen bereits bei 10% Alkaligehalt die sichtbar stärkeren Grade hygroskopischer Zersetzung. Borosilicatgläser sind die am besten „haltbaren" Gläser für optische

Zwecke. Phosphatgläser sind dagegen sämtlich hygroskopisch (sämtlich über 50% P_2O_5). Ihre Veränderungen zeigen das charakteristische Bild Fig. 112.

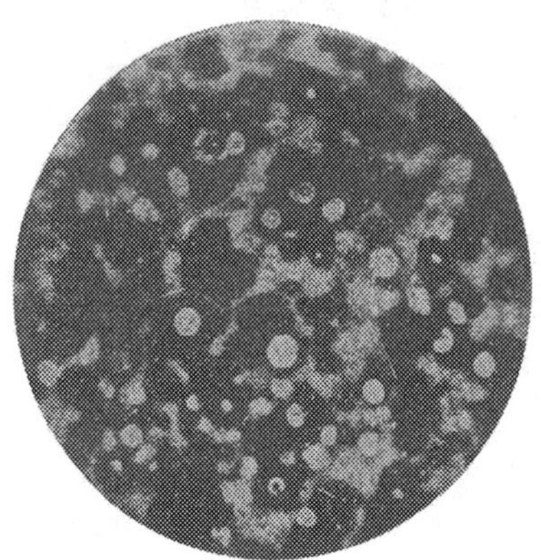

Fig. 112. Zersetzte Oberfläche eines Phosphatglases.

Die erst nach Wochen oder Monaten an freier Luft eintretende Veränderung läßt sich nach den Beobachtungen von Zschimmer[1]) aus dem mikroskopischen Tröpfchenbeschlag polierter Glasflächen in warmer, nahezu mit Wasserdampf gesättigter Luft vorhersagen. Die Erscheinungen entsprechen den von Warburg und Ihmori gemachten Beobachtungen über die temporäre Wasserhaut bei Ausschluß von CO_2 (s. S. 893). Der Beschlag nimmt mit der Zeit und der Temperatur zu, bei welcher das Glas mit dem fast gesättigten Dampf in Luft in Berührung ist. Er hängt von der Politur der Flächen ab (Vorbehandlung) und natürlich im wesentlichen von der chemischen Zusammensetzung. Gläser, die bei 45° noch keinen mikroskopischen Beschlag zeigten, nahmen bei 60° und 80° Beschläge an, die durch Größe und Zahl der Tröpfchen deutlich unterschieden waren.[2])

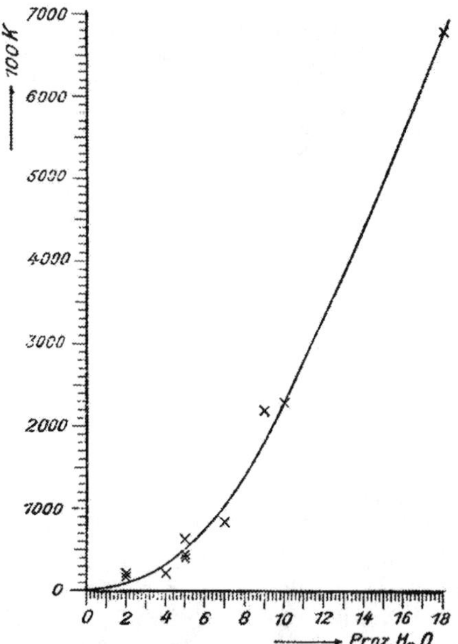

Fig. 113. Hygroskopische Wasseraufnahme von Glaspulver und elektrisches Leitungsvermögen $K \times 100$ der Aufgüsse. ⟶ aufgen. H_2O in Proz. des Glasgewichts.

Um die „Verwitterungsfähigkeit" des Glases zahlenmäßig auszudrücken, wurde zuerst von F. Kohlrausch[3]) die Löslichkeit im Wasser als Maßstab vorgeschlagen (s. S. 910). Er verglich die von 1 g Glaspulver aufgenommenen Wassermengen (nachdem das Pulver 2 Tage lang unter einer Glasplatte gestanden hatte) mit dem elektrischen Leitungsvermögen des mit dem verwitterten Pulver in Berührung gebrachten chemisch reinen Wassers (Summe der Leitungsvermögen von drei Aufgüssen zu je 100 g). Das Resultat ist in Fig. 113 graphisch wiedergegeben.

Die Gläser enthielten Alkali, Kalk und Zinkoxyd mit Kieselsäure.

Vergleichende Untersuchungen der Verwitterungsfähigkeit und Löslichkeit mit Hilfe der Jodeosinreaktion hat F. Mylius durchgeführt. Diese haben das Resultat ergeben, daß aus dem Verhalten der Silicatgläser mit Alkali- und

[1]) E. Zschimmer, D. Mechaniker-Z. 1903, 53.
[2]) E. Zschimmer, Z. f. Elektroch. 1905, 629.
[3]) F. Kohlrausch, Ber. Dtsch. Chem. Ges. **24**, 3560 (1891).

niedrigem Borsäuregehalt (etwa bis 15%) eine exakte chemische Definition für gewisse Arten der Verwitterungsfähigkeit zu gewinnen ist. Auf Grund der Tatsache, daß die störenden Beschläge an der Glasoberfläche im wesentlichen eine Folge der dort vorhandenen Menge des freien Alkalis der temporären Wasserhaut bedeuten, definiert F. Mylius die als Maß der Reaktionsgeschwindigkeit zwischen Alkali und Jodeosin sich ergebenden „Alkalitäten" (s. folg. S.) als Maß der Verwitterungsfähigkeit der genannten Glasarten an freier Luft. Die Veranlassung zur Entdeckung dieser Methode war eine sehr merkwürdige Erscheinung an Libellen, wie sie für geodätische und astronomische Zwecke vielfach benutzt werden. Um diese leichter beweglich zu machen, bediente man sich des Äthers an Stelle des früher gebräuchlichen Alkohols zur Füllung. Seitdem bedeckten sich die Wände der Libellen mit Ausscheidungen, die anfangs vollkommen den Verwitterungsbeschlägen, später der Zersetzung des Glases durch flüssiges Wasser entsprachen. Es stellte sich heraus, daß im Äther gelöstes Wasser in der Tat dieselbe Rolle hierbei spielt wie das gasförmige Wasser in der Luft: Die Glassubstanz wird hydrolytisch zersetzt, es bilden sich alkalische Tröpfchen, dann Kristalle, teils lang, büschelförmig, teils rhombische Form andeutend. Die Erscheinungen sind dieselben, wie sie später von E. Zschimmer an optischen Gläsern festgestellt wurden, die an freier Luft verwitterten (Fig. 106 u. 107 S. 901). Um die Alkalität des gelösten Wassers nachzuweisen, wurde der Äther mit Eosin versetzt. Hierbei zeigte sich eine karminrote Färbung der veränderten Glaswand: Die „Eosinreaktion" als Indikator der Zersetzlichkeit war gefunden.

Eine zusammenfassende Darstellung und genaue Beschreibung der Eosinmethode zur Bestimmung der „natürlichen Alkalität" und der „Verwitterungsalkalität" (s. folg. S.) enthalten die beiden schon früher erwähnten Arbeiten von F. Mylius.[1]) Hier ist auf das Verhalten verschieden zusammengesetzter Gläser gegen Jodeosin ($C_{20}H_8J_4O_5$) noch kurz einzugehen. Der gelbe Farbstoff verbindet sich (in wasserhaltiger ätherischer Lösung aufgegeben) mit den Alkalioxyden K_2O, Na_2O, aber ebenso auch mit den in Gläsern vorkommenden Basen MgO, CaO, ZnO, BaO und PbO. Es entstehen normale Salze vom Typus

$$R''(C_{20}H_8J_4O_5).$$

Leicht löslich sind die Salze von Na, K und Mg, schwer löslich das Ca-, Zn-, Ba- und Pb-Salz (letzteres zum Unterschied von den übrigen nicht kristallisiert, sondern flockig amorph). Mit unzureichenden Mengen der Eosinlösung liefern Mg, Zn und Pb anscheinend basische Salze, die sich durch Wasser schwer von der Oberfläche der Präparate lösen. Die Jodeosinsäure zeigt insofern analoges Verhalten wie die Kohlensäure, welche bei der Verwitterung beteiligt ist. Al-Hydrat wird nur schwach rosa gefärbt. Die gefällte Tonerde absorbiert nicht genügend Eosin, um normale Salze zu bilden. Kieselsäurehydrat in reinem Zustande bleibt vollkommen weiß, ebenso das Anhydrit. Reine Borsäure verhält sich ebenso.

Hieraus folgt nun, daß nur die basischen Bestandteile des Glases mit Eosin reagieren („Boratverwitterung" kann also nicht angezeigt werden), daß aber außer den Alkalien auch die zweiwertigen Oxyde beteiligt sein

[1]) F. Mylius, Z. anorg. Chem. **55**, 233 (1907); **67**, 200 (1910).

werden. Dabei ist das Verhalten von Bleioxyd besonders zu beachten. Während die Flintgläser im ganzen eine schwache hygroskopische Verwitterung zeigen (von Fleckenbildung abgesehen), weil sie meist nur wenig Alkali enthalten (unter 10%), bedecken sie sich bei Berührung mit der ätherischen Eosinlösung mit einer schwer löslichen roten Schicht, welche stetig und schnell an Dicke zunimmt. Ähnlich wirken auch bei Barium- und Zinkgläsern die zweiwertigen Basen mit. Da die schweren Oxyde jedoch in den natürlichen, beim Gebrauch des Glases entstehenden Verwitterungsbeschlägen fehlen, so würde die Eosinreaktion, nur auf frische Bruchflächen angewandt, ein falsches Bild geben. Ursprünglich hatte Mylius den Verlauf der „Eosinkurve" als charakteristisch angesehen und als Ersatz dafür eine Messung der gebundenen Jodeosinmenge nach 1 Minute und nach 24 Stunden Berührungszeit empfohlen. Es ergab sich für die Kalksilicatgläser folgendes Bild (Fig. 114):

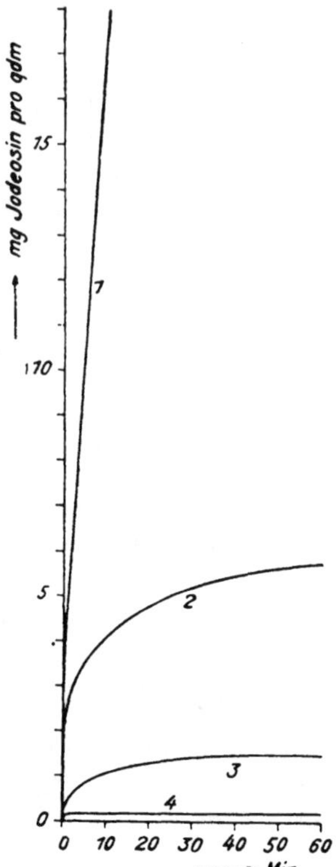

Fig. 114. Eosinkurven an Alkali-Kalksilicatgläsern.

Bei Kaliwasserglas (1) und den minderwertigen Glassorten (2 und 3) erkennt man als typischen Verlauf die fortgesetzte Bindung neuer Mengen Eosin mit der Berührungszeit. Das brauchbare Geräteglas (4) zeigt dagegen, daß auf die erste Alkaliabgabe von 0,2 mg in 1 Minute keine weitere Zunahme folgt, der Zustand also „passiv" geworden ist. Dagegen verhalten sich nun wenig hygroskopische Silicatgläser mit Zn, Ba und Pb nach der Eosinreaktion ebenso wie die mangelhaften Kalksilicate, d. h. die Reaktion schreitet stetig mit der Zeit fort, wie folgende Zahlen beweisen:

Glasart	Milligramm Jodeosin gebunden auf 1 qm Fläche nach			
	1 Minute	1 Tag	2 Tagen	4 Tagen
Schwerstes Bleisilicat, alkalifrei	2,6	75	—	—
Kal.-Natr.-Bleisilicat	10	15	—	59
Kal.-Barium-Zink-Blei-Borosilicat	12	13	69	104

Die „Minutenprobe" gibt also für frische Bruchflächen zwar eine charakteristische Konstante — die „natürliche Alkalität" —, welche ein „Maß für die reagierenden Basen" der Gläser bilden kann, aber sie kennzeichnet nicht mehr eindeutig die zu erwartenden Veränderungen, sobald sich der Kreis der Glaszusammensetzungen über die Systeme SiO_2—$(Na, K)_2O$, CaO hinaus erweitert. Das alkalifreie Bleisilicatglas z. B. zeigt an der Luft keine Spur von Tröpfchen- oder Kristallbeschlägen, es ist insofern vorzüglich haltbar — während doch die Eosinreaktion nach 1 Minute pro 1 qm 2,6 mg an

PbO gebundenes Jodeosin liefert. Immerhin ist diese Zahl von Bedeutung, denn dieses Glas besitzt eine starke „Fleckenempfindlichkeit", es wird bei Berührung mit den Fingern braunfleckig und läuft an der Luft mit irisierender Oberfläche an.

Nun zeigte sich überraschenderweise, daß während einer künstlich beschleunigten Verwitterung (in mit Wasserdampf bei 18 °C gesättigter Luft) eine starke Abnahme der in 1 Minute gebundenen Eosinmenge gegenüber frischen Bruchflächen eintritt. Ein Kali-Zink-Barium-Blei-Silicatglas ergab z. B.:

Vor der Verwitterung den Eosinwert . . .	14
Nach eintägiger Verwitterung	6,5
Nach einwöchentlicher Verwitterung	5

Der Grund hierfür liegt offenbar in der mit der Verwitterung des Glases abnehmenden Beteiligung der schwereren Basen an der Reaktion. Mylius schließt auf Grund einiger Versuche mit Silicatgläsern, daß auf verwitterten Flintgläsern das abgeschiedene Bleioxyd oder Bleisilicat durch eine Schicht von koagulierter Kieselsäure vor dem Angriff des Jodeosins geschützt wird. Dasselbe gilt für Barytgläser und (in vermindertem Maße) für die Zinkgläser. Über Kalkgläser liegen noch keine Beobachtungen vor, wie überhaupt ein systematisches Studium der Erscheinungen an einfach zusammengesetzten Versuchsschmelzen noch von großem Interesse wäre. Das vorliegende Material besteht aus optischen Gläsern von reichlich komplizierter Zusammensetzung. Nach 7 tägiger Verwitterung erhält man nahezu konstante Eosinwerte, diese Zeit wird daher ausreichen, um in den meisten Fällen die Verwitterungsfähigkeit oder die „Wetteralkalität" für die oben bezeichnete Gruppe der Gläser zahlenmäßig auszudrücken. Mit wenigen Ausnahmen befanden sich die Gläser, nach der Wetteralkalität geordnet, in derselben Reihenfolge, wie die hygroskopischen Beschläge, welche sie innerhalb 2 Jahren in einem mit gewöhnlicher Luft gefüllten geschlossenen Gefäße unter dem Mikroskop zeigten. Borosilicatgläser mit niedriger Lichtbrechung (n_D = 1,46—1,48) ergaben, trotz ganz geringer Alkalität der frischen Bruchflächen, eine extrem hohe Verwitterungsalkalität. Sie zeigten bei der Verwitterung starke Tau- und Kristallbildung. Es folgt daraus, daß die einfachen Eosinwerte allein (die natürliche Alkalität) keinesfalls genügen, um beliebige Gläser zu charakterisieren. „Zur Prüfung der Wetterbeständigkeit aller Glasarten der Technik erweist sich die 7 tägige Verwitterung an frischen Bruchflächen in mit Wasser gesättigter Luft bei 18° als zweckmäßig." Das brauchbare Maß ist also die „Wetteralkalität" (Milligramm Jodeosin auf 1 qm verwitterte Fläche).

Flüssiges Wasser. Um das Verhalten von Glas gegenüber Wasser und Lösungen in möglichst erschöpfender Weise zu studieren, wird man nach F. Kohlrausch[1]) folgende Fragen zu stellen haben:

1. Welchen Einfluß hat die Zusammensetzung des Glases?
2. Welchen Einfluß haben: Zubereitung, Schmelztemperatur und -zeit, Kühlung, Altern des Glases?
3. Wie verhalten sich geblasene, geschliffene, geätzte Flächen?

[1]) F. Kohlrausch, Ann. d. Phys. **44**, 577 (1891).

4. Wie wirken außer reinem Wasser noch andere Flüssigkeiten, besonders saure und alkalische Lösungen?
5. Welche Zusammensetzung hat das Gelöste?
6. Warum erfolgt die Lösung so langsam, welche schwerlöslichen und welche leichtlöslichen, nur langsam herausdiffundierenden Teile sind zu unterscheiden?
7. Gehen Teile nur zeitweilig in Lösung, um sich daraus später abzuscheiden?
8. Wie tief geht die Einwirkung?
9. Wie hängt die Löslichkeit von der Berührungsdauer ab?
10. Wie weit läßt sich durch Auslaugung die Löslichkeit verringern?
11. Kann die Auslaugung so weit getrieben werden, daß die Löslichkeit aufhört?
12. Welchen Einfluß hat öfteres Erneuern des Lösungsmittels?
13. Welchen Einfluß hat die Temperatur?
14. Wie ändern sich Gestalt, Benutzbarkeit und Beweglichkeit der Flüssigkeit (z. B. in Libellen) unter dem Einfluß der Auflösung des Glases?
15. Welcher Zusammenhang besteht zwischen hygroskopischem Verhalten (Verwitterung) und Löslichkeit?
16. Gibt es einfache Proben auf die Güte des Glases?

Die Beobachtungen über die Zersetzlichkeit des Glases durch Wasser reichen weit in die Vergangenheit zurück. Bereits Scheele, Lavoisier und Chevreul kannten die Erscheinung. Die ersten exakten Bestimmungen machte J. Pelouze[1]) durch Behandlung von Glaspulver mit Wasser und verschiedenen zugesetzten Reagenzien. Er glaubte: „Durch hinreichend lange Einwirkung des Wassers auf höchst feines Glaspulver würde man ohne Zweifel dahin gelangen, bloß Kieselerde unaufgelöst übrig zu behalten." An Stelle dieser, dem Sinne nach nicht ganz unrichtigen Vorstellung ist die Beobachtung getreten, daß Wasser, welches mit Glas in Berührung war, alle Bestandteile desselben in Lösung enthält, allerdings in ganz anderem Verhältnis als im Glase, während gleichzeitig außer der rein physikalischen Wirkung eine chemische immer vorausgeht: die Umwandlung der Glassubstanz in einen wasserhaltigen Körper, der erst bei weiterer Einwirkung zerfällt. Hierbei findet meist eine grob mechanische Zerstörung des „Quellungsproduktes" statt. Die leichter löslichen wasserhaltigen Silicate — sofern es sich um Alkalisilicatgläser handelt — gehen zuerst in Lösung, der Rest bleibt in Form von schwer löslichen Flocken, Klümpchen und Schuppen zurück, bis mechanische Abtrennung von der Glaswand (z. B. eines Gefäßes) erfolgt. Da die hydrolytische Zersetzung des Glases schon an freier Luft eintritt (s. S. 900), so ist es für die exakte Bestimmung der Lösungsvorgänge wesentlich, die vorausgegangene „Verwitterung" zu kennen. Hierbei wird schon ein Teil der Arbeit geleistet, die sich unter Berührung mit dem flüssigen Wasser, besonders bei höherer Temperatur, nur noch schneller vollzieht. Die außerordentlich zahlreichen Untersuchungen können hier nur in Kürze und mit Auswahl der wichtigsten neueren Arbeiten angeführt werden.

O. Schott[2]) behandelte Gläser von verschiedener Zusammensetzung mit heißem Wasser auf dem Wasserbad 5 Tage lang derart, daß nur bei Tage

[1]) J. Pelouze, Dingl. J. **142**, 121 (1856).
[2]) O. Schott, Z. f. Instrumentenkunde **9**, 86 (1889).

erhitzt wurde. Sie hatten die Form von Röhren oder Scheibchen, um die Oberfläche messen zu können. Nach der Reinigung durch Wasser, Alkohol und Äther wurden sie, mehrere Stunden über H_2SO_4 getrocknet, gewogen. Bei Wiederholung dieser Behandlung ergab sich eine Gewichtsänderung von höchstens 0,2—0,3 mg. Die Resultate folgen hier kurz in Form einer Tabelle. Hierin bedeuten die Verluste des Glasgewichts in Milligramm pro Quadratmeter:

A. Nach Behandlung im Wasser, über H_2SO_4 getrocknet.

B. Nach darauf folgendem Erhitzen auf 150^0 (wobei von Nr. 7 kleine Schuppen abfielen, die in dem Verluste einbegriffen sind).

Tabelle.

	Versuchsglas von Schott XVIII	Versuchsglas von Schott 3 III	Versuchsglas von Schott 13 III	Besseres Thüringer Glas *F.* 2 Jahre a. d. Luft gelagert	Versuchsglas von Schott 15 III	Versuchsglas von Schott 6 III	Thüringer Glas untergeordneter Qualität *T*
	1	2	3	4	5	6	7
SiO_2 . . .	66	62	58	69,02	67	73	68,69
B_2O_3 . . .	3	4	7	—	—	2	—
Al_2O_3 . . .	—	2	—	3,00	2	5	+ Fe_2O_3 2,11
Na_2O . . .	13	16	—	16,01	8	15	15,87
K_2O . . .	—	—	15	3,38	9	5	7,32
MgO . . .	—	—	—	0,26	—	—	0,24
CaO . . .	—	16	—	7,24	7	—	5,66
ZnO . . .	7	—	20	—	7	—	—
PbO . . .	10	—	—	—	—	—	—
As_2O_3 . . .	—	—	—	0,24	—	—	—
Mn_2O_3 . . .	—	—	—	0,43	—	—	—
Fe_2O_3 . . .	—	—	—	0,42	—	—	—
	99	100	100	100,00	100	100	99,89
A	120	550	160	350	90	90	1070
B	0	0	24	80	6	70	490

Schott bemerkt, daß ein auffälliger Unterschied zwischen reinen Natrongläsern und kalihaltigen Gläsern besteht. Während erstere (Nr. 1 u. 2) Erhitzung auf 150^0 vertragen, ohne ihr Gewicht weiter zu ändern, verlieren die kalihaltigen Sorten noch Wasser und blättern mehrfach ab oder zeigen Risse in der Oberfläche (vgl. die bekannteren Verwitterungserscheinungen S. 898).

F. Mylius und F. Foerster[1]) widmen dem Unterschiede der Kali- und Natrongläser eine eingehende Untersuchung. Hierzu wurden in der Kgl. Porzellanmanufaktur zu Berlin Versuchsschmelzen hergestellt nach dem Schema:

$$2R_2O + 6SiO_2,$$

worin der Reihe nach:

0,25, 0,50, 0,75, 1,00 Mole CaO

[1]) F. Mylius u. F. Foerster, Z. f. Instrumentenkunde **9**, 117 (1889).

an Stelle von R_2O gebracht wurden. So ergaben sich fünf reine Natrongläser und fünf reine Kaligläser mit wechselnden Mengen CaO. Nach einer schon früher angewandten Methode[1]) bestimmten F. Mylius und F. Foerster quantitativ die in Lösung gehenden Mengen der Alkalien, der Kieselsäure und die Summe des Gelösten. Gleiche Raummengen (7,7 ccm entspr. 20 g) in Form von gesiebten Körnern wurden 5 Stunden lang bei 100^0 im Platinkolben behandelt und ergaben folgende Werte:

Nr.	Zusammensetzung	Glasmasse g	Summe des Gelösten mg	K_2O mg	Na_2O mg	Mol Alkali auf 1 Mol SiO_2
1	$2{,}00 K_2O + 0{,}00 CaO + 6 SiO_2$	18,824	6624	2377	—	0,36
2	$2{,}00 Na_2O + 0{,}00 CaO + 6 SiO_2$	19,381	2987	—	842	0,38
3	$1{,}75 K_2O + 0{,}25 CaO + 6 SiO_2$	18,948	4674	1676	—	0,36
4	$1{,}75 Na_2O + 0{,}25 CaO + 6 SiO_2$	18,979	507	—	203	0,64
5	$1{,}50 K_2O + 0{,}50 CaO + 6 SiO_2$	19,002	223,5	158,4	—	1,56
6	$1{,}50 Na_2O + 0{,}50 CaO + 6 SiO_2$	19,118	37,9	—	34,3	4,1
7	$1{,}25 K_2O + 0{,}75 CaO + 6 SiO_2$	19,072	32,1	26,7	—	3,15
8	$1{,}25 Na_2O + 0{,}75 CaO + 6 SiO_2$	19,257	17,4	—	11,5	1,9
9	$1{,}00 K_2O + 1{,}00 CaO + 5 SiO_2$	19,125	9,5	6,0	—	1,1
10	$1{,}00 Na_2O + 1{,}00 CaO + 6 SiO_2$	19,381	7,4	—	4,2	1,27

Die Löslichkeit der reinen Kaligläser ist in der Tat größer als die äquivalenter Natrongläser, jedoch hängt das Verhältnis vom Kalkgehalt ab: Mit zunehmendem CaO-Gehalt nähert sich die Wasserlöslichkeit beider Glasarten der Gleichheit, wie aus der Tabelle ohne weiteres ersichtlich ist. Außerdem geht hervor, daß in der Lösung eine bedeutende Vermehrung der Alkalien gegenüber der Kieselsäure statthat, wie zu erwarten ist.

An einer Reihe sehr verschiedenartiger Glassorten (darunter auch Jenaer optische Gläser) hat F. Kohlrausch unter Benutzung der elektrischen Leitfähigkeit der „Glaslösung" gegenüber destilliertem (nicht absolut reinem) Wasser die Fragen zu beantworten gesucht, die wir an den Anfang stellten. Von der umfangreichen Arbeit folgt hier nur das Wichtigste.

Das Leitungsvermögen k des angewendeten Wassers bei 18^0 C, bezogen auf Quecksilber von 0^0 (multipliziert mit 100), war:

$$k = 1 \text{ bis } k = 2;$$

dieser Wert ist bei allen folgenden Bestimmungen von dem Werte k der Lösungen der Gläser abgezogen worden. Aus der Größe von k lassen sich sichere Schlüsse auf die Menge des Gelösten nicht ziehen, die Methode kann also nur relative Zahlen liefern, die nicht ohne weiteres den Vergleich zusammengesetzter Glasarten gestatten. Würde reines Na_2SiO_3 in Lösung gehen, so wäre die Menge des Gelösten in Milligramm pro Liter $= 0{,}5\,k$, für das Kalisilicat $= 0{,}64\,k$. Bei größerem Alkaligehalt vermindert sich der Faktor; reines NaOH gibt $0{,}22\,k$, KOH gibt $0{,}28\,k$ usw.

In der folgenden Tabelle sind die Resultate bei gleicher Behandlung einer Reihe von Gläsern in Pulverform mitgeteilt (die Zusammensetzung in

[1]) F. Mylius u. F. Foerster, Z. f. Instrumentenkunde **8**, 267 (1888).

Molekülprozenten). Das Pulver wurde in der Achatschale so fein gerieben, daß man kein Knirschen des Reibers mehr hörte und keine Körner mehr fühlte. Nach der Wägung beginnt die Behandlung mit Wasser, wobei man täglich etwa 10—20 mal aufschüttelte. Nach mikroskopischer Schätzung entspricht 1 g pulverisierter Substanz einer Berührungsfläche von der Größenordnung eines Quadratmeters. Die längere Zeit beobachteten Pulver wurden in Glasflaschen aufgenommen. Deren Oberfläche war 100 mal kleiner anzunehmen, so daß ihr Einfluß die Resultate nicht merklich ändern dürfte. Der kleine Betrag der von dem untersuchten Flaschenglase herrührenden Leitfähigkeit wurde abgezogen. Die zur Untersuchung von dem Pulver abgegossene Lösung war nicht völlig klar, was aber keinen Einfluß hatte. Bei mehreren Aufgüssen blieb ein je auf 1 % zu schätzender Rest der vorausgegangenen Lösung zurück. Der Verlust an Pulver wurde annähernd in Abzug gebracht, indem die nächste Wassermenge entsprechend verringert wurde.

Um ein Bild von der allmählichen Wirkung des Wassers zu erhalten, wurden 0,8—1,5 g mit kaltem Wasser (18°) behandelt, dessen Mengen denen der Gläser proportional waren. Die Vergleichung kann ± 30 % Fehler enthalten. In der Tabelle bedeutet:

„Aufguß 20fach 4 Tage“ } Die (korrigierte) Leitfähigkeit für einen bis zum Abgießen 4tägigen Aufguß in der 20fachen Menge des Glasgewichtes.

„Aufguß 100fach 10 Tage 10 Tage usw.“ } Leitfähigkeit der je nach 10 Tagen erneuerten und ebensolange wirkenden Aufgüsse in der 100fachen Menge des Glasgewichtes.

Kalkgläser.

	Jenaer Normalglas	Englisches Kronglas	Thüringer Glas A	Böhmisches Kaliglas	Thüringer Glas B	Kronglas v. Feil, Paris	Thüringer Glas C	Thüringer Glas D	Schlechtes Thüringer Glas E	Schlechtes Thüringer Glas F
	Molekülprozente									
B_2O_3	1,8	1,4	—	—	—	0,9	—	—	—	—
SiO_2	69,0	73,6	76,2	81,8	68,2	70,8	73,1	68,8	70,6	72,1
Al_2O_3	1,5	—	0,4	0,3	2,2	—	0,3	1,7	1,1	1,3
Na_2O	14,5	5,1	11,6	1,4	13,9	8,2	14,2	14,1	15,9	17,5
K_2O	—	10,1	2,8	8,9	4,5	9,5	4,6	4,0	3,9	3,9
CaO	7,7	9,6	9,0	7,6	10,9	8,0	7,3	11,2	8,1	4,9
ZnO	5,3	—	—	—	—	2,4	—	—	—	—
BaO	—	—	—	—	—	—	—	—	—	—
PbO	—	—	—	—	—	—	—	—	—	—
MgO	—	—	—	—	—	—	0,3	—	—	—
As_2O_3	—	0,1	—	—	—	0,1	—	—	—	—
Mn_2O_3	0,2	0,1	—	—	0,3	0,1	0,2	0,2	0,4	0,3
	100,0	100,0	100,0	100,0	100,0	100,0	100,0	100,0	100,0	100,0
Aufguß 20fach 4 Tage	260	470	360	380	400	470	670	600	1100	2400
100fach 10 Tage	44	58	74	82	78	103	147	150	310	770
10 Tage	25	38	25	61	41	67	79	96	190	530
10 Tage	19	26	16	50	28	41	45	75	130	380
10 Tage	15	—	16	40	18	36	41	60	99	370
10 Tage	10	—	12	—	19	—	—	42	—	—
10 Tage	—	—	10	—	—	—	—	—	—	—

Kalk- und bleifreie Gläser.

	Jenaer Barytkronglas O 463	Jenaer Schwerstes Barytkronglas O 634	Jenaer Barytkronglas O 227	Jenaer Zinkkronglas O 493	Jenaer Borosilicat-kronglas O 599	Jenaer Barytkronglas O 861	Jenaer Kalikronglas O 365
	Molekülprozente						
B_2O_3	3,3	5,4	3,1	1,4	5,9	2,5	—
SiO_2	65,6	57,3	71,4	71,5	74,8	74,9	61,7
Al_2O_3 . . .	—	—	—	—	0,7	—	—
Na_2O . . .	1,2	—	3,5	6,4	11,3	5,5	—
K_2O	6,5	3,6	7,8	8,4	7,1	10,9	24,9
CaO	—	—	—	—	—	—	—
ZnO	12,2	12,5	4,5	12,2	—	1,7	10,8
BaO	10,0	21,0	9,5	—	—	4,3	2,4
PbO	1,0	—	—	—	—	—	—
MgO	—	—	—	—	—	—	—
As_2O_3	0,1	0,1	0,1	0,1	0,1	0,1	0,1
Mn_2O_3	0,1	0,1	0,1	—	0,1	0,1	0,1
	100,0	100,0	100,0	100,0	100,0	100,0	100,0
Aufguß 20fach 4 Tage	98	116	180	230	490	650	6900
100fach 10 Tage	14	17	36	36	71	190	2360
10 Tage	5	8	17	20	28	100	1400
10 Tage	5	7	12	18	20	80	1200
10 Tage	—	—	10	—	—	84	—
10 Tage	—	—	—	—	—	69	—
10 Tage	—	—	—	—	—	73	—

Bleisilicatgläser.

	Jenaer Schwerstes Flint S 164	Jenaer Schwerflint O 303	Jenaer Flint O 824	Jenaar Leichtflint O 677	Jenaer Leichtflint O 788	Bleikristall
	Molekülprozente					
SiO_2 . . .	50,9	65,4	71,2	76,0	78,0	77,0
Na_2O . . .	—	—	0,8	1,9	5,7	0,8
K_2O . . .	—	4,7	8,1	7,4	6,6	10,6
PbO . . .	49,0	29,7	19,7	14,4	9,5	11,5
MgO . . .	—	—	—	—	—	0,1
As_2O_3 . . .	0,1	0,1	0,1	0,1	0,1	—
Mn_2O_3 . . .	—	0,1	0,1	0,2	0,1	—
	100,0	100,0	100,0	100,0	100,0	100,0
Aufguß 20fach 4 Tage	5	40	210	310	300	590
100fach 10 Tage	0	1	13	26	59	87
10 Tage	0	0	8	9	24	36
10 Tage	0	0	7	7	17	34
10 Tage	—	—	—	7	12	37
10 Tage	—	—	—	—	14	—

Phosphat- und Boratglas.

	Jenaer Phosphatkron	Jenaer Boratflint
	Molekülproz.	
B_2O_3 . . .	5,0	66,3
P_2O_5 . . .	56,6	—
Al_2O_3 . . .	11,3	10,0
Na_2O . . .	—	4,1
K_2O . . .	14,8	—
MgO . . .	11,6	—
CaO . . .	—	—
ZnO . . .	—	12,6
PbO . . .	—	6,9
As_2O_3 . . .	0,7	0,1
	100,0	100,0
Aufguß 20fach 4 Tage	460	1000
100fach 10 Tage	112	420
10 Tage	52	280
10 Tage	53	165
10 Tage	76	—

Kohlrausch bemerkt, daß die anfänglichen Löslichkeiten der Gläser noch keinen Maßstab abgeben für ihr Verhalten auf die Dauer. Während die schlechten Gläser, monatelang ausgelaugt, noch immer beträchtlich löslich bleiben, werden die guten bald verbessert. Das „Abklingen" der Löslichkeit innerhalb der ersten 60 Tage stellt Fig. 115 für drei Kalksilicatgläser dar (Zahlen der Tabelle für 100fachen Aufguß, je nach 10 Tagen gemessen).

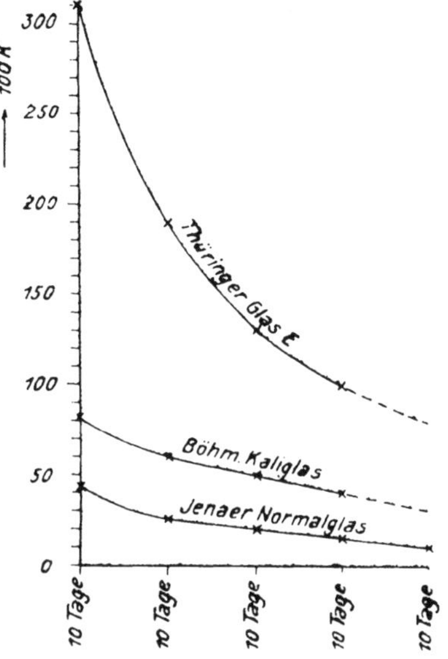

Fig. 115. Abklingen der Löslichkeit bei Kalksilicatgläsern (100fache Leitfähigkeit des lösenden Wassers).

Bezüglich der Abhängigkeit der Löslichkeit von der chemischen Zusammensetzung läßt sich nur über die Bleigläser ein Einblick gewinnen. Sofort auffallend ist die mit dem Alkaligehalt wachsende Löslichkeit. Alkalifreies Bleisilicatglas ergibt den Wert Null (s. die Tabelle). Die übrigen Gläser sind zu wenig systematisch zusammengesetzt, um Gesetze zu erkennen.

Die Löslichkeit in heißem Wasser ist natürlich erheblich größer. Sie ist nach 7stündiger Erwärmung bei 80° von gleicher Ordnung wie nach $^1/_2$ jähriger kalter Auslaugung (bei dem Kalikronglas O 365 nur $^1/_6$ dieses Wertes).

Ein von O. Schott dargestelltes Geräteglas für chemische Zwecke (das bekannte Jenaer Geräteglas) zeigte bedeutend kleinere Löslichkeit als die besten von F. Kohlrausch untersuchten übrigen Glassorten. Er fand[1]) für den 100fachen Aufguß die Leitfähigkeit × 100 bei 18° C im Vergleich mit zwei Gläsern der Tabelle:

Berührungszeit	Jenaer Geräteglas	Böhmisches Kaliglas	Jenaer Normalglas
2 Minuten . .	22	33	46
1 Stunde . .	26	41	62
1 Tag . . .	33	75	88
6 Tage . . .	38	97	111

Nach einer Titrationsmethode bestimmte R. Schaller[2]) die Linien gleicher Zersetzlichkeit (die sog. Zersetzungsgleichen). Für die drei Systeme:

100 Kieselsäure + Natriumsilicat + Calciumsilicat,

$\left.\begin{matrix}\text{100 Kieselsäure}\\ +\ \text{10 Tonerde}\end{matrix}\right\}$ + Natriumsilicat + Calciumsilicat,

$\left.\begin{matrix}\text{100 Kieselsäure}\\ +\ \text{10 Borsäure}\end{matrix}\right\}$ + Natriumsilicat + Calciumsilicat

[1]) F. Kohlrausch, Ber. Dtsch. Chem. Ges. **26**, 2998 (1893).
[2]) R. Schaller, Z. f. angew. Chem. **22**, 2369 (1909).

gibt Schaller den Verlauf nach Gewichtsprozenten der Oxyde nur qualitativ an (Fig. 116—118).

Die an den Kurven stehenden Zahlen bezeichnen den Grad der Zersetzlichkeit in relativem Maß gegenüber dem Angriff der bei 25° mit Wasserdampf gesättigten Luft. Aus Fig. 116 ersieht man, daß die Zersetzlichkeit der

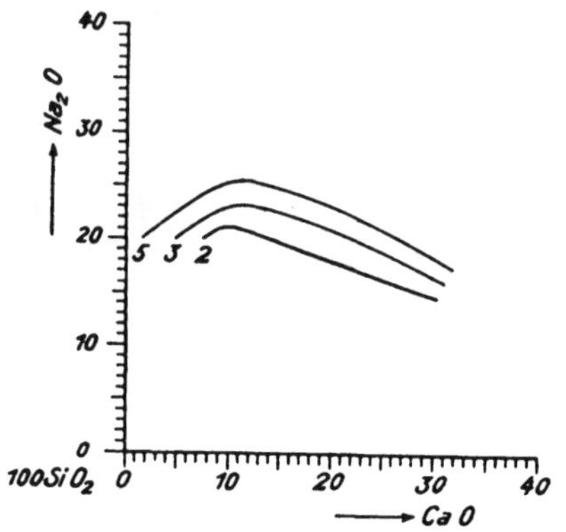

Fig. 116. Zersetzungsgleichen des Systems $100\,SiO_2 + x\,Na_2O + y\,CaO$.

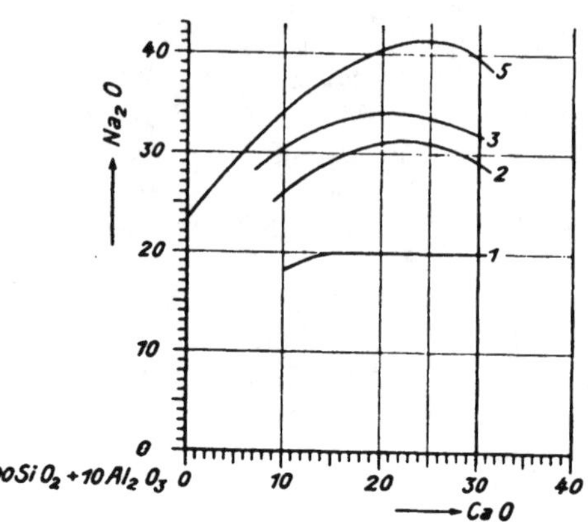

Fig. 117. Zersetzungsgleichen des Systems $\left.\begin{matrix}100\,SiO_2\\+10\,Al_2O_3\end{matrix}\right\} + x\,Na_2O + y\,CaO$.

Natron-Kalksilicate mit zunehmendem Alkaligehalt größer wird, und zwar scheinen bei je gleichen CaO-Gehalten denselben Zunahmen Na_2O annähernd gleiche Zunahmen der Zersetzlichkeit zu entsprechen, da die Kurven annähernd parallel verlaufen. Dagegen findet mit steigendem Kalkgehalt (bei konstanter Menge Na_2O auf $100\,SiO_2$) zunächst eine Verminderung der Zersetzung statt (z. B. auf der Abszissenlinie durch $20\,Na_2O$), welche bei etwa 10 bis 12 CaO auf $100\,SiO_2$ ein Minimum erreicht, um darüber hinaus (höhere Kalkgehalte) wieder zuzunehmen. Diese Tatsache ist für die Fensterglas- und Spiegelglasfabrikation von besonderer Wichtigkeit. Übrigens lehrt die Darstellung, wie irrig die seit Webers Untersuchungen verbreitete Ansicht ist, daß „gutes Glas" einem bestimmten Molekularverhältnis $SiO_2 : Na_2O : CaO$ entsprechen müßte. Denn bei gleicher Zersetzlichkeit durchläuft die Glaszusammensetzung sehr verschiedene Verhältnisse der Oxyde. Man wird erst durch die Vereinigung mehrerer physikalischer Eigenschaften (z. B. Schmelzbarkeit, Kristallisationsfähigkeit usw.) zu einer am zweckmäßigsten zu wählenden Zusammensetzung gedrängt, wie dies überhaupt der allgemeine Fall ist bei Gemischen, die praktischer Anwendung dienen.

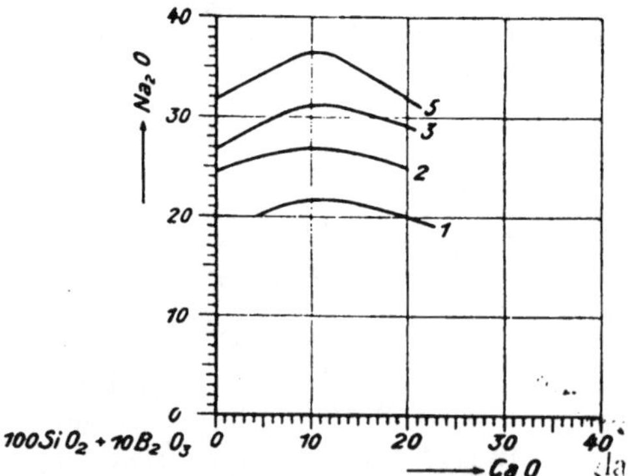

Fig. 118. Zersetzungsgleichen des Systems $\left.\begin{matrix}100\,SiO_2\\+10\,B_2O_3\end{matrix}\right\} + x\,Na_2O + y\,CaO$.

Von besonderem Interesse sind die beiden folgenden Systeme (Fig. 117 und 118), welche den Einfluß der Tonerde und Borsäure erkennen lassen. Wie R. Schaller bemerkt, besitzen die tonerdehaltigen Gläser durchweg größere Haltbarkeit als die entsprechenden tonerdefreien Schmelzen. Auffällig ist, daß jetzt die Kurven nicht mehr wie vorher parallel laufen.

Zur Erklärung dieser Erscheinung wird man annehmen dürfen, daß die Verbindung zwischen Natron, Kalk und Tonerde eine Rolle spielt. Hierdurch könnte bei zunehmendem Na_2O-Gehalt anfangs eine Verzögerung der Zersetzlichkeit durch Bildung des Na-Ca-Alumosilicats (Feldspat) erfolgen, mit zunehmender Konzentration des Na-Silicats steigt dann die Zersetzung schneller. Mit dem Kalkgehalt ändert sich aber die Form der Schnittkurve (Wirkung des Na_2O). Dies deutet darauf hin, daß noch andere Verbindungen im Spiele sind, deren zunehmende Konzentration die Zersetzlichkeit bei sehr hohen Na_2O-Gehalten wieder ermäßigt.

Weniger auffällig ist die Veränderung der Form der Zersetzungsgleichen des Natron-Kalk-Silicatglases beim Eintritt der Borsäure in die Zusammensetzung. Man erkennt zwar aus Fig. 118, daß eine Verschiebung der Linien gleicher Zersetzlichkeit in das Gebiet der höheren Natronzusätze (auf 100 SiO_2) stattfindet, wenn gleichzeitig ein konstanter Zusatz von B_2O_3 (10 auf 100 SiO_2) gemacht wird. Zum Beispiel besitzen Gläser mit über 25 % Na_2O auf 100 SiO_2 ohne Borsäuregehalt der Schmelze den Zersetzungsgrad 5, während derselbe in Gegenwart von 10 B_2O_3 (auf 100 SiO_2) nur 2 ist. Aber die Richtung der Kurven bleibt doch (bis auf das rechte Ende der Kurve 5) im allgemeinen ziemlich parallel. Die günstigere Haltbarkeit der Borosilicatgläser führt Schaller darauf zurück, daß die Borsäure als die stärkere Säure aus dem Natronsilicat SiO_2 frei macht, wodurch der Gehalt an ungebundener Kieselsäure erhöht und die Zersetzlichkeit herabgedrückt wird. Dies setzt natürlich voraus, daß das gebildete Natronborat die untersuchte Zersetzlichkeit einer gegebenen Menge Quarzglas, worin es aufgelöst wird, nicht mehr steigert als das vorher vorhandene äquivalente Natronsilicat. Lösungen von Na-Borat in Kieselsäure sind hiernach mindestens ebenso widerstandsfähig, als solche von äquivalentem Na-Silicat in SiO_2, sonst müßte der günstige Einfluß der freigewordenen Kieselsäure wieder aufgehoben werden. Betrachtet man bestimmte molekulare Verhältnisse, so erscheint — bei Annahme der Verbindungen $Na_2O \cdot SiO_2$, $CaO \cdot SiO_2$, $Na_2O \cdot 2B_2O_3$ — die verminderte Zersetzlichkeit Z nicht durch die vermehrte freie Kieselsäure bedingt, sondern durch den Ersatz des Na-Silicats durch gleiche Molekülmengen Na-Borat auf dieselbe Molekülmenge SiO_2. Zum Beispiel geben die Mischungen Schallers:

	1.	2.
SiO_2	100	100
CaO	10	10
Na_2O	25	25
B_2O_3	—	10
Z	5	2

in Molekularverhältnissen (bei Annahme jener Verbindungen):

	1.	2.	Änderung 2 gegen 1
SiO_2 frei . . .	108	108	0
$CaO \cdot SiO_2$ . . .	36	33	−3
$Na_2O \cdot SiO_2$ . .	81	62	−19
$Na_2O \cdot 2B_2O_3$ . .	—	20	+20
Z	5	2	−3

Bei Glas 2 sind gegenüber 1 auf gleichviel Mole Kieselsäure 20 Mole Na-Borat an Stelle von 19 Na-Silicat getreten (das Kalksilicat hat sich nur um den zwölften Teil in Molen vermindert). Dabei ist die Zersetzlichkeit herabgedrückt worden; das würde bedeuten, daß Lösungen von geschmolzenem Borax auf 100 Mole Quarzglas widerstandsfähiger sind, als solche von gleichviel Molen Natronsilicat (Anwesenheit von Calciumsilicat in der Lösung vorausgesetzt). Die Boraxlösung ist um 3 Grade weniger zersetzlich als Natronsilicatlösung.

Schaller führt noch an, daß man durch Ersatz des Kalkes durch andere Metalloxyde, wie MgO, ZnO, SrO, BaO, ganz ähnliche Abhängigkeiten beobachtet. Mit der systematischen Bearbeitung des gesamten Glasgebietes nach der Gleichenmethode haben sich, ungeachtet der wertvollen Entdeckungen und Erfindungen, die schon vordem von O. Schott und seinen Mitarbeitern gemacht worden sind, neue technische Fortschritte ergeben, womit sich das Jenaer Glaswerk auch weiterhin die führende Rolle bewahrt hat.

Methoden zur exakten Vergleichung von chemischen Geräteglässern haben F. Mylius und F. Förster ausgearbeitet. Sie dienen bei der Physikalisch-Technischen Reichsanstalt zur Prüfung technischer Gläser.[1]) Um vergleichbare Zahlen zu erhalten, ist es nötig, die Gefäße einer Vorbehandlung mit Wasser zu unterziehen. Hierzu genügt Wasser von 20° bei 3tägiger Einwirkung. Darauf bestimmt man mittels Jodeosin die abgegebenen Alkalimengen pro Quadratmeter Oberfläche:

a) nach 3tägiger Berührung des Gefäßes mit Wasser von 20°,
b) nach darauffolgender 1stündiger Berührung desselben Gefäßes mit Wasser von 80°.

Die erhaltenen Zahlen schwankten für Gerätegläser verschiedener Herkunft, ausgedrückt in äquivalenten Mengen Na_2O:

a) zwischen 0,10 und 1,3 mg Natron pro qm,
b) „ 0,67 „ 20,3 „ „ „ „

Ein auffallender Unterschied ergibt sich je nach der Behandlung der Gefäße in den Hütten, und zwar beim Kühlprozeß. Nach O. Schott übt die in den Verbrennungsgasen enthaltene schweflige Säure einen merklichen Einfluß aus auf die Beschaffenheit der Oberfläche. Es bilden sich offenbar schwefligsaure Salze der Alkalien, und so wird die Oberfläche stärker ausgelaugt durch das Spülwasser als ohne diese Reaktion. Nach der Prüfung der Physikalisch-Technischen Reichsanstalt verhält sich die Alkaliabgabe der besten im Handel befindlichen Gerätegläser[2]) in Milligramm pro Quadratmeter Oberfläche folgendermaßen (Berührungszeit nicht 3, sondern 8 Tage!):

	Böhm. Kaliglas vom Kavalier	Früheres Jenaer Geräteglas		Neues Jenaer Geräteglas 1910	
		ungekühlt	gekühlt	ungekühlt	gekühlt
Wasser von 20° 8 tägige Berührung	1,38	0,43	0,30	0,32	0,10
Ebenso, dann noch 3 Stunden in Berührung mit Wasser von 80°	5,60	1,82	0,43–0,6	1,55	kaum merklich sauer

[1]) F. Mylius und F. Förster, Z. f. Instrumkde. 11, 311 (1891) und 13, 457 (1893).
[2]) Verzeichnisse des Jenaer Glaswerkes, Nr. 388 und 896 (1905 und 1910).

Auf die umfangreiche Literatur über Glasgeräte kann hier nicht näher eingegangen werden.[1])

F. Mylius gibt folgende Einteilung der Gebrauchsgläser:[2])

Klasse	Milligramm Na_2O pro qm, nach 3 tägiger Vorbehandlung und 1 Woche in Wasser von 18°	3 Stunden in Wasser von 80°	Beispiel
Quarzglas	0	0	Quarzglas
Wasserbeständige Gläser	0–0,4	0–1,5	Jenaer Borosilicat-Thermometerglas, 59^{III} (und neues Geräteglas)
Resistente Gläser . . .	0,4–1,2	1,5–4,5	Staassches Glas
Härtere Apparatengläser	1,2–3,6	4,5–15	Jenaer Normalglas
Weichere „	3,6–15	15–60	Bleikristall
Mangelhafte Gläser . .	über 15	über 60	

Lösungen, Alkalien und Säuren. — Hierüber gibt F. Förster[3]) eine zusammenfassende Darstellung seiner Untersuchungen. Schon beim Angriff des Wassers handelt es sich meist um die verstärkte Wirkung der bereits abgespaltenen Alkalien (s. S. 900). Insbesondere löst das Alkali die Kieselsäure auf und legt dadurch immer neue Schichten der Glassubstanz für den weiteren Angriff des Wassers bloß. Die Menge des gelösten SiO_2 ist bei gewöhnlicher Temperatur gegenüber dem Alkali verschwindend, bei 100° ungefähr gleichgroß, unter dem Einfluß überhitzten Wassers (Wasserstandsröhren der Dampfkessel) aber viel größer. (Das Verhältnis allerdings gegenüber der Glassubstanz noch zugunsten des Alkalis verändert.) Die befördernde Wirkung des Alkalis auf die Zersetzung findet nur so lange statt, als seine Lösung relativ konzentriert ist. Tausendstel-Normalalkalilösung greift Glas nicht stärker an als reines Wasser. Erst bei höherer Konzentration — welche, absolut genommen, noch immer sehr gering sein kann — erfährt der Angriff des Wassers eine Steigerung. Einprozentige Natronlösung greift das gewöhnliche Kaliglas bei 100° so stark an, daß das Glas durch das zurückbleibende Calciumsilicat getrübt erscheint. Doppelt normale Natronlauge löst das Alkalikalksilicatglas gleichmäßig auf, der Angriff erstreckt sich auf alle Mischungsbestandteile. Von da ab bleibt die Löslichkeit bei 100° mit wachsender Konzentration der Lauge nahezu konstant. Bei gewöhnlicher Temperatur findet bei sehr hohen Konzentrationen sogar ein Rückgang der Löslichkeit in Kalilauge sowohl als in Natronlauge statt. Ammoniak verhält sich auch bei 100° so. Hieraus ergibt sich die Regel, kaustische Alkalien in Glasgefäßen in möglichst starker Lösung aufzubewahren. Nach der Stärke der Wirkung ist die Reihenfolge:

Natronlauge Kalilauge Ammoniak Barytwasser.

Die Unterschiede der verschieden zusammengesetzten Glasarten fallen nicht ins Gewicht.

---

[1]) Man vergleiche das Buch von H. Hovestadt, Jenaer Glas (Jena 1900); ferner die Arbeit von P. Walker, J. am. chem. soc. **27**, 865 (1905).

[2]) F. Mylius, Deutsche Mechaniker-Z. **1** (1908).

[3]) F. Förster, Z. f. Instrumkde. **13**, 457 (1893).

Verdünnte Säuren wirkten auf Alkalikalksilicatgläser annähernd gleich ein, ob nun Schwefelsäure, Salzsäure, Salpetersäure oder Essigsäure genommen wurde. (Bestimmung des Gewichtsverlusts nach 6stündiger Behandlung bei 100°.) Auch zeigte sich kein merklicher Unterschied für tausendstel normale, normale oder zehnfach normale Lösungen. Nur sehr viel stärkere Konzentrationen ergaben schwächere Wirkung, woraus zu schließen ist, daß die Säuren auf die gewöhnlichen Alkalikalksilicatgläser keinen Einfluß haben, sondern nur das Wasser verdünnen, indem sie das freiwerdende Alkali neutralisieren und so dessen Angriff auf die Glasoberfläche aufhalten.

Diese Gläser unterscheiden sich also wesentlich von Verbindungen der Kieselsäure mit Alkali und Kalk, die bekanntlich durch Salzsäure vollkommen zersetzt werden können. Auch geschmolzenes Na_2SiO_3 wird von konzentrierten Säuren stärker angegriffen als von verdünnten, und von diesen stärker als von reinem Wasser. Dagegen verhält sich $1 Na_2O . 3 SiO_2$ bereits wie die genannten Gläser. Der Grund für die Widerstandsfähigkeit gegen Säuren ist der hohe SiO_2-Gehalt. Hiermit stimmt überein, daß basischere Kalkgläser dieselbe einbüßen. — Ähnlich verhalten sich die Bleisilicatgläser. Die sauren Bleikristallgläser (Leichtflinte) werden vom Wasser stärker angegriffen, als von Säurelösungen. Bei schwereren Flinten beginnt die Säure zu wirken. Hierbei hat auch die Konzentration und Art der Säuren Einfluß. Die stark zunehmende Wirkung verdünnter Säuren auf Bleiglas war schon J. Pelouze[1]) bekannt. Er fand: „Durch halbstündiges Kochen mit Wasser und Zusatz einer Säure gaben 5 g Kristallglaspulver mittels Fällung durch Schwefelwasserstoff 0,05 g Schwefelblei, was einer Zersetzung von ungefähr 3% desselben entspricht." Das Flintglas, welches noch mehr Bleioxyd enthält, erleidet eine noch stärkere Zersetzung.

Reine konzentrierte Schwefelsäure wirkt bei 100° eben merklich auf gewöhnliche Alkalisilicatgläser. Mit steigender Temperatur wächst der Angriff langsam. Siedende Schwefelsäure wirkt aber immer noch schwächer als siedendes Wasser. Die Dämpfe der Säure zersetzen das Glas, welches sich dann mit einem Reif von Alkalisulfaten bedeckt.

Glasuren und Emails.

Von **Eduard Berdel** (Grenzhausen bei Frankfurt a. M.).

Von allen einfachen Silicaten vermag nur das Bleisilicat für sich allein ein Glas zu bilden. Natrium- und Kaliumsilicat bilden zwar auch glasartige Massen, indessen sind dieselben in Wasser löslich, schon mit Kohlensäure zersetzlich, so daß sie nicht zu den Gläsern gerechnet werden können. Bildet man aber Doppel- und Mehrfach-Silicate, dann wächst die Zahl der Gläser und glasbildenden Kombinationen ins Unendliche. Begünstigt wird dieser Reichtum an möglichen Kombinationen durch den Umstand, daß — innerhalb bestimmter, aber ziemlich weiter Grenzen — die Zahlenverhältnisse der einzelnen Bestandteile stark variieren können, ohne daß der glasige Charakter des Ganzen gestört wird.

---

[1]) J. Pelouze, Dingl. J. **142**, 121 (1856).

Glasuren und Emails — welche im Prinzip ziemlich zusammengefaßt werden können — sind eine bestimmte Art von Gläsern. Ihre Eigenart besteht darin, daß sie auf einer Unterlage — meist tonigen, seltener metallischen Charakters — haften und ohne Entglasungserscheinungen in dieser dünnen Lage blank bleiben. Von den gewöhnlichen Gläsern — Fensterglas, Flaschenglas, Apparatenglas usw. — unterscheiden sich daher die meisten Glasuren durch einen ausschlaggebenden Gehalt an Tonerde (Al_2O_3), sowie auch sehr häufig durch andere Säuerungsstufe und einen Mindergehalt an Alkalien, sowie öfters einen Gehalt an Borsäure. Hierdurch vermögen sie den oben genannten Anforderungen zu genügen. Die Schmelzbarkeit steht dabei im allgemeinen in umgehrtem Verhältnis zu Tonerde und Kieselsäure, in direktem zu Blei und Alkali, sowie zur Borsäure.

Wiewohl fast jede Glasur — wie jedes Glas — nicht als einheitliche chemische Verbindung aufgefaßt werden kann, sondern als starre Lösung von Kieselsäure oder bestimmten Silicaten in einem oder mehreren anderen Silicaten, so pflegt man doch — der besseren Übersicht halber — die Zusammensetzung der Glasur in eine stöchiometrische Formel zu bringen, in welcher — ähnlich wie bei Mineralien vielfach der Brauch — Oxyde und Säuren einander gegenübergestellt werden. Man bringt dabei die Oxyde in der Summe meist auf 1, um eine vergleichende Übersicht zu erhalten. Tonerde (Al_2O_3) und Borsäure (B_2O_3) werden hierbei als indifferente (bald saure, bald basische) Oxyde in die Mitte für sich gesetzt. Früher pflegte man Borsäure zur Kieselsäure zu schreiben.

Eine Systematik der Glasuren und Emails läßt sich wegen der äußerst wechselnden Zusammensetzung am besten nach technischen Gesichtspunkten aufstellen. Bei jedem Spezialgebiet ergibt sich dann eine bestimmte Gruppe auch chemisch zusammengehöriger Glasurversätze.

I. Porzellanglasuren.

Es sind dies Kali-Kalk-Tonerde-Silicate, die außerdem auch Magnesia, seltener Baryt, enthalten. Die Glasuren sind sehr reich an Tonerde, auch an Kieselsäure, was dem hohen Brande (1300—1500°) entspricht. Aus demselben Grunde sind sie die haltbarsten und widerstandsfähigsten Glasuren, die wir kennen. Sie werden aus Mineralien feinst zusammengemahlen (Kugelmühle), wobei der Kali-Feldspat ($K_2O \cdot Al_2O_3 \cdot 6SiO_2$) eine Hauptrolle spielt („Spatglasuren").

Für „Hartporzellan", welches bei 1350—1500° gargebrannt wird und weitaus den größten Teil aller fabrizierten Porzellane umfaßt, hat die Glasur etwa den Typus:

$$RO \cdot 0{,}8\text{—}1{,}2\, Al_2O_3 \cdot 8\text{—}10\, SiO_2 .$$

Unter den Basen („RO") befinden sich etwa:

0,1—0,3 K_2O,
0,0—0,2 MgO,
(0,0—0,7 BaO),
0,5—0,7 CaO.

Ein typisches Beispiel für eine solche Glasur ist:

$$\left.\begin{array}{l} 0{,}15\, K_2O \\ 0{,}20\, MgO \\ 0{,}65\, CaO \end{array}\right\} 1{,}0\, Al_2O_3 \cdot 9{,}5\, SiO_2 .$$

Sie setzt sich zusammen aus:

83,8 Gew.-Tl. Feldspat,
16,8 „ Magnesit,
65,0 „ Kalkspat,
133,2 „ gebrannt. Kaolin,
64,8 „ geschlämmt. Kaolin,
414,0 „ Quarzsand.

Für das seltenere „Weichporzellan" (auch für Feinsteinzeug und Halbporzellan), mit dem Garbrand von etwa 1300—1350°), muß die Glasur, um einen niedrigeren Schmelzpunkt zu erhalten, sehr viel ärmer an Tonerde und Kieselsäure sein:

$$RO \,.\, 0{,}4—0{,}6\, Al_2O_3 \,.\, 3{,}5—5{,}0\, SiO_2 \,.$$

Sonst gilt das gleiche, wie oben, so daß das genannte Beispiel sich hier etwa folgendermaßen verändern müßte:

$$\left.\begin{array}{l} 0{,}15\, K_2O \\ 0{,}20\, MgO \\ 0{,}65\, CaO \end{array}\right\} 0{,}5\, Al_2O_3 \,.\, 4\, SiO_2 \,.$$

83,8 Gew.-Tl. Feldspat,
16,8 „ Magnesit,
65,0 „ Kalkspat,
46,6 „ geschlämmt. Kaolin,
37,7 „ gebrannt. Kaolin,
144,0 „ Quarzsand.

Allgemein gelten für Porzellanglasuren etwa folgende Erfahrungen: Zu viel Kali gibt kristallinische Entglasungen, zu wenig Tonerde desgleichen, zu viel ungebrannter Kaolin bringt die Glasur beim Trocknen zum Rissigwerden (Schwindung). Zu viel Kalk und Magnesit, zu viel Tonerde und zu wenig Kieselsäure erzeugen Mattglasuren.

Da alle Porzellanmassen selbst sehr viel Feldspat enthalten, so pflegt man für Hart- wie Weichporzellanglasuren auch gebrannte, feingemahlene Scherben zu verwenden, wodurch außerdem eine große Menge gebrannten Kaolins und auch sehr viel Quarz bereits in halbgefrittetem Zustand in die Glasuren eingeführt werden.

II. Steingutglasuren.

Der Glasurbrand des Steinguts ist niedriger (950—1250°). Die leichter schmelzenden Steingutglasuren enthalten daher weniger Tonerde (Al_2O_3) und Kieselsäure (SiO_2) als die Porzellanglasuren, außerdem in stark wechselnden Mengen Borsäure (B_2O_3), Bleioxyd (PbO), sowie von Alkalien auch Na_2O neben K_2O.

Fast alle Steingutglasuren werden nicht durch einfaches Zusammenmahlen von Mineralien hergestellt, sondern sie werden — entweder ganz oder zum größten Teil — für sich zum Glas geschmolzen („gefrittet"), dann vermahlen und nun erst auf den Scherben aufgetragen. Dies geschieht vor allem deshalb, weil Natron und Borsäure fast nur in Form wasserlöslicher Verbindungen zu haben sind und daher im rohen Zustande nicht in einen wäßrigen Glasurbrei passen; dann aber auch zu dem Zweck, daß die Glasur rascher und glatter auf dem Scherben ausfließen kann, weil alle Reaktionen ihrer Teilchen schon vollendet sind.

Bleifreie Steingutglasuren — gesundheitlich vorzuziehen, aber nicht so brillant und transparent wie die Bleiglasuren — werden bei höherer Temperatur (ca. $1100-1250^{0}$) auf Gebrauchs- und Sanitätsware aufgebrannt und eignen sich nicht für farbige Dekore unter der Glasur. Ihr Typus ist:

$$RO \cdot \left\{\begin{matrix} 0{,}5-0{,}3\ Al_2O_3 \\ 0{,}1-0{,}5\ B_2O_3 \end{matrix}\right\} 2{,}7-4{,}0\ SiO_2 .$$

Die Basen (RO) können enthalten etwa:

$0{,}0-0{,}5\ K_2O$,
$0{,}5-0{,}0\ Na_2O$,
$0{,}0-0{,}5\ BaO$,
$0{,}0-0{,}5\ CaO$.

Folgendes Beispiel sei angeführt (für etwa 1200^{0}):

$$\left.\begin{matrix} 0{,}15\ Na_2O \\ 0{,}25\ K_2O \\ 0{,}25\ BaO \\ 0{,}35\ CaO \end{matrix}\right\} \begin{matrix} 0{,}4\ Al_2O_3 \\ 0{,}3\ B_2O_3 \end{matrix} \left\{ 2{,}8\ SiO_2 .\right.$$

1. Fritte:

57,3 Gew.-Tl. Borax, Kristallmehl,
139,8 „ „ Feldspat,
49,2 „ „ Witherit ($BaCO_3$),
35,0 „ „ Kalkspat,
60,0 „ „ Quarzsand.
341,3

2. Zur Mühle:

287,9 Gew.-Tl. Fritte,
38,8 „ „ geschl. Kaolin.

(Etwas Kaolin pflegt man stets ungefrittet zuzugeben, um die Glasur besser suspendiert zu halten). Viel Tonerde bedürfen diese bleifreien Glasuren, um Entglasungen und Trübungen zu vermeiden.

Bleihaltige Steingutglasuren — mehr oder minder gesundheitsschädlich, aber im Falle genügender Bindung des Bleioxyds durch Kieselsäure und Tonerde doch als harmlos zu betrachten — werden weitaus am häufigsten angewandt, und zwar für Gebrauchs- und Luxuswaren. Sie sind niedriger gebrannt ($950-1200^{0}$) und ermöglichen, je niedriger gebrannt, um so reicheren Farbenschmuck unter und in der Glasur. Sie sind hochglänzend und brillant. — Typus:

$$RO \cdot \left\{\begin{matrix} 0{,}1-0{,}3\ Al_2O_3 \\ 0{,}1-0{,}5\ B_2O_3 \end{matrix}\right\} 2{,}0-3{,}0\ SiO_2 .$$

Die Basen (RO) können enthalten etwa:

$0-0{,}4\ K_2O$,
$0-0{,}4\ Na_2O$,
$0-0{,}4\ CaO$,
$(0-0{,}3\ BaO)$,
$1{,}0-0{,}3\ PbO$.

Ein Beispiel sei angeführt (für etwa 1000^{0}):

$$\left.\begin{matrix} 0{,}1\ K_2O \\ 0{,}1\ Na_2O \\ 0{,}25\ CaO \\ 0{,}55\ PbO \end{matrix}\right\} \begin{matrix} 0{,}2\ Al_2O_3 \\ 0{,}4\ B_2O_3 \end{matrix} \left\{ 2{,}1\ SiO_2 .\right.$$

1. Fritte:	2. Zur Mühle:
55,9 Gew.-Tl. Feldspat,	305,7 Gew.-Tl. Glasur,
10,6 „ „ Soda, calcin.,	25,9 „ „ geschl. Kaolin.
25,0 „ „ Kalkspat,	
125,9 „ „ Mennige (Pb_3O_4),	
49,6 „ „ kristall. Borsäure,	
78,0 „ „ Quarz.	

Bleioxyd bewirkt starken Glanz und Lichtbrechung, viel Alkali weiße Farbe und weniger Transparenz. Wird mehr Alkali verlangt, als dem nach der Tonerde möglichen Gehalt an Feldspat entspricht, so greift man zum Salpeter. — Sehr schwer ist es, auf den porösen Steingutscherben rissenfreie Glasuren aufzubringen. Hoher Glasurbrand, viel Kieselsäure in der Glasur, sowie etwas Feldspat im Scherben wirken den „Haarrissen" im allgemeinen entgegen. Das Gegenteil wirkt gegen das „Abblättern". Doch sind stets langwierige Versuche nötig, um die Ausdehnungskoeffizienten von Scherben und Glasur einander zu nähern.

III. Töpferglasuren und Ziegelglasuren.

Der Glasurbrand ist hier fast stets sehr niedrig (etwa 950—1050°). Die Glasuren müssen billig sein, Borsäure und Frittung verbieten sich daher von selbst. Es ist die Domäne des einfachen Bleisilicates vom Typus:

$$PbO\,.\,1—3\ SiO_2,$$

also: 229 Gew.-Tl. Mennige,
60—180 „ „ Quarzsand.

Hierbei wird aber vielfach statt Mennige die billigere Glätte oder auch das „Erz" verwendet (Bleiglanz, PbS), ferner wird statt Quarzsand sandiger Töpferton, Ziegelton, Lehm usw. beigemischt. Natürlich kann unter den Basen auch hier etwas Kali (als Feldspat) und Kalk vertreten sein, ebenso kann etwas Tonerde eingeführt werden (Feldspat oder Lehm, Ton usw.). Die Versätze sind je nach Brenntemperatur äußerst wechselnd. Manche Töpfer verwenden sogar Bleierz allein und lassen das Bleioxyd sich die nötige Kieselsäure aus dem Scherben selbst herausholen.

IV. Die „Salzglasur".

Bei bestimmten Waren, meist bei Steinzeug, welches über 1150° gebrannt wird, pflegt man die Basis der Glasur (in diesem Falle Natrium) in gasförmigem Zustand aufzubringen, worauf sie sich aus dem (stets sehr quarzreichen) Scherben selbst mit Kieselsäure und Tonerde sättigt. Es geschieht dies durch Einwerfen von Kochsalz (NaCl) in den Ofen bei schärfstem Feuer. Chlornatrium wird schon bei 900° flüchtig, chemische Reaktionen aber mit SiO_2 treten erst bei etwa 1200° ein. „Salzglasuren" finden wir daher nie bei Töpfergeschirr, Irden- und Ziegelware, welche bei diesen Temperaturen selbst schmelzen würden, sondern nur auf Steinzeug. Die fertige Glasur hat natürlich mit „Salz" nichts mehr gemein. Dasselbe wurde durch die Kieselsäure unter Einwirkung des Wasserdampfes (aus den Verbrennungsprodukten) zersetzt etwa nach folgendem Schema:

$$2NaCl + H_2O + SiO_2 = Na_2SiO_3 + 2HCl.$$

Dieses Natriumsilicat bildet dann mit der Tonerde, bzw. dem Tonerdesilicat des Scherbens, Doppelsilicate von glasigem Charakter.

V. Die „Emails"

Emails sind Glasuren speziellen Charakters. Man pflegt mit diesem Namen zu bezeichnen:

a) Undurchsichtige (weißdeckende) Glasuren, also Kachel-, Majolika-, Fayenceglasuren, sowie Eisenblech-Emails und Emails auf Edelmetallen („Zellenschmelz").

b) Dicksitzende, meist zu Malerei verwendete (farbige) Glasuren, die sogar auf gewöhnlicher Glasur als Unterlage aufgebracht werden können („Muffel"-Emaillen).

a) Zum Undurchsichtigmachen dient bei Glasuren auf keramischen Scherben fast nur das Zinnoxyd (SnO_2), seltener Titansäure (TiO_2), Kryolith u. dgl. Je nach der Intensität der Naturfarbe des Scherbens sind 5—12% Zinnoxyd in der Glasur nötig. Die meisten hierher gehörigen Glasuren, nämlich diejenigen auf Kacheln, Majolika und Fayence, gleichen sonst den „Töpferglasuren" (s. III), haben auch den gleichen Brand (950—1050°), unterscheiden sich nur durch einen gewissen Alkali- (oft auch Kalk-)Gehalt, sowie dadurch, daß sie stets eingefrittet werden. Ein Beispiel ist folgendes (für etwa 1050°):

$$\left.\begin{matrix} 0{,}2\ Na_2O \\ 0{,}15\ CaO \\ 0{,}65\ PbO \end{matrix}\right\}\ 0{,}08\ Al_2O_3\ \left\{\begin{matrix} 2{,}0\ SiO_2 \\ 0{,}2\ SnO_2 \end{matrix}\right.$$

Fritte:			Zur Mühle:		
21,2	Gew.-Tl.	Soda, calcin.,	310,7	Gew.-Tl.	Fritte,
15,0	„	Marmor,	20,7	„	Kaolin.
148,9	„	Mennige,			
110,4	„	Quarz,			
30,0	„	Zinnoxyd.			

Da Zinnoxyd sehr teuer ist, pflegt man das Gemisch von Bleioxyd und Zinnoxyd (den „Äscher") selbst herzustellen, indem man z. B. in obigem Versatz statt Mennige + Zinnoxyd: 178,9 Gew.-Teile Äscher nimmt, der durch Rösten eines zusammengeschmolzenen Gemenges von 134,5 Gew.-Teilen Blei und 23,7 Gew.-Teilen Zinn hergestellt wurde. — Beim Fritten pflegt man außerdem noch etwa 10% Kochsalz zuzufügen, meist zur Reinigung, da hierbei etwaige Eisenverunreinigungen als Chloride gasförmig entfernt werden.

Eine Spezialität aber ist das Email für Blech, sowie für Schmuckstücke aus Edelmetall („Zellenschmelz"). Diese Emails haben eine äußerst niedrige Brenntemperatur, etwa 600—850°, sind infolgedessen stark alkali- und borsäurehaltig und außerdem aus Gesundheitsgründen bleifrei. Meist wird auf das Eisenblech (auch Gußeisen und Eisenkacheln) ein „Grundemail" aufgeschmolzen, auf dieses sodann erst das weiße Email. Als weißes Deckungsmittel dient auch hier das Zinnoxyd, außerdem der Kryolith ($AlF_3 . 3\,NaF$), die Knochenasche ($Ca_3(PO_4)_2$), die Titansäure, das Antimonoxyd u. a. Die Zusammensetzung ist sehr verschieden. Etwa folgende Grenzwerte sind üblich:

Grundemail:

$$\left.\begin{matrix} 0{,}5—0{,}7\ Na_2O \\ 0{,}2—0{,}3\ K_2O \\ 0{,}3—0{,}0\ CaO \end{matrix}\right\}\ 0{,}15—0{,}35\ Al_2O_3\ \left\{\begin{matrix} 0{,}5—1{,}1\ B_2O_3 \\ 2{,}0—3{,}1\ SiO_2 \\ 0{,}0—0{,}3\ F_3 \end{matrix}\right.$$

Weißes Email:

$$\left.\begin{array}{l}0{,}4-0{,}7\ Na_2O\\0{,}2-0{,}3\ K_2O\\0{,}4-0{,}0\ CaO(MgO)\end{array}\right\}0{,}0-0{,}55\ Al_2O_3\left\{\begin{array}{l}0{,}15-0{,}7\ B_2O_3\\2{,}0\ \ -4{,}3\ SiO_2\\0{,}0\ \ -0{,}8\ F_2\\0{,}3\ SiO_2\end{array}\right.$$

b) Sollen Glasuren (besonders auf Steingut) als „Emaillen", also dick, sitzen, ohne abzulaufen, so werden sie mit 20—50% Steingutscherben (feingemahlene gebrannte Masse) versetzt. Über Farben hierzu siehe VI. — „Emaillen" in der Muffel, also bei etwa 800°, aufgebrannt, sind das gleiche wie die sog. „Schmelzfarben", nur dick aufgetragen. Schmelzfarben bestehen aus färbenden Oxyden, welche mit äußerst weichen Glasuren (für 600 bis 800°) kombiniert sind. Diese Glasuren oder „Flüsse" sind meist Blei-Borosilicate, welche manchmal noch Alkali u. dgl. enthalten können. Ein Beispiel eines solchen „Flusses" ist:

$$PbO\left\{\begin{array}{l}1{,}0\ SiO_2\\1{,}0\ B_2O_3\end{array}\right.$$

Ähnlich sind auch die mit Alkali und Tonerde kombinierten Flüsse zusammengesetzt. Die Farben zu Muffelmalereien erhält man aus 1 Tl. färbender Oxyde (s. VI) und 2—4 Tl. eines solchen Flusses. Um sie in dicker Lage zum guten Haften zu bringen, pflegt man vielfach etwas borsaures Zink dazuzumischen.

VI. Die hauptsächlichsten färbenden Oxyde für Glasuren und Emails.

	niedriger Brand	hoher Brand	
		klar	reduzierend
Rot	Eisenoxyd Gold Bleichromat „Pink" (Chromsäure u. Zinnoxyd)	Gold Pink	Gold Kupferoxydul
Grün	Chromoxyd Kupferoxyd	Kupferoxyd	Chromoxyd
Gelb	Uranoxyd Bleiantimonat (Antimonoxyd)	Uranoxyd Rutil (Titansäure)	—
Braun	Eisenoxyd (Chromoxyd) Manganoxyd	Eisen- u. Chromoxyd Manganoxyd	Chrom-Eisenoxyd Rutil-Eisenoxyd
Blau	Kobaltoxyd	Kobaltoxyd	Kobaltoxyd
Schwarz	Braun u. Blau	Braun u. Blau Iridium	Braun u. Blau Uranoxydul Iridium
Weiß	s. „Emails"	Zinnoxyd	Zinnoxyd Titansäure (Rutil)
Mattierungen u. Kristalle	Rutil Zinkoxyd	Rutil Zinkoxyd	Rutil

VII. Literatur.

Segers gesammelte Schriften. Herausg. von H. Hecht und E. Cramer. 2. Aufl. (Berlin 1908.) Br. Kerl, Handbuch der gesamten Tonwarenindustrie. Herausg. von E. Cramer und H. Hecht. 3. Aufl. (Braunschweig 1907.)
W. Pukall, Keram. Rechnen auf chem. Grundlage. 1907.
E. Berdel, Anleitung zu keram. Versuchen. 1911.
H. Bollenbach, Laboratoriumsbuch für die Tonindustrie. 1910.
J. Koerner, Bleihaltige, im Sinne des Gesetzes ungiftige Glasuren. 1906.
Fr. Brömse, Ofen- und Glasurfabrikation. (Leipzig 1896.)
R. Vondrácek, Die Zusammensetzung von Emails. 1909.
J. Grünwald, Die Emailfabrikation. 1909.
P. Randau, Fabrikation des Emails und das Emaillieren. (Wien 1909.)

Die Schlacken.

Von **J. H. L. Vogt** (Kristiania).

Die Schlacken sind geschmolzene und später erstarrte Abfallprodukte — oder gelegentlich ökonomisch minderwertige Nebenprodukte — bei hüttenmännischen Prozessen.

Die Schlacken werden gern nach denjenigen Prozessen bezeichnet, bei welchen sie gefallen sind; man spricht so von Hochofenschlacken, Bessemerschlacken, Puddelschlacken, Thomasschlacken, Rohsteinschlacken, Kupferraffinationsschlacken usw.

Die Schlacken führen SiO_2, Al_2O_3, Fe_2O_3, FeO, CaO, MgO usw. in höchst wechselnden Mischungsverhältnissen.

Die Schlacken von Roheisen-Hochöfen enthalten — bei normalem Betrieb der Öfen — nur einen ganz geringen Gehalt von FeO und unterscheiden sich dadurch von beinahe allen anderen Schlacken, wo gelegentlich, wie z. B. bei vielen Rohsteinschlacken, die FeO-Menge zu 30, 40, 50% und noch höher steigen kann. Fe_2O_3 tritt in Schlacken von vielen Flammöfen und Herdöfen in reichlicher Menge auf.

Die SiO_2-Menge schwankt meist zwischen 20 und 45%, mit äußeren Grenzen einerseits ca. 65% (alte Hochofenschlacken) und andererseits ca. 10% (Frischschlacken usw.).

Der Gehalt an Al_2O_3 geht nur selten, wie in einigen Hochofenschlacken mit Kokesbetrieb, so hoch wie 25—30%, und derjenige an MgO nur selten so hoch wie 20—25%. Die CaO-Menge steigt dagegen häufig höher, zu 35—40% oder darüber. Wegen der Zusammensetzung der Erze, der Zuschläge und des Brennmaterials enthalten die Schlacken meist nur eine Kleinigkeit von Alkali, in der Regel unterhalb 0,5—1% und nur selten so viel wie 2—3% $Na_2O + K_2O$.

Eine isolierte Stellung nehmen die Thomasschlacken, mit meist 14—20% P_2O_5, ein.

Schlacken von Rohstein- und Bleiöfen enthalten bisweilen bis etwa 20% ZnO neben ein paar Prozent PbO, und die Kupferraffinationsschlacken führen gelegentlich mehr als 50% Cu_2O.

In der Gegenwart werden jährlich mindestens 60 Mill. Tonnen Hochofenschlacken und wahrscheinlich nicht ganz so viel von anderen Schlacken, in Summa somit mit runder Zahl mindestens 100, vielleicht gar 120 Mill. Tonnen Schlacken dargestellt.

Die Hochofenschlacken stammen, wie der Name besagt, aus Hochöfen, wo Eisenerze mit Koks, seltener Holzkohle, reduziert und verschmolzen werden. Die Zusammensetzung des erhaltenen Roheisens ist in einem wesentlichen Grade von der Zusammensetzung der Schlacke abhängig. Teils aus diesem Grunde und teils, um eine leicht schmelzbare Schlacke zu bekommen, benutzt man in der Regel Zuschläge zu der Beschickung, und zwar namentlich CaO (in ungebranntem Kalkstein).

Mit steigender Temperatur im Ofen, ferner auch mit zunehmendem Aciditätsgrad der Schlacke nimmt die, aus der Schlacke ausreduzierte und in das Roheisen eingehende Menge von Silicium zu.

Ebenfalls mit steigender Temperatur, aber andererseits mit abnehmendem Aciditätsgrad wächst die Ausreduktion von Mangan. In Hochöfen, die mit Holzkohlen betrieben werden, und wo die Temperatur im unteren Teile des Ofens verhältnismäßig niedrig ist, wird unter Benutzung von ziemlich sauren Schlacken, mit 55—60% SiO_2, nur etwa ein Sechstel oder ein Zehntel der Manganmenge des Erzes metallisch reduziert und vom Roheisen aufgenommen, während die fünf Sechstel oder gar neun Zehntel als MnO in der Schlacke stecken bleibt. Andererseits kann man bei Kokshochöfen unter Benutzung von besonders hoher Temperatur im Ofen und gleichzeitig bei Anwendung von stark basischen Schlacken, mit etwa 30% SiO_2, mindestens drei Viertel der Manganmenge des Erzes metallisch reduzieren.

Auch die Reduktion des Eisens wird von der Ofentemperatur und von dem Aciditätsgrad der Schlacken beeinflußt. So ergaben (s. Lit. Nr. 2, S. 74) 85 alte Hochofenschlacken vom Holzkohlenbetrieb folgende durchschnittliche FeO-Prozente bei verschiedenem Aciditätsgrade:

Aciditätsgrad	oberhalb 2,50,	im Mittel	2,35% FeO
"	2,5 bis 2,0,	" "	1,74 " "
"	2,0 " 1,5,	" "	0,91 " "
"	1,5 " 1,0,	" "	0,60 " "

Bei normalem Betriebe in Kokshochöfen bekommt man, der höheren Temperatur wegen, noch niedrigere FeO-Gehalte in der Schlacke. — Bei sog. „unreinem" Betriebe, nämlich bei etwas zu niedriger Temperatur im Schmelzraume, steigt der FeO-Gehalt der Hochofenschlacken (Beispiel die Analysen Nr. 18, 25, 31 und 35).

Wie wir unten näher erwähnen werden, steigt die Überführung von Monosulfid (RS) in die Schlacke einerseits mit der Temperatur und andererseits mit der Basicität der Schlacke. Der Koks enthält, praktisch gerechnet, immer einen ganz erheblichen Schwefelgehalt, gewöhnlich 0,6—1% Schwefel. Um nur einen relativ niedrigen Schwefelgehalt, wie etwa 0,04—0,08% Schwefel, im Roheisen zu erhalten, ist man deswegen bei Kokshochöfen genötigt, mit basischen Schlacken zu arbeiten, und zwar muß man diesbezüglich meist eine erhebliche Menge von CaO (als Kalkstein) der Beschickung zusetzen. Die Schlacken von Kokshochöfen führen deswegen meist 25—35, seltener bis 40% SiO_2 neben sehr großen Mengen von CaO, und dabei etwas Al_2O_3, MgO usw., siehe die unten folgenden Analysen Nr. 24—30. In solchen

Schlacken kristallisiert Melilithmineral (Melilith–Gehlenit), das somit besonders charakteristisch für die Kokshochofenschlacken wird.

Im Gegensatz zu dem Koks ist die Holzkohle praktisch gerechnet frei von Schwefel; weil dabei das Eisenerz bei den Holzkohlenhochöfen beinahe immer vor der Schmelzung geröstet wird, braucht man jedenfalls bei den meisten Holzkohlenhochöfen nicht eine besondere Reinigung von Schwefel durch die Schlacke. Man ist hier nicht genötigt, immer mit basischen Schlacken zu arbeiten, sondern kann häufig auch sauere Schlacken anwenden. Wegen der hohen Viscosität der stark saueren Schlacken läßt man jedoch die SiO_2-Menge der Schlacken nicht gern oberhalb 55—60 % SiO_2 steigen. Durch die Zusammensetzung der Schlacken kann man die gewünschte Si- und Mn-Menge des Roheisens ganz gut regulieren. Bei kieselsäurereichen Erzen benutzt man auch bei Holzkohlenbetrieb etwas Zusatz von Kalkstein, seltener von dolomitischem Kalkstein. Auch die Schlacken von Holzkohlenhochöfen führen aus diesem Grunde in der Regel mehr CaO als MgO. Ziemlich MgO-reiche Schlacken kommen jedoch gelegentlich auch vor (siehe z. B. Nr. 31—37).

Aus den hier zusammengestellten Ursachen sind die Hochofenschlacken von Holzkohlenöfen viel mehr abwechselnd in ihrer chemischen — und damit auch in ihrer mineralogischen — Zusammensetzung als diejenigen von Kokshochöfen. Als Silicatmineral begegnen wir bei den letzteren beinahe immer Melilith–Gehlenit, bei den Schlacken von Holzkohlenhochöfen dagegen bald Pseudowollastonit (bzw. Wollastonit), bald Augit (überaus oft), bisweilen rhombischem Pyroxen (äußerst selten), ferner bald Olivin, bald Akermanit, dabei auch Melilith, aber Gehlenit nur ausnahmsweise.

Noch in der Mitte des 19. Jahrhunderts arbeiteten viele Hochöfen auch in Deutschland, Österreich, Frankreich usw. mit Holzkohlen, während jetzt in den Großindustrieländern Holzkohle beinahe ausnahmslos durch Koks ersetzt worden ist. In Schweden werden jedoch noch die allermeisten Hochöfen mit Holzkohle betrieben. — In Übereinstimmung hiermit steht, daß man von Deutschland, Österreich, Frankreich, England usw. besonders in den 1850er und 1860er Jahren ziemlich viele mineralogische Arbeiten über Hochofenschlacken bekam, während man hier jetzt nur ein ziemlich monotones Material erhält. Anders verhält es sich in dieser Beziehung in Schweden, wo die Hochofenschlacken noch ziemlich variiert sind.

Aus den in den Erzen und der sonstigen Beschickung eingehenden Phosphaten, wird der Phosphor beim Schmelzen in Hochöfen, praktisch gerechnet, vollständig ausreduziert und von dem Roheisen aufgenommen. In den Hochofenschlacken begegnen wir deswegen teils gar nichts und teils nur einer Spur von Phosphorsäure.

Bei dem sauren Bessemerprozeß wird das Silicium und das Mangan des Roheisens oxydiert und in die Schlacke übergeführt; dasselbe gilt auch von einem kleinen Teil des Eisens. Die sauren Bessemerschlacken werden deswegen durch SiO_2 und MnO+FeO charakterisiert; dazu gesellt sich ganz wenig Al_2O_3, CaO und MgO, das von der „sauren" Fütterung der Bessemerbirne aufgenommen wird (siehe die Analysen Nr. 38—40). Das der Bessemierung unterworfene Roheisen enthält oftmals 2—4 % Mangan; es resultiert in solchen Fällen eine ziemlich MnO-reiche Schlacke (siehe z. B. Nr. 38). Je nach dem Aciditätsgrad kristallisiert in diesen Schlacken teils Rhodonit und teils Knebelit (Tephroit) oder Mn-reicher Fayalit; auch ist Babingtonit als große Seltenheit beobachtet worden.

Diese Bemerkungen über den sauren Bessemerprozeß gelten im wesentlichen auch dem sauren Martinprozeß.

Das zu dem basischen Bessemer- oder dem Thomasprozeß angewandte Roheisen enthält verhältnismäßig wenig Silicium (etwa 0,3—0,5 % Si) und ziemlich wenig Mangan, dagegen viel Phosphor (meist ca. 1,8 %). Um eine erhebliche Oxydation des Phosphors zu erhalten, benutzt man hier einen bedeutenden Zuschlag von CaO; es resultiert dementsprechend eine an SiO_2 ziemlich arme, dagegen an CaO sehr reiche Schlacke mit meist zwischen 14 und 20 % P_2O_5 (s. die Analyse S. 935). Diese Thomasschlacken sind, trotz ihrer erheblichen technischen Bedeutung als Düngemittel, in mineralogischer Beziehung nur ziemlich wenig erforscht (Lit. siehe S. 933); eingehende physiko-chemische Studien über diese Schlacken fehlen meines Wissens vollständig. Deswegen werden die Thomasschlacken in dieser Abhandlung nur ganz flüchtig besprochen.

Die Schlacken von dem basischen Martinprozeß ähneln in gewissen Beziehungen den Thomasschlacken; sie führen jedoch einen viel geringeren Prozentsatz an Phosphorsäure, meist nur 1—5 % P_2O_5.

Die Schlacken von dem Puddelprozeß und von dem Herdfrischen des Eisens bestehen überwiegend aus FeO, Fe_2O_3 nebst etwas SiO_2; dazu kommen bei den Puddelschlacken gern ein paar Prozent P_2O_5. In mineralogischer Beziehung werden sie durch Fayalit und Magnetit bezeichnet; auch ist Apatit nachgewiesen worden.

Bei dem Schmelzen von geschwefelten Kupfererzen und Nickelerzen, die vor dem Schmelzen bald geröstet werden und bald nicht, wie auch bei dem Schmelzen von Bleierzen, die jetzt beinahe immer vor dem Schmelzen geröstet werden, stellt man an die Schlacke den doppelten Anspruch, einerseits, daß sie leicht schmelzbar und genügend dünnflüssig sein soll, und andererseits, daß sie nur ein Minimum von dem wertvollen Metall (Kupfer, Nickel, Blei usw.) erhalten soll. Auf die letztere Frage gehen wir unten in einem besonderen Abschnitt (S. 950) näher ein.

Die hier behandelten Erze führen in der Regel ziemlich viel Eisen, das zu einem wesentlichen Teil als FeO in die Schlacke übergeführt wird. Die von diesen Schmelzungen herstammenden sogenannten „Rohschlacken" (z. B. die Analysen Nr. 41—44) führen meistens 27—35 oder 38 % SiO_2, überwiegend viel FeO (nämlich häufig 40—50 und gar über 50 %), neben etwas Al_2O_3, CaO, MgO usw. Mineralogisch werden solche Schlacken durch Fayalit gekennzeichnet. Neben FeO enthalten diese Schlacken bisweilen ganz wenig Fe_2O_3, das die Kristallisation von Magnetit veranlaßt (siehe Lit. Nr. 4, S. 203—212). Bisweilen führen die Rohschlacken noch mehr SiO_2, verhältnismäßig viel Al_2O_3 mit CaO und MgO, dagegen weniger FeO; als Beispiel nehmen wir die Mansfelderschlacken (S. 932, 952) und die alten Kongsbergerschlacken (S. 932).

Bei dem Konzentrationsschmelzen von geröstetem Kupferstein,[1]) Nickelstein, Bleistein usw., welche Mittelprodukte immer ziemlich eisenreich sind, in Flammöfen, Bessemerkonvertern (Manheskonvertern) oder in niedrigen Schachtöfen, erhalten wir Schlacken, die durch sehr viel FeO, meist 20—35 % SiO_2 und dabei — und zwar besonders beim Schmelzen in Flammöfen —

[1]) „Stein" bedeutet in der metallurgischen Sprache ein Sulfidprodukt.

auch durch etwas Fe_2O_3 gekennzeichnet werden; die charakteristischen Mineralien dieser Schlacken sind Fayalit und Magnetit.

Bei dem Raffinieren von etwas unreinem Kupfer in Flammöfen werden anfänglich die kleinen Gehalte von Eisen mit Blei, Zink usw. in die Schlacke überführt; später oxydiert sich mehr und mehr Kupfer, wodurch Cu_2O in die Schlacke geht. Die Kupferraffinationsschlacken verändern dementsprechend im Laufe des Raffinierens ihre Zusammensetzung und werden wegen der steigenden Menge an Cu_2O (Cuprit) immer mehr und mehr rot von Farbe. Solche Schlacken bestehen zum Schluß des Schmelzens bisweilen ganz überwiegend aus geschmolzenem Cuprit.

Bei der üblichen Destillation des Zinks in Retorten oder Muffeln arbeitet man mit einer so niedrigen Temperatur (etwa 1250°), daß die strengflüssigen Gangarten nicht schmelzen. Wir erhalten hier freilich Abfallprodukte, jedoch in der Regel nicht flüssige, somit keine Schlacken im üblichen Sinne des Wortes. Die Dämpfe des metallischen Zinks dringen in die Poren der namentlich aus feuerfestem Ton hergestellten Retorten oder Muffeln ein und werden hier durch Gase, die von dem äußeren Ofenraum herstammen, zu ZnO oxydiert. Bei der in den Retorten- oder Muffelwänden herrschenden Temperatur (etwa 1300°) greift ZnO das Aluminiumsilicat der Retorten oder Muffeln an, und zwar unter pneumatolytischer Bildung von Zinkspinell; dabei entstehen auch Tridymit und ein „willemitartiges Zinksilicat“.[1])

Über die unbegrenzte gegenseitige Löslichkeit der verschiedenen Bestandteile der Silicatschmelzen, und über die begrenzte gegenseitige Löslichkeit zwischen geschmolzenem Silicat und Sulfid.

Silicatschmelzen. Auf Grund uralter Erfahrung bei metallurgischen Prozessen wie auch in der Glastechnik usw. können SiO_2 und die verschiedenen Basen (Al_2O_3, Fe_2O_3, FeO, MnO, CaO, MgO, K_2O, Na_2O usw.) in allen möglichen Mischungsverhältnissen zusammenschmelzen und bilden einheitliche Schmelzen. Ältere, hier und da in der Literatur zerstreute Angaben, die eine Zerteilung der Silicatschmelzen in getrennte Flüssigkeiten behaupten, beruhen nach meiner Überzeugung nur auf mißverstandenen Beobachtungen. Beispielsweise haben einige frühere Forscher das Kristallisieren in den am langsamsten abgekühlten Teilen der Schmelzen mit einer Aussonderung von getrennten Flüssigkeiten verwechselt.

Silicat–Sulfid. Beim Schmelzen von Kupferstein, Nickelstein, Bleistein usw. (FeS, NiS, PbS, Cu_2S, Ag_2S usw.) trennen sich bekanntlich geschmolzener Stein (Sulfidprodukt) und geschmolzene Schlacke voneinander ab. Geschmolzene Sulfide und geschmolzene Silicate sind jedoch nicht absolut ineinander unlöslich, sondern ergeben, jedenfalls in betreff vieler Sulfide, eine begrenzte gegenseitige Löslichkeit.

— Beschäftigen wir uns zuerst mit den Schlacken der (Roheisen-)Hochöfen, so ist es eine uralte Erfahrung, daß diese Schlacken, wenn die Beschickung etwas Schwefel führt, zufolge der chemischen Analyse mehr oder minder

[1]) A. W. Stelzner u. H. Schulze, Über die Umwandlung der Destillationsgefäße der Zinköfen in Zinkspinell und Tridymit; Jahrb. f. d. Berg- u. Hüttenwesen im Kgr. Sachsen für das Jahr 1881.

Schwefel enthalten. Unter sonst gleichen Bedingungen steigt der Gehalt an Schwefel (d. h. an RS) der betreffenden Schlacken a) mit der Basizität, b) mit dem Kalkgehalt, und noch mehr mit dem Mangangehalt der Schlacken, und c) mit der Temperatur im Ofen.

In stark basischen, an CaO + MnO reichen Schlacken von Kokeshochöfen beträgt der S-Gehalt der Schlacken, bei einer Ofentemperatur von ca. 1500°, häufig 2—2,5 %, gelegentlich gar 2,5—3 %, entsprechend 6–7 % (Ca, Mn)S. Andererseits sinkt der S-Gehalt in sauren Schlacken von Holzkohlen-Hochöfen, die mit geröstetem, beinahe schwefelfreiem Erz arbeiten, auf 0,01 % oder darunter.

Bezüglich der Verteilung des Sulfids, teils in das flüssige Eisen und teils in die flüssige Schlacke, kann man, obwohl mit gewissen Einschränkungen, zufolge H. v. Jüptner,[1]) W. Nernsts Verteilungsgesetz beim heterogenen Gleichgewicht, mit Teilungskoeffizient

$$\frac{\text{RS in der Silicatlösung}}{\text{RS in der Metallösung}}$$

anwenden.

Durch mikroskopische Untersuchungen wies ich in der Mitte der 1880er Jahre (Lit. 1, 4, 5) nach, daß der Schwefel in den Hochofenschlacken als RS, besonders CaS, (Ca, Mn)S, (Ca, Mn)S, (Mn, Ca)S, in stark manganreichen Schlacken vielleicht gar reines MnS, vorliegt. Dieses regulär kristallisierende Sulfid, das der Oldhamit-Manganblende-Reihe angehört, ist sehr frühzeitig auskristallisiert, sogar noch früher als eventuell vorhandener Spinell.

— Die Schlacken von Schmelzen auf Stein (Kupferstein, Nickelstein, Bleistein usw.) enthalten Schwefel in zweierlei Form: 1. als mechanisch mitgerissene Kügelchen des Steins; 2. als ursprünglich aufgelöstes Monosulfid, RS.

Die Menge der mechanisch mitgerissenen Steinkügelchen ist namentlich von der Viscosität der Schlacken, von dem Unterschied des spezifischen Gewichts der Schlacken und des Steins, und von der Zeitdauer zum Absetzen des Steins abhängig.

Die Menge des aufgelösten und später bei der Abkühlung auskristallisierten Monosulfids steigt unter sonst gleichen Bedingungen a) mit der Basizität, b) mit dem Zinkgehalt der Schlacken, und c) mit der Temperatur.

In zinkreichen Schlacken (z. B. mit 23—30 % SiO_2, 8—16 % ZnO, 35—45 % FeO, Rest Al_2O_3, CaO usw.) ist das ursprünglich aufgelöste Monosulfid als (reguläre) Zinkblende (Zn, Fe)S — von gelbbrauner Farbe und folglich mit einem ziemlich hohen Fe-Gehalt — auskristallisiert. In zinkfreien, aber an FeO sehr reichen Schlacken ist dagegen das auskristallisierte Monosulfid ganz schwarz und besteht aus FeS [oder (Fe, R)S, wo R = Ca, usw.].

Wir geben eine Übersicht über die aufgelöste Sulfidmenge in einigen Schlacken von Steinschmelzen:

% SiO_2	% ZnO	% FeO	% CaO	RS
23—28	12—16	40—45	10—5	6—8 % (Zn, Fe)S
25—32	0,5—1	40—50	ca. 10	2—2,5 % FeS
35—40	0—1,5	30—40	ca. 10	ca. 1,5—2 „ „
ca. 50	0—1	10—20	ca. 10	ca. 0,5—0,75 „ „

Statt FeS wäre vielleicht (Fe, R)S zu setzen.

[1]) H. v. Jüptner, St. u. Eisen 1902, I.

Es handelt sich bei diesen Schlacken besonders um die Löslichkeit von ZnS und FeS. Bezüglich NiS, PbS, Cu_2S und Ag_2S wissen wir, daß die Löslichkeit derselben in geschmolzenem Silicat (von ca. 1300—1500°) ganz gering ist.

In dem Steinschmelzofen stehen geschmolzene Schlacke und geschmolzene Sulfide (Kupferstein, Nickelstein usw.) stundenlang miteinander in inniger Berührung. Wir mögen deswegen den Schluß ziehen, daß die in der obigen Tabelle zusammengestellten Angaben die maximale oder beinahe die maximale Löslichkeit der betreffenden Sulfide in den geschmolzenen Silicaten (bei einer Temperatur von 1300—1500°) repräsentieren.

Über die Viscosität der Schlacken.

Bei metallurgischen Prozessen, wo man eine Trennung zwischen einem flüssigen Nutzprodukt (Metall, Stein, Speise) und einem flüssigen Abfallprodukt (Schlacke) erzielt, kann man nicht mit allzu viscosen Schlacken arbeiten. Aus diesem Grunde benutzt man in der metallurgischen Technik nie Schlacken mit einem Viscositätsgrad, wie z. B. demjenigen des geschmolzenen Orthoklases oder Albits.

Zufolge einer uralten metallurgischen Erfahrung nimmt die Viscosität der Silicatschmelzen mit der Temperatur ab, jedoch in verschiedenem Grade für die verschiedenen Silicate.

Aus Mangel an einem absoluten Maß für die Viscosität der Schlacken begnüge ich mich unten mit den Ausdrücken: sehr zäh (zähflüssig), zäh, wenig zäh, mittel dünnflüssig, dünnflüssig, sehr dünnflüssig.[1])

Beschäftigen wir uns zuerst mit den Hochofenschlacken, die nur einen ganz geringen Gehalt von FeO führen, so steigt hier — bei demselben Verhältnis zwischen den Basen und innerhalb der üblichen Grenzen der SiO_2-Menge (bis hinauf zu ca. 65 °/₀ und hinunter zu ca. 25—30 °/₀ SiO_2) — die Viscosität mit der SiO_2-Menge oder dem Aciditätsgrade.

Bei einer Temperatur von 1400—1500° sind Schlacken mit 65 °/₀ SiO_2 (neben einigen Prozenten Al_2O_3 und mit 1—5 mal so viel CaO wie MgO) sehr zäh, und bei noch höherer SiO_2-Menge nimmt die Viscosität erheblich zu. Bei einer Erniedrigung der SiO_2-Menge verringert sich die Viscosität ziemlich schnell und Schlacken mit 55 °/₀ SiO_2 (neben einigen Prozent Al_2O_3 und mit gleich viel CaO und MgO oder etwas mehr CaO als MgO) sind schon als wenig zäh oder mittel dünnflüssig zu bezeichnen. Bei noch weniger SiO_2, bis hinunter zu ca. 30 °/₀ (neben etwa 10 °/₀ Al_2O_3 und gleich viel CaO und MgO oder etwas mehr CaO als MgO) wird die Dünnflüssigkeit immer etwas größer. Durch die Verschiebung des Verhältnisses zwischen CaO und MgO nimmt die Viscosität mit wachsender MgO-Menge etwas ab; der Unterschied dürfte jedoch nicht sehr beträchtlich sein. In basischen Hochofenschlacken, mit 25—40 °/₀ SiO_2 neben mehr CaO als MgO, hat ein etwas geringerer oder

[1]) Bezüglich Laboratoriumsversuchen über die Viscosität der Silicatschmelzen siehe u. a.: mehrere Arbeiten des Geophysischen Carnegie-Laboratoriums zu Washington, besonders die Plagioklasabhandlung, 1905; mehrere Arbeiten von C. Doelter und seinen Schülern [in ZB. Min. etc. 1906; N. JB. Min. etc. Blbd. **22** (1906); Sitzber. Wiener Ak. 1905, 1906, 1907; usw.]; E. Greiner, Über die Abhängigkeit der Viscosität in Silicatschmelzen von ihrer chemischen Zusammensetzung, Inaug.-Diss. (Jena 1907) (vgl. S.732 u. ff.).

etwas höherer Al_2O_3-Gehalt wenig Einfluß auf den Viscositätsgrad; so sind die üblichen Melilith- und Gehlenitschlacken ganz gut dünnflüssig. Und selbst geschmolzener Anorthit, $CaAl_2Si_2O_8$, wird ziemlich dünnflüssig (zufolge Arthur L. Day und E. T. Allen, l. c., unten, und eigener Erfahrung). Eine Ersetzung von etwas CaO oder MgO durch MnO erhöht bei allen diesen Schlacken in wesentlichem Grade die Dünnflüssigkeit (vgl. S. 732).

Gehen wir zu den an FeO reichen Schlacken über, so sind dieselben durchgängig mehr dünnflüssig. Schlacken mit selbst so viel wie 55—60% SiO_2 neben überwiegend FeO nebst wenig Al_2O_3 und etwas CaO + MgO, fließen einigermaßen dünn. Ein größerer Gehalt von Al_2O_3 erhöht aber in diesen Schlacken die Zähflüssigkeit; beispielsweise sind die Mansfelder Rohschlacken — mit ca. 50% SiO_2, 15—18% Al_2O_3, 20% CaO, 4% MgO und 6—11% FeO — wie auch die Kongsberger sogenannten „Steifschlacken" mit 50% SiO_2, 12—17% Al_2O_3, 7—12% CaO, 4% MgO und 18—22% FeO — ziemlich zäh (bei 1400—1500°).

Schlacken, die überwiegend aus Fe_2SiO_4 bestehen, fließen sehr dünn. Noch dünnflüssiger sind die gleichzeitig an MnO neben etwas FeO reichen Schlacken; so fließen die Tephroit- und Rhodonitschlacken von saurem Martin und Bessemer (mit 35—50% SiO_2, mehr MnO als FeO und nur ganz wenig Al_2O_3, CaO und MgO) äußerst dünn. Auch sind die PbO-reichen Schlacken sehr dünnflüssig.

Über die in den Schlacken auskristallisierten Mineralien.

Silicate.

Orthosilicate.

Glieder der Olivinreihe, R_2SiO_4, besonders: eigentlicher Olivin, $(Mg, R)_2SiO_4$, namentlich in Hochofenschlacken; Fayalit, Fe_2SiO_4 oder $(Fe, R)_2SiO_4$, in Schlacken von Steinschmelzen usw., dabei auch zinkhaltiger Fayalit, $(Fe, Zn)_2SiO_4$, mit bis zu etwa 20% ZnO; Tephroit oder Knebelit, $(Mn, Fe)_2SiO_4$, in vielen Schlacken von saurem Martin und Bessemer; dabei auch verschiedene Monticellitmineralien, $RCaSiO_4$ oder $(R, Ca)_2SiO_4$, mit R : Ca genau oder annähernd = 1; dann mögen bei schneller Abkühlung auch Olivinmineralien $(Ca, R)_2SiO_4$ mit etwas mehr Ca als R, entstehen.

Glieder der Willemitreihe, $(Zn, Fe)_2SiO_4$, nur in einigen basischen und stark zinkreichen Schlacken angetroffen.

Ca_2SiO_4 (s. hierüber unten).

Metasilicate.

Augit, namentlich in Hochofenschlacken, dabei auch in sauren Steinschlacken usw.

Rhombischer Pyroxen; auch ist der an dem Carnegie Geophysical Institut in Washington[1]) näher erforschte „monokline $MgSiO_3$-Pyroxen" in Schlacken angetroffen worden.

---

[1]) E. T. Allen, F. E. Wright u. J. K. Clement, Minerals of the Composition $MgSiO_3$; a Case of Tetramorphism. Am. Journ. Sc. **39**, 385 (1906).

Pseudowollastonit und Wollastonit[1]) in Hochofenschlacken.

Rhodonit, $(Mn, Fe)SiO_3$, oftmals mit verhältnismäßig viel Fe; häufig in Schlacken vom sauren Bessemer und Martin.

Babingtonit; äußerst selten in Bessemerschlacken angetroffen. — Vogtit, ein neues, Mn-haltiges triklines Pyroxenmineral.[2])

Ferner: Glieder der Akermanit-Melilith-Gehlenit-Reihe $[(Ca, R)_4Si_3O_{10}$ — $(Ca, R)_3Al_2Si_2O_{10}]$; Akermanit u. a. in schwedischen Hochofenschlacken; Melilith und Gehlenit sind besonders charakteristisch für die basischen und kalkreichen Hochofenschlacken beim Kokesbetrieb.

Magnesiaglimmer (Biotit); selten und nur bei Gegenwart von etwas Fluor in den Schlacken. (Lit. 1, 3, 4).

Anorthit, äußerst selten (weil basische, kalkreiche und dabei sehr tonerdereiche Schlacken wenig gebräuchlich sind).

Granat, meines Wissens nur ein- oder ein paarmal — und zwar in geringer Menge — in den technischen Schlacken nachgewiesen. (Lit. 4, S. 186 – 188).

Die in der Technik gebräuchlichen Schlacken haben nie — oder nur in ganz isoliert stehenden Ausnahmefällen — eine solche Zusammensetzung, daß Mineralien wie die sauren oder intermediären Plagioklase, Orthoklas, Nephelin, Leucit, Sillimanit usw. entstehen können.

Oxyde, Aluminate, Ferrate.

Spinell, nämlich $MgAl_2O_4$ und $(Mg, Ca)Al_2O_4$ — gelegentlich mit einer ganz hohen Ca-Menge (Lit. 5, S. 88—89) — in vielen basischen Hochofenschlacken; ferner Zinkspinell, $(Zn, Fe)(Al, Fe)_2O_4$, in basischen, zinkhaltigen Bleischlacken usw.

Magnetit.

Hausmannit.

Cuprit, besonders charakteristisch für Kupferraffinationsschlacken.

Sulfide.

Monosulfide, RS, der Oldhamit – Manganblende – Zinkblende – Troilit-Reihe angehörend (s. oben).

Phosphate, Silicophosphate.

Apatit.

Ferner in den Thomasschlacken[3]) mehrere in der Natur nicht nachgewiesene Phosphate und Silicophosphate:

$Ca_4P_2O_9$, rhombisch. — $4Ca_3P_2O_8 \cdot 3Ca_3SiO_5$, monoklin. — Dabei $3Ca_3P_2O_8 \cdot Ca_3SiO_5$ [oder $4Ca_3P_2O_8 \cdot Ca_3SiO_5$?], hexagonal (und wahrscheinlich der Apatitreihe angehörend).

---

[1]) Bezüglich Wollastonit siehe unten.

[2]) C. Hlawatsch, Z. f. Kryst. Min. **42**, 590—593 (1907). Bezüglich einem triklinen, Babingtonit-ähnlichen Pyroxenmineral wird auf Lit. 1, S. 240—243 hingewiesen.

[3]) H. Bücking u. G. Linck, St. u. Eisen, 1887. — J. E. Stead, C. H. Ridsdale and H. A. Miers, Journ. chem. Soc. 1887.

Metalle und Metalloide.

Kupfer, bisweilen in Kupferraffinationsschlacken usw. auskristallisiert. (Lit. 4, S. 237—239).

Graphit.

Namentlich aus meinen früheren Arbeiten entnehme ich einige Analysen von Schlacken und stelle dazu dasjenige Silicatmineral, das zuerst oder allein auskristallisiert ist.

Hochofenschlacken.

	Nr.	SiO_2	Al_2O_3	CaO	MgO	MnO	FeO	CaS	Summe	Azid.-grad
Email-schlacken	1	66,1	2,5	19,9	6,6	0,5	3,6	—	99,2	3,46
	2	64,9	2,2	23,4	2,0	1,8	3,8	—	100,7	3,17
	3	62,91	8,41	22,96	1,30	1,36	3,06	—	99,70	2,78
	4	60,46	5,50	24,21	6,52	0,98	1,16	[1])	99,79	2,53
Pseudo-Wollastonit	5	55,70	10,95	27,25	2,27	0,42	1,90	—	98,49	2,08
	6	55,41	11,52	28,10	1,89	Sp.	3,08	—	100,00	1,97
	7	50,64	3,83	38,10	6,82	0,18	0,17	0,33	100,07	1,73
	8	48,87	7,93	38,12	0,40	3,26	0,91	—	99,49	1,68
	9	48,16	4,47	39,39	6,22	1,53	0,64	—	100,41	1,58
Wollastonit	10	55,92	2,35	32,46	4,43	3,04	1,16	—	99,36	2,28
	11	53,5	2,2	35,4	2,6	3,6	2,6	—	99,9	2,10
Augit	12	57,80	1,48	27,60	9,55	1,47	1,13	—	99,03	2,38
	13	57,69	2,88	26,63	9,50	2,55	0,92	—	100,27	2,27
	14	55,74	2,30	19,67	14,57	5,66	1,15	0,34	99,43	2,12
	15	56,73	7,04	18,80	16,43	0,10	0,48	—	99,58	1,97
	16	53,57	6,45	22,12	16,42	0,57	0,68	—	99,81	1,77
	17	52,17	3,83	24,41	16,75	1,76	0,68	—	99,60	1,73
	18	50,20	4,11	22,20	16,61	3,28	2,75	—	99,15	1,65
Akermanit	19	46,91	4,23	34,64	9,83	3,54	0,80	—	99,95	1,49
	20	46,32	4,57	34,05	10,25	2,68	0,52	0,76	99,15	1,48
	21	46,01	4,34	32,93	11,46	4,72	0,87	—	100,33	1,42
	22[2])	44,21	4,24	36,24	11,16	2,39	1,14	0,38	100,01	1,33
	23	42,44	4,38	28,37	11,87	9,21	0,30	1,89	98,67	1,32
Melilith	24	39,60	12,60	42,04	—	4,30	Sp.	1,46	100,00	1,12
	25	36,48	7,81	37,26	11,27	2,74	2,00	2,40	99,96	0,98
	26	37,60	12,26	40,11	9,33	Sp.	—	—	99,30	0,94
	27	35,58	17,33	36,33	7,49	2,30	0,27	0,59	99,89	0,86
Gehlenit (u. Spinell)	28	30,08	15,13	35,46	12,33	0,59	0,47	5,72	99,78	0,72
	29	31,40	22,32	30,92	10,02	0,96	0,03	3,85	100,79	0,71
	30	28,59	22,32	36,76	7,78	0,50	0,37	3,25	100,21	0,61
Olivin	31	50,20	4,11	22,20	16,61	3,28	2,75	—	99,15	1,65
	32	49,77	2,86	18,40	21,81	5,85	0,81	—	99,50	1,58
	33	48,95	7,75	21,55	18,18	0,91	0,77	—	98,11	1,50
	34	46,72	4,36	19,10	18,37	11,16	0,70	—	100,41	1,42
	35	43,78	3,71	24,17	16,11	9,11	2,44	0,09	99,41	1,32
	36	42,83	3,84	28,80	17,45	5,44	1,48	—	99,84	1,23
	37	41,20	4,48	28,79	22,02	2,80	0,47	—	99,84	1,11

[1]) Mit 0,21% KO + 0,75% Na_2O.

[2]) Analyse von ausgepflückten Kristallen von Akermanit.

Schlacken von sauerem Bessemer.

	Nr.	SiO_2	Al_2O_3	CaO	MgO	MnO	FeO	CaS	Summe	Azid.-grad
Rhodonit	38	47,34	3,52	0,45	0,03	39,42	9,06	—	99,82	1,99
	39	45,61	2,58	2,41	4,65	17,07	27,93	—	100,25	1,75
	40	42,85	3,94	0,70	Sp.	36,83	15,62	[1]	99,96	1,65

Schlacken von „Stein"-Schmelzen.

	Nr.	SiO_2	Al_2O_3	CaO	MgO	ZnO	FeO	S	Summe
Fayalit	41	33,39	7,89	7,09	2,35	1,14	44,58	[2]	97,06
	42	32,20	9,20	1,70	1,50	—	55,47	[3]	100,45
Zn-reicher Fayalit	43	28,45	1,31	3,00	0,84	18,55	41,98	1,70[4]	100,63
	44	20,7	2,5	3,9	1,2	14,4	48,8	4,1[4]	100,4

Die Thomasschlacken enthalten meist 5—15% SiO_2, 14—20% P_2O_5, 35—50% CaO, 2—4% MgO, 1—3% Al_2O_3, 5—20% FeO (nebst etwas Fe_2O_3), 3—10% MnO, bis 0,6% S, 0,1—1% Vd_2O_5; und die Kupferraffinationsschlacken bis über 50% Cu_2O, Rest SiO_2 neben FeO, NiO, ZnO usw.

Nr. 1—4. Sogenannte „Emailschlacken", mit einer zahlreichen Menge von mikroskopischen oder submikroskopischen Interpositionen (vielleicht Cristobalit?) in Glas. Sehr zähe, stark viscose Hochofenschlacken bei Holzkohlenbetrieb, von Schweden. (Lit. 1, S. 215—224).

Nr. 5—7, 9-23 und 31—37 sind schwedische Hochofenschlacken bei Holzkohlenbetrieb. Nr. 6 alte Schlacke vom Harz (s. J. Fr. L. Hausmann, Studien des Göttingischen Vereins Bergmännischer Freunde, **6** (1854)). Nr. 8 alte Schlacke von der Sayner Hütte, Deutschland (C. Schnabel, Pogg. Ann. **84** (1851). Nr. 24—30 sind Schlacken bei Kokesbetrieb von Hochöfen in Deutschland, England-Schottland und Frankreich. (Nr. 24 von Königshütte in Schlesien, nach Karsten. Nr. 25 von Königin Maria-Hütte in Sachsen. Nr. 26 von Sainte-Nazaire, Frankreich; nach F. Fouqué, Bull. Soc. min. 1886. Nr. 27 von Govan, Schottland. Nr. 28, 29, 30 von Coldness bei Glasgow, Clarence bei Middlesbro und Almond in England; Nr. 30 nach H. Bauermann, Iron & Sheel, 1886; alle drei mit Spinell, nämlich bzw. ca. 6,5, 3 und 5% Spinell. Nr. 29, 30 mit bzw. 0,12 K_2O + 0,17 Na_2O und 0,21 K_2O + 0,40 Na_2O.

Nr. 38—40 von schwedischen Bessemerwerken.

Bezüglich näherer Lokalitäten, Analytikern usw. wird auf meine Arbeiten Lit. 1, 3, 4, 5 hingewiesen.

Nr. 41 von Kongsberg, Silberwerk.

Nr. 42 von Röros, Kupferwerk, beide in Norwegen.

Nr. 43—44 von Freiberg (nach A. W. Stelzner, Zinkspinell-haltige Fayalitschlacken der Freiberger Hüttenwerke, N. JB. Min. etc. I (1882). Nr. 44 ist die Schlacke; Nr. 43 sind die makroskopisch gereinigten Fayalittafeln).

Das mineralogische Studium der Schlackenmineralien wurde von E. Mitscherlich durch eine Abh. „Über die künstliche Darstellung der Mineralien aus ihren Bestandteilen", in der Akad. d. Wiss. zu Berlin, 1822—23 eingeleitet und später ganz eifrig besonders nach der Mitte des vorigen Jahrh. getrieben. Wir erwähnen einige Forscher, die sich hiermit beschäftigt haben:

---

[1]) Mit 0,015% P_2O_5.

[2]) In ZnO auch MnO und NiO. + 0,57 Cu_2O und 0,049 Ag.

[3]) + 0,38 Cu_2O.

[4]) + 0,75 SnO_2, 2,50 PbO, 1,80 BaO, 0,60 CuO in Nr. 43 und 1,4 MnO, 3,9 PbO, 0,3 BaO, 1,2 CuO in Nr. 44.

Koch (Göttingen), 1822. — Credner, 1837. — F. v. Kobell, 1845. — John Percy, 1847 und später. — David Forbes, 1848. — C. Schnabel, 1851. — J. Fr. L. Hausmann, 1854 und andere Abh. — Karsten in den fünfziger Jahren etwas später R. Bunsen und Fr. Sandberger. — C. T. Jackson, 1855. — A. Gurlt, 1857. — K. C. v. Leonhard, 1858. — F. Bothe, 1859. — C. F. Rammelsberg, in verschiedenen Abh., von 1853—1889. — G. J. Brush. — H. Vogelsang, in Pogg. Ann. CXXI und 1875. — L. Gruner, 1878. — P. W. v. Jereméjew, 1879. — N. S. Maskelyne, 1879. — W. Muirhead, 1880. — A. W. Stelzner, 1880, 1881. — H. Bauermann, 1886. — G. v. Rath, 1887. — H. Bücking und G. Linck, 1887. — J. E. Stead, C. H. Ridsdale and H. E. Miers, 1887. — G. Bodländer, 1892. — F. Fouqué, 1900; dazu viele andere.

Übersichtsarbeiten mit Literaturhinweisen sind:

A. Gurlt, Übersicht der pyrogeneten künstlichen Mineralien, namentlich der kristallisierten Hüttenerzeugnisse. (Freiberg 1857). — K. C. v. Leonhard, Hüttenerzeugnisse und andere auf künstlichem Wege gebildete Mineralien als Stützpunkte geologischer Hypothesen (Stuttgart 1858). — C. W. C. Fuchs, Die künstlich dargestellten Mineralien (1872). — Ferner: A. Daubrée, Études synthétiques de géologie experimentale. (Paris 1879). — F. Fouqué et Michel Lévy, Synthèse des minéraux et des roches. (Paris 1882.) — L. Bourgeois, Reproduction artificielle des minéraux. (Paris 1884.) — P. Tschirwinsky, Reproduction artificielle de minéraux au XIXe siècle (russisch). (Kiew 1903—06.)

Dazu meine einschlägigen, unten zusammengestellten Abhandlungen.

Über das spezifische Gewicht der Schlacken.

Vergleichen wir die Metasilicate der Pyroxenreihe und die Orthosilicate der Olivinreihe miteinander, so ergeben die letzteren bei demselben Basenverhältnis durchgängig ein höheres spez. Gew. Der Unterschied in bezug auf spez. Gew. zwischen $CaMgSiO_4$ und $CaMgSi_2O_6$, zwischen Mg_2SiO_4 und $Mg_2Si_2O_6$, zwischen $Ca(Mg, Fe)SiO_4$ und $Ca(Mg, Fe)Si_2O_6$, zwischen $(Mg, Fe)_2SiO_4$ und $(Mg, Fe)Si_2O_6$ mit demselben Mg:Fe-Verhältnis, und zwischen $(Mn, Fe)_2SiO_4$ und $(Mn, Fe)Si_2O_6$ mit demselben Mn:Fe-Verhältnis, beträgt gewöhnlich etwa 0,15, für einige Mineralien sogar noch etwas mehr.

Bei demselben Basenverhältnis nimmt somit das spez. Gew. der Schlackenmineralien mit der SiO_2-Menge ab. Dabei sind freilich die Veränderungen des spez. Gew. bei den α-, β- und γ-Formen einer und derselben Substanz zu berücksichtigen.

Bei derselben Silifizierungsstufe geben FeO, MnO und ZnO ein nicht unwesentlich höheres spez. Gew. als CaO und MgO; FeO, MnO und ZnO wirken annähernd mit derselben Intensität, jedoch ZnO und MnO etwas stärker als FeO; und CaO veranlaßt im allgemeinen ein klein wenig niedrigeres spez. Gew. als MgO.

Die glasig erstarrten Schlacken besitzen durchgängig ein etwas niedrigeres spez. Gew. als die kristallin erstarrten von derselben Zusammensetzung (s. S. 671 bis 672). Beispielsweise betrug bei einer von mir mit einer schweren Flüssigkeit getrennten Mansfelderschlacke das spez. Gew. des Glases 2,70, dasjenige des auskristallisierten Minerals dagegen 2,97.

Besonders für Schlacken beim Steinschmelzen, wo man eine gute Trennung zwischen Stein und Schlacke erzielt (s. S. 930), spielt das spez. Gew. eine wichtige Rolle. Für solche, ganz überwiegend kristallin erstarrte Schlacken, aus überwiegend SiO_2 und FeO (nebst 0,5—1 % Fe_2O_3) bestehend und dabei mit ca. 15 % Al_2O_3 und CaO nebst etwas MgO, beträgt das spez. Gew. bei Stubentemperatur:

		Spez. Gew.
20 % SiO_2	(ca. 65 % FeO)	4,10
25 „ „	(„ 60 „ „)	3,95
30 „ „	(„ 55 „ „)	3,80
35 „ „	(„ 50 „ „)	3,65
40 „ „	(„ 45 „ „)	3,50

somit für je 1 % Zunahme der SiO_2-Menge eine Verkleinerung von ca. 0,03 in betreff des spez. Gewichtes.[1])

Über die Beziehung zwischen der Mineralbildung und der chemischen Zusammensetzung der Silicatschmelze.

In der beistehenden Fig. 119 reproduziere ich einige der Resultate meiner früheren einschlägigen Untersuchungen (Lit. 1, 2, 5, 7) über Schlacken, besonders Hochofenschlacken.

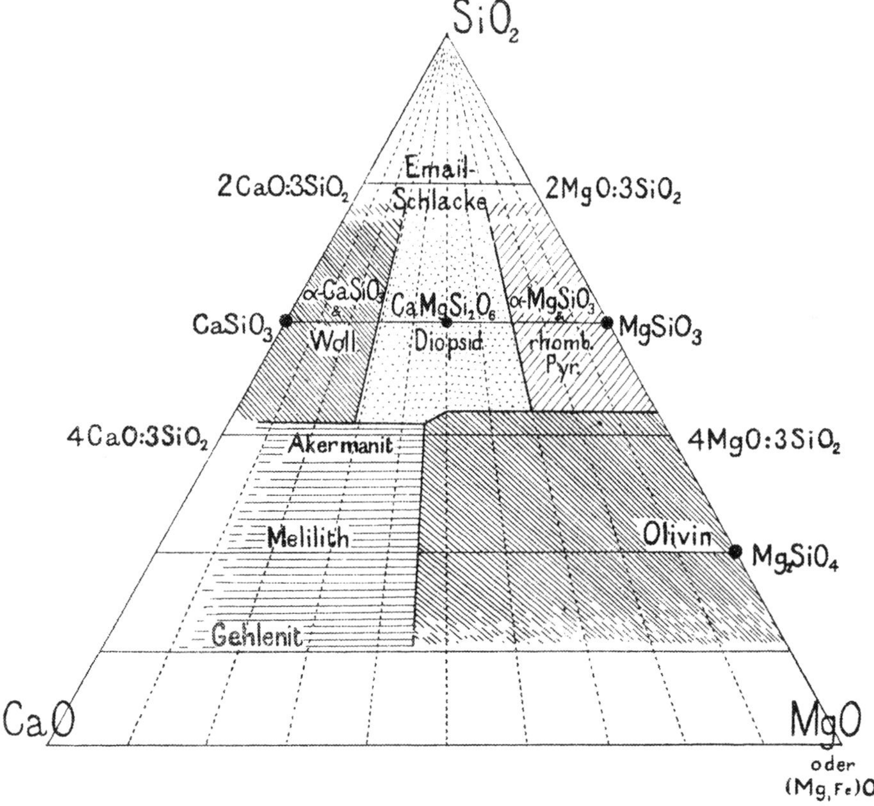

Fig. 119. Individualisationsdiagramm des Systems SiO_2 : CaO : MgO oder: (Mg, Fe)O, — jedoch für die basischen und CaO-reichen Schlacken bei Gegenwart von einer für die Bildung der Melilithmineralien hinreichenden Al_2O_3-Menge.
Woll. = Wollastonit. Rhomb. Pyr. = rhombischer Pyroxen.

[1]) Siehe die Abh. über Schlacken usw. von J. H. L. Vogt in Norsk Teknisk Tidsskrift, 1895.

Diese führen neben SiO_2, MgO und CaO immer etwas Al_2O_3, MnO, FeO usw. nebst geringen Mengen von Na_2O und K_2O, die letzteren jedoch meist in so winziger Menge, daß sie außer Betracht kommen. Ein kleiner Gehalt von FeO (und MnO) ist zusammen mit MgO gehalten zu (Mg, Fe)O.

Ausdrücklich sei hervorgehoben, daß das Diagramm Fig. 119 nicht das ideale System SiO_2 : CaO : MgO repräsentiert, indem besonders bei den basischen und kalkreichen Schlacken so viel Tonerde zutritt, daß Melilithmineralien entstehen. In betreff der Metasilicate basiert sich das Diagramm z. T. auf einer Reihe von Schmelzversuchen mit wechselndem Verhältnis nur von $CaSiO_3$ und $MgSiO_3$ (vgl. S. 756).

Zu näherer Erläuterung gebe ich einige Einzelheiten über das Ziehen der Grenzen zwischen den „Individualisationsfeldern" der verschiedenen Mineralien.

In Silicatschmelzen annähernd von Metasilicatzusammensetzung kristallisiert je nach dem Ca : Mg, Fe, Mn-Verhältnis Pseudowollastonit (oder unter gewissen Bedingungen Wollastonit), bzw. Augit allein oder zuerst:

Pseudowollastonit (bzw. Wollastonit)			Augit		
Ca : Mg, Fe, Mn	Azid.-grad	% Al_2O_3	Ca : Mg, Fe, Mn	Azid.-grad	% Al_2O_3
0,81 : 0,19	2,56	4,50	0,68 : 0,32	2,42	3,7
0,81 : 0,19	1,96	9,40	0,68 : 0,32	2,05	5,71
0,805 : 0,195	2,10	2,2	0,67 : 0,33	1,83	5,12
0,795 : 0,205	1,73	3,83	0,66 : 0,34	1,94	5,37
0,795 : 0,205	2,00	0,5	0,66 : 0,34	2,38	1,48
0,79 : 0,21	1,58	4,47	0,655 : 0,345	2,27	2,88
0,765 : 0,235	1,53	5,37	0,64 : 0,36	2,21	5,20
0,755 : 0,245	2,28	2,35	0,62 : 0,38	1,78	1,33
0,75 : 0,25	2,00	0,0			

Die Individualisationsgrenze liegt somit zufolge diesen und anderen Untersuchungen über die Kristallisationsfolge (bei wenig oder keiner Tonerde) bei ca. 0,70 Ca : 0,30 Mg, oder bei ca. 43 % $CaSiO_3$: 57 % $CaMgSi_2O_6$.

In mehr basischen Schlacken kristallisiert je nach dem Ca : Mg, Fe, Mn-Verhältnis ein Melilithmineral (Akermanit, Melilith, Gehlenit), bzw. Olivin allein oder zuerst:

Melilithmineral			Olivin		
Ca : Mg, Fe, Mn	Azid.-grad	% Al_2O_3	Ca : Mg, Fe, Mn	Azid.-grad	% Al_2O_3
0,67 : 0,33	1,50	0,70	0,54 : 0,46	1,53	10,00
0,67 : 0,33	1,49	4,23	0,48 : 0,52	1,45	2,40
0,58 : 0,42	1,42	4,34	0,51 : 0,49	1,33	8,92
0,54 : 0,46	1,32	4,38	0,53 : 0,47	1,21	9,97
0,57 : 0,43	1,26	5,95	0,52 : 0,48	1,18	9,91
0,53 : 0,47	1,05	29,31[1]	0,55 : 0,45	1,17	5,21
0,60 : 0,40	0,86	8,3	0,51 : 0,49	1,14	3,69
0,64 : 0,36	0,71	27,81	0,50 : 0,50	0,91	9,85
			0,55 : 0,45	0,86	8,3

[1]) Anorthit neben Melilith.

Bei einer für die Bildung der Melilithmineralien hinreichenden Al_2O_3-Menge liegt somit die Individualisationsgrenze ziemlich genau bei 0,55 Ca:0,45 Mg, Fe, Mn, oder bei ca. 74% Melilith : 26% Olivin.

In Schlacken mit zwischen 0,3 Ca : 0,7 Mg, Fe und 0,5 Ca : 0,5 Mg, Fe (neben wenig Al_2O_3) kristallisiert Olivin zuerst bei Aziditätsgrad 1,42, 1,45, 1,47, 1,48, 1,50, 1,50, 1,52, 1,53 1,58, 1,62, 1,65, 1,66 und 1,68, dagegen Augit zuerst bei Aziditätsgrad 1,65, 1,71, 1,71, 1,73, 1,76, 1,77, 1,80 usw.

Die Grenze liegt folglich ziemlich genau bei Aziditätsgrad 1,65 oder bei ca. 68% Augit (Diopsid) : 32% Olivin.

Auch für einige andere Schlackenmineralien sind entsprechende Individualisationsgrenzen festgestellt, so für Melilith : Anorthit (nach dem Ca, Mg : Al-Verhältnis), für Rhodonit : Hypersthen (nach dem Mn : Fe-Verhältnis) usw.

Diese Bestimmungen der Individualisationsgrenzen liefern uns u. a. ein Mittel dazu, aus der auskristallisierten Mineralart eine angenäherte Vorstellung über die Zusammensetzung der ganzen Schlacke zu erhalten. Dies mag besonders in der Nähe der Individualisationsgrenze von Nutzen sein.

Über die Abkühlungskurven einiger Schlackenmineralien.

Zur Erläuterung reproduziere ich aus meiner Arbeit Lit. Nr. 6 (1904) einige Abkühlungskurven (Fig. 120) von:

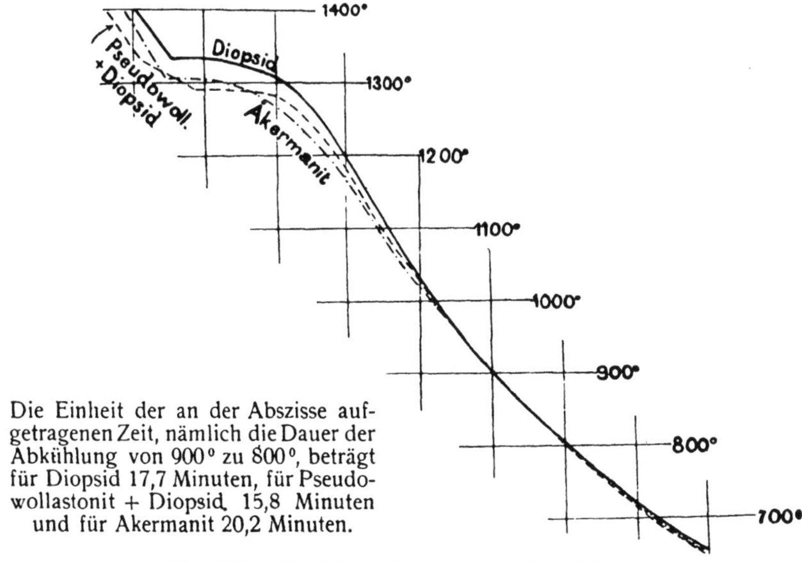

Die Einheit der an der Abszisse aufgetragenen Zeit, nämlich die Dauer der Abkühlung von 900° zu 800°, beträgt für Diopsid 17,7 Minuten, für Pseudowollastonit + Diopsid 15,8 Minuten und für Akermanit 20,2 Minuten.

Fig. 120. Abkühlungskurven von drei Silicatschmelzen.

$CaMgSi_2O_6$ (Diopsid).
$(Ca, Mg)SiO_3$, mit 0,75 Ca : 0,25 Mg.
$(Ca, Mg)_4Si_3O_{10}$ (Akermanit), mit 0,7 Ca : 0,3 Mg.

Das Ausgangsmaterial enthielt höchstens 1,5% FeO nebst Al_2O_3 usw.

Bei den Versuchen wurden 16, 15 bzw. 19 Kilogramm in großen Graphittiegeln eingeschmolzen. Nach dem Ausholen der Tiegel aus den Öfen

(Tiegelstahl-Ofen) wurde ein Le Chatelier-Pyrometer (mit einem eisernen Schutzrohr) in die Schmelze eingetaucht, und die Temperatur alle 15 Sekunden abgelesen. — Es wurden so große Einwägungen benutzt, um eine langsame Abkühlung, und folglich eine vollständige Kristallisation zu erzielen.

Die Abkühlung bei der Diopsidschmelze dauerte:

1371—1336°	4,7 Minuten
1336—1330	18,7 "
1330—1300	10,7 "
1330—1250	8,7 "
1250—1200	6,2 "
1200—1150	4,8 "

und später für je 50° Temperaturfall (1150—1100, 1100—1050 usw.) 5,1, 5,4, 6,0, 6,8, 7,7, 8,6, 9,1, 10,5, 11,7, 12,9 Minuten usw.

In meiner früheren Arbeit nahm ich den Inflexionspunkt der Abkühlungskurve bei etwa 1200° als den Erstarrungspunkt des Diopsids an; dies war jedoch nicht richtig, indem der Erstarrungspunkt den Ablesungen zufolge zu 1336°, nämlich bei dem Anfang des horizontalen Kurvenzweigs, zu setzen ist. Die konkave Abrundung der Kurve bei ca. 1300° dürfte durch die bedeutende Einwage, auf Erstarrung und nachher folgender Abkühlung den Kanten entlang, während der Kern noch flüssig war, beruhen. — Aus diesem Grunde benutze ich hier die Gelegenheit, einige Korrekturen meiner früheren Berechnungen einzuschalten.

Aus dem Temperaturfall in den Intervallen 1200—1150°, 1150—1100°, 1100—1050° usw. berechnet sich durch eine kleine Extrapolation der Temperaturfall der festen Masse für die Intervalle 1200—1250°, 1250 - 1300° und 1300—1336° zu 12,2 Minuten. Die beobachtete Abkühlung von 1336—1200° war 44,3 Minuten. Die Kristallisationszeit betrug somit 44,3—12,2 = 32,1 Minuten (gegen früher berechnet 28 Minuten).

Um die drei Abkühlungskurven miteinander vergleichen zu können, habe ich den Temperaturfall von 900—800° (bzw. 17,7, 15,8 und 20,2 Minuten) als Einheit benutzt.

Die betreffenden Dünnschliffe ergeben höchstens etwa $^1/_2$ % Glas; praktisch kann man damit rechnen, daß die ganze Masse kristallisierte.

Bei Diopsid erhielten wir einen langen „Haltepunkt" bei der Erstarrung; ebenfalls bei Akermanit.

Die Metasilicatschmelze mit 0,75 Ca : 0,25 Mg ergibt im Dünnschliff: 1. zuerst nur Kristallisation von Pseudowollastonit; 2. später fortgesetzte Kristallisation des Pseudowollastonits und dabei auch Kristallisation von Augit (somit ein Eutektikum). Die Erstarrungskurve zeigte:

a) 1398—1330°, also 68° = 6,3 Minuten, während welcher Zeit die ganze Masse sich im flüssigen Zustande befand;

b) 1330—1296°, also 34° = 13,4 Minuten; somit langsamer Fall, was auf der Kristallisation des Pseudowollastonits beruhen muß;

c) dann 1296—1286°, also 10° = 15,3 Minuten. Indem auf den schon oben erwähnten Einfluß der großen Einwage hingewiesen wird, darf man den Schluß ziehen, daß die Temperatur der Schmelze in dieser Periode konstant war, nämlich während der Erstarrung des Eutektikums.

Indem wir die Abrundung der Kurven vernachlässigen, haben wir somit für die betreffenden Silicatschmelzen (Fig. 121) die Resultate erhalten:

I. Für Diopsid konstante Temperatur bei der Kristallisation von $CaMgSi_2O_6$.

II. Für Pseudowollastonit und Augit zuerst einen Temperaturfall (a—b) bei der Kristallisation von Pseudowollastonit; später konstante Temperatur (b—c) während der Kristallisation des Eutektikums von Pseudowollastonit und Augit.

Bei den üblichen Schlacken — mit einer Reihe von Komponenten, darunter auch Mischkristallkomponenten — wird die Kristallisation sich über ein ganz weites Temperaturintervall erstrecken. Bei schneller Abkühlung erstarrt bei nicht besonders dünnflüssigen Schmelzen mehr oder minder der Schmelzmasse als ein Glas, das keine latente Schmelzwärme besitzt, und das somit keine Verzögerung der Abkühlung bewirkt.

Die Abkühlungszeit bei Strahlung der festen Schlacken folgt der Formel von Stefan u. Boltzmann

$$k \cdot c \cdot (T^n - T_1^n),$$

wo k = Konstante, c = spezifische Wärme, T = absolute Temperatur der Schlacke, T_1 = absolute Temperatur der Umgebung.

Für Schlacken (oder im allgemeinen für Silicate) habe ich (Lit. 6) gefunden:

n ziemlich genau = 3,7.

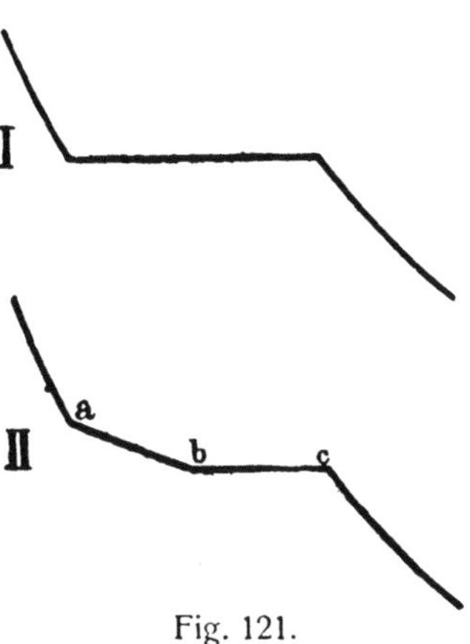

Fig. 121.

Über die spezifische Wärme, die „totale Schmelzwärme" und die latente Schmelzwärme der Schlacken.

Bezüglich der spezifischen Wärme wird auf die Erörterung S. 698 ff. hingewiesen. Uns interessiert besonders die Tatsache, daß die mittlere spezifische Wärme der üblichen Schlackenmineralien zwischen 0—1200° ungefähr 40—50% höher ist als zwischen 0—100°.

Die „totale Schmelzwärme".

Hierunter verstehen wir diejenige Kaloriemenge, die nötig ist, um ein Silicat von 0° bis zum flüssigen Zustand, gleich an den Schmelzpunkt (oder den oberen Punkt des Schmelzintervalles) zu bringen, also

$$Q = c_{\Theta-0} \cdot \Theta + q,$$

wo Q = totale Schmelzwärme, q = latente Schmelzwarme, Θ = Schmelzpunkt.

In der Tat kommt für technische Zwecke ein wenig „Überwärme" hinzu, nämlich zu einer Temperatur Θ_1 gleich oberhalb des Schmelzpunktes. Es addiert sich somit ein Glied $c_{\Theta_1-\Theta} \cdot (\Theta_1 - \Theta)$, wo $\Theta_1 - \Theta$ etwa 10°, 20° oder 40° beträgt.

Umfassende Untersuchungen über die totale Schmelzwärme sind von R. Akerman[1]) in Stockholm ausgeführt worden, indem geschmolzene Silicate, gleich am Anfang der Kristallisation, in ein in dem Wasser eines Kalorimeters steckendes kupfernes Rohr eingegossen wurden. Die — in sehr bedeutender Anzahl (mehrere Hundert) und mit großer Sorgfalt ausgeführten — Untersuchungen waren freilich mit mehreren nicht unwesentlichen Fehlerquellen verknüpft; die Resultate sind jedoch für mehrere nicht nur technische, sondern auch wissenschaftliche Zwecke gut verwendbar. Viele der in dem Kalorimeter

[1]) R. Akerman, Über den Wärmeverbrauch zum Schmelzen der Hochofenschlacken (in schwedischer Sprache). Jernkontorets Annaler 1886, Stockholm.

abgekühlten Schmelzen sind — zufolge mikroskopischer Untersuchung von mir — völlig kristallin erstarrt, und haben somit ihre latente Schmelzwärme abgegeben.

Wir geben einige Beispiele der von R. Akerman gefundenen Werte und stellen die von mir ausgeführten Bestimmungen des Erstarrungspunktes, bzw. des Anfanges der Erstarrung, von Schmelzen derselben Zusammensetzung dazu:

	Totale Schmelzwärme	Erstarrungs-punkt
Diopsid, $CaMgSi_2O_6$	444 cal.	1336°
$(Ca, Mg)SiO_3$, mit 0,75 Ca : 0,25 Mg	413 „	1330
Akermanit, $(Ca, Mg)_4Si_3O_{10}$, mit 0,7 Ca : 0,3 Mg	404 „	1310

Die Verunreinigungen der betreffenden Akermanschen Schmelzen waren: 0,6—0,7% Al_2O_3, 0,8% FeO, 0,1—0,15% MnO.

In der Tat wurde bei den betreffenden drei Schmelzen gefunden: 456, 425 und 416 cal. Die „Überwärme", $c_{\Theta_1-\Theta}(\Theta_1-\Theta)$, habe ich auf 12 cal. geschätzt und diesen Wert abgezogen.

Die totale Schmelzwärme (bis Θ) der Hochofenschlacken schwankt meist, wenn auch die latente Schmelzwärme einbegriffen wird, zwischen 390 und 440 cal. — Dazu kommt für die Schlacken der Öfen die nötige Überwärme, etwa 35 cal. für je 100° oberhalb Θ; somit in Summe bis 1500° in der Regel zwischen ca. 475 und 525 cal.

Die latente Schmelzwärme. Aus meinen oben erwähnten Abkühlungsversuchen läßt sich für einige Silicatschmelzen das Verhältnis (n) zwischen der latenten Schmelzwärme (q) und der Wärmeabgabe ($c_{1200-1100} \cdot 100$) des auskristallisierten Minerals bei einem Temperaturfall von 100° gleich unterhalb des Erstarrungspunktes mit guter Genauigkeit annähernd berechnen. In der Gleichung:

$$q = n \cdot c_{1200-1100} \cdot 100$$

wurde für bzw. Diopsid, $(Ca, Mg)SiO_3$ (mit 0,75 Ca : 0,25 Mg) und Akermanit für n gefunden bzw. 2,83, etwas weniger als 3,42 und 2,65. — Die latente Schmelzwärme für diese Silicate ist somit sicher sehr bedeutend.

Aus den oben angeführten Bestimmungen von Θ, Q, n, c_{100-0} und approximativ für c bei etwa 1200° haben wir die nötigen Voraussetzungen für eine approximative Berechnung von q. Das Resultat ist:

Latente Schmelzwärme[1]):

$CaMgSi_2O_6$	ca.	94	cal.
$(Ca, Mg)SiO_3$, mit 0,75 Ca : 0,25 Mg	„	85	„
$(Ca, Mg)_4Si_3O_{10}$, mit 0,7 Ca : 0,3 Mg	etwa	90	„
Fayalitschlacke	„	80	„

Die Unsicherheit bei diesen Werten schätze ich für die zwei ersten auf höchstens ± 15% und für die zwei letzteren auf höchstens ± 20%.

Bezüglich der ungenaueren Bestimmung von C. Barus s. S. 710.

---

[1]) In Silicatschmelzlösungen II ging ich von etwas zu niedrigen Werten von Θ aus und kam dementsprechend zu etwas zu hohen Werten von q, nämlich bzw. ca. 102, ca. 90, etwa 100 und etwa 85 cal.

Über die Schmelzpunktserniedrigungen der gemischten Silicatschmelzlösungen.

Aus den zahlreichen und sorgfältig ausgeführten Untersuchungen von R. Akerman über die totale Schmelzwärme erhalten wir ein Maß — freilich nur ein sehr angenähertes Maß — über die Kristallisationstemperatur, bzw. bei gemischten gegenseitigen Lösungen die obere Grenze des Kristallisationsintervalles der betreffenden Silicate. Dies gilt jedoch nur für die sehr dünnflüssigen, leicht kristallisierenden Schlacken, wo die für die Kristallisation nötige Übersättigung gering ist. Um Akermans Versuche benutzen zu können, habe ich seine Kalorimeterprodukte im Dünnschliff untersucht.

Ein Vergleich zwischen meinen, hauptsächlich in der Mitte der 1880er Jahre ausgeführten Untersuchungen über die „Individualisationsgrenzen" und Akermans — unabhängig davon ausgeführten — Untersuchungen ergibt (s. Silicatschmelzlösungen II):

1. Bei Schmelzen, die mit der Zusammensetzung eines Minerals oder einer Mineralkomponente (wie $CaSiO_3$, $CaMgSi_2O_6$, $(Ca, Mg)_4Si_3O_{10}$, $CaAl_2Si_2O_8$ usw.) identisch sind, begegnen wir einer maximalen Kristallisationstemperatur.

2. In gemischten Silicatschmelzlösungen findet dagegen eine Schmelzpunktserniedrigung statt, und zwar fällt die größte Schmelzpunktserniedrigung, den Untersuchungen zufolge, ziemlich genau mit den Individualisationsgrenzen zusammen.

Zur Erläuterung des letzterwähnten Schlusses geben wir einige Beispiele:

	Individualisationsgrenze (nach J. H. L. Vogt)	Max. Schmelzp.-Erniedrigung (nach R. Akerman)
$CaSiO_3 : CaMgSi_2O_6$	0,70 Ca : 0,30 Mg	ca. 0,68 Ca : 0,32 Mg
Olivin : Augit . . .	Acid.-Gr. 1,65	ca. 1,5
Olivin : Melilith . .	0,55 Ca : 0,45 Mg	0,5—0,6 Ca : 0,5—0,4 Mg

Wir werden die Resultate der drei Arbeitsmethoden graphisch beleuchten (Fig. 122), indem wir als Abszisse das stöchiometrische Verhältnis Ca : Mg benutzen.

E. T. Allen und W. P. White bestimmten die Schmelzpunkte:

Diopsid . . . . 1380°,
Eutektikum Diopsid : Pseudowollastonit . . . 1348°,
somit Unterschied = 32°.

Durch die oben erwähnten Abkühlungsversuche (mit Substanzen, die ein ganz klein wenig FeO enthielten) fand ich die Erstarrungspunkte:

Diopsid . . . . 1336°,
Eutektikum Diopsid : Pseudowollastonit . . . 1296°,
somit Unterschied = 40° (oder ca. 40°).

Daß die Erniedrigung des Schmelzpunktes des Eutektikums unterhalb des Schmelzpunktes der am leichtesten schmelzbaren Komponente im vorliegenden Falle nur ziemlich gering ist, kann damit in Verbindung stehen, daß die zwei Komponenten $CaSiO_3$ und $CaMgSi_2O_6$ nicht voneinander unabhängig sind, sondern miteinander Mischkristalle (nach Roozebooms Typus V, mit Eutektikum) bilden.

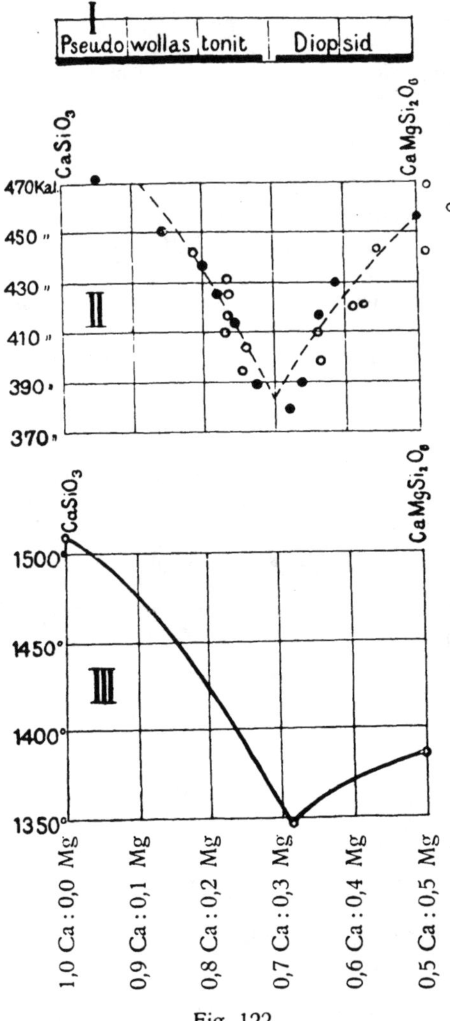

Fig. 122.

I gibt die Individualisationsgrenze an (nach J. H. L. Vogt).

II stellt die totale Schmelzwärme dar (nach R. Akerman), die schwarzen Kreise bedeuten direkte Beobachtungen v. Schmelzen aus $CaSiO_3$ und $CaMgSi_2O_6$ bestehend; die lichten Kreise bedeuten einige interpolierte Beobachtungen.

III ist die Schmelzkurve zufolge W. P. White und E. T. Allen.

An dem Geophysischen Carnegie-Laboratorium sind in den späteren Jahren eine Reihe Untersuchungen über die Schmelzpunktserniedrigungen im binären System (SiO_2 : α-$CaSiO_3$, α-$CaSiO_3$: α-Ca_2SiO_4, SiO_2 : Al_2SiO_5, Al_2SiO_5 : Al_2O_3, usw., alle mit Eutektikum), wie auch in dem ternären System $CaO : Al_2O_3 : SiO_2$ ausgeführt worden (vgl. S. 749 u. ff.).

Die in den späteren Jahren erhaltenen Schlüsse über die Schmelzpunktserniedrigung der gemischten Silicatschmelzlösungen erklären sehr schön mehrere alte Erfahrungssätze aus der Technik.

So weiß man schon seit Jahren, daß man, wenn man eine leicht schmelzbare Schlacke haben will, nicht reine Ca-Silicate oder reine Mg-Silicate oder reine Al-Silicate benutzen soll, sondern dagegen gemischte Silicate, mit wenn möglich vielen Basen in einigermaßen mittleren Verhältnissen.

Besonders leicht schmelzbare Hochofenschlacken (mit wenig MnO und beinahe ohne FeO) erhält man bei der Zusammensetzung: Aciditätsgrad zwischen ca. 1,5 und 1,65; Ca:Mg-Verhältnis zwischen 0,75 Ca: 0,25 Mg und 0,55 Ca:0,45 Mg; und dabei etwas Al_2O_3.

Es handelt sich hier um Schlacken mit drei (oder noch mehreren) Komponenten, nämlich von Augit, Olivin und Melilith (Akermanit—Gehlenit) in annähernd mittleren Mischungsverhältnissen. Und solche Schlacken mögen in betreff der niedrigen Schmelztemperatur z. B. mit Roses oder Woods, aus mehreren Metallen bestehenden Legierungen verglichen werden.

Andererseits sollen die feuerfesten Materialien — wie Chamotte, Quarz, Dinastein, Magnesit usw. — möglichst rein sein, und selbst ziemlich geringe

Verunreinigungen beeinflussen bekanntlich die Feuerfestigkeit in einem auffallend starken Grade.

In betreff der Chamotte oder Tone sind diesbezüglich ausgedehnte Untersuchungen von Th. Ludwig[1]) (in dem chemischen Laboratorium für Tonindustrie in Berlin) ausgeführt worden. Er wies nach, daß die Erniedrigung der Feuerbeständigkeit der Tone mit den äquimolekularen Mengen der Verunreinigungen proportional ist, und schloß hieraus — unter Hinweis auf meine etwas älteren Studien über Schlacken —, daß van't Hoffs Gesetz der molekularen Schmelzpunktserniedrigung bei den verdünnten Silicatschmelzlösungen anwendbar ist.

In meiner Abhandlung Lit. Nr. 10 (1910) habe ich die bisherigen Bestimmungen der Eutektika zwischen Mineralien zusammengestellt; wir entnehmen hieraus die wichtigsten derjenigen Bestimmungen, welche Schlackenmineralien betreffen:

Olivin : Diopsid	etwa 32% Olivin	: 68% Diopsid,
Olivin : Melilith	etwa 26% Olivin	: 74% Melilith,
Anorthit : Melilith	etwa 35% Anorthit	: 65% Melilith,
Augit : Akermanit	etwa 40% Augit	: 60% Akermanit,
Tephroit : Rhodonit	etwa 36% Tephroit	: 64% Rhodonit,
Magnetit : Fayalit	etwa $^1/_5$–$^1/_3$ Magnetit	: $^4/_5$–$^2/_3$ Fayalit

(die obigen nach J. H. L. Vogt).

Über Pseudowollastonit: Diopsid siehe oben, S. 943, ferner S. 747, 748, 785.

Bei großem Unterschied in bezug auf den Schmelzpunkt liegt das binäre Eutektikum durchgängig am nächsten der Komponente mit dem niedrigsten Schmelzpunkte.

Zufolge der freilich ziemlich rohen Bestimmungen der totalen Schmelzwärme sind die Schmelzpunktserniedrigungen zwischen Olivin und Augit (Diopsid) wie auch zwischen Olivin und Melilith sehr bedeutend.

Aus den obigen Daten folgt, daß die Kristallisation der gebräuchlichsten Hochofenschlacken nur selten bei einer Temperatur höher als 1300 bis 1350° anfangen kann; meist handelt es sich um Temperaturen wie etwa 1200—1250° oder noch etwas niedriger.

Über die Erstarrung der Mischkristalle der Schlacken.

Weitaus die meisten Schlackenmineralien sind Mischkristalle, und zwar gehören sehr viele derselben Roozebooms Typus I an (vgl. S. 772). So beispielsweise:

Olivin, Forsterit–Fayalit, $Mg_2SiO_4 : Fe_2SiO_4$.
Diopsid–Hedenbergit, $CaMgSi_2O_6 : CaFeSi_2O_6$.
Enstatit–Hypersthen, $Mg_2Si_2O_6 : Fe_2Si_2O_6$.
Akermanit–Gehlenit, dabei auch die Plagioklase, An : Ab.

Die eisenreichen Endglieder (wie Fayalit, Hedenbergit, Hypersthen usw.) haben — insofern wir bisher wissen, ohne Ausnahme — einen bedeutend niedrigeren Schmelzpunkt als die eisenfreien (Forsterit, Diopsid, Enstatit usw.).

---

[1]) Th. Ludwig, Über Beziehungen zwischen der Schmelzbarkeit und der chemischen Zusammensetzung der Tone. Ton-I.-Z. 1904, Nr. 63.

Hieraus folgt, daß der Schmelzpunkt der Schlackenmineralien verhältnismäßig stark selbst durch einen ziemlich kleinen Eisengehalt erniedrigt wird. — Andererseits erhöht MgO den Schmelzpunkt der hauptsächlich aus Fe_2SiO_4 bestehenden Schlacken von Rohsteinschmelzen usw.

Über die Stabilitätsgrenzen der Schlackenmineralien.

Wir gehen hier nicht auf diese Frage im allgemeinen ein, besprechen aber nur ein paar Beispiele, die für die Schlacken von Interesse sind.

Über das „Zerfallen" von basischen kalkreichen Schlacken. Wie längst bekannt zerfallen solche Schlacken, die sich der Zusammensetzung Ca_2SiO_4 nähern, bei der Abkühlung zu Staub. Sie fließen, wie üblich, aus den Öfen, kristallisieren — was man an noch heißen Stücken beobachten kann —, zerfallen aber bei der weiteren Abkühlung zu Staub. Diese Erscheinung hat in alten Tagen viele unhaltbare Hypothesen veranlaßt; die Erklärung ist ganz einfach die folgende.

Nach A. L. Day and E. S. Shepherd[1]) hat Ca_2SiO_4 die folgenden enantiotropischen Stabilitätsformen: α-Ca_2SiO_4 Schmelzpunkt = 2080° und spez. Gew. = 3,27; β-Ca_2SiO_4 spez. Gew. = 3,28 und γ-$CaSiO_4$ = 2,974.

α wandelt sich zu β um bei ca. 1410° und β zu γ um bei ca. 675° oder etwas darunter.[2]) Bei der letzteren Umwandlung dehnt sich das Volum sehr beträchtlich, nämlich um ca. 10% aus, und zwar mit der Folge, daß die ganze Masse zersprengt wird.

Über die primäre Bildung von Wollastonit in Schlacken. Unter den zahlreichen von mir untersuchten Schlacken und Laboratoriumsschmelzprodukten von der Zusammensetzung annähernd $CaSiO_3$ habe ich in weitaus den meisten Fällen Pseudowollastonit gefunden, und nur in zwei Fällen Wollastonit, nämlich in den zwei Schlacken Analyse Nr. 10 u. 11 (s. S. 934).

Zufolge E. T. Allen und W. P. White[3]) liegt die Stabilitätsgrenze zwischen Pseudowollastonit und Wollastonit bei ca. 1190°; bei höherer Temperatur bildet sich Pseudowollastonit, unterhalb 1190° dagegen Wollastonit. Die zwei obigen Schlacken haben Zusammensetzung annähernd wie das Eutektikum $CaSiO_3$: Augit, jedoch ein wenig auf der $CaSiO_3$-Seite; dabei führen sie etwas Al_2O_3 neben nennenswerten Mengen von MnO + FeO, welch letztere die Schmelzkurven nicht unwesentlich hinuntersetzen. Es ist somit leicht erklärlich, daß die Kristallisation von $CaSiO_3$ — selbst ohne eine bedeutende Unterkühlung — in den zwei Fällen unterhalb 1190° stattgefunden haben müßte.

Auch in einigen Gläsern, mit vielen Lösungskomponenten und folglich mit starker Schmelzpunktserniedrigung, ist Wollastonit von einigen Forschern nachgewiesen worden.

Über die Beziehung zwischen Kristallisation und Viscosität.

Die viscosen Silicatschmelzen erstarren bei schneller Abkühlung glasig und bedürfen, um kristallisieren zu können, einer langen Abkühlungszeit.

---

[1]) A. L. Day and E. S. Shepherd, The Lime-Silica Series of Minerals. Am. Journ. Sc. **22** (Okt. 1906).

[2]) Zufolge der oben zitierten, kürzlich (April 1911) erschienenen Abhandlung von E. S. Shepherd u. G. A. Rankin existiert noch eine vierte Modifikation β'-Ca_2SiO_4.

[3]) E. T. Allen u. W. P. White, Diopside and its Relation to Calcium and Magnesium Metasilicats. Am. Journ. Sc. **27** (1909).

Beispielsweise werden die Mansfelder Rohschlacken (s. S. 932) bei einer Abkühlung von einigen Stunden völlig oder beinahe glasig; sie kristallisieren dagegen bei einer Dauer der Abkühlung von ein paar Tagen.

Im Gegensatz hierzu stehen die dünnflüssigen Schlacken, und zwar steigt die Kristallisationstendenz der sich in Schlacken bildenden Silicatmineralien im allgemeinen mit der Dünnflüssigkeit.

Besonders dünnflüssig sind die basischen und intermediär-basischen Mn, Fe-Schlacken; in Übereinstimmung hiermit bedürfen Tephroit ($(Mn, Fe)_2SiO_4$) und Rhodonit ($(Mn, Fe)_2Si_2O_6$) nur eine äußerst geringe Kristallisationszeit (von nur etwa einer Minute), und sie bilden, wenn es sich um Schmelzen von 10 kg oder darüber handelt, bei einer Abkühlung innerhalb des Kristallisationsintervalles von etwa einer halben Stunde sehr große Kristalle von 1, 2 oder gar bis 3 cm Länge.

Auch die überwiegend aus Fe_2SiO_4 bestehenden Schlacken sind sehr dünnflüssig, und der Fayalit bildet in solchen Schlacken häufig Kristalle von 2—3 cm Länge.

Die aus überwiegend Mg_2SiO_4, $(Ca, Mg)_4Si_3O_{10}$, $CaMgSi_2O_6$ und $CaSiO_3$ bestehenden Schlacken sind bei ihrem ziemlich hoch gelegenen Kristallisationspunkt ebenfalls ziemlich dünnflüssig; die betreffenden Mineralien kristallisieren schnell und in großen Kristallen.

Bei den meisten Laboratoriumssynthesen hat man sich hauptsächlich darauf beschränkt, mit Schmelzen in Platintiegeln, bei einer Einwage von nur einigen Gramm, zu arbeiten. Hierdurch erhält man nur kleine Kristalle.

Bei größerer Einwage bekommt man größere Kristalle. — Bei meinem oben erwähnten Abkühlungsversuch mit $CaMgSiO_6$, bei einer Einwage von zirka 15 kg (gleich rund 5,5 Liter) erstarrte so der Diopsid bei einer Dauer der Erstarrung von 31 Minuten, hauptsächlich in 3—4 cm langen und 0,5 bis 0,8 cm breiten Kristallindividuen

Meine Versuche für Spinell s. S. 685.

Für Schmelzen, annähernd von der Zusammensetzung eines Eutektikums, ist die Viscosität verhältnismäßig hoch bei der Temperatur, wo die Kristallisation eintreten kann. In dem beistehenden Diagramm (Fig. 123), wo ***kl*** eine verhältnismäßig kleine und mn eine verhältnismäßig hohe Viscosität repräsentiert, mag die Kristallisation von a in einer Schmelze von der Zusammensetzung u, wenn die Unterkühlung außer Betracht gesetzt wird, bei einer Temperatur (t_1) anfangen, wo die Schmelze noch ziemlich dünnflüssig ist. In einer Schmelze von der Zusammensetzung v wird dagegen die Kristallisation zuerst anfangen (bei t_2), wenn die Viscosität gestiegen ist. Bei derselben Dauer der Abkühlung werden wir kleinere Kristalle von a in der Schmelze v als in der Schmelze u bekommen; oder bei noch schnellerer Abkühlung wird die Schmelze u einige Kristalle von a liefern können, während v völlig glasig erstarrt.

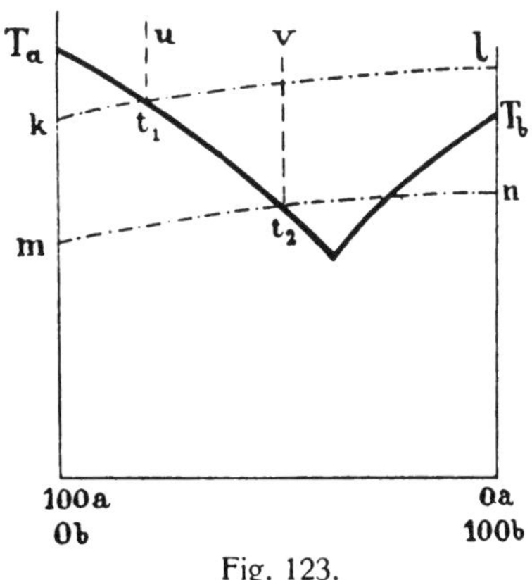

Fig. 123.

Im allgemeinen gilt, daß die Annäherung zu einem Eutektikum die Erstarrung als Glas befördert. Dies hat eine bedeutende Tragweite, sowohl für die Technik (Glastechnik) wie auch für die Petrographie.

Wenn Impfung nicht stattfindet, beginnt die Kristallisation zuerst bei einem gewissen Grade der Übersättigung. Derselbe ist eine Funktion der Zeit wie auch der Viscosität; wahrscheinlich kommen noch mehrere Momente mit in Betracht.

Bei den stark dünnflüssigen Schlacken (von Rhodonit, Tephroit, Fayalit usw.) spielt die Übersättigung nur eine ziemlich untergeordnete Rolle; ganz anders dagegen bei den viscosen Schlacken.

Über die Physikochemie der Silicatschmelzlösungen.

Die Silicatschmelzen leiten den elektrischen Strom und sind somit Elektrolyte (vgl. S. 712); Lit. Nr. 6, Silicatschmelzlösungen II, 151—156, 197 (1904).

Für die Erstarrung der Silicatschmelzen können wir im allgemeinen die für die Phasen flüssig:fest der Elektrolyte („Salze") gegebenen Gesetze anwenden.

Geschmolzenes Eis besteht aus undissoziiertem H_2O nebst den Ionen $\dot{H}$ und HO (die letzteren freilich in winziger Menge). Geschmolzenes Steinsalz besteht aus undissoziiertem NaCl nebst den Ionen $\dot{Na}$ und Cl. In entsprechender Weise besteht geschmolzener Olivin aus undissoziiertem Mg_2SiO_4 nebst den zugehörigen Ionen, wahrscheinlich $\dot{Mg}$, $\ddot{Mg}$ und SiO_4. Und eine Schmelze von Olivin und Diopsid besteht aus einer gegenseitigen Lösung von Mg_2SiO_4 und $CaMgSi_2O_6$, nebst zugehörigen Ionen.

Ebenfalls besteht eine Schmelze $(Mg, Fe)_2SiO_4$ aus den Komponenten Mg_2SiO_4 und Fe_2SiO_4 nebst zugehörigen Ionen.

Die elektrische Leitfähigkeit der Silicatschmelzen ist, bei Temperaturen wie 1300—1500°, ziemlich gering; die elektrolytische Dissoziation ist somit nicht bedeutend (vgl. S. 717) Ferner wissen wir, daß die elektrolytische Dissoziation eines geschmolzenen Silicats mit der Temperatur zunimmt.

Die meisten Schlacken sind ziemlich komplexe gegenseitige Lösungen mit einer ganzen Anzahl von Lösungskomponenten nebst zugehörigen Ionen. Aus der bedeutenden Schmelzpunktserniedrigung in den ziemlich konzentrierten gegenseitigen Lösungen in der Nähe der Eutektika darf man den Schluß ziehen, daß auch relativ verdünnte Lösungen vielleicht eine verhältnismäßig bedeutende Schmelzpunktserniedrigung bewirken.

In van't Hoffs Formel für die molekulare Schmelzpunktserniedrigung der verdünnten Lösungen

$$\Delta T = 0{,}0198 \cdot \frac{T^2}{q}$$

bedeutet ΔT die von dem Grammäquivalent (unter Berücksichtigung der elektrolytischen Dissoziation) der gelösten Substanz B in 100 gr A hervorgerufene Schmelzpunktserniedrigung; q (latente Schmelzwärme von A) ist für Silicate sehr groß.

Es fehlen bisher Beobachtungen zu einer Präzisionsbestimmung der Größe des Grammäquivalents der gelösten Substanz B in betreff der Silicatschmelzlösungen. Die bisherigen rohen Beobachtungen erlauben jedoch den Schluß, daß es sich im allgemeinen um relativ niedrige Molekulargrößen handelt.

Aus meinen freilich sehr rohen Bestimmungen (Lit. Nr. 6) scheint es hervorzugehen, daß z. B. die Olivin- und Diopsidkomponenten in Schmelzlösungen nicht als polymerisierte Moleküle, sondern einfach als Mg_2SiO_4 bzw. $CaMgSi_2O_6$ hineingehen (vgl. S. 738).

Über die Berechnung des Aciditätsgrades der Schlacken.

In der Metallurgie kann man sich nicht mit den Ausdrücken Orthosilicat, Metasilicat usw. begnügen, indem eine mehr detaillierte Angabe über die Silicierungsstufe nötig ist.

Alte Schreibweise	Moderne Schreibweise	Metallurgische Nomenklatur	Mineralogische Nomenklatur
$2RO.SiO_2$	R_2SiO_4	Singulosilicat	Orthosilicat
$4RO.3SiO_2$	$R_4Si_3O_{10}$	1,5-Silicat	—
$RO.SiO_2$	$RSiO_3$	Bisilicat	Metasilicat
$4RO.5SiO_2$	$R_4Si_5O_{14}$	2,5-Silicat	—
$2RO.3SiO_2$	$R_2Si_3O_8$	Trisilicat	Trisilicat

$R = Ca, Mg, Na_2$ usw.

Die Ausdrücke Singulo-, Bi-Silicat usw. stammen von der alten Berzelianischen dualistischen Auffassung, nämlich daß die Basen den Säuren gegenübergestellt werden (Beispiel: Olivin = $2RO.SiO_2$). In betreff der „Salz"-Lösungen ist sie durch eine neue dualistische Auffassung, mit Spaltung in Kationen und Anionen, ersetzt worden. Das Essentielle in der alten metallurgischen Nomenklatur läßt sich dementsprechend aufrecht erhalten.

Statt $2RO.SiO_2$ (mit Quotient O_2 in der Säure dividiert mit 2O in der Base, also = 1) schreiben wir jetzt: Anion SiO_4, mit 4 Valenzen in Si, und Kation R_2, mit 4 Valenzen; also Quotient ebenfalls = 1.

Eine uralte Streitfrage in der Metallurgie ist die Stellung von Al_2O_3 bei der Berechnung des Aciditätsgrades. Einige Forscher rechnen Al_2O_3 zu den Basen, andere zu den Säuren.

In der Tat geht Al_2O_3 in vielen unserer Schlackenmineralien (Al_2O_3-haltigen Augiten, Melilith–Gehlenit, Anorthit usw.) in Silicatverbindung ein, während Al_2O_3 in anderen Fällen besondere Aluminate, nämlich Spinelle, bildet. Al_2O_3 verhält sich somit in Schlacken verschiedener Zusammensetzung auf verschiedene Weise. In welcher Weise die Al-haltigen Silicate dissoziiert sind, wissen wir nicht. Bis diese Frage erledigt werden wird, dürfte es für solche Schlacken das natürliche sein, bei der Berechnung des Aciditätsgrades die Tonerde mit den RO-Basen (oder das Al-Kation zusammen mit den R-Kationen) zusammenzustellen, und zwar für alle Schlacken, wo nicht besondere Aluminate (Spinelle) entstehen. Bei den letzteren Schlacken ist die Al_2O_3-Menge in dem Spinell abzuziehen.

Zukünftig wird man ziemlich sicher den „Aciditätsgrad" durch einen neuen, physikochemischen Begriff ersetzen. Bis dies geschieht, können wir den „Aciditätsgrad" als einen hauptsächlich technischen Begriff betrachten.

Eine besondere Stellung nimmt Cu_2O ein. Bei der Erstarrung von Cu_2O-reichen Schmelzen kristallisiert bei genügend langsamer Abkühlung Cu_2O für sich, nämlich als Cuprit. Dies mag dadurch erklärt werden, daß die betreffenden Schmelzen aus gegenseitigen Lösungen einerseits von den üblichen Silicatkomponenten nebst Ferraten (Fe_3O_4) usw. und andererseits von Cu_2O bestehen, indem Cu_2O nicht — oder nur ganz untergeordnet — in Silicatverbindung hineingeht. — In einigen Schlackenmineralien (Augit, Glimmer) habe ich jedoch einen winzigen Kupfergehalt nachgewiesen; es konnte aber nicht sicher entschieden werden, ob das Kupfer hier als CuO oder als Cu_2O hineinging (s. Lit. Nr. 4, S. 233—237 und S. 243—245).

Über die Verbindungsweise des Zinks, Bleies und Kupfers in Schlacken beim Schmelzen auf Kupferstein, Bleistein usw.

Das **Zink** erscheint in den hier besprochenen Schlacken teils als aufgelöstes Zinksulfid, (Zn, Fe)S (s. oben S. 930), dessen Menge in stark basischen und zinkreichen Schlacken bis 6—8% steigen kann, teils als Oxyd, ZnO, welches der Silicatschmelze an und für sich angehört. In basischen Schlacken mit mindestens ein paar Prozent Al_2O_3 und dabei mit einigen Prozent ZnO bildet sich Zinkspinell (s. Lit. 4, S. 199—203). Sonst geht ZnO in Silicatverbindungen ein. In ZnO-haltigen, basischen und an FeO reichen Schlacken kristallisiert zinkhaltiger Fayalit. — Im Schmelzfluß tritt nach kurzer Zeit Gleichgewicht zwischen den verschiedenen Komponenten ein.

Aufgelöstes ZnS wie auch die Komponenten $ZnAl_2O_4$ und Zn_2SiO_4 bewirken eine Erhöhung des spez. Gewichtes der Schmelzen und verzögern dadurch das Absetzen der hinuntersinkenden Tropfen vom Stein (Bleistein, Kupferstein usw.), welch letzterer nur ziemlich wenig Zink enthält. Ein hoher Zinkgehalt in den Schlacken veranlaßt dadurch, daß man verhältnismäßig viel von „unreinen" Schlacken, die umgeschmolzen werden müssen, bekommt.

Das **Blei** geht in den hier besprochenen Schlacken vorzugsweise als PbO ein, das sich in Silicatverbindung vorfindet. Im allgemeinen handelt es sich nur um ein oder ein paar Prozent PbO, das ganz überwiegend in dem zum Schluß erstarrenden Glas stecken bleibt. Dazu kommt die mechanische Verunreinigung durch Kügelchen von Bleistein, Werkblei usw.

Die Verbindungsform des **Kupfers** in den Schlacken von Kupfersteinschmelzen ist eine alte Streitfrage, die noch nicht völlig gelöst ist.

Handelt es sich z. B. um die folgenden Gehalte von Kupfer und Schwefel in gleichzeitig gefallenem Kupferstein und Schlacke:

	Kupferstein	Schlacke
Kupfer	30%	0,45%
Schwefel	27 „	0,405 „

— also in beiden Fällen mit demselben Cu : S-Verhältnis —, so wurde dies in älteren Tagen und häufig noch in der Gegenwart dadurch gedeutet, daß der Kupfergehalt der Schlacken von mechanisch mitgerissenen Kügelchen des Kupfersteins herrühren sollte („mechanische" Verschlackung). Ein solcher Schluß wäre aber gänzlich irreleitend, indem die hier vorliegenden Schlacken ohne Ausnahme etwas aufgelöstes Monosulfid, RS, führen, und zwar die basischen Schlacken selten unterhalb 1% RS (s. S. 930).

Beim Schmelzen der üblichen kiesigen Kupfererze mit 4—6 % Kupfer in niedrigen Schachtöfen steigt die Kupfermenge der Schlacken erfahrungsmäßig unter sonst gleichen Bedingungen mit dem Kupfergehalt des Kupfersteins, dabei auch mit der Viscosität und mit dem spez. Gew. der Schlacke, wenn dieselben hinunter zu 25 und hinauf zu 35 % SiO_2 enthalten (s. S. 930). Und bei Sumpf- und Tiegelöfen, mit guten Bedingungen für das Hinuntersinken der Steinkügelchen, bekommt man in der Regel kupferärmere Schlacken als bei vielen modernen Brilleofenkonstruktionen. Diese Erfahrungen im großen Maßstabe erklären sich dadurch, daß der Kupferinhalt der üblichen basischen Schlacken hauptsächlich von mitgerissenen Kügelchen des Kupferrohsteins herrührt. Hiermit stimmt, daß man in Dünnschliffen von absetzbaren Schlacken, mit nur 0,25—0,35 % Kupfer, oftmals äußerst feine Steinkügelchen beobachten kann.

Gehen wir andererseits zu sauren Schlacken, mit 45—50 % SiO_2 über, so läßt sich hier in vielen Fällen ein kleiner Kupfergehalt, wie etwa 0,1—0,2 %, in Silicatmineralien wie Augit oder Glimmer nachweisen (s. oben S. 950), die nach langdauernder Behandlung mit Salpetersäure und Salzsäure aus den Schlacken isoliert sind. Diese „chemische“ Verschlackung des Kupfers scheint mit dem Aciditätsgrade der Schlacke, mit dem Röstungsgrade des Erzes und mit der Abnahme von vorhandenem FeS in der ganzen Beschickung zu steigen. — In sauren Schlacken dürfte das Kupfer vorzugsweise „chemisch“, in basischen und spezifisch schweren Schlacken dagegen vorzugsweise „mechanisch“ verschlackt sein. Dabei dürfte etwas Kupfer vielleicht auch als aufgelöstes Cu_2S in den Schlacken vorhanden sein können.

Cuprit, Cu_2O, ist meines Wissens nie in den üblichen Rohschlacken nachgewiesen worden, spielt aber eine bedeutende Rolle in den Kupferraffinationsschlacken (s. oben S. 935).

Über die Anwendung der Schlacken.

1. Die Thomasschlacken, mit meist 14—20 % P_2O_5, werden zermahlen und als Düngemittel benutzt.

2. Basische Hochofenschlacken mit sehr viel CaO und einigermaßen viel Al_2O_3 finden Anwendung zur Darstellung von Schlackenzement. Die aus dem Ofen fließende Schlacke wird im Wasser granuliert und weiter mechanisch zerkleinert. Bei dieser äußerst schnellen Abkühlung erstarrt die Schlacke glasig. — Saure Schlacken wie auch an MgO reiche basische Schlacken lassen sich nicht in dieser Weise benutzen. Es fehlen bisher eingehende Untersuchungen darüber, welche Schlacken sich zu Schlackenzement eignen, und welche nicht. Es scheint jedoch aus vielen Angaben hervorzugehen, daß nur Schlacken, die bei langsamer Abkühlung zu Gehlenit–Melilith erstarren würden, zu der Darstellung von Schlackenzement brauchbar sind. Dies dürfte damit in Verbindung stehen, daß gerade diese Schlacken leicht von Säuren, unter Abscheidung von gelatinöser Kieselsäure, angegriffen werden.

3. Die ziemlich zähflüssigen Hochofenschlacken werden bisweilen zur Darstellung von Schlackenwolle benutzt, und zwar in der Weise, daß die aus dem Ofen fließende Schlacke durch einen starken Dampfstrahl zu äußerst feinen und langen Drähtchen ausgezogen oder ausgeschleudert wird. Die Fabrikation dieser Schlackenwolle, die zur Isolation in ähnlicher Weise

wie Kieselgur angewandt wurde, spielt gegenwärtig keine Rolle mehr; an vielen Werken ist dieser Fabrikationszweig nach einigen Jahren eingestellt worden.

4. In großer Ausdehnung werden Schlacken, besonders Hochofen- und Rohsteinschlacken, zum Gießen von Bausteinen zu Nebengebäuden, Grundmauern usw. benutzt, indem die aus dem Ofen fließende Schlacke in eisernen Formen, bestehend aus einer Grundplatte mit zwei darauf stehenden, leicht verschiebbaren Winkeleisen, aber ohne Decke, eingegossen werden. Die Kristallisation dieser „Schlackensteine“, von der Größe wie etwa ein oder ein halber Kubikfuß, dauert meist eine halbe oder dreiviertel Stunde. Hierzu eignen sich vorzüglich die üblichen Augit-, Glimmer-, Olivin-, Akermanit- und Melilithschlacken (Anal. Nr. 5—25 und 31—37), — also kurz Schlacken, die ziemlich schnell kristallisieren. Aus gegossenen Glimmerschlacken, die wegen ihrer feinschuppigen und filzigen Struktur besonders stark sind, hat man an einem Kupferwerke in Schweden sogar einen hohen Schornstein gebaut. Die üblichen Fayalit- und Rhodonitschlacken sind dagegen mehr zerbrechlich, indem die Kristalltafeln hier zu groß ausfallen.

Schlacken, die bei schneller Abkühlung glasig erstarren, können auch nicht in dieser einfachen Weise benutzt werden, indem das Glas zu zerbrechlich ist. Bei langsamer Abkühlung, nämlich bei dem sogenannten „Tempern“, wodurch eine Kristallisation erreicht wird, geben aber viele dieser Schlacken besonders starke und haltbare Steine. Ein typisches Beispiel liefern die Mansfelder Rohschlacken (Anal. S. 932), die bei schneller Abkühlung beinahe völlig glasig erstarren. Die aus dem Ofen fließende Schlacke wird in Plateauwagen nach dem Temperplatze gefahren und dort in mit Sand- und Koksstübbe gefüllte Gruben, in die Formbleche eingestellt sind, abgestochen, mit einer Schicht Sand- oder Koksstübbe überdeckt und während 48 Stunden behufs langsamer Abkühlung und dadurch bewirkter Kristallisation in den Gruben belassen. Die Druckfestigkeit der in dieser Weise erhaltenen Pflastersteine, von denen jetzt jährlich 15—16 Millionen Stück verkauft werden, beträgt nicht weniger als 2950 kg pro Quadratzentimeter.[1])

Über die Farbe der Schlacken.

Die durch nur ganz wenig FeO gekennzeichneten Hochofenschlacken sind von lichter Farbe. Selbst ein ziemlich geringer FeO-Gehalt, wie 0,5—1 % FeO, genügt jedoch, um dem Glas eine grünliche Nuance zu geben, und schon durch 2 % FeO wird das Glas einigermaßen stark grün gefärbt. Die ausgeschiedenen Kristalle von Olivin, Augit, Akermanit, Melilith usw. werden bei solchen niedrigen FeO-Gehalten nur ganz schwach grau. Bei demselben FeO-Gehalt wird Augit etwas dunkler gefärbt als Olivin. — Ein geringer FeO-Gehalt hat einen etwas intensiveren Einfluß auf die Farbe des Glases als auf diejenigen der auskristallisierten Silicatmineralien. — Einige Prozente, wie 5—10 % MnO in den Hochofenschlacken bewirken neben 0,5—1 % FeO eine violettgrüne Farbe des Glases; die Farbe der auskristallisierten Silicatmineralien wird andererseits durch einige Prozent MnO nicht merkbar verschoben.

Die gleichzeitig Mangan und Schwefel führenden Hochofenschlacken sind grün, bei hoher Manganmenge neben etwa 2 % Schwefel intensiv grün. Dies

[1]) Siehe die Mansfeldsche Kupferschiefer bauende Gewerkschaft (Festschrift 1907).

rührt von der auskristallisierten Manganblende oder dem manganhaltigen Calciumsulfid, MnS oder (Mn, Ca)S, (Mn, Ca)S her.

Die stark SiO_2-reichen sog. Emailschlacken, von etwas porzellanähnlichem Habitus (Nr. 1—4), sind lichtblau (lichthimmelblau); oft sind sie fluorescierend, nämlich schmutziggrün in durchfallendem und blau in auffallendem Lichte.

Die Rhodonitschlacken sind bei niedrigem FeO-Gehalt rötlichbraun (Beispiel Nr. 38) und bei höherer FeO-Menge dunkelbraun (Beispiel Nr. 39). — Bei demselben Verhältnis zwischen MnO und FeO zeigen die Schlacken mit Tephroit oder Mn, Fe-Olivin ähnliche Farben.

Fayalit, Fe_2SiO_4 oder $(Fe, R)_2SiO_4$, zeigt im Dünnschliff einen gelben oder bräunlichgelben Ton. Die meisten an Fayalit reichen Schlacken sind jedoch grauschwarz oder beinahe ganz schwarz. Dies rührt bei den Rohschlacken im wesentlichen von der kleinen Beimischung (S. 930) von FeS her; auch ist hier das zum Schluß erstarrte Glas in vielen Fällen opak und schwarz. — In den basischen, FeO-reichen Flammofenschlacken mit etwas Fe_2O_3 kommt hierzu etwas Magnetit, der einen ganz schwarzen Ton bewirkt.

Eisenarmer Zinkspinell ist blau; daher die blaue Farbe der an Zinkspinell reichen Muffel- und Retortenwände der Zinkdestillationsöfen. Auch ergeben die zinkspinellreichen Fayalitschlacken, die aus anderen Gründen (siehe oben) dunkel gefärbt sind, eine schwach bläuliche oder violette Nuance.

Cuprit, Cu_2O, färbt intensiv rot.

Über die Löslichkeit von Gasen in geschmolzenen Schlacken.

Zufolge uralter Erfahrung vermögen viele geschmolzene Metalle, z. B. geschmolzener Stahl, erhebliche Mengen von Gasen zu lösen; dies spielt bei dem Gießen, z. B. des Stahls, eine sehr wichtige Rolle, worauf wir hier nicht eingehen werden.

Auch die aus den Schmelzöfen hinausfließenden Schlacken führen im allgemeinen Gase, und zwar oft in bedeutender Menge, aufgelöst.

Gießt man eine Schlacke in irgend eine große Form, z. B. in einen Schlackentopf, so beobachtet man überaus häufig, daß etwas Gas entweicht, während die Oberfläche der Schlacke noch flüssig ist. Und wenn sich bei etwas weiterer Abkühlung eine dünne feste Kruste an der freien Oberfläche gebildet hat, wird dieselbe oftmals durch Gasausbrüche durchbrochen. Durch die in solcher Weise entstandenen Löcher oder „Krater" entweicht Gas oft durch längere Zeit. Auch sieht man häufig, daß kleine Schlackenströme, wegen des Gasdrucks im Innern der noch flüssigen Schlacke, durch die Löcher hinaufgepreßt werden; es bilden sich dann „Stratovulkane" en miniature, aus einer Reihe kleiner nacheinander folgender „Lavaströme" bestehend. Diese Erscheinung wurde schon von K. C. v. Leonhard in seinem oben S. 936 zitierten Werke vom Jahre 1858 sehr lebhaft geschildert (S. 142) und durch eine große Tafel erläutert.

Die aus den Schlacken entweichenden Gase sind im allgemeinen brennbar und bestehen jedenfalls zum Teil aus Kohlenoxyd (CO) oder Wasserstoff (H) oder beiden zusammen. Analysen dieser Gase und quantitative Messungen derselben wurden meines Wissens nie ausgeführt.

Es darf angenommen werden, daß etwas Gas auch in fester Lösung nach der Erstarrung der Schlacke zurückbleibt. Bekanntlich geben Eruptivgesteine bei Schmelzung oftmals sehr bedeutende Mengen von Gasen ab, die in fester Lösung in den Mineralien vorlagen.

Über die Bildungstemperatur der Silicatschmelzen aus mechanischen Gemischen.

Durch Erhitzungsversuche mit Blei und Zinn in Körnchen, die in dem eutektischen Verhältnis gemischt wurden, die aber bei den verschiedenen Versuchen in verschiedener Korngröße benutzt wurden, haben C. Benedicks und R. Arpi[1]) (Upsala) nachgewiesen, daß der Schmelzpunkt eines eutektischen Gemisches, unter Voraussetzung derselben Dauer der Erhitzung, je höher liegt, je größer die mittlere Korngröße der Bestandteile ist.

Dies macht sich ziemlich sicher noch mehr bei Silicatgemischen als bei Gemischen von Metallen wie Blei und Zinn geltend, indem eine gegenseitige (flüssige) Lösung aus mechanischen Gemischen nur verhältnismäßig langsam bei Silicaten eintritt.

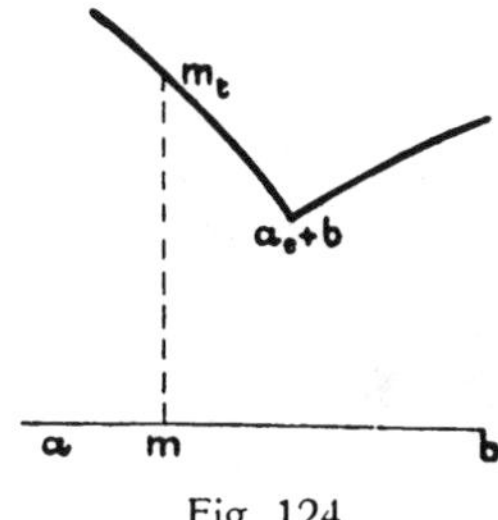

Fig. 124.

Erhitzen wir eine mechanische Mischung (*m* in Fig. 124) von zwei Komponenten *a* und *b*, wo *m* einen Überschuß von *a* oberhalb des Eutektikums $a_e + b$ enthält, zu einer Temperatur oberhalb des Eutektikums, so bilden a_e und *b* nach genügender Zeit eine gegenseitige Lösung. Falls dieselbe genügend dünnflüssig ist, erweicht die ganze Masse, und zwar — wie A. L. Day und E. S. Shepherd[2]) hervorgehoben haben — bei einer Temperatur unterhalb m_t. — Ist andererseits die entstandene Lösung sehr viscos, bedarf man sogar eine Überhitze oberhalb m_t, um eine Schmelze zu erhalten, die sich in ähnlicher Weise wie ein Segerkegel biegt.

Es folgt hieraus, daß man aus einer „Biegung" von Kegeln, aus mechanischen Gemischen von SiO_2, CaO, FeO, Al_2O_3 usw., keine sicheren Schlüsse über die Schmelztemperatur erhalten kann. Man bekommt Resultate, bald mehrere Hundert Grad zu niedrig, bald andererseits zu hoch.

Aus diesen Gründen müssen die von P. Gredt, H. O. Hofman und O. Boudouard[3]) durch Erhitzung von feingeriebenen mechanischen Gemischen — und dabei mit Segerkegeln als Temperaturindikatoren — erhaltenen Resultate mit großer Vorsicht behandelt werden. Von besserem Wert ist eine Abhandlung von H. Steffe,[4]) der auch mechanische Gemische erhitzte, der aber die Temperatur mit Le Chatelier-Pyrometer bestimmte.

[1]) C. Benedicks und R. Arpi, Über die Veränderung des Schmelzpunktes der eutektischen Gemische. Metallurgie (1907).

[2]) A. L. Day und E. S. Shepherd, Am. Journ. **22**, 268 (1906).

[3]) P. Gredt, Die Bildungstemperatur der Hochofenschlacken, St. u. Eisen (1889) II. — H. O. Hofman, Temperatures at which Certain Ferrous and Calcic Silicates are formed in Fusion, etc. Technology Quarterly **13** (1900). — O. Boudouard, Iron and Steel Inst., May 1905.

[4]) H. Steffe, Über die Bildungstemperatur einiger Eisenoxydul-Kalk-Schlacken usw. Ing.-Diss., Techn. Hochschule (Berlin 1908).

In Schmelzöfen, wo man mit gröberem Korn arbeitet, tritt die gegenseitige Lösung der verschiedenen Komponenten erst nach und nach ein. Lokal bilden sich, oberhalb des Schlackenbades, Schlackentropfen von derselben Schmelztemperatur wie diejenige der Endschlacke oder vielleicht auch mit noch niedrigerer Schmelztemperatur. Lokal entstehen aber auch noch strengflüssigere Schlackentropfen. Aus dem letzteren und anderen Gründen ist im allgemeinen in den Schmelzöfen eine höhere Temperatur nötig als diejenige, die zum Schmelzen der Endschlacke erforderlich ist.

Ein Zusatz von alten Schlacken erleichtert erfahrungsmäßig im allgemeinen das Schmelzen beim Steinofen, Bleiofen usw. Dies beruht zum Teil darauf, daß schon erstarrte Schlacken, praktisch gerechnet, immer etwas Glas, das sich einem Eutektikum nähert, enthalten. Dieses Glas, das keine latente Schmelzwärme bedarf, wird schon bei einer verhältnismäßig niedrigen Temperatur etwas flüssig und löst ziemlich schnell die naheliegenden Kristalle der alten Schlacke. Man bekommt hierdurch ein Lösungsmittel für die anderen Bestandteile der Beschickung und die ganze Schlackenbildung wird beschleunigt.

— Nicht nur das theoretische, sondern auch das technische Studium der Schlacken muß auf die Mineralogie derselben aufbauen, indem die Mineralogie zum Verständnis der Physikochemie unentbehrlich ist.

J. H. L. Vogts einschlägige Arbeiten.

1. Studien über Schlacken (S. 1—302, in norweg. Sprache, Resumé Deutsch), Schwed. Akad., Bihang till Handl. 1884.

2. Über die Beziehung zwischen der Kristallisation der Schlacken und deren Zusammensetzung (S. 1—129 in schwed. Sprache). Jernkontorets Annaler 1885.

3. Über die künstliche Bildung des Glimmers (in norweg. Sprache). Ges. d. Wiss. Kristiania 1887.

4. Beiträge zur Kenntnis der Gesetze der Mineralbildung in Schmelzmassen usw., Kristiania 1892 (S. 1—271; in Archiv f. Mathem. Naturw. **13** und **14**, 1888—1890).

5 u. 6. Die Silicatschmelzlösungen. I. Über die Mineralbildung in Silicatschmelzlösungen. II. Über die Schmelzpunkterniedrigung der Silicatschmelzlösungen. Ges. d. Wiss., Kristiania, I (S. 1—161), 1903. II (S. 1—235), 1904.

7. Die Theorie der Schlacken und über die kalorischen Konstanten derselben (S. 1—106; in schwed. Sprache). Jernkontorets Annaler 1905.

8. Physikalisch-chemische Gesetze der Kristallisationsfolge in Eruptivgesteinen. Tsch. min. Mit. **24**, **25**, **27** (1905, 1906, 1908).

Weitere Anwendungen auf die Petrographie:

9. On Labradorite-Norite with Porphyritic Labradorite Cristals: a Contribution to the Study of the Gabbroidal Eutectic. Quart. Journ. Geol. Soc. London **65** (1909), s. auch Z. anorg. Chem. (1911).

10. Über das Spinell-Magnetit-Eutektikum. Ges. d. Wiss., Kristiania 1910.

11. Über anchi-monomineralische und anchi-eutektische Eruptivgesteine, ebenda, 1908 (und vorläufig in Norsk geol. tidsskr. **1**, 1905).

Dazu eine Reihe kleinere Aufsätze.

Zusätze und Berichtigungen.

Nachstehend sollen die während des Druckes erschienenen Veröffentlichungen kurz berücksichtigt werden, ferner einzelne Verbesserungen, sowie auch die Berichtigung sinnstörender Druckfehler folgen. Druckfehler in den Vornamen der zitierten Autoren werden im Autorenregister richtiggestellt werden. Der Herausgeber wird für Berichtigungen stets sehr dankbar sein und bittet die Leser des Werkes, ihn von Fehlern in Kenntnis setzen zu wollen. Herrn Prof. Dr. Slavík ist der Herausgeber für solche Mitteilungen zu Dank verpflichtet.

Diamant (C. Doelter).

Zu **S. 34.** Spez. Wärme des Diamanten. W. Nernst und F. A. Lindemann, Z. Elekt. Chemie **17**, 822 (1911) haben gezeigt, daß die spez. Wärme von $T = 1169$, wo sie 5,45 ist (nach Weber) bis 42 stark fällt und bei dieser Temperatur Null wird.

S. 38, Z. 4 v. o. soll es heißen: Gewichtsabnahme statt Temperaturabnahme.

S. 40. Die Umwandlung des Diamanten in Kohle oder Graphit wird, wie schon aus den Versuchen von H. Vogel und G. Tammann, sowie aus den meinen jetzt hervorgeht, durch die als Katalysatoren wirkenden Si-, Al-, Mg-, Fe-Verbindungen beschleunigt und die Umwandlungstemperatur bedeutend herabgesetzt.

Zu **S. 47.** Nach W. v. Bolton zerlegen Amalgame Kohlenwasserstoffe unter Abscheidung von Kohle oder Diamant. Pulver von Diamant als Impfmittel verwendet, zeigte nach 4 Wochen Umwandlung in glänzende Kristalle, welche W. v. Bolton als Diamant ansieht, Z. Elekt. Chem. **17**, 971 (1911).

Zu **S. 48.** Entstehung. J. C. Brauner nimmt für die Diamanten von Bahia eine Entstehung wie die der metamorphen Gesteine (Quarzit) an, keinesfalls eine eruptive Bildung, Am. Journ. **31**, 480 (1911).

Graphit.

Über Pseudo-Schmelzerscheinungen bei Kohle und Graphit berichten O. P. Watts und C. E. Mendenhall, welche der Ansicht sind, daß die an diesen Stoffen beobachteten Krümmungen bei hohen Temperaturen nicht als Zeichen beginnenden Schmelzens angesehen werden können, sondern als Zeichen einer allmählich zunehmenden Plastizität. Vielleicht beruhen die von M. La Rosa, Ann. d. Phys. **34**, 95 (1911), beschriebenen Krümmungseffekte ebenfalls auf Kondensation und nicht auf Schmelzung, Ann. d. Phys. **35**, 783 (1911).

S. 66, Analyse 19—22 soll es statt: Bagoutalbergen: Bagoutolbergen heißen.

S. 68, Z. 7 v. u. ist an Stelle von Prundagin richtig: Youndegin zu setzen.

S. 68, Anmerkung 3: Kenngott statt Kenngot.

S. 70, Z. 9 v. u. und Anm. 3 ist statt Sjörgen, Sjögren zu lesen.

Zu **S. 88.** Über Entstehung des Graphits siehe auch A. N. Winchell, Econm. Geology **6**, 218 (1911).

S. 91, letzte Zeile v. u. soll es statt am Schwarzbach, bei Schwarzbach heißen.

Carbonate (G. Link).

Über die Bildung der Carbonate des Calciums, Magnesiums und Eisens.

S. 115, Z. 12 v. u. soll es richtig heißen: „... und zwar ist sie für Vaterit höchtens $\frac{1}{100}$ von der der Gallerte und wird für den Aragonit wieder nur einen Bruchteil von diesem Betrage erreichen.

Natriumcarbonate (R. Wegscheider).

Zu **S. 148,** Z. 20 v. o. Vgl. R. Bunsen, Ann. chem. Pharm. **62**, 52 (1847).

Zu **S. 149,** Z. 8 v. o. Daß bei 1100° Chlornatrium durch Wasser teilweise zersetzt wird, läßt sich nach F. Emich, Ber. Dtsch. Chem. Ges. **40**, 1482 (1907); vgl. A. Mitscherlich, Journ. prakt. Chem. **83**, 487 (1861) als Vorlesungsversuch zeigen. Über den Grad der Zersetzung gibt der Versuch keinen Aufschluß.

Zu **S. 149,** 2. Absatz. Die Zersetzung von Chloriden durch Silicate unter Mitwirkung von Wasserdampf ist schon von R. Bunsen, Jber. f. Chem. 1851, 855; 1852, 905, angenommen worden.

Zu **S. 152,** Z. 7 v. o. W. Herz, Z. anorg. Chem. **71**, 206 (1911) fand bei 25° das Verhältnis der Konzentrationen von Na_2CO_3 und Na_2SO_4 (in Molen) beim Gleichgewicht mit $CaSO_4$ und $CaCO_3$ zu 0,05, also etwas höher, als nach den Löslichkeiten zu erwarten war. An den allgemeinen Schlüssen über die Rolle der Einwirkung von $CaCO_3$ auf Na_2SO_4 bei der Natriumcarbonatbildung in der Natur wird hierdurch nichts geändert.

Zu **S. 152,** Z. 7 v. o. und **S. 156,** Anm. 4. Vgl. W. F. Sutherst, Chem. ZB. 1910, II, 1402 nach Journ. of Ind. and Engin. Chem. **2**, 329 (1910).

Zu **S. 167.** Der Dampfdruck fester Natriumcarbonate ist seither noch von R. M. Caven und H. J. Sand, Chem. ZB. 1911, II, 838 nach Journ. chem. soc. London **99**, 1359 (1911) gemessen worden.

Zu **S. 168,** Z. 30 v. o. Auch das Hydrat mit 2,5 H_2O. war wahrscheinlich nichts anderes als Thermonatrit [R. Wegscheider, Z. anorg. Chem. **73**, 256 (1912)].

Zu **S. 168,** letzte Zeile. Vgl. auch A. C. Cumming, Chem. ZB. 1911, I, 459 nach Chem. N. **102**, 311 (1910).

Zu **S. 169,** Z. 33 v. o. A. Speranski, Z. f. phys. Chem. **78**, 89 (1911), hat den Dampfdruck gesättigter Natriumcarbonatlösungen bestimmt.

Zu **S. 169** unten. Die Hydrolyseversuche von J. Shields u. K. Kölichen sind von F. Auerbach u. H. Pick, Arbeiten aus dem Kais. Gesundheitsamte **38**, 265 (1911), einer kritischen Neuberechnung unterzogen worden. Diese hat ergeben, daß beide Versuchsreihen ungefähr zu dem gleichen Hydrolysegrade führen. Demgemäß kann im Mittel bei ungefähr 25° gesetzt werden:

Mole Na_2CO_3 im Liter . . .	0,94	0,19	0,094	0,047
Mole OH' für 100 Mole Na_2CO_3	0,64	1,8	2,7	4,3

Auf S. 273 geben diese Autoren eine Tabelle der Hydrolysengrade der Natriumcarbonatlösungen, die auf Grund der Dissoziationskonstanten der Kohlensäure berechnet ist, auf S. 253 Versuche über die Alkalinität von Sodalösungen mit und ohne Zusatz von Bicarbonat.

Zu **S. 170,** 3. Absatz. Nach der erwähnten Arbeit von F. Auerbach u. H. Pick (S. 273) ist die Konstante der zweiten Dissoziationsstufe der Kohlensäure bei 18—25° 6×10^{-11} und hat einen kleinen Temperaturkoeffizienten.

Zu **S. 172.** Der Einfluß von $NaHCO_3$ auf die Löslichkeit des $Na_2CO_3 \cdot 10H_2O$ bei 25° ist von D. de Paepe, Bull. soc. chim. de Belgique **25**, 173 (1911); vgl. auch E. Herzen, ebendort **25**, 227; D. de Paepe, ebendort **25**, 413 und von H. N. Mc Coy u. Ch. D. Test, J. am. chem. soc. **33**, 473 (1911) untersucht worden.

Zu **S. 178.** Zwei Mittelwerte von Analysen von Natriumcarbonaten mit 20% Na_2CO_3 und 2,75—3,20% H_2O aus Algerien und der Tschadgegend haben M. Lahache u. F. Marre, Revue génèrale de chimie pure et appliquée **14**, 122 (1911) veröffentlicht. Der erstere gibt zweifellos einen kleineren Wassergehalt als dem Thermonatrit entspricht. Es ist aber nicht sichergestellt, ob es sich um unveränderte Naturprodukte handelt.

Zu **S. 181.** M. Lahache u. F. Marre (a. a. O.) geben folgende Mittelwerte für Natriumcarbonate aus der mittleren Sahara und aus Ägypten: Na_2O 43,94, (Cl) 4,95, CO_2 27,45 (SO_3) 1,21, (unlösliche anorganische Substanz) 4,31, H_2O und org. Substanz 19,26, zusammen 101,12, davon ab O für Cl 1,12, bleibt 100%; für ein Mol Na_2CO_3 < 1,7, Mole H_2O, kein CO_2-Überschuß. Außerdem findet sich dort die schon erwähnte Analyse des Natriumcarbonats von der Tschadseegegend, die 20% Na_2CO_3 und einen Wassergehalt aufweist, der etwas, aber nur wenig unter dem des Thermonatrits liegt; allerdings ist die org. Substanz im Wasser inbegriffen. Auch hier ist es zweifelhaft, ob es sich um unveränderte Naturprodukte handelt. Die Arbeit enthält auch Vermutungen über die Bildung dieser Natriumcarbonate, die gegenüber den im Text zusammengestellten Angaben nichts wesentlich Neues bieten.

Zu **S. 190,** Punkt 7 und **S. 191,** Z. 28 v. o. Die Bildung von Trona aus fester Soda ist von A. Ch. Cumming, Chem. ZB. 1911, I, 459 nach Chem. N. **102,** 311 (1910), beobachtet worden. Nach D. Howard, Chem. ZB. 1911, I, 535 nach Chem. N. **103,** 48 (1911), tritt diese Umwandlung nicht an der Luft, wohl aber in einer Kohlendioxydatmosphäre ein.

Zu **S. 191—192.** D. de Paepe, Bull. soc. chim. de Belgique **25**, 173 (1911), hat bei seinen Untersuchungen über die Löslichkeit von Natriumcarbonat und Natriumhydrocarbonat nebeneinander bei 25° keine Tronabildung beobachtet, wohl aber H. N. Mc Coy u. Ch. D. Test, J. am. chem. soc. **33**, 473 (1911). Für höhere Temperaturen ist die Zusammensetzung der gesättigten Lösungen durch eine im Laboratorium des Verf. von J. Mehl ausgeführte, noch nicht abgeschlossene und nicht veröffentlichte Untersuchung festgestellt worden. Die Ergebnisse der beiden letzterwähnten Arbeiten sind folgende:

Gesättigte Lösungen, Gramm im Liter Lösung:

	Mc Coy u. Test	Mehl	Mehl	Mehl
Temperatur °C	25	30	40	50
Bodenkörper: Trona + .	$Na_2CO_3 \cdot 10H_2O$		$Na_2CO_3 \cdot H_2O$	
g Na_2CO_3	276,3	365,9	441,0	427,2
g $NaHCO_3$	27,6	12,1	7,1	11,1
Auf ein Mol Na_2CO_3 kommen Mole $NaHCO_3$	0,126	0,042	0,020	0,033

	Bodenkörper:	Trona + $NaHCO_3$		
g Na_2CO_3	216,6	211,4	205,7	205,1
g $NaHCO_3$	50,8	55,6	66,7	79,6
Auf ein Mol Na_2CO_3 kommen				
Mole $NaHCO_3$	0,30	0,33	0,41	0,49

Aus diesen Zahlen ist zu vermuten, daß der Umwandlungspunkt der Trona bei ungefähr 21° liegt. Aus den Beobachtungen von J. Mehl geht ferner hervor, daß das Umwandlungsintervall der Trona bis weit über 50° reicht. Man sieht, daß die im Text wiedergegebenen Vorschriften zur Bereitung von Trona in wäßriger Lösung nicht durchwegs den Bedingungen entsprechen, bei denen Trona stabil ist, und daher besser abzuändern sind. Eine Methode zur Darstellung bei 25° geben H. N. Mc Coy und Ch. D. Test.

Zu **S. 193.** Über die Hydrolyse der Natriumhydrocarbonatlösungen siehe F. Auerbach u. H. Pick, Arbeiten aus dem Kais. Gesundheitsamt **38**, 243 (1911). Der Einfluß von Natriumcarbonat auf die Löslichkeit des Hydrocarbonats bei 25° ist von D. de Paepe, Bull. soc. chim. de Belgique **25**, 173 (1911), sowie von H. N. Mc Coy u. Ch. D. Test, J. am. chem. soc. **33**, 473 (1911) untersucht worden.

Magnesit (H. Leitmeier).

S. 230, Z. 9 v. u. fehlt die Temperaturangabe; es muß richtig heißen: ... Die Veränderung des Rhomboederwinkels beträgt 0°, 4′ 12 für 100°.

Hydrate des Magnesiumcarbonats.

S. 262, Z. 13 ist an Stelle von (siehe S. 235), (siehe S. 234) zu setzen.

S. 268. F. Zambonini[1]) hat die Ansicht ausgesprochen, daß der **Hydrogiobertit** E. Scacchis mit dem Hydromagnesite identisch sei. Er fand an einem Vorkommen vom Vesuv die Zusammensetzung mit

MgO	41,30
CO_2	33,12
H_2O	22,96
Unlöslich	2,62
	100,00

und berechnete daraus die Formel 5MgO, $3CO_2.5H_2O$, die sich von der Formel des Hydromagnesits nur durch ein Molekül Wasser ($5H_2O$ besitzt der Hydromagnesit) unterscheidet.

Dieselbe Seite, Z. 14 v. u. muß es statt Val Maluno, Val Malenco heißen.

S. 272, Z. 16 v. u. ist dieselbe Korrektur vorzunehmen.

Calcit.

S. 278, Analyse 5 ist statt J. Kovář, F. Kovář zu setzen.

S. 288, Analyse 4 muß an Stelle von Skota, Lhota gesetzt werden.

S. 291, Z. 6 muß richtig heißen: Die Veränderung des Rhomboederwinkels beträgt 0° 8′ 30″ für eine Temperaturerhöhung von 100° (zwischen 10 und 169°).

[1]) F. Zambonini, Mineralogica Vesuviana (Neapel 1910), 95.

Zu **S. 293**, Z. 3. P. Pott[1]) hat in einem von ihm selbst konstruierten Platinwiderstandsofen gearbeitet und auf Grund zahlreicher Versuche eine Kurve ausgearbeitet und die Zersetzungstemperatur (Dissoziationsdruck ist gleich einer Atmosphäre) bei 885° gefunden. Der so bestimmte Wert differiert mit den neuesten Versuchen von J. Johnston (siehe S. 294) nur um 12°.

Auf die Bestimmungsmethode, der sich P. Pott bediente, kann hier leider nicht eingegangen werden.

Aus der Druckkurve hat P. Pott mittels der van't Hoffschen Reaktionsisochore die Wärmetönung des Calciumcarbonats berechnet und gefunden, daß sie mit steigender Temperatur zunimmt und bei 1200° ein Maximum erreicht, von da an wieder abnimmt.

P. Pott verwendete zu seinen Versuchen reinstes gefälltes Calciumcarbonat von Merk und isländischen Doppelspat.

Aragonit.

Zu **S. 339**, R. Llord y Gamboa[2]) hat den Aragonit von Molina in Aragonien analysiert und fand

	22.
$CaCO_3$ . . .	97,35 (7384)
$SrCO_3$	1,60 (9282)

Es findet sich noch mechanisch eingeschlossenes Wasser und tonige Substanz, deren überaus geringe Mengen bis zur 6. Dezimale ausgerechnet sind. Es sei hier auf das Widersinnige von solchen scheinbar genauen Daten hingewiesen, da bei unseren Analysen stets schon die 2. Dezimale, gewöhnlich auch die 1. Dezimale nicht mehr richtig ist.

Zu **S. 344.** Um die Bedingungen der Umwandlung des Aragonits zu studieren, hat F. Laschtschenko[3]) die Abkühlungswärmen des auf eine bestimmte Temperatur erhitzten Calcits und Aragonits in einem Calorimeter mit Nitrobenzol bestimmt. Bis 400° wurde Übereinstimmung gefunden. Im Intervall von 441—470° zeigte sich ein nach oben hin ansteigender Unterschied, wobei die Abkühlungswärme des Aragonits immer größer war, als die des Calcits. Von 470—600° stimmten die Abkühlungskurven völlig überein. Nach F. Laschtschenko liegt die Umwandlung des Aragonits in Calcit, die bei 445° eingeleitet wird, zwischen 465 und 475°.

Hydrate des Calciumcarbonats.

S. 359, Z. 12 v. o. Man lese statt (P. Tschirwinsky), (? P. Tschirwinsky).

Dolomit.

S. 371, Analyse 86. Statt Hutchison muß es Hutchinson heißen.

S. 373, Analyse 19 lese man statt Zajčov: Zaječov.

S. 373, Analyse 22 lese man statt Schwadonitz: Schwadowitz.

[1]) Ich verdanke die nähere Kenntnis dieser wichtigen Arbeit Hrn. Prof. Dr. W. Meigen, der mir ein Exemplar zusandte, wofür ihm hier bestens gedankt sei.

[2]) R. Llord y Gamboa, Bol. Real. Soc. Esp. Hist. Nat. **9**, 110 (1909). — Nach Referat Z. Kryst. **50**, 473 (1912).

[3]) F. Laschtschenko, Journ. Russ. Phys. Chem. Ges. **43**, 793. — Referat Chem. ZB. **82**, 1371 (1911).

S. 376. Unter den eisenreichen Dolomiten wären folgende Analysen nachzutragen.

	61.	62.
MgO	18,07	7,91
CaO	30,29	29,28
MnO	Spuren	0,88
FeO	5,44	18,74
CO_2	46,54	43,59
Unlöslich	—	0,10
	100,34	100,50

	61.	62.
$MgCO_3$	—	16,5
$CaCO_3$	—	52,0
$MnCO_3$	—	1,4
$FeCO_3$	—	30,1
		100,0

61. Ankerit von Göttengrün im sächsischen Vogtlande, mit Talk im Pikrit; anal. A. Uhleman, Tsch. min. Mit. **28**, 461 (1909).

62. Ankerit kristallisiert von der Hoffnungsgrube in dem Kirchspiel Ånimskogs in Schweden; anal. R. Mauzelius bei G. Flink Arkiv f. Kemi, Mineralogi, Geologi, **3**, Nr. 35, 154 (1910).

S. 376 im Titel unten, dann Z. 2 v. u. ist statt Kutnohorrit, Kutnohorit zu stellen.

S. 378, Analyse 12 und 13 ist die gleiche Verbesserung vorzunehmen.

S. 379, Z. 5 soll es statt CaO_3, $CaCO_3$ heißen.

S. 395, 1. Z. v. o. ist an Stelle von Calcium, Calciumcarbonat zu setzen.

Siderit.

S. 425 ist noch unter den besonders manganreichen Sideriten der von K. Busz Manganosphärit genannte Siderit von der Grube Lowe bei Horhausen im Westerwalde zu erwähnen. Er hat folgende Zusammensetznng:

	78.			
δ	3,630			
MnO	24,76	in Carbonaten	$MnCO_3$	40,11
FeO	36,72		$FeCO_3$	59,71
CO_2	38,34			99,82
	99,82			

$MnCO_3 : FeCO_3 = 2:3$

78. Traubige, nierige, rehbraun gefärbte Aggregate von Horhausen im Westerwalde; anal. J. Beykirch bei K. Busz, N. JB. Min. etc. 1901 II, 131.

S. 432, Z. 12 soll es statt: Die Veränderung des Rhomboederwinkels beträgt 0° 3′ 38″ per Grad richtig heißen: Die Veränderung des Rhomboederwinkels beträgt 0° 3′ 38″ für eine Temperaturerhöhung von 100° (zwischen 20° und 160°).

Kobaltspat.

S. 441, Analyse 2 ist statt Libiola, Libiolo zu setzen und statt Casarze, Casarza.

Zinkcarbonat.

S. 448. Die Angabe über Fluoreszenz, die sich auf Hydrozinkit bezieht ist am Schlusse der S. 454 anzubringen.

S. 454. Am Schluß dieser Seite soll die Angabe über Fluoreszenz des Hydrozinkits, die irrtümlich S. 448 angeführt ist, stehen.

Strontianit.

S. 482, Analyse 16 muß statt Kovač, Kovář gesetzt werden.

S. 485, Z. 14 v. u. soll es richtig heißen: ... $SrCO_3$ verliert beim Glühen schon ...

Zu **S. 486** sind die Untersuchungen P. Potts[1]) als sehr wichtig zu ergänzen. Er arbeitete mit genau untersuchten und auf ihre Reinheit geprüften Präparaten von Merk und Kahlbaum. Er fand den Beginn der Zersetzung bei 660° und die Dissoziationsspannung gleich einer Atmosphäre bei 1250°. Der so gefundene Wert ist höher als der von O. Brill erhaltene. Nebenstehend die von P. Pott konstruierte Kurve.

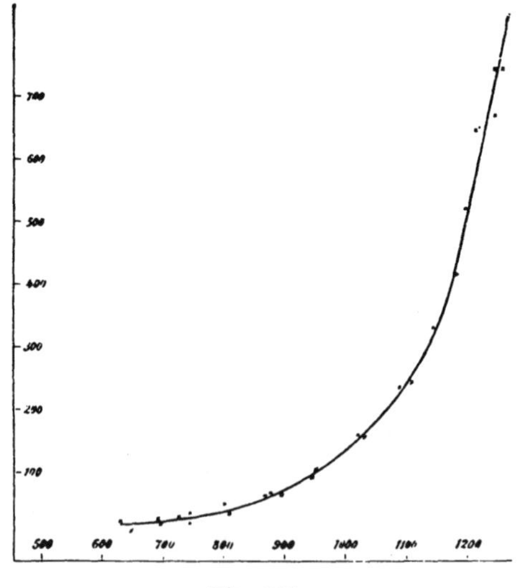

Fig. 125.

Die aus der Druckkurve mittels der van't Hoffschen Reaktionsisochore berechnete Wärmetönung ergab ein Zunehmen mit steigender Temperatur ohne daß, wie beim Calciumcarbonat, ein Maximum hätte gefunden werden können.

---

[1]) P. Pott, Studien über die Dissoziationen von Calcium- usw. carbonaten. Dissert. (Freiburg i. Br. 1905), vgl. Anm. 1 S. 960.

Witherit.

Zu **S. 491** ist zu ergänzen, daß auch P. Pott[1]) die Dissoziation des Bariumcarbonats untersucht und gefunden hat, daß die meßbare Zersetzung erst bei 1020° beginnt und die Dissoziationsspannung bei 1200° gleich einer Atmosphäre wird. Der Wert ist somit niedriger als der von A. Finkelstein (1906) gefundene.

Die Kurve, die P. Pott nach seinen Untersuchungen konstruierte, ist daher etwas steiler, als die von A. Finkelstein (Fig. 49) entworfene.

Die Berechnung der Wärmetönung mittels der van't Hoffschen Reaktionsisochore ergab, daß hier die Wärmetönung mit steigender Temperatur abnimmt. Als Untersuchungsmaterial diente ein auf seine Reinheit geprüftes Merksches Präparat.

Zu **S. 494** spezifische Wärme dieses Minerals sind noch die Untersuchungen von P. Laschtschenko[2]) zu erwähnen, er fand für die mittlere spez. Wärme

bei 250°	$c = 0{,}1158$	bei 810°	$c = 9{,}1429$
„ 400	$c = 0{,}1235$	„ 850	$c = 0{,}1509$
„ 615	$c = 0{,}1295$	„ 910	$c = 0{,}1593$
„ 800	$c = 0{,}1299$	„ 975	$c = 0{,}1610$

Aus dem Sprunge zwischen 800 und 810° schloß P. Laschtschenko auf eine polymorphe Umwandlung, deren Wärmetönung 1750 cal. pro Mol. betragen soll.

Alstonit.

S. 504 ist Z. 10 v. o. und Analyse 3 statt Brownley, Bromley zu setzen.

S. 505, Z. 2 v. o. lies; „Analyse 8“ statt „Analyse 7“.

Barytocalcit.

S. 506, Z. 14 v. u. ist das Anmerkungszeichen bei „A. Becker[2])“ zu streichen, und Z. 2 v. u. bei „St. Kreutz“ zu setzen. In der Fußnote [2]) erste Zeile v. u. ist „A. Becker“ durch „St. Kreutz“ zu ersetzen.

Cerussit.

S. 513 ist Z. 4 v. o. zu lesen: ... die so gering sein können, daß man sie auf gewöhnliche Weise gar nicht erkennen kann, gelöst.

Lanthanit.

S. 524, Z. 7 v. o. soll es statt kürzlich, kurz heißen.

Analysenmethoden der Silicate.

S. 567, Z. 23 v. o. ist richtig zu lesen: ... schmilzt man entweder die Oxyde mit Natriumhydroxyd im Silbertiegel...

[1]) P. Pott, Studien über die Dissoziationen von Calcium-, Strontium und Bariumcarbonat. Dissertation (Freiburg i. Br. 1905), vgl. Anm. 1 S. 960.

[2]) P. Laschtschenko, l. c.

Synthese der Silicate (C. Doelter).

S. 599. Zitat 3 lies Tsch. min. Mit. **26** statt **25.**

S. 605. E. Baur, Z. f. phys. Chem. **72**, 119 (1911), stellte außer den genannten Silicaten dar: Desmin, Gyrolith, Kalium-Faujasit, Pektolith, Andalusit und Muscovit.

S. 606, Z. 5 v. u. statt Am. Journ. lies Am. chem. J.

Elektrische Laboratoriumsöfen (K. Herold).

S. 620: spez. Widerstand ... statt Leitungsvermögen.

S. 622. Wenn keine höhere Temperatur als 1300° C gefordert wird, kann mit den Platinwiderstandsöfen, der von F. Hugershoff in Leipzig auf den Markt gebrachte Ofen mit Nickelspirale nach L. Ubbelhode[1]) in Wettbewerb treten.

Die Oxydation der Nickelspirale wird durch Einpackung in Kohlepulver verhindert.

S. 624. Zu den Öfen mit Kohlewiderstandspulver wäre noch der von M. Simonis u. R. Rieke[2]) hinzuzufügen.

S. 625. Einen Kurzschlußofen für Arbeiten im Vakuum oder Druck bis zu 29 Atmosphären beschreibt A. S. King.[3])

Manch wertvolle Angaben finden sich in dem Buche von J. Bronn.[4])

Schmelzpunktstabellen (C. Doelter).

S. 656. Den Übergang in den amorph-isotropen Zustand des Spodumens fanden K. Endell u. R. Rieke, Z. anorg. Chem. **74**, 33 (1912), bei 950°.

A. S. Ginsberg, Ann. Inst. St. Petersburg **16**, 1 (1911), bestimmte die Erstarrungspunkte von Eukryptit mit 1307,° von $NaAlSiO_4$ mit 1223° und von $CaAl_2Si_2O_8$ mit 1440°

Bei Melanit vom Vesuv S. 661 ist der Literaturausweis (11) statt (14) zu setzen.

Bei Fowlerit von Pratter-mine ist statt des Literaturausweises (5) zu setzen: (12ª).

Bei künstlichem Anorthit: Thermische Methode ist 1455 (8ª) statt 1355 (8ª) zu setzen.

S. 666. Das Silicat $CaAl_2SiO_6$ erwies sich nach neuen Versuchen von E. Dittler als nicht homogen.

Schmelzpunkte von Mischungen mehrerer Komponenten (C. Doelter).

S. 740. Bezüglich Lithiumsilicate siehe K. Endell u. R. Rieke, Z. anorg. Chem. **74**, 33 (1912). In derselben Zeitschrift erscheint über die binären

---

[1]) L. Ubbelhode, Z. f. Elektroch. **17**, 1002 (1911).

[2]) M. Simonis u. R. Rieke, Sprechsaal 1906, 14 u. 15 und Z. f. angew. Chem. 1906, 1231.

[3]) A. S. King, Astroph. J. **28**, 300 (1908).

[4]) J. Bronn, Der elektrische Ofen im Dienste der keramischen Gewerbe und Glas- u. Quarzglas-Erzeugung; in Monogr. über ang. Elektrochemie, **34** (Halle a. S. 1910).

Systeme Li_2SiO_3—$Al_2(SiO_3)_3$ und Li_4SiO_4—$Al_4(SiO_4)_3$ eine Abhandlung von R. Balló u. E. Dittler. Die Systeme $CaSiO_3$—$CaTiO_3$ sowie einige analoge mit Ba und Mn untersuchte S. Smolensky, Ann. Inst. St. Petersburg **15**, 246 (1911), das System $Na_2Al_2Si_2O_8$—$CaAlSi_2O_8$ A. S. Ginsberg, Z. anorg Chem. **73**, 285 (1902).

S. 781 bei Fig. 98 soll es heißen: nach E. Dittler statt nach J. van Laar.

Zementsilicate (E. Dittler).

Zu **S. 810**. E. Jänecke zeigte, daß eine Verbindung $8CaO.Al_2O_3.2SiO_2$ (Alit) existiert und suchte die Identität dieser mit der Verbindung $3CaO.SiO_2$ (Al_2O_3) nachzuweisen; Z. anorg. Chem. **73**, 200 (1912). G. A. Rankin glaubt jedoch, daß $8CaO.Al_2O_3.2SiO_2$ in ein Gemisch dreier Komponenten und zwar $3CaO.SiO_2$, $2CaO.SiO_2$ und $3CaO.Al_2O_3$ zerfällt; Z. anorg. Chem. **74**, 63 (1912).

Autorenregister.

Sachregister.